Jon C. Herron Scott Freeman

# Evolutionary Analysis

# 진화적 분석

5 판

옮긴이 대표 김 원

구혜영 · 김명숙 · 김유섭 · 류성호
박중기 · 서태건 · 이혁제 · 장이권
정기화 · 정다운 · 최광식

BIO BIOSCIENCE (주)바이오사이언스출판

이 도서의 국립중앙도서관 출판예정도서목록(CIP)은 서지정보유통지원시스템 홈페이지(http://seoji.nl.go.kr)와 국가자료공동목록시스템(http://www.nl.go.kr/kolisnet)에서 이용하실 수 있습니다.
(CIP제어번호: CIP2016009724)



## 진화적 분석 5판

초판 인쇄: 2016년 4월 20일
초판 발행: 2016년 4월 30일

저　　자: Jon C. Herron · Scott Freeman
옮 긴 이: 김　원 · 구혜영 · 김명숙 · 김유섭 · 류성호 · 박중기
　　　　　서태건 · 이혁제 · 장이권 · 정기화 · 정다운 · 최광식
발 행 인: 문정구
발 행 처: (주)바이오사이언스출판
주　　소: 서울특별시 서초구 도구로 115 1층
전　　화: (02)581-4057~8　팩스: (02)581-4059
이 메 일: inquiry@biosciencepub.com
홈페이지: http://www.biobooks.co.kr
I S B N: 978-89-6824-051-5
등록번호: 제22-3079호
**값 48,000원**

# 요약 목차

# 목차

## 제8장



## 제9장



# 3부



## 제10장



## 제11장

4부

## 생명의 역사 609

제 16 장

### 종분화 기작 609



제 17 장

### 생명의 기원과 선캄브리아기 진화 645



제 18 장

### 진화와 화석기록 691



제 19 장

### 발생과 진화 735



제 20 장

### 인류 진화 769

# 서언

진화생물학은 우리가 **진화적 분석** 작업을 해 온 지난 15년 동안 극적인 변화를 거듭해 왔다. 이러한 변화를 실감할 수 있는 한 예로, 첫판이 인쇄 중일 때는 단지 세포 수준 생물 5종류 즉, 진정세균 3종류, 고세균 1종류, 진핵생물 1종류의 유전체 서열만이 알려져 있었음을 생각해보자. 제5판이 출판되는 동안, Erica Bree Rosenblum과 동료들은 *Proceedings of the National Academy of Sciences*(110: 9385~9390)에 chytrid 균류 *Batrachochytrium dendrobatidis*라는 한 종의 29개 균주 유전체의 서열을 결정하였다고 보고했다. 이 연구는 전 세계적으로 양서류 집단을 대량으로 죽게 하거나 일부 종들을 멸종에 이르게 한 병원균의 진화 역사를 밝히려는 노력의 일부였다. 빠른 속도로 축적된 염기서열 자료들은 진화생물학자들이 오랫동안 이어온 질문들에 매우 자세하고 명확한 답을 주었다. 예를 들어 20장의 **인류 진화**에서 우리는 사람, 침팬지, 고릴라 사이의 진화적 유연관계에서 유전체 부위들 사이의 차이에 관한 최근의 분석에 대해 논의하는데, 일부 질문에서는 답이 완전히 달라졌다. 제4판에서는 염기서열 자료가 현대 인류와 네안데르탈인의 교배 가설을 지지하지 못한다고 기술했으나, 이제 제5판에서는 두 계보가 서로 교배했음을 제시하는 유전체 분석을 기술하고 있다.

**진화적 분석**은 생명과학을 전공하는 대학생들이 이렇게 역동적인 분야의 연구에 입문할 수 있도록 도울 것이다. 우리는 독자들이 교과과정의 기초과목들을 여러 개 혹은 모두 마친 후 생물학 분야 중 각 개인에게 가장 적합하다고 판단되는 세부 분야를 더 상세히 탐구하게 된다고 생각한다. 그러므로 이 책 전체를 통해 우리는 진화와 모든 생물학 분야 그리고 실제 세계에서 일어나는 문제들과의 관련성을 보여주려 시도했다.

첫판부터 우리의 일차적인 목표는 독자들이 과학자처럼 생각하도록 격려하는 것이었다. 우리는 진화생물학을 사실들의 집합체로서가 아닌 현재 진행 중인 연구로 소개하고자 한다. 한 문제를 탐구할 때, 우리는 질문으로 시작한다. 왜 HIV 감염을 치료하지 않으면 치명적인가? 왜 순종의 플로리다퓨마가 그처럼 건강상태가 좋지 않은가, 그리고 감소하고 있는 이 집단을 구하기 위해 어떤 일을 해야 할까? 왜 어떤 종류의 생물에서는 유전체 크기가 증가함에 따라 돌연변이율이 감소하지만 다른 생물에서는 유전체 크기와 함께 돌연변이율도 함께 증가하는가? 우리는 학생들의 호기심을 고취시키고, 배경 정보와 이론에 대한 논의에 동기를 부여하기 위해 이러한 질문들을 사용한다. 그리고 이러한 논의를 통해 새로운 가설을 만들고 그 가설을 어떻게 검증할 것인지 생각하고 예측을 할 수 있게 된다. 그 다음에 우리는 자료를 얻고 분석하며, 그 적용에 대해 생각하고, 미래의 연구를 위한 새로운 질문들을 던진다. 독자들이 이러한 접근방식을 통해 배우는 분석과 기술은 훗날 여러 분야에 폭넓게 적용될 수 있을 것이며, 특정한 예들의 자세한 내용들은 다른 것들을 모두 잊은 후에도 오랫동안 독자들에게 남아 있을 것이다.

## 제5판의 새로운 부분

우리가 다루는 많은 연구 분야가 불과 몇 년 전 만해도 꿈도 꾸지 못하던 속도로 발전하고 있다. 우리는 모든 장에서 오늘날의 학생들을 위한 교수법을 향상시키기 위해, 그리고 새로운 내용들을 되도록 모두 첨가시키기 위해 세심하게 검토하였다.

- 우리는 각 장의 첫 쪽에 있는 사진과 함께 자료 그래프, 진화계통수, 또는 다른 증거 조각들을 포함시켜 과학적 추론에 대한 강조를 더욱 향상시켰다. 이러한 한 쪽짜리 사례 연구는 학생들을 더 능동적인 독자로 그리고 자료를 가지고 작업하고 해석하는 기술을 더욱 숙달하도록 도울 것이다.
- 우리는 4장을 완전히 개정함으로써 우리의 강력한 계통수 사고를 더욱 강화했다. 우리는 과학자들이 계통 분석을 점점 더 많이 사용하는 현 추세에 맞추어 책 전반에 걸쳐 더 많은 계통수들을 제시하였다. 새로운 예들로 척추동물 눈의 진화를 계통수에 근거해 논의한 것(3장); 환자의 암 역사를 재구성하는 새로운 사례 연구(14장); 어류-사지동물 이행, 공룡류-조류 이행, 포유류 기원을 계통에 근거해 재구성한 것(18장) 등을 들 수 있다. 계통수 사고에 대한 이러한 반복된 연습을 통해 학생들은 이 필수적인 기술을 더 발전시키게 될 것이다.

모든 장에 새로운 내용이 들어 있고, 이 새로운 자료들은 대부분 최신 문헌들에서 가져온 것이다.

- 1장은 HIV의 세계적 유행의 현 상태에 관한 최신 통계, 어떻게 HIV가 AIDS를 일으키는지에 대한 보다 새로운 사고, HIV의 기원에 관한 새로운 자료, HIV가 왜 치명적인지에 대한 새로운 생각과 증거를 포함한다.
- 2장은 새로운 체제로 되어 있고 소진화, 종분화, 대진화, 공동조상에 대한 증거를 다룬 절들로 구성된 것이 특징이다; 왜 이 각 단계들에서의 진화가 교과서나 교실이 아닌 밖에 있는 사람들에게도 적절한 주제인지에 대한 논의; 파생형질의 진화로 추정되는 순서를 보여주는 진화계통수를 사용해 제시한 대진화의 증거; 헤엄을 칠 수 없어 보이는 육상 어류 등의 여러 새로운 예.
- 3장은 다윈핀치 부리 발달의 진화에 관한 새로운 증거, 육식성 식물에서 볼 수 있는 창출적응의 새로운 예, 계통수에 근거한 척추동물의 눈의 진화처럼 복잡한 기관들의 진화에 관한 새로운 내용을 제공한다.
- 4장은 계통수 사고에 대한 소개를 더 개선하고자 완전히 새로 썼다; 단순성, 최대가능성, 베이즈계통분석의 더욱 자세한 설명; 성적으로 전달되는 종양의 원인이 되는, 놀랄만한 감염 요소를 개에서 찾아낸 것 등—계통을 사용하여 흥미로운 질문에 대한 답을 찾은 새로운 예.
- 5장은 유전적 변이와 환경적 변이의 새롭고 상세한 예 등, 변이의 종류에 관한 새로운 절을 포함한다; 유전자형과 환경의 상호작용; 돌연변이의 기작과 결과에 대한 새로운 논의; 유전자 중복의 새로운 예들; 새로운 예들과 자료만으로 이루어진 절에서는 돌연변이율과 돌연변이 적응도의 영향을 다룬다.
- 6장은 강력한 새로운 예가 중심을 이루는데, 그 안에서 유전공학자는 새로운 유전자를 만들고, 이를 보유한 개체들에 대한 유전자의 영향을 예측하고, 유전자를 집단에 도입한 다음, 집단유전학 이론을 이용하여 20세대에 걸쳐 빈도가 어떻게 변할 것인지를 정확하게 예측한다.
- 7장은 플로리다퓨마와 관련된 보전유전학의 새로운 예가 중심을 이룬다. 또한 폴리네시아 들귀뚜라미에서 창시자 효과를 보여주는 새로운 예를 포함한다; 부동과 선택

의 상호작용, 중립설, 거의 중립설에 가까운 새로운 내용들; 계보수렴에 대한 새로운 소개.

- 8장은 유전자편승에 기인한 연관비평형이 어떻게 유전자형과 표현형 사이의 과잉 결합으로 이어지는지를 보여주는 새로운 예—사람의 크론병—와 *C. elegans*를 모델 생물로 사용한 최근의 실험들에서 볼 수 있는 성의 적응적 중요성에 관한 최신 내용으로 이루어진 절을 포함한다.
- 9장은 장 전체에 걸쳐 순종 경주용 말에서 수행과 수상의 양적 유전학에 관한 예들을 첨가함으로써 서술이 논리적으로 향상되었다.
- 10장에서는 온난화에 반응하는 야생 보리 집단의 진화 연구와 깃털이 색과 관련된 비교 연구의 새로운 예를 이용해 통계 가설 검증에 대한 기초 설명을 향상시켰다.
- 11장은 Fisher-Kirkpatrick-Lande 모델을 영가설로 제시함으로써 암컷선택의 진화에 대한 내용이 향상되었다. 새로운 예와 자료를 사용해 암수한몸에서 Bateman의 원리를 생각해 본다; 유전적으로 변형된 제브라피시의 암컷선호도; 하와이귀뚜라미에서의 과시와 선호도의 일치; 인간의 성선택.
- 12장은 사회적 행동의 4가지 기본 종류의 예들과 함께 내용 전반이 향상되었다; 혈연선택과 악의의 내용 향상; 다수준 선택과 협동의 진화에 관한 새로운 절; 사람의 사회적 행동에 관한 다수의 자료 조합.
- 13장은 텔로미어와 노화에 관한 새로운 예들이 수록되어 있다; 폐경의 진화; 생활사 형질과 생물학적 침입; 생활사 형질과 멸종에 대한 취약성.
- 14장은 유전체의 구조로부터 얻은, 인플루엔자 A의 기원에 관한 새로운 증거를 논의한다; 계통분석을 이용해 암의 역사를 재구성하는 새로운 예; 아이슬랜드로부터 얻은 극적인 예와 비만에 관한 새로운 사실 등을 포함한 문명 질환에 관한 최신 내용.
- 15장은 유전체 구조의 진화에 관한 새로운 절을 만들면서 완전히 새로이 썼다; 돌연변이율과 유전자군의 진화; 전이유전인자와 적응의 분자적 기초에 관한 최신 내용.
- 16장은 분기의 기작에 관한 새로운 절이 특징이다; 잡종화와 유전자흐름; 다양화의 작동인. 이 장은 종개념의 적용을 보여주는 새로운 예들이 포함되었다; 딱총새우의 분단에 대한 최신 내용; 격리—나방의 일시적 격리와 달팽이의 단일 유전자 종분화를 포함하는—기작에 관한 새로운 예.
- 17장은 자가 복제 RNA를 만들기 위한 노력과 활성화된 염기의 전생물 합성에 관한 최신 내용을 포함한다.
- 18장은 진화적 이행에 관한 내용이 크게 확장되었는데, 계통에 근거해 어류-사지동물류 이행, 공룡류-조류 이행, 포유류 기원을 재구성한 것이 특징이다; 시간이 흐르면서 생기는 분류학적, 형태학적 다양성에 관한 새로운 절; 페름기-삼첩기 멸종을 포함한 대멸종의 최신 내용; 화석과 분자적 분화시기에 관한 새로운 절.
- 19장은 완전히 새롭게 썼다. 혹스 유전자에 대한 새로운 내용과 깊은 상동, 발생 제약과 트레이드오프, 새로운 형질의 진화에 관한 상세한 논의를 포함한다.
- 20장은 사람, 침팬지, 고릴라 사이를 구분하는 불완전한 계보 및 완전한 유전체로부터 얻은 이 종들 사이의 유전적 차이에 관한 새로운 증거를 논의한다; 현대인과 네안데르탈인 사이의 잡종, 현대인과 데니소반인 사이의 잡종; 인류의 화석 기록과 구술 언어의 진화에 관한 최신 내용.

## 이 책의 중요한 특징들

5판이 완전히 새롭게 바뀌었지만, 동시에 전판들이 갖고 있던 기존의 핵심 장점들은 그대로 유지하고자 했다.

- 우리는 각 장마다 학생들이 잘 따라올 수 있도록 논리적이고 접근하기 쉽게 서술하고 명확하게 전달하도록 계속 노력했다.
- 우리는 정보를 잘 전달할 수 있는 강력한 디자인을 택하고 책과 삽화 프로그램이 잘 융화될 수 있도록 노력하였다. 거의 모든 계통수를 수평으로 놓아 시간이 왼쪽에서 오른쪽 방향으로 진행되도록 하였는데, 이것은 학생들이 이 방법을 통해 더 쉽게 내용을 정확히 해석할 수 있다는 연구 결과에 따른 것이다.
- 상자 속에는 교과서에서 논의된 여러 논제들에 대한 상세한 탐구가 담겨 있다. 이것은 물리학자 Richard Feynman이 과학의 방법에 대해 간결하게 기술한 글 이후부터 결과 계산하기(*Computing Consequences*)라고 불린다: 맨 먼저 우리는 추측을 한다... 아니! 웃지 말라—정말로 그렇다. 그리고 우리는 추측했던 법칙이 옳은지를 알아보기 위해 추측의 결과를 계산한다—그것이 무엇을 내포하는가를. 그 다음, 계산의 결과를 자연에 비교한다—또는 실험이나 경험에 비교한다—관찰과 직접 비교하여 추측이 제대로 작동하는지 알아본다. 만일 그것이 실험과 일치하지 않으면, 추측은 틀린 것이다.

모든 장은 일련의 문제들로 끝을 맺는데, 이 문제들은 독자들이 자료를 복습하고 개념을 새로운 주제에 적용하고 주요 문헌들을 탐구하도록 격려하기 위한 것이다.

## 감사의 글

'진화적 분석'은 우리 모두가 한 팀으로 노력한 결과이다. 이 책의 탄생과 훌륭한 내용은 동료들, 학생들, 친구들로 이루어진 커다란 커뮤니티의 도움과 재능의 결과이다. 그들은 모든 장들을 검토하고, 조언을 주고, 우리의 질문에 대답해 주고, 그들이 가진 사진, 자료, 지식을 우리와 공유하고, 그 외에도 여러 방법으로 그들의 전문성을 우리에게 내어주었다. 무엇보다도 유능하고 재미있는 그들과 함께 시간을 보내고 많은 것을 배울 수 있었던 것이 이 일을 하면서 가장 좋았던 부분이다.

5판에서 우리는 특별한 공헌자 세 분과 함께 일하는 엄청난 행운을 누렸다.

- *Cornell University*의 Brooks Miner는 15장을 완전히 새롭게 다시 썼으며 16장을 최신의 내용들을 담아 대대적으로 개정하였다.
- *University of Washington*의 Christian Sidor는 18장을 완전히 개정하고 확장했다.
- *Hopkins Marine Station of Stanford University*와 *University of Washington*의 Jason Hodin은 19장을 완전히 새롭게 썼다.

Mark Ong은 이 새로운 판의 아름답고 훌륭한 디자인을 담당했다. Robin Green은 눈을 끄는 효율적인 삽화들을 디자인하고 만들었으며, 책의 내용과 그림이 잘 융합되도록 해 주었다.

Pearson Education에 있는 편집, 출판, 마케팅 팀은 시종일관 우리를 훌륭히 안내해 주고 도움을 주었다: Michael Gillespie, Senior Acquisitions Editor—Biology; Beth

Wilbur, VP and Editor-in-Chief of Biology and Environmental Science; Paul Corey, President—Science, Business, and Technology; Lauren Harp, Executive Marketing Manager; Lori Newman, Production Project Manager; Deborah Gale, Executive Director of Development—Biology; Laura Murray, Project Editor; and Eddie Lee, Assistant Editor.

5판의 출판 과정은 다음 여러분들의 사려 깊고, 상세하며, 건설적인 비평의 도움을 받았다.

Mirjana Brockett, *Georgia Institute of Technology*
Jeremy Brown, *LSU*
Michael Emerman, *University of Washington*
Charles Fenster, *University of Maryland*
Matthew Hahn, *University of Indiana*
Michael E. Hellberg, *LSU*
Christopher Hess, *Butler University*
Gene Hunt, *Smithsonian Institution*
Ben Kerr, *University of Washington*
Craig Lending, *SUNY Brockport*
Carlos MacHado, *University of Maryland*
Kurt McKean, *University at Albany*
James Mullins, *University of Washington*
Christopher Parkinson, *University of Central Florida*
Yale Passamaneck, *University of Hawaii*
Bruno Pernet, *California State University, Long Beach*
Thomas Ray, *University of Oklahoma*
Doug Schemske, *Michigan State University*
Billie J. Swalla, *University of Washington*
Sara Via, *University of Maryland*
Rebecca Zufall, *University of Houston*

마지막으로 우리는 University of Central Florida의 Christopher Parkinson과 그의 학생들, University of Wisconsin의 Carol E. Lee와 그녀의 학생들에게 특별한 감사를 드린다. 이 두 그룹은 각 장의 예비 출판물을 강의실에서 실제로 점검해 주었으며, 이들의 통찰력 있는 피드백을 통해 우리의 마지막 원고가 크게 개선될 수 있었다.

# 옮긴이 소개

| | |
|---|---|
| **김 원** | 서울대학교 자연과학대학 생명과학부 교수 |
| **구혜영** | 상지대학교 이공대학 생명과학과 교수 |
| **김명숙** | 제주대학교 자연과학대학 생물학과 교수 |
| **김유섭** | 이화여자대학교 자연과학대학 생명과학전공 교수 |
| **류성호** | 순천향대학교 의생명연구원 교수 |
| **박중기** | 이화여자대학교 자연과학대학 생명과학전공 교수 |
| **서태건** | 극지연구소 극지생명과학연구부 책임연구원 |
| **이혁제** | 상지대학교 이공대학 생명과학과 교수 |
| **장이권** | 이화여자대학교 자연과학대학 생명과학전공 교수 |
| **정기화** | 공주대학교 자연과학대학 생명과학과 교수 |
| **정다운** | 서울대학교 보건환경연구소 연구교수 |
| **최광식** | 경북대학교 자연과학대학 생물과학부 교수 |

옮긴이 [가나다순]

# 옮긴이 대표 글

나는 어디에서 왔을까? 지구상의 모든 생물들은 언제 어디서 왔으며, 어떤 과정을 통해 현재의 모습과 삶의 방식을 지니게 된 것일까? 우리 인간은 오래 전 부터 아주 자연스럽게 이런 질문들을 던져왔다. 그리고 그 질문들의 실마리를 풀기 위해 수많은 과학자들은 자연현상을 관찰하면서 기작을 밝혀내려고 부단히 노력해왔다. 이러한 노력의 한 결과로서 '진화'라는 개념이 탄생하였고, 영국의 다윈은 19세기에 "종은 변할 수 있다"는 놀라운 사실을 우리에게 알려주었다. 진화는 생물이 주변 환경에 적응하는 과정에서 생기며 그 과정에서 한 생물집단의 유전적 구성은 누적적으로 변화해 간다. 지구상의 모든 생물은 이런 진화 과정의 결과로 생긴 것이고 생존과 생식이라는 과정을 통해 자신의 유전자를 후대에 전하고 있으며, 현재도 우리 주위에서는 항상 진화가 일어나고 있다.

2014년 2월 어느 날 (주)바이오사이언스출판에서 나를 찾아왔다. 'Evolutionary Analysis' 5판의 옮긴이 대표를 맡아 달라는 것이었다. 옮긴이 대표를 맡아 번역한 다른 전공서적이 출판된 지 채 6개월도 안 된 시점이었기에 이미 많은 에너지가 소진되어 좀 쉬고 싶은 때였다. 원문의 뜻을 정확하게 전달하면서 독자들이 읽었을 때 이해가 되도록 번역하는 것이 중요하다는 것, 학술용어 통일의 어려움, 새로운 용어를 만드는 어려움들을 잘 알고 있었기에 거절할 수밖에 없었다. 그러나 여러 번의 번역 요청이 계속되면서 생각이 조금 바뀌었다. 무엇보다 전문서적 번역서의 옮긴이 대표를 맡아달라는 것은 그 분야의 올바른 지식 전파에 책임의식을 가지라는 뜻이라 생각되었다. 또한 진화생물학이 대단히 중요한 분야이며 그 속에 들어있는 과학적 지식이 우리의 삶 속에서 정말로 필요하다는 사실을 교수로 임용된 지 30년이 되어가는 지금 경험적으로 아주 절실하게 느끼고 있었기 때문이었다. 진화에 대한 현대적 관점을 마련한 테오도시우스 도브잔스키는 진화생물학이 생명과학 전체의 개념적 근거이며 "생물학의 어느 것도 진화의 관점에서 생각하지 않으면 이해할 수 없다."라고 말했다. 진화생물학 관련 교수로서 생명과학을 공부하는 학생들에게 진화생물학 책에 수록된 과학적 지식을 성실히 전달해야 한다는 의무감도 떨칠 수가 없었다. 진화생물학의 여러 내용들을 잘 소개하기 위해서는 좋은 원서의 번역본이 있어야 한다는 생각에 이르게 되었고 결국은 옮긴이 대표 역할을 수락하게 되었다.

진화생물학은 지난 십수년 동안 극적으로 변해 왔다. 이러한 변화의 한 가지 척도로, 생물체의 청사진인 전장유전체 염기서열의 결정을 들 수 있다. 2003년 인간 *Homo sapiens*의 전장유전체 염기서열이 발표된 후 지금 거의 모든 주요 동식물들의 전장유전체 염기서열이 이미 결정되었거나 진행 중에 있다. 이렇게 쇄도하는 염기서열 자료들은 진화생물학자들이 오랫동안 고민해 온 질문들을 매우 자세하고 명확하게 답해 주었다. '진화적 분석' 5판은 이러한 눈부신 변화에 대한 많은 예를 통해 생명과학을 전공하는 학생들이 자연스럽게 이 역동적인 분야로 들어가도록 해준다. 저자들은 이미 생물학의 기본적인 내용들에 대한 공부를 마치고 좀 더 전문적인 생물학적 영역에 대한 탐구를 시작하는 독자들을 염두에 두고 출발한다. 따라서 이 책 전체를 통해 저자들은 다양한 생물학적 내용들 및 실제 생활에서 부딪치는 문제들과 진화의 관련성을 보여주려 노력한다. 이를 위해 다양한 자료들을 제공하고 분석하며, 그 적용을 보여주고, 미래의 연구를 위한 새로운 질문들을 강조하고 있다. 특히 과학자들이 계통 분석에 많은 노력을 기울이는 데 맞추어 이 책 전반에 걸쳐 아주 많은 진화계통수들을 제시하고 있다.

본 번역서에는 총 12분의 진화관련 생물학 교수들이 참여했다. 젊고 패기있는 소장파 교수들과 중진 교수들이 각자의 전공에 맞추어 나누어 번역하였다. 이번 번역에 참여해주신 분들과 담당하신 장은 다음과 같다.

김 원 교수(서언, 제 1장), 구혜영 교수(제 19장, 제 20장), 김명숙 교수(제 17장), 김유섭 교수(제 7장, 제 8장 일부〈p.314-328〉), 류성호 교수(제 14장, 제 15장), 박중기 교수(제 4장), 서태건 책임연구원(제 5장, 제 9장), 이혁제 교수(제 2장, 제 13장), 장이권 교수(제 11장, 제 12장), 정기화 교수(제 6장, 제 8장 일부〈p.291-313〉), 정다운 교수(제 3장, 제 10장), 최광식 교수(제 16장, 제 18장). 총 감수 및 편집은 옮긴이 대표가 맡았다.

바쁜 강의와 연구 일정에도 불구하고 시간을 쪼개어 열심히 번역해 주신 번역진에 감사의 말씀을 드린다. 부디 본 번역서가 학생들뿐 아니라, 교사, 일반인들에게도 많이 읽혀져 진화생물학에 관한 지식을 함께 나누고, 그러한 지식이 일상생활에서도 많이 이용되었으면 한다. 끝으로 이 책의 출판을 허락해 주신 (주)바이오사이언스출판 대표이사 및 편집실 여러분께 깊이 감사드린다.

2016. 2.

옮긴이 대표 김 원

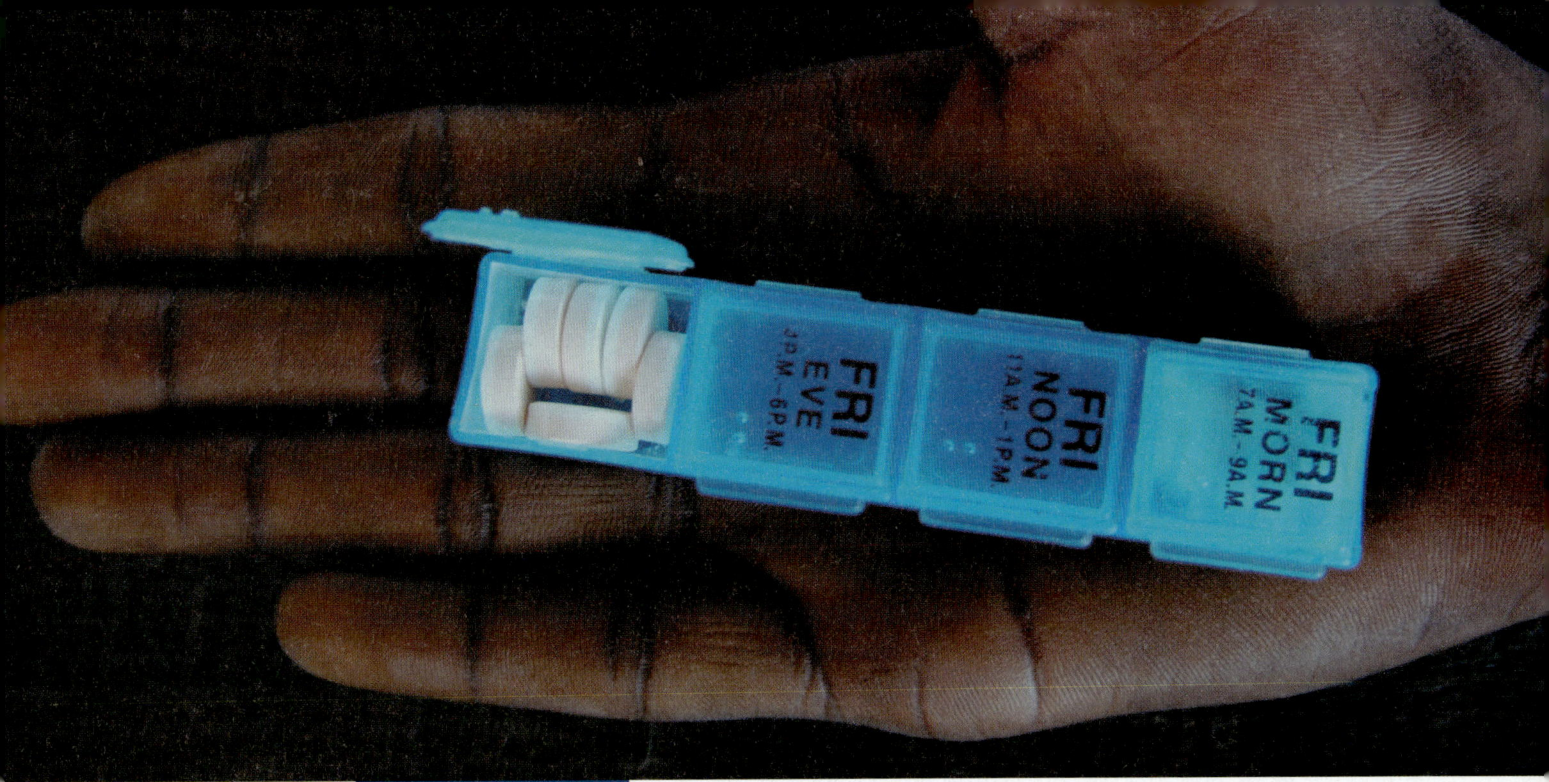

# 1

# 진화적 사고를 위한 사례: HIV의 이해

왜 진화를 공부하는가? Charles Darwin(1859)의 동기는 진화를 이해하는 것이 우리 자신을 아는 데 도움을 줄 수 있기 때문이었다. 그는 진화공부를 통해 "인간의 기원과 역사에 빛이 비칠 것이다."라고 썼다. 진화에 대한 현대적 관점을 마련한 Teodosius Dobzhansky(1973)가 느낀 매력은 진화생물학이 생명과학 전체의 개념적 근거라는 것이었고, "생물학의 어느 것도 진화의 관점에서 생각하지 않으면 이해할 수 없다."라고 말했다. 일부 독자들의 경우는 단순히 진화가 필수 과목이라는 동기 때문에 공부를 하겠지만, 그 또한 확고한 동기가 될 수 있음은 분명하다.

여기에서는 진화를 공부하는 이유를 하나 더 제안하려고 한다: 진화생물학의 도구와 기술이 삶과 죽음에 대한 결정적인 통찰력을 제공한다는 것이다. 이 주장을 살펴보기 위해 HIV(사람 면역결핍바이러스)의 진화를 한번 탐구해보자. HIV에 감염되면 AIDS(후천성 면역결핍 증후군)에 걸린다—때로는 오른쪽에서 보여주는 것처럼 3종류의 약을 함께 쓰는 치료법에도 불구하고.

제1장의 주요 목적은 실험실이나 강의실 바깥에 존재하는 진화를 보여주고자 하는 것이다. 그러나 그 외에 HIV를 깊이 관찰하면서 다른 목표들도 함께 제시하는데, 예를 들어 진화생물학자들이 던지는 질문의 종류들을 보여주고, 진화적 시각이 어떻게 생물학 연구 전반에 중요한 정보를 줄 수 있는지 설명하며, 앞으로 이 책의 곳곳에서 자세히 탐구하게 될 개념들을 살펴보는 것이다.

HIV는 모든 독자들의 삶에 영향을 주는 대중적인 건강문제이기 때문에 훌륭한 사례

여러 종류의 약을 함께 써 치료하는 요법이 일부 환자들에게 HIV를 치명적인 것에서 치료 가능한 것으로 변화시켰다. 이것은 성실한 환자들에게 현재 가장 좋은 치료법이지만 여전히 실패할 수도 있는 방법이다. 아래 자료는 3종류의 약으로 된 치료법으로 치료를 받은 2,800명의 환자에서 얻은 것이다(Nachega et al. 2007).

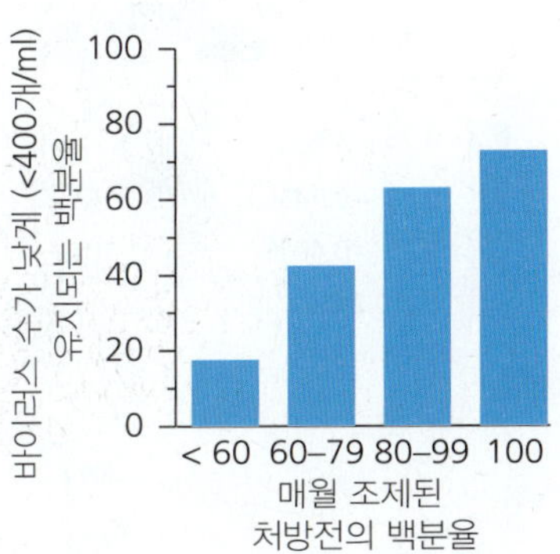

연구가 될 수 있다. HIV는 새로이 부상한 병원체로서 약에 대한 저항력을 급속히 진화시키고 있으며, 물론 치명적이다. AIDS는 전 세계적으로 10대 사망 원인 중 하나이다(Lopez et al. 2006; WHO 2008).

다음은 우리가 살펴볼 질문들이다:

- HIV는 무엇인가, 어떻게 퍼지는가, 그리고 어떻게 AIDS를 일으키는가?
- 한 종류의 약을 사용하는 치료요법이나 때로 여러 가지 약을 동시에 사용하는 치료요법이 왜 처음에는 잘 듣지만 결국 실패를 하게 되는가?
- HIV의 세계적인 유행 결과로 인류 집단도 진화하고 있는가?
- HIV는 어디에서 왔는가?
- HIV 감염자가 치료를 받지 않으면 왜 대개는 치명적인가?

이들 질문 중 하나에만 진화라는 단어가 들어 있고 다른 것들은 진화라는 주제와 별 관련이 없어 보인다. 그러나 시간이 흐르면서 집단이 어떻게 변하는지 그리고 어떻게 새로운 형태의 생명이 생겨나는지를 이해하고자 하는 학문이 진화생물학이며, 바로 이런 것들이 HIV와 AIDS에 관해 우리가 던지게 될 질문의 쟁점들이다. 이를 공부하기 위한 준비 단계로서, 첫 번째 절에서는 필수적인 배경지식을 살펴본다.

**한 사례연구로서 HIV는 진화생물학자들이 어떻게 적응과 다양성을 연구하는가를 보여준다.**

## 1.1 HIV 유행의 자연사

AIDS는 1981년에 미국의 의사들이 남자와 성관계를 가진 남자들이 걸린 희귀한 형태의 폐렴과 암을 보고하면서 처음 알려졌고(Fauci 2008), 얼마 되지 않아 원인 바이러스인 HIV가 밝혀졌다(Barré-Sinoussi et al. 1983; Gallo et al. 1984; Popovic et al. 1984). 이 당시 HIV/AIDS는 거의 항상 치명적이어서 감염된 사람들을 모두 절망으로 빠뜨렸으나, 의사나 연구자들은 앞으로 닥칠 이 유행병이 얼마나 무서운지 그 정도를 예견한 이가 거의 없었다(그림 1.1).

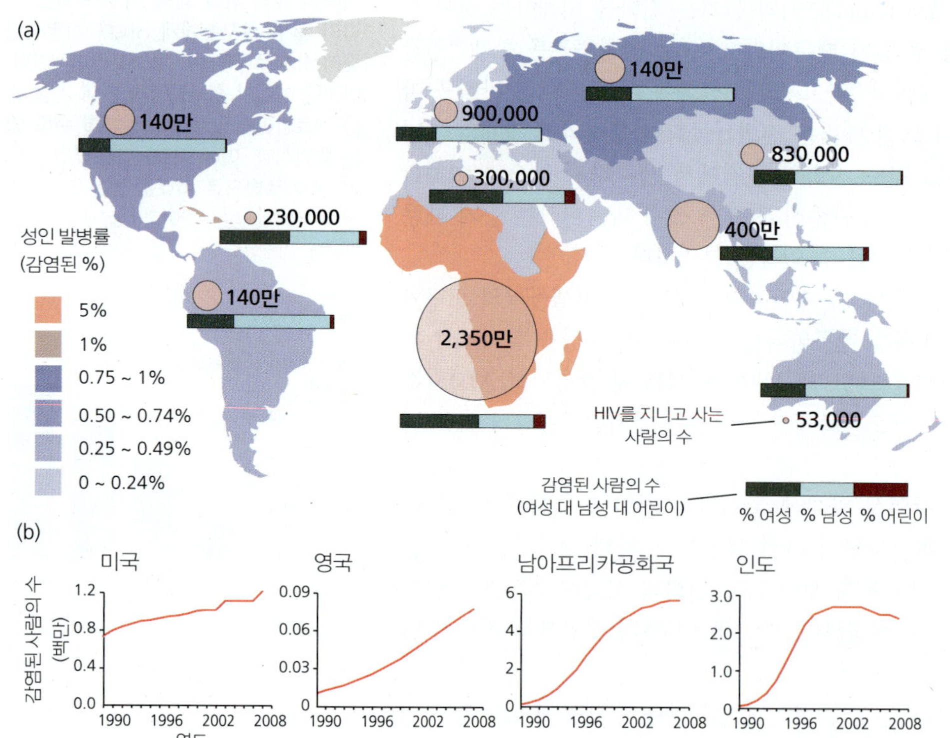


**그림 1.1 HIV/AIDS의 전 세계적인 유행** 지도는 HIV 감염의 지리적 분포를 보여준다. 각 지역의 색깔은 HIV에 감염된 성인의 비율을 나타내고(UNAIDS 2012b), 원의 크기는 HIV에 감염된 사람의 수에 비례한다(UNAIDS 2012b). 막대는 HIV에 감염된 사람들을 성별과 나이로 구분한 것이다(UNAIDS 2008). 그래프 (b)는 4개국에서 1990년에서 2008년까지 진행된 이 질병의 증가 상태를 보여준다. 이 그림은 UNAIDS (2008)의 자료에 근거한 것이다.

정말로 많은 사람들이 HIV에 대해 낙관적이었다(Walker and Burton 2008). 천연두는 1980년에 박멸되었다고 공표되었고(Moore et al. 2006), 백신과 항생제는 다른 많은 감염성 질병들을 통제할 수 있었다. 또한 미국 보건복지부 장관인 Margaret Heckler는 1984년에 AIDS 백신이 2년 안에 시험 준비를 마칠 것이라 예측했다. 하지만 현실은 아주 다르게 전개되었다.

6,500만 명 이상이 HIV에 감염되었고(UNAIDS 2010, 2012a), 약 3,000만 명이 AIDS의 특징인 기회감염(opportunistic infection)으로 죽었으며 이는 전 세계 모든 사망 원인의 약 3.1%에 해당한다(WHO 2008/2011). AIDS는 노인들의 흔한 사망 원인인 심장 질환(12.8%), 뇌졸중(10.8%), 하기도 감염(6.1%)보다는 적지만 결핵(2.4%), 폐나 그 외 다른 호흡기 암(2.4%), 교통사고(2.1%)보다 더 많은 사망을 초래하고 있다.

그림 1.1은 전 세계적인 AIDS 유행을 요약한 것이다. 지도는 HIV에 감염된 사람의 수, 감염된 집단의 백분율, 그리고 여자 대 남자 대 어린이의 감염 비율에 대한 지역별 변이를 보여준다. 그래프는 감염된 사람의 숫자가 어떤 나라에서는 정점을 지났지만 어떤 나라에서는 계속 올라가고 있음을 보여준다.

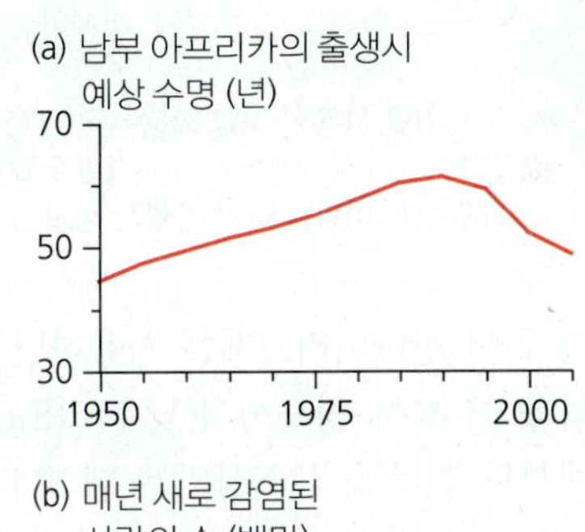


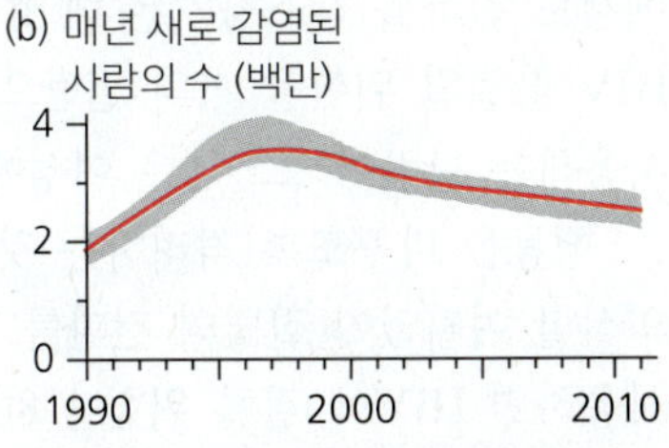


**그림 1.2 장기간에 걸친 HIV/AIDS의 경향** (a) 이 질병은 남부 아프리카에서 출생시 예상 수명을 급격히 감소시켰다. UNAIDS(2008)에서. (b) 전 세계적으로 1990년 후반부터 연간 새로운 감염자의 수가 감소하고 있다. 붉은색 선은 추정치이다; 회색 띠는 추정치의 범위를 나타낸다. UNAIDS(2012)에서.

이 질병은 아프리카 사하라 이남에서 특히 압도적인데 거기서는 성인 20명 중 한 명이 HIV에 감염되어 있다(UNAIDS 2008). 최악의 경우는 스와질랜드로 성인의 26%가 감염되었고 보츠와나 24%, 레소토 23%, 남아프리카가 18%로 그 뒤를 따른다. 남부 아프리카 전역은 출생시의 예상 평균수명이 50세 미만으로 떨어졌는데 이는 1960년대 초의 수준이다(그림 1.2a). 좋은 소식은 아프리카 사하라 이남에서 연당 새로운 감염률이 10년 동안 계속 감소하고 있다는 것이며(UNAIDS 2012), 이는 새로운 감염률이 전 세계적으로도 떨어지고 있음을 뜻한다(그림 1.2b).

선진국의 전반적인 감염률은 사하라 이남보다 훨씬 낮다(UNAIDS 2008). 서유럽과 중부유럽에서는 성인의 0.3%가 감염되었고, 캐나다는 0.4%, 미국은 0.6%이다. 그러나 특정 위험 그룹에서는 감염률이 남부 아프리카와 비슷하여, 남자와 성관계를 한 남자들은 런던 12%, 뉴욕시 18%, 샌프란시스코 24%의 감염률을 보이고(CDC 2005; Dodds et al. 2007; Scheer et al. 2008), 주사를 사용한 마약 중독자들의 감염률은 프랑스에서 12%, 캐나다 13%, 미국 16%이다(Mathers et al. 2008).

## HIV는 어떻게 전파되며 어떻게 둔화시킬 수 있을까?

새로운 HIV 감염은 감염된 사람으로부터 감염되지 않은 사람의 점막이나 혈류로 체액이 직접 바이러스를 전달하여 일어난다. HIV는 정액, 질과 직장의 분비물, 혈액, 모유를 통해 이동하므로(Hladik and McElrath 2008), 이성간 또는 동성간의 성관계, 구강섹스, 주사기 공유, 오염된 혈액의 수혈, 안전치 못한 의료 행위, 출산, 모유수유 동안에 이동하게 된다.

**HIV는 이미 바이러스를 보유하고 있는 사람으로부터만 감염될 수 있다.**

HIV는 여러 지역에서 여러 경로로 확산되었다(그림 1.3 다음 쪽). 사하라 남부 아프리카 및 남부와 남동부 아시아 지역에서는 이성간의 성관계가 가장 흔한 전파 경로이며, 유럽과 북아메리카 등의 지역에서는 남자-남자의 성관계나 마약복용자들 사이의 주사기 공유가 압도적인 원인이다. 특정한 행동이 특히 더 위험할 수 있는데, 예를 들어 오스트레일리아 빅토리아의 남자와 성관계를 한 남자들의 자료를 보면 콘돔의 보호 없이 감염자와 항문 성교를 하는 것이 매우 위험한 행동임을 알 수 있다. 그러한 행동을 하는 사람들은 그렇지 않은 사람보다 HIV에 감염될 확률이 거의 60배 정도나 된다(Read et al. 2007).

의학적 도움을 받는 그룹과 대조군 그룹에 실험 자원봉사자들을 임의로 배정한 후 이루어진 임상 연구를 통해 의료 행위가 HIV 전파율을 감소시킨다는 것을 확인했다. 예

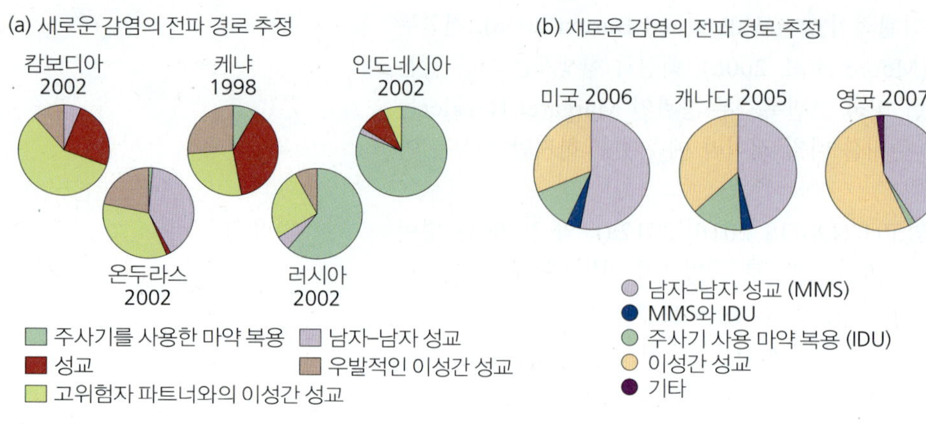


**그림 1.3 여러 지역의 주요 HIV 전파 경로** (a) Pisani et al. (2003)에서. (b) Hall et al. (2008), Public Health Agency of Canada (2006), Health Protection Agency (2008)에서. 캐나다와 영국에 대한 보고서에서 저자들은 많은 사람들이 사하라 남부 아프리카와 마찬가지로 이성간의 성교를 통해 HIV에 감염되었다고 보고하였다. 또한 UNAIDS (2008) 참조.

를 들어 항바이러스제를 사용하면 감염된 엄마가 갓난아기에게 바이러스를 전파시킬 위험을 약 40% 정도까지 낮추고(Suksomboon et al. 2007), 남자와 성교하는 남자들 사이에서도 전파를 감소시키는 데 효과가 있다(Grant et al. 2010). 또한 포경수술은 남자가 HIV에 걸릴 위험을 거의 절반으로 줄이며(Bailey et al. 2007; Gray et al. 2007), 질에 사용하는 항바이러스 젤은 여성에게 유사한 효과를 보인다(Abdool Karim et al. 2010).

행동을 바꾸도록 격려하는 것은 이에 비해 효과가 덜 분명하지만, 행동의 변화 또한 의심할 여지없이 질병의 전파를 줄이는 잠재력을 가진다. 예를 들어 콘돔을 지속적으로 사용하면 HIV에 걸릴 위험을 80% 이상 감소시키며(Pinkerton and Abramson 1997; Weller and Davis 2002), 분명한 성공 사례들이 있다. 예를 들어 우간다에서 우발적인 성교를 자제하고 콘돔을 사용하며 자발적으로 HIV 검사를 받자는 캠페인을 벌인 결과, 국지적으로 AIDS 전파가 실제 감소하였다(Slutkin et al. 2006; 그러나 Oster 2009를 보라). 반면에 행동 조절을 격려하는 무작위적인 시도는 결과가 다소 실망스러웠다. 미국에서 남자와 성교한 4,000명이 넘는 HIV 음성 남성들을 대상으로 한 연구에서 실험군의 구성원들에게는 일대일 상담을 하고 대조군 그룹에게는 전형적인 형태의 상담을 제공했다(Koblin et al. 2004). 이 실험에서, 희망했던 대로 실험군은 대조군보다 위험한 성적 행동을 덜 보였다. 그러나 HIV 감염률은 실험군과 대조군에서 통계적으로 의미 있는 차이를 보이지 않았다.

분명한 것은 우리가 지금 만족하고 있을 상황이 아니라는 것이다. 그림 1.4의 그래프는 미국에서 남자와 성관계를 갖는 남자들 사이에서 매년 새로이 발생하는 감염자 수를 본 것이다. 1980년대 중반부터 1990년 초반까지는 그 수가 감소하였으나 이후 숫자가 다시 꾸준히 올라가고 있다. 다른 곳에서도 같은 현상이 일어나고 있는 것 같다(Hamers and Downs 2004; Giuliani et al. 2005). 조사 결과를 보면 장기적인 약 치료요법이 적어도 일시적으로는 HIV를 관리 가능한 만성 질환으로 변화시켰지만, 이것이 한편으로 위험한 성 행동을 다시 증가시켰음을 알 수 있다(Crepaz, Hart, and Marks 2004; Kalichman et al. 2007).

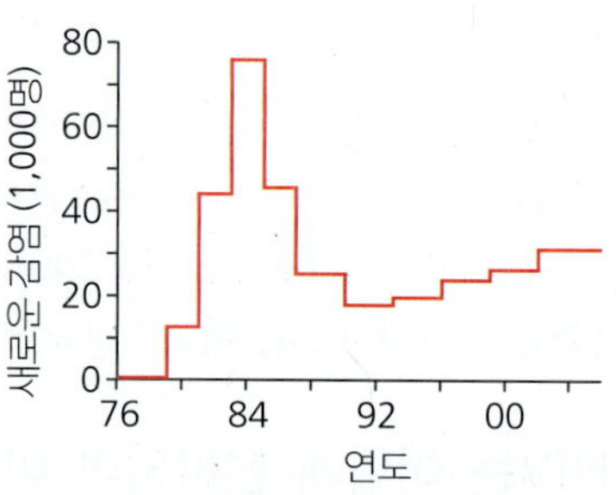


**그림 1.4 미국에서 남성과 성관계를 가진 남성들 사이의 새로운 HIV 감염** Hall et al. (2008)에서.

## HIV란?

모든 바이러스와 마찬가지로, HIV는 자기 스스로 생식할 수 없는 세포내 기생자이다. HIV는 사람의 면역계를 구성하는 특정 형태의 세포에 침투한다. 바이러스는 복제하기 위해 숙주세포의 효소기구, 화학물질, 에너지를 이용하는데 그 과정에서 숙주세포를 죽게 한다.

그림 1.5는 HIV 생활사의 개요를 보다 자세히 설명한 것이다(Nielsen et al. 2005;

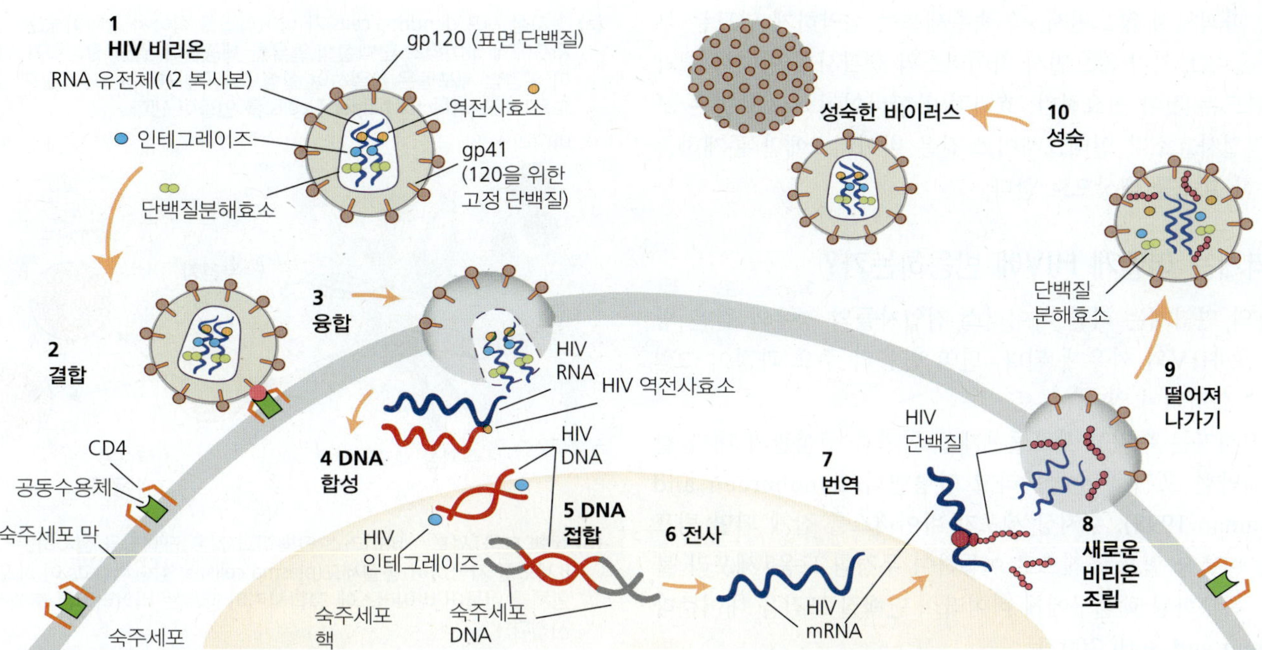


**그림 1.5 HIV의 생활사 (1, 위쪽 왼쪽)** 비리온이라 알려진 HIV의 세포외 형태가 숙주세포(보통은 도움T세포)와 만난다. **(2)** HIV의 gp120 표면단백질이 먼저 CD4에 결합한 다음, 숙주세포의 표면에 있는 공동수용체(보통은 CCR5; 때때로 CXCR4)에 결합한다. **(3)** HIV 비리온이 숙주세포와 융합한다; HIV의 RNA 유전체(게놈)와 효소들이 숙주세포의 세포질 속으로 들어간다. **(4)** HIV의 역전사효소가 HIV의 RNA 주형으로부터 HIV DNA를 합성한다. **(5)** HIV의 인테그레이즈(integrase)라는 효소가 HIV의 DNA 유전체를 숙주세포의 유전체 속으로 삽입한다. **(6)** HIV의 DNA 유전체는 숙주세포의 RNA 중합효소에 의해 HIV mRNA로 전사된다. **(7)** HIV의 mRNA는 숙주세포의 리보솜에 의해 HIV의 전구체 단백질로 번역된다. **(8)** 새로운 세대의 비리온이 숙주세포의 막에서 조립된다. **(9)** 새로운 비리온이 숙주세포의 막에서 떨어져 나온다. **(10)** HIV의 단백질분해효소가 전구체 단백질을 절단하여 성숙한 바이러스 단백질을 만듦으로써 새로운 비리온이 성숙하게 된다.

Ganser-Pornillos et al. 2008). 생활사는 세포외 시기와 세포내 시기를 포함하며, 세포외 시기(감염 시기) 동안에 바이러스는 한 숙주세포에서 다른 세포로 이동하고, 한 숙주에서 또 다른 숙주로 전달될 수 있다. 바이러스의 세포외 형태를 비리온(virion) 또는 바이러스 입자라 부른다. 세포내 시기 또는 복제 시기 동안에는 바이러스가 복제를 한다.

HIV는 숙주세포의 표면에 있는 2개의 단백질에 부착하면서 복제 시기를 시작하는데, 먼저 CD4에 결합한 다음, 공동수용체(coreceptor)라 불리는 두 번째 단백질에 부착한다. 이는 비리온의 외피와 숙주세포 막의 융합으로 이어져 비리온의 내용물이 숙주세포 안으로 들어간다. 내용물에는 바이러스의 유전체(단일 가닥 RNA 분자 2벌)와 2종류의 바이러스 효소가 포함되어 있다: 역전사효소, 이것은 바이러스의 RNA 유전체를 DNA로 전사한다; 인테그레이즈, 이것은 DNA 유전체를 숙주세포의 유전체 속으로 삽입시킨다.

HIV는 인간의 면역계 세포들을 괴롭히는 기생자이다. HIV 비리온은 숙주세포 표면에 있는 단백질에 부착하여 세포 안으로 침투한다. 그런 다음 숙주세포의 기구들을 이용하여 새로운 비리온을 만든다.

일단 HIV 유전체가 숙주세포의 DNA로 침투하면, 숙주세포의 RNA 중합효소는 바이러스 유전체를 바이러스 mRNA로 전사하고 숙주세포의 리보솜은 바이러스의 단백질을 합성한다. 새로운 비리온은 숙주세포의 막에서 조립된 후 혈류나 체액 속으로 떨어져 나간다. 이 비리온 내부에서 HIV의 단백질분해효소는 여러 가지 바이러스 단백질의 전구체들을 기능할 수 있는 형태로 잘라내어 비리온이 성숙하게 된다. 이제 새로운 비리온은 같은 숙주 내의 새로운 세포들에 침투하거나 새로운 숙주로 이동할 준비를 마쳤다.

HIV 생활사의 주목할 만한 특징은 바이러스가 숙주세포의 효소 기구들—세포의 중합효소, 리보솜, tRNA 등—을 거의 모든 단계에서 사용한다는 것이다. 이것이 바로 HIV나 일반적인 바이러스성 질병을 다루기 매우 어려운 이유이다. 숙주세포의 효소 기능을 파괴하지 않으면서, 즉 숙주세포를 쇠약하게 만드는 부작용을 일으키지 않으면서 바이러스의 생활사를 방해하는 약을 만드는 것이 필요하다. 효과적인 항바이러스 치료법은 보통 역전사효소나 인테그레이즈 같은 바이러스에만 존재하는 특수한 효소를 대상으로 한다.

## 면역계는 어떻게 HIV에 반응하는가?

환자의 면역계는 다른 바이러스 침입자들의 경우와 같은 방법으로 HIV와 싸우게 된다. 면역 반응의 주요 과정이 그림 1.6에 설명되어 있다.

감시자는 수지상 세포들에게 소화관과 생식관의 내벽 같은 취약한 조직을 순찰하라고 명령한다(Banchereau and Steinman 1998). 수지상 세포가 바이러스를 잡게 되면 림프절을 비롯한 림프 조직으로 이동하여 무경험 도움T세포라 불리는 특수화된 백혈구에게 바이러스 단백질 조각을 내어준다(Sprent and Surh 2002).

무경험 도움T세포에는 T세포 수용체라는, 많은 변이체를 가진 단백질이 있다. 수지상 세포가 바이러스 단백질 조각을 도움T세포에게 제시하여 T세포 수용체에 결합하면, 도움T세포는 활성화되어 자라고 분열하면서 실행 도움T세포라는 딸세포를 만든다. 실행 도움T세포는 면역반응을 돕는다.

실행 도움T세포는 사이토카인이라는 분자의 형태로, 다양한 면역 세포들이 싸움에 가담하도록 도우라는 명령을 내린다. 사이토카인은 B세포가 형질세포로 성숙하도록 유도하며, 형질세포는 항체를 만들어내고, 항체는 침입한 비리온에 결합하여 표식을 함으로써 제거가 되도록 유도한다(McHeyzer-Williams et al. 2000). 실행 도움T세포는 또한 살생T세포를 활성화시켜 감염된 숙주세포를 파괴하게 만들고(Williamsand Bevan 2007), 대식세포(그림에는 없음)를 불러들여 바이러스 입자를 파괴하거나 감염된 세포들을 죽인다(Seid et al. 1986; Abbas et al. 1996).

대부분의 실행 도움T세포는 몇 주 내에 죽지만, 소수는 생존하여 기억 도움T세포가 된다(Harrington et al. 2008). 만일 같은 병원체가 다시 침입하면 기억세포는 재빨리 새로운 실행 도움T세포 집단을 만들게 된다.

## 어떻게 HIV가 AIDS를 일으키는가?

앞에서 언급한 것처럼, HIV는 먼저 숙주세포 표면에 있는 2개의 단백질에 결합하여 숙주세포로 침투한다. 첫 번째 단백질은 CD4이다; 두 번째는 공동수용체라 불린다. HIV의 균주(strain)마다 공동수용체가 서로 다르지만 새로운 감염을 일으키는 대부분의 균주는 CCR5라는 단백질을 이용한다. 막에 CD4와 CCR5를 가지고 있는 세포들, 따라서 HIV에 취

**(a)** 수지상 세포(dendritic cells)가 바이러스를 잡아서 경험이 없는 도움T세포에게 바이러스 단백질의 일부를 제공한다. 일단 활성화가 되면, 이 무경험 세포들은 분열하여 실행 도움T세포(작동 도움T세포, 효과 도움T세포, effector helper T cells)를 만들어 낸다.

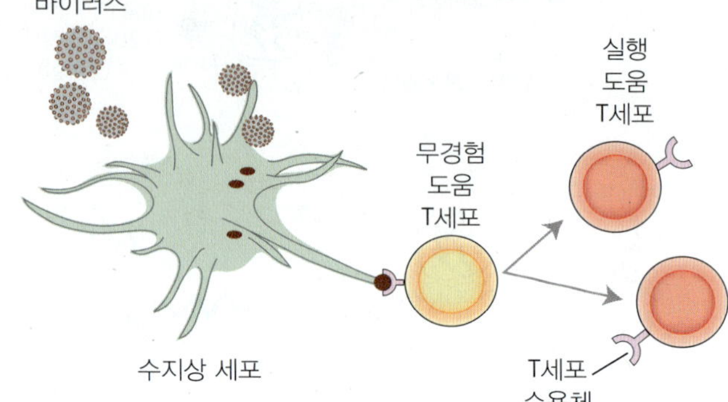


**(b)** 실행 도움T세포는 바이러스 단백질과 같은 단백질을 전사하는 B세포를 자극하여 형질세포(plasma cells)로 성숙시키고, 이 세포들은 항체를 만들어 바이러스에 결합시키며 때로는 바이러스를 불활성화시킨다.

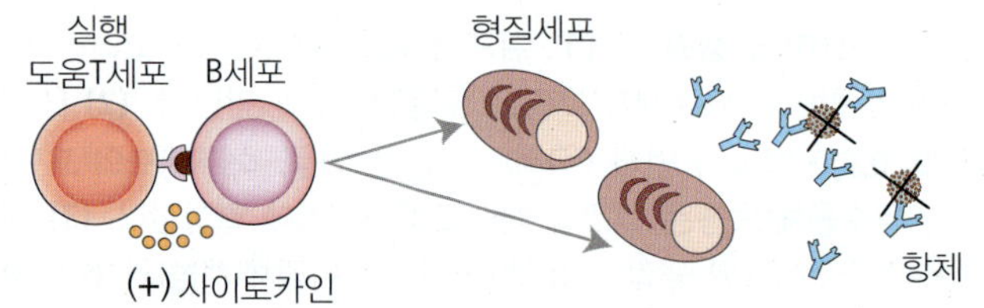


실행 도움T세포는 또한 살생T세포(killer T cells)의 활성화를 돕는데, 살생T세포는 바이러스에 감염된 숙주세포를 파괴한다.

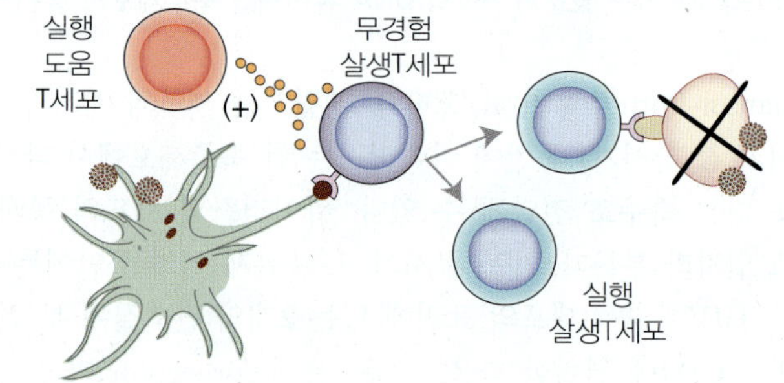


**(c)** 대부분의 실행 도움T세포는 수명이 짧다. 그러나 일부는 오래 살아남는 기억 도움T세포가 된다.

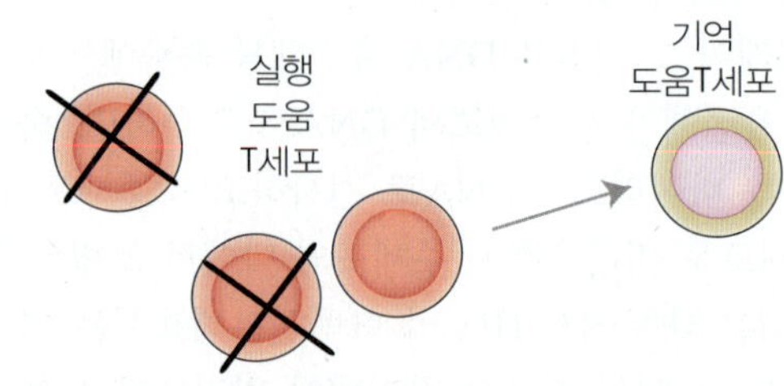


**그림 1.6 면역계는 어떻게 바이러스 감염과 싸우는가** NIAID (2003), Watkins (2008)에서.

약한 세포들에는 대식세포, 실행 도움T세포, 기억 도움T세포가 있다(그림 1.7).

HIV 감염의 진행 상태는 환자의 혈류 속 HIV의 농도와 장 점막과 연관된 림프(면역계) 조직 및 환자의 혈류 속 CD4 세포의 농도를 주기적으로 측정함으로써 모니터할 수 있다. 치료를 받지 않으면 전형적으로 3단계를 거쳐 진행된다.

급성 시기에 HIV 비리온은 숙주의 몸으로 들어가 폭발적으로 복제한다. 이때 혈액 내의 비리온 농도는 급속히 증가하고(그림 1.8), CD4 T세포의 농도는 수직으로 감소한다—특히 장의 림프 조직에서. 이 시기에 숙주는 바이러스 감염의 일반적인 증후를 보인다. 급성 시기는 바이러스 복제 속도가 늦어지고 혈류의 비리온 농도가 떨어지면서 끝이 난다. 이후 숙주의 CD4 T세포 수가 다소 회복된다.

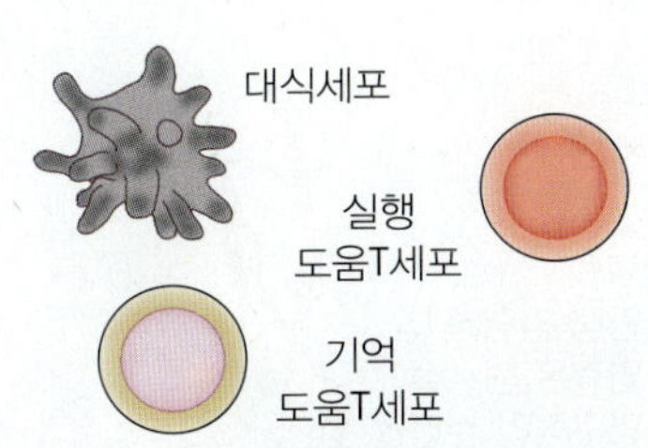


**그림 1.7 세포막에 CD4와 CCR5를 가지고 있어서 HIV에 취약한 면역계 세포들.** UNAIDS (2008)의 자료.

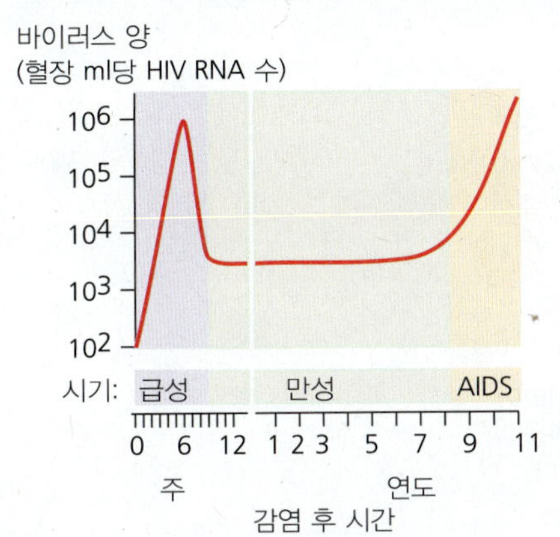


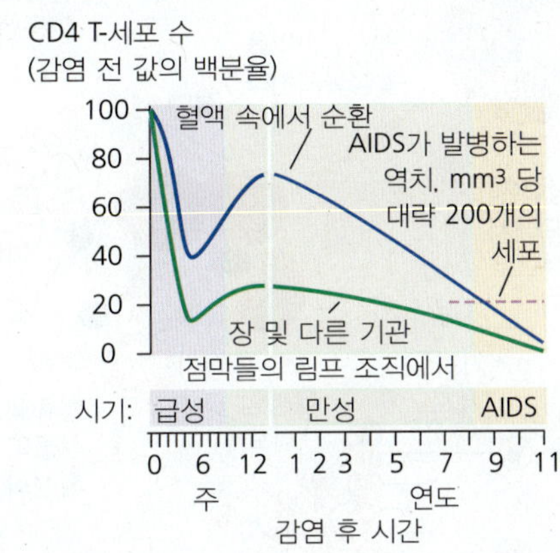


**그림 1.8 HIV 감염 후 치료받지 않는 경우의 전형적인 임상 과정** 혈류 속 CD4 T세포 농도가 $mm^3$당 약 200개 이하로 떨어지면 환자의 면역계는 붕괴되기 시작한다. Bartlett and Moore (1998), Brenchley et al. (2006), Pandrea et al. (2008)에서.

만성 시기 동안에는 보통 증후가 거의 없다. 그러나 HIV는 계속해서 복제한다. 혈액 내의 비리온 농도는 잠시 동안 안정화될 수 있으나 결국에는 다시 증가한다. CD4 T세포의 농도는 다시 감소한다.

AIDS 시기는 혈액 내 CD4 T세포 농도가 $mm^3$당 200개 이하로 떨어질 때 시작된다. 환자의 면역계는 붕괴되기 시작하고, 강한 면역계를 가진 사람에게는 거의 문제를 일으키지 않는 바이러스, 박테리아, 균류를 더 이상 막아낼 수 없게 된다. 효과적인 항-HIV 약물 처리요법 없이는 AIDS로 진단된 환자는 예상 수명이 3년 미만이다(Schneider et al. 2005).

HIV 감염이 환자의 CD4 T세포를 고갈시키고, 환자의 면역계를 손상시키는 메커니즘은 매우 복잡하여 25년에 이르는 연구에도 불구하고, 이에 대한 우리의 이해는 아직 불완전하다(Pandrea et al. 2008; Douek et al. 2009; Silvestri 2009). 급성시기 동안에 일어나는 CD4 T세포의 가파른 소실은 단순한 감염과 숙주 CD4 T세포의 파괴로 설명할 수 있을 것이다. 그러나 면역계는 이 세포들을 재생할 수 있는 놀라운 능력을 가지고 있고, 게다가 만성 시기 동안에는 직접적으로 감염되는 세포 수가 100개 중 1개 이하이다. 틀림없이 우리가 모르는 더 많은 이야기가 아직 남아 있을 것이다.

그림 1.9(다음 쪽)는 HIV 감염이 일어나 AIDS로 이르는 주요 사건들을 요약한 것이다(Appay and Sauce 2008; Pandrea et al. 2008; Douek et al. 2009; Silvestri 2009). 장(위쪽)에서 HIV가 CD4 T세포를 공격하면서 주기를 시작한다. 이 공격은 환자의 많은 도움 T세포들을 파괴할 뿐 아니라, 장 박테리아와 혈류 사이의 장벽 역할을 하는 장 내 다른 조직들도 손상시킨다. 이 장벽이 약해지면서 박테리아와 그 산물이 장에서 혈액으로 이동한다(그림 1.9, 오른쪽 위).

박테리아의 산물이 혈액으로 이동하면 높은 수준의 면역 활성화가 시작되는데, HIV 감염 자체 또한 이 면역 활성화에 기여한다(Biancotto et al. 2008). 그림 1.6에서 보았듯

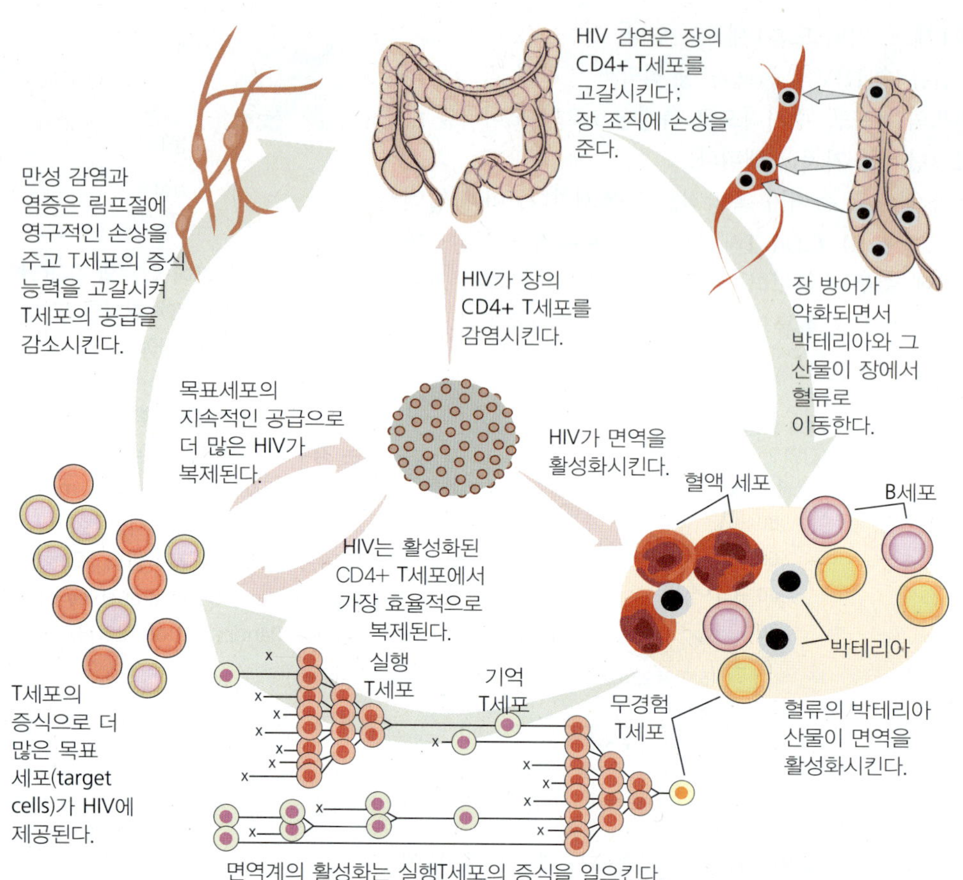


**그림 1.9 HIV가 어떻게 AIDS를 일으키는지에 대한 모델** HIV가 장에 있는 CD4+ T세포를 고갈시키는 부분부터(위쪽) 시작하여 시계 방향으로 보아라. 바이러스의 직접적인 영향은 중앙의 작은 분홍색 화살표로 나타내었다; 간접적인 영향은 바깥 주위를 도는 큰 갈색 화살표로 나타내었다. Appay and Sauce (2008); Pandrea et al. (2008); Douek et al. (2009); Silvestri (2009)에서.

이 면역계의 활성화는 B세포와 T세포의 증식을 유도한다. 이러한 공격적인 면역반응은 적어도 일시적으로는 이득이 있는데, 예를 들어 그렇게 만들어지는 항-HIV 살생T세포는 HIV의 복제를 억제시키도록 돕고 이들과 새로운 도움T세포의 생성으로 환자의 CD4 T세포의 농도가 다소 회복될 수 있다(그림 1.8). 그러나 HIV의 경우에는 강한 면역반응이 무거운 비용과 함께 온다. 이유는 HIV가 활성화된 CD4 T세포에서 가장 효율적으로 복제되기 때문이다. 다른 말로 하면, HIV 감염에서 벗어나기 위한 면역계의 최선의 노력이 바로 불에 연료를 붓는 꼴이 된다는 뜻이다.

**HIV는 직간접적으로 면역 활성화를 일으킨다. 그런 다음 활성화된 면역계 세포들 속에서 증식한다. 싸움이 진행되면서 면역계가 손상을 입고 적절한 기능을 위한 충분한 수의 T세포를 더 이상 만들어 내지 못하게 되면 AIDS가 시작된다.**

HIV와 면역계 사이의 싸움이 진행되는 주된 장소는 환자의 림프절(Lederman and Margolis 2008)이며, 이곳은 무경험 T세포가 활성화되는 곳이다. 만성 감염과 염증은 결국 림프절에 회복 불가능한 손상을 입히고 새로운 T세포를 만들어내는 면역계의 능력을 고갈시킨다. 환자의 T세포 농도가 급속히 떨어지면 면역계는 다른 병원균들과 싸울 수 있는 능력을 잃게 된다.

어떻게 HIV가 AIDS로 가기 전에 중지시킬 수 있을까? 분명한 답은 HIV의 복제를 막는 것이다. 그 첫 번째 약인 azidothymidine(AZT)는 1987년에 치료제로 사용 승인을 받았다(De Clercq 2009). AZT의 임상 경험 및 이후 개발된 모든 항바이러스제들은 우리에게 첫 번째 질문을 던진다. 왜 단일 약으로는 일시적인 도움밖에 받을 수 없는가?

## 1.2 왜 한 종류의 약을 사용하는 HIV 치료요법이 결국 실패하는가?

바이러스와 싸우기 위하여 연구자들은 바이러스에만 특이적이면서 그들의 생활사에 아주 중요한 효소를 억제하는 약을 찾으며, 이론상 그런 약들은 바이러스를 파괴하면서 부작용도 별로 없어야만 한다. HIV의 경우, 그런 잠재적인 목표물은 바이러스의 단백질분해효소, 인테그레이즈 및 역전사효소이다(그림 1.5 참조). 이렇게 HIV와의 싸움을 위해 승인한 첫 번째 약인 AZT는 역전사효소를 방해한다.

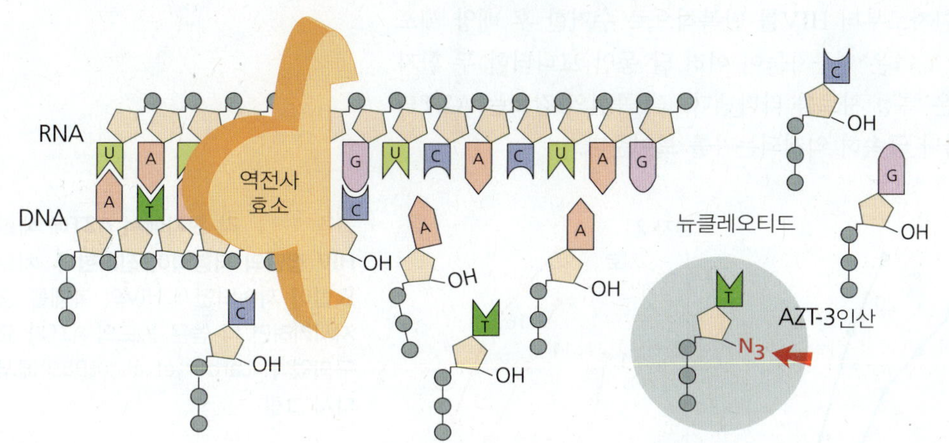


**그림 1.10 어떻게 AZT가 역전사를 차단하는가?** HIV의 역전사효소는 바이러스의 RNA 가닥이 상보적인 DNA 가닥을 만들 때 숙주세포의 염기를 사용한다. AZT는 역전사효소를 속일만큼 정상적인 염기와 충분히 유사하지만, 다음 염기를 위한 부착 장소가 없다.

그림 1.10은 역전사효소가 어떤 일을 하는지 보여준다. 이 효소는 상보적인 바이러스 DNA 가닥을 만들기 위하여 바이러스의 RNA를 주형으로 사용하는데, 이때 효소는 숙주세포로부터 건축 블록인 염기를 훔쳐내 DNA를 만드는 데 사용한다.

그림은 또한 어떻게 AZT가 역전사를 중지시키는가를 보여준다. Azidothymidine은 화학구조가 정상적인 티미딘(thymidine) 염기와 비슷하다—아주 비슷하기 때문에 역전사효소는 AZT를 선택해 자라나는 DNA 가닥에 삽입시키도록 속는다. 그러나 정상적인 티미딘과 AZT 사이에는 아주 중요한 차이가 있는데, 티미딘은 히드록시기(-OH)를 가지는 반면에 AZT는 아지드 그룹($-N_3$)을 가진다. 히드록시기는 자라나는 DNA 분자에 역전사효소가 다음 염기를 부착시키는 장소라서, AZT에는 염기를 첨가시키지 못하므로 역전사효소는 일을 끝낼 수가 없다. 따라서 AZT는 새로운 바이러스 단백질과 새로운 비리온으로 가는 통로를 차단하는 것이다.

**AZT는 HIV의 역전사효소에 의해 바이러스 DNA 가닥 속으로 들어가게 되는데, 이곳에서 AZT는 효소가 더 이상 염기를 첨가시키지 못하게 만든다. 그러나 역전사효소의 구조 변화로 이러한 과정에 덜 취약한 바이러스 복제를 만들 수 있게 된다.**

초기의 임상실험에서 AZT는 AIDS 환자의 T세포 소실을 멈추면서 그 효과를 나타냈다. 그러나 이 약은 심각한 부작용을 초래했다. 왜냐하면 때로 환자 자신의 DNA 중합효소까지 속이고, 정상적인 DNA의 합성을 차단했기 때문이다. 그렇지만 AZT는 실질적으로 면역 악화 속도를 늦추는 데 확실히 효과가 있는 것처럼 보였다. 그러나 약이 사용된 지 불과 몇 년 지난 1989년에 환자들은 치료에 대한 반응을 보이지 않게 되었고, T세포 수는 다시 감소하였다. 무엇이 잘못되었을까?

## AZT가 환자의 생리를 변화시키는가?

이론상 AZT는 2가지 경로 중 하나 또는 둘 모두로 인해 그 효력을 잃을 수 있다. 하나는 환자 자신의 세포생리가 변할 수 있다는 것이다. 약이 세포로 들어간 후에 생물학적으로 활성화되려면 세포 자신의 티미딘 인산화효소에 의해 인산화가 되어야만 하는데, AZT에 오랜 기간 노출되면 세포가 점점 적은 양의 티미딘 인산화효소를 만들게 될 수 있다. 만일 그렇다면, AZT는 시간이 흐르면서 효율성이 감소될 것이다.

Patrick Hoggard와 동료들(2001)은 1년 동안 같은 양의 AZT를 섭취한 환자그룹에서 인산화된 AZT의 세포내 농도를 주기적으로 측정하여 이 가설을 시험했다. 결과는 이 가설을 반박했다. 인산화된 AZT의 농도는 시간이 흐르면서 변화하지 않았던 것이다.

## AZT는 환자 몸속에 살고 있는 비리온 집단을 변화시키는가?

AZT가 그 효력을 잃게 된 다른 경로는 환자의 몸속에 살고 있는 비리온 집단이 변할 수 있고 그 결과 비리온 자체가 AZT의 파괴에 대한 저항력을 갖게 되는 것이다.

시간이 흐르면서 비리온 집단이 AZT에 저항력을 갖게 되는지를 알아보기 위해, Brendan Larder와 동료들(1989)은 환자로부터 HIV를 반복적으로 수거한 후 배양 세포 속에서 이 바이러스를 배양했다. **그림 1.11**은 연구자들이 여러 달 동안 모니터한 두 환자에 대한 자료이다. 그래프의 각 곡선은 특정 시료를 나타낸다. 각 곡선의 감소는 AZT의 농도 증가로 HIV의 복제 능력이 얼마나 급속히 억제되는가를 보여준다.

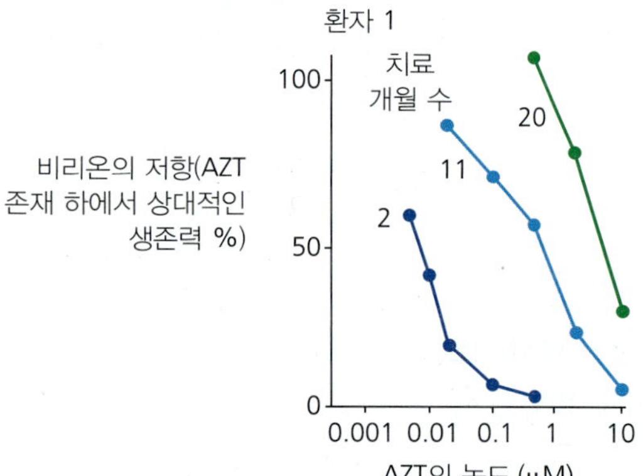


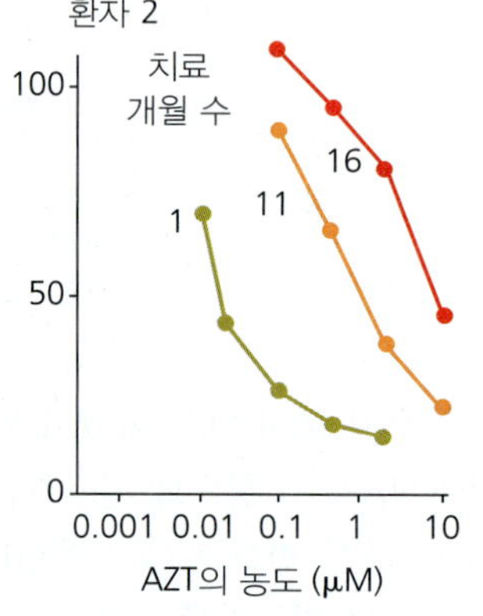


**그림 1.11 각 환자에서 AZT에 대한 HIV 집단의 저항력이 진화한다** 치료 요법이 지속되면서 HIV의 복제를 중지시키려면 더 높은 농도의 AZT가 요구되었다. Larder et al. (1989)에서 다시 그림.

환자 1의 세 곡선을 조사해보자. AZT를 2달 동안 복용한 이 환자에서 채취한 비리온은 여전히 약의 효과를 보였고, AZT의 농도가 적절하면 비리온은 복제 능력을 거의 모두 잃었다. AZT 복용 11개월 후의 환자에서 채취한 비리온은 부분적으로 저항력이 있었고, 모두 억제할 수는 있었지만 10배의 AZT가 필요했다. AZT 복용 20개월 후의 환자에서 채취한 비리온은 매우 저항력이 높아서 첫 번째 시료를 중지시켰던 AZT 농도로는 영향을 전혀 받지 않았고 2번째 시료를 중지시켰던 농도에서도 여전히 상당한 수준의 복제를 할 수 있었다.

환자 2에 대한 자료도 같은 이야기를 해준다. 각 환자들 몸속에서 비리온 집단은 변하여 AZT에 저항력을 갖게 되며, 다른 말로 하면 집단이 진화하는 것이다.

AZT를 복용하는 많은 환자에서, 단 6개월 이내에 약에 대한 저항력을 가진 HIV 집단들이 진화한다**(그림 1.12)**.

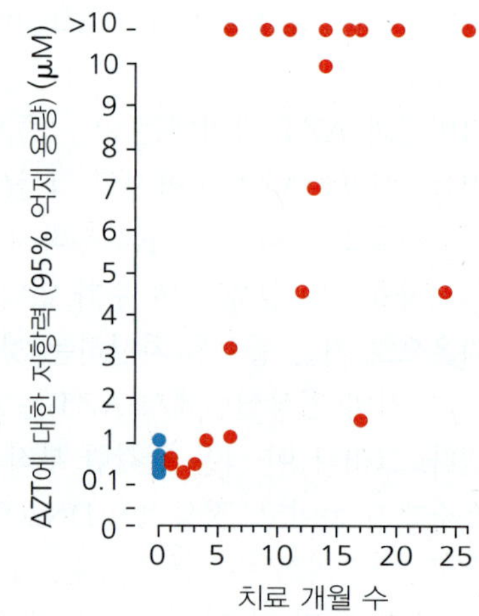


**그림 1.12 많은 환자들에서 6개월 이내에 AZT에 대한 저항력이 진화한다** 이 그래프는 서로 다른 시기에 조사한 39명의 환자에서 저항력을 관찰한 것이다. Larder et al. (1989)에서 다시 그림.

## 무엇이 AZT에 대한 HIV의 저항력을 만드는가?

저항력을 가진 비리온 대 민감한 비리온 사이의 차이는 무엇인가? 이 질문에 답하기 위해 사고력 실험을 해 보자. 만일 공학적으로 AZT가 있어도 복제할 수 있는 HIV 비리온을 만들고자 한다면 우리는 무엇을 해야 할까? 바이러스의 역전사효소를 개조해야만 할 것이다. 그 결과 자라나는 DNA 가닥 속으로 AZT 분자를 삽입시키지 않도록 피하거나 또는 더 가능성이 높은 방법, 즉 삽입된 AZT를 다시 빼내어 DNA 가닥이 계속 자랄 수 있게 하는 방법 중 하나를 얻게 될 것이다**(그림 1.13)**.

실제로 우리는 많은 수의 HIV 비리온을 돌연변이를 일으키는 화학약품이나 이온화 방사선에 노출시켜, 유전체의 염기서열이 변화된(따라서 변화된 아미노산 서열을 갖는 단백질이 생긴) HIV 균주를 만들 수 있다. 만일 우리가 충분한 수의 돌연변이체를 만든다면 적어도 그 중 소수는 역전사효소 분자의 활성부위—염기를 인식하고 자라는 DNA 가닥에 염기를 첨가하고, 잘못된 곳을 고치는 부분—에 변화가 있을 것이다. 만일 변화된 결합부위를 가진 역전사효소들 중 하나에 정상적인 염기와 AZT의 혼동이 덜 심한 기능이 생긴다면, 또는 보다 가능성이 높은 경우, 즉 AZT를 삽입한 후에 제거를 할 수 있게 된다면, HIV의 돌연변이체는 약이 있다 하더라도 복제를 계속할 것이다. 만일 AZT로 돌연변이 비리온 집단을 치료한다면 AZT의 존재하에서 복제할 수 없는 HIV 균주의 수는 감소할 것이고, 저항력을 가진 균주는 흔해질 것이다.

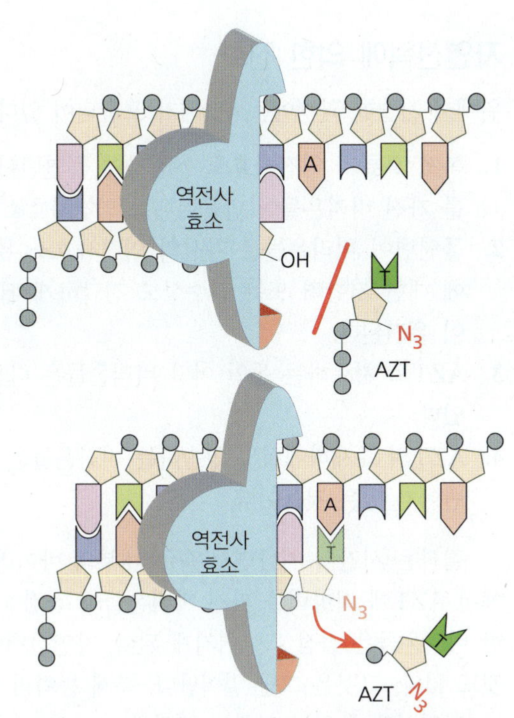


**그림 1.13 역전사효소가 AZT에 저항할 수 있는 2가지 방법** 저항력을 가진 효소는 AZT를 피하거나(위쪽) 자라나는 DNA 가닥에 삽입된 AZT를 다시 빼낼 것이다(아래쪽).

이러한 사고력 실험에서 Larder와 동료들이 생각했던 것과 똑같은 과정이 실제로 HIV 환자들의 몸속에서 일어난다. 어떻게 이것을 알 수 있을까? 비슷한 연구에서 연구자들은 AZT를 복용한 환자에서 반복하여 HIV 비리온 시료를 채취했을 때, 오랫동안 약물 치료를 받은 시점에서 채취한 바이러스 균주는 같은 숙주에서 약물 처치 전에 존재했던 바이러스 균주와 유전적으로 다르다는 것을 발견했다. AZT에 대한 저항력과 관련된 돌연변이는 환자들 사이에서 종종 동일했으며(St. Clair et al. 1991; Mohri et al. 1993; Shirasaka et al. 1993) 모두 역전사효소의 활성부위에서 아미노산의 변화가 일어났다**(그림 1.14)**.

변화된 역전사효소도 역시 AZT를 선택하여 자라나는 DNA 가닥 속에 삽입하지만, 곧이어 AZT를 제거하는 것으로 보인다. 그러므로 계속해서 DNA를 복제할 수 있다(Boyer et al. 2001). HIV 비리온은 그런 변화된 역전사효소를 가짐으로써 AZT의 존재하에서도 복제를 할 수 있게 된다.

이때 우리의 사고력 실험에서와는 달리 의식적인 조작이 전혀 없었음을 주목하라. 그렇다면 바이러스 균주에서는 어떻게 이런 변화가 일어났을까?

답은 다음과 같다. 역전사효소는 전사의 착오를 바로 잡는 약간의 기능이 있기는 하지만 늘 실수를 범한다. 이 효소가 만들어내는 DNA 전사체의 반 이상이 염기서열에 적어도 하나의 잘못된 부분이 들어 있다—하나의 돌연변이—(Hübner et al. 1992; Wain-Hobson 1993). 그런데 감염이 일어나는 동안에 각 환자의 몸 안에서는 HIV 복제가 수천 세대나 일어나기 때문에 HIV의 단일 균주가 환자마다 어마어마한 수의 역전사효소 변이체를 만들어낸다.

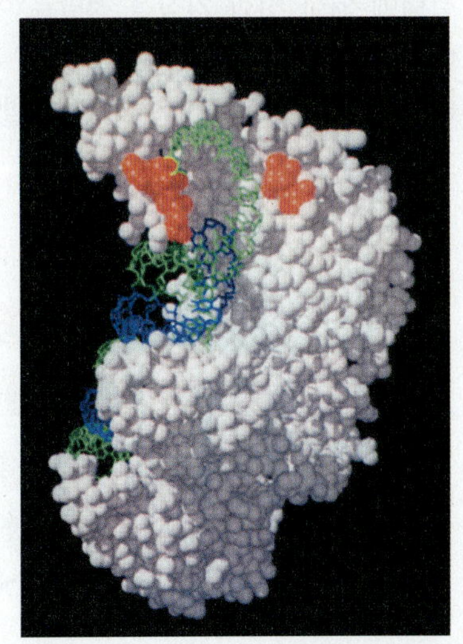

**그림 1.14 AZT에 저항력을 가진 역전사효소** 녹색과 파란색 가닥은 각각 주형 RNA와 자라나는 DNA이다. 공 모양의 구조들이 역전사효소를 이루며, 붉은색 부분이 AZT에 대한 저항력이 생기면서 변화된 아미노산들이다. 이 부분은 효소의 활성부위이다. Lori Kohlstaedt의 사진; Cohen (1993)에서.

단순히 이 엄청난 수 때문에, 분명히 이 변이체들 중 하나 이상은 역전사효소의 능력을 향상시키는, 즉 AZT를 인식하고 제거하는 아미노산 치환이 들어 있게 된다. 만일 환자가 AZT를 복용한다면 변화되지 않은 HIV는 복제가 억제되지만, 저항력을 가진 돌연변이체는 여전히 DNA를 합성하고 새로운 비리온을 만들어 낼 수 있을 것이다. 저항력이 있는 비리온은 증식을 하고 저항력이 없는 비리온은 복제에 실패하면, 시간이 흐르면서 환자의 몸에서는 AZT에 저항력을 가진 비리온의 비율이 증가하게 된다. 게다가 바이러스 집단에는 새로운 세대마다 새로운 돌연변이가 첨가된 비리온들이 생기고 그 중 일부는 AZT의 존재하에서도 기능을 하는 역전사효소의 능력이 한층 더 향상될 것이다. 이들의 증식이 빨라지면 이러한 새로운 돌연변이를 지닌 비리온들의 빈도 또한 증가할 것이다.

시간에 따른 이러한 바이러스 집단의 조성 변화 과정을 자연선택에 의한 진화라고 한다. AZT를 복용한 환자들에게 이런 일이 지속적으로 일어났기 때문에 AZT 한 종류만을 사용하는 AIDS 치료법은 오래 전에 폐기되었다.

## 자연선택에 의한 진화

위에서 기술한 과정에는 4단계가 포함되어 있다(그림 1.15, 다음 쪽):

1. 복제 오류가 역전사효소 유전자에 돌연변이를 만든다. 서로 다른 역전사효소 유전자를 가진 비리온들이 만들어내는 역전사효소들은 AZT에 대한 저항력이 다양하다.
2. 돌연변이 비리온들은 자신의 역전사효소 유전자를 자식에게 전달하며, 따라서 AZT에 대한 저항력 또는 감수성도 전달하게 된다. 다른 말로 하면, AZT에 대한 저항력이 유전된다.
3. AZT로 치료하는 동안 어떤 비리온들은 다른 것들에 비해 더 잘 생존하고 복제할 수 있다.
4. AZT의 존재하에서도 영속하는 비리온들은 역전사효소 유전자에 저항력을 가진 돌연변이가 있는 것들이다.

**생존과 생식으로 이어지는 유전형질이 집단 내에 확산된다; 생식 실패를 가져온 유전형질은 사라진다. 이것이 자연선택에 의한 진화이다.**

결과는 시간이 지나면서 숙주 내부의 바이러스 집단의 조성이 변한다는 것이다. 집단에서 AZT에 저항력을 가진 비리온들이 점점 더 큰 비율을 차지하게 된다; AZT에 민감한 비리온들은 점점 드물어지게 된다. 자연선택에 의한 진화에는 신비로운 것도 의도적인 것도 없다; 그것은 그냥 일어난다. 복제 능력의 유전적 차이로 인한 자동적인 결과이다.

자연선택에 의한 진화는 냉정한 계산에 의한 자동적인 결과이므로 4단계가 일어나는 어떤 집단에서도 일어날 수 있다. 즉, 생식적 성공에 유전적 변이가 존재하는 어떤 집단에서도 일어날 수 있다. 우리는 이어지는 장들에서 많은 예를 보게 될 것이다.

한 과정에 대해 우리가 제대로 이해했는지를 측정하는 한 방법은 우리가 그것을 조절할 수 있는가, 없는가이다. 만일 우리가 HIV 환자들의 몸속에서 일어나는 것 같은 자연선택에 의한 진화 기작을 정말로 이해한다면, 그것을 중지시킬 방법도 찾을 수 있을 것이다—또는 적어도 그 속도를 늦출 수 있을 것이다. 이제 우리는 저항력의 진화에 대한 이해가 어떻게 효과적인 치료법 개발로 이어지는지를 고찰해 본다.

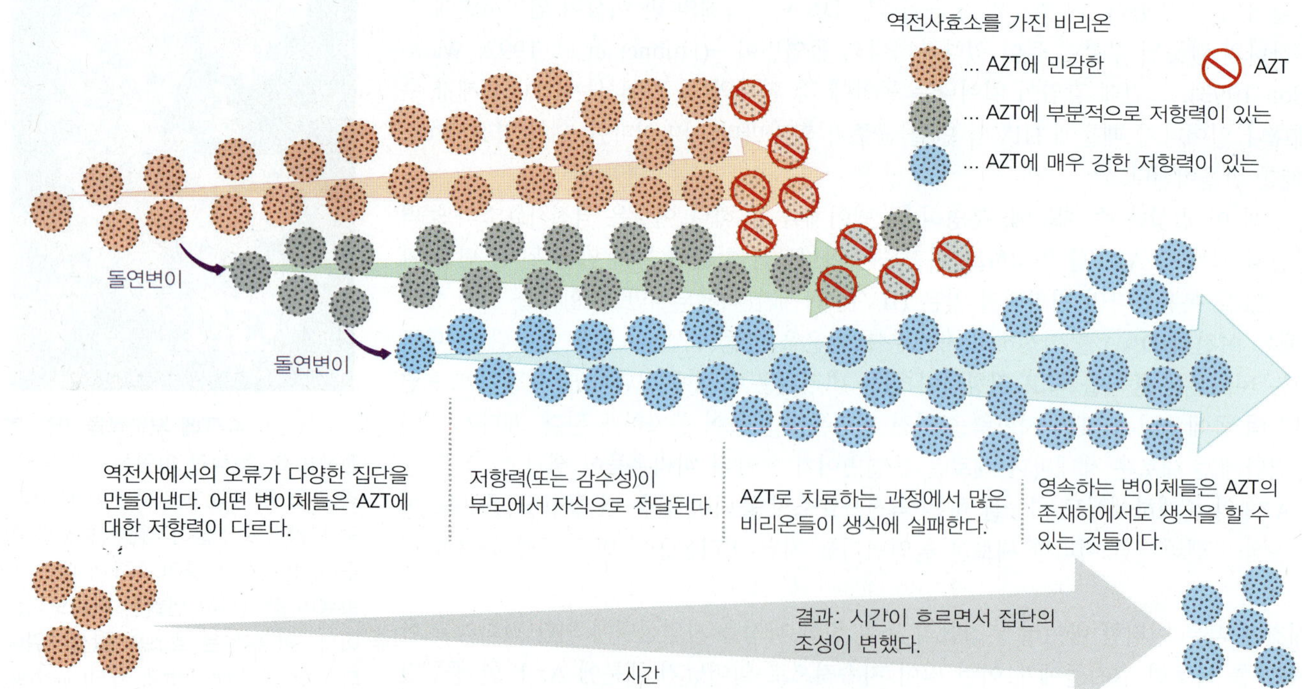


**그림 1.15 자연선택에 의한 진화, HIV 집단의 AZT에 대한 저항력의 진화를 예로 들어 설명함**
Richman (1998)에서.

## 진화에 대한 이해가 연구자들이 보다 좋은 치료법을 개발하는 데 도움을 준다

AZT가 도입된 이래, HIV 치료에 승인된 약은 24종 이상으로 성장했다(De Clercq 2009). 사용되고 있는 약의 범주는 다음과 같고, HIV 생활사의 단계에 따라 나누었다.

- **공동수용체(coreceptor) 억제제.** 이들은 HIV가 숙주세포의 CCR5 분자에 결합하는 것을 막아 숙주세포로 들어가지 못하게 한다.
- **융합(fusion) 억제제.** 이들은 HIV의 gp120 또는 gp41 단백질을 방해하여 HIV가 숙주세포에 들어가지 못하도록 막는다.
- **역전사효소 억제제.** AZT와 같은 일부 치료제는 DNA의 정상적인 구성물을 흉내 내어 역전사효소를 억제한다. 다른 종류들은 효소의 활성부위를 방해하여 역전사효소를 억제한다.
- **인테그레이즈 억제제.** 이들은 HIV의 인테그레이즈를 방해하여 HIV의 DNA가 숙주 유전체로 삽입되지 못하게 함으로써 새로운 바이러스 RNA의 전사를 막는다.
- **단백질가수분해효소 억제제.** 이들은 HIV의 단백질가수분해효소를 억제하여 바이러스의 전구체 단백질을 잘라 새로운 비리온을 위한 성숙한 구성물을 만드는 과정을 방해한다.

지금까지의 경험은 어떤 항레트로바이러스 약이든 홀로 사용될 때 그 결과는 AZT와 같을 것임을 알려준다. 숙주 내에서 바이러스 집단은 재빠르게 저항력을 진화시킨다(예를 들어, St. Clair et al. 1991; Condra et al. 1996; Ala et al. 1997; Deeks et al. 1997; Doukhan and Delwart 2001).

왜 HIV 집단은 그렇게 쉽게 저항력을 발달시킬 수 있을까? 어느 한 개의 약만 사용할 경우, 그 약이 목표로 하는 바이러스 단백질의 유전자에서 하나 또는 소수의 돌연변이만으로 저항력이 생겨날 수 있다. 높은 돌연변이율, 짧은 세대 기간, 큰 집단 크기로 인해 HIV는 많은 돌연변이 유전체를 만들어내기 때문에 거의 항상 아주 중요한 돌연변이 조합을 가진 변이체가 존재할 가능성이 높다. 한 환자에서 HIV 집단이 약의 존재 하에서도 생식할 수 있는 유전적 변이를 만들 때, 환자는 약을 먹고 집단은 진화한다.

이러한 분석은 항-HIV 치료를 향상시키기 위한 방법은 비리온이 저항력을 얻기 위해 필요한 비리온 유전체 내 돌연변이의 수를 증가시키는 것임을 암시한다. 저항력을 위해 더 많은 돌연변이가 필요할수록 한 비리온 내에 그 돌연변이들이 모두 함께 존재할 확률은 낮아질 것이다. 다른 말로 하면, 저항력의 원천인 유전적 변이를 감소시킬 전략이 필요하다. 유전적 변이 없이는—한 세대에서 다음 세대로 전달되는 생존과 생식에서의 차이가 없다면—바이러스 집단은 진화할 수 없다.

**HIV 생활사의 서로 다른 지점을 목표로 하는 약들로 이루어진 칵테일은 비리온 집단의 저항력을 만들어내는 유전적 변이를 감소시킴으로써, 저항력을 가진 균주의 진화를 억제한다. 이것은 환자의 생존을 극적으로 향상시켰다.**

저항력에 필요한 돌연변이의 수를 증가시키는 가장 단순한 방법은 두 가지 이상의 약을 동시에 사용하는 것이다. 이것이 제대로 작동하려면, 한 약에 대한 저항력을 가져 오는 돌연변이가 다른 약에 대해서도 저항력을 일으켜서는 안 된다. 가장 좋은 시나리오는 한 가지 약에 저항력을 갖게 하는 돌연변이가 동시에 다른 약에는 바이러스를 더 민감하게 만드는 것이다(St. Clair et al. 1991 참조).

실제로 여러 약들을 조합하는 칵테일 치료가 한 가지 약만 사용하는 것보다 훨씬 더 효율적임이 입증되었다. Robert Murphy와 동료들(2008)은 100명의 환자에서 바이러스 농도를 추적했는데, HIV에 대한 첫 번째 치료에서 2개의 역전사 억제제와 단백질가수분해효소 억제제를 포함한 칵테일을 사용했다. 7년 뒤에 환자들 중 61명은 여전히 연

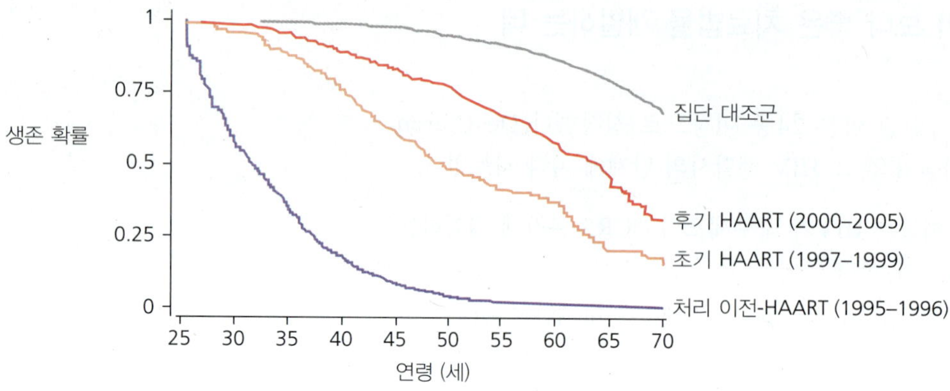


**그림 1.16 여러 종류의 약을 사용하는 치료가 AIDS 환자의 삶을 연장한다** Lohse et al. (2007)에서 다시 그림.

구에 참여하고 있었고, 그중 58명은 바이러스 농도가 혈액 1ml당 50개 이하였다—이 수치는 정상적인 조사에서는 검출되지 않을 만큼 충분히 낮은 것이다. 이런 결과들을 통해 매우 효험이 있는 항레트로바이러스 치료법(highly active antiretroviral therapy) 또는 HAART라는 별명을 가진, HIV를 억제하는 3가지 또는 그 이상의 더 많은 약들을 두 가지 이상의 방법으로 조합하는 처방법을 얻게 되었다(약의 조합에 관한 더 많은 정보를 위해서는 Hammer et al. 2008을 참조하라).

Nicolai Lohse와 동료들(2007)은 덴마크에서 1996년부터 2005년까지 3,990명의 HIV 감염 환자들을 추적하였다. 그림 1.16은 세 번의 치료 기간 동안 환자의 생존을 추적하여 일반 집단으로 구성된 379,872명의 대조군과 비교한 것이다. HAART는 환자의 생존을 극적으로 향상시켰으며, 시간이 흐르면서 더 많은 약들이 개발되고, 연구자, 의사, 환자들이 약을 사용하는 가장 효율적인 방법을 배우게 되면서 계속 더 좋아지고 있다. 저항력의 진화 방법을 이해하는 것이 삶을 연장시키는 데 도움이 된 것이다.

하지만 불행하게도 가장 좋은 칵테일 약조차도 HIV를 낫게 할 수는 없다. 생존 가능한 HIV 유전체들이 활동하지 않는 백혈구를 비롯한 여러 조직 속에 숨어서 몸속에 그대로 남아 있기 때문이다(Maldarelli et al. 2007; Brennan et al. 2009). 그 결과, 환자들이 HAART를 중지하면 바이러스 농도가 다시 급격히 올라간다(Chun et al. 1999; Davey et al. 1999; Kaufmann et al. 2004).

## 여러 종류의 약에 저항력을 가진 HIV 균주의 진화

HAART가 HIV를 박멸할 수 없기 때문에, 다종의 약에 저항력을 가진 균주의 진화는 환자에게 끊임없는 위협이 되고 있다. Richard Harrigan과 동료들(2005)은 1,191명의 환자에서 HAART에 대한 반응을 살펴보았다. 3년이 지나자, 환자들의 25%에서 HIV 집단은 적어도 하나의 항레트로바이러스 약에 대한 저항력을 발전시켰고, 어떤 환자에서는 HIV 집단이 역전사효소 억제제와 단백질가수분해효소 억제제 모두에 저항력이 있었다. 놀랄 것도 없이, 약에 대한 저항력이 있는 HIV 균주를 가진 환자는 더 큰 죽음의 위험에 직면하게 된다(Hogg et al. 2006).

어떤 환자들은 불행히도 이미 약에 대한 저항력을 가진 HIV 균주에 감염되기도 하고(Johnson et al. 2008), 또 다른 환자들은 부주의하여 치료법을 엄격하게 따르지 않음으로써 HIV 집단이 진화하도록 스스로 허용을 한다. 환자 몸속의 약 농도가 부분적인 저항력을 가진 비리온이 복제할 수 있는 수준으로 떨어지는 어느 순간, 완전한 저항력을 가진 돌연변이체가 나타날 기회가 생기게 된다.

Harrigan과 동료들(2005)은 각 환자들이 찾아가는 처방약의 백분율을 계산하여 치료에 대한 환자들의 충실도를 측정했다. 그림 1.17은 처방약을 조제해 간 백분율의 함수

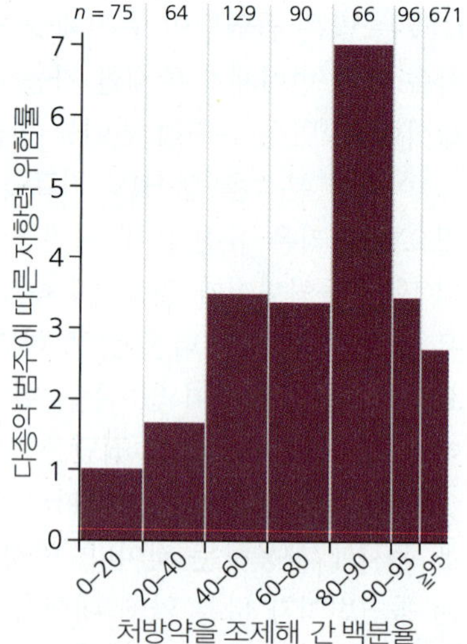


**그림 1.17 처방된 용량의 대부분을 복용했지만 모두를 복용하지 않은 환자들에서 다종약에 대한 저항력을 가진 HIV가 가장 쉽게 발달한다.** Harrigan et al. (2005)에서 다시 그림.

로서 다종약-저항력을 가진 HIV의 진화에 대한 위험률을 표시한 것이다. 위험률은 저항력을 가진 HIV가 진화한 특정 충실도 범주의 환자 비율을 저항력 있는 HIV가 발달한 0~20% 범주의 환자 비율로 나눈 것이다. 그래프를 읽는 법을 한번 살펴보자. 처방약의 40~60%를 찾아간 환자들에서는 저항력을 가진 HIV가 3~4배 더 진화했고, 처방약의 전부가 아닌 대부분을 조제해간 환자에서 저항력을 가진 HIV 진화율이 가장 높았다. 자연선택에 의한 진화가 어떻게 작용하는가를 고려하면, 이에 대한 설명은 간단하다. 처방용량 중 소량만 취한 환자들은 HIV 집단이 약한 선택에 놓이게 되며, 용량을 모두 복용한 환자는 사실상 바이러스 복제가 모두 억제된다. 그러나 용량 전부가 아닌 대부분을 섭취한 환자는 HIV 집단이 강한 선택에 놓이게 되지만 바이러스 복제를 일부 허용한다—따라서 진화를 허용하는 조건을 만들게 된다.

**때때로 HIV 집단은 다종약 칵테일을 복용하는 환자에서도 저항력을 발달시킨다. 그 위험은 처방약의 대부분을 복용하지만 모두를 복용하지 않는 환자에서 가장 높다.**

환자들이 처방된 용량을 모두 복용하지 못하는 한 이유는 항레트로바이러스가 심각한 부작용을 일으키기 때문이다. 환자들이 Murphy(2008)의 연구를 포기한 이유들 중에는 체지방 분포의 변화, 간 손상, 콜레스테롤 증가, 설사, 관절통 등이 있었다. 참기 쉽고 바이러스 복제를 영구히 억제할 수 있는 항-HIV 치료법은 아직 진행 중인 연구의 목표로 남아 있다.

앞에서 우리는 자연선택에 의한 진화는 개체들 사이에 차이가 있는 어떤 집단에서도 일어날 것이라고 언급했으며 이때 그 차이는 부모에서 자식으로 전달되고 생존과 생식에 영향을 주는 것이어야 한다. 따라서 생존에 실패한 변이체는 사라지는 반면, 생식적 성공을 거둔 변이체들은 자동적으로 흔해지게 된다. 이것은 우리에게 다음 질문을 던진다.

## 1.3 HIV의 전 세계적인 유행의 결과로 인간 집단이 진화하는가?

1.2절에서 우리는 환자에서 HIV 집단이 어떻게 AZT에 반응하여 진화하는가를 보았다. 약은 HIV의 어떤 유전 변이체들이 생존하고 생식할지에 영향을 준다. 따라서 약의 존재에도 불구하고 잘 살 수 있는 균주는 흔해진다; 약으로 인해 잘 살지 못하는 균주는 점차 드물어진다. 1.1절에서는 HIV 유행이 인간 집단의 구성원들이 생존하고 생식하는데, 특히 감염률이 높은 남아프리카에서 영향을 주고 있음을 보았다. 이것은 다음 질문으로 이어진다: 시간이 흐르면서 인간 집단은 이 전 세계적인 유행에 대한 반응을 통해 변하게 될까? 즉, 우리는 진화할까?

답은 병에서 살아남는 인간이 그 행운을 가져온 유전적 특성을 적어도 부분적으로라도 자식들에게 전달할 수 있는가에 달려 있다. 만일 질병에 굴복하는 사람들과 살아남는 사람들 사이에 유전될 수 있는 차이가 존재한다면, HIV에서 살아남게 하는 형질은 그 빈도가 늘어날 것이다. 그리고 그러한 차이가 존재하는지 아닌지에 대한 관심은 학문적인 것 이상이다. 만일 우리가 HIV에 대한 저항력을 갖는 유전적 변이체를 동정할 수 있다면, 어떻게 그들이 작용하는가를 이해함으로써 바이러스와 싸울 전략을 세울 수 있을 것이다.

**한 집단이 진화하기 위해서는 개체들 사이에 유전적 차이가 있어야 한다.**

어떻게 HIV에 대한 저항력을 갖게 만드는 유전 변이체를 찾아낼 수 있을까? 한 가지 방법은 반복된 노출에도 불구하고 바이러스에 감염되지 않는 사람들, 또는 감염이 됐어도 건강한 사람들을 찾는 것이다. 1990년대 초에 여러 실험실에서 그런 두 부류의 사람들이 존재한다는 것을 증명했다(Cao et al. 1995). 그들을 연구하여 연구자들은 HIV에 대해 적어도 부분적인 방어를 제공하는 유전 변이체를 발견했다(An and Winkler 2010 참조).

## 잃어버린 공동수용체

1996년에 여러 연구 그룹들이 HIV에 대한 중요한 공동수용체인 세포표면 단백질 CCR5를 동정했다(Deng et al. 1996과 Dragic et al. 1996이 처음으로 발표되었다). 그리고 그 직후에 Rong Liu와 동료들(1996) 및 Michel Samson과 동료들(1996)은 저항력을 가진 사람들은 HIV가 숙주세포에 침투하는 것을 방해하는 비정상적인 형태의 CCR5를 가지고 있을 것이라 추측했다.

이 가설을 조사하기 위해 Liu와 동료들은 HIV에 반복적으로 노출이 되었지만 감염되지 않은 두 사람에서 추출한 CCR5의 유전자를 검사했고, Samson과 동료들은 HIV 감염자이지만 오랫동안 생존하고 있는 3명의 유전자를 검사했다. 예상대로 Liu의 대상자 2명 모두가 해당 유전자가 돌연변이 형태인 동형접합자였으며, Samon의 대상자 중 한 명이 이형접합자였다. 돌연변이 형태는 DNA의 정상 염기서열에서 32개 염기쌍이 결실된 것이어서, *Δ32* 대립유전자로 알려지게 되었다(*Δ*는 그리스 문자 델타임).

계속된 조사에서 Liu는 돌연변이 대립유전자로 암호화된 CCR5는 세포의 표면에 나타나지 못한다는 것을 알게 되었고, Samson은 *Δ32* 형태만을 만드는 세포들은 대부분 새로운 감염을 일으키는 HIV 균주의 침입에 거의 영향을 받지 않음을 보여주었다. Samson은 또한 실제로 대다수의 유럽 집단에 비해 HIV에 감염된 유럽 사람들 사이에는 하나 또는 두 개의 *Δ32* 대립유전자를 지닌 개체들이 더 적다는 것을 발견했다. 이러한 결과들은 모두 *Δ32* 대립유전자가 HIV에 대항하여 강력한 방어(완전하지는 않지만)를 제공한다는 것을 보여주고 있으며, 이 결론은 후에 위험도가 높은 그룹이지만 감염이 되지 않은 사람들을 긴 시간에 걸쳐 추적한 연구에서도 확인되었다(Marmor et al. 2001).

**인간 집단의 어떤 사람들은 HIV 감염에 대한 저항력을 보이는 대립유전자를 지닌다.**

여러 인간 집단에서 *Δ32* 대립유전자가 얼마만큼 흔한가를 알아보기 위해, Samson과 동료들은 아주 많은 수의 북유럽, 일본, 아프리카 출신 사람들로부터 DNA 시료를 채취하여 각 개인의 CCR5 유전자를 검사하고, 각 집단에서 정상 대립유전자와 Δ32 대립유전자의 빈도를 계산했다. 돌연변이 대립유전자는 유럽인에서 상대적으로 높은 9%의 빈도를 보이고, 아시아와 아프리카 사람들 사이에는 전혀 없는 것으로 밝혀졌다. 뒤이은 연구에서도 이 결과는 다시 확인되었다. *CCR5-Δ32* 대립유전자는 북유럽에 흔하고, 남쪽과 동쪽을 향해 가면서 빈도가 극적으로 감소한다(**그림 1.18**).

**흥미롭게도, 가장 잘 알려진 방어 대립유전자의 빈도는 HIV 감염률이 낮은 지역에서 가장 높다.**

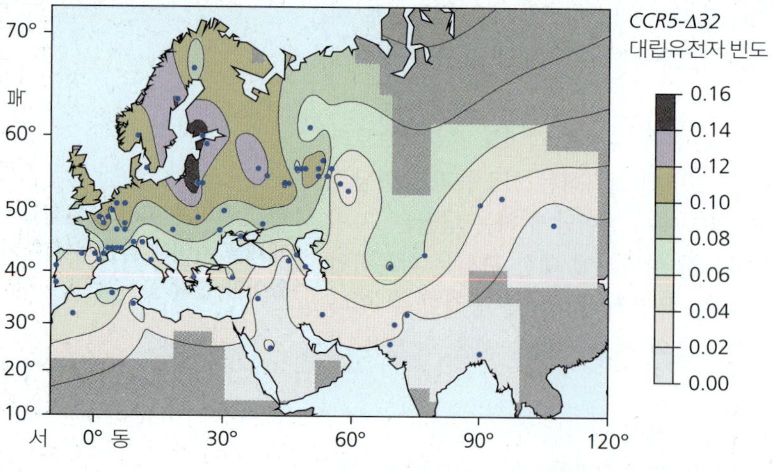

**그림 1.18 구대륙에서의 *CCR5-Δ32* 대립유전자의 빈도** 파란색 점은 분석된 집단을 나타낸다; 등고선 사이의 색은 대립유전자 빈도의 추정치를 나타낸다. 짙은 회색 지역은 자료의 출처로부터 너무 멀어 신뢰할 만한 추정이 어려운 곳이다. Novembre et al. (2005)에서.

*CCR5-Δ32* 대립유전자에 관한 자료는 인간 집단이 HIV에 대한 저항력이 있고 유전될 수 있는 변이를 가지고 있음을 보여준다. 그러나 이 변이는 단지 HIV가 존재하는 경우에만 사람의 생존에 영향을 줄 것이다. 그림 1.18의 *Δ32* 대립유전자 빈도 지도와 그림

1.1의 HIV 유행의 지도를 비교해보면 놀랄만한 차이가 드러난다. HIV가 드문 장소에서 *Δ32* 대립유전자가 흔하고, *Δ32* 대립유전자가 드문 지역에서 HIV가 유행하고 있다. 사하라 남부 아프리카에 사는 사람들은 HIV에 대한 저항력에 다양성을 보이는가?

## HIV 저항력에 대한 아프리카 집단들의 유전적 변이

만일 HIV의 공동수용체인 CCR5를 암호화하는 유전자의 형태가 바이러스 감염 위험에 영향을 준다면, 아마도 일차 수용체를 암호화하는 유전자에서도 마찬가지일 것이다. 그림 1.5에서 보았듯이 일차 수용체는 세포 표면 단백질인 CD4이다. CD4를 암호화하는 유전자의 가장 흔한 대립유전자는 868 위치에 염기 C가 있고, *C868T*라는 또 다른 형태에는 C 대신 염기 T가 있는데, 그 결과 아미노산 아르기닌 대신에 트립토판으로 치환이 된다. 케냐인들 사이에서는 이 대립유전자가 15% 이상으로 꽤 흔하다.

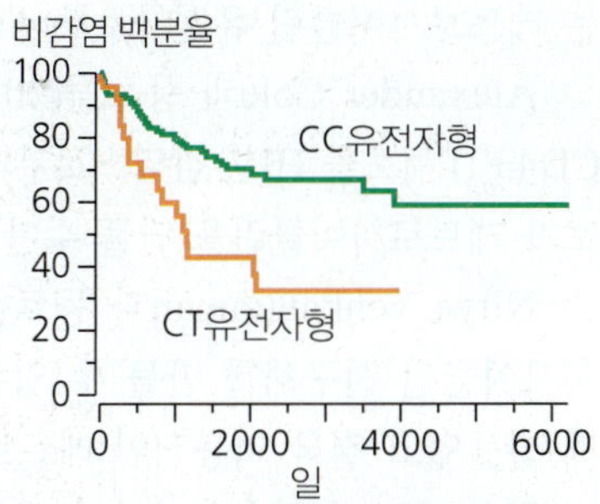


**그림 1.19 케냐인 매춘 여성들은 세포 표면 단백질 CD4에 대한 유전자형이 HIV에 걸릴 위험에 영향을 준다**
Oyugi et al. (2009)에서 다시 그림.

Julius Oyugi와 동료(2009)들은 연구에 자원한 일련의 비감염 케냐 매춘 여성들을 추적하였다. 이 여성들 중 29명은 *CC* 유전자형을 가졌고 16명은 *CT* 유전자형을 가졌다(*TT* 유전자형을 가진 사람들도 있었으나 그룹 내의 수가 너무 적어 의미 있는 분석이 불가능하다). 그림 1.19는 시간을 함수로 하여, 비감염 상태를 계속 유지한 각 유전자형 여성의 백분율을 추적한 것이다. *CT* 유전자형을 가진 여성은 보다 빨리 HIV에 걸렸다.

다른 연구들(Gonzalez et al. 1999; Winkler et al. 2004; Pelak et al. 2010 참조)과 마찬가지로 Oyugi의 연구는 아프리카 집단들이 HIV에 대한 저항력에 유전적 변이를 가지고 있음을 보여준다. 정말로 어떤 과학자들은 질병이 가장 심각했던 일부 지역에서 HIV 감염률이 감소하기 시작한 한 가지 이유가(그림 1.2b 참조), 감수성이 가장 예민한 사람들의 다수가 이미 감염이 되었기 때문이라고 제안했다(Nagelkerke et al. 2009). 만일 아프리카에서 이 질병이 계속 유행한다면, 저항력을 가진 유전 변이체는 보다 흔해지고, 동시에 감수성이 큰 변이체는 빈도가 감소할 것이라 예측할 수 있다. 다른 말로 하면, 아프리카의 인류 집단은 HIV에 대한 반응을 통해 진화할 것이다.

HIV는 인간에게 너무나 새로운 질병이라서 인간 집단 내에서 아직 실체적인 진화적 변화를 일으키지는 못했다.

진화적 변화는 시간이 걸린다. 따라서 아마도 HIV 유행이 특정 유전적 변이체의 빈도에 측정 가능한 변화를 만들어냈다고 예측하기에는 아직 너무 이를 것이다(Schliekelman et al. 2001; Ramaley et al. 2002; Cromer et al. 2010). 이 책의 뒷부분에서 우리는 집단의 변화율을 예측할 수 있는 진화 모델을 만들게 될 것이다(제6장).

## 잃어버린 방어 대립유전인자

인간 집단에 존재하는 것이 알려진 방어 유전 변이체 외에, 생물학자들은 HIV 감염에 대한 감수성을 증가시키는, 기능을 잃은 돌연변이를 발견했다. 이것은 잃어버린 기능을 회복시키는 역돌연변이가 우리에게 저항력을 가져다줄 수도 있으리라는 것을 암시한다. 한 예로 레트로사이클린(retrocyclin)을 생각해보자.

레트로사이클린은 레트로바이러스 생활사를 차단시키기 위해 척추동물 세포들이 만들어내는 수많은 단백질 중 하나이다(Wolf and Goff 2008 참조; Ortiz et al. 2009). 이러한 선천적 방어의 진화는 우리 조상들이 겪었던 레트로바이러스 감염의 오랜 역사를 놓고 보면 그리 놀라운 일이 아니다. 이 역사의 증거는 우리의 DNA 속에 흔히 남아 있어, 인간 유전체의 약 8%가 우리 선조의 염색체 속으로 삽입된 레트로바이러스의 잔여물로 구성되어 있다(IHGSC 2001).

레트로사이클린은 인간에게서 발견되는 단백질로서, 레서스원숭이에서 처음 발견되었으나 이후에 구세계원숭이, 소형 유인원, 오랑우탄에서도 발견된 세타 디펜신(theta defensin)이라는 단백질과 같은 종류이다(Tang et al. 1999; Nguyen et al. 2003). 세타 디펜신은 보다 작은 직선 형태의 전구체 두 사본이 합쳐져서 만들어진 작은 원형 단백질이다. 사람의 세포도 레트로사이클린의 전구체를 암호화하는 유전자를 가지고 있지만, 보통은 단백질을 만들지 못한다. 사람의 유전자는—침팬지나 고릴라의 유전자도—미성숙 정지 코돈을 만들어 기능을 상실한 돌연변이가 일어났기 때문이다. 따라서 우리의 세포는 레트로사이클린 유전자로부터 mRNA를 전사하지만 단백질로 번역할 수가 없다.

Alexander Cole과 동료들(2002)은 레트로사이클린을 합성하여, 그것이 배양된 인간 CD4+ T세포를 HIV 감염으로부터 방어하는 것을 보여주었다. 이 실험은 만일 우리의 세포가 레트로사이클린을 만들 수만 있다면, 바이러스와 싸우도록 도와줄 것임을 암시한다.

Nitya Venkataraman과 동료들(2009)은 인간 세포를 유전공학적으로 개조하여 레트로사이클린 전구체를 만들 수 있는 유전자 사본을 삽입함으로써 전구물질을 만들 수 있게 만들었고 결국 기능적인 레트로사이클린을 만들어냈다. 그리고 우리는 단지 2개의 염기 치환으로 이루어진 단순한 역돌연변이가 레트로사이클린 유전자를 원래의 서열로 회복하여 단백질을 만들 수 있음을 추론할 수 있다. 레트로사이클린을 만드는 능력이 HIV에 대한 저항력을 제공하리라는 것은 매우 합리적인 가설이다.

**인간은 기능을 잃어버린 돌연변이 레트로사이클린 유전자를 지니며 이 유전자는 HIV에 대한 감수성을 증가시키는 것으로 보인다. 역돌연변이가 일어난 대립유전인자는 방어 기능을 가질 수 있겠지만 그러한 대립유전자는 아직 알려지지 않았다.**

기능하는 레트로사이클린 유전자를 지닌 개인들은 HIV에 의해 황폐화된 지역에서 높은 생존율을 즐길 수 있게 되겠지만, 그런 기능적인 유전자 형태는 아직 인간에서 발견되지 않았다. 이 잃어버린 기능적인 레트로사이클린 대립유전자는 유전적 변이 없이는 집단이 진화할 수 없음을 다시 상기시켜준다.

## 실제적인 적용

HIV에 저항력을 가진 유전 변이체를 찾는 일은 실제적인 도움으로 이어졌다. *CCR5-Δ32* 동형접합자—기능적인 CCR이 결핍된 사람으로서, 성적으로 전달된 HIV 균주에 저항력이 있음—의 발견은 항레트로바이러스 치료에 대한 새로운 전략을 제시하였다: CCR5에 결합하여 HIV가 공동수용체에 결합하지 못하게 하는 약의 사용. 최초의 CCR5 차단제인 마라비록(maraviroc)은 2007년에 미국에서 환자들에게 투여가 허용되었다(Hammer et al. 2008).

다른 치료방법들도 등장할 것이다. 예를 들면, Phaguni Gupta와 동료들(2012)에 의한 조직배양 실험은 질의 미생물 살균제로 사용된 레트로사이클린 RC-101이 HIV의 성적 전달을 차단하는 데도 도움을 줄 수 있음을 보여준다.

## 해결되지 않은 미스터리

통찰력이 예리한 독자들은 중요한 질문 하나가 아직 대답없이 남겨져 있음을 눈치챘을 것이다. 왜 *CCR5-Δ32* 대립유전자가 유럽에서는 흔하고 다른 곳에서는 드문 것일까? 현재의 HIV 유행은 패턴을 설명하기에 역사가 너무 짧고 지리적 불일치도 너무 심하다. Samson과 동료들(1996)은 두 가지 설명을 제안했다: (1) *CCR5-Δ32* 대립유전자는 유럽 집단에서 최근에 자연선택에 의해 선호되었다; 또는 (2) 대립유전자가 유전적 부동이라는 우연적인 과정에 의해 높은 빈도로 나타나게 되었다. 연구자들은 이 두 시나리오 하에서 보다 구체적인 다양한 가설들을 제안하였다. 뒤에서 우리는 *CCR5-Δ32*의 역사와 지리적 분포의 수수께끼를 다시 다룰 것이다(6, 8장). 여기서는 HIV 자체의 역사 문제로 다시 돌아간다.

## 1.4 HIV는 어디에서 왔는가?

다른 생물들처럼 바이러스도 복제를 통해 만들어진다. 그러면 최초의 HIV 비리온은 어디에서 왔을까? 그 답에 대한 논의를 시작하기 전에 먼저 살인자로 기소된 한 의사의 이야기를 해보자.

### *루이지애나주 대 Richard J. Schmidt*

간호사 Janet Trahan은 Richard Schmidt 박사와 다양한 관계를 맺고 있었다(*State of Louisiana v. Richard J. Schmidt* 1997). 그녀는 루이지애나 병원에서는 그의 동료였고, 10년에 걸친 내연 관계에서는 낭만적인 짝이었다. 결국 애인 관계는 끝이 났지만 Schmidt의 환자로서 그리고 동료로서의 관계는 지속되었다. 내연 관계를 청산한 직후에, 그녀는 정기적인 비타민 투여를 위해 아파트를 방문하겠다는 Schmidt의 요구를 받아들였고, 그로부터 몇 주 뒤에 일반적인 바이러스 감염 증후군을 경험했다. 그리고 주사를 맞은 지 5달 후에 그녀는 HIV 양성이라는 판정을 받았다. 그녀의 아파트를 방문한 그날 Schmidt는 간호사에게 자신의 HIV 양성 환자로부터 여분의 피를 뽑을 것을 지시했고, 따라서 지방 검사 사무실은 감염된 혈액을 고의적으로 Trahan에게 주사했다는 혐의로 Schmidt를 2급 살인미수로 기소했다.

이 사건을 위하여 검사들은 진화생물학자 David Hillis와 계약을 맺었고, Hillis와 동료들은 Schmidt의 환자와 Trahan에서 채취한 HIV를 분석하여 그 진화적 유연관계를 추정했다(Metzker et al. 2002).

### 진화 역사의 재구성

Hillis 팀은 HIV가, 심지어는 각 숙주 내에서조차도 급속히 다양화한다는 사실을 이용했다. 1.2절에서 본 것처럼, HIV는 높은 돌연변이율로 인해 상당한 유전적 변이를 만들어낸다. 그리고 시간이 지나면서, 이 다양한 변이체들은 항바이러스 치료법에 의한 선택의 결과로 풍부한 정도가 서로 달라지게 된다. HIV 집단은 또한 숙주의 면역계에 의한 선택의 결과로도 변하고, 심지어 HIV의 생존에 아무 영향을 주지 않는 돌연변이가 단순한 우연에 의해 더 많아지거나 감소할 때도 변한다.

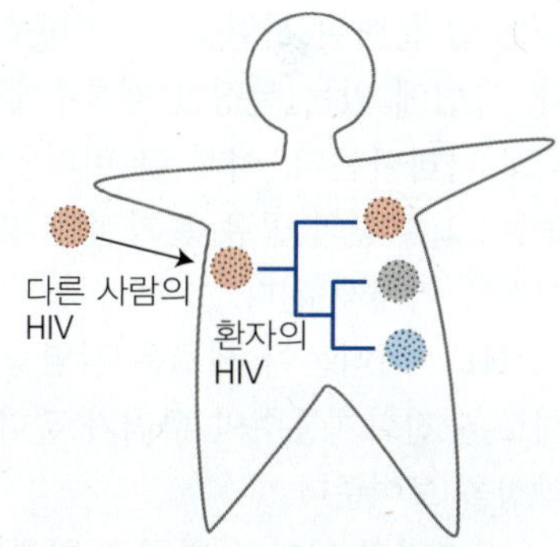


**그림 1.20 HIV는 각 숙주 안에서 급속하게 진화하면서 다양화된다.** 우리는 다양화의 패턴을 진화계통수로 요약할 수 있다.

우리는 진화계통수를 가지고 한 환자 내에서 일어나는 HIV의 다양화 역사를 요약할 수 있다. 그림 1.20의 계통수는 그림 1.15에서 자세히 묘사된 진화역사를 요약한 것으로, 왼쪽의 뿌리로부터 오른쪽의 가지 끝을 향해 자란다. 계통수에서의 각 분기는 새로운 변이체의 생성을 나타낸다; 원래의 변이체는 한 가지 상에 계속 남고, 새로운 형태는 다른 가지 위에서 계속 된다. 가지의 끝은 서로 다른 현존 변이체 또는 멸종 변이체를 나타낸다. 가지 끝에서 뿌리 쪽을 향해 거꾸로 읽으면, 서로 합쳐져 공동조상을 갖게 되는 계보를 볼 수 있다. 계통수에서 가운데와 밑에 있는 변이체는 그 각각과 맨 위의 변이체와의 사이보다 서로가 더 최근의 공동조상을 공유한다. 정의에 의해 우리는 보다 최근의 공동조상을 공유하는 변이체들은 서로 더 밀접한 유연관계에 있다고 말한다.

그림 1.21은 실제 환자에서 채취한 HIV 변이체에 대한 추정 진화계통수의 일부분을 보여준다.

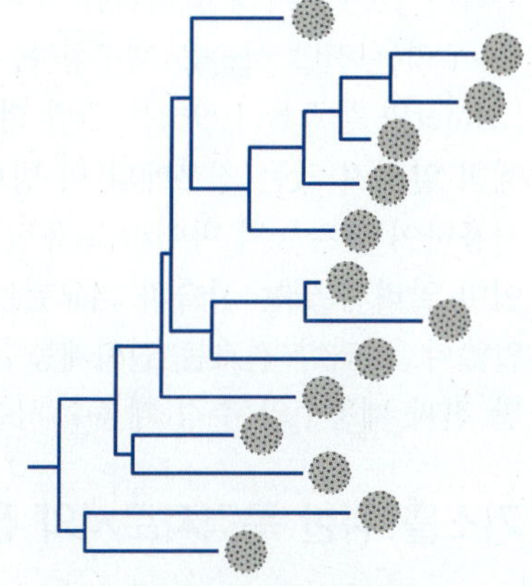

**그림 1.21 실제 환자 내의 HIV 집단에 대한 진화계통수의 일부분** Shankarappa et al. (1999)에서 다시 그림.

그림 1.21의 계통수를 만들기 위해 Raj Shankarappa와 동료들(1999)은 유전자의 염기서열을 비교하여 비리온들 사이의 유연관계를 추정했다. 그러나 유전자 염기서열을 가지고 진화계통수를 추정하는 방법은 세부적으로 들어가면 매우 복잡하다. 우리는 이후의 장들에서 이 방법들에 대해 조금 더 깊이 살펴볼 테지만, 기본 원리는 간단하다. 연구자

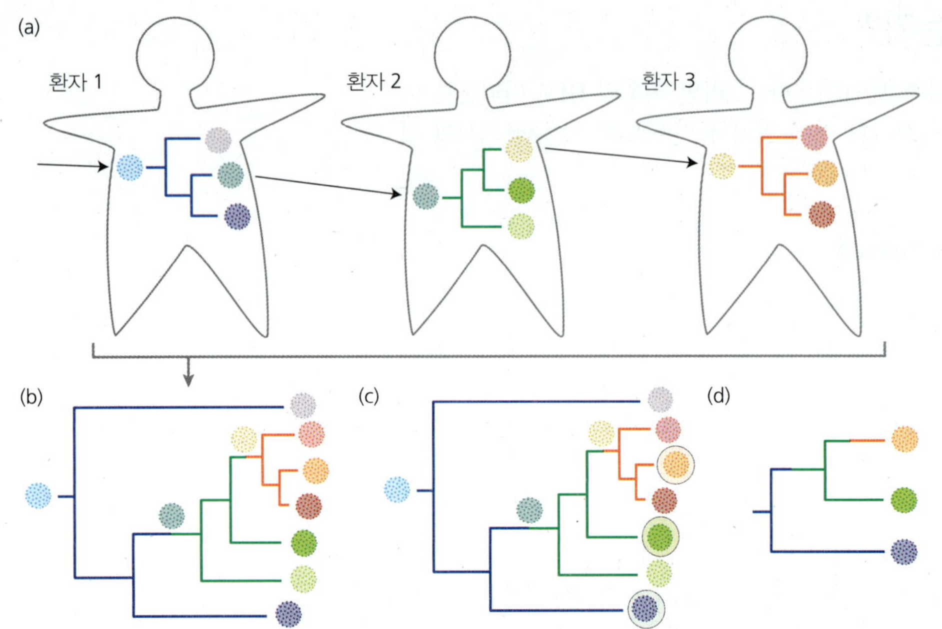


**그림 1.22 연쇄적인 HIV 전달 사슬에 관한 진화계통수** (a) 숙주에서 숙주로 이동하면서 HIV는 각 환자에서 분화한다. (b) 사슬 전체에 대한 진화계통수에서 마지막 연결 계통수는 가운데 연결 계통수 내의 가지로 생겨나고, 차례로 가운데 연결 계통수는 첫 번째 연결 계통수 내의 가지로 생겨난다. (c) 대부분의 전달 사슬에서 우리는 각 숙주의 단지 하나 또는 소수의 비리온만을 다룬다. (d) 그럼에도 불구하고 시료로부터 추정한 계통수에서, 연쇄 사슬에서 서로 직접 연결된 부분끼리는 가장 가까운 관계로 나타날 것이다.

들은 덜 분화된 서열들끼리 이웃하는 가지에 놓이도록 염기서열과 분기의 순서를 배열한다. 그림에 있는 특정한 계통수에서 어느 두 비리온 사이의 유전적 차이는 전체 수평 거리로 나타나는데, 이때 한 비리온의 가지 끝에서 계통수를 따라 밑으로 내려가다가 하나 또는 그 이상의 공유 분기점을 지나 다시 다른 비리온의 가지 끝을 향해 위로 올라가는 여정을 거치게 된다.

HIV 비리온이 새로운 감염을 위해 한 숙주에서 다른 숙주로 움직일 때마다 그것은 새로운 진화계통수의 뿌리가 된다. 그림 1.22a는 연쇄적으로 전달이 일어난 3명에서 이 과정을 보여준다.

이 3명의 환자를 합친 진화계통수가 그림 1.22b에 있다. 연쇄 사슬의 마지막 연결—환자 3—계통수는 가운데 연결 계통수 내 가지에서 생겨나고, 차례로 가운데 연결 계통수는 첫 번째 연결 계통수 내 가지로 생겨난다는 것을 주목하라. 그림 1.22c에서 볼 수 있듯이, 연쇄 전달을 분석하는 연구자들은 전형적으로 각 환자의 하나 또는 소수의 변이체만을 다룬다. 그렇다하더라도, 이 시료로 추정한 진화계통수에서도 사슬 내에서 보다 가까이 있는 환자에서 채취한 비리온들은 더 가까운 관계로 나타날 것이다(그림 1.22d).

우리는 전달 사슬을 재구성하는 이 방법이 HIV에도 적용될 수 있음을 안다. Thomas Leitner와 동료들(1996)은 관련 환자들 사이의 접촉 패턴과 시간에 관한 정보가 이미 자세히 알려져 있는 경우에다 이 방법을 적용하여 조사했다. 연구자들은 다양한 테크닉을 사용하여 환자들의 바이러스 유전자 염기서열로부터 진화계통수를 추정하고, 그 결과를 이미 알려져 있는 사슬과 비교했는데, 재구성된 역사가 진실과 항상 완전히 일치하지는 않았다. 이러한 결과는 진화계통수가 추정이지 계시가 아니라는 것을 상기시킨다. 하지만 진짜 계통수와 추정 계통수 사이의 차이는 아주 미미했다.

## 기소를 위한 목격자로서의 진화

*Louisiana* 대 *Schmidt* 범죄의 검사측 논리에 따르면, Schmidt의 환자와 Trahan은 연쇄 전달 사슬에서 직접 연결되어 있다. 이 예측을 확인하기 위해 Hillis와 동료들은 Schmidt의 환자, Trahan, 이 두 사람이 살던 도시의 여러 HIV 감염 환자들로부터 수집한 바이러스의 유전자 염기서열을 분석했다(그림 1.23a). 만일 Schmidt가 무죄라면 Trahan은

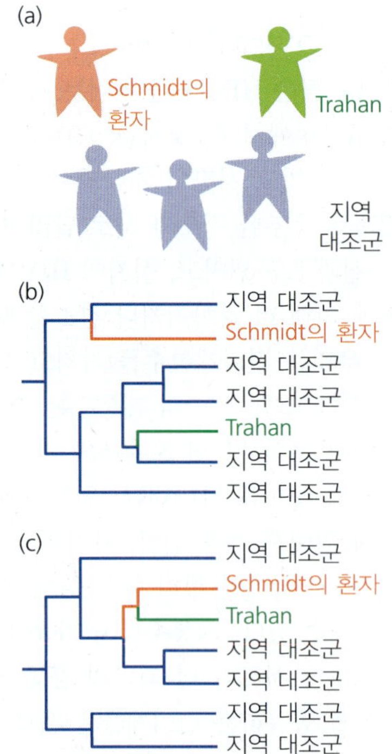


**그림 1.23 진화역사의 재구성이 범죄에 대한 검사측 논리를 확인한다** (a) HIV 시료를 채취한 개인들. (b) 용의자가 무죄일 때 예측되는 바이러스 진화계통수. (c) 용의자가 유죄일 때 예측되는 진화계통수.

Schmidt의 환자가 아닌 다른 사람으로부터 HIV에 감염되었을 것이고 Schmidt 환자의 HIV와 Trahan의 HIV는 아마 가까운 유연관계가 아닐 것이다(그림 1.23b). 반면에 만일 Schmidt가 유죄라면, 염기서열로부터 재구성된 진화계통수는 그의 환자 HIV와 Trahan의 HIV가 가장 가까운 관계임을 보여줄 것이다(그림 1. 23c).

Hillis와 동료들이 HIV 염기서열 자료를 가지고 추정한 진화계통수의 일부분이 **그림 1.24**에 있다.

계통수는 검사의 가설과 일치하였다. 계통수는 Schmidt의 환자에서 온 바이러스와 Trahan에서 온 바이러스가 가장 가까운 관계임을 보여줄 뿐 아니라 Trahan의 바이러스가 Schmidt의 환자에서 온 바이러스의 계통수 내부에서 생긴 가지라는 것을 보여준다. 이것은 Schmidt의 환자가 Trahan을 감염시킨 HIV의 제공자라고 가정했을 때 우리가 예상할 수 있는 것이다(Scaduto et al. 2010).

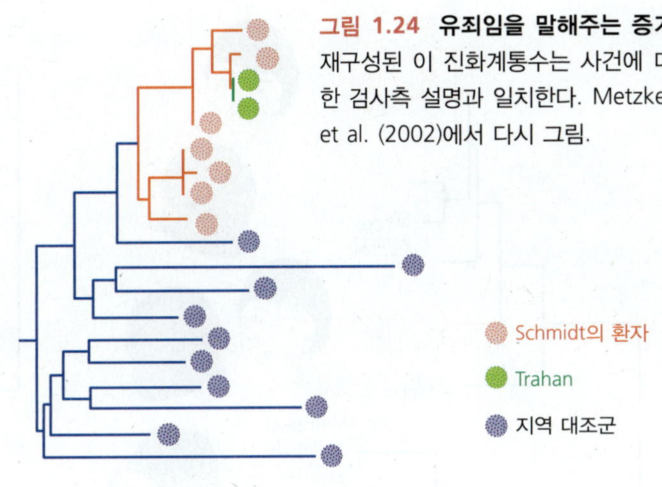


**그림 1.24 유죄임을 말해주는 증거** 재구성된 이 진화계통수는 사건에 대한 검사측 설명과 일치한다. Metzker et al. (2002)에서 다시 그림.

이 계통수 자체가 Schmidt의 죄를 증명하지는 않는다는 것을 지적할 필요가 있다(Pillay et al. 2007). Trahan이 Schmidt와 상관없이 Schmidt의 환자로부터 HIV에 걸렸을 수도 있기 때문이다. 예를 들어 그녀가 환자를 돌보는 과정에서 그의 혈액을 뽑은 후에 우연히 그 주사바늘로 손가락을 찔렸을 수도 있고, 혹은 Schmidt 환자와 Trahan 사이에 이 분석에 포함되지 않은 바이러스 균주 고리가 끼어 있을 수도 있다(예를 위해 Learn and Mullins 2003을 참조). 보다 많은 지역 대조군을 포함시키면 그러한 부가적인 고리도 드러날 수 있을 것이다. 그러나 진화계통수 이외에 많은 내용들이 포함된 전체적인 증거가 배심원들을 확신시키기에 충분했다. Schmidt는 현재 중노동 50년형을 받고 복역 중이다(*State of Lousiana v. Richard J. Schmidt* 2000).

**계통수라고도 알려진 진화계통수는 바이러스나 생물 그룹들 사이의 유연관계를 보여준다.**

## HIV의 기원

Hillis와 동료들이 Richard Schmidt의 기소를 위해 사용한 방법은 관계가 먼 생물들 사이의 유연관계를 추정하는 보다 큰 스케일의 연구에도 적용할 수 있다. 우리는 이제 동일한 절차를 HIV의 기원을 추적하는 데 사용할 준비를 갖추었다.

HIV가 어디에서 왔을까에 대한 첫 번째 실마리는 이 바이러스의 유전체와 생활사가 다양한 영장류를 감염시키는 바이러스과인 원숭이면역결핍바이러스(simian immunodeficiency viruses, SIVs)의 유전체가 비슷하다는 것이다. 논리적인 가설은 HIV가 SIVs의 하나로부터 유래했으며, 이 SIV가 영장류 숙주에서 사람에게로 이동하면서 세계적인 AIDS 유행이 시작되었다는 것이다. 이 가설을 검증하기 위해 Beatrice Hahn과 동료들은 여러 SIVs의 유전자 염기서열을 다양한 HIV 균주에서 발견된 유전자들과 비교했다(Gao et al. 1999; Hahn et al. 2000).

Hahn이 재구성한 계통수는 **그림 1.25a(다음 쪽)**에 있다. 검은색 가지들은 다양한 구세계원숭이에 기생하는 바이러스 계보를 나타내고, 색깔이 있는 가지들은 침팬지와 인간을 감염시키는 계보를 추적한 것이다. 오렌지색의 HIV 계보가 침팬지 SIVs 계통수 내부에서 기원하는 것을 주목하라. 또한 침팬지 SIV 가지들(청색)은 원숭이 SIVs의 계통수 내부에서 기원한다. 인간의 HIV는 침팬지로부터 왔으며, 아마 식용으로 그들을 도살한 결과일 것이다. 침팬지는 원숭이로부터 SIV를 얻었다.

**2가지 주요 HIV 형태인 HIV-1과 HIV-2는 서로 다른 출처로부터 인간으로 전달되었다. HIV-2는 검댕망가베이에서 기원했고, HIV-1은 침팬지에서 인간으로 전달되었다.**

오렌지색 가지는 이 장의 주제인 인간 바이러스의 변이체를 나타내며, 계통수에

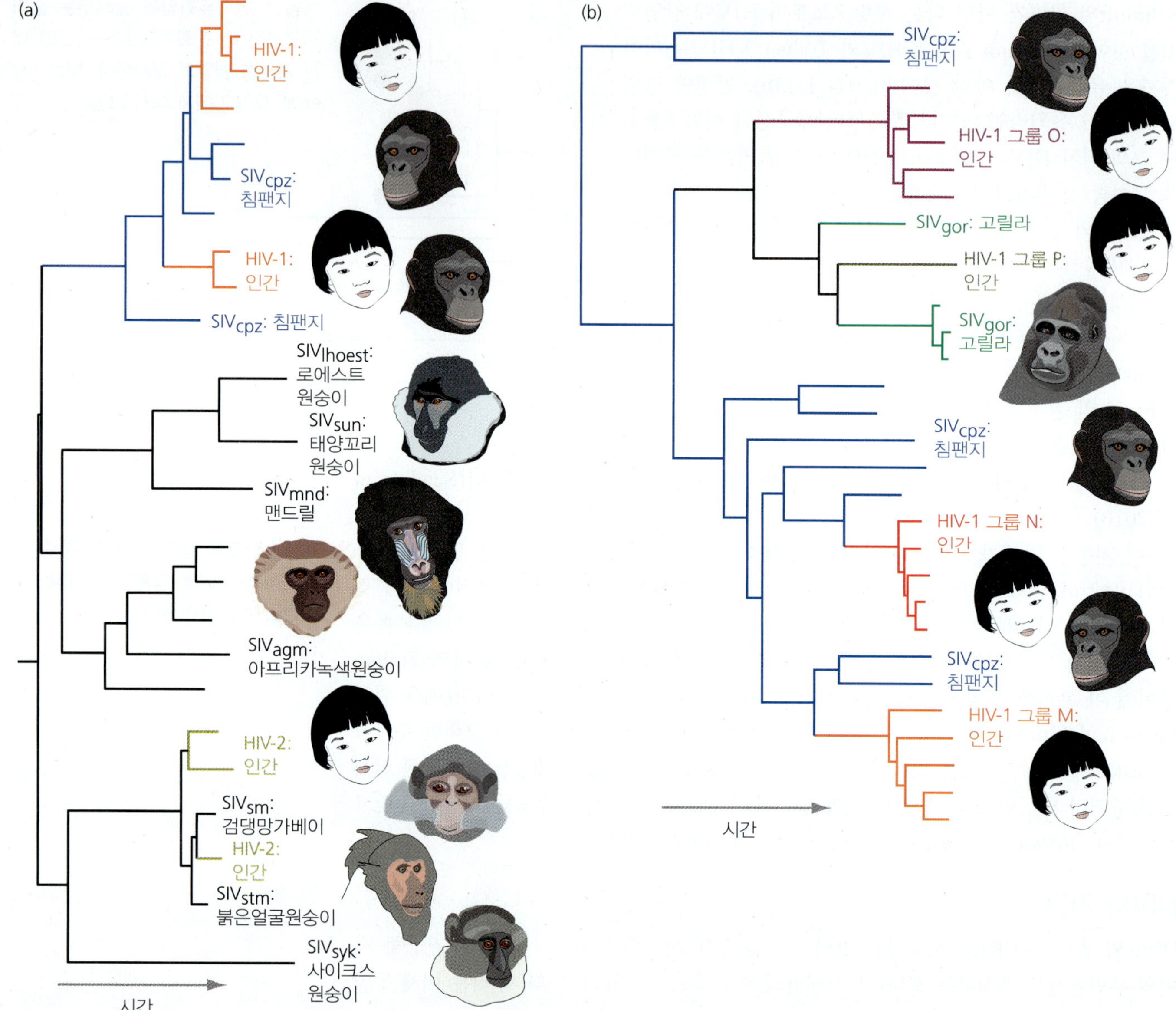


**그림 1.25 HIV의 기원** (a) 인간, 침팬지, 아프리카 원숭이에서 채취한 면역결핍바이러스의 추정 진화계통수. Hahn et al. (2000)에서 다시 그림. (b) 인간, 침팬지, 고릴라에서 채취한 면역결핍바이러스의 추정 진화계통수. Plantier et al. (2009)에서 다시 그림.

서는 더 적절한 이름인 HIV-1로 표기하였다. 이것은 그림 아래쪽에 있는 다른 종류의 HIV(HIV-2)와 구별을 하기 위한 것이다. HIV-2는 주로 서부아프리카에 존재하며, HIV-1보다 독성이 덜하다. 인간은 원숭이로부터 HIV-2에 걸렸으며, 이것은 아마도 식용이나 애완용으로 사냥한 검댕망가베이원숭이로부터 왔을 것이다(계통수의 붉은얼굴원숭이 바이러스는 포획사육 동물에서 채취한 것이고, 이들은 검댕망가베이로부터 SIV에 걸렸을 것이다.)

그림 1.25b의 계통수는 Jean-Christophe Plantier와 동료들이 추정한 것으로, HIV-1의 역사에 대해 보다 자세히 말해 주고 있다. HIV-1의 균주가 침팬지 SIVs 내에서 기원한 뚜렷한 가지들에서 나타나는 것을 주목하라. 이것은 SIV가 대형유인원에서 인간으로 적어도 3번 이동해 갔다는 증거이다. HIV 감염의 95%는 오렌지색인 HIV-1 그룹 M이 일으킨다(Sharp and Hahn 2008).

HIV-1 그룹 O와 P 그리고 고릴라 SIV로 가는 가지들은 검은색으로 표시했는데 어떻게 이 바이러스의 조상들이 침팬지에서 현재의 숙주로 전파되었는지 불확실하다는 것을 지적하기 위해서다. 여러 개의 시나리오가 이 계통수와 일치할 수 있는데(Takehisa et al. 2009), 예를 들어 침팬지 SIV의 관련 균주들이 인간(HIV-1 그룹 O가 되는)과 고릴라를 따로 감염시켰고, 그 후에 고릴라 균주가 다시 인간으로 건너갔다(HIV-1그룹 P가 됨)고 추정할 수 있다. 또는 침팬지 SIV의 단일 균주가 고릴라로 건너갔고 그 후에 고릴라 균주가 인간으로 두 번 건너갔다고 볼 수도 있다. 심지어는 침팬지 SIV의 단일 균주가 인간에게 건너갔고(HIV-1그룹 O와 P가 됨), 그 후에 인간 균주가 고릴라로 두 번 건너갔다는 시나리오도 가능하다. 하지만 인간, 침팬지, 고릴라 사이의 상호작용을 보았을 때 이 마지막 시나리오는 가능성이 낮을 것 같다.

**HIV-1의 각 주요 그룹은 침팬지에서 인간으로 전달된 독립적인 사건에서 기원하였다.**

### SIV는 언제 침팬지에서 인간으로 이동하였을까?

이 질문에 대한 연구는 그림 1.25b의 계통수 밑 부분에 있는 HIV의 그룹 M 가지에 집중해왔다. 그룹 M이 전 세계적인 AIDS 유행의 대부분을 차지하고 있기 때문이다. 여러 그룹의 연구자들이 다양한 그룹 M 균주들의 염기서열 자료를 사용해 그들의 마지막 공동조상의 나이를 추정해왔다(**계산하기 1.1** 참조). 상당히 불확실하기는 하지만, 그래도 가장 그럴듯한 추정은 그룹 M HIV-1 바이러스의 마지막 공동조상이 1930년대 또는 그보다 더 최근에 살았다는 것으로, 가장 초기 HIV-1으로 알려진 두 시료에서 그에 대한 증거를 얻었다(Worobey et al. 2008). 이들 둘 다 콩고민주공화국의 킨샤샤에서 살았던 환자로부터 채취했으며; 한 시료는 1959년에, 또 다른 하나는 1960년에 채취하였다. 둘 다 그룹 M 바이러스였으나 서로 매우 달라서, 하나는 그룹 A와 가까웠고, 다른 하나는 그룹 D와 가까웠다. 다른 말로 하면, 1960년대에는 이미 HIV-1 균주가 공동조상으로부터 상당한 정도로 분화할 시간이 경과한 상태였다는 것이다. 이론상 이 공동조상은 침팬지나 인간 둘 중 하나에서 살았을 것으로 추정되나 증거에 따르면 인간 숙주와 가장 일치한다(Hillis 2000; Rambaut et al. 2001; Sharp et al. 2001). 이것이 암시하는 바는 HIV-1의 그룹 M 균주가 70년 이전에 일어났던 침팬지에서 인간으로의 SIV 전이에서 기원했다는 것이다.

**AIDS 유행의 주요 원인 균주인 HIV-1 그룹 M의 공동조상은 1915년과 1941년 사이에 살았다.**

HIV-1이 SIV에서 유래되었다는 사실이 주는 한 가지 의학적 교훈은 영장류의 면역결핍바이러스 감염 연구가 AIDS에 대한 통찰력을 갖게 했다는 점이다. 원숭이의 SIV 감염과 침팬지의 SIV 감염 및 인간의 HIV-1 감염 사이의 주된 차이는, 원숭이 SIVs는 자연에서 숙주를 감염시킬 때 일반적으로 거의 질병을 일으키지 않는다는 것이다(Keele et al. 2009; Paiardini et al. 2009). 그렇다면 무엇이 $SIV_{cpz}$, 특히 HIV를 예외로 만드는가?

## 1.5 왜 HIV는 죽음을 초래하는가?

이 마지막 절은 우리가 이 장에서 다루는 가장 어려운 질문에 관한 것이다. 우리는 아직 HIV-1의 거의 전 세계적인 치사율에 대해 명확히 설명하지 못하고 있다. 그러나 과학자들은 연구에 진전을 보이고 있으며, 여기에서 우리는 진화적인 전망을 적용한 3가지 접근 방법을 통해 이 문제를 간략히 살펴보려고 한다.

### 치사율과 전파 사이의 상관관계

AIDS로 인한 죽음은 분명히 숙주에게는 나쁜 일이다. 만일 인간 사이에 HIV와 AIDS에 대

계산하기 1.1

## 언제 HIV는 침팬지에서 인간으로 이동하였을까?

Bette Korber와 동료들(2000)이 HIV-1 그룹 M 균주 공동조상의 나이를 계산하기 위해 사용한 방법을 살펴보자. 이 방법의 핵심을 하나의 사례를 들어 표현해 볼 수 있다. 만일 같은 장소, 같은 시간에 출발한 두 자동차가 현재 서로 400 km 떨어져 있는데, 하나는 시간당 100 km로 동쪽으로 달리고 다른 하나는 서쪽으로 달렸다면, 우리는 이 두 자동차가 2시간 동안 도로에 있었다고 추론할 수 있다.

Korber 팀은 유전자 염기서열로부터 159개 바이러스 시료들 사이의 유전적 거리를 계산했고, 거리는 그림 1.26a의 비뿌리 계통수 그림에 요약되어 있다. 각 가지는 단일 비리온의 유전자를 나타내고, 계통수를 따라 한 가지의 끝에서 다른 가지 끝까지의 거리가 두 비리온 사이의 유전적 차이이며, 중앙에 있는 점은 끝에 있는 비리온들의 공동조상을 나타낸다. 계통수는 비리온들이 현재 얼마나 서로 멀리 떨어져 있는가를 보여준다.

그 다음, Korber와 동료들은 비리온이 채취된 연도의 함수로서 공동조상으로부터 각 비리온까지의 거리를 보여주는 산점도(scatterplot)를 그렸다(그림 1.26b). 보다 최근에 채취한 시료일수록, 공동조상으로부터의 유전적 거리가 더 크다. 산점도에는 자료를 관통하는 통계적 최량적합선(best-fit line)이 있으며, 이 선의 기울기는 비리온들이 얼마나 빠른 속도로 이동하는지를 보여준다.

마지막으로 연구자들은 공동조상과의 유전적 차이가 0인 바이러스의 수거 년도를 추정하기 위해서 최량적합선을 과거로 외삽하였다(그림 1.26c). 즉, 그 자체가 공동조상인 날짜까지 뒤로 외삽하였다는 뜻이다. 최량적합선은 1931년에 0를 가리켰고, 이는 비리온들이 얼마나 오랫동안 우리에게 이동해오고 있는 중인가를 말해준다.

자료를 넘어서 외삽하는 것은 위험하고, 표본추출 오차로 인해 자료에 편견이 있을 수 있다. 염기서열 차이와 시간 사이의 진정한 관계는 그림의 회색 선들 사이 어딘가에 존재할 것이다. Korber와 동료들은 95% 신뢰도를 가지고 그룹 M 비리온의 공동조상이 그림 1.26c의 수평축 위에 적색 선으로 표시되어 있듯이 1915년과 1941년 사이 언제인가 살았다고 계산했다. 추가적인 분석들도 이와 비슷하거나(Salemi et al. 2001; Sharp et al. 2001; Yusim et al. 2001), 혹은 약간 더 이르다는 (Worobey et al. 2008) 결과를 보였다.

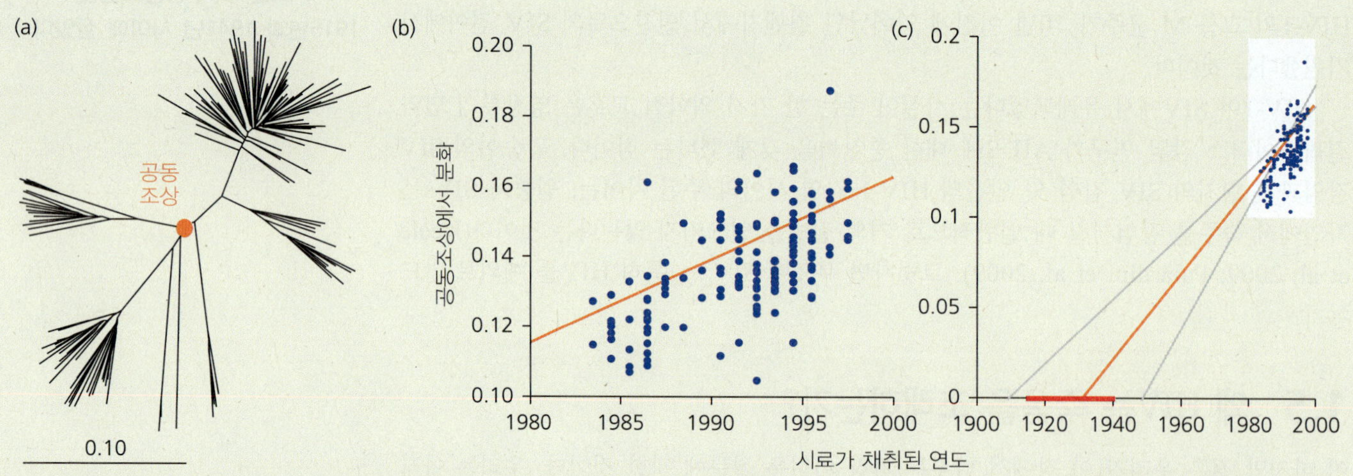


**그림 1.26 그룹 M에서 HIV-1 균주의 공동조상 출현시기 계산하기** (a) 그룹 M HIVs 159개의 비뿌리 진화계통수. 각 가지의 끝은 한 비리온을 나타낸다; 각 가지 사이의 거리는 두 비리온 사이의 유전적 거리를 나타낸다. 주황색 점은 모든 그룹 M 균주들의 공동조상을 표시한다. (b) 이 산점도는 시료가 채취된 연도를 함수로 했을 때 (a)의 각 HIV 시료와 공동조상 사이의 유전적 차이를 보여준다. 주황색 선은 통계적 최량적합선이다. (c) (b)의 최량접합선을 유전적 거리 0까지 뒤로 외삽하여 공동조상이 살았던 시기를 추정한다. Korber et al. (2000)에서.

한 저항력의 유전적 변이가 있다면, 1.3절에서 논의했듯이 세대가 지나면서 이러한 저항력이 인간 집단으로 널리 퍼질 것이라 예상할 수 있다. 그러나 우리가 여기에서 집중하고자 하는 생물은 숙주가 아니라 바이러스이다. 숙주를 죽이는 것이 바이러스에게도 나쁜가? 결국, 숙주가 죽으면 숙주 안에 사는 비리온 또한 죽는다.

만일 우리가 모든 숙주는 양성의 병원균에 의해서조차도 결국은 죽게 된다는 것을 인식한다면 진화적 논리가 답을 제시해준다. 숙주의 수명을 넘어 영속하기 위해서는 바이러스 집단은 새로운 숙주로 이주해야 한다. 따라서 자연선택의 두 번째 단계가 HIV에 작용하게 된다. 첫 번째 단계는 우리가 이미 공부했던 것이다: 한 특정한 숙주 내에서 생존하고 복제하는 능력에서 비리온들 사이에 차이가 있다. 두 번째 단계는 바이러스 균주들이 한 숙주에서 다른 숙주로 이동하는 능력에 차이가 있을 때 일어난다. 전파에 뛰어난 능력을 가진 균주들은 시간이 흐르면서 보다 흔해질 것이다; 능력이 나쁜 것들은 사라질 것이다(Anderson and May 1982; Ewald 1983).

일반적인 균주들보다도 더 천천히 숙주를 죽이는 희귀한 HIV-1 균주가 있다(Deacon et al. 1995; Geffin et al. 2000; Rhodes et al. 2000; Tobiume et al. 2002; Churchill et al. 2006). 더 약한 이 균주들이 드물다는 사실은 이들이 한 숙주에서 다른 숙주로 거의 전파되지 않는다는 것을 암시한다. HIV-2는 또한 HIV-1 균주 대부분보다 숙주에 덜 해를 끼치며(Marlink et al. 1994), 역시 전파 속도가 낮다(Kanki et al. 1994). 이러한 관찰들은 만일 HIV의 한 균주가 쉽게 전파되려면 숙주에 해를 끼칠 수밖에 없음을 암시한다.

Christophe Fraser와 동료들(2007)은 2가지 자료 세트를 분석하여 자세하게 이 가설을 평가했다. 첫 번째 자료는 매우 효과적인 레트로바이러스 치료법이 나타나기 전에 암스테르담에서 얻었는데, 남성과 성관계를 갖은 123명의 남성이 포함되어 있다. 이들 자료로 Fraser와 동료들은 AIDS로 발전하기 전 감염 증상이 없는 시기 동안에 바이러스 부하의 효과를 살펴보았다(그림 1.27a). AIDS-없는 감염 기간이 종속변수임을 주목하라: 바이러스 부하가 높으면 높을수록 환자들은 보다 빨리 증상을 보인다. 두 번째 자료는 잠비아에서 얻었고 1,000명 이상의 이성 커플이 포함되었으며, 이들은 한 파트너는

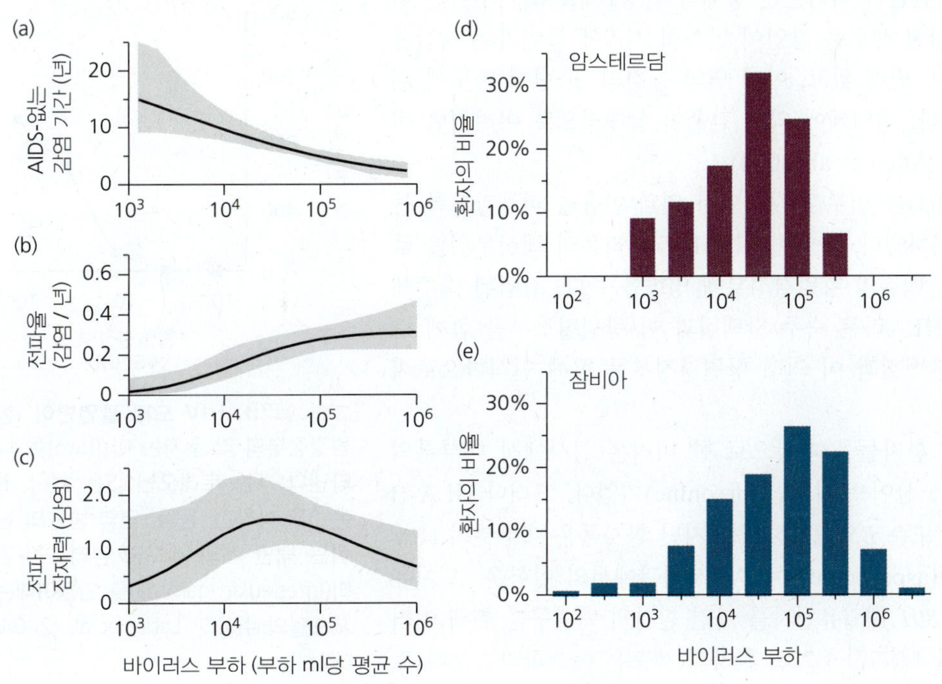


**그림 1.27 바이러스 부하, AIDS로의 진전, 전파** 왼쪽 그래프는 증상이 없는 시기 동안 환자의 혈류 속 비리온 농도의 함수로 살펴본 HIV 감염의 3가지 주요 특성을 보여준다: (a) 증상이 없는 시기의 평균 기간; (b) 바이러스가 새로운 숙주로 전파되는 속도; (c) 전파 잠재력. 선은 평균값을 보여 준다; 회색 부분은 95% 신뢰구간을 보여준다. 오른쪽의 막대그래프는 (d) 암스테르담과 (e) 잠비아의 환자들 사이의 바이러스 부하의 변이를 보여준다. Fraser et al. (2007)에서 다시 그림.

HIV를 가졌지만 다른 쪽은 없는 상태였다. 이 자료로 연구자들은 전파율에 대한 바이러스 부하의 영향을 측정했는데(그림 1.27b), 바이러스 부하가 높으면 높을수록, 감염된 파트너의 바이러스 전달율이 더 컸다. 마지막으로 연구자들은 바이러스 부하의 함수로서 전파 잠재력(새로운 감염으로)을 측정하기 위하여 AIDS-없는 감염 시기를 (연도)전파율(연당 새로운 감염)에 곱하였다(그림 1.27c). 가설적인 집단, 즉 대부분의 사람들은 감염되지 않고 사람들이 파트너를 바꾸는 것에 의해 바이러스의 전파가 제한되지 않는 집단에서는 가장 새로이 감염을 확립한 HIV 균주는 숙주에서 중간 정도의 바이러스 부하를 유지하고 있는 것들이었다.

**HIV 감염이 치명적인 한 가지 가능한 이유: 적절히 높은 바이러스 부하를 유지하는 것과 같은, 새로운 숙주를 감염시키는 능력을 증강시키는 형질이 동시에 숙주를 죽일 수가 있다.**

Fraser의 계산은 HIV 전파를 위한 적당한 바이러스 부하가 존재할 것임을 암시한다. 계산의 근거가 된 암스테르담과 잠비아 환자들의 실제적인 평균 바이러스 부하는 예상된 적정량과 동일한 등급이었다(그림 1.27d, e).

아직 설명되지 않은 것은 왜 이 크기의 바이러스 부하가 숙주에게 해를 끼치는가이다. 원숭이 SIVs의 자연 숙주가 유사하게 높은 바이러스 부하에도 불구하고 아프지 않은 상태를 유지한다는 사실을 놓고 보았을 때 이것은 수수께끼이다(Pandrea et al. 2008). 각 숙주 내 바이러스 집단의 진화를 좀 더 자세히 들여다보자.

## 근시안적인 진화?

1.2절에서 우리는 각 숙주 내의 HIV 집단들이 AZT 및 다른 항레트로바이러스 약에 대한 저항력을 발달시킨다는 증거를 다루었다. HIV 집단들은 또한 숙주의 면역 반응을 피하는 능력도 발달시킨다. 면역계는 항체와 살생T세포로 HIV를 공격하는데(그림 1.6 참조), 이들은 HIV 집단의 많은 비리온들을 제거하지만 전부를 제거하지는 못한다. 복제하는 동안의 오류로 인해 HIV 집단은 유전적으로 변이가 생기고, 이 변이체들의 일부는 다른 것들에 비해 면역계의 공격을 덜 받는다.

항체와 살생T세포는 항원결정부(epitopes)—비리온이나 감염된 세포의 표면에 있는 작은 바이러스 단백질 조각—에 결합함으로써 HIV와 HIV에 감염된 세포를 인지한다. 이 항원결정부들은 HIV 유전자에 암호화되어 있고 이 유전자에서의 돌연변이는 항원결정부를 변화시키며, 이렇게 변화된 돌연변이 비리온은 항체와 살생T세포로 이루어진 현재의 숙주 무기를 피해가게 된다. 따라서 새로운 감염이 만성적 시기에 들어가는 시간쯤(그림 1.8 참조)에는 HIV 집단은 이미 변해 있고, 이제 면역 공격의 첫 번째 파도에 쉬운 표적이 되었던 변이체들은 사라졌다; 면역계에 의한 검출이 상대적으로 어려웠던 변이체들은 존속한다(Price et al. 1997; Allen et al. 2000).

A. J. Leslie와 동료들의 연구(2004)는 일부 환자들에서 면역 반응을 피해가도록 돕는 HIV 비리온 돌연변이의 예를 기록하였다. 돌연변이는 HIV 비리온의 핵심부위를 둘러싸는 캡슐의 구성요소인 p24라는 단백질의 항원결정부에 영향을 준다. 감염된 숙주세포는 표면에 인간 백혈구 항원 또는 HLA라는 숙주 단백질과 이 항원결정부를 함께 나타내고, 살생T세포는 자신의 HLA 단백질과 이 외래 항원결정부를 함께 인식함으로써 감염된 세포를 파괴한다.

Leslie와 동료들이 300명 이상의 환자들을 대상으로 한 비리온 검사에서 대부분의 HIV균주는 항원결정부의 3번째 아미노산이 트레오닌(threonine)이었다. 그러나 HLA-B의 두 특정한 대립유전인자인 *B5801* 또는 *B57* 중 하나를 지닌 환자들은 대부분의 HIV 균주가 3번째 아미노산이 아스파라긴(asparagine)이었다. 시험관에서의 실험은 그 이유를 보여주었다. Leslie와 동료들이 *B5801* 대립유전자를 가진 환자의 백혈구를 취해 여러 형태의 p24 항원결정부에 노출시켰을 때(**그림 1.28**), 환자의 세포는 아스파라긴보다 트

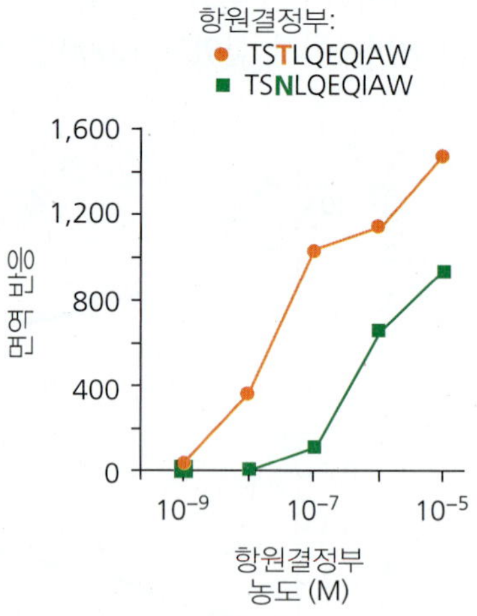


**그림 1.28 HIV 도피 돌연변이** 항원결정부의 각 글자는 아미노산을 나타낸다: T는 트레오닌; S는 세린; N은 아스파라긴; 등등. 면역 반응의 단위는 백만 개의 세포당 인터류킨-감마(interleukin-gamma)를 만들어내는 세포들의 수이다. Leslie et al. (2004)에서.

레오닌을 가진 형태에 한층 더 강력하게 반응을 했고, *B57* 대립유전자를 가진 환자의 백혈구도 비슷한 양상을 보였다.

HIV 집단의 진화는 적어도 3가지 방법으로 숙주를 죽게 하는 것 같다. 첫 번째, 새로운 항원결정부를 향해 계속되는 진화가 면역 반응에 앞서 충분한 수의 바이러스 집단을 존속하게 만들어 완전한 제거를 피하게 한다.

두 번째, 많은 숙주들 내의 바이러스 집단은 한층 더 공격적인 복제를 향해 진화한다. Ryan과 동료들(2005)은 치료받지 않은 몇 명의 환자에서 연속적으로 HIV 시료를 채취하고, 감염되지 않은 공여자의 백혈구세포 속에서 각 시료의 비리온을 배양했다. 각 배양접시에는 또한 HIV의 4가지 대조군 균주들 중 하나를 첨가했는데 이들은 환자의 비리온들과 경쟁을 하게 되며 각 배양접시에서 가장 효율적으로 복제를 한 바이러스 균주들은 숫자적으로 우세하게 될 것이다. Troyer와 동료들은 이 4가지 대조군 균주에 대한 경쟁 결과에 근거해 환자들 시료에서 채취한 비리온들의 경쟁 적응도를 산출했다. 결과는 그림 1.29에 있으며, 각 색깔은 특정 환자에서 연속적으로 채취한 샘플을 나타낸다. 8번 중 7번에서 시간이 흐르면서 환자의 경쟁 적응도가 서서히 증가했고, 환자가 HIV 집단을 오래 보유하면 할수록 집단 내의 비리온들은 더 파괴적으로 변해갔다.

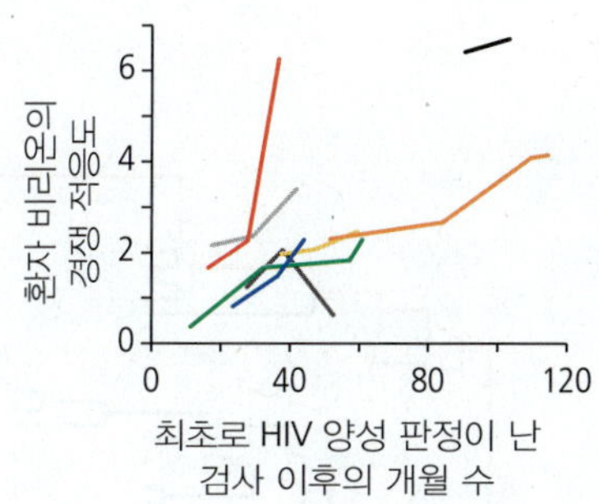


**그림 1.29 많은 숙주에서 HIV 집단들은 더욱 공격적인 복제를 향해 진화한다** Troyer et al. (2005)에서 다시 그림.

세 번째, 적어도 모든 숙주의 절반에서, 새로운 T세포를 감염시킬 수 있는 HIV 균주가 진화한다(Shankarappa et al. 1999; Moore et al. 2004). 특정한 형태의 세포를 감염시킬 수 있는 HIV 비리온의 능력은 비리온의 공동수용체에 의해 결정된다. HIV 감염 초기에 대부분의 비리온은 공동수용체로 CCR5를 사용하며, CCR5는 대식세포 및 조절기(regulatory), 휴지기(resting), 효과기(effector) T세포에서 발견된다(그림 1.6 참조). 감염이 진행되고 HIV 집단이 진화함에 따라 종종 다른 공동수용체를 이용하는 비리온이 출현하는데, X4라는 균주는 CXCR4라는 단백질을 사용한다. CXCR4는 새로운 T세포에서 발견된다.

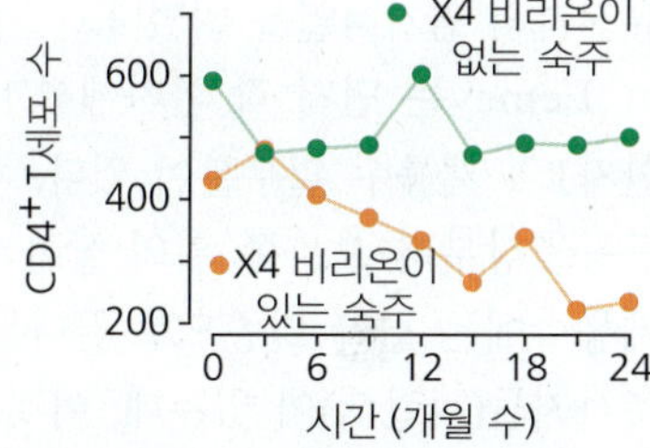


**그림 1.30 공동수용체로 CXCR4를 사용하는 HIV 균주는 숙주 면역계의 붕괴를 촉진한다** Blaak et al. (2000)에서 다시 그림.

새로운 T세포는 기억T세포와 실행T세포의 전구세포이기 때문에 새로운 T세포를 감염시키고 죽일 수 있는 비리온의 출현은 숙주에게는 나쁜 소식이다. Hetty Blaak와 동료들(2000)은 HIV 환자 16명의 바이러스 집단에서 시료를 채취하여 X4 비리온을 가지고 있는지 알아보았다. 그런 다음, 시료 채취일 1년 전부터 1년 후에 걸쳐 X4 바이러스를 가진 환자와 가지지 않은 환자의 혈액 내 도움T세포 수의 평균치를 세어보았다. 그림 1.30은 그 결과를 보여준다. X4 바이러스 균주가 없는 환자의 평균 T세포 수는 시간이 흘러도 꽤 안정적이다; X4 균주를 가진 환자에서는 평균 T세포 수가 감소했다. T세포를 공급하는 면역계의 능력을 감소시키는 비리온이 생겨나면 면역계의 종말은 분명히 가속화된다.

숙주 내 HIV 집단의 진화는 근시안적이다(Levin and Bull 1994; Levin 1996). 비리온은 미래를 보지 않는다. 그리고 집단이 진화함에 따라 궁극에 가서는 자신의 숙주를 죽이게 될 것을 예상하지 못한다. 비리온은 단지 작고 생각이 없는 분자기계일 뿐이다. 자연선택에 의한 진화도 미래를 보지 않는다. 진화는 자동적으로 일어날 뿐이다.

**HIV 감염이 치명적인 두 번째 가능한 이유: 감염시기에 바이러스 집단이 진화한다—면역계를 피하기 위하여 보다 빨리 복제하고 다른 공동수용체를 이용한다.**

## 놀랄만한 실마리

숙주 내 진화는 HIV 감염의 치사율을 높이지만, 동시에 연구자들에게 예상치 못한 실마리도 내어 주었다. 이 실마리는 Philippe Lemey와 동료들에 의해 밝혀졌는데(2007), 그는 Raj Shankarappa와 동료들이 James Mullins의 실험실에서 수집했던 훌륭한 자료들을 재분석하였다(1999). Shankarappa는 9명의 환자로부터 처음 양성으로 판정받았던 때부터 그 중 7명이 AIDS로 발전한 6~12년 후까지 주기적으로 HIV 샘플을 채취하고 각

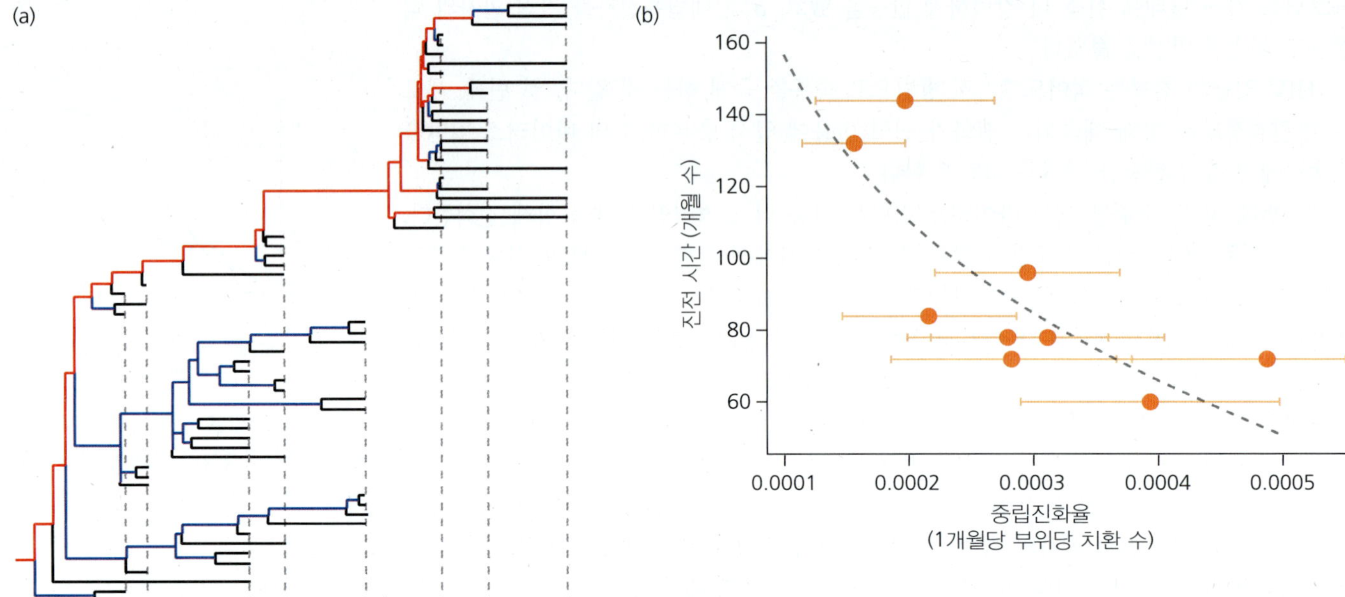


**그림 1.31 중립진화와 AIDS로의 진전** (a) 단일 환자에서 채취한 HIV 비리온의 진화계통수 일부. 붉은 선은 유일한 생존 계보를 추적한 것이다. (b) 환자의 AIDS로의 진전과 생존 계보 내 동의 돌연변이 축적률 사이의 관계. Lemey et al. (2007)에서 다시 그림.

HIV 샘플에 대하여 HIV 외피(envelope)에서 발견되는 단백질 중 2가지를 암호화하는 유전자의 염기서열을 읽었다.

Lemey는 먼저 각 환자에서 바이러스에 관한 진화계통수를 추정했고, **그림 1.31a**에 환자1의 계통수 일부분이 있다. 점선은 샘플이 채취된 시간이다. 계통수는 왼쪽 아래의 공동조상부터 오른쪽 위의 살아 있는 계보에 이르기까지 바이러스의 분화를 추적한다. 계통수에는 결국 멸종으로 끝나는(오른쪽 위에 있는 것을 제외한 모든 검은 선들) 많은 측가지들(파란색)이 있는데, 이것은 아마 손상을 주는 돌연변이가 축적된 많은 계보들이 HIV 집단들에 쌓이기 때문일 것이다. 계통수는 또한 감염 내내 존속하는 한 계보(빨간색으로 표시)를 가지고 있다. 다른 8명 환자에 대한 계통수도 유사한 양상을 보였다.

그 다음에 Lemey는 비동의성 대 동의성 변화에 대한 진화율을 따로따로 계산하면서 붉은 가지를 따라 축적된 돌연변이를 살펴보았다. 비동의 돌연변이는 암호화된 단백질의 아미노산 서열을 변화시켜 자연선택에 노출될 수 있으나, 동의 돌연변이는 아미노산의 서열을 변화시키지 않아서 중립일 가능이 크다(그러나 Ngandu et al. 2008 참조).

우리는 환자가 AIDS로 진전하는 속도가 비동의 돌연변이의 축적률과 관련이 있음을 예측할 수 있다. 예를 들어 HIV의 복제를 막는, 더 훌륭하게 일을 처리하는 면역계는 개조된 단백질 구조에 더 강력한 선택을 부여하고 질병으로의 진전 속도를 보다 천천히 늦출 수 있을 것이다. 그러나 실제로 Lemey는 그러한 관련성을 발견하지 못했다.

대신에 그림 1.31b처럼, AIDS로의 진전과 동의 돌연변이 축적률 사이의 관계를 발견했다. 동의 진화는 일반적으로 우연의 결과이다. 새로운 변이체는 돌연변이에 의해 일어나고 보통은 곧바로 사라지지만, 소수의 변이체는 다른 운명을 갖게 된다. 그들은 생존에 어떤 이점을 가져서가 아니라 단순히 운이 좋은 덕에 높은 빈도로 증가한다.

**높은 비적응 진화율을 보이는 HIV 집단을 가진 환자는 보다 급속히 AIDS로 진전한다....**

왜 보다 급속한 중립진화를 겪는 HIV 계보를 가진 환자가 더 빨리 AIDS로 진행되는가? 이 이상한 결과는 그림 1.9에서 어떻게 HIV가 AIDS를 초래하는가에 대해 살펴본 바와 같이 현재 우리가 가지고 있는 지식의 관점에서 생각해 보면 이해가 된다. 감염은 직간접적으로 면역 활성의 강화를 유발하며, 이 시기의 특징은 도움T세포의 광범위한 증식이다. 그러나 HIV는 도움T세포 속에서 가장 효율적으로 복제를 하며, 이것이 면역계에 광범위한 손상을 일으키는 해로운 주기를 시작하게 만든다. HIV에 대항하여 면역계가 가장 공격적으로 활성화하는 환자일수록 AIDS가 보다 빨리 발전한다(Sousa et al. 2002). 이 환자들에서는 또한 바이러스 복제율이 더 높고, 이는 더 많은 돌연변이를 일으키며, 이것은 다시 더 높은 율의 중립진화를 의미한다.

...이것은 면역 활성화의 증가가 HIV에게 복제 기회를 더 많이 제공하고 따라서 질병으로 이르게 하는 요인들 중 하나라는 AIDS의 모델과 일치한다.

따라서 Lemey의 발견은 문제는 바이러스가 아니고 바이러스에 반응하는 면역계라는 AIDS 모델과 일치한다. 이 모델은 또한 SIVs의 자연 숙주인 원숭이의 연구에서도 지지를 받았다(예를 들어 Silvestri et al. 2005 참조). 그러나 SIV의 자연 숙주인 원숭이는 높은 율의 바이러스 복제에도 불구하고, 만성적 면역 활성화를 피하며 또한 AIDS도 피해 간다(Pandrea et al. 2008).

이 결과들은 또 다른 질문을 낳는다. 인간이 HIV를 견디어 내거나 싸우는 것에 대한 실패가 레트로바이러스로서의 HIV에 관한 어떤 특별한 결과인가 또는 숙주로서의 인간에 관한 어떤 특별한 결과인가, 아니면 둘 다의 결과인가?

## HIV 또는 인간의 특별한 특성?

HIV와 SIVs를 비교해보면 HIV가 특별한 특성을 가지고 있음을 알 수 있다. *vpu*라 불리는 여분의 유전자를 소유하는 것도 그 중 하나이다(Schindler et al. 2006; Kirchhoff 2009 참조). 이 여분의 유전자는 *Cercopithecus* 속의 원숭이를 감염시킨, 유연관계가 매우 가까운 SIVs 그룹의 공동조상에서 생겨난 것 같다. 뒤이어 이 *vpu* 유전자는 서로 다른 두 SIV 균주가 동일한 침팬지를 감염시켰을 때 침팬지 SIV 선조에 의해 채택이 되었다(Bailes et al. 2003; Kirchhoff 2009).

... 그리고 이것은 HIV가 치명적이라는 3번째 이유를 암시한다: 바이러스와 그 숙주는 둘 다 특별한 특성을 가진다.

HIV-1 그룹 M을 포함하여 Vpu 단백질을 만드는 많은 레트로바이러스에서 이 단백질이 하는 일 중 하나는 tetherin이라는 숙주 단백질의 활동을 막는 것이다(Sauter et al. 2009). 이름이 암시하듯이 tetherin은 성숙해가는 비리온들을 숙주세포의 막에 묶어둠으로써 이들이 방출되지 못하도록 막는다(Neil et al. 2008; Perez-Caballero et al. 2009).

바이러스로서의 HIV의 특별한 특성 중 하나는 Vpu라는 단백질을 만드는 능력인데, 이 단백질은 숙주의 방어 단백질인 tetherin을 차단한다.

Vpu가 tetherin을 방해하지 않는 SIVs에서는 Nef라 불리는 또 다른 바이러스 단백질이 종종 이 역할을 한다. 그러나 인간의 tetherin은 Nef에 대해 저항력을 가지며, 이것은 tetherin 유전자의 결실로 인해 단백질에 5개의 아미노산이 없어진 데서 비롯된다(Zhang et al. 2009).

Tetherin을 차단하는 Vpu 종류를 발달시킨 것이 HIV-1 그룹 M이 그렇게 신속히 퍼지게 된 이유 중 하나일 것이다. 그리고 tetherin을 차단하는 Vpu의 소유는 아마 감염된 세포로 하여금 보다 많은 비리온을 생산하도록 허용하게 만듦으로써, 숙주에서 더 높은 수준의 면역 활성화를 유도하는 바이러스 균주에 이점으로 작용했을 것이다(Kirchhoff 2009).

비교 연구는 레트로바이러스 HIV-1의 특별한 특성을 밝힌 것처럼 숙주로서의 인간의 특별한 점도 밝혀주었다. TRIM5α라는 숙주세포 단백질에 관한 연구가 그 예이다.

Tetherin과 마찬가지로 TRIM5α도 레트로바이러스의 복제를 차단한다. 정확하게 어떠한 메커니즘을 거치는지는 분명하지 않지만, TRIM5α는 세포에 침입한 바이러스의 유전체 역전사가 일어나기 전에 침입 비리온의 내용물과 상호작용한다(Johnson and Sawyer 2009). 레트로바이러스 감염을 제한시키는 TRIM5α의 능력은 Matt Stremlau와 동료들(2004)에 의해 발견되었는데 이들은 레서스원숭이가 만드는 단백질 형태가 HIV의 생활사를 방해할 수 있음을 증명하였다. 그러나 불행히도 인간의 TRIM5는 HIV의 복제를 거의 차단하지 못한다.

Sara Sawyer와 동료들(2005)은 레트로바이러스와 그 포유류 숙주들이 오랫동안 적응경쟁을 하고 있다고 생각한다. 바이러스들은 지속적으로 숙주의 TRIM5α를 피하려고 진화하고 숙주들은 피하지 못하게 만들려고 진화한다. 연구자들은 인간을 포함한 20종의 영장류로부터 TRIM5α의 서열을 비교했는데, 영장류 TRIM5α의 진화역사는 아미노산 서열에서 종들 사이에 매우 높은 수준의 다양화를 보여주었다. 그러한 변화는 SPR Y 영역이라는 유전자 부위 일부에 집중되어 있고, 연구자들은 이 부위가 TRIM5α와 이에 작용하는 바이러스 구성요소 사이의 접촉점이라고 생각한다. 유전공학적으로 조작된 세포를 사용한 실험에서, Sawyer와 동료들(2005)은 인간의 TRIM5α 유전자를 레서스원숭이의 SPR Y 부위로 교체하면 암호화된 단백질이 HIV 복제를 차단하는 능력을 갖게 되는 것을 확인하였다. 역으로 인간의 것을 레서스원숭이에 바꾸어 넣으면 바이러스에 대항하는 단백질의 잠재력이 감소되었다. 이 결과들은 Sawyer의 적응-경쟁 가설과 일치한다.

**숙주로서의 인간이 가진 특성 중 하나는 TRIM5α 단백질이 상대적으로 HIV의 복제를 차단시키는 데 덜 효과적이라는 점인데, 이것은 이 단백질이 우리 조상을 괴롭혔던 멸종한 바이러스와 싸우는 데 적응한 결과임이 분명하다.**

Sawyer의 실험은 인간의 TRIM5α 유전자를 조금만 변화시키면 HIV-1에 대한 우리의 저항력을 향상시킬 수 있을 것을 암시한다. 실제로 유사한 연구에서, Melvyn Yap과 동료들(2005)은 332 위치에 있는 아르기닌을 글루타민으로 치환하면 인간 TRIM5α의 HIV 억제 능력이 향상되는 것을 발견했다. 그렇다면 왜 우리의 TRIM5α는 332 위치에 글루타민을 갖고 있지 않을까? Shari Kaiser와 동료들(2007)은 인간 TRIM5α는 최근에 등장한 HIV가 아니라 한때 우리의 선조를 괴롭혔던 멸종된 레트로바이러스에 대항하여 싸우도록 적응한 것이라는 가설을 내놓았다.

Kaiser와 동료들은 그 멸종된 바이러스가 PtER V1이었을 것으로 추측했다. 이 바이러스는 돌연변이로 인해 기능을 못하게 된 많은 종류의 유전체 사본을 가진 것으로 알려져 있으며, 침팬지와 고릴라의 염색체 내에서 현재도 존속하고 있다. Kaiser는 여러 가지 돌연변이를 가진 사본들을 검사하여 PtER V1의 *gag* 유전자 염기서열을 추론할 수 있었는데, 이것은 TRIM5α의 억제를 받는 바이러스 단백질을 암호화하는 유전자이다. Kaiser는 생쥐 레트로바이러스의 *gag* 유전자를 PtER V1의 *gag* 유전자로 대체하여 개조한 다음 목표 세포를 감염시키는 바이러스의 능력을 조사하였다. 세포들에는 TRIM5α를 만들지 못하는 세포, 정상적인 인간 TRIM5α를 만드는 세포, 332 위치에 글루타민을 갖는 TRIM5α를 만드는 세포가 포함되었다. 그림 1.32에 그 결과가 있다. 실제로 인간 TRIM5α는 PtER V1에 강력한 저항력을 가지며, 글루타민을 가진 인간 TRIM5α보다 훨씬 더 PtER V1에 대한 저항력이 강력하다. 그러나 HIV-1에 대한 저항력은 이와 반대임을 주목하라: 글루타민을 가진 TRIM5α는 사람의 정상적인 단백질보다 더 강력한 저항력을 갖는다. 이러한 트레이드오프(trade-off)는 인간이 HIV에 예민한 이유가 부분적으로 PtER V1에 대한 저항력을 키웠던 과거의 선택 때문이라는 생각과 일치한다.

이 절에서 우리가 살펴본 HIV의 치사율에 대한 설명은 모두 상호 양립할 수 있다. 이 두려운 바이러스 감염은 높은 전달력, 환자 몸 안에서의 근시안적인 진화, 바이러스와 숙주 둘 모두의 특별한 특성에 대한 선택이 합쳐진 결과로 보는 것이 가장 옳을 것이다.

이 절에서 그리고 전체 장을 통해서 진화적 분석은—약속했던 것처럼—우리에게 삶과 죽음의 문제에 관한 매우 중요한 통찰을 가져다준다. 이 책의 나머지 장들에서 더 많은 예들을 보게 될 것이다.

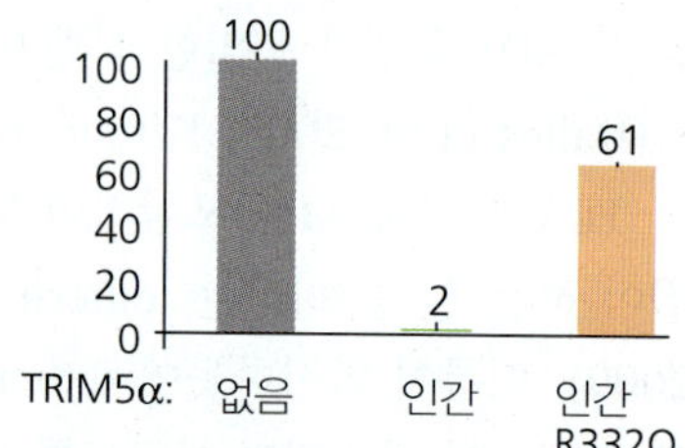


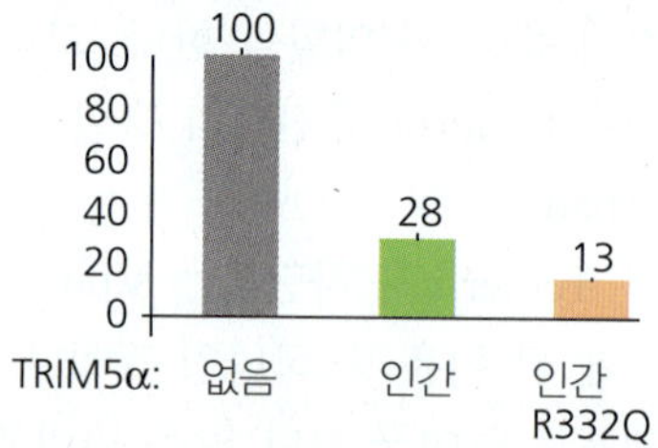


**그림 1.32 멸종한 레트로바이러스에 대한 인간의 감수성** R332Q는 332 위치에 아르기닌 대신 글루타민이 있는 TRIM5α 형태이다. Kaiser et al. (2007)에서.

From "Restriction of an extinct retrovirus by the human TRIM5a antiviral protein." *Science* 316: 1756–1758. Reprinted with permission from AAAS.

## 요약

HIV 이야기는 진화적 분석이 교과서나 교실 밖에서도 실제로 적용된다는 것을 증명해준다. HIV/AIDS는 약 3천만 명을 사망케 했으며 그 대부분이 아프리카인들이다.

HIV 비리온은 숙주세포에 침투할 때마다 RNA 유전체를 역전사하여 바이러스 입자의 다음 세대를 위한 주형이 될 DNA 사본을 만든다. 역전사는 오류가 일어나기 쉬워서 HIV 집단은 빠른 속도로 유전적 다양성을 만들어낸다. 그리고 이 중 일부는 죽는 반면, 일부 유전적 변이체들은 급속히 복제를 함으로써 시간이 지남에 따라 집단의 조성이 변하게 된다. 즉, 집단은 진화한다.

환자 몸속의 HIV 집단들은 특정 단일 항레트로바이러스 약에 대한 저항력을 재빠르게 발달시키고, 심지어는 여러 약들로 이루어진 칵테일에 대한 저항력도 발달시킬 수 있다. 또한 효율적인 항레트로바이러스 치료법이 없다면, HIV 집단은 계속해서 숙주의 면역 반응을 피하기 위해 진화하는데 이는 결국 면역계의 붕괴와 AIDS의 출현으로 이르게 할 것이다.

HIV 집단이 숙주가 부여한 선택에 반응하여 진화하는 것처럼 숙주 집단들 또한 바이러스에 의해 부과된 선택에 반응하여 진화할 수 있다. 인간 집단은 HIV 감염의 감수성과 연관된 유전적 변이를 가지고 있다. 만일 AIDS가 만연하는 동안 감수성이 예민한 개체들이 저항성을 가진 개체들보다 사망률이 높다면, 이 집단의 유전적 조성은 시간이 지남에 따라 변할 것이다. HIV에 저항력을 가진 유전적 변이를 찾음으로써 새로운 항레트로바이러스 약들이 탄생하게 되었다.

HIV는 다양한 영장류들을 감염시키는 바이러스 그룹에 속해 있다. 유전자 비교를 근거로 한 진화계통수는 HIV-1이 침팬지로부터 인간으로 이동해 왔으며, 그러한 이동이 한 번 이상 일어났음을 보여준다. HIV-1은 또한 고릴라에서 인간으로 이동했을 수도 있다. HIV/AIDS 발생의 상당수 원인이 되어온 균주인 HIV-1 그룹 M은 수십 년 전에 살았던 공동조상을 가진다.

진화적으로 서로 가까운 바이러스들과 HIV를 비교하고, 관련 숙주들과 인간을 비교함으로써 우리는 왜 HIV 감염이 인간을 치사에 이르게 하는가를 이해하게 되었다. HIV-1은 대부분의 SIVs에는 없는 유전자를 가지고 있는데, 이 유전자는 다른 HIV 유전자들이 숙주의 면역 활성화를 억제하는 능력을 잃게 만들도록 도왔고, 이로 인한 숙주의 면역 활성화는 AIDS로 발병하는 데 매우 중요한 역할을 한다. 인간은 특히 HIV에 대한 감수성이 예민한데, 이것은 우리의 선조에서 진화했던 유전자 변화 때문으로 그 변화는 현재는 멸종한 다른 레트로바이러스에 대한 저항력을 제공했던 것이다.

이 장에서는 HIV의 적응과 다양화에 집중하여 책 전체를 통해 살펴보게 될 주제들을 소개했다: 돌연변이와 변이, 경쟁, 자연선택, 진화계통수 재구성, 계보의 다양화, 과학과 인간의 문제들에 대한 진화이론의 적용.

## 질문

1. 2009년 3월 28일에 출판된 문헌에서 *The Lancet*은 아프리카의 HIV/AIDS와의 싸움에서 베네딕트 16세(Benedict XVI)의 말씀을 인용했다. 교황은 문제는 "콘돔을 나눠준다고 해서 극복될 수 없다. 오히려 콘돔이 문제를 증가시킨다."라고 말했다. 당연히 이 말은 약간의 논쟁을 불러일으켰다. 적절한 과학적 증거를 생각해 보라. 교황의 첫 번째 이야기는 옳은가? 그의 두 번째 이야기는 어떤가? 우리는 어떻게 답을 알 수 있을까?
2. HIV 집단이 인간이라는 숙주 내부에서 AZT 약에 대한 저항력을 발달시키는 과정을 살펴보라. HIV의 어떤 특성이 급속한 진화에 공헌하는가? 어떻게 유사한 시나리오가 박테리아 집단의 항생물질에 대한 저항력의 진화를 설명하고 있는가?
3. 1990년대 초에 연구자들은 AZT를 먹어본 적이 없는, 최근에 감염된 환자들에서 AZT-저항 HIV-1 균주를 발견하기 시작했다. 이런 일이 어떻게 일어날까?
4. 저항력의 진화라는 위험을 고려할 때, 그림 1.11의 두 환자에게 즉시 높은 용량의 AZT를 투약하지 않고 낮은 용량으로 시작한 이유를 무엇이라 생각하는가?
5. 여러 약들로 이루어진 HIV 치료요법 뒤에는 저항력을 갖는 데 필요한 돌연변이의 수를 늘려서, 약의 존재하에서 바이러스 집단의 유전적 변이를 감소시켜 보겠다는 생각이 있다. 동시에 투여하는 대신 하나씩 순서대로 항레트로바이러스 약들을 사용하여도 같은 효과를 얻을 수 있을까? 왜 그렇거나 왜 아닐까?
6. 일부 의사들은 HIV 환자들이 겪는, 여러 약을 동시에 투약하는 치료의 부작용을 돕는 방법으로 "약 휴일"을 주장한다. 이 경우 환자들은 모두 자주 일정기간 동안 투약을 중단한다. 진화적 관점에서 이것은 좋은 생각일까 나쁜 생각일까? 여러분의 답을 정당화해보라.
7. 1883년에 출판된 단행본에서 Alexander Graham Bell은 다음과 같이 저술했다. "자연선택은 더 이상 인류에게 매우 큰 수준의 영향을 주지 않는다." 여러분은 여기에 동의하는가? 여러분의 증거는 무엇인가?
8. 인간 집단이 HIV가 부여한 선택에 반응하여 진화할 것이라는 예측을 조사하는 연구를 설계해보라. 어디에서 연구를 수행할 것인가? 어떤 종류의 자료를 모을 것인가? 여러분의 결과를 어떻게

발표할 것인가?

9. 언제 HIV가 인간 집단으로 들어갔는가, 어떤 출처로부터? 어떻게 그것을 알 수 있을까?

10. HIV가 SIVs의 선조였다고 가정하자. 만일 면역결핍바이러스가 원래 인간으로부터 원숭이와 침팬지로 전달되었다면 그림 1.25a는 어떤 모습일지 그려 보라.

11. 우리가 이 장에서 2가지 종류의 선택을 논의했음을 상기하라: 한 숙주 내에서의 여러 바이러스 균주에 대한 선택과 숙주에서 숙주로 이동할 수 있는 바이러스 균주에 대한 선택. 이제 생물의학 쪽에서 옹호했던 가설을 생각해 보라; 질병을 유발하는 요소들은 숙주의 면역계가 보다 효율적인 반응을 보일 때 자연적으로 보다 양성의 형태로 진화한다는 가설. 숙주들 내 및 숙주들 사이에서 우리가 HIV의 진화에 관해 공부해온 증거가 이 가설과 일치하는가? 왜 일치하는가, 또는 왜 일치하지 않는가?

12. 모든 바이러스가 위험한 것은 아니다(감기가 한 예이다.) 그러나 HIV는 치사율이 거의 100%에 이른다. 왜 HIV가 그렇게 높은 치사율을 보이는지 3가지 주요 가설을 기술하라.

13. 멸종된 레트로바이러스의 감염에 저항한 우리 선조들의 진화가 그 결과로 인해 현재 우리를 필연적으로 HIV-1에 취약하도록 만들었다는 증거는 무엇인가? 여러분은 한 개체가 동시에 HIV-1과 PtERV1에 대항하여 방어할 수 있는 유전적 변화를 생각할 수 있는가?

14. 여러 분야의 저자들이 종종 진화에 관한 흥미로운 이야기를 던진다.
   a. 전통적인 견해, 특히 기생충학과 의학 쪽에서는 기생충과 그 숙주 사이의 관계는 불가피하게 평화로운 공존을 향해 진화한다고 한다(Ewald 1983 참조). 이들 중에는 만일 숙주가 해를 입지 않고 존속한다면 기생충 집단도 보다 오래 생존할 가능성이 높다는 주장도 있다. 전통적인 견해 및 그를 위한 주장이 HIV에 관해 알고 있는 여러분의 지식과 일치하는가?—다른 질병과 기생충에 대해서는? 이런 결과들은 어떤 실험을 제시해 주는가?
   b. HIV는 작고, 로봇 같은 분자 기계이다. 많은 과학 소설이 지적이고 의식이 있게(그리고 보통은 자유를 추구하고, 감정을 발전시키고, 인간과 전쟁을 시작하는) 진화하는 로봇을 표현하고 있다. 어떤 조건하에서 로봇이 실제로 진화할 수 있을까? 예를 들어 로봇에게 생식이 필요할까?

## 문헌탐구

15. 우리는 HIV가 어디에서 왔으며 언제부터 전 세계적인 질병으로 발전했는지에 관해 논의했다. 그러나 우리는 어떻게에 관해서는 많이 논의하지 못했다. 이 질문에 대한 탐구를 위해 다음 문헌을 참고하라.

   de Sousa, J. D., V. Muller, et al. 2010. High GUD incidence in the early 20th century created a particularly permissive time window for the origin and initial spread of epidemic HIV strains. *PLoS One* 5: e9936.

16. 바이러스, 박테리아, 광범위한 여러 기생충 품종에서 약에 대한 저항력이 진화되었다. 이 논문은 결핵을 일으키는 박테리아의 약에 대한 저항력의 진화를 기술하고 있다:

   Blower, S. M., and T. Chou. 2004. Modeling the emergence of "hot zones": Tuberculosis and the amplification dynamics of drug resistance. *Nature Medicine* 10: 1111–1116.

   이 논문은 B형 간염 바이러스(HBV)에 관한 것이다:

   Shaw, T. A., A. Bartholomeusz, and S. Locarnini. 2006. HBV drug resistance: Mechanisms, detection and interpretation. *Journal of Hepatology* 44: 593–606.

17. 질문 5는 여러 약을 동시가 아니라 연속적으로 사용하여 HIV를 치료하는 것에 대한 것이다. 다음을 통해 이러한 전략을 서로 비교하는 임상적 시도를 살펴보라:

   Gulick, R. M., J. W. Mellors, et al. 1998. Simultaneous vs sequential initiation of therapy with Indinavir, Zidovudine, and Lamivudine for HIV-1 infection: 100-week follow-up. *JAMA* 280: 35.

18. 레트로사이클린과 TRIM5$\alpha$의 논의를 통해 작은 유전적 변화가 인간의 HIV에 대한 저항력을 증가시킨 경우를 보았다. 3번째 예를 위해 다음을 보라:

   Gupta, R. K., S. Hue, et al. 2009. Mutation of a single residue renders human tetherin resistant to HIV-1 Vpu-mediated depletion. *PLoS Pathogens* 5: e1000443.

19. 많은 환자들의 경우에 항레트로바이러스 약들은 HIV를 치료 가능한 만성 상태로 변형시켰다. 그러나 치료가 곧 낫는다는 뜻은 아니다; 환자들은 평생 동안 약 치료를 받으며 살아야만 한다. 지금까지, 정확하게 단 한 명의 HIV 환자만이 나왔다. 어떻게 이런 일이 일어났는지 다음을 참고하라:

   Hutter, G., D. Nowak, et al. 2009. Long-term control of HIV by CCR5 Delta32/Delta32 stem-cell transplantation. *New England Journal of Medicine* 360: 692–698.

20. HIV에 대한 저항력을 가진 유전적 변이의 발견은 유전자 치료요법으로 HIV 감염을 치료할 수도 있음을 제시해 주었다. 그 예로서 다음을 보라:

   Perez, E. E., J. Wang, et al. 2008. Establishment of HIV-1 resistance in $CD4^+$ T cells by genome editing using zinc-finger nucleases. *Nature Biotechnology* 26: 808–816.

   Hutter, G., D. Nowak, et al. 2009. Long-term control of HIV by CCR5 Delta32/Delta32 stem-cell transplantation. *New England Journal of Medicine* 360: 692–698.

21. 다음 논문을 통해 추정 진화계통수를 사용하여 남성과 성관계를 가진 남성들 사이의 HIV 전파 메커니즘을 조사하는 과정을 살펴보라.

Butler, D. M., W. Delport, et al. 2010. The origins of sexually transmitted HIV among men who have sex with men. *Science Translational Medicine* 2: 18re1.

**22.** Stanley Trask와 동료들은 사하라 남부 아프리카에서는 대부분의 HIV-1 전파가 결혼한 부부 사이에서 일어났다는 가설을 내 놓았다. 즉, 남편이 HIV를 얻어 부인에게 전달하거나, 부인이 HIV를 얻어 남편에게 전달한다는 것이다. 연구자들은 이 가설을 조사하기 위하여 진화계통수를 재구성하였다. 어떻게 이 조사를 수행할지 생각해 보라. 만일 이 가설이 옳다면 계통수는 어떻게 생겼을까? 만일 그것이 사실이 아니라면? 그 다음에 Trask 등의 논문을 보라:

Trask, S. A., C. A. Derdeyn, U. Fideli, et al. 2002. Molecular epidemiology of human immunodeficiency virus type 1 transmission in a heterosexual cohort of discordant couples in Zambia. *Journal of Virology* 76: 397–405.

또한 이 주제의 다음 이야기, 즉 만일 두 배우자가 면역계의 특정 대립유전자를 공유한다면 감염된 상대로부터 HIV를 옮겨 받을 위험이 더 높다는 결과도 보라:

Dorak, M., J. Tang, J. Penman-Aguilar, et al. 2004. Transmission of HIV-1 and HLA-B allele-sharing within serodiscordant heterosexual Zambian couples. *Lancet* 363: 2137–2139.

**23.** AIDS는 논쟁의 여지가 많은 수많은 가설들을 만들어냈다. 이들 중 하나는 HIV가 야생 침팬지가 아닌 실험용 구강 척수소아마비 백신에서 기원했다는 것으로, 1950년대 후반에 많은 아프리카인들에게 투여했던 이 실험용 백신이 침팬지 배양세포에서 추출되었다는 것이다. 연구자들은 1950년대에 아프리카에서 사용되었던 척수소아마비 백신 시료를 얻어, 백신에 존재하는 리보솜 RNA의 염기서열을 결정하고 소문처럼 백신을 만들기 위해 사용된 종이 정말로 침팬지였는지 조사하였다. 또한 HIV와 가장 밀접한 유연관계에 있는 SIV를 가진 야생 침팬지 집단이 존재하는지 아닌지, 그리고 그 장소에 관한 정보도 알 수 있었다. 다음을 참고하라:

Berry, N., A. Jenkins, J. Martin, et al. 2005. Mitochondrial DNA and retroviral RNA analyses of archival oral polio vaccine (OPV CHAT) materials: Evidence of macaque nuclear sequences confirms substrate identity. *Vaccine* 23: 1639–1648.

Keele, B. F., F. Van Heuverswyn, et al. 2006. Chimpanzee reservoirs of pandemic and nonpandemic HIV-1. *Science* 313: 523–526.

## 인용문헌


Abbas, A. K., K. M. Murphy, and A. Sher. 1996. Functional diversity of helper T lymphocytes. *Nature* 383: 787–793.

Abdool Karim, Q., S. S. Abdool Karim, et al. 2010. Effectiveness and safety of tenofovir gel, an antiretroviral microbicide, for the prevention of HIV infection in women. *Science* 329: 1168–1174.

Ala, P. J., E. E. Huston, et al. 1997. Molecular basis of HIV-1 protease drug resistance: Structural analysis of mutant proteases complexed with cyclic urea inhibitors. *Biochemistry* 36: 1573–1580.

Allen, T. M., D. H. O'Connor, et al. 2000. Tat-specific cytotoxic T lymphocytes select for SIV escape variants during resolution of primary viraemia. *Nature* 407: 386–390.

An, P., and C. A. Winkler. 2010. Host genes associated with HIV/AIDS: Advances in gene discovery. *Trends in Genetics* 26: 119–131.

Anderson, R. M., and R. M. May. 1982. Coevolution of hosts and parasites. *Parasitology* 85: 411–426.

Appay, V., and D. Sauce. 2008. Immune activation and inflammation in HIV-1 infection: Causes and consequences. *Journal of Pathology* 214: 231–241.

Bailes, E., F. Gao, et al. 2003. Hybrid origin of SIV in chimpanzees. *Science* 300: 1713.

Bailey, R. C., S. Moses, et al. 2007. Male circumcision for HIV prevention in young men in Kisumu, Kenya: A randomised controlled trial. *Lancet* 369: 643–656.

Banchereau, J., and R. M. Steinman. 1998. Dendritic cells and the control of immunity. *Nature* 392: 245–252.

Barré-Sinoussi, F., J. Chermann, et al. 1983. Isolation of a T-lymphotrophic retrovirus from a patient at risk for acquired immune-deficiency syndrome (AIDS). *Science* 220: 868–871.

Bartlett, J. G., and R. D. Moore. 1998. Improving HIV therapy. *Scientific American* 279 (July): 84–89.

Bell, A. G. 1883. Upon the formation of a deaf variety of the human race. *Memoirs of the National Academy of Sciences*: 2 (4th memoir).

Biancotto, A., S. J. Iglehart, et al. 2008. HIV-1 induced activation of $CD4^+$ T cells creates new targets for HIV-1 infection in human lymphoid tissue ex vivo. *Blood* 111: 699–704.

Blaak, H., A. B. van't Wout, et al. 2000. In vivo HIV-1 infection of $CD45RA^+CD4^+$ T cells is established primarily by syncytium-inducing variants and correlates with the rate of $CD4^+$ T cell decline. *Proceedings of the National Academy of Sciences USA* 97: 1269–1274.

Boyer, P. L., S. G. Sarafianos, et al. 2001. Selective excision of AZTMP by drug-resistant human immunodeficiency virus reverse transcriptase. *Journal of Virology* 75: 4832–4842.

Brenchley, J. M., D. A. Price, and D. C. Douek. 2006. HIV disease: Fallout from a mucosal catastrophe? *Nature Immunology* 7: 235–239.

Brennan, T. P., J. O. Woods, et al. 2009. Analysis of human immunodeficiency virus type 1 viremia and provirus in resting $CD4^+$ T cells reveals a novel source of residual viremia in patients on antiretroviral therapy. *Journal of Virology* 83: 8470–8481.

Cao, Y., L. Qin, et al. 1995. Virologic and immunologic characterization of long-term survivors of human immunodeficiency virus type 1 infection. *New England Journal of Medicine* 332: 201–208.

Centers for Disease Control (CDC). 2005. HIV prevalence, unrecognized infection, and HIV testing among men who have sex with men—five U.S. cities, June 2004–April 2005. *Morbidity and Mortality Weekly Report* 54 (24): 597–601.

Chun, T.-W., R. T. Davey, Jr., et al. 1999. Re-emergence of HIV after stopping therapy. *Nature* 401: 874–875.

Churchill, M. J., D. I. Rhodes, et al. 2006. Longitudinal analysis of human immunodeficiency virus type 1 *nef*/long terminal repeat sequences in a cohort of long-term survivors infected from a single source. *Journal of Virology* 80: 1047–1052.

Cohen, J. 1993. AIDS research: The mood is uncertain. *Science* 260: 1254–1261.

Cole, A. M., T. Hong, et al. 2002. Retrocyclin: A primate peptide that protects cells from infection by T- and M-tropic strains of HIV-1. *Proceedings of the National Academy of Sciences USA* 99: 1813–1818.

Condra, J. H., D. J. Holder, et al. 1996. Genetic correlates of *in vivo* viral resistance to indinavir, a human immunodeficiency virus type 1 protease inhibitor. *Journal of Virology* 70: 8270–8276.

Crepaz, N., T. A. Hart, and G. Marks. 2004. Highly active antiretroviral therapy and sexual risk behavior: A meta-analytic review. *JAMA* 292: 294–236.

Cromer, D., S. M. Wolinsky, and A. R. McLean. 2010. How fast could HIV change gene frequencies in the human population? *Proceedings of the Royal Society B* 277: 1981–1989.

Darwin, C. R. 1859. *On the Origin of Species by Means of Natural Selection, Or the Preservation of the Favoured Races in the Struggle for Life*. London: John Murray.

Davey, R. T. Jr., N. Bhat, et al. 1999. HIV-1 and T cell dynamics after interruption of highly active antiretroviral therapy (HAART) in patients with a history of sustained viral suppression. *Proceedings of the National Academy of Sciences USA* 96: 15109–15114.

Deacon, N. J., A. Tsykin, et al. 1995. Genomic structure of an attenuated quasi species of HIV-1 from a blood transfusion donor and recipients. *Science* 270: 988–991.

De Clercq, E. 2009. Anti-HIV drugs: 25 compounds approved within 25 years after the discovery of HIV. *International Journal of Antimicrobial Agents* 33: 307–320.

Deeks, S. G., M. Smith, et al. 1997. HIV-1 protease inhibitors. *Journal of the American Medical Association* 277: 145–153.

Deng, H., R. Liu, et al. 1996. Identification of a major co-receptor for primary isolates of HIV-1. *Nature* 381: 661–666.

Dobzhansky, T. 1973. Nothing in biology makes sense except in the light of evolution. *American Biology Teacher* 35: 125–129.

Dodds, J. P., A. M. Johnson, et al. 2007. A tale of three cities: Persisting high HIV prevalence, risk behaviour and undiagnosed infection in community samples of men who have sex with men. *Sexually Transmitted Infections* 83: 392–396.

Douek, D. C., M. Roederer, and R. A. Koup. 2009. Emerging concepts in the immunopathogenesis of AIDS. *Annual Review of Medicine* 60: 471–484.

Doukhan, L., and E. Delwart. 2001. Population genetic analysis of the protease locus of human immunodeficiency virus type 1 quasispecies undergoing drug selection, using a denaturing gradient-heteroduplex tracking assay. *Journal of Virology* 75: 6729–6736.

Dragic, T., V. Litwin, et al. 1996. HIV-1 entry into $CD4^+$ cells is mediated by the chemokine receptor CC-CKR-5. *Nature* 381: 667–673.

Ewald, P. W. 1983. Host-parasite relations, vectors, and the evolution of disease severity. *Annual Review of Ecology and Systematics* 14: 465–485.

Fauci, A. 2008. 25 years of HIV. *Nature* 453: 289–290.

Fraser, C., T. D. Hollingsworth, et al. 2007. Variation in HIV-1 set-point viral load: Epidemiological analysis and an evolutionary hypothesis. *Proceedings of the National Academy of Sciences USA* 104: 17441–17446.

Gallo, R., S. Salahuddin, et al. 1984. Frequent detection and isolation of cytopathic retroviruses (HTIL-III) from patients with AIDS and at risk for AIDS. *Science* 224: 500–503.

Ganser-Pornillos, B. K., M. Yeager, and W. I. Sundquist. 2008. The structural biology of HIV assembly. *Current Opinion in Structural Biology* 18: 203–217.

Gao, F., E. Bailes, et al. 1999. Origin of HIV-1 in the chimpanzee *Pan troglodytes troglodytes*. *Nature* 397: 436–441.

Geffin, R., D. Wolf, et al. 2000. Functional and structural defects in HIV type 1 *nef* genes derived from pediatric long-term survivors. *AIDS Research and Human Retroviruses* 16: 1855–1868.

Giuliani, M., A. D. Carlo, et al. 2005. Increased HIV incidence among men who have sex with men in Rome. *AIDS* 19: 1429–1431.

Gonzalez, E., M. Bamshad, et al. 1999. Race-specific HIV-1 disease-modifying effects associated with CCR5 haplotypes. *Proceedings of the National Academy of Sciences USA* 96: 12004–12009.

Grant, R. M., J. R. Lama, et al. 2010. Preexposure chemoprophylaxis for HIV prevention in men who have sex with men. *New England Journal of Medicine* 363: 2587–2599.

Gray, R. H., G. Kigozi, et al. 2007. Male circumcision for HIV prevention in men in Rakai, Uganda: A randomised trial. *Lancet* 369: 657–666.

Gupta, P., D. Ratner, et al. 2012. Retrocyclin RC-101 blocks HIV-1 transmission across cervical mucosa in an organ culture. *Journal of Acquired Immune Deficiency Syndromes* 60: 455–461.

Hahn, B. H., G. M. Shaw, et al. 2000. AIDS as a zoonosis: Scientific and public health implications. *Science* 287: 607–614.

Hall, H. I., R. Song, et al. 2008. Estimation of HIV incidence in the United States. *JAMA* 300: 520–529.

Hamers, F. F., and A. M. Downs. 2004. The changing face of the HIV epidemic in Western Europe: What are the implications for public health policies? *Lancet* 364: 83–94.

Hammer, S. M., J. J. Eron, Jr., et al. 2008. Antiretroviral treatment of adult HIV infection: 2008 recommendations of the International AIDS Society-USA panel. *JAMA* 300: 555–570.

Harrigan, P. R., R. S. Hogg, et al. 2005. Predictors of HIV drug-resistance mutations in a large antiretroviral-naive cohort initiating triple antiretroviral therapy. *Journal of Infectious Diseases* 191: 339–347.

Harrington, L. E., K. M. Janowski, et al. 2008. Memory CD4 T cells emerge from effector T-cell progenitors. *Nature* 452: 356–360.

Health Protection Agency. 2008. HIV in the United Kingdom: 2008 report. Available at http://www.hpa.org.uk/.

Hillis, D. M. 2000. AIDS. Origins of HIV. *Science* 288: 1757–1759.

Hladik, F., and M. J. McElrath. 2008. Setting the stage: Host invasion by HIV. *Nature Reviews Immunology* 8: 447–457.

Hogg, R. S., D. R. Bangsberg, et al. 2006. Emergence of drug resistance is associated with an increased risk of death among patients first starting HAART. *PLoS Medicine* 3: e356.

Hoggard, P. G., J. Lloyd, et al. 2001. Zidovudine phosphorylation determined sequentially over 12 months in human immunodeficiency virus-infected patients with or without previous exposure to antiretroviral agents. *Antimicrobial Agents and Chemotherapy* 45: 976–980.

Hübner, A., M. Kruhoffer, et al. 1992. Fidelity of human immunodeficiency virus type 1 reverse transcriptase in copying natural RNA. *Journal of Molecular Biology* 223: 595–600.

International Human Genome Sequencing Consortium (IHGSC) 2001. Initial sequencing and analysis of the human genome. *Nature* 409: 860–921.

Johnson, J. A., J. F. Li, et al. 2008. Minority HIV-1 drug resistance mutations are present in antiretroviral treatment-naive populations and associate with reduced treatment efficacy. *PLoS Medicine* 5: e158.

Johnson, W. E., and S. L. Sawyer. 2009. Molecular evolution of the antiretroviral TRIM5 gene. *Immunogenetics* 61: 163–176.

Kaiser, S. M., H. S. Malik, and M. Emerman. 2007. Restriction of an extinct retrovirus by the human TRIM5$\alpha$ antiviral protein. *Science* 316: 1756–1758.

Kalichman, S. C., L. Eaton, et al. 2007. Beliefs about treatments for HIV/AIDS and sexual risk behaviors among men who have sex with men, 1997–2006. *Journal of Behavioral Medicine* 30: 497–503.

Kanki P. J., K. U. Travers, et al. 1994. Slower heterosexual spread of HIV-2 than HIV-1. *Lancet* 343: 943–946.

Kaufmann, D. E., M. Lichterfeld, et al. 2004. Limited durability of viral control following treated acute HIV infection. *PLoS Medicine* 2: e36.

Keele, B. F., J. H. Jones, et al. 2009. Increased mortality and AIDS-like immunopathology in wild chimpanzees infected with SIVcpz. *Nature* 460: 515–519.

Kirchhoff, F. 2009. Is the high virulence of HIV-1 an unfortunate coincidence of primate lentiviral evolution? *Nature Reviews Microbiology* 7: 467–476.

Koblin, B., M. Chesney, and T. Coates. 2004. Effects of a behavioural intervention to reduce acquisition of HIV infection among men who have sex with men: The EXPLORE randomised controlled study. *Lancet* 364: 41–50.

Korber, B., M. Muldoon, et al. 2000. Timing the ancestor of the HIV-1 pandemic strains. *Science* 288: 1789–1796.

*Lancet* editorial. 2009. Redemption for the pope? *Lancet* 373: 1054.

Larder, B. A., G. Darby, and D. D. Richman. 1989. HIV with reduced sensitivity to Zidovudine (AZT) isolated during prolonged therapy. *Science* 243: 1731–1734.

Learn, G. H., and J. I. Mullins. 2003. The microbial forensic use of HIV sequences. In *HIV Sequence Compendium 2003*, ed. T. Leitner, B. Foley, et al. Los Alamos: Theoretical Biology and Biophysics Group, Los Alamos National Laboratory, LA-UR number 04-7420. Available at http://www.hiv.lanl.gov/content/sequence/HIV/REVIEWS/reviews.html.

Lederman, M. M., and L. Margolis. 2008. The lymph node in HIV pathogenesis. *Seminars in Immunology* 20: 187–195.

Leitner, T., D. Escanilla, et al. 1996. Accurate reconstruction of a known HIV-1 transmission history by phylogenetic tree analysis. *Proceedings of the National Academy of Sciences USA* 93: 10864–10869.

Lemey, P., S. L. Kosakovsky Pond, et al. 2007. Synonymous substitution rates predict HIV disease progression as a result of underlying replication dynamics. *PLoS Computational Biology* 3: e29.

Leslie, A. J., K. J. Pfafferott, et al. 2004. HIV evolution: CTL escape mutation and reversion after transmission. *Nature Medicine* 10: 282–289.

Levin, B. R. 1996. The evolution and maintenance of virulence in microparasites. *Emerging Infectious Diseases* 2: 93–102.

Levin, B. R., and J. J. Bull. 1994. Short-sighted evolution and the virulence of pathogenic microorganisms. *Trends in Microbiology* 2: 76–81.

Liu, R., W. A. Paxton, et al. 1996. Homozygous defect in HIV-1 coreceptor accounts for resistance of some multiply-exposed individuals to HIV-1 infection. *Cell* 86: 367–377.

Lohse, N., A. B. Hansen, et al. 2007. Survival of persons with and without HIV infection in Denmark, 1995–2005. *Annals of Internal Medicine* 146: 87–95.

Lopez, A. D., C. Mathers, et al. 2006. Global and regional burden of disease and risk factors, 2001: Systematic analysis of population health data. *Lancet* 367: 1747–1757.

Maldarelli, F., S. Palmer, et al. 2007. ART suppresses plasma HIV-1 RNA to a stable set point predicted by pretherapy viremia. *PLoS Pathogens* 3: e46.

Marlink, R., P. Kanki, et al. 1994. Reduced rate of disease development after HIV-2 infection as compared to HIV-1. *Science* 265: 1587–1590.

Marmor, M., H. W. Sheppard, et al. 2001. Homozygous and heterozygous *CCR5-Δ32* genotypes are associated with resistance to HIV infection. *Journal of Acquired Immune Deficiency Syndromes* 27: 472–481.

Mathers, B. M., L. Degenhardt, et al. 2008. Global epidemiology of injecting drug use and HIV among people who inject drugs: A systematic review. *Lancet* 372: 1733–1745.

McHeyzer-Williams, M. G., L. J. McHeyzer-Williams, et al. 2000. Antigen-specific immunity. Th cell-dependent B cell responses. *Immunologic Research* 22: 223–236.

Metzker, M. L., D. P. Mindell, et al. 2002. Molecular evidence of HIV-1 transmission in a criminal case. *Proceedings of the National Academy of Sciences USA* 99: 14292–14297.

Mohri, H., M. K. Singh, et al. 1993. Quantitation of Zidovudine-resistant human immunodeficiency virus type 1 in the blood of treated and untreated patients. *Proceedings of the National Academy of Sciences USA* 90: 25–29.

Moore, J. P., S. G. Kitchen, et al. 2004. The CCR5 and CXCR4 coreceptors—central to understanding the transmission and pathogenesis of human immunodeficiency virus type 1 infection. *AIDS Research and Human Retroviruses* 20: 111–126.

Moore, Z. S., J. Seward, and J. M. Lane. 2006. Smallpox. *Lancet* 367: 425-435.

Murphy, R. L., B. A. da Silva, et al. 2008. Seven-year efficacy of a lopinavir/ritonavir-based regimen in antiretroviral-naive HIV-1-infected patients. *HIV Clinical Trials* 9: 1–10.

Nachega, J., M. Hislop, et al. 2007. Adherence to nonnucleoside reverse transcriptase inhibitor-based HIV therapy and virologic outcomes. *Annals of Internal Medicine* 146: 564–573.

Nagelkerke, N. J. D., S. J. de Vlas, et al. 2009. Heterogeneity in host HIV susceptibility as a potential contributor to recent HIV prevalence declines in Africa. *AIDS* 23: 125–130.

National Institute of Allergy and Infectious Diseases (NIAID). 2003. *Understanding the Immune System: How It Works*. NIH Publication No. 03-5423. Available at http://www.niaid.nih.gov/publications/immune/ the_immune_system.pdf.

Neil, S. J., T. Zang, and P. D. Bieniasz. 2008. Tetherin inhibits retrovirus release and is antagonized by HIV-1 Vpu. *Nature* 451: 425–430.

Ngandu, N. K., K. Scheffler, et al. 2008. Extensive purifying selection acting on synonymous sites in HIV-1 Group M sequences. *Virology Journal* 5: 160.

Nguyen, T. X., A. M. Cole, and R. I. Lehrer. 2003. Evolution of primate $\theta$-defensins: A serpentine path to a sweet tooth. *Peptides* 24: 1647–1654.

Nielsen, M. H., F. S. Pedersen, and J. Kjems. 2005. Molecular strategies to inhibit HIV-1 replication. *Retrovirology* 2: 10.

Novembre, J., A. P. Galvani, and M. Slatkin. 2005. The geographic spread of the CCR5 Delta32 HIV-resistance allele. *PLoS Biology* 3: e339.

Ortiz, M., N. Guex, et al. 2009. Evolutionary trajectories of primate genes involved in HIV pathogenesis. *Molecular Biology and Evolution* 26: 2865–2875.

Oster, E. 2009. Routes of infection: Exports and HIV incidence in sub-Saharan Africa. *National Bureau of Economic Research Working Paper* Number 13610. Available at http://faculty.chicagobooth.edu/emily.oster/papers/ index.html.

Oyugi, J. O., F. C. Vouriot, et al. 2009. A common CD4 gene variant is associated with an increased risk of HIV-1 infection in Kenyan female commercial sex workers. *Journal of Infectious Diseases* 199: 1327–1334.

Paiardini, M., I. Pandrea, et al. 2009. Lessons learned from the natural hosts of HIV-related viruses. *Annual Review of Medicine* 60: 485–495.

Pandrea, I., D. L. Sodora, et al. 2008. Into the wild: Simian immunodeficiency virus (SIV) infection in natural hosts. *Trends in Immunology* 29: 419–428.

Pelak, K., D. B. Goldstein, et al. 2010. Host determinants of HIV-1 control in African Americans. *Journal of Infectious Diseases* 201: 1141–1149.

Perez-Caballero, D., T. Zang, et al. 2009. Tetherin inhibits HIV-1 release by directly tethering virions to cells. *Cell* 139: 499–511.

Pillay, D., A. Rambaut, et al. 2007. HIV phylogenetics. *British Medical Journal* 335: 460–461.

Pinkerton, S. D., and P. R. Abramson. 1997. Effectiveness of condoms in preventing HIV transmission. *Social Science & Medicine* 44: 1303–1312.

Pisani, E., G. P. Garnett, et al. 2003. Back to basics in HIV prevention: Focus on exposure. *British Medical Journal* 326: 1384–1387.

Plantier, J. C., M. Leoz, et al. 2009. A new human immunodeficiency virus derived from gorillas. *Nature Medicine* 15: 871–872.

Popovic, M., M. Sarngadharan, et al. 1984. Detection, isolation, and continuous production of cytopathic retroviruses (HTLV-III) from patients with AIDS and pre-AIDS. *Science* 224: 497–500.

Price, D. A., P. J. R. Goulder, et al. 1997. Positive selection of HIV-1 cytotoxic T lymphocyte escape variants during primary infection. *Proceedings of the National Academy of Sciences USA* 94: 1890–1895.

Public Health Agency of Canada. 2006. Estimates of the number of people living with HIV in Canada, 2005. Available at http://www.phacaspc.gc.ca/media/nr-rp/2006/20060731-hiv-vih-eng.php.

Ramaley, P. A., N. French, et al. 2002. Chemokine-receptor genes and AIDS risk. *Nature* 417: 140.

Rambaut, A., D. L. Robertson, et al. 2001. Human immunodeficiency virus. Phylogeny and the origin of HIV-1. *Nature* 410: 1047–1048.

Read, T. R. H., J. Hocking, et al. 2007. Risk factors for incident HIV infection in men having sex with men: A case-control study. *Sexual Health* 4: 35–39.

Rhodes, D. I., L. Ashton, et al. 2000. Characterization of three *nef*-defective human immunodeficiency virus type 1 strains associated with long-term nonprogression. *Journal of Virology* 74: 10581–10588.

Richman, D. D. 1998. How drug resistance arises. *Scientific American* 279: 88.

St. Clair, M. H., J. L. Martin, et al. 1991. Resistance to ddI and sensitivity to AZT induced by a mutation in HIV-1 reverse transcriptase. *Science* 253: 1557–1559.

Salemi, M., K. Strimmer, et al. 2001. Dating the common ancestor of $SIV_{cpz}$ and HIV-1 group M and the origin of HIV-1 subtypes using a new method to uncover clock-like molecular evolution. *FASEB Journal* 15: 276–278.

Samson, M., F. Libert, et al. 1996. Resistance to HIV-1 infection in Caucasian individuals bearing mutant alleles of the CCR-5 chemokine receptor gene. *Nature* 382: 722–725.

Sauter, D., M. Schindler, et al. 2009. Tetherin-driven adaptation of Vpu and Nef function and the evolution of pandemic and nonpandemic HIV-1 strains. *Cell Host Microbe* 6: 409–421.

Sawyer, S. L., L. I. Wu, et al. 2005. Positive selection of primate TRIM5$\alpha$ identifies a critical species-specific retroviral restriction domain. *Proceedings of the National Academy of Sciences USA* 102: 2832–2837.

Scaduto, D. I., J. M. Brown, et al. 2010. Source identification in two criminal cases using phylogenetic analysis of HIV-1 DNA sequences. *Proceedings of the National Academy of Sciences, USA* 107: 21242–21247.

Scheer, S., T. Kellogg, et al. 2008. HIV is hyperendemic among men who have sex with men in San Francisco: 10-year trends in HIV incidence, HIV prevalence, sexually transmitted infections and sexual risk behaviour. *Sexually Transmitted Infections* 84: 493–498.

Schindler, M., J. Münch, et al. 2006. Nef-mediated suppression of T cell activation was lost in a lentiviral lineage that gave rise to HIV-1. *Cell* 125: 1055–1067.

Schliekelman, P., C. Garner, and M. Slatkin. 2001. Natural selection and resistance to HIV. *Nature* 411: 545–546.

Schneider, M. F., S. J. Gange, et al. 2005. Patterns of the hazard of death after AIDS through the evolution of antiretroviral therapy: 1984–2004. *AIDS* 19: 2009–2018.

Seid, J. M., M. Liberto, et al. 1986. T cell-macrophage interactions in the immune response to herpes simplex virus: The significance of interferon-gamma. *Journal of General Virology* 67: 2799–2802.

Shankarappa, R., J. B. Margolick, et al. 1999. Consistent viral evolutionary changes associated with the progression of human immunodeficiency virus type 1 infection. *Journal of Virology* 73: 10489–10502.

Sharp, P. M., and B. H. Hahn. 2008. AIDS: Prehistory of HIV-1. *Nature* 455: 605–606.

Sharp, P. M., E. Bailes, et al. 2001. The origins of acquired immune deficiency syndrome viruses: Where and when? *Philosophical Transactions of the Royal Society of London* B 356: 867–876.

Shirasaka, T., R. Yarchoan, et al. 1993. Changes in drug sensitivity of human immunodeficiency virus type 1 during therapy with azidothymidine, dideoxycytidine, and dideoxyinosine: An in vitro comparative study. *Proceedings of the National Academy of Sciences USA* 90: 562–566.

Silvestri, G. 2009. Immunity in natural SIV infections. *Journal of Internal Medicine* 265: 97–109.

Silvestri, G., A. Fedanov, et al. 2005. Divergent host responses during primary simian immunodeficiency virus SIVsm infection of natural sooty mangabey and nonnatural rhesus macaque hosts. *Journal of Virology* 79: 4043–4054.

Slutkin, G., S. Okware, et al. 2006. How Uganda reversed its HIV epidemic. *AIDS and Behavior* 10: 351–360.

Sousa, A. E., J. Carneiro, et al. 2002. CD4 T cell depletion is linked directly to immune activation in the pathogenesis of HIV-1 and HIV-2 but only indirectly to the viral load. *Journal of Immunology* 169: 3400–3406.

Sprent, J., and C. D. Surh. 2002. T cell memory. *Annual Review of Immunology* 20: 551–579.

State of Louisiana v. Richard J. Schmidt. 1997. K97–249. LA Court of Appeal, 3rd Circuit. 699 So.2d 488.

State of Louisiana v. Richard J. Schmidt. 2000. 99-1412. LA Court of Appeal, 3rd Circuit. 771 So.2d 131.

Stremlau, M., C. M. Owens, et al. 2004. The cytoplasmic body component TRIM5$\alpha$ restricts HIV-1 infection in Old World monkeys. *Nature* 427: 848–853.

Suksomboon, N., N. Poolsup, and S. Ket-Aim. 2007. Systematic review of the efficacy of antiretroviral therapies for reducing the risk of mother-to-child transmission of HIV infection. *Journal of Clinical Pharmacy and Therapeutics* 32: 293–311.

Takehisa, J., M. H. Kraus, et al. 2009. Origin and biology of simian immunodeficiency virus in wild-living western gorillas. *Journal of Virology* 83: 1635–1648.

Tang, Y.-Q., J. Yuan, et al. 1999. A cyclic antimicrobial peptide produced in primate leukocytes by the ligation of two truncated $\alpha$-defensins. *Science* 286: 498–502.

Tobiume, M., M. Takahoko, et al. 2002. Inefficient enhancement of viral infectivity and CD4 downregulation by human immunodeficiency virus type 1 nef from Japanese long-term nonprogressors. *Journal of Virology* 76: 5959–5965.

Troyer, R. M., K. R. Collins, et al. 2005. Changes in human immunodeficiency virus type 1 fitness and genetic diversity during disease progression. *Journal of Virology* 79: 9006–9018.

UNAIDS (Joint United Nations Programme onf HIV/AIDS). 2008. Report on the global HIV/AIDS epidemic 2008. Available at http://www.unaids.org/en/resources/documents/2008/.

UNAIDS. 2010. Global report fact sheet. Available at http://www.unaids.org/globalreport/Press_kit.htm.

UNAIDS 2012a. Global fact sheet: World AIDS Day 2012. Available at http://www.unaids.org/en/resources/presscentre/factsheets/.

UNAIDS. 2012b. Global report: UNAIDS report on the global AIDS epidemic. Available at http://www.unaids.org/en/resources/documents/2012/.

Venkataraman, N., A. L. Cole, et al. 2009. Reawakening retrocyclins: Ancestral human defensins active against HIV-1. *PLoS Biology* 7: e95.

Wain-Hobson, S. 1993. The fastest genome evolution ever described: HIV variation in situ. *Current Opinion in Genetics and Development* 3: 878–883.

Walker, B. D., and D. Burton. 2008. Toward an AIDS vaccine. *Science* 320: 760–764.

Watkins, D. I. 2008. The vaccine search goes on. *Scientific American* 299: 69–76.

Weller, S., and K. Davis. 2002. Condom effectiveness in reducing heterosexual HIV transmission. *Cochrane Database of Systematic Reviews* Issue 1: Article No. CD003255.

Williams, M. A., and M. J. Bevan. 2007. Effector and memory CTL differentiation. *Annual Review of Immunology* 25: 171–192.

Winkler, C., P. An, and S. J. O'Brien. 2004. Patterns of ethnic diversity among the genes that influence AIDS. *Human Molecular Genetics* 13 (Spec. No 1): R9–19.

Wolf, D., and S. P. Goff. 2008. Host restriction factors blocking retroviral replication. *Annual Review of Genetics* 42: 143–163.

World Health Organization. (WHO). 2008/2011. The top ten causes of death. Fact Sheet No 310. Available at http://www.who.int/mediacentre/factsheets/fs310/en/ index.html.

Worobey, M., M. Gemmel, et al. 2008. Direct evidence of extensive diversity of HIV-1 in Kinshasa by 1960. *Nature* 455: 661–664.

Yap, M. W., S. Nisole, and J. P. Stoye. 2005. A single amino acid change in the SPRY domain of human TRIM$\alpha$ leads to HIV-1 restriction. *Current Biology* 15: 73–78.

Yusim, K., M. Peeters, et al. 2001. Using human immunodeficiency virus type 1 sequences to infer historical features of the acquired immune deficiency syndrome epidemic and human immunodeficiency virus evolution. *Philosophical Transactions of the Royal Society of London* B 356: 855–866.

Zhang, F., S. J. Wilson, et al. 2009. Nef proteins from simian immunodeficiency viruses are tetherin antagonists. *Cell Host & Microbe* 6: 54–67.

# 2 진화의 양상

우리 인간과 우리의 행성에 함께 사는 거북이를 포함하는 수많은 다른 생명체는 어디에서 왔는가? 생물학자들은 그 해답을 찾았지만, 일반 국민들은 이에 대하여 이견이 좁혀지지 않고 있다. 국제 여론 조사를 위하여 Jon D. Miller와 동료들(2006)은 32개 유럽국가, 미국 및 일본에서 수행된 최근 조사로부터 자료를 수집하였다. 모든 여론조사에는 이 질문이 포함되었다:

> 진실 혹은 거짓? 우리가 알고 있는 인간은 동물의 이전 원시 종으로부터 발생하였다.

아이슬란드, 스웨덴, 덴마크와 프랑스가 가장 높은 순위로 매겨졌다. 이 국가들에서는 성인의 80% 이상이 변화를 수반한 유전(descent with modification)을 긍정하였다(그림 2.1, 다음 쪽). 일본이 그 다음 78%. 미국이 끝에서 두 번째 순위로 매겨졌다: 40%가 진화를 인정, 39%가 부정하였고 21%가 확신이 없었다. (마지막으로 순위가 매겨진 터키의 경우, 겨우 4명의 성인 중 1명이 진화를 인정하였다.)

높은 인정 비율을 나타낸 국가들의 모든 독자들도 진화에 확신이 없거나 명백히 불인정하는 사람들과 대화를 하길 원하였다. 의심자의 몇몇은 학교위원회 구성원, 입법자 및 선생님을 포함할 것이다(Berkman et al. 2008; Forrest 2008; Branch and Scott 2009 참조). 이러한 사실만으로도 진화의 증거(the evidence for evolution)를 설명하기 위한 충분한 이유가 된다.

하지만 이 장은 또 다른 목적 또한 제시할 것이다. 본 장에서는 생활사 양상(the

이 2억2천만 년 된 거북 화석(*Odontochelys semitestacea*)은 복부를 둘러싼 완전한 껍질(위)과 등을 보호하는 확장된 갈비뼈(아래)를 가지고 있다. 이 해부학적 구조는 거북이의 기원에서 껍질이 어떻게 살아 있는 배에서 발달하였는지에 관한 가설을 설명한다. Li et al. (2008)에서; Burke (2009), Nagashima et al. (2009) 참조.

pattern of life's history)을 설명하기 위해 전개된 진화론(the theory of evolution)을 요약한다. 이 책의 모든 부분에 걸쳐서 중요한 개념인 상동성(homology)과 과거 조상 시대를 소개한다. 또한 이 장은 왜 진화가 교실과 교과서외 일상생활에서 중요한가에 관한 추가적인 예시를 제공하는 HIV에 관한 토의(1장)를 보완하고자 한다.

우리는 지구상에 존재하는 생명의 역사에 관한 두 가지 경쟁 모델간 차이의 요점에 관한 설명을 체계화할 것이다. 첫 번째 모델은 특수창조설(the theory of special creation)이다(그림 2.2a, 다음 쪽). 이 관점에서는, 종(species)은 그들이 기원한 이래 변하지 않는, 즉 불변하고 개체 간 변이는 제한적이다. 모든 종은 분리되어 창조되었고, 따라서 각각의 종은 계보적으로 관련이 없다. 특수창조설의 전통적인 해석에 따르면, 지구와 살아 있는 창조물은 최근 6천 년 전에 시작된 바 나이가 어리다(Ussher 1658; Brice 1982). 종의 생물학적 정의를 처음으로 내린 과학자인 John Ray(1686)의 표현에 따르면, "하나의 종은 결코 다른 종의 종자로부터 생성되지 않는다"고 하였다.

1820년대 대학생이었던 영국의 자연학자인 Charles Darwin이 생물학에 관한 탐구를 심도 있게 시작할 무렵, 특수창조설은 유럽에서 여전히 종의 기원을 설명하는 주된 이론이었다. 하지만, 학자들은 그 이론에 대하여 도전을 시작하였다. 생물학적 변화의 개념은 1700년대 후반과 1800년대 초에 Georges-Louis Leclerc(종종 그의 칭호, Comte de Buffon를 참조하여), Erasmus Darwin(Charles의 할아버지)과 Jean-Baptiste Larmarck를 포함하는 여러 저자들에 의하여 제안되었다(Eiseley 1958; Desmond and Moore 1991).

1830년대, Darwin 자신 스스로가 그 문제에 관하여 연구를 시작할 때쯤, 특수창조설에 대한 불만의 조짐이 생기기 시작하였다. 생물학과 지질학에 관한 연구는 빠른 속도로 발전되어 그 자료는 특수창조설의 주장과 부딪쳤다.

그리하여 진화에 대한 생각은 수십 년 동안 토의되어 왔다. 하지만 1859년에 첫 번째로 출판된 Darwin의 가장 유명한 책인 "자연선택에 의한 종의 기원(*On the Origin of Species by Means of Natural Selection*)"에 관하여는 과학계를 진화는 진실이다고 확신시켰다. 지구상의 종은 하나의 공동조상(a common ancestor)으로부터 변화를 수반한 유전의 산물이다(Mayr 1964). Darwin은 책의 출판 전 20년이 넘는 시간동안 연구를 수행하였었다. 그 자신의 연구와 다른 사람의 연구에서 묘사된 것을 보면, 그가 생물학의 다양한 영역으로부터 엄청나게 많은 세밀한 증거를 수집하였었다는 것을 알 수 있다. 그의 능숙한 발표는 설득력이 있었다. 10년 내 진화의 사실은 과학자들 사이에서 일반적인 인정을 가져왔다.

변화를 수반한 유전 이론(the theory of descent with modification)은 특수창조설에 존재하지 않는 다섯 가지 요소를 포함한다(그림 2.2b). 첫 번째, 종은 불변하는 것이 아니라, 시간에 따라서 변화한다. 새들의 집단에 있어서, 예를 들면, 평균 부리 크기는 한 세대에서 다음 세대 동안 변화한다. 이를 **소진화(microevolution)**라 한다. 둘째, 계보(lineages)는 쪼개지고 분기함에 따라서 종의 수는 증가한다. 새들의 조상종(ancestral species)은, 예를 들면, 두 개의 다른 후손종(descendant species)을 생기게 할 수 있다. 이를 **종분화(speciation)**라고 한다. 셋째, 오랜 시간 동안, 생명체의 새로운 형태는 이전 형태로부터 유래될 수 있다. 예를 들면 사지동물은 어류 계보로부터 생겨났다. 이러한 종류의 시간에 따른 극적인 변화를 **대진화(macroevolution)**라고 한다. 넷째, 종은 독립적이지 않은 공유하는 공동조상으로부터 유래되었다. 따라서 모든 종은 계보적으로 관련되어 있다. 나는 Darwin이 종의 기원(1859, p. 484)에서 서술한 것을 언급하고자 한다, "아마도 이 지구에 이제까지 살아왔던 모든 생명체는 하나의 원시 형태로부터 유래되었다." 마지막으로, 지구와 생명체는 6천 년보다 상당히 더 많은 나이를 갖는다.

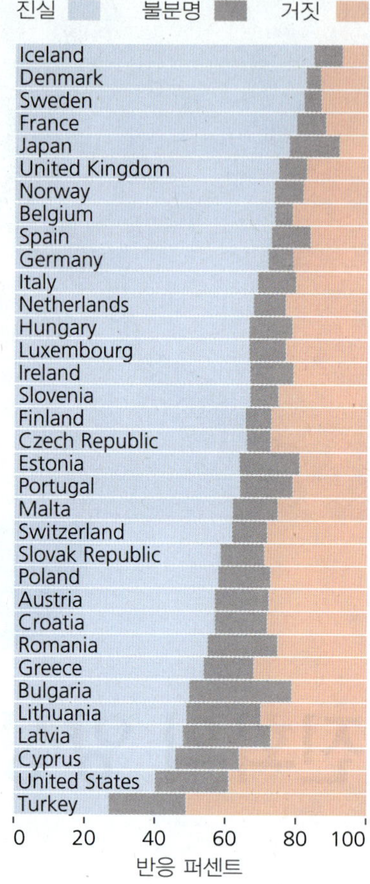


**그림 2.1 34개 국가에서 진화를 인정하는 정도** 표본 크기는 500명부터 2,146명까지 범위를 갖는다; 대다수는 1,000명에 가깝다. Miller et al. (2006)에서 다시 그림.

From "Science communication. Public acceptance of evolution." *Science* 313: 765–766. Reprinted with permission from AAAS.

**특수창조설과 변화를 수반한 유전 이론은 종들이 어디에서 왔는지, 또한 그들이 어떤 관련이 있는지와 지구의 나이에 관하여 다른 주장을 한다. 이러한 주장은 증거로 검증할 수 있다.**

(a) 특수창조설
• 종은 변화하지 않는다
• 계보는 나누어지지 않는다
• 각종은 분리되어 창조되었다
• 각종은 독립적으로 창조되었다
• 지구와 생명체의 나이는 어리다

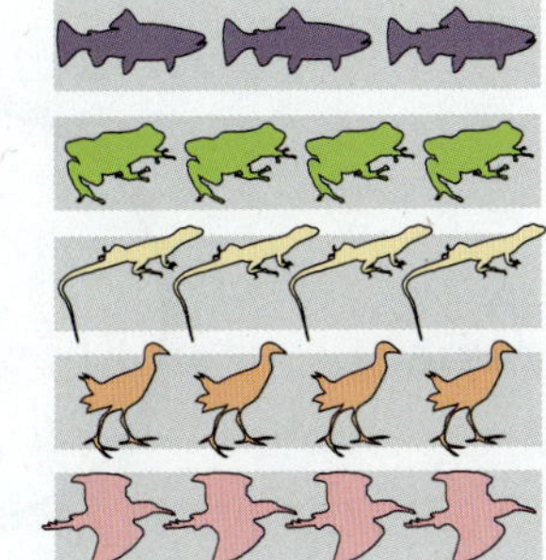

(b) 변화를 수반한 유전
• 종은 시간에 따라 변화 한다(소진화)
• 계보는 나누어져 분기된다(종분화)
• 새로운 생명 형태는 이 전 형태로부터 유래된다(대진화)
• 모든 생명 형태는 관련되어 있다(공동조상)
• 지구와 생명체의 나이는 오래되었다

**그림 2.2 생명 역사의 두 가지 관점** 이 만화는 특수창조설 대 변화를 수반한 유전 이론의 상반된 주장을 나타낸다.

본 장의 다섯 부분은 Darwin의 생명의 역사 관점에서 이들 요소의 각각을 지지하는 증거를 검토할 것이다. Darwin에 의해 발표된 증거의 몇몇과 그 이후 축적된 대부분의 증거는 생물을 공부하는 모든 과학자들로 하여금 Darwin이 옳았음을 사실상 확신시켜 왔다. Darwin은 그가 관찰했던 양상을 "변화를 수반한 유전"으로 명명하였다. 이는 그 이후 진화로 알려져 왔다.

## 2.1 소진화의 증거: 시간에 따른 변화

수많은 분야의 증거는 생물들의 집단은 세대를 따라서 변화한다는 것을 입증한다. 여기서 우리는 선택육종(selective breeding), 자연 집단의 직접관찰 및 살아 있는 종들의 해부학적인 자료를 검토하고자 한다.

### 선택육종으로부터의 증거

생물의 어떤 집단이 시간에 따라서 변화할 수 있다는 것은 충분한 인내심을 갖는 어느 누구라면 입증할 수 있다. 요령은 인위선택(artificial selection)으로 알려진 선택육종이다. 각 세대에서 실험자는 집단을 조사하고 가장 바람직한 특성을 갖는 개체들만을 번식 동물로 선택한다.

Ted Garland와 동료들은 운동바퀴에서 엄청난 거리를 자발적으로 달리는 생쥐의 계보를 번식시켰다(Swallow et al. 1998). 실험실 생쥐의 커다란 집단(population)으로부터, 연구자들은 각각 10 교배 쌍으로 구성된 4개의 빨리 달리는 계열과 4개의 대조군 계열을 확립하였다. 과학자들은 교배 쌍으로 하여금 번식하게 하였고 그들의 자손에게 운동바퀴를 제공하여 각각의 생쥐가 하루당 달리는 거리를 기록하였다.

빨리 달리는 계열을 확립하기 위하여, 연구자들은 각각의 가계로부터 가장 먼 거리를 달리는 수컷과 암컷을 선별하였다. 그들은 형제, 자매들 간 서로 교배하는 것을 제외한 조건에서 무작위적으로 짝을 이루고 다음 세대를 생산하였다. 대조군 계보를 위해서는, 연구

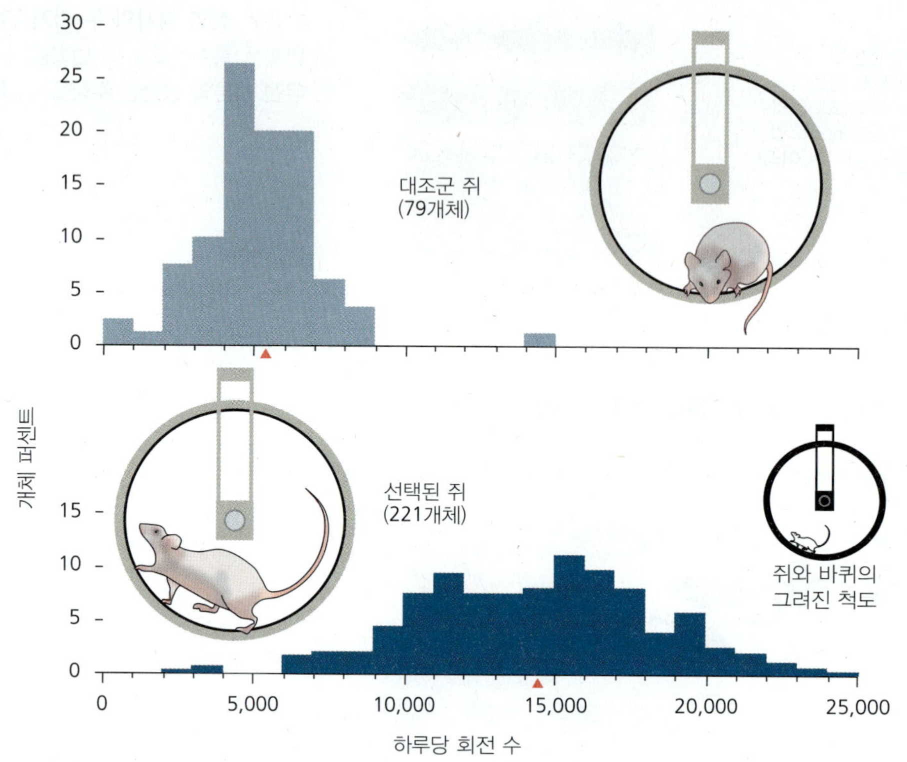


**그림 2.3 선택육종에서의 소진화** 운동바퀴에서 자발적으로 달리는 거리의 24세대에 걸친 선택육종 후, 선택된 계보의 암컷 쥐가 대조군 계보의 암컷 쥐보다 평균 거의 3배가량 더 달렸다(오렌지 삼각형이 나타내는 하루에 14,458 대 5,205 회전). 쥐와 바퀴는 척도를 고려하여 나타내지 않았다; 실제는 바퀴가 훨씬 더 크다. Garland (2003)에서 다시 그림.

자들은 각각의 가계로부터 무작위적으로 선별된 수컷과 암컷을 번식동물로서 이용하였다.

선택육종의 24세대 후, 선택 대 대조 계보에서 자발적 운동에 대한 그들의 경향은 분명히 다르게 나타났다(그림 2.3). 빨리 달리는 계보에서 암컷들은 대조군 계보의 암컷보다 평균적으로 매일 2.78배 더 달렸다(Garland 2003). 물론, 보다 빨리 달리는 개체들은 두 가지 방식으로 이를 완수하였다. 그들은 더 오랜 시간을 달리거나, 또는 보다 빨리 달렸을 것이다. 대부분 그들은 실제 빨리 달린 것으로 증명되었다(Garland et al. 2011).

Garland의 빨리 달리는 생쥐는 또한 유전자형(genotype)(Garland et al. 2002; Kelly et al. 2010), 생리(physiology)(Malisch et al. 2008; Meek et al. 2009) 및 형태(morphology)(Yan et al. 2008)에 있어서도 대조군과 달랐다.

하지만 가장 극적인 사실은 신경학상의 차이이다(Rhodes et al. 2005). 빨리 달리는 생쥐는 주의력결핍과잉행동장애(deficit/hyperactivity disorder, ADHD)를 갖는 사람과 닮았다. 예를 들면, 사람에서 주의력결핍과잉행동장애 치료를 위하여 사용되는 리탈린(Ritalin)은 빨리 달리는 생쥐에서 운동의 강도를 낮추었지만 대조군 생쥐에는 미미한 영향을 미쳤다.

**살아 있는 생물들을 대상으로 한 관찰은 집단과 종이 시간에 따라서 변화한다는 것을 보여줌으로써 소진화의 직접적인 증거를 제공한다.**

생물들의 계보를 인위선택으로 만들 수 있는 정도는 대다수의 가축화된 식물과 동물들이 독특한 순 품종으로부터 수많은 변종(varieties)들이 존재한다는 사실에 의하여 잘 설명된다. 각각의 경우, 독특한 변종들은 공통의 원종(stock)으로부터 유래한다.

예를 들면, 개의 모든 품종은 늑대로부터 유래한다(Wayne and Ostrander 2007; vonHoldt et al. 2010). 개들의 수많은 잡종의 존재는, 그들의 차이에도 불구하고, 모든 개들은 여전히 하나의 종에 속한다는 것을 증명한다. 그들의 늑대 조상과 비교하면, 개는 크기, 모양, 색깔 및 행동에 있어서 엄청난 다양성을 보인다(그림 2.4). 이러한 차이들이 다른 품종의 개들과 함께 길러도 유지된다는 것은 품종의 형질은 유전적 분기(genetic divergence)의 결과임을 보여준다(Akey et al. 2010; Boyko et al. 2010; Shearin and Ostrander 2010 참조).

그림 2.4 **개는 인위선택 하에서 변화할 수 있는 계보의 수용능력을 보여준다** 개의 조상은 오늘날 늑대와 생김새가 유사하다(왼쪽). 파피용과 그레이트 데인(오른쪽)은 개 품종들 간 다양성을 보여준다.

## 자연 집단의 직접 관찰로부터의 증거

실험실, 농장 및 개사육장만이 생물 집단이 충분히 빠르게 진화하여 우리가 진화가 일어나는 것을 관찰할 수 있는 유일한 장소는 아니다. 최근 수십 년 동안에, 생물학자들은 자연 집단(natural populations)에 있어서 소진화의 수많은 예를 보고하였다. 예를 들어, 동물을 대상으로 한 연구만을 보면 Andrew Henry와 동료들(2008)은 다른 수십 종에 있어서 세대에 따른 변화에 대한 수천의 측정치를 검토하였다. 17종에서 세대 간 변화는 적어도 부분적으로 유전자에서의 변화에 기인한다는 분명한 증거가 있었다. 유사한 분량의 연구는 식물에서 소진화의 관찰을 보고하였다(Bone and Farres 2001).

Steven Franks와 동료(2007)에 의한 야생겨자(*Brassica rapa*)를 대상으로 한 연구는 훌륭한 예를 제공한다. 야생겨자는 순무(turnip) 및 브로콜리(broccoli rabe)와 밀접하게 관련되어 있는 작은 식물이다(그림 2.5). Franks와 동료들은 남부 캘리포니아 해안에서 자연 집단을 연구하였다.

그림 2.5 **야생겨자, *Brassica rapa***

이 집단의 식물은 겨울에서 봄까지의 우기에 의존한다. 개체들은 한 해 동안에 발아, 생장, 개화, 종자 형성 및 사멸한다. 1990년대 중반 몇 해 동안 계절적인 비가 늦봄까지 지속되어 식물들은 평소와는 달리 오랜 생육기를 가졌다. 오랜 생육기에서 개체들은 개화를 지연하고, 따라서 생식 전에 더 크게 생장하고, 더 많은 종자를 만든다. 반대로, 2000년대 초반 몇 해 동안, 계절적인 비가 일찍이 끝났다. 짧은 생육기에서 개체들은 일찍 개화하고, 따라서 종자를 형성하기 전 탈수에 의한 치사를 피하고, 높은 번식 성공(reproductive success)을 누린다. Franks와 동료(2007)는 가뭄 동안, 그들의 야생겨자 집단이 더 이른 평균 개화 시간으로 진화한다는 가설을 세웠다.

운 좋게도, 연구자들은 가뭄이 오기 전 1997년 그 집단으로부터 수집했었던 종자들을 갖고 있었다. 이 수집물은 효과적인 화석 기록임과 동시에, 그 종자들은 발아하고 생장할 수가 있었다. Franks와 동료들은 실험적 비교를 위하여 2004년 더 많은 종자를 수집하였다.

온실의 이상적인 조건하에, Franks와 동료들은 각각의 수집물로부터 겨자식물의 새로운 세대를 처음으로 생장시켰다. 이 과정은 두 종자 세트를 생산한 부모가 경험했던 다른 환경에 기인한 1997년 대 1997년 종자가 견디어 낸 오랜 휴지기를 거친 2004년의 종자 간 차이를 제거하는 것이 필요했다. 새로운 세대의 자손을 번식 원종(stock)으로 이용하여 연구자들은 1997년 실험 식물, 2004년 실험 식물 및 실험 잡종(hybrids)을 순교배하였다. 그들은 모든 식물들이 겪는 오랜 생육기를 모방하여 식물에 물을 주고 각각 식물의 발아로부터 처음 개화까지 걸리는 날짜를 계산하였다.

그림 2.6은 3개의 계열에서 개체 간 처음 꽃을 피우는 데 걸리는 시간의 변이를 나타낸다. Franks와 동료들이 예측한 것처럼, 2004년 순교배 식물은 평균적으로 더 짧은 개화시간을 가졌고, 잡종은 그 다음, 그리고 1997년 순교배 식물은 가장 오랜 개화시간을 가졌다.

실험 식물들은 동일한 환경에서 함께 자란 3세대 개체들이다. 이는 1997년 순교배 대 잡종 대 2004년 순교배 식물들 간 어떠한 차이는 식물의 유전자(genes)에서의 차이임에 틀림없다. Franks와 동료들은 그들의 겨자 집단은 실제로 가뭄 동안 진화되어왔다고 결론 내렸다.

이 절 후반부와 이 책에 걸쳐서, 우리는 생물학자들이 관찰한 자연 집단이 진화한 추가적인 예시를 보여줄 것이다.

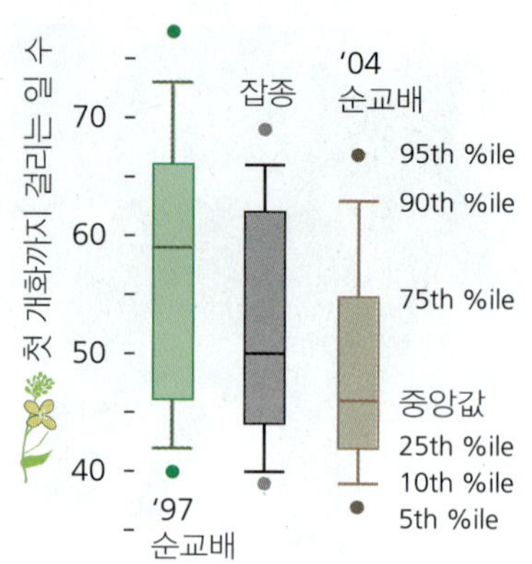


**그림 2.6 야생겨자의 자연 집단에서 증명된 소진화** 계보가 개화기에 미치는 영향은 $p < 0.001$에서 통계적으로 유의하다. Franks et al. (2007)에서 다시 그림.

## 살아 있는 해부학적 구조로부터의 증거: 흔적구조

Darwin이 "종에 관한 질문"에 대하여 연구를 시작할 때쯤, 비교해부학자들(comparative anatomists)은 **흔적구조(vestigial structures)**라 불리는 많은 흥미로운 형질(traits)에 관하여 기술하였다. 흔적구조는 밀접하게 연관된 다른 종에서 중요한 기능을 갖는 필요 없는 또는 퇴화된 형태의 신체 부위이다. Darwin은 흔적형질은 특수창조설로 설명이 어렵지만, 변화를 수반한 유전 이론으로는 쉽게 해석이 가능하다고 주장하였다.

**그림 2.7 흔적구조** (a) 날수 없는 갈색 키위새(the brown kiwi)는 작고 쓸모없는 날개를 가지고 있다. (b) 로열비단뱀(*Python regius*)은 항문의 양쪽에 발톱돌기(a spur)라고 불리는 잔여물인 뒷발을 가지고 있다.

그림 2.7은 흔적구조의 예를 나타낸다. 날지 못하는 새인 북섬갈색무익조(*Apteryx mantelli*)는 작은 짧은 날개를 가지고 있다. 로열비단뱀(*Python regius*)은 내부적으로 원시의 골반과 다리골격 그리고 외부적으로 작은 발톱을 나타내는 잔여물인 뒷다리를 갖고 있다. 진화적인 해석은 무익조와 비단뱀은 날개와 뒷다리의 완전한 형태와 기능을 갖는 조상으로부터 변화를 거쳐 내려온 것이다.

인간 또한 흔적구조를 갖고 있다. 예를 들면, 우리는 미추골(the coccyx)(그림 2.8a)이라 일컫는 작은 꼬리뼈를 갖고 있다. 또한 우리는 춥거나 놀랄 때, 우리 몸의 털이 빳빳이 서게 만들기 위해 수축하는 털 여포에 붙어 있는 근육을 지니고 있다(그림 2.8b). 우리가 침팬지처럼 털이 많았다면, 이는 우리를 따뜻하게 유지시키거나 더 크게 혹은 적에게 더 위협적으로 보이게 하기 위하여 우리 털을 더 높였을지도 모른다. 그러나 우리는 털이 많지 않아서 단지 소름이 돋는다. 소름이 돋는다는 것은 우리보다 털이 많은 조상으로부터 우리가 유래되었음을 암시한다. 마찬가지로 우리의 작은 꼬리뼈는 꼬리를 지닌 조상으로부터 유래되었음을 암시한다.

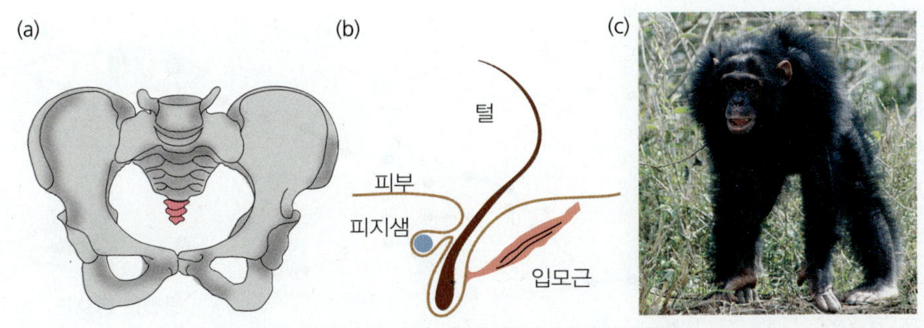


**그림 2.8 인간의 흔적 구조** (a) 흔적 꼬리뼈, 미추골. (b) 각 모낭 기저에 있는 근육, 입모근(*arrector pili*). 입모근이 수축할 때, 털이 꼿꼿이 선다. (c) 침팬지에서, 입모근의 수축은 털이 위쪽으로 올라가는 것을 증가시킨다.

흔적 형질은 또한 분자수준에서도 나타난다. 인간은 6번 염색체에 하나의 그런 형질을 갖는다. 이는 92개의 염기쌍 결손(deletion)에 의해서 기능을 하지 못하는 것을 제외하고는, CMAH(CMP-N-acetylneuraminic acid hydroxylase) 효소 유전자처럼 보이는 DNA 염기서열을 갖는다(Chou et al. 1998). 침팬지, 보노보, 고릴라 및 오랑우탄을 포함하는 대부분의 포유동물은 많은 양의 CMAH를 만들지만, 인간은 만들지 못한다(Chou et al. 2002). CMAH는 세포 표면에 나타나는 산성의 당을 하나의 형태에서 다른 형태로 변화시킨다. 우리는 CMAH를 만들지 못하기 때문에, 우리 인간은 세포막에 다른 생화학적 특징을 갖는다. 이는 인간과 침팬지가 왜 서로의 말라리아 기생충에 대체로 면역성이 있는가를 설명한다(Martin et al. 2005).

**살아 있는 생물의 해부학적 구조와 유전체는 둘 다 축소되었거나 쓸모없는 부분의 형태로 변화를 수반한 유전의 증거를 보여준다.**

인간 유전체(genome) 조사에서, Zhengdong Zhang과 동료들(2010a)은 엄청난 돌연변이(mutations)에 의해서 기능이 상실된 인간 유전자의 75가지 추가적인 예를 발견하였고, 이들의 기능은 우리 종의 생화학적 도구모음으로부터 잃어버렸다는 것을 관찰하였다. 기능을 상실한 이들 유전자는 인간이 현재의 형태로 창조되었다는 개념과 일치되기 어렵다. 하지만 이들 유전자는 인간이 CMAH와 다른 75개 단백질을 만드는 조상으로부터 유래되었다면 쉽사리 설명될 수 있다.

어떤 경우에는, 흔적형질이 진화의 증거라는 해석은 검증될 수 있다. 큰가시고기(the threespine stickleback, *Gasterosteus aculeatus*)는 북반구에 걸친 연안 바다에 서식하고 담수에 쉽사리 침입하는 작은 물고기이다(Bell and Foster 1994). 그러나 해수 큰가시고기는 그들의 측면을 보호하는 몸체 판과 가시로 변형되는 배지느러미(pelvic fins)의 무거운 몸체 방호 기관을 지니고 있다(그림 2.9b). 하지만 담수 큰가시고기는 종종 가벼운 몸체 방호 기관(body armor)을 지닌다. 그들은 더 작은 수의 몸체 판을 갖고, 그들의 배지느러미 구조는 흔적기관으로 혹은 완전히 결여된 상태로 축소되었다. 담수와 해수

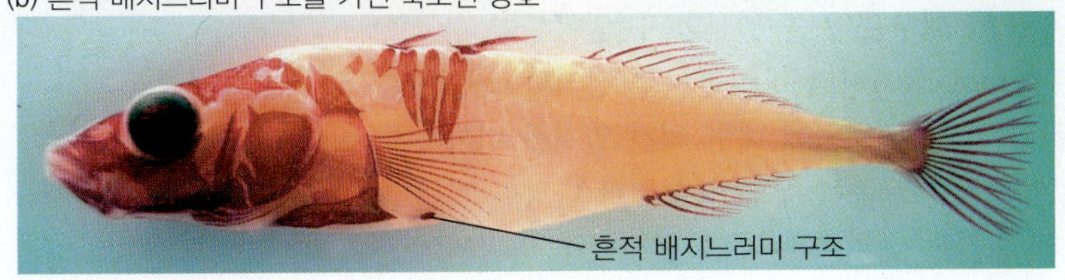


**그림 2.9 담수 큰가시고기의 축소된 방호기관** (a) 해수 큰가시고기는 뼈가 많은 판과 배지느러미 가시로 강력하게 무장되어 있다. (b) 담수 큰가시고기는 종종 가벼운 방호판과 축소되거나 손실된 배지느러미 구조를 가진다. [이들 특별한 개체들은 종종 실험실 교배 실험에서 생산되고(Cresko et al. 2007) 여기서 예시로서 사용되었다.] William A. Cresko의 사진.

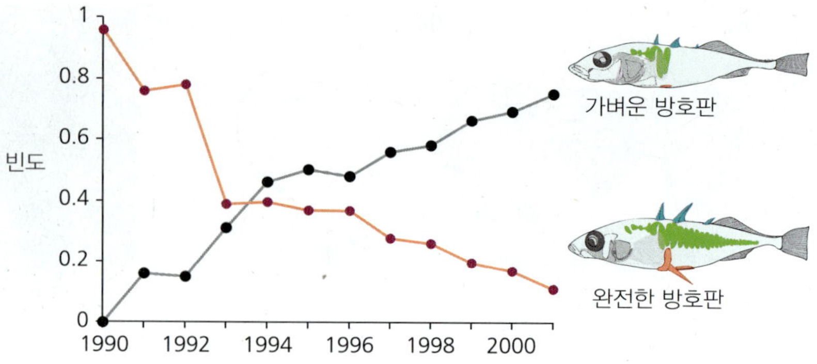


**그림 2.10 Loberg 호수 큰가시고기 집단에서 흔적 방호판의 진화** Bell et al. (2004)의 표 1 자료를 발췌하여 나타내었다.

큰가시고기는 전형적으로 주저 없이 서로 교배한다. 이는 이들의 가까운 관계를 입증한다.

해수 대 담수 큰가시고기 간 몸체 방호기관에서의 차이는 단지 두 개의 유전자에 의해서 주로 조절된다. 몸체 방호판에서 변이를 나타내는 유전자는 ectodysplasin이라 불리는 단백질을 암호화하고 있다(Colosimo et al. 2005). 배지느러미 가시에서 변이를 나타내는 유전자는 pitx1을 암호화한다(Shapiro et al. 2004). 각각의 유전자는 두 개의 대립유전자(alleles)를 가지고 있다: 하나의 대립유전자는 무거운 방호 기관과 다른 하나는 가벼운 방호기관과 연관되어 있다.

가벼운 방호판과 축소된 배지느러미를 나타내는 대립유전자가 해수 큰가시고기 집단에 존재한다면, 담수에 침입하는 해수집단은 가벼운 방호기관의 형태로 빠르게 진화하여 이러한 사건이 발생하는 것을 관찰할 수 있을지도 모른다. Michael Bell과 동료들(2004)은 그러한 빠른 변화를 보고하였다(그림 2.10). 알래스카에 있는 Loberg 호수는 1982년에 유독물질로 오염되어 레저 낚시를 위하여 송어(trout)와 연어(salmon)로 재보충되었다. 1988년에 이 호수는 근처의 Cook 만으로부터 해수 큰가시고기의 침입을 받았다. Bell은 1990년부터 2001년까지 새로운 Loberg 집단을 주시하였다. 12년도 채 되지 않아, 집단의 구성이 95%가 넘는 완전한 방호판 물고기에서 75%가 넘는 가벼운 방호판 물고기로 변화하였다. Loberg 호수 그리고 아마도 다른 곳에서, 흔적 방호 기관을 갖는 담수 큰가시고기는 참으로 무거운 방호기관을 갖는 해수물고기의 변화된 자손일 것이다.

### 소진화가 왜 중요한가

우리는 소진화의 세 가지 유형의 증거를 검토하였다. 종은 고정된 개체가 아니다. 종의 특성은 세대를 따라서 변화할 수 있고 변화한다.

소진화는 인간에게도 중요하다. 왜냐하면 소진화는 우리가 상호작용하는 많은 생물들의 본성을 변화시키기 때문이다. 재배하고 사육하는 식물과 동물(예를 들면, Driscoll et al. 2009; Tian et al. 2009), 우리가 먹는 야생생물(Allendorf and Hand 2009), 질병을 일으키는 미생물(microbes)(Taubes 2008; Knapp et al. 2010), 기생충(Sibley and Hunt 2003), 해충(pests)(Mallet 1989), 그리고 우리의 내장에 서식하며 음식 소화를 도와주는 박테리아와 같은 공생생물(commensal organisms)(Hehemann et al. 2010)이 이것들의 예에 포함된다.

또한 다른 생물과의 상호작용은 때때로 우리 자신 집단의 진화를 야기시켜 서로 다른 장소에 사는 개인들 간 또는 서로 다른 생활방식을 갖는 개인들 간 유전적 차이를 초래한다.

## 2.2 종분화의 증거: 이전 계보로부터 새로운 계보

종이 시간에 따라서 변화한다면, 우리는 종이 또한 새로운 종을 생산할 수 있는가를 지금부터 고려하고자 한다. 증거를 논하기 전에, **종(species)**이란 무엇인지를 정의하고 종을 구별하는 방법을 확립하는 것이 도움이 될 것이다. 종의 정의에 대한 의견 일치를 이루는 것이 생물학자들에게 어려웠는데 그 이유는 부분적으로 종을 구별하기 위한 다양한 기준의 유용성이 연구를 수행하는 생물의 유형과 해결하기 위한 문제와 밀접하게 연관되어 있기 때문이었다(de Quieroz 2007).

이 장에서 우리는 Ernst Mayr(1942)에 의해 성문화된 정의를 사용한다. 종은 실제로 또는 잠재적으로 교배하는 집단 또는 집단의 그룹이며 다른 이와 같은 그룹들과는 교배하지 않는다. 생물학적 종의 개념(the biological species concept)으로 알려진 이 정의의 장점은 생물들로 하여금 그 자신들이 동일종에 속하는지 여부를 우리에게 알려준다는 것이다. 만약 다른 집단의 개체들이 짝짓기를 할 기회가 있지만 이를 거부하거나, 또는 그러한 개체들이 건강하고 생식 가능한 자손을 생산하지 못한다면, 그 개체들은 다른 종에 속한다.

우리가 살펴볼 증거는 실험실 실험과 자연 집단의 관찰 두 가지 모두로부터 온 것이다.

## 실험실 연구로부터의 증거

Siobain Duffy와 동료들(2007)은 $\phi 6$라 불리는 바이러스 집단에서 종분화를 유도하기 위한 실험을 착수하였다(그림 2.11). $\phi 6$은 *Pseudomonas syringae* 박테리아를 감염시키는 RNA 바이러스이다. 이 바이러스의 다른 계열은 그들이 동일한 숙주 세포를 감염시킬 때 교배하고 약간의 유전물질을 교환한다.

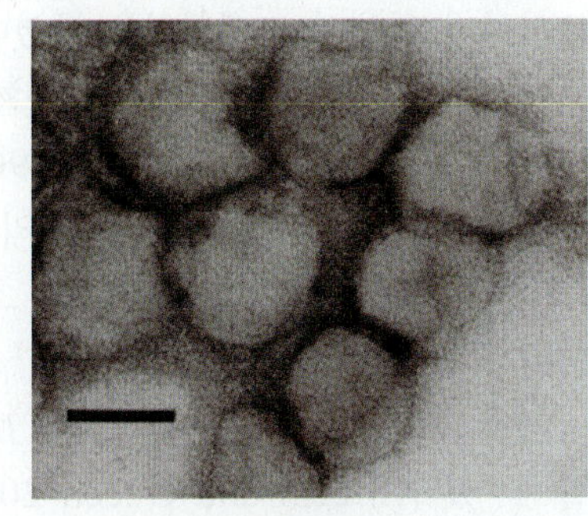

**그림 2.11 박테리오파지 $\phi 6$** 눈금자 = 50 nm. Hans Ackermann의 전자현미경 사진.

야생형의 $\phi 6$ 비리온($\phi 6_{WT}$)은 *P. syringae*의 4가지 다른 변종을 감염시킬 수 있다. 이 바이러스를 연구하는 동안, Duffy와 동료들은 숙주의 범위 확장을 갖는 자발적으로 발생하는 돌연변이 변종을 발견하였다. 이 $\phi 6_{broad}$ 변종은 P3라 불리는 단백질 유전자의 변형된 형태를 지니고 있다. P3는 이 바이러스가 숙주세포에 부착하여 감염을 개시하는 것을 가능하게 한다. 이 변형된 P3는 $\phi 6_{broad}$로 하여금 *P. syringae*의 또 다른 변종과 *Pseudomonas pseudoalcaligenes* 박테리아를 감염시킬 수 있다.

Duffy와 그녀의 연구 팀은 $\phi 6_{broad}$의 4개 실험 집단을 확립하고 그들을 *P. pseudoalcaligenes*에서 생육시켰다. 한 달 동안 매일, 연구자들은 각각의 실험 집단으로부터 몇 백 비리온의 무작위 샘플을 감염되지 않은 숙주의 새로운 페트리 접시로 옮겼다. 이러한 절차는 바이러스 집단으로 하여금 대략 총 150세대를 순환하는 것을 가능하게 하였다.

Duffy는 그 실험 집단이 자연선택(natural selection)에 의하여 진화할 것이라고 기대하였다. RNA 바이러스는 높은 돌연변이율을 갖고 있기 때문에, $\phi 6$의 새로운 돌연변이 계열이 발생할 것이다. 대부분은 그 집단에서 다른 개체들과의 경쟁에서 밀려 소수로 남거나 사라질 것이다. 그러나 수많은 비리온(virions)은 박테리아 접시에서 증식함에 따라서 많은 다양한 돌연변이체가 도전에 직면하기 때문에, 연구자들은 *P. pseudoalcaligenes*에서 특별히 빠르게 복제될 수 있는 몇몇의 돌연변이 계열이 발생할 것으로 개대하였다. 한 달 동안 이러한 계열들은 흔하게 될 것이다. 이러한 예측이 실제로 발생하였다.

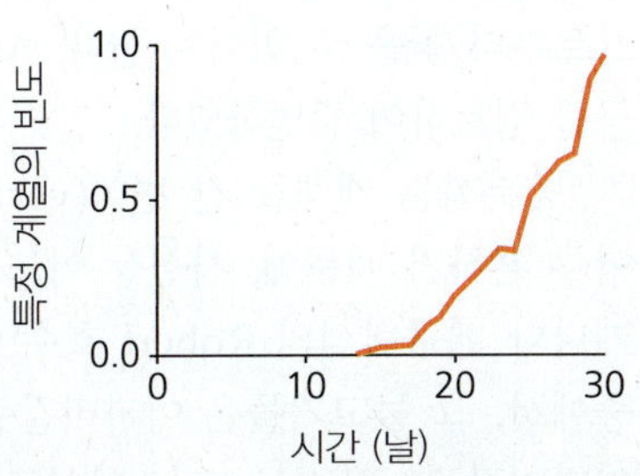


**그림 2.12 박테리오파지 $\phi 6$ 실험 집단의 진화** 실험 중간에 나타난 이 특정 계열은 오직 *P. peudoalcaligenes*만을 감염시킬 수 있는 능력이 있다. Puffy et al. (2007)에서 다시 그림.

특별히 관심을 끄는 것은 한 달 중간에 실험 집단 1에서 출현한 돌연변이 계열이다. 연구자들은 각각의 실험 집단 비리온이 *P. syringae*의 5개의 다른 계열들을 여전히 감염시킬 수 있는지 여부를 주기적으로 점검하는 동안 그 변종을 발견하였다. 연구자들이 $\phi 6_{E1narrow}$라 부른 그 새로운 계열은 감염시키지 못하였다. 이 계열은 P3 유전자에 다른 변형을 지니고 있었다. 이 변형은 두 가지 결과를 가져왔다. 하나는 비리온이 *P. pseudoalcaligenes*를 감염시키는 데 향상된 능력을 부여하였고 그 결과로서의 경쟁적 이점은 그들로 하여금 높은 빈도로 증가될 수 있게 하였다(그림 2.12). 그리고 또 하나는 그들로 하여금 *P. syringae*의 다른 계열을 감염시킬 수 없는 능력을 부여한 것이다.

생물학적 종의 개념에 의하면, $\phi 6_{WT}$와 $\phi 6_{E1narrow}$는 다른 종이다. 그들은 동일한 숙주를 감염시킬 수 없어서 서로 교배할 수 없다. Duffy의 실험은 바이러스가 숙주를 바꿀 수 있는 하나의 방법을 보여준다. 이는 또한 John Ray의 주장과 달리, 종은 다른 종으로부터 생겨날 수 있음을 보여준다.

대부분 곤충과 같은 더 복잡한 생물들을 대상으로 한 유사한 실험이 과거 수십 년 넘게 수행되어 왔다[검토를 위해서는 Rice and Hostert(1993)를 참조; Florin and Ödeen (2002)]. 초파리 *Drosophila pseudoobscura*를 대상으로 한 Dianne Dodd(1989)의 연구는 그 예시가 된다.

Dodd는 야생형 공동조상 원종으로부터 유래된 실험 집단을 대상으로 연구하였다. 4개 집단은 전분으로 만든 먹이로 일 년 동안 진화하였고, 다른 4개 집단은 엿당에서 진화하였다. 두 먹이 전부 초파리에게는 스트레스 조건이었기 때문에, 그 집단이 증식하기 위한 여러 세대에 걸친 진화는 몇 달 걸렸다.

Dodd는 서로 다른 먹이에 적응된 초파리가 서로 교배하고자 하는 경향이 있는지를 조사하기 위해서 교배실험을 하였다. 각각의 실험에서 그녀는 전분 집단의 숫총각과 숫처녀를 엿당 집단의 숫총각 및 숫처녀와 함께 위치해 놓고 나서 그 초파리들이 교배하는지를 관찰하였다. 교배의 대부분(904회 중 602회)이 동일한 먹이 집단의 초파리간 발생하였다(그림 2.13). Dodd의 초파리는 아직 다른 종으로 분리되지는 않았지만, 그 초파리들이 다른 먹이에 적응한 집단의 초파리와의 교배를 꺼려하는 것은 종분화 방향으로 진행되고 있음을 시사한다.

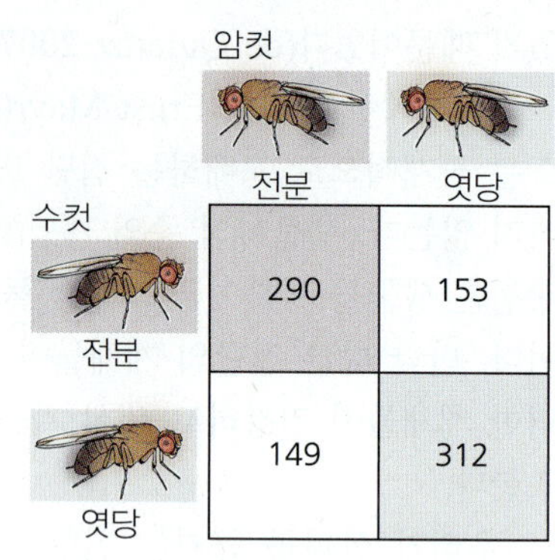


|  | 암컷 전분 | 암컷 엿당 |
|---|---|---|
| 수컷 전분 | 290 | 153 |
| 수컷 엿당 | 149 | 312 |

**그림 2.13 다른 먹이에 적응된 초파리 집단의 교배 우선권(mating preferences)** 상자 안의 숫자는 각각의 짝 유형 간 교배 횟수를 나타낸다. Dodd (1988)의 자료.

이러한 실험 유형의 전형적인 Dodd의 결과는 처음에는 다소 실망을 주는 것처럼 보일 수 있다(Florin and Ödeen 2002). 바이러스를 대상으로 한 Duffy의 실험과 달리, 곤충을 대상으로 한 실험실에서의 자연선택은 일반적으로 단지 부분적인 생식적 격리(reproductive isolation)를 보여 왔다. 다른 한편으로는, 교배의 장벽(barriers to interbreeding)은 대부분의 생물에서 느리게 축적될지도 모른다. 완전한 생식적 격리의 진화는 수백만 년, 아니면 수십만 년이 요구된다(Coyne and Orr 1997; Gourbière and Mallet 2010). 실망 대신에, 우리는 부분적 격리가 우리가 관찰할 수 있기에 충분히 빠르게 진화한다는 사실에 아마도 깊은 인상을 받을 것이다.

## 자연 집단으로부터의 증거

Dodd와 같은 실험의 교훈은 종분화는 전형적으로 갑작스럽게 일어나는 사건이 아니라 점진적으로 일어나는 과정이라는 것이다(Nosil et al. 2009). 그림 2.14a는 일반적이라고 생각되는 종분화 과정의 유형을 보여준다. 그렇다면 우리는 모든 단계의 예를 자연 집단으로부터 찾을 수 있어야 한다. Andrew Henry와 동료들(2009)은 큰가시고기에 관한 연구를 검토하여 증명하였다.

종분화는 개체들 간 변이(variation)가 존재하는 하나의 집단에서 시작한다. 변이는 아주 흔하기 때문에, 사실상 어느 집단이나 예시로 제공될 수 있다. Hendry와 동료들은 캐나다 밴쿠버섬의 Robert 호수에 서식하는 큰가시고기 집단을 이용하였다. 다른 형질 중에서, 그 물고기들은 아가미갈퀴의 상대적 길이에서 변이를 나타내었다(그림 2.14b). 아가미갈퀴(gill rakers)는 가시고기 입 안쪽에 체를 형성하고 그 물고기들이 요각류(copeposds)와 같은 작은 플랑크톤 먹이를 잡기 위해서 이를 이용할 수 있다. Robert 호수에서, 그들의 몸 크기에 비해 긴 아가미갈퀴를 갖는 가시고기는 보다 풍부한 요각류 먹이를 소비한다. 짧은 아가미갈퀴를 지닌 물고기는 플랑크톤이 아닌 호수 바닥에서 얻는 곤충 유생과 같은 먹이를 높은 비율로 소비한다.

**살아 있는 생물개체를 대상으로 한 관찰은 집단을 구성하는 개체들이 더 이상 상호교배할 수 없는 정도까지 분기할 수 있음을 보여줌으로써 종분화의 직접적인 증거를 제공한다.**

종분화의 두 번째 단계는 하나의 집단이 손쉽게 구별 가능하지만 여전히 교배할 수

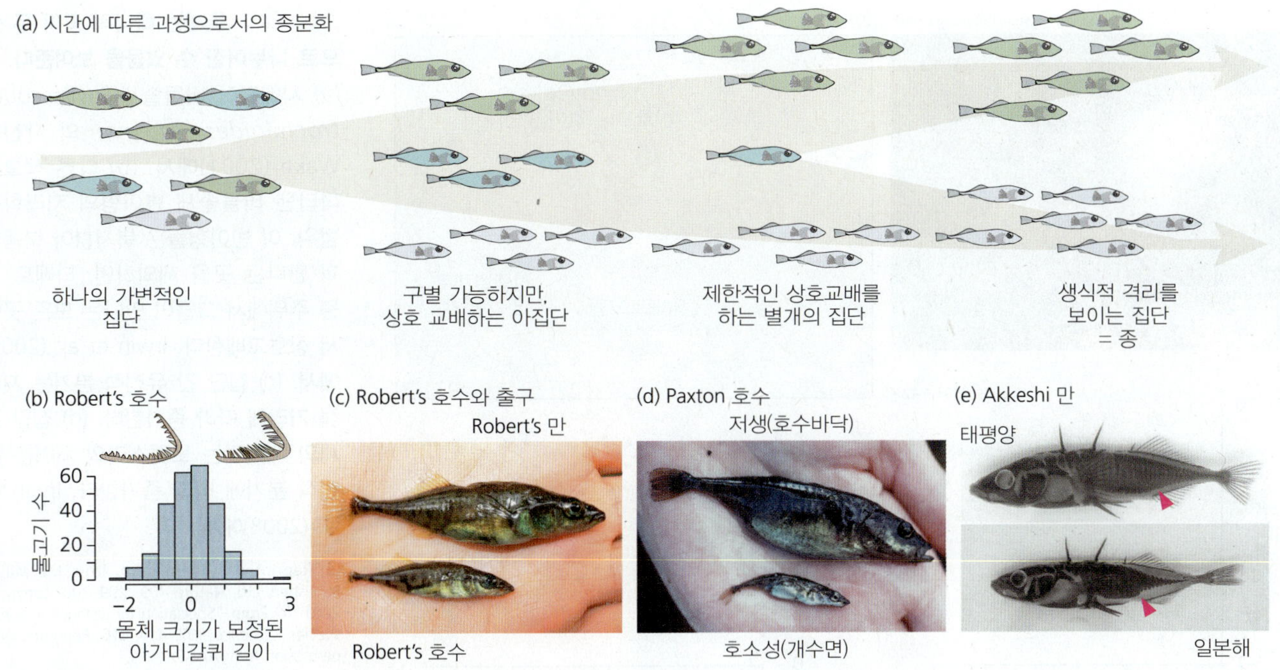


**그림 2.14 큰가시고기는 종분화의 단계를 보여준다** (a) 종분화는 전형적으로 점진적인 과정이다. Hendry et al. (2009)과 Nosil et al. (2009)에서. (b) Robert 호수 내 큰가시고기 간 아가미갈퀴 길이에 있어서의 변이. 도표는 Berner et al. (2008)에서; 그래프는 Hendry et al. (2009)에서 다시 그림. (c) Robert 호수와 Robert 만의 아집단을 나타내는 큰가시고기 개체. Daniel Berner의 사진; Berner et al. (2009)과 Hendry et al. (2009)을 참조. (d) Paxton 호수에 공존하는 두 집단을 나타내는 개체. Todd Hatfield의 사진; Schluter (2010)에서. (e) Akkeshi 만에 공존하는 두 종을 나타내는 개체. Kitano et al. (2007)에서.

있는 아집단(subpopulations)으로 분열되는 것을 포함한다. David Berner와 동료들(2008, 2009)은 Robert 호수의 가시고기와 그 호수로 흘러들어가는 Robert 만에 서식하는 물고기들을 비교하였을 때 그러한 상황과 일치됨을 발견하였다. 만의 물고기가 호수 물고기보다 몸체가 크다(그림 2.14c). 호수 물고기는 상대적으로 긴 아가미갈퀴를 갖고 있고 플랑크톤에서 그들 먹이의 커다란 비율을 얻었다. 하지만 호수 물고기와 만 물고기 간 몸 유형의 변화는 갑작스럽기보다는 완만하다. 유전학적 분석은 호수물고기와 만 물고기가 때때로 교배한다는 것을 확인해 주었다.

종분화의 세 번째 단계는 제한된 교배를 갖는 뚜렷이 다른 집단을 특징으로 나타낸다. 캐나다 Texada 섬의 Paxon 호수는 두 가지 종류의 큰가시고기가 서식하고 있다(Schluter 2010 참조). 저생성 형태(benthic form)로 불리는 하나의 종류는 짧은 아가미갈퀴를 갖는 큰 몸체를 지니고 있다(그림 2.14d). 이는 호수바닥 무척추동물을 먹고 산다. 호소성 형태(limnetic form)인 다른 종류는 긴 아가미갈퀴를 갖는 작은 몸체를 지닌다. 이는 플랑크톤을 먹이로 한다. 유전학적 연구에 의하면 호소성과 저생성 형태 물고기들은 때때로 서로 간 교배하는 것을 보여주었다. 그들 잡종의 자손들은 생존 및 생식 가능함에도 불구하고 순종 형태와의 경쟁에서 밀렸다. 어떤 전문가들은 이 두 형태를 다른 종으로 간주한다.

종분화는 뚜렷이 다른 집단들의 생식적 격리가 되돌릴 수 없는 것으로 완성된다. 이런 상태는 큰가시고기에서는 드물지만, 일본 Akkeshi 만에 서식하는 두 형태에서 관찰된다(Kitano et al. 2007). 하나는 태평양 해안 도처에 서식하는 동일한 형태이고; 다른 형태는 일본 해역에서만 관찰된다(그림 2.14e). 그 두 형태는 유사한 생활방식과 먹이를 보이지만, 꼬리부분에 있는 몸 방호 판의 다른 패턴과 같은 겉모습과 교배행동에서 확연히 다르다. 그들은 또한 다른 성염색체(sex chromosomes)를 포함하는 분명한 유전적 차이를 보인다(Kitano et al. 2009). 이 두 형태는 드물게 교잡하고, 교잡하면 수컷 자손은 불임을 나타낸다. Akkeshi 만의 두 큰가시고기는 Mayr의 종의 정의를 충족한다.

생물학자들이 큰가시고기 집단을 통하여 발견한 모든 4단계가 존재한다는 사실은 종분화가 자연에서 지속적으로 일어난다는 가설과 일치한다. 많은 다른 생물들도 유사한 양

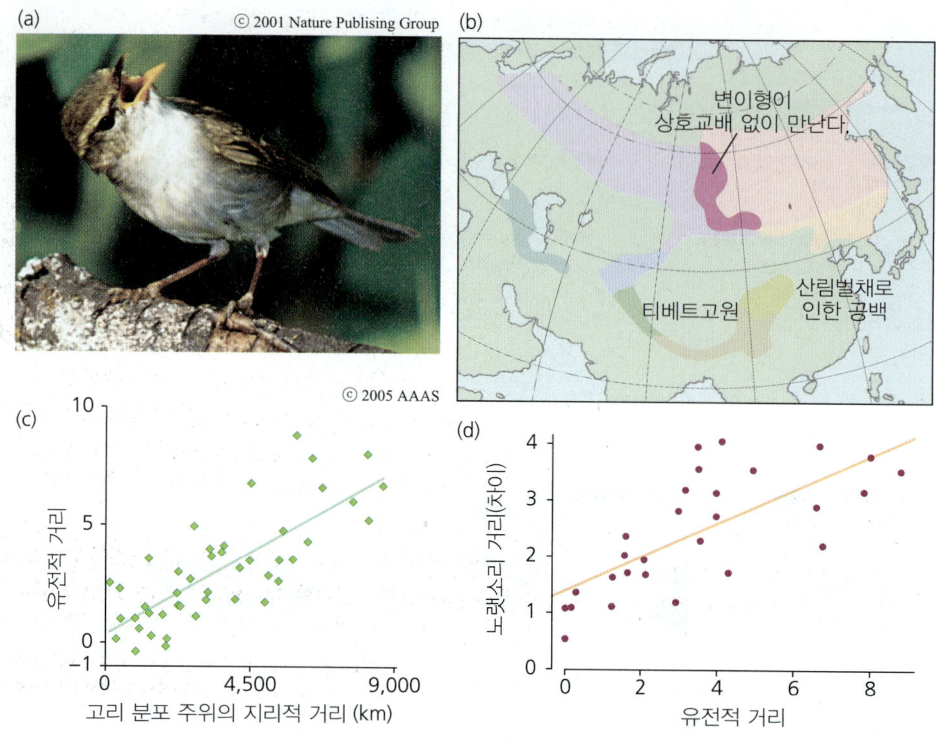


**그림 2.15 울새는 하나의 종이 두 종으로 나누어질 수 있음을 보여준다** (a) 시베리아 버들솔새(*Phylloscopus trochiloides*). D. Irwin의 사진은 Wake (2001)에서. (b) 다른 색으로 나타낸 버들솔새 변이형의 지리학적 범위. 이 변이형들은 북서형이 북동형과 만나는 곳을 제외하면, 티베트 고원 주위에서 그들이 만나는 모든 곳에서 상호교배한다. Irwin et al. (2005)에서. (c) 집단 간 유전적 분기는 지리적 거리에 따라 증가한다. (d) 집단 간 새의 지저귀는 노랫소리의 차이는 유전적 분기에 따라 증가한다. Irwin et al. (2008)에서.



상을 보인다. 몇몇의 경우에는 집단들이 지리학적으로 지속적인 사슬에서 모든 4단계를 보인다. 윤상종(ring species)으로 알려진 이들은 종분화 증거의 마지막 조각을 제공한다.

윤상종은 특히 하나의 종이 두 종으로 쪼개질 수 있는 납득할만한 증거를 제안한다. 시베리아 버들솔새(the siberian greenish warbler, phylloscopus trochiloides)의 예시에서 보면(그림 2.15a), 이들의 범위는 티베트 고원 주위에 고리 분포를 형성한다(그림 2.15b). 그들의 노랫소리가 이 고리 분포의 양쪽 주위에서 남쪽에서 북쪽으로 갈수록 복잡해짐에도 불구하고, 이 새들은 서로를 동종으로 간주하고 그들이 만나는 모든 지역에서 교배한다(Irwin et al. 2001; Wake 2001). 그 예외는 북동쪽과 북서쪽 형태들이 교배를 거부하는 중부 시베리아이다.

Darren Irwin과 동료들(2005)은 중부 시베리아의 집단을 제외하면 버들솔새의 하나의 형태와 다른 형태 간 다른 생물학적 경계가 없다는 유전적 증거를 제시하였다. 모든 개체들은 각각 주위에 고리 분포를 이루는 하나의 집단에 속한다. 그러나 이 새들 간 유전적 차이는 지리적 거리에 따라서 증가한다(그림 2.15c). 그리고 짝짓기 절차에서 중요한 그들의 노랫소리는 유전적 거리(genetic distance)에 따라서 분기한다(그림 2.15d; Irwin et al. 2008). Irwin은 오늘날 버들솔새는 북쪽 두 방향으로 영역을 확장한 남쪽 집단에서 유래되었다고 주장한다. 이 두 집단이 나중에 다음 세대에서 만날 때, 그 새들은 충분히 변화되어 서로 간 짝짓기에 관심을 가지지 않을 것이다.

버들솔새는 공간과 시간에 따라서 하나의 종은 두 종으로 점진적으로 분리될 수 있다는 것을 보여준다. 또 다른 잘 보고된 윤상종에는 도롱뇽 *Ensatina eschscholtzii*가 있다. Kuchta et al. (2009) 그리고 Pereira and Wake(2009)를 참조하라.

## 종분화가 왜 중요한가

바이러스 $\phi$6에서 숙주 전환에 관한 Siobain Duffy의 연구는 인간과 종분화의 관련성을 보여준다. Nathan Wolfe와 동료들(2007)은 25개 주요 인간 질병의 기원을 조사하였다. 몇몇은 다른 동물에서 생겨난 병원균이 숙주를 전환하여 단지 인간을 감염시키는 새로운 종으로 진화하였다. 디프테리아(diphrheria)는 가축 초식동물의 질병(Martin et al. 2003), 소 질병으로부터의 낭충증(measles)(Westover and Hughes 2001) 그리고 설치류나 낙타의 바이러스로부터 천연두(smallpox)(Hughes et al. 2010)가 유래되었을 것이다. 증가하는 전염병의 초기 경고를 위하여, Wolfe와 동료들은 야생동물과 주기적으로 접촉을 갖는 인간을 감염시키는 병원체를 보다 철저히 감시해야 한다고 주장한다.

그림 2.16 멸종된 사슴

## 2.3 대진화의 증거: 이전 형태로부터 새로운 형태

우리가 설명한 소진화와 종분화의 증거는 살아 있는 생물을 대상으로 한 실험과 관찰로부터 왔다. 지금 우리는 새로운 생명체의 형태가 이전의 형태로부터 유래되었는지를 고려하고자 증거의 새로운 근원으로 **화석(fossil)**을 제시한다. 화석은 과거에 살았던 생물의 어떤 흔적이다. 화석의 전 세계적인 수집품을 **화석 기록(fossil record)**이라고 부른다.

화석이 존재하고, 그들의 대부분이 오늘날 살아 있는 종들과 다른 형태를 보존하고 있다는 간단한 사실은 생명체가 시간에 따라서 변화해 왔다는 것을 나타낸다. 여기서 우리는 이러한 사실과 화석기록이 대진화의 증거를 제공하는 보다 구체적인 면에 초점을 맞추고자 한다.

### 멸종과 계승

1801년에, 비교해부학자인 Georges Cuvier는 단지 화석으로만 알려진 23종의 목록을 발표하였다. 그의 주장은 유럽과학자들이 전 세계 지역을 방문했을 때 화석기록에서 발견되었던 흔치 않은 형태가 결국은 살아 있는 형태로 발견될 것이라는 가설에 도전을 하는 것이다. Cuvier는 마스토돈(mastodones) 및 다른 거대한 생명체가 여전히 살아 있지만 단지 발견되지 않았을 가능성은 없다고 주장하였다.

멸종의 진실에 관한 논란은 Cuvier가 큰뿔사슴(the Irish elk)에 대한 분석을 발표하였던 1812년 이후 종결되었다(그림 2.16). 빙하기에 서식했던 이 거대한 사슴의 화석이 북유럽과 영국제도에 걸쳐 발견되었다. 다른 과학자들은 그 엘크가 미국 무스(the American moose) 또는 유럽 순록(The European reindeer)과 같은 살아 있는 종에 속한다고 제안하였다. 그러한 주장들이 오늘날의 경우보다 그 당시에는 타당하였었다. 색다른 동물의 견본이나 심지어 이들에 대한 믿을 만한 기재도 드물었다. Cuvier의 해부학적 분석은 이 큰뿔사슴은 무스나 순록도 아니고 다른 어떤 현존하는 종의 일원도 아니라는 점을 보여주었다(Gould 1977). 다음 세기에 걸친 고생물학적 연구는 지구에 살았었던 종들의 대다수가 멸종했다는 것을 밝혀냈다(Erwin 2008).

18세기 초 고생물학자인 William Clift는 Darwin에 의해서 입증되고 검토된 이러한 주장과 관련이 있는 관찰 사실을 첫 번째로 발표하였다(Darwin 1859; Dugan 1980; Diseley 1958). 같은 지리적 지역의 화석과 살아 있는 생물들은 서로 닮았지만, 다른 지역에서 발견되는 생물들과는 구별되었다(그림 2.17). Clift는 오스트레일리아의 멸종된 포유류(mammals)를 연구하여 이들은 오늘날 오스트레일리아에 서식하는 생물들과 유사한 유대류(marsupials)임을 기록하였다. Darwin은 아르헨티나에서 발굴된 조치수(glyptodonts) 화석을 분석하여 이들이 오늘날 그곳에서 발견되는 살아 있는 아르마딜로(armadillos)에 상응함을 기록하였다. 이 두 대륙의 포유류 동물상은 현저히 다르지만, 각각의 대륙에 현존하는 동물상은 각 대륙의 최근 화석 형태와 놀랍게도 유사하다. 동일한 지역에서 화석과 살아 있는 생물 형태 간에 상응하는 일반적인 패턴은 **계승의 법칙(law of**

그림 2.17 **계승** 피그미 아르마딜로(위)는 조치수 화석과 유사하다. 오스트레일리아 웜뱃(wombats; 아래)은 멸종된 유대류 디프로토돈(*Diprotodon*)과 닮았다(Dugan 1980).

**succession)**으로 알려져 있다.

멸종(extinction)과 계승은 현재의 종들이 이전에 같은 지역에 살았던 조상으로부터 변화를 수반하여 내려왔다면 예측되는 양상이다.

## 이행형

새로운 생명 형태가 실제로 이전 형태로부터 변화를 지닌채 유래되었다면, 화석기록은 점진적인 변화의 증거를 담고 있어야 한다. 우리는 조상 집단의 전형적인 형질과 후에 자손에서 볼 수 있는 새로운 형질을 포함하는 혼합된 특성을 보이는 이행종(transitional species)을 발견해야 한다. 화석의 **이행형(transitional forms)**을 논하기 전에, 살아 있는 예를 생각해 보는 것이 도움이 될 것이다.

### 살아 있는 이행형

이 생물을 만나기 전에, 우리는 다른 생물을 소개해야 한다. 태평양 도약베도라치(the Pacitic leaping blenny, *Alticus arnoldorum*)는 육상 어류이다(그림 2.18a). 도약베도라치는 유생시기를 플랑크톤 형태로 보내고 나서 대양을 떠나 조간대 상부 위쪽 파도가 튀기는 지역인 상조대로 이동한다. 거기서 그들은 암반의 조류를 갉아 섭식하고, 습기가 있는 굴 주위에서 영역을 이루며, 짝짓기 구애행동을 하고, 산란하며 둥지를 방어한다(Bhikajee and Green 2002; Bhikajee et al. 2006). S. Tonia Hsieh (2010)는 그 물고기는 물에 잠기면 즉시 뛰어 물 밖으로 나간다고 보고하였다. 그들은 결코 자발적으로 수영하지 않는다.

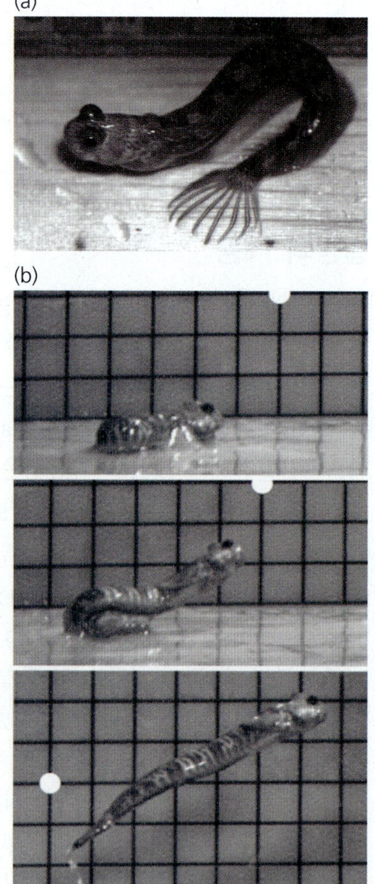


**그림 2.18 육생 물고기** (a) 실험실에서 축축한 나무로 만든 경주로 위에 있는 태평양 도약베도라치(*Alticus arnoldorum*). (b) 도약을 보여주는 시계열 분석. 하얀색 점은 고정된 지점을 나타낸다. 모든 사진은 S. Tonia Hsieh에 의해서 촬영되었음.

육생의 베도라치는 땅에서 생존하는 데 도움을 주는 많은 형질을 보여준다. 이들은 아가미와 피부 둘 다를 통하여 호흡한다(Martin and Lighton 1989; Brown et al. 1992). 이들은 플렉시글라스의 수직면을 기어 올라갈 수 있다(Hsieh 2010). 이들은 초당 1.5 m보다 빠른 속도로 암반을 따라서 이동할 수 있다.

이들이 어떻게 이러한 엄청난 재주를 부릴 수 있는지를 알아보기 위해서 Hsieh (2010)는 태평양 도약베도라치(*Alticus arnoldorum*)와 다른 두 베도라치 종을 대상으로 고속비디오카메라를 이용하여 촬영하였다. 일반적으로 청베도라치(rockskippers)로 알려진 다른 종들은 공기로 호흡을 하지만, 물 밖에서 보내는 시간이 현저히 짧다. *Praealticus labrovittatus*는 간조 시 육지에서 섭식하지만, 물에 가깝게 머무르고 방해받으면 그곳에서 도망간다. Hsieh는 그 생물을 양서류(amphibious)로 생각하였다. *Blenniella gibbifrons*는 전형적으로 파도가 칠 때만 육지에 나타난다. Hsieh는 이 종은 수생생물(aquatic)로 생각하였다. Hsieh는 축축한 나무로 만든 길을 따라서 공기 속을 움직이는 모든 3종의 베도라치를 영상에 담았다.

수생 베도라치는 물 밖으로 나오면 꼬리를 머리 쪽으로 감고 공기 중으로 몸을 던진다. 하지만 비행 중에는 몸을 마구 움직인다. 양서 베도라치는 더 잘 조정한다. 그들은 꼬리를 감고 조절해서 앞으로 뛰기 위하여 몸을 밀어 떨어뜨린다. 그러나 육생 베도라치는 단연 뛰어나다(그림 2.18b). 이들은 꼬리를 감고, 비틀어 꼬리 끝부분을 땅에 누르고 나서 한 번에 몸의 세 배 길이만큼 뛴다.

양서 베도라치인 *Praealticus labrovittatus*는 살아 있는 이행형이다(그림 2.19). 그것의 행동과 생리기능은 수생 베도라치 *Blenniella gibbifrons*와 육생 베도라치 *Alticus arnoldorum* 중간에 놓인다.

양서 베도라치를 이행형이라고 부른다고 해서, 우리는 그것이 수생 베도라치의 자손, 혹은 육생 베도라치의 조상이라는 것을 주장하지는 않는다. 3종 모두가 오늘날 살아 있

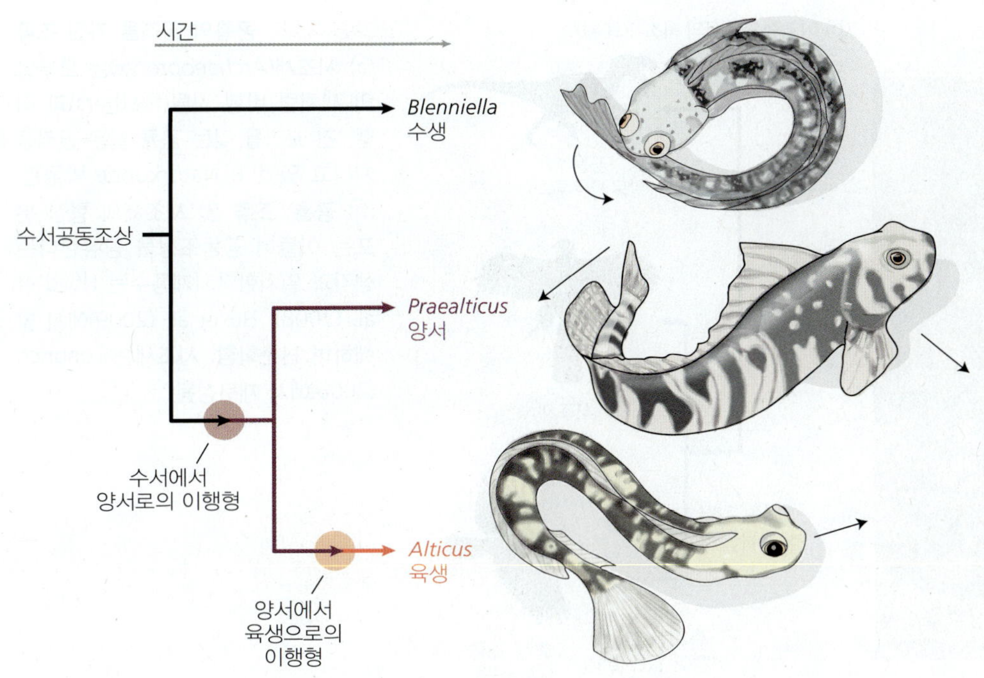


**그림 2.19 양서 베도라치는 추정된 종분화의 역사와 육생 베도라치로 이어진 대진화에서 이행형태를 나타낸다** 수평선은 계보를 나타낸다. 이들 선에서 분기점은 종분화 사건을 나타낸다. 원은 새로운 형질의 진화를 표시한다. Hsieh (2010)에서.

기 때문에 그러한 주장은 문제가 될 것이다.

대신에, 우리는 이 베도라치들 간 형질들의 분포가 3종 모두의 공동조상으로부터 유래되었다는 가설과 일치한다는 것을 주장한다. 그 조상은 아마도, 대부분의 베도라치처럼 수생이었을 것이다. 어떤 시점에 그 조상 계보가 분리되었고, 즉 종분화를 겪었다. 그 자손 계보의 하나가 수생으로 남았고 이는 오늘날 *Blenniella*로 대표된다. 다른 자손 계보는 조직화되어 뛰어다니는 것을 포함하는 새로운 형질로 진화하여 양서가 되었다. 나중에, 그 양서 계통은 또한 분리되었다. 그 자손 계보의 하나가 양서로 남았고, 이는 *Praealticus*로 대표된다. 또 다른 계보는 꼬리를 비트는 것을 포함하는 추가적인 새로운 형질로 진화하여 육생이 되었다. 이는 오늘날 *Alticus*로 대표된다.

무엇이 양서 베도라치 *Praealticus*를 이행형으로 만들었을까? 그것은 수생 베도라치를 육생으로 변화시키는 새로운 모든 형질의 진화가 아닌, 몇몇의 형질이 진화해온 계보로부터 유래되었고, 따라서 그러한 계보를 나타낸 것이다. 이는 이러한 형질들의 단지 일부를 지닌 중간 종이 생존할 수 있다는 것을 보여준다. 그리고 잘 조정된 깡충뛰기가 꼬리를 비트는 것 이전에 진화했음을 나타낸다.

## 화석 이행 조류

Darwin 시대에는 소수의 이행 화석들만이 알려졌고, Darwin은 그것들이 흔하지 않다고 주장하였다. 하지만 화석기록은 축적되었고 많은 이행화석이 발견되었다. 가장 유명한 이행형은 Darwin이 종의 기원을 출판한 직후에 발견된 시조새(*Archaeopteryx*)(그림 2.20a)이다(Christiansen and Bonde 2004 참조). 시조새는 현재 독일 지역에서 1억 4천5백만 년에서 1억5천만 년 전에 살았던 까마귀 크기의 동물이다. 이는 근본적으로 오늘날의 비행 깃털(flight feathers)을 지니고 있었다. 적어도 하나의 표본은 깃털의 원래 화학성질을 보존하고 있다(Bergmann et al. 2010). 시조새는 미끄러지듯 활공하는 것에, 그렇지 않았다면, 초보적인 동력비행에 능숙했었던 것처럼 보인다(Longrich 2006; Nudds and Dyke 2010). 시조새의 깃털과 비행술의 능력은 이 생명체가 조류(a bird)라는 점을 입증한다(Padian and Chiappe 1998; Alonso et al. 2004). 하지만 그 생명체

(a) 시조새

(b) 이행형으로서의 시조새의 위치

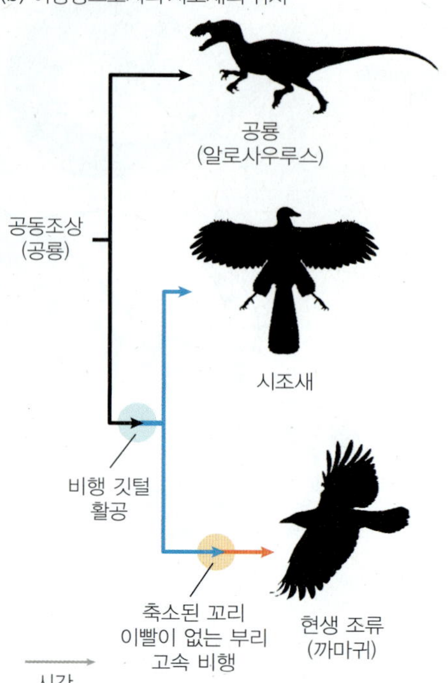


**그림 2.20 공룡의 골격을 가진 조류**
(a) 시조새(*Archaeopteryx*)는 오늘날의 새처럼 비행 깃털(feathers)과 이빨, 긴 꼬리를 갖는 공룡 같은 골격을 지니고 있었다. Naturkunde 박물관. (b) 공룡, 조류 및 시조새의 형질 분포는 이들이 공동조상을 공유한다는 생각과 일치한다. [계통수는 Lloyd et al. (2008); Hu et al. (2009)에서 발췌하여 단순화함. 시조새는 Longrich (2006)에서 재구성됨]

의 골격에서 나타나는 이빨, 세 발톱을 가진 손 그리고 긴 뼈가 있는 꼬리는 상당히 파충류와 닮아서 이 생명체의 표본은 세악룡(*Compsognathus*) 공룡의 잔재로 오인되어 왔다(Wellnhofer 1988 참조).

공룡과 조류에서 골격구조의 유사성을 처음으로 기록한 사람은 Darwin의 친구이자 뛰어난 과학자인 Thomas Henry Huxley(1868)이다. Huxley는 혼합된 형질을 지닌 시조새가 진화적 이행을 나타낸다고 제안하였다.

시조새는 공룡으로부터 오늘날의 조류로 유래된 직접 자손 계열은 아니다(Hu et al. 2009). 대신에, 시조새는 두 종류의 동물과 공동조상을 공유한다는 가설과 일치하는 형질들의 조합을 보인다(그림 2.20b). 시조새는 조류가 공룡으로부터 유래되었음을 나타낸다. 또한 시조새는 조류가 새로써 낱낱이 진화하였다는 것을 드러낸다. 깃털이 첫 번째로 진화하였고, 그 다음으로 오늘날 동력비행에 연관된 골격과 근육의 변화가 따랐을 것이다(Garner et al. 1999).

## 이행형은 진화가설의 예측검정을 가능하게 한다

이행형은 우리가 화석 발굴을 통하여 확인 또는 반박할 수 있는 예측을 가능케 함으로써 대진화에 관한 구체적인 가설을 테스트할 수 있는 방법을 제공한다. 이렇게 함으로써 이행형은 진화를 위한 가장 강력한 증거를 제공한다.

시조새(*Archaeopteryx*)는 이 예의 출발점으로 제공된다. 시조새가 공룡 계보에서 유래되었다는 Huxley의 주장은 추가적인 이행 화석들이 결국은 발굴될 것이라는 예측으로 이어진다.

John Ostrom(1973, 1974)은 세밀한 해부학적 분석을 통하여 조류가 유래되었을 것으로 가장 추정되는 공룡은 세악룡(*Compsognathus*), 벨로키랍토르(*Velociraptor*)와 티라노사우루스(*Tyrannosaurus rex*)를 포함하는 두발로 걷는 육식동물인 수각류(theropod)이었을 것이라고 주장하였다. Robert Bakker와 Peter Galton(1974)은 만약 Ostrom이 옳다면, "깃털은 조류와 닮은 수각류 공룡들에게 널리 퍼져 있었을 것"이라고 주장하

**이행 화석은 각기 다른 생물 집단의 전형적인 형질의 혼합을 보여주는 종들이 과거에 존재하였음을 나타낸다. 때때로 이행형은 그들이 발견되기 전에 예측될 수 있기 때문에, 생물학자로 하여금 대진화에 관한 가설들을 테스트할 수 있게 해준다.**

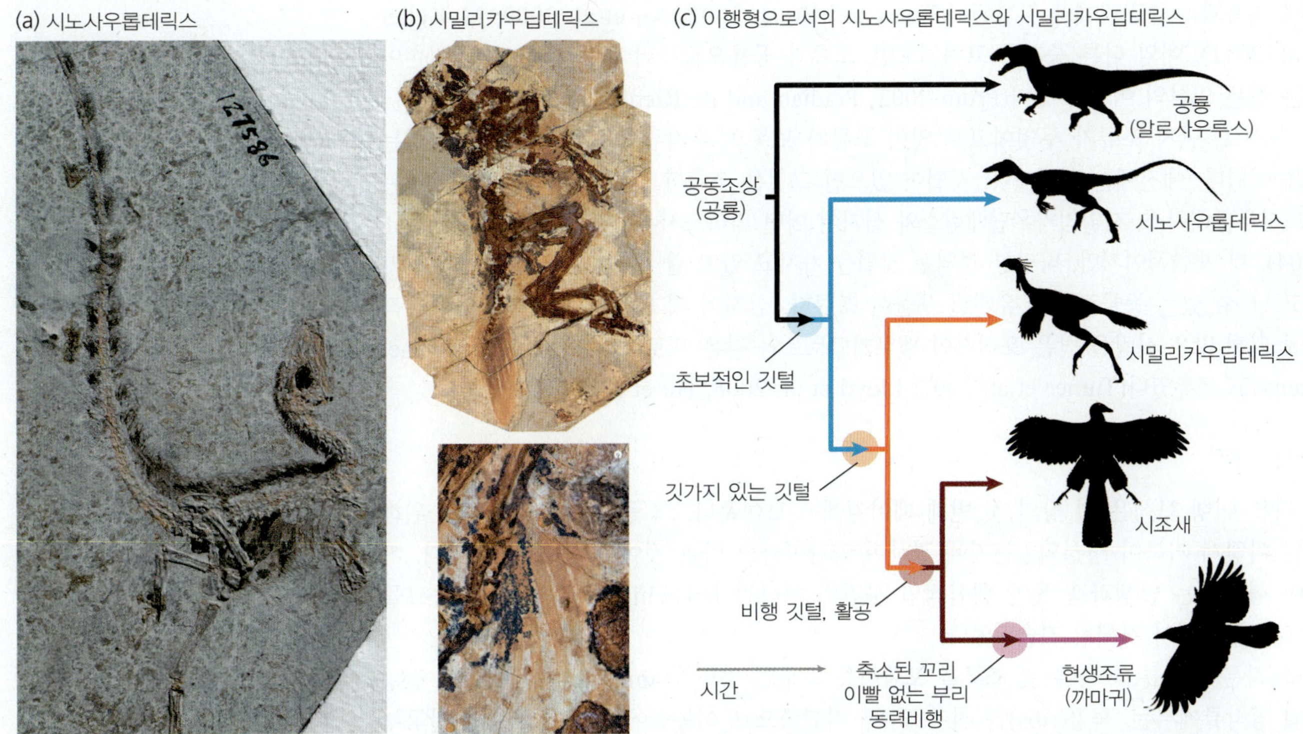


**그림 2.21 깃털을 지닌 공룡** (a) 시노사우롭테릭스(*Sinosauropteryx*)는 목, 등, 옆구리 및 꼬리에 초보적인 깃털을 가진다. Chen et al. (1998)에서. (b) 시밀리카우딥테릭스(*Similicaudipteryx*)는 깃가지가 있는 깃털을 꼬리(위)와 앞발(아래)에 가진다. 여기서 보인 종은 어린 개체이다. Xu et al. (2010)에서. (c) 여기서 나타낸 종간 형질의 분포는 조류가 공룡으로부터 진화하였다는 가설과 일치한다. (진화계통수는 Lloyd et al. (2008); Hu et al. (2009)에서 발췌, 간단화하였다.)



였다. 달리 말하자면, 발견되지 않은 화석기록은 진화의 다른 단계에서의 깃털을 지닌 수각류 공룡들을 지니고 있어야 한다. 그 당시 그런 동물들은 알려져 있지 않았다.

20여 년 후, Pei-ji Chen과 동료들(1998)은 중국의 Liaoning 지방에서 시노사우롭테릭스(*Sinosauropteryx*)라 불리는 수각류 공룡의 발견을 보고하였다. 그림 2.21a에서 보이는 하나의 화석은 오늘날까지 발견된 공룡 유적 중 정교한 채로 가장 잘 보존된 화석이다(Unwin 1998). 닭 크기 정도인 시노사우롭테릭스는 목, 측면 및 꼬리에 짧고 뻣뻣한 털이 많은 구조를 많이 가지고 있었다. 많은 고생물학자들은 이러한 짧고 뻣뻣한 털을 단순한 깃털이라고 여겼다(Chen et al. 1998; Unwin 1998; Currie and Chen 2001). 하지만 이러한 해석은 논란을 일으켰다(Geist and Feduccia 2000; Lingham-Soliar et al. 2007 참조). 그 짧고 뻣뻣한 털이 사실상 깃털이라는 점은 그것이 전자현미경에서 보이는 현생 조류 깃털의 색소를 함유한 소기관(멜라닌소체, melanosomes)과 동일한 구조를 지니고 있다는 사실로 인하여 현재 지지를 받고 있다(Vinther et al. 2008; Zhang et al. 2010b).

더 많은 깃털을 지닌 공룡이 이윽고 나타났다(Norell and Xu 2005 참조). 가장 놀라운 것은 그림 2.21b에서 보여주는 시밀리카우딥테릭스(*Similicaudipteryx*)이다. 거위 크기 정도로 자라는 이 동물은 꼬리와 앞발 모두에 날개 부착 깃털을 지녔다(He et al. 2008; Xu et al. 2010). 현생 조류의 비행 깃털과 달리, 시밀리카우딥테릭스의 깃털은 대칭형이다.

시노사우롭테릭스와 시밀리카우딥테릭스는 고생물학자들이 이행형의 깃털을 지닌 수각류 공룡을 발견할 것이라는 예측이 사실임을 보여주었다(그림 2.21c). 드로마이오사우르스부터 티라노사우루스의 범위에 이르는 12종 이상에서 그러한 깃털이 나타났다는 것은 깃털이 수각류에서 널리 분포하였다는 예측을 입증하였다(Norell and Xu 2005; Xu and Zhang 2005; Zhang et al. 2008; Hu et al. 2009; Xu et al. 2010). 그 다양한 수각류 깃털은 어떻게 깃털이 현존하는 조류에서 발달되었는가에 관한 깃털 진화모델에 의해서 예측되는 중간단계에 부합된다(Prum and Brush 2002; Xu et al. 2009; McKeller et al. 2011). 이와 다른 증거를 고려해보면, 조류가 공룡으로부터 온 변화를 지닌 자손이라는 것은 의심의 여지가 없다(Prum 2002; Pradian and de Ricqlès 2009).

실제로, 단지 조류가 무엇이고 무엇이 조류와 보통의 수각류를 구별하는지를 말하는 것은 어렵다. 예전에는 쉬웠었다: 깃털이 있으면 그것은 조류다. 그러나 그 정의 하에서는 시노사우롭테릭스, 시밀리카우딥테릭스와 심지어 어떤 티라노사우루스도 조류다(Xu et al. 2004). 더 제한적이지만, 타당한 정의는 깃털을 가지고 있고 날 수 있거나 혹은 깃털을 가지고 날 수 있는 동물로부터 유래된 생물이 조류다. 심지어 이 기준에 의하면, 영화 제작자에 의해 많은 사랑을 받은 포식자인 벨로키랍토르와 같은 드로마이오사우르스(dromaeosaurs)도 조류였다(Turner et al. 2007; Lloyd et al. 2008; Hu et al. 2009 참조).

### 이행 거북

또 다른 이행 화석은 이 장의 첫 번째 페이지에서 보여준다. 그 중요성을 이해하기 위해서는 어떻게 거북이 형성되었는지에 관하여 약간이라도 아는 것이 도움이 될 것이다. 거북이 형성되는 발생과정 동안 핵심적인 사건의 하나는 Hirochi Nagashima와 동료들(2009)에 의해서 자세히 기술되었다.

거북은 포유류, 파충류 및 조류를 포함하는 그룹인 양막류(amniotes)에 속한다. 전형적인 양막류에서는, 늑골(ribs)은 척추로부터 바깥쪽으로 이동함에 따라서 체벽의 만곡부에 나타난다. 그 결과, 늑골은 어깨뼈(shoulder blade) 아래로 통과한다. 거북에서는 늑골이 만곡의 몸체 벽과 무관하다(그림 2.22a). 이 늑골이 펼쳐져 떨어지며 바깥쪽으로 이동하면, 이들 앞에 있는 몸체 벽을 밀어서 스스로 접혀 포개지게 한다. 이는 늑골이 어깨뼈 위로 통과할 수 있게 해준다. 후에, 그 늑골이 확장하고 합쳐져서 거북 등에 껍질을 형성한다(그림 2.22b).

Nagahima와 동료들은 이 장의 첫 번째 쪽의 화석인 오돈토켈리스(*Odontochelys*)는 전형적인 양막류에서 거북이로 변형되는 예측 가능한 중간 단계를 나타낸다고 주장한다(그림 2.22c). 오돈토켈리스는 바깥으로 성장하는 늑골이 확장되어 있지만, 펼쳐져 떨어져 있지 않아서 어깨뼈 위로 걸쳐져 있지 않다. 그러므로 오돈토켈리스는 거북이 전형적인 양막류 조상으로부터 온 변화를 지닌 자손이라는 것을 증명하는 것에 도움을 준다(또한 Burke 2009; Lyson et al. 2010 참조).

우리는 단지 몇몇 이행 화석을 보여주었지만, 고생물학자들은 엄청나게 많은 그러한 화석들을 발견해 왔다(Luo 2007; Prothero 2008 참조). 다음 장에서 어류와 사지동물 중간 형태 및 유인원(great apes)과 인간의 중간 형태를 포함하는 몇몇 예를 만나게 될 것이다.

## 대진화가 왜 중요한가

대진화는 우리 자신의 신체가 그 산물이기 때문에 우리의 일상생활에서 중요하다. 우리가 다음 절에서 보게 되듯이, 우리의 오랜 조상은 어류와 그 이상으로 거슬러 올라간다. 우리의 해부학적 구조와 생리의 수수께끼 같은 측면은 진화적인 맥락에서 보면 이해가 된다(Shubin 2009).

딸꾹질(hiccups)을 생각해보라. 우리의 대부분은 딸꾹질은 성가신 신경학적으로 기이한 현상으로 생각할 것이다. 그러나 딸꾹질은 매우 조직화된 일이다(Staus et al. 2003). 그것은 흡입과 자발적인 흉부 근육의 억제를 제어하는 목뼈 및 횡경막과 숨을 내쉬는 것을 제어하는 복부에서 근육의 강력한 활성으로 야기되는 숨의 예리한 흡입과 함께 시작

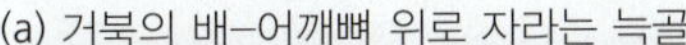
(a) 거북의 배—어깨뼈 위로 자라는 늑골

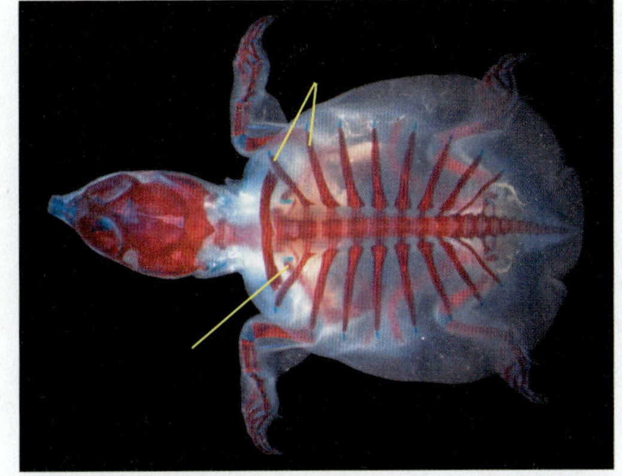

(b) 말기 배—늑골이 합쳐져 등껍질을 형성

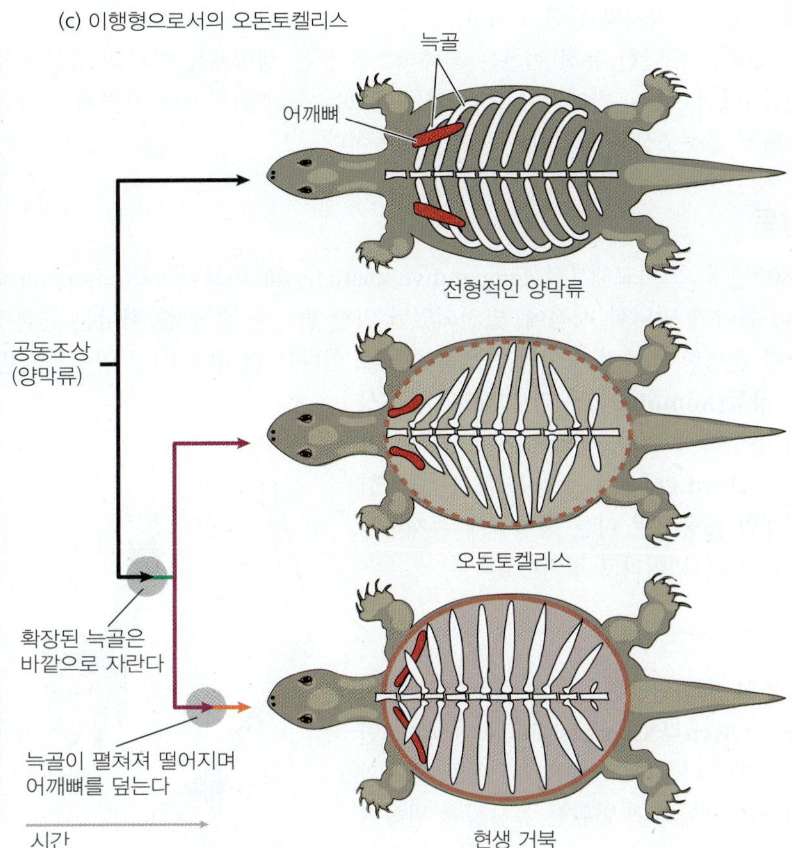


**그림 2.22 어떻게 거북이 등껍질을 갖게 되었을까** (a) 어깨뼈 넘어 자라나는 늑골을 보여주는 배. Sanchez-Villagra (2009)에서. (b) 늑골이 합쳐져 껍질을 형성하는 것을 보여주는 말기 배. RIKEN Center for Developmental Biology의 사진. (c) 오돈토켈리스(*Odontochelys*)(이 장의 첫 번째 쪽에서 보인)는 껍질 진화의 중간 단계를 나타낸다. Nagashima et al. (2009)에서 다시 그림, 수정됨. 거북과 다른 양막류 간 관계에 대하여 더 많은 것을 공부하기 위해서는 Lyson et al. (2010)을 참조.

(c) From "Evolution of the turtle body plan by the folding and creation of new muscle connections." Science 325: 193–196. Reprinted with permission from AAAS.

된다. 그리고 딸꾹질의 특징적인 소리를 만드는 성문의 능동적인 폐쇄가 즉각 뒤따른다. 이러한 활동은 모두 뇌간(the brain stem)에 있는 신경회로(neural circuits)의 조절 하에 있다. 왜 우리가 이런 독특한 능력을 보이는지, 어떤 다른 포유류와 공유하는지에 관하여 제안된 설명들은 엄청나게 많고 논란거리이다.

Christian Straus와 동료들(2003)은 가장 좋은 설명은 딸꾹질이 우리의 대진화 과거의 유산이라고 주장한다. 우리는 우리의 먼 조상으로부터 호흡과 딸꾹질을 조절하는 신경회로를 물려받았다(Vasilakos et al. 2005 참조). 그들은 유년기에는 아가미로 호흡하고 성체에서는 폐로 호흡하는 양서류를 포함한다. 현생 올챙이가 물에서 호흡할 때, 그들은 성문을 닫아 물을 폐 바깥으로 내보내는 동안 아가미를 통과시켜 물을 퍼낸다.

우리는 젖을 먹이고 또는 일반적인 호흡과 같은 필수적인 기능을 위해 다른 용도로 고쳐져온 신경회로 때문에 아마도 딸꾹질의 능력을 유지하고 있는지 모른다.

## 2.4 공동조상의 증거: 모든 생명체는 유연관계가 있다

대진화의 증거는 필수적으로 공동조상의 몇몇 증거를 포함한다. 예를 들면, 양서 베도라치, *Praealticus*는 조상-자손의 관계가 아닌 공동조상의 친척 자손으로서 현존하는 수생과 육생 베도라치와 관련이 있다.

변화를 수반한 유전 이론은 최종적으로 모든 생명체를 하나의 공동조상에 연결한다. 인간, 나비, 상추, 박테리아 모두 그들 계보는 동일한 원시의 생명체로 거슬러 올라간다. 보편적 공동조상의 결정적인 증거는 상동이다.

## 상동

1800년대 초 비교해부학(comparative anatomy)과 비교발생학(comparative embryology) 분야가 발달할 시점에, 발견되었던 가장 놀라운 결과 중 하나는 근본적인 유사성이 종간 분명한 신체적 차이의 기초를 이루고 있다는 것이다. 이전 연구자들은 이러한 현상을 **상동(homology)**—말 그대로, 유사성의 연구라 불렀다. 영국의 선두 해부학자인 Richard Owen은 상동을 "모든 다양한 형태와 기능으로 다른 동물들에 존재하는 동일한 기관"이라고 정의하였다.

### 구조적 상동

상동의 유명한 예는 비교 해부학의 창시자인 Owen과 Georges Cuvier에 의한 연구로부터 나온다. 그들은 척추동물 골격과 기관들 사이의 광범위한 유사성에 관하여 기술하였다. Owen과 Cuvier의 연구를 참조하여, Darwin(1859, p. 434)은 다음과 같이 적었다:

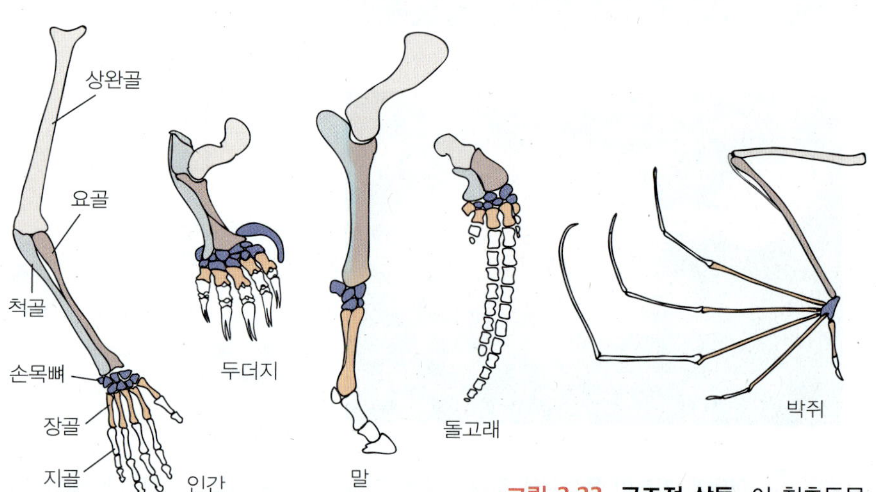


**그림 2.23 구조적 상동** 이 척추동물 앞발은 다른 기능으로 사용되지만, 동일한 뼈의 순서와 정렬을 가진다. 이 그림에서, 상동성을 갖는 뼈는 동일한 색으로 나타내었고, 사람 팔에 표지하였다.

> "움켜잡기 위해 만들어진 사람의 손, 땅을 파기 위한 두더지의 손, 말의 다리, 돌고래의 지느러미와 박쥐의 날개가 모두 동일한 상대적 위치에서 동일한 방식으로 구성되었고, 동일한 뼈를 포함한다는 사실보다 무엇이 더 진기할까?"

그가 주장하는 바는 이들 척추동물 앞다리(forelimbs)에 기초를 이루는 설계는 기능과 외관이 다를지라도 유사하다는 것이다**(그림 2.23)**.

이것은 척추동물 앞다리 간 설계의 유사성을 말하지만, 상어와 고래 사이의 그것과는 다르다**(그림 2.24)**. 상어와 고래 둘 다 유선형의 형태, 조종을 위한 짧은 지느러미 혹은 짧은 지느러미발 그리고 추진을 위한 강력한 꼬리를 가지고 있다. 형태에 있어서 이러한 유사성들은 기능을 고려하면 이해가 된다: 물에서의 빠른 이동. 인간 기술자들도 동일한 특성을 배에 이용한다. 반대로, 매우 다른 기능을 지닌 앞발 사이의 내부적인 유사성은 임의적인 것처럼 보인다. 기술자가 동일한 방식으로 동일한 구조적 성분을 이용하여 움켜잡고, 땅을 파고, 달리고, 수영하고 또는 날기 위한 도구를 설계할 수 있는가?

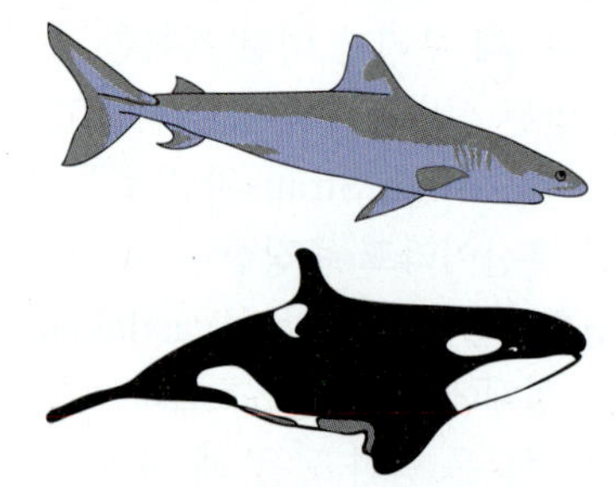

**그림 2.24 비상동의 유사성** 상어와 범고래는 하나는 어류이고 다른 하나는 포유류임에도 불구하고, 둘 다 유선형의 형태, 강력한 꼬리 및 짧은 지느러미 혹은 지느러미발을 가진다. 이러한 유사성은 그들의 기능적인 맥락에서 모두 이해 가능하지만, 상동은 아니다.

Darwin 자신(1862)은 난초(orchid) 꽃들의 해부학적 구조를 분석하였는데 형태와 꽃들이 유혹하는 화분 매개자에 있어서의 다양성에도 불구하고, 이 꽃들은 동일한 성분 조각의 세트로부터 구성되었다는 것을 보여주었다. 척추동물 앞다리처럼, 이 꽃들도 동일한 상대적 위치에서 동일한 부분을 지니고 있다**(그림 2.25)**.

형태와 기능에서 차이점이 존재함에도 불구하고, 무엇이 구조에서의 이러한 유사성을 야기시키는가? Darwin은 공동조상으로부터의 유래가 가장 타당한 설명이라고 주장하였다. 그는 그림 2.25의 난초들이 공동조상을 공유하기 때문에 유사하다고 주장하였다. 이처럼, 그림 2.23의 사지동물들(tetrapods)은 그들이 하나의 계보에서 유래되어, 그들 부속기관의 근본적인 설계를 물려받았기 때문에 유사한 앞다리를 가지게 되었다.

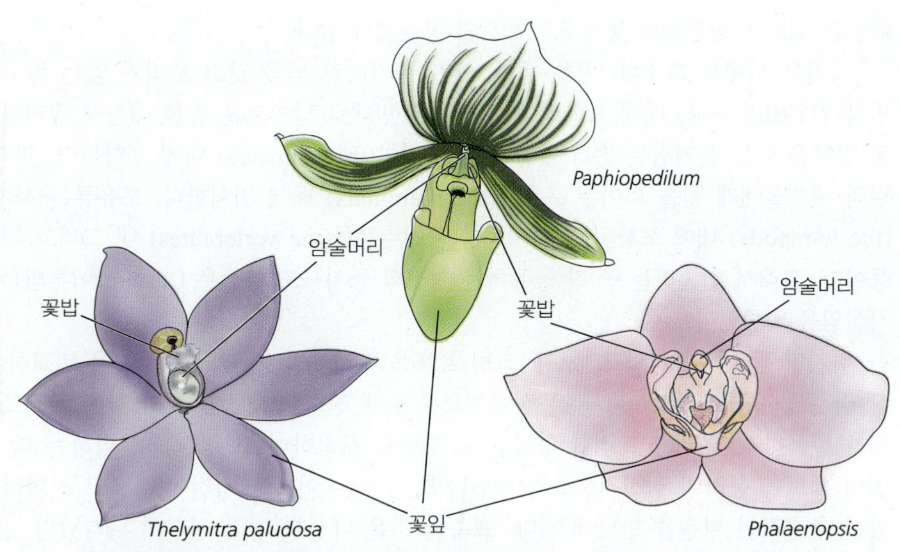


**그림 2.25 또다른 구조적 상동** 난꽃은 크기와 모양에서 다양하지만, 구조와 방향에서 유사한 요소로 구성되어 있다. Darwin (1862)에서.

## 상동성을 이용한 공동조상 가설 테스트

우리는 종간 공유하는 상동 형질을 이용하여 Darwin의 가설인 공동조상을 테스트해 볼 수 있다. 우리는 단일 계보에서 변화를 거쳐 유래된 가상의 달팽이종(snail species)들이 공유하는 진화적 새로운 형질을 이용하여 그 논리를 보여주고자 한다.

그림 2.26은 그 진화의 역사를 나타낸다. 공동조상은 가장 왼쪽에 떨어져 있는 땅딸막한 껍질을 지닌 파란색 달팽이의 계보이다. 그 계보가 종분화를 거쳤다(1). 자손 계보의 하나는 그 껍질에 있어서 더 이상 변화 없이 현재 상태로 지속되었다(2). 다른 계보는 기다란 껍질로 진화하였다(3). 긴 껍질을 지닌 계보는 종분화를 거쳤다(4). 하나의 자손 계보는 그 껍질에 띠 모양을 지닌 형태로 진화하였고(5), 그 후 더 이상 변화하지 않고 현재에 이르렀다(6). 또 다른 자손 계보는 분홍색 껍질로 진화하였고(7), 그 후 종이 분리되었다(8). 그 하나의 자손 계보는 나선형태의 껍질로 진화하였다(9). 다른 계보는 더 이상의 변화 없이 유지되었은다(10). 그 나선 형태 계보는 종분화를 거쳤다(11). 하나의 자손 계보는 변화하지 않았다(12). 또 다른 계보는 뾰족한 것을 지닌 껍질로 진화한 후(13), 더 이상의 변화는 없었다(14). 이러한 사건들은 가장 오른쪽에 있는 5개의 현존하는 종을 만들었다.

그림 2.26b는 4종이 공유하는 새로운 껍질 형질을 보여준다. 이러한 형질은 둥지구조 양상으로 공유하고 있다. 뾰족한 것을 지닌 종은 나선형의 껍질을 지닌 종 그룹 내에 위치한다. 나선형 껍질을 지닌 종은 분홍색 껍질을 지닌 종 그룹 내에 포함된다. 그리고 분홍색 껍질을 지닌 종의 무리는 긴 껍질을 갖는 종 그룹에 포함된다.

우리의 가상의 달팽이는 공동조상으로부터의 변화를 수반한 유전 이론이 예측 가능함을 보여준다. 현존하는 생

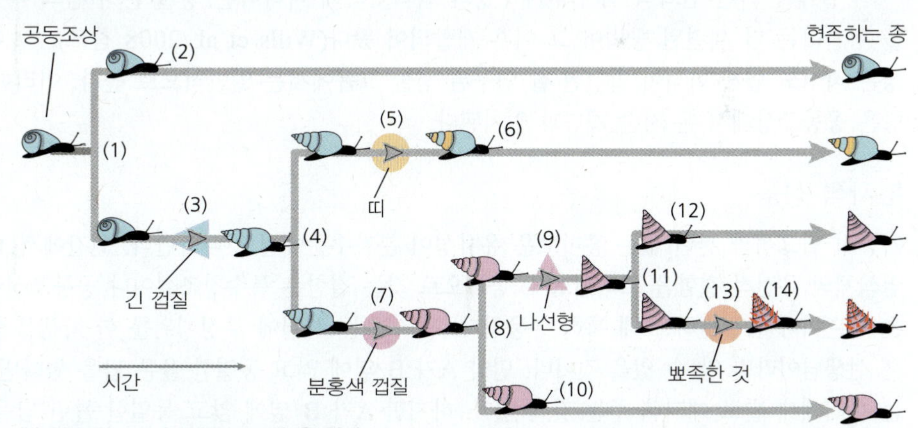


**그림 2.26 변화를 수반한 유전은 공유형질(shared traits)의 둥지구조 세트(nested sets)를 만든다** (a) 가상의 달팽이 종 세트의 진화 역사. 숫자의 설명은 본문을 참조하시오. (b) 현존하는 생물종이 공유하는 새로운 형질.

물들은 새로운 형질들의 둥지구조 세트를 공유해야 한다.

그리고 실제로 그렇다. 예를 들면, 인간은 커다란 뇌를 갖고 꼬리가 없는 종의 그룹인 유인원(the apes) 내에 포함된다. 유인원은 반대로 날카로운 발톱 대신에 평평한 손톱 및 발톱을 갖는 움켜잡는 손과 발을 지닌 영장류(the primates) 내에 포함된다. 영장류는 털과 새끼들에게 젖을 먹이는 포유류(the mammals) 내에 위치한다. 포유류는 사지동물(the tetrapods) 내에 포함되고, 사지동물은 척추동물(the vertebrates) 내 그리고 기타 등등이다. 그래서 현존하는 종 간 공유하는 형질의 둥지구조 양상은 Darwin 이론의 예측이 사실임을 입증한다.

하지만 좀 더 깊이 생각해보자. 그림 2.26을 다시 보고 (b)와 (a) 부분을 비교하자. 가장 깊은 둥지구조 세트는 부분은 상대적으로 늦게 진화된 뾰족한 것과 같은 형질로 정의됨을 주목하자. 우리가 그러한 형질들 중 하나로 시작하여 그 형질을 포함하는 더 큰 형질의 세트를 통하여 점진적으로 진행한다면, 우리는 이윽고 이전에는 결코 진화하지 않았던 추가적인 형질을 만나게 된다. 뾰족한 것은 나선형 형질 이후에 나타났다. 분홍색 껍질은 반대로 나선형에 앞섰다. 그리고 분홍색 껍질은 긴 껍질 이후에 진화하였다. 우리는 단지 현존하는 5종이 있고 그들의 진화적 역사를 알지 못하지만, 우리는 화석기록에서 나타나는 형질들의 순서를 예측하기 위하여 여전히 그들이 공유하는 형질들의 둥지구조 형성을 이용할 수 있다. 그러고 나서 우리의 예측이 옳은지를 화석기록을 점검하여 알 수 있다.

Mark Norell과 Michael Novacek(1992)는 척추동물의 24 그룹을 대상으로 이러한 테스트를 수행하였다. 대표되는 결과는 그림 2.27에서 보여준다. 오리 부리를 지닌 공룡과 같은 여섯 건의 경우에는, 형질들이 발생했었을 것으로 예측되는 순서와 실제 순서에서 유의한 상관성이 없었다(그림 2.27a). 그러나 파충류, 코끼리와 그 친족을 포함하는 다른 18건의 경우에서는, 상관성이 유의하거나 매우 높게 나타났다(그림 2.27b와 c).

형질에 근거한 진화적 역사의 재구성과 화석기록에 나타나는 형질 순서 간의 부합성을 평가하는 더 세련된 방법이 그 이후 개발되어 왔다(Wills et al. 2008 참조). 그 부합성은 적어도 쉽게 화석이 발견된 잘 연구된 생물 그룹에서는 일반적으로 높다. 이러한 양상은 공동조상에서 온 자손 개념과 일치된다.

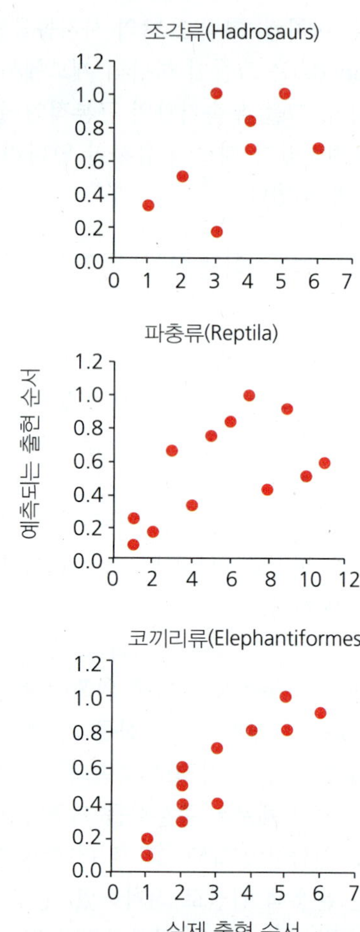


**그림 2.27 공동조상의 예측 테스트**
각각의 그래프 도표는 척추동물 종의 주어진 집단에서 둥지구조성에 기인하여 화석기록에 나타날 것으로 예측되는 형질 대 실제 나타나는 형질의 순서를 보여준다. 예측되는 순서 대 실제 순서 간 상관관계는 조각류(hadrosaur)에서 통계적으로 유의하지 않았다. 이 상관관계는 파충류($p < 0.05$)와 코끼리와 그 혈연($p < 0.05$)에서 통계적으로 유의하였다. Norell과 Novacek (1992)에서 다시 그림.

## 분자적 상동

기능적 필요성과 관련 없는 흥미로운 유사성이 분자수준에서도 나타난다. 인간에서 17번 염색체의 유전적 결함을 고려해보자. 공통으로 갖는 결함은 특수창조설이냐 공동조상에서 온 자손이냐를 구별하는 데 특히 유용하다. 그 이유는 시험에 부정행위를 한 학생을 붙잡은 선생님이라면 알 수 있을 것이다. 만약 A가 B 옆에 앉고 동일한 옳은 답을 썼다면, 이는 우리에게 별로 얘기해 주는 것이 없다. 하지만 A가 B 옆에 앉고 동일한 틀린 답을 썼다면, 우리의 의심은 증폭된다. 이처럼, 생물들의 공통된 결점은 공동조상을 암시한다.

17번 염색체의 결함은 말초 미엘린 단백질(peripheral myelin protein)-22, 또는 PMP-22라 불리는 단백질 유전자와 가까이 위치한다. 이 유전자는 CMT1A 반복이라 불리는 동일한 DNA 염기서열이 양쪽 옆에 위치해 있다(그림 2.28a). 이런 상황은 COX10이라 불리는 단백질 유전자의 부분을 포함하는 말단반복이 중복되고 PMP-22 유전자의 다른 한쪽에 삽입될 때 발생한다(Reiter et al. 1997). 기부에 CMT1A 반복의 존재는 감수분열 시 그것이 말단반복 부위와 나란히 위치해서 부등교차(unequal crossing over)를 가져오기 때문에 유전적 결함(a genetic flaw)으로 이어진다(그림 2.28b; Lopes et al. 1998). 이 결과 중에는 PMP-22의 두 복제본을 갖는 염색체와 PMP-22 유전자를 완전히

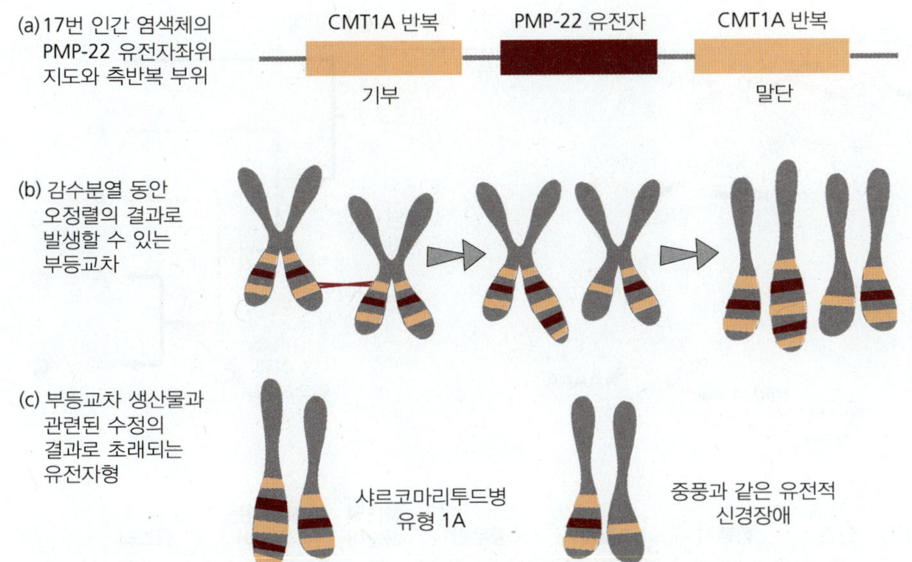


**그림 2.28 인간이 침팬지와 공유하는 유전적 결함** (a) PMP-22 유전자 근처에 위치하는 기부 CMT1A 반복은 PMP-22 유전자 다른 쪽에 위치한 말단 반복 부위의 중복(duplication)이다. (b) 기부 반복 부위는 감수분열 동안 말단 반복 부위와 나란히 정렬할 수 있고, 이는 부등교차를 초래한다. (c) 부등교차로부터 초래된 유전자형은 신경질환과 연관된다.

잃어버린 염색체가 있다. 이러한 비정상적인 염색체 하나가 수정에 참여하면, 결과적으로 접합자(zygote)는 신경질환을 갖게 된다(그림 2.28c). PMP-22의 세 개의 복제본을 지닌 개체는 샤르코마리투드병(Charcot-Marie-Tooth disease) 유형 1A를 겪는다. PMP-22의 단지 하나의 복제본을 갖는 개체는 중풍(palsies)과 함께 유전적 신경장애를 겪는다.

인간이나 침팬지가 어떤 다른 종과 공동조상을 갖는 것보다는 인간이 침팬지와 더 최근 공동조상을 갖는다는 가설에 고무되어, Marcel Keller와 동료들(1999)은 침팬지, 난쟁이 침팬지로도 알려진 보노보, 고릴라, 오랑우탄 및 몇몇 다른 영장류에서 공통의 염색체를 조사하였다. 침팬지와 보노보 둘 모두는 부등교차를 유도할 수 있는 CMT1A 반복 쌍을 인간과 공유하였다. 하지만 CMT1A의 기부 반복(proximal repeat)이 이 연구자들이 조사했던 고릴라, 오랑우탄 및 모든 다른 종들에서는 없었다. 이러한 결과는 인간과 침팬지가 각각 창조되었다는 견해에서는 설명되기 어렵다. 하지만 인간은 이 두 침팬지의 자매종(sister species)이라는 가설에서는 납득하기 쉽다. 이들 3종은 분홍색 껍질을 물려받은 그림 2.26의 달팽이 3종처럼, 최근래 공동조상으로부터 기부 반복을 물려받았을 것이다.

## 분자적 상동을 이용한 공동조상의 예측 테스트

분자적 상동의 두 번째 예는 결함이라고 여겨지는 또 다른 종류의 유전적 기이한 현상—**가공위유전자(processed pseudogenes)**에 관여한다. 우리는 가공위유전자가 무엇인지를 설명하기 전에 인간 유전체의 대다수 유전자들은 **인트론(intron)**이라 불리는 암호화되지 않은 개재서열(intervening sequences)에 의해서 분리되는 작은 암호화된 부분, **엑손(exon)**으로 구성된다. 유전자가 전령 RNA(messenger RNA)로 전사된 후, 정보가 단백질로 번역되기 전에 인트론은 떨어져 나가야만 한다. 또한 인간 유전체는 RNA로의 전사(transcription), DNA로의 역전사(reverse transcription), 그리고 새로운 지역으로의 삽입을 통하여 유전체에서 이곳저곳을 옮겨 다니는 레트로바이러스와 유전적 요소가 같은 **RNA유래전이인자(retrotransposons)**로 구성되어 있다(Luning Prak and Kazazian 2000 참조). 우리 유전체에 존재하는 RNA유래전이인자의 몇몇은 활성이 있고 기능을 갖는 역전사효소(reverse transcriptase)를 암호화한다.

지금 우리는 가공된 mRNA가 우연히 역전사효소에 의해서 DNA로 역전사 된 후, 새로운 부분에 다시 삽입될 때, 가공위유전자가 일반유전자의 비기능성 중복으로 될 수 있

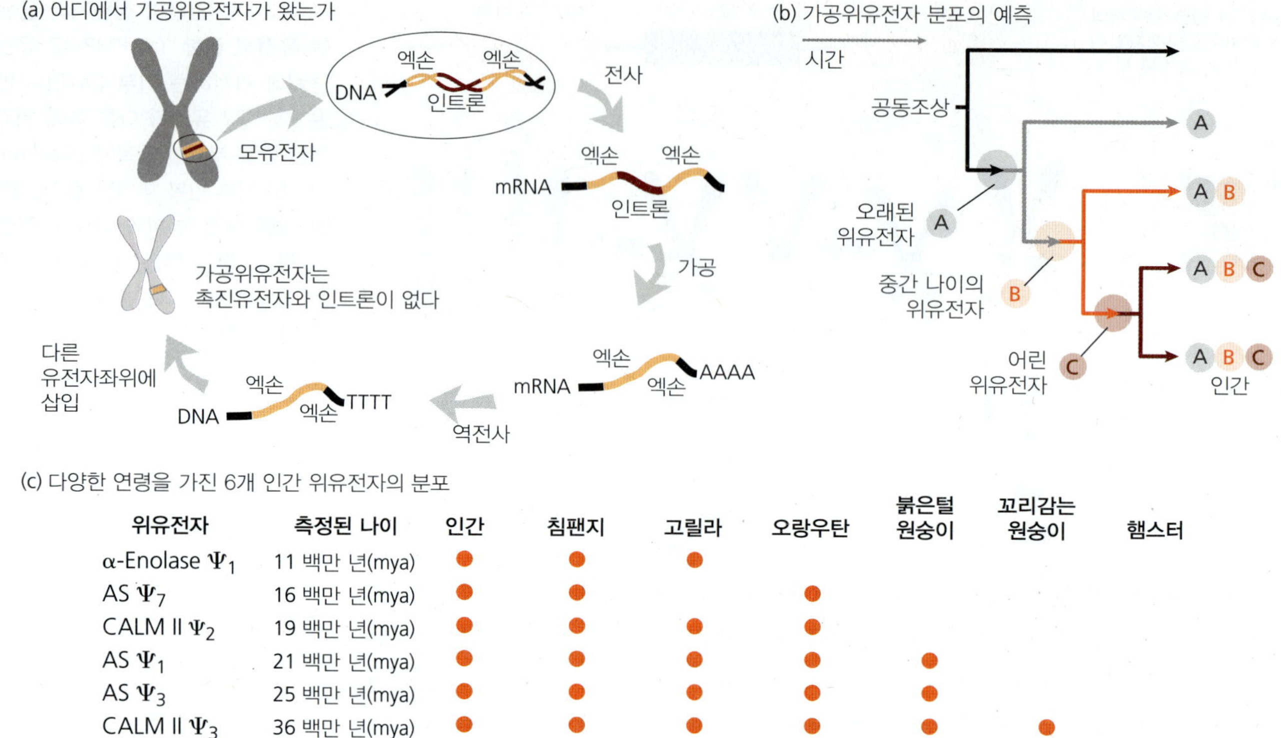


| 위유전자 | 측정된 나이 | 인간 | 침팬지 | 고릴라 | 오랑우탄 | 붉은털 원숭이 | 꼬리감는 원숭이 | 햄스터 |
|---|---|---|---|---|---|---|---|---|
| α-Enolase $\Psi_1$ | 11 백만 년(mya) | ● | ● | ● | | | | |
| AS $\Psi_7$ | 16 백만 년(mya) | ● | ● | | ● | | | |
| CALM II $\Psi_2$ | 19 백만 년(mya) | ● | ● | ● | ● | | | |
| AS $\Psi_1$ | 21 백만 년(mya) | ● | ● | ● | ● | ● | | |
| AS $\Psi_3$ | 25 백만 년(mya) | ● | ● | ● | ● | ● | | |
| CALM II $\Psi_3$ | 36 백만 년(mya) | ● | ● | ● | ● | ● | ● | |

**그림 2.29 가공위유전자는 공동조상 가설을 테스트한다** (a) 가공위유전자는 가공전령 RNAs가 역전사되어 유전체로 삽입될 때 발생한다; 그들이 축적하는 돌연변이가 나이를 나타낸다. (b) Darwin의 공동조상 가설이 옳다면, 더 오래된 가공위유전자는 더 광범위한 종들에서 관찰될 것이다. (c) 가공위유전자의 분포는 이 예측과 일치한다.

음을 설명할 수 있다(**그림 2.29a**). 가공위유전자는 인트론과 촉진유전자(promoters) 모두가 존재하지 않기 때문에 이들의 모유전자와 쉽게 구별될 수 있다.

가공위유전자의 유용한 점은 그들의 나이를 측정할 수 있다는 것이다. 가공위유전자는 기능을 갖지 않기 때문에, 돌연변이를 축적하는 경향이 있다. 가공위유전자가 더 오래되면 오래될수록, 더 많은 돌연변이를 축적할 것이다. 가공위유전자의 염기서열과 그 모유전자의 염기서열을 비교함으로써, 우리는 가공위유전자가 축적한 돌연변이 수를 계산할 수 있다. 또한 돌연변이로부터 우리는 그 가공위유전자 나이를 계산할 수 있다.

우리는 가공위유전자의 나이를 사용하여 Darwin의 생명체 역사에 관한 견해를 테스트할 수 있다. 종들이 공동조상으로부터 유래되어 유연관계가 있다면, 오래된 가공위유전자들은 엄청나게 다양한 종들이 공유해야 한다. 이에 대한 논리는 그림 2.29b에서 보여준다. 어떤 가공위유전자가 발생하였던 조상이 보다 초기일수록, 더 많은 자손종들이 그것을 물려받았을 것이다. 몇몇 자손들은 전체 염기서열의 결손에 의해서 그 가공위유전자를 잃어버릴지도 모르지만, 우리가 충분한 종을 조사한다면 그 전체적인 양상은 명확하게 나타날 것이다.

**공동조상에서 온 변화를 수반한 유전 이론은 종 간 진화적 새로운 형질의 분포에 관한 예측을 테스트할 수 있게 한다; 그것들은 둥지구조 세트를 형성한다. 이것이 공동조상의 증거이다.**

Felix Friedberg와 Allen Rhoads(2000)는 인간 유전체에 있는 6개의 가공위유전자의 나이를 측정하였다. 이들의 나이는 1천1백만 년에서 3천6백만 년의 범위를 나타내었다. 그 후 연구자들은 침팬지, 고릴라, 오랑우탄, 붉은털원숭이, 꼬리감기원숭이 및 햄스터의 유전체에 존재하는 동일한 6개의 가공위유전자를 조사하였다. 그림 2.29c에서 나타난 결과는 우리의 예측과 일치하였다. 인간은 오직 아프리카 유인원(침팬지, 고릴라)과 6개의 가공위유전자 중 가장 최근 유전자를 공유하였다. 우리는 보다 다양한 영장류와는 중간의 나이를 갖는 4개의 가공위유전자를 공유하였다(1천6백만 년 된 가공위유전자들은 고릴라에서 잃어버린 것처럼 보임에도 불구하고). 마지막으로, 우리는 아프리카 유인원, 아시아 유인원(오랑우탄), 구대륙원숭이(붉은털원숭이) 및 신대륙원숭이(흰목꼬리감기원숭이)와 가장 오래된 가공위유전자를 공유하였다. 이러한 가공위유전자들은 분자상동성이며, 영장류 사이에 이들이 분포되어 있는 것은 공동조상의 증거이다.

## 공통의 분자적 상동

지금까지 우리가 서술한 분자적 상동은 소수의 종들에게 국한된다. 그러나 분자유전학의 발전은 생물들 간 많은 근본적인 유사성을 밝혀왔다.

그들 중 두드러지는 것은 유전암호(genetic code)이다. 몇몇 예를 제외하면(Knight et al. 2001), 지금까지 연구된 모든 생물은 동일한 아미노산이 단백질로 통합되는 것을 명시하는 코돈(codons)이라고 불리는 동일한 3개의 뉴클레오티드를 사용한다(그림 2.30). 이러한 점이 왜 유전공학자들이, 예를 들어 해파리로부터 초록색 형광 단백질의 유전자를 얻어 원숭이의 수정된 난자에 전이시켜 초록 형광 원숭이 새끼를 얻을 수 있음을 설명한다(Yang et al. 2008).

그림 2.23의 앞다리처럼, 유전암호도 고도로 진화한 것처럼 보인다(Judson and Haydon 1999). 코돈의 아미노산 지정 패턴은 점돌연변이(point mutations)와 번역착오(translation errors)의 부정적인 영향을 줄이고(Freeland et al. 2003), 자연선택에 의한 단백질의 빠른 진화를 촉진한다(Zhu and Freeland 2006).

하지만 또한 앞다리처럼, 암호의 많은 세부사항들은 분명히 기능적 필요성보다는 다른 어떤 결과로 일어났다. 엄청나게 많은 다른 암호가 이론적으로 가능하고, 이들 중의 몇몇은 실제 암호보다 더 잘 작동할 수 있다(Koonin and Novozhilov 2009; Kurnaz et al. 2010).

게다가, 고유한 유전암호를 갖는 것은 뚜렷한 장점을 제공할 수 있다. 예를 들면, 인간이 침팬지와 다른 유전암호를 사용했다면, 인간에게 옮겨져 HIV가 된 침팬지 바이러스에 반응하지 않았을지도 모른다(1장 참조). 그 바이러스가 인간 세포 내 복제를 시도할 때, 그 단백질들은 번역하는 동안 혼동되었을 것이다.

다른 유전암호가 가능하고, 그것들을 사용하는 것이 이점이 있다면, 왜 실제 모든 생물들은 동일한 유전암호를 사용할까? 그 유전암호가 해독되기 1세기 전 Darwin은 논리적인 해답을 제시하였다: 모든 생물은 공동조상으로부터 그들의 근본적인 내부 장치를 물려받았다.

| 첫 번째 염기 | RNA 코돈 | 아미노산 (두 번째 염기 G) | 약어 | 세 번째 염기 |
|---|---|---|---|---|
| U | UGU | 시스테인 | C | U |
|  | UGC | 시스테인 | C | C |
|  | UGA | 종결 |  | A |
|  | UGG | 트립토판 | W | G |
| C | CGU | 아르기닌 | R | U |
|  | CGC | 아르기닌 | R | C |
|  | CGA | 아르기닌 | R | A |
|  | CGG | 아르기닌 | R | G |
| A | AGU | 세린 | S | U |
|  | AGC | 세린 | S | C |
|  | AGA | 아르기닌 | R | A |
|  | AGG | 아르기닌 | R | G |
| G | GGU | 글리신 | G | U |
|  | GGC | 글리신 | G | C |
|  | GGA | 글리신 | G | A |
|  | GGG | 글리신 | G | G |

**그림 2.30 공통의 분자적 상동: 유전암호** 거의 모든 생물에서, 동일한 세 개의 뉴클레오티드, 또는 코돈은 단백질로 만들어지는 아미노산을 지정한다. 이 도표는 암호의 일부분을 보여준다(전체 암호는 5장, 그림 5.21에 있다).

## 상동의 현대적 개념

상동에 관한 Darwin의 해석은 깊은 생물학적 사고에 기인한다. 그래서 그의 해석은 정의가 되었다. Owen의 정의에 따르면 상동은 기능의 차이에도 불구하고, 구조에서 보여주는 흥미로운 유사성을 의미한다. 지금 많은 생물학자들은 상동을 공동조상으로부터 형질의 유전에 기인한 유사성으로 정의한다(Abouheif 1997; Mindell and Meyer 2001).

## 공동조상이 왜 중요한가

공동조상은 의생명과학을 포함하는 모든 현대 생물학의 개념적인 근간을 이룬다. 우리는 원숭이, 쥐, 빵, 효모 및 심지어 박테리아와 동일한 조상 계보로부터 유래되었기 때문에, 우리 세포의 내부 장치에서 이들 생물과 수많은 상동성을 공유한다. 이것이 왜 다른 생물들을 공부하는 것이 우리 자신에 관하여 알 수 있게 해 주는 이유이다.

Edward Marcotte의 실험실에서 Kriston McGary와 동료들(2010)에 의해 수행된 쥐와 효모를 대상으로 한 연구를 생각해보자. 이 연구자들은 쥐와 효모가 공동조상으로부터 유래되었기 때문에, 두 생물 모두에서 많은 동일한 유전자를 발견할 뿐만 아니라, 유전자들의 수많은 동일한 무리들이 생물학적 기능을 수행하기 위해서 함께 작용[우리는 이것을 유전자팀(gene teams)이라고 부를 수 있다]한다는 점을 알았다. 그러므로 이 과학자들은 포유동물의 질병과 연관된 유전자를 찾기 위한 좋은 장소는 쥐 유전자 팀이고, 그 멤버들은 또한 효모에서의 유전자 팀원인 것이다.

쥐와 효모 둘 다에 존재하는 것으로 알려진 유전자들의 데이터베이스를 이용하여 McGary와 동료들은 처음으로 특정 표현형에 관련된 유전자 세트로서의 유전자 팀을 확인하였다. 쥐에서 그 표현형은 질병이다. 효모에서 그 표현형은 특정 약에 대한 반응일지 모른다. 이 연구자들은 쥐와 효모의 유전자 팀에서 서로 중첩되는 팀원을 찾았다.

그들이 발견했던 중첩 유전자 팀의 쌍 중에는 혈관의 발달(혈관형성; angiogenesis)에 관여하는 것으로 알려진 8개 유전자의 쥐 팀과 항콜레스테롤 로바스타틴(lovastatin) 약의 민감성에 영향을 주는 것으로 알려진 67개 유전자의 효모 팀이 있었다. 5개 유전자가 그 둘 모두에 속하기 때문에 이들 팀은 짝을 형성하였다.

이 두 팀의 관련성은 둘 다 모두 이전에 생각했던 것보다는 크고, 단지 5개보다도 많은 유전자들이 둘 다에 역할을 할 수 있다는 것을 제시한다. 특히, 쥐 혈관형성에 속하지 않는 것으로 이미 알려진 효모 로바스타틴 팀의 62개 유전자가 사실은 그 팀의 구성원일 수 있다. 이러한 62개 후보 유전자들의 리스트를 가지고 개구리에서 실험을 수행하여 적어도 이 유전자들 중 5개는 혈관형성에 역할을 수행함을 밝혔다. 혈관형성 유전자로서 이미 확인된 것으로 입증된 그 리스트의 3개 유전자는 이 연구자들의 데이터베이스에서 그 역할을 하지 않는 것으로 표시되었다. 62번 시도에서 8번 맞춘 것은 이 연구자들이 단순하게 무작위로 유전자들을 선택하여 그들의 혈관형성에 미치는 영향을 테스트하는 것에서 기대되는 것보다는 훨씬 높은 성공률이다.

달리 말하자면, McGary와 동료들은 혈액과 혈관을 갖지 않는 생물인 효모의 유전적 자료를 사용하여 포유류에서 혈관성장에 영향을 미치는 유전자들을 확인하였다. Marcotte의 실험실 연구자들은 암을 치료하는 데 유용한 혈관형성 억제제로서의 항진균성 약을 확인하기 위하여 그 후로 효모 로바스타틴 팀과 쥐 혈관형성 팀 간의 중복을 이용하였다(Cha et al. 2012). 변화를 수반한 유전 이론이 이처럼 강력한 연구 도구라는 점은 그것이 그 자체로 하나이거나, 그것을 추구하기 위한 또 다른 무언가를 가지고 있다는 것을 의미한다.

## 2.5 지구의 나이

Darwin이 종의 기원에 관하여(*On the Origin of Species*)를 쓰기 시작할 무렵, 지질학적 자료는 특수창조설의 핵심적인 원리(지구는 1만 년보다 적은 시간 동안 존재해왔다)에 도전장을 내밀었다. 이 증거의 대부분은 **균일설(uniformitarianism)**에 근거하였다. 1700년대 후반 James Hutton에 의해서 처음으로 설명된 균일설은 현재 일어나는 지질학적 과정들은 과거에도 유사하게 작용했다는 주장이다. 이는 오늘날 지질학적 형성은 지금은 결코 관찰될 수 없는 규모의 과거 재앙으로부터 왔다라고 주장하는 가설인 격변설(catastrophism)에 대한 직접적인 도전이었다. 균일설에 의해 독려된 연구는 Hutton과 후에 Charles Lyell로 하여금 지구는 상상할 수 없이 오래되었다고 추정하는 것을 가능하게 하였다(그림 2.31). 이러한 초기 지질학자들은 해변과 강 삼각주에서 진흙, 모래 및 자갈의 침전과 해양생물 껍질들의 축적(석회의 전구체)과 같은 지속적으로 일어나는 암반-형성 과정들의 속도를 측정하였다. 이러한 관찰들을 바탕으로, 영국제도와 유럽에 위치하는 커다란 암반 형성을 생성하기 위해서는 엄청난 시간이 요구된다는 것이 명백해졌다.

더 최근에 기록된 예로서 지구 대서양의 나이를 생각해보자(Hazen 2010). 대서양은 초대륙인 판게아(Pangaea)가 쪼개졌을 때 형성되었고, 이 대양은 새로운 표면이 대서양 중앙산령을 따라서 형성되고 아메리카대륙이 유럽과 아프리카로부터 멀리 표류함에 따라

**그림 2.31 (반대쪽) 지질학적 시간 규모** (a) 마지막 5억4천1백 만 년. 이 표의 왼쪽에서 나타낸 이언(eons), 대(eras), 기(periods), 세(epochs)는 상대 연대측정 기법을 통해 확립되었다. 각 시간 간격의 이름은 특징적인 화석 식물상과 동물상과 연관된다. 여기서 포함되는 절대 나이는 방사 연대측정법이 이용 가능하게 되었을 무렵보다 훨씬 후에 추가되었다. Ma 약어는 백만 년 전을 나타낸다. Gradstein and Ogg (2009)에서 다시 그림; 날짜는 ICS (2012)에서. 진화계보수는 화석에서 유추된 몇몇 현존하는 생물들로 이르게 되는 계보 분기의 최소 가능한 나이를 보여준다(Benton et al. 2009; 또한 Hedges et al. 2006 참조). (b) 지구의 전체 역사. 다시 말하자면, 왼쪽에 있는 이언은 상대 연대 측정으로, 절대 나이는 방사 연대 측정으로 정의되었다. (가장 빠른 화석 세포: Knoll and Barghoorn 1977, Javaux et al. 2010; 진핵생물: Han and Runnegar 1992, Lamb et al. 2009; 다세포 진핵생물: Bengtson et al. 2009; 동물: Yin et al. 2007, Maloof et al. 2010; 척추동물: Zhang and Hou 2004; 육상식물: Rubinstein et al. 2010; 현화식물: Sun et al. 1998, Royer et al. 2010.)

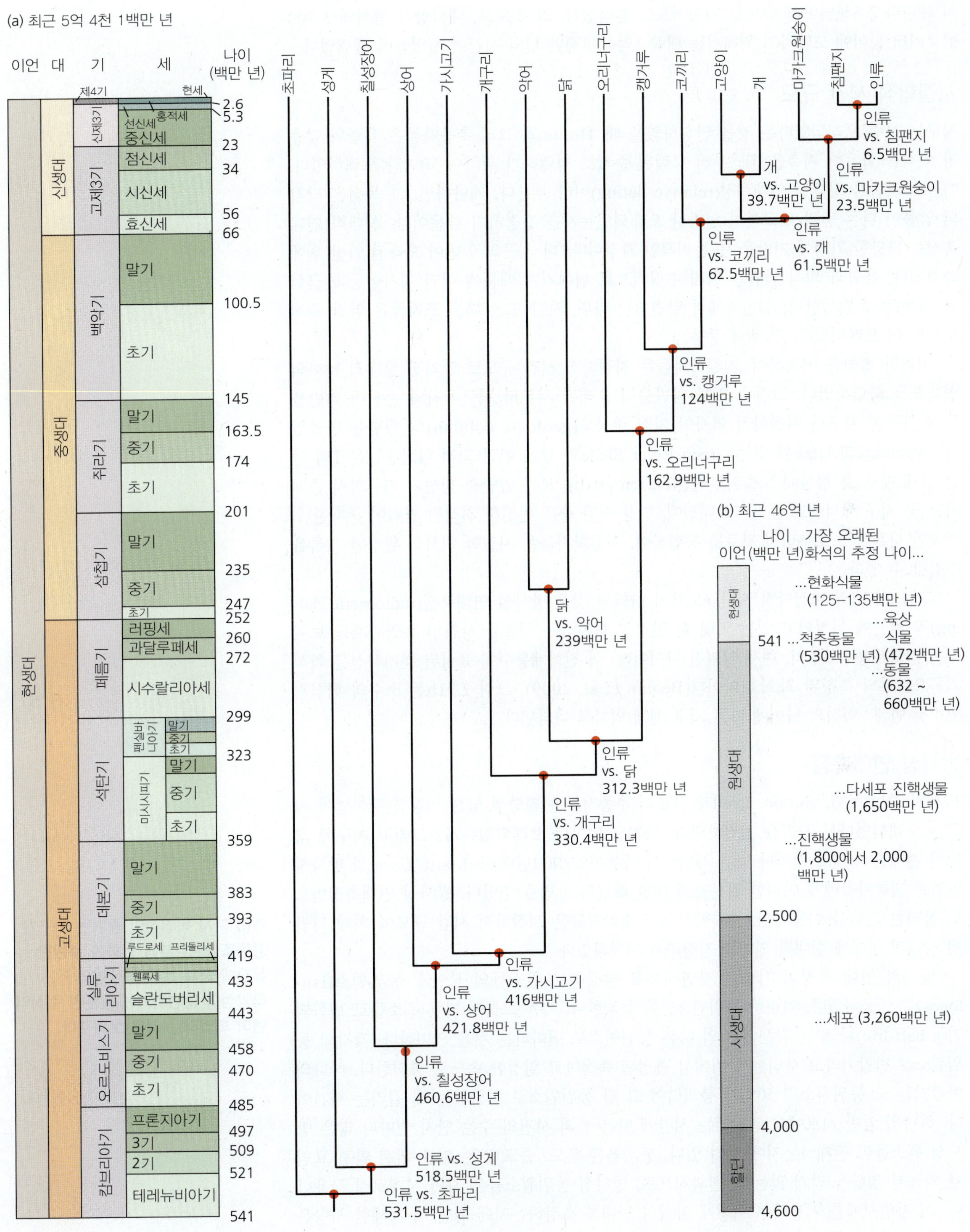

(a) 최근 5억 4천 1백만 년
이언
대
기
세
나이 (백만 년)
제4기
현세
홍적세
선신세
2.6
5.3
신제3기
중신세
23
신생대
점신세
34
고제3기
시신세
56
효신세
66
말기
백악기
100.5
초기
145
중생대
말기
163.5
쥐라기
중기
174
초기
201
말기
삼첩기
235
중기
247
초기
252
러핑세
260
과달루페세
272
페름기
시수랄리아세
현생대
299
펜실베니아기
말기
중기
초기
323
석탄기
미시시피기
말기
중기
초기
359
말기
데본기
383
중기
393
초기
고생대
루드로세
프리돌리세
419
웬록세
433
실루리아기
슬란도버리세
443
말기
오르도비스기
458
중기
470
초기
485
프론지아기
497
캄브리아기
3기
509
2기
521
테레뉴비아기
541
초파리
성게
칠성장어
상어
가시고기
개구리
악어
닭
오리너구리
캥거루
코끼리
고양이
개
마카크원숭이
침팬지
인류
인류 vs. 침팬지 6.5백만 년
인류 vs. 마카크원숭이 23.5백만 년
개 vs. 고양이 39.7백만 년
인류 vs. 개 61.5백만 년
인류 vs. 코끼리 62.5백만 년
인류 vs. 캥거루 124백만 년
인류 vs. 오리너구리 162.9백만 년
닭 vs. 악어 239백만 년
인류 vs. 닭 312.3백만 년
인류 vs. 개구리 330.4백만 년
인류 vs. 가시고기 416백만 년
인류 vs. 상어 421.8백만 년
인류 vs. 칠성장어 460.6백만 년
인류 vs. 성게 518.5백만 년
인류 vs. 초파리 531.5백만 년
(b) 최근 46억 년
이언
나이 (백만 년)
가장 오래된 화석의 추정 나이...
현생대
...현화식물 (125–135백만 년)
...육상 식물 (472백만 년)
541
...척추동물 (530백만 년)
...동물 (632 ~ 660백만 년)
원생대
...다세포 진핵생물 (1,650백만 년)
...진핵생물 (1,800에서 2,000 백만 년)
2,500
시생대
...세포 (3,260백만 년)
4,000
할딘
4,600

서 해마다 2.5센티미터 속도로 지속적으로 넓혀졌다. 그 속도로, 대서양이 현재의 3,700 킬로미터 넓이에 도달하기 위해서는 대략 1억4천8백만 년의 시간이 걸렸음에 틀림없다.

## 지질학적 시간 규모

지구는 아주 오래되었다는 것을 인식하였을 때, Hutton과 그의 추종자들은 유럽의 암층과 화석을 함유한 지층을 최근부터 오래된 순서로 정렬하기 위하여 50년간 노력하였다. 이들의 기술을 상대적 연대측정(relative dating)이라 부른다. 왜냐하면, 그 목적은 각각의 암층이 다른 층과 비교하여 얼마나 오래되었는지를 결정하기 때문이다. 상대적 연대측정은 타당한 가정에 기반을 둔 논리적인 과정이다: 더 최근의 암반이 오래된 암반 위에 축적된다; 용암과 퇴적 암반은 원래 수평적으로 뉘여지기 때문에 어떤 경사이동과 굽힘은 그 이후에 발생한다; 암반층에서 발견되는 바위, 자갈 또는 다른 조각들은 암반 주체보다는 더 오래되었다; 그 밖에 등등.

이러한 법칙을 이용하여, 지질학자들은 지질학적 시간 규모로 알려진 상대적 날짜의 연대표를 확립하였다. 그들은 또한 암반층의 오래된 것부터 최근까지의 순서에 기반을 둔 종합적인 지구의 지질학적 역사인 지질 주상도(geologic column)의 개념을 만들었다. Wyoming과 Utah에 있는 Green River Shale과 같은 어떤 퇴적 암반층들은 1백 만 년 넘게 매년 층 형성에 노출되었지만(Hazen 2010), 모든 암반층 형성이 지금까지 존재하는 곳 지구 어디에도 없다. 그 대신에, 항상 어떤 층은 완전히 침식된 간격이 존재한다. 하지만 다른 장소로부터의 자료를 통합하여, 지질학자들은 지질학 역사의 완전한 기록을 수집할 수 있다.

그림 2.31a의 지질학적 시간규모에서 나타낸 것은 방사성 연대측정(radiometic dating)과 최근에 인정되고 있는 몇몇 잘 알려진 현존하는 생물들 사이의 유연관계를 보여주는 진화계통수로부터, 현재 알려진 나이이다. 이 진화계통수에 표시된 분기시점은 화석 기록으로부터 측정된 최소 나이이다(Benton et al. 2009). 그림 2.31b는 소수의 핵심적인 “첫 번째” 화석의 나이에 따른 지구 전체 역사를 나타낸다.

## 방사성 연대측정

19세기 중반 무렵, Hutton, Lyell과 그들의 추종자들은 타당성 있는 의심을 뛰어넘어 지구는 오래되었다는 사실을 정립하였다. 하지만 얼마나 오래되었는가? 그리고 지구에 생명이 존재한 이래로 얼마나 많은 시간이 흘렀는가? 1900년대 초 Marie Curie의 방사성 발견은 과학자들에게 이러한 질문들에 대한 해답의 방법을 주었다. 방사성 연대측정법으로 불리는 기술을 이용하여, 물리학자와 지질학자들은 지질학적 시간 규모에 의해 확립된 상대적 연대에 절대적 연대를 지정하기 시작하였다.

**여러 가지 독립적인 증거는 지구가 공동조상으로부터 변화를 수반한 유전에 의해 초래된 생명의 다양성이 발생하기에 충분한 수십억 년이 되었다는 것을 보여준다.**

방사성 연대 측정의 기술은 자연적으로 발생하는 원소들의 불안정 동위원소(isotopes)를 이용하였다. 이러한 동위원소들은 붕괴한다. 이는 그들이 다른 원소들로 변화되거(a half-life)나 또는 같은 원소의 다른 동위원소로 변화하는 것을 의미한다. 각각의 동위원소는 반감기라고 불리는 단위에서 측정된 특정하고 일정한 속도로 붕괴한다. 하나의 반감기는 모 동위원소의 50%가 붕괴하여 그 딸 동위원소로 변환되는 데 걸리는 시간이다. 하나의 암반 시료에서 관찰되는 시간에 따른 붕괴 사건의 수는 단지 얼마나 많은 방사성 원소들이 존재하는지에 달려 있다. 붕괴율은 온도, 습도 또는 다른 어떤 환경 요인에 의해서 영향을 받지 않는다. 결과적으로, 방사성 동위원소들은 자연 시계로서 작용한다. 이 자연시계를 이용하여 어떻게 암석의 연대를 측정하는지에 관한 더 자세한 사항은 **계산하기 2.1**을 참조해라.

계 산 하 기 2. 1

## 방사성 연대측정(radiometric dating) 자세히 보기

방사성 연대 측정은 지질학자로 하여금 절대연령을 암석에 지정할 수 있게 하였다. 첫 번째, 방사성 동위원소의 반감기는 시간에 따라 붕괴 사건을 기록하는 기구에 시료를 위치함으로써 결정될 수 있다. (오랫동안 지속되는 동위원소의 경우는 물론 연구자가 짧은 시간 동안 얻은 자료로부터 추정해야 한다.) 그 다음 암석 시료에 어미 대 딸 동위원소 비율은 종종 질량분석계로 측정된다. 어미 동위원소의 반감기와 어미 대 딸 동위원소의 현재 비율을 알면, 그 암석이 형성된 후부터 경과된 시간을 계산할 수 있다(그림 2.32).

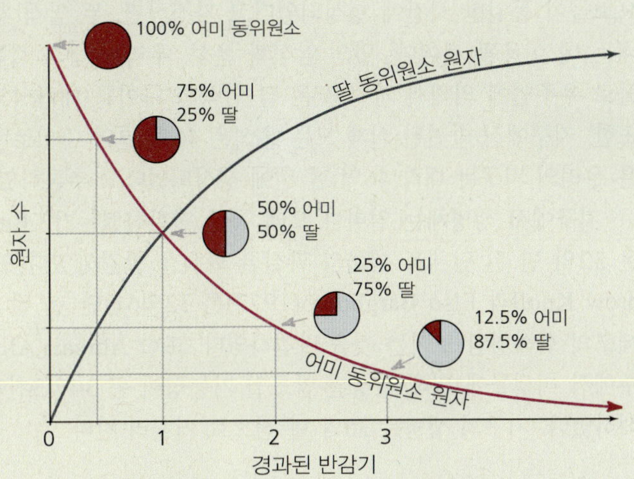


**그림 2.32 방사성 붕괴** 많은 방사성 동위원소는 안정한 딸 동위원소(daughter isotope)가 생산될 때까지 일련의 중간 형태를 거쳐 붕괴한다. 연구자는 암석 시료의 어미 동위원소(parent isotope) 대 딸 동위원소의 비율을 측정한 후 이와 같은 그래프를 이용하여 측정된 비율을 경과된 반감기로 바꾼다. 반감기의 수와 반감기 기간을 곱하여 그 암석의 절대나이 측정치가 계산된다.

중요한 가정은 그 암석이 형성될 때 존재한 어미 대 딸 동위원소의 비율을 알 수 있다는 것이다. 이 가정은 테스트될 수 있다. 칼륨-아르곤 연대측정법은 예를 들면, 화산 암석에 사용된다. 우리는 처음에 딸 동위원소가 없는 아르곤-40이 존재할 것으로 예측할 수 있다. 이는 아르곤-40이 액체 암석으로부터 부글부글 넘쳐 나온 가스이기 때문이다. 아르곤-40은 단지 응고 후 축적을 시작한다. 최근 용암류 관찰은 이것이 사실임을 입증하였다. 퍼센트 비율로 표현하자면, 새로이 응고된 현무암, 용암 및 화산재에 칼륨-40 대 아르곤-40의 비율은 예측대로 100:0이다(Damon 1968; Faure 1986 참조).

지각에 존재하는 많은 방사성 원소 중에 표 2.1에 열거된 동위원소가 가장 유용하다. 이들은 측정 가능한 양으로 존재할 만큼 충분히 흔하고 초기 형성 후 암석 안과 밖으로 쉽게 이동하지 않는다. 많은 경우에 하나의 동위원소 체계 이상을 동일한 암석 혹은 화석에 사용하기 때문에 연대측정에 대한 독립적인 검증이 가능하다.

**표 2.1 방사성 연대 측정법에 사용되는 어미 동위원소와 딸 동위원소**

| 방법 | 어미 동위원소 | 딸 동위원소 | 어미 반감기(년) | 유효 연대 범위 (년) | 연대 측정에 흔히 사용되는 물질 |
|---|---|---|---|---|---|
| 루비듐-스트론튬 | Rb-87 | Sr-87 | 470억 | 1천만~46억 | 장석과 각섬석 같은 칼륨이 풍부한 광물; 화산암 및 변성암 |
| 우라늄-납 | U-238 | Pb-206 | 45억 | 1천만~46억 | 역청우란광, 화성암 및 변성암과 같은 지르콘, 우라니나이트 및 우라늄광 |
| 우라늄-납 | U-235 | Pb-207 | 7천1백3십만 | 1천만~46억 | 위와 같음 |
| 토륨-납 | Th-232 | Pb-208 | 141억 | 1천만~46억 | 지르콘, 우라니나이트 |
| 칼륨-아르곤 | K-40 | Ar-40 | 13억 | 1십만~46억 | 흑운모, 백운모 및 화산암과 같은 칼륨이 풍부한 광물 |
| 탄소-14 | C-14 | N-14 | 5천7백3십 | 1백~1십만 | 뼈, 나무, 껍질, 직물 및 동물의 똥과 같은 탄소를 함유하는 어떤 물질 |

그들의 긴 반감기 때문에, 칼륨-아르곤과 우라늄-납 체계는 지구의 나이를 결정하는 데 선택되는 동위원소들이다. 언제 지구가 처음 형성되었는가를 알기 위해서는 어떤 암석층을 시험해야 하는가? 지구 형성의 현재 모델은 지구가 역사 초기의 많은 시간 동안 녹아 있었기 때문에 그 질문에 답하기가 어렵다고 예측한다. 하지만 우리는 태양계 모든 요소들이 동일한 시간에 형성되었다고 가정하면, 두 암석 후보군이 지구의 기원을 알아내는 데 이용될 것이다: 달의 암석과 운석. 우라늄-납과 칼륨-아르곤 연대 체계 모두 아폴로 우주인에 의해서 가지고 온 달 암석의 나이를 대략 45억3천만 년으로 측정하였다. 또한, 지구에서 발견된 실제 모든 운석은 46억 년의 나이로 측정되었다. 따라서 과학자들은 우리의 지구는 대략 46억 년 전에 생성되었다고 추론하였다.

지구에서 생명체는 얼마나 오래 동안 진화하였는가? Emmanuelle Javaux와 동료들은 32억 년 된 단세포 생물의 확실한 화석을 발견하였다(또한 Buick 2010 참조). Andrew Knoll과 Elso Barghoorn(1977)은 32억6천만 년 된 암석에서 분화되는 박테리아 세포의 화석처럼 보이는 것을 발견하였다. 또한 Abigail Allwood와 동료들은 (2009) 호주에서 미생물에 의해 형성된 암초일 가능성이 큰 34억3천만 년 된 지질학적 형성을 분석하였다. 지구의 생명은 30억 년 전으로 거슬러 간다.

## 지구 나이가 왜 중요한가

변화를 수반한 유전은 느리기 때문에 지구와 생명체의 아주 오래된 나이는 중요하다. 특수창조설의 추종자들에 의해 가정된 생물들의 아주 짧은 순간의 등장은 그들 대부분이 주장하는 6천 년 된 지구와 부합된다. Darwin은 지질학적 과정에 기반을 둔 동시대 측정을 지지하였기 때문에 그 나이를 거부하였다. 이러한 측정들은 지구의 나이를 수백만 년으로 계산하였다. 그러한 엄청난 기간 동안의 점진적인 변화는 공동조상으로부터 오늘날 보여주는 다양성을 생산하였다.

물리학자인 William Thomson(Lord Kelvin)이 지구가 포함된 태양은 적어도 2천만 년보다는 오래되지 않았다고 주장했을 때, Darwin은 매우 고통스러워했다. 반박할 수 없어서, Darwin은 Alfred Russell Wallace에게 쓴 편지에서 Thomson의 계산을 "끔직한 망령"이라고 비유하였다(Darwin 1887, p. 146).

우리는 Darwin이 Thomson의 주장에 잠을 못 잤을 필요가 없다는 것을 알고 있다. Thomson은 태양이 연소에 의하여 연료를 공급받는다고 가정하였고 핵융합은 그때는 아직 발견되지 않았었다. Thomson이 핵융합이 발생할 수도 있다는 것을 스스로 알았다면, 열의 새로운 원료의 발견은 그의 계산이 고려할 가치조차 없게 만들었을 것이다(Turnbull 1935 참조).

현재 방사분석법은 생명체가 Thomson의 계산이 예측했던 것보다 적어도 175배 오랫동안 존재하였고, 특수창조설의 추종자들에 의해 가정된 것보다는 580,000배 더 오래 동안 존재하였다는 것을 밝혔다. 35억 년은 변화를 수반한 유전이 작동하기 위해서는 충분한 시간이다.

## 요약

Charles Darwin이 1859년에 **종의 기원에 관하여**를 출판하기 전, 특수창조설은 지구의 생물이 어디에서 왔는지를 설명하는 데에 가장 유력한 이론이었다. 신중히 기록된 증거의 수집물에 근거하여 이 이론에 반박하며, Darwin은 생명 역사 양상에 관한 다른 견해를 주장하였다. 모든 생물은 공동조상에서 온 변화를 지닌 자손이다. Darwin의 증거는 충분히 설득력이 있어 그 후 10년 내에 진화의 사실은 생물학자들 사이에서 일반적인 동의를 이끌어냈다.

Darwin의 견해가 옳다고 보여주는 증거는 그 이래로 증가하였다. 우리는 변화를 수반한 유전과 특수창조설 간 각각의 차이에 관한 증거를 검토하였다.

실험실 선택실험의 결과, 작물과 가축의 선택육종, 자연 집단에서 변화의 직접 관찰, 흔적 구조 이 모두는 집단이 세대를 거쳐 변화한다는 것을 증명한다. 한 세대로부터 다음 세대까지 집단의 변화를 소진화라 부른다.

분기를 위한 선택에 관여하는 실험실 실험 결과, 생식적 격리의 다른 정도를 갖는 자연 집단의 관찰 및 윤상종의 연구는 계보는 쪼개지고 분기한다는 것을 정립한다. 하나의 종이 둘로 분리되는 것을 종분화라고 한다.

멸종, 계승 및 이행형—그것들이 발견되기 전 예측되었던 이행 화석을 포함하는—은 오랜 시간을 거쳐 새로운 생명-형태가 오래된 계보로부터 생겨날 수 있다는 것을 보여준다. 이는 대진화이다.

구조 및 유전적 상동이 암시하듯이, 화석기록을 이용한 예측 테스트 및 공유하는 유전적 결함은 모든 지구 생물이 공동조상에 의해서 서로 유연관계가 있다는 것을 확인한다. 단지 하나의 생명의 계통수가 있다.

마지막으로, 상대적 및 절대적 연대측정법은 지구와 생명체가 수십억 년 되었다는 것을 보여준다.

진화의 진실을 확립한 것뿐 아니라, Darwin은 스스로 종의 기원에서 두 번째 목표를 세웠다. 이것은 진화를 일으키는 기작을 밝히는 것이었다. 물론 Darwin이 찾은 기작은 자연선택(natural selection)이었다. 변화를 수반한 유전의 진실이 빠르게 인정되었던 것과는 반대로, 자연선택은 1930년대까지 적응진화(adaptive evolution)의 기작으로서 널리 인정받지 못했다.

자연선택은 이 다음 장의 주제이다.

# 질문

**1.** 2.1∼2.5절에서 분석된 진화 증거의 유형을 검토하시오. Darwin에게 이용 가능했던 증거의 근원과 후에 나타났던 증거의 근원을 나열하시오. 예를 들면, Darwin이 알았고 기술했던 작물과 가축의 다양한 계보 및 흔적구조에 대하여 2.1절에서 토의한 소진화 증거에 대하여 말하시오. 그러나 Darwin의 시대에는 어느 누구도 자연 집단에서 세대 간 변화를 직접 관찰하지 못하였다. 각각의 절에서 가장 강력한 증거는 어떤 것으로 생각되는지 또한 가장 약한 것은 어떤 것으로 생각되는지 말하시오. 그 이유를 설명하시오.

**2.** Ted Garland와 동료들이 쥐를 교배시켜 연습바퀴에서 오랜 거리를 뛰게 만든 2.1절에서 기술된 실험을 생각해 보자. 우리는 그 결과를 24세대 동안의 선택육종이 실험집단을 변화시켜 왔다는 증거로 가정하였다. 어떻게 대조군 계보가 이러한 해석을 지지하게 하는가? 만약 Garland가 단지 24번째 실험세대의 행동을 첫 번째 실험세대의 행동과 비교하였다면, 진화의 증거가 강력할까? 설명하시오.

**3.** 개 이외에, 선택육종이 독특한 순 품종을 만든 여러분에게 친숙한 적어도 2종 혹은 3종의 원예식물이나 가축의 목록을 작성하시오. 여러분의 목록 각 사례에서 그 품종 모두 사실상 하나의 공동조상으로부터 유래되었음을 어떻게 증명할 수 있는가?

**4.** Paxton 호수에 서식하는 두 종류의 큰가시고기를 나타내는 그림 2.14d를 다시 보자. Enos 호수에는 이와 유사한 호소성/저생성 쌍이 존재하곤 했었다(Hendry et al. 2009 참조). 하지만, 최근 연구는 Enos 호수의 두 형태는 최근에 하나의 매우 다른 집단으로 합쳐졌음이 밝혀졌다. 이러한 사실은 Paxton 호수의 두 형태가 다른 종이라는 주장과 어떤 관계가 있는가? 이러한 사실은 큰가시고기 집단 간 분기의 다양한 정도가 종분화를 위한 증거를 제공한다는 주장과 어떤 관계가 있는가?

**5.** 그림 2.20부터 2.22는 이행 화석의 예를 나타낸다. Darwin의 진화이론이 옳고, 모든 생물개체가 하나의 공동조상으로부터 변화를 지닌채 유래되었다면, 반드시 존재해야만 하고 화석으로 남아 있어야만 하는 이행형의 몇몇 다른 예를 예측하라. 이러한 화석들이 머지않은 미래에 발견된다면, 그것은 그러한 이행종이 한때 존재하였다는 가설을 강화하는가? 거꾸로, 그러한 화석들이 발견되지 않는다면, 이는 그 이행종이 한때 존재하였다는 가설을 약화시키는가?

**6.** 그림 2.21의 이행 화석은 공룡이 비행을 진화시키기 오래 전 깃털이 진화하였음을 증명한다. 분명히, 깃털은 공기역학적 이점을 위해 진화하지 않았다. 공기역학 이외에, 깃털은 어떤 다른 점을 오늘날의 새에게 제공하는가? 깃털은 공룡에게 어떤 이점을 제공하였는가? 여러분의 가설을 테스트하기 위한 방법을 생각할 수 있는가?

**7.** 2.4절은 상동의 두 가지 정의를 제시하였다: Richard Owen에 의해서 표현된 전통적인 정의와 많은 현대 생물학자들이 선호한 현대적 정의. 그림 2.7에서 보인 흔적기관을 보라. 갈색 키위 새의 작은 날개는 독수리의 날개와 상동인가? Rubber boa 뱀의 짧은 돌기는 캥거루의 뒷다리와 상동인가? 어떤 상동 정의에 의해서인가?

**8.** 상사(analogy)와 상동(homology)은 종을 비교하는 데에 사용되는 중요한 개념이다. 형질은 그들이 동일한 근원 구조로부터, 진화적으로 그리고 발생학적으로, 유래되었다면 상동이다. 형질은 그들이 유사한 기능을 갖지만, 진화적으로 그리고 발생학적으로 다른 근원 구조로부터 유래되었다면 상사이다. 상사구조의 전통적인 예는 곤충의 날개와 박쥐 날개이다. 다음의 구조 쌍 중에서

어떤 것이 상사와 상동인가?

**a.** 돌고래와 연어의 등지느러미
**b.** 돌고래의 지느러미발과 연어의 가슴지느러미(앞지느러미)
**c.** 무당벌레와 울새의 관절이 있는 다리
**d.** 붉은털원숭이의 꼬리와 인간의 꼬리뼈
**e.** 포인세티아의 밝은 붉은 포엽(변형된 잎)과 장미의 푸른 잎
**f.** 포인세티아의 붉은 포엽과 장미의 붉은 꽃잎

**9.** 그림 2.26은 현존하는 달팽이 5종 간 관계를 나타내는 진화계통수이다. 가장 나이든 세대부터 시작하여 계속해서 가장 어린세대까지 여러분 가족 혹은 친구 가족의 가계도를 그려보아라. 이 가계도와 진화계통수를 비교하여라. 진화계통수와 가계도는 어떻게 유사한가? 이들은 어떻게 다른가?

**10.** 그림 2.26에 보인 진화계통수에 따르면, 껍질에 뾰족한 것을 가진 달팽이는 나선형의 높은 분홍 껍질을 갖는 달팽이 혹은 단지 길쭉한 분홍 껍질을 갖는 달팽이 중 어떤 달팽이와 더 가까운 관계가 있는가? 그 이유는?

**11.** 그림 2.31의 진화계통수에 따르면, 고양이는 코끼리와 인간 중 누구와 더 가까운 관계가 있는가? 그 이유는?

**12.** 20세기 초, 방사연대측정은 지질학자로 하여금 대다수의 화석을 지닌 지층에 절대 연령을 부여하는 것을 가능케 하였다. 절대연대는 19세기 초 행해졌던 상대 연대측정과 전적으로 일치되는 것으로 판명되었다. 이 결과는 상대 연대측정의 가정에 관하여 무엇을 이야기 하는가?

# 문헌탐구

**13.** Darwin의 **종의 기원에 관하여** 지난 2세기에 쓰인 가장 영향력 있는 책들 중 하나로 여전히 남아 있다. 초판이 읽기에 가장 좋은 버전이다. Darwin이 쓴 사실상 모든 것과 함께 **종의 기원에 관하여** 전체 본문은 온라인에서 공짜로 이용가능하다:

http://darwin-online.org.uk/

**14.** 선택에 극적인 반응을 보인 Garland의 쥐에 대한 실험과 유사한 인위선택 실험은 다음 논문을 보라:

Weber, K. E. 1996. Large genetic change at small fitness cost in large populations of *Drosophila melanogaster* selected for wind tunnel flight: Rethinking fitness surfaces. *Genetics* 144: 205–213.

**15.** 자연 집단에서 기록된 소진화의 추가적인 예시는 무환자 나무벌레의 연구로부터 온다:

Carroll, S. P., and C. Boyd. 1992. Host race radiation in the soapberry bug: Natural history with the history. *Evolution* 46: 1052–1069.

Carroll, S. P., H. Dingle, and S. P. Klassen. 1997. Genetic differentiation of fitness-associated traits among rapidly evolving populations of the soapberry bug. *Evolution* 51: 1182–1188.

Carroll, S. P., J. E. Loye, et al. 2005. And the beak shall inherit—evolution in response to invasion. *Ecology Letters* 8: 944–951.

뱀에 관한 연구:

Phillips, B. L., and R. Shine. 2006. An invasive species induces rapid adaptive change in a native predator: Cane toads and black snakes in Australia. *Proceedings of the Royal Society of London B* 273: 1545–1550.

또한 가시고기에 관한 연구:

Kitano, J., D. I. Bolnick, et al. 2008. Reverse evolution of armor plates in the threespine stickleback. *Current Biology* 18: 769–774.

**16.** 가축화 과정에서 개의 진화를 더 잘 이해하기 위해서 러시아 생물학자 Dmitry K. Belyaev는 길들여짐을 위한 선택육종에 의해서 은빛 여우를 가축화시키기 위한 장기 연구 과제를 시작하였다. 이 연구를 검토하기 위해서는 다음 논문을 보라:

Trut, L., I. Oskina, and A. Kharlamova. 2009. Animal evolution during domestication: The domesticated fox as a model. *BioEssays* 31: 349–360.

**17.** 종분화의 예는 모두 하나의 조상 계보가 두 계보로 분리되는 것을 포함한다. 새로운 종은 또한 두 조상 계보 간 잡종화에 의해서 때때로 발생한다:

Mavárez, J., C. A. Salazar, et al. 2006. Speciation by hybridization in *Heliconius* butterflies. *Nature* 441: 868–871.

**18.** 우리는 양서 베도라치를 수서와 육생 베도라치 사이의 이행형으로 해석하였다. 육생 베도라치(*Alticus*)가 또한 이행형으로 입증될지 여부는 알 수 없다. 이 생물이 미래에 괴이한, 완전한 육상 물고기 계보의 조상으로 간주될 수 있는지가 관심을 끈다. 이러한 계보는 이전에 진화되어 왔다. 우리는 그 자손 중 하나이다. 그러나 상조대는 어떤 해양 물고기도 접할 수 없는 물 바깥으로 많이 떨어져 있다. 다음 논문을 보라:

Graham, J. B., and H. J. Lee. 2004. Breathing air in air: In what ways might extant amphibious fish biology relate to prevailing concepts about early tetrapods, the evolution of vertebrate air breathing, and the vertebrate land transition? *Physiological and Biochemical Zoology* 77: 720–731.

**19.** 익룡(Pterosaurs)은 2억1천만 년 전 화석기록에 나타났다(Unwin 2003). 다음 5천5백만 년 동안, 대다수는 **그림 2.33a**의 람포린쿠스류(*Rhamphorhyncus*)와 같이 만들어졌다(Lüet al. 2010). 그들은 긴 꼬리를 갖고 있고(붉은색 화살표) 명반 천공 및 코 천공(오렌지 화살표)이라 불리는 두 분리된 개방구를 지닌 상대적으로 작은 두개골을 가진다. 그들은 목뼈와 길쭉한 다섯 번째 발가락을 지녔다(이 화석에서는 보이지 않는다). 프테로닥틸루스류(Pterodactyls)는 대략 1억5천5백만 년 전 처음으로 등장했다

(a) 람포린쿠스류(*Rhamphorhyncus*)

(b) 프테로닥틸루스류(*Pterodactylus*)

**그림 2.33 날개의 죽음** (a) 익룡(*Rhamphorhynchus*)은 긴꼬리(붉은색 화살표)와 분리된 명반천공 및 코천공(오렌지색)을 가진 두개골을 지닌다. Ryan Somma 사진. (b) *Pterodactylus*는 짧은 꼬리(파란색)와 하나의 천공(검은색)을 가진 두개골을 지닌다. Daderot 사진.

(Unwin 2003). 3천만 년 내, 그들은 모든 이전 프테로닥틸루스류를 대신하였고, 그 후 비조류 공룡과 함께 멸종될 때인 6천 5백만 년 전까지 지속하였다. 대부분의 프테로닥틸루스류는 그림 2.33b에서 나타낸 *Pterodactylus*처럼 만들어졌다(Lüet al. 2010). 그들은 짧은 꼬리(파란색 화살표)와 하나의 천공(검정색 화살표)이 있는 큰 두개골을 가진다. 그들의 목뼈와 다섯 번째 발가락은 축소되었거나 존재하지 않았다.

상세한 해부학적 분석은 프테로닥틸루스류가 프테로사우루스류(pterosaurs)의 이전 계보로부터 유래되었다는 대진화 가설과 일치되는 결과를 제공하였다(Unwin 2003). 이로부터 화석기록은 초기 pterosaurs와 후기 pterodactyls 간 중간 형태인 비행하는 파충류를 포함해야 한다고 예측할 수 있다.

이러한 이행형은 어떤 생김새를 나타내었는지, 또한 그들이 가장 잘 발견될 수 있었던 암석 지층의 연대를 예측하여 기술해보라. 그러고 나서 *Darwinopterus modularis*의 사진을 보라:

Lü, J., D. M. Unwin, et al. 2010. Evidence for modular evolution in...*Proceedings of the Royal Society of London B* 277: 383–389.

(We have truncated the title to avoid revealing too much.)

**20.** 왜 공룡이 첫 번째로 깃털을 진화했는지에 관한 전문가 견해에 영향을 미친 깃털 공룡에 관해서는 다음 논문을 보라:

Hu, D., L. Hou, et al. 2009. A *pre-Archaeopteryx* troodontid theropod from China with long feathers on the metatarsus. *Nature* 461: 640–643.

Witmer, L. M. 2009. Palaeontology: Feathered dinosaurs in a tangle. *Nature* 461: 601–602.

이 공룡 깃털색의 재구성에 관해서는 다음 논문을 보라:

Li, Q., K. Q. Gao, et al. 2010. Plumage color patterns of an extinct dinosaur. *Science* 327: 1369–1372.

**21.** 발견되기 전 예측된 분자 흔적 형질의 예시를 위해서는 다음 논문을 보라:

Meredith, R. W., J. Gatesy, et al. 2009. Molecular decay of the tooth gene *Enamelin* (*ENAM*) mirrors the loss of enamel in the fossil record of placental mammals. *PLoS Genetics* 5: e1000634.

# 인용문헌


Abouheif, E. 1997. Developmental genetics and homology: A hierarchical approach. *Trends in Ecology and Evolution* 12: 405–408.

Akey, J. M., A. L. Ruhe, et al. 2010. Tracking footprints of artificial selection in the dog genome. *Proceedings of the National Academy of Sciences, USA* 107: 1160–1165.

Allendorf, F. W., and J. J. Hard. 2009. Human-induced evolution caused by unnatural selection through harvest of wild animals. *Proceedings of the National Academy of Sciences, USA* 106: 9987–9994.

Allwood, A. C., J. P. Grotzinger, et al. 2009. Controls on development and diversity of Early Archean stromatolites. *Proceedings of the National Academy of Sciences, USA* 106: 9548–9555.

Alonso, P. D., A. C. Milner, et al. 2004. The avian nature of the brain and inner ear of *Archaeopteryx*. *Nature* 430: 666–669.

Bakker, R. T., and P. M. Galton. 1974. Dinosaur monophyly and a new class of vertebrates. *Nature* 248: 168–172.

Bell, M. A., W. E. Aguirre, and N. J. Buck. 2004. Twelve years of contemporary armor evolution in a threespine stickleback population. *Evolution* 58: 814–824.

Bell, M. A., and S. A. Foster, eds. 1994. *The Evolutionary Biology of the Threespine Stickleback*. Oxford, England: Oxford University Press.

Bengtson, S., V. Belivanova, et al. 2009. The controversial "Cambrian" fossils of the Vindhyan are real but more than a billion years older. *Proceedings of the National Academy of Sciences, USA* 106: 7729–7734.

Benton, M. J., P. C. J. Donoghue, and R. J. Asher. 2009. Calibrating and constraining molecular clocks. In *The TimeTree of Life*, ed. S. B. Hedges and S. Kumar. New York: Oxford University Press, 35–85.

Bergmann, U., R. W. Morton, et al. 2010. *Archaeopteryx* feathers and bone chemistry fully revealed via synchrotron imaging. *Proceedings of the National Academy of Sciences, USA* 107: 9060–9065.

Berkman, M. B., J. S. Pacheco, and E. Plutzer. 2008. Evolution and creationism in America's classrooms: A national portrait. *PLoS Biology* 6: e124.

Berner, D., D. C. Adams, et al. 2008. Natural selection drives patterns of lake-stream divergence in stickleback foraging morphology. *Journal of Evolutionary Biology* 21: 1653–1665.

Berner, D., A. C. Grandchamp, and A. P. Hendry. 2009. Variable progress toward ecological speciation in parapatry: Stickleback across eight lake-stream transitions. *Evolution* 63: 1740–1753.

Bhikajee, M., and J. M. Green. 2002. Behaviour and habitat of the Indian Ocean amphibious blenny, *Alticus monochrus*. *African Zoology* 37: 221–230.

Bhikajee, M., J. M. Green, and R. Dunbrack. 2006. Life history characteristics of *Alticus monochrus*, a supratidal blenny of the southern Indian Ocean. *African Zoology* 41: 1–7.

Bone, E., and A. Farres. 2001. Trends and rates of microevolution in plants. *Genetica* 112: 165–182.

Boyko, A. R., P. Quignon, et al. 2010. A simple genetic architecture underlies morphological variation in dogs. *PLoS Biology* 8: e1000451.

Branch, G., and E. Scott. 2009. The latest face of creationism. *Scientific American* 300: 92–99.

Brice, W. R. 1982. Bishop Ussher, John Lightfoot and the age of creation. *Journal of Geological Education* 30: 18–26.

Brown, C. R., M. S. Gordon, and K. L. M. Martin. 1992. Aerial and aquatic oxygen uptake in the amphibious Red Sea rockskipper fish, *Alticus kirki* (Family Blenniidae). *Copeia* 1992: 1007–1013.

Buick, R. 2010. Early life: Ancient acritarchs. *Nature* 463: 885–886.

Burke, A. C. 2009. Turtles... ...again. *Evolution and Development* 11: 622–624.

Cha, H. J., M. Byrom, et al. 2012. Evolutionarily repurposed networks reveal the well-known antifungal drug thiabendazole to be a novel vascular disrupting agent. *PLoS Biology* 10: e1001379.

Chen, P.-J., Z. M. Dong, and S. N. Zhen. 1998. An exceptionally well-preserved theropod dinosaur from the Yixian Formation of China. *Nature* 391: 147–152.

Chou, H.-H., T. Hayakawa, S. Diaz, et al. 2002. Inactivation of CMP-N-acetylneuraminic acid hydroxylase occurred prior to brain expansion during human evolution. *Proceedings of the National Academy of Sciences, USA* 99: 11736-11741.

Chou, H.-H., H. Takematsu, et al. 1998. A mutation in human CMP-sialic acid hydroxylase occurred after the *Homo–Pan* divergence. *Proceedings of the National Academy of Sciences, USA* 95: 11751–11756.

Christiansen, P., and N. Bonde. 2004. Body plumage in *Archaeopteryx*: A review and new evidence from the Berlin specimen. *Comptes Rendus Palevol* 3: 99–118.

Colosimo, P. F., K. E. Hosemann, et al. 2005. Widespread parallel evolution in sticklebacks by repeated fixation of Ectodysplasin alleles. *Science* 307: 1928–1933.

Coyne, J. A., and H. A. Orr. 1997. "Patterns of speciation in *Drosophila*" revisited. *Evolution* 51: 295–303.

Cresko, W. A., K. L. McGuigan, et al. 2007. Studies of threespine stickleback developmental evolution: Progress and promise. *Genetica* 129: 105–126.

Currie, P. J., and P. J. Chen. 2001. Anatomy of *Sinosauropteryx prima* from Liaoning, northeastern China. *Canadian Journal of Earth Sciences* 38: 1705–1727.

Damon, P. E. 1968. Potassium–argon dating of igneous and metamorphic rocks with applications to the basin ranges of Arizona and Sonora. In *Radiometric Dating for Geologists*, ed. E. I. Hamilton and R. M. Farquhar. London: Interscience Publishers.

Darwin, C. R. 1859. *On the Origin of Species by Means of Natural Selection, First Edition*. London: John Murray.

Darwin, C. R. 1862. *The Various Contrivances by Which Orchids are Fertilized by Insects*. London: John Murray.

Darwin, Francis (ed.). 1887. *The life and letters of Charles Darwin, including an autobiographical chapter*. London: John Murray. Volume 3.

De Queiroz, K. 2007. Species concepts and species delimitation. *Systematic Biology* 56: 879–886.

Desmond, A., and J. Moore. 1991. *Darwin*. New York: Norton.

Dodd, D. M. B. 1989. Reproductive isolation as a consequence of adaptive divergence in *Drosophila pseudoobscura*. *Evolution* 43: 1308–1311.

Driscoll, C. A., D. W. Macdonald, and S. J. O'Brien. 2009. From wild animals to domestic pets, an evolutionary view of domestication. *Proceedings of the National Academy of Sciences, USA* 106: 9971–9978.

Duffy, S., C. L. Burch, and P. E. Turner. 2007. Evolution of host specificity drives reproductive isolation among RNA viruses. *Evolution* 61: 2614–2622.

Dugan, K. G. 1980. Darwin and *Diprotodon*: The Wellington Caves fossils and the law of succession. *Proceedings of the Linnean Society of New South Wales* 104: 265–272.

Eiseley, L. 1958. *Darwin's Century*. Garden City, NY: Anchor Books.

Erwin, D. H. 2008. Extinction as the loss of evolutionary history. *Proceedings of the National Academy of Sciences, USA* 105 (Suppl 1): 11520–11527.

Faure, G. 1986. *Principles of Isotope Geology*. New York: John Wiley & Sons.

Florin, A. B., and A. Ödeen. 2002. Laboratory environments are not conducive for allopatric speciation. *Journal of Evolutionary Biology* 15: 10–19.

Forrest, B. 2008. Still creationism after all these years: Understanding and counteracting intelligent design. *Integrative and Comparative Biology* 48: 189.

Franks, S. J., J. C. Avise, et al. 2008. The resurrection initiative: Storing ancestral genotypes to capture evolution in action. *BioScience* 58: 870–873.

Franks, S. J., S. Sim, and A. E. Weis. 2007. Rapid evolution of flowering time by an annual plant in response to a climate fluctuation. *Proceedings of the National Academy of Sciences, USA* 104: 1278–1282.

Freeland, S. J., T. Wu, and N. Keulmann. 2003. The case for an error minimizing standard genetic code. *Origins of Life and Evolution of Biospheres* 33: 457–477.

Friedberg, F., and A. R. Rhoads. 2000. Calculation and verification of the ages of retroprocessed pseudogenes. *Molecular Phylogenetics and Evolution* 16: 127–130.

Garland, T., Jr. 2003. Selection experiments: An under-utilized tool in biomechanics and organismal biology. In *Vertebrate Biomechanics and Evolution*, ed. V. L. Bels, J.-P. Gasc, and A. Casinos. Oxford, England: BIOS Scientific Publishers, 23-56.

Garland, T., Jr., S. A. Kelly, et al. 2011. How to run far: Multiple solutions and sex-specific responses to selective breeding for high voluntary activity levels. *Proceedings of the Royal Society of London B* 278: 574–581.

Garland, T., M. T. Morgan, et al. 2002. Evolution of a small-muscle polymorphism in lines of house mice selected for high activity levels. *Evolution* 56: 1267–1275.

Garner, J. P., G. K. Taylor, and A. L. R. Thomas. 1999. On the origins of birds: The sequence of character acquisition in the evolution of avian flight. *Proceedings of the Royal Society of London B* 266: 1259–1266.

Geist, N. R., and A. Feduccia. 2000. Gravity-defying behaviors: Identifying models for protaves. *American Zoologist* 40: 664–675.

Gould, S. J. 1977. *Ever Since Darwin: Reflections in Natural History*. New York: Norton.

Gourbière, S., and J. Mallet. 2010. Are species real? The shape of the species boundary with exponential failure, reinforcement, and the "missing snowball." *Evolution* 64: 1–24.

Gradstein, F. M., and J. G. Ogg. 2009. The geologic time scale. In *The TimeTree of Life*, ed. S. B. Hedges and S. Kumar. New York: Oxford University Press, 26–34.

Han, T. M., and B. Runnegar. 1992. Megascopic eukaryotic algae from the 2.1-billion-year-old Negaunee Iron-Formation, Michigan. *Science* 257: 232–235.

Hancock, A. M., D. B. Witonsky, et al. 2010. Human adaptations to diet, subsistence, and ecoregion are due to subtle shifts in allele frequency. *Proceedings of the National Academy of Sciences, USA* 107 (Suppl 2): 8924–8930.

Hazen, R. M. 2010. How old is Earth, and how do we know? *Evolution: Education and Outreach* 3: 198–205.

He, T., X. L. Wang, and Z. H. Zhou. 2008. A new genus and species of caudipterid dinosaur from the Lower Cretaceous Jiufotang Formation of Western Liaoning, China. *Vertebrata PalAsiatica* 46: 178–189.

Hedges, S. B., J. Dudley, and S. Kumar. 2006. TimeTree: A public knowledge-base of divergence times among organisms. *Bioinformatics* 22: 2971–2972.

Hehemann, J. H., G. Correc, et al. 2010. Transfer of carbohydrate-active enzymes from marine bacteria to Japanese gut microbiota. *Nature* 464: 908–912.

Hendry, A. P., D. I. Bolnick, et al. 2009. Along the speciation continuum in sticklebacks. *Journal of Fish Biology* 75: 2000–2036.

Hendry, A. P., T. J. Farrugia, and M. T. Kinnison. 2008. Human influences on rates of phenotypic change in wild animal populations. *Molecular Ecology* 17: 20–29.

Hsieh, S. T. 2010. A locomotor innovation enables water–land transition in a marine fish. *PLoS One* 5: e11197.

Hu, D., L. Hou et al. 2009. A pre-*Archaeopteryx* troodontid theropod from China with long feathers on the metatarsus. *Nature* 461: 640–643.

Hughes, A. L., S. Irausquin, and R. Friedman. 2010. The evolutionary biology of poxviruses. *Infection, Genetics and Evolution* 10: 50–59.

Huxley, T. H. 1868. On the animals which are most nearly intermediate between birds and reptiles. *Geological Magazine* 5: 357–365.

ICS (International Commission on Stratigraphy). 2012. International Chronostratigraphic Chart. Available at http://www.stratigraphy.org/column.php?id=Chart/Time%20Scale.

Irwin, D. E., S. Bensch, and T. D. Price. 2001. Speciation in a ring. *Nature* 409: 333-337.

Irwin, D. E., S. Bensch, et al. 2005. Speciation by distance in a ring species. *Science* 307: 414-416.

Irwin, D. E., M. P. Thimgan, and J. H. Irwin. 2008. Call divergence is correlated with geographic and genetic distance in greenish warblers (*Phylloscopus trochiloides*): A strong role for stochasticity in signal evolution? *Journal of Evolutionary Biology* 21: 435–448.

Javaux, E. J., C. P. Marshall, and A. Bekker. 2010. Organic-walled microfossils in 3.2-billion-year-old shallow-marine siliciclastic deposits. *Nature* 463: 934–938.

Judson, O. P., and D. Haydon. 1999. The genetic code: What is it good for? An analysis of the effects of selection pressures on genetic codes. *Journal of Molecular Evolution* 49: 539–550.

Keller, M. P., B. A. Seifried, and P. F. Chance. 1999. Molecular evolution of the CMT1A-REP region: A human- and chimpanzee-specific repeat. *Molecular Biology and Evolution* 16: 1019–1026.

Kelly, S. A., D. L. Nehrenberg, et al. 2010. Genetic architecture of voluntary exercise in an advanced intercross line of mice. *Physiological Genomics* 42: 190–200.

Kitano, J., S. Mori, and C. L. Peichel. 2007. Phenotypic divergence and reproductive isolation between sympatric forms of Japanese threespine sticklebacks. *Biological Journal of the Linnean Society* 91: 671–685.

Kitano, J., J. A. Ross, et al. 2009. A role for a neo-sex chromosome in stickleback speciation. *Nature* 461: 1079–1083.

Knapp, C. W., J. Dolfing, et al. 2010. Evidence of increasing antibiotic resistance gene abundances in archived soils since 1940. *Environmental Science & Technology* 44: 580–587.

Knight, R. D., S. J. Freeland, and L. F. Landweber. 2001. Rewiring the keyboard: Evolvability of the genetic code. *Nature Reviews Genetics* 2: 49–58.

Knoll, A. H., and E. S. Barghoorn. 1977. Archean microfossils showing cell division from the Swaziland system of South Africa. *Science* 198: 396–398.

Koonin, E. V., and A. S. Novozhilov. 2009. Origin and evolution of the genetic code: The universal enigma. *IUBMB Life* 61: 99–111.

Kuchta, S. R., D. S. Parks, et al. 2009. Closing the ring: Historical biogeography of the salamander ring species *Ensatina eschscholtzii*. *Journal of Biogeography* 36: 982–995.

Kurnaz, M. L., T. Bilgin, and I. A. Kurnaz. 2010. Certain non-standard coding tables appear to be more robust to error than the standard genetic code. *Journal of Molecular Evolution* 70: 13–28.

Lamb, D. M., S. M. Awramik, et al. 2009. Evidence for eukaryotic diversification in the ~1800-million-year-old Changzhougou Formation, North China. *Precambrian Research* 173: 93–104.

Li, C., X.-C. Wu, et al. 2008. An ancestral turtle from the Late Triassic of southwestern China. *Nature* 456: 497–501.

Lingham-Soliar, T., A. Feduccia, and X. Wang. 2007. A new Chinese specimen indicates that 'protofeathers' in the Early Cretaceous theropod dinosaur *Sinosauropteryx* are degraded collagen fibres. *Proceedings of the Royal Society B* 274: 1823–1829.

Lloyd, G. T., K. E. Davis, et al. 2008. Dinosaurs and the cretaceous terrestrial revolution. *Proceedings of the Royal Society B* 275: 2483–2490.

Longrich, N. 2006. Structure and function of hindlimb feathers in *Archaeopteryx lithographica*. *Paleobiology* 32: 417.

Lopes, J., N. Ravisé, et al. 1998. Fine mapping of de novo CMT1A and HNPP rearrangements within CMT1A-REPs evidences two distinct sex-dependent mechanisms and candidate sequences involved in recombination. *Human Molecular Genetics* 7: 141–148.

Lü, J., D. M. Unwin, et al. 2010. Evidence for modular evolution in a long-tailed pterosaur with a pterodactyloid skull. *Proceedings of the Royal Society of London B* 277: 383–389.

Luning Prak, E. T., and H. H. Kazazian, Jr. 2000. Mobile elements and the human genome. *Nature Reviews Genetics* 1: 135–144.

Luo, Z. X. 2007. Transformation and diversification in early mammal evolution. *Nature* 450: 1011–1019.

Lyson, T. R., G. S. Bever, et al. 2010. Transitional fossils and the origin of turtles. *Biology Letters* 6: 830–833.

Malisch, J. L., C. W. Breuner, et al. 2008. Circadian pattern of total and free corticosterone concentrations, corticosteroid-binding globulin, and physical activity in mice selectively bred for high voluntary wheel-running behavior. *General and Comparative Endocrinology* 156: 210–217.

Mallet, J. 1989. The evolution of insecticide resistance: Have the insects won? *Trends in Ecology & Evolution* 4: 336–340.

Maloof, A. C., C. V. Rose, et al. 2010. Possible animal-body fossils in pre-Marinoan limestones from South Australia. *Nature Geoscience* 3: 653–659.

Martin, J. F., C. Barreiro, et al. 2003. Ribosomal RNA and ribosomal proteins in corynebacteria. *Journal of Biotechnology* 104: 41–53.

Martin, K. L. M., and J. R. B. Lighton. 1989. Aerial $CO_2$ and $O_2$ exchange during terrestrial activity in an amphibious fish, *Alticus kirki* (Blenniidae). *Copeia* 1989: 723–727.

Martin, M. J., J. C. Rayner, et al. 2005. Evolution of human-chimpanzee differences in malaria susceptibility: Relationship to human genetic loss of N-glycolylneuraminic acid. *Proceedings of the National Academy of Sciences, USA* 102: 12819–12824.

Mayr, E. 1942. *Systematics and the Origin of Species*. New York: Columbia University Press.

Mayr, E. 1964. *Introduction to: Darwin, C., 1859. On the Origin of Species: A Facsimile of the First Edition*. Cambridge, MA: Harvard University Press.

McGary, K. L., T. J. Park, et al. 2010. Systematic discovery of nonobvious human disease models through orthologous phenotypes. *Proceedings of the National Academy of Sciences, USA* 107: 6544–6549.

McKellar, R. C., B. D. Chatterton, et al. 2011. A diverse assemblage of Late Cretaceous dinosaur and bird feathers from Canadian amber. *Science* 333: 1619–1622.

Meek, T. H., B. P. Lonquich, et al. 2009. Endurance capacity of mice selectively bred for high voluntary wheel running. *Journal of Experimental Biology* 212: 2908–2917.

Miller, J. D., E. C. Scott, and S. Okamoto. 2006. Science communication. Public acceptance of evolution. *Science* 313: 765–766.

Mindell, D. P., and A. Meyer. 2001. Homology evolving. *Trends in Ecology and Evolution* 16: 434–440.

Nagashima, H., F. Sugahara, et al. 2009. Evolution of the turtle body plan by the folding and creation of new muscle connections. *Science* 325: 193–196.

Norell, M. A., and M. J. Novacek. 1992. The fossil record and evolution: Comparing cladistic and paleontologic evidence for vertebrate history. *Science* 255: 1690–1693.

Norell, M. A., and Xing Xu. 2005. Feathered dinosaurs. *Annual Review of Earth and Planetary Sciences* 33: 277–299.

Nosil, P., L. J. Harmon, and O. Seehausen. 2009. Ecological explanations for (incomplete) speciation. *Trends in Ecology and Evolution* 24: 145–156.

Nudds, R. L., and G. J. Dyke. 2010. Narrow primary feather rachises in *Confuciusornis* and *Archaeopteryx* suggest poor flight ability. *Science* 328: 887–889.

Ostrom, J. H. 1973. The ancestry of birds. *Nature* 242: 136.

Ostrom, J. H. 1974. *Archaeopteryx* and the origin of flight. *Quarterly Review of Biology* 49: 27–47.

Padian, K., and L. M. Chiappe. 1998. The origin and early evolution of birds. *Biological Reviews* 73: 1–42.

Padian, K., and A. de Ricqlès. 2009. L'origine et l'évolution des oiseaux: 35 années de progrès. *Comptes Rendus Palevol* 8: 257–280.

Pereira, R. J., and D. B. Wake. 2009. Genetic leakage after adaptive and nonadaptive divergence in the *Ensatina eschscholtzii* ring species. *Evolution* 63: 2288–2301.

Prothero, D. R. 2008. What missing link? *New Scientist*, March 1, 2008, 35–41.

Prum, R. O. 2002. Why ornithologists should care about the theropod origin of birds. *The Auk* 119: 1–17.

Prum, R. O., and A. H. Brush. 2002. The evolutionary origin and diversification of feathers. *Quarterly Review of Biology* 77: 261–295.

Ray, J. 1686. *Historia Plantarum*. London. (Vol. 1, p. 40; translated by E. T. Silk, as reproduced in Beddall 1957.)

Reiter, L. T., T. Murakami, et al. 1997. The human COX10 gene is disrupted during homologous recombination between the 24 kb proximal and distal CMT1A-REPs. *Human Molecular Genetics* 6: 1595–1603.

Rhodes, J. S., T. J. Garland, and S. C. Gammie. 2003. Patterns of brain activity associated with variation in voluntary wheel-running behavior. *Behavioral Neuroscience* 117: 1243–1256.

Rice, W. R., and E. E. Hostert. 1993. Laboratory experiments on speciation: What have we learned in 40 years? *Evolution* 47: 1637–1653.

Royer, D. L., I. M. Miller, et al. 2010. Leaf economic traits from fossils support a weedy habit for early angiosperms. *American Journal of Botany* 97: 438–445.

Rubinstein, C. V., P. Gerrienne, et al. 2010. Early Middle Ordovician evidence for land plants in Argentina (eastern Gondwana). *New Phytologist* 188: 365–369.

Sanchez-Villagra, M. R., H. Muller, et al. 2009. Skeletal development in the Chinese soft-shelled turtle *Pelodiscus sinensis* (Testudines: Trionychidae). *Journal of Morphology* 270: 1381–1399.

Schluter, D. 2010. Resource competition and coevolution in sticklebacks. *Evolution: Education and Outreach* 3: 54–61.

Shapiro, M. D., M. E. Marks, et al. 2004. Genetic and developmental basis of evolutionary pelvic reduction in threespine sticklebacks. *Nature* 428: 717–723.

Shearin, A. L., and E. A. Ostrander. 2010. Canine morphology: Hunting for genes and tracking mutations. *PLoS Biology* 8: e1000310.

Shubin, N. 2009. *Your Inner Fish*. New York: Vintage Books.

Sibley, C. H., and S. Y. Hunt. 2003. Drug resistance in parasites: Can we stay ahead of the evolutionary curve? *Trends in Parasitology* 19: 532–537.

Straus, C., K. Vasilakos, et al. 2003. A phylogenetic hypothesis for the origin of hiccough. *BioEssays* 25: 182–188.

Sun, G., D. L. Dilcher, et al. 1998. In search of the first flower: A Jurassic angiosperm, *Archaefructus*, from northeast China. *Science* 282: 1692.

Swallow, J. G., P. A. Carter, and T. Garland, Jr. 1998. Artificial selection for increased wheel-running behavior in house mice. *Behavior Genetics* 28: 227–237.

Taubes, G. 2008. The bacteria fight back. *Science* 321: 356–361.

Tian, F., N. M. Stevens, and E. S. Buckler IV. 2009. Tracking footprints of maize domestication and evidence for a massive selective sweep on chromosome 10. *Proceedings of the National Academy of Sciences, USA* 106 (Suppl 1): 9979–9986.

Turnbull, C. 1935. Kelvin and the age of the Sun. *Nature* 136: 761.

Turner, A. H., P. J. Makovicky, and M. A. Norell. 2007. Feather quill knobs in the dinosaur *Velociraptor*. *Science* 317: 1721.

Unwin, D. M. 1998. Feathers, filaments, and theropod dinosaurs. *Nature* 391: 119–120.

Unwin, D. M. 2003. On the phylogeny and evolutionary history of pterosaurs. In *Evolution and Palaeobiology of Pterosaurs*, ed. E. Buffetaut and J.-M. Mazin. London, UK: Geological Society, 139–190, Special Publications 217.

Ussher, James. 1658. *The Annals of the World*. London: Printed by E. Tyler for J. Crook and G. Bedell.

Vasilakos, K., R. J. Wilson, et al. 2005. Ancient gill and lung oscillators may generate the respiratory rhythm of frogs and rats. *Journal of Neurobiology* 62: 369–385.

Vinther, J., D. E. Briggs, et al. 2008. The colour of fossil feathers. *Biology Letters* 4: 522–525.

vonHoldt, B. M., J. P. Pollinger, et al. 2010. Genome-wide SNP and haplotype analyses reveal a rich history underlying dog domestication. *Nature* 464: 898–902.

Wake, D. B. 2001. Speciation in the round. *Nature* 409: 299–300.

Wayne, R. K., and E. A. Ostrander. 2007. Lessons learned from the dog genome. *Trends in Genetics* 23: 557–567.

Wellnhofer, P. 1988. A new specimen of *Archaeopteryx*. *Science* 240: 1790–1792.

Westover, K. M., and A. L. Hughes. 2001. Molecular evolution of viral fusion and matrix protein genes and phylogenetic relationships among the Paramyxoviridae. *Molecular Phylogenetics and Evolution* 21: 128–134.

Wills, M. A., P. M. Barrett, and J. F. Heathcote. 2008. The modified gap excess ratio (GER*) and the stratigraphic congruence of dinosaur phylogenies. *Systematic Biology* 57: 891–904.

Wolfe, N. D., C. P. Dunavan, and J. Diamond. 2007. Origins of major human infectious diseases. *Nature* 447: 279–283.

Xu, X., M. A. Norell, et al. 2004. Basal tyrannosauroids from China and evidence for protofeathers in tyrannosauroids. *Nature* 431: 680–684.

Xu, X., and F. Zhang. 2005. A new maniraptoran dinosaur from China with long feathers on the metatarsus. *Naturwissenschaften* 92: 173–177.

Xu, X., X. Zheng, and H. You. 2009. A new feather type in a nonavian theropod and the early evolution of feathers. *Proceedings of the National Academy of Sciences, USA* 106: 832–834.

Xu, X., X. Zheng, and H. You. 2010. Exceptional dinosaur fossils show ontogenetic development of early feathers. *Nature* 464: 1338–1341.

Yan, R. H., J. L. Malisch, et al. 2008. Selective breeding for a behavioral trait changes digit ratio. *PLoS ONE* 3: e3216.

Yang, S. H., P. H. Cheng, et al. 2008. Towards a transgenic model of Huntington's disease in a non-human primate. *Nature* 453: 921–924.

Yin, L., M. Zhu, et al. 2007. Doushantuo embryos preserved inside diapause egg cysts. *Nature* 446: 661–663.

Zhang, X. G., and X. G. Hou. 2004. Evidence for a single median fin-fold and tail in the Lower Cambrian vertebrate, *Haikouichthys ercaicunensis*. *Journal of Evolutionary Biology* 17: 1162–1166.

Zhang, F., S. L. Kearns, et al. 2010b. Fossilized melanosomes and the colour of Cretaceous dinosaurs and birds. *Nature* 463: 1075–1078.

Zhang, F., Z. Zhou, et al. 2008. A bizarre Jurassic maniraptoran from China with elongate ribbon-like feathers. *Nature* 455: 1105–1108.

Zhang, Z. D., A. Frankish, et al. 2010a. Identification and analysis of unitary pseudogenes: Historic and contemporary gene losses in humans and other primates. *Genome Biology* 11: R26.

Zhu, W., and S. Freeland. 2006. The standard genetic code enhances adaptive evolution of proteins. *Journal of Theoretical Biology* 239: 63–70.

# 3

# 자연선택에 의한 진화

Charles Darwin은 그의 대작 "자연선택에 의한 종의 기원에 관하여"(1859)에서 생명의 역사의 양상을 면밀히 조사한 후 지구의 생명체들은 각각 독립적으로 창조된 것이 아니라 공통된 하나 또는 소수의 조상으로부터 변화를 수반한 채 유전되었다는(descended with modification), 동시대인들을 깜짝 놀라게 하는 결론에 도달하였다.

하지만 Darwin은 양상의 인지만으로는 과학적 학설을 성립시킬 수 없다는 것을 누구보다 잘 알고 있었다. 그는 "이러한 결론은 근거가 아무리 충분하더라도 이 세상에 존재하는 수많은 종들이 어떻게 변형되었는지를 보여주지 못하면 불충분할 것이다"라고 서술하였다(p. 3).

다시 말해서, 생명의 역사를 조금이라도 이해한다고 주장하려면, 무슨 일이 일어났는지뿐 아니라 그 기작도 설명해야 하는 것이다. 우리가 진화라고 일컫는 이 양상을 야기하는 과정은 무엇인가? 이 물음에 대한 Darwin의 대답, 자연선택이 이 장의 주제이다.

자연선택은 꽤 단순하기 때문에 Darwin(1872)보다 훨씬 이전에 이미 2명의 저자에 의해 발견되었다. 1813년 W. C. Wells는 서로 다른 대륙에 사는 인간 집단이 외형이나 질병에 대한 내성이 다른 것을 설명하는 데 자연선택을 이용하였다. 1831년 Patrick Matthew는 선박 제조에 쓰일 목재 생산에 관한 논문에서 자연선택을 논하였다. 이 두 논문 모두 널리 알려지지 않았고 Darwin도 종의 기원(*The Origin*)에 관하여의 첫 판을 출판하고서야 이 두 논문에 대해 알게 되었다.

Sacha Vignieri의 연구팀은 자연에 존재하는 다양한 털 색깔을 모방한 점토 모델을 이용한 연구에서 눈에 더 잘 띄는 쥐가 포식자의 공격을 더 많이 받는다는 것을 확인하였다(2010).

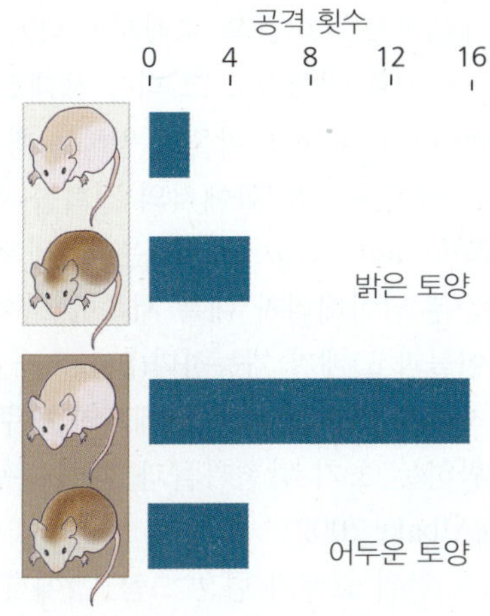

세 번째 저자인 Alfred Russel Wallace는 Darwin이 자신의 가설을 발전시키는 사이에 독립적으로 자연선택을 발견하였다. 실제로 결국 Darwin이 자신의 가설을 발표하는 계기는 바로 Wallace가 보낸 원고였다. Darwin과 Wallace의 논문들은 1858년 런던의 린네 학회(Linnean Society of London)에서 발표되었고 Darwin의 책은 그 다음 해에 출판되었다.

자연선택은 단순하긴 하지만 세심한 주의가 필요한 미묘함이 존재한다. 자연선택은 개체에게 일어나는 일들이 집단의 총체적인 특성을 변화시키는 과정이다. 그리고 자연선택은 Darwin의 시절에는 제대로 이해되지 않았던 유전적 부분에 의지한다—물론 거의 모든 사람들에게 무시되었던 완두콩과 유전의 기작에 대해 연구한 그레고르 멘델은 이해를 했을 것이다.

이러한 그리고 다른 이유들 때문에 생물학자들은 진화이론 자체보다 자연선택을 더 받아들이지 못했다(Mayr and Provine 1980; Gould 1982; Bowler 2002 참조). 라마르크주의 그리고 여러 다른 가설들은 1930년대까지 널리 받아들여졌다. 1900년 멘델 이론의 재발견과 30년이 넘는 집단 유전학 연구로서 비로소 자연선택이 적응적 진화의 기작으로 널리 받아들여지게 되었다.

이 장의 첫 절에서 우리는 가축과 재배식물의 선택적 생식, 즉 인위선택에 대한 검토로 자연선택에 대한 논의의 무대를 마련한다. 두 번째 절에서는 집단에 대한 일련의 주장들과 이 주장들이 사실이라면 자동적으로 따르는 결과들이라는 자연선택의 이론을 발전시킨다. 세 번째 그리고 네 번째 절들은 이 주장과 그 결과가 확인된 연구들의 예시들을 자세하게 다룬다. 나머지 절들은 자연선택의 미묘함, Darwin 시대 이후 우리의 자연선택에 대한 지식의 발전, 그리고 현재 창조론의 지지자들이 계속 제기하는 반대에 대해 다룬다.

## 3.1 인위선택: 가축과 재배식물

자연에서의 진화 기작을 이해하기 위해서 Darwin은 가축화에서의 진화 기작을 연구하였다. 즉, 그는 재배식물과 가축 재배자들이 자신들의 재배식물과 가축들을 변형시키기 위해 쓰는 방법들을 연구하였다. Darwin이 가장 좋아하는 가축은 비둘기였다. 그는 전문가들의 기술을 배우기 위해서 직접 비둘기를 키웠다. 예를 들어 새의 꼬리 깃털을 더욱 화려하게 펼칠 수 있도록 비둘기의 품종을 개선하기 위해서 재배자들은 인위선택을 한다. 그들은 자신들의 집단을 자세히 관찰하고 가장 원하는 형질을 가진 개체들을 선택한다. 재배자들은 이들을 교배시켜 다음 세대를 생산한다. 만약 원하는 형질이 부모로부터 자손에게로 전해지고 그 다음 세대로 전해지면 선택된 새들의 후예들은 그 이전 해의 집단에 비해 더 높은 비율로 원하는 형질을 보일 것이다.

**집단에 있는 원하는 형질의 빈도를 높이기 위해서 식물과 가축의 재배자들은 인위선택의 방법을 사용한다.**

우리는 재배화에서의 진화를 연구하기 위해 토마토를 고려해보겠다. 재배종 토마토, *Solanum lycopersicum*은 전 세계에서 재배 상태 그리고 야생화된 상태로 존재한다. 이 종은 남아메리카 대륙 서쪽에 서식하는 여러 종의 야생 토마토들과 매우 근접한 종이고 이들과 교배가 가능하다(Spooner et al 2005). 재배종 토마토는 유럽인들이 신세계에 도착하기 전 처음에는 아메리카 원주민들에 의해 재배되었다(Tanksley 2004). 이 종은 귀환하는 초기 탐험가들과 함께 유럽으로 건너갔고 그곳으로부터 전 세계로 확산되었다(Albala 2002).

인위 교배의 힘은 그림 3.1에서 잘 나타난다. 모든 종의 야생 토마토는 왼쪽의 페루산 작은 토마토처럼 대체로 지름 1 cm 이하이고 무게는 수 g이다(Frary et al. 2000). 재배종 토마토의 조상은 아마도 비슷하게 작은 열매를 가지고 있었을 것이다. 오른쪽의 레드 자이언트 같은 현대 품종은 지름이 15 cm 이상이고 무게는 1 kg 이상이다. 확실한 변화

**그림 3.1 야생 그리고 재배종 토마토** 왼쪽의 페루산 작은 토마토 같은 야생 토마토는 작은 열매를 가지고 있다. 재배종 토마토는 작은 열매를 가진 조상으로부터 유래되었지만 인위적인 선택의 결과로 오른쪽의 레드 자이언트처럼 큰 열매를 갖는다. Frary et al. (2000)에서.

를 지닌 자손인 것이다.

야생종과 재배종 토마토의 열매 크기의 차이는 주로 유전적 차이에 의한 것이다. 토마토는 *fw2.2*라고 불리는 유전자를 가지고 있다(Tanksley 2004). 이 유전자는 열매 발달 초기에 발현하는 단백질을 부호화한다(Frary et al. 2000). 이 단백질의 역할은 세포분열을 억제하는 것이다. 식물이 이 단백질을 더 만들어낼수록 이 식물의 열매는 더 작아진다(Liu et al. 2003). *fw2.2* 유전자의 온-오프 스위치인 촉진유전자상의 염기서열의 변화는 억제 단백질의 발현 시기와 발현량을 변경한다(Cong et al. 2002; Nesbitt and Tanksley 2002). 조사된 모든 야생 토마토는 억제자의 높은 발현량과 작은 열매와 연관된 *fw2.2* 대립유전자를 가졌다(Tanksley 2004). 모든 재배종 토마토는 억제자의 낮은 생산량, 그리고 큰 열매와 연관된 *fw2.2* 대립유전자를 가졌다.

Steven Tanksley의 연구실에서 연구하던 Anne Frary와 동료들(2000)은 깔끔한 실험으로 열매 크기에 대한 *fw2.2*의 영향을 입증하였다. 연구자들은 유전공학을 이용하여 재배종 토마토에 작은 열매 대립유전자를 삽입하였다. 그림 3.2의 왼쪽 열매는 조작되지 않은 토마토 열매이고 오른쪽의 열매는 야생종의 작은 열매 대립유전자를 갖도록 유전적으로 조작된 자매 열매이다. 이 두 열매는 그 크기가 약 30% 정도 차이가 난다.

**그림 3.2 유전적으로 결정된 열매 크기의 차이** 왼쪽의 토마토는 *fw2.2* 유전자의 재배종의 대립유전자만을 가지고 있다. 오른쪽에 있는 자매는 야생종의 대립유전자를 갖는다. Frary et al. (2000)에서.

Tanksley의 시나리오에 의하면 초기의 토마토 농부들은 기르는 식물의 열매 크기의 차이에 주목을 하였다(Nesbitt and Tanksley 2002; Tanksley 2004). 이러한 차이의 일부는 식물이 *fw2.2* 유전자의 다른 대립유전자를 가지고 있기 때문이다. 큰 열매 대립유전자는 재배 이전에는 희귀한 변종으로 존재하였을 수도 있고 재배된 집단 내에서 새로운 돌연변이로 나타났을 수도 있다. 농부들이 큰 토마토를 선호했기 때문에 해가 지날수록 그들은 이전 수확물 중 가장 큰 열매의 씨앗을 뿌렸을 것이다. 이러한 원칙으로 농부들은 결국 자신의 작물에서 작은 열매의 대립유전자를 없앴을 것이다.

Bin Cong과 동료들(2008)은 성숙된 열매의 구획의 수를 조절하여 열매의 크기에 영향을 미치는 *fas*라 불리는 두 번째 유전자를 발견하였다. 더 적은 구획과 연관된 대립유전자들은 야생 토마토와 중간 크기의 재배종에서 흔하다. 더 많은 구획과 연관되어 있는 대립유전자는 큰 재배종에서 흔하다. Cong과 동료들은 더 많은 구획 그리고 더 큰 열매와 연관되어 있는 *fas* 대립유전자가 재배 작물에 나타난 돌연변이에서 기인되었다고 추

**그림 3.3 *Brassica oleracea*의 야생과 재배 품종들** 꽃양배추(*Brassica oleracea botrytis*), 브로콜리(*Brassica oleracea italica*), 싹양배추(*Brassica oleracea gemmifera*), 케일(*Brassica oleracea acephala*), 그리고 구경양배추(*Brassica oleracea gongylodes*)는 모두 야생 양배추(*Brassica oleracea*)로부터 기인한다. Niklaus (1997)에서.

측한다. 이 변이의 새로운 원천은 농부들에게 더 큰 열매를 가진 식물을 선택적으로 재배하는 새로운 기회를 주었다.

인위선택을 실행하는 농부들은 당연히 농산물 열매의 크기 이외의 것들을 바꿀 수 있다. 브로콜리, 싹양배추, 꽃양배추, 케일, 그리고 구경양배추(콜라비) 등 그림 3.3에 보이는 야채들은 그 구조가 현격히 다르다. 하지만 이 모두는 이들이 유래된 야생 양배추, *Brassica oleracea*의 품종들이다.

야생종과 재배종의 확연한 차이는 의문을 낳는다. 만약 토마토의 큰 열매 같은 형질이 재배하에서 이렇게 쉽게 진화한다면 왜 자연에서는 진화하지 않았을까? 이에 대한 그럴듯한 대답은 인간에게 유리한 형질은 야생에서는 불리하다는 것이다. 늑대들 사이에 사는 치와와를 상상해보라. 토마토의 경우 야생에서는 씨앗을 퍼뜨릴 수 있는 작은 동물들이 운반하기 더 쉬운 작은 열매들이 더 유리하다고 Tanksley(2004)는 주장한다. 우리가 아는 한 이 가설은 검증되지 않았다.

사육화 및 재배화에서 선호되는 형질이 야생에서는 해롭다는 일반적인 가설은 다른 생물에서 조사된 적이 있다. 희귀한 경우 가축화 상태에서 진화된 형질이 야생에서 유리한 경우도 있다. 예를 들면 가축화된 개와 이종 교배한 북미 회색늑대는 숲 속에서 사는 개체들에게 도움이 될 수 있는 검은 털을 발현시키는 유전적 변종을 얻었다(Anderson et al. 2009). 하지만 대부분의 경우에는 사육화된 상황에서 선택된 형질은 야생에서는 재앙이다(Frankham 2008). 예를 들면 양식 5세대 연어들은 야생으로 방출되어 하천 물고기들과 경쟁할 때 토착 개체들에 비해서 일생 생식성공률은 겨우 총 16%밖에 안 된다(Frankham 2008). 자연에서 개체들의 운명은 우리를 자연선택에 도달하게 한다.

## 3.2 자연선택

Darwin은 인위선택 같은 과정이 자연에서 자연스럽게 일어난다는 것을 깨달았다. Darwin이 종의 기원에 관하여 도입부에 서술한 **자연선택(natural selection)**에 의한 진화이론은 짧은 일련의 가정들과 이 가정들이 사실일 때 뒤따르는 결과들이라고 정리될 수 있다. Darwin은 책의 나머지 부분을 이 이론을 뒷받침하는 "하나의 긴 주장"이라고 생각했다(1859, p. 459). 집단의 성질에 대한 주장인 Darwin의 가정은 다음과 같다:

Darwin과 Wallace는 인위선택과 비슷한 과정이 자연에서 자연스럽게 일어난다는 사실을 깨달았다.

1. 한 집단의 각 개체는 서로 다르다.
2. 이 차이들은, 최소한 부분적으로는, 부모에서 자손으로 유전된다.
3. 특정 개체들은 다른 개체들보다 생존과 생식에 더 성공적이다.
4. 성공적인 개체들은 단순히 운이 좋은 것이 아니다; 오히려 이들은 조상으로부터 물려받고 자손들에게 물려줄 변형 형질 때문에 성공한 것이다.

만약에 4개 가설 모두가 사실이라면, 한 세대에서 다음 세대로 넘어갈 때 집단의 구성은 바뀐다.

그림 3.4는 약간 다르게 표현된 Darwin의 이론이 최근에 백사장을 침범한 야생 쥐의

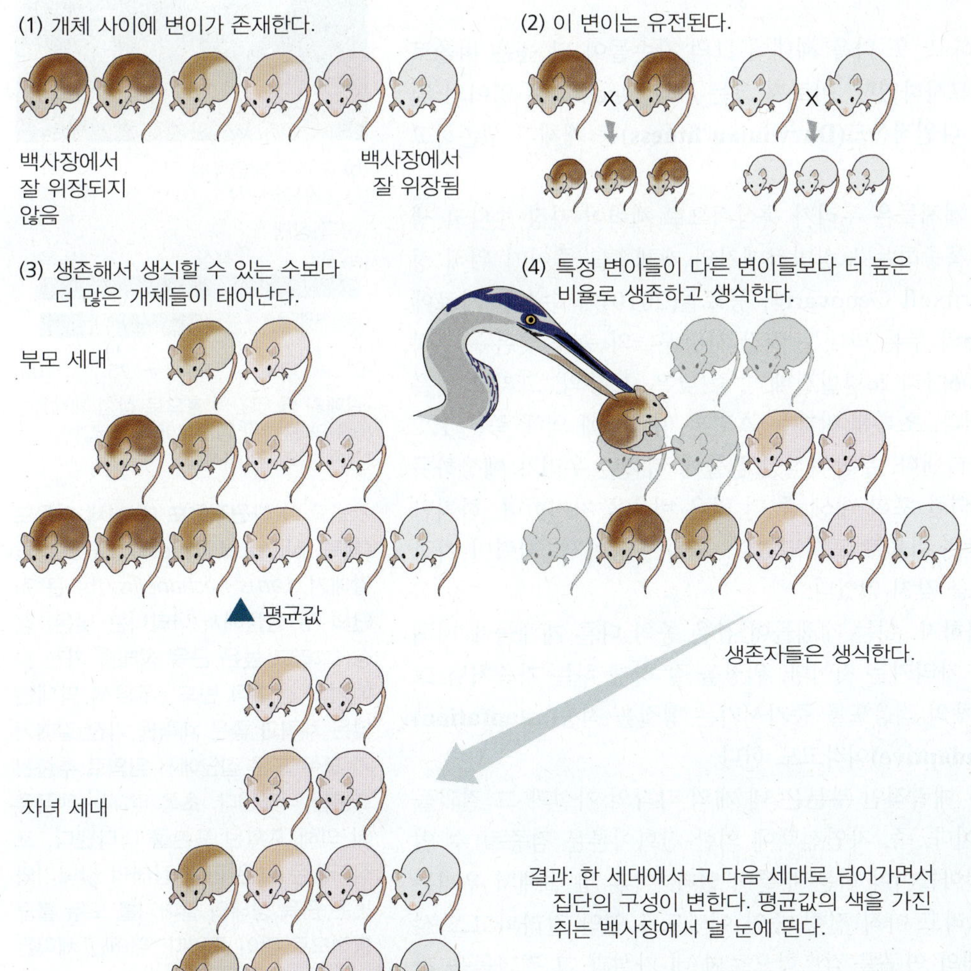


**그림 3.4 Darwin의 자연선택에 의한 진화 이론** Darwin의 이론은 개체 집단들에 대한 짧은 일련의 주장들과, 이 4개의 가설들이 사실일 때, 간단한 셈에 의해 이어지는 결과들로 구성되어 있다. 이 그림들은 최근에 백사장을 침범하고, 따라서 왜가리의 포식에 노출된 야생쥐 집단에 이 가설이 어떻게 작용하는지를 보여준다. 만약 쥐들의 털 색깔이 다양하다면, 그리고 만일 왜가리가 가장 눈에 띄는 쥐를 먹는다면, 그리고 만약 생존자들이 털 색깔을 자손에게 물려준다면, 그 집단에서는 매 세대마다 눈에 띄지 않는 쥐가 더 큰 비율로 나타난다. Hoekstra et al. (2006), Mullen and Hoekstra (2008), Mullen et al. (2009), and Vignien et alk. (2010)에 영감을 받음.

집단에서 어떻게 진행되는지 보여준다.

이의 논리는 간단하다. 생존과 생식에 이바지하는 유전된 형질은 빈번하게 자손에게 전해지고 그로 인해 더욱더 흔해진다; 자손 없이 죽음으로 이르게 하는 유전된 형질은 더 드물게 자손에게 전해지고 따라서 더욱더 희귀해진다. 이 결과로 집단의 특성은 세대가 바뀌면서 조금씩 변하게 된다. 이러한 집단의 점진적인 변화가 Darwin적 진화이다.

**자연선택은 변화를 수반한 유전이 되는 과정, 즉 진화이다.**

이 논리는 간단하지만 혼란을 야기할 수 있는 미묘함을 갖는다. 자연선택이 어떻게 작용하는지 이해하기 위해 우리는 통계적으로 사고해야 한다. 선택 자체—생존과 생식—는 개체에게 일어나지만, 변하는 것은 집단이다. 예를 들면 백사장의 쥐 개체들은 털 색깔로 인해 먹힐 수도 있고 발각되지 않을 수도 있다. 하지만 개체들은 자신의 털 색깔을 바꾸지는 않는다. 그리고 그들은 평균적으로 부모와 같은 색의 털 색깔을 갖는 자손을 갖는다. 집단은 개체가 변화를 원하거나 필요해서 변하는 것이 아니다. 반대로, 집단은 간단하고 냉혹한 산술에 의해 변한다. 어떤 쥐들은 자손을 생산하고 이들의 형질은 다음 세대에서 지속된다. 다른 쥐들은 자손을 생산하지 못하고 이들의 형질은 사라진다.

Darwin은 커다란 열매를 가진 토마토가 농부에 의해 인위적으로 종자 씨앗으로 선택되듯이 생존과 자손 번식의 확률을 높이는 변형형질을 가진 개체들이 자연적으로 선택되었다고 생각했다. 하지만 자연선택하에서는 의식적인 의지나 궁극적인 목표가 없다는 사실을 인지하는 것이 매우 중요하다. 우연적으로 자연선택 중 특정 변형형질을 가진 개체들이 더 잘 생존하는 것이다.

Darwin은 생존과 생식을 더 잘 하고, 또 다음 세대에 그의 자손들이 더 높은 비율로 존재하는 개체들을 더 적자(fit)라고 묘사하였다. 이로써 그는 *fit*와 *fitness*라는 영어의 일상용어에 새로운 의미를 부여하였다. **다윈적응도(Darwinian fitness)**는 개체가 생존하고 생식하는 능력이다.

Darwin의 관점에서 가장 적자인 개체들은 우리가 통상적으로 체력이 가장 좋다고 생각하는 개체들이 아니다. 이 차이는 폭증하는 노랑발갈매기의 개체수를 줄이기 위해 정부가 운영하는 프로그램 도중에 Maritxell Genovart와 동료들(2010)이 수집한 자료에 묘사되어 있다(그림 3.5a). 그림 3.5b의 푸른 막대는 인간 사냥꾼들의 총을 맞은—추정컨대 집단의 무작위적인 샘플인—506마리 노랑발갈매기 중 낮은, 보통의, 그리고 높은 체력을 가진 개체들의 비율을 나타낸다. 초록색 막대는 훈련된 맹금류에 의해 죽은 122마리의 갈매기들 중에서의 비율을 나타낸다. 무작위적인 샘플에 비하면 우리가 예상하듯이 근육 상태가 낮은 개체들은 매에 의한 포획 대상 중 더 많은 비율을 차지한다. 하지만 근육 상태가 높은 개체들 또한 더 많은 비율로 포획되었다. 포식 상황에서, 체력이 가장 좋은 개체들이 가장 높은 다윈적응도를 갖지 않았다.

(a) 노랑발갈매기

(b) 훈련된 맹금류에 의한 선택적 포식

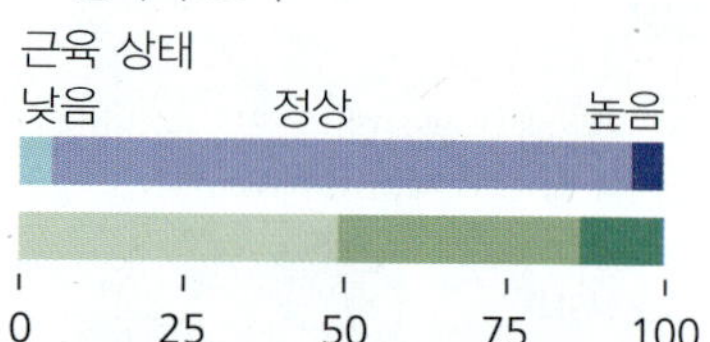


**그림 3.5 다윈적응도 대 신체 적응도(체력, physical fitness)** (a) 노랑발갈매기, *Larus michahellis*. (b) 큰 집단의 두 샘플에서 나타나는 낮은, 정상, 그리고 높은 근육 상태를 가진 갈매기의 상대적 빈도. 푸른색 막대는 낮은 체력과 좋은 체력을 가진 갈매기가 모두 드문 집단에서 임의로 추출된 표본을 나타낸다. 초록 막대는 맹금류에 의해 포획된 표본을 나타낸다. 포식자들은 낮은 근육 상태의 갈매기와 높은 근육 상태의 갈매기를 모두 불균형적으로 많이 죽였다. 뛰어난 체력은 뛰어난 다윈적응도를 부여하는 데 실패하였다. Genovart et al. (2010)의 표 3의 자료를 이용해 그림.

적응도는 상대적이라는 것에 주목하자. 이는 개체들이 같은 종의 다른 개체들에 비해서 얼마나 잘 생존하고 생식하는지를 가리키는 것이다. 위장을 잘 하게 하는 가죽처럼 그 종 내에서 다른 개체들에 비해 한 개체의 적응도를 증가시키는 형질을 **적응(adaptation)**이라고 한다. 이러한 형질은 **적응적(adaptive)**이라고도 한다.

자연선택에 의한 진화이론의 가장 매력적인 부분은 네 개의 각각의 가설과 그 결과들이 독립적으로 검증될 수 있다는 것이다. 즉, 자연선택에 의한 진화이론은 검증될 수 있다. 숨겨진 가정이나 무비판적으로 받아들여야 하는 부분이 없다. 이후 두 절에서 우리는 금어초(snapdragon)에 대한 실험 그리고 아직 진행 중인 에콰도르 연안 갈라파고스 섬의 핀치(finches)에 관한 연구 등 2개의 연구를 검토함으로써 네 가설과 그 결과들을 각각 조사할 것이다. 이 연구들은 자연선택에 의한 진화이론이 직접적인 관찰에 의해 확인되었음을 보여준다.

## 3.3 금어초 실험 집단의 꽃 색깔의 진화

Kristina Niovi Jones와 Jannifer Reithel(2001)은 까다로운 띠호박벌(bumblebee)에 의한 자연선택이 금어초의 꽃 색깔 진화를 유도할 수 있을지 확인하고자 하였다. 이를 위하여 Darwin의 첫 번째와 두 번째 가설을 만족시키는 48개체의 실험집단을 확립했다. 그리고 그들은 이 금어초들과 이들의 자손들을 관찰하며 세 번째와 네 번째 가설과 이에 의해 예측된 결과가 역시 사실인지를 확인하였다.

### 가설 1: 개체들은 서로 다르다

Jones와 Reithel의 실험집단의 금어초들은 꽃 색깔이 달랐다. 식물 중 3/4은 아래쪽 순판(lower lip)에 2개의 노란 점이 있는 거의 순수한 흰색의 꽃을 피웠고 나머지는 꽃 잎 전체가 노란색이었다.

### 가설 2: 변이들은 유전된다

Jones와 Reithel의 꽃들의 색 변이는 단 하나의 유전자의 유전자형 차이에 의한 것이었다. 이 유전자에는 우리가 *S*와 *s*라고 부를 두 개의 대립유전자가 존재한다. 유전자형 *SS* 또는 *Ss*를 가진 개체들은 단 두 개의 노란 점이 있는 흰 꽃을 피운다. 유전자형 *ss*를 갖는 개체들은 노란 꽃을 피운다. 실험 집단의 48개체 식물 중 12개체는 *SS*, 24개체는 *Ss*, 그리고 12개체는 *ss*형이었다. **그림 3.6a**는 Jones와 Reithel의 금어초 집단에서 표현형의 변이와 이의 원인이 되는 유전자형을 보여준다.

### 실험가설 3: 개체들은 생존과 생식성공률이 다른가?

Jones와 Reithel은 콜로라도의 한 초원에서 실험을 진행하였지만, 이들은 금어초를 화분에 키웠으며 모든 식물이 확실히 생존하도록 하였다.

하지만 연구자들은 금어초의 생식을 도우려 개입을 하지는 않았다. 식물의 꽃가루 퍼뜨림에 의한 생식 성공을 측정하기 위하여 벌이 각 꽃을 방문하는 횟수를 기록하였다. 식물의 씨앗 생산을 통한 생식 성공을 측정하기 위하여 연구자들은 각각의 열매에서 만들어진 씨앗의 수를 세었다. Darwin의 세 번째 가설과 일관되게, 식물은 꽃가루 기증자로서도 씨앗어미로서도 생식 성공에 많은 차이를 보였다.

### 실험가설 4: 생식은 비무작위적인가?

Jones와 Reithel은 하나의 색이 다른 색보다 더 많은 벌을 유인할 것이라고 예측했지만 그것이 어느 색일지는 몰랐다. 흰색 금어초의 노란 점들은 꽃이 제공하는 상을 찾도록 돕는 꿀 안내자 역할을 할 것이라고 여겨졌다. 전체적으로 노란 꽃은 꿀 안내자가 없으므로 벌에게 덜 매력적일 수 있다. 반면에 이들은 배경 식생에 비해 더 눈에 띄고 따라서 더 매력적일 수 있다. Jones와 Reithel은 흰 꽃이 노란 꽃보다 두 배 이상 더 많은 벌을 유치한다는 사실을 발견하였다(그림 3.6b, 왼쪽).

씨앗 생산에 의한 생식 성공은 꽃가루 퍼뜨림에 의한 생식 성공보다는 색깔과의 연관성이 적었다. 그럼에도 불구하고 흰 꽃의 식물이 노란 꽃의 식물보다 약간 더 튼튼했고 따라서 평균적으로 열매당 약간 더 많은 씨앗을 생산했다(그림 3.6b, 오른쪽).

Darwin의 네 번째 가설과 일관되게, 생식적 성공은 무작위적이지 않았다. 꽃가루 퍼뜨림과 씨앗 생산 모두에서 흰 식물이 노란 식물을 앞섰다.

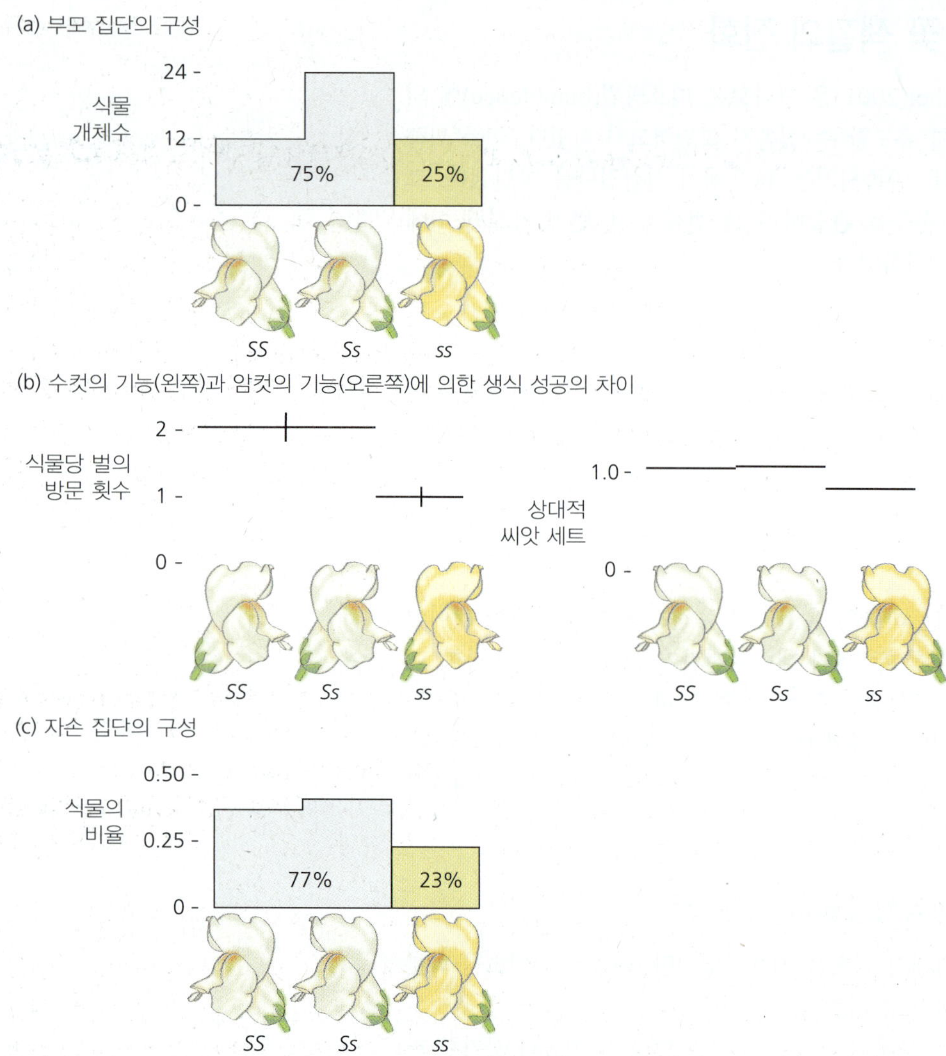


**그림 3.6 자연선택에 의한 진화가 금어초의 실험 집단에서 입증되다**
(a) 부모 세대의 식물들은 꽃 색깔에 차이를 보였다. 이 표현형의 변이는 유전자형의 변이에 의한 것이다. 그래프는 세 개 각각의 유전자형을 가진 식물의 수를 나타낸다. (b) 흰 식물들은 생식에 더 성공적이다. 이들은 2배 이상의 띠호박벌의 방문을 받고(왼쪽) 더 많은 양의 씨앗을 만든다(오른쪽). (c) 흰 식물이 자신의 유전자를 물려주는데 더 성공적이기 때문에 이들의 자손은 다음 세대 집단에서 더 높은 비율을 차지한다. Jones and Reithel (2001)의 자료. [(b) 왼쪽에서 수직 막대는 표준 오차, 즉 벌의 방문 횟수 평균 추정치의 정확도를 나타낸다. (b) 오른쪽에서 상대적 씨앗 세트 값은 특정 유전자형을 가진 식물들이 실제로 생산하는 씨앗의 비율을 유전자형 빈도로 계산된 씨앗의 비율의 기대치로 나눈 값이다.]

## Darwin의 예측 검사: 집단은 진화했는가?

Jones와 Reithel의 실험에 참여한 띠호박벌은 Darwin이 비둘기를 번식할 때 하였던 역할과 같은 역할을 했다: 즉 이들은 표적 집단에서 특정한 개체들을 선택했고 이들의 생식 성공률을 높이도록 하였다. 흰 식물이 노란 식물보다 더 높은 생식성공률을 가졌고 꽃의 색깔이 유전자에 의해 결정되었기에 다음 세대의 금어초들은 더 높은 비율의 흰 꽃을 가졌을 것이다.

실제로 다음 세대는 더 높은 비율의 흰 꽃을 피웠다(그림 3.6c). 시작 집단 중 75%는 흰 꽃을 피웠고; 이들 자손 중 77%가 흰 꽃을 피웠다. 금어초 집단은 예측대로 진화하였다. 흰 꽃의 비율의 2% 증가는 많지 않아 보일 수도 있다. 하지만 작은 변화들은 수 세대동안 누적된다. Jones와 Reithel의 금어초 집단은 이 비율로 진화한다면 흰 꽃이 집단을 완전히 지배하는 데 몇 년 걸리지 않을 것이다.

**자연선택에 의한 진화이론은 검증 가능하다. 집단이 진화한다는 Darwin의 예상처럼, 연구자들이 1번과 2번 가설을 만족하는 식물 집단을 확립했을 때 이들은 3번과 4번 가설도 역시 사실이라는 사실을 발견했다.**

Jones와 Reithel의 실험은 최소한 Darwin의 첫 두 가설이 유지되는 것이 확인된 실험 집단에서는 Darwin의 가설이 유효하다는 것을 보여주었다. 하지만 연구자들이 아무것도 조작하지 않은 완전히 자연적인 집단에서도 이 가설이 유효한가? 이를 규명하기 위해 우리는 갈라파고스 섬의 Darwin의 핀치 연구로 눈을 돌리겠다.

## 3.4 갈라파고스 핀치 부리 모양의 진화

Peter Grant, Rosemary Grant, 그리고 동료들은 1973년부터 갈라파고스 군도에서 핀치를 연구해왔다(P. R. Grant 1999; B. R. Grant and P. R. Grant 1989, 2003; P. R. Grant and B. R. Grant 2002a, 2002b, 2005, 2006; B. R. Grant 2003 참조). Darwin의 핀치라 총칭되는 이 새들은 약 2~3백만 년 쯤 전에 아마도 카리브 해로부터 군도로 이동한 작은 무리의, 돔 모양의 둥지를 트는 핀치로부터 유래되었다(Sato et al 2001; Burns et al. 2002). 이 무리의 자손들은 갈라파고스에 서식하는 13종과 코코스 섬에 서식하는 14번째 종으로 구성된다. 그림 3.7의 진화계통수를 자세히 검토해보면 모든 종들이 아주 밀접하게 연관되어 있다는 것을 알 수 있다. 이 계통수에서 가장 먼저 갈라지는 가지는 아직도 서로를 잠재적인 짝으로 인식하고 따라서(각자의 이름이 있음에도 불구하고) 동일한 종으로 분류되는 두 계보의 와블러 핀치들을 나눈다. 세 번째로 갈라지는 가지는 역시 하나의 종이라 여겨지는 뾰족부리 지상 핀치들 두 계보를 나눈다. 이들의 가까운 친척들과 마찬가지로 모든 Darwin의 핀치들은 크기와 색이 비슷하다. 그들은 길이가 4~6인치(10~15 cm) 정도이고 색은 갈색에서 검정에 이른다. 하지만 이들은 부리의 크기와 모양에서 현저한 변이를 보인다.

부리는 새들이 먹이를 구하는데 이용하는 일차적인 도구이며 갈라파고스 핀치의 부리 모양의 큰 차이는 이들이 섭취하는 먹이의 다양성을 반영한다. 와블러 핀치(*Certhidea olivacea*와 *Certhidea fusca*)는 곤충, 거미, 그리고 꿀을 먹는다; 딱따구리 핀치와 맹그로브 핀치(*C. pallida*와 *C. heliobates*)는 나뭇가지나 선인장의 가시를 도구로 이용해서 죽은 나무로부터 곤충의 애벌레나 흰개미를 캐낸다; *Geospiza* 속의 여러 지상 핀치들은 씨앗을 먹으며 또한 이구아나나 거북으로부터 진드기를 뽑아낸다; 초식 핀치(*Platyspiza crassirostris*)는 나뭇잎과 과일을 먹는다.

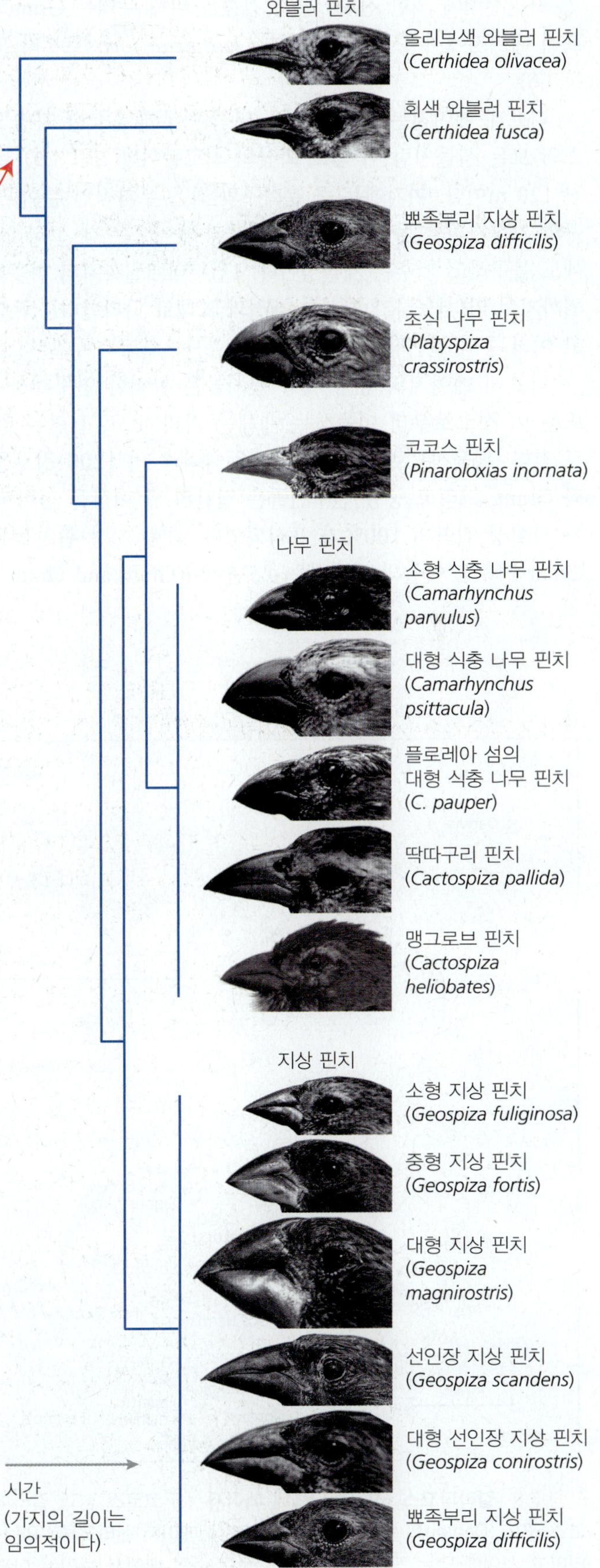


그림 3.7 **Darwin의 핀치의 다양성** 이 핀치들은 모두 카리브해로부터 갈라파고스까지 이동한 하나의 공동조상 집단(빨간 화살표)으로부터 유래되었다. Kenneth Petren과 동료들이 DNA 염기서열의 유사점과 차이점으로부터 측정한 (2005) 진화계통수는 주요 집단 사이의 경우에 따라 복잡할 수도 있는 관계를 보여준다. Petren 등 (1999)과 Greg Lasley로부터 가져온 사진은 종 사이의 부리의 크기와 모양의 광범위한 변이를 보여준다.

자연선택에 의한 진화이론의 검증을 위해 우리는 Grant와 Grant 그리고 동료들이 다프네 메이저에서 중형 지상 핀치, *Geospizaa fortis*로부터 모은 자료에 초점을 맞춘다(그림 3.8).

다프네 메이저는 위치와 적은 면적 덕분에 훌륭한 자연적인 실험실이 된다. 갈라파고스의 모든 섬들처럼 이 섬도 화산의 최고봉이다(그림 3.9). 수면에서 최고 고도까지는 고작 120 m이다. 여기에는 큰 분화구와 작은 부차적인 분화구가 있다. 야영지에서 주 분화구의 가장자리를 돌아 다시 야영지까지 돌아오는 데 고작 20분이 걸린다. 적도에 위치함에도 불구하고 기후는 계절성이다. 1월부터 5월까지의 따뜻하고 습한 계절이 6월부터 12월까지의 더 서늘하고 건조한 계절과 교대로 나타난다. 식생은 건조한 숲과 관목숲, 그리고 여러 종의 선인장으로 구성된다.

다프네 메이저의 중형 지상 핀치들은 완벽한 연구대상 집단을 형성한다. 이 섬으로 또는 이 섬으로부터 이동하는 개체는 거의 없고, 집단은 철저하게 조사하기 좋을 정도로 작다. 평균적으로 한 해에 집단은 개체수 약 1200 정도를 유지한다. 1977까지 Grant와 Grant, 그리고 공동 연구진들은 집단의 반 이상을 잡아서 표식하였고 1980년 이후로는 사실상 집단의 100%가 표식되었다. 중형 지상 핀치들은 16년까지 산다(Grant and Grant 2000). 이들의 세대기는 4.5년이다(Grant and Grant 2002a).

**그림 3.8 중형 지상 핀치, *Geospiza fortis*** (위) 성체 수컷; (아래) 성체 암컷. 프린스턴 대학 Peter R. Grant.

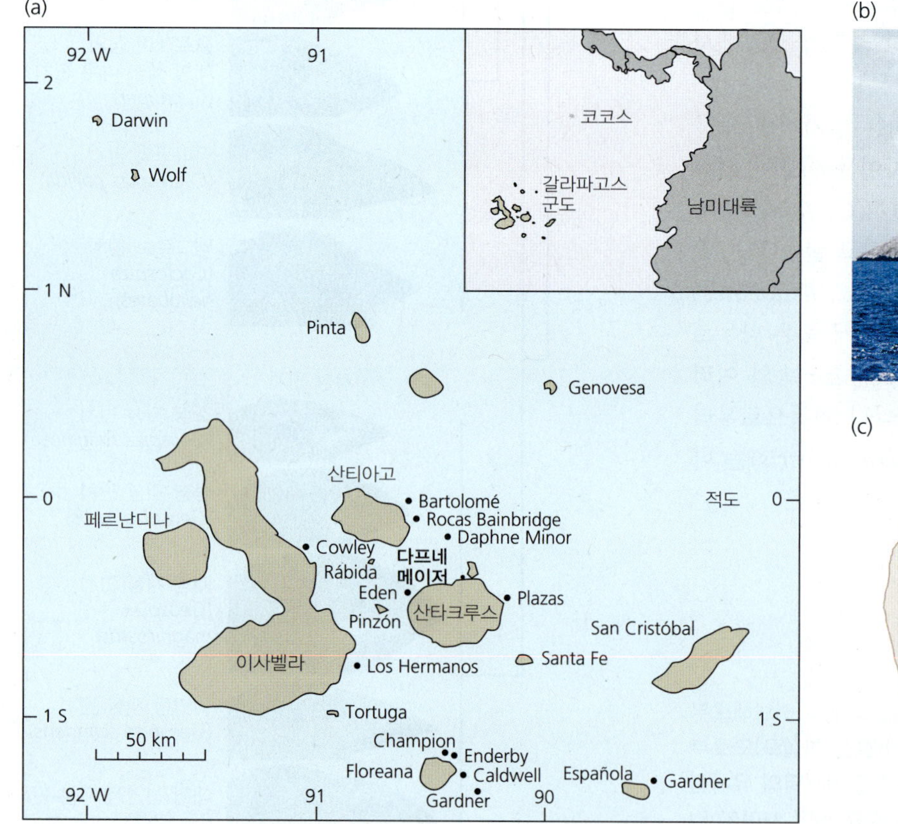


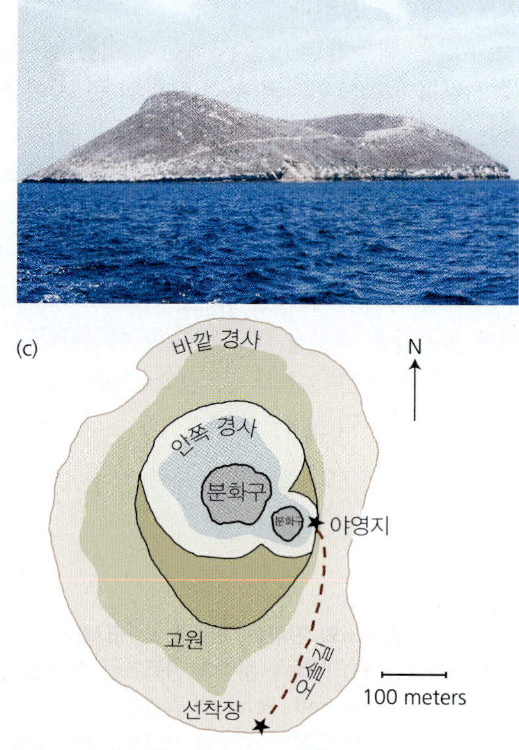


**그림 3.9 갈라파고스 군도와 다프네 메이저** (a) 코코스 섬과 갈라파고스 군도, Darwin의 핀치의 서식지. 다프네 메이저 산타크루스와 산티아고 사이에 있는 작은 점이다. (b) 접근 중인 배에서 보이는 다프네 메이저. 왼쪽에서 오른쪽으로 뻗어 있는 희미하게 보이는 흰 선은 선착장(수평선)에서 야영지(분화구 가장자리)까지 나 있는 좁은 길이다. Robert D. Podolsky 사진. (c) 다프네 메이저의 지도. 섬의 작은 크기에 주목하라. Boag and Grant (1984a)에서 다시 그림.

중형 지상 핀치들은 주로 씨앗을 먹는다. 새들은 부리 기부로 씨앗을 꽉 잡고 힘을 줘서 씨를 쪼갠다. Grant와 Grant 그리고 연구팀은 핀치의 종 내, 그리고 종 사이에서 부리의 크기가 채취된 씨앗의 크기와 상관관계가 있다는 것을 보여주었다. 전반적으로 더 큰 부리를 가진 새들이 더 큰 씨앗을 먹고 더 작은 부리를 가진 새들이 더 작은 씨앗을 먹는다. 이는 다른 크기의 부리들이 다른 크기의 씨앗들을 더 효율적으로 다룰 수 있기 때문이다(Bowman 1961; Grant et al. 1976; Abbott et al 1977; Grant 1981).

## 1번 가설 검증: 핀치 집단은 변이가 있는가?

연구자들은 그들이 포획하는 모든 새들의 다리에 숫자 표시가 있는 알루미늄 띠와 세 개의 색깔이 있는 플라스틱 띠를 채운다. 이는 과학자들이 현장에서 각각의 새를 식별할 수 있도록 한다. 연구자들은 또한 각각 새의 무게와 날개 길이, 꼬리 길이, 부리 너비와 깊이, 그리고 부리 길이를 잰다. 이 모든 형질은 다양성을 보여준다. 예를 들어서 그랜트와 그랜트가 다프네 메이저 집단에서의 부리의 깊이를 좌표로 나타냈을 때 이 형질이 큰 차이가 있는 것으로 나타난다(그림 3.10). Grant와 Grant가 측정한 모든 핀치의 형질들은 Darwin의 첫 번째 가설과 일치한다. 집단 내에서의 개체들 사이의 변이들은 사실상 보편적이다(5장 참조).

*Geospize fortis*의 특정 개체들은 다른 개체들에 비해서 부리가 반 정도 밖에 깊지 않다.

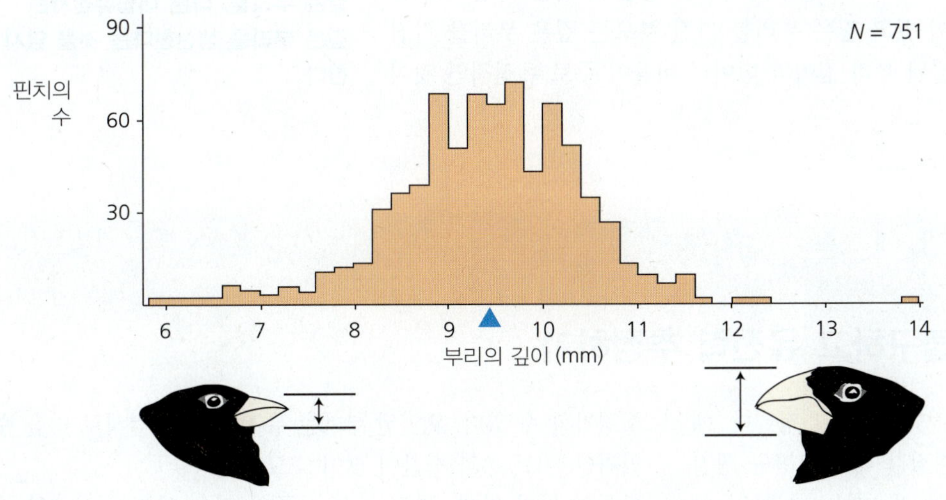


**그림 3.10 중형 지상 핀치의 부리의 깊이의 변이** 이 도수분포도는 1976년 다프네 메이저의 중형 지상 핀치의 부리 깊이의 분포를 보여준다. 몇몇 새들은 얇은 부리를 갖는다; 몇몇 새들은 깊은 부리를 갖는다; 대부분의 새들은 중간 깊이의 부리를 갖는다. *N*은 표본 크기를 나타낸다; 가로축의 푸른 삼각형은 평균을 나타낸다. Boag and Grant (1984b)에서 다시 그림.

## 2번 가설 검증: 개체들 사이의 변이 중 일부는 유전되는가?

다프네 메이저의 집단 내에서 핀치 개체들은 경험하는 환경이 다르거나 유전자형이 다르거나 둘 모두의 이유로 부리 깊이에 차이를 보일 수가 있다. 환경의 차이가 그림 3.10에 나타나는 부리의 깊이의 변이를 야기할 수 있는 방법은 여러 가지 있다. 각 개체의 새가 새끼 새로서 얻는 음식의 양의 차이가 성체의 부리 깊이의 변이를 야기할 수 있다. 상처나 딱딱한 씨앗이나 바위에 의한 마모도 부리의 크기와 모양에 영향을 줄 수 있다.

핀치 부리의 변이가 최소한 부분적으로 유전적인 근거가 있고 따라서 부모로부터 후세대에 물려지는지를 확인하기 위하여 Grant와 Grant의 동료인 Peter Boag는 부리 깊이의 **유전력(heritability)**을 측정하였다.

한 형질의 유전력은 유전자의 차이에 의한 집단의 변이의 비율로 정의된다. 이는 0과 1 사이의 값을 갖는다. 우리는 유전력 추정의 가설을 이후에 더 충분히 논의할 것이다(9장). 일단은 개체 사이의 차이가 이들이 획득한 대립유전자의 차이에 의한 것이라면 자손들도 이들의 부모를 닮을 것이라는 것에 주목한다.

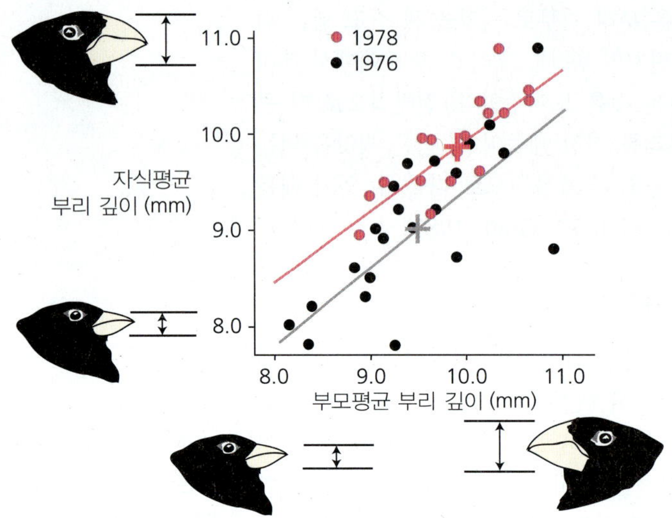


**그림 3.11** ***Geospiza fortis*의 부리 깊이의 유전력** 이 그래프는 부모와 자손의 부리 깊이 사이의 관계를 보여준다. 부모 평균값은 부모의 부리 깊이의 평균값이다; 자식 평균값은 새끼의 부리 깊이의 평균값이다. 그래프의 줄은 통계적인 최량적합선이다. 1978년과 1976년의 자료는 부모와 자녀의 부리 깊이 사이의 강력한 연관성을 보여준다. Boag(1983)에서 다시 그림.

Boag은 *G. fortis* 가계들에서 새끼가 성체의 크기가 되었을 때의 부리의 깊이의 평균을 부모의 부리 깊이의 평균과 비교를 해 보았다. Boag의 자료는 친족 사이에 강력한 유사성이 존재함을 보여주었다. **그림 3.11**의 도표에서 나타나듯 얄은 부리를 가진 부모는 얄은 부리를 가진 새끼를 갖는 경향이 있고 깊은 부리를 가진 부모는 깊은 부리를 가진 새끼를 갖는 경향이 있다. 이것은 관찰된 부리 깊이의 변이의 비율이 주로 유전적인 것이

**핀치 부모와 새끼의 부리 깊이는 비슷하다. 이는 어떤 대립유전자는 얕은 부리를, 다른 대립유전자는 깊은 부리를 생산한다는 것을 암시한다.**

계 산 하 기 3. 1

## 복잡성에도 불구하고 유전력 추정하기

유전력은 근친간 형질의 유사점을 측정함으로써 추정된다. 예를 들어 그림 3.11과 같은 자식평균 형질값 대 부모평균 형질값을 나타낸 그래프에서 최량적합선의 기울기는—아무런 상관관계가 없을 때의 0부터 완벽한 상관관계의 1까지—유전력의 추정값을 준다. 여기에는 가계 내에서 유전자가 공유된다는 가정이 있다. 만일 개체간의 표현형의 변이가 일부 유전자형의 변이에 의한 것이라면, 친족들은 서로 닮을 것이다. 하지만 여러 혼동 요인이 이 접근법을 복잡하게 만들 수 있다. 우리는 여기에서 다음의 4가지 쟁점들을 고려한다: 오인된 부계, 동종의 둥지 기생, 공유되는 환경, 그리고 모계 영향이다.

**오인된 부계** 사회적으로 일부일처인 중형 지상 핀치를 포함하는 많은 종의 조류에서 암컷들은 가끔 쌍외 교미를 한다. 이는 새끼의 사회적 아버지가 생물학적 아버지가 아닐 수도 있다는 뜻이다. 만일 연구자들이 둥지의 사회적 아버지가 모든 새끼의 생물학적 아버지라고 가정한다면 이들은 유전력을 과소평가할 수 있다. 오인된 부계는 유전적 부계 검사로 막을 수 있지만, 이는 돈과 시간이 많이 소요된다.

**동종의 둥지 기생** 특정 종의 새들의 경우 암컷이 서로의 둥지에 몰래 들어가서 알을 낳는다. 이는 특정 둥지에서 사회적 어머니마저도 모든 새끼들의 생물학적인 부모가 아닐 수 있다는 것을 뜻한다. 역시나 연구자들은 유전력을 과소평가할 수 있다. 오인된 부계의 경우처럼 이 문제는 유전 검사로 막을 수 있다.

**공유되는 환경** 친족들은 유전자뿐 아니라 환경도 공유하며 공유된 환경에 의한 상관관계는 유전력의 추정치를 부풀린다. 예를 들면, 새들은 새끼일 때 풍부한 영향을 얻으면 더 크게 자란다. 하지만 풍부한 생식 영토는 종종 집단의 가장 큰 성체가 차지하고 방어한다. 이런 영토의 새끼들은 다음 세대에서 가장 큰 성체가 되는 경향이 있다. 이 결과로 연구자는 부모와 자식의 부리와 몸 크기와의 강한 관련성을 측정하고는 사실은

고 자손에 전달될 수 있다는 증거이다(Boag and Grant 1978; Boag 1983).

Boag은 스스로 이 자료를 해석하는 데 신중함이 필요하다는 것을 주목하였다. 같은 가계 구성원에 의해 공유되는 환경, 모계 영향, 동종의 둥지 기생, 그리고 오인된 부계는 그림 3.11에 보이는 형질의 유전력을 과장하거나 소홀히 하는 그래프를 초래할 수 있다. 하지만 Lukas Keller와 동료들(2001)은 *G. fortis*에 대한 현대적 유전 분석 방법으로 이 교란 요인 대부분을 제거하였다(**계산하기 3.1**). Darwin의 두 번째 가설은 다프네 메이저 섬의 중형지상핀치의 경우에는 확실히 성립한다. 부리 크기 변이의 상당한 부분이 유전자형의 변이에 의한 것이고 세대간에 이동된다.

우리는 중형지상핀치에서 부리 크기의 변이를 야기하는 유전자의 정체를 알지 못한다. 하지만 Otger Campàs와 동료들(2010)은 Arhat Abzhanov와 동료들(2004)이 했던 연구를 확장하여 실마리를 제공해주었다.

Campàs와 동료들은 배 발달에서 활성화되는 것으로 알려진 성장인자인 골격형태형성단백질4(BMP4)에 초점을 맞췄다. BMP4는 조류 부리의 모양을 조각하는 데 관여하는 신호전달 분자이다(Wu et al. 2004). 연구자들은 6종의 지상 핀치에 대하여 각 종의 특정 발달 단계의 배 3마리에 대해 BMP4 단백질을 발현하는 *Bmp4*의 mRNA에 결합하는 형광 탐침을 처리하였다. 각각의 배에 대하여 연구자들은 상피조직(돌기의 바깥층)과 간엽조직(상피조직 밑의 조직)의 형광 최대치를 측정하여 후자를 전자로 나누는 방법으로 윗부리 돌기의 *Bmp4* 발현을 정량화하였다. 이 방법은 간엽조직의 *Bmp4* 발현의 표준화된 값을 제공하였다.

전혀 유전력이 없는 이 형질들에 대해 높은 유전력을 주장할 것이다. 이런 경우 실제 상관관계는 부모와 자식들이 새끼였을 때의 환경들 사이에 있다.

많은 종에서 이 문제는 교차 양육, 공동 정원, 또는 상호이식이라고 불리는 실험들로 우회할 수 있다. 조류에서는 이런 연구들은 알을 훔쳐서 임의적으로 지정된 수양 부모의 둥지에 놓는 것을 포함한다. 다 자란 후 잰 새끼들의 측정치는 생물학적 부모의 자료와 비교된다. 이 실험적 처리는 부모와 자식이 환경을 공유하는 데서 만들어지는 해석상의 편견을 제거한다.

**모계 영향** 교차 양육 실험마저도 알의 영양소 저장이나 호르몬 함유 등의 차이에 의한 환경적 영향을 제거할 수는 없다. 이들은 모계 영향이라고 불린다. 이들은 대부분 자식들과 아버지와의 유사성을 통한 유전력 추측으로만 막을 수 있다.

Lukas Keller와 동료들(2001)은 다프네 메이저의 중형 지상 핀치의 형태적 형질의 유전력을 매우 조심스럽게 측정하였다. 연구자들은 유전적 분석을 이용하여 실험 대상인 모든 새끼의 혈통을 확인하였다. 그들은 동종의 둥지 기생의 근거를 전혀 발견하지 않았으나, 새끼의 20%가 쌍외 수컷에 의해 태어났다는 사실을 확인하였다. 이 새끼들을 제외한 후 Keller와 동료들은 부리 깊이의 유전력은 0.65 (표준오차 0.15)라고 추정하였다. 즉, 핀치의 부리 깊이 변이의 약 65%는 유전자 차이에 의한 것이다. 이 측정치는 오인된 부계, 동종의 둥지 기생, 그리고 모계 영향에 오염되지 않았다. 하지만 이 값은 공유된 환경에 의한 오차를 포함할 수도 있다.

갈라파고스의 연구자들은 Darwin의 핀치에 대해서 교차양육 실험을 할 수 없었다. 그 이유는 갈라파고스 군도가 국립공원이기 때문에 포획과 기록 이외에는 개체를 다루는 것이 금지되어 있기 때문이다. 하지만 핀치 자체가 일종의 교차양육 실험을 실행하였다: 이미 언급한 대로 새끼들의 약 20%는 생물학적 아버지가 아닌 수컷에 의해 양육되었다. 만일 부모와 새끼들 사이의 유사성의 일부가 공유된 환경 때문이라면, 이 새끼들은 이들의 사회적 아버지를 닮아야 할 것이다. 사회적 아버지와 양육된 새끼들의 자료를 이용하여 Keller와 동료들은 부리 깊이의 "유전력"을 계산하였다. 이 값은 0.2 이하였고 통계적으로 0과 차이가 없었다. 자료는 공유된 환경이 친족들의 부리에 거의 영향을 미치지 않음을 시사하였다.

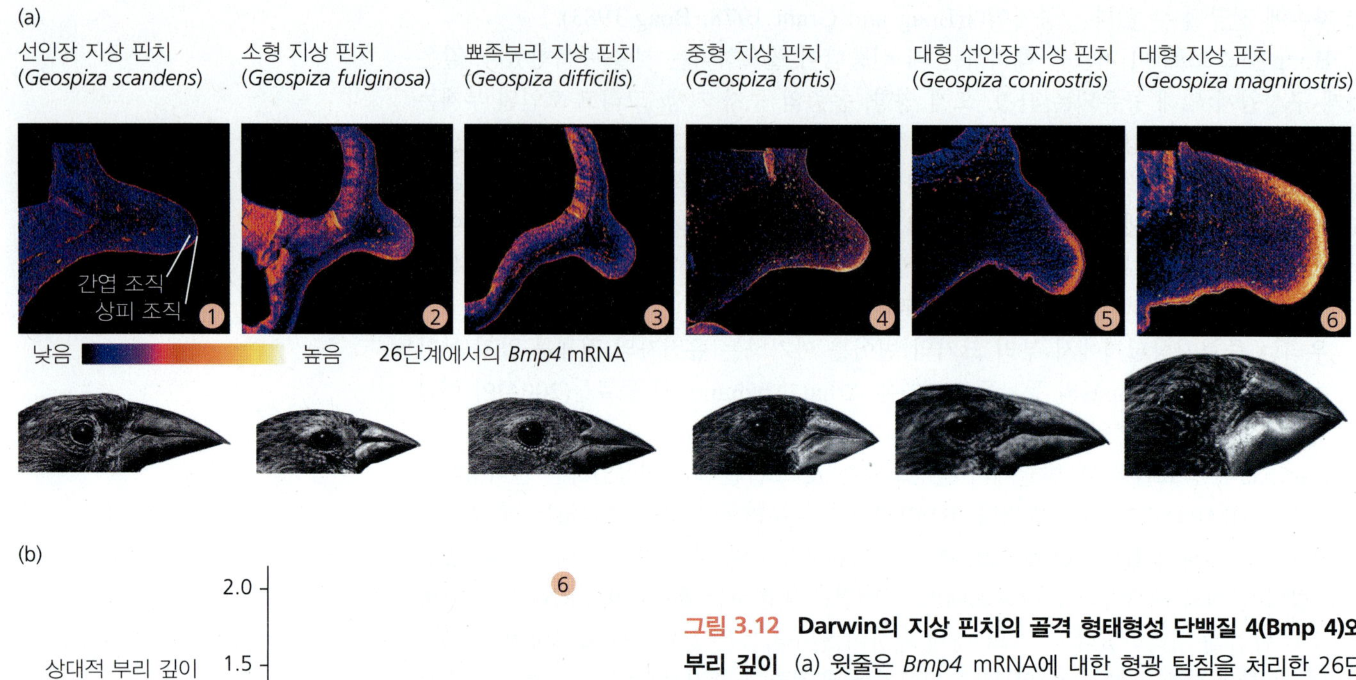


**그림 3.12 Darwin의 지상 핀치의 골격 형태형성 단백질 4(Bmp 4)와 부리 깊이** (a) 윗줄은 *Bmp4* mRNA에 대한 형광 탐침을 처리한 26단계의 배의 윗부리 돌기의 횡단면을 보여준다. 종들은 간엽조직 *Bmp4* 발현(간엽조직 최대 형광치 ÷ 상피조직 최대 형광치)의 순으로 정리되어 있다. 아랫줄은 성체의 부리를 보여준다. Campas et al. (2010)의 배; Petren et al. (1999)의 성체 핀치 사진. (b) 부리 깊이 대 간엽조직 *Bmp4* 발현. 양 축의 모든 값은 *Geospiza difficilis*를 기준으로 하였다. Campas et al. (2010)에서 다시 그림.

그림 3.12a의 윗줄 사진들은 각각의 종에서 간엽조직의 *Bmp4* 발현 증가에 따라 정리된 염색된 윗부리의 돌기이다. 아랫줄 사진들은 성체의 부리를 보여준다. 그림 3.12b의 그래프는 *Bmp4* 발현이 높은 종들이 더 깊은 부리를 가짐을 보여준다. Abzhanov와 동료들(2004)은 서로 다른 종의 지상 핀치들은 BMP4를 발현하는 유전자를 언제 어디에서 그리고 얼마나 강하게 활성화하는지를 결정하는 하나 또는 그 이상의 유전자에 대해 서로 다른 버전을 갖는다고 제안하였다.

종 내에서 각 개체들의 변이의 원인이 되는 유전적 기작은 종 간 차이의 원인이 되는 기작과 같을 수도 있고 다를 수도 있다(McGregor et al. 2007 참조). 하지만 합당한 가설은 *Bmp4* 발현이 유전적으로 부호화되는 차이점이 다프네 메이저의 중형 지상 핀치 사이의 부리 크기의 변이에 대해 일부 원인이 된다는 것이다.

## 3번 가설 검증: 개체들은 생존과 생식에 차이가 있는가?

Grant와 Grant, 그리고 그들의 동료들은 다프네 메이저의 핀치를 1973년부터 모니터링해왔고, 이 팀의 두 멤버인 Peter Boag와 Laurene Ratcliffe는 1977년에 섬에 있으면서 끔찍한 가뭄을 목격하였다(Boag and Grant 1981; Grant 1999). 평년의 우기처럼 130 mm의 강우량 대신 섬의 강우량은 24 mm 밖에 안 되었다. 식물들은 꽃을 아주 적게 피웠고 씨앗도 아주 적게 생산하였다. 중형 지상 핀치는 교미를 시도하지도 않았다. 20개월의 기간 동안 다프네 메이저의 *Geospiza fortis*의 84%가 사라졌다(그림 3.13a). 연구자들은 대부분이 아사했다고 추측하였다. 개체수 감소는 이들이 섭취하는 씨앗의 가용성(availability)의 감소와 동시에 발생했다(그림 3.13b); 38마리의 메마른 새들이 실제로 죽어서 발견되었다; 사라진 새들은 한 마리도 다음 해에 나타나지 않았다. 명백하게 집단의 일부만이 생존하여 1978년에 생식하였다.

이 규모의 사망률의 드문 것은 아니다. Rosemary Grant는 *Geospiza conirostris*의 89%가 생식하기 전에 죽는다는 것을 보여주었다(Grant 1985). Trevor Price와 동료들(1984)은 1980년과 1982년 다프네 메이저의 *G. fortis*의 각각 19%와 25%가 가뭄으로 죽었다는 것을 확인하였다.

실제로 연구된 모든 자연 집단에서 각 세대에서 생존하여 생식할 수 있는 개체들보다 더 많은 개체들이 생산된다. 일정한 크기의 집단에서 각 부모는 일생 동안 생존해서 생식할 수 있는 새끼를 평균적으로 한 마리를 생산한다. 하지만 생물체의 생식 능력은 이것보다 훨씬 높다. Darwin(1859)은 이 점을 설명하기 위해서 동물 중에서 생식이 가장 느린 것으로 알려진 코끼리를 선택했다. 그는 만약에 한 부모에서 나온 모든 자손들이 생존해서 생식한다면, 750년 후에는 1900만 개체가 있을 것이다. 더 빠른 생식자들에서는 이 수치들이 훨씬 놀랍다. Dodson (1960)은 만약에 한 쌍의 불가사리의 모든 자손들이 생존하여 생식한다면 불과 16년 후에 이들의 수는 가시권의 우주 전자의 측정치인 $10^{79}$를 넘을 것이라고 계산하였다. 우리를 불가사리와 코끼리에 묻히는 것으로부터 구해주는 유일한 것은 대량 사망이다.

마찬가지로, 자료에 의하면 대부분 집단에서는 생존하여 생식하는 특정 개체가 다른 개체들보다 더 잘 교배하고 새끼를 생산한다. Darwin의 세 번째 가설은 보편적으로 진실이다.

## 4번 가설 검증: 생존과 생식은 비무작위적인가?

Darwin의 네 번째 가설은 생존해서 생식하는 개체들, 또는 가장 많이 생식하는 개체들은 특정 변이를 가진 자들이라는 것이다. 비인위적인, 또는 자연선택된 집단의 일부가 1977년 가뭄에서 생존하였는가? 답은 그렇다.

가뭄이 지속되면서 먹을 수 있는 씨앗의 수와 종류가 바뀌었다(그림 3.13c). 다프네 메이저의 핀치는 여러 종류의 식물의 씨앗을 먹는다. 씨앗들은 작고 부드러운 것부터 크고 단단한 것까지 다양하다. 새들은 쪼개기 쉬운 작고 부드러운 씨앗을 좋아한다. 다른 때와 마찬가지로 가뭄 중에 핀치들은 우선적으로 작고 부드러운 씨앗부터 먹었다. 이들 대부분이 사라지자, *Tribulus cistoides*라고 불리는 식물의 크고 단단한 씨앗이 중요한 먹이가 되었다. 깊고 좁은 부리를 가진 큰 새만이 *Tribulus* 열매를 성공적으로 깨고 먹을 수 있다. 나머지 새들은 돌을 들추거나 흙을 긁어서 얼마 남지 않은 작은 씨앗을 찾아야 했다.

그림 3.14의 윗그림은 가뭄 전 해에 다프네 메이저에서 대규모로 인

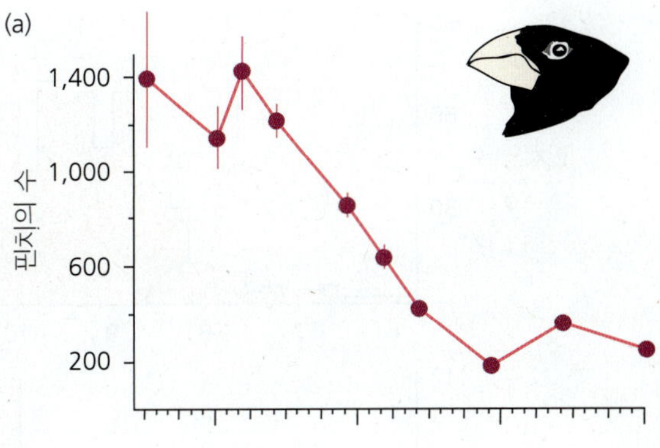


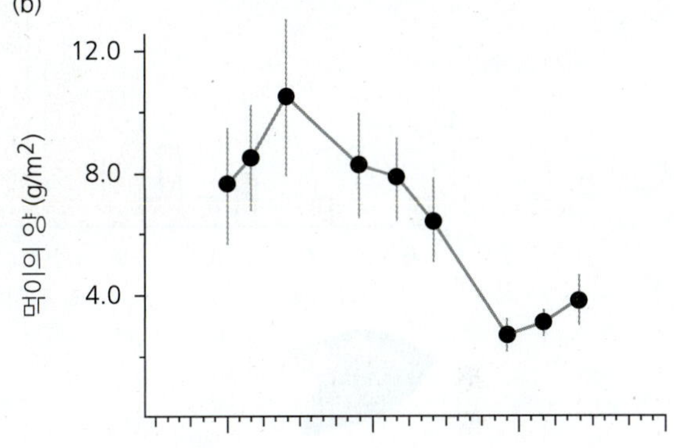


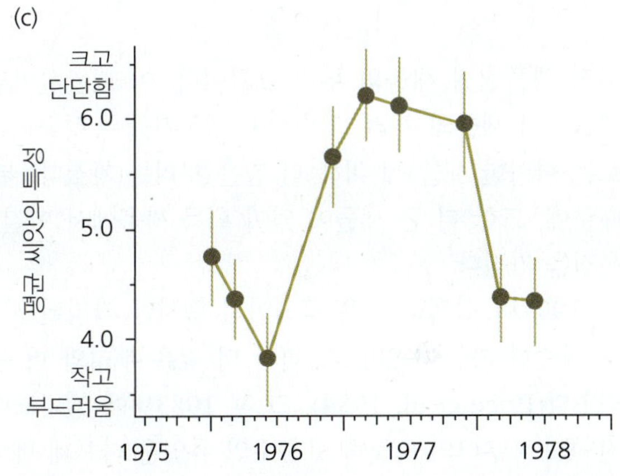


**그림 3.13 1977년 가뭄 중 아사** (a) 다프네 메이저에서 가뭄 전, 중간, 그리고 후의 중형 지상 핀치의 수. 각 자료 포인트를 지나는 수직선은 표준오차를 나타내는데 이는 개체수 측정치의 분산(variation)을 나타낸다. (b) 다프네 메이저에서 가뭄 전, 중간, 그리고 후의 씨앗의 양. (c) 가뭄 전, 중간, 그리고 후에 중형 지상 핀치에게 먹이로서 이용될 수 있는 평균 씨앗의 특성. 수직축에 표시된 경도지수는 Boag and Grant (1981)에 의해 고안된 특별한 측정치이다. Boag and Grant (1981)에서 다시 그림.

From "Intense natural selection in a population of Darwin's finches (Geospizinae) in the Galápagos." *Science* 214: 82–85. Reprinted with permission from AAAS.

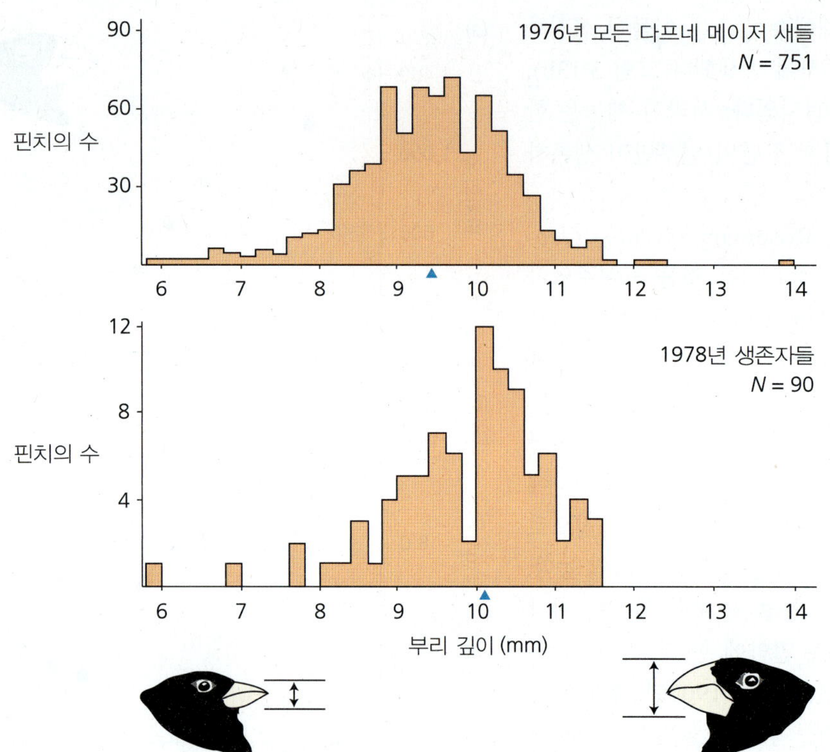


**그림 3.14 가뭄 전 후의 부리 깊이** 이 히스토그램들은 다프네 메이저의 1977년 가뭄 전후 중형 지상 핀치의 부리 깊이의 분포를 보여준다. 푸른 삼각형은 집단의 평균을 나타낸다. Boag and Grant (1984b)에서 다시 그림.

위적 샘플링된 새들의 부리 크기이다. 아래는 살아남은 90마리의 새들에서 인위적으로 샘플링된 새들의 부리 크기이다. 생존자들은 평균적으로 가뭄 전 새들(즉, 우리의 추론으로는 아사한 새들)에 비해 더 깊은 부리를 가졌다. 부리 깊이와 몸 크기는 상관성이 있기 때문에, 또한 더 큰 새들이 먹이 획득 싸움에서 이길 경향이 있으므로, 생존자들은 더 큰 몸집을 가졌다.

**끔찍한 가뭄 중에 더 크고 깊은 부리를 가진 핀치가 먹이 획득에 있어서 생존에 더 우위에 있다.**

1977년 선택 사건은 극적이긴 했지만 격리된 사건은 아니었다. 1980년과 1982년에도 비슷한 가뭄이 있었고, 역시 더 깊은 부리와 더 큰 몸집의 개체들이 자연적으로 선택되었다(Price et al. 1984). 그 후 1983년에 엘니뇨라고 불리는 남미대륙에서 멀리 떨어진 곳으로부터의 따뜻한 표층수의 유입은 다프네 메이저에 1359 mm의 강우량을 동반한 우기를 형성하였는데 이는 1977년의 57배가 넘는 강우량이였다. 이러한 환경적인 변화는 과도한 양의 더 작고 연질의 씨앗들을 초래하였고 이는 더 작은 몸집에 대한 강한 선택으로 이어졌다(Gibbs and Grant 1987). 우기에는 얕은 부리를 가진 작은 몸집의 새들이 더 작은 씨앗들을 더 효율적으로 채취할 수 있기 때문에 더 잘 생존하고 번식한다. 큰 몸집의 새들은 건기에 더 유리하고 작은 새들은 우기에 더 유리하다. 자연선택은 역동적이다.

## Darwin의 예측 검증: 집단은 진화하였는가?

Darwin의 가설 4개 모두는 다프네 메이저의 중형 지상 핀치에 대해서 검증하였다. 따라서 Darwin의 이론은 한 세대에서 다른 세대로 넘어갈 때 집단에서의 구성 변화를 예측한다. 1977년 가뭄에서 생존한 깊은 부리를 가진 새들이 새로운 세대를 생산했고, 이들은 깊은 부리의 유전자를 자손들에게 물려주었을 것이다. 그림 3.15는 이를 확인해 준다. 1978년에 부화한 새들은 평균적으로 1976년 태어난 새끼들에 비해서 더 깊은 부리를 가지고 있었다. 집단은 진화하였다.

**가뭄 때문에 핀치 집단은 진화했다. 선택은 몇 세대 이내에 이루어지고; 진화는 세대 사이에서 이루어진다.**

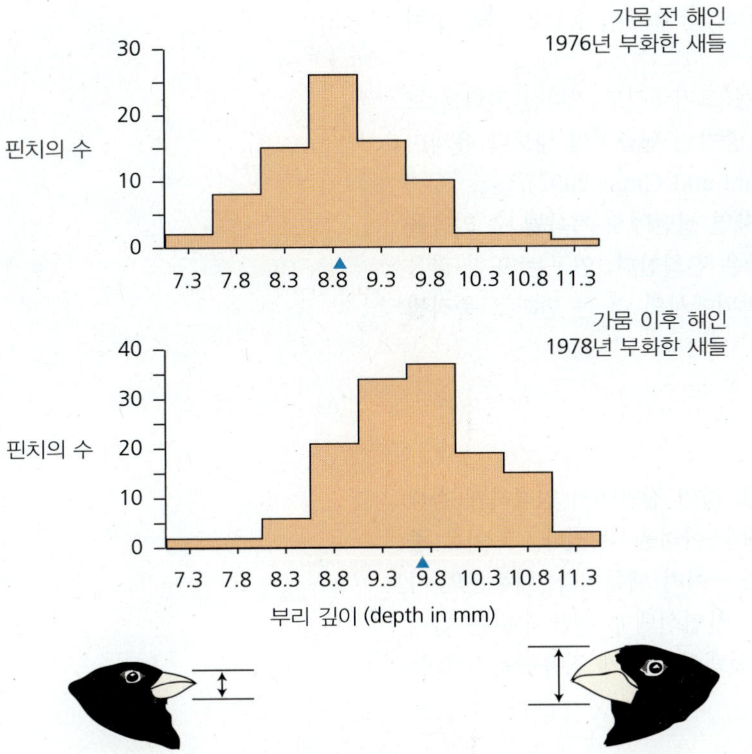


**그림 3.15 가뭄 전과 후에 부화한 핀치의 뿌리 깊이** 빨간 삼각형은 집단 평균을 나타낸다. Grant and Grant (2003)에서 다시 그림.

Peter Grant와 Rosemary Grant, 그리고 공동 연구자들은 1970년대 이후 지속적으로 다프네 메이저의 핀치를 모니터하고 있다. 기후와 새 집단의 예측 불가능한 변화, 그리고 이로 인한 섬 식생의 변화 덕분에 연구자들은 깊은 부리 개체들이 더 높은 빈도로 생존한 선택 사건들과 얕은 부리 개체들이 더 높은 빈도로 생존한 선택 사건들을 목격하였다.

그림 3.16은 30년 동안 3개의 형질을 추적한다. 각각의 형질은 부리 깊이 등 측정 가능한 특성의 통계적 합성물이다. 예를 들어서 "PC1 부리 크기"(그림 3.16a)는 부리 깊이, 부리 길이, 그리고 부리 너비를 합한다. 만약에 부리 크기에 진화가 없었다면 모든 자료지점에서 95% 신뢰구간은 완전한 자료가 존재하는 첫 해인 1973년의 신뢰구간(회색 띠)과 중복될 것이다.

우선, 그림 3.16a는 1977년 가뭄 동안 핀치 집단이 통계적으로 유의하게 평균적으로 큰 부리로 진화했다는 것을 보여준다. 이 변화는 파란색으로 표시하였다. 또한, 그림은 집단에서 큰 평균 부리 크기가 1980년 중반까지 유지되다가 다시 처음의 평균 크기로 돌아왔다는 것을 보여준다. 집단은 또 다른 가뭄이 나타날 때까지 이 상태를 유지하였다.

2003년과 2004년의 가뭄은 1977년의 가뭄만큼이나 심하였다(Grant and Grant 2006). 역시나 많은 중형 지상 핀치가 굶었다. 하지만 이번에는 최근 섬에 나타난 큰 집단의 대형 지상 핀치, *Geospiza magnirostris*와의 경쟁을 마주해야 했다. 대형 지상 핀치는 큰 부리를 가진 중형 지상 핀치가 1977년에 목숨을 부지하던 *Tribulus* 열매들에 접근할 수 있었고 이들을 섭취하였다. 그 결과로 큰 부리를 가진 중형

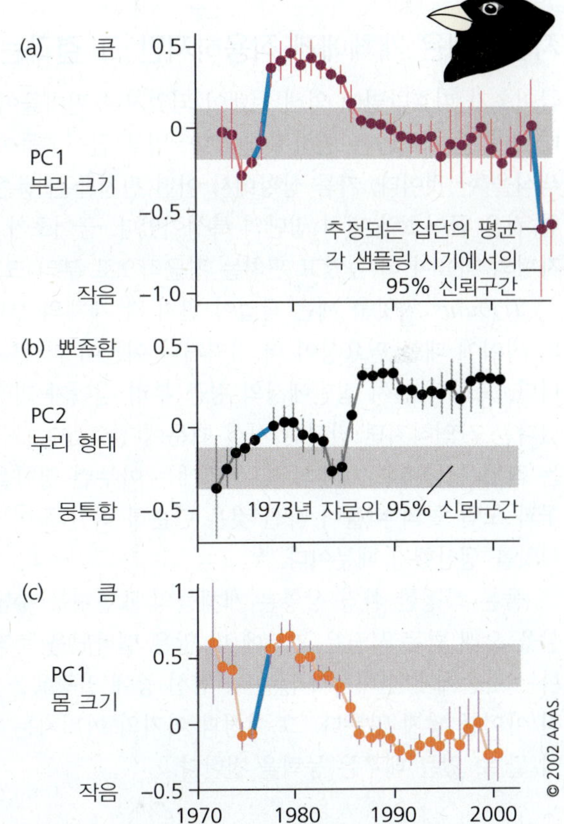


**그림 3.16 진화하는 핀치 집단** 성체의 평균 부리와 몸 크기. 가뭄이 있었던 연도는 푸른색으로 표시하였다. Grant and Grant (2002, 2006)의 자료.

(a) From "Evolution of character displacement in Darwin's finches." *Science* 313: 224–226. (b, c) From "Unpredictable evolution in a 30-year study of Darwin's finches." *Science* 296: 707–711. Reprinted with permission from AAAS.

지상 핀치들은 작은 부리를 가진 개체들보다 더 빠른 비율로 죽었으며, 집단은 작은 부리 크기 쪽으로 진화하였다.

중형 지상 핀치 집단은 또한 평균 부리 형태와 평균 몸 크기에서도 커다란 진화를 보였다(그림 3.16b와 c). 2001년 평균적인 새는 1970년대 중반의 평균적인 새보다 유의미하게 더 뾰족한 부리를 가졌고 유의미하게 더 작았다(Grant and Grant 2002).

Grant와 Grant의 연구는 Darwin의 진화의 원리가 자연 집단에서 기록될 수 있음을 보여주었다. Darwin의 가설 4개가 모두 사실일 때 집단은 진화한다. 연구는 또한 짧은 시간 범위에서의 작은 진화적인 변화들은 더 긴 시간 범위에서의 더 큰 변화로 축적될 수 있음을 보여준다.

## 3.5 자연선택의 성질

자연선택에 의한 진화의 이론이 간결하게 정리될 수 있고, 자연 집단에서 엄격하게 검증되고 확인될 수 있지만, 이를 철저하게 이해하는 것은 매우 어려울 수 있다. 그 이유 중 하나는 진화가 통계적인 과정—집단의 형질 분포의 변화—이기 때문이다. 대부분의 사람들에게 통계적인 사고가 자연스럽게 일어나지 않으며, 자연선택에 대한 수많은 널리 통용되는 통념들은 잘못됐다. 이 절에서 우리의 목표는 선택이 어떻게 작용하는지 또는 작용하지 않는지에 대한 몇몇 중요한 점을 다룰 것이다.

### 자연선택은 개체에게 작용하지만 그 결과는 집단에서 일어난다

금어초가 띠호박벌에 의해 선택이 되었거나 핀치들이 먹이 결핍의 결과로 선택이 되었을 때 선택된 개체들은 변하지 않았다. 일부 금어초들이 단순히 경쟁하는 개체들 이상으로 생식을 한 것이다. 가뭄 상황에서 어떤 핀치들은 생존하고 다른 핀치들은 사라졌다. 변화한 것은 금어초와 핀치 집단의 특성이었다. 금어초가 생산한 씨앗 중에는 하얀 꽃의 유전자형의 비율이 더 높았고 핀치는 평균적으로 부리 크기가 더 컸다.

*Tribulus* 씨앗을 깨는 작업이 핀치 각 개체의 부리를 더 크게 키우지는 않았다. 새들의 먹이에 대한 필요성이 더 커지거나 이들이 더 큰 부리를 원해서 부리가 자란 것도 아니다. 오히려 핀치 집단에서의 평균 부리 깊이가 커진 것은 작은 부리를 가진 핀치가 죽었다는 잔인하지만 간단한 사실 때문이다(그림 3.17). 마찬가지로 수분 매개자를 유인하는 작업은 금어초 개체의 꽃 색깔에는 아무런 영향을 미치지 않았다. 이와 반대로 하얀 꽃과 노란 꽃의 비율이 바뀐 것은 단순히 하얀 꽃이 더 많은 꽃가루를 퍼트렸고 더 많은 씨앗을 생산했기 때문이다.

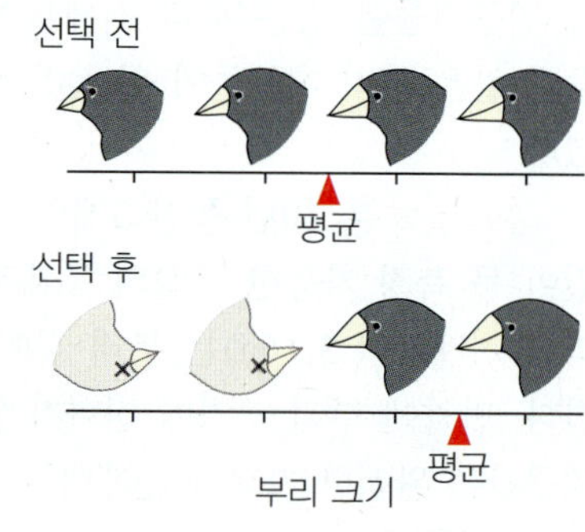


**그림 3.17 자연선택은 개체에게 일어나지만 변화하는 것은 집단이다** 다프네 메이저의 가뭄 동안 개체들은 부리 크기를 변화하지 않았다; 이들은 살아남든지 죽었다. 변화한 것은 집단의 특성인 평균 부리의 크기였다.

물론 특정한 환경 상황은 개체들의 표현형을 수많은 방향으로 바꾼다. 예를 들어 햇살을 오래 받는 사람은 피부에 더 많은 멜라닌을 축적한다—즉, 탄다. 하지만 이러한 변화는 자손에게 전해지지 않는다. 임신 중에 일광욕을 하는 여성은 더 어두운 피부색을 가진 아이를 낳지 않는다. 그 여성과 아기의 아버지는 탄 피부를 전하는 것이 아니라 유전이 될 수 있는 태우는 능력을 전한다.

### 자연선택은 표현형에 작용하지만 진화는 대립유전자 비율의 변화로 구성된다

큰 몸집과 깊은 부리를 가진 핀치는 만일 집단 내의 변이가 모두 환경적 요인에 의한 것(즉, 유전력이 0인 경우)이라도 가뭄에서 더 높은 비율로 생존했을 것이다. 하지만 진화는 일어나지 않았을 것이다. 선택은 집단 내의 표현형의 비율을 변화시켰을 것이지만 그 다음 세대에서 표현형의 분포는 선택 이전의 분포와 같았을 것이다(그림 3.18a).

선택의 생존자들이 표현형을 결정짓는 유전자형이라는 매개로 성공적인 표현형을 자손에게 전달할 때만 자연선택은 한 세대로부터 다음 세대로의 집단의 변화를 초래한다(그림 3.18b). 다프네 메이저에서 선택이 작용한 표현형의 변이는 유전적인 토대를 가지고 있었다. 그 결과로 생존자에서 나타난 새로운 표현형의 분포가 다음 세대에도 지속되었다.

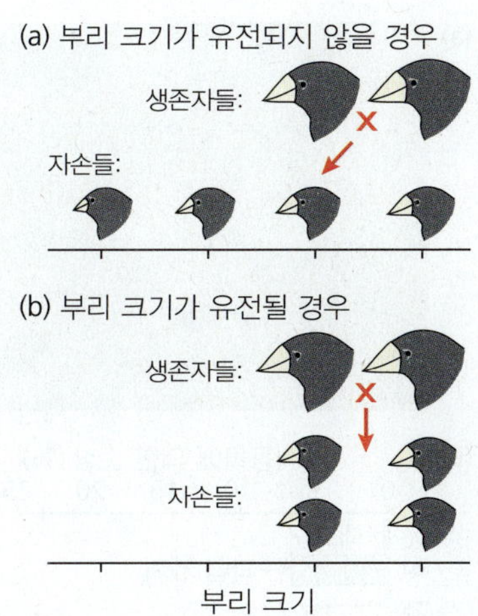


**그림 3.18 집단은 형질이 유전 가능할 때만 진화한다** 만약 변이가 유전자형의 차이 때문이라면 선택의 생존자들은 이들의 성공적인 표현형을 자손에게 전달한다.

## 자연선택은 선견지명이 있지 않다

자손들은, 태어나기 전에 지배적이었던 상황에 의한 선택의 생존자로부터 유래되었다. 다프네 메이저에서 1978년 부화된 핀치들은 평균적으로 1976년 부화된 핀치에 비해 가뭄에 더 잘 적응할 수 있었다. 하지만 이들의 일생 동안 환경이 다시 변화된다면 이들은 1976년 새들이 겪은 작고 부드러운 씨앗의 부족과 같은 새로운 상황에서 더 잘 적응하지 못할 수도 있었다.

진화를 처음 접하는 학생들은 개체들이 미래의 상황에 대비해 미리 적응할 수 있다거나 선택은 이후 세대에서 일어날 수 있는 환경 변화를 예측할 수 있다는 오해를 가질 수 있다. 하지만 이는 불가능하다. 자연선택에 의한 진화에는 미래 예측이 가능한 의식적인 실체의 관여가 없다. 그리고 그 결과로 진화하는 집단은 환경의 변화에 최소한 한 세대는 뒤쳐진다.

## 선택은 현존하는 형질에 작용하지만 새로운 형질이 진화할 수 있다

선택 자체는 적응 가능한, 또는 그 외의 새로운 유전적 변이를 생산하지 않는다. 생존이나 생식의 차이는 이미 존재하고 있는 변이 사이에서만 일어난다. 예를 들어 핀치 집단에서 작은 부리를 가진 개체들의 굶주림은 순식간에 더 많은 부리 크기의 변이를 생성하지 않는다. 특히 이는 *Tribulus* 열매를 부수는 데 최적인 큰 부리를 가진 핀치를 생산하지 않는다. 아사는 그저 생식하는 집단 내에서 이미 살아 있는 가장 큰 부리를 가진 새들로 솎아낼 뿐이다.

이는 자연선택 하에서는 새로운 형질이 진화할 수 없다는 것을 암시하는 듯하다. 하지만 새로운 형질의 진화는 실제로 가능하다. 그 이유는 2가지이다: 첫째 이유는 모든 종에 적용되고 두 번째는 유성생식을 하는 종에 적용된다. 모든 종들의 생식 중 무작위적인 돌연변이가 새로운 대립유전자를 생성한다. 유성생식을 하는 종의 생식 중 감수분열과 수정은 현존하는 대립유전자를 새로운 유전자형으로 재조합한다. 돌연변이와 재조합은 이후에 선택에서 추려낼 수 있는 새로운 형질의 모음을 야기한다.

예를 들어 일리노이 주립대에서 실행한 인위적 선택 연구를 고려해보자(Moose et al. 2004). 1896년에 163개 옥수수 열매를 가지고 연구가 시작된 이후 연구자들은 그 해의 작물 중 가장 높은 기름 함유량을 가진 식물의 씨앗으로 다음 해의 작물을 심었다. 시작하는 집단에서 기름 함유량은 무게의 4~6% 사이였다. 100세대 동안의 선택 이후에 집단에서의 기름 함유량은 약 20%였다(그림 3.19). 즉, 현 세대에서의 일반적인 식물은 첫 세대의 평균보다 3배 이상의 기름 함유량을 가지고 있다. 돌연변이, 재조합, 그리고 선택이 함께 새로운 표현형을 생산하였다.

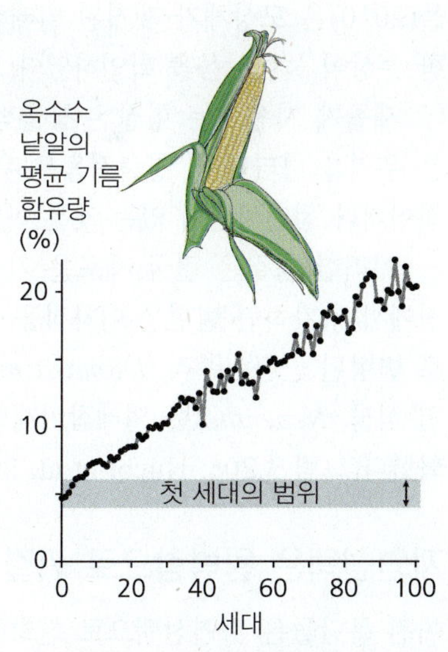


**그림 3.19 지속적인 장기간의 선택은 형질의 급격한 변화를 초래할 수 있다** 일리노이주 장기적 선택 실험의 자료는 100세대 동안의 인위적인 선택으로 옥수수 낟알에서 기름 함유량이 늘어났음을 기록한다. 100번째 세대의 평균은 시작 시점의 세대의 범위에서 꽤 벗어난 곳에 있다. Moose et al. (2004)에서 수정.

지속적인 자연선택은 현존하는 행동, 구조, 또는 유전자에 대해 새로운 기능의 진화를 야기할 수 있다. 식충식물은 그 예시를 보여준다. 벌레잡이제비꽃, *P. moranensis*은 잎을 덮고 있는 과립형 털 또는 모상체로부터 발산된 물방울 형태의 끈적한 액체로 작은

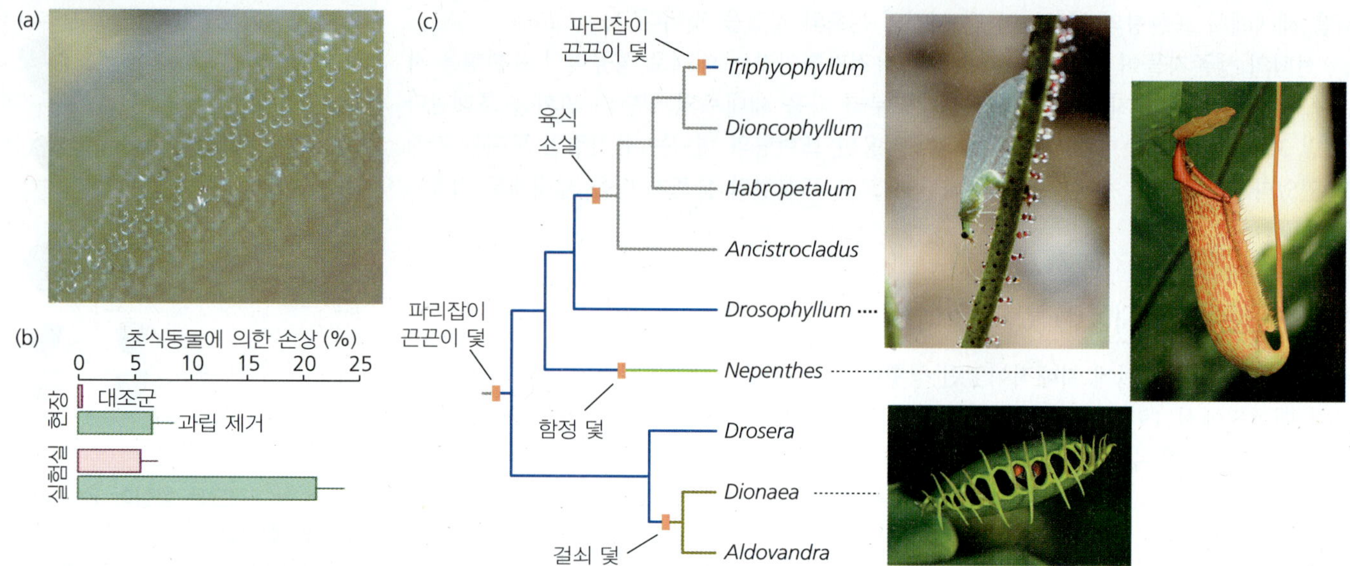


**그림 3.20 식충식물에서의 진화적 새로움** (a) 벌레잡이제비꽃, *P. moranensis*는 끈적한 액체를 발산하는 과립형 모상체로 덮여 있다. (b) *P. moranensis*의 모상체는 방어뿐 아니라 먹이를 잡는 데도 쓰인다. Alcalá et al. (2010)에서 다시 그림. (c) Caryophyllales 목에서 파리잡이끈끈이 덫을 가진 계보는 함정덫과 걸쇠덫을 진화시켰다. 계통수는 Heubl et al. (2006)에서 다시 그림.

곤충들을 잡는다(그림 3.20a). 과립형 모상체는 식물에서는 흔한 초식동물 억제제이므로 벌레잡이제비꽃은 이미 존재하는 방어적인 형질이 먹이 포획의 새로운 역할을 제공하면서 처음 식충식물이 되었다는 것을 시사한다. 이 가설과 일관되게, Raúl Alcalá와 동료들(2010)은 모상체가 제거된 벌레잡이제비꽃은 현장에서도 실험실에서도 초식동물에 의한 손상이 늘어났음을 확인하였다(그림 3.20b).

새롭게 사용되는 형질은 **창출적응(exaptation)**이다(Gregory 2008 참조). 창출적응은 우연을 나타낸다. 창출적응은 우연히 개체의 적응도를 증가시키지만 자연선택이 의식적이거나 선견지명이 있는 것은 아니다.

이러한 형질은 결국 새로운 기능에 연관된 완전히 새로운 구조를 만들어낸다. 이 과정에서 추가적인 변형은 **이차적응(secondary adaptation)**이라고 부른다. 잎이 걸쇠덫으로 변형된 끈끈이주걱, *Dionaea muscipula*과 잎 끝의 덩굴손이 함정덫으로 변형된 낭상엽 식물, *Nepenthes*은 벌레잡이제비꽃 같이 파리잡이 끈끈이 덫을 가진 조상으로부터 진화했다(그림 3.20c; Huebl et al. 2006).

## 자연선택은 완벽함으로 귀결되지 않는다

이전 문단들은 자연선택으로 진화하는 집단이 시간이 지나면서 적응성이 높아진다고 주장한다. 하지만 진화가 완벽한 개체를 초래하지 않음을 깨닫는 것도 역시 중요하다.

그 이유 중 하나는 집단들이 서로 반대되는 양상의 선택을 직면할 수 있기 때문이다. 모기물고기, *Gambusia afinis*의 경우, 뒷지느러미가 교접기관, 즉 생식다리로 쓰일 수 있게 변형되었다. 하지만 포식자가 공격할 때 큰 생식다리는 수컷의 도피를 방해하는 글자 그대로 장애물이다. 완벽한 수컷은 암컷에게 매력적이면서도 포식자를 피할 수 있을 만큼 빠를 것이다. 하지만 어떤 수컷도 둘 다가 될 수 없다. 오히려, 각 집단은 반대로 작용하는 선택 매개체들을 절충하는 표현형을 진화시킨다(그림 3.21).

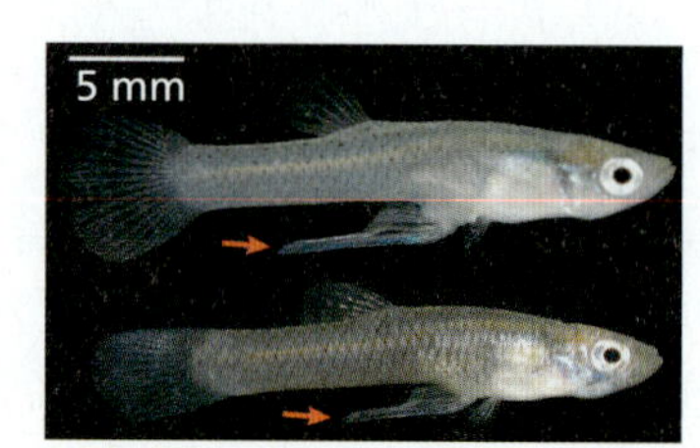


**그림 3.21 어떤 수컷도 완벽하지 않다** 이 수컷들은 짝을 유인하지만 탈출을 방해하는 생식다리를 과시한다. 아래 수컷은 포식이 많은 집단의 개체이다. Langerhans et al. (2005)에서.

개체들이 완벽하지 않은 또 다른 이유는 자연선택에 의한 진화가 이용할 수 있는 변이들을 추려서 몸을 형성하기 때문이다. 그 결과는 합리적으로 설계된 것이 아니라 예비 부품으로 수선된 듯한 몸의 구조이다. 예를 들면 넙치류와 홍어를 비교해보자(Coyne 2009). 둘은 모두 포식을 줄여서 생존을 강화하는 적응인 평평한 몸체와 보호색, 그리고 바닥에 눕는 경향이 있다. 홍어의 몸체는 등배쪽으로 압축되었고 대칭을 유지한다. 하지만 넙치류는 측면으로 뒤집혀 있다. 이들은 똑바른 상태의 대칭적인 치어로 일생을 시작한다. 이들은 성장하면서 한 눈이 머리의 다른 쪽으로 이동하고 몸은 비대칭이 되며 물고기는 눕는다. 홍어와 나란히 보면 넙치류는 확실히 임시방편으로 짜 맞춰진 것으로 보인다.

자연선택은 현존하는 변이들에서 일어나며, 모든 형질을 동시에 최적화할 수는 없다. 이는 완벽이 아닌 적응으로 이어지는 것이다.

## 자연선택은 무작위적이 아니지만 점진적이지도 않다

자연선택에 의한 진화는 무작위적이거나 우연한 과정으로 규정되지만 사실 그렇지 않다. 유전적 변이를 생성하는 과정인 돌연변이와 재조합은, 표현형에서 만들어내는 변화에 대해서는 무작위적이다. 하지만 표현형과 유전자형 변이들 사이의 자동적 선별인 자연선택은 무작위와는 정반대이다. 자연선택은 정의 자체로 다른 변이들과 비교했을 때 특정 변이의 생존과 생식에서의 무작위적이지 않은 우월함이다. 이것이 자연선택에 의한 진화가 환경에의 적응을 증가시키는 이유이다.

하지만 자연에서 일어나는 무작위적이지 않은 선택은 의식적인 의도가 전혀 없다. Darwin의 책을 읽은 몇몇 독자들이 "자연선택"을 의식 있는 존재에 의한 결정으로 이해하였기 때문에 Darwin은 이 표현을 쓴 것을 나중에 후회하였다. 하지만 자연선택은 보이지 않는 손에 의한 작업이 아니다. 그냥 일어나는 것이다. 방향성 없는 자연선택의 특성은 그림 3.16의 자료에 명백하게 나타난다. 섬에서의 상황이 변하자 핀치 집단은 처음에는 한 방향으로, 다음에는 다른 방향으로 진화하였다.

관련된 점은 지질학적인 시간 동안 개체들의 복잡성, 조직화의 정도, 그리고 개체의 분화는 증가하는 경향이 있지만 진화는 미리 정해진 목표를 향해 움직인다는 의미에서 점진적이지는 않다. 진화하는 집단은 환경에 대한 평균 적응이 증가하는 형태로만 발전한다. 변경되지 않는 더 발전된 형태로의 추세는 존재하지 않는다. 복잡한 형질은 자주 사라지고 많은 개체들은 조상에 비해 더 단순하다. 예를 들면 현존하는 촌충들은 소화기관이 없다. 뱀은 다리가 있는 조상으로부터 진화하였다. 초기 새의 화석에는 이빨이 있지만 현존하는 새들은 이빨이 없다.

불행히도 진화에 대한 점진론적인 관점은 잘 사라지지 않는다. 심지어는 Darwin조차도 진화적 관계를 설명할 때 "고등의 또는 하등의 단어를 절대 쓰지 않도록" 스스로 상기시켜야 했다. 모든 현존하는 그리고 화석상의 개체들은 같은 원시 계보의 조상으로부터 유래한다. 그리고 모두 각자의 시간에서 자신들의 환경에 적응하여 생존하고 생식하였다. 어떤 개체도 "고등"이거나 "하등"하지 않다.

**고등 또는 하등인 식물 또는 동물은 존재하지 않는다.**

## 적응도는 순환하지 않는다

자연선택에 의한 진화의 이론은 간혹 비생물학자에 의해 동의어 반복적이라는, 또는 순환 논리적이라는 비판을 받는다. 이 순환적이라는 것은 "적자생존"이라는 어구에 가장 잘 담긴다. 정의에 의하면 적자란 생존하고 생식하는 자들이다. Herbert Spencer(1864, p. 444)에 의해 만들어지고 이후에 Darwin에 의해 채용된(예를 들어. 1868, p. 6) 이 어구는 이렇게 "생존자의 생존"으로 표현될 수 있다. 이것은 사실이지만 아무것도 설명하지 못한다.

이 문제를 해결하는 열쇠는 "적자생존"이 Darwin 이론에 대한 지나치게 단순화된, 따라서 오해의 소지가 있는 묘사라는 것을 인지하는 것이다. 자연선택의 필수적인 특징은 특정한 유전되는 변이들이 다른 변이들에 비해 더 낫다는 것이다. 무작위가 아닌 집단의 일부분이 더 높은 비율로 생존하고 더 많은 자손을 남기는 한 진화는 일어난다. 금어초와 핀치의 예에서 연구자들은 생존과 생식이 무작위적이지 않다는 것을 확인하였을 뿐 아니라 왜 특정 개체들이 다른 개체들보다 더 잘 적응하는지를 밝혀냈다.

Darwin의 적응도는 추상적인 양이 아니라는 것은 분명하다. 자연에서 측정 가능한 것이다. 이것은 개체들이 생산하는 자녀의 수를 세거나 어떠한 선택 사건에서의 생존 능력을 관찰하고 각각 개체들의 성과를 같은 집단 내의 다른 개체들과 비교하는 방법으로 이루어진다. 이들은 독립적이고 객관적인 적응도 평가 기준이다. 유전되는 변이들이 적응도의 차이와 연관됨이 드러나면 집단은 예측한 대로 진화한다.

### 선택은 종의 이익이 아닌 개체의 단위에서 작용한다

자연선택에 대한, 특히 동물 행동의 선택에 대한, 가장 많이 퍼져 있는 오해는 각각 개체들이 종의 이익을 위해 행동한다는 것이다. 자기희생적, 또는 이타적인, 행위는 자연에서 일어난다. 포유류 포식자들이 접근할 때 벨딩땅다람쥐들은 비상 신호를 보내 자신에게 관심을 끈다. 사자 어미들은 가끔 자기 자식이 아닌 새끼를 양육한다. 하지만 형질들은 그의 원인이 되는 유전자들의 적응도를 다른 유전자의 적응도에 비해서 증가시키지 못하면 자연선택에 의해 진화할 수 없다(12장 참조). 예를 들면, 이타적 행위의 진화는 관대함의 대상이 친족이거나 은혜를 갚을 수 있다는 믿음이 있을 때 일어난다.

개체들은 종의 이익을 위해 행동하지 않는다. 이들은 미래 세대에 자신들의 유전자가 최대로 전달되는 방향으로 행동한다.

동물들이 종의 이익을 위해서 행동한다는 생각이 너무나 뿌리 깊기 때문에 우리는 다른 방식으로 같은 주장을 하겠다. 사자들은 프라이드라는 사회그룹에서 산다. 수컷의 연합들은 프라이드를 지배하기 위해 싸운다. 새로운 연합이 한 프라이드의 수컷을 패배시키고 몰아낼 때 이들은 젖을 떼지 않는 새끼들을 재빠르게 죽인다. 이 새끼들은 도살자들과 혈연이 아니다. 새끼들을 죽이는 행위는 프라이드의 암컷들이 더 빠르게 가임하고 새로운 수컷의 자손을 임신할 수 있기 때문에 새로운 수컷의 적응도를 높인다(Packer and Pusey 1983, 1984). 동물에서는 새끼살해가 만연하다. 이러한 행동은 결코 종의 이익을 위해서 존재하지 않는다. 오히려 새끼살해는 특정한 상황에서는 이 행위를 하는 개체들의 적응도를 그렇지 않은 개체들에 비해서 더 높인다.

## 3.6 진화생물학의 진화

자연선택에 의한 진화가 살아 있는 시스템의 일반적인 조직적 기능이기 때문에 Darwin의 이론은 지식 역사에서 가장 훌륭한 개념 중 하나로 인정된다. 이 이론이 생물학에 미치는 영향은 Newton의 법칙들이 물리학에 미치는 영향, Copernicus의 지동설이 천문학에 미치는 영향, 그리고 판구조론이 지질학에 미치는 영향과 비슷하다. 진화유전학자 Theodosius Dobzhansky(1973)에 의하면 "생물학의 어떤 것도 진화의 관점이 아니면 설명되지 않는다."고 했다

이 대단한 힘과 범위에도 불구하고 자연선택에 의한 진화이론은 처음 제안된 이후 약 70년 이후에야 널리 받아들여졌다. Darwin에 의해 처음 세워질 당시 이 이론은 세 가지 중요한 문제를 가지고 있었다.

## 변이

Darwin은 돌연변이에 대해 아는 것이 없었기 때문에 집단 내에서 다양성이 어떻게 생성되는지 알 수 없었다. 따라서 그는 집단 내에서의 다양성은 철저하게 한정되어 있고 자연선택은 다양성이 사라지면 멈추게 된다고 주장하는 비판에 대해 대답할 수 없었다. 1900년대 초반 Thomas Hunt Morgan 등의 유전학자들이 초파리를 가지고 실험하기 시작하고 나서야 생물학자들은 돌연변이의 지속적이고 일반적인 성질에 대해 이해하기 시작하였다. Morgan과 동료들은 모든 세대와 모든 형질에서 돌연변이가 일어난다는 것을 보여주었다.

## 유전

Darwin은 유전학에 대해 아는 것이 없었으므로 변이가 어떻게 자손에게 전해지는지 알 수 없었다(Charlesworth and Charlesworth 2009 참조). 멘델의 완두콩 연구가 처음 출판된 지 35년 이후 재발견되어 입증될 때까지 생물학자들은 유전을 이해하지 못하였다. 멘델의 분리의 법칙과 독립 유전의 법칙은 집단에서 보이는 다양성의 일부는 유전될 수 있다는 Darwin의 두 번째 가설의 기작을 입증하였다.

멘델의 법칙이 알려지기 전에 많은 생물학자들은 유전이 페인트의 색소처럼 작용한다고 생각하였다. **혼합유전(blending inheritance)**이라고 불리는 이 가설의 옹호자들은 유리한 변이들이 실존하는 변이들과 혼합되어 사라질 수 있다고 주장하였다. 1867년 스코틀랜드의 공학자인 Fleeming Jenkin은 혼합유전의 사고 실험을 포함하는 수학적인 논술법을 출판하였다. Jenkin의 모델은, 만일 어두운 피부색의 항해사가 밝은 피부색의 사람들이 사는 적도 섬에 고립된다면, 어두운 피부색이 (예를 들어 피부암을 감소시키는 등) 어떠한 이점이 있더라도, 집단은 어두운 피부색을 띠지 않을 것이라고 예측한다. 만일 어두운 피부색의 항해사가 밝은 피부색의 여성과 자녀를 갖는다면, 아이들은 갈색의 피부를 가질 것이다. 이후 그들이 밝은색의 사람들과 자녀를 갖는다면 이들은 옅은 갈색 피부를 가질 것이고 이후에도 비슷할 것이다. 이와 반대로 옅은 피부색의 항해사가 어두운 피부색의 사람들이 사는 북쪽의 섬에 좌초된다면 밝은색의 피부가 (예를 들어 UV 에너지를 이용한 비타민 D 생성을 촉진하는데) 아무리 유리하더라도 집단의 피부색은 옅어지지 않을 것이다. 혼합유전 하에서 새로운 변이들은 희석되어 사라진다. 집단이 자연선택에 의해 진화하려면 유리한 새로운 변이들이 자손에게 온전한 상태로 전달되고 독립적으로 존재해야 한다.

우리는 이제 표현형은 피부색 등 일부 형질들을 융합하지만 유전자형은 그렇지 않다는 사실을 이해한다. 그림 3.22는 피부색의 경우 왜 이렇게 되는지를 보여준다. 피부색은 멜라닌 세포라 불리는 세포들에서 생성되는 색소에 의해 주로 결정된다(그림 3.22a). 알파 멜라닌세포 자극 호르몬($\alpha$-MSH)이 멜라노코르틴 1 수용체(MC1R; 그림 3.22b)에 결합하면 멜라닌 세포는 갈색을 띤 검정 색소인 유멜라닌을 생성한다. MC1R이 기능장애가 있거나 아구티 신호 단백질(ASP; 그림 3.22c)에 의해 차단되었을 때 멜라닌 세포는 붉은색을 띤 노란 색소인 페오멜라닌을 생성한다. 인간의 피부색의 변이는 MC1R 유전자와 ASP 유전자 모두의 대립유전자의 변이와 관련이 있다(Harding et al. 2000; Shaffer and Bolognia 2001; Kanetsky et al. 2002). 예를 들어 MC1R 유전자의 *Arg151Cys* 대립유전자에 대한 동형접합자는 거의 대부분 붉은 머리와 밝은 피부색을 갖는다(Smith

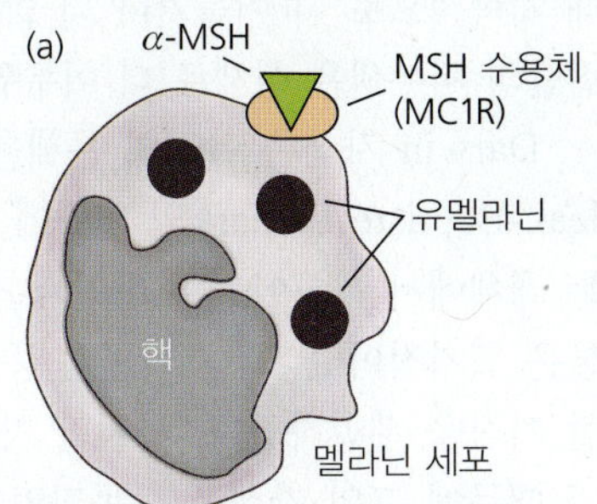


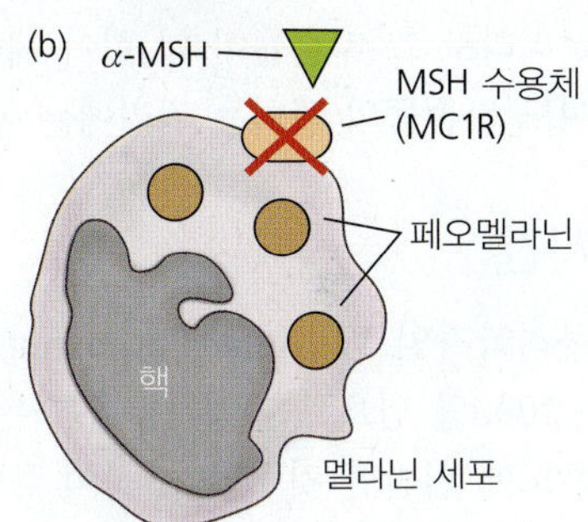


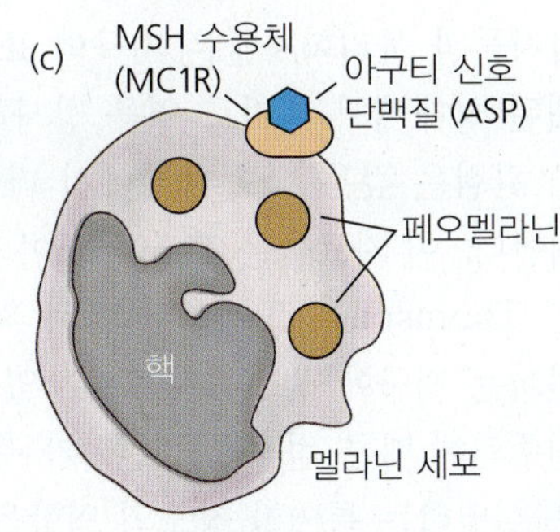


그림 3.22 **인간의 피부 색 조절** 색은 주로 멜라닌 세포라고 불리는 세포에 의해 결정된다. 색소를 만들고 저장하는 세포 기관을 멜라노좀이라 부른다. (a) 알파 멜라닌세포 자극 호르몬($\alpha$-MSH)이 멜라노코르틴 1 수용체(MC1R)에 결합하면 멜라닌 세포는 갈색을 띤 검정 색소인 유멜라닌을 생성한다. (b와 c) MC1R이 기능장애가 있거나 아구티 신호 단백질(ASP)에 의해 차단되었을 때 멜라닌 세포는 붉은색을 띤 노랑 색소인 페오멜라닌을 생성한다. Schaffer and Bolognia (2001)에서.

et al. 1998). 표현형을 결정하는데 대립유전자들의 영향은 융합적일 수 있다. 예를 들어 *Arg151Cys* 대립유전자를 하나만 가지고 있는 개인은 중간색을 갖는다. 하지만 대립유전자 자체는 자손에게 온전한 상태로 전달되고 둘의 *Arg151Cys* 이형접합체들은 붉은 머리의 동형접합자 자손을 가질 수 있다. 따라서 유전은 융합적이 아니라 개별적이다.

만일 선택이 강하게 작용하고, 또한 멜라닌 생성을 조절하는 유전자의 돌연변이에 의해 지속적으로 더 어둡거나 더 밝은 피부색의 변이가 집단에 추가될 경우 Jenkin의 가상 집단의 피부색은 실제로 더 어두워지거나 더 밝아질 것이다.

Darwin 자신은 유전의 문제를 가지고 어려움을 겪었고 결국에는 프랑스 생물학자인 Jean-Baptiste Lamark의 연구에 의거한 잘못된 관점을 받아들였다. 19세기 초, Lamark는 개체에서 이루어진 변화의 유전을 통하여 종이 진화한다고 제안하였다. Lamark의 이론은 획기적이었다: 이 이론은 종들이 시간에 따라 변한다는 것을 인식하였고 이를 설명할 기작을 제안하였다. 하지만 자손들은 부모들이 획득한 표현형의 변화를 물려받지 않기 때문에 그의 가설은 잘못되었다. 만약 사람들이 웨이트 트레이닝으로 근육을 키운다 하더라도 그 자손들이 더 힘이 세어지지는 않는다. 기린이 잎을 획득하기 위하여 목을 늘여도 자손들의 뻗치는 거리에는 아무런 영향을 미치지 않는다.

## 시간

물리학자인 William Thomson(Kelvin 경)은 1860대 초반에 지구의 나이를 1500만~2000만 년으로 측정하는 연구논문을 발표하였다. 그의 분석은 태양열의 측정과 지구의 온도에 기반한 것이었다. 불이 유일하게 알려진 열의 근원이었기 때문에 Thomson은 태양이 서서히 소진되는 커다란 석탄 덩어리처럼 연소된다고 가정하였다. 마찬가지로 지질학자들과 물리학자들은 지구의 표면이 서서히 식고 있다고 믿었다. 이 개념은 지구가 용해된 상태에서 대기로 열을 방사하는 방법으로 고체의 상태로 변화하고 있다는 가정—이 관점은 깊은 갱도 내부에서 더 높은 온도가 측정된다는 사실에서 뒷받침된다—에 근거한다. 이 자료들은 Thomson이 복사 냉각의 속도를 계산할 수 있게 하였다.

Thomson은 뜨거운 해에서 차가운 해로, 그리고 뜨거운 지구에서 차가운 지구로의 변화는 지구에 생명체가 살 수 있는 좁은 시간의 창을 남긴다고 계산하였다. 이 창은 다윈주의에 따른 점진적인 변화가 축적되기에는 너무나 작기 때문에 따라서 적응과 다양성을 설명하는 특별한 창조의 역할을 지지하였다.

20세기 초기 방사선 동위원소의 발견은 이 모든 것을 바꿨다. Thomson의 계산은 맞았지만 그의 가정은 틀렸다. 지구의 열은 방사선 붕괴의 부산물이지 복사 냉각의 부산물이 아니고 태양의 열은 연소가 아닌 핵분열에 의한 것이다.

## 현대 종합설

다양성, 유전, 그리고 시간은 매우 어려운 문제를 제기하였기 때문에 진화 생물학의 첫 70년은 혼란으로 가득찼다(Provine 1971; Mayr 1980, 1991 참조). 하지만 1932년과 1953년 사이에 몇 권의 획기적인 책들이 유전학을 Darwin의 4개의 가설과 접목시켰고 이는 진화이론의 재공식화로 이어졌다. 현대 종합설(modern synthesis) 또는 진화 종합설이라고 알려진 이 재공식화는 두 명제에 기초한 합의였다. 첫째는 점진적인 진화는 자연선택 하에서 그 빈도가 증가하고 감소하는 작은 유전적 변화들로부터 야기된다는 것이다. 두 번째는 종과 높은 분류군의 기원 또는 대진화는 개체, 즉 소진화에 작용하는 자연선택의 관점으로 설명될 수 있다는 것이다.

**현대 종합설은 자연선택에 의한 진화의 타당성에 대한 수십 년의 논란을 해결하였다.**

종합설 하에서 Darwin의 원래의 4개의 가설과 이의 결과들은 다음과 같이 고쳐 쓸 수 있다:

1. 개체들의 차이는 새로운 대립유전자를 생산하는 돌연변이와 대립유전자들을 새로운 조합으로 섞는 분리와 독립 유전의 결과로 생성된다.
2. 개체들은 자신들의 대립유전자를 자손에게 온전한 상태로 물려준다.
3. 모든 세대에서 일부 개체들은 다른 개체들에 비해 생존과 생식에 더 성공적이다.
4. 생존과 생식에 가장 성공적인 개체들은 이들의 환경에 가장 잘 적응하는 대립유전자와 대립유전자 조합을 가진 개체들이다.

이 결과로 한 세대로부터 다른 세대로 넘어갈 때 더 높은 적응도와 연관된 대립유전자의 비율이 늘어난다.

Darwin은 종의 기원에 관하여 첫 판의 서두에서 진화생물학자들의 일반적인 관점을 여전히 대표하는 이러한 진술로 끝맺는다(Darwin 1859, p. 6): "자연선택은 변형의 주된, 하지만 유일하지는 않은 수단이다." 우리는 이제 진화를 부리 깊이나 꽃 색깔 등의 형질의 원인이 되는 대립유전자의 빈도 변화와 연관지어 생각한다. 우리는 자연선택 이외에도 진화적인 변화를 야기하는 다른 과정들을 인지하고 있다(6, 7장은 이러한 과정들을 구체적으로 탐구한다). 하지만 생명에 대한 다윈주의의 관점, 즉 가지각색의 생존하고 생식하는 능력을 가진 개체 간의 경쟁이라는 관점은 거의 대부분의 세부적 내용에서 사실로 증명되었다.

## 3.7 지적 설계 창조론

진화이론에 대한 과학적 논란은 비판을 압도할 정도의 증거들로 간단히 1800년대 후반에 끝났다(2장 참조). 자연선택이 적응과 다양성의 원인이 되는 주된 과정인지의 문제는 현대 종합설이 Darwin의 4가지 가설에 대한 기전적 근거를 제공하고 소진화와 대진화를 통합한 1930년대 이전의 미결 문제였다. 지금은 자연선택에 의한 진화는 생물학에서의 대통합의 이론으로 간주된다.

**특별한 창조라는 가설은 한 세기도 더 전에 기각되었지만 창조론자들은 공립학교에서 이를 가르치기를 원한다.**

자연선택에 의한 진화의 정당성에 대한 과학적인 분쟁은 오래전에 끝났지만 정치적이고 법적인 갈등은 계속된다(Scott and Matzke 2007; Forrest 2008; Padian and Matzke 2009).

### 미국에서 갈등의 역사

1925년 Scopes 재판은 아마도 이 갈등의 가장 유명한 사건이다(Gould 1983, essay 20; Larson 1997 참조). John T. Scopes는 학생들에게 Darwin의 진화이론에 대한 독서 자료를 나눠준 생물학 교사였다. 이 과제는 공립학교에서 진화 수업을 금지하는 테네시주의 Butler 법을 위배하였다. 유명한 정치가이자 근본주의 웅변가인 William Jennigs Bryan이 검사로 임명되었다. 유명한 변호사인 Clarence Darrow가 미국 자유 인권 협회와 협력해서 Scopes의 변호를 이끌었다.

Scopes는 유죄판결을 받고 $100의 벌금을 물었지만 이 재판은 진화의 승리로 널리 간주되었다. Bryan은 증인으로 증인석에 서서 창세기 1:1~2:4에 묘사된 6일의 창조는 각각 24시간보다 훨씬 오래 걸렸을 수도 있다고 제시하였다. 이 의견은 심각한 모순으로 받아들여졌고, 따라서 창조론적인 관점의 위상에 대한 타격이었다.

테네시의 대법원은 절차상의 문제로 이 판결을 뒤집었다. 이 판결은 이 소송을 연방

대법원에 상고하여 Butler 법을 위헌으로 선언되기를 원했던 Scopes와 그의 변호사들에게 실망스러운 결과였다(그림 3.23).

**그림 3.23** **유죄** John T. Scopes(오른쪽)와 그의 변호사 중 하나인 John R. Kia.

Butler 법은 1967년까지 법으로 남아 있었다. 1968년 *Epperson v. Arkansas* 재판에서야 미국 연방법원은 진화 강의를 금지하는 법을 폐지하였다. 법원은 이 판결을 헌법의 정치와 종교의 분리에 근거하였다. 이에 대응하여 미국의 근본주의 종교 단체들은 자신들의 주장을 "창조 과학"으로 재정의하였고 종의 기원에 관하여에 대한 대안적인 가설이라고 주장하는 이 이론에 대한 균등한 시간을 요구하였다. 1970년대 후반에 이르러는 26개의 주 의회가 균등한 시간 법안에 대해 논쟁을 벌였다(Scott 1994). 아칸소와 루이지아나는 이러한 법을 통과시켰고 바로 주 법원에서 폐기되었다. 루이지아나 법은 이후 미국 연방 법원에 항소되었고 1987년(*Edwards v. Aquillard*) 창조론은 실제로 종교적인 이론이기 때문에 이를 공립학교에서 가르치는 것은 제1 수정 조항에 위배된다고 판결하였다. 하지만 2명의 판사들은 공식적으로 진화이론의 대안이 되는 가설을 교사들이 소개하는 것은 받아들일 수 있다고 서술하였다(Scott 1994).

진화 반대론자들은 이들의 문헌에서 창조와 창조자를 지우는 것으로 대응하였다. 하지만 이들은 진화가 일어나지 않았다는 강의, 또는 현존하는 생물로부터 완벽한 적응의 설계자를 추론하는 지적 설계설 강의에 대해 동일한 시간을 요청하였다(Scott 1994; Schmidt 1996). 2005년 *Kitzmiller et al. v. Dover Area School District* 소송이 펜실베니아 주 도버에서 진행되었다. 학군은 생물학 수강생들이 "Darwin의 가설의 틈/문제점과 지적 설계론을 포함하는 진화의 다른 이론들을 인지하도록" 규정하는 제도를 제정하였다. 학부모 단체는 역시나 이 제도가 제1 수정 조항을 위배한다고 학군을 고소하였다. 법원은 동의하였다(Goodstein 2005; Jones 2005).

생물체의 복잡성과 완벽성은 자연선택에 의한 진화에 대한 케케묵은 반대이유이다. Darwin은 이를 인지했다. 종의 기원에 관하여에서 "이론의 어려움" 장의 한 절을 "극단적인 완벽의 기관들"에 대해 할애했다. 자연선택은 유전체의 무작위적인 변화를 추려내서, 예를 들면 척추동물의 눈 같은 정교하고 통합적인 형질을 생산할 수 있을까?

## 자연에서의 완벽성과 복합성

**설계 주장은 적응—이들 형질을 가지고 있는 개체들의 적응도를 증가시키는 형질—은 의식 있는 주체의 행위의 결과로부터 나와야 한다고 주장한다.**

영국의 성직자인 William Parley(1802)는 현재 설계 주장으로 알려진 논리로 특별한 창조를 홍보하였다(Dawkins 1986). Parley는 복잡하고 정교한 기계인 시계를 찾아서 이것이 숙련된 기술자의 수공품이라고 추론하는 것이라는 상상을 했다. Paley는 척추동물의 눈이 시계와 비슷하다고 말하였다. 생물체들이 너무나 잘 설계되었기 때문에 이는 의식 있는 설계자의 작품일 수밖에 없다고 주장하였다.

우리는 자연에서 완벽성과 복잡성을 보기 때문에 자연선택에 의한 진화는 쉽게 믿을 수 없는 것처럼 보인다. 2가지 우려가 있다. 첫째는 무작위적인 변화가 질서로 이어질 수 있느냐는 것이다. 가능하다. 돌연변이는 우연한 사건이므로 집단에서의 변이 생성은 무작위적이다. 하지만 이 변이에 대한 선택은 무작위적이지 않다. 이는 적응도를 증가시키는 변이를 그렇지 못한 변이로부터 걸러낸다. 그리고 우리는 자연에서—적응도를 증가시키는 구조나 행동인—적응을 질서 있고 복잡하고 심지어는 완벽하다고 인식하는 것이다. 자연선택은 설계자 없이 설계의 외관을 생성한다.

두 번째 우려는 진화이론의 예측에 의하면 형질이 조금씩 진화하고 각각의 새로운 단계는 이 형질을 나타내는 개체의 적응도를 증가시킨다는 것이다. 이 시나리오는 부리와 같은 비교적 간단한 형질에서는 그럴듯하다. 약간 커진 부리가 현저히 커진 부리로 가는

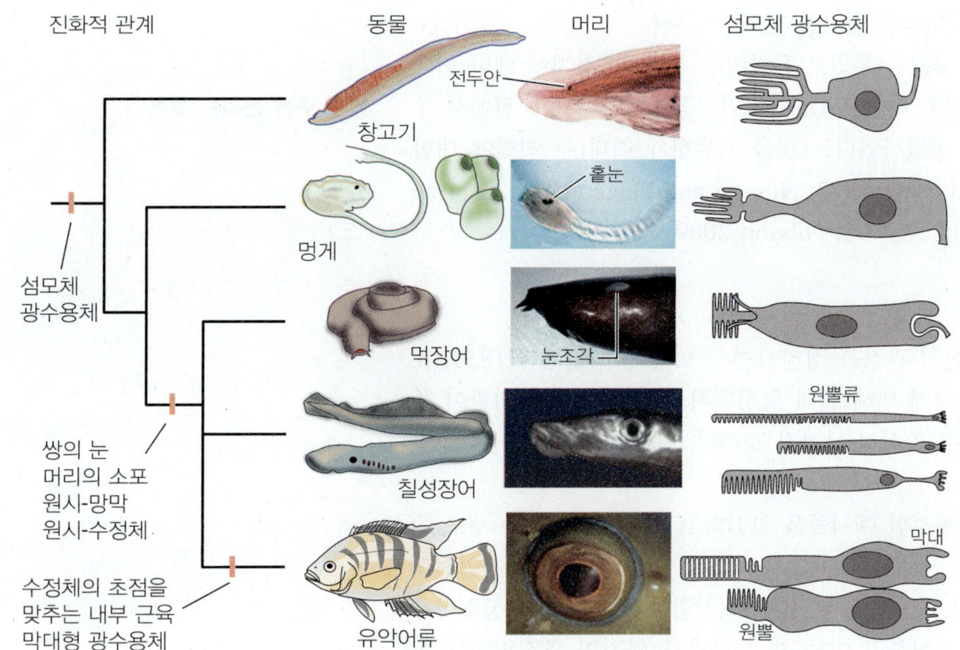


**그림 3.24 다양한 복잡성을 보이는 척삭동물의 눈** 유악어류는 우리와 마찬가지로 전형적인 척추동물의 광수용체와 눈을 가진다. 칠성장어, 먹장어, 멍게, 그리고 창고기의 감광세포와 감광 기관들은 훨씬 덜 복잡한 기관부터 약간 덜 복잡한 기관까지 아우른다. 이들의 진화적인 관계가 함께 고려되었을 때 이 척삭동물들의 눈은 척추동물 눈의 진화에 기여하는 혁신의 순서와 시간에 대한 단서를 제공한다. Lamb et al. (2007)에서 수정. 창고기 머리 사진은 Cole 동물학 박물관 Cole 소장품의 슬라이드 David Ferrier 촬영. 창고기 광수용체는 Fain et al. (2010)에서.

유리한 중간단계라고 상상하기는 쉽다. 하지만 여럿의 복잡하게 상호 의존적인 부분으로 이루어진 복잡한 기관들은 어떤가? 절반의 눈은 무슨 필요가 있는가?

사실 눈 절반은 가끔 매우 유용하다. 이에 대한 증거는 현존하는 생물체들이 가진 표준적인 척추동물의 눈보다 훨씬 간단한 엄청나게 다양한 빛 감지 기관에서 나온다.

그림 3.24는 다섯의 척삭동물 머리에 있는 빛 감지 기관을 보여준다. 모두 빛을 감지하는 세포인 섬모체 광수용체를 가지고 있다(Lamb et al. 2007). 창고기에서는 이들이 전두안(frontal eye)이라 불리는 구조 안의 색소세포 뒤에 위치한다(Lacalli et al. 1994). 유생기의 멍게에서는 이들이 홑눈이라는 구조 안에 하나의 색소세포에 의해 둘러싸여 있다. 먹장어에서 광수용체는 흔적망막 안 반투명 피부층 아래 눈 조각 쌍 안에 있다. 먹장어는 거의 장님인 것처럼 행동하기 때문에 눈 조각들은 24시간 주기성을 조절하는 기능을 갖는 것으로 생각된다. 칠성장어의 경우 카메라형 눈의 망막에 다양한 원뿔류 섬모체 광수용체가 수정체, 홍채, 그리고 눈을 회전시키고 각막의 형태를 바꿔서 초첨을 맞추는 외부의 근육과 함께 존재한다. 유악어류의 경우 막대형과 원뿔형의 뚜렷이 다른 두 종류의 섬모체 광수용체가 수정체, 홍채, 그리고 수정체의 형태를 바꿔서 초점을 맞추는 내부 근육을 포함하는 망막 안에 존재한다.

이들과 다른 생물체 간의 진화적인 상관관계, 광수용체와 감광기관의 구조, 기관이 발달하는 과정과 이에 관여하는 유전자 등에 근거하여 Travor Lamb와 동료들(2007)은 척추동물 눈의 진화에 대한 구체적인 가설을 확립하였다. 이 중에서 핵심적인 혁신 중 일부는 그림 3.24의 계통수에 나타나 있다.

하지만 아직 알아야 할 것이 매우 많다. 예를 들어 먹장어, 칠성장어, 그리고 유악어류 사이의 진화적 관계가 아직 해소되지 않았기 때문에 먹장어의 눈을 어떻게 해석해야 할지 불분명하다. 해부학적인 분석은 칠성장어와 유악어류가 각각 먹장어보다는 서로와 가장 최근의 공동조상을 가진다고 제시한다. 이는 먹장어의 눈이 멍게의 홑눈과 칠성장어의 카메라형 눈 사이의 과도기적인 형태를 나타냄을 암시한다. 하지만 유전적인 분석은 먹장어와 칠성장어가 가장 가까운 관계임을 제시한다(Smith et al. 2010). 이는 먹장어의 눈이 카메라형 눈으로부터 퇴화되었음을 암시한다.

칠성장어, 먹장어, 멍게, 그리고 창고기는 우리보다 간단한 눈이 빛 감지에 대한 현대적 적응의 역할을 한다는 것을 보여준다. 이들은 Darwin이 "극단적인 완벽" 절에서 주장한 것처럼 척추동물의 눈은 조금씩 발달하였다는 것을 가능하게 한다(눈 진화에 대한 더 자세한 내용은 Salvini-Plawen and Mayr 1977; Nilsson and Pelger 1994; Gehring 2004; Fernald 2004; Oakley and Pankey 2008; Nilsson 2009 참조).

**설계 주장 논리는 틀렸다.**

## 생화학적인 설계 주장

Darwin은 완벽과 복잡성에 대한 자신의 관점을 정리하면서 이렇게 서술했다(1859, p. 189): "만일 수많은 연속적인 작은 변형에 의해 절대 형성되지 못하는 복잡한 기관이 존재한다는 것이 증명된다면, 나의 이론은 확실히 무너질 것이다. 하지만 나는 이러한 상황을 찾지 못했다."

창조론자 Michael Behe(1996)는 풍부한 예시들을 찾았다고 믿는다. Behe는 세포 내부의 여러 분자적인 기구들이 더 이상 단순화할 수 없을 정도로 복잡하며 이는 자연선택에 의해 만들어질 수 없다고 주장한다. **단순화할 수 없이 복잡함**은 "잘 조화된 상호작용을 하는 여럿의 부분이 기본 기능에 기여하고 이들 중 하나라도 빠지면 조직의 기능이 사실상 중지되는 하나의 조직"이라고 Behe는 정의한다(p. 39).

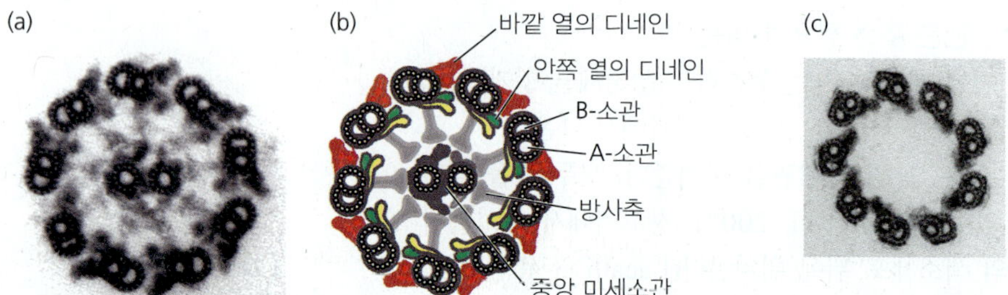


**그림 3.25 진핵세포 편모** (a) 조류 *Chlamydomonas*의 편모 단면 전자현미경 사진. 눈금 = 100 nm. (b) (a)의 구성요소의 해석도. (c) 장어 정자의 편모. (a)와 (b)는 Mitchell (2000)에서; (c)는 Woolley (1997)에서.

Behe가 제공한 예시 중 하나가 진핵세포의 섬모(긴 경우 편모)이다. 그림 3.25a와 3.25b는 이러한 세포 기관 중 하나의 줄기, 또는 축사의 단면을 보여준다. 이의 주요 구성원은 $\alpha$-튜불린과 $\beta$-튜불린 단백질로 구성된 미소관이다. 이 중심부에는 2개의 단일 미소관이 단백질 다리로 연결되어 있다. 중심부의 이합체를 에워싸면서 단백질 방사축으로 연결되어 있는 9개의 미소관 쌍들이 존재한다. 이웃하는 쌍들은 넥신이라 불리는 탄력 있는 단백질로 연결되어 있다. 섬모는 미소관 이합체 상의 디네인 동력원으로부터 에너지를 받는다. 각 이합체 원동기가 이웃에 기어오르면 축사 전체가 휜다.

Behe(1998)에 의하면 섬모의 구성요소들은 "연합하여 섬모 운동이라는 하나의 과제를 수행하고, 섬모가 작용하기 위하여 이 단백질 모두가 존재해야 한다. 만약 소관이 존재하지 않는다면 미끄러질 필라멘트가 존재하지 않는다; 만일 디네인이 없다면 섬모는 굳어져 있고 움직이지 않을 것이다; 만일 넥신이나 다른 연결 단백질이 존재하지 않는다면 축사는 필라멘트가 미끄러질 때 무너질 것이다." Behe는 섬모가 단순화할 수 없이 복잡하다고 생각하기 때문에 이 구조의 각 단계가 이전 단계에 비해 약간 발전된 단계적인 과정으로 생성되었다는 것이 불가능하다고 생각한다. 이렇게 섬모가 자연선택을 통해 만들어질 수 없다고 결론지은 후 그는 이것이 설계되었다고 추론한다.

**지적 설계 창조론은 설계 주장의 현대적 버전이다.**

Behe의 섬모에 대한 3가지 주장 중 최소 둘 이상은 과학적 검증이 가능하다(Felsenstein 2007). 우리는 (1) 섬모가 단순화할 수 없이 복잡하다; 그리고 (2) 단순화할 수 없이 복잡한 생물 기관은 자연선택으로 진화할 수 없다는 그의 주장을 검증할 수 있다. 두 주장 모두 틀렸다.

## 진핵생물의 섬모는 단순화할 수 없이 복잡하지 않다

진핵생물의 섬모는 진화의 관점에서 결코 단순화할 수 없이 복잡하지 않다. 이것은 그림 3.24a와 3.24b에 나타난 것보다 간단한 섬모를 가진 개체들에 의해 증명된다(Miller 1999 참조). 예를 들어 그림 3.24c는 장어 정자의 편모를 보여준다. 이는 중심부의 단일 미소관 이합체, 방사축, 그리고 디네인 동력원의 바깥 열이 존재하지 않지만 완전한 기능을 갖는다. 편모는 기계론적인 관점에서 단순화할 수 없이 복잡하지도 않다. 기계론적인 단순화는 단일세포 조류인 *Chlamydomonas*의 *pf14*로 알려진 돌연변이에 의해 보여준다. 이 돌연변이를 가진 세포의 편모는 발판이 없다. *pf14*의 *pf*는 마비된 편모를 의미하지만, 이 돌연변이 세포들의 편모들은 적당한 화학적인 상황과 유전적 배경 하에서는 여전히 제대로 기능한다(Frey et al. 1997).

## 단순화할 수 없는 복잡한 기관은 자연선택으로 진화할 수 있다

만약에 섬모가 단순화할 수 없이 복잡하더라도 이 구조가 자연선택으로는 만들어질 수 없다고 결론짓는 Behe는 여전히 틀렸을 것이다. Behe의 주장은 자연선택에 의한 진화가 분자적 기구와 그 구성원들을 무로부터 이뤄내고 그 구성요소인 단백질들은 전체 구조가 완성되기 전에는 쓸모없다고 가정하였다. 실제로 자연선택에 의한 진화는 이미 존재하며 기능을 수행하고 있는 구성 단백질들을 새로운 기능으로 끌어와 분자 기작을 고쳐낸다(True and Carrol 2002). 만일 복잡한 분자 기구들의 구성요소들이 다른 역할로부터 동원되었다면, 기구는 무에서 진화되었더라도 각각의 구성요소가 선택에 의해 유지됨을 설명하지 않아도 된다.

**전통적인 설계 주장처럼 지적 설계 창조론은 명백하게 틀렸다.**

디지털 생명체 군집의 연구로 Richard Lenski와 동료들(2003)은 자연선택에 의한 진화가 실제로 이러한 방법으로 복잡한 기구를 만들 수 있다는 것을 보여주었다. 디지털 생명체는 가상 세계에 사는 자가복제를 하는 컴퓨터 프로그램이다. 가상 세계의 각각의 생명체는 일련의 간단한 지시—즉 하위 수준의 컴퓨터 코드—로 구성된 유전체를 가진다. 전체적으로 약 24개의 가능한 지시가 존재하고 이들은 무작위의 순서로 또 몇 번이고 묶일 수 있다. 대부분의 지시 배열은 아무것도 하지 않는다. 일부는 개체가 자가복제하도록 한다. 또 다른 지시들은 수를 입력하여 논리적인 기능으로 의미있는 출력물을 생산하게 한다. 연구자들은 유전체를 가지고 자가복제가 가능하지만 논리적인 기능을 수행할 수는 없는 적당한 크기의 동일한 개체들을 가진 큰 집단에서 시작하였다. 복제는 완벽하지 못했다. 즉, 가끔 유전체 내의 한 개 이상의 지시들이 무작위적으로 선택된 다른 지시들로 교체되거나 지시들이 무작위적으로 추가되거나 삭제되었다. 개체들은 지시를 수행하고 복제할 수 있는 기회를 위하여 경쟁해야 했다. 만일 개체가 하나 이상의 논리적인 기능을 수행하는 것 같으면 추가 운영 시간으로 보상을 받았다.

처음에는 간단한 논리적 기능을 수행하는 능력이 진화하였다. 복잡한 기능은 간단한 기능을 발판으로 그리고 이들을 새로운 목적으로 이용하는 방법으로 나중에 진화하였다. 가장 복잡한 기능을 수행할 수 있는 유전체에서는 여러 개의 개별적 지시가 매우 중요하였다. 이들을 지우면 그 기능을 수행할 수 있는 능력이 사라졌다. 흥미롭게도 가장 복잡한 기능으로 가는 돌연변이들은 처음에는 해로웠다. 즉, 이들은 하나 이상의 간단한 기능의 장치를 중단시켰다. 하지만 이들은 이전의 기능으로부터 새롭고 더 복잡한 기능을 구성하는 데 도움이 되는 이후 돌연변이들이 나오도록 하였다.

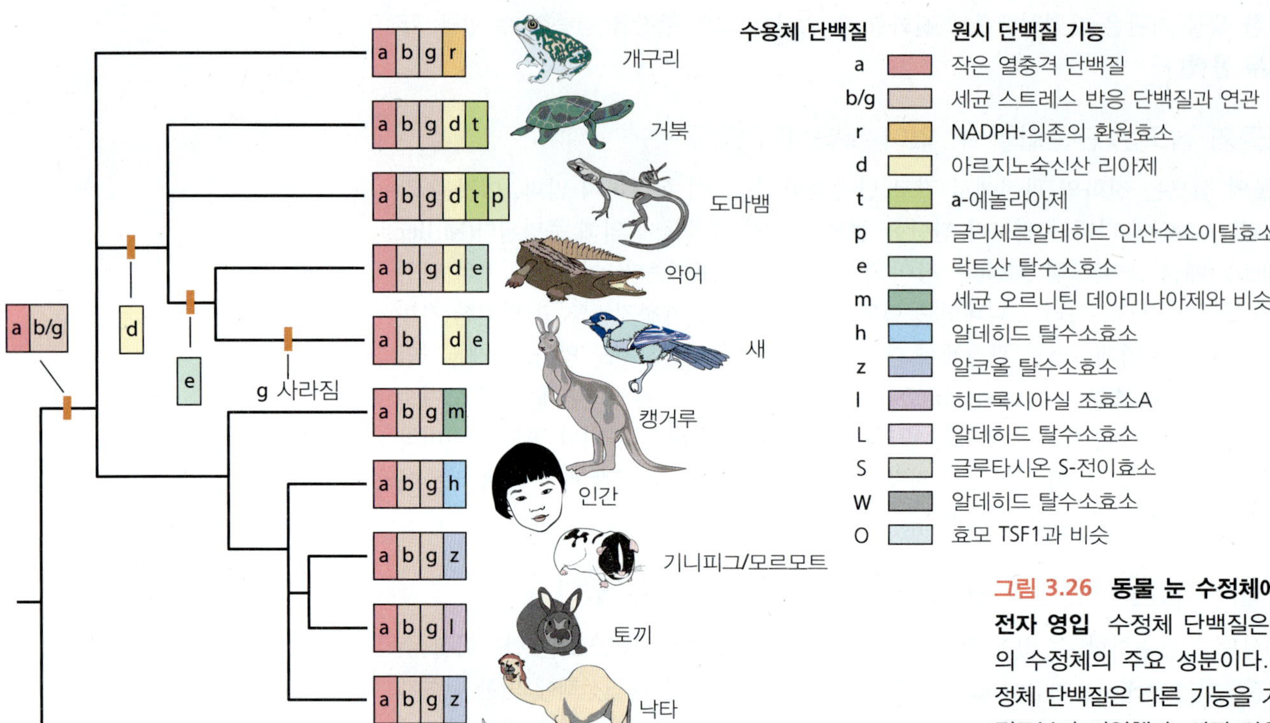


**그림 3.26 동물 눈 수정체에서의 유전자 영입** 수정체 단백질은 동물 눈의 수정체의 주요 성분이다. 모든 수정체 단백질은 다른 기능을 가진 단백질로부터 기인했다. 어떤 경우 수정체 단백질은 이들이 기인한 다른 단백질을 발현하는 유전자의 중복유전자에서 발현된다; 다른 경우 수정체 단백질은 같은 유전자로부터 발현된다. 계통수는 여러 동물들 사이의 상관관계를 보여준다. 다른 색으로 표시된 그리스어는 각 동물 수정체에서 발견되는 수정체 단백질을 나타낸다. 표는 수정체단백질의 기원인 단백질들을 나열한다. True and Carroll (2002)에서 다시 그림.

실제 생물체의 단백질 영입에 대한 놀랄만한 증거는 동물 눈 수정체의 수정체 단백질(chrystallin)이다(True and Carrol 2002). 수정체 단백질은 수정체 부피의 약 1/3을 차지하며 조밀하고 투명한 빛을 반사하는 배열을 구성하는 수용성 단백질이다. 동물의 눈은 놀랍도록 다양한 수정체 단백질을 포함한다. $\alpha$와 $\beta\gamma$ 수정체 단백질 등 일부는 척추동물 전체에 널리 퍼져 있어서 초기에 진화하였을 것이다. 이 원시 수정체 단백질들은 다른 기능을 가진 단백질을 발현하는 중복된 유전자로부터 진화하였다. 다른 수정체 단백질들은 특정 분류군에만 존재하며 최근에 진화하였을 것이다. 최근에 진화한 수정체 단백질은 눈 밖에서 작용하는 효소들과 비슷하거나 일치한다(그림 3.26). 일부는 실제로 눈 밖에서 작용하는 효소이다. 즉 어떤 경우에는 하나의 유전자가 특정 조직에서는 효소로 작용하는 단백질을 발현하고, 수정체에서는 수정체 단백질의 기능을 하는 단백질을 발현하는 것이다. 예를 들어 닭의 $\varepsilon$ 수용체 단백질은 락트산 탈수소효소 B이다. 새로운 기능을 얻게 되는 단백질들의 추가적인 예로는 남극과 북극의 해양 어류들의 혈액에 있는 항동결 단백질이다(Baardsnes and Davis 2001; Fletcher et al. 2001).

수정체 단백질과 항동결 단백질은 진화 도중 역할을 바꾸었지만, 복잡한 분자적 기구에 결합되지는 않았다. 하지만 Behe가 예를 든 분자적 기구의 대부분의 구성요소들은 다른 역할을 가진 단백질에 상동하다. 예를 들어 진핵세포의 섬모의 미소관과 디네인은 세포 분화에 역할을 담당하는 방추형 기구의 구성요소들과 비슷하다. 또한 수정체 단백질과 같은 간단한 예시에 대한 연구는 더 큰 난제들에 대한 진전이 가능하도록 하였다. 연구자들은 복잡한 분자적 기구와 대사 경로의 진화학적 기원을 재건하기 시작하였다. 그 예로 크렙스의 구연산 회로(Meléndez-Hevia et al. 1996; Huynen et al. 1999), 시토크롬 $c$ 산화효소 양성자 펌프(Musser and Chan 1998), 혈액 응고 연쇄반응(cascade)(Krem and Di Cera 2002), 그리고 여러 박테리아 편모(Pallen and Matzke 2006; Liu and Ochman 2007) 등이 있다.

Behe가 단순화할 수 없는 복잡성이라고 부르는 분자적 기구의 진화적 역사를 우리가 구체적으로 풀어내지 못했다는 그의 주장은 옳다. 그는 우리가 포기하고 이를 기적으로 여겼으면 한다. 얄궂게도 Behe가 세포생화학의 기원이 절대로 파악되지 않을 것이라고 주장하기 시작할 즈음 이를 풀기 위한 기술과 자료가 막 나타나기 시작했다. 이 중 하나가 자동화된 DNA 시퀀서와 이들에 의해 보급된 유전체 전체의 시퀀스들이다. 우리는 이후 수십 년간 모든 Behe의 단순화할 수 없는 복잡성의 예시들이 진화학적의 해석으로 설명될 것이라고 예측한다.

## 다른 반대들

창조론자들이 주기적으로 이용하는 3가지 추가적인 주장과 이에 대한 진화학적인 답은 다음에 나열되어 있다(Gish 1978; Kitcher 1982; Futuyma 1983; Gould 1983 essays 19, 20, 21; Dawkins 1986; Swinney 1994 참조):

**1. 자연선택에 의한 진화는 허위라고 입증할 수 없고 검증 가능한 예측을 하지 않기 때문에 과학적이지 않다.** 각각의 Darwin의 가설들은 독립적으로 검증 가능하고 따라서 이론이 과학적으로 고려되기 위해서는 허위 입증이 가능해야 한다는 기준을 따른다. 또한 진화생물학자들이 예측을 하지 않는다는 주장도 허위이다. 고생물학자들은 정기적으로 (그리고 정확하게) 어떤 지층에 특정 종류의 화석이 존재할지 예측한다(이에 대한 극적인 예는 남극에서 찾은 유대류의 화석이었다); Peter Grant와 Rosemary Grant는 진화이론에 근거한 통계학적인 기술을 이용하여 1980년 후반과 1990년 초반 선택 사건 도중에 핀치 특성의 변화 범위와 방향을 정확하게 예측하였다(Grant and Grant 1993, 1995). 이와 반대로 과학적 창조론은 모순어법이다. 이의 대표적인 옹호론자인 Duane Gish 박사에 따르면(1978, p. 42): "우리는 신이 사용한 창조적 과정에 대한 어떠한 것도 과학적 연구로 발견할 수 없다."

**2. 생물체들이 더 간단한 형태에서 더 복잡한 형태로 발전하기 때문에 진화는 열역학의 제2법칙을 위배한다.** 제2법칙은 이것이 형성된 19세기 이후 여러 형태로 서술되었지만 가장 일반적인 버전은 "자연적인 과정들은 더 큰 무질서의 방향으로 향한다"이다(Giancoli 1995). 제2법칙은 엔트로피라는 개념에 초점을 둔다. 이는 한 시스템 내에서 무질서 상태를 측정하는 양이다. 제2법칙을 엔트로피의 관점에서 재서술하면 "고립된 시스템에서 엔트로피는 감소하지 않는다. 유지되거나 증가할 뿐이다"이다(Giancoli 1995).

제2법칙과 진화이론의 관련성을 이해하는 핵심은 고립된(isolated)이라는 단어이다. 제2법칙은 닫힌 시스템에서만 참이다. 하지만 생물체들은 태양의 복사열을 광합성으로 획득, 화학 에너지로 변환하여 이용하는 지구라는 열린 시스템에서 산다. 살아 있는 시스템에 에너지가 끊임없이 유입되기 때문에 제2법칙은 이들의 진화에 적용되지 않는다.

이와 비슷한 반대로는 무작위적인 탐색인 자연선택은 복잡하고 의미있는 유전적 정보의 진화로 이어질 수 없다는 William Dembski(2002)의 주장이 있다. 그는 이 주장의 근거로 공짜 점심은 없다 원리(no free lunch theorem)라고 불리는 이론적인 컴퓨터 과학의 결과를 내세운다. 이들은 모든 가능한 문제들을 평균적으로 보았을 때, 무작위적인 시행착오를 포함하여 해답을 찾는 어떠한 법칙도 다른 법칙들보다 낫지 않다는 것을 보여준다.

하지만 Joe Felsenstein(2007)은 공짜 점심은 없다 원리가 수학적으로는 맞지만 자연선택에 의해 진화하는 집단에는 적용되지 못한다고 지적하였다. 진화하는 집단에서 자연선택은 적응도를 증가시키는 유전적 서열을 찾는 일련의 법칙의 합이다: 먼저 작은 무작위적인 변화로 이미 가지고 있는 것과 비슷한 서열을 생성한다; 그 다음 이 서열들의 적응도를 시험하고 가장 큰 성취자를 유지하는 것이다. 공짜 점심은 없다 원리는, 적응도가 DNA 염기서열과 관련될 수 있는 모든 가능한 방법들이 평균화되면 자연선택의 방법은 무작위적인 검색에 비해 더 잘 작동하지 않는다고 정리한다. 하지만 적응도가 DNA 염기서열과 관련될 수 있는 모든 가능한 방법들 중 대부분은 모든 고유의 시퀀스에 무작위적인 적응도 값을 부여하는 것과 비슷하다. 서열 중의 핵산 하나를 바꾸면 완전히 관계없는 적응도 값을 부여하게 된다. 실제 생물 세계는 이렇게 돌아가지 않는다. 실제 세계에서는 비슷한 서열들은 대체로 비슷한 적응도를 갖는다. 그리고 자연선택은 명백하게 증가된 적응을 초래한다.

만일 공짜 점심은 없다 원리를 생물학에 응용한 Dembski가 맞았다면 한 집단의 어떠한 형질도 체계적으로 함께 더 높은 평균 적응도를 향해 진화하지 않을 것이다. 자연선택은 적응을 만들어내지 못할 뿐 아니라 인위적 선택은 농작물, 가축 또는 반려동물의 집단에서 원하는 형질의 빈도를 증가시키지 못했을 것이다. 사실상 당연히 선택은 예상대로 명백하게 집단의 평균 적응도를 증가시킨다.

**3. 아무도 새 종이 형성되는 것을 본 적이 없다. 따라서 진화는 증명되지 않았다. 그리고 진화이론자들은 종분화가 직접 관찰되기에는 너무나 느린 과정이라고 하기 때문에 진화는 증명될 수 없고 따라서 믿음에 근거한다.** 첫째로 어떠한 것이 일어난다는 것을 확립하기 위한 유일한 방법이 이를 직접 관찰하는 것이라는 주장은 틀렸다. 당신과 당신 친구 두 명이 아무도 살지 않는 무인도에 고립되었다고 상상해보자. 한 친구가 등에 칼이 꽂힌 상태로 엎드려 있는 것을 발견하였고 당신은 자신이 살해와 아무런 상관이 없다는 것을 안다. 당신은 살해 현장을 직접 목격하지 않았지만 합리적인 의심의 여지를 넘어서 범인을 유추할 수 있다. 우리는 일생의 순간순간 이러한 유추를 한다. 이는 과학에서도 널리 일반적인 일이다. 예를 들면 우리는 원자를 직접 관찰할 수 없지만 그것들이 존재한다고 유추할 수 있는 상당한 증거를 가진다.

둘째로 종 분화가 느린 과정이긴 하지만 현재 진행형이며 연구될 수 있다. 그리고 이 결과는 예측 가능하며 검증 가능하다. 이 책의 다른 부분에서 우리는 실험실 바이러스 집단에서 직접 관찰된 종 분화와 자연의 새와 물고기 집단에서 진행되고 있는 종 분화를 포함하는 예시들을 논한다(2장). 우리는 변화를 지닌 자손 이론을 이용하여 대진화를 예측하고 검증한 과학자들의 연구를 논하고(2장), 분화 중인 종에 대한 추가적인 실험적 그리고 관찰적 연구를 논한다(16장).

## 요약

Darwin이 종의 기원에 관하여 연구를 하기 전에 많은 과학자들은 종들이 시간에 따라 변화한다고 확신했다. Darwin과 Wallace의 독자적인 기여는 Darwin이 명명한 변화를 지닌 자손이라는 기작을 자연선택의 과정이 제공함을 깨닫는 것이었다.

자연선택에 의한 진화는 4가지 사실의 논리적인 결과이다: (1) 개체들은 대부분 또는 전체 형질이 서로 다르다; (2) 이 변이의 일부는 유전적인 기원에 의한 것이고 자손으로 유전될 수 있다; (3) 생식할 수 있는 개체들보다 더 많은 자손들이 태어나고, 생식하는 이들 중 일부가 다른 개체들보다 더 성공적이다; (4) 가장 많이 생식하는 개체들은 전체 집단 중 무작위적이지 않고, 더 적응도가 높은 하위 집단이다. 이 선택의 과정은 시간에 따라 집단의 유전적 구성의 변화를 야기하고 이것이 진화이다.

# 질문

1. 일상용어로 **적응**은 환경적 상황에 맞추는 것을 의미한다. 적응의 진화적 정의가 일상적 의미와 어떻게 다른가?

2. a. Darwin의 4개의 가설을 풀어서 설명하라. 만일 4개의 가설 중 하나라도 사실이 아니라면 금어초 실험에서는 어떤 일이 일어났을까?

   b. 만일 주어진 집단에서 Darwin의 4개 가설들이 사실이라면 진화가 일어날 수 없는 방법이 있는가? 이는 현재 대부분의 집단에서 진화가 일어나고 있는지 또는 일어나지 않는지에 대해 어떠한 암시를 하는가?

3. 핀치 부리의 자료가 Darwin의 가설을 증명하는지를 고려해보자.

   a. 만일 부리 깊이가 다양하지 않다면 그림 3.10는 어떻게 될까?

   b. 만일 부리 깊이가 다양하지만 이 변이가 유전적이지 않다면 그림 3.15는 어떻게 될까?

   c. 왜 그림 3.11에서 가뭄 후 1978년 자료로부터 그려진 선이 가뭄 전 1976년 자료로부터 그려진 선에 비해서 수직축에서 더 높은가?

4. 본문에 의하면 "집단 크기와 씨앗의 가용성이 강한 일치성이 있었기" 때문에 1977년 가뭄 동안 대부분의 핀치들이 아사했다는 주장은 사실이다. 이 가설을 받아들이는가? 받아들인다면 왜 그림 3.13의 자료는 씨앗 공급이 줄어들 때와 집단의 크기가 줄어들 때가 완벽한 일치성을 보이지 않는가?

5. 핀치 연구에 대한 창조론자들의 일반적인 비판은 "하지만 그건 부리 형태의 약간의 변화이다. 아무런 새로운 것도 진화하지 않았다"라는 것이다. 다시 말해서 "소진화이지 대진화가 아니다." 핀치 연구팀은 매년 외딴 갈라파고스로 여행하여 새 집단 전체와 이들의 모든 둥지에 식별표를 달고 부리를 측정하는 등 지속적으로 자신들의 프로젝트에 많은 노력을 소비한다. 창조론자들의 비판에 어떻게 대답할 것인가? 현재 진행 중인 30년의 노력이 가치 있는 일이었다고 생각하나? 소진화를 기록하려 하는 것이 유용한가, 그리고 이는 대진화가 어떻게 일어날 수 있는지에 대해 조금이라도 알려줄 수 있는가?

6. 당신이 작은 섬에 고립되어 있는 일년생의 꽃나무에 대한 장기간의 연구를 시작한다고 가정하자. 최근 논문들을 읽은 당신은 지구온난화가 장기적으로 섬의 강수량의 변화를 가져온다고 확신한다. 연구 기간 동안 당신의 연구 집단에서 자연선택이 이루어지는지를 기록하기 위하여 당신이 해야 할 관찰과 실험들의 개요를 그려라. 어떠한 형질을 왜 측정해야 하는가?

7. DNA 염기서열의 변수직렬반복(variable number tandem repeat, VNTR)의 돌연변이가 질병과 어떻게 연관이 있는지에 대한 논문의 말미에 Krontiris(1995, p. 1683)는 아래와 같이 서술하였다 "VNTR 돌연변이의 과정은 중년 이상의 인간을 솎아내서 우리 종을 매우 건강하게 하는 실제로는 긍정적인 선택일 수 있다" (T.G. Krontiris. 1995. "Minisatellites and Human Disease." Science 269. Reprinted with permission of the AAAS.)

   이 연구자는 인간에 대한 자연선택은 일찍 사망하는 개체를 선호한다고 제안한다. 그의 논리는 VNTR 돌연변이로 죽는 형질이 유익하고 집단 전체가 더 젊고 건강해지기 때문에 더 퍼져야 한다는 것이다. 이 선택이 개체 수준에서 작용할 때 이 가설은 사실인가? 설명하라.

8. 19세기에 제기되었으나 20세기 다른 과학자들의 발견에 의해서 결국 해결된 Darwin의 이론에 대한 3가지 대표적인 반대를 설명하라. 이는 아직은 모든 질문에 대한 답을 할 수는 없지만 대안적인 가설에 비해 더 나은 듯한 가설의 유용성에 대해 어떤 것을 시사하는가?

9. 많은 현재의 과학자들은 자신들의 분야의 역사에 대해서는 대체적으로 관심이 없다. 3.6절에서 검토된 진화생물학의 역사적 발전이 이 이론을 더 잘 이해하는 데 도움이 되었는가? 그 이유는? 과학자들이 역사를 공부하는데 시간을 들이는 것이 중요하다고 생각하는가?

10. a. Behe의 "단순화할 수 없는 복잡성"의 주장을 설명하라. 이것은 논리적인 주장인가? 이는 박테리아의 편모나 척추동물의 눈에 어떻게 적용되는가?

    b. 지적 설계론의 반대자들은 단순화할 수 없는 복잡성을 "개인적 불신"(즉, "나는 개인적으로 이것이 진화한 것을 받아들일 수 없다, 따라서 이건 진화하지 않았을 것이다")이라 칭한다. 개인적 불신으로부터의 주장의 논리적인 흐름은 어떻게 되는가? 단순화할 수 없는 복잡성을 이렇게 규정하는 것은 정당한 것인가?

11. 1995년 알라바마 교육위원회는 고등학교 생물 교과서를 검토한 후 아래의 면책조항을 승인된 교과서 안표지에 넣는 것을 규정화하였다(National Public Radio 1995):

    > 이 교과서는 식물, 동물, 인간 등 현존하는 생물의 기원에 대해 일부 과학자들이 과학적인 설명이라고 제시하는 논란이 있는 이론인 진화를 논한다. 지구에 생명체가 처음 나타났을 때 아무도 존재하지 않았다; 따라서 생명체의 기원에 대한 모든 서술은 사실이 아니라 가설이라 고려되어야 한다.

    이 서술의 마지막 문장을 받아들이는가? 삽입문의 관점은 세포론, 원자론, 판구조론, 그리고 질병의 매균설 등 다른 과학적 이론에도 적용되는가?

12. 도버 학군 지적 설계론 소송의 최종 의견에서 John E. Jones 판사는 (일부) 아래와 같이 서술했다: "물론 Darwin의 진화이론은 완벽하지 않다. 하지만 과학적인 가설이 아직 모든 부분을 설명할 수 없다는 사실이, 종교에 기반을 둔 검증할 수 없는 대안 가

설을 과학교실에 밀어붙이거나 확고부동한 과학적 명제를 재대로 대변하지 않는 구실로 이용되어서는 안된다."

Jones 판사와 동의하는가? 그 이유는?

(이 소송에 관한 더 많은 정보는 *Kitzmiller v. Dover Area School District,* item, 21번 항목을 참조하라.)

**13.** 2005년 미국 성인을 대상으로 한 설문조사는 응답자 42%가 지구상의 생물은 "태초 이래로 현재와 같은 형태로 존재해왔다"고 믿는다는 것을 확인했다. 자연선택에 의한 진화의 증거를 봤을때 미국에서 왜 이렇게 진화를 받아들이는 사람이 적은지 논하라.

# 문헌탐구

**14.** Darwin의 핀치의 부리 형태의 유전적 조절에 관해서는 다음을 보라:

Mallarino, R., P. R. Grant, et al. 2011. Two developmental modules establish 3D beak-shape variation in Darwin's finches. *Proceedings of the National Academy of Sciences USA* 108: 4057–4062.

**15.** 수백의 바이러스, 박테리아, 균류, 곤충, 그리고 잡초들이 의약물, 제초제, 살균제, 살충제에 대한 내성을 진화시켰고 이는 진화의 과정의 예시를 보여준다. 많은 경우 우리는 진화적 변화의 분자적 기작을 안다. 이 연구들이 Darwin의 핀치와 HIV의 진화의 증거와 어떻게 비교되는지 고려해보라:

Davies, J. 1994. Inactivation of antibiotics and the dissemination of resistance genes. *Science* 264: 375–382.

Gaines, T. A., W. Zhang, et al. 2010. Gene amplification confers glyphosate resistance in *Amaranthus palmeri. Proceedings of the National Academy of Sciences USA* 107: 1029–1034.

Van Rie, J., W. H. McGaughey, et al. 1990. Mechanism of insect resistance to the microbial insecticide *Bacillus thuringiensis. Science* 247: 72–74.

**16.** 우리는 분명히 임시방편적인 듯한 설계의 예시로 넙치류를 언급하였다. 이 이상한 넙치류의 몸설계 진화에 대한 실마리를 주는 과도기적 화석에 대해서는 다음을 참조하라:

Friedman, M. 2008. The evolutionary origin of flatfish asymmetry. *Nature* 454: 209–212.

**17.** 동물 눈의 진화에 관한 더 많은 정보는 2008년 10월에 출간된 (vol. 1, no. 4) 특별호 *Evolution: Education and Outreach* 참조.

**18.** 식충식물의 진화에 대한 더 많은 정보는 아래 참조하라:

Gibson, T. C., and D. M. Waller. 2009. Evolving Darwin's "most wonderful" plant: Ecological steps to a snap-trap. *New Phytologist* 183: 575–587.

**19.** 지적 설계 창조론에 대한 더 구체적인 비판적 논의는 아래 참조하라:

Pennock, R.T. (ed.). 2001. *Intelligent Design Creationism and Its Critics*. Cambridge, MA: MIT Press. (See especially Chapter 10 by M. J. Behe, Chapter 11 by Philip Kitcher, and Chapter 12 by M. J. Brauer and D. R. Brumbaugh.)

Young, M., and T. Edis (eds.). 2004. *Why Intelligent Design Fails: A Scientific Critique of the New Creationism*. New Brunswick, NJ: Rutgers University Press.

**20.** 2005년 도버 교육위원회 지적 설계 소송 관련 자세한 내용:

Padian, K., and N. Matzke. 2009. Darwin, Dover, "Intelligent Design" and textbooks. *Biochemical Journal* 417: 29–42.

For the decision in the 2005 Dover School Board intelligent design case (*Kitzmiller vs. Dover School District*), see: http://www.pamd.uscourts.gov/kitzmiller/kitzmiller_342.pdf

# 인용문헌


Abbott, I., L. K. Abbott, and P. R. Grant. 1977. Comparative ecology of Galápagos ground finches (*Geospiza* Gould): Evaluation of the importance of floristic diversity and interspecific competition. *Ecological Monographs* 47: 151–184.

Abzhanov, A., M. Protas, et al. 2004. *Bmp4* and morphological variation of beaks in Darwin's finches. *Science* 305: 1462–1465.

Albala, K. 2002. *Eating Right in the Renaissance*. Berkeley: University of California Press. Page 237.

Alcalá, R. E., N. A. Mariano, et al. 2010. An experimental test of the defensive role of sticky traps in the carnivorous plant *Pinguicula moranensis* (Lentibulariaceae). *Oikos* 119: 891–895.

Anderson, T. M., B. M. vonHoldt, et al. 2009. Molecular and evolutionary history of melanism in North American gray wolves. *Science* 323: 1339–1343.

Baardsnes, J., and P. L. Davies. 2001. Sialic acid synthase: The origin of fish type III antifreeze protein? *Trends in Biochemical Sciences* 26: 468–469.

Behe, M. 1996. *Darwin's Black Box: The Biochemical Challenge to Evolution*. New York: Free Press/Simon and Schuster.

Behe, M. 1998. Molecular machines: Experimental support for the design inference. *Cosmic Pursuit* (Spring): 27–35. http://www.discovery.org/a/54.

Boag, P. T. 1983. The heritability of external morphology in Darwin's ground finches (*Geospiza*) on Isla Daphne Major, Galápagos. *Evolution* 37: 877–894.

Boag, P. T., and P. R. Grant. 1978. Heritability of external morphology in Darwin's finches. *Nature* 274: 793–794.

Boag, P. T., and P. R. Grant. 1981. Intense natural selection in a population of Darwin's finches (Geospizinae) in the Galápagos. *Science* 214: 82–85.

Boag, P. T., and P. R. Grant. 1984a. Darwin's finches (*Geospiza*) on Isla Daphne Major, Galápagos: Breeding and feeding ecology in a climatically variable environment. *Ecological Monographs* 54: 463–489.

Boag, P. T., and P. R. Grant. 1984b. The classical case of character release: Darwin's finches (*Geospiza*) on Isla Daphne Major, Galápagos. *Biological Journal of the Linnean Society* 22: 243–287.

Bowler, P. J. 2002. Evolution: History. In *Encyclopedia of Life Sciences*. Macmillan Publishers Ltd. Nature Publishing Group. Available at http://www.els.net.

Bowman, R. I. 1961. Morphological differentiation and adaptation in the Galápagos finches. *University of California Publications in Zoology* 58: 1–302.

Burns, K. J., S. J. Hackett, et al. 2002. Phylogenetic relationships and morphological diversity in Darwin's finches and their relatives. *Evolution* 56: 1240–1252.

Campàs, O., R. Mallarino, et al. 2010. Scaling and shear transformations capture beak shape variation in Darwin's finches. *Proceedings of the National Academy of Sciences USA* 107: 3356–3360.

Charlesworth, B., and D. Charlesworth. 2009. Darwin and genetics. *Genetics* 183: 757–766.

Cong, B., L. S. Barrero, and S. D. Tanksley. 2008. Regulatory change in YABBY-like transcription factor led to evolution of extreme fruit size during tomato domestication. *Nature Genetics* 40: 800–804.

Cong, B., J. Liu, and S. D. Tanksley. 2002. Natural alleles at a tomato fruit size quantitative trait locus differ by heterochronic regulatory mutations. *Proceedings of the National Academy of Sciences, USA* 99: 13606–13611.

Coyne, J. A. 2009. *Why Evolution Is True*. Oxford: Oxford University Press.

Darwin, C. R. 1859. *On the Origin of Species by Means of Natural Selection*, 1st ed. London: John Murray.

Darwin, C. R. 1868. *The Variation of Animals and Plants Under Domestication*. London: John Murray.

Darwin, C. R. 1872. *The Origin of Species by Means of Natural Selection*, 6th ed. London: John Murray.

Dawkins, R. 1986. *The Blind Watchmaker*. Essex: Longman Scientific.

Dembski, W. A. 2002. *No Free Lunch: Why Specified Complexity Cannot Be Purchased Without Intelligence*. Lanham, MA: Rowman & Littlefield.

Dobzhansky, T. 1973. Nothing in biology makes sense except in the light of evolution. *American Biology Teacher* 35: 125–129.

Dodson, E. O. 1960. *Evolution: Process and Product*. New York: Reinhold.

Fain, G. L., R. Hardie, and S. B. Laughlin. 2010. Phototransduction and the evolution of photoreceptors. *Current Biology* 20: R114–R124.

Felsenstein, J. 2007. Has natural selection been refuted? The arguments of William Dembski. *Reports of the National Center for Science Education* 27: 20–26.

Fernald, R. D. 2004. Evolving eyes. *International Journal of Developmental Biology* 48: 701–705.

Fleming, I. A., K. Hindar, et al. 2000. Lifetime success and interactions of farm salmon invading a native population. *Proceedings of the Royal Society B* 267: 1517–1523.

Fletcher, G. L., C. L. Hew, and P. L. Davies. 2001. Antifreeze proteins of teleost fishes. *Annual Review of Physiology* 63: 359–390.

Forrest, B. 2008. Still creationism after all these years: Understanding and counteracting intelligent design. *Integrative and Comparative Biology* 48: 189–201.

Frankham, R. 2008. Genetic adaptation to captivity in species conservation programs. *Molecular Ecology* 17: 325–333.

Frary, A., T. C. Nesbitt, et al. 2000. *fw2.2*: A quantitative trait locus key to the evolution of tomato fruit size. *Science* 289: 85–88.

Frey, Erica, C. J. Brokaw, and C. K. Omoto. 1997. Reactivation at low ATP distinguishes among classes of paralyzed flagella mutants. *Cell Motility and the Cytoskeleton* 38: 91–99.

Futuyma, D. J. 1983. *Science on Trial: The Case for Evolution*. New York: Pantheon.

Gehring, W. J. 2004. Historical perspective on the development and evolution of eyes and photoreceptors. *International Journal of Developmental Biology* 48: 707–717.

Genovart, M., N. Negre, et al. 2010. The young, the weak and the sick: Evidence of natural selection by predation. *PLoS ONE* 5: e9774.

Giancoli, D. C. 1995. *Physics: Principles with Applications*. Englewood Cliffs, NJ: Prentice Hall.

Gibbs, H. L., and P. R. Grant. 1987. Oscillating selection on Darwin's finches. *Nature* 327: 511–513.

Gish, D. T. 1978. *Evolution: The Fossils Say No!* San Diego: Creation-Life Publishers.

Goodstein, L. 2005. Judge bars "Intelligent Design" from Pa. classes. *New York Times*, December 20. http://www.nytimes.com/2005/12/21/education/21evolution.html.

Gould, S. J. 1982. Introduction to reprinted edition of Dobzhansky, T. G. 1937. *Genetics and the Origin of Species*. New York: Columbia University Press.

Gould, S. J. 1983. *Hen's Teeth and Horse's Toes*. New York: Norton.

Grant, B. R. 1985. Selection on bill characters in a population of Darwin's finches: *Geospiza conirostris* on Isla Genovesa, Galápagos. *Evolution* 39: 523–532.

Grant, B. R. 2003. Evolution in Darwin's finches: A review of a study on Isla Daphne Major in the Galápagos Archipelago. *Zoology* 106: 255–259.

Grant, B. R., and P. R. Grant. 1989. *Evolutionary Dynamics of a Natural Population*. Chicago: University of Chicago Press.

Grant, B. R., and P. R. Grant. 1993. Evolution of Darwin's finches caused by a rare climatic event. *Proceedings of the Royal Society of London B* 251: 111–117.

Grant, B. R., and P. R. Grant. 2003. What Darwin's finches can teach us about the evolutionary origin and regulation of biodiversity. *BioScience* 53 (10): 965–975.

Grant, P. R. 1981. The feeding of Darwin's finches on *Tribulus cistoides* (L.) seeds. *Animal Behavior* 29: 785–793.

Grant, P. R. 1999. *Ecology and Evolution of Darwin's Finches*, 2nd ed. Princeton: Princeton University Press.

Grant, P. R., and B. R. Grant. 1995. Predicting microevolutionary responses to directional selection on heritable variation. *Evolution* 49: 241–251.

Grant, P. R., and B. R. Grant. 2000. Non-random fitness variation in two populations of Darwin's finches. *Proceedings of the Royal Society of London B* 267: 131–138.

Grant, P. R., and B. R. Grant. 2002a. Unpredictable evolution in a 30-year study of Darwin's finches. *Science* 296: 707–711.

Grant, P. R., and B. R. Grant. 2002b. Adaptive radiation of Darwin's finches. *American Scientist* 90 (2): 130–139.

Grant, P. R., and B. R. Grant. 2005. Darwin's finches. *Current Biology* 15: R614–R615.

Grant, P. R., and B. R. Grant. 2006. Evolution of character displacement in Darwin's finches. *Science* 313: 224–226.

Grant, P. R., B. R. Grant, et al. 1976. Darwin's finches: Population variation and natural selection. *Proceedings of the National Academy of Sciences USA* 73: 257–261.

Gregory, T. R. 2008. The evolution of complex organs. *Evolution: Education and Outreach* 1: 358–389.

Harding, R. M., E. Healy, et al. 2000. Evidence for variable selective pressures at MC1R. *American Journal of Human Genetics* 66: 1351–1361.

Heubl, G., G. Bringmann, and H. Meimberg. 2006. Molecular phylogeny and character evolution of carnivorous plant families in Caryophyllales—revisited. *Plant Biology* 8: 821–830.

Hoekstra, H. E., R. J. Hirschmann, et al. 2006. A single amino acid mutation contributes to adaptive beach mouse color pattern. *Science* 313: 101–104.

Huynen, M. A., T. Dandekar, and P. Bork. 1999. Variation and evolution of the citric-acid cycle: A genomic perspective. *Trends in Microbiology* 7: 281–291.

Jones, J. E., III. 2005. *Tammy Kitzmiller v. Dover Area School District, Memorandum Opinion*. U.S. District Court for the Middle District of Pennsylvania, Case No. 04cv2688.

Jones, K. N., and J. S. Reithel. 2001. Pollinator-mediated selection on a flower color polymorphism in experimental populations of *Antirrhinum* (Scrophulariaceae). *American Journal of Botany* 88: 447–454.

Kanetsky, P. A., J. Swoyer, et al. 2002. A polymorphism in the agouti signaling protein gene is associated with human pigmentation. *American Journal of Human Genetics* 70: 770–775.

Keller, L. F., P. R. Grant, et al. 2001. Heritability of morphological traits in Darwin's finches: Misidentified paternity and maternal effects. *Heredity* 87: 325–336.

Kitcher, P. 1982. *Abusing Science: The Case Against Creationism*. Cambridge, MA: MIT Press.

Krem, M. M., and E. Di Cera. 2002. Evolution of enzyme cascades from embryonic development to blood coagulation. *Trends in Biochemical Sciences* 27: 67–74.

Krontiris, T. G. 1995. Minisatellites and human disease. *Science* 269: 1682–1683.

Lacalli, T. C., N. D. Holland, and J. E. West. 1994. Landmarks in the anterior central nervous system of amphioxus larvae. *Philosophical Transactions of the Royal Society B* 344: 165–185.

Lamb, T. D., S. P. Collin, and E. N. J. Pugh. 2007. Evolution of the vertebrate eye: Opsins, photoreceptors, retina and eye cup. *Nature Reviews Neuroscience* 8: 960–976.

Langerhans, R. B., C. A. Layman, and T. J. DeWitt. 2005. Male genital size reflects a tradeoff between attracting mates and avoiding predators in two live-bearing fish species. *Proceedings of the National Academy of Sciences USA* 102: 7618–7623.

Larson, E. J. 1997. *Summer for the Gods: The Scopes Trial and America's Continuing Debate Over Science and Religion*. Cambridge, MA: Harvard University Press.

Lenski, R. E., C. Ofria, et al. 2003. The evolutionary origin of complex features. *Nature* 423: 139–144.

Liu, J., B. Cong, and S. D. Tanksley. 2003. Generation and analysis of an artificial gene dosage series in tomato to study the mechanisms by which the cloned quantitative trait locus *fw2.2* controls fruit size. *Plant Physiology* 132: 292–299.

Liu, R., and H. Ochman. 2007. Stepwise formation of the bacterial flagellar system. *Proceedings of the National Academy of Sciences USA* 104: 7116–7121.

Mayr, E. 1980. Prologue: Some thoughts on the history of the evolutionary synthesis. In *The Evolutionary Synthesis: Perspectives on the Unification of Biology*, ed. E. Mayr and W. B. Provine. Cambridge, MA: Harvard University Press, 1–48.

Mayr, E. 1991. *One Long Argument: Charles Darwin and the Genesis of Modern Evolutionary Thought*. Cambridge, MA: Harvard University Press.

Mayr, E., and W. B. Provine (eds.). 1980. *The Evolutionary Synthesis: Perspectives on the Unification of Biology*. Cambridge, MA: Harvard University Press.

McGregor, A. P., V. Orgogozo, et al. 2007. Morphological evolution through multiple *cis*-regulatory mutations at a single gene. *Nature* 448: 587–590.

Meléndez-Hevia, E., T. G. Waddell, and M. Cascante. 1996. The puzzle of the Krebs citric acid cycle: Assembling the pieces of chemically feasible reactions, and opportunism in the design of metabolic pathways during evolution. *Journal of Molecular Evolution* 43: 293–303.

Miller, K. R. 1999. *Finding Darwin's God: A Scientist's Search for Common Ground Between God and Evolution*. New York: Cliff Street Books.

Mitchell, D. R. 2000. *Chlamydomonas* flagella. *Journal of Phycology* 36: 261–273.

Moose, S. P., J. W. Dudley, and T. R. Rocheford. 2004. Maize selection passes the century mark: A unique resource for 21st century genomics. *Trends in Plant Science* 9: 358–364.

Mullen, L. M., and H. E. Hoekstra. 2008. Natural selection along an environmental gradient: A classic cline in mouse pigmentation. *Evolution* 62: 1555–1570.

Mullen, L. M., S. N. Vignieri, et al. 2009. Adaptive basis of geographic variation: Genetic, phenotypic and environmental differences among beach mouse populations. *Proceedings of the Royal Society B* 276: 3809–3818.

Musser, S. M., and S. I. Chan. 1998. Evolution of the cytochrome *c* oxidase proton pump. *Journal of Molecular Evolution* 46: 508–520.

National Public Radio. 1995. Evolution disclaimer to be placed in Alabama textbooks. *Morning Edition*, Transcript 1747, Segment 13.

Nesbitt, T. C., and S. D. Tanksley. 2002. Comparative sequencing in the genus *Lycopersicon*: Implications for the evolution of fruit size in the domestication of cultivated tomatoes. *Genetics* 162: 365–379.

Niklaus, K. J. 1997. *The Evolutionary Biology of Plants*. Chicago: University of Chicago Press.

Nilsson, D.-E. 2009. The evolution of eyes and visually guided behaviour. *Philosophical Transactions of the Royal Society of London B* 364: 2833–2847.

Nilsson, D.-E., and S. Pelger. 1994. A pessimistic estimate of the time required for an eye to evolve. *Proceedings of the Royal Academy of London B* 256: 53–58.

Oakley, T. H., and M. S. Pankey. 2008. Opening the "Black Box": The genetic and biochemical basis of eye evolution. *Evolution: Education and Outreach* 1: 390–402.

Packer, C., and A. E. Pusey. 1983. Adaptations of female lions to infanticide by incoming males. *American Naturalist* 121: 716–728.

Packer, C., and A. E. Pusey. 1984. Infanticide in carnivores. In *Infanticide*, ed. G. Hausfater and S. B. Hrdy. New York: Aldine, 31–42.

Padian, K., and N. Matzke. 2009. Darwin, Dover, "Intelligent Design" and textbooks. *Biochemical Journal* 417: 29–42.

Paley, W. 1802. *Natural Theology: Or, Evidence of the Existence and Attributes of the Deity, Collected from the Appearances of Nature*. London: R. Faulder.

Pallen, M. J., and N. J. Matzke. 2006. From *The Origin of Species* to the origin of bacterial flagella. *Nature Reviews Microbiology* 4: 784–790.

Petren, K., B. R. Grant, and P. R. Grant. 1999. A phylogeny of Darwin's finches based on microsatellite DNA length variation. *Proceedings of the Royal Society of London B* 266: 321–329.

Petren, K., P. R. Grant, et al. 2005. Comparative landscape genetics and the adaptive radiation of Darwin's finches: The role of peripheral isolation. *Molecular Ecology* 14: 2943–2957.

Price, T. D., P. R. Grant, et al. 1984. Recurrent patterns of natural selection in a population of Darwin's finches. *Nature* 309: 787–789.

Provine, W. B. 1971. *The Origins of Theoretical Population Genetics*. Chicago: University of Chicago Press.

Salvini-Plawen, L. V., and E. Mayr. 1977. On the evolution of photoreceptors and eyes. *Evolutionary Biology* 10: 207–263.

Sato, A., H. Tichy, et al. 2001. On the origin of Darwin's finches. *Molecular Biology and Evolution* 18: 299–311.

Schaffer, J. V., and J. L. Bolognia. 2001. The melanocortin-1 receptor: Red hair and beyond. *Archives of Dermatology* 137: 1477–1485.

Schmidt, K. 1996. Creationists evolve new strategy. *Science* 273: 420–422.

Scott, E. C. 1994. The struggle for the schools. *Natural History* 7: 10–13.

Scott, E. C., and N. J. Matzke. 2007. Biological design in science classrooms. *Proceedings of the National Academy of Sciences, USA* 104 (Suppl 1): 8669–8676.

Smith, J. J., N. R. Saha, and C. T. Amemiya. 2010. Genome biology of the cyclostomes and insights into the evolutionary biology of vertebrate genomes. *Integrative and Comparative Biology* 50: 130–137.

Smith, R., E. Healy, et al. 1998. Melanocortin 1 receptor variants in an Irish population. *Journal of Investigative Dermatology* 111: 119–122.

Spencer, H. 1864. *The Principles of Biology, Vol. 1*. London: Williams and Norgate.

Spooner, D. M., I. E. Peralta, and S. Knapp. 2005. Comparison of AFLPs with other markers for phylogenetic inference in wild tomatoes [*Solanum* L. section *Lycopersicon* (Mill.) Wettst.] *Taxon* 54: 43–61.

Swinney, S. 1994. *Evolution: Fact or Fiction*. Kansas City, MO: 1994 Staley Lecture Series, KLJC Audio Services.

Tanksley, S. D. 2004. The genetic, developmental, and molecular bases of fruit size and shape variation in tomato. *Plant Cell* 16: S181–S189.

True, J. R., and S. B. Carroll. 2002. Gene co-option in physiological and morphological evolution. *Annual Review of Cell and Developmental Biology* 18: 53–80.

Vignieri, S. N., J. G. Larson, and H. E. Hoekstra. 2010. The selective advantage of crypsis in mice. *Evolution* 64: 2153–2158.

Woolley, D. M., 1997. Studies on the eel sperm flagellum. I. The structure of the inner dynein arm complex. *Journal of Cell Science* 110: 85–94.

Wu, P., T.-X. Jiang, et al. 2005. Molecular shaping of the beak. *Science* 305: 1465–1466.

혹등고래는 멸종위기에 처해 있다. 이들을 포획하는 것은 국제포경위원회 협약상 불법이다. Photo © Chris Huss.

# 4

# 진화계통수의 추정

1994년 Scott Baker와 Stephen Palumbi는 유전자 분석이 가능한 휴대용 기기를 가지고 일본을 여행하였다. 그들은 음식물 소매시장을 방문하여 고래 고기 시료를 구입하였다. 호텔로 돌아온 이들은 고래 시료로부터 미토콘드리아 DNA를 추출하였다. 그 이후 구매한 고래 시료로부터 DNA 염기서열을 결정한 다음, 이들을 이미 밝혀진 표본의 유전정보와 비교하였다. 이들이 수행한 분석 결과는 진화적 역사 혹은 계통수(phylogenetic tree)로 추정되었다. 그 분석 결과로서 얻어진 진화계통수의 일부가 오른쪽에 나타나 있다. 계통수에서 시료 19b는 혹등고래로부터 얻어진 것으로 보인다. 추가적인 증거는 혹등고래가 북태평양으로부터 기원한 것을 암시하였다. 이 고래의 고기가 지난 십수 년 동안 저장소에 있지 않았었다면 이들의 유전자 분석 결과는 이 고래 고기가 국제포경위원회 협약을 위반한 채 포획한 개체로부터 얻어졌을 가능성을 시사하고 있다.

미지의 표본에 대하여 법의학적으로 종을 동정하는 것은 개체간, 집단간 혹은 종들 사이의 진화적 계통유연관계를 재구성함으로써 규명할 수 있는 여러 종류의 문제들 중의 하나에 불과하다. 진화적 유연관계를 재구성하는 것과 이를 통해서 설명할 수 있는 일련의 논제들이 이 장의 주요 핵심 내용이다.

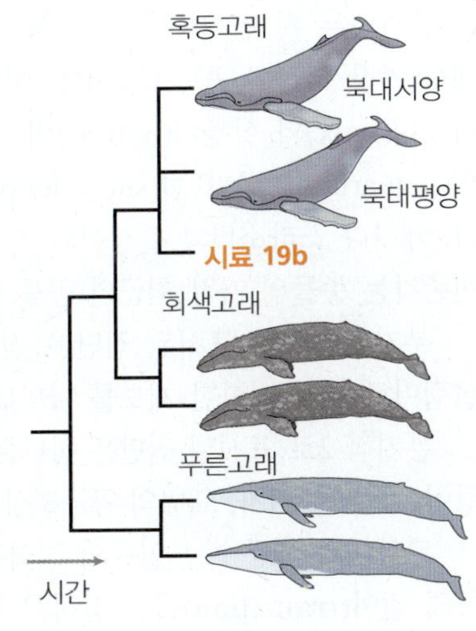


생물학자들이 진화적 유연관계를 재구성할 때, 일반적으로 Baker와 Palumbi가 했던 방식(계통수 그림)으로 그 결과를 요약한다. 진화계통수는 최근에 매우 일반적으로 알려져 있기 때문에 이들에 대해 어느 정도 자세한 내용을 이해하는 것이 중요하다. 따라서 진화계통수를 어떻게 해석할 것인가에 대한 내용을 가지고 이 장을 시작하고자 한다. 그 다음엔 생물이 가지고 있는 형태나 유전적 자료로부터 생물학자들이 진화역사를 재구성하는 방법에 대한 내용을 다룰 예정이다. 후자의 경우에 있어서는 진화적 재구성의 정확도에 대한 실험적 증거들을 제공하는 연구들에 대해 간단히 생각해 보기로 한다. 마지막으로 매우 흥미로운 질문들에 답하기 위해 진화계통수를 이용하는 내용들로 이 장을 마치고자 한다.

## 4.1 진화계통수 해석하기

**진화계통수(evolutionary tree)**, **계통수(phylogenetic tree)**로서도 알려진, 혹은 **계통(phylogeny)**이란 단일 조상계보로부터 일련의 자손들을 만들어 내는 과정에서 나타난 진화적 변화 및 분기의 역사를 그림으로 나타낸 것이다. 다시 말해서, 다윈의 이론에 따라 이들은 공동조상으로부터 유래하여 변화를 겪은 자손으로 해석될 수 있기 때문에 계통수는 한 생물군의 혈통관계를 나타낸다.

### 진화계통수의 시간을 해석하기

1837~1838년경, 종의 변화에 대해 자신의 생각을 기록하곤 했던 다윈은 최초로 계통수를 스케치하였다. 예를 들면 그의 노트 36쪽에 그림 4.1에서 보이는 것처럼 다윈은 진화계통수를 그렸다. 다윈이 "1"이라고 표시한 선은 계통수의 **뿌리(root)**를 표현한 것이며, 이것은 종 A, B, C, D(그리고 표지되지 않은 다른 가지들)의 공동조상을 나타낸다. 다윈의 종의 기원에 관하여 490쪽에 있는 그림이 진화계통수였는데 그 일부분을 그림 4.1b로 나타내었다. 여기서 뿌리는 계통수의 가장 아래에 위치한다. 뿌리로부터 위로 움직이면, 각각의 선들을 통하여 멸종하였거나 혹은 현존하는 자손들이 그들의 공동조상으로부터 분기되어 나온 것을 추적할 수 있다. 다른 모든 계통수에서 실제 눈으로 볼 수 있는 부분처럼 다윈의 진화계통수 역시 시간에 따라 점차 성장하는 대상으로 생각했었음에 틀림없다. 처음에는 단지 하나의 선이 뿌리로부터 위쪽으로 뻗었다. 그러나 곧바로 두 갈래로 분기되어 가시를 만들었다. 이들 역시 둘로 갈라져 결국 더욱 작은 가지로 분기하였다. 이에 따라 완성된 계통수의 모양은 계통수가 만들어지는 역사를 기록하고 있다. 이 진화역사에서 시간은 가지를 경유하여 뿌리로부터 작은 가지로 흐른다.

이 책에 있는 대부분의 진화계통수는 그림 4.2에 있는 것과 같이 그려진 것들이다. 여기서 뿌리는 왼쪽에 위치하며 시간은 왼쪽에서 오른쪽으로 진행된다. 분기되는 가지는 야생 고양이과 8종이 형성되는 진화역사를 나타내고, 이들 모두 하나의 공동조상(뿌리)으로부터 유래한 것임을 보여준다. 뿌리로부터 시작하여 계통수를 가로질러 해석하면, 우리가 만나는 첫 번째 분기하는 지점이 **분기점(node)** 1이다. 분기점 1은 현생하는 8종에 대한 가장 최근의 공동조상이다. 이 집단이 둘로 갈라졌다. 하나의 자손집단은 캐나다 스라소니(lynx)와 살쾡이(bobcat)의 공동조상이 되었다. 다른 하나의 자손집단은 재규어런디(jaguarundi), 눈표범(snow leopard), 호랑이, 재규어, 사자, 표범의 공동조상이 되었다. 캐나다 스라소니와 살쾡이의 가장 최근의 공동조상은 분기점 6으로 나타냈다. 나머지 현존하는 종들의 가장 최근의 공동조상은 분기점 2로 나타내었다.

분기점 6으로 표시된 집단은 점차 분기되어 하나는 캐나다 스라소니와 다른 하나는 살쾡이로 각각 진화한 계보를 나타낸다.

분기점 2로 표시된 집단은 하나는 재규어런디로 진화한 계보와 다른 하나는 눈표범, 호랑이, 재규어, 사자, 표범의 공동조상이 된 계보로 분기되었다.

고양이과 계통수는 일종의 진화적 변화 혹은 고양이 계보가 분화하면서 일어나는 일종의 **전이(transition)**를 포함하고 있다. 예를 들면, 분기점 1에서 다른 계보로부터 분기

(a)

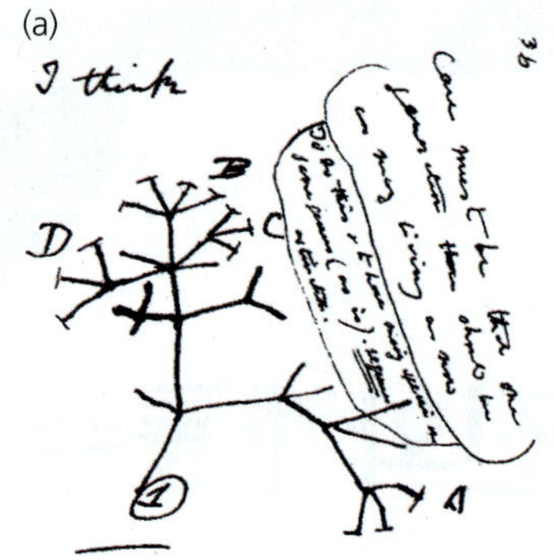


(b)

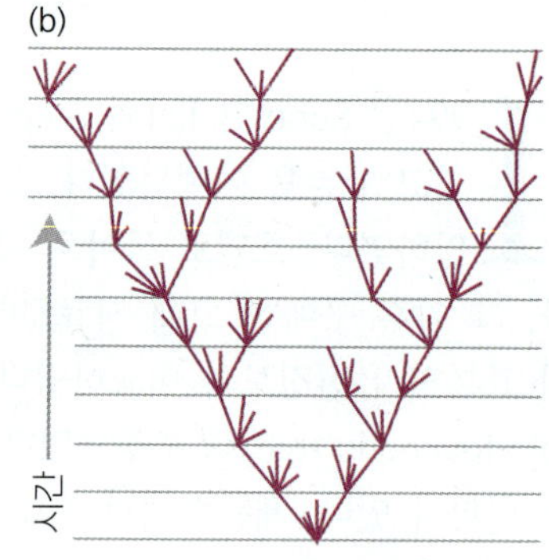


**그림 4.1 다윈의 진화계통수** (a) 다윈의 노트 *B*: 종의 변화(*Transmutation of Species*: 1837~1838)에 관하여 스케치한 진화계통수. (b) 종의 기원에 관하여(*On the Origin of Species*: 1859)에 있는 진화계통수의 일부를 나타낸 삽화.

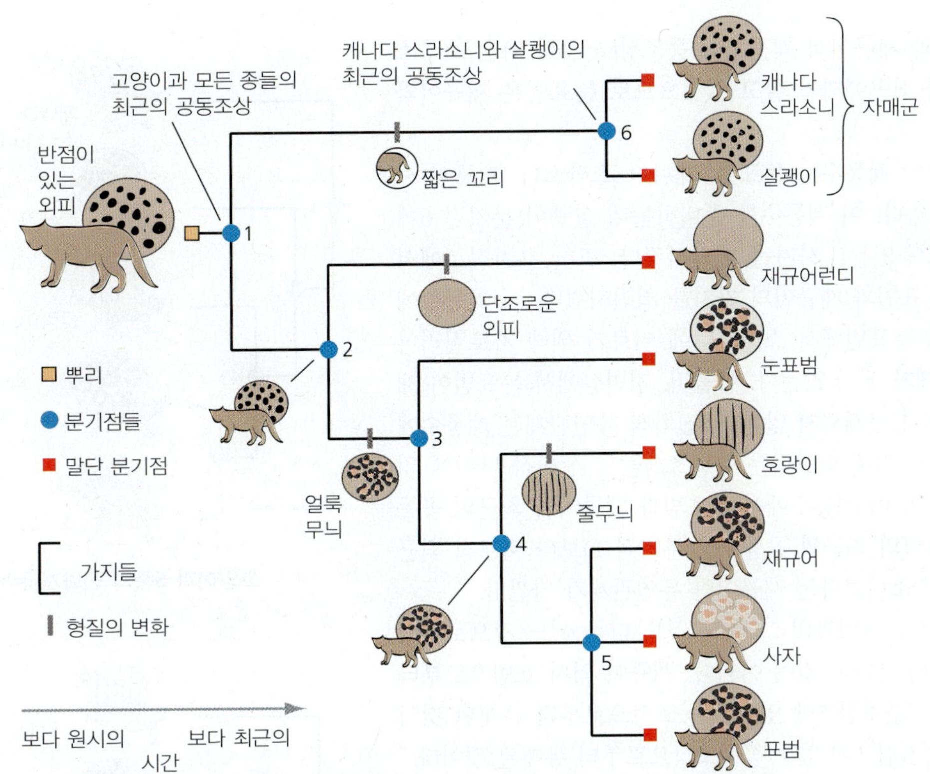


그림 4.2 고양이과 8종의 진화계통수 Werdelin and Olsson의 변형(1997)에서.

된 시점과 분기점 6에서 그들 자신이 분기된 시점 사이 어느 일정 시기에 스라소니와 살쾡이의 공동조상은 짧은 꼬리를 진화시켰다. 분기점 2에서 재규어런디가 눈표범, 호랑이, 재규어, 사자, 표범을 일으켰던 계보로부터 분기되어 일정기간이 지난 후 재규어런디의 공동조상은 점이 없는 단조로운 외피(uniform coat)를 진화시켰다. 눈표범, 호랑이, 재규어, 사자, 표범의 공동조상이 분기점 2에서 분기된 이후, 이들이 분기점 3에서 서로 다양하게 분기되기 이전 어느 시기에—작은 얼룩들이 중간에 있는 하나의 얼룩을 둘러싸고 있는 특징이 있는 흑점다발인—얼룩무늬(rosette)를 진화시켰다.

**진화계통수라고도 알려진 계통수는 일련의 종 혹은 다른 분류군들을 만들어 낸 하나의 공동조상으로부터 유래된 변화를 지닌 자손의 역사를 나타내는 가설이다. 진화적 시간은 뿌리로부터 가지의 끝부분으로 흐른다.**

우리는 Lars Werdelin과 Lennart Olsson(1997)의 연구논문 "How the Leopard Got Its Spots"에서 재구성된 계통수에서 고양이과에 관련된 계통수 부분만을 발췌, 인용하였다. 이들에 따르면, 표범은 변화를 지닌 자손(descent with modification)에 의해 그들의 반점을 획득하였는데, 가장 가깝게는 표범 자신의 것과 같은 표피를 가진 조상으로부터, 가장 멀게는 작은 얼룩으로 된 표피를 가진 조상으로부터 획득한 것으로 가설을 제기하고 있다.

## 진화계통수에서 유연관계를 해석하기

계통수에서 종 사이 **진화적 유연관계(evolutionary relationships)**는 그들이 가장 최근의 공동조상을 공유한 이래 경과된 상대적 시간으로 정의된다. 예를 들면, 그림 4.2에서 스라소니와 살쾡이의 최근의 공동조상은 분기점 6으로 표현된다. 스라소니 혹은 살쾡이가 이들 이외의 다른 종들과 공유하는 최근의 공동조상은 분기점 1로 표현된다. 분기점 1에 있는 집단보다 분기점 6에 있는 집단이 보다 최근에 살고 있는 것이다. 스라소니와 살쾡이는 이들이 다른 어느 종들에 비해 보다 최근의 공동조상을 공유하고 있으므로 이들을 **자매종(sister species)**으로 생각한다. 따라서 이들은 서로 각각에 대해 현존하고 있는 가장 가까운 친척이다.

**보다 최근의 공동조상을 공유하는 계보일수록 근연관계가 보다 가까운 것으로 생각된다.**

이러한 근친성(근연성) 개념을 기초로 그림 4.2의 진화계통수를 이용하여 다른 질문들에 대한 해답을 얻을 수 있다. 예를 들면, 눈표범은 캐나다 스라소니와 보다 가까운가?

혹은 재규어에 보다 가까운가? 눈표범과 재규어의 최근의 공동조상(분기점 3)은 스라소니와 눈표범의 공동조상(분기점 1)보다 최근에까지 살고 있었으므로 눈표범은 재규어와 근연관계가 더 가깝다.

그림 4.3에 있는 단순화한 고양이과의 계통수는 눈표범, 캐나다 스라소니, 재규어 사이의 동일한 계통유연관계를 보여주고 있다. 이 계통수를 준비하는데 살쾡이(분기점 6에 함께 있는), 재규어런디(분기점 2에 함께 있는), 사자를 제외시켰다. 또한 분기점 5에서 재규어를 표범 아래에 위치시키기 위해 표범과 재규어의 가지를 회전시켰다. 이 계통수에서 눈표범에서 재규어에 이르는 것보다 눈표범에서 스라소니에 이르기 위해 가로질러야 하는 분기점의 수가 적게 되는 것은 문제가 되지 않는다. 아울러, 지면상에서 눈표범이 재규어보다 스라소니에 더 가까워진 것 역시 문제되지 않는다. 진화적 유연관계는 계통수에서 단지 분기된 지점의 순서와 이 순서에 의해 확인되는 공동조상들의 상대적 나이에 의해 결정되는 것이다. 그림 4.2에서와 같이, 이 계통수에서 눈표범과 재규어의 최근의 공동조상(분기점 3)은 눈표범과 스라소니 사이의 최근의 공동조상(분기점 1)보다 비교적 최근에까지 존속하고 있으므로 눈표범은 스라소니보다는 재규어와 유연관계가 가깝다.

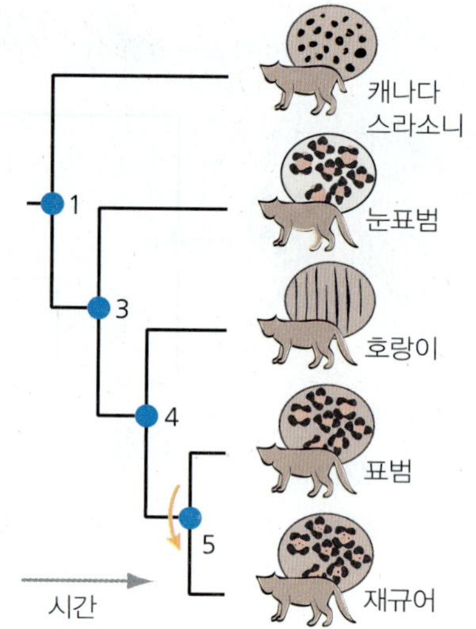

그림 4.3 고양이과 5종의 진화계통수

계통수에서 가장 끝에 있는 현존하는 고양이과의 그 어느 것도 다른 어느 것으로부터 유래된 것이 아니다. 표범은 재규어로부터 유래된 것이 아니다. 재규어 역시 표범으로부터 유래된 것이 아니다. 대신에 이들 모두는 분기점 5에 있는 공동조상으로부터 유래된 것이다. 마찬가지로 모든 고양이과 종들은 분기점 1에 있는 공동조상으로부터 유래된 것이다.

그림 4.2 및 그림 4.4에서 분기점 5에 나타난 3방향으로 분기된 것은 재규어, 사자, 표범 사이의 진화적 유연관계가 불확실하다는 것을 나타낸다. Werdelin과 Olsson은 이들 3종 중 어느 두 종이 제3의 종보다 유연관계가 보다 더 가깝다는 결론을 내릴 수 있는 증거가 충분하지 않았고, 따라서 이들 3계보는 동시에 분기된 것처럼 그림에 나타내었다.

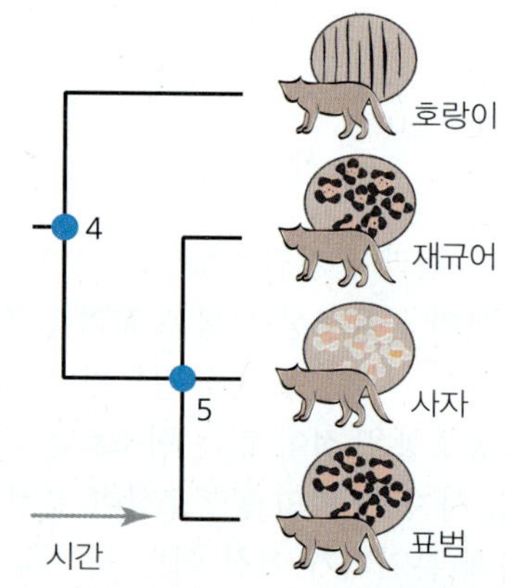

그림 4.4 고양이과 4종의 진화계통수

## 진화계통수가 모든 것을 설명하지는 않는다

어떤 특정한 계통수는 이것을 준비한 저자가 분석과 관련되어 있다고 생각하는 정보만을 포함하게 된다. 따라서 어떤 계통수에서든지 진화적 역사에 대해 자세한 내용들은 빠뜨리게 된다는 사실을 기억하는 것은 중요하다.

예를 들면, 그림 4.2에 있는 계통수는 고양이과 8종에서 그들의 진화과정 동안 일어났던 외피 색깔 및 꼬리 길이에 대한 변화의 일부만을 보여준다. 이것은 몸의 크기에 있어서의 변화나 사자에서 갈기(mane)의 진화를 보여주지는 않는다. 그것은 그동안 일어났던 유전적 변화, 행동학적 변화는 물론 생리적 변화의 횟수 등을 보여주지는 않는다. 그러므로 계통수의 각 가지에서 변화를 나타내는 표시가 없다고 해서 진화가 일어나지 않았다는 것을 의미하지는 않는다. 계통수에서 변화가 일어난 것으로 표시된 시점은 일반적으로 그림에서 나타나는 것보다 덜 정확하게 알려져 있다. 계통수의 어느 가지에서 특정한 변화가 일어난 위치는 해당 가지의 끝에 있는 분기점들 사이의 어느 지점에서 그와 같은 변화가 일어났다는 것을 의미하는 것에 불과하다.

더욱이 그림 4.2의 계통수는 고양이과 8종들 사이 유연관계만을 보여줄 뿐이다. 그것은 유라시아 스라소니가 살쾡이보다는 캐나다 스라소니와 유연관계가 보다 더 가깝다는 내용을 포함하지는 않는다(Johnson et al. 2006). 그것은 재규어런디보다는 눈표범, 호랑이, 재규어, 사자, 표범들과 유연관계가 가까운 대만표범(clouded leopard)을 포함하지는 않는다. 또한 십여 종의 현생하거나 혹은 이미 멸종한 고양이과 다른 종들을 포함하고 있지 않다. 계통수는 단지 그 안에 포함되어 있는 분류군(taxa) (이름이 붙어 있는 생물들) 사이의 유연관계에 대해서만 이야기할 뿐이다.

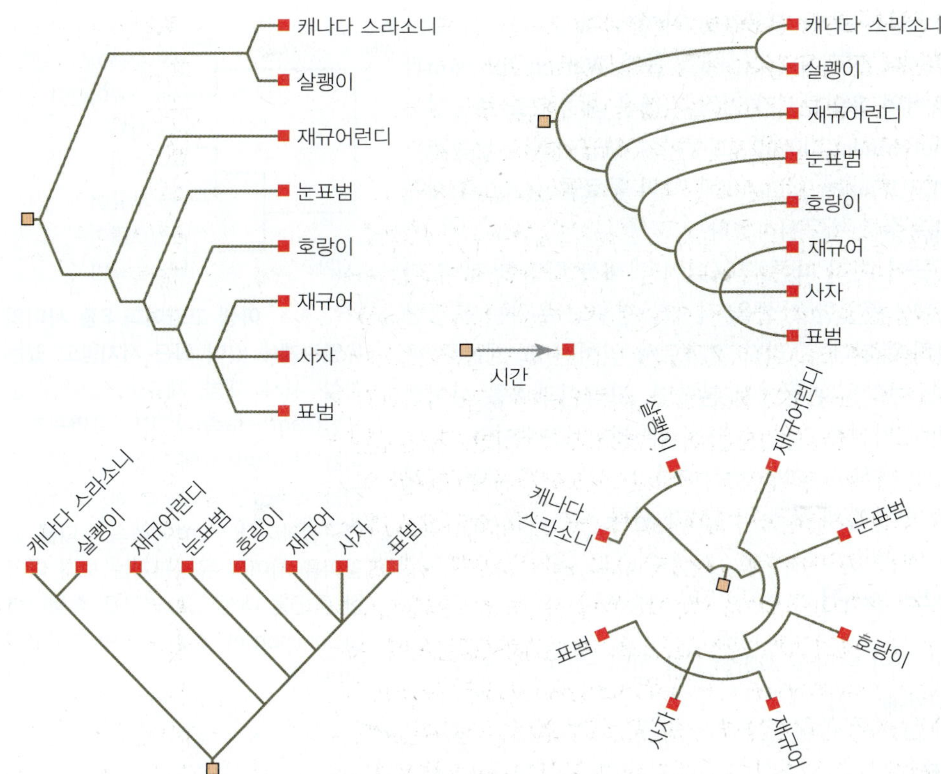


**그림 4.5 동일한 진화계통수에 대한 서로 다른 4가지 형태** 계통수 모두는 현존하는 고양이과 8종 사이의 진화적 유연관계에 있어 그림 4.2에서 표현된 것과 동일한 유연관계를 보여주고 있다. 시간은 계통수의 모든 가지들에서 뿌리(노란색 사각형)로부터 가지의 끝부분(빨간색 사각형) 쪽으로 흐른다. Gregory (2008)에서. 계통수들은 PHYLIP-drawgram (Felsenstein 2009) 프로그램을 이용하여 만들어졌다.

## 진화계통수는 다양한 방식으로 그려질 수 있다

진화적 유연관계는 계통수에서 가지의 분기 순서로서만 묘사될 수 있다.

가지가 분기되는 순서는 계통수가 포함하고 있는 상대적인 유연관계에 관련된 모든 정보를 가지고 있기 때문에, 계통수는 매우 다양한 방식으로 표현될 수 있다. 그림 4.5는 그림 4.2로부터 4가지 서로 다른 방식으로 고양이과 종들 사이의 계통수를 나타낸 것이다. 이들 4가지 계통수 모두는 그림 4.2의 계통수에서와 같이 고양이과 종들 사이에 동일한 진화역사 및 동일한 유연관계를 보여주고 있다. 계통수에 있는 모든 가지에서 시간은 뿌리(노란색 사각형)로부터 가지의 끝부분(빨간색 사각형) 쪽으로 흐른다.

## 진화계통수는 일종의 가설들이다

우리는 극히 예외적인 환경에서만 종 혹은 집단의 진화적 역사를 직접적인 관찰을 통해서 알 수 있다. 보통 실험실 내에서 관리, 유지되는 계보들이 여기에 해당한다(예를 들어, Hillis et al. 1992 참조). 시간의 나머지 부분, 즉 역사는 기록되어 있지 않으므로 우리는 단지 수집 가능한 일련의 단서들을 기초로 진화적 역사를 추론할 뿐이다. 계통수를 추론하기 위하여 이용되는 자료와 방법을 간단히 생각해보자. 그러나 제시된 계통수가 실제적으로 밝혀진 진실은 아니라는 것을 우리는 강조할 필요가 있다. 대신에 제시된 계통수는 자료에 기초하여 특정한 기술을 가지고 분석하여 세워진 하나의 가설일 뿐이다.

이 절에서 Werdelin과 Olsson이 재구성한 고양이과 종들의 계통수를 생각해보자. Werdelin과 Olsson 혹은 우리를 포함한 그 어느 누구도 표범과 그 혈족들의 진화 역사에 대한 진실을 알지는 못한다. 우리는 외피 색깔의 진화에 대한 진실을 알고 있지 못할 뿐만이 아니라 주어진 계통수에서 오늘날 고양이과 동물들이 공동조상으로부터 분기된 양상에 대한 진실을 알지는 못한다. Werdelin과 Olsson이 할 수 있었던 가장 최선의 것은 주어진 증거들을 이용하여 가장 타당한 시나리오를 찾아본 것이다.

거의 매번 이와 같은 가설과 알 수 없는 진실 사이의 차이는 고양이과 동물에 대하여 서로 다른 방법과 서로 다른 종류의 자료를 이용한 연구자들 사이에 왜 조금씩 서로 다른 계통수를 추정하게 되는지를 설명하는 데 도움이 된다. 예를 들면 Warren Johnson과 Stephan O'Brien(1997)은 사자와 호랑이의 유연관계가 가장 가까운 계통수를 재구성하였다. Michelle Mattern과 Deborah McLennan(2000)은 호랑이와 재규어의 유연관계가 가장 가까운 계통수를 제시하였다. 그리고 Warren Johnson과 그의 동료들은(2006) 재규어와 사자의 유연관계가 가장 가까운 계통수를 재구성하였다.

증거가 가장 강력할 때만이—예를 들어 여러 다른 연구팀에 의해서 다양한 분석 기술을 이용하여 분석된 여러 종류의 자료가 동일한 가설을 지지할 경우—우리는 특정한 진화계통수를 잘 정립된 계통수로 생각하게 된다. 그러나 결과로서 얻어진 그 계통수 마저도 잠정적인 것으로 취급되어야 한다. 이같은 관점에서 본다면, 고양이과 8종 사이의 계통유연관계에 대해 가장 잘 지지를 받는 가설은 **그림 4.6**에서 제시된 계통수이다.

진화계통수에 포함된 가설들을 어떻게 해석하는가를 생각하여, 이제는 연구자들이 계통수를 추론하기 위해 이용하는 논리 및 방법에 대해 논의하고자 한다.

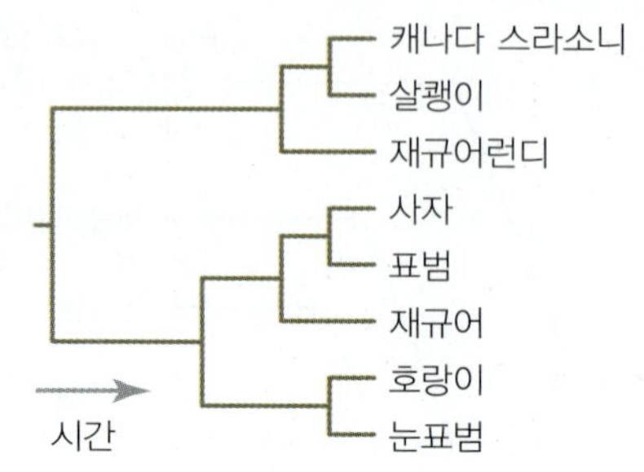


**그림 4.6 야생 고양이과 8종 사이의 유연관계에 있어 최근 지지받고 있는 가설** 사자, 표범, 재규어, 호랑이, 눈표범(*Panthera*속) 사이의 유연관계는 이들 큰 고양이류에 특별히 연구의 초점을 맞추었던 Davis et al. (2010)의 연구결과이다. *Panthera*속과 다른 고양이류 사이의 유연관계는 보다 다양한 종들을 대상으로 연구를 수행하였던 Johnson et al. (2006)의 연구결과이다.

## 4.2 진화계통수를 추론하는 논리

우리는 우선 이상적인 경우를 가지고 이 절의 탐험을 시작하고자 한다. 그 이후에 실제로 일어나는 여러 가지 복잡한 문제들을 생각해 본다.

### 이상적인 경우에서의 계통수 추론

**그림 4.7a**의 오른쪽에 있는 가상의 조류 4종 사이의 진화적 유연관계를 추론하기를 원하는 상황을 상상해보자. 이에 더하여 다음의 내용들에 대해 알고 있다고 가정하자.

- 4종은 그림 4.7a의 왼쪽에 있는 공동조상으로부터 형질의 변화와 함께 유래된 것이다. 공동조상은 짧은 부리와 장식이 없는 조류이다. 공동조상의 형질을 안다는 것을 기초로 오른쪽에 있는 4종의 조류가 가지고 있는 긴 부리와 다양한 장식물은 이 조류 그룹들이 진화과정 동안 새롭게 얻어진 것으로 인식할 수 있도록 해준다.
- 진화과정 동안에 새롭게 얻어진 특징들은 각각 단지 한번만 일어났다고 가정한다. 이 사실로부터 진화과정 동안에 새롭게 얻어진 특징들은 공동조상의 증거로써 해석할 수 있다.
- 한 계보에서 이와 같은 진화적 새로운 특징들이 각각 진화하였다면, 이는 결코 소실되지 않았다.

이 같은 가정하에서 4종 사이의 진화적 역사를 추론하는 것은 간단하다(Felsenstein, 1982 참조).

우리는 먼저 **파생형질(derived characters)**로서도 알려진 진화과정에서 새롭게 얻어진 특징들 중 어떤 형질이 한 종에 특이한 것이며, 어떤 것들이 서로 공유하고 있는 것인지에 대해 주목할 필요가 있다(그림 4.7b). 한 종에 특이한 형질—긴 부리와 짙은색 꼬리—은 이들 종으로 이르게 된 계보가 다른 종의 계보로부터 분기된 이후에 진화했음이 틀림없다. 그렇지 않았다면 아마도 다른 종 역시 긴부리와 짙은 색 꼬리를 가지고 있을 것이다. 이 같은 결론은 조류(새)의 계통수를 그리는 데 있어서 끝에 있는 가지로부터 출발하여 역방향 쪽으로 이동하면서 진화계통수를 그리기 시작하도록 한다. 그림 4.7c에서 보이는 바와 같이, 계통수에 긴 부리를 가진 조류로 이르게 되는 막대를 하나 추가할 수 있고, 또한 짙은 색 꼬리를 가진 조류를 일으키는 막대를 하나 추가할 수 있어서, 각각의 막대는 새로운 형질이 출현한 것을 의미하는 형질변화의 표시로서 나타낼 수 있는 것이다.

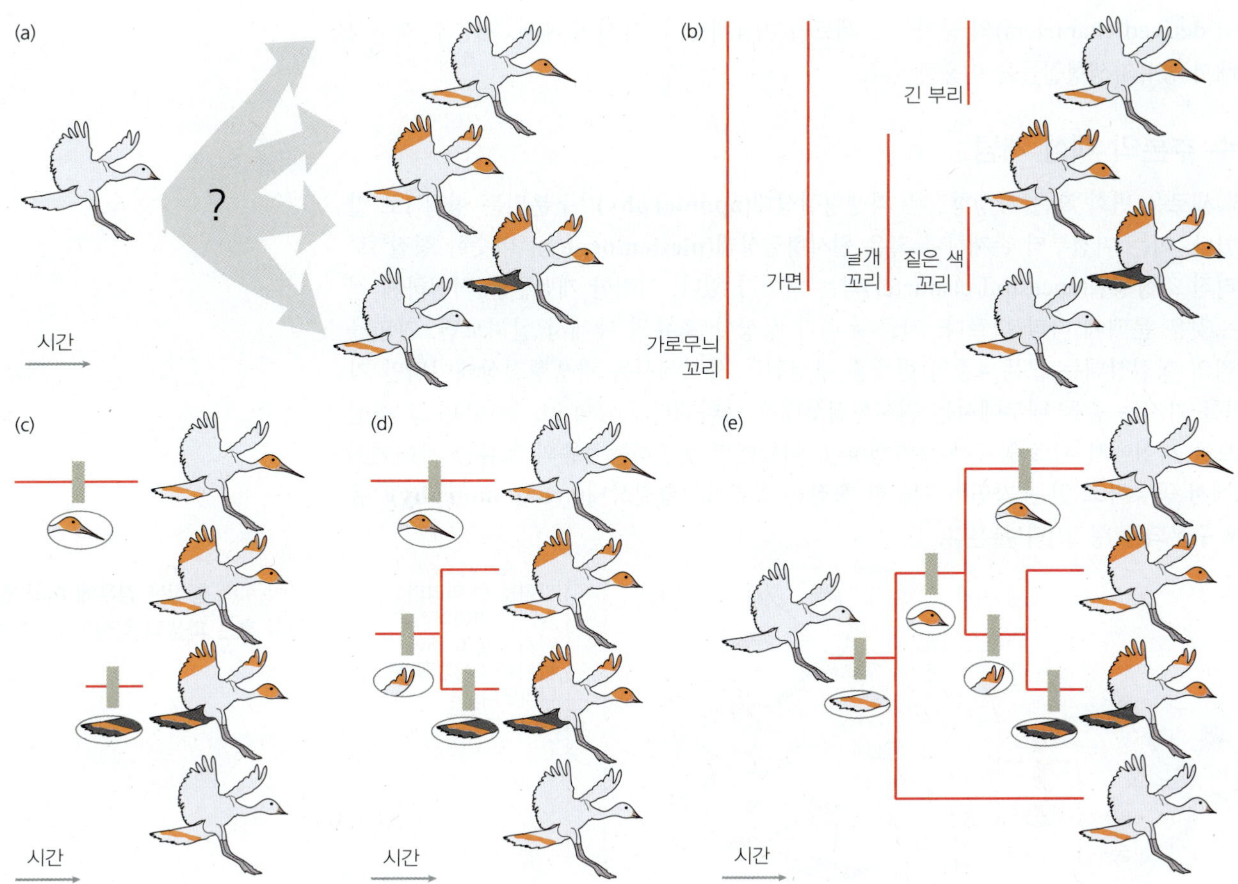


**그림 4.7 이상적인 경우에서의 계통수 추론하기**

이제 공유파생형질(shared derived character)을 살펴보자. 날개 끝부분이 오렌지색인 형질을 정확히 2종만이 공유하고 있음을 주목하라. 이 증거는 오렌지색 날개 끝부분을 가지고 있는 조류를 각각의 자매종으로 인식하게 하고, 날개 끝부분에 오렌지색을 가지는 형질은 날개 끝부분이 오렌지색인 종에 이르게 되는 계보가 다른 종(날개 끝부분이 오렌지색이 아닌 종)의 계보로부터 분기된 이후에 진화했다는 사실을 말해준다. 그렇지 않았다면 다른 종들 역시 날개 끝부분이 오렌지색인 형질을 가지고 있었을 것이다. 계통수의 역방향으로 시간을 따라 계속적으로 이동하면, 그림 4.7d에서 보이는 바와 같이 밝은색 꼬리 형질에 더하여 오렌지색 날개 끝을 가진 종에 이르게 하는 작은 가지 하나를 추가할 수 있으며, 이를 짙은 색 꼬리와 오렌지색 날개 끝을 가지는 종에 이르게 하는 작은 가지에 연결하여, 결국 가지 위에 위치시킨 연결된 작은 가지들은 날개 끝이 오렌지색인 형질의 변화를 표시한 것이다.

오렌지색 날개 끝을 가진 2종의 조류와 긴 부리를 가진 조류가 서로 공유하고 있는 가면을 한 머리의 상태는 이들 3종 각각이 남아 있는 다른 종보다도 서로 유연관계가 더 가깝다는 사실을 말해준다. 4종 모두 가로무늬 꼬리를 가지고 있다는 사실로부터 이 특징은 이들 4종이 그들의 조상계보로부터 분기되기 이전에 진화하였음을 말해준다. 이제 우리는 계통수를 완성할 수 있다. 완성된 계통수는 그림 4.7e에 나타내었다.

**이상적인 경우에 진화적 새로운 변화를 경험한 둥지구조 세트로부터 일련의 종들의 진화적 역사를 추정할 수 있다.**

2.4절에서 공동조상으로부터 진화적 변화를 경험한 자손은 자동적으로 새로운 진화적 변화의 둥지구조 세트를 보여주는 종들을 만들고, 둥지구조의 순서를 통해 진화적 변화의 순서를 예측할 수 있었으며, 이러한 예측들을 화석 기록들과 비교하여 변화를 경험한 자손이라는 다윈의 이론을 실험할 수 있다. 이러한 논리를 한 단계 더 나아가 보자. 우리는 계보 사이에서 다양화가 일어난 진화의 역사를 재구성하기 위해 공유파생형질

(shared derived characters)의 둥지구조 세트를 이용하였다. 다시 말해서, 계통수 재구성을 위해서 공유파생형질들을 이용하였다.

## 계통수 추론의 핵심 개념

진화적 새로운 변화 혹은 파생형질은 **파생형질상태(apomorphy)**('구분되는 형질')로 알려져 있다. 이는 이전부터 존재하던 혹은 **원시형질상태(plesiomorphy)**('비슷한 형질')로도 알려진 조상형질(ancestral character)과는 차이가 있다. 이러한 개념들을 적절하게 적용하는 것은 문맥에 따라 다르다. 지금 우리가 상상한 조류의 예에서 살펴보면, 가면을 한 머리의 형질상태는 모든 4종의 현생종 구성원들 사이에서는 파생형질상태이지만 가면머리를 가지는 종들 내부에서는 원시형질상태를 나타낸다(그림 4.8). 둘 또는 그 이상의 계보들 사이에서 서로 공유하는 파생형질, 이를테면 현존하는 4종의 조류들 사이에서 3계보에서 공유하고 있는 가면머리를 한 형질을 **공유파생형질상태(synapomorphy)**('유사하게 구분되는 형질')라 부른다.

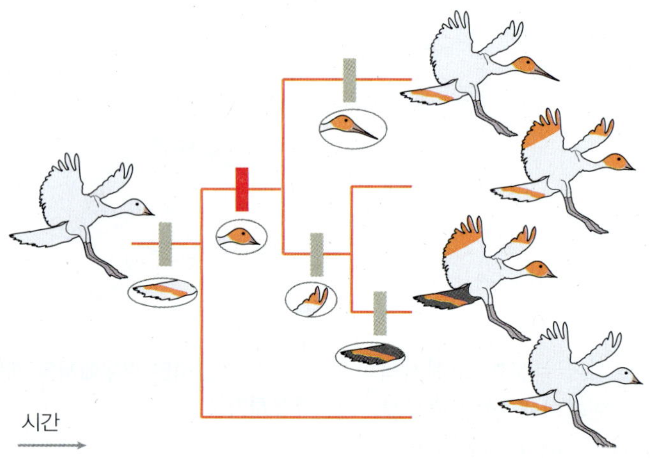


**그림 4.8 형질은 경우에 따라 원시적 형질 혹은 파생적 형질이 될 수 있다**

**분기군(clade)**으로도 알려진 **단계통군(monophyletic group)**은 하나의 조상과 그것의 자손 모두를 포함한다. 우리가 다루고 있는 조류에서 보면, 오렌지색 날개 끝을 가진 종과 오렌지색 날개 끝을 가진 그들의 조상은 단계통군을 이룬다(그림 4.9a). 이 그룹은 가면머리를 한 조류와 둥지구조를 이루는데 이들은 가면머리를 한 그들의 공동조상과 또 하나의 다른 단계통군을 이룬다(그림 4.9b). 그 다음으로 이들 그룹은 가로무늬 꼬리를 가지는 조류와 둥지구조를 이루고 그들의 공동조상과 다른 하나의 단계통군을 이룬다(그림 4.9c). 하나의 조상과 그들의 자손들 중에서 일부(전부가 아닌), 이를테면 그림 4.9c에서 밝은색 꼬리를 가지는 종들과 그들의 공동조상을 **측계통(paraphyletic)**이라고 서술한다. 어떤 한 그룹(자손들의 전부가 아닌)이 자손들의 일부만 포함하고, 거기에 그들의 조상이 제외되었을 경우, 예컨대 가면머리에 밝은색 꼬리를 가진 현생하는 조류들을 **다**

**공유파생형질을 통하여 공동조상과 그들의 모든 자손들을 포함하는 분류군들의 세트인 단계통군들을 확인할 수 있다.**

**그림 4.9 단계통군** 각각은 하나의 공동조상과 모든 자손들로 구성된다.

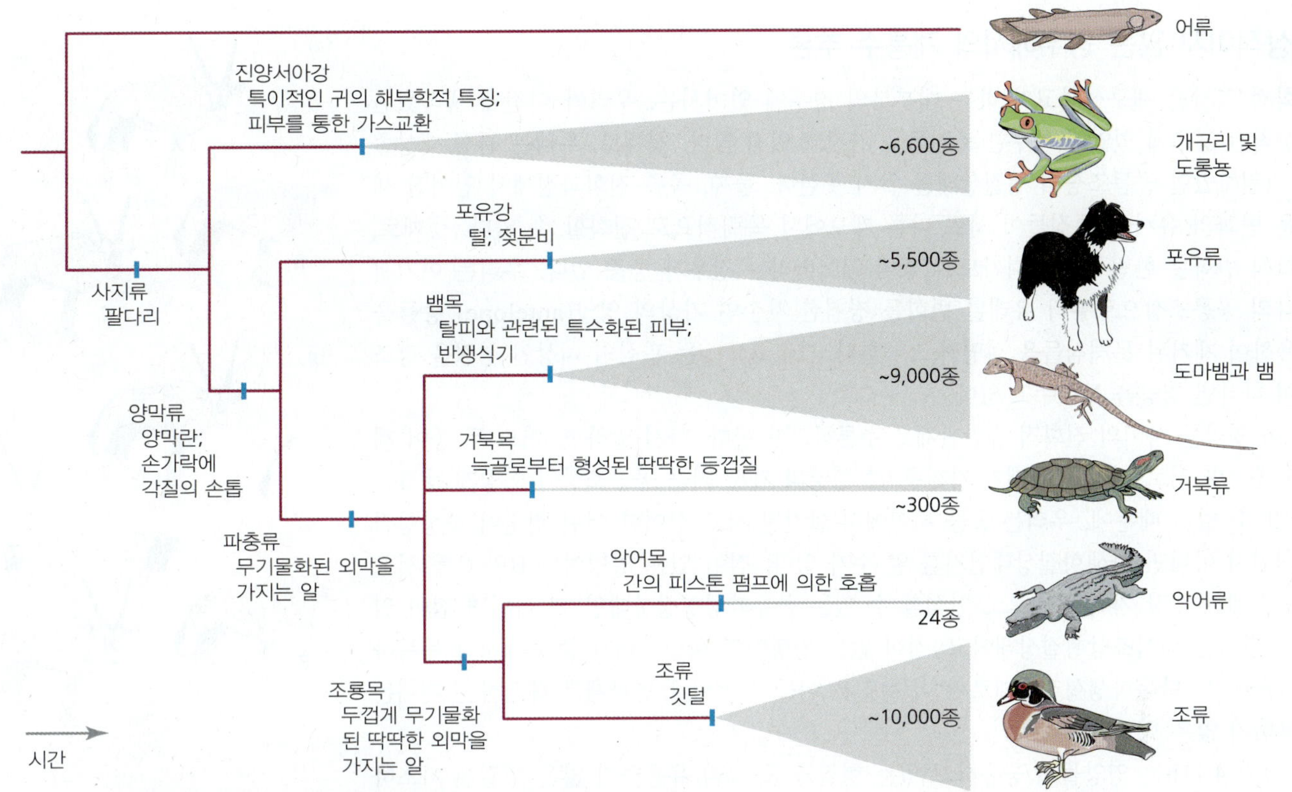


**그림 4.10 사지류에 속하는 주요 단계통군** 가지의 끝부분에 표시된 회색의 삼각형은 여러 진화계통수로서 표현될 수 있는 각각의 단계통군내 다양성을 나타내고 있다. 다음의 여러 문헌들을 기초하였음. Gans and Clark (1976), Meylan (2001), Alibardi and Maderson (2003), Kearney (2003), Mindell and Brown (2005), Carroll (2007), Laurin and Reisz (2007), Claessens (2009), Hoffmann et al. (2010), Laurin (2011), and Laurin and Gauthier (2011).

**계통(polyphyletic)**이라 부른다.

독일 출신 곤충학자인 Willi Hennig(1966)에 의해 주창된 계통추론의 기초 원리에 대해 보다 정확히 언급해 본다: 공유파생형질상태에 의해 단계통군을 인식할 수 있다.

그림 4.10은 현생하는 육상 척추동물의 주요 단계통군들과 그들을 구분할 수 있는 공유파생형질상태의 일부를 보여주고 있다. 예를 들어, 개(dog)는 그들이 털과 유선을 함께 공유하고 있는 포유류에 속한다. 이들 역시 양막(amniotic membrane)으로 둘러싸인 배를 공통적으로 가지고 있는 무리인 양막류(amniotes)에 속한다. 그리고 개는 최종적으로는 팔다리를 공통형질로 보유하고 있는 사지류(tetrapod)에 속한다.

파충강(Reptilia) 내에서 가장 깊은 분기점이 하나의 가지가 다른 하나의 가지에 의해서 순차적으로 분기된 상태가 아닌, 3방향으로 동시에 나누어져 있는 상태, 즉 **다분기(polytomy)**의 상태로 있는 것에 주목할 필요가 있다. 뱀목(Squamata), 거북목(Testudinata), 조룡목(Archosauria) 사이의 진화적 유연관계에 있어 아직 해결되지 않은 불확실성 때문에 이러한 형식으로 계통수가 그려졌다. 일부 자료를 기초로 분석한 결과에 따르면 도마뱀-뱀의 계보와 조류-악어의 계보가 거북의 계보보다는 유연관계가 서로 가깝다는 것을 시사한다(Werneburg and Sanchez-Villagra 2009; Lyson et al. 2010). 다른 연구결과는 조류-악어의 계보와 거북의 계보가 도마뱀-뱀의 계보보다 유연관계가 가깝다는 것을 시사한다(Iwabe et al. 2005; Hugall et al. 2007). 이와 같은 혼동은 계통을 정확이 도식화해야 할 경우, 생물의 실제 역사는 앞서 제시한 이상적인 경우들과는 거의 일치하지 않는다는 것을 보여준다. 현실적으로 복잡한 내용이 있음에도 불구하고 이제부터는 계통수를 추론하는 방법을 생각해보자.

**계통수에서 계보간의 분기순서가 불분명할 경우 다분기점(polytomy)—즉 하나의 계보가 2개 이상의 자손들로 동시에 분기되는 분기점—으로서 표시된다.**

## 이상적이지 않은 경우에서의 계통수 추론

진화적 역사를 재구성하고자 하는 대부분의 경우에 있어서는, 우리가 이전에 생각했던 이상적인 경우에 있었던 특수한 조건들을 가지고 있지 않다. 첫째로, 우리는 관심 대상종이 기원하였던 공동조상의 형질상태를 알지 못한다. 둘째, 종종 진화과정에서 얻어진 새로운 변화의 유사한 특징들이 서로 다른 계보에서 독립적으로 진화할 수 있다. 셋째로, 진화적 변화는 한번 일어났다가도 이후에 잃어버리는 경우가 종종 있다. 우리는 여기서 하나의 공동조상으로부터 유래된 변화를 경험한 자손인 가상의 영양(antelope) 종들을 이용하여 제기된 문제점들을 설명하고자 한다. 그림 4.11a는 관심의 대상인 형질을 강조하여 나타낸 영양을 보여주고 있다.

이 영양들 사이의 진화적 유연관계를 추론하고자 한다. 다시 말하면, 어느 두 종이 제3의 종보다 서로 더 유연관계가 가까운가? 영양의 가장 최근 공동조상이 어떻게 생겼는지 알 수 없기 때문에, 우리는 종들 사이에서 발견된 서로 상이한 어떤 형질이 조상형질상태인지 아니면 파생형질상태인지를 알 수가 없다. 점이 있는 엉덩이는 B와 C를 서로 유연관계가 가장 가까운 것으로 인식할 수 있는 공유파생형질상태인가? 아니면 점이 있는 엉덩이는 원시조상형질상태이고, 점이 없는 엉덩이의 형질상태가 종 A에서만 독특하게 나타나는 단독파생형질상태로써 이 형질은 이들 사이의 유연관계를 해결하는 데에는 유용하지 않은 형질인가?

그림 4.11b는 영양들이 공유하고 있는 형질들 중 그리 유용하지 않은 형질에 기초하여 종을 그룹으로 묶는 것을 보여준다. 모든 종이 갈색의 다리를 가지고 있지만, 만일 그렇지 않다면 이 종들은 둥지구조 세트로 묶일 수 없다. 대신에 무작위적으로 중복되는 조합을 만들게 된다. A와 B는 짙은 색 꼬리를 공유하고; B와 C는 점이 있는 엉덩이를 공유하고; A와 C는 머리 뿔과 얼굴무늬를 공유한다. 이 경우 일부 형질들은 1번 이상 독립적으로 진화하였거나, 아니면 어떤 계보들은 그들의 조상 혹은 조상과 자신이 과거 한때 보유하였던 형질을 2차적으로 소실하였음을 보여주고 있다.

그럼 어떻게 작업을 할까? 뒤에서 언급되는 내용은 외군(outgroup) 분석과 단순성 분석(parsimony analyses)을 소개하게 되는데, 이 두 가지 방법은 영양류에 대해 과거에 있었던 진화적 역사를 설명하는 데 도움이 되는 여러 분석방법 중의 하나에 해당한다.

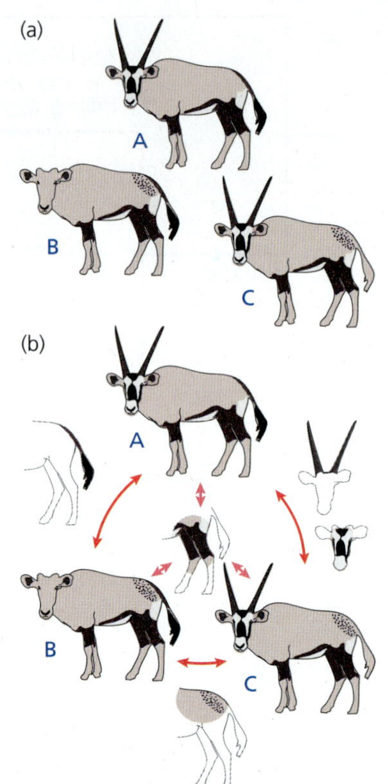


**그림 4.11 가상의 3종의 영양류 종들은 계통수 추론에 있어 이상적이지 않은 경우를 보여주고 있다**

### 외군 분석

**외군(outgroup)** 분석은 진화역사를 재구성하는 데 있어 하나 혹은 그 이상의 추가적인 종을 포함시킨다(Maddison et al. 1984). 외군은 내군(ingroup)—즉, 우리가 추론하고자 하는 계통유연관계의 대상이 되는 종—과 가까운 친족이어야 하지만, 그러나 내군의 구성원들보다 유연관계가 덜 가까워야 한다. 이렇게 함으로써 우리가 계통수를 재구성함에 있어 내군의 구성원들이 확실히 단계통군이 되도록 하게 할 것이다.

여기에서 보이는 바처럼 가장 단순한 외군 분석방법에서는 1종의 외군만을 추가하게 된다(그림 4.12). 우리는 내군을 만들어낸 계보로부터 외군이 분기된 이후 외군 계보에서는 더 이상의 진화적 변화가 없었다고 가정한다. 잠시 후 볼 수 있겠지만, 이와 같은 가정은 내군의 가장 최근의 공동조상이 가지고 있던 특성에 관한 추론을 가능하게 한다.

현재의 내군에서는 3종 사이의 유연관계에 대해 3가지 종류의 해답이 가능하다. A와 B가 자매군, 혹은 A와 C가 자매군, 아니면 B와 C가 자매군이 될 수 있다. 이들 모두의 가정을 가설로서 설정하고 이제부터 논의할 대상 중이 하나인 단순성 원리를 이용하여 이들을 서로 비교해보자.

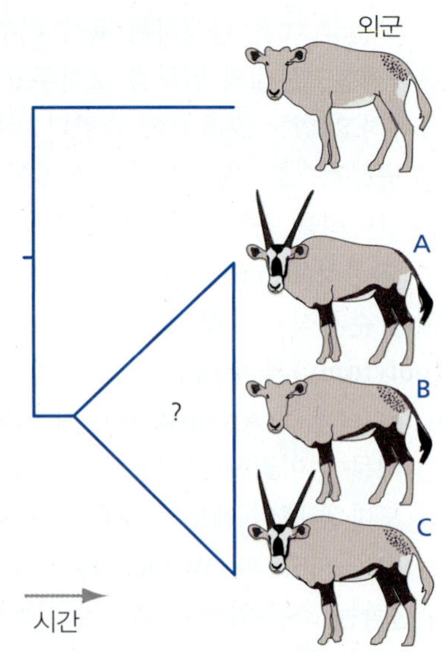


**그림 4.12 외군 분석** 우리가 가진 계통수에 다른 한 종을 추가하여 내군의 가장 최근의 공동조상에 대한 추론을 가능하게 한다.

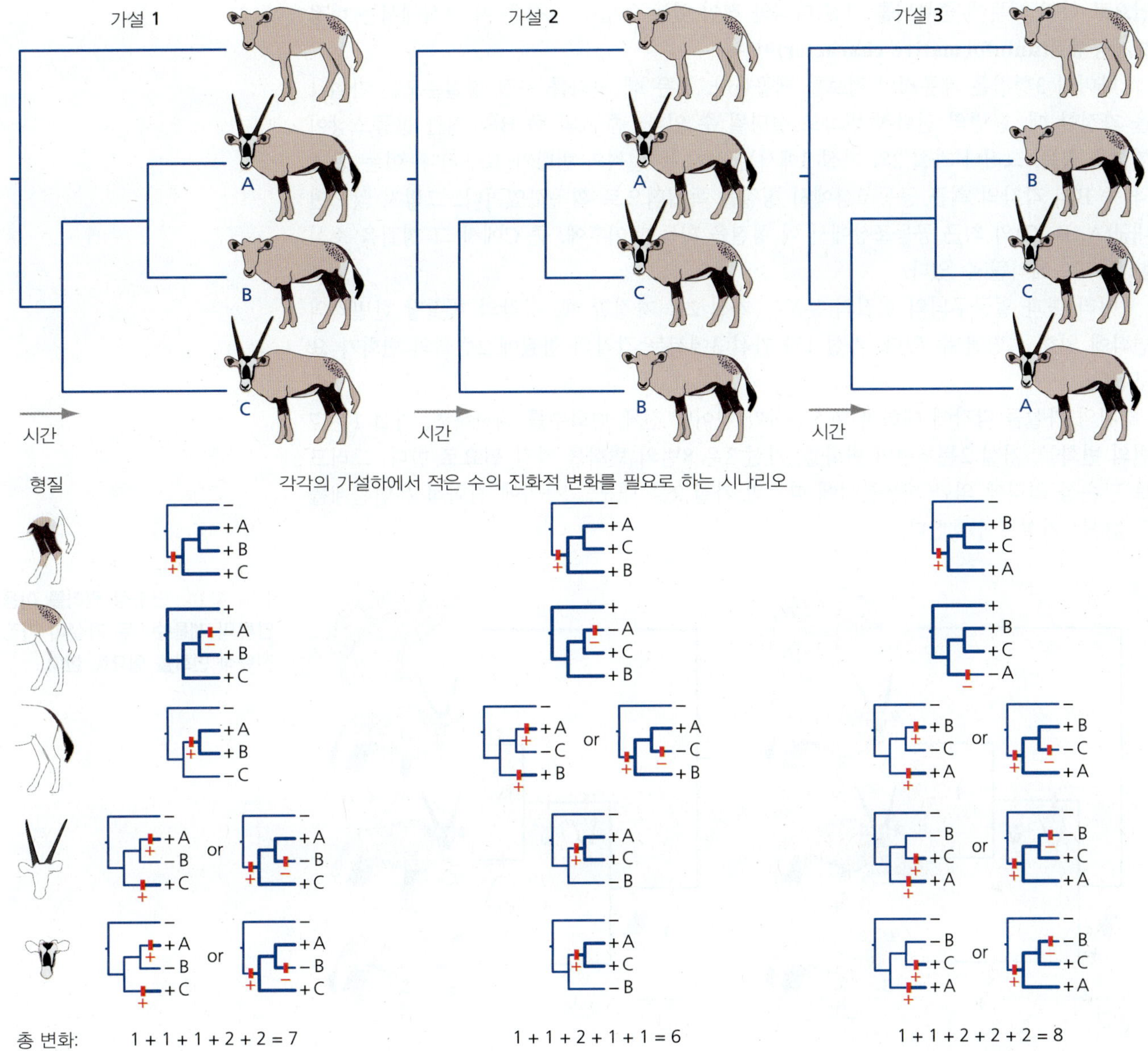


**그림 4.13 단순성 분석** 각 세로 행은 3가지 가설 중의 하나를 산정한 것이다. (+) 표시는 형질 있음 혹은 획득을 나타낸 것이고; (−) 표시는 형질 없음 혹은 소실을 나타낸 것이다.

## 단순성 분석(Parsimony Analysis)

**단순성** 원리에서는 형질들의 진화적 변화의 수가 가장 적은 것을 요구하는 가설을 선호한다(Felsenstein 2004 참조). 다시 말해서, 각각의 가능한 계통수에서 모든 형질을 평가한 후, 계통수 끝에 놓여 있는 종들 사이에서 일어나는 형질상태의 분포를 설명할 수 있는 가장 단순한 진화의 시나리오를 찾는다. 즉, 각 가설(계통수)에서 요구되는 진화적 변화의 수를 합하여 그 수가 가장 적은 가설을 찾는다.

영양류 종에 대한 3가지의 가능한 진화계통수는 그림 4.13의 위쪽에 나타내었다. 각각의 계통수에 대한 개별 형질들의 가장 단순한 시나리오는 아래쪽 그림에 나타나 있다.

갈색 다리는 내군 영양류의 3종 모두에서 나타나므로 3가지의 가설 각각에서는 한번씩의 진화적 변화를 요구한다: 갈색 다리는 내군의 가장 최근의 공동조상에서 출현. 점이 있는 엉덩이는 외군과 하나를 제외한 모든 내군에서 나타나므로 3가지 모든 가설이 한번씩의 진화적 변화를 필요로 한다: 종 A의 최근 공동조상에서 점이 있는 엉덩이의 소실이 일어났다. 3가지 가능한 가설하에서 가장 단순한 시나리오는 동일한 수의 진화적 변화를 필요로 하기 때문에 줄무늬를 가진 다리와 점이 있는 엉덩이 형질은 이 분석에서는 **비정보제공형질(uninformative character)**이다.

나머지 3형질은 계통적인 정보를 제공한다. 짙은 색 꼬리를 가진 형질분포는 가설 1을 가정할 때, 한번의 진화적 변화로 설명될 수 있다: 종 A와 종 B의 최근 공동조상이 형질을 획득. 그러나 가설 2와 가설 3에서는 각기 두 번씩의 변화가 요구된다. 이는 종 A와 종 B의 각각의 최근 공동조상에서 형질을 독립적으로 획득하였거나, 그렇지 않으면 내군(A, B, C)의 최근 공동조상에서 이 형질을 획득한 이후에, 종 C에서 그 형질을 소실한 것으로 해석될 수 있다.

머리 뿔과 얼굴무늬의 형질의 분포는 가설 2를 가정할 때, 각각의 형질당 한번씩의 변화에 의해 설명될 수 있다. 가설 1과 가설 3에서는 각각의 형질에 2번씩의 변화가 요구된다.

위의 가설들 각각에 대하여 형질변화가 일어난 전체 변화수를 계산하면, 가설 1은 7번의 변화를, 가설 2는 6번의 변화를, 가설 3은 8번의 변화를 각각 필요로 한다. 그러므로 단순성 원리에 의한 계통분석에 따르면 가설 2를 내군들 사이에 진화적 유연관계를 추정하는 가설로 선호한다.

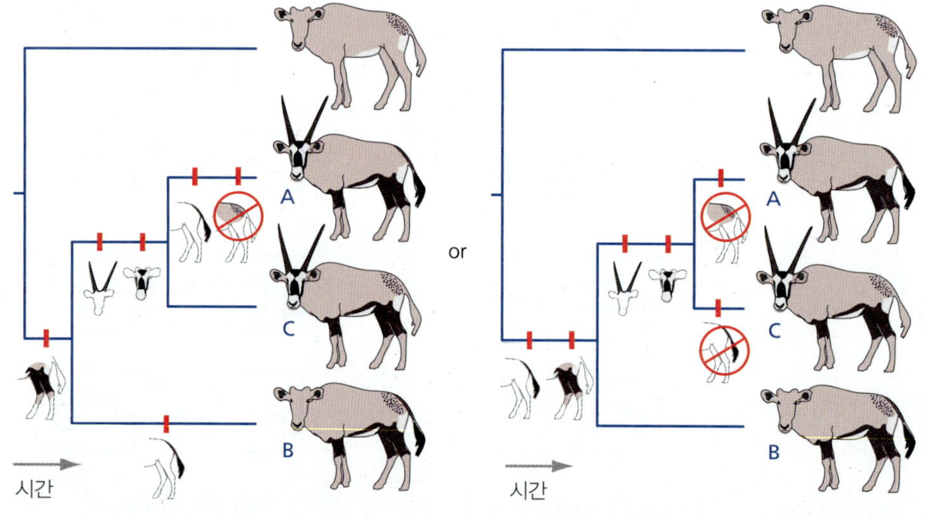


**그림 4.14 단순성 원리를 이용한 영양류의 계통수** 두 가설이 가장 적은 진화적 변화를 필요로 한다.

그림 4.14에서 보는 바와 같이 내군의 가장 최근 공동조상은 갈색 다리와 점이 있는 엉덩이를 가졌었고 머리 뿔과 얼굴 무늬를 가진 형질은 종 A와 종 C의 공유파생형질이며, 점이 없는 엉덩이는 종 A의 단독파생형질이다. 짙은 색 꼬리에 대한 진화적 역사는 불분명하다.

이들 모든 4종에 대한 최근 공동조상이 외군과 같이 생겼을 것이라는 추가적인 결론을 내리고 싶은 마음이 들 수 있다. 그러나 이와 유사한 것을 처음부터 가정했다는 것을 기억하라. 사실상, 단순성의 원리를 동시에 만족시키는 시나리오는 모든 4종의 최근의 공동조상은 갈색 다리를 가졌었고 이 형질은 외군에 이르게 되는 계보에서 소실하였다는 것이다. 4종의 최근 공동조상은 아마도 짙은 색 꼬리를 가졌을 것이다.

**대부분의 실제 예들은 우리의 이상적인 예에서처럼 진행되지는 않는다. 그러한 환경에서는 모든 가능한 진화계통수들을 가능한 가설로서 생각하고 몇몇의 기준에 따라 이들을 서로 비교한다. 그 기준의 하나로 단순성 원리—즉 하나의 계통수에 의해서 나타내는 진화적 변화의 최소량—가 있다.**

단순성 분석은 쉽게 다루기 어려운 질문들에 답하는 데 있어 추론을 가능하게 한다. 물론 실제의 진화적 역사는 반드시 가장 단순한 시나리오에 따라 진행되지는 않을 것이다. 단순성 원리의 정당성 여부나 그에 대한 자세한 근거 등은 이 책의 범위를 벗어나는 영역이다. 일부 생물학자들은 가장 단순한 설명이 제일 낫다는 원리인 오컴의 면도날(Ockham's razor)을 인용하여 단순성 원리를 정당화한다. 다른 일부 학자들은 잘 알려지지 않은 계통수에 대한 통계적 추정치로서의 방법적 특성 때문에 이를 옹호하기도 한다(그러나 Felsenstein 1978을 참조). 일부 다른 학자들은 여전히 알려지지 않은 진화계통수에 대해서는 이 방법을 이용할 경우 상당할 정도로 정확한 계통수를 재구성하는 특성이 있다고 생각하여 이를 정당한 방법으로 보고 있다. 이 문제에 대한 보다 자세한 연구 및 단순성에 관련한 다른 방법들을 알기 위해서는 Joseph Felsenstein(1982, 1983, 2004)의 논문이 도움이 된다.

### 가능한 계통수의 수

영양류의 예에서 우리는 모든 가능한 계통수를 고려하였고 그들 중 가장 적은 양의 진화적 변화를 필요로 하는 계통수를 선택하여 갈색 다리를 가지는 영양류 사이의 유연관계를 추론하였다(그림 4.13). 이 경우 내군이 3종뿐 이었기 때문에, 오직 3가지 계통수만이 고려대상이 되었다. 그러나 종의 수가 증가하면, 가능한 계통수의 가지 수는 급격히 증가하게 된다(Felsenstein 2004 참조). 내군이 4종일 경우, 모두 15종류의 계통수가 가능하다. 내군이 5종일 경우, 105종류의 계통수가 나온다. 10종일 경우, 총 34,459,425종류—1년을 초로 환산한 수보다 많은 수—가 된다. 실제적으로 단순성 분석을 이용한 대부분의 분석은 컴퓨터의 도움으로 수행된다.

## 수렴진화와 역행

서로 다른 계보에서 유사한 파생형질이 독립적으로 나타날 경우 이를 **수렴진화(convergent evolution)**라 한다. 한 계보에서 공유형질을 소실하고 원래의 원시형질 상태로 되돌아가는 경우를 **역행(reversal)**이라 한다. 영양류의 예에서 보았듯이 이 2가지 모두의 경우 공유파생형질에 있어 서로 상반되는 결과를 초래하여 진화 역사를 재구성하는 데 있어 혼동을 야기할 수 있다. 수렴 혹은 역행에 의한 형질상태의 유사성을 **호모플라시(homoplasy)**라고 한다.

**계통수 추론과정에서 복잡한 상황의 대부분은 수렴진화와 역행으로부터 야기된다. 계통수상 하나 이상의 위치에서 동일한 형질이 독립적으로 나타날 경우 이를 호모플라시(homoplsy)라고 한다.**

그림 4.15에서처럼 다른 계보가 유사한 환경적 요구에 대해서 비슷한 자연선택을 경험하였을 경우에 형태적 유사성은 수렴진화에 의해 독립적으로 일어날 수 있다. 공작(그림 4.15a)과 공작거미 수컷(그림 4.15b)은 뒷면에 화려한 색채를 가진 부채모양의 날개를 가지며 이를 수직으로 세워서 교미상대를 유혹한다(Hill 2009; Otto and Hill 2010; Dakin and Montgomerie 2011). 카이만(그림 4.15c)과 하마(그림 4.15d) 모두 두개골의 윗부분에 눈, 콧구멍, 귀 등을 가진다. 이 형질은 그들로 하여금 몸의 나머지 부분이 물속에 잠겨 있는 동안에도 수면 위에 있는 사물을 보거나, 냄새를 맡거나 소리를 들을 수 있도록 한다(Osburn 1903; Caldicott et al. 2005). 수렴진화의 또 다른 예는 박쥐와 새의 날개, 상어와 고래의 유선형의 체형, 뱀과 도마뱀의 가늘고 긴 몸 등이 여기에 포함된다.

그림 4.15 **수렴진화** 2쌍의 종들은 서로 유사한 환경의 도전에 적응하였다. (b) Jurgen Otto의 사진.

역행은 이전에 적응에 유리했던 파생형질이 환경이 새롭게 변하면서 이익보다는 더 많은 비용을 지불해야 하는 경우에 그 형질이 소실될 때 일어난다(Fong et al. 1995; Hall and Colegrave 2008). 뱀과 다리가 없는 도마뱀에서 사지가 소실된 형질상태(수렴)는 역행을 나타낸다(Skinner et al. 2008; Skinner and Lee 2009). 역행의 또 다른 예로서 동굴에 서식하는 동물에서 눈의 소실, 조류에서 이빨의 소실, 담수에 서식하는 큰가시고기류에서 몸에 있는 두꺼운 갑옷비늘의 소실 등이 여기에 포함된다. 흔하지 않은 이중 역행의 한 예로서 Guenther의 주머니개구리(*Gastrotheca guentheri*)는 아래 턱에 진정한 이빨을 가지는 것—최소 2억3천만 년 전 현존하는 모든 개구리의 최근 공동조상에서는 소실하였던 특징—을 재차 진화하여 갖게 된 것이다(Wiens 2011).

미리 수렴진화나 역행진화의 예를 확인할 수 있으면 그것을 통해서 우리가 가지고 있는 자료 세트에서 공유파생형질 양상 사이에 나타나는 불일치성을 피할 수 있기 때문에, 결국 계통수 추정에서 일어나는 문제점들을 줄일 수 있다. 달리 말하면, 그들은 공동조상으로부터 물려받은 서로 상동적 형질이기 때문에, 우리는 공동조상의 모든 자손들에서 공통적으로 나타나는 진화적인 새로운 변화에 한정하여 분석을 수행하는 데 매우 유용하다. 이러한 기준을 만족시키는 것이 단계통군을 밝힐 수 있는 공유파생형질상태이다.

**상동성(homology)은 공동조상에 기인한 유사성임을 기억하시오. 공유파생형질상태(synapomorphy)는 특정한 범주에 속하는 상동적 특성이다. 그들은 고려 대상인 종의 하위 그룹 사이에서만 공유하고 있는 공동조상으로부터 기원한 유사성을 말한다. 간단히 말해서 연구대상인 계보의 관점에서 볼 때, 상동성이란 진화과정에서 새롭게 얻어진 공통된 특징이 이에 해당한다.**

일부의 경우에는 수렴과 역행을 파악하는 것이 상당히 쉽다. 예를 들면 어느 누구도 공작과 공작거미의 짝짓기 행동을 공동조상의 증거로서 취급하는 실수를 범하지는 않을 것이다. 하나는 깃털을 이용하고 다른 하나는 배쪽에 있는 1쌍의 날개를 이용한다. 그들 사이의 유사성을 알 수 있게 하는 것은 자세한 정밀조사에 의한 것이 아닌, 날개를 펼치는 행위는 조류에 속하고 다른 하나는 거미에 속하는 것이다. 마찬가지로 뱀에서 다리의 소실은 일부 종에서는 흔적기관으로 남아 있는 사지를 확인하거나 그리고 다리를 가진 뱀 화석의 존재를 주의 깊게 관찰함으로써 쉽게 발견할 수 있다(Tchernov et al. 2000; Rieppel et al. 2003).

다른 경우에 있어서는 주의 깊은 관찰을 통해서만이 호모플라시를 밝힐 수 있다. 청개구리(*Litoria splendida*)와 아프리카산 발톱개구리(*Xenopus laevis*)는 10개의 짧은 아미노산으로 구성된 caerulein이라는 동일한 종류의 피부독성 물질을 분비한다. Caerulein을 생산하는 특성은 공유파생형질상태로서 취급되기 쉽다. 그러나 이 단백질은 두 종에서 서로 다른 유전자에 의해 암호화된다(Roelants et al. 2010). 청개구리에서 caerulein은 gastrin 유전자의 유전자 중복에 의해 생겨난 유전자좌위에서 암호화된다. 아프리카산 발톱개구리의 caerulein의 경우에는 cholecystokinin 유전자의 유전자 중복현상에 의해 생겨난 유전자 좌위에 의해 암호화된다. 따라서 이들 두 개구리에서 동일한 독성물질을 생산하는 것은 공유파생형질이 아닌, 수렴진화의 대표적인 예이다.

불행히도 여전히 일부 다른 경우에 있어서는 호모플라시는 계통수를 재구성하여 확인하거나, 아니면 일부 형질의 분포가 수렴진화나 역행, 혹은 이들 둘 다의 경우가 아니면 설명될 수 없는 경우에 호모플라시를 확인할 수 있다(Wake et al. 2011). 달리 말하면, 호모플라시는 계통수 추론에서 봉착하는 하나의 현실이다. 그것은 진화 역사를 재구성하는 데 사용되는 자료 상에 있는 하나의 "오류"에 해당한다. 호모플라시적 특징들은 과학에서 이용되는 거의 모든 자료에 존재하는 불완전성, 혹은 오류가 있는 측정치와 유사한 개념이다. 호모플라시의 오류에 의해 잘못되는 것을 피할 수 있는 가장 좋은 방법은 진화적 유연관계를 추론할 때 하나 또는 소수의 형질 대신에 가급적 많은 독립적인 형질을 기초로 분석하는 것이다. Richard Mooi와 그의 동료들(2000)은 **그림 4.16**에서처럼 연잎성게류 화석의 계통수를 추정하기 위해 24개의 형태적인 형질에 대하여 단순성 분석을 수행하였다. 최대 단순성 원리를 충족시키는 계통수는 21개 형질들 각각에 대하여 단 한

번만의 형질변화를 필요로 하였다. 이러한 변화들은 파란색으로 표시하였다. 다른 색으로 표시된 나머지 3개의 형질은 호모플라시적 형질들이다. 이들 각각은 형질상태에 있어 2번의 형질변화를 필요로 한다.

수렴진화와 역행은 DNA 염기서열에서 특정 위치의 염기서열을 분석할 때 특히 자주 발견된다. 주어진 형질에 단 4가지의 형질상태만—A, T, G, C—이 있게 마련이고 돌연변이에 의해 한 염기서열에서 다른 염기서열로 쉽게 변할 수 있다. 다음 절에서는 DNA 염기서열을 이용하여 계통을 추적하는 내용에 대해 자세히 논의할 것이다. 고래의 진화적 역사를 대상으로 한 사례연구를 가지고 이들에 관해 좀 더 자세히 알아볼 예정이다.

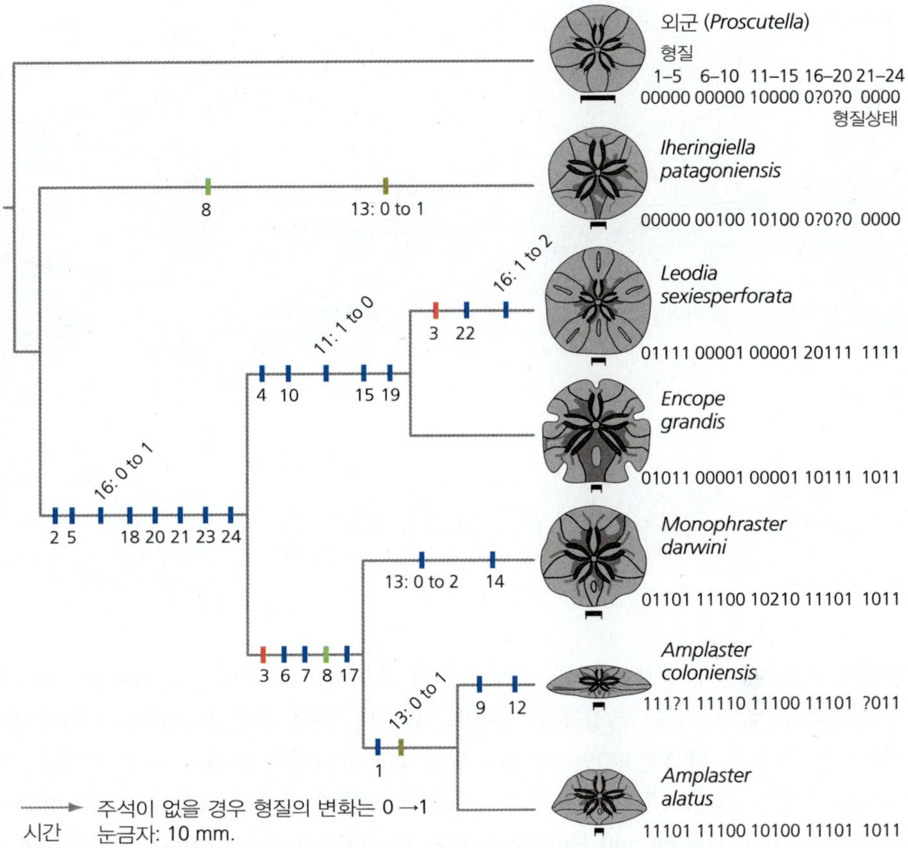

**그림 4.16 단순성 분석에 의한 연잎성게 화석의 계통수** 이 계통수를 추론하기 위해 이용된 대부분의 해부학적 형질들은 2가지 형질상태를 가진다; 일부는 3가지 형질상태. 각 연잎성게 이름 다음에 나오는 연속적인 숫자들은 각각의 형질에 대한 형질상태를 열거한 것임. Mooi et al. (2000)에서 다시 그림.

## 4.3 분자계통 추론 및 고래의 기원

화석으로만 알려진 많은 수의 멸절된 종과 더불어 고래, 돌고래(dolphins), 쇠돌고래(porpoises)는 단계통군을 이룬다. 일부 연구자는 이 분기군을 고래목(Cetacea)이라 부른다(Uhen 2010). 다른 연구자들은 현대의 고래 종들만을 포함하는 작은 분기군에 한정하여 Cetacea의 이름을 남겨둔 채 이들을 고래하목(Cetaceamorpha)이라 부른다(Spaulding et al. 2009). 편의상 우리는 조금 더 포괄적인 의미로 고래목(Cetacea)이라는 용어를 사용하고자 한다.

### 고래목이 무엇인가?

고래목은 두개골에 있는 많은 공유파생형질상태에 의해 단계통군으로 인식되고 있다(Uhen 2007, 2010). 고래목은 귀의 구조물을 둘러싸는 두개골 기저부 근처에 있는 딱딱한 덮개로서, 매우 확장되고 두께가 두꺼운 청각 골포(audictory bulla)를 가진다. 이 구조는 수면 아래에서 청각기능을 하기에 알맞게 적응한 것으로 생각된다(Nummela et al. 2007). 고래류는 좁은 안와후부(postrbital)/측두부위(temporal region)가 있는 두부를 가진다. 그리고 길쭉한 주둥이(snout)를 가지고 있어 대부분의 포유류에서와 같이 입의 앞부분에 원모양이 아닌, 앞니(절치와 송곳니)와 어금니(앞어금니, 어금니)가 함께 줄지어 정렬되도록 되어 있다. 이 같은 3가지 진화적 변화는 그림 4.17에서 나타난 *Durodon atrox*의 해부학적 구조에서 나타나 있다.

다리가 없다는 것, 지느러미발(flippers), 등지느러미, 꼬리에 대해 언급하지 않은 것은 이상해 보일 수도 있다. 이들은 결국 고래류, 돌고래류, 쇠돌고래류 등이 수생생활에

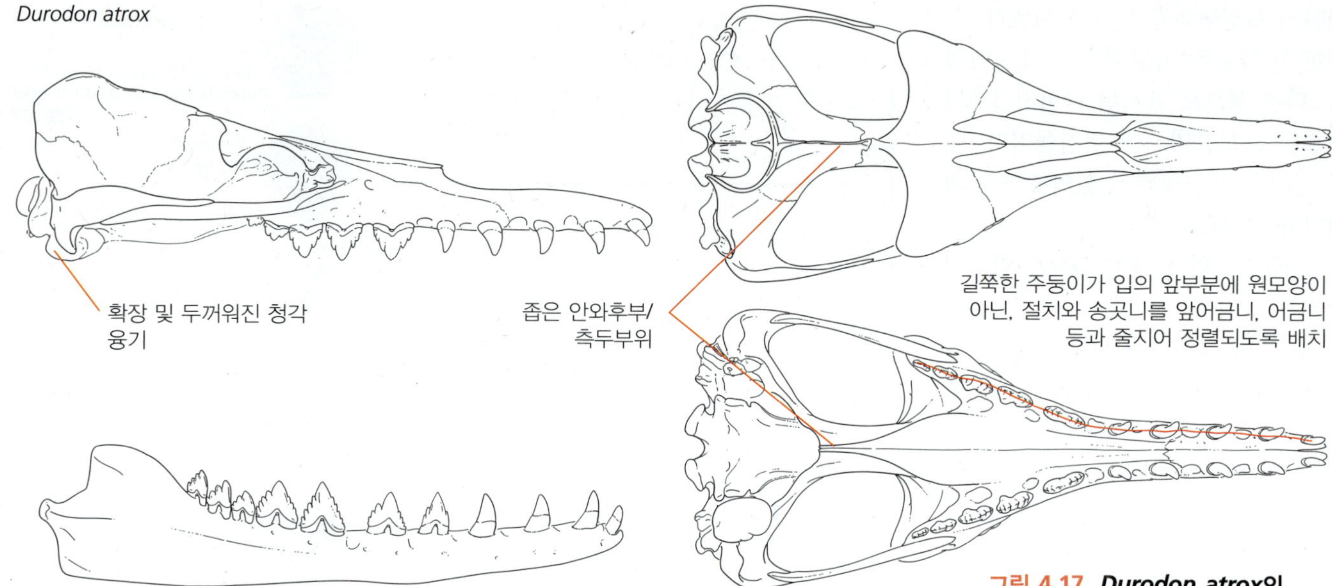


**그림 4.17 *Durodon atrox*의 두개골** 3천7백만 년 된 이 화석은 현생 고래류, 돌고래류, 쇠돌고래류(porpoises) 등을 포함한 고래목 분기군을 정의하는 3개의 공유파생형질상태를 보여주고 있다.

알맞게 적응하는 데 필요한 변화 중에서 가장 특이하고도 분명한 변화이다. 그러나 초기 고래류들은 이와 같은 특징들을 가지지는 않았다. 예를 들면 *Durodon*은 비록 작지만 뒷다리를 가졌다. 약 5천300만 년 전 히말라야의 암석에서 발견된 가장 초기의 고래류 화석은 충분한 크기의 뒷다리를 가지고 있었기 때문에 아마도 육상에서 서식했던 것으로 생각된다(Thewissen and Hussain 1993; Thewissen et al. 1994; Bajpai and Gingerich 1998). 따라서 화석 증거들은 현생하는 고래류가 육상에 서식했던 조상으로부터 기원한 것을 암시하고 있다. 그러나 무엇이 이들의 조상인가? 또한 현생하는 육상 포유류 중에서 무엇이 현생 고래류와 가장 가까운 친족들인가?

## 고래류의 기원에 대한 형태적 증거

일찍이 1883년에 William H. Flower는 여러 가지 내부기관의 형질들을 기초로 고래류가 유제류(ungulate)—발굽이 있는 포유류—와 근연관계가 있다는 것을 추론하였다. 다소 엉뚱한 생각을 가지고 Flower는 돼지가 현생하는 고래류의 가장 가까운 친족일 것이라고 언급하였다. 이는 고래류가 젖소, 사슴, 양, 하마, 돼지, 페커리, 낙타 등을 포함하는 발가락이 짝수인 발굽포유류인 우제목(artiodactyls) 내에 위치시킨다. 1966년에 Leigh Van Valen은 화석에서 나타난 이빨의 공유형질상태를 기초로 고래류가 메소니키아목(Mesonychia)이라 불리는 원시 유제류 그룹으로부터 유래되었다는 주장을 하였다. 이는 고래류가 우제목 분기군의 구성원이 아닌, 우제목의 근연분류군이라는 것이다. **그림 4.18**은 이 2가지 가설을 비교해 보여준다.

생물학자들이 이 같은 의문에 답을 얻기 위해 형태적 형질을 이용하여 단순성 분석을 수행하였을 때, 그 결과는 고래류들이 우제목(Artiodactyla)의 구성원이 아닌, 우제목과 근연관계가 가까운 친족일 것이라는 가설을 지지하였다. 예를 들면, Maureen O'Leary와 Jonathan Geisler(1999)는 고래류 및 몇몇의 현생 우제류들, 그리고 화석으로 남아 있는 많은 수의 멸종된 종들을 대상으로 진화적 계통유연관계를 재구성하였다. 단순화한 그들의 계통수는 **그림 4.19**에 나타나 있다. 현생하는 종들 사이에서 고래류는 우제류의 가장 가까운 친족으로 나타나 있다.

이는 충분히 만족스러운 결과가 아니었다. 우제목을 단계통군으로 인식하는 가장 중

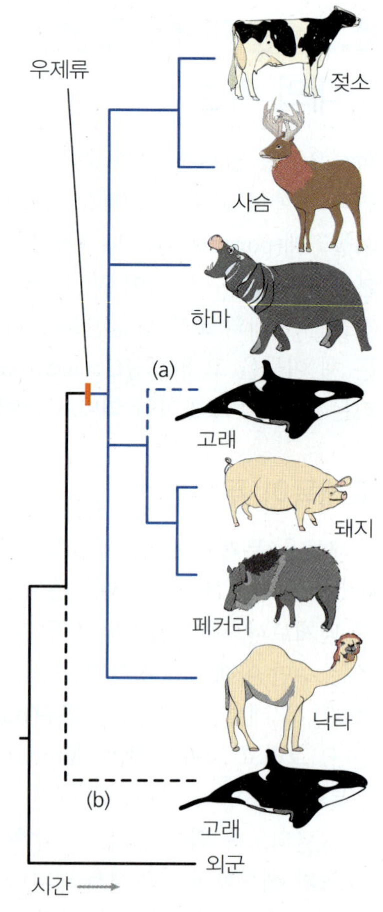


**그림 4.18 고래의 기원에 관한 2가지 가설**

요한 공유파생형질은 목말뼈(astragalus)라 불리는 발목에 있는 뼈의 모양이다(Luckett and Hong 1998; Thewissen et al. 1998). 우제류가 가지는 목말뼈의 독특한 모양은 그림 4.20에 묘사되어 있다. 대부분의 포유류에서는 둥근 목말뼈의 머리(head)가 발쪽에 위치한 발배뼈(navicular bone)나 혹은 종종 입방뼈(cuboid bone)와 절구관절(ball-and socket joint)을 이루며, 이때 절구 역할을 하게 된다. 대신에 우제류에서는 도르래 모양으로 생긴 목말뼈의 머리를 도르래(trochlea)라 부르며 경첩관절을 형성한다(Thewissen and Madar 1999). 이러한 모양은 발목 끝부분 주위에서 넓은 원을 그리며 발을 회전시킬 수 있게 하므로 많은 우제류 종에서 관찰되는 것과 같이 큰 걸음걸이와 강력한 달리기가 가능하도록 하는 데 도움이 된다. 물론 현생하는 고래류는 발목을 가지고 있지 않다. 그들의 목말뼈 모양은 가늠해 볼 수가 없다.

이미 주목했듯이, 일부 고래류의 화석은 뒷다리를 가지고 있다. 그러나 *Basilosaurus*와 같이 멸종된 일부 종에서는 다리는 매우 왜소하고 목말뼈가 발목에 있는 다른 뼈들과 연합되어 그 모양을 판단하는 것이 불가능하다(Gingerich et al. 1990). 다른 것들에서는 알려진 표본이 너무 단편적이기 때문에 고래류의 발목뼈가 우제류로서의 자격이 있는지에 대한 확실한 결론을 내리는 데에는 도움이 되지 못한다(Thewissen et al. 1998; Thewissen and Madar 1999). 이와 같은 불확실성이 있기 때문에 다른 종류의 자료를 참고하는 것이 타당하다.

우제류
하마
돼지
양
낙타
고래
외군
시간 ⟶

**그림 4.19 고래목이 우제류의 친족임을 제안하는 계통수** O'Leary and Geisler (1999)로부터 단순화한 계통수.

## 진화적 유연관계에 대한 분자적 증거

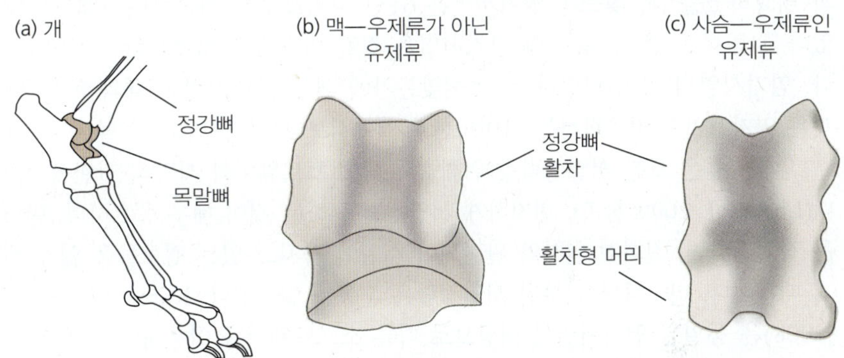


**그림 4.20 목말뼈(astragalus)는 우제류를 특징짓는 공유조상형질상태이다** (a) 목말뼈는 발목에서 가장 높은 곳에 위치한 뼈로서 발이 회전하여 앞뒤방향으로 뻗는다. (b) 우제류가 아닌 유제류의 목말뼈(왼쪽)와 우제류인 유제류의 목말뼈(오른쪽). 우제류에서는 목말뼈의 양쪽 끝이 도르래 모양이다. Schaeffer (1948) and Gingerich (2001)에서.

DNA 염기서열과 다른 분자형질들은 진화적 유연관계를 추정하는 데 추가적인 정보를 제공해준다. 골격 및 다른 형태적 형질과 비교할 때, 이러한 분자적 증거는 불리한 점과 유리한 점을 동시에 갖는다. 불리한 측면에서 보면, 화석으로부터 일부 DNA나 단백질의 서열정보를 얻을 수 있지만(Campbell et al. 2010; Green et al. 2010; Lari et al. 2011) 현생하는 생물이거나 혹은 최근에 멸종한 생물군으로부터만 분자 자료 확보가 가능하다. 그리고 DNA 염기서열의 각 위치에는 오직 4개의 형질상태(A, C, G, T)만이 존재하므로 호모플라시적 유사성을 구별하기 어렵고, 따라서 분석에서 이들을 완벽하게 배제하는 것은 거의 불가능하다. 유리한 측면에서 보면, 기술적인 발전 덕분에 대용량의 염기서열 정보를 생산하는 데 드는 비용이 급격히 하락하고 있다. 이 밖에도 진화생물학자들은 서로 다른 종류의 DNA 염기서열이 시간을 따라 어떻게 변하는가를 분석할 수 있는 매우 정교한 진화모델을 개발해 오고 있다. 이러한 분자모델들을 올바르게 사용할 수 있다면 분자 자료에 포함된 계통수를 정확하게 추정할 수 있다.

**형태적 형질 이외에도 아미노산 혹은 염기서열 등과 같은 분자형질을 이용하여 진화계통수를 추정할 수 있다.**

다음은 우제류(artiodactyls)와 고래류(cetaceans)의 예를 이용하여 DNA 염기서열로부터 계통수를 추정하는 방법들에 대해 간단히 살펴보기로 한다. 여기서 다루어지는 방법들의 많은 부분은 단백질 서열에도 이용될 수 있다. 여기서는 간략한 개괄적인 부분만을 논의할 것이다. 실질적인 안내서는 Baldauf(2003), Harrison and Langdale(2006), Hall(2011)을 참고하라. 보다 자세한 이론적 배경은 Graur and Li(2000)와 Felsenstein (2004)을 참고하라.

## 서열정렬

한 세트의 상호 상동적인 염기서열을 입력정보로 사용하여 논의해보자. 다시 말하면, 자료는 서로 다른 계보들이 가지고 있는 동일한 유전자로서 이는 그들의 공동조상이 가지고 있던 공통의 유전자 복사본을 물려받은 경우를 말한다. 대부분의 방법에서는 염기서열 간의 정렬이 필요하다. 서열정렬이란 어느 계보에서는 염기의 삽입(insertion) 혹은 결실(deletion)이 일어났으나 다른 계보에서는 이 같은 현상이 관찰되지 않았을 경우, 따라서 서열들을 서로 이동시켜 각각의 위치를 정확히 맞추는 것을 의미한다. 결과적으로 염기서열 자체가 상동적이어야 할 뿐만 아니라 염기서열 내에 있는 각각의 위치 역시 상동적이어야 한다.

서열정렬 이전의 염기서열

| | 50 | | | 60 | | | 70 | | | |
|---|---|---|---|---|---|---|---|---|---|---|
| 고래: | ... GGG | CCA | ATC | CCT | TAC | CCT | ATT | CTT | ACA | CAA AAC ... |
| 젖소: | ... GGG | CCC | ATC | CCT | AAC | AGC | CTC | CCA | CAA | AAC ... |

서열정렬 이후

| | 50 | | | 60 | | | 70 | | | | |
|---|---|---|---|---|---|---|---|---|---|---|---|
| 고래: | ... GGG | CCA | ATC | CCT | TAC | CCT | ATT | CTT | ACA | CAA | AAC ... |
| 젖소: | ... GGG | CCC | ATC | CCT | AAC | --- | AGC | CTC | CCA | CAA | AAC ... |

서열정렬 이전의 암호화된 아미노산 서열

| | | | | | | | | | | | |
|---|---|---|---|---|---|---|---|---|---|---|---|
| 고래: ... | Gly | Pro | Ile | Pro | Tyr | Pro | Ile | Leu | Thr | Gln | Asn ... |
| 젖소: ... | Gly | Pro | Ile | Pro | Asn | Ser | Leu | Pro | Gln | Asn ... | |

서열정렬 이후

| | | | | | | | | | | | |
|---|---|---|---|---|---|---|---|---|---|---|---|
| 고래: ... | Gly | Pro | Ile | Pro | Tyr | Pro | Ile | Leu | Thr | Gln | Asn ... |
| 젖소: ... | Gly | Pro | Ile | Pro | Asn | — | Ser | Leu | Pro | Gln | Asn ... |

**그림 4.21 서열정렬의 전과 후** *β*-카제인 유전자 서열과 그것이 암호화하는 아미노산 서열을 비교하시오. 젖소가 가지고 있는 염기서열은 서열정렬 이전과 비교하여 정렬 이후에는 결실을 보정하기 위해 오른쪽으로 3 염기서열 위치만큼 이동하였다.

우리는 예로서 *β*-카제인이라 하는 우유단백질을 암호화하는 유전자의 7번 엑손의 염기서열을 이용하고자 한다(Gatesy et al. 1999). 삽입과 결실들 중에서 고래의 염기서열과 비교하였을 때, 젖소의 염기서열은 61번 위치로부터 연속하여 3개 염기가 결실되어 있다. **그림 4.21**은 두 동물의 염기서열을 정렬 이전과 정렬 이후로 나란히 보여주고 있다. 염기서열의 짝이 얼마나 잘 들어맞는가에 대한 서열정렬의 효과를 눈으로 확인하는 것은 염기서열이 암호화하는 아미노산 서열에서보다 염기서열에서 덜 쉬운 편이다.

연구자들은 보통 서열정렬을 위해 컴퓨터 소프트웨어와 사람의 판단을 동시에 이용한다(Liu et al. 2009 참조). 철저하게 서열정렬을 하는 것이 매우 중요하다. 만일 서열이 잘못 정렬된다면, 진화적 역사와 관련되어 서열이 가지고 있는 정보들을 잃게 될 위험이 크기 때문이다. 더군다나 잘못된 서열정렬은 혼동을 일으킨다. Karen Wong과 그의 동료들(2008)은 동일한 염기서열을 대상으로 다른 소프트웨어를 이용하여 얻은 서로 다른 서열정렬이 결과적으로 서로 다른 계통수를 만들어 낸다는 사실을 밝혔다. 역으로 매우 정확하게 정렬된 서열만이 정확한 진화적 유연관계를 추론할 수 있었다(Ogden and Rosenberg 2006; Wang et al. 2011).

**염기서열을 이용하여 진화계통수를 추정하는 데 있어 가장 먼저 수행하는 것은 서열을 정렬하는 것이다. 그 이후에 비로소 단순성 원리를 포함하여 몇몇의 기준들을 이용하여 계통수를 서로 비교한다.**

계통수 추론에 이용하는 여러 가지 분석법을 보여주기 위해서 **그림 4.22**에서 보여주는 것처럼 정렬이 완료된 8종의 염기서열을 이용하고자 한다. 이는 John Gatesy와 그의 동료들(1999)이 분석했던 엄청나게 방대한 *β*-카제인 유전자 자료의 일부분만을 나타낸 것이다. 우리는 그림에 있는 염기서열로부터 추정된 계통수를 보여줄 예정이며, 이들 계통수는 Gatesy가 1,100개의 염기서열로 구성된 *β*-카제인 염기서열을 이용하여 얻어진 계통수의 결과와 모두 일치한다.

## 단순성 원리를 이용한 계통수 평가

염기서열 자료로부터 진화계통수를 추정하는 방법 중의 하나는 염기서열 각각의 위치를 하나의 독립된 형질로서 취급하여 단계통군을 식별할 수 있는 공유파생형질상태를 찾는 것이다. 다시 말해서, 우리가 4.2절에서 형태형질을 가지고 분석했던 방법과 동일한 방법으로 염기서열상 각 위치에 있는 염기서열을 분석하는 것이다.

그림 4.22에 있는 염기서열을 살펴보면 일부 위치의 염기서열은 계통 정보로서 가치가 없음(uninformative)을 알 수 있다. 예를 들어 142번 위치에서 8개 분류군 모두 동일

```
      142                 162 166        177            192
젖소:  AGTCCCCAAA GTGAAGGAGA CTATGGTTCC TAAGCACAAG GAAATGCCCT TCCCTAAATA
사슴:  AGTCTCCGAA GTGXAGGAGA CTATGGTTCC TAAGCACGAA GAAATGCCCT TCCCTAAATA
고래:  AGTCCCCAXA GCTAAGGAGA CTATCCTTCC TAAGCATAAA GAAATGCGCT TCCCTAAATC
하마:  AGTCCCCAAA GCAAAGGAGA CTATCCTTCC TAAGCATAAA GAAATGCCCT TCTCTAAATC
돼지:  AGATTCCAAA GCTAAGGAGA CCATTGTTCC CAAGCGTAAA GGAATGCCCT TCCCTAAATC
페커리: AGACCCCAAA CCTAAGGAGA CCGTTGTTCA CAAGCGTAAA GGAATGTCCT CCCCTAAATC
낙타:  TGTCCCCAAA ACTAAGGAGA CCATCATTCC TAAGCGCAAA GAAATGCCCT TGCTTCAGTC
외군:  AGTCCTCCAA ACTAAGGAGA CCATCTTTCC TAAGCTCAAA GTTATGCCCT CCCTTAAATC
```

**그림 4.22 계통수 추론을 위한 염기서열 자료** 이 표는 $\beta$-카제인 유전자의 7번 엑손으로부터 확보된 60개 염기서열 (서열 위치는 141번부터 200번까지) 정렬을 나타낸다. 이 자료는 6종의 우제류(artiodactyl), 1종의 돌고래(*Lagenorhynchus obscurus*), 외군으로서 1종의 코뿔소(rhinoceros)로부터 얻어진 것이다(Gatesy et al. 1999). X 표시는 그 위치에서 염기서열이 확실치 않음을 나타낸다.

한 형질상태인 G를 가지고 있다. 192번 위치에서 유일하게 낙타만이 다른 7종의 생물들과 다른 형질상태(G)를 가지고 있다. 이밖에 다른 위치들은 계통학적인 정보를 가지고 있다. 166번 위치는 공유파생형질 C로서 이를 통해 고래와 하마를 자매군으로 인식하게 된다. 이 공유파생형질은 162번 위치에서 젖소, 사슴, 고래, 하마를 하나의 단계통군으로 인식하는 다른 하나의 공유파생형질인 T의 안쪽에 위치해 있다. 그러나 162번 위치에 있는 형질은 177번 위치에 있는 형질과 서로 모순된다. 그 위치(177번)에서 T는 고래, 하마, 돼지, 페커리를 단계통군으로 인식하는 공유파생형질이다. 이는 계통추론에 있어 이상적이지 않은 경우에 해당한다.

형태형질들 사이에 서로 모순이 발견될 때, 우리는 단순성 원리에 따라 결정하였다. 우리는 염기서열을 가지고도 동일하게 적용할 수 있다(Felsenstein 1988). 먼저 가능성 있는 모든 계통수를 가설로서 생각하고 각각의 계통수에서 각 위치의 염기서열의 분포를 설명하는 데 요구되는 최소한의 진화적 변화의 크기를 결정한 다음, 진화적 변화 수의 총합을 최소로 요구하는 계통수를 찾는다. **그림 4.23**은 총 10,395가지 수의 가능한 계통수들 중에서 그림으로 제시된 2개의 계통수에 대하여 60개의 분자형질 중 선택된 3개 위치(162번, 166번, 177번 위치)에서의 형질의 분포를 산정한 것이다. 고래류가 우제류에 속하고 해마와 단계통군을 형성하는 계통수 (a)는 6번의 염기서열의 치환을 필요로 한다. 고래류가 우제류들과 단지 근친성을 나타내는 계통수 (b)는 9번의 염기치환을 필요로 한다. 이러할 경우 우리는 수렴진화 혹은 역행 사이에서 임의로 인정해야 한다. 독자들은 일부 위치에서 단순성에 기초한 동일한 다른 진화 시나리오를 찾을 수 있다.

컴퓨터 프로그램(Felsenstein 2009)을 사용하여 60개의 모든 형질들에 대한 총 10,395 종류의 계통수 중에서 우리는 총 41번의 염기치환을 필요로 하는 그림 4.23a의 계통수가 최대 단순성을 따르는 계통수라는 것을 알게 되었다. 반면에 그림 4.23b는 총 47번의 염기치환을 필요로 한다.

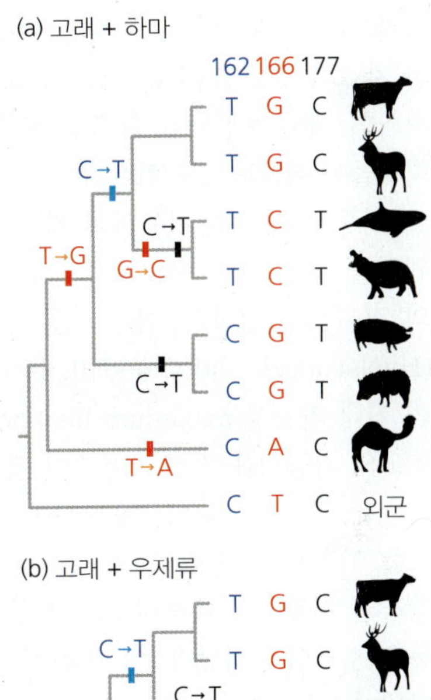


**그림 4.23 2종류 계통수에서 3개의 분자형질에 대한 단순성 분석** 계통수 (a)는 6번의 염기치환을 필요로 하는 반면, 계통수 (b)는 9번의 염기치환을 필요로 한다. 이 형질들에 대해서는 계통수 (a)가 더 단순성 원리와 부합한다.

## 가능성(likelihood) 원리를 이용한 계통수 평가

여러 계통수들을 각각 평가하고 그들 중에서 진화적 유연관계를 가장 잘 설명하는 계통수를 밝히는데, 단순성 원리만이 유일한 기준은 아니다. 일반적으로 이용되는 다른 하나의 측정방법은 가능성 원리이다(Felsenstein 1981). 가능성 분석에서 필요로 하는 계산

방식은 다소 복잡하지만, 기본적인 개념은 단순하다. 우리가 먼저 계통수의 종류를 살펴보면 개념에 대한 설명을 보다 이해하기 쉽다.

그림 4.24는 그림 4.22에 있는 자료와 가능성 원리를 이용하여 추정한 계통수를 보여주고 있다. 이는 그동안 우리가 보여주었던 계통수에서 볼 수 없었던 특징을 나타내고 있다. 이 계통수에서는 가지의 분기 순서뿐만이 아니라 가지의 길이에 대한 정보도 함께 제공한다. 가지의 길이는 염기서열당 각각의 가지에서 일어났을 것으로 추정되는 염기서열 치환의 수에 비례한다. 예를 들면, 페커리는 그 계보가 분기된 이래 돼지보다는 더 많은 수의 염기서열의 치환을 축적한 것으로 추정된다. 가지의 길이를 추정하는 것은 가능성 분석에 있어 가장 중요한 요소 중의 하나이다.

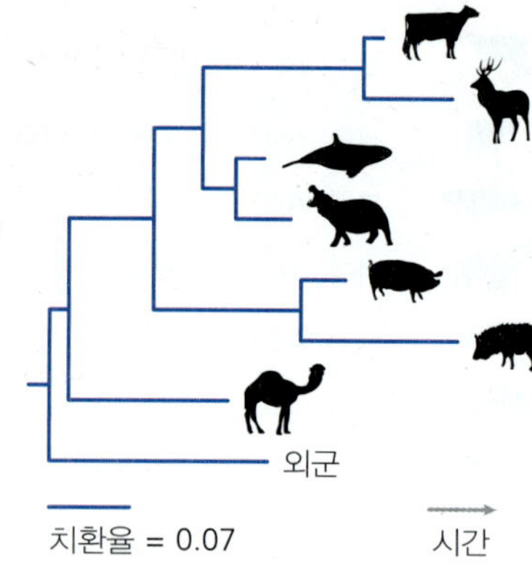


**그림 4.24 최대 가능성 원칙에 따른 계통수** 모든 옵션(선택)은 초기설정 값을 가지고 PhyML을 이용하여 추정된 계통수(Chevenet et al. 2006; Dereeper et al. 2008; Guindon et al. 2010).

가능성 분석의 논리는 다음과 같다. 서열에 있는 각 위치에서의 진화모델—즉 여러 가지 다양한 서열치환이 일어나는 속도를 설명할 수 있는 가정—과 서열의 각 위치에서 예측된 염기치환의 양으로부터 산출된 다양한 길이의 가지로 이루어진 하나의 계통수가 있다면, 우리는 그 자료에서 발견되는 특정한 염기서열 세트가 진화하는 확률을 계산할 수 있다. 따라서 주어진 계통수에서 가지의 길이(branch length)와, 그리고 진화의 모델을 설명할 수 있는 자료의 확률이 곧 계통수의 **가능성(likelihood; 확률, probability)**으로서 묘사된다. 이는 계통수의 확률은 [L(tree)] = 주어진 계통수, 가지의 길이, 진화모델에 대한 자료의 확률 [P(data)|tree, branch length, model)]로 표현될 수 있다. 계산하기 4.1은 하나의 계통수에 대한 확률을 계산하는 데 필요한 과정들의 개요를 보여주고 있다. 생물학자들이 실제적으로 컴퓨터를 가지고 이를 계산을 하는 것은 그리 놀라운 일은 아니다.

가능성 원리를 이용하여 진화 역사를 재구성하기 위해 생물학자들은 컴퓨터 소프트웨어를 사용하여 가능한 각각의 계통수에 대하여 그 확률을 최대로 할 수 있도록 가지의 길이를 조정하고, 계통수를 서로 비교하여 그 중 확률이 가장 높은 것을 찾게 된다(Huelsenbeck and Crandall, 1997). 이러한 과정을 통하여 선택된 최종의 것이 계통수의 최대 가능성(maximum likelihood) 값이다. 이것이 곧 주어진 자료를 설명할 수 있는 최고의 가능성을 가진 계통수인 것이다.

**계통수를 비교하는 기준으로서 최대 가능성을 사용하였을 경우, 가능한 계통수들 중에서 주어진 자료를 가장 높은 확률로 만들어 낼 수 있는 계통수를 선호한다.**

그림 4.25는 단순한 예를 보여준다. 이는 그림 4.22에 있는 고래, 하마, 돼지, 외군의 자료를 이용한다. 단지 3종의 내군만을 가지고는 3가지 계통수가 가능하다. 위에서 보여주는 각각의 계통수에 대하여 가지의 길이를 최적화 한 후에, 마지막 계통수가 가장 가능성이 높은 것으로 나타났다. 이 계통수는 고래와 하마가 돼지보다는 서로 가까운 유연관계를 나타내며 이는 그림 4.23a, 그림 4.24에서 8개의 분류군에 대한 계통수와도 일치한다.

하나의 계통수에 대한 가능성은 염기서열 진화에 있어 특수한 모델을 이용하여 계산된다는 것을 잊지 않는 것이 중요하다. 만일 진화모델을 다른 것으로 바꾸면, 이것이 아

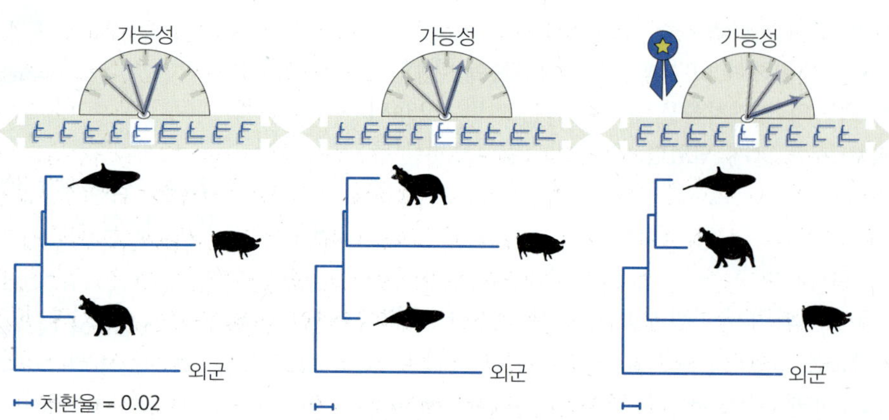


**그림 4.25 최대 가능성을 가지는 계통수 찾기** 계통수들이 비교되기 이전에 각각의 계통수에 대한 확률(가능성)을 최대로 하기 위해 가지의 길이를 조정한다.

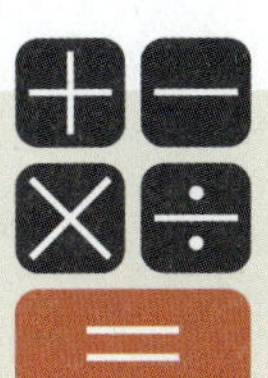

계 산 하 기 4. 1

## 계통수의 가능성 계산

여기서 하나의 계통수에 대한 가능성을 어떻게 계산하는가에 대한 개요를 설명하고자 한다. 자세한 내용은 Felsenstein(2004)을 참조하라.

그림 4.26a에서 보인 바와 같이, 계통수의 가능성은 각 위치별로 예상되는 염기치환의 수, 염기서열 진화모델(각각 가능한 염기치환의 확률을 부여하는 일련의 수), 그리고 정렬된 서열 자료 등으로부터 계통수와 그 계통수를 구성하고 있는 가지의 길이로부터 계산된다.

그림 4.26b에서 보여주듯이 계통수의 가능성은 서열의 진화모델, 가지의 길이, 그리고 주어진 계통수에서 자료가 관찰될 확률이다.

이는 결국 염기서열의 위치 1번, 2번, 그리고 여타 다른 위치에서 각각의 염기서열이 관찰될 확률에 대한 각각의 곱이다.

주어진 위치에서의 특정 염기의 확률은 그 계통수에서 공동조상으로 각각의 염기가 배정(assign)되는 여러 조합의 확률에 대한 합이다. 3종의 내군을 가지고 있다면, 계통수는 2개의 내군 공동조상을 가지게 된다. 이는 총 16가지(4 × 4)의 서로 다른 염기배정이 가능하다는 의미이다. 주어진 염기배정의 확률은 가지 길이와 염기치환의 확률에 대한 함수로 나타난다.

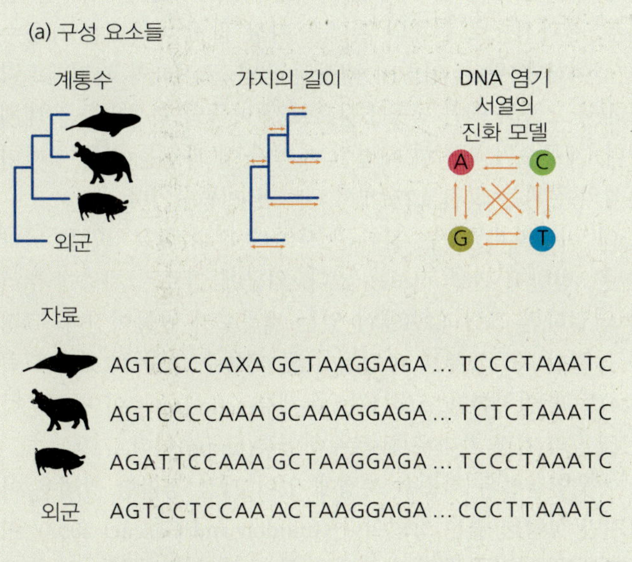


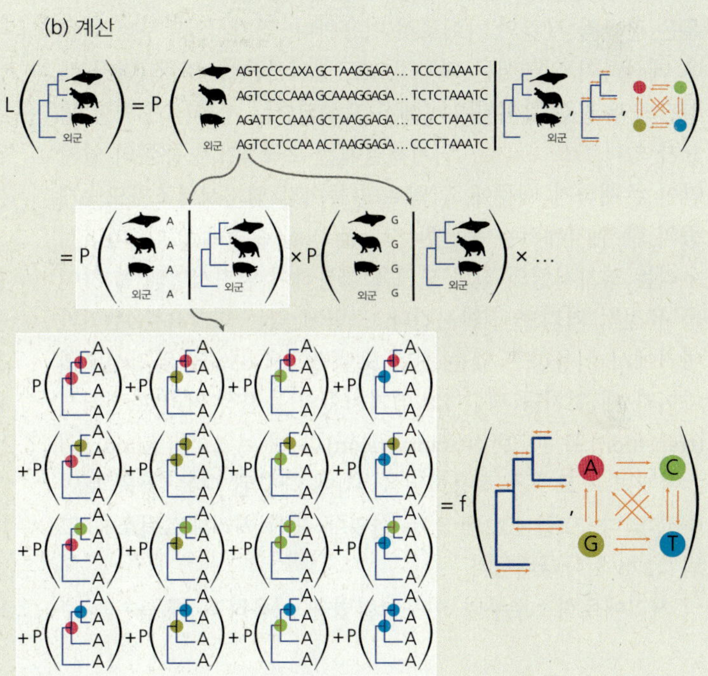


그림 4.26 **계통수에 대한 확률은 어떻게 계산되는가**
Swofford et al. (1996), Graur and Li(2000), Huelsenbeck et al. (2001) 참조.

닌 다른 계통수가 계통을 보다 잘 설명할 수 있는 최대 가능성 값을 가진 계통수로 선택될 수도 있다.

### 모든 가능한 계통수 중에서 최적의 계통수 찾기

전술한 바와 같이 단순성 혹은 가능성을 최대로 만족시키는 계통수를 추론하는 과정은 모든 가능한 계통수 후보들이 타당한 가설일 수 있다는 가정과 함께 시작된다. 따라서 가장 확실한 최적의 계통수를 찾는 유일한 방법은 가능한 계통수 후보 모두를 확인하는 것이다. 그러나 일반적으로 보통 수준의 종수를 가지고 있다면, 이들 계통수 후보 모두를 확인하는 것은 현실적으로 쉽지 않다. 이는 내군에 분류군 수가 증가하면 가

계 산 하 기 4. 2

## 이웃연결법: 거리매트릭스 방법

계통수 추론에 있어 **거리매트릭스 방법**은 우리가 본문에서 논의 했던 최대단순성과 최대가능성 방법들과는 구별되는, 이른바 이 방법에서 이용되는 첫 번째 단계의 특징으로부터 그 이름이 붙여진 것이다. 첫 번째 단계는 자료로부터 쌍별 진화적 차이(pairwise evolutionary divergence)의 표를 계산한다(Swofford et al. 1996). 그 다음 이 거리 매트릭스로부터 진화계통수를 추론한다. 염기서열 자료를 분석하기 위해 일반적으로 이용되고 있는 거리매트릭스 방법의 하나는 **이웃연결법(neighbor joining)**(Saitou and Nei 1987)이다.

많은 다른 방법들과 마찬가지로 이웃연결법은 입력정보로서 각 위치당 염기치환비율을 **유전적 거리(genetic distance)** 혹은 진화적 서열의 차이로서 이용한다. 염기서열로부터 이들을 계산하기 위해서는 점차적으로 염기치환이 축적되면서 서열간의 유전적 차이가 75%에서 포화된다는 사실을 주지할 필요가 있다(그림 4.27a). 염기서열에는 오직 4가지 종류의 염기만이 존재하기 때문에, 임의로 만들어진 염기서열조차도 4개 중의 한 위치에서는 동일한 염기를 가질 수밖에 없다. 따라서 우리는 염기서열의 진화 모델을 이용하여 염기서열의 % 차이를 유전적 거리로 전환시킨다. 그림에 있는 화살표는 우리가 여기에서 이용하고 있는 진화 모델하에서 65%의 염기서열의 차이가 매 위치당 평균 1.8 염기치환의 유전적 거리[트랜지션(transition):트랜스버전(transversion)의 비 = 2.0인 Kimura의 2-매개변수 모델을 적용하였을 때]에 해당된 다는 것을 보여주고 있다. 그림 4.22에 있는 서열에 대한 거리매트릭스를 그림 4.27b에 나타내었다.

거리매트릭스로부터 이웃연결법을 이용하여 계통수를 추정하기 위해서는, 우선 어느 한 쌍의 분류군이던 다른 어떤 종보다 유연관계가 가깝지 않은 하나의 계통수로부터 시작된다(그림 4.27c). 이 계통수는 현재의 예에서는 8방향으로 나누어진 상태로 뿌리(root)가 없는 계통수로 나타난다. **비뿌리계통수(unrooted tree)**는 계통수의 가지를 따라 시간이 어느 방향으로 흐르는지에 관한 정보를 표현하지 않는다. 이는 나중에 외군을 이용하여 계통수의 뿌리를 표현할 것이다.

이제 우리는 자매군으로서 사슴과 젖소를 그룹핑하는 것과 같이 1쌍의 분류군을 자매군으로 묶는다(그림 4.27d). 이후 거리매트릭스로부터 부분적으로 해결된 계통수의 전체 길이를 추정한다. 모든 가능한 쌍에 대하여 이 같은 시도를 한 이후, 결과적으로 전체의 길이를 가장 짧게 나타내는 계통수를 선택하게 된다. 이렇게 해결된 쌍을 고려하여 거리매트릭스에서 그들의 최근 공동조상으로서 이들의 구성원들을 대체한다. 계통수가 완전히 해결될 때까지 이 과정을 되풀이 하며 분석의 결과는 그림 4.27e에서 나타난 계통수이다.

이 비뿌리계통수는 분류군 사이의 진화적 분기만을 나타낸 뿐, 방향에 관한 정보는 없다. 외군에 이르는 계보에 뿌리를 연결하면 그림 4.27f에서 있는 계통수가 만들어진다. 그것은 동일한 자료로부터 추정된 다른 계통수(그림 4.23a와 그림 4.24)들과 일치한다. 고래류는 우제류(artiodactyl)이며 현존하는 그들의 가장 가까운 친족은 하마류(hippo)이다.

이웃연결법은 계통수 추정에 있어 가장 정확한 방법은 아니지만 상당히 좋은 방법이다(Guindon and Gascuel 2003). 이 방법은 특히 대용량의 자료에 대하여 분석할 경우 속도가 매우 빠르다는 장점을 가지고 있다.

능한 계통수 후보의 수가 급격히 증가하기 때문이다. 내군에 7종이 있다면 그림 4.22의 자료에서 처럼 총 10,395가지의 계통수 후보가 가능하다. 만일 20종이 있다면, 8,200,794,532,637,891,559,375가지의 계통수 후보가 가능하다. 생물학자들은 보통 이보다 훨씬 많은 수의 분류군을 가지고 계통수를 추론한다. 가장 빠른 처리속도를 가진 컴퓨터마저도 이처럼 많은 계통수 후보 모두를 확인할 수 없다.

문제는 눈가리개를 하고 국립공원에서 가장 높은 정상을 찾으려고 시도하는 것과 비슷하다. 이론상으로 우리는 매우 빽빽하게 놓여진 격자의 형태로 국립공원 전체를 걷을 수 있다. 공원 전체를 매 평방미터 단위로 방문을 한 후에, 우리는 어느 지점이 가장 높았는지를 알 수 있을 것이다. 그러나 공원의 크기가 크면 완전탐색(exhaustive search)에는 오랜 시간이 소요된다.

우리가 탐색의 속도를 높일 수 있는 하나의 대안으로는 공원의 전체 지역 중의 일부

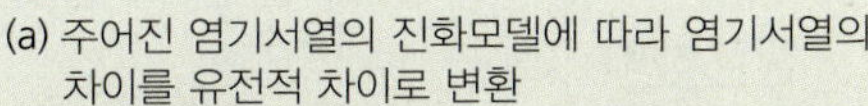


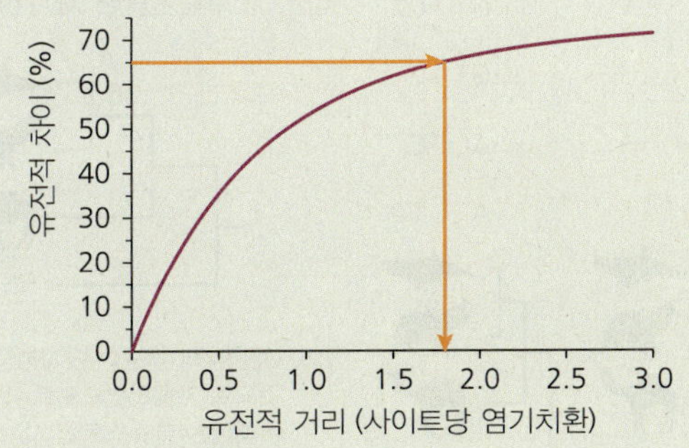


(b) 유전적 거리 매트릭스

| | 젖소 | 사슴 | 고래 | 하마 | 돼지 | 페커리 | 낙타 |
|---|---|---|---|---|---|---|---|
| 사슴 | 0.070 | | | | | | |
| 고래 | 0.156 | 0.203 | | | | | |
| 하마 | 0.149 | 0.194 | 0.053 | | | | |
| 돼지 | 0.259 | 0.264 | 0.194 | 0.211 | | | |
| 페커리 | 0.339 | 0.340 | 0.268 | 0.286 | 0.128 | | |
| 낙타 | 0.290 | 0.346 | 0.221 | 0.239 | 0.282 | 0.339 | |
| 외군 | 0.323 | 0.357 | 0.244 | 0.262 | 0.314 | 0.323 | 0.226 |

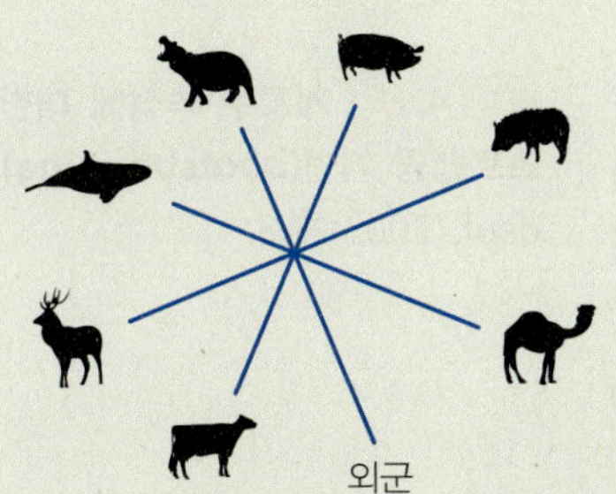


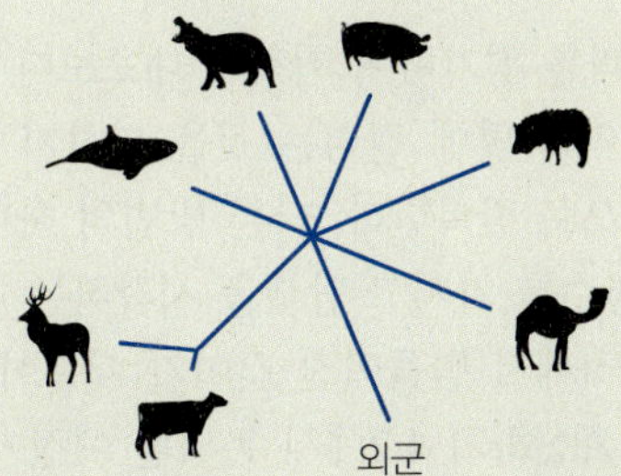


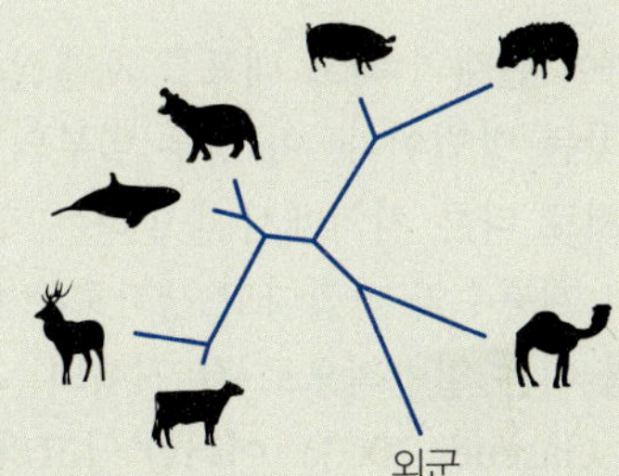


(f) 외군을 갖는 유연관계가 해결된 뿌리계통수

젖소
사슴
고래
하마
돼지
페커리
낙타
외군
0.02
시간

**그림 4.27 이웃연결법(neighbor joining) 방법에 의한 계통수 추정** (a) 트랜지션(transition):트랜스버전(transversion)의 비 = 2.0을 가진 염기서열에 대한 Kimura 2-parameter model. Felsenstein (2004)에서. (b) 그림 4.22에 있는 염기서열에 대한 거리 매트릭스. PHYLIP-dnadist(Felsenstein 2009)를 이용하여 계산되었음. (c~e) PHYLIP-neighbor를 가지고 수행한 이웃연결법 분석으로 계통수는 PHYLIP-drawtree(Felsenstein 2009)를 이용하여 그렸음. (f) MEGA5(Tamura et al. 2011)을 이용하여 그려진 계통수.

이웃연결법의 알고리즘에서 이용되는 수학적 공식은 Felsenstein(2004)를 참고하라. 공식에 대한 변형은 Saitou와 Nei (1987), Gascuel(1994), Gascuel과 Steel(2006) 등을 참고하라.

를 검색대상에서 제외시킬 수 있는 단서들에 주목하는 것이다. 예를 들면 수면 아래까지 탐색할 필요가 없다. 다른 방법의 하나는 언제나 윗방향으로만 걸어 올라가는 것이다. 이 같은 계획의 단점은 공원의 다른 곳에 더 높은 곳이 있다는 사실을 모른 채, 자기가 오르고 있는 언덕 위의 덫에 빠져 있을 위험성이 있다. 그러나 우리는 서로 다른 지역에서 출발하는 여러 번의 탐색을 통하여 이 같은 문제점을 극복할 수 있다.

계통수 추론을 위한 소프트웨어 개발자들은 모든 가능한 계통수 중에서 최적의 계통수를 탐색하는 속도를 향상시키기 위하여 유사한 전략을 사용한다(Felsenstein 2004). 하나의 전략은 소위 **분기한정 탐색법(branch and bound)**으로 알려진 것인데, 이 방법은 현재까지 발견된 최적의 계통수가 있을 경우, 이보다 좋지 않은 다른 모든 것들을 찾아 그것에 의해서 파생되는 일련의 계통수 그룹들을 선택의 고려대상에서 제외시킨다. 다른 전략은 **휴리스틱 탐색(heuristic search)**으로 알려져 있으며 이 방법은 다양한 방법을 이

**가능한 계통수의 수는 일반적으로 엄청나게 크기 때문에 그들 모두를 평가하는 것은 거의 불가능하다. 대신에 가장 나은 가설을 찾기 위해서 컴퓨터상에서 보다 손쉬운 방법을 이용해야만 한다.**

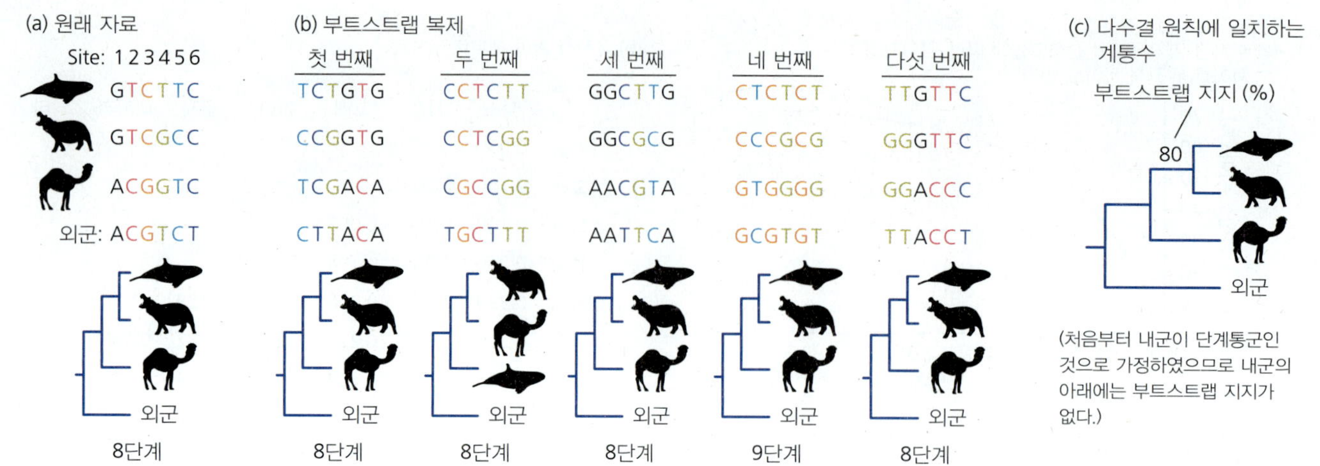


**그림 4.28** **계통수 추정에 대한 부트스트랩핑 기법(bootstrapping)** Baldauf (2003)에서.

용하여 현재의 최고 대표를 재배열하고 그 결과를 평가하여 최적의 대표보다 우월한 것만을 찾는 방법이다. 이 경우 일부의 국한된 지역의 덫에 걸리는 것을 피하기 위해서 탐색을 서로 다른 지역에서 출발하는 것을 지속적으로 반복한다. 다른 방법의 하나는 가장 최적의 계통수와 가깝다고 생각하는 하나의 계통수를 가지고 탐색을 시작하는 것인데, 왜냐하면 이는 일반적으로 잘 진행되는 알고리즘 하에서 만들어진 것이기 때문이다(Guindon and Gascuel 2003). 이러한 알고리즘의 예는 **계산하기 4.2**에서 논의될 예정이다.

## 부트스트랩핑에 의한 계통수의 불확실성 평가

일단 계통수를 추정한 다음에 우리가 가지게 되는 첫 번째 질문은 계통수를 과연 얼마나 신뢰할 수 있는가이다. 예를 들어 운이 좋게도 우리가 수집한 소수의 몇몇 형질에 기초한 분석 결과로 고래류가 우제류라는 결론인 것인가? 아니면 다른 형질들에 의해서도 이러한 계통유연관계가 지지를 받을 것인가?

이에 대한 해답을 찾는 가장 최선의 방법은 많은 형질들을 수집하여 동일한 분석을 다시 해보는 것이다. 만일 이 연구를 100번 반복하여 고래류가 우제류 내부에 위치하는 계통수를 97번 얻었다면, 우리는 이 결론에 상당한 확신을 느낄 수 있을 것이다.

그러나 이러한 과정은(우리가 가지고 있지 않은) 많은 시간과 돈을 필요로 한다. 이 대신에 가장 쉽고 빠르게 할 수 있는 방법은 컴퓨터를 이용하여 이 같은 연구를 반복적으로 시뮬레이션하는 것이다. 그러한 방법 중의 하나가 통계 분석에서 이용되고 있는 **부트스트랩핑(bootstrapping)**이라고 하는 방법이 있다. 계통학 분석에서 부트스트랩핑을 이용하는 방법은 Joseph Felsenstein(1985)에 의해 개발되었다. 이 방법은 어떤 종류의 계통학적 분석방법에도 이용될 수 있다. **그림 4.28**은 단순성 분석에서 부트스트랩핑 방법이 어떻게 이용되는지를 보여주고 있다.

**부트스트랩핑은 실제 자료 세트에서 무작위로 표본을 추출한 후 다시 넣어 인위적인 자료 세트를 생성하는 것이다. 인위적인 자료 세트를 분석하는 이유는 분석이 여러 번 반복되었을 경우, 그 결과가 얼마나 많이 변화하는가에 대한 아이디어를 제공하기 때문이다.**

그림 4.28a는 고래, 하마, 낙타, 외군에 대한 가상적인 자료 세트를 보여주고 있다. 각각의 동물들에 대하여 우리는 6개의 염기서열 정보를 가지고 있다. 단순성 분석에 의한 계통수는 내군들 중에서 고래와 하마가 자매군임을 보여준다.

이 계통수에 대해 부트스트랩핑을 하기 위해서는 우리는 먼저 컴퓨터를 이용하여 원래 가지고 있던 자료로부터 부트스트랩 복제(bootstrap replicate)라 부르는 인위적인 자료 세트들을 만들게 된다(그림 4.28b). 원래의 자료로부터 6개의 염기서열 중 서로 다른 색으로 된 염기서열을 무작위적으로 샘플링을 하여 대체시키는 과정을 반복한다. 첫 번째 복제물에서는 1번 부위(검은색)는 두 번 선택된 반면 3번 부위(오렌지색)는 제거되었음을 주목하라. 두 번째 복제물에서는 4번(올리브색)과 6번(진한 청색) 부위는 각각 두 번씩 선택된 반면, 1번 부위(검은색)와 5번 부위(하늘색)는 자료 세트에서 제거되었다.

그 다음 원래의 자료를 이용하여 분석했던 것과 동일한 방법으로 각각의 부트스트랩 복제들에 대하여 계통수를 추정한다. 1번, 3번, 4번, 5번째 있는 부트스트랩 복제에 대하여 단순성 분석에 의한 최적의 계통수는 고래와 하마를 자매군으로 인식한다. 2번 부트스트랩 복제에 대한 단순성 분석에 의한 최적의 계통수는 낙타와 하마가 자매군임을 보여준다.

최종적으로 모든 부트스트랩 복제 중 최소한 절반 이상에서 단계통군으로 나타나는 가지들로 구성된 다수결의 원칙에 부합하는 계통수(majority-rule consensus phylogeny)를 그리게 된다(그림 4.28c). 현재의 내군 중에서 이 기준을 만족시키는 분기군(clade)은 고래와 하마가 자매군을 형성하는 것이 유일하다. 이러한 분기군의 아래에 있는 분기점에 부트스트랩 복제의 백분율을 표시한다. 그 분기군의 부트스트랩 지지를 나타내는 이 숫자가 일부 형질의 변화에도 불구하고 우리가 수행하는 계통수 재구성에서 그 분기군이 나타날 신뢰도의 추정치이다. 다시 말해서 높은 부트스트랩 지지는 우리가 가지고 있는 전체 자료 세트로부터 강하게 지지를 받는 분기군을 의미한다(Baldauf 2003).

연구자들이 계통수를 부트스트랩 분석할 때 보통 100번 혹은 그 이상의 복제를 생산하여 분석한다. 그림 4.29는 1,100개 염기서열로 이루어진 $\beta$-카제인 유전자로부터 추정된 최대 가능성 계통수에서 1,000번의 복제를 가지고 부트스트랩 분석을 수행한 몇몇의 단계통군들에 대한 부트스트랩 지지를 보여주고 있다. 이 자료 세트에는 고래가 우제류(artiodactyl) 내에 포함되어 있는 사슴, 하마, 돼지, 페커리와 단계통군에 속하는 것을 암시하는 강한 신호(99%의 부트스트랩 지지)가 있다. 또한 고래가 젖소, 사슴, 하마와 보다 특수한 분기군의 구성원임을 암시하는 강력한 지지(100%)가 있다. 고래가 하마의 자매군이라는 가설에 대한 지지는 상대적으로 약한 편(59%)이다.

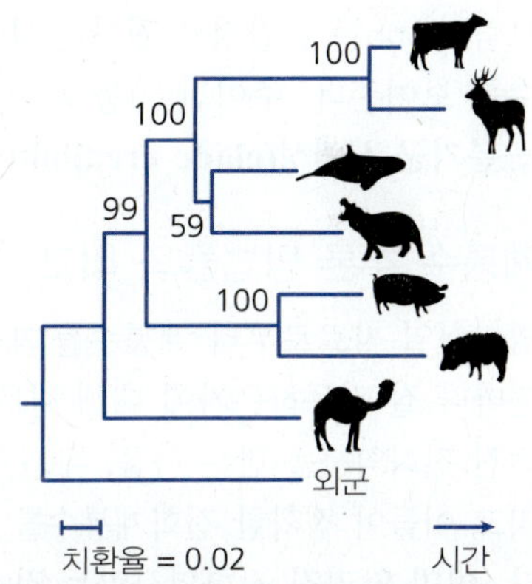


**그림 4.29 최대 가능성 방법에 의한 계통수의 각 가지별 부트스트랩 백분율** 1,100개 염기서열로 이루어진 $\beta$-카제인 유전자로부터 추정된 계통수(Gatesy et al. 1999). 디폴프 옵션에 의한 PhyML을 이용한 부트스트랩 분석(Guindon and Gascuel 2003).

이와 같은 추론이 8종 사이에 나타난 진화적 역사의 진실에 어느 정도로 비슷한 것인가의 문제는 (분석에서 이용된) $\beta$-카제인 유전자가 나머지 유전체를 얼마나 잘 대표할 수 있는가에 달려 있다. 서로 다른 유전자를 분석에 이용할 경우 서로 다른 계통수를 얻을 수 있다(White et al. 2009 참조).

## 베이즈 계통 추론(Bayesian Phylogeny Inference)

우리가 계통수를 평가하기 위해 최대 가능성(maximum likelihood) 원리를 이용하였을 때, 각각의 계통수에 대하여 주어진 계통수의 가정에서 자료가 관찰될 확률 P(자료|계통수)를 계산하였다. 이 수치는 주어진 자료에서 계통수의 확률 P(계통수|자료)와는 같지 않다. 우리가 알고 싶어 하는 것은 주어진 자료에 대하여 계통수의 확률, 다시 말해 계통수의 **사후확률(posterior probability)**이다. 베이즈의 정리(Bayes' theorem)는 이러한 사후 확률을 구하는 방법이고 다음의 공식을 이용한다.

$$\text{P(계통수|자료)} = \frac{\text{P(데이터|계통수) P(계통수)}}{\text{P(데이터)}}$$

오른쪽에서 분자의 첫 번째 항은 계통수의 확률이다. 두 번째 항인 P(계통수)는 계통수의 **사전확률(prior probability)**이다. 이는 자료를 고려하기 이전에 우리가 계통수에 부여한 확률을 말한다. 분모에 있는 P(자료)는 자료의 사전확률을 말한다. 이는 각각의 가능한 계통수의 확률 값에 그것 각각의 사전확률 값으로 곱하여 얻은 수치의 총합이다(Huelsenbeck et al. 2001). 따라서 모든 가능한 계통수에 대한 사전확률을 제공함으로써 주어진 자료에 대하여 계통수의 확률을 계산할 수 있다. 일부 생물학자들은 이와 같이 모든 가능한 계통수에 대하여 동일한 사전확률을 지정하는 것에 대해 긍정적인 반면, 다른 사람들은 긍정적이지 않다(Felsenstein 2004).

일반적으로 가능한 계통수의 수가 엄청나게 많기 때문에 우리는 그들의 사후확률을 분석적으로 계산할 수 없다. 그러나 우리는 무시할 수 없는 사후확률을 가지는 계통수들을 찾을 수 있고 각각의 계통수에 대한 사후확률들을 추정할 수 있다. 이 과정에서 우리는 컴퓨터 소프트웨어를 사용하는데 이때 사후확률과 동일한 빈도로 계통수가 출현하는 집단으로부터 계통수를 샘플링한다(Huelsenbeck et al. 2001). 이용되는 알고리즘은 계통수와 계통수 사이를 이동하면서 가능성이 보다 높고, 사전확률이 높은 계통수에서는 더 많은 시간을 할애하며 그 계통수의 순간적인 정보를 주기적으로 모은다. 많은 수의 순간정보들을 모은 이후, 컴퓨터는 순간정보들의 집합에서 각기 다른 계통수들이 얼마나 자주 등장하는 가를 가지고 사후확률을 계산할 수 있다.

**베이즈 계통 추론(Bayesian phylogeny inference)**의 장점은 그것의 결과를 해석하기가 용이하다는 것이다. 그림 4.30은 이전에 이용하였던 1,100개 염기서열로 구성된 $\beta$-카제인 서열로부터 얻어진 결과를 보여주고 있다. 그림 4.30a는 순간정보 집합체에서 출현하는 3가지 계통수 각각에 대한 사후 확률을 제공하고 있다. 이들의 총합은 1이 된다. 그림 4.30b는 순간정보 집합체 사이에서 다수결의 원칙(majority rule)에 일치하는 계통수를 보여준다. 주어진 계통수에서 각각의 분기군은 그것이 출현하는 사후확률의 총합—**분기군 신뢰성(clade credibility)**—으로 표시된다.

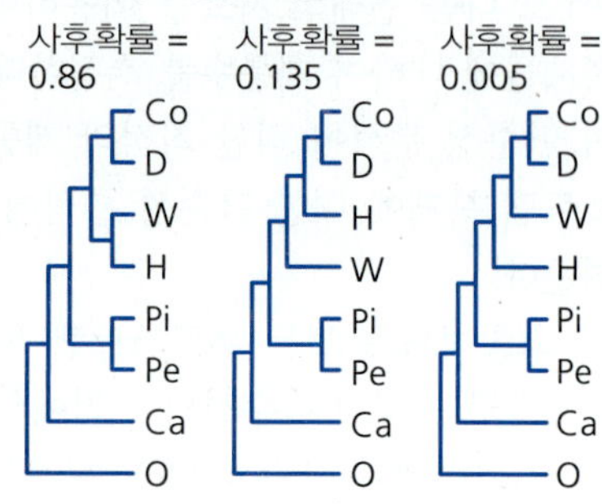


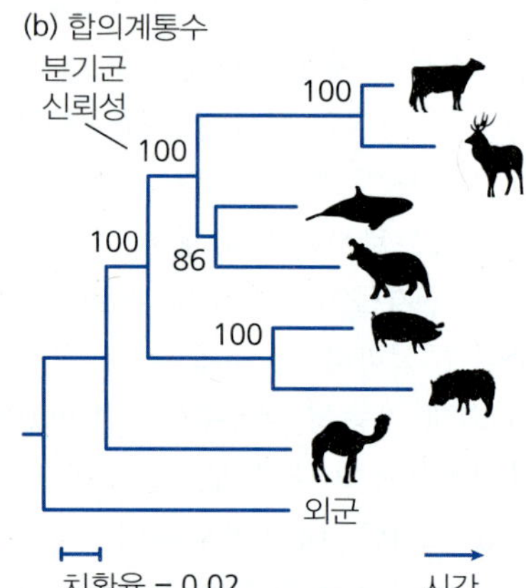


**그림 4.30 베이즈 계통 추론** MrBayes 프로그램(Ronquist and Huelsenbeck 2003)을 이용하여 그림 4.29와 동일한 자료로부터 추론된 계통수(Ronquist and Huelsenbeck 2003).

## 계통수 추론 방법들의 비교

염기서열 자료로부터 계통수를 재구성하기 위해 여러 가지 방법에 맞닥뜨릴 때, 이들이 얼마나 잘 작동하는가에 대해 질문을 갖는 것은 자연스러운 것이다. 연구자들은 이미 알려진 진화역사를 만든 다음, 계통 추론을 위해 사용되는 여러 가지 다양한 분석방법을 가지고 이들이 정확한 진화계통수를 밝혀낼 수 있는가를 확인하여 이러한 의문을 해결하였다. 이미 알려진 진화역사라는 것은 종종 실험실에서 배양된 바이러스와 같은 생물체의 계보에 관한 것들이다(Hillis et al. 1992; Hillis et al. 1994; Sousa et al. 2008). 보다 일반적으로 컴퓨터 시뮬레이션에 의해서 진화한 염기서열들이 여기에 해당된다(Guidon and Gascuel 2003; Hall 2005; Kolaczkowski and Thornton 2005).

그러한 연구들은 최적의 조건하에서 우리가 논의해 오고 있는 모든 방법들이—단순성(parsimony), 최대 가능성(maximum likelihood), 이웃연결법(neighbor joining), 베이즈 추론(Bayesian inference) 등—100%에 가까운 정확도를 가진 계통수에서 그들의 분기 양상을 복원하고 있는 것을 보여주고 있다. 이들 모든 계통분석 방법들은 염기서열이 서로 상당히 많이 분기되었으나(염기위치당 0.35 혹은 그 이상의 염기치환이 있는 경우), 그러나 염기서열의 차이가 너무 커서 포화(saturation)되지 않을 정도일 경우(65% 염기서열의 차이보다 작을 경우)에 보다 효과적이다. 이러한 유전적 차이의 범위 내에서는 위의 계통분석 방법들 모두 보다 긴 서열을 가질 경우 더 효과적으로 작동한다.

어느 방법이 최고로 좋은 것일까? 이웃연결법은 그 분석 속도가 빠른 이점이 있어 다른 방법에 비해 유용하지만 다른 방법들 만큼 만족스럽지는 않다. 단순성, 최대 가능성, 베이즈 계통 추론 등은 모두 각각의 장단점을 동시에 가진다(Felsenstein 1978; Kolaczkowski and Thornton 2005). 이 때문에 연구자들은 종종 여러 가지 방법들을 다양하게 사용한 후, 여기서 만들어진 계통수들 사이에 일치되는 것을 확인한다(Huelsenbeck and Hillis 1993; Hillis et al. 1994).

계통수 추정은 매우 활발한 연구 분야 중의 하나이며 새로운 방법들이 계속적으로 개발되고 있다. 예를 들어 Kevin Liu와 동료들(Liu et al. 2009; Liu et al. 2011)은 가능성에 기반하여 서열정렬과 계통수를 동시에 추정할 수 있는 방법을 개발하였다. Scott Edwards(2009)는 독립적인 형질의 수를 증가시키기 위하여 서로 다른 유전자의 증거들을 통합하기 위한 방법들을 검토하여 이를 통해 종들 사이의 계통유연관계에 관한 보다 신뢰할 만한 추론을 가능하게 하였다.

### 고래목(Cetacean)의 진화에 관해 현재까지 밝혀진 증거들의 요약

염기서열을 분석하기 위한 기술들을 논의하는 과정에서 $\beta$-카제인 염기서열을 가지고 충분한 연습을 하였다. 계통수 모두는 동일한 결론에 이르게 하였다. 고래류는 단지 우제류의 친족이 아닌 우제류에 속한다. 그리고 우리가 분석한 내용은 고래류와 하마가 자매군이라는 가설을 일부 지지한다. 하마와 고래류 사이의 가까운 유연관계는 하마가 반수생생활(semiaquatic)을 하고 고래는 완전수생이기 때문에 일정한 직관적인 부분이 있다. 고래-하마의 근친성에 대한 가설은 $\beta$-카제인 이외에 Gatesy와 그의 동료들(1999)은 다른 유전자를 이용하여 여러 다른 생물군을 포함시켜 분석한 연구결과로부터도 강한 지지를 받았다.

우리가 재검토한 형태적 형질 증거들은 고래가 우제류 분기군이 아닌 우제류의 친족이라는 가설을 지지하고 있다는 것을 기억하라. 이처럼 분자형질과 형태형질이 서로 다른 결과를 지지한다는 것은 계속적으로 연구자들이 다른 종류의 자료를 찾는 것을 필요로 한다. 이것이 고생물학 및 분자생물학 분야 모두에서 새로운 발견을 유도하게 되었다.

## 고래류의 계통학적 해결에 대하여

화석이 발견되기 이전에 고래류의 계통을 밝히는 새로운 분자 자료가 알려졌다. 문제의 분자 자료는 게놈상의 새로운 위치에 종종 그들 자신의 염기서열을 삽입하는 DNA 염기서열의 존재 유무에 관한 것이다. 이에 관련된 유전적 요소를 **짧은고반복염기서열요소(short interspersed elements, SINEs)**와 **긴고반복염기서열요소(long interspersed elements, LINEs)**라 부른다. 서로 다른 2종 게놈의 상동적인 위치에 특정한 SINEs 혹은 LINEs의 존재 유무를 가지고 계통수를 추론을 위한 특징으로 이용할 수 있다.

David Hillis(1999)는 계통수 추적에 있어 SINEs 혹은 LINEs을 이용하는 것에 대한 잠재적인 이점을 간단히 설명하였다. 기생하는 유전적 요소들이 숙주 게놈의 새로운 위치에 자신을 삽입하는 유전자 전이는 비교적 드문 현상이라는 것은 잘 알려져 있는 사실이다. 결과적으로 독립적인 두 숙주 계보 사이, 완전히 동일한 게놈상의 위치에 2개의 상동적인 SINEs가 자신들을 삽입시키는 일은 가능성이 높은 일은 아니다. 이 같은 수렴진화는 가능성은 있으나 실제로 그리 흔한 사건은 아니다. SINEs 혹은 LINEs가 소실되는 것은 보통 감지가 가능하므로 원래의 조상이 가지고 있던 조건으로 역행(reversal)하는 것 역시 쉽게 기대하기 어려운 일이다. SINEs와 LINEs가 소실될 때, 통상적으로 그것과 연관된 숙주 게놈의 일부가 함께 소실되는 것이 관찰된다. 결과적으로 연구자들은 보통 특정한 기생성 유전자가 없는지 혹은 소실되었는지를 말할 수 있다. 만일 수렴이나 역행이 매우 드물게 일어나거나 혹은 이를 확인할 수 있다면, 호모플라시(homoplasy: 공동조상에 기인하지 않은 유사성)가 있을 것 같지는 않다. SINEs와 LINEs는 계통 추적에 있어 매우 신뢰할 만한 형질들이다.

일부 분자 형질들은 계통수 추정에 있어 이상적인 경우를 보여주는 경우도 있다.

고래류의 진화에 대하여 SINEs와 LINEs가 무엇을 이야기 할 수 있는가? Masato Nikaido와 동료들(1999)은 우제류의 게놈에서 발견되는 20개 서로 다른 SINEs와 LINEs를 분석하여 이에 대한 해답을 제공하였다. 우리가 생각하고 있는 분류군에 대한 자료는 고래 + 하마가 한 분기군으로 묶인 계통수에서 이 자료가 정보를 어떻게 보여주

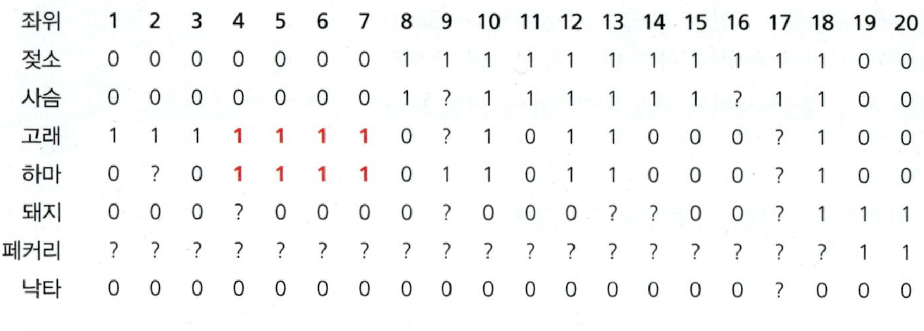

| 좌위 | 1 | 2 | 3 | 4 | 5 | 6 | 7 | 8 | 9 | 10 | 11 | 12 | 13 | 14 | 15 | 16 | 17 | 18 | 19 | 20 |
|---|---|---|---|---|---|---|---|---|---|---|---|---|---|---|---|---|---|---|---|---|
| 젖소 | 0 | 0 | 0 | 0 | 0 | 0 | 0 | 1 | 1 | 1 | 1 | 1 | 1 | 1 | 1 | 1 | 1 | 1 | 0 | 0 |
| 사슴 | 0 | 0 | 0 | 0 | 0 | 0 | 0 | 1 | ? | 1 | 1 | 1 | 1 | 1 | 1 | ? | 1 | 1 | 0 | 0 |
| 고래 | 1 | 1 | 1 | **1** | **1** | **1** | **1** | 0 | ? | 1 | 0 | 1 | 1 | 0 | 0 | 0 | ? | 1 | 0 | 0 |
| 하마 | 0 | ? | 0 | **1** | **1** | **1** | **1** | 0 | 1 | 1 | 0 | 1 | 1 | 0 | 0 | 0 | ? | 1 | 0 | 0 |
| 돼지 | 0 | 0 | 0 | ? | 0 | 0 | 0 | 0 | ? | 0 | 0 | 0 | ? | ? | 0 | 0 | ? | 1 | 1 | 1 |
| 페커리 | ? | ? | ? | ? | ? | ? | ? | ? | ? | ? | ? | ? | ? | ? | ? | ? | ? | ? | 1 | 1 |
| 낙타 | 0 | 0 | 0 | 0 | 0 | 0 | 0 | 0 | 0 | 0 | 0 | 0 | 0 | 0 | 0 | 0 | ? | 0 | 0 | 0 |

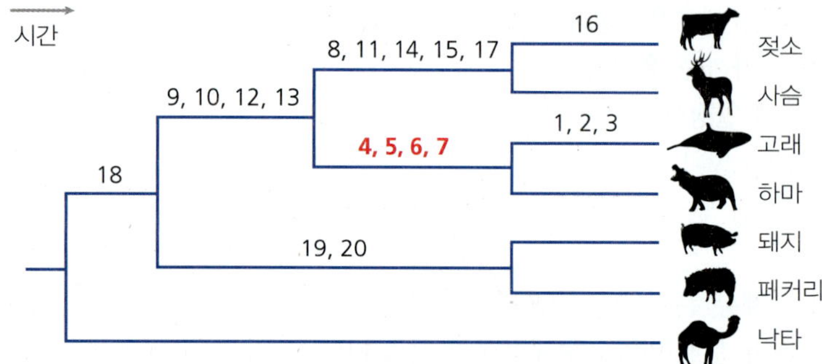


**그림 4.31 거의 완벽한 계통학적 형질인가?** 이 표는 6종의 우제류와 고래류(부리고래인 *Beradius bairdii*) 1종의 게놈상에 있는 20개 좌위에서 SINE 혹은 LINE의 존재 유(1), 무(0)를 나타내고 있다. 의문부호(?)는 일부 분류군에서 형질상태가 불분명한 경우를 나타내고 있음. Nikaido et al (1999)에서. 계통수는 이들 20개 형질들에 대하여 단순성 분석을 통해 얻어진 것임. 4번에서 7번까지 SINE 혹은 LINE이 존재하는 사실로부터 고래와 하마가 하나의 분기군을 형성하고 있음을 분명히 나타내고 있다.

고 있는가를 그림 4.31에서 나타내고 있다. 20개의 유전자 각각을 순차적으로 보고, 그리고 각각의 SINE 혹은 LINE의 유무가 계통수에서 정확히 하나의 분기군을 식별하는 공유파생형질상태로서 역할을 하는지에 대해 주목하라. 달리 언급하자면, 이 자료에는 호모플라시가 전혀 없으며, 따라서 계통수에서 형질 상태의 변화를 배열하게 될 때 형질들 사이에 서로 불일치가 없다는 사실이다. 이 분석 결과는 DNA 염기서열을 가지고 연구한 결과로부터 도출된 결론을 매우 정확하고 강력하게 지지하고 있다.

Nikaido와 그의 공동연구자들이 이와 같은 결론을 출판하고 머지 않아 두 연구팀이 "지난 세기 척추동물의 고생물학분야에 있어 가장 중요한 사건들 중의 하나"(de Muizon 2001)로서 묘사될 정도로 획기적으로 중요한 화석의 발견을 동시에 발표하였다. 화석 중에서 가장 오래된 것은 4천8백만 년 전의 것이고 다음의 2종을 대표하는 것이었다: 여우만한 크기의 *Ichthyolestes pinfoldi*와 늑대만한 크기의 *Pakicetus attocki*(Thewissen et al. 2001). 이들 둘 다 긴 다리와 긴 꼬리를 가지고 육상생활을 하였던 생물이었다. 2종은 모두 우제류로 인정될 만한 도르래 모양의 목말뼈(astragalus)와 함께 두개골 및 귀뼈에 있어 고래목의 분류군으로 인정될 만한 공유파생형질상태를 보여주고 있다(그림 4.32). 4천7백만 년 전으로 거슬러 올라가 보다 약간 최근의 2종인 *Artiocetus calvis*(여기에는 보여지지 않음)와 *Rodhocetus kasrani*에서도 이와 동일한 특징들이 나타난다(Gingerich et al. 2001). 이를 종합하면 일련의 새로운 화석 기록들은 분자적 증거가 우리에게 이야기하고 있는 것들을 확증하는 셈이다. 고래류는 우제류이다(Uhen 2010). 그림에서 나타나 있듯이 화석기록은 오늘날의 고래류, 돌고래류, 쇠돌고래류(porpoise)를 일으킨 우제류의 한 계보가 수중생활로의 전이과정이 일어났음을 상세하게 기록하고 있다. 화석기록들을 분석한 최근의 연구결과 역시 반수생 생활을 하였던 이미 멸절한 우제류가 하마의 자매군이라는 사실을 확인할 수 있었다(Boisserrie et al. 2005). 이 결과는 오늘날 하마의 조상과 고래류의 조상을 잇는 연결고리를 만들어주고 따라서 이들 모두 반수생 생활을 하였던 동일한 조상으로부터 유래한 것임을 시사하고 있다(Orliac et al. 2010).

**진화적 유연관계에 대한 서로 다른 종류의 증거들은 각기 서로를 대조 검토하는 데 이용될 수 있다.**

## 남은 쟁점들

고래류의 진화적 유연관계에 있어서 분자적 증거와 형태적 증거가 완벽하게 일치하는 것을

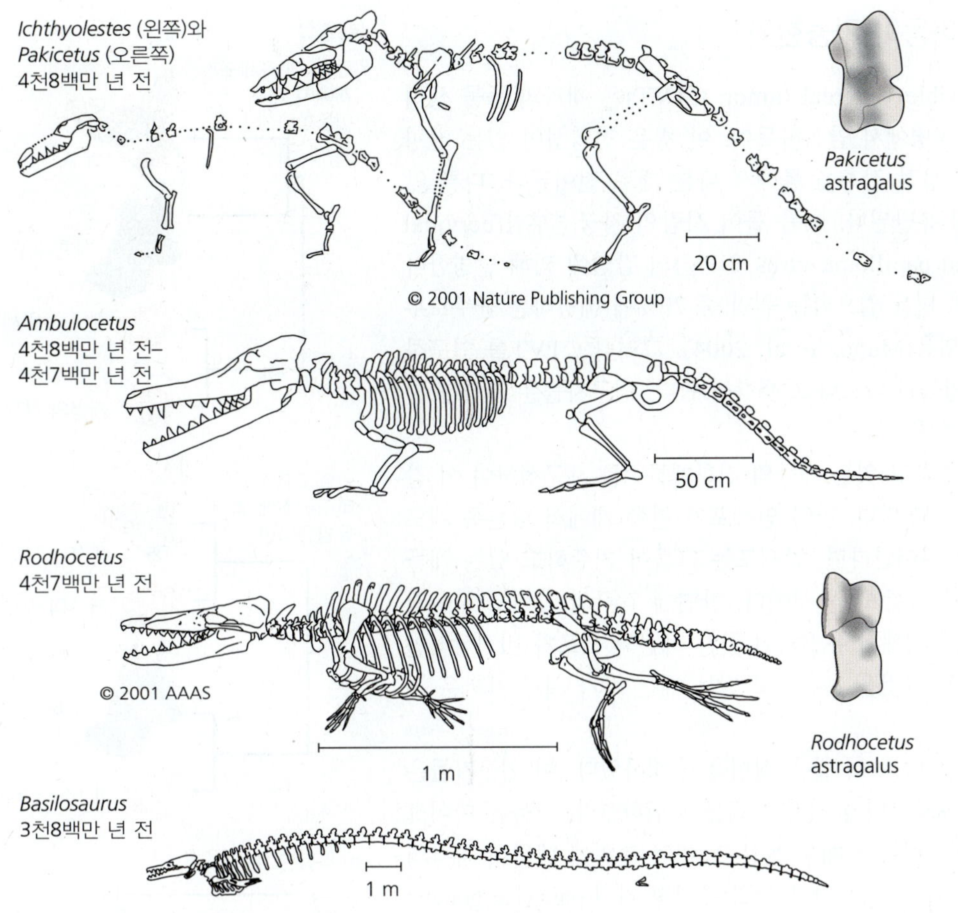


**그림 4.32 고래류는 우제류이다** 여기에서 그림으로 묘사된 화석들은 고래목을 확인할 수 있는 두개골의 파생형질과 우제류를 확인할 수 있는 발목뼈의 파생형질을 가진 동물의 해부학적 구조를 기록하고 있다. 화석증거는 고래류 계보의 구성원들이 육상으로부터 바다로 이동을 가능하게 했던 고래류 초기 진화에서 나타나는 변화의 일부를 기록하고 있다. *Ichthyolestes*, *Pakicetus*, *Pakicetus* astragalus; Thewissen et al. (2001)에서. *Ambulocetus*; Thewissen et al. (1994)에서 다시 그림. *Rodhocetus*; Gingerich et al. (2001)에서 다시 그림. *Rodhocetus* astragalus; Uhen (2010)에서. *Basilosaurus*; Gingerich et al. (1990)에서 다시 그림.



발표하는 것은 우리에게 매우 즐거운 것이 될 것이다. 안타깝지만 우리는 그렇게 할 수 없다.

Michelle Spaulding과 동료들(2009)은 가장 종합적인 자료 세트를 수집하여 고래류 및 그의 친족들 사이의 유연관계를 평가하였다. 그 자료에는 수백 가지의 형태적 형질과 수만의 분자적 자료를 포함하고 있었다. 분석에 이용된 분류군은 33종의 현생종과 화석 기록으로부터 알려져 있는 48종의 화석종을 포함하였다. 전체 자료 세트를 이용하여 연구자들은 고래류가 우제류인 동시에 하마의 가장 가까운 친족이라는 것을 보여주는 계통수를 재구성하였다. 그러나 연구자들이—다른 어떤 형질들보다도 목말뼈의 모양에 형질의 중요도를 주지 않고—단지 600여 개의 화석화될 수 있는 형질만을 분석하였을 때, 그들은 고래류 가지가 우제류의 바깥쪽에 위치하는 계통수를 얻게 되었다.

전문가들 사이에 일치된 견해는 분자 자료가—그리고 화석 목말뼈—아마도 올바른 해답을 제공한다고 믿고 있다(Thewissen wt al. 2009 참조). 이 같은 사실은 고래류 및 그들의 친족의 경우에 이들이 가지고 있는 형태적 형질들은 상당한 양의 호모플라시적 유사성을 가지고 있음을 보여준다.

## 4.4 계통수를 이용하여 질문에 답하기

이 장의 처음 3개의 절은 계통수 추론의 방법에 초점을 두었다. 지금까지는 연구자들이 얻어진 자료로부터 진화계통수를 어떻게 추정하는가에 대해서 집중적인 논의를 진행하였으므로 이제부터는 흥미로운 주제 혹은 질문에 대한 답을 구하기 위해서 계통수를 어떻게 이용하는가에 대한 예를 설명하게 될 것이다. 첫 번째 질문으로 암세포가 그것이 일어났던 생물체로부터 이탈하여 전이될 수 있는가에 관한 것이다.

## 암세포는 환자와 환자 사이에 이동이 가능한가?

개의 전염성 성병암(canine transmissible venereal tumor, CTVT)은 개과의 동물 생식기에서 발생하는 암의 한 종류이다. 병명에서 암시하듯이, 이 병은 전염성이 있는 질병이다. 이미 감염되어 있는 다른 개와 성적 접촉을 통해서 다른 개로 전이된다. 다른 암들은 전염을 일으키는 매개체에 의해 유발된다. 예를 들어 사람의 자궁경부암(cervical cancer)은 인체유두종바이러스(human papilloma virus, HPV)의 감염에 의해 발병한다(Schiffman et al. 2007); 현재까지 이 병을 일으키는 원인 중 70%에 해당하는 균주로부터 방어할 수 있는 백신이 개발되어 있음(Muñoz et al. 2004). 그러나 CTVT를 연구하는 많은 연구자들은 이 암이 기존의 암들과 다르다고 생각해 왔다. 연구자들은 전염을 일으키는 매개체는 암세포 자체라고 믿었다.

그림 4.33a는 암세포와 그것이 성장하고 있는 개들의 진화계통수를 재구성하여 이 같은 가설이 어떻게 검증되는가를 보여주고 있다. 만약 암세포가 한쪽 개에서 다른쪽 개로 옮아가서 CTVT가 개 사이에 이동이 일어난다면, 암세포는 그들이 거주하고 있는 개들과 보다는 암세포끼리보다 유연관계가 가깝게 될 것이다. 반면에 각각의 암세포가 아직까지는 발견되지 않은 어떤 바이러스에 의해서 유발되어 환자 자신의 세포가 비정상적인 성장에 의한 것이라면 각각의 암세포와 그것을 보유하고 있는 개는 각기 서로 가까운 근연관계를 나타낼 것이다.

Claudio Murgia와 동료들(2006)은 바로 이 같은 실험을 수행하였다. 이 연구자들은 11명의 CTVT 환자들과 그들의 암세포로부터 유전자 시료를 수집하였다. 그들은 마이크로새털라이트(microsatellite)라 불리는 변이가 매우 높은 21개의 부위에 대하여 각각의 DNA 샘플을 조사하였다. 그들은 샘플들 사이에 각각 쌍별 유전적 거리(pairwise genetic distance)를 계산하기 위하여 관찰된 유전적 변이를 이용하였다. 그 다음 이웃연결법을 이용하여 샘플의 계통수를 추정하였다. 분석 결과 나타난 계통수는 그림 4.33b에 나타나 있다. 암세포들은 이들이 성장하고 있는 개들의 그 어느 것들보다는 암세포끼리 서로 유연관계가 가깝게 나타났다. 이러한 결과는 암세포가 한 개(dog)로부터 다른 개(dog)로 이동하였다는 가설과 일치한다. 다시 말하면, 진화적 관점에서 CTVT는 독립적으로 살아온 지 매우 오래된 개(혹은 늑대—Rebbeck et al. 2009)의 한 계보이다. 대신에 그들은 다른 생물의 기생생물체로서 생존하여 복제를 통하여 무성생식한다.

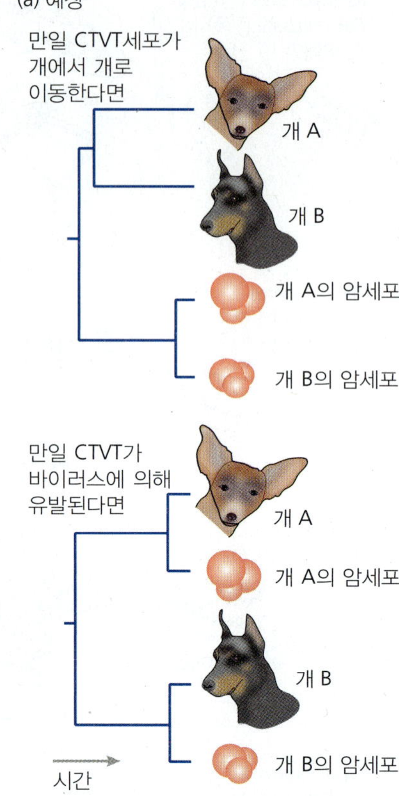


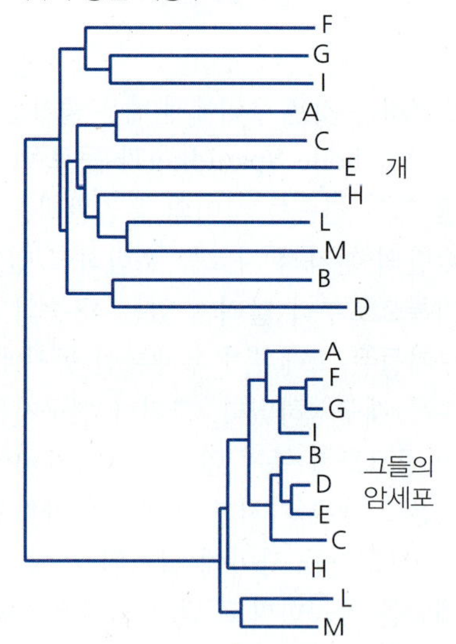


**그림 4.33 암세포와 그것이 살고 있는 개 사이의 유연관계** (a) 서로 다른 가설하에서 예측된 계통수들. (b) 유전자 자료로부터 추정된 계통수. Murgia et al. (2006)에서 다시 그림.

## 언제부터 인류는 옷을 입기 시작하였나?

생명의 역사에 관한 가장 기본적인 질문 중의 하나는 과연 언제 주요한 사건들이 일어났는가하는 것이다. 일부 진화적 사건들은 화석기록으로부터 연대를 추정할 수 있다. 그러나 화석기록이 남아 있지 않을 경우에는 어떤 선택이 가능할까? 최소한 일부의 예에서는 일정한 속도로 변화하는 분자적 특성을 분석함으로써 진화적 사건이 일어난 시간에 대해 답을 하기도 한다. **분자시계(molecular clock)**라고 알려진 이 가설은 Emile Zuckerkandl and Linus Pauling(1962)로부터 기원하였다.

일부 DNA 염기서열이 시계처럼 일정한 속도로 변한다는 것을 예측하는 몇몇의 이유들이 있다. 많은 돌연변이는 개체의 DNA를 변화시키지만 표현형을 변화시키지는 않는다. 대부분의 경우, 이와 같은 돌연변이들은 자연선택에 노출되지 않는다. 그 대신 이러한 **중립적인(neutral)** 변화는 유전적 부동이라 불리는 무작위 과정을 통해 진화한다. 이 책의 다른 곳에서 논의될 예정이지만 분자진화의 중립설(neutral theory)은 DNA상에서 일어나는 중립적인 변화는 한 집단 내에서 감수분열의 속도와 동일한 속도로 축적된다는 것을 예상할 수 있다. 만일 돌연변이의 속도가 상당히 일정하다면, 그리고 세대 시간(generation time)이 비슷하다면, 두 분류군 사이에 중립적인 유전적 차이는 그들이 최근 공동조상으로부터 분기된 시간에 비례할 것이다. 연구자들은 2종 사이에서 관찰된 중립적인 돌연변이의 양을 계산하고, 1백만 년당 이와 같은 중립적인 변화가 일어나는 빈도를 나타내는 측정치를 곱해서 이들 종이 분기된 연대를 추정할 수 있다.

유전적 차이의 추정치로부터 진화적 사건이 일어난 시간을 추적하는 것이 그리 수월한 일이 아니지만, 몇 가지 주의해야 할 내용들이 있다. 중립적인 대립인자에 대한 돌연변이율은 유전자마다 서로 다를 뿐만 아니라 각 계보마다 서로 다르며 특히 염기종류에 따라서도 서로 다를 수 있다는 것을 인지하는 것은 매우 중요하다. 다른 장에서 이유가 설명되었듯이, 코돈의 3번째 위치에서의 숨은 돌연변이는 적응에 관해서는 보다 중립적일 가능성이 많으며, 따라서 코돈의 1번째 혹은 2번째 위치에서 일어나는 아미노산을 변화시키는 돌연변이보다는 보다 시계처럼 일정한 속도로 돌연변이를 축적하게 될 것이다. 그리고 만일 강한 자연선택 때문에 특정 유전자에서 대립인자 빈도가 빠르게 변하게 된다면 이에 연관된 돌연변이는 시계처럼 돌연변이를 축적하지는 않을 것으로 예상된다. 결국 특정한 계보 및 유전자에서 계측된 변화의 속도를 기초로 서로 다른 평균세대 시간과 서로 다른 자연선택의 역사를 가진 다른 생물군에 직접 적용하는 것은 어렵다(Martin et al. 1992; Martin and Palumbi 1993; Hillis et al. 1996).

어떤 한 특정한 유전자와 계보에서 시계처럼 변화가 일어난다 할지라도 어떻게 변화속도(변화율)를 결정할 수 있는가? 이를 위해 연구자들은 화석이나 지질학적 증거에 의존할 수밖에 없다. 화석이나 지질학적 기록으로부터 분기연대가 알려진 두 분류군 사이의 유전적 차이를 측정하여 이 측정치를 화석 기록이 없는 생물군의 분기 연대를 추정하는 데 이용한다.

연구자들이 진화적 사건이 일어난 연대를 측정하기 위해 어떻게 분자시계를 이용하는 가에 대한 한 예로서 사람의 몸에 기생하는 이(human body lice)의 기원에 관한 Ralf Kittler와 동료들(2003; 2004)의 연구를 생각해보자. 사람 몸니(*Pediculus humanus corporis*)는 머리에 기생하는 머릿니(*Pediculus humanus capitis*)와 비슷하다. 몸니는 몸에 피를 먹고 살며 의복에서 살아가는 반면(그림 4.34a), 머릿니는 두피를 먹고살며 머리에서 살아간다. 2종 모두 사람에서만 발견되고—침팬지나 다른 근친동물들에게는 그들 특이적인 이 종(lice species)들을 가지고 있다.

Kittler는 만일 사람의 몸니(*P. humanus corporis*)가 의복류에 적응하였다면 그들은 아마도 인류가 의복을 입기 시작했던 시기 근처에서부터 머릿니(*P. humanus capitis*)로부터 분기되었을 것이라고 추론하였다. 전 세계 12개 집단에 있는 사람들로부터 수집된 몸니와 머릿니의 유전자 서열을 기초로 몸니와 머릿니 사이에서 서로 차이가 나는 염기서열의 평균 %를 산출하였다.

이 유전적 차이의 수치를 시간연대로 환산하기 위하여 생물학자들은 침팬지에 기생하는 이(chimp lice)의 상동유전자의 염기서열과 비교분석을 수행하였다, 그들은 약 5백5십만 년 전까지 사람과 침팬지의 공동조상이 살았다는 추정치를 화석기록과 함께 다른 자료들을 통하여 인용하였다. 사람의 머릿니와 침팬지의 머릿니가 그들의 숙주가 분기되었던 것과 같은 시기에 분기되었다는 가정하에, 연구자들은 1백만년 당 염기서열이 변화하는 %를 산출하였다. 연구자들이 이 변화율을 몸니 사이에서 관찰된 유전적 차이의 양과 곱하여 그들은 몸니의 기원(즉, 의복을 입기 시작한 시기)이 약 107,000년 전이라는 추정치를 얻게 되었다(그림 4.34b).

(a) 새끼를 낳는 몸니

(b) 머릿니 및 몸니의 계통수

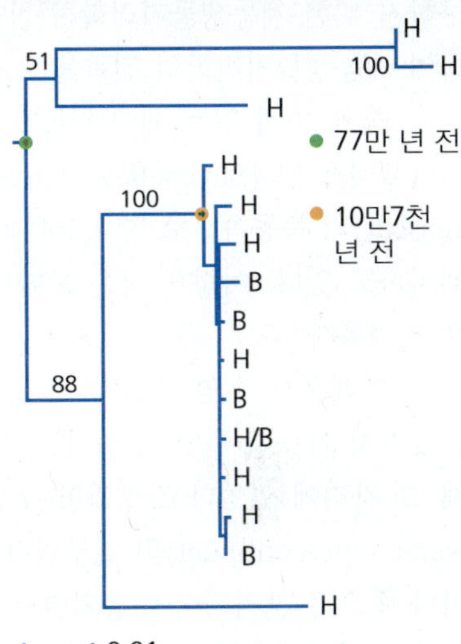


**그림 4.34 몸니의 진화** (a) 몸니(*Pediculus humanus corporis*). (b) 머릿니와 몸니의 진화계통수. 현존하는 모든 몸니들의 가장 최근 공동조상은 약 107,000년 전까지 살았다. Kittler (2003, 2004)에서 다시 그림.

## 세이셸레스제도의 카멜레온은 어떻게 인도양을 건너갔을까?

생물이 어디에 서식하며 그들이 어떤 과정을 통하여 그곳에 있게 되었는가를 연구하고자 하는 분야를 **생물지리학(biogeography)**이라 한다. 생물지리학자들은 어떤 생물종들이 전 세계의 일정한 지역에서 그들이 발견되는 이유와 또한 시간에 따라 그들의 지역적 분포가 어떻게 변화해 오고 있는가에 대한 질문에 답하기를 원한다. 연구자들이 이러한 질문들의 해답에 도움이 필요하여 계통학을 연구한다면 이러한 연구를 **계통생물지리학(phylogeography)**이라 한다. 우리는 다른 곳에서(20장) 인류집단의 기원 및 확산을 연구하기 위한 계통생물지리학적 접근을 다룰 예정이다. 여기서는 신기한 도마뱀류를 추적하여 계통생물지리학의 전략을 소개하고자 한다.

**그림 4.35 세이셸레스제도(Seychelles)의 호랑이카멜레온**
Hans Stieglitz의 사진.

그림 4.35에 있는 세이셸레스제도(Seychelles)의 호랑이카멜레온(*Calumma tigris*)은 세이셸레스제도(Seychelles islands)의 토착종이다. 세이셸레스제도는 마다가스카르(Madagascar)의 북동쪽으로 약 1,100 km, 아프리카에서 동쪽으로 1,600 km 떨어진 인도양에 위치하고 있다. 이렇게 작은 도마뱀이 그렇게 멀리 떨어져 있는 외딴곳에까지 이동을 할 수 있었을까?

카멜레온은 수영을 잘 하지 못할 뿐더러 더더욱 하늘을 날 수가 없기 때문에 거기에는 2가지 가능성이 있다. 하나는 카멜레온이 원래 있었던 그 자리에 남아 있다가 섬의 현재 그 자리에 있었다고 생각할 수 있다. 세이셸레스제도는 한때 곤드와나 초대륙(Gondwana supercontinent)의 일부였다. 곤드와나 초대륙이 나누어졌을 때, 세이셸레스제도가 바다 쪽으로 분리되어 이동되면서 원래 그곳에 있던 카멜레온은 동승자로서 함께 대륙으로부터 떨어져 나왔을 가능성이 있다. 두 번째 가능성은 카멜레온이 마다가스카르나 아프리카로부터 표류하는 식물뿌리의 뗏목에 편승하여 세이셸레스제도에 도달할 수 있었다. 첫 번째 시나리오를 분단가설(vicariance hypothesis)이라 하고 두 번째 시나리오를 분산가설(dispersal hypothesis)라 부른다.

Ted Townsend와 동료들(2011)은 계통수 재구성과 분자시계를 이용하여 이들 두 가설의 차이점을 구분하기 위하여 노력하였다. 이들의 논리는 다음과 같다. 곤드와나 초대륙의 분리가 일어났다. 약 1억6천만 년 전, 나중에 인도 대륙, 마다가스카르, 세이셸레스제도로 되었던 Indigascar 대륙이 아프리카대륙으로부터 분리되었다. 약 8천8백만 년 전에 마다가스카르는 인도-세이셸레스제도 대륙으로부터 분리되었다. 최종적으로 약 6천5백만 년 전에 인도 대륙과 세이셸레스제도는 서로 분리되었다**(그림 4.36a)**. 만일 호랑이카멜레온이 대륙이 분리되는 역사를 따랐다면, 호랑이카멜레온은 인도 혹은 마다가스카르의 다른 카멜레온과 근연관계가 높을 것으로 기대할 수 있으며, 동시에 그들의 최근의 공동조상은 최소 6천5백만 년 전~8천8백만 년 전 사이로 그 연대를 추정할 수 있다(그림 4.36b). 이것이 Peng Zhang와 Marvalee Wake(2009)가 세이셸레스제도에 서식하는 시실리안(무족영원류, caecilians)에 대해 발견한 내용이다. 다른 한편으로 만일 호랑이카멜레온이 뗏목의 표류에 편승하여 세이셸레스제도에 도달하였다면 그것의 기원이 어디였느냐에 따라서 마다가스카르 혹은 아프리카 대륙에 서식하는 카멜레온과 보다 최근의 공동조상을 공유하게 될 것이다.

Townsend와 그의 동료들은 유전자 염기서열 자료를 이용하여 42종의 카멜레온 사이의 계통수를 재구성하였고 분자시계를 이용하여 그들 사이의 분화시기를 추정하였다. 단순화한 그들 사이의 계통수가 그림 4.36c에 나타나 있다. 세이셸레스제도에 서식하는 카멜레온과 가장 가까운 현존하는 친족은 아프리카의 것들이다. 이들 친족과 가장 마지막 공동조상은 대략적으로 약 4천만 년 전에 살았다. 이러한 결과는 분단가설이 아닌 대신

(a) 대륙 이동에 의한 곤드와나 대륙의 분리

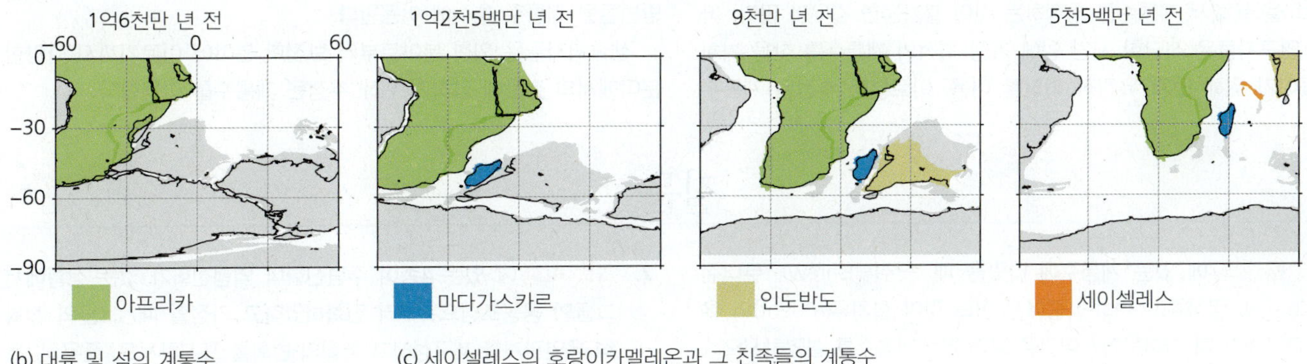


(b) 대륙 및 섬의 계통수

(c) 세이셸레스의 호랑이카멜레온과 그 친족들의 계통수

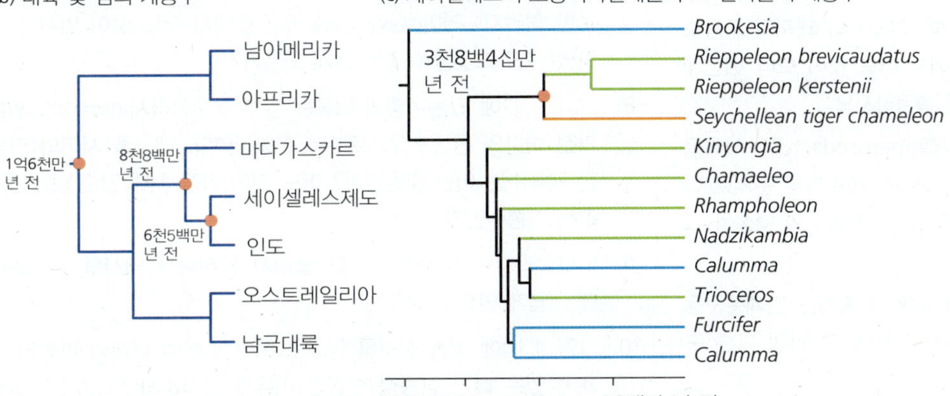


**그림 4.36 호랑이카멜레론의 이동에 대한 단서들** (a) 곤드와나 초대륙의 분리. 지도는 Hay et al. (1999)의 자료로부터 준비되었음. (b) 대륙들의 계통수. (c) 세이셸레스 카멜레온과 그 친족들의 계통수, 그리고 그들의 분기연도를 추정할 수 있는 분자시계. Townsend et al. (2011)에서 다시 그림.

에 호랑이카멜레온은 바다를 통하여 이동하였음(분산가설)을 시사하고 있다.

카멜레온이 뗏목(raft)에 편승하여 외해를 가로질러 분산할 수 있다는 것에 대한 확증은 Coromos 군도 및 Reunion 군도의 카멜레온들로부터 얻을 수 있다(Raxworthy et al. 2002). Coromos 군도 및 Reunion 군도는 어떤 대륙과도 한번도 연결된 적이 없는 화산섬들이다. 이들은 그렇게 작은 도마뱀들에게는 매우 인상적인 여행인 것이다.

## 요약

계통수라고도 알려진 진화계통수는 계보의 역사에 대한 추정 및 다양성에 관한 내용을 요약해 준다. 시간은 계통수를 따라 계보들의 공동조상인 뿌리로부터 가장 최근의 자손들인 가지의 끝 쪽을 향하여 흐른다. 가장 최근의 공동조상을 공유하는 계통수의 계보들이 유연관계가 보다 높다고 생각된다.

계통을 추정하는 것이 현대 진화생물학의 가장 핵심적인 내용이다. 수렴진화와 역행진화가 없다면, 공유파생형질상태로서 알려진 파생형질을 공유하는 것을 확인하여 생물들 사이의 진화역사를 재구성할 수 있다. 이 형질들은 그룹의 바깥쪽에 있는 다른 분류군들보다도 서로 유연관계가 보다 가까운 분류군의 그룹들을 식별하는 데 유용하다. 하나의 공동조상으로부터 유래한 모든 자손들로 구성된 한 세트를 단계통군(monophyletic group) 혹은 분기군(clade)이라 한다.

수렴진화 및 역행진화는 공유파생형질상태들 사이에 불일치를 만들고, 이에 따라 진화역사를 재구성하고자 하는 시도를 종종 어렵게 만든다. 이러한 환경하에서 계통수를 추정하기 위해서는 관심 대상 분류군에 대한 모든 가능한 진화계통수를 고려하게 된다. 우리는 이들 각각의 계통수에 대하여—단순성(parsimony) 원리에 따라—필요로 하는 진화적 변화의 수를 최소인 계통수를 선택한다.

염기서열이나 아미노산 서열과 같은 분자 형질은 계통수를 추정하는 데 널리 이용되는 증거이다. 서열을 정렬한 후에, 각각의 위치를 하나의 형질로서 취급한다. 우리는 모든 가능한 계통수로 이루어진 숲을 검색하여 최대 단순성을 만족시키는 계통수를 찾는다. 혹은 진화적 역사에 대한 최대의 추정치를 제시하는 계통수를 찾도록 다른 기준을 이용하기도 한다. 주어진 계통수와 서열진화의 모델하에서 관찰된 자료의 확률, 즉 가능성(likelihood)을 이용할 수 있다. 만일 모든 가능한 계통수들 각각에 대해서 사전확률(prior probability)을 특정화한다면 주어진 자료 하에서 계통수의 가능성, 즉 베이즈의 사후확률(posterior probability)을 이용할 수 있다.

가능한 계통수 후보들은 일반적으로 그 수가 매우 많으므로 비록 처리 속도가 빠른 컴퓨터를 이용한다 할지라도 완전탐색(exhaustive search)을 통해서 계통수를 추정하는 것이 불가능한 경우가 많다. 따라서 연구자들은 적당한 시간 안에 가장 최적의 계통수를 찾을 기회를 높이기 위해 먼저 유전적 거리를 이용, 이로부터 추정된 계통수를 가지고 계통분석을 시작하는 것을 포함한 여러 가지 보다 단순한 방법들을 계통수 추적에 이용한다.

생물학자들은 의학 분야로부터 보전학 분야에 이르기까지 다양한 분야에서의 질문에 답하기 위해 추정된 계통수를 이용한다.

## 질문

1. 그림 4.37에 있는 계통수에 따랐을 때, 땃쥐류(shrew), 두더쥐(mole), 영장류(primate) 중에서 어느 것이 설치류(rodent)와 유연관계가 더 가까운가? 이것을 보여주는 계통수를 설명하시오.
2. 그림 4.37에 있는 계통수에 따랐을 때, 고래류와 돼지의 공동조상 혹은 고래와 박쥐의 공동조상 중에서 어느 것이 보다 이전에 살았는가? 이것을 보여주는 계통수를 설명하시오.
3. 그림 4.37에서 고래, 하마, 돼지, 기제목(perissodactyls), 식육목(carnivores), 유린목(pangolins)들이 세로로 서로 다른 순서로 나타나게 되지만, 동일한 유연관계를 묘사하는 계통수의 형상을 그려보시오.
4. 그림 4.37의 계통수에서 땅돼지(aardvark)가 속하는 단계통군을 찾으시오. 해당하는 단계통군을 구성하고 있는 그 밖의 다른 구성원은 무엇인가?
5. 공유파생형질은 무엇인가?
6. 풀을 뜯어 먹고 살기에 적합한 치관을 가진 이빨(crowned teeth)은 일부 설치류, 토끼(rabbit), 산토끼(hare), 소목(even-toed hoofed animal), 말(기제목, perissodactyls), 꼬끼리 등에서 발견된다. 그림 4.37에 있는 계통수에 따르면, 치관을 가진 이빨은 공유파생형질인가? 아니면 수렴진화의 결과인가?
7. 그림 4.38에 있는 4종이 수렴진화나 역행진화가 없는 상황에서 그들의 공동조상으로부터 진화하였다고 가정할 때, 그들의 진화적 유연관계를 재구성하고 형질의 변화를 표시하시오. 줄무늬, 뾰쪽한 허리지느러미(spiky back fin) 중에서 어느 것이 먼저 진화하였는가? 그것을 어떻게 알게 되는가?
8. 그림 4.39에 있는 4종의 어류는 일부 호모플라시(homoplasy)를 가진 하나의 공동조상으로부터 진화하였다. 내군들 사이의 가능한 계통수는 어떤 것들인가? 어느 것이 가장 최대 단순성을 만족하는 계통수인가?
9. 호모플라시란 무엇인가? 호모플라시가 진화적 역사를 추정하는 데 어렵게 만드는 이유는?
10. 그림 4.10에 있는 정보를 참고로 하여 조류의 날개와 박쥐의 날개에 있는 뼈가 상동적 형질인 이유를 설명하시오. 그리고 조류와 박쥐에서 힘찬 비상을 위해 앞다리를 사용하는 것이 수렴진화인 이유를 설명하시오.

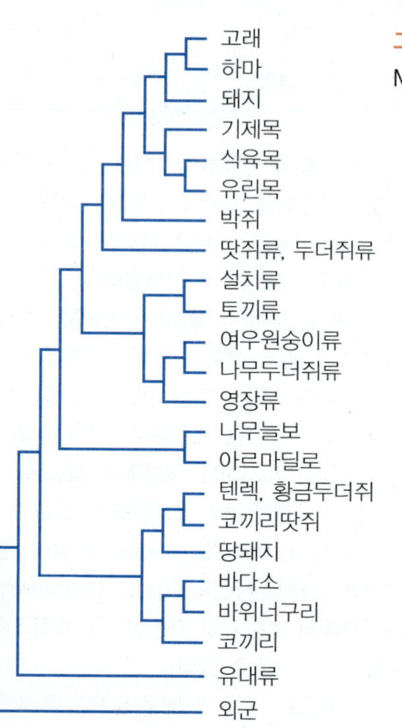


**그림 4.37 포유류의 계통수**
Murphy et al. (2001)에서.

**그림 4.38 4종의 어류와 그들의 공동조상**

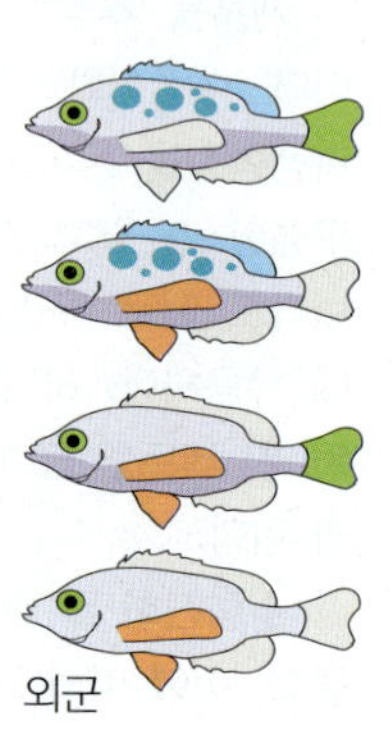


**그림 4.39 3종의 어류와 외군**

**11.** 단순가정법(parsimony) 및 최대 가능성(maximum likelihood) 원리를 이용하여 재구성된 분자계통수 사이의 차이는 무엇인가?

**12.** 일련의 분류군에 대한 모든 가능한 계통수를 완전탐색(exhaustive search)하는 것이 거의 불가능한 이유는 무엇인가? 보다 간단한 방법은 무엇이 있는가?

**13.** 계통수에 있는 어느 한 분기군이 그 아래 부위에 97%의 부트스트랩 지지를 가지고 있다. 이것의 의미는?

**14.** 그림 4.40에서 영장류 사이의 계통유연관계를 나타내는 3종류의 계통수를 관찰하시오. 3종류의 계통수는 동일한 유연관계와 동일한 분기순서(branching order)를 나타내는가? 이 계통수들은 인간이 "가장 고등한" 영장류 종이라는 그릇된 인식에 대해 서로 다른 중요도를 가지고 지지하고 있는가? 이를 설명하시오.

**15.** 역사적으로 일부 과학자들은 개(dog)는 늑대로부터 기원하였다는 가설을 제기하였다. 다른 과학자들은 개의 일부 품종들이 늑대로부터 기원한 반면, 다른 것들은 자칼(jackal)과 같은 야생 개과의 동물(wild canid)로부터 유래되었다고 생각하였다. 각각의 가설하에서 늑대, 개, 자칼, 코요테 사이의 진화계통수를 그려보시오. 계통수들이 왜 다르게 보이는지를 설명하시오.

**16.** 만일 개가 늑대로부터 기원한 반면에 이들의 다른 품종들이 서로 다른 늑대집단으로부터 기원하였다면, 당신이 예상하는 개, 늑대, 자칼, 코요테에 대한 계통수를 그려보시오. (늑대와 개의 여러 계보들을 포함시켜서.)

**17.** 다윈은 살아 있는 종들 사이에서는 보다 고등한(더 진화한) 혹은 더 하등한(덜 진화한) 동물이나 식물은 존재하지 않는다고 하였다. 그것이 의미하는 바를 설명하시오.

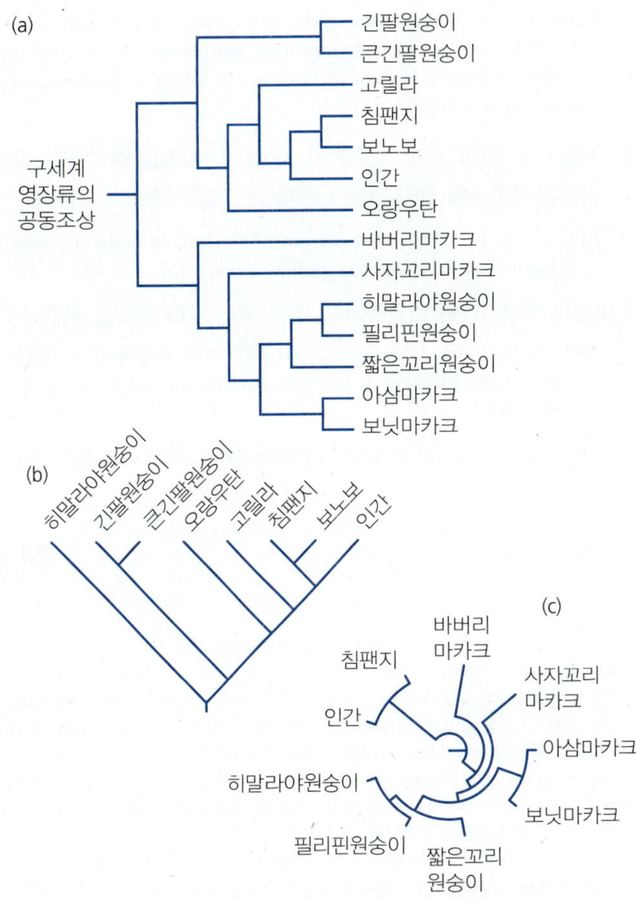


**그림 4.40 구세계(the Old World; 유라시아, 아프리카) 일부 영장류의 유연관계를 나타내는 계통수** (가지의 길이는 일정한 비율이 아님.)

# 문헌탐구

**18.** 매우 중요한 수렴진화의 예를 위해서는 다음의 논문을 보시오.

Rosenblum, E. B., H. Rompler, et al. 2010. Molecular and functional basis of phenotypic convergence in white lizards at White Sands. *Proceedings of the National Academy of Sciences, USA* 107: 2113–2117.

**19.** 수렴진화에 의한 형질의 소실에 대한 예로서 다음의 논문을 보시오.

Meredith, R. W., J. Gatesy, et al. 2009. Molecular decay of the tooth gene *Enamelin* (ENAM) mirrors the loss of enamel in the fossil record of placental mammals. *PLoS Genetics* 5: e1000634.

**20.** 조류가 공룡의 내부로부터 진화했다는 것을 확증하기 위해 분자계통학을 이용할 수 있는가? 공룡으로부터 분자서열을 확보하고, 계통수에서 이들의 계통학적 위치를 알기 위해 시도했던 것에 관한 내용에 대해서는 다음의 논문들을 보시오.

Organ, C. L., M. H. Schweitzer, et al. 2008. Molecular phylogenetics of mastodon and *Tyrannosaurus rex*. *Science* 320: 499.

이 연구는 논쟁의 여지가 있어 왔다. 전반적인 개관을 위해서는 다음의 논문을 보시오:

Dalton, R. 2008. Fresh doubts over *T-rex* chicken link. *Nature* 454: 1035–1035.

원래의 자료를 재분석한 것에 대해서는 다음의 논문을 보시오:

Bern, M., B. S. Phinney, and D. Goldberg. 2009. Reanalysis of *Tyrannosaurus rex mass spectra*. *Journal of Proteome Research* 8: 4328–4332.

최종적으로 다른 공룡으로부터 얻어진 서열과 계통수상에서의 위치에 대해서는 다음의 논문을 보시오:

Schweitzer, M. H., W. Zheng, et al. 2009. Biomolecular characterization and protein sequences of the Campanian hadrosaur *B. canadensis*. *Science* 324: 626–631.

**21.** 1장에서 환자에게 고의적으로 HIV를 감염시킨 의사가 관여된 범죄사건에서 분자계통수가 증거로서 이용될 수 있음을 논의한 바 있다. 분자계통학 연구가 고의로 HIV를 전파한 혐의를 가진 사람을 유죄가 선고되도록 도움이 된 2가지 실제적인 예가 더 있다. 다음의 논문을 보시오.

Scaduto, D. I., J. M. Brown, et al. 2010. Source identification in two criminal cases using phylogenetic analysis of HIV-1 DNA sequences. *Proceedings of the National Academy of Sciences, USA* 107: 21242–21247.

**22.** 사람에게 말라리아를 일으키는 기생충의 기원을 추적하기 위해 사용된 계통수에 관한 내용에 관해서는 다음의 논문을 보시오.

Liu, W., Y. Li, et al. 2010. Origin of the human malaria parasite *Plasmodium falciparum* in gorillas. *Nature* 467: 420–425.

이전의 연구결과와 비교하시오. 어떤 것이 보다 신뢰할 만한가?

Rich, S. M., F. H. Leendertz, et al. 2009. The origin of malignant malaria. *Proceedings of the National Academy of Sciences, USA* 106: 14902–14907.

**23.** 그림 4.10에 나타난 계통수는 도롱뇽-뱀 대 거북이, 도롱뇽-뱀 대 악어-조류에 대한 계통관계가 미해결된 다분기(unresolved polytomy)로 묘사되어 있다. 이 같은 다분기 문제를 해결하기 위해 시도된 최근의 연구에 관한 것은 다음의 논문을 보시오.

Crawford, N. G., B. C. Faircloth, et al. 2012. More than 1000 ultraconserved elements provide evidence that turtles are the sister group of archosaurs. *Biology Letters* 8: 783–786.

**24.** 그림 4.33은 CTVT가 숙주에서 숙주로 전파된다는 증거를 제공하고 있다. 비록 무성생식을 함에도 불구하고 암세포 계보가 진화해 오고 있다는 기작에 관한 계통학적 증거는 다음의 논문을 보시오.

Rebbeck, C. A., A. M. Leroi, and A. Burt. 2011. Mitochondrial capture by a transmissible cancer. *Science* 331: 303

## 인용문헌


Alibardi, L., and P. F. Maderson. 2003. Observations on the histochemistry and ultrastructure of the epidermis of the tuatara, *Sphenodon punctatus* (Sphenodontida, Lepidosauria, Reptilia): A contribution to an understanding of the lepidosaurian epidermal generation and the evolutionary origin of the squamate shedding complex. *Journal of Morphology* 256: 111–133.

Bajpai, S., and P. D. Gingerich. 1998. A new Eocene archaeocete (Mammalia, Cetacea) from India and the time of origin of whales. *Proceedings of the National Academy of Science, USA* 95: 15464–15468.

Baker, C. S., and S. R. Palumbi. 1994. Which whales are hunted? A molecular-genetic approach to monitoring whaling. *Science* 265: 1538–1539.

Baldauf, S. L. 2003. Phylogeny for the faint of heart: A tutorial. *Trends in Genetics* 19: 345–351.

Bayes, T. 1763. An essay towards solving a problem in the doctrine of chances. *Philosophical Transactions of the Royal Society* 53: 370–418.

Becker, R. E., R. A. Valverde, and B. I. Crother. 2011. Proopiomelanocortin (POMC) and testing the phylogenetic position of turtles (Testudines). *Journal of Zoological Systematics and Evolutionary Research* 49: 148–159.

Boisserie, J.-R., F. Lihoreau, and M. Brunet. 2005. The position of Hippopotamidae within Cetartiodactyla. *Proceedings of the National Academy of Sciences, USA* 102: 1537-1541.

Caldicott, D. G., D. Croser, et al. 2005. Crocodile attack in Australia: An analysis of its incidence and review of the pathology and management of crocodilian attacks in general. *Wilderness & Environmental Medicine* 16: 143–159.

Campbell, K. L., J. E. Roberts, et al. 2010. Substitutions in woolly mammoth hemoglobin confer biochemical properties adaptive for cold tolerance. *Nature Genetics* 42: 536–540.

Carroll, R. L. 2007. The Palaeozoic ancestry of salamanders, frogs and caecilians. *Zoological Journal of the Linnean Society* 150 (Suppl 1): 1–140.

Chevenet, F., C. Brun, et al. 2006. TreeDyn: Towards dynamic graphics and annotations for analyses of trees. *BMC Bioinformatics* 7: 439.

Claessens, L. P. 2009. A cineradiographic study of lung ventilation in *Alligator mississippiensis*. *Journal of Experimental Zoology. Part A, Ecological Genetics and Physiology* 311: 563–585.

Dakin, R., and R. Montgomerie. 2011. Peahens prefer peacocks displaying more eyespots, but rarely. *Animal Behaviour* 82: 21–28.

Darwin, C. R. 1837–1838. *Notebook B: [Transmutation of species (1837–1838)]*. CUL-DAR121. Transcribed by K. Rookmaaker. (Darwin Online, http://darwin-online.org.uk/).

Darwin, C. R. 1859. *On the Origin of Species*. London: John Murray.

Davis, B. W., G. Li, and W. J. Murphy. 2010. Supermatrix and species tree methods resolve phylogenetic relationships within the big cats, *Panthera* (Carnivora: Felidae). *Molecular Phylogenetics and Evolution* 56: 64–76.

de Muizon, D. 2001.Walking with whales. *Nature* 413: 259–260.

Dereeper, A., V. Guignon, et al. 2008. Phylogeny.fr: Robust phylogenetic analysis for the non-specialist. *Nucleic Acids Research* 36: W465–W469.

Edwards, S. V. 2009. Is a new and general theory of molecular systematics emerging? *Evolution* 63: 1–19.

Felsenstein, J. 1978. Cases in which parsimony or compatibility methods will be positively misleading. *Systematic Zoology* 27: 401–410.

Felsenstein, J. 1981. Evolutionary trees from DNA sequences: A maximum likelihood approach. *Journal of Molecular Evolution* 17: 368–376.

Felsenstein, J. 1982. Numerical methods for inferring evolutionary trees. *Quarterly Review of Biology* 57: 379–404.

Felsenstein, J. 1983. Parsimony in systematics. Biological and statistical issues. *Annual Review of Ecology and Systematics* 14: 313–333.

Felsenstein, J. 1985. Confidence-limits on phylogenies—An approach using the bootstrap. *Evolution* 39: 783–791.

Felsenstein, J. 1988. Phylogenies from molecular sequences: Inference and reliability. *Annual Review of Genetics* 22: 521–565.

Felsenstein, J. 2004. *Inferring Phylogenies*. Sunderland, MA: Sinauer.

Felsenstein, J. 2009. *PHYLIP (Phylogeny Inference Package)*, Version 3.69. Distributed by the author. Department of Genome Sciences, University of Washington, Seattle. http://evolution.genetics.washington.edu/phylip/

Flower, W. H. 1883. On whales, past and present, and their probable origin. *Nature* 28: 199–202, 226–230.

Fong, D. W., T. C. Kane, and D. C. Culver. 1995. Vestigialization and loss of nonfunctional characters. *Annual Review of Ecology and Systematics* 26: 249–268.

Gans, C., and B. Clark. 1976. Studies on ventilation of *Caiman crocodilus* (Crocodilia: Reptilia). *Respiration Physiology* 26: 285–301.

Gascuel, O. 1994. A Note on Sattath and Tversky's, Saitou and Nei's, and Studier and Keppler's algorithms for inferring phylogenies from evolutionary distances. *Molecular Biology and Evolution* 11: 961–963.

Gascuel, O., and M. Steel. 2006. Neighbor-joining revealed. *Molecular Biology and Evolution* 23: 1997–2000.

Gatesy, J., M. Milinkovitch, et al. 1999. Stability of cladistic relationships between Cetacea and higher-level Artiodactyl taxa. *Systematic Biology* 48: 6–20.

Gingerich, P. D., B. H. Smith, and E. L. Simons. 1990. Hind limbs of Eocene *Basilosaurus*: Evidence of feet in whales. *Science* 249: 154–157.

Gingerich, P. D. 2001. *Research on the origin and early evolution of whales (Cetacea)*. http://www-personal.umich.edu/~gingeric/PDGwhales/ Whales.htm.

Gingerich, P. D., M. ul Haq, et al. 2001. Origin of whales from early artiodactyls: Hands and feet of Eocene Protocetidae from Pakistan. *Science* 293: 2239–2242.

Guindon, S., J. F. Dufayard, et al. 2010. New algorithms and methods to estimate maximum-likelihood phylogenies: Assessing the performance of PhyML 3.0. *Systematic Biology* 59: 307–321.

Guindon, S., and O. Gascuel. 2003. A simple, fast, and accurate algorithm to estimate large phylogenies by maximum likelihood. *Systematic Biology* 52: 696–704.

Graur, D., and W.-H. Li. 2000. *Fundamentals of Molecular Evolution*. 2nd ed. Sunderland, MA: Sinauer.

Green, R. E., J. Krause, et al. 2010. A draft sequence of the Neandertal genome. *Science* 328: 710–722.

Gregory, T. R. 2008. Understanding evolutionary trees. *Evolution: Education and Outreach* 1: 121–137.

Hall, A. R., and N. Colegrave. 2008. Decay of unused characters by selection and drift. *Journal of Evolutionary Biology* 21: 610–617.

Hall, B. G. 2005. Comparison of the accuracies of several phylogenetic methods using protein and DNA sequences. *Molecular Biology and Evolution* 22: 792–802.

Hall, B. G. 2011. *Phylogenetic Trees Made Easy: A How-To Manual*. 4th ed. Sunderland, MA: Sinauer.

Harrison, C. J., and J. A. Langdale. 2006. A step by step guide to phylogeny reconstruction. *Plant Journal* 45: 561–572.

Hay, W. W., R. DeConto, et al. 1999. Alternative global cretaceous paleogeography. In *The Evolution of Cretaceous Ocean/Climate Systems*, ed. E. Barrera and C. Johnson. Geological Society of America Special Paper 332, 1–47. Mapping facility available at http://www.odsn.de/odsn/services/paleomap/paleomap.html.

Hennig, W. 1966. *Phylogenetic Systematics*. Translated by D. D. Davis and R. Zangerl. Urbana: University of Illinois Press.

Hill, D. E. 2009. Euophryine jumping spiders that extend their third legs during courtship (Araneae: Salticidae: Euophryinae: *Maratus*, *Saitis*). *Peckhamia* 74.1: 1–27.

Hillis, D. M. 1999. SINEs of the perfect character. *Proceedings of the National Academy of Sciences, USA* 96: 9979–9981.

Hillis, D. M., J. J. Bull, et al. 1992. Experimental phylogenetics: Generation of a known phylogeny. *Science* 255: 589–592.

Hillis, D. M., J. P. Huelsenbeck, and C. W. Cunningham. 1994. Application and accuracy of molecular phylogenies. *Science* 264: 671–677.

Hillis, D. M., B. K. Mable, and C. Moritz. 1996. Applications of molecular systematics: The state of the field and a look to the future. In *Molecular Systematics*, ed. D. M. Hillis, C. Moritz, and B. K. Mable. Sunderland, MA: Sinauer, 515–543.

Hoffmann, M., C. Hilton-Taylor, et al. 2010. The impact of conservation on the status of the world's vertebrates. *Science* 330: 1503–1509.

Huelsenbeck, J. P., and K. A. Crandall. 1997. Phylogeny estimation and hypothesis testing using maximum likelihood. *Annual Review of Ecology and Systematics* 28: 437–466.

Huelsenbeck, J. P., and D. M. Hillis. 1993. Success of phylogenetic methods in the four-taxon case. *Systematic Biology* 42: 247–264.

Huelsenbeck, J. P., and F. Ronquist. 2001. MRBAYES: Bayesian inference of phylogeny. *Bioinformatics* 17: 754–755.

Huelsenbeck, J. P., F. Ronquist, et al. 2001. Bayesian inference of phylogeny and its impact on evolutionary biology, Supporting Online Material. *Science* 294: 2310–2314.

Hugall, A. F., R. Foster, and M. S. Lee. 2007. Calibration choice, rate smoothing, and the pattern of tetrapod diversification according to the long nuclear gene RAG-1. *Systematic Biology* 56: 543–563.

Iwabe, N., Y. Hara, et al. 2005. Sister group relationship of turtles to the bird-crocodilian clade revealed by nuclear DNA-coded proteins. *Molecular Biology and Evolution* 22: 810–813.

Johnson, W. E., E. Eizirik, et al. 2006. The late Miocene radiation of modern Felidae: A genetic assessment. *Science* 311: 73–77.

Johnson, W. E., and S. J. O'Brien. 1977. Phylogenetic reconstruction of the Felidae using 16S rRNA and NADH-5 mitochondrial genes. *Journal of Molecular Evolution* 44: S98–S116.

Kearney, M. 2003. Systematics of the Amphisbaenia (Lepidosauria: Squamata) based on morphological evidence from recent and fossil forms. *Herpetological Monographs* 17: 1–74.

Kimura, M. 1980. A simple method for estimating evolutionary rate of base substitutions through comparative studies of nucleotide sequences. *Journal of Molecular Evolution* 16:111–120.

Kittler, R., M. Kayser, and M. Stoneking. 2003. Molecular evolution of *Pediculus humanus* and the origin of clothing. *Current Biology* 13: 1414–1417.

Kittler, R., M. Kayser, and M. Stoneking. 2004. Erratum: Molecular evolution of *Pediculus humanus* and the origin of clothing. *Current Biology* 14: 2309.

Kolaczkowski, B., and J. W. Thornton. 2004. Performance of maximum parsimony and likelihood phylogenetics when evolution is heterogeneous. *Nature* 431: 980–984.

Lari, M., E. Rizzi, et al. 2011. The complete mitochondrial genome of an 11,450-year-old Aurochsen (*Bos primigenius*) from Central Italy. *BMC Evolutionary Biology* 11: 32.

Laurin, M. 2011. Terrestrial vertebrates. Stegocephalians: Tetrapods and other digit-bearing vertebrates. Version April 21, 2011. Available at http://tolweb.org/Terrestrial_Vertebrates/14952/2011.04.21 in The Tree of Life Web Project, http://tolweb.org/

Laurin, M., and J. A. Gauthier. 2011. Amniota. Mammals, reptiles (turtles, lizards, *Sphenodon*, crocodiles, birds) and their extinct relatives. Version April 22, 2011. Available at http://tolweb.org/Amniota/14990/2011.04.22 in The Tree of Life Web Project, http://tolweb.org/

Laurin, M., and R. R. Reisz. 2007. Synapsida. Mammals and their extinct relatives. Version April 6, 2007. Available at http://tolweb.org/Synapsida/14845/2007.04.06 in The Tree of Life Web Project, http://tolweb.org/

Liu, K., S. Raghavan, et al. 2009. Rapid and accurate large-scale coestimation of sequence alignments and phylogenetic trees. *Science* 324: 1561–1564.

Liu, K., T. J. Warnow, et al. 2011. SATé-II: Very fast and accurate simultaneous estimation of multiple sequence alignments and phylogenetic trees. *Systematic Biology* 61: 90–106.

Luckett, W. P., and N. Hong. 1998. Phylogenetic relationships between the orders Artiodactyla and Cetacea: A combined assessment of morphological and molecular evidence. *Journal of Mammalian Evolution* 5: 127–182.

Lyson, T. R., G. S. Bever, et al. 2010. Transitional fossils and the origin of turtles. *Biology Letters* 6: 830–833.

Maddison, W. P., M. J. Donoghue, and D. R. Maddison. 1984. Outgroup analysis and parsimony. *Systematic Zoology* 33: 83–103.

Martin, A. P., G. J. P. Naylor, and S. R. Palumbi. 1992. Rates of mitochondrial DNA evolution in sharks are slow compared with mammals. *Nature* 357: 153–155.

Martin, A. P., and S. R. Palumbi. 1993. Body size, metabolic rate, generation time, and the molecular clock. *Proceedings of the National Academy of Sciences, USA* 90: 4087–4091.

Mattern, M. Y., and D. A. McLennan. 2000. Phylogeny and speciation of felids. *Cladistics* 16: 232–253.

Meylan, P. A. 2001. Testudines. Turtles, tortoises and terrapins. Version May 31, 2001. Available at http://tolweb.org/Testudines/14861/2001.05.31 in The Tree of Life Web Project, http://tolweb.org/

Mindell, D. P., and J. W. Brown. 2005. Neornithes. Modern birds. Version December 14, 2005 (under construction). Available at http://tolweb.org/Neornithes/15834/2005.12.14 in The Tree of Life Web Project, http://tolweb.org/

Mooi, R., S. Martinez, and S. G. Parma. 2000. Phylogenetic systematics of Tertiary monophorasterid sand dollars (Clypeasteroida: Echinoidea) from South America. *Journal of Paleontology* 74: 263–281.

Muñoz, N., F. X. Bosch, et al. 2004. Against which human papillomavirus types shall we vaccinate and screen? The international perspective. *International Journal of Cancer* 111: 278–285.

Murgia, C., J. K. Pritchard, et al. 2006. Clonal origin and evolution of a transmissible cancer. *Cell* 126: 477–487.

Murphy, W. J., E. Eizirik, et al. 2001. Resolution of the early placental mammal radiation using Bayesian phylogenetics. *Science* 294: 2348–2351.

Nikaido, M., A. P. Rooney, and N. Okada. 1999. Phylogenetic relationships among cetartiodactyls based on insertions of short and long interspersed elements: Hippopotamuses are the closest extant relatives of whales. *Proceedings of the National Academy of Sciences, USA* 96: 10261–10266.

Nummela, S., J. G. Thewissen, et al. 2007. Sound transmission in archaic and modern whales: Anatomical adaptations for underwater hearing. *Anatomical Record: Advances in Integrative Anatomy and Evolutionary Biology* 290: 716–733.

Ogden, T. H., and M. S. Rosenberg. 2006. Multiple sequence alignment accuracy and phylogenetic inference. *Systematic Biology* 55: 314–328.

O'Leary, M. A., and J. H. Geisler. 1999. The position of Cetacea within Mammalia: Phylogenetic analysis of morphological data from extinct and extant taxa. *Systematic Biology* 48: 455–490.

Orliac, M., J. R. Boisserie, et al. 2010. Early Miocene hippopotamids (Cetartiodactyla) constrain the phylogenetic and spatiotemporal settings of hippopotamid origin. *Proceedings of the National Academy of Sciences, USA* 107: 11871–11876.

Osburn, R. C. 1903. Adaptation to aquatic, arboreal, fossorial and cursorial habits in mammals. I. Aquatic adaptations. *American Naturalist* 37: 651–665.

Otto, J. C., and D. E. Hill. 2010. Observations of courtship display by a male *Maratus amabilis* Karsch 1878 (Araneae: Salticidae). *Peckhamia* 79.1: 1–16.

Raxworthy, C. J., M. R. Forstner, and R. A. Nussbaum. 2002. Chameleon radiation by oceanic dispersal. *Nature* 415: 784–787.

Rebbeck, C. A., R. Thomas, et al. 2009. Origins and evolution of a transmissible cancer. *Evolution* 63: 2340–2349.

Rieppel, O., H. Zaher, et al. 2003. The anatomy and relationships of *Haasiophis terrasanctus*, a fossil snake with well-developed hind limbs from the mid-cretaceous of the Middle East. *Journal of Paleontology* 77: 536–558.

Roelants, K., B. G. Fry, et al. 2010. Identical skin toxins by convergent molecular adaptation in frogs. *Current Biology* 20: 125–130.

Ronquist, F., and J. P. Huelsenbeck. 2003. MRBAYES 3: Bayesian phylogenetic inference under mixed models. *Bioinformatics* 19: 1572–1574.

Saitou, N., and M. Nei. 1987. The neighbor-joining method—A new method for reconstructing phylogenetic trees. *Molecular Biology and Evolution* 4: 406–425.

Schaeffer, B. 1948. The origin of a mammalian ordinal character. *Evolution* 2: 164–175.

Schiffman, M., P. E. Castle, et al. 2007. Human papillomavirus and cervical cancer. *Lancet* 370: 890–907.

Skinner, A., and M. S. Y. Lee. 2009. Body-form evolution in the scincid lizard clade *Lerista* and the mode of macroevolutionary transitions. *Evolutionary Biology* 36: 292–300.

Skinner, A., M. S. Y. Lee, and M. N. Hutchinson. 2008. Rapid and repeated limb loss in a clade of scincid lizards. *BMC Evolutionary Biology* 8: 310.

Sousa, A., L. Ze-Ze, et al. 2008. Exploring tree-building methods and distinct molecular data to recover a known asymmetric phage phylogeny. *Molecular Phylogenetics and Evolution* 48: 563–573.

Spaulding, M., M. A. O'Leary, and J. Gatesy. 2009. Relationships of Cetacea (Artiodactyla) among mammals: Increased taxon sampling alters interpretations of key fossils and character evolution. *PLoS ONE* 4: e7062.

Swofford, D. L., G. J. Olsen, et al. 1996. Phylogenetic inference. In *Molecular Systematics*, ed. D. M. Hillis, C. Moritz, et al. Sunderland, MA: Sinauer, 407–514.

Tamura, K., D. Peterson, et al. 2011. MEGA5: Molecular evolutionary genetics analysis using maximum likelihood, evolutionary distance, and maximum parsimony methods. *Molecular Biology and Evolution* 28: 2731–2739.

Tchernov, E., O. Rieppel, et al. 2000. A fossil snake with limbs. *Science* 287: 2010–2012.

Thewissen, J. G. M., L. N. Cooper, et al. 2009. From land to water: The origin of whales, dolphins, and porpoises. *Evolution: Education and Outreach* 2: 272–288.

Thewissen, J. G. M., and S. T. Hussain. 1993. Origin of underwater hearing in whales. *Nature* 361: 444–445.

Thewissen, J. G. M., S. T. Hussain, and M. Arif. 1994. Fossil evidence for the origin of aquatic locomotion in archaeocete whales. *Science* 263: 210–212.

Thewissen, J. G. M., and S. I. Madar. 1999. Ankle morphology of the earliest cetaceans and its implications for the phylogenetic relations among ungulates. *Systematic Biology* 48: 21–30.

Thewissen, J. G. M., S. I. Madar, and S. T. Hussain. 1998. Whale ankles and evolutionary relationships. *Nature* 395: 452.

Thewissen, J. G. M., E. M. Williams, et al. 2001. Skeletons of terrestrial cetaceans and the relationship of whales to artiodactyls. *Nature* 413: 277–281.

Townsend, T. M., K. A. Tolley, et al. 2011. Eastward from Africa: Palaeocurrent-mediated chameleon dispersal to the Seychelles islands. *Biology Letters* 7: 225–228.

Uhen, M. D. 2007. Evolution of marine mammals: Back to the sea after 300 million years. *Anatomical Record: Advances in Integrative Anatomy and Evolutionary Biology* 290: 514–522.

Uhen, M. D. 2010. The origin(s) of whales. *Annual Review of Earth and Planetary Sciences* 38: 189–219.

Van Valen, L. M. 1966. Deltatheridia, a new order of mammals. *Bulletin of the American Museum of Natural History* 132: 1–126.

Wake, D. B., M. H. Wake, and C. D. Specht. 2011. Homoplasy: From detecting pattern to determining process and mechanism of evolution. *Science* 331: 1032–1035.

Wang, L. S., J. Leebens-Mack, et al. 2011. The impact of multiple protein sequence alignment on phylogenetic estimation. *IEEE–ACM Transactions on Computational Biology and Bioinformatics* 8: 1108–1119.

Werdelin, L., and L. Olsson. 1997. How the leopard got its spots: A phylogenetic view of the evolution of felid coat patterns. *Biological Journal of the Linnean Society* 62: 383–400.

Werneburg, I., and M. R. Sanchez-Villagra. 2009. Timing of organogenesis support basal position of turtles in the amniote tree of life. *BMC Evolutionary Biology* 9: 82.

White, M. A., C. Ané, et al. 2009. Fine-scale phylogenetic discordance across the house mouse genome. *PLoS Genetics* 5: e1000729.

Wiens, J. J. 2011. Re-evolution of lost mandibular teeth in frogs after more than 200 million years, and re-evaluating Dollo's law. *Evolution* 65: 1283–1296.

Wong, K. M., M. A. Suchard, and J. P. Huelsenbeck. 2008. Alignment uncertainty and genomic analysis. *Science* 319: 473–476.

Zhang, P., and M. H. Wake. 2009. A mitogenomic perspective on the phylogeny and biogeography of living caecilians (Amphibia: Gymnophiona). *Molecular Phylogenetics and Evolution* 53: 479–491.

Zuckerkandl, E., and L. Pauling. 1962. Molecular disease, evolution and genic heterogeneity. In *Horizons in Biochemistry*, ed. M. Kasha and B. Pullman. New York: Academic Press, 189–225.

5

# 개체 간의 변이

우리 인간은 신체의 크기와 특징에 있어서 상당한 변이를 보인다. 실제로 우리 인간은 너무나도 다양한 방식으로 서로 다르고 차이가 명확해서 우리가 일생동안 만나는 수많은 사람들을 구분하는 데 어려움은 거의 없다.

Ann McKellar와 Andrew Hendry(2009)는 인간이 왜 다른 종에 비하여 변화가 더 심해 보일까 궁금해 했다. 생각할 수 있는 원인 중 하나는 인간의 변이가 더 크다는 것이다. 또 하나의 생각할 수 있는 원인은 인간은 사람 사이의 변이에 좀 더 주의를 기울인다는 것이다. 우리는 인간을 개인으로서 인식하지만 다른 생물 종은 타입(type)의 한 예로서 인식하는 경향이 있다(Nettle 2010 참조). McKellar와 Hendry는 문헌 조사를 하여 인류 집단의 키와 동물 종의 신체의 길이에 대한 변동계수(coefficient of variation, CV)를 계산하였다. 샘플의 표준편차를 평균으로 나눈 것으로 정의되는 변동계수는 상당히 다른 생물들끼리도 비교를 가능하게 한다. 오른쪽 그래프는 210종의 수컷 동물과 99개 집단의 인간 남성의 신체의 길이에 대한 CV를 비교한 것이다. 암컷 혹은 여성의 신체의 길이의 패턴은 같아 보인다. 이 데이터가 의미하는 것은 다른 동물들에 비하여 인간 사이의 키의 변이는 적당한 정도라는 것이다. 우리가 느끼든 아니든 개체간의 변이는 어디에나 존재하는 것이다.

Tracy GcGrady(203 cm)와 Mugggy Boues(160 cm)는 키의 변이를 잘 보여준다. Ann McKellar와 Andrew Hendry(2009)가 정리한 데이터는 인간의 키의 변이가 다른 동물의 신체의 길이와 비교하여 대단한 정도가 아님을 보여준다.

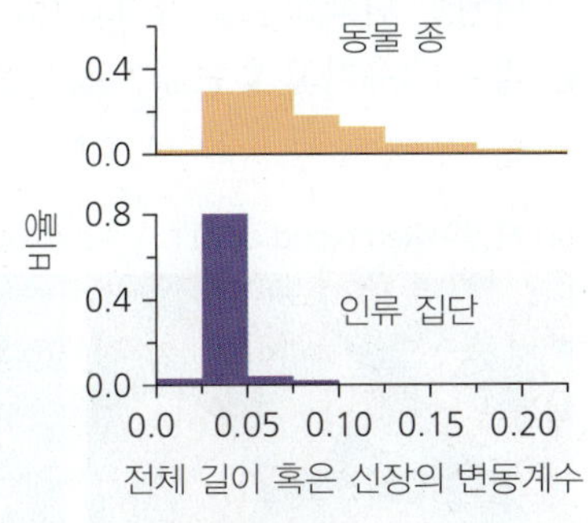


개체 간의 변이는 진화의 중요한 요인이고 진화의 원재료(raw material)가 되고 있다. **그림 5.1**(다음 쪽)은 더 많은 예를 보여준다. 그러나 진화의 원재료로 작용하기 위해서 변이는 특별한 성질을 보여야 한다. 그것은 부모에서 자식으로 유전적으로 전달되어야 한다는 것이다.

이 장에서 우리는 변이에 대하여 자세히 알아본다. 첫 번째 절에서 우리는 세 가지 다른 종류의 변이, 그 이면에 있는 기작, 그것들이 진화에 작용하는 역할에 대하여 알아본다. 5.2, 5.3, 5.4절에서는 유전적 변이의 궁극적인 근원을 생각한다. 마지막으로 5.5절에서는 돌연변이가 발생하는 속도와 그것들이 어떻게 개체의 적응도를 변화시키는지, 그리고 돌연변이율과 적응도가 장기간에 걸친 집단의 진화에 어떻게 영향을 미치는지 살펴본다.

**그림 5.1 개체 간의 변이** 위, *Linanthus ciliatus* 꽃, Eric Knapp의 사진. 중간, 불가사리 속(*Asterina miniata*), 아래, 소노라 뱀 속(*Sonora semiannulata*). Alison Davis Rabosky and Christian Cox의 사진.

## 5.1 세 종류의 변이

이 장에서, 그리고 이 책에서, 개체 간의 세 종류의 변이를 구분하는 것은 많은 도움이 될 것이다. 이것들은 **유전적 변이(genetic variation)**, **환경변이(environmental variation)**, 그리고 **유전자형-환경 상호작용(genotype-by-environment interaction)**이다. 이 용어들이 독자들에게 익숙하지 않을지도 모르지만, 이 용어들이 설명하는 변이의 종류에 대해서 독자들은 이미 익숙할 것이다.

사람들 사이의 피부색의 변이를 생각해 보자. 신생아는 그들의 부모로부터 이어받은 유전자 차이 결과로 다른 피부색을 보이게 된다(Parra 2007). 이것이 유전적 변이이다.

게다가, 사람들은 햇빛에 피부를 노출시킴으로써 그들의 피부색을 바꾼다. 즉, 피부를 태우는 것이다(Miyamura et al. 2011). 피부색이 같은 일란성 쌍둥이 중 하나는 카리브해 해변에서 일광욕을 하며 겨울방학을 보내고 다른 하나는 도서관에서 공부하기 위해 집에 머무른다면 그 둘은 서로 다른 피부색을 가지게 될 것이다. 이것이 환경변이이다.

마지막으로, 사람들은 그들이 부모로부터 받은 유전자의 차이로 인하여 피부를 태우는 능력에 있어서 차이가 있다(Han et al. 2008; Nan et al. 2009). 피부색이 비슷한 두 사람이 해변에서 하루를 보낸다고 할 때, 한 사람이 갈색으로 변하지만 다른 사람은 붉은색으로 변할 수도 있다. 이것이 유전자형-환경 상호작용이다. 이 세 가지의 변이를 자세히 알아보기 전에 생명체의 근본적인 기작을 살펴보는 것이 좋을 것이다.

### 생명체의 기작

살아 있는 것들의 구조 중 많은 부분은 단백질로 되어 있다. 단백질은 생명을 유지하는데 많은 일을 한다. 그림 5.2에 보이는 많은 세포들이 다른 기능을 할 수 있는 것은 세포들이 다양한 단백질들을 가지고 있기 때문이다. 적혈구는 헤모글로빈이라고 불리는 단백질을 많이 함유하고 있는데 이것들은 세포가 허파를 통과할 때 산소를 취하고 세포가 조직

(a) 적혈구(Red blood cells)

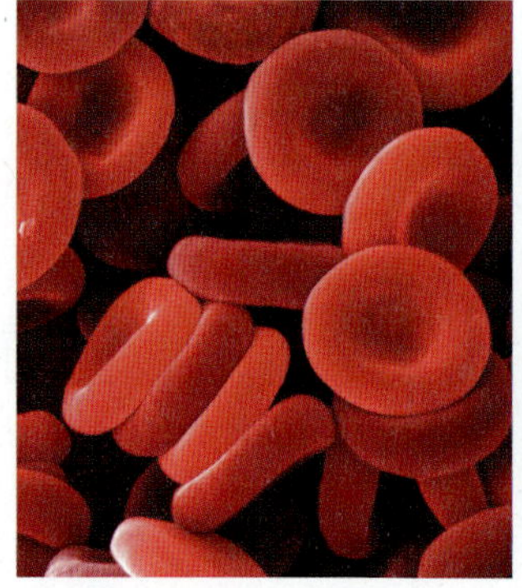

(b) 배상 세포(Goblet cell)

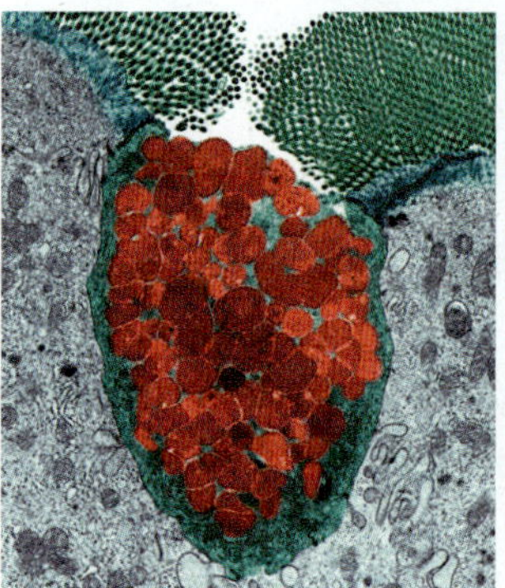

(c) 막대 세포(Rod cells)

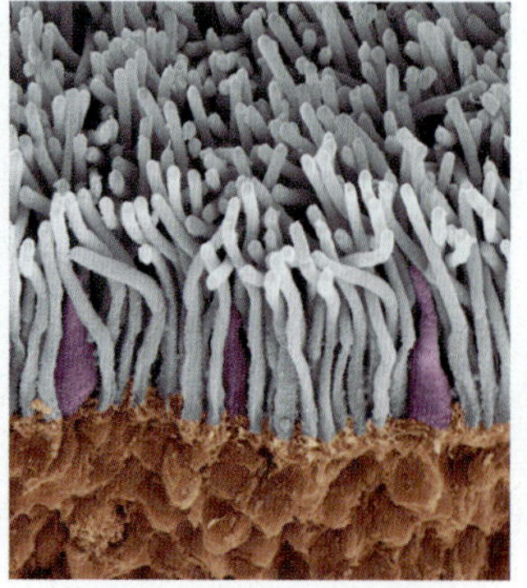

**그림 5.2 생성된 단백질로 구분된 다른 종류의 세포들** (a) 헤모글로빈으로 채워진 인간의 적혈구 세포 (b) 뮤시진(mucigen)으로 채워진 배상 세포 (c) 로돕신을 함유한 인간의 막대 세포.

을 통과할 때 산소를 내어 놓는다. 소장의 내벽에서 발견되는 배상 세포(goblet)는 뮤시진(mucigen)이라고 불리는 과립(granule)을 만든다. 배상 세포가 과립을 방출할 때, 소장에서 윤활 작용을 하는 물질인 뮤신을 만들기 위해 그것들은 물과 결합된다. 눈에서 빛 감지기 역할을 하는 막대 세포(rod cell)는 로돕신이라고 불리는 빛을 흡수하는 단백질을 함유하고 있다.

단백질은 아미노산이 연결된 것이다. 단백질을 구성하는 20종의 아미노산은 다양한 화학적 성질을 가진다. 주어진 단백질에서 아미노산의 성질과 그것들이 연결된 순서는 단백질을 휘게 하거나 3차원 구조로 접히게 한다. 그림 5.3은 헤모글로빈 구조의 모델을 보여준다. 단백질의 3차원 모양은 생명 유지를 위한 기능 수행에 매우 중요하다.

생물은 단백질을 언제, 어디서, 어느 정도 양 만큼, 그리고 어떻게 구성할지에 대한 지시사항을 유전물질 안에 가지고 있다. 몇몇 바이러스에서는 유전물질이 RNA이다. 하지만 일반적으로 세포의 형태를 갖고 있는 모든 생명체의 유전물질은 DNA이다. 이 절의 나머지 부분에서, 우리는 DNA를 유전물질로 하는 생물에 주목할 것이다.

DNA 분자는 꼬인 사다리, 혹은 이중나선(그림 5.4)처럼 생겼다. 사다리의 반쪽은 뉴클레오티드의 사슬이다. 각 뉴클레오티드는 인(phosphate) 그룹과, 디옥시리보오스라고 불리는 당, 그리고 염기로 구성되어 있다. DNA에서 발견되는 4종류의 염기—아데닌, 티민, 구아닌, 시토신—에 주목하여 우리는 DNA의 4종류의 뉴클레오티드를 A, T, G, C라는 약자로 나타낸다. 반대쪽 사슬에 있는 염기는 쌍을 이루고 사다리의 가로대를 형성한다. A는 항상 T와 쌍을 이루고 C는 항상 G와 쌍을 이룬다. 이 때문에, DNA 분자의 두 가닥은 상보적이다. 우리가 한쪽 가닥의 A, T, G, C의 서열을 안다면, 우리는 반대쪽 가닥의 서열을 추정할 수 있다.

DNA가 전달하는 단백질 지정 정보는 뉴클레오티드 가닥의 A, T, G, C의 순서를 이용하여 암호화되어 있다. 암호화 영역이라 불리는 부분에서, 세포는 염기서열을 (한 가닥 또는 다른 가닥을 따라) 세 문자로 이루어진 단어의 열로 읽어 들인다. 각 단어, 혹은 코돈은 특정 아미노산이 단백질의 특정 자리에 들어가는 것을 지정한다. 단백질을 만드는 것을 암호화한 염기서열을 우리는 유전자라고 부른다.

생명체의 유전자는 염색체라고 불리는 긴 DNA 분자에 들어가 있다. 염색체상의 유전자의 물리적인 위치는 유전자좌위(locus)라고 불린다. 그림 5.5는 인간의 7번 염색체상에서 단백질을 암호화하는 수백 개의 유전자좌위를 보여준다.

염색체의 수, 크기, 그것이 포함하는 유전자, 그리고 유전자가 나타나는 유전자좌위는 같은 종 내의 개체들 사이에서 유사하다. 예를 들어, 인간은 대략 22,500개의 단백질 암호화 유전자를 포함하는 23쌍의 염색체를 가진다(Pertea and Salzberg 2010). 반면에 침팬지는 24쌍, 개는 39쌍, 양조용 포도는 19쌍의 염색체를 가진다.

개체에 의해서 운반되는 유전적 지시사항의 총체를 **유전체(genome)**라고 부른다. 생명체가 분열할 때, 유전체를 복사하고 자손에게 복사본을 준다.

이러한 배경을 염두에 두고, 우리는 유전적 변이, 환경변이, 유전자형-환경 상호작용을 초래하는 기작을 생각할 수 있다. 유전적 변이는 DNA에 담겨 있는 개체 간 차이에 의한 결과이다. 다른 개체의 유전자에 쓰인 명령서는 특정 단백질의 다른 변형된 형태를 지정할 수도 있고, 혹은 양을 다르게 하거나 다른 시간, 다른 장소에서 단백질이 생산되도록 지시할 수도 있다. 환경변이는 외부의 요인이 단백질의 양이나 혹은 단백질의 작동 방식에 영향을 줄 때 일어난다. 개체들이 다른 환경을 경험할 때, 그들은 다른 양의 단백질을 만들어 내거나 단백질의 기능에서 차이를 보여준다. 유전자형-환경 상호작용은 개체들의 DNA 차이와 환경 영향에 다른 민감도를 가진 개체간 차이에 의한 결과이다. 서

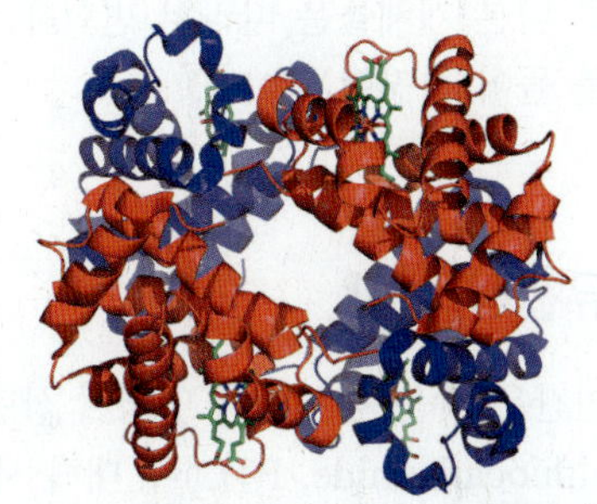

**그림 5.3 헤모글로빈의 3차원 모델** Richard Weeler(Zephyris) 2007에서.

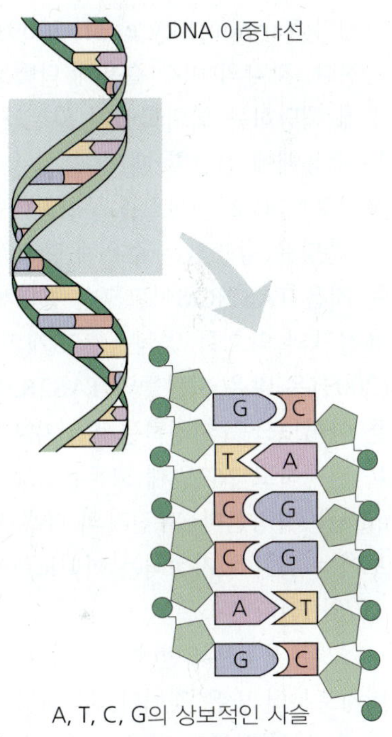


**그림 5.4 DNA 이중나선**

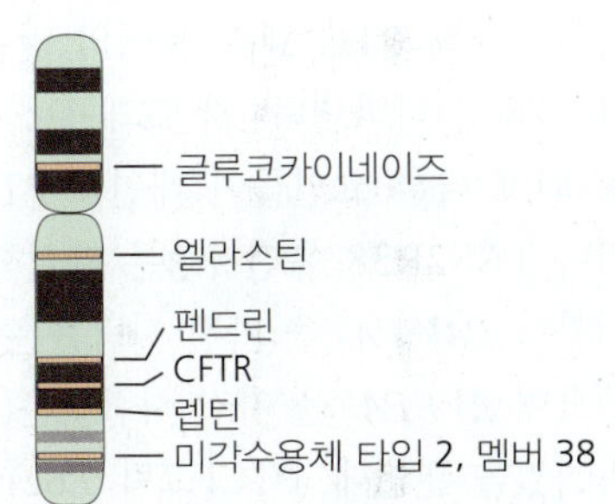


**그림 5.5 인간의 7번 염색체상에 있는 유전자** The National Center for Biotechnology Information에서.

로 다른 개체들은 따라서 변화하는 환경에 다르게 반응한다. 우리는 이러한 일반화를 예를 들어 설명할 것이다.

## 유전적 변이

인간은 맛을 감지함에 있어서 상당한 변이를 보인다. 소량의 페닐티오카바마이드(phenylthiocarbamide, PTC)에 대해 사람들이 반응을 보이는 것은 이 변이의 좋은 예이다. 어떤 사람은 매우 쓰고 불쾌하다고 느끼지만 다른 사람은 거의 맛을 느끼지 못한다(Wooding 2006).

맛을 느끼는 것은 혀의 미각 수용체 세포 표면 막에 있는 미각 수용체 단백질에서 시작된다(Yarmolinsky et al. 2009). 미각 수용체 단백질은 다양한 형태와 화학적 성질을 가진다. 각각의 미각 수용체 단백질은 음식에 있는 단맛, 신맛, 짠맛, 감칠맛(umami), 쓴맛에 해당하는 화학물질의 일부와 결합한다(그림 5.6a). 올바른 화학물질이 세포막에 있는 수용체에 결합할 때, 미각 수용체 세포는 신경자극을 뇌로 보낸다. 뇌는 혀의 미각 수용체로부터 오는 신호를 종합하여 맛의 느낌을 형성한다.

쓴맛을 담당하는 수용체 단백질은 타입 2의 맛 수용체(TAS2Rs)이다. PTC와 결합하는 것은 TAS2R38이고 7번 염색체 위에 있는 유전자에 의해 암호화된다(그림 5.5 참조). 유전자의 암호화 영역은 333개의 아미노산의 서열을 지정한다. 김언경과 그 연구자들(2003)은 많은 사람들의 TAS2R38 유전자를 조사하였다. 그들은 유전자의 세 곳에서 다른 아미노산을 지정하는 유전자 변이를 발견하였다. 49번째 코돈은 proline 혹은 alanine을 지정하고 262번째 코돈은 alanine 혹은 valine, 296번째 코돈은 valine 혹은 isoleucine을 지정한다. 유전자의 다른 변형된 형태는 **대립유전자(allele)**라고 불린다. 변이가 보이는 위치에 지정되는 아미노산에 따라 명명한 가장 일반적인 TAS2R38 대립유전자는 *AVI*와 *PAV*이다.

모든 사람은 7번 염색체를 두 개 가지고 있고, 하나는 어머니로부터 다른 하나는 아버지로부터 받은 것이다. 두 개의 염색체는 TAS2R38 유전자의 동일한 대립유전자를 가질 수도 있고 혹은 다른 대립유전자를 가질 수도 있다. 개체의 대립유전자의 조합을 **유전자형(genotype)**이라고 부른다. *AVI*와 *PAV* 대립유전자만 생각한다면, 세 가지 가능한 유전자형은 *AVI*/*AVI*, *AVI*/*PAV*, 그리고 *PAV*/*PAV*이다.

개체가 나타내는 특징의 모음을 **표현형(phenotype)**이라 한다. 여기에서 우리가 관심을 갖는 표현형은 미각이다. TAS2R38 유전자형이 감각의 표현형에 영향을 준다는 것을 보이기 위하여 Richard Newcomb와 공동 연구자들(2012)은 서로 다른 유전자형을 가진 사람들에게 PTC 표준 용액의 맛을 보고 그 세기를 평가하도록 요청했다. 그림 5.6b는 그 결과를 나타낸다. 각 그래프에서 사람들 간의 변이가 보이고 이는 TAS2R38 유전자형 외에 다른 요인들이 개인의 PTC에 대한 민감도에 영향을 준다는 것을 의미한다. 그러나 TAS2R38 유전자형은 확실하게 중요한 요소이다(또한 Bufe et al. 2005 참조). 유전자형 *PAV*/*PAV*을 가진 사람들은 가장 민감하고 *AVI*/*AVI*형을 가진 사람들은 가장 둔감했으며 *AVI*/*PAV*을 가진 사람들은 중간에 위치하였다. 333개의 아미노산에서 단지 3개만 바뀌었을 뿐인데, PTC(그림 5.6c)에 결합하는 능력이나 신경자극 유도 능력(혹은 둘 다)이 변할 만큼 단백질의 모양이나 화학적 성질이 바뀐다는 것이다(Biarnés et al. 2010 참조).

PTC는 음식에서 자연스럽게 나타나는 것이 아니기 때문에 그것을 맛보는 능력은 그

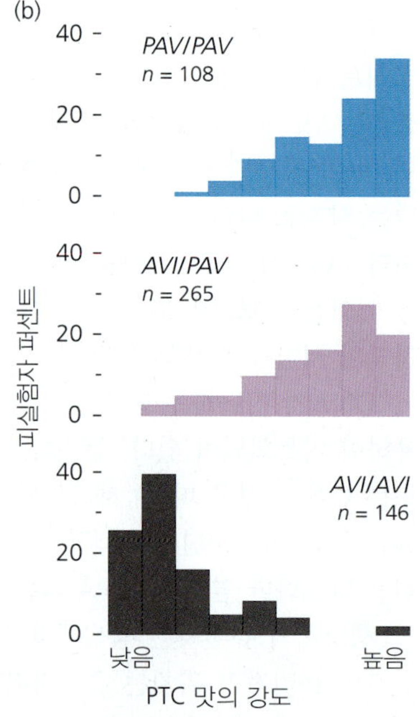


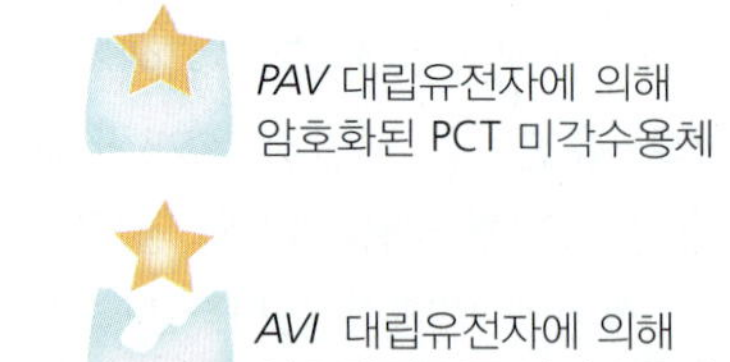


**그림 5.6 쓴맛 감지에 대한 유전적 변이** (a) 미각 수용체는 음식물에 있는 화학물질과 결합한다. (b) PTC의 맛은 다른 종류의 TAS2R38를 가진 사람들에게 다르게 느껴진다. 이는 (c) *PAV* 대립유전자에 의해 암호화되는 수용체가 PTC에 더 강하게 결합하기 때문이다. Newcomb et al. (2012)의 그래프.

다지 중요해 보이지 않는다. 그러나 TAS2R38의 다른 타입은 다른 쓴 향미에 다르게 반응한다(Sandell and Breslin 2006). 이러한 향미는 브로콜리나, 겨자잎, 순무, 서양고추냉이를 포함한 브로콜리 근연종들에서 발견되는 화학물질이다. 유전자형 *PAV*/*PAV*를 가진 사람들은 이런 야채들을 유전자형 *AVI*/*AVI*를 가진 사람들에 비하여 더 쓰다고 느낀다. *AVI*/*AVI* 유전자형의 사람들이 다른 유전자형의 사람들보다 야채를 더 많이 먹는다는 증거도 있다(Tepper 2008; Duffy et al. 2010; 그러나 Gorovic et al. 2011 참조).

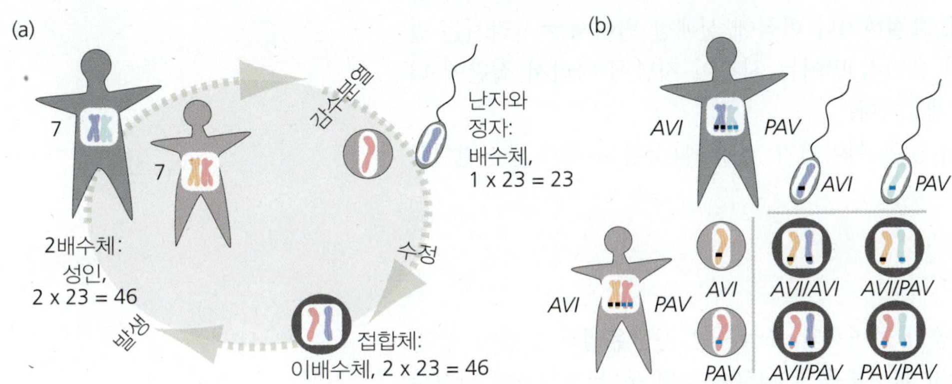


**그림 5.7 인간의 생활사** (a) 우리는 대부분의 생활사를 난자와 정자로부터 받은 염색체를 모두 갖고 있는 이배수체로 보낸다. 우리가 만드는 배우자(gamete)는 염색체의 한 세트를 가지고 있다. (b) 따라서 특정 유전자형을 가진 수정란의 비율을 퍼네트 사각형을 이용하여 계산할 수 있다.

**유전적 변이는, 부모에서 자식으로 전달되는 그리고 유전체상에 암호화되어 있는 개체들 사이의 차이로 구성되어 있다.**

사람들 사이의 쓴맛을 느끼는 능력의 차이가 유전자형의 차이에 기인하기 때문에 그 차이도 부모로부터 자식으로 전달된다. 그림 5.7a는 인간의 생활사를 나타낸다. 그림에는 염색체의 수가 나타나 있고 특히 7번 염색체가 설명되어 있다. 대부분의 우리의 생활사에서 우리의 세포는 2개의 7번 염색체를 가진다. 우리가 배우자(gamete)를 만들 때, 난자나 정자는 무작위적으로 선택된 7번 염색체의 하나의 복사본을 받는다. 난자와 정자가 수정할 때, 그것들은 두 개의 7번 염색체를 가진 접합자(zygote)를 생성한다. 7번 염색체의 한쪽은 *AVI*를 다른 한쪽은 *PAV*를 가진 부모로부터 배우자가 생성된다면 자식은 세 가지 다른 유전자형이 가능하다(그림 5.7b). 많은 자식들의 샘플에서 우리는 유전자형이 1:2:1의 비율로 일어날 것이라 예상한다.

*PAV* 대립유전자가 사람들에게 브로콜리와 근연 야채를 싫어하게 하는 것을 고려하면, *PAV* 대립유전자를 가진 사람들이 덜 생존하고 덜 자손을 남기게 되어 그 대립유전자가 사라지게 될 것이라고 우리는 예상할지도 모른다. 그러나 야채는 천연의 독성물질도 함유하고 있음을 생각하라. 그 천연물질은 동물들이 야채를 먹지 못하게 하는 야채의 적응적 형질(adaptive trait)이다. 따라서 건강에 좋은 음식을 소비하기 위해서는 영양이 있는 야채를 섭취하는 것과 야채가 함유한 독성물질을 섭취하는 것과의 균형이 필요하다. *PAV*와 *AVI* 대립유전자 모두가 전 세계의 인간 집단에서 흔하다는 사실은 역사적으로 생존과 생식에 가장 좋은 유전자형이 *AVI*/*PAV*이라는 것을 의미한다(Wooding et al. 2004).

Stephen Wooding(2005, 2006)은 *AVI* 대립유전자에 의해 암호화되는 PTC 수용체가 브로콜리나 근연종에 있는 독성물질에 덜 민감하지만 다른 식물에서 발견되는 독성물질에는 더 민감할지 모른다고 생각했다. 만약 그렇다면 *AVI*/*PAV* 유전자형을 가진 사람들이 *AVI*/*AVI* 혹은 *PAV*/*PAV* 유전자형을 가진 사람들보다 더 넓은 범위의 독성물질을 감지할 수 있을 것이다. 그런 사람들은 식물성 독성물질의 과다 섭취를 피하고 영양가 있는 음식을 찾는 데 있어서 유리할지 모른다. 하지만 이것은 가설이지 확립된 사실이 아님에 주의하라. 주의 깊은 실험으로 검증되어야 할 것이다.

## 유전적 다양성과 진화

우리는 이미 유전적 변이의 다른 예를 논의한 적이 있다. 우리는 HIV 감염 감수성에 있어서 사람간의 유전적 변이뿐만 아니라 항HIV 치료제 AZT 감수성에 있어서 바이러스 입자들 간의 유전적 변이도 보았다. 우리는 큰가시고기(sticklebacks)의 신체 방호기관에 관련된 개체 간의 유전적 다양성과 토마토의 크기에 관련된 유전적 다양성에 대해서 고찰했다. 우리는 이 책에서 더 많은 예를 볼 것이다.

우리는 또한 진화에 있어서 유전적 다양성의 역할에 대해서 논의해 왔다. 유전자는 부모로부터 자식으로 전달되기 때문에, 요절하거나 번식에 실패한 변이체는 사라지는 반면 높은 생존율과 높은 번식률을 보인 유전적 변이는 시간이 지남에 따라서 집단에 더 흔하게 된다. 유전적 변이는 진화의 원재료이다.

그러나 변이와 진화에 관해서는 더 많은 이야기가 있다. 이것이 우리가 환경변이로 주의를 돌리는 이유이다.

## 환경변이

우리가 살펴볼 환경변이의 예는 피식종인 물벼룩과 포식자인 곤충유생과 관련이 있다. 화석기록은 깔따구(phantom midges)가 물벼룩을 1억4500만 년 동안 포식하여 왔다는 것을 보여준다(Kotov and Taylor 2011).

물벼룩은 전 세계의 호수나 연못에 사는 작은 담수 갑각류이다(Lampert 2011). 조건이 좋을 때는 무성생식으로, 조건이 나쁠 때만 유성생식으로 전환되는 물벼룩의 특징 때문에 물벼룩은 환경변이 연구에 유용한 재료가 되기도 한다. 또 어떤 환경적 신호가 물벼룩의 형태, 생리, 행동을 바꾸기도 한다. 이러한 특징들 때문에 연구자들이 유전적으로 동일한 물벼룩을 다른 신호에 노출되게 하여 환경변화가 표현형을 어떻게 변화시키는지 살펴볼 수 있게 되는 것이다.

물벼룩 *Daphnia pulex*는 털모기과(Chaoboridae) 유생에 의하여 특정 시기와 장소에서만 포식된다. *Daphnia pulex*는 털모기과에 대하여 방어 역할을 하는 형태적 형질을 발달시킬 수 있다**(그림 5.8a)**. 그것은 껍질의 두께와 강도를 거의 두 배로 증가시키고 머리 뒷부분에 neckteeth라고 불리는 돌기를 자라게 하는 것이다(Laforsch et al. 2004). 그러나 이러한 방어 기작은 비용이 든다(Hammill et al. 2008). 결과적으로, *D. pulex*는 털모기과 유충의 냄새를 맡을 때만 껍질을 키우는 능력을 진화시켜 왔다. 그림 5.8의 물벼룩은 다른 유전자를 가지고 있어서가 아니라 다른 화학적 환경에 노출되었기 때문에 형태가 다르게 된 것이다.

물벼룩이 감지할 수 있는 털모기과 유충이 발산하는 화학적 물질은 알려져 있다. 생물학자들은 그것을 카이로몬(*kairomone*)이라는 일반명으로 부른다. *Daphnia pulex*의 털모기과 유충에 대응하는 껍질의 성장은 **유도적 방어(inducible defense)** 기작의 한 예이다.

껍질을 성장시키기 위해 물벼룩은 발생에 관여하는 다양한 단백질을 만들어야 할 것이라고 Hitoshi Miyakawa와 공동연구자들(2010)은 생각했다. 연구자들은 *Daphnia pulex*를 *Chaoborus flavicans*로부터 얻은 카이로몬에 노출시키고, 그것들과 유전적으로 동일하지만 카이로몬에 노출되지 않은 개체들과 비교하였다. 연구자들은 *Daphnia*의 유도 방어에 중요한 역할을 할 것이라고 이전부터 생각되어 온 많은 단백질 후보들의 생산, **발현(expression)**에 주시하였다. 그들은 mRNA의 생산과 DNA로부터 단백질이 생산되는 세포질의 리보솜까지 유전정보를 전달하는 중간산물을 정량화함으로써 단백질 생산을 간접적으로 측정하였다.

**환경변이는 다른 환경에 노출된 개체 간의 차이로 구성되어 있다. 환경이 표현형에 영향을 주는 한 가지 방법은 유전자의 발현을 변화시키는 것이다.**

(a)

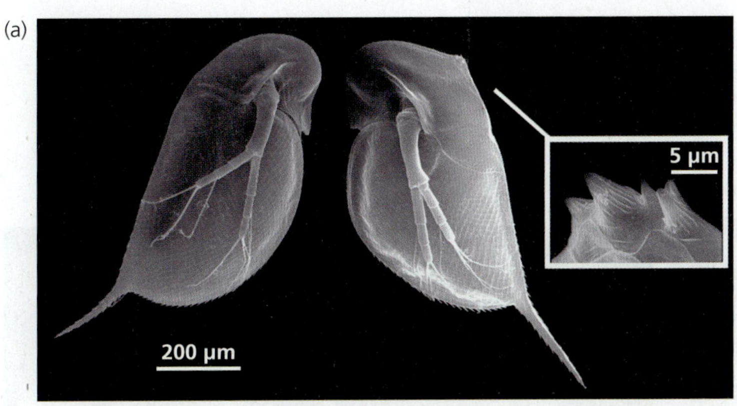


(b)

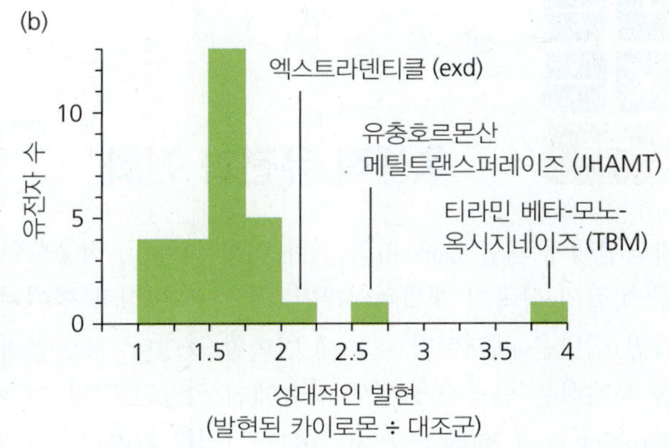


**그림 5.8 물벼룩(Daphnia)의 유도된 방어** (a) phantom midge 유생의 냄새를 맡은 유충은 돌기와 다른 방어 수단을 만든다. Christian Laforsch의 사진. (b) 이것은 많은 단백질의 생성을 증진시킨다. Miyakawa et al. (2010)의 자료.

그림 5.8b는 *D. pulex*의 29가지 유전자에서 카이로몬에 노출된 개체에서의 발현과 카이로몬에 노출되지 않은 개체에서의 발현을 상대적으로 보여준다. 모든 유전자의 경우에서, 카이로몬에 노출된 물벼룩은 더 많은 mRNA를 생성하고 따라서 더 많은 단백질을 생성하리라 예측된다. 카이로몬에 노출되어 발현이 가장 많이 증가한 단백질은 extradenticle(exd), juvenile acid methyltransferase(JHAMT), 그리고 tyramine beta-monooxygenase(TBM)이었다. Exd는 절지동물의 부속지의 발생과정에서 영향을 준다. JHAMT는 절지동물 발생의 주요 조절인자인 유충 호르몬(juvenile hormone) 생성에 필요한 단백질이다. TBM은 신경세포끼리 신호를 주고받는 데 사용되는 화학물질인 신경전달물질(neurotransmitter)의 합성을 촉매하는 단백질이다.

상세한 내용은 아직 밝혀지지 않았지만 Miyakawa 등의 결과는 *D. pulex*가 털모기과 유충의 냄새를 맡았을 때 표현형을 바꾸는 기작은 다양한 단백질 생산의 변화를 수반한다는 것을 보여준다.

## 환경변이와 진화

많은 생명체는 환경 변화에 대응하여 그들이 만드는 단백질의 실체나 양을 변화시키고 따라서 그들의 표현형을 변화시킨다. 낮은 고도에 살지만 높은 고도에서 훈련한 운동선수는 낮은 고도에 살고 훈련한 선수보다 vascular endothelial growth factor(VEGF)를 더 많이 만들어 낸다(Hoppeler and Vogt 2001). 여분의 VEGF는 근육의 모세혈관의 성장을 자극한다. 환경변이는 도처에 존재한다.

단백질 발현에 미치는 비유전적 영향, 그리고 표현형은 우연히 변화하기도 한다. 그림 5.9의 *Escherichia coli* 박테리아는 유전적으로 동일하다. Michael Elowitz와 그 공동연구자들은 박테리아의 공동조상의 DNA에 녹색 형광 단백질(green fluorescent protein, GFP) DNA의 복사본 두 개를 삽입하였다. 두 복사본은 단백질이 형광을 발할 때 다른 색을 발생하도록 변형된 형태의 GFP를 암호화한다. 두 복사본은 동일한 촉진유전자—유전자를 키고, 끄는 스위치—에 의해 조절된다. 두 GFP의 변형을 동일한 양으로 만들어 내는 박테리아는 노란색을 띨 것이고 한 종류의 GFP만 만들어 내는 박테리아는 녹색 혹은 오렌지색을 띨 것이다. 사진에서 보는 색의 다양성은 표현형을 활성화 혹은 비활성화 시키는 촉진유전자와 조절 단백질 사이의 상호작용에 의한 무작위적인 변이로 설명될 수 있다.

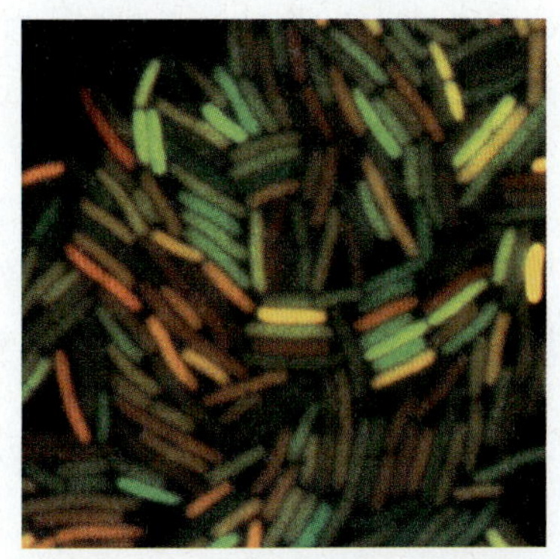

**그림 5.9 유전적으로 동일한 박테리아의 단백질 생성에 있어서 무작위적인 변이** 이 세포들은 두 형광물질을 다르게 만들기 때문에 다른 색깔을 띠는 것이다. Elowitz et al. (2002)에서.

도처에 존재하는 성질에도 불구하고, 환경변이는 진화의 원재료를 제공하지 않는다. 이것은 환경적으로 유도된 표현형의 변화가 후세에 전달되지 않기 때문이다. 무성생식으로 태어난 물벼룩이 돌기를 가질 것인가는 그것이 이어 받는 유전자에 의해 결정되는 것

계 산 하 기 5. 1

## 후생적 유전과 진화

자연선택에 의한 Darwin의 진화 이론 하에서, 적응도와 관련된 형질의 상속이 개별적이라면, 즉 다른 형질과 섞이지 않는다면 집단은 세대마다 다르게 변화할 것이다. 표현형의 변화를 유발하는 환경적 요인이 자손에게 전달된 몇몇 예가 있다(Cropley et al 2006; Li et al. 2011). 그러한 환경변이가 진화의 원재료를 제공하는 것인가?

DNA의 시토신에 메틸기를 붙이는 화학적 변화를 수반하는 비유전적인 상속의 기작이 보고되었다(Richards 2006). **후생적 표식(epigenetic marks)**이라고도 불리는 이러한 변화들은 유전체에서 암호화되는 효소에 의해서 조절되고 유전자의 발현을 변화시킴으로써 표현형에 영향을 줄 수 있다. 후생적 표식은 부모로부터 자식으로 전달될 수 있는데 이는 DNA 복제로 복사가 되기 때문에 혹은 자식들에게 새롭게 메틸기를 붙이게 하는 현상을 유발하기 때문이다(Danchin et al. 2011). 그림 5.10의 해란초속(toadflax)의 후생적 표식을 포함하여 어떤 경우에는, 후생적 표식이 많은 세대에 걸쳐 전파되기도 한다(Cubas et al. 1999; Johannes et al. 2009). 유전적이 아닌 후생적인 변이가 대부분을 차지하는 집단이 몇 세대의 자연선택을 거치면 명확하게 다른 표현형 교배라인을 생성할 수 있다는 증거를 박테리아 연구사와 식물연구자들은 찾아내었다(Adam et al. 2008; Hauben et al. 2009). 이러한 사실들은 환경적으로 유도된 후생적 차이가 원칙적으로 진화의 원재료의 역할을 할지도 모른다는 것을 암시한다.

후생적 표식이 생명체에 중요한 기능을 한다는 것을 생각하면 이러한 암시는 다소 약화된다. 적어도 세 가지 설명을 생각할 수 있다(Feng et al. 2010; Shea et al. 2011). 후생적 표식은 트렌스포손(transposon), 바이러스, 그리고 유전체상에서 기생성 역할을 하는 것들의 기능을 정지시킨다. 그것들은 개체들이 자손들, 때로는 손자들에게 장차 처하게 될 환경의 상태에 대한 정보를 전달해 주도록 한다(Whittle et al. 2009; Scoville et al. 2011). 그리고 다세포 생물에서는, 후생적 표식은 세포분화를 촉진하거나 유지하게 한다. Nicholas Shea와 공동연구자들(2011)은 세포분화와 관련된 기능은 주기적으로 리셋되어야 한다는 것을 지적했다. 이것은 왜 많은 환경요인에 의해 유도된 후생적 표식이 생활사의 어떤 지점에서 재프로그래밍되는 것처럼 보이는지 혹은 여러 세대에 걸쳐서 퇴화되는 것처럼 보이는지에 대한 설명이 될지도 모른다(Feng et al. 2010; Paszkowski and Grossniklaus 2011; Shea et al. 2011). 대부분의 후생적 표식은 일시적이기 때문에 장기간의 진화에 큰 기여를 하지 못한다(Slatkin 2009).

(a) 전형적인 좁은잎해란초

(b) 원형적으로 대칭인 변형체

**그림 5.10 유전되는 후생적 변이** (a) 좁은잎해란초(toadflax; *Linaria vulgaris*) 꽃의 전형적인 모습. (b) 같은 종의 대칭적이고 원형인 꽃의 모습. 이 변이는 250년 전에 린네에 의해서 기술된 것이고 그동안 형질이 전해 내려왔다(Paun et al. 2010). 이것은 *Lcyc*라고 불리는 유전자의 발현을 억제하는 후생적 표식에 의해 유발된 것이다(Cubas et al. 1999). Grant-Downton and Dickinson (2006)에서.

이 아니라 카이로몬의 유무에 의해서 결정된다(이 일반 법칙의 예외와 그 의미를 고찰하기 위해서는 **계산하기 5.1** 참조).

이것은 유전자형과 표현형 사이의 관계가 환경에 의해 바뀌는 것이 변이를 조상으로부터 상속받는 것과 무관하다는 것을 의미하는 것은 아니다. Theodosius Dobzhansky는 1937년에 다음과 같이 말했다. “선택(selection)은 유전자형 그 자체를 다루는 것이 아니라 유전자형의 역동적인 성질, 반응표준(reaction norm)을 다루고, 이것은 생존을 위한 노력에서 적응도의 유일한 기준이 된다.” 이 주장을 이해하기 위하여 우리는 유전자형-환경의 상호작용에 주목한다.

## 유전자형-환경 상호작용

환경변이의 또 다른 예를 살펴보자. 이번에는 레오파드 도마뱀(leopard geckos)의 예이다(그림 5.11a). 레오파드 도마뱀은 다른 파충류처럼, 발생단계에서 알이 부화되는 온도에 의해서 개체의 성이 결정된다. 차가운 혹은 뜨거운 온도에서 발생한 도마뱀은 암컷이 되고 중간 온도에서 자라는 것들은 수컷이 된다(그림 5.11b). 암컷과 수컷의 발생 경로는 다양한 단백질 생성의 변화를 수반한다(Shoemaker and Crews 2009). 예를 들어, 생식선에서 *Sox9* 유전자의 발현은 암컷으로 발생하는 도마뱀에서는 수컷으로 발생하는 것들에 비하여 더 일찍 중지된다(Valleley et al. 2001). *Sox9*은 다른 유전자의 발현을 지시하는 전사인자를 암호화하고 따라서 생식선을 난소가 아닌 고환이 되게 한다.

Turk Rhen과 공동 연구자들(2011)은 레오파드 도마뱀이 암컷으로 발생하기 위한 온도의 역치에 있어서 유전적 변이가 있는지 알고 싶었다. 도마뱀의 13세대에 이르는 번식 군체로부터 얻은 데이터를 분석하여, 연구자들은 아버지는 같지만 다른 온도에서 배양되고 부화한 자손들 사이의 성의 비율을 비교하였다.

그림 5.11c의 12개의 각 혈통은 각 온도에서 자란 7~27개체의 자손을 나타내는 것이다. 어떤 자손은 완전히 형제/자매이고 다른 것은 (어머니가 다른) 반 형제/자매이다. 각 혈통의 마지막은 각 온도에서 자란 자손들의 성비를 나타낸다. 같은 아버지, 하지만 다른 어머니를 가진 자손을 분석함으로써 연구자들은 통계학적으로 유전자 유래가 아닌 변이[모계 효과(maternal effect)라고 불리는] 요인을 알아낼 수 있다. 이 요인들은 호르몬, 단백질, 수정란에 있었던 mRNA를 통하여 그 자손들에게 영향을 미친다.

온도가 성비에 미치는 영향에 있어서 부계가족 사이의 변이를 보라. 어떤 가족—녹색으로 표시된 것 같은—에서는, 30°C와 32.5°C의 배양은 성비에 거의 영향이 없다. 다른 가족—오렌지색 같은—에서는 다른 온도에서의 배양이 극적인 변화를 가져온다. 개체가 다른 환경에 노출됨으로서 발달시키는 표현형의 패턴을 **반응표준(reaction norm)**이라고 한다. 그림 5.11c의 반응표준과 보다 많은 번식군체 데이터는 다른 아버지들로부터 물려받은 유전자 때문에 온도 민감도에 있어서 유의미한 변이가 있다는 것을 보여준다.

**유전자형-환경 상호작용은, 환경이 표현형에 영향을 주는 방식으로 유전체에 암호화된, 개체들 간의 차이로 구성되어 있다.**

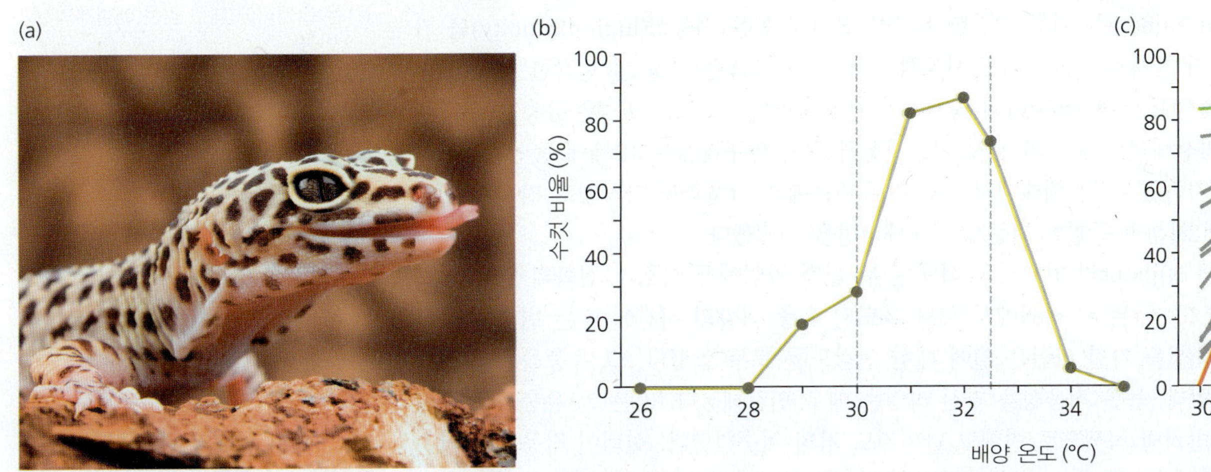


**그림 5.11 유전자형과 온도는 레오파드 도마뱀의 성에 영향을 준다** (a) 레오파드 도마뱀(*Eublepharis macularius*), (b) 중간 정도의 온도에서 배양된 개체들이 수컷이 되기 쉽다. Viets et al. (1993)의 데이터를 이용하여 그린 이 그래프는 이 종에 대한 평균적인 관계를 보여준다. (c) 온도가 자손들의 성비에 영향을 미치는 데에 있어서 아버지들 사이에 차이가 존재한다. Rhen et al. (2011)에서 다시 그림.

온도에 대한 민감도의 변이에 관여하는 유전자의 실체와 그것들이 암호화하는 단백질은 아직 발견되지 않은 상태이다.

## 유전자형-환경 상호작용과 진화

유전적 변이와 환경변이처럼 유전자형-환경 상호작용도 흔한 것이다. 사람에게서 많은 예가 보고되었다. **그림 5.12**는 그 중 하나의 예이다. 세로토닌 운반체 유전자(serotonin transporter gene)의 *ll*유전자형을 가진 사람들 중에서 유년기에 받은 학대가 성인기 초기에 우울증을 가져오는 확률이 낮지만 *ss* 유전자형을 가진 사람들은 유년기의 학대가 우울증을 가져올 확률이 높다(Caspi et al. 2003; Brown and Harris 2008; Caspi et al. 2010). 세로토닌 운반체는 세포표면에 있는 단백질로서 뇌에 있는 신경세포가 신호를 전달하는 데 사용하고 난 이후에 신경전달물질 세로토닌을 제거하는 역할을 한다. 유전자의 두 대립유전자는 동일한 버전의 단백질을 암호화한다. 하지만 *l* 대립유전자는 운반체를 다량으로 만들어낸다. *ss* 유전자형을 가진 사람들은 세로토닌 운반체를 덜 만들고 따라서 유년기의 트라우마에 더 민감하다.

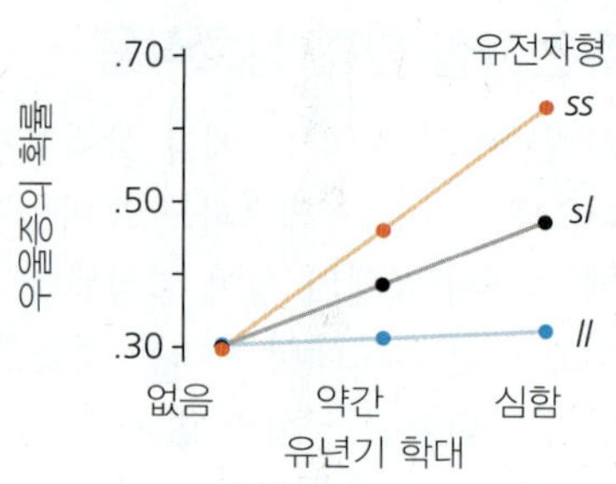


**그림 5.12 인간의 유전자형-환경 상호작용** 다른 유전자형을 가진 사람은 유년기에 받은 학대에 대해 다른 민감도를 보인다. Caspi et al. (2003)에서 다시 그림.

다른 환경에서 다른 표현형을 나타내는 생물은 **표현형 적응성(phenotypic plasticity)**을 보여준다고 할 수 있다. 집단이 환경에 대한 민감도에 있어서 유전적 변이를 가질 때, 집단은 더 크거나 작게 유연성을 진화시킬 수 있다. 이 주장의 기록은 Yuichiro Suzuki and Frederik Nijhout의 담배 박각시나방(tobacco hornworm; *Manduca sexta*)의 연구에서 찾을 수 있다.

보통의 담배 박각시나방의 유충은 초록색이다**(그림 5.13a)**. Suzuki and Nijhout(2006)는 유충이 검은색인 변종을 가지고 연구를 했다. 유충들은 탈피하기 직전에 높은 온도에 노출되지 않으면 검은색이 된다. 열을 가하면 녹색을 띠고 탈피되어 나오는 것이다. 그림 5.13c는 42°C에 노출되었을 때 Suzuki and Nijhout가 연구한 집단 개체의 색깔의 변화를 보여준다. 어떤 개체들은 온도 자극에 매우 민감한 것에 주목하라. 이것들은 색 점수 3의 개체들이다. 이것들은 색 점수가 4인 보통의 유충들과 거의 같은 녹색이 되었다. 다른 개체들은 온도 자극에 둔감하다. 그것들은 검은색을 유지했고 색 점수 0을 기록하였다. 민감도의 이러한 변이는 유전자-환경 상호작용의 예이다.

Suzuki and Nijhout는 가장 민감한 유충을 잡아서 높은 적응성(high-plasticity)을 가지는 교배라인의 창시자(founder)로 사용하였다. 또한 그들은 가장 덜 민감한 유충을 잡아서 낮은 적응성(low-plasticity)의 창시자로 사용하였다. 그리고 그들은 유충을 무작위적으로 잡아 비선택적인 품종의 창시자로 사용하였다. 연구자들은 13세대 동안 세 가지 교배라인을 유지하였다. 각 세대에서 그들은 유충들에게 열자극을 가하였고 창시자를 고를 때 사용했던 기준과 동일한 기준으로 교배라인을 선택했다.

Suzuki and Nijhout의 인위적인 선택은 두 선택 라인에서 극적인 진화의 양상을 보여주었다. **그림 5.14a**는 각 라인에서 열로 유도된 유충 색깔의 시간에 따른 변화를 나타낸다. 낮은 적응성을 가진 라인은 열에 대한 민감도를 모두 잃었다. 그 유충들은 완전히 검은색으로 남았다. 높은 적응성을 가진 라인은 매우 민감해졌다. 많은 그 유충들은 정상적인 박각시나방처럼 녹색으로 변했고 나머지도 거의 비슷하였다. 선택이 작용하지 않은 라인은 예상대로 시간에 따라 대략 동일한 민감도를 유지하였다.

그림 5.14b는 13세대에서 세 교배라인의 반응표준(reaction norm)을 비교한 것이다. 이 그림을 얻기 위해, Suzuki and Nijhout는 열자극 없이 여러 온도에서 애벌레를 키우고 그것들의 색깔을 기록하였다. 그들은 또 28°C에서 애벌레를 키우고 42°C에서 열자극을 주었다. 반응표준은 매우 달랐다. 열자극 없이도 적응성이 높은 라인은 다른 온도에서

(a) 전형적인 애벌레

(b) 검은색 혈통의 애벌레

(c) 온도 자극에 대한 검은 애벌레의 반응

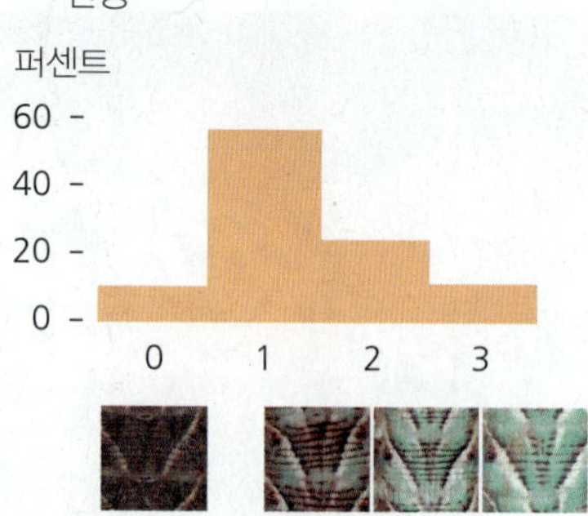


**그림 5.13 곤충의 유전자형-환경 상호작용** (a) 보통의 박각시나방 유충(tobacco hornworm). (b) 검은 돌연변이. Pennisi (2006)에서. (c) 어떤 검은 돌연변이는 열을 가하면 녹색으로 변한다. Suzuki and Nijhout (2006)에서 다시 그림.

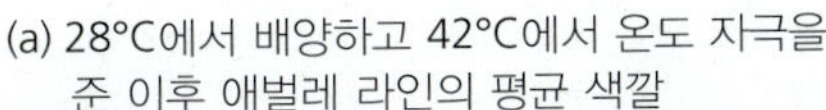


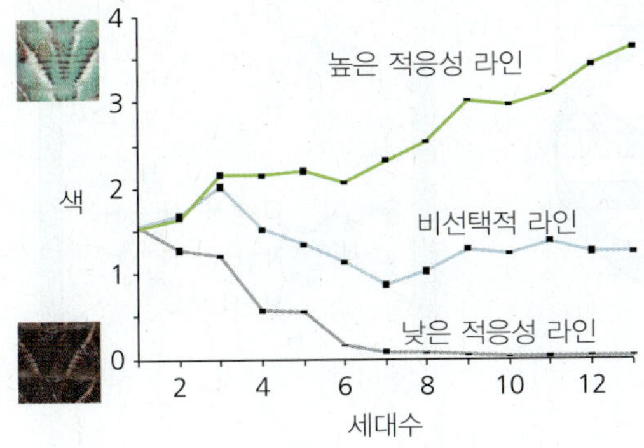


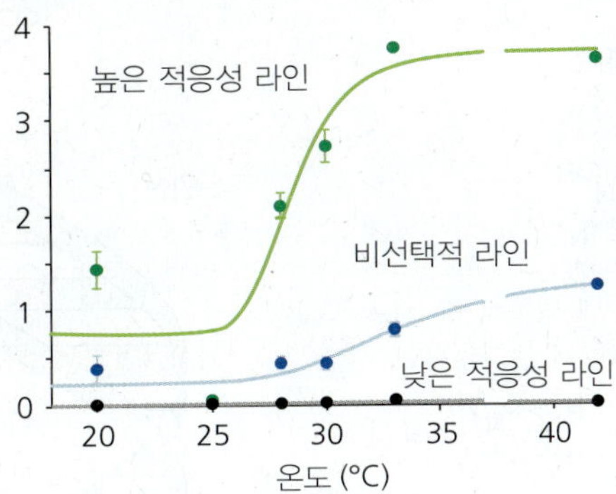


**그림 5.14 유전자형-환경 상호작용과 반응표준의 진화** (a) 열자극 민감도에 대한 인위적 선택에 의해 박각시나방 유충의 검은 돌연변이는 진화한다. (b) 다른 민감도에 대해 선택된 교배라인은 색깔과 온도 반응표준에 있어서 차이를 보인다. Suzuki and Nijhout (2006)에서.

From "Evolution of a polyphenism by genetic accommodation." *Science* 311: 650–652. Reprinted with permission from AAAS.

다른 색을 나타내었다. 25°C나 그 이하에서 자라면 그 애벌레들은 대부분이 검은색이었고 33°C에서 자라면 초록색이었다. 낮은 적응성의 라인은 변함없이 검은색이었다. 선택적이지 않은 라인은 그 중간이었고 높은 적응성의 라인보다 다소 높은 역치에서 색깔의 적당한 변화를 보였다.

계속 이어진 교배 실험으로, Suzuki and Nijhout(2008)는 높은 그리고 낮은 적응성 라인의 반응표준이 큰 효과를 가진 한 유전자좌위와 작은 효과를 가진 많은 유전자좌위의 유전적 차이에 기인한다는 것을 보였다. 유전자좌위의 정체와 그것이 암호화하는 단백질은 아직 알려지지 않았다.

Suzuki and Nijhout의 연구는 유전자형-환경 상호작용이 다른 반응표준을 가지는 진화의 원재료로서 작용할 수 있다는 것을 보여준다. 변화하는 환경에 처하여 표현형이 시간과 장소에 따라 적응적으로 바뀌는 집단은 융통성 있는 반응을 갖도록 진화하고 개체로 하여금 주어진 환경조건에 맞는 표현형을 갖도록 한다. 그리고 같은 표현형이 늘 적응하는 환경에서는 집단은 낮은 민감도를 갖도록 진화한다. 우리는 이제 Theodosius Dobzhansky가 반응표준을 적응도에 영향을 주는 중요한 특징으로 본 이유를 이해할 수 있다.

**유전되는 요소 때문에, 유전적 변이와 유전자형-환경 상호작용은 자연선택에 의한 진화의 원재료 역할을 한다.**

### 전망

이 절에서 우리는 유전적 변이와 유전자형-환경 상호작용이 진화의 원재료로서 작용한다는 것을 알았다. 유전자형-환경 상호작용으로 환경변이의 패턴이 변할 수 있다. 유전적 변이와 유전자형-환경 상호작용 둘 다 궁극적으로 유전체의 차이에 기인한다. 이후의 절에서 우리는 어떻게 유전체의 차이가 일어났는지 살펴볼 것이다. **돌연변이(mutations)**로 알려진 유전체의 차이는 한 염기의 치환부터 시작하여 염색체의 획득과 손실에 이르기까지 다양하다. 우리는 작은 것부터 살펴볼 것이다.

## 5.2 새로운 대립유전자는 어디에서 유래하는가

새로운 대립유전자는 기존의 대립유전자로부터 생긴다. 그러한 변형이 생기게 하는 기작에 대한 완벽한 설명은 이 책의 범위를 넘어선다. 그러나 우리는 DNA의 구조와 기능을 다소 자세하게 고찰하면서 돌연변이와 그 결과에 대한 일반적인 지식을 얻을 수 있다.

그림 5.15a에 보인 것처럼, 한 가닥의 DNA 분자는 인산디에스터 결합이라고 불리는 공유결합으로 연결된 당-인산의 골격으로 이루어져 있다. 이중가닥의 DNA는 서로 꼬인 두 가닥으로 구성되어 있다(그림 5.15b). 두 가닥은 반대쪽 가닥에 있는 퓨린(A와 G)과

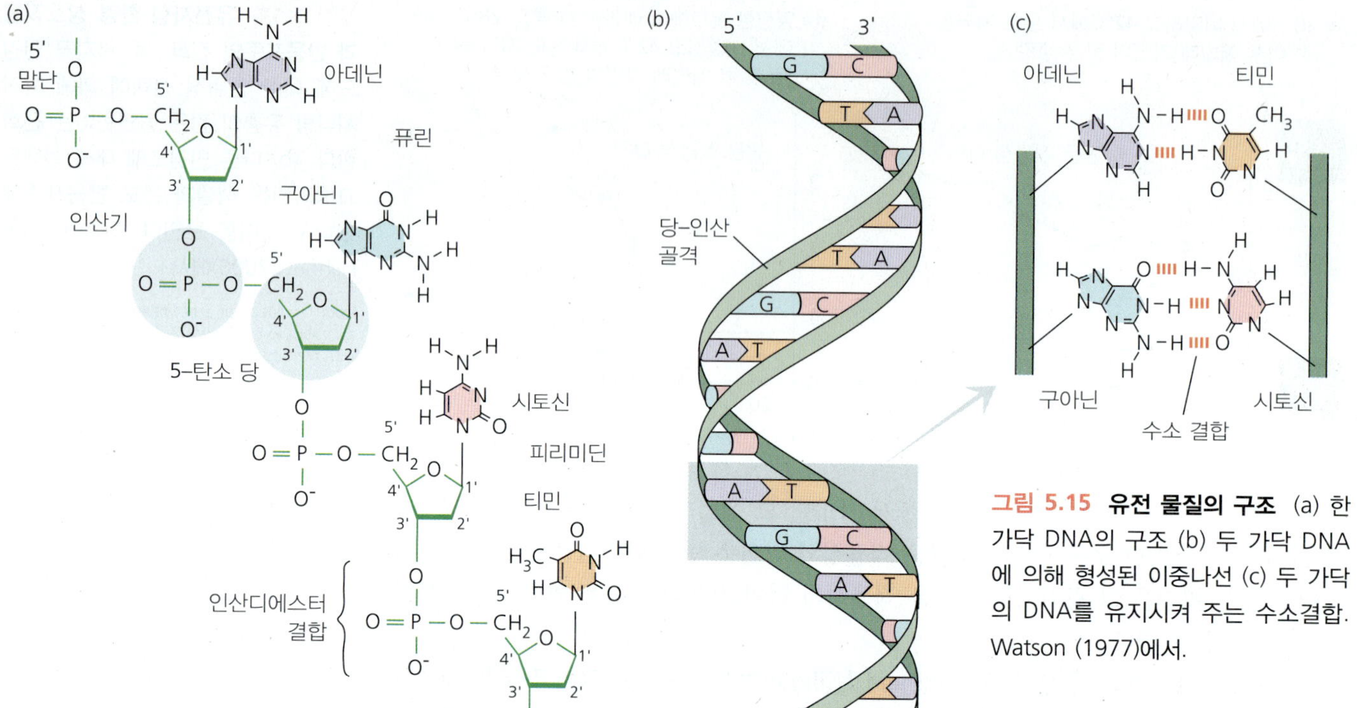


**그림 5.15 유전 물질의 구조** (a) 한 가닥 DNA의 구조 (b) 두 가닥 DNA에 의해 형성된 이중나선 (c) 두 가닥의 DNA를 유지시켜 주는 수소결합. Watson (1977)에서.

피리미딘(T와 C) 사이의 수소결합으로 연결되어 있다. A와 T는 두 개의 수소결합을, G와 C는 세 개의 수소결합을 이루고 있다(그림 5.15c)

James Watson과 Francis Crick이 이러한 DNA 구조를 추정하였을 때, 그들은 상보적인 염기쌍이 유전물질의 복제를 위한 기작을 제공한다는 것을 알았다(Watson and Crick 1953a, 1953b). 그림 5.16이 나타내는 것처럼, 두 가닥은 수소결합을 해제하면서 풀린다. 각 가닥은 복제를 위한 틀로 사용된다. 그 결과 두 개의 이중가닥의 DNA가 생성되는 것이다. DNA를 복제하는 효소는 DNA 중합효소라고 불리는 효소이고 1960년에 Arthur Kornberg가 처음으로 분리하였다.

새로운 대립유전자를 만드는 돌연변이는 복제 전이나 복제 중에 일어나는 DNA의 변형의 결과로, 혹은 복제 중에 일어나는 오류가 수정이 되지 않을 때 일어난다.

DNA 변형에 의한 돌연변이의 예로서, 메틸그룹($CH_3$)이 붙어서 화학적으로 변형된 시토신이 때로는 자발적으로 물과 반응하여 아민그룹($NH_2$)을 잃고, 그 결과 티민으로 변형되는 것을 생각할 수 있다(그림 5.17; Lindahl 1993; Arnheim and Calabrese 2009).

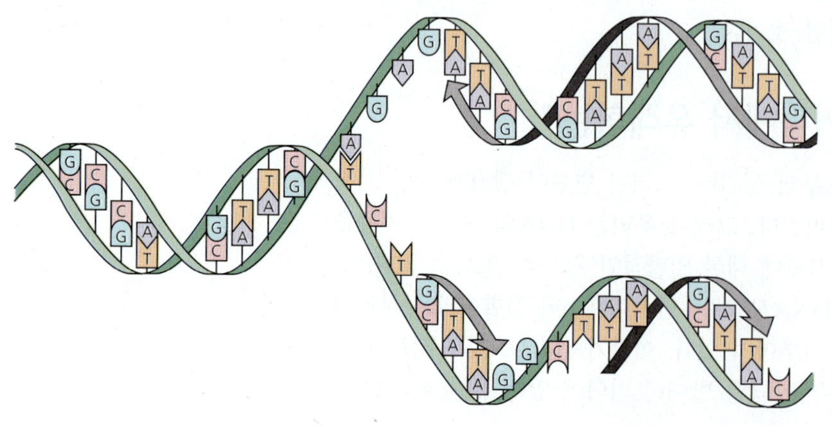

**그림 5.16 상보적 염기쌍에 의한 DNA 복제** Madeleine Price Ball에서.

그 결과 생기는 T-G 염기의 불일치가 복제 전에 수정되지 않으면, 복제 산물인 DNA의 한쪽은 원래 형태의 C-G쌍이 아닌 T-A쌍을 가지게 된다(그림 5.18).

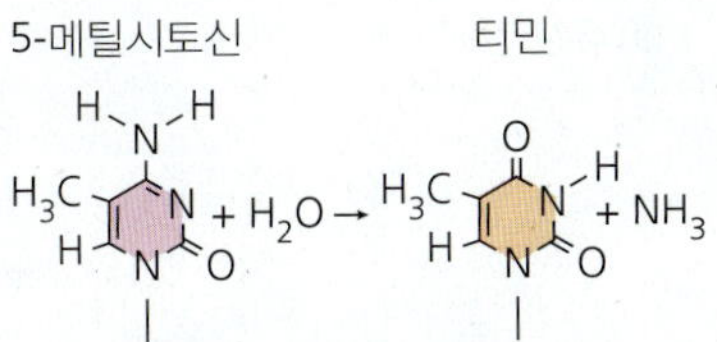


**그림 5.17 자발적인 탈아민 반응(deamination)** 메틸화된 시토신은 물과 반응하여 티민(thymine)이 될 수 있다.

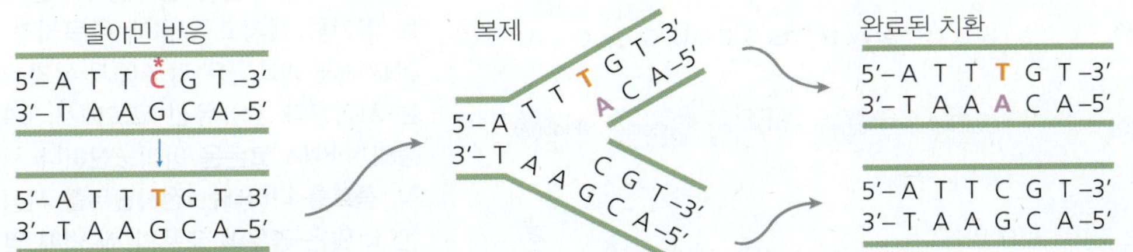


**그림 5.18 탈아민 반응에 의한 돌연변이** 티민으로 바뀐 시토신이 DNA 복제 때까지 인지되지 않으면 돌연변이는 영구적인 것이 된다.

복제 오류 때문에 생기는 돌연변이의 예로서, 복제되는 DNA 가닥의 같은 염기가 많이 반복되는 곳에서 잘못 정렬되어, 핵산의 삽입(insertion)이나 결실(deletion)가 일어나는 예를 생각할 수 있다(Pearson et al. 2005; Garcia-Diaz and Kunkel 2006). 삽입이나 결실이 다음 복제 이전에 수정이 되지 못하면, 삽입이나 결실은 자손 DNA 분자에 영구적으로 남게 된다(그림 5.19).

| | 복제 과정 | 복제 이후 | 다음 복제 이후 | |
|---|---|---|---|---|
| | | | –A T T T A– | |
| | | | –T A A A T– | |
| 주형: | –A T T T A– | –A T T T A– | | |
| 복제본: | –T A A → (A) | –T A A A T– (A) | | |
| | | | –A T T T T A– | 단염기 삽입 |
| | | | –T A A A A T– | |

**그림 5.19 오정렬(misalignment)에 의한 돌연변이** 주형가닥과 주형에 붙는 가닥은 반복된 염기부분에서 원래의 위치가 아닌 곳에 결합이 될 수 있고, 그 결과 중복(duplication)과 결실(deletion)이 일어나게 된다.

우리는 화학적 분해 및 복제 오류 때문에 생긴 DNA의 변화가 영구적인 돌연변이가 되기 위해서는 수정이 되지 않아야 한다는 것을 말하고 있다. 그림 5.18과 5.19의 왼쪽에 보이는 것과 같이 수정 과정을 겪게 되는 DNA 변화는 **전돌연변이(premutation)**라고 한다. 전돌연변이는 매우 자주 일어난다. 전형적인 포유동물의 세포는 하루에 유전체상에서 대략 20,000건의 자발적인 화학분해를 겪고, 복제 때마다 100,000번 복제 오류를 겪는다(Preston et al. 2010). 다행히도, 대부분의 전돌연변이는 인지되고 유전체에 암호화된 효소에 의해서 수정된다. 이러한 효소는 짝짝이 수선(mismatch repair)과 교정(proofreading)의 효소를 포함한다. 이러한 효소의 가치는 그것들이 손상되면 알 수 있다. Tina Albertson와 공동연구자(2009)들은 유전적으로 조작되어 교정과 수정기능이 결여된 쥐의 DNA 복제효소에 대해 연구했다. 쥐는 높은 비율의 암을 겪었고 극적으로 짧은 수명을 가졌다(그림 5.20). 또한, DNA 유지와 수정 기능의 부족은 인간의 여러 암에 관계 있는 결점인 것처럼 보인다(Loeb 2011).

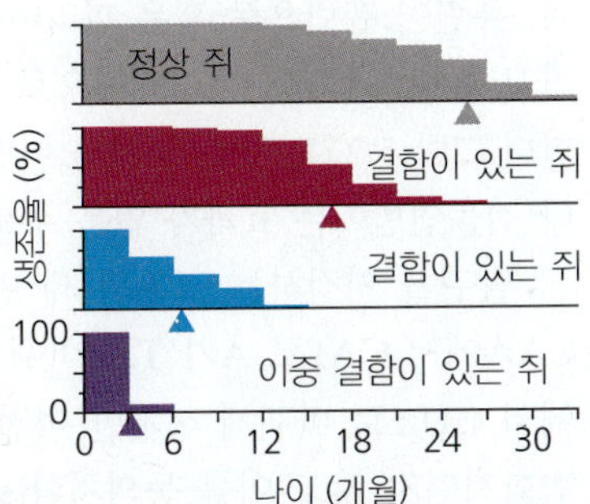


**그림 5.20 DNA 복제 과정에서 교정(proofreading)의 중요성** 회색의 그래프는 정상적인 실험쥐의 생존을 나타낸다. 보라색과 청색 그래프는 각각 하나의 교정 기능이 부족한 DNA 중합효소(polymerase)를 가지고 있는 실험쥐의 생존을 나타낸다. 보라색은 두 종류의 기능이상 DNA 중합효소를 가지고 있는 경우를 나타낸다. Preston et al. (2010)의 자료.

## 돌연변이가 어떻게 단백질 기능을 변화시키는가

새로운 대립유전자를 발생시키는 돌연변이가 단백질의 발현이나 기능을 변화시킨다면 표현형에 영향을 줄 수 있다. 세포가 유전자에 암호화된 명령을 이용하여 단백질을 만들 때 두 단계의 과정(그림 5.21a)을 따른다. 전사라고 불리는 첫 번째 단계에서는 DNA를 주형으로 하여 상보적인 전령 RNA(mRNA)를 만든다. 번역(translation)이라고 불리는 두 번째 단계에서는 mRNA를 주형으로 하여 단백질을 생성한다.

세포는 mRNA를 특정 아미노산을 지정하는 3문자로 된 코돈의 연속된 형태로 읽는다. 대부분의 생물이 사용하는 유전 코드를 그림 5.21b에 나타내었다. 64개의 코돈이

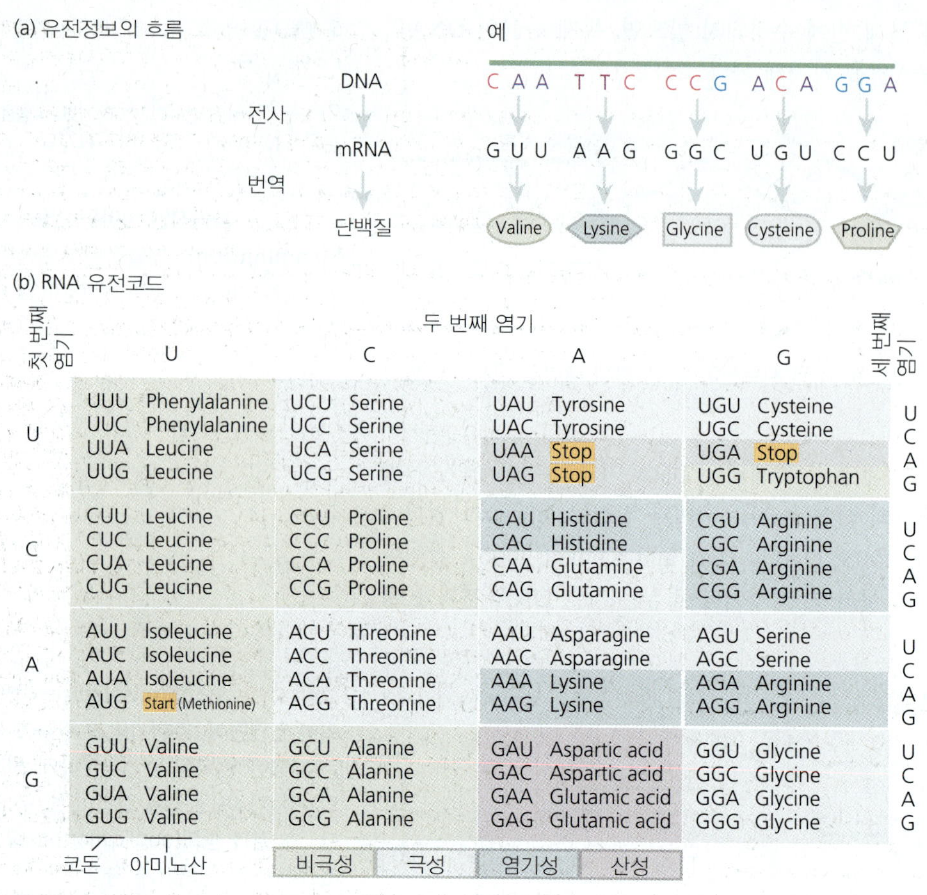


**그림 5.21 유전 코드** (a) 유전 정보는 DNA에서 mRNA로 전달된다. RNA는 티민 대신에 우라실이라 불리는 염기를 가지고 있음에 주목하라. DNA에서 아데닌은 RNA에서 우라실을 지정한다. (b) 유전 코드에서, 64종의 mRNA 코돈은 아미노산이나 시작, 종료를 나타내는 전사단위를 지정한다. 많은 경우에 코돈의 세 번째 염기의 변화는 아미노산의 변화를 가져오지 않는다.

20개의 아미노산(과 시작, 종료)을 나타내기 때문에 유전 코드는 중복되어 있다. 대부분의 아미노산은 하나 이상의 코돈에 의해서 지정된다.

우리는 이제 왜 작은 돌연변이, 한 염기의 지환[**섬돌연변이(point mutation)**라고도 불림]이 여러 가지 효과를 가질 수 있는지 알 수 있다. 염기치환의 종류는 12가지가 있다. 퓨린이 퓨린으로 혹은 피리미딘이 피리미딘으로 바뀌는 것을 **트랜지션(transition)**이라고 한다. 퓨린이 피리미딘으로 혹은 그 반대의 치환을 **트랜스버전(transversion)**이라 한다(그림 5.22). 어떤 염기가 어떤 염기로, 어떤 위치에서, 어떤 코돈에서 바뀌는가에 따라 점돌연변이는 효과가 없을 수도, 미약할 수도, 클 수도 있는 것이다.

발린을 지정하는 코돈의 세 번째 위치에서의 염기 치환을 생각해 보자. 예컨대 코돈 CAA에서 CAT로 A가 T로 바뀌는 경우이다. 이 변화는 상보적인 mRNA 코돈이 GUU에서 GUA로 바뀌게 하지만 여전히 같은 발린을 지정한다. 그러한 돌연변이는 단백질을 변화시키지 않고 이를 **동의치환[synonymous substitution** 혹은 **침묵치환(silent substitution)]**이라고 한다. 유전 코드를 살펴보면 세 번째 위치의 치환은 첫 번째, 두 번째 위치의 치환보다 동의치환이 되는 경우가 많다는 것을 알게 된다.

이제 알라닌을 지정하는 코돈의 첫 번째 위치에서 염기 치환이 일어나는 것을 생각해 보자. 예를 들어 CGA에서 GGA로 바뀌는 C–G 트랜스버젼의 경우이다. 이것은 상보적인 mRNA 코돈을 GCU에서 CCU로 바꾸고, 프롤린을 지정하게 한다. 코돈에 의해 지정되는 아미노산을 바꾸는 돌연변이는 **비동의치환[nonsynonymous substitution** 혹은 **대체치환(replacement substitution)]**이라고 한다. 아미노산이 바뀌면 단백질의 기능도 바뀔 수 있다. 예를 들어 미각 수용체 TAS2R38의 49번째 아미노산 알라닌이 프롤린으로 바뀌면 쓴맛을 느끼는 능력이 영향을 받게 된다.

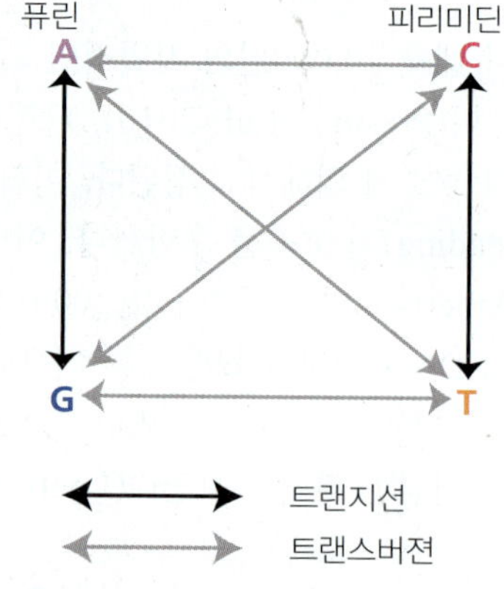


**그림 5.22 트랜지션과 트랜스버젼**

**돌연변이는 생물 유전체의 염기서열에서 일어난 변화이다. 몇몇 돌연변이는 표현형을 변화시키지만, 다른 돌연변이는 변화시키지 않는다.**

마지막으로, 트립토판을 지정하는 코돈의 세 번째 위치에서 치환이 일어나는 것을 생각해 보자. ACC에서 ACT로 바뀌는 C-T 트랜지션의 경우이다. 이것은 mRNA 코돈을 UGG로부터 UGA로 바꾸게 한다. UGA는 정지코돈이다. 이것은 단백질 생성이 끝났고 더 이상의 아미노산이 추가되어서는 안 된다고 하는 신호이다. 미숙한 정지코돈을 발생시키는 돌연변이를 **정지돌연변이(nonsense mutation)**라고 한다. 정지돌연변이는 흔히 암호화되는 단백질의 기능을 없앤다(Yamaguchi-Kabata et al. 2008). 많은 사람들은 근육 단백질 알파액티닌-3 유전자가 기능을 잃은 정지 돌연변이를 갖고 있다(North et al. 1999). 기능을 하지 못하는 대립유전자는 지구력이 뛰어난 선수들에게 과도하게 나타나고 단거리와 근력이 뛰어난 선수들에게서는 덜 나타난다(Niemi and Majamaa 2005; Roth et al. 2008).

코돈의 의미를 변화시키는 것 외에도 점돌연변이는 다른 여러 가지 방식으로 단백질의 기능이나 발현을 변화시킨다. 진핵생물의 많은 유전자는 암호화 영역인 **엑손(exons)**들 사이에 **인트론(intron)**을 가지고 있다. 인트론은 mRNA로 전사가 되어 번역 전에 잘려져 제거되어야 한다. 잘려지는 위치에서 생기는 돌연변이는 인트론이 잘려지는 것을 방해할 수 있고, 그 결과 비정상적인 단백질이 생성될 수 있다. Janna Nousbeck 등(2011)은 사람에서 지문을 없게 하는 adermatoglyphia를 유발하는 스플라이싱 위치에서의 돌연변이를 발견했다(그림 5.23). 유전자를 조절하는 역할(gene regulation)을 하는 비암호화 염기서열인 촉진유전자에서 돌연변이가 일어나면 유전자의 발현이 변할 수 있다.

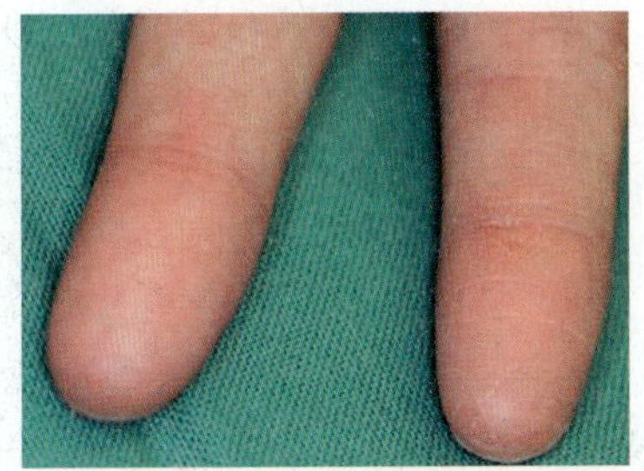

그림 5.23 **어떤 사람들은 지문을 갖지 않는다** 이러한 증상을 adermatoglyphia라고 하고, 비공식적으로는 '입국 지체 질병(immigration delay disease)'으로 알려져 있다. Nousbeck et al. (2011)에서.

점돌연변이처럼, 삽입(insertion)이나 결실(deletion)[합쳐서 **인델(indel)**이라고 부른다]는 다양한 효과를 나타낸다. 그리고 점돌연변이의 경우처럼 유전 코드를 이용하여 그 이유를 설명할 수 있다. 암호화 영역에서 하나, 둘 혹은 3의 배수가 아닌 다른 수의 염기의 삽입이나 결실은 코돈을 인식하는 프레임의 이동을 초래한다. 이 변화는 돌연변이 이후의 모든 코돈의 의미를 바꾼다.

우리가 이 절에서 고찰해왔던 돌연변이 기작은 다양한 대립유전자를 가진 집단을 형성하게 한다. 이후의 여러 장에서, 우리는 집단 내에서 대립유전자의 상대적인 빈도에 대해서 고찰할 것이다. 계산하기 5.2(다음 쪽)는 대립유전자의 빈도를 측정하는 방법에 대하여 설명하고 있다.

## 5.3 새로운 유전자는 어디에서 유래하는가

돌연변이에 의해 새로운 대립유전자가 만들어지는 것처럼 많은 기작에 의해서 새로운 유전자가 생성된다(Long et al. 2003; Kaessmann 2010). 여기에서 우리가 그 모든 것을 다 살펴볼 수는 없지만 몇가지 예를 통하여 새로운 유전자가 어디에서 유래하는지 이해할 수 있을 것이다.

### 유전자중복

**유전자중복(gene duplication)**의 두 가지 기작이 새로운 유전자 생성의 가장 흔한 원인이라 생각된다. 첫째 기작은 **부등교차(unequal crossing over)**로서 감수분열 시에 일어나는 유전자 조합의 오류이다. 정상적인 교차에서는 상동염색체(어머니와 아버지로부터 유래한 한쌍의 염색체)가 감수분열 I단계의 전기에 나란히 정렬되고 같은 유전자좌위를 가진 DNA를 교환한다. 부등교차에서는 상동염색체가 부정확하게 정렬된다. 이것은 전이인자(transposable element)가 복수의 유전자좌위에 끼어 들어갈 때처럼 같은 염기서열이 염색체상에서 한 장소 이상에서 일어날 때 발생할 수 있다(그림 5.26a). 오정렬의

계산하기 5.2

## 자연집단에서 유전적 변이의 측정

유전적 변이에 대한 고전적인 견해는 각 유전자의 한 대립유전자는 다른 모든 대립유전자보다 적응도가 높아야 한다는 것이었다. 자연선택은 야생형이라고 불리는 가장 좋은 대립유전자를 보존하고 나머지—돌연변이로 생각되고 빈도가 낮을 것으로 예상되는—는 모두 제거해야 한다.

Harris(1966) 및 Lewontin과 Hubby(1966)는 대부분의 집단은 많은 대립유전자를 가지고 있다는 것을 선구적으로 보였다. 생물학자들이 대립유전자의 변이에 대해서 더 깊게 파고 들면 들수록 그들은 더 많은 대립유전자를 발견하였다. 오늘날, 진화 생물학자들은 대부분의 자연 상태의 집단은 상당한 양의 유전적 변이를 가지고 있다는 것을 인식하고 있다.

### 유전자형의 결정

어떤 유전자에서 대립유전자의 다양성을 측정하는 첫 번째 단계는 집단에 존재하는 많은 샘플 개체의 유전자형을 결정하는 것이다. 그렇게 하기 위해서 생물학자들은 보통 DNA를 직접 살펴본다.

한 예로서, HIV-1에 의해 공수용체(coreceptor)로 이용되는 세포막 단백질을 암호화하는 *CCR5* 유전자를 생각해 보자. *CCR5*의 한 대립유전자는 암호화 영역에 32염기가 상실되었다. 결과적으로 암호화되는 단백질은 짧고 기능을 가지지 못한 것이 된다. 우리는 기능을 하는 대립유전자를 *CCR5*-+ 혹은 간단히 +라고 부르고 32염기가 상실된 대립유전자를 *CCR5-Δ32*, 혹은 간단히 *Δ32*라고 부를 것이다. 유전자형 +/+를 가진 개체는 HIV-1에 감염되기 쉽고, 유전자형 +/*Δ32*를 가진 사람은 감염되기 쉽지만 AIDS로 진전이 더 천천히 일어나며, 유전자형 *Δ32*/*Δ32*를 가진 사람은 감염에 저항력을 가진다.

*CCR5-Δ32* 대립유전자의 기작을 알아낸 AIDS 연구자들은 즉시 그것이 어느 정도 빈도로 나타나는가 알아보기를 원했다. Michel Samson과 공동 연구자들(1996)은 유전자형을 테스트하는 방법을 개발하였다. 연구자들은 환자의 세포로부터 DNA를 추출하고 PCR을 이용하여 32염기 상실 부위를 가진 몇백 염기 길이의 유전자 영역 복사본을 만들었다. (PCR은 프라이머 염기서열이 DNA 중합효소로 하여금 관심 유전자 영역을 복사하게 하고 이러한 DNA 복제 시스템을 이용하여 표적 염기서열을 여러 번 복제한다.) 마지막으로, 연구자들은 복제된 염기서열을 제한효소로 자르고 얻어진 단편을 가지고 전기영동을 실행하였다.

결과를 그림 5.24에 나타내었다. 두 대립유전자는 두 개의 DNA 단편을 나타낸다. *CCR5*-+ 대립유전자로부터 얻어진 단편의 길이는 332염기와 402염기이다. *CCR5-Δ32* 대립유전자의 DNA 단편의 길이는 332와 371염기이다. 동형접합자는 젤의 레인에 두 개의 밴드를 나타내고 이형접합자는 세 개의 밴드를 나타낸다.

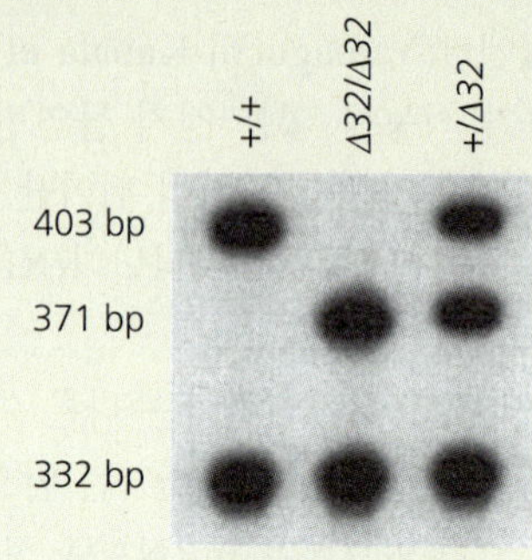


**그림 5.24 CCR5 유전자형의 결정** 각 레인은 한 사람의 DNA로부터 얻은 단편을 나타낸다. 밴드의 위치는 단편의 길이를 나타낸다. Samson et al. (1996)에서.



### 대립유전자 빈도의 계산

*Δ32* 대립유전자를 가지고 있는지 아닌지 판정할 수 있으므로, 이제 그것이 어느 정도로 흔히 존재하는지 알고 싶을 것이다. 집단에서 *Δ32* 대립유전자의 **빈도(frequency)**를 계산하기 위하여 우리는 개체의 유전자형에 대한 데이터를 이용한다. 대립유전자의 빈도는 집단에 존재하는 모든 유전자 복사본 중 그 대립유전자가 차지하고 있는 비율을 의미한다.

우리는 Jeremy Martinson과 공동연구자들(1997)이 연구한 Ashkenazi 집단에서의 *Δ32* 대립유전자의 빈도를 계산할 것이다. Martinson의 샘플은 43명의 사람이었고 다음과 같이 구성되었다: +/+ 유전자형 26명, +/*Δ32* 유전자형 16명, *Δ32*/*Δ32* 유전자형 1명. 대립유전자의 빈도를 계산하는 가장 단순한 방법은 대립유전자의 복사본을 세는 것이다. Martinson과 공동연구자들은 43명을 조사하였다. 각각은 2개의 유전자 복사본을 가지므로 전체는 2 × 43 = 86 복사본이 된다. 86 복사본 중 18 복사본은 *Δ32* 대립유전자이다: 16명의 이형접합자로부터 1개씩, 그리고 한 명의 동형접합자로부터 2개. Ashkenazi 샘플에서 *Δ32* 대립유전자의 빈도는 *Δ32* 복사본 수를 전체의 유전자 복사본 수로 나눈 것이다:

$$\frac{18}{86} = 0.209$$

혹은 20.9%. 우리는 + 대립유전자의 빈도를 계산함으로써 결과를 확인할 수 있다. 그것은

$$\frac{(52 + 16)}{86} = 0.791$$

혹은 79.1%이다. 우리의 계산이 옳다면, 두 대립유전자의 빈도는 합해서 1이 되어야 하고, 실제로 1이 된다.

대립유전자의 빈도를 알아내는 또 다른 방법은 유전자형의 빈도로부터 계산하는 방법이다. Martinson과 공동연구자들은 43명을 대상으로 조사를 하였고 유전자형의 빈도는 다음과 같다:

| $+/+$ | $+/\Delta 32$ | $\Delta 32/\Delta 32$ |
|---|---|---|
| $\frac{26}{43} = 0.605$ | $\frac{16}{43} = 0.372$ | $\frac{1}{43} = 0.023$ |

$\Delta 32$ 대립유전자의 빈도는 $\Delta 32/\Delta 32$의 빈도와 $+/\Delta 32$ 빈도의 반을 더한 것과 같다:

$$0.023 + \tfrac{1}{2}(0.372) = 0.209$$

이것은 첫 번째 방법으로 얻은 결과와 같다. 이것은 $\Delta 32$ 대립유전자의 빈도로는 현저하게 높은 것이다.

### 일반적인 집단에서 유전적 다양성은 어느 정도 존재하는가?

사람의 $\Delta 32$ 대립유전자의 빈도에 관한 연구처럼 대립유전자의 다양성에 관한 연구는 다양한 집단에서 수행되어 왔다. 생물학자들은 이러한 데이터 형태를 요약하기 위한 두 가지 통계량을 사용한다: **평균 이형접합성(mean heterozygosity)**과 다형적인 **다형 유전자좌위 백분율(percentage of polymorphic genes)**. 평균 이형접합성은 두 가지 동등한 방식으로 해석될 수 있다:유전자좌위들 사이의 이형접합자의 빈도 평균, 혹은 평균적인 개체의 유전자형에 있어서 이형접합자인 유전자의 비율. 다형 유전자좌위의 백분율은 적어도 2개의 대립유전자를 가진 유전자의 비율이다.

대립유전자의 다양성을 연구하던 초기에는 알로자임 전기영동이라고 불리는 기술을 많이 사용하였다. 연구자들은 많은 개체로부터 단백질을 추출했고 전기영동 젤로 단백질을 분리했으며 특정 유전자에 의해 생성되는 단백질을 시각화하기 위해 염색을 했다. 집단에서 대립유전자의 단백질이 아미노산 서열에서 충분히 다르다면 단백질은 크기나 전기적 성질이 다르게 될 것이고 젤상에서 이동에 차이를 보여 다른 밴드를 나타내게 될 것이다.

알로자임 전기영동 연구는 대부분의 자연 집단은 상당한 양의 유전적 다양성을 가진다는 것을 보여주었다. 그림 5.25는 무척추동물, 척추동물, 식물로부터 얻은 이형접합자의 평균을 나타낸다. 대략적으로 일반화하면 전형적인 자연 집단에서 효소를 암호화하는 유전자의 33~50%는 다형적이고 평균적인 개체는 4~15%의 유전자에서 이형접합자이다(Mitton 1997).

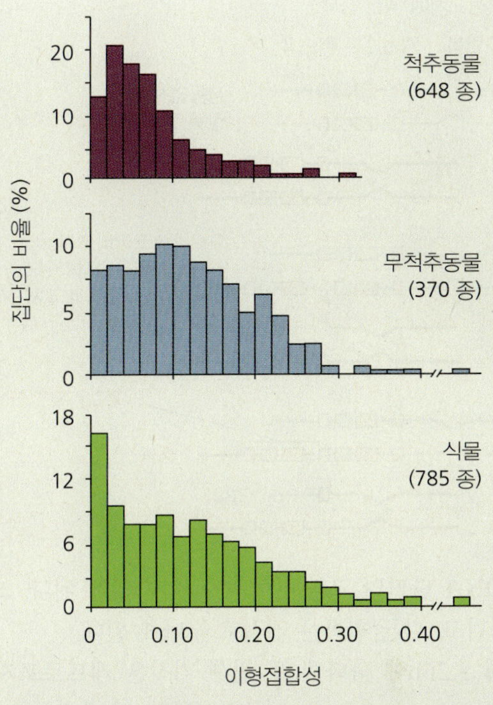


그림 5.25 **단백질의 분석으로 대부분의 집단에서 유전적 다양성의 양은 상당하다는 것을 알 수 있다** 이 히스토그램들은 식물과 동물의 종간의 효소 이형접합성(heterozygosity)의 분포를 나타내는 것이다. 예를 들면, 식물 종의 약 7%는 0.10과 0.12 사이의 이형접합성을 가진다. John C. Avise (1994)의 자료.

DNA 염기서열에서의 모든 변화가 전기영동적으로 구분되는 단백질을 생성하는 것은 아니기 때문에 대립유전자의 DNA를 직접 조사하는 방법이 다양성을 나타내는 훨씬 더 좋은 방법이다. 사람의 cystic fibrosis와 관련된 유전자에 대한 연구가 이러한 연구의 좋은 예이다. 이 유전자는 cystic fibrosis transmembrane conductance regulator(CFTR)라고 불리는 세포표면 단백질을 암호화하고 이 단백질은 장이나 허파의 점막에서 발현된다. 기능을 상실한 돌연변이의 동형접합자를 가진 사람은 담낭 섬유증(cystic fibrosis)과 만성 감염에 시달린다. 유전학자들은 이 유전자좌위에서 병을 유발하는 1,400개의 다른 돌연변이를 발견했다(Kreindler 2010). 이러한 대립유전자는 아미노산 치환, 암호화프레임 어긋남, 스플라이싱 위치 돌연변이, 넌센스 돌연변이, 인델 그리고 촉진유전자 변이 등을 포함한다(CFMD 2011).

이 연구 및 다른 유사한 연구는 대부분의 집단에서 유전적 변이의 양은 상당하다는 것을 보여준다(Ju et al. 2011; Nelson et al. 2012). Goncalo Abecasis와 공동연구자들은 1092명의 사람에서 얻은 유전체에서 3800만 개의 단일 뉴클레오티드 다형성(single-nucleotide polymorphism)과 140만 개가 넘은 삽입과 결실을 발견하였다(2012). 대부분의 집단에서 적은 변이를 예상하는 유전적 다양성의 옛 견해는 틀린 것이다.

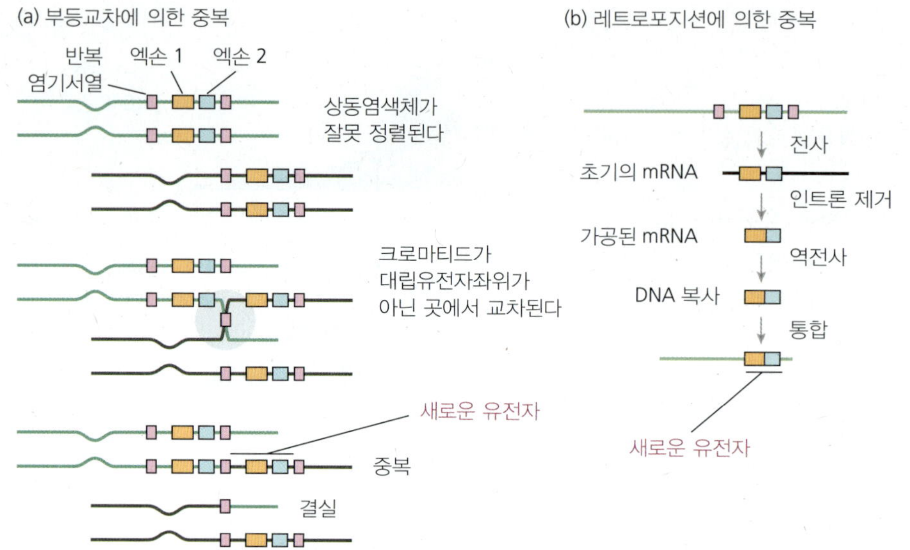


**그림 5.26 유전자중복의 두 가지 기작** (a) 감수분열 시 일어나는 부등교차. (b) 레트로포지션.

결과, DNA 단편의 교환이 아귀가 맞지 않게 된다. 크로마티드(chromatid)의 한쪽은 복제로 끝나고, 다른 한쪽은 결실로 끝나게 된다.

그림 5.26b에 나타낸 두 번째 기작은 **레트로포지션(retroposition)** 혹은 **RNA 유래중복(retroduplication)**라고 불리는 것이다. 레트로포지션은 인트론이 제거된 전사 RNA가 두 가닥의 DNA를 만들기 위해서 역전사효소에 의해 역전사될 때 시작된다. 이 DNA가 염색체의 한쪽에 끼어 들어가면, 유전체는 새로운 유전자의 복사본을 얻게 되는 것이다. 많은 경우 새로운 복사본은 전사를 유도하는 조절 염기서열(regulatory sequence)이 없기 때문에 기능을 갖지 않는 **위유전자(pseudogene)**이다. 그러나 복사본의 삽입이 조절 부위 근처에 일어나고 전이인자(transposable element)의 삽입이 일어나거나 혹은 진화에 의해서 조절 유전자를 갖게 된다면 기능을 가진 유전자가 될 수 있다.

레트로포지션과 부등교차는 유전체에 독특한 흔적을 남긴다. 그것들의 기원을 밝히는 실마리는, RNA 유래 중복된(retroduplicated) 유전자는 인트론이 없다는 것, 그리고 일반적으로 원래의 유전자로부터 먼 곳에서 발견된다는 사실이다. 반면에 부등교차에 의해 중복된 유전자는 부모유전자와 동일한 인트론을 가지고 있고 같은 염색체에 앞뒤로 나란히 발견된다.

## 부등교차에 의해 생성된 새로운 유전자

부등교차에 의해서 생성된 유전자의 예는 Jianzhi Zhang과 공동연구자(2002)들이 수행한 동남 아시아의 두크마른원숭이(douc langur, *Pygathrix nemaeaus*)에 관한 연구에서 찾을 수 있다. 두크(douc)는 식물의 잎을 먹고 이는 원숭이에게는 드문 식이습성이다. 잎은 원숭이의 장에 사는 박테리아에 의해서 발효된다. 또한 원숭이는 박테리아를 소화시키고 박테리아가 가진 영양분을 흡수한다. 유사한 식이습성과 소화전략을 가진 반추동물처럼, 두크원숭이는 창자에 고농도의 RNASE1을 유지한다. RNASE1은 췌장에 의해 만들어진 효소로서 RNA를 분해한다. 이 효소는 원숭이가 가진 대사시스템을 이용하여 RNA를 재활용하여 질소를 방출케 한다.

Zhang과 공동연구자들은 두크마른원숭이와 다른 영장류의 RNASE1 유전자를 조사했다. 대부분의 영장류는 RNASE1을 암호화하는 하나의 유전자좌위를 가지지만 두크는 2개를 가진다. Zhang 등은 두 번째 효소를 RNASE1B라고 명명하였다. 그림 5.27a는 15종의 영장류의 RNASE1과 두크의 2개의 RNASE1에 대한 염기서열을 이용한 진화계

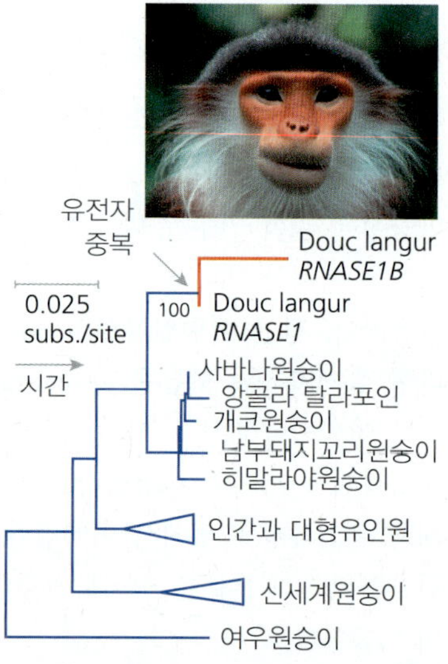


**그림 5.27 부등교차에 의한 새로운 유전자** (a) RNASE1 유전자의 계보수. (b) RNASE1의 반응표준(reaction norm).

(a, b) Reprinted by permission from Macmillan Publishers Ltd: Zhang, J., Y. P. Zhang, and H. F. Rosenberg. 2002. "Adaptive evolution of a duplicated pancreatic ribonuclease gene in a leaf-eating monkey." *Nature Genetics* 30: 411–415.

통수를 나타낸다. 두크마른원숭이의 두 유전자는 서로 가장 가까운 친척이다. 가장 단순한 설명은 두크의 RNASE1B 유전자는 원숭이의 RNASE1유전자의 최근의 유전자중복(gene duplication)에 의하여 생성되었다고 하는 것이다. 두 유전자는 각각 인트론을 가지고 있고 두 인트론은 거의 동일하다. 이것은 유전자중복이 부등교차에 의하여 일어났다는 것을 시사한다.

Zhang과 공동연구자들은 두크마른원숭이의 두 RNASE1 유전자에 의해서 암호화되는 단백질을 구별 짓는 9개의 아미노산 치환을 발견하였다. 효소가 기능적으로 다른지 알아보기 위해서 그들은 RNase 활성을 다양한 pH에서 검사하였다. 반응표준(reaction norm)을 그림 5.27b에 나타내었다. RNASE1B는 두크마른원숭이의 소장의 특성인 상대적으로 낮은 pH에서 더 큰 활성을 나타낸다. 반면에 RNASE1은 다른 영장류의 RNASE1과 유사한 pH에서 최적의 활성을 유지하였다. 게다가, 연구자들은, RNASE1가 바이러스에 대한 방어 역할을 하리라 생각되는 두 가닥의 RNA를 분해하는 능력을 가지고 있는데 RNASE1B는 이 기능을 잃어버렸다는 것도 발견했다.

이러한 결과는 RNASE1B를 생성하는 유전자중복 이후 원래의 유전자는 조상형의 기능을 유지하는 반면 새 유전자는 두크마른원숭이의 특이한 식이습성에 대해 특화된 효소를 암호화하도록 진화하였다는 가설과 일치한다. RNASE1 유전자의 복제와 특화가 독립적으로 반추동물(Zhang 2003)과 아프리카의 나뭇잎을 먹는 원숭이(Zhang 2006; Yu et al. 2010)들에서 일어난 듯이 보인다.

RNASE1과 RNASE1B처럼 유전체상에서 중복되고 기능이 분화한 유전자를 **동종상동성(paralogous)** 유전자라고 한다. 동종상동성 유전자는 **이종상동성(orthologous)** 유전자와 구별되며 이종상동성 유전자는 두크마른원숭이의 RNASE1과 사람의 RNASE1처럼 공동조상으로부터 종분화로 분리되어온 유전자이다.

## 레트로포지션으로 생성된 새로운 유전자

레트로포지션에 의해 새로운 유전자가 생성되는 예는 Heidi Parker와 공동연구자(2009)들이 개에 대해서 수행한 연구에서 볼 수 있다. 연구자들은 코기, 닥스훈트, 바셋, 그리고 여러 가지 품종에서 보이는 짧은 다리가 특징인 연골형성이상증(chondrodysplasia)에 관련된 유전자를 찾으려고 했다**(그림 5.28a)**. 연골형성이상증을 가진/가지고 있지 않은 품종의 차이를 보기 위해서 개의 유전체를 자세히 조사하였고 그들은 18번 염색체상의 fibroblast growth factor 4(*fgf4*)의 복제된 유전자를 찾아냈다. 복제본을 가지고 있는 것은 연골형성이상증과 매우 깊은 관계가 있다. 그림 5.28b는 여러 품종을 조건의 유무에 따라 세 가지 범주로 구분하고 있다. 대부분의 품종에서 모든 개체들은 18번 염색체에 복제된 두 사본을 갖든지(*DD*) 혹은 하나도 갖지 않는다(*NN*). 몇몇 품종은 다형성을 띠었고 이는 개체들이 다른 유전자형을 가진다는 것을 의미한다. [기타 범주로 구분된 품종—케언테리언(cairn terrier), 노리치테리어(Norwich terrier), 시츄(shih tzu)—은 짧은 다리를 가지지만 연골형성이상증의 정의에 부합되지 않는다.]

*fgf4* 복사본은 인트론을 가지고 있지 않고 원본과 다소 떨어진 곳에 위치하고 있다. 이것은 유전자중복이 레트로포지션에 의해 일어났다는 것을 보여주는 증거이다. Parker와 공동연구자들은 *fgf4* 복사본을 가진 개에서 복사본 유전자가 강아지의 장골(long bone)에 있는 관절을 형성하는 연골에서 원본 유전자처럼 발현한다는 것을 발견했다. 복사본은 운좋게 전이인자(transposable element)의 가운데에 들어감으로써 촉진유전자를 획득한 것으로 보인다. 언제, 어디서 단백질이 실제로 만들어지는지는 mRNA의 비번역 부위의 조절서열과 관계 있는 듯하다.

(a) 짧은 다리를 가진 개

(b) 다양한 품종의 개가 가진 *Fgf4* 유전자형



**그림 5.28 레트로포지션에 의해 생성된 *fgf4* 유전자의 새로운 복사본**

(a) 웰시코기 품종처럼 진도 품종도 연골형성이상증(chondrodysplasia)을 가지고 이는 짧은 다리라는 특징으로 나타난다. (b) 개의 여러 품종에서 연골이상증은 fibroblast growth factor 4 유전자의 레트로 복제본의 존재와 강한 상관 관계가 있다. Parker et al. (2009)의 자료.

Parker와 공동연구자들이 검사한 모든 연골이상증을 가진 품종은 같은 유전자좌위에 복사본 유전자를 가지고 있다. 따라서 유전자중복은 현재의 개의 품종이 발생하기 전에 한 번만 일어난 것으로 보인다. 그 다음 인공적인 선택에 의해서 짧은 다리를 가진 품종에서 빈도가 높아진 것이다.

### 중복된 유전자와 진화

유전자중복은 개체 사이의 유전체 변이의 상당부분을 설명하고, 따라서 진화의 원재료(raw material)가 된다. 최근의 연구는 점돌연변이가 가져오는 차이보다 복사본 수 변이가 가져오는 차이에 의해 더 많은 유전체가 영향을 받는다는 것을 시사한다(Mills et al. 2011). 유전자 복사본의 수에 있어서 개체 간의 변이는, 그 자체로 적응진화의 대상이 되고 있다(Perry et al. 2007). 연이은 유전자중복과 그 후에 일어나는 유전자의 발산이 기능적으로 관련 있는 유전자의 패밀리—후각 수용체 유전자의 경우처럼—를 만들어 왔고 그 수는 수백 개에 달할 수도 있다(Young et al. 2008).

**유전자중복은 진화를 위한 돌연변이의 중요한 범주에 속한다. 복사본 수의 증가는 그 자체로 적응적일지 모른다. 유전자중복 후에 일어나는 기능의 분기는 유전자 패밀리를 형성한다.**

## 비암호화 DNA에서 새로운 유전자의 생성

대부분의 새로운 유전자는 현존하는 유전자중복으로 생성되지만, 어떤 유전자는 비암호화 DNA로부터 생성되는 듯하다. David Knowles과 Aoife McLysaght(2009)는 사람에게서 세 가지의 증거를 찾아내었다. 우리는 그 중 하나를 간략하게 살펴본다.

*C22orf45*는 사람에게만 유일하게 보이는 기능불명의 유전자이다. 그것은 여러 가지 조직에서 전사되고 그 mRNA는 단백질로 번역되는 것으로 알려졌다.

그 유전자는 사람에게 유일하지만, 유사한 염기서열은 침팬지, 고릴라, 오랑우탄, 기본(gibbon), 마카크(macaque) 등의 상동위치에서도 발견된다. 사람을 제외한 모든 영장류의 염기서열은 미숙한 정지코돈을 포함하는데, 만약 중간에 정지되지 않고 끝까지 염기서열이 전사되고 번역된다면 단백질은 사람의 것과 크게 다른 형태가 될 것이다. 미숙한 정지코돈은 인간이 아닌 5종의 영장류에서 공유되고 있다(그림 5.29).

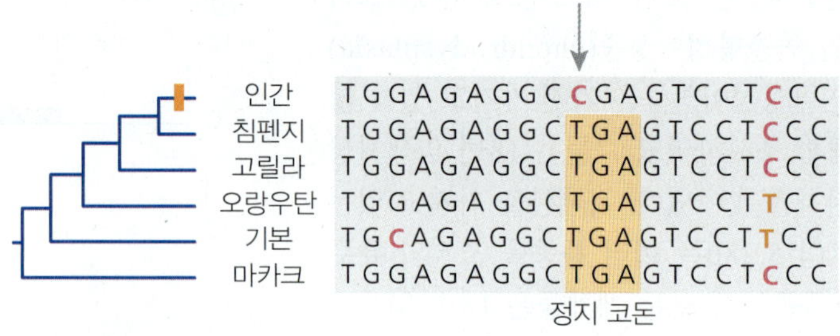


**그림 5.29 비암호화 DNA로부터 생성된 새로운 인간 유전자** 원숭이와 마카크에서 사람의 *C22orf45* 유전자에 상동적인 염기서열은 미성숙 종료 코돈을 포함하고 있다. Knowles and McLysaght (2009)에서.

이러한 양상에 대한 가장 단순한 설명은 염기서열은 인간과 다른 5종의 원숭이의 가장 최근의 공동조상에서 비암호화 염기서열이었다가 현생 인류에 이르는 진화과정에서 암호화 유전자로 바뀌었다고 하는 것이다.

새로운 대립유전자와 유전자를 만드는 돌연변이에 대해서 논의했으니 우리는 이제 매우 급격한 돌연변이로 눈을 돌리려 한다. 염색체의 많은 부분, 혹은 유전체 전체를 변화시키는 돌연변이가 그것이다.

# 5.4 염색체 돌연변이

지금까지 논의한 돌연변이는 DNA의 한 염기부터 수만 염기에 이르는 규모에서 발생한다. 이러한 변화는 염색체의 형태를 변화시키는 돌연변이에 비하여 영향이 미미하다. 이러한 몇몇 돌연변이는 유전자의 순서나 구성만 변화시키고, 다른 돌연변이는 유전물질 양에 영향을 줄 정도로 중복이나 결실 등을 유발하기도 한다. 그것들의 대상은 DNA 분자의 전체 혹은 다양한 크기의 단편을 포함할 수 있다. 여기서 우리는 진화에서 특히 중요한 2가지 형태의 염색체 변화에 대해서 초점을 맞춘다.

## 역위

염색체 **역위(inversions)**는 흔히 방사선에 의해 염색체의 2가닥이 파손되었을 때 시작되어 여러 단계에 걸쳐 진행된다. 파손 후, 염색체의 단편은 떨어져 나왔다가 다시 원래 위치로 붙을 수도 있고, 그림 5.30이 나타내듯이, 이 과정에서 염색체상의 유전자의 순서가 뒤바뀔 수 있다.

역위는 점돌연변이보다 훨씬 더 큰 DNA 염기서열과 유전자중복과 관련 있을 뿐 아니라, 다른 여러 가지 결과도 가져온다. 역위는 유전자 **연관(linkage)**이라 불리는 현상에 영향을 준다. 연관은 다른 유전자의 대립유전자가 감수분열 때 같이 행동하는 경향을 말한다. 같은 염색체상의 유전자는 비상동성 염색체위의 유전자보다 강하게 연관되는 경향이 있다(즉, 같이 물려받기 쉽다). 그리고 유전자가 염색체상에 가깝게 있을수록 연관은 더 강하게 된다. 반면에 감수분열 시 교차는 대립유전자의 조합을 깨고 연관을 약화시킨다(8장 참조).

역위가 이형접합성일 때, 즉 한 염색체는 역위를 가지고 다른 것은 가지지 않을 때, 역위된 염기서열은 감수분열 1기의 전기에 제대로 정렬이 되지 않는다. 성공적인 교차가 일어날 가능성은 드물다. 결과적으로 역위 내의 대립유전자는 강하게 같이 묶여 있어 그것들은 하나의 "슈퍼유전자"로 상속된다.

역위는 초파리에서는 흔한 현상이다. 역위가 진화에 있어서 중요할까? 이 질문에 대답하기 위해 *Drosophila subobscura*의 집단에서 발견된 일련의 역위현상에 대해 생각해보자. 이 초파리는 서유럽, 북아프리카, 중동에 서식하고 6개의 염색체를 가지고 있다. 이 중 5개의 염색체는 적어도 하나의 역위에 대하여 **다형적(polymorphic)**이다(Prevosti et al. 1988). 즉 역위를 가진 염색체와 가지지 않은 염색체가 존재한다는 것이다. 생물학자들은 1960년대 이래로 이러한 역위의 빈도가 위도와 기후에 따라 일정하게 변한다는 것을 알았다. 이러한 대립유전자 빈도 혹은 역위의 지리적 위치 상의 일정한 변화의 양상을 **연속변이(cline)**라 한다. 몇몇 연구자들이 다른 역위들은 춥고 습한 기후 혹은 덥고 건조한 조건에서 잘 기능하는 대립유전자의 조합을 포함할 것이라 주장했다. 그러나 이러한 연속변이는 정말 슈퍼유전자의 자연선택의 결과일까? 혹은 오래전 창시자 집단에 있던 차이에 의해 유발된 역사적 우연일까?

실험으로 이 문제를 해결한 사례가 있다. 1978년 *D. subobscura*는 처음으로 아메리카 대륙(New World)에 나타났다. 처음에는 칠레의 푸에르 집단이 남미 집단으로부터 유래한 것이라는 사실을 시사한다. 예를 들어 구세계(Old World; 유럽, 아시아, 아프리카)의 집단에 있는 80가지의 역위 중 19가지가 칠레와 워싱턴 주에서 발견된다. 각 대륙에서 도착한 이후 몇 년 이내에 *D. subobscura* 집단은 해안을 따라 퍼졌고 구세계에서 발견된 역위의 빈도와 같이 연속변이를 보이게 되었다(그림 5.31). 연속변이는 기후조건의 변화—지중해의 다습한 해양 환경으로부터 사막의 스텝 서식지에 이르기까지—와 상관관계를 보이기도 하다(Prevosti et al. 1988; Ayala et al. 1989). 이것은 연속 변이가 자연선택에 의한 것이지 역사적 우연에 의한 것이 아님을 보여주는 강력한 증거이다.

어떤 유전자가 역위에 묶여 있을까, 그리고 그것들은 기후 변화에 대한 적응에 어떻게 영향을 미칠까? 실험실에서 작은 신체 크기를 가진 *D. subobscura* 가계 혈통은 건조

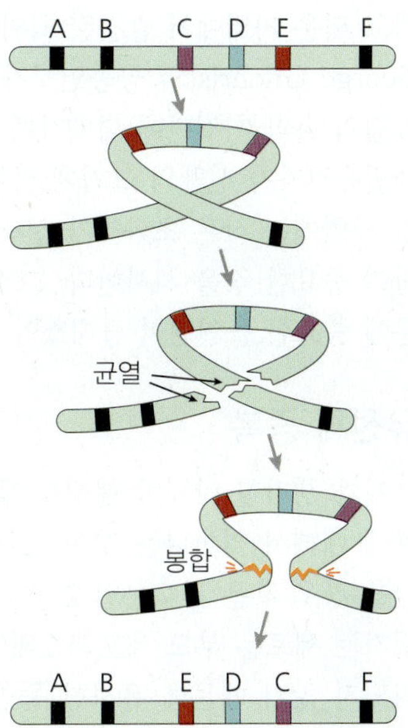


**그림 5.30 염색체 역위** 역위는 염색체가 두 곳에서 끊어진 후 순서가 역전되어 다시 붙을 때 발생한다. 그림에서 유전자 C, D, E의 순서에 주목하라.

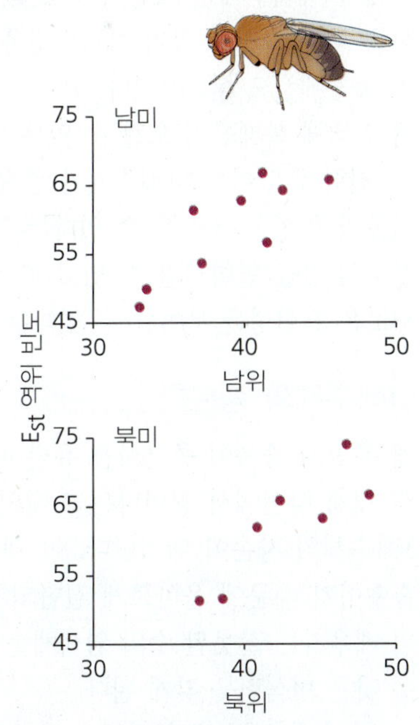


**그림 5.31 역위의 빈도는 *D. subobscura*에서 연속변이를 보인다** Prevosti et al. (1988)의 자료; Balanyàet al. (2003)도 참조.

하고 더운 지역에서 발견된 역위에 대해서 상동적이 되려는 경향이 있다(Prevosti 1967). George Gilchrist와 공동연구자(2004)들은 신체의 크기에 대한 연속변이가 북미, 남미, 유럽의 초파리 집단에 명백하게 존재한다는 것을 확인하였다. 이러한 결과들은 역위에서 대립유전자가 신체의 크기에 영향을 주어, 춥고 다습한 지역에는 큰 초파리가, 덥고 건조한 지역에는 작은 초파리가 선택된다는 것을 암시하는 것이다. 초파리 연구는 역위에 대하여 중요한 점을 시사한다: 그것들은 대립유전자의 그룹에 대한 선택에 영향을 주기 때문에 중요한 돌연변이 클래스인 것이다.

**염색체 역위는 재조합을 억누르고 따라서 인접한 유전자좌위의 대립유전자의 조합을 유지하게 도와준다.**

## 유전체 중복

우리가 생각할 마지막 형태의 돌연변이는 가장 큰 규모로 일어난다. 즉, 염색체 전체 세트에 대해서 일어나는 것이다. 예를 들어 상동 염색체가 감수분열 1기에 분리에 실패하였을 경우 혹은 감수분열 2기에 자매 염색분체가 제대로 분리되지 않았을 때 그 결과로 생기는 세포는 부모 세포의 2배의 염색체를 가지게 된다. 식물에서는 생식세포계열이 분리되지 않기 때문에 유사한 돌연변이가 배우자를 형성하는 유사분열에서 일어날 수 있다. 이와 같은 돌연변이는 반수체가 정상인 종에서 2배수체의 배우자를 형성하게 한다.

그림 5.32는 염색체가 중복되는 돌연변이의 결과를 보여준다. 그림에서 2배수체 배우자를 생산하는 개체는 암수 생식 구조를 모두 가지고 자가수정을 할 수 있다. 그런 경우, 4배수체의 자손이 생긴다. 이 자손이 성장하여 자가 수정을 하거나 2배체의 배우자를 생산하는 4배수체의 개체들과 교배를 하면 4배수체의 집단이 형성되는 것이다.

염색체의 2세트 이상을 가진 생명체를 우리는 **다배수체(polyploid)**라고 한다. 다배수체 생물은 $4n$, $6n$, $8n$ 혹은 그 이상이 될 수도 있다. 다배수체는 식물에 흔하고 동물에는 드문데 아마도 자가수정이 동물보다는 식물에서 더 흔하기 때문일 것이다. 현화식물의 거의 절반과 대부분의 양치식물은 다배수체화가 일어난 조상으로부터 유래하였다. 동물에서 다배수체는 지렁이나 몇몇 편형동물에서 볼 수 있고 이러한 생물은 암수의 생식선을 모두 가지고 있어 자가수정을 할 수 있다. 다배수체는 자손을 번식시키는 단성생식의 동물에서도 볼 수 있다. 딱정벌레, 쥐며느리, 나방, 새우, 금붕어, 도마뱀의 몇몇 종에서 염색체 복제를 일으킬 수 있는 단성생식이 일어난다.

진화에 있어서 다배수체가 중요한 돌연변이 형태가 되는 2가지 이유가 있다. 첫째는 신종의 형성을 유발할 수 있다는 것이고 둘째는 세포의 크기, 세포의 기하학적 구조, 유전자의 양을 변화시킬 수 있고 따라서 개체가 새로운 환경에 이주하여 적응할 수 있도록 새로운 표현형을 부여할 수 있다는 것이다.

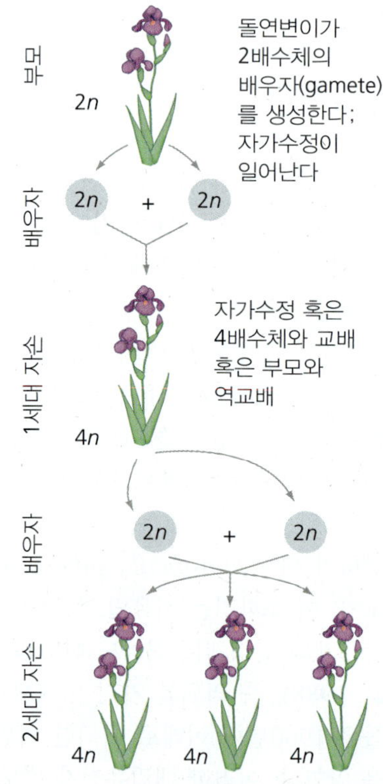

그림 5.32 **4배수체가 생성되는 방식**

### 다배수체와 종분화

왜 유전체 중복이 종분화를 유발하는가를 알아보기 위해, 4배수체 집단과 2배수체 집단의 개체 사이에서 일어나는 교배의 결과를 상상해 보자. 두 집단의 개체가 교배를 하면, 3배수체의 자손이 태어난다. 이 개체들이 성숙하여 감수분열이 일어날 때 상동염색체는 홀수이기 때문에 올바르게 결합되지 않는다. 결과적으로 3배수체에 의해 생성된 대부분의 배우자는 잘못된 수의 염색체를 갖게 되고 생존할 수 없게 된다. 3배수체의 개체는 매우 낮은 번식력을 갖게 된다.

**전체 게놈의 중복은—특히 식물에서—중요한 종분화 기작이다.**

반면에 4배수체의 개체가 자가수정을 계속하게 될 때, 혹은 같은 4배수체끼리 교배를 하게 될 때, 번식력을 가진 4배수체 자손이 태어나게 된다. 이런 식으로 자연선택은 생식적으로 그들의 부모 집단과 격리된 다배수체를 선호한다. 유전적으로 격리된 2배수체와 4배수체는 다른 종으로 발전하는 것이다.

## 유전체 중복과 적응

Justin Ramsey(2011)는 야생의 서양톱풀(wild yarrow)의 재배실험을 통하여 다배수체가 새로운 환경으로의 이주와 적응을 촉진한다는 가설을 검정했다(그림 5.33a). 북캘리포니아의 해안을 따라 서식지별로 다른 배수체를 가진 서양톱풀 집단이 분포한다. 4배수체 집단은 해안 목초지, 침엽수 숲, 산악 목초지에 살고, 6배수체는 모래언덕과 참나무 삼림지대에 산다. 4배수체 식물은 때때로 6배수체의 자손을 생산하기 때문에, Ramsey는 6배수체의 집단이 4배수체의 조상으로부터 유래했고 배수성의 증가가 건조한 서식지로의 이동을 촉진하지 않았을까 생각했다.

Ramsey는 4배수체의 식물로부터 얻은 제1세대의 6배수체(신-6배수체, neo-hexaploids)와 야생의 6배수체를 모래언덕에서 같이 재배하였고 3년 동안 그 과정을 모니터링을 하였다.

그림 5.33b에 보이는 생존데이터는 모래언덕에 보통 사는 6배수체가 4배수체보다 모래 언덕에 더 잘 적응한다는 것을 보여준다. 이것은 놀라운 것이 아니다. 중요한 것은 신-6배수체가 4배수체보다 더 잘 적응한다는 사실이다. 그림 5.33c의 데이터는 신-6배수체가 개화시간도 중간에 위치한다는 것을 보여준다.

Ramsey의 결과는 배수성의 변화가 표현형을 변화시킬 수 있고 이로 인해 개체가 새로운 환경에 더 잘 적응하게 된다는 생각과 일치한다. 그리고 새로운 배수성을 가진 집단이 새로운 서식지에 정착하면 그것은 더 잘 적응하도록 자연선택에 의해 진화한다는 사실과 일치한다.

우리가 살펴본 이러한 연구들은 돌연변이가 진화의 원재료가 되는 방식을 많이 보여준다. 이후의 여러 장(chapter)에서 돌연변이에 대하여 우리가 알아야 할 많은 사실이 있다: 어떻게 돌연변이가 일어나는가, 그것들이 어떻게 개체의 적응도에 영향을 주는가. 이 장의 마지막 절에서 이러한 주제에 대하여 살펴보자.

(a) 서양톱풀

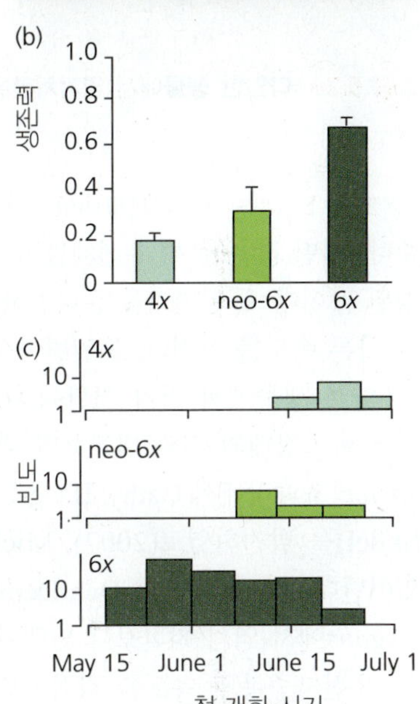


**그림 5.33 적응의 기작으로서의 유전체 중복(genome duplication)** (a) 야생 서양톱풀(*Achillea borealis*). (b) 모래언덕에서 다른 배수체를 가진 식물의 생존. (c) 같은 식물의 개화 시간 분포. Ramsey (2011)에서.

# 5.5 돌연변이율과 돌연변이 적응도 효과

돌연변이는 드물게 일어나고 그 결과도 흔히 미약하기 때문에 돌연변이율과 적응도 효과는 연구하기 어려운 주제였다. 그러나 최근에 DNA 염기서열 결정과 유전공학의 발전으로 정확하게 이러한 주제를 연구하는 것이 가능하게 되었다.

## 돌연변이율

전통적으로, 유전학자들은 파괴되었을 때 표현형의 변화를 가져오는 유전자를 연구함으로써 돌연변이율을 추정하였다(Nachman 2004 참조). 이제 유전자는, 심지어는 유전체조차도, 빠르고 저렴하게 염기서열이 결정될 수 있기 때문에 과학자들은 보다 직접적이고 광범위하게 돌연변이율을 측정할 수 있게 되었다.

예를 들어, **돌연변이 축적(mutation accumulation)** 실험이라고 불리는 연구에서 Stephan Ossowski와 공동연구자들(2010)은 공동조상으로부터 유래한 애기장대(*Arabidopsis thaliana*)의 다섯 계보의 유전체의 염기서열을 결정하였다. 다섯 계보의 각각은 30세대 동안 최적의 조건에서 생장하였고 무작위적으로 선택된 씨앗으로부터 각 세대는 번식하였다. 각 계보는 자연선택에 의해 도태되지 않는 돌연변이를 축적하게 되었다. 공동조상과 자손들의 유전체를 비교하여 연구자들은 99회의 염기 치환과 17회의 삽입과 결실을 발견하였다. 이 데이터로부터 연구자들은 돌연변이율을 추정하였다.

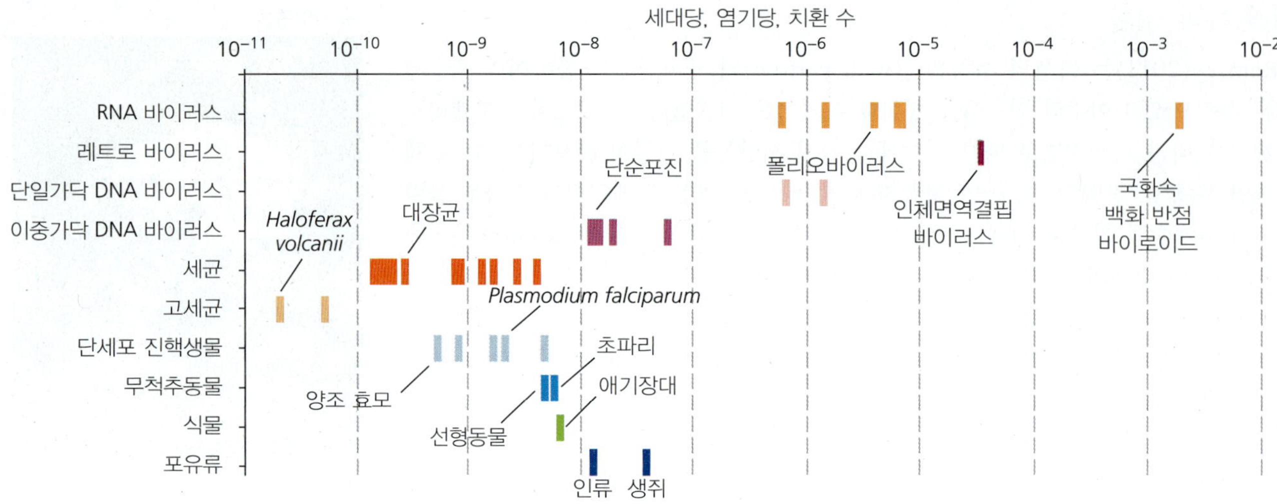


**그림 5.34 다양한 생물에서 염기치환율** Lynch (2010a)와 Mansky and Temin (1995)의 자료를 이용한 그림.

그림 5.34는 애기장대(thale cress)와 다른 분류군의 염기 치환 속도의 추정치를 보여준다. 어떤 값은 전제 유전체를 바탕으로 추정된 것이고 어떤 값은 대표적인 유전자로 추정된 값이다. 돌연변이율은 다양하고 몇 자릿수의 차이가 나기도 한다. 다른 종류의 생물은 다른 속도를 가진다. 돌연변이율은 진화하는 것이 명백하다.

다른 생물에서 염기 치환에 대한 삽입과 결실의 상대적 속도는 상당한 변이를 보이지만 애기장대의 것과 비교하면 대략적으로 비슷한 것처럼 보인다. *Drosophila melanogaster* 초파리에서 Cathy Haag-Liautard와 공동연구자들은 3 염기 치환당 하나의 인델(indel)을 발견하였고(2007), Michael Lynch(2010b)는 17 염기 치환당 하나의 인델이 일어난다고 추정하였다. Dee Denver와 공동연구자(2004)들은 환형동물 *Caenorhabditis elegans*에서 염기 치환보다 인델이 약간 더 많음을 알아냈다.

유전자중복의 속도를 직접적으로 측정한 경우는 드물다. 하지만 대부분의 집단에서 개체간의 유전자 복사본 수의 변이를 생각할 때 그 속도는 빨라야 할 것이다(Schrider and Hahn 2010). Kendra Lipinski와 공동연구자(2011)들은 Ossowski의 애기장대실험과 유사한 돌연변이 축적 실험으로 얻은 선형동물 *C. elegans*의 10가지 혈통을 비교하였다. 그들은 중복이 유전자당 세대당 $1.2 \times 10^{-7}$회의 비율로 일어난다고 추정하였다. *C. elegans*의 어떤 유전자는 그 유전자 내의 한 염기에 치환이 일어나는 속도보다 빠르게 유전자중복이 일어나는 것이다.

이 모든 데이터는 돌연변이율이 세포성 생물(cellular organism)에서는 낮다는 것을 의미한다. 그러나 유전체는 거대하다. 그림 5.34처럼 10억 염기당 세대당 대략 12개의 돌연변이라는 사람의 염기 치환율을 단배수체의 32억의 염기에 곱하면 사람(Lander et al. 2001)은 수정란을 형성할 배우체를 통하여 대략 36개의 점돌연변이를 상속한다는 것을 의미한다.

Donald Conrad 등(2011)의 연구로 이 계산은 확인되었다. 연구자들은 두 가족에서 부모와 딸의 유전체의 염기서열을 결정하였다(그림 5.35). 첫 번째 가족에서 그들은 딸이 49개의 생식세포계열(germ-계열) 돌연변이를 상속하였고, 대부분의 돌연변이는 아버지로부터 받은 단배수체의 유전체에 있었다. 두 번째 가족에서 딸은 35개의 새로운 생식세포계열 돌연변이를 상속하였고 대부분의 돌연변이는 어머니로부터 받은 단배수체 유전체에 있었다. 연구팀의 분석은 유전체의 80%를 망라하는 것이고 그들은 새로운 생식세포

가계 1
미국 유타 거주의 서/북 유럽인

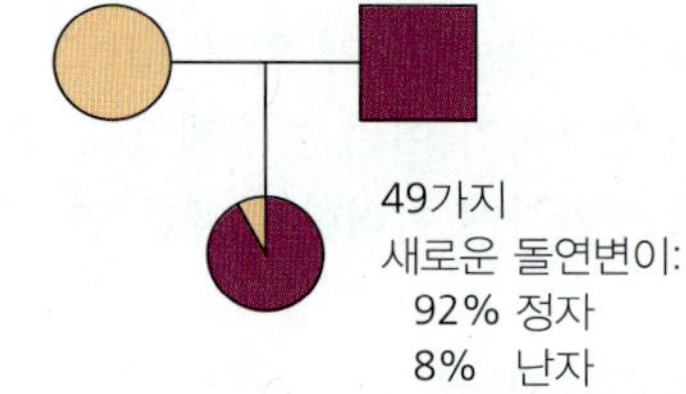


가계 2
나이지리아 이바단 거주의 요루반인

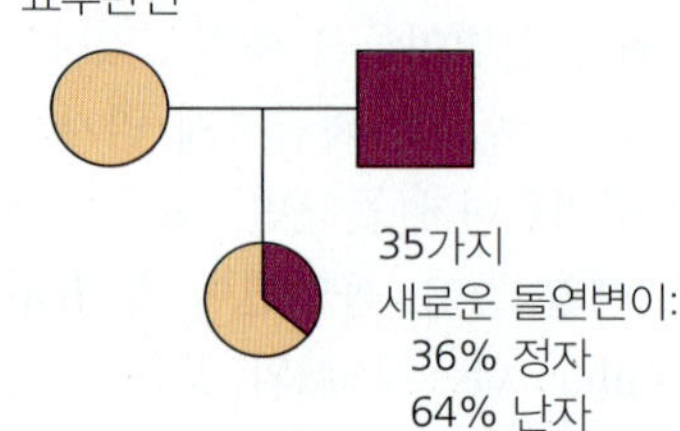


**그림 5.35 모든 사람은 돌연변이체이다** 부모와 자식의 유전체를 염기서열 결정함으로써 알게된 새로운 생식세포계열 돌연변이. Conrad et al. (2011)에서.

계열 돌연변이의 70~75%만 찾아내도록 하는 엄격한 판단기준을 사용하였다. 이러한 제한을 고려할 때, 그들이 찾은 돌연변이의 수는 그림 5.34의 돌연변이율에 기반을 두고 우리가 기대할 수 있는 것과 근접한 결과이다. 이러한 결과는 암수의 생식세포계열의 돌연변이율 차이, 더 나아가서는 개체들 사이의 돌연변이율 차이를 암시하는 것이다. 확실한 경향을 얻기 위에서는 더 많은 데이터가 필요할 것이다.

**돌연변이에 대한 우리의 지식은 유전체 염기서열 결정 덕분에 급격히 증가하고 있다. 돌연변이율은 유전체상의 유전자좌위에 따라, 개체에 따라, 생물의 종류에 따라 변이를 보인다.**

## 돌연변이의 적응도 효과

Ronald Fisher는 1930년에 적응도를 변하게 하는 대부분의 돌연변이는 유해할 것이라고 예상하였다(Orr 2005 참조). 어떻게 돌연변이가 적응도를 변화시키는지에 관한 가장 적절한 데이터는 바이러스에서 얻을 수 있다. 생물학자들은 바이러스의 유전체에 점돌연변이를 도입하기 위하여 위치지정 돌연변이(site-directed mutagenesis)라고 하는 기술을 사용하여 왔고, 바이러스의 숙주세포에 변경된 유전체를 삽입하였으며 돌연변이체 바이러스와 원래의 바이러스 집단의 적응도—최적의 조건하에서 집단의 증가율—를 비교하였다(Sanjuán 2010).

그림 5.36a는 Joan Peris와 공동연구자들(2010)이 얻은 대표적인 결과를 보여준다. 그래프는 *E. coli*의 단일가닥(single-stranded) DNA 바이러스인 박테리오파지(bacteriophage) f1의 유전체에 무작위적으로 도입된 100개의 돌연변이의 상대적인 적응도 효과의 분포를 나타낸다. 치명적인 돌연변이의 상대적인 적응도와 조상 균주의 적응도를 0과 1로 정의한다. 약 1/4의 돌연변이가 치명적이고 40% 이상은 중립적이다. 나머지 중에 대부분은 유해하다. 단지 2개의 돌연변이만 유리한 것이다.

그림 5.36b는 효모(*Saccharomyces cerevisiae*)를 가지고 한 유사한 실험 데이터를 보여준다. 이 연구에서 중요한 것은 효모가 생활사에서 이배수체와 단배수체의 시기를 가지고 있다는 점이다. 감수분열로 이배수체에서 단배수체로 바뀌고 수정에 의해서 단배

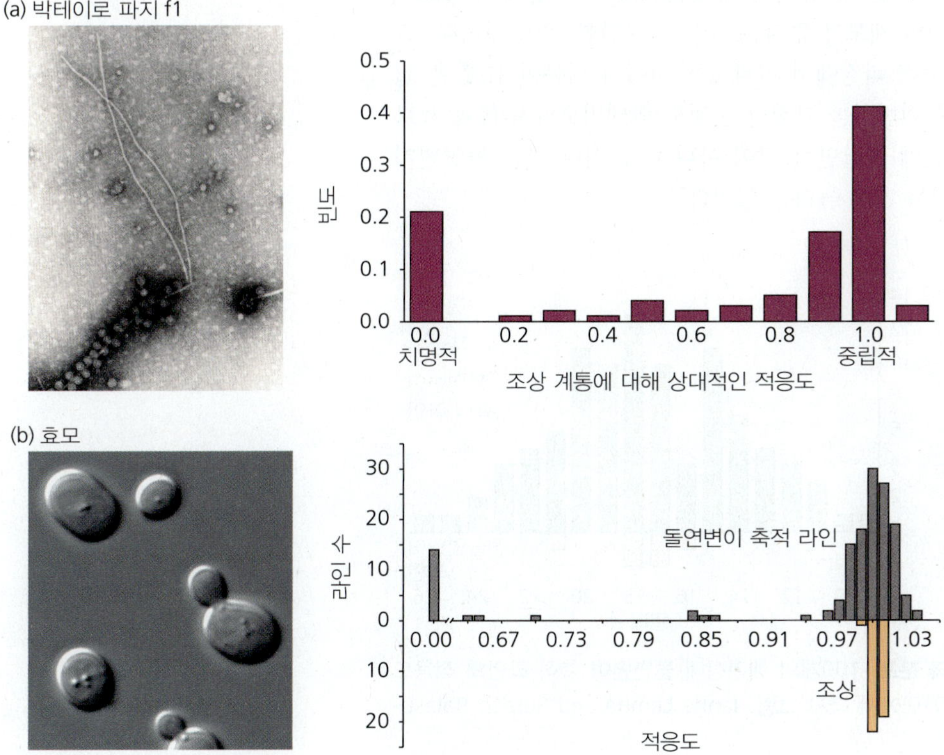


**그림 5.36 새로운 돌연변이의 적응도 효과의 분포** (a) 바이러스 유전체에 무작위적으로 도입된 100개의 돌연변이의 적응도 효과. Peris et al. (2010)에서 다시 그림. (b) 효모의 144개 돌연변이 축적 계보와 조상계보의 적응도. Hall and Joseph (2010)에서 다시 그림.

수체에서 이배수체가 된다. 각 시기에 효모는 체세포분열을 한다.

David Hall과 Sarah Joseph(2010)은 유전체의 모든 유전자좌위에서 상동적인 스트레인을 공동조상으로 하여 실험을 시작하였고 144개의 돌연변이 라인을 얻었다. 그들은 라인을 최적의 조건에서 배양하였다. Hall과 Joseph은 하루 걸러 각 라인의 하나의 세포를 새로운 배양기에 이식하였다. 새롭게 발생하여 새로운 배양기에 옮겨지는 돌연변이는 이전의 라인과의 경쟁에서 보호받는다. 2배수체 세포에 치명적인 돌연변이는 유사분열에 의한 증식률을 현저하게 감소시키는 돌연변이처럼 새 배양기에 이식되기 전에 사라질 것이다. 다른 종류의 돌연변이는 이식되어 보존될 가능성이 있다.

50번째 이식까지, 돌연변이 축적 라인은 1012 세포 세대 동안 번식을 하였다. Hall과 Joseph은 효모에 감수분열을 유도하여 단배수체의 포자를 만들게 하였다. 그들은 포자를 분리하여 새로운 배양기에 두었고 그 결과 생성되는 군체의 성장률을 측정하였다. 그림 5.36b는 144개의 돌연변이 축적 라인과 조상 라인으로부터 시작된 42 군체의 상대적인 성장률을 비교한 것이다. 14개의 돌연변이 축적 라인은 단배수체로는 생존할 수 없는 결함을 가지고 있다. 75 라인은 조상형 라인과 통계학적으로 차이가 없는 성장률을 가지고 있다. 35 라인은 유해하지만 치명적이지 않은 돌연변이를 가졌고 약 14%에 해당하는 24 라인은 유리한 돌연변이를 가지고 있다.

그림 5.37은 자연적인 조건하에 다세포 생물의 생장에 대한 데이터를 보여준다. Mathew Rutter, Frank Shaw, 그리고 Charles Fenster(2010)는 Stephan Ossowski과 공동연구자들의 실험과 같은 방식으로 생성된 100개의 애기장대 돌연변이 축적 라인을 연구하였다. 그들은 각 라인으로부터 얻은 70개의 묘종과 돌연변이 이전 유전자형을 나타내는 504개체를 야생상태에서 재배하였다. 애기장대는 자기들끼리 그리고 다른 야생식물들과 경쟁하여야 했다. 식물들이 씨를 맺을 때 연구자들은 각 식물들이 생산해낸 열매의 수를 세었다.

그림은 각 라인의 식물들이 생산해 낸 열매의 평균 수를 6개의 조상형 유전자 라인에서 생성된 평균 수와 비교한 것이다. 열매를 맺기 전에 죽었던 식물들은 열매 수 0으로 간주되어 평균에 반영되었다. 적응도 0의 계보가 없다는 것은 놀랄만한 일이 아니다. 그것은 치명적인 돌연변이가 돌연변이 축적 과정에서 사라졌을 것이기 때문이다. 많은 실험적인 계보가 유해하거나 중립적인 돌연변이를 가졌다는 것도 박테리오파지 f1과 효모의 결과로 예상할 수 있는 일이기 때문에 놀랄만한 것이 아니다. 그러나 많은 돌연변이 축적 라인이 유리한 돌연변이를 가졌다는 것은 놀라운 일이다.

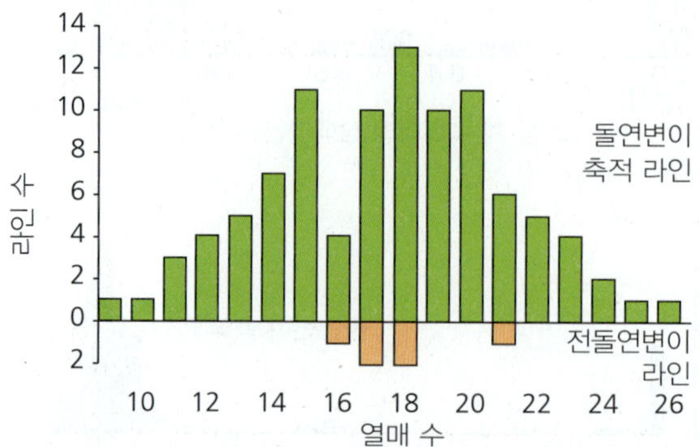


**그림 5.37 새로운 돌연변이의 적응도 효과 분포** 100개의 애기장대 돌연변이 축적 라인의 적응도를 대조군과 비교하였다. Rutter et al. (2010)에서 다시 그림. Janne Lempe and Suresh Balasubramanian Max Planck Institute의 사진.

Rutter와 공동연구자들은 그들의 애기장대 라인 간의 유리한 돌연변이 비율이 높은 것에 대한 설명으로 2가지를 제시하였다. 첫째, 식물은 격리된 생식 계열(germ line)을 갖지 않는다는 것이다. 따라서 연속적인 세대로부터 생산된 종자는 많은 세대의 체세포 분열을 사이에 두고 있다. 체세포분열 중에 생성된 유해한 돌연변이를 가진 세포계보는 다른 세포계보에 비하여 불리하고 따라서 종자 생산에 참여할 가능성이 작아진다. 게다가, 많은 식물 유전자좌위가 꽃가루에 발현되어 유해한 돌연변이가 자연선택에 의해 제거되는 기회를 제공해 주고 있다. 즉, 식물을 가지고 돌연변이 축적 실험을 하는 것은 우리가 생각하는 것보다 더 자연선택에 의해 영향을 받게 되는 것이다.

대부분의 돌연변이는 중립적이거나, 유해하거나, 혹은 치명적이다. 그러나 약간의 비율로 유리한 것도 있다.

그들의 두 번째 설명은 실험에 사용된 조상형 계보는 50년 전 실험실에서 자란 원종으로부터 얻어졌다고 하는 것이다. 실험실 조건에 적응하기 위해 진화한 후, 이 원종은 실험이 행하여진 자연 상태에는 잘 적응을 하지 못했을지도 모른다. 바이러스 연구자들은 초기에 잘 적응하지 못하는 계보에서 새로운 돌연변이가 유리하게 되는 비율이 더 높다는 것을 보여주었다(Silander et al. 2007).

우리가 살펴본 연구들은 두 가지 패턴이 일반적임을 보여준다(Eyre-Walker and Keightley 2007). 첫째, 돌연변이는 4가지 형태로 발생한다: 치명적인 것, 유해한 것, 중립적인 것 그리고 유리한 것. 둘째, 치명적이고 유해한 돌연변이는 유리한 돌연변이보다 현저하게 수가 많다. 이 두 가지 패턴은 중요한 진화의 결과를 내포하고 있다.

## 돌연변이와 진화

치명적이고 유해한 돌연변이가 유리한 돌연변이보다 수가 많다는 것은 자연선택을 겪지 않은 집단은 시간에 따라 평균 적응도가 감소한다는 것을 의미한다. 하지만 유리한 돌연변이가 때때로 나타난다는 것은 자연선택하에 집단이 평균 적응도의 증가를 보일 수도 있다는 것을 의미한다.

이러한 사실은 Larissa Vassilieva와 그 공동연구자들(2000)이 그리고 Suzanne Estes와 Michael Lynch(2003)이 선형동물 *Caenorhabditis elegans*를 이용하여 수행한 연구에서도 볼 수 있다**(그림 5.38)**. *C. elegans*는 암수 모두의 생식선을 가지고 있고 자가수정을 할 수 있다. 이러한 특징을 이용하여 Dee Denver와 공동연구자들(2004)은 조

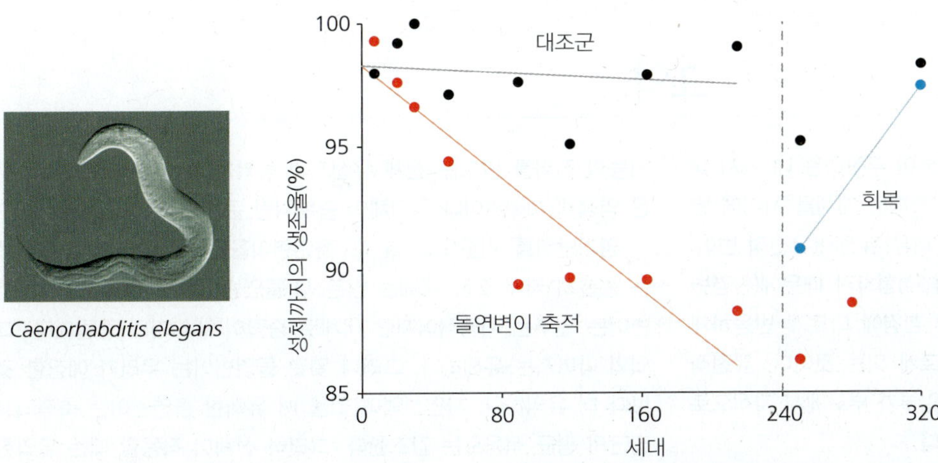


**그림 5.38 돌연변이와 자연선택 사이의 균형** 자연선택의 작용하지 않는 선형동물 계보는 대조군에 비하여 적응도가 감소하는데 이는 유해한 돌연변이를 축적하기 때문이다. 이후, 자연선택에 노출시키면 유해한 돌연변이가 제거되고 유리한 것들이 살아남아 계보가 회복된다. Vassilieva et al. (2000), Estes and Lynch (2003)에서 다시 그림. Bob Goldstein의 사진.

상형 계보로부터 돌연변이 축적 계보를 확립하였고 각 세대에서 한 마리의 벌레로부터 최적의 온도와 습도, 개체들의 최소 밀도, 충분한 먹이, 기생충이나 포식자가 없는 상황에서 증식을 하였다. 이러한 처리는 *C. elegans*를 자연선택으로부터 최대한 영향이 없게 한다.

Vassilieva와 공동연구자들은 *C. elegans*의 돌연변이 축적 계보의 개체들이 생존하여 성체가 되는 속도를 214세대 동안 주기적으로 측정하였다. 그림 5.38의 붉은 점과 최적의 직선은 그 데이터를 나타낸다. 돌연변이가 쌓임에 따라 집단의 유전적 품질은 감소한다. 몇 계보는 완전히 사라졌다.

연구자들은 동시에 같은 공동조상으로부터 확립된 대조군 계보도 실험에 사용하였다. 이러한 계보에서 나타난 새로운 돌연변이는 비돌연변이 선충들과 경쟁에 놓인다. 잘 생존하지 못하는 돌연변이는 후세대에 잘 나타나지 않는 경향이 있었다. 검은 점과 최적의 직선에 의해 나타나듯이, 이 연속적인 자연선택은 대조군 계보의 유전적 품질을 유지하게 한다.

**돌연변이는 집단의 유전적 품질을 손상시키는 경향이 있다. 그러나 돌연변이는 적응진화를 포함하여 진화에 필요한 유전적 변이를 공급해주기도 한다. 따라서 자연선택과 조합된 돌연변이는 집단으로 하여금 여러 세대를 거치면서 적응도를 유지하거나 혹은 증가하게 할 수 있다.**

240세대 후, Estes과 Lynch는 돌연변이 축적 계보의 복제본을 확립하였는데 이것을 그들은 회복계보라고 불렀다. 그들은 하나의 개체로부터 각 계보를 시작하였고 그 후에 각 세대에서 많은 개체들을 증식시켰다. 이런 식으로, 그들은 자연 선택에 필요한 조건들을 복원하였다.

복원하는 계보에서 생기는 유전적 변이의 유일한 근원은 실험이 진행됨에 따라 나타난 돌연변이이다. 그러나 높은 생존율을 부여하는 새로운 돌연변이가 다음 세대에 나타나는 기회는 평균적인 값보다 더 높았다. 그림에서 파란 점과 선으로 나타내었듯이, 복원 집단은 빨리 진화하였다. 80세대 이전에 그들의 평균 생존율은 대조군 집단의 생존율에 필적할 만큼 증가하였다.

모든 집단은 작지만 일정한, 대부분은 유해한, 돌연변이가 생기는 것을 경험한다. 집단이 냉혹하게 감소하는 것으로부터 구해 주는 것은 자연선택, 해로운 변이들을 솎아내는 것, 유익한 것들을 보존하는 것이다. Herman Muller(1950)로부터 Michael Lynch(2010b)에 이르기까지 진화유전학자들은 현대 인류가 자연선택으로부터 격리되는 많은 방식에 대해 주목하였다(예를 들어, Ulizzi et al. 1998 참조). 미래에 대한 암시는 불길하고 명백한 해법은 매력이 없다. 돌연변이와 선택 사이의 균형은 앞으로 살펴볼 장에서 다룰 주제이다.

## 요약

이 장에서 우리는 자연선택에 의한 진화이론이 주장하는 네 가지 내용 중 두 가지 내용에 대하여 알아보았다. 첫째는 개체들 사이에 변이가 존재한다는 것이다. 개체들은 그들이 다른 유전자(유전적 변이)를 가지기 때문에, 또 그들이 다른 환경을 경험하기 때문에(환경변이), 그리고 다른 유전자가 그들로 하여금 환경에 다르게 반응하게 하기 때문에 (유전자형-환경 상호작용) 다르게 되는 것이다. 유전적 변이와 유전자형-환경 상호작용은 변이의 일부가 부모에서 자식으로 전달된다고 하는 두 번째 내용을 만족시킨다

유전정보는 DNA(그리고 RNA)의 염기서열에 의해 암호화된다. 따라서 유전적 변이의 궁극적 원천은 염기서열의 변화 혹은 돌연변이이다. 돌연변이는 한 염기의 치환처럼 작을 수도 있고 짧은 혹은 긴 염기서열의 삽입과 결실을 수반할 수도 있다. 돌연변이는 새로운 기능의 진화를 만드는 전체 유전자의 중복을 수반할 수도 있고, 혹은 염색체 재배열이나 유전체의 중복처럼 큰 것일 수도 있다.

염기단위를 기준으로 할 때 돌연변이율은 작다. 그러나 유전체는 충분히 커서 모든 개체는 많은 새 돌연변이를 가지고 있다. 돌연변이는 일부는 치명적이지만 대체로 중립이거나 거의 중립이다. 그 외의 나머지는 유해하다. 그러나 몇몇 돌연변이는 우리가 예상한 것보다 더 유익하다. 자연선택이 없을 때 유해한 돌연변이는 축적되고 집단의 평균 적응도는 감소한다. 그러나 선택이 작용할 때는 유익한 돌연변이가 축적될 수 있고 평균 적응도는 증가할 수 있다.

다음 장에서 우리는 선택이 유전적 변이에 미치는 작용에 대하여 더 자세히 알아볼 것이다.

# 질문

1. 유전적 변이와 환경변이, 유전자형-환경 상호작용의 차이는 무엇인가? 각각의 예를 제시하라. 또한 이 장에서 다루지 않은 예도 생각해 보라.

2. 우리는 이 장의 첫째 페이지에서 인간은 키에 있어서 변이를 보인다고 말했다. 이것이 유전적 변이, 환경변이, 혹은 유전자형-환경 상호작용(셋 중 어느 것도 무방)을 나타낸다고 하는 가설을 제시하라. 이 가설을 해결하기 위해서는 어떤 증거가 필요할 것인가? 적어도 이론적으로라도 이 문제를 해결할 수 있는 실험이 있을까? 쥐 같은 동물로 실험을 하는 것이 더 쉬울 것인가?

3. 당신이 다른 주제에 대해서 학습하고 있기 때문에, 당신과 당신의 반 친구들 사이의 지식의 다양성은 새 학년이 시작되었을 때보다 더 넓을 것이다. 이 변이는 어떤 종류의 변이인가? 지식의 다양성이 캠퍼스 집단의 진화에 있어서 원재료 역할을 할 수 있을까? 그렇다면 아니면 그렇지 않다면 그 이유는 무엇인가?

4. 반응표준(reaction norm)이란 무엇인가? 그리고 그것이 왜 중요한가? 외부의 온도에 대한 함수로서 당신의 기분의 반응표준을 그려보라. 어떤 종류의 변이가 반응표준을 진화하게 하는가?

5. TGACTAACGGCT의 염기서열을 생각하라. 이것을 mRNA로 전사하라. 유전코드를 이용하여 아미노산 서열로 번역하라. 점돌연변이, 삽입, 결실, 틀이동돌연변이, 동의 치환, 비동의 치환, 종결돌연변이의 예를 제시하라. 어떤 예가 단백질의 기능을 급격히 변하게 할 것 같은가? 어떤 예가 적은 효과를 가져올 것인가? 이유를 설명하라.

6. 다음과 같은 유전자형을 가진 집단을 생각해 보라: *Aa*, *Aa*, *AA*, *aA*, *aa*, *Aa*, *aa*, *aA*, *aa*, *Aa*. 유전자형 *aa*의 빈도, 대립유전자 *A*, *a*의 빈도를 계산하라. 어떤 유전자형이 가장 유리한지 판단할 수 있는가? *Aa*가 *AA*를 닮았는지 혹은 *aa*를 닮았는지 판단할 수 있는가? 그 이유는?

7. 빨간 머리의 빈도가 0.18이라 할 때 250명이 사는 마을에 빨간 머리를 가진 사람은 몇 명인가?

8. 유전자가 중복되는 두 가지 과정의 그림을 그려라. 유전자중복이 부등교차로 발생하였는지 아니면 레트로포지션으로 발생하였는지 어떻게 알 수 있을까?

9. 유전자가 레트로포지션으로 중복되었다면, 원본과 복사본을 어떻게 구분할 수 있을까?

10. 염색체 역위가 어떻게 일어나는가? 그것이 집단의 진화에 어떤 결과를 초래하는가?

11. 자가수정이 가능한 식물이 두 번째 세대에서 다배수체가 되는 과정을 그림으로 나타내라.

12. 집단이나 종 사이에서 개체들 간의 돌연변이율의 차이를 유발하는 요인에 대하여 설명하라.

13. 치명적인, 치명적이지는 않지만 유해한, 중립적인, 유리한 돌연변이 중에 가장 흔한 것은 어떤 것인가? 당신의 답을 설명하기 위한 그래프를 그려라. 그래프에 의하면 대부분의 돌연변이는 적응도에 큰 효과를 미치는가? 혹은 작은 효과를 미치는가?

14. 점돌연변이, 염색체역위, 유전자중복, 다배수체화의 진화학적 역할을 비교하고 차이를 설명하라.

15. 침묵돌연변이(silent mutation)가 인간의 TAS2R38 유전자에 일어났다고 가정하자. 새로운 대립유전자가 생성될 것인가? 대답에 대한 이유를 설명하라.

16. 사람에게서 발견되는 붉은색과 녹색의 시각색소(visual pigment) 유전자에 의해 암호화되는 아미노산 서열은 96% 동일하다(Nathans et al. 1986). 이 두 유전자는 X 염색체상의 가까운 위치에서 발견된다. 반면에 파란색 색소 유전자는 염색체의 7번 위치에서 발견된다. 영장류 중에 구세계원숭이(Old World Monkeys), 유인원, 사람만 파란색 색소 유전자를 가지고 있고 신세계원숭이(New World Monekys)는 X 염색체상의 두 색소 유전자만 가지고 있다. 다음과 같은 세 가지 가설에 대해 당신의 견해를 말하라.
    - X 염색체상의 두 유전자 중 하나가 유전자중복에 참여하였다.
    - 구세계원숭이와 신세계원숭이가 공동조상으로부터 분기된 이후에 유전자중복이 일어났고, 그 결과 두 가지 시각색소 유전자를 갖게 되었다.
    - 붉은색과 녹색 시각색소 유전자의 돌연변이형을 가진 인간 남성은 영장류 공동조상 수컷과 같은 시각 문제를 가진다.

17. 염색체 수는 전체 세트의 중복보다 작은 스케일로 진화할 수 있다. 예를 들어, 재배용 말은 2배수체가 64개의 염색체를 가지는 것에 반하여 아시아 아종인 프세발스키(Przewalski's horse) 말은 66개의 염색체를 가진다. 프세발스키 말은 $2n = 64$의 조상으로부터 진화하였다고 생각된다. 그렇다면 여분의 염색체는 어디에서 유래한 것일까? 새로운 염색체쌍 전체가 생성되었을 것 같지는 않다. 새로운 염색체의 유래에 관한 가설을 위해서 오른쪽 그림을 보라. 오른쪽 그림은 재배용 말과 프세발스키 말의 잡종에서 염색체 시냅스가 어느 정도 확실하게 일어나는가 보여주는 그림이다(Short et al. 1974). 나머지 염색체들은 정상적으로 1:1 쌍을 이룬다. 당신은 이러한 종류의 점진적인 염색체 수의 변화가 유전자 수의 변화를 수반한다고 생각하는가? 아니면 같은 수의 유전자의 단순한 재정렬을 수반한다고 생각하는가?

## 문헌탐구

**18.** 어떤 진화유전학자들은 유전코드는 자연선택에 의해 형성되어 돌연변이의 유해한 결과를 최소화한다고 주장하였다. 관련 사항에 대해여 다음 문헌을 참조하라.

Caporaso, J. G., M. Yarus, and R. Knight. 2005. Error minimization and coding triplet/binding site associations are independent features of the canonical genetic code. *Journal of Molecular Evolution* 61: 597–607.

Freeland, S. J., and L. D. Hurst. 1998. Load minimization of the genetic code: History does not explain the pattern. *Proceedings of the Royal Society London B* 265: 2111–2119.

Freeland, S. J., and L. D. Hurst. 1998. The genetic code is one in a million. *Journal of Molecular Evolution* 47: 238–248.

Knight, R. D., S. J. Freeland, and L. F. Landweber. 1999. Selection, history and chemistry: The three faces of the genetic code. *Trends in Biochemical Sciences* 24: 241–247.

**19.** 우리는 온도 의존적인 도마뱀의 성결정을 살펴보았다. 다른 많은 파충류들도 환경적으로 성이 결정된다. 온도 의존적인 성결정이 왜 적응적인지를 알기 위해서는 아래의 논문을 참조하라.

Warner, D. A., and R. Shine. 2008. The adaptive significance of temperature-dependent sex determination in a reptile. *Nature* 451: 566–568.

**20.** 그림 5.12는 세로토닌 운반체 유전자의 특정 유전자 타입이 아동기의 학대에 보다 더 민감하다는 증거를 제시한다. 민감한 유전자를 가짐으로 얻게 되는 장점에 대하여는 아래의 문헌을 참조하라.

Homberg, J. R., and K. P. Lesch. 2011. Looking on the bright side of serotonin transporter gene variation. *Biological Psychiatry* 69: 513–519.

**21.** 복수의 대립유전자를 가진 슈퍼유전자를 유지하면서 염색체 재정렬이 일어나는 예에 관하여 아래의 논문을 참조하라.

Joron, M., L. Frezal, et al. 2011. Chromosomal rearrangements maintain a polymorphic supergene controlling butterfly mimicry. *Nature* 477: 203–206.

**22.** 인간의 유전체에서 흔히 존재하는 기능 상실 돌연변이(loss-of-function mutation)의 수의 추정에 대하여 아래의 논문을 참조하라.

MacArthur, D. G., and C. Tyler-Smith. 2010. Loss-of-function variants in the genomes of healthy humans. *Human Molecular Genetics* 19: R125–R130.

**23.** 높은 돌연변이율을 가지는 것이 좋게 되는 상황이 있을까? 다음 논문을 참조하라.

Gentile, C. F., S. C. Yu, et al. 2011. Competition between high- and higher-mutating strains of *Escherichia coli. Biology Letters* 7: 422–424.

**24.** 새로운 유전자가 생성되어 진화하는 것이 기존의 예상보다 더 자주 일어난다는 증거에 대하여 아래의 논문을 참조하라.

Carvunis, A. R., T. Rolland, et al. 2012. Proto-genes and *de novo* gene birth. *Nature* 487: 370–374.

## 인용문헌


Abecasis, G. R., A. Auton, et al. 2012. An integrated map of genetic variation from 1,092 human genomes. *Nature* 491: 56–65.

Adam, M., B. Murali, et al. 2008. Epigenetic inheritance based evolution of antibiotic resistance in bacteria. *BMC Evolutionary Biology* 8: 52.

Albertson, T. M., M. Ogawa, et al. 2009. DNA polymerase $\varepsilon$ and $\delta$ proofreading suppress discrete mutator and cancer phenotypes in mice. *Proceedings of the National Academy of Sciences USA* 106: 17101–17104.

Arnheim, N., and P. Calabrese. 2009. Understanding what determines the frequency and pattern of human germline mutations. *Nature Reviews Genetics* 10: 478–488.

Avise, J. C. 1994. *Molecular Markers, Natural History and Evolution*. New York: Chapman & Hall.

Ayala, F. J., L. Serra, and A. Prevosti. 1989. A grand experiment in evolution: The *Drosophila subobscura* colonization of the Americas. *Genome* 31: 246–255.

Balaynà, J., L. Serra, et al. 2003. Evolutionary pace of chromosomal polymorphism in colonizing populations of *Drosophila subobscura*: An evolutionary time series. *Evolution* 57: 1837–1845.

Biarnés, X., A. Marchiori, et al. 2010. Insights into the binding of phenyltiocarbamide (PTC) agonist to its target human TAS2R38 bitter receptor. *PLoS ONE* 5: e12394.

Brown, G. W., and T. O. Harris. 2008. Depression and the serotonin transporter 5-HTTLPR polymorphism: A review and a hypothesis concerning gene-environment interaction. *Journal of Affective Disorders* 111: 1–12.

Bufe, B., P. A. S. Breslin, et al. 2005. The molecular basis of individual differences in phenylthiocarbamide and propylthiouracil bitterness perception. *Current Biology* 15: 322–327.

Bull, J. J. 1980. Sex determination in reptiles. *Quarterly Review of Biology* 55: 3–21.

Caspi, A., A. R. Hariri, et al. 2010. Genetic sensitivity to the environment: The case of the serotonin transporter gene and its implications for studying complex diseases and traits. *American Journal of Psychiatry* 167: 509–527.

Caspi, A., K. Sugden, et al. 2003. Influence of life stress on depression: Moderation by a polymorphism in the 5-HTT gene. *Science* 301: 386–389.

CFMD (Cystic Fibrosis Mutation Database). 2011. CFMDB Statistics. Available at http://www.genet.sickkids.on.ca/cftr/StatisticsPage.html.

Conrad, D. F., J. E. Keebler, et al. 2011. Variation in genome-wide mutation rates within and between human families. *Nature Genetics* 43: 712–714.

Cropley, J. E., C. M. Suter, et al. 2006. Germ-line epigenetic modification of the murine Avy allele by nutritional supplementation. *Proceedings of the National Academy of Sciences USA* 103: 17308–17312.

Cubas, P., C. Vincent, and E. Coen. 1999. An epigenetic mutation responsible for natural variation in floral symmetry. *Nature* 401: 157–161.

Danchin, E., A. Charmantier, et al. 2011. Beyond DNA: Integrating inclusive inheritance into an extended theory of evolution. *Nature Reviews Genetics* 12: 475–486.

Denver, D. R., K. Morris, et al. 2004. High mutation rate and predominance of insertions in the *Caenorhabditis elegans* nuclear genome. *Nature* 430: 679–682.

Dobzhansky, T. 1937. *Genetics and the Origin of Species*. New York: Columbia University Press.

Duffy, V. B., J. E. Hayes, et al. 2010. Vegetable intake in college-aged adults is explained by oral sensory phenotypes and TAS2R38 genotype. *Chemosensory Perception* 3: 137–148.

Elowitz, M. B., A. J. Levine, et al. 2002. Stochastic gene expression in a single cell. *Science* 297: 1183–1186.

Estes, S., and M. Lynch. 2003. Rapid fitness recovery in mutationally degraded lines of *Caenorhabditis elegans*. *Evolution* 57: 1022–1030.

Eyre-Walker, A., and P. D. Keightley. 2007. The distribution of fitness effects of new mutations. *Nature Reviews Genetics* 8: 610–618.

Feng, S., S. E. Jacobsen, and W. Reik. 2010. Epigenetic reprogramming in plant and animal development. *Science* 330: 622–627.

Fisher, R. A. 1930. *The Genetical Theory of Natural Selection*. Oxford: Oxford University Press.

Garcia-Diaz, M., and T. A. Kunkel. 2006. Mechanism of a genetic glissando: Structural biology of indel mutations. *Trends in Biochemical Sciences* 31: 206–214.

Gilchrist, G. W., R. B. Huey, et al. 2004. A time series of evolution in action: A latitudinal cline in wing size in South American *Drosophila subobscura*. *Evolution* 58: 768–780.

Gorovic, N., S. Afzal, et al. 2011. Genetic variation in the hTAS2R38 taste receptor and brassica vegetable intake. *Scandinavian Journal of Clinical & Laboratory Investigation* 71: 274–279.

Grant-Downton, R. T., and H. G. Dickinson. 2006. Epigenetics and its implications for plant biology 2. The "epigenetic epiphany": Epigenetics, evolution and beyond. *Annals of Botany* 97: 11–27.

Haag-Liautard, C., M. Dorris, et al. 2007. Direct estimation of per nucleotide and genomic deleterious mutation rates in *Drosophila*. *Nature* 445: 82–85.

Hall, D. W., and S. B. Joseph. 2010. A high frequency of beneficial mutations across multiple fitness components in *Saccharomyces cerevisiae*. *Genetics* 185: 1397–1409.

Hammill, E., A. Rogers, and A. P. Beckerman. 2008. Costs, benefits and the evolution of inducible defenses: A case study with *Daphnia pulex*. *Journal of Evolutionary Biology* 21: 705–715.

Han, J., P. Kraft, et al. 2008. A genome-wide association study identifies novel alleles associated with hair color and skin pigmentation. *PLoS Genetics* 4: e1000074.

Harris, H. 1966. Enzyme polymorphisms in man. *Proceedings of the Royal Society of London B* 164: 298–310.

Hauben, M., B. Haesendonckx, et al. 2009. Energy use efficiency is characterized by an epigenetic component that can be directed through artificial selection to increase yield. *Proceedings of the National Academy of Sciences, USA* 106: 20109–20114.

Hoppeler, H., and M. Vogt. 2001. Muscle tissue adaptations to hypoxia. *Journal of Experimental Biology* 204: 3133–3139.

Johannes, F., E. Porcher, et al. 2009. Assessing the impact of transgenerational epigenetic variation on complex traits. *PLoS Genetics* 5: e1000530.

Ju, Y. S., J. I. Kim, et al. 2011. Extensive genomic and transcriptional diversity identified through massively parallel DNA and RNA sequencing of eighteen Korean individuals. *Nature Genetics* 43: 745–752.

Kaessmann, H. 2010. Origins, evolution, and phenotypic impact of new genes. *Genome Research* 20: 1313–1326.

Kim, U.-K., E. Jorgenson, et al. 2003. Positional cloning of the human quantitative trait locus underlying taste sensitivity to phenylthiocarbamide. *Science* 299: 1221–1225.

Knowles, D. G., and A. McLysaght. 2009. Recent *de novo* origin of human protein-coding genes. *Genome Research* 19: 1752–1759.

Kornberg, A. 1960. Biologic synthesis of deoxyribonucleic acid. *Science* 131: 1503–1508.

Kotov, A. A., and D. J. Taylor. 2011. Mesozoic fossils (>145 Mya) suggest the antiquity of the subgenera of *Daphnia* and their coevolution with chaoborid predators. *BMC Evolutionary Biology* 11: 129.

Kreindler, J. L. 2010. Cystic fibrosis: Exploiting its genetic basis in the hunt for new therapies. *Pharmacology & Therapeutics* 125: 219–229.

Laforsch, C., W. Ngwa, et al. 2004. An acoustic microscopy technique reveals hidden morphological defenses in *Daphnia*. *Proceedings of the National Academy of Sciences USA* 101: 15911–15914.

Lampert, W. 2011. Daphnia: Development of a model organism in ecology and evolution. In *Excellence in Ecology, Book 21*, ed. O. Kinne. Oldendorf/Luhe, Germany: International Ecology Institute.

Lander, E. S., A. Heaford, et al. 2001. Initial sequencing and analysis of the human genome. *Nature* 409: 860–921.

Lewontin, R. C., and J. L. Hubby. 1966. A molecular approach to the study of genetic heterozygosity in natural populations. II. Amount of variation and degree of heterozygosity in natural populations of *Drosophila pseudoobscura*. *Genetics* 54: 595–609.

Li, C. C., J. E. Cropley, et al. 2011. A sustained dietary change increases epigenetic variation in isogenic mice. *PLoS Genetics* 7: e1001380.

Lindahl, T. 1993. Instability and decay of the primary structure of DNA. *Nature* 362: 709–715.

Lipinski, K. J., J. C. Farslow, et al. 2011. High spontaneous rate of gene duplication in *Caenorhabditis elegans*. *Current Biology* 21: 306–310.

Loeb, L. A. 2011. Human cancers express mutator phenotypes: Origin, consequences and targeting. *Nature Reviews Cancer* 11: 450–457.

Long, M., E. Betrán, et al. 2003. The origin of new genes: Glimpses from the young and old. *Nature Reviews Genetics* 4: 865–875.

Lynch, M. 2010a. Evolution of the mutation rate. *Trends in Genetics* 26: 345–352.

Lynch, M. 2010b. Rate, molecular spectrum, and consequences of human mutation. *Proceedings of the National Academy of Sciences, USA* 107: 961–968.

Mansky, L. M., and H. M. Temin. 1995. Lower in vivo mutation rate of human immunodeficiency virus type 1 than that predicted from the fidelity of purified reverse transcriptase. *Journal of Virology* 69: 5087–5094.

Martinson, J. J., N. H. Chapman, et al. 1997. Global distribution of the CCR5 gene 32-base-pair deletion. *Nature Genetics* 16: 100–1103.

McKellar, A. E., and A. P. Hendry. 2009. How humans differ from other animals in their levels of morphological variation. *PLoS ONE* 4: e6876.

Mills, R. E., K. Walter, et al. 2011. Mapping copy number variation by population-scale genome sequencing. *Nature* 470: 59–65.

Mitton, J. B. 1997. *Selection in Natural Populations*. Oxford: Oxford University Press.

Miyakawa, H., M. Imai, et al. 2010. Gene up-regulation in response to predator kairomones in the water flea, *Daphnia pulex*. *BMC Developmental Biology* 10: 45.

Miyamura, Y., S. G. Coelho, et al. 2011. The deceptive nature of UVA tanning versus the modest protective effects of UVB tanning on human skin. *Pigment Cell & Melanoma Research* 24: 136–147.

Muller, H. J. 1950. Our load of mutations. *American Journal of Human Genetics* 2: 111–176.

Nachman, M. W. 2004. Haldane and the first estimates of the human mutation rate. *Journal of Genetics* 83: 231–233.

Nan, H., P. Kraft, et al. 2009. Genome-wide association study of tanning phenotype in a population of European ancestry. *Journal of Investigative Dermatology* 129: 2250–2257.

Nathans, J., D. Thomas, and D. S. Hogness. 1986. Molecular genetics of human color vision: The genes encoding blue, green, and red pigments. *Science* 232: 193–202.

Nelson, M. R., D. Wegmann, et al. 2012. An abundance of rare functional variants in 202 drug target genes sequenced in 14,002 people. *Science* 337: 100–104.

Nettle, D. 2010. Understanding of evolution may be improved by thinking about people. *Evolutionary Psychology* 8: 205–228.

Newcomb, R. D., M. B. Xia, and D. R. Reed. 2012. Heritable differences in chemosensory ability among humans. *Flavour* 1: 9.

Niemi, A.-K., and K. Majamaa. 2005. Mitochondrial DNA and ACTN3 genotypes in Finnish elite endurance and sprint athletes. *European Journal of Human Genetics* 13: 965–969.

North, K. N., N. Yang, et al. 1999. A common nonsense mutation results in alpha-actinin-3 deficiency in the general population. *Nature Genetics* 21: 353–354.

Nousbeck, J., B. Burger, et al. 2011. A mutation in a skin-specific isoform of SMARCAD1 causes autosomal-dominant adermatoglyphia. *American Journal of Human Genetics* 89: 302–307.

Orr, H. A. 2005. The genetic theory of adaptation: A brief history. *Nature Reviews Genetics* 6: 119–127.

Ossowski, S., K. Schneeberger, et al. 2010. The rate and molecular spectrum of spontaneous mutations in *Arabidopsis thaliana*. *Science* 327: 92–94.

Parker, H. G., B. M. VonHoldt, et al. 2009. An expressed fgf4 retrogene is associated with breed-defining chondrodysplasia in domestic dogs. *Science* 325: 995–998.

Parra, E. J. 2007. Human pigmentation variation: Evolution, genetic basis, and implications for public health. *American Journal of Physical Anthropology* (Suppl) 45: 85–105.

Paszkowski, J., and U. Grossniklaus. 2011. Selected aspects of transgenerational epigenetic inheritance and resetting in plants. *Current Opinion in Plant Biology* 14: 195–203.

Paun, O., R. M. Bateman, et al. 2010. Stable epigenetic effects impact adaptation in allopolyploid orchids (Dactylorhiza: Orchidaceae). *Molecular Biology and Evolution* 27: 2465–2473.

Pearson, C. E., K. Nichol Edamura, and J. D. Cleary. 2005. Repeat instability: Mechanisms of dynamic mutations. *Nature Reviews Genetics* 6: 729–742.

Peris, J. B., P. Davis, et al. 2010. Distribution of fitness effects caused by single-nucleotide substitutions in bacteriophage f1. *Genetics* 185: 603–609.

Perry, G. H., N. J. Dominy, et al. 2007. Diet and the evolution of human amylase gene copy number variation. *Nature Genetics* 39: 1256–1260.

Pertea, M., and S. L. Salzberg. 2010. Between a chicken and a grape: Estimating the number of human genes. *Genome Biology* 11: 206.

Preston, B. D., T. M. Albertson, and A. J. Herr. 2010. DNA replication fidelity and cancer. *Seminars in Cancer Biology* 20: 281–293.

Prevosti, A. 1967. Inversion heterozygosity and selection for wing length in *Drosophila subobscura*. *Genetical Research Cambridge* 10: 81–93.

Prevosti, A., G. Ribo, et al. 1988. Colonization of America by *Drosophila subobscura*: Experiment in natural populations that supports the adaptive role of chromosomal-inversion polymorphism. *Proceedings of the National Academy of Science, USA* 85: 5597–5600.

Ramsey, J. 2011. Polyploidy and ecological adaptation in wild yarrow. *Proceedings of the National Academy of Sciences, USA* 108: 7096–7101.

Rhen, T., A. Schroeder, et al. 2011. Segregating variation for temperature-dependent sex determination in a lizard. *Heredity* 106: 649–660.

Richards, E. J. 2006. Inherited epigenetic variation—Revisiting soft inheritance. *Nature Reviews Genetics* 7: 395–401.

Roth, S. M., S. Walsh, et al. 2008. The ACTN3 R577X nonsense allele is underrepresented in elite-level strength athletes. *European Journal of Human Genetics* 16: 391–394.

Rutter, M. T., F. H. Shaw, and C. B. Fenster. 2010. Spontaneous mutation parameters for *Arabidopsis thaliana* measured in the wild. *Evolution* 64: 1825–1835.

Samson, M., F. Libert, et al. 1996. Resistance to HIV-1 infection in Caucasian individuals bearing mutant alleles of the CCR5 chemokine receptor gene. *Nature* 382: 722–725.

Sandell, M. A., and P. A. Breslin. 2006. Variability in a taste-receptor gene determines whether we taste toxins in food. *Current Biology* 16: R792–R794.

Sanjuán, R. 2010. Mutational fitness effects in RNA and single-stranded DNA viruses: Common patterns revealed by site-directed mutagenesis studies. *Philosophical Transactions of the Royal Society B* 365: 1975–1982.

Schrider, D. R., and M. W. Hahn. 2010. Gene copy-number polymorphism in nature. *Proceedings of the Royal Society B* 277: 3213–3221.

Scoville, A. G., L. L. Barnett, et al. 2011. Differential regulation of a MYB transcription factor is correlated with transgenerational epigenetic inheritance of trichome density in *Mimulus guttatus*. *New Phytologist* 191: 251–263.

Shea, N., I. Pen, and T. Uller. 2011. Three epigenetic information channels and their different roles in evolution. *Journal of Evolutionary Biology* 24: 1178–1187.

Shoemaker, C. M., and D. Crews. 2009. Analyzing the coordinated gene network underlying temperature-dependent sex determination in reptiles. *Seminars in Cell & Developmental Biology* 20: 293–303.

Short, R. V., A. C. Chandley, et al. 1974. Meiosis in interspecific equine hybrids. II. The Przewalski horse/domestic horse hybrid. *Cytogenetics and Cell Genetics* 13: 465–478.

Silander, O. K., O. Tenaillon, and L. Chao. 2007. Understanding the evolutionary fate of finite populations: The dynamics of mutational effects. *PLoS Biology* 5: e94.

Slatkin, M. 2009. Epigenetic inheritance and the missing heritability problem. *Genetics* 182: 845–850.

Suzuki, Y., and H. F. Nijhout. 2006. Evolution of a polyphenism by genetic accommodation. *Science* 311: 650–652.

Suzuki, Y., and H. F. Nijhout. 2008. Genetic basis of adaptive evolution of a polyphenism by genetic accommodation. *Journal of Evolutionary Biology* 21: 57–66.

Tepper, B. J. 2008. Nutritional implications of genetic taste variation: The role of PROP sensitivity and other taste phenotypes. *Annual Review of Nutrition* 28: 367–388.

Ulizzi, L., P. Astolfi, and L. A. Zonta. 1998. Natural selection in industrialized countries: A study of three generations of Italian newborns. *Annals of Human Genetics* 62: 47–53.

Valleley, E. M., E. J. Cartwright, et al. 2001. Characterisation and expression of *Sox9* in the Leopard gecko, *Eublepharis macularius*. *Journal of Experimental Zoology Part B: Molecular and Developmental Evolution* 291: 85–91.

Vassilieva, L. L., A. M. Hook, and M. Lynch. 2000. The fitness effects of spontaneous mutations in *Caenorhabditis elegans*. *Evolution* 54: 1234–1246.

Viets, B. E., A. Tousignant, et al. 1993. Temperature-dependent sex determination in the leopard gecko, *Eublepharis macularius*. *Journal of Experimental Zoology* 265: 679–683.

Watson, J. D. 1977. *Molecular Biology of the Gene*. 3rd ed. Menlo Park, CA: W. A. Benjamin.

Watson, J. D., and F. H. C. Crick. 1953a. A structure for deoxyribose nucleic acid. *Nature* 171: 737–738.

Watson, J. D., and F. H. C. Crick. 1953b. Genetical implications of the structure of deoxyribonucleic acid. *Nature* 171: 964–967.

Whittle, C. A., S. P. Otto, et al. 2009. Adaptive epigenetic memory of ancestral temperature regime in *Arabidopsis thaliana*. *Botany* 87: 650–657.

Wooding, S. 2005. Evolution: A study in bad taste? *Current Biology* 15: R805–R807.

Wooding, S. 2006. Phenylthiocarbamide: A 75-year adventure in genetics and natural selection. *Genetics* 172: 2015–2023.

Wooding, S., U. K. Kim, et al. 2004. Natural selection and molecular evolution in PTC, a bitter-taste receptor gene. *American Journal of Human Genetics* 74: 637–646.

Yamaguchi-Kabata, Y., M. K. Shimada, et al. 2008. Distribution and effects of nonsense polymorphisms in human genes. *PLoS ONE* 3: e3393.

Yarmolinsky, D. A., C. S. Zuker, and N. J. Ryba. 2009. Common sense about taste: From mammals to insects. *Cell* 139: 234–244.

Young, J. M., R. M. Endicott, et al. 2008. Extensive copy-number variation of the human olfactory receptor gene family. *American Journal of Human Genetics* 83: 228–242.

Yu, L., X. Y. Wang, et al. 2010. Adaptive evolution of digestive RNASE1 genes in leaf-eating monkeys revisited: New insights from ten additional colobines. *Molecular Biology and Evolution* 27: 121–131.

Zhang, J. 2003. Parallel functional changes in the digestive RNases of ruminants and colobines by divergent amino acid substitutions. *Molecular Biology and Evolution* 20: 1310–1317.

Zhang, J. 2006. Parallel adaptive origins of digestive RNases in Asian and African leaf monkeys. *Nature Genetics* 38: 819–823.

Zhang, J., Y. P. Zhang, and H. F. Rosenberg. 2002. Adaptive evolution of a duplicated pancreatic ribonuclease gene in a leaf-eating monkey. *Nature Genetics* 30: 411–415.

# 6

# 집단의 멘델유전학 I: 선택과 돌연변이

자연선택(natural selection)에 기초한 Darwin의 진화이론은 세대의 흐름에 따라 생명체가 변하는 기작을 다양한 증거들의 뒷받침으로 설명하는 학문이다. 하지만 Darwin 자신이 인정한 바와 같이, 이 이론은 유전기작에 대한 정확한 이해가 동반되지 않는다면 완전한 이론이 될 수 없을 것이다(Darwin 1868 참조). 이러한 이해는 멘델유전학과 분자유전학을 통해 확보해 왔다. 우리는 Darwin의 통찰력과 현대 유전학 덕분에, 진화 기작에 대한 보다 정확한 모델을 개발하기 위한 여러 도구들을 갖추게 되었다.

**집단유전학(population genetics)**은 본 6장과 7장 및 8장의 주제로서, 자연선택에 의한 진화와 멘델유전학(Mendelian genetics)을 통합하는 학문이다(학문적 역사에 대해서는, Provine 1971 참조). 집단유전학의 핵심은 어떤 집단내 형질(traits)의 상대 빈도(relative abundance)의 변화가 유전적 변이체(genetic variants)의 상대 빈도와 서로 연관될 수 있다는 것이다. 예를 들어, 스코틀랜드 세인트 킬다(St. Kilda)에서 짙은 털색의 소아이 양(Soay sheep)의 빈도가 지난 수십 년간 감소한 것은 짙은 색을 띠게 하는 우성 대립유전자(allele)의 빈도가 감소한 것과 관련이 있다. 집단유전학자들의 관점에서, 진화는 대립유전자의 빈도가 세대를 거치면서 변하는 것으로 정의된다. 우리가 현재 이해하고 있는 진화에 대한 이론적 기초의 상당 부분은 집단유전학에서 나온 것이다.

과학자들은 이론을 사용해서 예측을 하고, 그 예측이 실제로 동일하게 진행되는지를 확인함으로써 이론을 평가한다. 이론에 대해 가장 명확한 검증을 수행하는 분야는 공학

일부 소아이 양은 색깔이 옅고, 어떤 것들은 짙은데, 이것은 티로신-관련 단백질 1 (TRYP1) 유전자의 대립유전자 때문이다. 최근에 짙은 색을 띠게 하는 G 대립유전자의 빈도가 감소하였으며, 이에 따라 짙은 털색 양이 차지하는 비율도 감소하였다. (Gratten et al. 2008의 그래프; Arpat Ozgul의 사진).

Graph from "A localized negative genetic correlation constrains microevolution of coat color in wild sheep." *Science* 319: 318–320. Reprinted with permission from AAAS.

*TRYP1*의 *G* 대립유전자 빈도

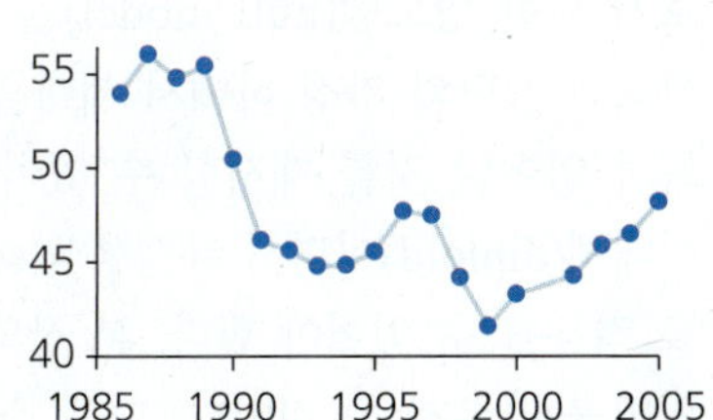

일 것이다. 닐 암스트롱(Neil Armstrong)과 버즈 알드린(Buzz Aldrin)이 1969년 7월 달 표면을 여행하고 돌아왔을 때, 그들은 미 항공우주국(NASA)의 공학자들이 추력, 관성 및 중력에 대해 이해하고 있음을 확인할 수 있었다(그림 6.1). 본 장에서는 집단유전학 이론의 예측 시험으로부터 자료를 제시한다. 본 장의 마지막에서는 한 팀의 유전공학자들이 새로운 유전자를 설계 및 구축하고, 이를 초파리 집단에 도입한 후, 20세대 후에 빈도가 변하는 추이를 예측하기 위해 집단유전학적 이론을 사용한 이야기를 다룰 것이다.

하지만 우리가 해야 할 첫 번째 일은 집단유전학의 기초를 소개하는 일이다. 6.1절에서 우리는 단순화 가정(simplifying assumption) 하의 이상집단(idealized population)에서 여러 세대들에 걸쳐 멘델 대립유전자를 추적하기 위한 대수학 모델(algebraic model)을 소개한다. 이 모델은 진화가 일어나지 않는 환경을 보여 줄 것이다. 6.2절에서는 단순화 가정들 중 하나를 완화시켜서, 집단들이 자연선택 하에서 어떻게 진화하는지를 예측하는 방법을 학습하게 될 것이다. 6.3절에서는 자연선택에 의한 진화에서 다양한 예측을 시험하는 자료를 살펴볼 것이다. 6.4절에서는 가정을 하나 더 완화시켜서 돌연변이를 진화의 한 기작으로 고려할 것이다. 6.5절에서는 앞서 언급한 유전공학적 이야기로 본 장을 마무리할 것이다. 본 장의 전체에 걸쳐서 인간의 질병과 인간 진화에서 발생하는 구체적인 문제들을 이해하기 위해 집단유전학 이론을 사용한다. 이러한 문제들 중에서 HIV 전염병에 대응하는 인체의 진화를 우선적으로 다룰 것이다.

**그림 6.1 이론의 가치를 입증한 공학적 성공** 닐 암스트롱과 버즈 알드린을 실은 아폴로 *11*호의 달 착륙 모듈 "독수리"가 달의 표면으로부터 돌아와 지령선 모듈과 도킹하고 있다. 이 사진은 지령선의 조종사인 마이클 콜린스(Michael Collins)가 1969년 7월 21일에 찍은 것이다. 지구가 뒤쪽에서 떠오르고 있음을 주목하라.

## 6.1 집단의 멘델유전학: 하디-바인베르크 평형

대부분의 사람들은 HIV에 취약하다. 감염을 피하기 위한 최선책은 바이러스와의 접촉을 피하는 것이다. 하지만, 반복적으로 바이러스에 노출되어도 감염되지 않는 소수의 사람들도 있다. 1996년 AIDS 연구자들은 이러한 전염병에 대한 민감성의 다양성을 나타내는 이유 중 일부는 적어도 유전학적인 기초에 근거함을 밝혀냈다(1, 5장 참조). 해당 유전자는 CCR5라고 불리는 세포 표면 단백질을 암호화한다. CCR5는 대부분의 성 매개 HIV-1 균주들이 백혈구와 결합하기 위한 수단으로 이용되는 손잡이와 같은 역할을 한다. *CCR5-Δ32*로 부르는 CCR5 유전자의 돌연변이 대립유전자는 32개의 염기쌍이 결실되어 있어 기능이 상실된 단백질을 생산한다. 이 대립유전자의 복사본 두 개를 물려받은 사람들은 세포 표면에 CCR5가 없으며, 따라서 HIV-1에 대한 저항성을 갖는다. *CCR5-Δ32*에 대한 동형접합인 사람들은 HIV에 감염될 가능성이 훨씬 낮다고 전제할 때, '전 세계적인 AIDS의 유행은 인류 집단에 대한 *Δ32* 대립유전자의 빈도를 증가시키게 될 것인가?'하는 의문을 낳는다. 만약 그렇다면, 그러한 현상은 얼마나 빠르게 진행될 것인가?

이러한 질문들에 대답하기 이전에, AIDS의 유행이 없다면 *CCR5-Δ32* 대립유전자가 어떻게 거동할 것인지를 이해할 필요가 있다. 다시 말해, 집단 내 유전자의 거동을 살펴보기 위한 영모델(null model)을 제시할 필요가 있다. 이 영모델은 가장 단순화시킨 이상적인 집단의 가정 하에서 세대를 거듭하면서 대립유전자와 유전자형의 빈도에 어떤 변화가 일어날 지를 제시할 수 있어야 한다. 이 모델은 인간에게만 적용되는 것이 아니라 이배체(diploid)이면서 유성생식(sexual reproduction)을 하는 생물이라면 어떤 집단에서도 적용될 수 있어야 한다. 본 장의 첫 번째 절에서는 이러한 모델을 개발하고 이 모델의 의미를 다루게 될 것이다. 다음 절에서는 이 모델에 자연선택의 개념을 추가적으로 적용시켜 봄으로써, AIDS 유행과 *CCR5-Δ32* 대립유전자에 관한 우리의 질문을 해결할 수 있게 될 것이다.

집단유전학은 이상적인 집단 내에서 대립유전자와 유전자형의 빈도가 어떻게 변하는지 보여주는 모델에서 출발한다. 일단 멘델의 법칙을 따르는 유전자들이 이상적인 집단 속에서 어떻게 거동하는지 파악하고 나면, 실제 집단들 속에서 어떻게 거동하는지 알아볼 수 있게 될 것이다.

우리는 이 모델을 개발하기 위해서, 독자들이 이제까지 사용해왔던 가족의 수준에서 집단의 수준으로 멘델유전학의 영역을 높이고자 한다. 우리는 이상적인 생쥐 집단을 사용하여 이런 모델을 제시하고자 한다(그림 6.2). **집단(population)**은 상호 교배가 가능한 개체들과 그 자손을 포함하는 그룹이다. 어떤 집단의 생활사 중에 일어나는 핵심적인 사건들은 다음과 같다: 성체가 배우자(gamete)를 생산하고, 배우자가 결합하여 접합자(zygote)를 만들며, 접합자가 어린 새끼 혹은 유생으로 발생한 후, 어린 개체가 자라서 다음 세대의 성체가 된다. 우리는 어떤 집단에서 멘델의 법칙을 따르는 유전자가 결국 어떻게 될 것인지 추적하기를 원한다. 우리는 특정 대립유전자나 유전자형이 세대가 지남에 따라 더 많아지는지 혹은 줄어드는지를, 그리고 왜 그렇게 되는지를 알기를 원한다.

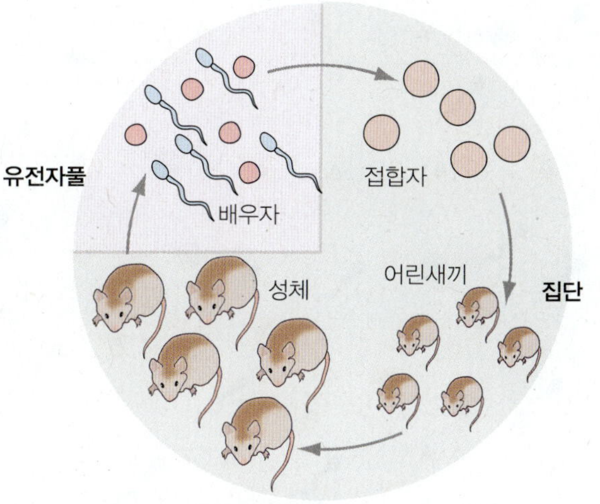

그림 6.2에 나오는 생쥐 집단의 유전체에는 멘델 유전자인 A 유전자좌위가 있고, 이 유전자좌위는 대문자 *A*와 소문자 *a*로 표시되는 두 개의 대립유전자가 있다고 가정하자. 우리는 생활사의 어떤 시점에서든 이 두 대립유전자의 추적을 시작할 수 있을 것이다. 이어서 한 세대에서 그 다음 세대까지 생활사의 주기를 완전히 돌았을 때, 이 대립유전자들의 빈도에는 어떤 변화가 있는지를 살펴본다.



**그림 6.2 이상적인 집단의 생활사** 집단유전학의 이해를 위한 중요한 단계들에 대해서 강조하고 있다.

## 시뮬레이션

생활사의 진행에 따라 대립유전자들을 추적하는 일은 성체가 교배를 할 때 생산되는 배우자 단계부터 시작하면 가장 간단할 것이다. 성체들이 교배 상대를 무작위로 선택한다고 가정해 보자. 임의교배가 다음과 같이 이루어진다고 머릿속에 간단하게 그려볼 수 있다: 집단의 모든 성체가 생산한 난자와 정자 모두를 수거하여 통 속으로 쏟아 넣은 후, 충분히 젓는다. 이 통을 **유전자풀(gene pool)**이라고 부른다. 이 유전자풀에 들어 있는 각각의 정자는 난자와 만날 때까지 임의적으로 헤엄치게 되고, 서로 만나게 되면 난자와 정자는 합해져서 접합자를 만든다. 성게나 많은 해양 생물들은 실제로 이와 비슷한 방식으로 생식세포를 바닷물의 파도 위로 띄워 보낸다. 그렇지만 생쥐나 인간과 같은 생물의 경우에는, 도식화시킨 그림은 실제 상황을 매우 단순화시켰다고 볼 수 있다.

우리가 만든 생쥐 모델집단의 성체들은 이배체이므로, 각 성체는 A 유전자좌위의 복사본을 두 개씩 가진다. 그런데 성체들은 감수분열을 통해서 난자와 정자를 만든다. 멘델의 분리의 법칙에 따라, 각 배우자는 A 유전자좌위의 복사본을 단 하나씩만 받는다. 만약 60%의 난자와 정자는 *A* 대립유전자의 복사본을 받고, 40%는 *a* 대립유전자를 받았다고 가정해 보자. 다시 말해, 이 집단의 유전자풀에서 *A* 대립유전자의 빈도는 0.6이고, *a* 대립유전자의 빈도는 0.4이다.

난자와 정자가 만나면 어떻게 될까? 예를 들어, 접합자 중에서 *AA*라는 유전자형을 갖는 비율은 얼마나 될까? 그리고 일단 이러한 접합자들이 어린 새끼로 발생하고 더 성장해서 성체가 된 후 알을 낳는다면, 다음 세대의 유전자풀에서 대립유전자 *A*와 *a*의 빈도는 어떻게 될까?

**우리의 모델은 유전자풀을 이루는 난자와 정자에서 출발하여 접합자와 성체를 거쳐 다음 세대의 유전자풀까지 대립유전자를 추적한다.**

이것을 알아보는 한 가지 방법은 시뮬레이션에 의한 것이다. 눈을 감고 그림 6.3(다음 쪽)에서 손가락으로 난자 하나를 짚어 선택할 수 있다. 그 난자는 *A* 대립유전자를 가질 수 있다. 이제 눈을 감고 손가락을 짚어서 정자 하나를 선택해 본다. *a* 대립유전자를 가지고 있을지 모른다. 이제 두 배우자를 합친다면, *Aa* 유전자형을 가지는 접합자를 얻을 수 있다. 이러한 과정을 50번이나 100번 정도 반복해서 커다란 접합자 표본을 만들어 보

그림 6.3 **한 집단에서 *A*와 *a* 대립유전자 각각에 대해 0.6과 0.4의 빈도를 가지는 유전자풀**

자. 우리는 이 책을 기술할 때 실제로 그렇게 해 보았다. 그 결과, 우리가 만든 100개의 접합자들 중에서 34개는 *AA*, 57개는 *Aa*, 9개는 *aa*의 유전자형을 가지고 있었다.

이제, 이러한 모든 접합자들이 어린 개체로 발생하고, 이어서 이 모든 어린 개체들이 성체로 성장한다고 가정해 보자. 더 나아가, 이 성체들이 생식을 하여, 모두 같은 수의 배우자를 유전자풀에 제공한다고 가정해 보자. 시뮬레이션에서 각 성체가 제공하는 생식세포의 수를 우리는 마음대로 결정할 수 있는데, 계산의 편리를 위해 10개라고 가정해보자. 특정 성체가 난자를 만드는지 정자를 만드는지는 별로 중요하지 않다. 대신 배우자를 세어보기만 할 것이다:

34개의 *AA* 성체가 340개의 배우자를 만드는데, 340개가 *A* 대립유전자를 가지고 *a* 대립유전자를 가지는 것은 없다.

57개의 *Aa* 성체가 570개의 배우자를 만드는데, 285개가 *A* 대립유전자를 가지고 285개가 *a* 대립유전자를 가진다.

9개의 *aa* 성체가 90개의 배우자를 만드는데, *A* 대립유전자를 가지는 것은 없고 90개가 *a* 대립유전자를 가진다.

각 대립유전자의 복사본의 수를 모두 합하면, *A* 대립유전자를 가지는 배우자는 625개, *a* 대립유전자를 가지는 배우자는 375개로, 총 1,000개가 된다. 새로운 유전자풀에서 *A* 대립유전자의 빈도는 0.625이고, *a* 대립유전자의 빈도는 0.375이다.

우리는 집단의 생활사를 한 바퀴 완전히 거치면서 대립유전자들을 추적하였을 때, 최

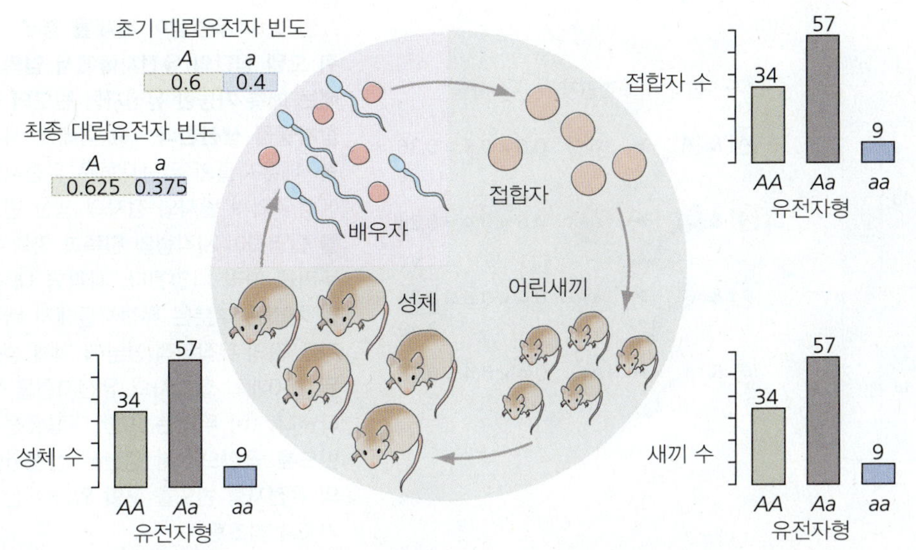


**그림 6.4 시뮬레이션 집단에서 생활사의 진행에 따른 대립유전자와 유전자형의 빈도** 그림 6.3의 유전자풀로부터 배우자의 무작위 선택에 의한 배우자를 만들었으며, 모든 접합자는 생존한다고 가정한다. 이와 같은 실험을 여러 번 반복한다면, 그 결과는 어떻게 달라질 것으로 생각하는가?

종 대립유전자 빈도가 처음의 빈도와 약간 다르다는 것을 알게 되었다(그림 6.4). 다시 말해, 우리의 집단은 진화한 것이다.

여러분이 만든 표본 집단에서 접합자들의 유전자형 빈도나 다음 세대의 대립유전자 빈도는 이 책에서 제시한 빈도와 분명히 조금씩 다를 것이다. 실제로, 우리는 이런 시뮬레이션을 두 번 더 수행하였고, 매번 다른 결과를 얻었다. 우리가 수행한 두 번째 시뮬레이션에서, 접합자 비율은 *AA*가 41%, *Aa*가 44%, *aa*가 15%였으며, 다음 세대의 유전자풀에서의 대립유전자 빈도는 *A*가 0.63, *a*가 0.37이었다. 세 번째 시뮬레이션에서, 접합자 비율은 *AA*가 34%, *Aa*가 49%, *aa*가 17%였으며, 다음 세대의 유전자풀에서의 대립유전자 빈도는 *A*가 0.585, *a*가 0.415였다.

시뮬레이션 집단에서 대립유전자 빈도는 세대가 바뀌면서 약간씩 변한다. 이것은 우연성에 기인한 진화이다.

세 가지 결과가 차이가 많이 나는 것은 아니지만, 어느 경우도 동일하지도 않았다. 두 번의 경우에서 *A* 대립유전자의 비율이 증가했지만, 나머지 한 경우에서는 감소했다. 매번 결과가 달랐던 이유는 각 시뮬레이션에서 유전자풀에서 배우자를 선택하는 것을 우연에 맡겼고, 그 결과 각 유전자형을 가지는 접합자의 수가 달라졌기 때문이다. 집단이 우연에 의해 예측할 수 없이 진화될 수 있다는 것이 집단유전학의 중요한 결과이다. 이러한 진화 기작을 **유전적 부동(genetic drift)**이라고 한다(유전적 부동은 7장에서 다시 학습하게 될 것이다). 하지만 우리가 현재 관심을 가지는 것은 진화를 때로는 예측할 수 없다는 것이 아니라, 항상 예측할 수 있을 것인가 하는 것이다. 우리는 시뮬레이션에서 우연성이 아무런 역할을 하지 않는다고 가정할 경우, 어떤 일이 발생할 것인가를 알고자 한다.

## 수리적 계산

우연적 요소가 배제되었을 때 난자와 정자가 만나 접합자를 형성하는 결과는 퍼네트 사각형(Punnett square)을 사용하여 얻을 수 있다. 퍼네트 사각형은 Reginald Crundall Punnett가 고안한 방식으로, 멘델유전학에서 특정 수컷과 암컷의 자손에서의 유전자형의 분포를 예측할 때 흔히 사용되어 왔다. 예를 들어, 그림 6.5는 *Aa* 암컷과 *Aa* 수컷 사이의 교배에 대한 퍼네트 사각형을 보여준다. 암컷이 만드는 난자들의 유전자형은 암컷이 생산할 것으로 예상되는 비율에 따라 사각형 왼쪽에 세로로 표기한다. 수컷이 만드는 정자의 유전자형을 수컷이 생산할 것으로 예상되는 비율에 따라 사각형 위쪽에 가로로 표기한다. 그 다음 사각형 내 칸을 채워서 접합자의 유전자형을 얻는다. 이 퍼네트 사각형을 사용하면 *Aa* 암컷과 *Aa* 수컷 사이의 자손 중에서, 1/4은 *AA*, 절반은 *Aa*, 1/4은 *aa*인 것

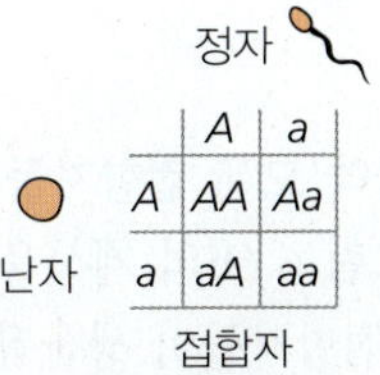


| | A | a |
|---|---|---|
| A | AA | Aa |
| a | aA | aa |

**그림 6.5 두 이형접합자 간의 교배에 대한 퍼네트 사각형** 이 방식은 자손(접합자)의 유전형 빈도에 대한 정확한 예상을 위해 고안되었는데, 난자와 정자의 유전자형이 각 부모가 생산할 것으로 예상되는 비율에 따라 표기된다.

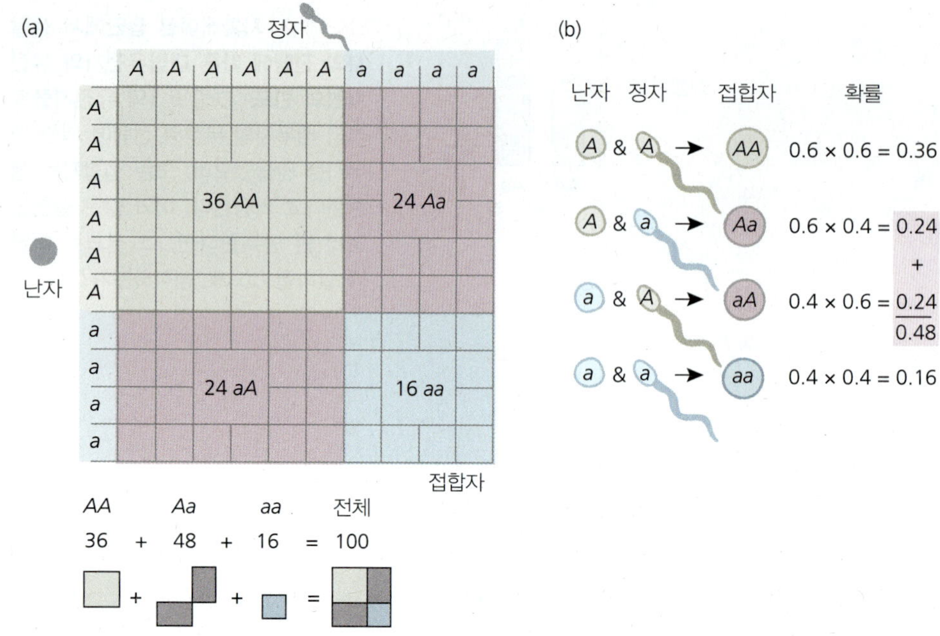


**그림 6.6 우연성이 배제될 경우, 생쥐 모델 집단의 유전자풀에서 임의교배는 예측 가능한 유전자형 빈도의 접합자들을 생산한다** (a) 퍼네트 사각형. 배우자들의 유전자형은 유전자풀에서 *A*와 *a* 난자와 정자의 생산 빈도를 반영하여 사각형의 왼쪽과 위쪽 테두리를 따라 나열된다. 사각형 내 음영 처리된 부분은 유전자풀에서 배우자들 간의 무작위적 만남에 의해 생산된 100개의 접합자의 유전자형을 나타낸다. (b) 우리는 또한 대립유전자 빈도를 곱함으로써 생산된 접합자들의 유전자형 빈도를 구할 있다(계산하기 6.1 참조).

으로 예측된다.

퍼네트 사각형 방식을 사용하여 전체 집단의 자손을 대상으로 유전자형을 예측할 수도 있다(**그림 6.6a**). 퍼네트 사각형의 왼쪽과 위쪽 테두리를 따라 난자와 정자의 유전자형을 유전자풀 내에 존재하는 빈도의 비율에 따라 적는다. 난자의 60%가 *A* 대립유전자 복사본을 갖고 40%가 *a* 대립유전자 복사본을 가지므로, 우리는 사각형의 왼쪽을 따라 *A*를 6개, *a*를 4개 적었다. 이와 비슷하게, 정자에 대해서도, 위쪽 테두리를 따라 *A*를 6개, *a*를 4개 적었다. 사각형 안쪽 칸들을 채우게 되면, 우리의 집단에서 100개의 접합자 중 *AA*가 36개, *Aa*가 48개, *aa*가 16개 나올 것으로 예상할 수 있다. 우리 집단의 퍼네트 사각형에 의해 예측된 유전자형 비율이 단일 가족의 퍼네트 사각형에서 나타내는 비율인 1:0, 1:1, 혹은 1:2:1과는 다르다는 것에 주의해야 한다.

그림 6.6a의 퍼네트 사각형에서, 각 대립유전자 출현 빈도들을 곱해서 접합자들의 유전자형 빈도를 예측할 수 있다. 그림 6.6b는 난자와 정자의 4가지 가능한 조합으로 생산되는 접합자들과 각각의 확률을 구체적으로 제시하는 계산을 보여준다(**계산하기 6.1** 참조). 예를 들어, 유전자풀을 들여다보면서 하나의 난자를 선택해서 살펴본다고 할 때, 그 난자가 *A* 유전자형을 가질 확률은 60%이다. 어떤 정자가 그 난자와 수정하기 위해서 접근할 때, 그 정자가 *A* 유전자형을 가질 확률은 60%이다. 따라서 *AA* 접합자 생산을 관찰하게 될 확률은

$$0.6 \times 0.6 = 0.36$$

이다. 만약 모든 접합자들의 생산을 지켜본다면, 이들 중 36%는 *AA* 유전자형을 가질 것이다. 그림 6.6b의 계산을 통해서 유전자풀 내에서 임의교배가 이루어지면, 다음과 같은 비율로 접합자들이 생산됨을 알 수 있다.

| *AA* | *Aa* | *aa* |
|---|---|---|
| 0.36 | 0.48 | 0.16 |

(*Aa* 범주에는 *A* 난자와 *a* 정자가 조합된 이형접합자와 *a* 난자와 *A* 정자가 조합된 이형접합자를 모두 포함한다.) 확률을 모두 더하면 1이 된다.

$$0.36 + 0.48 + 0.16 = 1$$

계 산 하 기 6. 1

## 확률의 조합

두 개의 독립적인 사건들이 동시에 일어날 조합 확률(combined probability)은 개별 확률들의 곱과 같다. 예를 들어, 100원짜리 동전을 던져서 앞면이 나올 확률은 $\frac{1}{2}$이다. 10원짜리 동전을 던져서 앞면이 나올 확률도 $\frac{1}{2}$이다. 두 동전을 함께 던졌을 때 100원짜리 동전의 결과는 10원짜리 동전의 결과에 대해 독립적이다. 따라서, 100원짜리 동전과 10원짜리 동전 모두 앞면이 나올 확률은 $\frac{1}{2} \times \frac{1}{2} = \frac{1}{4}$이다.

두 가지 상호 배타적인 사건들 중 하나 혹은 다른 하나가 발생할 조합 확률은 각 확률의 합과 같다. 주사위를 던질 때 1이 나올 수도 있고 2가 나올 수도 있지만, 1과 2가 동시에 나올 수는 없다. 각 결과의 개별 확률은 $\frac{1}{6}$이다. 따라서 주사위가 1 혹은 2가 나올 조합 확률은 $\frac{1}{6} + \frac{1}{6} = \frac{1}{3}$이다.

이 식을 통해서 모든 접합자들을 계산했음을 확인할 수 있다.

접합자들이 자라서 성체가 되고, 성체들이 생식세포들을 생산하여 다음 세대의 유전자풀을 만들게 한다. 우연성을 완전히 배제할 경우, 한 세대에서 다음 세대로 바뀐 새로운 유전자풀 내에서 $A$와 $a$ 대립유전자의 빈도는 달라질까?

앞에서 그렇게 한 것처럼, 100개체의 성체가 각각 10개의 배우자를 생산한다고 가정하면:

36 $AA$ 성체가 360개의 배우자를 만드는데, 360개가 $A$ 대립유전자를 가지고 $a$ 대립유전자를 가지는 배우자는 없다.

48 $Aa$ 성체가 480개의 배우자를 만드는데, 240개가 $A$ 대립유전자를 가지고 240개가 $a$ 대립유전자를 가진다.

16 $aa$ 성체가 160개의 배우자를 만드는데, $A$ 대립유전자를 가지는 것은 없고 160개가 $a$ 대립유전자를 갖는다.

각 대립유전자를 갖는 배우자들을 모두 합치면, $A$의 복사본 수는 600개, $a$의 복사본 수는 400개로 총 1,000개가 된다. 새로운 유전자풀 내 $A$ 대립유전자의 빈도는 0.6이고 $a$ 대립유전자의 빈도는 0.4이다.

**그림 6.7a**의 그래프에서 표시한 것처럼, 새로운 유전자풀의 구성을 빈도를 사용하

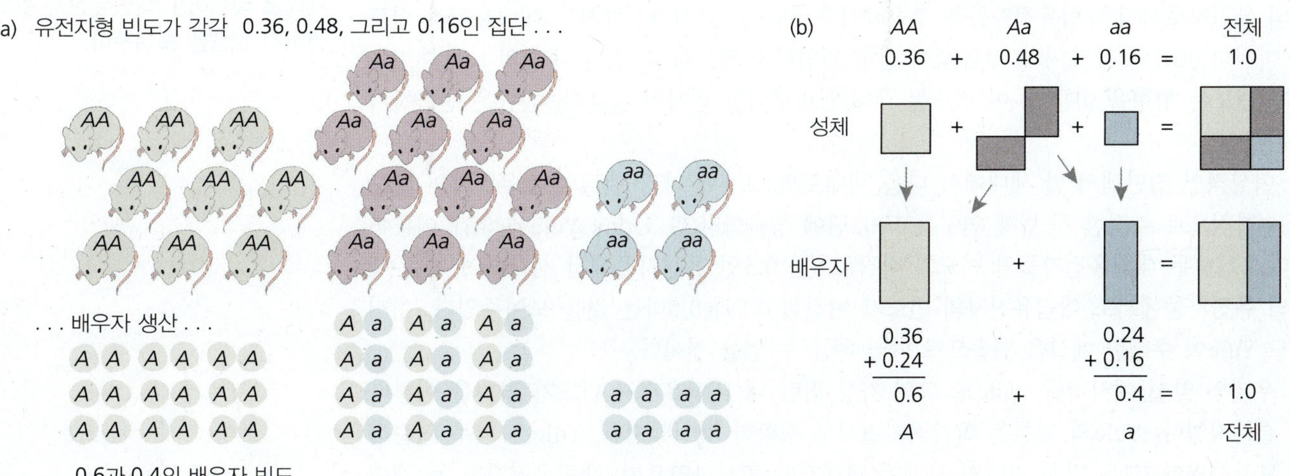


**그림 6.7 생쥐 모델 집단에서 어미쥐가 배우자를 생산할 때, 그들은 전 세대와 동일한 대립유전자 빈도를 가지는 유전자풀을 만든다** (a) 빈도를 이용한 계산. (b) 기하학적 방식을 이용한 계산. 각 사각형의 넓이는 어미쥐나 배우자의 유전자형 빈도를 나타낸다. $Aa$ 어미쥐에 의해 생산된 배우자의 반은 $A$ 대립유전자를, 나머지 반은 $a$ 대립유전자를 가진다는 것에 주의하라.

여 계산할 수 있다. *AA* 유전자형을 가지는 성체들이 집단의 36%를 구성하므로, 이들이 36%의 배우자를 만들 것이다. 이 모든 배우자들은 *A* 대립유전자의 복사본을 가진다. 마찬가지로, *Aa* 유전자형을 가지는 성체들은 집단의 48%를 구성하고 48%의 배우자를 만들 것이다. 이들 배우자들 중 절반은 *A* 대립유전자를 가진다. 따라서, 유전자풀에서 *A* 복사본을 가지는 배우자의 총 비율은 다음과 같다.

$$0.36 + (\tfrac{1}{2})0.48 = 0.6$$

이 그림은 또한 유전자풀에서 *a* 대립유전자를 가지는 배우자들의 비율이 0.4임을 확인시키는 계산을 보여준다. 다음에 유의하자.

$$0.6 + 0.4 = 1$$

이 1의 값을 통해서 모든 배우자들이 계산되었음을 확인할 수 있다. 그림 6.7b는 동일한 계산을 기하학적으로 나타낸 것이다.

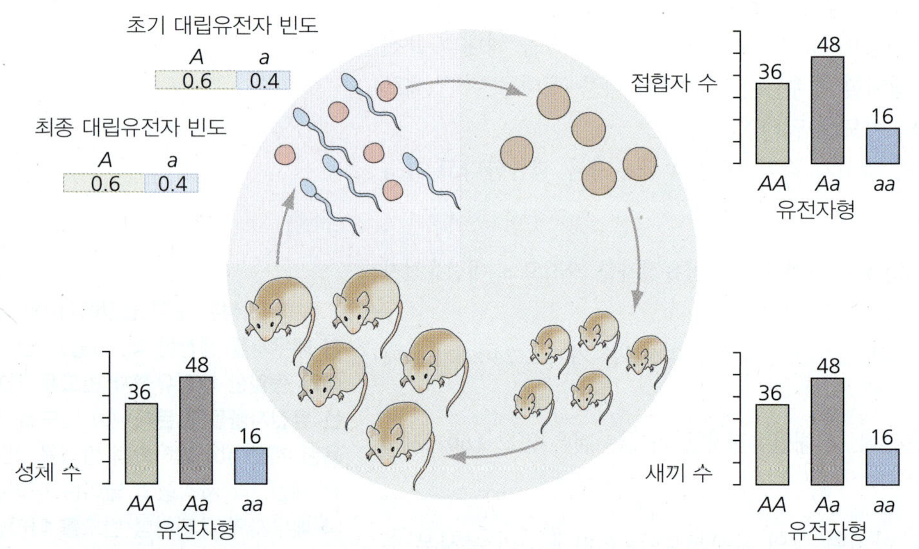


**그림 6.8 우연성이 모델 집단에서 어떤 역할도 하지 못할 때, 대립유전자 빈도는 세대를 거듭하여도 변하지 않는다** 그림 6.6의 퍼네트 사각형에 따라 배우자가 생산되며, 모든 배우자는 생존하는 것으로 전제하였다.

이제 완전한 생활사의 주기를 그려 보자(**그림 6.8**). 이번에는 시뮬레이션과 다르게 처음 시작했던 지점으로 정확하게 되돌아왔다. 시작할 때 집단의 유전자풀 내 대립유전자의 빈도는 *A*가 60%였고 *a*가 40%였다. 우리는 접합자, 어린 새끼, 성체를 거쳐 다음 세대의 유전자풀까지 대립유전자들을 추적하였다. 새로운 유전자풀에서도 대립유전자 빈도는 여전히 60%와 40%이다. 우연성이 전혀 개입하지 않는다면, 집단 내 *A*와 *a*의 대립유전자 빈도는 평형을 이룬다: 이 빈도는 세대가 바뀌어도 변하지 않는다. 집단은 진화하지 않는다.

**우연성이 작용하지 않을 경우, 수리적 예시는 한 세대에서 다음 세대로 바뀌어도 대립유전자 빈도는 변하지 않음을 보여준다.**

이상적인 집단에서 한 세대에서 다음 세대로의 교체에 따라 멘델 대립유전자의 빈도를 수학적으로 추적한 첫 번째 연구는 1902년에 생물학자 G. Udny Yule에 의해 이루어졌다. 그는 두 대립유전자들의 빈도가 각각 0.5와 0.5인 유전자풀에서 시작하여 다음 세대의 유전자풀에서도 대립유전자의 빈도가 여전히 0.5와 0.5라는 것을 보여주었다. 여러분도 Yule이 수행한 계산을 연습으로 따라 해볼 수 있을 것이다.

우리의 앞선 예시처럼, Yule도 그의 가상 집단 내 대립유전자 빈도가 평형을 이룬다고 결론지었다. Yule의 결론은 획기적이면서도 정확한 것이었지만, Yule은 너무 단순하게 묘사하였다. 그는 단지 하나의 사례에 대해서만 조사하였으며, 대립유전자가 두 개인 시스템에서 대립유전자 빈도가 각각 0.5와 0.5인 것이 유일하게 가능한 평형이라고 믿었다. 예를 들어, Yule은 $A$ 대립유전자의 복사본 하나가 돌연변이로 인해 $a$ 대립유전자만을 가지는 유전자풀에 도입된다면, 그 $A$ 대립유전자는 자동적으로 빈도가 증가해서 유전자풀의 절반을 구성하게 될 것이라고 믿었다. Yule은 1908년에 유명한 Reginald Punnet의 강연에 이어 이루어진 토론에서 이러한 주장을 펼쳤다. Punnet는 Yule의 생각이 맞지 않다고 생각했지만 이를 증명할 방법을 몰랐다.

우리는 Punnet가 Yule의 주장을 반박한 것이 옳았음을 이미 보여주었다. 우리의 계산은 대립유전자 빈도가 0.6과 0.4인 집단에서도 평형이 이루어짐을 보였다. 하지만 Punnet는 보다 보편적인 증명을 원했다. 어떤 빈도에서든지 대립유전자들의 빈도 합이 1이기만 하면 세대가 바뀌어도 빈도가 바뀌지 않는다는 것을 증명하기를 원했다.

Punnet 자신의 친구인 수학자 Godfrey H. Hardy에게 이 문제를 상의하였는데, Hardy는 얼마 지나지 않고 이 과제를 증명하였다(Hardy 1908). Hardy는 Yule이 가정한 특정 대립유전자 빈도 자리에 단순히 변수(variables)를 대신 사용함으로써, Yule이 수행한 계산들을 손쉽게 반복할 수 있었다. 보편적인 사례에 대해 실시한 Hardy의 계산은 어떤 대립유전자 빈도라도 평형을 이룰 수 있음을 증명했다.

## 보편적 사례

Hardy의 보편적 사례를 우리의 방식으로 해석하기 위해 우리는 다시 가상적인 생쥐 집단을 대상으로 조사를 하였다. 우리는 두 대립유전자 $A_1$과 $A_2$를 가지는 어떤 한 유전자좌위에 대해 관심을 가지기로 한다. 대립유전자 이름으로 대문자와 아래첨자를 사용하는 이유는 대립유전자들이 공우성(codominant)인 경우와 하나는 우성이고 다른 하나는 열성인 경우를 모두 고려하기 위해서이다. 출현이 가능한 세 가지 이배체 유전자형은 $A_1A_1$, $A_1A_2$ 및 $A_2A_2$이다.

시뮬레이션과 수리적 예제에서처럼, 유전자풀에서 시작하여 한 번의 생활사를 완전히 거칠 때까지 대립유전자들을 추적할 것이다. 유전자풀은 어떤 빈도의 $A_1$ 배우자와 다른 빈도의 $A_2$ 배우자로 구성되어 있다. 이 유전자풀에서 $A_1$ 배우자의 빈도를 $p$라고 하고, $A_2$ 배우자의 빈도를 $q$라 하자. 이 집단에는 단지 두 종류의 대립유전자만 있으므로,

$$p + q = 1$$

첫 번째 단계는 유전자풀 속의 배우자들이 조합되어 접합자를 만들게 하는 것이다. 그림 6.9a는 난자와 정자의 가능한 4가지 조합으로 생기는 접합자들, 그리고 각각의 출현 확률을 제시하는 계산과정을 보여준다. 예를 들어, 우리가 어떤 난자를 무작위로 선택하여 관찰할 경우, 이 난자가 $A_1$ 유전자형을 가질 확률은 $p$이다. 어떤 정자가 접근하여 이 난자를 수정시킬 때, 이 정자가 $A_1$ 유전자형을 가질 확률도 $p$이다. 따라서 $A_1A_1$ 접합자의 출현을 관찰하게 될 확률은 다음과 같다.

$$p \times p = p^2$$

만약 우리가 모든 접합자의 출현을 관찰한다면, 이들 중 $p^2$는 $A_1A_1$ 유전자형을 가질 것이다. 그림 6.9a의 계산을 통해서 우리의 유전자풀 속의 임의교배로 인해 다음과 같은 비율로 접합자들이 생겨남을 알 수 있다.

$$\begin{array}{ccc} A_1A_1 & A_1A_2 & A_2A_2 \\ p^2 & 2pq & q^2 \end{array}$$

그림 6.9b는 동일한 유전자형 빈도를 산출하는 퍼네트 사각형을 보여준다. 퍼네트 사각형에서도 기하학적으로 다음 계산이 성립한다.

$$p^2 + 2pq + q^2 = 1$$

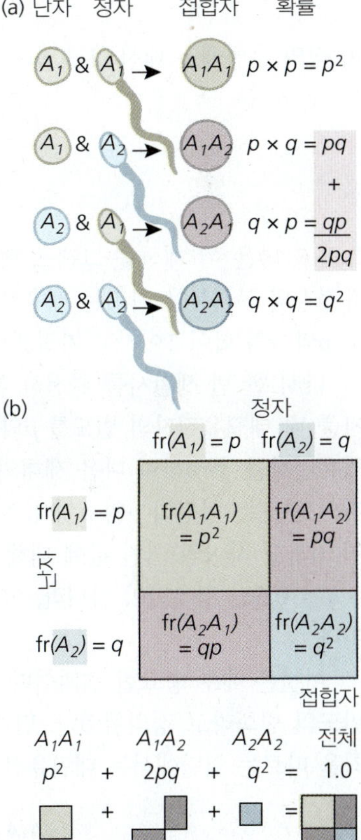


**그림 6.9 모델 집단에서 임의교배에 대한 보편적 사례** (a) 대립유전자 빈도를 곱함으로써 접합자들 중에서 각 유전자형의 빈도를 예측할 수 있다. (b) 퍼네트 사각형. 박스의 왼쪽 및 위쪽 테두리를 따라 나열된 변수들은 유전자풀에서 $A$와 $a$ 난자와 정자의 빈도를 나타낸다. 박스 내부의 수식들은 유전자풀에서 배우자들 간의 우연적 만남에 의해 생산된 배우자들의 유전자형 빈도를 나타낸다.

이 식을 통해서 모든 접합자들이 계산되었음을 확인할 수 있다. 동일한 결과를 대수적으로도 보여줄 수도 있는데, $p^2 + 2pq + q^2 = 1$ 식에서 $q$ 대신 $(1 - p)$를 대입하여 정리하면 된다.

**이제 도전할 일은 우리의 수리적 예시들에서 딱히 특별한 변화가 없다는 것을 대수적으로 보여주는 것이다. 모든 대립유전자 빈도가 세대가 바뀜에도 불구하고 동일하게 유지될 것이다.**

유전자풀 내 대립유전자 빈도에서 출발하여 접합자들 간의 유전자형 빈도까지 살펴보았다. 이제 접합자들이 발생과정을 거쳐 어린 개체가 되고, 어린 개체가 자라서 성체가 되고, 성체가 배우자를 생산하여 다음 세대의 유전자풀을 만들게 된다.

이 새로운 유전자풀에서 $A_1$ 대립유전자의 빈도를 다음과 같이 계산할 수 있다. $A_1A_1$ 유전자형을 갖는 성체들이 집단 내에서 $p^2$의 비율을 구성하기 때문에, $p^2$의 비율만큼 배우자를 만들 것이다. 이러한 배우자들은 모두 $A_1$ 대립유전자의 복사본을 가진다. 이와 비슷하게, $A_1A_2$ 유전자형을 가지는 성체들은 집단 내에서 $2pq$의 비율로 존재하며, $2pq$의 비율로 배우자를 만들 것이다. 이 배우자들 중 절반은 $A_1$ 대립유전자의 복사본을 가진다. 따라서 이 유전자풀 속에서 $A_1$ 대립유전자의 복사본을 갖는 배우자의 총 비율은 다음과 같다.

$$p^2 + (\tfrac{1}{2})2pq = p^2 + pq$$

이 식의 우변에 $q$ 대신 $(1 - p)$를 대입하여 식을 단순하게 정리할 수 있다. 이렇게 하면,

$$\begin{aligned} p^2 + pq &= p^2 + p(1 - p) \\ &= p^2 + p - p^2 \\ &= p \end{aligned}$$

그림 6.10은 이 계산을 그래프 형태로 보여준다. 이 그림은 또한 유전자풀에서 $A_2$ 대립유전자의 복사본을 가지는 배우자의 비율이 $q$라는 것을 보여준다. 우리는 논의를 시작할 때 $p$와 $q$의 합이 1이라고 가정했으므로, 모든 배우자들이 고려되었음을 확인할 수 있다.

다시 한 번 생활사를 완전히 한 바퀴 돌아서 시작한 곳으로 되돌아왔다. 집단의 유전자풀 내 대립유전자의 빈도를 $p$와 $q$로 가정하면서 시작했다. 접합자와 성체를 거쳐서 대립유전자를 추적하여 다음 세대의 유전자풀에 이르렀다. 새로운 유전자풀에서 대립유전자의 빈도는 여전히 $p$와 $q$이다. 이 대립유전자의 빈도 $p$와 $q$는 둘의 합이 1이기만 하다면, 0과 1 사이의 어떤 값에 대해서도 안정적이다. 다시 말해, Yule이 생각했던 것처럼 $p = q = 0.5$인 경우만이 아니라, 어떤 대립유전자 빈도이든지 평형에 도달할 수 있다는 것이다.

**우리의 모델 연구에서 이상적인 집단은 진화하지 않는다는 것을 보여주었다. 이러한 결론은 하디-바인베르크 평형 원리(Hardy-Weinberg equilibrium principle)로 알려져 있다.**

이것은 매우 중요한 결과이다. 본 장을 시작할 때 우리는 진화를 집단 내 대립유전자 빈도의 변화라고 정의했었다. 단순화시킨 가정 하에서 우리는 지금까지 멘델의 유전 법칙을 따르는 집단에서는 대립유전자의 빈도가 변하지 않음을 수식으로 증명했다.

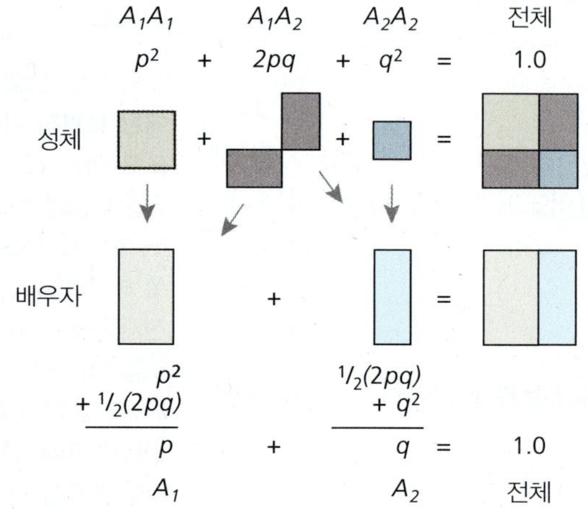

**그림 6.10 모델 집단에서 성체가 배우자를 생산할 때 대립유전자 빈도에 대한 보편적 사례의 기하학적 설명** 각 칸의 넓이는 성체나 배우자 유전자형의 빈도를 나타낸다.

계산하기 6.2

## 대립유전자가 2개 이상인 경우의 하디-바인베르크 평형원리

여러 개의 대립유전자들이 있는 한 유전자좌위를 생각해보자. 이때 대립유전자들을 $A_i$, $A_j$, $A_k$ 등으로 부를 수 있으며, 유전자풀에서 대립유전자의 빈도는 $p_i$, $p_j$, $p_k$ 등으로 나타낼 수 있다. $A_iA_i$ 유전자형을 가지는 접합자가 형성되려면 $A_i$ 난자와 $A_i$ 정자가 결합해야 한다. 따라서, 동형접합성 $A_iA_i$ 유전자형의 빈도는 $p_i^2$이다. $A_iA_j$ 유전자형을 가지는 접합자가 형성되려면 $A_i$ 난자와 $A_j$ 정자가 결합하거나, $A_j$ 난자와 $A_i$ 정자가 결합해야 한다. 따라서, 이형접합성 $A_iA_i$ 유전자형의 빈도는 $2p_ip_j$이다.

예를 들어, 세종류의대립유전자들이 $p_1$, $p_2$, $p_3$의 빈도를 가지고, 다음 조건을 만족시킬 경우,

$$p_1 + p_2 + p_3 = 1$$

유전자형 빈도는 다음과 같이 주어진다.

$$(p_1 + p_2 + p_3)^2 = p_1^2 + p_2^2 + p_3^2 + 2p_1p_2 + 2p_1p_3 + 2p_2p_3$$

그리고, 대립유전자 빈도들은 세대가 바뀌어도 변하지 않는다.

우리는 이 결과를 Hardy(1908)의 업적으로 제시했다. 그런데 비슷한 결과가 Wilhelm Weinberg(1908)에 의해서도 독립적으로 제시되었으므로, 하디-바인베르크 평형원리(Hardy-Weinberg equilibrium principle)로 알려졌다. 일부 진화 생물학자들은 이 원리를 하디-바인베르크-캐슬 평형 원리(Hardy-Weinberg-Castle equilibrium principle)라고 부르기도 하는데, 하디와 바인베르그가 일반적 사례에 대해 증명해 보이기 5년 전에 William Castle(1903)이 어떤 한 수학적인 사례에 대해 계산한 후, 비수학적인 방식으로 일반적인 평형 원리를 기술하였기 때문이다(Provine 1971 참조). 하디-바인베르크 평형 원리는 다음과 같은 두 가지 기본적인 결론을 제시한다.

- **결론 1:** 어떤 집단 내 대립유전자 빈도는 세대를 거듭하여도 변하지 않는다.
- **결론 2:** 어떤 집단 내 대립유전자가 $p$와 $q$로 주어질 경우, 유전자형 빈도는 $p^2$, $2pq$, 및 $q^2$가 된다.

한 유전자좌위에 2개의 대립유전자만 있는 경우에서 그 이상의 대립유전자들이 존재하는 집단으로 확장하여 분석해도 비슷한 결과를 얻는다(**계산하기 6.2** 참조).

## 하디-바인베르크 평형 원리는 어떻게 활용될까?

진화를 다루는 책에서 이처럼 많은 지면을 진화가 일어나지 않음을 보여주는 증거에 할당한 것이 독자로 하여금 약간 혼란스럽게 만들 수 있을 것이다. 물론 진화는 일어난다—본 장에서 우리는 시뮬레이션을 통해서 진화가 일어난다는 것을 보았다. 하디-바인베르크 평형 원리가 유용한 이유는 이 원리가 단순화시킨 몇 가지 가정들에 근거해 있기 때문이다. 하나 혹은 그 이상의 가정들이 위배될 경우, 하디-바인베르크의 결론들은 더 이상 효력이 없게 된다.

우리는 집단에서 멘델의 대립유전자에 대한 영모델(null model)을 개발할 때, 몇 가지 가정들에 대해서는 언급하지 않고 남겨두었다. 이제 그 가정들을 밝혀 보고자 하는데, 중요한 가정들은 다음과 같다:

**1. 선택이 없다.** 우리의 모델집단에서, 모든 구성원들은 동일한 비율로 생존했으며 유전자풀에 동일한 수의 배우자를 제공했다. 이 가정이 위배될 경우, 다시 말해, 어떤 유

전자형을 가진 개체들이 다른 개체보다 더 높은 비율로 생존하고 생식할 경우, 대립유전자들의 빈도는 세대가 바뀌면서 달라질 수 있다.

하디-바인베르크 평형 원리는 우리의 이상적인 모델에 대해 세웠던 가정들을 충족할 때 유용해진다. 진화가 일어나지 않는 분명한 조건들의 집합을 제공함으로써, 하디-바인베르크 분석은 실제 집단에서 진화를 일으킬 수 있는 기작이 무엇인지 밝힐 수 있게 해준다.

**2. 돌연변이가 없다.** 본 모델집단에서는 현재 존재하는 대립유전자들 중 어떤 것도 돌연변이로 인해 다른 기존 대립유전자로 변환되지 않으며, 새로운 대립유전자가 만들어지지도 않았다. 이 가정이 위배될 경우, 예를 들어 어떤 대립유전자가 다른 것들보다 돌연변이율이 높았을 때, 대립유전자들의 빈도는 세대가 바뀌면서 달라질 수 있다.

**3. 이주가 없다.** 본 모델집단에서는 개체들이 이주해 들어오거나 나가는 경우가 없다. 이 가정이 위배될 경우, 그리고 어떤 대립유전자를 가진 개체들이 다른 대립유전자를 가진 개체들보다 더 높은 비율로 집단 내로 들어오거나 나갈 경우, 대립유전자들의 빈도는 세대가 바뀌면서 달라질 수 있다.

**4. 우연한 사건이 없다.** 지금까지 다룬 모델집단에서는 어떤 대립유전자를 가지는 개체들이 다른 대립유전자를 가지는 개체들보다 더 많은 대립유전자를 다음 세대로 전달하게 만드는 우연한 사건이 없었다. 즉, 우연성이 아무런 역할을 하지 않는다. 그렇지만 시뮬레이션에서는 우연의 영향을 관찰한 바 있다. 일반적 사례에 대한 분석에서 이러한 영향을 다루지 않았는데, 유전자풀에서 난자와 정자가 실제 빈도인 $p$와 $q$로 서로 정확히 만나며 우연에 의해 이 비율로부터 벗어나는 일은 없다고 가정하였다. 이 가정을 지지할 수 있는 다른 방법은 해당 모델집단이 무한이 크다는 것이다. 이 가정이 위배될 경우, 그리고 어떤 대립유전자를 가지는 개체들이 다른 대립유전자를 가지는 개체들보다 더 많은 대립유전자들을 우연히 제공하게 될 경우, 대립유전자들의 빈도는 세대가 바뀌면서 달라질 수 있다. 대립유전자 빈도가 바뀌는 이러한 기작을 앞에서 언급하였듯이, 유전적 부동(genetic drift)이라고 부른다.

**5. 개체들이 배우자를 무작위로 선택한다.** 우리는 유전자풀에서 배우자들이 서로를 무작위로 찾도록 설정하였다. 1번에서 4번까시의 가성들과는 달리, 이 가정이 위배될 경우, 예를 들어 개체들이 동일한 유전자형을 가진 다른 개체들과 교배하는 것을 선호했을 때, 대립유전자들의 빈도는 세대가 바뀌어도 달라지지 않지만, 유전자형 빈도는 달라질 수 있다. 이러한 유전자형 빈도의 변화는 앞서 언급한 네 가지 가정들 중 하나를 위배하는 것과 조합되어서 집단의 진화에 영향을 미칠 수 있다.

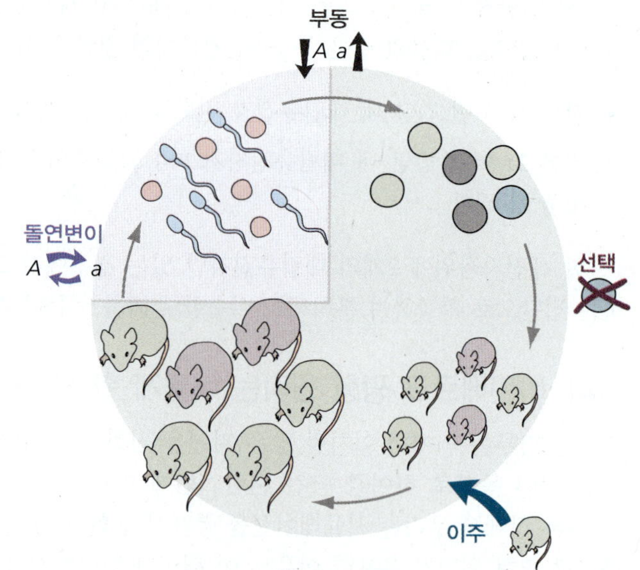


그림 6.11 **진화 기작의 요약** 한 세대에서 다음 세대로 바뀔 때, 네 가지 과정이 대립유전자 빈도의 변화를 유도할 수 있다. 선택은 유전자형이 다른 개체 간에 생존율이나 배우자 생산 능력이 다를 때 일어난다. 이주는 개체들이 집단 안으로 혹은 밖으로 이동할 때 일어난다. 돌연변이는 감수분열 동안 한 대립유전자를 다른 대립유전자로 변환시키는 실수가 있을 때 일어난다. 유전적 부동은 어떤 유전자형을 가진 배우자가 우연히 다른 유전자형을 가진 배우자보다 수정에 더 높은 비율로 참여할 때 일어난다.

집단이 진화할 수 없는 이상적인 조건들을 제공함으로써, 하디-바인베르크 평형 원리는 현실 세계에서 진화를 일으킬 수 있는 사건들이 무엇인지를 밝힐 수 있게 해준다(그림 6.11). 이것이 하디-바인베르크 원리가 영모델로서 유용한 이유이다. 생물학자들은 자연 상태에서의 대립유전자와 유전자형의 빈도를 측정하고 하디-바인베르크의 결론들이 유효한지를 결정할 수 있다. 이 결론들이 유효한 집단을 **하디-바인베르크 평형(Hardy-Weinberg equilibrium)**에 있다고 한다. 어떤 집단이 하디-바인베르크 평형에 있지 않을 경우, 다시 말해 대립유전자 빈도가 세대가 바뀌면서 달라지거나 혹은 유전자형 빈도를 실제로 대립유전자 빈도들을 곱해서 예측할 수 없을 때, 하디-바인베르크 모델의 가정들 중 하나나 그 이상이 위배되고 있다는 것이다. 대립유전자 빈도의 변화를 발견했다고 해서 그 자체로 어느 가정이 위배되어 있는지를 알 수는 없지만, 후속 연구를 계속 수행하면 흥미로운 사실을 발견하는 보상이 따를 수 있다.

지금부터 본 6장의 뒷부분에서는 가정 1번과 2번을 위배했을 경우 하디-바인베르크 결론은 어떤 영향을 받는지를 살펴볼 것이며, 아울러 진화의 기작으로서 선택과 돌연변이에 대한 실험에 대해 알아볼 것이다(7장에서는 3, 4, 5번 가정의 위배에 대해 검토한다).

### *CCR5-Δ32* 대립유전자 빈도의 변화

본 절을 시작할 때 *CCR5-Δ32* 대립유전자의 빈도가 인류 집단 내에서의 변화를 예상할 수 있을 것인지에 대한 질문을 던진 바 있다. 멘델의 대립유전자가 집단 내에서 어떻게 거동하는지에 관한 영모델을 개발하였으므로, 이제 이 질문에 대한 부분적인 대답을 제시할 수 있게 되었다. 모든 CCR5 유전자형에 대해 사람들이 동일한 비율로 생존하고 생식을 하는 한, 일부 CCR5 대립유전자가 다른 것으로 돌연변이에 의해 바뀌지 않는 한, 어떤 사람도 한 집단에서 다른 집단으로 이주하지 않는 한, 집단이 무한이 큰 이상, 그리고 사람들이 자신의 배우자를 무작위로 선택하는 이상, 대답은 '아니오'라고 할 수 있는데, 즉 *CCR5-Δ32* 대립유전자의 빈도는 바뀌지 않을 것이다.

물론, 이 대답은 분명히 만족스럽지 못한 대답일 것이다. 왜냐하면 위의 가정들 중 어떤 전제도 실제 인류 집단에서는 사실이 아니기 때문이다. 처음에 우리는 이 질문을 정확하게 물었는데, 왜냐하면 *Δ32/Δ32* 사람들이 다른 두 유전자형 중 하나를 가지는 사람들보다 더 높은 비율로 AIDS 전염병에 대해 생존한다고 예상했기 때문이다. 다음 두 절에서는, 영모델과 하디-바인베르크 평형 원리가 생존력 차이의 중요성을 정확하게 평가할 수 있게 하는 도구를 제공한다는 것을 보게 될 것이다.

## 6.2 선택

6.1절에서 다룬 분석을 통해 우리는 *CCR5-Δ32* 대립유전자의 빈도가 AIDS 유행의 결과로서 변할 것인가를 예측하게 하는 동기를 자극하였다. 우리는 멘델유전학의 규모를 단일교잡에서 전체 집단으로 확대시키면서 분석을 시작하였다. 이것은 멘델리즘(Mendelism)을 Darwin의 자연선택에 의한 진화이론과 통합시키는 첫 단계이다. 다음 단계는 생존과 생식 성공률의 차이를 추가하는 것이다. 이렇게 하면 계산식이 좀 더 복잡해진다. 하지만 이렇게 함으로써 집단유전학의 예측 능력을 파악할 수 있다.

**우리의 이상적인 집단에 대한 가정의 목록에서 첫 번째는 개체들이 동일한 생존율과 생식률을 가진다는 것이다. 이제 이 가정이 위배될 경우 대립유전자의 빈도에 어떤 일이 발생하는지 알아보고자 한다.**

하디-바인베르크 평형 원리를 이끌어내기 위해서 사용했던 모델에서 사용한 가정들 중 첫 번째는 모든 개체들이 동일한 비율로 생존하고 동일한 수의 배우자를 유전자풀에 제공한다는 것이다. 이 가정의 위배는 **선택(selection)**의 예이다. 특정 표현형을 가진 개체들이 다른 표현형을 가진 개체들보다 더 높은 비율로 성적 성숙에 이를 때까지 생존하거나, 특정 표현형을 가진 개체들이 다른 표현형을 가진 개체들보다 자손을 더 많이 생산할 경우 선택이 일어난다. 어떤 종류의 선택이든 핵심은 생식 성공의 차별화이다. 일부 개체들이 다른 개체들보다 자손을 더 많이 낳는다. 생식 성공률의 차이를 나타내는 표현형이 유전 가능한 것일 경우, 다시 말해 특정 표현형이 특정 유전자형과 연결되어 있을 경우, 선택이 진화로 이어진다.

집단유전학에서 일반적으로 표현형은 유전자형에 의해 엄격하게 결정된다고 가정한다. 예를 들어, 키가 큰 개체와 작은 개체가 있는 완두콩에 대해서, *TT*와 *Tt* 유전자형을 가진 개체들은 키가 크고, *tt* 유전자형을 가진 개체는 키가 작다고 여긴다. 이러한 견해는 본 장에서 사용한 예들을 포함하여 적어도 일부 형질에 대해서는 상당히 정확하다.

확연히 클래스로 구분되는 표현형들이 유전자형에 의해 엄격하게 결정된다고 여긴다면, 선택은 유전자형에 직접적으로 작용하는 것으로 생각할 수 있다. 그렇다면 특정한 생식 성공률을 각 유전자형에 할당할 수 있다. 실제로는 대부분의 표현형적 형질이 유전자형에 의해 엄격하게 결정되지는 않는다. 예를 들어, *TT* 유전자형을 가지는 완두콩들의 키는 다양하다. 이러한 변이성은 다른 유전자좌위에서 나타나는 유전적 차이나, 또는 완두콩이 자라는 환경상의 차이 때문이기도 하다. 이러한 복잡성에 대해서는 다른 장에서 살펴볼 것이다(9장 참조). 하지만 여기서는 단순하게 유전자형과 표현형의 엄격성만을 다룰 것이다.

선택이 유전자형에 직접적으로 작용한다고 생각할 경우, 선택은 결정적으로 일부 유전자형들이 다른 유전자형들보다 미래 세대들에 대해 더 많은 대립유전자들을 제공하게 한다는 것이다. 다시 말해, 유전자형들 간에는 적응도(fitness)의 차이가 있다는 것이다.

본 절에서 우리가 할 일은 선택을 하디-바인베르크 분석에 포함시키는 것이다. 우리는 선택이 세대가 바뀜에 따라 유전자풀 내 대립유전자의 빈도를 변화시킬 수 있는가 하는 질문에서 출발한다. 다시 말해, 선택이 없다는 가정을 위배함으로써 하디-바인베르크 평형 원리의 1번 결론을 무효로 만들 수 있는가?

## 하디-바인베르크 분석에서 선택의 추가: 대립유전자 빈도의 변화

우리는 선택이 실제로 대립유전자의 빈도를 변화시킨다는 것을 보여주는 수학적인 예시에서 출발하고자 한다. 어떤 생쥐 집단에서 B 유전자좌위가 있는데, 이 유전자는 생존율에 영향을 미친다고 가정해 보자. 유전자풀 내에서 $B_1$ 대립유전자의 빈도는 0.6이고, $B_2$ 대립유전자의 빈도가 0.4라고 가정한다(그림 6.12). 임의교배 후에, $B_1B_1$, $B_1B_2$ 및 $B_2B_2$의 유전자형의 빈도는 0.36, 0.48 및 0.16이 된다. 접합자 집단의 크기를 한정하면 나머지 계산이 더 간단해지므로, 접합자는 100개만 있다고 가정한다:

| $B_1B_1$ | $B_1B_2$ | $B_2B_2$ |
|---|---|---|
| 36 | 48 | 16 |

이 접합자들을 그림의 오른쪽 위에 있는 막대그래프로 나타내었다. 우리는 이 배우자들로부터 발생하는 개체들을 추적할 것이다. 성체기까지 생존하는 개체들은 생식에 참여하여 다음 세대의 유전자풀을 만들 것이다.

이제 우리는 유전자형에 따라 생존율이 달라진다고 가정함으로써 선택을 포함시키고자 한다. $B_1B_1$ 개체들은 모두 다 생존하고, $B_1B_2$ 개체들은 75%가 생존하고, $B_2B_2$ 개체들은 50%만 생존한다고 가정한다. 그림 6.12에서 보여 주듯이, 80개체의 성체를 얻었다:

| $B_1B_1$ | $B_1B_2$ | $B_2B_2$ |
|---|---|---|
| 36 | 36 | 8 |

수리적 예시에서, 어떤 유전자형을 갖는 개체들이 다른 유전자형을 갖는 개체들보다 더 높은 비율로 생존할 경우, 대립유전자 빈도가 세대가 바뀜에 따라 변할 수 있음을 가리킨다. 다시 말해, 우리의 모델은 자연선택이 진화를 일으킬 수 있음을 보여준다.

각 생존된 성체가 새로운 유전자풀에 10개씩의 배우자를 제공한다고 가정하면,

36 $B_1B_1$ 성체가 360개의 배우자를 생산하며: 360개는 $B_1$, 0개는 $B_2$를 가진다.

36 $B_1B_2$ 성체가 360개의 배우자를 생산하며: 180개는 $B_1$, 180개는 $B_2$를 가진다.

8 $B_2B_2$ 성체가 80개의 배우자를 생산하며: 0개는 $B_1$, 80개는 $B_2$를 가진다.

각 대립유전자를 갖는 배우자들을 모두 합치면, $B_1$ 복사본을 가지는 배우자는 540개이고, $B_2$ 복사본을 갖는 배우자는 260개로, 총 800개이다. 새 유전자풀에서 $B_1$ 대립유전자

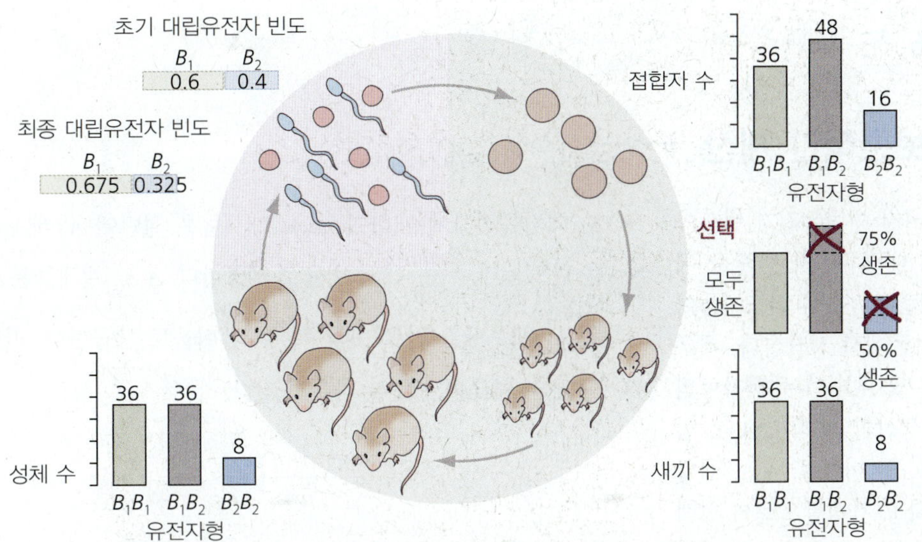


**그림 6.12 선택은 세대를 통해 대립유전자의 빈도를 변하게 한다** 그림은 한 세대의 유전자풀이 다음 세대의 유전자풀로 바뀌는 생쥐 모델 집단을 추적한 것이다. 막대 그래프는 어떤 주어진 시간에 집단 내 각 유전자형을 가지는 개체들의 수를 나타낸다. 선택은 어린 새끼 시기 동안 생존율의 차이라는 방식으로 $B_1$ 대립유전자의 빈도를 증가시킨다.

의 빈도는 $\frac{540}{800}$ = 0.675이고 $B_2$ 대립유전자의 빈도는 $\frac{260}{800}$ = 0.325이다. $B_1$ 대립유전자의 빈도는 7.5% 증가했다. 반면, $B_2$ 대립유전자의 빈도는 동일한 양만큼 감소했다.

선택이 없다는 가정을 위배함으로써, 하디-바인베르크 분석의 1번 결론이 무효화되었다. 집단이 진화한 것이다.

앞선 수학적 예시에서는 진화라는 요점을 두드러지게 하기 위해서 강한 선택을 사용하였다. 실제로 자연에서는 한 세대 만에 대립유전자 빈도가 이처럼 극단적으로 변할 만큼 생존율의 차이를 보이는 경우는 매우 드물다. 하지만 선택이 여러 세대들에 걸쳐 계속 일어날 경우, 대립유전자 빈도가 각 세대에서 아주 조금씩만 바뀌어도 변화량이 모두 더해져 마침내는 상당한 변화를 초래할 수 있다.

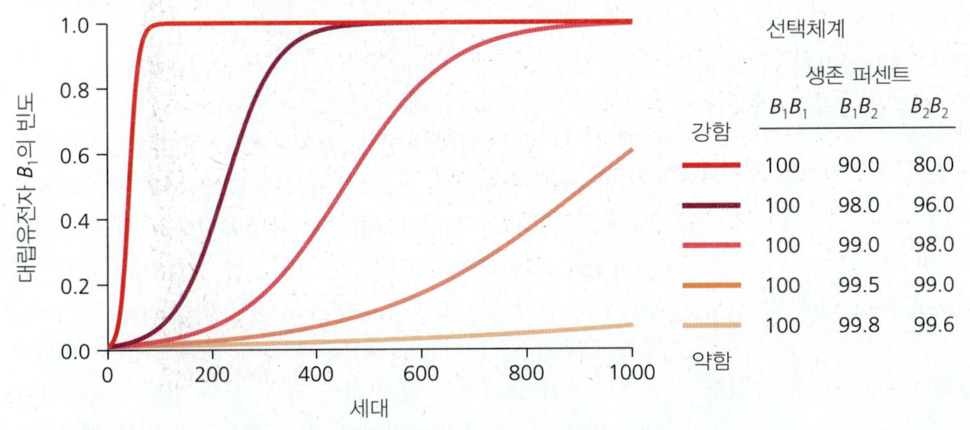


**그림 6.13 지속적인 선택은 대립유전자 빈도의 상당한 변화를 초래할 수 있다** 각 곡선은 특정한 선택 강도(selection intensity)에 대해 세대 흐름에 따른 대립유전자 빈도의 변화를 보여준다.

**그림 6.13**은 선택으로 일어날 수 있는 대립유전자 빈도의 누적 변화를 보여준다. 이 그림은 앞에서의 수학적 예시에서 사용한 것과 유사한 모델 집단에 기반한 것으로, 초기 대립유전자의 빈도가 $B_1$은 0.01이고, $B_2$는 0.99인 것만 다르다. 빨간색 선은 생존율이 $B_1B_1$은 100%, $B_1B_2$는 90%, $B_2B_2$는 80%일 때 대립유전자 빈도의 변화를 보여준다. $B_1$ 대립유전자의 빈도가 100세대에 도달하기 이전에 0.01에서 0.99로 증가하였다. 선택이 약한 경우에는, $B_1$ 대립유전자의 빈도가 천천히 증가하지만, 여전히 확실한 증가를 보인다(선택을 하디-바인베르크 분석에 포함시키는 일반적인 대수학에 대해서는 **계산하기 6.3** 참조).

계산하기 6.3

## 선택에 대한 보편적인 계산

특정한 유전자형에 대해, 현 세대의 주어진 대립유전자 빈도와 유전자형의 적응도로부터 다음 세대의 대립유전자 빈도를 예측하는 방식을 개발하고자 한다. $A_1$ 대립유전자의 빈도가 $p$이고 $A_2$ 대립유전자의 빈도가 $q$인 유전자풀에서 시작한다. 배우자들이 임의교배를 한다면, $A_1A_1$, $A_1A_2$ 및 $A_2A_2$의 유전자형의 접합자를 각각 $p^2$, $2pq$ 및 $q^2$의 빈도로 생산할 것이다. $A_1A_1$ 접합자는 $w_{11}$의 비율로, $A_1A_2$ 접합자는 $w_{12}$의 비율로, $A_2A_2$ 접합자는 $w_{22}$의 비율로 성체기까지 생존한다고 가정함으로써 선택을 포함시킨다. 생존한 성체들은 모두 같은 수의 자손을 생산한다. 따라서 유전자형의 생존율은 유전자형의 생활사 동안 생식 성공률, 혹은 적응도에 비례하게 된다. 따라서 생존율(survival rate)을 적응도로 불린다. 전체 집단에서의 평균 적응도(average fitness)는 $\overline{w}$로, 다음과 같이 주어진다.

$$\overline{w} = p^2w_{11} + 2pqw_{12} + q^2w_{22}$$

[이 식을 이해하기 위해 숫자 1, 2, 2 및 3의 평균을 구할 때 $\frac{(1+2+2+3)}{4}$로 구할 수도 있고, $(\frac{1}{4} \times 1) + (\frac{1}{2} \times 2) + (\frac{1}{4} \times 3)$으로도 구할 수 있음을 기억하라. 우리가 평균 적응도를 계산한 식은 두 번째 형태이다: 즉, 각 유전자형의 적응도를 집단 내 그 유전자형의 빈도와 곱하고, 그 결과를 합한 것이다.]

이제, 생존한 성체들(배우자를 생산하기 바로 직전 단계)의 유전자형 빈도를 계산한다. 유전자형의 새로운 빈도는 다음과 같다.

| $A_1A_1$ | $A_1A_2$ | $A_2A_2$ |
|---|---|---|
| $\frac{p^2w_{11}}{\overline{w}}$ | $\frac{2pqw_{12}}{\overline{w}}$ | $\frac{q^2w_{22}}{\overline{w}}$ |

(새로운 빈도들의 합이 여전히 1이 되도록 하기 위해 각 경우를 평균 적응도로 나누어야 한다.)

마지막으로, 성체들이 생식을 하도록 하고, 새로운 유전자풀 내 대립유전자 빈도들을 계산한다.

- $A_1$ 대립유전자에 대하여: $A_1A_1$ 개체들은 모두 $A_1$을 가지는 배우자를 $\frac{p^2w_{11}}{\overline{w}}$의 비율로 제공하고, $A_1A_2$ 개체들은 절반이 $A_1$을 가지는 배우자를 만드는데, $\frac{2pqw_{12}}{\overline{w}}$의 비율로 제공한다. 따라서 $A_1$의 새로운 빈도는 다음과 같다.

$$\frac{p^2w_{11} + pqw_{12}}{\overline{w}}$$

- $A_2$ 대립유전자에 대하여: $A_1A_2$ 개체들은 절반이 $A_2$ 배우자를 만드는데, $\frac{2pqw_{12}}{\overline{w}}$의 비율로 제공한다. $A_2A_2$ 개체들은 모두 $A_2$ 배우자를 만드는데, $\frac{q^2w_{22}}{\overline{w}}$의 비율로 제공한다. 따라서 $A_2$의 새로운 빈도는 다음과 같다.

$$\frac{pqw_{12} + q^2w_{22}}{\overline{w}}$$

$A_1$과 $A_2$의 새로운 빈도의 합이 1인지 확인해 보기 바란다.

$A_1$ 대립유전자의 빈도가 한 세대에서 다음 세대로 넘어가면서 변했는지 계산해 보는 것은 도움이 될 것이다. $\Delta p$라는 값은 새로운 $A_1$ 빈도에서 이전 $A_1$ 빈도를 뺀 것으로 다음과 같이 주어진다.

$$\begin{aligned}\Delta p &= \frac{p^2w_{11} + pqw_{12}}{\overline{w}} - p \\ &= \frac{p^2w_{11} + pqw_{12}}{\overline{w}} - \frac{p\overline{w}}{\overline{w}} \\ &= \frac{p^2w_{11} + pqw_{12} - p\overline{w}}{\overline{w}} \\ &= \frac{p}{\overline{w}}(pw_{11} + qw_{12} - \overline{w})\end{aligned}$$

여기서 마지막 식이 중요한데, 왜냐하면 $A_1$ 대립유전자 빈도의 변화가 $(pw_{11} + qw_{12} - \overline{w})$에 비례함을 보이기 때문이다. $(pw_{11} + qw_{12} - \overline{w})$라는 양을 때때로 $A_1$ 대립유전자의 **평균 초과량(average excess)**이라고 부른다. 이 값은 다른 대립유전자와 무작위로 결합하는 $A_1$ 대립유전자의 평균 적응도$(pw_{11} + qw_{12})$에서 집단의 평균 적응도$(\overline{w})$를 뺀 값과 동일하다. $A_1$ 대립유전자의 평균 초과량이 양의 값인 경우, $A_1$의 빈도가 증가한다. 다시 말해, $A_1$을 가지는 개체의 평균 적응도가 전체 평균적응도보다 높은 경우, $A_1$ 대립유전자의 빈도가 증가한다.

$A_2$ 대립유전자의 빈도가 한 세대에서 다음 세대로 넘어가면서 변하는 양은 다음과 같다.

$$\begin{aligned}\Delta q &= \frac{pqw_{12} + q^2w_{22}}{\overline{w}} - q \\ &= \frac{q}{\overline{w}}(pw_{12} + qw_{22} - \overline{w})\end{aligned}$$

## 선택에 의한 대립유전자 빈도 변화에 대한 실험적 분석

Douglas Cavener와 Michael Clegg는 1991년 초파리(*Drosophila melanogaster*)를 대상으로 실험실에서 자연선택 실험을 수행하여 여러 세대에 걸쳐 대립유전자 빈도가 변하는 현상에 대한 논문을 발표했다. 초파리는 대부분의 다른 동물들처럼 맥주, 와인이나 썩은 과일이 함유하는 독성 활성 성분인 에탄올을 분해하는 효소를 생산한다. 이 효소는 알코올 분해효소(alcohol dehydrogenase, ADH)로 불리는데, Cavener와 Clegg는 ADH 유전자좌위에 $Adh^F$와 $Adh^S$라는 두 대립유전자를 가지는 초파리 집단을 대상으로 실험을 수행했다. [여기서 *F*와 *S*는 각 대립유전자에 의해서 암호화되는 단백질이 전기영동 겔 상에서 빨리(*f*ast) 이동하는지 혹은 느리게(*s*low) 이동하는지를 뜻하는 것이다.]

2명의 과학자는 두 가지 실험집단에 대해서는 에탄올이 첨가된 먹이를 주었고, 두 대조집단에 대해서는 에탄올이 첨가되지 않은 정상 먹이를 주었다. 연구자들은 각 세대에서 생식하는 개체들을 임의로 선발했다. 이 연구 프로젝트를 자연선택 실험이라고 부르는 이유가 바로 여기에 있다. Cavener와 Clegg는 서로 다른 집단들에 대해 서로 다른 환경을 설정해 주었지만, 개별 파리들의 생존율 혹은 생식률을 직접 조작하지는 않았다.

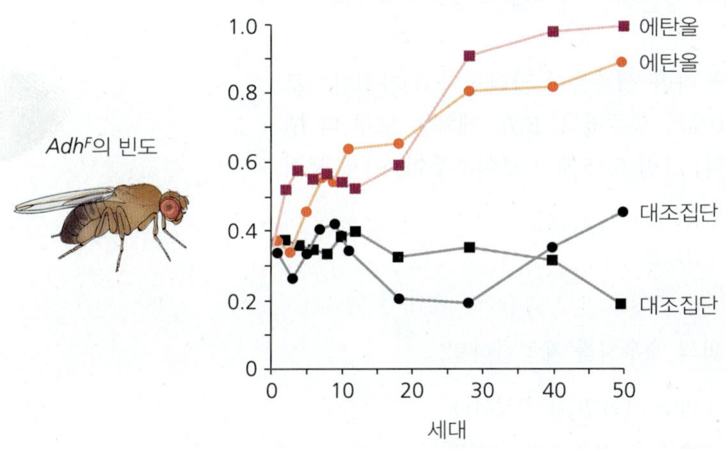


**그림 6.14 4 초파리 집단이 50세대를 거치는 동안 대립유전자 빈도의 변화** 검정 네모 및 동그라미는 정상 먹이를 공급한 대조집단을 나타내며 빨간 네모 및 동그라미는 에탄올이 함유한 음식을 공급한 실험집단을 나타낸다. Cavener and Clegg (1981)에서.

**초파리에 대한 실험 결과는 자연선택은 대립유전자 빈도를 변화시킬 수 있다는 우리의 결론과 일치한다.**

몇 세대가 지날 때마다, Cavener와 Clegg는 각 집단에서 초파리의 무작위 표본들을 추출하고, ADH 유전자형을 결정하며, 대립유전자 빈도를 계산했다. 그 결과는 그림 6.14에 나와 있다. 대조집단은 $Adh^F$ 대립유전자의 빈도에서 큰 변화나 일관되게 나타나는 장기적인 변화를 보이지 않았다. 반면 실험집단은 $Adh^F$ 대립유전자 빈도의 빠른 증가가 일관되게 관찰되었다(물론, $Adh^S$ 대립유전자의 빈도는 반대로 감소하였다). 하디-바인베르크의 결론 1번은 대조집단에서는 참이지만, 실험집단에서는 유효하지 않는 것이 분명했다.

그렇다면, 하디-바인베르크 분석의 어떤 가정이 위배되었는지 밝혀낼 수 있을까? 두 종류의 집단에 대한 유일한 차이점은 실험군의 먹이 속에는 에탄올이 들어 있었다는 것이다. 이것은 선택이 없다는 가정이 실험군에서 위배되었음을 시사한다. 먹이 속에 에탄올이 들어 있을 경우, $Adh^F$ 대립유전자를 가진 초파리가 $Adh^S$ 대립유전자를 가진 초파리보다 생식 성공률(적응도)이 더 높은 것으로 보인다. Cavener와 Clegg는 이러한 결과가 $Adh^F$ 동형접합자에서 추출한 알코올 분해효소가 $Adh^S$ 동형접합자에서 추출한 알코올 분해효소보다 두 배나 빠른 속도로 에탄올을 분해한다는 사실과 일치하고 있음을 주목하였다. $Adh^F$ 대립유전자를 가진 초파리의 적응도가 더 높은 원인이 생존률이 더 높아서인지 아니면 자손을 더 많이 생산해서인지는 확실하지 않다.

## 하디-바인베르크 분석의 선택 추가: 유전자형 빈도의 계산

앞에서 살펴본 계산과 집단 예시는 선택에 의해서 대립유전자의 빈도가 세대를 따라 변할 수 있음을 보여주었다. 선택은 하디-바인베르크 분석의 결론 1번을 무효로 만든다. 이제 여기서는 선택이 하디-바인베르크 분석의 결론 2번에 영향을 미치는지 알아보고자 한다. 선택이 작용하는 집단에서도, 대립유전자 빈도들을 곱함으로써 유전자형 빈도를 계산할 수 있을까?

보통 그렇게 계산하는 것이 불가능하다. 앞에서와 같이, 생존에 영향을 미치는 유전자좌위에서 두 개의 대립유전자인 $B_1$과 $B_2$가 있고, 유전자풀 내에서 각 대립유전자의 초기 빈도가 0.5라고 전제해 보자**(그림 6.15)**. 임의교배에 이어서, $B_1B_1$, $B_1B_2$ 및 $B_2B_2$ 유전자형의 빈도로 0.25, 0.5 및 0.25를 얻는다. 접합자 집단의 크기를 한정하면 나머지 계산이 더 간단해지므로, 접합자는 100개만 있다고 가정한다:

| $B_1B_1$ | $B_1B_2$ | $B_2B_2$ |
|---|---|---|
| 25 | 50 | 25 |

이 접합자들은 그림의 오른쪽 위에 있는 막대 그래프로 나타내었다. 이제 이 접합자로부터 발생하는 개체들을 추적할 것이다. 성체기까지 생존하는 개체들은 생식하여 다음 세대의 유전자풀을 만들 것이다.

우리의 첫 번째 선택의 예시처럼, 유전자형에 따라 생존율이 달라진다고 가정함으로써 선택을 포함시킨다. 이번에는 $B_1B_1$ 개체는 60%가 생존하고, $B_1B_2$ 개체는 모두 다 생존하고, $B_2B_2$ 개체는 60%가 생존한다고 전제한다. 그림 6.15에서 보여주듯이, 이제 생쥐 집단에서 성체는 80마리가 된다.

| $B_1B_1$ | $B_1B_2$ | $B_2B_2$ |
|---|---|---|
| 15 | 50 | 15 |

각 생존 어미쥐가 다음 세대의 유전자풀에 10개씩의 배우자를 제공한다면,

15 $B_1B_1$ 어미쥐가 150개의 배우자를 만드는데: 150 $B_1$과 0 $B_2$로 구성된다.

50 $B_1B_2$ 어미쥐가 500개의 배우자를 만드는데: 250 $B_1$과 250 $B_2$로 구성된다.

15 $B_2B_2$ 어미쥐가 150개의 배우자를 만드는데: 0 $B_1$과 150 $B_2$로 구성된다.

각 대립유전자를 갖는 배우자를 모두 합치면, $B_1$을 가지는 배우자는 400개이고, $B_2$를 가지는 배우자도 400개로, 총 800개이다. 두 대립유전자는 여전히 빈도가 0.5이다. 동형접합자에 대항해서 강한 선택이 이루어졌음에도 불구하고, 대립유전자 빈도는 바뀌지 않았다. 즉, 집단이 진화하지 않은 것이다.

그렇지만 생존한 성체들 중에서 세 유전자형의 빈도를 계산해 보자. 빈도들은 다음과 같다:

$$B_1B_1 \quad \frac{15}{80} = 0.1875 \qquad B_1B_2 \quad \frac{50}{80} = 0.625 \qquad B_2B_2 \quad \frac{15}{80} = 0.1875$$

이런 유전자형의 빈도는 선택이 없다는 가정을 위배함으로써 하디-바인베르크 분석의 결론 2번이 틀렸음을 보여준다. 이제는 더 이상 대립유전자 빈도의 곱으로 생존한 성체들의 유전자형 빈도를 계산할 수가 없게 되었다. 예를 들어,

**자연선택은 유전자형 빈도가 하디-바인베르크 평형 원리하에서 예측된 값과 다르게 만들 수 있다.**

$$\begin{matrix} B_1B_1\text{의 빈도} & & (B_1\text{의 빈도})^2 \\ 0.1875 & \neq & (0.5)^2 = 0.25 \end{matrix}$$

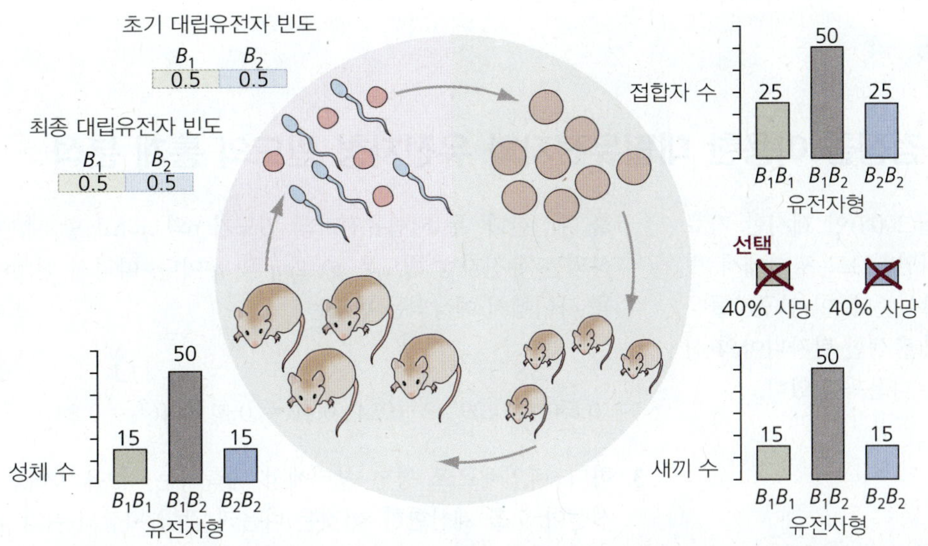


**그림 6.15 선택은 유전자형 빈도를 바꿀 수 있기 때문에, 대립유전자 빈도의 곱으로 유전자형 빈도를 구할 수 없다** 본 집단에서 동형접합자의 40%가 사망한다면, 대립유전자 빈도는 변하지 않는다. 그러나 생존자 중에는, 이형접합자의 비율이 하디-바인베르크 평형에 의해 예측된 비율보다 높게 나타날 것이다.

본 계산의 예시에서 결론을 두드러지게 하기 위해서 강한 선택을 사용하였다. 실제로는, 한 세대 만에 하디-바인베르크 결론 2번이 엄청나게 무효화될 만큼 선택이 강한 경우는 거의 없다. 실제로 그렇다 하더라도, 한 차례 임의교배를 하면 유전자형들이 하디-바인베르크 평형으로 다시 돌아간다. 그럼에도 불구하고, 연구자들은 종종 선택의 결과로 인해서 하디-바인베르크 결론 2번이 무효화되는 것을 관찰한다.

## 선택과 유전자형 빈도에 관한 실험

여기서 살펴볼 예시는 Patrick Duffy의 연구실에서 일했던 Atis Muehlenbachs와 그의 동료들(2008)이 임신 중 열대열 말라리아(falciparum malaria)와 유전적 변이에 대해 수행한 연구결과에서 가져온 것이다. 열대열 말라리아는 단세포 기생충인 *Plasmodium falciparum*의 감염에 의해 발병한다. 임신한 여성이 이 병에 걸릴 경우, 이 기생충은 산모의 순환계를 통해서 태반으로 침입한다(Kaumanchi and Haig 2008). 이로 인해 태반 염증이 유발되고 태반의 발달을 방해할 수도 있으며(Umbers et al. 2011), 동반될 수 있는 합병증으로는 자연유산, 조산, 저체중아 출산 및 영아 사망의 고위험성 등이 있다.

임신 자체가 말라리아 감염의 위험을 증가시키는데, 특히 초임인 경우 더 심하다 (Kaumanchi and Haig 2008). 첫 임신 동안 태반이 말라리아 병원체로 감염된 경우, 여성은 다음 임신 때 약간의 저항력을 제공하는 항체를 생산한다. 말라리아의 감염 가능성이 높은 지역에 사는 여성의 약 1억2천5백만 명이 매년 임신을 하며, 임신 중 말라리아 감염으로 인해 매년 약 10만 명의 영아가 사망하는 것으로 추산된다(Umbers et al. 2011).

Muehlenbachs와 그의 동료들(2008)은 태반 말라리아의 감염은 혈관내피 생장인자 1 (vascularendothelial cell growth factor 1, VEGFR1)을 암호화하는 유전자좌위에 대한 태아의 유전자형과 관련된다고 생각했는데, VEGFR1은 또한 *fms*-유사 티로신 키나아제 1 (*fms*-like tyrosine kinase 1, Flt1)로도 알려져 있다. 태반 내 태아세포는 산모의 순환계로 이 단백질의 수용성 형태인 sVEGFR1을 분비한다. VEGFR1는 혈관내피 생장인자와 상호작용함으로써 태반 발달과 염증반응에 영향을 미친다.

VEGFR1 유전자는 mRNA로 전사는 되지만 번역은 되지 않는 지역의 2-염기 반복 부위에서 길이 다형성을 보인다. 대립유전자는 짧은 그룹(*S* 대립유전자)과 긴 그룹(*L* 대립유전자)으로 나누어진다. *SS*와 *SL* 유전자형을 가지는 배양 제대혈 세포는 *LL* 세포보

계 산 하 기 6. 4

## $\chi^2$(카이 제곱) 검정을 이용한 대립유전자와 유전자형 빈도의 통계 분석

여기서는 Muehlenbachs와 그의 동료들(2008)이 제시한 자료를 사용하여 유전자형 빈도가 하디-바인베르크 평형에서 벗어나는지의 여부를 결정하는 방법을 보여준다. 이 연구자들은 말라리아 유행기간 중 초임 산모에게서 출생한 탄자니아의 신생아들을 조사했다. 각 유전자형의 수는 다음과 같았다.

| *SS* | *SL* | *LL* |
|---|---|---|
| 16 | 50 | 10 |

통계 분석은 다음 다섯 단계를 거친다:

**1.** 대립유전자 빈도를 계산한다. 76명의 신생아 표본은 152개 유전자 복사본을 가지는 것을 의미한다. *SS* 신생아가 가지는 32개 복사본은 모두 *S*이고, *SL* 신생아가 가지는 50개의 복사본도 *S*이다. 따라서 S의 빈도는 다음과 같다.

$$\frac{32 + 50}{152} = 0.54$$

*L*의 빈도는 다음과 같다.

$$\frac{50 + 20}{152} = 0.46$$

**2.** 하디-바인베르크 평형 상태에서 예측되는 유전자형의 빈도를 계산한다. 두 대립유전자의 빈도가 $p$와 $q$라고 할 때, 예상되는 유전자형 빈도는 $p^2$, $2pq$ 및 $q^2$이다. 따라서 신생아들 사이에서 예상되는 빈도는

| *SS* | *SL* | *LL* |
|---|---|---|
| $0.54^2 = 0.29$ | $2 \cdot 0.54 \cdot 0.46 = 0.5$ | $0.46^2 = 0.21$ |

**3.** 하디-바인베르크 평형 상태에서 예측되는 각 유전자형의 신생아 수를 계산한다. 이것은 다음과 같이 예상되는 각 유전자형 빈도에 총 신생아의 수인 76을 곱하면 간단하게 계산된다:

| *SS* | *SL* | *LL* |
|---|---|---|
| $0.29 \cdot 76 = 22$ | $0.5 \cdot 76 = 38$ | $0.21 \cdot 76 = 16$ |

이러한 예측 결과는 관측된 수와는 다르다(16, 50 및 10). 실제 표본은 이형접합자가 더 많았고 동형접합자가 더 적었다. 예측값과 관측값 사이에 이렇게 큰 차이가 나는 것이 우연에 의한 것일까? 아니면 이 차이는 통계적으로 유의한 것일까? 우리의 영가설에 의하면 이러한 차이는 단순히 우연에 의한 것이다.

다 VEGFR1 단백질을 더 많이 생산한다.

말라리아가 매년 계속되는 탄자니아의 무헤자(Muheza) 지역에서, 초산으로 태어난 신생아들을 대상으로 Muehlenbachs와 그의 동료들(2008)은 하디-바인베르크 평형 원리를 사용하여 자신들의 가설을 부분적으로 검증해 보았다.

연구자들은 먼저 태반 말라리아 발병률이 연중 낮은 시기인 10월에서 4월 사이에 태어난 163명의 신생아들의 대립유전자 빈도를 결정하였다. 이 빈도를 다음과 같았다.

| *S* | *L* |
|---|---|
| 0.555 | 0.445 |

신생아 집단이 하디-바인베르크 평형 상태에 있다면, 다음과 같이 이 대립유전자 빈도를 곱함으로써 유전자형 빈도를 예상할 수 있다:

| *SS* | *SL* | *LL* |
|---|---|---|
| $0.555^2 = 0.308$ | $2 \cdot 0.555 \cdot 0.445 = 0.494$ | $0.445^2 = 0.198$ |

이렇게 예상된 빈도는 말라리아 비유행기의 신생아들 중 실제로 측정한 유전자형 빈도와 비슷하였다:

| *SS* | *SL* | *LL* |
|---|---|---|
| $\frac{49}{163} = 0.301$ | $\frac{83}{163} = 0.509$ | $\frac{31}{163} = 0.190$ |

이형접합자의 실제 빈도가 예측값보다 약간 더 높고, 동형접합자들의 실제 빈도가 예상

4. 검증 통계값(test statistic)을 구한다. 여기서는 Karl Pearson이 1900년에 고안한 방식을 사용하는데, 카이 제곱($\chi^2$)으로 불린다.

$$\chi^2 = \sum \frac{(\text{예측값} - \text{관측값})^2}{\text{예측값}}$$

여기서 $\sum$ 기호는 계산에 포함된 모든 항에 대한 합을 나타낸다. 우리가 사용한 자료에서는 세 가지 항, 즉 세 가지 유전자형이 있다. 우리의 자료 세트에 대해서 $\chi^2$은 다음과 같다.

$$\chi^2 = \frac{(16 - 22)^2}{22} + \frac{(50 - 38)^2}{38} + \frac{(10 - 16)^2}{16} = 7.68$$

5. 검정 통계값이 유의한지 결정한다. 관측값과 예측값 사이의 차이가 클수록 $\chi^2$값은 더 커지도록 고안되었다. 7.68 정도로 큰 $\chi^2$을 우연히 얻을 확률은 얼마나 될까? 대부분의 통계학 교과서는 이에 대한 답을 알려주는 표를 싣고 있다. Zar (1996)의 책에서, 이것은 "카이 제곱 분포의 임계값(critical value)"으로 불린다.

이 표를 사용하기 위해서는 검정 통계값에 대한 자유도(degree of freedom)로 불리는 수를 계산해야 한다. $\chi^2$에 대한 이 값은 항(class)의 수에서 예측값을 결정하는 데 사용한 자료에 포함된 독립적인 값들의 수를 뺀 것이다. 우리가 사용한 자료에서는 세 가지 항, 즉 세 종류의 유전자형이 있다. 우리는 예측값을 결정하는 데 사용하기 위해서 두 개의 값, 즉 개체의 총수와 *S* 대립 유전자의 빈도를 계산했다. (*L* 대립유전자의 빈도도 계산했지만, *S* 대립유전자의 빈도에 대해 독립적이지 않는 것으로, 둘의 합이 1이 되어야 하기 때문이다.) 따라서 자유도는 1이다. (하디-바인베르크 평형에 대해 $\chi^2$ 검정의 자유도를 계산하는 또 다른 식은 다음과 같다.

$$df = k - 1 - m$$

여기서 $k$는 항의 수이고, $m$은 독립적 대립유전자 빈도의 수이다.)

이 표에 의하면, 자유도가 1이고 $P = 0.05$일 때 $\chi^2$의 임계값은 3.841이다. 이것은 영가설 하에서 $\chi^2 \geq 3.841$일 확률이 5%라는 뜻이다. 영가설에 따라 $\chi^2 \geq 7.68$일 확률은 5%보다 상당히 낮다. 따라서 우리는 영가설을 기각하며, 우리의 $\chi^2$값이 $P < 0.05$일 때 통계적으로 유의하다고 주장한다(실제로, $P < 0.006$이다).

$\chi^2$ 검정은 말라리아 유행 계절에 태어난 신생아들 중에서, VEGFR1 유전자의 대립유전자 분포가 하디-바인베르크 평형에 있지 않음을 보여준다. 이것은 하디-바인베르크 분석의 가정들 중 적어도 하나가 위배되었음을 의미한다. 하지만 $\chi^2$ 검정 자체만으로는 어느 가정이 위배되었는지 또는 어떻게 위배되었는지는 알 수 없다.

값보다 약간 더 낮기는 하였지만, 차이는 별로 크지 않았다. 따라서 이 신생아들은 하디-바인베르크 분석의 2번 결론을 따른다고 할 수 있었다.

Muehlenbachs와 그의 동료들은 이어서 연중 태반 말라리아 감염률이 높은 시기인 5월과 9월 사이에 태어난 76명의 신생아들을 대상으로 대립유전자 빈도를 결정하였다. 이 빈도는 비수기 신생아들 사이의 빈도와 매우 비슷했다:

| *S* | *L* |
|---|---|
| 0.539 | 0.461 |

이 집단도 비수기에 태어난 신생아 집단처럼 하디-바인베르크 평형에 있다면, 이번에도 대립유전자 빈도를 곱해서 유전자형 빈도를 예측할 수 있을 것이다:

| *SS* | *SL* | *LL* |
|---|---|---|
| $0.539^2 = 0.291$ | $2 \cdot 0.539 \cdot 0.461 = 0.497$ | $0.461^2 = 0.213$ |

그런데 이번에는 예측값들이 실제 빈도와 잘 맞지 않았다:

| *SS* | *SL* | *LL* |
|---|---|---|
| $\frac{16}{76} = 0.211$ | $\frac{50}{76} = 0.658$ | $\frac{10}{76} = 0.132$ |

예측값보다 이형접합자의 수가 상당히 많았고, 동형접합자의 수는 더 적었다. 예측값과 실제 자료 사이의 불일치는 유의한 차이를 보였다(**계산하기 6.4** 참조). 말라리아 유행 시기에 태어난 신생아들의 유전자형은 하디-바인베르크 결론 2번에서 벗어난다.

**어떤 집단의 유전자형 빈도가 하디-바인베르크 평형 상태에 있지 않음을 발견했다면, 이것은 자연선택이 작용하고 있다는 실마리를 제공할 수 있다.**

이제까지의 증거를 기반으로, Muehlenbachs와 그의 동료들(2008)은 동형접합자의 수가 더 낮은 현상에 대해 이들이 태아 발달과정 동안 생존하지 못한 것으로 설명했다. 태아가 생존할 확률은 태아의 유전자형과 산모가 말라리아에 걸렸는지의 여부 둘 다와 연관된다(**그림 6.16**). 산모가 말라리아에 걸리지 않은 경우, *SS* 신생아는 다른 신생아보다 상태가 약간 더 좋을 것이다. 하지만 산모가 말라리아에 걸린 경우라면, *SL* 신생아가 다른 신생아들보다 상태가 훨씬 더 좋을 것이다. 전체적으로 말라리아가 유행하는 시기에는 이형접합자들이 가장 높은 비율로 생존한다. 이런 설명과 잘 부합되는 현상으로, 말라리아 발병이 없는 지역에서는, *S* 대립유전자의 빈도가 더 높다.

| 말라리아? | *SS* | *SL* | *LL* |
|---|---|---|---|
| 감염 | ★★★★★ | ★★★★ | ★★★★ |
| 미감염 | ★ | ★★★★★ | ★★ |

**그림 6.16 유전자형과 태반 말라리아의 함수로서 신생아 생존의 확률** 산모와 신생아의 유전자형 빈도로부터 유추된 양상(Muehlenbachs et al. 2008).

## *CCR5-Δ32* 대립유전자 빈도 변화의 재검토

이제 6.1절을 시작할 때 제기했던 질문, 즉 "AIDS의 유행으로 인해 인류 집단에서 *CCR5-Δ32* 대립유전자의 빈도가 증가하게 될 것인가?"에 대해서 좀 더 만족스러운 대답을 제공할 수 있는 입장이 되었다. 원칙적으로 보면, AIDS의 유행이 대립유전자의 빈도를 빠르게 증가시킬 수 있지만, 현재로서는 실제 인류 집단에서 그렇게 될 것 같지는 않는다. 이러한 결론은 **그림 6.17**에 묘사된 세 가지 집단 모델에 근거를 두고 있다(대수적 계산에 대해서는 **계산하기 6.5** 참조). 각 모델은 *CCR5-Δ32* 대립유전자의 초기 빈도나 HIV 감염 발병률에 대해 서로 다른 가정을 하였다. 각 그래프는 *Δ32* 대립유전자의 빈도가 40세대 혹은 약 1000년에 걸쳐 나타낼 것으로 예상되는 변화를 보여준다.

그림 6.17a에서 묘사된 모델집단은 *Δ32* 대립유전자의 빈도가 빠르게 증가하는 시나리오를 보여준다. 이 시나리오에서, *CCR5-Δ32* 대립유전자의 초기 빈도는 20%이다. 유전자형이 +/+이거나 +/*Δ32*인 사람들 중 4분의 1이 AIDS에 걸리고 생식활동 없이 사망하는 반면, *Δ32*/*Δ32*인 사람들은 모두 생존한다. *Δ32*의 초기 빈도 20%는 조사된 인류 집단 중 가장 높은 빈도로, Martinson 등(1997)이 연구한 아슈케나지유대인(Ashkenazi Jews) 표본과 대략 비슷하다. 사망률은 보츠와나(Botswana), 나미비아(Namibia), 스와질랜드(Swaziland), 짐바브웨(Zimbabwe)의 상황과 비슷한데, 이들 나라에서는 15세에서 49세 사이의 사람들 중 25%가 HIV에 감염되어 있다(UNAIDS 1998). 본 모델집단에서, *Δ32* 대립유전자의 빈도는 각 세대마다 수 퍼센트 정도로 증가한다. 40세대가 끝날 때쯤이면, 이 대립유전자의 빈도가 거의 100%가 된다. 따라서 지금까지 보고된 가장 높은 *Δ32* 대립유전자 빈도와 가장 높은 감염률이 결합된 인류 집단에서는, AIDS 유행이 해당 대립유전자 빈도를 빠르게 증가시킬 수 있다.

하지만 현재로서는, 높은 *Δ32* 대립유전자 빈도와 높은 HIV 감염률이 조합된 집단은 알려져 있지 않다. 북유럽의 많은 집단에서는 *Δ32* 대립유전자 빈도가 0.1에서 0.2이지만(Martinson et al. 1997; Stephens et al. 1998), HIV 감염률은 1% 이하이다(UNAIDS 1998). 이러한 조건을 반영한 모델집단이 그림 6.17에 기술되어 있다. 초기 *Δ32* 대립유전자 빈도가 0.2이고 +/+와 +/*Δ32* 사람의 0.5%가 AIDS에 걸리며 생식활동 없이 사망한다. *Δ32* 대립유전자 빈도는 좀처럼 잘 변하지 않는다. 선택이 너무 약해서 이처럼 짧은 기간 동안에는 눈에 띌만한 진화를 유도하지 못한다.

사하라 남부 아프리카 일부 지역에서는, 생식 연령에 있는 모든 사람들 중 4분의 1이 HIV에 감염되어 있다. 하지만 *Δ32* 대립유전자는 거의 없다(Martinson et al. 1997). 이러한 상황을 반영하는 모델집단이 그림 6.17c에 기술되어 있다. 초기 *Δ32* 대립유전자 빈도가 0.01이고 +/+와 +/*Δ32* 사람의 25%가 AIDS에 걸리며 생식활동 없이 사망한다. 이 경우에도 *Δ32* 대립유전자 빈도는 잘 변하지 않는다. *Δ32* 대립유전자 빈도가 낮

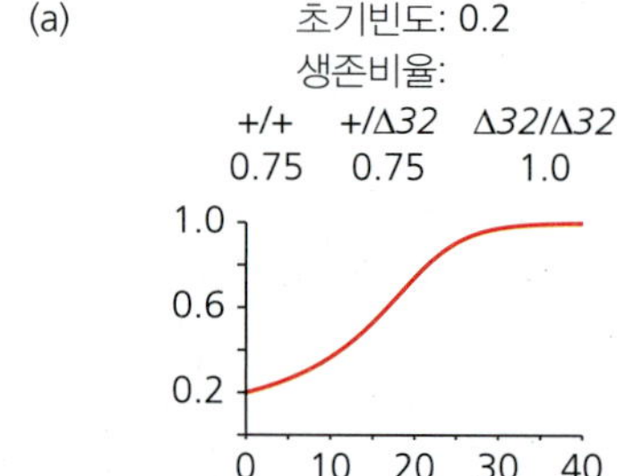


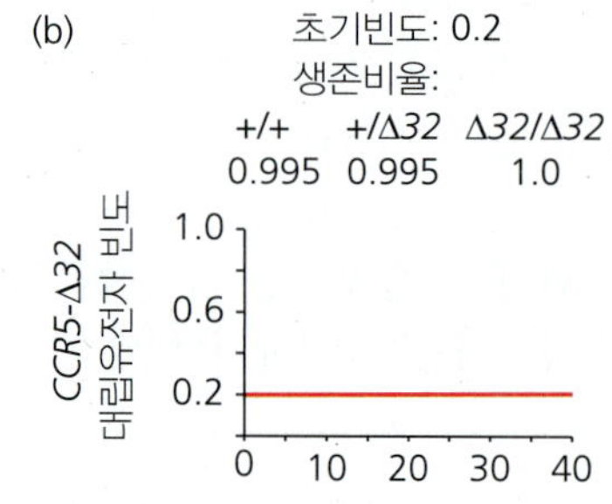


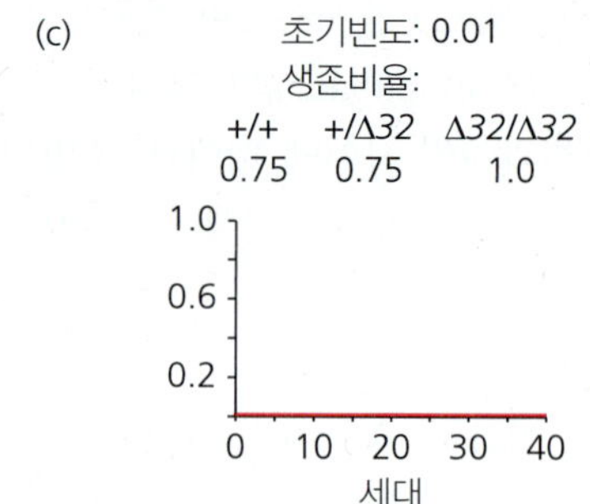


**그림 6.17 다른 시나리오상에서 CCR5 유전자좌위에 대한 대립유전자 빈도 변화의 예측** (a) *CCR5-Δ32*의 초기 빈도가 높고, 많은 사람들이 HIV에 감염된다면, 대립유전자 빈도는 빠르게 증가할 것이다. (b) 유럽에서 대립유전자 빈도는 높지만, 감염률은 낮다. (c) 아프리카 일부 지역에서는 감염률은 높지만, 대립유전자 빈도는 낮다.

계산하기 6.5

### 미래 세대의 CCR5-Δ32 대립유전자 빈도 예측

현 세대에서의 *CCR5-Δ32* 대립유전자의 빈도를 $q_g$라고 하자. 계산하기 6.3에 의해, 각 유전자형을 가지는 사람들의 생존율(적응도)의 추정값이 주어진다면, 다음 세대에서의 대립유전자 빈도를 예측하는 방정식을 만들 수 있다. 그 방정식은 다음과 같다.

$$q_{g+1} = \frac{(1 - q_g)q_g w_{+\Delta} + q_g^2 w_{\Delta\Delta}}{(1 - q_g)^2 w_{++} + 2(1 - q_g)q_g w_{+\Delta} + q_g^2 w_{\Delta\Delta}}$$

여기서 $q_{g+1}$은 다음 세대의 *Δ32* 대립유전자 빈도, $w_{++}$는 정상 대립유전자에 대한 동형접합자의 적응도, $w_{+\Delta}$는 이형접합자의 적응도, $w_{\Delta\Delta}$는 *CCR5-Δ32* 대립유전자에 대한 동형접합자의 적응도이다.

*Δ32* 대립유전자의 빈도에 대한 출발값을 선택한 다음, 그 값과 추정된 적응도를 위의 식에 대입하면 다음 세대의 *Δ32* 대립유전자의 빈도를 얻을 수 있다. 그 다음 그 결과를 다시 위 방정식에 대입하면 두 세대 후의 대립유전자 빈도를 얻을 수 있다. 이런 식으로 계속한다.

을 때, 대부분의 복사본은 이형접합자 상태로 존재한다. 이형접합자는 감염에 취약하므로, 이러한 복사본은 선택을 피하게 된다.

**자연선택의 탐사는 인류 집단의 미래를 예측하기 위해 활용될 도구들을 얻게 하였다.**

지금까지 설명한 분석은 단순화시킨 많은 가정을 기반으로 한 것이다. 예를 들어, HIV에 감염된 사람들이 생식활동을 하지 않고 죽는다고 가정했지만, 실제로는 HIV에 감염된 많은 사람들이 자녀를 갖는다. 또한 이형접합자의 사망률이 +/+ 동형접합자의 사망률과 동일하다고 가정했지만, 실제로는 이형접합자가 HIV 감염에 취약하기는 하지만, AIDS로의 진행은 더 더딘 것으로 보인다(Dean et al. 1996). 결과적으로, 이형접합자의 적응도가 +/+ 동형접합자의 적응도보다 실제로 더 높을 수 있다. 우리는 독자들이 다양한 선택 방식 하에서 인류 집단의 진화를 밝히도록 권함으로써, 우리의 단순화 가정들이 진화과정의 예측에 얼마나 영향을 주는지를 알 수 있기를 기대한다. AIDS에 의해 부과된 선택에 대응하는 인류의 진화에 관한 더 복잡한 모델들을 분석하고 싶다면, Schilekelman et al.(2001), Ramaley et al.(2002), Sullivan et al.(2001) 및 Cromer et al.(2010)의 논문을 참조하기 바란다.

## 6.3 선택의 양식: 집단유전학 이론에 근거한 예측의 검증

1927년 벅 대 벨(*Buck v. Bell*) 소송에서, 미국 대법원은 8대1로 버지니아주의 단종법(sterilization statute)의 손을 들어 주었다. 우생학자들(eugenicists)의 조언을 바탕으로 작성된 이 법의 의도는 정신착란, 정신박약 및 기타 정신적 결함의 유전병을 가진 사람들을 강제로 불임시키는 것을 허용함으로써 미래 세대의 유전적 질을 개선하겠다는 것이었다. 벅 대 벨 사건에 대한 미 대법원의 결정으로 말미암아 1907년부터 시작된 강제 불임 운동이 다시 활력을 띠게 되었다(Kelves 1995). 1940년까지, 30개의 주가 단종법을 시행했으며, 1960년대까지 6만 명이 넘는 사람들이 본인의 동의 없이 불임 시술을 받았다(Reilly 1991; Lane 1992). 이 사람들이 유전병 때문에 그렇게 되었다는 증거가 빈약하다는 것은 나중에서야 알게 되었다. 하지만 강제 불임의 이면에 있는 진화학적 논리는 어떤 것이었을까? 만약 유전학적 가정이 맞았다면, 강제 불임이 원치 않는 형질의 발생률을 줄이는데 효과적인 수단이었을까?

이 질문에 대한 답을 찾기 이전에 먼저 좀 더 일반적인 질문을 검토하는 것이 도움이 될 것이다. 집단유전학의 이론은 얼마나 잘 맞는가? 우리는 이 이론을 6.1절과 6.2절에서 발전시켰다. 최종 결과물은 대립유전자 빈도가 자연선택으로 인해 어떻게 변하는지를 보여주는 모델이다(그림 6.12와 6.13 및 계산하기 6.3과 6.5). 우리의 모델이 우수한 것이라면, 다양한 선택 방식에서 대립유전자 빈도 변화의 방향과 비율을 정확하게 예측할 수 있어야 한다. 예를 들어, 선택에 의해 선호되는 대립유전자가 우성인지 열성인지, 흔한 것인지 드문 것인지를 보여줄 수 있어야 한다. 선택이 이형접합자를 선호하는지 동형접합자를 선호하는지를 보여줄 수 있어야 한다. 심지어 어떤 환경 하에서 특정 대립유전자가 선택에 의해서 선호되는지를 그리고 다른 환경 하에서는 선호되지 않는지를 예측할 수 있어야 한다.

본 절에서는 우리의 모델이 얼마나 잘 작동하는지를 알아보고자 한다. 우리는 여러 방식의 선택 조건에서 진화 과정을 예측하기 위해 개발한 이론을 사용하여 예측값을 구한 후, 실험집단으로부터 얻은 실험 자료와 비교할 것이다. 그 다음 집단의 구성을 변화시키는 데 우생학적 불임이 효과가 있는지에 대한 질문으로 다시 돌아올 것이다.

## 열성 및 우성 대립유전자에 대한 선택

첫 번째 검증으로서, 우리의 이론이 열성 및 우성 대립유전자의 빈도의 변화를 정확하게 예측하는지에 초점을 맞추고자 한다. 우리가 사용할 예시는 Peter Dawson(1970)의 연구로부터 얻은 것이다. Dawson은 실험실에서 밀가루갑충(flour beetle)의 군체를 연구하였고(그림 6.18), 여기서 1 유전자좌위로 불리는 유전자를 찾아내었다. 이 유전자좌위는 두 개의 대립유전자 즉 +와 *l*을 가진다. +/+ 혹은 +/*l* 유전자형을 가진 개체들은 표현형적으로는 정상이지만, *l*/*l* 유전자형을 가진 개체들은 생존하지 못한다. 다시 말해, *l*은 열성 치사 대립유전자인 것이다.

**그림 6.18 밀가루갑충(*Tribolium castaneum*)** Susan J. Brown 교수 제공/캔사스주립대학, 캔사스.

Dawson은 밀가루갑충 군체에서 이형접합자를 수집하여 두 개의 새로운 실험집단을 만들었다. 이 실험집단은 모두 이형접합자에서 시작하였으므로, 두 대립유전자의 초기 빈도는 두 집단 모두에서 0.5였다. *l*/*l* 개체의 적응도는 0이므로, Dawson은 이들 집단이 진화하여 *l* 대립유전자의 빈도는 훨씬 낮아지고 + 대립유전자의 빈도는 훨씬 높아질 것으로 예상했다. Dawson은 이 두 집단이 12세대 동안 진화하도록 두었으며, 각 세대에서 두 대립유전자의 빈도를 측정하였다.

Dawson은 실험집단의 진화과정에 대한 정량적 예측을 위해 계산하기 6.3에서 유도된 방정식들과 계산하기 6.5에 기술된 방식을 사용하였다. 그림 6.12와 6.13에서 수행했던 계산과 비슷한 직접적인 수리적 계산을 통해서 이런 예측을 우리도 반복해 볼 수 있을 것이다. +와 *l* 대립유전자의 빈도가 둘 다 0.5인 유전자풀을 생각해 보자. 배우자들이 무작위로 결합하여 100개의 접합자를 만든다고 가정하면, 다음과 같은 숫자의 세 가지 유전자형을 얻게 된다:

| +/+ | +/*l* | *l*/*l* |
|---|---|---|
| 25 | 50 | 25 |

이제 *l*/*l* 개체들이 죽고 나머지는 모두 생존해서 생식한다고 가정해 보자. 마지막으로, 각 생존 개체들이 새로운 유전자풀에 10개씩의 배우자를 제공한다고 가정한다:

25 +/+ 생존자는 250개의 배우자를 만드는데: 250개는 +, *l*는 없다.

50 +/*l* 생존자는 500개의 배우자를 만드는데 250개는 +, 250개는 *l*를 갖는다.

이런 결과는 + 대립유전자의 복사본이 500개, *l* 대립유전자의 복사본이 250개가 되어 총 대립유전자의 수가 750개가 된다. 이 새로운 유전자풀에서, + 대립유전자의 빈도는 0.67이고, *l* 대립유전자의 빈도는 0.33이다. 우리는 영 번째(부모) 세대의 유전자풀에서 첫 번째 세대의 유전자풀로 넘어 왔다. + 대립유전자의 빈도는 증가했고, *l* 대립유전자의 빈도는 감소했다.

첫 번째 세대의 유전자풀에서 두 번째 세대의 유전자풀로 넘어가기 위해서는 위에서 서술한 단계를 단지 반복하기만 하면 된다. 첫 번째 세대의 유전자풀 내에서 배우자들을 무작위로 조합하여 100개의 접합자를 만들면, +/+ 45개, +/*l* 44개, 그리고 *l*/*l* 11개가 생산되고, 이런 방식으로 다음 세대에 계속된다. 종이와 연필을 써서 수리적 계산을 통해서 진화를 예상함에 있어서 유일한 문제는 열두 번째 세대까지 생활사를 따라 대립유전자들을 추적하는 일이 지루하고 힘든 일이라는 것이다.

하지만 컴퓨터를 사용해서 Dawson의 집단이 어떻게 진화할 것인지를 예측하는 일은 빠르고 쉬운 일이다. 스프레드시트 응용 프로그램(spreadsheet application)을 사용하여 필요한 계산식을 설정할 수도 있고(계산하기 6.3과 6.5 참조), 이미 설정이 되어 있는 다양한 집단유전학 프로그램들을 사용할 수도 있다. 이러한 프로그램들은 초기 대립유전자의 빈도 및 유전자형의 적응도를 입력값으로 사용하고, 우리가 본 장에서 개발한 모델을 사용하여 미래 세대에서의 대립유전자 빈도 예측값을 출력값으로 제시한다. 독자가 이러한 프로그램들 중 하나를 구해서 실습해보기를 권한다.

**밀가루갑충에 대한 실험 분석은 집단유전학을 사용하여 얻은 예측값이, 적어도 실험실 조건에서는 정확하다는 것을 보여주었다.**

Dawson의 실험에 대한 예측은 그림 6.19의 각 그래프에서 곡선으로 나타내었다. 위쪽 그래프의 곡선은 *l* 대립유전자의 빈도가 감소할 것으로 예측하며 아래쪽 그래프의 곡선은 + 대립유전자의 빈도가 증가할 것으로 예측한다. 우리의 이론은 진화가 처음에는 빠르다가 실험이 진행될수록 느려질 것으로 예측한다.

Dawson의 자료는 그래프에서 원과 삼각형으로 표시되어 있다. 이 자료는 우리의 이론적 예측과 잘 일치하고 있다. 예측값과 실험값이 이렇게 아주 잘 맞는다는 것이 놀랄 일도 아니고 그저 흔한 일처럼 보일 수 있다. 하지만 실은 그렇지 않으며, 이것은 아주 놀라운 일이다. 우리는 Gregor Mendel과 Charles Darwin의 기본적인 통찰들을 조합한 진화 기작의 간단한 모델을 사용하여 12세대에 걸쳐 집단이 어떻게 변하는 지를 예측하였다. 대상 생물이 밀가루갑충이 아니라 인간이었다면 300년 뒤에 일어날 일을 예측한 것이다. 그리고 Dawson의 자료는 우리의 예측이 합리적일 뿐 아니라 아주 잘 맞아떨어진다는 것을 보여 주었다. 우리가 주식이나 경주마를 선택함에 있어서 이렇게 잘 맞는 이론이 있다면, 우리는 아마도 오래 전에 은퇴했을 것이다. 우리의 모델은 이제 첫 번째 검증을 통과했다.

열성 및 우성 대립유전자의 선택에 대한 대수학적 계산 방법은 계산하기 6.6(다음 쪽)에 나타내었다. 대수학을 사용하지 않고서도, Dawson의 실험에 대한 추가적 분석을 통해 몇 가지 중요한 결론을 이끌어 낼 수 있다.

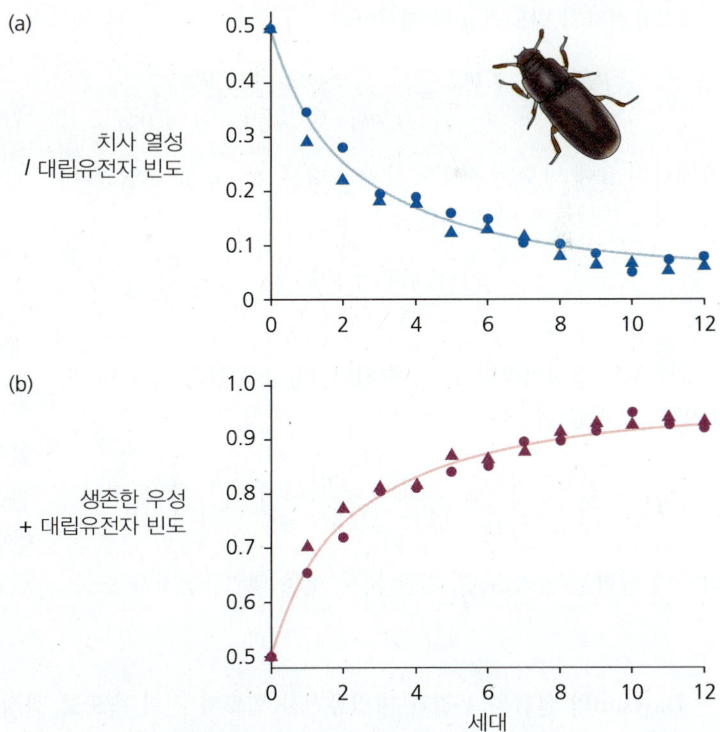


**그림 6.19 밀가루갑충의 실험실 집단에서의 진화** (a) 열성치사 대립유전자 빈도의 감소(파란색 심벌)는 이론적 예측(파란색 곡선)과 매우 정확하게 일치하고 있다. 대립유전자가 드물어지면서, 진화 속도가 급격히 떨어진다. (b) 그래프는 우성 대립유전자의 빈도 증가를 보여준다. Dawson (1970)에서 다시 그림.

## 계산하기 6.6

## 열성 및 우성 대립유전자에 대한 선택의 대수적 계산

여기서 우리는 열성 대립유전자 대 우성 대립유전자에 대한 선택의 차이점을 보여주는 식을 유도하고자 한다. 두 개의 대립유전자를 가지는 단일 유전자좌위를 예상해 보자. 우성 $A$ 대립유전자의 빈도를 $p$로 두고, 열성 $a$ 대립유전자의 빈도를 $q$로 두자.

### 열성 대립유전자의 선택

각 유전자형의 적응도를 다음과 같이 가정해 보자.

| $w_{AA}$ | $w_{Aa}$ | $w_{aa}$ |
|---|---|---|
| 1 | 1 | $1-s$ |

여기서 $s$는 **선택계수(selection coefficient)**로, 다른 유전자형에 비해 상대적으로 열성 동형접합자에 대한 불리한 선택의 강도(strength of selection)를 의미한다. (열성 동형접합자를 선호하는 선택을 나타내려면 $s$의 값으로 음수를 선택하면 된다.)

계산하기 6.3에 기반하여, 현 세대의 $a$의 빈도와 3가지 유전자형의 적응도가 주어질 경우, 아래 방정식은 다음 세대에서의 $a$ 대립유전자의 빈도인 $q'$를 제시한다:

$$q' = \frac{pqw_{Aa} + q^2w_{aa}}{\overline{w}} = \frac{pqw_{Aa} + q^2w_{aa}}{p^2w_{AA} + 2pqw_{Aa} + q^2w_{aa}}$$

앞에서의 표에 나오는 적응도 값과 $p$ 대신 $(1 - q)$를 대입하여 정리하면 간단하게 다음 식을 얻는다.

$$q' = \frac{q(1 - sq)}{1 - sq^2}$$

$a$가 치사 열성이라면, $s$는 1이 된다. 이 값을 앞의 식에 대입하면 다음 식을 얻는다.

$$q' = \frac{q(1 - q)}{1 - q^2} = \frac{q(1 - q)}{(1 - q)(1 + q)} = \frac{q}{(1 + q)}$$

약간의 실험을 통해 보면, 일단 치사 열성 대립유전자가 드물어지면, 빈도의 감소 속도가 느려진다는 것을 알 수 있다. 예를 들어, 현재 세대에서 $a$ 대립유전자의 빈도가 0.01일 경우, 다음 세대에서의 빈도는 약 0.0099가 될 것이다.

### 우성 대립유전자의 선택

각 유전자형에 대한 적응도를 다음과 같이 설정해 보자.

| $w_{AA}$ | $w_{Aa}$ | $w_{aa}$ |
|---|---|---|
| $1-s$ | $1-s$ | 1 |

여기서 $s$는 선택계수로 열성 동형접합자에 비해 상대적인우성 대립유전자를 포함하는 유전자형에 대한 불리한 선택의 강도를 나타낸다. (우성 대립유전자를 포함하는 유전자형을 선호하는 선택을 나타내려면, $s$의 값으로 음수를 선택하면 된다.)

계산하기 6.3에 기반하여, 현재 세대에서의 $A$의 빈도와 3가지 유전자형의 적응도가 주어질 경우, 다음 방정식은 다음 세대에서의 $A$ 대립유전자의 빈도인 $p'$를 제시한다:

$$p' = \frac{p^2w_{AA} + pqw_{Aa}}{\overline{w}} = \frac{p^2w_{AA} + pqw_{Aa}}{p^2w_{AA} + 2pqw_{Aa} + q^2w_{aa}}$$

앞에서의 표에 나오는 적응도 값과 $q$ 대신 $(1 - p)$를 대입하여 정리하면 간단하게 다음 식을 얻는다.

$$p' = \frac{p(1 - s)}{1 - 2sp + sp^2}$$

$A$가 치사 우성이라면, $s$의 값은 1이 된다. 이 값을 앞의 식에 대입하면 치사 우성은 한 세대 만에 집단에서 제거됨을 알 수 있다.

### 열성 대립유전자의 선택 대 우성 대립유전자의 선택

열성 대립유전자의 선택과 우성 대립유전자의 선택은 동전의 양면과 같다. 열성 대립유전자에 대한 불리한 선택은 우성 대립유전자를 선호하는 선택이며, 역으로도 같다.

Dawson의 실험은 우열과 대립유전자 빈도가 진화 속도를 결정하는데 상호작용한다는 것을 보여준다. 열성 대립유전자가 흔한 경우(그리고 우성 대립유전자가 드문 경우), 자연선택에 의한 진화 속도는 빠르다. 반면, 열성 대립유전자가 드물고, 우성 대립유전자가 흔한 경우, 자연선택에 의한 진화속도는 느리다. 그 이유는 하디-바인베르크 평형 원리에 의해 설명된다.

먼저 열성 대립유전자가 흔하다고 가정해 보자. 예를 들어, 빈도가 0.95라고 하자. 그

(a) 열성 대립유전자의 불리한 선택 ($s$ = 0.5) 및 우성 대립유전자의 우호적 선택

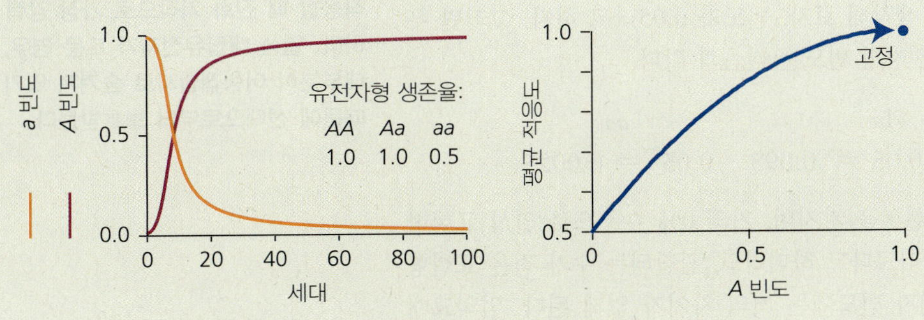


(b) 열성 대립유전자의 우호적 선택 및 우성 대립유전자의 불리한 선택 ($s$ = 0.6)

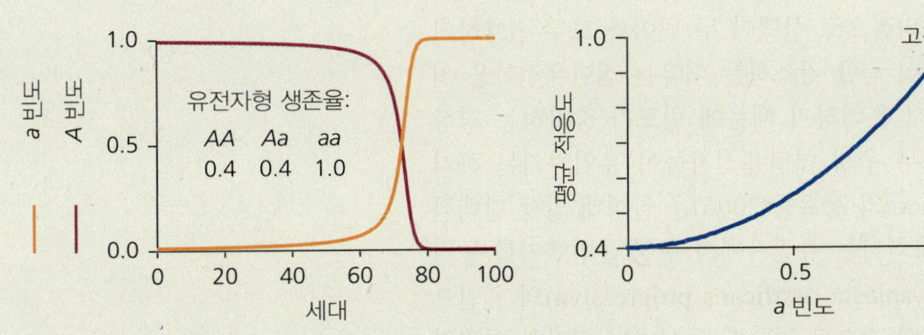


**그림 6.20 우성 및 열성 대립유전자의 선택에 대한 모델 집단의 진화** 왼쪽 그래프는 세대의 흐름에 따른 대립유전자 빈도의 변화를 보여주며, 오른쪽은 적응지형도(adaptive landscape) 그래프이다: 대립유전자 빈도의 함수로서 집단의 평균 적응도를 보여준다.

그림 6.20a(왼쪽)는 열성 대립유전자에 불리하고 우성 대립유전자를 선호하는 선택을 하는 모델 집단에서 100세대에 걸친 진화를 보여준다. 처음에는 대립유전자 빈도가 빠르게 변한다. 하지만 열성 대립유전자가 드물어지자, 진화의 속도는 현저히 느려진다. 열성 대립유전자가 드물어지면, 집단에 있는 대부분의 복사본들이 이형접합자 개체 속에 존재하므로, 이들은 선택을 효과적으로 피하게 된다.

이 그림(오른쪽)은 또한 집단의 평균 적응도를 우성 대립유전자 빈도의 함수로 보여준다(계산하기 6.3 참조). 우성 대립유전자가 드문 상태에서 흔한 상태로 바뀌면서, 집단의 평균 적응도도 증가한다. 평균 적응도는 선호되는 대립유전자의 빈도가 100%가 될 때 최대값에 이른다. 대립유전자 빈도의 함수로 나타내는 평균 적응도의 그래프를 종종 적응지형도(adaptive landscape)라고 부른다.

그림 6.20b(왼쪽)는 열성 대립유전자를 선호하고 우성 대립유전자에 불리한 선택을 하는 모델 집단에서 100세대에 걸친 진화를 보여준다. 처음에는 대립유전자 빈도가 천천히 변한다. 열성 대립유전자가 드물고, 대부분의 복사본들이 이형접합자로 존재하기 때문에 선택이 제대로 작동하지 못한다. 하지만 열성 대립유전자가 좀 더 많아져서 동형접합자가 어느 정도 출현하게 되면, 진화의 속도가 빠르게 증가한다. 일단 진화 속도에 가속이 붙으면, 선호되는 열성 대립유전자의 빈도가 빠르게 100%에 이른다. 다시 말해, 열성 대립유전자가 집단 내에 고정되는 것이다.

이 그림(오른쪽)은 또한 집단의 평균 적응도를 열성 대립유전자에 대한 빈도의 함수로 보여준다(계산하기 6.3 참조). 열성 대립유전자가 드문 상태에서 흔한 상태로 바뀌면서, 집단의 평균 적응도도 증가한다. 평균 적응도는 선호되는 대립유전자의 빈도가 100%가 될 때 최대가 된다.

렇다면 우성 대립유전자의 빈도는 0.05가 된다. 대립유전자 빈도들을 곱해서 다음과 같이 유전자형 빈도를 계산할 수 있다:

| $AA$ | $Aa$ | $aa$ |
|---|---|---|
| $0.05^2 = 0.0025$ | $2 \cdot 0.05 \cdot 0.95 = 0.095$ | $0.95^2 = 0.9025$ |

집단 내 개체들의 대략 10%가 우성 표현형을 가지며, 90%가 열성 표현형을 가진다. 이

두 표현형들은 모두 대립유전자의 빈도를 논리적으로 잘 반영하고 있다. 그렇지만 표현형 간의 적응도가 다를 경우, 다음 세대에서의 대립유전자 빈도는 상당히 달라질 것이다.

이제 열성 대립유전자가 드문 경우를 생각해 보자. 빈도가 0.05라고 하자. 그러면 우성 대립유전자의 빈도는 0.95가 된다. 유전자형 빈도는 다음과 같다.

$$\begin{array}{ccc} AA & Aa & aa \\ 0.95^2 = 0.9025 & 2 \cdot 0.95 \cdot 0.05 = 0.095 & 0.05^2 = 0.0025 \end{array}$$

집단 내 개체들의 대략 100%가 우성 표현형을 가지며, 거의 0% 수준으로 열성 표현형을 가진다. 이들 표현형의 적응도가 많이 다르다고 하더라도, 관찰되는 수가 적은 표현형은 너무 드물어서 다음 세대 내 대립유전자 빈도에는 거의 차이가 없게 된다. 임의교배 집단에서, 드문 열성 대립유전자 복사본의 대부분은 표현형적 측면에서 이형접합자 개체 내에 숨겨져 있으며, 따라서 선택의 영향을 거의 받지 않는다.

**자연선택은 흔한 열성 대립유전자(그리고 드문 우성 대립유전자)에 작용할 때 진화 기작으로 가장 강력하다. 열성 대립유전자가 드문 경우, 대부분이 이형접합자로 숨겨져 있기 때문에 선택으로부터 보호받는다.**

우성과 열성 대립유전자에 대한 마지막 논의점으로 선택이 두 변이를 모두 선호하거나 모두 싫어할 수 있다는 점에 주목해 보자. 이 점을 강조하는 이유는 집단유전학을 처음 배우는 사람들은 우성 대립유전자가 반드시 유익하기 때문에 빈도가 증가하는 경향이 있다고 생각할 수 있기 때문이다. 물론 일부 우성 대립유전자들이 유익하기는 하지만, 해로운 것들도 있다. 예를 들어, Eileen Shore와 동료들(2006)은 골형태 발생 단백질(bone morphogenic protein)의 수용체를 암호화하는 유전자에서 우성 돌연변이를 동정하였는데, 진행성 골화성 섬유이형성증(fibrodysplasia ossificans progressiva)의 원인으로 작용하였다. 이 병은 골격근과 결합조직이 뼈 속으로 변형해 들어가는 심각한 희귀질병이다. 인간의 질병을 유발하는 것으로 알려진 대립유전자의 대략 30%는 상염색체 우성을 나타낸다(López-Bigas et al. 2006). 우성과 열성이라는 용어는 유전자형과 표현형 사이의 관계를 설명하는 것이지 유전자형과 적응도 사이의 관계를 설명하는 것이 아니다.

## 이형접합자와 동형접합자의 선택

다음 두 검증에서는, 선택이 이형접합자나 동형접합자를 선호할 때 어떤 일이 발생할지를 우리의 모델이 정확하게 예측할 수 있느냐 하는 문제에 초점을 맞춘다. 두 검증 모두 실험실의 초파리(*Drosophila melanogaster*) 집단으로부터 얻은 자료를 사용할 것이다.

### 이형접합자를 선호하는 선택

첫 번째 예시는 Terumi Mukai와 Allan Burdick(1959)의 연구에서 가져온 것이다. Dowson처럼, Mukai와 Burdick도 두 개의 대립유전자가 있는 단일 유전자좌위의 진화를 연구하였다. 두 대립유전자는 생존(viable)을 뜻하는 $V$와 치사(lethal)를 뜻하는 $L$로 불렀다. 이렇게 명명한 이유는 $VV$나 $VL$ 유전자형을 가진 초파리는 생존하지만, $LL$ 유전자형을 가진 초파리는 치사하기 때문이다. 연구자는 이형접합성 개체들을 사용하여, 대립유전자 빈도가 0.5인 두 개의 실험집단을 만들었다. 연구자는 이 집단들이 15세대에 걸쳐 진화하게 하였고, 각 세대에서 $V$ 대립유전자의 빈도를 측정하였다.

여기까지 Mukai와 Burdick의 실험은 Dowson의 실험과 매우 비슷해 보인다. 그렇다면, $V$의 빈도가 처음에는 빠르게 증가하다가, 나중에는 천천히 증가할 것으로 우리의 이론이 예측할 수 있다. 15세대에 도달하면 빈도가 94% 이상이 될 것이다. 하지만 실제로는 그렇게 되지 않았다.

Mukai와 Burdick의 자료를 그림 6.21에서 빨간 기호들로 나타내었다. 예상대로, $V$

빈도는 처음 몇 세대 동안 빠르게 증가하였지만, 두 집단 모두에서 진화의 속도는 *V* 대립유전자의 빈도가 0.94가 되기 한참 전부터 느려졌다. 대신, *V* 빈도가 약 0.79에서 평형 (혹은 변하지 않는) 상태에 도달한 것처럼 보였다.

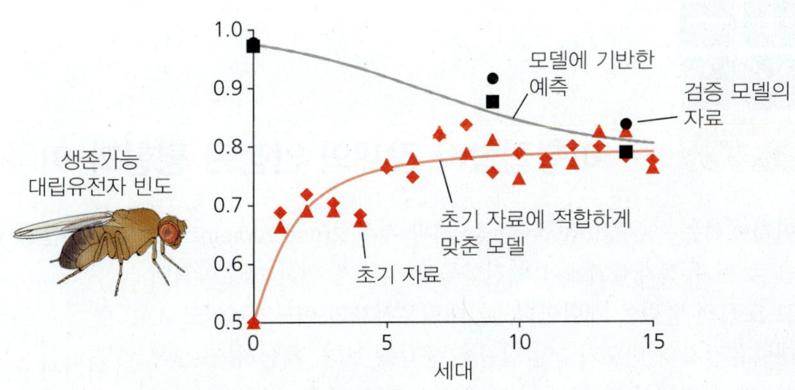


**그림 6.21 네 실험실 초파리 집단의 진화** 이형접합일 때, 한 대립유전자는 생존하게 하고, 다른 대립유전자는 치사하게 한다. 그런데 두 대립유전자의 빈도가 0.5인 집단이 초기 빈도와 0.94의 중간 정도에서 평형을 이루는 진화를 한다(빨간색). 검은색 곡선은 이형접합자가 가장 높은 적응도를 가진다고 가정했을 때의 실험이다. Mukai and Burdick (1959)에서.

어떻게 이런 일이 발생할 수 있었을까? 생존가능 대립유전자의 평형 빈도가 0.79였다는 것은 치사 대립유전자의 평형 빈도가 0.21이라는 뜻이다. 어떻게 자연선택이 실험실 집단에서 치사 대립유전자의 빈도를 그렇게 높게 유지할 수 있었을까? Mukai와 Burdick은 이 현상을 가장 적절하게 설명하는 현상이 **이형접합자 강세(heterozygote superiority)**라고 주장했는데, 이는 또한 **초우성(overdominance)**이라고 부르기도 한다. 이 가설에 의하면, 이형접합자는 어떤 동형접합자들보다 더 높은 적응도를 가진다. 평형 상태에서, 치사 대립유전자가 이형접합자 속에 있을 때 누리는 이익이 치사 대립유전자가 동형접합자로 있을 때 겪는 불이익과 정확하게 균형을 이룬다.

컴퓨터를 이용해 간단하게 계산을 해 보면 Mukai와 Burdick의 가설이 그들의 자료를 적합하게 잘 설명한다는 것을 확인할 수 있을 것이다. 그림 6.21의 빨간색 곡선은 세 유전자형의 적응도가 다음과 같은 모델집단에서의 진화를 나타낸다:

| *VV* | *VL* | *LL* |
|---|---|---|
| 0.735 | 1.0 | 0 |

이 가설로 작성된 곡선은 자료와 근접하게 일치한다.

이번 경우에서 이론과 자료가 잘 맞는다고 해서 우리의 모델이 엄격하게 검증되었다는 것은 아니다. 왜냐하면 우리는 자료를 먼저 살펴보고, 그 이후에 예측한 것에 맞도록 모델의 적응도를 수정했기 때문이다. 이것은 헛간에다가 총을 쏘고 나서 그 총알구멍 근처에다 표적을 그리는 것과 비슷한 것이다. 하지만 Mukai와 Burdick의 초파리는 우리 모델의 정확성을 검증하는 계기를 제공했다. Mukai와 Burdick은 이 실험을 실제로 수행하였다.

연구자들은 두 개의 실험집단을 만들었는데, 이번에는 생존 대립유전자의 초기 빈도를 0.975로 했다. 만약 유전자형 적응도가 우리의 모델이 그림 6.21의 빨간색 자료에 맞춰져 있다면, 이번에는 우리의 모델이 *V* 대립유전자의 빈도가 감소할 것이라고 예측할 것이다. 이전의 경우에서처럼, 궁극적으로 0.79 근처에서 평형에 도달할 것이다. 평형을 향해 감소할 것이라는 예상이 그림 6.21의 파란색 곡선으로 나타나 있다. Mukai와 Burdick의 자료는 그림에서 파란색 기호로 나타내었는데, 자료와 예측값이 잘 맞는다. 우리의 모델은 두 번째 검증을 통과한 것이다.

**초파리를 대상으로 한 연구는 자연선택이 두 대립유전자들을 안정된 평형 상태가 유지되도록 작용할 수 있음을 보여준다. 이러한 현상이 일어나는 한 가지 경우는 이형접합자들이 우월한 적응도를 가질 때이다.**

Mukai와 Burdick의 초파리는 지금까지와 다른 새로운 결과를 보여주었다. 우리가 사용한 이전 예시들에서는, 선택이 두 대립유전자 중 하나만을 선호했다. 그런 상황에서 우리의 모델은 선호되는 대립유전자의 빈도가 언젠가는 100%에 이를 것이고, 선호되지 않는 대립유전자는 사라질 것으로 예측했다. 하지만 어떤 집단에서 두 대립유전자가 모두 존재하는 방향으로 어떤 평형에 도달하게 함으로써, 이형접합자 강세는 유전적 다양

계 산 하 기 6.7

## 이형접합자 강세의 안정된 평형과 이형접합자 열등성의 불안정한 평형

여기에서는 초우성(overdominance)과 저우성(underdominance)을 갖는 유전자좌위에서의 진화를 분석하기 위한 대수학적이고 도식적 방법을 개발한다. $A_1$ 대립유전자의 빈도가 $p$이고 $A_2$ 대립유전자의 빈도가 $q$인 집단을 생각해 보자. 계산하기 6.3에서, 한 세대에서 다음 세대로 넘어갈 때 선택에 의해 $p$의 변화를 보여주는 다음과 같은 방정식을 개발했다:

$$\Delta p = \frac{p}{\overline{w}}(pw_{11} + qw_{12} - \overline{w})$$

$$= \frac{p}{\overline{w}}(pw_{11} + qw_{12} - p^2w_{11} - 2pqw_{12} - q^2w_{22})$$

이 식의 괄호 속 첫 번째와 세 번째 항에 $p$ 대신 $(1 - q)$를 대입하면,

$$\Delta p = \frac{p}{\overline{w}}[(1 - q)w_{11} + qw_{12} - (1 - q)^2w_{11} - 2pqw_{12} - q^2w_{22}]$$

이 식을 간단히 정리하고, $q$를 괄호 밖으로 빼내면 다음과 같이 된다.

$$\Delta p = \frac{pq}{\overline{w}}(w_{12} + w_{11} - qw_{11} - 2pw_{12} - qw_{22})$$

이제 정의에 의해 $\Delta p = 0$일 때, $A_1$의 빈도는 평형상태에 있다. 위의 식은 $p = 0$이거나 $q = 0$일 때 $\Delta p = 0$이 됨을 보여준다. 이 두 평형상태는 놀라운 일은 아니다. 이 평형상태는 한 대립유전자나 다른 하나가 집단에 존재하지 않을 때 일어난다. 이 방정식은 또한 평형에 대한 세 번째 조건을 제시하는데, 이것은 다음과 같다.

$$w_{12} + w_{11} - qw_{11} - 2pw_{12} - qw_{22} = 0$$

$q$ 대신 $(1 - p)$를 대입하여 $p$에 대해 정리하면,

$$\hat{p} = \frac{w_{22} - w_{12}}{w_{11} - 2w_{12} + w_{22}}$$

여기서 $\hat{p}$는 평형일 때 $A_1$ 대립유전자의 빈도이다. 마지막으로, 각 유전자형의 적응도가 다음과 같다고 가정해보자:

| $A_1A_1$ | $A_1A_2$ | $A_2A_2$ |
|---|---|---|
| $1 - s$ | $1$ | $1 - t$ |

선택계수 $s$와 $t$는 양수일 때 초우성을 나타내며 음수일 때는 저우성을 나타낸다. 적응도를 이전 식에 대입하고, 간단히 정리하면 다음과 같다:

$$\hat{p} = \frac{t}{s + t}$$

예를 들어 $s = 0.4$이고 $t = 0.6$일 때, 이형접합자들이 우월한 적응도를 보이며, 평형일 때 $A_1$ 대립유전자의 빈도는 0.6이다. $s = -0.4$이고 $t = -0.6$일 때, 이형접합자들이 열등한 적응도를 보이며, 평형일 때 $A_1$ 대립유전자의 빈도는 역시 0.6이다.

평형을 분석하는 또 다른 유용한 방식은 $\Delta p$를 $p$에 대한 함수로 그래프를 그리는 것이다. 앞에서 계산한 두 가지 수리적인 예시에 대해 그런 그래프를 그림 6.20a에 나타내었다. 두 곡선 모두 $p = 0$, $p = 1$, 또는 $p = 0.6$일 때 $\Delta p = 0$임을 보여준다.

그림 6.22a의 그래프는 또한 평형이 안정한지 불안정한지를 결정할 수 있게 해준다. 빨간색 곡선은 이형접합자 강세를 보이는 유전자좌위를 나타낸다. $p$가 0.6보다 클 때 $\Delta p$가 음수라는 것에 유의해야 한다. 이것은 $A_1$ 대립유전자 빈도가 평형값을 초과할 때 집단은 다음 세대에서 평형 쪽으로 되돌아갈 것임을 의미한다. 이와 비슷하게, $p$가 0.6보다 작을 때에는 $\Delta p$

성을 무한히 유지할 수 있게 한다. 이형접합자 강세를 대수적으로 처리하는 계산법에 대해서는 **계산하기 6.7**을 참고하기 바란다.

### 동형접합자를 선호하는 선택

우리의 두 번째 예시는 G. G. Foster와 동료들(1972)의 연구에서 가져왔다. 이 연구자들은 이형접합자가 어떤 동형접합자보다도 더 낮은 적응도를 가질 때 집단이 어떻게 진화하는지 보여주기 위한 실험을 설정하였다. Foster와 동료들은 복합염색체(compound chromosome)를 가지는 초파리를 사용하였다.

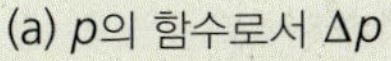


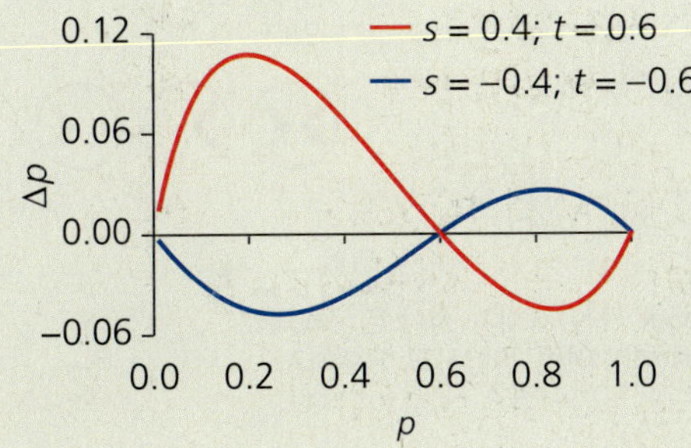


(b) 초우성에 대한 $p$의 함수

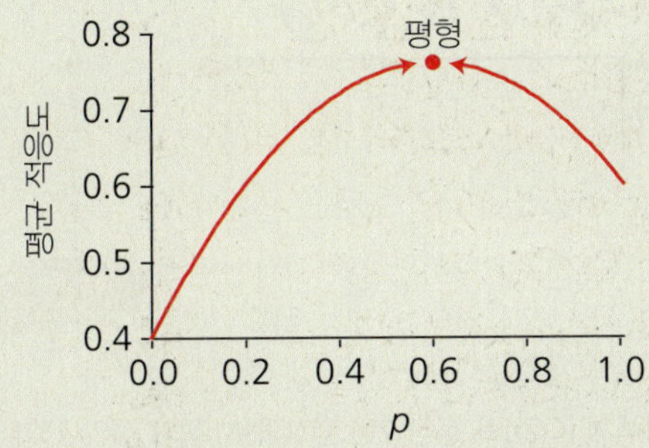


(c) 저우성에 대한 $p$의 함수

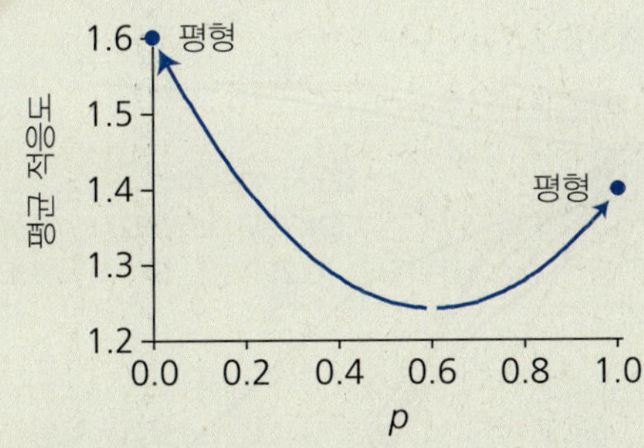


그림 6.22 **초우성과 저우성을 나타내는 각 유전자좌위에서 안정하거나 혹은 불안정한 평형을 나타내는 현상에 대한 그래프 분석** (a) $p$의 함수로서 $\Delta p$의 그래프. (b) 및 (c) 적응지형도.

가 양수이다. $A_1$ 대립유전자 빈도가 평형값보다 낮을 때, 집단은 다음 세대에서 평형 쪽으로 되돌아갈 것이다. 이러한 이형접합자 강세를 보이는 유전자좌위의 "내부" 평형("internal" equilibrium)은 안정적이다.

그림 6.22b는 이형접합자 강세를 가진 유전자좌위의 적응지형도를 보여준다. 이 그래프는 집단 평균 적응도를 $A_1$ 대립유전자 빈도의 함수로 나타낸 것이다. $A_1$이 없을 경우 평균 적응도가 낮으며, $A_1$이 고정되어 있을 때 상대적으로 낮다. 대립유전자 빈도가 어느 방향으로든지 안정적인 평형으로 이동함에 따라, 집단의 평균 적응도는 최대값을 향해 증가한다.

이제 그림 6.22a의 파란색 곡선을 살펴보자. 이 곡선은 이형접합자 열등성을 가진 유전자좌위를 보여준다. $p$가 0.6에서 약간만 증가해도, $p$는 다음 세대들에서 1.0을 향해 꾸준히 증가할 것이다 $p$가 0.6에서 약간만 감소해도, $p$는 다음 세대들에서 0을 향해 계속 감소할 것이다. 이러한 이형접합자 열등성을 가진 유전자좌위의 내부 평형은 불안정하다.

그림 6.22c는 이형접합자 열등성을 가진 유전자좌위의 적응지형도를 보여준다. $A_1$ 대립유전자 빈도가 불안정한 내부 평형 상태에 있을 때, 집단의 평균 적응도는 최저가 된다. 대립유전자 빈도가 평형에서 어느 방향으로든지 멀어질 경우, 평균 적응도는 증가한다.

그림 6.22c의 적응지형도를 그림 6.22b와 그림 6.20의 적응지형도와 비교해 보면 중요한 결론을 얻을 수 있다. 집단이 선택에 대한 반응으로 진화하므로, 집단 내 개체들의 평균 적응도는 증가하는 경향이 있다. 하지만 선택이 항상 전체적인 의미에서 평균 적응도를 최대로 만드는 것은 아니다. 초기 대립유전자 빈도에 따라, 그림 6.22c의 집단은 고정으로 진화할 수도 있고 $A_1$을 상실하는 방향으로 진화할 수도 있다. 대립유전자가 고정될 경우 집단은 안정된 평형 상태에 머물게 되겠지만, 집단 평균 적응도는 실질적으로 그 대립유전자가 상실되었을 경우에 비해 더 낮아진다.

복합 염색체란 전체 팔을 서로 교환한 상동 염색체들로서, 한 상동 염색체가 한 염색체 팔의 복사본 두 개를 가지고, 다른 상동 염색체는 다른 염색체 팔의 복사본 두 개를 가지는 것이다(**그림 6.23a와 b, 다음 쪽**). 감수분열 때 복합 염색체는 분리될 수도 있고 안 될 수도 있다. 그 결과, 네 종류의 배우자들이 동일한 수로 생성되는데: 이들은 두 상동 염색체를 모두 가진 배우자, 두 상동 염색체 짝 중 하나만 가지는 배우자, 염색체 짝의 다른 하나를 가지는 배우자, 그리고 두 상동 염색체 짝 중 어느 하나도 가지지 않는 배우자이다(그림 6.23c). 복합 염색체를 가진 두 초파리가 서로 교배를 할 경우, 접합자 중 4분의 1은 모든 염색체를 정확한 비율로 가지게 되고, 따라서 생존할 수 있다(그림

(a) 정상 상동 염색체 쌍
(각 염색체는 하나의 심홍색 팔과 노란색 팔을 가진다).

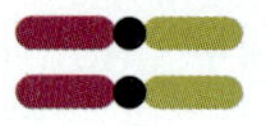

(b) 복합 염색체 쌍
(하나는 두 개의 심홍색 팔만, 다른 하나는 두 개의 노란색 팔만 가진다).

(c) 복합 염색체를 가진 개체로부터 생성된 배우자는 염색체를 두 개, 한 개, 혹은 전혀 가지지 못할 수 있다.

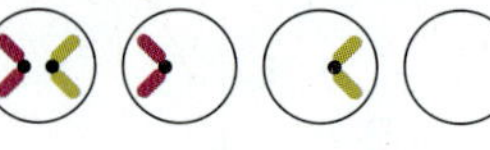

(d) 복합 염색체를 가진 개체 간에 교배하면, 접합자의 1/4만 생존한다.

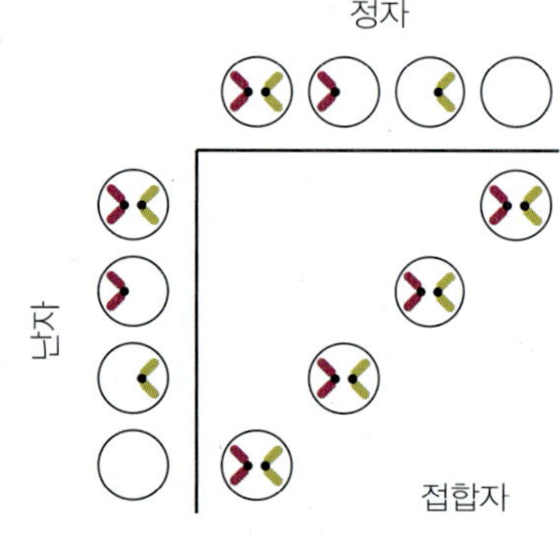


(e) 복합 염색체를 가진 개체가 정상 염색체의 개체와 교배하면, 어떤 접합자도 생존하지 못한다.

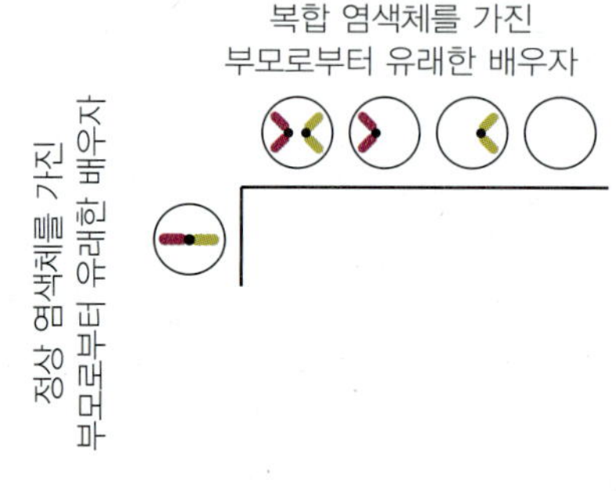


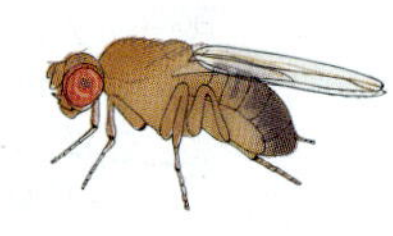

(f) 복합 2번 염색체 [*C(2)*]와 복합 3번 염색체[*C(3)*]를 가진 11개 초파리 집단의 진화. *C(2)*의 초기 빈도는 0.4에서 0.65였다.

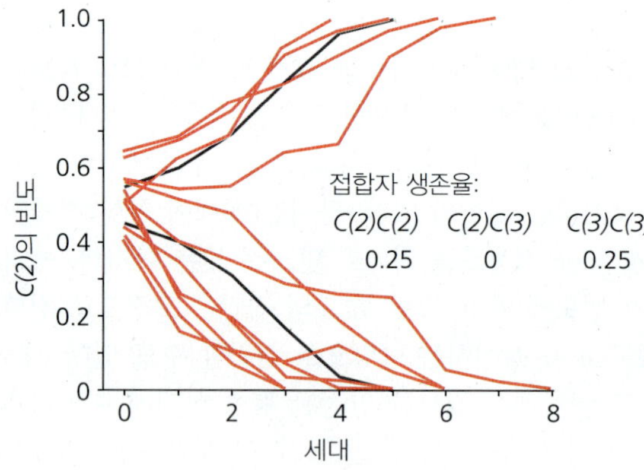


(g) 복합 2번 염색체 [*C(2)*]와 정상 2번 염색체[*N(2)*]가 섞인 13개 초파리 집단의 진화. *C(2)*의 초기 빈도는 0.71에서 0.96이었다.

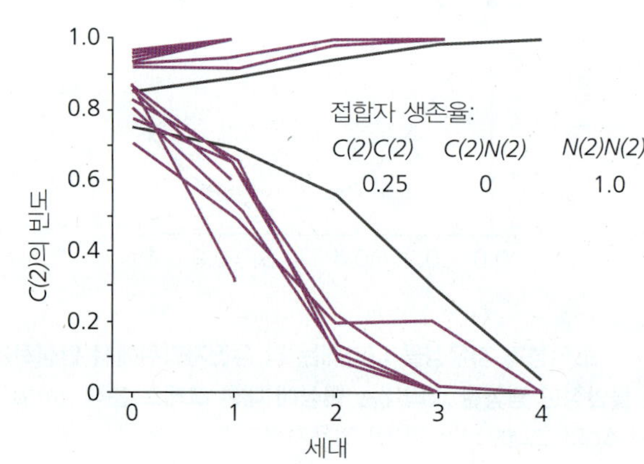


**그림 6.23 이형접합자가 두 동형접합자보다 더 낮은 적응도를 가질 때 집단이 어떻게 진화하는지를 보여주기 위해 고안된 실험** (a~e) 본 실험은 복합 염색체를 유용하게 사용할 수 있게 디자인되었다. (f 및 g) 실험 결과(오렌지색 및 보라색)는 이론적 예측(회색)과 일치한다[포스터 등(1972)의 허가 후 재작성].

From "Chromosome rearrangements for the control of insect pests." *Science* 176:875–880.


6.23d). 나머지 4분의 3은 염색체 팔들 중 하나 혹은 두 개 모두의 복사본을 너무 많이 가지거나 적게 가져서 생존할 수 없다. 복합 염색체를 가지는 초파리가 정상 염색체를 가지는 초파리와 교배를 하면, 생존할 수 있는 접합자는 생산되지 않는다(그림 6.23e).

Foster와 동료들은 두 세트의 실험집단을 만들었다. 첫 번째 집단에서, 일부 초파리는 복합 2번 염색체[*C(2)*]를 가지게 하고, 다른 초파리들은 복합 3번 염색체[*C(3)*]를 가지게 하였다. 복합 2번 염색체를 가진 초파리가 서로 교배할 경우, 이들 자손 중 4분의 1만 생존한다는 것을 주의하자. 이와 비슷하게, 복합 3번 염색체를 가지는 두 초파리가 교배할 경우에도 이들 자손 중 4분의 1만 생존한다. 하지만 복합 2번 염색체와 정상 3번 염

**이형접합자도 또한 열등한 적응도를 가질 수 있다.**

색체를 가진 초파리와 복합 3번 염색체와 정상 2번 염색체를 가진 초파리가 교배하는 경우, 생존하는 자손은 없다. 이제 진화적 분석을 위해서, 2번과 3번 염색체들을 마치 단일 유전자좌위에 있는 대립유전자처럼 다룰 수 있을 것이다. 즉, 집단을 이루는 구성원들은 *C(2)C(2)* 동형접합자와 *C(3)C(3)* 동형접합자들이다. 방금 서술한 접합자 생존 능력에 근거하여, 혼합된 집단 내 자손들의 가능한 유전자형의 적응도는 다음과 같다.

| $C(2)C(2)$ | $C(2)C(3)$ | $C(3)C(3)$ |
|---|---|---|
| 0.25 | 0 | 0.25 |

다시 말해, 이 유전자형들은 강한 **저우성(underdominance)**을 나타낸다.

계산하기 6.7에 나오는 대수적 분석을 시행해 보면, *C(2)*의 빈도가 정확하게 0.5로 두 대립유전자가 모두 존재할 때, 혼합된 집단은 유전적 평형에 있게 됨을 예측한다. 하지만 이 평형은 불안정하다. *C(2)*의 빈도가 0.5보다 조금이라도 높을 경우, 빈도가 재빠르게 1.0으로 올라간다. 비슷하게 *C(2)*의 빈도가 0.5보다 조금이라도 낮으면, 빈도가 재빠르게 0으로 떨어진다. 컴퓨터로 모의실험을 수행해보면 이러한 움직임을 쉽게 재현할 수 있을 것이다.

직관적으로 봤을 때, 이러한 움직임은 다음과 같은 이유 때문이다. 이형접합자는 생존할 수 없으며, 따라서 집단 내 모든 성체들은 동형접합자이다. 먼저 *C(2)C(2)* 개체들이 흔하고 *C(3)C(3)* 개체들이 드문 상황을 고려해 보자. 초파리들이 임의교배를 한다면, 대부분의 교배는 *C(2)C(2)* 초파리들끼리 이루어지거나, 아니면 *C(2)C(2)* 초파리들과 *C(3)C(3)* 초파리들 사이에 이루어질 것이다. *C(3)C(3)*개체끼리 일어나는 교배는 매우 드물 것이다. 결과적으로, 대부분의 *C(3)C(3)* 초파리들은 생식 성공률이 0이 될 것이고, *C(2)*의 빈도는 1.0으로 증가할 것이다. 이제 *C(3)C(3)* 개체들이 흔하고, *C(2)C(2)* 드문 경우를 생각해 보자. 임의교배가 이루어지면 대부분의 교배는 *C(3)C(3)*끼리 이루어지거나, 아니면 *C(3)C(3)*와 *C(2)C(2)* 사이에 이루어질 것이다. 그 결과, 대부분의 *C(2)C(2)* 초파리들은 생식 성공률이 0이 될 것이고, *C(2)*의 빈도는 0으로 떨어질 것이다.

Foster와 동료들은 *C(2)*의 빈도를 0.4에서 0.65까지 바꾸어가면서, 11가지 혼합 집단들을 구성하고, 8세대까지 이들의 진화를 조사하였다. 0.4에서 0.65 사이의 초기 *C(2)* 빈도를 가지는 집단들의 진화를 예측한 값이 그림 6.23f에 회색 곡선으로 나타나 있다. Foster 등의 결과는 오렌지색 선으로 나타내었다. 예측과 결과 사이에 약간의 차이가 있는데, 이것은 아마도 유전적 부동 때문일 것이다. 즉, 몇몇 실험집단들에서 *C(2)*의 빈도가 0.5보다 높은 상태에서 출발하였지만 궁극적으로는 0으로 감소하였다. 하지만 11개 집단 모두에서, 일단 *C(2)*의 빈도가 실질적으로 0.5에서 멀어지면, 0이나 1에 이를 때까지 계속해서 동일한 방향으로 이동하였다.

연구자들의 두 번째 집단 세트에서는, 일부 초파리들은 복합 2번 염색체[*C(2)*]를 가지고 다른 개체들은 정상 2번 염색체[*N(2)*]를 가지게 하였다. 복합 2번 염색체를 가진 초파리가 짝짓기를 할 경우, 자손 중 4분의 1은 생존할 수 있다. 복합 2번 염색체를 가진 초파리와 정상 2번 염색체를 가진 초파리가 교배할 경우, 생존할 자손은 없다. 정상 2번 염색체를 가진 초파리 간에 짝짓기를 할 경우, 자손은 모두 생존할 수 있다. 다시 분석의 목적으로 각 염색체를 마치 단일 대립유전자처럼 다루면, 집단의 구성원들은 *C(2)C(2)* 동형접합자와 *N(2)N(2)* 동형접합자로 이루어진다. 혼합된 집단 내 유전자형의 적응도는 다음과 같다.

| $C(2)C(2)$ | $C(2)N(2)$ | $N(2)N(2)$ |
|---|---|---|
| 0.25 | 0 | 1.0 |

첫 번째 집단 세트의 경우와 마찬가지로, 유전자형들은 강한 저우성을 나타낸다. 하지만 이번 경우에는 한 종류의 동형접합자가 다른 것보다 훨씬 높은 적응도를 보인다.

계산하기 6.7에 기술된 대수적 분석은 *C(2)*의 빈도가 정확히 0.8일 때 불안정한 평형에 이를 것으로 예측하였다. *C(2)*의 빈도가 0.8보다 조금이라도 높으면, 빈도가 빠르게 1.0으로 올라간다. 비슷하게 *C(2)*의 빈도가 0.8보다 조금이라도 낮으면, 빈도가 빠르게 0으로 떨어진다. 컴퓨터로 모의실험을 해보면 이러한 예측을 재현할 수 있을 것이다.

이에 대한 직관적인 해석은 다음과 같다. 이형접합자는 생존할 수 없으며, 따라서 집단 내 모든 성체들은 동형접합자이다. 먼저 *C(2)C(2)* 개체들이 흔하고 *N(2)N(2)*가 드문 상황을 고려해 보자. 초파리가 임의교배를 한다면, 대부분의 교배는 *C(2)C(2)* 초파리끼리 이루어지거나 아니면 *C(2)C(2)* 개체와 *N(2)N(2)* 개체들 사이에 이루어질 것이다. *N(2)N(2)*들 간에 일어나는 교배는 매우 드물 것이다. 결과적으로, 대부분의 *N(2)N(2)* 초파리들은 생식 성공률이 0이 될 것이고, *C(2)*의 빈도는 1.0으로 증가할 것이다. 이제, 많은 *N(2)N(2)* 초파리들이 존재하고 이들 중 상당한 수가 서로 간에 교배를 한다고 가정해 보자. 이렇게 교배를 하면 *C(2)C(2)*의 교배에서보다 4배 많은 자손을 생산할 것이다. 결과적으로, *N(2)*의 빈도는 1.0으로 증가할 것이고, *C(2)*의 빈도는 0으로 떨어질 것이다.

Foster와 동료들은 *C(2)*의 빈도를 0.71에서 0.96 사이로 하여 13개의 혼합 집단들을 설정하였고, 4세대까지 이들의 진화를 관찰하였다. 0.75에서 0.85 사이의 초기 *C(2)* 빈도를 가지는 집단의 진화에 대한 예측은 그림 6.23g의 그래프에서 회색 선으로 나타내었다. 관찰결과는 보라색 선으로 나타내었다. 정성적으로 볼 때, 결과와 이론적 예측이 잘 맞는다. 초기 *C(2)*의 빈도가 더 높은 집단에서는 *C(2)*가 빠르게 증가하여 고정된 반면, 초기 *C(2)*의 빈도가 더 낮은 집단에서 *C(2)*가 빠르게 감소하였다. 이 불안정한 평형의 정확한 위치는 0.8이 아니라 0.9 근처이다. Foster와 동료들은 이 *C(2)C(2)* 초파리들이 열성 유전적 마커들을 가지는 것에 주목하여, 생식 결과를 쉽게 파악할 수 있었다. Foster와 동료들은 이러한 마커들이 *C(2)C(2)*의 상대적 적응도를, 복합 염색체의 기초로 단순하게 추론된 값인 0.25 이하로 낮췄다고 제안하였다.

Foster 등의 실험에 대해서는, 우리의 모델을 통한 예측이 Dawson의 모델이나 Mukai와 Burdick의 실험에서만큼 정확하지는 않았다. 그럼에도 불구하고 이 모델은 잘 작동하였다. 이 모델은 우리가 이전에 보지 못했던 것을 예측하게 했다: 즉, 불안정한 평형보다 높은 대립유전자의 빈도는 증가하고 불안정한 평형보다 낮은 빈도는 감소한다는 것이다. 불안정한 평형이 Foster 등의 첫 번째 집단 세트에서보다 두 번째 집단 세트에서 더 높을 것으로 예측하였다. 또한 이 모델을 통해서 예측된 진화의 속도도 대략 맞았다. 우리의 모델이 세 번째 검증을 통과한 것이다.

**이형접합자들이 열등한 적응도를 가질 때, 하나의 대립유전자는 증가하여 고정에 이르고, 다른 대립유전자는 소실되는 경향을 보인다. 그렇지만 집단마다 소실되는 대립유전자가 다를 수 있다.**

Foster 등의 실험은 이형접합자 열등성으로 인해 집단 내 유전적 다양성이 감소한다는 것을 보여주었다. 그렇지만 다른 집단에서는 다른 대립유전자들을 고정에 이르게 함으로써, 이형접합자 열등성은 집단들 간의 유전적 다양성이 유지되도록 도움을 줄 수 있다.

## 빈도-의존적 선택

집단유전학 이론에 대한 네 번째이자 마지막 검증을 위해 특정 표현형의 개체 적응도가 집단 내 이들의 빈도에 의존할 때, 우리의 모델이 진화적 결과를 예측할 수 있는지를 살펴볼 것이다. 우리의 모델은 Luc Gigord, Mark Macnair 및 Ann Smithson(2001)의 연구에서 가져온 것으로, 엘더플라워 난초(Elderflower orchid)(*Dactylorhiza sambucina*)의 화려한 꽃색 다형성에 관한 내용이다.

(a) 엘더플라워 난초

(b) 수꽃의 상대적 생식 성공

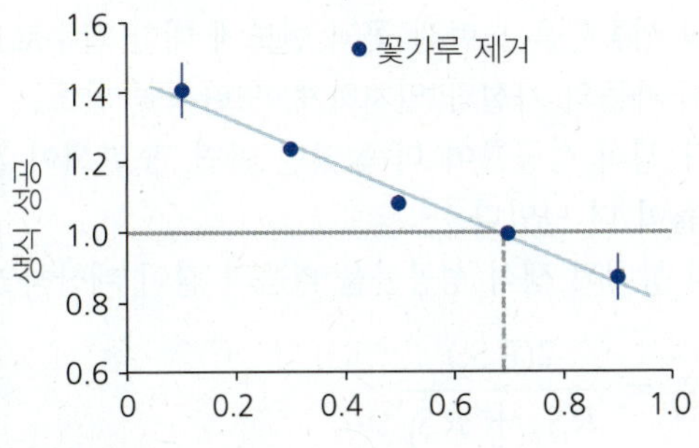


(c) 암컷의 상대적 생식 성공

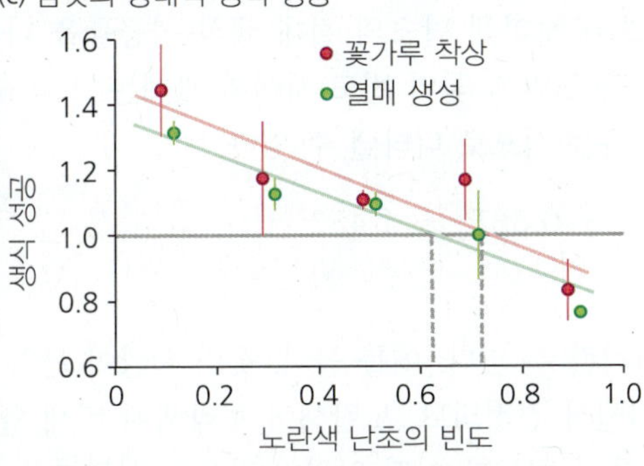


**그림 6.24 엘더플라워 난초의 빈도의존적 선택** (a) 혼합 집단. 일부 난초는 노란색 꽃을 피우고, 다른 난초는 보라색 꽃을 피운다. (b) 수꽃의 기능을 통해서, 노란색 꽃이 드물 때는 노란색은 보라색보다 높은 적응도를 보이지만, 노란색이 더 흔할 때는 보라색보다 낮은 적응도를 나타낸다. (c) 암꽃 기능을 통해서, 노란색 꽃이 드물 때 노란색이 보라색보다 높은 적응도를 보이지만, 노란색이 더 흔할 때는 보라색보다 낮은 적응도를 나타낸다. 세로 점선은 노란색 꽃의 예측 빈도를 보여주는데, 자연 집단의 빈도와 일치하고 있다. Gigord et al. (2001)에서.

엘더플라워 난초는 노란색과 보라색이 있다(**그림 6.24a**). 일반적으로 각 집단에는 두 색이 함께 존재하지만, 노란색이 보통 더 흔하다. 꽃은 난초의 주된 수분 매개자인 뒝벌(bumblebee)을 유인한다. 하지만 엘더플라워 난초를 찾는 벌들은 언제나 실망하고 만다. 난초의 아름다운 색상을 가진 꽃은 마치 어떤 보상이 있는 것처럼 광고를 하지만, 실제로는 아무 보상도 제공하지 않는다. Gigord와 동료들이 해결하고 싶었던 퍼즐은 이런 두 가지 특징의 현혹적인 광고가 엘더플라워 난초 집단에서 어떻게 계속 공존할 수 있는가에 대한 것이었다.

이 연구자들의 가설은 Smithson과 Macnair(1997)가 먼저 관찰한 것에서부터 출발하였다. 순진한 뒝벌이 몇몇 식물의 난초꽃을 찾아갈 때, 벌들은 두 색깔 사이에서 왔다갔다하는 경향을 보인다. 어떤 벌이 보라색 꽃을 먼저 찾아가서 보상이 받지 못하고 허탕을 치면, 다음에는 노란색 꽃으로 간다. 여기에서도 아무런 보상이 없음을 깨닫고 나서, 벌은 다시 다른 보라색 꽃으로 간다. 실망하고 나서는 다시 노란색 꽃으로 가고, 계속 이런 식으로 되풀이하다가 포기하고 떠난다. 뒝벌은 동일한 수의 노란색 꽃과 보라색 꽃을 찾아가는 경향이 있기 때문에, 두 색깔 중 덜 흔한 난초는 개체당 벌이 찾아오는 횟수가 더 많다. 수분 매개자가 더 많이 찾아온다는 것이 생식 성공률이 더 높다는 뜻이라면, 드문 색깔의 꽃이 유리한 점이 있는 것이므로, 왜 두 색깔 모두가 계속 살아남는지의 이유가 설명된다. 뒝벌에 의한 선택은 노란색 꽃이 흔해지기 전까지 노란색에 호의적이지만, 흔해지면 보라색에 호의적으로 바뀐다. 이것이 바로 **빈도-의존적 선택(frequency-dependent selection)**의 예이다.

이 가설을 검증하기 위해, Gigord와 동료들은 야생 난초를 모아서 화분에 심은 다음 각 50개체로 구성된 10개의 실험군을 난초의 자연 서식지에 조성하였다. 노란색 꽃의 빈도를 실험군별로 다르게 해서, 0.1, 0.3, 0.5, 0.7 및 0.9의 다섯 가지 빈도를 두 실험군씩 만들었다. 연구자들은 자신의 화분관(꽃가루를 가지는 구조물)이 제거되는지, 다른 개체에서 온 꽃가루가 묻는지, 열매가 생기는지에 대해 난초를 관찰하였다. Gigord와 동료들은 실험 결과로부터 수꽃과 암꽃 기능을 통해 노란색 꽃이 보라색 꽃에 비해 생식상의 상대적인 유리함이 있음을 추정하였다.

실험 결과로 추정된 상대적인 생식 성공률을 노란색 꽃의 빈도에 대한 함수로 표현하여 그림 6.24b와 c에 나타내었다. 연구자들의 가설과 일치하게, 노란색꽃 난초는 노란색이 드문 경우에는 보라색 꽃 난초보다 생식 성공률이 더 높았던 반면, 노란색이 흔한 경우에는 보라색꽃 난초보다 생식 성공률이 더 낮았다.

**각 대립유전자가 드문 경우에 유리함이 있다면, 선택은 두 대립유전자 모두를 집단에 유지시킬 수도 있다.**

Gigord와 동료들은 노란색 난초의 상대적 생식 성공률을 다음과 같이 계산하였다.

$$RRS_y = \frac{2(RS_y)}{RS_y + RS_p}$$

여기서 $RS_y$와 $RS_p$는 각각 노란색 난초와 보라색 난초의 절대 생식 성공률을 나타낸다. 수꽃 기능에 의한 상대적 생식 성공률과 노란색 꽃의 빈도 사이의 관계는 그림 6.21b에 표시된 최량적합선(best-fit line)으로, 다음 식으로 나타낼 수 있다.

$$RRS_y = -0.66F_y + 1.452$$

여기서 $F_y$는 노란색 꽃의 빈도이다.

이 관계를 집단유전학 모델에 포함시킬 수 있다. 예를 들어, 꽃의 색깔이 단일 유전자 좌위에 있는 두 개의 대립유전자에 의해서 결정되고, 노란색이 보라색에 비해 열성이라고 가정해보자. 노란색 대립유전자의 초기 빈도를 어떤 임의의 값으로 설정한다. 앞에서와 같이 세 가지 유전자형에 대해 적응도 값을 할당하되, 차이점은 적응도가 노란색 꽃의 빈도에 따라 각 세대에서 변한다는 점이다. 컴퓨터를 사용하여 모델집단의 진화를 추적하면, 노란색 대립유전자의 빈도가 중간 정도 값에 위치한 평형으로 빠르게 이동함을 볼 수 있다. 이 값은 정확히 노란색 꽃의 상대 적응도가 1일 때의 대립유전자 빈도와 같다. 노란색 꽃이 우성이라고 해도 동일한 결과를 얻는다. 이 경우에도 노란색 대립유전자의 평형값은 노란색 꽃과 보라색 꽃이 동일한 적응도 값을 가질 때의 빈도와 같다.

그림 6.24b와 c의 세로 점선은 각 적응도 측정값에 대해 Gigord와 동료들이 계산한 예측된 평형 빈도를 나타낸다. 예측값은 61%, 69% 및 72%의 노란색의 빈도를 보였다. 연구자들은 실험을 위해 난초 화분들을 배치했던 지역에서 20개의 자연 집단을 조사하였다. 실제 노란색 꽃 빈도는 69±3%로, 예측된 빈도와 잘 맞았다. 우리의 모델이 네 번째 검증을 통과한 것이다.

Gigord 등은 엘더플라워 난초 연구를 통해서 빈도-의존적 선택이 이형접합자 강세와 비슷한 효과가 있음을 보여주었다. 이 두 가지 선택 양식 모두 집단 내 유전적 다양성을 유지할 수 있다.

## 강제 불임

집단유전학의 가설은 단순화시킨 가정에도 불구하고, 진화의 과정을 예측할 수 있게 해준다. 우리가 수행한 네 가지 검증은 우리가 개발한 모델이 상당히 잘 작동함을 보여주었다. 초기 대립유전자 빈도와 유전자형 적응도를 안다면, 다양한 선택 방식 하에서 미래의 여러 세대에 걸쳐 대립유전자 빈도가 어떻게 변해 갈 것인지를 이 모델을 사용하여 예측할 수 있게 되었다. 필요한 정보는 실험실에서 통제되는 조건 하에 배양되는 실험집단에서 얻기가 가장 쉽다. 하지만 Gigord 등이 수행한 엘더플라워 난초 연구는 자연 집단에서도 이 모델의 예측이 상당히 정확하다는 것을 보여주었다. 앞서의 네 가지 검증에서 성공한 것으로 미루어 보아, 우생학적 불임 프로그램의 진화적 결과를 예측하는데 우리의 모델을 사용하는 것은 논리적일 수 있다. 우생학적 불임을 지지한 사람들은 특정 유전자

**우생학적 불임이 유전적 형질은 교정이 될 수 있다는 지지자들의 목표를 달성할 수 있었을 것인지를 집단유전학 모델을 사용하여 평가할 수 있다. 그 해답은 대상 대립유전자의 빈도와 "성공"이라는 용어의 평가 기준에 달려 있다.**

형의 적응도를 0으로 낮춤으로써 바람직하지 않은 유전자형과 관련된 대립유전자의 빈도를 줄이고자 하였다. 그들의 계획은 성공할 수 있는 것이었을까?

우생학자들의 관심을 가장 많이 사로잡은 표현형은 아마도 정신박약이었을 것이다. 영국 왕립의사협회(Royal College of Physicians)는 정신박약자를 "우호적인 환경에서는 자신의 생활을 돌볼 수 있지만, 출생 시부터 혹은 어릴 때부터 존재하는 정신적 결함으로 인하여 (a) 정상적인 동료들과 같은 조건으로 경쟁할 수 없거나 (b) 평상시 분별력으로는 자기 자신 및 자신과 관계된 일을 제어할 수 없는 사람"으로 정의하였다(Goddard 1914 참조). 뉴저지주 바인랜드(Vineland)의 정신박약 소년소녀 훈련학교(Training School for Feebleminded Girls and Boys)의 연구 감독이었던 Henry H. Goddard가 1914년 제시한 증거는 많은 우생학자들로 하여금 정신력은 멘델유전의 단순한 형질처럼 행동한다고 확신하게 만들었다(Paul and Spencer 1995 참조). 그들에게 정상적인 정신력은 우성으로, 정신박약은 열성으로 여겨졌다.

열성 유전병은 그 유전병 환자들을 불임시킴으로써 제거하고자 하는 프로그램의 적합한 대상이 아니다. 그림 6.19a와 6.20a에도 나와 있듯이, 드문 열성 대립유전자의 빈도는 천천히 감소하며, 상당히 강한 선택 상태에서도 쉽게 감소하지 않는다. 그런데 우생학자들은 정신박약이 특별히 드문 것이라고 믿지 않았다(Paul and Spencer 1995). 실제로, 그들은 정신박약이 걱정될 정도로 흔하고 빈도가 증가하고 있다고 믿었다. Edward M. East (1917)는 정신박약의 빈도가 1,000명당 3명이라고 추정했다. Goddard는 그 빈도가 뉴욕 취학 아동의 2%라고 보고하였다. 1차 세계대전 중 미국 군인들을 대상으로 한 검사에서는 그 빈도가 백인 징집대상자 중 거의 50%임을 시사했다.

우리는 정신박약의 빈도를 1%라고 가정하고, R.C. Punnett(1917)가 보고하고 R. A. Fisher(1924)가 재인용한 계산을 반복해보겠다. 정신박약을 유발하는 대립유전자를 $f$라고 하고, 그 빈도를 $q$라고 하자. 만약 집단의 1%가 $ff$ 유전자형을 갖는다면, 하디-바인베르크 평형 원리에 의해 $f$의 초기 빈도는 다음과 같다.

$$q = \sqrt{0.01} = 0.1$$

정신박약을 보이는 모든 사람들이 불임이 되면, $ff$ 유전자형의 적응도는 0이 된다(혹은, $ff$ 유전자형의 선택계수가 1이 된다). 계산하기 6.6에서 얻은 식을 사용하여, 다음 세대들에서 $q$의 값을 계산할 수 있으며, $q$ 값을 이용하여 $ff$ 유전자형의 빈도를 계산할 수 있다.

그 결과를 그림 6.25에 나타내었다. 10세대, 약 250년에 걸쳐 환자의 빈도는 0.01에서 0.0025로 감소한다.

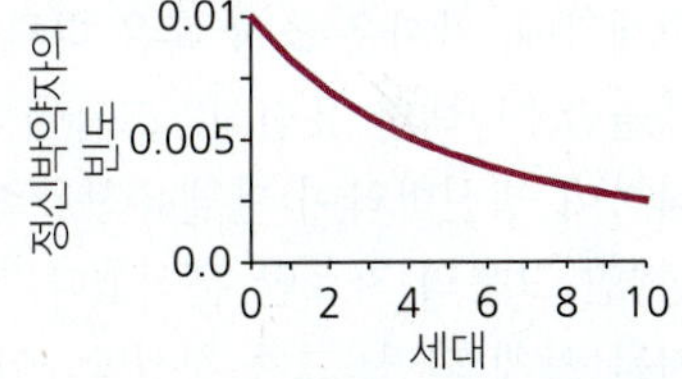


**그림 6.25 불임시술에 의한 진화의 예측** 동형접합성 열성 정신박약자들의 생식을 억제시키는 우생학적 불임을 시행하는 조건에서, 그래프는 정신박약의 추정 대립유전자에 대한 동형접합자 빈도의 변화를 보여준다.

유전학자들이 이러한 계산을 고무적인 것으로 볼 것인지 아니면 실망스러운 것으로 볼 것인지는 물 컵이 절반이 비어 있다고 볼 것인지 절반이나 차 있다고 볼 것인지에 달려 있다. 일부 사람들은 이 수치들을 보고, 정신박약을 완전히 없애는 데 시간이 너무 오래 걸릴 것이므로, 강제 불임은 절망적이고 속도가 너무 느린 해법으로 노력을 기울일만한 가치가 없다고 주장했다. 하지만 Fisher와 같은 다른 사람들은 이러한 주장을 "반우생학적 선전"이라고 일축했다. Fisher는 한 세대만 지나도 정신박약이 있는 개인의 빈도가 1만 명당 100명에서 1만 명당 82.6으로 줄어들 것이라고 했다. 그는 이렇게 썼다: "한 세대만에 정신박약으로 인해 발생하는 공적 비용과 개인적 고통이 17% 이상 줄어들 것이다." Fisher도 역시 정신박약에 해당되는 대립유전자의 복사본들 대부분이 정신박약자들보다는 이형접합성 보인자에게 있다는 사실을 주목하였다. East, Punnett 및 다른 사람들과 함께, Fisher는 보인자를 식별하는 방법을 찾기 위한 연구를 실시하였다.

우생학자들의 진화적 논리는 그럴싸해 보였지만, 그들의 모델은 미심쩍은 유전학적 가설에 기반을 두고 있었다. 정신박약에 대한 Goddard의 유전학적 연구를 오늘날의 기준으로 비판하는 것은 부당해 보일 수 있다. 멘델의 유전학이 이제 막 개막되었을 시점이었다. 하지만 거의 한 세기 전을 뒤돌아보아도, Goddard의 증거는 중대한 오류가 있음을 알 수 있다. 세 가지 문제점에 대해 논의해 보자.

첫째, 그가 보고한 사례 연구에 등장하는 사람들은 매우 다양한 집단에 속해 있었다. 일부는 다운증후군이 있었고, 일부는 다른 발달상의 장애를 가지고 있었다. 적어도 한 명은 청각장애가 있었고 부적절한 교육의 끔찍한 희생자였던 것으로 보인다. 일부는 전처의 자녀가 새 아내를 찾을 때 골칫거리일거라고 여겼던 홀아비들에 의해 Goddard의 훈련 학교에 버려진 사람들이었다. 일부 사람들은 단지 그 학교의 감독관들이 정해 놓은 방식과 다르게 행동했을 뿐이었다. Goddard는 자신의 책에서 첫 번째 사례 연구를 마무리하면서, 16세로 그 학교에 7년 간 있었던 사람에 대해 이렇게 썼다:

> Gertrude는 그냥 내버려 두면 너무나 많은 문제를 일으키는 부류의 소녀에 대한 좋은 예이다. 그녀의 미모, 매력 그리고 상대적으로 높은 지능 때문에 어디서든지 정상적인 아이처럼 생활할 것으로 여겨질 수 있지만, 실제로 그녀는 자신을 제어할 능력이 전혀 없고 아주 쉽게 잘못된 길로 빠진다. 그녀가 지금 이 상태로 돌봄을 받고 있다는 것은 사회로부터 받은 행운이다.

둘째, Goddard가 자료를 수집한 방식은 왜곡되기 쉬운 것이었다. 그는 사례연구 담당자들에게 훈련 학교에 있는 학생들의 가족들로부터 가계도를 수집하도록 했다. 사례연구 담당자들은 소문과 주관적인 판단에 의존하여 가족 구성원들의 정신상태를 평가했으며, 이들 가족 구성원 중 많은 이들은 이미 오래 전에 사망한 사람들이었다.

셋째, Goddard의 분석 방법은 그의 결론을 지지하는 카드를 쌓아 두고 있었다. 그는 먼저 327명의 환자 사례를 여러 범주로 나누었는데: 명백한 유전성인 사례들 아마도 유전성일 사례들 사고로 인해 발생한 사례들 그리고 원인을 알 수 없는 사례들이었다. 그는 형제자매, 가까운 조상 혹은 다른 가까운 친척 중에 정신박약으로 분류된 사람이 있는 사례들만 "명백한 유전성" 그룹에 포함시킨 것처럼 보였다. Goddard는 나중에 자료를 분석하여 정신박약이 멘델유전을 따르는 형질인지를 결정하려 할 때, 그가 "명백한 유전성"인 그룹의 자료만 분석했다. 그가 자료를 분석 전에 그룹을 어떤 방식으로 분류했는지를 알게 되면, 그가 정신박약이 멘델유전을 따른다고 결론 낸 것도 별로 놀랄 일이 아니다.

정신박약은 그렇다고 볼 수는 없지만, 요즘에 와서 많은 유전병들이 단순 멘델유전을 따르는 형질이라는 것이 알려져 있다. 하지만 우생학적 불임을 옹호하는 사람은 이제 거의 없다. 한 가지 이유는 대부분의 심각한 유전병들이 열성이며 매우 드물기 때문이다. 환자들을 불임으로 만드는 일은 병을 가지고 태어나는 신생아의 비율에 거의 영향을 미치지 않는다. 두 번째 이유는 출산의 권리에 대한 의식의 주류가 사회적 의무에서 개인의 자율로 변화했기 때문이다(Paul and Spencer 1995). 세 번째 이유는, 다음 절에서 고려하겠지만, 점점 더 많은 질병 연관 대립유전자들이 집단 내에서 이형접합자 강세에 의해 유지되거나 유지될 가능성이 있는 것으로 알려지고 있기 때문이다. 이러한 대립유전자 빈도를 환자의 출산을 억제하는 방식으로 줄이려는 시도는 헛되거나 잘못된 방법일 것이다.

## 6.4 돌연변이

낭포성 섬유증(cystic fibrosis)은 유럽계 조상을 둔 사람들 중에 가장 빈도가 높은 심각한 유전병으로, 신생아 2,500명당 약 1명이 이 병에 걸린다. 낭포성 섬유증은 상염색체 열성 형질로 유전된다. 이 병에 걸린 사람들은 만성적인 녹농균(*Pseudomonas aeruginosa*) 세균 감염에 시달리며 결국에는 심한 폐손상을 입는다(Pier et al. 1997). 요즘은 낭포성 섬유증 환자들 대부분이 30대나 40대까지 생존하지만(Elias et al. 1992), 최근까지만 해도 생식 가능 연령까지 생존한 사람이 드물었다. 낭포성 섬유증이 인류 역사상 치명적인 병이지만, 일부 집단에서는 약 4%가 보인자이다. 치명적인 유전병을 일으키는 대립유전자가 이처럼 높은 비율로 유지될 수 있는 이유는 무엇일까?

앞 절에서 논의된 이형접합자 강세가 대답에 대한 한 유용한 힌트가 될 수 있다. 또 다른 가능한 대답은 새로운 질병 대립유전자들이 돌연변이를 통해서 집단 내로 계속해서 도입된다는 것이다. 특정 질병 대립유전자의 유지를 설명하기 위한 이러한 두 가지 가설들의 상대적인 장점을 평가하기 전에, 돌연변이를 자세히 알아볼 필요가 있다.

이 책의 다른 곳에서(5장 참조) 돌연변이를 모든 새로운 대립유전자와 새로운 유전자의 근원으로 제시했다. 모든 유전적 변이의 궁극적인 근원이 되는 능력으로 볼 때, 돌연변이는 진화의 새로운 원료를 제공한다. 여기서 우리는 진화 기작의 하나로서 돌연변이의 중요성을 살펴보고자 한다. 돌연변이는 시간에 따라 대립유전자 빈도를 얼마나 빠르게 변화시킬까? 돌연변이는 하디-바인베르크 분석의 결론에 얼마나 강한 영향을 미칠까?

## 돌연변이가 추가된 하디-바인베르크 분석: 진화 기작으로서의 돌연변이

돌연변이는 일반적으로 그 자체로는 빠른 진화 기작이 아니다. 그 이유를 알아보기 위해 우리의 생쥐 모델집단으로 돌아가 보자. 초기 빈도가 각각 0.9와 0.1인 *A*와 *a*의 두 대립유전자가 있는 유전자좌위를 생각해 보자. *A*는 야생형 대립유전자이고, *a*는 열성 기능상실 돌연변이이다. 또한 1만 세대마다 한 개의 복사본의 비율로 *A* 대립유전자가 돌연변이로 인해 *a*로 전환된다고 가정해 보자. 이것은 돌연변이율로서 매우 높기는 하지만, 알려진 돌연변이율들의 범위 안에 있는 것이다. 기능을 회복시키는 역방향 돌연변이는 기능상실 돌연변이보다 훨씬 드물게 일어나기 때문에, *a*를 새로운 *A*의 복사본으로 전환시키는 돌연변이는 무시하기로 한다. 마지막으로 모든 돌연변이는 성체들이 유전자풀에 기여할 배우자를 생산할 때 발생한다고 가정한다.

**하디-바인베르크 평형 원리의 두 번째 가정은 돌연변이가 없다는 것이다. 이제 이 가정이 위배될 경우, 대립유전자 빈도에 어떤 변화가 생기는지 알아본다.**

그림 6.26은 한 생활사를 통해 대립유전자와 유전자형의 빈도를 추적한 것이다. 접합자, 어린 개체 및 성체들에 대한 유전자형은 다음과 같이 하디-바인베르크 평형에 있다:

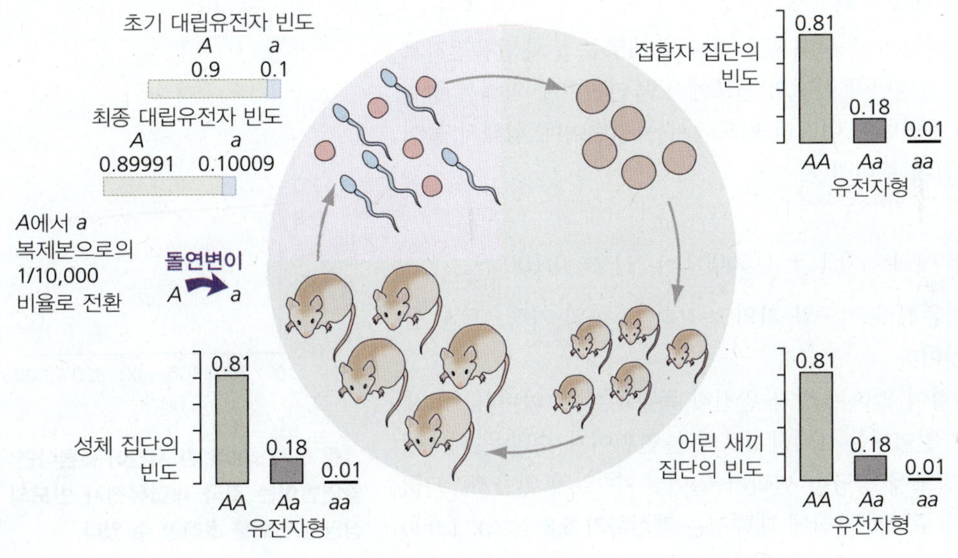


**그림 6.26 돌연변이는 진화의 약한 기작이다** 우리의 모델 집단에서 한 세대를 통해 볼 때, 돌연변이는 대립유전자 및 유전자형 빈도에 실질적인 변화를 거의 주지 못한다.

계산하기 6.8

## 진화 기작으로서 돌연변이에 대한 수학적 계산

두 개의 대립유전자가 있는 한 유전자좌위를 생각해 보자: $A$는 야생형 대립유전자이고, $a$는 열성 기능상실 돌연변이이다. $A$에서 $a$로 전환되는 돌연변이율을 $\mu$라고 하자. $a$에서 $A$로의 역방향 돌연변이의 비율은 무시할 정도로 낮다고 가정한다. 현재 세대에서 $A$의 빈도가 $p$라면, 다음 세대에서의 빈도는 다음과 같다.

$$p' = p - \mu p$$

현재 세대에서의 $a$의 빈도가 $q$라면, 다음 세대에서의 빈도는 다음과 같다.

$$q' = q + \mu p$$

한 세대에서 다음 세대로 넘어가면서 일어나는 $p$의 변화는 다음과 같다.

$$\Delta p = p' - p$$

간단히 하면,

$$\Delta p = -\mu p$$

$n$ 세대 후 $A$의 빈도는 대략 다음과 같다.

$$p_n = p_0 e^{-\mu n}$$

여기서 $p_n$은 $n$번째 세대에서의 $A$의 빈도, $p_0$는 0번째 세대에서의 $A$의 빈도이고, $e$는 자연로그의 밑이다.

수학적 계산에 익숙한 독자라면, 마지막 식을 다음과 같이 유도할 수 있을 것이다. 먼저, 한 세대를 무한히 작은 시간량으로 가정한 다음, $\Delta p = -\mu p$ 식을 다음과 같이 새롭게 나타낼 수 있다.

$$\frac{dp}{dg} = -\mu p$$

이제 양변을 $p$로 나누고, 양변을 $dq$를 곱하면,

$$\left(\frac{1}{p}\right)dp = -\mu dg$$

마지막으로, 좌변을 빈도 $p_0$에서 $p_n$까지, 우변을 0번째 세대에서 $n$번째 세대까지 적분한다:

$$\int_{p_0}^{p_n} \left(\frac{1}{p}\right)dp = \int_0^n -\mu dg$$

그런 후 $p_n$에 대해서 정리한다.

| $AA$ | $Aa$ | $aa$ |
|---|---|---|
| 0.81 | 0.18 | 0.01 |

이제 성체들이 배우자를 만들 것이다. 돌연변이가 없다면, 새로운 유전자풀의 대립유전자 빈도는 다음과 같을 것이다.

| $A$ | $a$ |
|---|---|
| 0.9 | 0.1 |

하지만 돌연변이에 의해서 $A$ 대립유전자 1만 복제본당 하나가 새로운 $a$ 대립유전자로 변환된다. 돌연변이 이후 $A$의 빈도는 돌연변이 이전의 빈도에서 돌연변이에 의해서 상실된 율을 뺀 것과 같으며 $a$의 빈도는 돌연변이 이전의 빈도에서 돌연변이에 의해서 늘어난 율을 더한 것과 같다. 즉, 다음과 같이 주어진다.

| $A$ | $a$ |
|---|---|
| $0.9 - (0.0001 \cdot 0.9) = 0.89991$ | $0.1 + (0.0001 \cdot 0.9) = 0.10009$ |

새로운 대립유전자 빈도는 이전 대립유전자 빈도와 거의 똑같다. 진화의 기작으로서 돌연변이는 거의 영향을 주지 못하는 것이다.

거의 영향이 없다는 말은 아예 영향이 없다는 말과 완전히 똑같은 것은 아니다. 각 세대마다 1만 복제본당 하나의 비율로 일어나는 $A$에서 $a$로의 돌연변이가 수많은 세대에 걸쳐서 일어나면, 결국 대립유전자 빈도에 상당한 변화가 일어날 수 있지 않을까? 그림 6.27의 그래프에 그 대답이 나와 있다(수학적 계산에 대해서는 계산하기 6.8 참조). 1,000

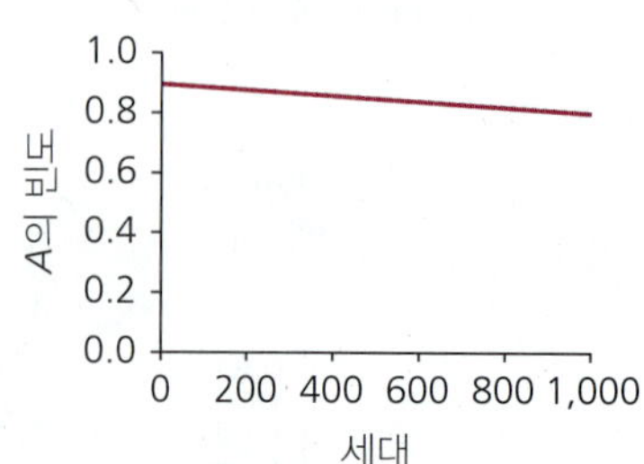


**그림 6.27 아주 긴 시간이 흐른다면, 돌연변이는 결국 대립유전자 빈도의 상당한 변화를 초래할 수 있다.**

세대가 지나면 우리의 모델 집단 내 $A$ 대립유전자의 빈도는 약 0.81이 될 것이다. 돌연변이는 대립유전자 빈도에 구체적인 변화를 일으킬 수는 있지만, 매우 천천히 일으킨다.

우리 모델에서 사용한 돌연변이율은 1만 세대당 1회로서 매우 큰 값이다. 대부분의 유전자에서 돌연변이는 대립유전자 빈도 변화를 일으키는 기작으로서 효율이 훨씬 낮다.

**하디-바인베르크 분석은 돌연변이가 약한 진화 기작임을 보여준다.**

## 돌연변이와 선택

돌연변이만으로는 보통 대립유전자 빈도에 별로 변화를 일으키지 못하지만, 그렇다고 돌연변이가 진화에 있어서 중요하지 않다는 뜻은 아니다. 선택과 결합되면, 돌연변이는 진화 과정에서 핵심 요인이 된다. 이런 내용은 Mingcai Zhang, Priti Azad 및 Ron Woodruff가 수행한 실험(2011)에서 설명되는데, 이들은 초기 유전적 변이가 거의 없는 초파리 집단이 신속한 적응진화를 할 수 있을 만큼 빠른 속도로 새로운 대립유전자들을 축적하는 것을 보았다.

Zhang과 동료들은 150세대에 걸쳐서 단일쌍 형제자매 교배(single-pair sibling mating)로 생식시킨 초파리 그룹을 사용하여 실험을 시작하였다. 앞으로 살펴보겠지만(7장), 이러한 방식의 강력한 동계교배(inbreeding)가 이루어지면 유전적 변이가 빠르게 상실된다. 대부분의 집단에서 다양한 변이성을 보이는 유전자좌위들이 동계교배집단 내의 모든 초파리들은 유전적으로 거의 동일하다는 것을 확인할 수 있다.

다음으로 연구자들은 동계교배 그룹으로부터 얻은 유충을 1%에서 6% 농도 범위의 소금(NaCl)이 함유된 먹이를 먹여 키웠다. 4% 농도까지는 적어도 몇몇 유충들은 성체기까지 생존하였지만, 5% 이상의 농도에서는 모든 유충들이 죽었다.

Zhang과 동료들은 이 동계교배 그룹의 초파리들을 창시자로 하여 여섯 개의 실험집단을 만들었으며, 30세대까지 유지시켰다. 이전 세대에서 무작위로 선택한 성체 200쌍을 이용해 다음 세대를 만듦으로써 집단 크기를 일정하게 유지했다. 연구자들은 두 개의 집단은 좋은 조건에 두었고, 네 개의 집단은 소금이 포함된 먹이로 키웠다. 여러 농도로 소금을 포함한 먹이를 공급하였는데, 소금의 함유는 어떤 농도든 모두 다 초파리들에게 스트레스로 작용하였다. 이러한 실험 조건을 통해서 집단이 자연선택에 의해 진화하여 새로운 환경에 적응하도록 하였지만, 돌연변이를 통한 유전적 변이를 축적할 경우에만 그렇게 할 수 있을 것이다.

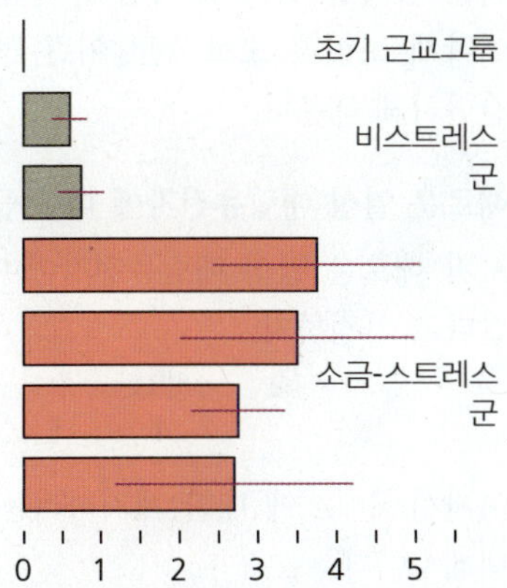


**그림 6.28 새로운 돌연변이에 대한 자연선택의 결과로 기인된 적응진화** 막대그래프는 유전적으로 동일한 단일 기원의 개체들로부터 시작되어, 30세대 후 초파리들의 소금 내성을 나타낸다(Zhang et al. 2011).

마지막으로, 연구자들은 여섯 집단 각각에서 30번째 세대의 소금 내성을 평가하였다. 5%의 소금이 포함된 먹이로 기른 유충의 생존율에 대한 자료는 그림 6.28에 나타내었다. 원래 교배에 사용된 동계교배 집단을 맨 위에 배열하는데, 집단을 처음 만들 때 사용된 초파리들로서, 5% 소금 농도에서 100% 치사율을 나타내었다. 스트레스를 받지 않은 실험군을 다음에 보여준다. 이들은 좋은 조건에서 진화한 것이지만, 5% 소금 농도에서 생존할 수 있는 몇몇 개체들을 포함하고 있다. 이 결과는 선택이 일어나지 않는 상황에서도 돌연변이에 의한 유전적 변이가 축적되는 것을 보여준다. 소금-스트레스를 받은 초파리들이 마지막에 나타난다. 이들은 5% 소금 농도에서 생존할 수 있는 개체들의 비율이 더 높다. 이것은 돌연변이와 자연선택이 조합된 결과로 나타나는 적응진화(adaptive evolution)를 보여주는 것이다. Zhang과 동료들이 유충들을 6% 소금 농도에서 수행한 실험을 통해서도, 스트레스를 받은 초파리 집단이 스트레스를 받지 않은 집단보다 소금 내성 대립유전자를 더 높은 빈도로 소유한다는 증거를 확보하였다. 소금 스트레스를 받은 초파리 집단에서는 몇몇 개체들이 생존하였지만, 소금 스트레스를 받지 않은 초파리 집단에서는 모든 개체들이 죽었다.

**초파리에 대한 연구는 돌연변이가 그 자체로는 약한 진화 기작임에도 불구하고 돌연변이는 자연선택이 작용할 수 있는 원료를 제공해 준다는 것을 알게 해 주었다.**

Zhang과 동료들의 실험은 앞에서 우리가 논의한 메시지 중 하나를 더 분명하게 해

계 산 하 기 6. 9

## 돌연변이–선택 균형 상태에서의 대립유전자 빈도

여기서는 돌연변이–선택 균형 상태에서의 해로운 대립유전자의 평형 빈도를 예측하는 식을 유도하고자 한다. 빈도가 각각 $p$와 $q$인 $A_1$과 $A_2$ 두 대립유전자를 가지는 단일 유전자좌위를 생각해 보자. $A_1$은 야생형이고, $A_2$는 해로운 대립유전자이다. $A_1$의 복제본이 $A_2$의 복제본으로 돌연변이에 의해 전환되는 비율을 $\mu$라고 하자. 역방향 돌연변이율은 매우 낮기 때문에 무시할 수 있다고 가정한다.

$A_2$의 복제본은 선택에 의해서 집단에서 계속해서 제거되는 반면, 돌연변이에 의해서 복제본은 계속 공급된다. 우리는 이런 과정이 서로를 상쇄시키는 상태일 때의 $A_2$의 빈도를 결정하고자 한다. Felsenstein(1997)의 방식을 도입하여, 우리는 여기서 간접적인 방법으로 빈도를 계산해 보자. $A_1$ 대립유전자에 대한 돌연변이–선택 균형을 나타내는 $p$에 대한 방정식을 전개할 것이다. 그런 다음, $A_2$의 평형 빈도를 구하기 위해 $q$에 대한 식을 풀이할 것이다. 이런 방식이 정상적인 방식에서 약간 벗어나게 보일지 모르지만, 이런 방법은 대수학적 계산을 훨씬 간단하게 해준다.

**해로운 열성 대립유전자에 대한 돌연변이–선택 균형**

$A_2$가 해로운 열성 대립유전자이며, 유전자형 적응도가 다음과 같다고 가정하자.

| $w_{11}$ | $w_{12}$ | $w_{22}$ |
|---|---|---|
| 1 | 1 | $1 - s$ |

여기서 $s$는 $A_2$에 대한 제거하려는 선택의 강도를 나타내는 선택계수이다.

먼저, 선택이 작동한 이후지만 돌연변이는 일어나기 이전 시점에서의 $A_1$ 대립유전자의 빈도 $p^*$에 관한 식을 만든다. 계산하기 6.3에 의해 이 빈도는 다음과 같이 주어진다.

$$p^{\star} = \frac{p^2 w_{11} + pq w_{12}}{p^2 w_{11} + 2pq w_{12} + q^2 w_{22}}$$

위의 식에서 적응도를 대입하고 $q$ 대신 $(1 - p)$를 대입하고 정리하면 다음 식을 얻는다.

$$p^{\star} = \frac{p}{1 - s(1 - p)^2}$$

다음으로, 돌연변이가 일어난 이후 시점에서의 $A_1$ 대립유전자의 빈도 $p'$에 관한 식을 만든다. 돌연변이에 의해 $A_1$의 복제본은 $\mu$의 비율로 $A_2$의 복제본으로 전환되며, $(1 - \mu)$의 비율은 남는다. 따라서 다음 식이 성립한다.

$$p' = (1 - \mu)p^{\star} = \frac{(1 - \mu)p}{1 - s(1 - p)^2}$$

마지막으로, 돌연변이와 선택이 균형을 이룰 경우, $p'$는 $A_1$ 대립유전자의 빈도 $p$와 동일해진다.

$$\frac{(1 - \mu)p}{1 - s(1 - p)^2} = p$$

이를 다음 식으로 정리할 수 있다.

$$(1 - p)^2 = \frac{\mu}{s}$$

$q$를 $(1 - p)$에 대입하고 $q$에 대해서 풀이하면, 돌연변이–선택 균형 상태에서의 $A_2$ 대립유전자의 평형 빈도인 $\hat{q}$에 관한 다음과 같은 식을 얻는다.

$$\hat{q} = \sqrt{\frac{\mu}{s}}$$

$A_2$가 치사 열성일 경우, $s = 1$이고, $A_2$의 평형 빈도는 돌연변이율의 제곱근과 같아진다.

**치사 우성 대립유전자에 대한 돌연변이–선택 균형**

$A_2$가 유전자형 적응도가 다음과 같이 주어진 치사 우성 대립유전자라고 가정하자.

| $w_{11}$ | $w_{12}$ | $w_{22}$ |
|---|---|---|
| 1 | 0 | 0 |

$p^*$에 관한 식은 다음과 같이 간단하게 나타낼 수 있다.

$$p^{\star} = 1$$

이 식은 중요한데, 왜냐하면 정의에 따라 치사우성인 $A_2$의 모든 복제본이 선택에 의해 집단에서 제거되기 때문이다. 이제 $p'$에 관한 식은 다음과 같다.

$$p' = 1 - \mu$$

그리고 평형 조건은 다음과 같다.

$$1 - \mu = p$$

$p$를 $(1 - q)$에 대입하면 다음과 같이 정리된다.

$$\hat{q} = \mu$$

즉, $A_2$의 평형 빈도는 돌연변이율과 동일하다.

준다(5장). 돌연변이가 없으면 진화는 결국 멈추어 설 것이다. 돌연변이는 유전적 변이의 궁극적인 근원이다.

## 돌연변이–선택 균형

Zhang 등의 초파리 집단에서 소금 내성을 증가시키는 진화를 가능하게 하는 돌연변이도 있지만, 대부분의 돌연변이는 적어도 약간은 해로운 것이다. 선택은 그러한 돌연변이를 집단에서 제거하려는 경향이 있다. 하지만 해로운 대립유전자들이 지속되는 이유는 이들이 계속 새롭게 생겨나기 때문이다. 해로운 대립유전자의 복제본이 선택에 의해서 제거되는 속도와 정확하게 동일한 속도로 새로운 복제본이 돌연변이에 의해 만들어질 경우, 대립유전자의 빈도는 평형에 놓이게 된다. 이러한 상황을 **돌연변이–선택 균형(mutation–selection balance)**이라고 부른다.

평형 상태에서 해로운 대립유전자의 빈도는 얼마나 될까? 그 대립유전자가 열성일 경우, 평형 빈도 $\hat{q}$는 다음과 같이 주어진다.

$$\hat{q} = \sqrt{\frac{\mu}{s}}$$

여기서 $\mu$는 돌연변이율(mutation rate)이고, $s$는 선택계수로 해당 대립유전자에 대한 비호의적인 선택의 강도를 0에서 1 사이의 값으로 표시한 것이다(유도 과정에 대해서는 **계산하기 6.9** 참조). 이 식은 돌연변이–선택 균형의 경제성을 아주 간단하고 직관적으로 보여준다. 선택 계수가 낮고 (즉, 대립유전자가 약간만 해로운 경우) 돌연변이율이 높을 경우, 그 대립유전자의 평형 빈도는 상대적으로 높을 것이다. 선택 계수가 크고 (즉, 대립유전자가 매우 해로운 경우) 돌연변이율이 낮을 경우, 그 대립유전자의 평형 빈도는 낮을 것이다.

Brunhilde Wirth와 동료들(1997)이 척수성 근위축증(spinal muscular atrophy) 환자들을 대상으로 수행한 연구가 한 가지 예시를 제공해 준다. 척수성 근위축증은 신경계 퇴행성 질환으로 수의운동을 조절하는 근육이 약해지고 퇴화되는 특징을 가진다. 이 병은 5번 염색체에 존재하는 말단생존운동신경유전자(telomeric survival motor neuron gene, *telSMN*)의 결실에 의해 발병한다. 일부 환자에서는, 인접한 유전자의 추가적인 돌연변이로 인해 증상이 악화되기도 한다. 척수성 근위축증은 낭포성 섬유증에 이어 백인 집단에서 두 번째로 흔한 치사 상염색체 열성 유전병이다(Mckusick et al. 1999).

*telSMN*의 기능 상실 대립유전자들의 전체 빈도는 백인 집단에서 약 0.01 정도이다. Wirth와 동료들은 선택계수가 약 0.9라고 추산하였다. 이들 대립유전자에 대해서 제거하려는 선택이 강하므로, 우리는 이 질병의 원인이 되는 대립유전자들이 느리기는 해도 확실하게 집단에서 없어질 것으로 예상할 수 있을까? 그렇다면, 어떻게 이 대립유전자들이 100개 중 1개의 빈도로 지속되는 것일까?

**집단에서 해로운 대립유전자가 선택에 의해서 제거되는 동시에 새로운 복제본들이 돌연변이에 의해 계속 공급된다. 일부의 경우에서 돌연변이와 선택 사이의 이러한 균형은 집단 내 해로운 대립유전자의 지속성을 설명해 줄 수 있을 것이다.**

한 가지 가능성은 이 질병 대립유전자들은 돌연변이와 선택의 균형에 의해 집단 내에서 유지된다는 것이다. 위의 식에서 $\hat{q}$와 $s$에 대립유전자 빈도와 선택계수를 대입하고 $\mu$에 대해 풀이하면, 이 시나리오가 요구하는 돌연변이율은 세대당 *telSMN* 대립유전자 하나에 대해 약 $9.0 \times 10^{-5}$($= 0.9 \times 10^{-4}$)임을 알 수 있다.

Wirth와 동료들은 척수성 근위축증 환자 340명과 그들의 부모 및 가족들의 염색체를 분석하였다. 그 결과, 340명 중 7명은 부모 중 어느 누구에게도 없었던 새로운 돌연변이를 보유하고 있음을 알게 되었다. 과학자들은 이 관측값을 통해서 *telSMN* 유전자좌위에서의 돌연변이율을 직접 추정할 수 있게 되었다(**계산하기 6.10** 참조). 이들의 추정값은 $1.1 \times 10^{-4}$이다. 이렇게 직접 측정한 돌연변이율은 돌연변이–선택 균형 가설로 예측한

계 산 하 기 6. 10

## 열성 대립유전자의 돌연변이율 추정

여기서는 열성 대립유전자의 돌연변이율을 추정하기 위해 Brunhilde Wirth와 동료들(1997)이 사용한 방법을 제시한다. 본 분석을 위한 핵심 정보는 새로운 돌연변이 대립유전자를 보유하는 환자들의 비율이다. 현대의 분자적 기술을 사용하면, 환자와 그들의 친척들의 염색체를 직접 조사하여 그 비율을 구할 수 있다.

열성 기능 상실 대립유전자 $a$의 빈도를 $q$라고 하자. 새로운 돌연변이 복제본을 두 개 가지는 아주 드문 경우를 무시한다면, $aa$ 유전자형을 가지고 태어나는 경우는 다음과 같이 두 가지가 있다.

1. 어떤 사람이 두 보인자 부부의 자식으로 태어나는 경우이다. 출생당 환자가 태어날 확률은 (a) 두 보인자의 자식이 병에 걸릴 확률 (b) 어머니가 보인자일 확률 및 (c) 아버지가 보인자일 확률을 모두 곱한 값과 같다. 이 확률은 다음과 같이 계산된다.

$$\left[\frac{1}{4}\right] \times [2q(1-q)] \times [2q(1-q)]$$

2. 어떤 사람이 보인자 한 명과 동형접합성 우성 부모 한 명 사이의 자식으로, 한쪽 보인자 부모로부터 대립유전자 $a$를 물려받고 다른 정상인 부모로부터 $a$의 새로운 돌연변이 복제본을 물려받는 경우이다. 출생당 환자가 태어날 확률은 (a) 자식이 한 보인자 부모로부터 돌연변이 대립유전자를 물려받을 확률 (b) 어머니가 보인자일 확률 (c) 아버지가 동형접합성 우성일 확률 및 (d) 돌연변이율의 곱에다가, 아버지가 보인자이고 어머니가 동형접합성 우성인 경우의 동일한 확률을 더한 값과 같으므로, 다음과 같이 계산된다:

$$\left\{\left[\frac{1}{2}\right] \times [2q(1-q)] \times [(1-q)^2] \times [\mu]\right\} + \left\{\left[\frac{1}{2}\right] \times [2q(1-q)] \times [(1-q)^2] \times [\mu]\right\} = [2q(1-q)] \times [(1-q)^2] \times [\mu]$$

이런 확률에서, 새로운 돌연변이 대립유전자를 보유하는 환자의 비율인 $r$에 관한 식으로 표현할 수 있다. 이것은 두 번째 확률로 두 번째 확률과 첫 번째 확률의 합으로 나눈 값이다.

약간 정리하면 다음 식을 얻는다.

$$r = \frac{2q(1-q)(1-q)^2\mu}{2q(1-q)(1-q)^2\mu + q(1-q)q(1-q)}$$

더 정리하면 다음 식을 얻는다.

$$r = \frac{2(1-q)\mu}{2(1-q)\mu + q}$$

마지막으로 $q$가 작다고 가정하면 $(1-q)$는 거의 1과 같아진다. 즉 다음 식을 얻는다.

$$r = \frac{2\mu}{2\mu + q}$$

이 식을 $\mu$에 관해서 풀면 다음과 같다.

$$\mu = \frac{rq}{2-2r}$$

### 척수성 근위축증의 돌연변이율

백인 집단에서 척수성 근위축증은 신생아 1만 명당 1명의 빈도로 나타나며, 이는 해당 돌연변이 대립유전자의 빈도가 다음과 같음을 의미한다.

$$q = \sqrt{0.0001} = 0.01$$

Wirth와 동료들은 340명의 환자들과 이들 가족 구성원의 염색체를 검사하였다. 연구자들은 이 환자들 중 7명은 부모 중 어느 누구에게도 없었던 새로운 돌연변이 대립유전자를 보유하고 있음을 알게 되었다. 따라서

$$r = \frac{7}{340} = 0.021$$

이 값들을 $\mu$에 관한 식에서 $q$와 $r$에 대입하면 다음과 같은 추정값을 얻는다.

$$\mu = \frac{(0.021)(0.01)}{2 - 2(0.021)} = 0.00011$$

### 낭포성 섬유증의 돌연변이율

백인 집단에서 낭포성 섬유증(cystic fibrosis)은 신생아 2,500명당 1명에게서 나타난다. Wirth와 동료들은 다른 저자들의 자료를 인용하여 연구 대상이었던 3만 명의 낭포성 섬유증 환자들 중 단 2명만이 부모 중 어느 누구에게도 없었던 새로운 돌연변이 대립유전자를 보유하고 있음을 알았다. 이 값을 사용하면 돌연변이율은 다음과 같이 추정된다.

$$\mu = 6.7 \times 10^{-7}$$

비율과 잘 맞아 떨어진다. Wirth와 동료들은 척수성 근위축증 대립유전자의 지속성을 돌연변이–선택 균형으로 충분히 설명할 수 있다고 결론지었다.

척수성 근위축증 환자들의 부모가 *telSMN*에서의 돌연변이에 특별히 취약했을 수도 있다. 이상적으로는, 일반 집단을 대상으로 부모와 자식의 유전자형을 비교하여 돌연변이율을 결정해야 한다. 하지만, 그런 연구를 하려면 표본의 수가 엄청나게 많아야 한다.

## 낭포성 섬유증을 유발하는 대립유전자는 돌연변이와 선택의 균형에 의해 유지되는가?

낭포성 섬유증은 7번 염색체에 위치한 낭포성 섬유증 막전도 조절인자(cystic fibrosis transmembrane conductance regulator, CFTR) 단백질을 암호화하는 유전자의 열성 기능상실 돌연변이에 의해 발병한다. CFTR은 내장과 폐 내벽의 점막에서 발현되는 세포 표면 단백질이다. Gerald Pier와 동료들(1997)은 CFTR의 핵심 기능 중 하나가 폐의 내벽세포들이 녹농균(*Pseudomonas aeruginosa*)을 섭취하여 파괴시키는 것임을 밝혔다(Campodónico et al. 2008 참조). 그림 6.29는 이런 섭취 과정을 촬영한 스냅사진이다(Bajmoczi et al. 2009). 낭포성 섬유증 환자에서 녹농균은 만성적인 폐 감염을 일으키며, 결국은 중증 폐 손상으로 이어진다(그림 6.30).

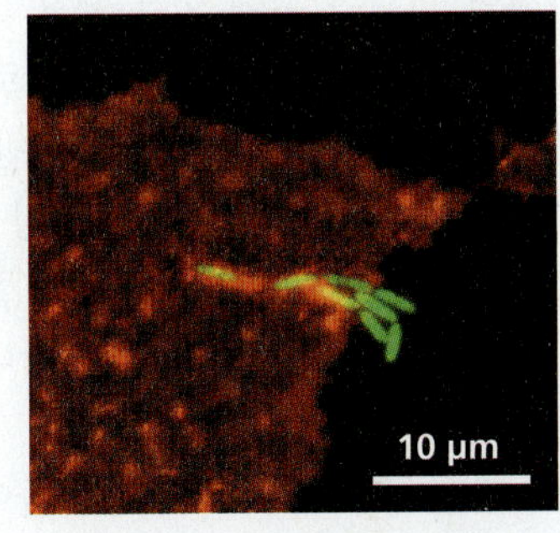


**그림 6.29 녹농균(*Pseudomonas aeruginosa*)을 섭취하는 폐의 상피세포** 폐세포는 빨간색, 세균은 초록색을 띠고 있다. 왼쪽 세균은 이미 세포 안으로 들어가 있다. 세포는 형광 표지된 CFTR 단백질로 둘러싸여 있다. Bajmoczi et al. (2009)에서.

낭포성 섬유증을 일으키는 대립유전자를 거부하는 선택은 강력할 것으로 여겨진다. 환자들 중 생식 가능 연령까지 생존한 사람은 거의 없으며, 최근의 드물게 생존한 사람들도 대개는 불임이다. 하지만 낭포성 섬유증을 일으키는 대립유전자들의 총 빈도는 유럽계 조상을 둔 사람들 중에서 약 0.02 정도이다.

낭포성 섬유증 대립유전자가 0.02의 빈도를 유지하는 원인은 돌연변이–선택 균형 때문일까? 선택계수를 1로 가정하고 계산하기 6.9에서 유도된 수식을 사용하면, 새로운 질병 대립유전자를 만드는 돌연변이율은 $4 \times 10^{-4}$이 된다. 낭포성 섬유증 대립유전자의 실제로 조사된 돌연변이율은 그것보다 상당히 낮아서 약 $6.7 \times 10^{-7}$ 정도이다(계산하기 6.10 참조). 새로운 돌연변이를 꾸준하게 공급하는 것만으로는 낭포성 섬유증 대립유전자의 빈도가 0.02나 되는 것을 설명할 수 없다는 결론을 내릴 수 있다.

**해로운 대립유전자의 빈도가 너무 높아서, 돌연변이–선택 균형으로는 설명할 수 없는 경우가 있다. 이것은 아마도 이형접합자가 우월한 적응도를 가지는 것에 대한 실마리를 제공할지도 모른다.**

우리는 이형접합자 강세를 적용하여 다른 설명을 제시하고자 한다(그림 6.21 및 계산하기 6.7). 낭포성 섬유증 대립유전자들이 동형접합자로 있을 때 겪는 적응도의 불리함은 아마도 이형접합자로 있을 때 누리는 이익과 균형을 이룰 것이다.

Gerald Pier와 동료들(1998)은 낭포성 섬유증 이형접합자가 장티푸스에 대한 저항성을 가지기 때문에 우월한 적응도를 가질 것으로 예상했다. 장티푸스는 살모넬라 티피균

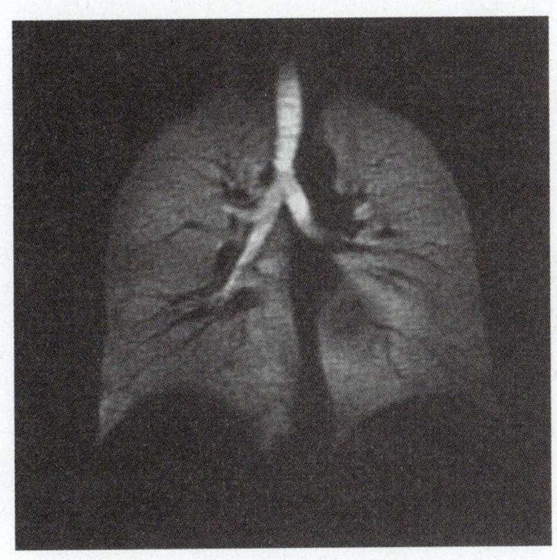

**그림 6.30 낭포성 섬유증의 폐 손상** 왼쪽, 정상 폐, 오른쪽, 세균 감염에 의한 섬유성 낭포를 가진 손상된 폐 James R. MacFall, 듀크대학 의료센터의 사진.

(*Salmonella typhi*, *Salmonella enterica* 혈청형 *typhi*로도 알려져 있음)에 의해 발병한다. 이 세균은 내장을 감싸는 상피세포 층을 침투하여 감염을 일으킨다. Pier와 동료들은 *S. typhi* 세균이 CFTR 단백질을 시작점으로 이용하여 내장으로 침투한다고 주장하였다. 만약 그렇다면, 세포 표면에 적은 수의 CFTR을 가지는 이형접합자들은 세균 침투에 대해 덜 취약할 것이다.

Pier와 동료들은 세 가지 다른 CFTR 유전자형의 생쥐세포들을 만들어서 자신들의 가설을 검증했는데: 동형접합성 야생형 세포, 기능성 CFTR 대립유전자와 가장 흔한 낭포성 섬유증 돌연변이인 $\Delta F508$ 단일 코돈 결실 대립유전자의 이형접합성 세포 그리고 동형접합성 $\Delta F508$ 세포이다. 연구자들은 이 세포들을 *S. typhi*에 노출시킨 후 각 유전자형의 세포들 속에 있는 세균의 수를 측정했다. 그 결과는 확연한 차이를 보였다(그림 6.31a). 연구자들이 예측한 대로 동형접합성 $\Delta F508$ 세포들은 *S. typhi*의 감염에 대해 거의 완전한 저항성을 나타낸 반면, 동형접합성 야생형 세포들은 매우 취약하였다. 이형접합성 세포들은 부분적인 저항성을 나타내었는데, 야생형 세포들에 비해 세균 수가 86% 수준으로 낮아졌다. 이러한 결과는 낭포성 섬유증 대립유전자가 인류 집단에서 유지되는 이유가 이형접합자들이 장티푸스 전염병에 대해 우월한 적응도를 가지기 때문이라는 가설과 일치한다.

이 가설은 또한 Pier와 동료들이 좀 더 최근에 밝힌 두 결과와도 일치했다. 첫 번째로, Jeffrey Lyczak and Pier(2002)는 *S. typhi* 세균이 숙주의 장세포를 조작하여 세포가 막 표면에 CFTR을 더 많이 진열하도록 하여 세균의 침입을 쉽게 한다는 것을 밝혔다. 이 결과는 CFTR을 만들 수 없는 세포들이 세균침입에 저항성을 나타내는 이유를 설명해 준다. 두 번째로, Lyczak, Carolyn Cannon 및 Pier(2002)는 문헌에 나와 있는 자료를 종합하여 유럽 11개국에서 장티푸스 대발생의 심각도와 후속 세대에서 CFTR 돌연변이들 중 $\Delta F508$ 대립유전자 빈도의 상관성을 밝혔다(그림 6.31b).

Pier 등의 연구는 진화적 분석이 의생명과학 연구에도 중요하게 활용됨을 보여주는 또 다른 사례를 제공하였다.

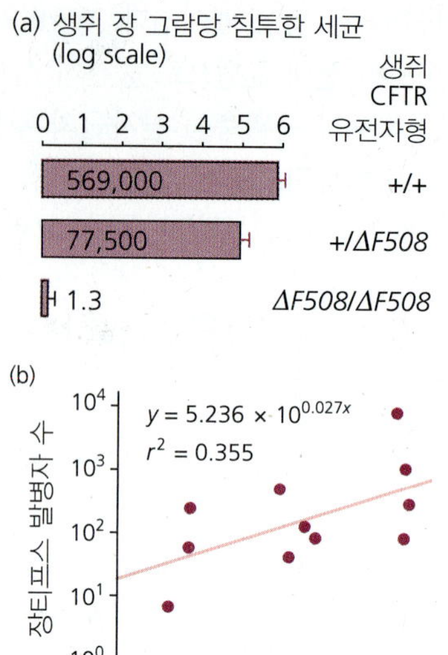


**그림 6.31 $\Delta F508$ 대립유전자에 대한 이형접합자는 장티푸스 저항성을 가진다** (a) 서로 다른 CFTR 유전자형의 배양 생쥐세포에 대한 *Salmonella typhi* 세균의 감염률(Pier et al. 1998). (b) 유럽 11개국에서 장티푸스 대발생의 심한 정도와 대발생 다음에 태어난 후속 세대에서의 낭포성 섬유증 돌연변이 중 $\Delta F508$ 빈도의 상관성. Lyczak et al. (2002)에서.

## 6.5 집단유전학 이론의 공학적 검증

Bruce Hay의 실험실에서 일하는 Chun-Hong Chen과 동료들(2007)은 야생에 서식하는 모기에 대한 말라리아 저항성을 갖게 할 방법을 찾고 있었다. 이들이 염려한 것은 모기가 아니라 사람들이었다. 모기들이 말라리아에 저항성이 있다면, 모기는 질병을 사람에게 전염시킬 수 없을 것이다.

이 연구자들이 설정한 작업은 진화공학(evolutionary engineering)의 일종이었다. 모기가 말라리아에 대한 저항성을 가지는 유전적 변이는 이미 알려져 있었다. 문제는 그 저항성 유전자를 야생 집단에 먼저 도입한 다음에 빈도를 높이는 일이었다. Chen과 동료들은 방법으로 한 가지 아이디어를 생각해냈고, 실험실에서 배양되는 초파리 집단을 대상으로 검증 실험을 수행하였다.

연구자들은 선택에 대한 강한 장점을 가질 것으로 예상되는 새로운 유전자를 설계하였다. 그들은 유전적 요소 중 하나로 자연계에서도 관찰되는 *Medea*로 불리는 유전자에 대한 유전공학적으로 조작된 합성 유전자를 만들었다. *Medea*는 "Maternal-effect dominant embryonic arrest"의 약자인데, 이것은 또한 자신의 아기를 죽이는 어머니에 관한 에우리피데스(Euripides)의 희곡에 나오는 주인공의 이름이기도 했다.

Chen의 합성 *Medea*는 두 세트의 명령을 포함하고 있다(그림 6.32a). 하나는 그 유

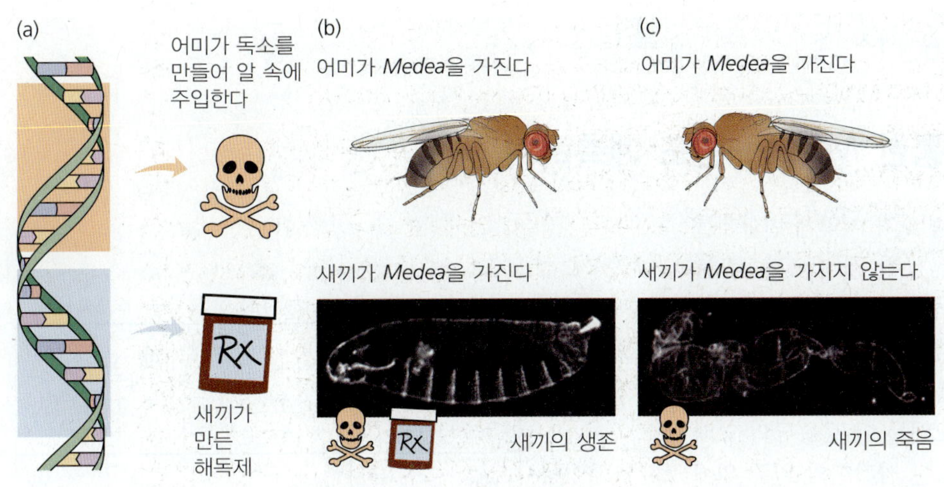


**그림 6.32 합성 *Medea* 유전자** (a) 이 유전자는 독소와 해독제 모두를 암호화한다. (b) *Medea*를 가진 어미는 독소를 만들어 자신의 알 속으로 주입한다. 만약 새끼가 *Medea*를 가진다면, 해독제를 만들어 살아남는다. (c) 만약 새끼가 *Medea*를 가지지 않는다면, 죽는다. Kambris et al. (2003)의 사진.

전자를 보유한 어미로 하여금 자신의 알에 독소를 주입하게 하는 것이다. 다른 하나는 그 유전자를 보유한 배아들로 하여금 해독제를 만들게 하는 것이다. 어미와 배아 둘 다 그 유전자를 가질 경우, 배아는 살아남는다(그림 6.32b). 어미는 그 유전자를 보유하고 배아는 없을 경우, 배아는 죽는다(그림 6.32c).

초파리 배아의 운명은 어미와 아비 모두의 유전자형에 의해 결정된다. 초파리가 가지는 두 대립유전자를 각각 *M*(*Medea*에서 따옴)과 +(야생형, 혹은 *Medea* 없음)로 부르기로 하자. 퍼네트 사각형에 의하면 어미가 이형접합자이고 아비가 ++ 동형접합자일 경우, 새끼의 절반이 죽을 것으로 예측된다. 어미와 아비가 둘 다 이형접합자일 경우, 새끼의 4분의 1이 죽을 것이다(그림 6.33).

| 어미 | 아비 | 자식 | 예측 | 실제 |
|---|---|---|---|---|
| +*M* | ++ | (열: + +) + 행: ~~++~~ ~~++~~; *M* 행: *M*+ *M*+ | 50% 죽음 | 51.7 % 죽음 |
| +*M* | +*M* | (열: + *M*) + 행: ~~++~~ +*M*; *M* 행: *M*+ *MM* | 25% 죽음 | 25.7 % 죽음 |

**그림 6.33 어미는 *Medea*를 가지고 자손의 일부는 가지지 않을 경우의 교배에 대한 퍼네트 사각형** Chen et al. (2007)에서.

다른 모든 교배에서는 모든 새끼들이 산다. 실험실 교배를 통해 Chen과 동료들은 이러한 예측이 정확함을 알았다.

우리는 앞서 Chen과 동료들이 그들의 합성 *Medea* 유전자가 선택에 있어서 강한 유리함을 가질 것으로 예상했다고 하였다. 하지만 이 유전자는 어미가 새끼를 죽게 만드는 유전자이므로 반대로 작용할 수도 있을 것이다. 그렇지만 죽는 새끼들은 모두 *Medea*가 없는 개체임에 유의해야 한다. 선택의 유리함은 그 유전자를 보유하는 개체들에서 나타나는 것이 아니라, 유전자 자체이다. *Medea*는 이기적인 대립유전자이어서 기회만 있으면 그 대립유전자를 가지지 않은 개체를 죽여 버린다. 어떤 집단에 도입될 경우, *Medea*의 빈도는 반드시 증가하게 될 것이다.

Chen과 동료들은 자신들의 합성 *Medea*를 0.25의 빈도로 실험실의 초파리 집단에 도입하였다. 이들은 본 장에서 논의한 기초적인 집단유전학 이론을 이용하여, 이 유전자의 빈도가 증가하는 곡선을 예측했다. 이들은 임의교배가 일어나고, 돌연변이나 이주가 없는 무한히 큰 집단을 가정하였다. 또한 이들은 어미의 독소가 그 유전자가 없는 배아

**곤충 집단 내에서 예측 가능한 방식으로 빈도가 증가하는 유전자를 설계하려는 시도는 진화 기작에 대한 우리의 이해를 검증하는 강력한 방법을 제공한다.**

계산하기 6.11

## 여러 세대를 통한 *Medea* 빈도 예측하기

여기서는 Chen 등의 *Medea* 유전자의 빈도가 어떻게 변할지를 예측할 수 있는 방법을 알아보고자 한다. 한 개체의 적응도는 자신의 유전자형과 부모의 유전자형 둘 다에 달려 있으므로, 유전자형 빈도와 교배를 계속해서 추적해야만 한다.

++, +*M* 및 *MM* 유전자형의 빈도를 각각 *P*, *Q* 및 *R*이라고 하자. 그림 6.34에 나와 있듯이, 임의교배는 아홉 종류의 교배형을 가능하게 한다. 각 교배형의 빈도는 사각형의 왼쪽 위에 나타내었다. 예를 들어 ++ 암컷과 ++ 수컷 사이의 교배는, 사각형(1)에 나타나 있듯이, $p^2$의 빈도로 일어난다.

우리가 알고 싶은 것은 다음 세대에서의 각 유전자형의 빈도이다. ++ 유전자형을 고려해 보자. 이 유전자형을 가지는 접합자는 (1), (2), (4) 및 (5)번의 교배형을 통해서 생긴다. (1)번 교배형에서 생기는 접합자는 모두 ++이고, (2)와 (4)번 교배형에서 생기는 접합자의 절반이 ++이고, (5)번 교배형에서는 4분의 1이 ++다. 배 단계에서 ++ 유전자형의 빈도는 따라서 다음과 같이 계산된다.

$$P^2 + \frac{1}{2}PQ + \frac{1}{2}QP + \frac{1}{4}Q^2$$

하지만 (4)번과 (5)번 교배형을 통해서 생겨난 ++ 자손들은 접합자가 유충으로 자라서 부화되기 전에 전부 다 죽는다. 다음 세대에서의 ++ 개체의 빈도는 생존한 ++ 개체의 수를 총 생존 개체의 수로 나눈 것으로, 다음 식으로 구해진다.

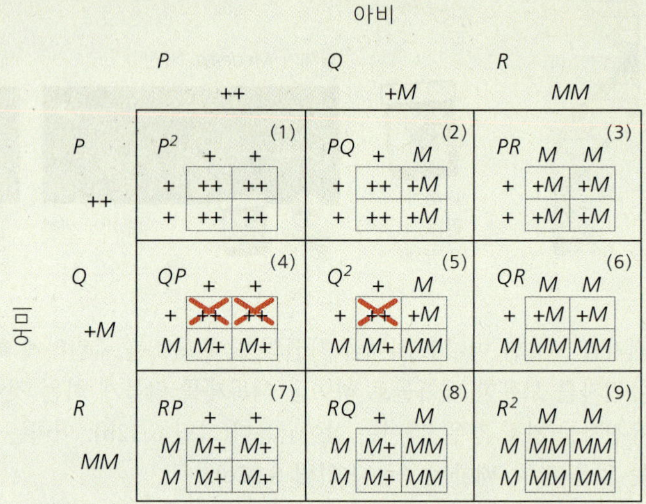


**그림 6.34 퍼네트 사각형 속의 퍼네트 사각형**

$$\frac{P^2 + \frac{1}{2}PQ}{P^2 + PQ + PR + \frac{1}{2}QP + \frac{3}{4}Q^2 + QR + RP + RQ + R^2}$$

다음 세대에서의 +*M*과 *MM* 개체의 빈도를 계산하는 과정은 독자들의 몫으로 남겨 두겠다.

일단 한 세대의 유전자형 빈도를 알게 되면, 대립유전자 빈도는 쉽게 계산할 수 있을 것이다.

에 미치는 치사 외에는 *Medea* 유전자로 인한 적응도 감소는 없다고 가정하였다. Chen의 모델이 우리가 본 장에서 사용해온 모델보다 한 가지 복잡한 점은 개체의 적응도가 개체 자신의 유전자형뿐만 아니라 부모의 유전자형에도 의존한다는 것이다. 이것은 Chen이, 배우자들의 무작위적 결합에 의해 생기는 자손에 대한 단순히 대립유전자 빈도를 추적하기 보다는, 임의교배로 얻어진 자손들에 대한 유전자형 빈도를 추적하여야 함을 의미했다**(계산하기 6.11)**.

그림 6.35는 Chen과 동료들의 예측과 7개 집단에서 얻은 자료를 보여주는데, 이 집단들 중 일부는 15세대 동안, 일부는 20세대 동안 유지시켰다. 우리가 예상했듯이, 그들의 예측은 정확했다. Chen과 동료들이 달성한 일이

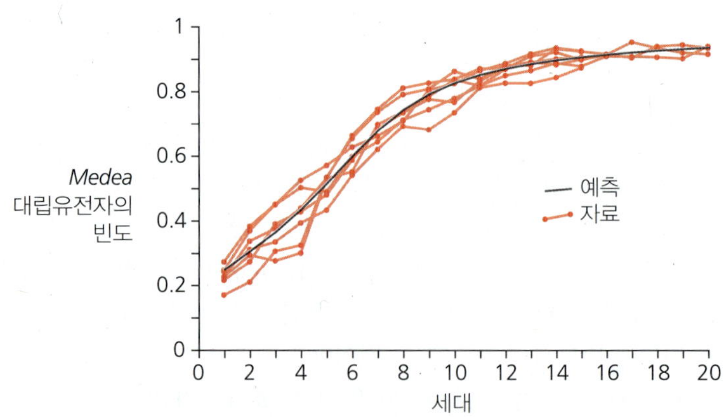


**그림 6.35 공학적으로 개조된 유전자를 가진 실험실 집단의 예측 및 실제 진화** 예측은 회색으로, 자료는 오렌지색으로 표시하였다. Chen et al. (2007)에서.

무엇인지 잠시 되짚어보자. 그들은 새로운 유전자를 설계하고 구축하였고, 이 유전자를 보유한 개체들에 미칠 영향을 정확하게 예측하였고, 그 유전자를 집단에 도입하고, 도입된 집단들이 20세대에 걸쳐 어떻게 변화될 것인지를 정확하게 예측하였다. 이 진화공학적 프로젝트의 성공은, 마치 NASA의 공학자들이 물리학에 대해서 어느 정도 이해하는 것처럼, 우리도 유전과 변화되는 자손에 대해서 조금은 안다는 것을 보여주었다.

**집단유전학은 제대로 작동하는 이론이다.**

다음 장에서 우리는 하디-바인베르크 평형 원리를 사용하여 추가적인 진화 기작에 대해 더 알아볼 것이다.

## 요약

집단유전학은 멘델유전학과 Darwin의 진화이론을 통합한 것으로 세대가 바뀜에 따라 대립유전자 빈도를 변하게 만드는 기작에 관한 학문이다. 하디-바인베르크 평형 원리는 일종의 영모델로서 집단유전학의 개념적 토대를 제공한다. 이 원리는 선택이 없고, 돌연변이가 없고, 이주가 없고, 유전적 부동이 없으며, 임의교배라는 단순화한 가정들 하에서 대립유전자 빈도가 변하지 않음을 보여준다. 더 나아가, 유전자형 빈도를 대립유전자 빈도로부터 계산할 수 있다.

처음 네 가지 가정 중 하나가 위배될 경우, 대립유전자 빈도는 세대가 바뀜에 따라 변할 수 있다. 따라서 선택, 돌연변이, 이주 및 유전적 부동은 진화의 네 가지 기작이 된다. 선택적 교배(nonrandom mating)는 대립유전자 빈도를 변화시킬 수 없으며, 따라서 진화의 기작은 아니다. 하지만 유전자형 빈도를 바꿀 수는 있으며, 그래서 진화의 과정에 영향을 미친다.

집단유전학은 실제 집단에서의 대립유전자와 유전자형의 빈도를 측정할 수 있게 해준다. 따라서 생물학자들은 대립유전자 빈도가 세대에 걸쳐 안정적인지의 여부, 그리고 유전자형 빈도가 하디-바인베르크 평형 원리에 근거한 예측을 따르는지의 여부를 검증해 볼 수 있다. 하디-바인베르크 분석의 결론 중 어느 하나라도 위배될 경우, 위의 가정들 중 하나 이상이 유효하지 않은 것이다. 하디-바인베르크 예측에서 벗어난다고 해서 그 자체로 잘못된 가정이 무엇인지 알아낼 수는 없다. 하지만 종종 연구 중인 집단들의 다른 특성들을 근거로 하여, 어떤 진화 기작이 작동하고 있는지를 추정할 수 있다.

선택은 어떤 유전자형을 가진 개체들이 자신들의 유전자 복제본을 미래 세대에 전달함에 있어서 다른 유전자형을 가진 개체들보다 더 성공적일 때 발생한다. 선택은 강력한 진화 기작이다. 선택은 한 세대에서 다음 세대로 넘어갈 때 대립유전자 빈도를 변하게 할 수 있으며, 유전자형 빈도가 하디-바인베르크 평형에서 멀어지게 할 수 있다. 선택의 일부 방식은 대립유전자가 고정이나 소실에 이르게 할 수 있으며, 다른 선택 방식은 집단 내 대립유전자의 다양성을 유지되도록 하기도 한다. 집단유전학 이론은 다양한 선택 방식 하에서 진화의 방향과 속도를 정확하게 예측할 수 있게 해준다.

돌연변이는 그 자체만으로는 약한 진화 기작이다. 하지만 돌연변이는 진화의 원료라고 할 수 있는 유전적 변이를 제공한다. 일부 경우에는, 새로운 돌연변이 대립유전자가 꾸준히 공급됨에 따라 그 대립유전자의 비우호적인 선택에 대해 반대 균형을 이룰 수 있어, 대립유전자 빈도가 평형을 유지할 수 있게 한다.

## 질문

**1.** 어떤 집단이 하디-바인베르크 평형에 있기 위해서 충족되어야 하는 다섯 가지 조건을 나열하라. 진화를 억제하는 이러한 조건들을 이해하는 것이 중요한 이유는 무엇인가? 각 조건에 대해, 그 가정이 위배될 때 유전자형 빈도, 대립유전자 빈도, 혹은 둘 다의 빈도가 변하게 되는지의 여부를 밝혀라.

**2.** G. H. Hardy가 세대에 걸쳐 집단의 대립유전자 빈도가 변하는 것을 수학적으로 계산할 때, 빈도값으로 변수(variables)를 사용한 것이 왜 중요했는가? 단순히 다른 구체적인 대립유전자 빈도를 가지는 예들 몇 가지 더 다루는 것이 그만큼 유용하지 않았을까?

**3.** 아래의 가상의 예시들 각각에 적용되는 현상의 이름을 말하고, 다음 세대에서 대립유전자 빈도에 어떻게 영향을 미칠지를 설명하라.

**a.** 한 딱정벌레 종이 검은 현무암으로 덮여 있는 섬에 유입되었다. 이 어두운 배경에서, 어두운색 딱정벌레 *TT* 혹은 *Tt*는 밝은색 딱정벌레 *tt*에 비해 포식에 대한 저항성이 더 높다. 어두운 색 딱정벌레는 선택상 상당히 큰 유리함을 가진다. 두 대립유전자는 모두 이 새로운 섬에 처음 방출된 딱정벌레 집단에서 비교적 흔한 편이다.

**b.** 또 하나의 딱정벌레 집단이 있는데, 이번에는 대부분이 밝은

색 딱정벌레이고 소수만 어두운 색 딱정벌레로 구성되었으며, 밝은 모래, 식물상 및 검은 현무암이 섞여 있는 다른 섬에 유입되었다. 이 섬에서는 어두운 색 딱정벌레는 단지 낮은 선택상의 유리함을 갖는다.

**c.** 어떤 산호초 물고기의 수컷은 두 가지 유전적 형태를 가진다. 한 수컷 형태는 다른 형태보다 크기가 훨씬 작으며, 더 큰 수컷의 둥지에 몰래 들어가서 암컷의 알을 수정시킨다. 작은 수컷이 드문 경우, 이들은 큰 수컷에 비해 선택상의 유리함을 가진다. 하지만 작은 수컷들이 너무 많을 경우에는 큰 수컷들이 자신들의 둥지를 더 공격적으로 방어하게 되고 작은 수컷들은 유리함을 잃게 된다.

**d.** 어떤 열대 식물에서, *CC*와 *Cc* 식물은 빨간색 꽃을 피우고 *cc* 식물은 노란색 꽃을 피운다. 하지만 *Cc* 식물은 꽃 발생에 결함을 가지므로 꽃의 수가 매우 적다.

**e.** 어떤 새 종류에서 *MM* 유전자형을 가진 개체들은 조류 말라리아에 취약하다. *Mm* 새들은 조류 말라리아에 대한 저항성을 가지고, *mm* 새들도 조류 말라리아에 대한 저항성을 가지지만, 조류수두에 취약하다.

**4.** 태반 말라리아에 대한 Muehlenbachs 등의 연구에서, 말라리아 성수기와 비수기 두 시기 모두에서 태어난 신생아들을 연구하는 것이 중요했던 이유는 무엇인가? 이들의 자료를 다르게 해석해 볼 수는 없을까?

**5.** 말의 검은색은 일차적으로 A 유전자좌위에 있는 열성 대립유전자에 의해 결정된다. *AA*와 *Aa* 말은 적갈색이며, *aa* 말은 전체가 다 검은색이다. (다른 유전자좌위에 의해서 A 유전자좌위의 역할을 상쇄시킬 수도 있지만, 그런 복잡한 유전 현상은 무시하기로 한다.) 온라인 대화 중에 어떤 사람이 왜 아라비아 계통은 검은 말이 상대적으로 적은가? 라는 질문을 하였다. 한 대화자가 "검은색은 열성이기 때문에 드물다. 적갈색이나 회색 계통은 우성으로 아라비아 품종에서 더 흔하다"라는 회신을 보냈다. 이 주장의 옳은 점과 그리고/혹은 문제점에 대해 논의해 보라. (*A*와 *a* 대립유전자들은 하디-바인베르크 평형에 있다고 가정하자. 아마도 이 가정은 논의 시점에서는 사실일 것이다.) 보편적으로, 어떤 대립유전자의 우성과 열성이 그 빈도에 미치는 영향에 대해서 하디-바인베르크 모델은 무엇을 알려주는가?

**6.** 인간에서, COL1A1 유전자좌위는 골격 속에서 관찰되는 콜라겐 단백질을 암호화한다. 이 유전자좌위의 정상 대립유전자는 *S*로 표시한다. 열성 대립유전자인 *s*는 골 무기질 밀도의 감소와 연관되는데, *Ss* 및 *ss* 여성에서 골절 위험의 증가를 나타낸다. 1,778명의 여성을 대상으로 실시한 한 연구에서, 1,194명이 *SS*, 526명이 *Ss*, 그리고 58명이 *ss*를 가졌다(Uitterlinden et al. 1998). 두 대립유전자는 이 집단 내에서 하디-바인베르크 평형에 있는가? 어떻게 평형 상태를 알 수 있겠는가? 다음 세대에서 대립유전자들이 하디-바인베르크 평형에 있는지를 결정하기 위해서 필요한 정보는 무엇인가?

**7.** 우리는 그림 6.14의 예시(초파리 집단)를 사용하여, 대립유전자의 빈도가 선택이 없는 대조군 집단에서는 변하지 않지만, 선택에 반응해서는 어떻게 변하는지를 살펴보았다. 하지만 그림 6.14의 선택이 없는 대조군 집단을 다시 한 번 살펴보자. 두 개의 대조군 집단들에서 대립유전자 빈도는 약간씩 변했는데, 시간에 따라 약간 증가하기도 하고 감소하기도 하였다. 하디-바인베르크 모델의 어느 가정이 위배된 것으로 보이는가? 이 실험을 반복할 경우, 실험 설계를 어떻게 바꾸어 주어야 이처럼 하디-바인베르크 평형에서 벗어나는 정도를 줄일 수 있을까?

**8.** 대부분의 동물 집단들에서 암수의 비율은 50 대 50이다. 하지만 꼭 그래야 하는 것은 아니다 부모가 수컷 자손을 압도적으로 많이 생산하거나 암컷 자손을 압도적으로 많이 생산하는 것이 이론적으로 가능하다. 수컷의 성비가 높은 집단, 예를 들어 70%가 수컷이고 30%가 암컷인 어떤 집단을 생각해 보자. 어느 성이 짝을 찾기가 쉬울까? 그 결과로 어느 성의 평균 적응도가 더 높을 것으로 예상되는가? 대부분 수컷을 생산하는 부모와 대부분 암컷을 생산하는 부모 중 어느 부모의 적응도가 더 높을까? 이제 암컷의 성비가 높은 집단을 생각해보고, 동일한 질문들에 대해 대답해 보자. 대부분 집단에서 50 대 50의 성비가 유지되게 하는 것은 어떤 종류의 선택 때문일까?

**9.** 최근의 의학, 공학기술, 공중보건학의 발달이나 진화학의 발달과 관련하여, 다음 각각의 경우는 낭포성 섬유증(CF)을 일으키는 대립유전자의 빈도에 어떤 영향을 미칠지 논의해 보자.

**a.** 요즘은 많은 CF 여성이 자녀를 가질 수 있을 만큼 충분히 가임기 이상 오래 생존한다. (CF는 생식관의 문제를 일으키지만, 그럼에도 불구하고 많은 CF 여성은 출산할 수 있다. CF 남성들은 보통 생식 능력이 없다.)

**b.** 장티푸스는 1900년 이후 선진국에서 아주 낮은 수준으로 감소하였다.

**c.** 요즘은 일부 국가에서, 자녀를 가질 계획이 있는 부부가 상대적으로 빈번한 CF 대립유전자에 대한 검사를 쉽게 받을 수 있다.

**d.** 약물-저항성 장티푸스가 최근에 몇몇 개발도상국에서 출현하였다.

**10.** Kersin Johannesson과 동료들(1995)은 우르솔멘섬(Ursholmen island) 해안의 조간대에 사는 바다달팽이 두 집단을 대상으로 연구를 수행했다. 매년, 연구자들은 아스파르트산 아미노기전달효소(aspartate aminotransferase)의 대립유전자 빈도를 결정하였다(이 효소의 기능에 대해서는 상관하지 없음). 그들의

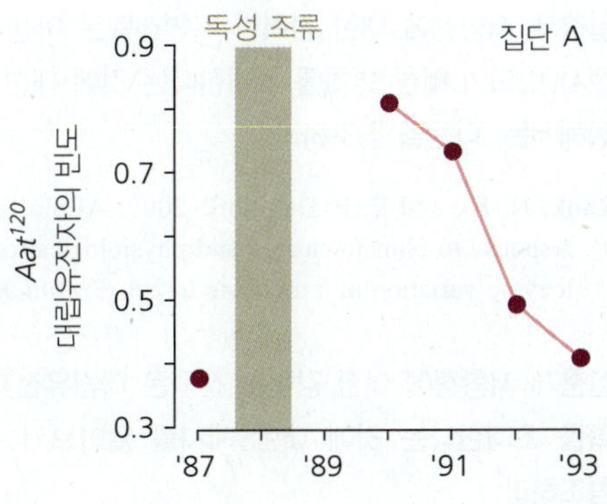


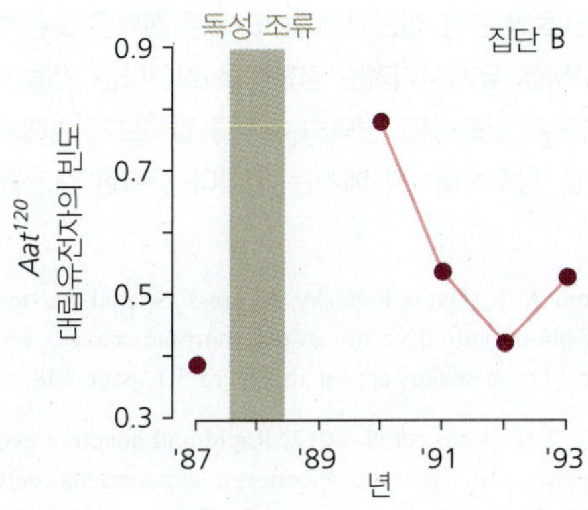


**그림 6.36 조간대에 서식하는 두 바다달팽이 집단에 대한 시간의 경과에 따른 대립유전자 빈도의 변화** Johannesson et al. (1995).

자료는 그림 6.36의 그래프에 나와 있다. 연구는 1987년에 시작되었는데, 1988년에는 독성 조류가 발생하여 섬 전체의 조간대에 서식하던 달팽이를 모두 죽여 버렸다. 1988년과 1989년에 해당하는 자료가 없는 것은 바로 그 때문이다(황갈색 구역). 조간대에 살던 달팽이들은 그 조류로 인해 다 죽었지만, 조간대 바로 위 부위인 침윤지역(slash-zone)에 살던 달팽이들은 살아남았다. 1990년까지, 조간대 지역에는 침윤지역에 살던 달팽이들로 군집이 새롭게 형성되었다. 본 질문에서 여러분이 해야 할 일은 그래프에 나와 있는 자료에 대한 체계적인 해석을 수행하는 일이다. 다음 각 물음에서 관련되는 진화 기작(선택, 돌연변이, 이주 및 유전적 부동)이 무엇인지 제시해야 한다.

**a.** 두 집단 모두에서 1990년의 $Aat^{120}$ 대립유전자의 빈도가 1987년보다 더 높은 이유는 무엇인가? 진화 기작의 종류를 제시하고 의미를 설명하라.

**b.** 1990에서 1993년까지 두 집단 모두에서 $Aat^{120}$ 대립유전자의 빈도가 감소한 이유는 무엇인가? 진화 기작의 종류를 제시하고 의미를 설명하라.

**c.** 1990~1993년 사이에 두 집단에서 추적된 자료곡선은 전체적으로는 비슷하지만, 왜 완전히 일치하지는 않은가? 진화 기작의 종류를 제시하고 의미를 설명하라.

**d.** 만약 두 집단을 앞으로 100년을 더 추적한다면, 대립유전자 빈도가 어떻게 변할지 예측해 보라. (독성 조류의 발생은 더 이상 없다고 가정한다.) 그 이유를 설명하라.

## 문헌탐구

**11.** 본 장 첫 페이지에 나오는 사진과 그래프는 소아이 양 집단에서의 털 색 진화를 나타낸 것이다. 이 진화적 변화의 원인은 논란의 주제가 되어 왔다. 다음 논문들을 참조하라:

Ozgul, A., S. Tuljapurkar, et al. 2009. The dynamics of phenotypic change and the shrinking sheep of St. Kilda. *Science* 325: 464–467.

Maloney, S. K., A. Fuller, and D. Mitchell. 2009. Climate change: Is the dark Soay sheep endangered? *Biology Letters* 5: 826–829.

Gratten, J., A. J. Wilson, et al. 2010. No evidence for warming climate theory of coat colour change in Soay sheep: A comment on Maloney et al. *Biology Letters* 6: 678–679.

Maloney, S. K., A. Fuller, and D. Mitchell. 2010. A warming climate remains a plausible hypothesis for the decrease in dark Soay sheep. *Biology Letters* 6: 680–681.

동일한 양 집단의 털 양상에 대한 진화적 분석을 위해서는 다음을 참조하라:

Gratten, J., J. G. Pilkington, et al. 2012. Selection and microevolution of coat pattern are cryptic in a wild population of sheep. *Molecular Ecology* 21: 2977–2990

**12.** 보통 유전적 변이성 연구의 첫 단계는 하디-바인베르크 평형으로부터 벗어났는지를 검사하는 일이다. 유전자-질병 연관성을 밝히기 위해서 하디-바인베르크 평형의 정확한 검사가 왜 필요한지를 알기 위해서는 다음 논문을 읽기 바란다.

Trikalinos, T. A., G. Salanti, et al. 2006. Impact of violations and deviations in Hardy–Weinberg equilibrium on post ulated gene-disease associations. *American Journal of Epidemiology* 163: 300–309.

**13.** 엘더플라워 난초의 혼합 집단에서, 빈도-의존 선택은 노란색 꽃과 보라색 꽃 모두를 유지시키려는 경향성을 보인다는 것을 알아보았다. 추가적으로 빈도-의존 선택의 예시를 알아보기 위해서는 다음 참고문헌을 참조하라. 각 예시는 얼마나 강력한 증거를 제시하는가?

Cox, C. L., and A. R. Davis Rabosky. In press. Spatial and temporal drivers of phonotypic diversity in polymorphic snakes. *American Naturalist*. (These snakes appear in Figure 5.1, page 148.)

Eizaguirre, C., T. L. Lenz, et al. 2012. Rapid and adaptive evolution of MHC genes under parasite selection in experimental vertebrate populations. *Nature Communications* 3: 621.

Faurie, C., and M. Raymond. 2005. Handedness, homicide and negative frequency-dependent selection. *Proceedings of the Royal Society of London B* 272: 25–28.

Hori, M. 1993. Frequency-dependent natural selection in the handedness of scale-eating cichlid fish. *Science* 260: 216–219.

Sinervo, B., and C. M. Lively. 1996. The rock-paper-scissors game and the evolution of alternative male strategies. *Nature* 380: 240–243.

**14.** 대립유전자 빈도의 함수로서 평균 적응도의 그래프인 적응지형도(adaptive landscape) 버전을 계산하기 6.6 및 6.7에서 보여주는데, 실제로 1932년에 Sewall Wright가 보여준 개념의 처음 버전과는 약간 다르다. 더더욱, 적응지형도 아이디어의 세 번째 공용버전도 존재한다. 세 가지 버전의 차이점을 논의하기 위해서는, 9장에서 나오는 다음 문헌을 참조하라.

Provine, W. B. 1986. *Sewall Wright and Evolutionary Biology*. Chicago: University of Chicago Press.

프로빈(Provine)의 역사에 대한 Sewall Wright의 반응을 알아보기 위해서는 다음 문헌을 참조하라.

Wright, S. 1988. Surfaces of selective value revisited. *American Naturalist* 131: 115–123.

Wright의 1932년의 원본 논문은 다음 저서의 9장에 재인쇄되어 있다:

Wright, S. 1986. *Evolution: Selected Papers*, ed. W. B. Provine. Chicago: University of Chicago Press.

**15.** 만약 *Journal of Heredity*의 초기 발행본을 조사할 일이 있다면, 다음 논문을 읽기 바란다:

Bell, Alexander Graham. 1914. How to improve the race. *Journal of Heredity* 5: 1–7.

집단유전학은 아직 유아기 단계임을 명심해야 한다: 멘델리즘은 이제 겨우 자연선택과 통합되었다. 진화 기작에 대한 Bell의 이해에서 어떤 부분이 정확하고 또는 부정확한 것인가? Bell이 옹호한 방침은 실제로 자신의 의도를 실행하였다고 보는가? 혹은 왜 그렇지 않다고 보는가? 그렇다면, Bell이 아마도 생각했던 이유대로 그렇게 실행되었는가?

**16.** 살충제 저항성에 대한 강력한 자연선택은 야생 집단에서 대립유전자 빈도의 빠른 변화를 초래한다는 것에 대한 예시를 알아보기 위해서는, 다음을 참조하라:

Rank, N. E., and E. P. Dahlhoff. 2002. Allele frequency shifts in response to climate change and physiological consequences of allozyme variation in a montane insect. *Evolution* 56: 2278–2289.

**17.** 살충제 저항성에 대한 강력한 선택은 대립유전자 빈도의 빠른 변화를 초래한다는 것에 대한 예시를 알아보기 위해서는, 다음을 참조하라:

Mathias, D. K., E. Ochomo, et al. 2011. Spatial and temporal variation in the kdr allele L1014S in Anopheles gambiae s.s. and phenotypic variability in susceptibility to insecticides in Western Kenya. *Malaria Journal* 10: 10.

**18.** 강력한 선택에 의해 하디-바인베르크 평형에서 벗어난 인류 집단의 다른 예시를 살펴보기 위해서는 다음 문헌을 참조하기 바란다:

Mead, S., M. P. H. Stumpf, et al. 2003. Balancing selection at the prion protein gene consistent with prehistoric kurulike epidemics. *Science* 300: 640–643.

Hedrick, P. W. 2003. A heterozygote advantage. *Science* 302: 57.

Mead, S., J. Whitfield, et al. 2008. Genetic susceptibility, evolution and the kuru epidemic. *Philosophical Transactions of the Royal Society B* 363: 3741–3746.

**19.** 낭포성 섬유증(CF) 환자는 녹농균(*Pseudomonas aeruginosa*)의 만성 감염을 보인다. 환자의 면역계는 세균과 끊임없는 전투를 벌인다. 또한 면역계는 세균 집단을 통제하기 위해 강력한 항체를 사용한다. 세균의 입장에서 살펴보기로 한다. CF 환자의 폐 내부 환경에서 *P. aeruginosa* 집단은 어떻게 진화할 것으로 예상되는가? 어떤 새로운 형질이 출현할 것으로 예상되는가? 몇 가지 예측을 한 후, 다음 논문을 읽어 보기 바란다(전체 논문 제목 중 일부만 표기하였음).

Oliver, A., R. Cantón, et al. 2000. High frequency of c in cystic fibrosis lung infection. *Science* 288: 1251–1253.

**20.** 본 장에서 논의하였던 것처럼, 케모카인 수용체(CCR5)는 HIV가 사람의 백혈구 안으로 들어가는 입구를 확보하기 위한 핵심 수단이다. CCR5는 또한 다른 질병들의 감염성에도 중요하다. 한 가지 예가 다음의 논문이다. 다른 질병의 출현에 대한 CCR5의 다양한 역할이 진화에 어떤 영향을 줄 수 있을까? 의학적 치료와 연관해서 생각할 수 있다.

Glass, W. G., D. H. McDermott, et al. 2006. CCR5 deficiency increases risk of symptomatic West Nile virus infection. *Journal of Experimental Medicine* 203: 35–40.

# 인용문헌

본 장에서 다루어진 대부분의 집단유전학적 도구는 다음 문헌들의 발표 후에 모델로 활용되었다:


Crow, J. F. 1983. *Genetics Notes*. Minneapolis, MN: Burgess Publishing.

Felsenstein, J. 1997. *Theoretical Evolutionary Genetics*. Seattle, WA: ASUW Publishing, University of Washington.

Felsenstein, J. 2011. *Theoretical Evolutionary Genetics*. Seattle, WA: http://evolution.genetics.washington.edu/pgbook/pgbook.html.

Griffiths, A. J. F., J. H. Miller, et al. 1993. *An Introduction to Genetic Analysis*. New York: W. H. Freeman.

Templeton, A. R. 1982. Adaptation and the integration of evolutionary forces. In *Perspectives on Evolution*, ed. R. Milkman. Sunderland, MA: Sinauer, 15–31.


다음은 본 장에서 인용된 전체 문헌들의 리스트이다:


Bajmoczi, M., M. Gadjeva, et al. 2009. Cystic fibrosis transmembrane conductance regulator and caveolin-1 regulate epithelial cell internalization of *Pseudomonas aeruginosa*. *American Journal of Physiology—Cell Physiology* 297: C263–C277.

Campodónico, V. L., M. Gadjeva, et al. 2008. Airway epithelial control of *Pseudomonas aeruginosa* infection in cystic fibrosis. *Trends in Molecular Medicine* 14: 120–133.

Castle, W. E. 1903. The laws of heredity of Galton and Mendel, and some laws governing race improvement by selection. *Proceedings of the American Academy of Arts and Sciences* 39: 223–242.

Cavener, D. R., and M. T. Clegg. 1981. Multigenic response to ethanol in *Drosophila melanogaster*. *Evolution* 35: 1–10.

Chen, C.-H., H. Huang, et al. 2007. A synthetic maternal-effect selfish genetic element drives population replacement in *Drosophila*. *Science* 316: 597–600.

Cromer, D., S. M. Wolinsky, and A. R. McLean. 2010. How fast could HIV change gene frequencies in the human population? *Proceedings of the Royal Society B* 277: 1981–1989.

Darwin, C. R. 1868. *The Variation of Animals and Plants Under Domestication*. London: John Murray.

Dawson, P. S. 1970. Linkage and the elimination of deleterious mutant genes from experimental populations. *Genetica* 41: 147–169.

Dean, M., M. Carrington, et al. 1996. Genetic restriction of HIV-1 infection and progression to AIDS by a deletion allele of the CKR5 structural gene. *Science* 273: 1856–1862.

East, E. M. 1917. Hidden feeblemindedness. *Journal of Heredity* 8: 215–217.

Elias, S., M. M. Kaback, et al. 1992. Statement of the American Society of Human Genetics on cystic fibrosis carrier screening. *American Journal of Human Genetics* 51: 1443–1444.

Fisher, R. A. 1924. The elimination of mental defect. *Eugenics Review* 16: 114–116.

Foster, G. G., M. J. Whitten, et al. 1972. Chromosome rearrangements for the control of insect pests. *Science* 176: 875–880.

Gigord, L. D. B., M. R. Macnair, and A. Smithson. 2001. Negative frequency-dependent selection maintains a dramatic flower color polymorphism in the rewardless orchid *Dactylorhiza sambucina* (L.) Soò. *Proceedings of the National Academy of Sciences, USA* 98: 6253–6255.

Goddard, H. H. 1914. *Feeblemindedness: Its Causes and Consequences*. New York: Macmillan.

Gratten, J., A. J. Wilson, et al. 2008. A localized negative genetic correlation constrains microevolution of coat color in wild sheep. *Science* 319: 318–320.

Hardy, G. H. 1908. Mendelian proportions in a mixed population. *Science* 28: 49–50.

Johannesson, K., B. Johannesson, and U. Lundgren. 1995. Strong natural selection causes microscale allozyme variation in a marine snail. *Proceedings of the National Academy of Sciences, USA* 92: 2602–2606.

Kambris, Z., H. Bilak, et al. 2003. *DmMyD88* controls dorsoventral patterning of the *Drosophila* embryo. *EMBO Reports* 4: 64–69.

Karumanchi, S. A., and D. Haig. 2008. Flt1, pregnancy, and malaria: Evolution of a complex interaction. *Proceedings of the National Academy of Sciences, USA* 105: 14243–14244.

Kevles, D. J. 1995. *In the Name of Eugenics: Genetics and the Uses of Human Heredity*. Cambridge, MA: Harvard University Press.

Lane, H. 1992. *The Mask of Benevolence: Disabling the Deaf Community*. New York: Vintage Books.

López-Bigas, N., B. J. Blencowe, and C. A. Ouzounis. 2006. Highly consistent patterns for inherited human diseases at the molecular level. *Bioinformatics* 22: 269–277.

Lyczak, J. B., C. L. Cannon, and G. B. Pier. 2002. Lung infections associated with cystic fibrosis. *Clinical Microbiology Reviews* 15: 194–222.

Lyczak, J. B., and G. B. Pier. 2002. *Salmonella enterica* serovar *typhi* modulates cell surface expression of its receptor, the cystic fibrosis transmembrane conductance regulator, on the intestinal epithelium. *Infection and Immunity* 70: 6416–6423.

Martinson, J. J., N. H. Chapman, et al. 1997. Global distribution of the CCR5 gene 32-base-pair deletion. *Nature Genetics* 16: 100–103.

McKusick, Victor A., et al. 1999. Spinal muscular atrophy I. Record 253300 in *Online Mendelian Inheritance in Man*. Center for Medical Genetics, Johns Hopkins University (Baltimore, MD) and National Center for Biotechnology Information, National Library of Medicine (Bethesda, MD). Available at http://www.ncbi.nlm.nih.gov/omim/.

Muehlenbachs, A., M. Fried, et al. 2008. Natural selection of *FLT1* alleles and their association with malaria resistance *in utero*. *Proceedings of the National Academy of Sciences, USA* 105: 14488–14491.

Mukai, T., and A. B. Burdick. 1959. Single gene heterosis associated with a second chromosome recessive lethal in *Drosophila melanogaster*. *Genetics* 44: 211–232.

Paul, D. B., and H. G. Spencer. 1995. The hidden science of eugenics. *Nature* 374: 302–304.

Pier, G. B., M. Grout, and T. S. Zaidi. 1997. Cystic fibrosis transmembrane conductance regulator is an epithelial cell receptor for clearance of *Pseudomonas aeruginosa* from the lung. *Proceedings of the National Academy of Sciences, USA* 94: 12088–12093.

Pier, G. B., M. Grout, et al. 1998. *Salmonella typhi* uses CFTR to enter intestinal epithelial cells. *Nature* 393: 79–82.

Provine, W. B. 1971. *The Origins of Theoretical Population Genetics*. Chicago: University of Chicago Press.

Punnett, R. C. 1917. Eliminating feeblemindedness. *Journal of Heredity* 8: 464–465.

Ramaley, P. A., N. French, et al. 2002. Chemokine-receptor genes and AIDS risk. *Nature* 471: 140.

Reilly, P. 1991. *The Surgical Solution: A History of Involuntary Sterilization in the United States*. Baltimore, MD: Johns Hopkins University Press.

Schliekelman, P., C. Garner, and M. Slatkin. 2001. Natural selection and resistance to HIV. *Nature* 411: 545–546.

Shore, E. M., M. Xu, et al. 2006. A recurrent mutation in the BMP type I receptor ACVR1 causes inherited and sporadic fibrodysplasia ossificans progressiva. *Nature Genetics* 38: 525–527.

Smithson, A., and M. R. Macnair. 1997. Negative frequency-dependent selection by pollinators on artificial flowers without rewards. *Evolution* 51: 715–723.

Stephens, J. C., D. E. Reich, et al. 1998. Dating the origin of the AIDS-resistance allele by the coalescence of haplotypes. *American Journal of Human Genetics* 62: 1507–1515.

Sullivan, A. D., J. Wigginton, and D. Kirschner. 2001. The coreceptor mutation influences the dynamics of HIV epidemics and is selected for by HIV. *Proceedings of the National Academy of Sciences, USA* 98: 10214–10219.

Uitterlinden A. G., H. Burger, et al. 1998. Relation of alleles of the collagen type IA1 gene to bone density and the risk of osteoporotic fractures in postmenopausal women. *New England Journal of Medicine* 338: 1016–1021.

Umbers, A. J., E. H. Aitken, and S. J. Rogerson. 2011. Malaria in pregnancy: Small babies, big problem. *Trends in Parasitology* 27: 168–175.

UNAIDS. 1998. AIDS epidemic update: December 1998. (Geneva, Switzerland). Available at http://www.unaids.org.

United States Supreme Court. 1927. *Buck v. Bell*, 274 U.S. 200.

Weinberg, W. 1908. Ueber den nachweis der vererbung beim menschen. *Jahreshefte des Vereins für Vaterländische Naturkunde in Württemburg* 64: 368–382. English translation in Boyer, S. H. 1963. *Papers on Human Genetics*. Englewood Cliffs, NJ: Prentice Hall.

Wirth, B., T. Schmidt, et al. 1997. De novo rearrangements found in 2% of index patients with spinal muscular atrophy: Mutational mechanisms, parental origin, mutation rate, and implications for genetic counseling. *American Journal of Human Genetics* 61: 1102–1111.

Yule, G. U. 1902. Mendel's laws and their probable relations to intraracial heredity. *New Phytologist* 1: 193–207; 222–238.

Zar, J. H. 1996. *Biostatistical Analysis*. 3rd ed. Upper Saddle River, NJ: Prentice Hall.

Zhang, M. C., P. Azad, and R. C. Woodruff. 2011. Adaptation of *Drosophila melanogaster* to increased NaCl concentration due to dominant beneficial mutations. *Genetica* 139: 177–186.

# 7

# 집단의 멘델유전학 II: 이주, 유전적 부동, 그리고 비임의교배

미국 플로리다 주의 상징 동물이 멸종위기에 놓인 적이 있다. 플로리다퓨마(*Puma concolor coryi*)는 한때 루이지애나 주에서 북미대륙 남동부 사우스 캐롤라이나 주까지, 북쪽으로는 테네시 주까지 분포하였다. 그러나 1995년에 이르러 이 고양이과의 맹수는 서식지의 파괴와 사냥으로 인해 플로리다 남쪽 끝 습지대에 가까스로 보존된 작은 두 서식지에서만 발견되게 되었다(Johnson et al. 2010). 이때 겨우 20여 마리의 개체가 남았었다(McBride et al. 2008).

설상가상으로, 살아남은 퓨마들은 건강 상태가 매우 좋지 않다(Roelke et al. 1993). 이들은 빈번한 심장 질환, 고환, 골격 이상, 그리고 오른쪽의 도표와 같이 불임을 일으키는 정자의 기형 등을 겪고 있다. 주변 환경의 독성물질에 노출된 것이 이러한 문제를 일부 야기했을 수도 있다. 그러나 주된 요인은 유전적 이상으로 보인다.

야생동물 관리자들은 플로리다퓨마를 살려내기 위해서는 인위적인 개입이 최선이라는 결론에 도달했다(Johnson et al. 2010 참조). 그들이 진단한 근본원인과 제시한 처방은 앞서 언급되었으나(6장 참조) 깊이 다루어지지 않았던 집단유전학의 세 가지 현상—이주, 유전적 부동, 그리고 비임의교배—과 밀접한 관련을 맺고 있다.

플로리다퓨마의 여러 건강 문제 중에서도 특히 결함이 있는 정자의 비율이 다른 퓨마 집단이나 대형 고양이과 동물에 비해 매우 높다. 아래 그래프의 막대는 평균 ± 표준오차를 나타낸다. Rodney Cammauf, NPS의 사진; Roelke et al. (1993)의 그래프.

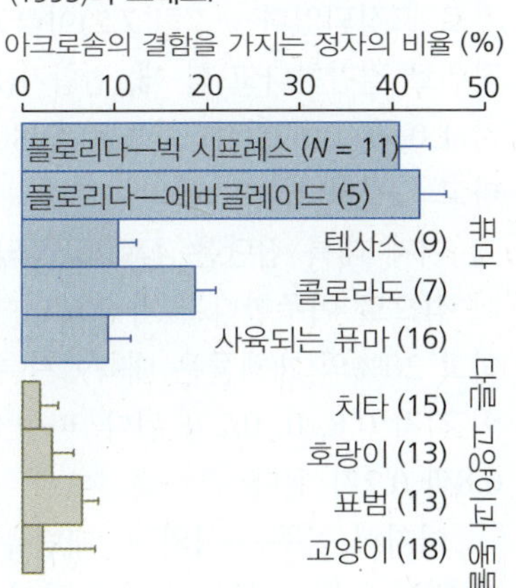

앞서 하디-바인베르크 평형을 설명하면서 이주, 유전적 부동, 비임의교배가 집단의 진화에 영향을 미치는 인자들로 등장했었다. 자연선택, 돌연변이, 이주가 일어나지 않고 무한히 큰 집단에서 개체들이 모두 임의교배로 생식을 할 때, (1) 대립유전자의 빈도는 세대를 거치며 변하지 않고, (2) 유전자형의 빈도는 대립유전자의 빈도를 곱한 것으로 결정된다. 앞의 6장에서는 자연선택과 돌연변이가 일어나지 않는다는 가정이 위배되었을 때 집단에 어떤 일이 벌이지는지 설명하였다. 이 장에서는 이주, 집단의 크기, 임의교배에 대한 가정들이 위배될 때 어떤 결과가 나타나는지 알아볼 것이다.

7.1절에서는 개체의 이주를, 7.2절과 7.3절에서는 유전적 부동과 분자진화에서의 역할에 대하여 살필 것이다. 7.4절에서는 비임의교배에 대해 다룬다. 이러한 지식들을 배경으로, 7.5절에서 다시 플로리다퓨마의 문제로 돌아가 이들의 멸종을 막기 위한 인위적 개입에 대해 고찰하려고 한다.

## 7.1 이주

진화생물학적으로 **이주(migration)**는 집단 간에 대립유전자가 이동하는 것이라 할 수 있다. 이러한 의미에서 이주는 보다 친숙한 개념인 '계절에 따른 개체들의 이동'과는 구분되어 쓰이는 용어이다. 진화생물학자에게 있어 이주는 유전자 흐름(gene flow), 즉 한 집단의 유전자 풀에서 다른 집단의 유전자 풀로 대립유전자가 옮겨지는 것을 뜻한다. 대립유전자를 다른 집단까지 도달하도록 하는 모든 작용은 이주의 원인이 된다. 유전자 흐름의 구체적 기작은 유생의 장거리 이동일 수도 있고 바람, 물, 동물에 의한 꽃가루, 씨, 포자의 전파일 수도 있다. 집단 간에 이동하는 정도는 개체나 전달자(propagule)의 이동성에 따라 종마다 크게 차이가 난다.

### 이주가 추가된 하디-바인베르크 분석: 유전자 흐름과 진화

유전자 흐름이 진화에 미치는 역할을 조사하기 위해 이주의 간단한 모델을 고려해 보자. 각각 대륙과 섬에 위치한 두 집단이 있다(그림 7.1). 섬 집단은 대륙 집단에 비해 매우 작아서 섬을 떠난 개체가 대륙에 유입 되었을 때 대륙의 대립유전자 빈도와 유전자형 빈도에는 거의 변화가 일어나지 않을 것이라고 가정할 수 있다. 따라서 이주와 유전자 흐름은 실질적으로 대륙에서 섬으로 일방통행이라 할 수 있다. 여기서 두 대립유전자, $A_1$과 $A_2$를 가지는 한 유전자좌위를 생각해보자. 섬의 대립유전자 빈도와 유전자형 빈도가 이주에 의해 하디-바인베르크 평형에서 벗어날 수 있을까?

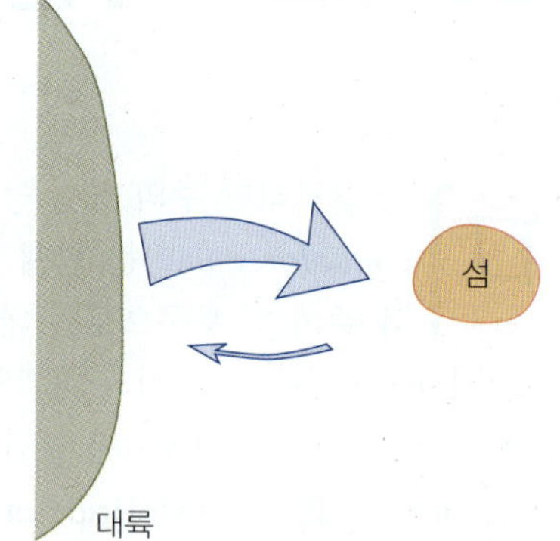


**그림 7.1 이주의 대륙-섬 모델** 화살표는 섬과 대륙 집단 간의 상대적인 유전자 흐름을 나타낸다. 대륙에서 섬으로 건너오는 대립유전자들은 섬의 유전자 풀에서 상대적으로 높은 비율을 차지한다. 반면, 섬에서 대륙으로 건너오는 대립유전자들은 대륙의 유전자 풀에서 매우 작은 비중을 차지한다.

먼저 이주가 일어나기 전, 섬에서 $A_1$의 상대적 빈도가 1.0(즉 섬 집단은 이 대립유전자로 고정되었다—그림 7.2)이라고 가정하자. 그 유전자 풀에서 배우자(gamete)들이 무작위로 결합한다고 할 때, 접합자(zygote)들의 유전자형 빈도는 $A_1A_1$, $A_1A_2$, $A_2A_2$형이 각각 1.0, 0, 0이 된다. 섬에는 총 800개체의 접합자가 있어 각각 유생을 거쳐 성체로 자란다고 가정한다.

이제 대륙 집단은 $A_2$로 고정되었고 섬의 개체들이 성숙하기 전에 200개체가 대륙에서 섬으로 이주한다고 가정하자. 즉 이주 후에 섬에 있는 80%의 개체들은 섬에서 유래하고 20%의 개체들은 대륙에서 유래한다. 새로운 유전자형 빈도는 $A_1A_1$, $A_1A_2$, $A_2A_2$형이 각각 0.8, 0, 0.2가 된다. 따라서 섬집단의 유전자 풀에서 $A_1$과 $A_2$ 대립유전자 빈도는 0.8과 0.2가 된다.

여기서 이주는 섬의 $A_1$ 대립유전자 빈도를 1.0에서 0.8로 변화시켜, 대립유전자 빈도가 변하지 않는다는 첫 번째 하디-바인베르크 법칙이 어긋나도록 하였다. 즉, 섬의 집단

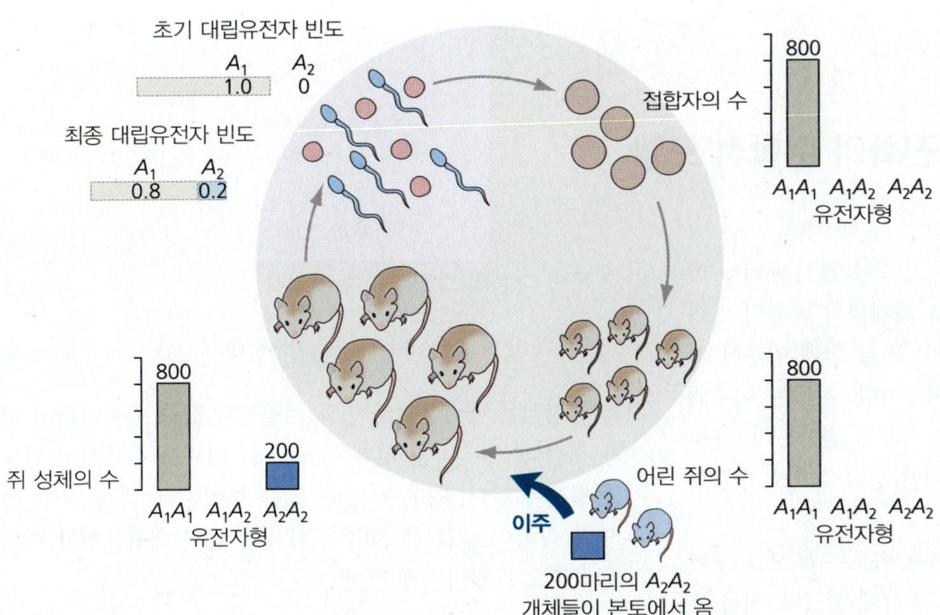


**그림 7.2 이주는 대립유전자와 유전자형 빈도를 변화시킬 수 있다** 이 도식은 가상의 생쥐 섬 집단에서 어느 세대의 유전자 풀(초기 대립유전자 빈도)이 다음 세대의 유전자 풀(최종 대립유전자 빈도)로 바뀌는 과정을 보여준다. 막대그래프는 각 단계의 유전자형에 따른 개체수를 나타낸다. 대립유전자 $A_2$로 고정된 본토로부터 개체들이 섬에 도착하는 방식으로 이주가 일어나며 이것이 섬의 $A_2$ 대립유전자 빈도를 증가시킨다.

이 이주를 통해 진화하게 된 것이다. 대립유전자 변화를 일으키는 이주 기작의 수학적 계산은 **계산하기 7.1(다음 쪽)**에 설명되어 있다.

**이주는 진화의 강력한 기작이다. 실질적으로, 이주는 집단들이 서로 분화되는 것을 막아주는데 가장 중요한 역할을 한다.**

이주는 또한 섬의 개체들 간에 두 번째 하디-바인베르크 법칙에 어긋나는 유전자형 빈도가 나타나도록 하였다. 하디-바인베르크 법칙에 의하면 대립유전자가 0.8과 0.2일 경우 유전자형 빈도는 0.64, 0.32, 0.04가 되어야 한다. 이에 비해 이주 후의 섬 집단에는 동형접합자가 많아지고 이형접합자가 적은 결과가 나타났다. 물론, 임의교배가 한 번이라도 일어나면 집단의 유전자형 빈도가 다시 하디-바인베르크 평형에 맞게 되돌아 갈 것이다.

## 동질화를 일으키는 진화 과정으로서의 이주

위의 모델에서 이주는 섬 집단이 전보다 더 대륙 집단에 가깝게 변하도록 하였다. 이것은 이주의 일반적 효과이다: 이주는 집단 간에 대립유전자의 빈도가 균일해지도록 한다.

그렇다면, 동질화는 궁극적으로 어디까지 진행될 수 있을까? 계산하기 7.1에 설명된 수학적 모델에 의하면 집단 간의 유전자 흐름은 궁극적으로 대립유전자의 빈도가 동일해지도록 만들 수 있다. 즉, 다른 진화적 기작이 방해하지 않는다면, 이주는 집단 간의 대립유전자 빈도 차이를 완전히 없앤다.

Barbara Giles와 Jérôme Goudet(1997)는 장구채(red bladder campion; *Silene dioica*) 집단들 사이에서 일어나는 유전자 흐름에 의한 유전적 동질화를 기록하였다. 장구채는 곤충이 가루받이를 하는 다년생 야생화로**(그림 7.3)**, Giles와 Goudet가 연구한 집단은 스웨덴의 Skeppsvik 군도에 속한 섬들에 분포한다. 이 섬들은 지난 마지막 빙하기 때 퇴적된 물질이 쌓여 생겨났는데, 빙하가 녹고 나서는 수면 밑에 잠겨 있었다. 시간이 지남에 따라 섬 밑의 지반이 매년 0.9 cm씩 상승하면서 새로운 섬들이 지속적으로 수면 위

**그림 7.3 장구채** *Silene dioica*는 다년생 야생화이다.

계 산 하 기 7.1

## 이주에 의한 진화의 수학적 모델

### 하나의 섬 모델

섬 집단과 대륙 집단의 $A_1$ 대립유전자 빈도를 각각 $p_I$와 $p_C$라고 하자. 매 세대마다 본토에서 섬으로 개체들의 이동이 일어난다. 이주율은 $m$으로 주어지는데, 이는 방금 섬에 이주한 개체들이 섬 집단 전체에서 차지하는 비율이다. 우리는 이주의 결과로 섬의 $A_1$ 대립유전자의 빈도가 어떻게 변하는지, 그리고 계속 이주가 진행될 때 이 빈도가 어떤 평형 값으로 수렴하는지 살펴본다.

먼저 다음 세대에 섬의 $A_1$ 대립유전자 빈도는 $p'_I$으로 주어진다. 비율 $1 - m$의 개체들은 한 세대 전 섬에 있었다. 이들 그룹 내의 $A_1$ 대립유전자 빈도는 단순히 $p_I$이다. 비율 $m$의 개체들은 대륙에서 왔으므로 이들 그룹 내의 $A_1$ 대립유전자 빈도는 $p_C$이다. 따라서 섬의 $A_1$ 대립유전자 빈도는 거주자 그룹과 이주자 그룹에서의 빈도의 가중평균이 된다:

$$p'_I = (1 - m)(p_I) + (m)(p_C)$$

이제 한 세대에 섬에서 일어나는 대립유전자 빈도의 변화를 $\Delta p_I$로 나타내면

$$\Delta p_I = p'_I - p_I$$

위의 식을 대입하면

$$\Delta p_I = (1 - m)(p_I) + (m)(p_C) - p_I = m(p_C - p_I)$$

마지막으로, $A_1$ 대립유전자 빈도가 수렴하는 평형값을 구할 수 있다. 평형이란 $p_I$가 시간에 따라 변하지 않는 것이다. 즉,

$$\Delta p_I = 0$$

라고 두면 다음의 방정식이 얻어진다.

$$m(p_C - p_I) = 0$$

위의 방정식은 대립유전자 빈도는 일정한 값을 유지하려면 이주가 전혀 일어나지 않거나(즉, $m = 0$) 대륙과 섬에서의 빈도가 동일해야 한다(즉, $p_I = p_C$)는 것을 보여준다. 다시 말해, 다른 방해 작용이 없을 때, 이주는 대륙과 섬의 대립유전자 빈도가 궁극적으로 같아지게 한다.

### 두 개의 섬 모델

$p_1$과 $p_2$가 동일한 크기의 두 섬 집단이 가지는 $A_1$ 대립유전자 빈도라고 하자. 매 세대마다 두 섬 간에 개체가 교환되고, 그때 각 집단에서 새로 유입된 개체들이 차지하는 비율이 $m$이라고 가정한다. 이주 후에 대립유전자의 빈도는 다음과 같이 변한다.

$$p'_1 = (1 - m)(p_1) + (m)(p_2), \text{ 그리고}$$
$$p'_2 = (1 - m)(p_2) + (m)(p_1)$$

위의 식에 의해 두 섬으로 이루어진 전체 집단에서의 대립유전자 빈도는 결국 $(p_1 + p_2)/2$로 수렴하고, 각 섬에서의 빈도 변화는 두 집단의 빈도 차이에 이주율을 곱한 것이 되며, 이주율이 0이 되지 않는 이상 두 집단의 빈도는 궁극적으로 동일해진다는 것을 확인할 수 있다.

로 나타나, 현재 Skeppsvik 군도는 생성연대가 각각 다른 수십여 개의 섬을 포함하게 되었다.

장구채는 바람과 물에 의해 운반되는 씨앗을 만들어, 새로운 섬이 나타나면 그곳을 가장 먼저 점령하는 식물 중의 하나이다. 그러고 나서 집단의 크기는 수천 개체까지 커지고, 씨앗의 전파와 곤충에 의한 가루받이에 의해 여러 섬의 집단들 간에는 유전자 흐름이 생겨난다. 그렇게 몇백 년이 흐르면 이 식물의 군락은 다른 식물종의 침입과 수분자(pollinator)가 운반한 질병의 유입을 맞이하게 되고, 그 후 새로운 새싹이 뿌리내리지 못하고 개체들이 죽어나가면서 집단은 쇠퇴를 맞이 한다.

Giles와 Goudet는 생긴 지 얼마 안된 집단들은 각각 겨우 몇 개의 씨앗으로부터 시작되었기 때문에 여러 유전자좌위에서 대립유전자 빈도가 섬마다 다르게 관찰될 것이라는 예측을 하였다. (그런 예측을 하는 이유에 대해서는 7.2절에서 자세히 살필 것이다.) 생긴 지 어느 정도 시간이 지난 집단들은 씨앗과 꽃가루의 전파를 통한 이주의 결과로

대립유전자 빈도가 훨씬 균등할 것이다. 마지막으로, 생긴지 매우 오래되어 쇠퇴하는 집단들은 더 이상 유전자들을 교환하지 못해 대립유전자 빈도가 다시 불균등해질 것이다.

이러한 예측을 검정하기 위해 연구자들은 생겨난 시간이 다양한 52개의 섬들에 분포하는 장구채의 잎사귀를 수집하였다. Giles와 Goudet는 잎사귀 속의 단백질을 분석하여 여섯 개 효소 유전자좌위의 유전자형을 관찰하였다. 그들은 각 집단을 조사하여 세 그룹(최근에 생긴, 중간의, 오래된 집단)으로 나누고 각 그룹으로부터 $F_{ST}$라는 통계량을 계산하였다. $F_{ST}$는 0과 1 사이의 값을 갖는데, 각 그룹에 속한 집단들이 유전적으로 얼마나 차이가 나는지를 나타낸다. $F_{ST}$ 값이 클수록 집단 간 대립유전자 빈도가 상이함을 뜻한다. 따라서 유전자 흐름에 의해 동질화된 집단들로부터는 작은 값의 $F_{ST}$가 얻어질 것이다.

이 연구의 결과는 Giles와 Goudet의 예측과 맞아 떨어졌다(그림 7.4). 중간 그룹은 최근에 생기거나 오래된 그룹에 비해 집단 간의 유전자 빈도의 차이가 적었다. 이 결과는 유전자 흐름이 집단들을 동질화한다는 것을 말해준다. 최근에 또는 오래전에 생성된 집단들 간의 높은 유전적 분화는 아마도 7.2절에 소개될 유전적 부동의 결과일 것이다.

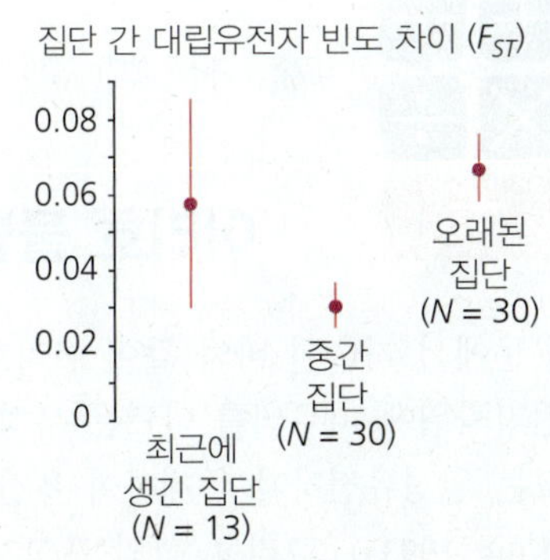


**그림 7.4 집단 간의 대립유전자 빈도 차이** 점과 수직선은 $F_{ST}$ 추정값과 그 표준오차를 나타낸다(수직선이 길수록 추정값이 확실하지 않다). 최근에 생겨난 집단들 사이에 비해 중간 연령의 집단들 사이의 대립유전자 빈도 차이가 작게 난다($P = 0.05$). 오래된 집단들 간의 빈도 차이는 중간 집단들에 비해 크다($P = 0.04$). Giles and Goudet (1997)에서.

## 이주와 선택의 균형에 관한 경험적 연구

위에서 이주는 다른 진화적 기작이 작용하지 않는 한 집단들 간의 대립유전자 빈도를 균등하게 만든다는 결론을 얻었다. 미국 이리호의 물뱀은 이주와 자연선택이 동시에 일어날 때 어떠한 균형에 도달하는지 예를 보여준다(그림 7.5). 이 뱀들(*Nerodia sipedon*)은 이리호를 둘러싼 대륙(본토)과 호수 안의 섬들에 서식한다. 개체들은 몸에 뚜렷한 띠무늬가 있는 것도 있고 무늬가 전혀 없는 것도 있다. 이러한 몸의 색 패턴은 대략 하나의 유전자좌위에 위치한 두 개의 대립유전자가 결정한다. 띠를 만드는 대립유전자는 띠를 못 만드는 대립유전자에 우성이다(King 1993a).

(a)

(b)

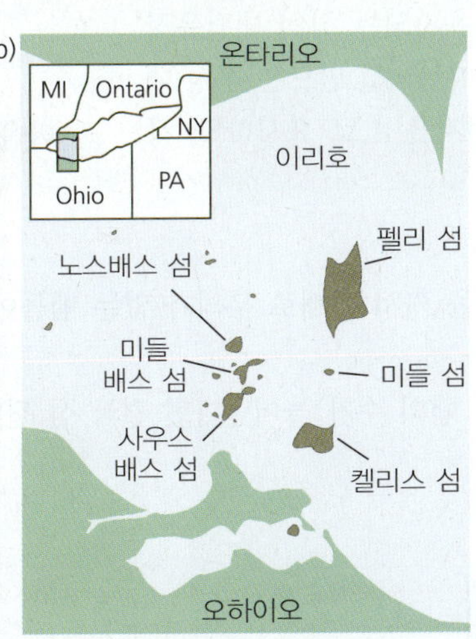


**그림 7.5 이리호의 물뱀** (a) 민무늬의, 중간의, 그리고 띠무늬가 있는 뱀들. Kristin Stanford의 사진. (b) King과 동료들의 연구 지점. King and Lawson (1995)에서.

본토에 사는 뱀들은 거의 모두 띠를 가지고 있고 섬에 사는 뱀들은 많은 수가 띠를 갖고 있지 않다(그림 7.6, 다음 쪽). 본토와 섬의 이러한 차이는 자연선택의 결과로 보인다. 섬의 뱀들은 물가의 석회암 위에 올라가 햇볕을 쪼인다. Camin과 Ehrlich(1958)의 연구를 이어받은 Richard B. King(1993b)은 섬의 바위 위에 올라간 아주 어린 뱀들의 경우 몸에 띠가 있으면 없는 것보다 훨씬 눈에 잘 뜨인다고 밝혔다. 이들 중 아마도 가장 작고 어린 뱀들이 포식자에게 가장 많이 잡아 먹힐 것이다. King(1993b)은 개체에 표지

계산하기 7.2

## 이리호 물뱀의 자연선택과 이주

본문에서 기술된 바와 같이 이리호 물뱀의 겉모습은 단일 유전자좌위에 띠무늬를 만드는 우성 대립유전자와 민무늬를 만드는 열성유전자가 존재하여 유전되는 것으로 대략 설명된다(King 1993a). 그리고 섬의 포식자로 인해 민무늬의 뱀이 자연선택에 유리하다. 만약 민무늬 뱀의 상대적 적응도를 1.0이라고 하면 띠무늬 뱀의 상대적 적응도는 0.78에서 0.90 사이에 놓이게 된다(King and Lawson 1995). 그렇다면 자연선택이 왜 띠무늬 뱀을 섬에서 없애지 못하였을까? 여기서 매 세대 새로운 띠무늬 대립유전자가 섬에 유입되게 하는 이주의 효과를 계산해보자.

뱀들이 본토와 섬 사이를 이동하는 것보다 섬들 간에 이동하는 빈도가 훨씬 높기 때문에 King과 Lawson(1995)는 여러 섬에 흩어진 뱀들을 하나의 집단으로 취급하였다. King과 Lawson은 유전적 방법론을 사용하여 매 세대에 12.8마리의 뱀이 본토에서 섬들로 이주한다고 추정하였다. 또한 섬 집단의 집단 크기는 대략 523~4,064마리이고, 가장 정확한 추정치는 1,292마리로 보고되었다. 따라서 이동을 하는 개체의 비율(이주율)은 0.003~0.024, 가장 정확하게는 0.01로 추정된다.

King과 Lawson이 얻은 자연선택의 강도와 이주율의 추정 값을 토대로 두 기작의 균형에 의해 유지되는 섬의 대립유전자 빈도의 평형 값을 계산할 수 있다. 띠무늬를 만드는 우성 대립유전자를 $A_1$, 민무늬 열성 대립유전자를 $A_2$로 표시하고, 각각의 빈도를 $p$와 $q$로 정의한다. 계산하기 6.3에 나온 대로, 임의교배를 거쳐 얻은 유전자형 빈도에 자연선택이 작용하도록 한다. 자연선택이 작용한 후(그러나 이주가 일어나기 전), 대립유전자 $A_2$의 새로운 빈도는

$$q^\star = \frac{pqw_{12} + q^2w_{22}}{\overline{w}}$$

이다. 여기서 $w_{12}$는 $A_1A_2$ 이형접합자의 적응도이고, $w_{22}$는 $A_2A_2$ 동형접합자의 적응도이며, $\overline{w}$는 $p^2w_{11} + 2pqw_{12} + p^2w_{22}$로 주어지는 집단의 평균 적응도이다.

먼저 $w_{11} = w_{12} = 0.84$ 그리고 $w_{22} = 1$을 가정한다. 적응도 0.84는 King과 Lawson(1995)에서 얻은 추정치 신뢰구간의 중간 값이다. 이 값을 쓰면

$$q^\star = \frac{pq(0.84) + q^2}{[p^2(0.84) + 2pq(0.84) + q^2]}$$

이고, $p$ 대신 $1 - q$를 쓰면 아래의 식을 얻는다.

$$q^\star = \frac{(1-q)q(0.84) + q^2}{[(1-q)^2(0.84) + 2(1-q)q(0.84) + q^2]} = \frac{0.84q + 0.16q^2}{0.84 + 0.16q^2}$$

다음으로 이주를 고려하여 섬 집단의 0.01을 차지하는 개체

를 부착한 후 다시 포획하는 방법 등을 써서 실제로 무늬가 없는 뱀들이 더 높은 생존율을 보임을 밝혔다.

자연선택이 일어나 섬에서 민무늬 뱀의 수가 늘어난다면 결국 섬 집단에는 민무늬 뱀

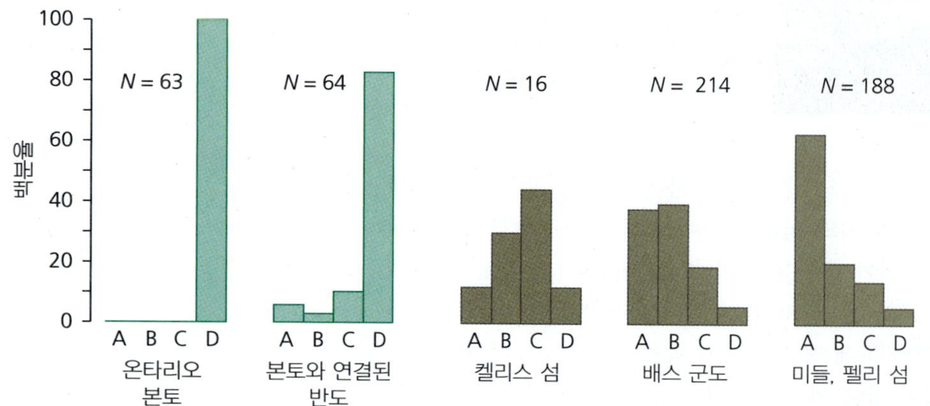


**그림 7.6 집단 내의 그리고 집단 간의 색 양상변이** 이 히스토그램들은 여러 집단에서 나타난 색 패턴의 빈도를 나타낸다. 범주 A의 뱀들은 무늬가 없다. 범주 B와 C의 뱀들은 중간이며, 범주 D의 뱀들은 뚜렷한 띠무늬를 가진다. 본토의 뱀들은 띠무늬인 경우가 많으며 섬의 뱀들은 민무늬거나 중간의 모습인 경우가 많다. Camin and Ehrlich (1958)에서.

들은 본토에서 새롭게 이주해 온 것으로 가정한다. 이들 중 아무도 $A_2$ 대립유전자를 운반하지 않는다. 따라서

$$q' = (0.99)\frac{0.84q + 0.16q^2}{0.84 + 0.16q^2}$$

한 세대에 걸쳐 일어난 $q$의 변화는 다음과 같이 주어진다.

$$\Delta q = q' - q = (0.99)\frac{0.84q + 0.16q^2}{0.84 + 0.16q^2} - q$$

$\Delta q$를 $q$의 함수인 곡선으로 표시하면 그림 7.7과 같다. 빨간색 곡선 (b)는 방금 위에서 계산한 결과를 나타낸다. 이에 따르면 $q$가 0.05보다 크고 0.93보다 작을 때 세대를 거쳐 $q$가 증가하고(즉 $\Delta q$가 양수), 0.05보다 작거나 0.93보다 크면 $q$가 감소한다($\Delta q$가 음수). 곡선이 가로축과 만나는 지점, 즉 $\Delta q = 0$이 되는 지점이 평형 값이 된다. 큰 값인 0.93이 안정된(stable) 평형 값이다: $q$가 0.93보다 작으면 다음 세대에 그 값이 증가하고, 0.93보다 커지면 다시 다음 세대에 감소하게 된다. 따라서 King과 Lawson이 얻은 추정치 신뢰구간의 중간 값들을 쓴 이 계산에서는 민무늬 대립유전자의 빈도가 0.93으로 예측된다.

곡선 (a)는 신뢰구간 내의 높은 매개변수 값들(강한 자연선택과 낮은 이주율)을 가정했을 때 얻어진다. 즉, $A_1A_1$, $A_1A_2$, $A_2A_2$ 유전자형의 적응도를 각각 0.78, 0.78, 1로 놓고 이주율을 0.003(매 세대 0.3%의 개체가 새롭게 도착)으로 가정하였다. 이 경우 $q = 0.99$에서 평형에 도달하는 것으로 예측된다. 곡선 (c)는 신뢰구간 내의 낮은 값들을 가정하였다. 즉, $A_1A_1$, $A_1A_2$, $A_2A_2$ 유전자형의 적응도를 각각 0.90, 0.90, 1로 놓고 이주율을 0.024로 놓았다. 이 경우 평형 $q = 0.64$가 예측된다.

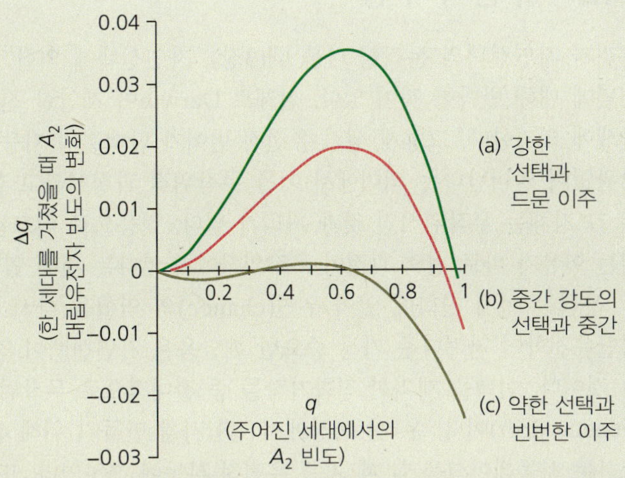


**그림 7.7 섬 물뱀 집단의 대립유전자 빈도에 대한 자연선택과 이주의 결합 효과** 위의 곡선들은 이주와 선택의 조합에 따른 $\Delta q$를 $q$의 함수로 표시하고 있다. 더 자세한 것은 본문 참조.

King과 Lawson이 관찰한 $A_2$ 대립유전자의 빈도는 0.73이다. 이 값은 위에서 얻은 예측 값 범위의 아래쪽에 가깝다. 앞의 계산은 상대적으로 단순하다. 많은 요인들이 고려되지 않았는데, 물뱀과 그 포식자의 최근 집단 크기 변화와 띠무늬와 민무늬 물뱀의 최근 상대적 빈도 변화 등이 제외되었다. 더 자세한 정보는 King and Lawson(1995)와 Hendry et al.(2001)에서 찾을 수 있다.

들만이 남을 것이라 예상된다. 왜 그렇게 되지 않았을까? 이에 대한 (적어도 부분적인) 해답은 매 세대 띠를 가진 뱀들이 본토에서 섬으로 이주한다는 것이다. 이주한 개체들은 띠무늬를 만드는 대립유전자를 가지고 있다. 이 뱀들이 기존 섬의 뱀들과 교배를 하게 되면 이 대립유전자들이 섬의 유전자 풀에 유입되는 결과가 된다. 이 사례에서 자연선택은 섬 집단의 대립유전자 빈도가 본토 집단의 빈도와 같아지게 되는 것을 막으므로 이주의 반대 작용을 하는 진화적 기작이라고 할 수 있다.

**이리호의 물뱀 개체가 본토에서 섬으로 이주하는 것은 자연선택의 작용으로 섬과 본토 집단이 서로 다르게 분화하지 않도록 막는다.**

이리호 물뱀에 미치는 이주와 자연선택의 상반 작용에 관한 더욱 자세한 수리적 분석은 **계산하기 7.2**에서 찾아볼 수 있다.

요약하자면, 이주는 한 집단에서 다른 집단으로 대립유전자들이 이동하는 현상이다. 이는 관련된 집단 내의 대립유전자의 빈도 변화를 가져올 수 있다. 큰 집단으로부터 비교적으로 많은 이주 개체를 받아들이는 작은 집단의 경우 이주가 매우 중요한 진화의 요인이 될 수 있다. 여러 집단 사이에 나타나는 유전자 흐름(gene flow)은 이들의 대립유전자 빈도를 동질화시켜 이에 대항하는 다른 진화적 과정이 없는 한 집단 간의 진화적 분화를 막는 역할을 한다.

# 7.2 유전적 부동

우리가 자연선택의 논리를 다룰 때(3장), 자연선택에 의한 진화는 무작위적 과정이라는 개념에 대해 반박한 적이 있다. 실제로 Darwin이 제안한 진화는 무작위적인 돌연변이의 발생에 의지한다. 그렇게 생긴 유전적 변이가 단백질의 기능을 저하시킬지 향상시킬지에 상관없이 일어난다는 의미에서 이를 무작위적 과정이라고 할 수도 있다. 그러나 자연선택 그 자체는 무작위적인 것과 거리가 멀다. 적응으로 이끄는 돌연변이만이 정확히 선택되는 이유가 바로 선택 과정이 무작위적이지 않다는 것에 있다.

우리는 이제 진화에 있어 우연(chance)의 역할을 다시 검토할 위치에 있다. 아마도 집단유전학이 가져다준 가장 중요한 깨달음은 자연선택이 진화의 유일한 동력이 아니라는 것이다. 선택을 제외한 진화기작들 중 절대적으로 무작위적인 것은 바로 유전적 부동(genetic drift)이다. 우리는 6장에서 접합자를 만들기 위해 유전자 풀로부터 배우자를 추출하는 시뮬레이션을 할 때 처음 유전적 부동에 접하였다. 또 우연의 작용으로 같은 시도를 반복할 때마다 다른 결과가 얻어지는 것을 보았다. 유전적 부동에 의해 적응이 일어나는 것은 아니지만 유전자 풀이 대립유전자 빈도는 변화한다. 유전적 부동이 일어나는 이유는 하디-바인베르크 모델에서 집단 크기는 무한하다고 한 가정이 실제 집단에서 충족되지 못하기 때문이다.

## 유전적 부동의 모델

어떻게 유전적 부동이 일어나는지 탐색하기 위해 앞서 우리가 사용했던 시뮬레이션으로 돌아가 보자. 크기가 유한한 (작은) 이상적 집단을 상상해보자. 이번에도 하나의 유전자 좌위에 두 개의 대립유전자 $A_1$과 $A_2$가 있는 경우부터 생각한다. 현 세대의 유전자 풀에서 $A_1$ 대립유전자의 빈도는 0.6이고 $A_2$ 대립유전자의 빈도는 0.4로 주어진다고 하자(**그림 7.8a, 왼쪽 위**). 유전자 풀에서 배우자들이 무작위로 결합하여 10개의 접합자가 만들어지도록 한다. 이 10개의 접합자가 이 집단의 다음 세대를 구성한다.

직접 손으로 수행할 수 있는 모델을 이용하여 유전자 풀로부터 10개의 접합자가 만들어지는 것을 시뮬레이션 할 수 있다. 100개의 배우자가 들어 있는 유전자 풀은 그림 7.8b에 주어져 있다. 이 그림 안의 60개의 정자 또는 난자는 $A_1$를 가지고 있고 40개는 $A_2$를 가지고 있다. 눈을 감고 손가락을 대충 짚어 한 개의 난자를 뽑고, 다시 눈을 감고 한 개의 정자를 뽑아서 하나의 접합자를 만든다. (한 번 뽑힌 배우자는 유전자 풀 안에 그대로 남아 다음 번에 다시 뽑힐 수 있다. 이는 우리의 유전자 풀이 매우 커서 몇 개의 배우자들을 집어내더라도 전체 대립유전자 빈도는 거의 변하지 않는 것을 가정하는 것과 같다.) 배우자들이 뽑힐 때마다 멈춰 이들을 기록한다. 예를 들어, 뽑힌 10개의 접합자가 다음과 같다고 하자.

| | | | | |
|---|---|---|---|---|
| $A_2A_1$ | $A_1A_1$ | $A_1A_1$ | $A_1A_1$ | $A_2A_2$ |
| $A_1A_1$ | $A_2A_2$ | $A_1A_2$ | $A_1A_1$ | $A_1A_1$ |

유전자형의 상대적 빈도를 세면 $A_1A_1$이 0.6, $A_1A_2$가 0.2, $A_2A_2$가 0.2이다(그림 7.8a). 이 접합자들이 유생으로, 나아가 성체로 발달하여 형성되는 새로운 유전자 풀에서 대립유전자의 개수를 세면 $A_1$의 빈도는 0.7이고 $A_2$의 빈도는 0.3이 된다(그림 7.8a).

위에서 우리는 모델 집단 생활사의 한 주기를 완성하였다. 별다른 사건이 일어난 것처럼 보이지는 않지만, 하디-바인베르크 평형 법칙의 두 가지 결론에 어긋나는 결과가 나왔음에 주목해야 한다. 즉, 한 세대를 지나면서 대립유전자의 빈도가 변하였으며, 대립

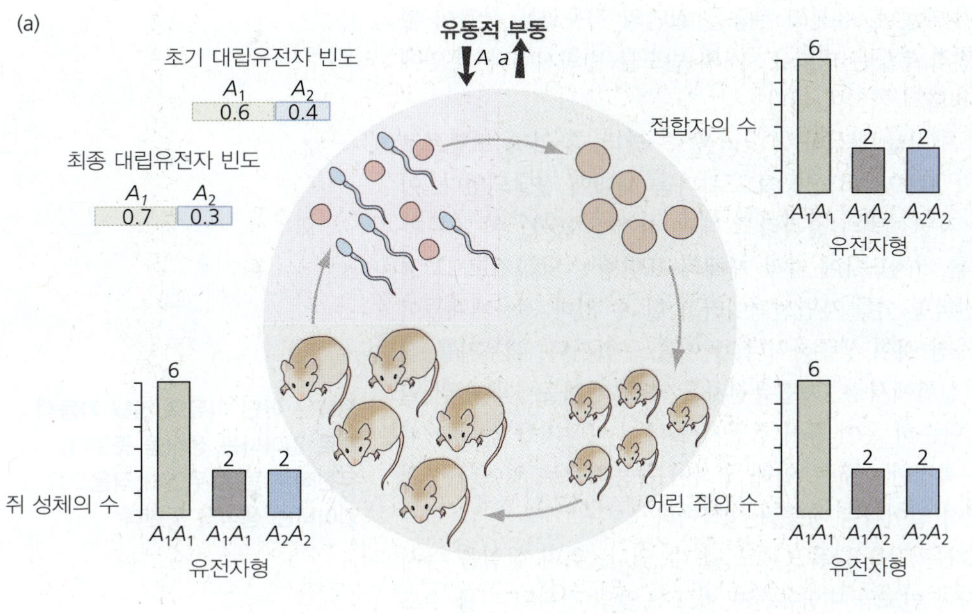

**그림 7.8 우연한 사건들이 대립유전자와 유전자형 빈도를 변화시킬 수 있다** (a) 이 도식은 열 마리의 생쥐로 이루어진 가상 집단에서 어느 세대의 유전자 풀(초기 대립유전자 빈도)이 다음 세대의 유전자 풀(최종 대립유전자 빈도)로 바뀌는 과정을 보여준다. 막대 그래프들은 유전자형에 따른 개체수를 보여준다. 초기 유전자풀 (b)에서 배우자를 무작위 추출하여 접합자를 만드는 과정에서 일어나는 유전적 부동은 $A_1$ 대립유전자 빈도를 증가시켰다. 물론 다른 결과가 일어날 수도 있었다.

유전자 빈도를 곱하여 유전자형 빈도를 계산할 수 없게 되었다.

이 집단이 하디-바인베르크 법칙을 따르지 않은 이유는 단지 이 집단이 작기 때문이다. 집단이 작으면, 우연적인 사건들이 이론적 예상과 다른 결과를 만든다. 여기서 우연적인 사건이란 접합자를 만들기 위해 배우자가 무작위적으로 선택되는 과정을 말한다. 그리하여 위에서 $A_1$과 $A_2$의 대립유전자를 운반하고 있는 배우자들이 정확히 0.6과 0.4의 비율로 뽑히지 않고 단지 $A_1$은 조금 더 많이 뽑히고 $A_2$는 조금 적게 뽑혔을 뿐이다. 이렇게 무작위적으로 발생하는 이론적 예상 값과 실제 결과의 차이를 **표본오차(sampling error)**라고 한다. 유전자 풀에서 접합자를 선발하는 과정에서 일어나는 표본오차를 **유전적 부동(random genetic drift** 또는 간단히 genetic drift)이라고 부른다. 단지 무작위적

**유전자 풀로부터 배우자를 추출할 때 일어나는 표본오차와 같은 우연한 사건들은 유한한 크기를 가진 집단에서 진화를 일으킬 수 있다.**

인 사건들이 누적된 현상에 불과하기 때문에, 유전적 부동은 집단의 적응과는 상관이 없다. 그러나 위에서 본 바와 같이 유전적 부동은 대립유전자의 빈도를 변화시킨다. 우연에 전적으로 기대는 과정 그 자체로서 진화의 기작이 된다.

간혹 유전적 부동과 자연선택의 차이를 인식하기 어려울 수 있다. 우리가 모형으로 삼은 작은 집단에서 $A_1$ 대립유전자가 $A_2$보다 더 성공적으로 다음 세대에 전달되었다. 이 같이 균등하지 않은 생식적 성공은 자연선택의 결과라고 해야 하지 않을까? 이 경우는 그렇지 않다. 만약 어떤 대립유전자를 가지느냐에 따라 개체의 표현형이 달라지고 그 결과로 생식에 성공하는 정도가 달라진다면 이를 자연선택이라고 할 수 있다. 즉, 개체들이 $A_1$ 대립유전자를 하나 또는 두 개 가진 것이 생존하거나, 먹이를 구하거나, 배우자를 찾는 데 유리할 수 있다. 그러나 우리 실험에서 $A_1$ 대립유전자를 가진 개체들에게 이런 일들이 일어나지 않았다. 이 개체들은 단순히 운이 좋아 유전자 풀에서 배우자를 선발할 때 더 자주 뽑혔을 뿐이다. 자연선택은 특정한 이유로 인해 생식이 차등적으로 일어나는 것을 뜻한다. 유전적 부동은 단지 우연히 일어나는 차등적 생식이다.

**선택은 어떤 이유로 인해 차등적으로 일어나는 생식을 뜻한다; 유전적 부동은 우연의 작용으로 일어나는 생식을 뜻한다.**

유전적 부동과 자연선택이 다르다는 것을 다음으로도 알 수 있다. 위의 실험을 다시 수행했을 때 10개의 접합자의 유전자형 빈도와 대립유전자 빈도가 앞의 결과와 다를 수도 있다. 유전자 풀에서 10개의 접합자를 만들기 위해 배우자들을 추출하는 실험을 반복하자. 배우자가 뽑힐 때마다 다시 이것을 기록한다. 이번에는 다음과 같은 결과가 얻어졌다.

| | | | | |
|---|---|---|---|---|
| $A_1A_1$ | $A_1A_1$ | $A_1A_1$ | $A_2A_1$ | $A_1A_2$ |
| $A_2A_2$ | $A_1A_2$ | $A_1A_1$ | $A_2A_1$ | $A_2A_2$ |

이 접합자들의 집합에서 $A_1A_1$, $A_1A_2$, $A_2A_2$ 유전자형의 상대적 빈도는 0.4, 0.4, 0.2이고 대립유전자 빈도는 $A_1$과 $A_2$가 0.6과 0.4로 주어진다.

이 실험을 세 번째로 반복하여 다음과 같은 결과를 얻었다.

| | | | | |
|---|---|---|---|---|
| $A_1A_1$ | $A_1A_1$ | $A_1A_1$ | $A_1A_2$ | $A_1A_1$ |
| $A_1A_2$ | $A_2A_1$ | $A_2A_2$ | $A_2A_2$ | $A_2A_2$ |

이제 $A_1A_1$, $A_1A_2$, $A_2A_2$ 유전자형의 상대적 빈도는 0.4, 0.3, 0.3이고 대립유전자 빈도는 $A_1$과 $A_2$가 0.55와 0.45로 주어진다.

다음과 같이 우리의 모형 집단에서 일어난 결과들이 요약된다:

| | *$A_1$ 대립유전자 빈도* |
|---|---|
| 유전자 풀 | 0.6 |
| 첫 번째 10개의 접합자 | 0.7 |
| 두 번째 10개의 접합자 | 0.6 |
| 세 번째 10개의 접합자 | 0.55 |

위 세 개의 접합자 집합이 얻어진 결과를 볼 때, $A_1$ 대립유전자의 빈도가 0.6인 유전자 풀에서 출발하고 겨우 10개의 접합자로 이루어진 집단을 만들면 $A_1$의 빈도는 변하지 않을 수도, 증가할 수도, 감소할 수도 있다는 것을 알 수 있다. 실제로, 10개의 접합자를 선발했을 때 $A_1$의 새로운 빈도는 0에서 1.0까지의 모든 값을 가질 수 있다. 물론 이 0과 1.0에 가까운 극단적인 값들이 얻어질 확률은 낮다. **그림 7.9**에 나타난 그래프는 가능한 결과들의 이론적 확률을 보여준다. 전체적으로, $A_1$ 대립유전자의 빈도가 0.6에 머무를 확률은 18%이고, 더 높아질 확률은 40.5%, 그리고 더 낮아질 확률은 41.5%로 주어진다. 그러나 이 숫자들을 곧이곧대로 받아들이지는 말아야 한다. 그림 7.8b에 주어진 유전자 풀을 이용하여 접합자 집합을 몇 번 더 만들어보자. 아마도 결과는 그때마다 다를 것이다. 다시 강조하면, 유전적 부동이란 단순히 우연에 의지해 일어나는 진화 과정이다.

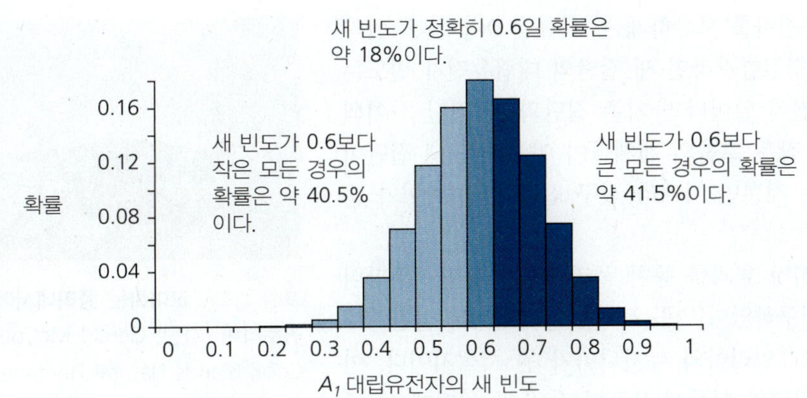


**그림 7.9 10마리 생쥐로 이루어진 모델 집단에서 가능한 결과** 우리가 $A_1$과 $A_2$ 대립유전자 빈도가 0.6과 0.4인 유전자 풀에서 10개의 접합자를 추출할 때, 일어날 확률이 가장 높은 사건은 이 빈도가 변하지 않는 것이다. 그러나 그렇게 될 확률은 겨우 18%에 불과하다.

## 유전적 부동과 집단의 크기

유전적 부동은 근본적으로 집단크기의 유한함에 기인한다. 우리가 계속 배우자를 추출하여 10개보다 더 많은 접합자를 만든다면 접합자들 가운데 대립유전자의 빈도는 하디-바인베르크 평형 법칙이 예측하는 값에 점점 더 가까이 갈 것이다. 눈을 감고 책에 손가락을 올려놓는 것을 반복하는 것은 번거로운 일이므로, 우리는 컴퓨터를 이용하여 10개가 아닌 250개의 접합자를 만드는 배우자 추출 과정을 시뮬레이션하였다(**그림 7.10a**). 컴퓨터가 한 개의 배우자를 뽑을 때마다 그때까지 만들어진 접합자 집합에서 $A_1$ 대립유전자의 빈도를 출력하도록 하였다. 처음에는 순차적으로 기록한 대립유전자 빈도가 크게 요동쳤다. 예를 들어, 처음 만들어진 접합자가 우연히 $A_2A_2$ 유전자형을 가졌기에 $A_1$ 대립유전자 빈도는 0에서 시작하였다. 그 다음 만들어진 접합자들이 주로 $A_1A_1$이나 $A_1A_2$ 유전자형이었기 때문에 $A_1$의 빈도는 0.75로 치솟았다. 누적된 접합자의 숫자가 증가함에 따라 이어진 세대의 $A_1$ 대립유전자 빈도는 그 변화의 폭이 점점 작아져서 결국 예상 빈도인 0.6에 가깝게 머물렀다. 접합자의 수가 늘어나는 동안 관찰 값이 예상 값으로 가까이 가는 경향은 그림 7.10b와 c에서 볼 수 있듯이 무작위적이라고 할 수 있다. 이 그림들은 250개의 접합자를 만드는 두 개의 다른 추출 결과를 보여준다. 각각의 예시에서 새로운 세대의 $A_1$ 대립유전자 빈도는 처음에 크게 요동치지만 그 패턴은 독자적이다. 그러나 첫 번째 그래프가 보여주는 것과 같이 대립유전자 빈도는 궁극적으로 이론적인 예측 값 0.6에 수렴한다.

위의 시뮬레이션은 표본의 크기가 증가함에 따라 표본오차는 줄어든다는 것을 보여줬다. 만약 무한한 크기의 접합자 집단을 만들기 위해 끊임없이 배우자를 추출한다면 $A_1$ 대립유전자 빈도는 정확히 0.6이 될 것이다. 유전적 부동은 작은 집단에서 큰 영향을 발휘하는 진화 기작이나 그 영향력은 집단이 커짐에 따라 감소하게 된다. 뒤에 이 점에 대해서 다시 고찰할 것이다.

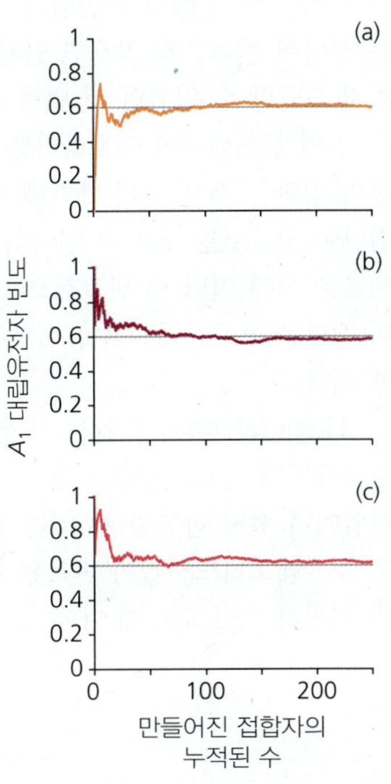


**그림 7.10 세 번 반복한, 유전자 풀로부터 대립유전자를 추출하는 시뮬레이션** $A_1$의 빈도는 처음에는 각 시도 마다 고유한 패턴을 보이며 상당히 요동친다. 그러나 만들어지는 접합자의 수가 늘어남에 따라 $A_1$의 새로운 빈도는 기댓값인 0.6에 근접한다.

## 진화의 기작인 유전적 부동의 경험적 연구: 창시자 효과

유전적 부동을 자연계에서 관찰하기 가장 좋은 곳은 작은 집단이다. 소수의 개체가 새로운 장소에 이주를 하여 작은 집단이 새롭게 형성되는 경우가 자주 있다. 새로운 집단의 대립유전자 빈도는 이주한 개체들이 유래했던 집단에서의 빈도와 아마도 다를 것이다. 이것을 **창시자 효과(founder effect)**라고 한다.

**유전적 부동은 작은 집단에서 가장 중요하다.**

창시자 효과는 표본오차의 직접적인 결과이다. 예를 들어, 만약 본토에 위치한 도마뱀 집단에 한 개의 유전자좌위에 35개의 다른 대립유전자들이 존재하나, 겨우 15개체가 자연적인 뗏목을 타고 (Censky et al. 1998에서 기록한 예와 같이) 먼 섬으로 흘러간다면 새 섬 집단이 본토에 존재하는 모든 대립유전자를 보유하게 될 확률은 0이 된다. 만약 섬에 도착하는 개체들의 어느 한 마리라도 동형접합자라면 새 집단의 대립유전자 빈도는 더욱 심하게 달라져 있을 것이다. 창시자 사건이 일어나면 기존 집단과 새 집단 사이의 유전적 분화가 어느 정도 발생하게 된다. 즉, 작은 그룹의 개체들이 이주하여 새 집단이 만들어지는 사건은 새로운 서식지를 점령하는 것뿐만 아니라 신구 집단 간의 차이가 순간적으로 발생하는 것을 의미한다.

**그림 7.11 교미하는 폴리네시아 들판귀뚜라미** 사진: Gerald McCormack, Cook Islands Natural Heritage Project.

Robin Tinghitella와 동료들(2011)은 창시자 효과를 통한 폴리네시아 들판귀뚜라미(Polynesian field crickets) 집단의 진화를 연구하였다(**그림 7.11**). 폴리네시아 들판귀뚜라미(*Teleogryllus oceanicus*)는 북부 오스트레일리아와 뉴기니아가 원 서식지이다. 이 귀뚜라미들은 또한 하와이를 포함한 태평양 전역의 섬들에 분포하고 있다. 어떻게 이 곤충들이 큰 바다를 건널지 생각해보자. 가까운 거리라면, 스스로 날거나 물에 휩쓸려 떠다니는 식물 위에 타서 운반될 수 있다. 그러나 하와이와 같은 먼 거리에 도달하기 위해서는 선박이 관여하지 않으면 안된다. 그들이 배에 올라타 바누아투, 피지와 그 동쪽 방향까지 도달할 수 있었던 첫 번째 기회는 약 3,000년 전 폴리네시안들이 이동했을 때이다.

만약 폴리네시아 귀뚜라미들이 배를 타고 이 섬에서 저 섬으로 건너뛰며 퍼졌다면 각 섬의 집단은 적은 수의 개체에 의해 시작되었을 것이다. 그리고 이들은 출발 전 장소의 집단이 보유했던 유전적 변이의 일부만을 새로운 집단으로 운반하였을 것이다. 따라서 새로운 섬에 여러 번 반복적으로 개체들이 이주해 왔을 가능성을 배제하면, 섬의 귀뚜라미 집단은 오스트레일리아 대륙에서 멀어질수록 점점 적은 숫자의 대립유전자를 보유하게 된다.

Tinghitella와 동료들은 19개 집단 394마리의 귀뚜라미로부터 7개의 미소부수체 유전자좌위의 유전자형을 관찰하였다. 미소부수체란 비암호화 부위에 위치한 DNA 염기서열이며 쉽게 판별할 수 있는 대립유전자들을 가지고 있다. 여기서 대립유전자들은 짧은 뉴클레오티드서열이 반복된 횟수에 의해 구분된다. 대표적인 유전자좌위인 Totri 9a의 결과가 **그림 7.12**에 나와 있다. 모든 막대그래프는 같은 축척으로 그려져 있다. 막대

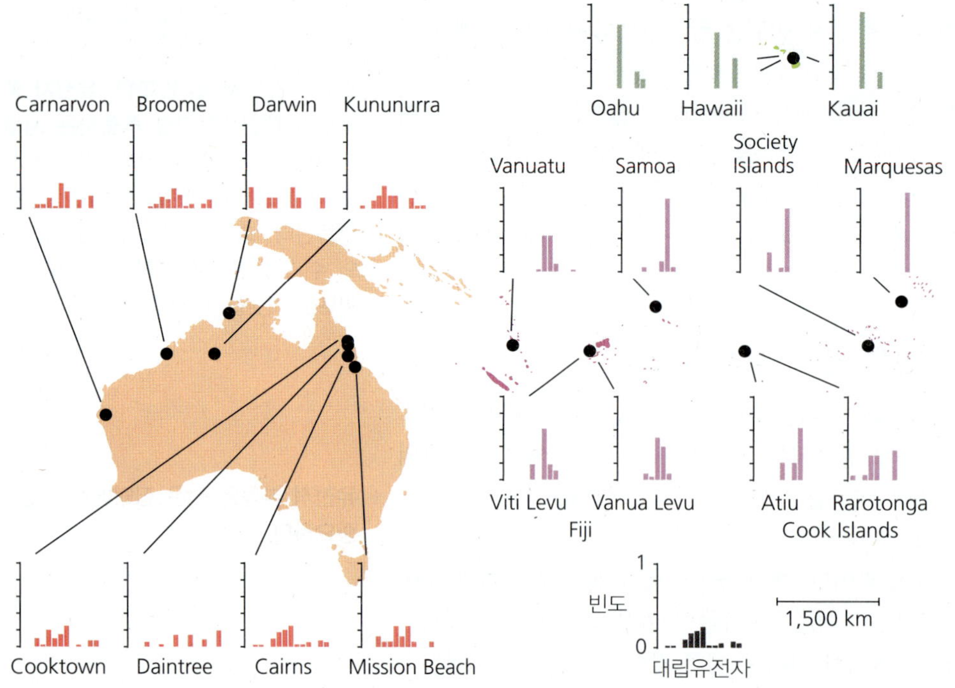


**그림 7.12 오스트레일리아, 오세아니아, 하와이의 태평양 들판귀뚜라미 집단들에서 대표적 미소부수체 유전자좌위의 대립유전자 다양성** 막대그래프들은 Totri 9a 유전자좌위에서 오스트레일리아(오렌지색) 여덟 집단, 오세아니아(보라색) 여덟 집단, 그리고 하와이(녹색) 세 집단의 대립유전자 빈도를 보여준다. 표본크기는 각 집단에서 5마리부터 25마리에 이른다. Tinghitella et al. (2011)에서 다시 그림.

의 높이는 각 대립유전자의 빈도를 나타낸다.

오스트레일리아 집단은 오렌지색으로 표시되었다. 각 집단은 낮은 빈도를 나타내는 여러 대립유전자로 구성되어 있다. 오세아니아의 집단들(Vanuatu, Fiji, Samoa, the Cook Islands, the Society Islands, the Marquesas)은 보라색으로 표시되었다. 이들은 적은 숫자의 대립유전자를 보유하고 있고 그 중 일부는 높은 빈도로 존재한다. 그리고 가장 멀리 떨어져 있는 하와이의 집단들은 단지 두세 개의 대립유전자를 가지고 있으며 각각은 매우 높은 빈도로 존재한다.

일곱 개 유전자좌위의 유전적 변이 패턴에는 일관성이 있다. 하와이의 귀뚜라미 집단들은 오세아니아 집단들에 비해 훨씬 낮은 대립유전자 다양성을 가지고 있고, 그 다음 오세아니아 집단들은 오스트레일리아 집단에 비해 매우 낮은 다양성을 가지고 있다. 이러한 결과는 귀뚜라미들이 폴리네시안이 이동한 배에 올라타 섬들로 이동할 때 창시자 효과의 형태로 유전적 부동이 일어났다는 가설에 부합한다.

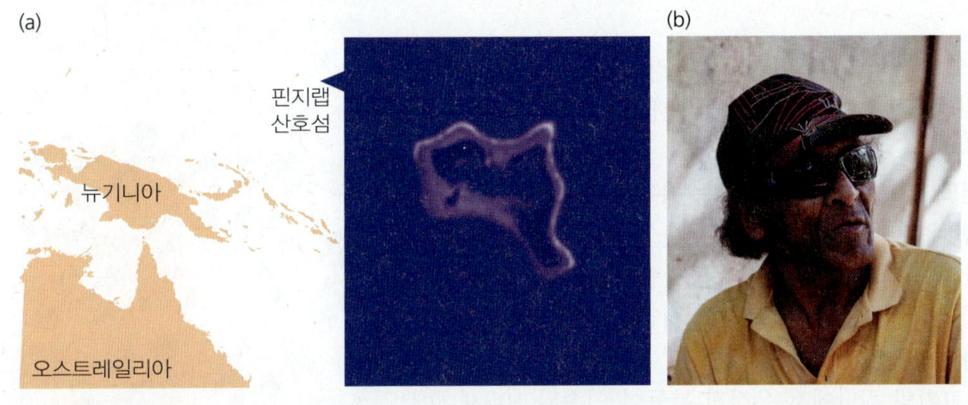


**그림 7.13 인간 집단에서의 창시자 효과** (a) 1984년 우주왕복선 챌린저호에서 찍은 핀지랩 산호섬 사진. NASA 본부 제공. (b) 완전색맹 증상을 가져 선글라스로 빛에 민감한 눈을 보호하고 있는 핀지랩인. John Amato의 사진.

창시자 효과는 또한 유전적으로 고립된 인간 집단에서도 관찰된다. 예를 들어, 하와이에서 남동쪽으로 2700마일 떨어진 동 캐롤린 제도의 핀지랩인(Pingelapese)들은 1775년 태풍과 뒤따른 핀지랩(Pingelap) 산호섬(그림 7.13a)의 기근을 이긴 20명의 생존자들로부터 유래되었다(Sheffield 2000). 생존자들 중에는 *CNGB3* 유전자의 기능소실 열성 대립유전자를 지닌 이형접합자가 있었다. 8번 염색체에 위치한 이 유전자는 망막의 색상 인식에 필요한 방추세포의 기능에 결정적 역할을 하는 단백질을 암호화하고 있다. 이 돌연변이 대립유전자의 동형접합자 개체들이 태풍 이후 네 세대 후에 나타나기 시작한 점으로부터 그 생존자들의 일부가 보인자였음을 알 수 있다. 이 동형접합자 개체들은 완전히 색맹이고, 빛에 대해 극도로 민감하며, 시력이 매우 나쁜 완전색맹(achromatopsia)의 형질을 지닌다(그림 7.13b). 완전색맹은 대부분의 인간 집단에서 2만분의 1의 빈도로 나타나 매우 희귀하다고 알려져 있다(Winick et al. 1999). 그러나 오늘날 약 3,000명의 핀지랩인들 가운데 20명 중의 한 명이 이 병을 가지고 있다.

**적은 수의 개체가 이주하여 새로운 집단이 창시되었을 때, 이 집단의 대립유전자 빈도는 우연의 작용으로 이들이 유래하였던 집단에서의 빈도와 달라질 것이다. 이것이 창시자 효과이다.**

핀지랩에서 관찰되는 완전색맹증 대립유전자의 높은 빈도가 이형접합자나 동형접합자가 누리는 자연선택적 유리함 때문에 일어났다고 볼 수 없을 것이다. 이 대립유전자의 높은 빈도는 단순한 우연의 결과이다. 태풍에 의해 일어난 표본오차, 즉 창시자 효과에 의해 대립유전자의 빈도가 적어도 2.5%에서 출발하게 되었다. 뒤이은 세대에서의 유전적 부동으로 인해 이 대립유전자의 빈도는 더 높아져서 현재 20% 이상으로 증가했다.

우리가 살펴본 폴리네시아 귀뚜라미와 핀지랩인의 사례들은 창시자 효과뿐만이 아니라 유전적 부동이 시간에 따라 누적되는 현상임을 보여준다.

## 대립유전자의 무작위 고정과 이형접합도 감소

우리는 유전적 부동이 한 세대만 지나도 대립유전자 빈도가 변화하도록 하며 이 효과는 여러 세대에 걸쳐 누적되어 나타날 때 더욱 강력한 진화의 기작이 된다는 것을 배웠다. 유전적 부동의 누적 효과를 앞에서 소개된 모형(눈을 감고 종이에 그려진 유전자 풀에서 배우자 무작위 뽑기)으로 학습할 수 있다. 먼저 $A_1$과 $A_2$ 대립유전자가 0.6과 0.4의 빈도로 존재하는 유전자 풀을 나타낸 **그림 7.14a**에서 시작한다. 이러한 유전자 풀을 생산하는 암수 개체들의 세대를 제 0 세대라고 부르자. 앞에서와 같이 눈을 감고 배우자를 무작위로 뽑아 총 10개의 접합자를 만든다. 그 결과 새로 형성된 접합자들 가운데 $A_1$과 $A_2$ 대립유전자의 빈도가 0.5와 0.5가 되었다고 하자. (독자가 이 실험을 하였을 때 그 결과는 아마도 다를 것이다.) 우리는 이 접합자들을 제1세대라고 부른다.

그 다음 세대를 시뮬레이션하려면 $A_1$과 $A_2$ 대립유전자의 빈도가 0.5 대 0.5가 되는 유전자 풀을 마련해야 한다(그림 7.14b). 이 유전자 풀에서 배우자들을 선택하면 제2세대가 형성된다. 제2세대에서의 대립유전자 빈도는 $A_1$이 0.4이고 $A_2$가 0.6이 되었다고 하자.

다시 $A_1$과 $A_2$ 대립유전자의 빈도가 0.4와 0.6이 되는 유전자 풀을 만들고(그림 7.14c) 제3세대를 만들기 위해 접합자들을 추출한다. 제3세대의 대립유전자 빈도는 $A_1$이 0.45, $A_2$가 0.55이다.

그 다음 $A_1$과 $A_2$ 대립유전자의 빈도가 0.45와 0.55가 되는 유전자 풀을 만들고 역시 같은 과정을 반복하게 된다. 이쯤이면 유전자 풀에서 배우자들을 무작위 추출하는 것을 컴퓨터에 맡기는 것이 얼마나 유익할지 명백해진다. 컴퓨터를 사용하는 시뮬레이션이라면 우리가 원하는 만큼 여러 세대에 걸쳐 이 과정을 반복하고 시간에 따른 $A_1$ 대립유전자의 빈도를 그래프로 작성할 수 있다.

**그림 7.15a**, b, c에는 서로 다른 크기의 집단에서 유전적 부동이 연속된 100세대에 걸쳐 일어난 결과가 그래프로 표시되어 있다. 각 그래프에는 여덟 번 반복된 시뮬레이션의 결과(집단의 대립유전자 빈도 변화)가 겹쳐져 그려졌다. 각 시뮬레이션은 대립유전자 빈도가 0.5 대 0.5로 시작된다. 그래프 (a)에서 추적된 집단은 단지 4개체로 이루어져 있고, 그래프 (b)는 40개체, 그래프 (c)는 400개체로 이루어진 집단의 유전적 부동을 나타낸다. 여기서 다음 세 가지의 경향이 뚜렷이 드러난다:

1. 대립유전자 빈도가 세대를 거치며 변동하는 것은 무작위적 표본오차에 기인하는 것이기 때문에, 독립적인 집단들은 서로 크기가 같더라도 각자 독자적인 진화의 경로를 따른다.
2. 큰 집단보다 작은 집단에서 유전적 부동이 더욱 빠르고 현격한 대립유전자 변화를 가져온다.
3. 충분한 시간이 주어지면 꽤 큰 집단에서도 유전적 부동에 의해 대립유전자 빈도가 상당히 변화할 수 있다.

만약 유전적 부동이 집단에 작용하는 유일한 진화의 기작일 때 (즉 자연선택, 돌연변이, 이주가 없을 때) 표본오차는 대립유전자 빈도가 0과 1 사이에서 무작위로 움직이게 한다. 이러한 움직임은 그림 7.15b에서 빨간색 꺾은선이 표시하는 집단의 진화에서 뚜렷이 드러난다. 처음 25세대 동안 $A_1$ 대립유전자의 빈도는 0.5에서 0.9 이상으로 치솟았다. 다음, 25에서 40세대까지 빈도는 다시 0.5로 떨어졌다. 40에서 80세대에는 빈도가 0.5에서 0.8로 반등하였다. 그러다가 $A_1$의 빈도는 급강하하여 85세대에 이르러 0이 되었고, 따라서 $A_1$ 대립유전자는 집단으로부터 완전히 사라지게 되었다. 대립유전자 빈도의 무작

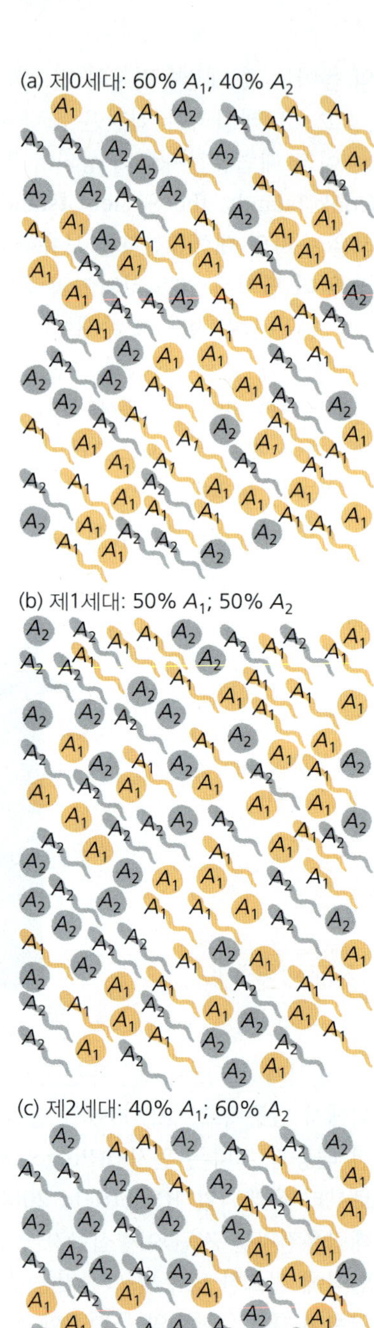


**그림 7.14 유전적 부동의 누적효과 모델링** 이전 세대 유전자 풀로부터 현 세대 접합자들을 만드는 배우자들이 표본오차를 수반하며 뽑혔다.

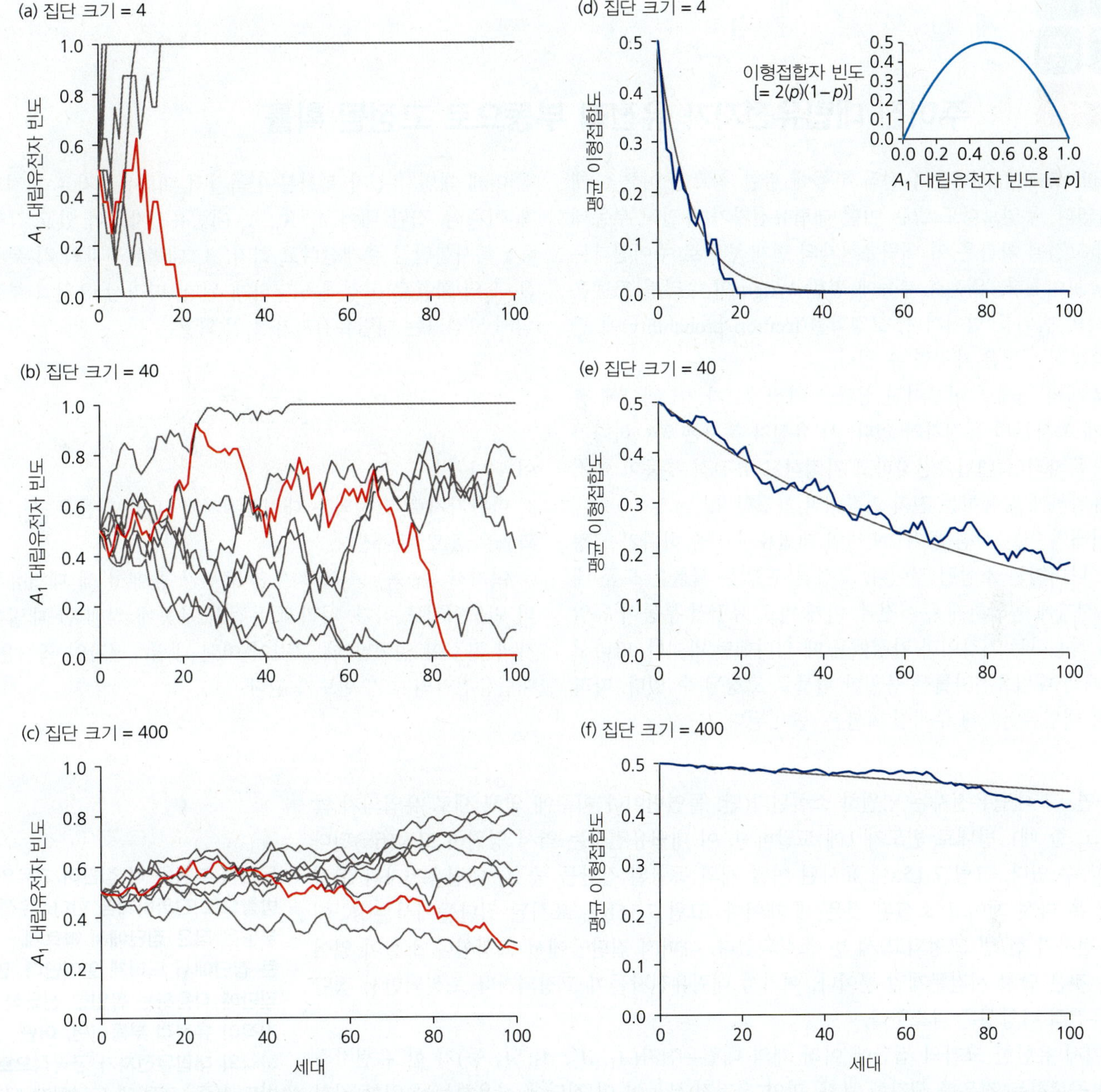


**그림 7.15 크기가 다른 집단들에서 유전적 부동의 시뮬레이션** 그래프 (a), (b), (c)는 $A_1$ 대립유전자 빈도가 100세대에 걸쳐 변하는 것을 보여준다. 각 그래프에는 여덟 번 반복된 결과가 겹쳐 있으며 그 중 하나가 빨간색으로 강조되었다. 그래프 (d), (e), (f)는 위와 동일한 시뮬레이션 집단들에서 이형접합자 빈도의 평균값이 어떻게 변하는지 보여준다. 회색 곡선이 이론적 예측을 나타낸다. 그래프 (d) 안에 들어간 작은 그래프는 하디-바인베르크 평형 하의 이형접합자 빈도, 즉 $p$가 $A_1$ 대립유전자 빈도일 때 $2p(1 - p)$를 보여준다. 종합적으로, 이 그림의 그래프들은 (1) 유전적 부동은 대립유전자들의 무작위 고정과 이형접합도 소실을 일으키며, (2) 유전적 부동이 작은 집단에서 더 강력하게 작용한다는 것을 보여준다.

위적 움직임은 두 가지의 서로 연관된 중요한 효과를 가져왔다: (1) 주어진 대립유전자는 궁극적으로 고정되거나 소실되고, (2) 이형접합자의 빈도는 감소한다.

## 대립유전자의 무작위 고정

상대적 빈도 0과 1 사이를 오르내리는 대립유전자는 결국 피할 수 없는 운명을 맞이한다: 즉, 그 빈도는 둘 중 하나의 경계(boundary)에 도달한다. 대립유전자 빈도가 0에 도

계 산 하 기 7. 3

## 주어진 대립유전자가 유전적 부동으로 고정될 확률

Sewall Wright(1931)은 유전적 부동에 관한 정교한 이론을 개발하였다. 무엇보다도 그는 어떤 대립유전자가 유전적 부동에 의해 고정될 확률은 이 대립유전자의 현재 빈도로 주어진다는 것을 보여줬다. 유전적 부동에 관한 Wright의 수리적 모델은 이 책의 범위를 넘어서나, 고정확률(fixation probability)에 관한 직관적 설명은 제공할 수 있다.

$N$ 개의 개체로 이루어진 집단을 가정해보자. 이 집단에 총 $2N$ 개 복사본의 유전자가 있다. 이 유전자 복사본 하나하나가 모두 독자적인 대립유전자라고 가정하고 유전적 부동이 여기에 유일하게 작용하는 진화 기작이라 가정한다.

미래의 어느 시점에 이 $2N$ 개의 대립유전자 중 하나가 고정되고 나머지는 소실될 것이다. 고정될 수 있는 확률은 모든 대립유전자에 동일하게 주어진다. 이게 바로 유전적 부동이 유일하게 작용하는 기작이라 가정했을 때 의미했던 바이다. 따라서 $2N$ 개의 대립유전자들은 동일한 확률로 고정될 수 있다. 따라서 각 대립유전자에 주어진 확률은 $\frac{1}{2N}$이 된다.

이제 개별 유전자 복사본이 독자적 대립유전자로 지정되는 게 아니라, 집단 내에 $A_1$, $A_2$, $A_3$ 대립유전자만이 있고 각각 $x$, $y$, $z$ 복사본만큼 존재한다고 하자. $A_1$ 대립유전자의 각 복사본은 $\frac{1}{2N}$의 확률로 고정에 도달하게 된다. 따라서 유전적 부동에 의해 고정되는 대립유전자가 $A_1$일 확률은

$$x \times \frac{1}{2N} = \frac{x}{2N}$$

이 된다.

마찬가지로 고정되는 대립유전자가 $A_2$일 확률은 $\frac{y}{2N}$, $A_3$일 확률은 $\frac{z}{2N}$로 주어진다.

여기서 $\frac{x}{2N}$, $\frac{y}{2N}$, $\frac{z}{2N}$은 최초의 유전자 풀에서 세 대립유전자의 빈도이기도 하다. 따라서 유전적 부동에 의해 한 대립유전자의 고정이 일어날 때 그것이 어떤 대립유전자일 확률은 그 대립유전자의 초기 빈도가 된다.

달하면, 그 대립유전자는 영원히 소실된다(단, 돌연변이나 이주에 의해 새로 유입되지 않는다고 할 때). 반대로 빈도가 1에 도달하면, 이 대립유전자는 역시 영원히 고정(fix)된다고 할 수 있다. 그림 7.15a에 표시된 여덟 개의 독립된 집단들 중 $A_1$ 대립유전자가 고정된 것은 다섯 개이고 소실된 것은 세 개이다. 그림 7.15b에 표시된 집단들에서는 $A_1$ 대립유전자가 한 번 고정되고 세 번 소실되었다. 나머지 집단들에서 고정이나 소실이 일어나는 것은 단지 시간문제일 뿐이다. 여기서 대립유전자들이 고정되거나 소실되면서 집단의 유전적 다양성은 감소한다.

**유전적 부동은 각 집단이 고유의 방향으로 진화하게끔 한다. 유전적 부동은 작은 집단에서 빠르게, 큰 잡단에서 느리게 일어난다. 만약 집단에 작용하는 유일한 진화적 기작이 유전적 부동이면, 어떤 하나의 대립유전자가 궁극적으로 빈도 1(즉, 고정)에 도달하게 되고 다른 대립유전자는 소실된다.**

이제 유한한 크기의 집단에 여러 개의 대립유전자($A_1$, $A_2$, $A_3$, $A_4$ 등)가 한 유전자좌위에 공존하는 경우를 생각해 보자. 만약 유전적 부동이 이 집단에 작용하는 유일한 진화적 요인이면 결국 이 중 하나의 대립유전자만이 고정에 이르게 될 것이다. 하나의 대립유전자가 고정될 때 나머지 다른 대립유전자는 소실된다.

여기서 각 대립유전자가 어떤 운명을 맞이할지 예측할 수 있을까? 우리는 이것을 절대적으로 예측할 수 없지만 확률적으로는 말할 수 있다. Sewall Wright(1931)는 어떤 대립유전자가 유전적 부동에 의해 미래에 고정될 확률은 이 대립유전자의 집단 내 현재 빈도와 같다는 것을 증명했다(**계산하기 7.3** 참조). 만약 우리가 $A_1$과 $A_2$ 대립유전자가 각각 0.73과 0.27의 빈도로 존재하는 유한한 집단에서 출발한다면 유전적 부동에 의해 고정되는 대립유전자가 $A_1$일 확률은 73%이고 $A_2$일 확률은 27%가 된다.

### 이형접합도의 소실

유한한 집단에서 유전적 부동에 의해 대립유전자 빈도가 1(고정) 또는 0(소실)으로 가는 과정에서 이형접합자의 빈도는 감소하게 된다. 그림 7.15의 그래프 (d), (e), (f)는 시뮬레

이션 된 집단들에서 이형접합자(heterozygotes)의 빈도가 감소하는 것을 보여준다.

왜 이형접합자의 빈도가 감소하는지 알아보기 위해 그래프 (d) 안에 삽입된 곡선그래프를 보자. 이 곡선은 임의교배를 하는 집단에서 이형접합자의 빈도가 $A_1$ 대립유전자의 빈도($p$)의 함수로 주어지는 것을 나타낸다. 임의교배 조건에서 이형접합자의 빈도는 $2p(1-p)$로 계산된다. 이형접합자의 빈도는 $A_1$의 빈도가 0.5일 때 최고 값에 도달한다. 그리고 $A_1$의 빈도가 0에 가깝게 감소하거나 1에 가깝게 증가할 때 이형접합자 빈도가 낮아진다. 만약 $A_1$의 빈도가 0이나 1에 도달하면 이형접합자의 빈도 역시 0이 된다.

이제 그래프 (a), (b), (c)를 보자. 어느 세대의 특정 집단에서 $A_1$ 대립유전자가 아직 고정되거나 소실되지 않는 한 그 빈도는 0.5에 가까워지는 또는 멀어지는 방향으로 움직일 것이다. 따라서 특정 집단의 이형접합자의 빈도는 증가할 수도 감소할 수도 있다. 그러나 모든 독립적 집단에서 대립유전자의 빈도는 0.5에서 멀어져 0이나 1에 가까워지는 경향을 확인할 수 있다. 따라서 이형접합자 빈도는 평균적으로 감소하게 된다.

마지막으로 그래프 (d), (e), (f)를 보자. 각각의 그래프에서 파란색 꺾인 선은 시간에 따른 여덟 개 집단의 평균 이형접합자 빈도를 나타낸다. 이형접합자 빈도가 작은 집단에서는 매우 빠르게, 큰 집단에서는 느리게 감소하는 것을 알 수 있다. 궁극적으로 둘 중 하나의 대립유전자가 집단 내에 고정되며 이형접합자의 빈도는 0으로 추락하게 된다.

집단 내의 이형접합자의 빈도를 **이형접합도(heterozygosity)**라고도 부른다. 우리는 유한한 크기의 집단에서 이형접합도가 얼마나 빨리 감소하는지 예측하고자 한다. Sewall Wright(1931)는 많은 수의 독립된 집단들로부터 평균을 낼 때 이형접합도는

**대립유전자들이 유전적 부동에 의해 고정되거나 소실될 때, 집단 내에서 이형접합자의 빈도는 감소한다.**

$$H_{g+1} = H_g\left[1 - \tfrac{1}{2N}\right]$$

의 관계를 따른다는 것을 밝혔다. 여기서 $H_{g+1}$은 다음 세대에서의 이형접합도, $H_g$는 현 재 세대에서의 이형접합도, $N$은 집단 안에 포함된 개체의 수이다. $\left[1 - \tfrac{1}{2N}\right]$의 값은 항상 0.5와 1 사이에 놓이므로 다음 세대에 예상되는 이형접합도는 현 세대의 이형접합도보다 작을 수밖에 없다. 그림 7.15(d), (e), (f)에서 회색 곡선은 위 Wright의 방정식이 예측한 이형접합도의 감소 경향을 나타낸다.

여기서 유전적 부동에 의해 집단들 사이의 유전적 분화가 일어나는 것을 앞에서 배운 통계량인 $F_{ST}$를 가지고 측정할 수 있다. 이는 다음과 같이 정의된다:

$$F_{ST} = \frac{H_T - H_S}{H_T}$$

여기서 $H_T$는 개별 집단(소집단, subpopulations)들을 아우르는 전체 집단의 대립유전자 빈도를 가지고 하디-바인베르크 평형을 가정할 때 예상되는 이형접합도이다. $H_S$는 개별 집단 각각의 이형접합도 기대값을 계산하여 이들의 평균을 낸 것이다. 그래프 (a)로 기술된 시뮬레이션의 초기 조건에서 $F_{ST}$는 0이다. 왜냐하면 $H_T$와 $H_S$가 모두 0.5이기 때문이다. 최종적으로 $F_{ST}$는 1에 도달한다. 왜냐하면 모든 소집단에서 한 대립유전자가 고정되면 $H_S$가 0이기 때문이다. $F_{ST}$는 간혹 **고정지표(fixation index)**라고도 불린다.

유한한 집단에서 이와 같은 이형접합도의 감소가 반드시 일어나는 것이 어떤 의미를 지니는지 알아보기 위해, 사육시설에 가두어진 어떤 멸종위기종을 관리한다고 상상해보자. 전 세계의 동물원을 망라하여 겨우 50마리의 생식 가능한 개체가 존재한다고 가정한다. 아무리 정액이나 개체를 운반하여 이들 사이의 임의교배를 실현한다고 하더라도 유전적 부동에 의해 매 세대에 약 1%의 이형접합도 감소가 일어나는 것을 막을 수는 없다.

## 무작위 고정과 이형접합도 감소에 관한 실험

지금까지 시뮬레이션과 수식에 기초하여 대립유전자의 무작위적 고정과 이형접합도 감소에 관한 고찰을 하였다. Peter Buri(1956)는 이 현상을 노랑초파리(*Drosophila melanogaster*)의 실험실 집단을 이용하여 경험적으로 연구하였다. 앞서 Kerr와 Wright(1954)가 사용한 접근법을 채택하여 Buri는 각각 여덟 마리의 암컷과 여덟 마리의 수컷으로 이루어진 107개의 집단을 만들었다. 모든 창시자 개체들은 눈 색깔 관련 유전자인 *brown*의 이형접합자들이다. 이들은 모두 유전자형이 $bw^{75}/bw$이다. 따라서 모든 107개 집단에서 $bw^{75}$ 대립유전자의 초기 빈도는 0.5이다. Buri는 이 집단들을 19세대 동안 유지하였다. 그는 각 세대마다 여덟 마리의 암컷과 여덟 마리의 수컷을 무작위로 뽑고, 이들이 서로 짝짓기하여 다음 세대의 개들을 낳게 하는 방식으로 각 집단의 크기를 16으로 유지하였다.

여기서 어떤 결과가 예상될까? 만약 $bw^{75}$나 $bw$ 대립유전자가 자연선택의 유리함이나 불리함을 가져다주지 않는다면 $bw^{75}$의 빈도는 유전적 부동에 의해 무작위적 증감을 겪을 것이라 예상할 수 있다. 집단의 크기가 16일 때 대부분의 집단에서 대립유전자의 고정이 일어나게 하는 데에 19세대면 충분하다고 할 수 있다. 대립유전자 $bw^{75}$의 초기 빈도가 0.5이므로 이것이 소실되는 경우와 고정되는 경우가 비슷한 횟수로 일어날 것이라 예상할 수 있다. 또한 각 집단에서 $bw^{75}$가 고정이나 소실로 진행하는 동안 모든 집단에서 평균 이형접합도는 감소할 것이라 예상된다. 감소의 정도는 위에서 주어진 Wright의 방정식을 따른다.

Buri가 수행한 실험의 결과는 이러한 기대를 충족하였다. 그림 7.16은 각 세대마다 107개 집단에서 관찰되는 대립유전자 빈도를 나타내는 히스토그램들이다. 가로축은 $bw^{75}$ 대립유전자의 빈도를 나타내고 세로축은 그 빈도가 관찰되는 집단의 수를 나타낸다. 제0세대에서 $bw^{75}$의 빈도는 모든 집단에서 0.5였으나 그림에서 나타나지는 않는다. 처음 한 세대에 걸친 유전적 부동이 일어난 후 대부분의 집단에서는 0.5에 가까운 빈도를 보였으나, 한 집단에서는 0.22까지 감소하기도 하고 다른 집단에서는 0.69까지 증가하기도 하였다. 집단에 따라 $bw^{75}$의 빈도가 증가하거나 감소함에 따라 대립유전자 분포는 빠르게 넓어진다. 제4세대 만에 어느 한 집단에서 $bw^{75}$ 빈도가 처음 1에 도달하였다. 제6세대에 다른 한 집단에서 $bw^{75}$ 빈도가 처음 0에 도달하였다. 더 많은 집단에서 빈도가 0 또는 1이 되면서 대립유전자 분포는 U-모양을 갖추게 된다. 최종 실험 결과 30개의 집단에서 $bw^{75}$가 소실되었고 28개 집단에서 고정되었다. 30:28의 비율은 우리가 유전적 부동에 의해 예측한 1:1에 매우 가까운 값이다. Buri의 실험이 수행되는

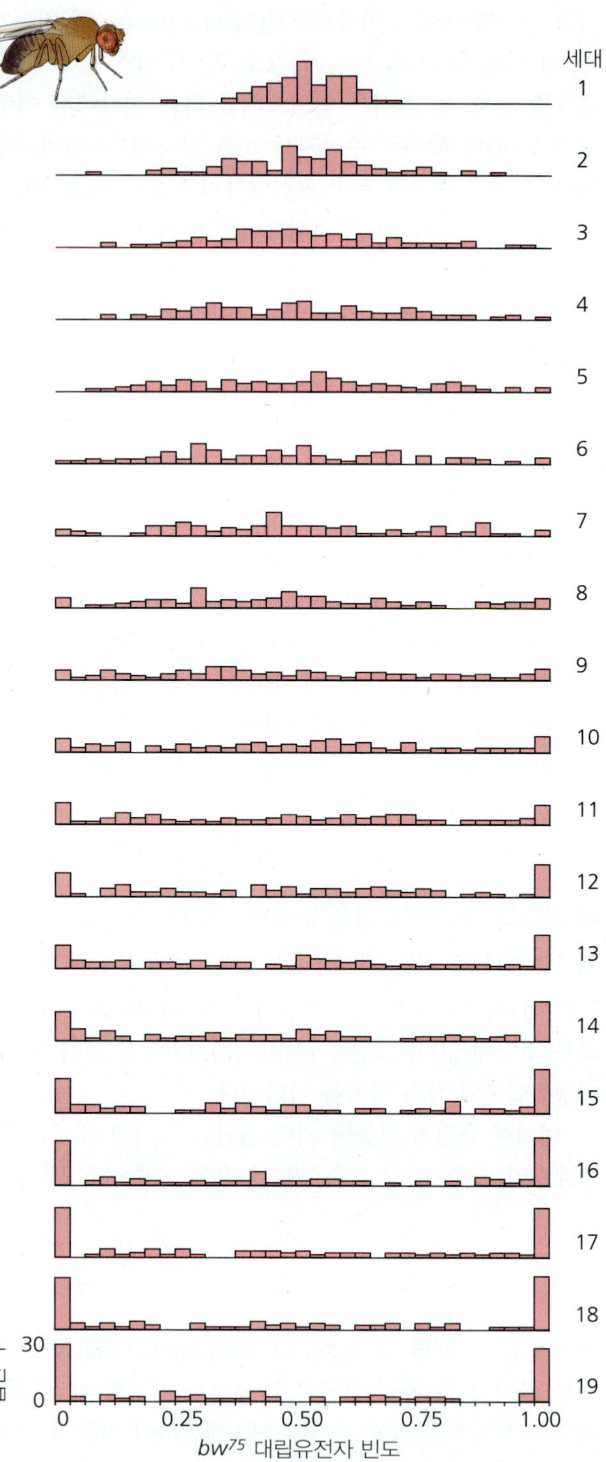


**그림 7.16 16마리 초파리로 이루어진 107개 집단의 유전적 부동** 각 히스토그램은 주어진 세대에서 107개 집단 모두의 대립유전자 빈도를 함께 보여준다. 가로축은 $bw^{75}$ 대립유전자의 빈도를 나타내며, 세로축은 주어진 빈도가 관찰되는 집단들의 수를 나타낸다. 제0세대에서 $bw^{75}$의 빈도는 모든 집단에서 0.5였다(표시 안 됨). 제19세대에 이르러, $bw^{75}$는 30개 집단에서 소실되었고 28개 집단에서 빈도 1에로 고정되었다. Buri (1956)의 자료, Ayala and Kiger (1984)에서.

동안 모든 107개 초파리 집단에서 급격한 진화가 이루어졌다. 그러나 여기에 자연선택은 전혀 관여하지 않았다.

대립유전자 *brown*의 유전적 성질(대립유전자가 표현형에 미치는 영향) 때문에 Buri는 세 가지 유전자형을 표현형으로부터 확인할 수 있었다. 따라서 Buri는 이형접합자의 빈도를 직접 셀 수 있었다. 모든 창시자 초파리들은 이형접합자이었다. 따라서 제1세대에서의 이형접합도는 0.5였다. 그 다음 세대부터 Buri는 각 집단에서 이형접합자의 빈도를 기록하였고 107개 집단을 종합하여 평균을 내었다. 이 실험이 수행된 19세대 동안의 평균 이형접합도를 추적하여 그림 7.17이 얻어졌다. 먼저 실제 실험 값을 나타내는 빨간색 점들을 보자. 이론적 예측에 맞게 이형접합자의 평균 빈도는 꾸준히 감소하였다.

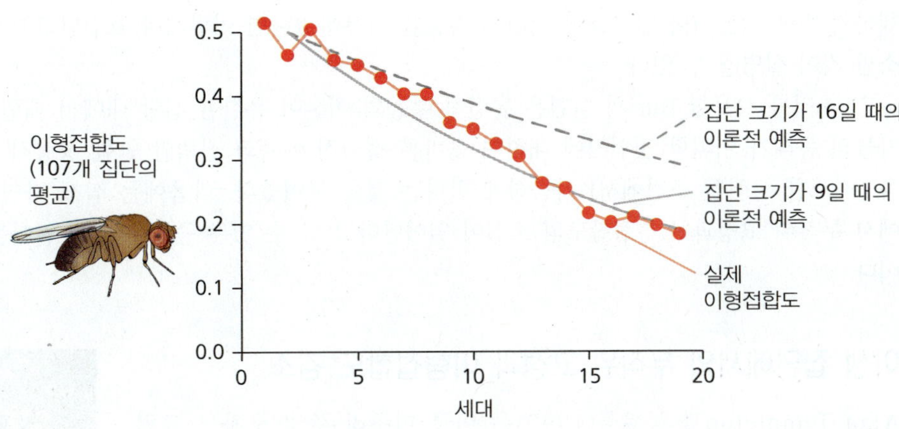


**그림 7.17 Buri의 유전적 부동 실험 요약** 시간에 따라 Buri의 실험 집단에서 이형접합자 빈도가 감소하였다. 이 그래프는 (1) 작은 집단에서 이형접합도는 세대에 걸쳐 감소하며, (2) 비록 모든 집단들의 실제 크기는 16마리이지만, 이들의 유효집단크기는 약 9마리라는 것을 보여준다. Buri (1956), Hartl (1981)의 자료.

**유전적 부동으로 인해 대립유전자들이 고정되거나 소실되며 이형접합자들의 빈도가 감소한다는 것이 경험적 연구들을 통해 검증되었다. 사실, 이러한 과정들은 예측된 것보다도 더 빨리 진행되는 경우가 종종 있다.**

그러나 이론과 실제 수치가 완전히 일치하지는 않았다. 그림에 표시된 회색 점선 곡선은 Wright의 방정식이 집단 크기 16을 가정하여 예측한 이형접합도의 감소를 나타낸다. 이형접합도가 실제로 감소한 정도는 예상한 것보다 더 컸다. 회색 실선으로 그린 곡선은 집단 크기가 9인 것을 가정하여 얻어졌는데, 이 곡선이 실제 결과에 가깝게 일치하였다. 즉, Buri가 만든 집단들은 마치 16마리가 아닌 9마리의 개체로 이루어진 것처럼 이형접합도가 감소하였다. 다른 말로, Buri의 실험에서 집단들의 **유효집단크기(effective population size)**는 9였다(계산하기 7.4 참조). 만약 집단의 일부 초파리들이 생식을 수

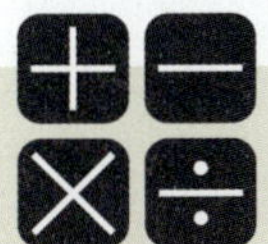

계 산 하 기 7. 4

## 유효집단크기

유효집단크기란 우리가 관심을 가지는 실제 집단과 같은 속도로 이형접합도가 감소하는 이상적인 가상 집단의 크기를 말한다. 유효집단크기는 실제집단의 크기보다 사실상 항상 작다고 할 수 있다. Buri의 실험에서 유효집단크기와 실제 크기의 차이를 가져온 이유를 생각해 볼 때 두 가지의 가능성이 있다. (1) 각 집단을 담은 유리병 안에서 일부 초파리들이 생식 전에 죽었거나 (2) 수컷 간의 경쟁이나 암컷에 의한 선택(female-choice) 등 성선택(sexual selection; 11장 참조)이 일어나 일부 수컷들이 생식활동을 못하게 되었을 수 있다.

유효집단크기는 특히 생식적으로 활발한 암컷 대 수컷의 숫자 차이에 매우 민감하다. 암수의 숫자가 다른 경우 유효집단크기 $N_e$는 다음과 같이 추정된다.

$$N_e = \frac{4N_m N_f}{(N_m + N_f)}$$

여기서, $N_m$은 수컷의 숫자, $N_f$는 암컷의 숫자이다.

성비의 불균형이 얼마나 심각하게 유효집단크기를 감소시키는지 보기 위해 위의 식을 사용해보자. 먼저 수컷과 암컷이 각각 5마리인 경우에 $N_e$ = 10을 얻는다. 그러나 한 마리의 수컷과 9마리의 암컷이면 $N_e$ = 3.6이고, 한 마리의 수컷과 1,000마리의 암컷이면 $N_e$ = 4가 된다. 이에 비추어 볼 때, 수컷이 매우 공격적이어서 다른 수컷과 공존하지 않으려는 동물의 경우, 이들을 가두어 사육하는 종 보전 프로그램은 얼마나 수행하기 어려울 것인지 생각해 볼 수 있다.

행하기 전에 죽었거나 암컷들이 어떤 수컷들을 거부하였다면 이렇게 유효집단크기가 감소한 것이 설명될 수 있다.

초파리를 사용한 Buri의 실험은 유전적 부동의 이론이 유한한 집단 내에서 대립유전자들의 동태가 어떠할 것인지에 대하여 올바른 정성적 예측과 신뢰할 만한 정량적 예측을 (최소한 실험실 조건에서) 가능하게 한다는 것을 보여줬다. 다음에는 실제 자연집단에서 무작위 고정과 이형접합도의 소실이 일어난다고 할 수 있는 증거에 대해 알아볼 것이다.

## 야생 집단에서의 무작위 고정과 이형접합도 감소

Alan Templeton과 동료들(1990)은 미국 미주리 주의 오자크 고원(Ozark Mountains)에서 자연적으로 이루어진 실험을 기술함으로써 대립유전자의 무작위 고정에 대한 예측을 검증하였다. 비록 지금은 참나무와 호두나무로 뒤덮였지만 오자크 지역은 약 8000년 전부터 4000년 전에 이르기까지 계속되었던 뜨겁고 건조한 기후로 인해 사막이었던 곳이다. 오자크 지역을 덮었던 사막은 지금의 미국 남서부 사막과 연결되었었다. 따라서 많은 수의 남서부 사막 동물들이 서식지를 오자크 지역까지 확대하였다. 그 중의 한 종이 목무늬 도마뱀(collared lizard)이다(그림 7.18). 더운 기후가 끝났을 때 목무늬 도마뱀의 서식지는 다시 서쪽으로 후퇴하였고 오자크는 사바나지대가 되었다. 그러나 관목숲과 초지가 섞인 곳에서 땅 위로 드러난 바위들은 사막의 성질을 보전하는 작은 서식지로 남게 되었는데 이러한 곳을 글레이드(glade)라고 부른다. 글레이드에 서식하는 목무늬 도마뱀은 과거의 흔적이라고 할 수 있다.

**그림 7.18 목무늬 도마뱀(*Crotaphytus collaris*)**
Alan R. Templeton의 사진.

약 5년에 한 번씩 오자크 사바나에서 화재가 발생하는 것은 자연스러운 일이다(Templeton et al. 2001). 주기적으로 불이 나는 것은 사바나의 식물 군집을 유지하는 데 매우 중요하다. 이것은 유럽인들이 정착하였을 때 일어난 일들로부터 알 수 있다. 처음에 유럽인들은 오자크 지대의 관목숲을 걷어내었다. 그리고 약 1950년부터 모든 화재를 억제하였다. 이러한 조치는 참나무-호두나무 숲이 사바나를 밀어내고 이 지역을 덮는 결과를 가져왔다. 또한 삼나무(eastern red cedar)가 글레이드에 침입하는 것을 허용하였다.

삼나무와 다른 목본 식물들이 글레이드에 침입한 것은 목무늬 도마뱀에게 좋지 않은 일이었다(Templeton et al. 2001). 삼나무는 글레이드를 덮으며 크게 자라서 글레이드의 면적을 감소시켰다. 더욱 심각한 것은 참나무와 호두나무 숲이 형성되면서 밀도 높은 하층식생이 목도리 도마뱀이 글레이드 사이를 이동하는 것을 방해하였다. 대부분의 도마뱀 집단들이, 심지어는 겨우 50미터를 사이에 두고, 서로 단절되어 이들 간의 유전자 흐름이 거의 일어나지 않게 되었다. 소수의 살아남은 글레이드의 흔적 집단들은 그 크기가 매우 적어서, 각각 몇십 마리 이하의 도마뱀으로 이루어지게 되었다.

글레이드 집단들의 작은 크기와 유전적 고립 때문에 Templeton과 동료들(1990)은 오자크의 목무늬 도마뱀들에 다음과 같은 유전적 부동의 흔적이 뚜렷이 새겨졌을 것이라 예상하였다. 각 집단 안에서 대부분의 유전자좌위는 한 대립유전자로 고정되었거나 유전적 변이의 정도가 매우 낮을 것이다. 또한 어떤 대립유전자가 고정될 것인지는 집단별로 독립적으로 결정되므로 집단 간에는 상당한 유전적 다양성이 관찰될 것이다.

유전적 부동에 의해 작고 격리된 집단들이 유전적 다양성을 잃는다는 것이 야생에서 자연적으로 일어난 실험이 제공한 경험적 데이터에 의해 확인되었다.

Templeton과 동료들(1990)은 글레이드 집단들의 유전적 변이를 측정하기 위해 도마뱀들의 여러 효소 유전자좌위, 리보솜 DNA, 그리고 미토콘드리아 DNA 유전자형을 조

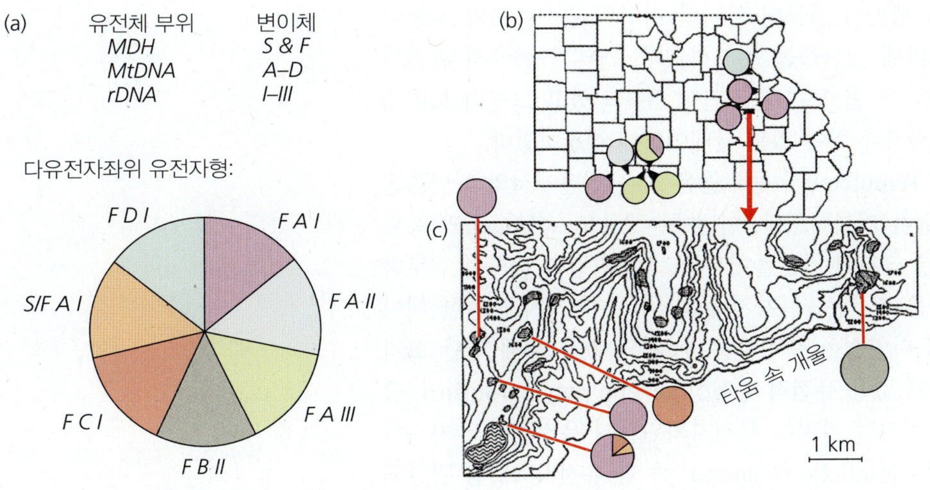


**그림 7.19 오자크 글레이드 목무늬 도마뱀 집단 내의 유전적 변이**

(a) Malate dehydrogenase(MDH)의 유전자형 ["slow"(*S*)와 "fast"(*F*) 대립유전자], 미토콘드리아 DNA 단상형(A~D), 그리고 리보솜 DNA 유전자형(I~III)으로 이루어진 일곱 개 다유전자좌위 유전자형 파이차트의 색인. (b) 남부 미주리의 아홉 개 글레이드 집단의 유전적 조성. (c) 그림 (b) 일부가 확대되어 다섯 개의 집단이 추가된 지도. Templeton et al. (1990)에서.

사하였다. 그들은 여러 유전자좌위의 대립유전자의 조합으로 이루어진(multilocus) 유전자형을 구분하였을 때 도마뱀들 간에 일곱 개의 유전자형이 존재함을 확인하였다(**그림 7.19a**). 격리와 작아진 집단 크기의 예상된 효과에 부합하게도 대부분의 글레이드 집단들은 각각 하나의 유전자형으로 고정되었고 집단에 따라 다양한 유전자형의 고정이 일어났다(그림 7.19b와 c).

Templeton과 동료들(2001)은 글레이드 집단들에서 유전적 다양성이 거의 사라졌기 때문에 오자크의 목무늬 도마뱀들은 곧 멸종에 이르게 될 운명이라고 믿었다. 이러한 멸종은 한 번에 한 집단씩 일어나고 그 근접원인은 여러 가능성 중의 하나일 것이다. 만약 어떤 병원균이 등장해 하나의 개체를 감염시켜 죽이게 된다면 결국 이것은 글레이드 안의 모든 도마뱀을 죽이게 될 것이다. 왜냐하면 이 개체들은 사실상 유전적으로 동일하기 때문이다. 또한 진화에 필요한 유전적 변이가 고갈되면 주변의 생물학적 또는 물리적 환경이 변할 때 도마뱀 집단들은 이에 반응하여 진화할 수 없게 된다. 설사 하나의 집단에서 적응 진화가 성공적으로 일어난다고 하더라도 도마뱀들은 참나무-호두나무 숲으로 막혀 이동을 못하기 때문에 다른 집단으로 적응이 확산될 수 없다. Templeton과 동료들은 130개의 글레이드를 조사하였다. 그들의 예상에 부합하게도 전체의 3분의 2에 해당하는 곳에서 이미 목무늬 도마뱀이 사라진 후였다.

이들 연구자가 옳다면, 간단한 조치가 오자크의 목도리 도마뱀들을 살릴 수 있다. 첫째, 도마뱀들을 비어 있는 글레이드 서식지로 옮겨 새로 생식하게 하는 것이다. 1980년대에 미주리 주 보전 당국과 협력하여 Templeton과 동료들은 스테갈 산 보호 지역(Stegall Mountain Natural Area)에 세 개의 새로운 집단을 만들었다. 이곳은 이전에는 농장이었는데 도마뱀이 없었던 많은 글레이드를 포함하고 있었다. 새로운 도마뱀 집단들은 성공적으로 번성하였다. 그러나 도마뱀들은 집단 간에 이동을 하거나 주인 없는 글레이드로 이주를 하지 않았다. 이렇게 참나무-호두나무 숲이 길을 가로막는 이상, 집단들은 격리된 상태로 남아 장기적인 유전적 부동의 결과를 맞이하게 된다. 1994년부터 미주리 보전 당국과 미국 산림청은 제한적인 산불을 일으켜 스테갈 산의 참나무-호두나무 숲을 정리하였다. 그 효과는 즉각 나타났다. 도마뱀들은 집단 간을 이동하거나 비어 있던 많은 글레이드에 정착하였다. 이러한 움직임은 글레이드 집단들의 유전적 다양성을 회복하고 목도리 도마뱀의 장기적인 생존의 전망을 밝게 하고 있다.

Jennifer Brisson, Jared Strasburg와 Templeton(2003)은 스테갈 산으로부터 80 km 떨어진 타움 속 산 주립공원(Taum Sauk Mountain State Park)에서 조심스레 수행된 실

험의 결과를 추적했다. 그들은 일련의 제한된 산불이 일어난 지역의 글레이드와 산불이 일어나지 않은 글레이드의 목무늬 도마뱀 집단들을 비교하였다. 스테갈 산에서 관찰된 바와 일치하게도 화재가 일어난 지역에 더 큰 도마뱀 집단이 유지되었고 그곳의 도마뱀들은 더 빈번하게 글레이드 간을 이동하거나 비어 있는 글레이드에 정착하였다.

목무늬 도마뱀을 이용한 연구에서 Templeton과 동료들은 작은 집단에서의 대립유전자의 무작위적 고정과 이형접합도 소실을 기록하였다. 이번에는 Andrew Young과 동료들(1996)이 식물을 이용하여 여러 다른 크기의 집단들에서 이 진화과정의 증거를 검토하였다. 이 연구자들은 문헌으로부터 꽃을 피우는 세 가지 풀과 나무 한 가지에 관한 데이터를 모았다. 이 데이터로부터 유전적 다양성을 측정하는 두 개의 값을 실제 집단 크기에 대하여 그래프로 표시하였다. 첫 번째 값은 유전적 다형성(genetic polymorphism), 즉 빈도가 적어도 0.01 이상인 두 대립유전자를 가지는 유전자좌위들이 유전체에서 차지하는 비율이다. 두 번째는 대립유전자 부유도(allelic richness), 즉 한 유전자좌위당 관찰되는 대립유전자의 평균 개수이다. 두 측정값은 모두 이형접합도와 연관되어 있다. 임의교배를 하는 집단의 한 유전자좌위를 생각해보자. 이 유전자좌위의 대립유전자 개수가 많아짐에 따라 그리고 그 대립유전자들 중 높은 빈도로 존재하는 것들의 숫자가 많아짐에 따라 이 유전자좌위에서 관찰되는 이형접합자의 빈도가 증가할 것이다. 반면에, 만약 한 대립유전자로 고정된 유전자좌위라면 이형접합자가 전혀 관찰되지 않을 것이다. 유전적 다형성, 대립유전자 부유도, 이형접합도는 동시에 오르고 내리는 값들이다. 큰 집단보다 작은 집단에서 유전적 부동의 효과가 크기 때문에, Young과 동료들은 작은 집단들에서 더 낮은 수준의 유전적 다형성과 대립유전자 부유도가 관찰될 것으로 예측하였다. **그림 7.20**

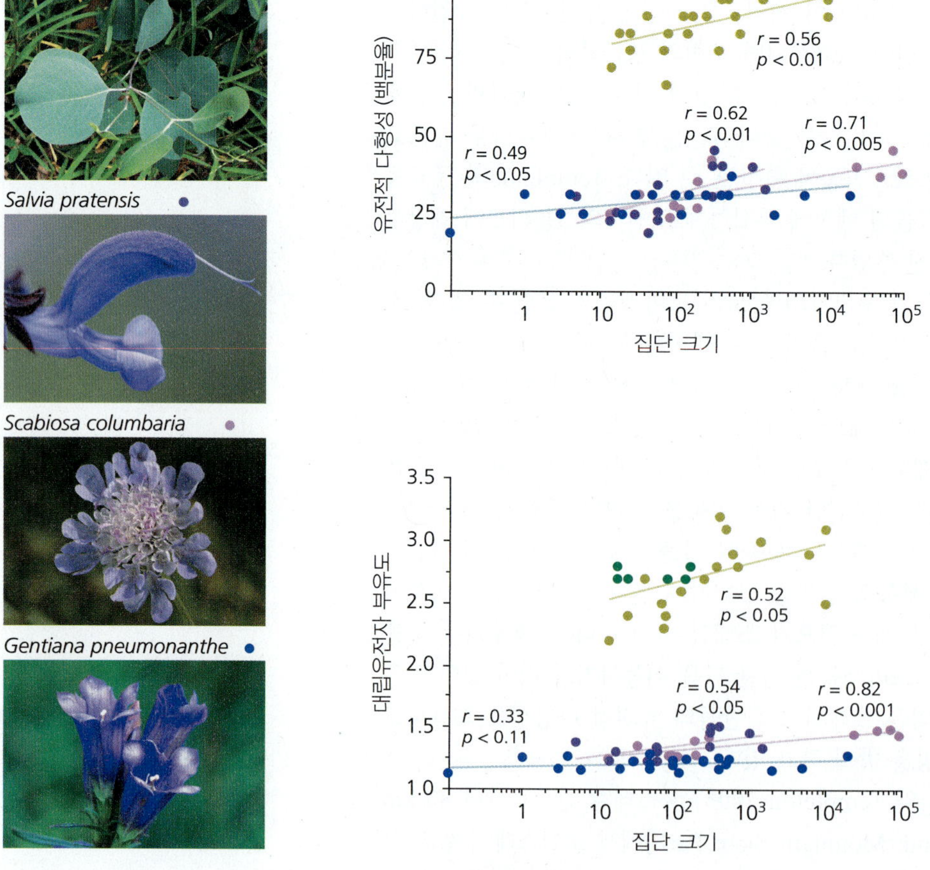


**그림 7.20 집단 크기와 유전적 다양성** 이 그래프에 점으로 표시된 데이터는 현화식물의 한 집단을 나타낸다. 위쪽 그래프의 세로축에 표시된 유전적 다형성(polymorphism)은 가장 많은 대립유전자의 빈도가 0.99 미만인 유전자좌위의 비율로 정의된다. 즉, 다형성은 충분한 유전적 변이를 지니는 유전자좌위들의 비율이다. 대립유전자 부유도(allelic richness)는 아래 그래프의 세로축에 표시되었으며, 유전자좌위당 대립유전자 개수의 평균이다. 피어슨 상관계수 $r$은 0(변수들이 서로 독립)에서 1(변수들이 완벽히 서로 연관됨)까지 변한다. $P$ 값은 영가설 하에서 상관계수가 0으로부터 관찰된 것만큼 벗어날 확률을 의미한다. *Eucalyptus albens*는 나무인데, 짙은 녹색 점들은 특별히 250 m 이하로 벗어난 작은 집단들을 표시한다. *Salvia pratensis*, *Scabiosa columbaria*, 그리고 *Gentiana pneumonanthe*는 꽃을 피우는 향초이다. Young et al. (1996)과 그 안의 자료들에서.

은 그 데이터를 보여준다. 예측한 바와 같이 대부분의 경우에 더 작은 집단들이 더 낮은 유전적 다양성을 나타내었다.

Templeton과 Young 등에 의해 수행된 연구는 적어도 일부의 자연집단에서 유전적 부동이 예측한 대로 무작위 고정과 이형접합도의 감소를 일으킨다는 것을 보여줬다. 작은 집단에서 일어나는 유전적 다양성의 소실은 두 가지 이유로 보전생물학자들에게 큰 걱정거리이다. 첫째, 유전적 다양성은 적응진화의 주원료이다. 서식지 파괴나 다른 환경 변화에 의해 몇몇 작은 집단만 남은 종을 생각해보자. 환경의 변화가 급격히 일어나는 바로 그 시기에 잔존 집단들은 변화에 반응하여 진화할 필요가 있으나 유전적 부동에 의해 그 진화의 원동력이 사라지게 된다. 둘째, 이형접합도의 소실은 동형접합도(homozygosity)의 증가를 의미한다. 실험 집단에서 동형접합도가 증가하면 대개 적응도가 감소한다(예를 들어, Polans and Allard 1989; Barrett and Charlesworth 1991). 이는 아마도 근교약세(inbreeding depression)와 같은 기작이 관여되어 일어날 것이다. 근교약세에 관해서는 7.4절에서 다룰 것이다.

## 유전적 부동에 의한 진화의 속도

이 단원에서 다룬 이론과 실험을 통해 표본오차(sampling error)가 진화의 중요한 기작임이 입증되었다. 다음에 유전적 부동이 진화의 유일한 동인일 때 진화의 속도는 어떤지 고찰하고자 한다.

먼저 한 유전자좌위에서 진화의 속도란 무엇을 뜻하는지 정의를 내릴 필요가 있다. 우리는 돌연변이로 생긴 새 대립유전자가 이미 존재하는 다른 대립유전자들을 얼마나 빨리 치환(대체)하는가를 진화의 속도로 정의한다. 그림 7.21은 여기서 말하는 **치환(substitution)**의 의미가 돌연변이가 발생하면서 즉각 일어나는 대립유전자의 바뀜과는 다르다는 것을 보여준다. 이것은 10개의 대립유전자로 이루어진 유전자 풀을 20세대 동안 추적한 그림이다. 처음 모든 대립유전자들은 모두 동일하였다(옅은 연두색 동그라미). 네 번째 세대에 새로운 대립유전자(녹색 동그라미)가 돌연변이에 의해 생성되었다. 여러 세대에 걸쳐 이 대립유전자는 무작위 증감을 거쳐 높은 빈도에 도달하였다. 15번째 세대에 염기서열의 또 다른 위치에서 돌연변이가 일어나 녹색 대립유전자 중의 하나가 다시 새로운 대립유전자(청색 동그라미)로 바뀌었다. 19번째 세대에 초기 대립유전자의 마지막 복사본이 소실되었다. 이 시점에 우리는 녹색 대립유전자가 옅은 연두색 대립유전자를 치환했다고 말할 수 있다. 즉, 진화적 치환이란 뒤따르는 돌연변이의 유무에 상관없이 새

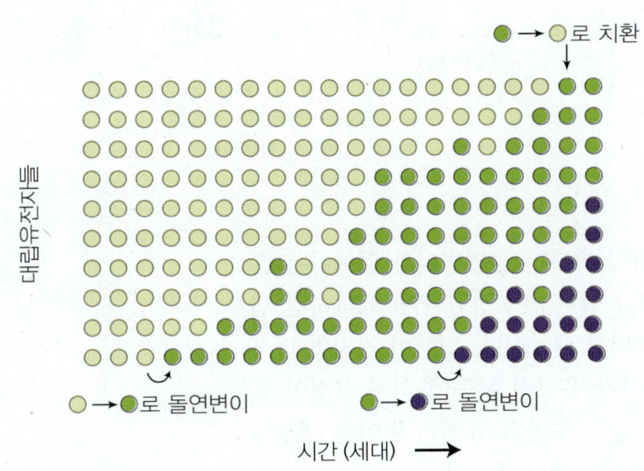


**그림 7.21 돌연변이와 치환** 돌연변이는 새 대립유전자를 생성하는 과정이다. 치환은 돌연변이에 의한 추가적 변화 유무에 상관없이 새로운 대립유전자가 집단 내에 고정되는 것이다. 이 도식은 다섯 개체로 이루어진 가상 집단에서 연속된 20세대 동안 열 개의 대립유전자가 어떤 상태에 있는지 나타낸다. 이 시간 동안 녹색 대립유전자가 옅은 연두색 대립유전자를 대체하였다. 청색 대립유전자는 궁극적으로 녹색 대립유전자를 대체하든지 아니면 소실될 것이다.

계산하기 7.5

## 유전적 부동에 의한 진화적 치환의 속도

유전적 부동이 집단에 작용하는 유일한 진화의 요인일 때 진화적 치환의 속도(치환율)는 돌연변이율과 같다는 것을 아래와 같이 보이고자 한다(Kimura 1968).

크기가 $N$인 이배체 집단을 생각해보자. 우리가 관심을 갖는 유전자좌위에는 총 $2N$개의 대립유전자가 집단 내에 포함되어 있다. 여기서 **대립유전자**란 그들이 염기서열상으로 동일한지에 상관없이 개체들이 지닌 개별 유전자 복사본들을 뜻한다. 한 대립유전자가 중립적인 돌연변이에 의해 변하는 속도를 세대당 $v$라고 하자. 그리고 각 돌연변이는 그 전에 집단에 존재하지 않았던 새로운 대립유전자를 생성한다고 가정한다. 그러면 각 세대에

$$2Nv$$

개의 새로운 대립유전자가 돌연변이에 의해 생성된다. 이 새로운 대립유전자들이 자연선택에 있어 중립적이라는 가정은 곧 유일하게 작동하는 진화의 기작이 유전적 부동이라는 것을 의미한다. 각각의 새 대립유전자는 집단 내의 다른 대립유전자와 마찬가지의 확률로 무작위적 빈도의 증감을 겪은 후 고정에 이를 수 있다. 그 확률은 새로운 대립유전자의 빈도인

$$\frac{1}{2N}$$

이다. 따라서 궁극적으로 유전적 부동에 의해 고정되는 운명을 지닌 대립유전자가 돌연변이에 의해 주어진 세대에 나타나는 빈도는

$$2Nv \times \frac{1}{2N} = v$$

가 된다. 같은 논리가 매 세대에 똑같이 적용된다. 따라서 우리가 관심을 가지는 유전자좌위에서 진화가 일어나는 속도는 세대당 $v$개의 치환으로 주어진다.

**분자진화에서의 돌연변이, 자연선택, 그리고 유전적 부동**

우리가 분자진화를 논함에 있어 돌연변이율 $v$가 무엇을 뜻하는지 더 자세히 살펴보는 것이 도움이 된다. 우리가 관심을 가지는 유전자좌위가 $L$개의 아미노산으로 이루어진 단백질을 암호화하는 유전자라고 하자. 세대당 한 코돈에 일어나는 돌연변이의 확률을 $u$라고 하면 이 유전자가 겪는 전체 돌연변이율은

$$\mu = uL(d + a + f) = uLd + uLa + uLf$$

로 주어진다. 여기서 $d$는 코돈상의 돌연변이들 중 개체의 적응도를 감소시키는, 즉 해로운(deleterious) 돌연변이의 비율이고, $a$는 반대로 이로운(advantageous) 돌연변이, $f$는 중립적인 돌연변이의 비율을 나타낸다. 따라서 $d + a + f = 1$이다. 이때 위 방정식 가장 오른쪽에 위치한 항인 $uLf$가 앞서 우리가 $v$로 정의했던 중립 돌연변이율에 해당한다.

위에서 치환율이 $v$와 같다는 것을 증명했을 때, 우리는 $d$와 $a$가 모두 0이라는 가정을 한 것이다. 실제 집단에서는 분명 빈번히 해로운 돌연변이가 발생한다. 그러나 이것 때문에 우리가 계산한 치환율이 달라지지 않는다. 해로운 대립유전자들은 자연선택에 의해 제거되어 진화적 치환에 기여하지 않기 때문이다.

중립 이론(neutral theory)을 지지하는 연구자들은 $a$가 0에 가깝고 $f$는 $a$에 비해 훨씬 크다는 입장이다. 따라서 이들은 유전자의 진화는 대부분 중립 돌연변이와 유전적 부동에 의해 일어나며 위에 계산한 대로 $v = uLf$의 치환 속도로 일어날 것이라 생각한다.

선택 이론(selectionist theory)을 지지하는 연구자들은 $a$가 무시할 수 없을 만큼 크기 때문에 이로운 대립유전자를 선호하는 자연선택의 작용이 진화의 속도에 크게 영향을 준다고 생각한다.

돌연변이가 고정에 도달하는 것을 의미한다.

유전적 부동만이 작용하여 진화가 일어날 때 치환의 속도는 돌연변이가 일어나는 속도와 일치한다(**계산하기 7.5** 참조). 이는 집단의 크기와 상관없이 성립한다. 왜냐하면 집단의 크기가 관여하는 두 효과가 곱해질 때 서로 상쇄되기 때문이다: 집단이 커지면 더욱 더 많은 돌연변이가 유입되지만 각각의 새 대립유전자가 유전적 부동에 의해 고정이 될 확률은 낮아진다. 유전적 부동 하에 더 큰 집단은 더 높은 수준의 유전적 변이를 생성하고 유지하지만 치환이 일어나는 속도는 모든 크기의 집단들에서 똑같다.

물론 실제는 유전적 부동이 아닌 진화의 기작들도 동시에 작용할 것이다. 그러나 우리가 모델에 일부 자연선택을 추가한다고 하더라도 여전히 비슷한 결과를 얻는다. 어떤 돌연변이들은 해롭고 나머지는 선택적으로 중립적이라고 하자. 해로운 돌연변이들은 자연선택에 의해 제거되어 절대로 고정에 이르지 않는다. 따라서 치환이 일어나는 빈도는 중립적 돌연변이가 생성되는 빈도와 같게 된다.

진화생물학자들 사이에서 위의 치환속도 식을 실제 집단에 적용하는 것이 얼마나 적절한 가에 대한 의견은 양분되어 있다. 위의 모델에서 어떤 효과를 가지는 돌연변이, 즉 어떤 형태의 자연선택이 누락되어 있다는 것은 모두가 동의하는 바이다(계산하기 7.5). 어떤 돌연변이들은 개체에 선택적 유리함을 부여하며, 유전적 부동이 작용할 때보다 훨씬 확실하게 그리고 빠르게 집단 내에 퍼져 고정에 이르게 된다. 그러나 진화학자들은 얼마나 빈번하게 이런 일이 일어날 것인가에 대해 두 가지의 다른 생각을 가지고 있다.

**돌연변이, 유전적 부동, 자연선택이 상호작용을 하면 세 가지 과정이 일어난다: (1) 해로운 돌연변이가 나타나 선택에 의해 제거된다; (2) 중립적인 돌연변이가 나타나 우연히 고정되거나 소실된다; 그리고 (3) 이로운 대립유전자가 나타나 자연선택에 의해 빨리 고정에 도달한다. 전반적인 염기서열 치환 속도를 결정하는 데 있어 과정 (2)와 (3)의 상대적인 중요성은 논쟁의 대상이다.**

오랫동안 Motoo Kimura(1983)의 주도 하에 발전되어 왔던 중립이론(neutral theory)의 지지자들은 이로운 돌연변이가 극히 드물게 일어나며 대다수의 유전자가 가지는 대부분의 대립유전자들은 중립적이라는 입장을 견지한다. 중립주의자들은 대부분의 집단에서 진화의 속도는 중립 돌연변이율과 일치할 것이라 예측한다.

반면에 John Gillespie(1991)가 강력히 주장하였던 선택이론(selectionist theory)의 지지자들은 이로운 돌연변이들이 무시할 수 없을 정도로 빈번히 일어난다고 주장한다. 선택주의자들은 대다수 집단의 유전자들 대부분에서 치환의 속도는 이로운 돌연변이에 작용하는 자연선택의 결과를 반영한다고 생각한다. 중립주의자-선택주의자 논쟁은 주로 분자진화 연구의 영역에서 이루어졌다. 다음 단원에서는 이에 관한 탐구를 할 것이다. 그 전에 먼저 유전적 부동과 자연선택이 어떻게 서로 상호작용을 하는지 고찰할 필요가 있다.

## 유전적 부동 대 자연선택

무한한 크기를 가지는 이상적인 집단에서, 하나의 대립유전자를 다른 것들보다 선호하는 자연선택은 결국 이 대립유전자를 집단에 고정되게 할 것이다. 만약 똑같은 돌연변이가 유한한 크기의 집단에 나타났을 때 이 대립유전자의 빈도가 시간에 따라 변하는 추이는 표본오차의 영향으로 인해 다소 불규칙한 증가의 패턴, 즉 무한한 집단에서 성립되는 매끈한 상승 곡선으로부터 불규칙적으로 어긋난 패턴을 보일 것이다. 그 대립유전자 빈도는 증가할 수도 있고 감소할 수도 있으며, 심지어 완전히 소실될 수도 있다. 반면에, 무한한 크기의 집단에서는 이형접합자를 선호하는 자연선택에 의해 여러 개의 대립유전자들이 평형상태로 영원히 유지될 것이다. 그러나 유한한 집단에서는 유전적 부동에 의해 하나의 대립유전자가 고정되고 동시에 다른 유전자가 소실될 수 있다. 유전적 부동과 자연선택 중에 어느 것이 진화의 방향을 결정하는지는 집단의 크기와 자연선택의 강도 모두에 달려 있다.

Stephen S. Rich와 동료들(1979)은 붉은 밀가루 벌레(red flour beetle; *Tribolium castaneum*)의 실험실 집단에서 자연선택과 유전적 부동의 상호작용을 연구하였다. 그 이름이 암시하듯 이 곤충들은 빨간색을 띤다. 그러나 항상 그렇지는 않다. Rich와 동료들은 $b$ 유전자좌위에 위치한 눈 색깔을 결정하는 유전적 변이를 활용하였다. 야생형 대립유전자를 $b^+$로, 실험실에서 유지되는 돌연변이 대립유전자는 $b$로 명명하였다. 유전자형 $b^+b^+$를 가지는 벌레는 빨간색, $b^+b$는 갈색, 그리고 $bb$는 검은색이다.

다른 커다란 실험의 일부로, Rich와 동료들은 $b^+$와 $b$ 대립유전자의 초기 빈도가 모두 0.5인 24개의 밀가루 벌레 집단을 준비하였다. 이 중 12개의 집단은 수컷과 암컷 모두

50마리로 이루어졌고 나머지 12개는 암수 각각 5마리씩으로 이루어졌다. 이러한 집단 크기가 20세대 동안 유지되었다. 즉, 각 세대에 이 숫자만큼의 암수 성체들을 무작위로 뽑아 다음 세대를 위한 생식을 하게끔 하였다. 그리고 매 세대에 각 집단으로부터 240개의 개체를 무작위 추출하여 두 대립유전자의 빈도를 조사하였다.

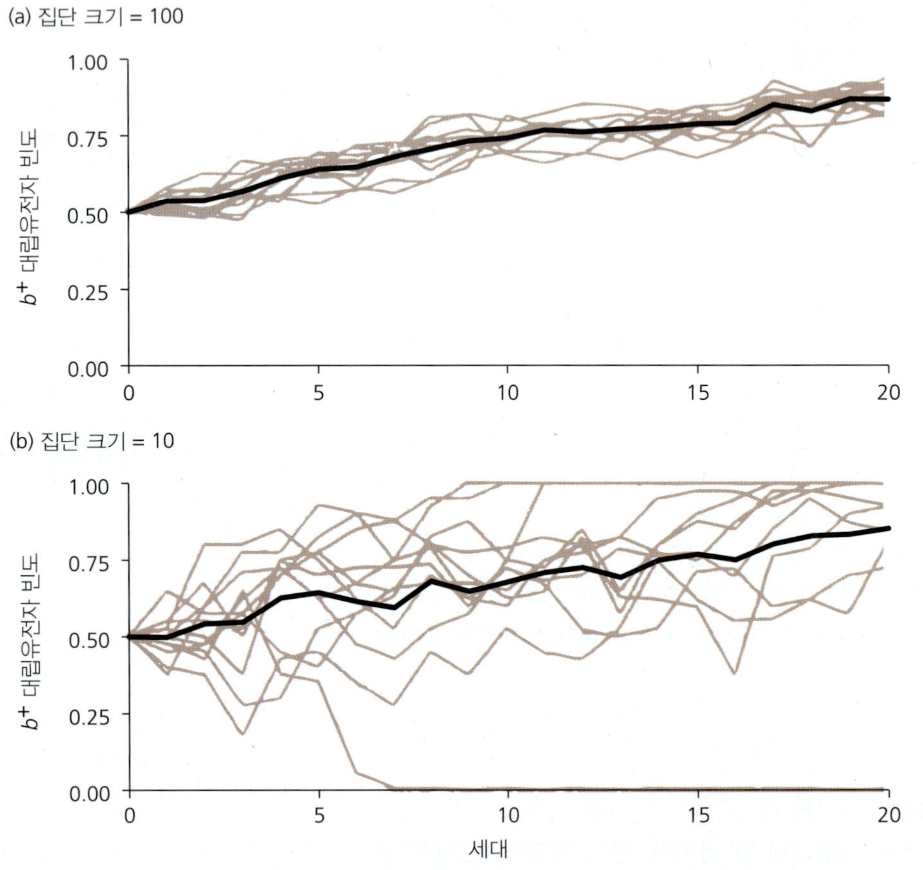


**그림 7.22 집단 크기에 따른 밀가루 벌레의 자연선택과 유전적 부동** 12개 집단으로 이루어진 각 실험군의 평균 대립유전자 빈도를 나타내는 검은색 선은 자연선택의 강도가 큰 (a) 집단과 작은 (b) 집단에서 비슷하다는 것을 보여준다. 개별 집단을 추적한 갈색 선들은 유전적 부동이 작은 집단의 진화에서 더 큰 역할을 했다는 것을 보여준다. Rich et al. (1979)에서 변형됨.

그림 7.22는 그 결과를 보여준다. 갈색 꺾은선은 각 집단에서 $b^+$의 빈도를 추적한 것이다. 검은색 꺾은선은 12개 집단들의 평균 $b^+$ 빈도를 보여준다. 여기서 세 가지의 패턴에 주목할 수 있다.

첫째, 검은 선들은 $b^+$ 대립유전자의 빈도가 전반적으로 시간에 따라 증가하는 것을 보여준다. 전체 실험결과를 종합할 때, 이 경향이 통계학적으로 유의한 것임을 Rich와 동료들이 알게 되었다. 이 패턴은 자연선택의 작용과 일치한다. 연구자들은 $b^+b^+$, $b^+b$, $bb$ 유전자형의 상대적 적응도가 1, 0.95, 0.9인 것으로 추정하였다. 이 결과는 또한 이형접합자 유전자형이 가장 높은 적응도를 가진다는 가설과도 어긋나지는 않지만, 그렇다고 하기에는 $b^+$의 평형 빈도가 너무 높게 관찰되었다.

둘째, 갈색 선들은 집단들 간의 대립유전자 빈도에 상당한 편차가 있음을 보여준다. 이 패턴은 유전적 부동의 작용으로 설명된다.

셋째, 그래프 (a)와 (b)의 비교를 통해 큰 집단들보다 작은 집단들이 훨씬 다양한 진화의 경로를 거쳐 왔다는 것을 알 수 있다. 작은 집단들에서는 유전적 부동이 우세하게 작용하였다. 실제로, 한 집단에서는 더 높은 적응도를 가지는 대립유전자가 우연히 감소하여 소실되었고 따라서 낮은 적응도를 가지는 대립유전자가 고정되었다. 그러나 큰 집단에서는 자연선택이 우세하게 작용하였다.

**집단들이 자연선택과 유전적 부동을 동시에 겪을 때, 작은 집단들은 더욱 다양한 진화적 결과에 도달한다.**

그렇다면 주어진 크기의 집단에서 자연선택이 유전적 부동을 극복하고 대립유전자의 운명을 결정하는 역할을 하기 위해서는 대립유전자가 지니는 선택적 유리함이나 불리함이 얼마나 커야 할까? 먼저 돌연변이에 의해 이제 막 생겨난 새 대립유전자가 곧 어떤 운명을 맞이할 것인지 고찰해보자. $N$개의 이배체 개체로 이루어진 집단에서 새 대립유전자의 빈도는 $\frac{1}{2N}$이다. 즉, 집단이 매우 작지 않은 한 새 대립유전자들는 낮은 빈도에서 출발한다는 것을 의미한다. 만약 유전적 부동만이 유일한 진화의 기작이면 이 대립유전자가 궁극적으로 고정될 확률은 계산하기 7.3에서 본 대로 이 초기 빈도 $\frac{1}{2N}$과 같다. 따라서 대부분의 새 돌연변이는 나타난 후 금방 사라지게 된다.

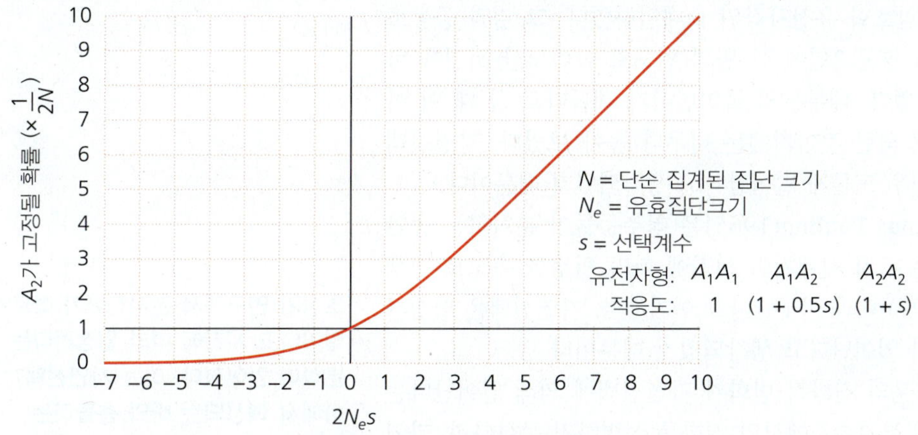


**그림 7.23 유전적 부동과 자연선택** 붉은색 곡선은 집단유효크기와 선택의 강도에 따라 새 대립유전자가 집단에 고정될 확률을 유전적 부동에 의해 일어날 확률의 상대적인 값으로 나타내었다. Charlesworth (2009)에서.

이제 새 돌연변이가 고정되는 확률은 자연선택이 가해짐으로써 증가하거나 감소하게 되는데, 그 정도를 계산하는 것이 가능하다. 이에 관한 수학적 해법은 이 책의 수준을 넘어서나(Kimura 1964), 그 결과는 그래프로 요약될 수 있다. 그림 7.23이 한 예이다(Charlesworth 2009). 세로축은 돌연변이에 의해 생성된 새 대립유전자가 궁극적으로 고정될 확률을 나타낸다. 여기서 이 확률은 유전적 부동만이 작용할 때의 값 $\frac{1}{2N}$의 배수로 표시되었다. 가로축은 유효집단크기($N_e$)와 자연선택의 강도($s$)를 복합적으로 나타낸 변수이다. 이 변수는 $2N_es$의 배수로 표시된다.

**만약 유효집단크기의 두 배에 선택계수를 곱한 것이 −1보다 작거나 1보다 크면 이 대립유전자가 고정에 이르거나 소실되는 확률이 자연선택에 의해 크게 좌우된다.**

만약 $2N_es$가 0이면, 이는 자연선택이 작용하지 않는다는 것을 뜻함으로 새 대립유전자가 고정될 확률은 $\frac{1}{2N}$이 된다. 반면에 만약 $2N_es$가 5이면 새 대립유전자가 고정될 확률은 5배 높아진다. $2N_es$가 높아지는 방법에는 두 가지로 유효집단크기가 커지거나 자연선택의 강도가 커지는 것이다. 유효크기가 10,000인 집단에서는 선택계수가 겨우 0.0005일 때 새 돌연변이의 고정 확률이 10배 증가한다. 그렇지만 극히 낮은 확률의 10배라고 해도 여전히 낮은 확률이다.

자연선택이 해로운 돌연변이에 가해질 때, $2N_es$는 음수가 되고, 이 돌연변이가 고정될 확률은 유전적 부동만 작용했을 때에 비해 작아진다. $2N_es$가 −5보다 작으면 실질적으로 새 대립유전자가 고정이 될 가능성은 없다. 그러나 집단의 크기가 매우 작거나 자연선택이 매우 약하면 해로운 돌연변이가 고정될 확률은 중립적인 또는 이로운 돌연변이가 고정될 확률과 거의 같게 된다.

요약하자면, 유전적 부동은 진화의 비적응적(nonadaptive) 기작이다. 무작위적 표본오차의 결과로, 대립유전자 빈도가 세대를 거쳐 변화한다. 유전적 부동은 어떤 대립유전자는 고정되게, 다른 것들은 소실되게, 그리고 전반적인 유전적 다양성은 감소되게 한다. 유전적 부동은 작은 집단에서, 자연선택이 약할 때, 그리고 그 효과가 여러 세대에 걸쳐 누적될 때 큰 영향력을 발휘한다.

## 7.3 유전적 부동과 분자진화

분자진화 연구는 사람과 다른 척추동물에서 헤모글로빈과 시토크롬 *c* 등 많은 양으로 존재하고 널리 분석되었던 단백질의 아미노산 서열이 생화학자들에 의해 성공적으로 결정되었던 1960년대 중반부터 시작되었다. 이 서열들은 진화생물학자들이 분자 변화의 양과 속도를 종들 간에 비교할 수 있는 기회를 처음으로 제공하였다.

이 분야의 초기 연구자들은 몇 가지 놀라운 관찰을 하였다. 그 중에서도 Motoo Kimura(1968)는 많이 연구된 단백질의 사람과 말 간 아미노산 서열 차이를 화석 증거로 얻은 종 간 분화 시간으로 나누어 시간에 따른 서열 변화의 속도를 계산해내었다. 그리고 그는 이 속도를 유전체의 모든 단백질 암호화 유전자좌위에 대입하였다. 그 결과 공동조상으로부터 두 계보가 갈라져 나오면서 평균 2년에 한 번의 빈도로 아미노산 서열을 바꾸는 돌연변이가 고정된다는 결론을 얻었다. 대부분의 돌연변이가 해롭다고 할 때 이 아미노산 서열 변화의 속도는 자연선택에 의한 것이기에는 너무나 높아 보였다. 자연선택에 의해 고정되는 이로운 돌연변이는 매우 드물게 일어난다고 생각되었기 때문이다.

두 번째로 Emil Zuckerkandl과 Linus Pauling(1965)은 척추동물이 분화하는 동안 어떤 단백질들의 아미노산 서열 변화는 마치 시계처럼 시간에 따라 일정한 속도로 진행한다는 것을 관찰하였다. 이것 역시 자연선택과 어긋난다고 여겨졌다. 자연선택은 일정하기 보다는 단속적인 환경의 변화에 따라 일어난다고 생각되었기 때문이다.

초창기 연구에서 분자진화가 빠르게 일어나고 시간에 따라 일정하다는 분석이 얻어졌다. 이는 자연선택 하에서 예상되는 바와 충돌하는 결론이다.

즉, 분자진화의 초기 데이터는 대부분의 진화적 변화가 자연선택에 의해 일어난다는 생각과 잘 부합하지 않았다. 자연선택이 분자수준에서의 진화를 설명하지 못한다면, 과연 무엇이 빠르고 시계처럼 일정한 변화의 원인일까? 많은 연구자들은 그 해답이 유전적 부동이라고 믿는다.

### 분자진화의 중립이론

Kimura(1968, 1983)는 아미노산 서열 분화에서 관찰된 패턴을 설명하기 위해 **중립이론 (neutral theory)**을 정립하였다. 중립이론의 핵심주장을 이해하기 위하여 돌연변이들은 적응도에 미치는 영향에 따라 세 가지로 분류된다는 것을 기억하자. 어떤 돌연변이들은 해롭고, 어떤 것은 중립적이며, 어떤 것은 이롭다. 해로운 돌연변이들은 자연선택에 의해 제거되어 분자진화에 기여하지 않는다. 중립적인 (또는 다음에 살펴볼 "거의" 중립적인) 돌연변이들은 유전적 부동에 의해 빈도가 증가하기도 감소하기도 하며, 대부분 소실되지만 일부는 고정된다. 이로운 돌연변이들은 초기의 낮은 빈도에 머물 때 유전적 부동에 의해 빈번히 소실되지만 그렇지 않은 경우 자연선택의 작용으로 확산되어 고정에 이르게 된다. Kimura의 중립이론은 유전적 부동에 의해 중립적인 돌연변이가 고정에 이르는 횟수가 이로운 돌연변이가 자연선택에 의해 고정되는 횟수보다 압도적으로 많다고 주장하는 것이다. 따라서 자연선택이 아닌 유전적 부동이 분자진화의 주요 메커니즘이라는 것이다.

중립이론은 돌연변이에 의해 생성되고 유전적 부동에 의해 빈도가 변하는 새 대립유전자들의 운명을 결정한다. 이 이론으로 염기서열 수준에서 일어나는 대부분의 진화적 변화를 설명할 수 있다고 주장하기도 한다.

유전적 부동이 서열 진화를 지배한다는 그의 관점과 계산하기 7.5에서 자세히 다룬 계산에 근거하여 Kimura는 분자진화의 속도는 돌연변이가 일어나는 속도와 대략 일치할 것이라고 생각했다.

Kimura의 이론은 진화생물학자들을 놀라게 하였다. 유전적 부동이 큰 집단보다 작은 집단에서 더 큰 효과를 가진다고 할 때, 진화의 속도에 미치는 집단 크기의 영향이 없다는 것이 직관적으로 받아들여지지 않았다. 또한 자연선택에 의한 분자진화가 유전적 부동에 의한 변화에 비하면 무시할 수 있을 만큼 적게 일어난다는 것을 쉽게 받아들일 수 없었다.

Kimura의 이론은 헤모글로빈, 시토크롬 *c*, 그리고 다른 단백질들의 아미노산 서열이 일정한 속도로 변화하는 현상을 잘 설명하는 듯 보였지만, 이는 다소 제한된 데이터로부터 유추된 것이다. 대량의 DNA 서열 데이터가 확보된 지금 중립이론의 입지는 어떠할까?

## DNA 서열 분기의 양상

1970년대 후반부터 80년대에 이르기까지 생물학자들은 규모가 커져가는 DNA 서열 데이터베이스를 뒤져 여러 유전자좌위의 유전적 변화 정도와 속도를 분석하였다. 조사한 서열의 종류에 따라 관찰되는 패턴이 달랐다. 가장 기본적인 구분은 암호화(coding)와 비암호화(noncoding) 서열 간에 있다. 암호화 서열들은 tRNA, rRNA 또는 단백질을 만드는 정보를 포함하고 있으며 비암호화 서열들은 인트론, 암호화 영역의 인접 부분, 그리고 위유전자(pseudogene) 등을 포함한다. 서열의 타입에 따른 진화 속도와 패턴에 대하여 중립이론이 내놓은 예측과 그 예측이 어떻게 입증 또는 기각되었는지 알아보자.

### 위유전자는 중립진화의 기본 속도를 정해준다

위유전자는 유전자 반복의 결과로 생성된, 기능을 잃어버린 DNA 서열이다(5장 참조). 단백질을 암호화하고 있지 않기 때문에 위유전자에 일어난 돌연변이는 적응도에 영향을 미치지 않고 중립적이어야 한다. 그러한 돌연변이가 집단에 고정됐다면 이는 오로지 유전적 부동의 결과일 수밖에 없다. 따라서 위유전자들은 중립진화의 패러다임을 제공한다고 여겨진다(Li et al. 1981). 중립이론이 예측하는 바와 같이 위유전자에서 관찰되는 염기서열의 분기 속도는 핵 유전체에 속한 여러 유전자좌위 중 가장 높은 편에 속하였다(Li et al. 1981; Li and Graur 2000). 여기서 서열의 분기 속도는 중립 돌연변이율 *v*와 일치할 것이다. 이 발견은 분자수준의 진화적 변화에 관한 중립이론의 예측에 부합한다. 또한 이를 통해 유전적 부동에 의한 진화의 속도를 측정할 수 있다. 사람과 침팬지 사이에, 이 속도는 약 $2.5 \times 10^{-8}$/뉴클레오티드/세대이다(Nachman and Crowell 2000). 이것을 기준(대표) 속도로 할 때 다른 타입의 서열들이 변하는 속도는 어떠할까?

**위유전자의 진화는 중립이론의 가정과 예측에 잘 들어맞는다.**

### 대부분의 암호화 서열에서 침묵치환 자리는 대체치환 자리보다 빨리 변한다

5장에서 본 바와 같이 DNA 염기는 세 문자로 이루어진 코돈으로 읽히고 유전암호는 상당히 중복되어 있다. **그림 7.24a**에 일부 나와 있는 유전암호 표에서 페닐알라닌, 류신, 세린은 각각 둘, 둘, 네 개의 코돈에 의해 암호화되어 있다. 그림 7.24에서 보듯, 염기쌍

**그림 7.24 인플루엔자 바이러스의 분자진화는 중립이론에 부합한다** 유전암호에 중복성이 있기 때문에(a) 두 가지 점 돌연변이가 일어난다(b). 중립이론은 그 두 가지 돌연변이가 유전적 부동에 의해 누적될 것이라 예측한다. 그러나 침묵치환이 더 빠르게 누적된다(c). 데이터는 인플루엔자 바이러스에서 얻어졌다. Gojobori et al. (1990)에서.

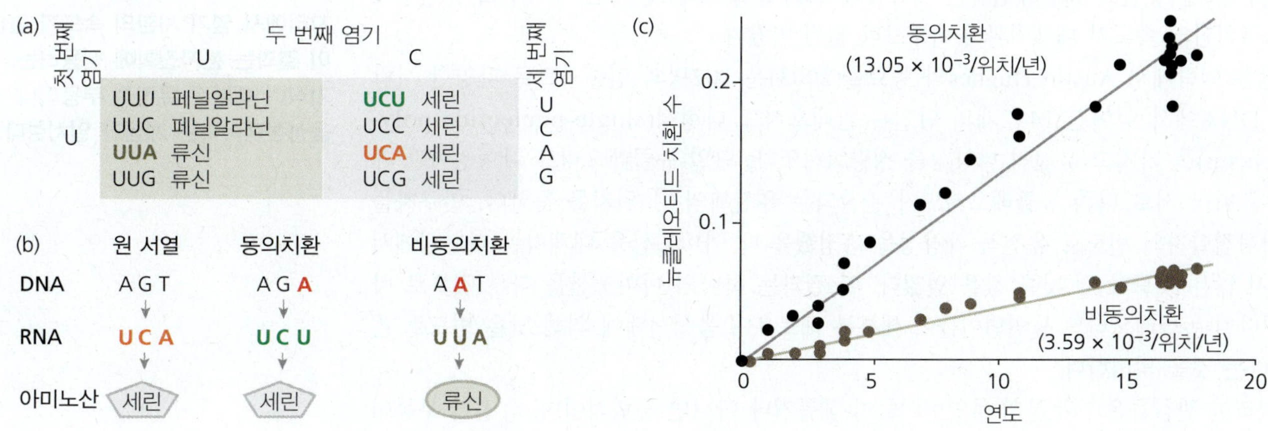

의 변화는 아미노산의 변화를 가져올 수도 아닐 수도 있다. 아미노산의 변화를 가져오지 않는 DNA 서열의 변화를 **침묵(silent-site)**, 또는 **동의(synonymous)** 돌연변이라고 하고 아미노산의 변화를 가져오는 변화를 **대체(replacement)**, 또는 **비동의(nonsynonymous)** 돌연변이라고 한다.

그림 7.24c에는 인플루엔자 바이러스 한 유전자의 침묵치환 대 대체치환 속도를 보여주고 있다. 이 결과는 1968년에 수집된 검체를 기준으로 하여 20년간 수집된 인플루엔자 바이러스의 서열들을 비교하여 얻어졌다(Gojobori et al. 1990). 두 종류의 치환 모두 시간에 비례하여 시계가 돌아가듯 일정 속도로 쌓였으나 침묵치환이 대체치환보다 빠르게 일어났다.

이 패턴은 중립이론과 잘 맞아떨어진다. 침묵 변화는 아미노산 변화를 가져오지 않기 때문에 단백질의 기능에 작용하는 자연선택에 노출되지 않는다. 따라서 침묵 돌연변이에 의해 생성된 새 대립유전자들의 빈도는 대체로 유전적 부동에 의해 증가하거나 감소하게 된다. 반면 대체 돌연변이는 단백질의 아미노산 서열을 변화시킨다. 만약 아미노산 변화가 해롭다면 이들은 자연선택에 의해 제거되면서 빈도가 낮아져 쉽게 검출되지 않을 것이다. 이러한 종류의 자연선택을 **음성선택(negative selection)** 또는 **정화선택(purifying selection)**이라고 부르며, 이로운 돌연변이에 대한 **양성선택(positive selection)**과 반대되는 개념이 된다. 이보다 낮은 빈도로 일어나지만, 단백질의 기능에 아무 변화를 가져오지 않는 대체 돌연변이도 있으며 이들은 유전적 부동에 의해 고정에 이르게 된다.

**해로운 돌연변이를 없애는 자연선택을 음성선택이라고 한다. 이로운 돌연변이를 선호하는 자연선택을 양성선택이라고 한다.**

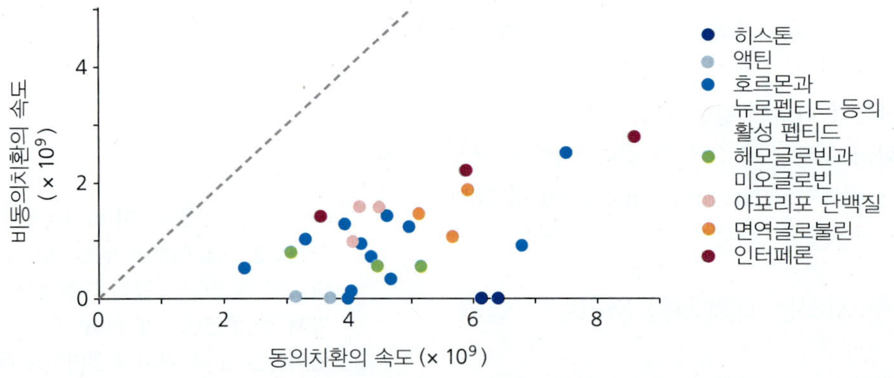


**그림 7.25 뉴클레오티드 치환의 속도는 유전자에 따라 그리고 유전자 내 위치에 따라 다르다** 단백질 암호화 유전자들을 사람과 생쥐 또는 쥐와 비교하여 대체치환과 침묵치환의 속도를 얻어 점들로 표시하였다. 단위는 각 위치의 10억 년당 치환의 수로 주어진다. 각 유전자에서 비교된 코돈의 숫자는 28에서 435개에 이른다. Li and Graur (1991)의 데이터.

분자생물학자들은 많은 수의 단백질 암호화 유전자좌위에서 대체치환과 침묵치환의 속도를 비교하였다. 그림 7.25의 점선은 대체치환과 침묵치환이 같은 속도로 누적되는 경우의 예상 패턴을 나타낸다. 대체치환이 더 빨리 일어나는 유전자는 점선 위쪽에, 침묵치환이 더 빨리 일어나는 유전자는 아래쪽에 표시될 것이다. 분석된 대다수의 유전자에서 침묵치환의 속도가 대체치환의 속도보다 훨씬 빨랐다.

**대부분의 암호화 서열에서, 대체치환 자리에서 보다는 침묵치환 자리에서 염기 치환의 속도가 높다. 이 결과는 분자진화에 작용하는 기작이 대부분 유전적 부동이나 음성선택이라는 개념과 일치한다.**

같은 맥락에서 Austin Hughes와 동료들(2003)은 102명의 인종적으로 다양한 사람들의 DNA에서 얻어진 1442개의 단일-뉴클레오티드 다형성(single-nucleotide polymorphism)을 가지고 유전적 다양성을 정량화하였다. 단일-뉴클레오티드 다형성이란 개체들에 따라 서로 다른 뉴클레오티드가 관찰되는 유전체의 한 위치를 뜻한다. 연구자들은 이형접합자의 빈도로 유전적 다양성을 측정했을 때 아미노산을 대체하는 다형성에서 그렇지 않은 것보다 더 낮은 값을 얻었다. 이 결과는 하나의 아미노산을 다른 것으로 바꾸는 단일-뉴클레오티드 돌연변이들이 대부분 해로우며 음성선택에 의해 낮은 빈도로 존재한다는 것을 의미한다.

이러한 관찰들은 대부분의 돌연변이들이 해롭거나 아니면 중립적이며, 유전적 부동이 분자진화에 우세하게 작용한다는 예측과 잘 부합한다. 따라서 이는 중립이론의 핵심견해를 뒷받침한다.

## 유전자좌위 간의 편차: 기능적 제약의 증거

그림 7.25에 나타난 데이터는 또 하나 중요한 패턴을 보여준다. 인간과 설치류들의 상동관계에 있는 아미노산 서열들을 비교했을 때 어떤 유전자좌위는 거의 동일하였고 다른 유전자좌위들은 빠르게 분화하였다. 이는 전형적인 결과이다. 분자진화의 속도는 유전자좌위에 따라 매우 다르다.

가장 중요한 세포의 기능을 수행하는 유전자들이 가장 느린 대체치환을 겪는다는 사실이 이 패턴을 설명할 수 있다. 예를 들어, 히스톤 단백질들은 DNA와 상호작용을 하여 함께 뉴클레오솜 구조를 형성한다. 이 히스톤-DNA 중합체는 진핵생물 크로마틴 섬유의 주요 구조 단위이다. 히스톤의 아미노산 서열이 변화하면 뉴클레오솜의 구조적인 완결성이 저해되어 DNA 전사와 조절에 나쁜 영향을 끼친다. 반면에 세포 기능에 별로 중요하지 않아 덜 엄격한 기능적 제약을 받는 유전자들은 더 빠른 대체치환의 속도를 보인다. 기능적 제약이 작으면 더 많은 비율의 대체 돌연변이들이 중립적이 되어 유전적 부동에 의해 고정에 이를 수 있게 된다.

## 근사적으로 중립적인(nearly neutral) 돌연변이

위와 같이 중립이론은 여러 가지 중요한 분자진화의 패턴을 잘 설명하는 것으로 보인다. 그러나 여러 종에 걸쳐 단백질의 변화가 시계와 같이 일정한 속도로 일어난다는 것을 보여주는 데이터는 사실 중립이론에 비추어 문제가 된다. 문제는 중립 돌연변이율 $\nu$는 종의 세대 길이에 따라 달라야 하며 시계처럼 절대적이면 안 된다는 것이다. 한 세대의 길이가 짧은 종에서는 그것이 긴 종에서보다 주어진 시간 간격 안에 더 많은 DNA 복제가 일어나서 더 많은 중립치환이 발생해야 한다. 이 기대와는 다르게, 적어도 일부 단백질 서열들의 비교에서 종에 따른 세대 길이에 상관없이 서열의 변화가 시계처럼 절대 시간에 비례하여 일어난다는 것이 밝혀졌다. 다양한 세대 길이를 가지는 여러 종의 동물들과 사람을 비교하여 **그림 7.26**에 나타낸 데이터 값들은 대략 일직선 상에 놓여 있다.

이 현상을 설명하기 위해, Tomoko Ohta와 Motoo Kimura(1971; Ohta 1972, 1977)는 새 돌연변이의 고정 확률이 어떻게 유효집단크기와 선택의 강도에 의존하는지 고려하였다. 우리는 그림 7.23에서 이 변수들 간 관계의 예를 보았다. 유효집단크기와 선택계수를 곱하고 여기에 2를 곱한 값이 충분히 0에 가까우면, 즉 집단이 아주 작거나 선

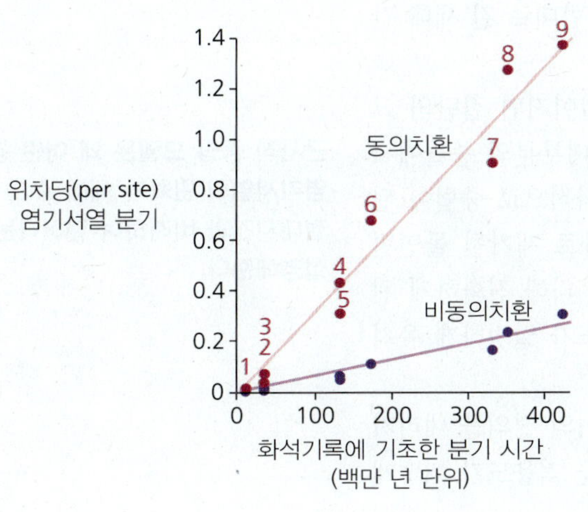


**그림 7.26 척추동물의 분자시계는 세대 수가 아닌 절대 시간에 비례하여 돌아간다** 사람의 염기서열을 세대 길이가 긴 다른 종들(침팬지, 오랑우탄)과 비교하거나 세대 길이가 짧은 종들(생쥐, 얼룩물고기)과 비교하거나에 상관없이 염기서열의 분기의 정도는 절대 시간에 정비례한다. 각 점은 4,000개 이상 유전자의 평균을 나타낸다. Nei et al. (2010)에서.

택의 강도가 아주 낮거나 또는 두 가지 모두일 때, 대립유전자가 고정에 이르는 확률이 돌연변이가 중립적일 때의 확률과 거의 같게 된다. 이때 대립유전자의 빈도는 주로 유전적 부동의 작용에 의해 변한다. 유한한 집단의 진화유전학 모델에서는, 중립 대립유전자와 근사적 중립 대립유전자가 같은 동태를 보인다.

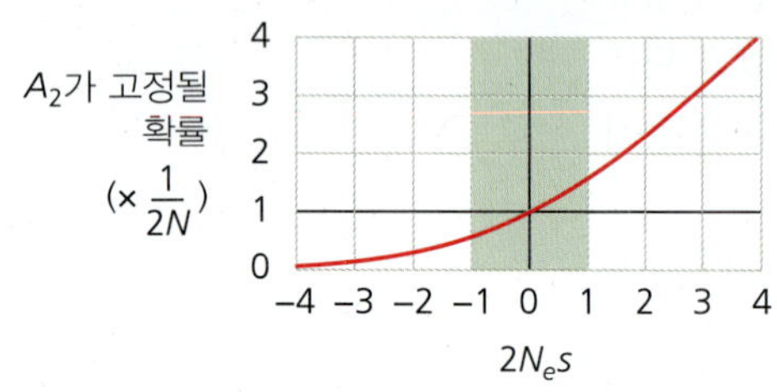


**그림 7.27 근사적 중립 진화의 정의** 연두색의 띠는 새로운 돌연변이의 빈도가 주로 유전적 부동에 의해 변하는 $2N_e s$의 영역을 나타낸다. Charlesworth (2009)에서.

그림 7.23의 일부분이 **그림 7.27**에 확대되어 있다. 이 그래프를 보았을 때, $|2N_e s|$의 값에 임의적인 어떤 상한선을 설정하면 그 밑의 범위일 때 돌연변이가 거의 (근사적으로) 중립적이라고 부를 수 있을 것이다. 이는 또한 선택계수가 어떻게 정의되었는가에 달려 있다. Ohta와 Kimura(1971)의 분석에 따르면 선택계수가 위의 그래프에서와 같이 정의되었을 때 적절한 범위는 $|2N_e s| \leq 1$ 또는 $|s| \leq \frac{1}{2N_e}$이다. 이것이 위 그래프 가운데에 연두색 띠로 표시된 영역이다.

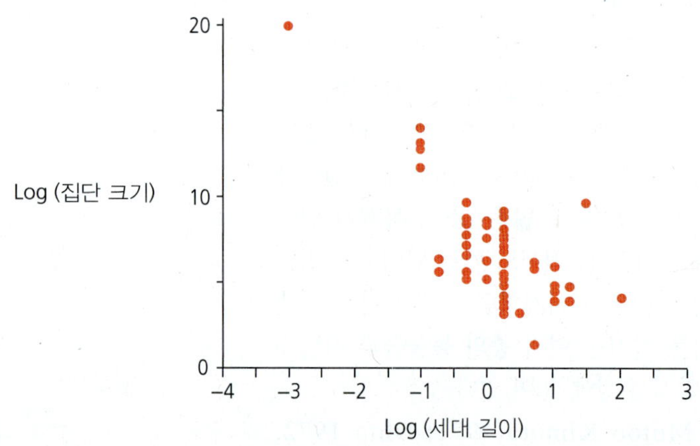


**그림 7.28 집단 크기와 세대 길이** 여러 생물에 있어, 한 세대가 길수록 집단 크기는 감소한다. 이 로그-로그 변환 그래프에 나타난 바와 같은 역비례 관계의 유의함은 통계적 방법으로 검증되었다. Chao and Carr (1993)에서.

근사적 중립 돌연변이들이 분자 시계가 누적 세대의 수가 아닌 시간의 절대값에 비례하여 증가한다는 사실을 설명할 수 있을까? Lin Chao와 David Carr(1993)가 보여준 바와 같이 종의 평균 집단 크기와 세대 길이에는 매우 뚜렷한 음의 상관관계가 존재한다. 짧은 세대 간격을 가지는 종들은 큰 집단 크기를 가지는 경향이 있다. 반대로 긴 세대 간격을 가지는 종들은 집단 크기가 작은 편이다(**그림 7.28**).

**근사적 중립 모델은 왜 어떤 경우 염기서열의 변화가 세대 수가 아닌 절대시간과 비례하여 일어나는지 설명해준다.**

이는 매우 중요하다. 왜냐하면 Ohta가 주장했듯이 세대 간격이 길어지면 집단의 크기, 따라서 $|2N_e s|$의 값이 작아지기 때문이다. 즉, 많은 돌연변이들, 대부분의 종들에서 빈번하게 발생하는 조금 해로운(mildly deleterious) 돌연변이들은 근사적으로 중립이 된다. 수명이 짧은 개체들로 이루어진 큰 집단에서 정화선택에 의해 바로 제거될 돌연변이들이 수명이 긴 개체들로 이루어진 작은 집단에서는 유전적 부동에 의해 진화하게 된다. 결과적으로 세대 길이가 다양한 종들에 걸쳐서 진화적 치환의 속도가 일정하게 유지된다.

Masatoshi Nei(2005)는 생물학적으로 더 의미 있는 중립 돌연변이의 정의를 내리기 위해서는 돌연변이가 고정에 이르기까지 걸리는 시간 동안 집단의 평균 적응도가 어떻게

변하느냐를 고려해야 한다고 제안하였다. $s$가 그림 7.27에서와 같이 주어졌을 때, Nei는 $|s| \leq 0.002$가 실질적으로 중립적인 돌연변이의 범위라고 할 것이다. 매우 큰 집단의 진화유전학 모델에서는 이 정도의 자연선택이면 돌연변이를 고정에 이르게 할 수 있다. 그러나 그 과정에 필요한 시간은 비현실적으로 길 수 있다(Nei et al. 2010). 더구나, 적응도에 미미한 영향을 끼치는 대립유전자라면, 시간이 지남에 따라 새로운 환경과 유전적 배경에 노출되면서 자연선택의 강도 나아가 그 방향까지도 바뀔 것이라 예상할 수 있다.

## 영가설로서의 중립이론: DNA 서열로부터 자연선택의 검출

중립이론과 근사적 중립이론은 처음 제안되었을 때부터 열띤 논쟁을 불러일으켰다(Berry 1996; Ohta and Kreitman 1996 참조). 양성선택에 의해 고정되는 이로운 돌연변이의 수는 유전적 부동의 영향을 받는 돌연변이의 수에 비해 아주 적다고 Kimura(1983)와 King과 Jukes(1969)가 주장한 것이 논란의 핵심이었다. 이 주장은 정확할까? 분자수준에서 진화의 주된 요인이 자연선택인지 아니면 유전적 부동인지는 어떻게 알 수 있을까?

**중립이론–선택이론 논쟁은 분자진화를 설명하는 데 있어 유전적 부동과 양성선택의 상대적인 중요성에 관한 대립이다.**

개체들 간의 상동 DNA 서열을 비교하고 그 차이에 대한 설명을 구할 때 연구자들은 일상적으로 중립이론을 영가설로 채택한다. 중립이론은 자연선택의 부재 하에서 DNA 서열 변화의 속도와 패턴을 예측할 수 있게 해준다. 만약 관찰되는 변이가 중립이론의 예측 패턴과 유의하게 다르다면, 그리고 문제의 서열이 생물학적인 기능과 관련이 있다는 것을 보여줄 수 있다면 자연선택이 분자진화를 일으켰다는 증거로 쓰일 수 있다.

아래에 자연선택에 의한 분자진화를 검출하는 데 이용되고 있는 몇 가지 전략을 살펴보려고 한다. 아미노산 대체치환에 관한 연구부터 시작하여 많은 침묵치환 돌연변이도 역시 자연선택의 작용을 받는다는 증거에 대해 고찰할 것이다.

### 대체(비동의) 돌연변이들에 작용하는 선택

앞서 중립이론에 의하면 침묵(동의) 돌연변이들이 대체로 유전적 부동에 의해 진화할 것이다. 대체 돌연변이들은, 해로우면 음성선택에 의해 제거되어 관찰되지 않을 것이고, 중립적이면 유전적 부동에 의해 진화할 것이라고 예측된다. 그러나 어떤 유전자에 이로운 대체 돌연변이가 나타나 양성선택에 의해 집단 전체로 확산되어 고정된다면 중립이론은 기각된다. 따라서 어떤 유전자에서 일어나는 아미노산 대체 돌연변이가 해로운지, 중립적인지, 이로운지 알기 위해서는 두 개의 염기서열을 비교하여 단위 길이당 비동의(대체) 치환의 빈도($d_N$)와 동의(침묵) 치환의 빈도($d_S$)를 계산하여야 한다. 그 비율을 취하면,

$\frac{d_N}{d_S} < 1$이면 대체 돌연변이들이 주로 해롭다,

$\frac{d_N}{d_S} = 1$이면 대체 돌연변이들이 중립적이다,

$\frac{d_N}{d_S} > 1$이면 대체 돌연변이들이 주로 이롭다는

증거로 받아들일 수 있다.

**염기서열이 유전적 부동과 음성선택에 의해 진화하면, 동의(침묵)치환의 수가 비동의(대체)치환의 수를 넘어서게 된다. 염기서열이 유전적 부동과 양성선택에 의해 진화하면, 비동의치환의 수가 동의치환의 수를 넘어서게 된다.**

Austin Hughes와 Masatoshi Nei(1988)는 면역체계에서 중요한 역할을 하는 유전자들의 대체치환과 침묵치환의 비율을 추정하여 중립이론을 검정하였다. 포유류의 세포가 박테리아나 바이러스에 감염되면 세포는 박테리아나 바이러스 단백질의 일부를 세포표면에 노출시킨다. 그러면 면역세포가 감염된 세포를 죽여 박테리아나 바이러스가 증식하여 다른 정상세포를 감염시키는 것을 막는다. 병원체 단백질과 결합하여 세포외부로 노출시키는 역

할을 하는 세포막 단백질을 조직적합성 복합체 또는 MHC라고 부른다. MHC 단백질 가운데 체외에서 유래하는 펩티드와 결합하는 부분을 항원 인식 부위(antigen recognition site, ARS)라고 한다. Hughes와 Nei(1988)는 사람과 쥐의 MHC 유전자좌위의 ARS 서열에서 일어난 변화를 분석하였다.

Hughes와 Nei가 12명의 사람들의 MHC 복합체 대립유전자들을 비교하고 침묵치환 자리와 대체치환 자리에서 일어난 변화를 비교해보니, 대체 변이가 침묵 변이보다 훨씬 많았다. 비록 차이의 정도는 낮았지만 쥐 MHC의 ARS에서도 같은 패턴이 관찰되었다. 이 패턴은 대체치환이 선택적으로 이로울 때만 가능하다. 그 이유는, 중립적인 대립유전자들이 우연의 작용으로 집단 내에 퍼지는 것에 비해 양성선택을 받는 아미노산 대체 변이들이 훨씬 빠르게 퍼지기 때문이다.

그러나 Hughes와 Nei가 이 패턴을 ARS에서만 관찰했다는 것이 중요하다. MHC의 다른 엑손에서는 대체변이가 침묵 변이보다 훨씬 적거나 전혀 관찰되지 않았다. 즉 ARS 외의 다른 부위에서는 유전적 부동이 염기서열의 진화적 변화에 우세하게 작용한다는 영가설을 기각하지 못하였다.

**분자진화의 많은 사례에서, 대체치환이 동의치환보다 많이 일어나는 것이 관찰되는데, 이는 양의 자연선택이 일어나는 증거이다.**

Gavin Huttley와 동료들(2000)의 *BRCA1* 유전자 연구가 또 하나의 예이다. *BRCA1*은 유방암의 발생과 밀접한 관련이 있는 유전자로 손상된 DNA를 복구하는 단백질을 암호화하고 있으며(O'Connell 2010 참조) 신경 발달 과정에서 세포 사멸의 조절을 담당하고 있다(Pulvers and Huttner 2009). Huttley와 동료들은 여러 포유동물들의 *BRCA1* 유전자 11번 엑손 서열을 얻어 현생 종들과 이들의 공동조상을 연결하는 계통수를 작성하고, 이 계통수의 각 가지를 따라 대체치환과 침묵치환이 얼마나 일어났는가를 추정하였다(그림 7.29). 계통수 대부분의 가지들에서 $\frac{d_N}{d_S}$ 값은 1보다 작아 중립이론의 주장과 일치했다. 그러나 사람과 침팬지를 그들의 공동조상과 연결하는 가지들에서 $\frac{d_N}{d_S}$가 1보다 유의하게 크게 추정되었다. 이는 인간과 침팬지의 조상들이 11번 엑손 서열에 작용하는 양성선택 하에 놓여 있었음을 보여준다. 이 자연선택의 직접적인 원인은 아직 알 수 없으나, Pulvers와 Huttner(2009)는 아마도 두뇌의 크기와 관련이 있을 것이라 추측한다.

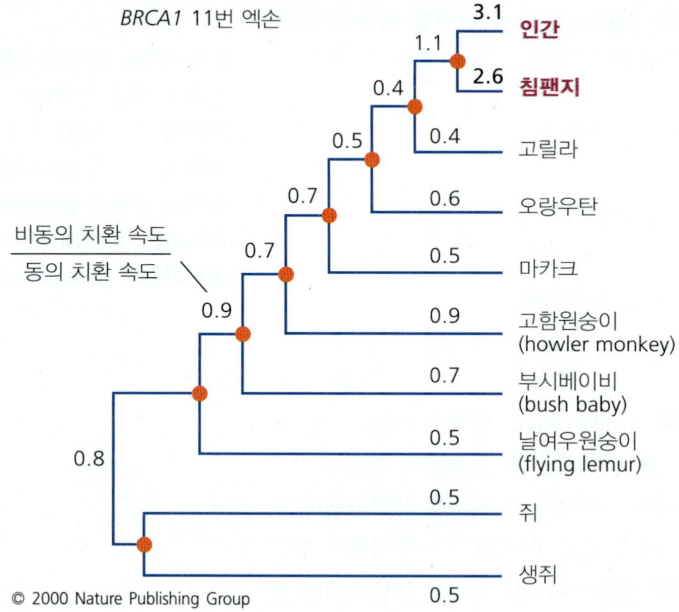


**그림 7.29 사람과 침팬지 *BRCA1* 유전자 위에 일어난 양성선택** 이 계통수의 대다수 가지는 중립진화에 부합하게도 1보다 작은 대체치환 대 침묵치환의 비율을 나타낸다. 그러나 사람과 침팬지로 뻗은 가지들 위에는 양성선택과 일치하게도 이 비율이 유의하게 1보다 크다.

**침묵 변이와 대체 변이의 종 내 그리고 종 간 비교.** Hughes와 Nei 그리고 Huttley와 동료들의 연구는 중립적 치환으로 설명되지 않는 유전자 부위의 명확한 사례를 제시하였다. 또한 여러 연구자들의 노력에 의해 대체치환이 침묵치환보다 많이 일어나는 다른 많은 유전자좌위가 발견되었다.

비록 $\frac{d_N}{d_S}$ 비율에 의해 양성선택을 확인하는 방법이 유용하지만, Paul Sharp(1997)은 이것이 검출 방법으로서 매우 보수적(conservative)임을 지적하였다. 과거에 양성선택이 매우 강하고 지속적으로 일어났었을 때에만 대체치환이 침묵치환보다 많이 관찰될 수 있다. 예를 들어 생쥐와 쥐 사이에 363개 상동 유전자좌위를 비교하였을 때 오직 한 군데에서만 대체치환이 침묵치환을 초과하였다. 그러나 Sharp가 지적한 바와 같이 "두 종이 분화하면서 정말로 이 많은 유전자들 중 오직 하나만 적응 진화를 겪었다면 이는 매우 놀라운 일일 것이다(1997, p. 111)." 그렇다면 자연선택의 흔적을 좀 더 민감하게 검출하는 방법은 없을까?

John McDonald와 Martin Kreitman(1991)은 자연선택을 확인하는 방법 중 널리 쓰이는 한 방법을 고안했다. McDonald–Kreitman 테스트 또는 MK 테스트라고 불리는 이 방법은 집단 내 침묵 변이와 대체 변이는 모두 유전적 부동의 지배를 받는다는 중립이론을 토대로 만들어졌다(Fay 2011 참조). 중립이론이 맞다면 가까운 종 사이에 관찰되는 대체치환 대 침묵치환의 비율 $\frac{d_N}{d_S}$은 종 내에서 관찰되는 대체 변이 다형성과 침묵 변이 다형성의 비율 $\frac{p_N}{p_S}$과 일치하여야 한다. 여기서 **다형성(polymorphism)**은 한 집단내에 복수의 대립유전자(염기)가 여러 개체들 간에 존재하는 유전자좌위(뉴클레오티드 위치)를 뜻한다. 대체치환을 촉진하는 양성선택이 종 내에 일어나게 되면 $\frac{d_N}{d_S}$의 값이 $\frac{p_N}{p_S}$ 보다 커지게 된다. 왜냐하면 이로운 돌연변이들은 그 빈도가 빨리 증가하여 집단 내에 고정되기 때문이다. 따라서 한 종에서 고정되는 이로운 돌연변이들은 잠시만 종 내 다형성으로 관찰되지만 종 간의 분화에는 영구적으로 누적되어 나타난다.

**연구자들은 단순히 비동의 대 동의 치환의 비율을 구하는 것보다 더 민감하게 양성선택을 검출할 수 있는 통계 방법을 개발하였다.**

McDonald와 Kreitman은 초파리 *Drosophila melanogaster* 12마리, *D. simulans* 6마리, *D. yakuba* 12마리의 알코올 탈수소효소(*Adh*) 유전자 서열을 비교할 때 처음 이 테스트를 사용하였다. 초파리는 가끔 알코올 농도가 높은 썩은 과일을 섭취하고, 알코올 탈수소효소는 에탄올을 독성이 없는 분자로 전환하는 데 쓰이기 때문에 *Adh* 유전자좌위는 매우 흥미로운 연구 대상이다. 이 효소가 초파리에게 중요하고, 음식의 종류에 따라 에탄올 농도가 많이 달라지기 때문에 이들이 먹이로 삼는 과일이 달라질 때마다 이 유전자좌위에 자연선택의 압력이 가해졌을 것이라 생각할 수 있다.

종 내 변이를 최대한 많이 관찰하기 위해서, 연구에 사용된 개체들은 지리적으로 널리 분포한 지역들로부터 채집되었다. McDonald와 Kreitman은 개별 개체들에서 얻어진 *Adh* 염기서열들을 정렬하고 합의서열(consensus sequence)과 차이 나는 염기가 있는 위치들을 확인하였다. 이 위치들 중 한 종의 모든 개체들이 다른 종과 다른 염기를 가지는 경우를 고정된 차이(fixed difference)로 분류하고 그 수를 세었다. 또 한 종의 일부 개체들만이 다른 염기를 가질 때 다형성(polymorphism)으로 분류하고 그 숫자를 세었다. 한 종에서 고정된 차이로 분류되어도 다른 종에서 다형성을 나타내면 이 위치는 다형성의 개수에 포함된다.

McDonald와 Kreitman은 종들 간에 고정된 차이의 29%가 대체치환이나 종 내에서는 겨우 5%의 다형성이 대체 돌연변이에 의한 것임을 발견하였다. 두 비율이 거의 여섯 배 차이가 나고, 이 차이는 통계적으로 유의하다($p$ = 0.006). 이것은 중립이론의 예측이 맞지 않는다는 강력한 증거이다. 종 간에 고정된 대체 돌연변이들은 선택적으로 이로운 돌연변이들이었다는 것이 McDonald와 Kreitman의 해석이다. 즉, *D. melanogaster*, *D.*

*simulans*, *D. yakuba*가 분기한 후에 이 돌연변이들이 생겼고, 이 종들이 서로 다른 환경에 놓이게 되면서 양성선택이 일어나 돌연변이가 빠르게 확산되어 고정에 이르게 되었다는 것이다.

MK 테스트를 이용한 결과, 식물, 원생생물, 그리고 다양한 동물들의 유전자들로부터 자연선택의 흔적을 찾을 수 있었다(Escalante et al. 1998; Purugganan and Suddith 1998). Nick Smith와 Adam Eyre-Walker는 MK 테스트의 원리를 더욱 발전시킨 후 *D. simulans*와 *D. yakuba*의 35개 유전자에 적용해본 결과 이 종들 간에 관찰되는 아미노산 대체치환의 45%는 자연선택에 의한 것이라고 추정하였다. 다른 확장된 방법을 인간과 침팬지 유전체에 적용하였을 때, Carlos Bustamante와 동료들(2005)은 양성선택에 의해 진화한 304개의 인간 유전자를 확인하였다.

**어떤 유전자좌위들이 강한 양성선택을 받는가?** Hughes와 Nei의 분석, MK 테스트, 그리고 다른 방법들을 이용한 덕분에 특별히 어떤 종류의 유전자좌위에 양성선택이 강하게 작용하는지 드러나기 시작하였다(Yang and Bielawski 2000; Vallender and Lahn 2004; Nielsen 2005; Nielsen et al. 2005). 대체치환은 병원체와 숙주 사이의 군비 경쟁(arms race)에 관여하는 유전자들(예를 들어 Hughes and Nei 1989), 정자 간 경쟁과 난자-정자 상호작용 등 생식적 갈등(Swanson and Vacquier 1998; Dorus et al. 2004)에 관여하는 유전자들, 최근에 유전자 중복(gene duplication)을 겪은 후 새 기능을 획득한 유전자들(Zhang et al. 1998)에서 특히 높은 빈도로 일어나는 것으로 보인다. 또한 성 결정, 생식세포 형성, 감각 수용, 공생생물과의 상호작용, 종양 억제, 세포사멸에 관여하는 유전자와 특정 효소나 조절 단백질을 암호화하는 유전자로부터 양성선택이 검출되었다.

**양성선택은 생물 간의 충돌에 관여하는 유전자들에 특히 많이 발생하는 것으로 보인다.**

인간과 침팬지 등 진화적으로 가까운 종들의 유전체 해독 프로젝트들로 말미암아 데이터가 누적되어감에 따라 서열을 비교 분석하는 연구가 많이 이루어지고 그 질도 향상되고 있다. 그러나 유전체 해독의 시대가 열리기 전에도 대두되었던 문제가 있었는데, 그것은 대체치환뿐만이 아니라 침묵치환도 자연선택의 작용을 받는다는 것이다.

## "침묵" 돌연변이에 작용하는 선택

침묵 돌연변이(*silent mutation*)라는 용어는 코돈의 어떤 위치에 일어나는 염기의 변화들이 보이는 다음과 같은 두 가지 성질을 반영하고 있다: 이들은 단백질의 아미노산 서열을 변화시키지 않는다. 그리고 자연선택에 노출되지 않는다. 그러나 두 번째 성질은 여러 데이터에서 코돈편중(codon bias), 유전자편승, 배경선택(background selection) 등과 같이 양립할 수 없는 현상들이 관찰됨으로써 받아들일 수 없게 되었다.

**동의 돌연변이에 대한 직접적인 선택: 코돈편중과 그 외 요인들.** 20개 아미노산의 대부분은 두 개 이상의 코돈에 의해 암호화된다. 앞서 우리는 이렇게 중복된 코돈 간을 오가는 변화는 단백질의 아미노산 서열 변화를 일으키지 않는다는 것을 강조하고 이러한 침묵 변이는 적응도의 변화에 대하여 중립적이라는 것을 전제로 하였다. 이 전제가 엄격하게 성립한다면 동의 코돈들이 무작위로 사용될 것이며, 주어진 종에서 동의 코돈들의 상대적 비율은 유전체 전장의 G+C 염기 비율을 반영하는 값들로 주어질 것이라는 예측을 할 수 있다. 그러나 초기의 염기서열 분석 연구들은 사용되는 코돈이 무작위적이라는 것과 매우 거리가 멀다는 것을 입증하였다(**그림 7.30**). 이러한 현상을 **코돈편중(codon bias)**이라고 한다.

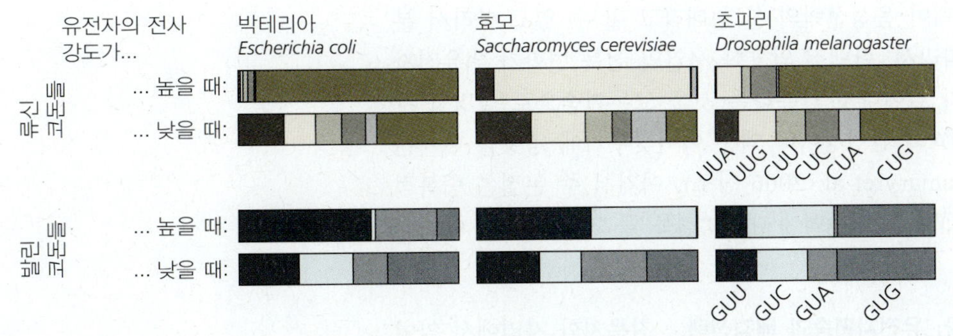


**그림 7.30 코돈편중** 전사가 일어나는 수준으로 유전자들을 둘로 나눈 후, 두 아미노산을 암호화하는 복수의 코돈들이 이용되는 상대적 빈도를 막대로 표시하였다. 약하게 전사가 일어나는 유전자들은 코돈들을 대체로 골고루 이용하였다. 강하게 전사가 일어나는 유전자들은 하나 또는 두 개의 코돈을 주로 이용한다. Sharp et al. (1998)의 데이터에서 그림.

코돈편중 연구로부터 몇 가지의 중요한 패턴이 드러났다. 아주 강하게 발현되는 유전자들, 예를 들어 리보솜을 구성하는 단백질을 만드는 유전자들에서 코돈편중이 가장 심하고, 약하게 또는 매우 드물게 발현되는 유전자들에서는 코돈편중이 약하게 일어난다. 또한 가장 많이 사용되는 코돈이 세포 내에 가장 많은 양으로 존재하는 tRNA 분자와 대체로 일치하는 대응 관계에 있다(그림 7.31).

번역의 효율(translational efficiency)에 대한 자연선택이 이 현상을 설명하는 가장 앞선 가설이다(Sharp and Li 1986; Sharp et al. 1988; Akashi 1994). 아주 강하게 발현되는 유전자에서 침묵 돌연변이가 일어나서 tRNA 풀 내 비율이 낮은 코돈을 생성하게 되면, 이것이 해로운 돌연변이라는 것이 그 가설의 논리이다. 여기서 선택압력으로 작용하는 것은 번역의 속도와 정확성이다. 어떤 단백질이 빠른 속도로 생성-소멸되고 해당 유전자가 지속적으로 전사되어야 하는 경우 번역의 속도와 정확성은 특히 중요하다. 따라서 활발히 발현되는 유전자들에서 가장 심한 코돈편중이 관찰되는 것이 당연하다고 할 수 있다.

**코돈편중은 어떤 동의 돌연변이들이 선택적으로 중립적이지 않다는 것을 보여준다.**

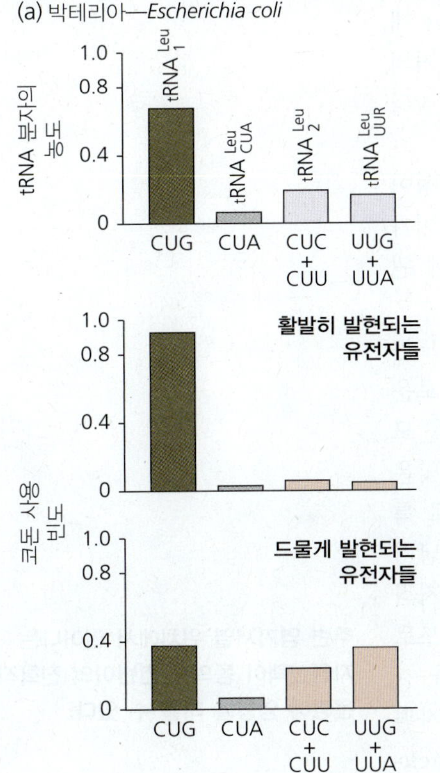


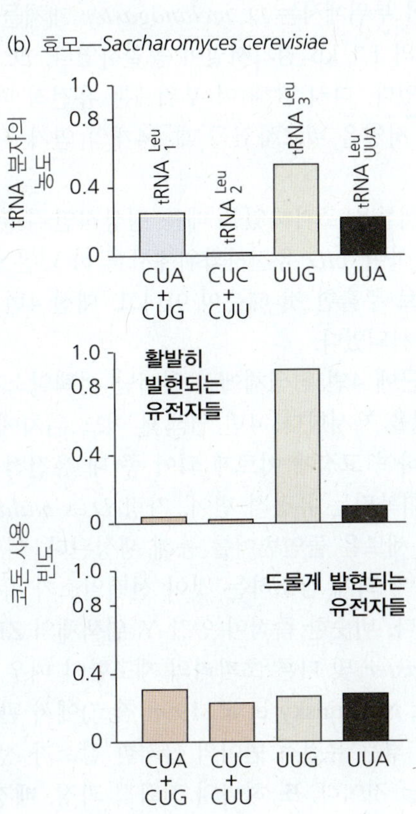


**그림 7.31 코돈편중은 tRNA 분자들의 상대적 빈도와 연관되어 있다** 위쪽 막대그래프들은 *E. coli*(a)와 효모 *Saccharomyces cerevisiae*(b)에서 류신을 운반하는 네 가지 다른 tRNA 분자의 빈도를 보여준다. 중간과 아래의 막대그래프들은 각 생물의 tRNA에 해당하는 mRNA 코돈의 빈도를 보여준다. mRNA 코돈들은 두 가지 다른 유전자군으로부터 측정되었다: 강하게 전사되거나(중간) 가끔씩만 전사되는(아래) 유전자. 이 데이터는 강하게 발현되는 유전자에서는 코돈의 전사가 tRNA 분자의 비율에 크게 의존하지만 약하게 발현되는 유전자에서는 그렇지 않다는 것을 보여준다. Li and Graur (1991)에서 다시 그림.

특정 동의 돌연변이들에 대한 선택이 음성선택의 한 형태라고 할 수 있고 따라서 분자진화가 느리게 일어나도록 한다. 따라서, 단백질 암호화 서열의 침묵 변화가 위유전자에서 일어나는 염기의 변화만큼 빨리 일어나지 않는다는 것을 코돈편중으로 설명할 수 있다. 다른 동의 돌연변이들은 mRNA의 안정성이나 엑손 이어맞추기에 영향을 미치는 자연선택의 영향을 받을 수 있다(Chamary et al. 2006 참조). 여기서 주 논점은 중복적인 정보를 지니는 서열 간의 변화가 모두 자연선택에 대해 "침묵"을 지키는 것이 아니라는 것이다.

**동의 돌연변이에 미치는 간접적 효과들: 유전자편승과 배경선택.** 침묵치환 자리에서 일어나는 변이의 양과 패턴에 영향을 주는 또 하나의 현상을 **유전자편승(hitchhiking)** 또는 **선택일소(selective sweep)**라고 부른다. 유전자편승은 특정 아미노산 변화 또는 다른 기능적 염기의 변화에 강한 양성선택이 작용할 때 일어난다. 어떤 선호되는 (이로운) 돌연변이의 빈도가 증가할 때, 같은 염색체 위 가까운 위치에 중립적이거나 약간 해로운 돌연변이가 놓여 있게 되면 이들의 빈도도 이로운 돌연변이에 "히치하이킹"하여 증가하게 된다. 이렇게 염색체 위에 연관된(linked) 돌연변이들은 집단 내를 휩쓸고 지나가서 결국 고정될 수도 있다. 여기서 중요한 것은, 선택의 작용을 받는 위치와 이에 유전자편승하는 위치 간에 염색체 교차 등의 재조합(recombination)이 일어나지 않을 때만 이 현상이 일어날 수 있다는 것이다.

유전자 편승현상과 관련하여 초파리 4번 염색체의 변이는 눈여겨볼 만하다. *Drosophila*의 4번 염색체에는 특이하게도 재조합이 전혀 일어나지 않는다. 따라서 전체 염색체가 하나의 유전자인 것처럼 묶여 유전된다.

Andrew Berry와 동료들(1991)은 10마리의 *Drosophila melanogaster*와 9마리의 *D. simulans*에서 얻은 4번 염색체의 1.1 kb 부위 염기서열을 해독하였다. 이 부위는 *cubitus interruptus Dominant*(*ciD*)라고 명명된 초파리 배(embryo)에서 발현되는 유전자의 엑손과 인트론을 포함하고 있다. 이 부위에서는 *D. melanogaster* 개체들 간에 아무런 변이가 관찰되지 않았다. 즉, 열 개체의 1.1 kb 염기서열이 동일하였다. *D. simulans* 개체 간에는 단 하나의 염기 차이가 있었다. 다시 말해 이 부위에는 유전적 다형성이 거의 존재하지 않았다. 반면에 두 종 간의 서열을 비교하였을 때 54개의 염기 치환이 관찰되었다.

같은 개체들을 가지고 다른 염색체들을 조사하였을 때는 정상적인 수준의 다형성이 관찰되었다. 이것이 대조군의 역할을 하여, *ciD* 유전자좌위에서 극히 낮은 종 내 변이가 관찰된 것이 개체 표본을 비정상적으로 추출한 것 때문이 아니고, 대신 4번 염색체에 뭔가 특별한 현상이 일어났다는 것이 암시되었다.

Berry 등은 각 초파리 종에서 최근에 4번 염색체에서 일어난 선택일소가 전부 또는 거의 모든 변이를 쓸어내었다는 가설을 제시한다. 4번 염색체 어느 위치에서든 이로운 돌연변이가 생겨나면 그 빈도가 증가하여 고정에 이르게 되어 종 내 유전적 다형성을 모두 제거하게 될 것이다. 그 후 다시 회복되는 유전적 변이, 가령 *D. simulans*에서 낮은 수준으로 관찰된 다형성과 같은 것은 새로운 돌연변이를 통해 생성된다. 이런 식으로 특정 염색체 부위에서 종 내 변이가 눈에 띄게 감소하는 것이 선택일소가 유전체에 남기고 간 족적(footprint)이라고 할 수 있다. 비슷한 족적이 인간 Y 염색체의 ZFY 유전자좌위(Dorit et al. 1995)나 *D. melanogaster* 및 다른 초파리의 재조합이 매우 낮은 빈도로 일어나는 여러 염색체 부위(예를 들어, Nurminsky et al. 1998 참조)에서 관찰되었다.

**주변 염기서열 위치에서 일어나는 자연선택이 동의 돌연변이의 진화적 운명에 영향을 미칠 수 있다.**

그렇다면 이러한 염색체 부위들이 겪는 유전적 변이의 급격한 감소가 전부 유전자편승 현상에 의해 일어났을까? 아마 아닐 것이다. 또 하나의 진화적 과정, **배경선택(back-**

**ground selection)**이 이와 비슷한 패턴을 생성할 수 있다(Charlesworth et al. 1993). 배경선택은 이로운 유전자를 선호하는 양성선택 대신에, 해로운 유전자를 제거하는 음성 선택에 의해 일어난다. 유전자편승과 같이 이 현상은 재조합률이 낮은 염색체 부위에서 뚜렷이 드러난다. 기본 아이디어는, 해로운 돌연변이를 제거하는 과정에서 같은 염색체 위에 가깝게 위치한 중립 돌연변이들도 함께 제거되어 이것이 유전적 다형성의 수준을 낮춘다는 것이다.

유전자편승과 배경선택이 상호 배타적인 현상은 아니지만, 적어도 일부의 경우에 이들의 효과를 구별할 수 있다. 유전자편승은 가끔씩 이로운 돌연변이가 나타나 집단을 휩쓸고 지나가면서 급격한 변이의 감소가 나타나는 현상이다. 반면, 배경선택은 빈번히 일어나는 해로운 돌연변이들을 제거할 때 개체들도 제거됨에 따라 집단의 유전적 다형성이 꾸준히 감소된 상태로 유지되는 현상이다.

## 중립이론의 현재 위치

분자진화의 중립이론은 그림 7.24와 7.26에 나타난 시계와 같이 일정한 속도의 뉴클레오티드 서열 변화를 설명한다. 또한 그림 7.24와 7.25에서 본 바와 같이 왜 대부분의 유전자에서 침묵치환이 대체치환의 수를 압도하는지 설명한다. 그리고 중립이론은 영가설의 역할을 하여, 그림 7.29에서 예로 제시된 바와 같이 염기서열에 작용하는 양성선택을 검출할 수 있게 해준다. 이걸 모든 측면에서 중립이론은 매우 중요하고 유용하다고 할 수 있다.

**양성선택에 의해 일어나는 분자진화를 검출하는 영가설로써 중립이론은 매우 성공적으로 이용되었다.**

여기서 집단에 고정되는 대다수의 뉴클레오티드 변이는 선택적으로 중립적이며 분자진화는 대부분 유전적 부동에 의해 일어난다는 중립이론의 근본 주장을 다시 한 번 들여다보자. 중립이론을 얼마나 신뢰할 수 있을 지 알아보기 위해 (1) 가능한한 많은 종들로부터 가능한한 많은 수의 염기 치환 데이터가 필요하고, (2) 중립적인, 해로운, 또는 이로운 돌연변이에 의해 일어난 치환의 상대적 비율을 추정해야 한다. 필요한 데이터는 충분히 쌓이고 있다. **그림 7.32**에 요약된 정보를 모으기 위해, Justin Fay는 문헌을 뒤져 양성선택에 의해 일어난 아미노산 대체치환의 비율인 $\alpha$의 추정 값들을 얻었다. 그는 복수의 유전자들이 분석된 38개 종의 데이터를 포함시켰다. $\alpha$ 값은 McDonald-Kreitman 테스트에서 $\frac{d_N}{d_S}$의 값이 $\frac{p_N}{p_S}$ 값을 초과하는 정도를 측정하여 얻어진다:

$$\alpha = 1 - \frac{\left(\frac{p_N}{p_S}\right)}{\left(\frac{d_N}{d_S}\right)}$$

그림 7.32에서 더하기 기호는 McDonald-Kreitman 테스트에 의해 통계적으로 유의한 양성선택이 검출된 종들을 표시한다.

눈으로 확인해보면, 적어도 어떤 종들에서는 유전적 부동에 의해 고정에 도달하는 중립 돌연변이의 수가 자연선택에 의해 고정되는 이로운 돌연변이의 수보다 압도적으로 많다는 중립이론의 주장이 틀렸다고 할 수 있다. 그러나 Fay는 그러한 결론이 아직 이르다고 주장한다. McDonald-Kreitman 테스트는 종 간의 비동의 분기(nonsynonymous divergence)를 증가시키는 양성선택과 그 외 가능한 메커니즘을 구분하지 못한다(또한 Hughes 2007; Nei et al. 2010). 집단 크기가 급격히 감소할 때 해로운 돌연변이가 유전적 부동에 의해 고정되어 $\frac{d_N}{d_S}$ 값을 높였을 가능성 또한 생각해 볼 수 있다. 그리고 이로운 돌연변이가 자연선택에 의해 확산되어 고정될 때 주변에 연관된 해로운 돌연변이들이 유

**대부분의 분자진화가 음성선택과 유전적 부동에 의해 일어난다는 중립이론의 주장은 현재 축적되고 있는 데이터로 검증할 수 있게 될 것이다. 지금으로서는 이 문제의 결론이 나지 않았다.**

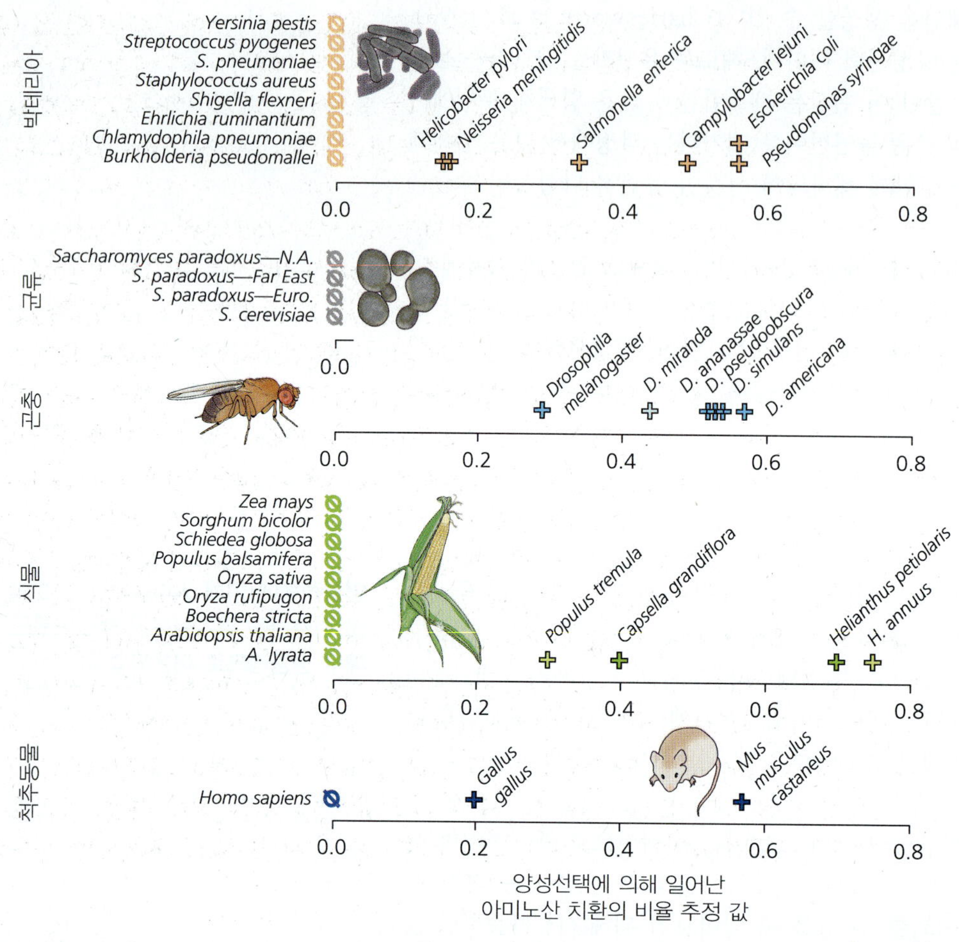


**그림 7.32 여러 종에 걸쳐 추정된 양성선택에 의해 일어나는 아미노산 치환의 비율** 영(Ø) 기호는 McDonald–Kreitman 검증에 의해 양성선택의 유의한 증거를 얻지 못하는 경우를 나타낸다. 옅은 색의 더하기 기호는 연구에 따라 상반된 증거가 얻어진 경우를 나타낸다. 자연선택의 원인은 일반적으로 알려지지 않았다. Fay (2011)의 데이터.

전자편승하여 고정된다면 양성선택으로 인해 발생한 치환의 비율을 정확히 구하기가 어렵다.

중립이론의 근본 주장은 아직 최종 선고를 기다리는 중이다.

## 계보수렴

유전적 부동과 분자진화에 관한 토의를 매듭짓기 전에 염기서열 데이터와 유전적 부동이라는 영(null) 모델이 결합되어 생산적인 결과를 내고 있는 또 다른 연구분야를 언급하고자 한다. 계보수렴에 관한 연구가 바로 그것이다. 여기서 우리는 계보수렴을 유효집단크기를 추정하는 도구로 이용할 것이다. 계보수렴은 이외의 많은 분야에서 다양하게 응용된다.

### 계보수렴의 정의

그림 7.21은 진화하는 집단의 모습을 도식화하여 보여줬다. 새로운 대립유전자가 돌연변이에 의해 나타났고 해당 대립유전자가 세대를 거듭하며 자손들에게로 대물림되면서 집단 내에 퍼져 나간다. 만약 우리가 시간을 거꾸로 흐르게 하여 집단이 역진화하는 것을 관찰한다고 상상해보자. 청색 대립유전자는 자손들의 숫자가 점점 줄어들어 그들의 공동 조상으로 수렴할 것이다. 녹색 대립유전자도 마찬가지이다. 청색 대립유전자의 최초 조상 복사본이 돌연변이가 일어나기 전의 녹색 대립유전자 조상 복사본으로 변하면서 청색 대립유전자는 집단에서 사라질 것이다. 녹색 대립유전자도 최초 조상이 옅은 연두색 조상

**우리가 분자진화의 과정을 담은 기록을 시간을 거슬러 읽어나간다면, 점차 대립유전자들이 서로 가까워지고 결국에는 하나의 공동 조상 염기서열로 합쳐지는 것을 보게 될 것이다. 이것이 바로 계보수렴이라고 부르는 과정이다.**

으로 변하면서 사라질 것이다.

이제 실제 집단에서 대립유전자(개별 유전자 복사본)들의 표본을 얻는다고 해보자. 각 대립유전자에는 앞선 세대의 조상으로부터 끊임없이 이어 내려져온 한 줄의 계보가 주어진다. 대립유전자들의 계보를 시간을 거슬러 추적하다 보면 이들이 합쳐져 결국 하나의 공통 계보만 남게 된다. 이렇게 시간을 거슬러 대립유전자 복사본들을 되짚어 올라갈 때 유전자 계보들이 합쳐지는 과정을 **계보수렴(coalescence)**이라고 한다.

이 용어는 John Kingman(Kingman 2000 참조)에 의해 만들어졌는데, 그는 유전적 부동에 의해 진화하는 집단에서 시간을 거꾸로 돌려 계보들이 공동조상으로 수렴하는 것을 시뮬레이션하는 방법을 고안하였다. 이 방법이 가지는 장점 중의 하나는, 집단의 크기만 알면, 추적하고자 하는 계보를 제외한 집단의 나머지 부분에 관한 정보를 알 필요가 없다는 것이다(Felsenstein 2004 참조). 이 방법을 사용하면 나무 모양으로 나타나는 유전자 계보 간의 관계, 즉 **유전자 계통수(gene tree)** 또는 **유전자 족보(gene genealogy)**가 얻어진다.

**계보수렴 과정의 수학적 모델은 유전적 부동에 의해 일어나는 진화를 시뮬레이션하는 효과적인 방법을 제공한다.**

그림 7.33a는 1,000개체와 5,000개체로 이루어진 각 집단에서 일곱 개 대립유전자 표본의 계보수렴 시뮬레이션을 수행한 결과를 보여준다. 첫 번째 주목할 것은 독립적으로 만들어진 유전자 족보의 크기와 모양이 제 각각이라는 것이다. 이 시뮬레이션은 유전적 부동을 모델로 삼는다. 따라서 유전자 계통수 간의 차이는 우연히 일어나는 사건에 기인한다. 두 번째, 집단 크기가 5,000일 때 얻은 대립유전자의 계보수렴 계통수(오른쪽)가 집단 크기가 1,000일 때 얻은 계통수(왼쪽) 보다 평균적으로 더 길다(또는 더 깊다)는 것을 눈여겨 봐야 한다. 즉, 더 큰 집단에서 얻은 대립유전자 표본의 공동조상을 찾기 위해서는 시간을 더 거슬러 올라가야 한다. 이것은 당연한 결과이다. 큰 집단에서 무작위로 뽑힌 개체들은 작은 집단에서 뽑힌 개체들보다 더 먼 친척들일 것이다(Kuhner 2009).

그림 7.33b는 이 관측을 더 자세하게 정리하였다. 이것은 각 집단에서 10,000번 시뮬레이션을 반복하여 생성한 계통수들의 깊이(tree depth)의 분포를 보여준다. 계통수에서와 마찬가지로 두 분포는 같은 척도로 그려졌다. 두 분포가 상당 부분 겹침에도 불구하고, 계통수의 깊이로부터 집단의 유효집단크기를 추정할 수 있다는 점을 시사한다.

## 계보수렴의 응용

우리가 크기를 알지 못하는 집단으로부터 일곱 개체를 무작위로 뽑아 대립 염기서열 표본을 얻었다고 하자. 그리고 그 일곱 대립유전자의 유전자 족보를 얻어 그 깊이를 정확히 추정하였다고 가정하자. (이는 우리가 돌연변이율을 정확히 파악할 때 가능하다.) 마지막으로, 그 계통수의 깊이가 10,000세대라고 하자. 그림 7.33b에서 나타난 두 분포로 계통수의 깊이로부터 집단의 크기를 확실히 추정할 수는 없다는 것을 알 수 있다. 그러나 5,000이 1,000보다는 훨씬 나은 추정 값이라는 결론은 내릴 수 있다.

물론 일곱 대립유전자의 실제 유전자 족보나 돌연변이율을 정확히 알아낼 수 없다. 우리는 유전자 계통수를 (4장에서 다룬 방법을 사용하여) 주어진 데이터의 한계 안에서 추정하고, 또한 돌연변이율을 (5장에서 다룬 데이터를 이용하여) 추정할 수 있을 뿐이다. 이렇게 추정한 결과를 실제 값으로 취급하여 시뮬레이션된 계통수들와 비교하여 결론을 내리고 싶은 유혹이 생길 수 있다. 그러나 그렇게 하는 것은 추정에 수반된 오류의 가능성을 무시하는 것이기 때문에 문제가 된다(Felsenstein 2009b).

**계보수렴 모델들은 실제 데이터를 설명하기 위해 조정될 수 있고, 이를 통해 집단의 크기 등 모수의 추정이 가능해진다.**

더 나은 접근법은 계통수 추정을 위해 사용하였던 가능성(likelihood)에 기반한 베이지안 방법과 유사한 방법을 사용하는 것이다(4장). 먼저 돌연변이율과 집단 크기를 모수로 하느 특정 분자진화의 모델을 가정한다. 그 다음 계보수렴 족보 샘플러(coalescent

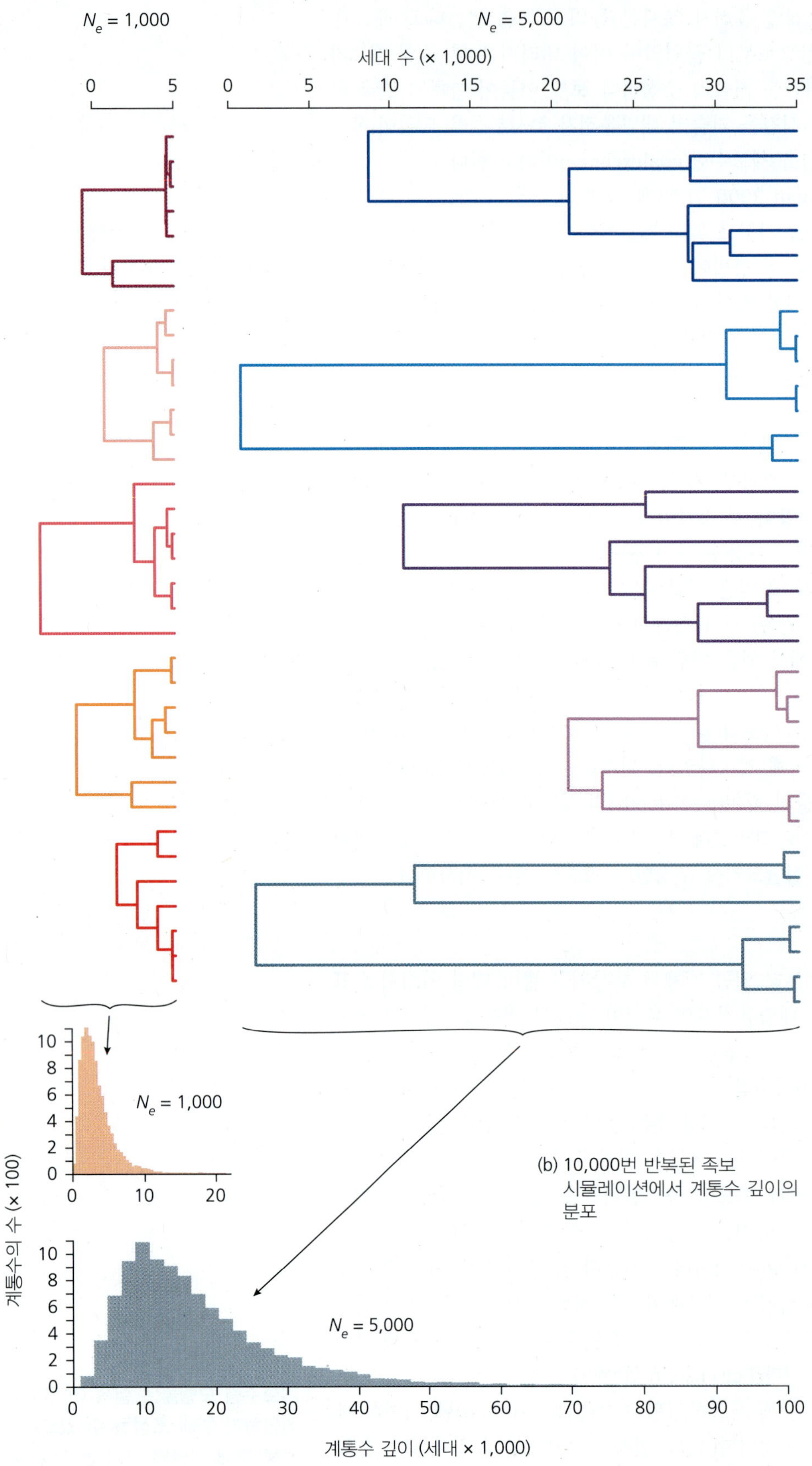


**그림 7.33 계보수렴 시뮬레이션으로 얻은 유전자 족보** (a) 유전적 부동의 과정을 시간을 거슬러 올라가며 시뮬레이션하여 얻은 유전자 족보들. 왼쪽에 위치한 다섯 개의 계통수는 1,000개체로 이루어진 집단에서, 무작위 선택된 일곱 대립유전자에서 시작되는 계보수렴 시뮬레이션 결과이다. 오른쪽의 다섯 계통수들은 5,000개체로 이루어진 집단에서의 시뮬레이션 결과이다. 모든 계통수들은 동일한 척도로 그려졌다. (b) 개체수가 1,000과 5,000인 집단에서 각각 만 번씩 반복되어 얻어진 계통수의 깊이, 즉 가장 최근의 공동조상으로 수렴되는 시간(세대 수로 환산)의 분포. *Mesquite* (Maddison 2011; Maddison and Maddison 2011)에 의해 시뮬레이션이 수행되고 분포가 얻어졌다. 계통수는 PHYLIP (Felsenstein 2009a)으로 그림.

genealogy sampler)라고 하는 소프트웨어를 사용하여 모델 하에서 가능한 유전자 계통수와 모수 값의 조합을 최대한 많이 생성한다(Kuhner 2008 참조). 이 소프트웨어는 각 조합이 데이터를 얼마나 잘 설명하는지를 나타내는 척도를 계산한다. 다소 시간이 많이 걸리고 상당한 양의 전산처리를 필요로 하는 이 탐색과정이 끝나면, 소프트웨어는 대립유전자들이 얻어진 집단의 크기가 어떤 가능성 높은 구간에 놓이는지 알려준다. 여기서 가능한 많은 수의 독립적인 유전자좌위로부터 얻어진 염기서열 데이터를 이용하게 되면 이 추정의 정확도가 향상될 수 있다(Felsenstein 2006).

Elisabeth Alter와 동료들(2007)은 이 방법을 회색 고래(*Eschrichtius robustus*)의 유효집단크기를 추정하는 데 사용하였다. 이들은 10개의 독립적인 유전자좌위에 각각 수십 개의 대립유전자가 포함된 데이터를 분석하였다. 계보수렴 분석은 고래의 유전적 다양성이 기존에 예상되는 것보다 더 깊은 유전자 족보와 일치하고, 따라서 현재 이들의 개체수(census size)보다 유효집단크기가 훨씬 컸다는 것을 밝혔다. 이것의 원인은 명확하다. 과거의 상업적 고래잡이가 집단 크기를 극단적으로 감소시켜 그 반대의 주장에도 불구하고, 고래의 개체수는 고래잡이 이전의 숫자로 아직 회복되지 않았다.

계보수렴의 이론과 응용에 대해 더 공부하려면 Felsenstein(2004)를, 책 한 권 분량의 자세한 설명은 Wakeley(2009)를 참조하면 된다.

## 7.4 무작위적이지 않은(비임의) 교배

지금까지 우리는 하디-바인베르크 법칙의 가정에서 이주와 유전적 부동을 허용하였을 때 어떤 일이 벌어지는지 고찰하였다. 마지막으로 고려할 하디-바인베르크 평형의 조건은 집단내 개체들이 무작위로 교배한다는 것이다. 본 소단원에서는 이 조건을 완화하여 개체들이 무작위적이지 않은 교배를 하면 일어날 현상에 대해 알아본다. 비임의교배는 그 자체로 진화를 일으키지는 않으나, 그럼에도 불구하고 진화에 간접적이지만 지대한 영향을 미친다.

비임의교배 중 하나로, 가장 빈번하게 일어나는 **동계교배(inbreeding)**에 초점을 맞추어 보자. 동계교배는 유전적으로 가까운 개체들 간의 교배를 뜻한다. 집단의 유전적 조성에 미치는 동계교배의 효과는 하디-바인베르크의 가정들로부터 예측되는 것보다 동형접합자의 빈도를 증가시키는 것이다.

동계교배는 하디-바인베르크의 가정들로부터 예측되는 것보다 이형접합자의 빈도를 감소시키고 동형접합자의 빈도를 증가시킨다.

이와 같은 현상이 어떻게 일어나는지 보기 위해, 동계교배의 가장 극단적인 예인 자가수정(self-fertilization) 또는 자가생식(selfing)을 살펴보자. 하디-바인베르크 평형에 놓인 집단의 대립유전자 $A_1$과 $A_2$의 빈도가 각각 0.5라고 가정하자. 그러면 $A_1A_1$, $A_1A_2$, $A_2A_2$ 개체의 빈도는 각각 0.25, 0.5 0.25가 된다(그림 7.34a). 1,000개체가 있다면 각각 250, 500, 250이다. 이 집단에서 모두가 자가생식을 통해 자손을 낳는다면, 동형접합자인 개체는 모두 동형접합자인 자식을 낳을 것이며 이형접합자인 개체는 동형접합자와 이형접합자인 자식을 반반씩 낳을 것이다. 자식 세대의 1,000개체 중 $A_1A_1$, $A_1A_2$, $A_2A_2$는 각각 375, 250, 375개체일 것이다. 자가생식이 두 세대 더 지속되면 1,000개체당 두 대립유전자의 동형접합자가 각각 468.75개체, 이형접합자는 62.5개체가 된다(그림 7.34b). 이형접합자의 빈도는 매 세대 절반으로 줄었고, 그 대신 동형접합자의 빈도가 늘었다.

자가생식이 일어나면 대립유전자 빈도를 곱하여 유전자형 빈도를 얻을 수 있다는 하디-바인베르크 법칙의 두 번째 결론은 성립될 수 없다. 그림 7.34b의 세 번째 세대에서 $A_1$과 $A_2$의 빈도는 아직 0.5이다. 그러나 이형접합자의 빈도는 2(0.5)(0.5)보다 훨씬 작다. 하디-바인베르크의 기댓값에 비하여 이형접합자가 미달되어 있고 동형접합자가 초과되

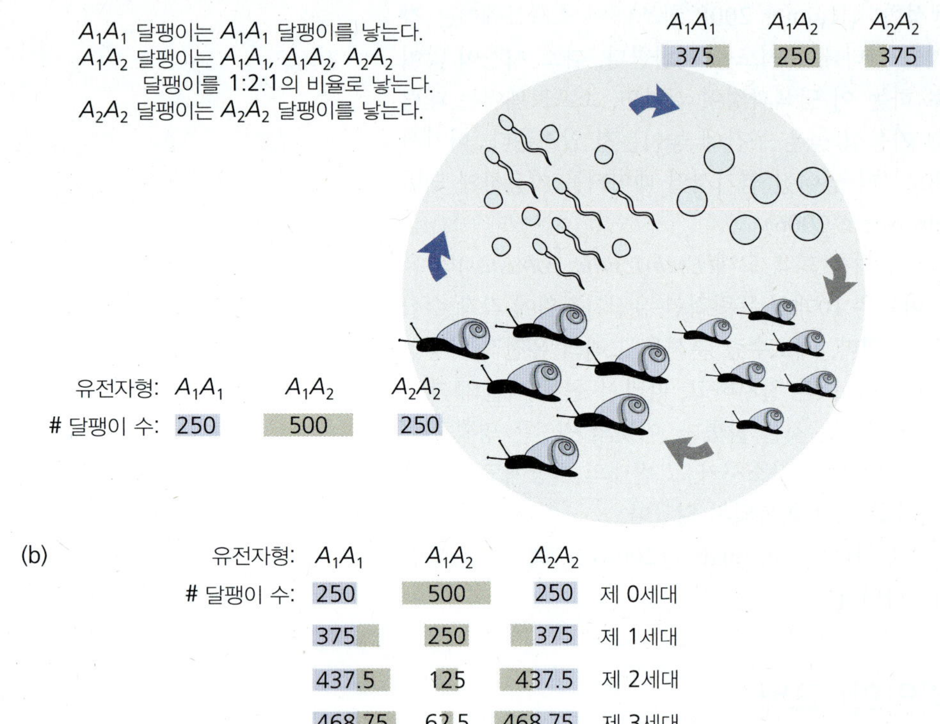


**그림 7.34 동계교배는 유전자형 빈도를 변화시킨다** (a) 이 그림은 1,000마리로 이루어진 가상의 집단에서 한 세대의 성체(아래 왼쪽) 단계에서 다음 세대의 접합자 단계로 넘어갈 때 유전자형 빈도의 변화를 추적한다. $A_1$과 $A_2$ 대립유전자 빈도는 모두 0.5이다. 색깔이 칠해진 막대의 크기는 각 유전자형을 가지는 개체 수를 의미한다. 모든 개체는 자가수정으로 생식한다. 동형접합자는 동형접합자인 자식을 낳고 이형접합자는 동형접합자와 이형접합자를 반씩 낳는다. 따라서 동형접합자의 빈도는 올라가고 이형접합자의 빈도는 감소한다. (b) 이 막대 차트는 집단이 두 세대 이상 연달아 자가생식을 할 때 유전자형에 어떤 변화가 있는지 보여준다. 막대에서 올리브색으로 칠해진 부분이 동계교배에 의한 이형접합자의 감소와 동형접합자의 증가를 나타낸다.

어 있다. 자가생식 하의 일반적 변화는 **표 7.1**에 수리적으로 제시되어 있다.

하디-바인베르크 법칙의 첫 번째 결론은 어떠한가? 자가생식이 대립유전자의 빈도를 세대에 따라 변하게 하는가? 우리의 수학적 정리에 의하면 그렇지 않다. 표 7.1의 마지막 줄에 기술된 집단의 유전자 풀 조성에서 $A_1$ 대립유전자의 빈도를 계산하면 일반적 경향을 파악할 수 있다. 유전자 풀의 $A_1$ 대립유전자의 빈도는

$A_1A_1$ 유전자형의 빈도 $\left(= p^2 + \dfrac{15pq}{16}\right)$와

$A_1A_2$ 유전자형 빈도의 절반 $\left(= \dfrac{1}{2}\left[\dfrac{pq}{8}\right]\right)$을 더한 것과 같다. 즉,

$$p^2 + \frac{15pq}{16} + \frac{1}{2}\left[\frac{pq}{8}\right] = p^2 + \frac{15pq}{16} + \frac{pq}{16} = p^2 + pq$$

### 표 7.1 자가생식에 따른 유전자형 빈도의 변화

대립유전자 $A_1$의 빈도는 $p$이고 $A_2$의 빈도는 $q$이다. 대립유전자 빈도는 세대를 거치며 변하지 않으며 유전자형 빈도만이 변한다. Crow (1983)에서.

| 세대 | $A_1A_1$의 빈도 | $A_1A_2$의 빈도 | $A_2A_2$의 빈도 |
|---|---|---|---|
| 0 | $p^2$ | $2pq$ | $q^2$ |
| 1 | $p^2 + (pq/2)$ | $pq$ | $q^2 + (pq/2)$ |
| 2 | $p^2 + (3pq/4)$ | $pq/2$ | $q^2 + (3pq/4)$ |
| 3 | $p^2 + (7pq/8)$ | $pq/4$ | $q^2 + (7pq/8)$ |
| 4 | $p^2 + (15pq/16)$ | $pq/8$ | $q^2 + (15pq/16)$ |

**그림 7.35** 캘리포니아 몬터레이 근처 미역이 자라는 곳에서 먹이를 먹는 해달

이제 $q$ 대신 $1 - p$를 대입하면 $p^2 + p(1 - p) = p$가 된다. 이는 표 7.1 첫째 줄의 $A_1$ 대립유전자 초기 빈도와 같다. 비록 동계교배가 세대에 따른 유전자형 빈도의 변화를 가져오지만 대립유전자의 빈도는 변화시키지 않는다. 따라서 동계교배 그 자체는 진화의 메커니즘이 아니다. 그러나 다음에 설명되는 바와 같이 동계교배는 진화과정에 중요한 영향을 미친다.

## 동계교배의 경험적 연구

동계교배가 동형접합자 빈도의 급격한 증가를 가져올 수 있으므로, 하디-바인베르크 분석이 자연에서의 동계교배를 검출하는 수단으로 사용될 수 있다. 캘리포니아 해달(*Enhydra lutris*)에 관한 연구가 한 예이다. 해달(그림 7.35)은 한때 알래스카부터 바하 캘리포니아에 이르는 북미 서해안에 많은 수로 존재하였다. 그러나 18세기와 19세기 모피 무역으로 인해 거의 전멸하다시피 하였다. 가장 심한 시기에는 캘리포니아 해달의 숫자가 50개체 미만이었다(Lidicker and McCollum 1997). 그러나 이들이 1911년부터 법적으로 보호를 받으면서 개체수가 회복되었다. 20세기 후반에 들어 이들의 숫자는 약 1,500마리에 이르게 되었다.

이러한 집단 병목현상을 거쳤기 때문에 캘리포니아 해달 집단은 모피 사냥꾼들이 도래하기 전보다 훨씬 낮은 유전적 다양성을 지닌다(Larson et al. 2002). William Lidicker와 F. C. McCollum(1997)은 개체수와 밀도의 감소가 해달의 동계교배를 가져왔는지 연구하였다.

Lidicker와 McCollum은 캘리포니아 해달의 다수 개체들로부터 31개 알로자임 유전자좌위 유전자형을 조사하였다. 그 중 하나는 PAP(1-phenyl-alanyl-1-proline peptidase) 유전자좌위인데, 해달 집단에는 $S$(slow)와 $F$(fast) 두 개의 대립유전자가 관찰된다. 해달 33개체로 이루어진 표본에서 유전자형 빈도는 다음과 같았다.

| *SS* | *SF* | *FF* |
|---|---|---|
| 16 | 7 | 10 |

33개체 표본은 66개의 대립유전자를 포함한다. $S$와 $F$의 빈도는

**표 7.2 캘리포니아와 알래스카의 이형접합자 해달의 실제 및 기대 마리 수**

아래 숫자는 74마리의 캘리포니아 해달과 9마리의 알래스카 해달에서 얻은 31개 유전자좌위의 평균값들이다. 각 집단에서 유전자형에 따른 관찰된 그리고 하디-바인베르크 조건(임의교배, 돌연변이 없음, 자연선택 없음, 이주 없음, 유전적 부동 없음) 하에 예상된 개체들의 비율이다.

| | 캘리포니아 | 알래스카 |
|---|---|---|
| 관찰된 이형접합자 비율 | **4.6%** | **6.8%** |
| 예상된 이형접합자 비율 | **7.2%** | **7.7%** |

출처: Lidicker and McCollum (1997)

$$S \qquad\qquad F$$

$$\frac{2(16)+7}{66} \approx 0.6 \qquad \frac{7+2(10)}{66} \approx 0.4$$

만약 해달 집단이 하디-바인베르크 평형에 있다면 유전자형 빈도는

$$SS \qquad SF \qquad FF$$

$$(0.6)^2 = 0.36 \qquad 2(0.6)(0.4) = 0.48 \qquad (0.4)^2 = 0.16$$

이 될 것이다. 그러나 실제 빈도는 다음과 같다.

$$SS \qquad SF \qquad FF$$

$$\frac{16}{33} = 0.485 \qquad \frac{7}{33} = 0.212 \qquad \frac{10}{33} = 0.303$$

**이형접합자의 부족과 동형접합자의 과잉을 보여주는 데이터는 동계교배의 증거일 수 있다.**

즉 임의교배 하의 집단에서 예상되는 것보다 동형접합자가 많고 이형접합자가 적다. Lidicker와 McCollum은 또한 알래스카에서 여섯 마리 해달의 PAP 유전자형을 결정하였다. 이곳의 집단은 덜 심한 병목을 겪었다. 비록 작은 표본으로 얻은 결과이지만, 알래스카 해달에서는 이형접합자 빈도가 낮지 않았다(*SS* 한 마리; *SF* 세 마리; *FF* 두 마리).

**표 7.2**는 Lidicker와 McCollum이 조사한 모든 해달의 31개 유전자좌위에 걸친 이형접합자 빈도의 평균값을 보여준다. 전체적인 결과는 PAP 유전자좌위와 일치한다. 캘리포니아 해달 집단은 이형접합자 유전자형의 상당한 결핍을 보이는데 이것은 동계교배의 효과라고 할 수 있다.

엄밀히 말해, 동형접합자의 비율이 초과된 것은 어떤 한 가지 또는 그 이상의 하디-바인베르크 가정들이 해달 집단에서 위배되었다는 것만을 말해준다. 원칙적으로 이형접합자에게 불리하게 그리고 동형접합자에게 유리하게 작용하는 자연선택이 있다면 이형접합자 비율을 감소시킬 수 있다. 또한 이형접합자의 결핍은 캘리포니아 해달 집단이 Lidicker와 McCollum이 가정한 바와 같은 하나의 집단이 아니고 사실 대립유전자 빈도가 다른 두 개의 집단으로 구성되어 있었기 때문이었을 수도 있다. 그러나 Lidicker와 McCollum은 이러한 대안적인 가설들보다 동계교배가설이 훨씬 타당성이 높다고 결론 내렸다. 이들은 근교약세의 증거를 얻기 위해 해달 개체 수가 회복되는 추이를 지켜봐야 한다고 제안하였다. 근교약세에 대해서는 다음 절에서 다룬다.

## 동계교배의 일반적인 분석

지금까지 우리가 다룬 동계교배는 자가생식과 남매 간 교배에 한정되었다. 그러나 동계

계 산 하 기 7. 6

## 동계교배 집단에서 유전자형 빈도

여기서는 하디-바인베르크 조건을 만족하는 집단에 동계교배를 추가한다. 하나의 유전자좌위에 두 개의 대립유전자 $A_1$과 $A_2$가 각각 빈도 $p$와 $q$로 존재하는 집단을 생각한다. 임의교배를 하는 집단에서와 같이 유전자 풀에서 배우자들이 서로 결합하여 다음 세대의 유전자형이 결정된다. 이 과정에 동계교배에 의한 변형이 가해져 유전자 풀이 완전히 섞이지 못한다. 일단 난자 하나를 뽑고 나서 이와 결합할 정자를 고를 때, 정자들이 두 그룹으로 나뉘어 있다고 생각할 수 있다. 이 난자의 대립유전자와 공동자손 동일성을 보이는 (즉, 난자를 낳은 어미의 가까운 친척으로부터 공통적으로 물려받은) 대립유전자와 그렇지 않은 대립유전자를 운반하는 정자들이 $F$ 대 $1-F$의 비율로 존재한다. 그리하여 유전자형 빈도의 계산이 다음과 같이 이루어진다.

- $A_1A_1$ 동형접합자: $A_1A_1$ 동형접합자가 만들어지는 길은 두 가지가 있다. 첫 번째, $A_1$을 가진 난자를 $p$의 확률로 고르고 나서, 공동자손 동일성이 없으면서도 $A_1$을 가진 정자가 무작위로 선택되는 경우를 생각해 본다. 유전자 풀에서 공동자손 동일성이 없는 $A_1$ 정자는 $p(1-F)$의 빈도로 존재한다. 따라서 이런 과정으로 동형접합자를 얻는 확률은

$$p \times p(1-F) = p^2(1-F)$$

이다. 동형접합자를 얻는 두 번째 과정은 $A_1$을 가진 난자를 고르고 (확률 $p$) 여기에 결합하는 정자가 가까운 친족으로부터 공통적으로 받은 동일한 대립유전자($A_1$)를 운반(확률 $F$)하는 경우이다. 따라서 이런 식으로 동형접합자를 얻는 확률은 $pF$이다. 이제, $A_1A_1$ 동형접합자가 얻어질 확률은 각각의 사건 확률의 합으로 다음과 같이 주어진다.

$$p^2(1-F) + pF$$

- $A_1A_2$ 이형접합자: $A_1A_2$ 이형접합자를 얻을 수 있는 과정은 두 가지이다. 첫 번째는 $A_1$을 가진 난자를 $p$의 확률로 고르고 나서 여기에 결합하는 정자가 $A_2$을 가지는 경우이다. 이 난자에 대하여 공동자손 동일성이 없는 정자만이 $A_2$를 운반할 수 있으므로 이러한 정자들은 $q(1-F)$의 빈도로 존재한다. 따라서 이 과정으로 이형접합자를 얻을 확률은 $pq(1-F)$이다. 두 번째는 $A_2$를 가진 난자를 $q$의 확률로 고르고 나서 $p(1-F)$의 확률로 공동자손 동일성 없는 정자가 $A_1$을 운반하는 경우이다. 이 과정이 일어날 확률은 $qp(1-F)$이다. 따라서 이형접합자를 얻는 확률은 다음과 같다.

$$pq(1-F) + qp(1-F) = 2pq(1-F)$$

- $A_2A_2$ 동형접합자: 먼저 $A_2$를 가진 난자를 $q$의 확률로 고르고 나서, $q(1-F)$의 확률로 친족 연관성이 없으면서 $A_2$를 가진 정자를 선택하거나, $F$의 확률로 가까운 공동조상으로부터 받은 동일한 대립유전자($A_2$)을 운반하는 정자를 선택하면 $A_2A_2$ 동형접합자를 얻게 된다. 경우의 수를 합하면 $A_2A_2$ 동형접합자를 얻는 확률이 다음과 같이 결정된다.

$$q^2(1-F) + qF$$

유전자형 빈도를 모두 합하면 1이 된다.

교배는 더 먼 친족들, 예를 들어 사촌 간 교배도 포함한다. 자가생식 외의 덜 극단적인 동계교배도 약하기는 하지만 역시 같은 결과, 즉 동형접합자의 비율을 높이는 결과를 가져온다. 일반화된 동계교배를 수학적으로 다루기 위해 집단유전학자들은 **근교계수(coefficient of inbreeding)**라는 개념적 도구를 사용한다. 이 변수는 기호 $F$로 표시하며, 한 개체의 두 대립유전자가 매우 가까운 조상에서 갈라져 나왔기 때문에 동일할 확률로 정의된다. [여기서 두 대립유전자 간의 관계를 공동자손 동일성(identical by descent)이라고 정의한다.] **계산하기 7.6**은 동계교배를 하는, 그러나 다른 면에서는 하디-바인베르크의 가정을 따르는 집단에서 유전자형의 빈도가 다음과 같이 주어짐을 보여준다.

| $A_1A_1$ | $A_1A_2$ | $A_2A_2$ |
|---|---|---|
| $p^2(1-F)+pF$ | $2pq(1-F)$ | $q^2(1-F)+qF$ |

여기서 $F$의 값으로 0을 대입하면 원래의 하디-바인베르크 유전자형 비율을 얻게 된다. $F$의 값이 0.5이면 자가수정을 의미하며, 표 7.1의 제1세대에 해당하는 유전자형 비율을 얻게 된다.

같은 논리가 다수의 대립유전자가 유전자 풀에 존재할 때도 적용된다. 어떤 대립유전자의 동형접합자 유전자형 $A_iA_i$의 빈도는

$$p_i^2(1 - F) + p_iF$$

이고 이형접합자 $A_iA_j$의 빈도는

$$2p_ip_j(1 - F)$$

로 주어지는데 여기서 $p_i$는 대립유전자 $A_i$의 빈도이고 $p_j$는 $A_j$의 빈도이다.

마지막 수식에 따르면 집단에서 이형접합자들이 차지하는 비율(즉, 집단의 이형접합도)은 $1 - F$에 비례한다. 동계교배를 하는 집단의 이형접합도 $H_F$를 임의교배를 하는 집단의 이형접합도 $H_0$와 비교하면

$$H_F = H_0(1 - F)$$

의 관계식을 얻는다. $F$가 0보다 크기만 하면 이형접합자의 빈도는 임의교배를 하는 집단보다 동계교배를 하는 집단에서 작다.

## $F$의 계산

실제 집단에서 동계교배가 어느 정도로 일어나는지 가늠하기 위해 $F$를 계산할 수 있는 방법을 찾아야 한다. 직접적인 계산을 하기 위해서는 가계도(pedigree), 즉 개체들 간의 가족관계를 알려주는 모식도가 필요하다. **그림 7.36a**는 반 남매(half-sibling) 간의 교배에서 나온 한 암컷('딸')을 중심으로 한 가계도를 보여주고 있다. 이 딸의 부모는 이들의 어미(암컷의 '할머니')를 공동조상으로 두기 때문에 이 딸이 동계교배의 산물이라고 할 수 있다. 이 딸이 근친 관계로 인해 동일한 두 개의 유전자 복사본을 얻기 위해서는 다음과 같은 과정이 필요하다. 먼저 어미가 할머니로부터 난자를 통해 받은 유전자 복사본을 다시 난자를 통해 딸에게 물려줘야 하는데, 이 사건이 일어날 확률은 2분의 1이다. 또 아비도 어미가 할머니로부터 받은 것과 동일한 유전자 복사본을 받아야 한다. 이것이 일어날 확률은 2분의 1이다. 그리고 다시 2분의 1의 확률로 딸이 아비로부터 정자를 통해 그 유전자 복사본을 물려받는다. 근교계수 $F$는 이 세 가지 사건이 모두 일어나는 확률, 즉 $(\frac{1}{2})^3 = \frac{1}{8}$로 주어진다. 그림 7.36b에서는 완전한 남매(full-sibs) 간의 교배에서 나온 자

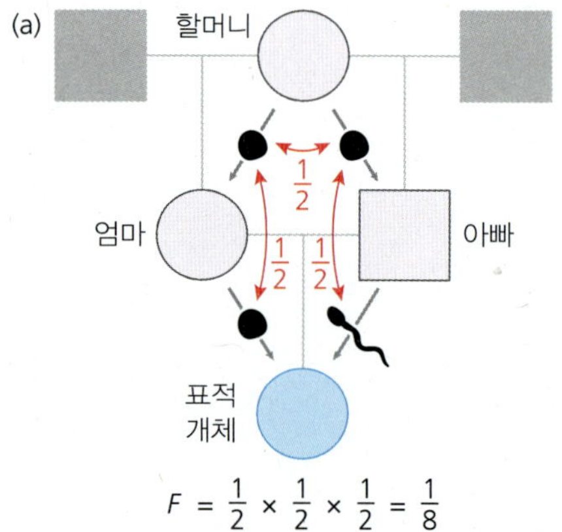


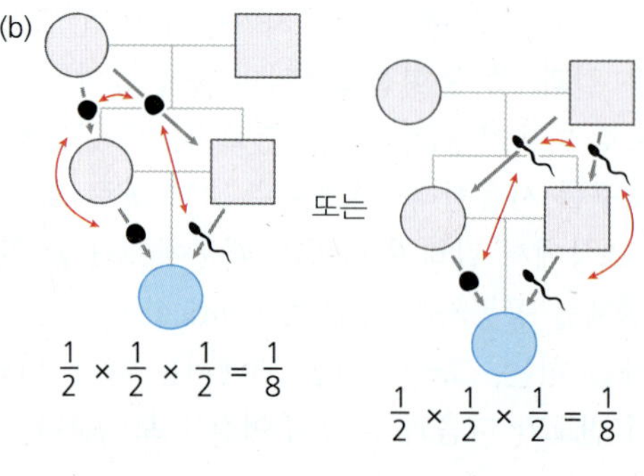


**그림 7.36 가계도에서 $F$ 계산하기** 네모는 남자를 동그라미는 여자를 나타낸다. 회색 화살표는 배우자를 통한 유전자 복사본의 이동을 나타내며 오랜지색 화살표는 맨 아래 개체의 두 유전자 복사본이 근친관계로 인해 동일하기 위해 거쳐야 할 유전경로를 보여준다. Hartl (1981)와 Felsenstein (2011)에서.

식의 경우 두 가지의 (할머니 또는 할아버지에서 시작되는) 근친에 의한 동형접합자의 경로가 있음을 보여준다. 이 경우 $F$는 $\frac{1}{8} + \frac{1}{8} = \frac{1}{4}$이 된다.

## 근교약세

비록 동계교배가 직접적으로 대립유전자 빈도를 변화시키지 않지만 진화에 영향을 줄 수 있다. 진화에 있어 동계교배의 가장 중요한 결과는 **근교약세(inbreeding depression)**이다(Charlesworth and Willis 2009 참조).

**동계교배는 해로운 대립유전자의 동형접합자인 자손을 낳게 하여 평균 적응도의 감소를 가져올 수 있다.**

근교약세는 해로운 돌연변이를 자연선택에 노출시킴으로 인해 주로 발생한다. 이해를 돕기 위해 극단적인 유전자 기능 소실 돌연변이를 예로 들어보자. 개체가 야생형 대립유전자를 한 개라도 가지고 있으면 정상적인 기능을 하는 단백질이 생산되기 때문에, 기능 소실 돌연변이들은 주로 열성이다. 비록 이형접합자 개체들에서는 이런 돌연변이에 의한 적응도의 변화가 미미하지만 동형접합자 개체는 죽음에까지 이르는 적응도의 감소를 겪을 수 있다. 즉, 동계교배는 집단에서 동형접합자인 개체의 비율을 증가시킴으로써 해로운 열성 돌연변이가 훨씬 자주 표현형에 영향을 미치도록 한다. 근교약세는 이 대립유전자들이 새로 태어나는 개체들의 적응도에 미치는 평균적 효과를 의미한다.

인간을 대상으로 한 연구에서 동계교배가 실제로 해로운 열성 돌연변이를 노출시킨다고 알려졌다. 여러 연구들이 얻은 데이터는 사촌 간에 태어난 아이들의 사망률이 무관한 (친척이 아닌) 이들 사이에서 태어난 아이들의 사망률보다 높다는 것을 보여준다(그림 7.37). 우리에 가두어 키우는 동물들에서도 근교약세가 자주 관찰되었다(예를 들어, Hill 1974; Ralls et al. 1979).

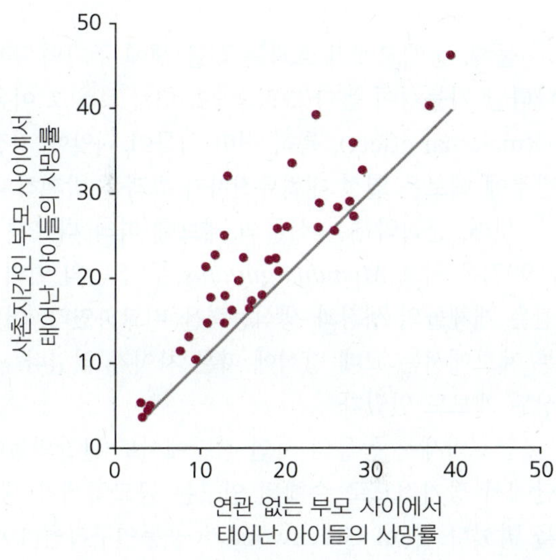


**그림 7.37 인간의 근교약세** 각각의 점은 한 인류집단에서 관찰된 소아 사망률을 나타낸다. 가로축은 유전적 연관이 없는 부모 사이에 태어난 아이들의 사망률이고 세로축은 사촌지간인 부모 사이에서 태어난 아이들의 사망률이다. 회색 선은 두 그룹의 아이들의 사망률이 같다고 할 때 예상되는 결과이다. Bittles and Neel (1994)의 자료.

실험적으로 동계교배를 일으키는 것이 가능한 속씨식물을 이용하여 아마도 자연 집단에서 일어나는 근교약세에 관한 가장 강력한 증거가 얻어졌다. 많은 속씨식물에서 인위적인 수분을 통해 같은 부모로부터 자가수분(동계교배)과 이계교배(outcrossing)에 의한 자손을 모두 얻을 수 있다. 이러한 실험에서 근교약세는 다음과 같이 정의된다.

$$\delta = 1 - \frac{w_s}{w_o}$$

여기서 $w_s$와 $w_o$는 각각 자가수분과 이계교배로 얻은 자손의 적응도를 의미한다. 이 정의를 이용하면 여러 종에서 나타나는 근교약세의 정도를 서로 비교할 수 있다. 실험들을 통해 다음 세 가지의 패턴이 드러났다.

첫째, 식물들이 환경으로부터 스트레스를 받으면 동계교배의 효과가 쉽게 나타난다. 예를 들어 Michele Dudash(1990)는 자가생식과 이계교배로 얻은 로즈 펑크(*Sabatia angularis*)를 비교하였다. 이 식물이 온실이나 정원에서 자랄 때에도 근교약세가 관찰되지만 야외에서 재배될 때 동계교배와 이계교배로 얻어진 식물들의 적응도 차이가 더욱 크게 났다. Lorne Wolfe(1993)도 waterleaf(*Hydrophyllum appendiculatum*)를 이용하여 비슷한 결론을 얻었다. 즉, 자가수분과 이계교배로 얻은 개체의 적응도가 따로 떨어져 자랄 때는 같았지만 함께 경쟁하며 자랄 때에는 매우 달랐다. 그리고 jewelweed(*Impatiens capensis*)라는 흔한 다년생 식물을 연구한 McCall 등(1994)은 실험 기간 중 예상치 않은 곤충의 대발생을 겪었을 때 가장 강한 근교약세가 나타남을 관찰하였다.

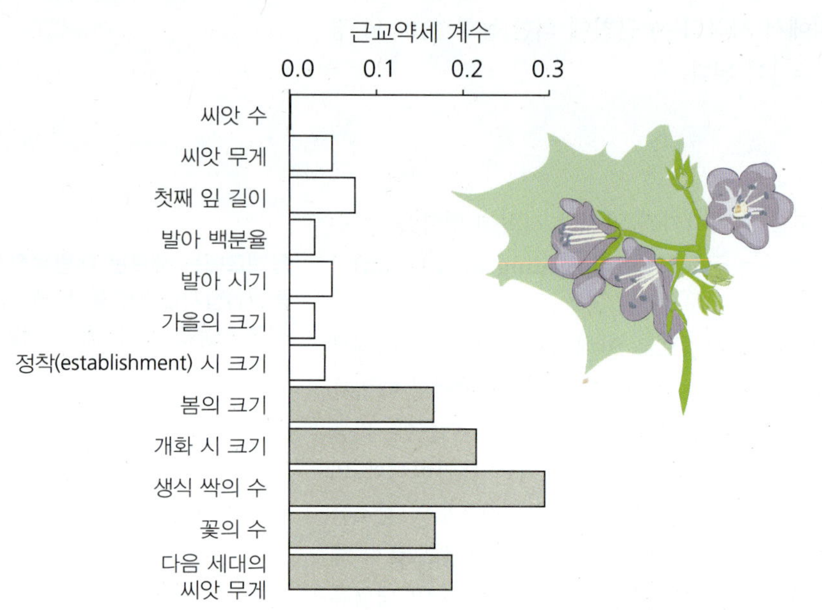


**그림 7.38 현화식물의 근교약세는 개체의 나이가 들수록 증가한다** 이 데이터들은 이년생 식물인 waterleaf에서 얻어졌다. 흰색 막대는 첫 해의 생장에 관한 근교약세이고, 올리브색 막대는 식물이 성숙하여 꽃을 피우고 죽는 이듬 해에 발현되는 형질들의 근교약세를 나타낸다. 근교약세는 첫해보다 이듬 해에 두드러지게 나타난다. Wolfe (1993)에서 다시 그림.

둘째, 동계교배의 효과는 식물 생애 주기의 후반부, 즉 발아나 어린 식물 단계 이후에 나타날 가능성이 높다(**그림 7.38, 다음 쪽**). 그 이유는 무엇일까. Wolfe(1993)는 모계 효과(maternal effect), 특히 어미 식물이 씨앗에 저장하는 영양분의 영향으로 생애 주기 전반부에 해로운 열성 대립유전자가 효과를 발휘하지 못한다는 의견을 제시하였다.

셋째, 근교약세는 식물의 계보에 따라 다르게 나타난다. Michele Dudash과 동료들(1997)은 약초 *Mimulus guttatus* 두 집단의 여러 계보에서 각각 동계교배와 이계교배로 얻은 개체들의 생장과 생식능력을 비교하였다. 어떤 계보에서는 근교약세가 관찰되고 다른 계보에서는 교배 방식에 따른 차이가 없었다. 심지어는 동계교배를 하여 적응도가 향상된 계보도 있었다.

근교약세는 동물의 자연 집단에서도 관찰되었다. 박새(*Parus major*)의 분리된 두 집단에서 장기적으로 수행된 연구는 근교약세가 생식의 성공에 강한 영향을 미친다는 것을 밝혔다. Paul Greenwood와 공동연구자들(1978)은 동계교배를 사촌이나 그보다 더 가까운 개체들 간의 짝짓기로 정의하였다. 이들은 동계교배로 태어난 새끼들의 생존력이 이계교배의 경우보다 매우 낮음을 발견하였다. 비슷하게 A. J. van Noordwijk과 W. Scharloo(1981)는 어느 섬의 박새 집단에서 동계교배와 부화에 실패하는 알의 숫자 사이에 강한 연관관계가 존재함을 밝혔다(**그림 7.39**). 더 최근에는 Keller 등(1994)이 캐나다 브리티시 컬럼비아의 노래참새 집단에서 이계교배로 태어난 개체들이 동계교배로 태어난 개체들보다 혹독한 겨울에 더 잘 생존하는 것을 발견하였다.

지금까지 근교약세에 대하여 검토한 이론과 데이터에 비추어 볼 때, 동물들과 식물들에서 이를 피하기 위한 메커니즘이 진화하였다는 것이 놀랍지 않다. 동계교배를 피하기 위한 메커니즘에는 배우자 선택(mate choice), 유전적으로 조절되는 자가-부화합성(self-incompatibility), 그리고 분산(dispersal)이 있다. 그러나 어떤 상황 하에서는 동계교배를 피할 수 없다. 예를 들어, 작은 집단에서는 각 개체가 만날 수 있는 배우자의 후보가 제한되어 있다. 여러 세대에 걸쳐 그 크기를 유지하는 작은 집단에 다른 집단으로부터 이주해 오는 개체가 없다면 임의교배가 일어나더라도 궁극적으로 이 집단의 모든 개체들은 서로 연관되게 된다. 따라서 작은 집단들은 결국 동계교배를 하게 되며 개체들은 근교약세를 겪게 된다. 멸종위기에 놓인 희귀종이 이러한 문제에 직면해 있으며 7.5절에

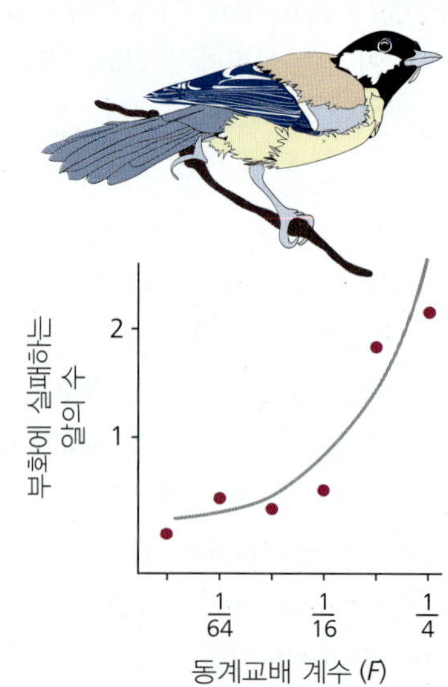


**그림 7.39 동계교배로 낳은 박새의 알은 부화성공률이 떨어진다** van Noordwijk and Scharloo (1981)에서.

서 본 바와 같이 우리 안에 가둬 사육하는 보전 프로그램의 장애요인이다.

결론적으로, 비임의교배는 그 자체로는 대립유전자 빈도를 변화시키지 않는다. 즉 진화의 메커니즘이 아니다. 그러나 비임의교배는 유전자형 빈도를 변화시킨다. 이는 집단 내 표현형의 분포를 변화시켜 자연선택의 패턴을 변화시키고, 결과적으로 집단 진화의 과정을 변화시킨다. 예를 들어, 동계교배는 동형접합자의 빈도를 증가시키고 이형접합자의 빈도를 감소시킨다. 이것이 해로운 돌연변이를 선택에 노출시켜 근교약세가 발생하도록 한다.

## 7.5 플로리다퓨마의 보전유전학

우리는, 한때 번성하였으나 1990년대 중반 멸종에 이른 것으로 보였던 맹수인 플로리다퓨마를 언급하며 이 장을 열었다. 대다수의 멸종위기 종들과 마찬가지로 퓨마의 가장 큰 적은 쟁기, 불도저, 총을 사용하는 인간이다. 그러나 서식지 감소와 사냥만이 이들이 직면한 문제는 아니다.

이 맹수는 1958년 플로리다 주의 보호 하에 놓이게 되고 1967년 연방정부에 의해 멸종위기 종으로 등재되었다(Pimm et al. 2006). 이들이 멸종되었다고 여겨진 후인 1980년대에 정부와 시민단체는 퓨마의 개체수 회복을 위해 보호 서식지를 추가하고, 먹이가 되는 동물이 관리되는 방법을 바꾸며, 고속도로 밑에 지나다닐 수 있는 통로를 만들어 로드킬을 줄이려 하였다(Culver et al. 2008; Johnson et al. 2010). 그럼에도, 퓨마의 집단 크기는 80년대 중반에서 90년대 중반까지 40여 마리보다 적은 수에 머물렀다. 위의 요인 말고 무언가 다른 요인이 플로리다퓨마의 생존을 위협하고 있었다. 그것이 무엇일까?

앞의 이주, 유전적 부동, 그리고 비임의교배에 관한 논의는 우리에게 가능성이 높은 해답을 찾고 이해할 도구를 제공하고 있다. 인간의 활동은 퓨마에게 두 가지 영향을 미쳤다. 첫째, 퓨마의 집단 크기를 직접적으로 감소시켰다. 둘째, 이들을 가까운 유연관계에 있으며 한때 서로 교배하는 관계였던 다른 퓨마 집단들로부터 격리시켰다.

유전자 흐름이 차단된 작은 집단에서는 유전적 부동이 가장 큰 진화의 동력으로 작용한다. 또한 유전적 부동은 대립유전자의 무작위 고정과 이형접합도 감소를 가져온다. 만약 고정되는 대립유전자들의 일부가 해로운 열성인자라면 개체의 평균 적응도는 감소할 것이다. 유전적 부동에 의한 적응도의 감소는 근교약세를 연상시킨다. 사실, 이것이 바로 근교약세이다. 유전적 부동에 의한 이형접합도의 감소와 동계교배에 의한 동형접합자의 증가는 동전의 양면과 같다. 작은 집단에서는 모든 개체들이 서로 친족관계이기 때문에 친족과 교배하는 수밖에는 방법이 없다.

Michael Lynch와 Wilfried Gabriel(1990)은 해로운 열성 돌연변이의 누적[유전적 부하(genetic load)라고 불리는 현상]이 작은 집단의 멸종을 가져올 수 있다고 제안하였다. 그들은 집단이 해로운 돌연변이에 노출되면서 그 크기가 감소하고, 이것은 다시 유전적 부동의 효과를 증대시킴에 주목하였다. 따라서 해로운 돌연변이의 빈도가 더 빨리 증가하여 고정에 이르게 되고, 이것은 집단 크기를 더욱 감소시킨다. Lynch와 Gabriel은 이렇게 돌연변이, 집단 크기, 그리고 유전적 부동이 서로 악순환의 상승작용을 일으키는 것을 "돌연변이 붕괴(mutational meltdown)"라고 불렀다.

**유전적 부동에 의해 대립유전자의 다양성이 감소한 것이 플로리다 퓨마의 근교약세를 가져온 것으로 보인다.**

플로리다퓨마가 바로 이와 같은 운명에 처한 것으로 보인다. 집단이 시들시들해지자 개체들은 앞에서 언급한 바와 같이 심장 기형, 정자 수 감소, 잦은 감염 등 근교약세의 증상으로 보이는 상태를 보였다. 이것이 개체의 생식률을 저하시켜 남아 있는 집단을 꾸준히 감소시켰다. 집단 크기의 지속적 감소는 더욱더 심한 유전적 부동을 가져와 더 심한 근교약세를 가져오는 악순환이 지속되었다. 이 맹수는 “멸종의 소용돌이(extinction vortex)”에 빨려든 것이다(Soulé and Mills 1998 참조).

위 가설을 검증하기 위해, Carlos Driscoll과 동료들(2002)은 여러 종류의 유전자좌위에서 플로리다퓨마의 유전적 다양성을 다른 퓨마나 다른 고양이과 동물의 집단과 비교하였다. 그림 7.40은 전형적인 결과를 보여준다. 플로리다퓨마는 다른 집단 또는 다른 고양이과 종에 비해 훨씬 낮은 이형접합도를 보였다.

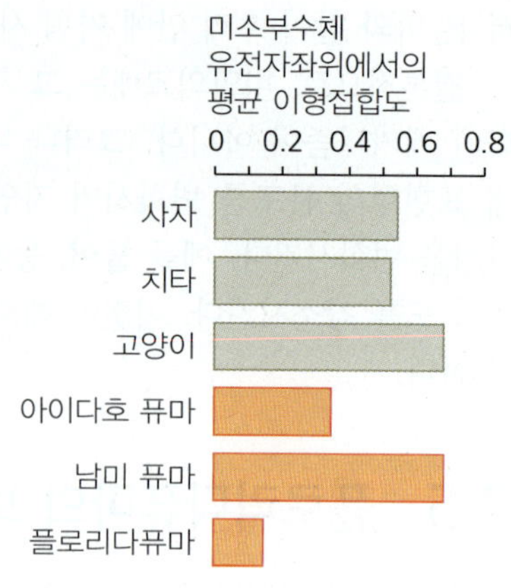


**그림 7.40 다른 퓨마 집단이나 고양이과 동물들과 비교한 플로리다퓨마의 유전적 다양성** Driscoll et al. (2002)의 데이터를 그림.

Philip Hedrick과 동료들(Culver et al. 2008)은 현재의 플로리다퓨마 집단과 1890년대에 수집된 박물관 표본의 유전적 다양성을 비교하였다. 비록 표본 수는 작았지만, 이들이 얻은 결과는 Driscoll 등이 얻은 것과 일치하였다. 오늘날의 퓨마들이 보이는 이형접합도는 박물관 표본에서 얻은 값의 약 1/3에 불과하였다.

Hedrick과 동료들은 여러 세대에 걸친 이형접합도 감소를 기술하는 Sewall Wright의 방정식을 이용하여 현재 퓨마집단의 유효집단크기 $N_e$를 구하였다. 먼저 1890년대와 현재의 이형접합도를 대입하고 한 세대 길이를 4~6년으로 가정하여 한 세기만에 이형접합도가 3분의 2로 감소하려면 유효집단크기가 얼마나 작아야 하는지 계산하였다. 그 해답은 10 미만이었다. 만약 플로리다퓨마 집단 크기의 병목현상이 더 짧고 더 최근에 일어났었다면 생식활동을 하는 퓨마의 숫자가 한 때 겨우 두 마리에 불과할 수도 있었다.

요약하자면, 멸종 소용돌이 가설에 부합하여, 플로리다퓨마는 이들의 조상이나 오늘날의 다른 집단에 비해 유전적 다양성이 매우 낮다.

멸종 소용돌이 가설의 마지막 검증은 보전 전략의 수립을 통하여 이루어졌다. 만약 플로리다퓨마의 근본적인 문제가 소실된 유전적 다양성이라면 그것은 유전자 흐름이 해결할 수 있다. 다른 집단으로부터 이주해 오는 개체들은 플로리다에서 소실된 대립유전자들을 가져올 것이다. 잃어버린 대립유전자를 다시 도입하는 것은 유전자 부동의 효과를 되돌리고 근교약세를 제거할 것이다. 플로리다로 향하는 퓨마의 자연적 이주는 오래 전에 멈추었다. 그러나 1995년 관리자들은 여덟 마리의 텍사스퓨마를 포획하여 남부 플로리다에 방사하였다.

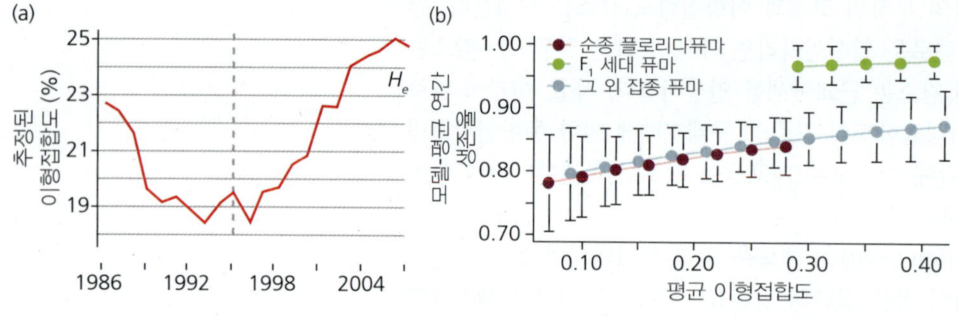


**그림 7.41 플로리다퓨마의 유전적 복원** (a) 텍사스퓨마를 도입한 이후 이형접합도가 증가하였다. (b) 그 결과 생존율도 증가하였다. Johnson et al. (2010), Benson et al. (2011)에서.



이 시도는 효과를 보는 듯하다. Warren Johnson과 동료들(2010)은 텍사스와 플로리다퓨마들이 서로 짝짓기를 하며 따라서 이형접합도가 증가하고 있음을 보고하였다(그림 7.41a). John Benson과 동료들(2011)은 높은 이형접합도가 생존율의 향상을 이끌었다고 보고하였다(그림 7.41b). 그리고 집단은 100마리 이상으로 커졌다. 야생에서 플로리다퓨마가 완전히 회복된 것은 아니다. 그러나 멸종을 피할 확률은 높아졌다.

**텍사스에서 플로리다퓨마들을 이주시킴으로써 플로리다 집단의 대립유전자의 다양성이 회복되고 근교약세의 효과가 경감된 것으로 보인다.**

6장과 7장에서는 한 번에 한 유전자좌위씩 분석하면서 진화에 관한 많은 것을 배웠다. 다음 장에서는 한 번에 두 개 이상의 유전자좌위를 고려하기 시작할 것이다.

# 요약

하디-바인베르크 평형의 원리에서 알 수 있는 중요한 사실은 자연선택만이 진화의 기작은 아니라는 것이다. 이 장에서는 6장에서 소개된 하디-바인베르크 분석의 세 가지 가정이 위배되었을 때 대립유전자 빈도와 유전자형 빈도가 어떻게 변하는지 살펴보았다.

이주는 진화학적인 의미에서, 한 집단에서 다른 집단으로 대립유전자들이 이동하는 것이다. 이주의 출발지와 목적지가 되는 집단들의 대립유전자 빈도가 다르면, 이주가 목적지 집단의 진화를 일으킨다. 진화의 기작으로서 이주는 유전자 빈도를 집단 사이에 균일하게 만드는 역할을 한다. 그렇게 함으로써 자연선택에 의해 발생했을 집단 간 적응의 차이를 없애는 경향이 있다.

유전적 부동은 유전자 풀에서 유한한 숫자의 접합자를 생산하는 데 수반되는 표본오차 때문에 일어난다. 우연하게 대립유전자 빈도가 세대를 거치며 변한다. 유전적 부동은 작은 집단에서 더 큰 효과를 보인다. 여러 세대에 걸친 유전적 부동은 필연적으로 집단의 유전적 다양성의 소실을 가져온다. 만약 고정에 이르는 돌연변이의 일부가 해로운 열성인자이면 집단 내의 평균 적응도 감소를 가져온다.

분자진화의 중립이론은 유전자 부동이 DNA 염기서열 수준에서 일어나는 진화의 가장 중요한 기작이라고 주장한다. 중립이론은 일부 유전자들에서 관찰되는 시계와 같이 일정한 속도로 진행되는 진화를 설명할 수 있고 양성선택을 확인하는 데 있어 영가설로 역할을 한다.

비임의교배는 대립유전자 빈도를 직접적으로 변화시키지 않으며 따라서 엄밀히 말하면 진화의 기작이 아니다. 그러나 비임의교배는 유전자형 빈도를 변화시킨다. 예를 들어, 동계교배를 하는 집단은 임의교배를 하는 집단에 비해 동형접합자의 비율이 높고 이형접합자의 빈도가 낮다. 동형접합자의 증가는 해로운 열성 대립유전자를 빈번히 노출시켜 근교약세라는 적응도 감소 현상을 일으킨다.

플로리다퓨마의 예에서 보듯, 이 장에서 다룬 현상들은 종 보전의 실용적 측면에서도 중요하다. 유전적 부동은 남겨진 작은 집단의 유전적 다양성을 감소시켜 근교약세와 멸종위기를 불러온다. 그러나 이주는 소실된 유전적 다양성을 회복시켜 집단이 장기적 생존할 수 있는 기회를 제공할 수 있다.

# 질문

**1.** 종 보전 관리자들은 개발되지 않고 남아 있는 좁은 땅을 구입하여 이 땅이 단절된 서식지들을 이어주는 역할을 하도록 노력하고 있다. 그 이유는 무엇인가? 이를 통해 보전 관리자들이 이루고자 하는 유전학적 목표는 무엇인가?

**2.** 그림 7.42는 집단 간의 유전적 분화를 나타내는 $F_{ST}$와 지리적 거리의 관계를 보여주는 그래프이다. 데이터는 유럽인 집단들로부터 얻어졌다. 유전적 분화는 (양 부모로부터 유전되는) 상염색체, (모계로만 유전되는) 미토콘드리아 DNA, 그리고 (부계로만 유전되는) Y 염색체 위의 유전자좌위들로부터 계산되었다. 이 세 가지 종류의 유전자좌위들로부터 다른 패턴이 목격된다. 이주는 집단들 간의 대립유전자 빈도를 동질화한다는 것을 명심하자. 왜 대립유전자 빈도들이 Y 염색체에서보다 상염색체와 미토콘드리아에서 더 균등한지를 설명하는 가설을 세워보라. 그 다음, 생각해낸 가설이 이 그래프를 작성한 연구자들이 선호하는 가설과 유사한지 확인하기 위해 도서관에 가서 다음의 논문을 찾아보라:

Seielstad, M. T., E. Minch, and L. L. Cavalli-Sforza. 1998. Genetic evidence for ... in humans. *Nature Genetics* 20: 278–280. [논문 제목의 중간을 생략한 이유는 독자가 자신만의 가설을 세워보길 바라기 때문이다.]

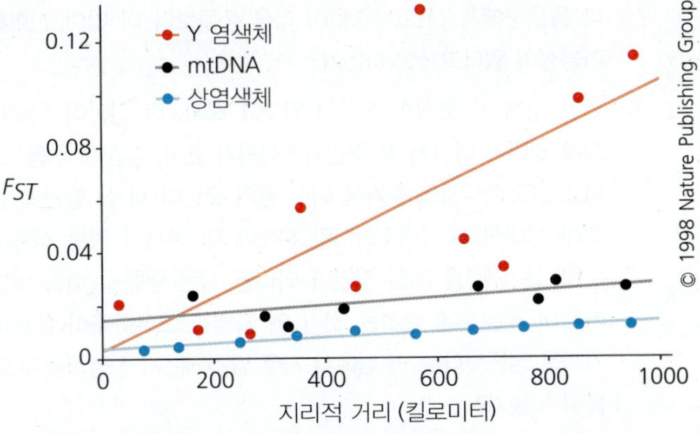


**그림 7.42 지리적 거리의 함수인 인간 집단들 간의 유전적 거리** 다른 색깔로 표시된 점들은 세 개의 다른 종류의 유전자좌위들로부터 유전적 거리($F_{ST}$)가 얻어졌음을 나타낸다. Seielstad et al. (1998)에서.



**3.** 다음의 세 가지 사실을 고려하라: (i) MHC 유전자좌위의 유전적 변이는 질병으로부터의 저항성을 부여하기 때문에 이 유전자좌위에서 이형접합도가 소실되는 것은 매우 해롭다. (ii) 미소부수체 유전자좌위는 미시간의 Isle Royale에 서식하는 갈색 늑대들(grey wolves)이 심한 동계교배를 겪는다는 것을 보여줬다(Wayne et al. 1991). (iii) 이 늑대 집단은 1980년대에 canine parvovirus

감염으로 인해 거의 전멸하였다. 위의 사실들이 서로 어떤 연관을 가지는가? 이 데이터를 설명할 수 있는 그 밖의 가설들이 있는가? 여러분의 생각을 어떻게 검증할 수 있을까?

**4.** 당신이 만약 오자크 지역 목무늬 도마뱀의 보전을 책임지는 위치에 있다면, 해야 할 일 중의 하나는 이 도마뱀이 사라진 글레이드에 다시 도마뱀을 유입시키는 것이다. 그때, 하나의 글레이드 집단에서 여러 마리의 도마뱀을 가져오거나 아니면 여러 글레이드로부터 한 마리씩 골라 가져오는 선택을 할 수 있다. 각 선택을 취했을 때 이주의 출발지와 도착지가 되는 집단이 겪는 진화유전학적인 영향은 무엇인가? 당신이라면 어떤 선택을 할 것인가?

**5.** Bodmer와 McKie(1995)는 핀지랩인의 완전색맹(achromatopsia)과 같이 현재 또는 과거에 고립된 섬에 높은 빈도로 존재하는 유전병들에 대하여 조사하였다. 예를 들어 hereditary tyrosinema라고 하는 효소 결핍은 캐나다 퀘벡시의 북쪽에 위치한 Chicoutimi 지역에 유난히 높은 빈도로 발생한다. 또한 porphyria라는 증상은 네덜란드계 남아프리카인들 사이에 특히 빈번하게 관찰된다. 왜 격리된 집단에서 유전병들이 높은 빈도로 나타나는가? 그 밖에 무엇이 이 집단들의 공통점인가?

**6.** 먼 바다의 외딴 섬들은 각각의 고유 종, 즉 다른 곳에서는 발견되지 않는 종들로 유명하다(Quammen 1996는 여기에 대한 매우 흥미진진한 읽을거리이다). 외딴 섬에 새 종이 정착하는데 있어 이주와 유전적 부동의 역할을 생각해보라.

- **a.** 어떻게 식물과 동물이 외딴 섬에 정착하는가? 어떤 식물군이나 동물군에서 섬 고유종들이 다른 종들보다 더 많이 진화할 가능성이 있다고 생각하는가?
- **b.** 외딴 섬에 막 도착한 집단이 있다고 하자. 이 집단이 대체로 작을 것인가 아니면 클 것인가? 창시자 효과, 유전적 부동, 그리고 본토로부터의 추가적 이주 등의 요인이 새 섬 집단의 진화에 상대적으로 (비슷하지만 본토에 더 가까이 있는 섬들에 비해) 큰 영향을 끼칠 것인가 아니면 작은 영향을 끼칠 것인가? 이 질문들에 답하는 것이 왜 특별한 고유종들이 본토에 가까운 섬들보다는 먼 섬에서 자주 발견되는지 설명하는데 도움이 되는가?

**7.** 시작 코돈 AUG의 위치를 참조하여 연구자들은 위유전자에 일어난 염기의 변화가 침묵치환 또는 대체치환에 해당하는지 알 수 있다. 다른 많은 유전자좌위들과는 다르게 위유전자에서는 침묵치환과 대체치환의 속도가 같다. 이 사실을 진화의 중립이론에 비추어 설명하시오.

**8.** 가까운 종들 사이의 유전자를 비교할 때, 대체치환이 침묵치환보다 훨씬 많이 일어남을 양성선택의 증거로 채택하는 것의 논리는 무엇인가?

**9.** 코돈편중(codon bias)이란 무엇인가? 코돈이 선택적으로 사용된다는 것이 어떤 코돈들을 선호하는 자연선택의 증거로 쓰이는 이유는 무엇인가? 만약 인간 유전체의 여러 유전자 염기서열이 주어진다면 코돈의 사용이 무작위적인지 선택적적인지 어떻게 결정할 수 있을까?

**10.** 이제 인간과 침팬지 양쪽의 유전체 염기서열이 확보되어 있다. 두 종의 상동 유전자들을 어떻게 분석하여 염기서열 차이가 유전자 부동 또는 자연선택에 의해 일어났는지 밝힐 것인지 그 개요를 적어라.

**11.** *Drosophila melanogaster*의 제4번 염색체는 감수분열 시 재조합을 겪지 않는다는 것을 상기한다. 이 염색체위의 유전적 변이가 매우 적은 것이 선택일소의 결과로 해석되었다. 만약 이 염색체가 정상적인 빈도의 재조합을 겪는다면 유전적 다형성의 수준이 달라졌을 것이라고 생각하는가? 그 이유는?

**12.** 우리가 본 것처럼, 동계교배는 해로운 열성 대립유전자를 노출시켜 자손의 적응도를 감소시킨다. 그러나 어떤 육종가들은 동물의 한 가계 내에서 조심스럽게 교배를 수행한다. 그리고 놀랍게도 이렇게 동계교배된 동물들 중에 대회에서 수상하는 개나 소와 같이 정상적으로 건강하고 생식력이 높은 경우가 많다. 어떻게 열성인자로 인한 근교약세를 일으키지 않고 여러 세대에 걸쳐 동계교배를 수행하는 것이 가능한가? (힌트: 동물 육종가가 수행하는 것과 야생에서 자연선택이 작용하는 것의 차이점을 생각해보자.) 일반적으로, 작은 집단이 많은 세대를 거치며 동계교배를 겪으면 열성 대립유전자의 빈도가 시간에 따라 어떻게 변할 것일까?

**13.** 1980년대 중반 보전생물학자들은 모든 대형 고양이과 맹수들을 동물원 우리에서 사육하여 보전하는 노력을 중단할 것을 조심스레 제안하였다. 예를 들어, 중국 미술에 등장할 정도로 아름다운, 그러나 극도로 희귀한 아시아 사자를 사육하려는 노력을 그만두라고 어떤 생물학자들이 제안하였다. 아시아 사자 대신에 시베리아 호랑이나 아무르 표범 같은 멸종위기 동물들의 사육 개체수를 늘리는 것이 낫다는 것이다. 생물학자들은 사육되는 종의 수를 줄임으로써 대신 개별 종의 집단 크기를 몇 백 마리, 되도록 500마리 이상으로 늘릴 수 있지 않을까 기대하였다. 왜 보전 생물학자들은 영원히 아시아 사자를 잃어버리는 것을 감수하면서까지 이것이 중요하다고 생각했을까?

**14.** 이 장에서는 큰 집단들보다 작은 집단들에서 크게 변하는 여러 경우를 보았다. 다시 정리해보는 의미에서, 다음의 프로세스들이 그 속도와 영향에 있어 작은 집단과 큰 집단에서 어떻게 다르게 일어날지 기술하시오. (집단 크기와 세대 길이의 일반적 상관관계를 가정한다.)

자연선택 이주
유전적 부동 동계교배
개체당 새 돌연변이 수
집단 전체의 세대당 돌연변이 수
새로운 돌연변이와 이전 대립유전자의 치환
새 돌연변이의 고정

# 문헌탐구

**15.** 인간 집단들 간에 대립유전자 빈도를 균일하게 만드는 이주의 역할을 탐색하는 논문:

Parra, E. J., A. Marcini, et al. 1998. Estimating African-American admixture proportions by use of population-specific alleles. *American Journal of Human Genetics* 63: 1839–1851.

오랫동안 격리되었고 낮은 유전적 다양성을 가지는 인간 집단의 유전학적 분석:

Gómez-Pérez, L., M. A. Alfonso-Sánchez, et al. 2011. Alu polymorphisms in the Waorani tribe from the Ecuadorian Amazon reflect the effects of isolation and genetic drift. *American Journal of Human Biology* 23: 790–795.

**16.** 인간 유전체 서열이 다양한 새 방법들에 의해 분석되어 최근 인간 진화에 있어 양성선택의 역할이 밝혀지고 있다. 이 주제에 대해 처음 접하는 사람들에게 추천하는 논문:

Voight, B. F., S. Kudaravalli, et al. 2006. A map of recent positive selection in the human genome. *PLoS Biology* 4 (3): e72.

**17.** 자연에서 저절로 이루어지는 실험적 변화를 이용하여 유전적 부동이 유전적 다양성에 미치는 영향을 조사한, Templeton과 동료들(1990)의 목무늬 도마뱀 연구와 비슷한 예:

Eldridge, M. D. B., J. M. King, et al. 1999. Unprecedented low levels of genetic variation and inbreeding depression in an island population of the black-footed rock-wallaby. *Conservation Biology* 13: 531–541.

**18.** 우리는 7.4절에서 작은 집단으로 이루어진 멸종위기 종들을 보전하는 데 있어 근교약세가 큰 문제점이 된다고 하였다. 근교약세의 정도는 환경에 따라 그리고 가계에 따라 달라진다고 밝혀졌다. 또한 새로운 유전적 방법에 의해 계보가 밝혀지지 않은 야생의 집단에서도 동계교배의 정도를 정확히 측정하는 것이 가능해졌다. 이에 대한 정보:

Spielman, D., B. W. Brook, and R. Frankham. 2004. Most species are not driven to extinction before genetic factors impact them. *Proceedings of the National Academy of Sciences, USA* 101 (42): 15261–15264.

Hedrick, P. W., and S. T. Kalinowski. 2000. Inbreeding depression in conservation biology. *Annual Review of Ecology, Evolution, and Systematics* 31: 139–162.

Liberg, O., H. Andren, et al. 2005. Severe inbreeding depression in a wild wolf (*Canis lupus*) population. *Biology Letters* 1: 17–20.

**19.** 어떠한 보전 프로그램이라도 그 핵심 절차는 장기적인 멸종의 가능성을 없애기 위해 유지되어할 최소의 집단 크기를 결정하는 것이다. 다음의 논문들이 이 주제를 다룬다:

Lande, R. 1995. Mutation and conservation. *Conservation Biology* 9: 782–791.

Lynch, M. 1996. A quantitative genetic perspective on conservation issues. In *Conservation Genetics: Case Histories from Nature*, ed. J. C. Avise and J. Hamrick. New York: Chapman and Hall, 471–501.

**20.** 멸종위기 종의 유전적 구출과 이에 대한 장기적인 전망을 다룬 또 하나의 사례:

Bouzat, J. L., J. A. Johnson, et al. 2009. Beyond the beneficial effects of translocations as an effective tool for the genetic restoration of isolated populations. *Conservation Genetics* 10: 191–201.

**21.** 유전적 다양성 감소가 멸종의 가능성을 높이는 고전적 예로 오랫동안 치타가 언급되었다. 어떤 연구자들은 이 관점에 이의를 제기한다. 이에 관한 문헌의 출발점:

Menotti-Raymond, M., and S. J. O'Brien. 1993. Dating the genetic bottleneck of the African cheetah. *Proceedings of the National Academy of Sciences, USA* 90: 3172–3176.

Merola, M. 1994. A reassessment of homozygosity and the case for inbreeding depression in the cheetah, *Acinonyx jubatus:* Implications for conservation. *Conservation Biology* 8: 961–971.

**22.** 기본적인 분자생물학적 체제가 생물군에 따라 다르게 진화하는 데 있어 유전적 부동이 기여했다는 매혹적 가설에 관한 논문:

Fernández, A., and M. Lynch. 2011. Non-adaptive origins of interactome complexity. *Nature* 474: 502–505.

**23.** 동물에서는 세대 길이뿐만 아니라 신진 대사율에 따라 염기서열 변화의 속도가 달라지는 것으로 보인다. Gillooly와 동료들은 최근에 이 데이터들을 고전적인 중립진화 모델과 통합하여 설명하려고 하였다. 이들의 모델에 의하면, 분자시계는 단위 시간이 아닌 "단위 질량에 따른 대사 에너지 단위"에 비례하여 변한다. 다음은 Gillooly의 논문과 이 문제를 처음 제기하였던 두 논문들이다:

Gillooly, J. F., A. P. Allen, et al. 2005. The rate of DNA evolution: Effects of body size and temperature on the molecular clock. *Proceedings of the National Academy of Sciences*, USA 102: 140–145.

Martin, A. P., G. J. P. Naylor, and S. R. Palumbi. 1992. Rates of mitochondrial DNA evolution in sharks are slow compared with mammals. *Nature* 357: 153–155.

Martin, A. P., and S. R. Palumbi. 1993. Body size, metabolic rate, generation time, and the molecular clock. *Proceedings of the National Academy of Sciences, USA* 90: 4087–4091.

**24.** 유전자 풀에서와 유사하게 언어의 분화에도 창시자 효과가 기여한다는 논문:

Atkinson, Q. D. 2011. Phonemic diversity supports a serial founder effect model of language expansion from Africa. *Science* 332: 346–349.

**25.** 중립이론이 예측한 바와 같이 진화의 속도가 돌연변이율과 일치하는지 검증한 논문:

Sanjuám. R. 2012. From molecular genetics to phylodynamics: Evolutionary relevance of mutation rates across viruses. *PLoS Pathogens* 8: e1002685.

# 인용문헌

## 이 장의 집단유전학 학습자료는 다음 문헌을 참조하여 구성하였다:


Crow, J. F. 1983. *Genetics Notes*. Minneapolis, MN: Burgess Publishing.

Felsenstein, J. 2011. *Theoretical Evolutionary Genetics*. Seattle, WA. Published by the author. Available at http://evolution.genetics.washington.edu/pgbook/pgbook.html

Griffiths, A. J. F., J. H. Miller, et al. 1993. *An Introduction to Genetic Analysis*. New York: W. H. Freeman.

Halliburton, R. 2004. *Introduction to Population Genetics*. Upper Saddle River, NJ: Pearson.

Maynard Smith, J. 1998. *Evolutionary Genetics*. Oxford: Oxford University Press.

Roughgarden, J. 1979. *Theory of Population Genetics and Evolutionary Ecology: An Introduction*. New York: Macmillan.

Templeton, A. R. 1982. Adaptation and the integration of evolutionary forces. In *Perspectives on Evolution*, ed. R. Milkman. Sunderland, MA: Sinauer, 15–31.


## 이 장에서 인용한 모든 다른 자료들:


Akashi, H. 1994. Synonymous codon usage in *Drosophila melanogaster*: Natural selection and translational accuracy. *Genetics* 144: 927–935.

Alter, S. E., E. Rynes, and S. R. Palumbi. 2007. DNA evidence for historic population size and past ecosystem impacts of gray whales. *Proceedings of the National Academy of Sciences, USA* 104: 15162–15167.

Ayala, F. J., and J. A. Kiger, Jr. 1984. *Modern Genetics*. Menlo Park, CA: Benjamin Cummings.

Barrett, S. C. H., and D. Charlesworth. 1991. Effects of a change in the level of inbreeding on the genetic load. *Nature* 352: 522–524.

Benson, J. F., J. A. Hostetler, et al. 2011. Intentional genetic introgression influences survival of adults and subadults in a small, inbred felid population. *Journal of Animal Ecology* 80: 958–967.

Berry, A. 1996. Non-non-Darwinian evolution. *Evolution* 50: 462–466.

Berry, A., J. W. Ajioka, and M. Kreitman. 1991. Lack of polymorphism on the *Drosophila* fourth chromosome resulting from selection. *Genetics* 129: 1111–1117.

Bittles, A. H., and J. V. Neel. 1994. The costs of human inbreeding and their implications for variations at the DNA level. *Nature Genetics* 8: 117–121.

Brisson, J. A., J. L. Strassburg, and A. R. Templeton. 2003. Impact of fire management on the ecology of collared lizard (*Crotaphytus collaris*) populations living on the Ozark Plateau. *Animal Conservation* 6: 247–254.

Bodmer, W., and R. McKie. 1995. *The Book of Man*. New York: Scribner.

Buri, P. 1956. Gene frequency in small populations of mutant *Drosophila*. *Evolution* 10: 367–402.

Bustamante, C. D., A. Fledel-Alon, et al. 2005. Natural selection on protein-coding genes in the human genome. *Nature* 437: 1153–1157.

Camin, J. H., and P. R. Ehrlich. 1958. Natural selection in water snakes (*Natrix sipedon* L.) on islands in Lake Erie. *Evolution* 12: 504–511.

Censky, E. J., K. Hodge, and J. Dudley. 1998. Over-water dispersal of lizards due to hurricanes. *Nature* 395: 556.

Chamary, J. V., J. L. Parmley, and L. D. Hurst. 2006. Hearing silence: Non-neutral evolution at synonymous sites in mammals. *Nature Reviews Genetics* 7: 98–108.

Chao, L., and D. E. Carr. 1993. The molecular clock and the relationship between population size and generation time. *Evolution* 47: 688–690.

Charlesworth, B. 2009. Effective population size and patterns of molecular evolution and variation. *Nature Reviews Genetics* 10: 195–205.

Charlesworth, B., M. T. Morgan, and D. Charlesworth. 1993. The effects of deleterious mutations on neutral molecular variation. *Genetics* 134: 1289–1303.

Charlesworth, D., and J. H. Willis. 2009. The genetics of inbreeding depression. *Nature Reviews Genetics* 10: 783–796.

Culver, M., P. W. Hedrick, et al. 2008. Estimation of the bottleneck size in Florida panthers. *Animal Conservation* 11: 104–110.

Dorit, R. L., H. Akashi, and W. Gilbert. 1995. Absence of polymorphism at the ZFY locus on the human Y chromosome. *Science* 268: 1183–1185.

Dorus, S., P. D. Evans, et al. 2004. Rate of molecular evolution of the seminal protein gene *SEMG2* correlates with levels of female promiscuity. *Nature Genetics* 12: 1326–1329.

Driscoll, C. A., M. Menotti-Raymond, et al. 2002. Genomic microsatellites as evolutionary chronometers: A test in wild cats. *Genome Research* 12: 414–423.

Dudash, M. R. 1990. Relative fitness of selfed and outcrossed progeny in a self-compatible, protandrous species, *Sabatia angularis* L. (Gentianaceae): A comparison in three environments. *Evolution* 44: 1129–1139.

Dudash, M. R., D. E. Carr, and C. B. Fenster. 1997. Five generations of enforced selfing and outcrossing in *Mimulus guttatus*: Inbreeding depression variation at the population and family level. *Evolution* 51: 54–65.

Escalante, A. A., A. A. Lal, and F. J. Ayala. 1998. Genetic polymorphism and natural selection in the malaria parasite *Plasmodium falciparum*. *Genetics* 149: 189–202.

Fay, J. C. 2011. Weighing the evidence for adaptation at the molecular level. *Trends in Genetics* 27: 343–349.

Felsenstein, J. 2004. *Inferring Phylogenies*. Sunderland, MA: Sinauer.

Felsenstein, J. 2006. Accuracy of coalescent likelihood estimates: Do we need more sites, more sequences, or more loci? *Molecular Biology and Evolution* 23: 691–700.

Felsenstein, J. 2009a. *PHYLIP* (Phylogeny Inference Package),Version 3.69. Distributed by the author. Department of Genome Sciences, University of Washington, Seattle. Available at http://evolution.genetics.washington.edu/phylip/.

Felsenstein, J. 2009b. Coalescents in full bloom. *Evolution* 63: 3275–3276.

Giles, B. E., and J. Goudet. 1997. Genetic differentiation in *Silene dioica* metapopulations: Estimation of spatiotemporal effects in a successional plant species. *American Naturalist* 149: 507–526.

Gillespie, J. H. 1991. *The Causes of Molecular Evolution*. New York: Oxford University Press.

Gojobori, T., E. N. Etsuko, and M. Kimura. 1990. Molecular clock of viral evolution, and the neutral theory. *Proceedings of the National Academy of Sciences USA* 87: 10015–10018.

Greenwood, P. J., P. H. Harvey, and C. M. Perrins. 1978. Inbreeding and dispersal in the great tit. *Nature* 271: 52–54.

Hartl, D. L. 1981. *A Primer of Population Genetics*. Sunderland, MA: Sinauer.

Hendry, A. P., T. Day, and E. B. Taylor. 2001. Population mixing and the adaptive divergence of quantitative traits in discrete populations: A theoretical framework for empirical tests. *Evolution* 55: 459–466.

Hill, J. L. 1974. *Peromyscus*: Effect of early pairing on reproduction. *Science* 186: 1042–1044.

Hughes, A. L. 2007. Looking for Darwin in all the wrong places: The misguided quest for positive selection at the nucleotide sequence level. *Heredity* 99: 364–373.

Hughes, A. L., and M. Nei. 1988. Pattern of nucleotide substitution at major histocompatibility complex class I loci reveals overdominant selection. *Nature* 335: 167–170.

Hughes, A. L., and M. Nei. 1989. Nucleotide substitution at major histocompatibility complex class-II loci—Evidence for overdominant selection. *Proceedings of the National Academy of Sciences, USA* 86: 958–962.

Hughes, A. L., B. Packer, et al. 2003. Widespread purifying selection at polymorphic sites in human protein-coding loci. *Proceedings of the National Academy of Sciences, USA* 100: 15754–15757.

Huttley, G. A., E. Easteal, et al. 2000. Adaptive evolution of the tumor suppressor BRCA1 in humans and chimpanzees. *Nature Genetics* 25: 410–413.

Johnson, W. E., D. P. Onorato, et al. 2010. Genetic restoration of the Florida panther. *Science* 329: 1641–1645.

Keller, L., P. Arcese, et al. 1994. Selection against inbred song sparrows during a natural population bottleneck. *Nature* 372: 356–357.

Kerr, W. E., and S. Wright. 1954. Experimental studies of the distribution of gene frequencies in very small populations of *Drosophila melanogaster*. I. Forked. *Evolution* 8: 172–177.

Kimura, M. 1964. Diffusion models in population genetics. *Journal of Applied Probability* 1: 177–232.

Kimura, M. 1968. Evolutionary rate at the molecular level. *Nature* 217: 624–626.

Kimura, M. 1983. *The Neutral Theory of Molecular Evolution*. New York: Cambridge University Press.

King, J. L., and T. H. Jukes. 1969. Non-Darwinian evolution. *Science* 164: 788–798.

King, R. B. 1993a. Color pattern variation in Lake Erie water snakes: Inheritance. *Canadian Journal of Zoology* 71: 1985–1990.

King, R. B. 1993b. Color-pattern variation in Lake Erie water snakes: Prediction and measurement of natural selection. *Evolution* 47: 1819–1833.

King, R. B., and R. Lawson. 1995. Color-pattern variation in Lake Erie water snakes: The role of gene flow. *Evolution* 49: 885–896.

Kingman, J. F. 2000. Origins of the coalescent. 1974–1982. *Genetics* 156: 1461–1463.

Kuhner, M. K. 2009. Coalescent genealogy samplers: Windows into population history. *Trends in Ecology and Evolution* 24: 86–93.

Larson, S., R. Jameson, et al. 2002. Loss of genetic diversity in sea otters (*Enhydra lutris*) associated with the fur trade of the 18th and 19th centuries. *Molecular Ecology* 11: 1899–1903.

Li, W.-H., T. Gojobori, and M. Nei. 1981. Pseudogenes as a paradigm of neutral evolution. *Nature* 292: 237–239.

Li, W.-H., and D. Graur. 1991. *Fundamentals of Molecular Evolution*. Sunderland, MA: Sinauer.

Li, W.-H., and D. Graur. 2000. *Fundamentals of Molecular Evolution*, 2nd ed. Sunderland, MA: Sinauer.

Lidicker, W. Z., and F. C. McCollum. 1997. Allozymic variation in California sea otters. *Journal of Mammology* 78: 417–425.

Lynch, M., and W. Gabriel. 1990. Mutation load and the survival of small populations. *Evolution* 44: 1725–1737.

Maddison, W.P. 2011. *Coalescence Package for Mesquite*. Version 2.75. Available at http://mesquiteproject.org.

Maddison, W. P., and D. R. Maddison. 2011. *Mesquite: A Modular System for Evolutionary Analysis*. Version 2.75. Available at http://mesquiteproject.org.

McBride, R. T., R. T. McBride, et al. 2008. Counting pumas by categorizing physical evidence. *Southeastern Naturalist* 7: 381–400.

McCall, C., D. M. Waller, and T. Mitchell-Olds. 1994. Effects of serial inbreeding on fitness components in *Impatiens capensis*. *Evolution* 48: 818–827.

McDonald, J. H., and M. Kreitman. 1991. Adaptive protein evolution at the Adh locus in *Drosophila*. *Nature* 351: 652–654.

Nachman, M. W., and S. L. Crowell. 2000. Estimate of the mutation rate per nucleotide in humans. *Genetics* 156: 297–304.

Nei, M. 2005. Selectionism and neutralism in molecular evolution. *Molecular Biology and Evolution* 22: 2318–2342.

Nei, M., Y. Suzuki, and M. Nozawa. 2010. The neutral theory of molecular evolution in the genomic era. *Annual Review of Genomics and Human Genetics* 11: 265–289.

Nielsen, R. 2005. Molecular signatures of natural selection. *Annual Review of Genetics* 39: 197–218.

Nielsen, R., C. Bustamante, et al. 2005. A scan for positively selected genes in the genomes of humans and chimpanzees. *PLoS Biology* 3: e170.

Nurminsky, D. I., M. V. Nurminskaya, et al. 1998. Selective sweep of a newly evolved sperm-specific gene in *Drosophila*. *Nature* 396: 572–575.

O'Connell, M. J. 2010. Selection and the cell cycle: Positive Darwinian selection in a well-known DNA damage response pathway. *Journal of Molecular Evolution* 71: 444–457.

Ohta, T. 1972. Evolutionary rate of cistrons and DNA divergence. *Journal of Molecular Evolution* 1: 150–157.

Ohta, T. 1977. Extension to the neutral mutation random drift hypothesis. In *Molecular Evolution and Polymorphism*, ed. M. Kimura. Mishima, Japan: National Institute of Genetics, 148–176.

Ohta, T., and M. Kimura. 1971. On the constancy of the evolutionary rate of cistrons. *Journal of Molecular Evolution* 1:18–25.

Ohta, T., and M. Kreitman. 1996. The neutralist–selectionist debate. *BioEssays* 18: 673–683.

Pimm, S. L., L. Dollar, and O. L. Bass Jr. 2006. The genetic rescue of the Florida panther. *Animal Conservation* 9: 115–122.

Polans, N. O., and R. W. Allard. 1989. An experimental evaluation of the recovery potential of ryegrass populations from genetic stress resulting from restriction of population size. *Evolution* 43: 1320–1324.

Pulvers, J. N., and W. B. Huttner. 2009. *Brca1* is required for embryonic development of the mouse cerebral cortex to normal size by preventing apoptosis of early neural progenitors. *Development* 136: 1859–1868.

Purugganan, M. D., and J. I. Suddith. 1998. Molecular population genetics of the *Arabidopsis CAULIFLOWER* regulatory gene: Nonneutral evolution and naturally occurring variation in floral homeotic evolution. *Proceedings of the National Academy of Sciences, USA* 95: 8130–8134.

Quammen, D. 1996. *The Song of the Dodo*. New York: Touchstone.

Ralls, K., K. Brugger, and J. Ballou. 1979. Inbreeding and juvenile mortality in small populations of ungulates. *Science* 206: 1101–1103.

Rich, S. S., A. E. Bell, and S. P. Wilson. 1979. Genetic drift in small populations of *Tribolium*. *Evolution* 33: 579–584.

Roelke, M. E., J. S. Martenson, and S. J. O'Brien. 1993. The consequences of demographic reduction and genetic depletion in the endangered Florida panther. *Current Biology* 3: 340–350.

Seielstad, M. T., E. Minch, and L. L. Cavalli-Sforza. 1998. Genetic evidence for a higher female migration rate in humans. *Nature Genetics* 20: 278–280.

Sharp, P. M. 1997. In search of molecular Darwinism. *Nature* 385: 111–112.

Sharp, P. M., E. Cowe, et al. 1988. Codon usage patterns in *Escherichia coli, Bacillus subtilis, Saccharomyces cerevisiae, Schizosaccharomyces pombe, Drosophila melanogaster*, and *Homo sapiens*: A review of the considerable within-species diversity. *Nucleic Acids Research* 16: 8207–8211.

Sharp, P. M., and W.-H. Li. 1986. An evolutionary perspective on synonymous codon usage in unicellular organisms. *Journal of Molecular Evolution* 24: 28–38.

Sheffield, V. C. 2000. The vision of Typhoon Lengkieki. *Nature Medicine* 6: 746–747.

Smith, N. G. C., and A. Eyre-Walker. 2002. Adaptive protein evolution in *Drosophila*. *Nature* 415: 1022–1024.

Soulé, M. E., and L. S. Mills. 1998. No need to isolate genetics. *Science* 282: 1658–1659.

Sundin, O. H., J.-M. Yang, et al. 2000. Genetic basis of total colourblindness among the Pingelapese islanders. *Nature Genetics* 25: 289–293.

Swanson, W. J., and V. D. Vacquier. 1998. Concerted evolution in an egg receptor for a rapidly evolving abalone sperm protein. *Science* 281: 710–712.

Templeton, A. R., R. J. Robertson, et al. 2001. Disrupting evolutionary processes: The effect of habitat fragmentation on collared lizards in the Missouri Ozarks. *Proceedings of the National Academy of Sciences, USA* 98: 5426–5432.

Templeton, A. R., K. Shaw, et al. 1990. The genetic consequences of habitat fragmentation. *Annals of the Missouri Botanical Garden* 77: 13–27.

Tinghitella, R. M., M. Zuk, et al. 2011. Island hopping introduces Polynesian field crickets to novel environments, genetic bottlenecks and rapid evolution. *Journal of Evolutionary Biology* 24: 1199–1211.

Vallender, E. J., and B. T. Lahn. 2004. Positive selection on the human genome. *Human Molecular Genetics* 13: R245–R254.

van Noordwijk, A. J., and W. Scharloo. 1981. Inbreeding in an island population of the great tit. *Evolution* 35: 674–688.

Wakeley, J. 2009. *Coalescent Theory: An Introduction*. Greenwood Village, CO: Roberts and Company.

Wayne, R. K., N. Lehman, et al. 1991. Conservation genetics of the endangered Isle Royale gray wolf. *Conservation Biology* 5: 41–51.

Winick, J. D., M. L. Blundell, et al. 1999. Homozygosity mapping of the achromatopsia locus in the Pingelapese. *American Journal of Human Genetics* 64: 1679–1685.

Wolfe, L. M. 1993. Inbreeding depression in *Hydrophyllum appendiculatum*: Role of maternal effects, crowding, and parental mating history. *Evolution* 47: 374–386.

Wright, S. 1931. Evolution in Mendelian populations. *Genetics* 16: 97–159.

Yang, Z., and J. P. Bielawski. 2000. Statistical methods for detecting molecular adaptation. *Trends in Ecology and Evolution* 15: 496–503.

Young, A., T. Boyle, and T. Brown. 1996. The population genetic consequences of habitat fragmentation for plants. *Trends in Ecology and Evolution* 11: 413–418.

Zhang, J. Z., H. F. Rosenberg, and M. Nei. 1998. Positive Darwinian selection after gene duplication in primate ribonuclease genes. *Proceedings of the National Academy of Sciences, USA* 95: 3708–3713.

Zuckerkandl, E., and L. Pauling. 1965. Evolutionary divergence and convergence in proteins. In *Evolving Genes and Proteins*, ed. V. Bryson and H. J. Vogel. New York: Academic Press, 97–165.

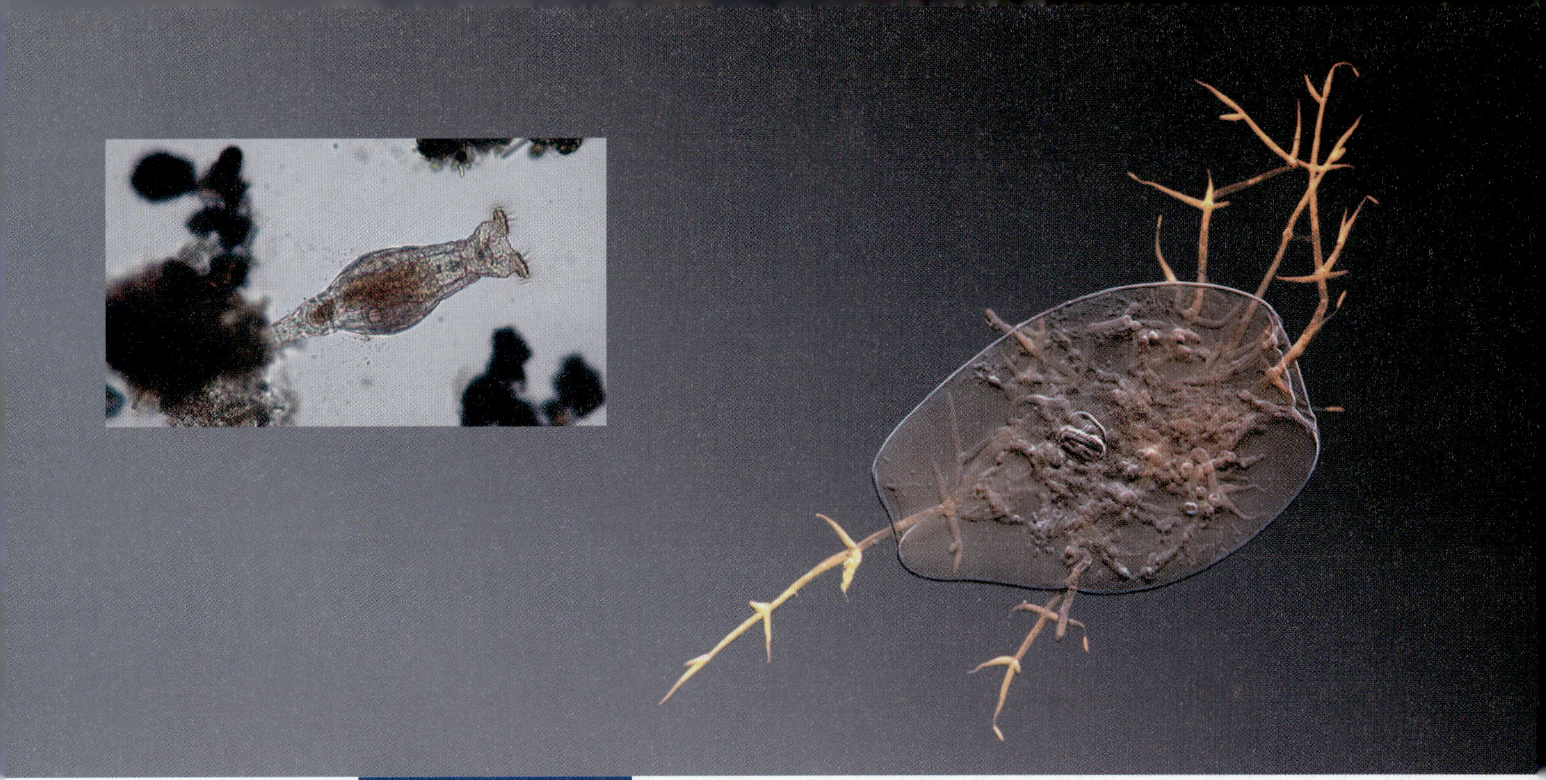

# 8

# 다유전자좌위의 진화: 연관과 성

윤충(bdelloid rotifer)은 무성생식을 한다. 암컷이 만들어 내는 자손은 돌연변이가 없다면 어미의 복제품(clone)이다. 다양한 증거들로 볼 때, 윤충의 공동조상이 성을 포기한 것은 수백만 년 전인 것으로 추정된다(Mark Welch et al. 2009; Schurko et al. 2009; Birky 2010). 윤충은 그 이후로 450종이 넘게 암컷만 있는 종으로 분화해 왔다.

무성생식으로 인해 윤충은 병원체에 취약할 수밖에 없다(Liverly 2010 참조). 어떤 병원체가 한 윤충을 감염시키는 능력을 갖는 것으로 진화할 경우, 그 병원체는 이 개체의 친척도 감염시킬 수 있다. 그리고, 실제로 담균충은 한 특별한 곰팡이에 의해 감염되어 죽는다(Wilson and Sherman 2010). 위의 사진은 그러한 곰팡이류(*Rotiferophthora angustispora*)의 포자를 삼킨 윤충(*Habrotrocha elusa*)이 내부에서부터 분해되는 모습을 보여준다. 곰팡이의 균사들이 윤충의 외피를 파괴하여 다음 세대의 포자를 방출하고 있다.

하지만 윤충은 이런 위기에서 탈출할 방법을 가지고 있다. 오른쪽 그래프에서 볼 수 있듯이, 건조상태에 대한 윤충의 저항력은 적들의 저항력보다 훨씬 강하다. Christopher Wilson과 Paul Sherman(2010)은 윤충 배양액에 곰팡이를 접종하고 3일을 기다린 후 건조시켰다. 건조될 때, 윤충은 탈수가사(anhydrobiosis)로 불리는 일시적인 가사 상태에 들어간다. 물을 첨가하여 담균충을 다시 회생시킬 때까지 연구자들이 기다린 시간이 길면 길수록, 살아 있는 곰팡이의 수는 더 적었다.

건조된 윤충은 아주 작고 가볍기 때문에 바람에 잘 날린다. Wilson과 Sherman은 자

살인 곰팡이가 윤충(삽입된 사진)을 위협하고 있다(위). 건조 상태를 견디는 높은 저항력은 윤충을 위협으로부터 벗어나게 한다(아래). 그렇지만 아마도 윤충은 그 대가로 성을 포기해야 했다(K. Loeffler의 사진, K. T. Hodge, C. Wilson의 사진; D. H. Zanette에 의해 Wilson과 Sherman(2010)에서 그래프 다시 그림).

From "Anciently asexual bdelloid rotifers escape lethal fungal parasites by drying up and blowing away." *Science* 327: 574–576. Reprinted with permission from AAAS.

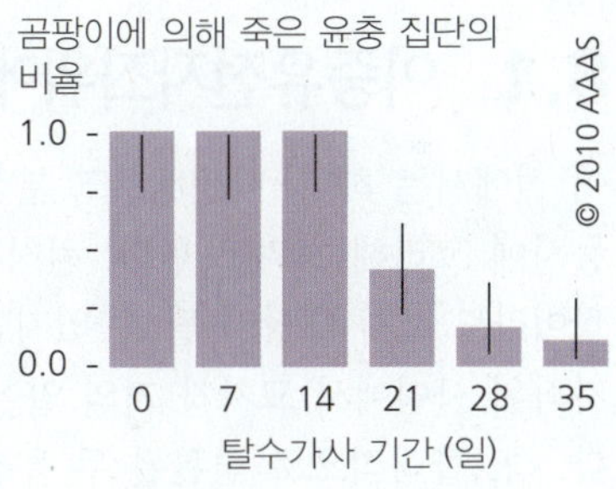

연에서 윤충들은 건조된 후 바람에 날리는 방식을 통해서 어느 정도 치명적인 곰팡이로부터 도망갈 수 있을 것으로 여겼다. 병원체들이 대응할 수 없는 방어 방식을 사용함으로써, 윤충은 경쟁에서 승리를 거두는 것으로 보인다.

그렇지만 다른 많은 숙주들이 언제나 그렇게 운이 좋지는 않다. 대신, 이들과 병원체들은 서로 끝없이 방어와 공격의 진화를 반복한다. 이것은 결국 대부분의 다른 생물들이 왜 윤충처럼 완전히 성을 포기하는데 가담하지 않았는지를 설명해 줄 수도 있을 것이다. 숙주-병원체 간 경쟁과 유성생식 사이의 관계는 즉각 이해할 수 있는 것이 아니다. 이것은 집단 내 유전자 수준에서 유성생식의 결과들을 고려해 보아야 분명해질 수 있다.

앞에서 우리는 하디-바인베르크 평형 원리에 기반한 기본적인 집단유전학을 소개하였다(6, 7장). 우리가 살펴본 모델들은 명쾌하고 강력하였다. 하지만 많은 이론들이 그렇듯이, 집단유전학 원리의 명쾌함은 단순화라는 대가를 치르고 나서 얻은 결과이다. 우리가 사용한 모델들은 한 번에 단지 한 유전자좌위에서의 대립유전자 빈도만을 추적하였다. 따라서 우리는 한 유전자에 의해서 제어되는 (혹은 제어되는 것처럼 보이는) 형질들의 진화만 조사할 수 있었다. 그렇지만 실제로 생물들의 유전체는 유전자가 수천 혹은 수만 개나 된다. 그리고 많은 형질들은 여러 유전자들의 역할이 조합되어 복합적으로 결정된다. 그러한 복합 형질들 가운데는 숙주를 감염시키는 능력도 있고, 자신을 감염으로부터 방어하는 능력도 포함된다.

8장에서는 두 개 혹은 그 이상의 유전자를 동시에 고려함으로써 진화 기작에 대한 우리의 모델을 실제 생물에 좀 더 가깝게 접근시키고자 한다. 그렇게 하는 첫 단계는 8.1절의 주제로서, 하디-바인베르크 분석을 확장하여 두 개의 유전자좌위를 동시에 추적하는 것이다. 이중유전자좌위 모델(two-locus model)을 통해서, 앞선 장들에서 확립한 단일유전자좌위 모델(single-locus model)을 활용한 예측을 언제 사용할 수 있을 것인지, 혹은 다른 유전자좌위들에 의한 선택의 복잡한 기작을 동시에 고려해야 할 때가 언제인지를 알게 해 줄 것이다.

**연관 비평형**(*linkage disequilibrium*)이라는 용어가 등장하는 하디-바인베르크 분석의 이중유전자좌위 버전에 대한 학습이 처음에는 추상적이고 어렵게 느껴질 수도 있다. 하지만 이를 이해하기 위한 노력을 기울인다면, 두 가지 놀라운 보상을 얻게 될 것이다. 이 두 보상은 8.2절과 8.3절의 주제이다. 먼저, 이중유전자좌위 모델은 유전자와 집단의 역사를 재구성할 수 있는 도구들을 제공한다. 우리는 이 도구들을 사용하여 여러 문제들 중에서 특히 앞선 토의(1, 5, 6장)에서 해결하지 못한 *CCR5-Δ32*에 관한 질문에 대한 답을 제시하는 데 활용할 것이다: HIV 감염으로부터 보호해 주는 *Δ32* 대립유전자는 어디서 유래한 것이며, 왜 유럽에서만 나타나는 것일까? 두 번째로, 이중유전자좌위 모델은 유성생식의 적응을 위한 중요성에 대한 식견을 제공한다.

## 8.1 이중유전자좌위에서의 진화: 연관 평형과 연관 비평형

이 절에서는 하디-바인베르크 분석의 단일유전자좌위 모델을 확장하여 두 유전자좌위를 동시에 고려해 보려고 한다. 원칙적으로 어떤 생물의 유전체 내에서 어떤 유전자좌위의 쌍이라도 조사 대상이 될 수 있지만, 동일 염색체상에서 충분히 가까이 위치하여 두 유전자좌위 사이에서 교차가 거의 일어나지 않는 쌍에 초점을 맞춘다면 이해가 더 쉬울 것이다. 즉, 물리적으로 연관된 두 유전자좌위에 대해 알아보고자 한다**(그림 8.1)**. A 유전자좌위가 *A*와 *a*라는 두 대립유전자를 가지고, B 유전자좌위가 *B*와 *b*라는 두 대립유전자를 가진다고 가정해보자.

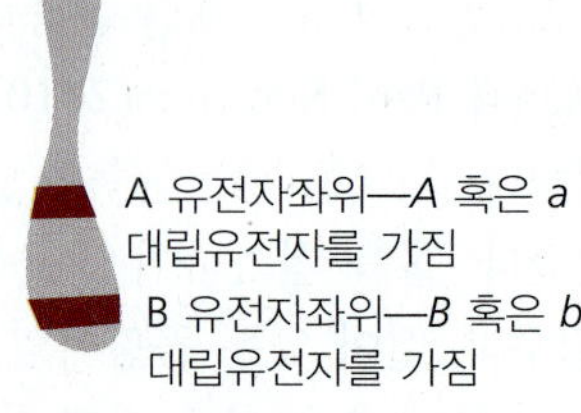


**그림 8.1 연관된 유전자좌위**

하디-바인베르크 분석의 단일유전자좌위 버전에서는, 대립유전자 빈도를 추적하는 일에 관심이 주로 있었다. 이중유전자좌위 버전에서는 대립유전자 빈도와 염색체 빈도 둘 다를 추정하는 데 관심이 있다. 앞에서 우리가 만든 가정에 의해서 *AB*, *Ab*, *aB* 및 *ab*의 네 가지 염색체 유전자형이 가능하다. 어떤 염색체나 배우자의 다유전자좌위 유전자형(multilocus genotype)을 일반적으로 **단상형(haplotype**, *haploid genotype*에서 유래)이라고 부른다.

우리의 핵심과제는 A 유전자좌위에서의 선택이 우리가 앞선 장들에서 개발한 모델을 사용하여 B 유전자좌위에서 일어나는 진화를 예측하는 데 도움을 줄 것인지의 여부를 결정하는 일이다. 그 대답은 두 유전자좌위가 서로 연관 평형(linkage equilibrium) 상태에 있느냐 아니면 연관 비평형 상태에 있느냐에 따라 달라진다. 연관 평형과 연관 비평형이 무엇인지 간단히 정의해 보겠다.

**집단유전학 모델을 사용하여 어떤 특정 유전자좌위에서의 진화를 이해하고자 할 경우, 다른 유전자좌위에서의 선택이 미치는 영향을 고려할 필요가 있을까? 우리가 관심을 가지는 유전자좌위가 다른 유전자좌위와 연관 비평형에 있을 경우에만 그렇게 할 필요가 있다.**

## 수리적 예시

수리적인 예시를 사용한다면, 핵심 개념을 설명하고 용어를 정의하는 데 도움이 될 것이다. 그림 8.2는 두 가상집단을 보여주고 있는데, 각각 25개의 염색체를 포함하는 유전자풀을 가지고 있다. 이 집단들의 유전적 구조를 조사하기 위해서 우리가 제일 먼저 할 일은 대립유전자 빈도를 계산하는 일이다. 예를 들어, 1번 집단에서는 A 유전자좌위에서 *A* 대립유전자를 보유하는 염색체는 25개 중 15개이다. 따라서 *A*의 빈도는 $\frac{15}{25}$ = 0.6이다. 2번 집단에서도 똑같다. 두 집단에서 대립유전자 빈도는 실제로 두 유전자좌위에서 동일하다. A 유전자좌위만을 조사한다면, 혹은 B 유전자좌위만을 조사한다면, 두 집단이 동일하다는 결론을 얻게 될 것이다.

(a) 집단 1은 연관 평형 상태이다

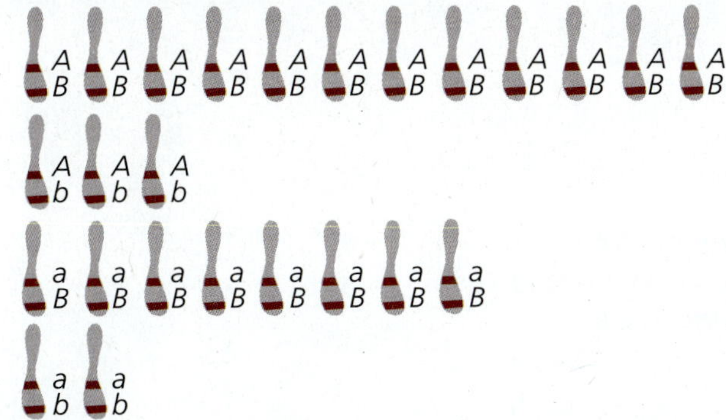

빈도 계산

대립유전자 *A*: 15 ÷ 25 = 0.6
*a*: 10 ÷ 25 = 0.4
*B*: 20 ÷ 25 = 0.8
*b*: 5 ÷ 25 = 0.2

염색체 *AB*: 12 ÷ 25 = 0.48
*Ab*: 3 ÷ 25 = 0.12
*aB*: 8 ÷ 25 = 0.32
*ab*: 2 ÷ 25 = 0.08

(b) 집단 2는 연관 비평형 상태이다

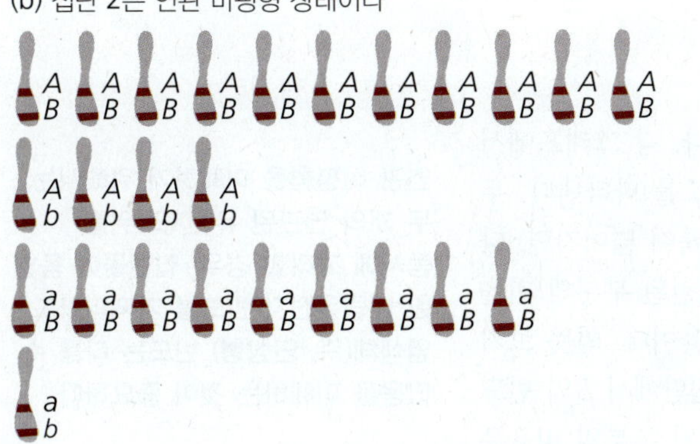

빈도 계산

대립유전자 *A*: 15 ÷ 25 = 0.6
*a*: 10 ÷ 25 = 0.4
*B*: 20 ÷ 25 = 0.8
*b*: 5 ÷ 25 = 0.2

염색체 *AB*: 11 ÷ 25 = 0.44
*Ab*: 4 ÷ 25 = 0.16
*aB*: 9 ÷ 25 = 0.36
*ab*: 1 ÷ 25 = 0.04

그림 8.2 **동일한 대립유전자 빈도를 가지지만, 다른 염색체 빈도를 보여주는 집단의 비교** (a) 집단 1에서 *A* 대립유전자를 가진 염색체 중에서 *B* 대립유전자의 빈도(15개 중 12개, 0.8)는 *a*를 가진 염색체 중에서 *B*의 빈도(10개 중 8개, 0.8)와 동일하다. (b) 집단 2에서는 대립유전자 *A*와 *B*를 각각 가진 염색체 중에서 *B* 대립유전자의 빈도는 다르다[15개 중 11개(0.73) 대 10개 중 9개(0.9)]. 집단 2는 연관 비평형 상태로 정의될 수 있다.

하지만 두 집단은 동일하지 않다. 이 사실은 염색체 빈도를 계산해 보면 알 수 있다. 예를 들어 1번 집단에서 염색체 25개 중 15개가 *AB* 단상형을 보유하므로, 이 단상형의 빈도는 0.48이다. 반면, 2번 집단에서는 *AB* 염색체의 빈도가 25개 중 11개, 즉 0.44이다. 이것이 우리가 이중유전자좌위 하디-바인베르크 분석에서 배우는 첫 번째 내용이다: 즉, 집단들이 동일한 대립유전자 빈도를 가지면서도 서로 다른 염색체 빈도를 가질 수 있다.

그림 8.2의 집단들 사이의 차이점을 알아보는 또 다른 방법은 *A* 대립유전자를 보유하는 염색체 중 *B* 대립유전자의 빈도 대 *a* 대립유전자를 보유하는 염색체 중 *B* 대립유전자의 빈도의 비율을 계산해 보는 것이다. 1번 집단에서는 *A*를 보유하는 15개의 염색체가 있고, 그 중 12개는 *B*를 보유한다. 따라서 *A* 염색체들 가운데 *B*의 빈도는 $\frac{12}{15}$ = 0.8이다. 같은 집단에서 *a*를 보유하는 10개의 염색체가 있고, 그 중 8개는 *B*를 보유한다. 따라서 *a* 염색체들 가운데 *B*의 빈도는 $\frac{8}{10}$ = 0.8이다. 그렇다면 1번 집단에서 *B*의 빈도는 *A*를 보유하는 염색체에서나 *a*를 보유하는 염색체에서나 동일하다. 2번 집단에서는 그렇지 않다. 2번 집단에서는 *B*의 빈도가 *A* 염색체 중에서는 0.73이지만 *a* 염색체 중에서는 0.9이다.

(a) 집단 1은 연관 평형 상태이다

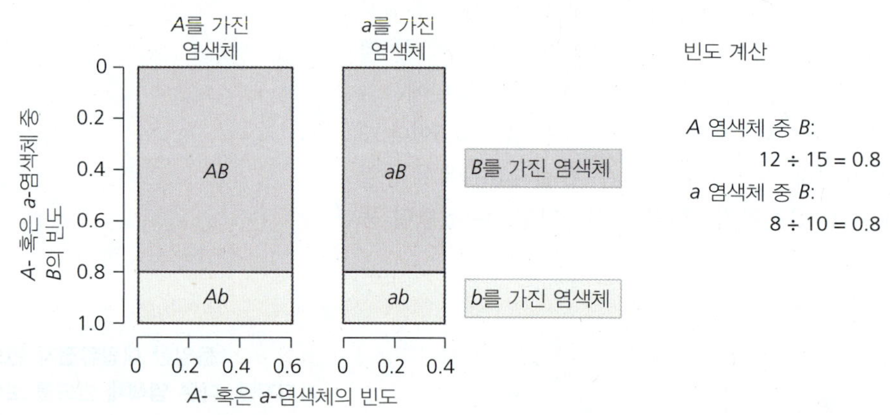


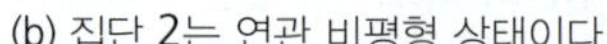


(b) 집단 2는 연관 비평형 상태이다

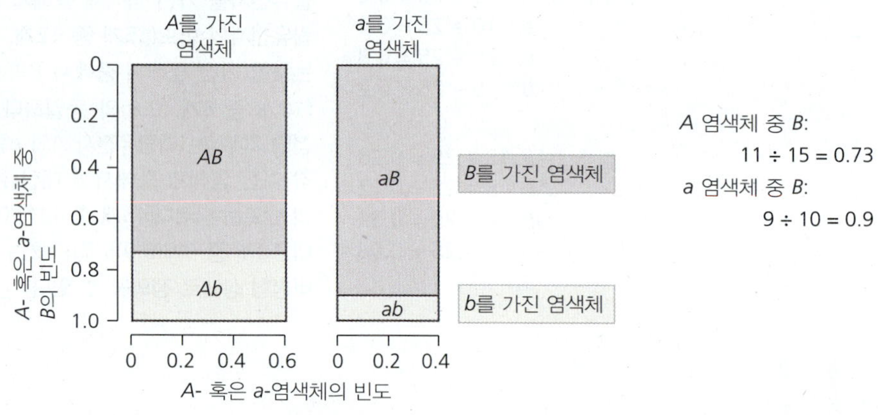


**그림 8.3 대립유전자 빈도는 동일하지만 다른 염색체 빈도를 보여주는 두 집단의 그래프를 이용한 비교** 예시된 집단은 그림 8.2와 동일하다. 각 막대의 폭은 *A*와 *a* 염색체의 빈도를 나타내며, 각 막대 내에서 다른 색으로 표시된 부분은 *B*와 *b* 염색체의 빈도를 나타낸다.

그림 8.3의 막대그래프는 집단들 사이의 차이를 시각적으로 보여준다. 각 그래프에서 두 막대의 폭은 *A*를 보유한 염색체의 빈도 대 *a*를 보유한 염색체의 빈도를 나타낸다. 두 막대의 폭을 더 하면 1이 된다는 것을 기억하자. 따라서 어느 한 막대의 폭이 넓어지면, 다른 막대의 폭은 좁아진다. 각 막대에서 진하게 색칠된 부분 대 연하게 색칠된 부분의 비율은 해당 염색체에서 *B* 대립유전자의 빈도 대 *b* 대립유전자의 빈도의 비율이다. 언뜻 보기에 이 그래프들은 이전의 계산에서 알아낸 것을 보여주는 것 같다. 1번 집단에서 *B*의 빈도는 *A* 염색체상에서나 *a* 염색체상에서나 동일하다. 즉, 두 막대에서 색칠된 부분의 비율은

**연관 비평형을 이해하기 위해서는, 두 개의 연관된 유전자좌위를 동시에 고려할 경우, 집단들이 동일한 대립유전자 빈도를 가지더라도 염색체(즉, 단상형) 빈도는 다를 수 있음을 이해하는 것이 중요하다.**

계 산 하 기 8. 1

## 연관 비평형 계수

$D$로 표시하는 연관 비평형 계수(coefficient of linkage disequilibrium)는 다음과 같이 정의된다.

$$g_{AB}g_{ab} - g_{Ab}g_{aB}$$

여기서 $g_{AB}$, $g_{ab}$, $g_{Ab}$ 및 $g_{aB}$는 각각 $AB$, $ab$, $Ab$ 및 $aB$ 염색체의 빈도를 나타낸다.

$D$가 왜 연관 비평형 계수인지 살펴보기 위해 두 유전자좌위들이 연관 평형에 있을 경우, 한 유전자좌위에서의 대립유전자 빈도는 다른 유전자좌위에서의 대립유전자 빈도에 대해 독립적임을 기억하자. $A$와 $a$의 빈도를 각각 $p$와 $q$라고 하고, $B$와 $b$의 빈도를 각각 $s$와 $t$라고 하자. 어떤 집단이 연관 평형에 있을 경우, $g_{AB} = ps$, $g_{Ab} = pt$, $g_{aB} = qs$ 및 $g_{ab} = qt$이다. 더 나아가,

$$D = psqt - ptqs = 0$$

반면 이 집단이 연관 비평형에 있을 경우, $g_{AB} \neq ps$, $g_{Ab} \neq pt$, $g_{aB} \neq qs$, 및 $g_{ab} \neq qt$이다. 그리고 $D \neq 0$이다.

$D$의 최대값은 0.25이고, 이는 $AB$와 $ab$만 유일하게 존재하는 염색체들이며 각각 0.5의 빈도를 가질 경우이다. $D$의 최소값은 −0.25이고, 이는 $Ab$와 $aB$가 유일하게 존재하는 염색체들이며 각각 0.5의 빈도를 가질 경우이다. 따라서 $D$를 계산하는 것은 어떤 집단 내 연관 비평형의 정도를 정량화하는 유용한 방법이 될 것이다.

동일하다. 2번 집단에서 $B$의 빈도는 $a$ 염색체상에서보다 $A$ 염색체상에서 더 낮다.

두 집단 사이에서 밝혀낸 차이점이 별로 중요하지 않아 보일 수도 있다. 하지만 $AABB$ 유전자형을 가진 개체들은 치명적인 병원체에 대한 저항성을 가지지만, 다른 유전자형의 개체들은 모두 다 취약하다고 가정해 보자. 1번 집단의 유전자풀에서 배우자의 무작위 추출은 2번 집단의 유전자풀에서 무작위 추출했을 때보다 저항력이 있는 개체들의 빈도가 더 높을 것이다. 이런저런 이유로, 집단 간의 차이는 앞으로 관심의 대상이 될 것이다.

### 연관 비평형의 정의

그림 8.2와 8.3의 1번 집단에서, A 유전자좌위와 B 유전자좌위는 연관 평형 상태에 있다. 2번 집단에서, 두 유전자좌위는 서로 연관 비평형 상태에 있다. 어떤 염색체에서 한 유전자좌위의 유전자형이 다른 유전자좌위의 유전자형에 대해 독립적일 경우, 집단 내에서 두 유전자좌위는 **연관 평형(linkage equilibrium)**에 있다고 한다. 이것은 한 유전자좌위에서의 염색체 유전자형을 아는 것이 다른 유전자좌위에서의 유전자형을 예측하는 데 아무런 도움이 되지 않음을 의미한다. 한 유전자좌위에서의 어떤 염색체의 유전자형과 다른 유전자좌위에서의 유전자형이 서로 무작위적이지 않을 경우, 두 유전자좌위는 **연관 비평형(linkage disequilibrium)**에 있다고 한다. 이런 경우, 한 유전자좌위에서의 염색체 유전자형을 알면, 다른 유전자좌위의 유전자형에 관한 실마리를 얻을 수 있을 것이다.

그렇지만 이런 정의는 너무 추상적인 편이다. 좀 더 정확하게 말해서, 한 쌍의 유전자좌위들에 대해서 다음의 조건들이 성립된다면, 연관 평형에 있게 된다.

**한 유전자좌위에서의 유전자형이 다른 유전자좌위에서의 유전자형에 대해 독립적인 경우, 이 두 유전자좌위는 연관 평형 상태에 있는 것이다. 그렇지 않은 경우라면, 두 유전자좌위는 연관 비평형 상태에 있는 것이다.**

1. $A$ 대립유전자를 보유하는 염색체에서의 $B$의 빈도는 $a$ 대립유전자를 보유하는 염색체에서의 $B$의 빈도와 같다.
2. 어떤 염색체 단상형의 빈도는 구성하는 대립유전자들의 빈도를 곱하면 계산할 수 있다. 예를 들어, $AB$ 염색체의 빈도는 $A$ 대립유전자 빈도에 $B$ 대립유전자 빈도를 곱하면 계산할 수 있다.

계 산 하 기 8. 2

## 이중유전자좌위에 대한 하디-바인베르크 분석

여기에서는 하디-바인베르크 평형 원리의 이중유전자좌위버전을 유도해 보고자 한다. 이상적인 집단이 연관 평형에 있을 경우에는 세대가 바뀌어도 염색체 빈도가 변하지 않는다.

6장에 소개된 단일유전자좌위의 하디-바인베르크 분석에서, 우리는 배우자, 어린 개체, 성체의 유전자풀 및 다음 세대의 유전자풀로 이어지는 전체 생활사에 걸쳐 대립유전자의 빈도를 추적하였다. 여기에서 우리는 비슷한 전략을 사용할 것인데, 단지 대립유전자 빈도가 아니라 염색체 빈도를 추적할 것이다. 한 가상적 모델 생물의 염색체는 두 유전자좌위를 가지는데, A 유전자좌위는 *A*와 *a* 대립유전자를 가지고, B 유전자좌위는 *B*와 *b* 대립유전자를 가진다. (이런 기호들을 사용한다고 해서 대립유전자들 사이에 반드시 우성-열성 관계가 있음을 암시하는 것은 아니다. 이런 기호들을 사용하는 것은 단지 다른 기호들보다 수식을 쓰거나 읽을 때 더 쉽기 때문이다.) 따라서 *AB*, *Ab*, *aB* 및 *ab*의 네 종류의 염색체가 존재한다.

유전자풀에서 *AB*, *Ab*, *aB* 및 *ab*의 염색체들이 각각 $g_{AB}$, $g_{Ab}$, $g_{aB}$ 및 $g_{ab}$의 빈도로 존재하는 이상적인 집단을 생각해 보자. 이 유전자풀 내 배우자들이 무작위로 조합되어 접합자를 만들 경우, 접합자 중 가능한 유전자형 하나는 *AB*/*AB*이다. 이 유전자형의 빈도는 무작위로 선택된 한 난자가 *AB* 염색체를 가질 확률에다가 무작위로 선택된 한 정자가 *AB* 염색체를 가질 확률을 곱한 값, 즉 $g_{AB} \times g_{AB}$와 같다. 또 다른 가능한 유전자형은 *Ab*/*Ab*이다. 이 유전자형의 빈도는 $2 \times g_{AB} \times g_{Ab}$이다. 이 식에는 2가 곱해졌는데, 이는 *AB*/*Ab* 접합자를 만드는 방법이 두 가지가 있기 때문이다. 즉 *AB* 난자와 *Ab* 정자가 수정되어도 되고, *Ab* 난자와 *AB* 정자가 수정되어도 된다. 전체적으로, 접합자의 유전자형으로 10가지가 가능하다. 각 유전자형의 빈도는 다음과 같다.

| **AB/AB** | **Ab/Ab** | **aB/aB** | **ab/ab** | **AB/Ab** |
|---|---|---|---|---|
| $g_{AB}g_{AB}$ | $g_{Ab}g_{Ab}$ | $g_{aB}g_{aB}$ | $g_{ab}g_{ab}$ | $2g_{AB}g_{Ab}$ |
| **AB/aB** | **AB/ab** | **Ab/aB** | **Ab/ab** | **aB/ab** |
| $2g_{AB}g_{aB}$ | $2g_{AB}g_{ab}$ | $2g_{Ab}g_{aB}$ | $2g_{Ab}g_{ab}$ | $2g_{aB}g_{ab}$ |

이 접합자들이 선택 없이 성체기까지 성장하는 경우, 성체 집단의 유전자형 빈도는 접합자 집단의 유전자형 빈도와 같을 것이다.

지금까지 유전자풀에서, 접합자, 어린 새끼를 지나 성체기에 이르기까지 염색체 빈도를 추적하였다. 이제 다음 세대의 유전자풀에서의 염색체 빈도를 계산할 수 있다. 일단, *AB* 염색체를 고려해 보자. *AB* 염색체를 포함하는 배우자는 10가지 유전자형의 성체 중 5가지에서 생산될 수 있다. *AB* 배우자를 만들 수 있는 성체들과 이들이 새로운 유전자풀에 기여하는 *AB* 배우자의 빈도는 다음과 같다.

| 성체 | *AB* 배우자의 기여도 | 비고 |
|---|---|---|
| *AB*/*AB* | $g_{AB}g_{AB}$ | |
| *AB*/*Ab* | $(\frac{1}{2})(2g_{AB}g_{Ab})$ | |
| *AB*/*aB* | $(\frac{1}{2})(2g_{AB}g_{aB})$ | |
| *AB*/*ab* | $(1-r)(\frac{1}{2})(2g_{AB}g_{ab})$ | $r =$ 재조합률 |
| *Ab*/*aB* | $(r)(\frac{1}{2})(2g_{Ab}g_{aB})$ | $r =$ 재조합률 |

**3.** 연관 비평형 계수로 알려진 *D* 값이 0이다. *D*는 다음과 같이 계산된다.

$$g_{AB}g_{ab} - g_{Ab}g_{aB}$$

여기서 $g_{AB}$, $g_{ab}$, $g_{Ab}$ 및 $g_{aB}$는 각각 *AB*, *ab*, *Ab* 및 *aB* 염색체 빈도를 나타낸다(**계산하기 8.1**, 이전 쪽 참조).

우리는 이미 계산과 막대그래프 작성을 이용하여, 첫 번째 조건이 그림 8.2의 1번 집단에서는 참이지만, 2번 집단에서는 맞지 않음을 확인하였다. 이와 비슷하게 두 번째와 세 번째 조건도 1번 집단에서는 참이지만, 2번 집단에서는 오류가 있음을 독자들이 확인해 보길 바란다.

**하디-바인베르크 가정 하에서는 해당 유전자좌위들이 연관 평형 상태로 있을 경우에만, 염색체 빈도는 세대가 바뀌어도 변하지 않는다. 유전자좌위들이 서로 연관 불균형 상태일 경우, 한 세대씩 지나갈 때마다 염색체 빈도는 점차 연관 평형에 접근한다.**

### 하디-바인베르크 분석의 이중유전자좌위 버전

이제 하디-바인베르크 분석의 이중유전자좌위 버전을 실행하려는데, 이는 앞서 (6장에

위 표의 첫 번째 행은 너무 확실하다. *AB*/*AB* 성체들은 집단에서 $g_{AB}g_{AB}$의 비율을 구성한다. 따라서 이들은 집단의 유전자풀에 $g_{AB}g_{AB}$의 비율로 배우자를 제공한다. 이 배우자들은 모두 *AB*이다. 두 번째 행도 역시 확실해 보인다. *AB*/*Ab* 성체들은 집단에서 $2g_{AB}g_{Ab}$의 비율을 구성하고 따라서 유전자풀에 $2g_{AB}g_{Ab}$의 비율로 배우자들을 제공하며, 이들 중 절반은 *AB*이다. 세 번째 행도 역시 당연하다. 다만, 표 중에서 마지막 두 행에 대해서는 부연 설명이 필요하다.

*AB*/*ab* 유전자형을 가지는 성체는 A 유전자좌위와 B 유전자좌위 사이에 교차가 없이 감수분열이 일어날 경우에만 *AB* 염색체의 배우자를 생산할 것이다. 교차가 없을 경우, *AB*/*ab* 성체에 의해 생산되는 배우자 중 절반은 *AB* 염색체를 가질 것이다. $r$이 A 유전자좌위와 B 유전자좌위 사이의 교차율 혹은 재조합률이라면, *AB*/*ab* 개체들에 의해 유전자풀에 제공되는 *AB* 생식세포의 비율은 $(1-r)(\frac{1}{2})(2g_{AB}g_{ab})$이다.

*Ab*/*aB* 유전자형을 가지는 성체들은 A 유전자좌위와 B 유전자좌위 사이에 교차가 발생하면서 감수분열이 일어날 경우에만 *AB* 염색체를 가지는 배우자를 생산할 것이다. 교차가 있을 경우, *Ab*/*aB* 성체로부터 생산되는 배우자 중 절반은 *AB* 염색체를 가질 것이다. $r$이 A 유전자좌위와 B 유전자좌위 사이의 교차율이라면, *Ab*/*aB* 개체들에 의해 유전자풀에 제공되는 *AB* 배우자의 비율은 $(r)(\frac{1}{2})(2g_{Ab}g_{aB})$이다.

이제 새로운 유전자풀에서의 *AB* 염색체 빈도인 $g_{AB}'$에 대한 식을 다음과 같이 세울 수 있다:

$$\begin{aligned} g_{AB}' &= g_{AB}g_{AB} + (\tfrac{1}{2})(2g_{AB}g_{Ab}) + (\tfrac{1}{2})(2g_{AB}g_{aB}) \\ &\quad + (1-r)(\tfrac{1}{2})(2g_{AB}g_{ab}) + (r)(\tfrac{1}{2})(2g_{Ab}g_{aB}) \\ &= g_{AB}g_{AB} + g_{AB}g_{Ab} + g_{AB}g_{aB} \\ &\quad + g_{AB}g_{ab} - rg_{AB}g_{ab} + rg_{Ab}g_{aB} \\ &= g_{AB}(g_{AB} + g_{Ab} + g_{aB} + g_{ab}) \\ &\quad - r(g_{AB}g_{ab} - g_{Ab}g_{aB}) \end{aligned}$$

본문 내용과 계산하기 8.1의 정의에 따라 $(g_{AB} + g_{Ab} + g_{aB} + g_{ab}) = 1$이고, $D$가 $g_{AB}g_{ab} - g_{Ab}g_{aB}$와 같다는 점을 이용하여 식을 보다 간단하게 정리할 수 있다. 즉,

$$g_{AB}' = g_{AB} - rD$$

다른 세 종류의 염색체 빈도에 관한 식을 유도하는 과정은 독자의 몫으로 남긴다. 그 식들은 다음과 같다:

$$g_{Ab}' = g_{Ab} + rD$$
$$g_{aB}' = g_{aB} + rD$$
$$g_{ab}' = g_{ab} - rD$$

$g_{AB}'$, $g_{Ab}'$, $g_{aB}'$ 및 $g_{ab}'$에 관한 식들은 어떤 집단이 연관 평형 상태에 있을 때, 즉 $D=0$일 때, 세대가 바뀌어도 염색체 빈도가 변하지 않는다는 것을 보여준다. 반면, 집단이 연관 비평형 상태에 있을 때, 즉 $D \neq 0$일 때는, 염색체 빈도가 세대가 바뀌면서 변한다. 어떤 염색체의 빈도가 증가할 것인지 감소할 것인지의 여부는 $D$가 양의 값이냐 음의 값이냐에 따라 결정된다. 이러한 결과를 발표한 첫 번째 집단유전학자는 H.S. Jennings(1917)였다.

유전자좌위들이 서로 다른 염색체상에 있다 하더라도, 이중 유전자좌위에서의 대립유전자 빈도가 연관 비평형 상태에 있을 수 있음에 유의해야 한다. 서로 다른 염색체상에 있는 유전자좌위들에 대해서는, 염색체 빈도가 아니라 배우자 빈도를 조사하는 것이 적합하다. 그러한 상황에 대한 하디-바인베르크 분석은 $r$이 언제나 정확히 $\frac{1}{2}$이라는 것 외에는 여기서 소개한 내용과 동일하다.

서) 우리가 실행했던 단일유전자좌위 버전과 비슷하다. 즉, 선택, 돌연변이 및 이동이 없으며, 집단이 무한히 크고, 임의교배가 일어난다는 가정 하에, 배우자의 유전자풀에서 출발하여, 접합자, 어린새끼, 성체를 지나 다시 배우자의 유전자풀로 돌아오는 집단의 완전한 생활사를 통해 염색체 빈도를 추적한다. 계산 과정은 **계산하기 8.2**에 제시되어 있다. 이 과정은 연관 비평형이 진화에서 중요하다는 증거의 첫 단서를 제시한다. 우리의 이상적인 집단에서 두 유전자좌위가 연관 평형에 있을 경우, 하디-바인베르크 조건 하에서 염색체 빈도는 세대가 지나도 변화하지 않을 것이다. 대신 두 유전자좌위가 서로 연관 비평형 상태에 있는 경우라면, 염색체 빈도는 세대가 바뀌면서 변할 것이다.

## 무엇이 집단에서 연관 비평형을 초래하는가?

**임의교배집단에서는, 다유전자좌위 유전자형의 선택, 유전적 부동 및 집단혼합과 같은 세 가지 기작에 의해 연관 비평형이 유발될 수 있다.**

임의교배가 일어나는 집단에서 연관 비평형을 유발할 수 있는 기작은 세 가지로 다유전자좌위 유전자형(multilocus genotype)의 선택, 유전적 부동 및 집단혼합(population

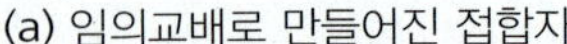


| 난자 \ 정자: | 0.48 *AB* | 0.12 *Ab* | 0.32 *aB* | 0.08 *ab* |
|---|---|---|---|---|
| 0.48 *AB* | Fr(*AB*/*AB*) = 0.2304 | 0.0576 | 0.1536 | 0.0384 |
| 0.12 *Ab* | 0.0576 | 0.0144 | 0.0384 | 0.0096 |
| 0.32 *aB* | 0.1536 | 0.0384 | 0.1024 | 0.0256 |
| 0.08 *ab* | 0.0384 | 0.0096 | 0.0256 | 0.0064 |

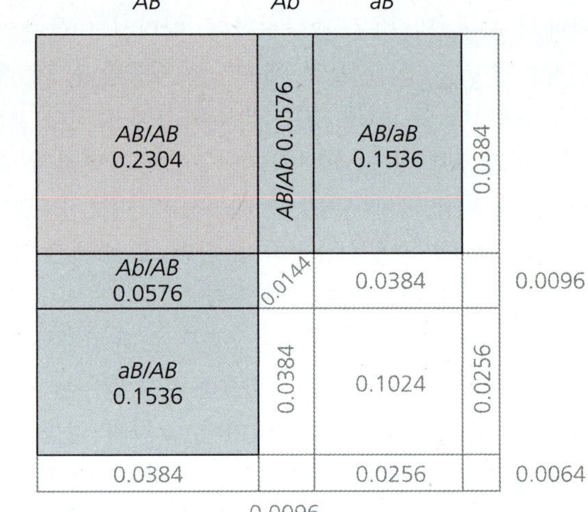


**그림 8.4 다유전자좌위 유전자형에 대한 선택은 연관 비평형을 초래할 수 있다** (a) 그림 8.2a의 연관 평형 집단에서 개체들 간의 임의교배에 의해 유도될 수 있는 접합자의 예상 빈도. (b) 포식자가 각 유전자형에서 대문자가 3개 미만인 개체들을 모두 죽였을 경우, 생존자 그룹의 유전자형. 생존자 집단에서는 일부 가능한 조합의 유전자형이 제거되기 때문에 연관 비평형 상태가 된다.

admixture)이다. 이런 기작들을 하나씩 각각 살펴보도록 하자. 앞에서 언급하였듯이, 물리적으로 연관되어 있어서 독립적으로 분리될 수 없는 두 유전자좌위에 이런 요인들이 어떻게 적용될 것인지를 생각해 보면, 연관 비평형을 초래하는 기작을 쉽게 이해할 수 있을 것이다.

## 다유전자좌위 유전자형에서의 선택이 연관 비평형을 초래할 수 있다

다유전자좌위 유전자형에서의 선택이 어떻게 연관 비평형을 초래할 수 있는지를 알아보기 위해, 그림 8.2a에 나오는 유전자풀을 갖는 집단에서 시작해보자. A 유전자좌위와 B 유전자좌위는 연관 평형 상태에 있다. 이 유전자풀에서 생식세포들이 무작위로 조합하여 접합자를 만든다고 가정해 보자. 10종류의 접합자들이 생산되고, 이들의 예상 빈도는 **그림 8.4a**의 격자 안에 나타내었다. 예를 들어, 난자의 32%가 *aB*이고 정자의 32%도 *aB*이므로, *aB*/*aB* 접합자의 빈도는 0.32 × 0.32 = 0.1024일 것으로 예상된다.

이제 접합자들이 성체가 되었을 때의 표현형을 다음과 같이 할당해 보자. *ab*/*ab* 유전자형을 가진 개체들의 크기는 10이다. 다른 유전자형에 있어서 *A* 혹은 *B* 복사본이 하나씩 더해질 때마다 개체들의 크기가 1단위 더 커진다. 예를 들어, *aB*/*aB* 개체들의 크기는 12이며, *AB*/*Aa*의 개체들의 크기는 13이다. 마지막으로, 포식자가 개체들의 크기가 13보다 작은 것들은 모두 다 잡아먹는다고 가정해 보자. 원래 집단의 65.28%를 나타내는 생존자들을 그림 8.4b의 격자 안에 색깔로 표시하였다.

생존자 집단에서, A 유전자좌위와 B 유전자좌위는 연관 비평형 상태에 있다. 이를 확인하는 제일 쉬운 방법은 *a* 대립유전자와 *b* 대립유전자의 빈도를 계산하는 것이다. *a*의 빈도를 계산하는 방법은 이렇다: 생존자들 중에서, *a* 대립유전자의 복사본을 보유하는 개체의 비율은 (0.1536 + 0.1536)/0.6528 ≈ 0.47이다. *a* 대립유전자를 가지는 모든 보인자들은 이형접합자이다. 따라서 생존자 집단 내 *a* 대립유전자의 빈도는 0.5 × 0.47 ≈ 0.24이다. *b*의 빈도는 약 0.09이다. 만약 두 유전자좌위가 연관 평형에 있을 경우, 두 번째 조건에 따라 생존자들 중 *ab* 염색체의 빈도는 0.24 × 0.09 ≈ 0.02가 될 것이다. 실제 *ab* 염색체의 빈도는 0이다. 다유전자좌위 유전자형들 중 무작위적이지 않는 부분집합이 생존하기 때문에, 두 유전자좌위는 연관 비평형 상태에 있게 된다.

독자들은 실습으로, 이 유전자좌위들이 조건 1번과 3번에 의해서도 연관 비평형 상태에 있음을 증명해 보기를 바란다.

## 유전적 부동이 연관 비평형을 유도할 수 있다

유전적 부동이 어떻게 연관 비평형을 유도할 수 있는지 알아보기 위해, 그림 8.5에 나타낸 시나리오를 살펴보자. 이 시나리오는 *AB*와 *Ab* 염색체들만 존재하는 유전자풀에서 시작한다(그림 8.5a). 다시 말해, *a* 대립유전자의 복사본들은 이 유전자에 존재하지 않는다. A 유전자좌위와 B 유전자좌위는 연관 평형 상태에 있다.

어떤 한 *Ab* 염색체에서, *A* 대립유전자가 돌연변이에 의해 *a* 대립유전자로 전환되는 사건을 가정해 보자. 이 사건으로 하나의 *ab* 염색체가 생긴다(그림 8.5b).

이 돌연변이에 의해서 이 집단은 연관 비평형 상태에 놓이게 되는데, 왜냐하면 현재 *aB*라는 염색체 단상형이 가능하지만, 지금은 없기 때문이다. 이 존재하지 않는 단상형은 다른 돌연변이에 의해서나 혹은 *AB*/*ab* 이배체의 감수분열 동안 일어나는 재조합에 의해 생길 수 있지만, 이런 일이 일어나려면 아마도 여러 세대가 지나야 할 것이다.

마지막으로, 선택이 *A* 대립유전자보다 *a* 대립유전자를 선호하고, 그래서 *a*의 빈도는 증가하고 *A*의 빈도는 감소한다고 가정해보자(그림 8.4c). 이렇게 되면 A 유전자좌위와 B 유전자좌위 사이의 연관 비평형의 정도는 증가된다.

독자들은 지금 논의되는 주제의 핵심 사건이 돌연변이와 선택임에도 불구하고, 왜 우리가 이 시나리오에서 유도되는 연관 비평형을 유전적 부동 때문이라고 하는지 의아해할지 모른다. 그 이유는 앞에서 설명했듯이, 이 시나리오가 어떤 제한된 크기의 작은 집단에서만 발생할 수 있기 때문이다. 무한히 큰 집단에서는, *A* 대립유전자를 *a* 대립유전자로 변환시키는 돌연변이가 한번만 일어나는 것이 아니라 각 세대마다 여러 번씩 *AB* 및 *Ab* 염색체 둘 다에서 발생한다. *aB* 염색체가 없는 시점이 없는 것이다. *A*보다 *a*를 선호하는 선택은 *ab*와 *aB* 염색체의 빈도를 둘 다 동시에 증가시킨다. A 유전자좌위와 B 유전자좌위는 연관 비평형 상태로 있을 수가 없다. 우리의 시나리오에서는 단지 크기가 제한된 집단에서만 연관 비평형을 초래할 수 있기 때문에, 적용된 핵심 진화 기작은 유전적 부동이다. *a* 대립유전자를 만들어 내는 돌연변이가 단지 한 번, 그것도 *Ab* 염색체에서 일어난 것은 표본 추출의 오류였다.

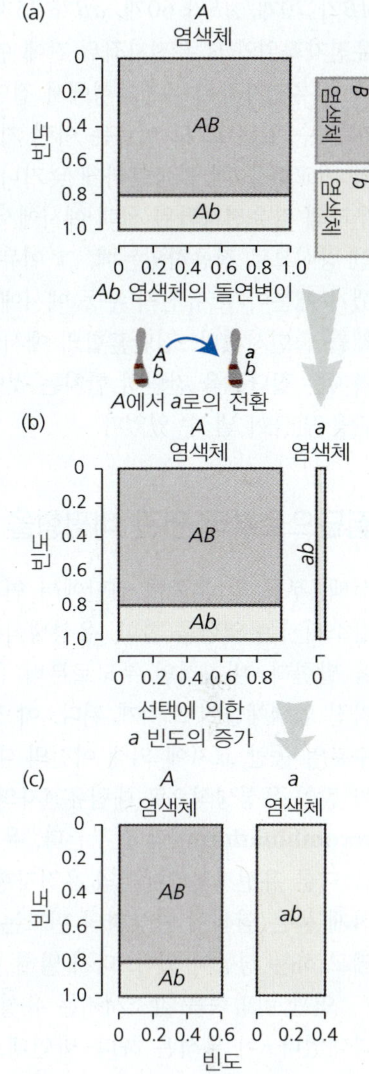


**그림 8.5 유전적 부동은 연관 비평형을 초래할 수 있다** (a) 오로지 *A* 대립유전자만 존재하는 제한된 작은 집단에서의 염색체 빈도 (b) 돌연변이로 *a* 대립유전자가 도입된 후 염색체 빈도 및 (c) *a*를 선호하는 선택이 *ab* 염색체의 빈도를 증가시킨 후 염색체 빈도.

## 집단혼합이 연관 비평형을 초래할 수 있다

마지막으로, 집단혼합이 어떻게 연관 비평형을 일으킬 수 있는지 알아보기 위해, 두 가지 유전자풀을 생각해보자(그림 8.6). 한 유전자풀에는 *AB* 염색체 60개, *Ab* 염색체 20개, *aB* 염색체 15개, 그리고 *ab* 염색체 5개가 있다. 다른 유전자풀에는, *AB* 염색체 10개, *Ab* 염색체 40개, *aB* 염색체 10개, 그리고 *ab* 염색체 40개가 있다. 그림의 처음 두 막대 그래프에 나와 있듯이, 두 유전자풀 모두에서 A 유전자좌위와 B 유전자좌위는 연관 평형 상태에 있다. 이제 이 두 유전자풀을 합쳐보자. 혼합으로 생기는 새로운 유전자풀에는

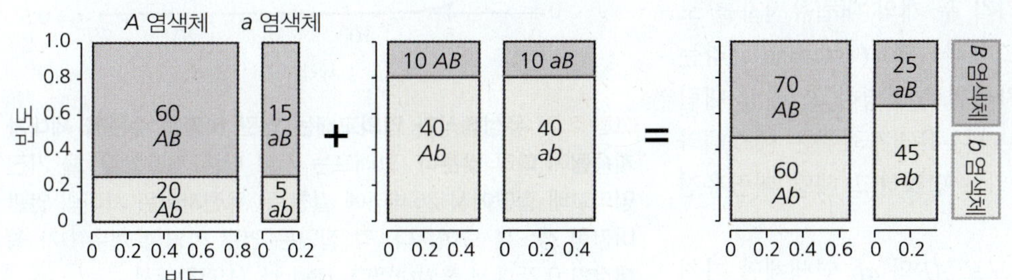


**그림 8.6 집단혼합은 연관 비평형을 유도할 수 있다** 왼쪽 두 막대 차트는 연관 평형 상태에 있는 다른 두 집단에서의 염색체 빈도를 나타낸다. 두 집단을 서로 혼합하면, 연관 비평형 상태의 세 번째 집단이 생겨난다.

*AB*가 70개, *Ab*가 60개, *aB*가 25개, *ab*가 45개 존재한다. 이 새로운 유전자풀에서는 A 유전자좌위와 B 유전자좌위 간에 연관 비평형이 발생한다.

다유전자좌위 유전자형에서 집단혼합, 유전적 부동 및 선택은 모두 연관 비평형을 초래할 수 있는데, 그 이유는 이런 기작들이 일부 염색체 단상형의 빈도가 연관 평형 상태와 비교했을 때 불충분하게 낮거나 지나치게 높은 집단을 만들어 낼 수 있기 때문이다. 우리의 다유전자좌위 선택 예시에서는 선택이 다른 단상형보다 *ab*에 더 강하게 비우호적인 방식으로 작용하였는데, 그 이유는 *ab* 염색체를 포함하는 개체가 하나도 생존하지 못했기 때문이다. 유전적 부동 예시에서는 한 번의 우연한 사건이 *aB* 염색체 없이 *ab* 염색체를 출현시켰다. 집단혼합의 예시에서는, 서로 다른 대립유전자 빈도와 염색체 빈도를 가지는 집단들을 간단히 합치는 것만으로도 *AB*와 *ab* 염색체가 과도하게 많은 새로운 집단을 만들어 낼 수 있었다.

## 집단으로부터 연관 비평형을 제거시키는 요인은 무엇인가?

선택, 부동 및 혼합이 집단에서 연관 비평형을 유도할 수 있다면, 유성생식은 불평형을 감소시키는 역할을 한다. 유성생식은 교차와 이계교배(outbreeding)가 가능한 감수분열을 말한다. 비친척인 부모로부터 유래한 배우자들이 결합함으로써 서로 다른 단상형을 가진 염색체들이 모이게 된다. 이 접합자들이 자라서 성체가 되어 생식을 하게 되면, 감수분열 동안 교차에 의해 이전의 대립유전자 조합이 깨지고 새로운 조합이 생겨난다. 이와 같이 유성생식으로 대립유전자의 새로운 조합이 생겨나는 것을 **유전적 재조합(genetic recombination)**이라고 부른다. 유전적 재조합은 어느 한 유전자좌위에서의 유전자형들을 다른 유전자좌위에서의 유전자형들에 대해 무작위화하려는 경향이 있기 때문에, 과다하게 높은 염색체 단상형의 빈도는 낮추고 예측보다 낮은 염색체 단상형의 빈도는 높이려고 하는 경향이 있다. 다시 말해, 유전적 재조합은 연관 비평형을 감소시킨다.

**연관 비평형을 감소시키는 기작 중 하나인 유전적 재조합은 감수분열과 이계교배를 포함하는 유성생식의 결과이다.**

연관 비평형을 감소시키는 유성생식의 작용을 **계산하기 8.3(다음쪽)**에 대수적으로 나타내었다. 이 분석은 하디-바인베르크 평형의 가정 하에서 두 유전자좌위 사이의 연관 비평형의 감소율이 둘 사이의 재조합 비율에 비례함을 보여준다.

여러 재조합률(recombination rate) $r$에 대해서 감소율의 예측이 **그림 8.7**에 나와 있다. 그림의 각 곡선은 $D' = D(1 - r)$ 식에 따라 여러 $r$ 값에 대한 연관 비평형의 감소를 보여준다. $r = 0.5$인 경우는 서로 다른 염색체에 존재하는 유전자좌위들 사이에 자유로운 재조합이 일어나는 경우로서, 이런 집단은 10세대 이내에 연관 평형에 이르게 된다. $r = 0.01$인 경우는 유전자좌위 간에 서로 가깝게 연관된 경우로서, 연관 비평형이 여러 세대에 걸쳐 지속된다.

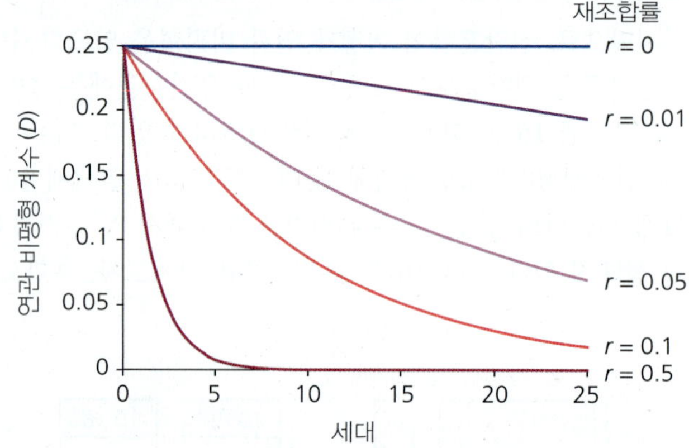


**그림 8.7 유성생식과 임의교배는 연관 비평형 수준을 세대가 계속됨에 따라 낮춘다** 그래프는 서로 다른 재조합률 $r$을 가진 임의교배 집단에서 25세대에 걸친 두 유전자좌위 사이의 연관 비평형 정도를 보여준다. 각 집단은 연관 비평형 계수 $D$가 최대값인 0.25에서 출발하였다. Hedrick (1983)에서.

Michael Clegg와 동료들(1980)은 초파리 실험실 집단에서의 연관 비평형의 감소를 보고하였다. 이들이 연구한 집단은 3번 염색체에 존재하는 두 유전자에 대해 각각 두 개의 대립유전자를 보유하고 있었다. 한 유전자좌위는 에스테라아제-c(esterase-c)라는 효소를 암호화하는데, 이를 A 유전자좌위로 명명하고, 해당 대립유전자들을 *A*와 *a*로 부르기로 한다. 다른 유전자좌위는 에스테라아제-6를 암호화하는데, B 유전자좌위로 명명하고 해당 대립유전자들을 *B*와 *b*로 부르기로 한다.

Clegg과 동료들은 각각 0.5의 빈도로 *AB*와 *ab* 염색체만 가지

계 산 하 기 8. 3

## 유성생식은 연관 비평형을 감소시킨다

여기서는 연관 비평형의 수준이 임의교배의 유성생식 집단에서는 언제나 감소한다는 결과를 도출해 보고자 한다. 본문과 계산하기 8.1에 나오는 $D$의 정의에서 시작하여, 다음 세대의 연관 비평형 계수 $D'$에 관한 식을 유도할 것이다.

$D$의 정의에 의해,

$$D' = g_{AB}'g_{ab}' - g_{Ab}'g_{aB}'$$

계산하기 8.2에서 유도한 $g_{AB}'$, $g_{ab}'$, $g_{Ab}'$ 및 $g_{aB}'$를 대입하면 다음 식을 얻는다.

$$\begin{aligned} D' &= [(g_{AB} - rD)(g_{ab} - rD)] \\ &\quad - [(g_{Ab} + rD)(g_{aB} + rD)] \\ &= [g_{AB}g_{ab} - g_{AB}rD - g_{ab}rD + (rD)^2] \\ &\quad - [g_{Ab}g_{aB} + g_{Ab}rD + g_{aB}rD + (rD)^2] \\ &= g_{AB}g_{ab} - g_{AB}rD - g_{ab}rD + (rD)^2 \\ &\quad - g_{Ab}g_{aB} - g_{Ab}rD - g_{aB}rD - (rD)^2 \end{aligned}$$

식을 재정리하면 다음과 같다.

$$\begin{aligned} D' &= g_{AB}g_{ab} - g_{Ab}g_{aB} - g_{AB}rD \\ &\quad - g_{ab}rD - g_{Ab}rD - g_{aB}rD \\ &= (g_{AB}g_{ab} - g_{Ab}g_{aB}) - rD(g_{AB} \\ &\quad + g_{ab} + g_{Ab} + g_{aB}) \end{aligned}$$

마지막으로 $(g_{AB}g_{ab} - g_{Ab}g_{aB})$가 $D$와 같고 $(g_{AB} + g_{ab} + g_{Ab} + g_{aB})$가 1이므로, 다음 식을 얻는다.

$$D' = D - rD = D(1 - r)$$

$r$이 감수분열 동안 일어나는 재조합률로서, 언제나 0과 $\frac{1}{2}$ 사이의 값을 가진다는 것을 상기하자. 이것은 $(1 - r)$의 값이 언제나 $\frac{1}{2}$과 1 사이에 있음을 의미한다. 따라서 두 유전자좌위 사이에 다른 재조합이 없다고 가정할 경우, 이들 사이의 연관 비평형은 매 세대마다 0에 더 가깝게 이동한다. 유전자좌위 사이의 재조합률이 높으면 높을수록, 집단은 연관 비평형에 더 빨리 도달한다.

는 집단들을 만들었다. 이들은 또한 $Ab$와 $aB$ 염색체만 가지는 집단들도 만들었고, 역시 빈도는 각각 0.5였다. 따라서 모든 집단이 초기에 완전한 연관 비평형 상태로, $D$는 0.25이거나 −0.25였다.

연구자들은 이 초파리 집단들을 48에서 50세대까지 배양하면서, 집단의 크기는 약 1,000개체 정도로 유지하였으며, 초파리들이 서로 자유롭게 교배를 하도록 내버려 두었다. 연구자들은 한두 세대마다 각 집단에서 표본을 채취하여 4종류 염색체 단상형의 빈도를 측정하여 두 유전자좌위 사이의 연관 비평형 수준을 계산하였다. 연구자들은 연관 비평형을 $D$로 측정하지 않고, 우리의 학습 범위를 넘어선 유사한 의미의 대립유전자 상태 상관도(correlation of allelic state)라는 값으로 측정하였다. 대립유전자 상태 상관도 $r$은 다음과 같이 정의된다.

$$r = \frac{D}{\sqrt{pqst}}$$

여기서 $p$와 $q$는 $A$와 $a$의 빈도이고, $s$와 $t$는 $B$와 $b$의 빈도이다. $D$와 대립유전자 상태 상관도 사이에는 일대일 관계는 없지만, 일반적으로 집단 내 연관 비평형이 감소함에 따라, 그리고 $D$가 0.25나 −0.25에서 0으로 이동함에 따라, 대립유전자 상태 상관도도 역시 0에서 1.0이나 −1.0으로 변한다. Clegg과 동료들은 이것이 자유로운 교배가 일어나는 초파리 집단에서 확인할 수 있는 통계법이라고 예상했다.

실험 결과는 **그림 8.8(다음 쪽)**에 나타내었다. 매끄러운 회색 곡선들은 예측된 기울기 양상을 나타내며, 들쭉날쭉하고 색깔이 있는 선들은 실제 자료를 나타낸다. 예측한 바대

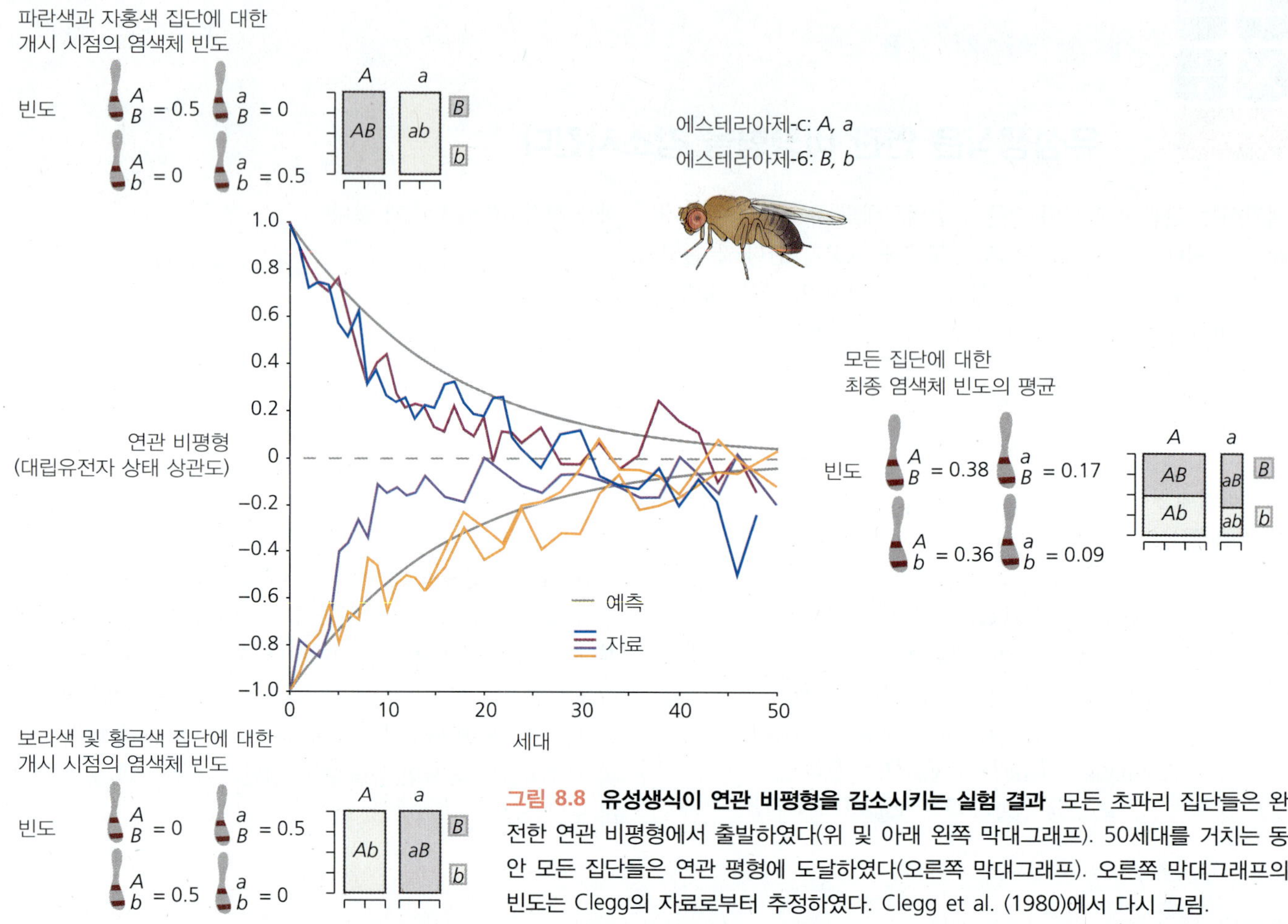


**그림 8.8 유성생식이 연관 비평형을 감소시키는 실험 결과** 모든 초파리 집단들은 완전한 연관 비평형에서 출발하였다(위 및 아래 왼쪽 막대그래프). 50세대를 거치는 동안 모든 집단들은 연관 평형에 도달하였다(오른쪽 막대그래프). 오른쪽 막대그래프의 빈도는 Clegg의 자료로부터 추정하였다. Clegg et al. (1980)에서 다시 그림.

로, 감수분열 때 일어나는 교차에 의해서 원래 없던 염색체 단상형이 만들어졌고, 두 유전자좌위 사이의 연관 비평형이 감소하였다. 실제로, 연관 비평형은 예상보다 좀 더 빠르게 감소했다. Clegg과 동료들은 예상보다 빠르게 감소한 이유는 자신들이 연구하던 효소 유전자좌위에서의 이형접합자 강세(heterozygote superiority)의 결과로 예측했다. 이형접합자 강세는 두 유전자좌위 모두에서 이형접합성 개체들의 빈도를 증가시켜 교차의 기회를 더 많이 제공함으로써, 서로 다른 유전자좌위에서 대립유전자들 간의 비무작위적인 분포를 감소시킬 것이다.

## 연관 비평형이 중요한 이유는 무엇인가?

우리는 연관 비평형을 서로 다른 유전자좌위의 유전자형이 서로 간에 무작위적이지 않은 배열이라고 정의했다. 연관 비평형을 일으킬 수 있는 진화 기작으로 다유전자좌위 선택, 유전적 부동 및 집단혼합임을 확인하였다. 유성생식에 의해서 연관 비평형은 줄어들며, 따라서 집단들이 연관 평형 상태로 회복된다는 것도 알아보았다. 연관 평형 상태에 있는 이상적인 하디-바인베르크 집단에서는 세대가 바뀌어도 염색체 빈도는 변하지 않는다는 것도 보았다. 하지만 우리가 본 절의 가장 중요한 과제로 설정한 것은 아직 해결하지 못했는데, 그것은 한 유전자좌위에서의 선택이 단일유전자좌위 모델을 사용하여 다른 유전자좌위의 진화 과정을 예측하는 데 영향을 미치는지 여부이다. 이제 우리는 이 문제를 해결할 준비가 되었다.

## 연관 비평형에 대한 나쁜 소식

나쁜 소식이란 A 유전자좌위와 B 유전자좌위가 연관 비평형 상태에 있다면, A 유전자좌위에서의 선택이 B 유전자좌위에서의 대립유전자 빈도에 변화를 일으킨다는 것이다. 이것은 B 유전자좌위만을 고려하는 단일유전자좌위 집단유전학 모델에 기반하는 진화 예측이 부정확할 수 있음을 의미한다.

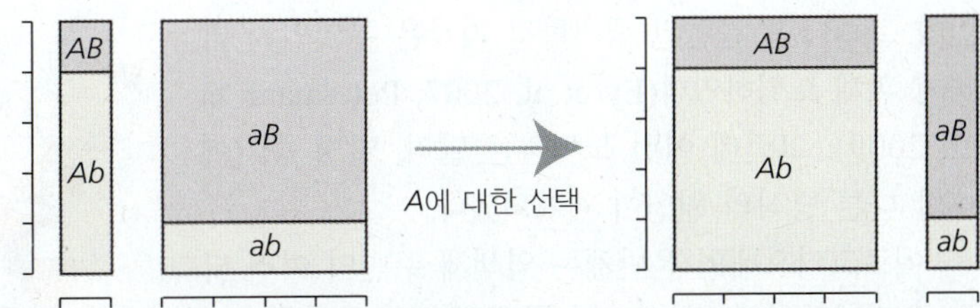


**그림 8.9 연관된 유전자좌위에서의 연관 비평형, 선택 및 대립유전자 빈도** 연관 비평형 집단에서, A 유전자좌위의 *A* 대립유전자를 선호하는 선택은 B 유전자좌위의 *B* 대립유전자의 빈도를 변화시킨다.

그림 8.9는 A 유전자좌위에서 일어나는 선택이 어떻게 B 유전자좌위의 대립유전자 빈도를 바꿀 수 있는지를 설명해 준다. 선택이 일어나기 전에, *b* 대립유전자의 빈도는 대체로 낮다. 하지만 상대적으로 드물지만 *A* 대립유전자를 가지는 염색체에서는 *b*의 빈도가 높다. *A* 대립유전자를 선호하는 선택에 의해서 *AB*와 *Ab* 염색체 모두의 빈도가 증가한다. 하지만 *AB* 염색체보다 *Ab* 염색체가 더 흔하기 때문에, B 유전자좌위에서 나타나는 결과는 *b* 대립유전자의 빈도가 증가하는 것이다.

**두 개의 유전자좌위가 연관 비평형 상태에 있을 때, 한 유전자좌위에서의 선택이 다른 유전자좌위의 대립유전자 빈도에 변화를 유도할 수 있다. 이것은 단일유전자좌위 모델의 예측이 정확하지 않을 수 있음을 의미한다.**

이 시나리오에서는 선택이 A 유전자좌위에서만 작용했다는 점에 유의하자. B 유전자좌위의 유전자형은 적응도에 아무런 영향이 없었다. 대신, *b* 대립유전자의 빈도가 증가한 것은 그 대립유전자의 복제본들이 서로 어울려 다니기 때문이었다. 만약 우리가 B 유전자좌위만을 조사하면서 *b* 대립유전자의 빈도가 시간에 따라 증가하는 것만 보고 있었다면, 선택의 대상이 B 유전자좌위 그 자체라고 잘못 결론을 내렸을지도 모른다. *b* 대립유전자는 완전히 중립적이라기보다는 약간 해로운 것일 수도 있는데, *A* 대립유전자에서 추론되는 선택의 유리함이 충분히 큰 경우였다면 그렇다.

이러한 현상은 앞에서도(7장에서) 언급하였는데, 이를 **유전적 편승(genetic hitchhiking)**이라고 한다. 이런 편승은 하디-바인베르크 분석의 이중유전자좌위 버전을 통해 가장 실망스러운 점을 알게 해 준다. 그것은 바로 연관 비평형 때문에 단일유전자좌위 조사에서 얻게 되는 결론들이 틀릴 수 있다는 것이다.

한 예를 인간의 5번 염색체의 에르고티오네인 운반체(ergothioneine transporter)를 암호화하는 유전자좌위에서 찾아볼 수 있을 것이다. 이 유전자의 대립유전자 중 하나인 *L503F* 때문에 인체유전학자들의 주목을 받았는데, 이 대립유전자는 심한 소화관 자가면역질환인 크론병(Crohn's disease)의 발병 위험도와 통계적으로 연관되었기 때문이다(Peltekova et al. 2004). *L503F* 대립유전자는 암호화 부위에 한 염기가 C에서 T로 치환되어 503번째 아미노산이 루이신(leucine)에서 페닐알라닌(phenylalanine)으로 교체되었다. 그림 8.10에서 보여주는 것처럼, *TT* 유전자형을 가진 사람은 *CC* 유전자형을 가진 사람보다 크론병에 걸릴 확률이 1.5배 더 높다(Wang et al. 2011).

에르고티오네인은 균류에 의해 만들어지지만, 대부분의 식물과 동물에서 발견된다(Gründemann et al. 2005). 식물은 이 분자를 뿌리로 흡수하고, 동물은 먹이를 통해 얻는다. 에르고티오네인 운반체는 이 분자를 세포 내로 섭취하여 저장하는 역할을 한다. 이러한 능력은 적응의 결과로 보이는데, 그 이유는 에르고티오네인이 항산화제로서 DNA, 단백질, 지방을 산화 스트레스로부터 보호해 주기 때문이다(Paul and Snyder 2010).

치환이 일어난 *L503F* 대립유전자는 에르고티오네인에 대한 운반체의 친화도를 증가시키고 세포 내로의 섭취 효율을 증가시킨다(Taubert et al. 2005). *TT* 유전자형을 가진 사람은 *CC* 유전자형을 가진 사람에 비해 에르고티오네인을 더 높은 농도로 신체조직 속에 축적시킨다(Taubert et al. 2009). 이 사실이 의미하는 것은 에르고티오네인의 농도 증가가 크론병의 발생에 기여한다는 것이다. 생물학자들은 이것이 정말 그런지, 그리고

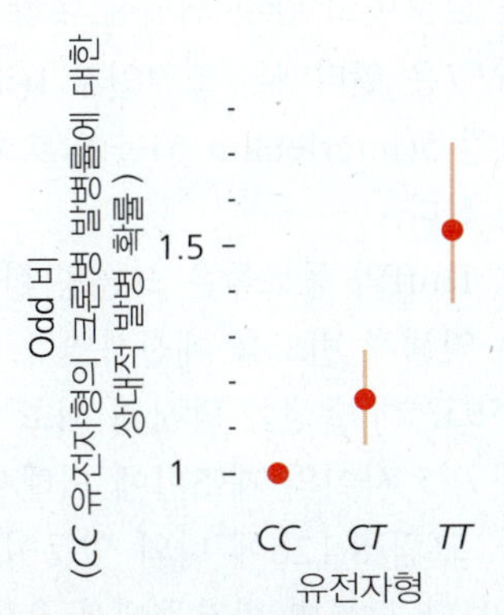


**그림 8.10 에르고티오네인 운반체 유전자의 유전자형은 통계적으로 크론병의 발병 위험률과 연관되어 있다** 그래프의 신뢰구간은 95% 수준이다. Wanf et al. (2011)에서 다시 그림.

만약 그렇다면 관련된 생리학적 기작은 무엇인지 밝히기 위해 노력하였다(Ey et al. 2007; Petermann et al. 2009). 그런데 이런 노력과는 달리, 발병 증가에 대한 다른 방식의 원인이 제기되었다.

에르고티오네인 운반체는 염색체 주변의 여러 다른 유전자들과 연관 비평형 상태에 있는데, 이 유전자들 중 일부는 크론병 발병 위험도에 영향을 주는 대립유전자 변이를 가질 수 있다(Silverberg et al. 2007). Chad Huff와 동료들(2012)은 이런 내용에 대해 구체적인 실험을 수행하였다.

그림 8.11은 *L503F*의 빈도를 구세계 전체에 걸쳐 보여주고 있다. 유럽 일부 지역들에서는 빈도가 50% 이상이다. 중동을 넘어가면 빈도가 낮아진다. Huff와 동료들은 *L503F*가 5번 염색체의 한 복사본 속에서 한 번의 돌연변이에 의해 출현한 것으로 예상했다. 이 대립유전자는 주변의 다유전자좌위 유전자형과 함께 행동하면서, 자연선택에 의해서 빈도가 증가하였다. 그림 8.5에 나오는 시나리오와 비슷한 현상으로, 연관 비평형 상태가 만들어졌고, 그 이후로 재조합의 영향으로 불평형은 감소되어 온 것으로 보인다. 현재의 연관 비평형 수준과 추정된 재조합률을 기초로 하여, Huff와 동료들은 *L503F* 대립유전자의 나이가 약 1만2천 년 정도인 것으로 계산하였다. 나중에 8.2절에서 대립유전자의 나이를 추정하는 방법에 대해서 알아볼 것이다.

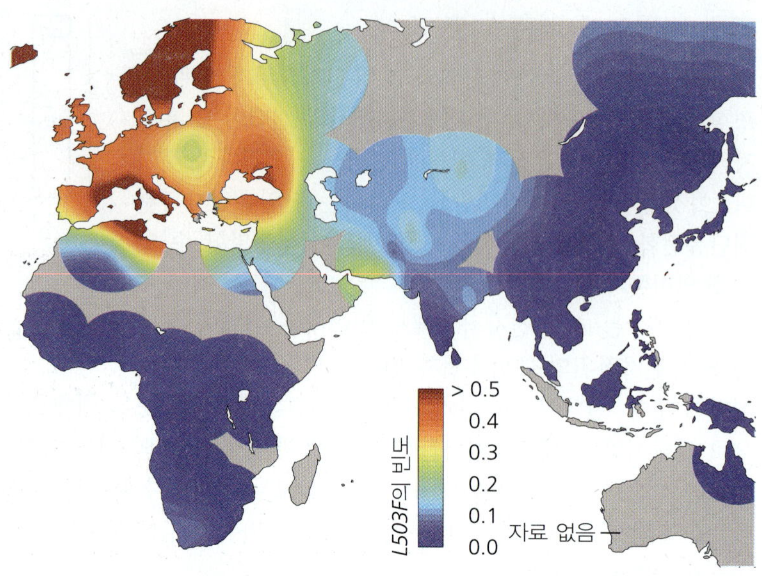


**그림 8.11 구세계 인류집단에 대한 에르고티오네인 운반체 유전자의 *L503F* 대립유전자 빈도** 85 집단의 1,726명을 대상으로 조사하였다. Huff et al. (2012)에서.

Huff와 동료들은 *L503F* 대립유전자의 나이 추정으로, 이 대립유전자의 출현이 농경이 최초로 시작된 때와 거의 비슷한 것에 주목하였다. 최초의 농부들은 밀, 보리, 콩 및 렌즈콩을 재배했는데, 이 작물들은 모두 에르고티오네인의 농도가 낮았다. Huff와 동료들은 이런 식생활 문화의 변화가 *L503F*가 부동이나 음성 선택에 의해 소실되지 않고, 적응했을 것으로 추측하였다.

Huff와 동료들은 에르고티오네인 운반체 유전자 근처에 위치하는 두 개의 유전자들이 크론병의 발병 위험에 영향을 주는 원인 유전자일 가능성을 제시하였다(그림 8.12a). *IRF1*은 인터페론 조절인자 1(interferon regulatory factor 1)을 암호화하고, *IL5*는 인터류킨 5(interleukin 5)를 암호화한다. 두 유전자의 산물은 모두 면역반응에 중요한 역할을 한다.

Huff와 동료들은 크론병 환자 1,868명과 대조군 5,540명을 대상으로 *L503F*를 가지는 염색체 빈도를 계산하였다. 연구자들은 *L503F* 염색체를 두 그룹으로 나누었다: (1) *L503F*가 발생한 당시의 최초 다유전자좌위 유전자형이 에르고티오네인 운반체 유전자와 *IL5* 사이의 재조합에 의해서 파괴된 그룹과, (2) 그 단상형이 파괴되지 않은 그룹이다. 그림 8.12b에 나와 있듯이, 재조합이 일어나지 않은 *L503F* 염색체의 빈도는 대조군보다 크론병 환자들에서 유의하게 높음을 보여준다. 재조합된 *L503F* 염색체의 빈도는 두 집단에서 거의 같다. 즉, 에르고티오네인 운반체 유전자와 *IL5* 사이의 재조합은 *L503F* 대립유전자와 크론병 사이의 통계적 연관성을 무너뜨린다. 이런 결과는 크론병과 에르고티오네인 사이에 존재하는 것으로 보이는 연관성이 연관 비평형에 의한 오해이며, 발병률을 높이는 진정한 범인(유전적 원인)은 아직 확실하지는 않지만, *IRF1*이나 *IL5*의 대립유전자 중 하나일 것이라는 가정과 일치한다.

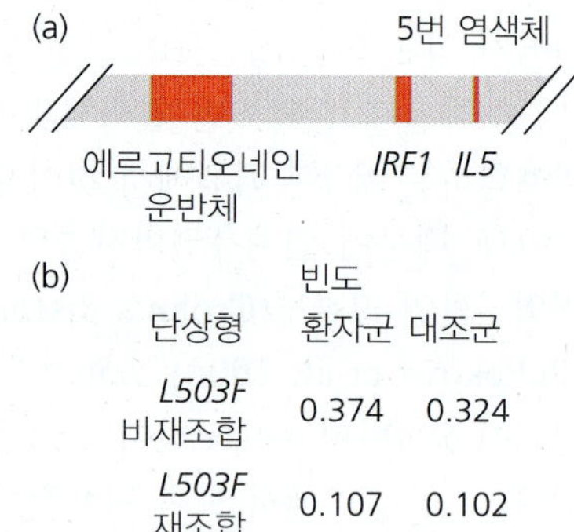


| 단상형 | 빈도 환자군 | 빈도 대조군 |
|---|---|---|
| *L503F* 비재조합 | 0.374 | 0.324 |
| *L503F* 재조합 | 0.107 | 0.102 |

**그림 8.12 재조합은 *L503F*와 크론병의 연관성을 없앤다** (a) 에르고티오네인 운반체 유전자 주변의 5번 염색체 지도. (b) 에르고티오네인 운반체와 *IL5* 유전자 사이에서 재조합이 일어나지 않은 경우, 크론병과 *L503F* 염색체 사이의 연관성은 통계적으로 유의하다($p = 2.6 \times 10^{-8}$). 에르고티오네인 운반체와 *IL5* 유전자 간에 재조합이 일어난 경우, 크론병과 *L503F* 염색체 사이의 연관성은 유의하지 않는다($p = 2.1$). Huff et al. (2012)에서.

## 연관 비평행에 대한 좋은 소식

좋은 소식은 연관 비평형이 없을 때, 즉 A 유전자좌위와 B 유전자좌위가 연관 평형일 때, A 유전자좌위에서의 선택이 B 유전자좌위에서의 대립유전자 빈도에 아무런 영향을 미치지 않는다는 것이다.

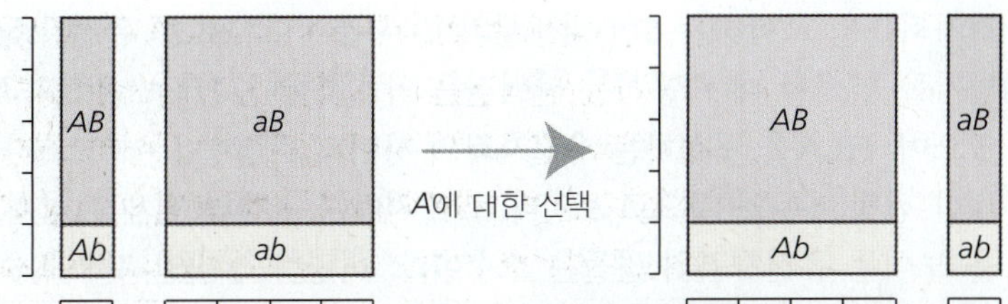


**그림 8.13 연관된 유전자좌위에서 연관 평형, 선택 및 대립유전자 빈도** 연관 평형 상태에 있는 한 집단에서, A 유전자좌위에서 *A* 대립유전자의 선호적인 선택이 B 유전자좌위에서 *B* 대립유전자의 빈도에 영향을 주지 않는다.

그림 8.13을 보자. *A* 대립유전자를 선호하는 선택에 의해 많은 *aB* 염색체들이 제거된다. 하지만 *B*의 빈도는 *A*를 가지는 염색체에서나 *a*를 가지는 염색체에서나 동일하기 때문에, 소실되는 *B* 대립유전자 복사본들은 모두 다른 *B* 복사본에 의해 대체된다. A 유전자좌위에서의 선택이 B 유전자좌위에서의 대립유전자 빈도에 아무런 영향을 미치지 않는다면, 우리의 단일유전자좌위 모델을 사용하여 B 유전자좌위에서의 진화를 분석하는 데 아무런 문제가 없다.

**한 쌍의 유전자좌위가 연관 평형 상태에 있다면, 한 유전자좌위에서의 선택이 다른 유전자좌위의 대립유전자 빈도에 영향을 주지 못하므로, 우리는 단일유전자좌위 모델을 여전히 신뢰할 수 있다. 다행히 유성생식은 연관 비평형을 줄이는 역할을 훌륭히 수행하기 때문에, 대부분의 유전자좌위 쌍들은 거의 대부분 연관 평형 상태에 있다.**

더 좋은 소식은 임의교배 집단에서는 유성생식은 연관 비평형을 효과적으로 제거하기 때문에, 대부분의 유전자좌위들이 거의 항상 연관 평형 상태에 있다는 것이다. Elisabeth Dawson과 동료들(2002)의 연구는 이런 주장을 증명하였다. Dawson과 동료들은 유럽인 가족의 집단을 대상으로, 사람의 22번 염색체에 존재하는 1,504 마커 유전자좌위들 간의 연관 비평형을 조사하였다. 마커 유전자좌위란 단일 염기에서의 대립유전자 변이나 작은 삽입 혹은 결실을 보이는 부위를 말한다. 그림 8.14a는 염색체 긴 팔의 1.7 Mb 크기에 분포하는 마커 유전자좌위들 사이에서의 평균 연관 비평형 수준을 보여준다. 이 그래프는 일부 위치에서 근처의 유전자좌위들이 서로 간에 연관 비평형을 보이는 경향이 있음을 보여준다. 하지만 그림 8.14b는 18,736쌍의 유전자좌위들에서 연관 비평형의 정도가 이 유전자좌위 사이의 물리적 거리가 증가함에 따라 급속한 감소를 보여준다. 1,000 kb 이상, 즉 염색체 긴 팔 길이의 대략 3% 정도 이상 떨어져 있는 유전자좌위 쌍 간에는 연관 비평형이 거의 없음을 볼 수 있다.

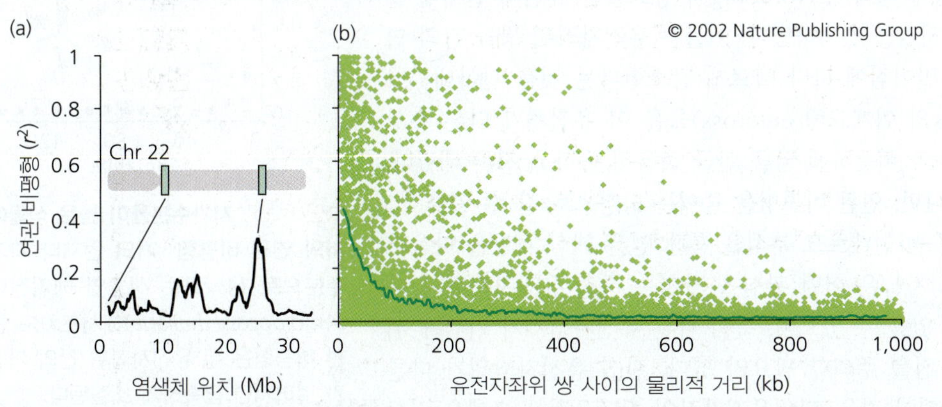


**그림 8.14 사람의 22번 염색체에서 대부분 유전자좌위 쌍은 연관 평형을 유지한다** (a) 이웃 유전자좌위 간의 평균 연관 비평형(대립유전자 상태 상관도의 제곱)의 계산은 일부 지역에서의 비평형을 보여준다. (b) 그렇지만 유전자좌위간의 비평형은 거리가 멀어짐에 따라 급격히 사라진다.



Gavin Huttley와 동료들(1999)은 짧은 직렬 반복(short tandem repeat, STR) 유전자좌위들 사이의 연관 비평형에 대해서 전체 인간 유전체를 조사하였다. STR 유전자좌위는 짧은 염기서열이 여러 번 단순하게 반복되는 서열을 가진 곳이다. 이러한 유전자좌위는 보통 여러 대립유전자를 가진다. Huttley와 동료들은 전체 22개의 염색체에 걸쳐 분포하는 5,000개의 유전자좌위들을 대상으로 200,000 유전자좌위 쌍에 대해 연관 비평형 검사를 수행하였다. Dawson처럼, Huttley와 동료들도 주변 유전자좌위들이 상당한 연관 비평형을 보이는 곳을 여러 곳 찾아내었다. 그들 중 하나는 이전 연구에서도 알려져 있던 곳으로, 인간 백혈구 항원(조직적합성 항원: human leukocyte antigen, HLA) 유전자좌위를 포함하는 6번 염색체의 한 부분이다. HLA 유전자좌위는 면역계가 외부 침입자를 인식할 때 사용하는 단백질을 암호화한다. HLA 유전자좌위들은 강한 선택하에 있으며, HLA을 구성하는 유전자좌위 사이의 비평형은 아마도 다유전자좌위 유전자형에 대한 선택 때문인 것으로 보인다. 그렇지만 유전체의 전체를 살펴보았을 때, 연관 비평형을 보이는 유전자좌위 쌍들은 소수이다. 비평형 상태인 것으로 여겨지는 유전자좌위 쌍들의 대부분은 물리적으로 가깝게 연관되어 있었다. 다시 말해 동일 염색체상에서 서로에게 충분히 가까이 위치해 있어서 그들 사이의 교차가 드물게 일어나는 것이다. Huttley와 동료들은 서로 충분히 가깝게 위치해서 감수분열 동안 4% 이하로 교차가 일어날 것으로 예상되는 유전자좌위 쌍들에 초점을 맞추었다. 이들 쌍들 중에서도, 단지 4%만이 연관 비평형을 나타내었다.

국제 HapMap 컨소시엄(International HapMap Consortium, 2005)은 인간 유전체에서 단일 염기의 대립유전자 변이를 가지는 1백만 개가 넘는 유전자좌위들에 대한 데이터베이스를 구축하였으며, 네 개 인류 집단에서 269명에 대하여 모든 유전자좌위에 대한 유전자형을 결정하였다. 연구자들은 이 자료를 사용하여 전체 유전체에 걸쳐 연관 비평형의 양상을 분석하였는데(McVean et al. 2005 참조), 이전 연구들에 의해 발견된 전반적인 결과들을 확인하였다. 가깝게 위치한 유전자좌위들 간에 연관 비평형을 보이는 서열의 블럭들이 전체 유전체에 걸쳐 분포하지만, 전체적으로 보았을 때, 유전자좌위들 사이의 거리가 증가함에 따라 비평형은 빠르게 감소하였다(De La Vega et al. 2005; International HapMap Consortium 2005 참조).

비슷한 연구로서, Magnus Nordborg와 동료들은(2005) 겨자과의 일종인 애기장대(*Arabidopsis thaliana*) 식물의 유전체를 연구하였다. 사람들은 *Arabidopsis* 유전체는 유전자좌위 사이의 거리가 먼 경우나 심지어 다른 염색체에 떨어져 있는 경우에도, 상당한 연관 비평형을 보일 것으로 예상할지 모른다. 왜냐하면 *Arabidopsis*가 전형적인 자가수분(self-fertilization) 식물인데, 자가수분은 동형접합자 비율을 높이고 재조합의 기회를 낮춘다. 세계적으로 수집한 96개 식물에 대해서, Nordborg와 동료들은 유전체 전체에 흩어져 있는 876개의 유전체 단편들의 서열을 결정하였다. 이들은 유전자좌위 쌍들 간의 연관 비평형이 각 쌍들 사이의 거리가 멀어짐에 따라 빠르게 감소한다는 것을 알아내었다(그림 8.15). 연구자들은 *Arabidopsis*의 이계교배(outcross)율은 이 유전체가 다른 유성생식 종들의 유전체의 연관 평형 상태와 비슷하게 닮을 만큼 충분히 높다고 결론 내렸다. 낮은 재조합률이라도 오랜 시간이 지나면, 연관 비평형을 줄이는 방향으로 갈 수 있다.

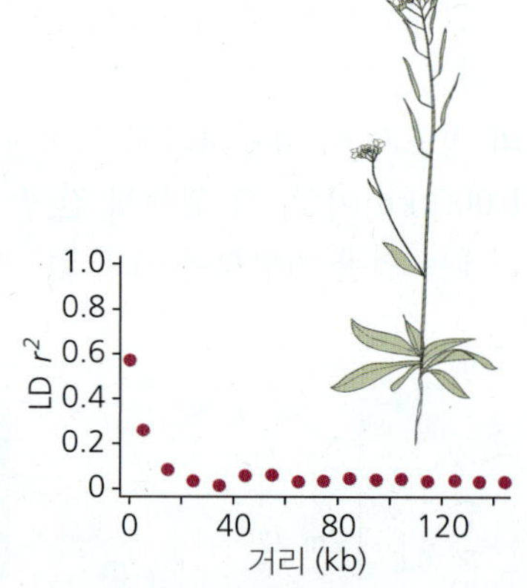


**그림 8.15 자가수분율이 높은 식물에서의 연관 비평형** 거의 언제나 자가수분으로 생식하는 식물인 애기장대(*Arabidopsis thaliana*)에서조차도 연관 비평형은 두 유전자좌위 간의 거리가 멀어지면 급속하게 소실된다.

이제 우리가 이중유전자좌위 하디-바인베르크 분석을 통해 얻은 핵심 사항을 다음과 같이 요약해 보고자 한다. 집단유전학자들은 어떤 관심을 가지는 특정 유전자좌위가 다른 유전자좌위와 연관 비평형 상태에 있을 수 있으며, 특히 다른 유전자좌위가 가깝게 위치할 경우에는 더욱 그럴 수 있다는 점을 주의할 필요가 있다. 관심 유전자좌위가 다른 유전자좌위와 실제로 연관 비평형 상태인 경우, 단일유전자좌위 집단유전학 모델은 정확하지 않은 예측을 내놓을 수 있다. 그럼에도 불구하고, 교배가 아무 제한 없이 일어나는 집단에서는 대부분의 유전자좌위 쌍들이 연관 평형 상태에 있을 것으로 기대된다. 일반적으로, 단일유전자좌위 모델이 대부분의 경우에 잘 작동할 것으로 예상된다.

## 8.2 연관 비평형을 학습해야 할 실제 이유

이 장의 서두에서 우리는 8.1절의 추상적인 개념들을 숙지하고 기다리는 독자들에게 보상을 하겠다고 약속한 바 있다. 보상은 다음 두 가지이다: 연관 비평형의 측정은 유전자와 집단의 역사를 재구성할 유용한 실마리를 제공하며 연관 비평형은 양성선택에 의해서 최근에 선호되는 대립유전자를 식별하는 데 사용될 수 있다는 것이다.

## 유전자와 인류집단 역사의 재구성

독일이나 폴란드 등의 유럽 지역에 정착한 유대인들인 아슈케나지인(Ashkenazi Jews) 집단은 20여 가지 희귀 유전병의 높은 발병률로 고통을 받는다(Bray et al. 2010 참조). 해당 유전병 중 하나는 제1형 고셔병(Type 1 Gaucher disease)인데, 1번 염색체에 존재하는 한 유전자의 돌연변이에 의해 발병한다. 이 유전자는 베타-글루코시다아제($\beta$-glucosidase), 혹은 GBA로도 알려져 있는 글루코세레브로시다아제(glucocerebrosidase)라는 효소를 암호화한다(Beutler 1993). GBA 효소는 세포 내 리소좀 속에 존재하면서, 지질 글루코세레브로시드(glucocerebroside)를 분해하여 재순환하도록 한다. GBA 활성이 낮거나 없을 경우에는 글루코세레브로시드가 세포 내에 축적된다. 이 때문에 고셔병은 리소좀 저장병(lysosomal storage disease)의 하나로 분류된다. 증상으로는 간과 비장의 비대, 빈혈 및 취약골(fragile bone) 등이 있다.

고셔병이 전 세계적으로 발생했을 때 아슈케나지 유대인들에서 가장 흔했는데, 이들 중에서 19명당 1명이 보인자이다(Strom et al. 2004). 아슈케나지인 중 대부분의 보인자들은 GBA의 370번 아미노산이 바뀌는 비동의치환(nonsynonymous substitution)을 가진다(Beutler et al. 1991). 이 대립유전자는 다른 집단에서도 나타나는 것이다. 그런데 일부이기는 하지만 상당한 숫자의 아슈케나지인들만이 가지는 대립유전자 하나가 더 발견된다. 이 배타적인 대립유전자는 *84GG*로 불리는데, 84번 염기 위치에 구아닌이 하나 더 삽입되어 있다. 이러한 삽입으로 인해 번역틀이 변경되어 GBA의 기능이 완전히 소실된다.

George Diaz와 동료들(2000)은 *GBA-84GG* 돌연변이가 아슈케나지인들에서 얼마나 오랫동안 존재했는지를 알기 원했다. 이 연구자들은 GBA 유전자좌위와 연관 비평형 상태에 있는 1번 염색체상의 마커 유전자좌위를 하나 찾아내면서 연구를 시작하였다(그림 8.16a). D1S305로 불리는 이 유전자좌위는 짧은 직렬 반복(short tandem repeat) 다형성을 나타낸다. D1S305와 GBA 유전자좌위 사이의 연관 비평형은 그림 8.16b에 나타내었다. D1S305에서 8번의 반복을 보이는 *8-repeat* 대립유전자의 빈도는 GBA 유전자좌위에 + 대립유전자를 보유하는 염색체들 중에서는 단지 24%에 불과했지만, *84GG* 대립유전자를 가진 염색체 중에서는 59%에 달했다.

어떻게 연관 비평형이 높아진 것일까? 8.1절에서 논의하였듯이, 가능한 이유로는 다유전자좌위 유전자형의 선택, 유전적 부동 및 집단혼합과 같은 세 가지 기작이 있다. 다유전자좌위 유전자형에서의 선택은 가능성이 낮아 보이는데, 왜냐하면 D1S305가 단백질을 암호화하지 않는 유전자좌위이므로, 이 유전자좌위의 대립유전자는 선택에서 중립적일 것으로 여겨지기 때문이다. 집단혼합도 역시 가능성이 낮은데, 왜냐하면 집단혼합이 일어나려면 아슈케나지인들보다 *84GG* 대립유전자의 빈도가 훨씬 높은 집단이 존재해야 하는데, 그런 집단이 존재하지 않는다. 이제 남은 것은 유전적 부동이다.

Diaz와 동료들은 그림 8.5에

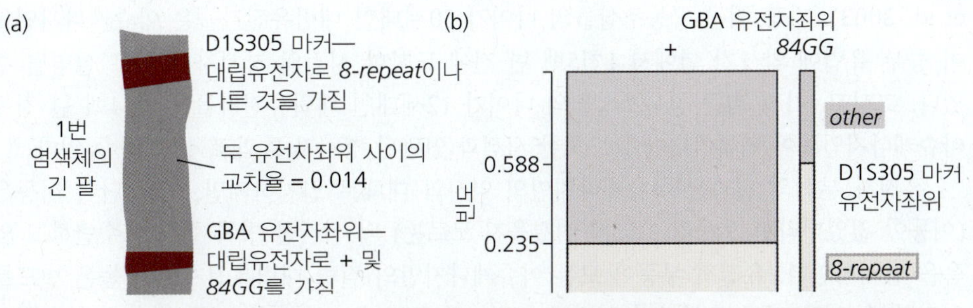


**그림 8.16** ***GBA-84GG* 복사본의 가장 최근 공동조상의 연대를 추정하기 위한 유전적 마커**
(a) D1S305는 1번 염색체의 GBA 유전자좌위 근처에 위치하는 짧은 반복 서열 유전자좌위다.
(b) D1S305와 GBA 유전자좌위는 서로 연관 비평형 상태이다. Diez et al. (2000)에서.

나오는 시나리오와 비슷하게, 지금 아슈케나지인에게 존재하는 *84GG*의 모든 복사본들이 D1S305의 *8-repeat* 대립유전자를 가졌던 단일 공동조상에서 유래된 것으로 보았다. 최초의 *84GG* 복사본은 한 아슈케나지인에서 일어난 우연한 새로운 돌연변이 때문일 수 있다. 혹은, *84GG*가 나중에는 없어진 어떤 집단에 속한 한 명의 *84GG* 이형접합자가 아슈케나지인 집단으로 유입된 돌연변이일 수도 있다. 또는 아슈케나지인 집단의 크기를 대폭 줄이는 병목 현상을 동반한 유전적 부동으로부터 유일하게 생존한 하나의 복사본일지도 모른다.

**연관 비평형을 일으키는 기작들이 많지 않기 때문에, 어떤 집단 내에 존재하는 연관 비평형은 그 집단의 과거의 역사에 대한 어떤 실마리를 제공할 수 있다.**

집단 내에 *84GG* 복사본이 딱 하나만 있었을 때, GBA 유전자좌위와 D1S305 사이는 완전한 연관 비평형을 나타낸다. *84GG*를 보유한 염색체에서 *8-repeat* 대립유전자의 빈도는 100%이다. 하지만 곧 *84GG*의 여러 자손들이 생산되었고, 비평형이 깨어지기 시작한다. 교차는 점차 *84GG*를 보유하는 염색체의 짧은 직렬 반복유전자좌위에 다른 대립유전자들로 교체시킬 것이다. 결국엔 *8-repeat* 대립유전자의 빈도는 *84GG*를 보유하는 염색체에서나 정상 염색체에서나 동일하게 될 것이다.

Diaz와 동료들은 *84GG*를 보유한 염색체와 정상 염색체 간의 *8-repeat* 대립유전자의 빈도 차이를 이용해 연관 비평형을 측정했다. 연구자들은 GBA 유전자좌위와 D1S305 사이의 교차율을 사용하여 연관 비평형의 감소 속도를 측정했다(**그림 8.17**, 보라색 곡선). 그런 후 연구자들은 이 감소 속도와 현재 비평형 수준을 활용하여, 현존하는 모든 *84GG* 대립유전자의 가장 최근 공동조상이 750년 전에서 2,325년 전 사이에 존재했던 것으로 계산해 냈는데, 가장 확률이 높은 측정값은 1,375년 전이었다(그림 8.17, 주황색 선; 자세한 내용은 **계산하기 8.4**를 참조).

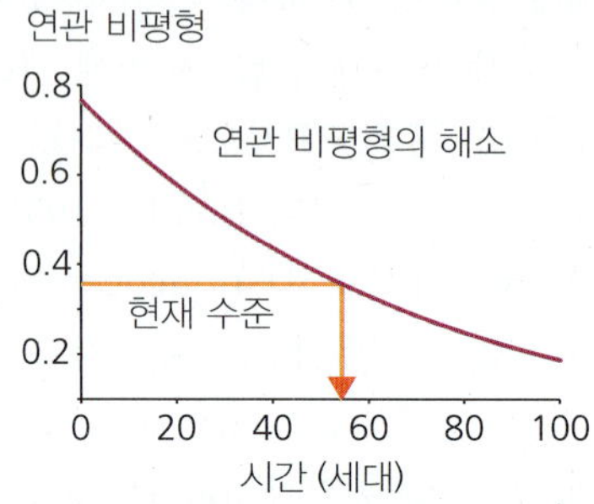


**그림 8.17** ***GBA-84GG* 복사본에 대한 가장 최근 공동조상의 연대 추정** 보라색 곡선은 가장 최근의 공동조상이 출현했던 시기부터 시작하여 GBA와 D1S305 유전자좌위 사이의 연관 비평형의 붕괴를 보여준다. 연관 비평형은 정상 염색체와 *84GG* 염색체가 각각 보여주는 *8-repeat* 대립유전자의 빈도 차이를 이용해서 정량화했다. 주황색 선은 연관 비평형의 현재 수준과 가장 최근의 공동조상으로부터 경과된 세대 수의 추정을 보여준다. 만약 한 세대를 25년으로 계산한다면, *84GG* 대립유전자의 가장 최근 공동조상은 대략 1,375년 전에 존재했던 것으로 추정된다. Diza et al. (2000)에서.

따라서 연관 비평형을 분석하면 어떤 대립유전자의 역사를 재구성할 수 있다. 하지만 그 이상의 일도 할 수 있는데, 대립유전자의 역사는 집단의 역사에 대해서도 많은 점을 조명해 줄 수 있기 때문이다. 앞에서 언급했듯이, 아슈케나지인들은 테이삭스병(Tay-Sachs disease), C형 판코니 빈혈(Faconi anemia type C)을 비롯한 많은 유전병을 일으키는 대립유전자들의 빈도가 특이적으로 높으며, 유방암의 높은 발병률도 보여준다. Neil Risch와 동료들(2003)은 Diaz와 동료들의 연구를 비롯하여 이전의 연구들을 검토하여 아슈케나지인에게 높은 11종류 유전병의 대립유전자에 대한 가장 최근의 공동조상들의 나이를 추정하였다. 이 나이들은 대략 3가지 범주로 구분되는데: 약 12세대, 약 50세대 및 100세대 이상으로 나누어졌다.

이런 나이들은 아슈케나지인 집단의 역사와 대체로 일치한다. 아슈케나지인의 조상들은 동유럽과 중부 유럽으로 이동하였으며, 더 오래된 조상들은 중동으로 이동하였다고 추정된다. 가장 최근 공동조상들의 나이가 100세대 이전인 유전병 대립유전자들은 2천 년에서 3천 년 전에 중동을 떠난 유대인 집단에 의한 창시자 효과로 해석될 수 있다(Risch et al. 2003). 가장 최근 공동조상들의 나이가 50세대인 대립유전자들은 아슈케나지인들이 중부 유럽에 약 1천 년에서 1천5백 년 전에 도착한 시점의 창시자 효과로 설명될 수 있다. 그리고, 가장 최근 공동조상들의 나이가 12세대인 대립유전자들은 약 4백 년 전에 아슈케나지인들이 리투아니아에 도착한 시점과 연관된 창시자 효과로 설명될 수 있다.

유전자 분석의 결과는 아슈케나지인의 역사와 대체로 일치하지만, 이 집단의 이동은 (이동이 없었더라면 오히려 고맙게 여겼을지 모르는) 더 심각한 병목 현상을 수반하고 있음을 암시하였다. 유전적 부동이 모든 아슈케나지인의 질병 대립유전자들의 높은 빈도를 설명할 수 있을 만큼 충분한지에 대해서는 논란이 있다. 일부 연구자들은 그렇다고 결론을 내렸고(Behar et al. 2004; Slatkin 2004; Bray et al. 2010), 다른 연구자들은 최소한 일부 대립유전자들에 대해서는 이형접합자를 선호하는 선택이 일어났을 가능성을 제시하

계산하기 8.4

## *GBA-84GG* 돌연변이의 나이 추정

여기에서는 George Diaz와 동료들(2000)이 아슈케나지인이 가지는 *GBA-84GG* 돌연변이의 모든 복사본들의 가장 최근 공동조상의 나이를 추정하기 위해 사용한 계산을 정리하고자 한다(Slatkin and Rannal 2000도 참조). GBA 유전자좌위는 1번 염색체에 존재한다(그림 8.16 참조). GBA 유전자좌위는 + 및 *84GG*의 두 개의 대립유전자가 있다고 전제하자. D1S305 짧은 반복 서열 유전자좌위가 근처에 있으며, 이 유전자좌위는 *8-repeat* 대립유전자와 다른 대립유전자를 가진다.

GBA와 D1S305 유전자좌위는 연관 비평형 상태에 있다: *8-repeat* 대립유전자의 빈도는 +를 가진 염색체에서보다 *84GG*를 가진 염색체에서 더 높다. 이 비평형이 다유전자좌위 유전자형의 선택에 의해 유지되는 것은 아니라고 가정한다면, 비평형은 재조합에 의해 점차 감소하게 될 것이다. Diaz와 동료들은 이러한 감소를 설명하기 위한 방정식을 개발하였다.

이들은 어떤 주어진 세대에서의 *8-repeat*과 *84GG* 염색체들의 빈도를 이전 세대에서의 빈도를 사용하여 예측하는 수식에서 시작했다. 연구자들은 *84GG* 염색체들이 매우 드물어서 거의 항상 + 염색체들과 짝을 이룬다고 가정했으며, + 염색체상의 *8-repeat*의 빈도는 시간이 지나도 일정하며, 돌연변이가 일어나지 않는다고 가정하였다. 해당 식은 다음과 같다.

$$X_t = (1 - c)X_{t-1} + cY$$

여기서 $X_t$는 $t$번째 세대 내 *8-repeat*과 *84GG* 염색체들의 빈도이며, $Y$는 + 염색체에서의 *8-repeat*의 빈도이고, $c$는 GBA 유전자좌위와 짧은 반복 서열 유전자좌위 사이의 교차율이다. 우변의 첫 번째 항은 재조합을 경험하지 않는 *84GG-8* 염색체를 나타낸 것이다. 두 번째 항은 재조합의 결과로 *8-repeat*의 복사본을 받는 *84GG* 염색체를 나타내는 것이다.

양변에서 $Y$를 빼면, 다음 식을 얻는다.

$$X_t - Y = (1 - c)X_{t-1} - Y + cY$$

오른쪽 두 항에서 $-Y$를 묶어내면, 다음 식을 얻는다.

$$X_t - Y = (1 - c)X_{t-1} - Y(1 - c)$$

이제 우변에서 $(1 - c)$를 묶어내면, 다음 식을 얻는다.

$$X_t - Y = (1 - c)(X_{t-1} - Y)$$

이제 $(X_t - Y)$를 연관 비평형의 측정값으로 생각할 수 있는데, 그 이유는 GBA와 D1S305가 평형 상태에 있다면 이 값이 0이 될 것이기 때문이다. 따라서 이 식은 비평형의 감소를 보여주는 것이다. 이 식을 계산하기 8.3에서 유도한 식과 비교해 보아라.

우리의 식을 사용하면, *84GG* 상에서 *8-repeat*의 빈도와 + 염색체상에서 *8-repeat*의 빈도 차이는 각 세대마다 $(1 - c)$의 비율로 감소하게 된다. 이 식은 다음을 의미한다.

$$X_t - Y = (1 - c)^t(X_0 - Y)$$

여기서 $X_0$는 *84GG* 돌연변이가 단 하나의 복사본으로서 집단에 마지막으로 나타난 세대에서의 *84GG* 염색체상의 *8-repeat*의 빈도를 가리킨다. 집단이 단지 하나의 *84GG* 복사본을 가졌을 때(*84GG-8* 염색체에 있었음), *84GG* 염색체 상의 *8-repeat*의 빈도는 100%였다. 다시 말해, $X_0 = 1$이었다. 즉,

$$X_t - Y = (1 - c)^t(1 - Y)$$

양변을 $(1 - Y)$로 나누고, 양변에 자연 로그를 취하면 식을 다음과 같이 $t$에 관해 정리할 수 있다.

$$\ln\left[\frac{(X_t - Y)}{(1 - Y)}\right] = \ln[(1 - c)^t]$$

$$\ln\left[\frac{(X_t - Y)}{(1 - Y)}\right] = t\ln(1 - c)$$

$$t = \frac{1}{\ln(1 - c)} \times \ln\left[\frac{(X_t - Y)}{(1 - Y)}\right]$$

$t$를 추정하기 위해서 이제 할 일은 $X_t$, $Y$ 및 $c$의 추정치를 이 식에 대입하는 일이다.

85개의 +염색체들과 58개의 *84GG* 염색체 표본 조사에 근거하여, Diaz와 동료들은 $X_t = 0.588$이고 $Y = 0.235$라고 추정했다. 재조합률 $c$는 0.014라고 추정했다. 이 값들을 대입하면 *84GG*의 모든 복사본들의 가장 최근 공동조상은 55세대 전에 나타난 것으로 추정된다. 한 세대의 길이가 25년이라면, 가장 최근 공동조상은 약 1,375년 전에 존재한 것이다. 이 추정치는 재조합률에 민감하지만, 이 값은 낮아서 정확하게 측정하기가 어렵다. 재조합률의 측정에 오차가 있을 수 있음을 감안하여, Diaz와 동료들은 조상 *84GG* 대립유전자의 보인자가 750년 전부터 2,325년 전 사이에 살았을 것으로 결론을 내렸다.

였다(Cochran et al. 2006).

## *CCR5* 유전자의 역사

유전병과 관련은 없지만, 다른 유럽인 집단들에서와 같이 아슈케나지인에서 놀랄 만큼 흔한 대립유전자가 있는데, 그것은 바로 *CCR5-Δ32*이다. 이 대립유전자는(1, 5, 6장에서 이미 논의된 것으로), CCR5 유전자좌위에서의 기능상실 돌연변이이다. 이 대립유전자는 성매개 균주인 HIV-1으로부터 동형접합자를 보호하는 역할을 한다. 앞 장에서 논의할 때 해결하지 못한 문제는 "*Δ32* 대립유전자가 어디서 유래한 것이며, 왜 유럽에서 흔하게 존재하는가?"에 관한 것이다.

J. Claiborne Stephens와 동료들(1998)은 Diaz와 동료들이 *GBA-84GG*를 분석한 방식과 비슷한 방법을 사용하여 이 문제들에 접근하였다. Stephens와 동료들은 CCR5 유전자좌위가 두 개의 가까운 마커 유전자좌위들과 강한 연관 비평형 상태에 있음을 알았는데, 두 유전자좌위는 모두 단백질을 암호화하지 않으며, 중립적으로 보였다. CCR5 유전자좌위에서 *Δ32* 대립유전자를 보유하는 대부분의 염색체들은 마커 유전자좌위들과 한 특정한 단상형을 보였다. 이것은 *Δ32* 대립유전자가 단 한 번의 돌연변이로 인해 생겨났음을 시사한다. 그 후, *Δ32* 대립유전자의 빈도가 증가함에 따라 이 대립유전자와 우연히 연관된 마커 대립유전자들도 함께 행동하기 시작했을 것이다.

CCR5 유전자좌위와 마커 유전자좌위들 사이의 연관 비평형은 더 이상 완전하지는 않는다. *Δ32*가 출현한 이후, 재조합이나 혹은 추가적인 돌연변이로 인해 이 대립유전자들은 새로운 단상형과 함께하게 되었다. Stephens와 동료들은 추정된 교차율 및 돌연변이율을 사용하여 이 불평형이 얼마나 빠르게 소멸되어 가는지 계산하였으며, 이어서 그 결과를 사용하여 모든 현존 *Δ32* 복사본들의 가장 최근 공동조상의 나이를 추정하였다. 연구자들은 공동조상이 275년에서 1,875년 전에 살았으며, 가장 가능성이 높은 추정 나이는 약 700년 전이라고 결론지었다.

이러한 결과는 유럽에서 *Δ32*의 빈도가 약 30세대에 걸쳐서 거의 0에서 15%나 그 이상까지 증가하였음을 의미한다. 이처럼 빠른 증가는 보통 강한 자연선택에 의한 것으로 쉽게 설명할 수 있다. *Δ32* 대립유전자에 대해 그러한 유리함을 가져다 준 선택의 매개자는 무엇이었을까? 그 매개자는 명백하게 전염병들일 것으로 지목되었다. 한 가지 가능한 전염병은 흑사병으로(Stephens et al. 1998), 14세기 유럽을 휩쓸며 인구의 3분의 1을 사망에 이르게 하였다. 다른 하나는 천연두이다(Lalani et al. 19991; Galvani and Slatkin 2003).

John Novembre, Alison Galvani 및 Montgomery Slatikin(2005)은 대립유전자가 어떻게 유럽에 퍼지면서 빈도가 증가하는지에 대한 집단유전학적 시뮬레이션 기법을 개발하였다. 이들의 모델은 사람들이 평생 동안 이동하는 거리와 선택의 강도를 표현하는 매개변수들을 포함하였다. 시뮬레이션 결과는 전염병 가설과 일치하였으며, 자연선택이 없었더라면 *Δ32*이 지금처럼 빠르게 전파되어 전 유럽에 분포하지는 못했을 것으로 예상하였다.

하지만 이야기가 여기서 끝나는 것은 아니다. Pardis Sabeti와 동료들(2005)은 Stephens와 동료들의 계산은 오류가 있는 것으로 판명된 유전자 지도에 기반했다고 지적했다. Stephens가 사용한 마커 유전자좌위들은 CCR5 유전자좌위와 더 가까우며, 따라서 그 마커들과 CCR5 사이의 재조합률은 처음 생각한 것보다 더 낮았다. Sabeti와 동료들은 더 많은 마커들을 사용하여 *Δ32* 대립유전자의 현존하는 모든 복사본들의 공동조상이 3,150년에서 7,800년 전에 살았다고 주장하였으며, 가장 가능성이 높은 나이는 약 5,075년 전으로 추정하였다. 이런 결과와 다른 증거들에 근거하여, Sabeti와 동료들은 *Δ32*의 현재 빈도와 분포가 유전적 부동의 결과로 설명된다고 주장하였다.

이 주장을 뒷받침하는 결과가 Susanne Hummel과 동료들(2005; Hedrick and Verrelli(2006)도 참조)에 의해 제시되었는데, 이들은 17명의 청동기 시대 유럽인들의 뼈로부터 CCR5 유전자좌위의 DNA 서열을 복구하였다. 이 뼈의 주인들은 2,900년 전 현재의 독일 북서부에 살았으며, 리히텐슈타인 동굴(Lichtenstein Cave)에 매장되었다. 그들 중 4명은 *Δ32* 대립유전자를 가지는 이형접합자였다. 이 사실은 *Δ32* 대립유전자가 적어도 수천 년은 되었음을 확인해 준다. 또한 청동기 시대 때 이 대립유전자의 빈도가 약 12% 정도임을 알려주는데, 이것은 오늘날의 빈도 범위 안에 들어가는 값이다. 이렇게 더 오래된 *Δ32*의 나이가 밝혀지면서, Novembre의 모델은 Sabeti의 유전적 부동 가설을 배제시킬 수 없게 되었다(Novembre and Han 2012).

요약하자면, *Δ32* 대립유전자는 지난 수천 년 사이에 유럽에서 유일한 돌연변이에 의해서 출현된 것으로 보인다. 이 대립유전자는 유럽 바깥에서는 나타나지 않는데, 이것은 *Δ32* 대립유전자를 만든 돌연변이가 비유럽인 집단에서 발생한 적이 없었기 때문이거나, 혹은 돌연변이가 유럽 바깥에서 발생했을 때 선택이 선호하지 않았기 때문일 것이다. 이 대립유전자가 유럽에서 선택에 의해 선호되었는지의 여부와, 만약에 그랬다면 왜 그랬는지는 아직 분명하지 않다.

## 양성선택의 탐색

우리는 어떤 돌연변이가 단지 일어났다는 사실만으로, 그 유전자좌위는 인접한 마커들과 연관 비평형 상태가 된다는 것을 알았다. 이러한 연관 비평형은 곧 소멸되기 시작한다. 이것은 우리가 어떤 유전자좌위가 근처 마커들과 연관 비평형 상태에 있음을 발견했다면, 이 유전자좌위는 젊은 대립유전자를 포함하고 있을 수 있다는 뜻이다. 어떤 젊은 대립유전자의 빈도가 높을 경우, 이 대립유전자는 짧은 기간 동안 양성 자연선택(positive natural selection)에 의해 선호되었다고 예상할 수 있다. 이러한 논리를 사용하여, 최근에 Pardis sabeti, David Reich와 동료들(2002)은 선택에 의해 선호된 대립유전자를 식별하는 보편적인 방법을 고안하였다. Sabeti와 동료들은 이 방법을 사람의 G6PD 유전자좌위에 적용해 봄으로써, 개발한 방법을 시연하였다.

G6PD 유전자좌위는 X 염색체에 존재하는 유전자로서, 포도당-6-인산탈수소효소(glucose-6-phosphate dehydrogenase)로 불리는 항존 효소(housekeeping enzyme)를 암호화한다(Ruwende 및 Hill 1998). 이 유전자좌위는 변이가 매우 다양하다. 수백 개의 대립유전자들이 알려져 있는데, 각각은 생산된 단백질의 생화학적 특성에 따라 식별된다. 많은 변이들 중 수

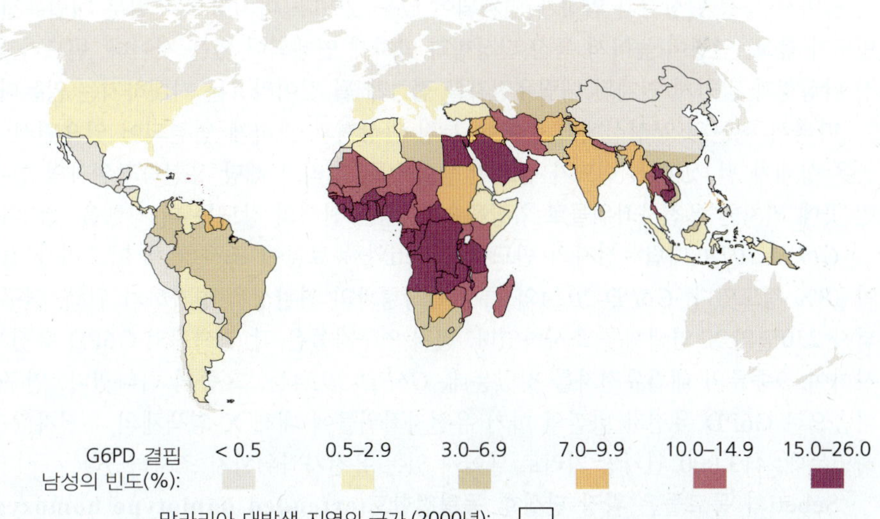


**그림 8.18 포도당-6-인산탈수소효소(G6PD) 결핍은 흔하지만, 말라리아 발생 지역에서 특히 더 흔하다** 지도는 전 세계적으로 지역적 G6PD 결핍의 빈도를 보여준다. 말라리아가 흔하게 발생하는 지역은 검은색으로 경계를 표시하였다. Luzzatto and Notaro (2001) and Genters for Disease Control, Division of Parasitic Disease (2001)에서 다시 그림.

십 종류는 1% 이하의 빈도를 가진다. 흔하게 나타나는 것 중에서 많은 대립유전자들은 효소 활성의 저하를 보인다(그림 8.18). 세계적으로 실제 4억 명의 사람들이 G6PD 효소 결핍 증세를 보이는데, 지금까지 알려진 효소 결핍 증세 중 가장 흔한 것이다. 가벼운 G6PD 결핍을 가지는 사람들은 보통 증상이 없지만, 심한 결핍을 나타내는 사람들은 급성 용혈성빈혈(acute hemolytic anemia)로 알려진 간헐적인 적혈구 파괴 증상을 보인다.

이처럼 잠재적으로 해로운 특징을 내포한 대립유전자의 존재가 왜 이토록 흔한 것일까? G6PD 결핍의 지리적 분포를 보면, 이 대립유전자들이 어느 정도의 말라리아 저항성을 부여한다는 것을 짐작하게 한다. 이러한 짐작은 역학적인 증거에서도 나타난다. 예를 들어, 아프리카에서는 흔한 효소활성 저하변이체인 *G6PD-202A* 대립유전자를 보유한 사람들은 심한 말라리아에 걸릴 위험률이 실제로 더 낮다. Sabeti, Reich와 동료들은 *G6PD-202A* 대립유전자가 말라리아에 대한 저항성을 부여받았다면, 이 대립유전자는 최근의 양성선택에 대한 증거를 가져야 한다고 판단하였다.

이 증거가 어떤 것인지 알기 위해서는, 최근에 선택을 경험하지 않은 대립유전자들에 대해 조사해 보는 것도 도움이 될 것이다. 어떤 크기가 작은 집단에 새롭게 등장한 돌연변이 대립유전자를 생각해 보자. 이 대립유전자는 유일한 것으로, 결국 단일 단상형에만 존재하게 되는데, 돌연변이가 일어난 염색체에서 다른 유전자좌위의 특정 대립유전자들과 물리적으로 연관된다. 만약 이 대립유전자가 중립적이라면, 즉 유전적 부동에 의해서 그 빈도가 진화한다면, 이 새 대립유전자는 다음의 세 가지 운명 중 하나를 경험하게 될 것이다: 사라지거나, 유지되기는 하지만 빈도가 낮은 상태로 존재하거나, 아니면 지속적으로 점차 빈도가 증가하는 것이다. 대립유전자가 유지될 경우, 특정 단상형과의 연관성은 재조합의 영향으로 깨어지게 될 것이다. 다른 유전자좌위들이 멀리 떨어질수록, 이 연관성은 더 빠르게 깨어질 것이다.

돌연변이와 유전적 부동에 의해 진화하는 어떤 집단에서 세 종류의 대립유전자들이 관찰될 것으로 예상할 수 있다. 일부 대립유전자들은 빈도가 낮으며, 연령이 낮기 때문에 특정 단상형과 강하게 연계되어 있을 것이다. 일부 대립유전자들은 빈도가 낮으며, 연령이 높아서 특정 단상형과 약하게 연계되어 있을 것이다. 마지막으로 일부 대립유전자들은 빈도가 높고, 연령이 높아서 특정 단상형과 약하게 연계되어 있을 것이다. 빈도가 높고 특정 단상형과 강하게 연계된 대립유전자를 접하게 될 것이라고는 기대하지는 않는다.

어떤 단백질 암호화 유전자좌위의 대립유전자가 근처의 중립적 마커 유전자좌위와 연관 비평형 상태에 놓여 있을 때, 이 암호화 대립유전자는 대체로 젊었다고 추정할 수 있다. 어떤 젊은 대립유전자의 빈도가 높을 때, 우리는 이 대립유전자가 최근에 양성선택에 의해 선호되었을 것으로 추정할 수 있다.

따라서 최근의 양성선택의 증거는 특정 단상형과 강하게 연결되어 있으면서 빈도가 높은 상태가 될 것이다. 빈도가 높으면 높을수록, 그리고 해당 유전자좌위와의 연관이 더 먼 곳에 위치한 유전자좌위들로 확장될수록, 최근 선택의 강도는 더 강했을 것이다.

*G6PD-202A* 대립유전자의 빈도는 Sebeti와 동료들이 조사한 세 아프리카 집단에서 약 18% 정도였다. *G6PD-202A*와 특정 단상형과의 연관성을 평가하기 위해, 연구자들은 남자 230명의 X 염색체를 조사하였다. 먼저 연구자들은 각 염색체의 G6PD 유전자를 조사하여, 9종류의 대립유전자를 찾았는데, *G6PD-202A*는 그 중의 하나였다. 연구자들은 다음으로 G6PD 유전자 바깥의 마커 유전자좌위들에 대해 X 염색체의 유전자형을 결정하였는데, 413,000 염기쌍 거리로 떨어져 있는 유전자좌위까지 조사하였다.

Sebeti와 동료들은 **확장 단상형 동형접합도(extended haplotype homozygosity, EHH)** 개념을 제시하여 정량화하였다. 어떤 주어진 대립유전자가 특정한 외부 거리 $x$에 대한 확장 단상형 동형접합도는 그 대립유전자를 보유하는 무작위로 선택된 두 개의 염색체들이 $x$만큼 떨어져 있는 모든 마커 유전자좌위들에서 동일한 대립유전자를 가질 확률로 정의된다. 어떤 대립유전자의 EHH가 높으면 높을수록, 특정 단상형과의 연관의 강도는 높다. EHH는 연관 비평형의 대립유전자-특이적 측정값으로 설명할 수도 있다.

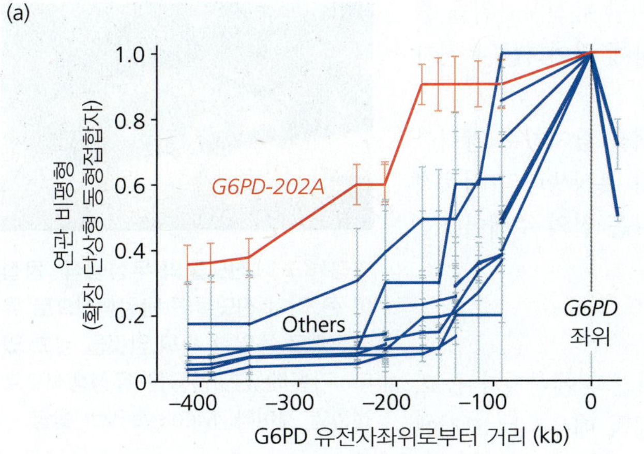


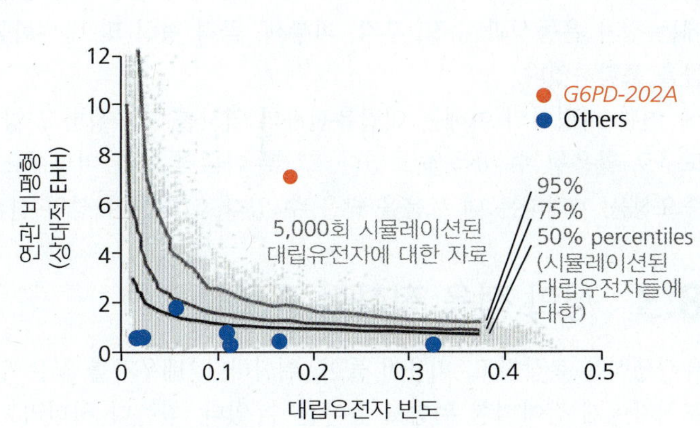


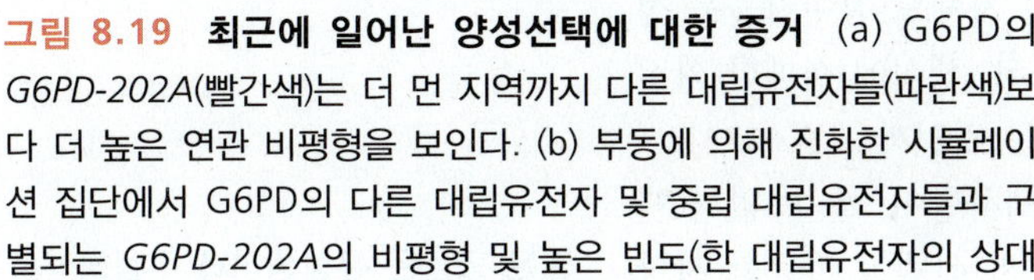
**그림 8.19 최근에 일어난 양성선택에 대한 증거** (a) G6PD의 *G6PD-202A*(빨간색)는 더 먼 지역까지 다른 대립유전자들(파란색)보다 더 높은 연관 비평형을 보인다. (b) 부동에 의해 진화한 시뮬레이션 집단에서 G6PD의 다른 대립유전자 및 중립 대립유전자들과 구별되는 *G6PD-202A*의 비평형 및 높은 빈도(한 대립유전자의 상대 EHH는 가장 먼 마커에서의 EHH를 다른 모든 대립유전자들의 마커에서의 평균 EHH로 나눈 값이다). Sabeti et al. (2002)에서.

Reprinted by permission from Macmillan Publishers Ltd: Sabeti, P. C., D. E. Reich, J. M. Higgins, et al. 2002. "Detecting recent positive selection in the human genome from haplotype structure." *Nature* 419: 832–837.

Sabeti와 동료들은 *G6PD-202A* 대립유전자는 다른 어떤 대립유전자들보다도 G6PD에서 더 멀리 떨어진 지역까지 높은 연관 비평형 상태를 유지함을 관찰하였다(그림 8.19a).

이것은 유전적 부동을 배제시킬 수 있을 만큼 충분히 확실한 양성선택의 증거라고 할 수 있을까? 이것을 확인하기 위해, Sabeti와 동료들은 유전적 부동에 대한 컴퓨터 시뮬레이션을 실시하여, 실제 자료 세트로부터 복제자료를 수천 개 만들었다. 이 시뮬레이션 자료 세트에서 대립유전자들의 빈도와 413 kb 거리에서의 EHH 값을 그림 8.19b에 그래프로 나타내었다. 그래프는 가로축과 세로축을 따라 분포하는 구름띠(회색)의 양상을 보여준다. 부동에 의해 진화하는 중립적 대립유전자들은 높은 빈도를 보이거나 강한 연관 비평형을 보여야 하지만, 앞에서 우리가 주장한 내용과 일관되게, 두 경우 모두에 해당되지 않았다. 실제 자료 세트로부터 얻은 *G6PD-202A*와 다른 대립유전자들도 그래프로 나타내었다. 파란색으로 나타낸 다른 대립유전자들도 회색 구름띠 지역 내에 포함되었다. 거의 대부분 대립유전자는 유전적 부동으로 쉽게 설명된다. 하지만 빨간색으로 표시된 *G6PD-202A*는 확실히 바깥 지역에 위치한다. Sabeti와 동료들은 *G6PD-202A*가 자연선택에 의해 최근에 선호되었다고 결론내렸다. Mattew Saunders와 동료들(2005)도 추가적인 자료분석을 통해 동일한 결론에 도달하였다.

Sabeti와 동료들이 개발한 방법은 다른 유전자좌위들에도 적용될 수 있다. Dong-Dong Wu와 동료들(2010)은 이 방법을 사용하여 골격발생에 관여하는 한 유전자의 대립유전자가 최근에 양성선택에 의해 인류집단에서 선호되었음을 보았는데, 특히 유럽 집단에서 두드러졌다고 주장했다(그림 8.20). 동일 유전자의 다른 대립유전자 하나는 아시아 집단 내에서 선호된 것으로 보였다(Wu et al. 2012 참조). 선택을 일으킨 요인이 무엇인지는 분명하지 않다. 앞선 분석 방법에서 *CCR5-Δ32*의 양성선택을 밝히는 데 실패한 결과로부터, Sabeti와 동료들(2005)은 *Δ32*가 현재의 빈도를 갖게 된 이유는 유전적 부동 때문이라고 제안했다.

Benjamin Voight, Jonathan Pritchard 및 동료들(2006)은 Sabeti 등의 방법을 확대하여 동아시아인, 유럽인 및 서아프리카인(요루바족)에서 최근에 일어난 양성선택의 증거를 보이는 유전자좌위를 찾기 위해 인간 유전체 전체를 조사하였다. 하나 혹은 그 이상

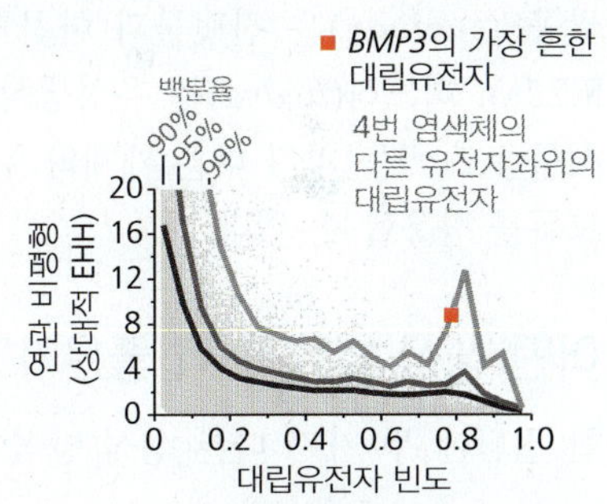


**그림 8.20 *BMP3* 유전자에서 가장 높은 빈도의 대립유전자에 대한 최근의 양성선택에 대한 증거** *BMP3*는 오스테오게닌(osteogenin)으로도 불리는 골형태형성 단백질 3(bone morphogenic protein 3)을 암호화한다. *BMP3*의 가장 흔한 대립유전자는 인접한 마커들 간의 높은 연관 비평형은 물론 특이하게 4번 염색체에 있는 다른 유전자좌위들에서도 연관성을 보이는데, 이런 현상은 부동의 결과는 아닌 것으로 여겨진다. Wu et al. (2010)에서.

의 집단에서 양성선택의 증거(높은 빈도 및 높은 연관 비평형)를 제시한 유전자좌위들 중에는 정자 운동성과 수정, 후각, 피부색, 골격 형성 및 탄수화물 대사에 관여하는 유전자들을 포함하였다.

연관 비평형의 이해는 대립유전자의 역사를 재구성하고 양성선택을 탐지하는 강력한 도구로 활용될 수 있음을 보였다. 그 뿐 아니라 연관 비평형으로부터 유성생식의 적응적 중요성을 이해하는 데 도움을 받을 수 있다. 그리하여 성의 신비가 다음 절의 주제이다.

**그림 8.21 진딧물의 무성생식** 몸집이 큰 어미 진딧물이 단위생식으로 유전적으로 동일한 새끼 암컷을 낳고 있다. 가을에 진딧물들은 유성생식으로 전환할 것이다. MedievalRich 촬영.

## 8.3 성의 적응 진화적 중요성

유성생식은 복잡하고, 비용이 들며, 위험하다. 배우자를 찾는 일은 시간과 에너지가 들고, 포식자에게 잡아먹힐 위험도 높아질 수 있다. 찾는다 하더라도, 잠재적 배우자는 교접에 동의하기 이전에 부가적인 노력과 투자를 요구할 수도 있다. 교접 자체도 참여자들을 성 매개 질병에 노출시키기도 한다. 게다가 이 모든 노력에도 불구하고, 생식에 실패한 짝짓기로 끝날 수도 있다. 그렇다면 왜 간단히 무성생식을 할 수는 없는 것일까(그림 8.21)?

이 질문이 이상하게 들리는 이유는, 우리에게 무성생식은 선택사항이 될 수 없기 때문이다. 하지만 많은 생물들에게 이것은 적어도 생리학적 관점에서 선택이 가능한 사항이다. 그들은 유성생식과 무성생식을 모두 할 수 있고, 주기적으로 생식 방식을 전환한다. 예를 들어, 많은 진딧물 종들은 봄과 여름에 무성생식을 하는 암컷들로만 집단을 구성한다. 이 암컷들은 식물의 즙을 먹고, 수컷의 참여 없이 어미와 유전적으로 동일한 (이미 알에서 부화한) 새끼들을 낳는다. 이와 같이 수정되지 않은 난자에서 발생을 시작하는 것을 **단위생식(parthenogenesis)**이라고 한다. 가을이 되면 진딧물은 생식 방식을 바꾸어 유성생식을 하는 암컷들이 생겨난다. 암컷은 수컷과 교배하여 알을 낳고 다음해 봄에 부화하여 단위생식을 하는 개체로 새로운 세대를 구성한다.

많은 종들은 유성생식과 무성생식을 둘 다 할 수 있다.

다른 많은 생물들도 유성과 무성생식을 모두 할 수 있다(그림 8.22). 예를 들어 좁쌀공말(*volvox*)은 진딧물과 마찬가지로 유성과 무성생식 시기를 번갈아 갖는다(그림 8.22a). 히드라(*hydra*)는 유성생식과 무성생식을 동시에 할 수 있다(그림 8.22b). 많은 식물종도 꽃을 피워 다른 개체와 수분을 교환하는 것과, 기는 줄기로 영양생식하는 방식 모두를 사용할 수 있다.

### 어떤 생식 방식이 더 좋은가?

한 집단에 두 가지 다른 생식 방식이 공존하는 것은, 결국 하나가 다른 하나를 대체하게

(a) 좁쌀공말

(b) 히드라

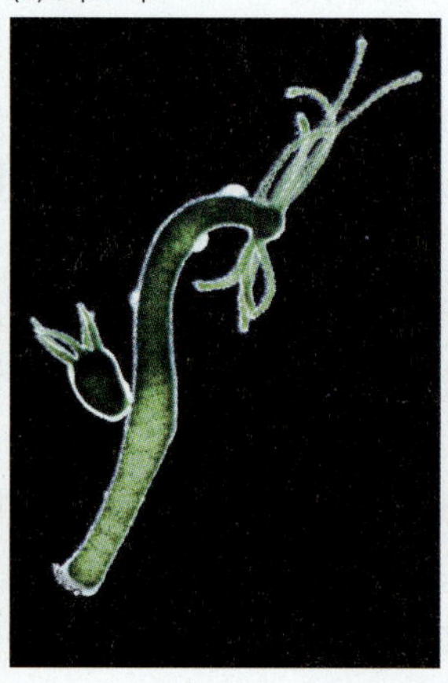

(c) 딸기

**그림 8.22 두 가지 방식으로 생식하는 생물들** (a) 담수조류인 좁쌀공말. 각각의 큰 구는 성체이다. 대부분 어미와 유전적으로 동일한 딸을 체내에서 길러 자신을 복제한다. 포낭화된 접합자(encysted zygotes)인 빨간색 구슬을 포함하고 있는 개체들은 유성생식을 하고 있는 암컷들이다. 이것들은 수컷의 정자로 수정되었다. (b) 담수 무척추동물인 히드라. 오른쪽 위 왕관 모양으로 배열된 촉수들이 히드라의 입을 둘러싸고 있다. 입 아래의 몸을 따라 세 개의 생식샘이 있다. 생식샘 아래는 무성생식 아체가 있다. (c) 딸기. 이 식물은 과일의 씨로 유성생식을 하고, 기는 줄기로 무성생식을 한다.

될 것인가 하는 의문이 들게 한다. John Maynard Smith(1978)는 이 질문에 영가설 모델(null model)을 세워 접근하였다. 영가설 모델은 가능한 가장 단순한 가정 하에서, 유성생식을 하는 암컷들과 무성생식을 하는 암컷들이 공존하는 집단이 맞이하게 될 운명을 제시한다. Maynard Smith는 단지 두 가지 가정을 세웠다:

1. 암컷의 생식 방식은 얼마나 많은 새끼를 낳을 것인지에 영향을 주지 않는다.
2. 암컷의 생식 방식은 그 새끼가 생존할 가능성에 영향을 주지 않는다.

Maynard Smith는 또한 단위생식을 하는 암컷의 새끼들은 모두 암컷이며, 유성생식하는 암컷의 새끼들은 암수가 반반씩 섞였음에 주목하였다.

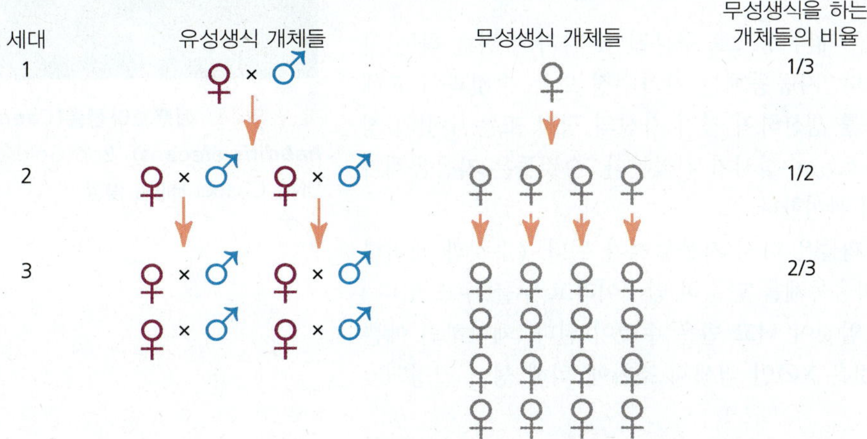


**그림 8.23 무성생식 암컷 번식의 이점** 여기서 가정한 집단은 유성생식 암컷, 유성생식 수컷, 그리고 무성생식 암컷으로 구성된다. 매 세대마다, 각 유성생식 암컷들은 두 딸과 두 아들을 낳는다. 각 무성생식 암컷들은 네 딸을 낳는다. 이 단순한 가정 하에서, 무성생식 암컷이 집단에서 차지하는 비율은 세대를 거듭하며 증가한다. John Maynard Smith (1978)에서.

Maynard Smith의 가정에 따른 집단에서, 무성생식을 하는 암컷들의 손자 수는 유성생식을 하는 암컷들의 손자 수의 두 배가 된다(그림 8.23). 이는 무성생식 암컷이 매 세대마다 집단에서 차지하는 비중이 커지게 된다는 것을 의미한다. 궁극적으로, 무성생식 암컷들이 집단 전체를 차지하게 될 것이다. 이론적으로는, 모두가 유성생식을 하던 집단에 무성생식 암컷을 만드는 돌연변이 하나만 생겨도 충분하다. 이 돌연변이가 생기는 순간부터 그 집단은 무성생식 개체들로 뒤덮일 운명에 처하게 된다.

그러나 이렇게 무성생식 개체들이 집단 전체를 차지하는 일은 그다지 자주 일어나지 않는 것 같다. 다세포 생물의 대부분이 유성생식을 하며, 진딧물, 좁쌀공말(*volvox*), 히드라와 같은 많은 종들에서 유성생식과 무성생식이 안정적으로 공존한다. Maynard Smith의 모델은, 그가 의도했던 바와 같이, 이러한 사실이 진화학적 패러독스임을 보여준다.

**성의 존속은 역설적이다. 간단한 모델 하에서 무성생식을 하는 암컷이 빠르게 집단 전체를 차지하게 되기 때문이다.**

분명 단위생식의 강력한 번식력 우위에도 불구하고, 성(sex)의 이점이 무언가 있어서 이를 지속시키는 것이라 생각할 수 있다. 그렇다면 이 이점들은 무엇인가? Maynard Smith의 수학적 논리는 타당하므로 성의 유리함은 위 가정 중 하나 또는 모두가 위배되는 것에 기인할 것이다. 이것이 모델 세우기의 가장 중요한 역할이다. 명백한 가정들을 추려냄으로써, Maynard Smith는 단지 몇 가지 중요한 생물학적 사실에 관한 질문에 초점을 맞출 수 있었다.

첫 번째 가정, 즉 암컷의 새끼 수는 생식 방식과 무관하다는 것은 아비가 자원이나 그 밖의 새끼를 낳는 데 필요한 보살핌을 제공하는 종들에 의해 위배된다. 여기서, 수컷의 도움이 없는 무성생식 암컷들은 적은 수의 새끼들을 낳을 것이다. 수컷의 보살핌이 암컷의 생식적 성공에 크게 기여하는 종들은 분명 존재한다. 인간, 많은 종의 조류, 그리고 실고기 등이 그 예이다(11장 참조). 그러나 수컷이 새끼를 보살피는 종은 소수에 불과하다. 대부분의 종들에서—예를 들어 대부분의 포유류와 곤충—수컷은 오로지 유전자만 기여할 뿐이다. 그러므로 성의 일반적인 이점은 새끼의 생존 가능성은 암컷의 생식 방식과 무관하다는 두 번째 가정이 위배되는 데서 비롯된다고 추리할 수 있다.

## 수컷 존속의 실험적 모델

아비를 둔 새끼들이 더 높은 생존 가능성을 가지게 되는 조건을 탐구하기 위해, Levi Morran과 동료들(2009; 2011)은 실험실에서 선충류인 예쁜꼬마선충(*Caenorhabditis elegans*)(그림 8.24)을 가지고 자연선택 실험을 수행하였다. 이 1 mm 길이의 선충은 주로 흙에서 살며, 한 세대의 길이가 3~4일이고, 실험실의 인공 배지에서 키우기 쉽다. 개체들은 냉동과 해동을 거쳐도 생존하므로 추후 실험을 위해 대조군(reference) 집단을 보관할 수도 있다.

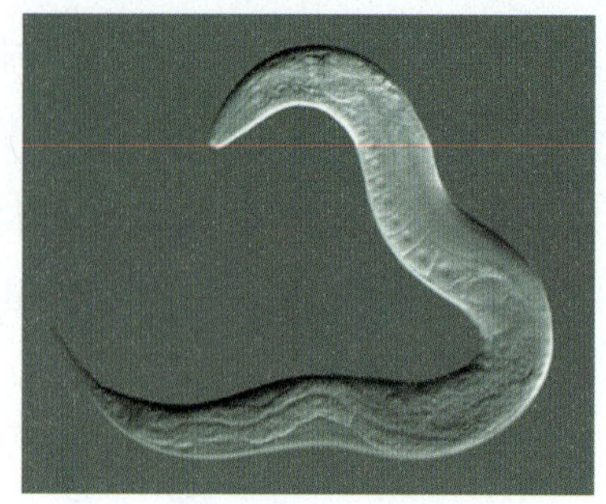

**그림 8.24 예쁜꼬마선충(*Caenorhabditis elegans*)** Bob Goldstein, UNC Chapel Hill의 촬영.

예쁜꼬마선충(*C. elegans*) 개체들은 두 개의 성으로 구분된다: 자가 수정을 하는 자웅동체(hermaphrodite)와 수컷(male)이다. 자웅동체는 자가수정 또는 수컷과의 교배(cross)를 통해 생식한다. 즉, 그들은 난자를 생산하여 자기 자신의 정자 또는 수컷의 정자로 수정시키지만, 다른 자웅동체의 정자로는 수정시키지 않는다. 수컷들은 자웅동체가 생산한 난자를 수정시킴으로써 생식과정에 관여한다.

자웅동체가 자가수정을 하면, 모든 새끼들은 다시 자웅동체가 된다. (수컷과 대비하여, 이들만이 난자를 생산하므로 여기서 자웅동체를 단순히 암컷이라고 부를 수도 있다.) 만약 수컷과 짝짓기를 하면, 새끼의 반은 암컷이 되고 반은 수컷이 된다. 왜냐하면 예쁜꼬마선충(*C. elegans*)은 암컷이 XX, 수컷은 XØ인 염색체 조합에 의해 성이 결정되기 때문이다.

Maynard Smith의 개념적 모델에서 드러난 바와 같이, 어떻게 해서 예쁜꼬마선충에서 수컷들이 존속되는지 설명하기는 쉽지 않다(Anderson et al. 2010 참조). 수컷들이 수정한 난자의 절반만이 수컷인 새끼가 된다. 따라서 (a) 집단 내 수컷들의 비율보다 훨씬 높은 비율의 난자들이 교배에 의해 수정되거나, (b) 수컷이 자가수정으로 생산된 새끼들보다 높은 생존율을 갖는 새끼들을 생산할 때, 또는 (c) 두 가지 경우가 어떤 정도로 조합을 이룰 때가 아니면 수컷이 사라지게 됨을 의미한다. **계산하기 8.5**의 인구학적 모델은 수컷이 존속되는 조건이

$$\alpha w > 2$$

임을 보여준다. 여기서 $\alpha$는 수컷의 수정 성공도(fertilization success)이고, $\alpha$에 수컷들의 빈도를 곱하면 집단 내 모든 난자 중 수컷에 의해 수정된 난자의 비율이 나온다. $w$는 이계교배로 생산된 새끼들의 적응도를 자가수정으로 생산된 새끼들의 적응도로 나눈 상대적 적응도이다.

흥미롭고도 중요한 점은, 이 조건이 충족될 때 수컷은 0에서 0.5 사이 빈도의 평형상태로 유지될 수 있다는 것이다. 모든 다른 조건이 동일할 때, 수컷의 평형 빈도는 $\alpha$값이 증가하거나 $w$값이 증가함에 따라 올라간다. 이는 수컷의 빈도가 중간 정도인(intermediate) 실험 집단에서 수컷의 빈도 변화는 $\alpha$나 $w$, 또는 둘 다의 변화에 의한 것임을 의미한다.

Jennifer Anderson과 동료들(2010)은 10개의 다른 계대군(strains)의 예쁜꼬마선충을 십여 세대 동안 실험실에서 배양하여 수컷의 빈도를 측정하였다. 절반 이상의 계대군에서는 수컷을 아예 소실하거나 단지 낮은 빈도로 유지하였다. 그러나 다른 계대군에서 수컷은 높은 빈도로 유지되었다. 한 계대군에서는 수컷이 35%의 빈도로 유지되었다. 수컷 평형 빈도가 이렇게 다양한 것은, 수컷의 수정 성공도와 이계교배로 생산된 새끼들의 상대적응도의 곱이 수컷 존속을 위한 임계점보다 보통 낮지만 때로는 높을 수도 있음을

**특정 조건에서 유성생식을 하는(facultatively sexual) 암컷들이 포함된 집단에서 수컷들은 수정 성공도가 충분히 높거나, 생존율이 충분히 높은 새끼들을 생산하거나, 또는 이 두 가지 모두를 이룸으로써 존속할 수 있다.**

계산하기 8.5

## 선충류 예쁜꼬마선충(*Caenohabditis elegans*)의 수컷 존속에 관한 통계 모델

여기서 우리는 수컷들과 자가수정하는 자웅동체들로 구성된 집단에서의 수컷 빈도를 추적한다. 우리의 분석은 Andrew Stewart와 Patrick Phillips(2002; Otto et al. 1993; Anderson et al. 2010도 참조)가 세운 모델을 단순화한 것이다. 먼저 우리는 다음과 같이 모수를 정의한다:

- $m$은 수컷의 집단 내 상대적 빈도이다.
- $\alpha$는 수컷의 수정 성공도(fertilization success)로서, $\alpha m$은 집단 내 난자들 중 수컷에 의해 수정되는 난자의 비율이며, $0 \le \alpha m \le 1$이다.
- $w$는 이계교배로 생산된 새끼의 상대적 적응도이며, 이는 이계교배로 생산된 새끼의 생존율을 자가수정으로 생산된 새끼의 생존율로 나눈 것으로 정의된다.

수컷의 빈도가 0.5에 도달함에 따라, 그들의 수정 성공도는 최대값인 2로 제한된다. 단순화하기 위하여 우리는 2보다 작은 $\alpha$값만을 고려하기로 한다.

이 모델에서 수컷은 오직 수컷과 자웅동체의 교배로 인해 생겨난다. [실제로는 수컷이 자웅동체 염색체의 비분리(chromosomal nondisjuction) 때문에 발생하기도 하지만, 이러한 일이 일어날 확률은 매우 낮다.] 이계교배로 생산되는 새끼들의 절반만이 수컷이 된다. $\alpha$가 2보다 작을 때, 수컷에 의해 수정되는 난자의 비율은 집단 내 수컷의 빈도의 2배보다 작다. 이와 같은 상황에서 수컷들은 이계교배로 생산된 새끼들이 자가수정으로 생산된 새끼들보다 높은 확률로 살아남을 때—$w$가 1보다 클 때—만 존속될 수 있다. 그러므로 우리는 $w$의 값이 1보다 큰 경우만 고려한다.

마지막으로, 우리는 교배로 생산된 수컷과 자웅동체의 생존율에는 차이가 없으며, 수컷에 의해 수정되지 않은 난자는 그것을 생성한 자웅동체의 정자에 의해 수정된다고 가정한다.

다음 세대에서 수컷의 빈도 $m'$은

$$m' = \frac{\frac{1}{2}\alpha m w}{\alpha m w + (1 - \alpha m)}$$

으로 주어진다. 이 식 우변의 분자는 수컷에 의해 수정되는 난자의 비율에 상대적응도를 곱한 것의 1/2이다. 분모는 수컷에 의해 수정된 난자의 비율과 이계교배로 생산된 새끼의 상대적응도의 곱과, 자웅동체에 의해 수정된 난자의 비율을 합한 것이다(자가수정으로 생산된 새끼의 상대적응도는 1로 정의된다).

약간의 정리와 $m$을 빼는 것을 통해 한 세대에서 다음 세대로 넘어갈 때 수컷의 빈도 변화인 $\Delta m$의 식이 얻어진다:

$$\Delta m = \frac{\alpha m w}{2\alpha m w + 2(1 - \alpha m)} - m$$

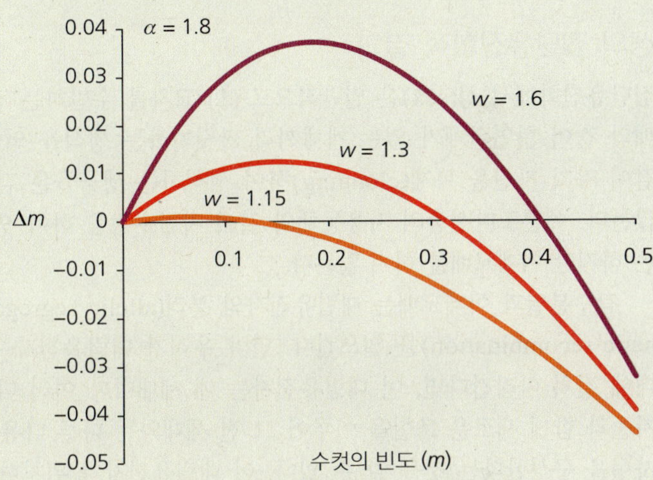


**그림 8.25 수컷 빈도의 안정 평형(stable equilibria)** 이 곡선들은 $\alpha$ = 1.8이고 $w$가 여러 값들을 가질 때 한 세대를 걸친 수컷 빈도의 변화를 보여준다. 수컷의 평형 빈도는 이계교배를 통해 생산한 새끼들의 상대적 적응도에 따라 증가한다.

그림 8.25는 $\alpha = 1.8$, $w = 1.15$, 1.3, 그리고 1.6일 때 수컷 빈도의 변화를 수컷 빈도의 함수로 나타낸 그래프이다. 세 곡선은 안정 평형(stable equilibria)에 도달하는 수컷의 빈도가 이계교배로 생산된 새끼의 상대적응도에 비례해 증가하는 것을 보여준다.

우리는 $\Delta m$을 0으로 두고 $m$의 값을 얻음으로써 평형상태에서 수컷의 빈도인 $\hat{m}$을 계산할 수 있다:

$$\hat{m} = \frac{\alpha w - 2}{2\alpha w - 2\alpha}$$

만약 $w$가 1보다 크면, 안정 평형은 $\alpha w > 2$이기만 하면 존재한다.

나타낸다. 이것은 또한 집단의 유전적 조성이 중요함을 의미한다. 다른 연구자들은 수컷의 수정 성공에 관한 계대군간의 유전적 변이를 기록하였다(Teotónio et al. 2006; Murray et al. 2011). 이러한 변이들은 수컷의 교배 능력의 차이와 자웅동체가 정자를 받아들이는 능력의 차이 모두에 기인한다(Wegewitz et al. 2008).

특히 돌연변이는 예쁜꼬마선충 집단에서 수컷의 빈도가 0에서 0.5 사이로 정해지게 하는 요인으로 알려졌다(Anderson et al. 2010 참조). 예를 들어, 자웅동체가 정자를 만들지 못하게 하는 돌연변이는 그들을 실질적인 암컷으로 전환시켜 버릴 것이고, 수컷의 빈도를 0.5로 유지시킬 것이다. 한편 수컷에게 치명적인 돌연변이는 결국 집단으로부터 그들을 제거해버릴 것이다.

Morran과 동료들(2009, 2011)의 예쁜꼬마선충을 이용한 실험들은 집단에서 수컷이 높은 빈도를 유지할 수 있는 조건을 밝혀냈다. 우리는 이 실험들을 성이 가져다주는 이익에 대한 가설을 소개하는 데 사용할 것이다. 그러고 나서 우리는 다른 생물로부터의 증거도 살펴볼 것이다. 이러한 일들에 앞서, 성이 집단 내의 유전자에서 어떤 역할을 하는지 알아보자.

## 성의 집단유전학적 결과

집단유전학에서 성(sex)은 일반적으로 (1) 교차를 수반하는 감수분열 그리고 (2) 임의교배와 같이 혈연관계가 없는 개체끼리 짝짓기하는 생식을 의미한다. 여름철의 진딧물과 같이 자기 자신을 복제(clonning)하여 생식하는 생물들은 감수분열과 이계교배를 하지 않는다. 예쁜꼬마선충의 자웅동체와 같이 자가수정을 하여 생식하는 생물들은 감수분열은 하지만 이계교배를 하지 않는다.

감수분열과 이계교배는 대립유전자의 분리(allelic segregation)와 유전자 재조합(genetic recombination)을 일으킨다. 만약 우리가 대립유전자 복사본들의 계보를 여러 세대에 걸쳐 따라간다면, 이 대립유전자는 매 세대마다 여러 다른 유전자좌위의 대립유전자들과 함께 새로운 조합을 이루어 그 전 세대와는 다른 다유전자좌위(multilocus) 유전자형을 구성한다는 것을 알 수 있다. 이 대립유전자가 위치한 유전자좌위만 보면, 이 대립유전자는 한 세대에선 동형접합자를 구성하였다가 다음 세대에서는 이형접합자를 구성할 수 있다. 범위를 확대하여 주변 유전자좌위들과 함께 살펴보면, 이 대립유전자는 매 세대마다 다른 변이체(variant)와 연관(link)되어 있을 것이다. 예를 들어, 푸른 눈의 대립유전자는 한 세대에선 금발머리 대립유전자를 포함하는 유전자형의 한 부분이었다가, 다음 세대에서는 갈색머리 대립유전자를 포함하는 유전자형의 한 부분이 될 수 있다.

**집단유전학자에게 성은 대립유전자 분리와 유전적 재조합을 의미한다.**

집단 전체를 전 세대에 걸쳐 따라간다면, 대립유전자의 분리는 집단이 하디-바인베르크 평형으로 되돌아가게 하는 힘으로 작용한다는 것을 알 수 있다. (이것은 6장의 중심적인 결론이었다.) 유전자 재조합(genetic recombination)은 집단이 연관 평형(linkage equilibrium)으로 되돌아가도록 만든다. 이것은 8.1절의 주된 결론이다.

성의 유지를 대립유전자 분리를 통해 설명하려는 집단유전학 이론은 반드시 집단을 하디-바인베르크 평형으로부터 멀어지게 하는 기작을 밝히고, 이를 다시 평형으로 회복시키는 것이 왜 유익한지를 설명해야 한다(Agrawal 2009 참조). 마찬가지로, 성의 유지를 유전자 재조합을 들어 설명하는 집단 유전학 이론은 집단을 연관 평형으로부터 멀어지게 시키는 기작과 평형으로의 회복이 유익한 이유를 설명해야 한다(Felsenstein 1988). 진화유전학자들은 성의 유지를 연관 비평형(linkage disequilibrim)에 미치는 영향 때문으로 설명하는 데 주로 집중했다(Otto 2003 참조). 이 이론들은 현재 우리의 주된 초점이기도 하다. 그러나 성이 하디-바인베르크 평형에 미치는 영향 또한 염두에 둘 것이다.

**집단유전학 분석에서 유성생식의 역할은 두 가지로 요약될 수 있다. 하디-바인베르크 평형을 회복시키거나, 연관 평형을 회복시킨다.**

## 돌연변이, 유전적 부동, 동계교배, 그리고 성

Morran과 동료들(2009)은 수컷의 빈도가 10~20%로 유지되는 CB4856이라고 불리는 예쁜꼬마선충 계대군을 가지고 실험을 수행하였다. 연구자들은 자연선택에 의해 진화하는 반복실험 집단들을 50세대 동안 지켜보았다. 그들은 실험대상인 선충들을 새로운 환경에 놓았는데, 여기서 선충들은 울퉁불퉁한 지역을 통과해야만 먹이를 찾을 수 있다. 이 조건은 해로운 돌연변이를 제거하는 자연선택이 일어나도록 하기 위한 설정이었다. 50세대 후, 대조군이 되는 선충들과 경쟁하도록 하여 각 집단의 평균 적응도를 측정하였고, 이를 조상 집단과 비교하였다.

연구자들이 사용한 반복실험 집단들은 세 종류로 나뉘었다. 첫 번째 종류는 수컷에게 치명적인 돌연변이가 고정되어, 오직 자가수정만 하는 자웅동체들로만 이루어지게 되었다. 두 번째 종류는 야생형으로, 자웅동체들과 수컷들로 구성되었다. 세 번째 종류는 자웅동체가 정자를 생산하지 못하도록 하는 돌연변이가 고정되어, 오로지 교배를 해야 하는 암컷들과 수컷들이 같은 수로 구성되었다.

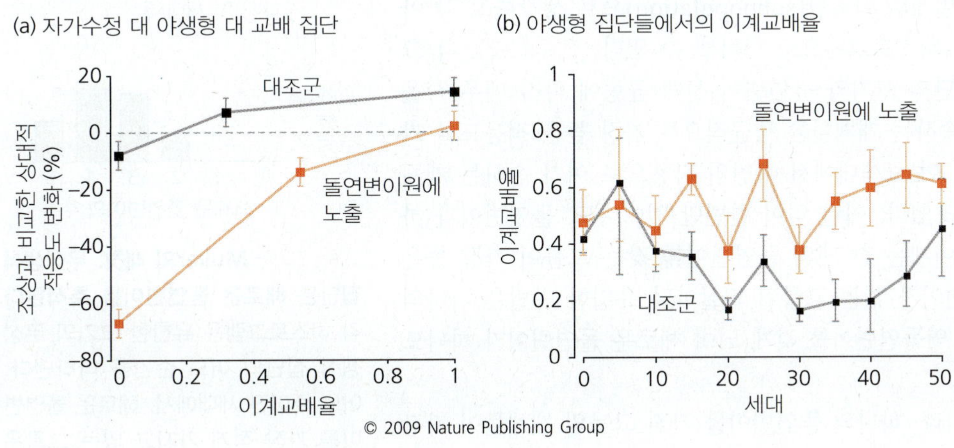



**그림 8.26 돌연변이율의 증가는 예쁜꼬마선충이 이 이계교배를 하도록 한다** (a) 실험실에서 50세대 동안 자연선택이 일어난 후 집단의 평균 상대적 응도(±2 표준오차). 하나의 점은 다섯 번 반복실험으로 얻어졌다. (b) 야생형 집단에서 이계교배율(이계교배에 의해 생산된 새끼가 집단전체에서 차지하는 비율)의 진화. Morran et al. (2009)에서.

Reprinted by permission from Macmillan Publishers Ltd: Morran, L. T., M. D. Parmenter, and P. C. Phillips. 2009. "Mutation load and rapid adaptation favour outcrossing over self-fertilization." *Nature* 462: 350–352.

그림 8.26a의 검은색 점들은 세 종류의 집단의 평균적응도에 어떤 일이 일어났는지 보여준다. 자가수정만 하는 집단, 즉 이계교배율(outcrossing rate)이 0인 집단은 그들의 조상에 비해 적응도가 떨어졌다. 이 이유에 대한 적절한 설명으로, 해로운 돌연변이들의 축적을 들 수 있다. 그에 비해, 야생형 집단(교배율이 0.3)과 이계교배만 하는 집단(교배율이 1)은 적응도가 약간 증가하였다.

그림 8.26a의 주황색 점들은 Morran과 동료들이 한 세대 걸러 한 번씩 돌연변이 유발 물질을 선충들에 주입했을 때 세 종류의 집단에 어떤 일이 일어났는지 보여준다. 이 물질은 돌연변이율을 네 배로 증가시켰다. 이제 자가수정만 하는 집단은 적응도가 매우 떨어졌고 야생형 집단도 적응도가 상당히 감소하였다. 단지 이계교배만 하는 집단만이 그들의 조상과 같은 수준의 적응도를 유지하였다.

자웅동체와 수컷으로 구성된 야생형 집단에서는, 교배율—아비가 있는 새끼들의 비율—이 진화하였다. 그림 8.26a에서 대조군인 야생형 집단에 비해 돌연변이가 유발된 야생형 집단의 교배율이 더 높음을 볼 수 있고, 그림 8.26b는 이를 시간에 따른 그래프로 나타내었다. 높은 돌연변이율은 더 많은 교배, 즉 더 많은 수컷을 선택한 결과가 되었다.

Morran과 동료들의 결과는 이계교배가 적어도 해로운 돌연변이들을 직면했을 때 적응도를 유지하기 위한 적응일 수 있음을 밝혔다. 해로운 돌연변이가 어떤 문제를 야기하며 유성생식은 이에 대한 어떤 해결책을 제시하는지 쉽게 이해하기 위해 복제를 통해 자손을 낳는 무성생식 암컷을 상상해보자.

만약 단위생식을 하는 암컷이 생식세포에 해로운 돌연변이를 갖게 되면, 이것을 자신의 새끼에게 물려주게 될 것이다. 새끼들도 다시 그들의 새끼들에게 돌연변이를 물려줄 것이다. 따라서 이 암컷의 계보는 이 돌연변이의 악영향에서 벗어나지 못할 것이다. 여기서 벗어날 수 있는 유일한 희망은 자손들 중 어느 하나가 매우 운이 좋아서 역돌연변이 또는 먼저 있던 돌연변이의 효과를 상쇄할 수 있는 다른 유전자좌위의 돌연변이를 얻는 것이다. 이러한 사건이 일어나기 전까지 자손들은 추가적으로 해로운 돌연변이를 획득하며 살아갈 위험에 처해 있다.

H. J. Muller(1964)에 따라, 때때로 해로운 돌연변이를 얻게 되는 무성생식 개체들의 집단을 상상해 보자. Muller가 생각한 돌연변이들은 해로우므로, 자연선택에 의해 제거될 것이다. 집단에서 각 돌연변이 대립유전자의 빈도는 돌연변이율, 자연선택의 강도, 그리고 유한한 크기의 집단에서는 유전적 부동에 의해 결정된다(6, 7장 참조).

어느 주어진 시점에, 집단은 돌연변이가 하나도 없는 개체들의 그룹, 돌연변이를 한 개 가진 개체들의 그룹, 두 개 가진 개체들의 그룹 등을 차례로 갖는다. 이 집단은 무성생식을 하므로, 우리는 이 그룹들을 별개의 아집단(subpopulation)으로 생각하고 각 아집단에 속하는 개체들의 상대적 수를 히스토그램으로 나타낼 수 있다(그림 8.27). 각 그룹에 속하는 개체들의 수는, 전체 집단의 크기와 돌연변이-선택 균형에 따라 매우 작을 수도 있다. 돌연변이가 없는 그룹에 속하는 개체들은 평균적으로 가장 높은 적응도를 가진다. 그러나 만약 이 그룹이 작다면, 어느 세대에서 우연의 작용으로 여기 속하는 개체들이 자손을 하나도 남기지 못할 수도 있다. 이런 일이 한번만 일어나도, 돌연변이가 하나도 없는 아집단은 사라지게 되며, 이제는 한 개의 돌연변이를 갖는 그룹이 가장 높은 적응도를 갖는 아집단이 된다. 돌연변이가 없는 그룹이 되살아날 유일한 방법은 하나의 돌연변이를 갖는 그룹의 어느 개체가 역돌연변이를 갖게 되어 해로운 돌연변이가 하나도 없는 개체가 되는 것뿐이다.

돌연변이가 없는 그룹의 절멸에 따라, 하나의 돌연변이를 가진 그룹의 개체들이 가장 높은 평균 적응도를 갖게 된다. 이 그룹 또한 꽤 작을 수 있고 그러면 어느 세대에 우연히 소실될 수 있다. 한 그룹이 사라지는 것이 역돌연변이에 의해 되살아나는 것보다 훨씬 쉽게 일어난다. 가장 높은 적응도의 그룹이 사라질 때, 이것은 마치 래칫(ratchet; 톱니바퀴에 의해 한쪽 방향으로만 회전하는 공구)이 한 눈금 회전하는 것과 같다. 래칫이 돌아감에 따라 가장 높은 적응도를 가진 그룹이 차례로 사라지게 되고, 집단의 평균 적응도는 시간이 지남에 따라 감소한다. 돌연변이의 축적으로 인한 적응도의 누적 감소를 **유전적 부하(genetic load)**라고 한다. 결국, 무성생식 집단의 유전적 부하는 매우 높아져서 이 집단은 결국 멸종할 것이다.

성은 Muller의 래칫을 멈추게 한다. 만약 돌연변이가 없는 그룹이 어느 세대에서 우연히 사라져도, 이계교배와 유전자 재조합에 의해 다시 만들어질 수 있다. 해로운 돌연변이를 하나씩 갖고 있는 두 개체가 교배를 하면, 그들의 새끼 중 1/4은 돌연변이를 갖지 않는다. 각자 돌연변이가 있는 염색체를 가진 개체들이라도, 서로 교배를 통해 돌연변이가 없는 염색체를 만들어 낼 수 있다. 각 돌연변이가 다른 유전자좌위에 있기만 하면, 이계교배와 이에 따른 감수분열 시의 유전자 재조합을 통해 이 일이 가능하다.

Muller의 래칫을 이해하기 위한 중요한 포인트는 연관 비평형이 유전자부동에 의해 일어난다는 것이다. 여러 유전자좌위 대립유전자들의 조합으로 유전자형이 주어질 때, 어떤 유전자형은 우연의 작용(즉, 유전적 부동)으로 연관 평형에서 기대되는 것보다 낮은 빈도를 갖거나 소실될 수 있다. 이때, 처음엔 돌연변이가 없는 유전자형, 다음엔 하나의

과정 초기:

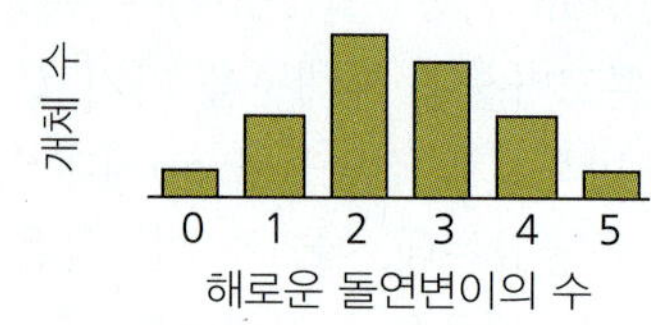


몇 세대 후:

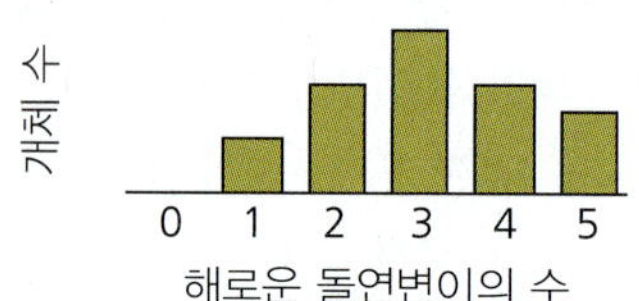


다시 몇 세대 후:

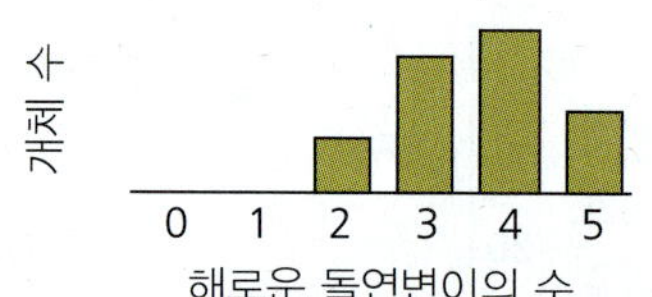


**그림 8.27 Muller의 래칫: 무성생식 집단은 해로운 돌연변이를 축적한다** 각 히스토그램은 유한한 크기의 무성생식 집단의 어느 순간을 나타낸다. 어느 주어진 세대에서, 해로운 돌연변이를 가장 적게 가지고 있는 그룹은 유전적 부동에 의해 사라질 수 있다. 해로운 대립유전자가 생기는 돌연변이가 야생형 대립유전자로 돌아가는 역돌연변이보다 훨씬 가능성이 높으므로, 분포는 오른쪽으로 이동하게 된다. Maynard Smith (1988)에서.

**성은 유전적 부동에 의해 소실되었던 높은 적응도의 다유전자좌위 유전자형을 다시 만들어 내기 때문에 유익할 수 있다. 유성생식을 유발하는 대립유전자들은 그들이 만드는 데 기여한 높은 적응도의 유전자형에 편승하여 높은 빈도로 올라간다.**

돌연변이가 있는 유전자형 등의 순서로 유전자형들이 사라지는 것이다. 유성생식은 사라진 유전자형을 다시 만들어냄으로써 연관 비평형을 감소시킨다. 유성생식을 담당하는 유전자들은 돌연변이가 포함되지 않은 유전자형을 생성해 내기 때문에 집단에서 유지된다. 돌연변이가 없는 유전자형의 빈도가 증가하면, 유성생식을 일으키는 유전자도 여기에 편승하여 빈도가 높아진다.

Haigh(1978; Maynard Smith 1988에 리뷰)는 Muller의 래칫의 명시적 수학 모델을 세워 연구하였다. 당연히, 모델의 가장 중요한 모수는 집단의 크기였다. 크기가 10 이하인 집단에서 유전자 부동은 강력한 진화적 기작이며 래칫도 빨리 돌아간다. 크기가 1,000이 넘는 집단에서 유전자 부동은 약한 진화적 기작이고 래칫은 아예 돌아가지 않는다. 또한 중요한 것은 돌연변이율과 돌연변이의 해로운 정도이다. 래칫은 약간 해로운 돌연변이들이 일어날 때 가장 빠르게 돌아간다. 왜냐하면 매우 해로운 돌연변이들은 유전자 부동에 의해 고정되기 전에 자연선택에 의해서 제거되기 때문이다.

자가수정을 하는 자웅동체와 이계교배를 하는 자웅동체가 있을 때, 두 경우 모두 감수분열을 하기 때문에 비교를 하는 것이 약간 더 복잡하다. 새 해로운 돌연변이가 나타나면 그 유전자좌위는 이형접합이 된다. 그 다음 자가수정은 빠르게 동형접합도를 증가시킨다. 따라서 원래의 대립유전자와 해로운 돌연변이는 분리되어 각각 동형접합으로 전환된다. 이것은 돌연변이율을 반으로 줄이지만 각 돌연변이의 영향력은 두 배로 증가시키는 효과를 가진다(Lynch 1995; Schultz and Lynch 1997). 이러한 점을 제외하면, 자가수정을 하는 집단에서 Muller의 래칫이 일어나는 조건은 무성생식을 하는 집단에서의 조건과 같다(Heller and Maynard Smith 1978). 래칫은 여전히 약간 해로운 돌연변이들이 발생할 때 가장 빨리 작동하며, 성은 여전히 사라진 유전자형을 복구함으로써 래칫을 멈출 것이다.

Muller의 래칫이 자연에서 작동하는지 알아보기 위해 Lee Henry와 동료들(2012)은 야생에서 자연적으로 일어난 실험을 분석하였다. 그들은 6종의 무성생식을 하는 티메마 대벌레(*Timema* walking stick)와, 이 각각 종들의 조상뻘인 6종의 유성생식 대벌레들을 연구하였다(그림 8.28a). 무성생식 종들은 40만 년에서 185만 년에 걸쳐 지속되어온 것으로 추정되었다. 연구자들은 무성생식 종들이 지금쯤이면 상당한 양의 해로운 돌연변이를 축적했을 것으로 예상하였다.

Henry와 동료들은 강한 정화선택(purifying selection)하에 놓여 있다고 생각되는 세 유전자들을 12종 모두에서 조사하였다. 각 유전자에서 그들은 무성생식 종과 유성생식 종간 비동의 치환 대 동의 치환의 비를 구하였다. 이 결과를 그림 8.28b에 나타내었다. 유전자들이 정화선택 하에 놓여 있을 것이란 연구자들의 기대와 일치하게도, 전반적인 비동의 치환 대 동의 치환의 비는 낮았다. Muller의 래칫에 부합하여, 무성생식 종들은 유성생식 종들보다 훨씬 많은 비동의 치환을 축적하였다. 또한 Muller의 래칫과 일치하게, 무성생식 종들에 축적된 비동의 치환은 한 아미노산을 화학적으로 매우 다른 특성을 가지는 아미노산으로 바꾸는 경향을 보였다. 이는 이 치환들이 사실상 해로운 것임을 의미한다.

우리가 논의한 예들은 Muller의 래칫이 이론적으로, 실험실에서의 연구에서 그리고 자연에서 작동하는 것을 보여준다. 래칫의 작용을 저지함으로써 성은 이로움을 제공한다. 해로운 돌연변이로부터 일어나는 좀 더 일반적인 연관 비평형 모델을 사용하여, Peter Keightley와 Sarah Otto(2006)는 큰 집단에서 성의 유리함이 작용할 뿐만 아니라 유리함의 정도도 더 크다는 것을 밝혔다.

그러나 유전적 부동은 연관 비평형의 유일한 원인이 아니다. 우리는 다음으로 자연선택으로 발생한 불평형을 감소시키는 것 또한 이익을 줄지 살펴볼 것이다.

(a) 티메마 대벌레

(b) 비동의 대 동의 치환의 비

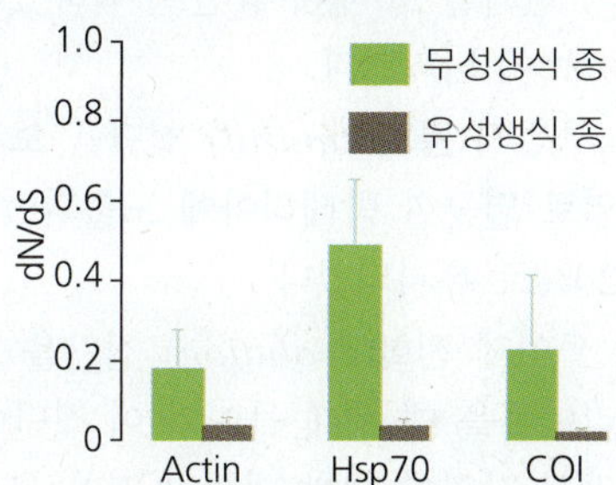


**그림 8.28 무성생식 대벌레에서의 Muller의 래칫** (a) 티메마 대벌레. Joyce Gross 촬영. (b) 무성생식을 하는 6종과 이들과 같은 계보인 여섯 유성생식 종에서 관찰된, 매우 잘 보전된 세 유전자의 비동의 치환 대 동의 치환의 비. Henry et al. (2012)에서.

## 자연선택, 기생충, 환경변화, 그리고 성(sex)

예쁜꼬마선충 CB4856 계대군을 이용한 선행연구를 기반으로, Levi Morran과 동료들(2011)은 야생형 선충의 중복된 실험 집단들을 준비하여 이들이 진화하는 것을 관찰하였다. 연구자들은 먼저 처음 세 세대의 선충들을 돌연변이 유발 화합물로 처리하여 유전적 변이를 유도하였다. 그리고 나서, 선충들이 먹이를 찾기 위해서는 병원성 박테리아가 가득한 표면을 기어 항생제가 일직선으로 발라진 구역을 지나야 하는 환경에 집단들을 배양하였다. 병원성 박테리아는 세라티아 마르세센스균(*Serratia marcescens*)으로, 예쁜꼬마선충이 먹으면 치사율이 높은 감염을 일으킨다. 몇 세대마다 한 번씩, 연구자들은 수컷의 빈도를 측정하고 집단에서 이계교배와 자가수정으로 생산된 새끼들의 비율을 추정하였다. 그들은 이계교배율의 변화를 30세대 동안 추적하였다. 결과는 **그림 8.29**에 나타난다.

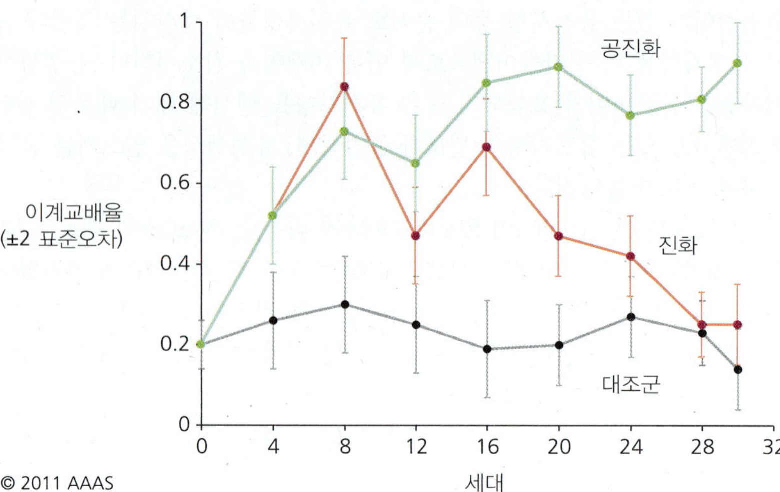




**그림 8.29 병원균들은 예쁜꼬마선충에서 이계교배가 선택되도록 한다** 예쁜꼬마선충 계대군들의 이계교배 빈도는 실험실에서 자연선택에 의해 진화한다. **통제** 집단들은 열멸균된 병원성 박테리아에, *진화* 집단들은 격리되어 독립적으로 배양되는 병원균에, 그리고 *공진화* 집단들은 선충들을 감염시켜 죽이는 능력에 대한 자연선택 하에 놓여 있는 병원균들에 노출되었다. Mornan et al. (2011)에서.



먼저 **통제**(*control*) 집단을 보자(검은색). 통제 집단은 선충들에게 해가 되지 않도록 열로 멸균한 박테리아에 노출되었다. 실험 전 과정에 걸쳐 통제집단의 수컷 빈도는 대략 20%로 유지되었다.

이제 **진화**(*evolution*) 집단을 보자(빨간색). 여기서는, 별도로 배양되는 병원성 박테리아들을 매 세대 들여와 이 집단에게 노출시켰다. 병원균들은 많은 선충들을 죽였고, 따라서 감염에 대한 내성이 진화하도록 하는 자연선택을 유발하였다. 선충들의 이계교배율 또한 진화하였다. 여덟 번째 세대까지 교배율이 증가하여 80%에서 최고점을 기록하였다. 그러고는 천천히 감소하여 통제집단이 보이는 교배율로 돌아왔다.

마지막으로, **공진화**(*coevolution*) 집단을 보자(녹색). 여기서는 감염되어 죽은 이전 세대 선충의 사체들로부터 병원성 박테리아를 회수하여 이를 다음 세대 선충 집단에 주었다. 그 결과, 선충에게는 감염 내성이 진화하도록, 그리고 박테리아에게는 계속 선충을 감염시키고 죽이는 방향의 진화가 일어나도록 하는 자연선택이 유발되었다. 이번에는 교배율이 처음 20세대 동안 90%까지 증가하여 실험이 끝날 때까지 유지되었다.

Morran의 진화 실험은 성이 방향성 선택(directional selection)하에 놓여 있는 집단에서 유익함을 의미한다. 이 기작은 Muller의 래칫과 유사하다. 유한한 집단에서, 어떤 유리한 유전자형들은 표본 오차에 의해 사라질 것이다. 성은 사라진 유전자형들을 대립유전자 분리와 유전자 재조합을 통해 복구하기 때문에 유익하다(Otto and Lenormand 2002).

**선택이 어떤 형질에 대해서 일어나든 이 과정에서 유전자 재조합이 선호되는 것으로 보인다.**

그러나 일단 최적의 유전자형이 생기면 유성생식이 불이익을 줄 수 있다. 왜냐하면 대립유전자 분리와 유전자 재조합이 그것들이 바로 전에 만들어 놓은 유리한 유전자형을 깨뜨려버리기 때문이다(Otto 2009 참조). 이것은 왜 Morran의 실험의 마지막에 **진화** 집단들의 교배율이 처음 수준으로 떨어졌는지를 설명한다.

Morran의 **공진화** 실험군은 집단이 끊임없이 방향이 변하는 자연선택에 노출되었을 때 유성생식이 이롭다는 것을 시사한다. **공진화** 실험군에서, 선충들과 병원균들은 군비경쟁을 계속한다. 선충 집단이 더욱 강하게 방어할 수 있도록 진화하는 동안 병원균 집단도 동시에 더욱더 강하게 선충들을 감염시킬 수 있도록 진화하였다.

그림 8.30은 어떻게 이 상황이 성을 영구적으로 유익하게 만들 수 있는지 보여준다. 내성과 감염성 모두 보통 여러 유전자좌위 대립유전자들의 조합으로 결정되는 유전자형의 영향을 받는다. 하나는 일반적이고 다른 하나는 드문 타입인 두 가지 유전자형을 가진 병원균 집단을 상상해보자(그림 8.30a). 숙주 집단에는 내성에 대한 변이 유전자형들이 있어, 병원균 유전자형 I에 대해 내성이 있는 숙주는 병원균 유전자형 II에 감염되고 그 반대도 또한 마찬가지라고 상상해 보자. 숙주 집단은 어느 쪽이든 더 빈도가 높은 병원균 유전자형에 대하여 내성을 갖도록 진화할 것이다(그림 8.30c). 이에 대응하여, 병원균 집단도 어느 쪽이든 현재 낮은 빈도인 유전자형이 높은 빈도가 되게 진화할 것이다. 단순 방향성 선택이 일어나는 경우와 마찬가지로, 특정 시점에 자연선택에 의해 선호되었지만 사라졌거나 낮은 빈도로 존재하는 유전자형을 대립유전자 분리와 유전자 재조합이 다시 만들어 내기 때문에 유성생식은 계속적으로 집단의 적응을 가져온다.

적대적인 생물학적 경쟁자들 사이에 끊임없는 군비경쟁이 일어나기 때문에 성이 적응적(adaptive)이라는 개념은 레드퀸(Red Queen) 가설로 불린다(리뷰를 위해서는 Seger and Hamilton 1988; Lively 2010을 참조). 이 가설의 이름은 Lewis Caroll의 동화 〈거울 나라의 앨리스〉 (*Through the Looking Glass*)에서 최대한 빨리 달려도 계속 제자리에 머물러 있는 등장인물로부터 붙여졌다.

레드퀸 가설의 핵심은 연관 비평형이 선택의 작용으로 생성된다는 것이다. 특정 유전자형은 평형빈도보다 낮은데 이는 이 유전자형을 가진 개체들의 적응도가 최근에 낮았기 때문이다. 그러나 곧, 이 유전자형들은 유리해진다. 성은 사라진 유전자형을 다시 만들어 냄으로써 연관 비평형을 감소시킨다. 성을 담당하는 유전자는 새롭게 만들어진 유전자형에 편승하여 빈도가 높아지므로 집단에서 유지된다.

성이 유익하게 되는 비슷한 시나리오는 환경이 계속해서 변하거나(Sturtevant and Mather 1938, reviewed in Felsenstein 1988), 개체들이 다른 환경으로 끊임없이 이주하는 경우이다(Agrawal 2009).

Curtis Lively(1992)는 자연에서 실제로 기생충이 성을 선택하는지 조사하였다. Lively는 흡충강 기생충 십여 종의 숙주이며 뉴질랜드의 전역의 호수 및 개울에 분포하는 우렁이 *Potamopyrgus antipodarum*을 연구하였다. 흡충들은 숙주의 생식샘을 먹어치워 그들을 거세시킨다. 따라서 우렁이 집단은 흡충 감염에 대한 내성을 갖도록 하는 강한 자연선택을 받는다. 대부분의 우렁이 집단은 두 종류의 암컷을 갖는다: 유성생식만을 하여 수컷과 암컷이 섞인 새끼들을 낳는 암컷들과, 단위생식을 하여 자기의 클론인 딸들을 낳는 암컷들이다. 두 종류의 암컷 모두 생식을 위해 난소가 있어야 한다. 그러나 차이점은 단위생식하는 암컷들의 난자는 수정될 필요가 없다는 것이다. 유성생식 암컷 대 무성생식 암컷의 비율은 집단마다 다르다. 흡충 감염 빈도도 그렇다. 만약 우렁이와 흡충의 진화적 군비경쟁으로 인해 우렁이 집단에서 성이 선택된다면, 흡충 감염률이 높은 집단일수록 유성생식 우렁이들의 빈도가 더 높을 것이다.

Lively는 66곳의 호수에서 우렁이를 채집해 각 개체의 성과 감염 상태를 판별하였다. 그는 유성생식 암컷을 통해서만 수컷이 나올 수 있다는 논리에 따라 유성생식 암컷의 빈도를 나타내는 지표로 각 집단에서의 수컷의 빈도를 사용하였다. Lively는 예상했던 바와 같이 기생충이 더 많은 집단에서 유성생식 암컷의 비율이 더 높음을 발견하였다. 이 결과는 그림 8.31(다음 쪽)에 요약되어 있는데, 그 원인에 대한 대안적인 해석들이 제시될 수 있다. 하나는 레드퀸 가정이다. 다른 하나는 수컷이 더 감염이 잘 된다는 것이다. 실험에 의해 후자가 배제되는데, 이는 실험실에서 수컷이 암컷보다 기생충 감염에 취약하지 않

(a) 병원균 집단

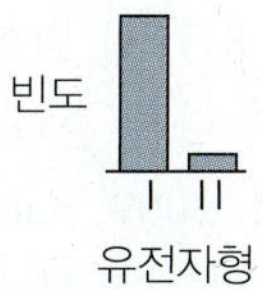


(b) 숙주 집단

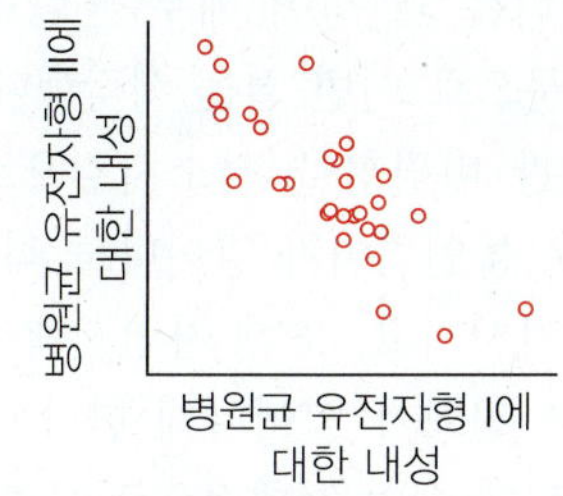


(c) 끊임없는 군비경쟁

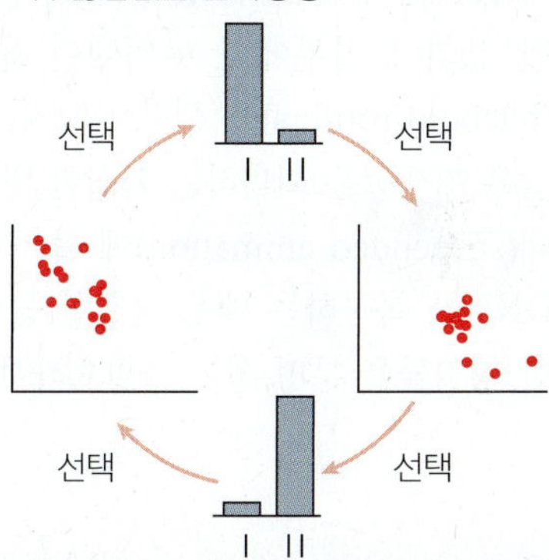


**그림 8.30 숙주와 기생충 간 군비경쟁 하에서 성은 유익할 수 있다** 기생충 유전자형 I에 내성을 갖는 숙주는 기생충 유전자형 II에 필연적으로 감염되고, 그 반대도 마찬가지이다. 기생충 집단이 숙주에 대응하여 진화하면서, 먼저 기생충 유전자형 I에 내성을 갖는 숙주가 선택되고 그 후에는 기생충 유전자형 II에 내성을 갖는 숙주가 선택된다. 성 유전자는 현재 더 적응도가 높은 유전자형을 생성해내는데 기여하며 동시에 이에 편승하여 높은 빈도로 올라간다.

**변화하는 환경, 특히 진화하는 적들이 포함된 환경에서 성은 선택에 의해 제거된 다유전자좌위 유전자형을 다시 복구해 냄으로써 종에 이로움을 준다. 여기서도, 유성생식 유발 유전자는 그들이 만드는 데 기여한 높은 적응도의 유전자형에 편승하여 높은 빈도로 올라간다.**

았기 때문이다(Lively 1989). 전반적으로, 그림 8.31의 결과나 우렁이와 흡충에 대한 다른 결과들(예를 들어, Jokela et al. 2009; King et al. 2009 참조)은 기생충이 성을 선택한다는 가설을 일관적으로 지지한다.

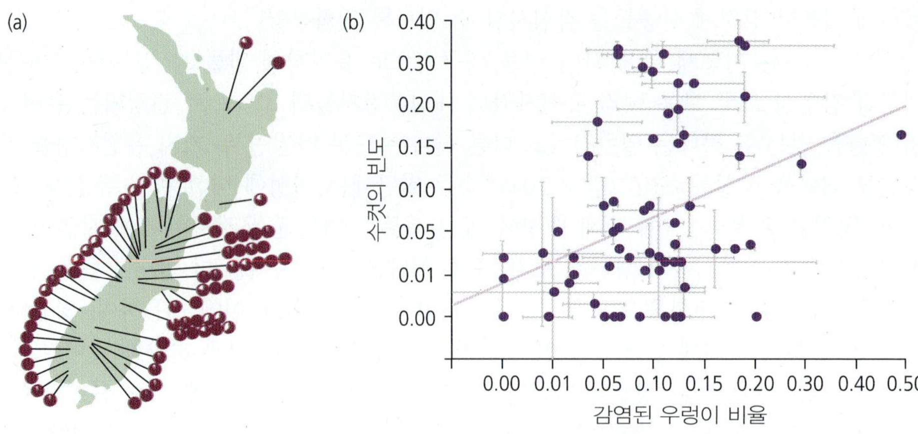


**그림 8.31 우렁이 숙주 집단에서 유성생식 개체들의 빈도는 흡충강 기생충의 빈도와 양의 상관관계를 갖는다**
(a) 파이 차트들은 66곳의 호수에서 수컷의 빈도(흰색)를 나타낸다. (b) 수컷의 빈도 대 흡충에 감염된 우렁이의 비율을 추세선과 함께 나타냈다. 더 많은 우렁이들이 감염된 집단에서 수컷의 빈도가 더 높다. Lively (1992)에서.

우리는 왜 성이 매우 흔한가 하는 질문으로 이번 절을 시작했다. 성은 연관 비평형을 감소시킴으로써, 해로운 돌연변이가 일어나도 적응도를 유지시키고, 또한 자연선택에 대응하여 진화가 일어나게 한다. 이제 거꾸로 왜 성이 절대적으로 보편적이지 않은지 질문할 수 있다. 우리가 이번 장의 도입부에서 논의했던 윤충(bdelloid rotifers)을 생각해 보자. 그들은 기생충을 회피하는 확실한 방법을 진화시켰다. 환경이 여의치 않을 때 그들은 가사상태(suspended animation)에 들어가 상황이 호전될 때까지 기다린다. 또한 그들은 손상된 DNA를 복구하는 매우 탁월한 능력을 가졌다(Gladyshev and Meselson 2008). 이 특이한 형질들은 분명 성이 불필요하거나 적어도 비용만큼의 가치가 없게 만들었을 것이다.

## 요약

단일 유전자좌위 모델(single-locus models)은 매우 설명력이 높지만 지나치게 단순화되었을 가능성이 있다. 하디-바인베르크 분석을 두 유전자좌위로 확장시키면 상황이 복잡해진다. 한 유전자좌위의 유전자형이 다른 유전자좌위의 유전자형들과 무작위적이지 않게 연관(associate)되어 있으면, 이 유전자좌위들은 연관 비평형에 놓인 것이 된다. 하디-바인베르크 가정하에서조차, 염색체의 빈도는 세대를 거쳐 변한다. 더군다나 하나의 유전자좌위에 작용하는 자연선택이 다른 유전자좌위의 빈도를 바꿀 수 있기 때문에, 하나의 유전자좌위 모델은 정확하지 못한 예측을 하게 된다. 그러나 한 유전자좌위의 유전자형이 다른 유전자좌위의 유전자형과 서로 독립적이면, 유전자좌위들은 연관 평형에 있다. 이때, 염색체 빈도는 세대를 거치며 변하지 않는다. 또한 한 유전자좌위에 작용하는 선택은 다른 유전자좌위의 대립유전자 또는 유전자형의 빈도에 영향을 주지 않으므로, 우리는 진화에 관한 예측을 하기 위해 단일 유전자좌위 모델을 사용할 수 있다.

무작위적 교배를 하는 집단에서 연관 비평형은 여러 유전자좌위로 이루어진 유전자형에 작용하는 선택이나 유전적 부동, 그리고 집단의 혼합(admixture)에 의해 일어날 수 있다. 이 기작들은 어떤 염색체 단상형(haplotype)들은 많아지고 다른 단상형들은 적어지게 만든다. 연관 비평형은 유성생식에 의해 감소된다. 성은 다른 단상형의 염색체들끼리 접합하게 하고, 감수분열 중 교차를 통해 염색체들이 유전자를 교환하게 만든다. 이 유전적 재조합은 과다하게 존재하는 단상형들을 제거하고 부족했던 단상형들을 생성해낸다.

연관 비평형의 측정은 대립유전자들의 역사를 추론하는 데 유용하다. 만약 대립유전자가 가까운 중립 마커 유전자좌위들과 연관 비평형에 있으면, 우리는 이 대립유전자가 비교적 생긴 지 얼마 안됐음을 추론할 수 있다. 만약 이 대립유전자와 주변 중립 마커 유전자좌위들 사이의 비평형이 줄어드는 속도를 추정할 수 있으면, 우리는 이 대립유전자의 나이를 측정하기 위해 현재 관찰되고 있는 비평형의 정도를 사용할 수 있다. 만약 높은 빈도를 차지하고 있는 대립유전자가 나타난 지 얼마 안 되었음이 연관 비평형을 통해 밝혀진다면, 우리는 이 대립유전자가 최근에 양성선택을 받았음을 추론할 수 있다.

유성생식이 연관 비평형을 감소시킨다는 것이 왜 유성생식이 유지되는지를 이해하는 열쇠가 된다. 간단한 이론적 논거에 의하면 무성생식은 그것이 생겨난 어느 집단에서든 결국 고정이 되어야 한다. 그러나 경험적 관찰들과 실험들은 성이 중대한 이로움을 가져온다는 것을 밝혀냈다. 이 이로움은 유성생식의 집단유전학적 결과에서 찾을 수 있다. 유전적 부동이나 선택이 어떤 여러 유전자좌위로 이루어진 유전자형의 빈도를 연관 평형 하에서의 기댓값보다 낮아지게 하면, 성은 이 사라진 유전자형들을 다시 만들어 냄으로서 선택을 받게 된다.

# 질문

1. 연관 평형의 세 가지 수학적 결과들을 기술하시오. 즉, 집단이 연관 평형에 있을 때 성립하는 유전자형과 염색체의 빈도에 관한 세 개의 방정식은 무엇인가? *D*는 무엇이며, 어떻게 계산하는가?

2. 그림 8.4는 여러 유전자좌위로 구성된 특정 유전자형이 선택을 받는 예를 나타낸다. 이 장의 본문에서 보여주듯이, 선택이 일어난 후에 집단은 연관 평형의 기준 2를 만족시키지 못한다. 이제 같은 집단에 대해 다른 방법들로 테스트를 해보자:
   **a.** 대립유전자 *A*를 가지고 있는 염색체들 중 *B*의 빈도는 무엇인가? 대립유전자 *a*를 가지고 있는 염색체들 중 *B*의 빈도는 무엇인가? 이 집단은 기준 1을 만족시키는가?
   **b.** 연관 비평형 상수인 *D*는 무엇인가? 이 집단은 기준 3을 만족시키는가?
   **c.** 그림 8.4b의 선택이 작용한 후의 집단에서, 그림 8.3과 같은 막대그래프를 그려보라. 그 막대그래프는 선택 후 집단이 연관 비평형에 있음을 보여주는가?

3. 말의 기본적인 털의 색깔은 유전자좌위 E가 결정한다. *EE*와 *Ee* 말들은 검은 색소를 만들 수 있지만, *ee* 말들은 붉은 밤색이다. 다른 유전자좌위 R은 흰색 털이 기본색의 털 사이에 드문드문 섞이게 할 수 있다. 그러나 털의 색이 섞이는 것은 심각한 결점이 있다: *RR*인 배는 발생 시기에 반드시 죽는다. *Rr* 배는 생존하고 털색이 섞이고, *rr* 말들은 생존하며 털색이 섞이지 않는다. 유전자좌위 E와 R은 강하게 연관되어 있다.

   몇 세기 전, 스페인 정복자들의 말을 실은 범선이 커다란 초원으로 덮인 섬에 의해 난파했다고 상상해보자. 우연히 난파에서 살아남아 헤엄쳐서 해변가에 도달한 말들은 20마리의 흰색이 섞인 밤색 말(*eeRr*) 그리고 20마리의 검은색 털의 동형접합자(*EErr*) 말들이었다. 섬에서 그들은 서로 교배하여 야생 집단을 형성하였다. 섬의 환경은 어떤 유전자좌위에도 방향성 선택이 일어나게 하지 않았다.
   **a.** 초기 20마리 말들의 집단에서 연관 비평형 계수인 *D*는 얼마인가? 초기 집단은 연관 평형에 있는가? 그렇지 않다면, 어떤 염색체의 유전자형이 기댓값보다 낮게 존재했는가?
   **b.** 밤색 털의 대립유전자인 *e*의 빈도가 첫 새끼들 중에서 증가할 것인가 감소할 것인가? 지금 이 답변은 창시자 집단의 크기가 단지 10마리일 때 (각 색깔마다 5마리씩) 달라질 것인가? 답변에 대한 이유를 설명하시오.
   **c.** 오늘 이 섬을 여행할 수 있다면, 현재의 *D*를 예측할 수 있는가? 더 많은 수의 말이 섞인 털인지 안 섞인 털인지, 또는 밤색인지 검은색인지 예측할 수 있는가? 그렇지 않다면, 더 필요한 정보가 무엇인지 설명하시오.

4. 완두콩 집단이 두 유전자좌위에 대해 연관 평형에 있다고 상상해보자. 한 유전자좌위는 꽃의 색깔(*P* = 보라색, *p* = 분홍색)을 결정하고 다른 유전자좌위는 꽃가루의 모양(*L* = 타원형, *l* = 둥근형)을 결정한다.
   **a.** 어떤 종류의 선택이 연관 비평형을 유발할 수 있는가? 한 유전자좌위에만 작용한 선택(예를 들면, 모든 분홍색 꽃의 식물들이 다 죽는다)이 연관 비평형을 일으킬 수 있는가? 두 유전자좌위에 작용하는 선택(예를 들어 분홍색 꽃 식물이 다 죽고, 타원형 꽃가루의 식물이 다 죽는다)은 어떠한가? 그리고 두 유전자좌위의 특정 조합으로 이루어진 유전자형에 선택이 일어났을 때(예를 들어, 분홍색 꽃과 타원형의 꽃가루를 가진 식물들만 죽는다)는 어떻게 되는가?
   **b.** 이제 이 두 유전자좌위가 이미 연관 비평형에 놓여 있는 집단을 상상해보자. 보라색 꽃에 대한 선택이 꽃가루 형태의 진화에 영향을 미칠 것인가? 이에 대한 대답은 위의 a에서의 답변과 어떻게 다르며 왜 그러한가?

5. 수컷 예쁜꼬마선충(*C. elegans*)은 만약 집단 내 난자들 중 그들이 수정시킨 난자들의 비율이 그들 자신의 집단 내 빈도보다 더 적다면 존속될 수 있는가?

6. 1992년 Spolsky, Phillips, 그리고 Uzzell은 무성생식 도롱뇽 종의 계보들이 5백만 년 동안 지속되어 왔다는 유전적 증거를 발표했다. 이것은 놀라운 일인가? 그렇거나 그렇지 않다면 이유는 무엇인가? 무성생식 도롱뇽들이 사는 환경과 그들의 집단 크기가 일반적으로 작은지(100 미만이라고 하자) 또는 큰지(1,000 이상)에 대해 추측해 보자.

7. 최근 강한 양성선택을 경험한 대립유전자를 어떻게 알아낼 수 있는가?

8. 독성 와파린에 노출된 쥐의 집단에서 내성이 빠르게 진화한다. 와파린 내성에 관여하는 유전자는 쥐 염색체 1번에 위치한다. Michael Kohn과 동료들(2000)은 와파린이 처음 노출된 시기와 내성의 정도가 서로 다른 것으로 알려진 5개의 독일 쥐 집단들을 조사하였다. 연구자들은 와파린 내성 유전자 근처의 여러 마커 유전자좌위들의 유전자형을 밝혀냈다. 각 집단에 대하여, 연구자들은 마커 유전자좌위들에서 평균 이형접합도(H), 하디-바인베르크 평형(HWE)에서 벗어난 유전자좌위의 비율, 그리고 연관 비평형(LD)에 있는 마커 유전자좌위 쌍들의 비율을 계산하였다. 이 결과들은 **그림 8.32(다음 쪽)**에 나타난다. 이 그래프들에 따라, 다섯 집단들을 와파린 노출에 의한 내성이 낮은 것부터 높은 것 순서대로 나열하시오. 그리고 그 이유를 설명하시오.

9. 유럽인들 중에서 대립유전자 *CCR5-Δ32*의 빈도가 높은 이유에 대한 가설들을 쓰시오. 왜 대립유전자의 나이가 가설들을 구분하는 데에 중요한가? 우리는 대립유전자가 얼마나 오래 됐는지 알 수 있는가? 그렇다면, 그 증거는 무엇인가?

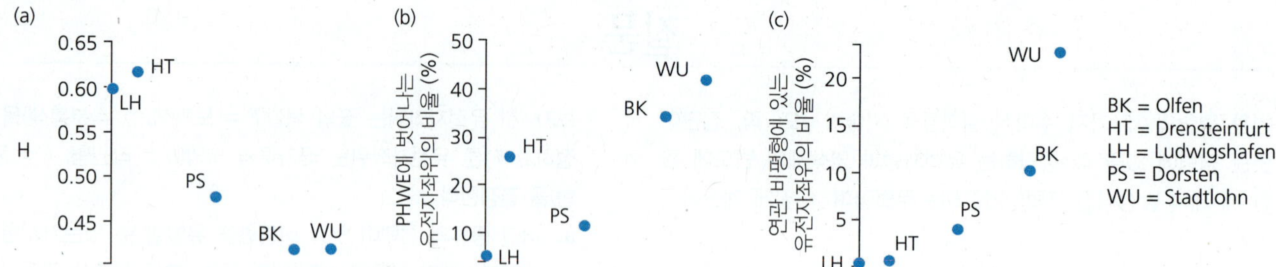


보이지 않는 가로축은 와파린 내성의 정도를 나타낸다. 내성은 그래프의 왼쪽에서 오른쪽으로 감에 따라 증가하는가 아니면 감소하는가?

**그림 8.32 다섯 쥐 집단의 집단유전학적 데이터** Kohn et al. (2000)의 결과를 다시 그림.

**10.** 좁쌀공말(*Volvox*; 그림 8.22a)은 봄과 여름철 호수에 풍부하고 활발히 활동한다. 겨울에는 활동하지 않고 휴지상태로 존재한다. 대부분의 봄과 여름에 좁쌀공말은 무성으로 생식하지만, 가끔 유성생식으로 전환하기도 한다. 언제 좁쌀공말이 유성생식을 할 것으로 예측하는가? 봄, 이른 여름, 늦은 여름 중에서 답하고 이유를 설명하시오.

**11.** 포유류에서 성은 X와 Y 염색체로 결정된다. 암컷은 XX, 수컷은 XY 염색체를 가진다. Y 염색체에는 정소를 발달시키는 유전자가 있어 배가 수컷이 되게 한다. Y 염색체는 수컷의 정자형성시 X 염색체와 교차를 하지 않지만, 두 X 염색체는 암컷의 난자형성 감수분열 과정에서 서로 교차한다.

**a.** Y 염색체는 한때 완전한 기능을 하는 X 염색체와 같은 크기였던 것으로 생각된다. 그러나 포유류가 진화하는 동안, Y 염색체는 상당한 수의 해로운 돌연변이를 축적한 것으로 보인다. 또한 대부분의 유전자를 잃었고 단지 정소를 결정하는 유전자와 몇 가지 다른 유전자들, 그리고 다른 유전자들의 잔재로 기능은 없는 부분만 있는 가장 기본적인 염색체로 줄어들어 버렸다. 왜 이런 일이 일어났는가?

**b.** 조류는 반대로 암컷이 두 가지 다른 성 염색체(WZ)를 그리고 수컷은 같은 두 염색체(ZZ)를 갖는다. 조류에서, W염색체의 난소를 생성하는 유전자에 의해 성이 결정되고 조류의 배가 암컷이 된다. 이 염색체들 중 하나가 Y 염색체가 그랬던 것처럼 돌연변이를 축적했다고 예측하는가? 그렇다면, 어떤 염색체인가?

**c.** 어떤 식물들도 유전적으로 성이 결정되지만 배수체이다. 이 경우의 성 염색체들도 돌연변이를 축적했을 것인가?

## 문헌탐구

**12.** 성 염색체의 돌연변이 축적에 관한 더 자세한 논문:

Berlin, S., and H. Ellegren. 2006. Fast accumulation of nonsynonymous mutations on the female-specific W chromosome in birds. *Journal of Molecular Evolution* 62: 66–72.

Gerrard, D. T., and D. A. Filatov. 2005. Positive and negative selection on mammalian Y chromosomes. *Molecular Biology and Evolution* 22: 1423–1432.

**13.** 박테리아와 진핵생물에 걸친 많은 인간 감염 병원균은 무성생식과 유전자 재조합(즉, 집단유전학적 관점에서의 성)을 모두 수행할 수 있다. 병원균의 유전자 재조합 빈도는 의학적으로 중요하다. (박테리아 집단에서 복합 항생제 내성이 등장하는데 있어 유전자 재조합이 있고 없고에 따라 그 속도가 어떻게 달라질 것인지 생각해보라.) 병원균 집단에 유전자 재조합이 일어나고 있는지 아니면 무성생식에 의한 복제만 일어나고 있는지 어떻게 알 수 있을까? 재조합은 연관 비평형을 감소시키는 강력한 기전이기 때문에 연관 비평형의 측정하는 것이 중요한 실마리를 줄 수 있다. 다음 논문을 보라:

Xu, J. 2004. The prevalence and evolution of sex in microorganisms. 2004. *Genome* 47: 775–780.

Maynard Smith, J., N. H. Smith, et al. 1993. How clonal are bacteria? *Proceedings of the National Academy of Sciences, USA* 90: 4384–4388.

Burt, A., D. A. Carter, et al. 1996. Molecular markers reveal cryptic sex in the human pathogen *Coccidioides immitis. Proceedings of the National Academy of Sciences, USA* 93: 770–773.

Gräser, Y., et al. 1996. Molecular markers reveal that population structure of the human pathogen *Candida albicans* exhibits both clonality and recombination. *Proceedings of the National Academy of Sciences USA* 93: 12473–12477.

**14.** 대부분의 생물학자들은 박테리아에서 일어나는 접합(conjugation)이나 형질도입(tranduction) 등을 통한 유전자 재조합은 진핵생물의 유성생식에 해당하며 비슷한 이유로 인해 자연선택에 의해 선호된다고 가정한다. 다음 논문은 박테리아의 재조합은 진핵생물의 성과 전혀 다르며, 전혀 다른 이유로 진화하였다는 주장을 한다:

Redfield, R. J. 2001. Do bacteria have sex? *Nature Reviews Genetics* 2: 634–639.

**15.** *CCR5-Δ32*에 대한 자연선택에 기여하는 새롭게 발견된 진화적 요인에 관한 논문:

Alonzo, F., L. Kozhaya, et al. 2013. CCR5 is a receptor for *Staphylococcus aureus* leukotoxin ED. *Nature* 493: 51–55.

**16.** 연관 비평형에 근거하여, 어떤 인간 집단에서 성인이 유당을 소화할 수 있도록 하는 변이가 최근에 선택되었다는 증거에 관한 논문:

Bersaglieri, T., P. C. Sabeti, et al. 2004. Genetic signatures of recent positive selection at the lactase gene. *American Journal of Human Genetics* 74: 1111-1120.

또 다른 대립유전자가 다른 집단에서 나타나 유당 분해효소가 지속적으로 발현되도록 한다는 논문:

Gallego Romero, I., C. Basu Mallick, et al. 2012. Herders of Indian and European cattle share their predominant allele for lactase persistence. *Molecular Biology and Evolution* 29: 249–260.

Tishkoff, S. A., F. A. Reed, et al. 2007. Convergent adaptation of human lactase persistence in Africa and Europe. *Nature Genetics* 39: 31–40.

**17.** Morran이 *C. elegans*를 이용했던 실험과 비슷한 방법으로, 여러 다른 서식지들을 옮겨 다니는 생물들에 있어 성이 유리함을 가져온다는 증거를 얻은 논문:

Becks, L., and A. F. Agrawal. 2010. Higher rates of sex evolve in spatially heterogeneous environments. *Nature* 468: 89–92.

# 인용문헌

## 이 장의 집단유전학 학습자료는 다음 문헌을 참조하여 구성하였다:


Cavalli-Sforza, L. L., and W. F. Bodmer. 1971. *The Genetics of Human Populations*. San Francisco: W. H. Freeman.

Felsenstein, J. 1997. *Theoretical Evolutionary Genetics*. Seattle, WA: ASUW Publishing, University of Washington.

Felsenstein, J. 1988. Sex and the evolution of recombination. In *The Evolution of Sex*, ed. R. E. Michod and B. R. Levin. Sunderland, MA: Sinauer, 74–86.

Hartl, D. L. 1981. *A Primer of Population Genetics*. Sunderland, MA: Sinauer.

Maynard Smith, J. 1998. *Evolutionary Genetics*. 2nd ed. Oxford: Oxford University Press.


## 이 장에서 인용한 모든 다른 자료들


Agrawal, A. F. 2009. Spatial heterogeneity and the evolution of sex in diploids. *American Naturalist* 174 (Suppl 1): S54–S70.

Anderson, J. L., L. T. Morran, and P. C. Phillips. 2010. Outcrossing and the maintenance of males within *C. elegans* populations. *Journal of Heredity* 101 (Suppl 1): S62–S74.

Behar, D., M. F. Hammer, et al. 2004. MtDNA evidence for a genetic bottleneck in the early history of the Ashkenazi Jewish population. *European Journal of Human Genetics* 12: 355–364.

Beutler, E. 1993. Gaucher disease as a paradigm of current issues regarding single gene mutations of humans. *Proceedings of the National Academy of Sciences, USA* 90: 5384-5390.

Beutler, E., T. Gelbart, et al. 1991. Identification of the second common Jewish Gaucher disease mutation makes possible population-based screening for the heterozygous state. *Proceedings of the National Academy of Sciences, USA* 88: 10544–10547.

Birky, C. W. 2010. Positively negative evidence for asexuality. *Journal of Heredity* 101: S42–S45.

Bray, S. M., J. G. Mulle, et al. 2010. Signatures of founder effects, admixture, and selection in the Ashkenazi Jewish population. *Proceedings of the National Academy of Sciences, USA* 107: 16222–16227.

Carroll, L. 1872. *Through the Looking-Glass*. London: Macmillan.

Centers for Disease Control, Division of Parasitic Diseases. 2001. Malaria. Available at http://www.dpd.cdc.gov/dpdx/HTML/Malaria.asp?body=Frames/M-R/Malaria/body_Malaria_page2.htm.

Clegg, M. T., J. F. Kidwell, and C. R. Horch. 1980. Dynamics of correlated genetic systems. V. Rates of decay of linkage disequilibria in experimental populations of *Drosophila melanogaster*. *Genetics* 94: 217–234.

Cochran, G., J. Hardy, and H. Harpending. 2006. Natural history of Ashkenazi intelligence. *Journal of Biosocial Science* 38: 659–693.

Dawson, E., G. R. Abecasis, et al. 2002. A first-generation linkage disequilibrium map of human chromosome 22. *Nature* 418: 544–548.

De La Vega, F. M., H. Isaac, et al. 2005. The linkage disequilibrium maps of three human chromosomes across four populations reflect their demographic history and a common underlying recombination pattern. *Genome Research* 15: 454–462.

Diaz, G. A., B. D. Gelb, et al. 2000. Gaucher disease: The origins of the Ashkenazi Jewish N370S and 84GG acid $\beta$-glucosidase mutations. *American Journal of Human Genetics* 66: 1821–1832.

Ey, J., E. Schömig, and D. Taubert. 2007. Dietary sources and antioxidant effects of ergothioneine. *Journal of Agricultural and Food Chemistry* 55: 6466–6474.

Felsenstein, J. 1988. Sex and the evolution of recombination. In *The Evolution of Sex*, ed. R. E. Michod and B. R. Levin. Sunderland, MA: Sinauer, 74–86.

Galvani, A. P., and M. Slatkin. 2003. Evaluating plague and smallpox as historical selective pressures for the *CCR5-Δ32* HIV-resistance allele. *Proceedings of the National Academy of Sciences, USA* 100: 15276–15279.

Gladyshev, E., and M. Meselson. 2008. Extreme resistance of bdelloid rotifers to ionizing radiation. *Proceedings of the National Academy of Sciences, USA* 105: 5139–5144.

Gründemann, D., S. Harlfinger, et al. 2005. Discovery of the ergothioneine transporter. *Proceedings of the National Academy of Sciences, USA* 102: 5256–5261.

Haigh, J. 1978. The accumulation of deleterious mutations in a population: Muller's ratchet. *Theoretical Population Biology* 14: 251–267.

Hedrick, P. W. 1983. *Genetics of Populations*. Boston: Science Books International.

Hedrick, P. W., and B. C. Verrelli. 2006. "Ground truth" for selection on *CCR5-Δ32*. *Trends in Genetics* 22: 293–296.

Heller, J., and J. Maynard Smith. 1979. Does Muller's Ratchet work with selfing? *Genetical Research* 8: 269–294.

Henry, L., T. Schwander, and B. J. Crespi. 2012. Deleterious mutation accumulation in asexual *Timema* stick insects. *Molecular Biology and Evolution* 29: 401–408.

Huff, C. D., D. Witherspoon, et al. 2012. Crohn's disease and genetic hitchhiking at *IBD5*. *Molecular Biology and Evolution* 29: 101–111.

Hummel, S., D. Schmidt, et al. 2005. Detection of the *CCR5-Δ32* HIV resistance gene in Bronze Age skeletons. *Genes and Immunity* 6: 371–374.

Huttley, G. A., M. W. Smith, et al. 1999. A scan for linkage disequilibrium across the human genome. *Genetics* 152: 1711–1722.

The International HapMap Consortium. 2005. A haplotype map of the human genome. *Nature* 437: 1299–1320.

Jennings, H. S. 1917. The numerical results of diverse systems of breeding, with respect to two pairs of characters, linked or independent, with special relation to the effects of linkage. *Genetics* 2: 97–154.

Jokela, J., M. F. Dybdahl, and C. M. Lively. 2009. The maintenance of sex, clonal dynamics, and host-parasite coevolution in a mixed population of sexual and asexual snails. *American Naturalist* 174 (Suppl 1): S43–S53.

Keightley, P. D., and S. P. Otto. 2006. Interference among deleterious mutations favors sex and recombination in finite populations. *Nature* 443: 89–92.

King, K. C., L. F. Delph, et al. 2009. The geographic mosaic of sex and the Red Queen. *Current Biology* 19: 1438–1441.

Kohn, M. H., H.-J. Pelz, and R. K. Wayne. 2000. Natural selection mapping of the warfarin-resistance gene. *Proceedings of the National Academy of Science, USA* 97: 7911–7915.

Lalani, A. S., J. Masters, et al. 1999. Use of chemokine receptors by poxviruses. *Science* 286: 1968–1971.

Lively, C. M. 1989. Adaptation by a parasitic trematode to local populations of its snail host. *Evolution* 43: 1663–1671.

Lively, C. M. 1992. Parthenogenesis in a freshwater snail: Reproductive assurance versus parasitic release. *Evolution* 46: 907–913.

Lively, C. M. 2010. A review of Red Queen models for the persistence of obligate sexual reproduction. *Journal of Heredity* 101: S13–S20.

Luzzatto, L., and R. Notaro. 2001. Protecting against bad air. *Science* 293: 442–443.

Lynch, M., J. Conery, and R. Burger. 1995. Mutational melt-downs in sexual populations. *Evolution* 49: 1067–1080.

Maynard Smith, J. 1978. *The Evolution of Sex*. Cambridge, UK: Cambridge University Press.

Maynard Smith, J. 1988. The evolution of recombination. In *The Evolution of Sex*, ed. R. E. Michod and B. R. Levin. Sunderland, MA: Sinauer, 106–125.

McVean, G., C. C. A. Spencer, and R. Chaix. 2005. Perspectives on Human Genetic Variation from the HapMap Project. *PLoS Genetics* 1: e54.

Mark Welch, D. B., C. Ricci, and M. Meselson. 2009. Bdelloid rotifers: Progress in understanding the success of an evolutionary scandal. In *Lost Sex: The Evolutionary Biology of Parthenogenesis*, ed. I. Schön, K. Martens, and P. van Dijk. Heidelberg: Springer, 259–279.

Morran, L. T., M. D. Parmenter, and P. C. Phillips. 2009. Mutation load and rapid adaptation favour outcrossing over self-fertilization. *Nature* 462: 350–352.

Morran, L. T., O. G. Schmidt, et al. 2011. Running with the Red Queen: Host–parasite coevolution selects for biparental sex. *Science* 333: 216–218.

Muller, H. J. 1964. The relation of recombination to mutational advance. *Mutation Research* 1: 2–9.

Murray, R. L., J. L. Kozlowska, and A. D. Cutter. 2011. Heritable determinants of male fertilization success in the nematode *Caenorhabditis elegans*. *BMC Evolutionary Biology* 11: 99.

Nordborg, M.,T. T. Hu, et al. 2005. The pattern of polymorphism in *Arabidopsis thaliana*. *PLoS Biology* 3: e196.

Novembre, J., A. P. Galvani, and M. Slatkin. 2005. The geographic spread of the *CCR5-Δ32* HIV-resistance allele. *PLoS Biology* 3: e339.

Novembre, J., and E. Han. 2012. Human population structure and the adaptive response to pathogen-induced selection pressures. *Philosophical Transactions of the Royal Society B* 367: 878–886.

Otto, S. P. 2003. The advantages of segregation and the evolution of sex. *Genetics* 164: 1099–1118.

Otto, S. P. 2009. The evolutionary enigma of sex. *American Naturalist* 174 (Suppl 1): S1–S14.

Otto, S. P., and T. Lenormand. 2002. Resolving the paradox of sex and recombination. *Nature Reviews Genetics* 3: 252–261.

Otto, S. P., C. Sassaman, and M. W. Feldman. 1993. Evolution of sex determination in the conchostracan shrimp *Eulimnadia texana*. *American Naturalist* 141: 329–337.

Paul, B. D., and S. H. Snyder. 2010. The unusual amino acid L-ergothioneine is a physiologic cytoprotectant. *Cell Death and Differentiation* 17: 1134–1140.

Peltekova, V. D., R. F. Wintle, et al. 2004. Functional variants of OCTN cation transporter genes are associated with Crohn disease. *Nature Genetics* 36: 471–475.

Petermann, I., C. M. Triggs, et al. 2009. Mushroom intolerance: A novel diet–gene interaction in Crohn's disease. *British Journal of Nutrition* 102: 506–508.

Risch, N., H. Tang, et al. 2003. Geographic distribution of disease mutations in the Ashkenazi Jewish population supports genetic drift over selection. *American Journal of Human Genetics* 72: 812–822.

Ruwende, C., and A. Hill. 1998. Glucose-6-phosphate dehydrogenase deficiency and malaria. *Journal of Molecular Medicine* 76: 581–588.

Sabeti, P. C., D. E. Reich, et al. 2002. Detecting recent positive selection in the human genome from haplotype structure. *Nature* 419: 832–837.

Sabeti, P. C., E. Walsh, et al. 2005. The case for selection at *CCR5-Δ32*. *PLoS Biology* 3: e378.

Saunders, M. A., M. Slatkin, et al. 2005. The extent of linkage disequilibrium caused by selection on G6PD in humans. *Genetics* 171: 1219–1229.

Schultz, S. T., and M. Lynch. 1997. Mutation and extinction: The role of variable mutational effects, synergistic epistasis, beneficial mutations, and degree of outcrossing. *Evolution* 51: 1363–1371.

Schurko, A. M., M. Neiman, and J. M. Logsdon. 2009. Signs of sex: What we know and how we know it. *Trends in Ecology and Evolution* 24: 208–217.

Seger, J., and W. D. Hamilton. 1988. Parasites and sex. In *The Evolution of Sex*, ed. R. E. Michod and B. R. Levin. Sunderland, MA: Sinauer, 176–193.

Silverberg, M. S., R. H. Duerr, et al. 2007. Refined genomic localization and ethnic differences observed for the IBD5 association with Crohn's disease. *European Journal of Human Genetics* 15: 328–335.

Slatkin, M. 2004. A population-genetic test of founder effects and implications for Ashkenazi Jewish diseases. *American Journal of Human Genetics* 75: 282–293.

Slatkin, M., and B. Rannala. 2000. Estimating allele age. *Annual Review of Genomics and Human Genetics* 1: 225–249.

Spolsky, C. M., C. A. Phillips, and T. Uzzell. 1992. Antiquity of clonal salamander lineages revealed by mitochondrial DNA. *Nature* 356: 706–710.

Stephens, J. C., D. E. Reich, et al. 1998. Dating the origin of the *CCR5-Δ32* AIDS-resistance allele by the coalescence of haplotypes. *American Journal of Human Genetics* 62: 1507–1515.

Stewart, A. D., and P. C. Phillips. 2002. Selection and maintenance of androdioecy in *Caenorhabditis elegans*. *Genetics* 160: 975–982.

Strom, C. M., B. Crossley, et al. 2004. Molecular screening for diseases frequent in Ashkenazi Jews: Lessons learned from more than 100,000 tests performed in a commercial laboratory. *Genetics in Medicine* 6: 145–152.

Sturtevant, A. H., and K. Mather. 1938. The interrelations of inversions, heterosis, and recombination. *American Naturalist* 72: 447–452.

Taubert, D., G. Grimberg, et al. 2005. Functional role of the *503F* variant of the organic cation transporter OCTN1 in Crohn's disease. *Gut* 54: 1505–1506.

Taubert, D., N. Jung, et al. 2009. Increased ergothioneine tissue concentrations in carriers of the Crohn's disease risk-associated *503F* variant of the organic cation transporter OCTN1. *Gut* 58: 312–314.

Teotónio, H., D. Manoel, and P. C. Phillips. 2006. Genetic variation for outcrossing among *Caenorhabditis elegans* isolates. *Evolution* 60: 1300–1305.

Voight, B. F., Sridhar Kudaravalli, et al. 2006. A map of recent positive selection in the human genome. *PLoS Biology* 4: e72.

Wang, J., X. Wang, et al. 2011. Contribution of the IBD5 locus to inflammatory bowel disease: A meta-analysis. *Human Genetics* 129: 597–609.

Wegewitz, V., H. Schulenburg, and A. Streit. 2008. Experimental insight into the proximate causes of male persistence variation among two strains of the androdioecious *Caenorhabditis elegans* (Nematoda). *BMC Ecology* 8: 12.

Wilson, C. G., and P. W. Sherman. 2010. Anciently asexual bdelloid rotifers escape lethal fungal parasites by drying up and blowing away. *Science* 327: 574–576.

Wu, D. D., W. Jin, et al. 2010. Evidence for positive selection on the *Osteogenin* (*BMP3*) gene in human populations. *PLoS ONE* 5: e10959.

Wu, D. D., G. M. Li, et al. 2012. Positive selection on the osteoarthritis-risk and decreased-height associated variants at the GDF5 gene in East Asians. *PLoS ONE* 7: e42553.

9

# 복수 유전자좌위에서의 진화: 양적유전학

제137회 켄터키 더비에 참가한 경주마들이 트랙을 돌면서 관객석을 지날 때, 경주마들은 생생한 히스토그램이 되어 관객들의 눈에 비쳐졌다. 우리는 경주마들의 속도 변이를 한눈에 알 수 있다. 오른쪽에 있는 그래프는 최종 우승자인 기수 John Velazquez가 탄 경주마 Animal Kingdom이 결승점에 도달했을 때의 나머지 말들과의 거리 차이를 나타낸 히스토그램이다. 사진이 찍힌 순간 Animal Kingdom과 붉은색 헬멧과 녹색 셔츠를 입은 기수는 14등이었다. 그들은 말의 소유주에게 후불로 $1,411,800의 돈을 지불했다. Animal Kingdom이 은퇴할 때까지 산다면 종마 비용으로 소유주에게 또 다른 수익을 가져다줄 것이다.

2011년 켄터키더비 참가 경주마들은 속도에 있어서 변이를 보인다. 그래프는 *Daily Racing Form*에 발표된 결과로 그린 것이다.

순종경주마의 교배에 사용되는 돈이 좋은 투자인가는 경주 성과의 변이가 적어도 부분적으로 경주마가 부모로부터 이어받은 유전자의 차이에 기인하는가에 달려 있다. 경주의 성과가 유전적일 때만 선택적인 교배가 더 좋은 경주마의 진화를 가져올 것이다.

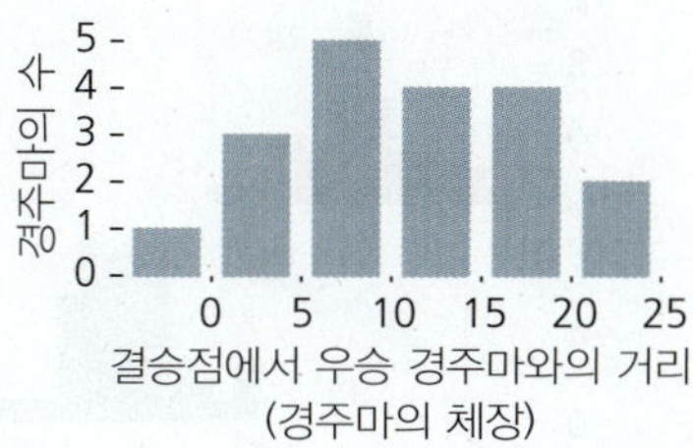


이전에 (6, 7, 8장) 논의한 집단 유전학 모델 덕분에 우리는 집단이 진화할 것인지 그리고 어떻게 진화할 것인지 때로는 매우 정확하게 예측할 수 있다. 그러나 이러한 모델은 한 번에 하나 혹은 두 유전자좌위의 진화를 분석하는 데 사용할 수 있다. 이러한 방식은 순종마의 경우에서처럼 때때로 좋지 않은 결과를 가져오기도 한다. 경주마의 경주 성적을 포함하여 많은 흥미로운 특징은 많은 유전자좌위의 대립유전자 영향의 조합에 의해 결정된다. 또한 더 어려운 점은 어떤 유전자좌위가 관련이 있는지 모른다는 것이다.

이 장에서 우리는 복수 유전자좌위 형질의 진화를 분석하기 위한 도구를 제공해주는, 진화생물학의 한 분야인, **양적유전학(quantitative genetics)**을 소개한다. 우리는 몇 가지 추상적인 아이디어를 설명하기 위한 재료를 제공할 것이다. 양적유전학에 대한 논의로 우리는 대부분 생태학적으로 중요한 형질의 진화에 관한 직관을 얻을 것이다. 이것으로 또한 순종 교배의 비용을 지불하는 것이 지혜로운 것인가 평가할 수 있을 것이고, 평균 IQ점수의 인종별 차이의 원인에 대한 잘못된 주장의 실체를 파악할 수 있을 것이다.

9.1절에서 우리는 복수유전자의 본질과 끊임없이 변화하는 형질을 알아보고 9.2절에서는 연구자들이 어떻게 관련 유전자를 찾아내는지 살펴본다. 9.3, 9.4, 9.5절에서 우리는 변이의 어느 정도 양이 유전적인가, 선택의 세기를 측정하는 법, 그리고 진화적인 반응을 추정하는 방법을 설명한다. 9.6절에서는 집단에서 유전적 변이를 유지하는 진화적 기작에 대해 논의한다. 마지막으로, 9.7절에서는 집단사이의 차이에 대한 잘못된 주장의 실체를 살펴본다.

## 9.1 양적형질의 본질

진화 유전학을 설명하면서 우리는 이산 범주형으로 나타나는 표현형에 대해서 논의해왔다. 딱총나무꽃(Elderflower) orchid는 자주색이거나 노란색이다; 사람은 낭포성 섬유증(cystic fibrosis)을 가지고 있거나 혹은 가지고 있지 않다. 단순한 관찰 혹은 간단한 유전학적 검사로 개체를 범주에 할당할 수 있기 때문에 우리는 이러한 형질을 **질적형질(qualitative trait)**이라 부른다.

이산형의 표현형을 가진 형질은 특별한 경우이고 대부분의 생물에서 대부분의 형질은 연속적인 변이를 보여준다. 사람의 연속적 변이의 예는 키, 운동능력, 그리고 지적능력이다(그림 9.1). 연속 변이를 가진 형질에 대해서 우리는 개체를 간단한 조사로 이산형의 범주로 할당할 수 없다. 대신, 우리는 측정을 해야만 한다. 이러한 이유로 연속적으로

(a) 신장

© 1997 AAAS

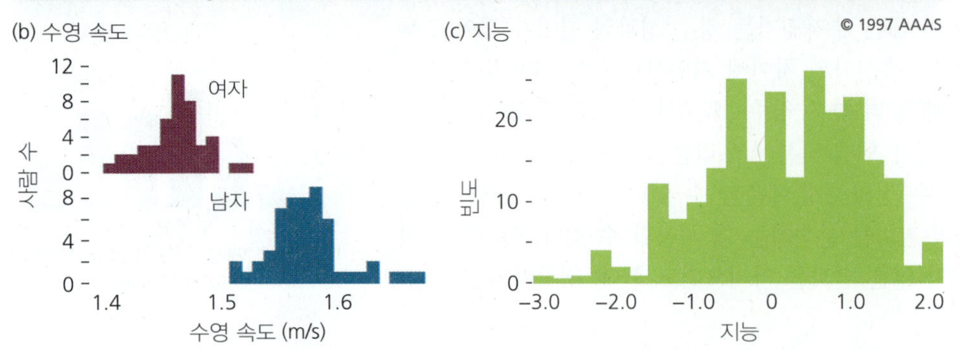


**그림 9.1 사람의 양적형질** (a) 코네티컷 대학의 학생과 교직원의 키의 히스토그램. 여자는 흰 옷을 남자는 파란 옷을 입고 있다. (b) US 수영 선수권대회 (2002년 자료) 1500미터 참가 선수들의 평균 속도 변이. (c) 여러 검사의 결과(통계학적으로 평가된 주성분 성적)로 평가된 지능 혹은 일반 인지 능력에 있어서의 변이. 참가자는 스웨덴의 쌍둥이들이다. 자세한 사항은 9.3절을 참조하라. McClearn et al. (1997)에서 다시 그림.

(c) From "Substantial genetic influence on cognitive abilities in twins 80 or more years old," *Science* 276: 1560–1563, Figure 1A. Reprinted with permission from AAAS.

분포하는 표현형을 가진 형질을 **양적형질(quantitative)**이라고 부른다. 양적형질은 여러 유전자좌위의 유전자형과 환경 영향의 조합에 의해 결정된다.

**양적형질은 표현형의 분포가 이산형이 아닌 연속형을 갖는 형질이다.**

20세기 초, 멘델의 유전모델을 양적형질에 적용할 수 있는지에 대하여 생물학자들 사이에서 많은 논란이 있었다(Provine 1971 참조). Edward East(1916)는 긍정적인 증거를 보여준 초기 연구자 중 하나이다. East는 담배속 식물의 하나인 longflower tobacco (*Nicotiana longiflora*) 집단을 연구하였다. 그가 연구한 형질은 꽃잎에 의해 형성되는, 꽃의 일부분인, 화관[꽃부리]의 길이였다. Longflower tobacco에서 화관은 관 형태를 나타내고 있다.

East는 *Nicotiana*속의 두 순계통으로 실험을 시작하였는데, 각각 짧고 긴 화관을 가진 것이었다. 그는 이 두 부모개체를 교배하여 $F_1$ 잡종을 얻었고 $F_1$ 잡종을 자가교배시켜 $F_2$ 세대를 얻었다. East 실험 결과를 보기 전에 멘델유전학에 기반을 둔 대립모델들을 이용하여 결과를 예측해 보자.

가장 단순한 멘델 모델은 화관의 길이가 두 대립유전자를 가진 하나의 유전자좌위에 의하여 결정된다고 가정하는 모델이다. 우리는 대립유전자가 공우성일 것이라 생각하고, 그렇다면 3개의 표현형이 존재할 것이다. *aa* 유전자형은 작은 꽃을 *aA*는 중간 크기의 꽃을, *AA*는 큰 꽃을 생산할 것이다(그림 9.2a). 이 모델에 의해 East의 첫 교배는 *AA*와 *aa* 사이에서 일어난다(그림 9.2 첫째 열). 모든 $F_1$은 *aA* 유전자형을 가지고 중간 크기의 꽃을 가질 것이다. $F_1$이 자가수정할 때 $F_2$는 *aa*, *aA*, *AA*를 $\frac{1}{4}:\frac{1}{2}:\frac{1}{4}$ 비율로 나타날 것이다. 독자들은 이 예상을 2 × 2 퍼네트 사각형으로 나타낼 수 있다.

East는 이전에 실행한 longflower tobacco 실험 경험을 바탕으로 이 모델은 너무 단순하다는 것을 알았다. 대부분의 집단에서 화관 길이는 변이가 많고, 변이는 세 가지 표현형이 아닌 연속성을 띠게 된다. 그러나 멘델 모델을 간단히 수정하는 것으로 East 교배

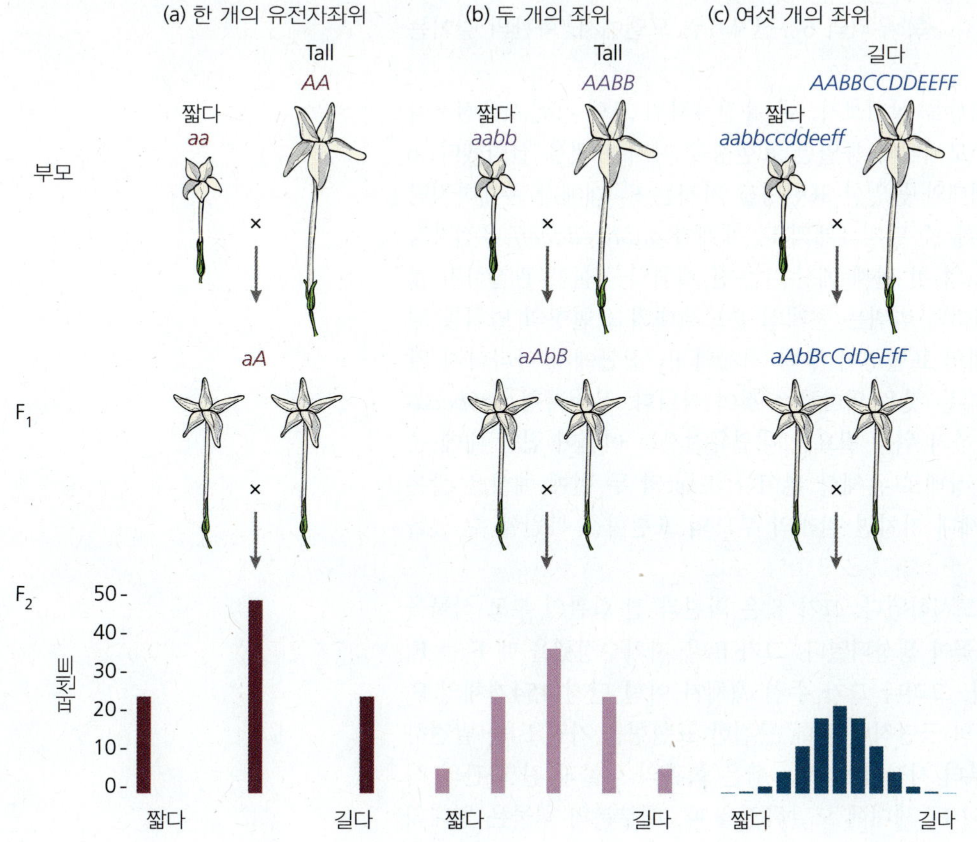


**그림 9.2 멘델의 모델로 양적형질의 설명이 가능하다** (a), (b), (c)는 화관의 길이가 하나, 둘, 여섯 개의 유전자좌위에 의해서 결정된다고 가정하는 멘델의 모델 하에서 예상되는 부모세대, $F_1$, $F_2$ 세대의 유전자형, 표현형을 나타낸다. East (1916), Ayala (1982)에서.

실험 결과 예측의 정확도를 높일 수 있다.

이제 우리는 화관 길이가 하나의 유전자좌위가 아닌 2개의 유전자좌위의 대립유전자에 의해 결정된다고 가정할 것이다(그림 9.2b). 첫째 유전자좌위에서는 대립유전자 *a*, *A*가 있고, 두 번째 유전자좌위에는 *b*, *B*의 대립유전자가 있다. 각 유전자좌위의 대문자로 표기된 대립유전자는 긴 화관에 독립적으로 기여한다. 새로운 모델에서는 대문자 대립유전자가 0, 1, 2, 3, 4개 있는 5가지 표현형이 존재한다. East의 교배 *aabb* × *AABB*는 *aAbB*의 $F_1$를 생성하고 이는 중간 크기의 화관이다(첫 번째, 두 번째 행). $F_1$이 자가수정할 때 $F_2$는 $\frac{1}{16}:\frac{4}{16}:\frac{6}{16}:\frac{4}{16}:\frac{1}{16}$ 비율로 짧은 것에서 긴 화관에 이르는 표현형을 갖게 된다(세 번째 열). 독자들은 이 예상을 4 × 4 퍼네트 사각형에 나타낼 수 있다(*aAbB*로부터의 배우자는 *ab*, *aB*, *Ab*, *AB*이다).

2유전자좌위 모델로 우리는 보다 나은 방향으로 한걸음 전진했다. 하지만 여전히 이 모델은 $F_2$의 개체의 표현형을 이산형으로 생성한다. 우리는 화관의 길이가 몇 개의 유전자좌위로 결정되는 모델로 이러한 문제를 개선할 수 있다. 그림 9.2c는 여섯 개의 유전자좌위를 가진 모델 하에 예상되는 결과를 나타낸다. 이 모델은 13가지 표현형을 생성하고, 0개에서 12개의 대문자로 표현된 대립유전자가 표현형에 관여한다. East의 실험에서 부모세대의 교배는 *aabbccddeeff* × *AABBCCDDEEFF*(첫째 행)이다. $F_1$ 세대의 개체는 *aAbBcCdDeEfF* 대립유전자를 가지고 이는 중간 크기의 화관을 가진다(둘째 행). $F_2$ 세대는 화관의 길이가 짧은 것에서 긴 것까지 $\frac{1}{4096}:\frac{12}{4096}:\frac{66}{4096}:\frac{220}{4096}:\frac{495}{4096}:\frac{792}{4096}:\frac{924}{4096}:\frac{792}{4096}:\frac{495}{4096}:\frac{220}{4096}:\frac{66}{4096}:\frac{12}{4096}:\frac{1}{4096}$의 비율로 나타날 것이다(마지막 행). 이 예상되는 결과는 64 × 64 퍼네트 사각형에 나타낼 수 있다. 이 책을 읽는 독자들이 그럴듯하다고 생각할 지는 여전히 의문이다.

**양적형질은 멘델유전학과 일관성을 보여준다. 양적형질은 많은 유전자좌위에 있는 유전자형의 조합된 효과에 영향을 받는다.**

13가지 표현형이 주어진다면, 그것들은 길이에 따라 등급이 매겨져야 하고 실제의 식물 개체들을 이러한 등급에 맞춰 이산형의 범주에 할당하는 것은 어려울 것이다. 이렇게 하는 대신 우리는 자를 이용할 것이다. 즉, 우리의 6유전자좌위 모델에서, 화관의 길이는 (이산형이 아닌) 양적형질이다.

자 이제 East의 두 가지 주요 예상을 살펴보자. 한 유전자좌위 모델 혹은 2유전자좌위 모델에서 $F_2$ 식물의 상당수가 부모세대와 동일한 표현형을 가지는 것을 설명했다. 6유전자좌위 모델에서는 역시 부모세대와 동일한 표현형을 가지는 $F_2$ 개체가 존재하지만 그리 많지는 않다. 예를 들어 4,096개 중 단지 1개의 $F_2$ 개체가 *aabbccddeeff* 유전자형이고 가장 짧은 화관을 가진다. East의 첫 번째 예상은 수천 개체의 식물을 관찰하지 않는 한 $F_2$에서 우리가 볼 수 있는 변이의 범위는 원래의 부모세대의 표현형의 범위를 넘지 않는다는 것이다. 또한 부모세대의 표현형이 수백 개체의 $F_2$ 집단에서 나타나지 않는다는 것은 그것들이 영영 사라졌다는 것을 의미하는 것이 아니다. 유전자형 *aabbccd-deeff*와 *AABBCCDDEEFF*를 생성하기 위해 필요한 대립유전자는 여전이 집단 내에 존재한다. 그것들은 단지 이형접합자 상태로 존재할 뿐이다. East의 두 번째 예상은 짧은 혹은 긴 화관의 선택적 교배를 몇 세대 거치면 원래의 부모의 표현형을 복원할 수 있을 것이라는 예상이었다.

East의 실험 결과를 그림 9.3에 도시하였다. 그가 짧은 화관과 긴 화관의 부모 식물을 교배했을 때 $F_1$에서는 중간 크기의 꽃이 생성되었다. 그가 $F_1$을 자가수정했을 때 $F_2$는 $F_1$보다 더 큰 표현형의 변이를 보였다. 그러나 그가 수천 개체가 아닌 단지 454개체의 $F_2$만 관찰했기 때문에, 그는 부모세대의 극단적인 값에 근접한 표현형을 가진 $F_2$를 발견하지 못한 것이다. 마지막으로, $F_2$로부터 시작하여 그는 짧은 화관의 식물과 긴 화관의 식물을 선택적으로 교배하였다. 식물이 $F_5$ 세대에 도달하였을 때, 대부분의 식물은 원래의

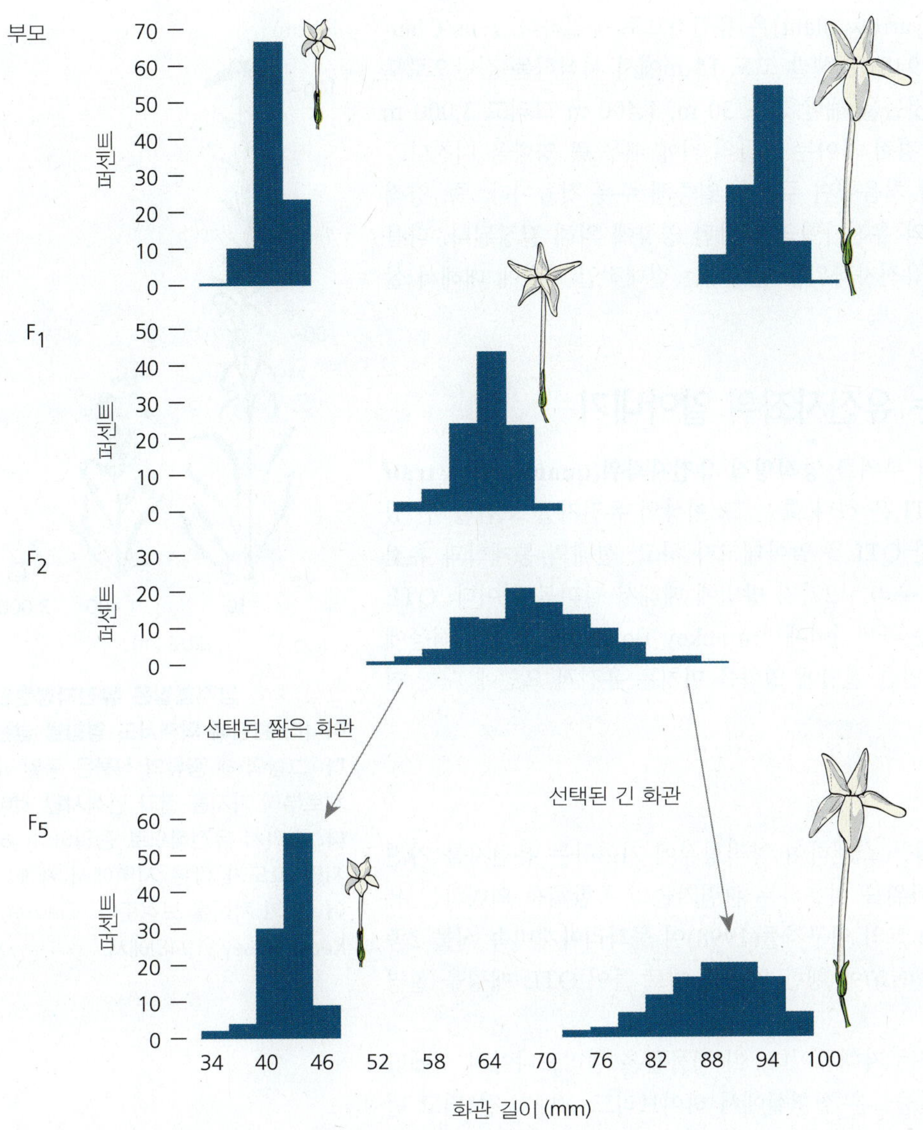


**그림 9.3 Edward East의 실험결과는 그림 9.2c의 멘델유전학 모델의 예상을 확인시켜 주었다** East는 짧은 화관과 긴 화관의 식물을 교배하여 중간 길이의 화관을 가진 $F_1$ 식물들을 생성했고, 이를 자가 교배하여 $F_2$ 세대를 생성했다. $F_2$ 세대는 $F_1$ 세대에 비하여 변이가 크지만 부모세대의 변이에 미치는 정도는 아니다. 마지막으로 East는 $F_2$를 이용한 선택적 교배를 통하여 부모세대의 변이를 복원하였다. 그림은 East(1916)의 표 1과 Ayala(1982)에 발표된 데이터를 이용하여 작성된 것이다.

부(父) 혹은 모(母)가 가진 범위 내의 화관길이를 갖게 되었다. East의 실험 결과는 그의 예상이 타당함을 확인시켜 주었다. 그의 실험은 양적인 형질은 많은 유전자좌위의 대립유전자의 조합된 영향에 의해 결정된다는 사실을 입증하였다.

East의 실험 결과가 멘델유전학 모델과 잘 일치한다는 것은 매우 인상적인 것이다. 하지만 한 가지 측면에서 아직 완벽하지 않다. 6유전자좌위 모델을 엄밀하게 해석하면, 짧은 화관을 가진 부모세대 식물은 길이가 모두 정확히 같아야 한다. 마찬가지로 긴 화관의 부모세대 식물과 $F_1$은 모두 정확히 같은 길이를 가져야 한다. 우리가 가정한 것처럼, 이러한 식물들이 모두 같은 유전자형을 가진다면, 그것들은 모두 같은 표현형을 가져야 할 것이다. 하지만 실상은 그렇지 않다. 그 원인에 대해 생각할 수 있는 한 가지 가능성은 순교배 혈통에서 온 부모세대 식물이라 하더라도 실상은 모든 유전자좌위에서 상동적이지 않았을지도 모른다는 것이다. 보다 중요한 점은 유전적으로 동일한 식물 사이에서도 표현형의 변이가 있다는 것이다. East의 실험에서 각 식물은 동일한 환경에 노출되었다. 어떤 식물은 물을 좀 더 주거나 햇볕을 더 쏘였을 가능성은 있으나 이런 차이는 표현형에서 작은 차이를 가져올 정도에 불과하다.

**양적형질은 환경에 의해서도 영향을 받는다.**

양적형질에 대한 환경적 차이의 영향은 그림 9.4(다음 쪽)가 명확하게 보여주고 있다.

그림에서 나타난 세 개체의 서양톱풀(yarrow plant)은 유전적으로 동일하다. Jens Clausen, David Keck, William Hiesey(1948)는 해발 고도 15 m에서 서식하는 집단으로부터 하나의 개체를 얻어 증식한 후, 그것들을 해발 고도 30 m, 1,400 m 그리고 3,000 m에서 재배하였다. 해발 고도에 따른 환경적 차이는 식물의 키에 매우 큰 영향을 미친다.

이 절에서 보여준 데이터는 우리가 처음했던 주장을 입증해 주는 것들이다. 즉, 양적인 형질은 환경과 복수의 유전자좌위의 유전자형의 조합된 영향에 의해 결정된다. 다음 절에서 우리는 양적 변이에 관여하는 유전자좌위를 알아내는 현대적인 기술에 대해서 살펴볼 것이다.

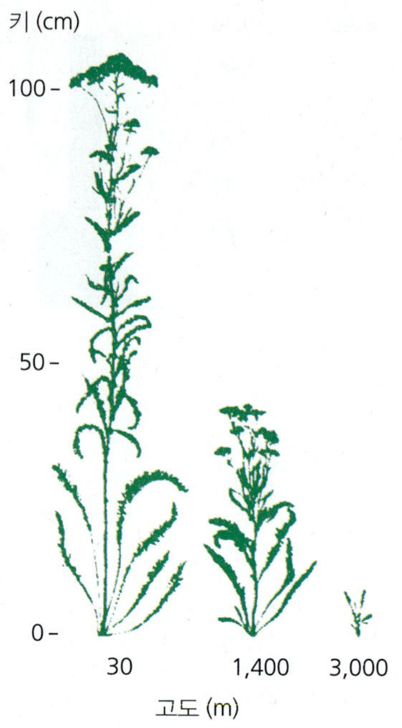


**그림 9.4 양적형질은 유전자형뿐만 아니라 환경에 의해서도 영향을 받는다** 그림의 세 종류의 식물은 동일 개체로부터 가지를 잘라 번식시킨 것이다. 따라서 유전적으로 동일하다. 하지만 고도가 다른 지역에서 재배되어 큰 키 차이를 보여준다. Clausen, Keck, Hiesey (1948)에서.

## 9.2 양적형질에 기여하는 유전자좌위 알아내기

양적형질에 영향을 미치는 유전체상의 부위를 **양적형질 유전자좌위(quantitative trait loci), QTL**이라고 부른다. 주어진 QTL은 하나 혹은 그 이상의 유전자를 포함할 수 있다. 우리는 관심 있는 양적형질에 대한 QTL을 알아내고자 하고, 현대의 통계학과 유전학의 방법론은 그것을 가능하게 한다. 우리는 2가지 방법에 대해서 살펴볼 것이다: QTL 매핑과 후보유전자좌위의 조사. 우리는 물꽈리아재비(monkey flower)의 유전적 적응에 대한 연구, 사람의 성격에 관한 연구, 인간 질병에 영향을 미치는 유전적 요인에 대한 연구를 예로 들어 설명할 것이다.

### QTL 매핑

**QTL 매핑(QTL mapping)**은 염색체를 스캔하여 양적형질에 기여하는 유전자를 가진 영역을 알아내기 위하여 마커 유전자좌위를 이용하는 관련기술의 종합체를 의미하는 용어이다. 우리는 H. D. Bradshaw, Jr와 그의 연구자들(1998)이 물꽈리아재비속 식물 2종인 *Mimulus cardinalis*와 *Mimulus lewisii*에 행한 연구를 예로 들어 QTL 매핑을 설명한다(그림 9.5).

*Mimulus cardinalis*와 *M. lewisii*는 자매종이다. 이 식물들은 캘리포니아의 시에라네바다 지역에서 번식하고 있다. 이 식물들은 실험실에서 하이브리드 교배가 잘 되고 번식 가능한 자손들을 생산한다(그림 9.6). 하지만 자연 상태에서 하이브리드는 결코 발

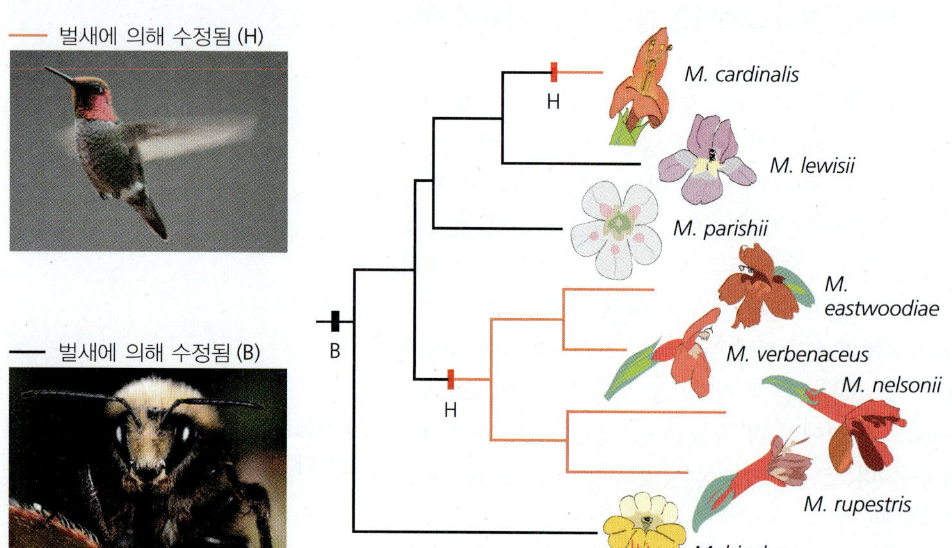


**그림 9.5 *Mimulus cardinalis*, *M. lewisii*와 근연종의 계통수** 이 종들의 공동조상은 벌에 의해 수분되는 것이었다. 벌새에 의해 수분되는 것은 두 번에 걸친 진화의 결과이다: 한 번은 *M. esatwoodiae*와 근연종의 공동조상에서, 한 번은 *M. cardinalis*에서. 우리는 이와 관련된 유전자와 그 효과에 대하여 알고 싶은 것이다. Beardsley et al. (2003)에서.

**그림 9.6** ***M. lewisii*와 *M. cardinalis*의 개체와 $F_1$, $F_2$ 자손들의 사진** (a) *M. lewisii*, (b) $F_1$ 하이브리드, (c) *M. cardinalis*, 그 외의 사진(d~l)은 $F_1$들끼리 교배하여 얻은 $F_2$ 개체들이다. $F_2$ 개체들은 꽃의 형태에 있어서 많은 변이를 보인다. Schemske and Bradshaw (1999)에서.

견된 적이 없다. 그 이유는 두 식물이 서로 다른 꽃가루 매개자를 끌어들이기 때문이다. *Mimulus cardinalis*는 벌새에 의해 꽃가루가 수분이 되고 *M. lewisii*는 벌에 의해 수분이 된다.

*M. lewisii*와 *M. cardinalis*의 꽃가루 매개자의 차이는 꽃의 차이에서 기인한다. 벌은 빨간색을 잘 보지 못하고 꽃에 기어 들어가기 위해서는 내려앉을 수 있는 발판이 필요하다. 반면에 벌새는 빨간색을 잘 보고 가늘고 긴 부리를 가지고 있어서 꿀을 먹을 때 공중에 떠 있을 수 있다. *M. lewisii*은 돌출된 착륙 발판을 가지고 있는 반면 *M. cardinalis*는 끝부분에 꿀이 있는 길게 늘어진 관을 가지고 있다. *M. lewisii*와 *M. cardinalis*의 꽃은 벌과 새에 의해 수분이 이루어지기에 적합한 색과 형태를 가졌다.

그림 9.5의 계통수에서 보이는 것처럼, *M. lewisii*와 *M. cardinalis*의 가장 최근 공동조상은 벌에 의해 수분이 이루어졌던 것 같다(Beardsley et al. 2003). 이것은 *M. lewisii*처럼 벌에 의해서 수분이 되는 꽃이 조상형이고 *M. cardinalis*처럼 빨간, 관상의, 새에 의해 수분되는 꽃이 유도된 형태라는 것을 의미한다. 그러면 우리는 이런 질문을 할 수

있다: 어떤 유전자가 *M. cardinalis*의 꽃이 급격하게 변화하는 데 관여하였는가? 몇 개의 유전자가 관여하였는가? 그 효과는 어느 정도로 강한가? QTL 매핑이 해답을 찾을 수 있을 것이다.

이러한 질문에 대하여 Bradshaw와 공동연구자들이 관심을 가졌던 것은 한편으로는 식물에 대한 매력 때문에, 또 한편으로는 이론 진화유전학의 논쟁에 자극을 받았기 때문이었다. Ronald Fisher(1930)로부터 시작하여 대부분의 진화 유전학자들은 대립유전자는 자연선택에 의해 집단 내에 고정되고 따라서 종 사이의 적응 차이에 관여하며, 실질적으로 표현형의 모든 사소한 효과에 작용한다는 입장을 고수하여 왔다. 반면, Allen Orr를 위시한 소수의 이론학자들은 몇몇의 대립유전자가 적응진화의 과정 중에 집단 내에 고정되고 큰 표현형 효과를 가져온다고 생각해 왔다(Orr and Coyne 1992; Orr 1998, 1999). Bradshaw와 공동연구자들은 물꽈리아재비속 식물을 이상적인 검증 사례로 생각했다. Orr의 견해가 옳다면, 연구자들은 꽃의 표현형에 대하여 명확한 효과를 가진 QTL을 찾을 것이다; Fisher의 견해가 옳다면 그들은 미미한 효과의 QTL들만 찾을 것이다.

Bradshaw와 공동연구자들은 *M. lewisii*와 *M. cardinalis*을 교배하여 $F_1$ 잡종을 만들었다(그림 9.6a~c). 그리고 $F_1$들을 교배하여 465개체의 $F_2$를 만들었다. $F_2$ 개체들은 다양한 꽃의 표현형을 보여준다(그림 9.6d~l). 이 결과는 Edward East의 결과(그림 9.3)와 비슷하고 유사한 유전학적 설명이 가능하다. 부모세대의 개체, *M. lewisii*와 *M. cardinalis*의 꽃의 형태에 관여하는 유전자좌위는 모두 동형접합자였다. 따라서 $F_1$은 모두 잡종이었다. $F_2$는 이형접합자인 $F_1$ 끼리의 유전적 조합의 산물이다. 어떤 유전자좌위에서 $F_2$ 개체는 *M. lewisii* 대립유전자에 대하여 동형접합자일 수도 있고 이형접합자일 수도 있다. Bradshaw와 공동연구자들은 모든 465 $F_2$ 개체들을 두 종의 식물에서 차이를 보이는 12가지 꽃의 형질에 대해 점수를 매겼다(**표 9.1**).

### 표 9.1 *M. cardinalis* 꽃과 *M. lewisii* 꽃의 대비

Bradshaw et al. (1998)에 의해 측정된 형질은 첫 번째 열에 나열되어 있고 수분의 기능에 따라 그룹화 되어 있다. 종에 따른 차이는 두 번째와 세 번째 열에 나타나 있다. Bradshaw et al. (1998)에서.

| 특징 | *M. cardinalis* | *M. lewisii* | 비고 |
|---|---|---|---|
| **수분매개자 유인** | | | |
| 꽃잎의 자주색 색소 | 높음 | 낮음 | |
| 꽃잎의 노란 색소 | 높음 | 낮음 | *M. lewisii* 꽃잎의 노란 색소는 넥타가이드라고 불리는 줄무늬 형태로 분포되어 있고 이것은 벌이 꽃에 내려앉을 때 도망치는 곤충처럼 보이게 된다. |
| 꽃잎의 수평 너비 | 높음 | 낮음 | |
| 화관 너비 | 낮음 | 높음 | |
| 화관 사업면적 | 낮음 | 높음 | |
| 꽃잎 상부 반사 | 높음 | 낮음 | |
| 꽃잎 수평 반사 | 높음 | 낮음 | |
| **수분매개자 보상** | | | |
| 꿀의 양 | 많음 | 적음 | *M. cardinalis*의 많은 꿀의 양은 아마도 새들이 벌보다 꿀을 더 먹기 때문에 생기는 적응적 형질일 것이다. |
| **수분매개자 효율** | | | |
| 수술 (수컷의 구조) 길이 | 높음 | 낮음 | 수술과 암술 길이의 차이는 중요하다 *M. cardinalis*에서 이것들은 꽃 밖으로 돌출되어 벌새가 꿀을 먹을 때 벌새의 머리를 건드리게 된다. |
| 암술 (암컷의 구조) 길이 | 높음 | 낮음 | |
| 화관 구멍 너비 | 낮음 | 높음 | |
| 화관 구멍 높이 | 높음 | 낮음 | |

Bradshaw와 공동연구자들은 무작위적으로 유전체상에 분포되어 있는 66개의 마커 유전자좌위에서 $F_2$ 식물들의 유전자형을 조사하였다. 마커유전자좌위는 염기서열이 염색체들 사이에서 변이가 보이는, 그리고 단순한 유전자 검사로 대립유전자를 알아낼 수 있는 유전체상의 위치를 말한다. Bradshaw와 공동연구자들은 *M. cardinalis*가 모두 동형접합자이고 *M. lewisii*는 또 다른 동형접합자인 마커유전자좌위들을 선택하였다. 이것은 $F_1$ 식물들은 모두 이형접합자임을 의미하고 $F_2$는 *M. lewisii* 대립유전자를 가진 동형접합자이거나, *M. lewisii*과 *M. cardinalis*의 대립유전자의 이형접합자이거나, 또는 *M. cardinalis* 대립유전자를 가진 동형접합자임을 의미한다.

*Mimulus* 유전체에서 QTL을 매핑하기 위하여 연구자들은 $F_2$ 집단을 이용하여 마커유전자좌위에서 유전자형과 표현형 사이의 통계적 연관성을 조사하였다. 표현형이 특정 마커유전자좌위의 유전자형과 연관이 있다면, 이 연관성을 표현형에 영향을 주는 QTL이 마커 근처에 있다는 증거로 해석할 수 있을 것이다.

QTL 매핑의 원리를 알아보기 위해, *lewisii* 대립유전자가 $M_L$이고 *cardinalis* 대립유전자가 $M_C$인 마커유전자좌위를 가정하자. 또한 물꽈리아재비 꽃의 형질에 영향을 주는 양적형질 유전자좌위를 가정하고 *lewisii* 대립유전자를 $Q_L$, *cardinalis* 대립유전자를 $Q_C$라고 하자. 우선 QTL과 마커유전자좌위가 물리적으로 연결된—즉 같은 염색체에서 서로 가까운—경우를 생각하자. *M. lewisii* 어버이(父 혹은 母)는 $M_LQ_L/M_LQ_L$ 유전자형을, *M. cardinalis* 어버이는 $M_CQ_C/M_CQ_C$ 유전자형을 갖는다. 여기서 $M_CQ_C$는 하나의 염색체상의 2유전자좌위 유전자형을 의미한다(그림 9.7). $F_1$ 식물들은 모두 $M_LQ_L/M_CQ_C$ 유전자형을 갖는다. 드물게 QTL과 마커 사이에 교차가 일어나지만, 이것들을 제외하고는 $F_2$ 집단은 세 가지 유전자형을 가진 식물들로 구성될 것이다: $M_LQ_L/M_LQ_L$, $M_LQ_L/M_CQ_C$, 그리고 $M_CQ_C/M_CQ_C$. *M. lewisii* 마커 대립유전자에 대하여 동형인 식물은 *lewisii*의 표현형에 가까울 것이고, 이형인 식물은 중간형태의 표현형, *M. cardinalis* 마커 대립유전자에 대하여 동형인 식물은 *cardinalis*의 표현형에 가까울 것이다(상단 오른쪽). 마커유전자좌위와 QTL은 연관 비평형(linkage disequilibrium; 8장 참조) 상태에 있다. 즉, 4가지의 가능한 유전자형 중에 단지 2가지만 존재한다. 이 연관 비평형은 마커유전자좌위

**집단 내에서 확실한 차이를 보이는 부모개체를 교배함으로써, 양적형질에 영향을 미치는 유전자좌위의 존재와 위치를 알아낼 수 있다. 자손들 사이에서 우리는 마커유전자좌위에서의 유전자형과 표현형의 상관관계를 조사한다.**

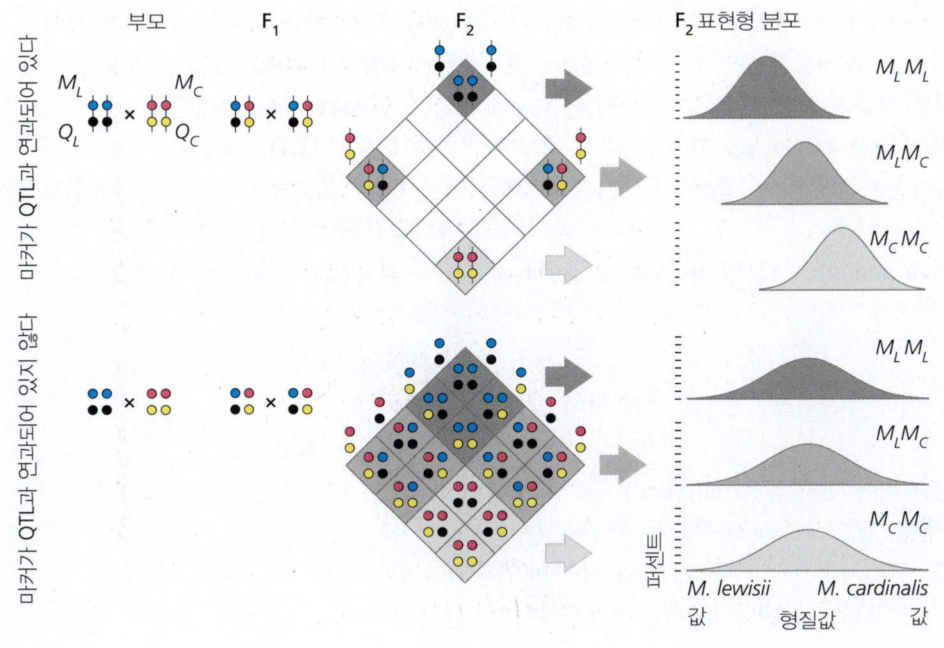


**그림 9.7 QTL 매핑의 원리** QTL 매핑을 위해서 우리는 서로 다른 종을 교배하여 $F_1$ 잡종(하이브리드)을 생산한다. 그리고, 자가교배 혹은 $F_1$ 개체들끼리의 교배를 통하여 $F_2$ 개체를 생산한다(그림 9.6 참조). 각 $F_2$ 개체들에 대하여 우리는 양적형질을 측정하고 마커 유전자좌위의 유전자형을 조사한다. $F_2$ 집단 전체를 조사한 후, 우리는 각 마커 유전자좌위에서 다른 유전자형을 가진 개체들을 비교한다. 어떤 특정 마커 유전자좌위에서 유전자형이 다른 개체들이 다른 표현형을 보인다면(오른쪽 상단), 우리는 마커 유전자좌위가 양적형질에 관여하는 유전자좌위 근처에 있으리라 추정할 수 있다.

계 산 하 기 9. 1

## 유전자 매핑과 LOD 스코어

여기에서 우리는 가능도(likelihood)를 이용한 유전자 매핑의 통계학적인 추론을 설명하기 위해 단순한 예를 언급한다. 우리는 우선 두 가지 공우성 대립유전자를 가지며 하나의 유전자좌위에 의해서 조절되는 정성적인(*qualitive*) 표현형을 생각한다. 이것은 우리가 표현형으로부터 유전자형을 추정할 수 있다는 것을 의미한다. 우리는 이 특징에 관한 유전자좌위가 특정 마커 유전자좌위와 연관되어 있는지 알고 싶다.

표현형에 영향을 미치는 유전자좌위에서의 대립유전자를 *P*와 *p*라고 하고 마커유전자좌위에서의 대립유전자를 *M*, *m*이라고 하자. 그리고 대립유전자 *P*와 마커유전자 *M*의 동형접합자인 어버이와 *p*와 *m*의 동형접합자인 어버이를 교배한다고 하자. 이 교배에서 $F_1$의 자손은 두 유전자좌위에서 이형접합자가 된다. 그리고 두 $F_1$ 개체를 교배하여 $F_2$ 개체를 얻었고 이것들이 *P*와 *M*의 동형접합자라고 하자. 우리는 이 결과가 양적형질 유전자좌위와 마커유전자좌위가 연관되어 있다는 것의 증거가 될 수 있는지 알고 싶다. 그렇게 하기 위해서 우리는 $F_1$ 교배에서 두 유전자좌위의 동형접합자를 생산해 낼 **가능도(likelihood)**를 계산할 것이다. 특정 결과의 가능도는 통계모델이 주어졌을 때 그 결과를 생산하는 확률을 의미한다. 우리는 두 모델을 생각할 것이다: 하나는 두 유전자좌위가 조합 빈도 0.1로 연관되어 있는 것이고 다른 하나는 연관되어 있지 않는 것이다.

***r* = 0.1의 연관 모델(linkage model)** : 이 모델 하에서 유전자좌위들은 배우자 감수분열의 10%가 재조합이 될 정도의 거리만큼 떨어져 있다. 이 모델에서 우리의 $F_1$ 개체들의 유전자형은 *MP*/*mp*였다. 이 개체들은 배우자를 다음과 같은 비율로 만들어 낸다: 45%의 *MP*, 5%의 *Mp*, 5%의 *mP*, 45%의 *mp*. 따라서 그것들이 *MP*/*MP*의 유전자형의 자손을 생산해 낼 확률은 0.45 × 0.45 = 0.2025이다.

**자유 재조합 모델(free-recombination model):** 이 모델 하에서 유전자좌위들은 연관되어 있지 않다. 그 결과 유전자좌위들은 감수분열 동안 50% 확률로 재조합이 일어난다. 이 모델 하에서 $F_1$ 개체들의 유전자형은 *M*/*m P*/*p*이다. $F_1$ 개체들은 배우자를 다음과 같은 비율로 생산한다: 25%의 *MP*, 25%의 *Mp*, 25%의 *mP*, 25%의 *mp*. 따라서 $F_1$이 *MP*/*MP*의 유전자형의 $F_2$ 자손을 생산해 낼 확률은 0.25 × 0.25 = 0.0625이다.

우리가 연관 모델 하의 가능도를 자유 재조합 모델 하의 가능도로 나누면 그것은 **가능도비(likelihood ratio)**가 되고, 그 값은 3.24가 된다. 이 계산은 이중 동형접합자인 $F_2$ 자손이 자유 재조합 모델 하에서 보다 연관 모델 하에서 일어날 가능도가 3배나 더 높다는 것을 보여준다. 다시 말해, $F_2$ 자손은 형질 유전자좌위와 마커유전자좌위가 연관되어 있다는 증거를 제시한다.

그러나 이것은 그다지 많은 증거를 제공하지는 않는다; 그것은 단지 한 개체의 결과에 불과하다. 우리는 많은 $F_2$ 개체를 살펴볼 필요가 있고 그것들이 종합적으로 제공하는 증거를 평가할 필요가 있다. 이를 위해서 우리는 가능도의 비율에 로그를 취한다. 이 값은 **LOD** 스코어라고 불리는 값이 되고, 이는 *logarithm of the odds*의 약자이다. 우리의 $F_2$ 첫 번째 개체의 LOG 스코어는 0.511이다. 이제 우리는 다른 개체들에 대해서도 LOD 스코어를 계산할 수 있고 그것들의 합을 구해 전체의 LOD 스코어를 얻는다. 우리가 추가로 9개체의 $F_2$를 관찰한다고 가정하자. 이중 두 개체는 *MMPP*를, 네 개체는 *MmPp*를, 한 개체는 *Mmpp*를, 두 개체는 *mmpp*를 가진다고 가정하자. LOD 스코어로서 *MMPP* 개체는 0.511 값을, *MmPp* 개체는 0.215를, *Mmpp* 개체는 −0.444를, *mmpp* 개체는 0.511 값을 갖는다. $F_2$ 10개체에 대한 전체의 LOD 스코어는 2.97이다.

많은 유전학자들은 LOD 스코어 3.0 값을 형질유전자좌위가 마커유전자좌위와 연관되어 있다고 결론내리는 기준값으로 생각한다. 우리의 전체의 LOD 값은 이 기준에 약간 부족하

와 QTL에 의해 영향을 받은 표현형 사이에 무작위적이지 않은 연관성이 있을 때 보이는 것이다.

이제 QTL과 마커유전자좌위가 연관 되어 있지 않은(unlinked) 경우를 생각하자. *M. lewisii* 부모는 $M_L/M_L\ Q_L/Q_L$ 유전자형을, *M. cardinalis* 부모는 $M_C/M_C\ Q_C/Q_C$ 유전자형을 가진다. $F_1$은 모두 $M_L/M_C\ Q_L/Q_C$ 유전자형을 가진다. QTL과 마커는 연관되어 있지 않으므로 $F_2$ 집단은 9가지 유전자형을 포함하게 된다: $M_L/M_L\ Q_L/Q_L$, $M_L/M_L\ Q_L/Q_C$,

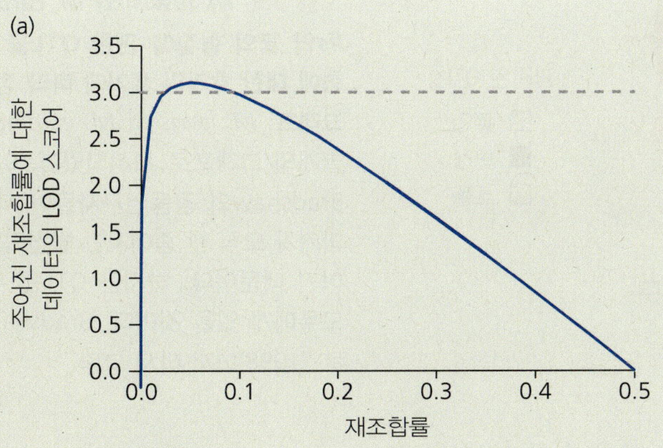


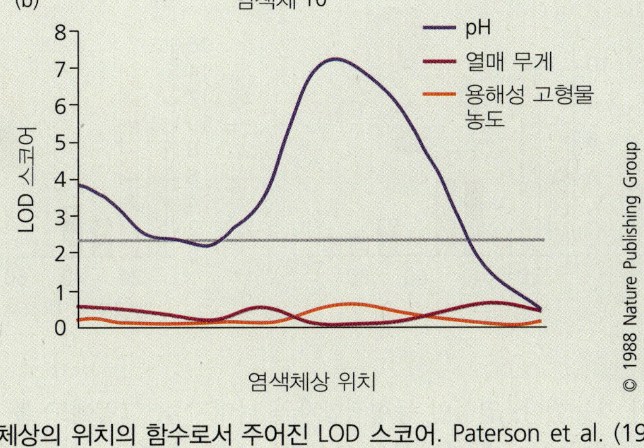


**그림 9.8 QTL 매핑의 결과는 때때로 LOD 스코어의 그래프로 요약된다** LOD 스코어는 연관을 가정한 모델과 가정하지 않은 모델 하에서 우리가 어느 정도 데이터를 잘 설명할 수 있는가를 측정한 것이다. LOD 스코어가 역치값을 넘어서는 곳에서 연관의 증거가 있다고 우리는 결론 내릴 수 있다. (a) 우리의 가상적인 데이터에서 LOD 스코어와 재조합률의 관계. (b) 토마토의 세 가지 양적형질에 대한 염색체상의 위치의 함수로서 주어진 LOD 스코어. Paterson et al. (1988)에서.

(b) Reprinted by permission from Macmillan Publishers Ltd: A. H. Paterson, E. S. Lander, et al., 1988, "Resolution of quantitative traits into Mendelian factors by using a complete linkage map of restriction fragment length polymorphisms," *Nature* 335: 721–726, Figure 3.

다. 따라서 우리는 두 유전자좌위가 재조합률 0.1로 연관되어 있다고 결론 내릴 수 없다. 그러나 다른 재조합률에 대해서는 어떨까? 우리는 같은 방식으로 재조합률 0.05, 혹은 0.2, 혹은 0에서 0.5 사이의 어떤 값을 갖는 연관 모델을 생각할 수 있다. 그림 9.8a는 우리의 데이터에 대한 모든 가능한 연관 모델 하에서 계산한 전체의 LOD 스코어를 나타낸다. LOD 스코어의 최대값은 3.10이고 이때의 재조합률은 0.05이다. 우리는 형질 유전자좌위와 마커유전자좌위는 연관되어 있고 그 사이의 재조합률의 최선의 추정값은 0.05라고 결론 내릴 수 있다.

형질의 유전학적 원리가 더 복잡하고, 형질에 영향을 미치는 QTL이 마커와 연관되어 있는지 평가하려고 한다면, 데이터는 관심 있는 형질에 대한 표현형과 마커의 유전자형으로 구성될 것이다. 우리 모델은 다른 QTL 유전자형을 가진 개체들의 표현형의 평균과, 같은 유전자형을 가진 개체 사이의 분산, 그리고 재조합률에 대한 파라미터를 포함할 것이다. 우리는 연관에 대한 LOD 스코어를 최대로 하는 파라미터들의 세트를 찾는다. 재조합 파라미터의 값은 QTL의 위치를 추정하고 다른 파라미터 값은 그 효과를 추정한다.

복수의 QTL의 증거를 찾기 위해, 연구자들은 복수의 마커 유전자좌위 데이터를 이용하여 염색체를 면밀히 조사할 수 있다. 종종 그들은 주어진 연관 모델 하에서 분석의 결과를 QTL의 염색체상 위치의 함수로 표현하고, 이를 LOD 스코어의 그래프로 나타낸다. 예를 들면 그림 9.8b는 토마토의 세 가지 양적형질—토마토 무게, 용해성 고형물의 농도, pH—에 관한 10번 염색체상의 위치의 함수로서 LOD 스코어를 보여주고 있다(Andrew Paterson et al. 1988). 2.4를 단일 QTL을 검출하는 LOD 스코어의 기준값으로 생각하여, 연구자들은 10번 염색체상에 pH에 영향을 주는 유전자좌위가 있다는 강한 증거를 발견하였다. 또한 염색체의 왼쪽 끝 가까이에서 pH에 영향을 주는 QTL이 있을지도 모른다. 토마토 무게나 용해성 고형물에 영향을 주는 QTL이 염색체 10번상에 있다는 증거는 없다.

우리가 열거한 단순한 예들과 복수의 마커를 이용한 양적형질의 분석의 차이는 확률 계산에 있다. QTL 매핑의 개략적인 내용에 대해서는 Tanksley(1993)를 참조하라. 보다 자세한 내용에 대해서는 Lynch and Walsh(1998)를 참조하라.

$M_L/M_C$ $Q_L/Q_L$ 등등. $F_2$ 개체 중에 마커와 표현형 사이에 관련성은 없을 것이다(그림 9.7 오른쪽 하단). 복수의 마커유전자좌위와 관련성을 조사함으로써, 연구자들은 QTL의 수, 위치, 표현형에 대한 영향의 세기 등을 추정하였다. QTL 매핑에 관하여 더 자세한 사항은 **계산하기 9.1**을 참조하라.

실제로, Bradshaw와 공동연구자들이 사용한 대부분의 마커 유전자좌위에서 한 대립유전자는 우성이고 다른 하나는 열성이다. 결과적으로, 단지 2개의 유전자형을 구분하는

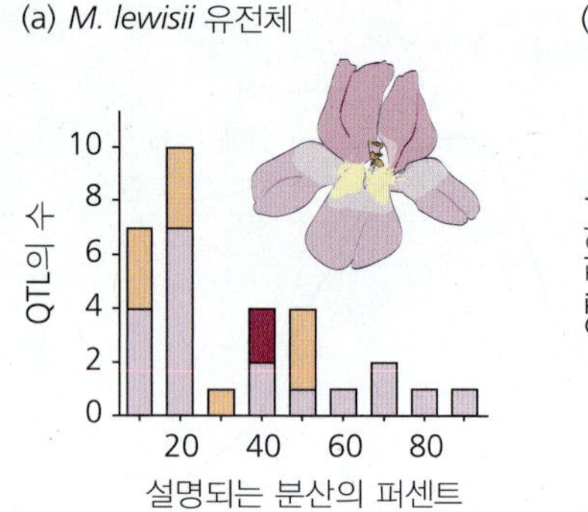


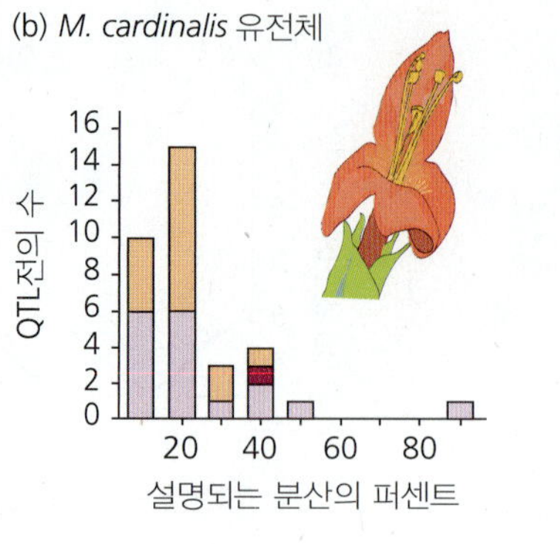


**그림 9.9 *M. lewisii*와 *M. cardinalis*의 꽃의 형질에 관한 QTL을 표현형에 대한 효과의 세기에 따라 정렬한 그래프** *M. lewisii*와 *M. cardinalis*가 별개의 그래프로 표시되었다. 이것은 Bradshaw와 공동연구자들이 사용한 마커가 오직 한 종에서만 발견되는 것이기 때문이다. 하지만 QTL은 두 종 모두에게 있을 것이다. Bradshaw et al. (1998)에서 다시 그림.

것이 가능했다: 열성인 동형접합자와 나머지들. 그럼에도 불구하고 마커 유전자좌위와 꽃의 표현형 사이에 연관성을 조사하는 것은 여전히 가능했다. 12가지 꽃의 형질 각각에 대하여, 연구자들은 점수를 매기고, 꽃의 표현형에 영향을 주는 한 개에서 여섯 개 사이의 QTL을 그들은 발견한 것이다.

이러한 QTL의 대부분의 유전자형에서의 차이들은, 그림 9.9의 그래프의 왼쪽에 있는 막대 부분에 대부분의 QTL이 위치한다는 사실이 의미하듯이, 꽃의 표현형의 변이의 사소한 분량만을 설명하는 것이다. 그러나 Bradshaw와 공동연구자들이 발견한 몇 개의 QTL은 꽃의 외관에 매우 큰 영향을 미쳤다. 12가지 꽃의 특징 중 9가지에서, 유전자형의 차이가 표현형의 변이의 25% 이상을 설명하는 QTL이 적어도 하나 존재하였다. 큰 표현형의 효과를 가진 이러한 QTL은 그림의 그래프에서 중앙 혹은 오른쪽에 위치하는 막대들이다.

Bradshaw와 공동연구자들이 찾아낸 QTL이 정말로 두 종이 분화하는 동안에 자연선택이 작용한 유전자좌위인 것인가를 확인하기 위해 Douglas Schemske와 Bradshaw(1999)는 온실에서 많은 $F_2$ 개체들을 재배하였고 자주색 색소, 노란색 색소, 꽃의 화밀, 꽃의 크기를 기록하였다. 그리고 그들은 개체들을 물꽈리아재비 두 종이 자연 상태에서 공존하는 천연 서식지에서 재배하여, 화분매개자가 어떤 꽃을 찾아가는지 기록하였다. 그들의 데이터는 어떤 강한 경향을 보였다. 벌들은 큰 꽃을 좋아하고 노란 색소의 농도가 높은 꽃을 피하였다. 반면에 벌새들은 화밀이 풍부한 꽃과 자주색 색소의 양이 높은 꽃을 찾아가는 경향이 있었다.

들판에서 자라는 $F_2$ 개체들로부터 조직을 얻어 어떤 QTL 마커를 가지고 있는지 결정함으로써, 연구자들은 노란색소의 농축과 관련된 대립유전자가 벌들의 방문을 80% 감소시키는 반면, 화밀 생산을 증가시키는 데 관여하는 대립유전자는 벌새의 방문을 두 배로 증가시킨다는 것을 알아내었다. 화분매개자로서 벌새들을 끌어들이는 데 성공함으로써 이러한 대립유전자의 빈도를 변화시킨 것이 두 식물의 분화의 기작이었던 것이다.

Bradshaw와 Schemske(2003)는 벌이 수분을 매개하던 조상으로부터 *M. cardinalis*가 진화하는 첫 번째 과정이었을 사건을 재구성하였다. 그들은 꽃잎에서 노란색 색소의 양에 강하게 영향을 주는 QTL에서는 *M. cardinalis*의 유전자형을 가지고 그 나머지 전 유전체에서는 *M. lewisii*의 유전자형을 가진 식물을 재배하였다. 이 단순한 유전적 변화는 *M. lewisii*의 꽃잎을 자분홍색에서 옅은 황오렌지색으로 변하게 하였다(그림 9.10). 자연서식지에서 이 식물들을 관찰했을 때, 새로운 유전자형의 *M. lewisii* 식물들이 야생종보다 벌들을 끌어들이지 못하지만, 벌새는 더 잘 끌어들인다는 것을 연구자들은 발견했다. 황오렌지색의 *M. lewisii*는 야생형의 *M. cardinalis*보다 벌새에게 매력적이지는 않지만, 꽃가루 매개자를 바꾸는 데 좋은 첫 출발을 한 셈이다. Bradshaw와 Schemske의

(a) 야생형의 *M. lewisii*

(b) *YUP* 좌위에 *M. cardinalis*의 유전자형을 가진 *M. lewisii*

**그림 9.10 한 유전자좌위에서의 대립유전자 차이가 수분매개자를 끌어들이는 데 큰 차이를 유발할 수 있다** 두 식물은 완전히 자매식물이다. 두 식물은 *YUP* 유전자좌위에서만 대립유전자가 다르고 그 외의 유전자좌위에서는 유전학적으로 동일하다. 그림 (a)의 꽃은 그림 (b)의 꽃에 비하여 6배나 더 벌을 잘 끌어들인다. 그림 (b)의 꽃은 그림 (a)의 꽃에 비하여 약 70배나 더 벌새를 잘 끌어들인다. Bradshaw and Schemske (2003)에서.

결과는 적응진화는 큰 효과를 가진 대립유전자의 선택적 고정을 수반한다는 Orr의 견해와 일치하는 것이고, Fisher의 견해와는 불일치하는 것이다.

QTL 매핑으로 우리는 양적형질에 영향을 미치는 유전체상의 영역의 수, 표현형에 미치는 효과의 세기, 유전체상의 위치 등을 알 수 있다. 하지만 유전자좌위의 정체나 QTL이 암호화하는 단백질은 알 수가 없다. 이것들을 결정하기 위해서 연구자들은 후보 유전자좌위들을 평가해야 한다.

## 후보 유전자좌위(Candiate Loci)

QTL을 발견하고 그 위치를 알아내기 위해 우리는 마커 유전자좌위의 유전자형과 표현형과의 연관성을 찾아야 한다. QTL의 정체와 그것이 암호화하는 단백질을 알기 위해 우리는 암호화 유전자좌위의 유전자형과 유전자좌위의 산물의 구조와 기능과의 연관성을 찾아야 한다. 우리가 유전자 산물의 기능에 관하여 이미 알고 있는 경우에는, 그것이 표현형에 미칠 영향을 알기 때문에 유전자좌위를 평가하는 법 또한 이미 알고 있는 경우가 종종 있다. 또는 암호화 유전자좌위가 우리가 마커를 이용하여 매핑한 QTL의 위치와 일치하기 때문에 암호화 유전자좌위를 평가하는 방법을 알고 있는 경우도 있다.

**유전자형과 표현형과의 상관관계를 조사함으로써 특정 유전자좌위가 양적형질에 영향을 주는지 알 수 있다.**

우리가 살펴볼 첫 번째 예는 양적형질인 사람의 개성에 관한 연구이다. Jonathan Benjamin과 공동연구자들(1996)은 새로운 것을 추구하는 개성적인 특징에 관심이 있었다. 설문지로 평가된 새로운 것을 추구하는 성향은 개인들 사이에 변이가 매우 크고 종모양의 분포를 가진다. 새로운 것을 추구하는 성향이 강한 사람들은 보다 충동적이고 흥분하기 쉽고 탐험적임에 반하여 그러한 성향이 약한 사람들은 조심스럽고, 금욕적이며 완고하다(Ebstein et al. 1996). Jonathan Benjamin과 공동연구자들은 새로운 것을 추구하는 성향에 있어서 어느 정도의 변이는 D4 도파민 수용체(D4 dopamine receptor) 유전자, D4DR의 대립유전자 변이와 관계가 있을지 모른다고 생각했다.

D4DR은 신경전달물질(neurotransmitter) 수용체이다. 그것은 뇌의 뉴런의 표면에 위치하여 다른 세포로부터 신경전달물질인 도파민의 형태로 전달되는 메시지를 기다린다. Jonathan Benjamin과 공동연구자들은 D4DR을 수용체로 사용하는 뉴런은 사람의 사고와 감정, 동물의 탐험적 행동에 관여한다는 것을 알았다. 그리고 그들은 D4DR 유전자의 한 암호화영역이 48염기쌍의 직렬반복(tandom repeat)을 가지고 있다는 것을 알았다. 반복의 횟수는 2회에서 8회까지 다양하다. 다른 반복횟수를 가진 대립유전자는 구분이 가능할 정도로 생리학적 효과에 있어서 차이를 보인다.

*D4DR* 유전자가 새로운 것을 추구하는 성향에 영향을 미치는 QTL인가 알아보기 위해서, Jonathan Benjamin과 공동연구자들은 315명의 사람에 대해서 그 성향의 점수와 *D4DR*의 유전자형을 조사하였다. 연구자들은 *D4DR* 대립유전자를 두 가지 카테고리로 나누었다: 2회에서 5회의 반복서열을 가진 *S* 대립유전자와 6회에서 8회의 반복을 가진 *L*형의 대립유전자. 그들은 피험자들을 *D4DR*의 유전자형에 따라 두 개의 그룹으로 나누었다: 두 개의 *S*를 가진 그룹(*SS*)과 적어도 하나의 *L*을 가진 그룹(*SL* 혹은 *LL*). 연구자들이 두 그룹의 사람들에 대하여 새로운 것을 추구하는 성향의 점수를 비교했을 때, 적어도 하나의 *L* 대립유전자를 가진 사람들의 점수가 *SS* 유전자형을 가진 사람들에 비하여 평균적으로 3점이 높다는 것을 그들은 알았다(그림 9.11). 이 차이는 미묘하다; 그것은 단지 성향의 3% 내지 4%의 변이만을 설명하는 것이다. *SS*를 가진 어떤 일부 사람들은 *SL*이나 *LL*을 가진 일부 사람들에 비하여 훨씬 높은 점수를 얻기도 하였다. 하지만 D4DR를 암호화하는 유전자좌위의 유전자형은 인성적인 특징에 어떤 영향을 미치는 듯 보인다(Schinka et al. 2002도 참조).

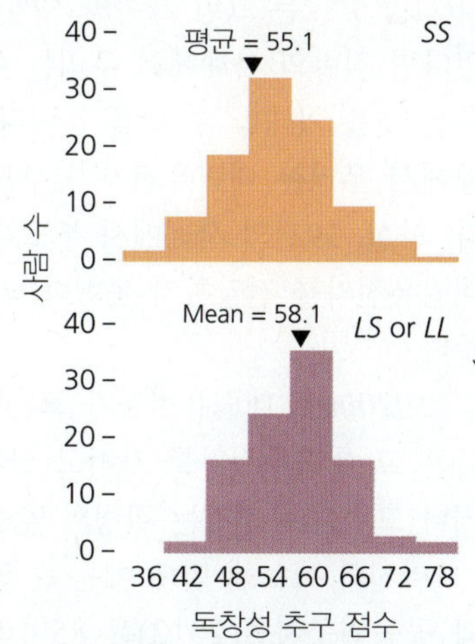


**그림 9.11 인성에 영향을 주는 양적 형질의 식별** D4 도파민 수용체 유전자좌위에서의 염기서열의 변이는 두 범주로 나뉠 수 있다: 짧은 형인 *S*, 긴형인 *L*. 유전자형 *LS*와 *LL*을 가진 사람들은 새로운 것을 추구함에 있어서 작지만 통계적으로는 유의하게 점수가 높음을 알 수 있다. Benjamin et al. (1996)에서 다시 그림.

우리가 살펴볼 두 번째 예는 장염에 의한 만성 소화기 질환인 크론병 연구의 예이다. 크론병은 가계 내에서 발병하기 쉽고, 이는 부분적으로는 유전적인 요인에 기인할 가능성을 시사한다. 게다가, 그 빈도는 최근 수십 년간 증가하여 왔고, 이는 이 병이 부분적으로는 환경적인 요소, 박테리아 병원체(Hugot et al. 2001), 혹은 장내 기생충의 감소(Moreels and Pelckmans 2005; Summers et al. 2005a, 2005b)에 의해 유발되었을 가능성을 시사한다. 크론병의 고통은 약한 수준에서 극심한 수준까지 다양하다. 우리는 그것을 양적형질로 생각할 수 있다.

Yasunori Ogura와 공동연구자들(2001)은 마커 유전자좌위를 이용한 매핑 연구로부터 크론병의 감수성에 영향을 미치는 QTL이 염색체 16번의 특정 위치에 존재함을 알았다. 이 영역은 몇 개의 암호화 유전자좌위를 포함하고, 그 중 몇몇은 이전에 평가되어 질병에 영향을 미치지 않는다는 것이 알려져 있었다. Ogura와 공동연구자들은 NOD2라는 유전자를 조사하였다. NOD2는 장내의 박테리아에 대한 면역학적 반응을 조절하는 데 도움을 주는 단백질을 암호화하는 유전자이다(Kobayashi et al. 2005). NOD2 유전자좌위의 유전자형이 크론병의 발병 위험과 연관성이 있을지 모른다는 것은 합리적인 추측이다.

Ogura와 공동연구자들은 12명의 환자로부터 NOD2 유전자를 얻어 염기서열을 결정하였다. 세 명의 환자에게서 틀 이동 돌연변이를 발견하였는데 이는 한 염기가 삽입되어 그 위치 이후에 원래의 정지코돈보다 앞선 위치에서 정지코돈을 생성해 내는 돌연변이였다. *3020insC*라고 불리는 이 대립유전자는 손상된 기능을 가진, 잘려진 단백질을 암호화한다.

*3020insC* 대립유전자가 크론병의 위험을 증가시키는지 알아보기 위하여, 연구자들은 전달 불평형 테스트(transmission disequilibrium test)를 실행하였다(Lynch and Walsh 1998 참조). 그들은 많은 크론병 환자를 조사하여 환자의 부모가 *3020insC*의 한 복사본을 가지고 있어 대립유전자가 환자에게 전달되었을 가능성이 있는 56건의 사례를 찾았다(**그림 9.12**는 그런 가족의 사례를 보여주고 있다). 대립유전자가 질병에 미치는 역할이 없다면 절반의 사례에서 우리는 이형접합자인 부모가 환자에게 그 대립유전자를 전달해 주는 것을 기대할 수 있을 것이다. 반면에 대립유전자의 역할이 있다면, 절반 이상의 사례에서 우리는 대립유전자가 부모로부터 환자에게 전달되는 것을 기대할 수 있을 것이다. 사실, 39건의 사례에서 부모가 대립유전자를 전달해 주었고 단지 17건의 사례에서만 대립유전자를 전달하지 못했다. 카이제곱 검정은 이 결과가 통계학적으로 유의함을 보여준다.

*3020insC* 대립유전자가 크론병의 유일한 원인이 아님은 확실하다. 많은 크론병 환자들은 그 대립유전자를 가지고 있지 않고, 그 대립유전자를 가진 정상인 사람도 많다. 그러나 그 대립유전자는 질병의 발병위험을 증가시키는 것으로 보인다.

마지막으로 세 번째 예는 순종 경주마의 속도에 관한 연구의 예이다. Emmeline Hill과 공동연구자들(2012)은 85마리 말의 연습과정과 모의 경주에서의 최고 속도를 측정하였다. 그들은 Myostatin 유전자의 비암호화 영역에서의 단일뉴클레오티드 다형성(single-nucleotide polymorphism)의 유전자형을 결정하였다. Myostatin은 쥐(McPherron et al. 1997), 소(McPherron and Lee 1997), 개(Mosher et al. 2007), 사람(Schuelke et al. 2004)을 포함한 다양한 포유류에서 근육질량을 조절하는 단백질로 알려져 있다. Hill과 공동연구자들이 조사한 위치에서, 몇 복사본의 유전자는 염기 C를 다른 몇 복사본은 T를 가지고 있었고 그 결과는 **그림 9.13**에 나타나 있다. 통계적으로 유의하게 *CC* 유전자형을 가진 말들이 *TT* 유전자형을 가진 말들에 비하여 다 빠른 최고 속도를 나타내고 있고 이형접합자 유전자형은 중간 속도를 나타내고 있다.

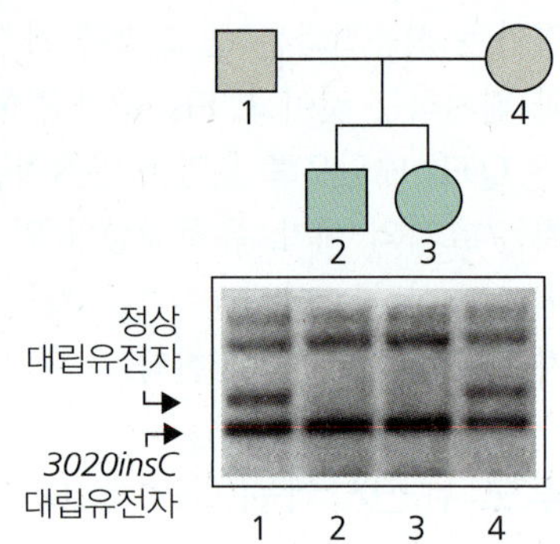


**그림 9.12 크론병을 가진 가계에서의 대립유전자의 전달** 이 가계에서 부모는 정상이고 두 자녀는 크론병을 가지고 있다. 전기영동 젤은 PCR로 증폭된 NOD2 유전자의 DNA 단편을 보여준다. 두 부모는 *3020insC* 대립유전자의 보인자이고 두 자녀는 동형접합자이다. 이 데이터는 *3020insC*의 동형접합자가 크론병의 높은 위험성을 가진다는 가설과 일치한다. Ogura et al. (2001)에서.



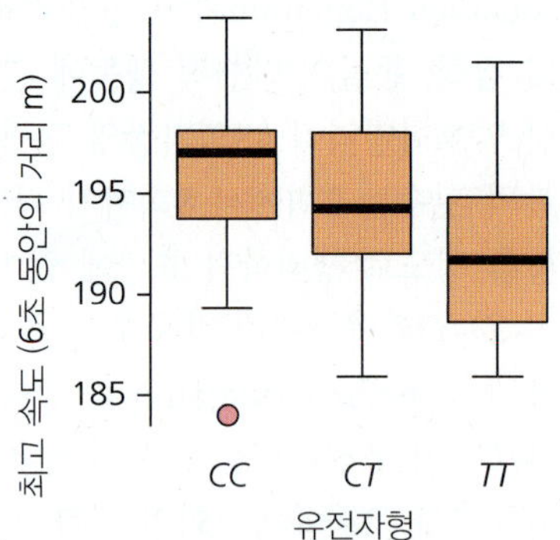


**그림 9.13 순종경주마의 최고 속도의 QTL** Myostatin 유전자의 인트론의 단일 뉴클레오티드 다형성을 85마리의 말에 대해서 결정하고, 이 말들의 최고 속도의 중앙값과, 사분위값, 아웃라이어를 나타내는 박스그림을 표시하였다. 최고 속도는 최고 속도에 다다른 시점과 그 6초 전 사이의 거리를 이용하여 측정되었다. Hill et al. (2012)에서.

Hill 등의 연구는 경주 능력 항목과 관련된 유전적 변이에 대한 것임에 주의하라. 그것은 교배비용에 투자된 돈이 그럴만한 가치가 있는 것인지를 보여주지는 않는다. 거기에는 단순히 속도의 빠름 이외의 다른 사항도 고려해야 한다. 지구력도 중요하다. Hill과 공동연구자들(2010)은 이전 연구에서 *CC* 개체들은 단거리 경주에서, *CT* 개체들이 중거리 경주에서, *TT* 개체들은 장거리 경주에서 가장 우수함을 밝혔다. 그러나 경주에서 우승한 말과 그렇지 못한 말을 비교하는 데 있어서 Hill과 공동연구자들은 대립유전자의 빈도의 차이를 발견하지 못했다. 이는 배당소득은 유전자형과 관계 없을지도 모른다는 사실을 시사한다.

우리가 살펴본 예들은 양적형질에 대한 유전체의 부위, 혹은 멘델 유전학적 유전자좌위를 추적하는 것이 가능하다는 것을 보여준 것들이다. 이러한 노력은 시간과 비용이 많이 든다. 우리는 관련된 많은 유전자의 정체를 모를 때에도 유전학과 양적형질의 진화를 이해하고 분석하기 위한 도구를 필요로 한다. 이러한 도구는 이 장의 다음 세 절의 주제이다.

## 9.3 상속되는 변이의 측정

다윈의 자연선택에 의한 진화이론을 상기하자: 집단에서 개체들 사이에 상속될 수 있는 변이가 있다면, 그리고 변이를 보이는 개체 사이에 생존이나 생식의 능력에 있어서 차이가 존재한다면, 그 집단은 진화할 것이다. 양적유전학(quantitative genetics)은 상속 가능한 변이를 측정하기 위한 도구, 생존과 생식 능력의 차이를 측정하기 위한 도구, 자연선택에 대한 진화적 반응을 예상하기 위한 도구 등을 가지고 있다. 이 절에서는 상속 가능한 변이를 측정하는 것에 대하여 초점을 맞춰 살펴볼 것이다.

**양적유전학은 많은 유전자좌위에 의해 조절되는 형질이 자연선택에 의해 진화하는 것을 분석 가능하게 한다.**

개체들이 형질의 연속적인 변이를 보이는 집단을 상상해 보자. 예를 들어 연속적인 키의 변이를 가진 인간의 집단을 상상해 보자. 연속적인 변이를 갖는 형질은 보통 히스토그램이 종 모양을 갖는 정규분포의 형태로 분포되어 있다. 인간의 집단이 이런 형태를 따른다고 가정하면, 소수의 사람은 키가 작고, 많은 사람들은 평균과 비슷하고, 소수의 사람은 키가 클 것이다. 여기에서 우리는 '키가 유전하는가?'에 대한 질문에 대답을 하고자 한다.

이 질문이 무엇을 의미하는지 주의 깊게 생각해 볼 필요가 있다. 유전에 대한 질문은 선천적 특성과 양육환경이라는 용어로 종종 표현된다. 그러나 그러한 질문은 개체들 사이의 비교에 관련되어 있을 때에만 의미가 있다. 가령, 그림 9.1a의 제일 왼쪽에 있는 한 여자에게 초점을 맞춰, 다른 사람들의 참조 없이, 이 여자가 그녀의 유전자 때문에 (선천적 특성) 혹은 그녀의 환경 때문에(양육 환경)에 키가 152 cm인가 질문하는 것은 의미가 없는 것이다. 그녀는 생존하기 위해서 유전자와 환경 모두 가지고 있어야 했고, 이는 모든 키에서도 마찬가지이다. 그녀는 그녀의 유전자에서 91 cm를 그녀의 환경에서 61 cm를 얻어 91 + 61 = 152 cm의 키가 된 것이 아니다. 그 대신, 그녀는 그녀가 처한 환경 내에서의 유전자의 활동에 의해 152 cm의 키가 된 것이다. 이 한명의 학생에 대해서 우리는 이론적으로라도 선천적 특성과 양육환경을 분리할 수는 없다.

의미 있는 질문은 비교에 관한 질문이다: 키가 작은 여자들은 키가 큰 여자들에 비해서 다른 유전자를 가지고 있기 때문에 작은 것인가? 아니면 다른 환경에서 자랐기 때문에 그런 것인가? 아니면 그 둘 다 인가? 이러한 질문에는 우리가 대답을 할 수 있다. 예를 들어 이론상으로 우리는 단신의 일란성 여자 쌍둥이 중 한 명을 장신의 여자들이 경험한 환경에서 키울 수 있을 것이다. 그 일란성 여자 쌍둥이가 여전히 152 cm의 키가 된다면 우리는 단신과 장신의 차이는 단지 유전자의 차이에 기인한다고 생각할 수 있을 것이다. 만약, 그 일란성 쌍둥이가 152 cm와 188 cm 사이의 어딘가의 키를 갖게 된다면,

**양적유전학 분석의 첫 단계는 형질의 어느 정도 양이 유전 가능한가를 결정하는 것이다. 즉, 우리는 전체 표현형의 변이($V_P$)를 유전적 변이($V_G$)와 환경적 변이($V_E$)로 분리해야 한다.**

그러한 결과는 키의 차이는 부분적으로는 유전자의 차이, 부분적으로는 환경의 차이에 기인한다는 것을 의미할 것이다. 전체의 집단을 생각하고, 우리는 다음과 같은 질문을 할 수 있다: 학생들 사이의 키의 변이의 어느 정도가 유전자의 변이에 기인하는가? 어느 정도가 환경의 변이에 기인하는가?

형질의 전체 변이가 유전자의 변이에 기인하는 비율을 우리는 형질의 **유전력(heritability)**이라고 부른다. 우리는 형질의 전체 변이를 **표현형의 변이(phenotypic variation)**라 부르고 기호 $V_P$로 나타낸다. 유전자 차이에 의한 개체 사이의 변이를 **유전적 변이(genetic variation)**라 부르고 기호 $V_G$로 나타낸다. 환경의 변이에 의한 개체들 사이의 변이를 **환경적 변이(environmental variation)**라고 하고 이를 기호 $V_E$로 나타낸다. 그러면,

$$\text{유전력} = \frac{V_G}{V_P} = \frac{V_G}{V_G + V_E}$$

로 나타낼 수 있다. 조금 더 정확히 말하자면, 이 비율은 **광의의 유전력(broad-sense heritability)**, 혹은 유전적 결정의 정도로 알려져 있다. 곧 우리는 협의의 유전력을 정의할 것이다. 유전력은 항상 0과 1 사이의 값이다.

## 부모와 자식으로부터 유전력을 추정하기

추상적인 내용에 깊이 들어가기 전에, 개체들 사이의 변이가 유전자의 변이에 기인하는 것이라면 자식들은 부모를 닮을 것이라는 사실에 주목하라. 이론적으로, 정말 그러한지 쉽게 알아볼 수 있다. 자식들의 형질을 세로축으로, 부모들의 형질을 가로축으로 하여 산점도를 만든다(그림 9.14). 모든 자식들은 2명의 부모를 갖는다. 따라서 우리는 **부모의 중간값**(부모의 평균값, **midparent value**)을 사용한다. 각 가정에 한 명 이상의 자식이 있을 경우, 우리는 **자식들의 중간값**을 사용한다. 우리는 점들과 가장 잘 일치하는 직선을 그린다. 자식들이 부모를 닮지 않는다면 직선의 기울기는 0에 가까울 것이다(그림 9.14a). 이것은 개체들 사이의 변이가 유전자가 아닌 환경의 변이에 기인한다는 것을 의미한다. 자식들이 부모들을 뚜렷하게 닮는다면, 직선의 기울기는 1에 가까울 것이다(그림 9.14c); 이것은 개체들 사이의 변이가 환경의 변이가 아닌, 유전자의 변이에 기인한다는 것을 의미한다. 대부분의 집단에서 대부분의 형질은 기울기가 0과 1의 중간 어딘가에 위치하고 자식은 보통의 닮음 정도를 보여준다(그림 9.14b); 이것은 개체들 사이의 변이가 부분적으로는 환경적 변이에, 부분적으로는 유전적 변이에 기인한다는 것을 나타내는 증거이다. 그림 9.14d는 실제의 학생 집단의 데이터를 나타낸 것이다.

그림 9.14에서 나타난 예들은 자식들의 중간값과 부모들의 중간값 관계의 최적의 직선의 기울기가 0과 1 사이임을 나타내고 이는 집단에서의 변이가 유전자의 변이에 기인하는 정도를 나타낸다. 즉, 우리는 직선의 기울기를 유전력의 추정값으로 생각할 수 있다. 우리가 점들과 직선의 수직방향의 거리의 제곱을 최소화하는 최소제곱 선형회귀법을 이용하여 최적의 직선을 구한다면 기울기는 $h^2$이라는 기호로 표현되는 유전력의 한 형태를 나타내고 이는 **협의의 유전력(narrow-sense heritability)**을 의미한다. 최소제곱 선형회귀법은 기초통계학 서적에서 소개되고 최량적합선을 결정하는, 통계프로그램에서 사용되는 표준적인 방법이다. (통계학에 익숙한 독자들의 오해를 방지하는 위해서 $h^2$는 부모의 변이에 의해서 설명되는 자손들 사이의 변이의 부분이 아니라는 점을 밝힌다. 그 양은 $r^2$이다. 대신에 $h^2$는 유전자의 변이에 기인한 부모사이의 변이의 분량의 추정값이다.)

협의의 유전력과 광의의 유전력의 차이를 설명하기 위해, 우리는 유전적 변이의 2가지 요소를 구분해야 할 필요가 있다: 첨가적 유전적 변이(additive genetic variation), 우

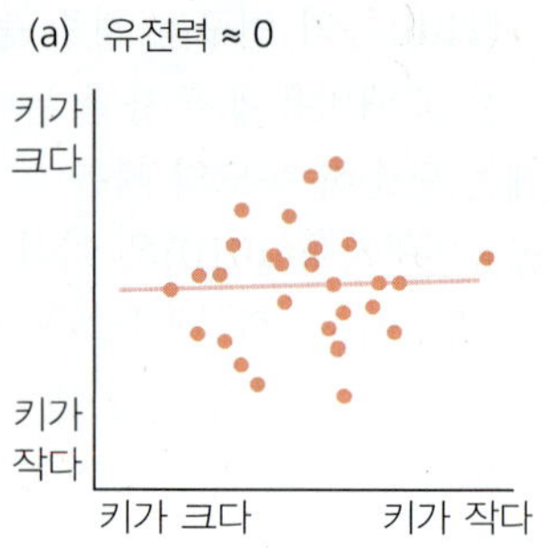


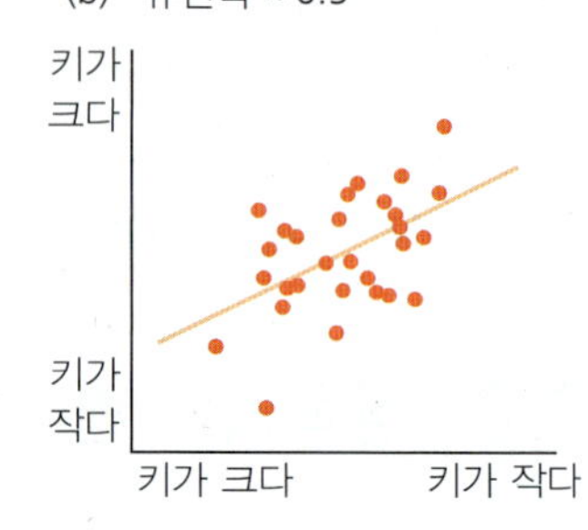


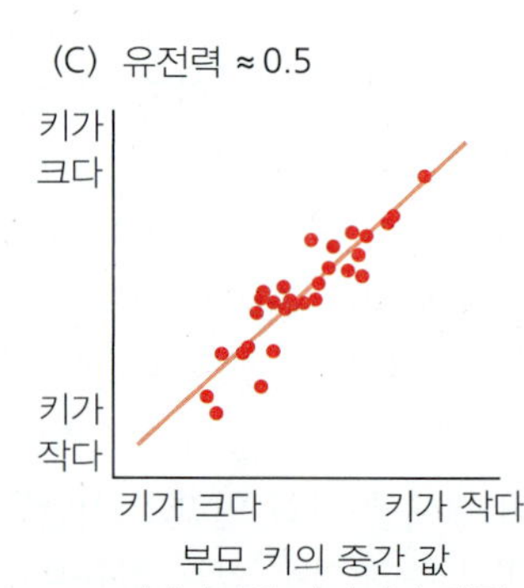


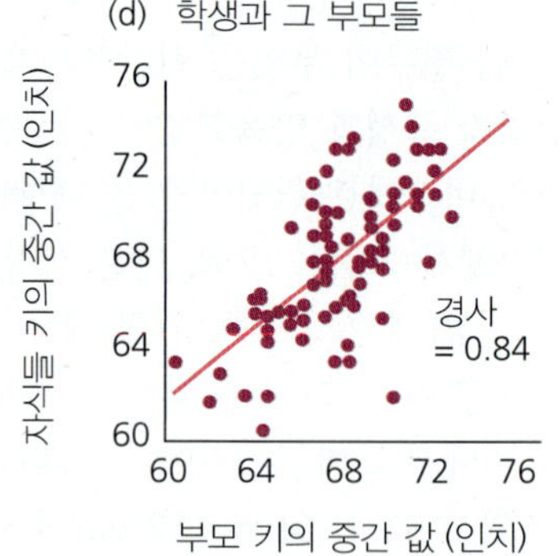


**그림 9.14 부모의 키와 자식의 키의 산점도** 세 그래프는 자식들이 부모를 (a) 전혀 닮지 않는 경우, (b) 어느 정도 닮는 경우, (c) 매우 닮는 경우를 나타낸다. 그래프 (d)는 미국 대학의 진화학 강좌를 수강하는 학생들의 실제 집단으로부터 얻은 결과이다.

계산하기 9.2

## 첨가적인 유전적 변이와 우성적 유전적 변이

여기서 우리는 첨가적 유전적 변이와 우성적 유전적 변이를 구분하기 위한 수리적인 예를 보여줄 것이다. 문제를 단순화하기 위해, 우리는 두 개의 대립유전자를 가진 한 유전자좌위를 양적형질인 것처럼 분석할 것이다. 우리는 환경적 변이는 없는 것으로 가정한다: 개체의 표현형은 유전형에 의해 유일하게 그리고 정확하게 결정된다. 대립유전자 $A_1$, $A_2$의 빈도는 각각 0.5이고 집단은 하디-바인베르크 평형 상태이다. 우리는 두 가지 상황을 생각한다: (1) 대립유전자가 공우성이다; (2) 대립유전자 $A_2$는 대립유전자 $A_1$에 대하여 우성이다.

**상황 1: 공우성 대립유전자**

$A_1A_1$ 개체는 표현형 1을 가진다. $A_1A_2$, $A_2A_2$ 개체에서 $A_2$ 한 복사본은 표현형에 0.5를 가산한다. 그림 9.15a의 왼쪽은 집단 내의 표현형의 분포를 히스토그램으로 나타낸 것이다. 중앙과 오른쪽에는 유전적 변이를 분석할 수 있게 하는 산점도가 표시되어 있다. $x$축은 유전형을 대립유전자 $A_2$의 수에 따라 나타낸 것이고 $y$축은 표현형을 나타낸 것이다. 수평의 회색 선은 집단의 평균(=1.5)을 나타낸 것이다. 중앙의 그래프는 총 변이 $V_G$가 집단 평균으로부터 데이터의 편차(녹색 화살표)의 함수라는 것을 보여준다. 우리는 $V_G$를 편차 제곱의 합을 계산함으로써 구할 수 있다. 오른쪽 그래프는 데이터 점들의 최량적합선(청색)을 나타낸다. 첨가적 유전적 변이 $V_A$는 총 변이가 최량적합선에 의해 설명되는 양으로 정의된다(오렌지색 화살표). 이 경우에는 최량적합선이 모든 유전적 변이를 설명하기 때문에 $V_G = V_A$가 된다. 우성적 유전적 변이는 없다.

**상황 2: 열성과 우성 대립유전자**

이번에도 역시 $A_1A_1$ 개체가 표현형 1을 갖는다. 하지만 $A_2$의 $A_1$에 대한 효과는 완전히 첨가적이 아니다. 그러나 $A_2$의 첫 번째 복사본(유전자형이 $A_1A_2$가 되게 하는)은 표현형을 1에서 2로 바꾸게 한다. 두 번째 복사본 $A_2$(유전형이 $A_2A_2$가 되게 하는)는 표현형을 더 이상 바꾸지 않는다. 그림 9.15b의 왼쪽에 집단에서의 표현형의 분포가 히스토그램으로 나타나 있다. 중앙과 오른쪽에는 유전적 변이를 분석할 수 있는 산점도가 나타나 있다. 중앙의 그래프는 총 유전적 변이 $V_G$가 집단평균(회색 직선)인 1.75로부터의 편차(녹색 화살표)의 함수라는 것을 보여준다. 오른쪽 그래프는 데이터 점들을 연결한 최량적합선(청색)을 나타낸 것이다. 첨가적 유전적 변이 $V_A$는 총 유전적 변이에서 최량적합선에 의해 설명되는 부분이다(오렌지색 화살표). 우성적 유전적 변이 $V_D$는 총 변이 중에 최량적합선에 의해 설명이 안 되는 부분이다(붉은색 화살표). 이 경우 직선은 단지 유전적 변이의 일부만 설명한다. 따라서 $V_G = V_A + V_D$가 성립한다.

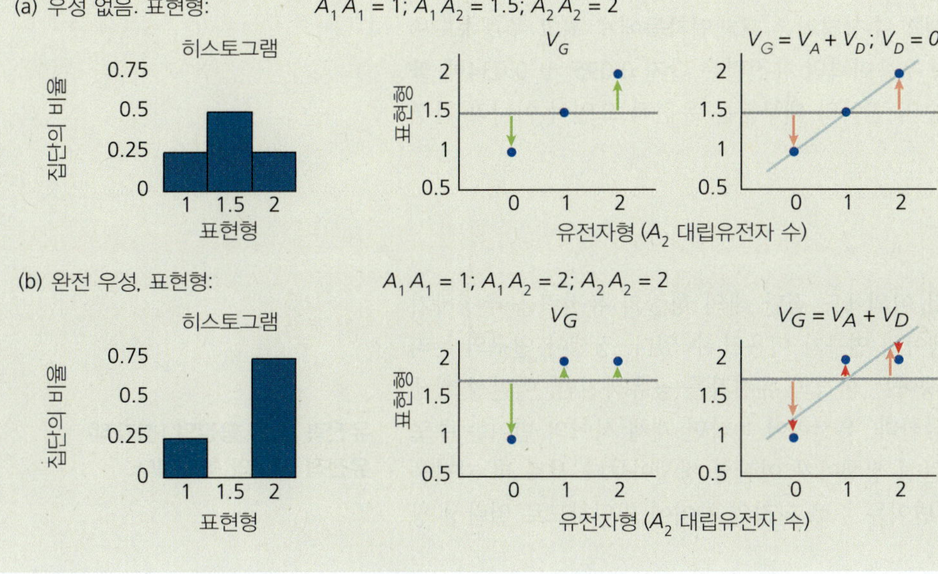


**그림 9.15 한 유전자좌위의 두 대립유전자에 의해 조절되는 첨가적 유전적 변이와 우성적 유전적 변이** (a) 우성이 없는 경우 (b)완전 우성인 경우. Felsentein (2011)에서.

성 유전적 변이(dominance genetic effect). 첨가적 유전적 변이($V_A$)는 유전자의 첨가 효과에 기인하는 개체 사이의 변이인 반면, 우성적 유전적 변이($V_D$)는 우성과 같은 유전자의 상호작용에 기인하는 개체사이의 변이이다(**계산하기 9.2** 참조). 유전적 변이의 총량은 첨가적, 우성적 유전적 변이의 합이다: $V_G = V_A + V_D$. 앞에서 정의 되었던 광의의 유전력은 $V_G/V_P$이다. 협의의 유전력, $h^2$은 다음과 같이 정의된다.

$$h^2 = \frac{V_A}{V_P} = \frac{V_A}{V_A + V_D + V_E}$$

진화생물학자들이 특별한 언급 없이 유전력을 말할 때는 대부분 협의의 유전력을 의미한다. 우리는 이후의 논의에서 협의의 유전력을 의미할 것이다. 우리가 집단이 선택에 어떻게 반응할지 추정할 수 있게 하는 것은 협의의 유전력 $h^2$이고 그것은 자식이 부모를 어느 정도 닮았는지 나타내기 때문이다.

집단에서 형질의 유전력을 추정할 때, 자손들은 부모로부터 상속받는 유전자와는 다른 이유로 닮을 수 있다는 점을 염두에 두어야 한다. 환경은 가족들에게 같이 영향을 준다. 예를 들어, 사람들 중 어떤 가족은 다른 가족보다 더 많이 운동을 하고 서로 다른 가족은 서로 다른 음식을 먹는다. 유전력의 추정값은 부모와 자식이 경험하는 환경 사이에 상관관계가 없을 때에만 정확할 것이다. 사람의 경우 이는 명백하게 불가능하다. 하지만 동물에서는 출생 시 많은 자손을 거두어 그것들을 무작위적으로 양부모에게 위탁하는 것이 가능할 것이다. 식물의 연구에서는, 들판의 무작위적인 장소에 파종하는 것이 가능할 것이다.

예컨대, James Smith와 André Dhondt(1980)는 북미산 참새(*Melospiza melodia*)를 연구하여 부리크기의 유전력을 조사하였다. 그들은 자연 상태의 둥지로부터 알이나 갓 부화한 새끼들을 모아서 무작위적으로 선택된 양부모 새에게 옮겼다. 새끼들이 성장했을 때, Smith와 Dhondt는 새끼들의 중간값을 계산하고 그 값을 진짜 부모와 양부모의 중간값과 비교하였다. 부모와 자식의 부리의 깊이의 그래프를 **그림 9.16**에 나타내었다. 새끼들은 그들의 친부모와 많이 닮았다. 양부모와는 전혀 닮지 않았고, 회귀직선의 기울기는 0과 비슷했다. 이 결과들은 부리 깊이의 변이는 실질적으로 유전자의 변이에 기인한다는 것을 의미한다. Smith와 Dhondt는 부리의 유전력을 0.98로 추정했다.

Alastair J. Wilson와 Andrew Rambaut(2008)는 2,500마리의 순종 경주마의 가계도와 일생의 수상경력을 조사하였다. 일생의 수상경력은 교배업자들에게 최고 주행속도보다 더 관심이 있는 사안이다. 말의 평생 우승이력의 유전력은 단지 0.095 ± 0.034에 불과하다는 것을 연구자들은 알았다. 우승의 변이의 대부분은 유전적 요인이 아니라 환경적 요인에 기인한다.

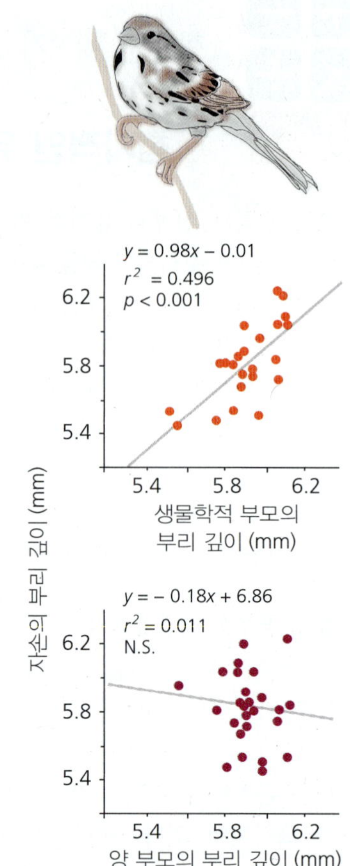


**그림 9.16 참새의 부리 크기의 유전력에 대한 실험** 위의 산점도는 자손들의 중간값과 친부모의 중간값과의 관계를 나타내고 밑의 그림은 자손들의 중간값과 양부모의 중간값의 관계를 나타낸다. 자식들은 친부모와 닮았고, 양부모와는 전혀 닮지 않았다. Smith and Dhondt (1980)에서.

## 쌍생아로부터의 유전력 추정

자식과 부모의 회귀직선을 계산하는 것 이외에도 집단 내의 형질의 유전력을 추정하기 위한 다른 방법이 있다. 예를 들면, 쌍생아의 연구가 이용될 수 있다. 쌍생아 연구의 논리는 다음과 같다(**그림 9.17**). 일란성 쌍생아는 환경과 유전자를 공유하지만, 이란성 쌍생아는 환경과 단지 절반의 유전자만 공유한다. 유전력이 높다면 개체 사이의 변이는 주로 유전자의 변이에 기인한다. 따라서 일란성 쌍생아가 이란성 쌍생아보다 서로 더 가까울 것이다. 유전력이 낮다면, 개체 사이의 변이는 주로 환경의 차이에 기인하므로 일란성 쌍생아는 이란성 쌍생아만큼 다를 것이다.

**유전력 $h^2$은 형질의 (첨가적) 유전적 변이의 척도이다.**

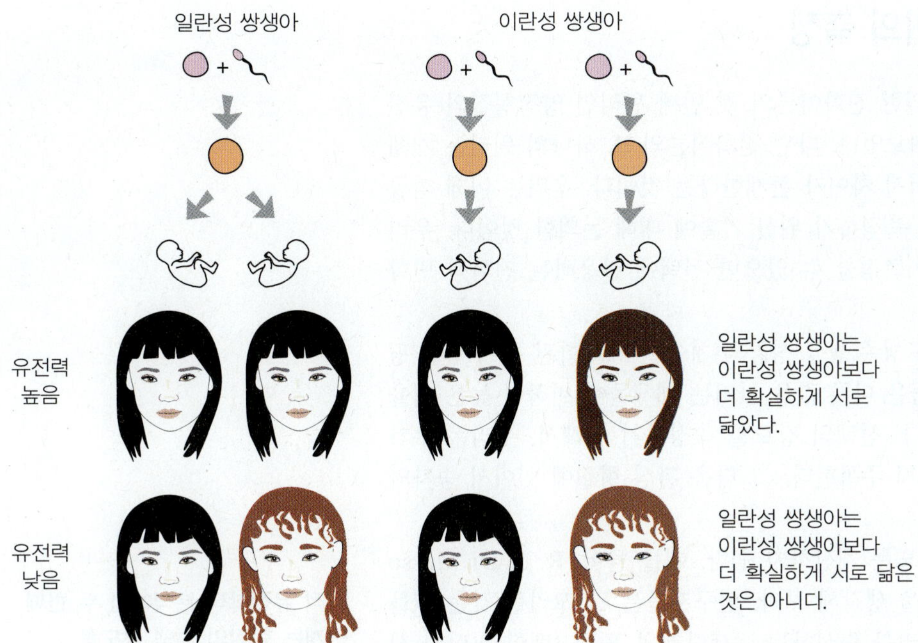


**그림 9.17 쌍생아를 이용한 유전력의 추정** 일란성 쌍생아는 하나의 수정란으로부터 유래하였기 때문에 모든 유전자를 공유한다. 이란성 쌍생아는 다른 수정란으로부터 유래하였기 때문에 유전자의 반을 공유한다. 형질의 유전력이 높다면 일란성 쌍생아가 이란성 쌍생아보다 더 서로 닮을 것이다.

Gerald McClearn과 공동연구자(1997)들은 일반 인지 능력(지적능력)의 유전력을 측정하기 위해 스웨덴의 쌍생아 집단을 연구하였다. 그림 9.1c는 110쌍의 일란성 쌍생아의 지적능력의 분포와 130쌍의 동성의 이란성 쌍생아의 분포를 나타낸다. 모든 연구 대상은 적어도 80살 이상이었다. 일란성 쌍생아는 일반 인지 능력에 있어서 이란성 쌍생아 보다 더 서로 비슷했다. Gerald McClearn과 공동연구자들은 그들의 연구 집단에서 일반 인지 능력의 유전력은 0.29에서 0.75 사이이고 최적값은 0.62라고 추정하였다.

인지 능력과 같은 형질의 유전력은 환경적 차이가 그 효과를 나타내는데 더 많은 시간을 소비했으므로 연구 대상 집단의 나이에 따라 떨어질 것이라고 독자들은 생각할지 모른다. 그러나 다소 놀랍게도, 지능을 포함한 여러 가지 심리학적인 형질의 유전력은 나이에 따라 증가하는 경향을 보인다(Bergen et al. 2007). 이에 대해 한 가지 가능한 설명은 다른 유전자형을 가진 개체들은 능동적으로 다른 방식의 생활을 선택하기 때문일지도 모른다는 것이다(Kendler and Baker 2007).

다른 종류의 쌍생아들끼리의 비교는 일란성 쌍생아가 공유하는 환경과 이란성 쌍생아가 공유하는 환경이 동등하게 유사하다고 가정한다. 이 가정은 완전히 정당화되지 못한다. 다른 종류의 쌍생아의 비교는 일란성 쌍생아는 이란성 쌍생아와는 달리 태반을 공유한다는 사실에 의하여 또한 복잡한 것이 된다. 가장 좋은 쌍생아 연구는 일란성 쌍생아의 한쪽 아이들만 보는 것이다(Lynch and Walsh 1998 참조). 그 아이들을 사촌들과 같이 기른다. 대상 형질이 유전적이라면, 쌍생아와 사촌형제 사이의 변이가 일란성 쌍생아 사이의 변이보다 더 클 것이다.

**우리는 쌍생아를 포함 친족들을 비교함으로써 유전력을 추정할 수 있다. 형질이 유전적이라면 일란성 쌍생아가 이란성 쌍생아보다 더 서로 닮을 것이다.**

유전력을 측정하기 위한 보다 자세한 방법을 알고 싶다면 Falconer(1989) 그리고 Lynch와 Walsh(1998)의 문헌을 참조하라. 형질의 유전력에 관한 데이터는 흔히 잘못 해석되고 사람을 대상으로 한 연구에서 특히 더 그러하다. 우리는 이 내용에 관해 9.7절에서 다시 다룰 것이다.

## 9.4 생존과 생식능력 차이의 측정

앞 절에서 우리는 다윈의 자연선택에 의한 진화이론의 첫 번째 원리인 양적형질의 유전적인 변이를 측정하기 위한 방법을 살펴보았다. 다윈 진화이론의 또 하나의 원리는 개체들 사이에 생존이나 생식 성공률에 있어서 차이가 존재한다는 것이다. 우리는 이제 성공률에 있어서의 차이, 즉, 선택의 강도를 측정하기 위한 기술에 대해 논의할 것이다. 우리가 유전하는 변이와 선택의 강도 둘 다 측정할 수 있으면 선택에 반응하는 진화적 변화를 예측하는 것도 가능할 것이다.

다윈의 이론에 의해 상상할 수 있는 생존/생식 성공의 차이는 체계화된 차이이다. 평균적으로 형질의 어떤 값을 가진 개체들은 다른 값을 가지는 개체들에 비하여 높은 비율로 생존하거나 더 많은 자손을 생산한다. 선택의 강도를 측정하기 위해서, 우리는 누가 생존하고 생식하며 누가 그렇게 못하는지 주목한다. 그 다음 관심 형질에 있어서 승자와 패자 사이의 차이를 정량화한다.

선택적인 교배 실험에서, 선택의 강도는 계산하기 쉽다. 예를 들어, R. J. Di Masso와 공동연구자들(1991)이 수행한 실험을 생각해 보자. 연구자들은 긴 꼬리를 갖는 쥐들을 교배하기 시작했다. 그들은 쥐의 꼬리를 형성하는 발생단계의 프로그램이 어떻게 선택에 의해서 변하는지 알고 싶었다. 쥐의 수정란이 각각 등뼈를 길게 함으로써 긴 꼬리를 만드는가? 혹은 등뼈를 추가함으로써 길게 만드는가? 각 세대에서 연구자들은 집단 내의 모든 쥐의 꼬리를 측정하였다. 그리고 가장 긴 꼬리를 갖는 쥐들을 선택해서 교배시킴으로써 다음 세대를 구성하였다.

**양적 유전학적 분석에서 두 번째 단계는 형질의 선택 강도를 측정하는 것이다. 그 한 가지 방법은 선택차이, *S*를 측정하는 것이고 이는 선택된 개체들의 평균과 전체 집단의 평균의 차이와 같다.**

선택의 강도를 정량화하는 방법을 알아보기 위해서, 연구자들이 꼬리가 가장 긴 쥐들의 1/3을 교배에 사용하였다고 가정하자. 선택의 가장 단순한 측정방법은 교배군의 꼬리 길이 평균과 전체 집단의 꼬리 길이 평균의 차이를 재는 것이다**(그림 9.18a)**. 이 선택의 측정치를 기호 *S*로 나타내고 선택차(selection differential)라고 부른다.

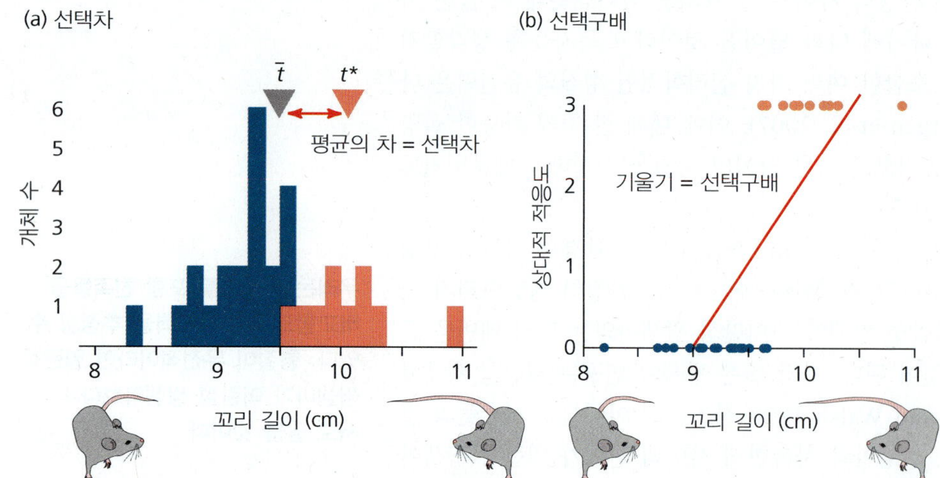


**그림 9.18 선택의 강도 측정** (a) 가상의 쥐 집단에서 꼬리 길이의 변이. 오렌지색의 막대그래프는 교배용으로 선택된 쥐들을 나타낸다. 회색 삼각형은 전체 집단의 평균을 나타내고 오렌지색 삼각형은 교배용 쥐의 평균을 나타낸다. 이 평균들의 차이가 선택차이이다. (b) 상대적응도(relative fitness)와 꼬리 길이의 관계를 나타내는 산점도. 오렌지색 점들은 교배용 쥐를 나타낸다. 최량적합선(빨간색)의 기울기 값이 선택구배이다.

계 산 하 기 9. 3

## 선택구배와 선택차

선택차는 직관적으로도 명백한 선택 강도의 척도이다: 그것은 생존개체 사이의 형질의 평균과 전체 집단의 형질 평균의 차이이다. 선택구배는 조금 더 추상적이지만, 몇 가지 이점을 가지고 있다. 그 이점 중의 하나는 선택구배는 보다 다양한 적응도 척도로서 간주될 수 있다는 점이다. 선택구배는 선택차와 밀접하게 관계되어 있기 때문에 선택구배는 직관적으로 이해되는 측면을 가지고 있다.

여기에서 우리는 쥐의 꼬리의 예를 들어 설명한다(그림 9.18). 꼬리 길이 $t$의 선택구배는 꼬리 길이의 선택차를 꼬리길이의 분산으로 나눈 것과 같은 값이다. 실험쥐의 집단에 30마리가 있다고 가정하자. 우선, 선택차는

$$S = t^{\star} - \bar{t}$$

이고 여기서 $t^{\star}$는 교배용 10마리 쥐의 꼬리 길이 평균이고 $\bar{t}$는 30마리 쥐 전체의 꼬리 길이 평균이다.

선택구배는 적응도 $w$의 꼬리 길이에 대한 함수인 최량적합선의 기울기이다. 선형회귀에서 최적의 직선의 기울기는 $y$와 $x$의 공분산을 $x$의 분산으로 나눈 값이다.

$$\text{slope} = \frac{\text{cov}(y, x)}{\text{var}(x)}$$

$y$와 $x$의 공분산은 다음과 같이 정의되고

$$\text{cov}(y, x) = \frac{1}{n}\sum_{i=1}^{n}(y_i - \bar{y})(x_i - \bar{x})$$

$x$의 분산은 다음과 같이 정의된다.

$$\text{var}(x) = \frac{1}{n}\sum_{i=1}^{n}(x_i - \bar{x})^2$$

여기에서 $n$은 관찰된 개체의 수, $\bar{y}$는 $y$의 평균, $\bar{x}$는 $x$의 평균을 의미한다. $t$에 대한 선택구배는 다음과 같다.

$$\text{선택구배} = \frac{\text{cov}(w, t)}{\text{var}(t)}$$

따라서 우리는 $\text{cov}(w, t) = t^{\star} - \bar{t}$임을 보일 필요가 있다.

정의에 따라 평균 적응도가 1이므로, 아래의 식이 성립한다.

$$\begin{aligned}\text{cov}(w, t) &= \frac{1}{30}\sum_{i=1}^{30}(w_i - 1)(t_i - \bar{t})\\ &= \frac{1}{30}\sum_{i=1}^{30}(w_i t_i) - \frac{1}{30}\sum_{i=1}^{30}(w_i \bar{t})\\ &\quad - \frac{1}{30}\sum_{i=1}^{30}(t_i) + \frac{1}{30}\sum_{i=1}^{30}(\bar{t})\\ &= \frac{1}{30}\sum_{i=1}^{30}(w_i t_i) - \bar{t} - \bar{t} + \bar{t}\\ &= \frac{1}{30}\sum_{i=1}^{30}(w_i t_i) - \bar{t}\\ &= t^{\star} - \bar{t}\end{aligned}$$

마지막 식이 명백하지 않을지도 모른다. 아래의 관계식을 보이기 위해,

$$\frac{1}{30}\sum_{i=1}^{30}(w_i t_i) = t^{\star}$$

처음 20마리의 쥐는 $w_i = 0$이고 나머지 10마리의 쥐는 $w_i = 3$이라는 사실에 주목하라. 이것은 다음을 의미한다.

$$\begin{aligned}\frac{1}{30}\sum_{i=1}^{30}(w_i t_i) &= \frac{1}{30}\sum_{i=21}^{30}(3t_i)\\ &= \frac{3}{30}\sum_{i=21}^{30}(t_i)\\ &= \frac{1}{10}\sum_{i=21}^{30}(t_i) = t^{\star}\end{aligned}$$

선택의 강도를 측정하는 두 번째 방법은 적용가능성이 넓기 때문에 매우 유용한 방법이다. 이 측정치를 선택구배(selection gradient)라고 부른다(Lande and Arnold 1983). 우리가 선택구배가 어떻게 계산되는지 기술하면, 언뜻 보기에 선택구배와 선택차이는 서로 관련이 크지 않은 것처럼 보일지도 모른다. 그러나 그 둘은 밀접하게 관련이 있고, 하나가 다른 하나로 변환될 수 있다. 꼬리 길이와 같은 단일 형질에 대한 선택을 분석한다면, 선택구배는 선택차이를 꼬리 길이의 분산으로 나눈 것과 같다(**계산하기 9.3** 참조).

**선택 강도의 두 번째 측정 방법은 선택구배를 측정하는 것이다.**

선택구배는 다음과 같이 계산할 수 있다.

1. 집단 내의 쥐들에게 적응도(fitness)의 절대치를 부여한다. 우리는 적응도를 생식력이 있는 나이까지의 생존으로 생각할 것이다. 우리의 집단에서는 1/3의 쥐가 생식 가능할 때까지 생존하였다. (이것은 짧은 꼬리의 쥐들이 교배집단에서 제외되었을 뿐 살처분되었다는 것을 의미하는 것은 아니다; 교배집단에 한정하여 말하면, 짧은 꼬리 개체들은 교배하지 않았고 따라서 생식 가능할 정도로 생존하지 않은 것으로 간주한다.) 짧은 꼬리를 가진 2/3의 쥐들은 적응도 0을 갖고 긴꼬리를 갖는 1/3의 쥐들은 적응도 1을 갖는다.
2. 적응도의 절대값을 상대값으로 변환한다. 집단의 평균 적응도는 0.33이다(예를 들어 집단에 30개체가 있다면 평균은 [{20 × 0} + {10 × 1}]/30 = 0.33이 된다). 우리는 각 쥐의 절대 적응도(0 혹은 1)를 평균(0.33)으로 나누어 상대 적응도를 구한다. 짧은 꼬리의 쥐는 상대 적응도 0을 가지고 긴 꼬리의 쥐는 상대 적응도 3을 갖는다.
3. 꼬리 길이의 함수로서 상대 적응도의 산점도를 그리고 회귀직선의 기울기를 구한다(그림 9.18b). 최량적합선의 경사가 선택구배이다.

선택구배는 상대적인 적응도의 회귀직선의 기울기이다.

선택구배의 이점은 그 값을 생존이 아닌 적응도의 척도로 볼 수 있다는 점이다. 예를 들어 우리는 젖을 뗀 쥐의 수로 자연상태 쥐의 적응도를 측정할 수도 있다. 우리가 우선 각 쥐의 상대 적응도(절대 적응도를 집단평균으로 나눈 것)를 계산하고 꼬리의 함수로서 상대 적응도의 그래프를 그린 후, 회귀직선의 기울기를 구하면, 그 기울기는 선택구배가 되는 것이다.

Di Masso 등은 긴 꼬리의 쥐를 연속적인 18세대 동안 선택하였다. 18번째 집단에서 실험군 집단은 대조군 집단의 쥐보다 10% 긴 꼬리를 가졌다. 대조군의 쥐는 26 혹은 27개의 척추뼈를 가졌던 반면, 꼬리가 긴 집단은 꼬리에 28개의 척추뼈를 가졌다. 발생 프로그램은 척추뼈가 개별적으로 길어지는 것이 아니라 많은 척추뼈를 가지도록 변화한 것이다.

## 9.5 선택에 대한 진화적 반응의 예측

우리가 유전력과 선택차를 안다면 선택에 대한 진화적인 반응을 예측할 수 있다. 예측을 위한 식은 다음과 같다.

$$R = h^2S$$

여기에서 $R$은 선택에 대한 예상 반응, $h^2$은 유전력, $S$는 선택차이다.

우리가 $h^2$와 $S$를 알면 그것들을 이용하여 $R = h^2S$의 관계식으로 선택의 반응을 예측할 수 있다.

이 식의 논리적인 설명이 **그림 9.19**에 나타나 있다. 이 그림은 그림 9.14와 마찬가지로 자손의 중간값과 부모의 중간값의 산점도를 나타낸다. 그림 9.19에서 나타난 산점도는 쥐의 30개 가족 집단의 꼬리의 길이를 나타낸 것이다. 그래프는 자식의 중간값, 부모의 중간값의 회귀직선을 포함하고 그 회귀직선의 기울기는 유전력 $h^2$이다.

우선 $x$축을 보라. $\overline{P}$은 전체 집단에서 부모의 중간값의 평균이다. $P^\star$은 부모의 중간값 중 가장 큰 10개의 평균이다. $\overline{P}$과 $P^\star$의 차이는 선택차($S$)이다. 우리가 교배를 위해서 가장 큰 값을 갖는 부모 10쌍을 선택했다면 $P^\star$은 그 선택된 값을 의미한다.

이제 $y$축을 보자. $\overline{O}$는 전체 집단에서 자식의 중간값의 평균이다. $O^\star$은 가장 큰 중간값을 갖는 10쌍의 부모로부터 태어난 자식의 중간값의 평균을 나타낸다. $\overline{O}$과 $O^\star$의 차이는 진화적 반응($R$)이고 이는 가장 큰 값을 갖는 10쌍의 부모를 교배로 사용했을 때 우

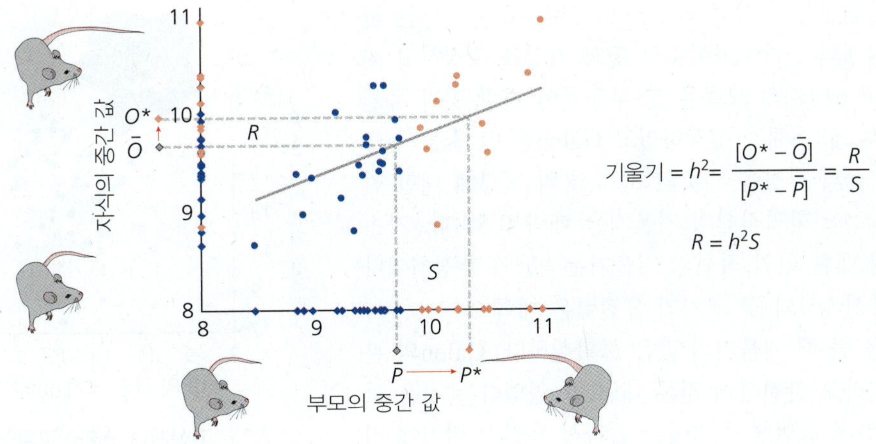


**그림 9.19 선택에 대한 반응 $R$의 예측** 자식의 중간값과 부모의 중간값을 산점도의 점으로 x, y 두 축 위에 다이아몬드 형태로 나타냈다. 오렌지색으로 표시된 점들은 부모의 중간값이 가장 큰 10쌍을 나타낸다. $\overline{P}$은 전체 집단에서 부모의 중간값의 평균을 나타낸다; $P^\star$은 오렌지색의 평균을 나타낸다. $\overline{O}$은 전체 집단에서 자식의 중간값의 평균을 나타낸다; $O^\star$는 오렌지색의 평균을 나타낸다. Falconer (1989)에서.

리가 선택의 결과로 얻게 되는 값이다.

직선의 기울기는 $x$축의 변화에 따른 $y$축의 변화로 계산된다. 선택이 작용된 집단의 평균과 선택이 작용하지 않은 집단의 평균을 비교한다면($P^\star - \overline{P}$)의 증가함에 따라($O^\star - \overline{O}$)가 증가한다는 것을 우리는 알게 된다. 그러므로

$$h^2 = \frac{(O^\star - \overline{O})}{(P^\star - \overline{P})} = \frac{R}{S}$$

즉, $R = h^2S$이다.

이제 우리는 자연선택 하에서 양적형질의 진화를 연구하기 위한 도구를 갖추게 되었다. 우리는 형질의 어느 정도의 변이가 유전자의 변이에 기인한 것인지 추정할 수 있고, 생존이나 생식에서의 차이로부터 기인한 선택의 강도를 정량화할 수 있으며 집단의 어느 정도가 한 세대에서 다음 세대로 변화하는지 예측하기 위해 이 두 결과를 이용할 수 있다.

## 고산 지대의 스카이파일럿과 호박벌

생물학자들이 양적유전학으로 답할 수 있는 질문의 예로서 로키산맥의 다년생 야생 고산식물이며 꽃고비속의 식물인 스카이파일럿(*Polemonium viscosum*)의 꽃의 크기에 대한 Candace Galen(1996)의 연구를 살펴보자(그림 9.20a). Galen은 고지대의 툰드라의 집단과 수목한계선에 자라는 집단을 포함하는 펜실베이니아 산맥의 집단을 연구하였다. 수목 한계선에서 스카이파일럿은 파리, 단생벌(solitary bee), 호박벌(bumblebee) 등의 다양한 곤충에 의해서 수분이 이루어진다. 툰드라 지역에서는 호박벌에 의해 거의 독점적으로 수분이 이루어진다(그림 9.20b). 툰드라 지역의 꽃은 수목한계선에서의 꽃보다도 직경이 평균적으로 12% 크다. 이전에 Galen(1989)은 큰 꽃이 호박벌을 더 많이 끌어들이고 더 많은 호박벌을 끌어들이는 스카이파이럿은 더 많은 씨를 생산한다고 보고한 바 있다.

Galen은 호박벌의 꽃의 크기에 따른 선택이 툰드라 스카이파일럿의 큰 꽃에 영향을 주었는지 알고 싶었다. 또한 만약 그렇다면, 호박벌에 의한 선택이 스카이파일럿 집단의 꽃 크기를 12%(즉, 툰드라지역과 수목한계선 지역의 꽃 크기의 차이) 증가시키는 데 얼마나 오랜 시간이 걸렸는지도 알고 싶었다.

(a)

(b)

**그림 9.20 고산지대 스카이파일럿과 호박벌** (a) 고산지대 스카이파일럿 (*Polemonium viscosum*) (b) 호박벌(*Bombus* sp.).

Galen은 꽃 크기가 작은 수목한계선 집단을 가지고 연구를 하였다. 우선 그녀는 꽃 크기의 유전력을 추정하였다. 그녀는 144개의 스카이파이럿의 꽃의 직경을 측정하고 씨앗을 채취하였다. 이 씨앗들을 발아시키고 617개의 묘목을 그 부모들이 자란 곳과 동일한 서식지에 무작위로 이식하였다. 7년 후, 58개체가 성장하였고 Galen은 그 꽃들의 크기를 측정하였다. 이로써 그녀는 자손의 꽃의 직경을 씨앗의 모계 꽃의 직경에 대한 함수로써 그래프를 그릴 수 있었다(그림 9.21). 회귀직선의 기울기는 대략 0.5이다. 자손 대 부모의 한쪽(부모의 중간값이 아닌)에 대한 회귀 직선의 기울기는 $\frac{1}{2}h^2$의 추정치이다(Falconer 1989 참조). 따라서 수목 한계선에서의 꽃 크기의 유전력은 대략 2 × 0.5 = 1이다. 하지만 그림 9.21의 흩어진 양상을 볼 때 기울기의 값은 불확실하다. Galen의 분석은 꽃 크기의 유전력이 0.2에서 1 사이라고 안전하게 결론 내릴 수 있었다는 것을 보여준다. 즉, 꽃 크기에 있어서 적어도 20%의 표현형의 변이는 첨가적 유전적 변이에 기인한 것이다.

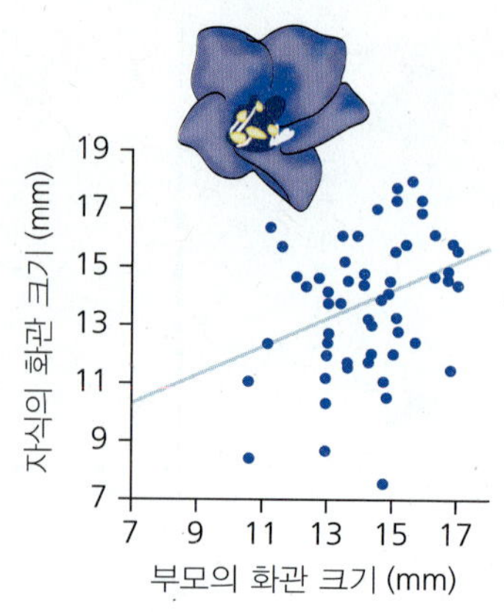


**그림 9.21 고산지대 스카이파일럿 화관 크기(corolla flare)의 유전력 추정** 이 산점도는 58개체에 대하여 자식의 꽃크기를 어머니의 꽃크기의 함수로서 표현한 것이다. 최량적합선의 기울기는 0.5이다. Galen (1996)에서 다시 그림.

그 다음 Galen은 호박벌에 의한 선택의 강도를 추정하였다. 호박벌은 큰 꽃을 선호하고 많은 호박벌이 있으면 더 많은 씨앗이 생산된다는 것을 상기하라. Galen은 가리개로 싸여진 케이지를 설치하여 개화가 임박한 98개체와 호박벌을 옮겨 두었다. 케이지는 호박벌은 안에 있게 하고 다른 수분매개 곤충은 밖으로 내보낸다. 케이지 안의 꽃이 개화하였을 때, Galen은 꽃의 크기를 측정하였다. 후에 그녀는 씨앗을 채취하였고 실험실에서 발아시켜 어버이의 서식지와 같은 서식지에 무작위로 이식하였다. 6년 후, Galen은 케이지에서 자란 식물의 살아남은 자손의 수를 세었고 이를 적응도의 척도로 이용하였다. Galen은 꽃 크기의 함수로서 상대 적응도의 그래프를 그렸고 최적 피팅 직선의 기울기를 계산하였다(그림 9.22). 이 기울기는 0.13이었고 이는 호박벌 수정으로 인한 선택구배이다. 선택구배에 꽃 크기의 분산 5.66을 곱하면 선택차 $S$ = 0.74 mm이 된다. 꽃 크기의 평균은 14.2 mm이었다. 따라서 선택차는 $\frac{0.74}{14.2}$ = 0.05 혹은 5%로 표현될 수 있다. 대략, 이것은 스카이파일럿이 호박벌을 끌어들여 생식을 하려고 할 때 성공하는 식물은 평균보다 5% 큰 꽃을 가진 것들이라는 것을 의미한다.

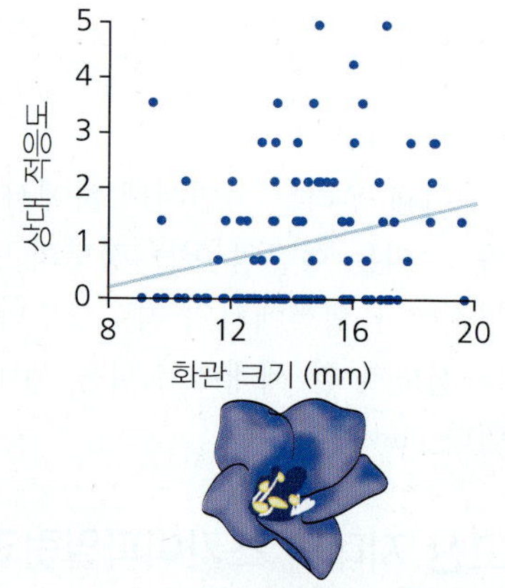


**그림 9.22 호박벌에 의해 수분되는 고산지대 스카이파일럿에 대한 선택구배 추정** 이 산점도는 상대적인 적응도(6년 된 자손이 생존하는 수를 6년 된 자손이 생존하는 수의 평균으로 나눈 것)를 어머니 개체의 화관의 크기(corolla flare)의 함수로서 표현한 것이다. 최량적합선의 기울기는 0.13이다. Candace Galen의 자료.

Galen은 호박벌이 큰 꽃을 선호한다는 것을 확인하기 위해 두 가지 대조 실험을 실행했다. 한 실험에서, 그녀는 스카이파일럿을 (크기와 관계없이) 손으로 수분시켰다. 다른 실험에서 그녀는 스카이파일럿이 호박벌을 제외하고 자연 상태의 꽃가루 매개 곤충에 의하여 수분이 되게 하였다. 두 실험 모두 꽃의 크기와 적응도 사이에 어떠한 상관관계도 보이지 않았다. 단지 호박벌만이 큰 꽃을 선택하는 것이다.

Galen의 데이터로 그녀는 수목한계선에서의 스카이파일럿 집단이 호박벌의 선택에 어떻게 반응하는지 예측할 수 있었다. 그녀가 생각한 시나리오는 다양한 곤충에 의해 수분이 이루어지는 수목한계선 스카이파일럿 집단이 (씨앗이 퍼짐에 따라) 툰드라로 이동하였고, 툰드라에서는 현재 호박벌에 의해 독점적으로 수분이 이루어지고 있다는 것이다. 최저 추정값인 $h^2$ = 0.2와 $S$ = 0.05라는 추정값을 이용하여 Galen은 선택에 대한 반응은 $R = h^2S$ = 0.2 × 0.05 = 0.01이 될 것이라 예상하였다. 최대 추정값인 $h^2$ = 1과 $S$ = 0.05 추정값을 이용하면 선택에 대한 반응은 $R = h^2S$ = 1 × 0.05 = 0.05이 될 것이라 예상하였다. 즉, 한 세대의 호박벌에 의한 선택은 수목한계선에서 툰드라로 이주한 스카이파일럿 집단의 꽃 크기를 평균 1~5% 증가시켰다는 것을 의미한다.

따라서 Galen의 예상은 꽃의 크기는 호박벌의 선택 하에 빠르게 진화한다는 것이었다. 이 예상이 옳은가? 앞에서 기술한 실험을 상기하자. 그 실험에서 Galen은 손 혹은 호박벌에 의해 독점적으로 수분이 이루어진 수목한계선 스카이파일럿의 자손들을 재배하

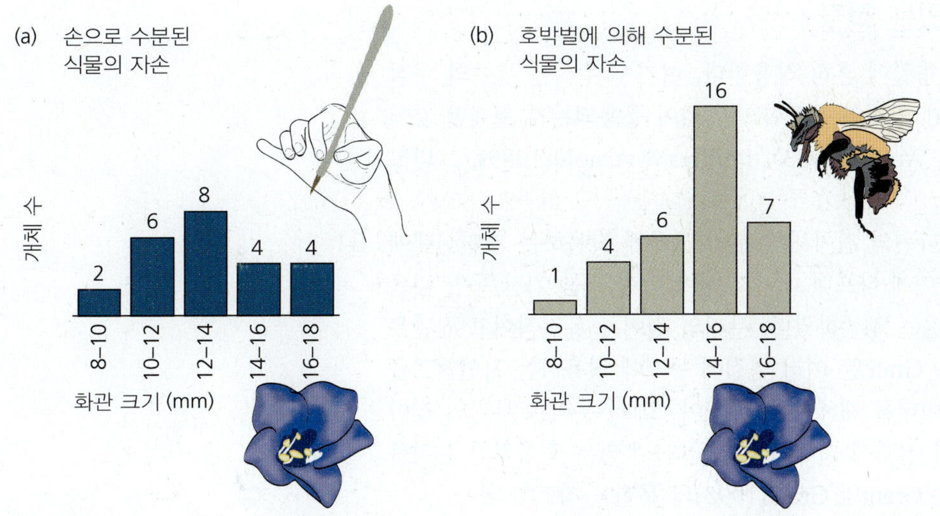


**그림 9.23 고산지대 스카이파일럿의 선택에 대한 진화적 반응의 측정** 이 히스토그램은 사람의 손으로 수분된 스카이파일럿 자손의 화관 크기(a; 평균 = 13.1 mm)와 호박벌에 의해 수분된 스카이파일럿 자손의 화관 크기(b; 평균 = 14.4 mm)를 나타낸다. Galen (1996)에서 다시 그림.

였다. Galen은 각 그룹의 평균 꽃 크기를 계산하여 호박벌에 의해 수분이 이루어지는 스카이파일럿의 자손이 손으로 수분이 이루어진 식물보다 평균적으로 9% 더 크다는 것을 발견했다(그림 9.23). 그녀의 예상은 옳았다: 스카이파일럿은 선택에 대하여 강하고 빠른 반응을 보여준다. 사실, 반응은 Galen이 예상한 것보다 더 큰 것이었다.

Galen은 수목한계선과 툰드라 지역의 꽃의 크기에 있어서 12% 차이는 수목한계선의 스카이파일럿은 다양한 곤충에 의해 수분되지만 툰드라 지역의 것은 호박벌에 의해서만 독점적으로 수분된다는 사실로 설명될 수 있다고 결론지었다. 수목 한계선 지역의 스카이파일럿은 호박벌이 수분을 하지 않더라도 씨를 퍼뜨릴 수 있다. 하지만 툰드라 지역의 것은 그렇지 못하다. 게다가 수목한계선의 스카이파일럿이 툰드라 스카이파일럿처럼 큰 꽃으로 진화하는 데는 불과 몇 세대밖에 걸리지 않을 것이다.

## 순종 경주마와 교배 비용

우리는 순종 경주마의 평생 경기 우승 능력의 유전력이 0.095임을 이미 살펴보았다. 변이의 대부분이 훈련, 기수, 경주, 그리고 다른 환경적인 요인들—운을 포함해서—에 기인하지만, 그럼에도 불구하고 어느 정도 유전적 변이는 존재한다. 이것은 교배업자들이 구매하기에 좋은 유전자를 가진 말이 있음을 의미한다.

말 교배업자는 긴 꼬리를 가진 쥐나 스카이파일럿을 수분시킨 호박벌을 교배시킨 생물학자처럼 대량 선택을 하지 않는다. 우리는 선택차를 계산하는 단순한 방법을 사용할 수 없다. 그러나 Alastair Wilson과 Andrew Rambaut(2008)는 종마의 자손의 우승을 예측하기 위하여 554마리의 종마와 우승의 유전력에 관한 데이터를 연구하였다. 예측되는 상금은 $57,500에서 $140,000 사이였다. 종마의 교배 비용은 사소한 액수부터 $500,000에 이르기까지 다양했다. 그림 9.24는 예상되는 상금과 종마비용의 관계를 보여준다. 최량적합선의 기울기는 단지 0.02에 불과하고 0과의 차이는 유의하지 않다. 이것은 종마비용으로 1달러를 사용하면 상금으로 대략 2센트가 돌아온다는 것을 의미한다. 상금 획득이 소유주가 돈을 벌어들이는 유일한 방법은 물론 아니다. 하지만 교배업자는 투자의 대가로 많은 것을 얻지는 못하는 것 같다.

9.3, 9.4, 9.5절에서 우리는 한 번에 단지 하나의 형질의 진화를 분석하기 위한 양적 유전학의 도구를 사용하였다. 하지만, 우리가 개발한 도구는 복수의 형질의 동시적인 진화를 분석하기 위해 일반화될 수 있다.

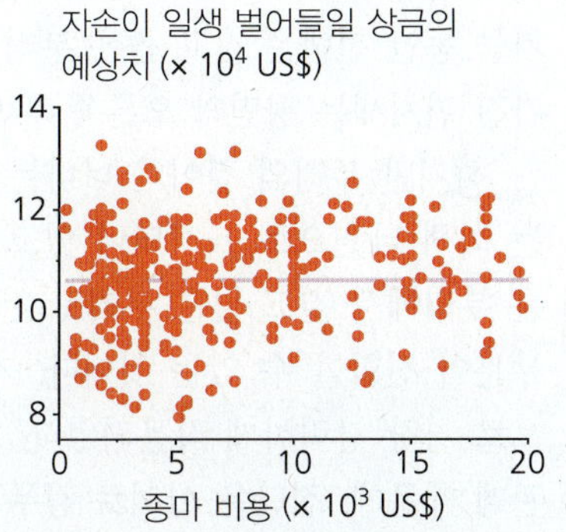


**그림 9.24 더 비싼 종마의 자손이 더 많은 상금을 획득하는 말이 될 것인가?** 그렇지 않다. 소수의 매우 비싼 종마는 이 그림에서 제외되었다. Wilson and Rambaut (2008)에서.

## 복수형질의 선택과 상호 관련 있는 형질

자연상태에서 선택은 한꺼번에 여러 형질에 흔히 작용한다. 여기서 우리는 복수의 형질에 작용하는 선택을 분석하는데 어떻게 양적인 유전학의 기법이 응용되는지 소개할 것이다. 수학적인 자세한 사항은 Lande와 Arnold(1983), Phillips와 Arnold(1989), 그리고 Brodie 등 (1995)의 문헌을 참고하라.

이 책의 앞부분(3장)에서 우리는 다윈의 핀치새의 부리 크기에 작용하는 자연선택에 대해서 논의하였다. 1976~1977년 사이에 다프네 메이저 섬에 닥친 가뭄 기간 동안 깊은 부리를 가진 중형지상핀치가 높은 비율로 생존하였다. 부리의 깊이는 유전적이고 집단은 진화하였다. Peter Grant와 Rosemary Grant는 여러 형질에 동시에 작용하는 자연선택을 보기 위하여 자연선택에서 얻어진 데이터를 재해석하였다. 여기에서 우리는 부리의 깊이와 부리의 너비에 관해 그들이 분석한 결과에 대해서 논의한다. 우리는 정성적인 논의를 할 것이다. 수치에 대한 자세한 사항은 Grant와 Grant(1995)의 문헌을 참조하라.

다프네 메이저 섬의 중형지상핀치는 부리의 깊이와 부리의 너비에 있어서 변이를 보인다. 이러한 형질은 강하게 상관관계를 가지고 있다. 깊은 부리는 넓은 경향이 있고 얕은 부리는 좁은 경향이 있다. 이러한 경향에는 여러 가지 이유가 있지만 우리의 관심을 끄는 것 중의 하나는 이러한 형질이 유전적으로 상관관계를 가지고 있다는 점이다. 즉, 깊은 부리의 유전자를 상속받는 핀치새는 넓은 부리의 유전자를 상속받는 경향이 있고 그 역의 경향도 존재한다. 깊이와 너비는 같은 유전자들이 두 형질에 영향을 주기 때문에, 혹은 과거의 선택이 깊이 유전자와 너비 유전자의 대립유전자 조합을 선호해왔기 때문에 유전적으로 상관되어 있을지 모른다.

1976~1977년 사이의 가뭄 동안, 먹이가 충분하지 않았고 많은 핀치새들이 굶주렸을 때, 선택은 부리의 깊이와 너비에 작용을 하였다. 우리가 이러한 형질들의 하나만 본다면, 우리는 부리 크기에 대한 적응도와 관계된 회귀직선의 기울기로서 선택의 강도를 측정할 수 있을 것이다. 이것은 선택구배이다. 두 형질을 동시에 보기 위해서, 우리는 부리의 깊이와 너비 두 항목의 적응도와 관계된 회귀평면의 기울기로서 선택의 강도를 측정할 수 있다. 이 기울기가 2차원 선택구배이다.

**그림 9.25a**의 3차원 그래프를 보라. 부리 깊이는 수평의 한 축에 너비는 수평의 다른 한 축에 표시되어 있다. 적응도는 세로축에 표시되어 있다. 푸른 좌표로 주어진 평면은 회귀 평면이다. 이 선택 평면의 각 모퉁이에 적응도는 푸른 삼각형으로 표시되어 있다. 가뭄 동안 선택은 깊고 좁은 부리를 가진 새들을 선호하여 작용하였다. 높은 생존 기회를 가진 핀치새는 평면의 오른쪽 후면의 모퉁이에 있는 새들일 것이다.

하지만 부리의 깊이와 너비는 유전적으로 상관이 있다는 것을 상기하라. 이 상관관계는 회색 타원으로 표시되어 있고 핀치새의 집단의 변이를 나타낸다. 이 변이가 얕고 좁은 부리에서 깊고 넓은 부리로 전이되기 때문에 집단은 검은색의 양쪽 화살표를 따라 대부분이 진화할 수 있는 것이다. 가뭄 동안, 선택은 검푸른 굵은 화살표가 나타내는 방향으로 가장 강력하게 작용되었다. 하지만 부리의 깊이와 부리의 너비 사이의 유전적 상관관계 때문에, 집단은 실제로 검푸른 화살표와 저항이 가장 적은 경로 사이의 경로를 따라 진화하였다. 선택은 좁은 부리보다 깊은 부리를 더 강하게 선호한다. 결과적으로 집단 평균은 가뭄 이전 보다 더 깊고 더 넓은 부리 쪽으로 이동하였다. 이 변화는 굵은 오렌지색 화살표로 나타난다.

**형질이 유전적으로 상관되어 있을 때, 한 형질에 대한 선택은 다른 형질도 같이 이끌어 갈 수 있다.**

3차원 그래프는 해석하기 힘들 수 있기 때문에, 우리는 그림 9.25b~d를 준비하였다. 이 그림들은 같은 분석을 2차원 그래프로 나타내 준다. 그림 9.25b는 부리의 너비를 일

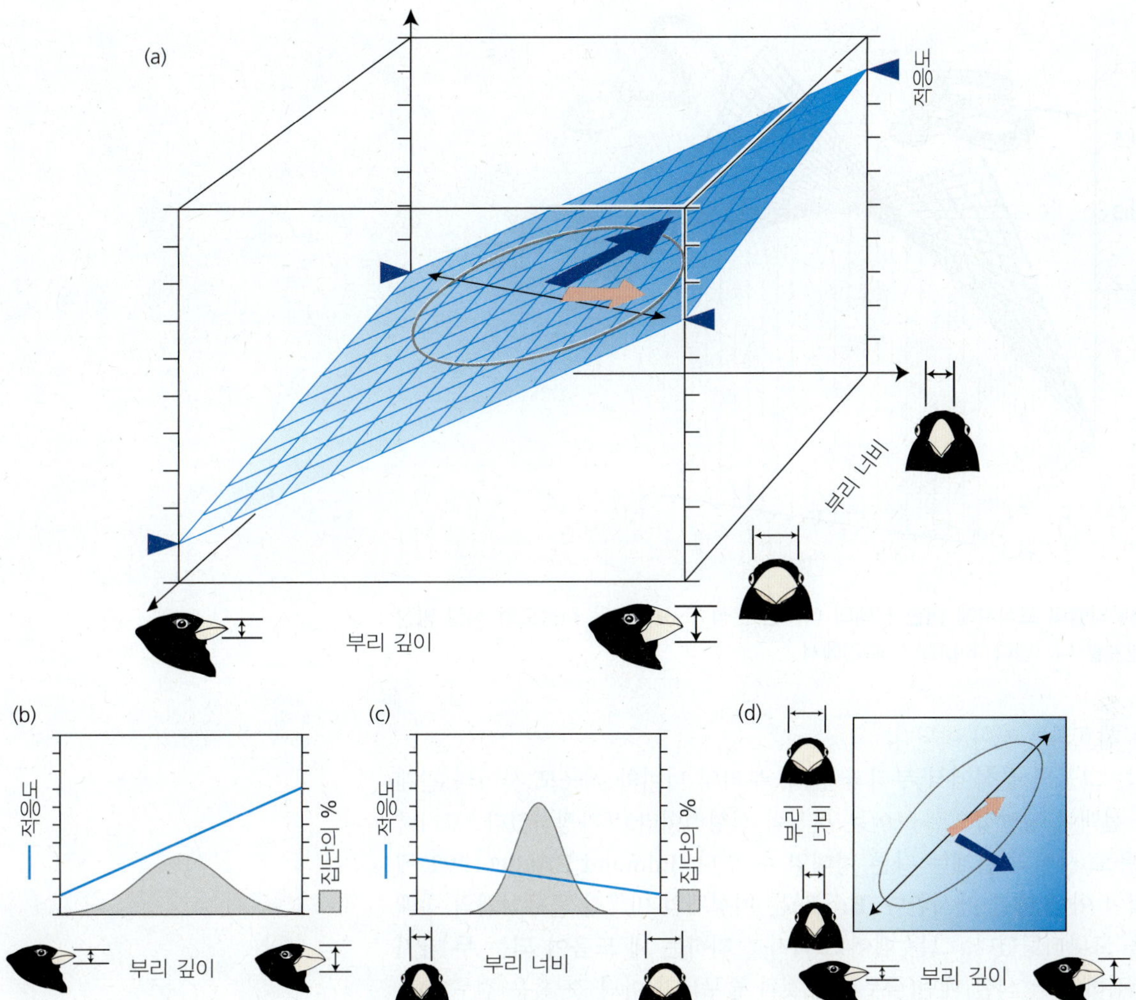


**그림 9.25 중형지상핀치의 부리의 크기에 대한 선택의 다차원 분석** (a) 좌표 평면은 적응도와 부리의 깊이/부리의 너비 사이의 관계를 보여준다. 깊고 좁은 부리를 가진 새가 가장 높은 적응도를 가진다. (b-d) 같은 상황을 2차원에 표현한 것이다.

정하게 두었을 때 부리 깊이에 대한 선택구배를 나타낸다. 그림 9.25c는 부리 깊이를 일정하게 두었을 때 부리 너비에 대한 선택구배를 나타낸다. 선택은 좁은 부리를 선호한다. 그림 9.25d는 부리 너비와 부리 깊이 (회색 타원) 사이의 상관관계를 보여주고 청색의 강도는 적응도를 나타낸다. 선택은 집단 평균을 깊고 좁은 부리(검푸른색 화살표) 쪽으로 이동하게 했다. 그러나 부리 깊이와 너비의 유전적 상관관계 때문에, 집단은 가장 적은 저항(검은색 양쪽 화살표로 표시) 쪽으로 이동하려는 경향이 있다(검은색 이중 화살표). 선택은 너비를 감소시키는 것보다 깊이를 증대시키는 것을 더 강하게 선호했고, 그래서 집단은 깊고 넓은 부리 쪽으로 이동했다(오렌지색 화살표).

핀치새 부리의 선택에 대한 Grant와 Grant의 분석은 여러 가지의 형질을 동시에 관찰하는 것, 선택의 강도를 측정하기 위해 선택구배를 사용하는 것, 형질이 유전적으로 서로 상관관계가 있다는 점을 인식하는 것의 장점을 보여준다. 우리가 부리의 너비만 관찰하여 계산을 실행한다고 생각해보자. 선택차, 선택 이전과 이후의 집단의 평균 간의 차이는 선택이 넓은 부리를 선호한다는 것을 시사할 것이다. 그러나 다차원 분석은 그렇지 않다는 것을 보여준다. 부리의 너비는 부리의 깊이에 대한 강한 선택의 결과로 같이 선택된

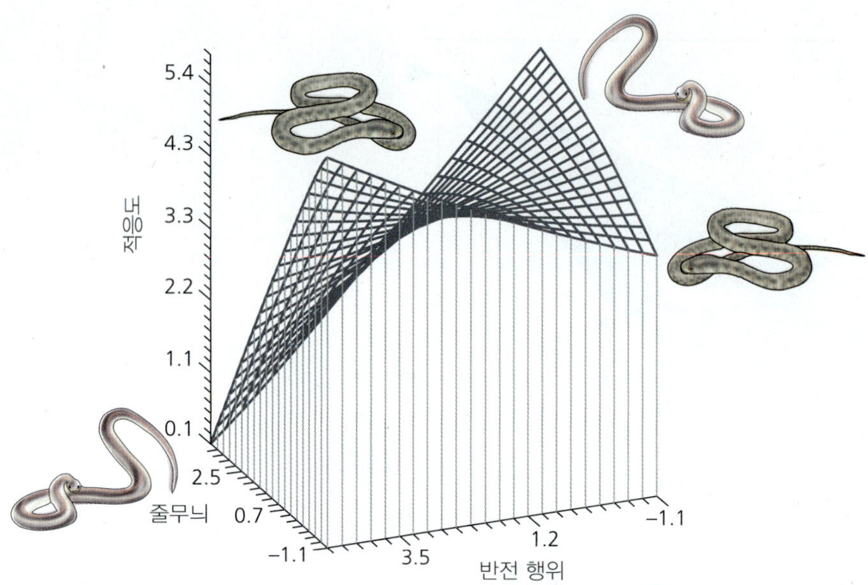


**그림 9.26 미국산 줄무늬뱀의 포식자에 대한 선택의 다차원 분석** 좌표평면은 적응도와 색깔 양상과 도피행위 사이의 관계를 나타낸다. Brodie (1992)에서.

것이지 그 자체로는 선호되는 것이 아니다.

Grant와 Grant는 그들의 분석에서 부리의 깊이, 부리의 너비와 적응도 사이의 관계는 그림 9.25a에서 선택이 평면적으로 보이는 것처럼 선형적이라고 가정하였다. 그러나 두 가지 형질과 적응도 사이의 관계는 다른 형태일 수 있다. Edmund Brodie(1992)에 의한 연구는 선형적이 아닌 예를 제시한다. Brodie는 미성체의 미국산 줄무늬뱀의 수백 개체의 생존 양상을 모니터링했다. 그는 뱀이 포식자를 피하는 데 도움이 되는 두 가지 형질의 적응도를 추정하였다: 색깔 패턴(줄무늬인 것과 줄무늬가 아닌 것 혹은 점무늬)과 도망 행위(직선방향으로 도망가는 것과 여러 방향으로 바꾸며 도망가는 것). Brodie의 분석은 그림 9.26에 나타난 선택 평면을 제시한다. 생존율이 가장 높은 뱀들은 직선방향으로 도망치는 줄무늬뱀들과 방향을 바꾸는 줄무늬가 없는 뱀들이었다. 이와 다르게 형질이 조합된 뱀들은 확실히 포식자들에 잘 잡혀 먹혔다.

선택 평면이 주어졌을 때, 우리는 개체의 평균위치를 찾아가며 집단의 진화를 추적해 갈 수 있다. 일반적으로, 집단은 현재의 위치로부터 가장 급격한 경사를 따라 올라가는 식으로 진화하리라 예상된다. 그러나 Grant와 Grant의 핀치새 부리 연구가 보여주는 것처럼 형질 사이의 상관관계 때문에 집단이 이 경로를 따르지 못 할지도 모른다. 그림 9.25a와 9.26에서 보이는 선택 평면을 우리는 적응적 랜드스케이프(adaptive landscape)라고도 부른다. 그러나 이 용어는 복잡한 역사를 가지고 있고 여러 의미를 가지고 있다(Chapter 9 in Provine 1986; Chapter 11 of Wright 1986; Wright 1988 참조).

## 9.6 선택의 양상과 유전적 변이의 보존

양적형질의 선택을 논함에 있어서, 우리는 표현형과 적응도 사이의 관계는 단순하다고 가정하였다. 쥐의 실험에서, 긴 꼬리는 짧은 꼬리보다 더 좋았고 스카이파일럿에서는 큰 꽃이 작은 꽃보다 더 좋았다. 양적형질에 대한 선택의 주제를 끝마치기 전에, 우리는 표현형과 적응도 사이의 관계는 복잡할 수 있다는 것을 강조한다. 선택의 다양한 패턴이나 방식이 가능하다는 것이다.

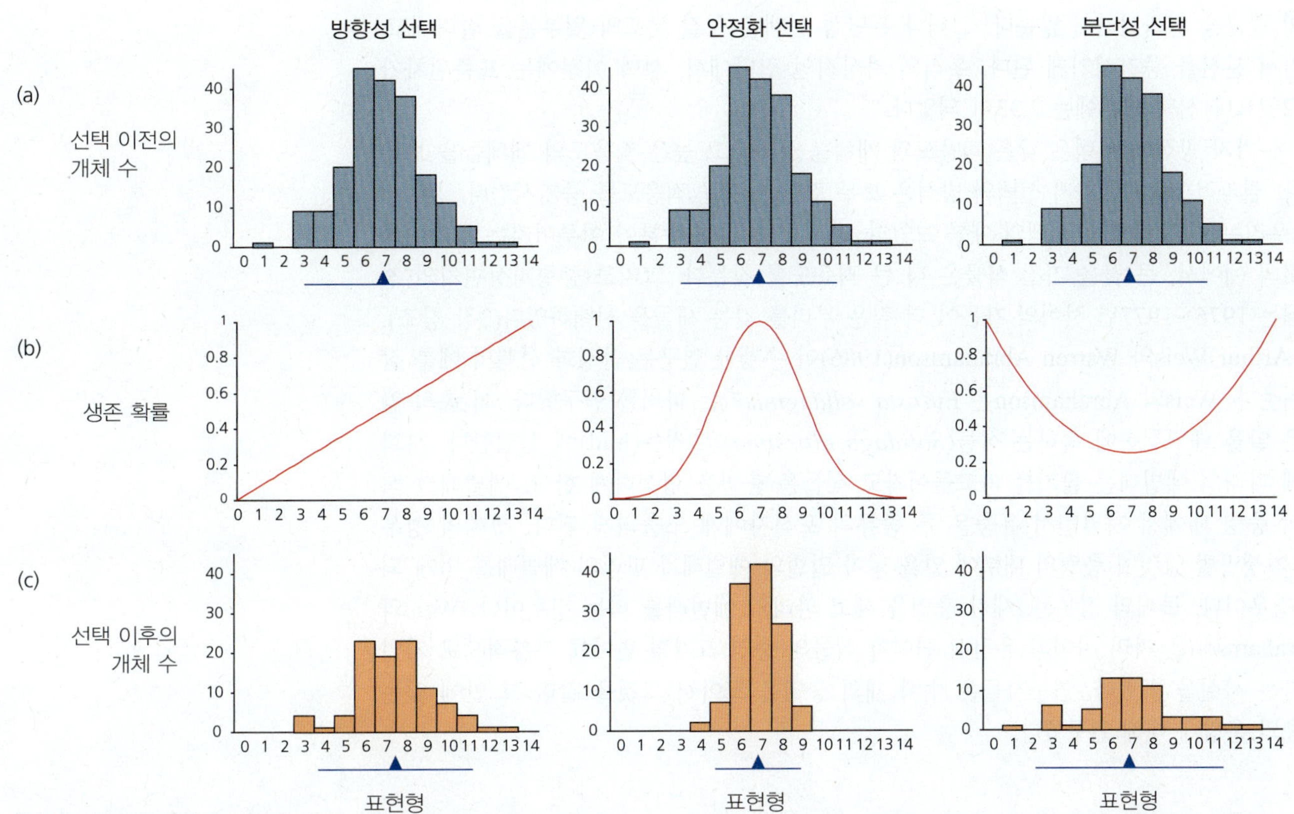


**그림 9.27 선택의 세 가지 방식** 각 열은 선택의 방식을 나타낸다. 행 (a)는 선택이 작용하기 전의 가상집단의 표현형 형질의 분포를 나타낸다. 행 (b)는 선택의 다른 방식을 나타낸다. 행 (c)는 생존 개체의 형질의 분포를 나타낸다. 각 히스토그램의 아래에, 푸른 삼각형은 집단의 평균을, 푸른 실선은 변이(평균으로부터 표준편차의 2배의 위치)를 나타낸다. Cavalli-Sforza and Bodmer (1971)에서.

그림 9.27은 가상적인 집단에 작용하는 선택의 세 가지 방식을 보여준다. 첫 번째 행의 히스토그램은 선택전의 표현형 값의 분포를 보여준다. 중간 행의 그래프는 표현형과 적응도의 관계를 보여주며 표현형이 생존할 확률을 나타낸다. 3번째 행은 생존한 개체 사이의 표현형의 분포를 나타낸다. 각 히스토그램의 하단에 표시된 삼각형과 실선은 평균과 집단의 변이를 나타낸다(실선은 평균 주위의 2 표준편차를 포함하는 변이, 혹은 대략 95% 범위의 개체들을 나타낸다).

**집단에 대한 선택은 여러 가지 형태를 띤다. 방향성 선택과 안정화 선택은 집단의 분산을 감소시키는 경향이 있다; 분단성 선택은 분산을 증가시키는 경향이 있다.**

**방향성 선택(directional selection)**에서, 적응도는 형질의 값과 함께 꾸준히 증가(혹은 감소)한다(그림 9.27, 첫째 열). 연속적 형질에 대한 방향성 선택은 집단 형질의 평균값을 변화시킨다. 가상적인 집단에서, 선택 이전의 표현형의 평균은 6.9였지만, 선택 이후에는 7.4이다. 방향성 선택은 또한 집단의 변이를 때때로 감소시킨다. 이 가상 집단에서, 표준편차는 선택 이전에 1.92였지만 이후에는 1.89가 되었다.

**안정화 선택(stabilizing selection)**에서는 형질의 중간 정도의 값을 갖는 개체들이 가장 높은 적응도를 보인다(그림 9.27 중간 열). 연속적 형질에 대한 안정화 선택은 집단에서 형질의 평균값을 변화시키지 않는다. 그러나 안정화 선택은 형질 분포의 꼬리 부분의 개체수를 감소시키고 따라서 변이를 감소시킨다. 가상 집단에서, 표준편차는 선택 이전에는 1.92였지만, 이후에는 1.04이었다.

**분단성 선택(disruptive selection)**에서는 형질의 극단 값을 가진 개체들이 가장 높은 적응도를 갖는다(그림 9.27 마지막 열). 연속적인 형질의 분단성 선택은 집단에서 형질의 평균을 변화시키지 않는다. 그러나 분단성 선택은 형질 분포의 윗부분을 잘라내고, 따라서 분산을 증가시키게 된다. 우리의 가상적인 집단에서, 선택 이전에는 표준편차가 1.92였으나 선택 이후에는 2.33이 되었다.

세 가지 방식의 선택은 낮은 적응도의 개체를 골라내고 높은 적응도의 개체들을 보존한다. 결과적으로, 세 가지 선택의 방식은 모두 집단의 평균 적응도를 증가시킨다.

우리는 이미 방향성 선택의 예를 보았다. 호박벌에 의해 수분이 이루어지는 스카이파일럿의 예에서, 큰 꽃을 가진 식물은 더 큰 적응도를 갖는다. 그리고 중형지상핀치의 경우에는 1976~1977년 사이의 가뭄이 더 깊은 부리를 갖는 새들을 선택하였다(3장 참조).

Arthur Weis와 Warren Abrahamson(1986)이 수행한 연구는 안정화 선택의 예를 잘 보여준다. Weis와 Abrahamson은 *Eurosta solidaginis*라는 파리를 연구했다. 이 종의 암컷은 알을 메역취속에 속하는 식물(*Solidago altissima*)의 싹눈(bud)에 삽입한다. 부화 후에 파리의 애벌레는 줄기를 파고들어가고 식물은 충영을 형성하게 한다. 애벌레가 식물의 충영 내에서 자라면서 유충은 두 종류의 포식자에게 노출되게 된다. 첫째의 경우는, 기생말벌 암컷이 충영의 내부에 알을 낳아 말벌의 애벌레가 파리의 애벌레를 먹게 되는 경우이다. 둘째의 경우는, 새가 충영을 째고 파리의 애벌레를 먹는 경우이다. Weis와 Abrahamson은 파리 사이의 유전적 변이가 식물의 충영 크기의 변이에 부분적으로 기인한다는 사실을 밝혔다. 연구자들은 수백 개의 충영을 모아서 그것을 갈라 그 안에 있는 유충의 운명에 대해 연구했다.

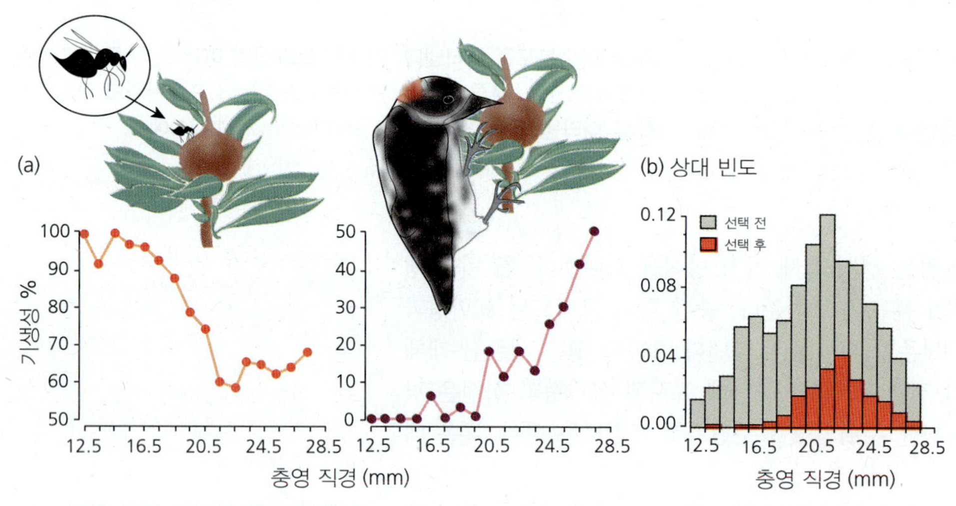


**그림 9.28 충영을 만드는 파리에 대한 안정화 선택** (a) 기생말벌은 작은 충영에 있는 파리의 유충을 큰 충영에 있는 파리의 유충보다도 더 높은 비율로 죽인다(왼쪽). 새는 큰 충영에 있는 파리의 유충을 작은 충영에 있는 파리의 유충보다도 더 높은 비율로 죽인다(오른쪽). (b) 기생말벌과 새에 의한 선택 이전(황갈색 + 붉은색 부분)과 이후(붉은색 부분)의 충영의 분포. 전체적으로, 중간 크기의 충영에 있는 파리의 유충이 가장 높은 비율로 생존하였다. Weis and Abrahamson (1986)에서.

Weis와 Abrahamson은 기생말벌이 파리가 큰 충영을 선호하는 쪽으로 방향성 선택을 하도록 한다는 사실을 발견하였다**(그림 9.28a, 왼쪽)**. 직경 16 mm 이하의 충영에서 거의 모든 파리 애벌레들이 말벌에게 죽임을 당한 것에 비해, 더 큰 충영에 사는 애벌레는 약간의 생존 가능성을 가지고 있었다. 그러나 새들은 작은 충영을 선호하는 방향성 선택을 하도록 한다는 것을 연구자들은 또한 발견하였다(그림 9.28a, 오른쪽). 새들에 의한 선택은 완전하지는 않지만 말벌에 의한 선택과 균형을 이룬다. 그림 9.28b는 선택 이전과 이후의 충영의 크기의 분포를 보여준다.

Thomas Bates Smith(1993)에 의한 연구는 분단성 선택의 예를 보여준다. Bates Smith는 black-bellied seedcracker라고 불리는 아프리카 핀치새를 연구하였다. 이 종의 새들은 크고 작은 두 가지 부리 크기를 보여준다. 두 그룹의 새들은 다른 종류의 씨앗에 적합하게 되어 있다. Bates Smith는 200개체의 미성체 새들의 성장을 추적하였다. **그림**

9.29의 그래프는 모든 미성체와 성체 때까지 살아남은 미성체의 부리 크기의 분포를 보여준다. 생존개체들은 부리가 상대적으로 크든지 혹은 작은 새들이었다. 중간 크기의 새들은 생존하지 못했다. (안정화 선택의 요소는 여기에서도 나타남에 주의하라: 극단적으로 긴 부리를 가진 새의 경우를 제외하고 대부분의 극단적인 표현형을 가진 새들은 생존하지 못했다.)

진화생물학자들은 일반적으로 방향성 선택과 안정화 선택은 흔하다고 생각하는 반면 분단성 선택은 드물다고 생각한다. 하지만 방향성 선택과 안정화 선택의 우세가 사실이라면 그것은 어려운 문제를 유발한다. 방향성 선택과 안정화 선택이 집단의 표현형의 변이를 감소시키는 그림 9.27을 상기하라. 형질이 유전적이면, 이러한 선택 방식은 집단에서 유전적 다양성 또한 감소시킬 것이다. 결과적으로, 적응도와 관련된 어떤 형질에 있어서 유전적 변이는 제거되어야 하고, 집단은 형질의 평균값, 형질의 변이 그리고 집단의 평균 적응도가 변화를 멈추는 평형 상태에 도달해야 한다. 어려운 문제는 전형적인 집단은 상당량의 유전적 변이를 보인다는 것이고 적응도와 밀접하게 관련된 형질에서도 역시 그러하다는 것이다. 이 변이가 어떻게 유지되는 것인가?

여기에 적응도에 대한 유전적 변이가 어떻게 유지되는지에 대한 세 가지 가능한 해답이 있다.

1. 대부분의 집단은 방향성 선택이나 안정화 선택에 대해서 혹은 그 두 가지 모두에 대해서 진화적 평형 상태에 있지 않다. 어떤 집단에도 느리지만 꾸준하게 적응도와 관련된 형질의 유전적 변이를 발생시키는 새로운 유익한 돌연변이의 공급이 있다. 유익한 돌연변이의 빈도가 증가하지만 아직 고정되지 않은 상태이면 집단은 적응도에 대해 유전적 변이를 보인다. 우리는 이것을 "피셔의 기본정리 가설(Fisher's fundamental theorem hypothesis)"이라고 부를 것이다. 집단의 평균 적응도가 증가하는 속도는 적응도에 대한 첨가적 유전적 변이에 비례한다는 것을 수학적으로 처음 보인 사람은 Ronald Fisher였고 그는 이 결과를 자연선택의 기본정리라고 불렀다.
2. 대부분의 집단에서, 유해한 돌연변이와 선택 사이에는 균형이 존재한다. 어떠한 집단에서도 새로운 유해한 돌연변이의 공급이 꾸준히 일어난다. 돌연변이율이 높거나 선택이 약하거나 하지 않다면 선택은 어떠한 유해한 대립유전자라도 낮은 빈도로 존재하게 한다는 것을 우리는 이전에 설명한 적이 있다(6장). 그러나 양적형질은 작은 효과를 가진 많은 유전자좌위의 영향의 조합에 의해 결정된다. 따라서 양적형질에 영향을 미치는 어떠한 한 유전자좌위에서 대립유전자의 선택은 매우 약하여 상당한 유전적 변이가 돌연변이와 선택 사이의 평형상태에서 유지될지도 모른다.
3. 분단성 선택, 혹은 유사한 효과를 가진 선택은 일반적으로 생각되는 것보다 더 빈번하게 일어날지도 모른다. 집단 내에서 유전적 다양성을 유지하는 선택의 방식에는 낮은 빈도의 표현형이 흔한 표현형보다 더 높은 적응도를 갖는 빈도에 의존적인 선택과, 변화하는 환경에 영향을 받는 선택이 있다.

세 가설 모두 논란의 여지가 있고 상당히 많은 이론적이고 실증적인 연구의 주제가 되어왔다(예를 들면, Barton and Turelli 1989 참조). 자세한 논의는 이 책의 범위를 넘는다. 그러나 우리는 Santiago Elena와 Richard Lenski가 수행한 흥미 있는 실험을 간단히 살펴보려 한다.

Elena와 Lenski(1997)는 공동조상 균주에서 유래한 대장균(*Escherichia coli*)의 여섯 집단에 대해 연구하였다. 각 집단은 하나의 대장균에서 유래하였고 각 집단의 모든 유

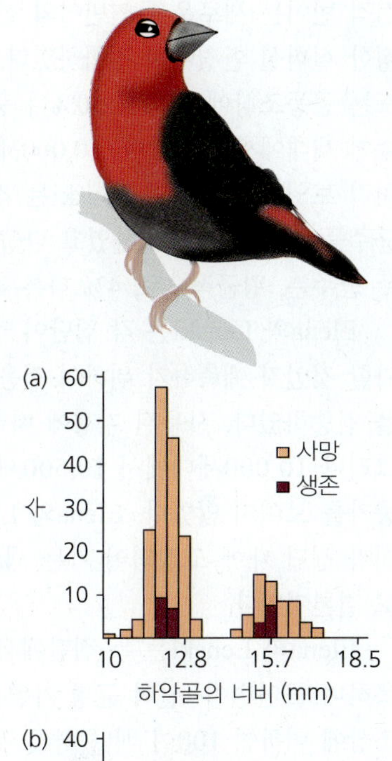


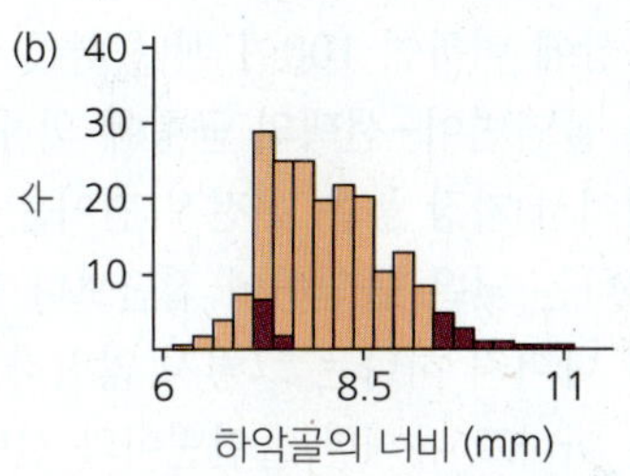


**그림 9.29** ***Pyrenestes o. ostrinus* 의 부리 크기의 분단성 선택** 각 그래프는 아프리카 핀치새의 집단에서 아래부리의 너비(a)와 길이(b)의 분포를 나타낸다. 막대의 밝은 부분은 성체까지 성장하지 못한 미성체를 나타내고 어두운 부분은 성체까지 생존한 개체를 나타낸다. 생존한 개체는 부리가 상대적으로 크거나 작은 개체들이었다. Bates Smith (1993)에서 다시 그림.

Reprinted by permission from Macmillan Publishers Ltd: Bates Smith, T. 1993. Disruptive selection and the genetic basis of bill size polymorphism in the African finch Pyrenestes. *Nature* 363: 618–620.

전적 변이는 새로운 돌연변이의 결과로 일어난 것이다. 여섯 집단은 10,000세대 동안 일정한 실험실 환경에서 진화하였다. 그동안 경쟁실험에 의해 평가된 각 집단의 평균 적응도는 공동조상에 비해서 50%나 증가하였다. 그러나 적응도의 증가의 상당 부분은 처음 수천 세대에서 일어났다. 10,000세대 이후에는 집단은 진화적으로 평형상태에 도달한 것처럼 보였다. Elena와 Lenski는 적응도에 있어서 유전적 다양성을 여섯 집단 내의 여러 균주들 사이에서 평가하였고 다양성이 상당하다는 것을 알았다. 같은 집단에서 선택된 두 균주는, 평균적으로, 4% 다른 적응도를 보였다.

Elena와 Lenski는 각 집단이 추가로 500세대를 진화함에 따라 얼마만큼 적응도가 증가할 것인지 예측하기 위하여 적응도의 유전적 변이를 이용하였고 피셔의 기본정리 가설을 검증하였다. 사용된 가정에 따라, 그들은 4~50% 범위의 적응도 증가를 예상하였다. 그러나 10,000세대에서 10,500세대 사이에 어떤 집단도 평균 적응도에 있어서 유의한 증가를 보이지 않았다. Elena와 Lenski는 대장균 집단 내의 적응도에 있어서 유전적 변이가 집단 내에 고정되어 가는 새로운 유리한 돌연변이의 계속된 공급의 결과는 아니라고 결론지었다.

Elena와 Lenski는 두 집단에서 이례적으로 높은 돌연변이율을 진화시켰다는 것에 주목하며 돌연변이-선택 균형 가설을 검증하였다. 그 돌연변이율은 나머지 4집단과 공동조상에 비하여 100여 배나 빠른 것이었다. 각 집단 내에서 적응도에 있어서 유전적 변이가 돌연변이-선택의 균형에 의해서 유지된다면, 높은 돌연변이율의 두 집단은 적응도에 있어서 가장 높은 유전적 변이를 보여주어야 할 것이다. 실제로, 높은 돌연변이율 집단의 하나는 낮은 돌연변이 집단보다 훨씬 더 높은 적응도의 유전적 변이를 보여주었다. 그러나 나머지 하나는 그렇지 않았다. Elena와 Lenski는 집단 내에서 적응도의 유전적 변이는 아마도 유해한 돌연변이와 선택 사이의 균형의 결과는 아닐 것이라고 결론 내렸다.

마지막으로, Elena와 Lenski는 빈도의존적인 선택이 적응도의 유전적 변이를 유지하게 하는가에 대한 가설을 검증하였다. 그들은 각 집단에 존재하는 여러 균주가 빈도가 드문 경우 유리한 적응도를 가지는가를 알아보기 위해 경쟁 실험을 하였다. 그들은 대장균 균주는 전형적으로 빈도가 드문 경우 원래의 집단에 비하여 2% 적응도가 우세한 것을 발견하였다. 게다가 여섯 집단에 걸쳐 빈도 의존적인 선택의 강도는 적응도에 대하여 지속적인 유전적 변이의 양과 유의하게 상관이 있었다. Elena와 Lenski는 그들이 검증한 세 가설이 상호 양립할 수 있다고 주장했다. 그럼에도 불구하고 그들은 집단에서 적응도의 변이에 대한 가장 좋은 설명은 빈도 의존적인 선택이라고 결론 내렸다. 그들의 결론이 다른 집단과 다른 생물에도 적용이 될지는 아직 불확실하다.

## 9.7 종모양 분포의 오류와 유전력에 대한 오해

양적유전학에 대한 논의가 민족들 간의 IQ 차이의 원인에 대한 잘못된 주장을 간파할 수 있게 할 것이라고 이 장의 서론에서 언급한 바 있다. 이제 이 점에 대하여 살펴보자.

중요한 점은 유전력에 대한 공식이 유전적 변이 $V_G$와 환경적 변이 $V_E$를 둘 다 포함한다는 것이다. 따라서 유전력의 추정값은 특정 환경에 사는 특정 집단에 특이적인 것이다. 결과적으로, 유전력으로 다른 환경에 사는 집단들의 차이에 대해서는 우리가 말할 수 있는 것은 아무것도 없다. 우리는 이 점을 Jens Clausen, David Keck, 그리고 William Hiesey의 데이터(1948)로 설명한다. 그들은 다년생 야생화 *Achillea*를 연구하였다. *Achillea*는 절단에 의해 하나의 개체에서 클론을 만들어 증식할 수 있다. 그들은 야생 집단으로부터 일곱 개체를 선택하여 각 개체로부터 2개의 절단 부분을 얻었다.

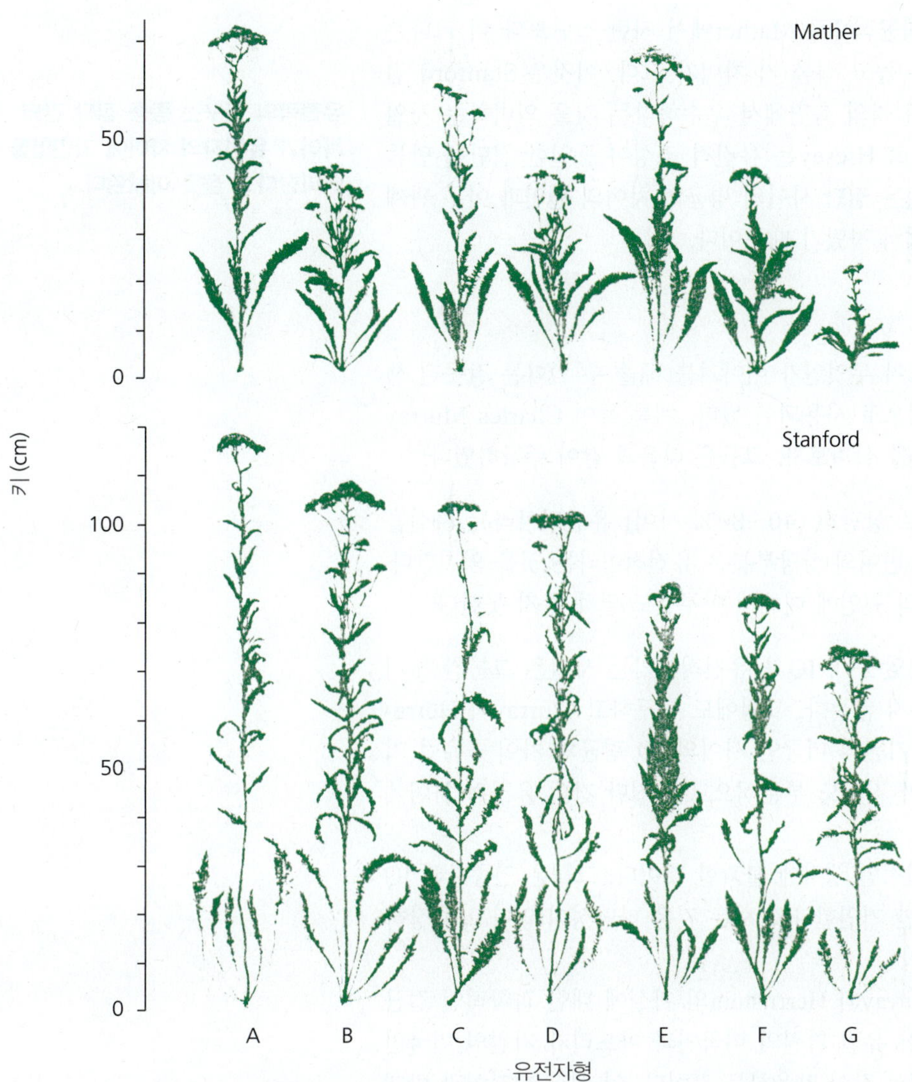


**그림 9.30 집단 내의 높은 유전력은 집단 사이의 평균 차이에 관하여 아무 정보를 제공해주지 않는다** 식물들이 같은 환경에서 재배되었기 때문에 집단 내에서 식물의 키의 변이는 전적으로 유전자의 차이에 기인한다. Stanford 집단의 키는 평균적으로 Mather 집단의 키보다 크다. 이것은 Stanford 집단이 Mather 집단에 비하여 유전적으로 우수하다는 것을 의미할까? 그렇지 않다. 이 식물들은 동일하게 7개체의 절편으로 얻어졌기 때문에 두 집단은 유전적으로 동일하다. Clausen, Keck, and Hiesey (1948)에서 다시 프린트.

그들은 각각의 하나의 절단 부분을 California의 Mather에 있는 실험 정원에서 재배하였다(그림 9.30 상단 행). 절단 부분들은 나란히 자랐고 그것들은 같은 토양에서 같은 양의 물, 햇빛 등을 받으며 자랐다. 식물들이 실질적으로 같은 환경에서 자랐기 때문에 성체의 높이 사이의 차이는 거의 전적으로 유전적 변이에 기인하는 것이다. Mather에서 자란 집단의 크기의 유전력은 거의 1에 가깝다.

Clausen, Keck, 그리고 Hiesey는 두 번째 절단 부분을 California Stanford에 있는 실험 정원에서 재배하였다(그림 9.30, 아래 행). 절단 부분이 자라면서 그것들은 같은 토양에서, 같은 양의 햇빛과 물 등을 받으며 자랐다. 식물들은 같은 환경에서 재배되었기 때문에 성체의 높이의 차이는 거의 전적으로 유전적 변이에 기인한다. Stanford에서 자란 집단의 크기의 유전력은 거의 1에 가깝다.

Stanford에서 자란 집단의 식물은 평균적으로 Mather에서 자란 집단보다 더 크다는 사실에 주목하라. 두 집단에서 유전력은 높고 식물 키 차이가 크다. 이것은 Stanford 집단이 유전적으로 Mather 집단에 비하여 키의 측면에서 우수하다는 것을 의미하는 것일까? 물론 아니다; Clausen, Keck, 그리고 Hiesey는 유전적 조성이 동일한 집단을 만들었다. 각 집단에서 유전력이 높다는 사실은 집단 사이의 평균의 차이의 원인과 아무 관계가 없다. 왜냐하면 집단들이 다른 환경에서 자랐기 때문이다.

**유전력의 연구는 종종 집단 간의 차이가 유전자의 차이에 기인함을 의미한다고 잘못 이해된다.**

## IQ에 대한 근거 없는 주장

유전력이 집단 평균 차이의 원인에 대하여 무엇인가 이야기를 해줄 수 있다는 잘못된 생각은 인간의 지능에 대한 주장에 악의적으로 사용되어 왔다. 예를 들어 Charles Murray와 Richard J. Herrnstein(1994)의 연구를 살펴보자. 그들은 다음과 같이 주장하였다:

> 대부분의 학자들은 IQ가 전체적으로 상당히 (40~80% 사이) 유전적이라는 사실을 받아들인다. 이 사실은 관찰되는 IQ 변이의 상당부분은 유전적이라는 것을 의미한다. 그러나 이 정보는 그룹 사이의 차이의 원인에 대해서 아무것도 말해 주지 못한다.

이것은 잘못된 주장이다. 우리가 살펴보았듯이, IQ가 유전적이라는 사실은 그룹간 차이의 원인에 대해서 아무것도 이야기 해주지 않는다. 그럼에도 불구하고 Murray와 Herrnstein은 아프리카 기원의 미국인과 유럽기원의 미국인 사이의 IQ 평균의 차이—유럽 기원의 미국인의 평균이 다소 높은 것—가 적어도 부분적으로는 집단 간의 유전적 차이에 기인한다고 주장하였다.

Murray와 Herrnstein의 주장은 개인적인 생각에 불과한 것이다. 그들은 인종간의 IQ 평균의 차이가 유일하게 환경의 차이에만 기인한다고 보는 것은 타당성이 없다고 주장하였다.

그러한 주장은 과학적이지 않다. Murray와 Herrnstein의 가설에 대한 과학적인 접근은 공통된 환경 실험을 수행하는 것이다: 유럽 기원의 미국인과 아프리카 기원의 미국인을 유럽 기원 미국인이 경험하는 환경에서 같이 양육하는 것이다. 이 실험 디자인과 반대의 실험(두 집단의 사람이 아프리카 기원의 미국인이 경험하는 환경에 자라는 것)은 **그림 9.31**에 나타나 있다.

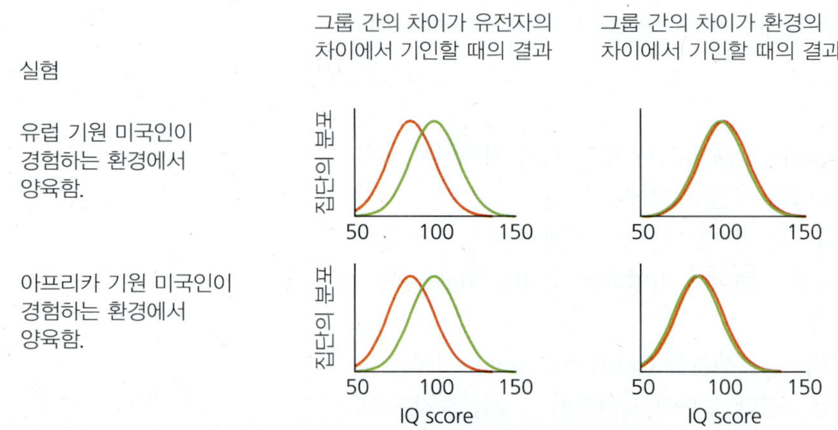


**그림 9.31 Murray와 Herrnstein의 주장을 검증할 수 있는 실험** 왼쪽 열은 두 가지 실험을 나타낸다. 중간과 오른쪽 열은 각각 그룹간의 차이가 유전자의 차이에 기인한다는 가설 하에 예상되는 결과와 그룹 간의 차이가 환경의 차이에 기인한다는 가설 하에 예상되는 결과를 나타낸다.

우리는 이러한 실험을 사람을 가지고 할 수는 없다. 유사한 가정에 입양된 유럽 기원의 미국인과 아프리카 기원의 미국인을 연구함으로써 결과를 유추할 수는 있을 것이다. 그러나 아이들은 여전히 외모가 다르고 그들의 부모, 교사, 친구들이 다르게 대할 것이다. 즉, 그들이 유사한 가정에 산다고 하더라도, 아이들은 매우 다른 환경을 경험하게 될 것이다. 우리가 명확한 실험을 할 수 없기 때문에 우리는 유전학이 인종들 간의 IQ의 차이와 관계가 있는지 알아낼 방법이 없는 것이다.

그러나 그림 9.31과 같은 실험은 식물과 동물에서 행하여졌고, 그 결과를 살펴보는 것은 의미 있을 것이다. 예를 들어, Sara Via는 진딧물 *Acyrthosiphon pisum*을 이용한 실험을 수행하였다. Via는 클로버와 알팔파에서 자라는 집단으로부터 얻은 진딧물(aphid)의 번식력과 생식력을 측정하였다(그림 9.32a). 클로버의 진딧물은 다소 높은 번식력을 보였다. 이것은 집단 사이의 유전적 차이에 기인한 것일까? Via가 같은 유전자형의 클로버 진딧물과 알팔파 진딧물을 같은 정원에서 키웠을 때, 그녀는 클로버 진디물이 클로버에서는 높은 번식력을 가지는 반면에 알팔파 진딧물은 알팔파에서 높은 번식력을 보임을 관찰하였다(그림 9.32b).

**집단 간 차이의 원인을 결정하는 유일한 방법은 각 집단의 개체들을 동일한 환경에서 사육(혹은 재배)하는 것이다.**

이 결과는 그림 9.31로부터 예상되는 결과가 아니다. 이것은 클로버 진딧물과 알팔파 진딧물 그룹이 환경에 어떻게 반응하는가에 대한 유전적 차이를 보여준다. 그리고 각 집단이 그것이 유래한 식물에서 더 높은 번식력을 가진다는 것을 나타낸다. 이 예상외의 결과는 집단 간 차이의 원인에 관한 가설적인 주장이 실험결과를 대체할 수 없다는 것을 의미한다. 아프리카와 유럽 기원의 미국인들에 대하여 우리가 이러한 실험을 할 수 있다면 어떻게 될까? 그 결과는 아무도 모른다.

마지막으로, 유전력은 표현형에 관여하는 유전자의 역할에 대하여 아무런 정보도 갖고 있지 않다는 사실에 또한 주목해야 한다. 예컨대, 코의 숫자에 있어서 사람 간의 변이는 없다. 코 수의 유전력은 $V_A/V_P = 0/0$이기 때문에 정의가 되어 있지 않다. 이것은 명백히 우리의 유전자가 코의 개수를 결정하는데 중요하지 않다는 것을 의미하지 않는다.

(a) 클로버 진딧물은 약간 큰 평균 번식력을 가진다

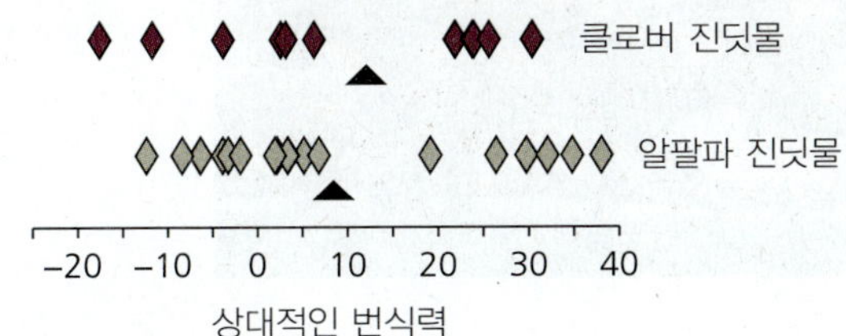


(b) 공통정원 실험은 지역적인 적응을 나타낸다

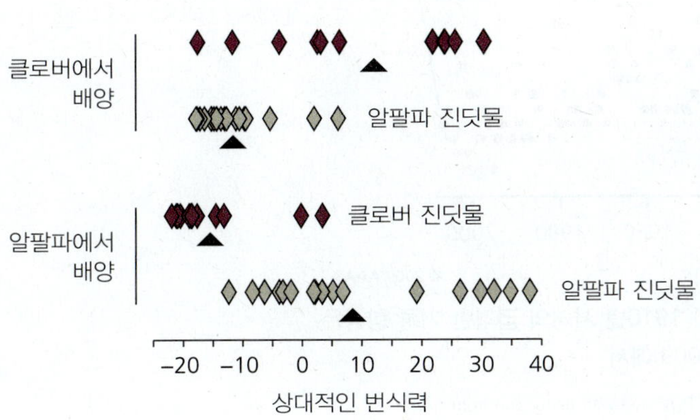


**그림 9.32 진딧물을 이용한 공통 정원 실험** 다이아몬드 표시는 다양한 유전자형의 번식력을 나타낸다. 검은 삼각형은 집단의 평균을 나타낸다. Via (1991)의 자료.

## 유전력을 왜 측정하는가?

우리가 형질의 유전력을 측정하면 어떠한 이점이 있을까? 유전력이 0보다 크면, 그것은 형질의 선택이 집단을 진화하게 한다는 것을 의미한다. 유전력이 1보다 작으면 그것은 환경을 변화시키는 것이 집단의 형질 분포를 이동하게 한다는 것을 의미한다. 후자는 인간의 지능을 증진시키는 데 관심이 있는 사람들이 주목할 만한 점이다. 인간의 IQ의 유전력이 0.4에서 0.8 사이라는 사실은 그룹간의 차이의 원인을 파악하는 데 아무 도움이 안 되지만, 모든 그룹들이 환경의 변화에 반응할 능력이 있다는 것을 의미한다.

환경의 변화가 어떻게 형질을 변화시키는가를 잘 보여주는 예를 Thilo Pfau와 공동연구자들이 수행한 경주마의 분석에서 볼 수 있다(2009). 그림 9.33의 그래프는 매해 영국에서 열리는 경마 경기인 Derby Stakes에서 우승한 경주마들의 역대 기록을 나타낸 것이다. 1897년에서 1910년 사이, 경주마의 기록이 급격히 향상되었다. 이 경주 기록의 향상은 경주마 혹은 경주마의 유전자와 관계가 없다. 그것은 기수의 승마 형태의 차이에서 기인한 것이다. 기수가 말의 등위에 높이 타는 현대의 승마 형태는 말위에서 기수가 웅크리고 말이 달릴 때 말과 함께 움직임으로써 생기계학적인(biomechanical) 부담을 크게 줄여준다.

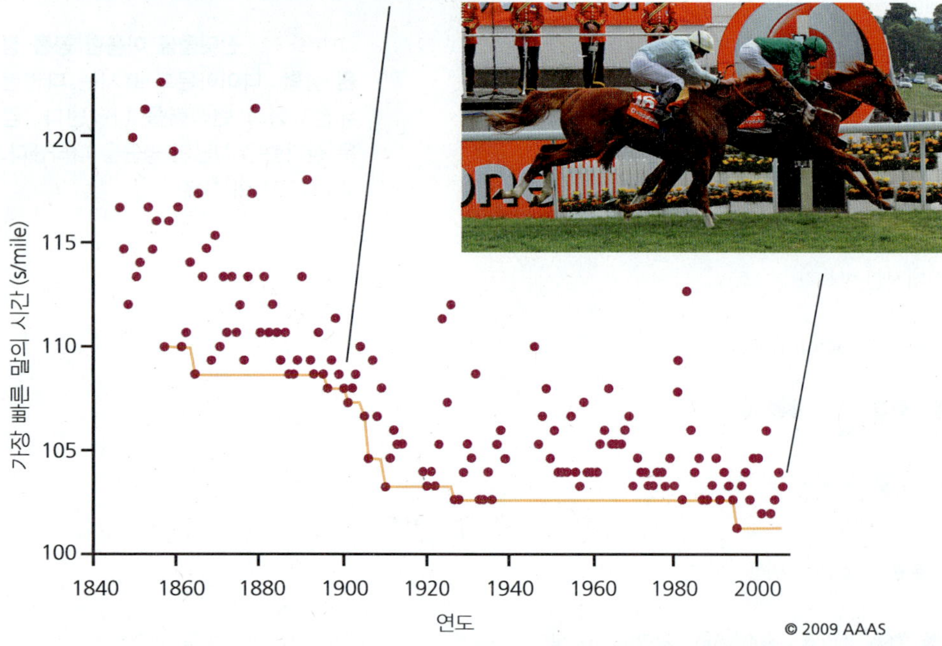


**그림 9.33 Derby Stakes의 우승마 경주 기록** 1897년과 1910년 사이의 급격한 기록 향상은 기수의 승마 형태의 변화에 기인한 것이다. Pfau et al. (2009)에서.

# 요약

양적인 형질은 개체들 사이에서 연속적인 변이를 보인다. 그것들은 환경뿐만 아니라 여러 유전자좌위에 존재하는 유전자형에 영향을 받는다.

우리는 양적형질에 기여하는 유전자좌위를 찾을 수 있다. 표현형이 다른 부모 개체, 혹은 대립유전자가 고정된 마커 유전자좌위를 가진 종들로부터 시작하여 $F_2$ 개체들을 다량 생성하고 표현형과 마커유전자좌위의 유전자형과의 상관관계를 조사한다. 상관관계가 보인다면 그것은 마커가 형질 유전자좌위와 연관되어 있다는 것을 의미한다. 근처에 단백질을 암호화하는 이미 알려진 유전자가 있다면 좀 더 자세한 조사가 필요할 것이다.

종종 우리는 양적형질에 영향을 미치는 유전자좌위를 모른다. 양적유전학은 우리에게 그러한 형질의 진화를 분석하기 위한 도구를 제공해 준다. 변이가 유전적 원인에 기인하는 비율로 정의되는 유전력은 근친간의 유사도를 조사함으로써 측정할 수 있다. 선택의 강도는 표현형과 적응도 사이의 관계를 분석함으로써 측정할 수 있다. 우리가 형질의 유전력과 선택의 강도를 안다면, 집단이 선택에 반응하여 어떻게 진화할 것인지 예측할 수 있다.

양적형질에 대한 선택은 방향성 선택, 안정화 선택, 분단성 선택을 포함하여 다양한 방식으로 진행된다. 방향성 선택과 안정화 선택은 집단의 유전적 변이를 감소시킨다. 그럼에도 불구하고 대부분의 집단에서 유전적 변이는 유지되고 적응도와 밀접한 관련이 있는 형질에 대하여 조차도 역시 유전적 변이는 유지된다.

적응도와 관련이 있는 형질의 유전적 변이는 유지될 수도 있다. 이는 집단이 평형상태에 도달하지 않았기 때문에, 돌연변이와 선택 사이에 균형이 유지되기 때문에, 혹은 분단성 선택(그리고 빈도 의존적인 선택처럼, 분단성 선택과 관련성이 있는 선택)이 생각보다 더 자주 일어나기 때문에 유지될 수 있다.

유전력의 추정값은 종종 오해를 초래한다. 유전력은 집단 평균의 차이에 대하여 그 원인이 무엇인지 아무 설명도 해 주지 못한다. 우리가 알 수 있는 것은 집단이 선택과 환경 변화에 대하여 반응할 것인가 하는 점이다.

# 질문

**1.** 반사회적인 행동의 정도는 남성의 양적형질이다. Avshalon Caspi와 공동연구자들(2002)은 반사회적 행동과 두 가지 요인 사이의 관계를 조사하기 위하여 수백 명의 남성들로부터 데이터를 얻었다. 첫 번째 요인은 monoamine oxidase A(MAOA)라는 효소를 암호화하는 유전자좌위의 유전자형이다. MAOA는 뇌에서 작용하고, 신경세포들이 서로 교신하는 데 사용하는 다양한 신경전달물질을 파괴한다. MAOA 유전자는 X 염색체상에 위치해 있다. 유전자의 프로모터의 유전적 차이 때문에 어떤 남성은 낮은 MAOA 활성을, 어떤 남성은 높은 MAOA 활성을 가진다. 두 번째 요인은 유년시절 학대 경험이다. 여러 증거에 이용하여 연구자들은 각 피험자가 학대를 경험하지 않았는지, 경험했을 가능성이 있는지, 심한 학대를 받았는지 알아내었다. 그 결과가 그림 9.34에 요약되어 있다.

**a.** 반사회적인 행동에 있어서 남자들 사이의 변이가 적어도 부분적으로 유전적 차이에 기인한다고 할 수 있는가? 그 이유를 설명하라.

**b.** 반사회적인 행동에 있어서 남자들 사이의 변이가 적어도 부분적으로 환경적 차이에 기인한다고 할 수 있는가? 그 이유를 설명하라.

**c.** 다른 유전자형을 가진 남자들은 환경변화에 대하여 같은 방식으로 반응하는가? 설명하라.

**d.** 반사회적인 행동은 유전적인가? 설명하라.

**e.** 반사회적인 행동을 보이는 남자들이 어떻게 치료받아야 하는지 혹은 처벌받아야 하는지에 대해서 당신이 가지고 있는 의견에 이 데이터들이 영향을 주는가?

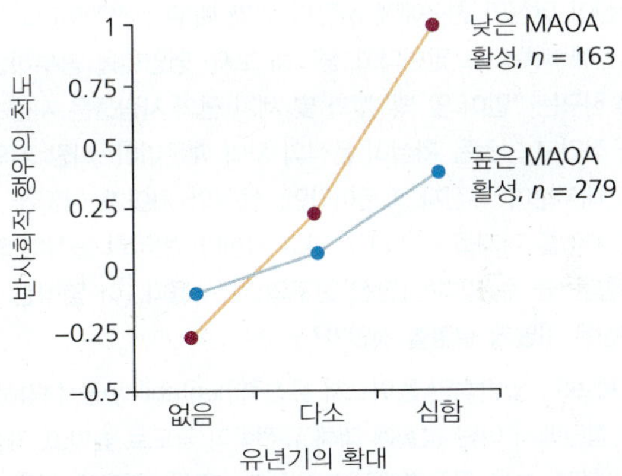


**그림 9.34 유년기 학대 경험의 함수로서 주어진, MAOA 활성 레벨의 차이를 보인 남성의 반사회적 행위 정도** Caspi et al. (2002)에서.

From "Role of genotype in the cycle of violence in maltreated children." *Science* 297: 851–854, Figure 1. Reprinted with permission from AAAS.

**2.** 세로토닌 운반체(serotonin transporter)는 세포표면의 단백질로서, 신경전달물질인 세로토닌이 신경세포 사이의 메시지 전달에 사용된 이후에, 세로토닌을 분해하는데 이용되는 단백질이다. 세로토닌 운반체 유전자에는 *s*와 *l*의 두 가지 타입의 대립유전자가 존재한다. Klaus-Peter Lesch와 공동연구자들(1996)은 *ls*나 *ss* 타입의 사람들이 *ll* 타입의 사람들보다 신경증적 성격(neuroticism) 점수가 통계학적으로 유의하게 약간 더 높았다는 것을 알

**그림 9.35 세로토닌 운반체 유전자형과 신경증적 성격 스코어 분포**
Lesch et al. (1996)에서 다시 그림.

From "Association of anxiety-related traits with a polymorphism in the serotonin transporter gene regulatory regions," *Science* 274: 1527–1531, Figure 3. Reprinted with permission from AAAS.

았다(그림 9.35 참조).

**a.** 이 데이터는 세로토닌 운반체 유전자가 신경증적 성격에 영향을 미치는 QTL이라는 가설과 부합하는 것인가?

**b.** 세로토닌 운반체 유전자는 신경증적 성질에 대한 유전자인가? 대답의 이유를 설명하라.

**c.** 세로토닌 운반체 유전자가 신경증적 성질에 전혀 역할을 하지 않는다는 설명을 당신은 생각할 수 있는가? 자세히 설명하라.

**3.** 그레이하운드 경주견의 소유주가 경주에서 이기는 개와 지는 개를 구별할 수 있는 유전자좌위와 대립유전자를 어떻게 하면 알아낼 수 있는지 당신에게 묻는다. 이 정보를 나타낼 수 있는 연구 프로그램을 되도록 자세하게 기술하라.

**4.** 당신이 당신의 친구에게 사람의 키가 매우 유전적이라고 생물학 시간에 배웠다고 말한다고 생각해 보자. 영양학을 공부하는 당신의 친구는 "말이 안 돼. 불과 몇 세기 전의 사람들은 지금보다 키가 작았고 그것은 확실히 음식의 차이 때문이야. 사람 키의 변이의 대부분이 유전자 때문이라면, 음식의 차이가 어떻게 그렇게 큰 차이를 가져올 수 있지?"라고 말한다. 빈약한 음식이 키에 큰 영향을 줄 수 있다는 당신 친구의 말은 옳다. 이 명백한 모순을 당신은 어떻게 설명할 것인가?

**5.** 이제 보다 일반적인 용어로서 유전력(heritability)을 생각하자. 어떤 집단에서 어떤 형질에 대해 유전력이 극도로 높다고 가정하자.

**a.** 첫째, 높은 유전력에도 불구하고 형질은 환경에 의해 영향을 받을 수 있을까? 이 질문에 대답하기 위해 모든 집단의 개체가 평생 같은 수준의 환경 요소에 노출되었다고 가정하자. 유전력 값은 환경이 매우 중요하다는 사실을 나타낼 것인가?

**b.** 둘째, 환경이 바뀌면 유전력 값도 바뀔 것인가? 이 질문에 대해 답하기 위해서, 다른 개체들이 다른 수준의 환경요인에 노출되며 그 환경 요인이 변화하는 상황을 생각해 보자. 전체 집단의 형질의 변이에는 어떤 일이 발생할 것인가? 유전력의 값에는 어떤 일이 생길까?

**6.** 개 사육업자가 당신에게 조언을 구한다. 사육자는 시베리안 허스키를 가지고 있고 썰매 끌기 대회에 참여하고자 한다. 사육자는 시베리안 허스키를 더 빨리 달리게 품종을 개량하고 싶다. 아래의 표는 사육자가 가지고 있는 15가지 가계의 달리기 속도(m/s)를 나타낸다.

| 가계 | 부모의 중간값 | 자식의 중간값 |
|---|---|---|
| 1 | 12.7 | 10.8 |
| 2 | 7.6 | 8.0 |
| 3 | 14.4 | 8.0 |
| 4 | 4.3 | 9.7 |
| 5 | 11.3 | 6.6 |
| 6 | 12.5 | 6.2 |
| 7 | 8.9 | 12.5 |
| 8 | 8.2 | 7.4 |
| 9 | 6.3 | 3.4 |
| 10 | 12.7 | 6.7 |
| 11 | 13.9 | 7.9 |
| 12 | 7.3 | 13.6 |
| 13 | 5.9 | 7.4 |
| 14 | 12.8 | 12.1 |
| 15 | 12.5 | 11.3 |

**a.** 자식의 중간값(midoffspring value)과 부모의 중간값(mid-parent value)의 산점도를 그려라. 사육업자가 가지고 있는 개의 집단에서 유전력은 대략 얼마인가?

**b.** 사육업자가 선별적으로 개를 교배시키면 다음 세대에서 개들의 달리기 속도가 현재 세대의 속도보다 획기적으로 빨라질 것인가?

**c.** 사육업자가 경기에서 이기기 위해서 당신은 그 외의 어떤 일을 시도하라고 제안하겠는가?

**7.** 6번 문제에서 사육업자가 부모의 중간값의 상위 다섯 쌍만 선택하여 그것들을 다음 세대를 얻기 위해 사용하였다고 가정하자.

**a.** 집단에 대해서 사육업자가 부여한 선택차이와 선택구배를 계산하라.

**b.** 6번 문제에서 당신이 추정한 유전력과 선택차를 이용하여 답변하라. 다음 세대에서 예상되는 평균 달리기 속도는 어느 정도인가?

**c.** 다음 세대에서 예상되는 속도와 현재 세대의 가장 빠른 다섯 가계의 자손의 속도를 비교하라. 그 결과에 대해 논하라.

**8.** Weis와 Albrahamson의 메역취속의 충영(goldenrod galls; 데이터는 그림 9.28에 나타나 있다)의 결과를 논할 때, 우리는 파리가 충영을 유도할 때 충영의 크기에 유전 가능한 변이가 있다고 언급했다. Weis와 Albrahamson이 이 실험을 어떻게 했다고 생각하는가? 필요한 실험을 가능한 자세하게 기술하라.

**9.** 호박벌이 스카이파일럿에 작용하는 선택의 강도를 생각할 때, 왜 툰드라 집단의 꽃의 크기가 현재의 크기보다 커지지 않았을까? 적어도 두 가지 가설을 세우고, 어떻게 이것들을 검증할 것인지 설명하라.

**10.** **a.** 선택의 세 가지 방식과 집단의 평균과 집단의 변이에 그것들이 미치는 영향에 대하여 기술하라.

**b.** 선택의 어떤 방식이 파리가 만드는 충영의 크기에 영향을 미치는가?

**c.** 기생성 말벌이 멸종하면 어떤 방식의 선택이 다음 세대의 충영을 생성하는 파리에 영향을 미칠 것인가? 다음 세대의 충영 크기의 평균값에 어떤 변화가 생길지 예측하라.

# 문헌탐구

**11.** 진딧물의 다른 작물에 대한 적응에 관여하는 QTL을 찾아내기 위한 분석과 종분화에 작용하는 유전적 상관관계의 역할에 대하여 다음 문헌을 참조하라.

Hawthorne, D. J., and S. Via. 2001. Genetic linkage of ecological specialization and reproductive isolation in pea aphids. *Nature* 412: 904–907.

**12.** 새의 행동이 지구온난화에 반응하여 어떻게 진화할지 예측하기 위하여 양적유전학적인 방법을 사용한 연구에 대해서 아래의 문헌을 참조하라.

Pulido, F., P. Berthold, et al. 2001. Heritability of the timing of autumn migration in a natural bird population. *Proceedings of the Royal Society of London B* 268: 953–959.

**13.** 방향성 선택이 집단의 형질의 분포를 얼마큼 멀리, 빠르게 이동시켰는지에 관하여 아래의 문헌을 참조하라.

Weber, K. E. 1996. Large genetic change at small fitness cost in large populations of *Drosophila melanogaster* selected for wind tunnel flight: Rethinking fitness surfaces. *Genetics* 144: 205–213.

**14.** 유전체의 전 범위에 걸친 매핑 기술이 보다 정교해지고 비용이 저렴해짐에 따라, QTL은 인간 질병을 밝히는 데 사용되고 있다. 몇 가지 예를 아래의 문헌에서 찾을 수 있다:

Kissebah, A. H., G. E. Sonnenberg, et al. 2000. Quantitative trait loci on chromosomes 3 and 17 influence phenotypes of the metabolic syndrome. *Proceedings of the National Academy of Sciences, USA* 97: 14478–14483.

Arya, R., R. Duggirala, et al. 2004. Evidence of a novel quantitativetrait locus for obesity on chromosome 4p in Mexican Americans. *American Journal of Human Genetics* 74: 272–282.

Nyholt, D. R., K. I. Morley, et al. 2005. Genomewide significant linkage to migrainous headache on chromosome 5q21. *American Journal of Human Genetics* 77: 500–512.

**15.** 인간의 지능에 영향을 미치는 유전적, 환경적 효과에 대하여 아래의 논문을 참조하라:

Greenwood, P. M., and R. Parasuraman. 2003. Normal genetic variation, cognition, and aging. *Behavioral and Cognitive Neuroscience Reviews* 2: 278–306.

Posthuma, D., M. Luciano, et al. 2005. A genomewide scan for intelligence identifies quantitative trait loci on 2q and 6p. *American Journal of Human Genetics* 77: 318–326.

**16.** 쥐가 굴을 파는 행위에 영향을 미치는 QTL 매핑 연구에 관하여 아래의 문헌을 참조하라:

Weber, J. N., B. K. Peterson, and H. E. Hoekstra. 2013. Discrete genetic modules are responsible for complex burrow evolution in *Peromyscus* mice. *Nature* 493: 402–405.

# 인용문헌

## 이 장의 양적유전학 학습자료는 다음 문헌을 참조하여 구성하였다:

Ayala, F. J. 1982. *Population and Evolutionary Genetics: A Primer*. Menlo Park, CA: Benjamin Cummings.

Falconer, D. S. 1989. *Introduction to Quantitative Genetics*. New York: John Wiley & Sons.

Felsenstein, J. 2011. *Theoretical Evolutionary Genetics*. Seattle, WA: http://evolution.genetics.washington.edu/pgbook/pgbook.html

Jorde, L. B., J. C. Carey, et al. 1999. *Medical Genetics*. 2nd ed. St. Louis: Mosby.

Lynch, M., and B. Walsh. 1998. *Genetics and Analysis of Quantitative Traits*. Sunderland, MA: Sinauer.

Maynard Smith, J. 1998. *Evolutionary Genetics*. 2nd ed. Oxford: Oxford University Press.

## 이 장에서 인용한 모든 다른 자료들

Ayala, F. J. 1982. *Population and Evolutionary Genetics: A Primer*. Menlo Park, CA: Benjamin Cummings.

Barton, N. H., and M. Turelli. 1989. Evolutionary quantitative genetics: How little do we know? *Annual Review of Genetics* 23: 337–370.

Bates Smith, T. 1993. Disruptive selection and the genetic basis of bill size polymorphism in the African finch *Pyrenestes*. *Nature* 363: 618–620.

Beardsley, P. M., A. Yen, and R. G. Olmstead. 2003. AFLP phylogeny of *Mimulus*, section Erythranthe and the evolution of hummingbird pollination. *Evolution* 57: 1397–1410.

Benjamin, J., L. Li, et al. 1996. Population and familial association between the D4 dopamine receptor gene and measures of novelty seeking. *Nature Genetics* 12: 81–84.

Bergen, S. E., C. O. Gardner, and K. S. Kendler. 2007. Age-related changes in heritability of behavioral phenotypes over adolescence and young adulthood: A meta-analysis. *Twin Research & Human Genetics* 10: 423–433.

Bradshaw, H. D., Jr., K. G. Otto, et al. 1998. Quantitative trait loci affecting differences in floral morphology between two species of monkeyflower (*Mimulus*). *Genetics* 149: 367–382.

Bradshaw, H. D., Jr., and D. W. Schemske. 2003. Allele substitution at a flower colour locus produces a pollinator shift in monkeyflowers. *Nature* 426: 176–178.

Brodie, E. D., III. 1992. Correlational selection for color pattern and antipredator behavior in the garter snake *Thamnophis ordinoides*. *Evolution* 46: 1284–1298.

Brodie, E. D., III, A. J. Moore, and F. J. Janzen. 1995. Visualizing and quantifying natural selection. *Trends in Ecology and Evolution* 10: 313–318.

Caspi, A., J. McClay, et al. 2002. Role of genotype in the cycle of violence in maltreated children. *Science* 297: 851–854.

Cavalli-Sforza, L. L., and W. F. Bodmer. 1971. *The Genetics of Human Populations*. San Francisco: W. H. Freeman.

Clausen, J., D. D. Keck, and W. M. Hiesey. 1948. *Experimental Studies on the Nature of Species. III. Environmental Responses of Climatic Races of* Achillea. Washington, D.C.: Carnegie Institution of Washington Publication No. 581, 45–86.

Di Masso, R. J., G. C. Celoria, and M. T. Font. 1991. Morphometric traits and femoral histomorphometry in mice selected for body conformation. *Bone and Mineral* 15: 209–218.

East, E. M. 1916. Studies on size and inheritance in *Nicotiania*. *Genetics* 1: 164–176.

Ebstein, R. P., O. Novick, et al. 1996. Dopamine D4 receptor (D4DR) exon III polymorphism associated with the human personality trait of novelty seeking. *Nature Genetics* 12: 78–80.

Elena, S. F., and R. E. Lenski. 1997. Long-term experimental evolution in *Escherichia coli*. VII. Mechanisms maintaining genetic variability within populations. *Evolution* 51: 1058–1067.

Falconer, D. S. 1989. *Introduction to Quantitative Genetics*. New York: John Wiley & Sons.

Felsenstein, J. 2011. *Theoretical Evolutionary Genetics*. Seattle, WA: http://evolution.genetics.washington.edu/pgbook/pgbook.html

Fisher, R. A. 1930. *The Genetical Theory of Natural Selection*. Oxford, UK: Clarendon Press.

Galen, C. 1989. Measuring pollinator-mediated selection on morphometric floral traits: Bumblebees and the alpine sky pilot, *Polemonium viscosum*. *Evolution* 43: 882–890.

Galen, C. 1996. Rates of floral evolution: Adaptation to bumblebee pollination in an alpine wildflower, *Polemonium viscosum*. *Evolution* 50: 120–125.

Grant, P. R., and B. R. Grant. 1995. Predicting microevolutionary responses to directional selection on heritable variation. *Evolution* 49: 241–251.

Hill, E. W., J. Gu, et al. 2010. A sequence polymorphism in MSTN predicts sprinting ability and racing stamina in thoroughbred horses. *PLoS ONE* 5: e8645.

Hill, E. W., R. G. Fonseca, et al. 2012. MSTN genotype (g.66493737C/T) association with speed indices in thoroughbred racehorses. *Journal of Applied Physiology* 112: 86–90.

Hugot, J.-P., M. Chamaillard, et al. 2001. Association of NOD2 leucine-rich repeat variants with susceptibility to Crohn's disease. *Nature* 411: 599–603.

Kendler, K. S., and J. H. Baker. 2007. Genetic influences on measures of the environment: A systematic review. *Psychological Medicine* 37: 615–626.

Kobayashi, K. S., M. Chamaillard, et al. 2005. Nod2-dependent regulation of innate and adaptive immunity in the intestinal tract. *Science* 307: 731–734.

Lande, R., and S. J. Arnold. 1983. The measurement of selection on correlated characters. *Evolution* 37: 1210–1226.

Lesch, K.-P., D. Bengel, et al. 1996. Association of anxiety-related traits with a polymorphism in the serotonin transporter gene regulatory region. *Science* 274: 1527–1531.

Lynch, M., and B. Walsh. 1998. *Genetics and Analysis of Quantitative Traits*. Sunderland, MA: Sinauer.

McClearn, G. E., B. Johansson, et al. 1997. Substantial genetic influence on cognitive abilities in twins 80 or more years old. *Science* 276: 1560–1563.

McPherron A. C., A. M. Lawler, and S.-J. Lee. 1997. Regulation of skeletal muscle mass in mice by a new TGF-beta superfamily member. *Nature* 387: 83–90.

McPherron, A. C., and S.-J. Lee. 1997. Double muscling in cattle due to mutations in the myostatin gene. *Proceedings of the National Academy of Sciences, USA* 94: 12457–12461.

Moreels, T. G., and P. A. Pelckmans. 2005. Gasterointestinal parasites: Potential therapy for refractory inflammatory bowel diseases. *Inflammatory Bowel Disease* 11: 178–184.

Mosher, D. S., P. Quignon, et al. 2007. A mutation in the myostatin gene increases muscle mass and enhances racing performance in heterozygote dogs. *PLoS Genetics* 3: e79.

Murray, C., and R. J. Herrnstein. 1994. Race, genes and I.Q.—An apologia. *The New Republic* 211 (October 31): 27–37.

Ogura, Y., D. K. Bonen, et al. 2001. A frameshift mutation in NOD2 associated with susceptibility to Crohn's disease. *Nature* 411: 603–606.

Orr, H. A. 1998. The population genetics of adaptation: The distribution of factors fixed during adaptive evolution. *Evolution* 52: 935–949.

Orr, H. A. 1999. The evolutionary genetics of adaptation: A simulation study. *Genetical Research, Cambridge* 74: 207–214.

Orr, H. A., and J. A. Coyne. 1992. The genetics of adaptation: A reassessment. *American Naturalist* 140: 725–742.

Paterson, A. H., E. S. Lander, et al. 1988. Resolution of quantitative traits into Mendelian factors by using a complete linkage map of restriction fragment length polymorphisms. *Nature* 335: 721–726.

Pfau, T., A. Spence, et al. 2009. Modern riding style improves horse racing times. *Science* 325: 289.

Phillips, P. C., and S. J. Arnold. 1989. Visualizing multivariate selection. *Evolution* 43: 1209–1222.

Provine, W. B. 1971. *The Origins of Theoretical Population Genetics*. Chicago: University of Chicago Press.

Provine, W. B. 1986. *Sewall Wright and Evolutionary Biology*. Chicago: University of Chicago Press.

Schemske, D. W., and H. D. Bradshaw, Jr. 1999. Pollinator preference and the evolution of floral traits in monkeyflowers (*Mimulus*). *Proceedings of the National Academy of Science USA* 96: 11910–11915.

Schinka, J. A., E. A. Letsch, and F. C. Crawford. 2002. DRD4 and novelty seeking: Results of meta-analyses. *American Journal of Medical Genetics* (Neuropsychiatric Genetics) 114: 643–648.

Schuelke, M., K. R. Wagner, et al. 2004. Myostatin mutation associated with gross muscle hypertrophy in a child. *New England Journal of Medicine* 350: 2682–2688.

Smith, J. M. N., and A. A. Dhondt. 1980. Experimental confirmation of heritable morphological variation in a natural population of song sparrows. *Evolution* 34: 1155–1160.

Summers, R. W., D. E. Elliot, et al. 2005a. *Trichuris suis* therapy in Crohn's disease. *Gut* 54: 87–90.

Summers, R. W., D. E. Elliot, et al. 2005b. *Tichuris suis* therapy for active ulcerative colitis: A randomized controlled trial. *Gastroenterology* 128: 825–832.

Tanksley, S. D. 1993. Mapping polygenes. *Annual Review of Genetics* 27: 205–233.

USA Swimming. 2002. http://www.usaswimming.org/fast_times/template.pl?opt=results&eventid=471.

Via, S. 1991. The genetic structure of host plant adaptation in a spatial patchwork: Demographic variability among reciprocally transplanted pea aphid clones. *Evolution* 45: 827–852.

Weis, A. E., and W. G. Abrahamson. 1986. Evolution of host-plant manipulation by gall makers: Ecological and genetic factors in the *Solidago-Eurosta* system. *American Naturalist* 127: 681–695.

Wilson, A. J., and A. Rambaut. 2008. Breeding racehorses: What price good genes? *Biology Letters* 4: 173–175.

Wright, S. 1986. *Evolution: Selected papers*. William B. Provine, editor. Chicago: University of Chicago Press.

Wright, S. 1988. Surfaces of selective value revisited. *American Naturalist*. 131: 115–121.

# 10

# 적응의 연구: 형태와 기능에 대한 진화적 분석

남아프리카 난초, *Lapeirousia oreogena*는 왜 꽃잎에 흰색의 화살촉 무늬가 있는가? Dennis Hansen과 동료들은 이에 대한 답을 구할 수 있으리라 생각했다(2012). 수많은 꽃들의 꽃잎에서 이와 비슷하게 확연한 대비색의 무늬가 보인다. 꿀 안내자라고 불리는 이들 무늬는 대체로 수분 전달자가 꽃 속에 숨어 있는 상을 찾을 수 있도록 돕는 역할을 한다고 여겨진다. 만약에 수분 전달자가 눈에 띄는 무늬가 있는 꽃에 더 끌린다면, 이러한 무늬를 보이는 식물들이 더 높은 생식성공률을 보일 것이다.

Hansen 연구팀은 이 가설을 단순한 실험으로 확인하였다. 이들은 실험군 꽃들에서 흰 화살촉 무늬를 검은색 잉크로 칠하고 대조군은 같은 양의 검은색 잉크를 꽃의 어두운 부위에 칠하였다. 연구자들은 만약 꿀 안내자 가설이 맞는다면 수분 매개체인 긴주둥이 파리, *Prosoeca* sp.들은 실험군의 꽃들보다 대조군의 꽃들에게 더 끌릴 것이다.

연구자들은 자연적인 난초 군집에서 실험군과 대조군 쌍을 관찰하였다. 파리가 나타날 때마다 이들은 파리가 어느 꽃으로 먼저 향하는지 기록하였다. 옆 그림의 기록에 나타나듯 파리들은 확실히 완전한 흰색 무늬가 있는 꽃을 선호했다. 이 선호도는 실험군이 대조군과 다를수록 더 확연했다.

*Lapeirousia oreogena*를 수분시키는 긴 주둥이 파리는 0, 1, 또는 3개의 꿀 안내자를 가진 꽃보다는 6개의 꿀 안내자를 가진 꽃을 선호한다. Hansen et al. (2012)에서 다시 그림.

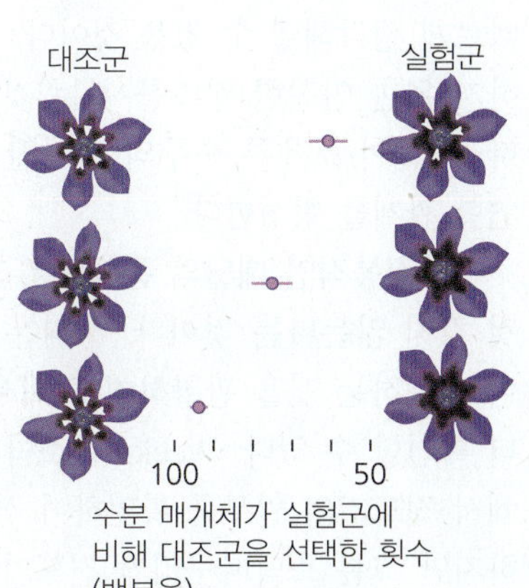

추가적인 실험들은 대조군의 꽃들이 화살촉 무늬가 없는 꽃들보다 암(씨앗) 수(꽃가루) 기능 모두에서 생식성공률이 더 높다는 것을 보여주었다. 종합적으로 이 연구결과들은 Hansen 연구팀의 가설이 옳았음을 암시한다.

생명체의 디자인에 대한 설명은 적자생존에 의한 진화이론의 업적 중 하나이다. 이전 세대의 개체들은 각자의 디자인의 유전적인 면에서 차이가 있고 이 중 가장 최고의 디자인을 가진 개체들이 더 많이 자신의 유전자를 후세에 남긴다. 개체가 가진 적응도를 높여주는 형질, 또는 통합된 형질들을 **적응(adaptation)**이라 하고 이를 **적응적(adaptive)**이라고 한다.

개체들의 형질이 실제로 적응이라는 것을 입증하는 것은 다윈 이후 진화생물학의 주된 활동이었다(Mayr 1983). 대략적으로 설명하자면 어떠한 형질이 적응이라는 것을 입증하려면 우리는 먼저 이 형질의 기능을 밝힌 후 이 형질을 지닌 개체들이 그렇지 않은 개체들보다 이후 세대에 더 많은 유전자를 물려준다는 것을 보여주어야 한다.

어떤 형질들의 적응적 중요성은 뻔하다. 눈은 명백하게 빛을 모으고 분석해서 멀리 있는 대상을 발견하는 장치이다; 많은 동물종들의 경우 시력이 나쁜 개체들보다 시력이 좋은 개체들이 더 쉽게 먹이를 찾고 포식자를 피할 것이다. 다른 형질은 더 미세한 이점을 제공한다. 이들의 적응적 중요성을 이해하기 위해서는 많은 양의 창의력과 노력이 필요하다. 또 다른 형질, 또는 형질값들은 전혀 적응적이지 않다.

이 장은 적응의 분석을 탐구한다. 첫 절에서는 명백한 것처럼 보이는 해석에 끌려 들어가는 위험에 대해 생각해 본다. 어떠한 가설도 단순히 그럴듯하고 매력적이기 때문에 받아들여져서는 안 된다(Gould and Lewontin 1979). 오히려 모든 가설들은 검증되어야 한다. 가설의 검증은 가설을 이용한 예측을 한 후 이 예측이 맞는지를 확인하여 이루어질 수 있다. 그 다음 세 절에서는 실험, 관찰, 비교 등 진화생물학자들이 적응에 대한 가설을 검증하는 데 이용하는 여러 방법들을 검토한다. 그 다음 세 절에서는 적응에 관한 연구를 도전적이고 활발한 연구분야로 지속시키는 생물학적 형태와 기능의 복잡함을 탐구할 것이다. 마지막으로는 흥미로운 질문을 제기하는 일련의 전략을 소개할 것이다.

**한 형질의 적응값에 대한 가능성 있는 가설은 정밀한 연구의 끝이 아니라 시작이다.**

## 10.1 모든 가설은 검증되어야 한다: 소딱따구리가 재고되다

소딱따구리는 설명이 필요하다(그림 10.1). 왜 이 새들은 커다란 포유류에게로 날아드는가? 왜 이들의 숙주는 이들을 견디는가? 대부분의 독자들은 전형적인 대답을 들었거나 빠르게 생각해낼 수 있을 것이다. 소딱따구리는 먹이인 진드기의 쉬운 획득과 이를 섭취하기 위한 안전한 장소를 찾는 것이다. 숙주들은 공짜 청소를 위해 기꺼이 이를 용납한다. 새들이 포유류 숙주의 벌어진 상처를 청소하여 도움을 주면서 이들은 더 깊은 상호 연합 관계를 형성한다.

이 전통적인 대답의 문제점은 자세히 관찰해볼 때 소딱따구리와 숙주 모두 이를 믿는 것 같지 않는다는 것이다. 우리는 이 사실을 붉은부리 소딱따구리가 가축 소 위에서 먹이 섭취하는 것을 관찰하기 위해서 1년간 짐바브웨에서 생활한 Paul Weeks(1999)로부터 확인할 수 있다. Weeks는 소딱따구리가 가끔 토해내는 소화가 안되는 물질 알갱이 속에서 진드기의 일부를 확인하여 실제로 가끔은 진드기를 섭취한다는 사실을 확립하였다. 하지만 그는 소딱따구리가 진드기를 먹는 것을 거의 목격하지 못하였다. 종종 Weeks는 그 자신이 직접 볼 수 있는 진드기를 새들이 무시하는 것을 보았다. 오히려 소딱따구리들은 먹는 시간의 85% 이상을 벌어진 상처에서 피를 핥는 활동; 귀지를 찾기 위해 숙주의

**그림 10.1 임팔라 위의 소딱다구리** 소딱다구리와 큰 포유류 사이의 관계는 전통적으로 상호 협조적이라고 여겨졌다. 소딱다구리는 쉽게 진드기를 안전한 곳에서 섭취할 수 있고 숙주들은 공짜 청소를 받는다. 하지만 이 전통적인 견해가 철저한 검증에 맞설 수 있을까?

귀를 살피는 활동; 벗겨진 피부를 모아서 먹기 위해 숙주의 털 사이를 가르는 행위 등 3가지 활동에 할애하였다. 숙주는 소딱따구리가 곁에 있는 것을 달가워하지 않았다. 소딱따구리가 자신의 상처를 괴롭히거나 귀를 쑤실 때 소들은 분당 한두 번 새들을 쫓아내려고 했지만 성공하는 데는 한계가 있었다.

소딱따구리의 행위를 더 잘 이해하기 위해 Weeks(2000)는 소딱따구리 배제 실험을 실행하였다. 그는 작은 소 무리를 무작위로 두 집단으로 나누었다. 첫 번째 그룹은 평소와 같이 소딱따구리가 찾아올 수 있게 하였다. 다른 그룹의 경우, 보조자에게 급여를 지불하여 새들을 쫓아내는 방법으로 소딱따구리 침입으로부터 보호하였다. Weeks는 실험을 한 달 동안 진행하였고, 다음에 처리군을 바꿔서 다시 한 달간 실험을 진행하였다. 마지막으로 그는 2개의 대조군의 소들을 섞어서 새로운 그룹을 형성하고 다시 한 달간 실험을 진행하였다. 각 달의 시작과 끝에 Weeks는 모든 소에 존재하는 진드기를 세었다.

그림 10.2의 그래프는 소딱따구리가 있는 그룹의 소와 없는 그룹의 소에서 각각의 개월에 따른 진드기 양의 변화를 보여준다. 만일 소딱따구리가 진드기를 먹어서 숙주에 도움이 된다면 소딱따구리가 없는 그룹의 소에서 소딱따구리가 있는 그룹의 소보다 진드기 양이 더 심해야—더 양성이거나 덜 음성—한다. 첫 번째와 세 번째 실험에서는 그렇게 되었다. 하지만 두 번째 실험에서는 그 반대의 결과가 일어났고 모든 실험에서 소딱따구리가 존재한 집단과 존재하지 않은 집단 사이에 의미 있는 차이는 없었다. 소딱따구리는 숙주의 진드기량에 감지할 수 있는 영향을 미치지 않았다.

각 한 달간의 실험 전 후에 Weeks는 각각 소들의 벌어진 상처의 수도 셌다. 그 결과

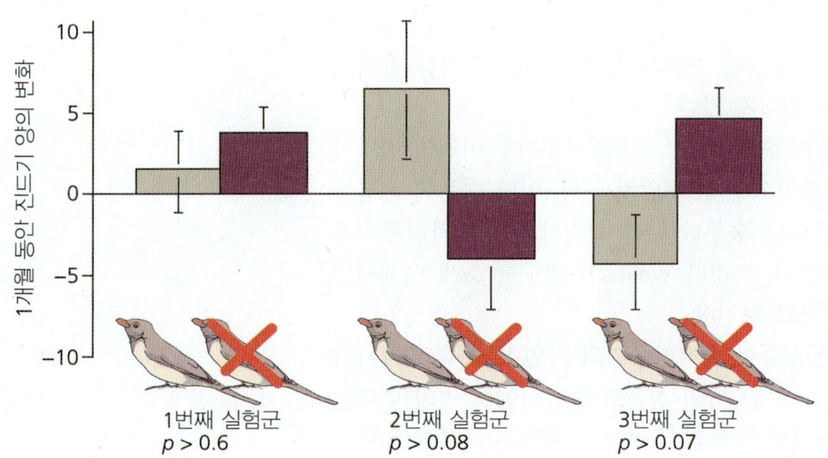


**그림 10.2 붉은부리 소딱다구리는 소에 기생하는 진드기 양에 아무런 영향이 없다** 이 그래프는 각각의 3개월간의 실험에서 소딱다구리에게 노출된 소와 노출되지 않은 소에서 매 달 초와 말의 진드기 양을 보여준다. 자료에는 확연한 양상이 보이지 않으며 아무 비교군도 통계적으로 유의하지 않다. 각각의 막대그래프는 8~11마리의 소를 나타낸다. Weeks (2000)에서 다시 그림.

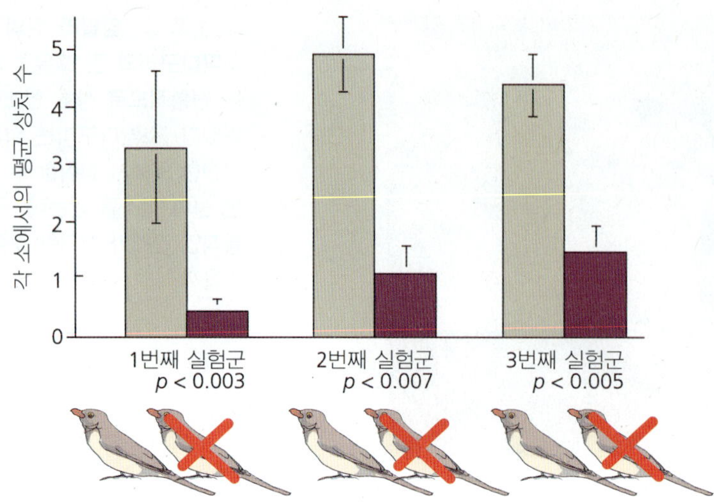


**그림 10.3 붉은부리 소딱다구리는 숙주의 벌어진 상처를 유지시킨다** 이 그래프는 각각의 3개월간의 실험에서 소딱다구리에 노출된 소와 노출되지 않은 소 각 개체에서의 평균 상처 수를 나타낸다. 각각의 막대그래프는 8~11마리의 소를 나타낸다. Weeks (2000)에서 다시 그림.

는 그림 10.3에 나타나고 이번에는 그 결과가 확연하다. 소딱따구리에 노출된 소들은 새들로부터 보호된 소들보다 평균적으로 벌어진 상처를 더 많이 가지고 있었다. 우리는 이미 소딱따구리가 많은 시간을 벌어진 상처에서 피를 마시는 데 쓴다는 Weeks의 관찰을 언급하였다. 그는 또한 소딱따구리들이 현존하는 상처를 더 크게 벌였고 소딱따구리가 존재하는 동안에는 상처가 아무는 데 시간이 더 오래 걸린다는 것을 확인하였다.

마지막으로 Weeks는 각각의 소 귀에 있는 귀지의 양을 기록하였다. 역시 그림 10.4에 나타나는 결과는 확연하다. 소딱따구리에 노출된 소들은 상당히 적은 귀지를 가지고 있었다. 이것이 소들에게 좋은지 나쁜지는 확실하지 않다.

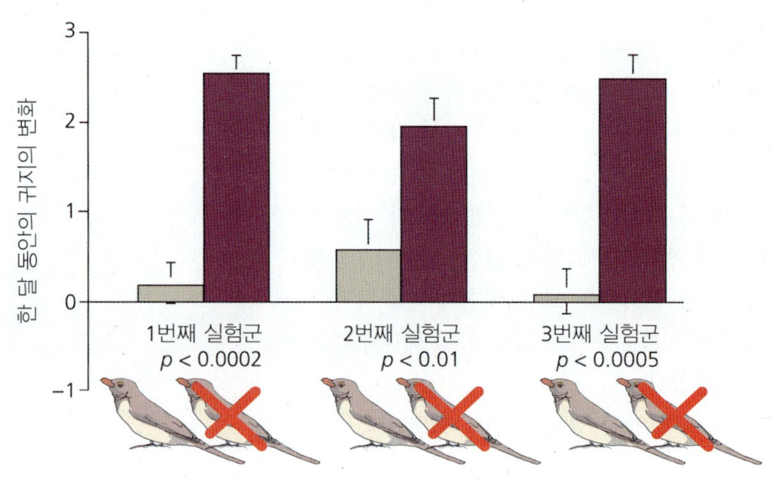


**그림 10.4 붉은부리 소딱다구리는 숙주의 귀지를 제거한다** 이 그래프는 각각의 3개월간 실험에서 소딱다구리에 노출된 소와 노출되지 않은 소에서 귓속의 귀지 양의 변화를 나타낸다. 귀에서 귀지를 제거하는 것이 숙주에 이득이 되는지 해가 되는지는 명확하지 않다. 각각의 막대 그래프는 8~11마리의 소를 나타낸다. Weeks (2000)에서 다시 그림.

Weeks는 소딱따구리가 흡혈동물이고 귀지를 먹는다고 결론을 내렸다. 이들이 진드기를 먹을 때에도 소딱따구리는 섭취한 피로 부어오른 성체 암컷—즉, 이미 숙주에 손상을 가한 진드기들—을 선호하였다. Weeks는 다른 숙주나 다른 환경에서는 소딱따구리가 숙주에게 도움을 줄 수 있는 가능성을 인정했다. 그러나 Weeks가 연구한 소에 대해서는 소딱따구리가 상호 협조적이 아니라 기생적으로 보인다.

Weeks의 연구에서 하나의 결함은 가축 소들이 소딱따구리의 자연적 숙주가 아니라는 점이다. Alan McElligott와 동료들(2004)은 한 쌍의 검은코뿔소 위에서 먹이를 먹는 소딱따구리를 관찰하였다. Weeks의 연구에서의 행동과 비슷하게 새들은 대부분의 먹이 획득 시간을 벌어진 상처 주위에서 보냈다. 뿐만 아니라 연구자들은 코뿔소 두 마리의 상처의 대부분을 소딱따구리가 만드는 것을 관찰하였다. 존재하는 증거상으로는 소딱따구리와 이들의 숙주에 관한 통념은 틀린 것 같다.

소딱따구리 예시는 행동(또는 다른 어떠한 형질)의 적응적 의미에 대한 가설이 단순히 그럴듯하거나 모두가 이것이 사실이라고 생각한다는 이유로 비판 없이 받아들여서는 안 됨을 보여줬다. 이와 반대로 우리는 모든 가설들이 엄격한 검증을 받도록 해야 한다.

모든 가설들은 검증되어야만 한다.

적응을 연구할 때 고려해야 할 다른 사항들은 아래와 같다:

- 집단이나 종 사이의 차이는 모두 적응적이지는 않다. 소딱따구리는 2종이 있다; 하나는 붉은색 부리를 가졌고 다른 하나는 노란색 부리를 가졌다. 각각의 색이 이를 과시하는 종에게 적응일 수도 있다. 또한 이 차이는 전혀 적응이 아닐 수도 있다. 다른 색을 발현시키는 돌연변이는 이 두 소딱따구리 종들에서 유전적 부동에 의해 고정되었다. 분자적인 수준에서 개체, 집단, 그리고 종의 변이 대부분은 선택에 있어서 중립적일 수 있다(7장 참조).

대체될 수 있는 설명들 또한 고려되어야만 한다.

- 생물체의 모든 형질이나 모든 형질의 이용이 적응이지는 않다. 커다란 포유류 위에서 먹이 섭취를 하는 동안 소딱따구리는 잠재적인 짝을 만날 수도 있다. 하지만 큰 포유류에서 먹이 섭취를 하는 행위의 진화가 반드시 짝짓기의 기회를 만들기 때문에 이루어졌다고 할 수는 없다.
- 모든 적응이 완벽하지는 않다. 큰 포유류의 피나 귀지를 먹는 것은 소딱따구리에게 높은 질의 먹이를 제공할 수 있다. 하지만 많은 큰 포유류들이 먼 거리를 이동하기 때문에 소딱따구리가 예측 불가능한 먹이 공급이라는 위험에 노출될 수 있다.

다음 세 절에서 우리는 진화생물학자들이 형질의 적응적 의의에 대한 가설을 검증하기 위해 이용하는 세 가지 방법을 검토한다. 이 절들 중 처음은 실험들을 검토하고 두 번째 절은 관찰 연구를 검토하며, 세 번째 절은 비교 방법들을 탐구한다.

# 10.2 실험

실험은 과학에서 가장 강력한 도구 중 하나이다. 잘 계획된 실험으로 하나의 명확한 요인이 실험 대상인 현상에 미치는 영향을 분리해낼 수 있다. 우리는 이전 장에서 여러 다양한 실험을 검토하였다. 예를 들어 쥐에 대한 한 실험에서 공동조상으로부터 기인한 두 혈통을 비교하여 선택적 교미가 자발적인 바퀴 돌리기 운동에 미치는 영향을 보려고 하였다. 초파리를 대상으로 하는 다른 실험에서는 집단의 크기가 유전적 부동에 미치는 영향을 확인하였다. 여기에서 우리의 초점은 실험의 계획과 해석의 과정이다. 우리는 올바른 실험 디자인의 여러 면을 보여주기 위해 다음 실험을 골랐다.

실험은 가설을 검증하는 가장 유력한 방법이다. 좋은 실험은 실험군들 사이의 변수를 하나로 제한시키는 것이다.

## 과실파리과 파리 *Zonosemata*의 날개 표식과 날개짓 전시의 기능은 무엇인가?

과실파리과 파리 *Zonosemata vittigera*는 날개에 어두운 띠가 있다. 공격을 받을 때 파리는 날개를 몸과 수직으로 유지하고 위아래로 날개짓을 한다. 곤충학자들은 이 전시 행위가 깡충거미(Salticidae과의 종)의 영토 위협 행위인 다리를 흔드는 행위를 모방하는 듯하다고 인지하였다. 이 곤충학자들은 깡충거미가 빠르고 고약하게 물기 때문에 깡충거미를 모방하는 파리를 다른 포식자들이 회피할 수 있다고 제안하였다. Erick Green과 동

**그림 10.5 늑대 탈을 쓴 양?** 이 사진은 과실파리과 파리 *Zonosemata vittigera*(오른쪽)가 천적 중 하나인 깡충거미, *Phidippus apacheanus*(왼쪽)를 대면하는 것을 보여준다. 사진 Erik Greene, 몬태나 주립대학교.

료들(1987)은 다른 가설을 가졌다. 깡충거미가 *Zonosemata*의 주된 포식자이므로**(그림 10.5)**, Greene과 동료들은 파리가 날개짓 전시를 깡충거미를 위협하는 데 이용한다고 제안하였다. 다르게 말하면 파리는 늑대의 탈을 쓴 양이다. 포식자를 자신의 피식자가 모방하는 행동은 이전에 기록된 적이 없다.

모방에 관한 두 설명 모두 파리의 날개짓 행동의 적응적 가치에 대한 그럴듯한 가설이긴 하지만 우리가 이들을 검증하지 않는 한 이들은 그냥 좋은 이야기일 뿐이다. 이 가설들이 엄격하게 검증될 수 있을까? Greene과 동료들은 실험으로 이를 검증하려 시도하였다(1987).

모든 진화이론적 분석의 첫 단계는 질문을 최대한 구체적으로 표현하는 것이다. 이 경우 *Zonosemata vittigera*의 날개 표식과 날개짓은 깡충거미가 서로에게 쓰는 위협행위를 모방하는 것이고, 따라서 파리들이 포식을 피할 수 있도록 돕는가? 질문을 구체적으로 표현하면 명확한 답을 구할 수 있는 실험을 계획하는 일이 쉬워진다.

연구자들의 다음 단계는 이 행위에 대한 대안적 설명을 열거하는 것이다. 좋은 실험은 가능한 한 많은 경쟁적인 가설들을 검증한다(Platt 1964). 각각의 다음 가설은 생물학적으로 현실적인 설명이지 그저 정밀한 인상을 주기 위한 불가능한 명목뿐인 설명이 아니라는 것에 유의하라.

**좋은 실험 계획은 다양한 대체적 가설들에 의한 각각의 예측 결과를 검증할 수 있게 한다.**

**가설 1:** 파리는 깡충거미를 모방하지 않는다. 다른 파리 종들도 어두운 날개 표식과 날개짓을 가지지만 포식자를 저지하지 못하기에 이 가설은 가능하다. 많은 종의 파리들은 날개 표식과 날개짓을 구애에서 이용한다.

**가설 2:** 파리는 깡충거미를 모방하지만, 파리가 거미를 모방하는 것은 거미가 아닌 다른 포식자를 저지하기 위함이다. 깡충거미 또는 깡충거미 모방을 두려워할 만한 다른 파리의 포식자들은 다른 거미류, 침노린재과 곤충들, 사마귀, 그리고 도마뱀을 포함한다.

**가설 3:** 파리는 깡충거미를 모방하고, 이 모방은 구체적으로 깡충거미 자체의 포식을 저지하기 위해 작용한다.

**이상적인 실험에서 대조군과 실험군은 단 하나의 요소만을 제외하고 동등하게 취급된다.**

이 대안들을 검증하기 위하여 Greene과 동료들은 *Zonosemata*가 보여주는 전체가 아닌 일부의 특징만을 가진 파리가 필요하였다. 연구자들은 가정용 접착제를 이용하여 *Zonosemata*의 날개를 자르고 다시 붙일 수 있다는 사실을 알았다. 또한 이들은 *Zonosemata* 파리의 날개를 자른 후 투명하며 표식이 없는 집파리, *Musca domestica*의 날개로 대체할 수 있었다. 놀랍게도 외과적으로 변경된 *Zonosemata*는 여전히 정상적으로 날개

**그림 10.6 날갯짓 전시의 기능을 검증하기 위한 실험에서 쓰인 외과적 처리** 서로 다른 포식자들이 다른 처리를 받은 파리들을 접했을 때의 결과에 대한 예측. 각각의 가설은 각각 독자적인 예측을 한다. (2번과 3번 가설에 대한 예측은 효과적인 모방을 위해서는 *Zonosemata*의 날개 표식과 날갯짓이 모두 필요하다고 가정한다.)

짓을 하고 심지어 날 수도 있었다.

Greene과 동료들은 총 5개의 실험군을 만들었다**(그림 10.6)**. 5개의 실험군은 포식자와 파리가 만나면 어떻게 되는지 서로 다른 예측들을 하는 3개의 가설을 구분한다. 또한 실험군들은 연구자들에게 날개 표식과 날개짓이 모두 모방에 중요한지를 확인할 수 있게 한다. 이것은 강력한 실험 디자인이다.

실험을 하기 위하여 Greene과 동료들은 5가지의 실험군 파리에 대한 깡충거미와 다른 포식자들의 반응을 측정해야 했다. 파리와 마주쳤을 때 포식자들은 후퇴할 것인가, 접근하여 공격할 것인가, 아니면 죽일 것인가? 연구자들은 11개의 다른 종들로 구성된 20마리 깡충거미를 이틀 동안 굶겼다. 그 다음 그들은 무작위로 각 포식자를 각각의 다섯 처리를 한 파리들과 마주하게 하였다. 연구자들은 실험장에 이들을 넣어두고 5분 간격으로 각 깡충거미의 가장 공격적인 반응을 기록하였다. 확연한 차이가 있었다: 깡충거미들은 날갯짓을 하고 날개 표식이 있는 파리들로부터는 후퇴하였지만, 표식이 없거나, 날갯짓이 없거나, 둘 다 없는 파리는 공격하였다**(그림 10.7 위 그래프)**.

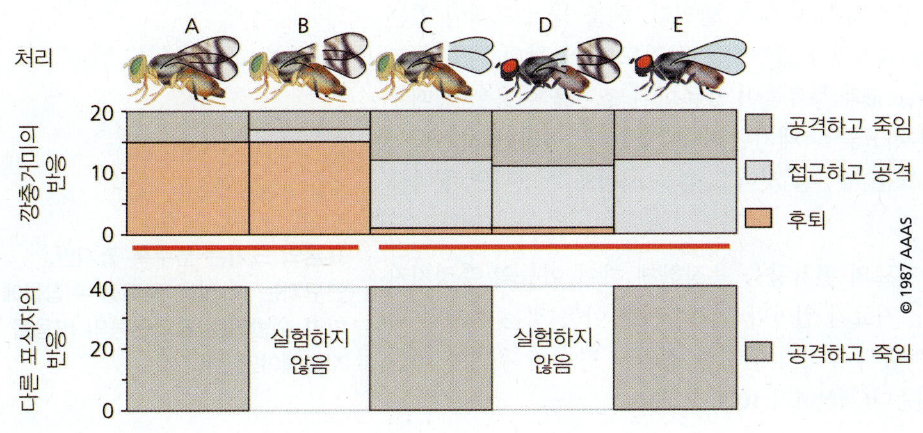


**그림 10.7 과실파리과 파리들은 거미의 포식을 피하기 위해서 깡충거미를 모방한다** 막대의 높이는 그림 10.6에 나열된 파리 종류에 대해 각각의 반응을 하는 포식자의 수를 나타낸다. 빨간 막대는 통계적 검증으로 깡충거미가 A 처리와 B 처리에 C, D, E 반응과 비교하여 유의하게 다르게 반응함을 의미한다. Greene et al. (1987)에서.

연구자들이 A, C, E 실험군을 다른 포식자(파리잡이 거미류 외의 거미들, 침노린잿과 곤충들, 사마귀, 그리고 채찍꼬리 도마뱀)를 상대로 실험하였을 때, 모든 처리군은 잡혀서 먹혔다(그림 10.7 아래 그림). 실제로 Greene과 동료들이 파리잡이 거미류 이외의 포식자들에 파리를 제공했을 때 서로 다른 파리들을 잡는 시간에는 눈에 띄는 차이는 없었다.

그림 10.6과 10.7을 비교하면 결과들이 가설 3과 일관되지만, 가설 1과 2와는 일관되지 못한다는 사실을 알 수 있다. 따라서 Greene의 실험은 과실파리과 파리들이 먹히는 것을 피하기 위해 자신의 포식자인 깡충거미들을 모방한다는 가설을 뒷받침한다(또한 Mather and Roitberg 1987 참조).

Greene의 연구는 실험 디자인에 대한 중요한 점을 보여준다.

- 효과적인 실험 대조군을 명시하고 실험하는 것은 매우 중요하다. Greene의 연구에서 A 그룹과 B 그룹(그림 10.6과 10.7)이 대조군의 역할을 하였다. 이 개체들은 날개 수술 자체는 파리나 거미의 행동에 영향을 미치지 않음을 보였다. C 그룹의 *Zonosemata*가 깡충거미에 의해 공격당하고 먹혔을 때, Greene과 동료들은 이것이 파리의 날개가 잘렸다 다시 붙여져서 그런 것이 아니라 날개에 표식이 없기 때문이라고 확신할 수 있었다.
- 모든 처리군들(실험군과 대조군)은 정확히 똑같이 다뤄져야 한다. Greene과 동료들이 각 실험에서 같은 실험장, 같은 시간 간격, 그리고 같은 포식자 반응의 정의를 썼다는 것이 매우 중요하다. 표준화된 조건을 이용하는 것은 연구자로 하여금 편중을 피하고 자료의 정확성을 높이도록 한다(그림 10.8). 5개의 실험군 각각에 대해 서로 다른 실험장이 이용되었다면 어떤 문제가 생길지 생각해보라.
- 무작위화는 실험군과 대조군 사이의 다른 잡다한 효과들을 동등하게 하는 핵심 기법이다. 본질적으로 이는 편중을 피하는 다른 방법이다. Greene과 동료들은 거미와 다른 포식자들에게 무작위적인 순서로 서로 다른 파리를 대면시켰다. 만일 그들이 5종류의 파리들을 각 거미에게 같은 순서로 대면시켰다면 어떠한 문제가 생길까?
- 여러 개체를 대상으로 실험을 반복하는 것은 필수적이다. 실험 대상이 더 많은 것이 실험이나 관찰에서 더 좋다는 것은 거의 보편적인 사실이다. 이는 모든 실험결과가 최소한 약간의 무작위적인 환경적 차이에 의해 오염되기 때문이다. 반복군이 충분하면 이런 무작위적 차이들이 서로를 트레이드오프한다.

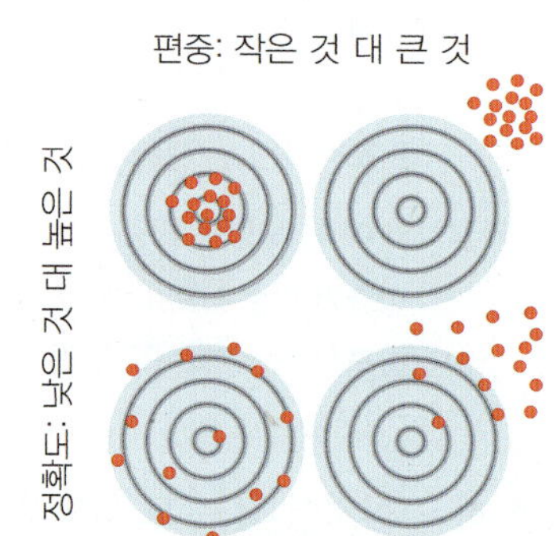


**그림 10.8 편중과 정확도** 정량적인 측정을 목표로 실험이나 일련의 관찰들을 구상할 때 편중을 최소화하고 정확도를 최대화하는 것이 중요하다. 이 그림에서 특정 연구에서 측정되는 양은 과녁으로 나타내며 수집되는 자료 값들은 붉은 점으로 나타낸다. 실험 조건을 표준화하고 다른 요인들을 무작위화하는 등의 기법들은 편중을 최소화하고 정확도를 최대화하는 데 도움이 된다. 많은 수의 자료 값을 얻어야 정확하게 측정할 수 있는 능력이 생긴다는 것을 주목하라.

반복된 실험이나 관찰은 2가지 역할을 한다.

- 이들은 특이한 개체나 상황에 의한 추정의 왜곡 양을 줄인다. 예를 들어 표식이 있는 날개를 가진 *Zonosemata* 10마리 중 4마리가 날갯짓을 하기도 전에 잡혀 먹혔다(그림 10.6과 10.7의 A와 B 그룹). Greene과 동료들이 표준화된 조건을 이용했기 때문에 이들이 불운을 의미했더라도 이 자료들을 폐기할 수는 없었다. 이러한 사건들이 정말 불운에 의한 것이라면 이들은 드문 사건일 것이고 샘플 사이즈가 크다면 결과를 치우지게 하지 않을 것이다.
- 반복된 실험들은 연구자로 하여금 자료의 편차량을 측정하게 하여 이들의 추정치가 얼마나 정확한지를 이해하도록 한다. 자료가 얼마나 정확한지를 아는 것은 통계적 검증을 가능하게 한다. 통계적 검증은 다시 우리가 관찰한 결과가 단순히 우연에 의한 결과였는지의 확률을 계산하도록 해준다(계산하기 10.1 참조).

**표본의 크기는 클수록 좋지만, 연구자는 더 많은 자료를 수집함에 따라 수반되는 효과만큼의 비용을 지불해야만 한다.**

계산하기 10.1

## 통계학적 가설 검증 입문

많은 실험과 관찰 연구의 목적은 비교군과 대조군 같은 두 집단 사이에 의미 있는 차이가 있는지를 확인하는 것이다. 통계적 분석은 연구자들이 이 측정을 공식적이고 정량적인 방식으로 할 수 있도록 한다. 여기서 우리가 논의하는 통계적 접근 방법은 가설 검증이라는 방법이다. 자세한 처리에 대한 연구로는 Freedman 등 (1978), Zar(1999), 그리고 Whitlock과 Schluter (2009)를 추천한다.

예시로 우리는 Evitar Nevo와 동료들(2012)의 실험 결과를 분석할 것이다. 과학자들은 이스라엘의 야생 보리 집단이 기후온난화의 결과로 최근 수십 년간 개화시기를 앞당기는 방향으로 진화했는지를 알고 싶었다. 우리는 이 예시를 부호 검정(sign test)라고 불리는 간단한 통계적 과정에 이용될 수 있기 때문에 선택하였다. 실제로 Nevo와 동료들은 이들의 자료를 더 완전하게 이용할 수 있는 추가 분석을 하였다.

올바른 통계적 분석은 질문이 제기될 때부터 시작된다. 첫 번째 단계는 **영가설(null hypothesis)**을 만드는 것이다. 영가설은 주로 흥미로운 일이 일어나지 않는다는 가정이다. Nevo와 동료들에게 영가설은 야생 보리 집단이 이른 개화일을 진화시키지 않았다는 것이다. 연구자들의 연구를 진행시킨 것은 집단이 이른 개화일을 진화시켰다는 대립가설이었다. 하지만 우리는 영가설의 배제를 시도하는 방식으로 대립가설에 접근한다.

그들의 질문에 답하기 위하여 Nevo와 동료들은 간단한 실험을 하였다. 온실에서 이들은 2008년 수확한 지역적 차이가 있는 10개의 보리 군집의 씨앗과 1980년 같은 군집으로부터 수집한 씨앗을 함께 키웠다. 각 식물에서 연구자들은 발아부터 개화까지의 날(개화일)을 세었다. 10개 군집 각각에 대하여 과학자들은 2008년 샘플과 1980년 샘플의 식물들의 평균 개화일을 비교하였다.

만약에 영가설이 참이라면 각 군집의 2008년 평균이 1980년 평균과 같을 것이다. 만약 영가설이 틀리고 대립가설이 참이라면 2008년 평균이 1980년 평균보다 작을 것이다.

평균 개화일은 그림 10.9에 나타난다. 10개 군집 모두에서 2008년 식물들이 평균적으로 1980년 식물보다 며칠 더 빨리 개화하였다. 이 결과는 영가설을 반박하는 듯하였다. 하지만 이는 평균 개화일 표본에 근거한 추정값일 뿐 집단 전체의 실제 평균은 아니라는 것을 고려하라. 표본 오차의 형태인 우연적 사건은 추정값을 실제 평균과 다르게 만들었다. 2008년과

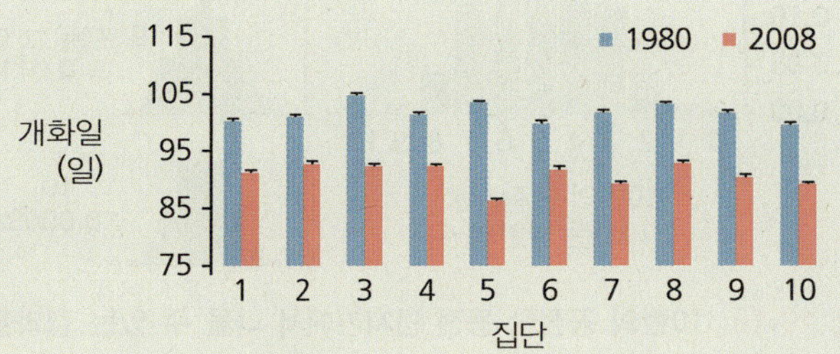


그림 10.9 **야생 보리 집단에서의 꽃 피우는 시기** 막대그래프의 높이는 10개의 야생 보리 집단에서 1980년과 2008년에 수집된 평균 개화일을 '일'로 나타낸 값이다. Nevo et al. (2012)에서.

1980년 집단에서 보이는 차이는 진화가 아닌 표본 오차일 가능성이 있다. 가능성은 있지만 그럴듯하지는 않다. 부호 검정은 우리에게 가능성에 수를 부여하도록 한다.

우리 통계 분석의 두 번째 단계는 자료로부터 실험 통계 값을 계산하는 것이다. 실험 통계는 우리가 자료에서 보는 양상과 영가설이 사실일 때 우리가 예상할 수 있는 양상 사이의 차이를 반영하는 값이다. 부호 검정에서 실험 통계는 X라 불린다. 간단히 말하면 이 수는 2008년 식물의 평균 개화일이 1980년 식물의 평균 개화일보다 적은 집단의 수이다. Nevo의 자료에서는 $X = 10$이다.

우리 분석의 세 번째 단계는 영가설이 사실이라는 가정 하에서의 실험 통계의 모든 가능한 값의 확률을 계산하는 것이다. 우리는 각 집단당 한번 씩 동전을 10번 던지는 단일 실험을 고안할 수 있다. 만약 영가설이 사실이라면 2008년과 1980년 식물 사이의 차이의 유일한 원인은 표본오차 뿐이다. 한 집단의 표본 오차는 2008년 평균이 1980년 평균보다 낮을 수도 높을 수도 있다. 10번의 동전 던지기에서 머리를 세는 것은 실험을 한 번 수행하고 실험 통계를 계산하는 것과 같다.

우리는 방금 동전 던지기를 10번 하고 5번 머리가 나왔다. 그것 자체는 우리에게 많은 것을 알려주지 않는다. 하지만 우리가 모의실험으로 실험의 여러 반복군을 얻으면 우리는 머리를 얻는 횟수가 6번, 7번, 2번보다 얼마나 더 자주 5번이 되는지를 보기 시작한다. 그림 10.10의 커다란 그래프는 공정한 동전 던지기 열 번을 할 때 모든 가능한 결과의 확률을 계산한 결과를 보여준다. 머리가 5번 나올 확률은 0.25보다 약간 적다.

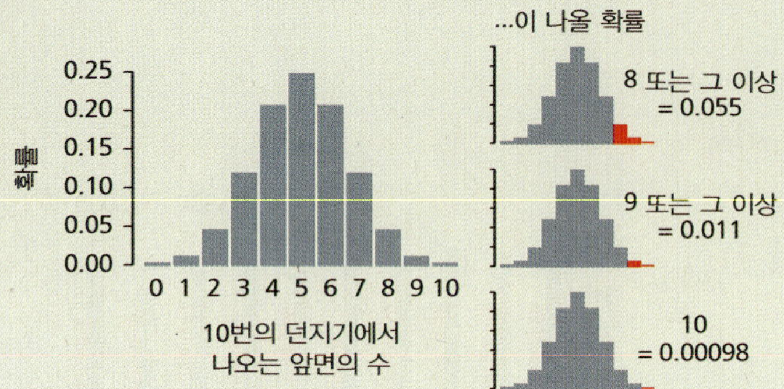


**그림 10.10 10번의 공정한 동전 던지기에서 나올 수 있는 결과들의 확률**

6번의 머리는 0.2보다 약간 높다. 머리가 2번 나올 확률은 0.04보다 약간 높다.

우리 분석의 4번째 단계는 영가설 하에서 우리가 얻은 것만큼의 극단적인 실험 통계 값 이상이 나올 확률을 계산하기 위하여 가능한 결과의 분포를 이용하는 것이다. 그림 10.10의 작은 그래프는 머리가 8번 이상 나올 확률은 0.055이고 머리가 9번 이상 나올 확률은 0.011이며, 머리가 10번 나올 확률은 0.00098임을 보여준다. 이 확률 값들은 *p*-값이라고 알려졌다. Nevo의 자료를 부호 검정으로 분석한 결과 우리는 $p = 0.00098$, 또는 $p < 0.001$이라고 보고할 수 있다. 영가설이 사실이라면 Nevo의 결과는 가능하지만 그 가능성은 매우 낮다. 이것이 대립가설이 사실이라는 것을 증명하지는 않지만 확실히 그와 일관된다.

우리 분석의 5번째, 그리고 마지막 단계는 우리의 결과를 "통계적으로 유의"하다고 할지 결정하는 것이다. 엄격한 규칙은 없다. 하지만 관습적으로 만일 통계 시험의 *p*-값이 0.05 이하라면 생물학자들은 그것을 유의하다고 간주한다. 이 관습은 영가설이 사실이라도 이를 기각하는 잘못(유형 1 오류)과 영가설이 거짓이라도 이를 기각하지 않는 잘못(유형 II의 오류) 사이의 절충을 나타낸다. 하지만 "$p < 0.05$"라는 것이 "영가설이 틀렸다"거나 "대립가설이 맞다"는 것과 같은 뜻은 아님을 명심하라. 실제로 유의(*significant*)라는 용어를 처음으로 *p*-값과 연관시켜 사용한 Ronald Fisher는 0.05 이하의 값을 단지 이를 생산해낸 실험을 반복할 가치가 있음을 의미한다고 해석하였다.

그림 10.7의 위 그래프에서 보인 자료에서는 Greene과 동료들의 영가설은 모든 종류의 파리에 대해서 깡충거미의 공격의 참비율이 같다는 것이었다. 연구자들은 관찰된 비율 간의 차이를 반영하는 실험 통계를 선택하였다. 이들은 영가설 하에서 표식을 한 날개로 날갯짓을 하는 파리들(A와 B 처리군)과 다른 파리들(C, D, 그리고 E 처리군) 사이의 차이 이상의 비율을 볼 확률은 0.01 이하라고 계산하였다. 다른 모든 비교에 대해 *p*-값은 0.1 이상이었다.

통계 분석의 가설 검증의 방식이 생물학자와 다른 과학자들에 널리 이용되는 방법이지만 통계학자들 사이에서는 논란이 있다. 비판과 다른 접근방식에 대한 소개를 위해는 Berger와 Berry(1988) 그리고 Dienes(2011)를 참고하라.

요약하면, Greene과 동료들의 실험 디자인은 포식자 종류, 날개 종류, 그리고 날갯짓이 *Zonosemata* 파리들이 포식을 피하는 데 미치는 영향에 대한 독립적인 실험을 할 수 있도록 했기에 성공적이었다. 실험은 적응에 대한 가설을 검증하는 가장 강력한 수단이다. 다음 절에서 우리는 주의 깊은 관찰 연구들이 종종 이와 비슷하게 훌륭할 수 있음을 고려해본다.

## 10.3 관찰 연구

진화에 관한 어떤 가설들은 실험으로 검증하기에 어렵거나 불가능하다. 예를 들어 기린이 왜 긴 목을 갖는지에 대한 대립가설을 검증하기 위해 우리는 어떻게 통제 가능한 실험을 할 수 있겠는가. 이를 위해서 우리는 기린과 모든 면에서 같지만 목의 길이만 다른 기린을 만들어내야 한다. 또한 생물이 자연환경에서 어떻게 행동할지 예측하는 가설에 대해서는 실험이 적당하지 않을 수도 있다. 실험이 비실용적이거나 부적당할 경우 주의 깊은 관찰이 가설을 평가하기에 충분한 정보를 제공할 수 있다.

**실험이 불가능한 경우, 치밀한 관찰 연구는 가설 평가의 차선책이 될 수도 있다.**

## 행동에 의한 체온 조절

대부분의 생물체들은 변온성이다. 변온생물의 체온은 환경의 체온에 의해 결정된다. 그림 10.11의 선충류, *Caenorhabditis elegans*가 보여주는 것처럼, 체온은 변온생물의 생리적인 성능, 따라서 적응도에 지대한 영향을 미친다.

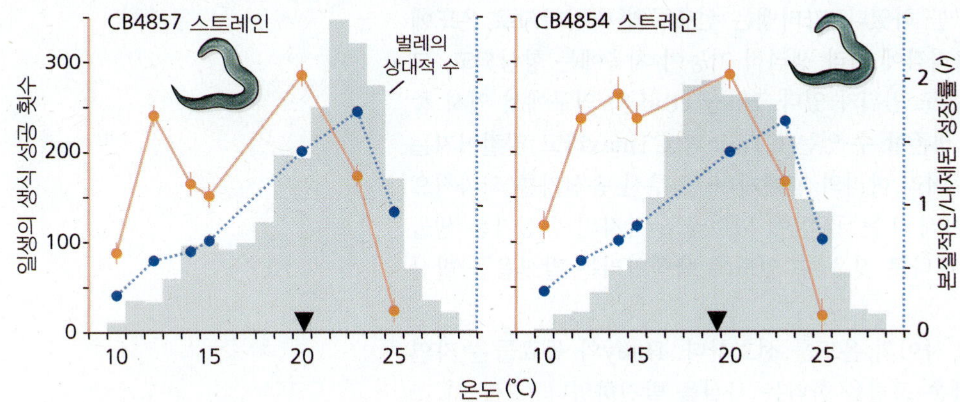


**그림 10.11 체온에 따른 두 스트레인의 선충류, *Caenorhabditis elegans*의 적응도** 점들은 각각의 온도에서 15마리의 벌레에 대한 두 개의 적응도 측정치의 평균 ± 표준오차를 나타낸다. 화살표는 온도 기울기에 놓였을 때 약 1,100마리의 벌레들이 선택한 온도를 나타내는 회색 분포의 평균을 가리킨다. Anderson et al. (2011)에서 다시 그림.

Jennifer Anderson과 동료들(2011)은 실험실에서 10°C와 25°C 사이의 온도에서 *C. elegans* 스트레인들 간 적응도 2가지를 예측하였다. 첫 번째 측정값은 개체의 일생 생식성공률(오렌지색 기호와 연속선)이고; 두 번째 측정값은 혈통의 고유 증가율(푸른색 기호와 점선)이었다. 온도가 증가할수록 적응도는 처음에는 증가하다가 안정된다. 20대 중반 이후, 벌레들은 과열되어 붕괴한다. 고유 증가율은 일생 생식성공률보다 높은 최적온도를 보인다. 이는 벌레들이 높은 온도에서 더 빨리 발달하고 따라서 더 짧은 평균 세대기를 갖기 때문일 것이다. 평균 세대기가 줄어들면서 고유 증가율은 늘어나지만 일생 생식성공률에는 아무 영향을 미치지 않았다(Huey and Berrigan 2001 참조).

생리적 성능과 온도 간의 관계를 열 성능 곡선이라고 부른다. *C. elegans*의 열 성능 곡선의 모양은 청력 효율부터 전력질주 속력까지 많은 생물에서 생리 과정의 일반적인 곡선이다(Huey and Kingsolver 1989). 생리와 적응도의 온도에 대한 민감성을 감안하여 우리는 변온 생물이 환경 중에서 움직이면서 그들의 성능이 가장 좋을 온도, 또는 그 근처의 온도에서 계속 지낼 것이라 예측한다.

예를 들어 Anderson과 동료들(2011)이 다수의 *C. elegans*를 열 기온 변화도(thermal gradient)에서 적정온도보다 훨씬 높은 온도에 배치하였을 때 벌레들은 수동적으로 그 결과를 받아들이지 않았다. 대신 대부분의 벌레들은 더 낮은 온도의 위치로 이동하였다(그림 10.11, 회색 막대). 검정 삼각형이 나타내듯 평균적으로 벌레들은 자신의 적응도가 가장 높은 온도 부근을 선호한다. 재미있게도, CB4857 같은 어떤 스트레인들은 고유 증가율이 가장 높은 온도를 선호하고, CB4854 같은 다른 스트레인들은 자신의 일생 생식성공률이 가장 높은 곳을 선호하였다.

선충류들은 실험실에서 그렇듯 자연에서도 행동으로 체온을 조절하는가? 이 질문은 *C. elegans*처럼 작은 생물에 대해 대답하기 어렵지만 도마뱀이나 뱀처럼 더 큰 생물에서는 다루기가 더 쉽다. 자연에서의 행동에 의한 체온 조절을 입증하기 위하여 우리는

(1) 문제의 동물이 환경에서 무작위적으로 움직일 때 접하는 것보다 더 자주 특정 온도를 선택하고, (2) 이러한 온도 선택은 적응적이라는 것을 보여야 한다.

## 가터뱀은 야간 은식처를 찾을 때 적응적 선택을 하는가?

Ray Huey와 동료들(1989b)은 캘리포니아 주 이글호에서 가터뱀, *Thamnophis elegans*의 체온조절 행동에 대한 상세한 연구를 하였다. 가터뱀은 선충류와 마찬가지로 온도에 의해 영향을 받는다. 그들은 온도가 올라감에 따라 생리적 기능이 처음에는 향상되고, 그 다음 안정기에 접어들다가 붕괴하는 온도 범위가 있다. Huey et al.의 연구에서 역시 중요한 것은 뱀들이 일시적으로 견디고 생존할 수 있는 CTmin과 CTmax라고 일컬어지는 최저 최고 임계 온도이다. Huey 등은 여러 마리의 뱀에게 소형 무선 송신기를 외과적으로 이식하였다. 이식된 뱀들이 바위 아래 또는 굴 안에 있더라도 각자의 송신기는 생물학자들이 휴대용 수신기와 지향성 안테나로 찾을 수 있도록 삑삑거리는 발신음을 발산한다.

실험실의 가터뱀은 28°C와 32°C 사이의 온도를 선호한다. Huey와 동료들은 자연에서 뱀들은 같은 범위에서 훌륭히 체온 조절을 한다는 사실을 발견하였다. 그림 10.12는 두 마리의 이식된 뱀들의 각각 24시간 동안의 체내 온도를 보여준다. 두 뱀 모두 자신의 체내 온도를 선호하는 범위 내 또는 부근에 유지시켰다. 뱀들은 어떻게 체온조절을 잘 할 수 있나? 그림에 보이는 두 뱀은 낮에는 바위 아래 또는 그 근처에서 지냈다. 다른 방법은 굴 안으로 들락거리거나 지표에 있으면서 양지와 그늘 사이를 왔다갔다 하는 것이다.

Huey와 동료들은 여러 크기의 바위 밑과 여러 깊이의 굴 온도를 관찰하고 지표의 양지와 그늘 위에 놓인 뱀 모형의 온도를 관찰하여(그림 10.13) 각각 체온조절 전략의 상대적 이점을 비교하였다. 바위 아래 뱀의 경우 바위의 두께가 중요하였다. 얇은 바위 밑의 뱀(그림 10.13a)은 밤에 위험할 정도로 차가워질 뿐 아니라 낮에는 치명적으로 과열될 것이다. 두꺼운 바위 아래의 뱀(그림 10.13c)은 하루 종일 안전할 것이지만 선호하는 온도에 절대 닿지 않을 것이다. 중간 두께 바위가 최적이다(그림 10.13b). 바위 아래서 움직이는 것으로 중간 두께 바위 아래의 뱀은 하루 종일 선호하는 온도 범위 내 또는 부근에서 머무를 수 있다. 굴 안을 들락거리는 뱀도 꽤 잘 지낼 수 있지만(그림 10.13d), 중간 두께 바위 아래의 뱀보다 밤에 더 냉각될 것이다. 마지막으로, 지표 위의 뱀은 낮에는

**좋은 관찰연구는 실험과 유사한 상황을 자연 상태에서 찾아내고자 한다.**

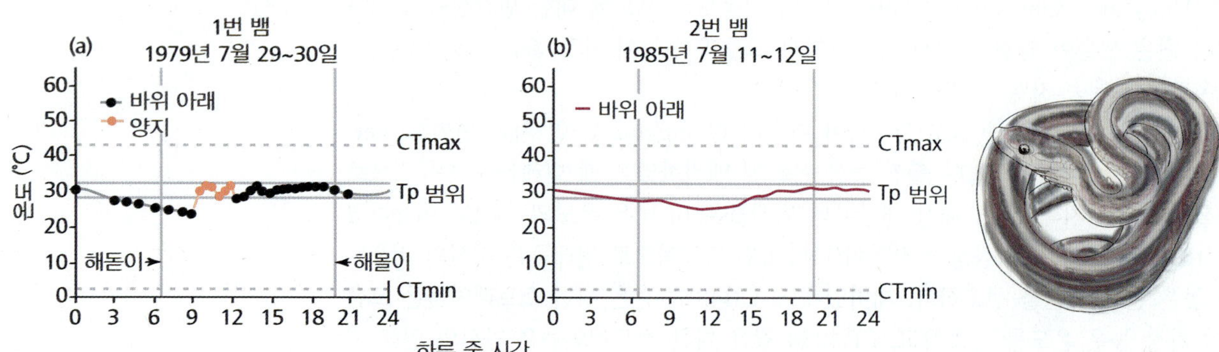


**그림 10.12 가터뱀의 야생에서의 체온** (a) 1번 뱀은 하루의 일부를 바위 밑에서, 그리고 일부를 양지에서 보냈다. (b) 자료 값들이 거의 선으로 연결되어 보일 정도로 자주 측정된 2번 뱀은 하루의 거의 대부분을 바위 밑에서 보냈다. Tp는 실험실에서 측정한 선호하는 온도의 범위이다. CTmax와 CTmin은 뱀들이 생존할 수 있는 극한 값들을 나타낸다. 두 뱀 모두 하루 종일 온도를 30°C 정도로 유지하였다. Huey et al. (1989b)에서.

온도 (°C):

(a) 얇은 바위 밑

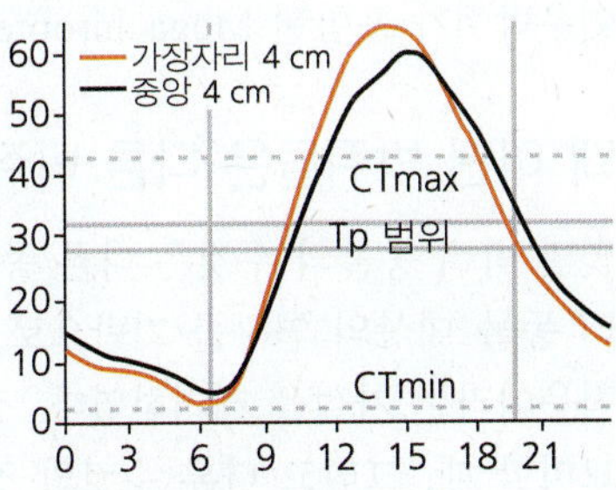


(b) 중간 두께 바위 밑

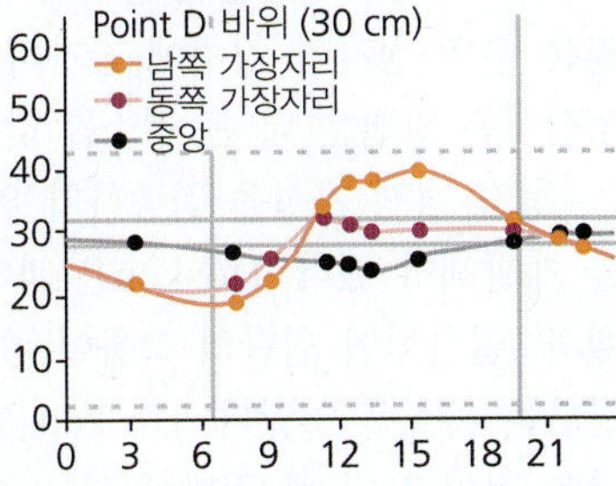


(c) 두꺼운 바위 밑

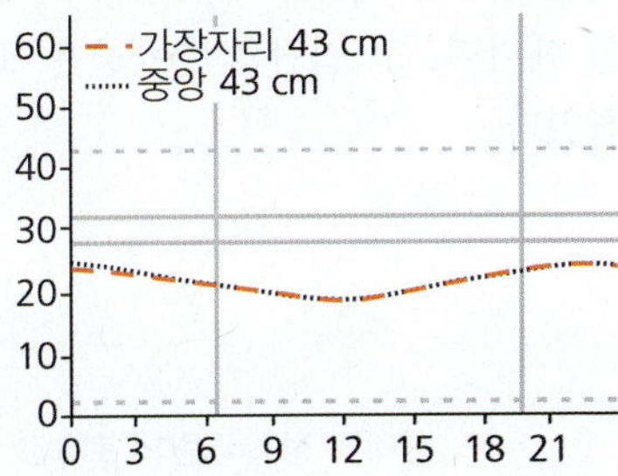


(d) 굴 안

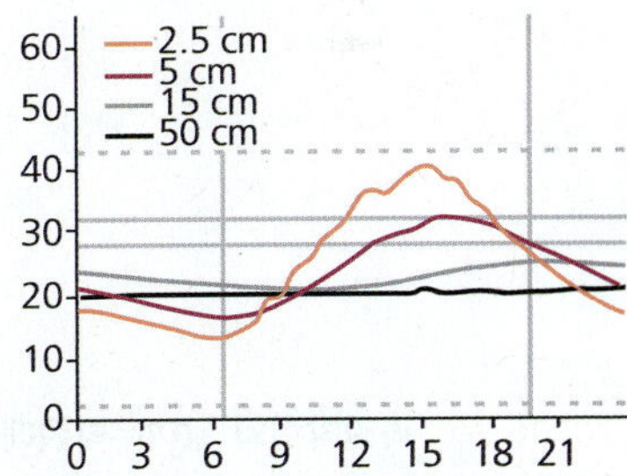


(e) 표면의 모형

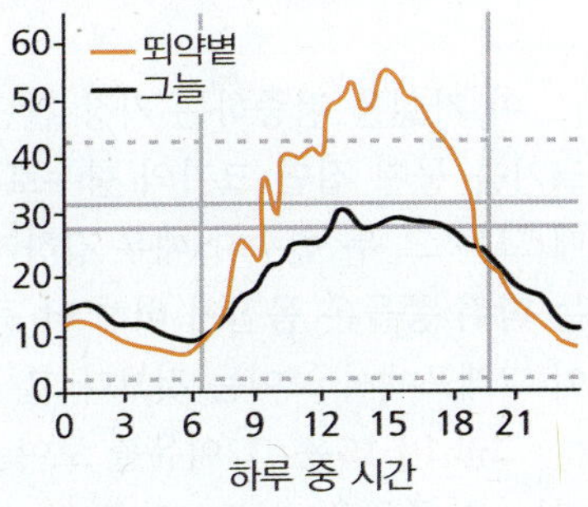


**그림 10.13 이글호에서 가터뱀이 이용 가능한 환경 온도** 표는 뱀이 갈만한 여러 곳의 온도의 일일 주기를 보여준다. 얇은(4 cm) 바위 밑(a), 밤에는 춥고 낮에는 덥다. 중간 두께(30 cm) 바위 밑(b), 뱀들이 선호하는 온도의 범위가 거의 계속 유지된다. 두꺼운(43 cm) 바위 밑(c), 대부분 시간에 서늘하다. 굴(d), 밤에는 서늘하고 낮에는 굴의 깊이에 따라 서늘하거나 따뜻하다. 표면 위(e), 밤에는 춥고 낮에는 뱀이 그늘에 있느냐 또는 뙤약볕에 있느냐에 따라 알맞거나 덥다. Huey et al. (1989b)에서.

양지와 그늘 사이를 움직이는 방법으로 낮에는 체온 조절을 효율적으로 할 수 있지만 밤에는 위험할 정도로 차가워질 것이다(그림 10.13e). 이 관찰들을 종합하면 뱀들에게는 얇은 바위나 직사광선만 피한다면 낮에는 체온 조절을 위한 많은 방법이 있는 듯하다. 하지만 밤에 있기에 가장 좋은 장소는 중간 두께의 바위 아래이다.

실제로 대부분의 가터뱀은 밤에는 바위 아래에서 은거한다. 행동에 의한 체온 조절의 가설에 따라 Huey와 동료들은 뱀이 밤의 은신처를 적응성에 따라 선택할 것이라고 예측하였다. 즉, 그들은 뱀이 중간 두께 바위를 선택할 것이라고 예측하였다. Huey 등은 이글호에 있는 이용 가능한 여러 크기의 바위들과 무신 송신기가 이식된 뱀이 실제로 밤의 은신처로 선택한 바위들의 크기를 비교하는 방법으로 그들의 예측을 검증하였다(**표 10.1**). 얇은, 중간 두께의, 그리고 두꺼운 바위들이 비슷하게 이용 가능하였으므로 만일 뱀이 무작위로 밤의 은신처를 선택한다면 이들은 각 두께의 바위 아래서 같은 빈도로 발견되어야 할 것이다. 실제로는 이와 반대로 가터뱀들은 대부분 중간 두께 또는 두꺼운 바위 아래서 발견된다. 뱀이 얇은 바위를 회피한다는 사실은 뱀이 능동적인 행동에 의한 체온 조절자라는 좋은 증거이다.

Huey와 동료들의 관찰 연구가 가터뱀이 체온조절을 한다는 가설을 효율적으로 검증할 수 있었던 이유는 이들이 뱀의 환경을 관찰하면서 쏟은 주의 덕분이었다. 뱀에게 가능한 선택이 무엇인지를 결정하고, 환경에서 각각의 옵션 빈도를 측정함으로써 연구자들은 그들이 관찰한 뱀들이 무작위로 은닉처를 선택하지 않고, 대신 적응적인 선택을 한다는 것을 보여줄 수 있었다. 다음 절에서 우리는 더 넓은 규모의 적응을 보는 관찰 연구를 확인한다. 비교 방법을 활용하는 생물학자들은 종 간의 진화의 양상을 관찰하는 방법으로 가설을 평가한다.

## 10.4 비교 방법

10.2와 10.3절에서 우리는 집단 내 개체들에 대한 실험과 관찰이 어떻게 적응에 대한 가

**표 10.1 이용 가능한 바위 vs 뱀들이 선택한 바위**

이글호(Eagle Lake)에는 얇은, 중간 두께, 그리고 두꺼운 바위들이 똑같이 풍부하지만, 바위 밑에 은거하는 가터뱀들은 밤에는 중간 두께 바위에 대해 큰 선호도를 보인다 ($p < 0.05$; $\chi^2$ 검증에서 낮은 기대치 때문에 얇은 바위와 두꺼운 바위들은 통합되었다).

| | 얇은 바위 (< 20 cm) | 중간 두께 바위 (20~40 cm) | 두꺼운 바위 (> 40 cm) |
|---|---|---|---|
| 유용한 바위 | **32.4%** | **34.6%** | **33%** |
| 선택된 바위 | **7.7%** | **61.5%** | **30.8%** |

출처: From Table 1 in Huey et al. (1989b).

설을 검증하는 데 이용될 수 있는지를 고찰하였다. 이 절에서 우리는 종 간의 비교가 형태와 기능의 진화 연구에 이용될 수 있는지를 검토한다. 우리의 첫 예시는 과일박쥐와 날여우박쥐가 포함된 Megachiroptera라 불리는 박쥐들로부터 온다(그림 10.14).

그림 10.14 **회색머리 날여우박쥐 (*Pteropus poliocephalus*)**

## 왜 어떤 박쥐들은 다른 박쥐들보다 더 큰 정소를 갖는가?

몇몇 박쥐 종들의 수컷은 다른 종들의 수컷보다 몸에 비해 더 큰 정소를 가진다. 다른 여러 동물 대상의 연구를 기반으로, David Hosken(1998)은 큰 정소가 정자 경쟁을 위한 적응이라는 가설을 제기하였다. 정자 경쟁은 특정 발정 주기의 암컷이 둘 이상의 수컷과 교미할 때, 그리고 다른 수컷의 정자들이 난자를 향해 경주할 때 일어난다. 정자 경쟁에서 수컷이 생식성공률을 증가시키는 방법 중 하나는 더 많은 정액을 생산하는 것이다. 더 많은 수의 정자가 경주에 참가하면 수컷은 이길 확률을 높인다. 그리고 더 많은 정액을 생산하는 방법은 더 큰 정소를 갖는 것이다.

정자 경쟁 가설을 검증하기 위해서 Hosken은 이 가설을 이용하여 검증 가능한 예측을 개발해야 했다. Hosken은 과일박쥐와 날여우박쥐들은 집단으로 둥지를 만든다는 사실과, 일반적인 집단의 그룹이 종 내에서 2~3개체에서 수만 개체까지 엄청나게 차이가 난다는 사실을 알았다. Hosken은 더 큰 집단에서 사는 암컷들이 다중 교미의 기회가 더 많을 것이고 더 큰 집단에 사는 수컷들은 따라서 더 큰 정자 경쟁을 겪을 것이라고 추론하였다. Hosken은 박쥐들이 더 큰 집단으로 둥지를 만드는 것을 선호하는 쪽으로 진화할 때마다, 그 집단의 수컷들은 또한 몸집에 비해 더 큰 정소를 진화시킬 것이라고 예측하였다.

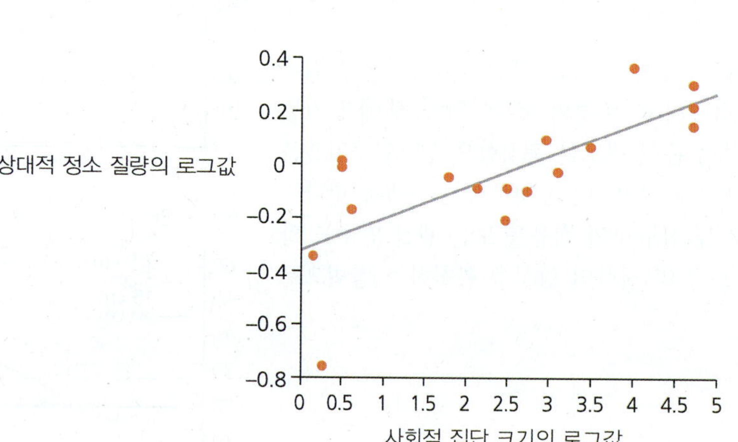


그림 10.15 **과일박쥐와 날여우박쥐에서의 정소 크기의 변이** 이 그래프는 17종의 과일박쥐와 날여우박쥐의 상대적인 정소 크기를 둥지 집단 크기의 함수로 나타내었다. 최량적합선(회귀선)은 회색으로 표현되었다. Hosken (1998)에서.

이 가설을 검증하는 가장 간단한 방법은 여러 종들의 자료를 모아서 상대적인 정소 크기를 둥지 집단 크기의 함수로서 나타내는 것이다. Hosken이 이러한 과정을 거쳤을 때 그는 그 두 변수가 매우 강하게 연관됨을 확인하였다(그림 10.15). 더 큰 집단에서 사는 박쥐 종들은 몸집에 비해 더 큰 정소를 가지고 있다. 하지만 Hoskens가 알고 있듯이, 이 그래프에서 보이는 것보다 그 근거가 적다.

**비교방법은 종 각각의 형질들 사이에 존재하는 연관성이나 환경과 형질 간에 존재하는 연관성 등 여러 종들 사이에 존재하는 일정한 양상을 찾아내어 가설들을 평가하고자 한다.**

그림 10.16은 그 이유를 보여준다. 간단하게 단 6종에 대한 그래프를 상상해보자. 우리는 그 종들을 A, B, C, D, E, F라 부르겠다. 그림 10.16a는 집단의 크기 대비 상대적 정소 크기를 나타낸 산포도를 보여준다. 그림 10.15의 실제 산포도처럼, 이 그래프는 두

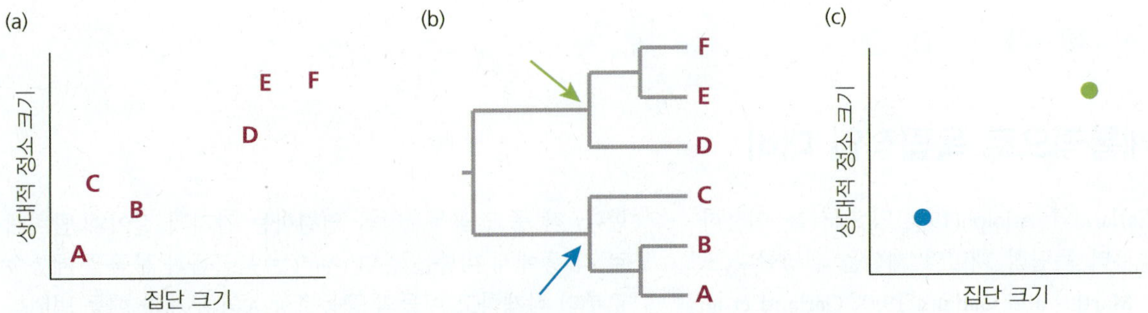


**그림 10.16 단순한 산포도는 두 형질이 나란히 진화되었음에 대한 약한 증거만을 제공한다** 본문 설명 참조. Lauder et al. (1995)에서.

형질 사이에 양의 상관관계를 보여준다. 이제 우리의 6개 종 사이의 진화적 관계가 그림 10.16b의 계통수에 나타난 것과 같다고 상상하자. A, B, C는 서로 밀접하게 연관되어 있고 D, E, F도 마찬가지이다. A, B, C가 자신들의 작은 집단 크기와 작은 정소를 공동조상으로부터 물려받았을 수 있다(푸른색 화살표). 비슷하게 D, E, F는 모두 큰 집단 크기와 큰 정소를 공동조상으로부터 물려받았을 수 있다(초록색 화살표). 6개 종이 단 둘의 공동조상으로부터 자신의 형질을 물려받을 가능성은 우리 증거의 힘을 상당히 낮춘다.

우리가 자연에 대한 주장의 근거로 산포도를 쓸 때, 모든 자료 점들이 서로로부터 독립적이길 원한다. 만약 이들이 독립적이라면 각각 우리의 주장을 뒷받침하는 또는 반박하는 개별적 진술이 된다. 더 나아가서 자료 점들의 독립성은 전통적인 통계 검증의 조건이다. 우리의 산포도가 증거의 성격을 정확히 반영하도록 하기 위해서 우리는 A, B, C 종의 자료 포인트를 공동조상을 상징하는 하나의 자료 점으로 대체하고, D, E, F 종들에 대해서도 같이 해야 한다.

그림 10.16c의 그래프는 그 결과를 보여준다. 집단의 크기와 정소의 크기가 함께 진화한 것이 사실일 수도 있고, 정자 경쟁이 그 이유일 수도 있다. 하지만 단 두 개의 자료 점들로 구성된 산포도를 근거로 이 주장을 하기에는 근거가 약하다.

Joe Felsenstein(1985)은 형질 중 종 간의 상관관계를 평가하는 데 더 좋은 방법을 개발하였다. Felsenstein의 방법에서 우리가 보는 것은 자매종이 공동조상으로부터 독립적으로 진화하면서 나오는 분기 양상이다. 그림 10.17은 이 방법의 기본 접근법을 그래프로 해석해 보여준다.

우리에게 첫 번째로 필요한 것은 우리가 연구하는 종들의 계통수이다. 그림 10.17a는 현존하는 5개 종의 가상적 계통수를 보여준다. 우리는 이들을 종 M부터 Q까지라 부르겠다. 계통수는 또한 모든 분기점에서 존재했던 공동조상도 포함한다. 이 종들은 R, S, T, U이다. 이 계통수에서 자매종들이 공동조상으로부터 분기한 지점이 4곳 있음을 확인하라; 각각은 다른 색으로 표시되었다. 예를 들어 M과 N은 공동조상 S로부터 분기된 자매종이다. 마찬가지로 S와 O는 공동조상 T로부터 분기된 자매종이다. 우리가 알고 싶은 것은 이것이다: 자매종이 공동조상으로부터 분기되었을 때, 큰 집단으로 진화한 종들은 큰 정소도 진화하는가?

우리는 자료 점들이 연결된 자매종 쌍을 모두 산포도에 나타내는 방법으로 이 질문에 대답할 수 있다(그림 10.17b). 다음으로 왼쪽 점들이 원점에 닿을 때까지 각 쌍을 (연결선을 늘어뜨리거나 기울지 않고) 이동시킨다(그림 10.17c). 마지막으로 원점의 점들과 연결선들을 지운다. 그러면 4개의 자료 포인트만 존재하는 산포도가 남는다(그림 10.17d). 각 자료 포인트는 공동조상으로부터 진화해 나온 각 자매종 쌍 사이의 분기(divergence)

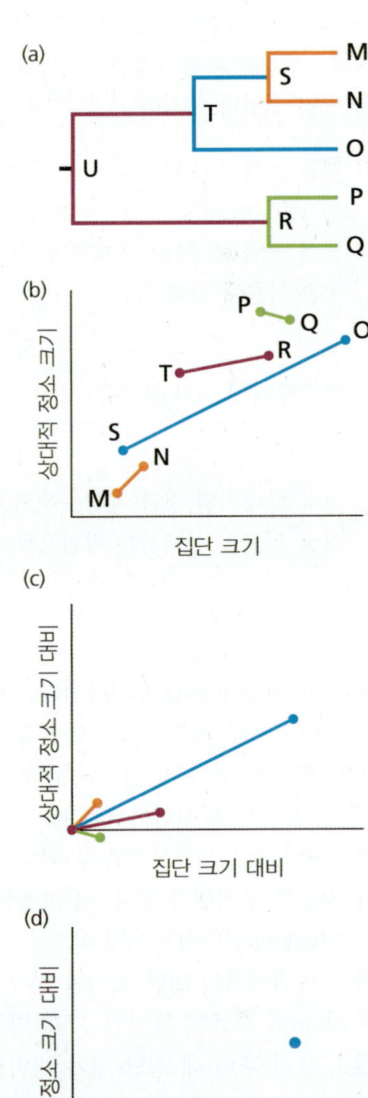


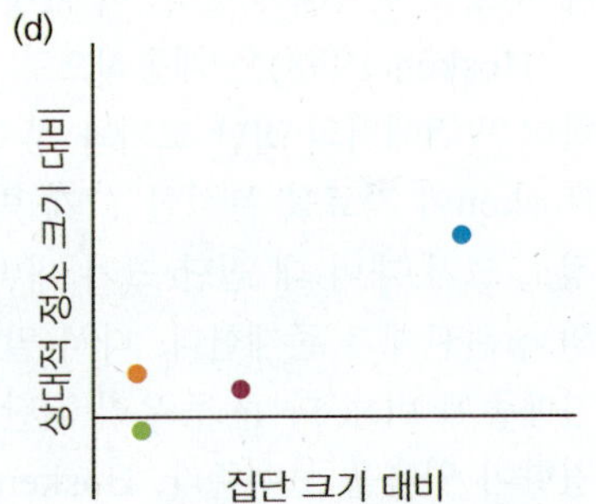


**그림 10.17 Felsenstein의 계통적으로 독립적인 대비의 도형적인 표현** 본문 설명 참조.

계 산 하 기 10. 2

## 계통적으로 독립적인 대비

여기에서 우리는 Garland와 Adolph(1994)의 예시를 이용하여 하나의 계통수로부터 독립적 대비의 계산을 설명한다(또한 Felsenstein 1985; Martins and Garland 1991; Garland et al. 1999; Garland et al. 2005 참조). 우리가 이용할 계통수는 그림 10.18에 나타난다. 이 계통수는 북극곰, 불곰, 그리고 흑곰 사이의 관계를 보여주고 각각의 무게와 행동범위를 제공한다. (더 최근의 곰 계통수를 확인하려면 Hailer et al. 2012를 참고하라). 우리는 다음과 같이 두 형질에 대하여 독립적인 대비 값을 구할 것이다:

1. 계통수 정점에 있는 자매종 쌍의 대비 값을 계산한다. 우리의 3종 계통수에서 두 종 모두 정점에 있는 자매종은 북극곰과 불곰 한 쌍만 존재한다. 무게에 대한 북극곰-불곰 대비는 다음과 같다.

$$265 - 251 = 14$$

행동범위에 대한 북극곰-불곰 대비는 다음과 같다.

$$116 - 83 = 33$$

2. 각각의 대비된 쌍을 계통수에서 삭제하고 자손의 표현형의 가중 평균을 선택하는 방법으로 공동조상의 형질값을 추정한다. 각 종과 공동조상을 연결하는 가지의 길이와 반비례로 각 종에게 비중을 준다. 우리는 북극곰과 불곰을 계통수로부터 삭제하고 이들의 공동조상 A의 무게와 행동 범위를 예측한다. A와 자손 사이의 가지의 길이는 모두 두 단위이다. 따라서 무게의 가중 평균은 다음과 같다.

$$\text{A의 무게} = \frac{(\frac{1}{2})265 + (\frac{1}{2})251}{(\frac{1}{2}) + (\frac{1}{2})} = 258$$

행동 범위의 가중 평균은 다음과 같다.

$$\text{A의 행동 범위} = \frac{(\frac{1}{2})116 + (\frac{1}{2})83}{(\frac{1}{2}) + (\frac{1}{2})} = 99.5$$

3. 공동조상과 자손 사이의 가지 길이의 곱을 이들의 합으로 나누는 방법으로 삭제된 각 쌍의 공동조상으로 향하는 가지를 늘인다. 우리는 A로 향하는 가지를 늘인다. 새로운 길이는 다음과 같다.

$$3 + \frac{2 \times 2}{2 + 2} = 4$$

또는 대비(contrast)를 나타낸다. 각각의 대비가 서로 다른 분기를 나타내기 때문에 이들은 집단적으로 **계통적으로 독립적인 대비(phylogenically independent contrasts)**들이라고 알려져 있다. 만일 이 대비들이 서로 연관되어 있다면 우리는 한 종이 자매종보다 더 큰 집단으로 진화하였을 때 그 종은 마찬가지로 더 큰 정소를 진화시켰을 것이라고 결론내릴 수 있다. 실제로 우리는 어떠한 양상의 강도를 평가하려고 통계 검증을 하기 전에 자료를 보정해야 한다. 이 보정은 계산하기 10.2에 설명되어 있다.

Hosken(1998)은 계통적으로 독립적인 대비라고 불리는 Felsenstein의 방법을 이용하여 박쥐에서의 집단 크기와 정소 크기에 대한 그의 분석을 반복하였다. 그림 10.19a는 Hosken이 자료를 분석한 17개 박쥐 종의 계통수를 보여준다. 그림 10.19b는 상대적인 정소 크기 대비 대 집단 크기 대비를 표현한 그래프를 보여준다. 대비 간에 유의미한 양의 상관관계가 존재한다. 다시 말해서, 올바르게 분석되었을 때 자료는 특정 박쥐 종이 자매종에 비해 더 큰 둥우리 집단을 진화시켰을 때 몸집에 비해 더 큰 정소를 진화키는 경향이 있음을 보여준다. Hosken은 날여우박쥐와 과일박쥐로부터의 증거는 큰 정소가 정자 경쟁에 대한 적응이라는 가설과 일관된다는 결론을 내렸다.

**비교방법의 올바른 적용을 위해서는 연구대상인 종들 간의 진화적 관계에 대한 지식이 필수적이다.**

모든 박쥐류를 대표하는 57종에 대한 자료를 가지고 Scott Pitnick과 동료들은 (2006) 계통적으로 독립적인 대비를 이용하여 모든 종들에 거쳐서 정소 크기와 뇌 크기

4. 계통수를 따라 계속 대비를 계산하고 공동조상의 표현형을 추정하고, 가지를 늘여 내려가라. 우리의 단 하나 남은 대비는 A종과 흑곰 사이의 대비이다. 우리는 B종이 우리 계통수의 뿌리에 있기 때문에 이의 표현형을 추정하거나 이로 향하는 가지를 늘일 필요는 없다. A종–흑곰의 무게 대비는 다음과 같다.

$$258 - 93 = 165$$

A종–흑곰의 행동 범위 대비는 다음과 같다.

$$99.5 - 57 = 42.5$$

5. 표준화된 대비를 구하기 위해 각 대비를 이의 표준 편차로 나눈다. 각 대비의 표준 편차는 이의 (보정된) 가지 길이의 합의 제곱근이다. 북극곰-불곰 대비의 표준 편차는 다음과 같다.

$$\sqrt{2 + 2} = 2$$

A종-흑곰 대비의 표준 편차는 다음과 같다.

$$\sqrt{4 + 5} = 3$$

우리 예시의 표준화된 대비는 그림 10.18에 보인다.

우리는 표준화된 대비를 계산한 후 이를 이용해 산포도를 만들고 전통적 통계검증을 수행할 수 있다.

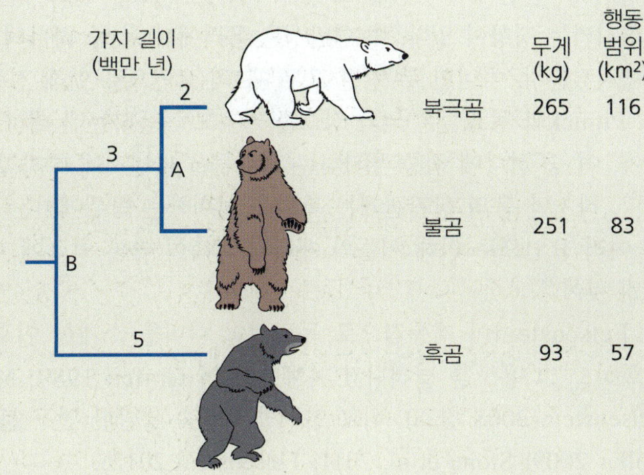


| 대비 | 무게값 | 표준 편차 | 표준화된 대비 |
|---|---|---|---|
| 북극곰–불곰 | 265 – 251 = 14 | 2 | 7 |
| A–흑곰 | 258 – 93 = 165 | 3 | 55 |

| 대비 | 행동 범위값 | 표준 편차 | 표준화된 대비 |
|---|---|---|---|
| 북극곰–불곰 | 116 – 83 = 33 | 2 | 16.5 |
| A–흑곰 | 99.5 – 57 = 42.5 | 3 | 14.17 |

**그림 10.18 계통적으로 독립된 대비를 계산할 때 자료들이 어떻게 보정되는지를 보여주는 예시** Garland and Adolph (1994)에서.

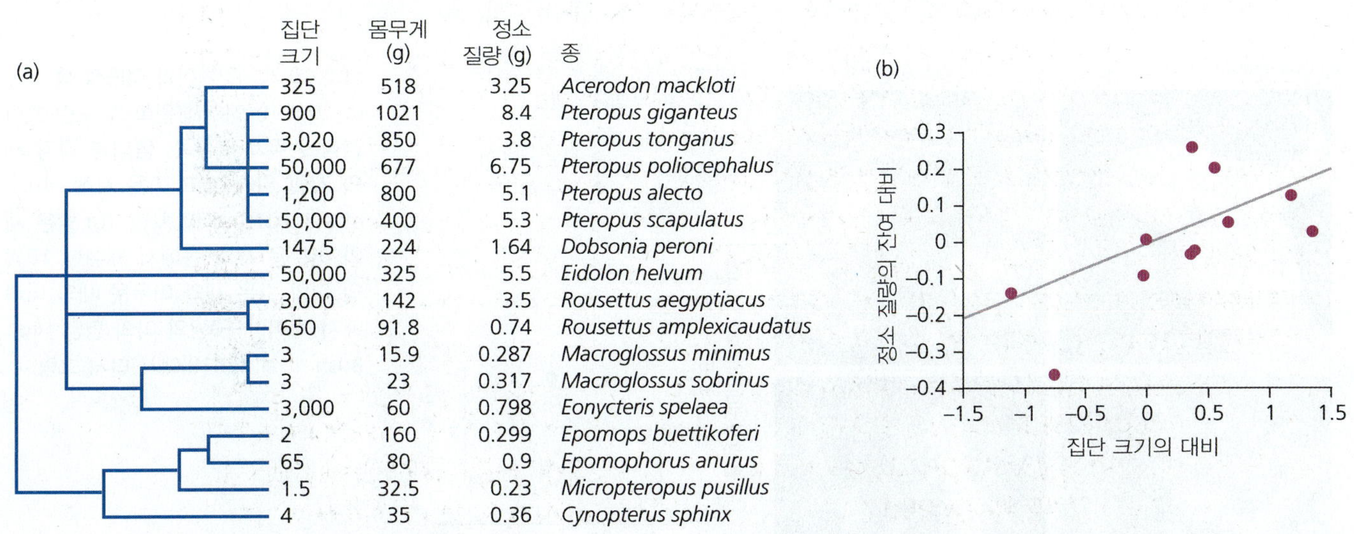


**그림 10.19 과일박쥐와 날여우박쥐에서 집단 크기와 정소 크기의 상관적 진화** (a) 17종의 박쥐에 대해 둥지 집단의 크기, 무게, 그리고 정소 질량을 보여주는 계통수. (b) 상대적 정소 크기 대 집단 크기에 대한 독립 대비. 이 그래프의 점들은 박쥐 종들이 자매종보다 큰 (또는 작은) 집단으로 진화했을 때 그 종에서는 더 큰 (또는 작은) 정소도 진화함($p$ = 0.027)을 보여준다. Hosken (1998)에서.

는 음의 상관관계가 있음을 보였다. 즉, 큰 정소를 진화시킨 박쥐 종들은 더 작은 뇌를 진화시키는 경향이 있다. 이 연관성은 우리에게 이 중 하나의 형질이 다른 형질의 진화를 진행시켰는지, 아니면 두 형질 모두 제3의 요인으로 인해 진행되었는지를 알려주지 않는다. Pitnick과 동료들은 뇌와 정소를 키우고 작동하는데 대사적으로 많은 비용이 들기 때문에, 이 중 하나에 집중 투자하는 박쥐들은 나머지에 투자할 자원이 한정된다고 제안하였다. 하지만 음의 상관관계는 과일을 섭취하는 박쥐에서는 성립되지 않는데 아마도 이는 여러 요인으로 인해 이들의 에너지 비축이 다른 박쥐에 비해 그리 빠듯하지 않기 때문일 것이다.

Felsenstein이 계통적으로 독립적인 대비를 소개한 이후 연구자들은 이 방법을 일반화하고 그 용도를 넓혀나갔다(예를 들어 Grafen 1989; Martins and Hansen 1997; Felsenstein 2008 참조). 비교 연구법은 계속 활발한 연구 분야로 남아 있다(Revell and Collar 2009; Stone et al. 2011; Felsenstein 2012).

가끔은 신중한 연구 대상 선정으로 간단히 계통 관계를 조절할 수 있다. 우리의 예시는 깃털과 관계 있다.

## 왜 깃털이는 여러 색을 갖는가?

깃털이(feather lice)는 새에게 고통스럽고 힘든 존재이다(Clayton et al. 1999). 새들은 부리로 깃털을 다듬는 방법으로 이를 조절하고, 그들의 부리는 이의 제거를 용이하게 하는 적응성을 보인다(Clayton et al. 2005). Sarah Bush와 동료들(2010)은 이의 색깔은 부리로 깃털을 다듬는 행위에 의해 강요된 반응으로 진화되어 왔고 따라서 이 집단은 잘 위장할 수 있다고 추측하였다.

연구자들은 이 가설을 가까운 관계인 밝은 새와 어두운 새 쌍에 기생하는 16쌍의 근접한 종인 이를 비교하는 방법으로 검증하였다. 각 쌍의 이는 진화적으로 독립된 대비를 대표한다. **그림 10.20a**는 한 예를 보여준다. 흰 앵무새에 기생하는 이인 *Neopsittaconirums albus*는 희다. 검정앵무새(black cockatoo)에 기생하는 근접한 종인 *Neopsittaconirums borgiolii*는 검다. 각각의 이는 숙주의 깃털에는 잘 위장되지만 서로의 숙주에 대해서는 잘 위장되지 못한다.

**그림 10.20 깃털이의 적응적 색**
(a) 황색 볏 앵무새(왼쪽)와 노란-꼬리 검정 앵무새(오른쪽) 몸니를 각각 새의 깃털 위에 놓고 찍은 사진. Bush et al. (2010)의 이 사진. (b) 밝은 새와 어두운 새의 몸에서 채취한 16쌍의 이와 밝은 새와 어두운 새의 머리에서 채취한 10쌍의 이의 명암 대비. Bush et al. (2010)에서 다시 그림.

Bush와 동료들은 이를 촬영하고 소프트웨어를 이용하여 각각의 명 대 암, 즉 발광상태를 측정하였다. 가설과 일관되게 밝은 숙주의 이가 평균적으로 유의미하게 밝았다(그림 10.20b).

Bush와 동료들은 또한 밝은 새와 어두운 새 쌍 기생하는 10쌍의 근접 종인 머릿니도 비교하였다. 머릿니는 몸니보다 깃털을 다듬는 숙주에 의한 제거에 훨씬 덜 노출되어 있다. 이번에도 연구자들의 가설과 일관되게 밝은 새와 어두운 새 사이에는 색의 차이가 없었다(그림 10.20b).

우리는 지금까지 생물학자들이 적응에 관한 가설을 평가할 때 쓰는 방법 세 가지를 검토하였다. 이 장의 다음 두 절에서는 현재 활발한 연구 분야인 개체의 구조와 기능의 복잡성으로 관심을 돌린다. 우리가 논의하는 예시들에서 연구자들은 실험, 관찰 연구, 그리고 비교 방법을 이용하여 표현형적응성(10.5절)과 적응에 대한 트레이드오프와 제약(10.6절)에 대한 가설을 연구한다.

**적응에 관한 가설을 형성하고 검증함에 있어서 생물학자는 유기체와 이들이 살아가는 삶이 복합적이라는 점을 명심해야만 한다.**

## 10.5 표현형적응성

이 책 대부분에서 우리는 표현형을 오로지 유전자형에 의해서 결정되는 것처럼 취급하였다. 하지만 우리는 표현형이 종종 환경의 영향을 심하게 받는다는 것도 안다. 책의 다른 부분에서 우리는 표현형의 변이 중 어느 정도가 유전자형의 변이 때문이고 어느 정도가 환경의 차이 때문인지를 추정하기 위해 쓰는 방법들을 논의하였다(9장). 여기에서 우리는 유전자형과 환경, 그리고 표현형 사이의 상호작용에 초점을 맞춘다.

표현형이 환경의 영향을 받는다는 표현을 다르게 말하면 표현형이 적응성을 갖는다고 표현하는 것이다. 표현형이 적응성을 가지면 같은 유전자형을 가진 개체가 다른 환경에 살 때 서로 다른 표현형을 나타낼 수 있다. 표현형적응성은 그 자체로 진화할 수 있는 형질이고 적응적일 수도 아닐 수도 있다. 우리가 논의한 다른 형질과 마찬가지로, 예시로 제시된 표현형적응성이 적응적이라는 것을 입증하기 위해 우리는 우선 이 표현형적응성의 기능을 결정해야 하고, 그 다음에 이를 가진 개체들이 그렇지 않은 개체들에 비해 더 높은 적응도를 획득하였다는 것을 보여줘야 한다.

### 물벼룩의 행동에서의 표현형적응성

표현형적응성을 설명하기 위하여 우리는 물벼룩, *Daphnia magna*를 소개한다. *Daphnia magna*는 담수호에 사는 작은 여과섭식 갑각류이다(그림 10.21). 진화생물학자에게 편리하게도 *Daphnia*는 대부분 무성생식을 한다. 다시 말해서 *Daphnia*는 자신을 복제한다. 따라서 연구자들은 유전적으로 똑같은 개체들을 서로 다른 환경에서 키우고 이들의 표현형을 비교할 수 있기 때문에 이들은 표현형적응성을 연구하기에 이상적이다.

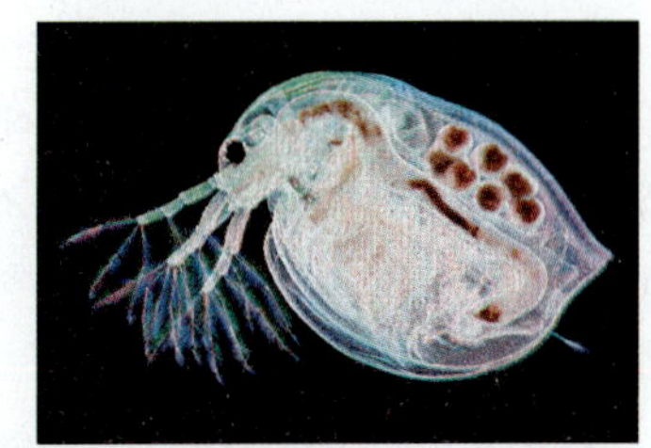

**그림 10.21 물벼룩, *Daphnia magna*** 분지된 부속 기관들은 더듬이이다; 물벼룩은 이들을 유영할 때 노처럼 이용한다. 그 근처 어두운 점은 눈이다. 투명한 갑각을 투과해 보이는 것들은 장과 다른 내부 기관들, 그리고 여러 개의 어두운 색 알이다. 약 10배 확대.

Luc De Meester(1996)는 *D. magna*의 주광성 행동의 표현형적응성을 연구하였다. 한 개체가 빛을 향해 움직이면 양의 주광성이고 빛과 반대로 움직이면 음의 주광성이다. De Meester는 다른 유전자형을 가진 *D. magna*의 주광 행동을 측정하였다. 각 단일 실험에서 De Meester는 10마리의 유전적으로 같은 개체들을 눈금 실린더에 넣고 위에서부터 빛을 비추고, 환경에 적응할 시간을 준 후, 그들이 실린더의 어느 위치에서 유영을 하는지 관찰하였다. De Meester는 주광 행동의 지수를 계산하는 방법으로 결과를 정리했다. 지수는 −1부터 +1까지의 값을 갖는다. −1은 실험의 모든 *Daphnia*가 빛과 반대로 실린더의 바닥으로 헤엄침을 뜻한다. +1의 값은 실험의 모든 *Daphnia*가 빛을 향해서 실린더의 위쪽으로 수영했음을 뜻한다. 중간값은 뒤섞인 결과를 의미한다.

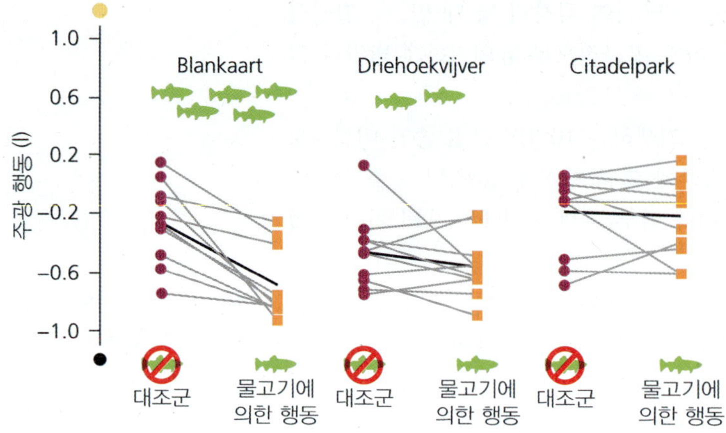


**그림 10.22** ***Daphnia magna*의 주광 행동의 변이** 이 자료들은 서로 다른 물고기의 밀도가 있는 벨기에의 세 호수의 *Daphnia*로부터 얻은 것이다. 각각의 기호는 특정 유전자형에 대한 3~5번의 주광적 행동 실험의 평균 결과값들이다. 회색 선은 같은 유전자형의 실험을 연결한다. 검정 선은 모든 유전자형의 평균값을 연결한다. De Meester (1996)에서 다시 그림.

De Meester는 각각의 3개의 호수에서 채집된 10가지 유전자형을 가진 (클론이라고도 부르는) *Daphnia*의 주광 행동을 측정하였다. 그림 10.22에서 갈색으로 표시된 자료는 대부분의 *Daphnia*가 빛을 피함을 보여준다. 자료는 또한 각 호수가 주광 행동에 대한 상당한 유전적 변이를 포함한다는 것을 보여준다.

De Meester는 또한 이전에 물고기가 살았던 물에서의 같은 30개의 *Daphnia* 유전자형들의 주광 행동을 측정하였다. 그 결과는 그림 10.22의 오렌지색 네모로 나타난다. 각 유전자형의 점과 네모는 선으로 연결되었다. 이 선들은 **반응표준(reaction norm)**이라 불린다; 이들은 유전자형의 다양한 환경에서의 표현형 변화를 보여준다. *Daphnia magna*의 주광 행동은 표현형적으로 적응적이다. 특히 Blankaart 호수의 경우, 대부분의 *Daphnia* 유전자형에서 물고기가 발산하는 화학 물질이 있는 경우 주광 지표가 매우 낮았다.

**유전적으로 동일한 개체가 다른 환경 안에서 육성될 경우 그 형태나 생리 내지는 행동방식이 달라질 수도 있다. 이러한 개체들은 표현형적응성을 보여준다.**

마지막으로, 가장 중요한 점은 De Meester의 결과가 표현형적응성이 진화할 수 있는 형질임을 보여주었다는 것이다. 집단이 어떠한 형질에 대하여 유전적 변이를 가질 때에만 형질이 집단 내에서 진화할 수 있음을 기억하라. De Meester가 연구한 *Daphnia* 집단 각각은 표현형적응성을 위한 유전적 변이를 갖는다. 즉, 어떤 유전자형은 다른 유전자형에 비해 물고기의 유무에 따라서 자신의 행동을 더 바꾼다(그림 10.22 참조). 표현형적응성을 위한 유전적 변이는 **유전자형-환경 상호작용(genotype-by-environment interaction)**이라고 불린다.

De Meester가 연구한 *Daphnia* 집단에서 표현형적응성이 진화했는가? 그렇게 보인다. Blankaart 호수의 평균 유전자형은 다른 호수들에 비해서 상당히 더 많은 표현형적응성을 보인다. Blankaart 호수에서만 물고기 집단 크기가 꽤 컸다. 물고기는 시각적 포식자이고 이들은 *Daphnia*를 포식한다. 합리적인 해석은 물고기에 의한 포식 때문에 물고기가 존재할 때 밝은 곳을 피하는 *Daphnia*를 선호하는 방향으로 선택이 이뤄진다는 것이다.

Christophe Cousyn, De Meester, 그리고 동료들(2001)은 *Daphnia*가 수십 년 퇴적물에 묻혀 있어도 깨어날 수 있는 휴지란을 만들어낸다는 사실을 이용하여 이 가설을 검증했다. 연구자들은 1970년 건설된 작은 인공연못인 Oud Heverlee 연못에서 퇴적물 표본(core)을 채취하였다. 연구자들은 연못 역사의 다른 사건을 대변하는 다른 세 깊이에서 채취한 퇴적물로부터 *Daphnia* 클론을 부화시켰다. 각 그룹의 클론들은 집단의 과거 표본이다. 연구자들은 다시 깨운 유전자형들에 대해서 물고기가 분비한 화학물의 유무에 따른 주광행동을 측정하였다.

**표현형적응성의 정도나 양상에 유전적 변이가 존재할 경우, 적응성 자체가 진화할 수도 있다. 개체가 스스로를 둘러싼 특정한 환경에 대한 적응도를 높이기 위하여 스스로의 표현형을 조절할 수 있다면 표현형은 적응적이다.**

Oud Heverlee 연못을 건설한 사람들은 1973년 플랑크톤을 포식하는 물고기들을 풀어서 기르기 시작하였다. 이들은 1980년대 중반까지 물고기를 다량 풀어놓고 기르다가 이후 1980년대 후반까지 수를 줄여서 길렀다. Cousyn, De Meester, 그리고 동료들은 연못의 *Daphnia* 집단은 물고기의 포식에 대한 반응으로 진화했을 것이고 물고기를 넣어 둔 시기의 휴지란의 유전자형은 그 이전이나 이후의 유전자형보다 주광 반응에서 더 큰 표현형적응성을 보일 것이라고 예측했다.

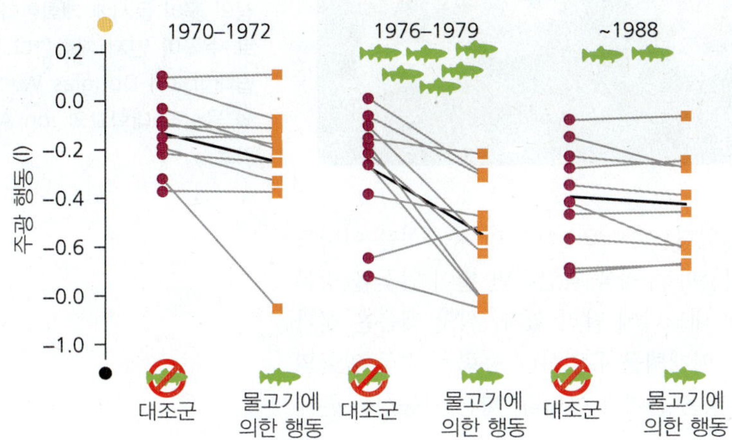


**그림 10.23** ***Daphnia magna*의 주광적 행동의 진화** 연결된 도형들은 물고기가 발산하는 화학물이 존재할 때와 그렇지 않을 때의 유전자형들의 행동을 보여준다; 검은 선은 모든 클론들의 평균값을 나타낸다. 첫 샘플은 Oud Heverlee Pond에 플랑크톤을 섭취하는 물고기를 풀어넣기 전이고, 중간 샘플은 물고기를 많이 풀었던 시기이며, 마지막은 물고기 수가 줄어든 후의 샘플이다. Cousyn et al. (2001)에서 다시 그림.

그 결과는 그림 10.23에 나타난다. 예측했듯이, Oud Heverlee의 물벼룩 집단은 시간에 따라 변하였다. 물고기를 많이 넣어둔 시기에서의 클론이 환경에 따라 가장 큰 행동의 차이를 보였다. 이들은 포식자의 냄새를 맡으면 빛을 피하였다.

표현형적응성은 널리 퍼져 있고, 아마 적응으로서 정당하게 평가되지 못하는 것 같다. 1937년 Theodosius Dobzhansky가 지적했듯이(p. 173), "선택은 유전자형 자체를 다루는 것이 아니라, 생존경쟁에서 적응도의 유일한 기준이 되는, 유전자의 역동적인 속성인 반응표준을 다룬다."

## 10.6 트레이드오프와 제약

**완벽한 생물체를 만드는 것은 불가능하다. 생물체의 구성은 상호배타적인 요구에 대한 타협책을 반영한다.**

어떠한 생물 집단도 모든 선택의 도전에 대해 동시에 최선의 대안을 진화시키는 것은 불가능하다. 우리는 트레이드오프의 예를 언급한 적이 있다. 예를 들어 10.4절에서 우리는 큰 정소가, 박쥐가 정자 경쟁에서 이기도록 도와주지만 그에 대한 대사비용의 댓가로 두뇌가 더 작고 에너지도 덜 필요하도록 진화되는 것을 확인하였다. 이전 장(3장)에서 우리는 큰 생식다리를 가진 수컷 모기물고기가 짝을 유혹할 수 있지만 포식자로부터의 탈출이 늦는 것을 보았다. 이들은 트레이드오프, 기능적 제약, 그리고 유전적 변이의 결핍을 포함한다.

### 베고니아 암꽃의 크기: 트레이드오프

열대 식물 *Begonia involucrata*는 **자웅동체(monoecious)**이다—즉, 같은 식물에 서로 다른 암꽃과 수꽃이 존재한다. 꽃들은 벌에 의해 수분된다. 벌이 수꽃 사이를 이동하며 꽃가루를 모으면서 그들은 종종 수꽃에서 암꽃으로 꽃가루를 옮긴다. 수꽃은 벌들에게 꽃가루의 형태로 포상을 한다. 암꽃은 아무것도 제공하지 않고 그 대신 속임수로 수분된다(Ågren and Schemske 1991). 당연하게도 벌은 암꽃보다는 수꽃에 더 자주, 그리고 더 오래 방문한다.

그림 10.24 ***Begonia involucrata***
(a) 수꽃 (왼쪽)과 암꽃 모두 흰 또는 분홍 꽃잎 모양의 꽃받침이 노란 꽃밥 또는 암술머리를 감싼다. 암꽃의 암술머리는 꽃밥과 닮았다. (b) 이 꽃차례—또는 줄기—에서는 특이하게 두 성의 꽃이 동시에 개화한다. 일반적으로 수꽃이 먼저 개화한다. 미시간 주립대학교의 Douglas W. Schemske와 웁살라 대학교의 Jon Ågren의 허가로.

암꽃은 색, 모양, 그리고 크기에서 수꽃을 닮았다(그림 10.24a). 이 유사성은 아마도 적응적일 것이다. 벌이 암꽃을 피하고 수꽃을 찾는다는 것을 감안하면 벌이 암꽃을 방문하는 빈도는 암꽃이 수꽃을 얼마나 가깝게 흉내 내느냐에 달려 있다. 씨앗 맺음은 꽃가루의 접근성에 의해 한정되어 있기 때문에 수분 매개체를 유인하는 능력은 결국 암꽃의 기능을 통한 적응도에 영향을 미친다. 하지만 추정은 근거가 아니다. 다른 가능성도 존재한다.

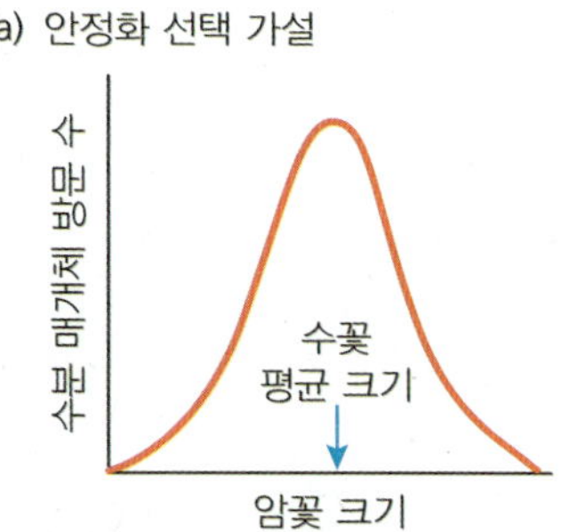


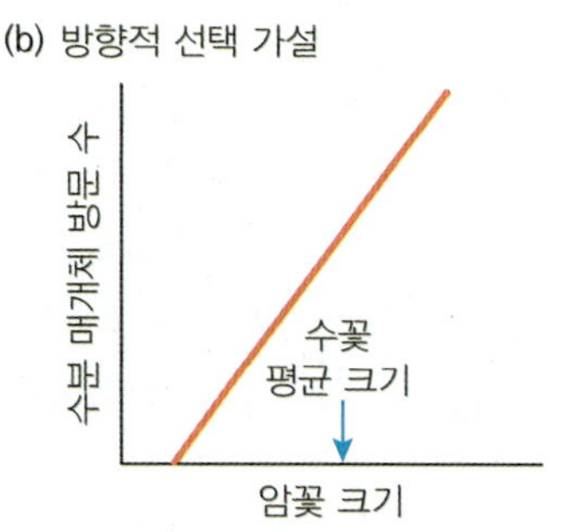


**그림 10.25 *Begonia involucrata*의 암꽃 크기 선택 양상에 대한 2개의 가설**

Doug Schemske와 Jon Ågren(1995)은 벌이 암꽃 크기를 어떻게 선택하느냐에 대한 두 가설의 구분을 시도하였다:

> **가설 1:** 암꽃이 일반적인 수꽃을 더 가깝게 흉내 낼수록 벌이 더 자주 자신을 방문하게 할 것이다. 암꽃에 대한 선택은 안정화 선택이고, 최고의 표현형은 수꽃의 평균 표현형과 동일한 표현형이다(그림 10.25a).
>
> **가설 2:** 암꽃이 가장 큰 보상을 주는 수꽃을 더 가까이 흉내 낼수록 더 자주 벌을 속이는 데 성공할 것이다. 만일 더 큰 수꽃이 더 큰 보상을 한다면, 암꽃에 대한 선택은 방향성 선택일 것이고 더 큰 꽃이 더 작은 꽃보다 더 유리할 것이다(그림 10.25b).

Schemske와 Ågren은 3가지 다른 크기의 인공 꽃을 만들어서(그림 10.26a), 각각 같은 수의 꽃을 숲에 배치하고, 벌들이 이들을 얼마나 자주 방문하는지를 관찰하였다. 결과는 확연했다: 꽃이 클수록 더 많은 벌의 접근과 방문을 유치하였다(그림 10.26b). 벌에 의한 암꽃의 선택은 강하게 방향성이 있었다.

표면적으로 이 결과는 *Begonia involucrata*의 암꽃 크기가 적응성이 없다는 것을 시사한다. 벌에 의한 선택은 큰 꽃을 선호하지만, 암꽃은 수꽃보다 크지 않다. 왜 암꽃은 거대하지 않는가? 이 역설에 대한 하나의 해답은 단순히 *B. involucrata*의 수꽃보다 훨씬

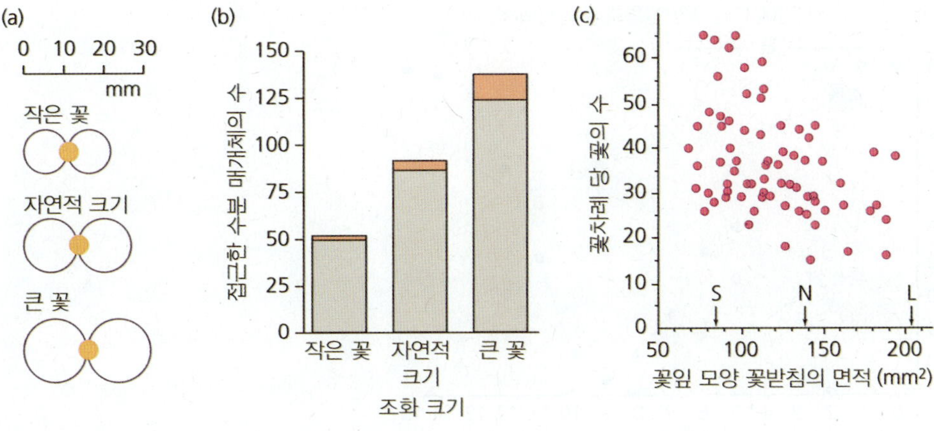


**그림 10.26** ***Begonia involucrate*의 암꽃 크기에 대한 선택** (a) 세 가지 크기의 조화. (b) 꽃 크기에 대한 수분 매개체 선호도의 함수. 황갈색은 조화에 접근한 벌을 나타낸다; 주황색은 실제로 방문한 벌의 수를 나타낸다. (c) 꽃 크기와 꽃차례 당 암꽃의 수 사이의 통계적으로 유의한 트레이드오프. Schemske and Ågren (1995)에서.

큰 암꽃에 대한 유전적 변이가 없다는 것이다. Schemske와 Ågren은 이 제안에 대한 직접적인 근거를 가지고 있지는 않다; *B. involucrata*는 성 성숙(sexual maturity)까지 오랜 시간이 걸리는 다년생 식물이므로 정량적인 유전적 실험이 어렵다.

또 하나의 해답은 암꽃 개체에 초점을 맞추는 것은 선택에 대한 너무 편협한 시야를 준다는 것이다. Schemske와 Ågren은 초점을 개별꽃으로부터 꽃차례로 옮겼다(그림 10.24b 참조). 연구자들이 74개의 꽃차례에서 암꽃의 크기와 수를 측정하였고 트레이드오프를 발견하였다. 암꽃이 클수록 꽃의 수가 적었다(그림 10.26c). 이러한 트레이드오프는 직관적으로 이해가 된다. 개별적 식물이 꽃에 투자할 한정적인 에너지와 영양분을 가지고 있다면 이 파이를 소수의 큰 조각으로 나눌 수도 있고 다수의 작은 조각으로 나눌 수도 있지만 다수의 큰 조각으로 나눌 수는 없다. 더 많은 양의 꽃이 있는 줄기는 2가지 이유로 선택에서 유리하다. 첫째, 벌들은 더 많은 꽃이 있는 꽃차례를 주목할 수 있다. 둘째, 더 많은 암꽃은 잠재적으로 더 많은 씨앗의 생성을 의미한다. Schemske와 Ågren은 *B. involucrata*의 암꽃의 크기는 더 큰 꽃 크기의 선택과 꽃차례 당 더 많은 꽃의 선택 사이의 절충에 의해 결정되었다는 가설을 세웠다.

**하나의 신체기관이나 기능에 할애된 자원은 다른 기관이나 기능으로부터 뺏어온 자원일 수도 있다.**

## 푸크시아(Fuchsia)의 꽃 색 변화: 제약

Kotukutuku로도 알려진 *Fuchsia excorticata*는 새에 의해 수분되는 뉴질랜드 고유 식물이다(Delph and Lively 1989). 이 식물의 꽃들은 방울처럼 아래를 향해 매달린다**(그림 10.27)**.

**그림 10.27** ***Fuchsia excorticata*** 새에 의해서 수분되는 이 나무는 뉴질랜드의 토종이다. 이 나무의 꽃들은 왜 색이 변하는가? 인디애나 대학교의 Lynda Delph에서.

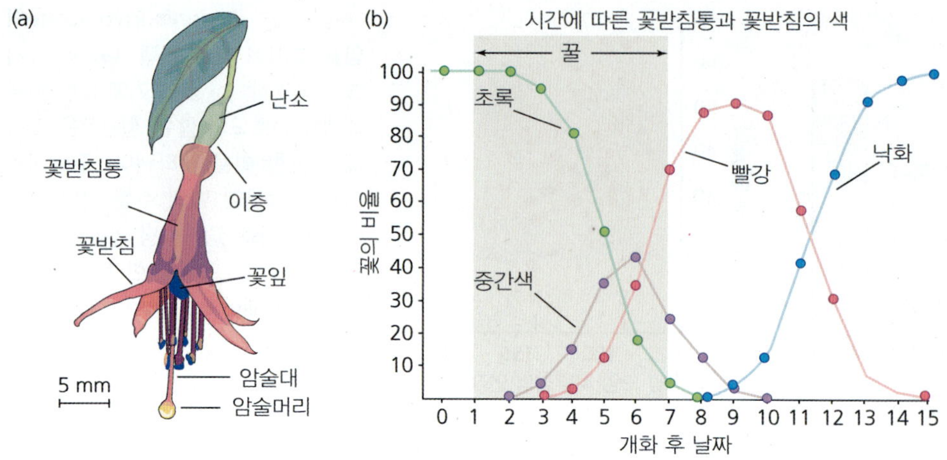


**그림 10.28** ***Fuchsia excorticata*의 색 변화** (a) *Fuchsia excorticata*. (b) *x*축은 꽃의 나이를 개화된 후 날짜로 나타낸다. *y*축과 그래프의 선은 각 나이에서 각 색깔 시기의 비율을 보여준다. Delph and Lively (1989)에서.

Kotukutuku 꽃이 아래를 향해 매달리기 때문에 그 난소는 꼭대기에 있다(그림 10.28a). 방울의 몸통은 꽃받침통과 꽃받침으로 구성되어 있다. 암술대는 기다란 추를 닮았다. 암술대는 더 짧은 수술과 축소된 꽃잎으로 둘러싸였다.

꽃받침통과 꽃받침은 꽃에서 가장 두드러지게 눈길을 끄는 부분이다. 이들은 꽃이 개화한 후 약 5.5일 동안 녹색을 유지하다가 붉은색으로 변한다(그림 10.28b). 녹색에서 붉은색으로의 변화는 약 1.5일 걸리는데, 마지막에는 꽃받침통과 꽃받침이 완전히 붉은색이 된다. 붉은 꽃들은 나무 위에 약 5일간 매달린다. 그리고는 붉은 꽃은 이층(abscission zone)에서 난소로부터 분리되고 나무로부터 떨어진다.

수분은 녹색 시기와 중간 시기에 일어나지만 꽃들이 완전히 붉은색이 되기 전에 끝난다. 꽃들은 1일부터 7일 사이에 꿀을 생산한다(그림 10.28b). 대부분의 꽃들은 이 시기가 끝나기 전에 꽃가루를 90% 이상 방출한다. 암술머리는 완전히 붉게 변한 후 약 2일까지는 꽃가루를 받아들이지만, 1일 이후 도달하는 꽃가루는 거의 수분을 하지 않는다. 당연하게도, 방울새와 다른 새 수분 매개체들은 녹색 꽃을 강력하게 선호하고 붉은 꽃은 거의 무시한다(Delph and Lively 1985).

이 나무의 꽃들은 왜 색을 바꾸는가? 여러 식물 대상의 연구 결과에 의해 뒷받침되는 일반적인 답은 색의 변화가 꽃이 더 이상 보상을 주지 않는다는 신호의 역할을 한다는 것이다(이에 대한 검토로는 Delph and Lively 1989를 참조). 이 신호에 주의를 기울이는 방법으로 수분 매개체들은 수렵 채집 효율을 증가시킬 수 있다; 이들은 존재하지 않는 보상을 찾는데 시간을 허비하지 않는다. 수분 매개체가 효율적으로 수렵 채집을 하면 식물도 효율적으로 꽃가루를 이동하기 때문에 식물 개체들도 역시 혜택을 얻는다. 그들은 수용성이 없는 암술머리에 생존 가능한 꽃가루를 보내지 않고, 수용성이 있는 암술머리에 생존 불가능한 꽃가루를 보내지 않게 된다.

하지만 이 답은 부분적으로만 만족스럽다. *F. excorticata*는 왜 그냥 수분이 끝나면 바로 꽃을 떨어뜨리지 않을까? 꽃을 떨어뜨리는 것이 수분 매개체에게 더 이상 보상이 없다는 확실한 신호를 줄 것이고 붉은 꽃을 며칠 유지하는 것보다 대사적으로 더 이익일 것이다. 수분 시기 이후까지 꽃을 유지하는 것은 비적응적(maladaptive)이다.

Lynda Delph와 Curtis Lively(1989)는 왜 *F. excorticata*가 꽃을 그냥 버리지 않은

채 유지하는지에 (색을 붉게 바꾸는지) 대해 두 가지 가설을 고려하였다. 첫 번째 가설은 붉은 꽃이 수분 매개체를 자신들에게 유인하지 않더라도 그 꽃이 있는 나무로 여전히 유인할 수도 있다는 것이다. 나무로 이끌린 후에는 수분 매개체들은 아직 존재하는 녹색 꽃들을 섭식할 수 있다. 따라서 붉은 꽃을 유지하는 것은 꽃을 유지하는 나무의 전체적인 수분 효율을 증가시킬 수 있다.

만약 이 가설이 맞는다면, 붉은 꽃으로 둘러싸인 녹색 꽃은 그렇지 않은 녹색 꽃에 비하여 더 많은 꽃가루를 얻을 것이다. Delph와 Lively는 몇몇 나무에서는 붉은 꽃을 제거하고 다른 나무에서는 유지하거나, 같은 나무에서 몇 가지에서는 붉은 꽃을 제거하고 다른 가지에서는 유지시키는 방법으로 이 예측을 검증하였다. 그 다음, 연구자들은 붉은 꽃이 없는 나무와 가지에서 녹색 꽃에 쌓인 꽃가루와, 붉은 꽃이 있는 나무와 가지에서 녹색 꽃에 쌓인 꽃가루를 비교하였다. 그들은 유의미한 차이를 발견하지 못하였다. 수분 매개체-유인 가설은 *F. excorticata*에서 붉은 꽃이 유지되는 것을 설명하지 못한다.

Delph와 Lively가 고려한 두 번째 가설은 생리적인 제약이 *F. excorticata*가 더 빨리 꽃을 떨어뜨리는 것을 방지한다는 것이다. 이 생리적 제약은 꽃가루관의 성장이다. 꽃가루가 암술머리에 도달한 후 꽃가루는 발아한다. 발아된 꽃가루는 암술대를 통과하여 난소에 도달하는 관을 만든다. 꽃가루의 2개의 정자는 이 관을 통하여 난소로 이동하고 이들 중 하나가 난자를 수정한다. 꽃가루관의 성장은 시간이 걸리는데, 특히 *F. excorticata* 같이 길다란 암술대를 가진 꽃은 그 시간이 더 오래 걸린다. 만일 식물이 꽃가루관이 난소에 도착할 시간을 갖기 전에 꽃을 떨어뜨린다면, 그 결과는 수분되지 않은 것과 같은 결과를 야기한다.

Delph와 Lively는 손으로 40개의 꽃을 수분시켰다. 24시간 후 그들은 10개의 꽃을 따서 해부하고 꽃가루관이 난소에 도착하였는지 현미경으로 확인하였다. 48시간 후 이들은 10송이의 꽃을 더 따서 해부하였고, 같은 방법으로 실험을 진행하였다. 그 결과는 **표 10.2**에 나타난다. 꽃가루관이 난소에 도착하려면 약 3일이 걸린다.

**표 10.2** *Fuchsia excorticata*의 꽃가루관 성장

| 수정 후 날짜 | 1 | 2 | 3 | 4 |
|---|---|---|---|---|
| 10송이 꽃 중 난소 안에 꽃가루관이 있는 꽃의 비율 | **0** | **20%** | **100%** | **100%** |

출처: Delph와 Lively(1989).

이 결과는 생리적 제약 가설과 일관되는 결과이다. *F. excorticata*는 꽃이 꽃가루를 받고 약 3일 동안은 꽃을 떨어뜨리는 과정을 시작할 수 없다. 꽃을 떨어뜨리는 것은 난소와 꽃 사이에 이층이라고 불리는 구조를 형성하는 과정이 포함된다(그림 10.28). 이층은 난소와 꽃 사이의 경계선을 만드는 여러 층의 세포를 포함한다. *F. excorticata*에서 이층의 성장은 최소 1.5일이 걸린다. 따라서 식물은 수분이 된 후 최소 4.5일 이후까지 꽃을 유지하도록 제약된다.

**적응성으로 보이는 형질이나 행동이 역으로 생리학적이나 물리적으로는 문제점이 있을 수도 있다.**

Delph와 Lively는 *F. excorticata*에서의 꽃 색 변화는 꽃 유지를 필요로 하는 생리적 제약에 대한 보상으로 진화된 적응이라고 제안하였다. 식물이 꽃을 유지해야 하므로, 선택은 수분 매개체가 가지 위의 수용성이 있는 꽃과 없는 꽃을 구분할 수 있도록 신호를 주는 개체를 선호했다. 수분 매개체는 수용성이 있는 암술에만 꽃가루를 전달하고, 생존력이 있는 꽃가루만을 가지고 간다.

## 초식 딱정벌레의 숙주 이동: 유전적 변이의 결핍에 의한 제약?

이전 여러 장에서 우리는 유전적 변이가 자연선택에 의한 진화의 원자재라고 언급하였다. 자연선택이 적응을 만들어내는 과정이기 때문에, 유전적 변이는 또한 적응이 형성되는 원자재이기도 하다. 거꾸로, 생물 집단은 필요한 유전적 변이가 없다는 단순한 이유로 특정 적응을 진화시키지 못할 수도 있다.

여기 극단적인 예가 있다: 돼지는 비행 기능을 진화시키지 않았다. 우리는 비행이 돼지에게 적응적일 수 있다고 상상할 수 있다. 포식자로부터 도망가고, 원하는 음식을 찾기 위해 멀리 이동할 수 있게 해줄 것이다. 하지만 척추동물의 발달 과정에서는 같은 어깨로부터 발과 날개를 모두 키우는 유전적 변이가 없기 때문에 돼지는 날지 않는다. 물론 다른 척추동물들은 날 수 있는 능력을 진화시켰다. 하지만 박쥐와 새들에서는, 앞다리 전체가 다리에서 날개로 바꾸도록 발달 과정이 변형되었다; 두 집단 모두에서 완전히 새로운 다리가 몸으로부터 나오지는 않는다. 돼지에게는 안 된 일이다.

돼지의 비행은 생생한 예시를 만들어주지만, 결국 의미 없는 예시이다. 소원대로의 적응은 비현실적이다. Douglas Futuyma와 동료들은 유전적 변이의 결핍이 적응을 제약하는지를 현실적이고 의미 있는 예시에서 확인하려고 하였다(Funk et al. 1995; Futuyama et al. 1995; 그 안의 참고문헌들).

Futuyma와 동료들은 *Ophraella*속의 초식성 잎벌레(leaf beetle)의 숙주 이용에 대해 연구하였다. 이 작은 딱정벌레 중 각 속은 애벌레와 성충의 단계에서 국화류(해바라기과, 즉 Asteracea의 식물)의 근연식물 중 하나 또는 몇몇 종을 섭취한다. 숙주 식물 각각은 초식생물에 대항하는 독특한 조합의 독성 화학물을 만든다. 벌레에게 특정 종의 숙주 식물에서 살 수 있는 능력은 그 식물에 알을 낳고 먹이를 섭취할 수 있는 적합한 장소로 인식하는 능력과 식물의 화학적 방어를 해독할 수 있는 능력을 포함하는 복잡한 적응이다.

그림 10.29에는 12종의 잎벌레에 대한 추정된 계통수가 나타난다. 그림은 또한 각 딱정벌레의 숙주 식물도 나열한다. 딱정벌레 속의 진화적 역사는 하나의 숙주 식물로부터 다른 숙주식물로의 여러 번의 이동을 포함한다. 숙주 이동 중 4번이 상대적으로 먼 관계

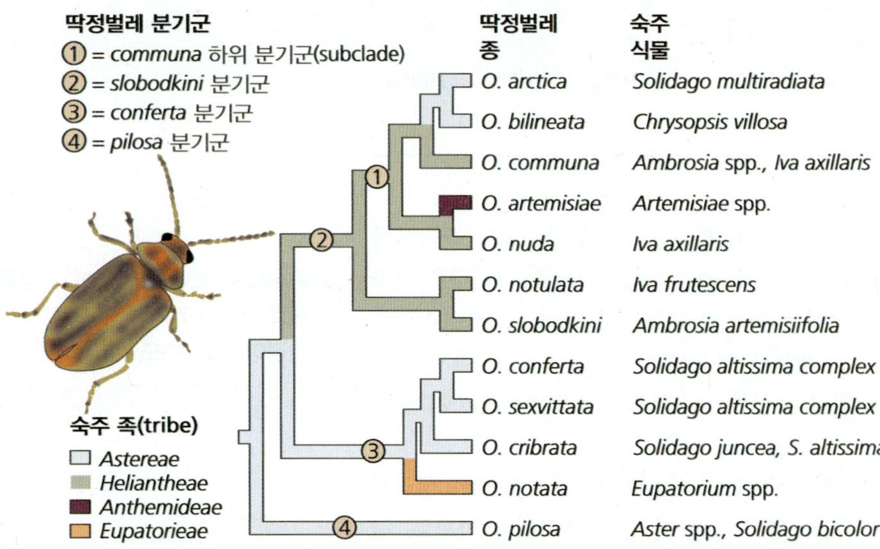


**그림 10.29** ***Ophraella*속의 잎벌레의 계통수** 계통수 위의 숫자는 딱정벌레의 주된 분기군을 나타낸다. 가지의 색은 숙주 종의 족을 나타낸다. 딱정벌레속의 진화의 역사는 숙주 족 간의 4번의 숙주 이동을 포함한다. Funk et al. (1995)에서; Futuyma et al. (1995)도 참조.

인 식물 종 사이에서 일어났다. 이 Asteraceae의 한 족의 식물로부터 다른 족의 식물로의 이동은 그림에서 계통수 명암의 변화로 표시되어 있다. 다른 이동들은 이전 숙주와 같은 속 또는 가까운 관계의 속이 연관된다.

각 딱정벌레와 이의 가까운 종들이 이용한 숙주 식물의 조합은 일어날 수도 있었으나 일어나지 않은 그럴듯한 진화적 시나리오를 나타낸다. 예를 들어 딱정벌레 *Ophraella arctica*는 숙주 *Iva axillaris*로 이동할 수 있었다. Futuyma와 동료들은 왜 특정 숙주 이동은 일어났지만 다른 숙주이동은 가설로 남았는지 밝히려고 하였다.

여기 2개의 가설이 있다:

**가설 1:** 모든 숙주 이동은 유전적으로 가능하다. 즉, 모든 딱정벌레는 먹이 섭취와 해독 기작의 유전적 변이를 충분히 가지고 있으므로 모든 잠재적 숙주 종들에서 최소한 몇몇 개체들이 먹이를 섭취하고 생존할 수 있다. 만약 몇 개체가 먹이를 섭취하고 생존할 수 있다면, 이들은 새로운 숙주에 잘 적응하는 새로운 딱정벌레 집단의 창시자가 될 것이다. 모든 숙주 이동이 유전적으로 가능하기 때문에, 실제 숙주 이동의 양상은 생태적인 요인과 우연에 의해 결정된다. 생태적인 요인은 딱정벌레 종들의 지리적 범위 내의 각 숙주 종들의 풍부도(abundance)와, 각각 숙주와 연관된 포식자와 경쟁자들을 포함할 수 있다.

**가설 2:** 대부분의 숙주 이동은 유전적으로 불가능하다. 즉, 대부분의 딱정벌레 종들은 먹이 섭취와 해독 기작의 유전적 변이를 충분히 가지고 있지 않기 때문에 극히 적은 수의 잠재적 숙주 종들에서만 먹이를 섭취하고 생존할 수 있다. 실제 숙주 이동의 양상은 대부분 유전적으로 가능한 것에 의해 결정되었다. 유전적으로 가능한 숙주 이동은 일어났고; 유전적으로 불가능한 숙주 이동은 일어나지 않았다.

우리는 이 가설들을 서로 배타적으로 제시하였다. 실제로, 사실상의 숙주 이동의 양상은 유전적 제약, 생태적 요인, 그리고 우연의 혼합물에서 비롯되었다는 것이 거의 확실하다. Futuyma와 동료들이 찾는 것은 유전적인 제약이 최소한 이의 일부분이었다는 확실한 증거였다.

Futuyma와 동료들은 정량적 유전적 접근법(9장 참조)을 이용하여 딱정벌레가 다른 잠재적 숙주에서 먹이를 섭취하고 생존할 수 있는 유전적 변이가 얼마나 되는지를 측정하였다. 연구자들은 그림 10.29에 나열된 4개의 딱정벌레 종들과 6개의 숙주 사이의 여러 조합을 조사하였다. 이들의 실험은 대부분의 잠재적 숙주에서 대부분의 딱정벌레 종들에게는 먹이 섭취와 생존에 대해 유전적 변이가 거의 없음을 밝혔다. 딱정벌레 종들의 애벌레나 성충이 잠재적인 숙주를 인식하고 섭취하는지를 확인하는 39번 실험 중 18번의 실험에서 연구자들은 먹이 섭취에 대한 유전적 변이의 증거를 찾지 못하였다. 애벌레가 잠재적 숙주에서 생존할 수 있는지 확인하는 16번의 실험 중 14번의 실험에서 연구자들은 생존에 대한 유전적 변이의 증거를 확인하지 못하였다. 이 결과들은 가설 2가 최소한 부분적으로 맞다는 것을 암시한다. 다른 상황에서는 가능할 수 있는 여러 숙주 이동은 유전적으로는 불가능해 보인다.

Futuyma와 동료들은 애벌레와 성충의 먹이 섭취에 대한 유전적 변이 자료에서 양상을 찾는 방식으로 가설 2에 대한 추가적인 실험을 하였다. 만약 가설 2가 맞다면, 딱정벌레 종의 새로운 잠재적인 숙주가 현 숙주와 가까운 관계일 때에 새로운 숙주 섭취에 대한 유전적 변이를 보일 확률이 높을 것이다.

Futuyma와 동료들의 자료는 이 예측을 입증하였다(**표 10.3a**).

**표 10.3 잠재적 숙주 식물을 섭취하는 애벌레 또는 성체의 유전적 변이 검증의 결과 정리**

*(a)* 숙주 식물 사이의 관계에 의한, 애벌레 또는 성체의 섭식의 유전적 변이 검증

| | 유전적 변이? | |
|---|---|---|
| **… 식물을 섭취하는 딱정벌레 검증** | **그렇다** | **아니다** |
| 딱정벌레의 실제적 숙주와 같은 족에 있는… | 7 | 1 |
| 딱정벌레의 실제적 숙주와 다른 족에 있는… | 14 | 17 |

결론: 딱정벌레가 실제적 숙주와 가까운 관계에 있는 잠재적 숙주에서 검증될 때 섭식에 대한 유전적 변이를 찾을 확률이 더 높다.

*(b)* 딱정벌레 사이의 관계에 의한, 애벌레 또는 성체의 섭식의 유전적 변이 검증

| | 유전적 변이? | |
|---|---|---|
| **… 식물을 섭취하는 딱정벌레 검증** | **그렇다** | **아니다** |
| 같은 주요 분기군에 있는 딱정벌레의 숙주… | 12 | 4 |
| 다른 주요 분기군에 있는 딱정벌레의 숙주… | 9 | 14 |

결론: 딱정벌레가 가까운 관계의 딱정벌레의 실제적 숙주에서 검증될 때 섭식에 대한 유전적 변이를 찾을 확률이 더 높다.

출처: From Table 7 in Futuyma et al. (1995).

마찬가지로, 만약 가설 2가 맞다면, 새로운 숙주가 이 딱정벌레 종과 가까운 관계의 딱정벌레의 숙주일 때 이 새로운 잠재적 숙주 섭취에 대한 유전적 변이를 보일 확률이 더 높다.

Futuyma와 동료들의 자료는 이 예측 또한 입증하였다(표 10.3b).

Futuyma와 동료들은 가설 2가 최소한 부분적으로 맞다고 결론을 내렸다. *Ophraella* 속의 딱정벌레의 숙주 이동의 역사는 진화적 변화를 가능하게 하는 유전적 변이의 가용성(availability)에 의해 제약이 되었다.

**때때로 집단은 특정한 적응으로 진화하기 위한 원자재를 제공할 유전적 변이가 결여되기도 하다.**

## 깃털이의 숙주 이동: 분산 능력에 의한 제약?

우리가 방금 논의한 연구에서, Futuyma와 동료들은 숙주 이동이 종종 유전적 변이의 결핍에 의해 제약된다는 것을 보이려고 하였다. 왜 어떤 숙주 이동은 일어나고 다른 숙주 이동은 일어나지 않는지에 대한 대안적 설명은 생태적 요인과 우연이다. Dale Clayton과 Kevin Johnson(2003)은 숙주 이동이 생태적 요인에 의해 제약이 되는 듯한 사례를 확인하였다.

Clayton과 Jonson은 비둘기에 들끓는 깃털이의 숙주 이동 역사를 분석하였다. 이 체외기생충들은 날개 깃털에 사는 이(*Columbicola*속)와 몸 깃털에 사는 이(*Physconelloides* 속)를 포함한다. 그림 10.30a는 몇몇 비둘기 종의 계통수를 이들의 날개-깃털이의 계통수와 비교한다. 계통수는 일치하지 않고, 이는 날개-깃털이가 자주 숙주 종을 바꾸는 것을 의미한다. 그림 10.30b는 같은 비둘기 종의 계통수를 이들의 몸-깃털이의 계통수와 비교한다. 이번에는 계통수가 매우 잘 들어맞으며, 이는 몸-깃털이가 숙주를 바꾸지 않았음을

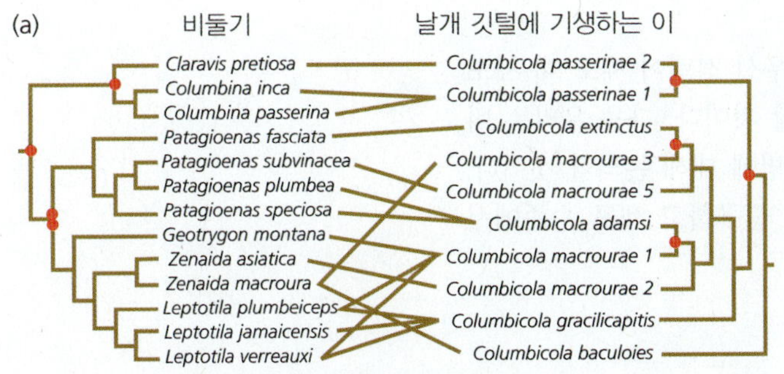


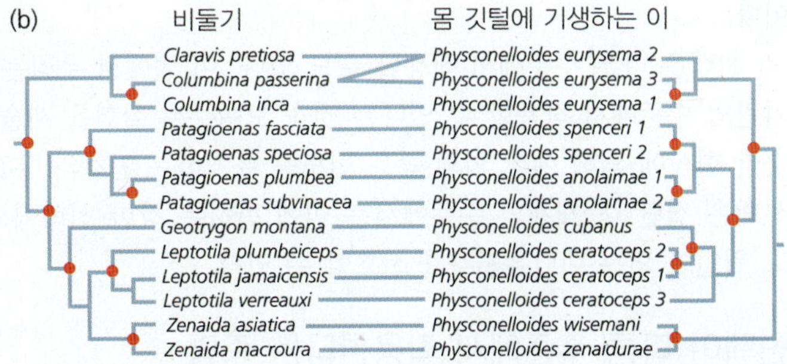


**그림 10.30 비둘기와 이들의 깃털에 기생하는 이의 계통학적 일치와 불일치** (a) 왼쪽의 계통수는 비둘기의 계통수이고; 오른쪽의 계통수는 이들의 날개 깃털의 이(*Columbicola*속)의 계통수이다. 선은 기생생물의 종들과 이들이 기생하는 숙주의 종을 연결한다. 여러 번 교차하는 선들은 이의 진화적 역사에서 숙주 이동이 자주 일어남을 보여준다. (b) 왼쪽의 계통수는 비둘기의 계통수이고; 오른쪽의 계통수는 몸 깃털이(*Physconelloides*속)의 계통수이다. 여러 번 교차하는 선들의 부재는 이들이 숙주를 바꾸지 않았음을 암시한다. 그 반대로 이들은 단순하게 숙주를 따르며, 숙주가 분기할 때 함께 분기하였다. Clayton and Johnson (2003)에서 다시 그림.

가리킨다. 오히려 이들은 단순히 기꺼이 숙주를 따르며 숙주가 종 분화할 때에만 종 분화를 하였다.

왜 날개-깃털이들은 자주 숙주를 바꾸지만 몸-깃털이는 그러지 않았는가? 깃털이를 새로운 숙주로 옮기는 Clayton과 동료들(2003)의 실험은 많은 숙주 이동이 유전적으로 가능하다는 것을 시사한다. 또한 새로운 숙주가 원래의 숙주와 몸 크기가 비슷하다면 이들은 숙주의 몸 다듬기를 피할 수 있다. 몸-깃털이는 새 숙주에서 생존하는 능력에 대한 변이의 부재에 의해 제약받는 대신, 단순히 숙주 종을 바꿀 기회가 더 적다고 Clayton과 Johnson은 생각한다. 이는 몸-깃털이가 날개-깃털이에 비해서 개별적 숙주 사이로 쉽게 퍼지지 못하기 때문이다. Noah Whiteman과 동료들(2004)에 의한 현장 관찰은 이 주장을 뒷받침한다. 이 연구자들은 갈라파고스 매에서 갈라파고스 비둘기의 날개와 몸이를 찾아보았다. 이 두 기생충 종들은 원래 숙주인 비둘기에서는 비슷하게 흔하지만 매에서는 비둘기-날개이가 비둘기-몸니에 비해 훨씬 흔하다.

깃털이가 한 숙주에서 다른 숙주로 이동하는 방법 중 하나는 두 새 간의 직접적인 신체 접촉에 의해서이다. 다른 하나의 방법은 그림 10.31처럼 기생 파리류의 다리에 편승하는 것이다. 파리들은 이에 비해 덜 숙주-특이적이므로 밀항하는 이는 새로운 숙주에 다다를 수 있다. 발표된 기록들은 날개-깃털이가 몸-깃털이보다 훨씬 자주 파리에 편승함을 시사한다. 겉으로 보기에는 몸-깃털이가 숙주 종을 거의 바꾸지 않는 이유는 이동방법이 없기 때문이다.

**그림 10.31 파리에 의한 분산** 기생 파리에 편승하여 이동하는 날개- 깃털이. Clayton et al. (2004)에서.

이 절과 이전 절에서 우리는 적응을 연구하기 위해서 고려해야 하는 개체 수준의 형태와 기능의 복잡성을 살펴보았다. 다음 절에서 우리는 종종 고려해야 하는 다른 종류의 복잡성, 즉 자연선택의 작용 자체의 복잡성을 살펴본다.

## 10.7 선택은 다른 수준에서 작용한다

이 장과 책에서 논의한 예시들에서 우리는 집단 내에서 개체 수준에서 작용하는 자연선택에 주로 집중했다. 이 수준에서는 어떤 대립유전자가 보편화되고 어떤 대립유전자가 사라지는지를 결정하는 것은 각 개체들의 탄생, 생식, 그리고 죽음이다. 만약 하나의 대립유전자가 이를 가진 개체들이 평균 이상의 생식성공률을 갖는 방식으로 표현형에 영향을 미친다면 그 대립유전자의 빈도는 증가할 것이고; 그렇지 않다면 빈도는 감소할 것이다.

선택은 다른 수준에서 작용할 수도 있다. 이 절에서 우리는 우선 선택이 세포 내 세포기관의 수준에서 작용할 수 있다는 것을 보여주는 실험을 서술할 것이다. 다음 우리는 비슷한 현상에 의해 예상 외의 높은 빈도를 유지하는 인간의 유전병에 대해 논의할 것이다. 선택은 집단 내 개체의 수준에서는 이에 반하는 강한 선택에도 불구하고 세포 수준에서 그 원인이 되는 대립유전자를 선호할 수 있다.

## 선택이 다른 수준에서 작용한다는 증명

Douglas Taylor와 동료들(2002)은 효모, *Saccaromyces cerevisiae*와 이들의 미토콘드리아를 이용해서 선택이 서로 다른 수준에서 동시에 작용할 수 있다는 것을 보여주었다. 연구자들이 효모를 선택한 이유는 정상적인 효모 세포가 에너지를 발효와 호흡의 두 가지 방법으로 생산할 수 있기 때문이다. 이는 대부분의 진핵생물과는 다르게 효모에선 호흡하는 것이 생명에 필수적이지 않다는 것을 의미한다.

다른 진핵생물과 마찬가지로 효모 세포에서의 호흡은 미토콘드리아에 의해 진행된다. 미토콘드리아는 가끔 호흡이 불가능하도록 하는 유전체의 대규모 결실을 유지한다. 이 호흡하지 않는 미토콘드리아들은 세포 내 기생충이다. 이들은 숙주세포에서 에너지와 물질들을 얻어내면서 그 대가로 아무것도 제공하지 않는다. 대부분의 진핵세포에서 전적으로 기생적 미토콘드리아만 존재한다면 이는 치명적일 것이다. 하지만 효모 세포에서는 이는 단지 불리할 뿐이다. 효모 세포의 에너지 생산을 발효로 제한하긴 하지만 세포를 죽이지는 않는다.

Taylor와 동료들은 창시자 개체들이 정상적인 미토콘드리아와 기생적 미토콘드리아 모두를 포함하는 효모 집단을 확립하였다. 즉 효모 집단의 각 세포들은 그 자체가 유전적으로 다양한 미토콘드리아 유전체의 집단이 존재하는 곳이다. 이 미토콘드리아 유전체는 세포핵의 유전체와는 독립적으로 복제를 한다. 어떤 미토콘드리아 유전체는 다른 유전체에 비해서 더 빠르게 복제할 수 있다. 이는 한 세포 내에서 미토콘드리아 유전체 집단들은 다른 여느 집단과 마찬가지로 자연선택에 의해 진화할 수 있음을 의미한다. 빨리 복제하는 미토콘드리아 유전체는 흔해질 것이고 느리게 복제하는 미토콘드리아 유전체는 희귀해질 것이다.

**개체는 세포, 세포소기관, 염기서열 집단들을 보유하고 있다. 선택은 이러한 집단들 내부에서 작용할 수 있다.**

효모 세포 내의 미토콘드리아 유전체의 수준에서 선택은 정상 미토콘드리아보다는 기생 미토콘드리아를 선호한다. 이는 기생 미토콘드리아 유전체가 더 빠르게 복제할 수 있기 때문이다. 만일 우리가 효모 세포 내에 머무르며 이 세포 내 미토콘드리아 집단의 진화를 추적한다면, 우리는 기생 미토콘드리아가 가차 없이 빈도를 늘이는 것을 예상할 것이다.

하지만 페트리 접시 위의 효모 세포의 수준에서 선택은 호흡 능력을 선호한다. 호흡을 할 수 있는 효모 세포는 더 빠르게 에너지를 생산하고 따라서 더 빠르게 복제할 수 있다. 만일 우리가 페트리 접시 안에 머무르며 효모 집단의 진화를 추적한다면, 우리는 호흡 능력이 있는 효모 세포들이 가차 없이 빈도를 늘리리라 예측할 것이다.

효모 세포 내의 미토콘드리아 수준에서의 선택은 따라서 페트리 접시 내의 효모 세포 수준에서의 선택과 반대이다. 이의 궁극적 결과는 무엇인가? 이는 두 다른 수준에서의 선택의 상대적 강도에 달려 있다.

Taylor와 동료들은 작은 크기(약 10개의 효모 세포들), 중간 크기(약 250개의 효모 세포들), 그리고 큰 크기(약 18,000세포들)의 3개의 집단에서 효모 배양을 150세대 동안 유지하였다. 작은 집단에서 효모 세포 사이의 선택은 거의 미미하였다. 증식하는 도

중 추출 중 일어나는 오차가 어느 효모 계보가 유지되고 어느 계보가 사라지는지를 결정하는 주된 요인이었다. 따라서 Taylor와 동료들은 작은 집단에서는 세포 내의 미토콘드리아 수준에서의 선택이 지배적일 것이라고 예측하였다. 실험의 말미에서 작은 배양 집단의 효모 세포 대부분은 전적으로 기생 미토콘드리아를 가지고 있을 것이라고 예상하였다. 하지만 큰 집단에서는 효모 사이의 선택은 중요하다. 증식하는 도중 추출 중 일어나는 오차는 무시할 정도이며, 어느 효모 계보가 지속되고 어느 효모 계보가 사라지는지를 결정하는 주된 요인은 증식과 복제의 속도이다. 따라서 연구자들은 큰 집단에서 전적으로 기생 미토콘드리아를 가진 효모 세포는 드물 것이라고 예상하였다.

대조군으로 연구자들은 클로람페니콜(chloramphenicol)에 대해 민감한 미토콘드리아와 내성이 있는 미토콘드리아 모두를 가진 창시개체들로 구성된 효모 배양을 확립하였다. 실험의 조건하에서 클로람페니콜 민감성은 선택적으로 중립적이었다. Taylor와 동료들은 집단들에 걸쳐서 평균적으로 전적으로 민감한 미토콘드리아만을 가진 효모 세포의 빈도는 중간 정도의 빈도를 유지할 것이라고 예측하였다.

그림 10.32에서 보이는 결과는 연구자들의 예측을 입증하였다. 작은 집단에서 대부분의 효모 세포들은 전적으로 기생 미토콘드리아를 포함하고 있었고, 큰 집단에서는 전적으로 기생 미토콘드리아만을 가지고 있는 효모 세포는 드물었다. 대조 배양 상에서는 전적으로 클로람페니콜에 민감한 미토콘드리아만을 포함하는 효모 세포의 빈도는, 집단들에 걸쳐서 평균적으로 중간 정도의 빈도에 머물렀다.

이 실험은 효모 세포 사이에서 선택이 상대적으로 약할 때, 효모 세포 내 미토콘드리아 사이의 선택은 효모 집단의 평균 적응도를 낮추는 형질의 고착화를 야기할 수 있음을 보여준다. 우리가 선택이 다른 수준에서 작용한다는 것을 인지하지 않았다면 우리는 호

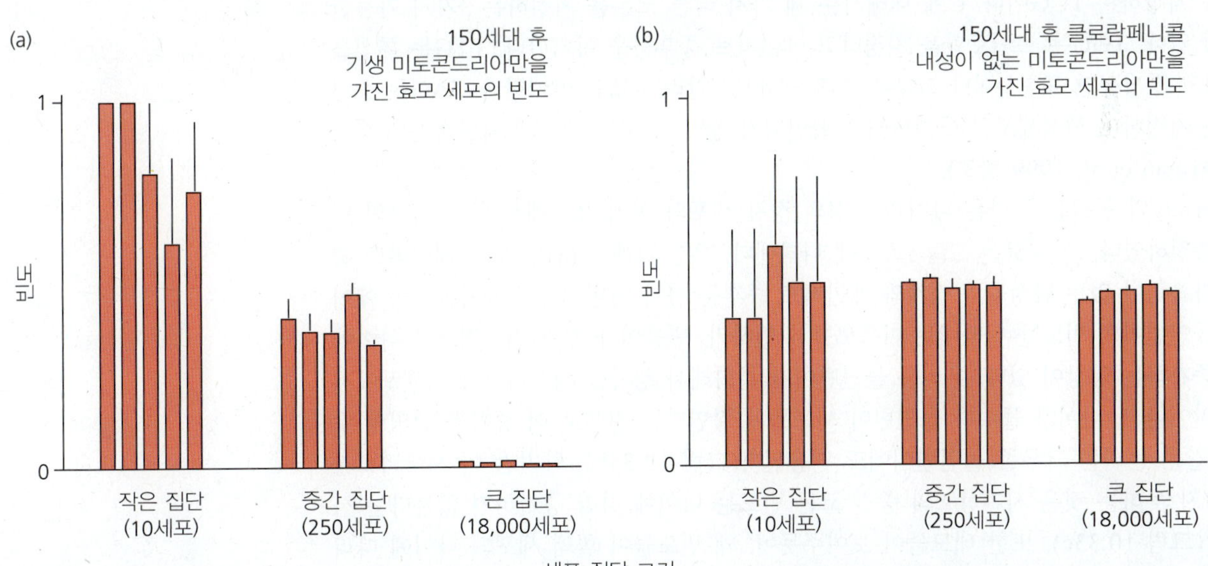


**그림 10.32 집단 내에서 세포 수준에서의 선택 대 세포 내부 미토콘드리아 수준에서의 선택** (a) 각각의 막대는 정상적인 미토콘드리아 또는 기생 미토콘드리아의 혼합체를 가진 효모 세포로부터 시작된 5개의 실험 집단을 나타낸다. 효모 세포 내의 미토콘드리아 사이에서 선택은 복제가 빠른 기생 미토콘드리아를 선호한다. 집단 내의 효모 세포에서는 선택은 호흡과 발효 모두로부터 에너지를 얻을 수 있는 정상적인 미토콘드리아를 가진 효모들을 선호한다. 이 선택적 이점은 다른 집단 크기를 유지하는 효모 배양마다 차이가 있다; 작은 집단에서 가장 약하고 큰 집단에서 가장 강하다. (b) 각각의 막대는 클로람페니콜에 내성이 있는 또는 내성이 없는 미토콘드리아의 혼합체를 가진 효모 세포들로 시작된 4 또는 5개 대조 집단을 나타낸다. 클로람페니콜 내성은 선택의 두 수준에서 모두 중립적이다. Taylor et al. (2002)에서.

흡능력의 상실이 어떻게든지 작은 집단의 효모 세포들에게 적응적이라는 잘못된 결론을 내렸을 것이다. 이와 반대로, 우리는 이를 가지고 있는 개체에게는 적응성 없는 특정 형질이 더 낮은 수준에서의 선택에 의해 고착화될 수 있다는 것을 볼 수 있다. Taylor와 동료들은 이들의 연구가 또한 조직 내에서 돌연변이 미토콘드리아의 축적과 연관되는 퇴행성 유전병의 진행에 대한 통찰력을 제공할 수 있을 것이라 믿는다.

효모가 스스로 복제하는 미토콘드리아 유전체의 진화하는 집단이 있는 곳이듯, 동물은 스스로 복제하는 세포 유전체의 진화하는 집단이 있는 곳이다. 최근 연구들은 세포 집단의 진화가 인간 유전병의 혼란스러운 특징을 설명할 수 있음을 암시한다.

## 에이퍼트 증후군에서의 다단계의 선택?

에이퍼트 증후군(apert syndrome)은 섬유모세포성장인자 2(FGFR2)를 발현하는 유전자의 돌연변이에 의한 유전적 질병이다. 이 병의 징후는 매우 심각하며, 두개골의 봉합 관절의 시기상조적 융합, 안면 기형, 그리고 손가락 발가락의 융합 등을 포함한다. 이 병이 우성이고 이 병에 걸린 사람들은 낮은 적응도를 갖는다는 것을 감안하면 대부분의 병이 새로운 돌연변이에 의해 일어난다는 사실이 놀랍지 않다. 예상치 못했던 것은 돌연변이 대립유전자가 사실상 늘 아버지로부터 온다는 사실이다. 에이퍼트 증후군의 위험률은 아버지의 나이가 증가함에 따라 증가하며, 신생아에서의 발생률을 보면 꽤 높은 돌연변이율을 시사한다.

이 사실들을 더 잘 이해하기 위해서, Anne Goriely와 동료들(2003)은 분자적 기작을 이용해서 다른 나이의 남성에서 생산된 정자에서의 돌연변이 대립유전자의 빈도를 평가하였다. 가장 일반적인 에이퍼트 돌연변이는 FGFR2 유전자의 755번 뉴클레오티드, 즉 252번 코돈의 중간 위치에서의 단일-뉴클레오티드 치환이다. 정상적인 코돈은 아미노산 세린을 지정하는 TCG이다. C에 대해서는 세 가지 다른 코돈을 지정하는 3가지 가능한 치환이 있다. TGG는 트립토판을 지정하고 에이퍼트 증후군을 야기한다. TTG는 류신을 지정하고 정상적인 표현형이나 크루존 증후군이라고 알려진 병을 야기한다. TAG는 종결 코돈을 지정하며 생식세포의 돌연변이로 확인되지 않았고, 이는 태아에 치명적임을 시사한다(Arman et al. 1999 참조).

Goriely와 동료들은 다른 나이의 남성의 정자 세포와 혈액 세포에서의 각 치환의 빈도를 측정하였다. 그 자료는 그림 10.33에 나타낸다. 우선 그래프 (a)를 보고 에이퍼트 증후군 가족력이 없는 남성들의 정자와 에이퍼트 증후군 환자 아버지들의 정자에서의 에이퍼트 돌연변이의 빈도를 나타내는 마름모를 확인하라. 변동이 크지만 전체적으로 나이에 따라 증가하는 양상이 있다. 우리는 돌연변이가 분화해서 정자를 생성하는 줄기세포에서 종종 일어나고, 나이가 들수록 돌연변이 세포들이 쌓인다는 견해로 이 증가를 설명할 수 있다. 같은 논리는 크루존 돌연변이에도 적용된다(그림 10.33b). 하지만 이 시나리오가 설명하지 못하는 것은 시기상조의 종결 코돈 빈도는 나이에 따라 증가하지 않는다는 사실이다(그림 10.33c). 또한 네모들이 보여주듯이, 왜 빈도들이 혈액 세포의 나이에 따라 증가하지 않는지도 설명하지 못한다.

Goriely와 동료들은 이 모든 의문스러운 특징들을 설명할 수 있는 더 좋은 해석이 있을 것이라고 생각한다(Crow 2003도 참조). 이들은 정자와 혈액 세포로 모두 분화하는 줄기세포에서 세 가지 치환이 모두 일어나는 경우는 매우 드물다고 제안한다. 하지만 에이퍼트 돌연변이나 크루존 돌연변이가 정원세포에서 일어나면 그 세포는 더 빠르게 분화해서 결국 계속 정자를 생성하는 작은 암을 일으킨다. 돌연변이 세포들은 더 높은 생식성공률을 갖기 때문에 새로운 유전적 변이를 가지는 정원세포의 집단은 진화한다. 돌연변

**세포, 세포소기관, 또는 염기서열 수준에서의 선택은 개체 수준의 선택과 배치될 수도 있다.**

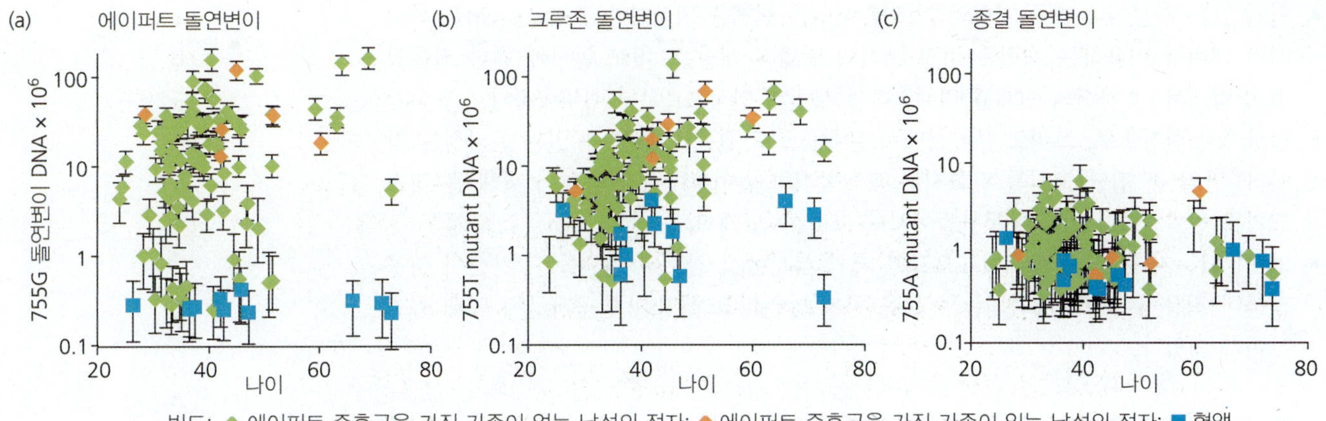


**그림 10.33 남성의 나이에 따른 두 조직의 세포들 중 돌연변이의 빈도의 변화** (a) 에이퍼트 증후군 돌연변이의 빈도는 정자에서는 커지지만 혈액 세포에서는 그렇지 않다. (b) 크루존 증후군 돌연변이의 빈도도 역시 정자에서는 커지지만 혈액 세포에서는 그렇지 않다. (c) 넌센스 돌연변이는 나이에 따라 변하지 않는다. 세 가지 돌연변이 모두 FGFR2 유전자의 755번 위치의 단일 핵산 치환으로 일어난다. 에이퍼트와 크루존 돌연변이가 정자를 만드는 줄기세포의 증식을 증가시킨다면 이 양상들은 이해가 된다. Goriely et al. (2003)에서.

From "Evidence for selective advantage of pathogenic FGFR2 mutations in the male germ line," *Science* 301: 643–646, Figure 3. Reprinted with permission from AAAS.

이 줄기세포의 빈도, 따라서 돌연변이 정자의 빈도는 시간이 지나면서 증가한다. 이 설명과 일관되는 것은 에이퍼트 돌연변이와 크루존 돌연변이 모두 기능 획득의 돌연변이라는 것이다. 이들은 FGFR2 단백질이 그 리간드와 더 강하게 결합하게 하고 더 다양한 분자들과 결합하도록 한다. 이 설명과 일관되는 또 다른 사실은 *FGFR2*가 정원세포 줄기세포에서 발현된다는 것이다 (Goriely et al. 2005).

만약에 Goriely와 동료들이 맞다면, 인간 집단에서의 에이퍼트 증후군의 빈도는 서로 다른 수준에서 작용하는 반대의 선택 양상의 균형에 의해 결정된다. 개개의 남성 정소에서 에이퍼트 돌연변이가 일어날 때, 조직 내 세포 수준에서 작용하는 선택은 돌연변이의 빈도가 증가하도록 한다. 하지만 아기들이 에이퍼트 증후군을 가지고 태어났을 때, 집단 내 개체 수준에서의 선택은 돌연변이의 빈도가 하락하도록 한다.

## 10.8 흥미로운 질문을 하는 전략

우리는 진화생물학자들이 개체의 구조와 기능에 대한 가설을 검증할 때 사용하는 접근법의 리뷰로 이 장을 시작하였다. 하지만 가설 검증은 좋은 연구 프로젝트에서 후반의 일이다. 전반은 우선 가설을 형성하는 것이다. 검증할 가치가 있는 가설을 형성하는 것은 흥미로운 질문을 하고 그 해답에 대해 예리한 추측을 하는 것을 의미한다. 우리는 진화에 대한 흥미로운 질문을 하는 전략의 목록으로 이 장을 마치고자 한다:

**좋은 질문을 하는 방법을 배우는 것은 질문에 어떻게 답할지를 배우는 것만큼이나 중요하다.**

- 자연사(natural history)를 공부하라. 기재연구(descriptive study)는 설명이 필요한 새로운 양상의 발견으로 이어질 수 있다. 소딱다구리의 이상한 습관이나 *Zonosemata*의 날갯짓 행동처럼 자연에서의 어떤 현상들은 그냥 눈에 들어와서 설명을 요구한다. 가장 흥미로운 과학은 연구자가 그냥 한 개체를 선택하여 이에 대해 연구를 시작함으로써 발생하기도 한다.
- 통념을 의심하라. 이는 종종 검증되지 않았다. Weeks의 소딱따구리 연구가 정말 매력적이었던 이유는 오랫동안 사실로 받아들여졌던 적응의 시나리오를 허물기 때문이다.

- 인기 있는 가설이나 연구 기술의 기초를 이루는 전제를 의심하라. Felsenstein의 독립적인 대비를 이용하는 개선된 비교 분석의 방법의 개발은, 비교 연구에 대한 전통적인 방법에서 그 자신의 전제를 위배한다는 사실의 인식으로부터 이루어졌다.
- 현장에서 현장으로, 그리고 분류군에서 분류군으로 질문을 옮길 수 있는 유사성을 찾아라. 만일 큰 집단 크기를 진화시킨 과일박쥐와 날여우박쥐가 몸체에 비해 큰 정소 크기를 진화시켰다면 다른 동물들에서도 그럴 수 있지 않을까?
- 왜 안 되는지 물어라. 트레이드오프와 제약 부분에서 검토된 연구들은, 자신의 연구 생물이 적응적이라고 생각되는 일들을 하지 않는다고 생각한 연구자들에 의해 동기부여가 되었다.

## 요약

진화생물학자들의 주요 활동은 특정 형질이 적응적인지, 그리고 왜 그런지를 결정하는 생물체의 구조와 기능을 분석하는 것이다. 형질이 적응적이라는 것을 확립하기 위해서 연구자들은 형질이 어떻게 쓰이고 왜 이 형질을 보유하는 개체들이 그렇지 않은 개체들에 비해 높은 적응도를 가지고 있는지에 대한 가설을 형성해야 한다. 그 다음에, 어떤 가설도 단지 그럴듯하다는 이유만으로 받아들여져서는 안 되기 때문에, 연구자들은 가설을 검증해야 한다. 연구자들은 예측을 하고 이 예측이 맞는지를 확인하기 위해 자료를 모으는 방식으로 가설을 검증한다.

연구자들은 가설을 검증하기 위해 여러 가지 접근법으로 자료를 모은다. 가장 강력한 방법은 통제된 실험이다. 통제된 실험에서는 단 하나 관심 있는 변수를 제외한 모든 것이 같은 개체의 집단을 이용한다. 이 경우 실험변수가 집단 간의 생존과 생식 성공 차이의 원인이라고 확신할 수 있다. 통제된 실험이 현실적으로 불가능할 때 주의 깊은 관찰 연구로 가설 검증이 가능한 귀중한 자료를 얻을 수 있다. 마지막으로 연구자들이 연구 중인 종의 공동의 역사를 고려하는 한, 종 사이의 비교가 예측을 입증하거나 기각하는 데 이용될 수 있다.

적응을 분석할 때, 우리는 생물체는 복잡하다는 사실을 명심해야 한다. 개체들은 표현형적으로 적응성을 가질 수 있어서 다른 환경에서 양육된 유전적으로 동일한 개체들이 다른 표현형을 가질 수 있다. 특정 형질의 기능은 진화의 시간이 흐르면서 변화할 수 있고 이는 서로 경합하는 환경이나 생리적 요구를 반영할 수 있다. 마지막으로 집단은 단순히 환경에 완벽하게 적응하는 데 필요한 유전적 변이를 갖지 못할 수도 있다.

우리는 또한 선택이 여러 수준에서 작용할 수 있다는 사실을 명심해야 한다. 집단 내 개체 수준에서의 선택이 상대적으로 약할 때, 세포 내 세포 기관의 수준에서 또는 조직 내 세포 수준에서의 선택이 개체에는 적응성 없는 형질의 진화를 야기할 수 있다. 이러한, 그리고 다른 복잡함이 진화생물학자들의 현재 연구의 주제들이다.

## 질문

1. 자신의 표현으로 실험 연구, 관찰 연구, 그리고 비교 연구의 차이를 설명하라. 각각은 어떤 종류의 질문에 대해 적합한가(즉 연구자들은 왜 매번 실험 연구를 이용하지 않는가)? 이 장에 나타난 각 연구에 대한 예시를 들어라.
2. 잎벌레가 왜 가능한 모든 숙주 식물에 정착하지 않는지에 대한 Futuyma와 동료들의 두 개의 가설은 무엇이었나? 연구자들은 가설을 검증하기 위하여 무엇을 했는가? 이들의 결과가 모든 생물체들의 모든 형질이 적응적인지에 대한 일반적인 질문에 대해 어떤 실마리를 제시하나?
3. 아래 연구 중 어느 것에 대해 Felsenstein의 계통적으로 독립적인 대비 방법의 이용을 추천하겠는가? 그 이유는?
   - **a.** 다른 종의 조류에서 깃털 기생충의 양과 부리 모양의 비교
   - **b.** (Clayton 등의 연구처럼) 부리 모양이 실험적으로 바뀐 새들에 해충 수가 더 많아지는지를 확인하는 연구
   - **c.** 각각의 새들의 부리 모양과 몸다듬기 행동, 그리고 해충 수 사이의 상관관계를 측정하는 관찰 연구
4. 진화적 트레이드오프는 무엇인가? 이는 왜 일어나는가? 두 가지 예시를 제시하라. 이의 발생이 모든 형질이 적응적인지에 대한 일반적인 질문에 대해 어떤 실마리를 제시하나?
5. 진화적 제약이 무엇인가? 이는 왜 일어나는가? 두 가지 예시를 제시하라. 이의 발생이 모든 형질이 적응적인지에 대한 일반적인 질문에 대해 어떤 실마리를 제시하나?
6. 에이퍼트 증후군이 비적응적일 수 있는 형질이 왜 일어나는지에 대해 어떻게 설명할 것인가?

7. 복습의 의미로, 긍정적인 자연선택 작용에도 불구하고 특정 형질이 적응적이지 않도록 하는 원인을 모두 나열하라.

8. a. Greene과 동료들이 날개가 잘린 후 다시 붙여진 과실파리과 파리를 대상으로 실험하는 것이 왜 중요했는가?
   b. 왜 이들은 날개를 자르는 실험을 하였는가? 예를 들어, 이들은 왜 그냥 온전한 날개를 가진 과실파리과 파리와 집파리를 비교하지 않았는가?
   c. 다섯 종류의 파리들이 거미에 임의적인 순서로 제시되는 것이 왜 중요하였나?

9. Huey 등의 실험에서 뱀들은 종종 너무 서늘해질 수 있는 위험에도 불구하고 두꺼운 바위를 선택했다. 왜 뱀들이 종종 두꺼운 바위를 선택하는지에 대한 2개의 가설을 약술하라. 당신의 가설은 검증 가능한가? 두 가설 모두 두꺼운 바위를 선택하는 행동적 형질이 적응적이라는 가정을 하는가?

10. 도마뱀붙이는 밤에 활동한다는 면에서 특이한 도마뱀이다. 도마뱀이 밤에 체온을 조절하기 위한 행동을 할 때 부딪치는 어려움을 설명하라. 당신은 도마뱀붙이가 전형적인 주행성 도마뱀과 비교했을 때 전력질주를 위한 최적의 온도가 같을 것이라고, 높을 것이라고, 아니면 낮을 것이라고 예측하는가? Huey et al. (1989a)은 이들이 연구한 도마뱀붙이가 전형적인 주행성 도마뱀과 비교했을 때 같은 최적의 온도를 갖는다는 것을 발견하였다(이는 연구자들의 가설에 위배되는 결과였다). 이에 대한 설명을 생각할 수 있는가?

11. De Meester가 연구한 호수 중 하나인 Citadelpark 호수에 물고기를 풀었다고 가정해보자. Citadelpark의 *Daphnia*의 표현형적 응성이 어떻게 될 것이라고 예측을 하는가? 당신의 가설을 검증하기 위하여 필요한 관찰들의 개요를 설명하라.

12. 이 장에서 우리는 "어떤 형질이 적응적인지를 어떻게 확인할 수 있는가"라는 근본적인 질문을 강조하였다. 이를 더 발전시키는 연습으로서 특정 몸집의 비용과 편익을 고려해보라. 예를 들어 쥐는 약 10 m(30 ft) 높이에서 떨어져도 별 문제 없을 것이다. 하지만 같은 높이에서 떨어지는 인간은 아마도 부상을 당할 것이고, 코끼리의 경우에는 죽을 것이다. 마지막으로, *Tyrannosaurus rex*의 골 강도에 관한 최근 연구는 빠르게 달리는 *T. rex*가 넘어진다면 아마도 죽을 것이라고 밝혔다(Farlow, Smith, and Robinson 1995). 이 비용을 고려할 때, 왜 큰 몸집이 진화하였나? 작은 몸집의 비용 몇 가지를 생각할 수 있는가? 당신의 아이디어를 어떻게 검증하겠는가?

13. 당신이 이전에 알려지지 않은 큰 섬 2개를 발견한 탐험가라고 상상해보자. 각각의 섬에는 다른 곳에서 알려지지 않은 종의 관목 집단이 존재한다. A 섬의 관목 잎에는 높은 농도의 독성 화학물이 존재한다. B 섬 관목 잎은 독성이 없고 식용 가능하다. 섬들은 여러 부분에서 다르다—예를 들어 A 섬은 B 섬보다 강수량이 적고 겨울이 더 추우며, B 섬에는 없는 초식 곤충들이 있다. A 섬에는 또한 나뭇잎을 즐겨 먹은 작은 사슴인 문착(muntjac)도 존재한다. 당신은 문착이 잎의 독소 진화를 야기한 선택적인 힘이라고 의심한다. 이 가설을 어떻게 검증할 것인가? 어떠한 자료가 당신의 가설을 기각할 것이고, 어떠한 자료가 다른 가설들을 기각할 것인가?

14. 인간의 피부색을 고려해보자. 이 형질이 유전적 변이를 보여주는가? 표현형적응성을 보여주는가? 유전자형-환경 상호작용을 보여주는가? 각각의 현상 증거를 보여주는 예시를 나열하라. 피부색에 대한 표현형적응성이 인간 집단에서 진화할 수 있는가? 어떠한 방식으로 가능한가?

15. 베고니아의 예시(10.6절)는 생물이 자주 선택에서 반대 작용을 하는 매개체 사이에 끼인다는 것을 보여준다. 다음 각각의 예시들도 자연선택의 여러 매개체 사이의 줄다리기를 설명한다. 각 예시에 대하여 어떠한 선택적 양상이 묘사된 형질을 유지시키고 어떠한 선택적 양상이 이에 대항하는지에 대한 가설을 세워보라.
   a. 수컷 무스는 뼈로 이루어진 가지친 뿔을 매년 새로 기른다.
   b. 미송은 종종 20 m (60 ft) 이상 자란다.
   c. 흰개미의 배는 섬유소를 소화시키는 미생물로 가득하다.
   d. 단풍나무는 가을에 모든 잎이 진다.
   e. 수컷 나방은 암컷의 페로몬을 감지할 수 있는 커다란 더듬이를 갖는다.
   f. 따개비는 성체가 되면 바위에 영구적으로 부착한다.

16. Schemske와 Ågren(1995)은 이들의 실험에서 생화 대신 조화를 이용하였다(10.6절). 조화 이용의 이점은 무엇인가(최소 2가지 중요한 장점이 있다)? 단점은 무엇인가?

17. P1은 박테리아를 감염하는 바이러스이다. 이 바이러스는 종종 박테리아 세포 내에서 플라스미드 형태로 오랜 기간 존재하며 복제를 하며 이 세포의 자손들에 자신의 유전자를 보낸다. P1 유전체의 유전자 중에는 중독 모듈이라 불리는 것을 만드는 두 유전자좌위가 있다. 이 유전자들 중 하나인 ("치료에 의한 죽음"을 의미하는 doc라 불리는) 유전자는 화학적으로 안정적이면서 박테리아에 매우 독성이 강한 작은 단백질을 전사한다. ("숙주 죽음 방지"를 의미하는 phd라 불리는) 다른 유전자는 이 독에 대한 해독 작용을 하는 단백질은 전사한다. 이 해독 단백질은 박테리아의 단백질분해효소에 의해 분해되기 때문에 화학적으로 불안정하다. 만일 P1 플라스미드를 가진 박테리아 세포가 분열하여 이 플라스미드를 갖지 않은 딸세포를 생성하면, 그 딸세포는 여전히 독과 해독제를 가지고 있다. 해독제는 빠르게 분해되고 독은 지속된다. 이에 딸세포는 죽는다. P1이 중독 모듈을 가지고 있는 것이 선택적으로 왜 득이 되는지 설명하라. 바이러스와 그 유전자들의 수준에서의 선택이 이를 가진 박테리아의 수준에서의 선택에 어떠한 영향을 주는가? (이 예시에 대한 더 자세한 내용은 Lehnherr et al. 1993; Lehnherr and Yarmolinsky 1995 참조.)

**18.** 일부 대학원에서 이용되는 과제에서 학생들은 자신이 답을 하고 싶은 20개의 질문을 나열한다. 학생들은 그룹으로 나눠서 서로의 질문에 대해 토론하고 어느 질문이 계속 추구하기에 가장 흥미로운지 추려내는 것을 돕는다. 어떤 질문이 흥미로운지를 결정하는 데 많은 기준이 있다. 이것은 새로운 질문인가? 이 질문은 큰 사안, 또는 다른 중요한 사안을 다루는가? 이 문제를 추구하면 다른 질문에 다다를 수 있는가? 이것은 가능한가, 또는 새로운 기술 개발이 이것을 가능하게 하는가? 이 과제를 스스로 해보라.

# 문헌탐구

**19.** 학술 논문을 평가할 때 중요한 부분은 저자가 간과했을 수 있는 자료에 대한 다른 설명을 고려하는 것이다. 다음 논문에서 제시된 자료에 대한 대안적 설명을 생각할 수 있는가?:

Benkman, C. W., and A. K. Lindholm. 1991. The advantages and evolution of a morphological novelty. *Nature* 349: 519–520.

Soler, M., and A. P. Møller. 1990. Duration of sympatry and coevolution between the great spotted cuckoo and its magpie host. *Nature* 343: 748–750.

마지막으로, 과학적 비평이 더 좋은 과학으로 귀결될 수 있는 예시로서 Soler와 Møller의 연구에 대한 다음 비평을 참고하라:

Lotem, A., and S. I. Rothstein. 1995. Cuckoo-host coevolution: From snapshots of an arms race to the documentation of microevolution. *Trends in Ecology and Evolution* 10: 436–437.

**20.** 수컷 큰가시고기는 가끔 다른 수컷의 둥지에서 알을 훔쳐서 자신의 알처럼 키운다. Sievert Rohwer는 알을 훔치는 것이 구애 전략이라고 제시하였다. 수컷들은 종종 자신의 둥지에서 알을 섭취하여 자신의 짝의 생식적 투자를 강탈하고 그 수익을 자신의 생식적 활동에 투자한다. 그 결과로 암컷은 이미 다른 암컷의 알이 있는 둥지에 알을 낳아 자신의 알의 위험을 감소하는 것을 선호한다. 암컷의 이미 알이 있는 둥지에 대한 선호는 알이 없는 둥지를 가진 수컷이 다른 수컷으로부터 알을 훔치는 방법으로 자신의 매력을 증가시킬 수 있음을 의미한다.

Rohwer, S. 1978. Parent cannibalism of offspring and egg raiding as a courtship strategy. *American Naturalist* 112: 429–440.

새에서의 비슷한 현상에 관해서는

Gori, D. F., S. Rohwer, and J. Caselle. 1996. Accepting unrelated broods helps replacement male yellow-headed blackbirds attract females. *Behavioral Ecology* 7: 49–54.

**21.** 초식 곤충이 숙주의 방어기작을 신호로 이용하여 천적에 대한 방어를 발달시키는 표현형적응성에 대한 극적인 예시를 확인하기 위해서는:

Greene, Erick. 1989. A diet-induced developmental polymorphism in a caterpillar. *Science* 243: 643–646.

생물체의 표현형을 바꾸는 시기 "선택"에 관한 논의로는:

Nishimura, Kinya. 2006. Inducible plasticity: Optimal waiting time for the development of an inducible phenotype. *Evolutionary Ecology Research* 8 (3): 553–559.

**22.** 기생생물이 대면하는 문제 중 하나는 한 숙주에서 다른 숙주로 이동하는 것이다. 이 문제는 모든 개체들이 생활주기의 각 단계를 다른 숙주에서 보내야 하는 기생 생물들에게는 특히나 강력한 선택의 매개체이다. 당신은 숙주에서 숙주로의 분산을 촉진하기 위한 어떤 적응을 기생생물에서 발견할 수 있을 것인가? 기생생물이 숙주의 행동이나 형태를 조종하는 극단적인 예시를 확인하려면 다음 문헌을 확인하라.

Tierney, J. F., F. A. Huntingford, and D. W. T. Crompton. 1993. The relationship between infectivity of *Schistocephalus solidus* (Cestoda) and antipredator behavior of its intermediate host, the three-spined stickleback, *Gasterosteus aculeatus*. *Animal Behavior* 46: 603–605.

Lafferty, K. D., and A. K. Morris. 1996. Altered behavior of parasitized killifish increases susceptibility to predation by bird final hosts. *Ecology* 77: 1390–1397.

Bakker, T. C. M., D. Mazzi, and S. Zala. 1997. Parasite-induced changes in behavior and color make *Gammarus pulex* more prone to fish predation. *Ecology* 78: 1098–1104.

House, P. K., A. Vyas, and R. Sapolsky. 2011. Predator cat odors activate sexual arousal pathways in brains of *Toxoplasma gondii* infected rats. *PLoS One* 6: e23277.

**23.** 갈색머리 찌르레기, *Molothrus ater*는 다른 새들의 둥지에 알을 낳는다. 이러한 행위를 둥지 기생이라고 한다. 이 전략이 성공하면 숙주 새들은 찌르레기의 알을 자신의 알로 받아들이고 찌르레기 새끼를 기른다. 이 전략이 실패하면 숙주 새들은 찌르레기 알을 가짜로 인지하고 둥지로부터 떨어뜨린다. 왜 숙주 새들은 둥지에 찌르레기의 알을 받아들이는가? 다른 종의 새끼를 기르는 데 드는 명백한 비용을 고려했을 때 알을 받아들이는 것은 비적응적이다. 진화생물학자들은 일부 숙주들이 찌르레기 알을 받아들이는 이유에 대한 두 가지 경합하는 가설을 제시하였다. 진화적 지연 가설은 단순히 찌르레기 알을 받아들이는 종들이 아직 알을 버리는 행위를 진화시키지 않았다고 가정한다. 숙주 종들은 알을 버리는 행위를 진화시킬 수 있는 유전적 변이를 가지지 않았거나 최근에서야 찌르레기의 둥지 기생을 경험했기에 이런 행위를 진화시킬 충분한 시간이 없었다. 진화적 평형 가설은 찌르레기 알을 받아들이는 숙주 종은 근본적인 물리적인 제약 때문에 그러는 것이라고 가정한다. 그들의 부리는 찌르레기 알을 잡기에 너무 작고, 만일 찌르레기의 알에 구

멍을 뚫는다면 그 과정에서 너무 많은 자신의 알을 손상시키게 된다. 이러한 제약 때문에, 숙주 종은 안 좋은 상황에서 최대한 알맞게 대처할 수 있는 전략을 진화시켰다. 이 경합하는 가설을 각각 어떻게 검증할 수 있을지 고려해보고 다음 연구를 참고하라:

Rohwer, S., and C. D. Spaw. 1988. Evolutionary lag versus bill-size constraints: A comparative study of the acceptance of cowbird eggs by old hosts. *Evolutionary Ecology* 1988: 27–36.

Rohwer, S., C. D. Spaw, and E. Røskaft. 1989. Costs to northern orioles of puncture-ejecting parasitic cowbird eggs from their nests. *Auk* 106: 734–738.

Røskaft, E., S. Rohwer, and C. D. Spaw. 1993. Cost of puncture ejection compared with costs of rearing cowbird chicks for northern orioles. *Ornis Scandinavica* 24: 28–32.

Sealy, S. G. 1996. Evolution of host defenses against brood parasitism: Implications of puncture-ejection by a small passerine. *Auk* 113: 346–355.

일부 숙주 종들이 처음에는 찌르레기 알에 구멍을 뚫은 다음에 알을 들어 올려 둥지 밖으로 떨어뜨리는 것을 고려하였을 때, 찌르레기 알에서 어떤 적응성을 발견하리라 예상하는가? 이 적응들은 비용이 들 것인가? 아래를 참고하라:

Spaw, C. D., and S. Rohwer. 1987. A comparative study of eggshell thickness in cowbirds and other passerines. *Condor* 89: 307–318.

Picman, J. 1997. Are cowbird eggs unusually strong from the inside? *Auk* 114: 66–73.

**24.** 진화생물학자들이 흥미로운 질문을 연구하기 위하여 독립적 대비를 활용한 비교학적 접근을 이용하는 추가적인 예시를 보기 위해서는 아래를 참고하라:

Downes, S. J., and M. Adams. 2001. Geographic variation in antisnake tactics: The evolution of scent-mediated behavior in a lizard. *Evolution* 55: 605–615.

Pearce, E., and R. Dunbar. 2011. Latitudinal variation in light levels drives human visual system size. *Biology Letters* 8: 90–93.

Iwaniuk, A. N., S. M. Pellis, and I. Q. Whishaw. 1999. Brain size is not correlated with forelimb dexterity in fissiped carnivores (Carnivora): A comparative test of the principle of proper mass. *Brain, Behavior, and Evolution* 54: 167–180.

**25.** 우리의 가장 가까운 친척에 비교해서 몸의 털이 현저히 적은 인간이 왜 몸 털을 모두 잃지 않았는지에 대한 실험에 대한 연구는 다음을 참고하라:

Dean, I., and M. T. Siva-Jothy. 2011. Human fine body hair enhances ectoparasite detection. *Biology Letters* 8: 358–361.

# 인용문헌


Ågren, J., and D. W. Schemske. 1991. Pollination by deceit in a Neotropical monoecious herb, *Begonia involucrata*. *Biotropica* 23: 235–241.

Anderson, J. L., L. Albergotti, et al. 2011. Does thermoregulatory behavior maximize reproductive fitness of natural isolates of *Caenorhabditis elegans*? *BMC Evolutionary Biology* 11: 157.

Arman, E., R. Haffner-Krausz, et al. 1999. Fgfr2 is required for limb outgrowth and lung-branching morphogenesis. *Proceedings of the National Academy of Sciences, USA* 96: 11895–11899.

Berger, J. O., and D. A. Berry. 1988. Statistical analysis and the illusion of objectivity. *American Scientist* 76: 159–165.

Bush, S. E., D. Kim, et al. 2010. Evolution of cryptic coloration in ectoparasites. *American Naturalist* 176: 529–535.

Clayton, D. H., S. E. Bush, et al. 2003. Host defense reinforces host–parasite cospeciation. *Proceedings of the National Academy of Sciences, USA* 100: 15694–15699.

Clayton, D. H., S. E. Bush, and K. P. Johnson. 2004. Ecology of congruence: Past meets present. *Systematic Biology* 53: 165–173.

Clayton, D. H., and K. P. Johnson. 2003. Linking coevolutionary history to ecological process: Doves and lice. *Evolution* 57: 2335–2341.

Clayton, D. H., P. L. M. Lee, et al. 1999. Reciprocal natural selection on host-parasite phenotypes. *American Naturalist* 154: 261–270.

Clayton, D. H., B. R. Moyer, et al. 2005. Adaptive significance of avian beak morphology for ectoparasite control. *Proceedings of the Royal Society of London B* 272: 811–817.

Cousyn, C., L. De Meester, et al. 2001. Rapid, local adaptation of zooplankton behavior to changes in predation pressure in the absence of neutral genetic changes. *Proceedings of the National Academy of Sciences, USA* 98: 6256–6260.

Crow, J. F. 2003. There's something curious about paternal-age effects. *Science* 301: 606–607.

Delph, L. F., and C. M. Lively. 1985. Pollinator visits to floral colour phases of *Fuchsia excorticata*. *New Zealand Journal of Zoology* 12: 599–603.

Delph, L. F., and C. M. Lively. 1989. The evolution of floral color change: Pollinator attraction versus physiological constraints in *Fuchsia excorticata*. *Evolution* 43: 1252–1262.

De Meester, L. 1996. Evolutionary potential and local genetic differentiation in a phenotypically plastic trait of a cyclical parthenogen, *Daphnia magna*. *Evolution* 50: 1293–1298.

Dienes, Z. 2011. Bayesian versus Orthodox statistics: Which side are you on? *Perspectives on Psychological Science* 6: 274–290.

Dobzhansky, T. 1937. *Genetics and the Origin of Species*. New York: Columbia University Press.

Farlow, J. D., M. B. Smith, and J. M. Robinson. 1995. Body mass, bone "strength indicator," and cursorial potential of *Tyrannosaurus rex*. *Journal of Vertebrate Paleontology* 15: 713–725.

Felsenstein, J. 1985. Phylogenies and the comparative method. *American Naturalist* 125: 1–15.

Felsenstein, J. 2008. Comparative methods with sampling error and within species variation: Contrasts revisited and revised. *American Naturalist* 171: 713–725.

Felsenstein, J. 2012. A comparative method for both discrete and continuous characters using the threshold model. *American Naturalist* 179: 145–156.

Freedman, D., R. Pisani, and R. Purves. 1978. *Statistics*. New York: Norton.

Funk, D. J., D. J. Futuyma, et al. 1995. A history of host associations and evolutionary diversification for *Ophraella* (Coleoptera: Chrysomelidae): New evidence from mitochondrial DNA. *Evolution* 49: 1008–1017.

Futuyma, D. J., M. C. Keese, and D. J. Funk. 1995. Genetic constraints on macroevolution: The evolution of host affiliation in the leaf beetle genus *Ophraella*. *Evolution* 49: 797–809.

Garland, T., Jr., and S. C. Adolph. 1994. Why not do two-species comparative studies: Limitations on inferring adaptation. *Physiological Zoology* 67: 797–828.

Garland, T., Jr., A. F. Bennett, and E. L. Rezende. 2005. Phylogenetic approaches in comparative physiology. *Journal of Experimental Biology* 208: 3015–3035.

Garland, T., Jr., P. E. Midford, and A. R. Ives. 1999. An introduction to phylogenetically based statistical methods, with a new method for confidence intervals on ancestral values. *American Zoologist* 39: 374–388.

Goodman, Steven. 2008. A dirty dozen: Twelve *P*-value misconceptions. *Seminars in Hematology* 45: 135–140.

Goriely, A., G. A. T. McVean, et al. 2003. Evidence for selective advantage of pathogenic FGFR2 mutations in the male germ line. *Science* 301: 643–646.

Goriely, A., G. A. T. McVean, et al. 2005. Gain-of-function amino acid substitutions drive positive selection of FGFR2 mutations in human spermatogonia. *Proceedings of the National Academy of Sciences, USA* 102: 6051–6056.

Gould, S. J., and R. C. Lewontin. 1979. The spandrels of San Marco and the Panglossian paradigm: A critique of the adaptationist programme. *Proceedings of the Royal Society of London B* 205: 581–598.

Grafen, A. 1989. The phylogenetic regression. *Philosophical Transactions of the Royal Society of London B* 326: 119–157.

Greene, E., L. J. Orsak, and D. W. Whitman. 1987. A tephritid fly mimics the territorial displays of its jumping spider predators. *Science* 236: 310–312.

Hailer, F., V. E. Kutschera, et al. 2012. Nuclear genomic sequences reveal that polar bears are an old and distinct bear lineage. *Science* 336: 344–347.

Hansen, D. M., T. Van der Niet, and S. D. Johnson. 2012. Floral signposts: Testing the significance of visual "nectar guides" for pollinator behaviour and plant fitness. *Proceedings of the Royal Society B* 279: 634–639.

Hosken, D. J. 1998. Testes mass in megachiropteran bats varies in accordance with sperm competition theory. *Behavioral Ecology and Sociobiology* 44: 169–177.

Huey, R. B., and D. Berrigan. 2001. Temperature, demography, and ectotherm fitness. *American Naturalist* 158: 204–210.

Huey, R. B., and J. G. Kingsolver. 1989. Evolution of thermal sensitivity of ectotherm performance. *Trends in Ecology and Evolution* 4: 131–135.

Huey, R. B., P. H. Niewiarowski, et al. 1989a. Thermal biology of nocturnal ectotherms: Is sprint performance of geckos maximal at low body temperatures? *Physiological Zoology* 62: 488–504.

Huey, R. B., C. R. Peterson, et al. 1989b. Hot rocks and not-so-hot rocks: Retreat-site selection by garter snakes and its thermal consequences. *Ecology* 70: 931–944.

Lauder, G. V., R. B. Huey, et al. 1995. Systematics and the study of organismal form and function. *BioScience* 45: 696–704.

Lehnherr, H., E. Maguin, et al. 1993. Plasmid addiction genes of bacteriophage P1: *doc*, which causes death on curing of prophage, and *phd*, which prevents host death when prophage is retained. *Journal of Molecular Biology* 233: 414–428.

Lehnherr, H., and Y. B. Yarmolinsky. 1995. Addiction protein Phd of plasmid prophage P1 is a substrate of the ClpXP serine protease of *Escherichia coli*. *Proceedings of the National Academy of Sciences, USA* 92: 3274–3277.

Martins, E. P., and T. Garland, Jr. 1991. Phylogenetic analyses of the correlated evolution of continuous characters: A simulation study. *Evolution* 45: 534–557.

Martins, E. P., and T. F. Hansen. 1997. Phylogenies and the comparative method: A general approach to incorporating phylogenetic information into the analysis of interspecific data. *American Naturalist* 149: 646–667. Erratum: Martins, E. P., and T. F. Hansen. 1999. Erratum. *American Naturalist* 153: 448.

Mather, M. H., and B. D. Roitberg. 1987. A sheep in wolf's clothing: Tephritid flies mimic spider predators. *Science* 236: 308–310.

Mayr, E. 1983. How to carry out the adaptationist program? *American Naturalist* 121: 324–334.

McElligott, A. G., I. Maggini, et al. 2004. Interactions between red-billed oxpeckers and black rhinos in captivity. *Zoo Biology* 23: 347–354.

Nevo, E., Y. B. Fu, et al. 2012. Evolution of wild cereals during 28 years of global warming in Israel. *Proceedings of the National Academy of Sciences, USA* 109: 3412–3415.

Pitnick, S., K. E. Jones, and G. S. Wilkinson. 2006. Mating system and brain size in bats. *Proceedings of the Royal Society B* 273: 719–724.

Platt, J. R. 1964. Strong inference. *Science* 146: 347–353.

Revell, L. J., and D. C. Collar. 2009. Phylogenetic analysis of the evolutionary correlation using likelihood. *Evolution* 63: 1090–1100.

Schemske, D. W., and J. Ågren. 1995. Deceit pollination and selection on female flower size in *Begonia involucrata*: An experimental approach. *Evolution* 49: 207–214.

Stone, G. N., S. Nee, and J. Felsenstein. 2011. Controlling for non-independence in comparative analysis of patterns across populations within species. *Philosophical Transactions of the Royal Society of London B* 366: 1410–1424.

Taylor, D. R., C. Zeyl, and E. Cooke. 2002. Conflicting levels of selection in the accumulation of mitochondrial defects in *Saccharomyces cerevisiae*. *Proceedings of the National Academy of Sciences, USA* 99: 3690–3694.

Weeks, P. 1999. Interactions between red-billed oxpeckers, *Buphagus erythrorhynchus*, and domestic cattle, *Bos taurus*, in Zimbabwe. *Animal Behaviour* 58: 1253–1259.

Weeks, P. 2000. Red-billed oxpeckers: Vampires or tickbirds? *Behavioral Ecology* 11: 154–160.

Whiteman, N. K., D. Santiago-Alarcon, et al. 2004. Differences in straggling rates between two genera of dove lice (Insecta: Phthiraptera) reinforce population genetic and cophylogenetic patterns. *International Journal for Parasitology* 34: 1113–1119.

Whitlock, M. C., and D. Schluter. 2009. *The Analysis of Biological Data*. Greenwood Village, CO: Roberts and Company.

Zar, J. H. 1999. *Biostatistical Analysis*. 4th ed. Upper Saddle River, NJ: Prentice Hall.

# 11

# 성선택

퉁가라개구리(*Physalaemus pustulosus*)의 수컷과 암컷은 구애 중에 서로 다른 역할을 수행한다. 수컷이 입을 모아 암컷에게 세레나데를 부르는 반면, 암컷은 특별히 묘한 매력이 있는 노래를 하는 한 수컷을 찾아다닌다(Ryan 1985).

퉁가라개구리의 사랑 노래는 전면적으로 낑낑거리는 듯한 노래("투우우우우우웅!")와 그 뒤를 따르는 7번이나 되는 짧은 chuck("가라!") 소리로 구성되어 있다. 수컷은 사랑 노래를 부르기 위해 위의 사진에서 보이는 거대한 노래주머니, 후두의 변화를 포함하는 전문화된 해부학적 특징들을 이용한다(Gridi-Papp et al. 2006).

암컷 퉁가라개구리는 여러 종류의 노래를 재생하는 스피커들 사이에 두면, 암컷은 더 복잡한 소리를 내는 스피커로 접근하는 경향을 보인다(Akre et al. 2011). 그 자료가 오른쪽에 있다. "퉁-가라-가라"가 "퉁"보다 훨씬 더 매력적이다. 사랑 노래를 부르는 가수에게는 불행하게도, 개구리를 잡아먹는 박쥐(*Trachops cirrhosus*)도 정확히 같은 선호도를 보인다. 개구리들 사이에서조차 로맨스는 위험스러운 것이다.

퉁가라개구리처럼, 동물의 수컷과 암컷들은 종종 크기, 외양, 그리고 행동이 두드러지게 다르다. 예를 들어 바다이구아나는 수컷의 몸무게가 암컷의 몸무게의 두 배쯤 된다. 바다이구아나의 수컷은 번식기 동안 영역을 지키는 활동(영역활동)에 몹시 집중하는 반면, 암컷은 일 년 내내 사교성을 유지한다. 붉은목깃미망인새(red-collared widowbirds)는 암컷과 수컷 성체가 각자 뚜렷하게 다른 깃털을 가지고 있다. 그래서 서로 다른 종으로 인식되기 쉽다. 수컷은 새카만 몸에, 자기 몸 길이의 두 배나 되는 꼬리깃을 가지고

암컷 퉁가라개구리들은 더 복잡한 수컷의 노래(calls)를 선호한다. 박쥐도 그렇다. Akre et al. (2011)의 그래프.

From "Signal perception in frogs and bats and the evolution of mating signals." *Science* 333: 751–752. Reprinted with permission from AAAS.

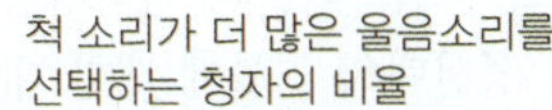


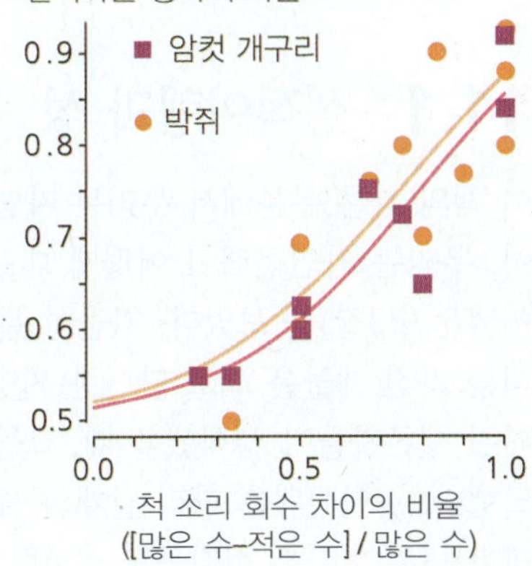

(a) 큰군함조

(b) 쿠두

(c) 거대비늘곤충

**그림 11.1 수컷 대 암컷의 차이점** (a) 큰군함조에서 수컷(오른쪽)은 부풀릴 수 있는 빨간 목주머니를 가지고 있다. 암컷(왼쪽)은 없다. (b) 쿠두에서 수컷(오른쪽)은 뿔, 갈기, 턱수염을 가진다. (c) 거대비늘곤충은 수컷(왼쪽 아래)과 암컷(오른쪽 위)이 너무 달라서 만약 사진사가 이 암컷과 수컷이 교미하는 것을 포착하지 못했다면 한 종이라고 생각하기 어려울 것이다. 사진 Dan L. Perlman의 사진.

있으며, 목 주변에 밝은 빨강의 칼라(collar)를 두르고 있다. 암컷은 눈에 잘 띄지 않는 갈색의 몸에 짧은 꼬리깃을 가지고 있으며 컬러가 없다. 눈자루파리(stalk-eyed fly)는 암컷과 수컷이 모두 길고 얇은 자루 위로 튀어나온 눈을 가지고 있다. 하지만 수컷이 암컷보다 더 긴 눈 자루를 가지고 있다. 어떤 실고기(pipefish)의 종에서, 암컷은 파란 줄무늬와 복부에 있는 피부 주름을 내보인다. 수컷에는 이런 기관이 없다. 그림 11.1의 사진은 추가 예시들을 보여준다.

**그림 11.2 인간의 남성과 여성의 차이점**

인간 역시 여성과 남성이 눈에 띄게 다르다. 여성과 남성의 차이점은 생식기와 생식기관과 같이 뚜렷하고 필수적인 것 그 이상이다. 우리의 얼굴, 목소리의 음, 체지방과 체모의 분포, 몸의 크기, 그리고 행동에서 차이점들이 발견된다(그림 11.2).

한 종의 수컷, 암컷 사이의 차이점은 **성적이형(sexual dimorphism)**이라고 불린다. 이번 장에서 우리는 이렇게 매우 다양한 종류의 생물에서 왜 성적이형이 나타나는지에 대해 논의할 것이다. 그것은 Charles Darwin(1871)이 한 책의 절반 가량을 할애하여 서술했던, 그리고 훗날 진화생물학자들을 사로잡은 질문이다.

성별 간의 차이는 성적이형이라고 불린다.

첫 번째 절에서는 왜 성적이형이 진화하였는지에 대해 가능한 설명을 기술하고 성적이형의 개념을 소개한다. 두 번째, 세 번째 절에서는 수컷에 대한 성선택이 어떻게 전투와 짝짓기 과시에 사용되는 수컷만의 형질 진화를 이끌었는지를 볼 것이다. 네 번째 절에서는 어떻게 암컷에 대한 성선택이 오직 암컷의 형질의 진화를 이끌었는지 볼 것이다. 다섯 번째 절에서는 식물의 성적이형에 대해 생각해 볼 것이다. 이 장은 인간의 성적이형의 진화에서 성선택의 역할에 대한 내용으로 마무리할 것이다.

## 11.1 성적이형과 성

이 책의 다른 부분에서 우리는 자연선택에 의한 진화로 개체의 형질을 설명했다. 예를 들어, 우리는 자연선택이 어떻게 대프니 메이저 섬의 중형지상핀치의 부리의 형태를 만들어냈는지(3장)를 보았다. 가뭄이 든 동안 작고 부드러운 씨앗들이 드물었을 때, 더 큰 부리를 가진 새들은 크고 단단한 씨앗들을 더 쉽게 깨어, 더 잘 먹을 수 있었다. 큰 부리를 가진 생존자들이 생식했을 때, 그들은 자손에게 큰 부리의 형질에 해당하는 유전자를 전달했다. 자연선택은 파리 날개의 줄무늬에서부터 얼룩뱀이 선택하는 은신처까지 매우 다양한 범위의 다른 형질들도 설명할 수 있다(10장).

**그림 11.3 자연선택이 원인인 성적 이형의 예** (b) Gilles San Martin의 사진.

자연선택에 의한 진화이론으로 성적이형의 다른 경우들을 쉽게 설명할 수 있다(Hedrick and Temeles 1989). 발산형질(divergent traits)은 암수가 서로 다른 먹이를 먹는 것과 같은 생태적인 이유에서 두 성에 적응적일 수 있다. 자주목카리브벌새가 이러한 경우이다(**그림 11.3a**). 선택권이 주어졌을 때, 이 벌새의 암수는 *Heliconia caribaea*라는 꽃의 꽃가루를 빠는 것을 선호한다(Temeles et al. 2009). 그러나 자연 상태에서, 몸집이 더 크고 사회적으로 우세한 수컷은 이 향기로운 먹이를 독점하려는 경향이 있다(Temeles et al. 2005). 대신 암컷은 *Heliconia bihai*라는 꽃과 더 강하게 연관되어 있다(Temeles et al. 2000; Temeles and Kress 2003). *Heliconia bihai*는 *H. caribaea*보다 꽃이 더 길고 좁게 굽어 있다. 자주목카리브벌새 암컷의 길고 좁게 굽어진 부리는 *H. bihai*의 꽃을 더 쉽게 이용할 수 있기 때문에 적응적이다.

발산형질은 내재적인 이유로 적응적일 수도 있다. 이를 테면 수컷과 암컷이 생식에서 서로 다른 역할을 하는 것과 같다. 이것은 접시꽃바구미의 경우에서 나타난다(그림 11.3b). 이 딱정벌레의 암컷은 알을 두기 위해 기주 식물의 새싹에 깊은 구멍을 내는데 길어진 주둥이를 사용한다(Wilhelm et al. 2011).

그러나 성적이형의 경우 대다수는 더욱, 상당히 도전적인 수수께끼를 포함하고 있다. 그 이유를 보기 위해서, 공작의 꼬리(train)를 설명하는데 자연선택을 어떻게 사용할 수 있는지 상상해보자(**그림 11.4**). 두 가지 문제가 생긴다. 첫째, 만약 눈 모양의 점이 찍힌

**그림 11.4 공작** 암컷은 왼쪽에 있다.

무지갯빛 부채-꼬리가 공작이 생존하는데 도움을 주거나 공작의 생식력을 증진시킨다면, 암컷에게는 왜 그런 꼬리가 없을까? 둘째, 우선 눈 모양 점이 찍힌 무지갯빛 부채-꼬리는 어떻게 생존과 생식력을 증진시킬 수 있었을까? 퉁가라개구리의 복잡한 노래처럼, 꼬리는 수컷 공작이 포식자에게 발견되어 잡히기 쉽게 만든다. 수컷의 꼬리는 포식자의 눈에 쉽게 띄고, 포식자에게 잡히기 쉽게 만든다. 더구나 정교한 깃털을 자라게 하고, 유지하고, 가지고 다니는 데는 상당한 양의 에너지가 필요하다(Walther and Clyaton 2005 참조). 깃털에 소비되는 에너지는 자손을 남기는 것에는 소비될 수 없는 에너지이다. 그러므로 자연선택에 의한 진화가 어떻게 공작의 암수가 서로 다른지, 그 이유를 바로 분명하게 설명하기가 쉽지 않다. 그리고 그 새들의 가장 눈에 띄는 형질, 정교한 꼬리가 결국 왜 존재하는지 그 이유를 명확히 설명하는 데에도 어려움이 있다.

"수컷 공작의 꼬리에 있는 깃털의 눈(sight)" Darwin(1860)은 그의 친구 Asa Gray에게 불평했다. "내가 그것을 응시할 때마다, 나를 골치 아프게 해!"

**성적이형은 한 가지 도전적인 진화적 수수께끼를 선사한다.**

## 성은 또 다른 설명을 제시한다

훗날 Darwin은 그 자신이 처음 인식했던 것처럼, 성은 성적이형의 수수께끼에 또 다른 해결책을 제시한다. 잠시 성별이 없는 삶을 생각해 보자. 성별 없이 생식하는 개체들의 경우(8장 참조), 유전자가 다음 세대에 도달하는 것은 간단하지만, 항상 쉬운 일은 아니다. 두 가지 큰 도전과제는 성체가 될 때까지 생존하는 것, 그런 다음 생식하는 것이다. 성은 세 번째 중요한 도전과제를 더한다: 반대 성을 가진 구성원을 찾아 협력하도록 설득하는 것이다.

Darwin은 각각의 개체가 살아남고 생식을 성공하는 것뿐만 아니라, 짝을 찾아 교미하는 것도 그 정도가 다양함을 깨달았다. 예를 들어, 다윈은 새에 대해 이렇게 적었다.

> 많은 새들에게 구애 행동은 너무 길고 지루한 일인 것처럼 보이기 때문에, 한 번식기 내에 몇몇 수컷과 암컷이 서로의 사랑을 일깨우는데 실패하는 일이 종종 발생하고, 결과적으로 짝을 짓지 못한다(1971, 107쪽).

일찍 죽는 것처럼, 짝을 얻는 데에 실패하면 다음 세대로의 개인의 유전적 기여가 심각하게 감소한다.

Darwin은 이미 자연선택이라는 표(라벨)를 개체간 생존 여부와 생식력 차이에서 비롯된 차등적 생식성공도(differential reproductive success)에 적용했었다. 짝짓기에 성공하는 것의 차이에서 비롯된 차등적 생식성공도를 그는 **성선택(sexual selection)**이라 불렀다. 우리는 논리적으로 자연선택에 의한 진화이론과 동등한 성선택에 의한 진화이론을 발전시킬 수 있다: 만약 짝을 얻는 능력에 영향을 주는 형질에 유전적인 변이가 있다면, 성공적인 변이는 시간이 지날수록 점점 흔해질 것이다.

## 성선택에서의 비대칭성

만약 성선택이 성 간의 차이를 설명하는 것이라면, 이는 각 성에서 다르게 작용할 것이다. Angus John Bateman(1948)은 종종 그러한 일이 있다고 논했다. 그가 본인의 주장을 뒷받침하기 위해 발전시킨 논리는 훗날 Robert Trivers(1972)에 의해 다듬어졌다. 그것은 한 가지 단순한 관찰에 달려 있다: 많은 동물에서 난자(또는 알)는 정액보다 더 비싸다.

더 일반적으로, 보통 어미는 각 자손에게 아비가 하는 것보다 더 큰 **양육투자(parental investment)**를 한다. 양육투자란, 우리에게 자손을 구성하고 돌보는데 쏟는 에너지와 시간을 의미한다. 이 투자는 궁극적으로 적응도로 측정된다. 양육투자를 받은 자손의 생식성공도는 증가한다. 동시에, 그것은 부모가 다른 자손을 통해 미래에 달성할 수도 있는 남아 있는 생식성공도는 감소한다.

오랑우탄이 주는 양육투자를 생각해보자(그림 11.5). 다른 성의 오랑우탄 성체는 오직 한 가지 목적으로만 서로 함께 있는 것을 용인한다(Nowak 1991). 약 15분가량 지속되는 교미를 포함하는 짧은 밀회 후에, 연인들은 각자 독립적인 길을 간다. 만약 밀회의 결과 임신이 된다면, 몸무게가 40 kg쯤 되는 어미 오랑우탄은 태아를 8개월 동안 몸에 담고 다니고, 1 kg이 되는 새끼를 낳고, 3년간 새끼를 양육하고, 새끼가 7~8세가 될 때까지 보호할 것이다. 약 70 kg쯤 되는 아비 오랑우탄의 경우, 양육투자의 처음과 끝은 몇 시간 혹은 며칠 안에 교체할 수 있는 몇 그램의 정액이다. 양육투자의 양상/양식을 보면 오랑우탄은 전형적인 포유류이다. 포유류의 90% 이상의 종에서, 암컷은 상당한 양육을 하지만 수컷은 거의 양육을 제공하지 않는다(Woodroffe and Vincent 1994).

그림 11.5 **어미 대 아비의 부모 투자** 어미 오랑우탄은 아비 오랑우탄이 하는 것보다 상당히 더 많은 시간과 에너지를 각 자손에게 투자한다.

포유류에서 어미인 개체가 집중적인 양육을 제공하기 때문에, 포유류에서 양육투자에 관해 다소 극단적으로 상이한 예가 보이기도 한다. 대부분의 동물 종에서, 그 어떤 부모도 어린 자식을 보살피지 않는다. 교미를 한 부모는 단지 난자/알을 만들고, 수정시키며, 내버려 둔다. 하지만 이 종들에서도 보통 암컷이 수컷보다 더 많이 투자한다. 일반적으로 난자는 크기가 크고 에너지와 영양소를 다량 저장하여 제공하는 난황질을 가지고 있다. 바다거북이의 알, 계란만큼 큰 몇몇의 알을 생각해보자. 반면 대부분의 정자는 DNA보다 더 작으며, 프로펠러를 가지고 있으며. 심지어 한 번의 사정으로 수억의 정자가 전달될 때, 그 사정은 한배의 난자들에 포함된 투자의 아주 작은 부분만큼도 되지 않는다.

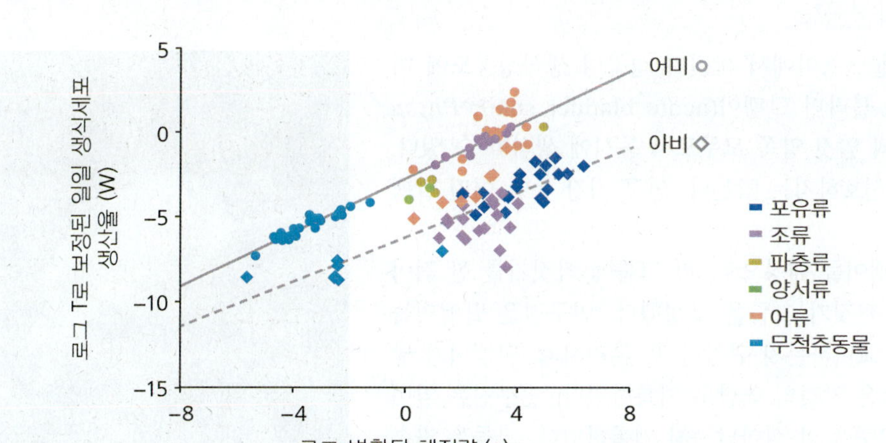


그림 11.6 **어미 대 아비의 생식세포 투자** 세로축은 다양한 동물의 성체가 난자 또는 정자에 들이는 1일 에너지 소비를 나타낸 것으로, 와트로 계산하여 온도에 대한 차이를 수정했다. 가로축은 그램으로 표시된 몸무게를 나타낸다. 두 축이 로그 단위를 사용한 것에 유의하자. Hayward and Gillooly (2011)에서.

April Hayward와 James Gillooly(2011)는 다양한 동물에서 암컷 대 수컷의 생식세포에 투자하는 1일 에너지량을 추정할 수 있는 자료를 얻기 위해 문헌을 샅샅이 찾았다. 그 결과가 그림 11.6의 로그-로그 그래프이다. Hayward와 Gillooly는 번식기 동안 보통의 암컷이 기본적인 대사활동을 유지하는 데 필요한 에너지의 약 세 배가량을 난자의 생성에 바치는 것으로 계산한다. 반면 보통의 수컷은 기본 대사활동에 필요한 에너지의 약 1/1000을 정자의 생산에 사용한다. 정액의 추가적인 요소를 포함하면 수컷의 사정에 드는 총 지출은 기초 대사활동에 소비되는 에너지의 4/1000로 올라간다. 자식을 만드는 것은 일반적으로 아비가 드는 비용보다 어미가 드는 비용이 상당히 더 많다.

**성적이형을 설명하는 열쇠는 유성생식시 암컷과 수컷이 다른 양상으로 선택된다는 것을 인식하는데 있다.**

## 생식성공도의 비대칭적 제한

난자가 정액보다 비쌀 때, 어미가 아비보다 더 큰 양육투자를 할 때, 평생생식성공도를 제한하는 요소들은 종종 수컷 대 암컷에서 각각 다를 것이다. 암컷의 잠재적 생식성공도는 비교적 작을 것이고, 암컷의 실제 생식성공도는 교미하는 수컷의 수보다 암컷이 만드는 난자의 수나 임신 횟수에 의해 더 제한될 것이다. 반면 수컷의 잠재적 생식성공도는 비교적 더 크고, 실제 생식성공도는 수컷이 하는 사정 횟수보다 교미하는 암컷의 수에 의해 더 제한될 것이다. 교미 상대와의 접촉이 수컷의 제한 자원일 것이지만 암컷의 경우에는 그렇지 않다. 그러한 환경 아래에서, Bateman과 Triverse는 성선택-짝짓기 성공의 다양성으로 인한 생식성공의 차이는 암컷의 진화보다는 수컷의 진화에서 더 강한 기작이 될 것이라고 예측했다.

Bateman(1948)은 실험실에서 사육하는 초파리(*Drosophila melanogaster*) 집단에서 그의 예측을 실험해보았다. 그는 정말로, 짝짓기회수가 암컷의 생식성공도보다 수컷의 생식성공도에 더 큰 영향을 주는 것을 발견했다. 그러나 그의 결과는 명료하지 않았고, 지나고 나서 볼 때 그의 연구는 방법적 토대에서 비판을 받을 수 있었다(Tang-Martinez and Ryder 2005). 그럼에도 불구하고 성적이형을 이해하기 위해서는 반드시 짝짓기 횟수와 수컷과 암컷 양쪽의 생식성공 사이의 관계를 수량화해야 한다는 Bateman의 핵심적인 통찰은 성선택 이론의 중심에 있다(Arnold 1994; Arnold and Duvall 1994 참조). 이와 같이 최근에 시행된 다른 종을 대상으로 한 Bateman 연구의 몇 세부적인 반복 실험(replications)을 고려는 것이 유용할 것이다.

이제, 연구자들이 자웅동체의 달팽이류, 영원류, 그리고 어류에서 짝짓기 성공이 생식성공도에 미치는 영향을 평가한 사례들을 논의해보자.

## 자웅동체 생물의 짝짓기 성공과 생식성공도

Benjamin Pélissié와 동료들(2012)은 민물달팽이에서 짝짓기 성공이 생식성공도에 미치는 영향을 평가했다(그림 11.7). 애큐트 블라더 달팽이(acute bladder snail; *Physa acuta*)는 자웅동체이다. 모든 성체는 수컷과 암컷 양쪽 모두로서 동시에 생식할 수 있다. 그들은 자가증식이 가능하지만 그 방법을 선호하지는 않는다. 연구 기간 동안 어떤 달팽이도 자기의 알을 수정시키지 않았다.

**그림 11.7 애큐트 블라더 달팽이 (*Physa acuta*)**

Pélissié와 동료들은 총 120마리의 달팽이를 대상으로, 한 그룹에 짝짓기를 한 적이 없는 5마리의 달팽이를 배정하여 24개의 짝짓기 그룹을 구성했다. 연구진은 달팽이들이 서로 교미를 하게 놔두고, 누가 누구와 교미하는지 관찰한 후 분리시켜, 달팽이가 낳은 알을 수집했다. 물론 각 개체의 수컷 혹은 암컷의 역할도 기록하였다. 연구진은 알이 부화하게 두고 어떤 어린 개체가, 적어도 2주 동안 살아남는지 기록하였다. 그들은 자손의 아비를 잠재적인 한 마리 수컷 이상으로 배정하기 위해 유전자 검사를 사용했다. 마지막으로, 과학자들은 어미와 아비로서의 부모의 생식성공도를 각각 계산하여 생존한 어린 자손의 수를 세어 계산했다.

한 마리를 제외하고 모든 달팽이가 적어도 한번은 교미했지만, 모든 교미를 통해 자손이 만들어진 것은 아니었다. 이것은 개체의 교미-짝짓기 성공(copulatory mating success)과 유전적 짝짓기 성공(genetic mating success)에 차이가 있을 수 있다는 것을 의미한다. 교미-짝짓기 성공은 단순히 달팽이가 교미를 하는 횟수이다. 유전적 짝짓기 성공은 달팽이가 한 교미 중 적어도 하나의 생물학적 자손이 만들어진 교미의 횟수를 말한다. Pélissié와 동료들은 두 종류의 짝짓기 성공이 생식성공도에 미치는 영향을 평가했다. 그들이 두 짝짓기 성공에서 발견한 양상은 질적으로 유사했다. 연구자들이 대부분의 연구에서 유전적 짝짓기 성공을 측정하므로, 우리도 여기에서 유전적 짝짓기 성공의 양상에 초점을 맞춘다.

모든 달팽이 중 100마리가 아비로서 적어도 하나의 자손을 낳았고, 103마리가 어미로서 적어도 하나의 자손을 낳았다. 그 달팽이들의 약 2/3가 암수, 두 성으로 생식을 했다. 개체 구분 없이, 수컷으로서의 짝짓기 성공은 암컷으로서의 짝짓기 성공과 관련이 없었다. 마찬가지로 수컷으로서의 생식성공도는 암컷으로서의 생식성공도와 관련이 없었다. Pélissié와 동료들은 이것을 달팽이가 한 종류의 생식세포를 만드는 것이 다른 종류의 생식세포를 만드는 데 사용되는 에너지를 소모시키지 않는 다는 의미로 해석했다. Hayward와 Gillooly(2011)가 사정에 비교적 시시한 양의 에너지가 소비됨을 기록했던 것을 고려하면, 아마 우리는 동일한 것을 기대했어야만 했다.

이 실험에서 수컷으로서의 성공과 암컷으로서의 성공 사이에 상관관계가 없다는 것은, 이 실험이 Bateman과 Trivers의 예측을 거의 이상적으로 검증한다. 그저 난자와 정액의 상대적인 비용 때문에, 수컷의 생식성공도는 암컷의 생식성공도보다 교미 횟수와 더 긴밀하게 연관되어 있다. 수컷과 암컷 사이에 제어되지 않은 차이는 없다. 왜냐하면 암컷과 수컷은 같은 개체이기 때문이다. 활동하는 유일한 변수들은 우리가 흥미 있어 하는 그것들이다: 난자와 정액의 상대적인 생산 비용, 그리고 다수의 교미가 수컷과 암컷의 생식성공에 미치는 영향이다.

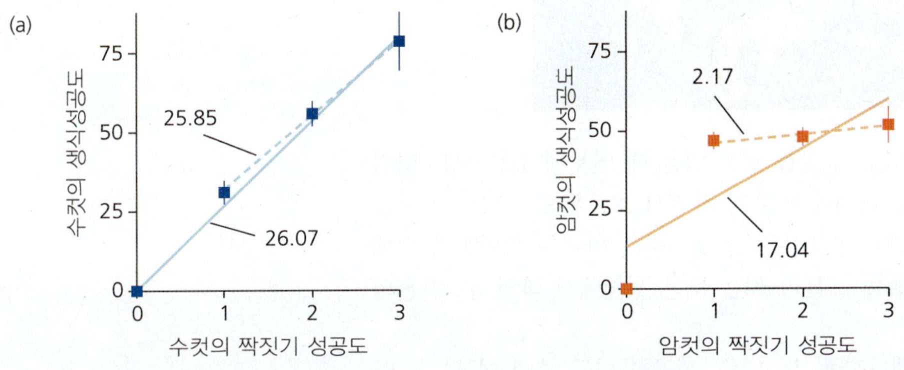


**그림 11.8 블라더 달팽이에서, 수컷 기능에 대한 성선택은 암컷 기능에 대한 성선택보다 강하다** (a) 수컷의 생식성공도 대 수컷의 유전적 짝짓기 성공. (b) 암컷의 생식성공도 대 암컷의 유전적 짝짓기 성공. 최량적합선들은 암컷 대 수컷에서 유의하게 가파르다 ($p < 0.05$). Pélissié et al. (2012)에서 다시 그림

그 결과가 그림 11.8에 나타나 있다. 색칠된 기호(네모)는 유전적 짝짓기 성공에 대한 성공적으로 교미한 (a) 수컷으로서, (b) 암컷으로서 각 개체의 생식성공도의 평균(±표준오차)의 그래프를 보여준다. 각 그래프에는 두 개의 최량적합선이 포함되어 있다. 실선은 모든 데이터에 대한 것이다 점선은 적어도 한 번 교미한 개체에 대한 것이다. 각 선과 연결된 숫자는 기울기 값이다. 달팽이들이 수컷으로서 생식했을 때, 교미를 추가적으로 한 경우, 생식성공도는 거의 첫 교미의 값만큼 증가했다. 달팽이가 암컷으로서 생식했을 때, 교미를 추가적으로 한 경우 생식성공도는 첫 교미 이후로는 완만하게 증가했다. 분명, 교미 한 번을 통해 한 개체의 난자 모두를 수정시킬 만한 충분한 정자가 공급되었고, 그 이상의 교미는 추가 이익을 주지 않았다. 우리가 모든 개체를 보건, 적어도 한 번 교미한 개체만을 보건, 짝짓기 성공은 암컷의 생식성공도보다 수컷의 생식성공도에 더 중요한 기여 요인이다.

**부모 중 한 쪽이 다른 부모보다 각 자손에게 더 많이 투자할 때, 아주 많이 투자한 부모의 생식성공도는 종종 자원과 시간에 의해 제한된다. 반면, 조금 투자하는 부모의 생식성공도는 짝의 수에 의해 제한된다.**

이 양상은 Bateman과 Trivers의 예측과 일치한다. 다른 조건들이 동일할 때, 난자와 정액의 비용이 다르다는 것은 성선택이 여성의 형질보다 남성의 형질 진화에 더 강력한 기작임을 의미한다.

물론, 조건들이 거의 동일하지 않다. 더구나, 블라더 달팽이의 경우 암컷의 기능보다 수컷의 기능에 더 강력한 성선택은 성적이형의 진화를 이끌어 내지 못했다. 당연히 자웅동체는 이형일 수 없다. 그러므로 성이 분리된 종의 추가 예시를 보는 것이 도움이 될 것이다.

### 영원의 짝짓기 성공과 생식성공도

Adam Jones와 동료들(2002)은 거친피부영원, (*Taricha granulosa*)의 수컷과 암컷에 작용하는 상대적인 성선택의 강도를 정량화했다. 이른 겨울 수컷 거친피부영원은 암컷을 기다리기 위해 연못에 모인다. 암컷은 1월과 2월 사이에 조금씩 연못으로 흘러들어와 사랑에 빠진 수컷의 관심을 쉽게 끌고(그림 11.9), 재빨리 교미를 끝낸다. 결과적으로 일정한 시간 동안 암컷보다는 수컷이 더 연못을 배회하며 돌아다니고 있다. 교미 후에, 몇 주 혹은 몇 달이 지나 한 시기에 한 번, 암컷은 300개 혹은 그 이상의 알을 낳는다. 부모 양쪽 모두 자식을 보살피지 않기 때문에, 난자와 정자를 생산하는데 드는 비용이 전체 양육투자를 설명한다. 자손에 대한 투자는 수컷보다 암컷이 더 크다.

**그림 11.9 거친피부영원, (*Taricha granulosa*)의 교미공** 가운데 어딘가에 암컷이 있고, 암컷과 교미하기를 원하는 수컷에 둘러싸여 있다.

Jones와 동료들은 교미가 끝나고 암컷들이 알을 낳고 있을 때 연못에 있는 모든 영원을 잡았다. 그들은 암컷들이 개별적으로 거처에 머물게 하면서 호르몬으로 나머지 알을 낳게끔 유도했고, 알이 부화하도록 길렀다. 연구진은 각 새끼들의 아비를 확인하기 위해 유전자 검사를 했다. 이는 존스와 동료들이 표본이 되는 모든 성체에서 짝의 수, 자손의 수를 밝히기에 충분한 자료를 제공했다.

수컷의 대부분은 교미하는 데 실패했다(그림 11.10a). 성공한 이들 중에 대부분은 딱 한 번 혹은 두 번 교미했다. 놀라울 것도 없이, 그 수컷들은 자손의 수에서 눈에 띄는 차이를 보였다(그림 11.10b). 교미에 실패한 이들은 한 마리도 자식을 보지 못한 반면, 운 좋은 일부는 300마리 혹은 그 이상만큼의 자식의 아비가 되었다. 뚜렷하게 대조를 이루

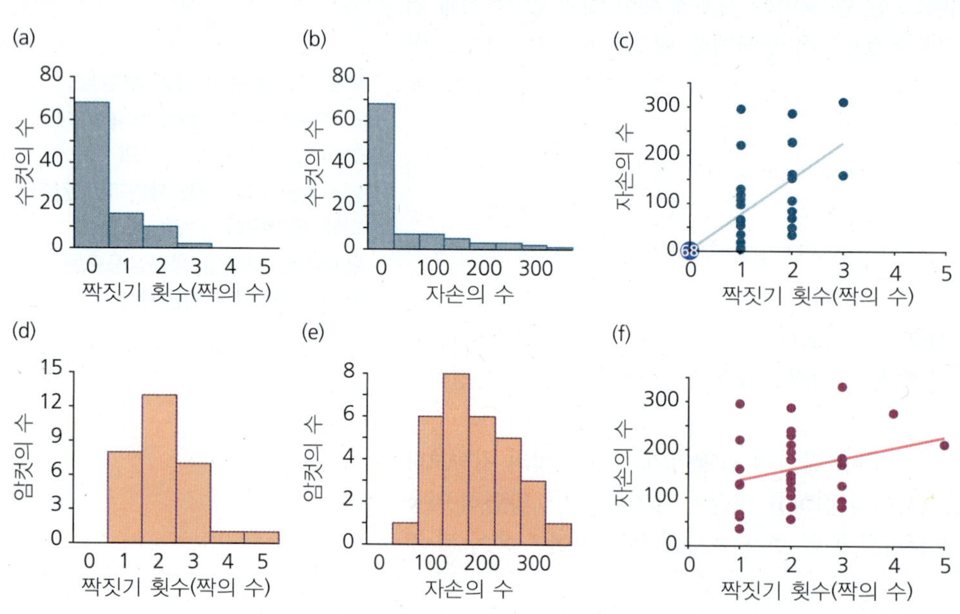


**그림 11.10 거친피부영원의 성선택에서의 비대칭성** (a) 수컷의 짝짓기 성공의 차이. (b) 수컷의 생식성공도의 차이. (c) 수컷에서 생식성공도 대 짝짓기 성공. (d) 암컷의 짝짓기 성공의 차이. (e) 암컷의 생식성공도의 차이. (f) 암컷에서 생식성공도 대 짝짓기 성공. 최량적합선 기울기 또는 베이트만 기울기는 암컷에서 보다는 수컷의 경우에 더 가파랐다. ($p < 0.001$). Texas A&M University의 Adam G. Jones가 제공한 자료로 도표를 만듦.

듯이, 모든 암컷은 교미를 했고, 대부분 두 번 혹은 세 번 교미를 했다(그림 11.10d). 모든 암컷들은 새끼를 낳았고, 대부분 100~300마리 사이였다(그림 11.10e).

가장 큰 관심사는 짝에 접근하는 것이 생식성공도를 결정하는 정도이다. 그림 11.10c는 수컷에서 교미 수에 대한 자손 수를 그래프로 그린 것이고, 짝짓기 성공의 변화가 생식성공도에 미치는 평균적인 효과를 보여주는 최량적합선을 함께 보여주고 있다(Arnold and Duvall 1994). 짝짓기 횟수와 자손 수 사이에는 강하고 꽤 유의미한 관계가 있었다. 수컷의 경우 더 많은 짝짓기는 곧 더 많은 자손을 의미했다. 그림 11.10e는 암컷에서 보이는 유사한 관계를 그래프로 그린 것이다. 한 마리 이상의 수컷과 짝짓기를 하면 약간의 이익을 가져다 주었던 것으로 나타났다. 그러나 최량적합선의 기울기는 통계적으로 0과 다르지 않았다.

이 결과는 Bateman과 Trivers의 예측과 일치한다. 거친피부영원의 경우, 성선택은 암컷의 진화보다 수컷의 진화에 더 강력하게 작용하는 힘이다. 수컷이 짝짓기에서 실패하는 것과 관련이 있는 유전적인 형질은 사라지는 경향이 있을 것이고, 짝짓기에서 성공하는 것과 관련이 있는 유전적인 형질은 점차 흔해지는 경향이 있을 것이다. 수컷 거친피부영원은 생식할 때 꼬리에 갈기를 발달시킨다. Jones와 동료들은 짝을 찾아내는 수컷들은 짝짓기에 실패하는 수컷보다 유의미하게 긴 갈기를 보여준다는 것을 발견했다. 꼬리의 갈기가 성선택의 결과로 진화했다는 것을 추론할 수 있다.

우리가 영원에서 확인한 양상은 흔한 것이다. 많은 종에서 암컷보다는 수컷에서, 적응도는 짝에 접근하는 것으로 결정된다. 하지만 그 양상은 결코 일반적이지 않다. 이것을 우리는 넓은코실고기에서 볼 수 있다.

## 실고기의 짝짓기 성공과 생식성공도

넓은코실고기(*Syngnathus typhle*)는 거머리말에서 서식한다(**그림 11.11a**). 해마는 실고기과의 친족으로, 아비가 모든 양육을 담당한다. 수컷은 육아낭을 가지고 있으며 암컷은 그곳에 알을 낳는다. 수컷은 알을 가지고 다니며 보호하고, 부화할 때까지 알에 산소와 영양분을 공급한다(그림 11.11b). Jones와 동료들(Adam Jones et al. 2000; Jones et al. 2005 참조)은 생식기가 시작되기 전에 스웨덴의 해안가에서 실고기를 잡아, 실험실의 통 안에 넣고 교미할 수 있게 놔두었다. **그림 11.12**의 데이터는 두 가지 실험들로부터 얻

(a)

(b)

**그림 11.11 넓은코실고기 (*Syngnathus typhle*)** (a) 짝짓기하는 암수 한쌍. 왼쪽이 수컷이다. 사진은 Anders Berglund가 제공했다. (b) 부화한 새끼가 아비의 육아낭에서 출현한다. 사진은 Stefan von Bothmer 제공 Anders Berglund의 승인.

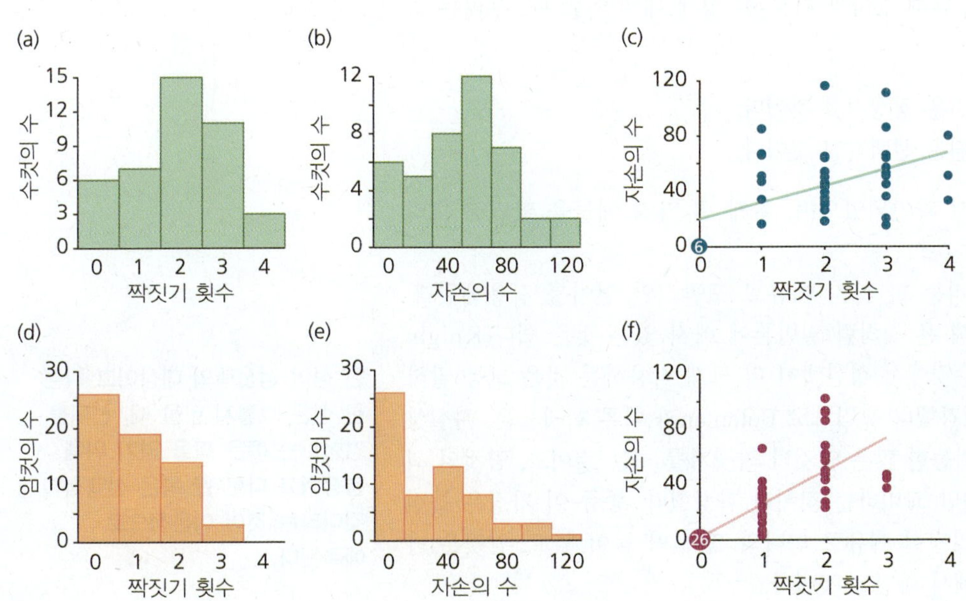


**그림 11.12 넓은코실고기 유성생식의 비대칭성** (a) 수컷 짝짓기 성공의 변이. (b) 수컷 번식성공의 변이. (c) 수컷의 짝짓기 성공과 번식 성공. (d) 암컷 짝짓기 성공의 변이. (e) 암컷 번식 성공의 변이. (f) 암컷의 짝짓기 성공과 번식 성공. 최량적합선의 기울기 또는 베이트만의 기울기는 암컷보다 수컷에서 가파르다($p < 0.004$). Texas A&M University의 Adam G. Jones가 제공한 자료로 도표를 만듦.

은 것이다. 첫 번째 실험은, 각 통에 네 마리의 수컷과 네 마리의 암컷이 들어 있게 한 것이다. 두 번째 실험은, 각 통에 두 마리의 수컷과 네 마리의 암컷이 들어 있게 한 것이다. 두 번째 실험은 첫 번째 실험보다는 자연 상태에 더 가깝게 모방한 것이다. 수컷이 알이 부화하게끔 기르는 데 걸리는 시간보다 암컷이 한배의 알을 낳는데 걸리는 시간이 더 적다(Berglund et al. 1986). 결과적으로, 일정한 시간에 알을 받을 수 있는 수컷보다 알을 낳을 수 있는 암컷이 더 많이 있다.

Jones와 동료들은 각 새끼들의 어미를 확인하기 위해 유전자 검사를 수행했다. 영원에 대한 연구처럼, 그 생물학자들은 그 방법을 통해 짝의 수와 각 성체의 자손 수를 확인할 수 있었다.

실고기에 대한 실험 결과는 각 성의 역할이 뒤바뀌었다는 것을 제외하면 영원에 대한 결과와 비슷하다. 실고기의 경우 수컷보다 더 많은 암컷이 교미에 실패했다(그림 11.12a와 d). 결과적으로 암컷의 생식성공도는 수컷의 생식성공도보다 성공한 자와 실패한 자가 더 명확히 구분되어 있고 한 쪽으로 쏠려 있다(그림 11.12b와 e). 암컷에게 있어 가장 중요한 점은 생식성공도가 짝짓기 성공에 가장 강하게 의존된다는 것이다(그림 11.12c와 f). 넓은코실고기에서, 성선택은 수컷의 진화보다 암컷의 진화에서 더 강하게 작용하는 힘이다. 암컷이 짝짓기에 실패하는 데 관련된 유전 형질은 사라지게 될 것이지만, 반면 짝짓기에 성공하는 것과 관련된 유전 형질은 더 흔해질 것이다. 우리는 적응도에 있어 비대칭적인 제한 요소가 행동에 미치는 결과를 생각할 때, 이 결과를 마음에 둘 필요가 있다.

## 적응도에서 비대칭적 제한 요소가 행동에 미치는 결과

우리는 암컷과 수컷의 생식성공도를 제한하는 요소가 비대칭적인 것을 고려하면서 짝짓기 행동의 차이를 예측할 수 있다. 거친피부영원의 양상을 생각해보자. 수컷의 경우, 생식성공도는 짝과 접촉하는 횟수에 제한되고, 연못에는 배우자를 찾는 암컷보다는 그러한 수컷이 더 많이 있다. 우리는 이런 환경 아래에서 수컷은 알을 수정시킬 기회를 얻기 위해 그들끼리 경쟁을 할 것임을 예측할 수 있다. 반면 암컷의 경우, 생식성공도는 알을 만들 수 있는 능력에 의해 제한되고, 짝짓기에 많은 양의 투자를 하는 헌신이 필요하다. 그리고 열렬한 짝 후보자들은 초과 상태로 있다. 우리는 암컷이 어떤 수컷을 받아들일지 까다롭게 고를 것이라고 예상할 수 있다.

더 일반적으로, 성선택이 한 성에 대해 강하고 다른 한 성에 대해 약할 때, 우리는 다음을 예측할 수 있다.

- 강한 성선택의 대상인 성의 구성원은 경쟁적일 것이다.
- 약한 성선택의 대상인 성의 구성원은 선택적일 것이다.

이 예측은 광범위한 종류의 동물에서 확인되었으며, 짧게 몇 가지 예들을 확인해 보려 한다.

이런 예측들을 하는데 있어, 우리는 한 가지 이유로 포괄적인 언어를 사용해왔다. Bateman이나 많은 후속 연구진이 해 온 것처럼 일반론에 빠져 있는 것은 쉽다(Knight 2002 참조). Bateman은 암컷보다 수컷에서 성선택이 더 크게 작용하는 것은 보통 말하는 남성성과 여성성에 기인한다고 생각했다 그러므로 Bateman과 다른 학자들은, 사실상 어느 종에서든 수컷의 최적 전략은 가능한 많은 암컷과 짝짓기를 하는 것이고, 암컷의 최적 전략은 한 수컷을 선택해 그 수컷만 교미하는 것이라 가정했다. 종종 이 가정은 틀린 것으로 드러났었다. 때로는 수컷이 타당한 이유로 하나의 짝에 딱 붙어 있고, 암컷은 난교를 하는 이유가 있음을 장 후반부에서 확인할 것이다.

**한 성이 성선택의 대상이고 다른 한 성은 그렇지 않을 때, 선택을 경험하는 쪽은 짝을 얻기 위해 경쟁하고 다른 한 쪽은 선택적일 것이라는 것이 이론적으로 예측된다.**

거기에 더해 Jones 등의 실고기 연구가 보여주는 것처럼, 암컷보다 수컷에서 더 크게 작용하는 성선택은 성 정체성 그 자체처럼 타고난 것이 아니다. 짝에 접근하는 기회가 수컷 대신 암컷에게 제한적일 때, 암컷은 수컷에게 접근하기 위해 서로 경쟁하고 수컷은 까다롭게 선택한다고 예측할 수 있다.

한 성은 짝을 얻기 위해 경쟁하는데, 다른 한 쪽이 선택하는 것은 두 가지 방식으로 이루어질 수 있다. 첫째, 경쟁적인 성의 개체들은 서로 간에 정면으로 맞서거나, 발톱으로 할퀴거나, 혹은 뿔을 마주 하며 싸운다. 그들은 때때로 짝을 직접적으로 제어하는 권한을 얻기 위해 싸우고, 때로는 짝에게 필수적인 자원을 지배하기 위해, 때로는 그저 싸움을 벌인다. 그리고 다른 성의 일원은 승자와 짝짓기를 한다. 생식성공도를 결정하는 중요한 사건이 한 성의 구성원 간의 상호작용을 포함하기 때문에, 이런 형태의 성선택은 **동성내선택(intrasexual selection)**이라고 불린다. 두 번째로 싸움 대신 경쟁적인 성의 구성원은 노래, 춤, 또는 밝은색을 보여주면서 짝에게 자신을 뽐낼 수도 있다. 그리고 나서 다른 성의 구성원은 최고의 기교(display)를 보여준 개체를 선택한다. 생식성공도를 결정하는 중요 사건이 두 성 간 상호작용을 포함하므로 이런 형태의 성선택은 **성간선택(intersexual selection)**이라고 불린다.

다음 두 개의 절에서, 우리는 수컷에서의 동성내 그리고 성간 선택의 예들을 보려 한다. 그 후 암컷에서의 성선택을 볼 것이다.

## 11.2 수컷에서의 성선택: 경쟁

수컷 대 수컷 경쟁에 의한 성선택은 종종 수컷 개체가 암컷에 독점적으로 접근할 수 있을 때 벌어진다. 수컷은 암컷을 직접적으로 제어하거나 또는 섭식세력권, 산란지와 같이 암컷에게 중요한 몇몇 자원을 지배하는 방법으로 암컷을 독점할 수도 있다. 또한 수컷 대 수컷 경쟁은 암컷에게 단지 인상적인 모습을 남기는 것을 넘어 명확하지 않은 이유로 벌어질 수도 있다. 이번 절에서 우리는 다음 세 가지 형태의 수컷 대 수컷 경쟁에 대한 연구 사례를 살펴볼 것이다: 바로 전면적인 전투, 정자 경쟁, 그리고 영아 살해이다.

수컷 대 수컷의 경쟁은 암컷에 다가가는 것을 두고 싸우는 형태로 나타날 수 있다.

### 전투

전면적인 전투는 짝을 얻기 위한 수컷 대 수컷 경쟁의 가장 뚜렷한 형태이다. 짝에 접근하는 것 이상을 위한 수컷 대 수컷의 전투를 포함하는 동성내선택은 큰 몸 크기, 무기류, 그리고 방호기관과 같은 형태적 특징을 선호할 수 있다. 수컷 대 수컷의 전투는 또한 전략적으로 영리한 것을 뽑아낸다.

수컷 대 수컷의 전투에 대한 예로 갈라파고스 제도의 바다이구아나(*Amblyrhynchus cristatus*)를 보자(그림 11.13). 바다이구아나는 도마뱀류 중에서도 독특한 생활방식을 가

그림 11.13 **갈라파고스 바다이구아나** 이 특이한 도마뱀들은 조간대에 있는 조류를 먹으며 산다.

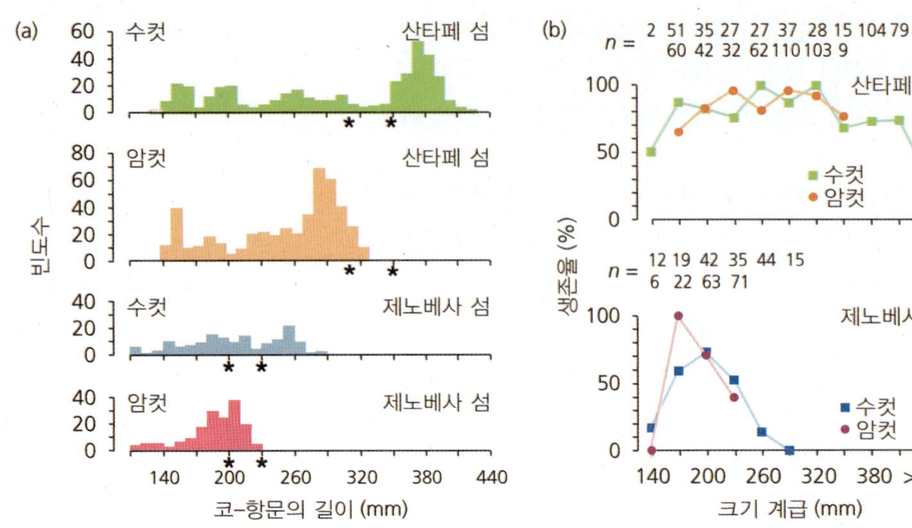


**그림 11.14 바다이구아나에서 몸 크기에 대한 자연선택** (a) 제노베사 섬과 산타페 섬의 이구아나의 크기 분포. 별표는 다른 두 해에 몸무게를 유지한 최대 크기를 나타낸다(1991~1992, 1992~1993). (b) 제노베사 섬에서 1997년 3월부터 1992년 3월까지, 산타페 섬에서 1990년 2월부터 1992년 2월까지, 표시해 둔 서로 다른 크기(코-항문의 길이, mm)의 개체들의 생존율. *n* = 샘플 크기. Wikelski and Trillmich (1997)에서

지고 있다. 바다이구아나는 조간대에 있는 조류를 뜯어먹으며 산다. 조류를 뜯는 시간 사이사이에는 물가에 있는 바위 위에서 햇볕을 쬔다. 일광욕은 소화를 돕고, 다음에 찬물로 나갈 때 몸을 따뜻하게 유지시켜 주는 효과가 있다. 각각 다른 섬에 서식하는 바다이구아나는 다른 크기로 자란다(Wikelski 2005 참조). 하지만 어느 섬에서도, 수컷들은 암컷보다 크다**(그림 11.14a)**.

우리는 바다이구아나의 크기가 자연선택에 의해 어떤 영향을 받았는지에 대해 많은 부분을 알고 있기 때문에(Wikelski et al. 1997; Wikelski and Trillmich 1997), 바다이구아나의 크기이형은 성선택 연구의 훌륭한 예가 된다. Martin Wikelski와 Fritz Trillmich는 두 섬에서 알아볼 수 있게 표식된 개체들의 생존율을 1년에서 2년 이상 모니터링하여, 바다이구아나의 몸 크기에 대한 자연선택을 기록했다. 자연선택은 산타페 섬에서보다 제노베사 섬에서 더 혹독하게 일어났지만, 두 섬에서 모두 일어나고 있었다. 더구나, (자연)선택은 안정화되는 중이었다. 중간 크기의 이구아나가 작거나 큰 이구아나보다 더 높은 비율로 생존했다(그림 11.14b).

크기에 대한 자연선택의 잠재적 동인은 몇 개 되지 않는다. 이 이구아나는 다른 종과 경쟁을 하지도 않고, 사실상 포식자도 없다. 생식을 제외하고 싸우는 모든 이유는 그들끼리 먹이를 얻기 위한 경쟁이다.

몸집이 큰 이구아나는 더 많은 조류를 얻을 수 있고, 그에 따라 더 많은 에너지를 모을 수 있다. 그러나 또한 대사활동에 더 많은 에너지를 소모한다. Wikelski와 동료들(Wikelski et al. 1997)은 다른 두 해 동안, 작은 이구아나들은 순에너지가 흑자인 반면, 큰 이구아나들은 순에너지가 적자인 것을 발견했다. 산타페와 제노베사의 가장 큰 이구아나들은 조류에 나쁜 해였던 1991~1992년과 조류에 꽤 괜찮았던 1992~1993년, 양 기간에 몸무게가 줄었는데(또한 Wikelski and Thom 2000 참조), 이는 이용 가능한 먹이가 몸의 크기를 제한한다는 가설과 일치한다. 이구아나가 몸무게를 유지할 수 있는 크기 중 가장 큰 것이 그림 11.14a에 별로 표시되어 있다.

이제 그림 11.14a와 11.14b를 비교해보자. 이구아나가 몸무게를 유지할 수 있는 몸 크기 중 최대치는 생존을 위한 최적 크기에 가깝다. 각 섬에서 가장 큰 몸집의 암컷은 생존을 위한 최적 크기와 비슷했지만, 큰 수컷은 최적 크기보다 훨씬 더 크다. Wikelski와 Trillmich가 이에 대조적으로 일어나는 자연선택을 확인했기 때문에, 수컷 바다이구아나의 몸집이 크다는 것은 진화적 수수께끼이다. 이는 정확하게 Darwin이 성선택을 언급하게 된 종류와 같은 수수께끼이다.

**바다이구아나 수컷은 암컷들이 모이는 영역을 두고 싸운다. 큰 이구아나는 더 많이 승리하고, 더 좋은 영역을 소유하며, 따라서 암컷과 교미할 수 있는 기회를 더 많이 얻는다.**

앞서 논의한대로, 성선택에서 중대한 사안은 수컷과 암컷의 상대적인 자손당 양육투자이다. 바다이구아나는 암컷에 의한 양육투자가 훨씬 크다. 암컷들은 각자 일광욕을 하고 섭식을 하는 장소에서 떨어진 해변에 알을 낳을 구멍을 파고, 알을 낳아 묻고, 며칠 동안 보금자리를 지키고 난 후 그것을 버려둔다(Rauch 1988). 수컷은 어떤 양육투자도 하지 않는다. 그래서 암컷에 의한 양육투자는 거의 알을 생산하는 것으로 한정되고, 수컷에 의한 양육투자는 전적으로 정액을 생산으로 한정된다. 암컷은 매년 1개에서 6개까지 한배 알을 낳는데, 몸 질량의 약 20%를 투자한다(Rauch 1985; Rauch 1988; Wikelski and Trillmich 1997). 암컷의 투자와 비교할 때, 한배 알의 모든 난자를 수정시키는 데 필요한 한 번의 사정의 비용은 미미한 수준이다. 이러한 투자에서의 차이는 수컷의 최대 잠재 생식성공도는 암컷의 그것보다 훨씬 높다는 것을 제안한다. 수컷의 평생 생식성공도는 짝의 수로 제한될 것이지만, 암컷에게는 그렇지 않을 것이다.

그림 11.15 **싸움 중인 수컷 바다이구아나** 오른쪽의 개체 위에 칠해진 숫자에 주목하라; 그 이구아나는 연구에 참여 중이다. Martin C. Wikelski에서.

이구아나의 짝짓기 행동은 이런 추론과 일치한다. 암컷은 생식기마다 오직 한 번 교미를 한다. Martin Wikelski, Silke Bäurle, 그리고 조수들은 제노베사 섬에서 표식을 해둔 수십 마리의 암컷들을 따라다녔다. 연구진은 1992~1993년과 1993~1994년에, 한 달이나 되는 전체 생식기간 동안 매일, 새벽부터 해질녘까지 암컷들을 따라다녔다(Wikelski and Bäurle 1996). 그들은 또한 생식기 직후 둥지를 짓는 시기 동안 매일 새벽부터 해질녘까지 표시를 한 암컷들을 관찰했다. 연구진은 구멍을 파고 알을 낳은 모든 표시를 해둔 암컷들이 교미하는 것을 보았지만, 그 중 어떤 암컷도 한 번 이상 교미를 하는 것은 관찰되지 않았다. 반면, 수컷 이구아나들은 많은 암컷들과 여러 번 교미를 시도한다. 하지만 암컷과 교미할 수 있는 기회는 수컷 이구아나가 싸워서 얻어야 하는 특권이다(그림 11.15).

매년 짝짓기철 이전에, 수컷 이구아나들은 암컷들이 먹이를 먹는 사이사이 일광욕을 하는 바위 위에서 자기 영역을 확실하게 표시한다. 이런 작고, 빽빽하게 차있는 영역들 안에서(그림 11.16a), 수컷들은 다른 수컷 침입자들을 내쫓아 영역을 계속 차지하고 유지하려 한다. 수컷들의 대치는 머리를 까딱거리는 위협으로 시작하여 가슴, 머리 밀기로 점차 확대된다. 누구도 물러나지 않는다면, 싸움은 머리, 목, 옆구리, 그리고 다리에 심각한 상처를 남기는 물어뜯기로 끝나게 될 수도 있다(Trillmich 1983). 영역을 유지하고 있는 수컷들은 그렇지 않은 수컷보다 암컷에게 더 매력적이다(Trillmich 1983; Rauch 1985; Partecke el al. 2002). 오직 몇몇의 수컷들만이 영역을 차지할 수 있고 그 중 몇몇 영역의 주인만이 다른 이들보다 오래 영역을 유지할 수 있고, 암컷이 특정 영역과 그 주인들을 선호하기 때문에, 수컷들 간에는 교미를 통한 생식성공도에 엄청난 차이가 있다(그림 11.16b).

영역을 차지하고 유지하는 데에는 전투가 필요하기 때문에, 더 큰 수컷에게 유리한 경향이 있다. 이구아나 집단 안에서, Krisztina Trillmich(1983)는 카마뇨 섬에서 다른 수컷보다 훨씬 더 많은, 45회 교미를 한 59번 수컷 이구아나에 대해 연구했다. 그의 이웃인 65번 이구아나는 10회 교미를 하여 두 번째로 성공적인 수컷이었다. 이들의 영역은 암컷들이 선호하는, 이른 아침과 늦은 오후의 일광욕 장소였다. Trillmich는 59번 이구아나가 군체 내에서 가장 큰 수컷이라 보고했다 영역을 유지하기 위해, 다른 네 마리의 수컷 침입자를 쫓아내야만 했고, 영역을 소유하는 기간 동안 옆에서부터 밀고 들어오는 네 마리의 이웃 수컷에게 영역의 일부를 잃었다. Wikelski와 동료들은 제노베사 섬과 산

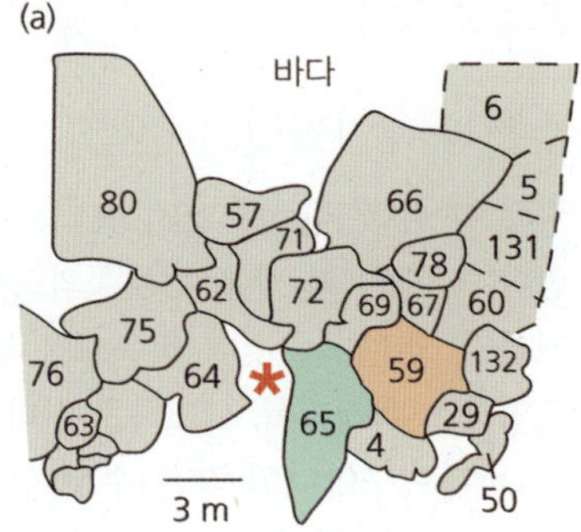



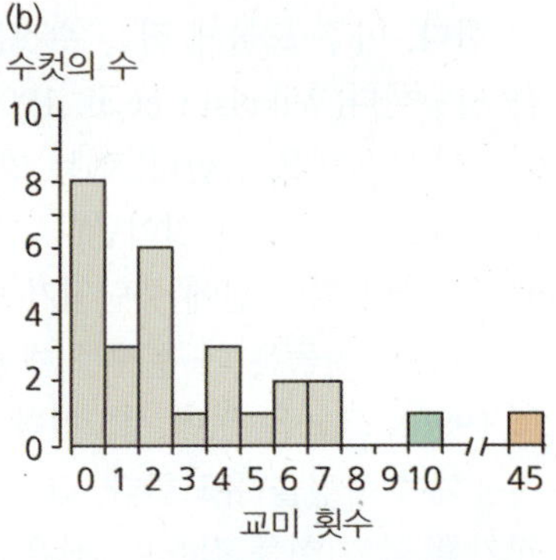



그림 11.16 **수컷 바다이구아나의 짝짓기 성공** (a) 갈라파고스제도 카마뇨 섬의 이구아나의 교미를 위한 영역. 숫자는 영역 주인을 나타낸다. 별표는 Krisztina Trillmich가 앉아 관찰했던 곳이다. Trillmich (1983)에서. (b) (a)에서 보인 영역에서 수컷들 간의 교미 차이. 가로축에서 끊긴 부분에 주목하라. 가장 성공적인 수컷, 59번 이구아나는 어떤 라이벌보다 4배는 더 많이 교미를 했다. 짝짓기철 동안 잠깐이라도, 적어도 한 영역을 가졌던 수컷들만을 포함했다. Trillmich (1983)에서.

타페 섬의 이구아나 집단들을 연구했다(Wikelski et al. 1996; Wikelski and Trillmich 1997). Krisztina Trillmich의 관찰과 일치하게, 연구진은 실제로 교미를 한 수컷들의 평균 크기는 교미를 시도한 모든 수컷들의 평균 크기보다 유의미하게 크다는 것을 알아냈다(그림 11.17).

만약 우리가 바다이구아나의 몸 크기가 유전 가능하다는 것으로 가정한다면, 우리는 변이(variation), 유전력(heritability), 그리고 차등 짝짓기 성공(differential mating success)을 얻게 된다. 이것들이 성선택에 의한 진화의 요소이다. 이렇게 우리는 이구아나 수컷이 왜 생존에 최적합한 크기보다 더 큰 몸집을 가지고 있는지에 대한 설명을 할 수 있다. 큰 수컷이 더 많이 짝을 짓고 큰 수컷과 관련된 유전자를 더 많이 전달하기 때문에 수컷 이구아나들은 점점 커지게 될 것이다.

바다이구아나와 유사하게, 수컷 대 수컷의 전투는 광범위한 종에서 벌어진다. 이런 종류의 성선택은 크기와 더불어 전투에 유용한 다른 형질, 예를 들어 무기, 갑옷처럼 기능하는 형질들을 진화시킨다. 또한 수컷 대 수컷의 전투는 대안짝짓기 전략의 진화에 이를 수도 있다.

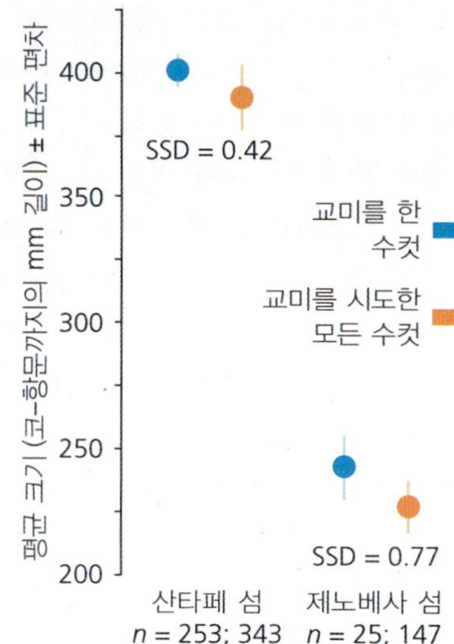


**그림 11.17 바다이구아나의 몸 크기에서 성선택의 차이** SSD = 표준화된 선택 차이. SSD는 교미를 한 수컷들과 교미를 시도한 모든 수컷 간의 차이이다. 이는 교미를 시도한 모든 수컷들의 분포의 표준 편차로 과시되었다. 양쪽의 SSD는 양수(positive)이며 ($p < 0.05$), 이는 실제로 교미를 한 수컷들이 평균적으로 더 크다는 것을 의미한다. $n$ = 표본 수. Wikelski and Trillmich(1997)에서.

## 수컷의 대안짝짓기 전략

수컷 대 수컷의 전투에서 승리는 보통 크고, 강하고, 그리고 잘 무장된 이들에게 향하곤 한다. 하지만 더 작은 수컷들의 경우는 어떨까? 싸움에서 이길 수 있을 만큼 충분히 자랄 때까지 생존하는 것이 적응도를 높일 유일한 기회일까? 작은 수컷들은 종종 대안 전략을 도입하여 짝짓기를 시도하곤 한다. 때때로, 그들이 성공한다.

바다이구아나의 작은 수컷 성체는 일광욕장에 있는 짝짓기 영역에서 쫓겨난다. 하지만 대부분은 포기하지 않는다. 암컷이 작은 수컷과 교미하기 위해 지속적으로 설득하려고 한다. 아주 드물게 작은 수컷들이 성공하지만, 집단 안에서 이루어지는 짝짓기의 5%를 담당한다(Wikelski et al. 1996). 짝짓기를 시도하는 작은 수컷들은 종종 다른 수컷들로부터 괴롭힘을 당한다. 이는 영역을 가진 큰 수컷들에게도 일어나는 일이지만, 작은 수컷들에게 더 빈번히 일어난다. 게다가, 작은 수컷이 하는 교미는 수컷이 보통 사정에 이르는 3분이 되기 전에 중단되기 쉽다(그림 11.18).

작은 수컷들은 이 문제를 예정보다 빨리 사정함으로써 해결한다(Wikelski and Bäurle 1996). 그들은 전에 시도했던 교미, 심지어는 지나가는 암컷을 보는 것 등을 자극으로 사용하여 사정을 유도한다. 그리고 이 수컷들은 총배설강 주머니에 정액을 모아둔다. 짝짓기를 할 기회를 잡으면, 작은 수컷은 모아둔 정액을 교미 초반에 암컷에게 전달한다. Martin Wikelski와 Silke Bäurle은 3분 미만으로 지속된 교미를 끝낸 직후 12마리의 암컷을 잡아 그들의 총배설강을 조사했다. 이 암컷들 중 누구도 그 전에 교미를 한 적이 없었지만, 12마리 중 10마리의 암컷은 짧은 교미 동안 전달되었어야만 하는 오래된 정액을 총배설강에 담고 있었다.

이 오래된 정액의 정자는 생명력이 있었다. 한 달간 매일 새벽부터 해질녘까지, Wikelski와 Bäurle은 알을 낳을 때까지 암컷 다섯 마리를 관찰했다. 다섯 마리 중 누구도 다시 교미를 하지 않았지만, 모두 수정된 알을 낳았다.

선사정(prior ejaculation)은 영역이 있는 큰 수컷보다 영역이 없는 작은 수컷에게 더 잘 나타나는 전략이다. Wikelski와 Bäurle은 영역이 없는 수컷과 영역이 있는 수컷을 각각 13마리씩 무작위로 잡았다. 영역이 없는 수컷 중 85%는 총배설강에 정액을 저장하고 있었고, 반면 영역이 있는 수컷은 38%만이 그러했다($p < 0.05$). 이런 결과는 영역이 있는 수컷이 더 빈번하게 교미를 하기 때문은 아니다. 왜냐하면 영역이 있는 수컷들도 매 6

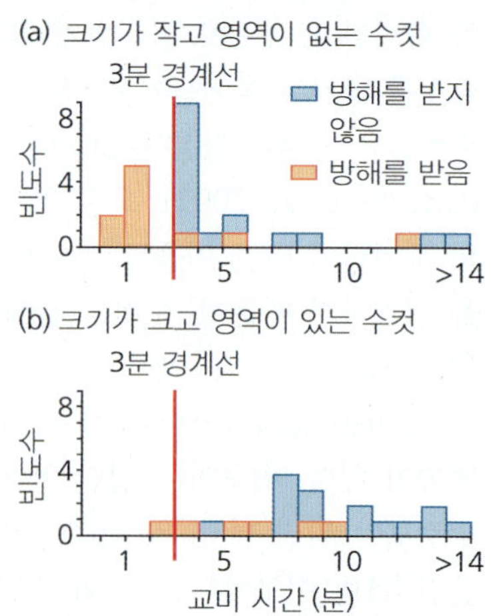


**그림 11.18 수컷 이구아나의 교미 시간(길이)** 작은 수컷(a)은 사정 전에 더 방해를 받는다. Wikelski and Bäurle (1996)에서.

일에 한 번씩 교미를 하기 때문이다(Wikelski et al. 1996).

수컷의 대안적인, 혹은 몰래하는 교미 전략 또한 다양한 종에서 진화되어왔다. 한 예로 코호연어(*Oncorhynchus kisutch*)의 수컷은 산란하기 위해 바다로부터 돌아와 두 개의 다른 나이 대 중 한 쪽일 때 죽음을 맞이한다. 매부리코라고 불리는 한 그룹은 18개월에 돌아온다. 그들은 크고, 확대된 갈고리 모양의 턱, 연골로 된 피복으로 무장하고 있다. 잭으로 불리는 다른 그룹은 6개월 때에 돌아온다. 그들은 작고, 무기도 갑옷도 부실하다.

**그림 11.19 코호에서 대안 짝짓기 전략** 오른쪽(상류)의 큰 물고기는 둥지를 짓고 알을 낳을 준비 중인 암컷이다. 하류에는 세 마리의 매부리코 수컷이 있고 싸움을 택한 한 잭이 있으며 크기별로 줄을 지어 있다. 두 마리의 몰래 짝짓기하려는 잭은 근처에 숨어 있다. Gross (1991)에서.

암컷 코호연어가 짝짓기를 할 준비가 되었을 때, 암컷은 둥지가 될 구멍을 파고 그 안에 알을 낳는다. 암컷이 둥지를 준비하면 수컷들이 그곳에 모인다. 수컷들은 암컷의 알을 수정시키려고 두 가지 전략 중 하나를 사용한다(그림 11.19). 몇몇 수컷들은 암컷 가까운 곳에 자리를 잡기 위해 싸운다. 이 싸움꾼들은 재빨리 크기대로 나뉘어 둥지에서 하류 쪽으로 줄을 선다. 암컷이 알을 낳으면 수컷들은 차례로 알 위에 정자를 뿌린다. 첫 번째로 정자를 뿌린 수컷이 대부분의 알을 수정시키게 된다. 다른 전략을 사용하는 수컷들은 줄 내에서의 위치를 위해 싸우는 대신 여울 안 또는 바위 뒤 같이 암컷 주변에 숨어 있을 곳을 찾는다. 암컷이 알을 낳았을 때, 살금살금 몰래 움직이는 이 수컷들은 알로 돌진해서 정자를 뿌리려고 한다.

**짝을 얻기 위해 수컷들 간에 혹독한 경쟁이 있을 때, 때로 대안적인 교활한 짝짓기 전략이 진화한다.**

매부리코 사이에서, 싸우는 전략을 적용하는 이들이 더 성공적이다. 잭들 사이에서, 몰래하는 전략을 선택한 이들이 더 성공적이다. 매부리코와 잭의 상대적 적응도는 부분적으로는 생식 집단 내에서 각 유형의 수컷의 비율에 달려 있다.

이구아나와 코호연어의 예 사이에는 중요한 차이점이 있다. 바다이구아나의 경우에는, 영역이 없는 작은 수컷들은 영역을 차지하기 위해 싸울 수 있을 만큼 충분히 자라는 동안, 최악의 상황에서 최선의 것을 만들어내는 것으로 보인다. 코호연어의 경우, 수컷은 매부리코 또는 잭 중의 하나가 되는데 이는 되돌릴 수가 없는 것이다. 수컷 코호연어가 어느 전략을 추구하는지는 환경과 유전적 요소의 혼합에 달려 있다.

## 정자 경쟁

수컷 대 수컷 경쟁은 교미가 끝나면 꼭 멈추는 것은 아니다. 수컷의 짝짓기 성공을 결정짓는 진짜 요인은 교미를 하는지가 아니라, 정자가 난자를 수정시키는가이다. 만약 한 동물이 체내 수정을 한다면, 그리고 암컷이 짧은 기간 동안 둘 혹은 그 이상의 다른 수컷들과 짝짓기를 한다면, 수컷들로부터 온 정자는 난자를 향한 레이스를 펼치게 된다. 사실 암컷들은 각각 아비가 다른 수컷인 자식들로 이루어진 한배의 새끼 혹은 한배의 알들을 낳을지도 모른다. 다수의 아비를 가진 자손의 무리들은 다람쥐(Boellstorff el al. 1994), 곰(Schenk and Kovacs 1995), 새(Gibbs et al. 1990), 도마뱀(Olsson et al. 1994), 그리고 거미(Watson 1991)를 포함하는 다양한 동물에서 나타난 것으로 기록되었다. 사람도 마찬가지이다 Smith(1984)는 아비가 다른 쌍둥이에 대해 여러 리포트를 보고한다.

**수컷 대 수컷의 경쟁은 정자 경쟁이라는 형태로 나타날 수 있다. 만약 한 암컷이 둘 혹은 그 이상의 수컷과 짝짓기를 할 때, 난자를 향한 경주에서 승리한 정자의 소유주인 수컷이 더 높은 생식성공도를 가진다.**

정자 경쟁에서 어떤 형질이 승리에 기여할까? 한 가지 유용한 형질은 단순히 정자를 많이 담게 되는 많은 정액량을 생산하는 것이다. 만약 정자 경쟁이 복권 당첨과 같은 어떤 것이라면, 수컷이 더 많은 티켓을 살수록, 당첨될 확률이 높아지게 된다. Matthew Gage(1991)가 지중해초파리(*Ceratitis capitata*)를 대상으로 이 가설을 실험해보았다(**그림 11.20**). 게이지의 실험은 정액이 값싸긴 하지만 공짜는 아니라는 관찰에 근거했다(예를 들면, Nakatsuru and Kramer 1982 참조). Gage는 만약 수컷 지중해초파리가 정자를 생산하는 데 제약을 받게 된다면, 각 교미 동안 암컷의 난자를 완전히 수정시키기 위해 최소한으로 필요한 수만 사용하여 정자를 절약하는 것이 유리하다고 추측했다. 그러나 만약 정자 경쟁에서 승리하는 데 많은 정액량이 기여한다면, 교미 동안 정자 경쟁의 위험에 있는 수컷은 그렇지 않은 수컷보다 더 많은 정자를 내보내야만 한다. 만약 배출된 정자의 수가 경쟁의 결과에서 중요하지 않다면, 수컷은 경쟁의 위험과 상관없이 같은 수의 정자를 내보내야만 한다.

**그림 11.20 지중해초파리(*Ceratitis capitata*)**

Gage는 두 가지 조건에서 수컷 초파리를 길러내 짝짓기를 시켰다. 한 그룹의 20마리는 각각 자랐고 다른 파리가 없는 상태에서 짝짓기를 했다. 다른 그룹의 20마리는 다른 수컷들과 함께 자랐고 또 하나의 수컷이 있는 상태에서 짝짓기를 하게 했다. 각 짝짓기가 끝난 후 Gage는 즉시, 암컷을 해부하여 수컷이 내보낸 정자의 수를 세었다. 잠재적인 라이벌이 있는 상황에서 자라고 짝짓기를 한 수컷은 단독으로 자라 짝짓기를 한 수컷(평균 ± 표준 오차 = 1,379 ±241)보다 2.5배나 많은 정자(3,520 ±417)를 방출했고, 이는 매우 유의미한 차이이다($p < 0.0001$). Gage의 해석은 더 많은 정액량은 정자 경쟁에서 승리하는데 기여하고 수컷 지중해초파리는 성공적으로 수정을 보장하는 것과 정자 보존이라는 긴밀히 연관된 두 가지 우선 사항의 균형을 맞추기 위해 정자를 분배한다는 것이었다.

많은 정액량에 더해, 일견 정자 경쟁은 다른 다양한 적응을 이끌어왔다. 수컷은 그들의 짝을 보호하고, 교미를 더 길게 연장하며, 교미를 위한 플러그를 두고, 또는 암컷의 매력을 감소시키는 페로몬을 적용하기도 한다(Gilbert 1976; Beecher and Beecher 1979; Sillén and Tullberg 1981; Thronhill and Alcock 1983; Schöfl and Taborsky 2002). 실잠자리의 많은 종에서, 수컷은 암컷의 이전 교미상대가 남긴 정자를 퍼내기 위해 교미하는 동안 성기에 있는 특별한 기구를 사용한다(**그림 11.21**; Waage 1984, 1986). R. E. Hooper와 M. T. Siva-Jothy(1996)는 이 전략이 매우 효과적임을 보이기 위해 유전적 친자확인 검사를 사용했다. 연구 대상인 실잠자리 종에서, 암컷과 두 번째로 교미한 수컷은 암컷이 교미 후 첫 산란기 동안 낳은 알 중 거의 모두를 수정시켰다.

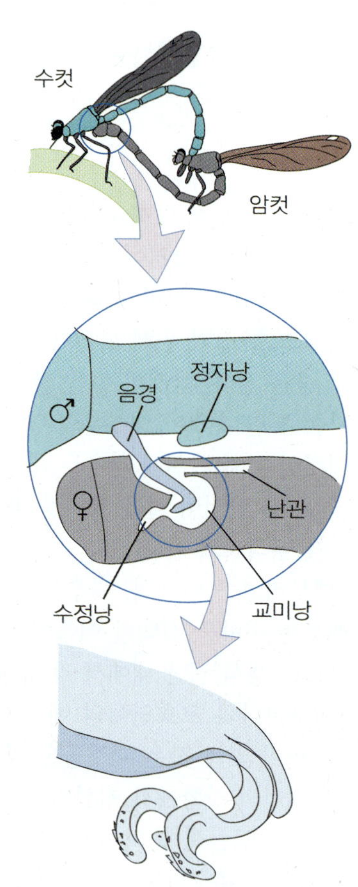


**그림 11.21 실잠자리의 정자 경쟁** 교미를 하는 동안(위), 수컷은 성기에 있는 잔가시가 있는 뿔 같은 것(아래)을 사용하여 암컷의 이전 교미 상대가 남긴 정자를 제거한다. Waage (1984)에서 다시 그림.

## 영아살해

포유류 몇 종의 경우, 수컷들 간의 경쟁은 심지어 수정이 된 후에도 지속된다. B. C. R. Betram(1975)에 의해 발견되고 또한 Craig Packer와 Anne Pusey(Packer et al. 1988에서 리뷰됨)가 연구한 한 가지 예가 사자들 사이에서 벌어지는 일이다. 사자들의 기본적인 사회 단위는 프라이드(pride)이다. 프라이드의 핵심은 가까운 관계의 암컷들—어미, 딸, 자매, 조카딸, 숙모—의 그룹과 그들의 새끼이다. 또한 프라이드 안에는 수컷 성체의 소규모 그룹도 있는데 둘 혹은 세 마리가 전형적이다. 그 수컷들은 보통 서로 (친족) 관계가 있지만 암컷 성체와는 그렇지 않다. 이 체계는 성적 성숙에 도달한 암컷은 태어난 프라이드 안에 머무는 반면, 새로이 성적으로 성숙하는 수컷은 다른 프라이드로 이동함으로써 유지된다.

어린 수컷 성체가 한 프라이드에서 다른 프라이드로 이동하는 것은 공원에서 산책하는 것이 아니다. 프라이드에 이미 거주하는 수컷 성체들은 침입자에게 저항한다. 그것이 바로 수컷이 다른 친족 수컷과 함께 지내는 이유이다: 거주자와 침입자, 각각의 그룹은 연합을 형성한다. 기존의 프라이드 거주자는 프라이드에서 살 권리를 놓고 침입자와 때로는 격렬히 싸워 낸다. 만약 거주자가 이기면, 그들은 프라이드에서 더 지내고 침입자는 새로운 프라이드를 찾아 떠난다. 만약 거주자가 지면, 그들은 추방되고 침입자들이 프라이드의 암컷에 대한 독점권을 가진다—독점은, 즉 더 어리고 강하며, 더 많은 수컷들이 와서 그들을 쫓아낼 때까지를 말한다. Pusey와 Packer는 수컷 연합이 프라이드에 머무는 평균적인 시간이 2년 남짓이라는 것을 발견했다. 사자의 생식성공도에서 프라이드에서 거주하는 것이 중요한 요소이기 때문에, 승리한 연합의 수컷들은 재빨리 본인들의 새끼를 낳고자 한다. 그러나 빨리 아비가 되는 것에 방해가 되는 한 가지 요인은 이전의 수컷 연합이 낳은, 아직 양육 중인 새끼의 존재이다. 왜냐하면 새끼가 젖을 떼기 전까지 암컷은 생식이 가능한 상태로 되돌아오지 않기 때문이다.

**그림 11.22 사자의 영아살해** 다른 수컷의 새끼를 죽이고 있는 수컷.

수컷들은 어떻게 이 문제를 극복할 수 있을까? 그들은 종종 명확하면서도, 소름 끼치는 해결책을 사용한다. 아직 젖을 떼지 못한 프라이드 안의 새끼들을 죽인다(그림 11.22). Packer와 Pusey는 이 전략을 사용하면 그렇지 않을 때보다 암컷들이 평균 여덟 달이나 빠르게 생식 상태로 돌아오게 한다는 것을 보였다. 생애 첫 해 모든 새끼의 사망의 25%, 전체 사자의 사망률의 10%가 수컷의 영아살해로 인한 것이다.

**수컷 대 수컷의 경쟁이 항상 수정 단계에서 끝나는 것만은 아니다. 이는 영아살해라는 형태를 취할 수도 있다. 다른 수컷의 새끼를 죽임으로써, 수컷 사자는 짝을 지을 기회를 더 많이 얻는다.**

영아살해는 수컷의 생식 가능성을 증진시키지만 분명히 암컷의 생식성공도에는 손해를 입힌다. 암컷은 이런 나쁜 상황에서 그들 고유의 관심사를 지키려고 한다(Packer and Pusey 1983). 암컷은 영아살해를 하려는 수컷으로부터 새끼를 지키고, 그를 위해 때때로 자신의 생명을 비용으로 치루기도 한다. 그럼에도 불구하고 Packer와 Pusey는 사자의 새끼는 새 수컷연합이 들어온 프라이드에서 거의 두 달 이상 살아남지 못한다고 보고한다. 암컷의 생식 전략으로 주제를 옮기면서, 우리는 수컷 대 수컷의 갈등의 주제를 뒤로 하고 수컷에 대한 성선택의 다른 측면을 살펴볼 것이다. 바로 암컷의 선택이다.

## 11.3 수컷의 성선택: 암컷의 선택

굉장히 다양한 종에서 수컷의 생식성공도는 짝짓기를 할 수 있는 기회에 의해 제한되지만, 수컷은 암컷 그 자체 또는 암컷에게 필수적인 어떤 자원도 독점할 수 없다. 그러한 많은 종의 경우 수컷들은 짝에게 자신을 광고한다. 암컷들은 짝을 선택하기 전에 여러 수컷의 광고를 세심히 살펴본다. 짝 선택에 의한 성선택은 정교한 구애과시(courtship display)의 진화로 이어진다.

Charles Darwin은 1871년 저서 "인간의 혈통과 성선택"에서, 암컷의 선택(female

choice)이 성선택의 중요한 기작임을 처음으로 주장했다. 오늘날에는 널리 받아들여지고 있지만, 암컷이 수컷 개체들을 능동적으로 구별한다는 개념은 몇십 년 동안 논란이 많은 주제였다. 대부분의 진화생물학자들은 암컷의 구별은 같은 종의 수컷을 선택하는 것으로 제한된다(Trivers 1985 참조)고 생각했다. 이런 기능 외에 수컷의 구애과시는 일반적으로 암컷이 짝에 보이는 거부감을 극복하는 데 우선적인 기능이 있는 것으로 생각되었다. 우선 짝짓기를 할 준비가 되면, 암컷은 어떤 수컷이라도 받아들일 것이다.

우리는 암컷이 사실은 매우 까다롭고, 가능한 수컷들 중 특정한 수컷을 능동적으로 선택한다는 것을 증명하는 두 가지 실험으로 이번 절을 시작할 것이다. 그러고 나서 암컷의 선택이 적응적인지 아닌지를 알아볼 것이다. 선택적인 암컷의 잠재적인 이익에는 암컷의 자손이 아들을 더 매력적으로 만드는 유전자를 획득하고, 일반적으로 적응도에 이익을 주는 유전자를 획득하고, 수컷이 제공하는 자원을 얻는 것이 포함된다. 한편 암컷은 수컷이 암컷의 신경계에 이미 존재하는 감각편향(sensory biases)을 이용하는 수컷의 과시를 선호한다.

**수컷이 암컷에 접근하는 권리를 독점할 수 없을 때, 그들은 종종 짝에게 자신을 과시함으로써 경쟁을 한다. 암컷들이 자기를 뽐내는 수컷들을 구별한다는 것에 대해 학자들은 오랫동안 회의적이었지만, 이제 암컷의 선택은 잘 정립되어 있는 분야가 되었다.**

## 붉은목깃미망인새 암컷의 선택

암컷의 능동적인 선택을 증명하는 우리의 첫 실험은 프라이크와 앤더슨(Sarah Pryke와 Steffan Andersson(2005)의 붉은목깃미망인새(*Euplectes ardens*)에 대한 연구이다. 붉은목깃미망인새는 생식기 동안 굉장히 이형적이다. 수컷 성체는 새까만 몸에 긴 꼬리깃과 선홍색의 목깃을 가지고 있다(**그림 11.23**). 암컷 성체는 노란색과 갈색의 줄무늬의 몸에 보통의 꼬리깃을 가지고 있다.

**그림 11.23 수컷 붉은목깃미망인새** 생식기 동안, 수컷 성체는 칠흑 같은 몸, 긴 꼬리깃, 그리고 붉은목깃을 가지고 있다.

Malte Andersson(1982)의 긴꼬리미망인새에 대한 고전적인 연구에 영감을 받아, Pryke와 Andersson은 둥지를 짓기 위한 영역을 차지하기 전에 수컷 120마리를 잡아, 모든 개체를 각각 통제집단과 실험집단에 배정했다. 연구진은 통제집단에 속한 새들의 꼬리깃을 최대 20 cm로 정리했는데, 이는 집단 평균보다 2 cm가 짧았다. 연구진은 실험집단에 속한 새들의 꼬리깃은 최대 12.5 cm의 길이로 정리했다. 연구진은 새의 몸무게를 재고 다리의 길이를 측정했다. 그리고 나서 연구진은 각 새들에게 유일무이한 색 조합의 밴드를 발목에 달아주고 풀어주었다.

Pryke와 Andersson은 생식기에 여러 번, 그 수컷들의 절반을 잡아 몸무게를 다시 쟀다. 그리고 새들마다 다리 길이에 대해 상대적인 새의 몸무게를 반영하는 신체 상태 지수

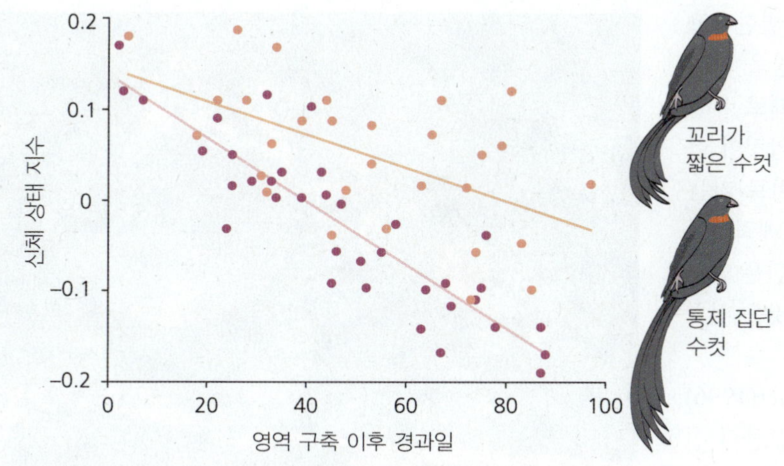


**그림 11.24 긴 꼬리깃은 수컷 붉은목깃미망인새에게 족쇄이다** 이 그래프는 실험적으로 꼬리가 짧아진 수컷과 통제집단의 수컷이 생식기 동안 신체 상태(직선 몸 크기에 대한 몸무게)가 감소함을 보여준다. 통제집단의 수컷은 몸무게가 훨씬 빨리 줄어들었다. Pryke and Andersson (2005)에서.

(index of body condition)를 계산했다. 그 자료가 그림 11.24에 나타나 있다. 긴 꼬리를 계속 가지고 있던 통제집단의 수컷들은 실험집단의 수컷보다 훨씬 빠르게 몸무게가 감소했다. 통제집단의 수컷이 날아다니거나 암컷에게 자신의 꼬리깃을 자랑하는데 더 적은 시간을 소비한다는 점에도 불구하고 말이다. 단순히 긴 꼬리깃을 끌고 다니면서 유지하는 것만 해도 비싼 값을 치르는 것으로 나타난다. 즉, 아마 자연선택은 긴 꼬리에 불리하게 작용한다. 수컷 바다이구아나의 큰 몸 크기처럼, 미망인새의 긴 꼬리깃은 다윈이 성선택을 설명하기 위해 끌어낸 그런 종류의 이형이다.

긴 꼬리깃은 수컷이 영역을 차지하려 할 때 경쟁자들을 겁먹게 하기 위해 사용하는 신호가 될 수 있을까? 분명히 아니다. 짧은 꼬리깃을 가진 48마리의 수컷은 통제집단의 43마리 수컷에 대해 영역을 얻을 수 있었고, 각 집단에서 거의 비슷한 성공 비율이 나타났다. 그리고 두 집단의 수컷들이 얻은 영역들은 크기나 질적인 면에서 비슷했다. Pryke와 Andersson은 긴 꼬리깃은 동성내 선택의 결과로 진화된 것이 아니라는 결론을 내렸다.

그러면 수컷 붉은목깃미망인새는 왜 긴 꼬리깃을 가지고 있을까? Pryke와 Andersson은 처음부터 암컷 붉은목깃미망인새들이 긴 꼬리가 섹시하다고 생각하는 것에 있다고 추측했다. 연구진은 생식기 내내 각 수컷의 영역을 추적 관찰하며, 그곳에 둥지를 틀게끔 수컷이 유혹하는 암컷의 수에 주목했다. 그림 11.25에서 보여주는 대로, 평균적으로 통제집단의 수컷이 실험적으로 꼬리깃을 짧게 만든 수컷보다 거의 3배는 많은 짝들을 끌어들였다. 이를 확인하기 위해선 유전자 검사가 필요할 것이지만, 짐작하건대 통제집단은 또한 더 높은 생식성공도를 누렸을 것이다.

Pryke와 Andersson의 실험은 암컷이 선택적이라는 다윈의 주장을 뒷받침한다. 그들은 능동적으로 그들 종의 수컷들을 가려내고 특정 종류의 짝들을 선택한다.

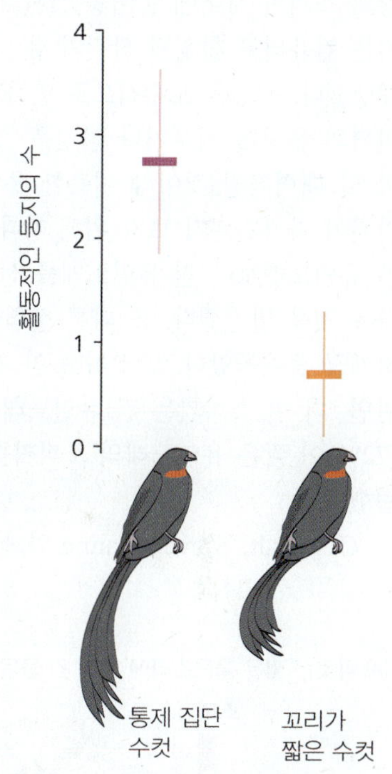


**그림 11.25 암컷 붉은목깃미망인새는 긴 꼬리의 수컷을 선호한다** 표식은 통제집단과 꼬리가 짧은 수컷의 영역에 둥지를 튼 암컷의 평균 수 ±표준 편차를 보여준다. Pryke and Andersson (2005)에서.

## 회색청개구리 암컷의 선택

암컷의 능동적인 선택을 증명하는 두 번째 실험은 회색청개구리에 대한 H. Carl Gerhardt와 동료들의 연구이다. 회색청개구리(*Hyla versicolor*)는 미국 동부의 삼림지에 서식한다. 생식기 동안 수컷들은 암컷들에게 세레나데를 부른다. 회색청개구리의 사랑 노래는 일련의 유인노래이고, 각 유인노래는 많은 파동 또는 떨림음으로 구성되어 있다. 어떤 수컷들은 떨림음이 많은 긴 유인노래를 낸다. 또 다른 수컷들은 떨림음이 적은 짧은 유인노래를 낸다. 게하르트와 동료들은 적어도 두 가지 이유에서, 암컷 회색청개구리는 그들의 노래 소리를 기반으로 잠재적인 짝들을 구별한다고 추론했다. 첫째, 한 수컷이 다른 수컷들이 합창을 하며 함께 노래하는 것을 들었을 때, 그 수컷은 때때로 유인노래의 길이를 증가시켰다. 둘째로, 연구진은 암컷이 한 가수를 지나쳐 더 멀리 있는 다른 가수에게 바로 가는 것을 여러 번 관찰했다. **그림 11.26**의 수컷은 매력적인 소리를 내기 위해 최선을 다하는 중이다. 연구진은 암컷이 더 길게 노래 부르는 수컷과 짝짓기 하는 것을 선호한다고 가설을 세웠다.

**그림 11.26 짝을 유인하기 위해 노래 부르는 수컷 회색청개구리 (*Hyla versicolor*)**

Gerhardt, Miranda Dyson과 Steven Tanner(1996)는 암컷 회색청개구리를 잡아 실험실 안에서 그들의 선호도를 시험해보았다. 한 실험에서, 연구진은 암컷을 한 쌍의 스피커 사이에 풀어놓았다(**그림 11.27a**). 각 스피커는 컴퓨터로 합성된 짝짓기 유인노래(mating call)를 재생했다. 실험을 보수적으로 만들기 위해, 연구진은 스피커의 음량을 키우거나 암컷을 스피커 가까이 풀어놓아 덜 매력적일 것이라 예측한 유인노래를 크게 만들었다. 그러고 나서 어떤 스피커에 암컷이 다가가는지 보기 위해 기다렸다. 연구진은 40마리의 암컷 중 30마리(75%)가 짧은 유인노래보다 긴 유인노래를 선호하고, 심지어 짧은 유인노래가 더 클 때에도 그러하다는 것을 발견했다. 또 다른 실험에서, 연구진은 암컷 개구리를 두 개의 스피커와 마주하게끔 풀어놓았다. 암컷이 놓인 자리에서 더 가까운 스피커가 짧은 유인노래를 재생한 반면, 더 먼 스피커는 긴 유인노래를 재생했다. 과학자들은 53마리 중 38마리의 암컷들(72%)이 짧은 유인노래의 스피커를 지나쳐서 긴 유인노래의 스피커로 다가가는 것을 발견했다.

Gerhardt, Steven Tanner와 동료들(2000)은 암컷들의 취향을 좀 더 자세히 조사했

(a) 암컷은 짧은 울음소리에 비해 긴 울음소리를 선호한다.

...그리고 긴 울음소리로 접근하기 위해 짧은 울음소리를 지나칠 것이다.

(b) 암컷은 짧은 울음소리들 사이를 가장 확실히 구별한다.

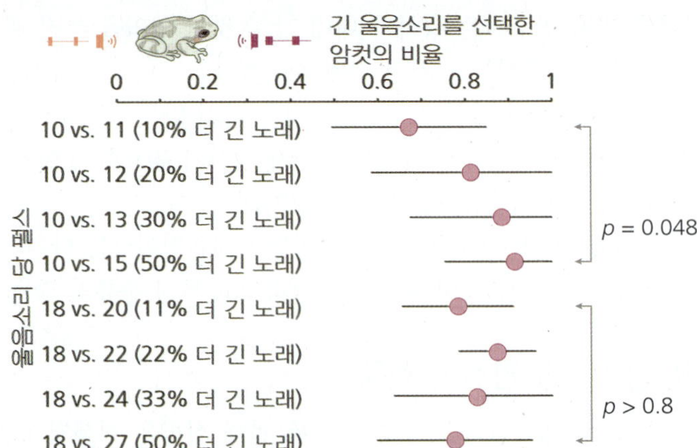


**그림 11.27 암컷 회색청개구리의 선호도** (a) 대부분의 암컷은 짧은 유인노래보다 긴 것을 선호하며, 심지어 초기에 짧은 유인노래가 더 커도 그러하다($p < 0.001$). 대부분의 암컷은 짧은 유인노래를 재생하는 스피커를 지나쳐서 긴 유인노래를 재생하는 스피커로 다가간다($p < 0.001$). Gerhardt et al. (1996)에서. (b) 암컷은 짧은 유인노래 안에서도 매우 단호히 구별한다. 각 점은 16~61마리로 이루어진 그룹에서, 쌍선택실험에서 긴 유인노래를 짧은 유인노래보다 선호한 암컷의 비율을 나타낸다. 양옆의 선들은 95% 신뢰 한계를 보여준다. 더 짧은 유인노래가 약 10펄스일 때, 더 많은 암컷들이 50%가량 더 긴 유인노래를 유의미하게 선호했다.

다. 그들은 암컷들이 짧은 노래와 이에 비해 10%, 20%, 30%, 그리고 50% 더 긴 노래를 선택할 수 있게 했다. 더 많은 암컷들이 노래가 길수록 좋아했다(그림 11.27b). 그러나 중간 길이의 노래에 비해 11%, 22%, 33%, 그리고 50% 더 긴 노래가 주어졌을 때, 암컷들은 덜 까다롭게 골랐다. 대부분은 더 긴 노래를 선호했지만 50% 더 긴 노래가 11% 긴 노래보다 암컷을 더 유인한 것은 아니었다(Bush et al. 2002 참조). 이러한 결과는 Joshua Schwartz, Bryant Buchanan과 Gerhardt(2001)에 의해 이루어진 더욱 자연적인 상태에서의 관찰과 일치한다. 수컷들의 합창과 소음이 뒤 배경으로 깔린 곳 한가운데에서, 암컷들은 수컷들을 덜 정밀하게 구별했다. 하지만 암컷들은 특별히 짧은 노래 소리에 대해서는 지속적으로 구별해냈고, 노래의 길이는 수컷들 간의 생식성공도의 차이에서 보통 정도로, 하지만 통계학적으로 중요한 부분을 설명하고 있다.

Gerhardt와 동료들의 실험은 암컷 회색청개구리가 선택적이며, 예측한대로 더 긴 노래를 부르는 수컷을 선호한다는 것을 보여준다. 그리고 더 긴 유인노래를 내는 수컷이 짝을 찾기 더 쉽다는 것을 보여준다.

붉은목깃미망인새와 회색청개구리에서 묘사된 대로, 암컷의 선택은 매우 다양한 수컷의 자기 과시—화려한 공작의 꼬리깃부터 귀뚜라미의 유인노래와 늑대거미의 다리의 털뭉치에 이르기까지—의 진화에 책임이 있는 선택적 요인으로 생각되고 있다. 공작과 같은 어떤 수컷들의 과시는 크고 분명하다. 다른 수컷들의 과시는 좀 더 미묘하다. 제비의 경우, 수컷의 꼬리깃에 단지 2 cm를 더하면—혹은 제거하면—생식성공도에 극적으로 영향을 주기 충분할 만큼 수컷의 매력도를 바꿀 수 있다(Møller 1988). 암컷들은 왜 그런 작은 차이에도 주의를 기울여야만 할까? 그리고 그런 문제에 있어, 암컷들은 왜 수컷들이 짝을 유인하기 위해 사용하는, 심지어는 시끄럽기까지 한 수컷의 과시에 관심을 가져야만 할까?

**선택적인 암컷은 한 가지 질문을 불러일으킨다. 암컷은 왜 한 수컷의 구애 표현을 다른 것에 비해 더 선호하는가?**

## 암컷 선호도의 모델

진화생물학자들은 암컷의 선호도가 어떻게, 왜 진화해 왔는지에 대한 많은 가설을 생각해왔다(Mead and Arnold 2004; Jones and Ratterman 2009 참조). 네 가지의 설명을 생각해 볼 것이며, 가장 간단한 것부터 시작해 볼 것이다.

### 암컷들이 선택하는 짝의 형질은 임의적이다

우리가 생각해 볼 첫 번째 시나리오는 1915년 Ronald Fisher에 의해 발전된 아이디어에서 유래하며 1903년 T. H. Morgan의 발언에서 기인한다(Andersson 1994에서 리뷰됨). 그것은 가장 적은 가정으로 한 기작이 수컷의 과시와 그에 대한 암컷의 선호의 진화를 설명 가능하게끔 한다. 이와 같이 그것은 암컷의 선택에 의한 성선택의 영모델로 간주될 수 있다(Kirkpatrickl and Ryan 1991; Prum 2010).

**암컷 선택에 대한 가장 단순한 가설은 암컷의 선호가 임의적이라는 것이다.**

수컷의 과시와 암컷의 선호도에서 개인간 유전적 차이가 있는 집단을 상상해 보자. 과시와 선호도 양쪽은 임의적일 수 있으며 자연선택에 관해서 중립적이다. 수컷의 과시는 암컷이 발견할 수 있는 어떤 형질도 될 수 있다. 선호도는 암컷 쪽의 정교한 인지적 혹은 정신적 능력을 필요로 하지 않는다. 그것에는 암컷이 다른 수컷에 비해 특정한 가치의 과시를 보여주는 수컷과 더 잘 짝짓기 하게끔 하는 어떤 생물학적 측면이 포함될 수 있다. 과시와 선호도 양쪽의 유전적 차이의 궁극적인 근원은 무작위적인 유전적 변이이다.

이런 특징만으로도, 우리의 모델 집단은 이미 몇 가지 흥미로운 특징들을 보여준다.

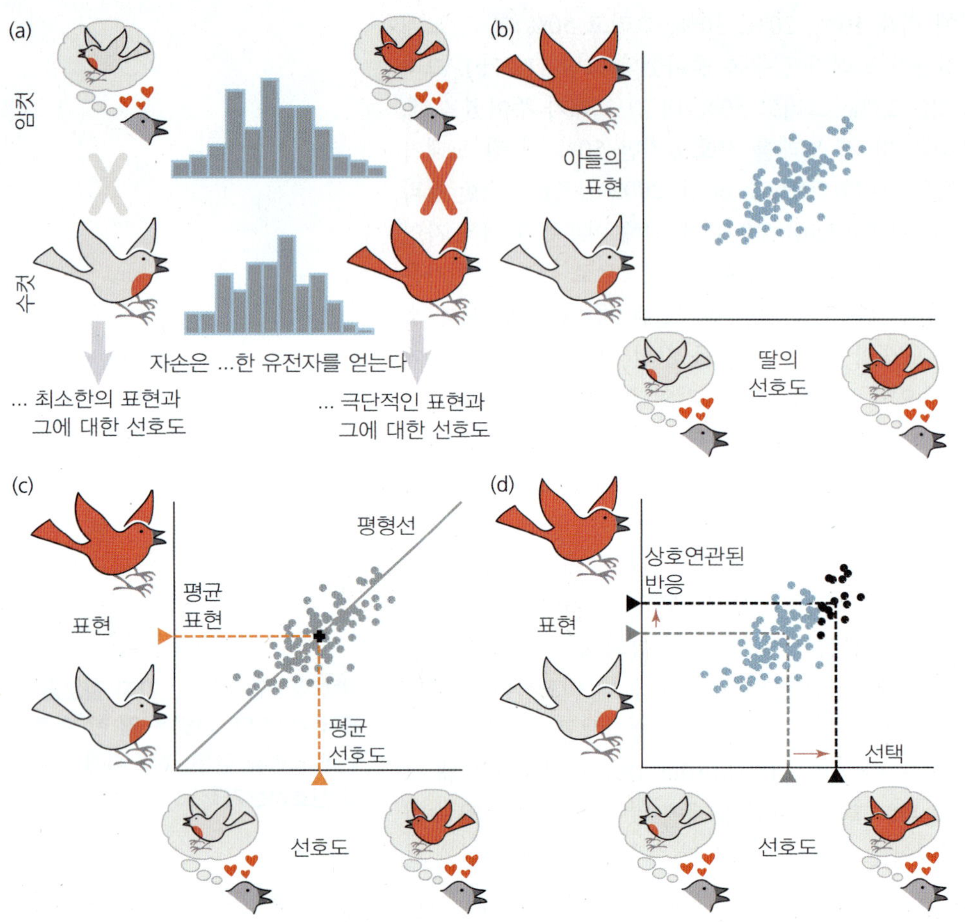


**그림 11.28 암컷 선택에 의한 진화의 단순 모델** (a) 암컷 선호도와 수컷 과시에서의 유전적 변이는 구분적인 짝짓기로 이어진다. (b) 구분적인 짝짓기는 유전적 상관관계로 이어진다. 각 점은 각 가족에서 중간에 있는 자손 평균값을 대표한다. (c) 집단의 평균 과시가 평균 선호도와 이어지는 집단은 진화적 평형상태에 있다. 삼각형은 보이는 특정 집단에서의 평균을 나타낸다. Kirkpatrick (1987)에서. (d) 과시 혹은 선호도 중 하나에서의 선택은 다른 한 쪽과 상호 연관된 반응으로 이어진다. 여기 검은 점들은 딸들이 극단적인 선호를 보여 주기 때문에 교배용 동물로 선택된 가족들을 나타낸다. 삼각형은 선택 이전과 이후의 집단의 평균치를 보여준다. Falconer (1989)에서.

이 중 첫 번째를 보기 위해서, 암컷이 짝을 선택하게 해보자(**그림 11.28a**). 최소한의 과시를 선호하는 암컷은 최소한으로 꾸며진 수컷을 선택하고, 중간 정도의 과시를 좋아하는 암컷은 적당히 꾸며진 수컷들을 뽑으며, 극심한 과시를 선호하는 암컷들은 사치스럽게 꾸며진 수컷들을 선호한다. 즉, 이 간단한 집단에서 개체들은 선호도와 과시가 구분되어 있는 짝짓기를 보여준다.

두 번째 특성을 보기 위해서, 짝을 지은 암수 한 쌍이 자손에게 전달할 유적적 변이체를 고려해 보자. 최소한의 과시를 부여하는 아비의 유전체를 받은 자손은 또한 최소한의 구애행동에 대한 선호도를 부여하는 어미의 유전체를 받는다. 그리고 극단적인 과시에 대한 아비의 유전체를 받은 자손은 극단적인 과시에 대한 선호도를 부여하는 어미의 유전체를 받는다. 세대를 넘어, 선호도와 수컷의 과시는 유전적으로 상관관계가 있게 될 것이다(그림 11.28b). 많은 가족에서 자손을 검사한다면, 우리는 아들의 과시는 딸의 선호도와 비슷하다는 것을 발견하게 될 것이다.

세 번째 특성을 보기 위해 집단에서의 선택의 양상을 떠올려 보자. 만약 수컷의 평균적인 과시가 암컷의 평균적인 선호도와 이어진다면, 그러면 선택은 안정화된다. 평균에서 벗어난 과시를 보여주는 수컷은 짝을 찾기 어렵다. 그리고 평균에서 벗어난 선호도를 가진 암컷들은 짝을 찾기가 쉽지 않은 아들을 낳게 된다. 이것은 그림 11.28c에서 보여주는 대로, 평형상태의 선이 있음을 의미한다. 집단의 평균적인 과시와 선호도가 그 선 위에 위치하는 한, 집단은 진화하지 않을 것이다.

마지막으로 네 번째 특성을 보기 위해, 만약 우리가 집단에서 선택을 강요한다면 어떤 일이 벌어질지 생각해 보자. 예를 들어, 우리는 생식용 스톡으로 암컷이 극단적인 과시를 선호하는 가족만을 선택할 수도 있다(그림 11.28d). 과시와 선호도는 유전적으로 상관관계가 있기 때문에, 암컷의 선호도를 선택하면 과시에서도 연관된 반응을 나타난다. 마찬가지로, 수컷의 과시를 선택하면 선호도에서도 연관된 반응이 나타난다.

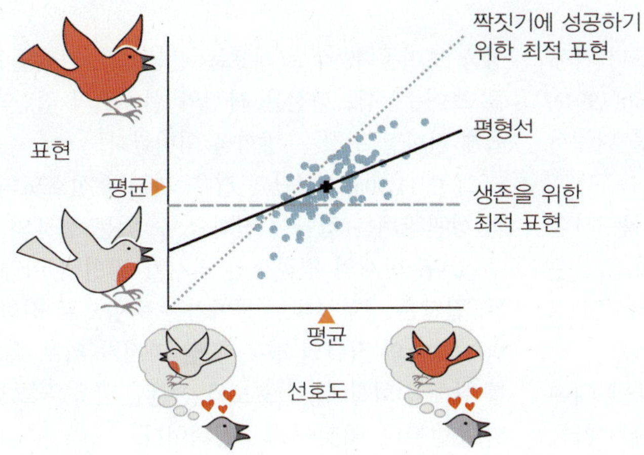


**그림 11.29 과시가 자연선택 하에 있을 때 암컷 선택에 의한 진화의 단순 모델** 평균 과시가 평균 암컷의 선호도와 생존에 최적합한 위치 사이에 절충되어 있을 때, 집단들은 진화적 평형상태에 있다. Kirkpatrick and Ryan (1991); Prum (2010)에서.

우리의 모델에서 가장 분명하게 드러나는 결점은 과시가 자연선택의 관점에서 중립적이라는 것이다. 결국, Darwin은 개체의 생존에는 유해한 것으로 보이는 과시의 존재를 설명하기 위해 성선택에 의한 진화이론을 창안했다. 우리는 생존에 최적합한 과시 형질의 값이 있다고 상상함으로써 과시와 관련된 내용에 자연선택을 포함할 수 있다(그림 11.29). 이것은 평형상태의 선을 회전시킨다. 이제 평균적인 과시가 평균적인 선호도와 생존을 위해 적합한 값 사이에서 절충을 이루는 한, 집단은 진화하지 않을 것이다.

Ronald Fisher(1958), Russeell Lande(1981), 그리고 Mark Kirkpatrick(1982)의 언어적인 서술을 따라 이 모델은 진화하는 집단을 묘사하는 방정식이 고안되었다. 이 방정식이 어떻게 행동하는지 탐구해 보는데 있어, 양 연구진은 흥미로운 현상을 확인했다(논평을 위해서는 Prum 2010 참조). 집단이 평균 과시와 선호도가 더 이상 평형선에 있지 않은 것과 같은 곳으로 옮겨진다고 상상해 보라. 이는 유전적 부동 혹은 다른 어떤 진화적 기작에 의해 벌어질 수 있다. 그러할 때, 두 가지 결과가 가능하다.

그 집단은 이동하기 전에 차지하고 있던 점으로부터 약간 떨어진 평형선으로 돌아올 수도 있다. 그 집단은 새로운 평형점으로 이동한 것이다. 그림 11.28d에서 본 것처럼, 과시 또는 한 특성에 대한 선택은 다른 한 쪽에서 상관관계가 있는 반응을 만들어 내기 때문이다.

대안적으로, 집단은 선으로부터 무한히 떨어지게끔 진화할 수도 있다. 이 두 번째 결과는 폭주선택이라고 불린다. 이는 집단이 이동한 후 선택에서 상호 연관된 반응들이 즉각적으로 집단을 평형 상태부터 더 멀리 데려 갈 때 벌어진다. 더 자세한 그래픽 설명을 위해서는 계산하기 11.1을 보라.

**암컷이 정교한 구애 표현을 선호하는 것은, 단순히 임의적인 수컷의 형질과 이에 대응하는 암컷의 선호도에 대한 유전적 변화의 부산물로서 진화할 수 있다.**

다소 놀랄만한 암시는 이것이다: 유전적으로 가변적인 수컷의 형질이 생존에 적합한 값으로부터 멀리 떨어지게끔 진화하기 위해 필요한 것은 유전적으로 가변적인 암컷의 선호도와 약간의 유전적 부동이 전부이다. 즉, 단지 암컷이 선호하기 때문에, 암컷은 긴 꼬리깃을, 혹은 더 길고 더 복잡한 사랑의 노래를 선호할 수도 있다는 것이다.

영모델이 실제 집단에서 벌어지는 과정을 묘사하는 걸까? 중요한 특징들을 확인해 봄으로써 그러한지 아닌지에 대해 이해해 볼 수 있다.

때때로 암컷은 수컷의 형질들에 대해 적어도 첫눈에는 임의적인 것처럼 보이는 선호

계산하기 11.1

## 폭주선택

폭주선택에 대한 짧은 도식 설명을 여기에 제시한다. 더 자세한 설명을 위해서는 Arnold(1983), Kirkpatrick과 Ryan(1991), 그리고 Prum(2010)을 확인하라. 전체 수학적인 방법을 위해서는, Lande(1981)와 Kirkpatrick(1982)을 확인하라.

집단은 유전적 변이를 가지고 있을 때만 진화한다는 사실(9장)을 상기시켜 보자. 특히 형질들이 서로 연관될 때, 집단은 다른 것보다 몇 형질의 조합으로 쉽게 진화하게 한다는 것(그림 9.25)을 떠올려 보자.

본문에서 묘사된 것처럼 평형상태에서 유전적 부동에 의해 옮겨진 모델 집단을 상상해 보자. 그림 11.30은 네 가지 가능성을 보여준다. 각 그래프는 평형선과, 가족들을 나타내는 점을 보여주는데, 점선은 과시와 선호도의 집단적 평균이 가장 쉽게 진화할 수 있는 방향을 의미한다.

그림 11.30a의 집단의 경우, 과시와 선호도의 변이, 그 사이의 상관관계는 집단이 진화할 수 있는 선들의 평형선을 넘을 수 있다. 현재의 평균적인 과시가 평형선 아래 혹은 위에 있든, 집단은 평형상태로 돌아가는 방향으로 진화할 수 있다. 그림 11.30b의 집단의 경우, 평균 과시가 위로 혹은 평형선 아래를 향해 진화할 때, 선호도와 연관된 반응은 그것을 훨씬 더 멀리 운반한다. 이것이 폭주선택이다.

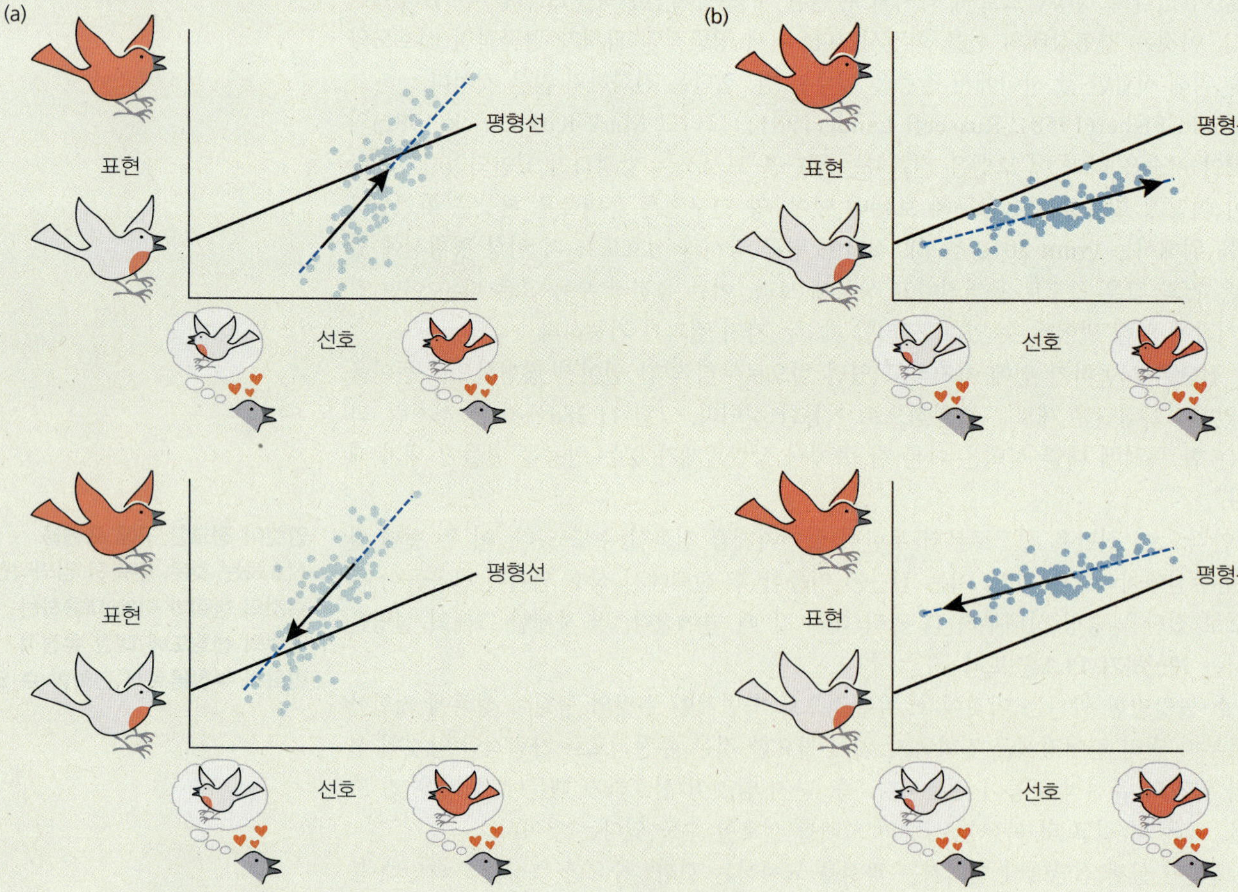

(a) (b)

표현 평형선 선호

그림 11.30 평형상태로부터 떨어진 집단은 돌아갈 수도 그렇지 않을 수도 있다

도를 보인다. 한 예로, Aaron Owen과 동료들(2012)은 암컷 제브라피쉬(*Danio rerio*)가 붉은 글로피쉬 수컷과 보통의 수컷에 선호를 보이는지 아닌지를 실험했다(**그림 11.31**). 붉은 글로피쉬는 붉은 형광 단백질을 생산하도록 유전적으로 만들어진 제브라피쉬이다. 다양한 환경에서 길러진 암컷을 포함하여 수행한 네 가지의 실험 전체에 걸쳐, 모두는 아니어도 대부분의 암컷이 보통의 수컷보다 글로피쉬 수컷 근처에서 더 많은 시간을 보냈다.

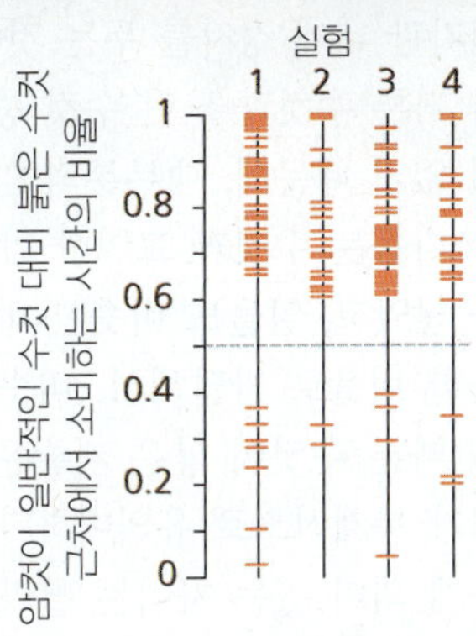


**그림 11.31 암컷 제브라피쉬는 붉은 형광빛의 수컷을 선호한다** 각각의 표시는 한 암컷을 나타낸다. 모든 실험에서, 선택을 한 암컷은 보통의 수컷보다 붉은 형광색의 수컷 곁에서 평균적으로 유의미하게 많은 시간을 보냈다. Owen et al. (2012)에서 다시 그린 그래프.

암컷이 까다로운 종에서 한 쪽을 선택하는 것이 다른 쪽에서 반응을 내는 것과 같은 유전적 상관관계가 선호도와 과시 사이에 나타난다는 것이 기록되어 있다. Gerald Wilkinson과 Paul Reillo(1994)의 눈자루파리에 대한 연구가 한 가지 예이다. 눈자루파리는 길고 얇은 대 위에 눈을 가지고 있다. 양쪽 성에서 큰 파리가 더 긴 눈자루를 가지고 있지만, 수컷은 암컷보다 몸 크기보다 더 긴 자루를 가지고 있다. 파리는 낮에 혼자 움직이며 썩은 식물에서 먹이를 찾는다. 파리는 저녁에 튀어나온 시내 둑 밑, 밖으로 노출된 뿌리 털에 작은 그룹으로 들러붙어 밤을 보낸다(**그림 11.32a**). 새벽과 해질 무렵, 함께 모여 있는 파리는 종종 서로서로 짝을 짓는다.

Wilkinson과 Reillo는 눈자루파리(*Cyrtodiopsis dalmanni*)들을 말레이시아에서 모아 세 개의 실험집단을 만들었다. 하나는 비선택적 계보로 연구자들은 생식 대상을 무작위로 선택했다. 다른 집단은 긴 선택적 계보로, 연구자들은 암컷은 무작위로, 수컷은 특히 긴 눈자루를 가진 개체를 선택했다. 세 번째 짧은 선택적 계보는, 연구자들이 암컷은 무작위로 수컷은 특별히 짧은 눈자루의 수컷을 선택했다. 13세대 이후, 집단은 눈자루 길이로 상당히 분기되어 있었다.

그러고 나서 Wilkinson과 Reillo는 암컷의 선호도를 분석하기 위해 쌍선택실험을 수행했다. 각 실험에서, 다섯 마리의 암컷은 두 마리의 수컷과 우리를 공유했다. 한 마리의 수컷은 긴 선택적 계보 출신이었고, 다른 한쪽은 짧은 선택적 계보 출신이었다. 수컷은 투명한 플라스틱 장벽으로 분리되어 있고, 각각 자리를 잡을 수 있는 인공 뿌리털을 가지고 있었다. 장벽의 가운데에는 암컷이 앞뒤로 이동하기에 충분한 크기의 구멍이 있었다. 하지만 긴 눈자루 때문에 수컷에게는 너무 작아 구멍이 맞지 않았다. Wilkinson과 Reillo는 어떤 수컷이 더 많은 암컷을 끌어들이는지를 확인하기 위해 관찰했다. 통제집단과 긴 선택적 계보의 집단 양쪽에서는, 더 많은 암컷이 긴 눈자루의 수컷과 함께 있기를 선택했다. 그러나 짧은 선택적 계보에서는, 더 많은 암컷이 짧은 눈자루의 수컷과 함께 있기를 선호했다(그림 11.32b). 수컷의 짧은 눈자루를 인위적으로 선택한 것이 암컷의 짝에 대한 선호도를 변화시켰다.

(a)

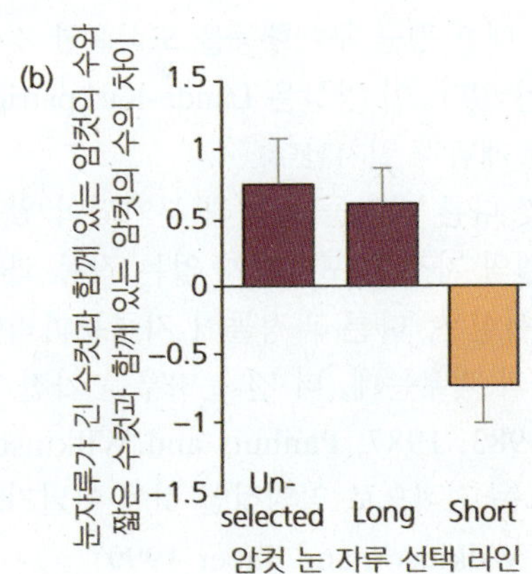


**그림 11.32 구애행동과 선호도의 상호 연관된 진화** (a) 뿌리털에 있는 눈자루파리(*Cyrtodiopsis whitei*). 가장 큰 것이 수컷이고 나머지는 암컷이다. Gerald S.Wilkinson, 메릴랜드대학. (b) 비선택적 계보와 긴 선택적 계보의 암컷은 긴 눈자루의 수컷을 선호했다($p$ = 0.0033; $p$ = 0.005). 짧은 선택적 계보의 암컷들은 짧은 눈자루의 수컷을 선호했다($p$ = 0.023). Wilkinson and Reillo (1994)에서.

암컷의 선호도와 수컷의 과시는 자기 강화적일 수 있다. 점박이오이딱정벌레(*Diabrotica undecimpunctata howardi*)가 예이다. 암컷은 그들이 어떤 냄새를 풍기는지를 보고 어느 정도는 수컷을 구별해낸다. 그러나 대부분의 경우, 암컷은 수컷이 교미하는 동안 어떻게 행동하는지에 근거하여 수컷이 난자를 수정시키는 것을 허락할지 말지를 결정한다(그림 11.33). 그들이 교미하는 동안, 수컷은 암컷을 쓰다듬는데 더듬이를 사용한다(Tallamy et al. 2002). 더듬이의 움직임이 빨라질수록 암컷의 근육이 이완되어 수컷이 생식기관 내에 정자를 두는 것이 더 쉬워진다. Douglas Tallamy와 동료들(2003)은 더듬이가 빠른 수컷과 느린 수컷 중 한 쪽과 짝을 짓게끔 암컷을 무작위로 배정했다. 선택 사항이 없기 때문에, 대부분의 암컷은 결국 배정받은 수컷들로부터 정자를 받아들였다. 빨리 쓰다듬는 수컷과 교미한 암컷과 느리게 쓰다듬은 수컷과 교미한 암컷은 비슷한 수의 알을 낳았고, 알들도 비슷한 비율로 부화하는 것이 관찰되었다. 두 그룹의 암컷의 자손은 비슷한 비율로 발달해서, 비슷한 크기가 되었고, 비슷한 생식력을 누렸다. 느린 수컷에 비해 빠른 수컷이 낳은 자손은 성체가 될 때까지 어느 정도는 높은 비율로 살아남지만 차이가 통계적으로 유의미하지 않았다. 빠른 수컷과 느린 수컷의 자손 사이에 발견된 유일하게 의미 있는 차이는 빨리 쓰다듬는 수컷의 아들들이 빠르게 쓰다듬는 유형으로 자란다는 것과 결과적으로 암컷이 빨리 쓰다듬는 수컷의 정자를 받아들이는 비율이 느리게 쓰다듬는 수컷의 정자를 받아드리는 비율에 비해 두 배가 넘는다는 것이다.

**그림 11.33 교미 중인 점박이오이딱정벌레** 수컷은 왼쪽에 있다.

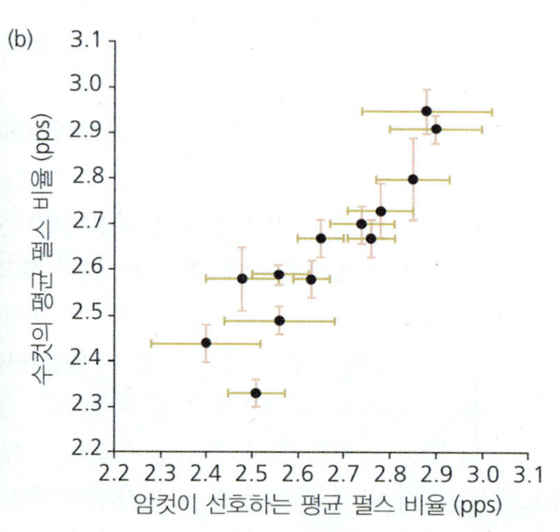


**그림 11.34 하와이 귀뚜라미의 구애행동과 선호도 간에 집단을 넘나드는 상관관계** 각 점은 암컷의 평균 선호도에 대한 수컷이 부르는 노래의 평균 파동 비율을 나타낸다. 오차막대는 95% 신뢰 간격을 보여준다. Grace and Shaw (2011)에서. Jaime Grace의 사진.

마지막으로, 집단은 표시와 선호도가 이어지는 평형선을 따라 진화하는 것으로 나타난다. Jaime Grace와 Kerry Shaw(2011)는 하와이의 빅 아일랜드에서 귀뚜라미(*Laupala ceresina*) 13개 집단의 수컷 짝짓기 노래의 평균 파동 비율과 암컷의 평균 선호도를 측정했다(그림 11.34a). 그림 11.34b는 평균 선호도에 대한 평균 구애행동을 도식화한 것이다. 수컷의 노래와 암컷의 선호도는 강하게 연관되어 있다. 이 양상은 Lande-Kirkpatrick 영모델에서 묘사된 기작에 의해 분기된 집단에 대한 개념과 일치한다.

물론 Grace와 Shaw의 귀뚜라미 집단들은 몇몇 다른 기작들에 의해 분기되어 왔을 수도 있다. 우리가 논의한 모든 예에서 적어도 모델의 가정에 포함되지 않는 작동 과정을 발견하는 경우에는 영모델은 배제될 수 있다. 사실은, 다른 과정들이 자루눈파리에서 작용하는 것으로 알려져 있다. 수컷은 다른 이들과 싸우는데, 더 긴 눈자루를 가진 개체가 보통 승리한다(Burkhardt and de la Motte 1983, 1987; Panhuis and Wilkinson 1999). 게다가, 긴 자루의 수컷에 대한 암컷의 선호는 전적으로 임의적인 것이 아닐지도 모른다(David el al. 1998; Wilkinson et al. 1998; Wilkinson and Taper 1999).

그러나 Richard Prum(2010)은 다른 요인이 작용하고 있다는 증거가 부족할 때, 우리는 암컷의 선호는 임의적이고 선호도와 과시(display)는 Lande-Kirkpatrick의 성선택에 의해 진화한다고 잠정적으로 가정해야만 한다고 주장했다. 마나킨의 정교한 구애 의식에 대한 비교 분석에 근거하여, Prum(1997)은 그 영모델이 수컷의 표시의 많은 요소의 진화에 대해 타당해 보이는 설명을 제공한다고 결론 내렸다.

다음부터 생각해 볼 암컷의 선택에 대하여, 그 영모델에서 시작하여 다른 특성을 추가해가며 설명해볼 것이다.

## 선택적 암컷은 이미 감각편향을 가지고 있을 수도 있다

앞서 언급한 모델에 추가될 가장 분명한 특징은 암컷의 선호도에 대한 자연선택일 것이다. 이 새로운 특징 하에 암컷에게 최대의 생존과 생식력을 부여하는 최적의 선호도가 있다. 이 추가 사항은 평형선을 한 점으로 붕괴시킨다(그림 11.35). 평균 선호도가 최량적합선호도이면서 평균 과시가 짝짓기 성공을 위한 최적의 과시와 생존을 위한 최적의 과시 사이에서 절충을 이룰 때만, 집단은 변하지 않고 남아 있을 것이다.

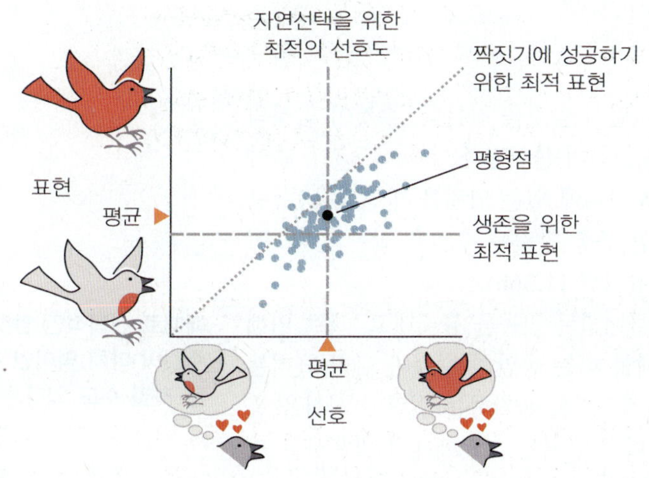


**그림 11.35 암컷의 선호에 대한 자연선택은 평형상태를 한 점으로 감소시킨다** Kirkpatrick and Ryan (1991)에서.

자연선택이 선호도에 작용했을 수도 있는 한 가지 이유는 암컷들이 단지 잠재적인 짝들을 구별하는 일보다 다른 많은 목적으로 감각 기관과 신경계를 사용한다는 것이다. 포식자를 피하고, 먹이를 찾고, 같은 종의 일원인지를 확인하는 것 같은 능력에 대한 선택은 암컷들이 특정한 표식에 특히 반응하게 하는 감각편향이라는 결과를 가져올 수도 있다(Enquist and Arak 1993 참조). 이런 양상의 반응성은 암컷이 반응하는 신호를 과시하는 수컷을 선택할 수 있다. 즉, 기존의 편향, 또는 감각활용, 가설은 암컷의 선호가 먼저 진화하고 수컷의 구애 행동이 뒤따른다고 여긴다.

물진드기류인 *Neumania papillator*에 대한 Heather Proctor의 연구는 가능한 감각활용에 대해 보여준다(1991, 1992). 이 종은 작은 담수동물로서 수생 식물에 둘러싸인 곳에서 지내며 잠복해 있다가 요각류를 사냥하여 살아간다. 물진드기는 빛은 감지하지만 상을 형상할 수는 없는 단순한 눈을 가지고 있다. 시각 대신 물진드기는 후각과 촉각에 아주 많이 의존한다. 수컷과 암컷 모두 Proctor가 그물 자세(net-stance)라고 부르는 자세를 취하면서 요각류를 사냥한다. 사냥 중인 진드기는 수생 식물 위에 네 개의 뒷다리로 짚고 일어나 몸을 세우고 네 개의 앞다리를 그물 모양으로 만들듯이 쭉 뻗는다. 진드기는 요각류가 헤엄치며 만들지도 모르는 물 안에서의 진동이 감지될 때까지 기다린다. 그리고는 진동의 근원이 되는 방향으로 몸을 돌려 그것을 꼭 잡는다.

*Neumania papillator*의 짝짓기는 교미를 포함하지 않는다. 대신에 수컷은 정포라고 불리는 정자를 담고 있는 기관을 수생 식물에 붙여서 암컷이 그것을 받아들이게끔 유도한다. 수컷은 정포를 지나 암컷 쪽으로 향하는 물살을 일으킴으로써 이를 해낸다. 물이 움직이면서 정포에서 나오는 페로몬이 암컷 쪽으로 운반된다. 암컷이 페로몬을 맡았을 때, 암컷은 정포를 집어들 수도 있다.

(a)

(b)

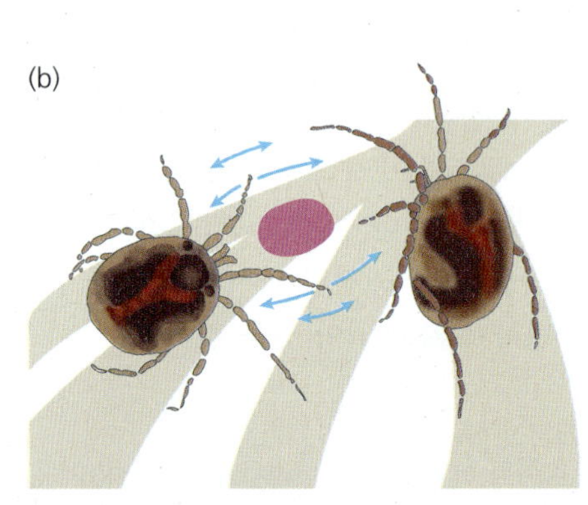

**그림 11.36 물진드기인 *Neumania papillator*의 구애** (a) 암컷(오른편)은 그물 자세를 취하면서, 요각류를 잠복 공격하기 위해 기다린다. 수컷은 암컷을 발견하고서 다리를 떨고 있다. (b) 암컷이 떨림에 반응하여 수컷을 향해 몸을 돌렸다. 수컷은 정포를 놓아두고 이제 정포를 지나치는 물살을 일으키고 있다. Proctor (1991)에서.

수컷 물진드기는 수생 식물 여기저기를 돌아다니면서 암컷을 찾는다. 수컷이 암컷의 냄새를 맡았을 때, 앞다리를 들어 올려 떨면서, 원을 그리며 들어간다(**그림 11.36a**). 만약 수컷이 막 자리를 떠난 이의 향기가 아니라 아직 그 자리에 있는 암컷을 발견했다면, 보통 암컷은 떨고 있는 수컷을 향해 몸을 돌린다. 또한 종종 암컷은 수컷을 잡곤 한다. 이때 수컷은 그의 정포를 두고 물살을 부치기 시작한다(그림 11.36b).

Proctor는 수컷의 다리떨기가 요각류에 의해 만들어지는 진동을 흉내내고, 그로 인해 암컷으로부터 포식 행동을 이끌어내기 때문에, 구애를 하는 동안의 수컷이 다리를 떠는 것으로 진화했다고 추측했다. 그녀는 현미경으로 물진드기를 관찰하는 일련의 실험을 통해 이 가설을 시험해보았다. 첫 번째로, Proctor는 다리를 떠는 수컷에게서 발생하는 진동의 주파수를 측정하여 요각류에 의해 발생하는 진동의 주파수와 비교했다. 물진드기는 초당 10~23회 주기로 다리를 떨었는데, 이는 초당 8~45회 주기인 요각류의 진동 범위 내에 들어가는 것이었다. 두 번째로, Proctor는 암컷이 혼자 있을 때, 요각류와 함께 있을 때, 그리고 수컷과 함께 있을 때, 암컷 물진드기가 그물 자세를 취하는 동안의 행동을 관찰했다. 요각류나 수컷이 함께 있지 않다면 그물 자세를 취한 암컷은 거의 몸을 돌리지도, 잡으려고 하지도 않았다. 그리고 수컷에 대한 암컷의 행동은 요각류에 대한 행동과 비슷했다. 세 번째로, Proctor는 배고픈 암컷과 먹이를 잘 먹은 암컷이 수컷 진드기에 어떻게 반응하는지 관찰했다. 배고픈 암컷은 배부른 암컷보다 더욱 유의미하게 수컷을 향해 몸을 돌려 그들을 잡았다. 모든 결과가 몸을 떠는 수컷의 구애행동이 암컷의 포식행동을 이용하기 위해 진화했다는 가설과 일치한다.

**때때로 선택적인 암컷은 구애하는 수컷이 마치 먹이인 것처럼 반응하는 것일 수도 있다.**

구애를 하는 동안 다리를 떠는 방법을 하는 수컷은 여러 방면에서 이익을 얻는다. 첫째, 수컷은 암컷이 실제로 있는지 아닌지를 확인하기 위해 떨림에 대한 암컷의 반응을 이용하는 것으로 나타난다. Proctor는 다리 떨기로 구애를 시작하는 수컷은 만약 암컷이 수컷을 꽉 움켜쥔다면 그렇지 않은 암컷일 때보다 정포를 더 잘 두는 것을 관찰했다. 둘째, 다리 떨기는 수컷이 자신을 받아들이는 암컷과 받아들이지 않는 암컷을 구별할 수 있게 하는 것으로 나타난다. Proctor는 수컷이 만난 암컷 중 구애행동을 시작한 후에도 자리를 지키는 첫 암컷에게 정포를 놓는 경향이 큰 것을 관찰했는데, 교미경험이 없는 암컷이 그렇지 않은 암컷보다 자리를 잘 지킬 가능성이 크다. 셋째, 수컷은 암컷이 어느 방향으로 향하고 있는지 확인하기 위해 다리 떨기에 대한 암컷의 반응을 이용하는 것으로 나타난다. Proctor는 우연에 의한 것이라 예측되는 것보다 더 수컷이 암컷의 앞에 정포를 놓는 것을 관찰했다. 이것은 암컷이 다리를 떨지 않는 가상 수컷의 정포보다 다리를 떠는 수컷의 정포를 잘 집어야만 한다는 것을 의미한다. 즉, 다리를 떠는 수컷이 더 높은 짝짓기 성공을 누릴 것이다. 이 결론은 성선택에 의해 다리 떨기가 진화되었으리라는 가설과 일치한다.

감각활용 가설의 한 가지 중요한 예측은 그물 자세는 수컷의 다리 떨기 이전에 진화되었다는 것이다. Proctor는 *Neumania papillator*와 연관된 몇 종류의 물진드기의 계통을 추론하기 위해 한 벌의 형태학상 특징을 사용하여 이 가설을 실험했다(계통수를 추론하는 방법은 4장에서 다루고 있다). 그녀는 어떤 종이 그물 자세를 취하고 어떤 종이 수컷이 다리를 떠는 구애행동을 보이는지에 주목했다. 그리고 나서 그녀는 단순한 진화적 시나리오가 더 개연적이라는 가정에 근거하여, 그물 자세와 다리떨기 구애행동이 진화했을 것으로 가장 그럴듯하게 보이는 계통수에서의 위치를 추론했다.

Proctor는 두 가지 진화적 시나리오 중 한 가지를 가장 적절한 것으로 결론을 내렸다(그림 11.37). 첫 번째 시나리오에서, 그물 자세와 다리 떨기 구애행동이라는 두 가지 형질은 두 가지를 모두 보이거나 혹은 하나의 형질만을 보이는 모든 종을 포함하는 분기점의 근원에서 진화했고, 다리 떨기는 나중에 한 번 사라졌다(그림 11.37a). 두 번째 시나리오에서는 그물 자세가 분기점의 근원에서 진화해서, 다리를 떠는 구애행동이 순차적으로 두 번 진화했다(그림 11.37b). 첫 번째 시나리오에서 나온 증거는 그물 자세가 다리 떨기 이전에 진화했다는 예측을 검증하기에 불충분하다. 이 시나리오 하에서, 우리는 한 형질이 다른 형질 이전에 진화했는지 또는 두 형질이 동시에 진화했는지에 대해 간단히 말할 수 없다. 두 번째 시나리오는 그물 자세가 먼저 진화했다는 예측과 일치한다. 어느 시나리오가 진실에 가장 근접한지는 아직 미지수로 남아 있다. 하지만 계통적 증거를 물진드기의 행동에 대한 관찰 자료와 결합시켰을 때, 프록터는 감각활용이 다리 떨기 행동의 진화에 대한 최고의 설명이라고 결론 내렸다.

수컷의 구애행동 과시가 암컷의 기존 감각 편향을 이용하는 방향으로 진화되었다는 것을 보이는 또 다른 예를 확인하고 싶다면, John Christy와 동료들의 농게에 대한 연구를 참조하라(Christy et al. 2003; Kim et al. 2007). 몇 종의 농게 수컷들은 암컷들을 구애하기 위해 굴 위에 모래로 된 덮개를 짓는다(그림 11.38). 연구팀은 그 덮개가 포식자를 피하기에 좋은 쉼터인 것처럼 보이기 때문에, 암컷들에게 덮개가 매력적이라는 증거를 발견했다.

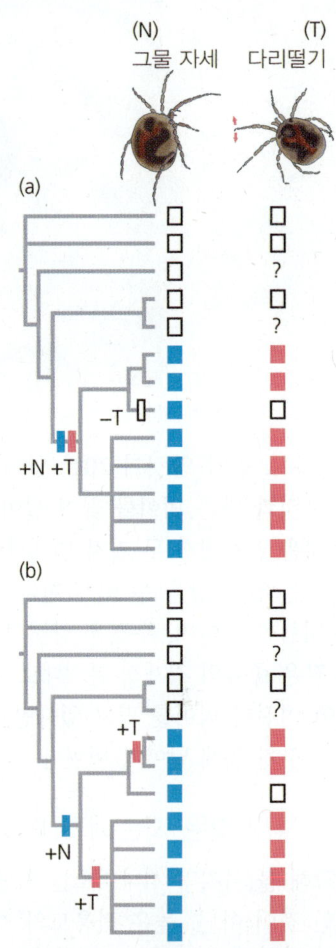


**그림 11.37** **물진드기 *Neumania papillator*와 몇몇 유연관계가 있는 종의 계통** 끝에 있는 상자는 그물 자세와 수컷의 다리 떨기 구애행동을 하는 종들을 나타낸다. 색이 칠해진 상자는 형질이 존재함을 보여준다. 빈 상자는 형질이 없음을 의미한다. 두 가지 버전의 계통수가 이 형질의 진화에 대해 가장 그럴듯한 시나리오를 보여준다. Proctor (1992)에서 다시 그림.

**그림 11.38** **짝을 유혹할 준비가 된 농게** 수컷의 굴 위를 덮는 모래 덮개는 암컷이 굴을 방문하게끔 만든다. John H. Christy, STRI의 사진.

## 선택하는 암컷들은 자원 획득을 통해 직접적으로 이득을 볼 수도 있다

자연선택이 암컷의 선호도에 영향을 줄 수 있는 또 다른 시나리오는 암컷이 짝짓기에 보이는 선호도를 통해 이점이 생기는 것이다. 많은 종에서 수컷은 먹이, 양육, 또는 암컷과 자식들에게 유용한 다른 자원을 제공한다. 만약 좋은 자원을 제공하는 자와 빈약한 자원을 제공하는 자를 구별하는 것이 가능하다면, 선택적인 암컷들은 제공되는 자원이라는 형태로 직접적으로 이득이 있다. Landy Thornhill(1976)이 연구한 매달리기참밑들이(*Bittacus apicalis*)가 그러한 경우이다. 매달리기참밑들이는 북미 동부 지역의 삼림에 살며 다른 곤충을 사냥한다. 수컷은 곤충을 잡은 후에 작은 나뭇가지에 매달려 암컷을 끄는 페로몬을 내보낸다. 암컷이 다가오면 수컷은 잡아 둔 먹이를 선물한다. 만약 암컷이 먹이를 받아들인다면, 암컷이 먹이를 먹는 동안 교미가 이루어진다(그림 11.39, 다음쪽).

먹이가 클수록 암컷이 먹는데 시간이 오래 걸리고, 교미도 오래 지속된다(그림

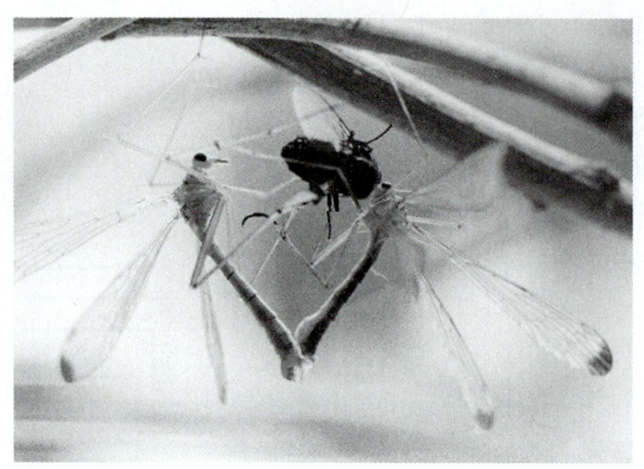

**그림 11.39 매달리기참밑들이의 구애와 교미** 암컷(오른쪽)은 수컷이 잡아서 선물해 준 검정파리를 먹는 동안 수컷과 교미한다. Neww Mexico University, Randy Thornhill의 사진.

11.40a). 만약 암컷이 20분 안에 식사를 마친다면, 암컷은 갑자기 교미를 그만두고 다른 수컷과 다른 먹이를 찾아 날아가 버린다. 암컷이 큰 선물을 가져오는 수컷을 선호하는 것은 암컷에게 두 가지 면에서 이익이 된다: (1) 암컷에게 더 많은 영양분을 제공하여 더 많은 알을 낳을 수 있게 한다. 그리고 (2) 암컷이 스스로 사냥하지 않아도 된다. 사냥은 위험한 일이며, 수컷은 암컷의 두 배 이상으로 거미줄에 걸려 죽음을 맞이한다. 수컷은 같은 종류의 경제적 분석대로 행동한다: 만약 가능한 모든 정자를 받아들인 후에도 암컷이 여전히 먹이를 먹고 있다면, 수컷은 선물을 다시 뺏어서 그것을 공유할 두 번째 암컷을 찾기 위해 날아가 버린다.

**선택적인 암컷은 때때로 그들의 짝으로부터 먹이나 다른 종류의 자원을 얻는다.**

## 선택적 암컷은 자손에게 더 나은 유전자를 얻을 수도 있다

생각해 볼 마지막 시나리오는 지난 두 시나리오에서처럼 자연선택이 암컷의 선호에 직접적인 것이 아닌, 높은 적응도의 자손을 낳는 것을 통해 간접적으로 영향을 미치는 것이다. 수컷에 의해 나타나는 과시는 유전적 질의 지표가 될 수 있다. 만약 매력적인 표시를 보이는 수컷이 덜 매력적인 표시를 보이는 수컷보다 유전적으로 우월하다면, 선택적인 암컷은 그들의 자손을 위해 더 나은 유전자를 손에 넣게 될 것이다(Fisher 1915; Williams 1966; Zahavi 1975). 좋은 유전자 가설(good gene hypothesis)의 수학적 모델에는 과시와 일반적인 생존 능력 사이에 필요한 유전적 상관관계는 시간이 지나면서 사라지는 경향이 있다(Kirkpatrick 1987). 만약 과시와 질병 저항성 사이에 유전적 상관관계가 있다면, 숙주와 병원체 사이의 끊임없는 무기 경쟁으로 인해 상관관계가 유지될 수 있다(Hamilton and Zuk 1982).

**선택적인 암컷은 때로 자손을 위해 더 나은 유전자를 얻는다.**

Allison Welch와 동료들(1998)은 정밀한 실험을 통해 긴 유인노래를 내는 수컷 회색

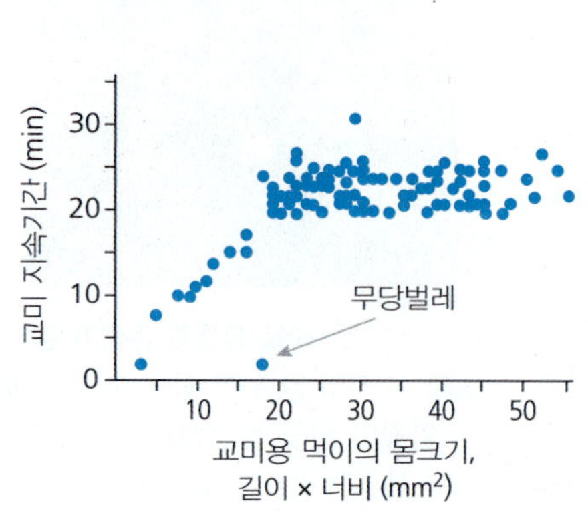


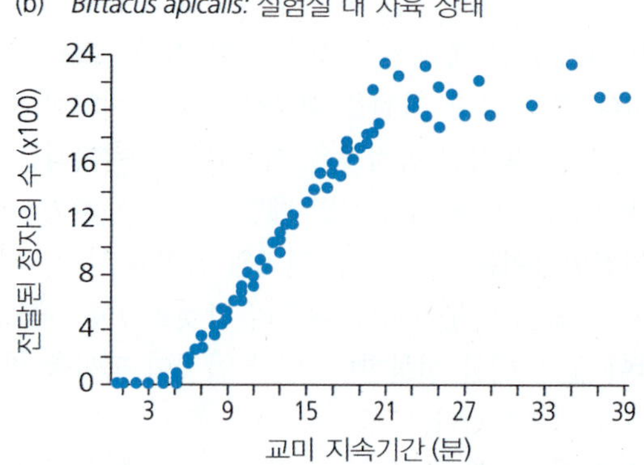


**그림 11.40 매달리기참밑들이 암컷의 선택** (a) 수컷이 제공하는 선물이 클수록, 이 짝은 길게 교미한다. 교미는 대략 20분쯤 뒤, 아직 암컷이 식사 중이어도 끝나게 된다. (b) 길게 교미할수록 암컷이 수컷으로부터 전달받는 정자는 많아진다. 수컷은 먹는데 적어도 5분은 걸리는 선물을 제공하며, 그렇지 않으면 암컷은 어떤 정자도 받지 않은 채 교미를 끝내버린다. Thornhill (1976)에서.

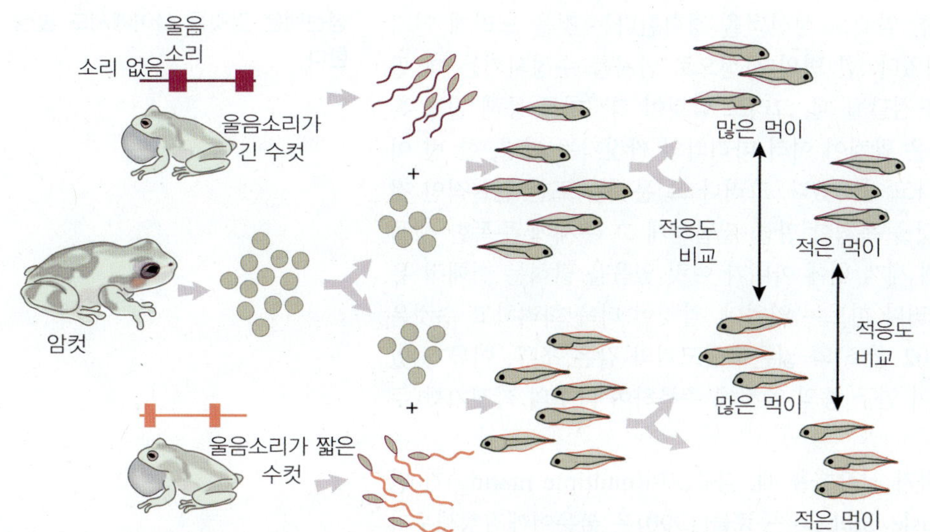


**그림 11.41 긴 유인노래의 회색청개구리 수컷이 짧은 유인노래의 수컷에 비해 유전적으로 우수한지 확인하는 실험** 전체적으로 실험에는 20마리의 다른 암컷으로부터 온 알이 각기 다른 25쌍의 수컷의 정자로 수정되었다.

청개구리가 짧은 유인노래를 내는 수컷보다 유전적으로 우수한지 조사했다(그림 11.41). 두 생식기 동안, 연구진은 야생의 암컷으로부터 수정되지 않은 알을 채취하여 각 암컷의 한배 알을 여러 무리로 분리했다. 그러고 나서 한 무리의 알들은 긴 유인노래의 수컷의 정자로 수정을 시키고 다른 무리는 짧은 유인노래의 수컷의 정자로 수정을 시켰다. 연구진은 알 무리에서 부화한 올챙이를 대상으로, 몇몇 올챙이들은 충분한 양의 먹이를 주어 기르고 올챙이의 나머지들은 제한된 양의 먹이를 제공했다.

이 실험 디자인은 Welch와 동료들이 이부형제, 즉 어미는 같고 아비는 다른 올챙이의 적응도를 비교할 수 있게 한다. 긴 유인노래의 수컷과 짧은 유인노래 수컷을 아비로 둔 올챙이들을 비교할 때, 어미가 같기 때문에 연구진은 어미의 유전적으로 기여한 부분에서 오는 통제되지 못한 차이에 대해 걱정할 필요가 없다.

Allison Welch와 동료들(1998)은 적응도와 관련된 자손의 발달사항 중 다섯 가지 요인을 측정했다: 유생 성장률(빠를수록 좋다); 올챙이 시기의 시간(짧을수록 좋다); 변태 시 질량(클수록 좋다); 유생의 생존 그리고 변태 후 성장(빠를수록 좋다)이다. 이를 비교한 결과가 그림 11.42에 나타나 있다. 긴 유인노래의 수컷의 자손 대 짧은 유인노래 수컷의 자손 사이에 18가지를 비교했을 때, 긴 유인노래의 자손에 의한 유의미한 차이나 더 나은 성과는 없었다. 짧은 유인노래 수컷의 자손은 더 나은 부분이 전혀 없었다. 전체적으로 긴 유인노래 수컷의 자손이 유의미하게 더 나은 적응도를 가지는 것으로 나타났다. 이 결과는 좋은 유전자 가설과 일치한다. 적어도 긴 유인노래 수컷과 짧은 유인노래 수컷 사이의 한 가지 유전적 차이는 올챙이일 때 더 게걸스럽게 먹이를 먹는다는 것이다. 심지어 포식자들이 있을 때도 말이다(Doty and Welch 2001). 긴 유인노래의 개구리와 짧은 유인노래의 개구리 사이의 다른 유전적 차이의 성질에 대한 연구는 아직 진행 중이다.

암컷의 선택에 대한 탐험을 통해 무엇보다 중요하게 배운 것은 생존 여부에 대해 지나치게 비싼 값을 치르게 되더라도 수컷의 짝짓기 과시의 진화가 다양한 기작을 통해 일어날 수 있다는 것과 각기 다른 기작들이 각각 다른 종들에서 작용한 것으로 나타난다는 것이다.

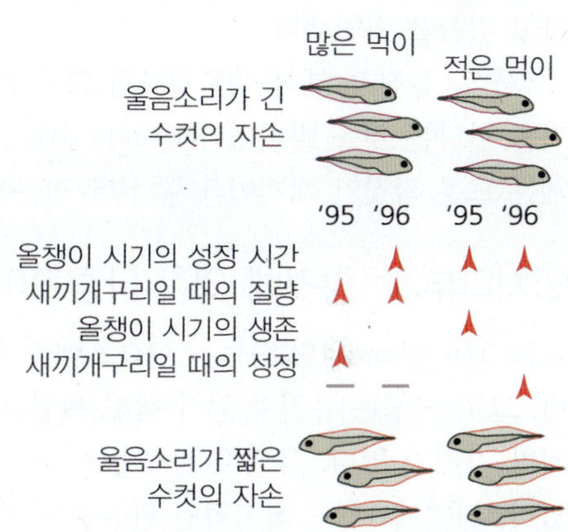


**그림 11.42 긴 유인노래 수컷 대 짧은 유인노래 수컷의 자손 적응도** 화살표는 긴 유인노래 수컷의 자손이 더 나음을 의미한다. 빈 곳은 유의미한 차이가 없음을 나타낸다. –(대시선)은 얻은 데이터가 없음을 나타낸다. 전체적으로, 긴 유인노래의자손이 짧은 유인노래 수컷을 아비로 둔 이부형제들 보다 유의미하게 더 높은 적응도를 가진다($p < 0.0008$). Welch and colleagues (1998)에서.

## 11.4 암컷의 성선택

앞서 생물학자들이 암컷이 구혼자를 능동적으로 가려낸다는 사실을 받아들이는데 느렸다는 것을 언급했다. 생물학자들은 또한 암컷도 성선택을 경험한다는 것을 느리게 인지했다. 그 문제의 일부는 개념적인 것이었다 .한 번의 사정으로 난자를 수정시키는 데 필요한 것보다 어마어마하게 많은 정자가 전달될 때, 그리고 암컷이 짝짓기를 통해 질병 혹은 다른 위험에 노출될 때, 생물학자들은 암컷이 여러 마리와의 짝짓기는 커녕, 한 번 이상의 짝짓기로부터 얻는 것은 거의 없다고 생각했다. 그러나 그 문제는 또한 현실적인 것이기도 했다. 여러 번 짝짓기를 하는 것을 목격할 만큼 밀접하게 그 주제에 주목한 생물학자가 많지 않았다. 한배 알 혹은 한배 새끼 내에 아비가 여럿 있음을 밝히는 현대적 유전자 검사가 발달되어 있지 않았다. 그러나 힌트는 있었다. 암컷이 더욱 화려하고 수컷은 자손을 양육하는 호사도요(Knight 2002 참조)와 넓은코실고기와 같은 조류, 어류가 있었다. 그리고 Sarah Hrdy(1979)와 같이 연구 종의 암컷에 주목하여 다수의 짝짓기를 주장한 생물학자들도 있었다.

성선택은 암컷들 사이에서도 발생한다.

생물학자들이 유전자 검사를 사용하기 시작했을 때, 다중교미(multiple mating)가 만연하다는 것을 발견했다. 예를 들어, Lisle Gibbs와 동료들(1990)은 붉은어깨검정새두가족을 검사했다. 양 둥지에서, 몇몇 새끼들은 어미의 사회적 짝이 아닌 이웃하는 영역을 가진 수컷을 아비로 두고 있었다. Elizabeth Gray(1997)는 워싱턴 주 동부의 붉은어깨검정새의 전체 집단에서 짝외교미(extrapair copulation)의 빈도를 평가하기 위해 DNA 지문분석법을 사용했다. 그녀는 한 일정한 생식기에, 전체 둥지의 50%에서 64% 가량이 적어도 한 마리의 새끼가 사회적인 부모보다는 다른 수컷에 의해 낳아졌다고 추정했다. 생물학자들은 비슷한 방법으로 사회적으로 일부일처인 많은 새들이 빈번히 짝외교미를 하고 있음을 발견했다.

사실, 유전자 분석법은 굉장히 많은 동물 종의 암컷들이 한 마리 이상의 수컷과 짝짓기를 한다는 것을 밝혀냈다(Knight 2002 참조). 밝혀진 바대로, 진정한 의미의 일부일처제는 드문 짝짓기 체계이다. 확실한 질문은 이것이다: 왜일까?

## 일처다부제: 암컷에 의한 다중교미

John Hoogland(1998)는 구니슨프레리독(*Cynomys gunnisoni*)의 일처다부제를 연구했다. 그의 연구는 유전자 검사 대신 세심한 관찰에 의지한 것이기 때문에 일반적이지는 않지만 가치가 있다. 유전자 검사는 수컷 한 마리 이상의 새끼를 가진 암컷들을 가려낼 수 있다. 거기에 더해, 직접적인 관찰을 통해 임신 또는 출산으로 이어지지 않은 교미를 확인할 수 있다. 프레리독은 굴 아래에서 교미를 하기 때문에 Hoogland는 교미를 목격한 것은 아니었다. 하지만 그는 프레리독이 땅 위에서 하고 있는 행동을 토대로 추론할 수 있었다. 교미 전 혹은 그 후에, 다른 행동들 중에서도 수컷 프레리독은 종종 독특한 유인 노래로 짖어 댔다.

7년이 넘는 연구 기간, 15,000 인시간분의 관찰을 통해 Hoogland와 그의 보조원들은 200마리 이상의 암컷 프레리독의 짝짓기 행동과 생식성공도에 대한 자료를 모았다. Hoogland는 암컷의 65% 이상이 한 마리 이상의 수컷과 교미를 했고, 이 중 몇몇은 수컷 네다섯 마리와 교미를 했다는 것을 알아내었다. 암컷에게는 다수의 짝을 찾는 이유가 있다. 하나 혹은 두 마리의 짝을 둔 암컷은 임신과 출산에 이르는 확률이 92%였던 반면, 셋 혹은 그 이상의 짝을 둔 암컷은 그 확률이 100%였다. Hoogland는 그 이유를 몇몇 수컷이 영구적으로 불임이거나 일시적으로 정자가 없었을 것이라 생각한다. 암컷 프레리독은 1년에 단 한번 짧은 기간에만 가임 상태이다. 한 마리 이상의 수컷과 교미를 함으로써, 암컷은 자신의 모든 난자를 수정시킬 수 있을 만큼의 생명력 있는 정자를 충분히 얻는 기회를 늘린다.

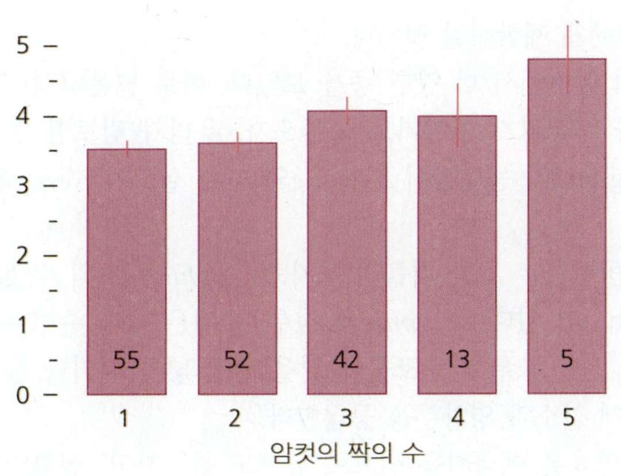


**그림 11.43 암컷 구니슨프레리독은 다수의 수컷과 교미함에 따라 생식성공이 증가한다** 그래프의 막대는 새끼들이 처음 땅 위로 나온 날의 평균 한배 새끼 수 ±1 표준 오차를 보여준다. 막대에 있는 숫자는 각 유형에 속한 암컷의 수를 보여준다. 한배 새끼 수는 암컷의 짝의 수와 상관관계가 있었다($r = 0.226$; $p = 0.003$). Hoogland (1998)에서 다시 그림.

출산을 한 암컷들 중에서, 새끼가 땅 위로 처음 나오는 날의 한배 새끼의 수는 짝의 수에 따라 증가한다**(그림 11.43)**. 이 양상은 어느 정도는 제3의 요인인 암컷의 몸 크기와의 연관성 때문일 수도 있다. 몸집이 큰 암컷은 더 많은 새끼를 임신할 수 있다. 또한 큰 암컷은 사랑의 감정에 빠진 수컷에게서 더 많은 관심을 끌 수도, 수컷이 다른 수컷을 찾지 못하게 하는 것에 저항할 수도 있다. 하지만 몸 크기와의 연관성이 전체를 설명해 주진 않는다. Hoogland가 연관성을 제거하는 통계적 방법을 사용했을 때, 더 많은 짝을 둔 암컷은 여전히 더 많은 한배 새끼를 두었다. 이는 다른 아비를 둔 새끼들 사이에 유전적 다양성이 증가되기 때문일 수도 있다. 암컷의 새끼들이 유전적으로 더 다양할수록, 같은 질병이나 기생충에 의해 모두가 죽을 가능성이 줄어든다. 혹은 정자 경쟁이 유전적으로 높은 정자가 난자를 수정시킬 기회를 증가시킬지도 모른다. 정확한 이유가 아직 밝혀지진 않았지만, Hoogland의 결과는 구니슨프레리독 암컷이 성선택을 겪는다는 것을 보여준다.

**암컷은 종종 한 마리 이상의 수컷과 짝짓기를 하는 것에서 이득을 본다.**

몇몇 종에서, 다수의 수컷과 교미함으로써 얻는 이익을 얻기 위해 암컷이 같은 파트너와 두 번 교미를 하는 것을 피하게 돕는 특별한 기작의 진화를 이끈다. 예를 들어, 특정한 선택에서, 암컷 귀뚜라미(*Gryllodes sigillatus*)는 새로운 수컷과의 교미와 이미 기존에 있던 짝과의 교미에서 확실한 선호도를 보여준다. 암컷은 수컷이 풍기는 냄새와 같은 것을 기억함으로써 같은 수컷과 두 번 교미하는 것을 피하는 것일까? 혹은 암컷이 그들만의 잘 지워지지 않는 향을 인지하는 것일까? Tracie Ivy와 동료들(2005)은 귀뚜라미 암컷이 새로운 수컷과 이미 교미를 했던 수컷과 근친교배 형제인 수컷 사이에서 선택을 하게끔 놔두었다. 암컷은 수컷들을 구별을 하지 않았다. 하지만 연구진이 암컷에게 새로운 수컷과 암컷의 근친교배 자매와 교미했던 수컷 중에서 선택을 하게 하자, 대부분은 새로운 수컷들을 선택했다. Ivy와 동료들은 귀뚜라미 암컷이 짝에게 냄새로 표시를 해두고 그래서 후에 그들을 피할 수 있는 것이라 결론 내렸다.

## 성선택이 수컷보다 암컷에서 더 강할 때

11.1절에서, 우리는 수컷과 암컷에 작용하는 성선택의 상대적인 강도를 알면 각 성별이 짝짓기를 하기 위해 어떻게 접근하는지 예측 가능하다고 논했다. 강도가 센 선택을 받는 성별은 경쟁적이어야 하며 다른 한 쪽은 선택적이어야 한다. 우리는 성선택이 수컷에서 더 강할 때 이 예측이 확인되는 것을 보았다. 암컷에게서 더 강할 때는 어떤 일이 벌어질까?

**수컷이 자손에게 더 많이 투자하고, 그럼으로써 수컷이 암컷에게 제한적인 자원이 되는 종은 성선택의 규칙을 검증할 수 있는 귀중한 기회를 제공한다.**

수컷이 양육을 제공할 때, 수컷보다 암컷에게 성선택이 더 셀 가능성이 크다. 아비가 어린 자녀들을 보살필 때, 수컷의 자녀당 양육투자는 암컷의 양육투자에 필적할 만하거나 그보다 더 크다. 수컷이 자녀를 보살피는 종에는 인간, 많은 종류의 어류, 개구리 종의 약 5%, 어류 종의 90% 이상이 포함된다. 실제로 수컷들이 암컷보다 자식당 더 많은 것을 투자할 때, 짝에 대한 접근은 암컷에게 제한적일 것이다.

그림 11.12에서, 우리는 성선택이 암컷에서 더 강한 종을 보았다. 바로 넓은코실고기인 *Syngnathus typhle*이다. 이제 다시 실고기 이야기로 돌아오자. 우리가 검토할 연구는 Gunilla Rosenqvist, Ander Berglund와 동료들이 *S.typhle*와 다른 실고기 *Nerophis ophidion*에 대해 수행한 것이다.

실고기는 수컷이 모든 양육을 제공한다는 것을 떠올려 보자. *N. ophiodion*의 수컷은 복부에 육아를 위한 부분(brood patch)이 있다 *S. typhle*의 경우, 수컷은 육아 주머니를 가지고 있다. 두 종의 암컷은 수컷의 육아를 위한 구조물에 알을 직접 낳아 넣거나 올려둔다. 수컷은 알이 부화할 때까지 알에 산소와 영양분을 공급한다.

수컷 실고기가 제공하는 엄청난 양육은 에너지를 필요로 함에도 불구하고, 실고기의 생식에 중추적인 화폐는 에너지가 아닌 시간이다(Berglund et al. 1989). *N. Ophidion*과 *S. typhle* 두 종의 암컷은 수컷이 알을 길러 부화시키는 것보다 더 빠르게 알을 만들어낼 수 있다. 그 결과, 수컷의 육아 구역에 접근하는 것이 암컷의 생식성공을 제한한다. 만약 우리가 발전시켜온 성선택 이론이 옳다면, 실고기의 암컷들은 짝에 접근하기 위해 경쟁을 해야만 하고 수컷들은 선택적이어야만 한다.

*N. ophidion*의 경우, 암컷은 수컷보다 크고 수컷에게는 없는 두 가지 형질을 가지고 있다: 어두운 파란색 줄무늬와 복부의 피부 주름이다. 이 형질들은 우선적으로 짝을 유인하기 위한 광고의 기능을 하는 것으로 나타난다. 암컷들은 생식기 동안 피부 주름을 발달시키고 그 후엔 잃어버린다. 사육 상태의 암컷들은 수컷이 있을 때만 피부 주름을 발달시켰다(Rosenqvist 1990). 쌍선택검사에서(**그림 11.44a**), *N. ophidian* 수컷은 선택적이면

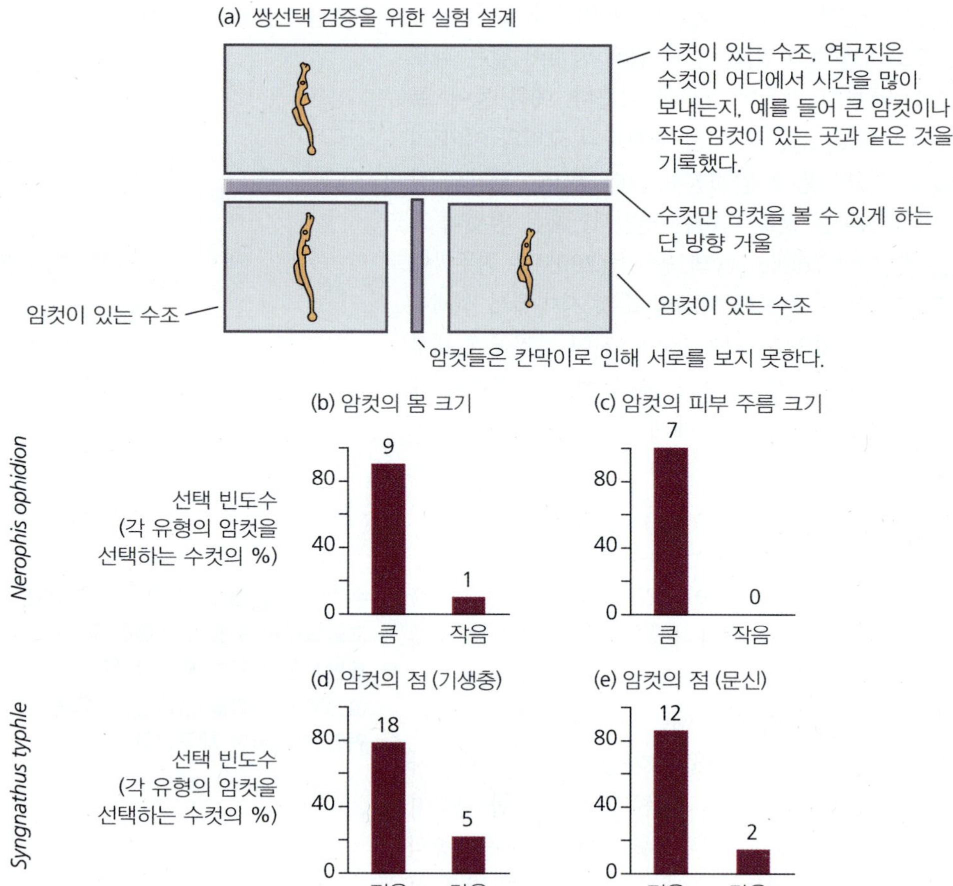


**그림 11.44 실고기에서의 수컷의 선택** (a) 쌍선택 검사에서, 연구진은 두 마리의 암컷을 볼 수 있는 수족관에 수컷 실고기를 두었다. 연구진은 수컷이 짝으로서 선호하는 암컷이 있는 곳에서 더 많은 시간을 보낼 것이라 추론했다. (b)~(d)에서 막대기 위의 숫자는 실험한 수컷의 숫자를 말한다. Rosenqvist and Johansson (1995)에서. (b) 수컷 실고기는 큰 암컷을 선호한다($p$ = 0.022). Rosenqvist (1990)에서 다시 그림. (c) 수컷 실고기는 큰 피부 주름이 있는 암컷을 선호한다($p$ = 0.016). Rosenqvist (1990)에서 다시 그림. (d) 수컷 실고기는 기생충이 일으키는 검은 점이 적은 암컷을 선호한다($p < 0.05$). Rosenqvist and Johansson (1995)에서 다시 그림. (e) 기생충이 없는 암컷에게 점을 그려 넣었을 때에도, 수컷은 점이 적은 암컷을 여전히 선호한다. Rosenqvist and Johansson (1995)에서 다시 그림.

서 더 큰 암컷(그림 11.44b), 더 큰 피부 주름을 가진 암컷(그림 11.44c)을 선호한다. 반면, 암컷은 덜 선택적인 것으로 나타났다. 쌍선택 검사에서 암컷은 크기가 다른 수컷들 간을 구별하지 않는 경향을 보였다(Bergland and Rosenqvist 1993).

*S. typhle*에서, 수컷과 암컷은 비슷한 크기와 외양을 지녔다. 그러나 암컷은 옆면의 갈지자형 양상을 강화하기 위해 색을 바꿀 수 있다(Berglund et al. 1997; Bernet et al. 1998). 암컷은 수컷에게 접근하기 위해 서로 경쟁하며(Berglund 1991) 그러는 동안 어두운 몸의 색을 과시한다. 암컷은 구애행동을 개시하고 수컷보다 더 쉽게 짝짓기를 한다(Bergland and Rosenqvist 1993). 수컷들은 선택적이다(Bergland and Rosenqvist 1995). 쌍선택 검사에서(그림 11.44a) 수컷 *S. typhle*는 기생충에 감염되었음을 나타내는 검은 점이 적게 보이는 암컷을 선호했다. 검은 점이 실제로 기생충에 의한 것인지(그림 11.44d) 혹은 암컷의 몸에 그려진 것인지든(그림 11.44e) 간에 말이다. 기생충에 덜 감염된 암컷이 수컷이 수정을 시키고 길러내게 될 더 많은 알을 낳기 때문에, 이런 선택들은 수컷에게 직접적으로 이익이 된다.

실고기 수컷과 암컷의 짝짓기 행동은 성선택 이론과 일치한다. 행동이 이론을 뒷받침하는 "성 역할이 거꾸로 된" 종의 다른 예에는 쇠물닭(Petrie 1983), 뻑뻑도요류(Oring et al. 1991a,b; 1994), 물장군(Andersson 1994 참조), 그리고 여치의 몇몇 종(Gwynne 1981; Gwynne and Simmons 1990)이 포함된다.

## 11.5 식물의 성선택

성선택 이론은 동물에서처럼 식물에서도 적용될 수 있다.

때때로 식물은 성적으로 이형이다(Renner and Ricklefs 1995). *Catasetum* 속의 난에서 극적인 사례를 볼 수 있다. 각 식물 개체들은 각각 다른 시기에 수꽃과 암꽃을 만든다. 반대되는 성의 꽃들은 서로 다르며, 그래서 초기의 난 분류학자들은 수꽃이 있는 개체**(그림 11.45a)**와 암꽃이 있는 개체(그림 11.45b)를 다른 속으로 분류했다. 호주의 초본

(a)

(b)

(c)

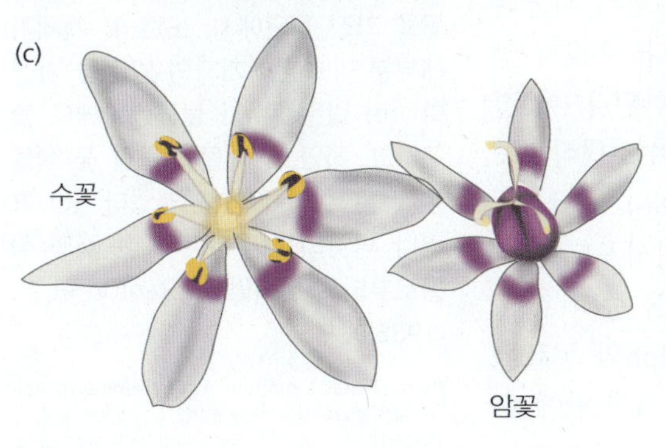


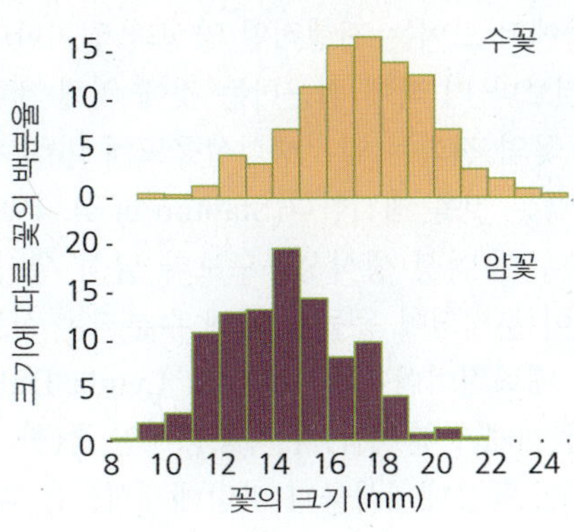


**그림 11.45 식물의 성적이형** 난인 *Catasetum barbatum*에서, 수꽃(a)과 암꽃(b)은 눈에 띄게 다르다. 사진 (b) Sharon Dahl에서 제공. 초본인 *Wrumbea dioca* (c)에서, 수컷이 더 큰 꽃을 피운다. Vaughton and Ramsey (1998)에서 다시 그림.

*Wurumbea dioica*은 더욱 전형적인 예를 제공한다. 수컷 개체는 암컷보다 더 큰 꽃을 피운다(그림 11.45c). 우리는 성선택이 동물의 성적이형을 설명할 수 있음을 보아 왔다. 성선택은 식물의 성적이형도 설명할 수 있을까?

동물의 짝짓기라는 맥락에서 발전시켜 온 성선택에 대한 생각의 대부분은 사실 식물에도 적용될 수 있다(Bateman 1948; Wilson 1979; 그러나 Grant(1995)를 참조). 식물에서, 짝짓기는 한 개체에서 다른 개체로의 화분의 이동을 수반한다. 수용체인 종자친(seed parent)은 열매를 맺어야만 한다. 그 결과, 종자친은 꽃가루만 만들어야 하는 화분기증자보다 씨앗당 생식을 위한 투자가 더 커질 수 있다. 화분이 동물에 의해 한 개체에서 다른 개체로 이동될 때, 식물이 짝에 접근하는 것은 화분매개자에 접근하는 것과 상관관계에 있다. 동물에서의 성선택 이론에 근거하여, 화분매개자로의 접근은 종자친의 생식성공도보다 화분기증자의 생식성공도를 더 크게 제한한다는 가설을 세울 수 있다.

Maureen Stanton과 동료들(1986)은 이 가설을 야생 무(*Raphanus raphanistrum*)에서 실험해 보았다. 야생 무는 자가불화합인 1년생 초본으로 꿀벌, 호박벌, 나비를 포함한 다양한 종류의 곤충에 의해 수분된다. 야생 무의 많은 자연집단은 하얀 꽃을 피우는 개체와 노란 꽃 개체의 혼합으로 구성되어 있다. 꽃의 색은 단일 유전자위 locus에 의해 결정된다: 흰색(*W*)은 노란색(*w*)에 대해 우성이다. Stanton과 동료 연구진은 동형접합인 흰꽃 무(*WW*)와 노란꽃 무(*ww*)에 대해 각각 8개의 연구 집단을 준비했다. 그 과학자들은 각 야생 무에 대해 화분매개자의 방문 횟수를 추적 관찰하여 여성과 남성 기능의 생식성공도를 측정했다.

여성기능을 통해 생식성공을 측정하는 것은 쉬웠다: 연구자들은 각 색의 식물에서 생산된 열매의 개수를 세었다. 남성적 기능을 통해 생식성공을 측정하는 것은 더 어려웠다 사실, 개별 식물의 단계에서는 불가능한 일이었다. 그러나 노란 꽃 종자친(*ww*)이 만약 노란 꽃 화분기증자(*ww*)와 짝을 맺는다면 노란 꽃 자손(*ww*)을 생산하고, 하얀 꽃 화분기증자(*WW*)와 짝을 맺는다면 하얀 꽃 자손(*WW*)을 생산할 것이라는 것에 주목하자. 즉, 노란 꽃 종자친이 생산한 씨를 기르고 그 꽃의 색을 기록함으로써, Stanton과 동료 연구진은 집단수준에서 하얀 꽃의 화분기증자와 노란 꽃의 화분기증자의 생식성공도를 비교할 수 있었다. 노란 꽃 종자친을 통해 확인한 화분기증자의 상대생식성공도는 두 가지 꽃색의 종자친을 통한 상대적 생식성공도의 타당한 추정치일 것이다. 그 과학자들은 이 실험을 세 번 반복해서 수행했다.

Stanton과 연구진이 이전 연구에서 예상했던 것처럼, 노란 꽃의 식물은 화분매개자 방문의 약 3/4를 얻었다(**그림 11.46a**). 만약 생식성공도가 화분매개자의 방문에 의해 제한된다면, 노란 꽃의 식물은 역시 생식성공도의 약 3/4를 얻을 것이다. 이것은 화분 기증을 통한 생식성공에서는 맞았다(그림 11.46c). 하지만 씨앗 생산을 통한 생식성공에서는 그렇지 않았다(그림 11.46b). 씨앗 생산을 통한 생식성공은 단순하게 각 유형의 식물의 수에 대한 비율이었다. 이 결과는 동물에서 보이는 전형적인 양상과 일치한다: 수컷의 생식성공은 암컷의 생식성공이 그러한 것보다 더 짝에 접근하는 것에 의해 제한된다. 이 결과는 또한 화분매개자를 끄는 화려한 꽃의 진화는 암컷생식성공도에 비해 수컷생식성공도에 미치는 효과에 의해 유도되어 왔다는 것을 제시한다(Stanton et al. 1986).

일반적으로 화분매개자의 방문 횟수가 여성 생식성공도보다 남성 생식성공도에 더 중요한 것이 사실이라면, 수꽃과 암꽃이 분리되어 동물에 의해 수분되는 식물 종의 경우, 꽃들이 이형이어야만 하며 수꽃이 더 매력적이어야 할 것이다. Lynda Delph와 동료들(1996)은 자웅이체인 종(수 개체와 암 개체가 분리됨)과 자웅동체인 종(한 개체 안에 수꽃과 암꽃이 분리되어 있음)을 포함하여 동물매개식물과 바람매개식물을 대상으로 하는

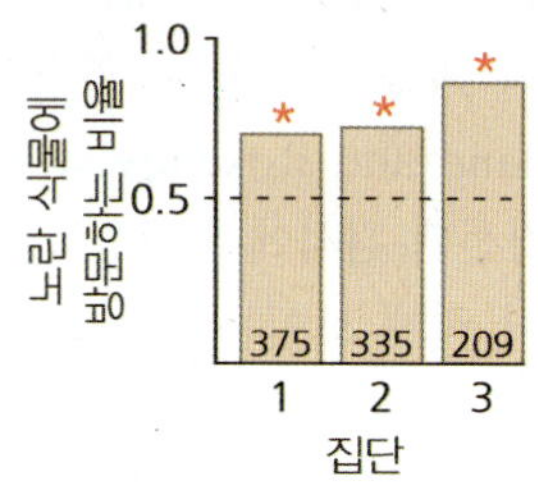


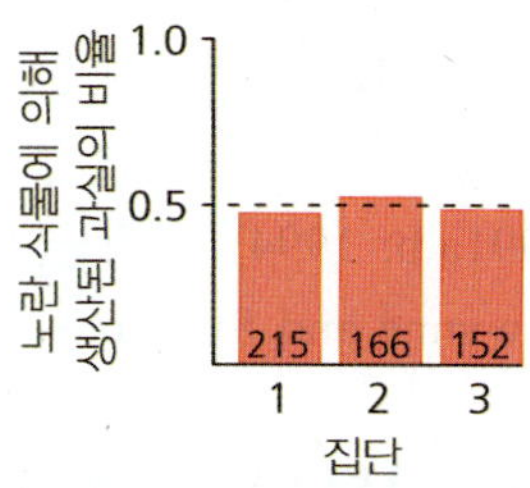


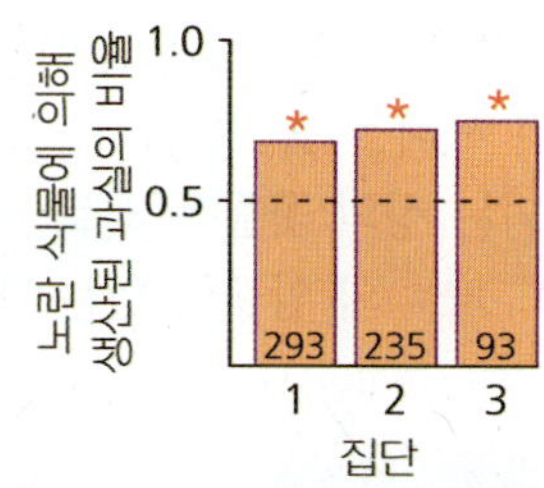


**그림 11.46 화분 기증을 통한 생식성공은 씨앗의 생산을 통한 생식성공보다 화분매개자의 방문에 더 큰 영향을 받는다** 각 막대 안의 숫자는 조사된 화분매개자의 방문 횟수(a), 열매 수(b), 씨앗 수(c)를 나타낸다. 별표로 표시된 막대는 0.5와 유의미하게 차이가 있는 높이를 가진다($p < 0.0001$). (a) 같은 수의 흰 꽃과 노란 꽃을 가진 집단에서, 노란 꽃 개체가 대부분의 화분매개자의 방문을 가졌다. (b) 방문횟수가 불균등함에도 불구하고, 하얀 꽃 식물과 노란 꽃 식물은 같은 수의 열매를 맺었다. (c) 그러나 씨앗의 대부분은 노란 꽃의 식물로부터 수분되었다. Stanton et al. (1986)에서.

From "Floral evolution: Attractiveness to pollinators increases male fitness," *Science* 232: 1625–1727, Figure 1. Reprinted with permission from AAAS.

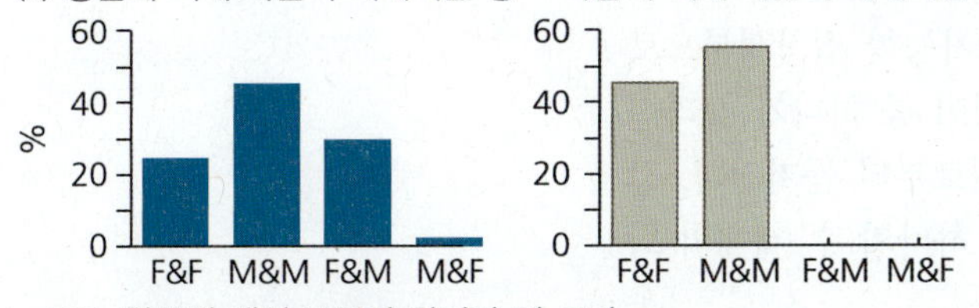


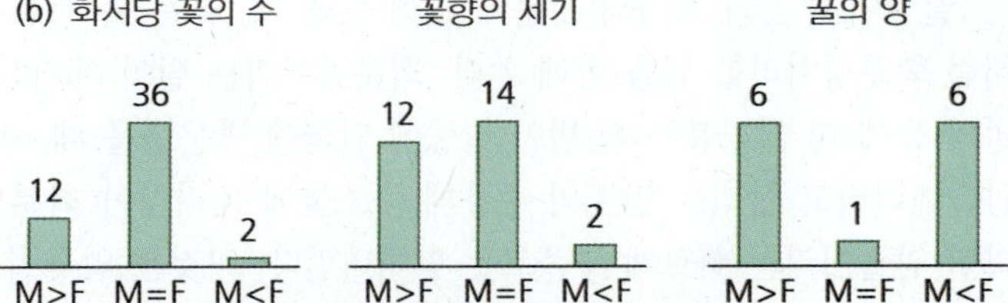


**그림 11.47 수꽃과 암꽃이 분리된 식물에서 성적이형의 양상** (a) 42종의 동물매개식물 중 29%에서(왼쪽), 암개체는 더 큰 생식적 부분을 가지지만 수개체가 더 큰 화피를 가지며, 이는 바람매개식물 종과는 확실하게 다른 양상이다($p < 0.001$). Delph et al. (1996)에서. (b) 동물매개식물이 화분매개자를 끄는 것에 대한 투자 부분에 성적이형인 꽃을 가지고 있을 때, 수 개체에 의한 투자는 연구된 세 형질 중 두 개에서 더 큰 경향이 있다($p < 0.01$; $p = 0.01$; 차이 없음). Delph et al. (1996)의 자료에서 다시 그림.

조사를 통해 이 가설을 검증했다.

Delph와 공저자들은 우선 꽃의 가장 화려한 부분인 꽃잎과 화피를 함께 형성하는 꽃받침이 화분매개자를 끌어들일 뿐 아니라 꽃이 꽃봉오리를 발달시키는 중일 때 생식 구조물을 보호하는 기능을 수행한다는 것에 주목했다. 만약 보호 기능이 화피의 유일한 기능이라면, 더 큰 생식적 부분을 담당하는 성의 개체가 항상 더 큰 화피를 가지고 있을 것이었다. Delph와 연구진이 측정한 11종류의 모든 바람매개식물이 이런 경우였다(그림 11.47a, 오른쪽). 그러나 만약 화분매개자를 유인하는 것 역시 중요하다면, 그것이 암식물에서보다 수식물에서 더 중요하다면, 암꽃이 더 큰 생식적 부분을 담당하지만 수꽃이 더 큰 화피를 가지는 종이 있을 것이었다. Delph와 연구진이 측정한 42종류의 동물매식물의 29%가 이러한 경우였다(그림 11.37a, 47a, 왼쪽). 게다가, 이형적인 종에서는 남성 기능이 화서당 꽃의 수와 꽃향기의 세기에는 더 크게 투자하는 경향이 있지만 꿀의 양에서는 그렇지 않았다(그림 11.37b). 이 결과는 화분매개자를 끄는 것을 통한 성선택이 종종 암꽃보다 수꽃에서 더 강하다는 가설과 일치한다.

**수컷의 생식성공도가 화분매개자에 대한 접근에 의해 제한되지만 암컷의 생식성공도는 그렇지 않을 때, 수꽃은 암꽃보다 더 화려한 모습으로 진화할 수도 있다.**

성선택은 이 절 초반에 소개한 성적이형의 특별한 예를 설명할 수 있을까? 초본인 *Wurmbea dioica*에서 수 개체가 암개체보다 더 큰 꽃을 피운다는 것을 떠올려보자. 이 식물은 벌, 나비, 그리고 파리류에 의해 수분된다. Glenda Vaughton과 Mike Ramsey (1998)는 벌과 나비가 높은 비율로 작은 꽃 보다는 큰 꽃에 방문한다는 것을 발견했다. 결과적으로, 작은 꽃보다 큰 꽃의 화분이 더 빨리 사라졌다. 만약 암 개체의 밑씨를 향한 경주에서 먼저 출발하는 것이 다른 수 개체의 화분을 이길 수 있게 한다면, 큰 꽃을 가진 수 개체에게는 화분을 더 빨리 내보내는 편이 이득일 것이다. 게다가, 크기가 큰 수꽃은 더 많은 화분을 만들고, 화분기증자는 승리할 기회가 많아지게 된다. 암 개체의 경우, 큰 꽃을 피워 내어도 어떤 이득도 얻지 못할 것이다. 암 꽃은 대게 모든 밑씨를 수정하기 위해 필요한 화분의 4배보다 더 많은 양의 화분을 받게 되므로, 씨 생산은 화분에 의해 제한되지는 않는다. 이 양상은 수컷에 대한 성선택이 꽃 크기의 성적이형에 원인이 있다는 가설과 일치한다.

드라마틱한 이형을 보이는 꽃을 피우는 식물인 *Catasetum*속의 난은 흔치 않은 수분 시스템을 가지고 있다. 이 난은 오직 수컷 유글로신벌에 의해서만 수분된다. 이 난들은 벌들이 짝을 유혹할 때 사용하는 시네올과 같은 향기로운 화학물질로 벌들을 유혹한다. *Catasetum*의 수꽃은 꽃가루덩이라고 불리는 화분을 함유한 단일 구조물을 싣고 있다. 꿀벌이 수꽃의 방아쇠 부분에 놀러 왔을 때, 꽃은 손가락 끝에서 고무줄을 날리는 것처럼 화분덩어리를 벌을 향해 쏜다. 화분덩어리는 벌이 제거하기 불가능한 접착성분으로 벌의 등에 딱 달라붙는다. 벌이 나중에 암꽃에 방문했을 때, 화분 덩이 중 하나가 갈라진 암술머리라고 불리는 암꽃의 수용체 구조물에 내려앉아 화분덩어리로부터 뜯겨진다. 갈라진 암술머리는 빠르게 부풀고는 닫혀버린다. 이것은 암꽃이 보통 하나의 수 개체의 화분만을 받는다는 것을 의미한다.

Gustavo Robero와 Craig Nelson(1986)은 *Catasetum ocharaceum*을 수분하는 꿀벌을 관찰했다. 연구진은 한 송이의 수꽃에서 화분덩어리에 쏘여진 후, 꿀벌이 다른 수꽃을 방문하는 것을 피하고 암꽃에서 먹이를 지속적으로 찾는 것을 발견했다. Romero와 Nelson은 *C. ocharaceum*의 꽃에서 성적이형을 설명하기 위한 다음의 시나리오를 내놓는다. 어떤 일정한 시간대에, 암꽃보다 수꽃이 더 많이 피어 있다. 암꽃이 오직 한 수꽃으로부터 온 화분을 받아들인다는 사실과 결부시켰을 때, 이것은 짝을 지을 기회를 얻기 위해 수꽃들 사이에 경쟁이 있음을 의미한다. 벌에 두 번째 화분덩어리가 붙으면 첫 번째 화분덩어리를 방해할 것이기 때문에, 이 경쟁은 더욱 강화된다. 벌을 끌어들여 화분덩어리를 실어준 수꽃은 만약 꿀벌이 다른 수꽃을 방문하지 못하게 할 수 있다면 선택적인 이익을 얻게 될 것이다. 그러므로 수꽃이 벌이 다른 수꽃을 피하도록 조련시키는 것은 암꽃을 피하도록 조련시키지 않는 한 적응적이다. 이 시나리오가 맞는다면 꿀벌에 화분덩어리를 강제적으로 붙이는 것과 성적이형인 꽃이 함께 납득이 된다. 두 가지 모두 짝짓기를 위한 경쟁, 즉 성선택 때문이다.

## 11.6 인간에서의 성적이형

이번 장에서 논의된 다른 생물처럼 인간은 성적으로 이형이다. 그림 11.48은 우리의 차이점 중 한 가지만을 기록한 것이다. 인간은 집단 내에서 그리고 집단 간에서 키 크기가 상당히 다양하지만, 거의 모든 곳에서 평균적인 남성은 평균적인 여성보다 10% 정도 더 크다. 이제 우리는 인간의 크기이형이 성선택의 결과인지 아닌지에 대해 묻고자 한다. 성선택은 짝짓기 행동과 관련되어 있기 때문에 이는 답하기 어려운 질문이다. 인간 행동의 진화적 의미는 적어도 두 가지 이유에서 연구하기가 어렵다.

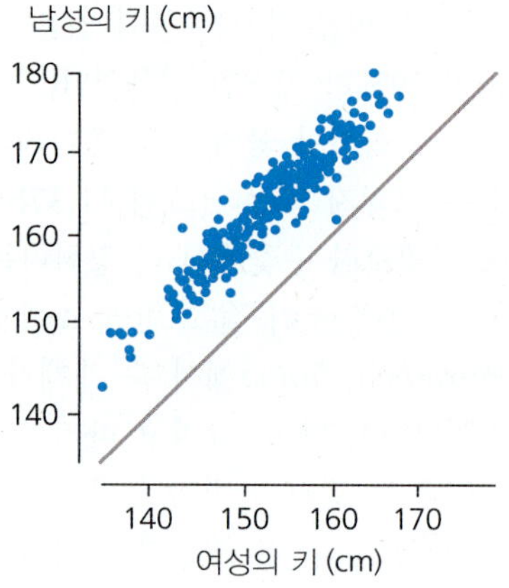


**그림 11.48 여성과 남성의 키 차이** 200개 이상의 인간 사회 각각에서, 남성 대 여성의 평균 키. 사선은 같은 값에 대한 것이다. Rogers and Mukherjee (1992)에서.

- 인간 행동은 문화와 생물학의 복잡한 조합에 의해 유도된다. 어느 한 문화권의 사람들의 행동에 근거한 연구는 이러한 두 영향력을 구분할만한 방법을 주지 않는다. 비교문화연구는 생물학적 설명을 요구하는 보편적인 형질 혹은 광범위하게 나타나는 행동을 찾아낼 수 있다. 그러나 문화적 다양성은 빠르게 감소하고 있고 몇몇 생물학자들은 진정한 의미의 비교연구는 더 이상 불가능하다고 느끼고 있다.
- 윤리 및 관습 사항들은 다른 종에서는 수행해 왔을지 모르는 많은 종류의 실험을 금지한다. 이는 인간 행동에 대한 대부분의 연구가 관찰연구임을 의미한다. 관찰연구를 통해 변수 간의 상관관계는 확인할 수 있지만 인과관계에 대한 증거는 거의 얻을 수 없다.

그러나 인간의 행동은 매혹적이고, 우리는 계속 인간의 성선택과 몸 크기에 대한 질문을 간략히 그러나 신중하게 다뤄 볼 것이다.

인간의 생식생물학의 가장 기본적인 지식은 남성의 생식성공도는 여성의 생식성공도보다 짝짓기 성공과 연관되기 쉽다는 것이다. 그림 11.49a는 핀란드의 산업화 이전 사회에 대한 자료로서 위의 예측과 일치한다. 적어도 한 번 결혼한 사람들 사이에서, 결혼을

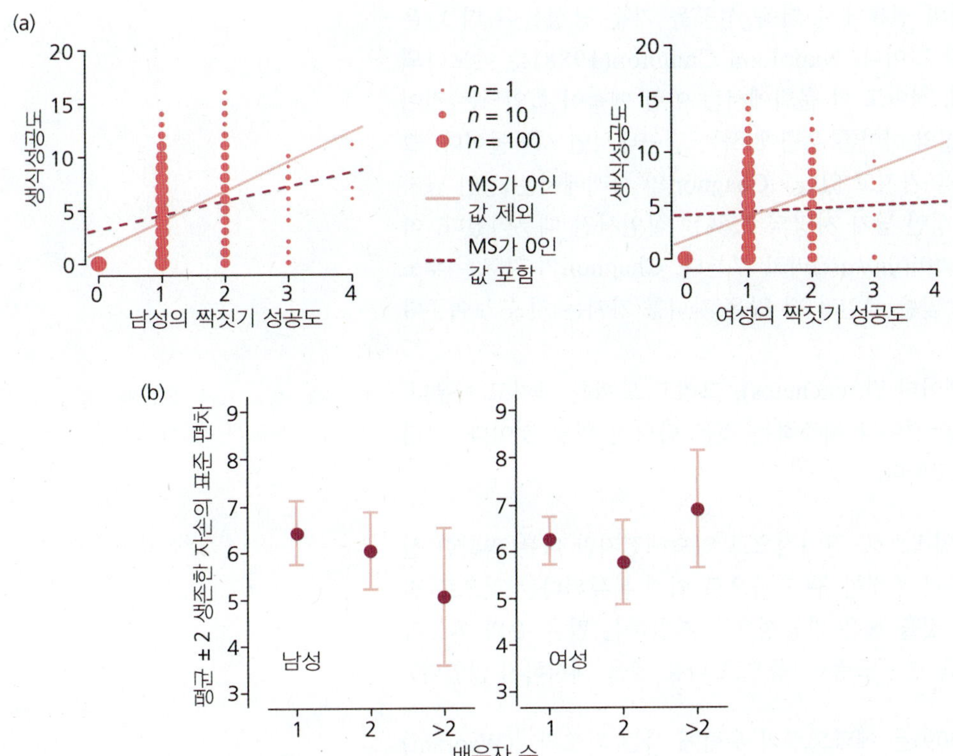


**그림 11.49 남성과 여성에서의 성선택** (a) 산업화 이전의 핀란드. Courtiol et al. (2012)에서. (b) 탄자니아의 원예 사회인 핌브웨. MS는 짝짓기 성공을 말한다. Borgerhoff Mulder (2009)에서.

추가적으로 하는 것은 남성의 생식성공도는 증가시키지만 여성의 생식성공도는 거의 늘어나지 않는다. 그러나 그림 11.49b는 이러한 예측과 일치하지 않는다. 이 데이터는 탄자니아의 소외된 원예 사회에서 나온 것이다. 짝짓기 성공과 생식성공도의 연관성은 확실히 집단들마다 다양하다. 우리는 다른 환경에서 다른 생식 전략을 추구하는 사람을 보더라도 놀라서는 안 된다(Brown et al. 2009). 사실 우리의 문화권에서도, 대부분의 사람들은 일부일처와 양육투자를 통해 생식성공을 추구하는 이와 높은 짝짓기 성공을 통해 생식성공을 추구하는 이를 모두 알고 있다.

논의상 성선택이 보통 여성보다 남성에서 더 강하다고 가정한다면, 보기에 가장 명확한 종류의 성선택은 남성 대 남성 경쟁이다. 이는 매우 많은 종들에서 남성 대 남성 경쟁이 남성의 몸이 큰 것에 대한 진화를 이끌었기 때문이다. 가끔, 남성들은 짝에 접근하기 위한 것 이상으로 그들끼리 경쟁을 하곤 한다. 하지만 여성들 내에서도 그런 일이 있다. 남성들이 더 격렬하게 경쟁을 하는 걸까?

살인이 갈등을 확실하게 암시하고, 실제적으로 모든 살인사건이 경찰에 보고된다는 추론 하에, Martin Daly와 Margo Wilson(1988)은 다양한 현대 문화와 전통 문화로부터 동성간 살인의 비율에 대한 자료를 수집했다. 모든 문화권에서, 여성이 여성을 살해하는 것보다 남성이 남성을 훨씬 높은 비율로 살해했다. 여성 대 여성의 살인사건에 비해 남성 대 남성의 살인 사건이 가장 균형적인 비율의 문화권에서, 남성은 동성 간 살인사건의 85%를 저질렀다. 여러 문화권에서 남성은 모든 동성 간 살인사건을 일으켰다. 미국과 캐나다에서 나온 자료는 남성 대 남성의 살인사건의 가해자 및 피해자의 대부분이 10대 후반, 20대, 그리고 30대 초반이라는 것을 보여준다. 이런저런 배경에서, 데일리와 윌슨은 남성 대 남성의 살인사건이 남성에서 더 많은 것이 성선택된 경쟁의 징후라고 해석했다.

Daly와 Wilson의 해석이 옳다면, 적어도 공식적인 경찰과 형사사법제도가 없는 근대 이전의 문화에서는 남성 대 남성의 전투에서 더욱 성공을 거둔 남성들이 더 나은 짝짓기 성공과 적응도를 가져야만 할 것이다. Napoleon Chagnon(1988)은 야노마뫼(Yạnomamö)족의 사례를 보고했는데, 적어도 한 문화에서는 이런 예측이 확인되는 것이다. 야노마뫼족은 베네수엘라와 브라질의 아마존 우림에 사는 전근대적인 사람들이다. 그들은 자신들의 흉포한 행동에 자부심을 가지고 있다. Chagnon의 사례에서는 성인 남자의 대략 40%가 살인에 참여했었고, 성인 남자 사망의 25%는 살인사건 때문이었다. 야노마뫼족은 살해를 해본 남성을 **우노카이**(*unikais*)라고 부른다. Chagnon의 자료는 우노카이가 비우노카이보다 유의미하게 더 많은 부인과 더 많은 자녀를 가지는 것을 보여준다 **(그림 11.50a)**.

야노마뫼족은 곤봉, 화살, 창, 마세이티 칼(machetes), 그리고 도끼를 가지고 싸운다. 우노카이가 비우노카이보다 몸집이 클 것이라 예측하는 것은 타당한 일일 것이다. 그러나 Chagnon(1988)은 다음과 같이 보고한다.

> 이 연구에서 성인 남성에 대해 개인적으로, 장기적으로 익숙해졌지만 나는 명확한 신체적 특징을 기반으로 성인 남성들이 뚜렷한 두 그룹으로 쉽게 분류된다는 것으로 결론을 내리지 않는다. 또한 이러한 것을 높은 가능성으로 제안하는 많은 수의 야노마뫼 인디언 남성의 자세한 인체 계측 연구도 두 그룹으로 나눈 것을 제시하지 않았다.

Strphen Beckerman과 동료들(2009)은 에콰도르의 우림에 사는 와오라니(Waorani)라는 전통 사회에 대해 비슷한 연구를 수행했다. 심지어 와오라니족은 야노마뫼족보다 더 폭력적이다. 모든 사망의 40% 이상이 살인에 의한 것이다. 야노마뫼족과는 반대로, 와오라니족에서 열성적인 전사들은 부인과 생존 자녀들이 더 적었다. 그러나 그 차이가 통계적으로 유의미한 것은 아니었다.

요약하자면, 전통 사회에서의 남성 대 남성의 전투에 대해 갖고 있는 그나마 드물기

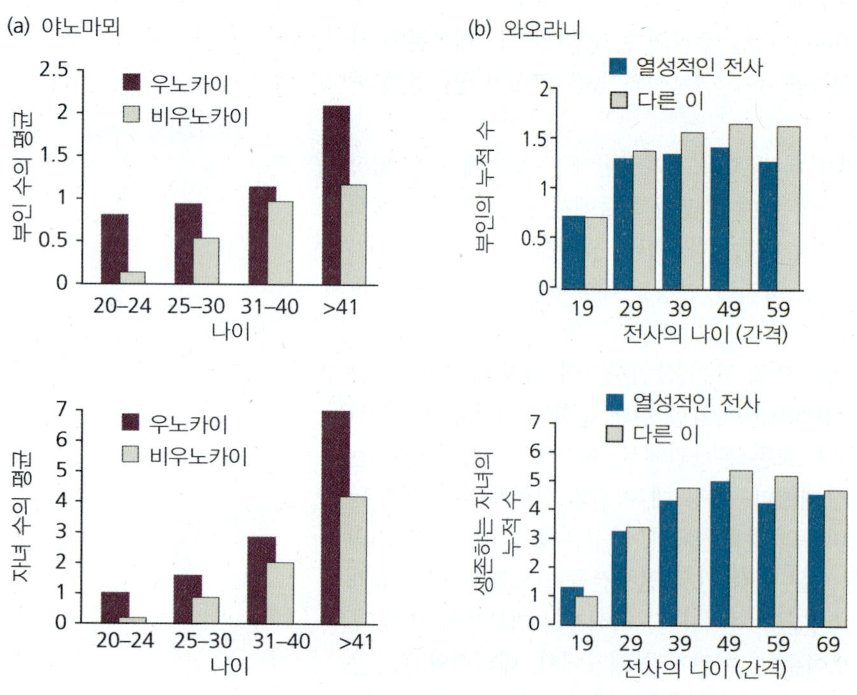


**그림 11.50** **두 전통 부족에서 남성 대 남성의 공격성, 짝짓기 성공, 그리고 생식성공** (a) 야노마뫼족에서, **우노카이**(살인자)는 비**우노카이**보다 더 성공적이다($p < 0.00001$). Chagnon (1988)에서 다시 도식화함. (b) 와오라니족에서, 열성적인 전사들은 다른 이들보다 덜 성공적이다. 여기 보이는 차이는 통계적으로 유의미한 것은 아니었다. Beckerman et al. (2009)에서.

까지 한 정보는 큰 몸집은 고사하고, 공격성이 짝짓기 성공 및 생식성공도와 연관이 있는지에 대해 모순된다는 것이다.

B. Pawlowski와 동료들(2000)은 인간의 몸 크기에 대한 성적이형이 여성선택의 결과라는 가설에 대해 조사했다. 연구진은 폴란드 남성 3,201명의 의학 기록에서 데이터를 수집했다. 그들은 다양한 혼재변수의 효과를 제거하기 위한 통계 기법을 사용했다. Pawlowski와 연구진은 독신남과 기혼 남성을 비교했다. 기혼 남성들이 아주 조금 더 컸지만 통계적으로 유의미한 차이는 아니었다. 게다가, 하나 혹은 그 이상의 자녀를 둔 남성들은 자녀가 없는 남성들보다 유의미하게 키가 컸다**(그림 11.51)**. 이 양상에서 예외적인 것은 50대 남성들의 그룹으로, 자녀가 있는 남성과 없는 남성 사이에 키의 차이가 없었다. Pawlowski와 연구진은 50대 남성들이 제2차 세계대전 직후 결혼 적령기에 도달했다는 것에 주목했다. 그 당시는 폴란드 내에서 남성에 비해 여성의 비율이 대단히 높았던 때였다. 연구진은 50대 남성들은 여성을 통한 성선택을 일반적인 수준보다 덜 강렬하게 경험한 것으로 추측한다.

여성의 선택이 키 큰 남성을 선호한다는 것에 대한 추가적인 증거는 Ulrich Mueller와 Allan Mazur(2001)의 연구에서 나온다. Mueller와 Mazur는 미국 웨스트포인트 육군사관학교 출신의 1950년 졸업생들을 조사했다. 다른 다양한 집단들과는 달리, 이 직업 장교들 사이에서는 키가 사회적 지위나 사회경제적 성공과 연관이 없었다. 하지만 키는 생식성공도와는 관계가 있었다. 가장 키가 큰 남성들은 일생 다른 남성들보다 더 많은 부인, 어린 두 번째 부인들을 맞이했다. 결과적으로, 키 큰 남성들은 더 많은 자녀를 낳았다.

Daniel Nettle(2002)은 여성의 키와 생식성공도 사이의 관계를 조사했다. Nettle은 영국의 대규모 국민 건강 조사에서 얻은 자료를 분석하여 약하지만 유의미한 효과를 발견했다. 남성과 다르게, 여성에서의 선택은 안정화되는 중이다. 평균보다 아주 약간 작은 키의 여성이 작거나 키 큰 여성보다 더 많은 자녀를 낳았다. 그 이유는 중간 키의 여성이 극히 작거나 큰 여성들보다 평균적으로 더 건강하기 때문인 것으로 보인다. 즉, 평균보다 약간 더 작은 여성의 높은 적응도는 자연선택에 의한 것이다(Guégan et al. 2000 참조).

Rebecca Sear와 Frank Marlowe(2009)는 탄자니아의 수렵채집 사회인 하드자에서 짝짓기 성공에서의 키의 효과를 조사했다. 연구진은 현대 사회와는 다르게, 하드자 내에서 소속 구성원들이 키로 구분하여 짝을 짓거나, 키가 결혼 횟수와 연관이 있다는 어떤 증거도 발견하지 못했다.

우리가 검토한 자료들을 바탕으로, 인간의 성적이형의 진화적 의의는 아직 풀지 못한 채 남아 있다. 우리가 논의한 연구들은 관찰상의 것이며, 그 연구들이 기록한 연관성은 작거나 일관성이 없다. 그러므로 그들이 인과 관계에 대해 제공하는 증거는 잘 해야 암시적이다. 우리 인간이 우리보다 크기에서 성적으로 더 이형을 띠는 선조로부터 성적 크기이형을 물려받았으리라는 것도 가능하다(McHenry 1992). 이 사안을 정리하기 위해서는, 여성과 남성의 몸 크기, 짝의 수, 생존, 그리고 생식성공도에 대한 더 많은 문화권에서의 자료가 필요하다. 가급적 구성원들이 우리 종의 조상의 원형적 생활방식대로 살고 있는 수렵채집 문화권으로부터 그 자료들이 나오면 좋을 것이다. 혼외 부계의 비율이 높은 특정한 몇 문화권에서 Cerda-Flores et al. 1999; Scelza(2011), 가장 도전적인 요인은 남성의 생식성공을 정확하게 측정하는 것이다. 원리적으로는 현대적인 기술로 그런 자료를 모으는 것이 실현 가능하게 되었다. 하지만 더 많은 연구주제가 진행 중인 상태로 남아 있다.



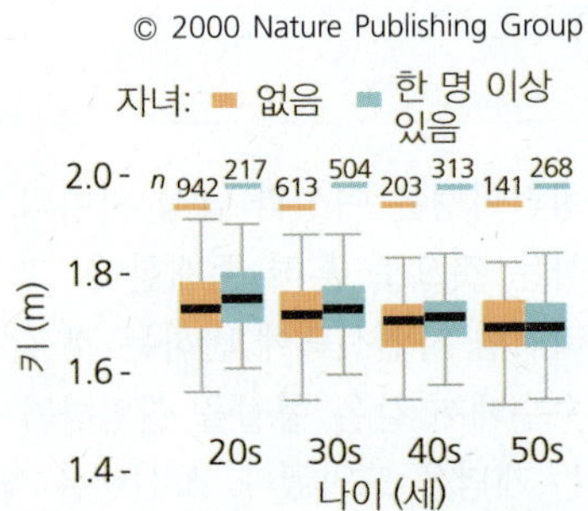


**그림 11.51 평균적으로, 자녀를 둔 남성이 자녀가 없는 남성보다 더 크다** 두꺼운 가로막대는 폴란드 남성의 표본에서, 자녀가 있는지 혹은 없는지에 따른 각 나이 계층의 개인별 평균 키를 나타낸다. 색이 칠해진 상자는 평균에서 ±1 표준 편차를 보여준다 주변의 선은 남성들의 95%를 포함하는 평균을 보여준다. $n$은 각 유형의 남성의 수이다. 자녀가 있는 남성 대 자녀가 없는 남성의 차이가 작긴 하지만, 20대 남성($p = 0.005$), 30대 남성($p = 0.001$), 그리고 40대 남성($p = 0.002$)에서는 통계적으로 유의미했다. 50대 남성에서는 차이가 유의미하지 않았다($p = 0.863$). Pawlowski et al. (2000)에서.



**성선택이 인간의 신체 크기에서 보이는 성적이형을 유지하는 데 도움을 주는지 아닌지는 확실하지 않다. 남성은 짝을 얻기 위해 경쟁하지만, 더 큰 남성이 반드시 이기는 것은 아니다. 여성은 선택적이며, 키가 큰 남성을 약간 더 선호한다는 것이 일부 문화권에서 제한적으로 나타나나 다른 문화권에서는 그렇지 않은 것으로 나타나기도 한다.**

## 요약

성적이형은 여성과 남성 사이의 형태 혹은 행동의 차이를 말하는 것으로 흔히 존재한다. 그 차이에는 공작의 거대한 꼬리처럼 자연선택에 반하는 것 같은 형질이 종종 포함된다. 이 수수께끼 같은 형질을 설명하기 위해, Darwin은 성선택이라는 개념을 도입했다. 성선택은 짝짓기 성공의 차이로 인한 차등생식성공도이다.

짝짓기 성공은 종종 다른 성보다 한 성의 적응도에서 더 중요한 결정요인이다. 항상 그런 것은 아니나 종종 생식성공도가 짝짓기 기회에 의해 제한되는 것은 수컷이고, 다른 자원에 의해 제한되는 되는 것은 암컷이다.

보통 강한 성선택을 경험하는 성은 짝에 접근하기 위해 그들끼리 경쟁을 한다. 이 경쟁에는 직접적인 싸움, 정자 경쟁, 영아살해 또는 광고가 포함된다.

생식성공도가 짝짓기보다는 자원에 의해 제한되는 성별의 구성원은 보통 선택적이다. 이 선택은 자연선택의 관점에서 임의적일 수도 있다. 기존의 감각적 편향의 결과일 수도 있다. 혹은 선택하는 개체에게 먹이와 같은 직접적인 이득이나 자손을 위한 더 좋은 유전자와 같은 간접적 이득을 주는 것일 수도 있다.

암컷도 수컷처럼 종종 다수의 짝을 두는 것에서 이익을 얻고는 한다. 짝에의 접근이 암컷에게도 제한적일 때, 선택적인 수컷을 두고 경쟁을 벌일 수도 있다.

성선택의 이론은 동물에서의 성적이형을 설명하기 위해 발전되어 왔지만, 식물에서도 적용된다. 식물에서 화분매개자로의 접근은 때때로 씨앗을 생산하는 것을 통한 생식성공도보다 화분 기증을 통한 생식성공도를 더 제한하고 있다. 이는 수꽃이 암꽃보다 더 화려한 형태의 성적이형 진화를 이끌 수 있다.

다른 많은 동물들과 마찬가지고, 인간도 성적으로 이형적이다. 인간에서 성선택의 양상은 집단마다 다양하다. 지금까지, 성선택이 신체 크기에 대한 우리의 이형을 설명 가능한지 대한 증거들은 모호한 상태이다.

## 질문

1. 성선택은 어떤 환경일 때 두 성에서 다른 형질(예, 성적이형)을 만들까? 왜 한 성은 종종 선택적인 반면 다른 한 성은 화려한 모습일까?

2. 성간 선택과 동성내 선택의 차이는 무엇인가? 각각은 어떤 종류의 형질을 만들어 내는 경향이 있을까? 각각 세 가지 예를 들어보라.

3. 바다이구아나와 붉은목깃미망인새에서, 성선택이 자연선택과는 반대로 작용하는 것에 대해 어떤 증거가 있을까? 즉, 성적으로 선택된 형질이 생존을 줄일 수 있다는 것에 대한 증거는 무엇인가? 이는 많은 종에서 덜 매력적인 수컷 혹은 덜 경쟁력이 있는 수컷에 비교할 때, "매력적인" 수컷의 생존율에 대해 무엇을 의미하는가?

4. 암컷이 특정한 형질을 가진 수컷을 선택하거나 다른 수컷들을 거부하는 네 가지 이유는 무엇인가? 각각 한 가지 예를 들어라. 암컷은 선택으로부터 항상 이익을 얻는가?

5. 씨앗-생산 부분과 화분매개자-생산 부분 중 화려함(크기, 향, 색)과 관련하여 꽃의 어느 부분이 더 강한 선택 하에 있을까? 이유는 무엇인가? 성이 분리된 식물에서, 화려한 꽃은 수 그루 또는 암 그루 어디에서 발견될까? 덜 화려한 꽃의 성별에서, 꽃은 왜 있을까?

6. 우리는 거친피부영원수컷에 있는 꼬리 갈기가 성선택에 의해 진화했다고 추론했다. 이는 왜 논리적인 추론인가? 성선택의 기작이 남성 대 남성의 경쟁이거나 여성선택이라고 생각하는가? 이를 확인할 수 있는 실험을 설계해 보라.

7. 그림 11.12는 Jones 등 (2000)의 넓은코실고기를 실험실의 사육통에서 교미시켰던 실험의 결과를 보여준다. 각 통에는 각각 수컷 4마리와 암컷 4마리, 혹은 수컷 2마리와 암컷 6마리가 들어있었다. 존스와 동료들은 또한 각 통에 6마리의 수컷과 2마리의 암컷을 포함하는 실험도 진행했다. 이 실험과 유사한 그래프는 무엇이라고 생각하는가? 이유는 무엇인가?

8. 많은 종에서 수컷들은 종종 눈에 띄게 부적합한 짝과 교미를 시도한다. 한 예로, Ryan(1985)은 다른 수컷들을 붙잡는 수컷 통가라개구리를 묘사한다. 몇 종류의 난은 암컷 말벌을 흉내 내고, 수분을 위한 전략에 두 번이나 속은 사랑에 빠진 수컷 말벌에 의해 수분된다. 암컷 통가라개구리나 암컷 말벌도 같은 실수를 할까? 왜 혹은 왜 그렇지 않을까? (넓은 종류의 종에 적용시킬 수 있는 일반적인 설명을 생각해보라.)

9. 나비와 나방의 수컷은 흔히 물 웅덩이에서 물을 마시는데, 이 행동은 푸들링(puddling)이라고 알려져 있다. Scott Smedley와 Thomas Eisner(1996)는 나방(*Gluphisia septentrionis*)에서 푸들링에 대해 상세한 생리학적인 분석을 보고한다. 수컷 *G. septentrionis*는 한 번에 몇 시간씩 웅덩이에서 물을 마신다. 수컷 나방은 재빨리 엄청난 양의 물을 처리하는데, 나트륨을 추출하고 초과한 액체는 항문에서 분사하여 배출한다(Smedley와

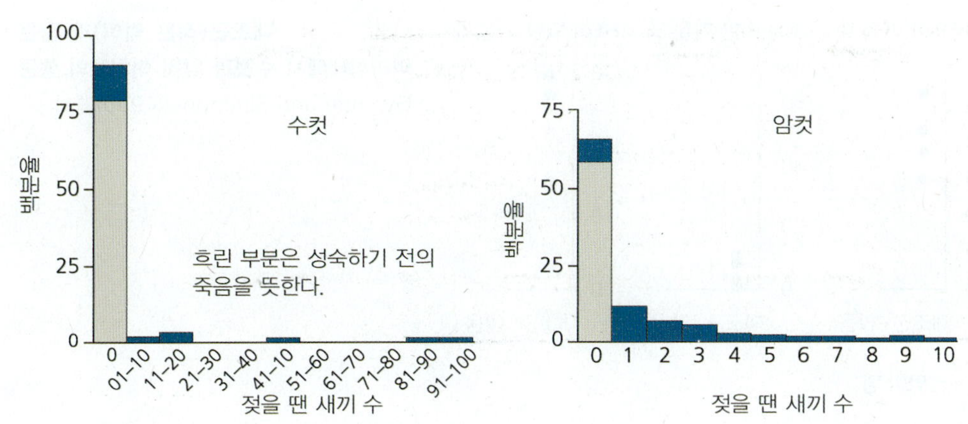


**그림 11.52 코끼리물범 수컷대 암컷의 일생동안의 생식성공도의 차이**
Le Boeuf and Reiter (1988)에서.

Eisner의 논문에 있는 극적인 사진을 참조). 수컷 나방은 그가 수확한 나트륨을 그 후 짝짓기를 하는 동안 암컷에게 줄 것이다. 그리고 나서 암컷은 대부분의 나트륨을 알에 넣을 것이다. 이 선물이 나방의 짝짓기 의식에서 하는 역할과 수컷과 암컷이 맡은 구애행동의 역할에서 이 선물의 역할을 추측해보아라. 당신은 당신의 생각을 어떻게 검증하겠는가?

**10.** 그림 11.52의 그래프는 코끼리물범에서 수컷 대 암컷의 일생 동안의 생식성공도의 차이를 보여준다(Le Boeuf and Reiter 1988). 가로축의 눈금이 다른 것에 주목하라. 왜 암컷에 비해 수컷의 생식성공도의 차이가 훨씬 더 극심할까? 코끼리물범의 암수에서 짝의 수와 생식성공도 사이의 관계에 대해 가설을 세우고 이를 보여주는 그래프를 그려라. 왜 수컷 코끼리물범이 암컷보다 4배는 더 클까? 왜 더 큰 수컷은 없을까?

**11.** 그림 11.53에 그려진 산쑥들꿩이 어떤 성일지 추측해보자. 무엇을 왜 하는 중일까? 이 개체가 부모양육을 제공할 것이라고 생각하는가? 이 종의 사회적 시스템에 대해 무엇을 더 추측할 수 있을까?

**그림 11.53 산쑥들꿩**

**12.** 심해아구 중 몇 종에서, 수컷은 암컷에 붙어 영구적으로 공생자로 지낸다[Gould의 에세이 1(1983)을 참조]. 수컷은 암컷에 비교하면 아주 작다. 눈을 포함한 수컷의 많은 신체 기관은 줄어들었지만, 고환은 크게 남아 있다. 턱, 이빨과 같은 다른 구조물은 암컷에 붙기 적합하게 변형되었다. 암수의 순환계는 결합되고, 수컷은 공유하는 혈류를 통해 암컷으로부터 필요한 모든 영양소를 공급받는다. 종종, 둘 혹은 그 이상의 수컷들이 한 암컷에 붙어 있다. 수컷의 공생 습관의 비용과 이익은 무엇일까? 암컷에게는 무엇일까? 무엇이 각 성의 평생의 생식성공도를 제한할까—자원을 모으는 능력, 혹은 짝을 찾는 능력인가? 수컷의 공생 습관이 성선택 혹은 자연선택의 결과로 진화했다고 생각하는가? (수컷의 공생 증후군을 일생 동안 한 암컷에게 머물러 있기, 암컷에게 물리적으로 붙어 있기, 몸의 크기를 줄이기, 암컷에게 영양적으로 의존하기와 같이 특색별로 분리하면 도움이 될 지도 모른다.)

**13.** 그림 11.54의 산점도는 29개 문화권에서의 수컷 선택에서 매력의 중요성(설문지에 응답하는 주제로 보고되는 것으로서)과 여섯 종의 기생충의 유행(한센병, 말라리아, 사상충 포함) 사이의 관계를 보여준다(Gangestad 1993; Gangestad and Buss 1993). (위도, 지리학적 지역, 평균 수입의 효과를 제거하기 위해 통계적 기법이 사용되었다.) 그래프의 양상은 무엇인가? 이 양상이 진화적 관점에서 일리가 있는가? 기생충 질병 중 한 가지는 주혈흡충병이다. 주혈흡충병에 대한 저항성은 유전적이라는 증거가 있다(Abel et al. 1991). 여성이 매력적인 짝을 선택함으로써 (진화적으로) 얻는 이익은 무엇인가? 남성이 매력적인 짝을 선택함으로써 (진화적으로) 얻는 이익은 무엇인가? 문화적 관점에서 이 양상을 설명할 수 있는가?

**14.** 많은 여치과의 동물에서, 수컷은 암컷이 섭취하는 영양분을 담은 정포의 형태로 암컷에서 정자를 전달한다(사진을 보고 싶다면, Gwynne 1981 참조). 암컷은 이 영양분을 알을 만드는 데 사용

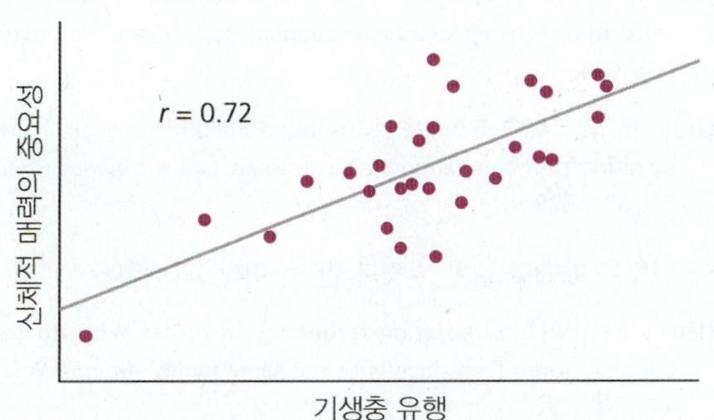


**그림 11.54 29개 문화권에서 기생충 유행에 따른 짝선택에서 신체적 매력의 중요성** Gangestad (1993)에서 다시 그림.

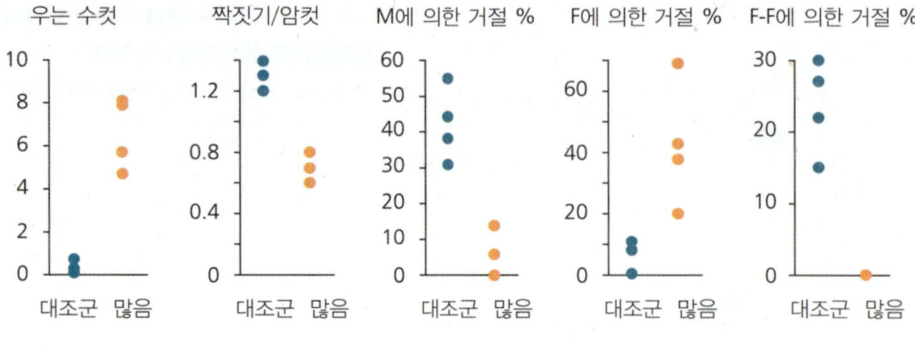


**그림 11.55 대조군(적은 먹이)과 많은 먹이상태에서 수컷과 암컷 여치들의 행동** Gwynne and Simmons (1990)에서.

한다. Darryl Gweynne과 L. W. Simmons(1990)는 사육상태인 호주 여치 집단의 행동을 적은 먹이(대조군)와 많은 먹이(여분) 상태에서 연구했다. 이 결과 중 일부가 그림 11.55로 그려져 있다(그래프는 4개의 조의 복제 우리에서 나온 결과를 보여준다; 우는 수컷 = 주어진 시간에 우는 수컷의 수; 짝짓기/암컷 = 각 암컷이 교미를 한 횟수; M에 의한 거절 % = 암컷이 짝짓기를 위해 수컷에게 다가갔으나 거절된 시간의 부분; F에 의한 거절 % = 암컷이 수컷에게 접근하였으나 교미 전에 수컷을 거절한 시간의 부분; F-F 경쟁 = 하나 혹은 그 이상의 암컷이 수컷을 두고 싸우는 것이 보인 교미의 부분.) 그래프에 근거하였을 때, 수컷은 언제 선택적이고 암컷은 언제 경쟁적인가? 그 이유는 무엇인가?

## 문헌탐구

**15.** 만약 한 번의 사정이 전체 한배 난자를 수정시키기에 충분한 정자를 제공한다면, 암컷은 짝외교미에 참여함으로써 얻는 이익이 무엇인가? 다수의 수컷과 교미하는 거니슨프레리독 암컷에 대해 보여주는 자료는 임신을 더 잘 할 수 있고 더 많은 한배 새끼를 가진다는 것이다. 더 많은 가설과 검증을 보려거든 아래를 참고하라.

Kempenaers, B., G. R. Verheyn, et al. 1992. Extra-pair paternity results from female preference for high-quality males in the blue tit. *Nature* 357: 494–496.

Madsen, T., R. Shine, et al. 1992. Why do female adders copulate so frequently? *Nature* 355: 440–441.

Gray, E.M. 1996. Female control of offspring paternity in a western population of red-winged blackbirds (Agelaius phoeniceus). *Behavioral Ecology and Sociobiology* 38: 267–278.

Gray, E. M. 1997. Do female red-winged blackbirds benefit genetically from seeking extra-pair copulations? *Animal Behaviour* 53: 605–623.

Gray, E. M. 1997. Female red-winged blackbirds accrue material benefits from copulating with extra-pair males. *Animal Behaviour* 53: 625–629.

**16.** 왜 암컷은 때때로 같은 수컷과 한 번 이상 교미할까?

Petrie, M. 1992. Copulation frequency in birds: Why do females copulate more than once with the same male? *Animal Behaviour* 44: 790–792.

**17.** 많은 종에서, 수컷은 교미 후 암컷을 따라다니며 지킨다. 이는 암컷이 그 후에 짝짓기를 할 수도 있는 다른 수컷과의 정자 경쟁을 방지하기 위해서이다. 많은 곤충에서, 수컷은 심지어 암컷에게 교미 자세로 들러붙어 있다. 수컷이 교미 후 17일 동안이나 암컷 곁에 있었던 메뚜기의 흥미로운 사례에 대한 이 논문을 참고하라.

Cueva del Castillo, R. 2003. Body size and multiple copulations in a neotropical grasshopper with an extraordinary mate-guarding duration. *Journal of Insect Behavior* 16: 503–522.

**18.** 자웅동체인 나새류의 성선택에 대한 기묘한 이야기는 다음을 참고하라.

Sekizawa, A., S. Seki, et al. 2013. Disposable penis and its replenishment in a simultaneous hermaphrodite. *Biology Letters*. doi: 10.1098/rsbl.2012.1150.

**19.** 공작은 수컷의 정교한 짝짓기 과시로 가장 유명한 동물이다. 공작의 성선택에 대한 연구는 다음을 참고하라.

Loyau, A., M. S. Jalme, et al. 2005. Multiple sexual advertisements honestly reflect health status in peacocks (*Pavo cristatus*). *Behavioral Ecology and Sociobiology* 58: 552–557.

Loyau, A., M. S. Jalme, and G. Sorci. 2005. Intra-and intersexual selection for multiple traits in the peacock (*Pavo cristatus*). *Ethology* 111: 810–820.

Petrie, M. 1992. Peacocks with low mating success are more likely to suffer predation. *Animal Behaviour* 44: 585–586.

Petrie, M., T. Halliday, and C. Sanders. 1991. Peahens prefer peacocks with elaborate trains. *Animal Behaviour* 41: 323–331.

**20.** 그림 11.14는 중간 크기의 이구아나가 환경이 나빴던 해에 더 높은 비율로 살아남는다는 것을 보여준다. 큰 이구아나가 환경이 나쁜 해에 살아남게 도운 놀라운 적응에 대한 증거는 다음을 참

고하라.

Wikelski, M., and C. Thom. 2000. Marine iguanas shrink to survive El Niño. *Nature* 403: 37–38.

**21.** 우리는 암컷의 선호가 임의적이라는 가정 하에 암컷의 선택의 진화에 대한 영모델을 제시했다. 이 모델은 전적으로 수컷의 과시와 암컷의 선호 사이의 유전적 상관관계에 달려있다. 큰가시고기의 상관관계에 대한 증거로 다음을 참고하라.

Rick, I. P., M. Mehlis, and T. C. Bakker. 2011. Male red ornamentation is associated with female red sensitivity in sticklebacks. *PLoS One* 6: e25554.

**22.** 수컷의 과시와 암컷의 선호가 자기 강화될 수 있다는 증거는 무엇일까? 아래 두 논문의 매우 다른 두 가지 이야기를 참고하라.

Gustafsson, L., and A. Qvarnstrom. 2006. A test of the "sexy son" hypothesis: Sons of polygynous collared flycatchers do not inherit their fathers' mating status. *American Naturalist* 167: 297–302.

Gwinner, H., and H. Schwabl. 2005. Evidence for sexy sons in European starlings (Sturnus vulgaris). *Behavioral Ecology and Sociobiology* 58: 375–382.

**23.** 식물에서의 성선택에 대한 우리의 논의는 대부분 식물의 관점에 집중하고 있다. 어떤 곳을 방문할지에 대한 자신만의 선호도를 가지는 화분매개자의 입장에 관해서는 다음 논문을 참고하라.

Abraham, J. N. 2005. Insect choice and floral size dimorphism: Sexual selection or natural selection? *Journal of Insect Behavior* 18: 743–756.

**24.** 우리는 대부분의 경우에서, 더 화려한 성별이 부모양육을 덜 제공하는 개체가 될 것을 보아왔다. 이 법칙에서 제외되는 흥미로운 사례는 다음 논문을 참고하라.

Heinsohn, R., S. Legge, and J. A. Endler. 2005. Extreme reversed sexual dichromatism in a bird without sex role reversal. Science 309: 617–619.

**25.** 우리는 수컷의 장신구가 암컷의 기존의 감각적 편향에 반응하여 진화할 수도 있다는 가설에 대해 논의했다. 하지만 처음으로 돌아가면, 암컷은 왜 기존의 감각적 편향을 가지고 있을까? 오렌지, 빨간 과일, 그리고 포도라는 먹이를 찾기 위해 진화된 암컷의 감각적 편향에 반응하여 수컷의 장신구와 구애 행동이 진화할 수 있다고 하는 증거로서 다음의 세 가지 논문을 참고하라.

Grether, G. F., G. R. Kolluru, et al. 2005. Carotenoid availability affects the development of a colour-based mate preference and the sensory bias to which it is genetically linked. *Proceedings of the Royal Society of London B* 272: 2181–2188.

Smith, C., I. Barber, et al. 2004. A receiver bias in the origin of threespined stickleback mate choice. *Proceedings of the Royal Society of London B 271*: 949–955.

Madden, J. R., and K. Tanner. 2003. Preferences for coloured bower decorations can be explained in a nonsexual context. *Animal Behaviour* 65: 1077–1083.

**26.** 숙주가 짝을 선택하는 것을 조종하는 기생충에 대해서는 다음을 참고하라.

Dass, S. A., A. Vasudevan, et al. 2011. Protozoan parasite *Toxoplasma gondii* manipulates mate choice in rats by enhancing attractiveness of males. *PLoS One* 6: e27229.

**27.** 남성 대 여성에서의 선택의 양상이 대조되면서, 인간의 키는 평형 상태에 있다는 증거로는 다음을 참고하라.

Stulp, G., B. Kuijper, et al. 2012. Intralocus sexual conflict over human height. *Biology Letters* 8: 976–978.

# 인용문헌


Abel, L., F. Demenais, et al. 1991. Evidence for the segregation of a major gene in human susceptibility/resistance to infection by *Schistosoma mansoni*. *American Journal of Human Genetics* 48: 959–970.

Akre, K. L., H. E. Farris, et al. 2011. Signal perception in frogs and bats and the evolution of mating signals. *Science* 333: 751–752.

Andersson, M. 1982. Female choice selects for extreme tail length in a widowbird. *Nature* 299: 818–820.

Andersson, M. 1994. *Sexual Selection*. Princeton, NJ: Princeton University Press.

Arnold, S. J. 1983. Sexual selection: The interface of theory and empiricism. In P. Bateson, ed. *Mate Choice*. Cambridge: Cambridge University Press, 67–107.

Arnold, S. J. 1994. Bateman's principles and the measurement of sexual selection in plants and animals. *American Naturalist* 144: S126–S149.

Arnold, S. J., and D. Duvall. 1994. Animal mating systems: A synthesis based on selection theory. *American Naturalist* 143: 317–348.

Bateman, A. J. 1948. Intra-sexual selection in *Drosophila*. *Heredity* 2: 349–368.

Beckerman, S., P. I. Erickson, et al. 2009. Life histories, blood revenge, and reproductive success among the Waorani of Ecuador. *Proceedings of the National Academy of Sciences, USA* 106: 8134–8139.

Beecher, M. D., and I. M. Beecher. 1979. Sociobiology of bank swallows: Reproductive strategy of the male. *Science* 205: 1282–1285.

Berglund, A. 1991. Egg competition in a sex-role reversed pipefish: Subdominant females trade reproduction for growth. *Evolution* 45: 770–774.

Berglund, A., and G. Rosenqvist. 1993. Selective males and ardent females in pipefish. *Behavioral Ecology and Sociobiology* 32: 331–336.

Berglund, A., G. Rosenqvist, and P. Bernet. 1997. Ornamentation predicts reproductive success in female pipefish. *Behavioral Ecology and Sociobiology* 40: 145–150.

Berglund, A., G. Rosenqvist, and I. Svensson. 1989. Reproductive success of females limited by males in two pipefish species. *American Naturalist* 133: 506–516.

Bernet, P., G. Rosenqvist, and A. Berglund. 1998. Female-female competition affects female ornamentation in the sex-role reversed pipefish *Syngnathus typhle*. *Behaviour* 135: 535–550.

Bertram, C. R. 1975. Social factors influencing reproduction in wild lions. *Journal of Zoology* 177: 463–482.

Boellstorff, D. E., D. H. Owings, et al. 1994. Reproductive behavior and multiple paternity of California ground squirrels. *Animal Behaviour* 47: 1057–1064.

Borgerhoff Mulder, M. 2009. Serial monogamy as polygyny or polyandry? *Human Nature* 20: 130–150.

Brodt, J. F., D. W. Tallamy, and J. Ali. 2006. Female choice by scent recognition in the spotted cucumber beetle. *Ethology* 112: 300–306.

Brown, G. R., K. N. Laland, and M. B. Mulder. 2009. Bateman's principles and human sex roles. *Trends in Ecology and Evolution* 24: 297–304.

Burkhardt, D., and I. de la Motte. 1983. How stalk-eyed flies eye stalk-eyed flies: Observations and measurements of the eyes of *Cyrtodiopsis whitei* (Dopsidae, Diptera). *Journal of Comparative Physiology* 151: 407–421.

Burkhardt, D., and I. de la Motte. 1987. Physiological, behavioural, and morphometric data elucidate the evolutive significance of stalked eyes in Diopsidae (Diptera). *Entomologia Generalis* 12: 221–233.

Bush, S. L., H. C. Gerhardt, and J. Schul. 2002. Pattern recognition and call preferences in treefrogs (Anura: Hylidae): A quantitative analysis using a no-choice paradigm. *Animal Behaviour* 63: 7–14.

Cerda-Flores, R. M., S. A. Barton, et al. 1999. Estimation of nonpaternity in the Mexican population of Nuevo Leon: A validation study with blood group markers. *American Journal of Physical Anthropology* 109: 281–293.

Chagnon, N. A. 1988. Life histories, blood revenge, and warfare in a tribal population. *Science* 239: 985–992.

Christy, J. H., P. R. Y. Backwell, and U. Schober. 2003. Interspecific attractiveness of structures built by courting male fiddler crabs: Experimental evidence of a sensory trap. *Behavioral Ecology and Sociobiology* 53: 84–91.

Courtiol, A., J. E. Pettay, et al. 2012. Natural and sexual selection in a monogamous historical human population. *Proceedings of the National Academy of Sciences, USA* 109: 8044–8049.

Daly, M., and M. Wilson. 1988. *Homicide*. New York: Aldine de Gruyter.

Darwin, C. 1860. Letter to Asa Gray. In Darwin, F. (ed.). 1887. *The Life and Letters of Charles Darwin, Including an Autobiographical Chapter*. London: John Murray, Vol. 2, p. 296.

Darwin, C. 1871. *The Descent of Man, and Selection in Relation to Sex*. London: John Murray.

David, P., A. Hingle, et al. 1998. Male sexual ornament size but not asymmetry reflects condition in stalk-eyed flies. *Proceedings of the Royal Society of London B* 265: 2211–2216.

Delph, L. F., L. F. Galloway, and M. L. Stanton. 1996. Sexual dimorphism in flower size. *American Naturalist* 148: 299–320.

Doty, G. V., and A. M. Welch. 2001. Advertisement call duration indicates good genes for offspring feeding rate in gray tree frogs (*Hyla versicolor*). *Behavioral Ecology and Sociobiology* 49: 150–156.

Enquist, M., and A. Arak. 1993. Selection of exaggerated male traits by female aesthetic senses. *Nature* 361: 446–448.

Falconer, D. S. 1989. *Introduction to Quantitative Genetics*. New York: John Wiley & Sons.

Fisher, R. A. 1915. The evolution of sexual preference. *Eugenics Review* 7: 184–192.

Fisher, R. A. 1958. *The Genetical Theory of Natural Selection*. 2nd ed. New York: Dover.

Gage, M. J. G. 1991. Risk of sperm competition directly affects ejaculate size in the Mediterranean fruit fly. *Animal Behaviour* 42: 1036–1037.

Gangestad, S. W. 1993. Sexual selection and physical attractiveness: Implications for mating dynamics. *Human Nature* 4: 205–235.

Gangestad, S. W., and D. M. Buss. 1993. Pathogen prevalence and human mate preferences. *Ethology and Sociobiology* 14: 89–96.

Gerhardt, H. C., M. L. Dyson, and S. D. Tanner. 1996. Dynamic properties of the advertisement calls of gray tree frogs: Patterns of variability and female choice. *Behavioral Ecology* 7: 7–18.

Gerhardt, H. C., S. D. Tanner, et al. 2000. Female preference functions based on call duration in the gray tree frog (*Hyla versicolor*). *Behavioral Ecology* 11: 663–669.

Gibbs, H. L., P. J. Weatherhead, et al. 1990. Realized reproductive success of polygynous red-winged blackbirds revealed by DNA markers. *Science* 250: 1394–1397.

Gilbert, L. E. 1976. Postmating female odor in *Heliconius* butterflies: A male-contributed anti-aphrodisiac? *Science* 193: 419–420.

Gould, S. J. 1983. *Hen's Teeth and Horse's Toes*. New York: Norton.

Grace, J. L., and K. L. Shaw. 2011. Coevolution of male mating signal and female preference during early lineage divergence of the Hawaiian cricket, *Laupala cerasina*. *Evolution* 65: 2184–2196.

Grant, V. 1995. Sexual selection in plants: Pros and cons. *Proceedings of the National Academy of Sciences, USA* 92: 1247–1250.

Gray, E. M. 1997. Do female red-winged blackbirds benefit genetically from seeking extra-pair copulations? *Animal Behaviour* 53: 605–623.

Gridi-Papp, M., A. S. Rand, and M. J. Ryan. 2006. Animal communication: Complex call production in the túngara frog. *Nature* 441: 38.

Gross, M. R. 1984. Sunfish, salmon, and the evolution of alternative reproductive strategies and tactics in fishes. In *Fish Reproduction: Strategies and Tactics*, ed. G. W. Potts and R. J. Wootton. London: Academic Press, 55–75.

Gross, M. R. 1985. Disruptive selection for alternative live histories in salmon. *Nature* 313: 47–48.

Gross, M. R. 1991. Salmon breeding behavior and life history evolution in changing environments. *Ecology* 72: 1180–1186.

Guegan, J. F., A. T. Teriokhin, and F. Thomas. 2000. Human fertility variation, size-related obstetrical performance and the evolution of sexual stature dimorphism. *Proceedings of the Royal Society of London B* 267: 2529–2535.

Gwynne, D. T. 1981. Sexual difference theory: Mormon crickets show role reversal in mate choice. *Science* 213: 779.

Gwynne, D. T., and L. W. Simmons. 1990. Experimental reversal of courtship roles in an insect. *Nature* 346: 172–174.

Hamilton, W. D., and M. Zuk. 1982. Heritable true fitness and bright birds: A role for parasites? *Science* 218: 384–387.

Hayward, A., and J. F. Gillooly. 2011. The cost of sex: Quantifying energetic investment in gamete production by males and females. *PLoS One* 6: e16557.

Hedrick, A. V., and E. J. Temeles. 1989. The evolution of sexual dimorphism in animals: Hypotheses and tests. *Trends in Ecology and Evolution* 4: 136–138.

Hoogland, J. L. 1998. Why do female Gunnison's prairie dogs copulate with more than one male? *Animal Behaviour* 55: 351–359.

Hooper, R. E., and M. T. Siva-Jothy. 1996. Last male sperm precedence in a damselfly demonstrated by RAPD profiling. *Molecular Ecology* 5: 449–452.

Hrdy, S. B. 1979. Infanticide among animals: A review, classification, and examination of the implications for the reproductive strategies of females. *Ethology and Sociobiology* 1: 13–40.

Ivy, T. M., C. B. Weddle, and S. K. Sakaluk. 2005. Females use self-referent cues to avoid mating with previous mates. *Proceedings of the Royal Society of London B* 272: 2475–2478.

Jones, A. G., J. R. Arguello, and S. J. Arnold. 2002. Validation of Bateman's principles: A genetic study of sexual selection and mating patterns in the rough-skinned newt. *Proceedings of the Royal Society of London B* 269: 2533–2539.

Jones, A. G., and N. L. Ratterman. 2009. Mate choice and sexual selection: What have we learned since Darwin? *Proceedings of the National Academy of Sciences, USA* 106 (Suppl 1): 10001–10008.

Jones, A. G., G. Rosenqvist, et al. 2000. The Bateman gradient and the cause of sexual selection in a sex-role-reversed pipefish. *Proceedings of the Royal Society of London B* 267: 677–680.

Jones, A. G., G. Rosenqvist, et al. 2005. The measurement of sexual selection using Bateman's principles: An experimental test in the sex-role-reversed pipefish *Syngnathus typhle*. *Integrative and Comparative Biology* 45: 874–884.

Kim, T. W., J. H. Christy, and J. C. Choe. 2007. A preference for a sexual signal keeps females safe. *PLoS One* 2: e422.

Kirkpatrick, M. 1982. Sexual selection and the evolution of female choice. *Evolution* 82:1–12.

Kirkpatrick, M. 1987. Sexual selection by female choice in polygynous animals. *Annual Review of Ecology and Systematics* 18: 43–70.

Kirkpatrick, M., and M. J. Ryan. 1991. The evolution of mating preferences and the paradox of the lek. *Nature* 350: 33–38.

Knight, J. 2002. Sexual stereotypes. *Nature* 415: 254–256.

Lande, R. 1981. Models of speciation by sexual selection on polygenic traits. *Proceedings of the National Academy of Sciences, USA* 78: 3721–3725.

Le Boeuf, B. J., and J. Reiter. 1988. Lifetime reproductive success in northern elephant seals. In *Reproductive Success: Studies of Individual Variation in Contrasting Breeding Systems,* ed. T. H. Cutton-Brock. Chicago: University of Chicago Press, 344–362.

McHenry, H. M. 1992. Body size and proportions in early hominids. *American Journal of Physical Anthropology* 87: 407–431.

Mead, L. S., and S. J. Arnold. 2004. Quantitative genetic models of sexual selection. *Trends in Ecology and Evolution* 19: 264–271.

Møller, A. P. 1988. Female choice selects for male sexual tail ornaments in the monogamous swallow. *Nature* 332: 640–642.

Mueller, U., and A. Mazur. 2001. Evidence of unconstrained directional selection for male tallness. *Behavioral Ecology and Sociobiology* 50: 302–311.

Nakatsuru, K., and D. L. Kramer. 1982. Is sperm cheap? Limited male fertility and female choice in the lemon tetra (Pisces, Characidae). *Science* 216: 753–755.

Nettle, D. 2002. Women's height, reproductive success and the evolution of sexual dimorphism in modern humans. *Proceedings of the Royal Society of London B* 269: 1919–1923.

Nowak, R. M. 1991. *Walker's Mammals of the World.* Baltimore, MD: Johns Hopkins University Press.

Olsson, M., A. Gullberg, and H. Tegelstrom. 1994. Sperm competition in the sand lizard, *Lacerta agilis. Animal Behaviour* 48: 193–200.

Oring, L. W., M. A. Colwell, and J. M. Reed. 1991a. Lifetime reproductive success in the spotted sandpiper (*Actitis macularia*)—sex-differences and variance-components. *Behavioral Ecology and Sociobiology* 28: 425–432.

Oring, L. W., J. M. Reed, et al. 1991b. Factors regulating annual mating success and reproductive success in spotted sandpipers (*Actitis macularia*). *Behavioral Ecology and Sociobiology* 28: 433–442.

Oring, L. W., J. M. Reed, and S. J. Maxson. 1994. Copulation patterns and mate guarding in the sex-role reversed, polyandrous spotted sandpiper, *Actitis macularia. Animal Behaviour* 47: (5) 1065–1072.

Owen, M. A., K. Rohrer, and R. D. Howard. 2012. Mate choice for a novel male phenotype in zebrafish, *Danio rerio. Animal Behaviour* 83: 811–820.

Packer, C., L. Herbst, et al. 1988. Reproductive success of lions. In *Reproductive Success: Studies of Individual Variation in Contrasting Breeding Systems,* ed. T. H. Clutton-Brock. Chicago: University of Chicago Press, 263–283.

Packer, C., and A. E. Pusey. 1983. Adaptations of female lions to infanticide by incoming males. *American Naturalist* 121: 716–728.

Panhuis, T. M., and G. S. Wilkinson. 1999. Exaggerated male eye span influences contest outcome in stalk-eyed flies (Diopsidae). *Behavioral Ecology and Sociobiology* 46: 221–227.

Partecke, J., A. von Haeseler, and M. Wikelski. 2002. Territory establishment in lekking marine iguanas, *Amblyrhynchus cristatus*: Support for the hotshot mechanism. *Behavioral Ecology and Sociobiology* 51: 579–587.

Pawlowski, B., R. I. M. Dunbar, and A. Lipowicz. 2000. Tall men have more reproductive success. *Nature* 403: 156.

Pélissié, B., P. Jarne, and P. David. 2012. Sexual selection without sexual dimorphism: Bateman gradients in a simultaneous hermaphrodite. *Evolution* 66: 66–81.

Petrie, M. 1983. Female moorhens compete for small fat males. *Science* 220: 413–415.

Proctor, H. C. 1991. Courtship in the water mite, *Neumania papillator.* Males capitalize on female adaptations for predation. *Animal Behaviour* 42: 589–598.

Proctor, H. C. 1992. Sensory exploitation and the evolution of male mating behaviour: A cladistic test using water mites (Acari: Parasitengona). *Animal Behaviour* 44: 745–752.

Prum, R. O. 1997. Phylogenetic tests of alternative intersexual selection mechanisms: Trait macroevolution in a polygynous clade (Aves: Pipridae). *American Naturalist* 149: 668–692.

Prum, R. O. 2010. The Lande-Kirkpatrick mechanism is the null model of evolution by intersexual selection: Implications for meaning, honesty, and design in intersexual signals. *Evolution* 64: 3085–3100.

Pryke, S. R., and S. Andersson. 2005. Experimental evidence for female choice and energetic costs of male tail elongation in red-collared widowbirds. *Biological Journal of the Linnean Society* 86: 35–43.

Rauch, N. 1985. Female habitat choice as a determinant of the reproductive success of the territorial male marine iguana (*Amblyrhynchus cristatus*). *Behavioral Ecology and Sociobiology* 16: 125–134.

Rauch, N. 1988. Competition of marine iguana females *Amblyrhynchus cristatus* for egg-laying sites. *Behaviour* 107: 91–106.

Renner, S. S., and R. E. Ricklefs. 1995. Dioecy and its correlates in the flowering plants. *American Journal of Botany* 82: 596–606.

Rogers, A. R., and A. Mukherjee. 1992. Quantitative genetics of sexual dimorphism in human body size. *Evolution* 46: 226–234.

Romero, G. A., and C. E. Nelson. 1986. Sexual dimorphism in *Catasetum* orchids: Forcible pollen emplacement and male flower competition. *Science* 232: 1538–1540.

Rosenqvist, G. 1990. Male mate choice and female-female competition for mates in the pipefish *Nerophis ophidion. Animal Behaviour* 39: 1110–1115.

Rosenqvist, G., and K. Johansson. 1995. Male avoidance of parasitized females explained by direct benefits in a pipefish. *Animal Behaviour* 49: 1039–1045.

Ryan, M. J. 1985. *The Túngara Frog: A Study in Sexual Selection and Communication.* Chicago: University of Chicago Press.

Scelza, B. A. 2011. Female choice and extra-pair paternity in a traditional human population. *Biology Letters* 7: 889–891.

Schenk, A., and K. M. Kovacs. 1995. Multiple mating between black bears revealed by DNA fingerprinting. *Animal Behaviour* 50: 1483–1490.

Schöfl, G., and M. Taborsky. 2002. Prolonged tandem formation in firebugs (*Pyrrhocoris apterus*) serves mate-guarding. *Behavioral Ecology and Sociobiology* 52: 426–433.

Schwartz, J. J., B. W. Buchanan, and H. C. Gerhardt. 2001. Female mate choice in the gray treefrog (*Hyla versicolor*) in three experimental environments. *Behavioral Ecology and Sociobiology* 49: 443–455.

Sear, R., and F. W. Marlowe. 2009. How universal are human mate choices? Size does not matter when Hadza foragers are choosing a mate. *Biology Letters* 5: 606–609.

Sillén-Tullberg, B. 1981. Prolonged copulation: A male "postcopulatory" strategy in a promiscuous species, *Lygaeus equestris* (Heteroptera: Lygaeidae). *Behavioral Ecology and Sociobiology* 9: 283–289.

Smedley, S. R., and T. Eisner. 1996. Sodium: A male moth's gift to its offspring. *Proceedings of the National Academy of Sciences, USA* 93: 809–813.

Smith, R. L. 1984. Human sperm competition. In *Sperm Competition and the Evolution of Animal Mating Systems,* ed. R. L. Smith. Orlando, FL: Academic Press, 601–659.

Stanton, M. L., A. A. Snow, and S. N. Handel. 1986. Floral evolution: Attractiveness to pollinators increases male fitness. *Science* 232: 1625–1627.

Tallamy, D. W., M. B. Darlington, et al. 2003. Copulatory courtship signals male genetic quality in cucumber beetles. *Proceedings of the Royal Society of London B* 270: 77–82.

Tallamy, D. W., B. E. Powell, and J. A. McClafferty. 2002. Male traits under cryptic female choice in the spotted cucumber beetle (Coleoptera: Chrysomelidae). *Behavioral Ecology* 13: 511–518.

Tang-Martinez, Z., and T. B. Ryder. 2005. The problem with paradigms: Bateman's worldview as a case study. *Integrative and Comparative Biology* 45: 821–830.

Temeles, E. J., R. S. Goldman, et al. 2005. Foraging and territory economics of sexually dimorphic purple-throated caribs (*Eulampis jugularis*) on three *Heliconia* morphs. *Auk* 122: 187–204.

Temeles, E. J., C. R. Koulouris, et al. 2009. Effect of flower shape and size on foraging performance and trade-offs in a tropical hummingbird. *Ecology* 90: 1147–1161.

Temeles, E. J., and W. J. Kress. 2003. Adaptation in a plant-hummingbird association. *Science* 300: 630–633.

Temeles, E. J., I. L. Pan, et al. 2000. Evidence for ecological causation of sexual dimorphism in a hummingbird. *Science* 289: 441–443.

Thornhill, R. 1976. Sexual selection and nuptial feeding behavior in *Bittacus apicalis* (Insecta: Mecoptera). *American Naturalist* 110: 529–548.

Thornhill, R., and J. Alcock. 1983. *The Evolution of Insect Mating Systems.* Cambridge, MA: Harvard University Press.

Trillmich, K. G. K. 1983. The mating system of the marine iguana (*Amblyrhynchus cristatus*). *Zeitschrift für Tierpsychologie* 63: 141–172.

Trivers, R. L. 1972. Parental investment and sexual selection. In *Sexual Selection and the Descent of Man 1871–1971*, ed. B. Campbell. Chicago: Aldine, 136–179.

Trivers, R. 1985. *Social Evolution.* Menlo Park, CA: Benjamin Cummings.

Vaughton, G., and M. Ramsey. 1998. Floral display, pollinator visitation, and reproductive success in the dioecious perennial herb *Wurmbea dioica* (Liliaceae). *Oecologia* 115: 93–101.

Waage, J. K. 1984. Sperm competition and the evolution of Odonate mating systems. In *Sperm Competition and the Evolution of Animal Mating Systems*, ed. R. L. Smith. Orlando, FL: Academic Press, 251–290.

Waage, J. K. 1986. Evidence for widespread sperm displacement ability among Zygoptera (Odonata) and the means for predicting its presence. *Biological Journal of the Linnean Society* 28: 285–300.

Walther, B. A., and D. H. Clayton. 2005. Elaborate ornaments are costly to maintain: Evidence for high maintenance handicaps. *Behavioural Ecology* 16: 89–95.

Watson, P. J. 1991. Multiple paternity as genetic bet-hedging in female sierra dome spiders, *Linyphia litigiosa* (Linyphiidae). *Animal Behaviour* 41: 343–360.

Welch, A. M., R. D. Semlitsch, and H. Carl Gerhardt. 1998. Call duration as an indicator of genetic quality in male gray tree frogs. *Science* 280: 1928–1930.

Wilhelm, G., S. Handschuh, et al. 2011. Sexual dimorphism in head structures of the weevil *Rhopalapion longirostre* (Olivier 1807)(Coleoptera: Curculionoidea): A response to ecological demands of egg deposition. *Biological Journal of the Linnean Society* 104: 642–660.

Wikelski, M. 2005. Evolution of body size in Galapagos marine Iguanas. *Proceedings of the Royal Society of London B* 272: 1985–1993.

Wikelski, M., and S. Bäurle. 1996. Precopulatory ejaculation solves time constraints during copulations in marine iguanas. *Proceedings of the Royal Society of London B* 263: 439–444.

Wikelski, M., C. Carbone, and F. Trillmich. 1996. Lekking in marine iguanas: Female grouping and male reproductive strategies. *Animal Behaviour* 52: 581–596.

Wikelski, M., V. Carrillo, and F. Trillmich. 1997. Energy limits to body size in a grazing reptile, the Galápagos marine iguana. *Ecology* 78: 2204–2217.

Wikelski, M., and C. Thom. 2000. Marine iguanas shrink to survive El Niño. *Nature* 403: 37.

Wikelski, M., and F. Trillmich. 1997. Body size and sexual size dimorphism in marine iguanas fluctuate as result of opposing natural and sexual selection: An island comparison. *Evolution* 51: 922–936.

Wilkinson, G. S., D. C. Presgraves, and L. Crymes. 1998. Male eye span in stalk-eyed flies indicates genetic quality by meiotic drive suppression. *Nature* 391: 276–279.

Wilkinson, G. S., and P. R. Reillo. 1994. Female choice response to artificial selection on an exaggerated male trait in a stalk-eyed fly. *Proceedings of the Royal Society of London B* 255: 1–6.

Wilkinson, G. S., and M. Taper. 1999. Evolution of genetic variation for condition-dependent traits in stalk-eyed flies. *Proceedings of the Royal Society of London B* 266: 1685–1690.

Williams, G. C. 1966. *Adaptation and Natural Selection: A Critique of Some Current Evolutionary Thought.* Princeton University Press, Princeton, NJ.

Willson, M. F. 1979. Sexual selection in plants. *American Naturalist* 113: 777–790.

Woodroffe, R., and A. Vincent. 1994. Mother's little helpers: Patterns of male care in mammals. *Trends in Ecology and Evolution* 9: 294–297.

Zahavi, A. 1975. Mate selection—A selection for a handicap. *Journal of Theoretical Biology* 53: 205–214.

12

# 사회적 행동의 진화

암컷 생쥐(*Mus domesticus*)는 동종의 침입자에 대해 공격적으로 새끼를 지켜 낸다. Stephen Gammie와 동료들(2006)은 수유 중인 어미가 3분의 실험 시간 동안 수컷 침입자를 공격하는 데 사용한 시간을 계산했다. 어미와 딸 간의 유사성에 근거하여, 연구진은 실험실에서 이계교배 된 생쥐 집단 내의 암컷 간 차이의 약 60%가 유전적 차이에 기인한다고 추정했다.

그러고 나서 Gammie 연구팀은 쥐들을 무작위로 대조라인과 선택라인에 배정했다. 연구진은 대조라인의 각 세대에서 임의로 암컷을 선택하여 그 자손을 생식용 개체(breeder)로 두었다. 선택라인의 경우 각 가족 내에서 가장 공격적인 자손을 유지시켰다. 선택라인에서 8번째 세대의 암컷은 대조라인의 암컷보다 새끼를 상당히 격렬히 지켜냈다. 평균적으로 선택라인의 암컷들은 수컷 침입자를 공격하는데 15초를 소비한 반면, 대조라인의 암컷들은 3.77초를 소비했다. 선택라인에 속한 쥐의 뇌에서는 신경펩티드 뉴로텐신을 포함하여, 많은 변형된 유전자의 발현이 관찰되었다(Gammie et al. 2007; Gammie et al. 2009).

오른쪽 그래프에 요약되어 있는 이 인위적인 선택 실험의 결과는 사회행동도 다른 형질들과 같은 기작에 의해 진화한다는 것을 보여준다.

같은 종 구성원 사이의 상호작용을 다루는 사회행동의 진화는 장 하나의 분량을 채울 수 있는 이유가 적어도 두 가지 있다. 첫째, 우리 인간은 매우 사회 동물이기 때문에, 우리는 본질적으로 사회행동에 흥미를 느낀다. 둘째, 사회 상호작용은 협동과 갈등, 두 가

어미 생쥐의 새끼를 보호하는 행동은 인위적인 선택을 통해 진화한다. 그래프에서, 선택라인의 상대적 공격성은 침입자를 공격하는 평균 시간을 대조라인의 평균 시간으로 나누어 계산되었다. 아래는 Gammie et al. (2006)의 자료를 도식화함.

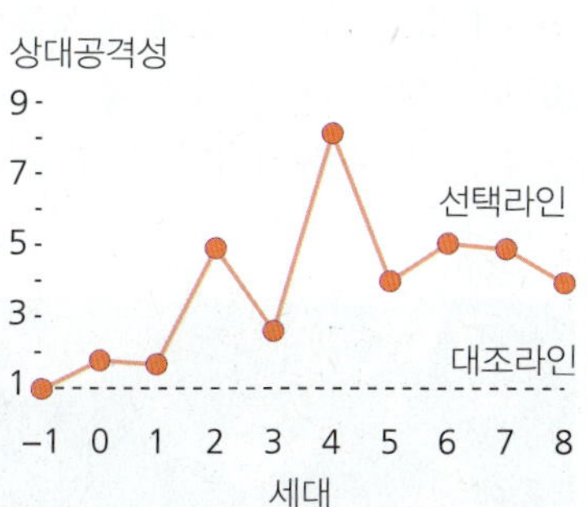

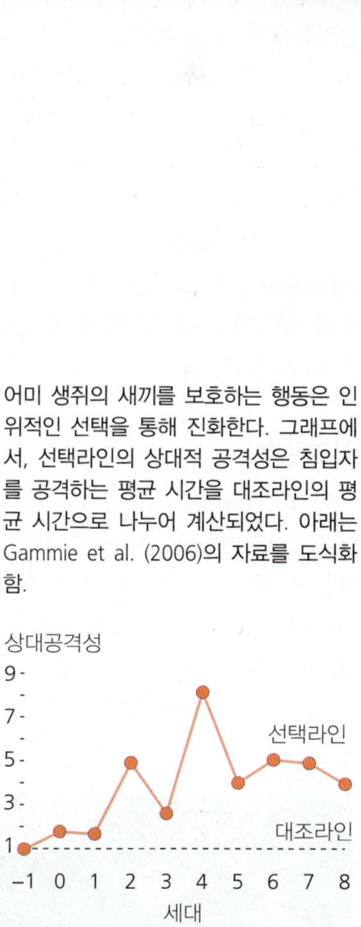

지 기회를 창조하기 때문에, 진화 이론에서 아주 흥미로운 도전과제를 발생시킨다. 이 도전과제 중 가장 눈에 띄는 것은 이타행동의 진화를 설명하는 것으로, 이 장에서 중요하게 다룰 것이다

우리는 네 가지 범주의 단순한 사회 상호작용을 살펴보면서 이번 장을 시작할 것이다. 하지만 이 중 두 가지는 설명하기 쉽지 않다. 12.2와 12.3절에서는 생물학자들이 이 어려움을 해결하기 위해 개발시켜 온 두 개의 기본틀인 혈연선택(kin selection)과 다수준 선택(multilevel selection)을 탐구해볼 것이다. 12.4절은 다양한 사회 상호작용에서의 협동과 갈등 사이의 긴장 상태를 볼 것이다. 마지막으로 12.5절에서는 사회성 진화의 정점, 진정사회성(eusociality)을 검토해볼 것이다.

## 12.1 네 가지 사회적 행동

가능한 가장 단순한 사회 상호작용에는 두 개체, 행위자와 수혜자가 포함된다. 행위자가 수혜자와 함께, 수혜자에게, 수혜자를 위해 무엇인가 할 때, 결과는 참여자 한 쪽에게 혹은 모두에게 좋을 수도 나쁠 수도 있다. 좋은 결과는 참여자의 직접적응도를 증가시키거나 개체의 생식을 통한 미래세대로의 유전적 기여를 증가시킨다. 나쁜 결과는 개인의 직접적응도를 감소시킨다.

그림 12.1처럼, 이런 고려사항은 네 종류의 단순한 사회 상호작용을 의미한다(Hamilton 1964a). 우리는 이 상호작용들을 묘사하는데 웨스트와 동료 연구진(Stuart West and colleagues 2007a)이 권고하는 가장 적절한 단어를 따르기로 한다. **상호간 이익(mutually beneficial)** 상호작용에서는, 행위자와 수혜자가 생식성공도 증가라는 이익을 누린다. **이기적(selfish)** 상호작용에서는 행위자가 수혜자의 비용에서 혜택을 얻는다. **이타적(altruistic)** 상호작용에선 행위자가 수혜자를 위해 희생을 한다. **악의적(spiteful)** 상호작용은 행위자가 수혜자에게 처벌을 가하기 위해 손해를 감수한다. 우리는 각각의 사례들을 다뤄 볼 것이다.

| 행위자 | | 수혜자 | |
|---|---|---|---|
| + | → | + | 상호이익 |
| + | → | − | 이기성 |
| − | → | + | 이타성 |
| − | → | − | 악의 |

**그림 12.1 네 종류의 단순한 사회 상호작용** +, − 표시는 상호작용이 개체의 적응도를 증가시키는지 감소시키는지를 나타낸다.

### 상호이익

**네 가지 종류의 기본적인 사회 상호작용이 있으며, 이는 행위자와 수혜자의 적응도 결과에 의해 정의된다.**

큰아니(*Crotophaga major*, 그림 12.2a)는 뻐꾸기과의 일종으로 파나마부터 아르헨티나에 걸친 열대림에 서식하며 물가 근처에 둥지를 짓는다(Riehl and Jara 2009). 암수 성체들은 짝을 짓는데, 한 쌍의 짝으로만 둥지를 짓는 경우는 거의 없다. 대신 유전적으로 관계가 없는 짝들이 함께 둥지를 짓는데 보통 둘 셋의 커플이 한 그룹을 이룬다(Riehl 2011). 모든 가족이 알을 낳으며(그림 12.2b), 모든 성체들이 알을 품고, 새끼에게 먹이를 주고, 둥지를 지키기 위해 함께 일한다. 알과 부화한 새끼에 대한 가장 큰 위협은 포

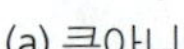

(a) 큰아니

(b) 공동 둥지

**그림 12.2 큰아니의 공동 둥지** (a) 큰아니 성체. (b) 세 마리 암컷이 낳은 11개의 알이 담긴 둥지. Christina Riehl의 사진.

식자—대부분 뱀이지만 때때로 원숭이—로 부터 발생한다.

암수 짝들이 자기들만의 둥지를 짓는 대신 단체에 합류하는 이유를 밝히기 위해, Christina Riehl(2011, 2012)은 파나마의 가툰 호수의 호숫가를 따라 수십 개의 둥지 집단을 추적하면서 4년의 시간을 보냈다. 생물학적 부모와 자손을 연결 짓기 위해서 유전자 검사를 사용했다.

Riehl은 단 두 쌍의 아니만이 단독으로 둥지를 지으려 하는 것을 관찰했다. 두 경우, 포식자들이 알을 모두 가져갔고 결과적으로 그 부모들은 자손을 하나도 두지 못했다. 두 쌍의 동맹은 결과가 훨씬 나았다. 첫 번째 알을 낳은 순서와 상관없이 동맹 내의 모든 암컷들은 대략적으로 같은 생식성공도를 얻었다(그림 12.3). 일부 수컷은 다른 개체보다 더 열심히 일한 것으로 나타났음에도 불구하고, 수컷의 생식성공도도 암컷과 마찬가지였다.

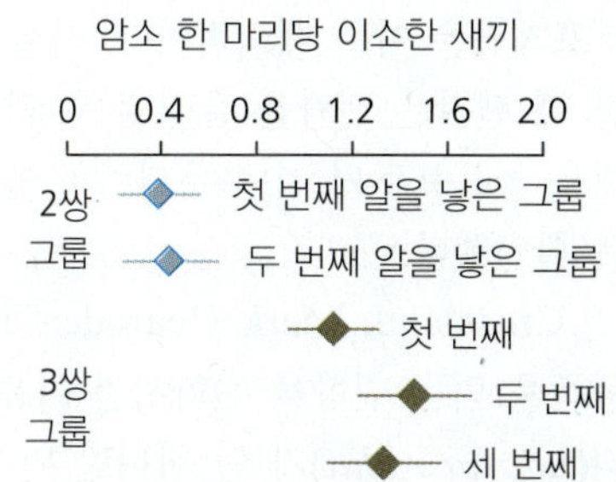


**그림 12.3 두세 쌍으로 이루어진 동지 동맹에 속한 암컷 아니의 생식성공도** 각 기호들은 평균 ±표준오차(se)를 나타낸다. Riehl (2011)에서 다시 그림.

공동 둥지에서의 생활은 완벽하게 화목한 것과는 조금 거리가 있다. 암컷들은 각자 첫 번째 알을 낳기 전에, 동맹의 파트너가 이미 낳은 다른 알들은 밖으로 던져 버린다. 그러므로 집단의 둥지에 첫 번째로 알을 낳은 암컷은 적어도 하나의 알은 항상 잃게 된다. 그리고 적응도에 대한 보상이 부족함에도 불구하고 몇몇 수컷들이 다른 이보다 더 열심히 일하는 이유는 아직 밝혀지지 않았다.

그렇기는 하지만, 기본 특징들을 살피면 큰아니의 **공동육아(communal breeding)**는 상호이익에 대한 우리의 정의를 충족시킴을 알 수 있다. 그리고 아니의 짝들이 왜 동맹에 합류하는지에 대한 설명도 간단해진다. 짝들은 각자 행동하는 것보다 함께 일함으로써 더 높은 생식성공도를 이룬다.

행위자가 이익으로 얻는 적응도는 상호이익의 진화에 대한 일반적인 설명을 제공한다. 하지만 상호이익 상호작용 안에서 종종 발생하는 갈등, 사기꾼에게 착취당할 위험, 그 외 다른 사항들이 상호이익을 탐구 거리가 풍부한 연구 분야가 되게 한다. 이번 장 후반부에 상호이익, 갈등, 그리고 부정행위에 대해 다시 알아볼 것이다.

## 이기성

수수두꺼비(*Rhinella marina*; 예전에는 *Bufo marinus*로 알려짐)의 올챙이는 일상적으로 수수두꺼비의 알을 먹는다(그림 12.4). Michael Crossland와 Richard Shine(2011)은 수수두꺼비 올챙이가 단지 우연히 발견한 동종의 알을 먹는 일반적인 소비자인지, 혹은 능동적으로 동종의 알을 찾아다니며 동족만 선별해서 먹는 소비자인지 알고 싶었다. 이 연구자들은 침입종인 수수두꺼비가 골칫거리인 호주의 한 연못에 깔대기덫 여러 쌍을 설치했다. 그 연못은 수수두꺼비와 토종 개구리, 두 종의 올챙이에게 집과 같은 곳이었다. Crossland와 Shine은 각 쌍의 덫에서 하나를 무작위로 선택하여 그물망 컨테이너 안에 수수두꺼비의 알로 미끼를 달아 두었다. 그들은 나머지 트랩은 대조군으로 빈 상태로 두었다.

**그림 12.4 동족의 알을 먹고 있는 수수두꺼비 올챙이** Mattias Hagman의 사진.

다음날 Crossland와 Shine이 덫을 확인했을 때, 미끼가 달린 덫에는 토종 개구리 올챙이 12마리가 있는 것에 비해 대조군 용 덫에는 토종 개구리의 올챙이 14마리가 있는 것을 발견했다. 토종 개구리 올챙이들은 수수두꺼비의 알에 이끌리지 않았다. 반면, 미끼가 달린 덫에는 6,009마리의 수수두꺼비 올챙이가 있는 것에 비해 대조군용 덫에는 70마리의 수수두꺼비 올챙이가 있는 것을 발견했다. 추가로 행해진 실험에서는 수수두꺼비 올챙이가 구체적으로 수수두꺼비 알의 발달 후기에 내뿜는 화합물에 끌리는 것으로 나타났다. Crossland와 Shine은 수수두꺼비 올챙이가 동족포식자라고 결론을 내렸다.

Crossland와 동료들(2012)은 알에서 방출되는 화합물 큐가 부포게닌(bufogenin)이라고 불리는 독소로서, 수수두꺼비가 타 종의 포식자를 단념시키게 하기 위해 만드는 물질임을 확인하였다. 대부분의 포식자가 부포게닌을 피하는 반면, 수수두꺼비의 올챙이에게 부포게닌은 아주 매력적이다. 사실 너무나 매력적이어서, 호주 수수두꺼비의 침입을 조절할 꽤 괜찮은 전략을 끌어낼 수 있다. Crossland 연구팀은 부포게닌을 미끼로 단 깔대기 덫을 놓음으로써, 수수두꺼비의 올챙이가 가득한 연못을 며칠 안에 깨끗이 만들 수 있음을 확인했다.

Crossland, Mark Hearnden과 동료들(2011)은 독소를 획득하는 것이 수수두꺼비가 동족을 먹는 취향을 진화시킨 이유일 수 있다고 추측했다. 수수두꺼비의 알은 토종 개구리(*Litoria rothii*)가 단 하나만 먹어도 죽을 수 있을 만큼 독성이 강하다. 반면 발달 마지막 단계의 수수두꺼비 올챙이는 보통 개구리 올챙이가 무사히 먹을 수 있을 만큼 독성이 없다. 연구진의 가설과는 반대로, 동족의 알을 먹었던 수수두꺼비 올챙이는 그렇지 않은 올챙이보다 다른 개구리에게 더 유독한 것은 아니었다. 동족을 먹는 것에 대한 또 다른 설명을 찾기 위해, 연구진은 수수두꺼비 올챙이를 다양한 환경에서 길렀다. 그들은 수수두꺼비가 동족의 알만으로 구성된 식단에서 신체 발달을 완성하고 변태할 수 있다는 것을 발견했다. 그리고 그들은 동족의 알을 먹는 것으로 인한 집단 밀도의 감소가 올챙이가 더 빠르게 자라고, 변태하고, 그리고 더 높은 비율로 생존할 수 있게 한다는 것을 발견했다. 그러므로 동족을 먹는 행동은 적어도 영양분과 미래의 경쟁 감소라는 두 가지 이익을 제공한다.

수수두꺼비가 동족을 먹는 행동은 우리의 이기심에 대한 정의에 충족된다. 그것의 진화에 대한 설명은 상호이익의 그것만큼이나 간단하다. 이기적인 수수두꺼비는 비이기적인 개체보다 높은 적응도를 달성한다. 행위자가 이익으로 얻는 적응도는 이기적 행동의 진화에 대한 일반적인 설명이다.

## 이타성

이타적 행동은 확인하기가 까다로울 수 있다. 벨딩땅다람쥐에 대한 Paul Sherman(1985)의 연구에서 그 이유를 확인할 수 있다. 벨딩땅다람쥐(*Spermophilus beldingi*)는 미국 서부의 산악지대에서 무리를 지어 살고 있다. 포식자가 무리에 몰래 접근하고 있는 것을 알아채면, 다람쥐는 높은 음조의 큰 울음소리를 낸다(**그림 12.5**). 경고신호이라고 알려진 이 경고음은 근처의 개체들에게 위험을 알리고 그들이 도망가거나 몸을 숨길만한 곳으로 뛰어들 수 있게 해 준다. 이 경계신호는 그 소리를 낸 개체를 위험에 노출시킨다. 그러나 항상 보이는 것이 전부는 아니다.

**그림 12.5** 벨딩땅다람쥐가 경고신호를 내고 있다

벨딩땅다람쥐는 두 가지 종류의 경고신호를 낸다: 걸어서 접근하는 포유류에 대해서는 떨리는 소리를 내고 날아서 접근하는 매에 대해서는 삑삑 소리를 낸다. 14년 동안의 야생관찰을 통해, Sherman과 그의 보조원들은 들다람쥐가 잡히고 죽임을 당한 30번의 포식자의 공격을 목격했다.

Sherman의 데이터는 다람쥐가 매의 공격을 알아채고 삑삑 소리를 낼 때, 소리를 내는 다람쥐는 30번 중 2%만 잡힌 반면, 소리를 내지 않은 다람쥐는 28%가 잡혔다. 아마도 소리를 낸 개체가 매를 보았음을 매에게 알림으로써, 자신이 죽을 확률을 감소시킨다. 동시에, 소리를 낸 개체는 다른 다람쥐들 사이에 공황과 혼란을 심어 준다. 즉, 삑삑 소리는 이기적이다.

그러나 포유류가 쫓아오는 것을 눈치 채고 떨리는 울음소리를 낼 때, 경고음을 내는 다람쥐는 8%가 죽는 반면, 그렇지 않은 다람쥐는 4%가 죽는다. 경고를 보내는 다람쥐는 자신의 목숨을 걸고 근처의 다른 다람쥐의 이익을 증가시킨다. 떨림음은 이타심에 대한 우리의 정의에 충족된다.

행위자의 적응도가 감소하기 때문에 이타성의 진화는 이해하기 어렵다. 하지만 이타 행동은 흔하게 나타난다. 다른 개체가 생식하는 것을 도와 스스로를 희생하는 점균류, 부모의 둥지에서 도움을 주는 조류, 그리고 화재나 수상사고에서 다른 이들을 구하기 위해 죽음을 무릅쓰는 인간이 그 예에 포함된다. 자연에 이타성은 왜 존재하는 것일까? 이제 곧 다양한 설명을 다뤄볼 것이다.

## 악의

대부분의 세균은 같은 종에게 치명적인, 박테리오신이라 불리는 단백질을 생산한다(Riley and Wertz 2002; Riley et al. 2003). 특정 박테리오신의 생산자는 그 독의 분자 표적이 결핍되어 있기 때문에 자신의 독에 영향을 받지 않거나 혹은 해독제를 만들기 때문에 저항력이 있다. 그림 12.6은 하나의 배지에 두 균주의 *E. coli*를 심은 것을 보여준다(Majeed et al. 2011). 한 균주는 콜리신 E2라고 불리는 박테리오신을 만들고, 다른 한 균주는 콜리신 E7을 만든다. 5일차에 많은 E2 군집이 합쳐지고 또한 많은 E7 군집이 합쳐진 것에 주목하라. 그러나 E2와 E7의 구역은 세균이 없는 띠에 의해 구분되어 있다. 이 경계 구역으로 길을 잃고 들어온 세균 세포는 다른 균주의 독소에 의해 죽게 된다.

박테리오신은 생성하는데 에너지와 재료가 필요하기 때문에, 이를 생산하는 균주는 생산하지 않는 동일 균주의 다른 개체보다 다소 느리게 자란다(Inglis et al. 2011). 더구나 박테리오신을 만드는 많은 균주는 그들의 세포벽을 파열시키고 속에 든 것을 밖에 흩뿌림으로써 독소를 방출한다(Riley and Wertz 2002; Morales-Soto and Forst 2011). 박테리오신을 만들고 내보냄으로써, 세균 세포의 직접적응도가 감소된다. 그리고 이 무기는 치명적이기 때문에, 이를 구성하고 배치하는 세균 세포는 민감한 수용 세포의 직접적응도를 감소시킨다. 그러므로 박테리오신의 생산은 악의(spite)에 대한 우리의 정의에 충족된다(Gardner et al. 2004; West and Gadner 2010).

세균 사이의 악의적인 상호작용이 자연상태에서도 발생하는지 조사하기 위해, Hadas Hawlena와 동료들(2010)은 일리노이의 숲에서 채취한 두 가지 토양 샘플로부터 세균 *Xenorhabdus bovienii*의 36균주를 분리하였다. *X. bovienii*는 선충에 의해 전염되는 치명적인 곤충 병원균이다. 첫 18 균주는 첫 번째 토양 샘플에서 채취된 반면 나머지 18 균주는 두 번째 토양에서 검출되었다. 두 샘플이 채취된 곳은 4 m 떨어져 있었다. Hawlena 연구팀은 하나의 균주는 행위자(박테리오신 기증체)로, 다른 균주는 수혜자(박테리오신 수용체)로 기능한 1,260개의 모든 쌍별 조합을 시도했다. 각 시도에서, 연구진은 행위자 균주의 세포가 박테리오신을 만들게끔 유도했고, 내용물을 무세포추출액으로 준비하여, 수혜자 균주의 성장을 억제시키는 능력을 검증하였다.

그림 12.7은 매우 일관된 결과를 요약하여 보여준다. 어떠한 균주도 같은 토양에서 나온 다른 균주를 억제하지 못했다. 그리고 같은 토양 샘플의 모든 균주는 다른 토양 샘플에서 나온 모든 균주를 억제했다. 추가 검증은 억제 작용이 박테리오신에 의한 것이라는 연구진의 해석을 뒷받침했다. 자연적으로 발생한 *X. bovienni*는 몇 미터 떨어진 곳에 사는 동종의 개체에게도 치명적인, 그러나 많은 비용이 드는 독을 만드는데, 이는 야생의 세균이 정말로 서로에게 독살스럽게 행동한다는 것을 나타낸다.

이타성처럼, 악의의 진화는 이해하기 어렵다. 행위자의 적응도 손실을 야기시키는 유전적인 행동은 집단에서 사라져야만 한다. 그러나 박테리오신의 생산과 다른 예시들은 그러한 악의적 행동이 일어날 수 있음을 보여준다(Gardner and West 2006; Gardner et al. 2007). 다음 절에서는 생물학자들이 이타성을 설명하기 위해 발전시킨 설명이 악의 또한 설명할 수 있음을 확인할 것이다.

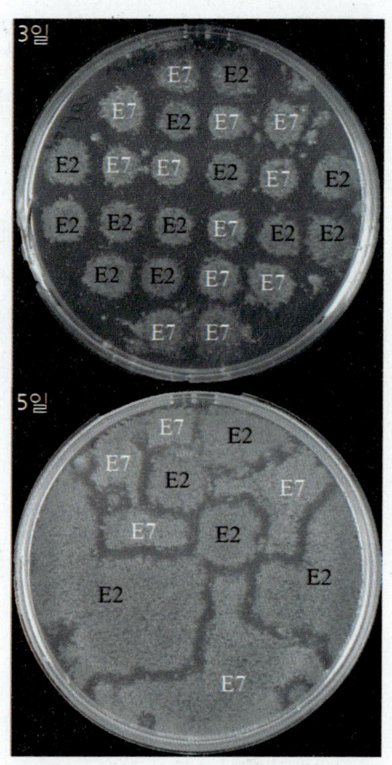


**그림 12.6 서로에게 치명적인 박테리오신을 만드는 두 균주의 *E. coli***
Majeed et al. (2011)에서.

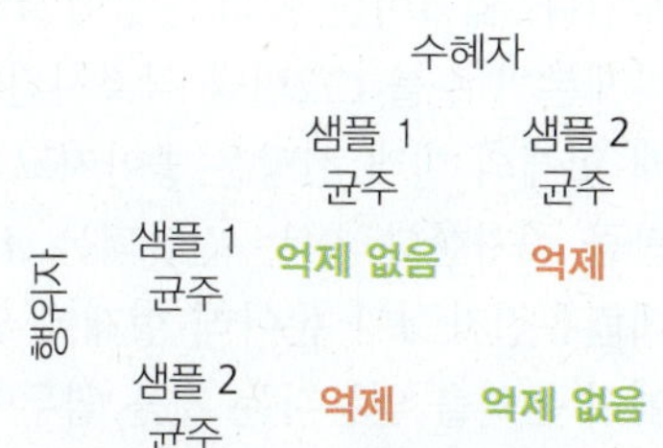

| | | 수혜자 | |
|---|---|---|---|
| | | 샘플 1 균주 | 샘플 2 균주 |
| 행위자 | 샘플 1 균주 | 억제 없음 | 억제 |
| | 샘플 2 균주 | 억제 | 억제 없음 |

**그림 12.7 4 m 거리를 두고 수집된 토양 샘플에서 발견된 세균에서 자연적으로 발생한 상호적 악의**
Hawlena et al. (2010)에서.

## 12.2 혈연선택과 비싼 행동

이타성은 다윈주의의 가장 중심 역설이다. 대립유전자를 지니고 있는 개체의 비용을 들여 다른 개체에게 이익을 주는 행동을 야기하는 대립유전자는 자연선택에 의해 제거될 수 있다. Charles Darwin(1859, p. 236)은 이타성이 분명히 존재하는 것을, "처음엔 내게 극복할 수 없는 것처럼 나타났고, 실제로 나의 이론 전체에 치명적인, 특별한 어려움"이라 여겼다. 하지만 그는 해결책이 무엇인지 깨달았다. 만약 가까운 친족의 생존과 생식성공도를 증가시킬 수 있다면, 선택이 직접적응도를 감소시키는 형질을 선호할 수도 있다. 이 결정적인 통찰은 형태가 갖춰지고 널리 적용되는데 백 년 이상을 기다려야만 했다.

### 포괄적응도

1964년, William D. Hamilton은 이타적 행동을 일으키는 대립유전자가 어떻게 퍼질 수 있는지를 보여주는 유전 모델을 고안했다(Hamilton 1964a). 그의 중요한 통찰은 한 개체가 가지고 있는 유전자가 종종 다른 개체도 가지고 있다. 유전자 복제본은 다른 개체에도 존재하고, 대부분 예상대로 친족에게 있다. 이것은 다른 이를 향한 행동이 행위자의 유전자가 성공하는 데 영향을 줄 수 있음을 의미한다. Hamilton의 모델에서 핵심적인 매개변수는 행위자와 수혜자의 **혈연도(relatedness)** $r$이다. 생물학자들은 혈연도에 대해 다른 맥락에서 어느 정도는 다른 정의를 사용하지만, 모든 정의에서 $r$은 개체간 유전적 유사성의 척도이다.

Hamilton은 그 모델을 사용하여 이타성의 빈도가 증가할 수 있는 **해밀턴의 법칙(Hamilton's rule)**이라 불리는 조건을 끌어냈다:

$$Br - C > 0$$

$B$는 수혜자에게 가는 이익이고 $C$는 행위자의 비용이다. $B$와 $C$는 모두 생존한 자손을 단위로 측정된다. 이 단순한 부등식은 수혜자의 이익이 크고, 행위자의 비용이 낮으며, 참가자들이 밀접하게 연관되어 있을 때 이타성이 퍼지기 쉬움을 나타낸다.

해밀턴의 법칙에서 파생된 John Maynard Smith(1998)의 간단한 연구가 그림 12.8에 나타나 있다. 항상 두 개의 알을 낳고 무작위로 짝을 짓는 큰 조류 집단 안에 있는 드문 우성 대립유전자 $A$를 상상해 보자. 그 대립유전자는 드물게 있기 때문에, 거의 모든 복제본은 이형접합자로 있을 것이다. 대립유전자 $A$는 부모가 둥지에 먹이를 가져왔을 때 $A$를 지니고 있는 개체는 덜 공격적으로 먹이를 구한다. 대립유전자 $a$에 비해 $A$가 표현형에 영향을 미칠 수 있는 때는 $A$를 지닌 개체가 손위 형제일 때이다. 이 이타행동은 손위 형제의 미래 전망을 약화시키는데, 궁극적으로 평생 낳을 수 있는 알의 수를 $C$만큼 감소시킨다. 잃어버린 알의 절반이 $A$의 복제본을 운반하였을 것이므로, 이타행동은 전달되는 복제본의 수를 $C/2$만큼 감소시킨다. 그러나 손아래 형제는 먹이를 더 잘 얻게 된다. 손아래 형제의 미래 전망은 좋아지고, 궁극적으로 평생 생산할 것으로 예상되는 알의 수가 $B$만큼 증가한다. 이는 전달되는 $A$의 복제본의 수를 $Bp/2$만큼 증가시키는데, 여기서 $p$는 대립유전자 $A$가 손아래 형제에 있을 확률이다. 만약 $Bp > C$라면 $A$는 전달되는 복제본에서 순익을 얻는다는 것을 염두에 두자.

$p$를 추정하기 위해 $A$는 드물게 있기 때문에, 손아래 형제의 유전자 복제본의 어느 한 쪽이 손위 형제가 가지고 있는 $A$의 복제본과 **공동자손 동일성(identical by descent)**을 보여야만 손아래 형제에서 이런 일이 일어날 수 있다. 한 개체에서 채취된 유전자 복제본이 다른 개체에 존재하는 유전자 복제본과 공동자손 동일성 확률을 흔히 혈연도의 정의

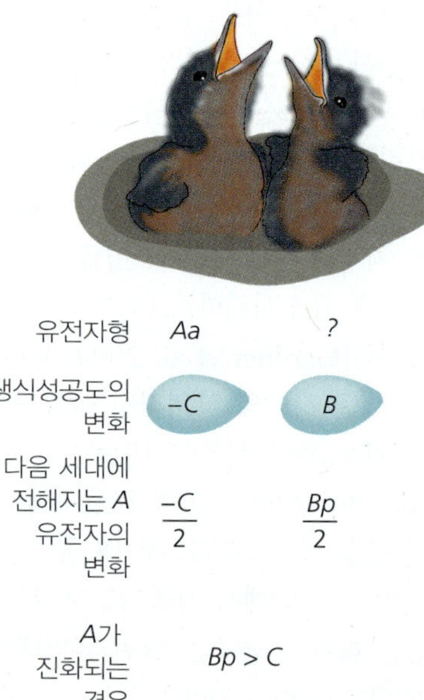


**그림 12.8 간단히 유도한 해밀턴의 법칙** 본문의 설명을 참고하라. RS는 생식성공도를 말한다. Maynard Smith (1998)에서.

## 계산하기 12.1

# 공동자손 동일성 확률로서의 혈연도 계산

공동자손 동일성 확률을 계산하기 위해선 행위자와 수혜자가 포함되는 가계도가 필요하다. 이때 가계도를 이용하여, 행위자에서 시작해서 수혜자로 이르는 경로를 따라간다. 예를 들어, 반형제자매는 부모 중 하나를 공유하고, 그림 12.9a에서 보이는대로 두 단계를 거치는 하나의 혈통 경로를 가진다. 부모는 자손 각각에게 유전자의 절반을 준다. 그래서 각 단계에서 계통적으로 유전자가 동일할 확률은 1/2이다. 바꿔 말하면, 특정한 대립유전자가 부모에서 행위자로 전달될 확률이 1/2이다. 동일한 대립유전자가 부모에서 수용자로 전달될 확률은 1/2이다. 이 동일한 대립유전자가 행위자와 수혜자 모두에게 전달되었을 확률(행위자와 수혜자에 있는 대립유전자가 공동자손 동일성 확률)은 이 두 가지 독립적 확률의 산물 1/4이다.

반면 완전형제자매는 부모 양쪽으로부터 물려받은 유전자를 공유한다. 행위자와 수혜자가 완전형제자매인 경우 혈연도를 계산하기 위해, 공동자손 동일성 확률을 가계도의 각 경로를 통해 더해야 한다. 이 경우, 모계를 통한 공동자손 동일성 확률에 부계를 통한 공동자손 동일성 확률을 더한다(그림 12.9b 참조). 이는 1/4 + 1/4 = 1/2이다.

이 방법을 사용하면 다음 계수를 얻을 수 있다:

- 사촌, 1/8 (그림 12.9c)
- 부모에서 자손, 1/2
- 조부모에서 손자, 1/4
- 고모/이모 또는 삼촌에서 조카, 1/4

이러한 분석은 유성생식을 하는 개체에 있는 상염색체의 유전자좌위에 대하여 적용되며 동계교배가 일어나지 않음을 가정한다. 만약 집단의 구성원들이 동계교배한다면, 그 확률은 더 높아질 것이다. 그러나 야외에서 집단을 연구할 때, 일반적으로 연구자들에겐 동계교배에 대한 자료가 없고, 개체들은 완전히 이계교배를 한다고 가정해야 한다. 이러한 사실을 기반으로, 문헌상에서 보고되는 혈연도에 대한 추정치는 최소 추정치로 고려되어야 한다. 혈연도 계산에의 또 다른 불확실성은 가계도에서 누가 아비인지를 정하는 것에서 나타난다. 10장에서 본 것처럼, 짝외교미는 많은 종에서 나타나는 흔한 일이다. 만약 수컷-암컷이 짝을 짓는 관계를 기반으로 아비를 확인하고 짝외교미가 그저 발견되지 않은 것뿐이라면, 혈연도의 추정치는 부풀려질 수도 있다.

가계도를 구성하는 것이 터무니없이 어렵다면, 혈연도는 유전적 자료로부터 추정될 수 있다(Queller and Goodnight 1989). 미소부수체와 다른 표지 유전자좌위는 광범위한 사회적 곤충에서 혈연도를 추정하는 데 유용한 것으로 증명되었다(예, Peters et al. 1999).

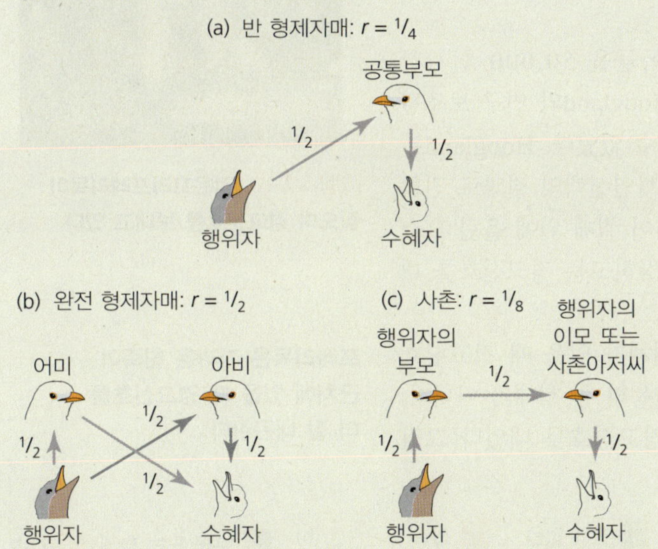


**그림 12.9 가계도로 혈연도 계산하기** 화살표는 유전자가 공동자손 동일성이 되는 경로를 나타낸다. Trivers (1985)에서.

로 사용되고 있다. 이런 방식으로 혈연도를 계산하는 방법은 **계산하기 12.1**에 서술되어 있다.

**만약 친족이 얻는 이익이 충분히 크다면, 개별적인 비용행동이 진화할 수 있다.**

*A*의 빈도가 증가하는 조건은 $Br > C$, 즉 해밀턴의 법칙이다. 만약 조류들이 일부일처제라면, 한배의 새끼들은 완전형제자매(full sibs)이며 $r$은 1/2이다. 손위 형제는 다른 형제들의 생존과 생식을 자기가 갖는 가치의 절반으로 평가할 것이다. 만약 반형제자매(half-sib)라면, $r$은 1/4이다. 손위 형제는 다른 형제들의 적응도를 원래 가치의 1/4로 평가할 것이다.

해밀턴의 법칙을 더 일반적으로 파생—여러 요인들 중에서도 수, 빈도, 포함된 유전자의 우성에 대한 몇 가지 가정이 필요하지만—하는 것도 가능하다(Grafen 1985; Gardner et al. 2011). 모든 파생은 필수적으로 미래 세대로의 개체의 유전적 기여 중 두 가지 요소를 포함한다. **직접적응도(direct fitness)**는 개체가 관련이 있는 다른 개체의 도움 없이 제 힘으로 달성하는 생식에서 기인한다. **간접적응도(indirect fitness)**는 개체의 행위로 인해 가능해지는, 친족의 추가 생식에서 기인한다. 직접적응도와 간접적응도의 합이 **포괄적응도(inclusive fitness)**이다(West et al. 2007b). 적응도의 간접 요소를 증가시키는 대립유전자가 확산되게 하는 자연선택은 **혈연선택(kin selection)**이라고 불린다.

**적응도는 직접 요소와 간접 요소 둘 다 가지고 있다. 포괄적응도는 양쪽의 총합이다.**

## 검은꼬리프레리독의 경고신호

이타성의 진화를 설명함에 있어 혈연선택의 위력을 보기 위해, 우선 사우스다코타의 블랙힐즈로 가보자. 이곳은 John Hoogland(1983, 1994, 1995)가 검은꼬리프레리독(*Cynomys ludovicianus*)을 연구했던 곳이다. 프레리독은 코터리(coteries)라고 불리는 가족 집단을 형성하여 지내는 큰 다람쥐류이다. 각 코터리는 프레리독들의 마을 내에 영역을 유지한다. 암컷들은 보통 일생동안 태어난 코터리 안에 남아 있는 반면, 수컷은 다 자라면 여기저기 흩어진다. 프레리독은 오소리, 보브캣, 코요테, 독수리, 그리고 매의 먹이이고, 땅 위에서 보내는 시간의 절반 가까이를 서서 주변을 감시하는데 소비한다. 프레리독이 포식자의 존재를 알아채면, 이 종의 일반명처럼 높은 음조로 짖으며 경고음을 낸다(그림 12.10).

**그림 12.10 검은꼬리프레리독이 짖으며 경고신호를 보내고 있다**

사우스다코타의 마을 내에서 개별적으로 표시한 프레리독들을 50,000 인시간(person-hours) 이상 관찰하며 일지를 기록했음에도 불구하고, Hoogland와 연구 보조원들은 프레리독의 경고가 이기적인지 이타적인지 확실히 입증할 수 없었다. Hoogland는 프레리독이 이타적이라고 생각했지만, 프레리독의 짖는 행동이 혈연선택의 결과로 진화했다는 가설과 일치하는지 확인하고자 했다. Hoogland는 보조원이 썰매 위에 올린 오소리 박제를 프레리독 마을에 밀어 넣게 하여 포식자의 공격을 가장하고는 경고신호를 내는 개체와 몸을 숨길 곳으로 뛰어드는 개체가 누구인지 관찰했다.

**프레리독은 가까운 친족이 근처에 있을 때 경고신호를 더 잘 내곤한다.**

수컷과 암컷은 모두 그들의 코터리에 유전적으로 친족인 개체가 있을 때 경고신호를 더 잘 냈다(그림 12.11a). 이 경계하는 소리는 단순히 부모양육의 한 형태가 아니다: 프레리독은 자손과 함께 살 때만큼 부모나 형제와 살 때에도 경고신호를 내었다(그림 12.11b). 후글랜드는 수컷 개체들의 일생의 각 단계를 따라다니며 지켜보았는데, 수컷들이 친족과 가까이 있는 정도가 변함에 따라 울음소리를 내는 비율을 바꾸는 것을 확인했다(그림 12.12).

Hoogland의 자료는 이타적 경고신호가 무작위로 제공되는 것이 아님을 분명히 보여준다. 그들은 족벌주의적이다. 자기희생은 가까운 친족에게로 향하며 이를 통해 간접적응도의 증가를 가져온다. 이제 비용, 이익, 그리고 간접적응도 증가를 더 자세하게 정량화한 연구로 넘어가보자.

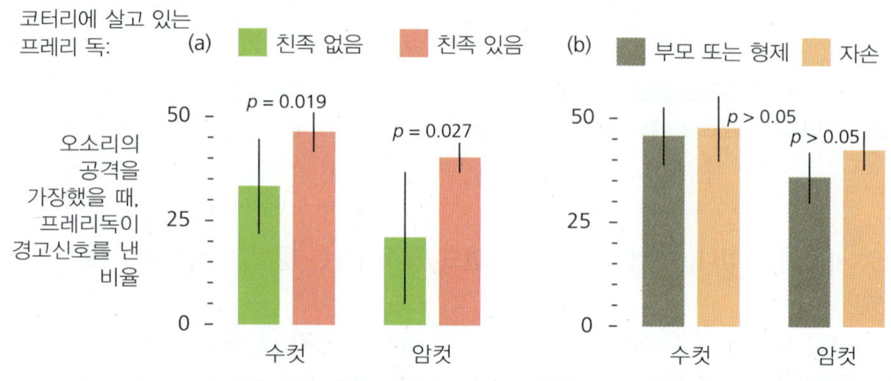


**그림 12.11 검은꼬리프레리독은 혈연선택 이론으로 예측 가능한 상황에서 경고음을 낸다** (a) 근처에 친족이 있는 상황과 없는 상황에서 프레리독이 경고신호를 내는 비율. (b) 자손과 함께 사는 상황과 자손이 아닌 개체와 함께 사는 상황에서 수컷과 암컷이 경고신호를 내는 비율. Hoogland (1995)에서 다시 그림.

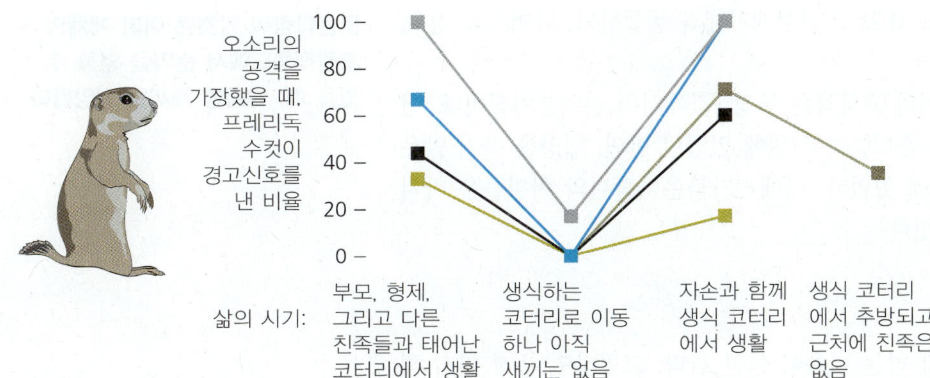


**그림 12.12 검은꼬리프레리독 수컷은 생활환경이 변화할 때 경고신호를 내는 행동을 바꾼다** 이 그래프는 다른 시기에 있는 수컷 다섯 마리에 의한 경고신호 행동의 비율을 도식화한 것이다. 수컷들은 친족이 근처에 있는지의 여부에 따라 소리를 내는 비율을 증가시키거나 감소시켰다. Hoogland (1995)에서 다시 그림.

## 양어미 다람쥐의 비용과 이익 측정

Stan Boutin과 동료들은 캐나다의 클루앤호 근처에서 아메리카붉은다람쥐(*tamiasciurus hudsonicus*)의 한 집단을 1987년부터 쭉 지켜보았다(Boutin et al. 2006; MaAdam et al. 2007). 어미가 새끼들을 돌보는 시기를 제외하고, 각각의 다람쥐는 혼자 점유하는 섭식영역을 방어한다. 봄, 여름 동안 연구진은 다람쥐를 덫으로 생포하여 인식표를 달고는, 암컷의 생식과 한배에서 태어난 새끼들의 성장과 생존을 추적 관찰하였다. 1989년부터 2008년까지, 이 과학자들은 1,101마리의 암컷에 의해 출산된 2,230무리의 한배 새끼들 6,793마리의 생존과 생식성공도에 대한 자료를 모았다(Gorrell et al. 2010).

이 표본에는 수유기간 동안 고아가 된 34무리의 새끼들이 포함된다. 근처에 있는 수유 중인 암컷 한 마리 이상이 이 새끼들을 입양하여 젖을 먹일 수 있었다(그림 12.13a). 이 중 일곱 무리는 입양이 가능한 양어미 중에 유전적 친족이 있었다. 이 중 다섯 무리의 새끼가 입양되었는데, 항상 친족에 의해서였다. 다른 27무리는 양어미로 가능한 암컷 중에 친족인 개체가 아무도 없었다. 이 무리의 새끼들은 누구도 입양되지 않았다. 친족과 입양 사이의 관계는 해밀턴의 법칙과 일치한다. 그러나 이 자료는 왜 어떤 친족 암컷은 입양을 하고 다른 이들은 그렇지 않았는지에 대해 더 깊이 고찰해 보게 한다.

한배 새끼의 수가 새끼들의 생존 확률에 어떻게 영향을 미치는지 알고 있었기 때문에, Jamieson Gorrell과 동료 연구진(2010)은 새끼 한 마리를 자신의 새끼로 추가시키는 양어미의 직접적응도의 비용을 추정할 수 있었다. 이 비용이 그림 12.13b에 검은 선으로 나타나 있다. 새끼 한 마리를 추가하면 암컷의 원래 새끼들이 생존할 기회가 감소한다(Humphries and Boutin 2000). 그래서 암컷의 직접적응도의 비용은 원래의 한배 새끼 수가 많을수록 증가한다.

그리고 Gorrell과 동료들이 집단 내의 모든 다람쥐에 대한 모계 가계도를 가지고 있기 때문에—유전자 검사를 통해 얻은 몇 가지 자료를 포함하여—그들은 친족인 새끼를 돌보는 양어미가 이익으로 얻는 간접적응도를 추정할 수 있었다. 그림 12.13b에 회색선으로 나타난 이러한 간접적응도의 이익은 입양된 새끼가 살아남을 확률이다. 이는 한배 새끼의 수에 비례하여 하락하고, 새끼와 양 어미간의 혈연도에 의해 크게 증가한다. 이 그림은 친척에 의해 입양될 수도 있었던 일곱 무리의 새끼 각각의 $r$ 추정값을 다루는 세 개의 선을 포함한다. 다섯 무리의 경우, $r$은 적어도 0.125 이상으로 사촌 사이

(a)

(b)

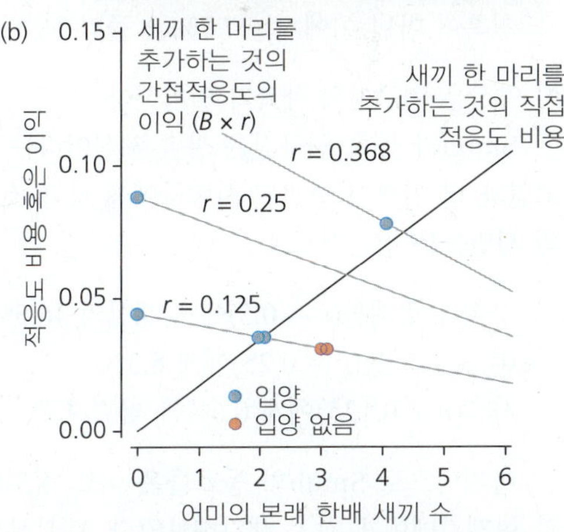


**그림 12.13 아메리카붉은다람쥐의 포괄적응도와 입양** (a) 한 둥지에서 다른 곳으로 새끼를 이동 중인 암컷 아메리카붉은다람쥐. (b) 친족에 의한 다섯 건의 입양과 두 건의 비입양에 대한 해밀턴의 법칙 항(terms)의 추정치. Gorrell et al. (2010)에서.

의 관계와 동등하다. 한 경우, $r$은 적어도 0.25로 반형제자매와 동등하다. 나머지의 경우, $r$은 0.368이었다.

간접이익의 선과 직접비용의 선 사이의 교차점은 특정 $r$값에서의 손익분기점이다. 어미가 입양을 한 다섯 경우, 간접 이익은 손익분기점 위에 있었던 반면, 입양을 하지 않은 두 가지 경우, 이익이 손익분기점 아래에 있었다. 아메리카붉은다람쥐의 어미들은 마치 해밀턴의 법칙을 이해하는 것처럼 행동한다.

**붉은다람쥐 암컷은 어미 개체의 포괄적응도에서 순익을 얻을 수 있을 때, 친족인 새끼를 입양한다.**

## 혈연선택과 인간의 행동

우리 인간은 종종 우리의 친족을 돕고자 하는 마음이 들곤 한다. 그렇다면 우리 역시 해밀턴의 법칙을 이해하는 것처럼 행동하는가?

### 혈연선택과 재산 상속

Martin Smith와 동료 연구진(1987)은 브리티쉬 콜롬비아 주, 밴쿠버 시의 552명의 남성과 228명의 여성이 작성한 1,000개의 유언장을 조사했다. 연구진은, 인간은 자신이 축적한 자원이 자신의 유전자를 위해 지속적으로 쓰여지길 원하기 때문에, 죽었을 때 우리의 재산에 어떤 일이 벌어지는지에 대해 관심을 가진다고 가정했다. 이 관점이 옳다면, 해밀턴의 법칙은 사람들이 누구에게 재산을 물려주는지 예측할 수 있어야 한다.

연구진이 처음 한 예측은 사람들이 친족이 아닌 사람보다 친족에게 더 많은 몫을 남길 것이라는 것이었다. 친족에게 남긴 돈이 낯선 이에게 남긴 돈보다 개인의 유전자가 더 잘 퍼지게 한다. 유일한 문제점은 배우자를 분류하는 방법이다. 살아 있는 배우자는 유전적 친족이 아니다. 그러나 고인과 공유하는 자손의 이익을 위해 상속 재산을 관리할 수도 있다. 남겨진 재산의 37%를 받은 배우자를 제외하면, 유언장 작성자는 평균적으로

친족에게는 고인의 재산 중 55.3%를, 이에 비해
친족이 아닌 이에게는 7.7%를 물려주었다.

이 양상은 연구진의 예측과 일치한다.

Smith와 동료 연구진은 상속 재산이라는 파이의 더 큰 조각은 유전적 친족 중에서도 고인과 더 가까이 연관된 사람들에게 향할 것이라 예측했다. 이 예측과 일치하여, 벤쿠퍼의 시민들은 평균적으로

자손과 형제들($r$ = 0.5)에게 재산의 46.5%
손자, 조카들($r$ = 0.25)에게 8.3%
사촌($r$ = 0.125)에게 0.6%를 남겼다.

마지막으로 Smith와 동료들은 어느 정도의 재산이 $r$ = 0.5인 친족들 중에서도 자손과 형제자매에게 갈지 생각해보았다. 대부분의 사람들이 과거 생식 적령기를 잘 보냈으리라 예상하고, 그리고 형제자매들이 거의 비슷한 나이인 상황을 고려하면, 형제에게 돈을 남겨 다른 조카들이 나오는 것을 장려하는 것보다 자손에게 돈을 남겨 손주를 낳게 하는 것이 더 쉬울 것이다. 그러므로 연구진은 형제자매보다는 자손이 더 많은 돈을 얻으리라 예측했다. 이 예측과 일관되게, 벤쿠버의 유언장 작성자들은

재산의 38.6%는 자손에게
7.9%는 형제자매에게 상속했다.

Smith와 동료들은 이 자료들이 혈연선택이론과 폭넓게 일치한다고 결론지었다. 유언

장을 작성하는 사람들이 일상적으로 가계도를 그리고, 직접비용과 간접이익을 계산하여 그에 따라 재산을 나눈다고 상상할 필요는 없다. 이는 단지 우리의 선조들에게 있었던 자연선택이 우리에게는 더 가까운 친족에게 더 너그러운 감정을 느끼는 경향을 남겼다는 것을 시사한다.

Smith 연구의 한계점은 단일 문화권 안에서 행해진 관찰 연구와 관련한 것이라는 점이다. 결과적으로, 이는 자료에서 보이는 양상을 혈연선택보다 친근함 또는 지역적 풍습과 같은 몇몇 제어되지 않은 변수가 더 잘 설명할 수 있다는 가능성을 열어 놓는다. 다음 파트에서 우리는 이 문제를 부분적으로 방지한 실험연구를 살펴볼 것이다.

## 혈연선택과 신뢰

Lisa DeBruine(2002)은 24명의 학생 참가자들에게 간단한 2인 협상 게임에 참여해 줄 것을 요청했다. **그림 12.14a**는 각 참가자들의 선택과 그것을 통해 가능한 결과를 요약한 것이다. 1번 참가자는 우선 2번 참가자를 신뢰할 것인지 그렇지 않을 것인지를 선택한다. 만약 1번 참가자가 신뢰함을 선택한다면, 그때 2번 참가자는 비이기적으로 행동할지 이기적으로 행동할지를 선택한다. 만약 2번 참가자가 비이기적인 태도를 선택한다면, 각 참가자는 3달러를 얻는다. 만약 2번 참가자가 이기적으로 행동할 것을 선택한다면, 2번 참가자는 4달러를 얻는 반면, 1번 참가자는 단지 1달러만 얻게 된다. 만약 1번 참가자가 신뢰하지 않을 것을 선택한다면, 2번 참가자의 선택의 여지없이 각 참가자는 2달러를 얻게 된다. 실제 지불금은 게임에 따라 어느 정도 다양했지만, 장려금과 유혹은 항상 동일한 양상으로 지속되었다. 신뢰하는 것은 언제나 1번 참가자에게 돈을 덜 받게 될 위험과 함께 더 많은 돈을 받을 수 있는 기회를 제공했다. 2번 참가자는 이기적으로 굴 때 언제나 가장 큰 보상을 받았지만 신뢰받지 못할 때 가장 적은 보상을 얻었다.

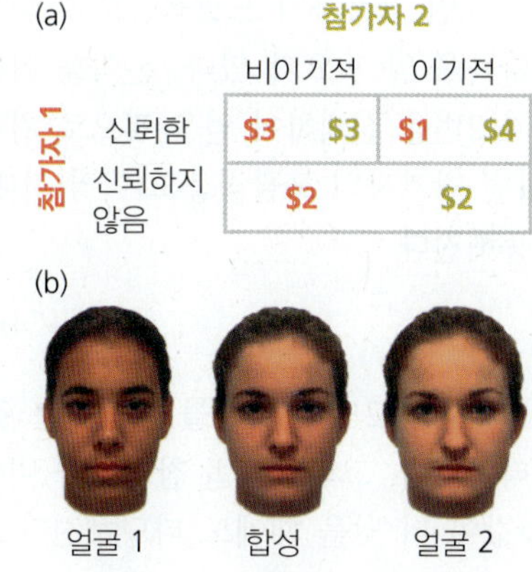


(c) 자신과 비자신 합성사진에 대한 평균 친사회 선택의 차이

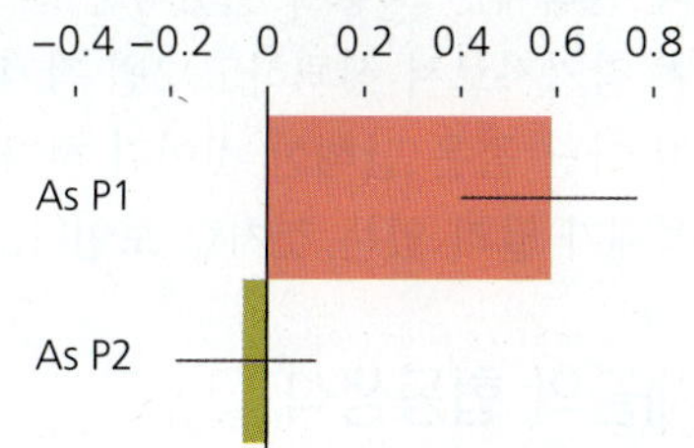


**그림 12.14 닮은 얼굴과 신뢰**
(a) 게임에서 각 참가자가 얻는 장려금. 신뢰하는 것과 이기적이지 않은 것이 친사회적 선택이다. (b) 자원자들은 합성된 얼굴을 가진 가상의 상대를 대상으로 게임을 했다. (c) 자원자들은 본인의 얼굴이 섞인 상대를 유의미하게 더 신뢰하였다($p < 0.005$). 그러나 덜 이기적인 것은 아니었다. DeBruine (2002)에서 수정함.

DeBruine의 학생 참가자들은 일련의 상대자와 컴퓨터상에서 게임을 했는데, 각 게임 전에 스크린에 나타난 상대방의 사진을 볼 수 있었다. 참가자들도 모르게, 상대방은 원격 컴퓨터상에 있는 학생이 아니라 DeBruine이 미리 프로그래밍해 둔 아바타였다. 각 상대편의 사진은 두 사람의 얼굴을 컴퓨터로 섞어 만든 것이었다(그림 12.14b). 때때로 참가자들의 얼굴도 합성 요소가 되어 가족 구성원과 닮은 얼굴을 만드는 데 사용되었고 다른 때에는 참가자의 얼굴이 사용되지 않았다. 게임이 끝날 무렵쯤 각 참가자들은 본인의 얼굴이 섞인 상대편을 신뢰할 기회와 본인의 얼굴과 관련이 없는 상대편을 신뢰할 기회를 각각 세 번씩 가졌다. 이에 더해 본인의 얼굴이 섞인 상대편에게 비이기적으로 굴 기회와 관계 없는 얼굴의 상대편에게 비이기적으로 굴 기회를 각각 세 번씩 얻었다. 간접적응도가 신뢰를 특별히 장려하고 배신의 상처를 감소시킨다는 논리로, DeBruine은 실험 참가자들이 본인의 얼굴이 섞이지 않은 상대편에 비해 얼굴이 섞인 상대편에게 더 친사회적일 것이라 예측했다.

그 결과가 그림 12.14c에 나타나 있다. DeBruine은 참가자들이 1번 참가자(P1)로서 자기 얼굴이 섞인 참가자에게 친사회적인 선택을 한 회수를 확인하고, 거기에 자기 얼굴이 섞이지 않은 참가자에게 친사회적으로 선택한 회수를 뺐다. 이 차이의 평균이 0보다 통계적으로 유의미하게 컸으며, 그래프의 위쪽 막대가 이를 나타낸다. 실험 참가자들은 친족처럼 보이는 상대를 더 신뢰했다. 그러나 DeBruine이 2번 참가자(P2)로서 한 선택에 대해 같은 분석을 하였을 때, 그녀는 참가자들이 친족처럼 보이는 상대에게나 그렇지 않은 상대에게 덜 이기적인 것은 아님을 발견했다.

처음에 이는 분명히 엇갈린 결과인 것처럼 보인다. 그러나 우리는 이제 해밀턴의 법칙을 세심하게 적용해 보아야 한다. 그림 12.14c에 있는 장려금을 고려하여, 각 참가자가 각각의 선택을 할 때 예상되는 포괄적응도를 계산할 수 있다. 계산이 더 간단한 2번 참가자부터 시작해 보자. 2번 참가자가 이기적이지 않을 경우, 직접적응도 이익은 3이고 상대편을 통한 간접적응도 이익은 $3r$이며, 전체 포괄적응도 이익은 $3 + 3r$이 된다. 2번 참가자가 이기적일 경우, 전체 포괄적응도 이익은 $4 + r$이다. 다음과 같을 때 두 가지 선택을 통해 동등한 이익을 얻을 수 있다.

$$3 + 3r = 4 + r \text{ 또는 } r\text{의 값을 구하여, } r = 1/2$$

만약 상대편이 완전형제자매보다 혈연도가 덜 하다면, 이기적으로 행동하는 것이 더 높은 포괄적응도를 제공한다. 친족을 중시하는 행동을 하려면 상당히 높은 임계치가 필요하다.

1번 참가자의 포괄적응도 이익의 기대치를 계산하기 위해, 2번 참가자가 비이기적일 확률을 알 필요가 있다. 논의를 위해 이 확률을 0이라 가정해 보자. 이 경우 1번 참가자가 2번을 신뢰하여 얻을 것으로 기대되는 포괄적응도 이익은 $1 + 4r$이다. 신뢰하지 않은 1번 참가자의 포괄적응도 이익 기대치는 $2 + 2r$이다. 두 가지 전략은 아래와 같을 때 동등해진다.

$$1 + 4r = 2 + 2r, \text{ 또는 } r = 1/2$$

이기적인 2번 참가자를 신뢰하는 것은 그 혹은 그녀가 적어도 완전형제자매인 경우에만 타당하다. 그러나 2번 참가자가 비이기적일 기회가 있다면, 2번 참가자를 신뢰하는 것은 $r$값이 더 낮을 때에도 타당해진다(그림 12.15). 즉, 1번 참가자가 족벌주의자가 될 임계치는 아마 2번 참가자가 그렇게 될 임계치보다 낮을 것이라는 것이다. DeBruine은 이를 친족인 것처럼 보이는 것이 1번 참가자로서의 선택에는 영향을 미쳤으나 2번 참가자로서의 선택에는 그렇지 못했다는 사실에 대한 설명으로 제안했다. 사실, 실험 참가자들이 1번 참가자로서 신뢰하고 2번 참가자로서 이기적인 선택을 하는 것이 동시에 이루어진 것이 아닌 점은 난해한 것이긴 하다. 이는 단지 포괄적응도보다는 인간의 사회 상호작용에 성패가 달려 있는 것처럼 보인다. 후에 이 점도 다루어 볼 것이다.

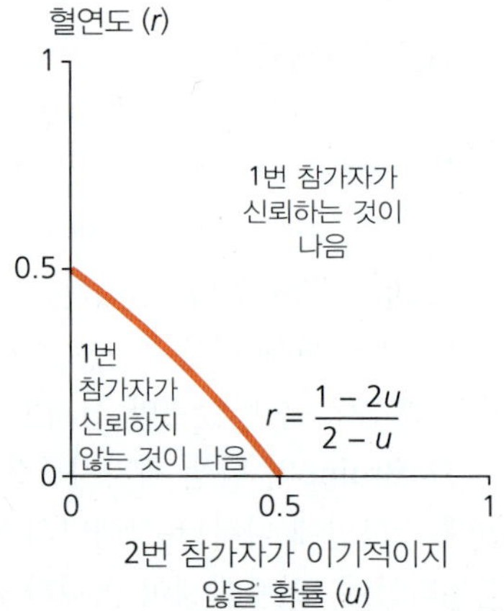


**그림 12.15 2번 참가자가 비이기적일 확률과 함수관계로서 1번 참가자가 신뢰를 선택할 혈연도의 임계치** DeBruine (2002)에서.

## 새들의 협동생식

지금까지 다룬 사례들에서, 우리는 해밀턴의 법칙이 한 종내에서 개체의 행동을 이해하는데 도움을 줄 수 있음을 확인했다. 해밀턴의 법칙이 어떻게 종간 행동의 양상 또한 분명하게 밝혀 주는지 보기 위해, 새들의 **협동생식(cooperative breeding)**으로 눈을 돌려보자. 광범위한 과 수준의 조류에서, 스스로 생식을 할 수 있을 만큼 충분히 성숙한 젊은 개체가 생식 대신 둥지에 남아 부모들이 형제자매, 혹은 반형제자매를 기르는 것을 도와주는 일이 나타난다. 도우미들은 둥지 짓기, 둥지 방어, 그리고/또는 포란 중인 부모나 새끼에게 먹이를 전달해 주는 일을 돕는다.

흰날개쳐프(그림 12.16)를 포함하는 몇몇 종에서, 생식 개체들은 도움 없이는 새끼들을 이소시킬 수 없다(Heinsohn 1992). 흰날개쳐프의 대부분의 집단이 유전적 친족들로 이루어져 있음에도 불구하고(Beck et al. 2008), 성체들은 종종 이웃 집단에서 최근 이소한 새끼를 납치해 와서 그들이 완전히 독립할 수 있을 때까지 돌보고, 그러고 나서 그들을 도우미로 이용한다(Heinsohn 1991).

**그림 12.16 진흙으로 만든 둥지 안의 흰날개쳐프(*Corcorax melanothamphos*)**

땅다람쥐, 붉은다람쥐, 인간과 같이 혈연선택은 협동생식을 하는 종 내에서 개체들의 행동을 설명할 수 있다. 밤색머리 꼬리치레(*Pomatostomus ruficeps*)의 경우를 보면, 특정 개체를 선택하여 도움을 줄 수 있는 도우미는 친족에게 도움을 제공한다(Browning

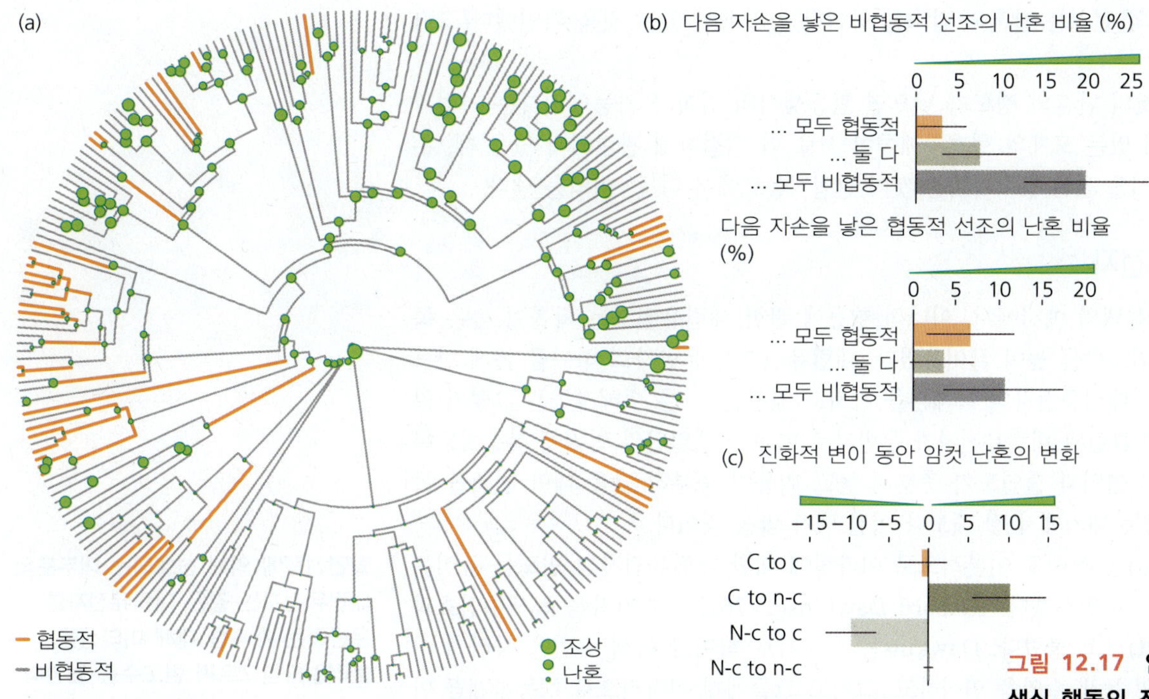


**그림 12.17 암컷의 난혼과 조류의 생식 행동의 진화적 이행** (a) 조류 267종에 대해 추정한 계통. 알려지거나 추론된 생식 체계는 가지에 칠해진 색으로 표시되어 있다. 추론된 조상의 난혼 정도는 각 교점(node)의 녹색 점의 크기로 표시되어 있다. (b) 다른 생식 체계의 자손을 낳은 조상의 암컷 난혼 정도의 평균 ± 표준오차. (c) 생식체계의 진화적 이행 동안 암컷 난혼 정도의 변화의 평균 ± 표준오차. Cornwallis et al. (2010)에서.



et al. 2012).

Charlie Cornwallis와 동료 연구진(2010)은 광범위한 질문을 던졌다. 연구진은 혈연 선택이 비협동 생식에서 협동적 생식으로의 진화적 이행이나 그 반대 과정을 설명하는 데 도움이 되는지 알고 싶었다. 연구진은 혈연도에 초점을 맞추었다. 가족의 모계 형제자매 사이의 평균 혈연도는 각각 아비가 다를 경우인 0.25부터 모두 아비가 같을 경우인 0.5까지 다양하다. 다른 조건들이 모두 동일할 때, 가계 내 형제들 간에 혈연도가 더 높을수록 둥지에서 생식을 돕는 행동의 진화를 용이하게 하고, 혈연도가 낮을수록 돕는 행동이 사라지기 쉬워진다.

물론 결코 다른 조건들이 모두 같을 수는 없다. 혈연도 $r$은 해밀턴의 법칙의 세 가지 항 중 단 하나일 뿐이다. 수혜자의 이익 $B$와 행위자의 비용 $C$ 역시 중요하다. 비용과 이익은 생태적 요인과 종에 따라 매우 다양해지는 생활사의 특성에 의해 영향을 받는다(Hatchwell and Komdeur 2000). Cornwallis와 다른 동료들은 호주까치 처럼 형제자매간 혈연도가 낮지만 협동하여 생식하는 종을 알고 있었다(Hughes et al. 2003). 그리고 바다오리처럼 형제자매간에 혈연도가 높지만 비협동적으로 생식하는 종도 알고 있었다(Anker-Nilssen et al. 2008). 이 과학자들은 그럼에도 불구하고 혈연도가 진화의 경향에 상당한 영향을 줄 것이라는 가설을 설정했다.

**협동생식은 잠재적인 도우미와 수혜자가 혈연으로 가까운 경향이 있는 조류의 계보에서 더 쉽게 진화한다.**

Cornwallis와 연구진은 생식 체계와 암컷의 난혼의 정도가 알려진 조류 267종의 진화 계통수를 추정했다**(그림 12.17a)**. 현존하는 종들의 진화 관계, 생식 체계, 그리고 난혼의 정도를 바탕으로, 연구진은 조상 계보의 생식 체계와 난혼 정도를 추론했다. 재구축한 계통수에서, 협동생식은 독립적으로 33번 진화했고 독립적으로 20번 사라졌다. 연구진은 비협동적인 선조들을 볼 때, 협동적 자손만 낳은 선조는 비협동적 자손만 낳은 선조보다 난혼의 정도가 유의미하게 낮았다는 것을 발견했다(그림 12.17b, 위 $p < 0.001$). 비협동적인 자손과 협동적인 자손만을 낳은 협동적인 선조들의 난혼 정도의 차이는 통계적으로 유의미하지 않았다(그림 12.17b, 아래 $p = 0.07$). Cornwallis와 동료들은 협동적 생식에서 비협동적 생식으로의 전이가 난혼의 증가를 동반하는 경향이 있는 반면, 비협동적 생식에

서 협동적 생식으로의 전이는 난혼의 감소를 동반하는 경향이 있는 것을 확인했다(그림 12.17c).

이 양상들은 암컷의 난혼의 정도가 낮으면 협동생식의 진화가 가능해진다는 가설과 일치한다. 한 둥지에 있는 모계의 형제자매들이 서로 더 밀접하게 관련되어 있을 때, 손위자식이 부모의 생식을 돕는데 투자하는 것이 간접적응도에서 더 큰 이익을 낸다.

## 녹색수염 대립유전자

지금까지 다룬 혈연선택의 예시에서, 이타적 행동에 관한 대립유전자는 확률이 높은 쪽에 내기를 하여 그 빈도수를 높이 끌어올렸다. 대립유전자가 운반자로 하여금 돕게 만드는 친족의 일부는 그 대립유전자의 복제본을 가지고 있지만, 다른 수혜자들은 그렇지 않다. 하지만 이타성과 관련된 대립유전자가 운반자로 하여금 해밀턴의 법칙에 복종하도록 이끈다면—생산되는 이익과 혈연도가 충분히 높고 비용이 충분히 낮을 때만 친족을 돕는다면—대립유전자는 내기에서 질 때보다 이길 때가 많을 것이다.

Hamilton(1964b)은 적어도 이론적으로 이타성에 대한 대립유전자의 빈도를 높이는 또 다른 기작이 있음을 인식했다. Richard Dawkins(1976)는 이 기작을 **녹색수염효과 (greenbeard effect)**라고 불렀다. Dawkins는 운반자로 하여금 녹색 수염을 자라게 하고, 동시에 다른 이의 녹색 수염을 인식하고, 그리고 그들에게 이타적으로 행동하게끔 만드는 대립유전자를 상상했다. 그런 대립유전자의 운반자는 완전형제자매, 반형제자매, 사촌들을 구별해서 그에 맞게 행동을 조정할 필요가 없어질 것이다. 녹색수염효과 하에서는 이타성과 관련된 대립유전자는 내기를 할 필요가 없다. 대신, 확실히 이기는 편에 내기를 걸 수 있을 것이다.

**혈연선택에 의해 선호되는 대부분의 대립유전자는 같은 대립유전자를 운반하는 개체를 대해 이타성을 불러일으킴으로써 빈도수를 높인다. 녹색수염효과는 같은 대립유전자를 운반하는 것이 확실한 개체에게 이타적으로 행동하게끔 유도함으로써 그 빈도수를 높이는 것이다.**

녹색수염효과가 원리상으로는 흥미로우나 자연상태에서는 드문, 이론상의 것 그 이상이 되기는 어렵다고 예상했을 수도 있다. 이 효과에는 세 가지 복잡하고 독특한 표현형-수염, 그것을 인지하는 능력, 차별적 이타성을 만들어 내는 한 가지 대립유전자가 필요한 것이 그 이유이다. 녹색수염효과는 드물 순 있지만, 아예 없는 것은 아니다. David Queller와 동료 연구진(2003)은 Hamilton과 Dawkins가 품고 있는 시나리오에 근접하는 사례를 보고했다.

Queller와 동료들은 점균류 *Dictyostelium discoideum*을 연구했다. 이 흙에서 사는 종의 개체들은 포자에서 싹을 틔워 삶의 대부분을 독립생활을 하는 단일 세포 아메바로 보낸다(그림 12.18a, 맞은 쪽). 그러나 먹이가 부족해지면, 이 아메바들은 서로에게 화학적 신호를 보내고 이 영향으로 수천 개의 세포로 이루어진 덩어리를 형성하여 함께 흐르듯이 이동한다. 이 덩어리는 민달팽이와 같이 분화하여 잠시 이동한 다음 길고 얇은 자루로 변형되어 열매를 맺는 자실체를 지탱한다. 자실체의 세포는 포자를 형성하고, 포자는 새로운 지역으로 퍼져 나가 새로운 생활 주기를 시작한다. 공동 집단을 이루기 위해 모인 아메바의 20%에 해당하는 자루 부분의 세포들은 나머지 세포들의 생식과 확산을 위해 이타적으로 스스로를 희생한다.

Queller와 동료들이 연구한 특정한 대립유전자는 *csA*라고 불리는 유전자의 야생형 대립유전자이다. 기능상실 돌연변이에 비하여, 야생형 대립유전자는 녹색수염 대립유전자의 모든 특성을 내보인다. *csA*에 의해 만들어진 단백질은 점균류 아메바의 표면 위에서 다른 세포의 표면에 있는 다른 *csA* 단백질과 딱 결합한다. 즉 야생형 *csA*는 한 형질이며, 다른 개체의 같은 형질을 인식하는 능력을 분명히 드러낸다. 남은 녹색수염 관련 형질은 차별적 이타성이다.

Queller와 동료들은 야생형 아메바와 *csA* 유전자가 없는 아메바를 섞어서 실험실의

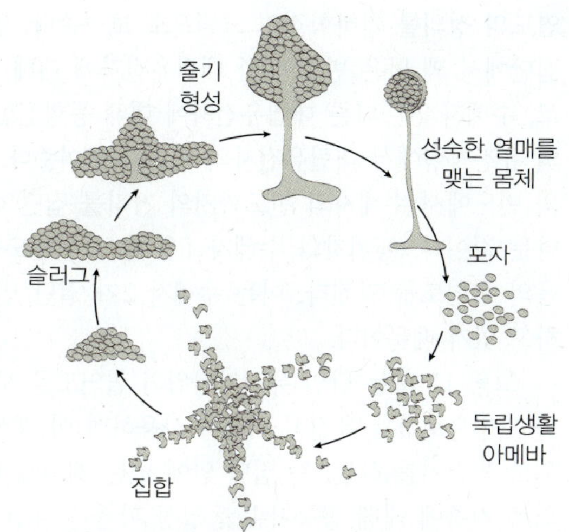


(a) 점균류 아메바가 열매를 맺는 몸체를 형성하기 위해 집합하면 줄기를 형성하는 세포는 포자를 형성하는 세포를 위해 희생한다.

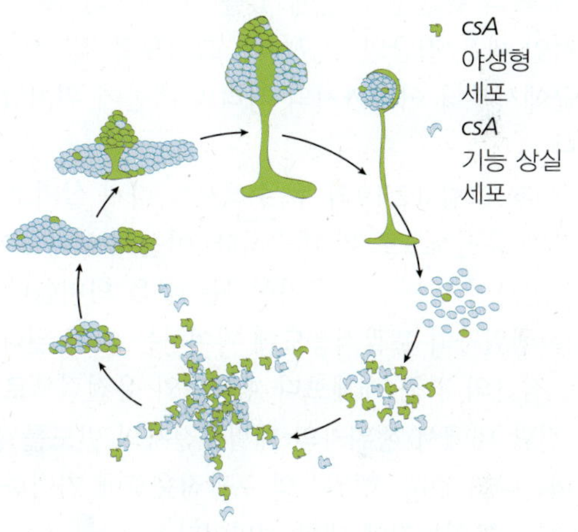


(b) 실험실의 한천 배지 위에서, 야생형 세포들은 부적응적인 이타성을 보인다.

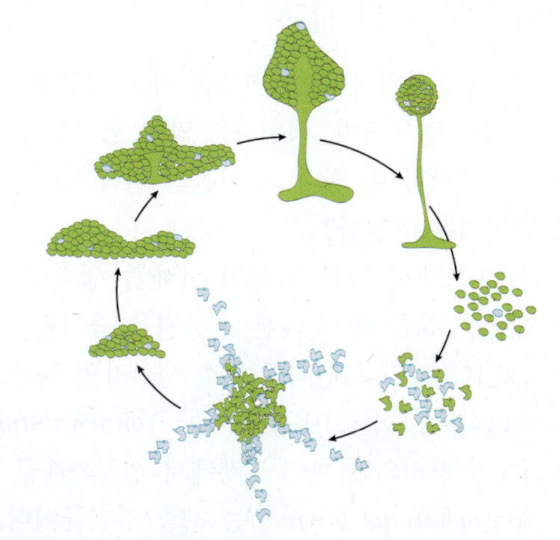

(c) 토양에서, 야생형 세포들은 녹색수염 효과를 따르는 이타성을 보인다.

**그림 12.18 점균류 *Dictyostelium discoideum*의 생활 주기** (a) 독립생활을 하는 아메바가 열매를 맺는 몸체를 형성하기 위해 모일 때, 이 중 20%는 다른 이들을 대신하여 스스로를 희생한다. 이 이타주의자들은 열매를 맺는 부분을 적절히 지지하는 줄기를 형성한다. 열매 관련 부분에 있는 아메바만이 포자를 만든다. 이 포자들은 확산되어, 싹을 틔우고, 새로운 생활 주기를 시작한다. (b와 c) 유전적으로 혼합된 집합체의 결과는 환경에 따라 달라진다.

한천 배지에서 길러냈다. 그리고 아메바들이 모여 흘러 다니게 만들고 자실체를 형성하게끔 굶겼다. 연구진은 야생형 세포들이 불균형적으로 줄기 부분에 나타나는 것을 발견했다(그림 12.18b). 서로 더 강하게 결합되어 있었기 때문에, 야생형 세포들은 바닥으로 가는 처지가 되어, 지지와 비생식적인 역할로 밀려났다. 지금까지의 이야기를 보면, 야생형 대립유전자는 녹색수염이 아니라 그 반대, 수염이 없는 이를 위해 자신을 희생하는 이타주의자로 보인다. 실험실의 한천 배지에서 자랄 때, 이들은 빠르게 사라져야 한다.

그러나 이 혼합 배양균주가 본래의 환경인 흙에서 자라면 상황은 정반대가 된다(그림 12.18c). 아메바는 한천 배지보다 흙에서 모이는 것이 더 힘들다. 야생형 세포는 서로 잘 달라붙어서 서로를 강하게 끌어당길 수 있다. 이제 야생형 세포는 줄기뿐 아니라 열매를 맺는 몸체의 포자에서도 불균형하게 나타난다. 유전자가 없는 세포는 접합력이 떨어지고 덩어리로 모일 때 배제되는 경향이 있다. 즉, 자연선택 하에서 대립유전자 *csA*의 야생형은 그 운반자가 우선적으로 다른 야생형 세포에게 이타적이게 만든다. 혈연선택은 개별 개체 수준뿐만 아니라 개별 대립유전자 수준에서도 작용한다.

이 절의 마지막 주제는 12.1절에서 소개한, 비용이 많이 드는 수수께끼 같은 행동에 대해 혈연선택이 해결의 실마리를 비추는지에 대한 것이다. 바로 악의이다.

## 친족 선택과 악의

우리는 혈연선택이 이타적 행동을 설명하는 데 어떤 도움을 주는지 보아왔다. 그러나 Hamilton(1970) 그 자신이 인식한 대로, 혈연선택은 악의를 설명하는 데에도 도움을 줄 수 있다. 해밀턴의 법칙은 $Br - C > 0$이라면 사회적 행동과 관련된 대립유전자는 선호될 것이라 말한다. 악의적인 상호작용에서, 사실 수혜자의 "이익"은 비용이다. 이는 B가 음의 값을 가진다는 것을 의미한다. 그러나 $Br$은 여전히 양의 값이 될 수 있고, $C$보다 값이 클 가능성이 있다. 만약 $r$ 역시 음의 값을 가진다면 말이다(Gardner and West 2004).

### 음의 혈연도

혈연도가 어떻게 음의 값을 가질 수 있을까? 만약 우리가 혈연도를 공동자손 동일성 확률이라 정의내리면, $r$은 음의 값을 가질 수 없다. 확률은 0보다 작을 수 없다. 그러나 혈연도에 대한 더욱 일반적인 정의는 행위자와 수혜자의 유전적 유사성을 속해 있는 집단의 맥락에서 측정하는 것이다(Grafen 1985). 그림 12.19(다음 쪽)는 이런 혈연도의 정의를 기하학적인 그림으로 보여준다. 옆에 실린 그림 예시에서, 행위자는 전체 집단에서 꽤 낮은 빈도인 한 대립유전자에 대해 동형접합자다. 수혜자 1은 이형접합자이고, 수혜자 2는 다른 대립유전자에 대해 동형접합자다. 위의 그림은 세 개체와 집단 전체의 유전자형에서 대립유전자의 빈도를 보여준다. 행위자와 수혜자 사이의 혈연도는 집단의 빈도에서 수혜자의 빈도까지의 거리를 집단의 빈도부터 행위자의 빈도까지의 거리로 나눈 값이다. 행위자와 수혜자 1은 양의 혈연도를 가진다. 그러나 행위자와 수혜자 2는 음의 혈연도를 가진다. 이는 수혜자 2가 집단 빈도를 중심으로 행위자의 반대편에 위치하고 있기 때문이다.

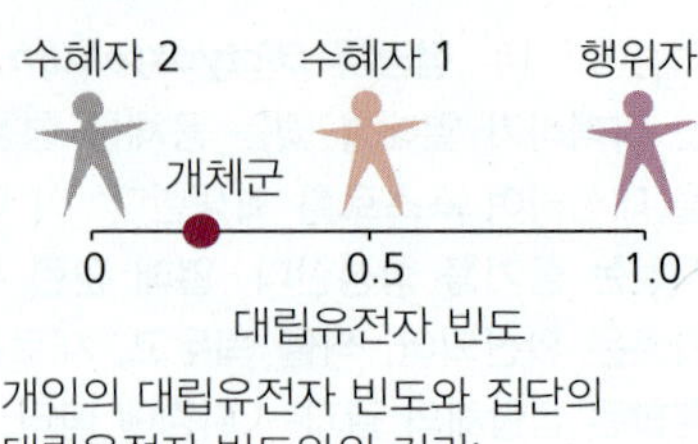


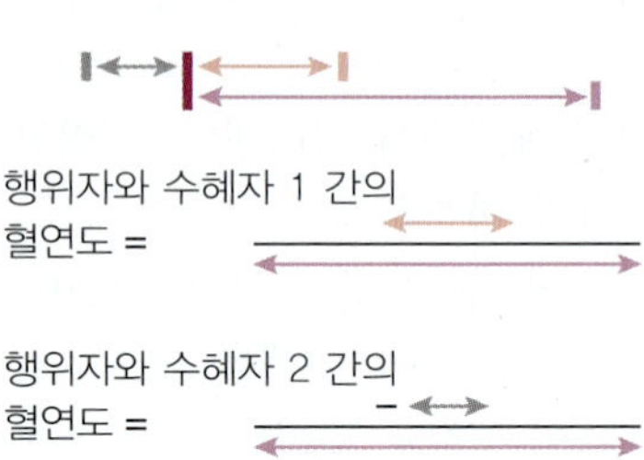


**그림 12.19 그라펜의 기하학적 혈연도** Grafen (1985)에서.

그림 12.19는 단일 유전자좌위의 혈연도를 보여준다. 그러나 이론적으로 전체 유전체를 기반으로하는 유전적 거리를 사용하여 이 계산을 수행할 수 있다(Grafen 1985). 무작위로 짝짓기를 하는, 큰 집단 안에 있는 개체에 대해 이를 해본다면, $r$에 대한 이러한 정의로 친족에 대해 공동자손 동일성 확률을 계산한 것과 같은 값을 얻는다. 예로, 어미와 자녀 중 하나의 혈연도를 생각해보자. 각 유전자좌위에서, 자식의 대립유전자 중 하나는 어미로부터, 하나는 어미의 짝에서 온 것이다. 이는 평균적으로 자녀의 유전형은 어미와 그녀 짝의 유전형 중간에 있을 것임을 의미한다. 무작위 짝짓기를 한다는 가정하에, 평균적인 짝은 집단의 평균이다. 그러므로 집단의 평균에서부터 자식까지의 거리는 집단의 평균에서부터 어미까지의 거리의 절반에 위치할 것이다. 어미와 자식간의 혈연도는 1/2이다.

이제 그림 12.19의 두 수혜자를 다시 살펴보자. 수혜자 1은 집단의 평균 개체보다 행위자와 유전적으로 더 비슷하다. 이는 수혜자 1이 생식했을 때, 집단 내에서 행위자의 대립유전자의 빈도수가 증가한다는 것을 의미한다. 행위자가 수혜자 1의 생식을 돕는다면, 이는 행위자의 포괄적응도에 기여하는 것이 된다(Gardner and West 2004). 반면 수혜자 2는 집단의 평균 개체보다 행위자와 유전적으로 덜 유사하다. 수혜자 2가 생식할 때, 이는 집단 내에서 행위자의 대립유전자의 빈도를 감소시킨다. 행위자가 수혜자 2의 생식을 방해한다면, 이는 행위자의 포괄적응도에 기여하는 것이다. 이것이 악의적 행동이 어떻게 진화할 수 있는지에 대한 설명이다.

**행위자와 집단의 평균적인 구성원보다 덜 가까이 연관된 개체를 향한 악의 행동은 행위자의 포괄적응도를 증가시킬 수도 있다.**

## 적의 적은 나의 친구

악의는 행위자와 음의 혈연도를 가진 경쟁자의 적응도를 떨어뜨리기 위해 행위자가 비용을 들이는 경우이며, 행위자와 양의 혈연도를 가진 개체가 간접적으로 이익을 얻는 이타성으로 생각할 수 있다. 해밀턴의 법칙은 이것이 이론적으로 가능함을 보여주지만, 실제로 벌어지는 일일까?

12.1절에서 다룬 악의의 사례를 생각해 보자. 짧은 거리를 두고 그들끼리 경쟁하는 세균은 같은 종의 다른 구성원을 죽이는, 비용이 많이 드는 독소를 생산하여 방출한다. 그런데 자기 희생적인 독소 생산자의 독은 자신의 클론은 손상시키지 않는다. Farrah Bashey와 동료들(2012)은 세균 *Xenorhabdus bovienii*의 악의적인 개체가 준자연적인 조건에서 자신의 클론이 경쟁에서 성공하게끔 하는지 그 해답을 찾으려 했다.

*Xenorhabdus bovienii*는 곤충 병원균이다. Bashey와 동료들은 토양에서 두 가지 균주를 분리했다. 우리가 악의적이라고 부를 균주는 세 번째 균주인 민감한 경쟁자를 죽이는 박테리오신을 만든다. 우리가 양성이라고 부르는 균주는 박테리오신을 만들지 않는다. 악의적이든 양성 균주이든 저항력이 있는 경쟁자인 *X. koppenhoeferi*를 죽이지 못한다. 마지막으로, 민감 경쟁자와 저항 경쟁자 중 누구도 박테리오신을 만들지 않는다.

Bashey와 동료 연구진은 두 가지 통제 실험을 수행했다. 첫 번째로, 애벌레에 악의 균주와 양성 균주를 접종하고 세균의 성장률을 관찰했다. 각각 따로 접종했을 때, 두 균주의 성장에 유의미한 차이는 보이지 않는다(그림 12.20a). 두 번째로, 연구진은 악의 균주를 저항 경쟁자와 함께 애벌레에 접종했다. 양성 균주에서도 같은 실험을 수행했다. 저항 경쟁자와의 경쟁에서 양성 균주는 악의적 균주보다 유의미한 수준으로 빠르게 성장했다(그림 12.20b).

박테리오신의 생산은 민감 경쟁자에 대항하여 악의 행위자의 클론이 경쟁 능력을 향상시킬 수 있다는 가설을 검증하기 위해, Bashey와 동료 연구진은 악의 균주를 민감한 경쟁자와 함께 애벌레에 접종했다. 양성 균주에 대해서도 같은 실험을 수행했다. 이번에는 악의 균주가 양성 균주보다 유의미한 수준으로 빠르게 성장했다(그림 12.20c). 이 결과는 악의적으로 박테리오신을 생산하는 것이 혈연선택에 의해 진화했다는 생각과 일치한다. 다른 악의 균주와 양성 균주를 사용한 두 번째 실험의 결과도 이와 같았다.

흥미롭게도 민감 경쟁자와 악의 균주의 혼합체를 접종한 애벌레는 각 균주를 하나씩 접종한 애벌레보다 오래 살아남았다. 반면, 민감 경쟁자와 양성 균주의 혼합체를 접종한 애벌레는 각 균주를 하나씩 접종한 애벌레만큼 빨리 죽었다. 병원균 간의 악의 상호작용이 숙주의 감염 과정을 바꿀 수 있는 것으로 보인다.

요컨대 이번 절은 혈연선택이 다양한 개체의 비용 행동의 진화를 어떻게 설명하는지를 입증하고 있다. 다음 절에서는 다수준선택이라 불리는 기본틀을 탐구해볼 것이다.

(a) 대조군 1:
악의적 균주와 양성 균주 따로

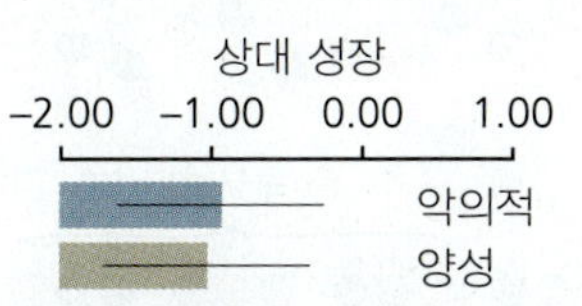


(b) 대조군 2:
악의적인 그리고 양성 균자가
저항 경쟁자와 같이 있을 때

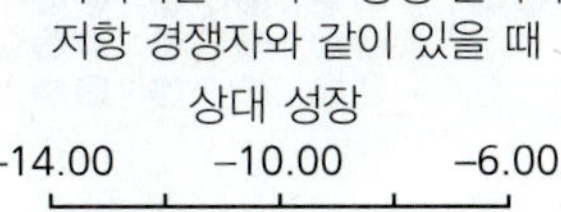


(c) 실험군:
악의적 그리고 양성 균주가
민감 경쟁자와 같이 자랐을 때

상대 성장
−2.00 2.00 6.00 10.00
악의적
양성

**그림 12.20 악의는 세균의 경쟁의 결과를 바꾼다** (a) $p = 0.85$. (b) $p < 0.0001$. (c) $p < 0.0001$. Bashey et al. (2012)에서.

## 12.3 다수준선택과 협동

혈연선택처럼 **다수준선택(multilevel selection)**에 대한 개념은 찰스 다윈으로까지 거슬러 올라갈 수 있다(Marshall 2011 참조). 다윈이 저서 '인간의 혈통'에서 다룬 문제 중에 인간 도덕성의 진화에 대한 것이 있다. "높은 수준의 도덕성은 같은 종족의 다른 사람들보다 개인과 그 아이들에게는 약간의 이익을 더 주거나 혹은 전혀 주지 않는다." 그는 이렇게 언급한다(1871, p. 166). 도덕적인 개인이 높은 빈도로 존재하는 것은 "다른 종족에 비해 한 종족에게 막대한 이익을 줄 것이다"라고.

다윈이 도덕성에 대해 묘사한 것처럼 행위자에게 이익을 주거나 혹은 비용이 들지만 수혜자에게는 이익이 되며 적어도 일정 부분으로는 수혜자가 이익을 얻기 때문에 선택된 행동적인 형질에 Stuart West와 동료 연구진(2007a)을 따라 **협동(cooperation)**이라는 단어를 사용할 것이다. 이런 관점에서 협동은 모든 경우의 이타성과 상호이익의 몇 가지 경우를 아우른다. 상호이익에서 흥미로운 것은 수혜자가 행위자보다 더 많은 것을 얻는 경우이다. 이타성처럼, 이 불균형적인 상호이익의 경우 형질을 운반하는 개체보다 다른 개체의 적응도에 더 기여하는 형질이 어떻게 집단 안에 확산될 수 있는지에 대한 질문을 낳는다. 이번 절에서, 우리는 집단의 이익에 기여할 때, 협동이 진화할 수 있는지에 대해 생각해 볼 것이다.

David Sloan Wilson(1975)은 많은 협력자를 둔 집단의 높은 생산성이 그룹 내 협력자의 낮은 상대적응도보다 훨씬 더 클 때, 협력자의 전체적인 빈도는 증가할 수 있음을 보여주는 모델을 개발했다.

### 다수준선택의 수치 예제

David Sloan Wilson(1975)이 논의한 것과 비슷하게 수치상의 예제를 들어 다수준선택을 소개한다. Benjamin Kerr와 Peter Godfrey-Smith(2002)가 보여준 내용을 많이 참조하여 설명할 것이다.

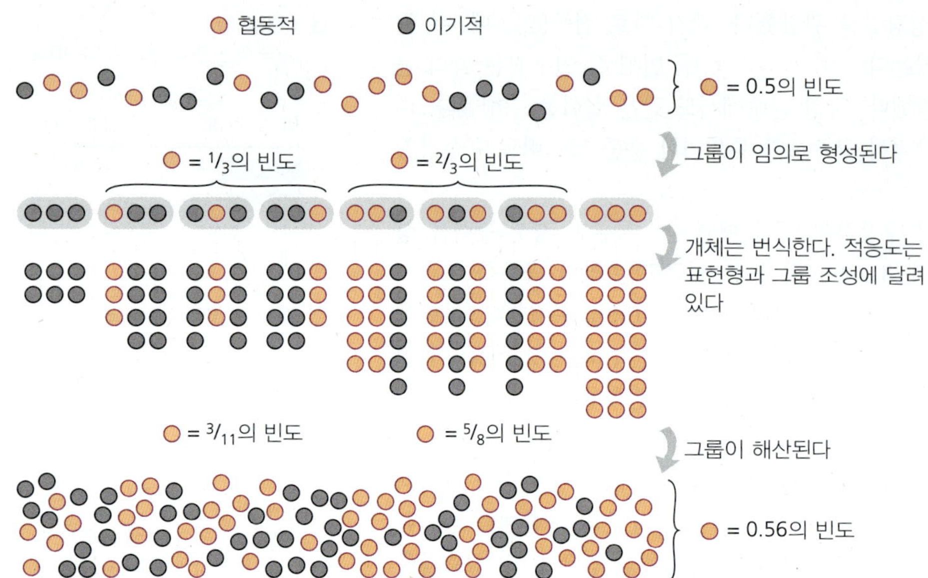


**그림 12.21 협동의 빈도는 다수준선택에서 어떻게 증가하는가** 각 세대에서 집단의 구성원은 무작위로 셋 씩 그룹을 형성한다. 개체는 자기복제로 생식하고 죽으며, 그 후 그룹은 붕괴된다. 개체의 생식성공도는 자기 자신의 표현형—협동적 혹은 이기적—과 그룹 내 짝의 표현형과 상관관계가 있다. 혼합 그룹 내에서, 협동의 빈도는 떨어진다. 그러나 그룹의 생산성은 그룹 내 협력자의 수에 따라 극적으로 증가하고, 전체 집단의 협동의 빈도도 증가한다.

협동적, 이기적인 두 가지 유형의 개체가 각각 0.5의 빈도수로 있는 한 집단을 상상해 보자(그림 12.21). 이 개체들은 자기복제로 생식한다. 생식하기 전에, 이들은 무작위로 셋씩 그룹을 형성한다. 만약 집단이 아주 크다면, 협력자가 각각 0, 1, 2, 3이 있는 그룹의 비율은 1:3:3:1일 것이다. 생식은 그룹 내에서 일어난다. 그 후에, 성체는 죽고 자손은 흩어진다. 협력자의 빈도가 세대를 넘어 어떻게 변화하는지 살펴보자. 물론 이는 개체의 상대 생식성공도에 달려 있다.

개체의 성공도는 그 자신의 행동과 그룹 내 짝들의 행동에 달려 있다. 협력자가 없는 그룹에서, 각 개체는 자손을 둘 얻는다. 그룹 내에 협력자가 하나 있다면 협력자는 자손을 셋 얻고 이기적 개체들은 자손을 넷 씩 얻는다. 협력자가 둘 있다면 각 협력자는 다섯 자손을 얻고 이기적 개체는 여섯을 얻는다. 그룹의 일원이 모두 협력적이라면 각각 자손을 일곱씩 얻는다.

협력자는 항상 그룹의 모든 일원의 생식성공도를 증가시키지만, 이기적인 개체가 이익을 추가로 얻기 위해 착취할 수 있다는 점에 주목하자. 결과적으로 혼합 그룹 내에서 협력자의 빈도는 다음 세대로 넘어가며 감소한다. 협력자가 하나 있는 그룹에서는 빈도가 1/3에서 3/11로 떨어지는 것을 볼 수 있었다. 협력자가 둘인 그룹에서는 2/3에서 5/8로 떨어진다.

그렇더라도, 협력자가 자신이 속한 그룹의 생산성을 많이 끌어올리고, 자손이 섞여 있을 때, 전체적인 자손 집단 내의 협력자의 빈도는 부모세대 그룹의 그것보다 더 높다. 부모세대에서 협력자의 전체 빈도는 0.5였고 자손 세대 중에서는 0.56이다. 이렇게 그룹 내와 집단이 서로 대조적인 경향을 보여주는 것을 **심슨역설(Simpson's paradox)**이라고 부른다.

**만약 협력자가 자신이 속한 사회적 그룹에 충분한 이익을 제공한다면, 그룹 내에서는 협력자의 빈도수가 감소할지라도 큰 집단에서는 그 빈도수가 증가할 수도 있다.**

이런 종류의 시나리오는 다수준선택 모델로 묘사된다. 그룹 내 개체들을 비교하면, 이기적인 개체는 협력자들보다 높은 적응도를 얻는다. 그룹내 개체들은 비교하면 협력자가 더 많은 그룹이 더 많은 자손을 생산한다. 우리가 본 사례에서, 그룹 간 선택은 그룹 내 선택보다 훨씬 더 크고 협동은 확산된다.

다수준선택에 대해 다양한 변형이 가능하다. 그룹은 어떤 크기로도 만들어질 수 있다. 무작위로 형성하는 대신, 친족, 유전자 혹은 표현형을 공유하는 개체들로 구성될 수 있다. 행동은 다유전자형질일 수 있다. 생명체가 성으로 생식할 수 있다. 적응도는 우리

계 산 하 기 12. 2

## 동일한 진화과정에 대한 다른 관점

우리는 그림 12.21에 나타난 진화 모델에 대한 수학적으로 두 가지 동등한 관점을 구별지어 보고자 Kerr와 Godfrey-Smith(2002)를 따라가 볼 것이다.

매우 유용한 모델을 사용하면 진화 중인 그룹에서 대립유전자 또는 표현형의 빈도가 무한하게 세대를 넘어가며 어떻게 변화하는지 예측할 수 있다. 그림 12.21과 같은 모델로 그렇게 예측해 보려면, 다음이 필요하다.

- 개체의 유형별 초기 빈도
- 사회적 그룹을 형성하는 규칙. 만약 이 규칙을 통해 개체의 유형별 빈도로부터 모든 유형의 그룹의 상대적인 빈도를 결정할 수 있다면, 이전 세대에서 나타난 그룹에 대해 어떤 것도 알 필요가 없다.
- 생식성공도를 결정하는 규칙의 모음. 이것은 적응도 구조라고 불린다.

그림 12.22는 그림 12.21의 집단의 적응도 구조에 대한 두 가지 관점을 보여준다. 그림 12.22a는 개체의 적응도를 그룹 구성의 함수로 나타낸다. 이 관점을 선호하는 생물학자들은 적응도를 직접적 그리고 간접적인 개체의 속성으로 초점을 맞추는 경향이 있다. 그리고 **개체선택**과 **혈연선택**이라는 단어를 사용하는 경향이 있다. 그림 12.22b는 그룹 구성과 그룹의 생산성(왼쪽), 협력적인 자손의 비율(오른쪽)의 관계를 보여준다. 이 관점을 선호하는 생물학자들은 그룹 구성의 변이, 그룹의 생산성이 협동이 확산되는 데 필요하다고 강조하는 경향이 있으며, **다수준선택**과 **그룹선택**(*group selection*)이라는 용어를 사용하는 경향이 있다.

그러나 적응도 구조에 대한 각 관점에는 서로 다른 관점을 이끌어 내기 위해 필요한 모든 정보가 들어 있고, 양측 모두 동일한 진화적 변화를 예측한다는 사실을 기억해 두자.

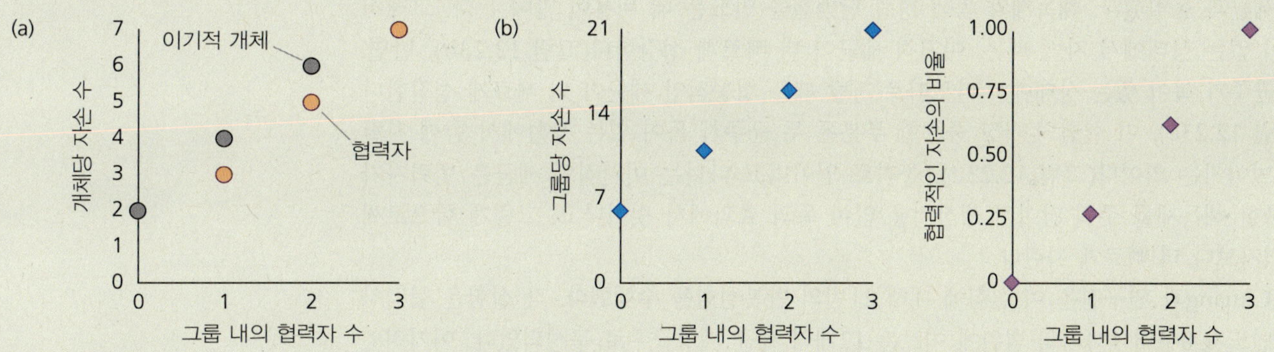


**그림 12.22 같은 적응도 구조에 대한 두 가지 서술 방식** 양쪽 모두 그림 12.21의 모델의 적응도 구조를 보여준다. (a) 그룹 구성에 대한 개체의 적응도. (b) 그룹 구성에 대한 그룹의 생산성(왼쪽)과 이타적인 자손의 비율(오른쪽). Kerr and Godfrey-Smith (2002)에서.

가 선택하는 양상에 따라 표현형과 그룹을 구성하는 요소에 따라 달라질 수 있다(Kerr et al. 2004). 협동—때때로 이타성이기도 하다—은 어떤 시나리오에서는 고정되고, 어떤 곳에서는 사라지며, 또 다른 곳에서는 중간 정도의 빈도를 유지한다(Kerr and Godfrey-Smith 2002).

생물학자들은 그룹으로 구조화된 집단에서 작동하는 진화적 기작을 묘사하기 위해 다양한 용어를 사용한다(West et al. 2007a). 이는 실제로 존재하는 것보다 과정에 대한 의견 충돌이 많다는 인상을 준다(Lion 2011; Marshall 2011). 생물학자들이 어떻게 진화를 묘사할 것인지는 그들이 어떻게 계산을 할 것인지에 달려 있다**(계산하기 12.2)**.

### 세균의 다수준선택과 협동

앞의 두 쪽에서 다뤄 본 예는 이론적으로는 협동이 다수준선택을 통해 확산될 수 있음을

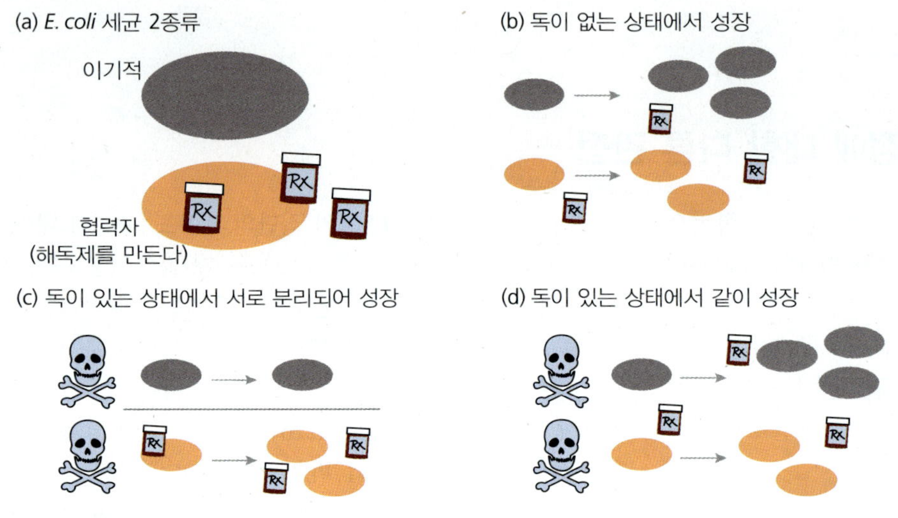


**그림 12.23 이기적 혹은 협동적이게끔 유전적으로 조작된 세균** (a) 이기적 균주와 동일하지만, 협동적 세균은 독에 대한 해독제를 만들고 방출한다. 그 독은 항생물질인 클로람페니콜이다. 해독제는 클로람페니콜에 저항적인 발현을 작동시키는 분자물질이다. (b~d) 어떤 균주가 빨리 자라는지는 다른 균주와 독이 존재하는지에 달려 있다. Chuang et al. (2009)에서.

보여준다. 이것이 실제로도 일어날까?

John Chuang과 동료 연구진(2009)은 이를 실험을 통해 알아보았다. 연구진은 우리가 본 다수준선택 모델의 생물처럼 *E. coli* 세균의 균주를 이기적이거나 협동적이게끔 유전적으로 조작하였다. 그림 12.23에서처럼, 협동적인 세균은 독에 대한 해독제를 만들어 방출했다. 그들은 또한 형광 단백질을 만들었는데, 이를 통해 쉽게 협동적인 개체임을 알아볼 수 있었다. 이기적인 세균은 어떤 생산물도 만들지 않았지만, 유전적으로는 협동적인 세균과 동일했다. 해독제와 녹색 형광 단백질을 만드는 데 비용이 많이 든다. 그래서 독이 없는 상태에서 자랄 때는, 이기적 세균이 더 빠르게 성장한다(그림 12.23b). 반면, 각 균주가 독이 있는 상태에서 따로따로 자랄 때는 협동적인 세균이 더 빠르게 성장한다(그림 12.23c). 이 실험의 가장 중요한 부분은 두 균주가 독이 있는 상황에서 함께 자랄 때 벌어지는 일이다(그림 12.23d). 공짜로 얻어먹고 다니는 이기적인 세균은 협력자가 방출한 해독제를 주워 담아서 생산비용 없이 독의 효과에서 벗어나고, 그렇게 함으로써 협력자보다 더 빠르게 자란다.

Chuang과 연구진은 이 실험에 대해 21번의 반복실험을 수행했다. 각 실험은 협력자의 빈도가 0부터 1까지의 범위에 이르는 12개의 세균 배양균주로 구성되었다. 이기적인 개체나 협력적인 개체로 고정시켜 둔 배양균주는 대조군으로 기능했다. 10가지 혼합 배양균주는 일시적으로 집단으로 나누어진 큰 세균 집단을 나타내었다. 연구진은 배양균주에 독을 첨가하여 밤새 자라도록 놔두었다. 그리고 나서 각 균주의 성장률과 협력자의 최종 빈도를 평가하였다. 마지막으로 연구진은 10개의 혼합 배양균주를 합쳐서 전반적인 협력자 빈도의 변화를 처음부터 끝까지 평가했다.

21번의 복제 실험에 걸쳐 동일하게 나타난 실험 결과가 그림 12.24에 있다(다음 쪽). 어떠한 배양균주에서도, 협력자의 비율이 높을수록 배양균주는 빠르게 성장했다(그림 12.24a). 이 결과는 협력자가 그들의 사회적 집단에 공동 이익을 제공한다는 생각과 일치한다.

모든 혼합 배양균주에서, 협력자의 빈도는 밤 사이에 떨어졌다(그림 12.24b). 이 결과는 이기적인 세균은 생산 비용을 지불하지 않고 공동 이익으로부터 이득을 본다는 생각과 일치한다. 즉, 어떤 배양균주에서도 선택은 이기적인 무전취식자를 선호했다.

그러나 각 반복 실험에서 혼합된 배양균주를 합쳤을 때, 협력자의 전반적인 빈도는 항상 올라간다는 것을 발견했다(그림 12.24c). 이 결과는 협력자를 선호하는 배양균주 간 선택이 배양균주 내의 협력자를 감소시키는 선택을 압도한 것이라고 표현할 수 있다.

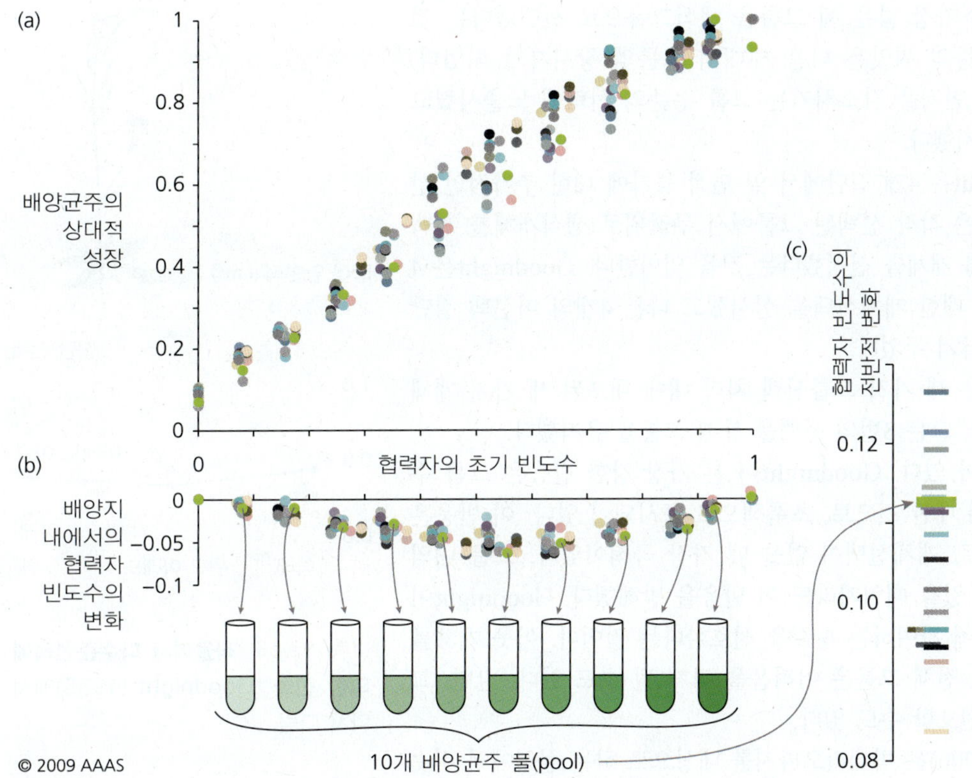


**그림 12.24 협동적인 세균을 선호하는 다수준선택** 각 색은 동일한 실험의 복제 실험을 나타낸다. (a) 배양균주 내에 협력자의 빈도수가 높을수록 그 배양균주는 더 빠르게 성장했다. (b) 각 배양균주 내에서, 협력자의 빈도는 시간에 따라 점차 떨어졌다. (c) 그럼에도 불구하고, 협력자의 빈도수가 높은 배양균주의 생산성이 더 높아지기 때문에, 협력자의 전체 빈도는 시간에 따라 상승한다. Chuang et al. (2009)에서.



배양균주 간 협력자의 빈도수에 차이가 충분히 있을 때에만 배양균주 사이에 선택이 일어난다고 생각할 수 있다. 이 실험에서, chuang 연구팀이 의도적으로 배양균주들 간에 그런 설정을 해 두었기 때문에 배양균주 간에 차이가 있었다. 그러나 연구진은 만약 각 배양균주가 우연히 선택된 작은 수의 조상에 의해 만들어진다면, 적절한 변화가 우연히 일어날 수 있다는 가설을 세웠다. 연구진은 원배양액을 10% 빈도의 협력자로 희석했고, 그로부터 얻은 평균 분액(aliquots)에는 둘 혹은 셋의 세균이 포함되어 있었다. 연구진은 이 분액으로 288개의 2차 배양균주를 만들었다. 2차 배양균주가 자라게 한 뒤, 연구진은 이들을 한데 모아서, 이 결과로 만들어진 집단을 희석하고, 또 다른 288개의 2차 배양균주를 키우기 위해 표본을 채취했다. 희석과 성장을 다섯 차례 반복한 뒤, 협력자의 전체 빈도는 95% 이상으로 올라갔다(그림 12.25). 적합한 상태에서, 협동은 다수준선택의 맥락에서 확산될 수 있다.

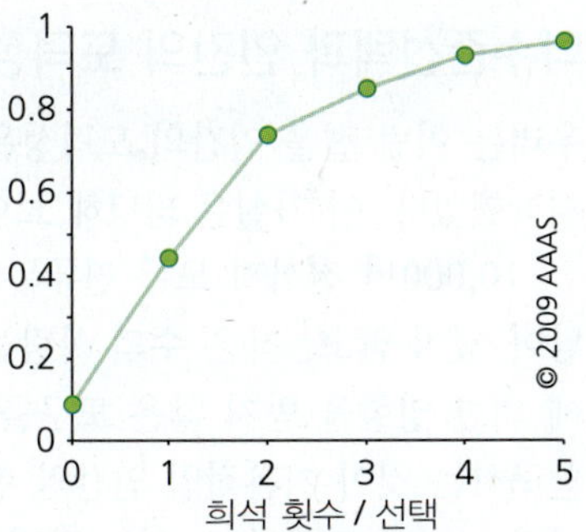


**그림 12.25 무작위로 만들어진 집단을 둔 세균 집단의 다수준선택 하의 이타성 진화** Chuang et al. (2009)에서.



## 식물의 다수준선택

사회적 행동에 대한 장에서 식물이 출연한 것은 놀라워 보일 수도 있다. 그러나 식물은 대지의 위아래 양쪽에서 경쟁을 하고 있다. 그리고 그들은 경쟁에 대한 내성과 이웃의 성장을 억누르는 능력 양 측면에서 유전적 차이를 보인다(Willis et al. 2010; Wolf wt al. 2011).

딱정벌레에 대한 Michael Wade(1977)의 실험에 영감을 받아, Charles Goodnight (1985)은 애기장대(*Arabidopsis thaliana*)에서의 다수준선택을 조사했다. 그는 9개 사회 그룹으로 나누어진 16종류의 식물, 144개체로 구성된 집단을 준비했다. 각 그룹의 식물은 영양배지 통에서 함께 살았다.

Goodnight은 12개의 집단에 그룹 수준에서 잎 면적의 증가라는 선택을 겪게 했다.

이것은 각 세대에서 평균 잎 면적이 가장 넓은 세 그룹을 생식그룹으로 선택했다는 것을 의미한다. 각각 선택된 생식 그룹의 씨앗은 다음 세대의 그룹의 창시자가 되었다. Goodnight은 다른 12개 집단은 잎 면적을 감소시키는 그룹 수준의 선택에 노출시켰고 더 나아가 12개의 미선택 집단을 유지했다.

각각의 12개 집단에서, Goodnight은 4개 집단에서 잎 면적 증가에 대한 추가적인 선택을 개체 수준에서 실시했다. 이것은 각각 선택된 그룹에서 무작위로 생식개체를 선택하는 대신, 잎 면적이 가장 넓은 여덟 개체를 선택했다는 것을 의미한다. Goodnight은 4개 집단의 개체에서 잎 면적 감소에 대한 개체선택을 실시했고 다른 4개의 미선택 집단은 개체 수준에서도 미선택 상태로 남겨 두었다.

종합적으로, Goodnight의 실험은 세 가지 그룹선택 처리 내에 내포된 세 가지 개체선택 처리라는 구조를 가지고 있었다. 그는 8번의 선택을 통해 그룹을 유지했다.

그 결과가 그림 12.26에 요약되어 있다. Goodnight이 본 가장 강한 반응은 그룹 수준에서 잎 면적을 증가시키는 선택에 대한 것으로, 초록색으로 표시되어 있다. 이 반응은 녹색 선의 가운뎃점으로 나타난 대로, 개체선택이 없을 때 가장 극적이었다. 그룹 내의 개체수준의 선택은 잎 면적을 증가시켰을 때일지라도 이 반응을 방해했다. Goodnight이 제안한 설명은 개체선택이 간섭경쟁에 관여하는 형질을 선호한다는 것이다. 이웃 개체를 방해하는 개체가 그룹 안에 있을 때, 전체 그룹은 어려움을 겪게 될 수도 있다. 반면, 그룹 수준에서의 선택은 경쟁 제한을 선호할 수도 있다.

Benjamin Kerr와 동료 연구진(2006)은 박테리오파지를 대상으로 하는 실험에서 비슷한 결과를 얻었다. 파지 집단을 배양 우물 1에서 이주를 제한하여 실질적으로 그룹으로 나누었을 때 경쟁제한의 진화를 끌어냈다. 경쟁제한은 협동의 종류로 볼 수 있다.

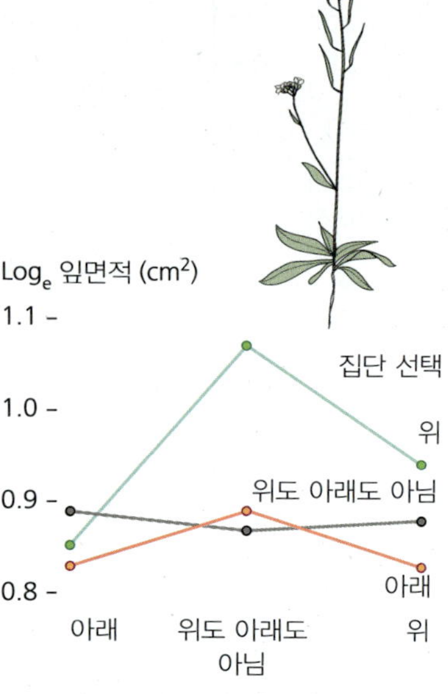


**그림 12.26 식물에서 다수준선택에 의한 진화** Goodnight (1985)에서 다시 그림.

## 다수준선택과 인간의 도덕성

우리는 이번 절을 인간의 도덕성은 다수준선택의 맥락에서 진화했다는 Darwin의 가설로 시작했었다. 이 가설은 타당해 보이나 검증하기는 어렵다.

10,000년 전까지 모든 인류는 수렵채집 생활을 했다. 전통적인 수렵채집 사회가 얼마 남아 있지 않고, 적은 수의 사람들이 거주지를 구축하여 자원을 수확하고, 외부의 접촉에 의한 영향을 받지 않은 도구를 사용한다. 그럼에도 불구하고, 오늘날 수렵채집자들을 연구하는 것이 기본적인 인간의 형질이 진화하는 동안 우리의 선조들이 어떻게 살았는지 가장 가까이 관찰할 수 있는 방법이다.

Kim Hill과 동료들(2011)은 이러한 수렵채집 사회 32곳에서 자료를 수집했다. 수렵채집인들은 여섯에서 수십 명으로 이루어진 사회적 그룹 혹은 무리에서 생활한다. 한 무리의 평균 크기는 28.2명이다. 남성과 여성 모두 무리 사이를 이동한다. 개인의 경우, 무리 내의 다른 성인의 10% 미만이 부모, 형제, 가까운 인척이다. 나머지는 친구들이다.

탄자니아의 수렵-채취 사회인 하드자 내에서 어떻게 무리가 형성되는지 알아보기 위해, Coren Apicella와 동료들(2012)은 사람들에게 공공재 게임에 참여할 것을 부탁하여 그를 통해 협동성을 측정했다. 그들은 실험 참가자에게 꿀을 푸는 막대를 네 개씩 주고 공공 이익으로 원하는 만큼 익명으로 기부할 수 있는 선택권을 주었다. 참가자가 막대 하나를 기부할 때마다 연구진은 세 개의 막대를 기부했다. 연구진은 기부를 한 후에, 막대기는 공공의 재원으로서 공평하게 무리의 일원들에게 나누어 줄 것이라 설명했다. 개인은 기부를 함으로써 꿀은 잃지만 다른 이의 기부를 통해 꿀을 얻기 때문에, 기부를 더 많이 한 사람이 더 협동적이라고 생각할 수 있다. Apicella와 동료 연구진이 무리 구성원의 협동성 점수를 비교했을 때, 그들은 만약 무리가 무작위로 형성된 경우 기대할 수 있는 점수보다, 무리 간에는 차이가 더 크고 무리 내에서는 차이가 덜하다는 것을 발견했다(그림 12.27). 즉, 하드자족은 협동성에 따라 그룹이 형성되어 있었다. 연구진이 하드자족의 사람들에게 옆 캠프에서 함께 살았으면 좋은 이가 누구인지 묻자, 협동적인 사람들은 우연보다 더 빈번하게 서로의 이름을 말했다. 비협동적인 사람들 또한 서로의 이름을 대는 경향이 있었다. 그리고 연구진은 유전적으로 관련이 있는 사람들이 협동성에서도 서로를 닮는 경향이 있음을 발견했다.

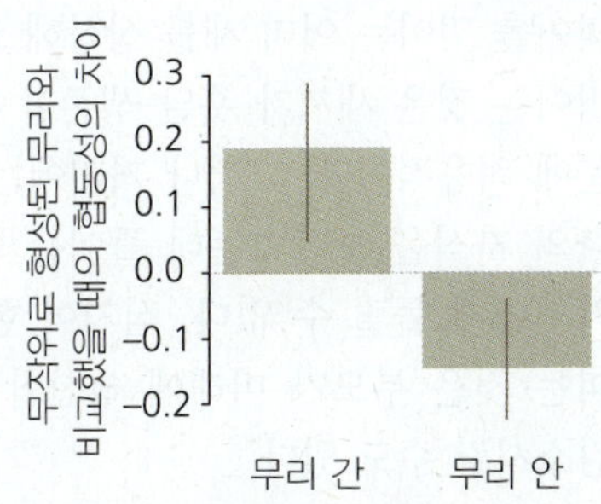


**그림 12.27 더불어 협동적인 하드자 무리** 무리가 무작위로 형성되었다고 했을 때의 기대치보다 무리 간 협동성에 차이가 더 크고, 무리 내 협동성은 차이가 더 적다($p < 0.05$). Apicella et al. (2012)에서.

Reprinted by permission from the Macmillan Publishers Ltd. *Nature*. From Apicella, C. L., F. W. Marlowe, et al. "Social networks and cooperation in hunter-gatherers." 481: 497–501. Copyright ©2012 The Nature Publishing Group.

만약 협동성으로 분류하는 것이 선조 인류에서 흔한 일이었다면, 그리고 협동성이 유전가능한 형질이라면, 협동성은 어느 정도 퍼졌을 수도 있다. 왜냐하면 협조적인 사람의 비율이 높은 무리의 구성원이 더 많은 자녀를 낳았기 때문이다.

현대 서양 문화권의 대학생들이 공공재 게임을 할 때, 게임 참가자 그룹이 서로 경쟁 상태에 있을 때 참가자들은 더 협동적이다(Puurtinen and Mappes 2009). 그들은 또한 분노와 죄책감 같은 도덕 행동과 연관된 감정을 더 경험한다고 알려져 있다. 그들을 경쟁시키기보다 단지 그룹을 서로 비교하는 것으로도 비슷한 효과를 만들어 낸다(Burton-Chellew and West 2012). 이 결과는 다시금 인간의 도덕성이 다수준선택의 맥락에서 진화했다는 가설과 일치한다. 불행히도, 후기 산업화된 서양 문화권의 대학생들은 이례적인 행동의 대표로 알려져 있다(Henrich et al. 2010). 더 다양한 문화권에서 더 많은 자료를 얻을 필요가 있다.

우리에게 가장 필요한 자료는 인간의 적응도가 개인의 협동성과 그룹 구성에 어떻게 연관되어 있는지 보여준다. 즉, 우리는 인간의 적응도 구조가 필요하다.

## 12.4 협동과 갈등

장 도입부에서 언급한 대로, 사회 상호작용은 구성원 간의 협동과 갈등의 기회를 발생시킨다. 이번 절에서, 우리는 두 가지 사회적 상황에서 협동과 갈등 간의 상호작용에 대해 탐구해볼 것이다. 그 첫 번째는 부모와 자식 간의 관계이다.

### 부모-자식 갈등

부모양육(parental care)은 근친에게 적응도 이익을 제공하는 특별한 경우이다. 혈연선택이 부모와 자식과 같이 관련이 있는 개체들 간에 꽤 친밀한 협동을 이끌어 냄에도 불구하고, 이타성의 비용과 이익이 변화할 때 혹은 혈연도의 정도가 대칭적이지 않을 때 가까운 친족에서도 갈등은 나타날 수 있다. Robert Trivers(1974)는 부모와 자식이 서로의 적응도 이익에 대해 의견을 달리함을 예측할 수 있음을 처음 지적하였다. 부모양육은 조류와 포유류에서 광범위하게 나타나기 때문에, 양육투자의 양에 대한 갈등은 이 분류군에서 특별히 뚜렷하게 나타나게 된다.

#### 자식에게 먹이를 공급하는 것에서의 갈등

젖떼기 갈등은 기록이 잘 되어 있는 부모-자식 간 갈등의 사례이다. 다양한 포유류에서 공격적이고 회피하는 행동이 젖을 먹이는 기간의 끝 무렵에 흔히 나타난다. 어미는 새끼가 젖을 먹으려 할 때 새끼를 무시하거나 밀어내고, 새끼는 소리를 지르거나 어미를 공격함으로써 보복을 한다(그림 12.28).

**그림 12.28 젖떼기 갈등** 방금 새끼 랑구르원숭이(왼쪽)는 어미(오른쪽)에게서 젖을 먹으려 했다. 어미는 젖을 주기를 거부했다. 이에 대한 반응으로, 새끼는 어미에게 소리를 지르고 있다. 곧바로, 새끼는 가지를 가로질러 맹렬히 달려가 어미에게 몸을 부딪칠 것이다.

젖떼기 갈등은 부모가 먹이공급을 하는 양과 기간에 대해 부모와 자식 간 의견이 엇갈리는 것의 한 가지 형태이다. 먹이공급에 대한 논리를 보기 위해, 한 무리의 새끼에게 먹이를 먹이는 어미 새를 상상해 보자. 새끼에게 먹이를 먹이는 것은 새끼가 훗날 생존할 확률을 증가시키기 때문에 적응적이다. 그러나 거기에는 비용이 수반된다. 하나의 자식을 보살피는데 들이는 에너지와 자원은 다른 자식에게 돌릴 수 없다. 심지어 현재 있는 자식을 보살피는 것은 부모가 미래에 생산할 수 있는 자식의 수를 감소시킬 수도 있다.

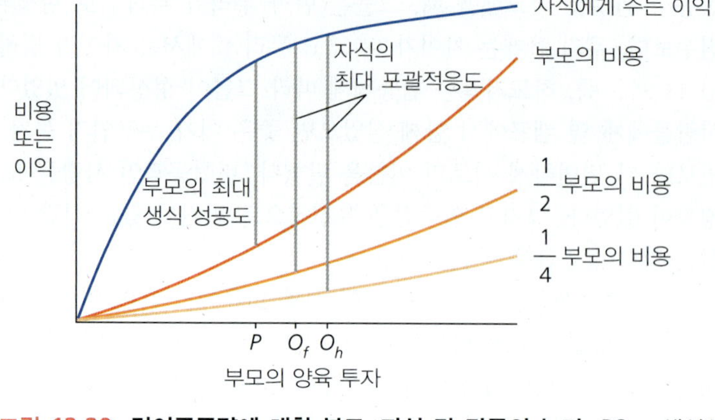


**그림 12.29 먹이공급량에 대한 부모–자식 간 갈등의 논리** RS = 생식성공도; IF = 포괄적응도. $P$, $O_f$, $O_h$는 부모, 완전형제자매를 잃은 새끼, 반형제자매를 잃은 새끼의 최적 양육투자를 표시한 것이다. Triverse (1974)에서.

그림 12.29는 Robert Trivers(1974)에 의해 개발된 이런 상황을 그림으로 분석한 것이다. 파란 선은 양육투자의 양에 따른 먹이를 받아먹는 자식의 이익을 나타낸다. 처음에, 자손이 생존할 확률은 먹이공급량에 따라 가파르게 증가한다. 그러나 결국 양육을 늘려도 자손의 이익은 크게 증가하지 않는다. 우선 생존 확률이 높아지면, 양육투자를 추가해도 이를 더 끌어올리지 못한다. 위쪽의 오렌지색 선은 추가로 자식을 생산할 수 없는 부모의 비용을 나타낸다. 부모의 생식성공도를 최대화하는 투자의 수준은 이익과 비용 사이에 차이가 가장 큰 지점이다.

이제 한 마리 새끼의 관점에서 이 상황을 보자. 먹이를 받아 먹는 것에 대한 이익은 부모에게나 새끼에게서나 모두 동일하다. 그러나 형제를 잃는 것에 대한 새끼의 비용은 부모에 비해 상대적으로 떨어진다. 이는 형제자매는 새끼가 가진 유전자의 일부분만 지니고 있기 때문이다. 완전형제자매의 혈연도는 1/2이다. 완전형제자매를 잃는 것에 대한 새끼의 비용이 그래프의 중간에 오렌지색 선으로 나타나 있다. 자식의 포괄적응도를 최대화하는 양육투자의 양은 부모의 적응도를 최대화하는 투자량보다 크다. 만약 잃게 되는 형제가 반형제자매라면, 혈연도는 1/4이며, 새끼에 대한 최적 양육투자는 여전히 더 크다. 즉, 둥지에 있는 어떤 새끼라도, 얼마나 많은 먹이가 새끼들 각각에게 가야 하는지에 대해 부모와 의견을 달리한다. 더 자세한 분석은 Lessells와 Parker(1999)에 잘 나와 있다.

새끼들은 구걸행동을 함으로써 부모가 먹이를 나누어 주는 방식에 영향을 주려고 한다(그림 12.30). 생리학적으로 에너지가 필요하고 위험하기도 한 이 행동(Moreno-Rueda and Redondo 2011; Ibáñez-Álamo et al. 2012)은 Trivers의 분석을 검증할 수 있는 기회를 제공한다. 만약 Trivers의 분석이 맞다면, 새끼들은 한 둥지를 쓰는 개체가 덜 연관되어 있을 때 더 공격적으로 구걸행동을 해야 한다. Giuseppe Boncoraglio와 동료들(2008, 2009)은 실험적으로 조작한 헛간제비(*Hirundo rustica*)의 한배 새끼에서 그 분석이 옳음을 확인했다.

**많은 사회 상호작용이 협동과 갈등, 두 가지를 모두 불러온다. 개체들은 그들의 포괄적응도에 대한 비용과 이익이 변화하는 것에 따라 그들의 행동을 바꿀 수도 있다.**

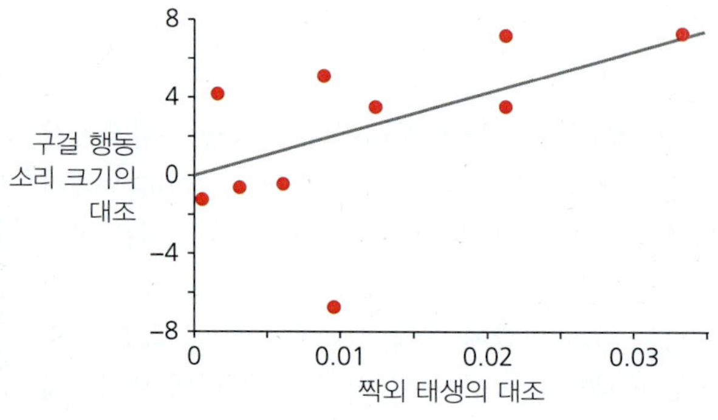


**그림 12.30 조류의 짝외 친자관계와 구걸행동의 세기** 차이의 정도는 자매 분류군(sister taxa) 간의 진화적 분기를 나타낸다. 짝외 친자관계가 많아지게끔 진화한 종은 구걸행동이 더 커지게 진화하는 경향이 있다 ($p$ = 0.022). Briskie et al. (1994)에서 다시 그림.

폭넓게 비교 검증을 하기 위해, James Briskie와 동료들(1994)은 짝외 부성의 비율의 추정치가 알려진 다양한 조류에서 새끼의 구걸하는 소리를 녹음했다. 자료를 모은 종들의 계통수를 이용하여, 연구진은 여러 쌍의 분류군에서 구걸행동 소리의 크기의 분기점과 아비가 여럿인 한배 새끼의 빈도의 분기점을 계산했다(10.4절 참조). 그림 12.30에 나타난 대로, 이 진화적인 변화는 양의 상관관계가 있다. 즉, 한 종의 새에서 암컷의 난혼이 빈번해지게 진화했을 때, 그래서 둥지 내에 새끼들의 평균 혈연도가 낮아진다면, 새끼들이 먹이를 요구하는 소리가 더 크게 진화하는 경향이 있다. 이 결과는 부모-자식 간 갈등에 대한 Trivers의 분석과 일치한다.

## 흰목벌잡이새의 괴롭힘

또 다른 극적인 부모-자식 간 갈등은 흰목벌잡이새에서 일어난다. Steve Emlen과 Peter Wrege(1992)는 아비가 가끔 아들에게 자신이 생식하는 것을 돕도록 강요한다는 사실을 제시하는 자료를 수집했다. 흰목벌잡이새의 아비 개체들은 자기의 새끼를 기르려고 하는 아들을 괴롭혀 아비의 생식을 돕도록 시켰다.

다른 개체를 괴롭히는 다양한 행동들이 벌잡이새 군체에서 관찰된다. 본인의 영역에 거주하는 새들을 영역에서 쫓아내고, 구애급이 중에 먹이를 옮기지 못하게 물리적으로 막고, 또는 둥지 주인이 알을 낳거나 알이 부화하기 전에 남의 둥지에 반복적으로 방문한다. Emlen과 Wrege는 연구 과정 중에 47번의 괴롭히는 행동을 관찰했다. 선동자의 90% 이상은 수컷이었고, 70% 이상이 표적이 된 개체보다 나이가 많았다. 선동자와 희생자가 친족인 것이 전체 사례의 58%이었다. 이에 대한 통계 검증은 괴롭히는 행동이 우연히 대상을 정하는 것이 아니라, 우선적으로 가까운 친족에게 향한다는 것을 분명히 보여준다($p < 0.01$; $\chi^2$ 검증).

Emlen과 Wrege는 선동자가 능동적으로 친족의 생식을 망치려고 한다는 것으로 이 행동을 해석한다. 게다가, 연구진은 괴롭힘을 당하는 개체를 선동자의 둥지에 도우미로 고용하기 위해 이런 행동을 한다고 말한다.

Emlen과 Wrege가 이 가설을 입증하기 위해 제시하는 증거는 무엇일까? 괴롭히는 행동이 실제 도우미 고용으로 이어진 것이 47번의 사례 중 16번이었다: 괴롭힘을 당한 개체는 둥지 꾸리기를 포기하고 선동자의 둥지에서 생식을 도왔다. 이 성공적인 사례 중에, 69%는 부모와 자식을 포함하고 62%는 아비와 아들을 포함했다. 수컷의 나이가 어리고 씨족 내에서 생식 중이며 유전적으로 가까운 친족 수컷일 경우 도우미로 뽑힐 위험이 높았다(그림 12.31).

이와 같은 사실은 왜 아들들이 더 격렬히 괴롭힘에 저항하지 못하는가라는 질문을 불러일으킨다. Emlen과 Wrege는 아들에게는 그들의 자식이나 형제가 동일하게 연관되어 있기 때문에 괴롭히는 행동이 성공적인 결과를 가져올 수 있다고 말한다. 반면, 부모에게는 손자($r$ = 1/4)보다 자식($r$ = 1/2)이 더 가깝기 때문에 괴롭히는 행동이 이루어진다. 평균적으로, 도우미 하나당 0.47마리의 자손을 더 길러 낸다. 이와 비교하여, 친족의 도움을 받지 않은 부모들은 0.51마리의 새끼를 기를 수 있다. 이는 처음 생식하는 개체들에게 있어, 짝을 찾고 도우미 없이 생식을 하는 것의 적응도 수익이 부모의 둥지에서 도움을 줄 때의 적응도 수익보다 살짝 더 크다는 것을 의미한다. 이는 부모가 적응도를 계산하는데 있어 최종 결과를 바꿀 수 있다는 것을 제안할 만큼 충분히 가까운 수치이다. 아들을 괴롭히는 것은 그가 새끼를 기르는 데 드는 비용을 증가시킴으로써 미묘한 균형점을 깨뜨릴 수 있다. Emlen과 Wrege의 자료는 벌잡이새의 아비가 아들을 인지하고 아들이 아비의 생식 이익을 위해 일하게 끔 강압한다는 것을 시사한다.

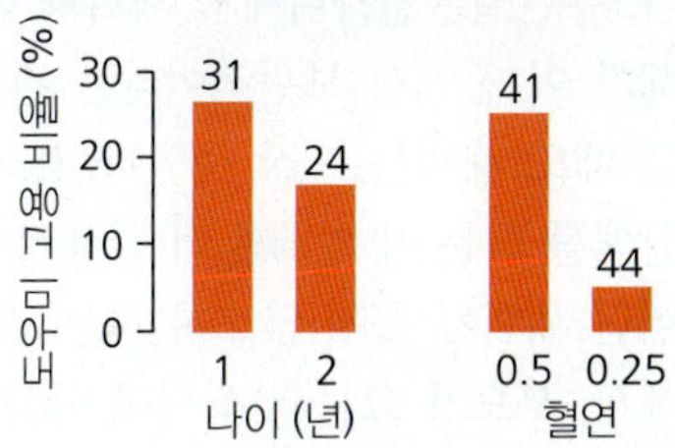


**그림 12.31 벌잡이새는 어리고 가까운 친척을 도우미로 고용한다** Emlen과 Wrege(1992)는 혈족 내에 있는 같은 나이대 혹은 더 나이든 수컷으로 이루어진 군체 내 수컷 쌍들을 다루었다. 그리고 괴롭힘을 경험한 후 도우미로 고용된 개체들의 비율을 계산했다. 친족은 표적이 된 개체와 선동자의 둥지에 있는 새끼들 간의 혈연도를 나타낸다.

## 형제살해

어떤 조류와 포유류에서는 부모가 수동적으로 지켜만 보는 동안 새끼 형제자매들이 서로를 죽이는 일이 흔하게 벌어진다. 부모와 형제들이 서로 1/2의 혈연도로 연관되어 있는 상황에서, 어떻게 이런 행동이 적응적일 수 있을까?

Lynn Louheed와 David Andersson(1999)은 이 질문에 대해 실험을 통해 접근했다. 그들은 푸른얼굴얼가니새와 푸른발얼가니새라고 불리는 바다새를 연구했다**(그림 12.32a와 b)**. 두 종 모두 암컷은 보통 2개의 한배 알을 낳는다. 새끼 한 마리는 다른 새끼보다 2~10일 먼저 부화한다. 푸른얼굴얼가니새의 경우, 먼저 부화한 새끼는 나머지 새끼가 부화한 후 하루이틀 내에 둥지에서 어린 형제를 밀어낸다. 외부에 노출된 새끼는 일찍 죽거나 포식자에 의해 포식된다.

푸른발얼가니새의 형제살해는 좀 더 복잡하다. 먼저 부화한 새끼가 막 부화한 형제를 항상 죽이는 것은 아니다. Anderson과 Robert Ricklefs(1995)는 짧은 기간 먹이가 부족할 때, 먼저 부화한 새끼는 덜 먹고, 그럼으로써 어린 형제가 생존할 수 있게 돕는다는 것을 발견했다. 그러나 기근이 지속되면, 먼저 부화한 새끼는 어린 새끼를 공격하여 죽인다. 경쟁이 덜해지면 그 새끼가 생존할 가능성이 높아질 것이다.

Louheed와 Andersson(1990)은 이 일에서 부모가 역할을 맡고 있는지 아닌지에 대해 알고 싶었다. 두 얼가니새의 형제살해는 자기 자신($r$ = 1)과 형제($r$ = 1/2) 간 혈연도의 비대칭에 비추어 이해가 가능하다. 하지만 부모는 각 새끼와 동일하게 연관되어 있고 사이에 끼어들어 공격을 방지할 것이라 예상할 수 있다.

푸른얼굴얼가니새와 푸른발얼가니새 간에 양육 행동이 다른지 알아보기 위해, Louheed와 Andersson은 상호 이식 실험을 수행했다. 그들은 새로 부화한 푸른얼굴얼가니새의 새끼를 푸른발얼가니새의 둥지에 두고, 그 역의 경우도 함께 수행했다. 다른 푸른얼굴얼가니새의 둥지로 옮겨진 푸른얼굴얼가니새의 새끼와 다른 푸른발얼가니새 둥지로 옮겨진 푸른발얼가니새의 새끼들은 대조군으로 두어 그 결과를 관찰했다.

그림 12.32c에서처럼, 새끼들의 운명은 어떤 처리를 했는지에 따라 극적으로 달라졌다. 푸른얼굴얼가니새의 새끼와 함께 두었을 때 새끼들이 더 잘 죽었다. 이 결과는 형제살해가 이 종에서 보편적이라는 관찰과 일치한다. 하지만 푸른얼굴얼가니새를 부모로 두었을 때도 새끼들은 잘 죽었다. Louheed와 Andersson은 푸른얼굴얼가니새 부모들이 형제살해를 하는 새끼에게 더 관용적인 반면, 푸른발얼가니새의 부모들은 중간에 개입하여 더 어린 새끼가 죽지 않도록 하는 것이라 설명했다. 이 자료들은 형제살해가 벌어지는 두 종에서, 부모가 그들의 생식적 이익을 방어하는 행동을 한다는 것을 보여주는 첫 사례였다.

왜 푸른얼굴얼가니새의 부모들이 형제살해에 관용적인지 그 이유는 명확하지 않다. 우리가 접할 수 있는 증거는 두 번째 알은 첫 번째의 실패에 대비한 보험으로서의 가치를 가진다는 개념과 일관되는 측면이 있다(Anderson 1990a). 그러나 만약 두 번째 알로부터 살아 생존하는 새끼가 나오게 된다면, 그 알은 더 큰 가치를 가지게 될 것이다. 푸른얼굴얼가니새는 푸른발얼가니새의 부모처럼 두 번째 새끼에게도 먹이를 줄 여력이 있는 것으로 보인다(Anderson 1990b; Anderson and Ricklefs 1992). 종종 형제를 통해 포괄적응도를 얻을 수 있음에도 불구하고, 푸른얼굴얼가니새의 새끼가 왜 형제살해를 하는지 또한 명확하지 않다.

(a) 푸른얼굴얼가니새

(b) 푸른발얼가니새

(c)

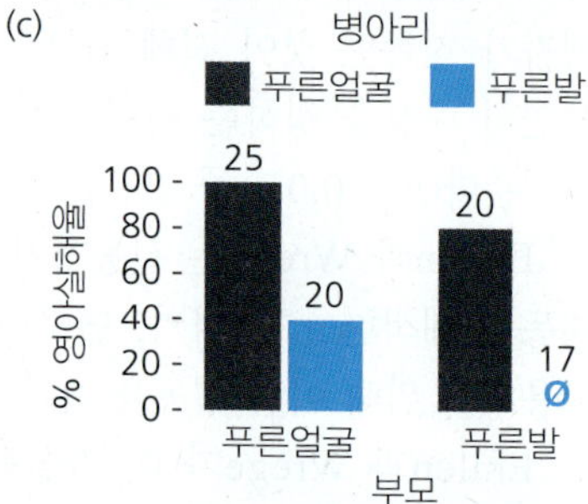


**그림 12.32 두 종의 얼가니새** (a와 b) 갈라파고스 제도의 인접한 군집에 있는 푸른얼굴얼가니새와 푸른발얼가니새의 둥지. (c) 실험처리를 한 한배 알에서, 영아살해의 비율은 양측의 부모와 새끼의 종에 따라 다양하다. Lougheed and Anderson (1999)의 자료.

## 비친족 간의 협동과 갈등

지금까지 다뤄 온 사회 상호작용은 친족이 포함되는 것이다. 이제 비친족 간의 협동과 갈등으로 눈을 돌려보자.

## 상호호혜

비친족이 협동하는 방법 중에 호의를 주고받는 것이 있다(Trivers1971). 다른 개체에게 호의를 베푸는 것은 단기적으로는 비용이 꽤 드는 일일 수 있다. 그러나 만약 수혜자가 결국엔 더 큰 가치의 호의를 돌려준다면, 행위자는 장기적으로는 이득을 보게 된다. 궁극적으로 두 참여자에게 이익을 주는 호의의 교환을 **상호호혜(reciprocity)**라고 부른다.

Dorothy Cheney와 동료들(2010)은 서로 관련이 없는 개코원숭이(*Papio hamadryas ursinus*) 사이에서 상호호혜의 증거를 발견했다. 개코원숭이가 제공할 수 있는 호의 중에 털고르기와 제3의 개코원숭이와 공격적으로 마주 대하는 상황에서 지원해 주는 것이 있다. Cheney와 동료들은 많은 개체가 위협적으로 으르렁대는 소리를 녹음했다. 위협적으로 으르렁대는 행동은 개코원숭이가 하위계급의 개체에게 겁을 주려 할 때 내는 소리이다. 이 소리는 하위 개체에게는 경고가 되고 소리를 낸 개체가 지원군을 얻게끔 도와준다. 연구진은 다른 개코원숭이에게 녹음된 소리를 재생하여 들려주었다. 어떤 경우, 소리를 들은 대상은 재생실험을 하기 적어도 10분 전에, 녹음된 소리를 낸 원숭이에게 털고르기를 받고 있었다. 다른 경우, 실험 대상인 개체는 소리를 듣기 적어도 10분 전에 소리를 낸 개체로부터 위협을 받았었다. 연구진은 실험 대상이 녹음된 소리를 들은 후 처음으로 하는 행동이 소리를 낸 원숭이에게로 향하는 것인지 아닌지를 기록했다. 그림 12.33은 그 결과를 보여준다. 소리를 낸 원숭이에게서 털고르기를 받은 청취자는 소리를 낸 원숭이에게서 위협을 받았던 청취자보다 더 가까이 움직이는 경향이 있었다($p$ = 0.004).

소리를 향해 이동한 빈도
0 0.1 0.2 0.3 0.4 0.5
실험 전에 신호자가 실험자를 털고르기 함
실험 전에 신호자가 실험자를 위협함

**그림 12.33 개코원숭이에서의 상호호혜** 녹음된 소리를 낸 원숭이에게 털 고르기를 받은 개코원숭이는 소리를 낸 원숭이에게 위협을 받은 원숭이보다 더 가까이 움직였다. Cheney et al. (2010)에서 다시 그린 그래프.

상호호혜의 핵심적인 특징은 이것이 장기간에 걸쳐서는 상호이익적이나, 단기적으로는 먼저 봉사를 한 개체에게는 순손실이 남는다는 것이다. 이는 수혜자가 호의를 돌려주지 않으려 할 때 일어날 수 있다.수혜자가 이익만 챙겨 도망칠 수 있다면 이 전략은 언제나 적응적이다. 행위자가 이용만 당하는 것을 피하는 한 가지 방법은 잘 아는 개체에게만 도움을 주는 것이다. Gloria Sabbatini와 동료들(2012)은 사육상태의 카푸친원숭이(*Cebus apella*)가 누구와 먹이를 공유할지 선택할 수 있었을 때, 잠재적인 파트너와의 장기적인 사회 관계의 질이 최근 음식을 공유한 기록보다 중요한 것을 알아냈다. 유사하게, Ada Grabowska-Zhang과 동료들(2012)은 박새(*Parus major*)가 이전 해부터 친숙한 이웃이 포식자로부터 둥지를 방어할 때 더 잘 돕는다는 것을 발견했다. 착취당하는 것을 피하는 다른 방법은 사기꾼을 벌하는 것으로(Raihani et al. 2012) 조금 후에 다룬다.

Robert Trivers(1971)는 같은 개체들이 서로 반복적으로 상호작용하고, 호의를 교환할 기회를 많이 갖고, 때로는 호의를 필요로 하고 때로는 호의를 주며, 그리고 좋은 기억을 가질 때 상호호혜가 진화하기 쉽다고 했다. 그러므로 수명이 길고, 지능이 있으며, 작은 크기의 집단을 이루는 사회적인 종이며, 집단으로부터 분산되는 비율이 낮고, 집단 방어, 섭식행동, 또는 다른 활동에서 상호 의존성이 높을 때 상호호혜를 기대할 수 있다.

상호호혜는 일반적으로 꽤 드물게 일어난다고 여겨지는데(Clutton-Brock 2009), 상호호혜가 직관적으로 호소력이 있는 것을 고려하면 조금 놀라운 일이다. 상호호혜는 우리 인간에게는 간단해 보이는데 이는 우리에게 그것이 흔한 일이기 때문이다.

## 인간의 상호호혜와 처벌

Robert Trivers(1971, 1985)는 도덕 공격성(moralistic aggression), 감사, 죄책감, 그리고 신뢰와 같은 인간의 감정들이 상호호혜의 선택에 대하여 진화한 적응이라는 설명을 제시했다. 그는 이러한 감정들이 실적기록 기작의 기능을 한다고 말한다. 관련 연구들은 인간이 사회적 교환에서 사기꾼을 탐지하는데 특히 능하다는 것을 보여준다(Stone et al. 2002; Sugiyama et al. 2002; Cosmides et al. 2010). 속임수를 방지하기 위해 우리가 사용하는 전략 중에 처벌이 있다.

Ernst Fehr와 Simon Gächter(2002)는 학생들이 4명으로 이루어진 그룹으로 상금이 걸려 있는 공공재 게임을 진행하게 했다. 각 참가자들은 20점씩 가지고 게임을 시작했다. 각 회당, 참가자들은 그룹의 공동기금에 최대 20점까지 기부를 할 수 있는 선택권이 있었다. 1점이 기부되면, 각 그룹에는 1.6점이 부여되어 이를 그룹 구성원들이 공평하게 나누어 가졌다(개인당 0.4점). 즉 각 참가자들은 기부를 통해 점수를 잃었지만, 나머지 모두는 점수를 얻었다. 만약 모든 4명의 참가자가 20점을 기부한다면, 각자 32점을 받았다. 때때로 게임에는 규칙이 추가되었다. 각 회 말에, 참가자들에게는 일부 혹은 그룹 구성원 모두를 처벌하기 위해 점수를 지불할 수 있는 선택권이 주어졌다. 참가자가 1점을 내면, 처벌을 받는 사람은 3점을 잃었다. 몇몇 그룹은 처벌 규칙을 두고 6회를 수행한 뒤 처벌 없이 6회를 수행했다. 다른 그룹은 처벌 없이 6회를 수행한 뒤 처벌 규칙을 두고 6회를 수행했다.

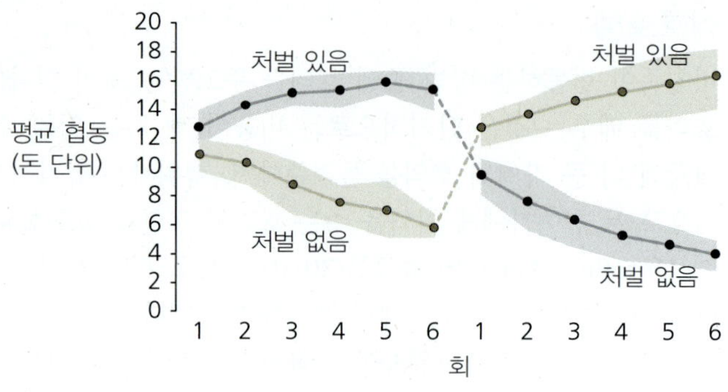


**그림 12.34 처벌은 공공재 게임에서 협동성을 증진시킨다** 참가자들이 서로를 벌하기 위해 점수를 낼 수 있었을 때, 더 높은 수준의 협동을 달성했다. Fehr and Gächter (2002)에서 다시 그림.

그림 12.34는 두 가지 설정의 실험 그룹에서 전체 토너먼트를 통해 이루어진 공익에 대한 기부의 평균을 보여준다. 처벌할 권한이 주어지지 않았을 때, 평균 기부는 중간 수준에서 시작하여 참가자가 이용당하는 것에 반응하여 하락했다. 처벌이 허용되었을 때, 평균 기부량은 중간 수준에서 시작하여 참가자가 서로에게 벌금을 물리기 시작할 때 증가했다.

우리는 앞에서 서구 후기산업사회의 대학생들은 인간의 전형적인 행동을 덜 나타낸다는 것을 확인했다. 협동성이 불충분한 것에 대해 이를 처벌하는 경향은 문화권에 따라 다양하다는 것을 인지하는 것이 중요하다.

**비친족끼리는 호의를 교환함으로써 협력할 수도 있다. 이들은 협력하는 데 실패할 경우 서로에게 처벌을 가할 수도 있다.**

이런 차이에 대한 기록은 Joseph Henrich 등(2006)은 15개의 각기 다른 사회의 사람들에게 최후통첩 게임을 하게 한 것에서 볼 수 있다. 게임 참가자들은 전통적인 수렵 채집인에서부터 서양의 대학생까지 범위가 다양했다. 이들은 짝을 이루어 게임을 했다. 첫 번째 게임 참가자는 10%씩 인상하며 하루 임금과 동일한 양의 돈을 나눌 것을 요청받았다. 두 번째 게임 참가자는 첫 번째 참가자의 제안을 듣기 전에, 제안을 받아들일 것인지 거절할 것인지 결정해야 했다. 만약 실제 제안이 받아들여졌다면, 참가자들은 서로 동의한 양을 가졌지만 그렇지 않은 경우 둘 다 아무것도 받지 못했다. 만약 2번 참가자가 게임 참가자의 이익을 극대화하는 것만을 추구한다면, 0보다 큰 제안은 무엇이든 받아들일 것이다. 만약 1번 참가자가 이를 믿을 수 있고 같은 동기를 공유했다면, 그녀는 항상 0이 아닌 가장 작은 허용치를 제공했다: 바로 10%의 지분이다.

그림 12.35는 게임 참가자의 행동을 요약하여 보여준다. 우선 참가자의 행동이 문화권에 따라 매우 달라진다는 것에 주목하자. 검은색 수직선으로 나타난 평균 제안량은 지분의 범위는 25%에서 50%까지이다. 녹색 원의 면적으로 나타낸, 다른 제안을 거절하는 비율은 더더욱 다양했다. 예를 들어, 치마네족(Tsimane)의 참가자들은 0이 아니라면 어떤 제안도 받아들였지만, 여러 문화권의 사람들은 종종 전체 지분을 주는 제안도 거절했다.

그러나 어떤 문화권에서도 자신의 단기 이익을 최대화하려는 것처럼 게임을 하는 참가자는 없었다는 것에 주목하자. 치마네족을 제외한 모든 곳에서 0이 아닌 제안은 때때로 또는 항상 거절되었다—두 참가자에게 비용이 발생했다. 그리고 치마네족을 포함하는 모든 문화권에서, 평균 제안량은 허용되는 최소치보다 상당히 더 컸다. 그 이유는 참가자들이 공평하지 못한 것에 대한 타당한 이유로 벌을 받는 것을 두려워한 것이라고 논

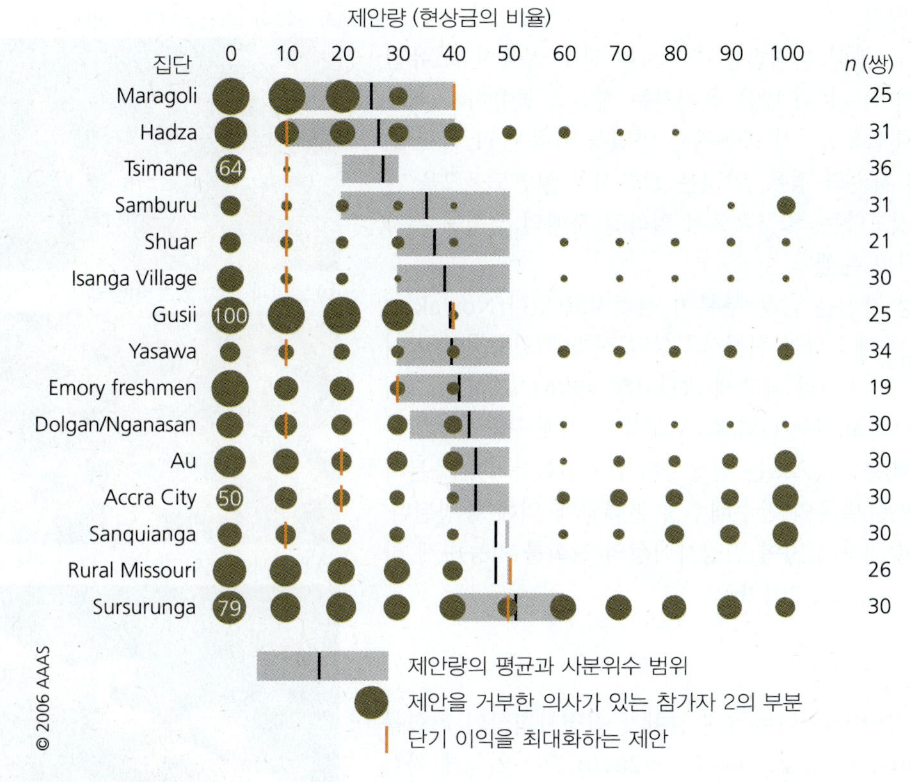


**그림 12.35 경제 게임 참가자의 행동에서 보이는 비교 문화적 차이와 보편성** 다른 문화권의 참가자들은 최후통첩 게임을 하는 방법도 다양했다. 그러나 모든 문화권의 구성원들은 불공평한 제안에 대해선 벌을 주려는 의지를 보였다. 그리고 모든 문화권에서 평균 제안량은 허용되는 최소 제안량인 0보다 높았다. Henrich et al. (2006)에서.

Henrich, J., R. McElreath, et al. 2006. "Costly punishment across human societies." *Science* 312: 1767–1770. Copyright © 2006 AAAS. Reprinted with permission.

리적으로 추정할 수 있다.

## 12.5 진정사회성의 진화

Darwin(1859)은 사회적 곤충이 이타성의 전형을 보여주며 따라서 진화이론에 특별한 도전을 선사한다고 인식했다. 예를 들어, 잎꾼개미 *Atta cephalotes*의 군체는 다양한 계급으로 이루어진 수백 만의 비생식적 일꾼들을 포함하기도 한다(Suen et al. 2011 참조). 몸집이 큰 병정개미는 개미 군체의 집과 섭식영역을 방어한다. 중간 크기의 일꾼은 개미들이 먹이를 위해 경작하는 버섯의 경작지 역할을 하는 잎을 모은다. 몸집이 작은 일꾼들은 버섯 농장을 가꾸고, 한 마리의 여왕개미가 만들어낸 군체 내의 어린 개체들을 보살핀다.

Suzanne Batra는 잎꾼개미처럼 어린 개체를 협동적으로 양육하는 데 참여하는 비생식적 성체들이 중첩세대를 이루는 동물을 서술하기 위해 **진정사회성(eusocial)**이라는 단어를 고안했다(Batra 1966; see Costa and Fitzgerald 2005 참조). 이런 특징을 나타내는 동물들은 그 형질이 정교한 정도가 다양하다. 비슷하게, 생물학자들도 Batra의 용어를 다양하게 사용한다(Costa and Fitzgerald 2005; Crespi 2005; Lacey & Sherman 2005; Wcislo 2005). 이제 진정사회성의 진화를 설명하기 위한 노력에 대한 살펴보자.

### 반수배수성 가설

진정사회성은 개미, 말벌, 벌에서 처음 인지되었다(그림 12.36a와 b, 다음 쪽). Willian Hamilton(1972)은 이런 분류군은 일반적이지 않은 성 결정 체계 때문에 진정사회성을 가지게 되었다고 설명했다. 벌목의 다른 종들처럼, 개미, 벌, 말벌에서 암컷은 이배체인 반면, 수컷은 단수체이다. 수컷은 미수정란에서 태어나며 암컷은 수정란에서 태어난다. **반수배수성(haplodiploid)**이라고 불리는 이러한 체계의 결과로, 개미, 벌, 말벌의 암컷은 자식보다 자매와 더 밀접하게 연관되어 있다.

이는 자매들이 유전체의 절반인 아비로부터 물려받은 유전자는 모두 공유하고, 유전체의 또 다른 절반인 어미(군집의 여왕개미)로부터 받은 유전자는 절반을 공유하기 때문이다. 그러므로 벌목 자매들 내의 상동 대립유전자가 공동자손 동일성 확률은 (1 × 1/2) + (1/2 × 1/2) = 3/4이다. 그러나 자기 자손의 경우, 암컷은 일반적인 혈연도 1/2을 가진다. Hamilton은 암컷이 생식을 하는 것보다는, 일꾼으로서 일하고 자매의 생식에 투자함으로써 포괄적응도를 최대화할 수 있다고 논했다.

한때는 인기가 있었지만, 반수배수성 가설은 많은 부분이 버려지고 있다(Nowak et al. 2010; West and Gardner 2010). 반수배수성이 진정사회성의 진화에 필수적이 아니라는 것은 흰개미(Thorne 1997), 그림 12.36c의 딱총새우(Duffy 1996), 그리고 그림 12.36d의 벌거숭이두더지쥐(Alexander et al. 1991)와 같이 보통의 이배체를 물려받는 진정사회성인 종에 의해 증명된다. 반수배수성만으로는 진정사회성이 진화하기에 충분하지 않다는 것은 진정사회성이지 않은 많은 벌목의 반수배수성 분류군에 의해 증명된다. 마지막으로 최근의 이론 작업은 단수배수체가 심지어 진정사회성의 진화를 가능하게 하지 않을 수 있다고 말한다(Gardner et al. 2012a, 2012b).

## 일부일처제 가설

현재 논의 중인 대안적인 가설은 일생 동안 유지되는 일부일처가 진정사회성의 진화를 가능하게 한다는 것이다((Boomsma 2009; West and Gardner 2010). 일부일처제 가설에 숨어 있는 아이디어는 개체가 미래의 형제자매도 완전형제자매일 것이라 확신할 수 있을 때, 새로운 형제자매들은 자식만큼 개체의 포괄적응도를 증가시킨다는 것이다. 개체에게 있어 부모를 돕는 것이 나은지 스스로 생식을 하는 것이 나은지는 오직 각 전략의 상대적인 비용과 이익에 따라 달라진다. 만약 한 종의 생활사나 개체가 살아가는 생태적 환경이 스스로 생식하는 것보다 부모를 돕는 것을 더 쉽게 만든다면, 진정사회성은 선택에 의해 선호될 것이다.

이런 생각과 일관되게, William Hughes와 동료들(2008)이 모은 자료들은 진정사회성이 독립적으로 진화한 36개의 계보 중 대부분 혹은 거의 모든 곳에서, 암컷들은 오직 한 수컷과만 짝짓기를 했음을 보여준다. 일부일처만으로는 분명 진정사회성이 진화하기에 충분하지 않다. Hughes와 동료들의 분석은 진정사회성인 모든 벌목의 선조들은 일부일처였지만, 그들은 사회적인 종보다는 단독생활을 하는 분기군에 속한다는 것을 보여준다(Hunt 2012). 그럼에도 불구하고 일부일처제는 진정사회성이 진화하기 위해 필수적인 요소였을 것이다.

반면, 일부일처제가 진정사회성에 결코 필수적이지 아닐 수 있다. 단지 필수적인 다른 형질과 상관관계가 있을지도 모른다(Nonacs 2011).

## 생태와 생활사 가설

벌목에서 진정사회성의 진화가 어떤 형질과 가장 밀접하게 연관되어 있는지 이해하기 위해 James Hunt(1999)는 그림 12.37에 나타난 진화계통수를 분석했다. 모든 벌목이 반수배수성이기 때문에, Hunt는 이런 성 결정 시스템이 계통수의 뿌리에서 진화했다고 추론할 수 있었다. 그러나 진정사회성은 벌목의 일부 과에서만 발견된다. 이 과들이 계통수 여기저기에 흩어져 있기 때문에, 진정사회성은 단지 한 번 진화한 것이 아니라, 독립적으로 여러 번 진화한 것으로 보인다. 가장 중요한 점은, Hunt는 진정사회성은 복잡한 둥지를 짓고 꽤 긴 기간 동안 애벌레를 보살피는 집단에서만 진화한다고 본 것이다.

(a) 일벌이 알들을 나르는 군대개미

(b) 일벌과 같이 있는 여왕벌

(c) 스펀지에 서식하는 일새우

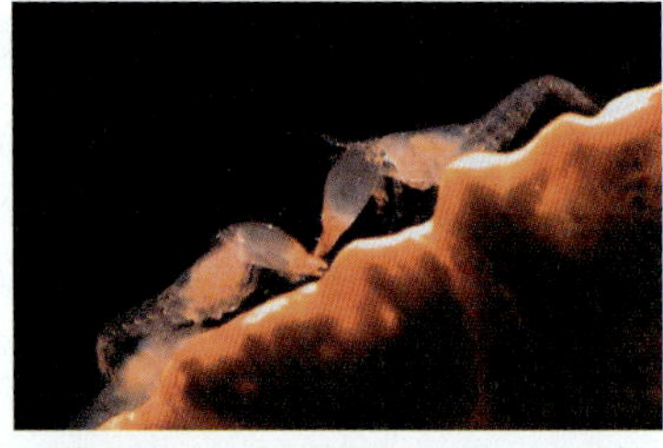

(d) 벌거숭이두더지쥐

**그림 12.36 진정사회성인 네 가지 동물** (a) 군대개미류(*Eciton* sp). (b) 서양꿀벌(*Apis mellifera*). (c) 세이마뿔딱총새우류(*Synalpheus regalis*). J. Emmett Duffy의 사진. (d) 벌거숭이두더지쥐(*Heterocephalus glaber*).

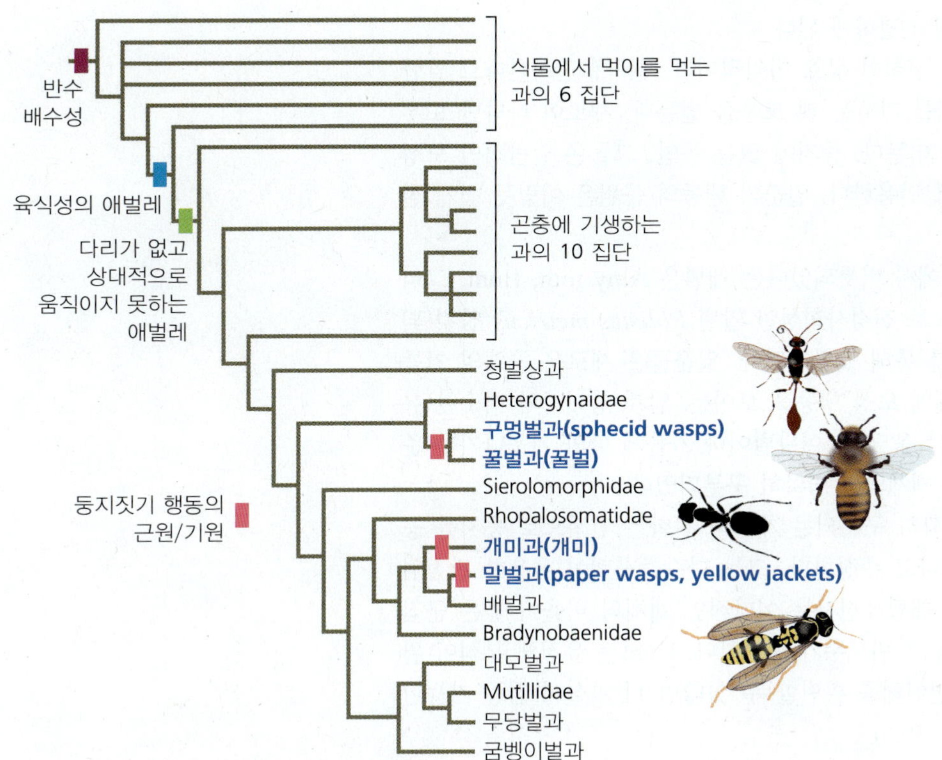


**그림 12.37 벌목의 계통수** 이 계통수의 끝에 있는 분류군은 과이거나 과의 집단이다. 진정사회성 종을 포함하는 과는 진한 파란 글씨로 표시되어 있다(그러나 해당과의 모든 종이 진정사회성은 아니다). 색이 칠해진 상자는 특정한 핵심 형질이 진화한 점을 나타낸다. Hunt (1999)에서 수정.

둥지 짓기, 애벌레 보살피기, 그리고 진정사회성 간의 연관성이 중요한 것은 그것이 곤충의 생식적 이타성을 선호하는 주된 요인들 안에 생태와 생활사의 세부 사항들이 포함된다는 것을 말한다. 둥지를 짓는 일과 애벌레에게 끊임없이 먹이를 공급해야 하는 일은 암컷이 혼자 생식을 하는 것이 어렵거나 불가능하게 한다(Alexander et al. 1991 참조). 또한 포식률이 높고 새끼들이 장기간 부모양육에 의존하는 경우, 혼자 새끼를 기르는 개체는 어린 새끼들이 성체가 될 때까지 충분히 오래 생존할 확률이 적다(Queller 1989; Queller and Strassmann 1998). 마지막으로, 다른 진정사회성 계보—진딧물, 흰개미, 삽주벌레, 새우, 벌거숭이두더지쥐, 그리고 유일하게 진정사회성인 것으로 알려진 딱정벌레를 포함한다—또한 요새 같은 둥지에 거주한다(Wilson 2008; West and Gardner 2010).

**진정사회성 종은 이타적 행동의 극단적인 예를 보여준다. 진정사회성의 진화는 생태적인 요소와 생활사의 요소에 달려 있다.**

## 말벌과 말벌에서 진정사회성의 진화에 대한 시나리오

사회적인 말벌의 생활사에 대한 자세한 연구(Hunt 2007 참조)를 기반으로, James Hunt(2012)는 몇몇 말벌의 계보에서 진정사회성이 어떻게 나타났는지에 대한 한 가지 시나리오를 제안했다. 현존하는 말벌 종은 매우 다양한 사회 조직을 보여주기 때문에 말벌은 진정사회성의 진화의 좋은 연구 대상이다. Hunt는 다양한 사회조직을 과도기적인 형태로 생각했다. 어떤 말벌들은 단독 생활을 한다. 암컷들은 각자 스스로 생식을 한다. 즉, 둥지 짓기, 먹이 모으기, 알 낳기, 새끼 보살피기 등 생식에 필수적인 일들을 모두 수행한다. 몇몇 말벌들은 조건적으로 진정사회성이다. 각 암컷들은 스스로 둥지를 꾸릴지 혹은 다른 이와 협동을 할지 선택을 한다. 그리고 도우미로서 생식 경력을 시작한 암컷이라도 결국에는 생식 개체가 되는 일이 종종 있다. 다른 어떤 종은 여전히 원시적으로 진정사회성이다. 대부분의 암컷들은 도우미 혹은 생식을 하는 개체 중 한 가지로 성체의 삶의 대부분을 보내지만, 역할을 바꿀 만한 여력은 남아 있다. 마지막으로, 몇몇 말벌류는 발달된 진정사회성을 보여준다. 암컷들은 일꾼 혹은 여왕으로 확실히 구분된 표현형을 보이고, 어떤 경우 일생 한 가지 역할에 전념하게 된다.

Hunt는 조건적 진정사회성은 협동 생식이 상호 이익적이기 때문에 진화한다고 말한다. 생식 개체는 둥지를 방어하고 새끼를 기르는 데 도움을 얻는다. 새로이 나타난 도우미는 먹이를 먹기 위해 태어난 둥지에 머문다. 둥지에 있는 동안, 그들은 일반적인 모성애를 드러내어 애벌레가 보내는 신호에 반응한다. 일꾼의 행동의 근원은 이렇듯 쉽게 설명할 수 있다.

일꾼의 행동이 일반적인 모성 행동에서 비롯되었다는 개념은 Amy toth, Hunt, 그리고 다른 연구진(2007)에 의한 원시적으로 진정사회성인 말벌 *Polistes metricus* 암컷 뇌에서의 유전자 발현에 대한 연구결과를 통해 뒷받침된다. 일꾼들은 새로운 군체의 기틀을 닦고 첫 번째로 태어난 새끼 무리에게 모성 행동을 보이는, 암컷 창시자와 비슷한 유전자 발현을 보인다. 그러나 확실히 기틀을 잡은 여왕벌이나 가을에 나와 겨울나기를 준비하는 개체, 즉 새끼를 보살피지 않는 개체와는 명확히 구분되었다.

반면, Hunt는 여왕벌과 일벌의 명확히 구분되는 계급의 진화는 전적으로 둥지를 공유하는 개체들 간의 혈연도에 달려 있다고 주장한다. 그는 다수준선택이 유용한 관점임을 발견했다. 생식적 이타성과 연관된 대립유전자는 이타적인 개체의 비율이 높은 군집이 더 많은 자손을 만들어 내기 때문에 그 빈도수가 증가한다. Hunt는 유전체 분석이 완료되어 진정사회성과 관련된 유전적 변이체를 확인할 수 있다면 이 가설이 검증 가능할 것이라 생각했다(Woodard et al. 2011 참조).

## 요약

행동은 다른 표현형과 마찬가지로 진화한다. 네 가지 단순한 사회 상호작용이 있는데, 행위자와 수혜자의 적응도에 미치는 영향에 따라 다음과 같이 분류된다: 상호이익(+,+); 이기심(+,−); 이타성(−,+); 그리고 악의(−,−). 행위자에게서 자신의 적응도를 낮추는 행동이 나타나기 때문에, 특히 이타성과 악의는 설명이 필요하다.

비용행동에 대한 한 가지 설명은 행위자의 행동이 다른 개체 안에서 살고 있는 행위자의 유전자의 복제본의 운명에 영향을 미칠 수 있다는 인식에서 생긴다. 우리는 자연선택이 개체가 자신의 포괄적응도를 극대화할 수 있는 행동을 만들어 낼 것이라고 예상한다. 이것은 주변의 도움 없이 스스로 하는 생식을 통해 미래 세대에 가는 유전적 기여도(직접적응도)와 근친관계의 개체에 제공하는 지원을 통해 가는 기여도(간접적응도)의 합이다. 해밀턴의 법칙은 이타적인 혹은 악의적인 유전자가 $Br - C > 0$일 때 확산됨을 기술하는데, $B$는 수혜자의 이익, $C$는 행위자의 비용, $r$은 두 개체의 혈연도—유전적 유사도의 척도—을 의미한다. 해밀턴의 법칙은 행위자의 비용이 낮고 수혜자의 이익이 높을 때, 그리고 개체들이 유전적으로 유사할 때—보통 친족이기 때문에—이타적 행위의 적응적 가치가 가장 높다는 것을 보여준다. 또한 악의적 행위의 적응적 가치는 행위자의 비용이 낮고, 수혜자의 "이익"(수용자에게 가해진 피해)이 높고, 수혜자가 집단의 평균적인 개체보다 행위자와 유전적으로 덜 유사할 때 높다는 것을 보여준다.

비용행동의 진화를 보는 다른 방법은 선택이 다수준에서 작용한다는 것을 인식하는 것이다. 만약 이타적 개체의 빈도에 대해 그룹 간 충분한 변이가 있다면, 그리고 이타적 개체가 많은 그룹의 생산성이 높아진다면 그룹 내에서 선택에 의해 배제되는 이타적 행동은 더 큰 집단 내에서는 여전히 확산될 수 있다. 사회적 그룹으로 나누어진 집단에서 일어나는 행동의 경우, 혈연선택모델과 다수준선택모델은 종종 수학적으로 호환이 가능하다.

개체 간 진행 중인 관계에는 종종 협동과 갈등의 혼합이 수반된다. 자식이 얼마나 많은 양의 먹이를 받아야만 하는가에 대해 부모와 자식은 서로 의견을 달리할 수 있다. 그리고 얼마나 많은 형제자매가 부모의 관심을 공유해야만 하는가에 대해 부모와 자식은 서로 의견을 달리할 수도 있다. 우리가 부모와 자식이 함께 관심을 두는 개체와 같은 혈연도를 공유하는 것이 아니라는 것을 깨달을 때 이 갈등은 진화적 관점에서 이해가 가능해진다. 예를 들어, 한 부모는 두 자식과 동일하게 연관되어 있지만, 자식은 형제자매보다 그 자신과 더 가까이 연결되어 있다. 이익이 서로 다르다는 것을 고려하면, 가족 내의 개체는 다른 전략의 비용과 이익을 바꿈으로써 서로의 행동을 조절하려는 시도를 할 수도 있다. 장기적 관점에서 상호이익적인 상호호혜의 교환에 참가하는 서로 관련이 없는 개체들은 상대가 속임수를 쓸 경우 처벌을 함으로써 짝이 속임수를 쓰는 것을 막으려 할 수도 있다.

진정사회성인 동물은 극단적인 이타성을 내보인다. 비생식 일꾼의 계급은 그들의 생을 생식 개체의 생식을 돕는 데 바친다. 진정사회성의 진화를 설명하려는 현재의 연구는 개체 간의 혈연도의 역할도 중요하지만 동시에 생활사와 생태적 세부항목들이 이타성의 비용과 이익에 얼마나 큰 영향을 미치는가에도 초점이 맞춰져 있다.

인간도 매우 다양한 사회 상호작용에 참여한다. 개체선택, 혈연선택, 그리고 다수준선택 모두가 인간 행동에 대한 통찰을 제공한다. 다른 종과 비교했을 때, 부분적으로는 인간은 특히 무임 승차자를 벌함으로써 서로 관련이 없는 개인들 간의 상호호혜를 유지하는 데 특히 능숙한 것처럼 보인다. 그러나 여전히 문화권의 차이 때문에 인간의 행동에는 상당한 변이가 있다.

## 질문

1. 벌잡이새 성체는 도우미가 있을 때, 도우미가 없을 때보다 겨우 자손 0.3마리를 더 기를 수 있다고 가정해보자. 벌잡이새 수컷이 여전히 아비가 괴롭히는 것에 굴복할 것이라 생각하는가? 아니면 아비와 맞서 싸울 것이라 생각하는가? 본인의 생각에 대해 어떻게, 왜 그러할지 설명해보자.

2. 치타가 뒤따라오는 것을 알아챘을 때, 톰슨가젤은 종종 다리를 뻣뻣이 세우고 아래위로 통통 튕기는, 껑충껑충 뛰기라고 불리는 행동을 시작한다(그림 12.38 참조). 본래 껑충껑충 뛰기는 치타의 관심을 가젤의 친족에서 다른 곳으로 돌리게 하고 또한 그 친족들에게 포식자의 존재를 알리는, 그러나 뛰는 가젤에게는 상당한 위험 부담을 주는 이타적인 행동으로 간주되어왔다. 그러나 T. M. Caro는 껑충껑충 뛰는 행동이 행위자가 공격받을 위험을 증가시키는 것은 아니라고 말한다. 실제로 가젤이 통통 뛰기 시작하면, 종종 치타는 사냥을 포기한다.
   - **a.** 만약 Caro의 의견이 맞다면, 벨딩땅다람쥐의 *C*(떨림음을 내는 비용)에 비교해 볼 때, 가젤의 *C*(껑충껑충 뛰는 비용)는?
   - **b.** 껑충껑충 뛰는 행동이 이타적, 이기적, 악의적 혹은 협동적(상호적) 중 어느 것이라고 생각하는가? 확실히 대답할 수 없다면, 이에 대한 답을 얻기 위해 할 수 있는 연구는 무엇이라고 생각하는가?
   - **c.** 이러한 점을 염두에 두고, 주변에 다른 가젤이 없을 때에도 가젤은 껑충껑충 뛸 것인지 예측해보라. 그리고 그 예측이 맞는지 Caro의 논문을 통해 확인해보자.

Caro, T. M. 1986. The function of stotting in Thomson's gazelles: Some tests of the hypotheses. *Animal Behaviour* 34: 663–684.

Caro, T. M. 1994. Ungulate antipredator behaviour: Preliminary and comparative data from African bovids. *Behaviour* 128: 189–228.

**그림 12.38 껑충껑충 뛰는 톰슨가젤**

3. 점박이하이에나의 새끼들은 태어난지 얼마 안 되었을 때부터 싸우기 시작하는데 종종 새끼 한 마리가 죽곤 한다. 어미는 이에 개입하지 않는다. 이런 행동이 어떻게 진화할 수 있었을까? 예를 들어:
   - **a.** 승리한 형제의 관점에서, 형제살해의 진화를 선호하는 *C*(형제살해의 비용)에 상대적인 *B*(형제살해의 이익)는 무엇이어야만 하는가?
   - **b.** 부모의 관점에서, 부모가 간섭하는 것보다 조용히 지켜보는 것에서 *C*에 상대적인 *B*는 무엇이어야만 하는가?
   - **c.** 일반적으로 언제 부모에게 "형제살해 용인"(간섭하지 않고 새끼들이 서로 죽이는 동안 가만히 지켜보는 것)이 진화할 것이라 예상할 수 있을까?

   점박이하이에나의 흔하지 않은 사회 체계에 대한 더 많은 내용과 야생 하이에나에 대한 연구를 확인하고 싶다면 아래를 참고하라.

Frank, L G., S. E. Glickman, and P. Licht. 1991. Fatal sibling aggression, precocial development, and androgens in neonatal spotted hyenas. *Science* 252: 702–704.

Frank, L. G. 1997. Evolution of genital masculinization: Why do female hyaenas have such a large "penis"? *Trends in Ecology and Evolution* 12: 58–62.

Golla, W., H. Hofer, and M. L. East. 1999. Within-litter sibling aggression in spotted hyaenas: Effect of maternal nursing, sex and age. *Animal Behaviour* 58: 715–726.

4. 큰어치(*Cyanocitta cristata*)는 아메리칸 로빈(*Turdus migratorius*)보다 개체를 더 잘 인식한다. 한 연구에서(Schimmel and Wasserman 1994), 로빈과 함께 자란 큰어치는 로빈들끼리 알아보는 것보다 익숙한 로빈과 낯선 로빈을 더 잘 구별해낼 수 있었다. 이 두 종은 혈연선택 또는 상호호혜(혹은 둘 다)가 발생하는 것에 대해 다른 점이 있을까? 그 이유는 무엇인가?

5. 인터뷰 진행자가 진화생물학자 J. B. S. Haldane에게 물에 빠진 남자를 구하기 위해 목숨을 걸 것인지에 대해 묻자, 그는 "아니오. 하지만 두 명의 형제 또는 여덟 명의 사촌을 구하기 위해서라면 그리 할 것입니다"라고 대답했다고 전해진다. 그의 논리를 설명하라.

6. 그림 12.21을 보자.
   a. 만약 모든 그룹이 두 협동적인 개체와 하나의 이기적인 개체로 구성된다면 전체 집단의 협력자의 빈도에는 어떤 일이 생길까? 그 이유는?
   b. 만약 협력자와 이기적인 개체가 하드자처럼 서로서로 그룹으로 분류가 된다면 전체 집단에서 협력자의 빈도수에는 어떤 일이 생길까? 그 이유는?
   c. 이제 그림 12.25를 보자. 만약 세균 배양균주를 희석하고 적은 수의 개체를 옮기는 것 대신, 연구진이 단순히 큰 부분표본을 옮겼다면 협력자의 전체 빈도에는 어떤 일이 생길까? 그 이유는?
7. 본문에서는 진정사회성은 벌목 내에서 독립적으로 여러 번 진화했다고 말한다. 이 표현에 대한 증거는 무엇인가? 만약 그것이 사실이라면, 개미, 벌, 말벌에서의 진정사회성이 수렴진화의 예라는 것은 어떤 뜻인가?
8. 어떤 큰 아니들이 3쌍의 동맹이 더 높은 생식성공도를 가짐에도 불구하고 2쌍의 동맹을 형성하는 이유를 추측해보아라. 당신의 아이디어는 어떻게 검증할 수 있을까?
9. 참새는 종종 연속적으로 두 번, 한배 새끼들을 낳는다. 수컷은 첫 번째 새끼 무리에는 짧은 기간 먹이를 주지만, 두 번째 새끼 무리에게는 훨씬 더 길게 먹이를 준다. 수컷은 왜 두 번째 생식보다 첫 번째 생식에서 먹이를 덜 줄까?(힌트: 현재 새끼 무리에게 먹이를 주는 것의 비용($C$)이 어떻게 변화하는지 생각해보자.) 당신의 가설은 어떻게 검증할 수 있을까? 이 상황은 포유류의 젖떼기 갈등과 어떻게 유사한가?
10. 진정사회성(진정사회성에 세 가지 필수요소를 되돌아보자. 그에 적합한 인류 문화권을 생각할 수 있는가?) 혹은 둥지의 도우미 사회 체계 중 어느 것이 인류 문화권에서 더 흔할까? 어느 것이 사회적 동물들에서 일반적으로 더 흔할 것이라 생각하는가? 그 이유는?
11. 인간의 형제자매들의 형제간 경쟁은 극심하다가 보통 10대에는 감소하는 경향을 보인다. 이 양상에 대한 진화적 설명을 제시하라.
12. 벤쿠버 시의 유언장 작성자들은 먼 친족들에게는 해밀턴의 법칙으로 예측할 수 있는 것보다 더 적은 유산을 물려주었다. 왜 이런 것인지 설명할 수 있는가? 반면에 가까운 친족이 있음에도 먼 친족에게 투자하는 이유는 무엇인가?

## 문헌탐구

13. 협동생식을 하는 조류의 개체들이 스스로 생식하는 것보다 부모의 둥지에서 돕는 전략을 고려하였을 때, 생식성공도를 극대화하기 위해 할 수 있는 다른 것이 있을까? 다음을 참조하라:

    McDonald, P. G., and J. Wright. 2011. Bell miner provisioning calls are more similar among relatives and are used by helpers at the nest to bias their effort towards kin. *Proceedings of the Royal Society of London B* 278: 3403–3411.

14. 많은 사회 상호작용이 협동과 갈등이 섞여 있는 특징을 가진다는 것을 알고 있다. 진정사회성 곤충에서도 이는 사실이다. 다음을 참조하라:

    Hughes, W. O., and J. J. Boomsma. 2008. Genetic royal cheats in leafcutting ant societies. *Proceedings of the National Academy of Sciences, USA* 105: 5150–5153.

15. Özgür Gürek과 동료들은 학생 자원자들에게 그룹들이 서로 경쟁하는 공공 재 게임에 참여할 것을 부탁했다. 어떤 그룹의 참가자들은 서로를 처벌할 수 있었고 다른 그룹의 참가자는 그럴 수 없었다. 처음에 대부분의 학생들은 비처벌 그룹에 참여하길 선택했다. 그러나 토너먼트가 진행됨에 따라 참가자들은 마음을 바꾸었다. 다음을 참조하라:

    Gurerk, O., B. Irlenbusch, and B. Rockenbach. 2006. The competitive advantage of sanctioning institutions. *Science* 312: 108–111.

16. 현실 세계에서 인간이 협동을 강요하기 위해 처벌을 사용한다는 예로 다음을 참고하라:

    Mathew, S., and R. Boyd. 2011. Punishment sustains large-scale cooperation in prestate warfare. *Proceedings of the National Academy of Sciences, USA* 108: 11375–11380.

17. 사기꾼을 경계하는 것과 더불어, 인간은 자신의 평판에 신경을 쓰는 존재이다. 이것이 인간의 행동에 어떻게 영향을 미치는지에 대한 기록으로 다음을 참조하라:

    Francey, D., and R. Bergmüller. 2012. Images of eyes enhance investments in a real-life public good. *PLoS One* 7: e37397.

18. 인간 행동에 문화가 끼치는 영향을 입증해 주는 서로 다른 문화 상호간의 또 다른 연구에 관해서는 다음을 참조하라:

    Henrich, J., J. Ensminger, et al. 2010. Markets, religion, community size, and the evolution of fairness and punishment. *Science* 327: 1480–1484.

19. 사회 상호작용에서 속임수를 쓰고 도망을 갈 만큼 충분히 영리한 연체동물에 대해서 다음을 참조하라:

    Brown, C., M. P. Garwood, and J. E. Williamson. 2012. It pays to cheat: Tactical deception in a cephalopod social signalling system. *Biology Letters* 8: 729–732.

20. 로봇을 사용한 해밀턴의 법칙의 검증에 대해 다음을 참조하라:

    Waibel, M., D. Floreano, and L. Keller. 2011. A quantitative test of Hamilton's rule for the evolution of altruism. *PLoS Biology* 9: e1000615.

# 인용문헌


Alexander, R. D., K. M. Noonan, and B. J. Crespi. 1991. The evolution of eusociality. In *The Biology of the Naked Mole Rat*, ed. P. W. Sherman, J. U. M. Jarvis, and R. D. Alexander. Princeton, NJ: Princeton University Press, 3–44.

Anderson, D. J. 1990a. Evolution of obligate siblicide in boobies. 1. A test of the insurance-egg hypothesis. *American Naturalist* 135: 334–350.

Anderson, D. J. 1990b. Evolution of obligate siblicide in boobies. 2: Food limitation and parent-offspring conflict. *Evolution* 44: 2069–2082.

Anderson, D. J., and R. E. Ricklefs. 1992. Brood size and food provisioning in masked and blue-footed boobies (*Sula* spp.). *Ecology* 73: 1363–1374.

Anderson, D. J., and R. E. Ricklefs. 1995. Evidence of kin-selected tolerance by nestlings in a siblicidal bird. *Behavioral Ecology and Sociobiology* 37: 163–168.

Anker-Nilssen, T., O. Kleven, et al. 2008. No evidence of extra-pair paternity in the Atlantic puffin *Fratercula arctica*. *Ibis* 150: 619–622.

Apicella, C. L., F. W. Marlowe, et al. 2012. Social networks and cooperation in hunter-gatherers. *Nature* 481: 497–501.

Bashey, F., S. K. Young, et al. 2012. Spiteful interactions between sympatric natural isolates of *Xenorhabdus bovienii* benefit kin and reduce virulence. *Journal of Evolutionary Biology* 25: 431–437.

Batra, S. W. T. 1966. Nests and social behavior of halictine bees of India (Hymenoptera: Halictidae). *Indian Journal of Entomology* 28: 375.

Beck, N. R., R. Peakall, and R. Heinsohn. 2008. Social constraint and an absence of sex-biased dispersal drive fine-scale genetic structure in white-winged choughs. *Molecular Ecology* 17: 4346–4358.

Boncoraglio, G., M. Caprioli, and N. Saino. 2009. Fine-tuned modulation of competitive behaviour according to kinship in barn swallow nestlings. *Proceedings of the Royal Society of London B* 276: 2117–2123.

Boncoraglio, G., and N. Saino. 2008. Barn swallow chicks beg more loudly when broodmates are unrelated. *Journal of Evolutionary Biology* 21: 256–262.

Boomsma, J. J. 2009. Lifetime monogamy and the evolution of eusociality. *Philosophical Transactions of the Royal Society B* 364: 3191–3207.

Boutin, S., L. A. Wauters, et al. 2006. Anticipatory reproduction and population growth in seed predators. *Science* 314: 1928–1930.

Briskie, J. V., C. T. Naugler, and S. M. Leech. 1994. Begging intensity of nestling birds varies with sibling relatedness. *Proceedings of the Royal Society of London B* 258: 73–78.

Browning, L. E., S. C. Patrick, et al. 2012. Kin selection, not group augmentation, predicts helping in an obligate cooperatively breeding bird. *Proceedings of the Royal Society of London B* 279: 3861–3869.

Burton-Chellew, M. N., and S. A. West. 2012. Pseudocompetition among groups increases human cooperation in a public-goods game. *Animal Behaviour* 84: 947–952.

Cheney, D. L., L. R. Moscovice, et al. 2010. Contingent cooperation between wild female baboons. *Proceedings of the National Academy of Sciences USA* 107: 9562–9566.

Chuang, J. S., O. Rivoire, and S. Leibler. 2009. Simpson's paradox in a synthetic microbial system. *Science* 323: 272–275.

Clutton-Brock, T. 2009. Cooperation between non-kin in animal societies. *Nature* 462: 51–57.

Cornwallis, C. K., S. A. West, et al. 2010. Promiscuity and the evolutionary transition to complex societies. *Nature* 466: 969–972.

Cosmides, L., H. C. Barrett, and J. Tooby. 2010. Colloquium paper: Adaptive specializations, social exchange, and the evolution of human intelligence. *Proceedings of the National Academy of Sciences, USA* 107 (Suppl 2): 9007–9014.

Costa, J. T., and T. D. Fitzgerald. 2005. Social terminology revisited: Where are we ten years later? *Annales Zoologici Fennici* 42: 559–564.

Crespi, B. J. 2005. Social sophistry: Logos and mythos in the forms of cooperation. *Annales Zoologici Fennici* 42: 569–571.

Crossland, M. R., T. Haramura, et al. 2012. Exploiting intraspecific competitive mechanisms to control invasive cane toads (*Rhinella marina*). *Proceedings of the Royal Society of London B* 279: 3436–3442.

Crossland, M. R., M. N. Hearnden, et al. 2011. Why be a cannibal? The benefits to cane toad, *Rhinella marina* [=*Bufo marinus*], tadpoles of consuming conspecific eggs. *Animal Behaviour* 82: 775–782.

Crossland, M. R., and R. Shine. 2011. Cues for cannibalism: Cane toad tadpoles use chemical signals to locate and consume conspecific eggs. *Oikos* 120: 327–332.

Darwin, C. R. 1859. *On the Origin of Species*. London: John Murray.

Darwin, C. R. 1871. *The Descent of Man and Selection in Relation to Sex*. London: John Murray.

Dawkins, R. 1976. *The Selfish Gene*. Oxford: Oxford University Press.

DeBruine, L. M. 2002. Facial resemblance enhances trust. *Proceedings of the Royal Society of London B* 269: 1307–1312.

Duffy, J. E. 1996. Eusociality in a coral-reef shrimp. *Nature* 381: 512–514.

Emlen, S. T., and P. H. Wrege. 1992. Parent–offspring conflict and the recruitment of helpers among bee-eaters. *Nature* 356: 331–333.

Fehr, E., and S. Gachter. 2002. Altruistic punishment in humans. *Nature* 415: 137–140.

Gammie, S. C., A. P. Auger, et al. 2007. Altered gene expression in mice selected for high maternal aggression. *Genes, Brain & Behavior* 6: 432–443.

Gammie, S. C., K. L. D'Anna, et al. 2009. Neurotensin inversely modulates maternal aggression. *Neuroscience* 158: 1215–1223.

Gammie, S. C., T. J. Garland, and S. A. Stevenson. 2006. Artificial selection for increased maternal defense behavior in mice. *Behavior Genetics* 36: 713–722.

Gardner, A., J. Alpedrinha, and S. A. West. 2012a. Haplodiploidy and the evolution of eusociality: Split sex ratios. *American Naturalist* 179: 240–256.

Gardner, A., J. Alpedrinha, and S. A. West. 2012b. Correction. *American Naturalist* 179: 554–555.

Gardner, A., I. C. Hardy, et al. 2007. Spiteful soldiers and sex ratio conflict in polyembryonic parasitoid wasps. *American Naturalist* 169: 519–533.

Gardner, A., and S. A. West. 2004. Spite and the scale of competition. *Journal of Evolutionary Biology* 17: 1195–1203.

Gardner, A., and S. A. West. 2006. Spite. *Current Biology* 16: R662–R664.

Gardner, A., S. A. West, and A. Buckling. 2004. Bacteriocins, spite and virulence. *Proceedings of the Royal Society of London B* 271: 1529–1535.

Gardner, A., S. A. West, and G. Wild. 2011. The genetical theory of kin selection. *Journal of Evolutionary Biology* 24: 1020–1043.

Goodnight, C. J. 1985. The influence of environmental variation on group and individual selection in a cress. *Evolution* 39: 545–558.

Gorrell, J. C., A. G. McAdam, et al. 2010. Adopting kin enhances inclusive fitness in asocial red squirrels. *Nature Communications* 1: 22.

Grabowska-Zhang, A. M., B. C. Sheldon, and C. A. Hinde. 2012. Long-term familiarity promotes joining in neighbour nest defence. *Biology Letters* 8: 544–546.

Grafen, A. 1985. A geometric view of relatedness. *Oxford Surveys in Evolutionary Biology* 2: 28–89.

Hamilton, W. D. 1964a. The genetical evolution of social behaviour. I. *Journal of Theoretical Biology* 7: 1–16.

Hamilton, W. D. 1964b. The genetical evolution of social behaviour. II. *Journal of Theoretical Biology* 7: 17–52.

Hamilton, W. D. 1970. Selfish and spiteful behaviour in an evolutionary model. *Nature* 228: 1218–1220.

Hamilton, W. D. 1972. Altruism and related phenomena, mainly in the social insects. *Annual Review of Ecology and Systematics* 3: 193–232.

Hatchwell, B. J., and J. Komdeur. 2000. Ecological constraints, life history traits and the evolution of cooperative breeding. *Animal Behaviour* 59: 1079–1086.

Hawlena, H., F. Bashey, et al. 2010. Spiteful interactions in a natural population of the bacterium *Xenorhabdus bovienii*. *American Naturalist* 175: 374–381.

Heinsohn, R. G. 1991. Kidnapping and reciprocity in cooperatively breeding white-winged choughs. *Animal Behaviour* 41: 1097–1100.

Heinsohn, R. G. 1992. Cooperative enhancement of reproductive success in white-winged choughs. *Evolutionary Ecology* 6: 97–114.

Henrich, J., S. J. Heine, and A. Norenzayan. 2010. The weirdest people in the world? *Behavioral and Brain Sciences* 33: 61-83; discussion 83–135.

Henrich, J., R. McElreath, et al. 2006. Costly punishment across human societies. *Science* 312: 1767–1770.

Hill, K. R., R. S. Walker, et al. 2011. Co-residence patterns in hunter-gatherer societies show unique human social structure. *Science* 331: 1286–1289.

Hoogland, J. L. 1983. Nepotism and alarm calling in the black-tailed prairie dog (*Cynomys ludovicianus*). *Animal Behaviour* 31: 472–479.

Hoogland, J. L. 1994. Nepotism and infanticide among prairie dogs. In *Infanticide and Parental Care*, ed. S. Parmigiani and F. S. vom Saal. Chur, Switzerland: Harwood Academic Publishers, 321-337.

Hoogland, J. L. 1995. *The Black-Tailed Prairie Dog: Social Life of a Burrowing Mammal*. Chicago: University of Chicago Press.

Hughes, J. M., P. B. Mather, et al. 2003. High levels of extra-group paternity in a population of Australian magpies *Gymnorhina tibicen*: Evidence from microsatellite analysis. *Molecular Ecology* 12: 3441–3450.

Hughes, W. O. H., B. P. Oldroyd, et al. 2008. Ancestral monogamy shows kin selection is key to the evolution of eusociality. *Science* 320: 1213–1216.

Humphries, M. M., and S. Boutin. 2000. The determinants of optimal litter size in free-ranging red squirrels. *Ecology* 81: 2867–2877.

Hunt, J. H. 1999. Trait mapping and salience in the evolution of eusocial vespid wasps. *Evolution* 53: 225–237.

Hunt, J. H. 2007. *The Evolution of Social Wasps*. New York: Oxford University Press.

Hunt, J. H. 2012. A conceptual model for the origin of worker behaviour and adaptation of eusociality. *Journal of Evolutionary Biology* 25: 1–19.

Ibáñez-Álamo, J. D., L. Arco, and M. Soler. 2012. Experimental evidence for a predation cost of begging using active nests and real chicks. *Journal of Ornithology* 153: 801–807.

Inglis, R. F., P. G. Roberts, et al. 2011. Spite and the scale of competition in *Pseudomonas aeruginosa*. *American Naturalist* 178: 276–285.

Kerr, B., and P. Godfrey-Smith. 2002. Individualist and multilevel perspectives on selection in structured populations. *Biology & Philosophy* 17: 477–517.

Kerr, B., P. Godfrey-Smith, and M. W. Feldman. 2004. What is altruism? *Trends in Ecology and Evolution* 19: 135–140.

Kerr, B., C. Neuhauser, et al. 2006. Local migration promotes competitive restraint in a host-pathogen "tragedy of the commons." *Nature* 442: 75–78.

Lacey, E. A., and P. W. Sherman. 2005. Redefining eusociality: Concepts, goals and levels of analysis. *Annales Zoologici Fennici* 42: 573–577.

Lessells, C. M., and G. A. Parker. 1999. Parent-offspring conflict: The full-sib–half-sib fallacy. *Proceedings of the Royal Society of London B* 266: 1637–1643.

Lion, S., V. A. Jansen, and T. Day. 2011. Evolution in structured populations: Beyond the kin versus group debate. *Trends in Ecology and Evolution* 26: 193–201.

Lougheed, L. W., and D. J. Anderson. 1999. Parent blue-footed boobies suppress siblicidal behavior of offspring. *Behavioral Ecology and Sociobiology* 45: 11–18.

Majeed, H., O. Gillor, et al. 2011. Competitive interactions in *Escherichia coli* populations: The role of bacteriocins. *ISME Journal* 5: 71–81.

Marshall, J. A. 2011. Group selection and kin selection: Formally equivalent approaches. *Trends in Ecology and Evolution* 26: 325–332.

Maynard Smith, J. 1998. *Evolutionary Genetics*. 2nd ed. Oxford: Oxford University Press.

McAdam, A. G., S. Boutin, et al. 2007. Life histories of female red squirrels and their contributions to population growth and lifetime fitness. *Ecoscience* 14: 362–369.

Morales-Soto, N., and S. A. Forst. 2011. The *xnp1* P2-like tail synthesis gene cluster encodes xenorhabdicin and is required for interspecies competition. *Journal of Bacteriology* 193: 3624–3632.

Moreno-Rueda, G., and T. Redondo. 2011. Begging at high level simultaneously impairs growth and immune response in southern shrike (*Lanius meridionalis*) nestlings. *Journal of Evolutionary Biology* 24: 1091–1098.

Nonacs, P. 2011. Monogamy and high relatedness do not preferentially favor the evolution of cooperation. *BMC Evolutionary Biology* 11: 58.

Nowak, M. A., C. E. Tarnita, and E. O. Wilson. 2010. The evolution of eusociality. *Nature* 466: 1057–1062.

Peters, J. M., D. C. Queller, et al. 1999. Mate number, kin selection and social conflicts in stingless bees and honeybees. *Proceedings of the Royal Society of London B* 266: 379–384.

Queller, D. C. 1989. The evolution of eusociality: Reproductive head starts of workers. *Proceedings of the National Academy of Sciences, USA* 86: 3224–3226.

Queller, D. C., and K. F. Goodnight. 1989. Estimating relatedness using genetic markers. *Evolution* 43: 258–275.

Queller, D. C., E. Ponte, et al. 2003. Single-gene greenbeard effects in the social amoeba *Dictyostelium discoideum*. *Science* 299: 105–106.

Queller, D. C., and J. E. Strassmann. 1998. Kin selection and social insects. *BioScience* 48: 165–175.

Puurtinen, M., and T. Mappes. 2009. Between-group competition and human cooperation. *Proceedings of the Royal Society of London B* 276: 355–360.

Raihani, N. J., A. Thornton, and R. Bshary. 2012. Punishment and cooperation in nature. *Trends in Ecology and Evolution* 27: 288–295.

Riehl, C. 2011. Living with strangers: Direct benefits favour non-kin cooperation in a communally nesting bird. *Proceedings of the Royal Society B* 278: 1728–1735.

Riehl, C. 2012. Mating system and reproductive skew in a communally breeding cuckoo: Hard-working males do not sire more young. *Animal Behaviour* 84: 707–714.

Riehl, C., and L. Jara. 2009. Natural history and reproductive biology of the communally breeding greater ani (*Crotophaga major*) at Gatún Lake, Panama. *Wilson Journal of Ornithology* 121: 679–687.

Riley, M. A., C. M. Goldstone, et al. 2003. A phylogenetic approach to assessing the targets of microbial warfare. *Journal of Evolutionary Biology* 16: 690–697.

Riley, M. A., and J. E. Wertz. 2002. Bacteriocins: Evolution, ecology, and application. *Annual Review of Microbiology* 56: 117–137.

Sabbatini, G., A. De Bortoli Vizioli, et al. 2012. Food transfers in capuchin monkeys: An experiment on partner choice. *Biology Letters* 8: 757–759.

Schimmel, K. L., and F. E. Wasserman. Individual and species preference in two passerine birds: Auditory and visual cues. 1994. *Auk* 111: 634–642.

Sherman, P. W. 1985. Alarm calls of Belding's ground squirrels to aerial predators: Nepotism or self-preservation? *Behavioral Ecology and Sociobiology* 17: 313–323.

Smith, M. S., B. J. Kish, and C. B. Crawford. 1987. Inheritance of wealth as human kin investment. *Ethology and Sociobiology* 8: 171–182.

Stone, V. E., L. Cosmides, et al. 2002. Selective impairment of reasoning about social exchange in a patient with bilateral limbic system damage. *Proceedings of the National Academy of Sciences, USA* 99: 11531–11536.

Suen, G., C. Teiling, et al. 2011. The genome sequence of the leaf-cutter ant *Atta cephalotes* reveals insights into its obligate symbiotic lifestyle. *PLoS Genetics* 7: e1002007.

Sugiyama, L. S., J. Tooby, and L. Cosmides. 2002. Cross-cultural evidence of cognitive adaptations for social exchange among the Shiwiar of Ecuadorian Amazonia. *Proceedings of the National Academy of Sciences, USA* 99: 11537–11542.

Thorne, B. L. 1997. Evolution of eusociality in termites. *Annual Review of Ecology and Systematics* 28: 27–54.

Trivers, R. L. 1971. The evolution of reciprocal altruism. *Quarterly Review of Biology* 46: 35–57.

Trivers, R. L. 1974. Parent-offspring conflict. *American Zoologist* 14: 249–264.

Trivers, R. L. 1985. *Social Evolution*. Menlo Park, CA: Benjamin Cummings.

Toth, A. L., K. Varala, et al. 2007. Wasp gene expression supports an evolutionary link between maternal behavior and eusociality. *Science* 318: 441–444.

Wade, M. J. 1977. An experimental study of group selection. *Evolution* 31: 134–153.

Wcislo, W. T. 2005. Social labels: We should emphasize biology over terminology and not vice versa. *Annales Zoologici Fennici* 42: 565–568.

West, S. A., and A. Gardner. 2010. Altruism, spite, and greenbeards. *Science* 327: 1341–1344.

West, S. A., A. S. Griffin, and A. Gardner. 2007a. Social semantics: Altruism, cooperation, mutualism, strong reciprocity and group selection. *Journal of Evolutionary Biology* 20: 415–432.

West, S. A., A. S. Griffin, and A. Gardner. 2007b. Evolutionary explanations for cooperation. *Current Biology* 17: R661–R672.

Willis, C. G., M. T. Brock, and C. Weinig. 2010. Genetic variation in tolerance of competition and neighbour suppression in *Arabidopsis thaliana*. *Journal of Evolutionary Biology* 23: 1412–1424.

Wilson, D. S. 1975. A theory of group selection. *Proceedings of the National Academy of Sciences, USA* 72: 143–146.

Wilson, E. O. 2008. One giant leap: How insects achieved altruism and colonial life. *BioScience* 58: 17–25.

Wolf, J. B., J. J. Mutic, and P. X. Kover. 2011. Functional genetics of intraspecific ecological interactions in *Arabidopsis thaliana*. *Philosophical Transactions of the Royal Society of London B* 366: 1358–1367.

Woodard, S. H., B. J. Fischman, et al. 2011. Genes involved in convergent evolution of eusociality in bees. *Proceedings of the National Academy of Sciences, USA* 108: 7472–7477.

13

# 노화와 다른 생활사 형질

수컷 푸른발얼가니새는 그들의 발을 자랑하며 배우자를 유혹하려 한다(Velando et al. 2006). 발 색깔의 범위는 흐릿한 푸른색부터 밝은 초록색에 이르고, 이는 부분적으로 피부에 있는 카로티노이드(carotenoid) 색소인 제아잔틴(zeaxanthin)의 농도에 기인한다. 밝은 초록색 발이 암컷에게 더 매력적이다.

수컷 발의 색깔은 그가 얼마나 먹이를 잘 섭취했는지와 얼마나 건강한가에 따라서 빠르게 변할 수 있다(Velando et al. 2006; Torres and Velando 2007). 짝짓기를 위해 수컷의 발에 충분한 색소를 유지하는 것은 그가 나이를 먹을수록 점점 더 어려워진다(Velando et al. 2010). 그러나 오른쪽 그래프에서 볼 수 있듯이, 일 년 동안 생식을 하지 않은 수컷들이 그들의 나이에 비해서 더 밝은 발을 갖는다. 이 결과는 다른 해석의 여지가 있다. 아마도 지난해에 생식을 하지 못한 수컷들은 올해에는 구애하는 데 필요한 에너지 예산의 비율을 증가시킬 것이다. 또는 아마도 배우자가 새끼를 키우는 데 도와주어 지친 수컷들보다 충분한 휴식을 취한 수컷들은 단순히 전체적으로 더 큰 에너지 예산을 가질 수 있다. 어느 쪽이든 그 양상은 올해와 미래의 생식투자 간 갈등이 존재함을 제시한다. 가장 좋은 균형을 갖는 수컷들이 가장 높은 생애 생식 성공(lifetime reproductive success)을 만끽할 것이다.

생식성공은 자연선택이 늘 작용하는 최종적인 형질이다. 자연선택이 같은 형질에 작용함에도 불구하고, 생물들은 매우 다양한 방식으로 생식을 수행한다. 몇몇의 예시가 그 엄청난 다양성을 보여준다.

작년에 교배를 하지 않은 수컷 푸른발얼가니새는 나이에 비해 더 밝고, 더 매력적인 발을 가진다. 그래프는 Velando et al. (2010)에서 다시 그림.

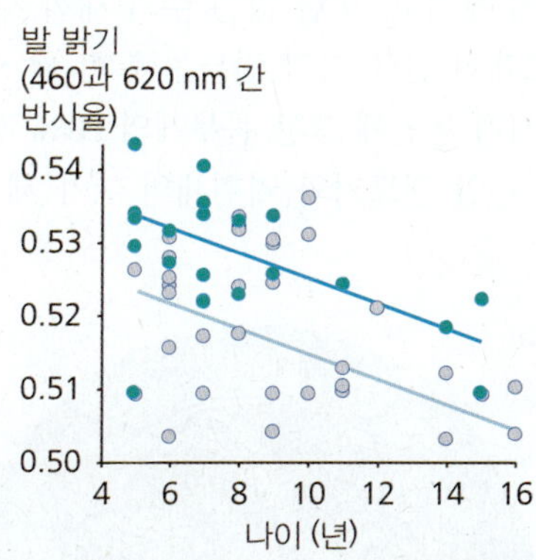

- 어떤 포유류는 빠르게 성숙하고 재빨리 생식하는 반면, 다른 포유류는 늦게 성숙하고 느리게 생식한다. 예를 들면, 암컷 흰발생쥐(*Peromyscus maniculatus*)는 대략 7주 정도가 지나면 성숙하고 매해 3~4마리 한배 새끼를 낳는 반면, 암컷 흑곰(*Ursus americanus*)은 4~5년 동안 성숙하고 2년마다 단 한번만 새끼를 낳는다(Nowak 1991).
- 식물은 넓은 범위의 생식 생애 기간을 갖는다. 캘리포니아 양귀비(California poppy)(*Eschscholzia california*) 같은 식물은 단지 한 시즌 동안 살고 꽃을 핀다. 검은열매벗나무(black cherry)(*Prunus serotina*) 같은 식물은 수십 년 동안 해마다 꽃을 핀다.
- 어떤 이매패류(bivalves)는 엄청나게 많은 수의 작은 알을 생산하는 반면, 다른 이매패류는 적은 수의 큰 알을 생산한다(Strathmann 1987). *Crassostrea gigas*라는 굴은 한번 산란에 각각 50~55마이크로미터 직경의 알을 1,000만에서 5,000만 개를 방출한다. 반대로, *Lasaea subviridis*라는 조개는 각각 대략 300마이크로미터 직경의 알을 한번에 100개보다 적은 수의 알을 낳는다.

생식전략의 다양성을 이해하기 위해 연구하는 진화생물학의 영역을 생활사 분석(life-history analysis)이라 일컫는다.

우리가 상상하는 생식을 위한 완벽한 생물은 태어났을 때에 성숙하고, 지속적으로 많은 수의 질 좋은 자손을 생산하며 영원히 사는 것이다. 몇몇의 실제 생물들은 어떤 점에서는 이러한 이상에 근접하지만, 모든 생물들은 놀랍게도 다른 점에서는 모자란다.

예를 들면, 암컷 삽주벌레 알 진드기(thrips egg mite)(*Adactylidium* sp.)는 태어났을 때 성숙하고, 어미 몸체 내에서 부화하여 형제와 짝짓기를 함으로써 이미 수정된 상태에 있다(Elbadry and Tawfik 1966). 하지만 어미는 짧은 생애 동안 단지 한번 알을 낳는데, 새끼들이 그 안에서 살아 있는 상태에서 삽주벌레 알 진드기는 어미를 잡아먹을 때, 즉 단지 4일째 죽는다(**그림 13.1a**).

다른 예인 갈색 키위새(brown kiwi)(*Apteryx australis mantelli*)는 질 좋은 자손을 생산한다(Taborsky and Taborsky 1993). 암컷 키위는 대략 6파운드 무게가 나가고, 1파운드 무게가 나가는 알을 낳는다(그림 13.1b). 엄청나게 큰 알에서 부화된 새끼 새들은 대체로 일주일 내에 자립한다. 하지만 키위새 부모는 이 새끼 새들을 계속해서 생산하지 못하고, 또한 많은 수의 새끼 새를 낳지 못한다. 암컷이 한 번의 산란에서 전형적으로 2개의 알을 각각 만드는데 한 달 이상이 걸린다. 수컷은 대략 세 달 동안 알을 품고, 그 시기 동안에 그는 몸무게의 20% 정도를 잃는다.

**생물개체는 에너지와 시간의 사용에서 근본적인 트레이드오프(trade-offs)에 직면한다.**

알 진드기와 키위새의 예가 제시하듯이, 물리학과 생물학의 법칙에는 근본적인 트레

(a)

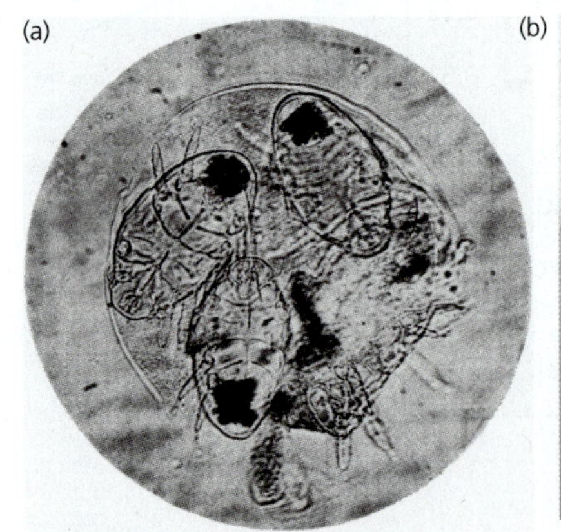

(b)

**그림 13.1 극단적인 생식전략** (a) 안쪽으로부터 그들의 엄마를 게걸스럽게 먹음으로써, 세 삽주벌레(*Adactylidium* sp.)는 엄마의 빈 큐티클을 떠가기 위해 준비를 한다. 엄마 다리는 오른쪽 아래에서 볼 수 있다(180X). Elbadry and Tawfik (1966)으로부터 허가를 받아 재생산되었다. (b) 산란 준비가 된 암컷 갈색 키위새(*Apteryx australis mantelli*)의 X-선.

이드오프가 있다. 생물이 수확할 수 있는 에너지의 양은 유한하고, 생물학적 과정은 시간이 걸린다. 하나의 행위에 충당되는 에너지와 시간은 다른 행위에 충당될 수 있는 에너지와 시간이다. 예를 들면, 어떤 개체는 에너지를 오랫동안 성장에 할당할 수 있고, 이는 보다 큰 사이즈에 도달하는 것과 결국은 보다 많은 자손을 생산하는 것을 가능케 한다. 그러나 크기의 이러한 이점은 비용에 의해서 균형을 이룬다. 성장을 위해 요구되는 시간은 그동안 포식자, 질병 또는 사고를 맞이할지도 모르는 시간이다. 크게 성장하기 위해서 시간이 걸리는 개체는 따라서 생식을 전혀 하지 못하고 죽을 위험이 더 크다. 다른 곳에서, 우리는 트레이드오프의 개념을 소개하였고 어떻게 적응의 진화를 제약하는지에 관해서 토의하였다(10장). 적응도의 다른 요소들 간 트레이드오프가 존재할 때마다, 우리는 자연선택이 에너지와 시간을 이익(benefits)과 비용(costs) 사이 최적의 균형으로 할당함에 따라서 생애 생식 성공을 극대화하는 개체들을 선호할 것으로 예측한다. 서로 다른 균형들이 서로 다른 환경에 최적이기 때문에, 환경적 변이는 살아 있는 생물들 사이에서 보이는 생활사 변이의 큰 원천이다.

이 장의 첫 번째 절은 생물학자들이 생활사를 분석할 때, 그들이 고려하는 근본적인 이슈들에 관해서 토의한다. 13.2~13.4절은 비용과 이익 및 적응도 트레이드오프(fitness trade-offs)를 살펴보고자 한다. 그 이유는 이것들은 생물이 왜 노화하고 죽으며, 개체들이 얼마나 많은 자손을 생산하는지, 그리고 자손의 크기에 관한 질문들에 적용될 수 있기 때문이다. 13.5절은 수컷과 암컷 부모의 최적 생활사 전략이 충돌할 때 무슨 일이 일어나는지 알아볼 것이다. 마지막으로, 13.6절은 생활사에 있어서 유전적 변이의 유지와 진화적 변천을 고려함으로써 생활사 분석을 보다 큰 진화적 맥락에서 살펴보고자 한다.

## 13.1 생활사 분석의 근본적인 주제

우리가 13.2절 말미에 다시 살펴볼 생활사의 예는 그림 13.2에서 볼 수 있다. 이 그림은 가상의 암컷 버지니아 주머니쥐(Virginia opossum)(*Didelphis virginiana*)의 육아 생애를 나타낸다. 이 암컷은 세 달보다 약간 더 오랜 기간 동안 새끼에게 젖을 빨리고 나서 젖을 떼고 새끼는 독립한다. 새끼는 몇 달 동안 계속해서 성장하고, 대략 10개월의 나이에 성적성숙에 이른다. 그 후 즉시, 여덟 자식들로 구성된 첫 번째 새끼들을 낳는다. 몇 달 후 두 번째 새끼를 낳는데 이번에는 일곱 자식들을 갖는다. 20개월의 나이에, 그 암컷은 포식자에 의해서 죽는다.

그림 13.2는 또한 그 암컷 주머니쥐가 다른 생활사 단계에서 어디로부터 에너지를 얻는지와 그 암컷이 분배하는 유한의 에너지 공급의 역할을 나타낸다. 주머니쥐가 성적으

**그림 13.2 가상의 암컷 버지니아 주머니쥐(Virginia opossum) (*Didelphis virginiana*)의 생활사** 이 가상의 암컷은 미국 본토에 사는 암컷 버지니아 주머니쥐의 생활사 전형을 보여준다(Austad 1988, 1993). 그림은 Charnov and Berrgan (1993)에서.

로 성숙되기 전, 성장, 체온조절과 같은 물질대사 기능 및 손상된 조직 복구를 위하여 에너지를 사용했다. 성적으로 성숙 된 후에는 그 암컷은 성장을 멈추고, 그 후 물질대사(metabolism), 복구(repair) 및 생식(reproduction)을 위하여 에너지를 사용한다.

**생활사의 변화는 에너지 분배 변화에 의해서 야기된다.**

근본적으로, 생활사에서의 차이는 에너지 분배의 차이를 나타낸다. 예를 들면, 그림 13.2에서 보여준 것과 다른 암컷 주머니쥐는 성장으로의 에너지 분배를 보다 더 이른 나이에 멈추고 따라서 더 빨리 성적 성숙에 이를 수 있다. 이러한 전략은 트레이드오프가 수반된다: 그 암컷은 또한 더 작은 크기에서 성숙되고, 이는 더 작은 새끼들을 생산할 것임을 의미한다. 또 다른 암컷은 성적성숙에 이른 후 더 적은 양의 에너지를 생식에 분배하고, 더 많은 에너지를 복구하는데 분배하면 암컷의 조직이 좋은 조건으로 유지될 것이다. 다시 말하지만, 트레이드오프가 있다: 더 적은 양의 에너지를 생식에 분배하는 것은 보다 적은 수의 새끼들을 갖는 것을 의미한다.

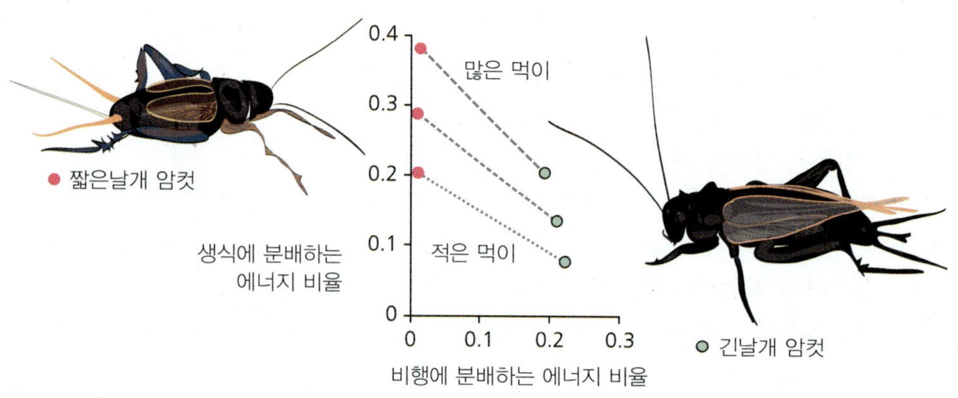


**그림 13.3 암컷 모래귀뚜라미(*Gryllus firmus*)의 생식과 비행 능력 간 트레이드오프** 먹이를 조금, 중간 혹은 많이 먹든 간에 긴 날개를 가진 암컷은 성체 초기 동안 비행 능력에 더 투자하는 반면, 짧은 날개를 가진 암컷은 생식에 더 투자한다. King et al. (2011a)에서 발표된 자료에서 그림.

Elizabeth King과 그 동료들(2011a)은 암컷 모래귀뚜라미(sand crickets)에서 에너지 분배의 트레이드오프에 관한 연구를 발표하였다. 이 곤충의 자연집단들은 두 종류의 암컷이 존재한다: 짧은 날개를 지닌 암컷과 긴 날개를 지닌 암컷(그림 13.3). 어떤 암컷도 유전적이고 환경적인 요소 둘 모두의 영향을 받기 때문에 이 중 단 하나 짧은 날개, 또는 긴 날개로 발달한다(Zera and Denno 1997). King과 동료들은 63 부계 반형제자매(paternal half-sib families) 가계로부터 얻은 5,000마리보다 많은 암컷들을 대상으로 거의 굶주림 조건부터 양껏 먹을 수 있는 조건의 범위를 포함하는 세 가지 다른 먹이 수준에서 길렀다. 암컷들이 성체에 이르는 일주일 후, 그 연구자들은 그들을 해부하고 비상근, 난소 및 나머지 조직들의 무게를 쟀다. 그 연구자들은 이와 다른 데이터들을 사용하여 각각 암컷들이 생식과 비행 능력에 분배하는 전체 에너지 예산의 부분을 추산하였다. 그림 13.3의 점들은 평균값을 나타낸다.

각각의 먹이 수준 내에서는, 짧은 날개를 갖는 암컷들이 그들의 에너지를 생식에 보다 많이 할애한 반면에 긴 날개를 갖는 암컷들은 에너지를 비행에 더 할애했다. King과 동료자들의 사육설계는 에너지 분배 전략에서 이러한 변이의 중대한 부분이 유전적 차이에 기인한다는 것을 보여주었다. 말하자면, 각각의 먹이수준에서, 더 많은 에너지를 생식에 할애하게 만드는 유전자를 물려주는 암컷들은 또한 더 적은 양의 에너지를 비행에 할애하게 만드는 유전자를 물려주었다. 이처럼, 더 많은 에너지를 비행에 할애하게 만드는 유전자를 물려주는 암컷들은 또한 더 적은 양의 에너지를 생식에 할애하게 만드는 유전자를 물려주었다. 추가적인 분석은 암컷 모래 귀뚜라미가 하나의 파이로부터 생식과 비행 능력을 위해 사용하는 에너지를 나눈다는 것을 입증하였다(King et al. 2011b).

Anthony Zera와 동료들은 짧은 날개를 갖는 암컷과 긴 날개를 갖는 암컷 간 에너지 분배의 차이에 관여하는 생화학 및 물질대사 변화를 조사하였다(Zera 2005 참조). 그들은 인위선택에 의해 생산된 짧은 날개와 긴 날개를 갖는 귀뚜라미의 거의 순계교배원종(pure-breeding stocks)과 가까운 사육동물을 대상으로 연구하였다. 긴 날개를 갖는 암컷들이 성체가 되면, 그들은 잘 발달된 비행 근육뿐 아니라 지방산 합성의 빠른 속도를 갖고 있었다. 그들이 만드는 지방산의 대부분은 트리글리세리드(triglycerides)이고, 이는 그들의 비행근육을 위한 연료로서의 역할을 담당하기 때문에 저장한다(Zhao and Zera 2002; Zera and Zhao 2003). 반대로, 짧은 날개를 갖는 암컷들은 비행근육의 발달이 좋지 못할 뿐 아니라, 지방산 합성의 느린 속도를 갖고 있었다. 그들이 생산하는 지방산은 대부분이 트리글리세리드 대신에 인지질이다. 그들은 이 인지질(phospholipids)을 그들의 알에 저장한다.

짧은 날개와 긴 날개를 갖는 귀뚜라미의 이러한 물질대사 차이는 부분적으로 NADP$^+$-isocitrate dehydrogenase(NADP$^+$-IDH) 효소의 활성 차이에 기인한다. 이 효소는 지방산 합성에 필수적인 NADPH를 생산한다. 긴 날개를 지닌 암컷들은 짧은 날개를 지닌 개체들에 비해 더 높은 NADP$^+$-IDH 활성을 갖는다. Rudolf Schilder, Zera와 동료들은(2011) 순계교배를 통해서 얻은 긴 날개를 갖는 계보가 더 높은 NADP$^+$-IDH 활성을 갖는 것을 발견하였고, 이는 그들이 NADP$^+$-IDH 유전자로부터 더 많은 mRNA를 만들어서 그 효소를 더 많이 만들기 때문이다. 이것이 암시하는 점은 암컷 모래 귀뚜라미는 적어도 유전자 조절에 의해서 생식과 비행능력 간 트레이드오프를 이와 같은 방식으로 조정한다는 것이다.

짧은 날개와 긴 날개를 지닌 귀뚜라미 간 유전자 조절의 차이는 호르몬 조절에 있다. Zera와 Zhangwu Zhao(2004)는 긴 날개를 지닌 암컷을 메토프렌(methoprene)으로 처리하여 이를 증명하였다. 메토프렌은 곤충 발생의 강력한 조절자인 유충호르몬의 생화학적 유사체다. 메타프렌 처리는 귀뚜라미가 짧은 날개의 표현형으로 발달하는 것을 유도한다.

암컷 모래귀뚜라미에게 비행능력은 어떤 상황에서는 적응성(adaptive)이다(Zera 2005 참조). 암컷이 좋지 않은 환경에 처하면, 그녀는 보다 나은 다른 곳을 찾는다. 하지만, 비행능력은 적응도 비용(fitness cost)을 수반한다. 더 적은 에너지를 받기 때문에, 긴 날개를 갖는 암컷들의 난소는 짧은 날개를 갖는 암컷들의 그것보다 더 느리게 성장한다. 결과적으로, 긴 날개를 지닌 암컷들은 보다 낮은 생애 초기 생식력(fecundity)을 갖는다. 이것이 적응도 비용을 나타낸다는 견해와 일치하여, 대부분의 긴 날개를 갖는 암컷들은 성체의 두 번째 주 말미쯤 그들의 비행 근육을 파괴하고 그들이 가지고 있는 나머지 에너지를 난소로 옮긴다(King et al. 2011b 참조).

요약하면, 모래귀뚜라미는 적응도에 중대한 다른 행위를 위한 에너지 분배에 있어서 피할 수 없는 트레이드오프에 직면해 있는 것처럼 보인다. 그들은 유전적인, 발생학적인 그리고 생리적인 기작을 가지고 있고, 이는 서로 다른 개체들이 다른 방향으로의 전략을 추구하는 것을 가능케 하고, 그 각각은 특정 상황에서 적응성이다.

많은 다른 생물들도 에너지 분배에서 트레이드오프에 직면한다. 모래귀뚜라미처럼, 생활사의 자연선택은 자손의 전체 생애 생산을 극대화시키는 방향으로 에너지 분배의 변형을 초래한다.

## 13.2 생물은 왜 노화하고 죽는가?

나이 먹음, 또는 **노화(senescence)**는 개체의 생식력과 생존확률이 노년에 감소하는 것이

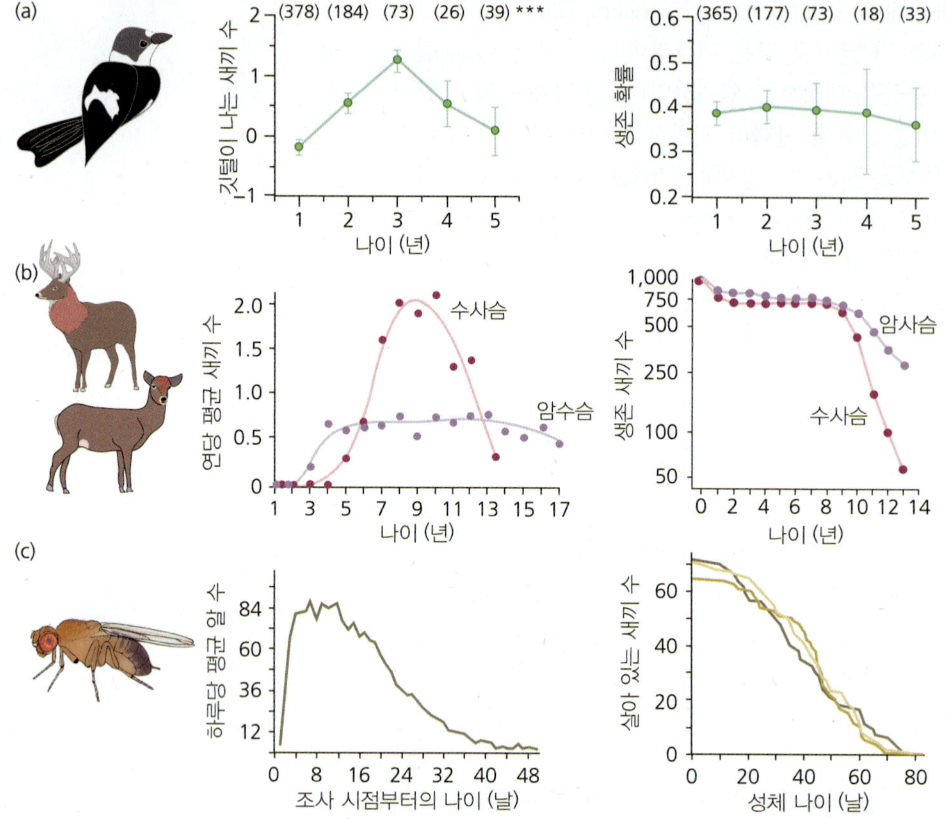


**그림 13.4 세 동물에서의 노화**

(a) 암컷 칼라 딱새에서 매년 깃털이 나는 새끼의 수는 3세 후 감소한다($p < 0.001$). 2세 후 해마다 생존확률은 약간 감소하지만, 통계적으로 유의하지 않다. 표본크기는 괄호에 나타내었다. Gustafsson and Pärt (1990)에서. (b) 수컷 붉은 사슴의 경우, 매년 아비 새끼 수는 9세 후 감소한다; 암컷의 경우 생산되는 새끼 수는 13세 후 감소한다. 암컷, 수컷 모두 해마다 생존확률은 9세 후 급격히 감소한다. Clutton-Brock et al. (1988)에서. (c) 암컷 초파리(*Drosophila melanogaster*)에서, 하루당 낳는 알의 평균 개수는 12일 후 감소한다. 세 실험실 집단에서, 하루마다 생존확률은 대략 20일 이후 감소한다. Rose (1984)에서.



다(Partridge and Barton 1993). 그림 13.4(다음 쪽)는 동물 3종: 조류, 포유류 및 곤충에서 노화를 나타낸다. 모든 3종들은 생식력과 생존율 모두에서 감소하는 것을 보여준다. 모든 다른 것이 같다면, 노화는 개체의 적응도를 감소시킨다. 노화는 따라서 자연선택에 반한다.

**노화는 자연선택에 반하여야만 한다.**

우리는 왜 노화가 지속되는 가에 관한 두 가지 이론을 고려해보고자 한다. 생명활동속도이론(the rate-of-living theory)이라고 불리는 첫 번째는 진화적 제약(evolutionary constraint)(10장 참조)을 언급한다; 이 이론은 집단은 노화에 반하는 자연선택에 반응하는데 필요한 유전적 변이가 없다고 주장한다. 진화이론(the evolutionary theory)이라고 불리는 두 번째는 부분적으로 생식과 복구에 대한 에너지 분배 간 트레이드오프를 주장한다.

## 노화의 생명활동속도 이론

노화의 생명활동속도 이론은 노화는 세포와 조직에 복구될 수 없는 손상의 축적에 의해서 야기된다고 주장한다(Austad and Fischer 1991). 세포와 조직의 손상은 복제, 전사 및 번역하는 동안의 오류 그리고 유독한 물질대사 부산물의 축적에 의해서 야기된다. 생명활동속도 이론에서는, 모든 생물은 세포와 조직의 손상을 생리학적으로 가능한 최대로 저항하고 복구시키는 방향으로 선택되어왔다. 그들은 생물학적으로 가능한 복구의 극한점에 도달하였다. 달리 말하자면, 집단들은 그들이 이미 가지고 있는 것보다 더 효과적인 복구 기작으로 진화를 가능케 하는 유전적 변이가 부족하다.

**하나의 이론은 노화는 대사율과 함수관계에 있다고 주장한다.**

생명활동속도 이론은 두 가지 예측을 할 수 있다: (1) 세포와 조직의 손상은 부분적으로 물질대사의 부산물에 의해서 초래되기 때문에, 노화의 속도는 물질대사의 속도와 상관관계가 있어야 한다. 그리고 (2) 생물들은 최대 가능한 정도로 손상에 저항하고 복구

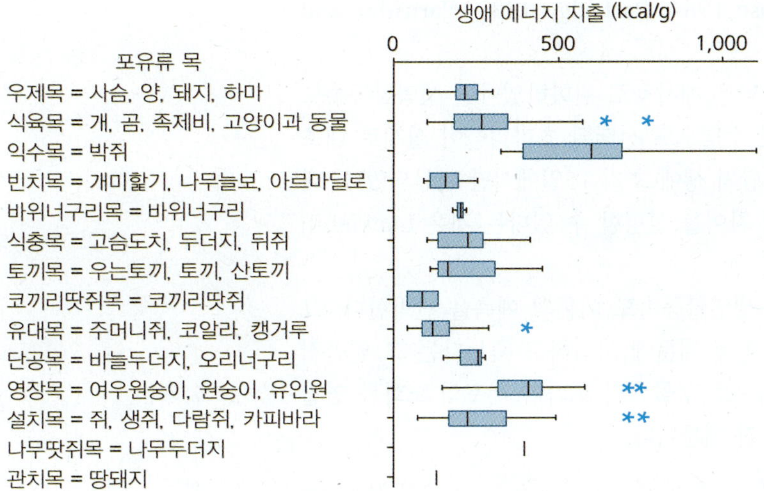


**그림 13.5 생애 에너지 지출에서 포유류 간 변이** 이 상자 도표는 포유동물 14개 목 각각에 있어 생애 에너지 지출의 범위를 나타낸다. 각 상자를 나누는 세로줄은 그 목에 대한 중간값을 나타낸다. 각 상자 오른쪽과 왼쪽 끝은 75번째와 25번째 백분위 수를 나타낸다. 각 상자의 오른쪽과 왼쪽으로 연장된 가로줄은 수치의 범위를 나타낸다; 별표는 통계적인 이상치 값을 나타낸다. Austad and Fischer (1991)에서.

시키기 위해서 선택되어 왔기 때문에, 자연선택 또는 인위선택을 겪을지라도, 종은 더 긴 수명으로 진화할 수 없어야 한다.

## 생명활동속도이론의 테스트

Steven Austad와 Kathleen Fischer(1991)는 노화는 대사율(metabolic rate)과 상관관계가 있을 것이라는 첫 번째 예측을 포유동물의 비교 연구를 통해서 테스트하였다. 문헌의 자료를 이용하여, Austad와 Fischer는 14목에 속하는 164종의 생애 동안 조직 그램당 소비되는 에너지를 계산하였다. 생명활동속도이론에 따르면, 그들 모두는 오랜 생애 동안 에너지를 천천히 연소하거나 혹은 짧은 생애 동안 빠르게 연소하든지 간에, 생애 동안 대략 그램당 같은 에너지량을 소모해야만 한다.

**. . . 하지만 포유류 간 대사율과 노화의 변이에 관한 데이터는 이 이론을 반박한다.**

사실, 포유동물에 있어서 광범위한 변이가 존재한다(그림 13.5). 에너지 지출의 범위는 코끼리땃쥐에서 생애 동안 그램당 39 kcal/g부터 박쥐에서 생애 동안 1,102 kcal/g에 이른다. 같은 목 내에서도 에너지 지출은 크게 다르다. 박쥐 종들은 325 kcal/g부터 1,102 kcal/g을 생애 동안 소비한다. 그룹으로서, 박쥐는 같은 크기의 다른 포유류의 대사율과 유사한 대사율을 가지고 있지만, 수명은 거의 3배가량 평균적으로 더 길다. 유대목 종들은 43 kcal/g부터 406 kcal/g을 평생 동안 소비한다. 그룹으로서, 유대목은 같은 크기의 다른 포유류의 대사율보다 상당히 낮은 대사율을 가짐에도 불구하고, 수명은 상당히 더 짧다. 이러한 양상들은 생명활동속도 이론에 반한다.

Leo Luckinbill과 동료들(1984)은 생물종은 더 긴 수명으로 진화할 수 없다는 두 번째 예측을 초파리(*Drosophila melanogaster*)에서 수명을 인위적으로 선택하여 테스트하였다. Luckinbill 등은 4 실험실 집단을 확립하기 위해서 야생 초파리를 수집하였다. 두 집단에서는, 연구자들은 어린성체로부터 알을 수집하고 (부화 후 2~6일) 이 알들로부터 부화된 개체들을 그 다음 세대 생식자로 이용함으로써 이른 생식을 선택하였다. 이 집단들에서의 수명은 13세대를 거쳐서 유의하게 변하지 않았다(그림 13.6). 다른 두 집단에서는, Luckinbill과 동료들은 늙은 성체로부터 알을 수집하여 늦은 생식을 인위적으로 선택하였다. "늙은"은 실험 초기 부화 후 22일 그리고 실험 말미에는 부화 후 58일을 의미하였다. 이들 집단에서 수명은 극적으로 증가하였다. 실험 초기에는, 평균 수명이 대략 35일이었고; 실험 말미에는 평균 수명이 대략 60일이었다.

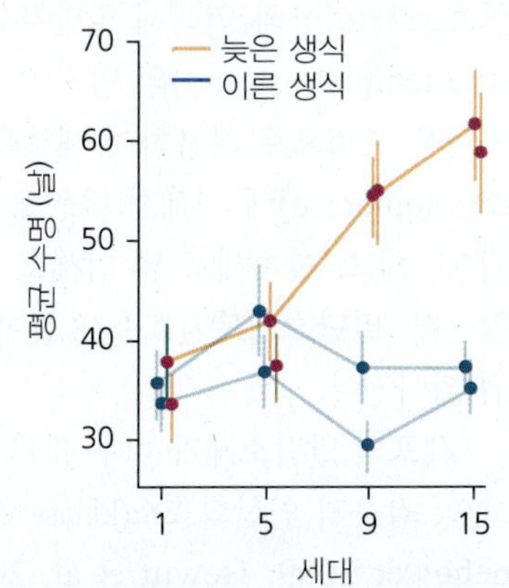


**그림 13.6 인위선택은 초파리의 수명을 증가시킨다** 이 그래프는 13세대 동안 인위선택에 따른 초파리(*Drosophila melanogaster*)의 4개 실험실 집단 각각에서의 평균 수명을 나타낸다. 세로줄은 측정된 집단 평균치에 대한 95% 신뢰 구간을 나타낸다. Luckinbill et al. (1984)에서.

유사한 실험을 한 다른 연구자들도 *Drosophila* 집단에서 수명은 늦은 생애 생식 선택에 반응하여 증가하는 것을 입증하였다(Rose 1984; Partridge 1987; Partridge and Fowler 1992; Roper et al. 1993).

이러한 결과는 오랫동안 살았던 집단들이 낮은 대사율로 진화하였다면 생명활동속도 이론에 부합한다. Phillip Service(1987)는 긴 수명으로 선택된 초파리들이 실제로 대조군에 비해서 더 낮은 대사율을 나타내었지만, 단지 생애 초기 15일에서만 관찰되었다. 대사율에서의 진화적 차이가 수명에서의 진화적 차이를 설명할 수 있다는 것은 Luckinbill과 동료들이 얻었던 결과만큼 명확하지 않다.

우리가 토의했던 실험과 관찰들은 대체로 생명활동속도 이론의 예측을 반박한다. 그러나 생물은 세포와 조직의 본질적인 생리적 한계 때문에 노화하고 죽는다는 그 일반적인 생각은 지속되어 왔다. 그 지속력은 부분적으로 생물체의 노화와 세포의 노화를 연결 짓는 것처럼 보이는 세포 및 유전적 기작의 발견 때문이다.

## 세포의 노화와 생물체의 노화

동물에 있어서 하나의 노화 기작은 에너지 지출의 축적된 효과가 아닌 세포분열의 축적된 효과에 기인한다. 모든 일반적인 동물 세포는 그들 염색체를 복제하고 단지 제한된 횟수로 분열할 수 있는 능력을 갖고, 분열 이후로 그 세포들은 증식을 중단하고 결국은 사멸한다(Campisi 1996). 예외는 생식세포, 일부 배 및 혈액 줄기세포(stem cells) 그리고 암세포이다.

세포가 분열할 수 있는 횟수를 제한하는 기작은 그것의 말단소체(telomeres)와 관련이 있다(Donate and Blasco 2011; Shay and Wright 2011). 말단소체는 진핵생물 염색체 말단부위에서 발견되는 직렬반복염기서열(tandem repeat sequences)이다. 사람을 포함하는 척추동물에서 반복염기서열은 TTAGGG이다. 말단소체와 말단소체에 결합하는 단백질은 염색체 말단부위가 세포에서 DNA 수선 기관에 의해서 가닥이 쪼개지는 실수를 범하는 것을 막는다.

세포가 그 DNA를 복제할 때마다, 그 말단소체는 점점 짧아진다. 그 이유는 DNA 중합효소가 선상의 염색체 말단부위에 도달하면, 그것은 느슨한 3′ 말단을 갖는 주형가닥(the template strand)의 마지막 부분을 복제하지 못하기 때문이다. 손실된 부분은 RNA 가닥을 주형으로 사용하여 새로운 반복서열을 DNA에 덧붙이는 효소인 말단소체복원효소(telomerase)에 의해서 복원될 수 있다. 인간에서는, 말단소체복원효소가 생식세포, 초기 배 세포, 줄기세포 및 암세포에서는 발현되지만, 대부분의 다른 세포에서는 발현되지 않는다. 말단소체복원효소가 결여된 세포에서는 그 말단소체가 모든 세포분열과 함께 점점 짧아진다.

세포의 말단소체가 너무 짧아지게 되면, 또는 말단소체가 너무 많은 산화적 손상을 입으면, 감응기 인산화효소(kinase enzymes)가 p53이라 불리는 단백질을 활성화시킨다(Donehower 2009; Hewitt et al. 2012). p53은 세포를 세포 노화라 알려진 영원히 분열할 수 없는 상태로 놓거나 프로그램화된 세포죽음을 유도하는 많은 단백질의 발현을 개시하는 전사인자이다.

말단소체 단축이 세포 복제 노화와 연관이 있다는 관찰은 동물의 노화와 죽음을 간단하게 설명할 수 있음을 제시한다. 아마도 동물은 부분적으로 그들의 말단소체를 손실하고 그들의 염색체가 역할을 수행하기에 너무 손상을 입었기 때문에 죽을 것이다. 이러한 경우라면, 우리는 말단소체 길이와 수명 간에 연관성을 보게 될 것이다.

집단 내 개체들 간 변이를 조사하여, 연구자들은 그러한 연관성의 예를 발견해왔다.

Britt Heidinger와 동료들(2012)은 포획된 금화조(*Taeniopygia guttata*)의 동 연령군을 부화 후 25일째부터 자연적으로 죽음에 이를 때까지 추적하였다. 조류에서 그들의 핵을 갖고 있는 금화조 적혈구 세포에 있는 말단소체의 길이는 연령에 따라서 감소하였다(**그림 13.7a**). 그리고 25일째 나이에서의 말단소체 길이는 수명과 유의하게 상관성을 나타내었다(그림 13.7b). Gil Atzmon과 동료들(2010)은 적어도 100살의 아슈케나지 유대인 시민 및 그들의 자손과 그 자손들의 나이와 상응하는 관련이 없는 대조군을 비교하였다. 나이가 100세인 사람과 그들의 아이 모두는 그 대조군에 비해서 더 긴 말단소체를 가지고 있었다.

하지만 넓은 다양한 포유류에서 종 간 변이를 조사하였을 때, Nuno Gomes와 동료들(2011)은 정확하게 그 반대 연관성을 발견하였다. 이 연구자들은 고래, 유제동물, 개, 고양이, 박쥐, 설치류, 토끼, 영장류, 두더지, 코끼리 및 주머니쥐를 포함하는 57종으로부터 결합조직세포를 배양하여 말단소체 길이를 측정하였다. 진화적 관계의 영향을 제거한 후에, 그들은 더 오래 사는 포유동물이 더 짧은 말단소체를 가지는 경향이 있는 것을 발견하였다(**그림 13.8**). 이러한 양상은 생물의 수명이 그들 세포의 수명에 의해서 제한된다는 개념과 일치하지 않는다.

실제로, Gomes와 동료들은 포유류에서 짧은 말단소체가 오랜 수명을 촉진한다고 제안한다. 그들은 내온성(endothermy)의 진화가 초기 포유류에서 돌연변이율을 증가시켜 암 발생의 위험을 증가시켰다고 주장한다. 대부분의 세포에서 말단소체복원효소 발현 억제는 적응성이다. 왜냐하면 그것은 말단소체를 세포분열의 정확한 계산대로서 요청하기 때문이다. 세포분열의 제한은 결과적으로 돌연변이가 세포 계보 내 충분히 축적되어 암이 발생되는 확률을 줄인다. 짧은 말단소체는 따라서 적응성일지라도 그것은 비용을 초래한다. 짧은 말단소체는 세포 노화나 프로그램화된 세포죽음이 너무 빨리 촉발되는 것을 피하기 위하여 산화적 손상으로부터 보호되어야 한다.

Gomes와 동료들의 분석은 낮은 말단소체복원효소 발현과 짧은 말단소체는 아마도 태반이 있는 포유동물의 조상 형질임을 암시한다. 높은 말단소체복원효소 발현과 긴 말단소체는 독립적으로 여러 번 진화해왔다. 긴 말단소체를 유지하기 위해서 말단소체복원효소를 사용하는 것은 산화로부터의 보호 필요성을 줄여줄 것이다. 이러한 생각과 일치되게, Gomes와 동료들은 짧은 생애를 갖는 포유류와 긴 말단소체를 지닌 포유류는 사실 산화적 손상을 유도하는 화학물질에 덜 저항성이 있다는 것을 발견하였다. 약점은 암에 더 걸리기 쉬울지 모른다는 것이다. 쥐는 높은 말단소체복원효소와 긴 말단소체를 지닌 종 중 하나이다. 그들은 인간보다 훨씬 작고 훨씬 짧은 수명을 가짐에도 불구하고, 비슷한 암 발생을 겪는다(Shay and Wright 2011).

## 암 위험성과 노화 간 트레이드오프

우리가 이전에 언급했었던 p53에 관한 연구는 생물종이 암으로부터 잘 혹은 안 좋게 보호되든지 간에, 개체들은 암 위험성과 노화 간 트레이드오프에 직면한다는 것을 제시한다. Stuart Tyner와 동료들(2002)은 결핍되거나, 증가되거나 혹은 보통의 p53 활성을 지닌 유전적으로 조작된 쥐를 비교하였다.

p53이 결핍된 쥐들은 암에 잘 걸린다. 결과적으로, 그러한 쥐들은 노령의 다른 징후를 보여주기 전에 일찍 죽는 경향이 있다(**그림 13.9, 파란색 곡선**). p53은 DNA가 심각하게 손상된 세포에서 복제를 중단시키지 못하는 것처럼 보인다.

높은 p53 활성을 갖는 쥐들은 암에 매우 저항력이 있었지만, 미성숙 노화에 의해서 죽는다(오렌지색 곡선). Tyner와 동료들은 p53가 줄기세포에 영향을 미치기 때문이라고

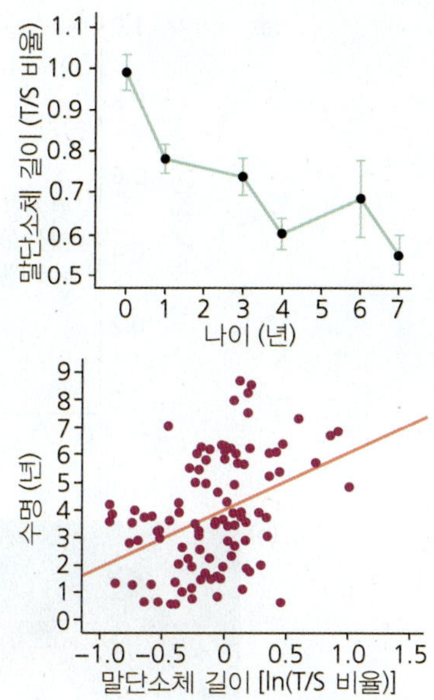


**그림 13.7 금화조에서 말단소체와 수명** (a) 평균 말단소체 길이 ± 표준오차는 나이에 따라 감소한다. (b) 25일 나이에 더 긴 말단소체를 가진 금화조가 더 오래 사는 경향이 있다($p < 0.001$). 말단소체 길이 측정 단위인 T/S 비율은 말단소체 길이, T를 표준, S로 사용하는 단백질 암호 유전자의 길이로 나눈 값이다. Heidinger et al. (2012)에서.

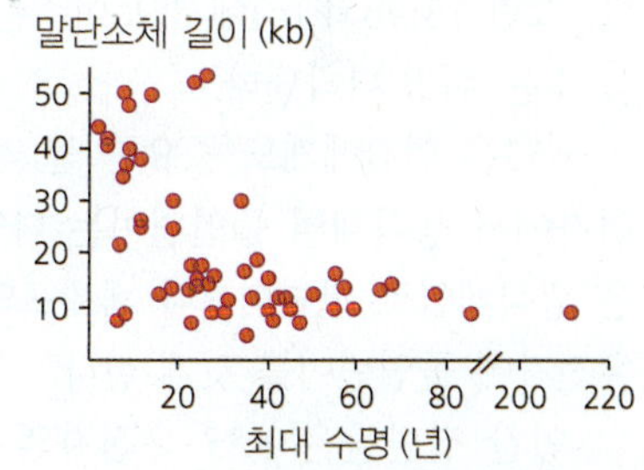


**그림 13.8 더 오래 사는 포유류가 더 짧은 말단소체를 가진다** 공유된 진화역사를 통제하였을 때, 포유류는 말단소체 길이와 최대 수명 간 유의한 역상관관계를 보인다($p = 0.0032$). Gomes et al. (2012)에서.

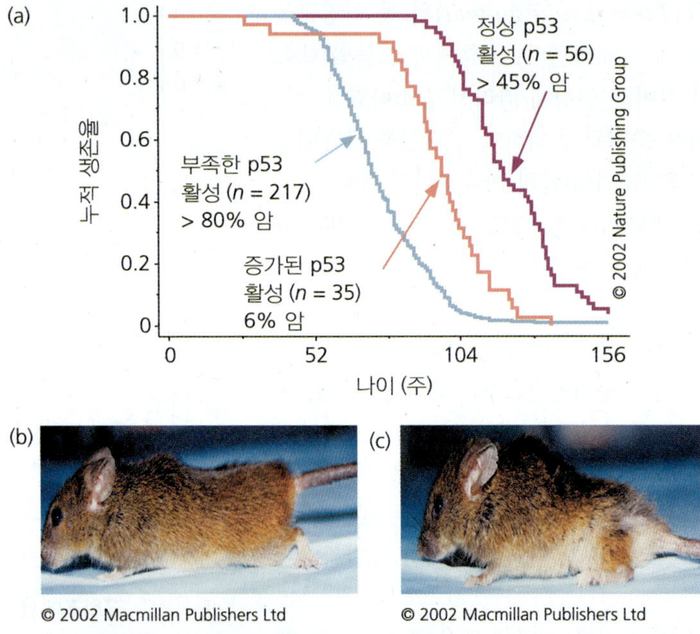


**그림 13.9 p53 암 억제인자는 암 위험과 노화 속도 간 트레이드오프가 있다** (a) 다른 p53 활성을 가진 쥐의 생존율. (b) 보통의 쥐는 104주 나이에 건강해 보인다. (c) 높은 p53 활성을 가진 쥐는 동일한 나이에 비해 늙어 보인다. Tyner et al. (2002)에서.



설명하였다. 줄기세포는 기관과 조직의 유지와 복구에 매우 중요한 역할을 한다. 그들의 일은 분열하고 딸세포들을 생산하여 낡아서 죽거나 혹은 질병이나 상처에 의해서 파괴된 성숙세포들을 대체하는 역할을 한다. p53이 너무 활성되면—그것이 심지어 작은 손상의 신호에도 너무나 민감하게 반응하면—줄기세포가 분열하는 것을 멈추게 하고 더 일찍 죽게 한다. 그들이 신체부위를 유지하고 복구하는 능력을 잃게 되면, p53가 과활성화된 쥐는 너무 이르게 노화한다.

보통의 p53 활성을 갖는 쥐들은 암 중간 발병률을 겪고 가장 오래 동안 산다(자주색 곡선). 보통의 p53 활성은 암 위험과 노화속도 간 최적의 균형을 나타내는 것처럼 보인다. 그림 13.9b와 (c)에서 보여주는 사진들은 같은 나이에서 보통의 쥐와 높은 p53 활성을 갖는 쥐를 나타낸다.

p53은 인간에게도 중요한 암 억제인자이다(Ferbeyre and Lowe 2002 참조). *p53* 유전자에서 생식계열 돌연변이는 다양한 암에 증가된 민감성을 야기시키고, 더 많은 암들은 생식계열로 전염되거나 체세포의 적으로 나타나던지 간에 다른 어떤 유전자 보다 *p53* 유전자에 돌연변이를 갖게 한다.

인간 집단들은 *p53* 유전자의 코돈 72 위치에 비동의적 다형성(nonsynonymous polymorphism)을 가지고 있다. 하나의 대립유전자는 아르기닌을 암호화하고, 다른 하나는 프롤린을 암호화한다. 많은 연구로부터 자료를 조합하여, Diana van Heemst와 동료들(2005)은 프롤린 대립유전자의 동형접합자 개체들은 아르기닌 동형접합자들보다 암에 걸릴 위험이 다소 높음을 발견하였다. 그들이 85세까지 암이나 다른 이유로 죽는 것을 피한다면, 하지만, 프롤린 동형접합자가 더 오래 사는 경향을 나타내었다.

요약하면, 노화에 관한 생명활동속도 이론과 연관된 가설들은 상당한 연구를 자극하고 중요한 발견들을 보여주었다는 의미에서 과학적 성공을 이루어 왔다. 이 발견들 중에는 역설이 있다. Luckinbill의 초파리와 같은 많은 집단들은 더 오랜 수명의 진화가 허용될 수 있는 유전적 변이를 보유하고 있다. 그럼에도 불구하고, 더 오랜 수명은 진화하지 않았다. 게다가, 쥐와 같은 어떤 종들은 감소된 유지비용 대신으로 짧은 수명으로 진화해온 것처럼 보인다. 또 다른 발견은 생물들은 노화속도와 다른 형질 간에도 트레이드오프에 직면한다. 추가적인 트레이드오프의 발견이 집단들이 그들의 유전적 변이가 허용

**많은 집단은 수명에 관련된 유전적 변이를 갖고 있지만, 더 긴 수명은 진화하지 않았다.**

## 계 산 하 기 13. 1

# 늦게 작용하는 유해 돌연변이는 약하게 선택된다

그림 13.10은 상상적 생물 가상 집단의 간단한 모델을 이용하여 유해 돌연변이가 어떻게 노화의 진화를 초래할 수 있는가를 보여준다. 이 그림은 개체의 생활사를 출생에서 사망까지 추적한다. 개체들은 사고, 포식자 및 질병 때문에 항상 죽음의 위험에 처해 있다. 표시된 부분을 제외하면, 개체가 한 해에서 다음 해까지 생존할 확률은 0.8이다. 이는 살아남는 개체들을 분수로 시간에 따른 지수함수형 감소를 이끈다.

그림 13.10a는 야생형 유전자형을 갖는 개체들을 추적하였다. 이들은 세 살에 성숙하고 늦어도 16세까지는 죽는다. 그 표의 열들은 다음과 같다.

- 첫 번째 열은 나이를 나타낸다.
- 두 번째 열은 각각의 나이에 여전히 살아남은 개체들의 비율을 나타낸다. 1세부터 앞으로, 두 번째 열의 각 숫자는 단지 그 숫자 바로 위 숫자와 0.8의 곱이다. 소수의 개체만이 15세까지 생존한다. 이 표의 수치가 타당하기 위해서는, 우리는 16세 생일까지 생존한 모든 개체들은 그 해 생식을 하기 전 죽는다고 가정한다. 이러한 가정은 집단의 대략 3% 정도만 영향을 미친다.
- 세 번째 열은 연간 생식성공도(RS)를 나타낸다. 그들 각각은 그들이 생존해 있는 한 매년 하나의 자손을 갖는다.
- 네 번째 열은 각각의 나이에 기대되는 생식성공도를 나타낸다. 예를 들면, 5세에 기대되는 생식성공도는 단지 5세까지 생존하는 개체들의 비율과 5세에 각각의 생존자가 갖게 될 자손 수의 곱이다. 이 열에서 숫자의 합은 예상 생애 생식성공도를 나타낸다.

표에서의 숫자를 그래프로 표시하였다. 야생형 개체들의 예상 생애 생식성공도는 음영으로 표시된 영역에 해당된다. 대략 2.42이다.

그림 13.10b는 14세 때 죽음을 초래하는 돌연변이를 묘사한다. 달리 말하자면, 그 돌연변이가 조로를 초래한다. 그 돌연변이는 명확히 유해하지만, 얼마나 강력하게 그것이 자연선택에 반하는가? 표와 그래프에서 보여준 것처럼, 그 돌연변이를 지닌 개체들의 예상 생애 생식성공도는 대략 2.34이다. 이는 야생형 개체 적응도의 96%를 넘는다. 어차피 불과 몇몇 개체들만 14세까지 살아남기 때문에, 14세에 죽게하는 돌연변이를 지닌 개체들은 평균적으로 많은 피해를 겪지 않는다. 그 돌연변이는 생애 초기에 작용했다면 자연선택에 반할 것으로 예상되는 것보다는 상당히 덜 강력하게 자연선택에 반한다.

(a) 야생형은 3세에 성숙하고 16세에 죽는다; 16세 전, 연간 생존율 = 0.8.

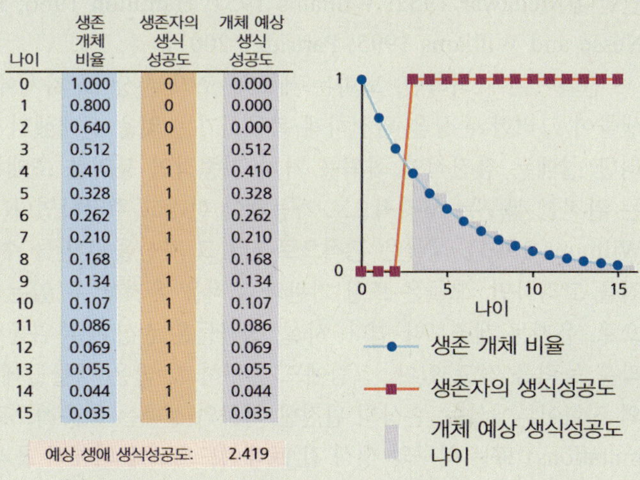

| 나이 | 생존 개체 비율 | 생존자의 생식 성공도 | 개체 예상 생식 성공도 |
|---|---|---|---|
| 0 | 1.000 | 0 | 0.000 |
| 1 | 0.800 | 0 | 0.000 |
| 2 | 0.640 | 0 | 0.000 |
| 3 | 0.512 | 1 | 0.512 |
| 4 | 0.410 | 1 | 0.410 |
| 5 | 0.328 | 1 | 0.328 |
| 6 | 0.262 | 1 | 0.262 |
| 7 | 0.210 | 1 | 0.210 |
| 8 | 0.168 | 1 | 0.168 |
| 9 | 0.134 | 1 | 0.134 |
| 10 | 0.107 | 1 | 0.107 |
| 11 | 0.086 | 1 | 0.086 |
| 12 | 0.069 | 1 | 0.069 |
| 13 | 0.055 | 1 | 0.055 |
| 14 | 0.044 | 1 | 0.044 |
| 15 | 0.035 | 1 | 0.035 |
| 예상 생애 생식성공도: | | | 2.419 |



(b) 14세에 죽음을 초래하는 야생형의 돌연변이; 14세 전, 연간 생존율 = 0.8.

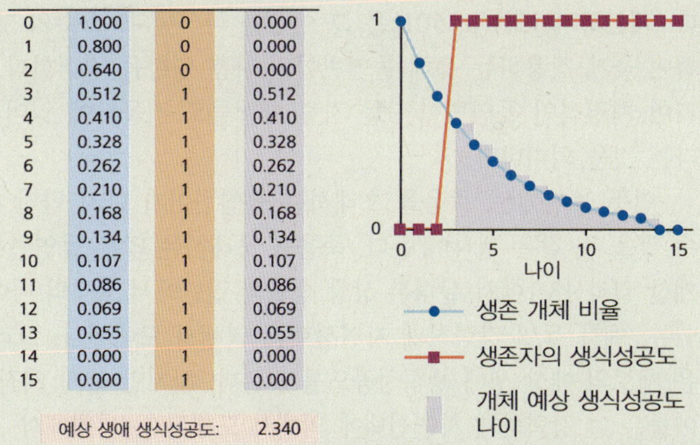

| 나이 | 생존 개체 비율 | 생존자의 생식 성공도 | 개체 예상 생식 성공도 |
|---|---|---|---|
| 0 | 1.000 | 0 | 0.000 |
| 1 | 0.800 | 0 | 0.000 |
| 2 | 0.640 | 0 | 0.000 |
| 3 | 0.512 | 1 | 0.512 |
| 4 | 0.410 | 1 | 0.410 |
| 5 | 0.328 | 1 | 0.328 |
| 6 | 0.262 | 1 | 0.262 |
| 7 | 0.210 | 1 | 0.210 |
| 8 | 0.168 | 1 | 0.168 |
| 9 | 0.134 | 1 | 0.134 |
| 10 | 0.107 | 1 | 0.107 |
| 11 | 0.086 | 1 | 0.086 |
| 12 | 0.069 | 1 | 0.069 |
| 13 | 0.055 | 1 | 0.055 |
| 14 | 0.000 | 1 | 0.000 |
| 15 | 0.000 | 1 | 0.000 |
| 예상 생애 생식성공도: | | | 2.340 |



**그림 13.10 간단한 모델은 늦게 작용하는 유해 돌연변이는 중간정도의 적응도 비용을 보인다는 것을 나타낸다.**

할 수 있는 것보다 더 빠르게 노화하고 더 짧은 수명을 갖는다는 역설을 해결하는 데 도움을 줄 수 있는지를 보기 위해서, 우리는 노화의 진화이론으로 주제를 옮겨가고자 한다.

## 노화의 진화이론

자연선택이 더 긴 수명을 이끌 수 있다면, 왜 이러한 결과가 모든 집단들에 나타나지 않았는가? 노화의 진화이론은 이 수수께끼를 해결하기 위하여 두 가지 연관된 기작을 제안한다(Medawar 1952; Williams 1957; Hamilton 1966; Partridge and Barton 1993; Nesse and Williams 1995; Partridge 2001).

진화이론에 의하면, 노화는 세포와 조직 손상 그 자체에 의해서 야기되는 것보다는 생물이 그러한 손상을 완전하게 복구시키는 것을 실패했기 때문에 야기되는 것이다. 이러한 실패는 점진적인 쇠퇴를 거쳐 최종적인 붕괴를 초래한다. George C. Williams는 완전한 복구는 생리적으로 가능해야 한다고 주장하였다(Williams 1957; Nesse and Williams 1995). 생물은 흔적으로부터 그 자신들을 만들 수 있는 능력을 가지고 있다는 점을 고려하면, 그들은 또한 기관과 조직을 유지할 수 있는 능력을 지녀야 한다. 원칙적으로, 유지는 제조보다 쉽다. 사실, 생물들은 손상된 부위를 대체하고 복구할 수 있는 놀라운 능력을 갖고 있다. 그럼에도 불구하고, 많은 생물들에서 복구는 불완전하다. 노화의 진화이론에서는, 손상의 완전한 복구의 실패는 최종적으로 유해 돌연변이(deleterious mutations) 또는 복구와 생식 간 트레이드오프에 의해서 초래된다.

### 유해 돌연변이와 노화: 돌연변이 축적 가설

돌연변이 축적 가설은 조로를 야기시키는 돌연변이가 자연선택에 약하게 반한다고 말한다. **계산하기 13.1**(p. 501)은 그 이유를 나타낸다. 소수의 개체들만이 충분히 오래 생존하여 늦게 작용하는 유해 돌연변이의 나쁜 영향을 경험한다. 이는 그러한 돌연변이—심지어 치명적인 돌연변이—를 지닌 개체들도 적응도에 있어서 단지 보통의 감소를 겪는다는 것을 의미한다.

**왜 집단이 더 긴 수명으로 진화하지 않았는가를 이해하기 위해서, 연구자들은 자연선택이 어떻게 개체 나이의 함수로서 다르게 나타나는지를 조사한다.**

언뜻 보기에는, 죽음을 초래하는 돌연변이가 단지 약간 유해할 수 있다는 것에 놀랄 수 있을 것 같은 생각이 든다. 죽음을 초래하는 많은 돌연변이들은, 사실, 매우 유해하다. 계산 결과 13.1에서 살펴본 상상 생물의 집단에서, 2세의 나이에 죽음을 일으키는 돌연변이는, 예를 들면 강력하게 자연선택에 의해서 도태된다. 그러한 돌연변이를 지닌 개체들은 제로의 예상 생애 생식성공도를 갖는다. 하지만 생식 시작 후 죽음을 일으키는 돌연변이들은 덜 강력하게 자연선택에 의해서 도태된다. 생애에서 그러한 돌연변이가 유해한 효과를 가하는 것이 늦으면 늦을수록, 그들은 더 약하게 자연선택에 의해서 도태된다. 자연선택에 의해서 단지 약하게 도태되는 돌연변이들은 돌연변이-자연선택 균형(mutation-selection balance)으로 지속된다(6장 참조). 유해 돌연변이의 효과가 단지 생애 늦게 발생하는 집단에서 그 돌연변이의 축적은 노화의 하나의 진화적 설명이다(Medawar 1952).

**자연선택은 생애 말기에 약하게 나타나기 때문에, 노화를 초래하는 대립유전자는 단지 약하게 유해하다. 이 대립유전자는 돌연변이-자연선택 균형에 의해서 지속되거나 유전적 부동에 의해서 높은 빈도로 증가한다.**

어떤 종류의 돌연변이가 단지 고령의 나이에 죽음을 초래할 수 있는가? 한 가지 가능성은 생물체가 그 자신을 좋은 회복상태로 유지하는 능력을 감소시키는 돌연변이이다. 인간이 그 예시를 제공한다. 인간과 (다른 생물들)이 복구해야 하는 세포 손상의 유형 중에는 DNA 짝짝이 오류(mismatch errors)가 있다. 짝짝이 뉴클레오티드 쌍은 DNA 복제 시 실수에 의해서 만들어질 수 있거나 DNA에 화학적 손상에 의해서 유도될 수 있다(Vani and Rao 1996). 이러한 에러들의 복구는 특수 효소들에 의해서 수행된다. 이러한 효소들을 암호화하는 유전자에서 생식계열 돌연변이는 짝짝이 에러 축적을 초래할 수 있고, 이는 결국 암을 일으킬 수 있다.

DNA 짝짝이 복구 유전자들에서 생식계열 돌연변이가 인간에서 암 형태를 유발하는데 이를 유전적 비용종증 대장암이라 부른다(Eshleman and Markowitz 1996; Fishel and Wilson 1997). 한 연구에서, 유전적 비용종증 대장암으로 진단된 사람들의 나이 범위는 17세에서 92세까지 이른다고 발표되었다. 진단 중앙값의 나이는 48세이다(Rodriguez Bigas et al. 1996). 따라서 DNA 짝짝이 복구효소 유전자에서 돌연변이를 갖는 대부분의 개체들은 생식을 시작하는 나이 후 충분한 기간까지 그 돌연변이들의 유해한 결과를 겪지 않는다. 진화적 의미에서, 유전적 비용종증 대장암은 유해 돌연변이들에 의해서 초래된 노화의 현상이다. 이러한 유해 돌연변이들은 생애에서 단지 늦게 생존을 감소시키기 때문에 집단에 지속된다.

Kimberly Hughes와 동료들(2002)은 근교약세(inbreeding depression)를 이용하여 초파리(*Drosophila melanogaster*)에서 노화와 연관된 유해 돌연변이들을 발견하였다. 근교약세가 유해 열성 대립유전자에 의해서 발생된다면 그리고 늦게 작용하는 유해 대립유전자가 이르게 작용하는 유해 대립유전자보다 돌연변이-자연선택 균형에서 더 높은 빈도로 유지된다면, 근교약세의 강도는 나이와 함께 증가할 것이다.

Hughes와 동료들은 10개의 초파리 동계교배 스톡을 준비하여 그 예측을 시험하였다. 각각의 스톡 내에서, 모든 개체들은 대다수의 유전자좌위에서 동형접합성이었다. 그 연구자들은 그리고 나서 동계교배 스톡 간 모든 100가지 가능한 교배를 수행하였다. 이 교배들 중 10 교배는 그 자신들과 교배한 동계교배 라인을 포함했다. 이 교배들의 자손은 동계교배되었다. 다른 90 교배는 동계교배 라인 간 교배를 포함한다. 이 교배들의 자손은 이계교배되었다. 즉, 그들은 대부분의 유전자자리에서 이형접합성이었다. 그 연구자들은 다른 나이에서 자손의 생식성공도를 측정하였다. 그들은 이계교배 라인과 동계교배 리인 간 적응도의 차이를 이계교배의 적응도로 나누어 줌으로써 근교약세를 계산하였다.

그림 13.11에 나타난 그 결과는 예상대로, 근교약세가 나이에 따라서 증가되는 것을 보여준다. Hughes와 동료들이 연구했던 초파리 무리는 노화에 기여하는 유해 돌연변이를 갖고 있다.

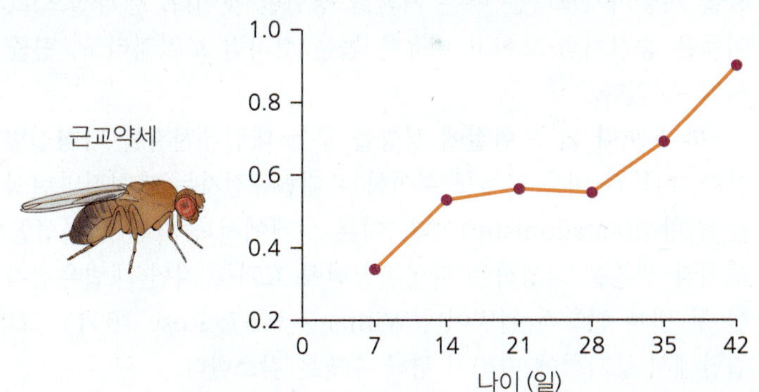


**그림 13.11 초파리에서 근교약세는 나이에 따라 증가한다** Hughes et al. (2002)의 자료에서 그림.

Juan Escobar와 동료들(2008)은 자가수정하는 양성(hermaphroditic)의 달팽이를 대상으로 유사한 연구를 수행하였다. 근교약세가 나이에 따라서 증가하였다. 다른 집단으로부터의 개체들 간 이계교배의 이득 또한 나이에 따라서 증가하였다. 이는 각각의 집단들이 노화에 기여하는 서로 다른 돌연변이를 지니고 있음을 제시한다.

노화에 기여하는 유해 돌연변이들은 빠르게 축적될 수 있다. David Reed와 Edwin Bryant(2000)는 집파리(*Musca domestica*) 집단에서 늦게 작용하는 유해 돌연변이들의 축적을 보고하였다. Reed와 Bryant는 야생 파리를 가지고 실험실 집단들을 확립하였다. 각각의 세대에서, 그 연구자들은 성체로 하여금 단지 4일 또는 5일 동안만 생식을 허용하고 나서 생산된 자손을 이용하여 다음 세대를 수립하였다. 이러한 과정은 본질적으로 모든 파리의 성체 수명을 일주일보다 적은 수명으로 한정하는 결과를 보였다.

Reed와 Bryant는 그들 집단에 존재하는 어떤 늦게-작용하는 유해 돌연변이는 결과적으로 중립성이 될 것이라고 추론하였다. 이러한 현재-중립성 대립유전자들의 몇몇은 높은 빈도로 표류해야 한다. 중립진화(neutral evolution)는 작은 집단에서만큼 큰 집단에서도 빠르게 진행되기 때문에(7장 참조), 이 연구자들은 집단 크기에 상관없이 그 영향이 같은 속도로 진행될 것으로 예상하였다.

Reed와 Bryant는 주기적으로 그 파리들을 밖에서 살게 하여 자연적인 수명을 허용함으로써 그들 집파리 집단에서 늦게-작용하는 유해 돌연변이들의 축적을 관찰하였다. 그림 13.12에서 볼 수 있듯이, 큰 집단들과 작은 집단들 모두에서 그 집파리들의 자연 수명은 24세대를 거쳐 현저히 감소하였다. 이러한 결과는 노화의 돌연변이 축적 가설에 일치한다.

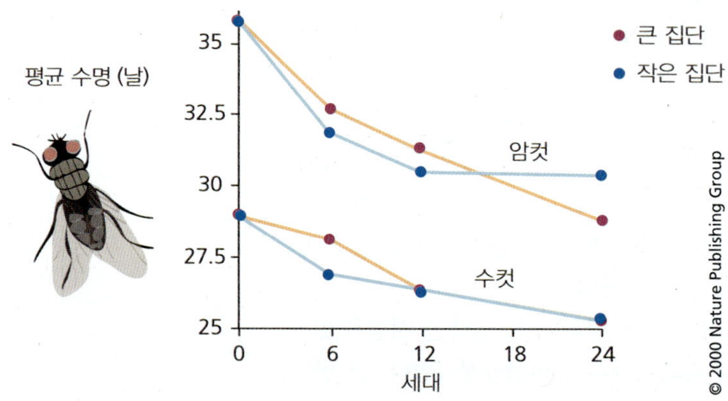


**그림 13.12 단지 생애 초기에 교배를 한 집파리 집단의 수명은 빠르게 감소한다** 이는 아마도 늦게 작동하는 유해 돌연변이들의 축적에 기인할 것이다. Reed and Bryant (2000)에서 다시 그림.



## 트레이드오프와 노화: 길항적 다형질발현성 가설

길항적 다형질발현성(antagonistic pleiotropy) 가설은 생애 초기에 적응도 이득과 생애 말미에 적응도 비용을 부여하는 돌연변이는 균형적으로 적응성일 수 있다. 계산하기 13.2는 그 이유를 설명한다. 그러한 대립유전자를 지닌 개체들 중보다 많은 개체들은 늦은 비용을 지불하기보다는 빠른 이득을 경험할 것이다. 결과적으로, 그 대립유전자는 심지어 이득은 중간처럼 보이고 비용은 높은 것처럼 보일지라도, 평균 보인자의 적응도를 증가시킬 수 있다.

하나 보다 많은 형질에 영향을 주는 대립유전자를 **다형질발현성(pleiotropic)**이라고 한다. 이득과 비용 모두를 부여하는 대립유전자는 다형질발현성 효과를 가질 수 있고, 이는 길항성(antagonistic)이다. 이른 생애에서 증가된 생식성공도를 위하여 늦은 생애의 생식과 생존을 희생하는 다형질발현성 효과를 지닌 대립유전자의 자연선택은 노화를 위한 두 번째 진화적 설명이다(Williams 1957; Rose 1991). 그러한 대립유전자의 빈도가 집단에서 증가함에 따라서 평균 수명은 감소한다.

**자연선택은 생애 말기에 약해지기 때문에, 초기 생애 생식을 강화하는 대립유전자가 죽음을 재촉할지라도 자연선택에 의해서 선호될 수 있다.**

어떤 종류의 돌연변이가 생애 말미의 생식 혹은 생존을 감소시킴과 동시에 생애 초기의 생식을 증가시킬 수 있는가? 아마도 생애 초기에 복구시키는 데 보다 적은 에너지를 할애하고 보다 많은 에너지를 생식에 할애하게끔 유도하는 돌연변이 일 것이다(그림 13.2 참조). 연구자들은 이러한 유형의 다형질발현성 행위를 갖는 것처럼 보이는 여러 유전자들을 발견하였다(Leroi et al. 2005).

David Walker와 동료들(2000)의 예쁜꼬마선충(*Caenorhabditits elegans*) 내 *age-1* 유전자를 대상으로 한 연구는 그 예시를 제공한다. *C. elegans*는 토양에 살고 박테리아를 섭식하는 대략 1밀리미터 길이의 아주 작은 선충이다. *C. elegans*에서 *age-1*에 의해서 암호화된 단백질은 발생 조절과 스트레스 저항을 결정하는 데 관여하는 세포 내 신호화 경로에서 역할을 한다. 그 *age-1* 유전자 산물은 또한 노화에서 역할을 수행한다. 이러한 돌연변이들의 보인자(carriers)는 그렇지 않으면 정상이다. 그들은 야생형 벌레와 같은 속도로 발달하고, 유사한 활성화 수준을 갖고 있으며, 또한 견줄만한 전체 생식력을 성취

## 계산하기 13. 2

# 초기 이득과 말기 비용을 부여하는 대립유전자는 적응적일 수 있다

그림 13.13은 상상 생물 가상 집단의 간단한 모델을 이용하여 어떻게 이른 이득과 늦은 비용을 갖는 돌연변이가 노화의 진화를 이끌 수 있는가를 보여준다. 이 모델은 우리가 소개하는 돌연변이 효과가 다르고 약간 더 복잡하다는 것을 제외하면, 계산결과 13.1에서 우리가 살펴봤던 모델과 동일하다.

그림 13.13a는 야생형의 유전자형을 갖는 개체들을 추적한다. 이들은 3세에 성숙하고 16세 이내에 죽는다. 이 표의 열은 나이, 생존율, 생존자들의 매해 생식성공도 및 예상되는 생식성공도를 나타낸다. 마지막 열의 합은 야생형 개체들의 예상되는 생애 생식성공도이다. 이는 대략 2.42이다. 이 합은 또한 그래프에서 음영된 면적으로 나타내었다.

그림 13.13은 두 가지 다른 생활사 형질에 영향을 미치는 돌연변이를 묘사한다. 즉, 그 돌연변이는 다형질발현성이다. 그 돌연변이는 3세 대신에 2세에 생식적 성숙을 일으키고, 그 돌연변이는 10세에 죽음을 초래한다. 달리 말하자면, 그 돌연변이는 생애 초기 생식과 생애 말미 생존 간 트레이드오프에 관여한다. 그 다형질발현성 효과는 길항성이다.

표와 그래프에서 보여준 것처럼, 그 돌연변이를 갖는 개체들의 예상 생애 생식성공도는 대략 2.66이다. 이는 야생형 개체들의 예상 생애 생식성공도의 1.1배이다. 최대 수명에서 다소 급격한 감소를 일으킴에도 불구하고, 그 돌연변이는 평균 보인자의 적응도를 증가시킨다. 평균 보인자는 일찍 성숙함으로써 0.64 자손을 얻지만, 어려서 죽음으로써 단지 0.396 자손을 잃는다. 이는 따라서 야생형 동료들보다 대략 0.25 자손 정도 더 앞선다. 돌연변이는 증가하기 때문에, 집단의 평균 수명은 줄어들 것이다.

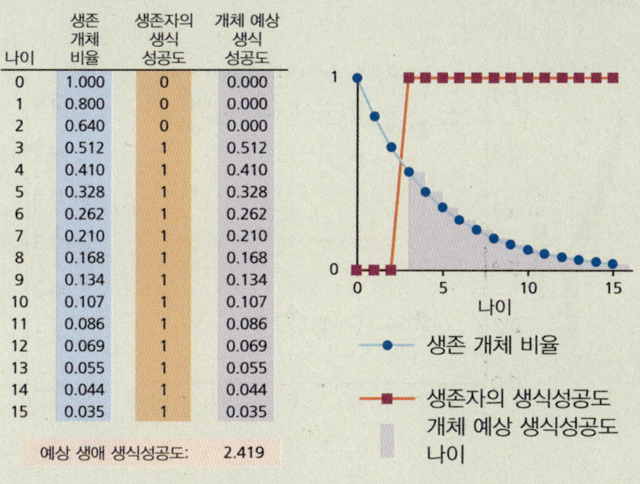

(a) 야생형은 3세에 성숙하고 16세에 죽는다; 16세 전, 연간 생존율 = 0.8.

| 나이 | 생존 개체 비율 | 생존자의 생식 성공도 | 개체 예상 생식 성공도 |
|---|---|---|---|
| 0 | 1.000 | 0 | 0.000 |
| 1 | 0.800 | 0 | 0.000 |
| 2 | 0.640 | 0 | 0.000 |
| 3 | 0.512 | 1 | 0.512 |
| 4 | 0.410 | 1 | 0.410 |
| 5 | 0.328 | 1 | 0.328 |
| 6 | 0.262 | 1 | 0.262 |
| 7 | 0.210 | 1 | 0.210 |
| 8 | 0.168 | 1 | 0.168 |
| 9 | 0.134 | 1 | 0.134 |
| 10 | 0.107 | 1 | 0.107 |
| 11 | 0.086 | 1 | 0.086 |
| 12 | 0.069 | 1 | 0.069 |
| 13 | 0.055 | 1 | 0.055 |
| 14 | 0.044 | 1 | 0.044 |
| 15 | 0.035 | 1 | 0.035 |

예상 생애 생식성공도: 2.419



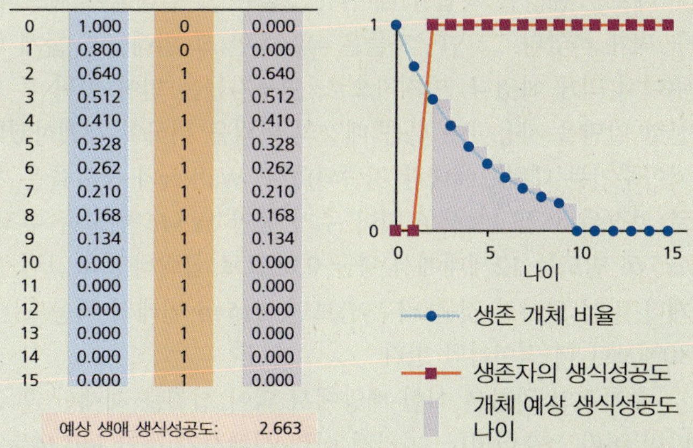

(b) 2세에 성숙하고 10세에 죽음을 초래하는 야생형의 돌연변이; 10세 전, 연간 생존율 = 0.8.

| 나이 | 생존 개체 비율 | 생존자의 생식 성공도 | 개체 예상 생식 성공도 |
|---|---|---|---|
| 0 | 1.000 | 0 | 0.000 |
| 1 | 0.800 | 0 | 0.000 |
| 2 | 0.640 | 1 | 0.640 |
| 3 | 0.512 | 1 | 0.512 |
| 4 | 0.410 | 1 | 0.410 |
| 5 | 0.328 | 1 | 0.328 |
| 6 | 0.262 | 1 | 0.262 |
| 7 | 0.210 | 1 | 0.210 |
| 8 | 0.168 | 1 | 0.168 |
| 9 | 0.134 | 1 | 0.134 |
| 10 | 0.000 | 1 | 0.000 |
| 11 | 0.000 | 1 | 0.000 |
| 12 | 0.000 | 1 | 0.000 |
| 13 | 0.000 | 1 | 0.000 |
| 14 | 0.000 | 1 | 0.000 |
| 15 | 0.000 | 1 | 0.000 |

예상 생애 생식성공도: 2.663



**그림 13.13 간단한 모델은 초기 이득과 말기 비용을 갖는 대립유전자의 순적응도 이점을 나타낸다.**

한다.

Walker와 동료들은 *hx546*이라 부르는 *age-1* 돌연변이체의 적응도에 더 미묘한 효과를 찾기 위해 노력하였다. 그 연구자들은 벌레의 실험실 집단을 확립하였는데, 어떤 개체들은 정상의 *age-1* 대립유전자의 동형접합성인 반면에 다른 개체들은 *hx546* 동형접합성인 것을 제외하면 유전적으로 동일하였다. 모든 벌레들은 양성이고 자가수정에 의해서 생식한다. 그 연구자들은 10~12세대를 거쳐서 *hx546* 대립유전자의 빈도를 추적하였다. 그 대립유전자가 이로우면, 그 빈도는 올라갈 것이다; 그것이 유해하면, 그 빈도는 떨어질 것이다. *hx546* 벌레와 정상 벌레 간 단지 분명한 차이는 *hx546* 벌레가 상당히 더 오래 산다는 것을 고려하면, 누구든지 그 대립유전자가 이로울 것이라고 예상할 수 있다.

Walker와 동료들은 첫 번째로 그 벌레들에게 충분한 먹이를 제공받는 집단을 사육하였다. 그 연구자들은 *hx546*의 처음 빈도가 0.9인 두 집단, 0.5인 두 집단과 0.1인 두 집단을 확립하였다. 놀랍게도, 그 대립유전자의 빈도는 그 처음 빈도와 상관없이 10세대 동안 거의 변화하지 않았다(그림 13.14a). *hx546* 대립유전자는 이롭지 않지만, 유해하지도 않다. 이 결과는 더 긴 수명의 이득은 대략 동등한 비용에 의해서 균형을 이룬다는 것을 제시한다.

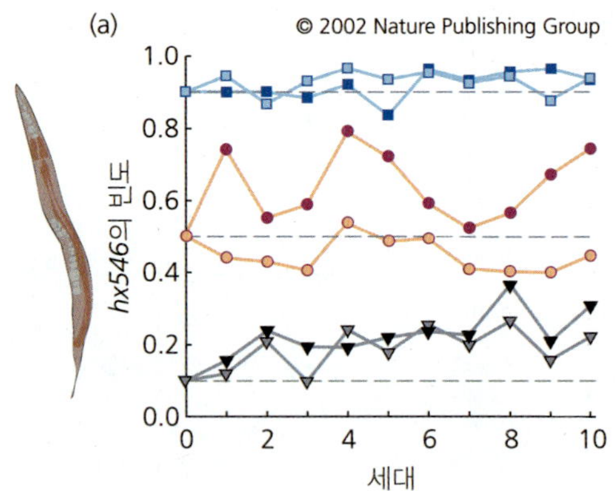


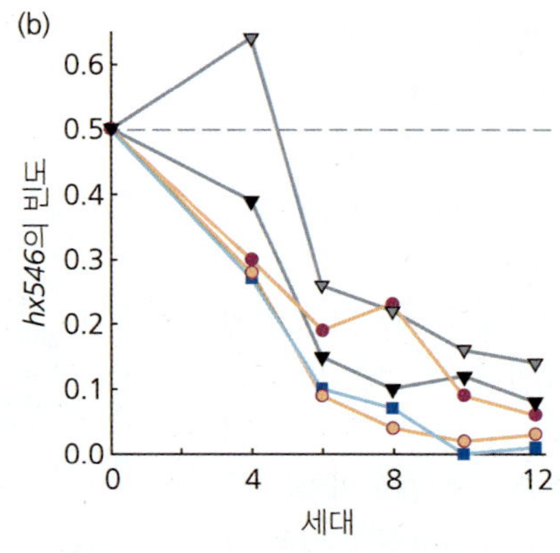


**그림 13.14 반자연적 조건에서, 선충 *C. elegans*의 *age-1* 유전자는 길항적다형질 발현을 보인다** (a) 실험실에서 충분한 먹이로 기른 집단에서 수명 대립유전자 *hx546*의 빈도. (b) 주기적인 굶주림에 의해 반자연적 조건에서 기른 집단에서 *hx546*의 빈도. Walker et al. (2000)에서.



Walker와 동료들이 *C. elegans*가 자연에서 경험하는 것과 훨씬 더 유사한 조건하에서 집단을 사육하였을 때, *hx546* 대립유전자를 갖는 것의 진정한 비용이 밝혀졌다. 그들이 새로운 배양을 확립할 때마다, 그들은 그 벌레들이 페트리 접시에 있는 박테리아 모두를 먹게 하였다. 그 연구자들은 4일 동안 그 벌레들을 굶게 한 다음, 더 많은 박테리아를 주어서 먹게 하였다. 마지막으로, 연구자들은 먹이 섭취 후 첫 24시간에 그 벌레들이 생산한 알만을 사용하여 다음 배양의 확립을 위하여 재개하였다. 처음부터 끝까지, 각각의 기아주기는 대략 2세대간 지속되었다. Walker와 동료들은 처음 *hx546* 빈도가 모두 0.5로 시작된 5 집단에서 6 기아 주기 동안 *hx546* 빈도를 추적하였다. 결과는 극적이었다. *hx546* 빈도는 12세대에서 평균 0.06으로 급락하였다(그림 13.14b). *hx546* 빈도가 그렇게나 많이 떨어진 것을 비추어 보면, *hx546* 벌레의 적응도는 정상 벌레의 적응도에 비해 80%보다 더 적어야만 한다.

추가적인 관찰은 실험 배양에서 먹이 섭취를 재개한 후 24시간 동안 생식을 한 벌레만이 어린 성충이었다. 따라서 어린 성체시기 동안 *hx546*는 유해할 것이다. 이것이 시사하는 바는 *hx546*와 비교하여 정상 대립유전자는 노화의 길항적다형질 발현 가설이 예측하는, 즉 정상 대립유전자는 짧은 수명을 대가로 어린 성체시기에 그 대립유전자 보유자의 생식성공도를 증가시킨다, 단지 그 방식대로 행동한다.

**연구자들은 생애 초기 생식과 수명간 트레이드오프를 보고하였다.**

초파리, *Drosophila melanogaster*의 유전자도 유사한 영향을 보인다. Yi-Jyun Lin과 동료(1998)는 감소된 발현을 가진 돌연변이 대립유전자의 동형접합성 개체는 정상 초파리에 비해 35% 더 살기 때문에 그들이 *methuselah*라고 이름을 붙인 유전자를 발견하였다. 그 *methuselah* 돌연변이는 수명의 증가뿐 아니라, 기아, 열 및 파라콰트 제초제에 대한 저항성을 증가시키기 때문에 주목을 끌었다(Pennisi 1998 참조). 수명을 연장시키고 다양한 스트레스에 대한 내성을 증가시키는 비용이 없는 돌연변이는 노화의 진화이론에 대한 도전이다.

*methuselah* 돌연변이는 비용이 따르지 않는가? 이를 밝히기 위해, Robin Mockett와 Rajindar Sohal(2006)은 다른 유전자형을 가진 암컷을 키워서 그녀의 수명기간 동

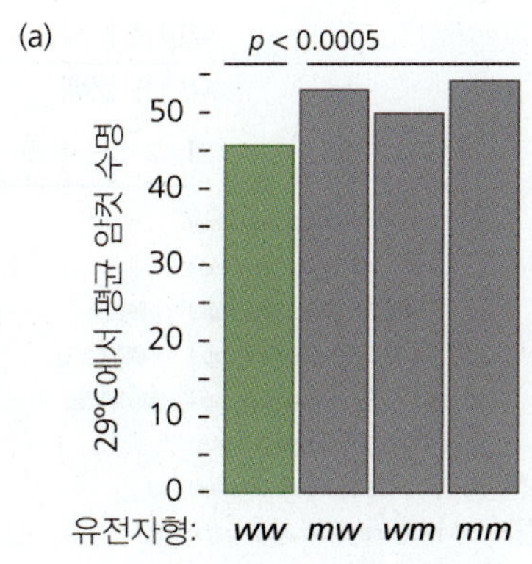


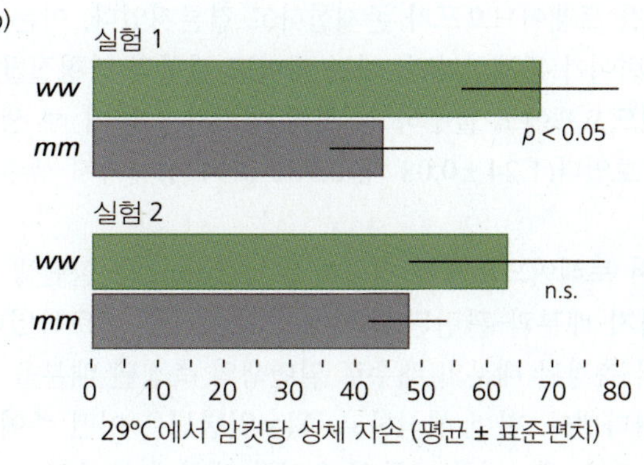


**그림 13.15** ***methuselah* 유전자는 생식성공 대 수명 및 스트레스 저항성 간 트레이드오프를 조절한다** (a) 보통 암컷 초파리(*ww*)는 *methuselah* 돌연변이(*mw, wm, mm*)보다 더 어릴 때 죽는다. (b) 하지만 보통 초파리는 동형접합성 돌연변이 보다 훨씬 더 높은 생애 생식 성공을 가진다. Mockett and Sohal (2006)의 자료.

안 생산된 각각의 초파리 자손을 세었다. 이 연구자들은 그 돌연변이를 가진 초파리들이 더 오래 사는 것을 확인하였다**(그림 13.15a)**. 그러나 그 돌연변이체들은 또한 어린 성체 시기 동안 더 적은 수의 알을 낳았고, 이는 더 낮은 생애 생식성공도를 초래하였다(그림 13.15b). 그 돌연변이와 비교하여, *methuselah* 정상 대립유전자는 생식적응도를 위해 스트레스 저항성과 수명을 맞바꾸는 것처럼 보인다. 흥미롭게도, 유전자형의 효과는 온도에 달려 있다. 그림 13.15에 추적된 초파리는 29°C에서 살았다. 18°C에서는, 정상 암컷은 단지 돌연변이체와 같은 기간 동안 살았지만 더 낮은 생식성공도를 보였다. 이는 왜 *methuselah* 유전자의 대립유전자가 자연집단에서 다른 빈도로 존재하는지를 설명할 수 있다(Schmidt et al. 2000).

길항적 다형질 발현을 보이는 특이 유전자를 확인한 것뿐만 아니라, 생물학자들은 생애 초기 생식과 생애 말미 생식 혹은 생존 간 실제로 트레이드오프가 존재하는 광범위한 증거를 발견해왔다. 이러한 증거의 대부분은 양적유전(quantitative genetic) 혹은 형질 간 표현형적 트레이드오프 분석으로부터 왔다. 다음 절에서 우리는 두 가지 예시를 검토하고자 한다.

Lars Gustafsson과 Tomas Pärt(1990)는 Gotland 스웨덴 섬에 서식하는 칼라 딱새(*Ficedula albicollis*)에서 트레이드오프를 연구하였다. 10년 동안 Gustafsson과 Pärt는 알에서 깨어나 죽을 때까지 개체들의 생활사를 추적하였다. 어떤 암컷 딱새는 1세에 생식을 시작하지만, 다른 딱새는 2세까지 기다린다. 1세에 생식하는 암컷은 생애 동안 더 적은 한배 새끼 수(clutch sizes)를 가진다**(그림 13.16a)**. 이는 이른 생식에 대한 늦은 생애 비용이 존재함을 암시한다. 보다 더 조사하기 위해서, Gustafsson과 Pärt는 몇몇의 첫해 생식 자에게 추가의 알을 제공함에 의해서 초기 생식 노력을 조작하였다. 추가의 알이 제공된 암컷은 점진적으로 다음해에 더 적은 한배 새끼 수를 가진 반면에, 대조군 암컷은 4세까지 생식노화를 보이지 않았다(그림 13.16b). Gustafsson과 Pärt는 칼라 딱새에

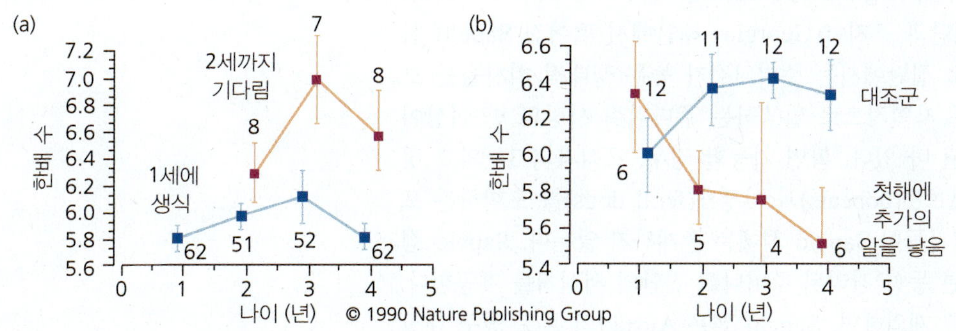


**그림 13.16 초기 대 말기 생식 간 트레이드오프** 표본 샘플 수와 평균 한배 새끼 수 ± 표준오차 (a) 다른 나이에 처음 생식한 암컷 칼라 딱새와 (b) 첫해에 추가의 알을 낳은 암컷 대 대조군. Gustafsson and Pärt (1990)에서.

서 초기 생애 생식과 말미 생애 생식 간 트레이드오프가 존재한다고 결론지었다. 이는 만약 첫 번째 생식 나이에 대한 유전적 변이가 존재한다면, 이는 아마도 길항적 다형질발현성일 것이라는 점을 제시한다. 트레이드오프에도 불구하고, 첫해 생식자는 둘째 해 생식자들보다 더 높은 생애 생식성공도를 보였다(1.24±0.08 대 0.90±0.14 성체까지 생존하는 자식; $p < 0.05$).

Truman Young(1990)은 식물에서 트레이드오프를 연구하였다. Young은 일년생 대 다년생의 근연 식물쌍의 생식에 에너지 배분과 관련된 문헌에서 데이터를 검토하였다. 그림 13.17의 각각의 막대는 다년생의 측정된 배분의 배수로 일년생의 측정된 배분을 보여준다. 수치는 1.7에서 5.5 범위를 나타낸다. 한번 생식하고 죽는 일년생은 어떤 주어진 생식에 분배하는 다년생보다 항상 더 많은 에너지를 그들의 유일한 생식에 분배한다. 이러한 양상은 식물에서 생식과 생존 간 트레이드오프가 존재함을 암시한다. 일년생 식물은 극적으로 가속화되는 노화의 대가로 첫 생식 시즌에 강력한 생식을 만끽한다.

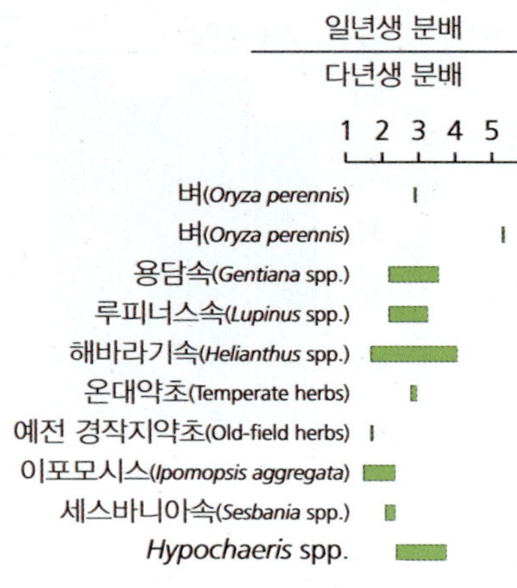


**그림 13.17 일년생 대 다년생 식물의 생식 분배** 벼(*Oryza perennis*)(두 연구)와 아포모시스(*Ipomopsis aggregata*)를 대상으로 한 비교는 종내 분석이다; 모든 다른 비교는 종간 분석이다. Young (1990)에 의해 집대성되고 분석된 자료를 바탕으로 준비되었다.

## 생태적 치사와 노화의 진화에 대한 자연 실험

Steven Austad는 자연실험을 이용하여 포식자, 질병 및 사고와 같은 외부 인자들에 의해 야기되는 치사에 과거에 다른 비율을 겪은 집단들을 비교하였다. 우리는 이러한 종류의 치사를 신체 부위가 낡은 것과 같은 생물체 내재적인 과정에 의해 초래되는 치사[이를 우리는 생리학적 치사(physiological mortality)라 부를 수 있다]와는 반대로 생태적 치사(ecological mortality)라 부른다.

노화의 진화이론은 낮은 생태적 치사율을 갖는 집단은 지연된 노화로 진화할 것이라고 예측한다(Austad 1993). 이러한 예측의 논리는 무엇인가? 노화를 초래하는 두 가지 진화적 기작 모두 낮은 생태적 치사율을 갖는 집단에게 그 효과가 감소한다.

늦게 작용하는 유해한 돌연변이들의 경우, 낮은 생태적 치사율은 접합자들의 더 높은 비율이 충분히 오랫동안 살아남아 그 해로운 효과를 경험할 수 있음을 의미한다. 늦게 작용하는 유해한 돌연변이들은 따라서 더 강력하게 자연선택에 의해서 도태되고, 돌연변이-자연선택 균형에 의해서 낮은 빈도로 유지될 것이다.

다형질발현성 효과를 지닌 돌연변이들의 경우, 낮은 생태적 치사율은 접합자들의 더 높은 비율이 충분히 오랫동안 살아남아 생애초기이익과 만년비용 둘 다를 경험할 것이다. 하지만 이익과 비용을 경험하는 접합자의 비율에 있어서의 변화는 비용에 있어서 더 현저하게 나타난다. 따라서 다형질발현성 효과를 지닌 돌연변이들은 자연선택에 의하여 덜 강력하게 선호된다.

모든 다른 요인들이 균등하다고 가정할 때, 노화의 진화이론이 옳다면, 낮은 생태적 치사율을 가진 집단의 개체들이 더 지연된 노화를 보여야 한다.

Austad(1993)는 버지니아 주머니쥐(Virginia opossum)를 연구하였다(그림 13.18). 그는 미국남동부 본토에 서식하는 집단과 조지아(Georgia) 해안에서 떨어진 Sapelo 섬에 서식하는 집단을 비교하였다. 본토 집단에서는 주머니쥐가 높은 생태적 치사율을 보였다. Austad의 검토 연구에서, 모든 자연적으로 발생하는 주머니쥐 사망의 반 이상이 포식자들에 의해서 야기된다고 보고된 바 있다. 확인 가능할 경우, 포식자의 3분의 2 정도가 북미산 야생 고양이과 동물인 보브캣(bobcats)과 야생개(feral dogs)를 포함하는 포유류로 나타났다. 하지만 포유류 포식자들이 Sapelo 섬에는 존재하지 않는다. Sapelo 섬은 본토 집단으로부터 4,000~5,000년 동안 격리된 주머니쥐 집단의 서식처를 제공한다. 포유류 포식자들에 있어서의 차이점을 제외하면, Sapelo 섬은 Austad의 본토 연구 대상 지역인 사우스캐롤라이나 주 Savannah 강 유역과 차이가 없다. 이 두 서식처는 온도, 강

**그림 13.18 버지아나 주머니쥐와 그녀의 새끼** 다른 유대류처럼 주머니쥐는 포유류에 비해 상대적으로 짧은 수명을 가진다. 하지만 주머니쥐의 어떤 집단은 다른 집단들보다 더 짧은 수명을 가진다. 이러한 발견은 노화 속도가 자연에서 진화한다는 것을 제시한다.

우, 기생생물 하중 그리고 주머니쥐 당 가용 먹이 등에 있어서 유사하다. 노화의 진화이론은 Sapelo 섬에 서식하는 주머니쥐가 본토 주머니쥐에 비하여 더 늦게 노화를 보일 것임을 예측한다.

이 예측을 시험하기 위하여, Austad는 섬에 서식하는 34마리 암컷 개체들과 본토 37 암컷들에 무선 송신기를 설치한 후 출생부터 사망까지 그들의 생활사를 추적하였다. 세 가지 다른 측정에 의해서, 섬 암컷들이 실제로 지연된 노화를 보였다:

- 섬 암컷들이 월별 생존율에 있어서 지연된 노화를 보였다. 이는 그림 13.19a에서 보이는 것처럼, 섬 곡선이 본토 곡선보다 높다는 점 때문이 아니라, 그 곡선들의 형태 차이 때문이다. 섬 주머니쥐들은 자연로그[In](생존율) 대 연령이 비교적 직선을 보인다. 이는 이들 생애의 40개월 연령에서의 사망 위험이 20개월에서의 사망 위험보다 더 높지 않다는 것을 의미한다. 달리 말하면, 섬 주머니쥐들은 생리학적으로 더 낡고 닳아 없어지는 것을 축적하지 않는 것처럼 보인다. 하지만 본토 주머니쥐들은 자연로

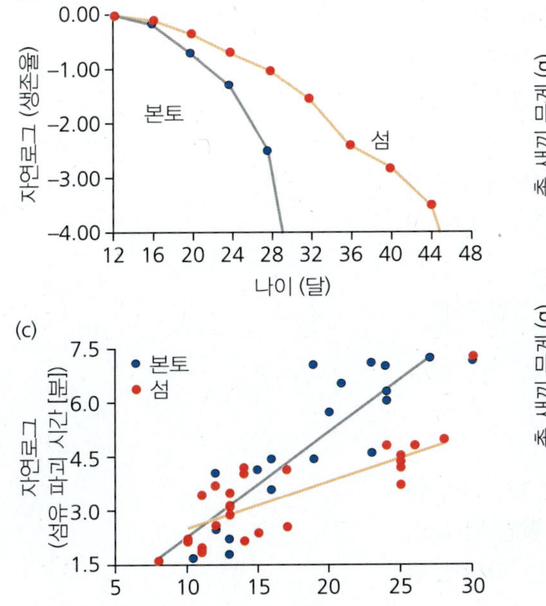


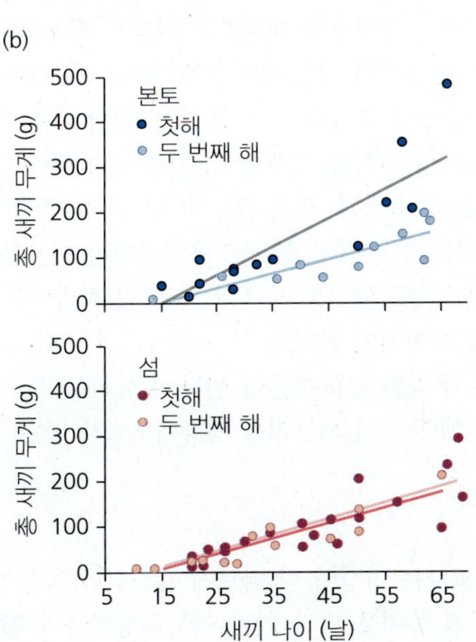


**그림 13.19 Sapelo 섬의 암컷 주머니쥐는 본토의 암컷 주머니쥐보다 더 늦게 노화한다** (a) 본토와 섬 주머니쥐의 생존율 대 나이. (b) 암컷 생식의 첫 해와 두 번째 해에서 새끼 나이의 함수로서 총 새끼 무게. 본토 암컷에서, 두 번째 해 새끼의 자손은 첫 해 새끼 자손보다 더 느리게 성장한다($p < 0.001$). 섬 암컷에서는, 두 번째 해 새끼가 첫해 새끼만큼 빠르게 성장한다. (c) 꼬리 콜라겐 섬유 파괴 시간 대 나이. 나이에 따른 증가가 본토 암컷보다 섬 암컷에서 느리다($p < 0.001$). Austad (1993)에서.

그(생존율) 대 연령이 가파른 하향 곡선을 보인다. 그들의 28개월 연령(대략 100%)에서의 사망 위험이 20개월보다 훨씬 높다. 대다수 본토 주머니쥐들 사망의 직접적인 원인은 포식이다. 그러나 늙은 주머니쥐들은 뻣뻣해지고 느리기 때문에 포식에 훨씬 더 취약하다. 그 결과, 섬 암컷들의 평균 수명이 본토 암컷들의 평균 수명보다 통계적으로 유의하게 더 길다(24.6 대 20.0; $p < 0.02$).

- 섬 암컷들은 생식능력에 있어서도 지연된 노화를 보인다(그림 13.19b). Austad는 새끼들의 성장률을 조사하여 생식능력을 측정하였다. 본토 암컷들에 있어서는, 어미의 생식 둘째 해에 출생한 새끼들이 어미의 생식 첫째 해에 출생한 새끼들보다 훨씬 느리게 성장하였다. 이러한 차이는 둘째 해 어미가 그들의 새끼를 양육하는 데에 덜 효율적임을 나타낸다. 섬 암컷들은 나이에 따른 생식력에 있어서의 그러한 감소를 보이지 않았다.
- 섬 암컷들은 결합조직 생리에 있어서 지연된 노화를 보인다(그림 13.19c). 포유류는 늙어감에 따라서, 그들의 힘줄에 존재하는 콜라겐 섬유는 단백질 분자 간 교차결합을 발달시킨다. 이러한 교차결합은 힘줄의 유연성을 감소시킨다. 힘줄에서 교차결합의 양은 힘줄로부터 콜라겐 섬유가 부서지는 데에 걸리는 시간을 측정함으로써 알 수 있다. 섬과 본토 주머니쥐들 모두 꼬리 힘줄 콜라겐의 파손 시간은 나이에 따라서 증가되었지만, 섬 주머니쥐들에서 그 파손 시간이 나이에 따라서 덜 빠르게 증가하였다. 달리 말하면, 섬 주머니쥐들이 더 느린 생리적 노화율을 보였다.

이러한 결과들은 모두 노화의 진화이론과 일치한다.

이러한 결과들은 생태적 치사율이 노화의 진화에 중요한 요인이라는 결론을 지지하지만, Austad의 결과들은 우리에게 진화이론의 두 가설 중 어떤 가설이 더 중요한 가를 결정하는 것을 가능케는 하지 못한다. 본토 주머니쥐들의 더 빠른 노화는 늦게 작용하는 유해한 돌연변이들 때문인가, 아니면 초기 생식, 늦은 생식 및 생존 간 트레이드오프 때문인가? 노화율에 있어서의 차이는 부분적으로나마 트레이드오프에 기인하는 것처럼 보인다. 섬 주머니쥐들은 평균적으로 유의하게 더 적은 수의 새끼들을 갖는다(5.66 대 7.71; $p < 0.001$). 이 발견은 본토 주머니쥐들이 생리 및 진화적으로 감소하는 말년 생식과 생존을 위하여 초기 생식을 증가시키는 방향으로 대체하여 왔음을 제시한다.

요약하자면, 노화의 진화이론은 자연선택의 힘이 생애 말년에 감소한다는 관찰에 기인한다. 왜냐하면 대다수의 개체들은 말년에 도달하기 전 포식자, 질병 혹은 사고에 의해서 죽기 때문이다. 두 가지 기작이 노화의 진화를 초래할 수 있다: (1) 생애 말기에 발생하는 유해한 돌연변이들의 효과가 집단에 축적됨; 또는 (2) 생식과 유지 간 트레이드오프가 존재할 때, 자연선택은 세포와 조직을 좋은 복구 상태로 유지시키는 비용을 심지어 감수하더라도 초기 생식에 투자하는 것을 선호할지도 모른다. 노화의 진화이론은 집단 및 종 간 생활사의 변이를 설명하는데 잘 부합되어 왔다.

노화에 관한 주제를 마치기 전에, 우리는 진화이론이 인간 여성의 생식 생활사에 있어서 특이한 점인 폐경을 설명하는 데에 도움이 되는지를 생각해보고자 한다.

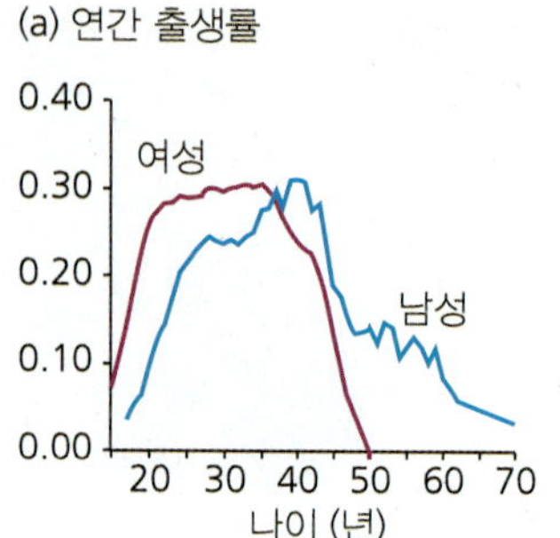


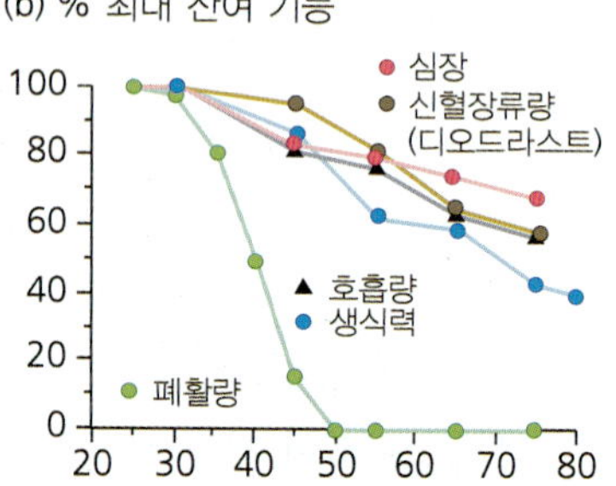


**그림 13.20 인간에서의 폐경** (a) 어느 나이 동안 여성과 남성이 아이를 가질 확률. 데이터는 파라과이 수렵-채집인의 아체족(Ache)으로부터 왔다. Hill and Hurtado (1996)에서. (b) 여성의 다양한 생리 체계의 기능적 용량 대 나이. Hill and Hurtado (1991)에서.

**치사율이 높은 집단에서, 개체는 초기 생식에 더 많이 투자하는 경향이 있다.**

## 폐경의 진화적 설명?

인간은 생식력이 일찍 감소하고 남성보다는 여성이 더 빠르게 감소한다(**그림 13.20a**). 여성생식력의 빠른 감소는 여성의 생리적 능력을 나타내는 다른 측정치들이 훨씬 더 느리게 감소하는 것을 고려하면 수수께끼이다(그림 13.20b). 왜 여성의 생식계는 50세에 멈추고, 그들의 나머지 기관과 조직들은 여전히 좋은 상태인가?

두 가지 가설을 생각해보자. 하나의 가설은 폐경은 우리의 현대 생활양식의 비적응 부산물(nonadaptive arfifact)이라고 제안한다(Austad 1994 참조). 또 다른 가설은 폐경은 할머니가 그들의 손자들의 양육에 기여하는 것과 관련된 생활사 적응(life-history adaptation)임을 제시한다(Hawkes et al. 1989).

부산물 가설의 옹호자들은 고대인들의 인구통계학 재구성을 바탕으로 고고학자들이 근세문화에서는 모든 성인들이 실제로 50세 또는 55세에 사망하였다고 종종 결론을 내리는 것을 지적한다(Hill and Hurtado 1991 참조). 50세 또는 55세의 사망이 우리의 수렵, 채집 선조들에게 일반적이었다면, 많은 개체들이 80세 또는 90세까지 종종 살아가는 현대 상황은 우리의 진화 역사에서 전례가 없는 것이다. 폐경은 적응이 될 수 없다. 왜냐하면 우리의 수렵, 채집 선조들이 충분히 오랫동안 살지 않아서 결코 그것을 경험할 수 없었기 때문에 적응이 될 수 없다.

다른 포유류를 포획상태로 유지하고 현대 의학의 보살핌을 주면, 그들 또한 자연 상태 동일종의 개체들보다 훨씬 더 오래 산다. 게다가, 포획 포유류에 있어서 적어도 몇몇 종들의 암컷은 수컷의 생식력 감소 훨씬 이전 생식력 감소를 보이고, 또한 사망 오래전에 생식력 감소가 나타난다. 포획 쥐에 있어서 연령의 함수에 따른 생식력 데이터는 그림 13.21에 나타내었다. 이러한 자료는 인간의 폐경은 단지 현대 생활양식이 우리의 수명을 우리의 선조들이 겪은 그 이상으로 증가시켜왔다는 설명만이 존재함을 제시한다.

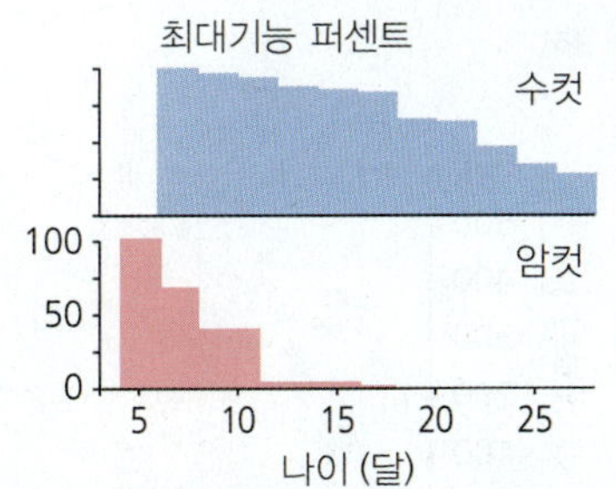


**그림 13.21 포획된 쥐에서 생식력 대 나이** Austad (1994)의 자료.

부산물 가설에 비판적인 사람들은 현대 사냥사회들에서 많은 개체들이 60세 또는 70세까지 살아가는 점을 지적한다(그림 13.22). 이러한 자료들은 고고학자들에 의해 재구성된 자료보다 우리의 수렵, 채집 선조들의 인구통계학에 관한 더 신뢰할만한 지표일 것이다(Hill and Hurtado 1991; see also Austad 1994; Gurven and Kaplan 2007). 우리의 모계 수렵, 채집 선조들의 상당한 비율이 폐경을 경험할 만큼 오래 동안 살았다면, 폐경은 진화적 설명을 필요로 한다.

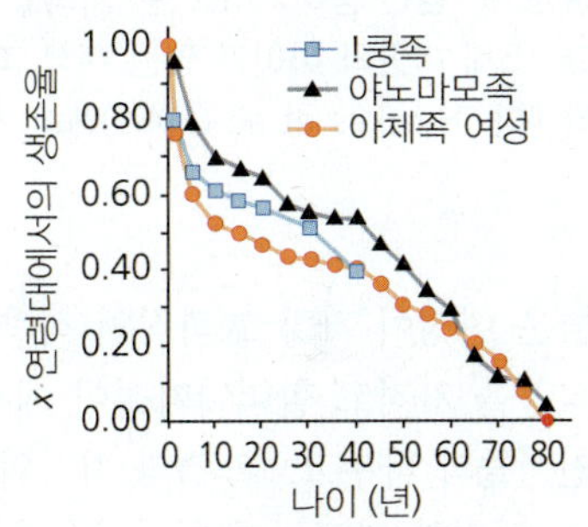


**그림 13.22 개체 생존율 대 세 수렵-채집 공동체에서 나이** Hill and Hurtado (1991)에서.

할머니가설(the grandmother hypothesis)의 옹호자들은 인간 아이들은 젖을 뗀 후 수 년 동안 음식 섭취를 위하여 엄마에 의존한다는 점을 강조한다. 이는 특히 엄마들이 성인자식들에게는 높은 이득을 주지만, 아이들이 처리하기에는 어려운 음식물을 수확할 때, 현대 수렵, 채집 문화에서 사실이다(Hawkes et al. 1989). 따라서 여성이 추가적으로 아이를 갖는 능력은 그녀의 나이가 많은, 하지만 여전히 의존적인 아이에게 양식을 지급해야만 하는 그녀의 요구 때문에 상당히 제한될 수밖에 없다. 게다가, 여성이 나이가 듦에 따라서 여러 가지 이와 관련 있는 사건들이 발생할 가능성이 있다: (1) 엄마가 충분히 오랫동안 살아남아 또 다른 아이를 출생부터 독립까지 양육할 수 있는 확률이 감소한다, (2) 임신과 출생과 연관된 위험이 증가한다, 또한 (3) 그녀 자신의 딸이 아이를 갖기 시작한다. 할머니가설은 나이 든 여성이 그들 스스로 생식을 하는 것을 멈추고 대신에 그들의 젖을 뗀 손자들에게 양식을 제공하는 것을 도움으로써 그들의 딸들이 더 많은 아이를 가질 수 있게 하여 미래세대에 그들의 유전자의 추가적인 복사본들을 더 많이 갖게 되는 지점에 도달할 수 있다. 달리 말하면, 할머니들은 자식 대 손자들에 대한 투자 간 트레이드오프에 직면한다.

Kristen Hawkes와 동료들(1989, 1997)은 동부 아프리카에 존재하는 현대의 수렵, 채집사회인 Hadza의 폐경 후 여성들을 연구하였다. 만약 할머니가설이 옳다면, 50세, 60세 및 70세의 여성들은 지속적으로 식량을 모으는데 열심히 일할 것이다. 할머니가설이 옳지 않다면, 우리는 더 이상 부양할 아이가 없는 늙은 여성들은 휴식을 취할 것으로 예상할 수 있다. 실제로, 늙은 Hadza 여성들은 다른 어떤 그룹보다 식량을 구하는데 열심히 일한다(그림 13.23a). 게다가, 한 해에 몇몇 시간에 적어도 몇몇 작물들을 위해서는,

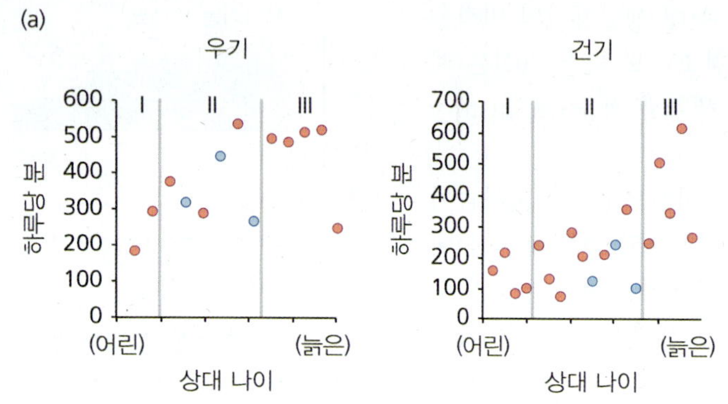

**그림 13.23 Hadza 할머니** (a) 먹이를 찾는데 소요된 시간 I: 사춘기에 도달했지만, 아직 결혼을 하지 않았거나 출산하지 않은 Hadza 여성; II: 임신 중이거나 어린 자녀를 가진 여성; III: 과거에 출산하였고 15세 미만의 아이가 없는 여성. 파란색 원은 모유수유 여성을 나타낸다. Hawkes et al. (1989)에서. (b) 이 65세의 Hadza 여성은 뒤지개와 근력을 이용하여 바위 아래에서 덩이줄기를 판다. 덩이줄기를 파는 것은 지식, 기술, 인내, 힘 및 경험이 요구된다. 이는 Hadza 할머니들이 가장 생산적인 식량 징발자임을 나타낸다. University of Utah, James F. ÓConnell에 의해서 사진을 얻었다.

늙은 여성이 가장 효과적인 식량 징발자이다(그림 13.23b). 늙은 여성들은 그들의 잉여 식량을 가지고 할머니가설이 예측하는 것을 정확히 수행한다: 그들은 잉여 식량을 어린 친척들과 나누고, 그 결과 자식의 영양 상태를 개선할 수 있다.

이러한 자료는 할머니가설과 일치하지만(Hawkes et al. 1998), 최종적인 테스트 자료를 부여하지는 못한다. Austad(1994)가 지적한 것처럼, 중요한 점은 기꺼이 돕는 할머니의 딸이 더 아이를 가질 수 있는지 여부와 그리고, 할머니가 그렇게 함으로써 그들이 그들 자신의 아이를 갖기 위해서 노력하는 것보다 더 높은 포괄적응도(inclusive fitness)(12장 참조)를 달성하는지 여부이다.

Kim Hill과 Magdalena Hurtado(1991, 1996)는 파라구아이의 아체족 수렵, 채집 인들을 대상으로 얻은 자료를 가지고 이 주제를 다루었다. Hill과 Hurtado의 자료는 평균 50세 여성들은 1.7명의 생존한 아들과 1.1명의 생존한 딸을 가지는 것을 보였다. 연구자들은 이들 아이들이 생식하는 것을 도와줌으로써 아체족 할머니는 평균적으로 그녀 자신의 추가적인 자식이 부여하는 포괄적응도에 단지 5%에 상응하는 포괄적응도를 얻을 수 있음을 계산하였다. 이는 할머니가설을 아주 낮게 지지함을 의미한다.

다른 연구자들은 약간 다른 질문에 답을 찾기 위해서 노력하였다: 여성이 폐경 후 살아남아 있는 것이 적응성인가? Mirkka Lahdenperä와 동료들(2004)은 근대 이전의 핀란드와 캐나다 여성들에 관한 교회와 정부 기록들로부터 집대성된 많은 데이터들을 분석하였다. 사회 경제적 지위, 지리 및 생활상태의 시간에 따른 변화들을 통계적으로 제거한 후, 그들은 전형적으로 50세를 넘어 생존한 여성들은 매 10년 동안 추가적인 두 손자를 얻었음을 관찰하였다(그림 13.24). 반대로, Lorena Madrigal과 Mauricio Meléndez-Obando(2008)는 1500년대부터 1900년대 동안 살았던 코스타리카 여성들의 자료를 분석하여 더 긴 수명이 더 적은 수의 손자들과 관련이 있음을 관찰하였다. 폐경 후 생존은 때때로 이롭지만, 항상 이롭지는 않은 것처럼 보인다. 손자들에게의 투자가 추가적인 아이를 갖는 것보다 훨씬 더 좋은 전략인지 여부는 불분명하다.

Michael Cant와 Rufus Johnstone(2008)은 폐경의 진화를 설명하는 데 도움을 주는 추가적인 요인을 제시하였다. 대다수의 전통사회에서는, 여성들은 그들 남편의 가족들과 함께 살아가는 경향이 있다. 이는 생식을 위해서 필요한 자원에서 부인과 며느리 간 경쟁

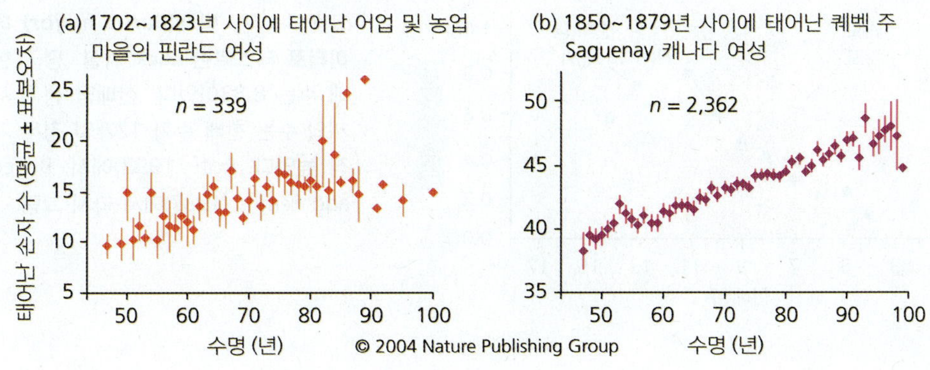


**그림 13.24 손자 수 대 근세 여성의 폐경 후 수명** 두 집단 모두, 오래 산 여성이 더 많은 손자를 가졌다($p$ = 0.0002, 두 자료 세트 모두). Lahdenperäet al. (2004)에서.



의 기회를 만든다. 며느리가 이러한 충돌에서 더 성패를 가지고 있기 때문에 더 이길 가능성이 있다. 이는 시어머니의 생식을 돕는 것은 전혀 적응도 이득을 부여받지 않는 반면, 며느리를 돕는 것은 적응도 이득을 부여받는다.

현대 산업사회에서 폐경에 대한 자연선택의 양상은 우리의 선조들과 비교하여 다를 것이다. 프래밍햄심장병 조사(the Framingham Heart Study)로부터 자료를 분석하여 Sean Byars와 동료들은(2010) 폐경 나이는 유전되고 늦은 폐경은 더 높은 생애생식성공을 부여함을 관찰하였다. 그들은 후세에는 늦은 폐경을 예측하였다.

## 13.3 개체는 한 해에 얼마나 많은 자손을 생산해야 하는가?

13.2절은 부분적으로 개체의 생애 동안 생식 대 복구의 에너지 분배에 관하여 다루었다. 본 절에서 우리는 한 생명체가 하나의 생식 사건에 얼마만큼의 에너지를 투자해야만 하는가와 연관된 주제를 다루고자 한다. 이 또한 트레이드오프와 관련이 있다. 이들 중 첫 번째는 아주 간단한 제약이다: 부모(또는 한 쌍의 부모)가 한 번에 더 많은 자식을 양육하는 것을 시도할수록, 그 부모가 각각의 자식을 돌보는데 바칠 수 있는 시간과 에너지는 더 적어진다는 점이다.

자손 최적의 수에 관한 질문들은 새들을 대상으로 한 배의 알의 수 연구를 수행한 생물학자들에 의해서 가장 면밀히 다루어 왔다. 둥지에 알을 세는 것은 쉽고 알을 추가하거나 제거하여 알의 수를 조작하는 것도 쉽다. 알의 크기가 고정되어 있다고 가정하면, 새는 한배에 얼마나 많은 수의 알을 낳아야만 하는가?

### 새의 한배 수

David Lack(1947)에 의해 처음으로 설명된, 한배 수(clutch size) 진화에 대한 가장 간단한 가설은 자연선택은 자손의 가장 높은 생존을 가져오는 한배 수를 선호한다는 것이다. 여기서 우리는 이 가설의 간단한 수학적 공식을 고려하고자 한다(더 자세한 수학적 취급은 Stearns 1992 참조). 이 모델은 어떤 개체 자손은 한배 수가 증가함에 따라서 생존할 확률이 감소하는 근본적인 트레이드오프를 가정한다. 많은 연구자들이 알을 둥지로 추가시킴에 의해서 이 트레이드오프 가설을 시험하였다; 대부분의 경우 그들은 알의 추가는 어린 새끼 개체들의 생존율을 실제로 감소시키는 것을 관찰하였다(Stearns 1992 참조). 하나의 설명은 부모가 자식 개체들에게 먹이를 줄 수 있는 능력은 자식의 수가 증가할수록 감소한다는 것이다. 그림 13.25a에서, 우리는 자손 생존의 감소는 한배 수의 일차 함수지만, 이 모델은 생존이 단지 감소하는 함수에 의해서 결정된다고 가정한다. 자손의

(a)

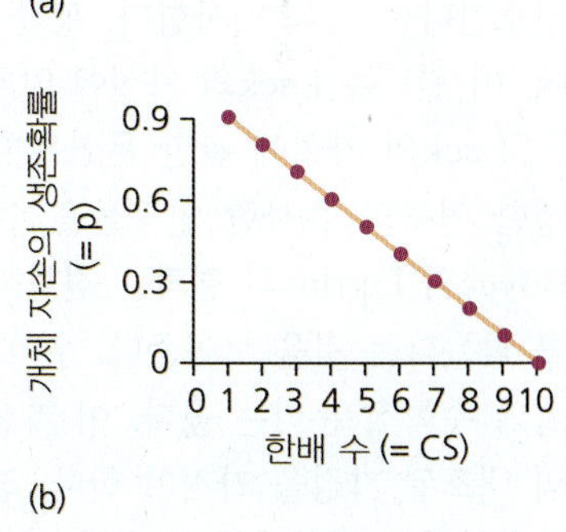


(b)

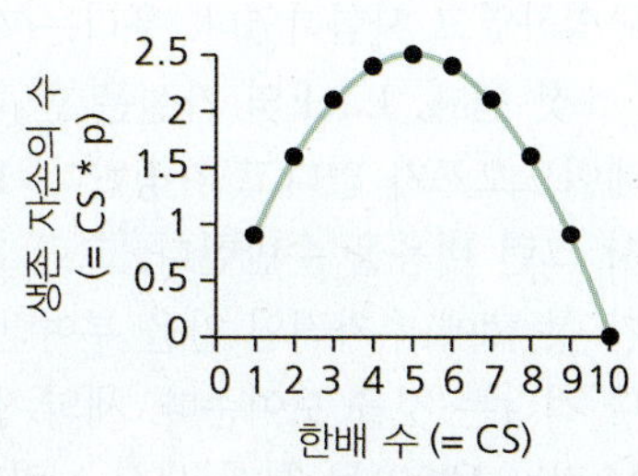


**그림 13.25 한배 수 진화에 관한 Lack 가설** (a) 어느 주어진 개체 자손이 생존할 확률 대 한배 수. (b) 알의 수와 어느 개체 자손 생존율의 곱으로 나타낸 한배당 생존 자손 수.

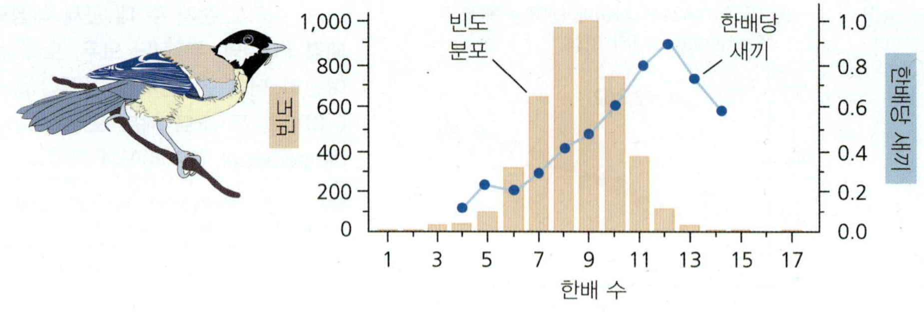


**그림 13.26 박새(*Parus major*) 데이터로 테스트한 Lack 가설** 평균 한배 수는 8.53이었다. 한배당 생존 새끼의 수는 한배 수가 12개일 경우 가장 높았다. Roff (1992)에서; Boyce and Perrins (1987)에서 다시 그림.

생존을 설명하는 함수를 고려하면, 한배 수로부터의 생존하는 자손의 수는 단지 그 한배 수와 생존율의 결과이다(그림 13.25b). 생존하는 자손 수는 한배 수가 중간에 도달할 때 최대치에 이른다. 이는 Lack의 가설이 예측하는 가장 생산적인 한배 수이며 자연선택에 의해서 진화한다.

Mark Boyce와 C. M. Perrins(1987)는 영국, 옥스퍼드 근처 실험 지역인 Wytham Wood에서 둥지를 튼 박새(*Parus major*)를 대상으로 수행한 장기연구로부터 얻은 자료를 가지고 Lack의 가설을 시험하였다**(그림 13.26)**. 1960년부터 1982년까지 조사한 4,489개 한배 수들의 자료를 통합하여, Boyce와 Perrins는 Wytham Wood 박새 집단의 한배 수의 분포를 나타내는 막대그래프를 그렸다. 평균 한배 수는 8.53이었다. Boyce와 Perrins는 또한 각각의 한배 수로부터 생존한 자손의 평균 개체수를 계산하였다. 이 수치는 한배 수가 12개일 때 가장 높게 나타났다. 연구자가 3개 알을 수많은 한배에 각각 추가하였을 때에도, 가장 생산력이 높은 한배 수는 여전히 12개로 나타났다(하지만 아래를 보라). 달리 말하자면, 적은 수의 한배를 생산하는 새들은 12개의 알을 낳을 때까지 분명히 그들의 생식성공을 증가시킬 수 있다. 액면 그대로 받아들이면, 이러한 자료는 Wytham Wood에서의 자연선택은 그 집단이 실제로 생산하는 것보다 더 많은 한배 수를 선호한다는 점을 시사한다. 평균 한배 수가 가장 생산력이 높은 한배 수보다 적기 때문에, 이 결과는 Lack의 가설에 일치하지 않는다.

**Lack 가설은 부모는 생존 자손의 수를 최대화하는 새끼 수의 양육을 시도할 것으로 예측한다. 데이터는 부모는 종종 더 적은 수의 자손을 양육하는 것을 보여준다. Lack 가정의 어떤 부분이 위배되었는지를 알아보는 노력은 추가적인 트레이드오프의 발견을 가져왔고 생애 적응도 측정치를 향상시켰다.**

Lack의 가설에 관한 문헌은 아주 방대하고, 많은 연구자들이 Boyce와 Perrins가 수행한 연구와 유사한 연구들을 수행해왔다(Roff 1992 and Stearns 1992 논문 참조). Boyce와 Perrins의 결과는 전형적이다: 대다수의 연구들은 새들이 예측보다 적은 한배수를 낳는다는 것을 보여준다. 우리는 이러한 불일치를 어떻게 설명할 수 있을까? Lack 가설의 수학적 논리는 옳다. 이 가설은 따라서 종종 거짓으로 판명되는 하나 혹은 그 이상의 내포된 가정을 가져야 한다. 진화생물학자들은 Lack의 가설에 내포된 여러 가정들을 규명하였고 시험하였다. 우리는 지금 이중에서 3가지 가정들에 대하여 토의하고자 한다.

첫 번째, Lack의 가설은 한 해의 부모 생식 노력과 미래 생존 또는 생식능력 간 트레이드오프가 없다고 가정한다. 13.2절에서 토론한 바와 같이, 하지만 생식은 종종 반드시 그런 비용을 수반한다. 그림 13.16b의 자료는 암컷 칼라 딱새(collared flycatchers)가 첫 해에 추가적인 알을 부여받을 때, 미래 그들의 한배 수는 대조군 암컷의 한배 수보다 적다는 것을 보여준다. 새의 생식비용에 관한 문헌 조사에서, Mats Lindén과 Anders Møller(1989)는 현재 생식 노력과 미래 생식 능력 간 트레이드오프를 조사한 60 개 연구 26개 연구에서 그러한 경향을 관찰하였다. 또한 Lindén과 Møller는 현재 생식 노력과 미래 생존 간 트레이드오프를 조사한 16개 연구 중 4개 연구에서 그러한 양상을 관찰하였다. 생식이 비용이 따르고 자연선택이 미래를 위하여 생식노력을 보류하는 것을 선호할 때, 최적의 한배 수는 가장 생산력이 높은 한배 수보다 적을 수 있다.

둘째, Lack의 가설은 한배 수가 자손에 미치는 영향은 단지 그 자손이 생존 가능한지 여부를 결정함으로써 가능하다고 가정한다. 그러나 많은 한배 수는 단지 자손들의 생존율을 낮추는 것 이외에 자손개체들에게 다른 비용을 부여한다. Dolph Schluter와 Lars Gustafsson(1993)은 칼라 딱새의 둥지로부터 알을 추가하거나 혹은 제거한 다음 둥지로부터 깨어난 어린 새끼들의 발에 띠를 설치한 다음 그 어린 새끼들의 그 후 생활사를 조사하였다. 암컷새끼들이 성숙하여 그들 자신의 둥지를 틀었을 때, 그들이 생산한 한배 수와 얼마나 많은 한배 수에서 그들이 양육 되었는지 간에 밀접한 관계가 있었다(**그림 13.27**). 알이 제거된 둥지에서 양육된 암컷들은 더 많은 한배 수를 생산한 반면에, 알이 추가된 둥지에서 양육된 암컷들은 적은 한배 수를 생산하였다. 이러한 결과는 한배 수는 자손의 생존뿐만 아니라 자손의 생식능력에도 영향을 주는 것을 시사한다. 더 많은 수의 한배가 더 낮은 자손 생식 성공을 수반할 때, 최적의 한배 수는 수치상 가장 생산적인 한배 수보다 적을 것이다.

**Lack 가설은 새뿐만 아니라 다른 생물에게도 유용한 영모델이다.**

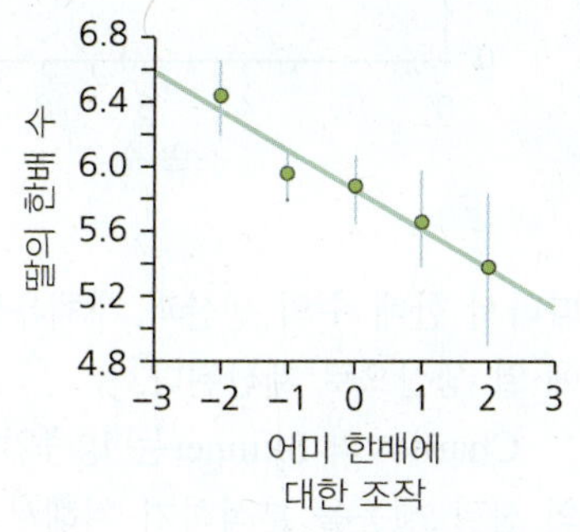


**그림 13.27 한배 수는 자손 생식력에 영향을 미치는가?** 이 그래프는 딸의 한배 수와 그 딸이 길러진 어미 둥지에서 추가되거나 혹은 제거된 알의 수 간 관계를 나타낸다. Schluter and Gustafsson (1993)에서.

셋째, Lack의 가설과 새 개체들의 행동 간 불일치는 때때로 실제보다 더 분명할 수 있다. Richard Pettifor, Perrins와 R. H. McCleery(2001)는 Boyce와 Perrins(1987)가 이용한 알 추가 실험에 관한 자료를 재분석하여, Boyce와 Perrins가 그들의 실험군 새들을 적절치 않은 대조군 그룹과 비교하였다고 결론지었다. Pettifor, Perrins와 McCleery는 그들이 적절한 대조군 그룹을 사용하였을 때, 추가의 알을 부여받은 새들이 홀로 남겨졌을 때보다 더 많은 생존 자손을 생산한다는 증거가 사실상 존재하지 않음을 관찰하였다. 이러한 결과는 그림 13.26에서 보여주는 관찰 자료에서처럼, 12개보다 적은 알을 낳는 새들은 그들이 더 낮은 생식능력을 갖기 때문에 그렇게 한다는 것과 각각의 새는 그 자신의 생식 성공을 최적화하는 한배 수를 생산한다는 것을 시사한다.

우리는 한배 수가 어떤 주어진 유전자형에서 고정적이라고 가정하였음을 유의하자. 사실, 한배 수는 종종 표현형적응성(phenotypically plastic)을 나타낸다(10장 참조). 만약 한배 수가 표현형적으로 유연하고, 새들이 그들이 좋은 해 또는 나쁜 해를 갖게 되는지를 예측할 수 있다면, 우리는 개체들이 그들의 한배 수를 각각 해마다 최적 수치로 조절할 것이라고 예측 가능하다(예를 들면, Sanz and Moreno 1995 참조).

## 기생벌에 적용되는 Lack 가설

Lack 가설은 너무 간단하여 종종 한배 수를 정확하게 예측하는 데에 실패할지라도, 우리가 검토한 예들은 Lack 가설이 유용한 영모델(null model)임을 입증한다. 최소한의 가정하에 우리가 관찰할 것으로 기대되는 바를 명확하게 함으로써, Lack 가설은 우리가 그렇지 않으면 알아차리지 못하는 흥미로운 양상을 관찰할 수 있다. Lack 가설의 이러한 응용은 조류에 국한되지 않는다.

Eric Charnov와 Samuel Skinner(1985)는 기생벌의 한배 수의 진화를 조사하기 위하여 Lack 가설을 이용하였다. 기생벌은 자신들의 알을 숙주 곤충의 알, 혹은 체강에 주입하기 위해서 찌르는 산란관을 사용한다. 유생 포식 기생자가 부화할 때, 그들은 내부에서 숙주를 살아 있는 채로 먹는다. 유생은 그 후 숙주의 비어 있는 각피 내에서 번데기가 되어서 성체로 나타난다.

포식 기생자에게 숙주는 둥지와 같다. 암컷 포식 기생자는 하나의 숙주에 하나 혹은 그 이상의 알을 낳을 수 있다. 유생은 그들 간 먹이 경쟁 때문에, 한배 수와 개체유생의 생존 간 트레이드오프가 존재한다. 추가된 곤충으로 인한 변화는 성체 크기가 유연하다는 것을 보인다. 자손의 생존을 감소시킴과 더불어, 먹이 경쟁은 유생이 단지 더 작은 성체로 발달되는 것을 초래한다. 주어진 한배 수와 연관된 모성적응도(maternal fitness)는

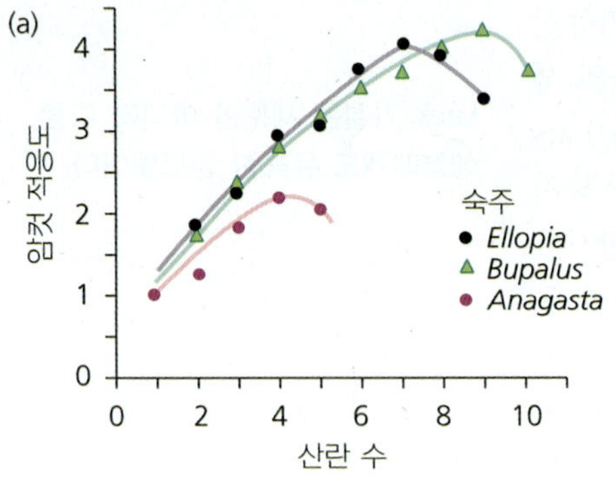


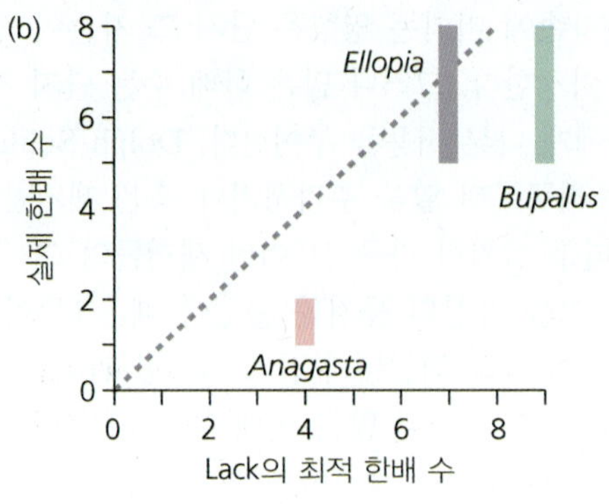


**그림 13.28 기생벌에 응용되는 Lack 가설** (a) 암컷 기생벌(*Trichogramma embryophagum*) 적응도 대 세 가지 다른 숙주에서의 한배 수. Charnov and Skinner (1985)에서. (b) 각각의 숙주에서 암컷 기생벌이 낳은 한배 수의 실제 범위. 점선은 실제 = 예측을 표시한다. Charnov and Skinner (1985)의 자료에서 그림.

따라서 한배 수의 생산과 개체유생의 생존율 및 출현하는 자손 크기에 대한 기대되는 생애 알 생산으로 계산된다.

Charnov와 Skinner는 명충알벌(*Trichogramma embryophagum*)종에서 암컷 기생벌의 산란 행동을 분석하기 위해서 Lack 가설의 변형된 버전을 이용하였다. 이 말벌은 그들의 알을 다양한 숙주 곤충의 알에 저장한다. 문헌으로부터 자료를 이용하여, Charnov와 Skinner는 세 개의 다른 숙주 종을 대상으로 한배 수의 함수를 사용하여 모성적응도를 계산하였다(그림 13.28a). 그림 13.28b는 암컷 말벌이 각각의 숙주 종 알에 낳는 실제 한배 수를 가장 생산적인 한배 수와 대비한 그래프이다. 이 데이터는 암컷 말벌들이 다른 숙주에 적절한 방식으로 그들의 행동을 변화시킴을 암시한다. 암컷들은 상대적으로 열악한 숙주에는 적은 수의 알을 낳고 좋은 숙주에는 상대적으로 많은 수의 알을 낳는다. 그러나 많은 새들처럼, 암컷 말벌은 Lack 가설이 예측하는 한배 수보다 더 적은 한배 수를 낳는 경향을 보인다.

왜 암컷 말벌은 예측되는 한배 수보다 일반적으로 적은 한배 수를 낳는가? Charnov와 Skinner는 세 가지 이유를 고려하였다. 이 중 두 가지 이유는 우리가 조류를 대상으로 토의하였던 요인들과 유사하다. 더 많은 한배 수는 Charnov와 Skinner가 그들의 추정에 포함하지 않은 대로 자손의 적응도를 감소시킬 수 있다. 그리고 암컷의 특정 한배에 대한 투자와 그녀 자신의 미래 생존 혹은 생식 능력 간 트레이드오프가 존재한다. Charnov와 Skinner의 세 번째 가설은 기생벌에서 나타나는 새로운 것이다.

조류와 달리, 암컷 기생벌은 연속적으로 하나의 한배보다 많은 한배를 생산할 수 있다. 하나의 한배를 낳은 직후, 암컷 말벌은 기생할 또 다른 숙주를 찾기 시작한다. 한배 수에 관한 말벌 적응도의 적절한 측정은 하나의 한배로부터 얻는 분리된 적응도가 아닐 것이다. 대신에 숙주를 찾아 알을 낳음으로써의 적응도의 증가율일 것이다. 행동 생태학에 친숙한 독자들은 이를 최적섭식설(anoptimal foraging problem)로 인식할 것이다.

그림 13.29는 시간이 경과함에 따라서 암컷 적응도 증가율의 그래프 분석을 나타낸다. 이 그림은 암컷이 숙주 알을 찾기 위해 출발하는 시간부터 다른 숙주를 찾기 위해 숙주 알을 떠날 때까지를 보여준다. 암컷이 숙주 알을 찾는 동안에는, 전혀 적응도의 이득이 없다. 하지만 숙주를 발견하고 숙주 내에서 알을 낳기 시작할 때, 암컷의 적응도가 증가하기 시작한다. 한배의 어떤 지정된 수로부터 얻는 적응도는 Lack 가설의 원래 설명에서처럼 포물선 함수에 의해서 결정된다(그림 13.25). 이 예에서, 암컷이 단지 하나의 알을 낳은 후 새로운 숙주를 찾기 위해서 떠난다면, 첫 번째 숙주로부터 얻는 전체 적응도 이득은 0.9이다. 암컷이 첫 번째 숙주를 찾기 위해 출발하는 시간부터 두 번째 숙주를 찾기 위해 떠날 동안 얻은 평균 적응도 이득률은 0.9에 전체 경과 시간을 나눈 값이다. 이 적응도 이득률은 처음부터 시작하여 하나의 한배 수를 나타내는 지점까지의 대각선 기울

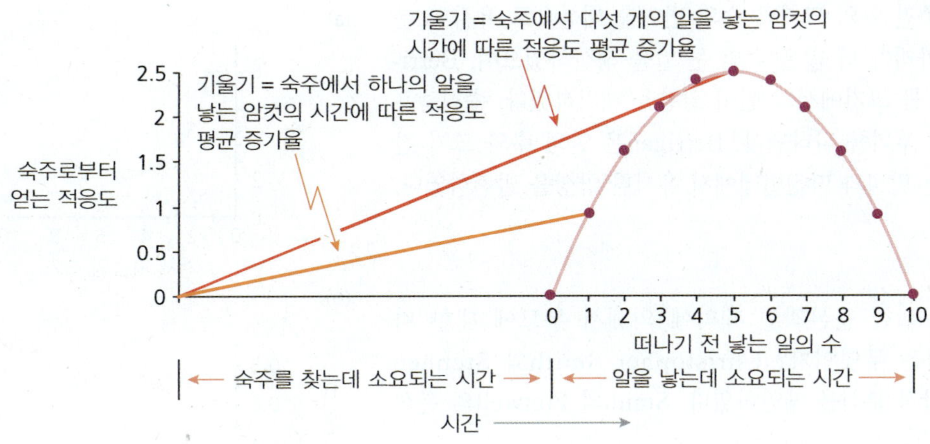


**그림 13.29 숙주를 찾거나 산란하는데 소요되는 시간에 따른 기생 말벌 어미의 적응도 증가율** 가로축은 암컷이 숙주 알을 찾고 알을 저장하는데 소요되는 시간을 나타낸다. 세로축은 생존 자손 단위로서 암컷 적응도를 나타낸다. 붉은 점은 Lack 가설로서 생존 자손 수와 알의 수 간 관계를 나타낸다. Charmov and Skinner (1985)에서.

기와 같다. 이처럼, 암컷이 5개 알을 낳기 위해서 머무르면, 전체 여정 동안 평균 적응도 이득률은 위의 대각선 곡선 기울기로 주어진다. 이 예에서 암컷은 만약 4개의 알을 낳고 떠나면 이 숙주로부터 더 높은 적응도 이득률을 얻을 수 있다. 이는 가장 생산성이 좋은 한배 수보다 하나 적은 알의 수이다. 그러므로 암컷 포식 기생자가 그들의 적응도 증가율을 최대화하는 방향으로 선택된다면, 그들은 Lack 가설이 예측하는 것보다 더 적은 수의 한배 수를 생산할 수 있다.

요약하자면, Lack 가설은 한배 수의 진화적 분석을 위해서 유용한 시발점이다. 단지 한배에서의 자손 수와 자손 개체들의 생존 간 트레이드오프만이 존재한다고 가정하면, Lack 가설은 부모가 생존 자손의 수를 최대화하는 한배 수를 생산할 것으로 예측한다. 이러한 예측은 종종 위배되고, 실제 한배는 전형적으로 기대보다 적은 수의 알을 갖는다. 이러한 위배는 가능한 다른 트레이드오프의 존재를 시사한다. 현재 부모 생식 노력은 아마도 미래 부모 생존 혹은 미래 생식 능력과 부정적으로 관련이 있거나, 한배 수는 자식의 생식능력과 부정적인 상관성을 가질 수 있다. 또는 예측되는 한배 수의 위배는 우리가 부모 적응도를 잘못 측정하였기 때문일 수도 있다는 점을 암시한다.

## 13.4 각각의 자손은 얼마나 큰 몸체를 가져야 하는가?

13.3절에서, 우리는 자손 개체의 크기는 고정적이라고 가정하였다. 우리는 지금 이 가정을 위배될 경우를 생각하고자 한다. 어떤 개체가 한 번의 생식에 특정한 양의 에너지를 투자한다면, 우리는 그 에너지가 많은 수의 작은 자손 혹은 적은 수의 큰 자손을 위하여 투자되는가를 질문할 수 있다.

자손 크기와 수 간 트레이드오프는 본질적인 질문이다. 하나의 파이는 많은 작은 조각 또는 적은 큰 조각으로 자를 수 있지만, 많은 수의 큰 조각으로는 자를 수 없다. 생물학자들은 다양한 분류군에서 크기 대 수의 트레이드오프 실험 증거를 관찰하였다.

예를 들면, Mark Elgar(1990)는 물고기의 26과 문헌으로부터 데이터를 분석하였다(그림 13.30a). 큰 물고기는 보다 많은 한배 수를 생산하였고, Elgar는 통계학적 기법을 이용하여 몸 크기에서 물고기 과간 변이의 영향을 제거하였다. 수직축은 상대적인 한배 수를 나타내거나, 즉 각각의 과간 몸 크기 차이를 보정한 한배당 알의 수이다. 수평축은 상대적인 알의 부피를 나타내거나, 즉 각각의 과간 몸 크기 차이를 보정한 알의 크기이다. Elgar는 한배 수와 알 크기 간 분명한 음의 상관관계를 관찰하였다. 큰 알을 생산하는 물고기는 한배당 더 적은 수의 알을 생산한다.

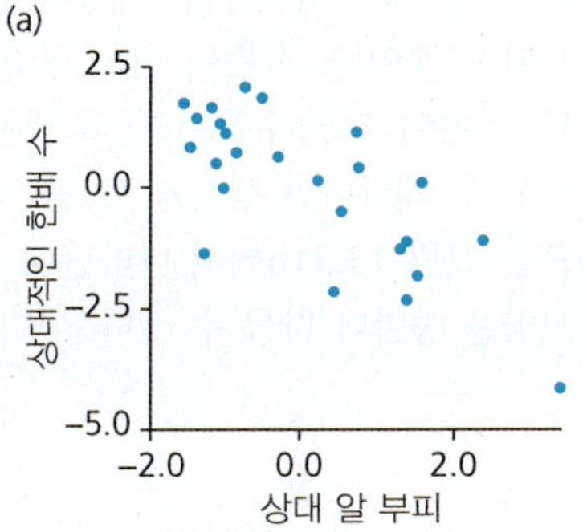


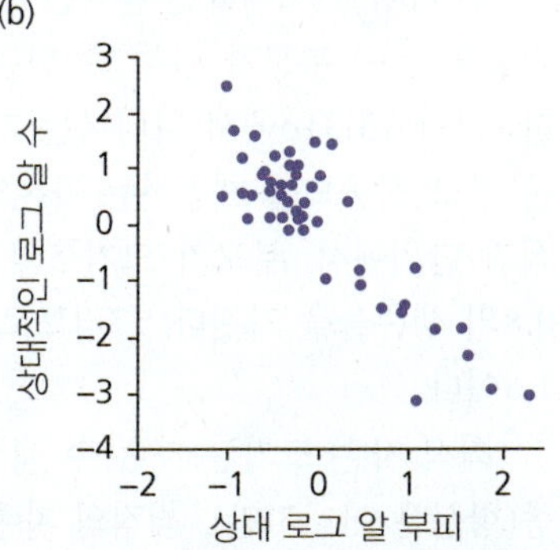


**그림 13.30 여러 분류군에서 나타나는 자손의 크기와 수에서 트레이드오프** (a) 어류 26과에서의 트레이드오프. 알 크기와 수 사이에 음의 상관관계는 통계적으로 유의하다($p < 0.001$). Elgar (1990)에서. (b) 초파리 종에서의 트레이드오프. 음의 상관관계는 유의하다($p < 0.001$). Berrigan (1991)에서 분석된 데이터를 사용하여 David Berrigan에 의해 제공.

David Berrigan(1991)은 초파리 종간 알의 크기와 수의 변이를 대상으로 유사한 분석을 수행하였다(그림 10.30b). 큰 초파리가 더 많은 수의 큰 알을 생산하였으며, Berrigan은 또한 통계학적 기법을 이용하여 몸 크기에서의 변이 영향을 제거하였다. 수직축은 상대적인 알 수; 수평축은 상대적인 알 부피를 나타낸다. Berrigan은 알의 수와 크기 간 분명한 음의 상관성을 관찰하였다. 그는 말벌과 딱정벌레에서 유사한 양상을 발견하였다.

## 자손 크기에 대한 자연선택

자손의 크기와 수 간 균형을 맞추기 위한 근본적인 제약에 의해서 부모에 대한 자연선택이 정해진다면, 최적의 절충점은 무엇인가? Christopher Smith와 Stephen Fretwell(1974)은 이 질문에 대한 수학적 분석을 제안하였다. Smith와 Fretwell의 분석은 두 가지 가정에 근거한다.

첫 번째 가정은 자손의 크기와 수 간 트레이드오프이다. 이 가정을 설명하는 그래프는 **그림 13.31a**에서 나타난다(다음 쪽). 우리가 사용한 단위는 임의적이다. 이 곡선의 모양은 종마다 다를 수 있다. 여기서 우리는 이 방정식을 사용한다.

$$수 = \frac{10}{크기}$$

두 번째 가정은 자손 개체가 더 큰 몸 크기를 가지면 그들이 더 나은 생존 기회를 갖는다는 것이다. 자손이 최소 크기 미만으로는 생존 기회가 없는 몸 크기가 존재해야 한다. 자손이 더 클수록, 그들의 생존율은 올라간다. 생존율이 1에 가까워지면, 생존율이 포화된다. 왜냐하면 생존율은 1을 초과할 수 없기 때문이다. 이러한 가정을 설명하는 그래프는 그림 13.31b에서 나타난다. 또 다시, 우리는 임의적인 단위를 사용한다. 그 곡선의 모양은 종마다 다를 수 있다. 여기서 우리는 이 방정식을 사용한다.

$$생존 = 1 - \frac{10}{크기}$$

두 가정을 고려하면 분석은 간단하다: 특정 크기의 자손을 생산하는 부모의 기대되는 적응도는 이 부모가 만들 수 있는 자손의 수와 어떤 자손 개체들이 생존할 확률의 곱이다. 그림 13.31c에서 나타나는 기대되는 부모 적응도 대 자손 크기의 그래프는 가장 높은 부모 적응도를 제공하는 자손의 크기를 알려준다. 예를 들면, 여기에서 사용되는 방정식과 단위에서, 부모가 크기 5의 자손을 만들면, 그러한 2 자식을 만들 수 있다. 각각은 0.8의 생존율을 가진다. 그러므로 이 한배로부터 부모가 얻는 예상 적응도는 2 × 0.8 = 1.6이다.

최적 자손 크기는 자손 수 대 크기와 자손 생존 대 크기의 관계 곡선에 달려 있다. 종종(항상은 아니지만), 최적의 자손 크기는 중간이다. 우리의 예에서, 부모 적응도는 다섯 자손, 각각 크기 2에서 최대치를 보인다. 중요한 것은 부모에 대한 자연선택은 자손들에 대한 자연선택이 선호되는 크기보다 더 작은 자손을 선호한다는 것이다. 부모와 자손 간 잠재적인 이해 충돌의 발견은 Smith와 Fretwell 모델의 주된 기여이다.

자손 생존곡선의 모양이 특히 중요하다(그림 13.31b). Smith와 Fretwell의 모델에서, 생존율은 자손의 크기에 따라서 증가하지만, 그 증가율은 감소한다: 즉, 자손의 크기가 증가할수록 생존 이득은 점차적으로 감소한다. 이는 가장 높은 부모 적응도를 부여하는 중간 자손 크기로의 예측을 직접적으로 가능케 한다(그림 13.31c). 자손 생존 곡선이 오목 곡선 대신에 선형의 관계를 나타낸다면(Vance 1973), 이 모델은 자연선택이 자손 크기의 극단을 선호할 것으로 예측한다: 어떤 최적의 중간 자손 크기보다는 발달이 가

(a)
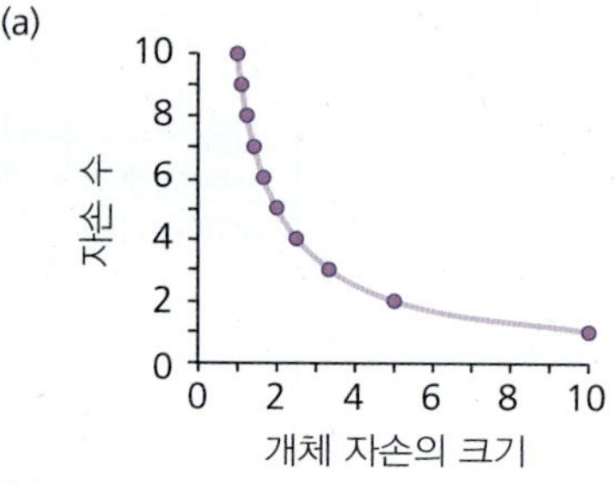


(b)
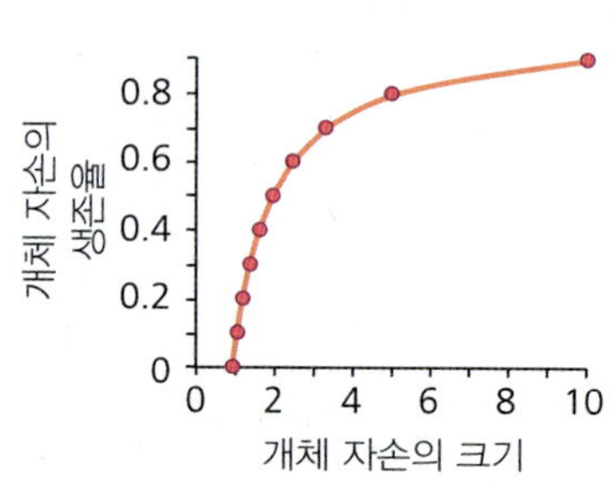


(c)
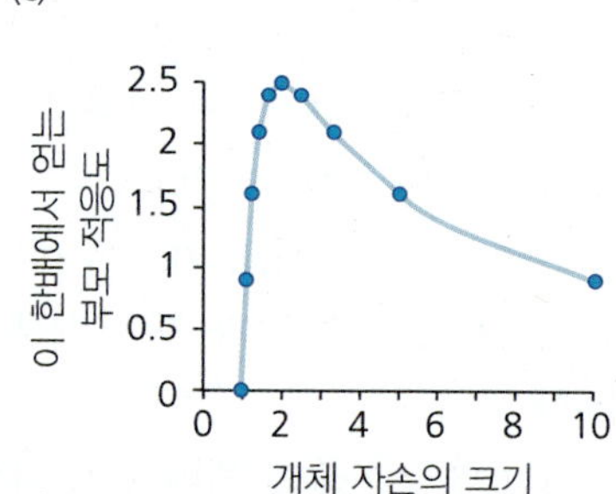


**그림 13.31 자손 크기와 수 간 최적의 절충** (a) 가정 1: 자손의 크기와 수 간 트레이드오프가 존재한다. (b) 가정 2: 최소 크기보다 클 경우는, 개체 자손이 생존할 확률은 그 크기의 증가함수이다. (c) 분석: 어느 주어진 크기의 한 배에서 태어난 자손으로부터 얻는 부모 적응도는 그 배 자손 수와 어떤 개체 자손이 생존할 확률의 곱이다. Smith and Fretwell (1974)에서.

능한 가장 작은 자손, 혹은 암컷이 생산할 수 있는 가장 큰 자손일 것이다(Levitan 1993, 1996; Podolsky and Strathmann 1996 참조).

오직 집단 내에 부모 간 자손 크기에 상당한 변이가 존재한다면 Smith와 Fretwell의 분석을 테스트할 수 있다. 자손 크기의 변이는 대부분의 종에서 상대적으로 적다(Stearns 1992). 우리는 Smith와 Fretwell 분석의 가정과 결론 둘 다 확인한 두 연구를 검토하고자 한다. 하나의 연구에서는, 연구자들이 물고기 집단에서 알 크기의 큰 변이를 이용하였다. 또 다른 연구에서는, 연구자들이 딱정벌레에서 알 크기의 표현형적응성(phenotypic plasticity)을 이용하였다.

**생물들은 많은 수의 낮은 질의 자손을 생산하거나 혹은 적은 수의 높은 질의 자손을 생산하는 트레이드오프에 직면한다. 부모에 대한 자연선택은 자손의 질과 양 간 절충을 선호하지만, 개체자손에 대한 자연선택은 높은 질을 선호한다.**

## 어류 집단에서 자손 크기에 대한 자연선택

Daniel Heath와 동료들(2003)은 캐나다 브리티시컬럼비아 주에 위치한 부화장에서 치누크 연어(chinook salmon)(*Oncorhynchus tshawytscha*)를 연구하였다. 성체 연어가 부화장으로 돌아올 때, 연구자들은 암컷으로부터 알을 수확하여 수컷들의 정자와 수정시켰다. 치어가 깨어나 한동안 성장 후 다시 자연하천으로 방사하였다. 치어가 성숙하면, 그들은 생활 주기를 지속하기 위하여 부화장으로 돌아온다. 부화장에서 암컷 연어에 의해 생산되는 알은 무게가 0.15그램 이하에서 0.30그램 이상까지의 범위를 보인다.

Heath와 동료들은 암컷 개체 수준에서 Smith와 Fretwell의 첫 번째 가정을 테스트하였다. **그림 13.32a**의 그래프는 암컷의 상대적인 생식력(relative fecundity)—즉, 몸무

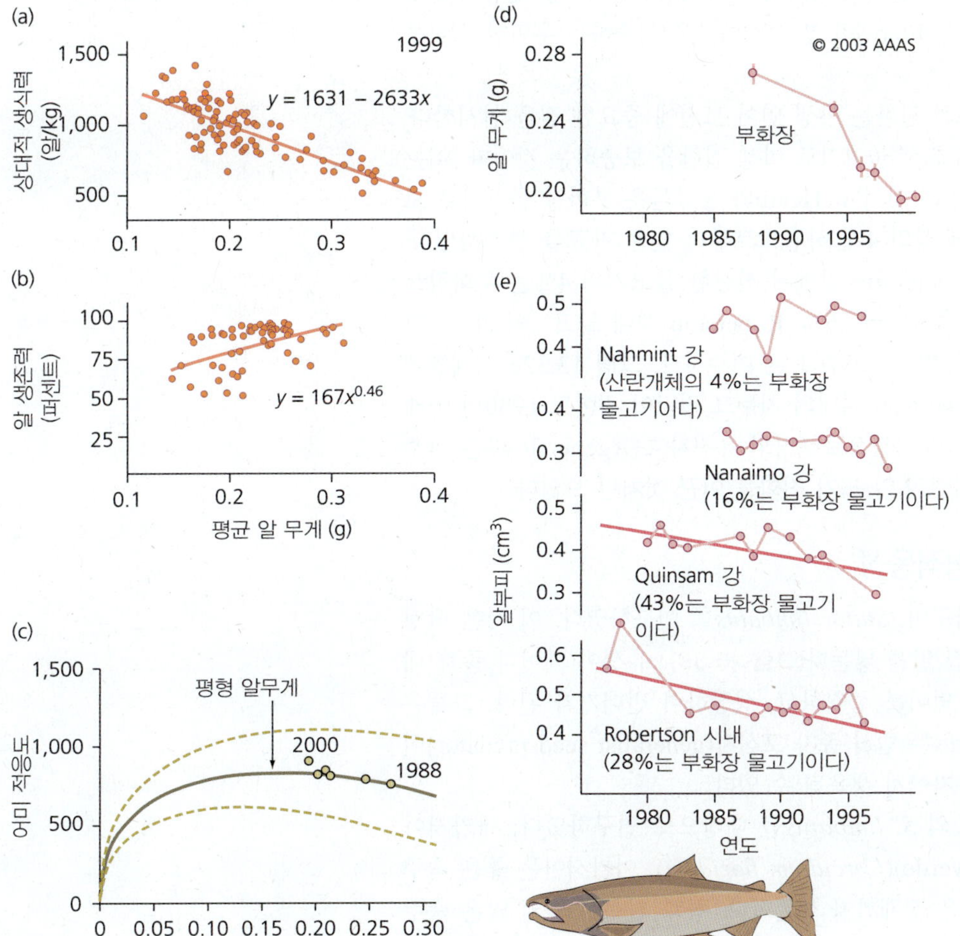


**그림 13.32 부화장 연어에서 감소되는 알 크기의 진화** (a) 무게의 영향을 제거하면, 암컷 연어는 알의 수 대 크기 간 트레이드오프에 직면한다. (b) 자손 생존은 알 크기가 커짐에 따라서 증가한다. (이 곡선이 선형으로 보일지라도, 등식에 의한 멱함수이다) (c) 상대적 생식력과 자손 생존의 결과물인 어미 적응도는 중간 알 크기에서 최대이다. 하지만 부화장 연어의 최적 알 크기는 야생 연어에 비해서 더 작다. 점들은 각각 여러 해 동안 최근에 확립된 부화장 집단 연어의 평균치를 나타낸다. (d) 부화장 집단에서 평균 알 크기는 단지 몇 해 동안 더 작은 크기로 진화하였다. (e) 알의 크기는 또한 부화장 집단으로부터 상당한 수의 이입자를 받은 야생집단에서도 감소하였지만(Quinsam 강과 Robertson 시내), 부화장 집단으로부터 상대적으로 적은 수의 이입자를 받은 야생집단에서는 안정적으로 유지되었다(Nahmint 강과 Nanaimo 강). Heath et al. (2003)에서.

게 킬로그램당 암컷이 낳는 알의 수—과 암컷 알의 평균 크기 간 관계를 나타낸다. 연구자가 분석한 연도와 또 다른 3년 동안 알의 크기와 수 간 트레이드오프가 존재하였다.

Heath와 동료들은 치어 개체들의 운명을 추적하여 Smith와 Fretwell의 두 번째 가정을 테스트하였다. 그림 13.32b의 그래프는 치어가 깨어 나온 알 무게 함수로서의 생존율을 나타낸다. 연구자가 분석한 연도와 또 다른 3년에서 더 큰 자손일수록 더 높은 생존율을 나타내었다. 게다가, 생존과 크기 간 관계는 Smith와 Fretwell이 가정한 오목곡선을 나타내었다.

어떻게 알의 크기 대 수 간 트레이드오프와 치어에 대한 자연선택을 결합하여 어미에 의해 생산된 알 크기에 대한 자연선택을 설명할 수 있을까? Heath와 동료들은 그림 13.32a 적합곡선과 그림 13.32b 적합곡선을 곱하여 어미적응도(maternal fitness)와 알 크기 간 관계를 추정하였다. 그 결과는 그림 13.32c에서 보여준다. 암컷 적응도는 중간 알 크기에서 최적이다. 부화장에서 생식하는 암컷의 최적 알 크기는 단지 0.15그램을 상회한다.

부화장 암컷의 최적 알 크기는 야생의 암컷 최적 알 크기보다 작다고 판명되었다. 왜냐하면 부화장은 어린 치아들에게 안전한 환경을 제공하기 때문이다. 특히, 작은 치어가 자연하천에서 보다 부화장에서 좀 더 생존할 가능성이 있을 것이다. 작은 치어가 좀 더 생존하게 되면, 많은 수의 작은 치어를 생산하는 암컷이 더 높은 생식성공을 가진다. 이러한 발견은 Heath와 동료로 하여금 1980년대 후반 야생으로부터 확립된 부화장 집단은 더 작은 평균 알 크기로 진화할 것이라는 예측을 가능케 하였다. 부화장 데이터는 그림 13.32c의 측정 점과 그림 13.32d의 시계열에서 나타나는 것처럼 이 예측을 입증하였다. 달리 말하면, 상업적 부화장은 Smith와 Fretwell 분석의 예측을 입증하는 우연한 실험을 수행했었던 것이다.

부화장 집단의 더 작은 알 크기로의 진화는 야생 연어 보전에 중요한 점을 암시한다. 연어를 위한 일반적인 보전 전략은 부화장 물고기로 야생 집단을 보충하는 것이다. 이는 부화장 집단을 야생집단으로 이주시키는 것이다. Heath와 동료들은 부화장 물고기로 보충된 치누크 연어가 서식하는 밴쿠버 섬의 4개 하천으로부터 얻은 자료를 분석하였다. 보충된 양은 이 4개 하천 간 다르다: Nahmint 강에서 산란한 물고기의 4%는 부화장으로부터 온 이주자이고, Nanaimo 강 물고기의 16%, Roberston 시내 물고기의 28%, 그리고 Quinsam 강 물고기의 43%가 부화장으로부터 온 이주자다. 그림 13.32e 시계열에서 보이는 것처럼, Quinsam 강과 Robertson 시내의 치누크 집단이 적어도 1980년 이래로 더 작은 알 크기로 진화되어 왔다. 부화장으로부터의 유전자흐름(gene flow)은 아주 많이 보충된 야생 치누크 집단에서 차선의 알 크기 진화를 이끈 것처럼 보인다.

## 딱정벌레에서 알 크기의 표현형적응성

Charles Fox와 동료들(1997)은 콩바구미, *Stator limbatus*를 연구하였다. 이 작은 딱정벌레의 암컷은 숙주 종자 표면에 직접 알을 낳는다**(그림 13.33)**. 유생이 깨어나 종자 내부로 파고든다. 내부에서 그 유생은 먹이를 섭취하고, 성장하여 번데기가 된다. 그들은 종자로부터 성체로 나온다. *S. limbatus*는 범식 종자 포식자(generalist seed predator)이다; 50종보다 많은 다른 숙주 종의 종자에서 생육될 수 있다.

Fox와 동료들은 두 자연 숙주 종의 *S. limbatus*를 대상으로 연구하였다: 아카시아(*Acacia greggii*)와 콩과 관목(palo verde)(*Cercidium floridum*). 아카시아는 좋은 숙주이다; 이 종자에 사는 대다수의 유생은 성체까지 생존한다. 콩과 관목은 좋지 않은 숙주이다; 이 종자에 사는 유생 중 절반보다 적은 유생이 생존한다. 우리가 이러한 다른 질의

**그림 13.33 콩바구미, *Stator limbatus*** 이 암컷은 catclaw 아카시아(*Acacia greggii*)와 푸른 콩과 관목 palo verde(*Cercidium floridum*)의 씨앗에 알을 낳을 장소를 찾는다. Timothy A. Mousseau, University of South Carolina의 사진.

숙주를 Smith와 Fretwell 분석에 추가하면, 명확한 예측을 할 수 있다: 암컷은 좋은 숙주에서보다 나쁜 숙주에서 더 큰 알을 낳는다. 자연선택이 다른 시간과 장소에서 다른 표현형을 선호할 때, 생물개체들은 때때로 표현형적응성으로 진화한다는 것을 상기해라(10장). Smith와 Fretwell 분석은 *S. limbatus*가 알 크기에서 표현형적응성을 보여야 한다고 예측한다.

그림 13.34는 그 이유를 설명한다. 이전처럼, 우리는 자손의 크기와 수 간 트레이드오프를 가정한다(그림 13.34a). 전처럼, 우리는 자손개체가 그 미만에서는 생존할 수 없는 최소 크기가 존재한다고 가정한다. 이 크기보다 크면, 어떤 자손 개체가 생존할 확률은 증가함수로 나타낸다. 전과 다르게, 우리는 이 관계를 설명하는 두 곡선을 가진다: 하나는 좋은 숙주이고 다른 하나는 나쁜 숙주이다(그림 13.34b). 자손 생존을 위한 최소 크기는 좋은 숙주에서 더 작다. 그리고 생존은 최소치 이상이면 모든 크기에서 좋은 숙주에서가 더 높다. 우리가 주어진 크기의 자손 한배에서 얻는 부모 적응도를 계산하면-그 한배의 자손 수와 그들 생존율의 곱으로-우리는 또한 두 곡선을 얻는다(그림 13.34c). 이 분석은 어미의 최적 자손 크기는 좋은 숙주에서보다 나쁜 숙주에서 더 큰 것을 나타낸다.

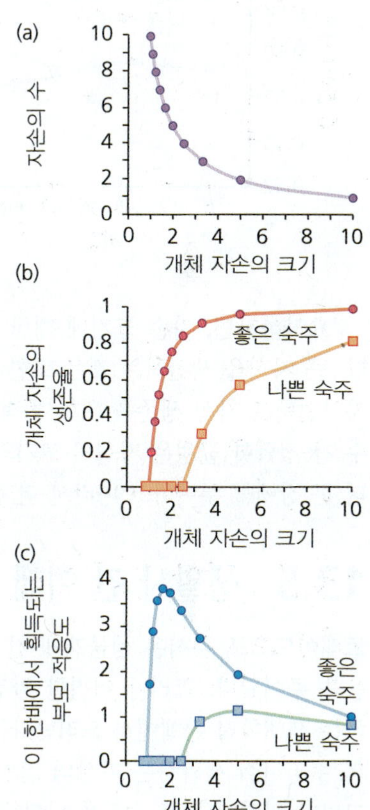


**그림 13.34 자손의 크기와 숙주의 질** (a) 가정된 수 대 크기 트레이드오프. (b) 가정된 생존 양상 대 크기. (c) 한배당 부모 적응도 대 자손 크기. Smith and Fretwell (1974)에서.

Fox와 동료들은 예측한대로 암컷 *S. limbatus*는 그들이 알을 저장하는 숙주에 그들이 낳는 알의 크기를 조절하는 것을 관찰하였다. 연구자들이 같은 집단으로부터 새로이 출현한 암컷을 선택하여 그들에게 단지 한 종류의 종자를 주면, 콩과 관목 종자(나쁜 숙주)가 주어진 암컷이 아카시아 종자(좋은 숙주)가 주어진 암컷보다 통계적으로 유의하게 더 큰 알을 낳았다**(그림 13.35a)**. Smith와 Fretwell의 가정 1을 입증하듯이, 이러한 큰 알은 생애 동안 더 적은 수의 알을 희생하고 나온 결과이다(그림 13.35b).

나쁜 종자에 낳는 암컷에서 더 큰 알의 생산은 적응성이다. Fox et al.은 좋은 종자의 암컷들을 첫 번째 알을 낳을 때까지 유지하고, 그 후 그들을 나쁜 종자로 옮김에 의해서 암컷들을 나쁜 종자에 작은 알을 낳게 큼 조작하였다. 나쁜 종자의 작은 알로부터 깬 유생의 단지 0.3%만 성체까지 살아남은 반면, 나쁜 종자의 큰 알에서 깬 유생의 24%가 생존하였다($p < 0.0001$). Smith와 Fretwell의 가정 2를 입증하듯이, 심지어 나쁜 종자의 큰 알 간에도, 알부터 성체까지 생존율은 알의 크기와 양의 상관관계를 보였다. 좋은 종자에 낳는 암컷에서도, 작은 알의 생산은 적응성이다. 좋은 종자에서 깨어난 거의 모든 유생이 생존하는 점을 고려하면, 더 많은 작은 알을 생산하는 암컷들이 더 높은 생애 생식 성공을 가진다.

Fox와 동료들은 심지어 하나의 숙주에 적절한 크기의 알을 낳기 시작하는 암컷개체들을 다른 숙주로 바꾸어주면 그들의 알 크기를 다시 조정할 수 있음을 보여주었다(그림 13.35c). 한 종류의 종자에서 남겨진 대조군 암컷들은 지속적으로 생애 동안 크거나 혹은 작은 알을 생산하였다(그림 13.35d).

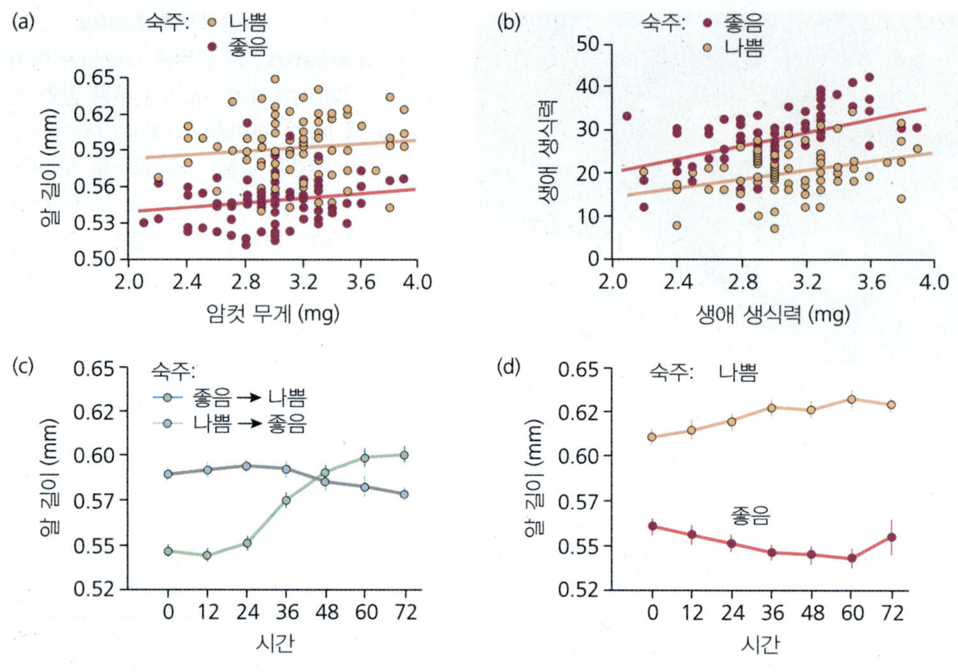


**그림 13.35 콩바구비(*Stator limbatus*)에서 알 크기의 표현형적응성** (a) 콩과관목(*Cercidium floridum*)에 낳는 암컷은 그들의 크기에 비해 더 큰 알을 낳는다($p < 0.001$). (b) 아카시아(*A. greggii*)에 낳는 암컷은 그들의 크기에 비해 더 높은 생식력을 가진다($p < 0.001$). (c) 첫 알을 낳고 새로운 숙주로 옮겨간 후 72시간 동안 알 크기 대 시간. (d) (c)를 위한 대조 실험. 암컷은 생애 동안 한 종류의 씨앗에 머물렀다. Fox et al. (1997)에서.

요약하자면, 자손 크기에 대한 자연선택은 종종 부모와 자식 간 이해 충돌을 포함한다. 큰 자식을 생산하는 것은 또한 적은 수의 자식 생산을 의미하기 때문에, 부모에 대한 자연선택은 자식 생존을 위한 최적의 크기보다 더 작은 크기의 자식을 선호한다. 크기와 수 간 정확한 균형은 자식의 크기와 생존 간 관계에 달려 있다. 나쁜 환경은 자식 생존에 더 큰 장애를 부여하고 따라서 더 큰 자손을 선호한다.

## 13.5 생활사 간 이해 충돌

트레이드오프 분석은 생물개체 간 기이한 생활사 다양성의 많은 부분을 설명하는 데 도움을 주어왔다. 그러나 이러한 관점은 각각의 생물개체의 생활사가 다른 개체들을 포함하는 생태학적 관계에서 드러난다는 사실을 때때로 모호하게 한다. 예를 들면, 그림 13.2의 주머니쥐 생활사는 가상의 암컷에 의한 생식을 나타내지만, 자손을 생산하기 위하여 그녀가 짝짓기 하는 수컷을 나타내지는 않는다. 이러한 단순화는 수컷은 단지 정자 제공자이고 자손 생산에서 그들의 관심은 암컷의 관심과 같다는 것을 시사한다. 사실, 수컷과 암컷의 생식 관심은 종종 다르다. 이 절에서는 우리는 두 가지 그러한 이해 충돌과 진화적 결과에 대하여 토의하고자 한다.

### 배우자 간 유전적 갈등: 유전체 각인(genomic imprinting)

태반을 통하여 자식에 영양분을 제공하는 주머니쥐와 다른 포유류는 암컷(자식을 양육하는)과 수컷(자식을 양육하지 않는)의 생식 관심 간 갈등의 놀라운 기회를 제공한다. 아비 대 어미로부터 유전된 하나의 포유류 유전자 복사본을 생각해보자. 왜 이러한 대립유전자가 갈등을 갖는가? 대다수의 포유동물은 암컷이 생애 과정에서 많은 다른 수컷들로부터 자식을 가진다. 사실 다른 아비의 자식이 종종 같은 시기에 태어난 새끼들에서 관찰된다. 어미는 이 자식들 각각과 동등하게 관련되어 있기 때문에, 자연선택은 각각에 그녀의 생리적 투자를 동등하게 하는 것으로 작용한다. 자연선택은, 다른 한편으로는 어미로 하여금 다른 수컷들의 자식을 희생하여 자기 자식에 더 열심히 투자하게끔 강요할 수 있는

**다른 수컷이 동일한 한배 내 자손에 아비가 될 때, 그 아비와 어미의 생식 관심사는 충돌한다.**

아비를 선호할 것이다.

이러한 예측과 일치하여, 포유류에서는 적어도 몇몇 유전자들은 생화학적으로 표지(또는 각인)되어 있어 부성과 모성 대립유전자가 구별 가능하다(Barlow 1995). 대립유전자의 이러한 표지는 배우체 생식 동안 고환과 난소에서 일어난다. 각인은 수정 후 배세포 내에서 각인된 유전자의 차후 전사에 영향을 미친다. 인슐린 유사 성장인자 II(insulin-like growth factor II, IGF-II)라 불리는 호르몬의 부계 대립유전자는, 예를 들면 쥐에서 널리 발현되는 반면에 모계 대립유전자는 거의 전사되지 않는다. 이는 이배체 생물 유전자 발현에서 놀라운 양상이다. 왜냐하면 자연선택은 두 대립유전자 모두의 동등한 발현을 선호하기 때문이다. 동등한 발현은 자식이 하나의 대립유전자의 기능을 간섭하는 해로운 열성 돌연변이의 영향으로부터 보호한다(Hurst 1999). 특히 같은 유전자의 부계 대립유전자가 활발히 전사될 때, 왜 어미는 그녀 자식에서 이 유전자의 전사를 줄이기 위하여 그녀의 IGF-II 대립유전자를 각인해야 하는가?

**유전체 각인은 수컷과 암컷 대립유전자가 다른 화학적 마커를 갖고 서로 다르게 전사될 때 발생한다.**

그 해답은 IGF-II의 기능과 IGF-II와 다른 분자들과의 상호작용에 달려 있다. 이 호르몬은 세포분열의 일반적인 자극제이고 type-I IGF II 수용체로 불리는 세포표면 단백질을 통하여 작용한다. 그러나 쥐에서 또 다른 풍부한 세포표면 단백질이라고 불리는 cation-independent mannose-6-phosphate receptor(CI-MPR)은 IGF-II 결합부위를 또한 가진다(이 다른 결합부위를 type-2 수용체라 부른다). CI-MPR의 기능은 성장과 전적으로 무관하고, 쥐의 배에서 이는 모계 대립유전자만이 단지 전사된다.

David Haig와 동료들은 호르몬, 수용체 및 전사양상의 이러한 기괴한 배열은 자궁 내에서 모계와 부계 대립유전자의 관심 간 줄다리기 결과라고 제안한다. 이 해석에 따르면, 부계로 전사되는 IGF-II는 발달하는 배에서 세포분열의 속도를 최대화하기 위하여 선택된다. 이는 성장률을 증가시키고 어미 자원의 흐름을 태반을 통하여 배에게로 독점시킨다. 모계 IGF-II 대립유전자는 미래 생식을 위한 자원을 보전하기 위해서 꺼진다. 반대로, 모계로 전사되는 type-2 수용체는 부계 호르몬의 과잉을 무력화하고, IGF-II 과잉 전사 영향을 경감시켜서 자원의 흐름을 다른 배에게 동등하게 투자하는 반면, 부계 type-2 수용체 대립유전자는 꺼짐으로써 어미에게 아비 IGF-II 호르몬의 영향을 최대화한다(Haig and Graham 1991; Moore and Haig 1991).

이 해석과 일치하여, CI-MPR은 닭과 개구리에서는 IGF-II를 무력화시키지 않는다; 이들의 배는 수정 전 주어진다. 닭과 개구리 아비는 자식 간 어미 자원의 분배를 조작할 기회가 없다. 이는 포유류의 type-2 수용체가 태반의 출현 이후, 모든 자식 간 어미 자원의 동등화를 선호하는 자연선택에 반응하여 진화되어 왔다는 암시를 준다. 유전체 각인은 또한 현화식물에서 입증되었고, 내배유(endosperm)라 불리는 영양조직의 진화에서 중요하였을지 모른다(Haig and Westoby 1989, 1991 참조).

유전체 각인의 Haig 가설에 따른 정성적인 예측은 각인에서 정량적 변이가 일어나는지 여부와 각인이 일어나기 위해서는 다중 부계(multiple paternity)가 필수적인지에 관한 약간의 논쟁이 있음에도 불구하고 일반적으로 입증되었다(Haig 1999; Hurst 1999; Spencer et al. 1999). 예를 들면, 대립유전자는 "켜지거나" 혹은 "꺼지기"보다는 전사의 양이 다를 수 있다. 각인은 포유류 유전체에서 널리 퍼져 있다고 알려져 있고(Spencer et al. 1999 문헌 참조), 각인 기작의 자세한 점과 각인된 대립유전자 간 상호작용은 유전자와 종마다 다를 것이다.

마지막으로, 포유류가 태반 발달로 진화한 유일한 동물은 아니라는 점을 언급하는 것은 중요하다. 예를 들면, 도마뱀(Guillette and Jones 1985), 상어(Wourms 1993)와 수많은 해양무척추동물 그룹(Strathmann 1987)은 어미 몸과 내부에 품은 자식 간 물질을 수송할 수 있는 태반과 유사한 구조로 진화하였다. Haig 가설은 각인된 유전자는 이들 그룹에서 발견되어야 하고, 이들은 한배새끼 내 자식 간 어미 자원 경쟁의 충돌을 중재하는 유전자들일 것이라고 예측하였다. 그러나 이 가설은 이들 그룹에서 아직 테스트되지 않았다(Spencer et al. 1999).

## 배우자 간 생리 갈등: 성적 공진화

이전에 우리는 서로 서로의 영향에 대항하여 어느 한 쪽도 적응도에서 순수 이득을 보이지 않는 숙주와 병원체 같은 경쟁하는 종들에서 발생하는 적응개념을 소개하였다(8장). 이러한 상황에서는, 적응도는 집단에 작용하는 자연선택의 본질이 주로 다른 생물개체와의 상호작용과 그들의 적응에 의해서 결정되는 환경의 변동 평형(dynamic equilibrium) 주위에서 진화한다(Van Valen 1973).

이러한 생각은 또한 종 내에서 일어나는 생활사 진화로 확장될 수 있다. William Rice와 동료들에 의한 실험은 수컷과 암컷 초파리의 생식 관심이 다르면, 성 선택(sexual selection)이 하나의 성에서 발생하는 적응을 선호하지만, 실제로 또 다른 성에는 해롭다는 것을 보여주었다. 이러한 적응의 하나는 산란율 혹은 다른 수컷과 다시 교배하는 경향과 같은 암컷 행동에 영향을 주는 방향으로 진화해온 수컷 정액의 생화학적 특징이 포함된다(Fowler and Partridge 1989). 이러한 영향은 그의 배우자가 다수의 파트너를 갖는 경향이 있다면 수컷에게 이득을 부여한다. 왜냐하면 이러한 적응은 그의 정자에 의해서 수정되는 알의 수를 증가시켜주는 경향이 있기 때문이다. 그러나 이와 같은 정액은 유독하고 암컷의 치사율을 증가시킨다(Fowler and Partridge 1989). 유독한 영향은 그 다음 암컷 간 저항성의 진화를 선호하게 되고, 그 후 암컷 저항성을 극복하기 위한 수컷 간 더 극도의 적응이 따른다. 이러한 반복되는 과정을 쫓아내는 성 선택이라고 부른다(Rice 1987; Rice and Holland 1997; Holland and Rice 1998).

**배우자가 한 상대하고만 짝짓기 하지 않을 때, 하나의 성에 최적의 생활사 전략은 다른 성에는 차선일 수 있다.**

이러한 종류의 적대적인 성 적응의 직접적인 증거는 Rice(1996)에 의해서 수행된 실험으로부터 왔다. 이 실험에서, 수컷 초파리는 암컷과의 짝짓기를 위해 서로 경쟁하였다. 암컷은 거꾸로 다수의 배우자와 짝짓기를 할 수 있었다. 수컷 간 경쟁은 같은 암컷과의 재짝짓기의 높은 비율과 유독성이 높은 정액과 같은 형질에 대한 자연선택을 초래하였다. 하지만 단지 수컷 자식만이 실험 교배의 각 세대로부터 유지되었다. 자연선택의 각 단계 후 선택된 수컷은 짝짓기를 위한 경쟁이 발생하지 않는 대조군 그룹의 암컷과 짝짓기를 시켰다. 이런 방식으로, Rice는 수컷 성 적응에 대응하는 암컷을 일정하게 유지시킨 반면, 선택된 수컷은 암컷 방어를 극복하기 위하여 서로 간 경쟁시켰다.

그러한 자연선택의 31~41세대의 결과는 그림 13.36에서 나타낸다. 대조군 수컷과 비교하여, 선택된 수컷은 더 높은 적응도를 가졌다(그림 13.36a의 순수 적응도 분석에서 보이는 수컷당 더 많은 아들). 그림 13.36a의 오른쪽 자료는 두 가지 형질이 선택된 수컷의 더 높은 적응도에 기여한다는 것을 보여준다. 그들은 동일한 암컷과 재짝짓기하는 경향을 보였고, 암컷은 다른 수컷과 재짝짓기할 때 더 높은 비율의 알을 수정시켰다(방어분석, 그림 13.36a). 수컷 생식 성공에 대한 이득은 그러나 암컷의 비용에서 왔다: 41세대 자연선택 후, 선택된 수컷과 짝짓기 하는 암컷의 치사율은 선택되지 않은 수컷과 짝짓기 하는 암컷의 치사율보다 대략 50% 높았다(그림 13.36b). 이 실험은 수컷과 암컷은 생식 군비 경쟁에 관여하고 암컷의 대책을 막으면 수컷이 승리하는 것을 시사한다.

하지만 이러한 결과는 특정 교배 체계에서만 해당되는 것을 인정하는 것은 중요하다. 많은 세대 동안 같은 집단으로부터의 초파리를 일부일처를 강요함에 의해서, Holland와 Rice(1999)는 적대적 성 적응의 결과는 실제로 반대일 수 있음을 보여주었다: 초파리의

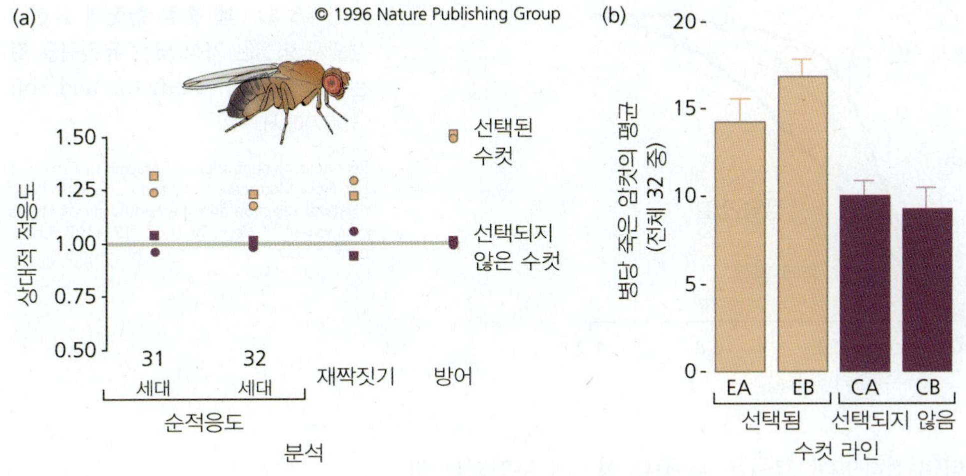


**그림 13.36 초파리에서 길항적 성선택** (a) 짝짓기 경쟁력에 선택된 수컷 대 선택되지 않은 수컷의 아비당 아들, 재짝짓기율과 방어. 조건당 두 집단에서 31과 32세대 후 측정되었다. (b) 41세대 후 선택된 수컷(EA와 EB)과 짝짓기한 암컷은 선택되지 않은 수컷(CA와 CB)과 짝짓기한 암컷에 비해서 더 높은 치사율을 보였다($p$ = 0.0194). Rice (1996)에서.



일부일처제 혈통은 수컷에서 더 낮은 유독성을 갖는 정자와 암컷에서 정자 유독성에 더 낮은 저항성으로 진화하였다. 이러한 결과는 수컷과 암컷 적응도 간 새로운 관계를 고려하면 이해가 된다: 단지 하나의 생애 배우자를 갖는 수컷은 자식을 생산하는 오직 그 암컷의 적응도에 달려 있고, 그들은 다른 수컷에 의해서 바람나는 것에 대한 공포가 없다. 이러한 수컷들은 그들 자신의 적응도를 증가시키기 위해서 덜 해로운 생활사 형질로 진화한다. 유독한 수컷 정액(혹은 다른 수컷 생활사 형질)에 대항하는 암컷에 의해 진화된 방어는 수컷이 더 온화한 형질로 진화함에 따라서 덜 이롭게 된다. 암컷 저항이 시간 혹은 에너지 측면에서 비용이 많다면, 저항 형질은 자연선택에 의해서 도태될 것이다(Holland and Rice 1999).

# 13.6 보다 광범위한 진화적 맥락에서의 생활사

이 장의 마지막 절에서, 우리는 생활사를 보다 광범위한 진화적 맥락에서 고려해보고자 한다. 우리는 생활사 형질에서 유전적 변이의 유지와 소진화와 대진화 과정에서 생활사 변이의 중요성을 지적한 연구의 예시를 간략히 소개하고자 한다.

## 유전적 변이의 유지

어떤 형질에 대한 자연선택은 그 형질의 유전적 변이를 감소시킨다(Fisher 1930). 간단한 예시는 그 이유를 설명한다(Roff 1992). 적응도와 연관된 하나의 형질에 집합적으로 영향을 미치는 각각 두 개의 대립유전자를 가진 일련의 유전자들을 상상해보자. 각각의 유전자좌위에서 하나의 대립유전자("0")는 그 형질에 기여하여 0 단위를 개체의 적응도에 추가하는 반면, 또 다른 대립유전자("1")는 1 단위를 개체 적응도에 기여한다. 가장 높은 적응도를 갖는 유전자형은 모든 유전자좌위에서 대립유전자 "1"의 동형접합성이다. 시간이 경과함에 따라서, 자연선택은 모든 유전자좌위에서 "1" 대립유전자의 고정을 초래하고, 그 형질에서 더 이상 유전적 변이가 존재하지 않을 것이다.

생활사 형질은 적응도와 밀접한 상관관계가 있고 상대적으로 낮은 유전력을 가진다.

생활사 형질은 그들의 생식과의 높은 관련성 때문에, 행동학적, 생리학적, 또는 형태학적 형질을 포함하는 다른 종류의 형질보다 적응도에 더 긴밀하게 상관관계가 있다(Mousseau and Roff 1987). 결과적으로, 생활사 형질은 다른 종류의 형질보다 더 낮은 유전적 변이—더 낮은 유전력(heritability)—를 보인다(유전력에 관한 토론, 9장 참조).

이 가설을 시험하기 위해서, Mousseau와 Roff(1987)는 다양한 형질에 대한 유전력

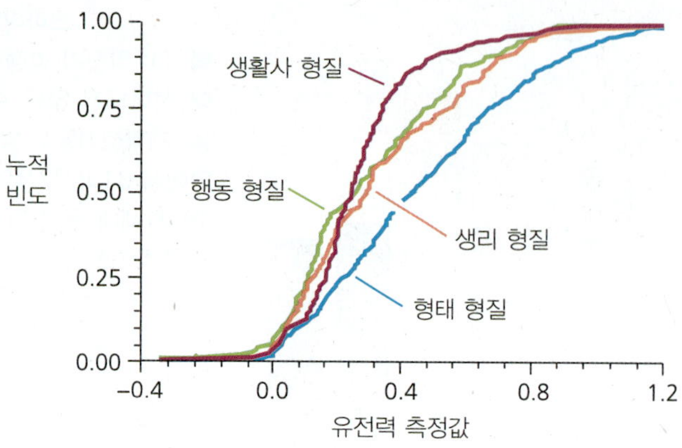


**그림 13.37 네 종류 형질의 유전력** 생활사 형질은 가장 낮은 유전력을 갖는 경향이 있다. Mousseau and Roff (1987)에서.



의 1,120 측정치 샘플을 문헌으로부터 수집하였다. 그들은 네 종류 형질의 누적되는 빈도 분포를 그래프로 나타내어 이들의 자료를 요약하였다. 누적 빈도 분포는 막대그래프의 막대 높이를 가로지르는 합산된 총계이다. 누적 빈도 분포에서 곡선이 더 빠르게 1로 올라갈수록, 막대그래프의 평균은 더 낮아진다. Mousseau와 동료들은 생활사 형질, 행동적 형질, 생리적 형질 및 형태적 형질로부터 측정된 유전력을 비교하였다. 그들은 생활사 형질이 실제로 가장 낮은 유전력을 갖는 경향이 있다는 것을 발견하였다(그림 13.37, 다음 쪽). 이 결과는 우리의 간단한 이론으로부터의 기대와 일치하였다(다른 해석을 위해서는, Price and Schluter 1991 참조).

그럼에도 불구하고, Mousseau와 Roff의 검토는 생활사 형질은 전형적으로 상당한 유전적 변이를 갖는다고 기록하였다. 어떤 진화적 힘이 집단에서 유전적 변이를 유지하게 하는가? 가능성의 목록은 돌연변이, 이형접합자 우세, 빈도 의존적 선택, 다른 유전자형이 다른 환경 혹은 다른 시간에서 더 높은 적응도를 갖는 유전자형과 환경과의 상호작용을 포함한다(6~10장 참조).

**그림 13.38 멍게, *Botryllus schlosseri* 군체** University of California-Davis, Richard K. Grosberg의 사진

Richard Grosberg(1988)은 멍게, *Botryllus schlosseri* 집단에서 생활사 형질에서 유전적 변이의 유지에 관하여 연구하였다(그림 13.38). *B. schlosseri*는 온대의 얕은 해양에서 딱딱한 기질에 부착하여 살아가는 군체 동물이다. 군체는 많은 동일한 기본단위로 구성된다. 하나의 군체에서 기본단위는 생리적으로 연결되어있고, 그들의 생활사는 동시에 발생한다.

Grosberg가 연구한 집단은 두 가지의 독특한 생활사형을 포함한다. 하나의 형은 **일회생식성(semelparous)**이다: 성 성숙에 다다르자마자 곧 군체의 모듈은 한번 생식하고 죽는다. 다른 형은 **연속모듬생식성(iteroparous)**이다: 군체는 적어도 그들이 죽기 전에 3번의 성 생식을 갖는다. 동일한 환경에서 멍게를 키워 서로 다른 형을 교배시키는 일련의 실험에서, Grosberg는 이 두 형이 유전적으로 결정됨을 증명하였다.

무엇이 이 멍게 집단에서 생활사형 유전적 변이를 유지시키는가? Grosberg는 2년 동안 이 두 형의 계절적 빈도를 조사하였다 (그림 13.39). 두 해 모두에서, 일회생식성형은 봄과 이른 여름에 집단에서 우점하는 반면, 연속모듬생식성 형은 늦은 여름에 우점한다. 이 결과는 이 두 형은 자연선택의 계절적 변이에 의해서 집단에서 유지되는 것을 암시한다. 하나의 중요한 자연선택 요인은 아마도 다른 멍게(*Botryllus leachi*)와의 경쟁적 상호작용(competitive interactions)일 것이다. 늦은 여름에 더 많아 지는 이 경쟁자는 *B. schlosseri* 일회생식성형의 군체를 더 자라서 뒤덮은 반면, 연속모듬생식성 형은 그렇게 하지 못한다—유전자형과 환경과의 상호작용이다.

생활사 형질을 포함하는 다양한 형질의 유전자형과 환경의 상호작용은 우리가 다음에 고려할 현상(생물학적 침입)에 중요한 인자이다.

## 생물학적 침입

하나의 대륙에서 온화한 종이 다른 대륙으로 이동하면 어떻게 해충으로 변신할 수 있는가? Lorne Wolfe와 동료들에 의한 눈석죽과 식물(snowy campion), *Silene latifolia*를 대상으로 한 연구가 그 예시를 제공한다. 눈석죽과 식물은 작은 다년생의 무해한 유럽 고유 약초이다. 대략 200년 전, 우연히 북미로 도입되어 이 식물은 그곳에서 농업잡초가 되었다. 전통적인 설명은 그 식물이 신대륙으로 이동되었을 때, 그 식물의 모든 자연 천적으로부터 해방되었다. 이 천적들에는 많은 다른 것들 중 그 식물의 꽃밥을 공격하는 균류(fungus) 및 종자를 먹는 애벌레를 포함한다. 이러한 치명적인 적들의 무거운 짐으로부터 자유롭게 되어, 눈석죽과 식물은 미국에서 번성하였다.

Amy Blair와 Wolfe(2004)는 그 이야기에 덧붙여 눈석죽과 식물이 단지 적으로부터 해방된 것만이 아니라, 또한 진화했다고 추정했다. 그들은 유럽과 미국 눈석죽과 식물의 종자를 미국의 보통의 정원에 심어서 그들의 가설을 테스트하였다. 그 식물들은 모두 동일한 환경을 경험하기 때문에, 표현형에서의 어떤 차이는 유전자형에 기인한다. 연구자의 예측과 일치하여, 유럽과 미국의 식물들은 같지 않았다. 미국 식물은 유럽 식물보다 더 일찍 발아했고, 빠르게 성장하였으며, 더 많은 꽃을 만들고, 더 높은 비율로 생존하였다.

어떻게 수백만 년 동안 유럽에서 진화해온 식물이 갑자기 미국에서 그렇게 우월해질 수 있을까? Blair와 Wolfe는 그 해답은 생활사 트레이드오프를 포함한다는 것을 의미하는 증거를 찾았다.

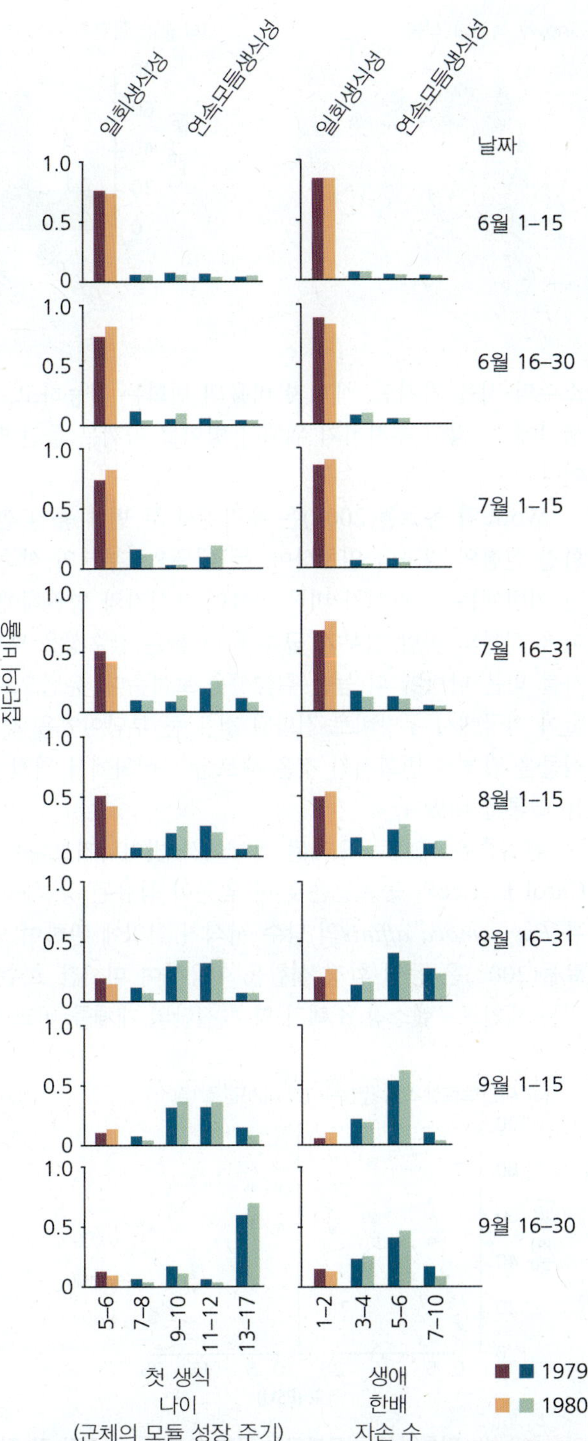


**그림 13.39 멍게 집단에서 두 생활사형 빈도의 일 년 주기**
각각의 막대그래프는 2주 기간 동안 그 집단에서의 빈도 분포를 나타낸다. 일회생식성형 군체(갈색과 황갈색 막대)는 어린 나이(군체의 모듈 성장 연령 주기)에 생식하고 단지 하나의 한배 자손을 생산한다. 연속모듬생식형의 군체(파란과 초록 막대)는 늦은 나이에 생식하고 적어도 세 번의 한배 자손을 생산한다. Grosberg (1988)에서.

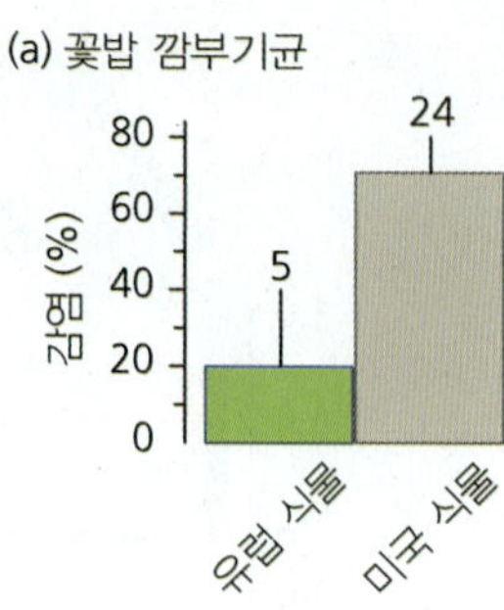


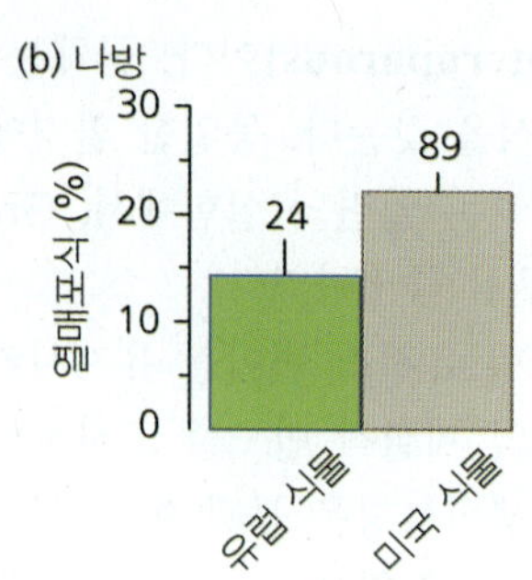


**그림 13.40 Snowy 석죽과 식물에서의 생활사 진화** 유럽에서 생육하면, 미국 석죽과 식물은 (a) 질병($p$ = 0.008)과 (b) 포식자($p$ = 0.042)에 유럽 석죽과 식물에 비해 더 취약하였다. Wolfe 등은 분석을 위하여 크기별로 식물들을 분류하였다; 우리는 단지 가장 큰 식물만을 포함하였다. Wolfe et al. (2004)에서.

소수의 적을 가지면, 에너지 비용의 변화는 가능하고, 심지어 적응성을 나타낼 수 있다. 생식에 더 많이 투자하기 위해서 방어를 아끼는 돌연변이는 더 높은 적응도를 만끽할 것이다.

Wolfe와 동료들(2004)은 유럽에서 두 번째 동일 환경 실험을 실시하였다. 미국 동일 환경 실험의 결과와 일치하여, 두 대륙으로부터의 석죽과 식물은 놀랍게도 달랐다. 하지만 이번에는 그 차이가 미국 식물이 포식자와 병원체에 손쉽게 노출되다. 그림 13.40a는 미국 식물의 꽃밥 깜부기 균류에 더 높은 감수성을 나타낸다. 그림 13.40b는 그들의 종자를 먹는 나방에 더 높은 취약성을 보여준다. 유럽으로 다시 이동하자마자, 눈석죽과 식물이 미국에서 무방비로 진화된 것은 큰 부담이었을 것이다. Wolfe와 동료들은 눈석죽과 식물을 잡초로 변화시킨 것은 새로운 서식처에서 최적 에너지 예산으로의 생활사 진화라는 결론을 내렸다.

침입종은 때때로 오래된 제약에서 벗어나기보다는 새로운 생활사 제약에 직면한다. Carol E. Lee와 동료들은 흔히 염분이 함유된 강 하구 및 해수 소택지에 서식하는 요각류 *Eurytemora affinis*의 담수 서식처 침입에 관하여 연구하였다(그림 13.41). Lee와 동료들(2003)은 동일 환경 실험을 이용하여 미시간 호수 담수 *E. affinis*와 밀접한 관계가 있는 세인트로렌스강 소택지 염수 집단의 개체를 비교하였다.

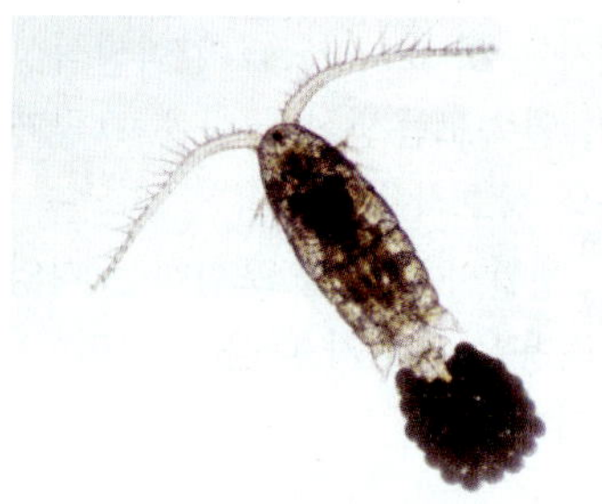

**그림 13.41 요각류 *Eurytemora affinis*** University of Wisconsin, Carol Eunmi Lee의 사진.

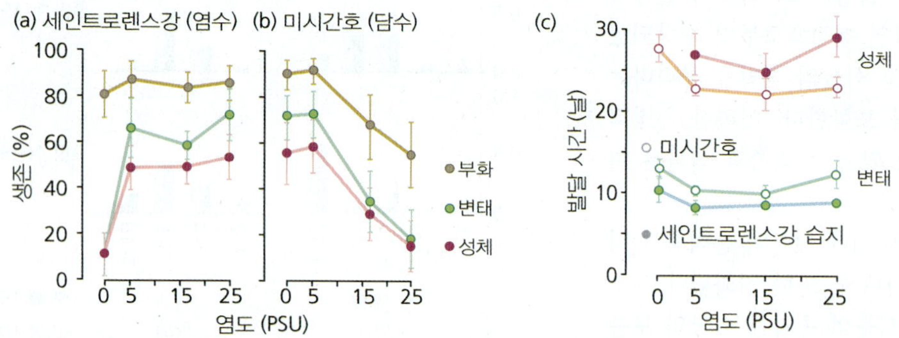


**그림 13.42 다른 서식처로부터의 근연 *E. affinis* 집단 간 진화 차이** (a와 b) 염수와 담수 집단 개체에 있어서 염도의 함수로서 다른 발생 단계까지의 생존율. (c) 발생시간 대 염도. PSU = 실용 염분 단위. Lee et al. (2003)에서.

그림 13.42a와 (b)의 자료는 염도의 함수로서 부화, 변태 및 성체가 될 때까지의 생존율을 나타낸다. 이 데이터는 염수 대 담수에서의 생존 능력 간 트레이드오프를 보여주었다. *E. affinis* 집단이 담수로 침범할 때, 삼투조절 생리에서 극적인 진화를 겪었다(Lee et al. 2007, 2011, 2012).

그림 13.42c의 자료는 담수 대 염수 집단 간 생활사에서의 차이를 보여준다. 모든 염

도를 거쳐서 담수 집단의 개체는 변태에 도달할 때까지 시간이 더 걸리지만, 성체에 도달할 때까지 시간은 덜 걸린다. Lee는 변태까지의 더 느린 발달은 담수에서 적응성이라고 믿었다. 왜냐하면 이는 어린 개체가 담수 서식처에서 부족한 중요한 영양분을 더 많이 저장 축적하는 것을 가능케 하기 때문이다. 눈석죽과 식물의 예처럼, 이 요각류 예시는 생활사 형질의 유전적 변이는 생물학적 침입을 촉진시킨다는 것을 시사한다.

생물학적 침입은 소진화의 과정이다. 증거는 계보들 사이 생활사 형질에서의 차이는 대진화의 과정에서 또한 역할을 할 수 있다는 것을 제시한다.

## 생활사 형질과 멸종에 대한 취약점

지구에서 걷던 가장 큰 육상동물은 용각류 공룡이다(Sander and Clauss 2008). 몸무게가 800,000킬로그램까지 나갔고, 그들은 가장 큰 육상 포유류보다 10배 더 컸다. 그리고 그들은 1억 년 넘게 유지되었다. 무엇이 용각류 공룡으로 하여금 포유류보다 훨씬 큰 크기의 진화와 그렇게 오랫동안 살아남는 것을 가능케 하였을까? Jan Werner와 Eva Maria Griebeler(2011)는 공룡과 포유류 간 생활사 전략에서의 차이가 그 해답의 중요한 요소라고 제시하였다.

Christine Janis와 Matthew Carrano(1992)에 의해서 제안된 가설을 추구하여, Werner와 Griebeler는 공룡, 조류 및 포유류에서의 몸무게 및 한배 새끼 수에 관한 자료를 수집하였다. 용각류 공룡은 땅에서 둥지를 트는 초식동물이었기 때문에, 그 연구자들은 땅에서 생식하는 초식성의 조류와 초식성의 포유류에 초점을 두었다.

그림 13.43은 초식 포유류가 커질수록, 그들의 한배 새끼 수는 점점 작아졌다. 가장 큰 초식 포유류는 한 번에 단지 하나의 높은 질의 자식을 낳는다. 반대로, 초식 조류의 한배 수는 몸무게에 따라서 변하지 않았다. 조류는 그들의 생식 투자를 많은, 하지만 낮은 질의 자식들에게 분배한다. 제한된 가용할 수 있는 자료는 용각류를 포함하는 공룡은 포유류보다는 조류와 유사하다는 것을 제시하였다.

Werner와 Griebeler는 더 많은 한배 수를 생산하는 계통은 멸종에 덜 취약하다고 반박하였다. 왜냐하면 그들의 더 높은 생식력은 그들로 하여금 집단 병목현상(population bottlenecks)으로부터 더 빠르게 회복하는 것을 가능케 한다. 멸종에 덜 취약한 것은 용각류 공룡 계통에 엄청난 크기의 진화 기회를 더 많이 부여하였다. 생활사 형질은 따라서 대진화 경향을 보여준다.

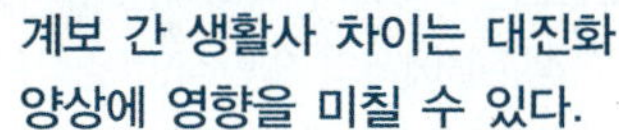
계보 간 생활사 차이는 대진화 양상에 영향을 미칠 수 있다.

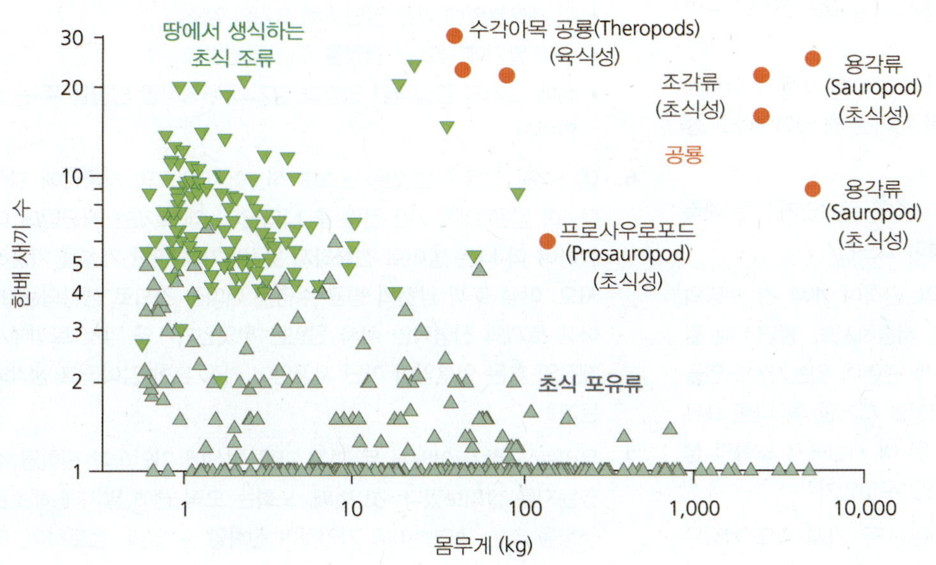


**그림 13.43 초식 조류, 초식 포유류 및 공룡에서 한배 혹은 한배 새끼 수 대 몸무게** Werner and Griebeler (2011)로부터의 데이터를 이용하여 나타내었다.

## 요약

생물개체들은 근본적인 트레이드오프에 직면한다. 가용에너지량은 유한하고, 성장 혹은 복구와 같은 하나의 기능에 사용되는 에너지는 생식과 같은 다른 기능에 사용될 수 없다. 게다가, 생물학적 과정은 시간이 걸린다. 성숙 전 큰 크기로 성장하는 개체는 더 높은 적응도를 얻을지 모르지만, 생식 전 죽을 위험이 있다. 에너지와 시간과 연관된 근본적인 트레이드오프는 모든 생물개체의 생활사는 진화적 타협이 요구됨을 의미한다.

노화는 자연선택이 생애 말미에 약해지기 때문에 진화한다. 늦게 작용하는 해로운 돌연변이는 돌연변이-선택 균형 하에서 집단에서 유지될 수 있다. 그리고 선택은 복구를 희생하여 생애에서 빠른 생식에 투자를 늘리는 것을 선호한다. 두 기작 모두 생식력의 감소와 나이에 따른 생존의 감소를 초래할 수 있다.

한배의 자식 수와 자식 개체의 생존 간 트레이드오프는 한배 수의 진화를 제약한다. 또 다른 제약은 현재 부모 생식 노력과 미래 생식력 혹은 생존 간 트레이드오프와 한배 수와 자식 생식력 간 트레이드오프를 포함한다.

자식 크기와 수 간 트레이드오프는 자식 크기의 진화를 제약한다. 부모에 대한 선택은 자식들 자신에 대한 선택보다 더 작은 자식을 선호할 수 있다.

생활사 형질은 개체 간 이해 충돌을 반영한다. 이러한 충돌은 수컷과 암컷에서 다른 유전자 발현(각인)과 성적 적대적인 형질의 진화를 초래한다.

이론은 생활사 형질은 그들이 적응도에 밀접하게 연관되어 있기 때문에 낮은 유전력을 갖는다고 예측한다. 생활사 형질은 다른 종류의 형질보다 더 낮은 유전력을 갖는 경향이 있지만, 그럼에도 불구하고 전형적으로 상당한 유전적 변이를 보인다. 생활사 형질에서 유전적 변이를 유지시키는 것을 입증하는 하나의 기작은 시간적으로 다르게 나타나는 선택이다.

생활사 형질의 변이는 생물학적 침입과 같은 소진화의 과정에서 중요한 역할을 한다. 이것은 멸종의 위험과 같은 대진화의 과정에도 심지어 영향을 미칠 수 있다.

## 질문

**1.** 다른 3종에서 연령의 함수에 따른 생식력과 생존을 나타내는 그림 13.4를 다시 보자.

- **a.** 모든 3종에서 나타나는 유사성은 무엇인가? 생식력과 연간 생존율에서의 일반적인 경향은 무엇인가? 왜 이러한 경향은 진화적 수수께끼라고 여겨지는가?
- **b.** 어떤 종이 심지어 고령에서 가장 좋은 생존율을 갖는가? 이는 그 분류군의 특징이다. 고령에서 유사하게 높은 생존율을 갖는 또 다른 동물(이 장 후반부에서 토의된 포유류)을 기억하는가? 이러한 오래 사는 동물들이 공통적으로 갖는 형질은 무엇인가?
- **c.** 붉은 사슴에서, 생존과 생식의 양상이 성 간에 어떻게 다르게 나타나는가? 수컷과 암컷 간 이러한 차이는 왜 일어난다고 생각하는가?

**2.** 노화의 생명활동속도 이론의 두 가지 예측은 무엇인가? 두 예측을 지지하거나 반박하는 자료에는 무엇이 있는가?

**3.** 말단소체는 무엇인가? 어떻게 말단소체 단축이 개체 간 수명의 변이에 영향을 미친다고 생각되는지를 서술하시오. 말단소체 길이는 금화조(zebra finches)에서 수명과 관련이 있는가? 노인들에서는 어떤가? 공유된 진화적 역사 영향을 제거한 후, 다른 포유류 종 간에는 어떤 양상을 보이는가? 쥐 대 사람에서 노화의 생물학 관점에서 말단소체 역할의 차이점은 무엇인가?

**4.** 노화의 진화이론은 무엇인가? 이와 연관된 두 가지 주요 기작은 무엇인가? 두 기작에서 자연선택은 중요한가?

**5.** 아래의 목록은 본문과 위 질문들에서 토의된 노화의 네 가지 가능한 원인이다. 검토하여, 각 원인과 연관된 이론의 이름을 말하고, 각 이론 하에서 더 긴 수명에 대한 자연선택이 가능한지 여부를 기술하시오. 각 이론은 생태적 치사(포식자, 굶주림 등 외부 원인에 기인한 사망)가 노화속도에 미치는 영향에 관하여 무엇을 예측하는가?

- 물질대사 활동에 기인한 "마모"
- 각 세포분열에 따른 말단소체 크기의 감소
- 생애 말기에 해로운 영향을 주는 돌연변이
- 생애 초기의 긍정적인 영향과 말기의 부정적인 영향을 주는 돌연변이

**6.** 대다수의 집토끼 암컷은 난소를 적출하지 않으면 자궁암에 걸린다. 이 암은 대개 2년 연령 후 나타난다. 왜 토끼는 자궁암에 대항하여 더 나은 방어로 진화하지 못하는가에 관한 가설을 기술하시오. 야생 토끼 암컷의 평균 수명은 어떠할 것으로 생각되는가? 야생 토끼의 전형적인 치사 원인은 무엇인가? 왜 암컷 토끼에서 췌장암 혹은 인후암이 아닌 자궁암이 가장 흔한 암이라고 생각되는가?

**7.** 우리는 노화가 어떻게 두 가지 다른 현상에 기인하여 진화될 수 있는지를 살펴보았다: 첫 번째, 노화는 오직 생애 말기에 해로운 영향을 주는 돌연변이에 기인하여 진화할 수 있다. 검토하여, 어

떻게 그러한 돌연변이가 집단에서 흔하게 될 수 있는지를 설명하여라. 둘째, 노화는 생애 초기의 긍정적인 효과와 말기의 부정적인 효과, 즉 "트레이드오프"를 야기시키는 다형질발현성 효과를 지닌 돌연변이에 기인하여 진화할 수 있다. 반대 트레이드오프를 일으키는 돌연변이, 즉 생애 초기 부정적인 효과와 말기의 긍정적인 효과를 주는 돌연변이가 일어나면 무슨 일이 발생하는가? 그러한 돌연변이는 자연선택에 의해서 결코 선택될 수 없는가?

**8.** 인간에서 *p53* 유전자는 길항적 다형질발현성의 예를 제공하는가? 그 이유는? 그렇지 않다면 그 이유는?

**9.** 가상 종의 생활사 트레이드오프를 보이는 그림 13.10과 13.13을 다시 보자. 이러한 동물들을 연구한다고 가정하고, 야생형으로부터 새로운 돌연변이를 발견하였고, 이 돌연변이는 한 자식 대신에 해마다 두 자식을 갖게끔 하였다. 이 새로운 돌연변이는 성숙나이를 변화시키지 않고, 성숙은 여전히 3년째 일어난다. 초기 관찰은 이 새로운 돌연변이는 초기 사망을 일으키지만, 정확히 얼마나 빠르게 사망을 발생시키는가에 관해서는 확신하지 못한다. 그러나 이 새로운 돌연변이는 빈도가 증가하고, 야생형 대립유전자는 감소하는 것을 알 수 있다. 이 돌연변이를 지닌 생물개체의 가능한 최소 사망 연령에 관하여 예측하고 그 논리를 설명하시오.

**10.** 연구 기간에 대상 동물들의 큰 집단을 포획상태(captivity)로 위치해 놓았다고 가정하자. 포식자에 대한 보호에 우선적으로 기인하여, 그들의 연 생존율이 즉시 0.8에서 0.95로 올라간 것을 알 수 있다. 이 포획집단이 단지 포식의 감소로 인하여 생식력 혹은 수명에서의 변화로 진화하는지 여부에 관하여 예측하시오. 이와 같은 동일한 과정이 오늘날 포획 동물의 동물원 집단에서 발생할 수 있는가? 그 논리를 설명하시오.

**11.** 폐경의 할머니 가설이 옳다고 가정하면, 종의 행동과 사회성의 어떤 측면이 폐경이 진화할 것으로 만들 수 있는지 추정하시오. 예를 들면, 그 종이 매우 사회성이 있고, 혹은 혈연그룹으로 사는지 여부가 중요한가? 폐경의 진화 가능성을 (1) 단지 암컷과 그녀의 종속적인 새끼들로 구성된 작은 그룹에서 살아가는 오랑우탄; (2) 암컷은 매우 사회적이고 그녀의 혈연과 함께 생애의 대부분 동안 머무르는 사자; 또한 (3) 건조한 사막에서 작은 가족 그룹으로 살아가고 때때로 단지 노령의 오릭스만 알고 있는 멀리 떨어져 있는 물웅덩이를 찾아야만 하는 영양 종인 아리비아 오릭스를 생각해보라.

**12.** 복습으로, 왜 부화장 연어는 더 작은 크기의 알로 진화하는지, 또한 이것이 야생 집단에게 암시하는 바를 기술하시오. 부화장 관리자가 야생 집단에서 이 영향을 거꾸로 이끌기 위해서는 무엇을 해야 하는가?

**13.** 치누크 연어와 종자 딱정벌레의 예들은 암컷은 일반적으로 많은 큰 알을 생산할 수 없다. 대신에, 암컷들은 많은 작은 알을 생산하거나 혹은 적은 큰 알을 생산하는 것(또한 때때로 불운한 경우에는, 단지 적은 작은 알) 중에서 선택해야만 한다. 어떻게 여왕꿀벌은 상대적으로 큰 많은 수의 알을 낳는 것이 가능한가를 설명하시오(힌트: 다른 벌들이 어떻게 하는지 고려하라). 이는 암컷이 크기와 수 트레이드오프를 피할 수 있는 일반적인 방식인가?

**14.** 두 오래된 과학 소설 영화, *Godzilla*(1998)와 *Aliens*(1986)는 가상의 큰 암컷 육식동물을 묘사한다. *Godzilla* 암컷은 인간과 물고기의 큰 먹이 집단으로 살아가지만, 다른 개체로부터 전혀 도움을 받지 않는다. 며칠 동안에, *Godzilla*는 수백 개의 213 cm 크기 알을 충분히 생산하여 매디슨 스퀘어가든을 채운다. *Aliens* 암컷은 몇몇 수십 인간의 작은 집단으로 살아가고, 생식을 하지 않는 일꾼에 의해서 도움을 받으며, 몇 주 내 수백 개의 큰 알을 낳는다. 이들 상상의 동물에서 각각의 생활사 형질과 알 생산력에 관해서 현실적이고 비현실적인 점은 무엇인지 언급하시오.

**15.** 낙농가는 더 나은 우유를 생산하는 젖소를 교배하는 시도에 있어서 때때로 좌절한다. 왜냐하면 우유생산의 유전력과 생식형질의 유전력 수치는 낮기 때문이다(일반적으로 0.1보다 낮다). 게다가, 대부분의 우유를 생산하는 이 암소들은 연속적인 송아지 출생에 있어서 더 긴 간격과 임신 전 황소와의 더 많은 교배를 필요로 하는 경향이 있다. 이러한 양상은 진화적 생활사 이론을 고려하면 이해가 되는가? 설명하시오.

**16.** Lack 가설은 무엇인가? 이 가설은 대다수의 실험 데이터에 의해서 지지되는가? 그렇지 않다면, 그렇지 않는 이유는?

**17.** 많은 인간 세대를 통하여, 대다수의 여성은 전 세계적으로 10대 중반에 아이를 갖기 시작했다. 오늘날, 전 세계적으로 여성의 큰 비율이 그들의 20대까지 아이를 갖는 것을 늦춘다. 선진국에서 대학 교육을 받은 여성들에서는, 생식을 늦추는 경향은 심지어 더 나아간다; 아이를 갖는 것을 교육과 직장 압박 때문에 종종 30대 후반까지 미룬다. 세계적으로 대다수의 여성이 30대까지 아이 갖는 것을 미루고, 많은 인간 세대 동안 이러한 선택을 지속적으로 한다고 가정하자. 어떻게 인간의 수명과 생식력이 이에 반응해서 진화할지 예측해 보시오.

## 문헌탐구

**18.** 기아에 가까운 식단은 다양한 동물에서 수명을 현저하게 늘린다. 그 기작과 시사하는 바를 이해하기 위하여 다음의 리뷰 논문을 읽어 보아라:

Alic, N., and L. Partridge. 2011. Death and dessert: Nutrient signalling pathways and ageing. *Current Opinion in Cell Biology* 23: 738–743.

Nakagawa, S., M. Lagisz, et al. 2012. Comparative and meta-analytic insights into life extension via dietary restriction. *Aging Cell* 11: 401–409.

**19.** 기이한 생활사를 갖는 도마뱀에 관해서 다음 논문을 읽어 보아라:

Karsten, K. B., L. N. Andriamandimbiarisoa, et al. 2008. A unique life history among tetrapods: An annual chameleon living mostly as an egg. *Proceedings of the National Academy of Sciences, USA* 105: 8980–8984.

**20.** 생활사 형질이 인간 집단에서 자연선택에 의해 진화되는 증거를 위해서는 다음 논문을 읽어 보아라:

Milot, E., F. M. Mayer, et al. 2011. Evidence for evolution in response to natural selection in a contemporary human population. *Proceedings of the National Academy of Sciences, USA* 108: 17040–17045.

**21.** 신체 한 부분 대 다른 부분의 성장 간 트레이드오프에 관해서는 다음 논문을 읽어 보아라:

Maginnis, T. L. 2006. Leg regeneration stunts wing growth and hinders flight performance in a stick insect (Sipyloidea sipylus). *Proceedings of the Royal Society of London B* 273: 1811–1814.

**22.** 이 장의 첫 페이지에 있는 푸른발 얼가니새(blue-footed boobies) 자료를 다시 보자. 하나의 해석은 교배로부터 한해 휴지는 수컷들에게는 활기를 되찾는 효과를 준다. 당신이 수컷 푸른발 얼가니새이고 향후 병원체에 감염된다고 상상해보라. 당신이 앞으로 긴 미래가 있으며 상대적으로 어리다면, 무엇을 할 것인가? 앞으로 짧은 미래가 있고 늙었다면 무엇을 할 것인가? 가설과 실험 테스트에 관한 다음 논문을 읽어 보아라:

Velando, A., H. Drummond, and R. Torres. 2006. Senescent birds redouble reproductive effort when ill: Confirmation of the terminal investment hypothesis. *Proceedings of the Royal Society of London B* 273: 1443–1448.

**23.** 거미에 있어서의 짝짓기는 때때로 수컷과 암컷 간 극한의 상호작용에 관여한다. 또한 이는 극한의 생활사 전략을 초래할 수 있다. 미약하지 않고 거미공포증이 없다면 다음 논문을 읽어 보아라:

Lee, Q. Q., J. Oh, et al. 2012. Emasculation: Gloves-off strategy enhances eunuch spider endurance. *Biology Letters* 8: 733–735.

**24.** Graham Bell은 분명한 체세포와 생식세포 라인을 갖는 무척추동물과 그러한 분할이 없는 무척추동물을 비교하여 생명활동속도 대 노화의 진화이론을 구별하였다. 생명활동속도이론에 따르면, 두 종류 생물개체 모두는 복구 불가능한 손상을 축적할 것이다. 진화이론에 따르면, 노화를 담당하는 유전자들은 단지 사용 후 처리 가능한 체세포에서만 축적될 것이다. 다음 논문을 읽어 보아라:

Bell, G. 1984. Evolutionary and nonevolutionary theories of senescence. *American Naturalist* 124: 600–603.

**25.** 진사회성 대 사회성을 보이지 않는 곤충 간 비교와 일꾼 개미의 계급사회 간 비교를 이용한 노화의 진화이론 테스트를 검토하려면 다음 논문을 읽어 보아라:

Keller, L., and M. Genoud. 1997. Extraordinary life spans in ants: A test of evolutionary theories of ageing. *Nature* 389: 958–960.

Chapuisat, M., and L. Keller. 2002. Division of labour influences the rate of ageing in weaver ant workers. *Proceedings of the Royal Society of London B* 269: 909–913.

**26.** 높은 생태적 치사율을 갖는 집단은 항상 짧은 수명으로 진화하는 것은 아니다. 다음 논문을 읽어 보아라:

Reznick, D. N., M. J. Bryant, et al. 2004. Effect of extrinsic mortality on the evolution of senescence in guppies. *Nature* 431: 1095–1099.

Bronikowski, A. M., and D. E. L. Promislow. 2005. Testing evolutionary theories of aging in wild populations. *Trends in Ecology and Evolution* 20: 271–273.

Williams, P. D., T. Day, et al. 2006. The shaping of senescence in the wild. *Trends in Ecology and Evolution* 21: 458-463.

## 인용문헌


Atzmon, G., M. Cho, et al. 2010. Genetic variation in human telomerase is associated with telomere length in Ashkenazi centenarians. *Proceedings of the National Academy of Sciences, USA* 107 (Suppl 1): 1710–1717.

Austad, S. N. 1988. The adaptable opossum. *Scientific American* (February): 98–104.

Austad, S. N. 1993. Retarded senescence in an insular population of Virginia opossums (*Didelphis virginiana*). *Journal of Zoology, London* 229: 695–708.

Austad, S. N. 1994. Menopause: An evolutionary perspective. *Experimental Gerontology* 29: 255–263.

Austad, S. N., and K. E. Fischer. 1991. Mammalian aging, metabolism, and ecology: Evidence from the bats and marsupials. *Journal of Gerontology* 46: B47–B53.

Barlow, D. P. 1995. Gametic imprinting in mammals. *Science* 270: 1610–1613.

Berrigan, D. 1991. The allometry of egg size and number in insects. *Oikos* 60: 313–321.

Blair, A. C., and L. M. Wolfe. 2004. The evolution of an invasive plant: An experimental study with *Silene latifolia*. *Ecology* 85: 3035–3042.

Boyce, M. S., and C. M. Perrins. 1987. Optimizing great tit clutch size in a fluctuating environment. *Ecology* 68: 142–153.

Byars, S. G., D. Ewbank, et al. 2010. Natural selection in a contemporary human population. *Proceedings of the National Academy of Sciences, USA* 107 (Suppl 1): 1787–1792.

Campisi, J. 1996. Replicative senescence: An old lives' tale? *Cell* 84: 497–500.

Cant, M. A., and R. A. Johnstone. 2008. Reproductive conflict and the separation of reproductive generations in humans. *Proceedings of the National Academy of Sciences, USA* 105: 5332–5336.

Charnov, E. L., and D. Berrigan. 1993. Why do female primates have such long life spans and so few babies? or Life in the slow lane. *Evolutionary Anthropology* 1: 191–194.

Charnov, E. L., and S. W. Skinner. 1985. Complementary approaches to the understanding of parasitoid oviposition decisions. *Environmental Entomology* 14: 383–391.

Clutton-Brock, T. H., S. D. Albon, and F. E. Guinness. 1988. Reproductive success in male and female red deer. In *Reproductive Success: Studies of Individual Variation in Contrasting Breeding Systems*, ed. T. H. Clutton-Brock. Chicago: University of Chicago Press, 325–343.

Donate, L. E., and M. A. Blasco. 2011. Telomeres in cancer and ageing. *Philosophical Transactions of the Royal Society of London B* 366: 76–84.

Donehower, L. A. 2009. Using mice to examine p53 functions in cancer, aging, and longevity. *Cold Spring Harbor Perspectives in Biology* 1: a001081.

Elbadry, E. A., and M. S. F. Tawfik. 1966. Life cycle of the mite *Adactylidium* sp. (Acarina: Pyemotidae), a predator of thrips eggs in the United Arab Republic. *Annals of the Entomological Society of America* 59: 458–461.

Elgar, M. A. 1990. Evolutionary compromise between a few large and many small eggs: Comparative evidence in teleost fish. *Oikos* 59: 283–287.

Escobar, J. S., P. Jarne, et al. 2008. Outbreeding alleviates senescence in hermaphroditic snails as expected from the mutation-accumulation theory. *Current Biology* 18: 906–910.

Eshleman, J. R., and S. D. Markowitz. 1996. Mismatch repair defects in human carcinogenesis. *Human Molecular Genetics* 5: 1489–1494.

Ferbeyre, G., and S. W. Lowe. 2002. The price of tumor suppression? *Nature* 415: 26–27.

Fishel, R., and T. Wilson. 1997. *MutS* homologs in mammalian cells. *Current Opinion in Genetics and Development* 7: 105–133.

Fisher, R. A. 1930. *The Genetical Theory of Natural Selection*. Oxford: Clarendon Press.

Fowler, K., and L. Partridge. 1989. A cost of mating in female fruit flies. *Nature* 338: 760–761.

Fox, C. W., M. S. Thakar, and T. A. Mousseau. 1997. Egg size plasticity in a seed beetle: An adaptive maternal effect. *American Naturalist* 149: 149–163.

Gomes, N. M., O. A. Ryder, et al. 2011. Comparative biology of mammalian telomeres: Hypotheses on ancestral states and the roles of telomeres in longevity determination. *Aging Cell* 10: 761–768.

Grosberg, R. K. 1988. Life-history variation within a population of the colonial ascidian *Botryllus schlosseri*. I. The genetic and environmental control of seasonal variation. *Evolution* 42: 900–920.

Guillette, L. J., Jr., and R. E. Jones. 1985. Ovarian, oviductal and placental morphology of the reproductively bimodal lizard, *Sceloporus aeneus*. *Journal of Morphology* 184: 85–98.

Gurven, M., and H. Kaplan. 2007. Longevity among hunter-gatherers: A cross-cultural examination. *Population and Development Review* 33: 321–365.

Gustafsson, L., and T. Pärt. 1990. Acceleration of senescence in the collared flycatcher (*Ficedula albicollis*) by reproductive costs. *Nature* 347: 279–281.

Haig, D. 1999. Multiple paternity and genomic imprinting. *Genetics* 151: 1229–1231.

Haig, D., and C. Graham. 1991. Genomic imprinting and the strange case of the insulin-like growth factor II receptor. *Cell* 64: 1045–1046.

Haig, D., and M. Westoby. 1989. Parent-specific gene expression and the triploid endosperm. *American Naturalist* 134: 147–155.

Haig, D., and M. Westoby. 1991. Genomic imprinting in endosperm: Its effect on seed development in crosses between species, and between different ploidies of the same species, and its implications for the evolution of apomixis. *Philosophical Transactions of the Royal Society of London B* 333: 1–13.

Hamilton, W. D. 1966. The moulding of senescence by natural selection. *Journal of Theoretical Biology* 12: 12–45.

Hawkes, K., J. F. O'Connell, and N. G. Blurton Jones. 1989. Hardworking Hadza grandmothers. In *Comparative Socioecology*, ed. V. Standen and R. A. Foley. Oxford: Blackwell Scientific Publications, 341–366.

Hawkes, K., J. F. O'Connell, and N. G. Blurton Jones. 1997. Hadza women's time allocation, offspring provisioning, and the evolution of long postmenopausal life spans. *Current Anthropology* 38: 551–577.

Hawkes, K., J. F. O'Connell, et al. 1998. Grandmothering, menopause, and the evolution of human life histories. *Proceedings of the National Academy of Sciences, USA* 95: 1336–1339.

Heath, D. D., J. W. Heath, C. A. Bryden, et al. 2003. Rapid evolution of egg size in captive salmon. *Science* 299: 1738–1740.

Heidinger, B. J., J. D. Blount, et al. 2012. Telomere length in early life predicts lifespan. *Proceedings of the National Academy of Sciences, USA* 109: 1743–1748.

Hewitt, G., D. Jurk, et al. 2012. Telomeres are favoured targets of a persistent DNA damage response in ageing and stress-induced senescence. *Nature Communications* 3: 708.

Hill, K., and A. M. Hurtado. 1991. The evolution of premature reproductive senescence and menopause in human females: An evaluation of the "grandmother hypothesis." *Human Nature* 2: 313–351.

Hill, K., and A. M. Hurtado. 1996. *Ache Life History: The Ecology and Demography of a Foraging People*. New York: Aldine de Gruyter.

Holland, B., and W. R. Rice. 1998. Perspective: Chase-away sexual selection: Antagonistic seduction versus resistance. *Evolution* 52: 1–7.

Holland, B., and W. R. Rice. 1999. Experimental removal of sexual selection reverses intersexual antagonistic coevolution and removes a reproductive load. *Proceedings of the National Academy of Sciences, USA* 96: 5083–5088.

Hughes, K. A., J. A. Alipaz, et al. 2002. A test of evolutionary theories of aging. *Proceedings of the National Academy of Sciences, USA* 99: 14286–14291.

Hurst, L. D. 1999. Is multiple paternity necessary for the evolution of genomic imprinting? *Genetics* 153: 509–512.

Janis, C. M., and M. Carrano. 1992. Scaling of reproductive turnover in archosaurs and mammals: Why are large terrestrial mammals so rare? *Annales Zoologici Fennici* 28: 201–216.

King, E. G., D. A. Roff, and D. J. Fairbairn. 2011a. The evolutionary genetics of acquisition and allocation in the wing dimorphic cricket, *Gryllus firmus*. *Evolution* 65: 2273–2285.

King, E. G., D. A. Roff, and D. J. Fairbairn. 2011b. Trade-off acquisition and allocation in *Gryllus firmus*: A test of the Y model. *Journal of Evolutionary Biology* 24: 256–264.

Lack, D. 1947. The significance of clutch size. *Ibis* 89: 302–352.

Lahdenperä, M., V. Lummaa, et al. 2004. Fitness benefits of prolonged post-reproductive lifespan in women. *Nature* 428: 178–181.

Lee, C. E., M. Kiergaard, et al. 2011. Pumping ions: Rapid parallel evolution of ionic regulation following habitat invasions. *Evolution* 65: 2229–2244.

Lee, C. E., M. Posavi, and G. Charmantier. 2012. Rapid evolution of body fluid regulation following independent invasions into freshwater habitats. *Journal of Evolutionary Biology* 25: 625–633.

Lee, C. E., J. L. Remfert, and Y. M. Chang. 2007. Response to selection and evolvability of invasive populations. *Genetica* 129: 179–192.

Lee, C. E., J. L. Remfert, and G. W. Gelembiuk. 2003. Evolution of physiological tolerance and performance during freshwater invasions. *Integrative and Comparative Biology* 43: 439–449.

Leroi, A. M., A. Bartke, et al. 2005. What evidence is there for the existence of individual genes with antagonistic pleiotropic effects? *Mechanisms of Ageing and Development* 126: 421–429.

Levitan, D. R. 1993. The importance of sperm limitation to the evolution of egg size in marine invertebrates. *American Naturalist* 141: 517–536.

Levitan, D. R. 1996. Predicting optimal and unique egg sizes in free-spawning marine invertebrates. *American Naturalist* 148: 174–188.

Lin, Y.-J., L. Seroude, and S. Benzer. 1998. Extended life-span and stress resistance in the *Drosophila* mutant *methuselah*. *Science* 282: 943–946.

Lindén, M., and A. P. Møller. 1989. Cost of reproduction and covariation of life history traits in birds. *Trends in Ecology and Evolution* 4: 367–371.

Luckinbill, L. S., R. Arking, et al. 1984. Selection for delayed senescence in *Drosophila melanogaster*. *Evolution* 38: 996–1003.

Madrigal, L., and M. Meléndez-Obando. 2008. Grandmothers' longevity negatively affects daughters' fertility. *American Journal of Physical Anthropology* 136: 223–229.

Medawar, P. B. 1952. *An Unsolved Problem in Biology*. London: H. K. Lewis.

Mockett, R. J., and R. S. Sohal. 2006. Temperature-dependent trade-offs between longevity and fertility in the *Drosophila* mutant, *methuselah*. *Experimental Gerontology* 41: 566–573.

Moore, T., and D. Haig. 1991. Genomic imprinting in mammalian development—a parental tug-of-war. *Trends in Genetics* 7: 45–49.

Mousseau, T. A., and D. A. Roff. 1987. Natural selection and the heritability of fitness components. *Heredity* 1987: 181–197.

Nesse, R. M., and G. C. Williams. 1995. *Why We Get Sick: The New Science of Darwinian Medicine*. New York: Vintage Books.

Nowak, R. M. 1991. *Walker's Mammals of the World*. 5th ed. Baltimore, MD: Johns Hopkins University Press.

Partridge, L. 1987. Is accelerated senescence a cost of reproduction? *Functional Ecology* 1: 317–320.

Partridge, L. 2001. Evolutionary theories of ageing applied to long-lived organisms. *Experimental Gerontology* 36: 641–650.

Partridge, L., and N. H. Barton. 1993. Optimality, mutation, and the evolution of ageing. *Nature* 362: 305–311.

Partridge, L., and K. Fowler. 1992. Direct and correlated responses to selection on age at reproduction in *Drosophila melanogaster*. *Evolution* 46: 76–91.

Pennisi, E. 1998. Singe gene controls fruit fly life-span. *Science* 282: 856.

Pettifor, R. A., C. M. Perrins, and R. H. McCleery. 2001. The individual optimization of fitness: Variation in reproductive output, including clutch size, mean nestling mass and offspring recruitment, in manipulated broods of great tits *Parus major*. *Journal of Animal Ecology* 70: 62–79.

Podolsky, R. D., and R. R. Strathmann. 1996. Evolution of egg size in free-spawners: Consequences of the fertilization-fecundity trade-off. *American Naturalist* 148: 160–173.

Price, T., and D. Schluter. 1991. On the low heritability of life-history traits. *Evolution* 45: 853–861.

Reed, D. H., and E. H. Bryant 2000. The evolution of senescence under curtailed life span in laboratory populations of *Musca domestica* (the housefly). *Heredity* 85: 115–121.

Rice, W. R. 1987. The accumulation of sexually antagonistic genes as a selective agent promoting the evolution of reduced recombination between primitive sex chromosomes. *Evolution* 41: 911–914.

Rice, W. R. 1996. Sexually antagonistic male adaptation triggered by experimental arrest of female evolution. *Nature* 381: 232–234.

Rice, W. R., and B. Holland. 1997. The enemies within: Intergenomic conflict, interlocus contest evolution (ICE), and the intraspecific Red Queen. *Behavioral Ecology and Sociobiology* 41: 1–10.

Rodriguez Bigas, M. A., P. H. U. Lee, et al. 1996. Establishment of a hereditary nonpolyposis colorectal cancer registry. *Diseases of the Colon & Rectum* 39: 649–653.

Roff, D. A. 1992. *The Evolution of Life Histories*. New York: Chapman & Hall.

Roper, C., P. Pignatelli, and L. Partridge. 1993. Evolutionary effects of selection on age at reproduction in larval and adult *Drosophila melanogaster*. *Evolution* 47: 445–455.

Rose, M. R. 1984. Laboratory evolution of postponed senescence in *Drosophila melanogaster*. *Evolution* 38: 1004–1010.

Rose, M. R. 1991. *Evolutionary Biology of Aging*. New York: Oxford University Press.

Sander, P. M., and M. Clauss. 2008. Paleontology. Sauropod gigantism. *Science* 322: 200–201.

Sanz, J. J., and J. Moreno. 1995. Experimentally induced clutch size enlargements affect reproductive success in the pied flycatcher. *Oecologia* 103: 358–364.

Schilder, R. J., A. J. Zera, et al. 2011. The biochemical basis of life history adaptation: Molecular and enzymological causes of NADP(+)-isocitrate dehydrogenase activity differences between morphs of *Gryllus firmus* that differ in lipid biosynthesis and life history. *Molecular Biology and Evolution* 28: 3381–3393.

Schluter, D., and L. Gustafsson. 1993. Maternal inheritance of condition and clutch size in the collared flycatcher. *Evolution* 47: 658–667.

Schmidt, P. S., D. D. Duvernell, and W. F. Eanes. 2000. Adaptive evolution of a candidate gene for aging in *Drosophila*. *Proceedings of the National Academy of Sciences, USA* 97: 10861–10865.

Service, P. 1987. Physiological mechanisms of increased stress resistance in *Drosophila melanogaster* selected for postponed senescence. *Physiological Zoology* 60: 321–326.

Shay, J. W., and W. E. Wright. 2011. Role of telomeres and telomerase in cancer. *Seminars in Cancer Biology* 21: 349–353.

Smith, C. C., and S. D. Fretwell. 1974. The optimal balance between size and number of offspring. *American Naturalist* 108: 499–506.

Spencer, H. G., A. G. Clark., and M. W. Feldman. 1999. Genetic conflicts and the evolutionary origin of genomic imprinting. *Trends in Ecology and Evolution* 14: 197–201.

Stearns, S. C. 1992. *The Evolution of Life Histories*. Oxford: Oxford University Press.

Strathmann, M. F. 1987. *Reproduction and Development of Marine Invertebrates of the Northern Pacific Coast*. Seattle: University of Washington Press.

Taborsky, M., and B. Taborsky. 1993. The kiwi's parental burden. *Natural History* 1993: 50–56.

Torres, R., and A. Velando. 2007. Male reproductive senescence: The price of immune-induced oxidative damage on sexual attractiveness in the blue-footed booby. *Journal of Animal Ecology* 76: 1161–1168.

Tyner, S. D., S. Venkatachalam, J. Choi, et al. 2002. p53 mutant mice that display early ageing-associated phenotypes. *Nature* 415: 45–53.

Vance, R. R. 1973. On reproductive strategies in marine benthic invertebrates. *American Naturalist* 107: 339–352.

Vani, R. G., and M. R. S. Rao. 1996. Mismatch repair genes of eukaryotes. *Journal of Genetics* 75: 181–192.

van Heemst, D., S. P. Mooijaart, et al. 2005. Variation in the human *TP53* gene affects old age survival and cancer mortality. *Experimental Gerontology* 40: 11–15.

Van Valen, L. 1973. A new evolutionary law. *Evolutionary Theory* 1: 1–30.

Velando, A., R. Beamonte-Barrientos, and R. Torres. 2006. Pigment-based skin colour in the blue-footed booby: An honest signal of current condition used by females to adjust reproductive investment. *Oecologia* 149: 535–542.

Velando, A., H. Drummond, and R. Torres. 2010. Senescing sexual ornaments recover after a sabbatical. *Biology Letters* 6: 194–196.

Walker, D. W., G. McColl, N. L. Jenkins, et al. 2000. Evolution of lifespan in *C. elegans*. *Nature* 405: 296–297.

Werner, J., and E. M. Griebeler. 2011. Reproductive biology and its impact on body size: Comparative analysis of mammalian, avian and dinosaurian reproduction. *PLoS One* 6: e28442.

Williams, G. C. 1957. Pleiotropy, natural selection, and the evolution of senescence. *Evolution* 11: 398–411.

Wolfe, L. M., J. A. Elzinga, and A. Biere. 2004. Increased susceptibility to enemies following introduction in the invasive plant *Silene latifolia*. *Ecology Letters* 7: 813–820.

Wourms, J. P. 1993. Maximization of evolutionary trends for placental viviparity in the spadenose shark, *Scoliodon laticaudus*. *Environmental Biology of Fish* 38: 269–294.

Young, T. P. 1990. Evolution of semelparity in Mount Kenya lobelias. *Evolutionary Ecology* 4: 157–171.

Zera, A. J. 2005. Intermediary metabolism and life history trade-offs: Lipid metabolism in lines of the wing-polymorphic cricket, *Gryllus firmus*, selected for flight capability vs. early age reproduction. *Integrative and Comparative Biology* 45: 511–524.

Zera, A. J., and R. F. Denno. 1997. Physiology and ecology of dispersal polymorphism in insects. *Annual Review of Entomology* 42: 207–230.

Zera, A. J., and Z. Zhao. 2003. Life-history evolution and the microevolution of intermediary metabolism: Activities of lipid-metabolizing enzymes in life-history morphs of a wing-dimorphic cricket. *Evolution* 57: 586–596.

Zera, A. J., and Z. Zhao. 2004. Effect of a juvenile hormone analogue on lipid metabolism in a wing-polymorphic cricket: Implications for the endocrine-biochemical bases of life-history trade-offs. *Physiological and Biochemical Zoology* 77: 255–266.

Zhao, Z., and A. J. Zera. 2002. Differential lipid biosynthesis underlies a tradeoff between reproduction and flight capability in a wing-polymorphic cricket. *Proceedings of the National Academy of Sciences, USA* 99: 16829–16834.

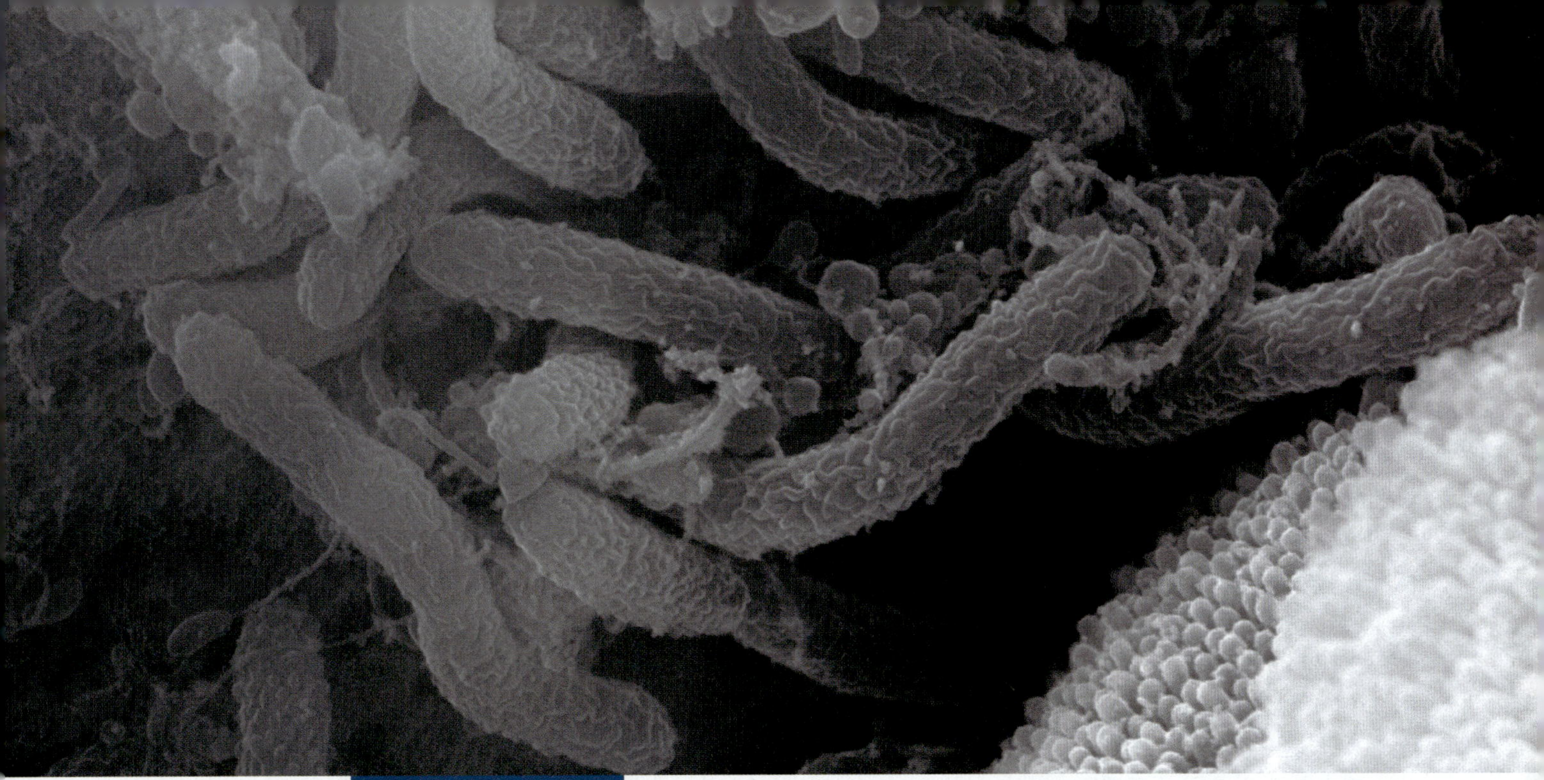

14

# 진화와 인간의 건강

1854년도에 콜레라가 중앙 런던에 유행하였다. 심한 설사와 탈수를 유발하는 이 유행성 콜레라로 인해 런던에서만 500명 이상의 사람이 사망하였다. 의료 조사(medical detection)에 들어간 John Snow(1855)는 보다 명확한 원인 규명을 하기 위하여 감염된 환자가 사는 지역을 대상으로 감염지도를 만들었다(Tufte, 1997 참조). 이 지도에서 그는 콜레라로 인해 사망한 환자들의 집과 그 지역의 수도펌프의 위치를 함께 표시하였는데, 이 지도에 따르면 감염지도의 중앙에 위치한 브로드 스트리트(Broad Street)의 펌프 주변에 대부분의 사망자들이 몰려 있음을 알 수 있다. 마지막 감염자들은 브로드 스트리트와는 멀리 떨어진 이웃에 살고 있는 두 여인들이었는데, 감염 후 얼마 후에 사망하게 되었고, 조사결과 이들 역시 브로드 스트리트로부터 특별주문에 의해 배달된 물을 마시고 바로 병에 걸리게 된 경우였다. 비록 감염의 원인에 대해서는 알 수 없었으나, 유행성 콜레라가 오염된 물과 관련되어 있다는 점은 명확했다.

생쥐의 장내에서 촬영된 콜레라균(*Vibrio cholerae*)을 20,000배 확대한 전자현미경 사진. 사진 제공 루이자 하워드(Louisa Howard). (Krebs and Taylor, 2011). 길버트(Gilbert)에 의해 다시 그려진 존 스노우의 지도(1958).

수도펌프: X 브로드 스트리트
X 다른 곳; • 콜레라에 의한 죽음

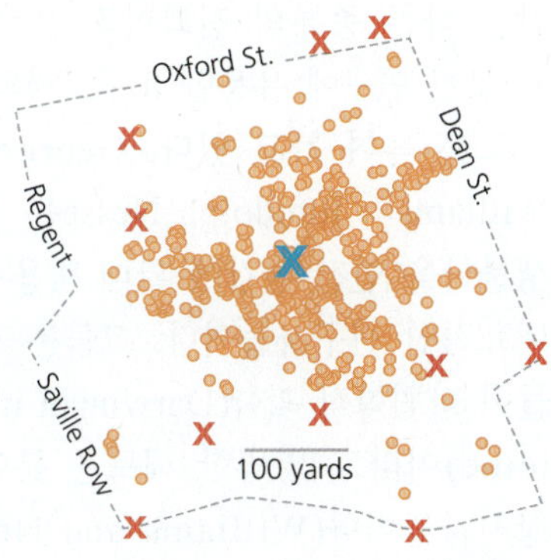


1858년 Louis Pasteur는 콜레라와 같은 전염성 질병들은 세균들에 의해서 발생한다고 주장하였다. Pasteur는 맥주, 와인, 우유의 발효를 연구하였고, 또한 파리의 산부인과 병원에서 산욕열(childbirth fever)의 전염을 막는 연구도 수행하였다. Pasteur는 젖산발효에 관한 한 논문에서 특정한 미생물이 각기 다른 종류의 발효를 유발하는 원인이며 또한 특정 종류의 미생물은 감염성 질병의 원인이 될 수 있다고 제안하였다. Pasteur의 연구에 영향을 받은 Robert Koch와 동료 과학자들은 얼마 지나지 않아서 박테리아가 탄저병(anthrax)이나 상처감염, 임질(gonorrhea), 장티푸스(typhoid fever)와 결핵(tuberculosis) 등의 원인이 된다는 것을 증명하였다. 1883년에 Koch는 콜레라의 원인이 콜레라균(*Vibrio cholerae*)으로 명명된 박테리아에 의해 발생한다는 것을 증명하였다.

질병의 원인이 세균이라는 "배종설(the germ theory)"은 별다른 이견 없이 현대의학의 발전에 있어서 가장 중요한 전환점이 된다고 할 수 있다. 이 개념에 의해서 수많은 병원체들이 발견되었고, Joseph Lister에 의해서 세균 감염을 막는 무균 수술(antiseptic surgery)이 개발되었으며, Alexander Fleming과 동료 과학자들에 의해 항생제를 발견할 수 있게 되었고, 결국 이로 인해 눈부신 보건 위생의 개선을 이끌어 낼 수 있었다. 대중건강에 대한 위생관리와 항생제의 효과는 1900년부터 1997년까지 미국에서 조사된 결핵에 의한 사망률을 나타낸 그림 14.1에서 명확하게 보인다. 1900년에 결핵에 의한 사망률은 100,000명당 200명 선이었으나 1945년에는 사망률이 약 40명 선까지 감소하였다. 이러한 사망률의 감소는 대부분 위생관리와 주거, 영양상태의 개선에 의해 나타난 결과이다. 또한 1945년에 이르러 이러한 사망률은 더욱 급격하게 감소하기 시작하는데, 이러한 가속화된 감소는 스트렙토마이신(streptomycin)과 아이소나이아지드(isoniazid)와 같은 항생제의 도입이 있었기 때문이다. 1997년이 되어서는 결핵에 의한 사망률은 100,000명당 0.4명 이하로 감소하였으며, 이는 1990년에 발생했던 사망률의 0.2%도 되지 않는 낮은 수치이다.

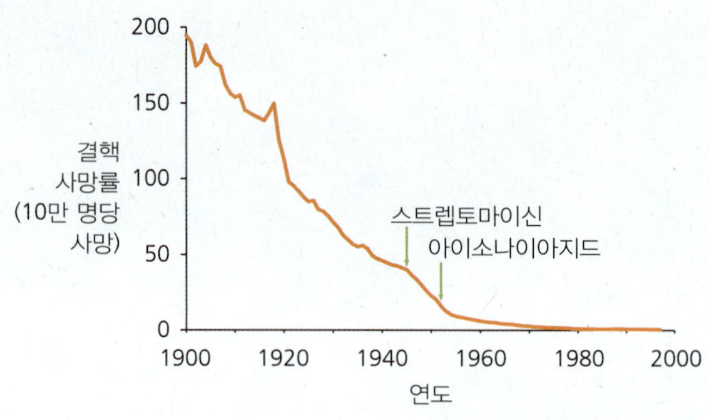


**그림 14.1 미국에서 조사된 시대에 따른 결핵 사망률을 나타낸 그림**
1990년대와 1950년대 사이에 위생과 주거 환경의 향상으로 인해 결핵사망률은 급격하게 감소하였다. 1950년대에 개발된 항생제들은 이러한 감소를 더욱 가속화하였다.

Charles Darwin은 파스퇴르가 배종설을 발표한 다음 해인 1859년에 종의 기원에 관하여(*On the Origin of Species*)를 발간하였다. 진화생물학과 현대의학은 거의 동시에 태동된 셈이고, 이후로도 계속해서 서로 수평적 관계로서 발전해 오고 있다. 따라서 진화생물학과 인간의 건강은 매우 밀접한 관계가 있다고 볼 수 있다. 특히 계통학과 같은 진화적 분석방법은 보건(health)과 관련된 연구에서도 빈번하게 사용된다. 예를 들어 그림 14.2에서 보이는 것과 같이 Rene Hendricksen과 동료들이 환자에서 얻은 콜레라 샘플들을 가지고 작성한 계통수에서 잘 나타난다(2011). 이러한 계통수를 이용한 분석 결과는 물론 남부아시아의 지역들이나 다른 지역들을 진원지에서 완전히 배제하지는 못하지만 2010년에 아이티를 황폐화시킨 파괴적인 콜레라 전염의 지정학적 진원지(geographic source)가 네팔임을 제시한다(Keim et al. 2011; Mutreja et al. 2011; Pun 2011; Hasan et al. 2012 참조).

선택사고(selection thinking)와 같은 다른 종류의 진화학적 분석 역시 보건 연구에 유용한 도구로써의 인지도를 높여 가고 있다. George C. Williams와 Randolph Nesse는 진화생물학을 인간 건강에 확대 적용시킨 대표적인 선구자들이다. 그들은 자신들이 다윈학적 의학(Darwinian medicine)이라고 명명한 새로운 분야의 창시자들이다(Williams and Nesse 1991; Nesse and Williams 1994, 1998).

우리는 이 책의 전반에 걸쳐 진화

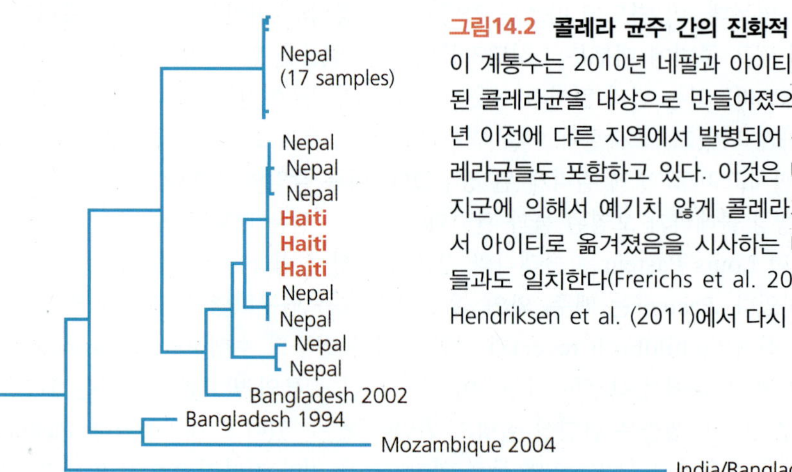


**그림14.2 콜레라 균주 간의 진화적 유연관계**
이 계통수는 2010년 네팔과 아이티에서 수집된 콜레라균을 대상으로 만들어졌으며, 2010년 이전에 다른 지역에서 발병되어 수집된 콜레라균들도 포함하고 있다. 이것은 UN평화유지군에 의해서 예기치 않게 콜레라가 네팔에서 아이티로 옮겨졌음을 시사하는 다른 증거들과도 일치한다(Frerichs et al. 2012 참조). Hendriksen et al. (2011)에서 다시 그림.

학적 분석의 의학적 적용 부분을 강조하였다. 우리는 1장에서 HIV의 진화에 대해 이야기를 하였고, 우리는 또한 5장부터 8장까지 인간 집단의 진화에 있어서 AIDS, 말라리아 그리고 낭포성 섬유증과 같은 전염병의 영향에 대해 다뤘다. 그리고 13장에서는 노년기와 갱년기에 대해 논하였다. 이번에 우리는 14장 전체를 통해서 다른 곳에서는 언급할 기회가 없었던 의학적 응용에 대해 다루고자 한다.

14장은 두 부분으로 나누어진다. 14.1부터 14.4절까지는 집단은 진화한다는 사실에 대한 의학적 결론에 대해 기술하였다. 예를 들면 병원균 집단의 진화와 이에 대응하는 각 환자의 세포 집단의 진화 등을 들 수 있다. 14.5부터 14.7절에서는 우리의 관심사를 병원균과 세포 집단으로부터 잠시 돌려서 자연선택에 의해 형성된 동물적 인간(human animal)에 관해 다루었다. 우리는 10장에서 다뤄진 선택사고의 적용이 인간에 있어서 생리학과 행동에 대한 수수께끼를 이해하는 데 도움이 된다고 생각한다. 궁극적으로 전하고자 하는 메시지는 진화학적 분석이 연구자들과 의료인들이 추구하는 공중 보건 향상에 있어서 값을 매길 수 없을 만큼 귀중한 도구라는 것이다.

## 14.1 진화하는 병원균들: 숙주의 면역 반응으로부터 대피

진화의 기본은 집단 내에 있어서 유전자형의 빈도가 변하는 것이다. 이러한 개념에 비추어 보면 의학에 있어서는 두 가지 집단이 고려될 수 있는데, 하나는 병원균 집단이고 또 다른 하나는 병원균에 감염된 각 환자들의 세포, 다시 말해서 환자 내에 존재하는 세포 집단이다. 우리는 이번 장에서 병원균 집단의 진화를 우선적으로 고려하고, 그 후에 세포 집단의 진화를 다루고자 한다.

굳이 정의하자면 병원균 집단과 병원균이 감염된 숙주는 반목적인 관계이다. 병원균은 숙주의 조직들을 이용해서 더 많은 병원균들을 만들어 내려고 시도한다. 반대로 숙주는 병원균을 죽이거나 생식 속도를 늦춤으로 해서 피해를 최소화하려고 노력한다. 예를 들어 우리가 숙주가 되면 우리 몸은 이들 침입자에 대항하여 놀라울 정도로 순차적으로 계획된 대항 무기들을 사용한다. 우리의 면역체계는 수억 개의 외부 단백질을 인지할 수 있고, 이들에 대해 즉각적으로 공격적이고 다각적인 반응을 하며, 또한 병원균 단백질들의 구조를 기억함으로써 다음 번 감염 시에 더욱 빠르게 대처할 수 있다. 하지만 병원균들 역시 무서운 적들이다. 많은 병원균들은 큰 집단 크기를 가지고 있으며 생식 세대가 짧고, 돌연변이가 발생할 확률이 높다. 이러한 특성들은 결국 병원균 집단들이 빠르게 진화한다는 것을 의미한다. 어떤 돌연변이가 숙주의 면역 반응을 피하거나 이겨낼 수 있으면, 이 돌연변이는 강력한 위력으로 그 집단 내에서 선택되고 집단 내의 그 빈도가 빠르게 증가하게 된다. 만약에 우리가 특정한 병원균들이 인간 면역체계에 의한 공격에 대해서 어떻게 진화하는지를 이해할 수 있다면, 우리는 병원균들과의 분쟁에 적극 개입하여 우리에게 유리한 결과를 이끌어 낼 수 있을 것이다.

**생물체들 간의 대립은 불가피하다. 기생충과 기생충 숙주 간의 대립이 발생하면 숙주의 면역체계를 피할 수 있는 기생충들이 살아남고 자연선택되게 된다.**

1991년 Walter Fitch와 그의 연구팀은 인플루엔자 A 바이러스 집단들의 진화가 인간 면역체계에 의해 선택되었다는 증거를 찾는 연구를 수행하였다. 만약 연구팀이 독감 바이러스 집단들이 과거에 어떤 이유로 또한 어떠한 방법으로 진화해 왔는지를 식별해 낼 수 있다면, 아마도 연구팀은 현재 유행하는 바이러스 집단들이 미래에 어떻게 진화할지를 예측할 수 있을 것이다. 이러한 예측은 매년 다시 만들어지는 독감 백신의 개발에 큰 도움이 될 것이다.

### 독감 바이러스의 진화

인플루엔자 A 바이러스는 매년 발생하는 유행성 독감의 원인이면서, 또한 1918년, 1957

년, 1968년에는 전 세계적으로 크게 유행되기도 했다. 우리들 대부분은 독감은 단지 감기보다 좀 더 심하긴 하지만 수두(chicken pox)만큼 힘들지는 않다고 생각한다. 하지만 사실 독감은 매우 치명적이다. 일상적인 독감 철에만 보더라도 독감으로 약 2만 명의 미국인이 사망한다. 특히 1918년도의 유행성 독감은 역사상 가장 혹독했던 전염병 중 하나로 기록되었다. 한 달 만에 세계 인구 약 20%가 유행성 독감을 앓았고 5천만 명에서 1억 명 사이의 사람들이 유행성 독감으로 사망하였다(Kolata 1999; Johnson and Mueller 2002).

그림 14.3에서 보이듯이 인플루엔자 A는 총 13개 단백질을 만들어낼 수 있는 8개의 RNA 가닥들로 구성된 유전체를 가지고 있다(Webster et al. 1992; Chen et al. 2001; Wise et al. 2009; Jagger et al. 2012). 이 13개 단백질은 중합효소, 구조 단백질, 그리고 외피 단백질로 이루어져 있다. 이들 중 가장 많이 존재하는 외피 단백질은 혈구응집소라고 부르는 단백질이다. 혈구응집소는 인플루엔자가 숙주에 감염할 때 숙주세포 표면 위의 시알산에 결합하여 감염을 시작하는 작용을 한다(Laver et al. 1999).

혈구응집소는 또한 숙주의 면역체계에 의해 일차적으로 인지되고, 공격받고, 기억되는 단백질이기도 하다. 특정 인플루엔자 A 균주가 살아남기 위해서는 자신이 가지고 있는 혈구응집소에 한번도 노출된 적이 없는 숙주들이 계속해서 찾거나 아니면 자신이 가지고 있는 혈구응집소를 새로운 형태의 혈구응집소로 변화(돌연변이)시켜서 이전에 노출된 적이 있는 숙주임에도 불구하고 더 이상 동일한 혈구응집소로 인식되지 못하도록 만드는 것이다. Walter Fitch와 그의 연구팀은 혈구응집소의 돌연변이 중에서도 특히 혈구응집소의 항원부위에 있는 아미노산을 변화시키는 돌연변이에 관심을 두었다(그림 14.4). **항원부위(antigenic site)**는 숙주의 면역체계에 의해 인식되면서 추후 감염에 대비하여 기억되는 외부 단백질의 특정 부분을 말한다. 연구자들은 돌연변이를 통해 얻어진 새로운 항원부위를 가진 독감 균주들이 자연선택 시에 장점을 갖는다는 가설을 세웠다.

이 가설을 증명하기 위하여 연구자들은 1968~1987년 사이에 냉동 보관된 감염된 사람에서 얻어진 인플루엔자 A 바이러스들의 혈구응집소 유전자의 변화를 조사하였다. 독감 바이러스는 포유류보다 100만 배 빠르게 진화를 하기 때문에, 이렇게 20년의 기간 동안 수집하여 냉동 보관된 독감 바이러스 샘플들은 굳이 비교하자면 인간이 침팬지와 공동조상으로부터 분리되어 진화하는 데 걸린 시간의 약 네 배에 해당하는 시간이다. 다른 말로 표현하자면 냉동 보관된 독감 바이러스 샘플은 화석기록이라고 할 수 있다. 한 가지 다른 점이 있다면 일반 화석 샘플과 달리 독감 바이러스 샘플은 우리가 유전자 정보를 분석할 수 있다는 점이다.

Fitch와 연구팀은 혈구응집소 유전자의 서열로부터 냉동 보존된 독감 샘플의 진화 속도를 계산하였고, 이를 바탕으로 독감 샘플의 계통을 추정해 내었다. 이에 대한 결과는 그림 14.5에 나타내었다. 여기에는 두 가지 양상이 보이는데, 첫째로 독감 균주는 일정한 비율로 1년에 뉴클레오티드 당 약 $6.7 \times 10^{-3}$ 정도(그림 14.5a)의 혈구응집소 유전자의 염기치환이 발생하고 그 변이들이 유전체에 축적된다는 것이다. 두 번째로 대부분의 독감 균주들이 진화계통수에서 멸종된 생물을 의미하는 것과 같은 끝이 단절된 옆 가지 형태로 표시가 된다는 것이다(그림 14.5b). 이 계통수를 바탕으로 1980년대에 나타난 독감 균주들의 계보를 분석해보면, 이들이 1960년대 후반부터 1970년대 초반까지 나타났던 여러 독감 균주 조상들에서 내려온 자손들은 아닌 것으로 나타났다. 대신에 1980년대에 존재했었던 균주들은 서로 매우 근연관계에 있으며 모두가 1960년대 후반에 나타난 단 하나의 균주로부터 유래된 것으로 나타났다. 결국 1960년대 후반과 1970년대 초기에 나타났던 대부분의 다른 균주들과 그들의 자손들은 모두 멸종한 것으로 보인다.

다른 독감 균주의 계보들, 즉 자손들이 모두 멸종되는 중에서도 현재까지 살아남은

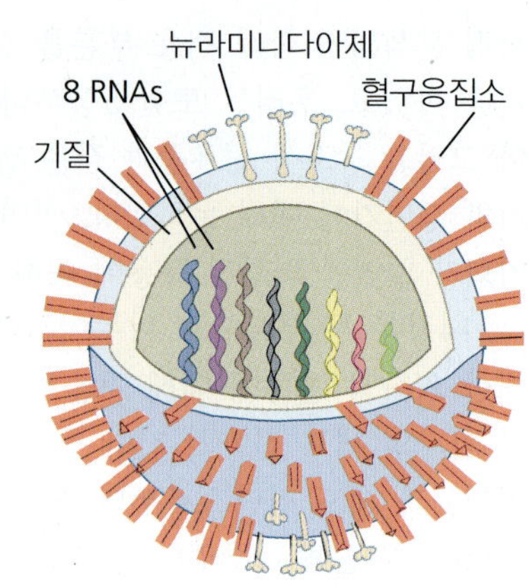


**그림 14.3 인플루엔자 A 바이러스** 독감 바이러스는 두 개의 대표적인 표면 단백질을 가지고 있는데 바로 혈구응집소와 뉴라미니다아제(neuraminidase)이다. 바이러스 유전체는 독립적인 8개의 RNA 조각을 가지고 있다. Webster et al. (1992)에서 다시 그림.

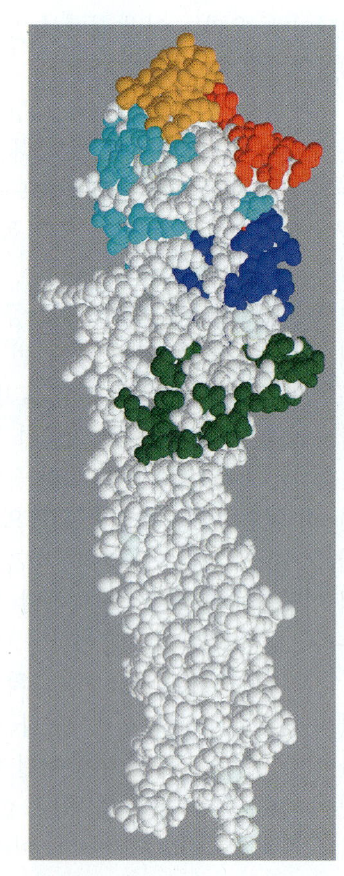

**그림 14.4 혈구응집소** 면역체계에 의해 인지되는 다섯 개의 항원 자리들 각각은 다른 색상으로 표시되어 있다. Plotkin and Dushoff (2003)에서.

자손들은 어떻게 살아남고 유지가 되었을까? 연구자들의 가설에 의하면, 그 요인은 염기치환이었고, 그 결과로 혈구응집소의 항원부위에 존재하는 아미노산이 다른 아미노산으로 변환되었다는 것이다. 연구자들은 염기서열 분석 결과를 이용하여 생존하고 있는 계보와 멸종된 계보 모두에서 아미노산의 치환을 추론해 내었다. 그 후에 연구자들은 이러한 아미노산의 치환이 항원부위에서 발생하였는지 혹은 비항원부위에서 발생하였는지를 기록하였다. Fitch와 연구팀은 멸종한 계보와 비교하여 볼 때 살아남은 계보는 항원부위에서 아미노산 치환이 높게 나타날 것으로 예측하였다. 전체 109개의 아미노산 치환의 분포는 다음과 같다.

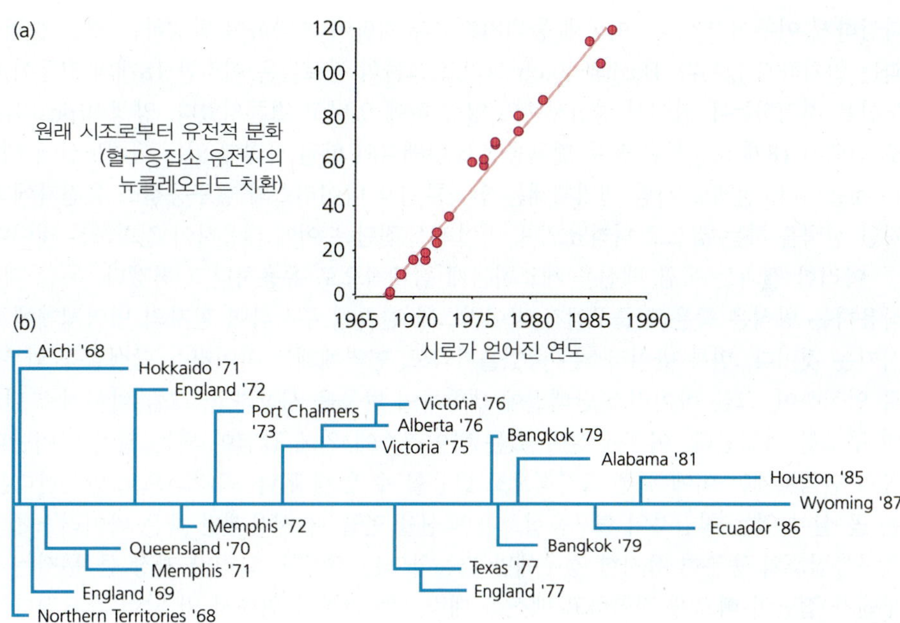


**그림 14.5 냉동 보관된 인플루엔자 샘플의 계통학적 분석** (a) 시간에 따른 인플루엔자 A 혈구응집소의 분자진화를 나타낸 그림. 현존하는 계보는 일정한 비율로 축적된 뉴클레오티드 치환을 보여준다. (b) 1968년부터 1987년 사이에 발생한 인플루엔자 바이러스의 계통수. Fitch et al. (1991)에서.

| | 항원부위 | 비항원부위 |
|---|---|---|
| 현존하는 계보(Surviving lineage) | **33** | **10** |
| 멸종된 계보(Extinct lineage) | **31** | **35** |

이 결과는 연구자들이 했던 예측과 완벽히 일치하며, 생존하는 계보의 경우에 전체적인 치환의 빈도가 멸종된 계보에 비해 반절 정도로 낮았음에도 불구하고, 면역체계에 의해 인지되는 항원부위인 혈구응집소에서 발생한 치환이 비항원부위에서 발생한 치환에 비해 세 배 이상 많은 것을 알 수 있다. 계보의 운명과 치환의 위치에 대한 상관관계는 통계적으로 유효한 것이다($p$ = 0.002).

Robin Bush와 Walter Fitch, 그리고 동료들은 이러한 연구 결과를 보충하는 실험을 진행하였고 1999년에 그에 대한 결과를 보고하였다. 좀 더 심도 깊게 진행된 이 연구의 내용은 1985년부터 1996년까지 나타난 357 인플루엔자 A 균주들로부터 혈구응집소 유전자의 염기서열 치환을 이용하여 계통수를 조사한 것이었다. 이를 위해 연구자들은 분자진화에서 이용되는 중립이론(neutral theory)을 비교를 위한 영가설로 사용하였다. 7장에서 언급된 중립이론을 간단히 다시 설명하면 분자진화 과정을 두 가지의 주요 핵심으로 설명한다. 첫째는, 아미노산의 치환이 일어나면 이는 일반적으로 해롭기 때문에 자연선택을 통해 제거된다는 것이다. 둘째는, 아미노산이 바뀌지 않아 별다른 해를 끼치지 않는 침묵돌연변이 경우에만 일정한 비율과 속도로 유전적 부동 과정을 통해 집단에 고정된다는 것이다. 결국 중립이론에 의하면, 진화계통수를 이용하여 뉴클레오티드 치환을 조사할 경우, 동의치환(silent substitution)의 수가 치환(substitution)보다 더 많아야 한다는 것이다. Bush와 Fitch 그리고 그들의 동료들이 분석한 331개 뉴클레오티드 치환 중에서 191(58%)개가 동의치환이었고, 140개(42%)가 치환이었다. 이러한 결과는 중립이론과도 일치한다(그림 7.24 참조).

그러나 연구자들은 혈구응집소의 유전자의 18개의 코돈(codon)에서 동의치환보다 치환이 더 많음을 추가적으로 밝혀내었다. 이 18개 코돈에서의 치환비율을 보면 다양하게 나타나는데, 4개의 치환과 0개의 동의치환비율부터 20개의 치환과 1개의 동의치환까지 다양하게 이루어져 있다. 이렇게 동의치환보다 치환이 초과하여 발생하는 것은 중립이론과는 일치하지 않는다. Bush와 Fitch 그리고 그들의 동료들은 이러한 18개의 코돈이 아미노산을 지정하는데 있어서 양성선택의 영향 하에 있다고 결론지었다. 양성적(positive)으로 선택된 18개 코돈들은 모두 혈구응집소 단백질의 항원 자리에 있는 아미노산에 해당하는 것들이다. 실제로 사람 면역체계는 인플루엔자 바이러스의 혈구응집소 유전자에 대해 강한 선택을 하는 것으로 나타났으며, 바이러스 집단은 이에 대응하여 진화하는 것이다.

**계통학적 분석으로 알 수 있는 것은 인플루엔자 균주들이 만약 숙주의 면역체계에 의해 인지되는 단백질을 가지고 있다면 그 단백질을 이루는 아미노산 서열 중 일부가 전혀 다른 새로운 아미노산 서열로 된 경우에 보다 더 생존하기 쉬울 수 있다는 것을 보여준다.**

이러한 결과는 독감 백신을 제조하는데 잠재적으로 유용하다고 하겠다. 독감 백신이 작용하는 방식은 죽은 인플루엔자 바이러스를 환자에 주사하여 환자의 면역체계에 노출시키는 것이다. 비록 바이러스는 죽었을지라도, 면역체계는 바이러스 단백질을 외부물질로 인식하여, 그들 바이러스 단백질에 대항하여 반응을 시작하고, 그들 바이러스 단백질의 구조를 기억한다. 이후에 살아 있는 바이러스에 의해 감염이 되는 일이 일어난다면, 몸의 면역체계는 이에 대해 즉각적으로 반응할 수 있게 된다. 즉각적으로 반응한다는 말은 곧 살아 있는 침입자의 혈구응집소가 백신을 만들 때 사용했던 죽은 바이러스에 있는 혈구응집소와 충분히 유사한 경우에만 가능하다는 것이다. 그러나 가장 큰 문제는 인플루엔자 집단이 빠르게 진화하고 백신을 대량으로 만들기 위해서 몇 달이 소요된다는 것이다. 따라서 백신 제조사는 독감 시즌에 앞서 미리 백신의 대량 생산을 시작해야만 하는 것이다. 다시 말하면 백신 제조사의 과학자문위원들이 현재 유행하는 독감 균주(strains)들 중에서 어느 것이 다음 시즌에 유행할지를 미리 앞서서 예측하려고 노력해야 한다는 것이다. 그래야만 다음에 만들어질 백신에 포함시킬 수 있다.

Robin Bush, Catherine Bender 그리고 그들의 동료들은 현재 유행하는 독감 균주 중에서 다음 시즌에 유행할지를 예측하는 방법을 고안하였다(Bush and Bender et al. 1999; Bush 2001도 참조). 그들은 이 논문을 통해서 현재 유행하는 독감 바이러스들 중에서 생존하게 되는 균주들을 예측하였는데, 그들이 한 추론은 앞서 언급한 양성선택 하에 놓인 18개 코돈에서 발생하는 돌연변이들을 최대한 많이 가지고 있는 균주가 될 것이라는 것이다(그림 14.6). 이를 토대로 연구자들은 최근 11번의 독감 시즌 동안 9번을 정확히 예측할 수 있었고, 각 시즌 동안 살아남아 유행한 하나의 균주를 제외하면 나머지 균주들은 모두 멸종되었다.

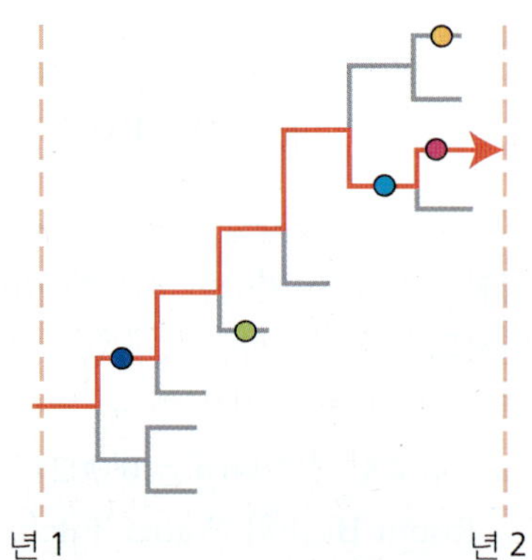


**그림 14.6 미래 어떤 인플루엔자 계보가 생존하여 유행병을 야기하게 될지를 예측** 돌연변이는 지속적으로 새로운 계보의 인플루엔자를 발생시키며 이는 진화계통수에서 새로운 가지로 표기된다. 여러 계보 중에서 붉은색으로 표기된 하나의 계보만이 결국에는 살아남고, 회색으로 표기된 나머지 계보들은 결국 멸종될 것이다. 그럼 어떤 계보가 살아남을 것인가? 일반적으로 보면 혈구응집소의 항원 자리에서 아미노산 치환이 일어난 계보라고 할 수 있다 (색깔 있는 점으로 치환을 표기하고 있다). Bush et al. (2001)에서 다시 그림.



Bush와 Bender 그리고 그들의 동료들은 또한 조심스럽게 덧붙였는데, 이번 시즌에 유행하는 독감 균주 중에서 어느 것이 미래 계보의 조상이 될 것인가를 예측하는 것과 이번 시즌에 유행하는 독감 균주 중에서 어느 것이 다음 시즌에 유행할 것인지를 예측하는 것은 엄연히 다른 문제라는 것이다. 그럼에도 불구하고, Bush와 Bender 그리고 그들의 동료들이 고안한 예측 기술은 이미 이용 가능한 다른 예측 방법들에 추가적인 기술을 더할 수 있었다. 그리고 예측 방법을 개선하기 위해 노력하는 다른 연구자들에게도 기술의 정확도를 높일 수 있는 길을 찾을 수 있게 하였다(Ferguson and Anderson 2002; Plotkin et al. 2002: Ito et al. 2011).

## 유행성 독감 균주의 기원

새로운 혈구응집소 유전자를 가진 독감 바이러스가 숙주에 감염되었을 때 숙주의 면역체계로부터 벗어나는데 선택적인 장점을 갖는다는 사실은 이 독감 균주가 유행병을 유발하는 능력을 얻을 수 있다는 것을 나타내기도 한다. 만약 독감 균주가 어떻게든 혈구응집소의 구조를 급진적으로 변화할 수 있고, 이러한 새로운 구조가 그전까지 사람의 면역체계에 노출되었던 모든 혈구응집소 구조가 달라진다면, 그 균주는 잠재적으로 살아 있는 모두를 감염시킬 수 있고 세계를 휩쓸게 될 것이다.

그렇다면 어떻게 독감 균주가 그렇게 급진적으로 그들이 가지고 있는 혈구응집소의 구조를 바꿀 수 있을까? 인플루엔자 유전체는 그림 14.3에서 보여주는 구조로 되어 있다. 다시 한 번 정리해보면, 인플루엔자의 유전체는 13개의 다른 유전자를 만들어낼 수 있는 8개의 다른 RNA 가닥으로 구성되어 있다. 만약 서로 다른 두 개의 다른 독감 균주들이 연속해서 동일한 숙주에 감염된다면 감염된 두 개의 독감 균주들의 유전체는 합쳐질 수도 있다. 즉, 다시 말하면 새로운 바이러스가 형성되면 이들은 1번 균주의 RNA 조각과 2번 균주의 RNA 조각의 일부를 가지게 된다. 예를 들어, 1번 균주의 자손들이 2번 균주가 가지고 있던 혈구응집소 유전자를 생성할 수도 있게 된다.

**계통학적 분석은 언제, 어디서, 어떻게 유행병이 나타나는지를 명확히 알려준다.**

그림 14.7에 보이는 계통수는 독감 균주들이 실제로 그렇게 유전자를 서로 바꾸는 행동을 한다는 증거를 보여준다. Owen Gorman과 동료들(1991)이 발표한 계통은 인플루엔자 핵단백질 유전자의 염기서열을 바탕으로 하여 만들어진 것이다.

핵단백질은 숙주에 대한 특이성을 결정하는 바이러스성 단백질에 해당한다. 어떤 하나의 균주가 가지고 있는 핵단백질 구조는 그 균주로 하여금 특정 숙주에 감염할 수 있게 하는 요소가 된다. 물론 이러한 핵단백질 구조는 특정 숙주에만 감염되도록 제한되는 경향이 있기도 하다. 핵단백질의 유전자를 바탕으로 한 계통 연구는 독감 균주의 기원과 역사를 보여주는 신뢰있는 지표가 될 수 있다.

계통연구를 통해서 핵단백질의 계통은 여러 개로 명확하게 구분되는 **분기군(clades)**들이 존재함을 보여준다. 여기에서 말하는 분기군의 정의는 특정한 공동조상으로부터 유래된 균주들의 집합을 말한다. 독감 계통에서 보이는 명확하게 구분되는 분기군들은 각각 특정 동물에게 감염되는데, 예를 들어 한 분기군은 주로 말을 감염시키고, 다른 한 분기군은 주로 인간을 감염시키며, 또 다른 분기군은 주로 돼지를 감염시키고, 두 가지는 모두 새도 감염시킨다. 이들 분기군 내에서 다른 숙주에 감염되는 균주의 경우에는 별표로 표시하였다.

가지 끝과 그들의 색상, 레이블을 보면 더 확실히 구분된다. 이 그림에서 색상은 분리된 각 균주를 나타낸다. 레이블은 분리된 연도와 바이러스의 분류에 있어서 하위유형(subtype)을 알려준다. 예를 들면 H3N2는 혈구응집소 3번과 뉴라미니다아제 2번을 각각 나타낸다. 뉴라미니다아제 역시 혈구응집소와 같은 바이러스의 외피 단백질이다. 각 번호가 의미하는 것은 숙주의 특정 항체에 의해 인식이 가능한 혈구응집소나 뉴라미니다아제를 통칭한다. 우리의 목적에 맞는 가장 중요한 요소는 각각의 혈구응집소 그룹이 분기군으로 형성될 수 있다

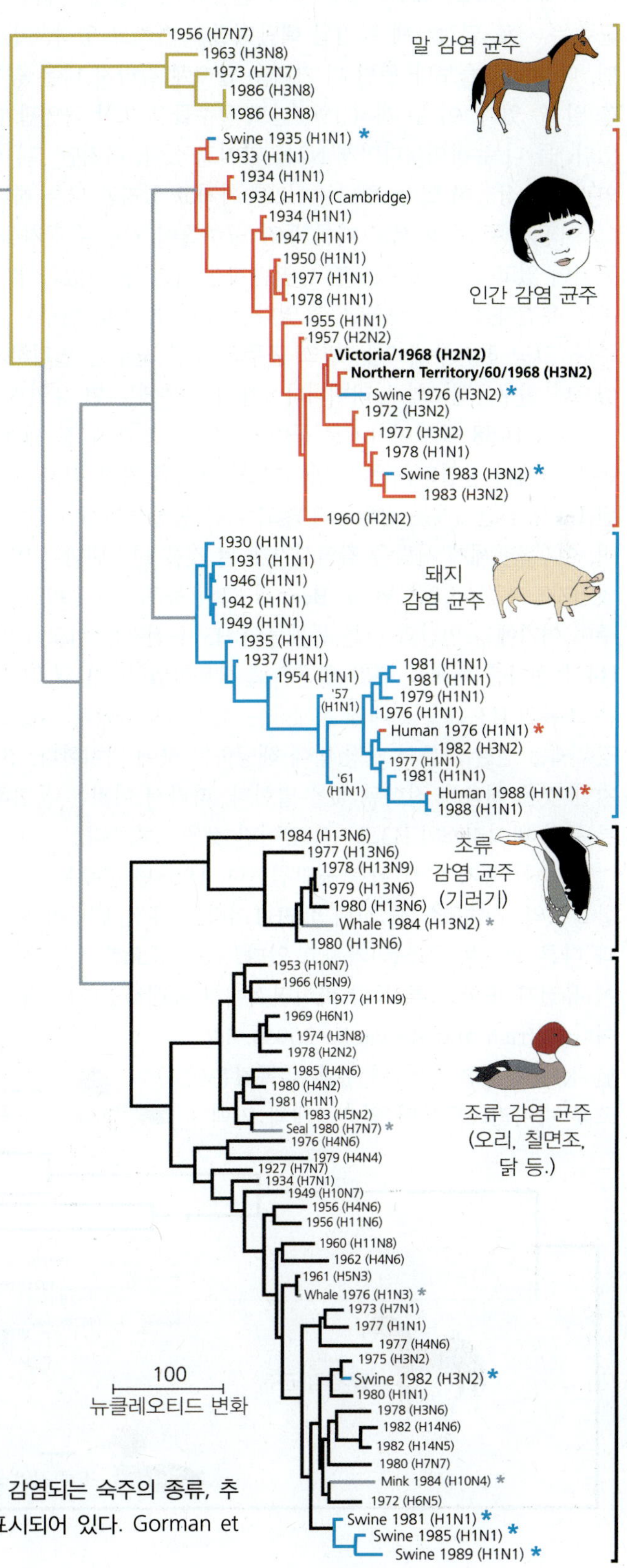


**그림 14.7 독감 바이러스의 핵단백질 유전자 계통** 각 바이러스 균주들이 감염되는 숙주의 종류, 추출한 연도, 그리고 가지고 있는 혈구응집소와 뉴라미니다아제의 종류가 표시되어 있다. Gorman et al. (1991)에서 다시 그림.

는 것이다. 다시 말해서, 모든 H1들 간의 연관성이 다른 H2나 H3 혹은 H4보다 훨씬 더 밀접하게 관련되어 있다고 할 수 있다. 이 점은 뉴라미니다아제에도 동일하게 적용된다.

인간에게 감염되는 균주인 Human/Victoria/1968(H2N2)와 Human/Northern Territory/60/1968(H3N2)을 예를 들어 설명하면(그림에서 굵은 글씨로 표기되어 있다), 이들 균주는 서로 밀접하게 관련된 핵단백질을 가지고 있다. 이들 균주를 계통수에서 살펴보면, 다른 균주들보다 훨씬 더 가까운 근래에 갈라져 나온 공동조상을 공유하고 있다는 것을 알 수 있다. 이 두 개의 1968년도 균주들은 또한 근연관계의 뉴라미니다아제를 가지고 있다. 둘 다 뉴라미니다아제 N2를 가지고 있다. 하지만 그들이 가지고 있는 혈구응집소는 연관성이 상당히 멀다. 하나는 H2를 가지고 있지만 다른 하나는 H3를 가지고 있다.

어떻게 두 개의 서로 다른 독감 균주들이 가진 유전자들 중에서 하나는 밀접하게 연관되어 있고 다른 하나는 먼 유연관계를 가질 수 있었을까? 가장 간단한 설명은 독감 균주는 유전자를 상호 교환할 수 있다는 것이다. 계통 연구는 추가적인 다수의 사례를 보여준다. 그림 하단부에 있는 밍크 균주와 조류 균주는 밀접하게 연관된 핵단백질을 가지고 있으나 혈구응집소와 뉴라미니다아제의 경우에는 먼 유연관계를 보여준다.

다시 1968 균주이야기로 돌아가 보면, 그 해에 전 세계를 통해 유행한 독감 이전에는 인간에게 감염되는 독감 바이러스는 H3를 가진 적이 없었다. 이는 1968 독감이 갖게 된 H3가 인간에게는 감염되지 않고 다른 동물들에게만 감염되는 균주로부터 획득된 것이며, 이후 전 세계 사람을 감염시키게 된 것을 나타낸다. 그렇다면 H3 유전자의 근원은 무엇인가? **그림 14.8**은 W. J. Bean과 그의 동료들이 1992년도에 발표한 계통연구를 보여주며 여기에는 인간과 다른 동물들의 H3 유전자를 비교하였고 말의 H2 유전자와 조류의 H4 유전자를 비교를 위한 외군으로 사용하였다. 이 결과에 따르면 인간의 H3 유전자들은 조류의 H3 그룹들 내에 존재하는 것으로 나타난다. Northern Territory/60/1968의 H3 경우에는 인간 그룹의 가장 밖에 해당하는 곳에 위치한다. 진화적으로 볼 때 가장 밖에 위치한 것은 처음에 진화된 것을 말한다. 따라서 이것은 분명하게 1968년 균주의 H3는 조류 독감 바이러스의 H3로부터 얻어진 것을 말해준다.

비슷한 증거 역시 이를 뒷받침한다. 1968년 균주는 중합효소의 구성요소 중 하나인 PB1이라는 유전자가 이전과 다른 새로운 구조를 가지고 있다. 더욱 중요한 사실은 이 유전자 또한 조류 독감 바이러스에서 유래하였다는 것이다(Parrish and Kawaoka 2005). 11년 전에 유행한 1957년 유행성 독감은 조류 바이러스로부터 얻은 3개의 단백

**그림 14.8 독감 바이러스 혈구응집소 유전자의 계통수** 각 바이러스 균주들이 분리된 연도, 그리고 균주들이 가지고 있는 혈구응집소와 뉴라미니다아제의 종류가 표시되어 있다. 1968년 유행한 독감은 조류 독감 균주로부터 혈구응집소 유전자를 획득한 것으로 보인다. Bean et al. (1992)에서 다시 그림.

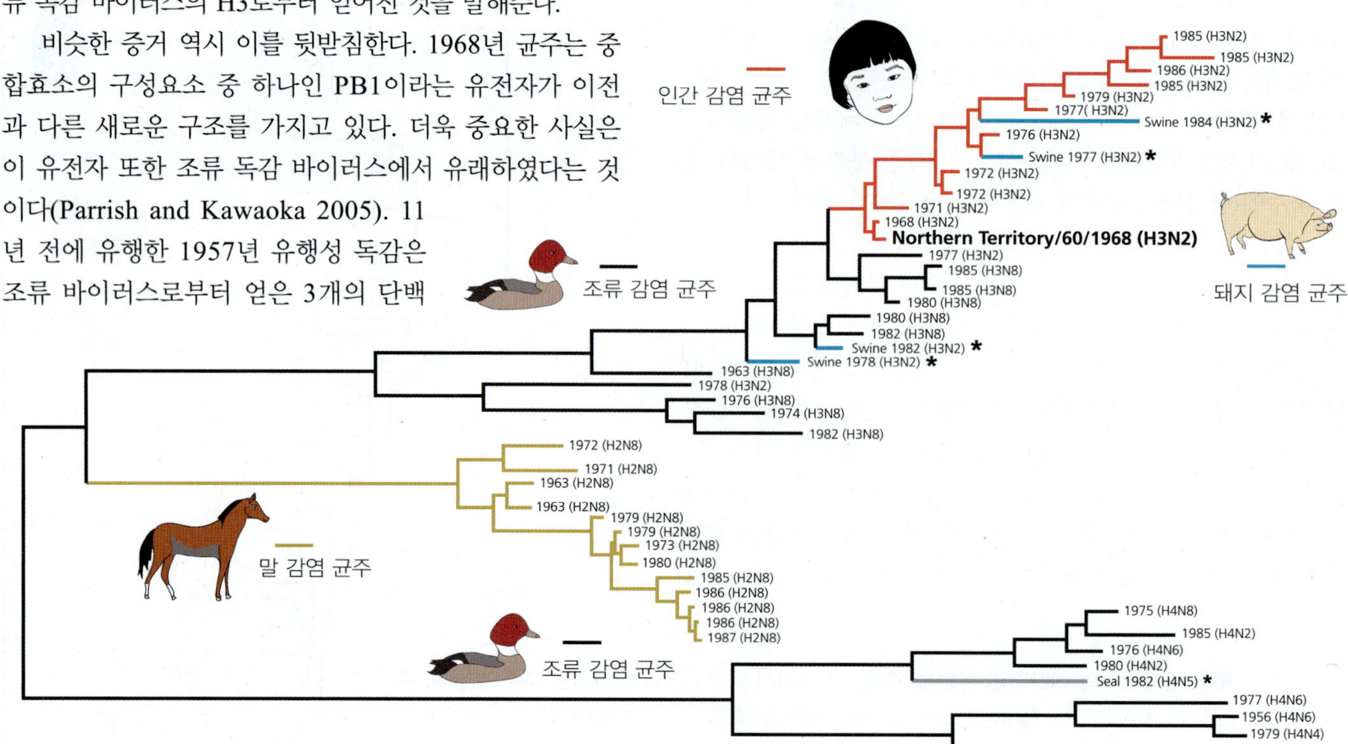

질인 혈구응집소와 뉴라미니다아제 그리고 PB1을 갖고 있다는 것이 조사되었다.

그렇다면 어떻게 인간 독감 균주가 조류 독감 균주의 유전자를 획득하는가? 그림 14.7의 핵단백질 주요 계통수가 그림 14.9에 재구성되어 있다. 핵단백질 계통 연구는 인간의 독감 균주가 가끔 돼지도 감염시킨다는 것을 보여준다(예를 들면 Swine 1976, which was isolated in Hong Kong; 그림 14.9a). 또한 조류 독감이 때때로 돼지를 감염시키기도 한다(Swine 1982, also from Hong Kong; 그림 14.9b). 반대로 돼지 독감 균주 역시 때때로 인간을 감염시킨다(Human 1976, from New Jersey; 그림 14.9c). 독감 연구자 사이에서 가장 일반화되어 있는 가설은 전 세계적 유행성 독감이 발생하는 경우는 인간의 독감 균주와 조류의 독감 균주가 동시에 돼지에 감염되었을 때 시작되며, 아마 서로 교환된 유전자는 이후 돼지에서 사람으로 이동했을 것이다(Webster et al. 1992). 2009년에 Gavin Smith와 동료들이 연구한 계통 분석은 2009년에 새롭게 나타난 인간 독감 균주인 H1N1 인플루엔자 A의 발생 역시 이러한 유전자 교환 시나리오에 의한 것이라는 것을 보여준다.

물론, 우리에게 있어서 가장 우선적으로 이해하여야 할 필요로 하는 유행성 독감은 1918년에 유행한 독감이다. 이를 밝히기 위해 2005년도에 Jeffery Taubenberger와 Ann Reid, 그리고 그들의 동료들은 알래스카에 위치한 브레빅 미션(Brevig Mission) 지역에서 1918년에 사망하고 영구 동토층(permafrost)에 매장된 한 알래스카 원주민(inuit) 여성의 몸으로부터 독감 균주를 추출하였고, 그 독감 균주의 유전체를 분석하였다. 그리고 2005년도에 Terrence Tumpey와 동료들은 얻어진 시퀀스로부터 살아 있는 독감 바이러스를 재현하였고 쥐를 이용하여 실험한 결과 매우 치명적이었음을 확인했다.

Reid와 Taubenberger, 그리고 그들의 동료들은 1918년에 발생한 독감 바이러스의 각 유전자의 진화적 기원을 분석하였다(Reid et al. 1999, 2000, 2002, 2004a; Basler et al. 2001; Taubenberger et al. 2005). 핵단백질 유전자에 대한 분석 결과는 전형적이었다(Reid et al. 2004b 참조). 여기에서는 이들을 중점적으로 논의하고자 한다.

그림 14.10a는 1918년에 발생한 독감 바이러스를 비롯한 핵단백질 유전자의 진화계통수를 나타낸다. 그림 14.7에서 보여준 핵단백질의 계통과 유사하게, 계통수에 나타나는 핵단백질 유전자들은 그들이 감염시킨 동물에 기인한 분기군들을 형성한다. 1918년산 독감 바이러스의 유전자는 인간과 돼지를 감염시킨 분기군들의 경계에 위치한다. 이러한 결과는 거의 대부분 최근에 인간과 돼지에 감염되는 독감 균주들이 1918년산 독감의 자손이거나 또는 아주 가까운 유연관계를 가지고 있다는 것을 의미한다. 그림 14.10b의 분자시계를 통해서 우리는 분기군에서 인간과 돼지에 감염되는 독감 균주들의 공동조상이 나타난 시기를 추정할 수 있다. 이 공동조상은 세계적으로 크게 유행한 독감이 발생하기 전에 잠깐 살았었던 것을 알 수 있었다.

1918년에 대혼란을 일으키고 그 후 여러 세대에 걸쳐 인간에 감염되는 인플루엔자들의 모태가 되는 독감 바이러스는 과연 어디에서 왔을까? 불행하게도, 데이터 분석은 결정적인 대답이 되지를 못한다. 가장 큰 문제는 인간과 돼지를 포함하는 분기군의 조상이 계통수의 다른 분기군에서 기원한 것이 아니라는 점이다. 인간과 돼지를 포함하는 분기군의 조상은 이전의 인간에서 왔을 수 있고, 돼지 독감의 균주로부터 왔을 수도 있고, 말이나 조류 독감의 균주에서 왔을 수도 있으며, 혹은 이 계통수에 표시되지 않은 전혀 다른 동물에 감염된 독감 균주에서 기원했을 가능성이 있다. 2011년에 JiaJie Zhang과 동료들 역시 수천 개의 독감 균주들로부터 각각 8개 유전자들에 대한 계통수를 재구성하는 매우 광범위한 계통 분석을 완료한 후에 유사한 결론에 도달했다.

그러나 인플루엔자 유전체에는 추가로 연구에 이용할 단서 역시 존재한다. 그림

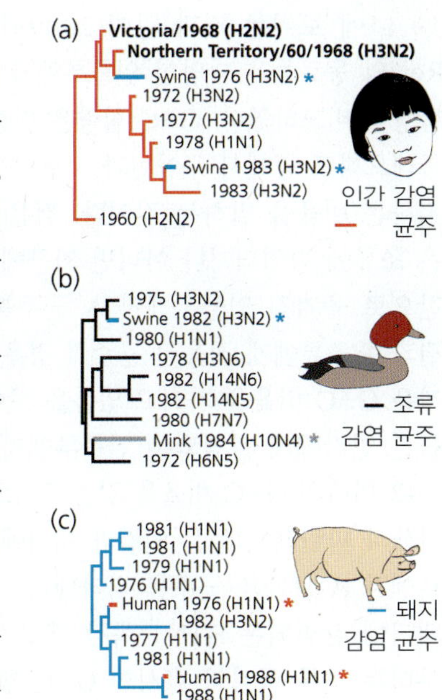


**그림 14.9 종간 이동을 보여주는 핵단백질 계통수의 가지들** (a) 인간에 감염되는 독감은 돼지도 감염시킬 수 있다. (b) 조류 독감이 돼지를 감염시킬 수 있다. (c) 돼지 독감이 인간에게 감염될 수 있다.

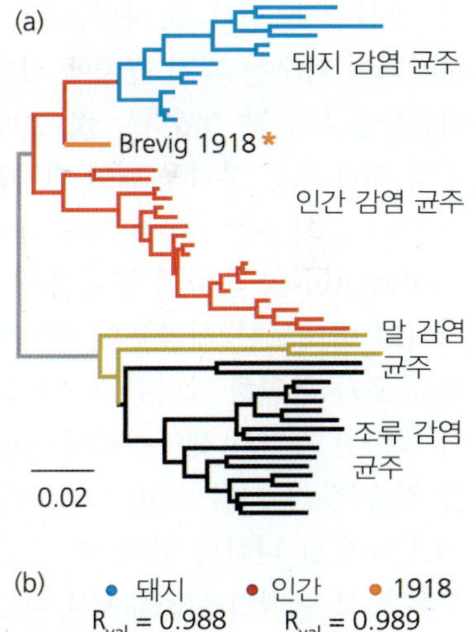


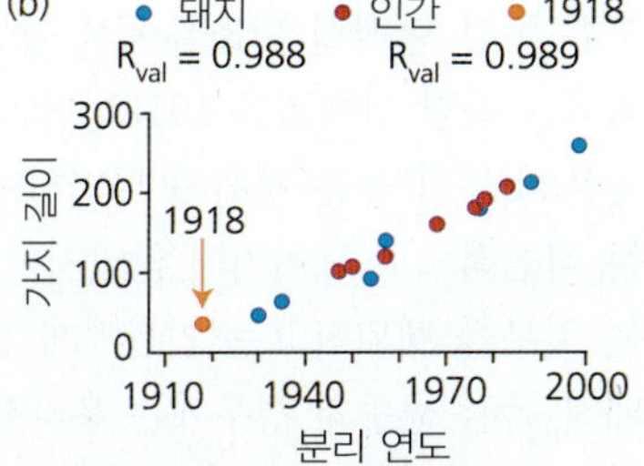


**그림 14.10 독감 핵단백질 유전자의 진화적 분석** (a) 다양한 독감 균주들의 계통. (b) 인간과 돼지 독감 균주에 대한 분자시계 표를 나타낸 그림. Reid et al. (2004a)에서.

14.11에 보이는 것과 같이 2009년에 Mario dos Reis와 동료들은 다양한 인플루엔자 유전체의 G+C 함량을 비교하였다. G+C 함량은 단순히 네 개의 뉴클레오티드 중에서 구아닌과 시토신을 더한 양이 차지하는 비율을 말하는 것이다. 검은색과 회색 점들은 조류에 감염되거나 아니면 최근에 조류로부터 인간으로 옮겨진 인플루엔자 A 균주를 나타낸다. 이 결과는 조류에게 적응된 균주의 경우에는 0.45에 가까운 G+C 비율을 가지고 있음을 보여준다. 녹색 점들은 인간에게 감염되는 인플루엔자 B 균주들로서 0.42 이하의 G+C 비율을 갖는 것으로 나타났다. 빨간색과 파란색 점들은 인간과 돼지에 감염되는 인플루엔자 A H1N1 균주를 나타낸다. 이 경우 인간과 돼지에 감염되는 H1N1 독감 계보가 1918년 이후부터는 조류 독감과 유사한 G+C 함량으로부터 인간 독감과 유사한 G+C 함량에 가깝게 진화한 것으로 나타났다. 통계 분석은 인간과 돼지 독감 계보에서의 염기치환율이 조류 독감의 계보들에 비하면 현저히 다르다는 것을 보여준다. 이 결과는 1918년 출현한 독감의 궁극적인 출발점이 조류 인플루엔자 무리였다는 가설과 일치한다.

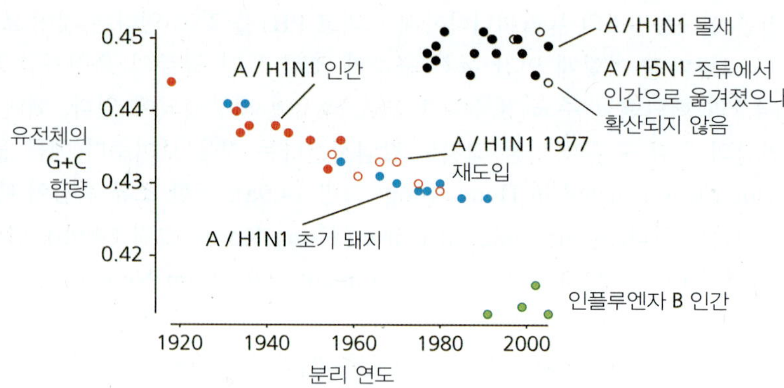


**그림 14.11 인플루엔자의 유전체에 있는 구아닌과 시토신의 구성 비율 분포** 붉은색 원은 반세기 동안 실험실 냉장고에서 대부분을 보내면서 진화적으로 변화 없는 정지상태에서 1977년 다시 살려낸 인간 독감 H1N1 균주를 나타낸다 (Wertheim 2010 참조). 이들이 추출된 것으로 표시된 시간은 얼려 있었던 기간을 고려하여 조정되었다. dos Reis et al. (2009)에서.

dos Reis와 동료들은 2011년도에 후속 연구에서 430 H1N1 인플루엔자 샘플의 핵단백질 유전자를 분석했다. 그림 14.12a는 추정된 계통을 보여준다. 관심 있게 봐야 할 사항들은 1918년산 독감 균주는 인간 독감 분기군이 분기되어 나오는 지점 근처에 위치를 한다는 것, 인간과 초기 돼지 독감 분기군들은 비교적 가깝다는 것, 2009년산 인간 독감은 염기서열의 분석상 초기의 돼지 독감 분기군 내에 위치한다는 것, 그리고 마지막으로 유라시아 돼지 독감 분기군은 조류 분기군 내에 위치한다는 것이다.

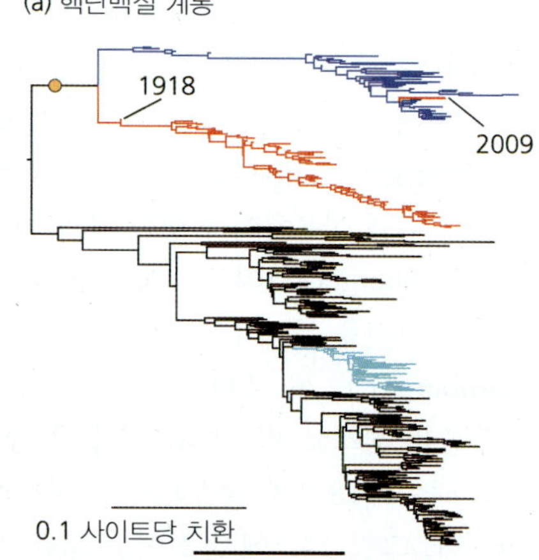


**그림 14.12 조류와 인간 사이에서 독감 핵단백질의 적응성** (a) 핵단백질 유전자의 계통 분석으로 (b)에서 보여주는 것과 같은 동일한 색상은 같은 숙주를 나타낸다. (b) 조류와 인간 사이에서의 핵단백질 적응성(adaptedness)의 트레이드오프. dos Reis et al. (2011)에서.

dos Reis와 동료들은 유전자 서열로부터 아미노산 서열을 유추해냈다. 그리고 아미노산 서열을 조사하여 인간과 조류 독감 샘플 간에 아미노산의 분포가 확연히 달랐던 아미노산을 알아내었다. 이 분석으로 독감 샘플에서 얻어진 각각의 핵단백질이 어떻게 조류와 인간 내에서 살아갈 수 있도록 잘 적응해왔는지를 지표로 계산하는 것이 가능해졌다. 자세한 결과는 그림 14.12b에 잘 나타나 있다. 이 그림은 여러 흥미로운 양상을 보여준다. 첫째, 조류 독감 단백질은 조류에서 살아가기 맞게 적응되었다. 반면 인간에게 감염되는 독감 단백질은 1918년산과 2009년산 독감 균주를 포함하여 적응성이 낮은 것부터 높은 것까지 다양하게 나타났다. 비록 그림에 시간에 대한 결과는 직접적으로 보여지지 않았지만, 최근 인간에게 감염되는 독감들의 경우에는 일부를 제외하고는 인간에게 잘 적응하는 경향을 보인다. 둘째로, 초기의 돼지 독감 균주의 경우에는 유라시아에서 발견된 돼지 독감 균주보다도 상당히 오랜 기간 동안 포유동물에서 적응해오고 있고, 인간에게 보다 더 적응된 단백질을 가지고 있다는 것이다. 셋째로, 돼지로부터 인간에게 옮겨온 2009년산 인간 독감 균주는 초기 돼지 독감 균주로 보인다. 넷째로, 처음으로 조류로부터 포유동물로 옮겨온 독감의 핵단백질의 염기서열 분석은 계통수와 그림에서 주황색으로 표시되어 있고 전형적인 조류에 속했다. 마지막으로,

1918년에 인간에서 발병된 독감의 핵단백질은 돼지 단백질보다는 인간에게 더 잘 적응된 것으로 나타났다. 다섯 가지의 다른 독감 단백질의 분석에서 역시 유사한 결과를 얻었다.

이러한 경향은 1918년산 독감의 기원이 2009년산 독감과 비슷하다는 가정에 잘 부합한다. 이 바이러스는 궁극적으로는 조류에게 발생했고 그 후에 돼지로 옮겨간 것이다. 그 후에 독감 균주가 돼지에 잘 적응되어 진화해 가다가 이 바이러스는 비로소 인간에게 옮겨갈 수 있었다. 정확히 언제 이러한 이동이 일어났는지 정확한 시기는 확실하게 알 수는 없다. Dos Reis와 동료들은 2009년과 2011년에 발표한 연구논문에서 이러한 이동이 1918년 이전의 몇 년 혹은 몇십 년 사이에 일어난 것으로 추정하였다.

독감 바이러스 유전체들의 구조로부터 얻어낸 단서들은 인플루엔자 A 바이러스의 기원이 조류라는 것을 시사해준다.

이 절에서 논의되었던 발견들의 결과에 근거하여(진화학자들의 연구에 이용되었던 방법들이 질병과 같은 실용적인 문제를 해결하기 위해 사용된다는 사실을 포함한), 국제적인 연구팀이 만들어지고 이들은 돼지, 조류 그리고 인간 사이에서 순환하는 인플루엔자 균주들의 흐름을 항상 주시하고 있다. 그들의 목표는 새로운 유행성 독감 균주를 조기에 발견하여 충분히 많은 양의 백신을 미리 생산하고 배급하는 것이다. 이들 인플루엔자 감시 연구자들은 특히 재조합되어 만들어지는 균주와 종과 종 사이를 옮겨 다니는 균주에 대해 집중하고 있다.

## 14.2 진화하는 병원균들: 항생제에 대한 내성

**항생제(antibiotics)**는 생화학적인 과정들을 방해함으로써 세균을 죽이는 화학약품(chemicals)이다. 환자에게 항생제란 생명을 구하는 약을 의미한다. 그러나 세균집단의 입장에서 볼 때는 항생제란 자연선택을 하게 하는 매개물이 된다. 항생제는 빠르게 항생제에 견딜 수 있는 내성세균을 민감하게 반응하는 세균으로부터 분리시킨다. 진화적인 관점에서 보면 항생제는 신중하게 사용되어야 하며, 그렇지 않으면 이러한 기적과도 같은 약물들이 그들이 갖고 있던 효과가 서서히 쇠퇴하게 될 것이다.

지금까지 수많은 항생제가 있었고 세균들이 내성을 갖게 되는 많은 분자기작들이 알려졌다(Nikaido 2009; MacLean et al. 2010 참조). 저항성을 갖는 이러한 기작들 중의 일부는 기능손실(loss of function)에 해당한다. 한 가지 예를 들어, 결핵균인 *Mycobacterium tuberculosis*는 이소니아지드(isoniazid)에 대한 내성을 가지고 있다. 이소니아지드는 세균의 세포벽 구성성분의 생산을 억제함으로써 세균을 죽인다(Rattan el al. 1998). 하지만 이소니아지드가 바로 세균을 죽일 수 있는 것은 아니다. 이소니아지드는 세균이 가지고 있는 효소에 의해서 먼저 생물학적인 활성상태로 전환이 이루어져야 한다. 이 전환은 카탈라아제(catalase)/퍼옥시다아제(peroxidase) 효소에 의해 이루어지며, 이 효소들은 *KatG*라 불리는 유전자에 의해 만들어진다. *KatG*에서 돌연변이가 일어나서 카탈라아제/퍼옥시다아제의 활동을 감소시키거나 제거하는 세균이 생긴다면 이소니아지드의 작용에 견디어 내거나 면역을 갖게 된다.

내성을 갖게 되는 다른 메커니즘 중에는 기능획득을 포함하기도 한다. 수많은 종류의 플라스미드와 트랜스포존과 같이 염색체 이외의 추가적인 유전자들은 하나 혹은 그 이상의 항생제에 대해 내성을 갖는 유전자들을 가지고 있다. 예를 들어 대장균에서 발견된 플라스미드 *Tn3*는, *bla*라 불리는 유전자를 가지고 있다. 이 유전자는 *β-lactamase* 효소를 만드는데 이 효소는 항생제인 암피실린을 분해하는 작용을 한다.

### 항생제에 의해 내성세균이 선별되는 증거

항생제가 내성세균에 유리하게 선택 작용한다는 증거는 다양한 연구를 통해서 얻을 수 여러 계열의 증거들이 항생제가 내성세균에 유리하게 선택 작용한다는 것과 세균 집단들은 이에 대응하여 빠르게 진화한다는 것을 보여준다.

있다. 가장 작은 규모의 연구로 친다면, 개인 환자 몸 안에서의 세균 진화를 들 수 있다. 1996년에 William Bishai와 동료들은 결핵을 가지고 있는 에이즈 환자를 대상으로 연구하였다. 연구자들이 처음으로 에이즈 환자가 결핵을 가지고 있다고 판단하였을 당시에는 환자의 폐로부터 배양된 결핵균들이 리팜핀(rifampin)을 비롯한 다양한 항생제에 민감하다는 것을 발견하였다. 이 결과를 바탕으로 연구자들과 다른 의사들은 여러 다른 약들과 함께 혼합한 리팜핀으로 그 환자를 치료했다. 당시 환자는 이러한 치료에 효과적으로 반응하였다. 어느 시점에 그 환자는 연구자들이 그의 폐에서 결핵균을 찾아서 배양할 수 없을 정도로 건강을 되찾았다. 그러나 얼마 되지 않아서, 그 환자는 결핵이 재발하였고 결국 사망에 이르렀다. 그가 죽은 후에 놀랍게도 연구자들은 환자의 폐에서 다량의 결핵균을 발견하였다. 연구자들은 사망한 환자에서 채취한 결핵균을 대상으로 항생제에 대한 내성을 조사하였다. 이 결핵균은 여전히 많은 약들에게는 민감하게 반응하지만 리팜핀에 대해서는 내성을 가졌다. 연구자들은 내성세균으로부터 *rpoB* 유전자의 염기서열을 분석한 결과 이 유전자에서 점 돌연변이를 발견했고, 이 돌연변이가 리팜핀에 대해 내성을 갖게 함을 알았다.

리팜핀에 내성을 가진 결핵 균주는 환자의 폐에서 진화한 것일까? 아니면 환자가 결핵에 감염되었을 때 이미 내성을 가지고 있던 새로운 균주에 감염되었던 것일까? 연구자들은 환자가 처음 감염되었을 때 얻었던 리팜핀에 민감한 반응을 보이는 결핵균과 부검을 통해 얻은 리팜핀에 내성이 있는 결핵균의 유전자 지문을 조사하였다. 조사 결과 *rpoB* 유전자에 점돌연변이 이외에는 두 그룹의 결핵균에서 나타나는 유전자 지문은 동일했다. 연구자들은 또한 사망한 환자와 동일한 시기 그리고 동일한 지역(도시)에서 살고 있는 환자들로부터 100종 이상의 결핵균주를 조사하였다. 이 중에 단지 두 개의 세균 균주만이 환자를 사망에 이르게 한 균주와 유전자 지문이 일치하였고, 나머지는 리팜핀에 대해 내성을 갖고 있지 않았다. 이 결과가 의미하는 것은 간단하게 말하면 환자의 폐 안에서 살고 있던 세균에서 *rpoB* 유전자에 돌연변이가 일어났으며, 궁극적으로는 리팜핀 치료에 의해 억지로 만들어진 선택에 의해서 높은 빈도로 퍼져나갔다고 볼 수 있다.

좀 더 큰 규모의 연구를 살펴보면, 연구자들은 새롭게 감염된 환자들과 항생제 처방 후에 재발한 환자를 대상으로 항생제에 대한 민감도와 내성을 비교하였다. 만약 항생제가 약물 내성에 원인이 된다고 한다면, 재발한 환자들 중에서 더 높은 비율로 항생제에 내성을 갖는 균주가 있을 것으로 예상할 수 있다. 1994년 Alan Bloch와 동료들은 질병통제센터(CDC)에 의해 수행된 결핵 환자들을 대상으로 한 설문조사 결과를 보고했다. 이소니아지드에 대한 세균의 민감성 조사 결과는 다음과 같다:

| | 새롭게 감염된 경우 | 재발된 경우 |
|---|---|---|
| 내성세균의 수 | **243** | **41** |
| 항생제에 민감한 세균의 수 | **2728** | **150** |
| 내성을 갖는 비율 | **8.2%** | **21.5%** |

이들 숫자들은 환자들 내의 세균 집단들은 치료에 반응하며 진화한다는 기존의 견해에 완벽히 일치한다.

마지막으로 가장 큰 규모의 연구를 살펴보면, 연구자들은 사회적 집단을 대상으로 항생제 사용기간과 내성세균을 가진 환자들의 비율 간의 관련성을 조사하였다. 만약 항생제가 내성을 갖게 하는 요인이 되면, 내성을 갖는 비율을 조사해서 항생제 소비량을 예측할 수 있을 것이다. 1999년에 D. J. Austin과 동료들은 아이슬란드 지방의 어린 아이들에서의 포도상구균(*Pneumococcus*) 균주 중에서 페니실린에 대한 내성을 그래프로 나타냈다(그림 14.13a). 이 결과에 따르면 1980년대 후반부터 1990년대 초반까지 페니실린에 내성을 갖는 균을 가진 아이들의 비율이 급격하게 증가한 것을 알 수 있다. 이에 대응하여 아이슬란드 공중보건 당국은 페니실린의 사용을 줄이기 위한 캠페인을 실시하였다. 이후 1992년과 1995년 사이에 아이들 1인당 페니실린 소비량은 약 13%까지 낮아졌다. 그림에서 보면 페니실린에 대한 내성의 정도는 1993년에 20% 바로 밑까지 오를 정도로 최고점에 이르렀다가 1996년에 이르러서는 15% 아래까지 떨어진 것을 알 수 있다. 2012년에 Lova Sun과 동료들은 1999년부터 2007년까지 미국에서 자료들을 수집하여 아미노페니실린(aminopenicillin) 처방과 암피실린 내성을 갖는 대장균의 빈도를 계절적 변화와 더불어 그래프로 보여주었다. 그림 14.13b는 항생제에 내성을 갖는 빈도는 처방전 숫자의 변화와 대략적으로 일치한다는 것을 보여준다. 다시 한 번 말하자면, 이러한 연구결과는 세균 집단들이 항생제의 사용에 의해 억지로 만들어진 선택에 의해서 진화한다는 가설과 일치한다.

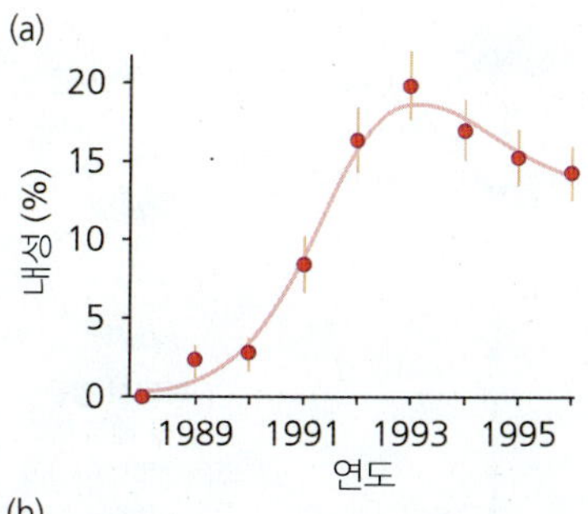


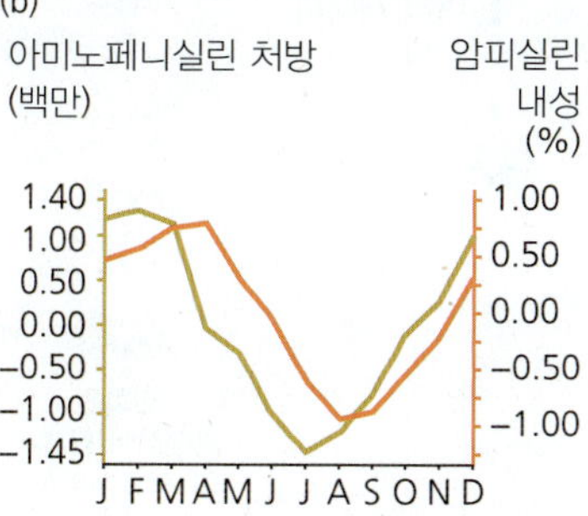


**그림 14.13 항생제 사용과 이에 대한 내성** (a) 아이슬란드 아이들로부터 얻어진 페니실린에 대해 내성을 갖는 포도상구균(*Pneumococcus*) 빈도를 연도에 따라 분석한 그래프. 공중보건 공무원들이 페니실린의 사용을 줄이기 위해 공공 캠페인을 시행한 후에 내성을 갖는 균주의 비율이 감소하였다. Austin et al. (1999)에서 다시 그림. (b) 미국에서 조사된 아미노페니실린의 처방과 암피실린 내성 대장균의 빈도를 계절적인 변화에 따라 분석한 그래프. Sun et al. (2012)에서 다시 그림.

## 세균이 내성을 갖는 대가로 지불하는 비용의 산출

아마도 항생제에 대한 내성은 항생제 사용을 줄이면 동시에 낮아질 것이다. 왜냐하면 항생제에 대한 내성을 갖게 된다는 것은 세균에게도 많은 대가를 요구하는 일이기 때문이다. 만약 내성을 갖게 된다는 것이 세균으로 하여금 많은 노고를 들게 하는 어려운 일이라고 본다면, 항생제가 없을 경우라면 항생제에 민감한 세균들이 오히려 더 높은 적응력을 가지게 될 것이다.

세균이 내성을 갖는 데 대한 대가로 많은 노력이 요구된다는 것은 일반적으로 받아들여지는 사실이다(Andersson and Hughes 2010). 만약 항생제에 대한 저항성이 기능손실 돌연변이에 의한 것이라고 한다면, 이에 따른 세균이 갖는 손해비용은 결국 유전자를 잃어버렸다는 것 그 자체가 될 것이다. 또한 항생제에 대한 저항성이 기능획득에 의한 것이라면, 새로운 유전자와 단백질을 갖게 되면서 이를 유지하는 추가 비용이 부과될 수 있다.

세균들이 항생제 내성을 갖게 되는 데 많은 비용을 지불해야 한다는 사실은 공중보건위생에 좋은 소식이 될 것이다. 만약에 너무 많은 세균들이 항생제에 내성을 가지고 있어서 항생제들이 그 효과를 잃기 시작하면, 의사와 환자는 항생제 사용을 중단하도록 의견을 조율하고, 이후에 세균 집단에서 항생제 내성이 없는 균주들이 훨씬 더 많아질 때까지 기다리면 된다.

그러나 항생제에 대한 내성을 갖는다는 것은 일반적으로 비용이 소요되지만, 이러한 비용이 항상 계속해서 요구되는 것만은 아니다. 세균 유전체 어딘가에 추가적인 돌연변이가 일어나고, 이를 통해서 항생제가 없는 상황에서도 다른 항생제에 민감한 세균들에 비해서 적응도(fitness)가 뒤처지지 않게 될 수 있도록 비용을 상쇄시키는 역할을 하게 된다. 1977년에 Stephanic Schrag와 동료들은 이러한 보상차원의 돌연변이가 대장균에서 스트렙토마이신 내성에 따른 비용을 완화시킬 수 있는지를 조사했다.

항생제에 대해 내성을 갖는 것은 일반적으로 세균에 많은 비용이 든다고 여긴다. 그러나 장기적으로 보면 내성에 대한 비용은 자연 선택에 의해 제거될 수 있다.

Schrag와 동료들은 스트렙토마이신에 민감한 대장균 집단을 대상으로 연구를 시작했고, 이들 중 새로운 스트렙토마이신 내성 돌연변이를 선별해냈다. 스트렙토마이신은 *rpsL* 유전자에 의해 발현되는 리보솜 단백질에 결합하여 단백질 합성을 억제한다. *rpsL* 유전자에 점돌연변이가 일어나면 스트렙토마이신에 내성을 가진 세균이 만들어진다. 첫 번째 실험에서, 연구자들은 새로운 스트렙토마이신 내성세균에서 유전자 조작 방법을 이용하여 돌연변이 된 *rpsL* 유전자를 꺼내고 동일한 균주의 야생형에서 얻어낸 유전자로 대체하였다. 이를 이용하여 스트렙토마이신에 내성을 가진 세균과 유전자 조작으로 만들어낸 내성이 없는 세균을 서로 생존 경쟁시켰다. 만약에 내성을 갖는다는 것이 비용

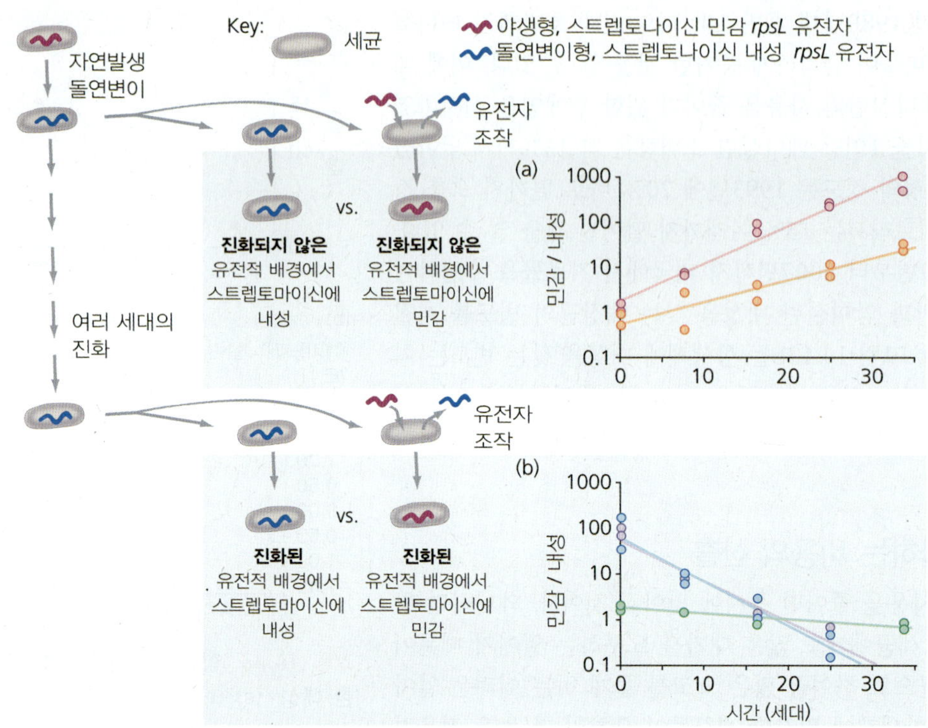


**그림 14.14 단기간과 장기간에 걸쳐 분석한 세균에 대한 항생제 내성의 비용 평가** (a) 대장균에서 스트렙토마이신 내성을 갖는 새로운 돌연변이 생성에는 비용이 든다. (b) 보상진화에 대한 충분한 시간이 주어졌을 때 내성에 대한 비용은 사라진다. 실제로, 내성을 갖고 있던 돌연변이가 오히려 유리하게 된다. 자세한 내용은 본문을 참조. 산점도는 Schrag et al. (1977)에서.

을 초래한다고 하면 적어도 단기적으로는 혼합 배양에서 스트렙토마이신에 민감한 세균들이 시간이 지남에 따라 빈도가 증가해야 한다. 정확히 예상했던 결과가 얻어졌다(그림 14.14a).

두 번째 실험에서, Schrag와 동료들은 스트렙토마이신에 내성이 있는 균주가 여러 세대로 진화하도록 놔두었다. 연구자들은 또 다시 유전자 조작을 통해 스트렙토마이신에 내성을 갖은 균주에서 돌연변이 유전자를 꺼내고 내성이 없는 동일한 균주의 유전자로 치환시킨 후에 스트렙토마이신에 내성을 갖은 균주와 생존 경쟁시켰다. 만약 내성을 가진 균주가 진화하는 동안 보상차원의 이차 돌연변이가 발생하고 집단 내에 고정되면, 혼합 배양실험에서 스트렙토마이신에 민감한 균주는 시간이 지남에 따라 빈도가 증가하는데 실패할 것으로 예상했다. 실제로 얻은 결과는 더욱 극적이었다. 항생제에 민감한 균주의 빈도가 오히려 감소했다(그림 14.14b). Schrag와 동료들은 보상진화는 스트렙토마이신에 대한 내성의 비용을 완화시킬 뿐 아니라, 다양한 다좌위 유전자형이나 유전적 배경을 만들어낸다고 했다. 연구자들은 이러한 유전적 다양성을 통해서 내성을 갖는 돌연변이 *rpsL* 유전자가 내성이 없는 유전자에 비해 더 높은 적응도를 누리게 되는 것으로 결론을 내렸다.

## 항생제의 신중한 사용

Schrag와 동료들의 연구결과에서 볼 수 있듯이 단순히 항생제 사용을 중단하여 세균 집단이 다시 항생제에 대해 예민해질 때까지 기다리는 것만으로는 의학적인 효과가 회복될 것이라고 보장할 수 없다. 만약 환자의 생명이 위태로울 때에 사용하기 위하여 강력한 무기(arsenal)로서의 항생제를 유지하기 원한다면, 사용 초기부터 세균 집단이 내성을 갖게 진화하는 것을 피하기 위해 노력하는 것이 더욱 현명한 대처라고 할 수 있을 것이다.

세균학자인 Stuart Levy는 1988년에 항생제 남용에 따른 내성을 제한하기 위한 가이드라인을 발표하였다. 이 가이드라인은 사람들로 하여금 세균 감염을 피하며, 불필요한 항생제의 사용을 제한하여 내성을 가진 세균이 생기지 않도록 하고, 항생제가 사용될 때는 사용 목표로 정한 세균 집단이 내성이 생기기 전에 제거하는 것을 목적으로 한다. Levy의 가이드라인 중의 일부는 다음과 같다.

- 식중독 균에 감염되는 것을 피하기 위해 소비자는 과일과 채소를 씻어야 하고 날달걀이나 덜 익은 고기를 피해야 한다.
- 손상된 면역 체계를 가진 환자의 감염을 방지하기 위해 필요할 경우에 소비자는 항균 비누와 세제를 사용해야 한다.
- 환자는 감기나 독감 같은 바이러스성 감염 시에는 항생제를 요구하지 않아야 한다.
- 항생제를 복용할 때에는 환자들은 치료과정을 끝까지 완료해야 한다. 환자들은 한 번 처방된 항생제를 치료가 끝난 후에 따로 보관하거나 다른 치료에 임의로 사용해서는 안 된다.
- 환자에서 다른 환자로의 감염 확산을 막기 위해 의사는 환자 진료 후 다른 환자 진료 전에 철저히 손을 씻어야 한다.
- 의사는 환자가 요구한다 하더라도 불필요한 항생제를 처방하지 않아야 한다.
- 항생제를 처방할 때, 의사는 가능한 치료 대상 세균 종의 범위를 가장 좁혀서 약을 사용해야 한다.
- 의사는 여러 약에 대해 내성을 가진 세균이 확산되는 위험을 줄이기 위해서 내성이 있는 세균에 감염된 환자를 격리할 필요가 있다.

**항생제에 대한 내성을 갖는 세균에 대한 최선의 방어는 초기에 세균 집단이 내성을 갖게 진화하는 것을 막는 것이다.**

## 14.3 진화하는 병원성 세균: 독성

병원성 세균(pathogen) 집단의 진화에 대해 우리가 생각해 볼 마지막 논점은 독성(virulence)이다. 독성은 감염과정 동안 병원균으로 인하여 숙주에게 일어나는 피해를 말한다. 독성은 인간에 감염되는 병원균 종류에 따라 큰 폭으로 달라진다. 콜레라나 천연두(smallpox) 같은 병원성 세균들은 목숨을 잃을 정도로 독성이 크다. 하지만 일부 병원성 세균들인 허피스(herpes)나 감기 바이러스 등은 증상이 거의 없거나 아예 없다. 독성을 연구하는 진화생물학자들은 이러한 다양성을 설명하기 위해 노력해왔다.

**독성은 기생생물에 의해 발생하는 숙주의 피해를 말하며, 독성 역시 진화가 가능한 특성이라 할 수 있다.**

### 어떻게 독성이 진화하는가

일반적으로 독성의 진화를 설명하기 위한 세 가지 모델이 있다(Bull 1994; Ewald 1994; Levin 1996).

1. **우연히 일어난 진화라는 가설.** 인간에게 감염되는 많은 병원균의 독성은 인간을 표적으로 삼았기보다는 다른 진화적 형질의 부산물이라고 할 수 있다. 예를 들어, 파상풍은 토양박테리아의 일종인 *Claustridium tetani*에 의해 발병한다. 파상풍 박테리아가 인체의 상처 안에 들어오게 되면, 그들은 자라거나 세포분열할 수 있다. 그들은 또한 신경마비 독소(neurotoxin)를 만들어내기도 하며 이러한 강한 독성 때문에 파상풍균에 감염되는 것은 곧 사람을 죽게 할 정도로 치명적이라고 말하는 이유이다. 그러나, 파상풍 박테리아는 일반적으로는 인간 신체 내에서 살지 않고 인간을 통해 전염되지도 않는다. 파상풍 독소(tetanus toxin)를 생산할 수 있는 이 박테리아는 아마도 인간을 숙주로 삼고 인간 몸 안에 선택 진화되어온 것이 아니라 토양에서 그들의 일상적인 삶을 통해 선택 진화되어온 결과라고 할 수 있다.
2. **단기간 진화로 보는 가설.** 병원성 세균들은 새로운 숙주로 이동하려고 할 때 이미 각

각의 기존 숙주들 내에서 자연선택을 통해 많은 세대에 걸친 진화를 진행해왔을 것이다. 결과적으로 숙주에 대한 적응도를 높여온 병원성 세균 균주의 특성으로 볼 때 새로운 숙주로 이동하는 것이 세균 입장으로서는 이로운 일이 아니라고 하더라도 이동하는 빈도는 높게 나타날 것이다. 좋은 예로써 소아마비 바이러스를 들 수 있다. 일반적으로 소아마비 바이러스 경우에는 배설물을 통하여 전염되고 별다른 증상 없이 소화기관의 세포들만 감염시킨다. 그러나 가끔은 소아마비 비리온은 신경계 세포들에 침입하기도 한다. 비리온이 신경계에 침입할 수 있는 능력은 아마도 숙주 내 적응도의 결과로 커졌을 것이다. 다시 말해 숙주 내에서 비리온 간의 경쟁으로 인해 보다 덜 경쟁할 수 있는 신경계로 옮겨간다고 볼 수 있다. 하지만 신경계에 살고 있는 비리온들의 경우에는 새 숙주로 전염될 가능성이 거의 없다.

3. **트레이드오프 가설.** 생물학자들은 전통적으로 모든 병원균 집단들은 계속해서 낮은 독성을 갖는 방향으로 진화할 것이라고 믿었다. 이렇게 생각한 논리는 병원균이 숙주에게 피해를 주면 결국에는 숙주 안에 사는 병원균 자신에게도 반드시 해로운 일이 되기 때문이다. 예를 들어 쉽게 설명하면 만약 숙주가 죽으면 병원체도 같이 죽게 된다. 따라서 이러한 논리로 생각해보면, 해가 없는 병원균은 더 높은 생식의 기회를 누릴 수 있게 된다. 이 논리는 참으로 단순하기 그지없다. 우리가 앞서 13장에서 논의한 노화의 진화를 다시 생각해볼 필요가 있다. 당시 우리가 내린 결론은 특정 유전자가 자신이 속한 생명체를 죽음에 이르는 상황을 촉진한다 하더라도, 만약에 그 유전자로 인해 생명체가 조기에 생식하는 일이 충분히 이루어진다면 그 유전자의 빈도는 높아진다는 것이었다. 유전자와 마찬가지로 병원체도 이와 같은 경우에 해당한다. 병원균 균주가 독성이 있더라도 만약 전체 병원균 집단이 증가하여 재전염되는 기회가 충분하면, 설령 숙주가 죽는 일이 생기더라도 그 균주 집단은 증가하게 된다(그림 14.15). 자연선택은 숙주에게 해가 될 때 그에 따른 이득과 손실 사이에서 최적의 균형을 이루는 병원체를 선호한다.

**그림 14.15 생식하기 전에 숙주를 죽이는 기생생물** 곰팡이 일종인 *Cordyceps*는 파리의 몸에 침입하고 몸 안에서 자란다. 결국에는 곰팡이가 파리를 죽이고 자실체(fruiting body)를 형성한다. 자신의 숙주를 죽이는 과정이 기생생물의 목적에 반드시 해가 되는 것은 아니다.

우리는 이 책의 앞장에서 단기간 동안의 진화에 대해 논의하였고 HIV에 적용한 바 있다(1장). 여기에서 우리는 트레이드오프 가설에 초점을 맞추어 논하고자 한다. 트레이드오프 가설의 요체가 되는 가정은 병원균은 숙주에 어떠한 피해도 주지 않고는 숙주 내부에서 생식하지 못한다는 것이다. 모든 병원균 자손들은 숙주로부터 영양분과 에너지를 몰래 사용하도록 구성되어 있다. 덧붙여서, 병원균은 대사산물을 만들어 내고 숙주는 이를 해독하고 제거해야 한다. 이러한 이유들로 숙주는 병원균에 대해 면역반응을 높이게 된다. 이러한 행위들은 숙주에게 비싼 노력의 대가를 요구하는 것이지만 다른 대안들보다는 낫다고 볼 수 있다.

**트레이드오프 가설에 따르면, 진화적 관점에서 보면 자연선택 과정은 숙주 내에서 빠르게 생식하는 기생생물을 선호하는 경향이 있다. 이러한 선호도는 무한정한 것은 아니며 기생생물이 숙주에 해를 가하면서 전달의 가능성이 떨어지는 순간까지만 선호도가 증가한다.**

다른 모든 조건들이 동등하다면, 숙주 내에서 생식률이 높은 병원균들의 경우에는 새로운 숙주로 이동하는 비율 역시 높을 것이다. 그러나 다른 모든 조건들이 동등하다는 것은 어느 한계까지만 해당이 된다. 왜냐하면 숙주 내에서 생식 속도가 빠르다는 것이 불가항력적으로 숙주에게 더욱 심한 피해를 주는 것을 의미하고, 병원균으로서는 생식 속도가 지나치게 빠를 수 있기 때문이다. 너무 빠른 생식은 숙주가 심각하게 쇠약해지게 되거나, 또는 너무 빨리 죽는 것을 의미하므로 새로운 숙주로 전달되기 위한 기회가 오히려 줄어들게 되는 것이나 마찬가지다.

1999년에 Sharon Messenger와 Ian Molineux 그리고 James Bull은 트레이드오프 가설을 입증하기 위해서 숙주로서 대장균을 선택하고 병원체로는 바이러스 일종인 박테리오파지 f1을 사용하였다. 파지 f1은 지속적으로 대장균 안에서 별다른 피해 없이 살 수 있다. 파지 f1은 대장균에 침입한 후에 마치 플라스미드처럼 대장균 안에서 살아가는 것이다. 파지 f1은 대장균의 자원을 이용해서 새로운 파지들을 만들어내며 이렇게 새롭게 만들어진 파지들은 필라멘트라는 단백질로 쌓여서 대장균 밖으로 배출이 된다. 이러한 새로운 파지의 생산은 대장균의 성장 속도를 보통 정상일 때의 1/3 수준으로 낮춘다. 하지만 숙주인 박테리아가 분열을 할 때에는, 파지 f1들은 일반적으로 두 개의 딸세포에게 나누어져 이동한다. 그러므로 파지 f1은 두 가지의 전달방식을 갖게 된다. 첫 번째는 수직적인 전달로서 숙주세포가 나누어 질 때 자연스럽게 다음 세대의 숙주로 전달되는 경로가 있고, 두 번째는 수평적인 전달방법으로서 한 숙주로부터 배출된 비리온들에 의한 또 다른 숙주로 재감염이 되는 경로가 있다.

Messenger와 동료들은 파지 f1의 배양균들로 하여금 이러한 두 가지의 경로 중에서 강제적으로 경로를 바꾸도록 만들었다. 수직으로 전달되는 감염방식을 통한 실험에서 배출된 비리온들이 새로운 숙주세포에 감염되지 못하도록 막았다. 이 경우 파지가 생식하는 유일한 방법은 그들이 머물던 숙주 내부 밖에는 없다. 또 다른 실험에서는 파지가 수평으로 전달되는 감염방식을 통해 실험을 진행하였다. 연구원들은 별도의 실험으로 얻은 숙주 밖으로 배출된 비리온들을 채취하여 감염되지 않은 박테리아에 감염시켰다. 이로써 파지가 생식할 수 있는 유일한 방법은 세포 밖 배출을 통한 것이 된다.

연구원들은 다음과 같은 두 가지의 배양실험을 수행하였다. 한 세트의 실험은 하루 동안의 긴 수직적 전달 방법을 유지하다가 짧은 수평적 전달 방법을 갖게 하도록 하였다. 다른 세트의 실험에서는 연구원들은 8일 동안의 긴 수직적 전염전달방법을 유지하다가 짧은 수평적 전달이 가능하게 하였다. 24일 후에, 연구원들은 파지의 독성과 생식률을 측정했다. 독성의 정도는 감염된 숙주의 성장 속도에 따라서 측정할 수 있는데 숙주의 성장 속도가 느릴수록 더욱 강한 독성을 갖는 바이러스를 의미한다. 연구자들은 또한 숙주로부터 배출되어 나온 파지의 양을 통해서 파지의 생식률을 측정하였는데 이는 숙주로부터 더 빠르게 배출될수록 더 높은 생식률을 의미하기 때문이다.

Messenger와 동료들은 여기에서 두 가지를 예측했다. 연구자들이 한 첫 번째 예측은 그들이 행한 배양 실험을 통해서 파지의 독성과 생식속도 사이에서 어떠한 상관관계를 찾을 수 있다는 것이다. 다시 말해서, 파지가 그들의 숙주로 하여금 새로운 파지를 더 생산하고 더 많은 파지를 숙주 밖으로 배출하게 만들면, 그들의 숙주는 더욱더 느리게 자라게 된다는 것이 핵심이다. 연구자들의 두 번째 예측은 8일 동안의 긴 시간 동안 수직적 전염전달방식을 한 파지는 1일간 짧은 시간 동안 수직적 전염전달 방식을 한 파지보다 독성과 생식률이 낮아진다는 것이다. 여기에서 연구자들이 이렇게 예측한 근거로는 수직적 전염전달방식 동안에 자연선택적으로 숙주의 세포분열을 빠르게 하는 바이러스가 유리하다는 점이었다. 반면에 수평적 전염전달방식 동안에 자연선택은 숙주로 하여금 더 많은 복제 바이러스를 배출하도록 야기시키는 바이러스의 균주들을 더 선호한다. 8일간 배양을 겪음으로써 바이러스는 숙주가 분열하게 하는 방향으로 좀 더 선택을 하고, 숙주로부터 배출하는 일을 덜 선택함으로써 결국 좀 더 약한 독성을 갖도록 진화했을 것이다.

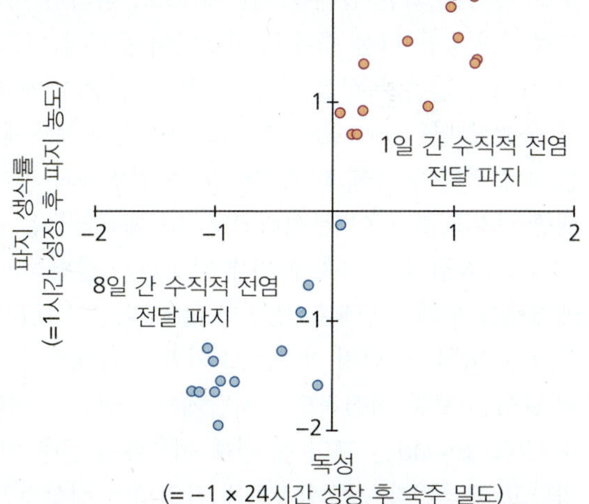


**그림 14.16 독성과 숙주 내 바이러스의 생식률 사이에 절충(trade-off)을 나타내는 그림** 연구자들이 바이러스에게 수평적 전달 방식의 기회를 덜 주었을 때 (파란색 점) 보다 더 주었을 때 (붉은색 점) 바이러스는 높은 독성과 생식률을 보이며 진화했다. Messenger et al. (1999)에서 다시 그림.

결과는 **그림 14.16**에 나타나 있다. 그림은 13개의 하루 배양 샘플 그리고 13개의 8일 배양 샘플에서 생식률과 독성의 관계를 보여주는 산점도이다. 첫째로, 바이러스의 생식률과 독성 사이의 매우 높은 연관성에 주목할 필요가 있다. Messenger와 동료들이 예측했던 대로, 숙주의 성장 속도를 가장 느리게 하는 파지 균주들은 숙주 내에서 좀 더 빨리 생식하는 균주들이었다. 둘째로, 8일간의 배양 조건이 하루 배양보다 더 낮은 생식률과 독성을 보였다는 것을 주목할 필요가 있다. 연구자들이 예측한 바와 같이, 다른 양상의 자연선택으로 인해 독성의 정도가 달라졌다. 이 결과들은 트레이드오프 가설과 일치한다.

다른 연구자들도 역시 트레이드오프 가설을 뒷받침해 줄 실험결과들을 발견하였다. 예를 들어, Vaughn Cooper와 동료들은 2002년에 핵 다면체 바이러스의 집단에서 빠르게 복제하는 개체를 선별해냈다. 선별과정은 감염의 초기 단계 동안에서만 숙주에서 숙주로 전달되도록 만들면서 이루어졌다. 늦게 전달되는 바이러스 균주에 비해 초기에 감염되는 바이러스 균주가 높은 복제율을 갖고 있을 뿐 아니라 그들의 숙주인 매미나방을 죽게 할 것이다.

## 인간 병원균의 독성

Paul Ewald는 어떻게 트레이드오프 가설이 인간에 감염되는 병원균에 적용되는지 알아보았다(1993, 1994). 그는 자신의 생각을 이끌 수 있는 가설을 사용하였는데, 그가 가졌던 생각은 질병에 감염되는 과정에서 어떤 방법으로 인해 세세한 과정들이 독성의 다른 정도에 맞춰서 선택되는가 하는 것이었다. 그가 가진 주된 통찰은 일부 병원균들은 그들의 숙주가 상당히 건강한 동안에만 잘 번성해 간 반면에, 또 다른 병원균들은 심지어 그들의 숙주들이 심각하게 아픈 상황에서도 잘 번성한다는 점이었다. 여기서 우리는 Ewald가 말했던 두 개의 아주 특수한 예측들에 대해 논의하고자 한다. 덧붙여 그가 기존의 문헌들로부터 모아놓은 비교 데이터들을 분석했던 결과도 역시 다루고자 한다.

**곤충이나 물을 매개로 전달되는 기생생물들은 심지어 그들의 숙주가 심각하게 약화되었을 때도 잘 번성해 간다. 이러한 결과로 그들 기생생물들은 직접적인 접촉에 의해 전달되는 기생생물들보다 더 높은 독성을 갖는 경향이 있다.**

Ewald의 첫 번째 예측은 감기와 독감처럼 감염된 사람으로부터 감염되지 않은 사람으로 직접적인 접촉에 의해 전달되는 질병들에서의 독성과 말라리아처럼 곤충을 매개체로 하여 의해 전달되는 질병들의 독성에 관련된 것이다. Ewald는 직접적인 접촉에 의해 전달되는 질병은 독성을 가질 여유가 없다고 판단했다. 만약 숙주가 밖에 나가지 못할 정도로 아프게 되면 집에만 머물게 되고, 따라서 비감염자들과 접촉할 기회가 없어지게 되므로 병원균은 다음 숙주로 전달되어 옮겨갈 기회가 없어지게 된다. 반대로 매개체에 의한 질병은 많은 독성을 가질 수 있다. 곤충 매개체는 심각하게 약화된 숙주를 떠나서 다른 숙주로 병원균을 옮길 수 있고, 이 과정 동안에 곤충이 죽을 위험도 높지 않다. Ewald는 직접적인 접촉에 의해 전달되는 질병들과 매개체를 통한 질병들의 다양한 사망률에 대한 데이터를 모아 분석하였다. 이 데이터들은 Ewald가 했던 예측과 일치하였다(그림 14.17). 직접적인 접촉에 의해 감염되는 질병들의 사망률은 대부분이 0.1% 이하였지만, 매개체를 통해 전달되는 질병의 60% 이상은 0.1% 혹은 그 이상의 사망률을 나타냈다.

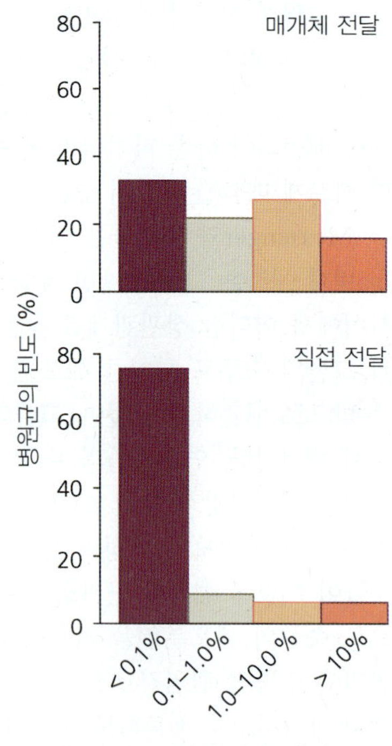


**그림 14.17 곤충을 매개체로 전달되는 질병과 직접적인 접촉에 의해 전달되는 질병의 독성에 관한 그림** 곤충을 매개체로 하여 숙주에서 다른 숙주로 이동하는 질병은 평균적으로 더 많은 독성을 가지고 있다. Ewald (1994)에서.

Ewald의 두 번째 예측은 소화계에 감염되어 설사를 유발시키는 세균에 관한 것이다. 이 균들은 보통 직접적으로 사람에서 사람으로 전달되거나 혹은 오염된 물을 통해 전달될 수 있다. Ewald는 그의 첫 번째 예측에서 곤충 매개체와 같은 역할을 오염된 물이 할 수 있다고 생각했다. 즉, 심각하게 감염되어 정상적인 생활을 하지 못하는 숙주라 하더라도 그 숙주의 배설물 등으로 오염된 물이 식수로 사용되는 상수도에 혼합되어 들어왔을 때는 매우 먼 거리에 있는 사람들에게도 세균을 감염시킬 수 있게 된다. Ewald는 9개의 서로 다른 종류의 균에 의해 야기되는 대략 1,000건 정도의 발병한 질병의 발생 데이터들을 모았다. 일부 박테리아는 직접적인 접촉에 의해 퍼지는 성향이 크고 다른 박테리아들은 오염된 물에 의해 퍼지는 성향이 크다는 것을 알았다. 그는 각 병원균들에 대해서 오염된 물과 피해자 사망률에 관련된 비율을 계산하였다. 그는 물을 매개로 하여 감염되는 질병이 더 강한 독성을 가질 것 이라고 예측했다. 그림 14.18에 보이는 데이터는 Ewald의 예측과 일치한다. 9개의 병원균 중 가장 강한 독성을 갖는 것은 1854년에 런던에서 살인적인 콜레라를 일으킨 전형적인 *Vibrio chlerae* 병원균으로 물에 의해 전염되는 것이었다.

독성의 진화에서 트레이드오프 가설은 인간의 행동이 질병의 심각함에 큰 영향을 미칠 수 있다는 것을 내포하고 있다. 예를 들어, 사람들이 처리되지 않은 오물을 바로 강으로 버리거나, 건강관리 종사자들이 환자들과 접촉할 때 각 환자들 사이에서 철저하게 손을 씻지 않는 등, 그들의 부주의로 하여금 인간에 감염되는 병원균들에게 증가된 독성을 선택하게 하는 상황을 만들지도 모른다. 반대로, 사람들은 그들이 마시는 물을 깨끗하게 공급하고 건강관리 종사자들은 의도치 않은 질병 매개체를 줄인다면, 이러한 그들의 행동들이 인간에 감염되는 병원균으로 하여금 감소된 독성을 선택하게 하는 상황을 만들게 할 것이다.

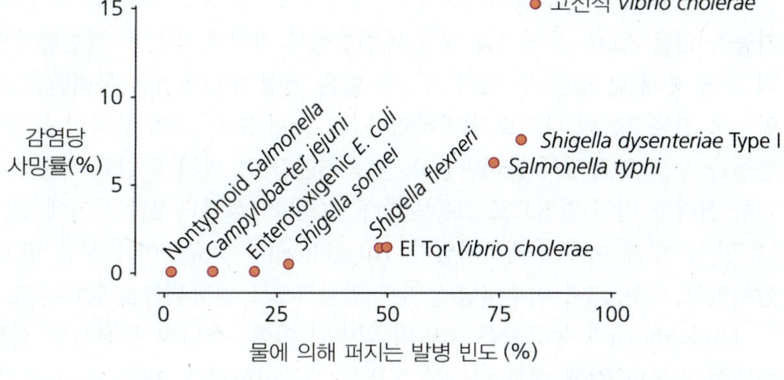


**그림 14.18 장내 세균의 독성은 물을 매개로 하여 감염되는 쪽으로 향하는 경향을 보인다** 물에 의해 퍼지는 전염병의 발병 빈도가 높을수록 그 질병의 독성은 더 크다. Ewald (1991)의 데이터에서, Ewald et al. (1998)에서.

우리는 이제 진화하는 병원균의 집단으로부터 주의를 돌려서 인간 건강에 중요한 집단(즉, 인간 내부에 존재하는 인간 세포 집단)의 진화에 대해 알아보고자 한다. 인간의 몸을 구성하는 세포집단이 진화할 수 있다고 제안하는 것은 그 말 자체로도 매우 신기하게 들린다. 왜냐하면 우리는 지금까지 인간 체내의 모든 세포들은 유전학적으로 보면 동일한 것으로 생각해왔기 때문이다. 그러나 실제로는 인간의 체세포(somatic cell)들 사이에는 유전적인 다양성을 증가시키는 기작이 있을 뿐만 아니라 어느 조건에서는 체세포 집단들도 진화할 수 있다.

## 14.4 진화하는 세포 집단으로서의 조직

개인의 몸에 있는 모든 세포들은 공동조상으로 볼 수 있는 접합자의 자손이라고 할 수 있다. 만약 조직의 발달과정 중에 돌연변이가 발생한다 하더라도 그 돌연변이가 여전히 세포분열을 할 수 있는 능력이 있다면, 우리는 조직이라는 것을 유전적 변이를 가진 세포의 집단이라고 말할 수가 있는 것이다. 만약 진화학적으로 볼 때 어느 한 변이체 세포가 세포의 번식을 증가시킨다거나 아니면 더 생존을 오래도록 유지시킨다면, 조직 역시 자연선택에 의해 이들 변이체 세포를 선호하는 방향으로 진화가 진행될 것이다. 이것은 마치 자연에서 각 개체가 모여 만든 집단에서 일어나는 진화와 비슷한 개념이다.

### 환자의 자발적인 회복

Rochelle Hirschhorn과 동료들은 1996년 조직의 진화가 유전질환을 가진 소년의 삶을 구한 사례를 설명했다. 그 질병의 이름은 아데노신 디아미나제 결핍이었다. 아데노신 디아미나제(ADA)란 효소는 염색체 20번에 위치하고 있고 몸의 모든 세포에서 일상적으로 만들어지는 필수 효소이다. ADA가 세포 안에서 하는 일은 퓨린을 재활용하는 것이다. ADA가 부족한 세포는 두 개의 유독한 대사산물이 축적되는데 디옥시아데노신과 디옥시아데노신 3인산염이 바로 그들이다. 인체에서 이러한 독성물질에 가장 민감한 세포들은 면역 체계에 중요한 T세포와 B세포를 포함한 림프구를 들 수 있다(Youssoufian 1996). ADA 유전자의 두 쌍 모두가 기능을 잃은 돌연변이인 경우 그 사람은 T세포가 없고, B세포도 없거나 아니면 기능을 못하게 된다(Klug and Cummings 1997). 이러한 결과로, 돌연변이를 갖는 개인들은 심각한 면역 결핍으로 고통받게 된다. 환자들은 보통 이른 나이에 치료할 방법도 없이 기회감염으로 죽게 된다.

Hirschhorn과 동료들이 연구한 바에 따르면, 한 소년의 경우 아버지와 어머니 모두가 기능을 잃은 ADA 유전자를 열성 대립형질로 가지고 있는 이형접합자상태였다. 그 소년의 형제 중에 한 명은 두 개의 기능을 잃은 열성 대립형질을 물려받았고, 심각한 면역 결핍으로 인해 2살의 나이로 사망하였다. 그 소년 또한 그의 부모의 돌연변이인 열성 대립형질을 부모 양쪽에서 물려받았고, 처음 5년간 그 역시 빈번한 세균과 곰팡이 감염으로 인한 심각한 면역 결핍으로 고통받았다. 그러나 5살부터 8살 사이에, 그 소년은 자발적이고, 알 수 없게 이유로 회복되었다. Hirschhorn과 동료들이 논문을 발표했을 때 그는 12살이었고, 이는 그가 이후 4년 동안도 임상적으로 건강했음을 말해준다.

Hirschhorn과 동료들은 소년의 엄마와 아빠, 소년의 유전자를 심도 깊게 분석하여 소년이 회복한 것에 대한 타당한 설명을 재구성하였다. 비록 소년의 부모는 모두 ADA 결핍에 대한 보균자이지만, 그들이 갖은 돌연변이는 전혀 다른 형태였다(그림 14.19). Hirschhorn과 동료들은 아이의 혈액 세포가 유전적으로 모자이크이라는 것을 알아냈다. 아버지로부터 받은 돌연변이는 소년의 말초 백혈구와 림프성 B 세포 모두에 존재한다. 하지만 엄마로부터 받은 돌연변이는 소년의 말초 백혈구에는 모두 있지만, 대부분의 B 세포에는 존재하지 않았다.

어떻게 이런 일이 일어날 수 있을까? Hirschhorn과 동료들은 소년에 존재하는 림프성 B세포들의 대부분의 기원이 되는 세포에서 시작된 일이라고 생각한다. 그 세포는 엄마로부터 유전된 열성 대립형질을 갖고 있었지만 행운과도 같은 또 한 번의 추가적인 돌연변이가 일어나 기능을 되찾는 일, 즉 복귀돌연변이가 일어나고 그 이후에 기원세포에서 발생된 모든 림프성 B세포들이 그러한 복귀돌연변이를 유지시켜 올 수 있었다는 것이다. 그러므로 그 소년의 몸에서 정상적인 세포로 자발적 복귀가 일어났다고 말할 수 있다. 시간이 지나면서 이러한 복귀된 세포의 자손들은 소년의 B세포 집단에서보다 더 풍부해져 갔다. 결국에는 복귀된 B세포는 충분한 양의 ADA를 분비할 만큼 풍부해졌고, 이는 소년에게서 임상적으로 나타나는 ADA 결핍 증상들이 사라지는 효과를 가져왔다.

Hirschhorn과 동료들은 소년의 몸 안에 B세포 집단에서 복귀된 B세포의 빈도 증가는 자연선택에 의한 것으로 여겼다. 이와 같은 방법으로 보면 유전자의 부동이 일어날 가능성도 증가한다. 하지만 앞선 경우에는 복귀된 세포들이 아주 뚜렷하게 구별되는 선택적 이점을 가지고 있었다. 복귀된 세포들은 그들 자신 스스로가 매우 중요한 필수효소를 만들어낼 수 있기 때문에, 다른 세포들이 만들어서 분비한 효소를 조금씩 얻어서 살아가야 하는 세포들에 비해서 훨씬 더 오래 살 수 있었다.

이 소년의 이야기는 ADA 결핍을 가진 다른 환자들을 치료할 수 있는 힌트를 제공하고 있다. 최근 10년간 ADA 결핍 환자의 치료는 향상되었다. 1987년에 연구자들은 많은 ADA 환자를 치료하기 위해서 효과적으로 효소 대체 치료를 할 수 있는 주사형 ADA 치료제를 개발했다(Hershfield et al. 1987). 1990년대 초반에 연구자들은 처음으로 체세포 유전자 치료를 위한 임상실험을 시작했다(Blaese et al. 1995; Bordignon et al. 1995). 체세포 유전자 치료는 환자로부터 골수 세포 또는/그리고 림프구를 채취하고 환자들의 세포 내에 염색체 안으로 정상 ADA 유전자를 끼워 넣는 것을 말한다. 이때 끼워 넣은 정상적으로 작동하는 ADA 유전자는 스스로 발현할 수 있도록 촉진유전자를 포함시킨다. 이 후 이러한 변형된 세포를 환자의 몸으로 다시 넣어주게 된다. 다시 말해서, 유전자 치료는 허쉬혼과 동료들이 연구했던 그 소년의 몸 안에서 자발적으로 일어났던 복귀돌연변이를 인위적으로 시도한 것이다. 초기의 임상실험은 이렇게 유전자 조작된 세포가 몇 년간 살 수 있고, 자라거나 분열할 수도 있다는 사실을 보여주었다. 일부의 초기 임상실험에서는 유전자 치료가 환자의 건강을 극적으로 개선할 수 있다는 것을 볼 수 있었다.

야생형:
...GCGCCACCAGCCCAGT...
아빠의 돌연변이:
...GCGCCACCAGCCCAAT...
엄마의 돌연변이:
...GCACCACCAGCCCAGT...

**그림 14.19 아데노신 디아미나제 유전자의 일부분을 나타낸 그림** 기능을 잃게 하는 점돌연변이가 주황색으로 표시되어 있다. 소년 아빠의 돌연변이는 인트론과 엑손이 스프라이싱 되는 장소이다. 소년의 엄마의 돌연변이는 아미노산의 치환을 유발한다. Hirschhorn et al. (1996)에서



**개인의 몸 안에 있는 세포 집단은 유전적 변이와 차등 적응도를 나타낼 수 있고 따라서 진화할 수 있다.**

유전자 치료의 실패에 대처하기 위한 예방책으로써, 유전자 치료를 수행하는 연구자들은 유전자 치료와 더불어 효소치환치료를 병행하였다. 그러나 Hirschhorn과 동료들은 효소치환치료가 오히려 유전자 치료의 효율을 감소시킬지도 모른다고 주장한다. 만약 효소치환치료로 인해 유전자 조작된 세포들이 기존의 ADA 결핍 세포를 대항해서 자연선택될 수 있는 이점이 감소된다면, 자연선택으로 환자의 혈액 세포 집단을 진화시키는 속도가 늦어질 수밖에 없을 것이다. Alessandro와 동료들은 2002년에 이러한 생각과 일치하는 연구결과를 발표하였다. 이 논문에 따르면 효소치환치료를 중지했을 때, ADA 유전자 치료 환자들에게서 유전자 조작된 세포들이 더 강한 자연선택적 이점을 보인다고 보고했다. 단기적 방안으로, 유전자 치료 담당자(gene therapists)들이 계속된 효소치환치료로 인해 갖고 있던 의료보험이 고갈될 위험이 있을 환자에게 유전자 조작된 세포 치료를 권장함으로써 유전자 조작된 세포의 빠른 자연선택의 효과를 낼 수 있게 만들 수 있다. 장기적 방안으로는, 연구자들은 환자 몸 안에서 유전자 조작된 세포들에게 자연선택적 이점을 줄 수 있는 새로운 방법을 찾는 연구를 진행한다(Aiuti et al. 2002a; Persons and Nienhuis 2002).

## 암 역사의 재구성

의학적 입장에서 조직을 진화하는 세포집단으로 생각할 때 인체 내에서 가장 적절한 대상은 암이라 할 수 있다(Shibata et al. 1996). 암은 축적된 돌연변이를 가지고 있는 세포로 시작되는데, 이러한 암세포는 세포분열 동안에 정상 세포가 받는 일반적인 조절에서 자유롭게 벗어나 있다. 암세포는 세포분열하고, 그들의 딸세포도 세포분열하고, 이러한 세포분열이 계속해서 일어나서 결국에는 큰 집단을 만들게 되는데 그것이 종양이다. 몇몇 종류의 암에서는 세포들이 극도로 높은 돌연변이 비율을 가진다. 이러한 경우에는 종양으로 하여금 측정 가능할 정도로 많은 유전적 다양성을 축적하게 만든다. 이런 돌연변이 중 일부는 진화적으로 보면 환경에 적응(adaptive)될 수도 있다. 이러한 경우에 적응된 돌연변이들은 종양 세포 집단에서 빠르게 복제하면서 빈도를 늘려간다.

때때로 암세포는 자신이 태어난 장소를 떠나 이동하고 다른 곳에서 새로운 종양을 만들기도 한다. 이 과정은 암전이(metastasis)라고 부른다. 이때 새로 만들어진 종양은 새로운 세포 집단으로 구성되어 있다. 이러한 과정은 단일 암세포로부터 시작이 되기 때문에, 이 새로운 집단은 비교적 낮은 유전적인 다양성을 갖는다. 그러나 이후로 그 집단이 커짐에 따라서 그 집단 역시 진화를 진행할 것이다. 새로운 종양 집단의 창시자였던 암세포가 있던 곳의 종양 집단에서처럼, 새로운 종양 집단 역시 돌연변이와 유전적 부동을 통해 유전적인 다양성을 축적할 것이다. 원래의 종양 집단과 마찬가지로, 새로운 돌연변이 중 일부는 또 다시 적응될 것이다.

이런 관점을 채택하여, Yong Tao와 동료들(2011)은 환자의 몸에서 암세포 집단이 진행해 온 역사를 재구성하였다. 환자는 30대 여자로서 B형 간염과 관련된 간암으로 진단받았다. 간세포 암종으로 알려진 이 유형의 암은 통제 불능상태로 계속 분열하는 간세포로 되어 있다. **그림 14.20a**에 나타낸 바와 같이 처음으로 발견된 종양인 원발성 종양은 환자의 간에서 큰엽의 많은 부분에 걸쳐 있었다. 외과의사들은 원발성 종양을 근접한 정상 조직의 가장자리와 함께 모두 제거했다. 일반적으로 인체의 간이 그러하듯 환자의 간 역시 얼마 후에 재생되었다. 15개월 후에 외과의사는 표면적으로는 새롭게 형성된 것으로 보이는 두 개의 재발 종양을 발견하고 제거했다. 하나는 큰 간엽의 재생된 부분에 있었고, 다른 하나는 작은 간엽에 있었다.

Tao와 동료들은 원발성 종양인 T0~T6과 재발된 종양인 R1과 R2, 그리고 정상조직

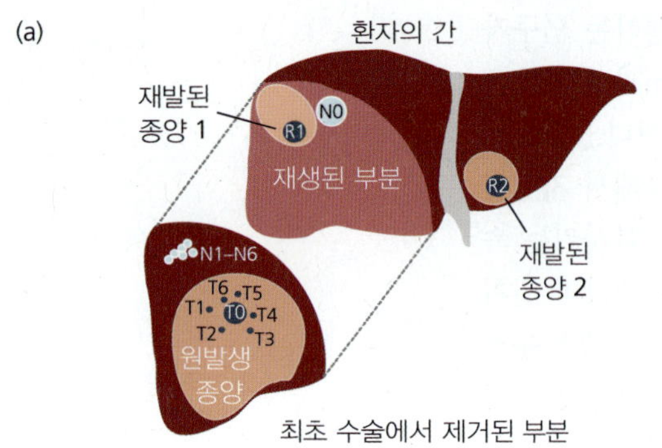


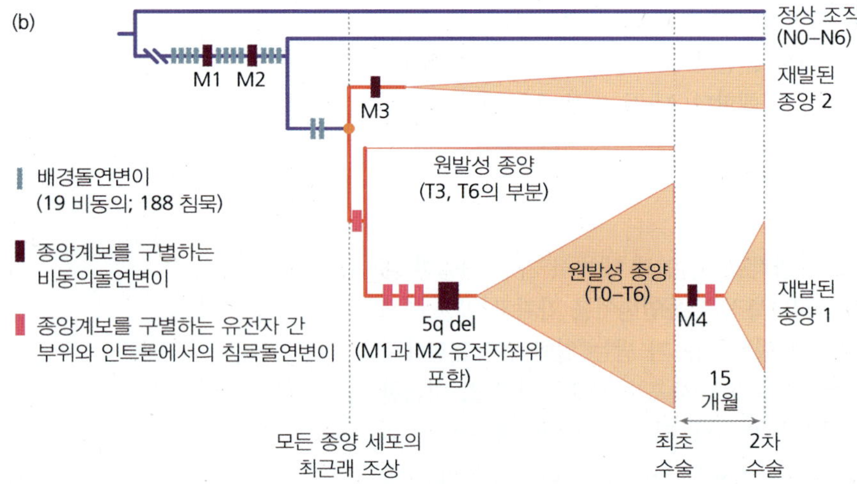


**그림 14.20 개별 환자 내에서 간암 세포들의 진화적 역사** (a) 환자의 간에서 종양 및 조직 샘플의 위치 (b) 추론된 종양조직 내 세포 계보들의 진화적 역사. 갈색으로 표기된 삼각형은 급속히 자라는 종양 세포 집단을 대표한다. Tae et al. (2001)에서 다시 그림.

으로 보이는 종양과 경계부분의 조직 N0~N6에서 얻어진 조직들의 돌연변이를 확인하기 위해서 전장유전체분석을 사용했다. 이러한 돌연변이들을 이용하여 연구자들은 그림 14.20b에 보이는 세포 계보의 계통수를 재현하였다. 추론된 계통수는 환자의 종양조직 내에는 적어도 4개 이상의 구별 가능한 성장 속도가 다른 세포들의 계보가 함유되어 있다는 것을 보여준다. 또한 이 그림을 통해 재발된 종양조직인 R2가 아마 처음 수술 받을 때는 보이지 않았지만 그 당시 이미 존재하고 있었다는 것을 나타낸다.

**진화생물학자가 집단의 진화적 역사를 재구성하기 위해 사용하는 분석 도구들이 또한 환자의 몸 안에서 조직과 종양의 진화적 역사를 재구성하는 것에도 사용될 수 있다.**

종양 계보들이 나뉘는 분기점 이전에 환자의 삶 동안에 이미 종양의 기원세포들은 이미 188개의 침묵돌연변이(silent mutation)와 19개의 비동의 돌연변이(nonsynonymous mutation)를 축적하고 있었다. 연구자들이 배경돌연변이(background mutation)라고 부르는 이러한 변화의 대부분은 종양과 가장 근연관계가 있는 조직에서도 역시 관찰되었다.

비동의 배경돌연변이는 다양한 유전자에서 나타나는데, 그 중에는 종양 억제유전자 p53 유전자의 틀이동과 면역방어와 세포고정에 관련되는 단백질을 암호화하는 유전자의 아미노산 치환이 있다. 비동의 배경돌연변이는 세포로 하여금 종양을 형성하는 능력을 부여하는 것으로 보인다. 그러나 추가적인 비동의 돌연변이를 더 이상 포함하지 않고 있는 종양 계보를 판단해볼 때 배경 돌연변이가 세포를 빠르게 성장하는 능력을 부여하지는 않는 것으로 보인다.

재발된 종양 R2를 형성한 종양계보가 더 빠르게 자라도록 만들어준 것처럼 보이는 돌연변이 M3는 사이클린 G1(cyclin G1) 유전자의 돌연변이를 가지고 있고, 이로 인한 G1 단백질에서의 아미노산 치환이 관찰되었다. 이 단백질은 세포분열을 조절하는 역할을 하고 p53의 조절대상이 되는 단백질이다. 원발성 종양을 형성하고 있는 종양계보를 더 빠르게 자라도록 만들어주는 것으로 보이는 돌연변이 5q del은 5번 염색체의 장완에 결실을 가지고 있다. 이 결실은 두 유전자 사이에 존재하기 때문에 두 유전자가 짧아진 채로 합쳐지게 되며 결과로 새로운 전사체를 만들었다. 재발된 종양인 R1의 빠른 성장은 돌연변이 M4에 의해 야기되는 것으로 나타났고 이 돌연변이는 p62에서 아미노산의 치환이 일어난 것으로 나타났다. 이 단백질은 자식작용(autophagy)과 프로그램된 세포사멸의 역할을 담당한다. 이러한 종양 내의 다양한 유전적 배경을 가진 돌연변이들의 효과는 아마 다른 환자들의 종양에서도 유사한 분석 결과를 얻을 수 있을 것이다.

이러한 예는 진화적인 추론이 의학적인 사례에도 이용 가능하고, 특히 암의 유전적 원인과 암세포들의 진행과정을 추적하는데 새로운 시각을 제공할 수 있다는 것을 보여준다.

## 14.5 인간에게 적용되는 선택사고에 대한 고찰

우리는 지금까지 인간 내에서 진화하는 병원균과 세포 집단에 집중했던 관심을 동물 집단으로서 인간과 인간의 관계를 보는 것으로 돌리려고 한다. 우리가 이 절에서 다루고자 하는 목표는 연구자들이 인체생리학과 의학 및 공중보건과 관련된 인간의 행동들을 이해하기 위한 방법으로 어떻게 선택사고를 이용할 수 있는지를 보여주고자 하는 것이다. 과학자들은 선택사고(때때로는 적응자 프로그램이라 불림)를 이용하여 어떠한 형질이 적응되었는지를 확인한다(10장 참조). 이러한 형질이 자연선택의 산물이라는 가정 하에, 과학자들은 특정 형질이 어떻게 적응도를 증가시키는지에 대한 가설을 검증하였다.

이번 14.5절에서는 자연선택에 의한 진화보다도 훨씬 빠르게 자신의 환경을 직접 바꾸는 종(예를 들어, 인간과 같은)을 연구하는 데 있어서 선택사고를 적용하면서 발생하는 복잡성들을 다루고자 한다. 그리고 14.6절에서는 선택사고가 어떻게 생리학적 퍼즐들을 이해하는 데에 적용될 수 있는지 보여주기 위해서 고열을 예를 들어 논의하고자 한다. 마지막으로, 14.7절에서는 선택사고가 인간의 행동을 분석하는 데 사용할 수 있는 방법의 예로 아이의 양육을 예를 들어 탐구하고자 한다.

**그림 14.21 에콰도르 아마존 우림에서 수렵과 채집으로 살아가는 우아오라니(huaorani)족** 사냥을 위한 장비를 갖춘 그는 사냥감에게 사용할 독이 발라진 화살을 쏘기 위해 사용하는 취관(blowgun)을 지니고 있다.

### 어떠한 환경에 적응하는가?

사람에게 선택사고를 적용하려고 시도하기 앞서서 질문해야 할 중요한 문제가 있다. 그 질문은 "어떤 환경에 인간이 적응해 왔는가?"이다. 농경사회가 출현하기 전까지 수만 년 전에는 모든 인간은 수렵과 채집으로 살았다(그림 14.21). 수렵과 채집을 위해 사막에서 북극 툰드라 지역까지 매우 다양한 서식지를 사용했었다(여전히 현재도 사용하고 있기는 하다). 그러나 이러한 환경들은 현대 도시인의 환경과 전혀 다르다. 다시 말하면 우리의 삶은 우리 조상들의 삶과는 매우 다르다.

S. Boyd Eaton과 동료들은 우리 조상들의 석기 시대 생활방식(Stone Age lifestyles)의 기본적인 특징 중 일부를 복원하려고 시도했다(Cordain et al. 1997; Eaton et al. 1997; Eaton and Cordain 1997; Cordain, Eaton et al. 2002). 그들이 이러한 연구를 위해 갖고 있던 증거들은 오늘날에도 존재하는 수렵과 채집으로 사는 사람들의 모습과 현존하는 고고학적 유물들 그리고 현재까지 경작되지 않는 식용 식물과 야생의 식용 동물에 대한 분석과 관찰에서 비롯된다.

**진화학자들이 다른 생물들의 형태와 기능을 연구하기 위해 사용하는 분석 방법들이 인간의 외모와 기능을 연구하는 데 역시 사용될 수 있다. 하지만 여기에는 적절함과 주의가 필요하다.**

그림 14.22는 현대 미국인들의 전형적인 식습관과 수렵과 채집으로 살아가는 종족의 에너지원을 추정해서 비교한 그림이다. 수렵과 채집으로 사는 사람들은 에너지원으로 주로 고기를 사용하였는데, 도시인들에 비해서 고기는 지방 함량이 적었고 많은 과일과 채소를 먹는 대신에 곡류와 유제품은 적게 먹었다.

수렵과 채집으로 살아가는 종족은 또한 더 많은 운동량을 가지고 있다(O'Keefe et

al. 2010). 예를 들어 칼라하리 사막(Kalahari Desert)에서 수렵과 채집으로 살아가는 쿵 종족(!Kung) 중에는 하루에 10킬로미터(약 5~6마일)를 걷기도 한다. 흥미롭게도 지방을 제외한 신체 몸무게를 고려하여 비교한 결과로는 수렵과 채집으로 살아가는 종족과 현대 도시인들이 매일 쓰는 에너지가 비슷했다(Pontzer et al. 2012).

수렵과 채집으로 살아가는 종족의 에너지원: 65% 야윈 사냥감, 야생 조류, 알, 물고기, 갑각류 / 35% 과일, 채소, 견과, 꿀

미국인의 에너지원: 28% 지방 많은 고기, 가금류, 달걀, 물고기, 갑각류 / 17% 과일, 채소, 콩, 견과 / 55% 시리얼 곡물, 우유, 유제품, 설탕, 감미료, 분리지방, 알코올

**그림 14.22 전형적인 현대 미국인과 수렵과 채집으로 살아가는 종족의 영양 비교** Eaton and Cordain (1997)에서 수정, Cordain et al. (2002)에서.

Eaton은 우리의 새로운 생활습관이 주는 영향에 대해서는 아직 엄격한 조건을 갖춘 실험으로서는 조사된 적이 없다고 덧붙였다. 그러나 주목할 만한 실험에서 고지방 음식 섭취 같은 현대 생활습관이 심장질환과 뇌졸중과 암 등의 다양한 질병과 관련 있다고 보고된 바 있다. 이러한 일들은 수렵과 채집으로 살아가는 종족에서는 드물게 나타나며 따라서 종종 현대병이라고도 불린다(Nesse and Williams 1994). 일부 사람은 그러한 질병들이 선택의 요인이 될 거라고 보기도 한다.

가장 두드러진 Astridur Palsdottir와 동료들이 수행한 2008년 연구에서 나타난다. 그것은 아이슬란드 사람들에게 나타나는 시스타틴 C(cystatin C) 유전자에 발생한 비동의 치환 돌연변이에 관한 연구였다. 어떤 사람이 시스타틴 C 유전자 중 대립유전자 *L68Q*를 가지고 있으면 서른 초반의 나이에 뇌졸중으로 사망하는 경향이 있다. 하지만 이러한 경우가 예전부터 있어온 것은 아니다. 200년 전에는 이러한 대립유전자를 가지고 있어도 그들의 배우자만큼 오래 살았다. 하지만 그 이후로는 대립유전자를 가지고 있는 경우에 평균 생존율이 급격하게 감소하는 것으로 나타났다(그림 14.23a). 동시에 *L68Q*의 빈도가 낮아진 건 별로 놀라운 일이 아니다(그림 14.23b). Palsdottir와 동료들은 생활습관의 변화가 바로 범인이라고 생각했다. 연구자들은 높아진 탄수화물과 소금의 소비가 원인이라고 여겼다.

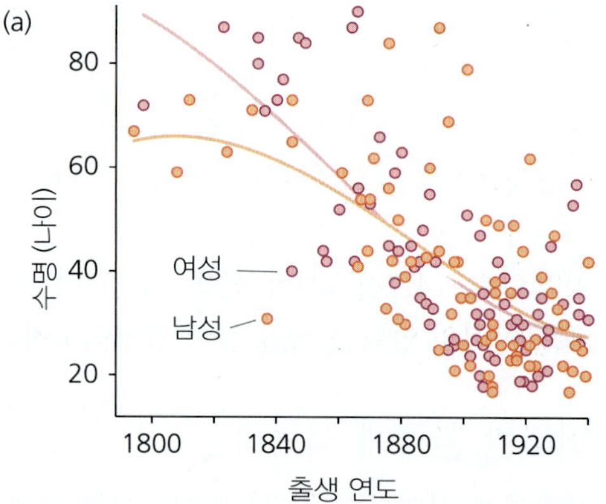


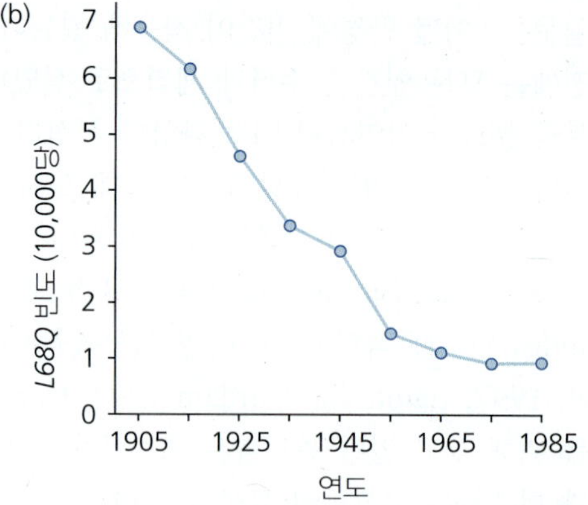


**그림 14.23 시스타틴 C(cystatin C)의 돌연변이를 가지고 있는 아이슬란드 사람들의 생존율 변화** (a) *L68Q* 대립유전자를 가지고 있는 사람들의 출생연도와 생존율. Palsdottir et al. (2008)에서. (b) 20세기 동안에 *L68Q* 대립유전자의 빈도 변화. Astridur Palsdottir의 허가 하에 Palsdottir et al. (2008)의 자료로 도표를 만듬.

인간 집단이 생활습관의 변화에 의해 진화해 간다는 사실에는 많은 증거들이 있다(Laland et al. 2010). 락타아제(lactase)의 인체 내 생산을 그 중에 제일 잘 연구된 예로 들 수 있다(Gerbault et al. 2011). 락타아제는 우유에 존재하는 당류인 유당(lactose)을 분해하는 효소이다. 대부분의 포유동물에서 얻을 수 있는 유당의 유일한 소스는 엄마의 젖이다. 따라서 젖을 뗀 후에는 락타아제를 계속해서 만드는 것은 별로 큰 도움이 되지 못한다. 오히려 약간의 수고가 들어가는 일이다. 실제로도 사람을 포함한 대부분의 포유동물이 젖을 떼는 시기가 되면 락타아제를 만드는 일을 더 이상 계속하지 않는다. 그러나 현대인들은 일생 동안 소에서 만든 우유를 마실 기회가 생기고, 젖을 뗀 후에도 락타아제를 계속해서 만드는 것이 장점이 될 수 있다. 오랫동안 신선한 우유를 마셔온 인종의 경우에서만 성인이 되어서도 유전적으로 락타아제를 만들어내는 능력을 지니게 된다(Durham 1991).

그러나 생각해보면 우유를 마시는 관습을 가진 종족에서 락타아제를 생산할 수 있는 능력은 일생을 두고 장점으로 작용할 것이다. 다른 한편으로 보면 현대인들이 갖는 많은 질병들이 일생 동안으로 보면 늦은 시기에 나타난다. 이러한 결과로 보면 이들 질병이 갖는 유전적 취약점(susceptibility)은 아마도 낮을 것이다(13장 참조). 이러한 경향은 불과 몇 세대 동안 걸쳐서 많은 새로운 면들이 추가된 우리의 현대 생활과 더불어서, 우리의 생활방식을 계속 바꿀 것

이라는 사실과 함께, 인간 집단에서는 자연선택에 의한 진화를 기대할 수 없게 만든다. 다른 말로 바꿔 말하면 비록 가장 세련된 도시인들은 좋은 몸과 머리를 갖고 있는데, 이렇게 좋은 몸과 머리를 구성하는 구조의 일부분은 석기시대와 같은 초기 인류에서 생존에 도움이 되어 이미 형성되어 있었음을 의미한다.

인간에 있어서 문화적 변화의 속도는 자연선택에 의한 진화의 속도에 비해 훨씬 빠르다. 이는 현대인이 아직도 석기시대의 생활에 적응했던 것을 연장하고 있다는 의미이다.

우리가 살고 있는 환경이 우리가 적응해왔던 환경과 다르다는 것을 인지한다는 것은 최소한 두 가지를 내포하고 있다. 이것은 인간에 나타나는 생리학적으로 난해한 특징을 이해하는 데 도움이 된다는 것과, 현대 생활과 관련 있는 어떤 위험들을 줄이는 방법을 제시하기도 한다는 것이다. 전자의 예는 근시(Myopia)를 들 수 있고, 후자의 예로는 유방암과 비만을 들 수 있다.

## 근시

많은 집단에서 근시(myopia 또는 nearsightedness라고도 함)의 비율은 25% 정도나 그 이상이다. 연구자들은 시력의 변이가 유전적인지 알아보기 위하여 쌍둥이를 대상으로 연구를 진행하였다. 예를 들어 1991년에 J. M. Teikari와 동료들은 일란성 쌍둥이와 이란성 쌍둥이를 대상으로 시력의 유사성을 측정하였다. 만약 이 형질이 유전적이라면 일란성 쌍둥이들이 이란성 쌍둥이보다 더 높은 유사성을 보여야 맞을 것이다(9장 참조). Teikari의 데이터는 다음과 같다:

| | 일란성 쌍둥이 | 이란성 쌍둥이 |
|---|---|---|
| 비슷한 시력 | **36** | **19** |
| 차이 나는 시력 | **18** | **36** |

일란성 쌍둥이의 약 70% 정도가 비슷한 시력을 보였다. 이 말은 대부분의 경우가 둘 다 정상이거나 아니면 둘 다 근시라는 의미이다. 반면 이란성 쌍둥이의 경우는 약 30% 정도가 비슷한 시력을 보였다. 이러한 결과는 근시는 부분적으로는 유전된다고 말해준다.

하지만 어떻게 근시가 부분적으로만 유전이 될 수 있을까? 많은 도시인들은 안경 없이는 거의 장님이나 마찬가지이다. 이러한 사람들은 만약 수렵과 채집으로 살아가야 된다면 심각한 불이익을 받게 될 것이다. 틀림없이 자연선택은 수렵과 채집으로 사는 집단에서 근시와 관련된 대립유전자는 빠르게 제거할 것이다. 그리고 만약 자연선택이 수렵과 채집으로 사는 우리 조상들로부터 근시를 야기하는 대립유전자를 제거했다면, 그러한 대립유전자는 우리에게 전해지지 않았을 것이다.

인간 집단은 현재 우리가 살고 있는 환경에 적응할 시간을 주지 않는다. 이러한 사실은 우리가 지니고 있는 잘못된 적응 형질(maladaptive traits)들에 대한 설명을 해줄 수가 있다.

근시의 비밀(puzzle)에 대한 해결책은 현대인이 살아가는 생활방식을 이해하는 것에 있다. 이 생활방식은 음식과 활동 정도에 따라 요구되는 시력의 필요성 만큼이나 중요한 새로운 필요성을 시력에 요구했다. 수렵과 채집으로 살아가는 종족은 아동 시기를 집안에서 인공적인 불빛 아래 책을 읽는 것으로 보내지는 않았을 것이다. 아마도 우리의 일부를 근시로 만드는 경향을 가진 대립유전자는 실상은 현대의 환경에서만 근시를 만드는 것으로 보인다.

이러한 가설을 뒷받침하는 근거는 최근에서야 현대 생활방식을 받아들인 특정 집단에서 얻을 수 있다. Francis Young과 동료들은 이누이(Inuit)족 근시의 발생 정도를 측정하기 위해 알래스카 지방의 바로우란 곳으로 갔다(Young et al. 1969; Sorsby and Young 1970). 연구원들이 이 집단을 선택한 이유는 이들 집단 대부분의 가족들이 고립된 사회로부터 바로우지역으로 옮겨왔기 때문이다. 이들은 제2차 세계대전 동안과 이후에 옮겨왔는데 그 이유는 해군 연구실과 레이더 기지, 그리고 석유 탐사와 관련된 경제활동 때문이었다. 바로우의 도시가 성장함에 따라 교육 시스템도 함께 성장하였다. 대부분의 아이들은 정식으로 미국식 학교에 다니고 많은 양의 독서를 한 것으로 조사됐다. 35명이 넘는 대부분의 어른들은 최대 6년 동안 비공식적으로 운영하는 학위과정이 없는 학교에 다녔다. Young과 동료들이 조사한 자료에 따르면 노인에 비해 젊은 학생들이 근시가 많이 발생했으며 자세한 자료는 다음과 같다.

| 나이 | 근시 수 | 근시가 아닌 수 | 근시 비율 |
|---|---|---|---|
| **6~35** | **146** | **202** | **42%** |
| **36~88** | **8** | **152** | **5%** |

어른에 비해 훨씬 더 강하게 현대 눈의 사용 생활방식에 노출되었던 아이들은 상당히 높은 근시 발생 비율을 보였다.

Young과 동료들의 자료는 관찰이지 실험을 수행한 것은 아니다. 그리고 학교 교육의 양이라고 하는 것도 어떻게 보면 성인과 아이들이 다녔던 학교의 많은 환경적 차이 중 하나일 뿐이다. 그럼에도 불구하고, 이러한 자료는 인간과 동물의 실험에서 얻어진 결과로서 성장하는 눈의 모양은 시각적 경험(visual experience)에 의해 형상화 된다는 사실과 일치한다(Norton and Wildsoet 1999 for a review 참조). 인간과 동물의 몸에 관한 연구에 따르면 근시는 유전적 민감성(susceptibility)과 근접 시각으로 작업하는 것 등이 복합적으로 작용하며 발생된다. 바로우 지방의 이누이족 어른들은 수렵과 채집으로 살아왔던 우리의 조상들과 비슷한 시각적 환경에서 성장했다. 어른들은 그들의 아이들과 손자에게 전달한 대립유전자와 같은 대립유전자를 가지고 있었다. 그러나 그들 자신은 근시가 아니었다. 다시 말하면 근시는 부분적으로 유전적인 특징을 갖는다는 것이다. 왜냐하면 현대 인간을 근시로 만드는 경향이 있는 대립유전자가 수렵과 채집을 하는 환경에서 근시를 야기하지 않기 때문이다.

## 유방암

북미 여성이 살아가면서 유방암에 걸릴 확률은 대략 8명 중 한 명꼴이다. 이들 여성 중 일부는 가임기(child-bearing years) 동안에도 죽는다. 유방암은 일반적으로 유전적 민감성(susceptibility)과 환경요인의 조합으로부터 발생한다고 여겨진다. 그러나 만약 우리가 다윈의 관점에서 이를 본다면, 유방암은 퍼즐과도 같다(Cochran et al. 2000). 만약 특정 유전자가 일정 부분에서 유방암의 원인이 된다면, 유방암을 일으키는 그 대립유전자는 우리 조상의 집단에서 자연선택에 의해 제거됐을 것이다. 그리고 만약 유방암이 우리 조상이 오래 노출되어온 환경적 요인에 의해 발생하는 경우라고 하면, 자연선택에 의한 진화는 그 환경적 요인에 의한 효과를 극복한 개인들을 더 선호했을 것이다.

왜 유방암의 비율이 너무 높을까? 여기에 그 의문에 답하기 위한 두 가지 가능한 해결방법이 있다.

- 유방암은 바이러스나 박테리아 같은 병원균에 의해 발생할 수 있다. 바이러스와 박테리아는 살아 있는 생물이다. 우리가 살펴본 바와 같이, 병원균 집단은 숙주의 병원체에 대한 면역체계에 의해 만들어진 자연선택에 대응하여 진화한다. 따라서 우리는 숙주 집단이 모든 질병들에 대해 완벽한 면역을 갖도록 진화되었을 것이라고 기대하지는 않는다.
- 유방암은 근시와 같은 문명에 의한 질병일 수도 있다. 즉, 우리 조상이 한 번도 노출된 적 없는 새로운 환경과 특정 유전자 사이의 상호작용에 의해 야기되었다고 볼 수 있다.

## 바이러스성 질병으로서 유방암

생쥐는 인간의 유방암에 해당하는 암을 일으키는 바이러스가 존재하며 이를 생쥐 유방 종양 바이러스(mouse mammary tumor virus, MMTV)라고 한다. 소규모의 연구원들이 오랫동안 인간의 유방암을 일으킬 수 있는 MMTV 같은 바이러스에 관심을 갖고 연구해 왔다(Mason et al. 2011). 우리는 두 개의 단편적인 증거 조각들에 대해서 간략하게 생각해 보고자 한다.

증거의 첫 번째 조각은 왕(Yue Wang)과 동료들이 1995년에 포고(Beatriz G.-T. Pogo) 연구실에서 연구한 결과에서 찾을 수 있다. 왕과 동료들은 MMTV 유전자 중 일부와 유사한 DNA 염기서열을 가진 인간 조직 샘플을 추출하기 위해 노력했다. 연구원들은 314개의 유방암 조직 샘플과 107개의 정상 유방 조직 샘플을 분석하였다. 그 결과는 다음과 같다.

| | 샘플의 수 | MMTV 양성 | 양성 비율 |
|---|---|---|---|
| 암 조직 | **314** | **121** | **38.5%** |
| 정상 조직 | **107** | **2** | **1.9%** |

MMTV와 유사한 염기서열은 정상 조식의 샘플에는 거의 없었으나 유방암의 샘플에서는 3배가 넘게 나타났다. 포고와 동료들은 이후에 배양된 유방암세포에서 바이러스 입자를 발견했다(Pogo et al. 2010 참조).

James Lawson과 Benjamin Heng은 2010년 왕과 동료들이 얻었던 결과를 반복하려고 시도하였고 이를 위해 11개 나라로부터 23개 연구자료를 검토하였다. 연구원들은 이 연구들 중 17개에서 유방 종양에서 MMTV 혹은 그와 유사한 바이러스의 증거를 발견했다. 정상 유방 조직에서는 아주 적은 양의 MMTV의 증거가 발견되었다. Chiara Mazzanti와 동료들은 2011에 MMTV와 같은 염기서열을 밝혀내기 위하여 유방암세포의 핵에 표지된 탐침을 사용하였다. 다른 방법들과 함께, 연구자들은 바이러스의 양이 종양에서 높은 것을 발견하였다.

증거의 두 번째 조각은 T. H. M Stewart와 동료들이 2000년에 수행한 실험에서 얻을 수 있다. 이 연구원들은 유럽 전역에 걸쳐 다양한 나라의 여성들 사이의 유방암 비율을 조사하였다. 연구원들은 동유럽에서 발견된 생쥐 종은 *Mus musculus*인 데에 반해, 서유럽에서 발견된 생쥐 종은 *Mus domesticus*인 것을 알았다. 그리고 *Mus domesticus*가 MMTV에 좀 더 심하게 감염되는 경향이 있음을 알았다. 연구원들은 이를 바탕으로 한 가지 추론을 하였는데, 그것은 만약 MMTV가 인간 유방암의 원인이라고 하면 *Mus musculus*가 서식하는 지방보다는 *Mus domesticus*가 서식하는 지방에 유방암 환자의 비율이 높을 것으로 추론했다. 이 연구 자료는 **그림 14.24**에 보이는 바와 같이 예측과 일치한다.

우리가 여기에서 검토한 모든 연구는 실험이 아닌 관찰에 의한 것이다. 연구자들은 MMTV가 유방암과 상당한 부분이 연관되어 있는 것을 설명할 수 있었지만, 바이러스가 실제 유방암을 일으키는지 여부는 보여줄 수 없었다. 연구원들이 이를 조사할 수 있는 유일한 방법은 무작위로 평가하는 백신을 이용한 임상실험 뿐이다(Mason et al. 2011).

비록 궁극적으로 유방암의 일부 원인을 설명할 수는 있지만, MMTV는 유방암 원인 모두를 확실하게 설명할 수는 없다. 그러므로 우리는 또한 유방암이 문명의 질환이라는 가설을 부분적으로는 고려해야 한다.

## 유방암과 월경주기

대부분의 현대 여성들이 매달 경험하는 월경은 극히 정상으로 간주된다. 그러나 역학적

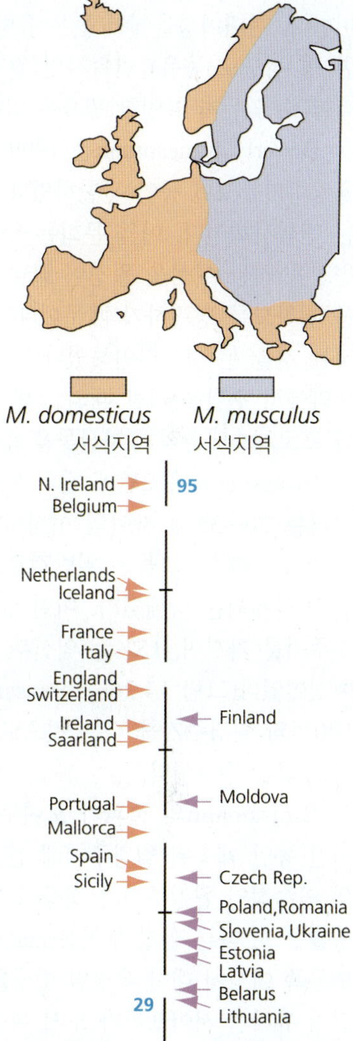


**그림 14.24 생쥐 종의 서식 지역과 유방암의 발생 빈도 비교** 국가에 따라 연간 여성 100,000명당 25명에서 95명의 다양한 비율로 유방암이 발병하는데, 이 발병하는 비율이 *Mus domesticus*가 사는 곳이 높다. Stewart et al. (2000)에서.

증거는 계속되는 월경주기가 여성들에게 유방암의 위험을 증가시킨다고 제시하고 있다. 여성에게 유방암이 걸릴 가능성은 월경을 일찍 시작할수록 더 높고, 첫 번째 아이를 늦게 가질수록 높으며, 그녀가 양육에 시간을 덜 소비할수록 높다(Layde et al. 1989; Berkey et al. 1999 예시 참조). 월경주기가 유방암의 위험을 높이는 이유는 배란 후에 에스트로겐과 프로게스테론의 조합이 유관을 따라 존재하는 세포들의 분열을 촉진하기 때문이다(Henderson et al. 1993). 더 많은 세포분열은 암을 생성할 수 있는 기회가 훨씬 높다는 것을 의미한다. 현대여성들에서 높은 유방암 발병률을 감안하면 (북미에서 약 8명에서 한 명 정도로 높음) 연속적인 월경주기(menstrual cycle)가 정말 정상이라고 말할 수 있는지 확인할 필요는 있다고 생각한다.

**그림 14.25 막자절구와 절구공이로 수수를 빻는 도곤(Dogon)족 여성** 도곤족은 북서부 아프리카에 위치한 말리(Mali) 지방에 있는 전통사회이다.

Beverly Strassmann은 1999년 말리(Mali) 지방에 사는 도곤족(Dogon)의 월경주기를 2년 동안 관찰하였다(그림 14.25). 도곤족은 피임약을 사용하지 않는 전통사회이다. 이들 문화는 월경주기 연구에 매우 용이한데 그 이유는 그들의 문화가 월경을 하는 여성을 월경이 끝날 때까지 특별히 월경을 위해 만들어진 오두막에서 수면을 취하도록 명령하기 때문이다. Strassmann은 월경 중인 여성들이 실제로 오두막에서 자는 것을 눈으로 확인하였다. 그녀는 또한 93명 여성이 수면을 취할 때와 월경 중에 오두막에서 수면을 취할 때의 소변 샘플을 두 달 반 동안 정기적으로 채취하여 에스트로겐과 프로게스테론의 대사산물을 측정하여 확인하였다.

Strassmann은 2년에 걸쳐 도곤족 여성 오두막을 방문하며 연구를 계속 수행하였다. 그녀는 20~35세 사이의 여성이 짧은 월경 시간 주기를 보내는 것을 발견하였다(그림 14.26a). 대신, 그들은 일반적으로 임신 중이거나 수유 무월경, 즉 수유로 인한 월경주기가 억제되는 상태였다. 어떤 날에 조사해보면 성인 도곤족 여성의 약 25%가 정상 월경주기를 가지며, 15%는 임산부, 30%는 수유무월경 상태이고, 나머지 30%는 폐경기의 여성이었다(그림 14.26b). Strassmann은 평균적으로 도곤족 여성들이 살아가면서 총 약 100번의 월경주기를 갖는 것으로 추정하였다. 이는 일반적인 현대 도시 여성보다 1/3보다도 낮은 수준이다.

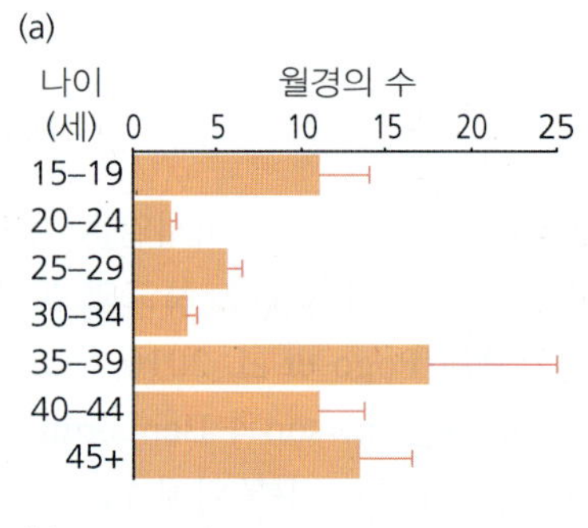


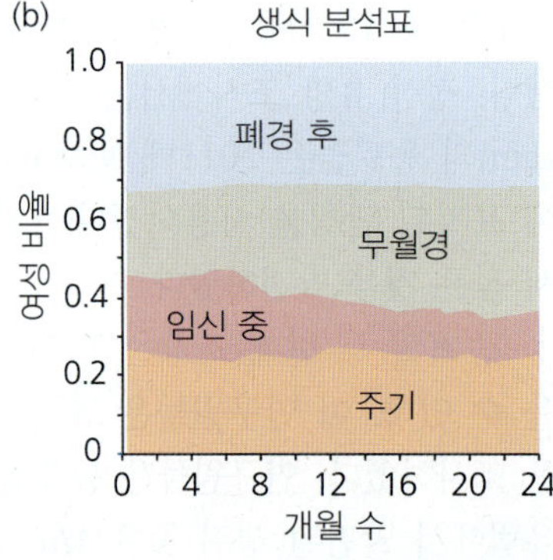


**그림 14.26 도곤족 여성의 월경주기** (a) 2년 기간 동안의 주기. (b) 시간에 따른 생식 분석표(reproductive profile). Strassmann (1999)에서.

Strassmann의 결과가 보여주는 것은 자연선택적 관점에서 볼 때 여성의 신체가 긴 시간 동안 계속된 월경주기에 견딜 수 있도록 디자인되지 않았다는 것이다. 만약 여성들의 연속적인 월경주기가 정상이 아니라고 하면, 현대 여성에게 나타나는 높은 유방암 발병률을 또 다른 환경 부적응(maladaptive) 결과의 예라고 생각할 수 있다. Strassmann은 도곤족 여성에 대한 유방암 발생률 자료는 얻지 못했다. 하지만 그녀는 도곤족과 월경 패턴이 유사한 서아프리카 도시 여성들의 유방암의 비율이 북미 여성에 대해 약 1/12로 나타나는 것에 대해 주목하였다.

**인구 집단은 우리가 사는 생활 방식에 적응할 시간이 없다. 이것은 아마도 왜 우리가 많은 질병에 대항할 수 있는 생리적 방어체계가 없는지 그 이유를 설명할 수 있을 것이다.**

아마 현대 여성은 우리 조상이 겪었던 것과 유사한 상태로 그녀들 몸의 호르몬을 유지하는 것을 고려해 봐야 할 것이다. 경구피임약은 이를 사용하는 현대 여성의 자궁 내막암과 난소암의 위험을 감소시키지만, 유방암의 위험을 감소시키지는 않는다(Henderson et al. 1993). Darcy Spicer와 동료들은 유방세포의 분열을 자극하지 않고 난소기능만을 억제하는 경구피임약 처방을 개발하였다. 이 약에는 골다공증을 일으키는 등의 부작용을 방지하기 위해 충분한 양의 성 스테로이드 호르몬이 포함되어 있다(Spicer et al. 1991; Henderson et al. 1993; Pike et al. 2004). 그들은 이 방법이 난소암의 위험을 줄이는데 현재의 경구피임약과 동등한 효과를 가질 뿐만 아니라, 추가적으로 자궁내막암의 위험을 절반으로 감소시키고 특히 유방암의 위험을 감소시키는 데 더욱 효과적일 것이라고 예측하고 있다. 그들은 유방암 위험을 증가시키는 돌연변이를 가진 여성을 포함한 소수의 집단에서 약 효능 검사를 하였다(Spicer et al. 1994; Weitzel et al. 2007). 그 결과 치료군의 경우에 대조군의 유방 조직과 비교하였을 때 유방조직 밀도(mammographic density)가 상당히 감소한 것을 보여주었다. 또한 부작용도 미미하였다. 유방조직 밀도는 유방암 위험과 관련되어 있기 때문에 이것은 상당히 긍정적인 결과라고 볼 수 있다(Boyd et al. 2011). 물론 이에 대해서는 앞으로 보다 광범위한 실험이 필요하다.

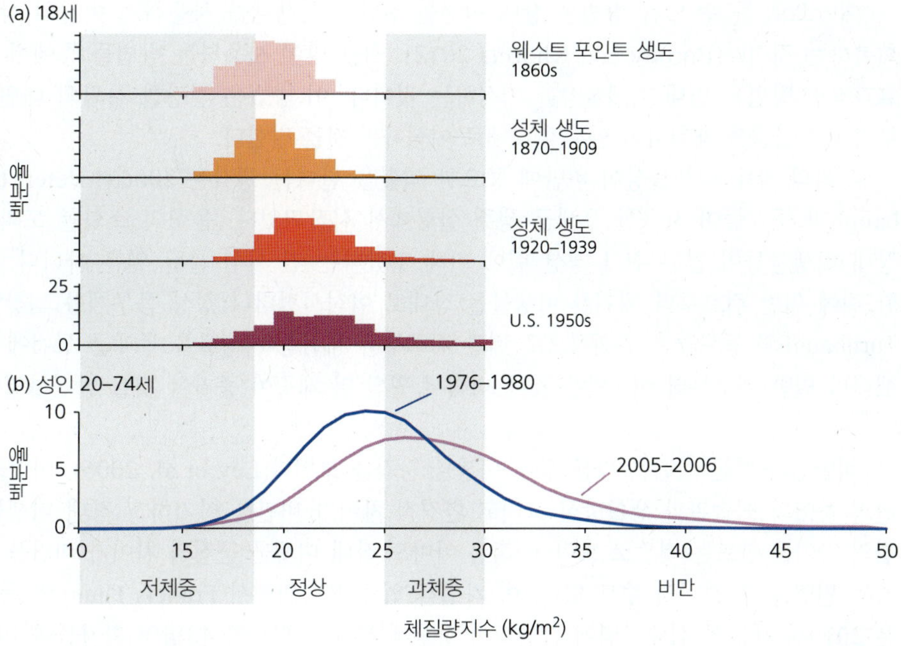

(a) 18세
웨스트 포인트 생도 1860s
성체 생도 1870–1909
성체 생도 1920–1939
U.S. 1950s
백분율
25
0
(b) 성인 20–74세
1976–1980
2005–2006
백분율
10
5
0
10 15 20 25 30 35 40 45 50
저체중 정상 과체중 비만
체질량지수 (kg/m²)

**그림 14.27 연도에 따른 미국인의 체질량지수(BMI) 분포 변화** (a) 1869년과 1939년 사이의 육군사관학교 생도와 1950년대의 18세의 일반인들을 비교한 그림. Komlos and Brabec (2011)의 데이터. (b) 1970년대 후반에서 2000년대 중반의 성인. Ogden et al. (2007)에서.

## 비만

산업화된 국가에서 사람들의 허리둘레는 수십 년 동안 계속 늘어나는 추세이다. **그림 14.27a**는 남북전쟁과 제2차 세계대전 사이에 미국 사관학교 생도의 평균이 저체중 경계에서 정상체중으로 바뀐 것을 보여준다. 그림 14.27b는 1970년대 후반과 2000년대 중반 사이에 성인 미국인의 평균이 과체중 경계에서 과체중으로 변한 것을 보여준다. 그래프는 체중(킬로그램)을 키(미터)의 제곱으로 나누어 계산한 체질량지수(body mass index, BMI)의 변화를 나타낸다. 높은 체질량지수는 비만을 의미한다.

동일 집단 내 사람들 사이 체질량지수의 변이는 일부의 경우 유전자의 차이에 의한 것이지만, 다른 집단 간의 변이는 환경의 차이에 의한 것이 대부분이다(Swinburn 2011). 후자의 경우, 이러한 논리의 근거를 미국으로 옮겨온 이민자를 통해서 들 수 있다(Goel et al. 2004). 이민자들의 경우 미국에서 출생한 거주민들에 비해서 평균적으로 체중이 덜 나갔다. 그러나 이민자들이 미국에 오래 살면 살수록 그들의 체질량지수는 높아가는 경향이 있다. 가장 유력한 환경적 요인은 지역이다. 또한 바이러스성 감염에서 환경호르몬(endocrine disrupters)과 불면증(sleep debt)까지 다양한 요인들이 존재한다(McAllister et al. 2009). 하지만 여기에서는 인간의 장에 서식하는 미생물 군집에 대해서만 고려하기로 한다.

우리 몸의 장내 미생물은 우리 환경의 특징 중의 하나로 우리 몸에 생리적으로 그리고 건강에 중요한 역할을 하며 최근 들어 그 중요성이 제대로 인식되고 있다(Nicholson et al. 2012). 장내 미생물 군집의 조성은 집단간, 혹은 개인간, 때로는 개인에서도 시간에 따라 다양하게 나타난다(Huttenhower et al. 2012; Yatsunenko et al. 2012). 우리 몸의 장내 미생물 군집의 조성을 바꾸는 현대 생활방식 중의 하나가 항생제의 사용이다(Dethlefsen et al. 2008; Dethlefsen and Relman 2010).

그로 인한 결과는 절박하다. 예를 들어 항생제의 사용은 환자로 하여금 *Clostridium difficile*이라는 균의 감염에 더욱 민감하게 만든다. 이 균에 감염되면 심한 설사와 대장염을 일으킨다(Loo et al. 2011). 아이러니하게도 *Clostridium difficile*을 치료하기 위한 가장 고전적인 방법은 항생제의 사용이다. 하지만 이는 장내 미생물상에게 더욱 심한 악영향을 주게 되고 환자를 재감염에 더 취약하게 만들게 된다(Borody and Khoruts 2012).

대안으로 들 수 있는 방법은 장내 미생물 집단을 항생제를 사용하기 이전의 상태로 회복하는 것이다(Borody and Khoruts 2012). 최근 많이 사용하는 방법들 중에서 가장 효과적인 방법은 변내 미생물상을 이식하는 것이다. 이 방법은 건강한 사람의 대변으로부터 미생물들을 채취하여 환자의 장내로 이식하는 것을 말한다.

우리의 장내 미생물상이 비만에 중요한 역할을 한다는 생각은 2006년 Peter Turnbaugh와 동료들이 사용한 무세균 생쥐 실험에서 시작되었다. 음식의 소화를 도와주는 장내 미생물들이 없는 쥐가 정상 쥐에 비해 말랐다는 건 사실 놀랄 일은 아니다. 이러한 쥐에 일반 쥐로부터 채취한 미생물을 장내로 이식시켰더니 정상 몸무게를 되찾았다. Turnbaugh와 동료들은 유전적으로 비만 쥐로부터 채취한 미생물을 무세균 생쥐에 이식했더니 일반 쥐로부터 이식받은 것에 비해서 훨씬 더 체중이 증가한 것을 발견하였다(그림 14.28).

비만인과 마른 사람은 다른 장내 미생물 군집을 보인다(Ley et al. 2006). 아마도 유전적 차이와 식습관과 생활방식 그리고 환경적 차이가 비만을 야기하고 장내 미생물 군집의 차이를 만드는 것으로 보인다. 혹은 아마도 장내 미생물 군집의 차이가 비만을 일으키는 원인들 중 하나일 수도 있다. 이 가설을 입증하기 위해서 Franck Thuny와 동료들은 2010년 세균성 심내막염에 감염되어 항생제 투여가 필요한 48명의 환자들과 비슷한 연령대의 동일한 수의 일반인을 대상으로 연구를 진행하였다. 벤코마이신과 젠타미아신의 복합처방을 받은 환자들은 병원에서 퇴원한 후 1년이 되었을 때 체중 증가를 보였으며 체질량지수가 평균 2.3 증가한 것으로 나타났다($p = 0.03$). 반면 다른 항생제 투여를 받은 환자들은 별다른 차이를 보이지 않았다. 이러한 결과는 장내 미생물상(gut microbiota)이 비만에 영향을 준다는 것을 보여준다.

원인과 결과를 명확히 보여주는 좋은 실험은 이 책 어딘가에서도 언급한 적이 있는데, 바로 무작위 임상실험이다. 이에 대한 첫 번째 실험은 Anna Vrieze와 동료들의 2012년에 실시한 비만을 치료하기 위한 변미생물 이식 실험이다. 이 실험을 위해 18명의 대사증후군을 갖고 있는 남성들이 자원했는데, 이들은 비만과 당뇨병을 앓고 있었다. Anna와 동료들은 이들 지원자를 무작위로 두 개의 그룹으로 나눴다. 한 그룹은 치료군으로 정해서 마른 체형의 일반인으로부터 장내 미생물을 이식받았고, 다른 그룹은 대조군으로 정해서 그들 자신의 장내 미생물을 다시 주입하였다. 6주 후에 치료군에서 인슐린 저항성(insulin sensitivity)이 향상된 것을 확인하였다($p < 0.05$). 대조군에서는 차이가 나지 않았다. 후속 연구는 현재 진행 중에 있다(Kootte et al. 2012). 좀 더 자세한 내용을 위해 후속 추가 논문들을 주목할 필요가 있다.

여기서 명심해야 할 한 가지는 현대 인간이 사는 환경이 우리가 적응해온 환경이 아니라는 점이다. 앞으로 이번 장의 두 개 절을 통해서 어떻게 연구자들이 적응자들의 연구 틀을 의료생리학의 가설들과 인간 행동의 기본적인 측면에 대한 가설들을 검증하거나 발전시키기 위해 사용하는지 보여주고자 한다.

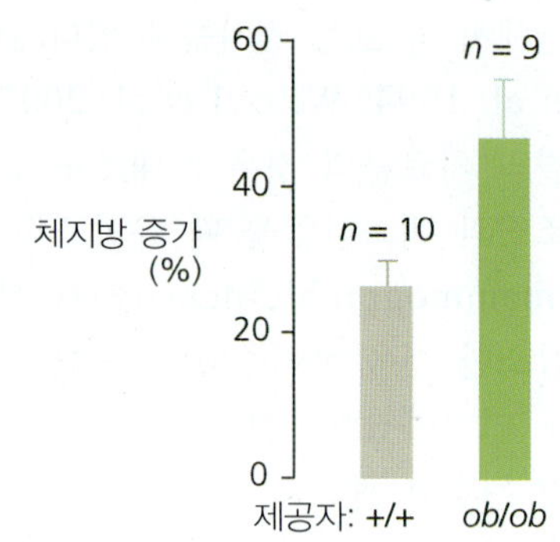


**그림 14.28 무균쥐에 정상(+/+)인 쥐의 장내 미생물을 이식하였을 때와 비만(*ob/ob*) 쥐의 장내 미생물을 이식하였을 때에 2주 후의 체중 변화** 통계적으로 의미 있는 차이를 보였다 ($p < 0.05$). Turnbaugh et al. (2006)에서.

Reprinted by permission of Macmillan Publishers Ltd. Turnbaugh, P. J., R. E. Ley, et al. 2006. "An obesity-associated gut microbiome with increased capacity for energy harvest." *Nature* 444: 1027–1131.

## 14.6 적응과 의료생리학: 고열

많은 사람들이 질병에 동반하는 증상을 성가시다고 생각한다. 감기나 독감에 동반되는 고열에 대한 일반적인 처방은 아스피린이나 아세트아미노펜 그리고 아이부프로펜을 복용하는 것이다. 이러한 약은 고열을 완화시켜 주지만 감기나 독감을 일으키는 바이러스를 공격하지는 않는다. 여기서 우리가 드는 질문은 고열을 낮추기 위해 약을 복용하는 것이 과연 좋은 생각이냐는 것이다. 질문에 대한 대답을 하기 위하여 우리는 사람이 아플 때 왜 고열이 나는지에 대해 알아야 할 필요가 있다.

진화적 시각은 고열에 대한 두 가지의 해석을 제시한다. 하나는 고열이 병원균에 의한 숙주조작을 반영한다는 것이다. 바이러스나 세균이 숙주의 체온을 올리기 위해 화학물질을 분비하고 높은 온도가 병원균의 성장이나 생식률을 높여준다는 것이다. 만약 이 가설이 옳다고 하면, 고열을 낮추는 방법이 숙주가 감염에 대항하는 것을 도와주는 일이 될 것이다. 두 번째 해석은 고열이 적응화된 방어수단이라고 여긴다. 병원균이 고열에서 느리게 성장하거나 생식하게 되거나 숙주의 면역체계가 높은 온도에서 더 효과적이라고 본다. 만약 이러한 가설이 옳다고 하면, 약을 복용해서 고열을 낮추는 것은 오히려 역효과가 된다.

**진화적 시각은 의료 연구자들이 생리학적 기능에 대한 가설을 만들어내는 데 도움이 될 수 있다.**

Matthew Kluger는 고열은 병에 대항하는 적응화된 방어 수단이라는 두 번째 가설의 신봉자이다. 1974년에 Linda Vaughn과 Harry Bernheim, Kluger는 사막에 서식하는 이구아나(*Dipsosaurus dorsalis*, 그림 14.29a)가 *Aeromonas hydrophila*라고 하는 세균의 감염에 대항해서 행동적인 고열(behavioral fever)을 만들어내는 것을 밝혀냈다. 10장에서 다뤘던 이구아나를 다시 언급하면, 이구아나는 변온동물로서 자신의 신체온도를 조절하기 위해 생리적 조절보다는 행동을 이용한다. 그들은 스스로 체온을 높이기 위해 뜨거운 지점으로 이동하고 체온을 낮추기 위해 차가운 지점으로 이동한다. 반과 동료들은 죽은 박테리아를 사막 이구아나에 주입했을 때, 도마뱀이 일반적으로 선택하는 체온에서 약 2°C 더 높은 체온을 선택하는 것을 발견했다(그림 14.29b).

이러한 행동적 고열은 감염에 대한 적응된 반응인가? 아니면 세균이 이구아나의 행동을 조종하는가? 이러한 두 가설의 차이를 구별하기 위해서, Kluger와 Daniel Ringler 그리고 Miriam Anver는 1975년에 살아 있는 박테리아를 사막 이구아나에 감염시키는 연구를 수행하였다. 그들이 수행한 실험은 감염된 도마뱀을 고정된 온도의 인큐베이터에 가둬둠으로써 도마뱀들이 체온 조절을 위해 이동하는 행동을 못하도록 막았다. 실험 결과 낮은 온도에서 유지했던 이구아나의 대부분은 사망했던 반면에(그림 14.29c), 행동적으로 열을 높이는 것을 모방한 높은 온도를 유지했던 이구아나의 대부분은 생존했다. 이 결과는 사실상 행동적인 고열은 *A. hydrophila*에 감염된 사막 이구아나의 적응이라는 것을 말해주는 것이다.

만약 고열이 *A. hydrophila*에 대한 방어적인 적응이라고 본다면, 아마도 감염된 도마뱀이 아스피린을 복용하는 것은 별로 좋지 않은 생각일 것이다. 적어도 어떤 의미로서 이 말은 우스갯 소리로 들리지는 않는다: 실제로 연구원들은 아스피린과 같은 약물인 살리실산나트륨이 포유동물에서 생리적인 고열을 감소시키는 것과 같이 이구아나에서도 행동적 고열을 감소시킨다는 것을 발견해 내었다. 표면적으로 보면 두 그룹의 동물들에서 체온조절은 유사한 신경학적인 기작에 의해 제어된다. Bernheim과 Kluger는 1976년 연구에서 24마리의 사막 이구아나를 세균에 감염시켰고, 그 다음에 감염된 도마뱀의 절반에 살리실산나트륨을 복용시켰다. 그리고 이구아나에게 자유롭게 행동적 고열작용을 허용하였다. 모든 대조군 이구아나는 행동적 고열을 만들었고 한 마리를 제외한 모두가 감염으로부터 살아남았다. 약을 투여한 다섯 마리의 도마뱀은 약물 치료에도 불구하고 행동적 고열을 만들었고 그들 모두 살아남았다. 다른 7마리의 약물 투여된 이구아나의 경우

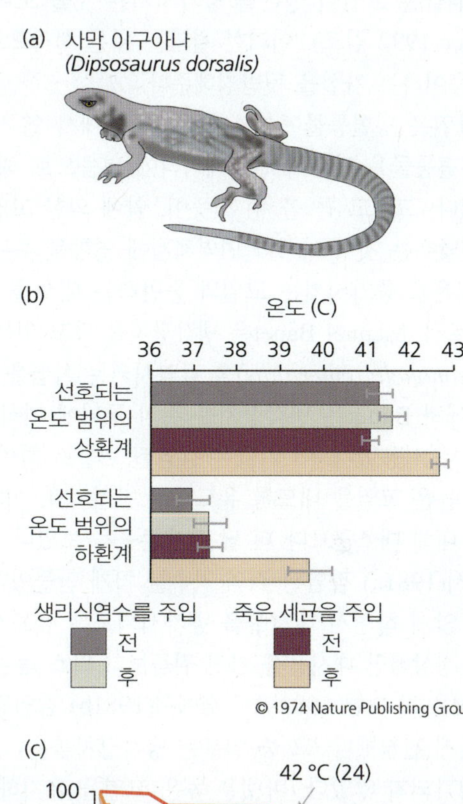


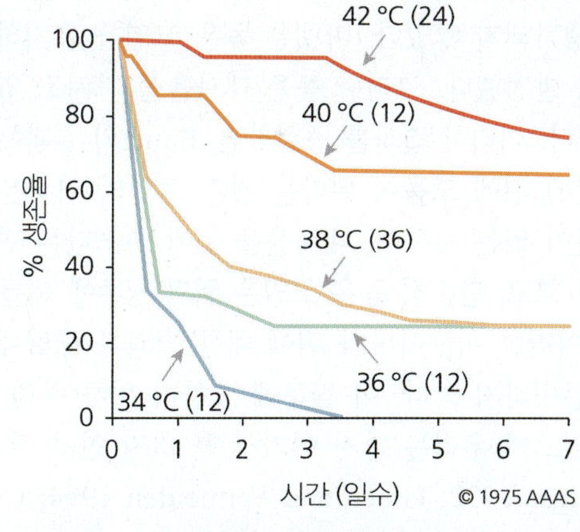


**그림 14.29 사막 이구아나, *Dipsosaurus dorsalis*에 행동적 고열반응** (a) 사막 이구아나. (b) 생리적 식염수나 죽은 세균을 주입하기 전과 후에 평균 상위와 하위 체온. 생리 식염수를 주사한 9개의 개체에서는 체온변화가 없었지만 죽은 세균을 주입한 10개의 개체는 체온이 증가함을 보였다($p < 0.001$). Vaughn et al. (1974)에서. (c) 감염된 도마뱀의 생존율(괄호 안에는 조사된 개체수가 표기됨). Kluger, Ringler, and Anver (1975)에서.

에는 행동적 고열을 만들어내지 못하였고 그들 모두는 살아남지 못했다.

1970년대 중반 이후, 연구원들은 파충류, 양서류, 어류, 그리고 무척추동물 등 다양한 종에서 행동적 고열을 조사하였다. 여러 차례의 동물 연구를 통해서 연구원들은 고열이 생존을 증가시키는 것을 보여주었다(개설을 보기 위해서는 Kluger 1992 참조). 이러한 결과는 넓은 시각으로 보면 고열이 감염에 대한 적응반응이라는 가설을 뒷받침해준다.

발열은 냉혈동물에서보다 온혈동물에서 연구하기가 더욱 어렵다. 연구원들은 온혈동물을 단순히 인큐베이터에 넣음으로 해서 임의적인 체온으로 만들 수가 없다. 그리고 곧 볼 수 있듯이, 약에 의한 고열 증상의 완화는 실제 약이 고열을 낮추는 것이 아니라 면역체계에 영향을 주는 것에 따른 효과이다.

체온을 증가시키는 고열과 동반하는 대사율 증가로 인한 영향을 풀기 위한 시도로서, Manuel Banet은 냉각장치를 달고 있는 쥐를 대상으로 살모넬라 장염균(*Salmonella enteritidis*)을 감염시키는 실험을 수행하였다. 첫 번째로 1979년 연구에서 Banet은 냉각장치를 쥐의 두뇌에 이식하여 쥐의 시상하부를 차게 만드는 데 사용했다. 이 기술은 감염된 쥐들로 하여금 대사율의 급격한 변동 없이 아주 높은 고열을 내도록 유도하는 방법이다. 이처럼 높은 고열을 내는 쥐는 감염에 대해 대조군보다 더 낮은 생존율을 보였다. 두 번째로 Banet은 1981년 실험에서(1981a) 감염된 쥐의 척수를 차게 만들었다. 이 방법은 쥐들이 체온을 올리지 않게 하면서 대사율을 증가시키도록 유도시켰다. 높은 대사율을 가진 쥐들은 정상적인 대사율을 가진 쥐들보다 다소 높은 생존율을 보였다. 마지막으로 Banet은 또 다른 1981년 실험에서(1981b) 감염된 쥐그룹의 체온과 대사율을 주의 깊게 관찰했다. 그 중 일부는 냉각장치를 이식하였으나 어느 것도 열을 내거나 냉각되지 않았다. 바넷은 높은 고열을 유지하는 쥐가 생존율이 매우 낮다는 것을 발견했다. 그러나 높은 대사율을 가지고 있는 쥐는 높은 생존율을 가지고 있었다. 이러한 결과를 종합하면, Banet의 결과는 아주 높지 않고 적당한 고열은 감염된 쥐에 도움이 된다는 것과 고열의 이점은 몸의 온도를 올리는 측면과는 관련이 없는 듯하며, 대사율을 높이거나 다른 면역체계에 영향을 주기 위한 목적이 크고, 단순히 높은 고열은 쥐의 생존에 해롭다는 것을 함께 시사하고 있다.

이러한 이구아나와 쥐에 대한 결과가 어떻게 인간에게도 적용될 수 있는지는 분명하지 않다. 이 질문에 답하기 위하여 몇 가지 임상연구들이 수행되어오고 있으며 우리는 단지 여기서 한 가지 연구 결과에 대해서만 언급했을 뿐이다(Kluger 1992; Green and Vermeulen 1994; Carey 2010).

## 고열과 일상적 감기

Neil Graham과 동료들은 1990년 연구에서 일상적인 감기의 원인이 되는 바이러스 중 하나인 리노바이러스 2형(rhinovirus type 2)을 연구에 동의한 56명의 성인 지원자에게 인위적으로 감염시켰다. 그리고 42명에게는 약국에서 쉽게 구입할 수 있는 해열제를 복용시켰다. 세 가지의 해열제가 사용되었으며 13명이 아이부프로펜(ibuprofen)을 복용하고, 15명이 아스피린(aspirin)을 복용하고, 14명이 아세트아미노펜(acetaminophen)을 복용하게 하였다. 대조군으로서 무작위로 선택된 14명의 대상자들에게는 플라시보를 복용하게 하였다. 플라시보를 복용한 지원자들은 코 막힘으로 인한 증상으로부터 덜 고통을 받았으며(그림 14.30a) 오히려 해열제를 투여받은 지원자보다 리노바이러스에 대하여 더

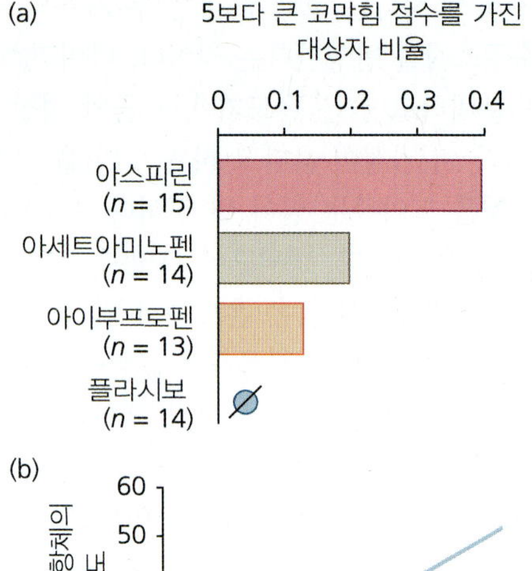


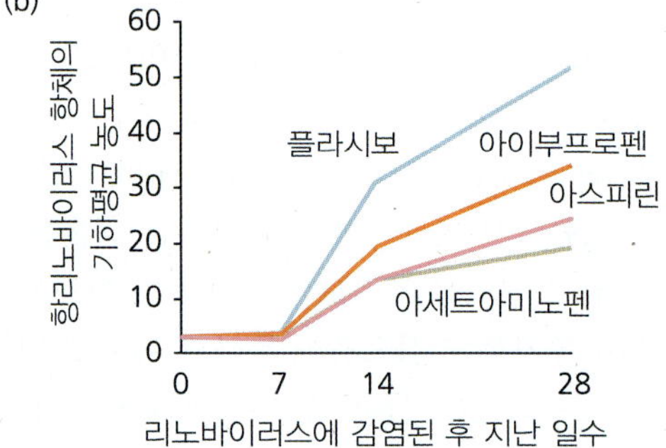


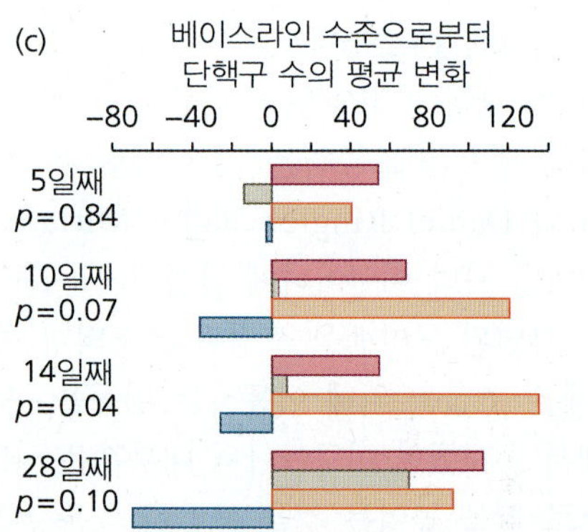


**그림 14.30 해열제는 일반 감기의 진행 과정에 어떠한 영향을 주는가?** (a) 플라시보를 복용한 지원자들은 세 가지 해열제 중 하나를 복용한 지원자들보다 코 막힘이 감소하였다($p$ = 0.02). (b) 플라시보를 복용한 지원자들은 세 가지 해열제 중 하나를 복용한 지원자들 보다 감기의 원인이 된 리노바이러스에 대하여 더 많은 항체를 만들었다. 28일 후, 플라시보 그룹과 다른 합친 세 그룹 사이에는 통계적으로 유의한 차이를 보였다($p$ = 0.03). (c) 단핵구는 혈액으로부터 감염된 조직으로 이동하는 백혈구로서 감염된 조직에서 대식세포(macrophages)로 분화한다. 플라시보를 복용한 지원자들은 혈액 내에 단핵구의 농도가 낮아졌고(이는 단핵구가 혈액에서 조직으로 이동한 것을 의미한다), 반면에 세 가지 해열제 중 하나를 복용한 지원자들은 혈액에서 단핵구의 증가를 보였다. Graham et al. (1990)에서.

많은 항체를 만들었다(그림 14.30b). 약을 투여받은 지원자들에 대한 항체반응이 감소한 이유는 해열제가 백혈구의 한 종류인 단핵구가 혈액으로부터 감염된 조직으로 이동하는 것을 막는 것으로 보인다(그림 14.30c). 일단 단핵구가 감염된 조직으로 이동하면 대식세포로 분화하여 바이러스에 대한 면역반응을 시작한다(Graham et al. 1990).

위의 실험결과를 간단히 설명하면 해열제는 감기에 대한 면역반응을 방해하고, 따라서 고열은 질병에 대하여 적응된 방어(adaptive defense)라는 것이다. 그러나 Kluger는 이 연구에서 소수의 실험 대상자에서 고열이 있었다는 점을 지적하였다(1992). 더욱이, 고열이 발생한 플라시보 복용 대상자의 비율(14%)은 고열이 발생한 해열제 복용 대상자의 비율(7%)에 비해서 통계학적으로 유의하게 높은 것은 아니었다고 지적하였다. 이에 대한 Kluger의 설명은 리노바이러스 2형에 감염된 극히 일부에서만 고열이 발생하였고 이번 연구가 고열이 적응적이라는 가설을 검증하지는 않았다는 것이다.

그러나 그라함과 동료들이 수행한 연구는 해열제가 바이러스에 대한 면역반응을 방해한다는 것을 분명하게 보여준다. 이 결과는 해열제가 여러 가지 생리학적 효과를 가지고 있음을 말해주는 것이다. 이러한 사실은 우리가 이전에 논의했듯이, 포유동물에서 고열이 적응적이라는 것을 보여주기 위해 적절한 실험을 계획하는데 극심한 어려움을 준다. 일반적인 해열제를 사용하는 연구는 고열에 의한 영향과 면역반응으로 인한 영향을 분리해서 구별할 수 없다.

### 고열과 의학 사례

Jane Carey는 2010년 리뷰에서 인간에게 나타나는 고열을 치료하는 것이 가치가 있는지에 대해 논의하였고 어떤 결론을 이끌어 내기에는 아직은 빈약하다고 평가하였다. 인간에 나타나는 고열이 적응에 의한 것인지를 알기 위해서는 더 많은 연구가 필요하며 또한 다양한 해열제를 사용하는 데 따른 손실과 이익 등에 대해서도 많은 연구가 필요하다.

실제로 연구원들이 인간에게 나타나는 고열이 감염에 대한 적응반응이라는 확실한 증거를 찾았다고 하더라도, 고열을 완화시키는 것은 항상 좋지 않다고 말하는 의사나 진화생물학자들은 없다. 첫째로, 고열은 일부의 병원균에 대하여 적응반응일 수도 있으나 다른 병원균들에는 해당되지 않는다. 일부 세균이나 바이러스는 정상온도보다 고열온도에서 자라기도 하고 혹은 더 빠르게 증식될 수도 있다. 즉 "적응반응(adaptive response)"과 "병원균에 의한 숙주 조작(pathogen-manipulation-of-host)" 가설은 어느 특정 병원균에 대해서는 상호 배타적일지도 모르지만, 모든 병원균에 대해서도 상호 배타적인 것은 아니다. 둘째로, 고열이 숙주에게 이득을 주는 경우라 하더라도, 고열반응은 숙주로 하여금 대가를 치르게 한다(Nesse and Williams 1994). 가벼운 질병과 미열의 경우에는 해열제가 이득이 되기도 한다. 해열제를 복용하여 증상완화를 시킬 수 있고 사람들로 하여금 일상생활을 지속하게 만들어서 저하된 면역반응을 회복하게 할 수 있다. 심각한 질병과 높은 고열의 경우에는 몸 안에 비축된 영양소들을 고갈시키기도 하고, 일시적 혹은 영구적 조직손상의 원인도 될 수 있다. 마지막으로, 어떤 상황에서 고열이 감염에 수반되는 역할과 무관하게 직접 피해를 주기도 한다. 예를 들어, 동물실험과 인간을 대상으로 한 관찰 연구에서 볼 수 있듯이 고열을 앓고 난 후에 뇌졸중으로 신경 손상을 일으키거나 생존율을 낮추기도 한다.

## 14.7 적응과 인간의 행동: 육아

인간의 행동을 이해하기 위해 선택사고를 고려할 때, 진화심리학자들은 행동 조절기로서의 뇌 기능은 자연선택으로부터 만들어진 것으로 추정한다. 뇌는 컴퓨터 노예처럼 어떤 고정된 프로그램에 따라서 입력한 정보를 출력으로 전환하는 것이 아닌 유연한 기계라고 할 수 있다. 뇌는 다양한 목적을 수행하기 위해서 의식(conscious)과 무의식적인 지각(perception), 감정(emotion), 경험(experience) 그리고 계산(calculation) 등이 혼합된 상태로 작용한다. 하지만 진화심리학자의 관점에서 보면,

> 우리에게 뚜렷하게 생리학과 심리학이 필요한 궁극적인 목표는 장수도, 즐거움도, 자아실현도, 건강도, 재산이나 마음의 평화도 아니다. 그것은 적응도이다. 우리에게 욕망과 야망과 지능과 혐오감이 존재하는 이유는 결국엔 그것들의 역사적 공헌 때문이다. 사리사욕에 대한 우리의 지각은 적응도의 획득과 상실에 대한 기대치에 근접해 가며 진화하여 왔다. 이때 여기에서 "기대치"라는 통계적 의미의 개념이 사용되고, 이는 과거로부터 누적된 증거들을 대상으로 예상되는 평균을 의미한다(Daly and Wilson 1988b, page 10).

인간의 행동에 대한 적응론자의 접근은 주의가 요구된다. 행동의 조절기로서의 능력 범위 내에서 인간의 뇌는 진화역사뿐만 아니라 문화에 의해서도 영향을 받는다. 문화는 자체의 정해진 규칙 틀 안에서 진화한다(**계산하기 14.1 다음 쪽**, 참조). 더욱이, 문화는 개인으로 하여금 그 자신에게 유리한 유전적 적응도의 이익에 반대하는 행동을 하게 유도할 수 있다. 예를 들어 1997년 3월에 천국의 문이라 불리는 사이비종교 집단에 속한 39명 회원의 집단자살은 적응론자의 설명을 무시한 행동이다.

인간의 행동에 문화가 주는 영향이라는 말이 의미하는 것은 단일 사회 내에서의 행동 연구로는 진화적 역사에 녹아 있는 문화의 영향을 구별해내기 어렵다는 것을 말해준다. 심리적 형질이나 행동패턴이 자연선택의 산물이라는 점에 대해서 설득력 있는 주장을 하려면, 진화심리학자들은 형질 또는 패턴이 넓게 여러 문화에 걸쳐 있는 것을 보여주어야만 한다. 여러 문화에 걸쳐 있는 다양성은 지난 세기 동안 급격하게 떨어졌다. 가장 멀리 떨어져 있고 격리된 전통사회를 제외하고는 거의 모든 곳에 서구사상과 문명이 전파되었다(Diamond 1992 참조). 일부 생물학자들은 이제는 여러 문화가 교류하는 연구를 진행하는 것은 더 이상 불가능하다고 생각한다. 반면 다른 사람들은 그러한 연구가 여전히 조사할 가치가 있다고 느끼는데, 특히 새로운 발견들이 이전 인류학 연구를 통해 구축된 데이터베이스에서 추출한 정보와 결합될 때가 그러하다고 생각한다.

인간의 행동에 대한 연구에서 또 다른 주의해야 할 사항은 이미 우리가 한번 논한 바 있다. 오늘날 대부분의 인간이 사는 환경은 인간의 진화역사 동안 대부분의 인간이 살았던 환경과는 현격한 차이가 있다. 2백만 년 전이 넘는 시기에 출현한 *Homo*라는 속에 속한 초창기 구성원들부터(20장 참조) 기원전 8000년 즈음에서 농경사회가 출현할 때까지 모든 인간들은 작은 집단을 이루고 수렵과 채집으로 생활하였다. 문화 변화의 속도는 농경사회 이후 가속화되고 있으며, 이러한 많은 문화적 변화들은 유전적 진화가 따라가지 못할 정도로 너무 빨랐다. 그 결과로, "왜 자연선택이 인간의 행동을 만들었을까?"하는 질문을 굳이 할 필요는 없었다. 예를 들어 감히 250 km의 속도로 산 아래로 스키활강할 수 있는 행동도 현대의 상황에서만 가능한 일이다. 하지만 우리가 수렵과 채집 생활에 대해 충분히 이해하려고 하는 동안 만큼은, 왜 자연선택이 사회적 보상에 대한 우리의 욕망을 만들어 놓았는지에 대해 의문을 갖는 것은 어쩌면 당연하다고 볼 수 있다. 여기서 말하는 우리가 얻는 사회적 보상이란 적절한 상황 속에서 뛰어난 운동 능력과 극적인 용기를 보여주는 것을 말한다. 이러한 질문에 답하려고 노력하는 과학자들은 어떻게 해서 수렵과 채집으로 살아가는 사회의 구성원으로서 이와 같은 사회적 보상을 받은 사람들이 사회적 보상

계 산 하 기 14. 1

## 문화적 진화는 다윈주의라고 할 수 있는가?

문화적 진화의 기작에 대해 다루는 것은 이 장에서 논의할 범위를 크게 벗어난다. 사실상, 아마도 이 문제는 모든 진화생물학의 범위를 벗어난다고 볼 수 있다.

Richard Dawkins의 1976년 저서인 이기적인 유전자(*The Selfish Gene*)는 생물의 진화는 자연선택에 의한 것이라는 가설에 적용되는 것과 동일한 개념으로서 문화적 진화가 자연선택에 의한 것이라는 가설을 만들 수 있다고 제시하고 있다. 이 제안의 핵심은 자연선택이라는 과정은 일반화할 수 있는 과정이라는 것이다. 자연선택이 생물체에서 작용하는 이유는 다음과 같은 네 가지 주요 특징을 가지고 있기 때문이다. 그 주요 특징은 돌연변이(mutation), 생식(reproduction), 유전(inheritance) 그리고 차별적 생식성공(differential reproductive success)이다. 원칙적으로는 자연선택은 이러한 네 가지 속성이 있는 어느 것에서도 작동이 가능하다.

Dawkins는 문화의 요소가 이 네 가지 속성을 가지고 있다고 여겼고, 따라서 문화도 자연선택에 의해 진화해야 한다고 주장했다. 새로운 단어, 노래, 생각, 또는 스타일은 돌연변이에 의해 생성된 새로운 대립유전자와 유사하다고 믿었다. 예를 들어 셰이커사에서 만든 검소하고 아름다운 스타일의 가구 디자인도 문화적 요소라고 할 수 있다. 가구제작자가 셰이커 테이블을 동경하고 그 디자인을 모방할 때와 마찬가지로 다른 사람들이 어느 요소를 채택하고 다음 단계로 전달하면 새로운 한 조각의 문화가 재생산되는 것이다. 문화의 어떤 조각들은 다른 것들에 비해서 훨씬 더 성공적으로 그들 자신을 사람으로부터 다른 사람에게 전달하게 할 수 있다. 셰이커 스타일의 가구는 평생 독신으로 지내는 셰이커 스타일보다도 훨씬 더 폭넓게 사람들에게 받아들여졌다. 문화는 스타일과 아이디어 변화의 상대적 빈도에 따라 진화한다.

Dawkins는 문화적 진화의 기본 단위에 대한 용어로서 "밈(*meme*)"이라는 단어를 만들었다. 그는 밈을 생물학적 진화의 기본단위로서의 유전자와 유사한 것으로 취급했다. Dawkins은 집단유전학 이론과 비슷한 개념으로 집단밈연구학(population memetics)의 상세한 이론들을 구상하였다(5장에서 8장까지 다룸). (이 이론이 갖는 잠재적 가치에 대해 설명한 최근 내용은 Dennett의 1995년 논문을 참조)

이러한 Dawkins의 제안에서의 문제점은 Dawkins 자신 스스로가 언급한 바 있다(그의 책 1989년 판 참조). 그 내용을 요약하면, 진화의 기작으로서 자연선택이 효율적이 되기 위해서는 유전되는 내용물뿐 아니라 어떻게 유전이 작용하는 가에 대한 세부사항도 중요하다는 것이다. 이러한 사실은 Darwin의 비평가 중 한 명인 Fleeming Jenkin에 의해 1867년 처음으로 알려졌다. Darwin의 시대에서는 유전을 설명하는 가장 널리 알려진 모델은 부모로부터 제공되는 무한히 분열되는 입자들이 섞여서 자손을 만든다는 융합유전(blending inheritance) 가설이었다. Jenkin의 주장은 운명이라는 것은 새로운 변이를 의미하기 때문에 융합유전이 자연선택에 의한 진화를 약화시킬 것이라고 주장했다. 융합유전으로 진화하는 유성생식 집단에서 새로운 변이는 마치 검은 페인트 한 방울을 흰색 양동이에 떨어뜨렸을 때 빠르게 녹아버리는 것처럼 순식간에 사라지게 될 것이다. 하지만 멘델의 유전학이 다윈의 이론을 구해내는 구원자가 되었는데, 그 이유는 멘델 유전학의 기본 개념이 독립적인 입자로 설명되기 때문이다. 다시 말하면 유전자는 융합되지 않는다. 다시 말해서 새롭게 발생한 열성 돌연변이가 세대에 걸쳐 집단에 숨겨져서 남아 있을 수도 있다. 결국에는 이형접합자가 서로 교배하기 시작하고 돌연변이 대립유전자의 빈도가 충분히 높아지면, 그들 자손들 사이에 몇 개의 열성 동형접합자를 형성하게 된다.

앞서 언급했던 문장을 정확한 표현으로 다시 말하면, 자연선택에 의한 진화를 일반화하기 위한 이론은 돌연변이, 생식, **입자**유전(*particulate* inheritance), 그리고 차별적 생식성공이다. 결국 자연선택에 의한 문화의 진화에 대한 이론에서 가장 중요한 질문은 밈이 전달되는 과정이 과연 입자에 의한 것인지 아니면 융합유전에 의한 것인지 여부이다. Allen Orr가 1996년에 이에 대해 다음과 같이 언급한 바 있다, "좋은 유전자가 독립적으로 분리되어 자손에게 전달되는 것처럼 거리의 패션과 유행도 비슷한 분리가 일어나는 것인가? 아니면 이들이 먼저 융합되고 나서 그 후에 잡지나 상점 진열대에서 복제되는 것일까?" 사실 이에 대한 대답은 아무도 모른다. 밈이 융합유전으로 전달되는 경우라면 자연선택은 기껏해야 문화적 진화에 있어서 아주 사소한 기작이 될 뿐이다. 우리는 문화적 진화를 설명하는 다른 기작이 필요하다.

비록 생물학적 진화와 문화적 진화는 다른 기작에 의해 진행될 수 있지만, 그렇다고 해서 이 둘이 서로 다른 무관한 관계라는 것을 의미하는 것은 아니다. 문화적 진화가 생물학적 진화가 일어날 수 있도록 기반을 만들 수도 있다. 예를 들어 대부분의 인간은 어린 시절에 락타아제(lactase)의 생산을 중단하지만, 문화적으로 낙농업이 실용화된 지역에서는 대부분 집단에서 일생 동안 락타아제를 생산하도록 진화시켰다(Durham 1991). 이와 마찬가지로 생물학적 진화도 문화적 진화에 영향을 끼칠 수 있다. 예를 들면 가시광선을 스펙트럼으로 분리하면 우리가 글로 나타낼 수 있는 여러 가지 색으로 분리할 수 있으며 이러한 색들은 문화 간에 정해진 공통적인 패턴으로 만들어져서 교류가 가능하다(Durham 1991). 이러한 패턴은 결국 우리의 눈과 뇌가 받아들이는 시각 정보를 처리(encoding)하는 방식에 의해 결정되는 것이라 말할 수 있고, 이는 우리의 신경 시스템의 구조가 색깔을 정의하는 용어라든지 아니면 문화의 변이를 제한할 수 있다는 것을 말해주는 것이다. 따라서 문화적 진화와 생물학적 진화는 별개라고도 볼 수 있지만 결국 상호 의존적이라고 보는 것이 타당하다.

을 생식과정으로 전환시킬 수 있었는지에 관해서 가설을 세우고 검증하고자 한다.

## 진화와 부모

**진화적 시각은 연구자로 하여금 인간 행동의 경향들에 대해 가설을 만들 수 있게 도움을 준다.**

우리는 이제부터 부모라는 측면을 고려하는 진화심리학을 탐구하고자 한다. 우선 한 가지 예측을 가지고 이 단원을 시작하고자 한다. 부모라고 하는 심리가 자연선택에 의해 모습이 갖춰졌다는 가정하에서, 우리는 성인 인간이 유전적으로 다른 사람의 자손보다 자신의 유전적 자손에 대해 더 직접적인 부모의 보살핌을 준다고 예측한다. 우리는 또한 부모의 보살핌을 하고 있는 어느 생물체에 대해서도 같은 예측을 할 것이다. 보살핌은 보살펴주는 사람에게는 비싼 대가를 요구한다. 자식들을 보살피는 측에서는 보살피지 않는 측에 비해서 자기의 유전적 자손들이 더 왕성한 생식을 하도록 노력을 아끼지 않는다. 이러한 예측의 보편성은 수렵과 채집으로 살았던 시기의 인간에게도 적용된다는 확신을 우리에게 준다. 여기에는 숨겨진 작은 내용들이 있는데, 이는 동물의 예를 통해 보여주고자 한다.

갈대멧새(*Emberiza shoeniclus*)는 지상에 작은 둥지를 트는 새로서 암컷과 수컷 양쪽 모두가 양육에 참여한다. 대부분 둥지를 갖는 암수 쌍은 사회적으로 일부일처제이다. 각각의 파트너는 자신들이 함께하는 둥지 이외에 다른 둥지에는 관심이 없다. Andrew Dixon과 동료들은 1994년 연구에서 유전자 검사를 실시하여 갈대멧새의 교배법이 보이는 것 이상으로 존재하는 것을 알았다. 연구자들은 새끼들의 55%가 어머니의 사회적 동료가 아닌 수컷에 의해 태어나고(sired) 모든 둥지의 86%는 적어도 하나의 그러한 새끼를 포함한다는 사실을 발견하였다. Dixon의 예측은 만약 어느 한 둥지에서 태어난 자신의 새끼의 비율을 알 수 있으면, 수컷이 그에 맞춰서 부모의 노력을 조절할 수 있을 것이라는 것이었다. Dixon은 이를 위해 한 절기 동안에 두 배에서 태어난(two clutches) 새끼를 기르는 13쌍의 멧새의 음식을 먹이는 행동을 관찰했다. 그 결과 수컷은 높은 비율로 태어난 새끼가 있는 둥지의 새끼들에게 더 자주 먹이를 준다는 것을 알았다(**그림 14.31a**). 반면에 두 개의 둥지에 있는 모든 새끼들의 유전적 엄마인 암컷은 이러한 행동

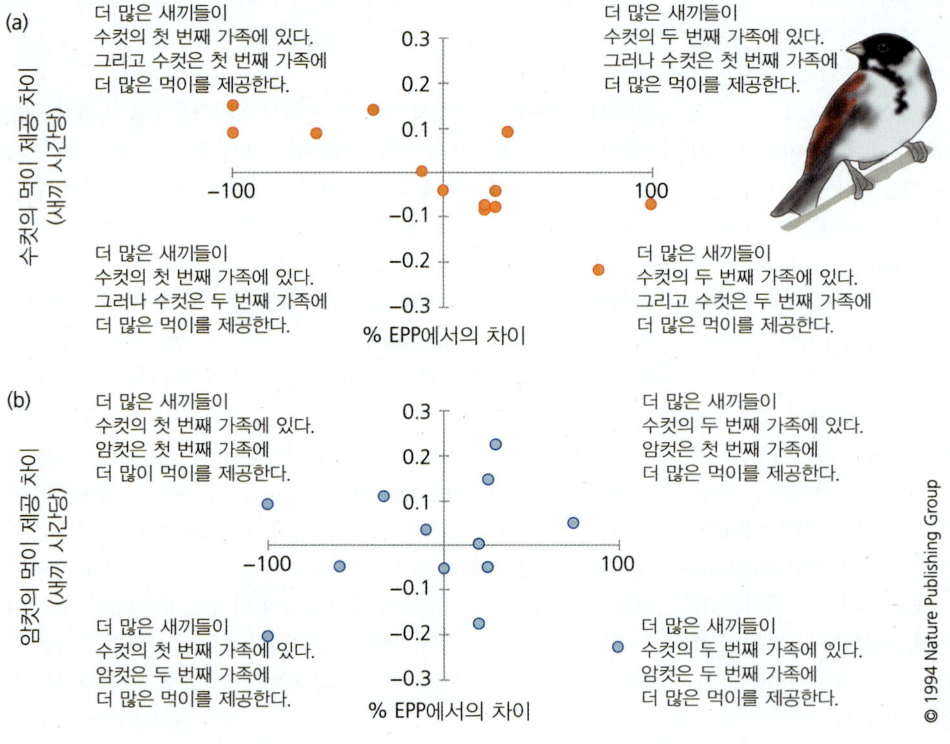

**그림 14.31 수컷 갈대멧새의 양육의 강도 조절** (a) 각 점은 두 가족(broods)을 기르는 수컷을 나타낸다. *x*축은 두 가족 사이의 차이를 혼외부성(extrapair paternity)에 대한 백분율(% EPP) 차이로 나타낸 것이거나 혹은 다른 수컷에서 태어난 새끼의 비율을 나타낸다. *y*축은 수컷이 첫 번째 가족에 비해 두 번째 가족의 새끼들에게 먹이를 주는 빈도의 차이를 나타낸다. 대부분의 수컷은 그들이 낳은 새끼가 많이 존재하는 둥지에서 더 자주 새끼들에게 먹이를 준다($p = 0.0064$). (b) 각 점은 두 가족을 기르는 암컷을 나타낸다. 암컷은 양육과 혼외수컷(extra pair males)에서 태어난 새끼의 상대적인 수와 노력의 정도에는 관계가 없음을 보여준다. Dixon et al. (1994)에서.

패턴을 보이지 않았다(그림 14.31b).

우리는 여기서 갈대멧새를 예로 제시한 이유는 진화생물학자들이 인간의 행동을 이해하기 위해 사용하는 다윈주의(Darwinism)가 유전적 결정론(genetic determinism)에 의해 비난받기 때문이다(예시 Lewontin 1980 참조). 유전적 결정론의 핵심은 인간 사회의 기본적인 특징은 우리의 유전자에 미리 프로그램 되어 있어서 절대 변하지 않는다는 것이다. 그러나 앞선 예에서 볼 수 있듯이 유전자가 수컷 갈대멧새의 행동을 결정하기도, 혹은 결정하지 않기도 한다는 것에 대해 주목해야 한다. 수컷의 유전자형은 어떤 상황이더라도 반드시 해야 하는 어느 수준만큼의 양육을 하도록 하지는 않는다. 대신에 각 수컷의 유전자형은 양육의 표현형적응성(phenotypic plasticity)의 범위를 지정한다(10장 참조). 즉, 새의 뇌는 일종의 기작을 가지고 있고 이를 통해 가족(brood)을 돌보는 수컷의 노력 정도를 조절하는데, 노력 정도를 정하는 기준은 수컷 본인이 생각하기에 자기가 그 둥지에 부모로서의 가능성이 어느 정도인가를 정함에 따라 결정된다. 만약 수컷의 사회적, 혹은 생물학적 환경이 변하는 경우, 그림 14.31a에서와 같이, 변화에 맞춰서 양육에 대한 노력의 강도를 바꾼다. 이렇게 특정 형질에서 나타나는 표현형적응성의 패턴을 "형질의 반응표준(trait's reaction norm)"이라고 부른다. 갈대멧새 양육에 대한 반응표준은 아마 수컷과 수컷 간에 다양하게 나타나거나 적어도 조상집단에서는 서로 다르게 나타났을 것이다. 반응표준에 나타나는 이러한 유전적 변이는 부모의 행동이 진화하는데 대한 기초 소재를 제공한다. 오늘날의 갈대멧새의 평균 반응표준에는 적응성이 나타나는 것으로 보인다. 평균 반응표준으로 아마도 "갈대멧새의 본성(reed bunting nature)"을 기술할 수 있을 것이다.

인간의 행동을 연구하는 진화심리학자들은 아마도 표현형적응성, 즉 반응표준에도 관심이 있을 것으로 보인다. 진화심리학들은 인간의 반응표준이 사회적인 그리고 환경적인 상황에 있어서 인간 행동을 넓게 변화시킨다고 인지하였고, 또한 반응표준이 사람과 사람 사이에 다양하다는 것을 인식했다. 진화심리학자가 하는 일은 인간의 평균 반응표준에 대한 가설을 만들고 검증하는 것이다.

인간들이 부모의 양육에 대한 정도를 조절하는 데 있어서 수컷 갈대멧새만큼 구별할 수 있을까? 이 질문은 직접 연구하기 어렵다. 왜냐하면 적어도 현대 서양 문화에서만큼은 부모와 자녀 사이의 상호작용의 대부분이 매우 개인적으로 일어나기 때문이다. 그러나 다른 문화에서는 이러한 연구가 가능하다.

Mark Flinn은 1988년 연구에서 시골 트리니다드의 작은 마을에서 부모와 자식 사이의 상호작용에 대한 관찰연구를 진행했다. Flinn은 어떤 사람들이 유전적으로 관련 있고 또한 어떤 사람들이 같이 사는지 알아내기 위해서 마을의 모든 주민을 인터뷰했다. 그 다음에 플린은 6개월 동안 하루에 한 번이나 두 번씩 마을의 모든 집과 공공건물이 포함된 20미터 이내의 일상적인 경로를 걸어 다녔다. 특정한 장소를 특정한 시간에 규칙적으로 통과하지 않기 위해서 그는 매일 다른 장소에서 출발하였고 그 장소는 무작위로 선택하였다. Flinn은 길을 지나면서 342명의 주민들을 어느 누구라도 볼 때마다, 그 사람이 무엇을 하고 있었는지, 그 또는 그녀가 누구와 함께 있었는지, 그리고 그들 사이의 상호관계에 대한 특징을 기록했다. 그곳의 집과 빌딩 대부분은 거의 열려 있는 곳이어서 Flinn은 외부뿐 아니라 내부에서 일어나는 일을 대부분 볼 수 있었다.

마을의 112가구 중 14가구는 그 가구에 거주하는 모든 아이들의 어머니가 유전적으로 친어머니였고, 아버지의 경우에는 일부가 생부이고 일부는 의붓아버지였다. 이 14가구는 아버지에 대해서 총 28명의 친자식과 26명의 양자녀들로 되어 있다. 아버지의 경우 어떤 아이에서는 의붓아버지만 다른 아이들에서는 생부가 되기 때문에 이들 14가구에 대해서는 생부와 친부 사이에 숨겨진 요소는 있을 수 없다.

Flinn은 아버지가 자녀와 보내는 시간의 양을 측정하고 또한 자녀와의 관계에서 다툼(agonistic)을 벌이는 행동 비율을 계산했다. 다툼 상호작용(agonistic interaction)은 "물리적 혹은 언어적 다툼(엉덩이 때리기나 말싸움) 또는 다른 개인에 의한 상처의 표현(아프거나 괴로워서 혹은 울면서 소리 지르는 것)"을 말한다(Flinn 1988). 전반적으로, Flinn이 관찰한 결과 부모와 자식 간 상호작용의 단 6%만 다툼이고 94%는 오직 대화로 구성되어 있었다. 이 연구 동안, Flinn은 부모와 자녀 사이에 신체적인 아동학대로 여겨질 만한 어떠한 상호작용도 볼 수 없었다. ("아프거나 괴로워서 소리를 지르는 것"은 신체적인 아동학대의 증거처럼 들릴지도 모르지만 2살 아이와 시간을 보낸 어느 누구도 그런 건 아니라는 것을 안다.) 다시 말해서, Flinn의 연구는 대부분 누구나 정상적이라고 여기는 부모와 자식 간의 행동에 관련된 것이다.

Flinn은 친자녀와 양자녀가 모두 있는 14명의 아버지는 친자녀와 더 많은 시간을 보낸다는 것을 발견했다(그림 14.32a). 뿐만 아니라, 아버지와 친자녀 간의 행동에서 다툼이 적다는 것을 보여준다(그림 14.32b). 이러한 결과는 부모들이 그들과 유전적 관계를 기반으로 하여 친자녀와 양자녀들을 차별할 것이라고 생각했던 예상과 일치한다.

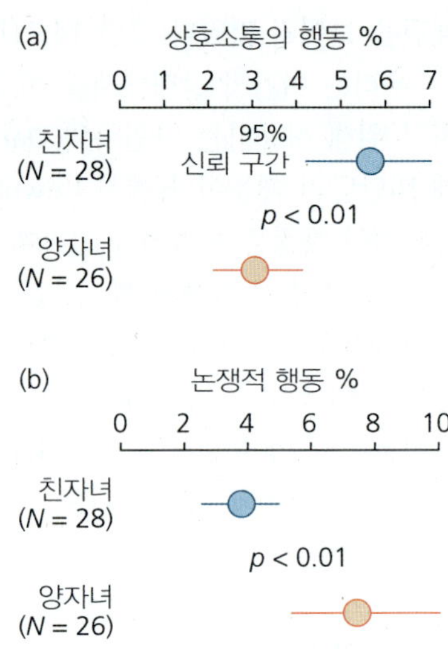


**그림 14.32 양자녀와 친자녀가 모두 있는 아버지는 친자녀와 더 많은 시간을 보내고 또한 더 잘 지낸다** (a) 14명의 아버지들이 그들의 친자녀와 양자녀와 함께 보내는 시간의 비율(모든 관찰된 시간에 대한 백분율로 표기). (b) 14명의 아버지와 그들의 자녀 간의 논쟁적인 행동의 비율. Flinn (1988)에서.

그러나 이것은 단순 관찰 연구이고 잠재적인 교란변수가 있다. Flinn의 실험결과에 나타난 패턴은 의붓아버지가 양자녀들의 삶에 합류한 것은 나중에 일어난 일이라는 것에 의해 설명될 수 있다. 다시 말해 의붓아버지가 새로운 가족의 일원이 됐을 때 의붓자식들이 이미 다 성장을 한 후이기 때문에 의붓아버지는 양자녀들에 대해 적은 애착과 관심을 가질 수 있다. 반면 생부의 경우에는 친자녀가 태어났을 때 이미 그 가족구성원으로 함께 하고 있었을 것이다.

이 마을에 대한 Flinn의 데이터를 살펴보면 흥미로운 사실이 있다. 23명의 양자녀의 경우에는 태어났을 때 이미 어머니와 의붓아버지가 함께 살고 있었던 것이다. 또한 추가로 11명의 양자녀들의 경우에는 어머니와 의붓아버지가 함께 살기 전에 태어난 아이들이다(이 숫자들은 친자식과 같은 집에 살지 않는 사람뿐 아니라, 마을의 모든 의부들을 포함하고 있다). 만약 남자가 부모로서 느끼는 애정이 단순히 자녀와 함께 산 시간의 비율에 따른다면, 양자녀들이 태어날 때부터 함께 살았던 의붓아버지의 경우에 훨씬 더 높은 애정을 갖고 있을 것이다. 실제로는, 반대의 경우가 더 사실인 것 같다. 의부는 그 가족의 일원이 되기 전에 태어난 양자녀들과 더 많은 시간을 보내고 더 낮은 비율의 다툼을 보였다(그림 14.33).

우리는 앞부분에서 단일 사회의 연구만으로는 문화의 영향과 진화의 역사의 관계를 풀 수 있는 단서를 제공하지 못한다고 언급한 바 있다. 우리는 Flinn의 연구에서 보여준 차별의 패턴이 단순히 문화의 산물이며 우리 인간 종의 적응에 역사와는 전혀 관계가 없다고 주장할 수도 있다. 하지만 증거가 계속 축적되고 있고, 자신의 자식과 다른 사람의 자식 간에 부모로서의 차별은 여러 문화에 걸친 현상(cross-cultural phenomenon)이라고 볼 수 있다. 예를 들어, Kim Hill과 Hillard Kaplan은 1988년 연구에서 파라과이의 한 부족으로 전통적인 채집(foraging) 문화를 가진 아체(Ache)족에서 생물학적 친자녀와 양자녀의 생존에 대해 연구했다. Hill과 Kaplan은 양쪽이 모두 친부모이며 이들에 의해 키워진 아이들의 81%는 15

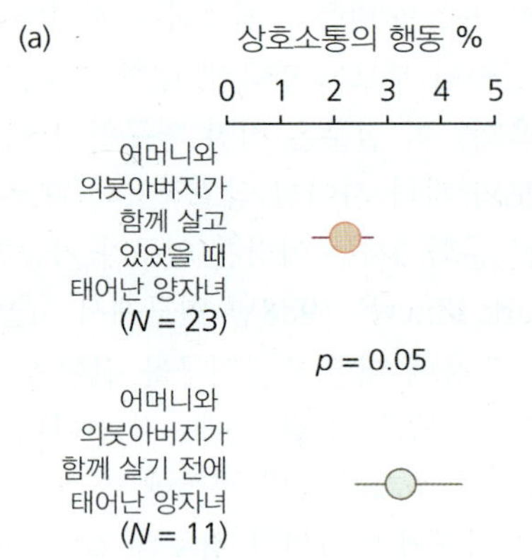


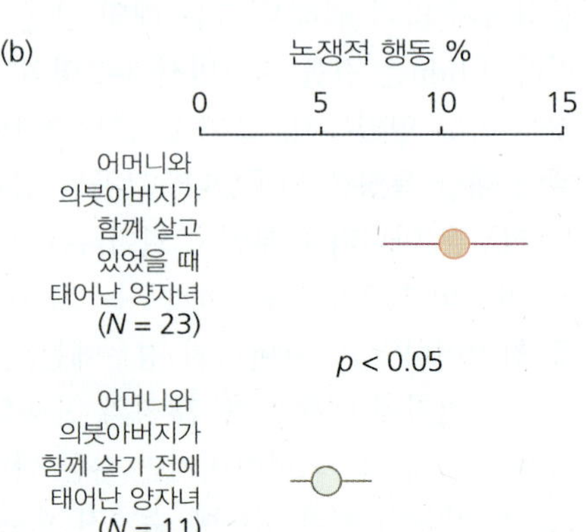


**그림 14.33 의붓아버지는 의붓아버지가 가족에 들어오기 전에 양자녀들이 태어난 경우에 양자녀들과 시간을 더 보내고 잘 지낸다** (a) 의붓아버지가 양자녀와 보내는 시간의 비율(모든 관찰된 상호작용에 대한 백분율로 표시). (b) 의붓아버지와 양자녀들 간의 다툼 행동의 비율(다툼의 정의에 대해서는 본문 참조). Finn (1988)의 자료.

번째 생일까지 살았지만, 한 명의 친부모와 한 명의 의붓아버지나 의붓어머니에 의해 키워진 아이들은 57%만이 생존했다는 것을 발견했다. Napoleon Chagnon은 1992년과 1998년 연구에서 베네수엘라와 브라질에서 전통적인 사냥, 채집, 원예 문화를 가지고 있는 야노마모(Yanomamo)족에 대해 연구했다. 야노마모족은 여자는 남편을 찾는 데 어려움이 거의 없지만 남자들은 종종 아내를 찾는 데 어려움을 겪는 일처다부주의(polygynous)이다. Changnon은 남자들이 양자녀를 위해 아내를 찾는 것보다 친자녀를 위해서 아내를 찾는 일을 더 열심히 한다고 발표했다. Frank Marlowe는 1999년 연구에서 탄자니아의 수렵과 채집으로 살아가는 하즈다(Hadza)족에 대해서 연구했다. 그는 의붓아버지와 비교하여 친부가 자녀 곁에서 더 많은 시간을 할애하며, 더 많이 같이 놀고, 더 많이 얘기하며, 잘 보살피는 것을 발견했다. Kermyt Anderson과 동료들은 1999년에 뉴멕시코주의 앨버커키에 사는 현대 미국인에 대해 연구했다. 연구자들은 현대 미국인들이 양자녀들보다 친자녀들의 대학 교육에 대해 더 많은 투자를 한다는 것을 발견했다.

## 부모의 차별과 자녀의 건강

아이들의 생리학적 상태에 미치는 영향을 고려한다면, 의붓자식에 대한 부모의 차별은 공중보건의 문제가 된다. 이번 연구(1995, 1997)에서는 Mark Flinn과 Barry England가 도미니카의 또 다른 카리브해 시골 마을로 찾아 갔다. 그들은 아이들에게 껌을 나누어 주고 대신 아이들로부터 침을 샘플로 얻었다. 그 이유는 아이들의 침 속에 있는 코르티솔의 농도를 측정하기 위해서이다. 코르티솔은 동물이 스트레스를 받을 때 생산하는 호르몬이다. 짧은 시간 동안 높은 양의 코르티솔 분비는 동물이 즉각적인 필요에 따라 자원을 전환할 수 있다. 예를 들어 신진대사의 증가와 각성 그리고 성장과 생식의 억제 등을 말한다. 장기간에 걸쳐 만성적으로 높은 코르티솔은 면역체계와 에너지 저장소의 고갈 그리고 사회적 위축의 유도를 야기할 수 있다.

Flinn과 England는 그들이 연구한 마을의 아이들 가운데서 타액에 녹아 있는 코르티솔이 상대적으로 높은 아이들이 더 자주 아프다는 것을 알았다**(그림 14.34a)**. 당연히, 그것은 양자녀들이었으며 그들은 가장 높은 코르티솔 농도를 보였고(그림 14.34b) 더 자주 아팠다(그림 14.34c). 궁극적으로, 양자녀들은 초기 성인기(그림 14.34d) 동안 낮은 생식적 성공을 갖고, 마을을 떠날 가능성도 컸다.

**다원주의적 예측을 가지고 조사하는 연구자들은 인간의 행동 패턴에는 그에 따른 공중보건적인 결과가 뒤따른다는 것을 알아내었다.**

Martin Daly와 Margo Wilson은 부모가 자녀를 살해하는 살인사건의 경우에 있어서 사건분석을 통해 부모의 차별에 대한 공중보건 결과를 조사하였다. Daly와 Wilson은 아이들이 친부모보다는 양부모에 의해 높은 비율로 살해되었을 것이라고 예측하였다.

캐나다에서 발생한 어린이 살인 사건들은 기가 막히게 Daly와 Wilson의 예측과 맞아떨어졌다. 그것은 양부모의 경우 친부모가 친자녀들을 죽이는 것보다 훨씬 높은 비율로 양자녀들을 죽인다는 것이다**(그림 14.35)**.

이 결과에 대해서는 조금 더 논의할 가치가 있다. 절대적인 숫자로만 보면, 더 많은 수의 아이들이 양부모에서보다 친부모에 의해 살해된다. 그러나 이것은 양부모를 가지고 있는 아이들의 수가 절대적으로 적기 때문이다. 이러한 양상은 특히 대상자가 어린아이들인 경우에 해당하며, 이들이 부모에 의한 살인 사건의 가장 일반적인 피해자들이다. 1984년을 보면 캐나다에 사는 한 살에서 네 살까지의 전체 아이들 중에 0.4%의 아이들만이 양부모와 함께 살고 있었다. 단지 일부의 어린아이들만이 양부모와 함께 살고 있었기 때문에 이를 보정하기 위하여, Daly와 Wilson은 그림 14.35에서 보이는 것과 같이 결과를 비율로 나타내었다. 이 비율은 부모 또는 양부모와 함께 살고 있는 아이의 1만 명당 살인사건의 수를 나타낸다. 역학자들은 주로 상대적인 위험을 나타냄으로써 연구의

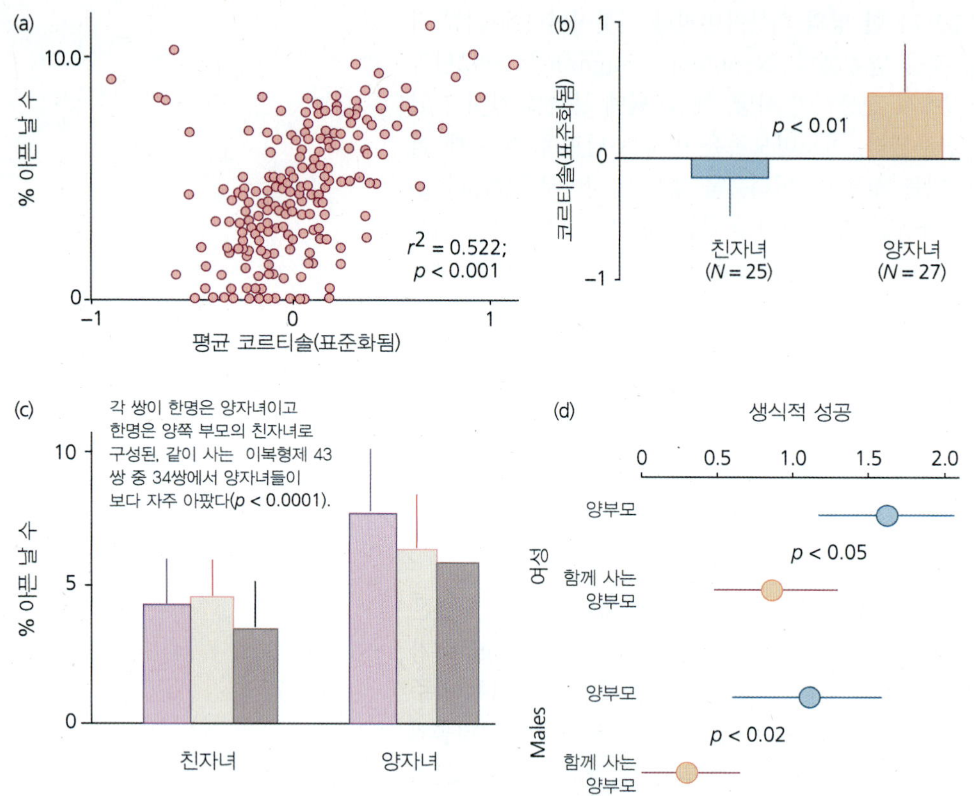


**그림 14.34 스트레스와 코르티솔 수치, 그리고 질병과 친자녀 대비 양자녀에 대한 생식적 성공** (a) 혈액에서 스트레스 호르몬인 코르티솔이 높게 나타나는 아이들은 자주 아픈 경우가 많았다. 마이너스의 숫자는 평균 코르티솔 농도보다 낮은 농도를 의미한다. 플러스 숫자는 평균 농도보다 높은 것을 의미한다. (b) 양자녀들은 친자녀들보다 혈액내의 코르티솔의 농도가 높았다. (a, b) Flinn and England (1995)에서. (c) 친자녀와 양자녀 사이의 건강 차이는 그들이 가진 사회적 경제적 재정상태에 기인하는 차이보다 더 크다. Flinn and England (1997)에서. (d) 친자녀들은 양자녀들보다 초기 성인기 동안에 생식적 성공이 높았다(ages 18~28 for women, 20~30 for men). Flinn (1988)의 데이터.

결과를 정리한다. 앞선 경우에 친자녀와 양자녀에 대한 살인사건의 상대적인 위험은 양부모가 양자녀를 죽이는 비율을 친부모가 친자녀를 죽이는 비율에 나눈 것이다. 0~2세 어린이의 경우, 친자녀에 비해 양자녀에 대한 부모 살인사건의 상대적인 위험(relative risk)은 약 70이다. 이것은 예외적으로 매우 높은 상대적 위험이다. 이 수치가 높다는 것을 말하기 위해 흡연을 예로 들어 비교하면, 비흡연자에 비해 흡연자 폐암의 상대적 위험은 약 11 정도이다.

Daly와 Wilson은 양자녀를 죽이는 것이 인간에게 적응적이었다고 제시하지는 않는다. 심지어 전통적인 수렵과 채집으로 살아가는 사회에서조차 다른 사람의 아이를 죽이는 사람은 사회적 처벌에 고통을 받는 것으로 보인다. 이러한 사회적 처벌은 양부모로서 수행해야 할 의무에 대해서 달갑지 않던 요구를 거부하면서 얻게 될 잠재적 이득보다 훨씬 큰 것이다. 대신에 Daly와 Wilson이 주장한 것은 적응성이 결국 두 가지 형질의 조합이라는 것이다. 첫 번째는 자신의 자녀들과 다른 사람의 자녀들을 구별하는 데 있어서 개인적 흥미를 감지하게 만드는 지적이면서 심리적인 장치이고, 둘째는 이러한 감지력을 두 종류의 아이들 간에 능동적인 차별로 전환하게 만드는 감정적인 동기부여이다. 이와 같은 장치가 존재하는 한, 개개인들은 지나친 오류를 저지르지 않게 된다. 그리고 이러한 지나친 오류들은 Daly와 Wilson의 데이터가 될 것이다.

Flinn(1988)이 했던 일처럼, Daly와 Wilson의 데이터 역시 관찰적인 연구에서 얻어진 것이다. 이러한 관찰적인 연구는 친부모와 양부모 사이의 차이를 제어하는 것을 불가능하게 한다. 그럼에도 불구하고, 그들의 연구는 다윈주의의 틀 안에서 수행되는 연구가 공공보건 노동자(public health workers)와 사회봉사 제공자들(providers of social services)에게 유용한 통찰력을 얻게 만드는 논증을 제공하였다는 데 의의가 있다.

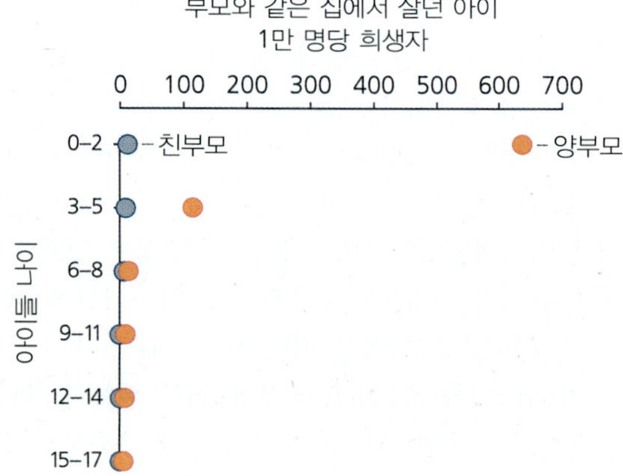


**그림 14.35 친부모 대비 양부모에 의해 살해되는 아이들의 위험** 그래프는 아이들이 살해되는 비율을 나타내고 있다(부모와 같은 집에서 살던 아이 1만 명당 살인사건 비율). 2세 이하의 아이들은 친부모에 의해 살인되는 아이들보다 약 70배 높은 비율로 양부모에 의해 살해된다. 1974~1983년 사이의 캐나다에서 발생한 데이터에서 얻어짐. Daly and Wilson (1988a, 1988b)에서.

# 요약

진화생물학은 의약에 관해 많은 응용이 된다. 이 장에서 우리는 진화적 분석이 인간 건강에 관련된 문제를 이해하는 데 도움을 주는 두 가지 일반적인 방법에 대해 알아보았다. 첫째로 우리는 진화의 기작에 대한 지식을 이용하여 병원균과 종양에 대해 연구하였다. 둘째로 우리는 선택사고를 이용하여 인간의 생리학과 행동에 관한 문제를 언급하였다.

병원균과 그들의 숙주는 끊임없는 진화적 무기 경쟁 속에 갇혀 있다. 우리의 면역체계와 우리가 복용하는 치료약은 우리를 감염시키는 바이러스와 박테리아에게 강한 선택을 부가하였다. 병원균의 세대는 짧고 집단의 규모가 크며 높은 돌연변이율을 가지고 있기 때문에 바이러스와 박테리아의 집단은 빠르게 진화한다. 계통학적 분석은 병원균의 진화의 역사를 재구성하게 도와주고, 독감에 있어서는 유행병을 일으킬 수 있는 병원균 균주의 형성 기작을 이해하는 데 도움을 주었다. 선택사고는 또한 병원균 집단이 약에 내성을 갖는 것을 예측하는 데 도움을 주었다. 여기서 말하는 예측은 만약 약의 사용이 중지될 때 약에 대한 내성이 병원균 집단 내에서 유지가 될 것인가 하는 것과, 어떤 것이 일부 질병을 더 해롭게 하고 더 약하게 만드는 것인가에 대한 것이다.

다른 생물처럼 인간은 자연선택에 의한 진화의 산물이다. 그 결과로 선택사고는 우리 자신의 형태와 기능에 대한 측면을 이해하는 데에 도움을 주었다. 예를 들어 선택사고는 고열과 같은 질병의 증상이 우리 몸의 면역 반응에 대한 적응적인 측면이라고 제시하고 있다. 그리고 현저한 공중보건 결과를 만드는 우리의 행동 측면(예를 들어 다른 문화에 걸쳐 동일하게 나타나는 아이를 대하는 방식과 같은)들이 아마도 정신적인 적응을 해석할 수 있게 할 것이다. 또한 최근 현세기에 들어와서 우리의 환경의 변화가 진화적 적응을 훨씬 앞지르고 있다는 것을 마음에 새기는 것이 중요하다. 근시, 유방암 그리고 비만과 같은 현대 유행병들은 새로운 환경에 노출된 결과로 받아들여진다.

진화생물학이 의료과학이라는 인식이 아직은 일부이지만 천천히 자리를 잡아가고 있다. 우리는 진화생물학자와 의학 연구자들 사이의 상호작용이 더 활발해지고 더 생산적이 되는 해가 곧 올 것이라고 예상하고 있다.

# 질문

1. **a.** 복습을 하는 의미에서 이번 장에서 논의되었던 항생제에 대한 내성이 진화와 관련 있다는 증거를 요약하시오. (예를 들면, 새로운 돌연변이의 빈도수가 증가하는 것은 항생제의 사용과 관련이 있다.)

   **b.** 건강관리 종사자와 환자, 심지어 건강한 사람까지도 그들 몸 안에 침범한 병원균이 항생제에 대해 내성을 갖는 빠른 진화가 일어나도록 만들고 싶다고 가정한다면 어떤 방법을 사용해야 하는지 서술하시오. 실제로 사람들이 이러한 일을 무의식적으로 하고 있다는 사례를 서술하시오.

2. 일부 생물학자들은 우리 몸을 작은 생태계로 간주하며 전이성 암의 발생과 이후에 악성으로 진화되는 과정에 대해서도 자연선택적인 힘이 작용한다고 믿는다. 만약 이것이 사실이라면, 왜 사람들 모두가 암에 걸리지 않는지를 설명하시오. (힌트: 진화의 속도를 고려할 것.) 더욱이, 이들 생물학자가 인간에서도 암을 막도록 진화되어온 유전자를 가지고 있다고 믿고 있다. 어떻게 암의 발생과 억제, 두 가지의 상반된 자연선택을 갖는 것이 가능한 것인지 설명하시오. (힌트: 각각의 경우에 어느 집단이 자연선택 하에 있는지 고려할 것.)

3. 우리는 종양이 갖는 유전적 다양성이 종양의 생성 후 변화되는 진화 과정의 역사를 추정하는데 어떻게 사용되는지를 학습하였다 (그림 14.20 참조).

   **a.** 이 중에서 생명체의 진화적 역사를 재구성하는 과정과 유사한 방법들에는 어떤 것이 있을까? 또한 다른 점에는 어떤 것들이 있을까?

   **b.** 종양의 생성 후 변화되는 진화 과정의 역사를 재구성하는 데 사용한 유전적 형질은 자연선택적으로 중립이어야 한다고 생각하는가? 또한 그렇게 생각한 이유는 무엇인가?

4. 병원균들이 자신들의 생존을 위해 어느 정도 이상의 숙주 집단 크기를 필요로 하는 것으로 알려져 있다. 만약 숙주의 집단이 너무 작다면 단시간 내에 숙주 집단 전체가 병원균에 의해 죽게 될 것이고, 만약에 숙주 집단이 초기 감염으로부터 살아남는다면 그 숙주 집단은 이후로 그 병원균에 대해 면역을 갖게 될 것이다. 만약 이러한 경우가 발생한다면, 반대로 그 병원균이 멸종될 것이다. 그렇다면 병원균이 작은 숙주 집단에서도 살아남는 능력을 키우기 위해서는 어떤 진화적 변화를 가져야 한다고 생각하는가? 예를 들어 홍역은 약 50만 명의 인구 집단이 숙주로서 필요한 반면, 디프테리아는 단지 5만 명의 인구 집단만 있으면 된다. 그렇다면 어떤 이유로 디프테리아가 약 10분의 1에 불과한 숙주에서 살아남는지에 대한 몇 가지 가설을 만드시오. 예를 들어 이러한 두 가지 질병이 확장속도나 감염에 대한 잠복기간, 그리고 유해성 혹은 돌연변이 생성 비율 등이 어떻게 서로 다를 수 있는지를 설명하시오.

5. **a.** Shrag와 동료들이 수행한 스트렙토마이신 저항성 연구에서는 균주의 저항성과 민감성을 비교하기 위해서 본래의 야생형 박

테리아 대신에 유전적으로 조작된 박테리아를 사용하였다. 그 이유는 무엇인지 말하시오.

**b.** Shrag와 동료들이 수행한 연구의 주요 결과를 요약하시오. 또한, 이러한 결과에 대해서 의학 및 수의학 관련 전문가들이 어떤 점들을 우려하는지 설명하시오.

**6.** 이 장에서 제시하고 있는 고열에 대한 연구를 복습하고, 한 문장 혹은 두 문장으로 요약하시오. Kluger는 감기의 고열에 대한 연구가 실제로 고열 적응 가설(adaptive fever hypothesis)을 검증하지 않았다고 주장하는데 이 의견에 동의하는지 말하시오. 동의한다면 이 가설을 제대로 검증할 수 있는 실험을 작성하시오. 이 경우 작성된 실험은 윤리적으로 합당하다고 생각하는지 답하시오.

**7.** Dixon과 동료들이 수행한 갈대멧새 연구(그림 14.31)에서 갈대멧새는 유전적 관계를 의식적으로 인식하고 이를 이용하여 그들의 생식률을 높이기 위해 "노력"하는 것으로 보인다. 진화가 갈대멧새(그리고 다른 동물들)로 하여금 실제로는 유전적 관계를 인지하지는 못하지만, 그들의 행동에 대한 진화적인 결과를 마치 알고 있는 것처럼 행동할 수 있다고 생각하는가? 이에 대한 답이 인간에게도 적용될 것으로 생각하는가?

**8.** 유아 살해 위험에 대한 Daly와 Wilson의 연구결과는 평균적으로 볼 때 생물학적 아버지보다 의붓아버지의 경우에 폭력적인 성향을 더 많이 가지고 있다고 해석될 수 있다. 이 "폭력적인 성향"에 대한 설명이 다른 연구인 트리니다드 마을에서 수행된 Flinn의 데이터에도 적용할 수 있다고 생각하는가? 또한 그렇게 생각하는 이유는 무엇인가? Flinn의 연구는 소수의 가족에 대한 매우 자세한 자료를 포함하고 있는 반면, Daly와 Wilson의 연구는 많은 수의 가족들에 대한 일반적인 자료를 포함하고 있다. 각각의 연구에 대한 장점과 단점은 무엇인지 설명하시오.

**9.** 한 진화생물학자는 한때 다음과 같은 진화에 대한 가설을 만든 적이 있다. 그 가설은 만약 진화가 인간의 사회적 행동에 영향을 준다고 한다면 어머니의 형제들이 아버지의 형제들보다 조카들에 대해 더 높은 특정 관심을 가진다는 것이다. 이 외삼촌들의 관심은 때때로 아버지가 갖는 관심보다 더 크다. 왜 그 진화생물학자는 이러한 가설을 만들었다고 생각하는가? (실제로 나중에 알고 보니 남자들이 자신의 자매 아이를 직접 양육하는 다양한 문화가 존재하였다.)

**10.** 1999년도에 이해하기 어려운 인간 뇌염이 미국 북동부 지역에서 발생하였다. 그 원인은 잠정적으로 세인트루이스 뇌염 바이러스로 확인되었다. 그와 동시에 죽은 조류들이 북동부 대서양 해안을 따라 발견되었는데 그 수는 비정상적으로 많았다. 그림 14.36은 지금까지 알려진 뇌염 바이러스 중에 세 가지 바이러스(세인트루이스, 일본 그리고 서부 나일 바이러스)를 포함하여 죽은 새들로부터 얻은 바이러스, 그리고 사망한 두 명의 뇌염 환자로부터 얻은 바이러스들과 죽은 말과 모기로부터 분리한 여러 바이러스들의 분자진화적 계통관계를 보여준다. (1999년도 Anderson과 동료들이 조사한 자료와 1999년도 Lanciotti와 동료들이 조사한 자료를 편집한 그림.)

**a.** 새와 말 그리고 인간이 모두 같은 바이러스로부터 감염된 것으로 생각하는가?

**b.** 1999년도에 유행한 뇌염의 경우에 세인트루이스 뇌염 바이러스에 의한 것으로 볼 수 있는가?

**c.** 이 진화계통수가 질병이 어떻게 확산되는지에 대한 대답을 제시할 수 있다고 생각하는가?

**11.** 지금은 웨스트 나일 바이러스의 조상 숙주가 새인 것으로 명확하게 밝혀졌다. 만약 바이러스가 인간(혹은 말)에게 감염되면, 그것은 인간에서 인간으로 확산되지 않으며 (혹은 말에서 말로 확산되지도 않고) 또 다시 새에게 전해질 가능성도 희박하다. 인간과 말에서 나타나는 바이러스의 독성은 우연적 진화의 예라고 생각하는가 아니면 혹은 단기적 진화의 예라고 생각하는가? 그렇게 생각하는 이유를 설명하시오.

**12.** Pike와 Spicer는 2000년도에 발표한 다양한 암에 대한 경구 피임약(OCs)의 영향에 관한 리뷰논문에서 다음과 같이 언급하였다. "경구피임약을 복용한 여성의 유방 세포의 증식에 대한 직접 관찰 연구 결과, 전체 유방세포의 증식이 정상적인 월경주기와 OC 주기에 걸쳐 매우 비슷하게 나타났다. 이러한 결과는 유방암에 걸릴 위험이 실질적으로 OC의 사용에 의해 영향을 받지 않는 것으로 예측할 수 있다." 만약 경구피임약이 정상적인 생리주기와 비교하여 유방암에 더 큰 영향을 주지 않는다는 것이 사실이라면, OCs가 유방암에 대한 위험에는 영향을 주지 않는다고 볼 수 있는가? (힌트: 위험성을 어떤 것과 비교하여야 하는지 생각할 것.)

**13.** H5N1형 조류 독감 바이러스는 최근 대부분의 야생 조류(오리 제외)뿐 아니라 사육하는 가금류에서도 심각한 질병의 원인이 되는 "높은 병원성(HP)"을 갖는 방향으로 진화되어 왔다. 이들에 의해 일부 사람도 감염이 되었다. 세계보건기구(WHO)는 현재 환자가 바이러스에 어떻게 감염되는지에 대해 특히 관심을 가지고 있으며 사람이 감염되는 모든 경우에 대해서도 조사를 진행하고 있다. 왜 세계보건기구가 이 바이러스를 우려하는지 그 이유를 말하고 세계보건기구 조사관들이 각 환자가 감염된 원인에 그렇게 높은 관심을 갖는지 이유를 말하시오.

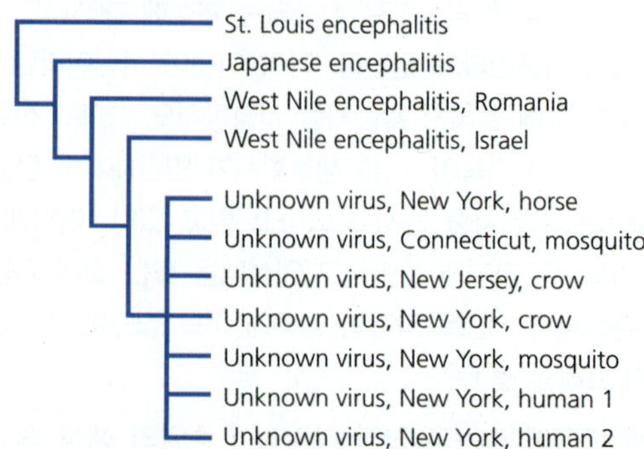


그림 14.36 **1999년 동안에 미국 북동부의 여러 숙주에서 분리한 뇌염 바이러스의 분자계통수** 1999년 Anderson과 동료들이 분석한 자료와 1999년 Lanciotti와 동료들이 분석한 자료를 기반으로 작성함.

# 문헌탐구

**14.** 높은 병원성 A형 조류독감 균주인 H5N1이 어떻게 사람들 사이에서 공기전염 되는지 이해하기 위하여 Ron A.M. Fouchier 실험실의 연구자들은 진화 실험을 실시하였고 흰 족제비 간에 공기전염할 수 있는 실험실용 균주를 만들었다. 이 연구 방법이 생물학적 무기로 이용될 가능성을 염려한 미국 국가 안보위원회(U.S. National Science Advisory Board for Biosecurity)의 요청에 따라 학술지 *Science*는 처음에는 이 논문의 출판을 거부하였다. 이후 몇 달의 논쟁 끝에 다수결에 의해 안보위원회의 승인을 받아 결국 이 논문이 출판되게 된다.

Herfst, S., E. J. Schrauwen, et al. 2012. Airborne transmission of influenza A/H5N1 virus between ferrets. *Science* 336: 1534–1541.

Russell, C. A., J. M. Fonville, et al. 2012. The potential for respiratory droplet-transmissible A/H5N1 influenza virus to evolve in a mammalian host. *Science* 336: 1541–1547.

이들 논문들은 *Science*가 다음 사이트에서 누구나 이용할 수 있도록 한, 뉴스와 주석을 포함하는 특별한 섹션의 일부분이었다.

http://www.sciencemag.org/site/special/h5n1/index.xhtml

더 많은 뉴스, 주석 그리고 같은 논쟁의 일부분이었던 *Nature*에서의 유사한 연구를 보기 위해서는 다음을 방문하라.

http://www.nature.com/news/specials/mutantflu/index.html#research

**15.** 인간의 입 안에 서식하는 미생물 군집이 음식에 따라 역사적인 이동이 있고 이와 관련되어 변해 왔다는 증거들은 다음 논문에 나타나 있다.

Adler, C. J., K. Dobney, et al. 2013. Sequencing ancient calcified dental plaque shows changes in oral microbiota with dietary shifts of the Neolithic and Industrial revolutions. *Nature Genetics* 45: 450–455.

**16.** *Clostridium difficle* 감염에 의한 질병의 치료를 위해 배설물 미생물상의 이식을 하는 임상실험은 극적인 결과를 만들어내며 초기에 연구 중지가 되었는데, 그 이유는 다음 논문에 나와 있다.

van Nood, E., A. Vrieze, et al. 2013. Duodenal infusion of donor feces for recurrent *Clostridium difficile*. *New England Journal of Medicine* 368: 407–415.

**17.** 위 우회 수술이 환자 장내 세균 군집을 변화시키므로 비만을 치료하는 데 효과적이라는 실험적 증거는 다음의 논문에서 확인할 수 있다.

Liou, A. P., M. Paziuk, et al. 2013. Conserved shifts in the gut microbiota due to gastric bypass reduce host weight and adiposity. *Science Translational Medicine* 5: 178ra41.

**18.** 증거에 반하거나 지지받지 못하는 비만에 관한 일반적 개념을 정리한 내용은 다음의 논문에서 찾아볼 수 있다.

Casazza, K., K. R. Fontaine, et al. 2013. Myths, presumptions, and facts about obesity. *New England Journal of Medicine* 368: 446–454.

**19.** 현대 여성들이 월경을 억제하기 위해서 호르몬 치료를 받아야 하는가를 결정하는 가장 중요한 질문은 월경 그 자체가 진화적으로 적응해 온 것인가 하는 것이다. 이러한 문제는 논란이 많다. 이 논쟁의 소개는 다음의 논문에서 확인할 수 있다.

Profet, M. 1993. Menstruation as a defense against pathogens transported by sperm. *Quarterly Review of Biology* 68: 335–381.

Strassmann, B. I. 1996. The evolution of endometrial cycles and menstruation. *Quarterly Review of Biology* 71: 181–220.

**20.** 근시가 현대인의 병이며 근시의 원인이 되는 생활습관의 주요 변화는 아동기에 가까운 사물을 보는 것과 관련 있다는 증거에 대해 14.5절에서 보여준 바 있다. 현대 식습관 역시 근시에 관련이 되어 있으며 그에 대한 증거는 다음 논문에서 찾아볼 수 있다.

Cordain, L., S. B. Eaton, et al. 2002. An evolutionary analysis of the aetiology and pathogenesis of juvenile-onset myopia. *Acta Ophthalmologica Scandinavica* 80: 125–135.

**21.** 여드름이 현대인의 병이라는 증거는 다음의 논문들에서 확인할 수 있다.

Cordain, L., S. Lindeberg, et al. 2002. Acne vulgaris: A disease of Western civilization. *Archives of Dermatology* 138: 1584–1590.

Bek-Thomsen, M., H. B. Lomholt, and M. Kilian. 2008. Acne is not associated with yet-uncultured bacteria. *Journal of Clinical Microbiology* 46: 3355–3360.

Smith, R. N., N. J. Mann, et al. 2007. A low-glycemic-load diet improves symptoms in acne vulgaris patients: A randomized controlled trial. *American Journal of Clinical Nutrition* 86: 107–115.

**22.** 진화적 과정으로서의 암에 대한 더 많은 정보는 다음 논문에서 얻을 수 있다.

Greaves, M. 2013. Cancer stem cells as "units of selection." *Evolutionary Applications* 6: 102–108.

# 인용문헌


Aiuti, A., S. Slavin, et al. 2002a. Correction of ADA-SCID by stem cell gene therapy combined with nonmyeloablative conditioning. *Science* 296: 2410–2413.

Aiuti, A., S. Vai, et al. 2002b. Immune reconstitution in ADA-SCID after PBL gene therapy and discontinuation of enzyme replacement. *Nature Medicine* 8: 423–425.

Anderson, J. F., T. G. Andreadis, et al. 1999. Isolation of West Nile virus from mosquitoes, crows, and a Cooper's hawk in Connecticut. *Science* 286: 2331–2333.

Anderson, K., H. Kaplan, and J. Lancaster. 1999. Paternal care by genetic fathers and stepfathers I: Reports from Albuquerque men. *Evolution and Human Behavior* 20: 405–431.

Andersson, D. I., and D. Hughes. 2010. Antibiotic resistance and its cost: Is it possible to reverse resistance? *Nature Reviews Microbiology* 8: 260–271.

Austin, D. J., K. G. Kristinsson, and R. M. Anderson. 1999. The relationship between the volume of antimicrobial consumption in human communities and the frequency of resistance. *Proceedings of the National Academy of Sciences, USA* 96: 1152–1156.

Azzimondi, G., L. Bassein, et al. 1995. Fever in acute stroke worsens prognosis: A prospective study. *Stroke* 26: 2040–2043.

Banet, M. 1979. Fever and survival in the rat. *Pflügers Archive* 381: 35–38.

Banet, M. 1981a. Fever and survival in the rat. The effect of enhancing the cold defense response. *Experientia* 37: 985–986.

Banet, M. 1981b. Fever and survival in the rat. Metabolic rate versus temperature response. *Experientia* 37: 1302–1304.

Basler, C. F., A. H. Reid, et al. 2001. Sequence of the 1918 pandemic influenza virus nonstructural gene (NS) segment and characterization of recombinant viruses bearing the 1918 NS genes. *Proceedings of the National Academy of Sciences, USA* 98: 2746–2751.

Bean, W. J., Schell, M., et al. 1992. Evolution of the H3 influenza virus hemagglutinin from human and nonhuman hosts. *Journal of Virology* 66: 1129–1138.

Berkey, C. S., A. L. Frazier, et al. 1999. Adolescence and breast carcinoma risk. *Cancer* 85: 2400–2409.

Bernheim, H. A., and M. J. Kluger. 1976. Fever: Effect of drug-induced antipyresis on survival. *Science* 193: 237–239.

Bishai, W. R., N. M. H. Graham, et al. 1996. Rifampin-resistant tuberculosis in a patient receiving rifabutin prophylaxis. *New England Journal of Medicine* 334: 1573–1576.

Blaese, R. M., K. W. Culver, et al. 1995. T. lymphocyte-directed gene therapy for ADA-SCID: Initial trial results after 4 years. *Science* 270: 475–480.

Bloch, A. B., G. M. Cauthen, et al. 1994. Nationwide survey of drug-resistant tuberculosis in the United States. *Journal of the American Medical Association* 271: 665–671.

Bordignon, C., L. D. Notarangelo, et al. 1995. Gene therapy in peripheral blood lymphocytes and bone marrow for ADA-immunodeficient patients. *Science* 270: 470–475.

Borody, T. J., and A. Khoruts. 2012. Fecal microbiota transplantation and emerging applications. *Nature Reviews Gastroenterology & Hepatology* 9: 88–96.

Boyd, N. F., L. J. Martin, et al. 2011. Mammographic density and breast cancer risk: Current understanding and future prospects. *Breast Cancer Research* 13: 223.

Bull, J. J. 1994. Virulence. *Evolution* 48: 1423–1437.

Bush, R. M. 2001. Predicting adaptive evolution. *Nature Reviews Genetics* 2: 387–392.

Bush, R. M., C. A. Bender, et al. 1999. Predicting the evolution of human influenza A. *Science* 286: 1921–1925.

Bush, R. M., W. M. Fitch, et al. 1999. Positive selection on the H3 hemagglutinin gene of human influenza virus A. *Molecular Biology and Evolution* 16: 1457–1465.

Carey, J. V. 2010. Literature review: Should antipyretic therapies routinely be administered to patients with fever? *Journal of Clinical Nursing* 19: 2377–2393.

Chagnon, N. A. 1988. Male manipulations of kinship classifications of female kin for reproductive advantage. In *Human Reproductive Behavior: A Darwinian Perspective*, ed. L. Betzig, M. Borgerhoff Mulder, and P. Turke. Cambridge: Cambridge University Press, 23–48.

Chagnon, N. A. 1992. *Yąnomamö*. Fort Worth, TX: Harcourt Brace College Publishers.

Chen, W., P. A. Calvo, et al. 2001. A novel influenza A virus mitochondrial protein that induces cell death. *Nature Medicine* 7: 1306–1312.

Cochran, G. M., P. W. Ewald, and K. D. Cochran. 2000. Infectious causation of disease: An evolutionary perspective. *Perspectives in Biology and Medicine* 43: 406–448.

Cooper, V. S., M. H. Reiskind, et al. 2002. Timing of transmission and the evolution of virulence of an insect virus. *Proceedings of the Royal Society of London B* 269: 1161–1165.

Cordain, L., S. B. Eaton, et al. 2002. The paradoxical nature of hunter-gatherer diets: Meat-based, yet non-atherogenic. *European Journal of Clinical Nutrition* 56: S42–S52.

Cordain, L., R. W. Gotshall, and S. B. Eaton. 1997. Evolutionary aspects of exercise. *World Review of Nutrition and Dietetics* 81: 49–60.

Daly, M., and M. Wilson. 1988a. Evolutionary social psychology and family homicide. *Science* 242: 519–524.

Daly, M., and M. Wilson. 1988b. *Homicide*. New York: Aldine de Gruyter.

Daly, M., and M. I. Wilson. 1994a. Some differential attributes of lethal assaults on small children by stepfathers versus genetic fathers. *Ethology and Sociobiology* 15: 207–217.

Daly, M., and M. Wilson. 1994b. Stepparenthood and the evolved psychology of discriminative parental solicitude. In *Infanticide and Parental Care*, ed. S. Parmigiani and F. S. vom Saal. London: Harwood Academic Publishers, 121–133.

Dawkins, R. 1976. *The Selfish Gene*. 1st ed. Oxford: Oxford University Press.

Dawkins, R. 1989. *The Selfish Gene*. 2nd ed. Oxford: Oxford University Press.

Dennett, D. C. 1995. *Darwin's Dangerous Idea*. New York: Simon & Schuster.

Dethlefsen, L., S. Huse, et al. 2008. The pervasive effects of an antibiotic on the human gut microbiota, as revealed by deep 16S rRNA sequencing. *PLoS Biology* 6: e280.

Dethlefsen, L., and D. A. Relman. 2010. Incomplete recovery and individualized responses of the human distal gut microbiota to repeated antibiotic perturbation. *Proceedings of the National Academy of Sciences, USA* 108: 4554–4561.

Diamond, J. 1992. *The Third Chimpanzee*. New York: HarperCollins.

Dixon, A., D. Ross, et al. 1994. Paternal investment inversely related to degree of extra-pair paternity in the reed bunting. *Nature* 371: 698–700.

dos Reis, M., A. J. Hay, and R. A. Goldstein. 2009. Using non-homogeneous models of nucleotide substitution to identify host shift events: Application to the origin of the 1918 "Spanish" influenza pandemic virus. *Journal of Molecular Evolution* 69: 333–345.

dos Reis, M., A. U. Tamuri, et al. 2011. Charting the host adaptation of influenza viruses. *Molecular Biology and Evolution* 28: 1755–1767.

Durham, W. H. 1991. *Coevolution: Genes, Culture, and Human Diversity*. Stanford, CA: Stanford University Press.

Eaton, S. B., and L. Cordain. 1997. Evolutionary aspects of diet: Old genes, new fuels. *World Review of Nutrition and Dietetics* 81: 26–37.

Eaton, S. B., S. B. Eaton III, and M. J. Konner. 1997. Paleolithic nutrition revisited: A twelve-year retrospective on its nature and implications. *European Journal of Clinical Nutrition* 51: 207–216.

Ewald, P. W. 1991. Waterborne transmission and the evolution of virulence among gastrointestinal bacteria. *Epidemiology and Infection* 106: 83–119.

Ewald, P. W. 1993. The evolution of virulence. *Scientific American* (April): 86–93.

Ewald, P. W. 1994. *Evolution of Infectious Disease*. Oxford: Oxford University Press.

Ewald, P. W., J. B. Sussman, et al. 1998. Evolutionary control of infectious disease: Prospects for vectorborne and waterborne pathogens. *Mem Inst Oswaldo Cruz* 93: 567–576.

Ferguson, N. M., and R. M. Anderson. 2002. Predicting evolutionary change in the influenza A virus. *Nature Medicine* 8: 562–563.

Fitch, W. M., J. M. Leiter, et al. 1991. Positive Darwinian evolution in human influenza A viruses. *Proceedings of the National Academy of Sciences, USA* 88: 4270–4274.

Flinn, M. V. 1988. Step- and genetic-parent-offspring relationships in a Caribbean village. *Ethology and Sociobiology* 9: 335–369.

Flinn, M. V., and B. G. England. 1995. Childhood stress and family environment. *Current Anthropology* 36: 854–866.

Flinn, M. V., and B. G. England. 1997. Social economics of childhood glucocorticoid stress response. *American Journal of Physical Anthropology* 102: 33–53.

Frerichs, R. R., P. S. Keim, et al. 2012. Nepalese origin of cholera epidemic in Haiti. *Clinical Microbiology and Infection* 18: E158–E163.

Gerbault, P., A. Liebert, et al. 2011. Evolution of lactase persistence: An example of human niche construction. *Philosophical Transactions of the Royal Society B* 366: 863–877.

Gilbert, E. W. 1958. Pioneer maps of health and disease in England. *Geographical Journal* 124: 172–183.

Goel, M. S., E. P. McCarthy, et al. 2004. Obesity among U.S. immigrant subgroups by duration of residence. *JAMA* 292: 2860–2867.

Gorman, O. T., W. J. Bean, et al. 1991. Evolution of influenza A virus nucleoprotein genes: Implications for the origins of H1N1 human and classical swine viruses. *Journal of Virology* 65: 3704–3714.

Graham, N. M. H., C. J. Burrell, et al. 1990. Adverse effects of aspirin, acetaminophen, and ibuprofen on immune function, viral shedding, and clinical status in rhinovirus-infected volunteers. *Journal of Infectious Diseases* 162: 1277–1282.

Green, M. H., and C. W. Vermeulen. 1994. Fever and the control of Gram-negative bacteria. *Research in Microbiology* 145: 269–272.

Hasan, N. A., S. Y. Choi, et al. 2012. Genomic diversity of 2010 Haitian cholera outbreak strains. *Proceedings of the National Academy of Sciences, USA* 109: E2010–E2017.

Henderson, B. E., P. K. Ross, and M. C. Pike. 1993. Hormonal chemoprevention of cancer in women. *Science* 259: 633–638.

Hendriksen, R. S., L. B. Price, et al. 2011. Population genetics of *Vibrio cholerae* from Nepal in 2010: Evidence on the origin of the Haitian outbreak. *mBio* 2: e00157–11.

Hershfield, M. S., R. H. Buckley, et al. 1987. Treatment of adenosine deaminase deficiency with polyethylene glycol-modified adenosine deaminase. *New England Journal of Medicine* 316: 589–596.

Hill, K., and H. Kaplan. 1988. Trade-offs in male and female reproductive strategies among the Ache, part 2. In *Human Reproductive Behavior: A Darwinian Perspective*, ed. L. Betzig, M. Borgerhoff Mulder, and P. Turke. Cambridge: Cambridge University Press, 291–305.

Hirschhorn, R., D. R. Yang, et al. 1996. Spontaneous in vivo reversion to normal of an inherited mutation in a patient with adenosine deaminase deficiency. *Nature Genetics* 13: 290–295.

Huttenhower, C., D. Gevers, et al. 2012. Structure, function and diversity of the healthy human microbiome. *Nature* 486: 207–214.

Ito, K., M. Igarashi, et al. 2011. Gnarled-trunk evolutionary model of influenza A virus hemagglutinin. *PLoS One* 6: e25953.

Jagger, B. W., H. M. Wise, et al. 2012. An overlapping protein-coding region in influenza A virus segment 3 modulates the host response. *Science* 337: 199–204.

Johnson, N. P. A. S., and J. Mueller. 2002. Updating the accounts: Global mortality of the 1918–1920 "Spanish" influenza pandemic. *Bulletin of the History of Medicine* 76: 105–115.

Keim, P. S., F. M. Aarestrup, et al. 2011. Reply to "South Asia instead of Nepal may be the origin of the Haitian cholera outbreak strain." *mBio* 2: e00245–11.

Klug, W. S., and M. R. Cummings. 1997. *Concepts of Genetics*. 5th ed. Upper Saddle River, NJ: Prentice Hall.

Kluger, M. J. 1992. Fever revisited. *Pediatrics* 90: 846–850.

Kluger, M. J., D. H. Ringler, and M. R. Anver. 1975. Fever and survival. *Science* 188: 166–168.

Koch, R.1883. Der zweite bericht der deutschen cholerakommission. *Deutsche Medizinische Wochenschrift* 9: 743–744.

Kolata, G. 1999. *Flu*. New York: Farrar, Straus, and Giroux.

Komlos, J., and M. Brabec. 2011. The trend of BMI values of U.S. adults by deciles, birth cohorts 1882–1986 stratified by gender and ethnicity. *Economics and Human Biology* 9: 234–250.

Kootte, R. S., A. Vrieze, et al. 2012. The therapeutic potential of manipulating gut microbiota in obesity and type 2 diabetes mellitus. *Diabetes, Obesity, and Metabolism* 14: 112–120.

Krebs, S. J., and R. K. Taylor. 2011. Protection and attachment of *Vibrio cholerae* mediated by the toxin-coregulated pilus in the infant mouse model. *Journal of Bacteriology* 193: 5260–5270.

Laland, K. N., J. Odling-Smee, and S. Myles. 2010. How culture shaped the human genome: Bringing genetics and the human sciences together. *Nature Reviews Genetics* 11: 137–148.

Lanciotti, R. S., J. T. Roehrig, et al. 1999. Origin of West Nile virus responsible for an outbreak of encephalitis in the northeastern United States. *Science* 286: 2333–2337.

Laver, W. G., N. Bischofberger, and R. G. Webster. 1999. Disarming flu viruses. *Scientific American* 280 (January): 78–87.

Lawson, J. S., and B. Heng. 2010. Viruses and breast cancer. *Cancers* 2: 752–772.

Layde P. M., L. A. Webster, et al. 1989. The independent associations of parity, age at first full term pregnancy, and duration of breastfeeding with the risk of breast cancer. *Journal of Clinical Epidemiology* 42: 963–973.

Levin, B. R. 1996. The evolution and maintenance of virulence in microparasites. *Emerging Infectious Diseases* 2: 93–102.

Levy, S. B. 1998. The challenge of antibiotic resistance. *Scientific American* 278 (March): 46–53.

Lewontin, R. C. 1980. Sociobiology: Another biological determinism. *International Journal of Health Services* 10: 347–363.

Ley, R. E., P. J. Turnbaugh, et al. 2006. Microbial ecology—Human gut microbes associated with obesity. *Nature* 444: 1022–1023.

Loo, V. G., A. M. Bourgault, et al. 2011. Host and pathogen factors for *Clostridium difficile* infection and colonization. *New England Journal of Medicine* 365: 1693–1703.

MacLean, R. C., A. R. Hall, et al. 2010. The population genetics of antibiotic resistance: Integrating molecular mechanisms and treatment contexts. *Nature Reviews Genetics* 11: 405–414.

Marlowe, F. 1999. Showoffs or providers? The parenting effort of Hadza men. *Evolution and Human Behavior* 20: 391–404.

Mason, A. L., S. Y. Gilady, and J. R. Mackey. 2011. Mouse mammary tumor virus in human breast cancer red herring or smoking gun? *American Journal of Pathology* 179: 1588–1590.

Mazzanti, C. M., M. Al Hamad, et al. 2011. A mouse mammary tumor virus env-like exogenous sequence is strictly related to progression of human sporadic breast carcinoma. *American Journal of Pathology* 179: 2083–2090.

McAllister, E. J., N. V. Dhurandhar, et al. 2009. Ten putative contributors to the obesity epidemic. *Critical Reviews in Food Science and Nutrition* 49: 868–913.

Messenger, S. L., I. J. Molineux, and J. J. Bull. 1999. Virulence evolution in a virus obeys a trade-off. *Proceedings of the Royal Society of London B* 266: 397–404.

Mutreja, A., D. W. Kim, et al. 2011. Evidence for several waves of global transmission in the seventh cholera pandemic. *Nature* 477: 462–465.

Nesse, R. M., and G. C. Williams. 1994. *Why We Get Sick*. New York: Vintage Books.

Nesse, R. M., and G. C. Williams. 1998. Evolution and the origins of disease. *Scientific American* (November): 86–93.

Nicholson, J. K., E. Holmes, et al. 2012. Host-gut microbiota metabolic interactions. *Science* 336: 1262–1267.

Nikaido, H. 2009. Multidrug resistance in bacteria. *Annual Review of Biochemistry* 78: 119–146.

Norton, T. T., and C. Wildsoet. 1999. Toward controlling myopia progression? *Optometry and Vision Science* 76: 341–342.

Ogden C. L., M. D. Carroll, et al. 2007. *Obesity among adults in the United States—no change since 2003–2004*. NCHS data brief no 1. Hyattsville, MD: National Center for Health Statistics.

O'Keefe, J. H., R. Vogel, et al. 2010. Achieving hunter-gatherer fitness in the 21(st) century: Back to the future. *American Journal of Medicine* 123: 1082–1086.

Orr, H. A. 1996. Dennett's dangerous idea. *Evolution* 50: 467–472.

Palsdottir, A., A. Helgason, et al. 2008. A drastic reduction in the life span of cystatin *CL68Q* carriers due to life-style changes during the last two centuries. *PLoS Genetics* 4: e1000099.

Parrish, C. R., and Y. Kawaoka. 2005. The origins of new pandemic viruses: The acquisition of new host ranges by canine parvovirus and influenza A viruses. *Annual Review of Microbiology* 59: 553–586.

Pasteur, L. 1858. Mèmoire sur la fermentation appeleé lactique. *Annales de Chimie et de Physique 3e. sér.* 52: 404–418.

Persons, D. A., and A. W. Nienhuis. 2002. In vivo selection to improve gene therapy of hematopoietic disorders. *Current Opinion in Molecular Therapeutics* 4: 491–498.

Pike, M. C., C. L. Pearce, and A. H. Wu. 2004. Prevention of cancers of the breast, endometrium and ovary. *Oncogene* 23: 6379–6391.

Pike, M. C., and D. V. Spicer. 2000. Hormonal contraception and chemoprevention of female cancers. *Endocrine-Related Cancer* 7: 73–83.

Plotkin, J. B., and J. Dushoff. 2003. Codon bias and frequency-dependent selection on the hemagglutinin epitopes of influenza A virus. *Proceedings of the National Academy of Sciences, USA* 100: 7152–7157.

Plotkin, J. B., J. Dushoff, and S. A. Levin. 2002. Hemagglutinin sequence clusters and the antigenic evolution of influenza A virus. *Proceedings of the National Academy of Sciences, USA* 99: 6263–6268.

Pogo, B. G., J. F. Holland, and P. H. Levine. 2010. Human mammary tumor virus in inflammatory breast cancer. *Cancer* 116: 2741–2744.

Pontzer, H., F. F. Chehab, et al. 2012. Hunter-gatherer energetics and human obesity. *PLoS One* 7: e40503.

Pun, S. B. 2011. South Asia instead of Nepal may be the origin of the Haitian cholera outbreak strains. *mBio* 2: e00219–11.

Rattan, A., A. Kalia, and N. Ahmad. 1998. Multidrug-resistant *Mycobacterium tuberculosis*: Molecular perspectives. *Emerging Infectious Diseases* 4: 195–209.

Reid, A. H., T. G. Fanning, et al. 1999. Origin and evolution of the 1918 "Spanish" influenza virus hemagglutinin gene. *Proceedings of the National Academy of Sciences, USA* 96: 1651–1656.

Reid, A. H., T. G. Fanning, et al. 2000. Characterization of the 1918 "Spanish" influenza neuraminidase gene. *Proceedings of the National Academy of Sciences, USA* 97: 6785–6790.

Reid, A. H., T. G. Fanning, et al. 2002. Characterization of the 1918 "Spanish" influenza virus matrix gene segment. *Journal of Virology* 76: 10717–10723.

Reid, A. H., T. G. Fanning, et al. 2004a. Novel origin of the 1918 pandemic influenza virus nucleoprotein gene. *Journal of Virology* 78: 12462–12470.

Reid, A. H., J. K. Taubenberger, and T. G. Fanning. 2004b. Evidence of an absence: The genetic origins of the 1918 pandemic influenza virus. *Nature Reviews Microbiology* 2: 909–914.

Schrag, S. J., V. Perrot, and B. R. Levin. 1997. Adaptation to the fitness costs of antibiotic resistance in *Escherichia coli*. *Proceedings of the Royal Society of London B* S264: 1287–1291.

Shibata, D., W. Navidi, et al. 1996. Somatic microsatellite mutations as molecular tumor clocks. *Nature Medicine* 2: 676–681.

Smith, G. J., D. Vijaykrishna, et al. 2009. Origins and evolutionary genomics of the 2009 swine-origin H1N1 influenza A epidemic. *Nature* 459: 1122–1125.

Snow, J. 1855. *On the Mode of Communication of Cholera*. 2nd ed. London: John Churchill.

Sorsby, A., and F. A. Young. 1970. Transmission of refractive errors within Eskimo families. *American Journal of Optometry* 47: 244–249.

Spicer, D. V., D. Shoupe, and M. C. Pike. 1991. GnRH agonists as contraceptive agents: Predicted significantly reduced risk of breast cancer. *Contraception* 44: 289–310.

Spicer, D. V., G. Ursin, et al. 1994. Changes in mammographic densities induced by a hormonal contraceptive designed to reduce breast cancer risk. *Journal of the National Cancer Institute* 86: 431–436.

Stewart, T. H. M., R. D. Sage, et al. 2000. Breast cancer incidence highest in the range of one species of house mouse, *Mus domesticus*. *British Journal of Cancer* 82: 446–451.

Strassmann, B. I. 1999. Menstrual cycling and breast cancer: An evolutionary perspective. *Journal of Women's Health* 8: 193–202.

Sun, L., E. Y. Klein, and R. Laxminarayan. 2012. Seasonality and temporal correlation between community antibiotic use and resistance in the United States. *Clinical Infectious Diseases* 55: 687–694.

Swinburn, B. A., G. Sacks, et al. 2011. The global obesity pandemic: Shaped by global drivers and local environments. *Lancet* 378: 804–814.

Tao, Y., J. Ruan, et al. 2011. Rapid growth of a hepatocellular carcinoma and the driving mutations revealed by cell-population genetic analysis of whole-genome data. *Proceedings of the National Academy of Sciences, USA* 108: 12042–12047.

Taubenberger, J. K., A. H. Reid, et al. 2005. Characterization of the 1918 influenza virus polymerase genes. *Nature* 437: 889–893

Teikari, J. M., J. O'Donnell, et al. 1991. Impact of heredity in myopia. *Human Heredity* 41: 151–156.

Thuny, F., H. Richet, et al. 2010. Vancomycin treatment of infective endocarditis is linked with recently acquired obesity. *PLoS One* 5: e9074.

Tufte, E. R. 1997. *Visual Explanations*. Cheshire, CT: Graphics Press.

Tumpey, T. M., C. F. Basler, et al. 2005. Characterization of the reconstructed 1918 Spanish influenza pandemic virus. *Science* 310: 77–80.

Turnbaugh, P. J., R. E. Ley, et al. 2006. An obesity-associated gut microbiome with increased capacity for energy harvest. *Nature* 444: 1027–1131.

Vaughn, L. K., H. A. Bernheim, and M. Kluger. 1974. Fever in the lizard *Dipsosaurus dorsalis*. *Nature* 252: 473–474.

Vrieze, A., E. van Nood, et al. 2012. Transfer of intestinal microbiota from lean donors increases insulin sensitivity in subjects with metabolic syndrome. *Gastroenterology* 143: 913–916.e7.

Wang, Y., J. F. Holland, et al. 1995. Detection of mammary tumor virus ENV gene-like sequences in human breast cancer. *Cancer Research* 55: 5173–5179.

Webster, R. G., W. J. Bean, et al. 1992. Evolution and ecology of influenza A viruses. *Microbiological Reviews* 56: 152–179.

Weitzel, J. N., S. S. Buys, et al. 2007. Reduced mammographic density with use of a gonadotropin-releasing hormone agonist-based chemoprevention regimen in BRCA1 carriers. *Clinical Cancer Research* 13: 654–658.

Wertheim, J. O. 2010. The re-emergence of H1N1 influenza virus in 1977: A cautionary tale for estimating divergence times using biologically unrealistic sampling dates. *PLoS One* 5: e11184.

Williams, G. C., and R. M. Nesse. 1991. The dawn of Darwinian medicine. *Quarterly Review of Biology* 66: 1–22.

Wise, H. M., A. Foeglein, et al. 2009. A complicated message: Identification of a novel PB1-related protein translated from influenza A virus segment 2 mRNA. *Journal of Virology* 83: 8021–8031.

Yatsunenko, T., F. E. Rey, et al. 2012. Human gut microbiome viewed across age and geography. *Nature* 486: 222–227.

Young, F. A., W. R. Baldwin, et al. 1969. The transmission of refractive errors with Eskimo families. *American Journal of Optometry* 46: 676–685.

Youssoufian, H. 1996. Natural gene therapy and the Darwinian legacy. *Nature Genetics* 13: 255–256.

Zhang, J., A. M. Mamlouk, et al. 2011. PhyloMap: An algorithm for visualizing relationships of large sequence data sets and its application to the influenza A virus genome. *BMC Bioinformatics* 12: 248.

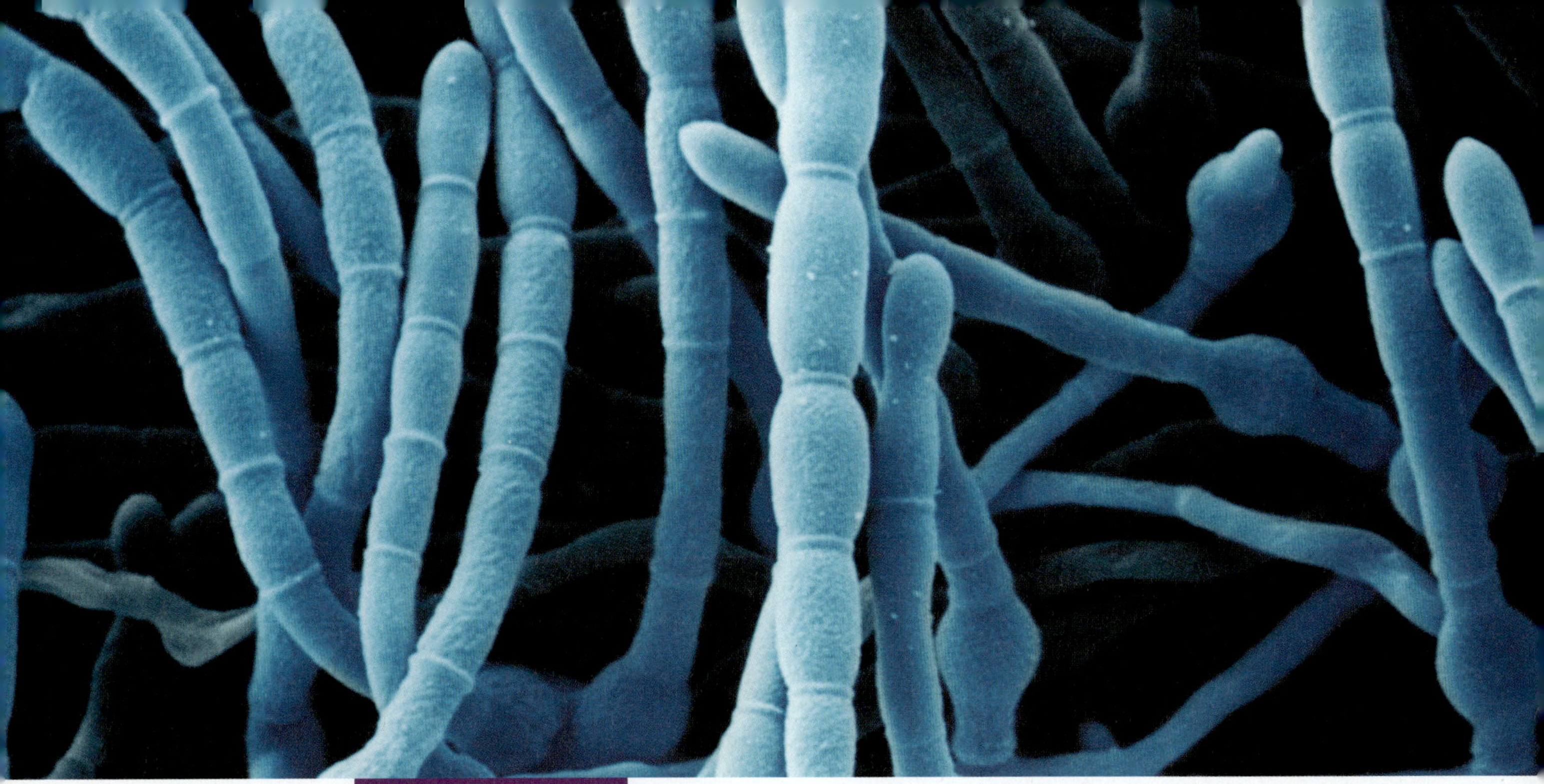

# 15

# 유전체 진화와 적응의 분자적 기반

가루곰팡이는 살아 있는 식물에서 자라고 번식하는 곰팡이(fungal) 일종인 병원균이다. 이들은 밀, 쌀 그리고 보리 같은 중요한 작물들을 포함하여 전 세계적으로 약 10,000여 종의 현화식물을 감염시킨다. Pietro Spanu와 그 동료들은 2010년 논문에서 세 종의 가루곰팡이의 완전한 유전체 지도를 완성하였다. 그 결과는 연구진을 놀라게 하기 충분했다. 가루곰팡이 종은 다른 유연관계에 있는 곰팡이의 유전체보다 최소 세 배는 크고 더욱이 병원균으로 여겨질 만한 유전적 정보가 없었다. 특히나 이 가루곰팡이 유전체가 다른 곰팡이 종보다 기능적인 유전자가 훨씬 더 적다는 사실을 감안하면 더욱 놀랄 만하다. 가루곰팡이 유전체의 크기가 팽창한 이유는 가루곰팡이 유전체의 대부분이 (보리가루곰팡이, *Blumeria graminis*의 경우에는 64%에 이른다) 전이유전인자(mobile genetic elements)에 기인한 것인데, 이들은 기생적으로 다른 유전체에 끼어져 들어가서 자가 복제하는 DNA 독립체로서 이들에 대해서는 이 장의 뒷부분에서 자세히 다루도록 할 것이다.

환경에 대한 생물의 적응을 가능하게 하는 진화적 기작(5~9장)과 자연선택의 요인(10~14장)에 대해 논의하면서 우리는 지금까지 생물의 형질의 진화에 대해 집중해 왔다. 우리가 그 동안 논의해 왔던 진화의 결과는 생물의 표현형이었다. 표현형은 형태적 특징이나 생리작용 그리고 생활사와 행동 등이며 이들은 눈으로 확인할 수 있고 측정이 가능하다. 지금부터는 생물의 특징을 하나 더 추가하여 우리가 지금까지 해온 접근을 좀 더 넓히고자 한다. 이제 우리가 다룰 내용은 유전체이다.

*Blumeria graminis*(*Bg*)와 그와 친척관계에 있는 종들은 큰 유전체를 갖는다(주황색). 스파뉴(Spanu)의 데이터에서 가져옴. Spanu et al. (2010)의 자료.

From "Genome expansion and gene loss in powdery mildew fungi reveal tradeoffs in extreme parasitism." *Science* 330: 1543–1546. Reprinted with permission from AAAS.

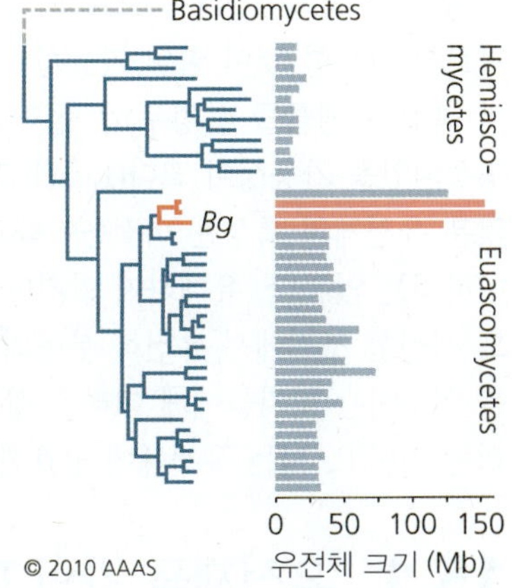

고전적인 의미에서의 표현형은 아니지만, 유전체 역시 관찰이 가능하고 측정이 가능하다. 이는 유전체가 중요한 요소인 **유전체 구조(genome architecture)**로 조명되기 때문이며 유전체 구조는 유전체 안에 암호화(coding)되어 저장된 정보의 구조와 조직으로 정의할 수 있다. 대용량 염기서열 분석방식(high-throughput DNA sequencing) 기술의 발전(Mardis 2011; Niedringhaus et al. 2011)은 과학자들이 수천의 다른 종의 완전한 유전체 염기서열을 작성할 수 있게 하였다. 유전체 염기서열은 생물의 각 세포 내 핵 안에 암호화되어 순서대로 배열된 DNA 염기서열을 의미하며, 이 유전체 염기서열은 대양바닥 부근의 열수분출공에 사는 미생물부터 북아메리카 서부의 많은 숲 속에 존재하는 검은미루나무까지 모든 생명의 먹이사슬 전반에 걸쳐 모든 생물로부터 얻을 수 있다.

이러한 유전체 염기서열을 이용하여, 과학자들은 유전체 구조에 대해서 다음과 같은 중요한 질문을 하기 시작했다.

- 생물이 가진 DNA 염기 수로 본다면 유전체가 얼마나 크고 또한 작다고 할 수 있는가? 종 간에 유전체 크기의 변화가 있는가? 더 복잡한 생물은 더 많은 유전자를 가지고 있는가?
- 유전체 안의 정보가 어떤 방법으로 정리되어 있을까? 유전자들은 어떻게 서로 각각 분리가 되고 유전자들 사이에는 어떠한 것이 존재하는가?
- 다세포 생물의 대부분의 유전정보들은 단백질을 암호화하는 유전자를 포함하지는 않는다. 그렇다면 비암호 염기서열은 어디에서 왔으며, 그들은 무슨 일을 하는가?
- 새로운 유전자는 어디에서 오는가? 어떤 진화적인 과정이 새로운 유전자의 보존을 보장해주는가?
- 어떤 유전자가 자연에서 적응상태에 놓여 있고, 그들은 어디에서 오는가?

이와 같은 질문이 결국 이 장의 주제라고 할 수 있다. 우리가 앞으로 살펴보겠지만, 답은 항상 우리가 기대해왔던 것들은 아니다. 유전체의 분석은 현대 생물학의 가장 놀라운 발견중의 일부를 밝히는 일이다.

15.1절에서는 유전체의 다양성에 대해 대략적으로 소개하려고 한다. 15.2절에서는 우리가 앞서 언급한 유전체에 기생하는 전이유전인자에 대해 논의하고자 한다. 15.3절과 15.4절에서는 돌연변이율의 진화와 유전체중복 대해 살펴보고자 한다. 마지막으로 15.5절에서는 자연선택의 대상이 되는 유전체 내의 유전자좌위들에 내한 최근 연구에 대해 학습하고자 한다.

유전체 진화에 대한 연구를 통해서 우리는 한 가지 개념을 명심하고 있어야 한다. 책의 후반부 제목이 "적응"으로 되어 있다 하더라도 유전체의 많은 부분들이 자연선택의 결과로서 발생한 것이 아닐 가능성이 있다. 대신에 일부 유전체의 특성들(특히 크기가 크고 더 복잡한 생물들의 경우)은 돌연변이와 유전적 부동과 같은 진화의 다른 기작으로부터 형성되었을 가능성이 크다(Lynch 2007; Lynch et al. 2011). 자연선택으로부터 야기되지 않은 유전체의 특성은 비적응이라고 할 수 있지만, 이것은 꼭 생물에게 나쁘다는 것을 의미하지는 않는다. 유해하지 않지만 그렇다고 꼭 필요하지도 않은 유전정보들이라 하더라도 적절한 조건에서 유전적 부동의 중립적인 과정을 통해 축적될 수도 있다. 유전체 진화를 연구하는 학자들에게 어려운 점은 적응과 비적응을 모두 포함한 진화적인 과정들을 밝히는 일이고, 이는 유전체에 암호화되어 있는 내용물로서 구조와 기능들로 연결된다.

## 15.1 유전체들 간의 다양성

앞서 언급한 첫 번째 질문은 유전체의 크기와 내용에 관한 내용이었다. 생물의 유전체에 있는 DNA의 양이 생물의 크기와 복잡도에 대해서 어느 정도의 관련성을 내포하고 있다는 생각은 꽤나 직관적으로 보인다. 세포가 단일세포인지 다세포인지에 따라 유전체의 크기를 예측하거나, 또는 동일한 유전체에서 얼마나 다양한 세포 종류가 만들어지는가를 통해 유전체 복잡도를 예측하는 식이다. 하지만 지금까지 밝혀진 사실들을 보면 유전체의 크기에 대한 개념은 이러한 간단한 가설이 제시하는 것보다 훨씬 더 난해한 것으로 나타나고 있다.

## 유전체 크기의 다양성

유전체 염기서열 분석이 가능하기 오래 전에도 생물학자들은 세포 안에 존재하는 전체 DNA 양을 측정할 수 있었고 이를 C값이라고 부른다. 생물학자들은 원핵생물들이 보통 진핵생물들보다 더 작은 C값을 가진다는 것을 발견하였다. 하지만 진핵생물들 간에서 비교해 본다면 DNA의 양과 생물의 형태적인 복잡도(complexity) 사이에는 연관성이 적다. 일본의 우산나무(Canopy plant; *Paris Japonica*)는 각 세포마다 약 1500억 개의 염기쌍(basepairs, bp)을 가지고 있다(Pellicer et al. 2010). 반면에 인간은 오직 32억 개의 염기쌍을 가지고 있으며(Morton 1991), 초파리(fruit fly)인 *Drosophila melanogaster*는 고작 1억8천 개의 염기쌍을 가지고 있다(Adams et al. 2000). 이러한 모순점은 **C값 역설(C-value paradox)**이라고 부르고, 결국에는 두 가지 현상에 의해 설명이 가능해졌다. 첫째는 전체 유전체(whole-genome)의 중복으로 인한 배수체의 형성이고, 둘째는 유전체의 상당히 많은 부분이 세포의 관점으로 볼 때 기능이 없이 존재한다는 것이다.

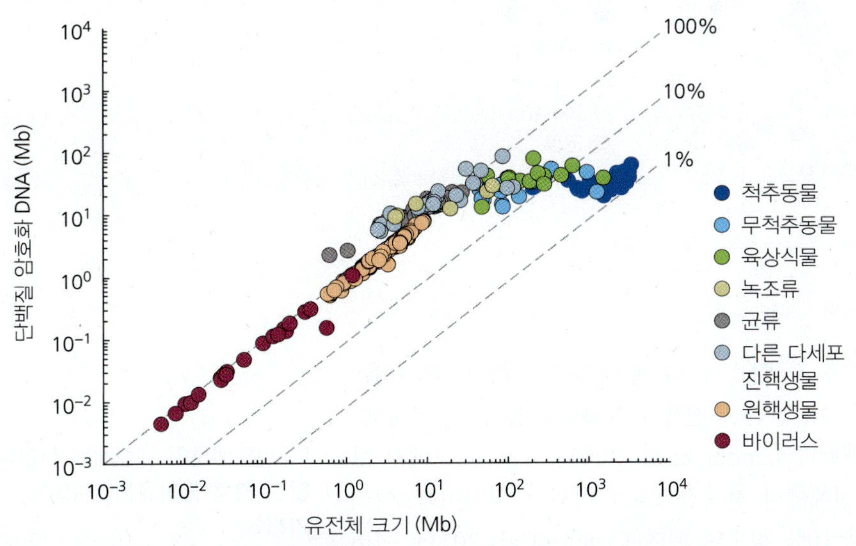


**그림 15.1 전체 유전체 크기와 그 중에서 단백질을 만드는 암호화 DNA 양의 비교 분포** *x*축과 *y*축 모두 로그값으로 표기되어 있고, 점선은 각각의 비율에 대한 비례선을 나타낸다. 예를 들면, 10% 선 근처의 점들은 단백질을 만드는 암호화 DNA의 양이 유전체 전체 양에 비해 약 10%라는 것을 보여준다. Lynch (2006) and Lynch et al. (2011)에서 다시 그림.

생물의 유전체 크기와 **암호화(coding)** DNA(기능적인 단백질을 만드는 정보를 가진 DNA를 지칭함) 크기 사이에 관계는 그림 15.1에 잘 나타나 있다. 분포도에서 아래쪽에 위치하는 작은 유전체 크기 종은 명확한 관계를 보여준다. 즉, 유전체가 더 큰 것이 보다 많은 암호화 DNA를 가진다(표에서 바이러스, 원핵생물, 단세포 진핵생물 등이 여기에 해당한다). 여기에서 보이는 결과로는 C값 역설이 존재하지 않는다. 그러나 다세포생물로 가면서 C값 역설이 나타나기 시작한다. 식물 또는 동물의 유전체의 크기는 그들의 몸의 크기나 계통적 위치와는 관련이 없다. 더욱 난해한 점은, 대부분의 식물과 동물의 유전체의 많은 부분이 직접적으로 단백질을 만들지 않는 **비암호화(non coding)** DNA로 이루어져 있다는 것이다(예외는 Ibarra-Laclette et al. 2013 논문 참조).

**다세포 생물의 유전체 크기는 생물의 몸 크기나 계통학적 위치와는 관련이 없다. 전형적으로 다세포 생물의 유전체는 다량의 비암호화 DNA를 함유하고 있다.**

일부 비암호화 DNA들은 단백질을 만드는 유전자의 발현을 조절하는 역할을 하는 것으로 믿는 이유도 여기에 있다. 포유류와 같은 복잡한 생물에서, RNA 분자들이 비록 단백질을 만들지는 않지만 여전히 유전체의 비암호화부분에서 전사가 되고, 만들어진 후에는 유전자 발현 조절에 역할을 하는 것으로 알려졌다(Mercer et al. 2009).

그러나 이러한 인식이 있기 오래 전에, **전이유전인자(mobile genetic element)**의 발견이 유전체 생물학을 이해하는 데 매우 중요한 전환점이 되었다. 전이유전인자는 생물의 유전체 안으로 끼어져 들어가기도 하고 스스로 복제하기도 한다. 이를 위해 단백질을 암호화하는 DNA가 복제되고 전사되는 세포 기작을 중간에 가로채서 이용한다. 드문 경우지만, 전이유전인자들은 단백질을 만드는 어떤 한 유전자의 중간 위치에 끼어져 들어가서 단백질을 만드는 그 유전자의 기능을 저해하기도 한다. 이러한 삽입과정은 생물의 표현형에 명백한 변화를 야기하기도 한다. 그러나 거의 대다수의 경우에는 전이유전인자들은 개체의 표현형에 아무런 영향을 주지 않는다. 이들이 비록 생물의 유전체에서 대부분을 구성하고 있는데도 불구하고 아무런 영향을 주지 않는다.

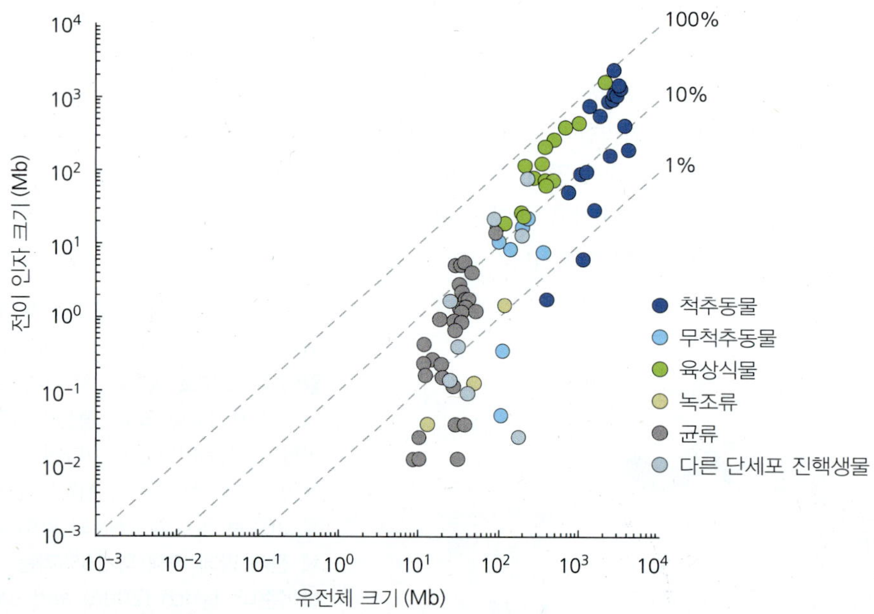


**그림 15.2 전체 유전체 크기에 대한 전이유전인자들의 DNA의 구성 비율 분포** 두 축은 모두 로그로 표시되어 있고, 점선으로 표시된 대각선은 유전체 크기에 대한 전이유전 성분의 비율을 비례선으로 표시한 것이다. Michael Lynch, after Lynch et al. (2011)에 의해 제공된 자료로 작성됨.

전이유전인자들에 관련된 생물학은 다음 절에서 자세하게 다루기로 하고, 여기서는 대략적인 양상만 논의하고자 한다. 예를 들어, 인간 유전체에서 DNA 염기서열의 45%는 전이인자(mobile element)들에서 유래됐다(Lander et al. 2001). 그림 15.2에서 보여주는 것처럼, 이것은 다세포 생물의 유전체에서 전형적으로 나타나는 현상이다. 이러한 비율 값은 최소인 경우를 따져 봐도 약 10% 정도나 된다(Lynch et al. 2011). 이러한 양상은 유전체에 전이인자가 없는 단세포 생물과 비교하면 현저하게 대비된다(Lynch 2006). 생물의 진화적 범주(category)에서 보면 분명하게 중요한 차이가 있고, 전이인자의 역할을 고려하지 않는다면 유전체 생물학과 진화학은 쓸모없는 것이 될 게 분명하다.

**다세포 생물의 유전체는 전형적으로 많은 양의 전이유전인자들을 가진다.**

## 유전체 구조의 변이성

전이유전인자들과 그들의 잔류물은 진핵생물의 유전체에 있어서 단백질을 만드는 유전자들 사이를 의미하는 **유전자간 부위(intergenic region)**의 대부분을 구성하고 있다. 하지만 진핵생물의 유전체가 갖는 가장 대표적인 비암호화 DNA의 중요한 다른 형태는 **인트론(intron)**이다.

인트론은 유전자의 암호화 부분 안에 존재하고, 유전자가 발현될 때 같이 mRNA로

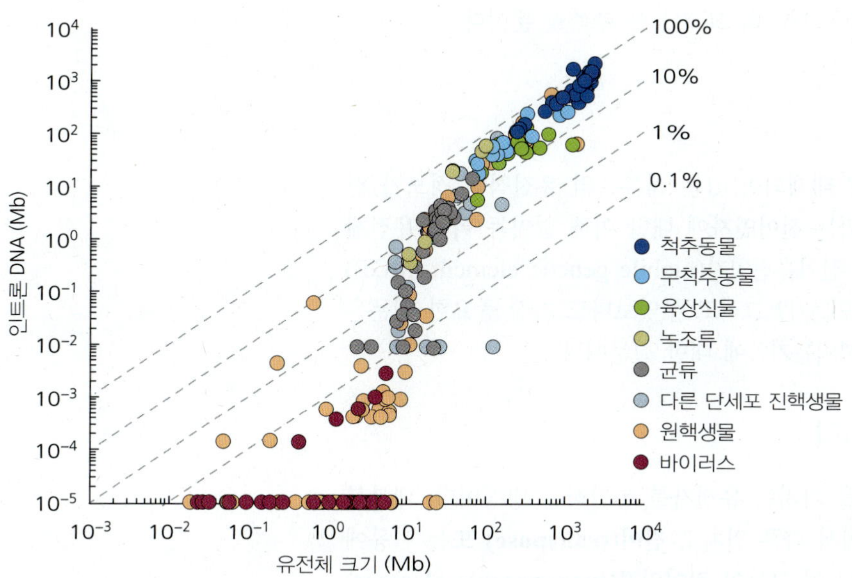


**그림 15.3 인트론이 전체 유전체 크기에 주는 영향** 두 축은 모두 로그로 표시되어 있고, 점선으로 된 대각선은 특정 비율관계를 나타내는 비례선으로 되어 있다. 많은 원핵생물들과 바이러스는 인트론을 가지지 않는다(*x*축 선상에 점들로 표시되어 있다). 반면 거의 모든 육지식물들과 동물들은 적어도 10% 정도의 인트론 함유량을 가지고 있다. Lynch (2006) and Lynch et al. (2011)에서 다시 그림.

전사가 된다. 하지만 그 다음에 인트론 부분들은 제거가 되고 **엑손(exon)**이라고 하는 제거되지 않는 부분들만이 서로 결합하여 최종적으로 단백질로 번역(translation)이 된다. 다세포 생물종에서 대부분의 유전자들은 엑손보다 훨씬 더 긴 인트론을 가지고 있다. 단세포 진핵생물은 전형적으로 유전자당 1~2개의 인트론을 가지지만, 척추동물들은 유전자당 평균 5~8개의 인트론을 가지고 있다(Koonin 2009). 그러므로 전형적인 척추동물 유전체는 수천 개의 인트론들을 포함하고 있는 셈이다. **그림 15.3**에 보이는 것과 같이 인트론은 다세포 생물 유전체의 비암호화 DNA의 대부분을 현저한 비율로 차지하고 있다.

**진핵생물의 유전체는 전형적으로 인트론을 가지지만 인트론의 수는 매우 다양하다.**

수백 종의 유전체 염기서열을 비교해볼 때, 가장 분명하게 차이 나는 두 가지 유전체 패턴이 있다. 작고 촘촘히 배열되어 인트론이 없고 또한 짧은 유전자간 부위를 갖는 원핵생물들이 그 하나이고, 넓은 유전자간 부위를 가지고 유전자마다 몇 개의 인트론을 가지는 다세포 진핵생물의 크고 확장된 유전체가 그 두 번째이다(**그림 15.4**; Koonin 2009).

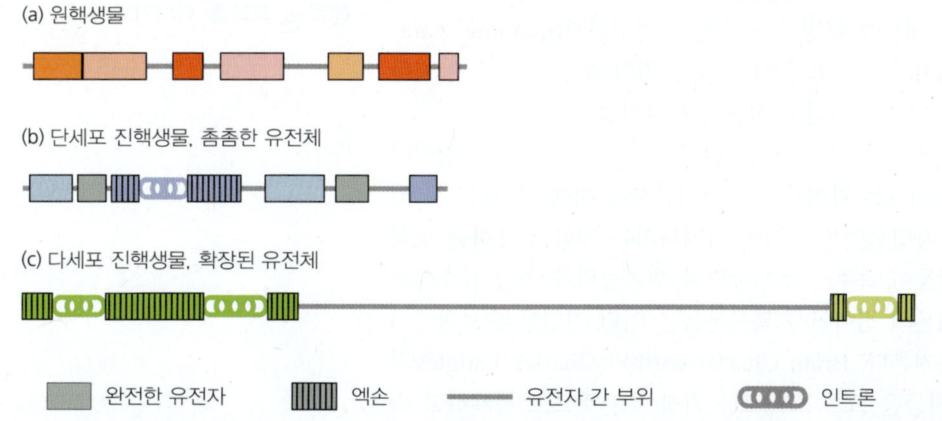


**그림 15.4 분류학적 그룹별로 일반화된 유전체 구조** (a) 원핵생물들은 촘촘한 구조의 유전체를 가지고 있고 적은 수의 전이인자와 인트론을 가지고 있다. (b) 일부 진핵생물들은 원핵생물들과 비슷한 촘촘한 구조의 유전체를 가지고 있다. 그러나 이들도 종종 인트론이 있는 유전자를 가진다. (c) 다세포 진핵생물들은 전형적으로 확장된 유전체로 되어 있고, 전이인자가 들어 있는 긴 유전자간 부위를 포함하고 있고, 많은 인트론을 가지고 있다. Koonin (2009)에서 다시 그림.

인트론은 어디에서 왔을까? 이것은 유전체 생물학의 가장 큰 의문점으로 남아 있다. 인트론은 전이인자와 마찬가지로 생물에서 아무런 기능도 하지 않는 단순한 추가적인 유전물질일 뿐이다. 그러나 만약 인트론이 아무런 역할도 하지 않는다면 인트론의 위치는 매우 다양해질 수 있다. 하지만 실제로는 인트론의 위치는 진화적 유연관계가 먼 생물에서도 잘 보존이 되고 있다(Rodriguez-Trelles et al. 2006; Roy and Gilbert 2006). 인트론을 만들어 내는 진화적 기원과 인트론을 유지하는 생물학적 기작이 잘 알려져 있지 않기 때문에, 인트론의 기능이 있더라도 우리는 단순히 그 기능을 추측할 뿐이다.

## 15.2 전이유전인자

우리 자신을 포함한 진핵생물의 유전체에 내재되어 있는 대부분의 유전적인 정보가 전이유전인자들에서 유래되었기 때문에 우리는 전이인자에 대한 이해 없이는 이들 유전체의 기능과 구조를 완전히 이해할 수 없다. 전이유전인자(mobile genetic element, MGE)들은 어떻게 작동하는가? 이들은 어디서 오는가? 그리고 무엇보다도 가장 중요한 의문은 이들이 그 숙주의 적응도에 어떤 영향을 끼치는가? 에 대한 질문이다.

### 전이유전인자는 유전체 기생인자이다

"전이유전인자"는 다양한 일련의 특징들을 가지는 유전자를 통합하는 명칭이다. 대부분의 전이유전인자는 유전체 안에 한 위치에서 다른 위치로 **전이(transpose)** 또는 이동에 필요한 염기서열 만을 가지고 있다. 이것이 왜 그들이 **전이인자(transposable element)** 또는 **트랜스포존(transposon)**이라고도 불리는 이유이다. 대부분의 전이인자는 그들이 이동할 때 이동 후에도 그 자리에 그들의 복제본을 남기는데 이것은 **RNA 유래전이인자(retrotransposon)**라고 알려져 있다. 이러한 인자들에서 전이활동은 숙주의 유전체 안에서 전이인자의 양을 증가시킨다. 만약 전이(transposition)가 숙주의 생식세포에서 일어나면, 전이인자의 증가된 양이 그대로 그 자손으로 전달이 된다.

전이는 유전체 내에서 유전자 집단 중에 전이인자의 적응도를 증가시킬 수 있다. 하지만, 유전체의 나머지 부분들은 어떤 영향을 받는 것일까? 이것은 인자가 전이된 새로운 위치에 따라서 달라질 수 있다. 만약 새로운 위치가 유전자간 부위라면 숙주의 표현형에는 변화가 없을지도 모른다. 하지만 만약 전이인자가 유전자의 암호화 서열에 위치한다고 하면, 유해한 유전자 상실(knock-out) 돌연변이가 일반적으로 일어난다. 인간에게서 전이활동은 혈우병, 낭포성 섬유종, 암과 같은 다양한 종류의 유전적 질병을 일으킨다 (Cordaux and Batzer 2009 참조). 전이유전인자가 암호화서열을 파괴하고 세포에 강력한 부담을 줄 수 있기 때문에, 이들은 대부분 분명하게 유전체 기생인자(genomic parasite)로 구분 짓는다. 유전체에 전이인자를 가지고 있다는 것은 가장 좋은 경우라면 별다른 표현형이 없다는 것이고, 가장 최악의 경우라면 부적응으로 나타날 수 있다.

**전이유전인자는 유전체의 기생인자이다. 그들은 유전체 내에서 확산해가고 때때로 숙주에게 해로운 결과를 끼치기도 한다.**

무엇이 그들로 하여금 성공적으로 진화하도록 만드는 걸까? 그 답은 서로에게 일어나는 자연선택에 있다. 우선 숙주에게 일어나는 자연선택은 전이인자에 대해 적대적으로 일어나는 반면, 전이인자에게 일어나는 자연선택은 그들이 퍼져나가는 것을 선호하는 방향으로 진행된다는 것이다. 비록 전이활동이 숙주의 생식능력과 생존능력을 조금 감소시킨다 할지라도, 유전자풀에 존재하는 여분의 전이인자 복사본들은 이런 결점들을 보완하고 숙주 집단 내에서 확장되는 결과를 가져온다. Brian Charlesworth와 Charles Langley가 만든 1989년 모델에 의하면, 전이인자들은 그들 스스로를 가장 효율적으로 복제하고 숙주의 유전체에 대해서 최소한의 적응도 비용을 사용하므로 자연선택에 유리하게 작용하고 따라서 이들이 널리 퍼지게 된다.

### 전이유전인자의 진화적 파급효과

일단 과학자들이 전이인자의 특성을 인식하고 다양성과 분포를 특징지은 후로는, 다음 과제는 전이인자의 역동성을 이해하는 것이었다. 만약 전이인자가 숙주에 기생한다면, 숙주의 유전체는 이들에 맞설 수 있는 기작을 가지고 있지 않을까? 또한 전이인자는 어떻게 표현형에 영향을 끼치는가?

## 전이인자의 확산에 대항하는 방어체계

대다수의 식물과 동물에서 **메틸화(methylation)**라고 불리는 DNA 핵산에 메틸기($-CH_3$)를 부착하는 과정은 흔히 일어나고, 이는 DNA가 RNA로 전사가 일어나는 것을 방해하는 역할을 한다. 흥미롭게도 메틸화는 특히 전이인자와 연관된 유전체에서 흔하게 일어난다. 이러한 발견은 생물이 메틸화를 이용하여 전이인자의 전이(transposing)를 억제함으로써 그들의 증식을 제한하는 데 이용할 것이라는 가설을 만들 수 있게 한다(Yoder et al. 1997). 여러 연구 그룹들이 이러한 가설을 입증하는 실험 결과들을 발표하였다. 대표적인 실험으로는 생물의 유전체에 메틸화 정도를 감소시킨 결과 전이유전인자의 활동을 증가시킨다는 것을 입증한 것을 들 수 있다. 이러한 방법으로 식물(Miura et al. 2001)과 포유동물(Bourc'his and Bestor 2004)에서 동일한 결과를 얻었으며, 전이인자의 DNA 메틸화가 식물과 동물이 갈라져 나온 시기를 앞서는 아주 오래된 기작이라고 제시하고 있다.

숙주의 유전체는 전이유전인자에 대항하여 여러 방어체계를 진화시켰다.

DNA 메틸화가 전이유전인자 활성을 제한한다는 발견 이후로, 추가적인 기작들이 밝혀졌는데 그 중에 하나가 RNA 간섭(RNA interference) 또는 RNAi라고 불리는 기작이었다. RNAi는 선충에서 처음 발견되었는데 특정 유전자의 염기서열과 일치하는 짧은 이중가닥 RNA(double-stranded RNA)를 선충 세포 내로 삽입하였을 때 그 유전자의 발현을 효과적으로 억제하게 된다는 것이 그 기본적 특징이다(Fire et al. 1998). 생물학자들은 곧 small RNA 분자가 많은 생물에서 유전자 조절의 중요한 구성요소라는 것을 깨닫게 되었다.

이어지는 small RNAs 연구의 격동 속에서, Titia Sijen과 Ronald Plasterk는 2003년 논문에서 예쁜꼬마선충이 자생적으로 RNA 간섭 시스템(RNA interference system)을 가지고 있을 것이라는 가설을 세웠다. 이 시스템을 가지고 생식세포(germ line) 내에서 전이인자가 자손에서는 증식하지 못하도록 방어하는 데 이용할 것이라고 추정하였다. 그들은 야생형(wild-type) 선충이 자신의 세포 내에 전이인자 *Tc1*를 대상으로 하는 small RNA 간섭을 가지고 있는지 확인하였다. 그림 15.5에서 보이는 전기영동 사진의 야생형 라인에서 밴드로 보이는 것과 같이, 과학자들은 그와 비슷한 많은 small RNA들을 발견하였다. 이 결과는 정상적인 선충이 생식세포에서 전이인자 *Tc1*를 억제하는 것과 마찬가지로 small RNA를 스스로 만든다는 것을 말해주고 있다.

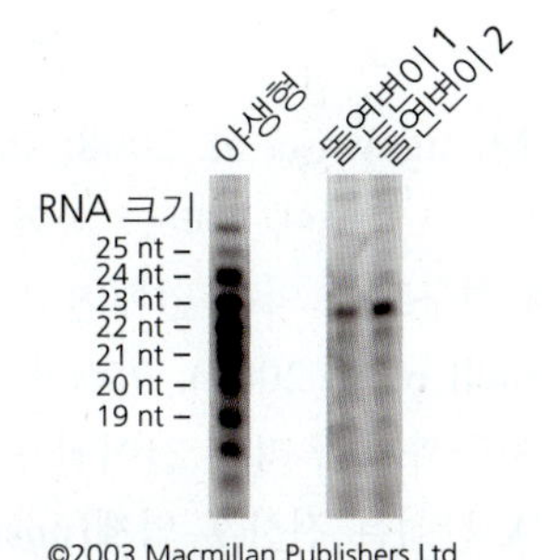


**그림 15.5 전이인자를 조절하는 small RNA가 없는 돌연변이 선충** RNA 분자들을 크기에 따라 분리하여 전이인자 *Tc1*을 조절하는 분자에만 결합하는 탐침을 이용하였다(젤 위에 검은색 밴드로 표시되어 있다). Sijen and Plasterk (2003)에서.



다음으로 Sijen과 Plasterk는 일부 돌연변이 선충 계보에서는 본래 가지고 있던 RNA 간섭 기작이 깨짐으로 인해 과도한 전이인자들의 활성이 활발해질 것으로 추측하였다. 실제로도 과학자들은 *Tc1*(그림 15.5의 돌연변이 라인 참고)을 억제하는 small RNA가 없는 돌연변이를 관찰한 결과 활발한 전이인자들의 활성을 발견하였다. 이것은 유전체에서 전이인자를 억제하는 small RNAs 존재의 첫 번째 예가 되었다.

지금에 와서 우리는 많은 종류의 생물에서 전이유전인자의 억제에 관여하는 small RNA 기작들이 존재하는 것을 알고 있다. 예를 들어 그림 15.6에서 나타낸 바와 같이, 쥐와 초파리(*Drosophila*)에서 다양한 배우자 발달과정 단계 동안에 나타나는 small RNA들이 큰 비율로 존재하고, 이들이 전이유전인자와 일치하고 있다는 것을 보여준다(Aravin et al. 2007; Brennecke et al. 2007; Kuramo-

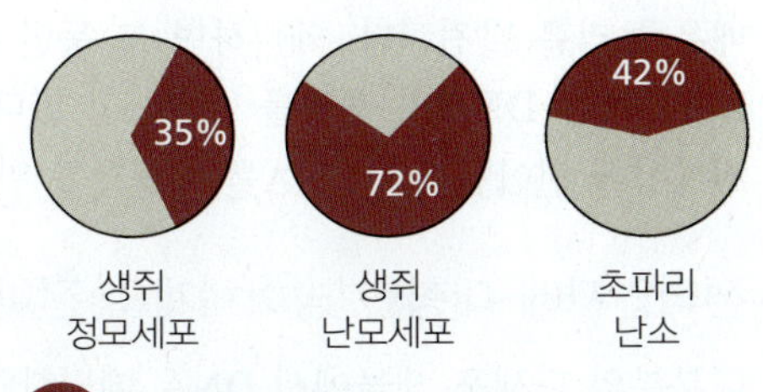


**그림 15.6 생식세포 내에서 전이인자에 일치하는 small RNA의 구성 비율** Aravin et al. (2007); Watanabe et al. (2008); Brennecke et al. (2007)에서.

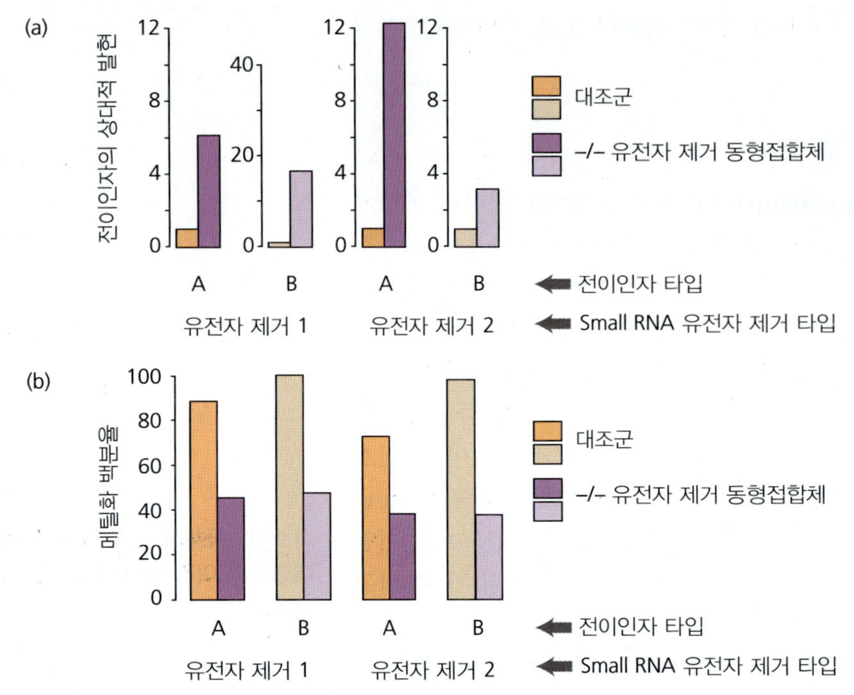


**그림 15.7 전이인자의 활성을 억제하는 small RNA의 중요성** (a) 생쥐의 small RNA 방어 체계에 중요한 단백질을 제거하였을 때 전이인자 유전자 발현이 증가되었다. 유전자 제거 1은 Aravin et al. (2007)에서 다시 그림; 유전자 제거 2는 Carmell et al. (2007)에서 다시 그림. (b) small RNA 방어 체계에 중요한 단백질의 제거는 또한 두 종류의 전이인자의 메틸화에 많은 양의 감소를 가져왔다. Kuramochi-Miyagawa et al. (2008)에 제시된 자료에서 그림.

chi-Miyagawa et al. 2008; Tam et al. 2008; Watanabe et al. 2008).

그림 15.7a에 나타난 바와 같이, 이러한 small RNA 분자와 관련된 중요한 단백질들이 연구진에 의해 없애면 전이인자의 전사는 급격하게 증가한다(Aravin et al. 2007; Carmell et al. 2007). 이러한 발견에 이어 알려진 다음 사실은 더욱 놀라웠다.

지금까지 우리는 전이인자와 대적하는 RNA 간섭 방법에 대해 논의하였다. 이러한 RNA 간섭은 **전사후 억제(post-transcriptional silencing)**라고도 불리는데, 그 이유는 전이인자가 RNA로 전사되고 난 후에, 그 RNA 분자가 표적으로 파괴된다는 의미에서 온 것이다. 반대로 메틸화는 **전사전 억제(pre-transcriptional silencing)**라고 불리는데, 이는 DNA에 부착된 메틸기가 RNA로 전사되는 것을 처음부터 억제하기 때문이다. 쥐 혹은 우리 인간과 같은 다른 포유동물에서도, 이러한 두 가지 기작, 즉 RNA 간섭과 메틸화기 서로 연결되어 있는 것으로 나타났다.

그림 15.7b에서 기술된 바와 같이, 연구진이 쥐 생식세포 발달 과정 동안에 RNA 유래전이인자에 의한 RNA 억제(RNA-silencing) 경로의 중요한 구성 요소를 제거시켰을 때, 연구진은 유전체상에 존재하는 RNA 유래전이인자 DNA에 메틸화가 급격하게 감소하는 것을 발견했다(Aravin et al. 2007; Kuramochi-Miyagawa et al. 2008). 이것은 매우 놀라운 발견이다. 왜냐하면 그 동안 small RNA들은 전이 과정 동안에 전이인자의 RNA 또는 DNA의 제거를 담당하고 있다고 여겨왔다. 하지만 small RNA들이 또한 유전체상에 전이인자의 DNA를 메틸화를 만들면서 추가적인 전이를 막고 있기 때문이다.

## 전이인자에 대항한 방어체계의 진화적 기원

대부분의 다세포 생물에서 DNA 메틸화와 RNA 억제 두 가지 모두가 전이인자의 활동을 제한하는 기작인 것은 분명해 보인다. 형질이 **진화적으로 보존(evolutionary conserved)**된다는 말은 형질과 분자 기작이 비교적 먼 진화적 유연관계의 생물 중에서도 비슷하게 존재한다는 것을 말한다. 따라서 우리는 여기서 이러한 진화적으로 보존된 형질과 기작이 아마도 공동조상에서도 이미 존재하고 있었음을 추론할 수 있다. 예를 들어, 대부분의 동물과 식물들의 유전체에서 전이인자 DNA의 메틸화가 높게 존재한다는 결과를 통해서(그림 15.8), 연구진은 유전자를 조절하는 메틸화가 식물과 동물의 공동조상에서도 존재하고 있었을 것으로 믿고 있다. 메틸화는 아주 오래 된 진화초기의 현상이다(Feng et al. 2010; Zemach et al. 2010).

메틸화와 small RNA들이 시작되었던 다세포 생물의 기원이 되는 시대로 되돌아간다고 가정하면, 이러한 기작들이 처음부터 전이유전인자의 출현에 대응 목적으로 진화된 것이라고 여기는 것이 가능할까? 또는 이러한 기작들이 진화 초기에는 각각 고유의 유전자 발현 조절 역할을 갖고 있었지만, 즉 서로 다른 진화적 기원으로 시작하였지만, 기생성 DNA의 확산을 막기 위한 목적이 같아서 중립선택(neutral selection)을 통해서 협동하게 된 것일까? 이들은 매력적인 질문이지만, 궁극적인 답변을 찾기는 힘들다.

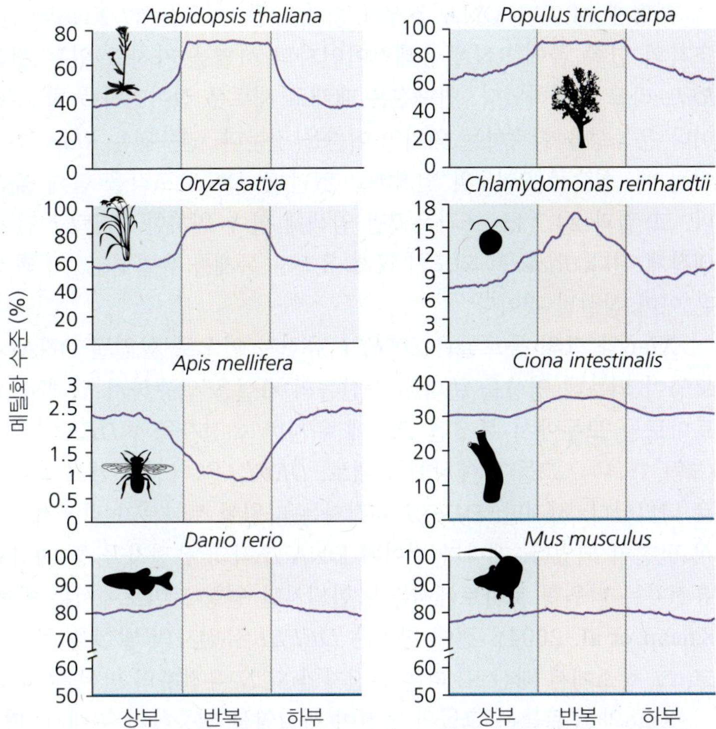


**그림 15.8 유전체 안에서 반복전이인자 DNA의 메틸화** 각 그래프의 중심은 전이유전인자와 관련된 반복 DNA(repetitive DNA) 부위를 나타낸다. *y*축의 단위가 생물마다 다름에 유의. 꿀벌, *Apis bumblebee*를 제외한 모든 종에서 반복전이인자 DNA에서 메틸화가 주변에 비해 높게 나타났다. Feng et al. (2010)에서 다시 그림.

## 전이인자가 표현형에 미치는 영향: Roma tomato의 예

어떻게 전이인자가 표현형에 영향을 끼치는가에 대한 아주 흥미로운 예는 토마토에서 얻을 수 있었다. Han Xiao와 공동연구진은 타원형 토마토들과 그들의 조상인 원형 토마토 사이에 유전적인 차이를 찾기 위해서 연구를 진행하였고, 과일의 모양에 영향을 주는 것으로 알려진 토마토 유전체의 한 부분의 DNA 서열을 분석하였다(그림 15.9). 타원형과 원형 계보 사이에는 명백한 차이가 있었고, 타원형 토마토의 경우에 24,700개의 뉴클레오티드 길이의 DNA 여분의 조각이 존재하였다. 그림 15.10에 보여지는 바와 같이 이러한 긴 DNA 조각은 *DEFL1*이라고 하는 유전자 사이에 끼어져 위치하고 있었다(Xiao et al. 2008). 원형 토마토의 대립유전자도 마찬가지로 *DEFL1*을 가지고 있지만 중간에 끼어져 들어간 여분의 조각은 없었다. 그렇다면 이러한 24.7 kilobase의 DNA는 과연 어디서 왔을까? 연구진은 10번 염색체에서 동일한 염기서열을 찾았다. 이 부위는 원형과 타원형 토마토 둘 다 동일하게 존재하고 있었다. 단지 타원형 토마토에서 하나의 복사본이 추가로 7번 염색체 상에 위치한 *DEFL1* 유전자 사이에 들어 있을 뿐이다. 24.7 kb에 해당하는 부분이 복제된 것이다. 복제는 유전자가 만들어지는 일반적인 기작으로 알려져 있다(5장 참조).

**그림 15.9 원형 토마토와 타원형인 로마 토마토(roma tomato)**

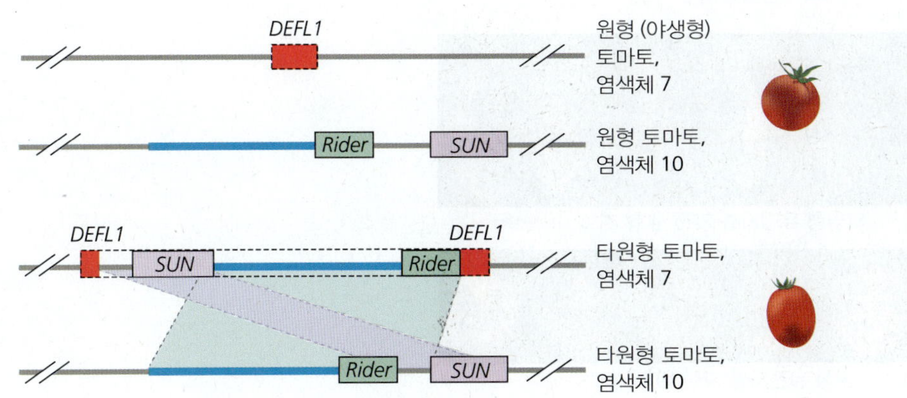


**그림 15.10 타원형 토마토에서 *SUN* 유전자좌위의 전이와 복제** 원형 토마토의 경우에 야생형식물들은 *SUN* 유전자좌위가 10번 염색체에 하나만 존재한다. 타원형 토마토 계보들은 7번 염색체에 *DEFL1* 유전자 안으로 삽입되는 *SUN*의 중복이 일어난다. Xiao et al. (2008)에서 수정.

어떻게 24.7 kb DNA 조각이 중복이 될 수 있을까? Xiao와 관련 연구진은 이 DNA 조각의 한쪽 끝에 RNA 유래전이인자의 서열을 가지고 있는 것을 발견하였고 이름을 *Rider*라고 명명하였다. 연구진은 때때로 새로운 전이인자를 발견했을 때, 그들은 움직임이나 운동성을 함축하는 의미의 이름을 짓는다. 연구진은 *Rider*가 10번 염색체로부터 전이될 때, 실수로 *Rider*와 인접하고 있던 긴 DNA 조각을 함께 옮긴 것으로 가설을 세웠다. 그 결과 24.7 kb 조각은 7번 염색체 상에 위치한 *DEFL1* 안에 삽입되어 새롭게 자리잡게 된다. *Rider*는 의도치 않게 유전자 복제를 유발하고, 이 과정에서 *DEFL1*의 기능은 아마 상실될 것이다.

Xiao와 그의 동료들은 *DEFL1* 유전자 안으로 삽입된 DNA 조각이 타원형 열매의 모양이 되는데 영향을 준다는 자신들의 가설을 입증하기 위해서, 타원형 토마토와 원형 토마토들 모두에서 복제된 조각에 위치한 유전자들과 *DEFL1*의 발현량을 조사하였다(그림 15.11). 그들이 예상했던 대로, *DEFL1*은 타원형 계보에서는 기능을 상실한 것으로 나타났다. 하지만, *DEFL1* 유전자는 타원형 토마토가 길어지는 시기에 원형 토마토에서 발현이 되었다. 게다가 전이된 DNA 조각의 유전자들 중 하나로서 *SUN*으로 명명된 유전자는 타원형 토마토에서는 발현되지만 원형 토마토에서는 발현되지 않았다(van der Knaap et al. 2004). 전이 현상은 *DEFL1* 유전자의 발현을 못하게(turned off) 만들었고, 그 장소에서 대신 또 다른 유전자인 *SUN* 유전자의 발현을 시작하게 만들었다.

Xiao와 동료들은 그들의 발견이 사실임을 입증하기 위해서, 타원형 토마토로부터 전이된 조각을 얻어서 원형 토마토에 넣어주는 실험을 하였다. 여기서 사용된 전이된 조각은 *SUN* 유전자와 *SUN* 유전자 위쪽에 위치한 *DEFL1* 유전자의 부분을 포함하고 있다. 그들의 결과는 *SUN* 유전자의 영향이 발현량에 의존한다는 것을 보여준다. 다시 말해서, 보다 많은 *SUN* 유전자의 발현은 보다 길어진 토마토 열매들을 만든다(그림 15.12).

토마토 모양에 관한 연구내용은 다음에 우리가 보게 될 증거를 함께 더하면 더욱 명확해진다. *SUN* 유전자가 *DEFL1* 유전자의 중간에 끼어져 들어가게 되었을 때, *SUN* 유전자의 발현 양상은 변하게 되는데, 그건 *SUN* 유전자의 앞쪽(upstream)에 위치한 발현

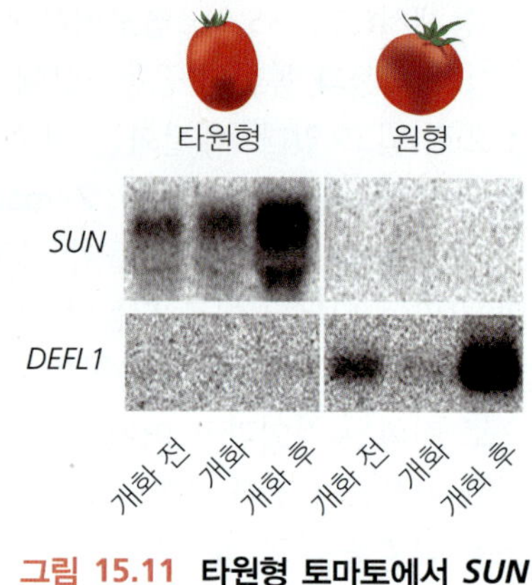


**그림 15.11 타원형 토마토에서 *SUN*의 발현 양상은 원형 토마토에서의 *DEFL1* 양상과 유사하다** 유전자 발현은 꽃 발생 단계 동안 세 번에 걸쳐 RNA 노던 흡입법(Northern blots)을 이용해서 측정하였다. Xiao et al. (2008)에서.

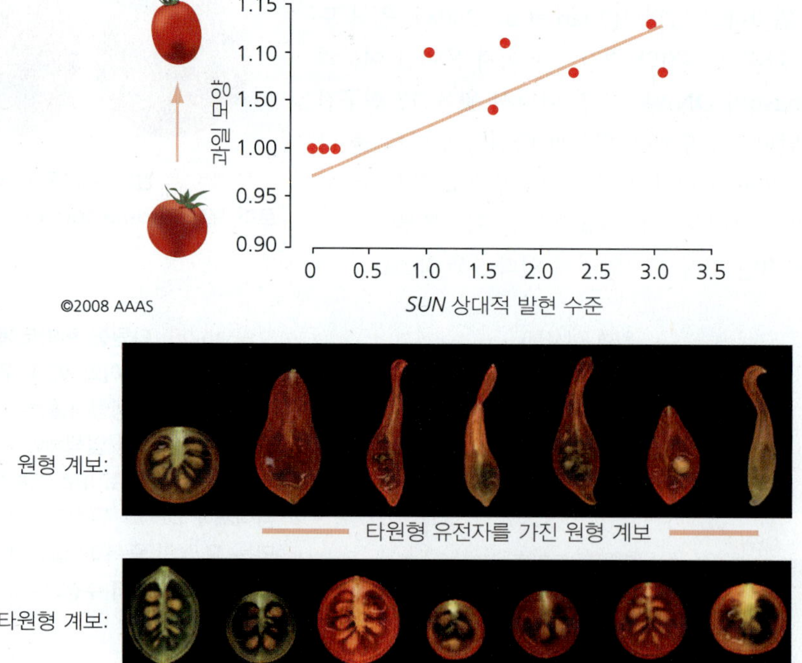


**그림 15.12 과일 모양에 대한 SUN 유전자의 영향은 발현 양에 의존한다** SUN 유전자로 형질전환된 타원형과 원형으로 된 다양한 토마토 계보의 열매. 반대의 경우는 아래 그림에 나타냄. Xiao et al. (2008)에서.

(Top) From "A retrotransposon-mediated gene duplication underlies morphological variation of tomato fruit." *Science* 319: 1527–1530. Reprinted with permission from AAAS.

조절인자들(regulatory elements)이 변경되었기 때문이다. 유전자의 발현이 근처에 위치한 비암호화 염기서열에 의해 조절되는 것을 cis-조절(cis-regulation)이라고 한다. 전이 후에 *SUN* 유전자는 *DEFL1*이 가지고 있던 cis-조절인자들(cis-regulatory elements)을 가지게 된다. 이런 이유로, *DEFL1*이 일반적으로 발현될 때에 대신 *SUN* 유전자가 발현이 되게 되고, 이 시기는 열매를 발달시키는 과정이기 때문에, 그 결과로 타원형 토마토 열매가 형성이 되는 것이다. 이러한 결과는 유전자와 유전체 진화에 대해서 다음과 같은 세 가지 중요한 특성을 보여준다.

**전이유전인자는 때때로 그들 숙주의 표현형에 영향을 준다.**

- *SUN* 유전자좌위는 전이인자에 의해 변화가 되었다. 전이인자는 다세포생물의 유전체 전체에 존재하지만, 그들은 생물의 표현형에는 거의 영향을 주지 않는다.
- *SUN* 유전자의 특별한 변형은 복제된 후 유전체의 다른 곳에 위치하는 여분의 복사본을 만들었다. 유전자중복은 이 장의 뒤에서 자세히 논의하게 될 유전체의 일상적인(pervasive) 진화 방식이다.
- *SUN* 유전자중복은 cis-조절(cis-regulation)의 변화를 통해 유전자 발현이 달라지는 결과를 가져왔다. cis-조절(cis-regulation)의 변화는 진화에 있어서 형태적 새로움을 만드는 중요한 원인으로 제안되었다(Wittkopp and Kalay 2012 참조).

## 15.3 돌연변이율의 진화

돌연변이율(mutation rate)은 생물에 따라 다르다(5장 참조). 생명의 그물 전반에 걸쳐 나타나는 돌연변이율 결과는 몇 가지 인상적인 양상을 보여준다. 예를 들어, **그림 15.13a**에는 돌연변이율이 다양한 미생물 전반에 걸쳐 유전체의 크기가 증가함에 따라 감소하는 것으로 나타났다. 그러나 속이 빈 원으로 표시된 4개의 점들은 통계의 최량적합선을 계산하는 데에 포함되지 않고 있고, 많은 진핵생물들이 다른 경향을 보일 것이라는 생각을 갖게 한다. 이런 경향은 그림 15.13b에 있는 자료에 의해서 확인이 가능하다. 왜 돌연변이율이 일부 생물에서는 유전체 크기에 따라 감소하지만, 다른 생물에서는 유전체 크기에 따라 증가하는 것일까? Michael Lynch는 2010년 논문에서 집단 유전학의 수학적 논리에 기반을 둔 가설을 제시하였는데, 이에 따르면 돌연변이율의 하한가(lower limit)가 자연선택과 유전적 부동 사이의 상호작용에 의해 정해진다는 것이다.

**대부분의 미생물에 있어서 돌연변이율은 유전체의 크기에 따라 작아진다. 하지만 많은 진핵생물 중에는 (특히 다세포 생물) 돌연변이율이 유전체의 크기에 따라 증가한다.**

유전적 부동에 의한 영향은 작은 집단에서 더욱 강하게 나타난다(7장의 이론과 예시를 참조). 자연선택과 유전적 부동이 함께 표현형에 영향을 줄 때, 향상된 표현형을 선호

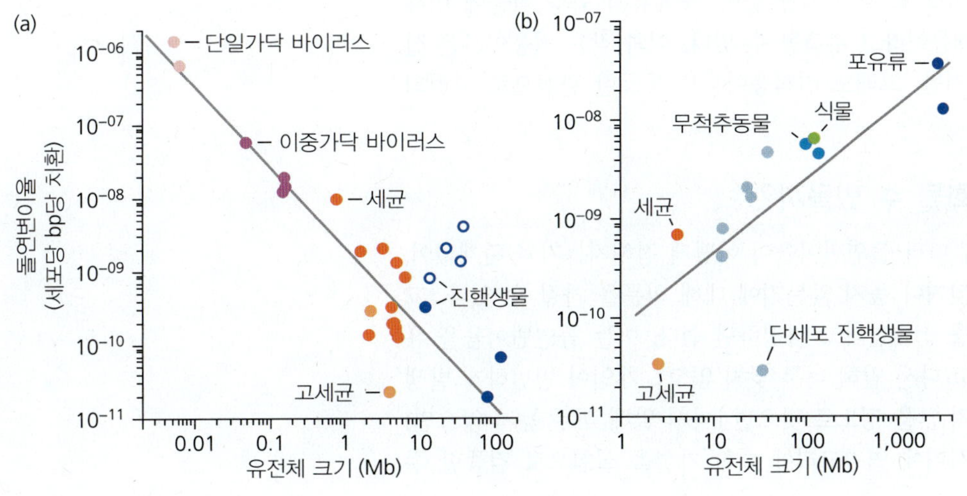


**그림 15.13 유전체 크기에 따른 돌연변이율의 크기** (a) 바이러스와 원핵생물과 일부 단세포 진핵생물의 유전체 크기와 돌연변이율은 반비례한다. 이는 큰 유전체를 가진 생물이 낮은 돌연변이율을 갖는 것을 의미한다. Sung et al. (2012)의 자료. (b) 많은 진핵생물에서는 반대로 정비례하는 결과를 보인다. Saxer et al. (2012)에서 다시 그림.

하는 자연선택의 능력은 유전적 부동의 경향에 대해서는 상반될 수밖에 없다. 왜냐하면 유전적 부동은 표현형에 대한 유전적인 다양성을 잃어버리는 원인이 되기 때문이다. 지금 위의 절에서 언급한 실험 결과의 경우에는 돌연변이율을 표현형이라고 간주할 수 있다. 만약 전반적인 생물 모두에서 자연선택의 힘이 낮은 돌연변이율 쪽으로 강한 힘으로 작용한다고 가정하면, 이 자연선택의 힘은 유전적 부동의 영향에 의해 상쇄될 수도 있다. 유전적 부동은 작고 효율적인 집단 크기의 생물들에서 증가하기 때문에, 효율적인 집단 크기가 작아질수록, 유전적 부동의 영향력은 올라가고, 적절한 표현형(여기에서는 낮은 돌연변이율이 표현형임)을 만들려고 하는 자연선택의 능력을 제한하게 된다.

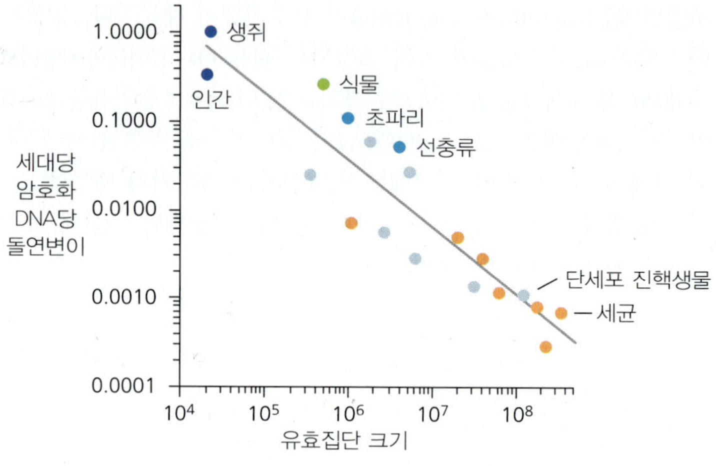


**그림 15.14 효율적인 집단 크기에 따른 돌연변이율의 크기** 큰 집단 크기를 가진 분류군이 낮은 돌연변이율을 보였다. Sung et al. (2012)의 자료.

지난 수십 년 동안, 위에 언급한 것과 같은 분자진화와 관련된 흥미로운 가설은 검증할 수 있는 방법이 없었다. 대부분의 생물학의 역사로 보면, 과학자들은 돌연변이율에 대한 기준선을 측정할 수 없었다. 그 이유 중 하나는 돌연변이율이 너무 낮다는 것이다. 그러나 유전체 염기서열분석은 필요한 자료의 수집을 가능하게 하고 있다.

Michael Lynch의 가설은 돌연변이율에 대한 하한가를 결정하는 효율적 집단 크기의 역할에 대한 것이고, 이러한 가설은 그림 15.14에서 보이는 두 개의 값에 의해서 정해진다. 포유류와 육상 식물과 같은 큰 크기의 몸집을 가진 생물들은 작고 효율적인 집단 크기를 가지고 있고, 무척추동물이나 단세포 진핵생물과 원핵생물 등과 같은 몸집이 작은 생물에 비해서 높은 돌연변이율을 가지고 있다.

**돌연변이율의 하한가는 자연선택과 유전적 부동 간의 상호작용에 따라 정해진다.**

Lynch의 가설은 자연선택과 유전적 부동 사이의 균형에 의해서 돌연변이율의 기준선이 결정되고 이는 효율적인 집단 크기에 좌우된다는 것이다. 과연 맞을까? 이 가설을 온전히 평가하기 위해서는 다른 생물의 집단 크기를 바꿈으로써 돌연변이율이 이에 반응하여 달라지는지 여부를 관찰함으로 가능할 것이다. 비록 이러한 실험이 실용적이라고 할 수 없더라도, Lynch의 가설은 유전체 진화에 있어서 다음과 같은 중요한 사실을 요약해 준다. 그것은 유전체와 유전체 진화의 모든 특징이 꼭 적응으로 설명할 필요는 없다는 것이다. 우리는 우리가 관찰했던 유전체에서 일어나는 모든 현상에 대해 적응이라는 과정을 통해 이를 설명하고자 하는, 또한 부족하면 적응이라는 과정을 일부 수정이라도 해서 이를 설명하고자 하는, 욕구가 있을지도 모른다. 예를 들어, 포유류가 육상 식물에 비해 높은 돌연변이율을 갖는 것이 적응 때문이라고 추측할 수 있다. 이와 같은 적응이론은 실제로도 맞는 것이라고 밝혀질 수 있지만, 그래도 비적응이론도 동등한 관심으로 고려되어야 한다.

## 돌연변이율은 높거나 낮게 진화될 수 있을까?

유전체 크기나 효율적인 집단 크기에 따라 돌연변이율이 어떻게 정해지는지와 관계없이, 우리는 특정 종의 돌연변이율이 왜 낮거나 높지 않는지에 대해 의문을 가질 수 있다. 그것은 자연선택이 최적의 돌연변이율을 선호한다고 가정하면 쉽다. 이는 돌연변이율을 유지하는데 힘이 들지 않을 정도로 높고(다시 말해 너무 낮지 않고), 개인이 빈번하게 발생하는 해로운 돌연변이로부터 고통받지 않을 정도로 낮으면 (다시 말해 너무 높지 않으면) 된다. 하지만 돌연변이율과 적응도 사이에 연결고리에 대한 가설을 실험으로 검증할 수 있을까? 사실, 충분히 짧은 세대기간을 가진 생물이라면 가능하다.

Lawrence Loeb와 공동연구진은 돌연변이율의 진화를 연구하는데 있어서 아주 독창적인 방법으로 접근했다. 그들은 DNA 복제와 복구(repair)에 관련된 효소인 DNA 중합효소 I(DNA polymerase I 또는 PolI)의 형태가 조금씩 다른 60종류 이상의 대장균(*E. coli*) 균주를 만들었다(Loh et al. 2010). PolI의 구조적 변이에 기인하여, 세균 균주들은 기존 대장균에 비해 0.001배부터 1000배까지 다양하게 높아진 돌연변이율을 보였다. 비록 일부 연구진은 대장균 같은 단세포생물의 경우에는 DNA 복제의 정확도(fidelity)의 변화가 성장률에 영향을 주기 때문에 돌연변이율이 변한 것이라고 주장하였지만, Loeb와 동료들이 만든 균주의 경우에는 비슷한 성장률을 보였다. 따라서 연구진은 성장률에 대한 고려 없이 조사할 수 있었고, 어떤 돌연변이율이 높은 적응도를 만드는지 검증할 수 있었다. 이를 위해서 연구진은 전체 66개의 모든 대장균 균주들을 함께 넣고서 필요자원에 대해 경쟁하게 만들었다. 이 실험은 몇 개의 복제 집단을 이용해서 많은 세대에 걸쳐 조사하였다.

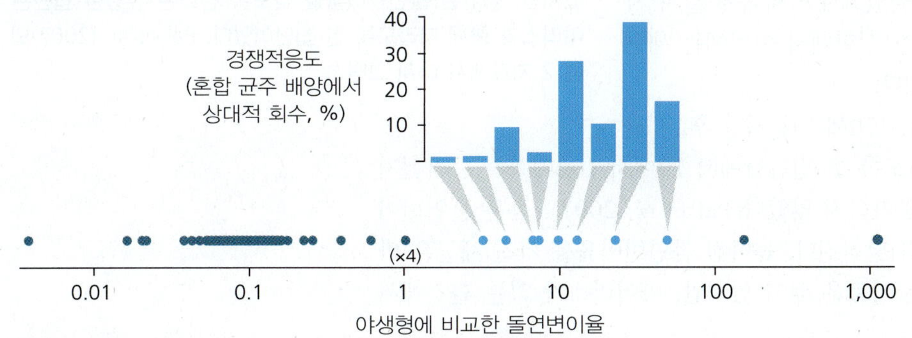


**그림 15.15 대장균 균주간의 경쟁을 통한 돌연변이율의 진화** 조사된 돌연변이율의 범위는 아래쪽의 수평 눈금을 따라 표시되어 있다. 각 점은 각각 다른 대장균 균주들을 나타낸다. 그래프는 모든 균주 간의 경쟁실험 후 회수한 대장균 균주의 빈도를 보여준다. Loh et al. (2010)에서 다시 그림.

경쟁실험의 결과는 그림 15.15에 잘 나타나 있다. 모든 반복실험에서, 집단을 차지한 대장균 계보는 야생형 대장균보다 10~47배 더 높은 돌연변이율을 가지고 있었다. 정상보다는 높지만 그렇다고 절대적으로 가장 높은 것은 아닌 세균성 균주의 돌연변이율이 최적의 적응도를 가지게 된다.

과연 이것은 더 높은 돌연변이율을 가진 균주가 350세대에 걸친 실험에서 그들의 적응도를 증가시키는 이로운 돌연변이를 획득한 것 때문일까? Loeb와 동료들은 실험 전에 돌연변이율이 비슷한 균주를 조상으로 간주해서 그 균주에서 경쟁실험을 통해 얻어진, 즉 마지막에 이긴 돌연변이 균주 자손과의 돌연변이율 변화를 조사하였다(그림 15.16). 결과

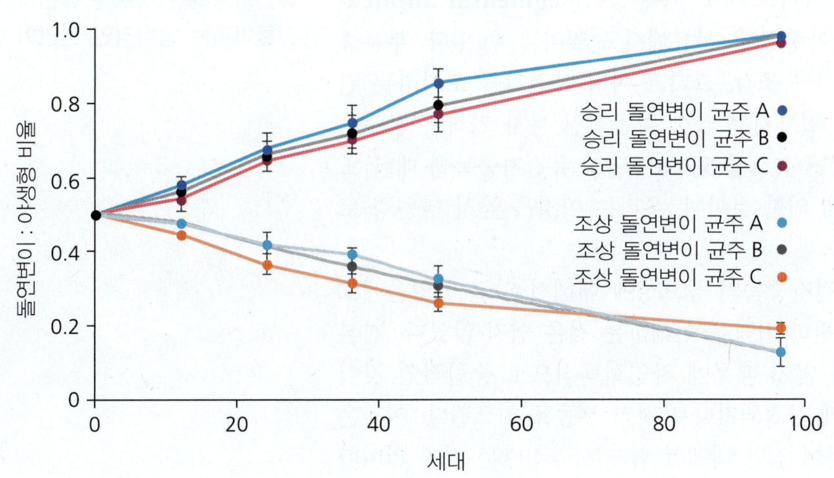


**그림 15.16 돌연변이와 조상 균주의 상대적인 적응도** 조상 균주들은 경쟁 실험에서 이긴 그들의 돌연변이 자손들과 같은 표현형을 가지고 있지만, 경쟁을 겪지는 않았다. 이것은 돌연변이 표현형 자체가 적응도를 증가시킨 것은 아니라는 것을 보여준다. 대신에, 경쟁에서 이긴 돌연변이 균주는 경쟁실험의 과정을 통해서 증가된 적응도를 얻었음에 틀림없다. Loh et al. (2010)에서 다시 그림.

는 경쟁하기 전에 돌연변이들이 야생형 대장균보다 낮은 적응도를 가졌지만 경쟁한 후에 경쟁에서 이긴 돌연변이는 야생형 균주보다 더 높은 적응도를 가졌다는 것을 보여준다. 이것은 매우 설득력 있는 증거로서, 경쟁에서 이긴 균주의 경우에 경쟁하기 전에는 우세하지 않았지만 350세대에 걸친 경쟁과정 동안 이로운 돌연변이를 획득했음을 말해준다.

Loeb와 동료들에 의한 실험은 특정 환경 조건에서 야생형보다 높은 돌연변이율이 적응적이라는 것을 입증했다. 그러나 이 결과는 모든 환경에 적용할 수는 없다. 그렇지 않다면, 야생형 대장균의 돌연변이율은 이미 높게 진화했었을 것이다. 이러한 상호작용에 대한 통찰(insight)은 바이러스가 존재하거나 혹은 존재하지 않을 경우 세균의 진화연구로부터 얻을 수 있다. Csaba Pal과 공동연구진은 2007년 연구에서 세균 *Psudomonas fluorescens*의 집단에서 36개의 실험실 배양 미생물을 만들었고 170세대에 걸쳐 자라게 했다. 그들은 또한 병행해서 실시한 실험에서 이번에는 세균이 해로운 바이러스와 함께 자라도록 했다.

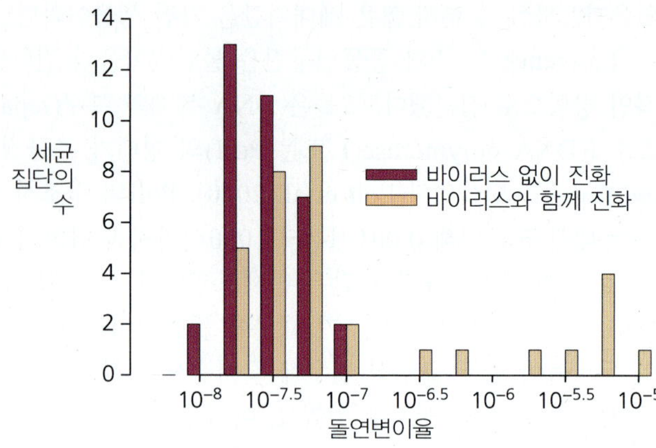


**그림 15.17 박테리아는 자신에게 해로운 박테리오파지 바이러스가 있을 때 높은 돌연변이율을 갖는 쪽으로 진화한다** 비록 대부분의 집단이 초기에 $10^{-8}$에서 $10^{-7}$의 돌연변이율을 가지고 있지만, 증가된 돌연변이율을 갖도록 진화된 유일한 집단은 바이러스와 함께 자라도록 한 집단이었다. Pal et al. (2007)의 그림 2 자료에서 다시 그림.

결과는 그림 15.17에 나타내고 있다. 170세대가 지난 후, 세균의 돌연변이율은 바이러스와 함께 자라도록 한 집단들에서 10에서 100배까지 증가했지만 바이러스가 없이 자란 집단에서는 증가하지 않았다(Pal et al. 2007). 높은 돌연변이율로 인한 적응도의 장점은 환경에 따라 달라진다. 높아진 돌연변이율을 가진 세균은 바이러스와 함께 자라도록 한 환경에서는 이로운 점이 있지만, 바이러스가 없는 환경에서는 그렇지 않다.

앞의 실험은 세균의 돌연변이율이 단기간의 경쟁이나 혹은 기생생물이 존재할 때 증가하는 방향으로 진화하는 경향이 있다는 것을 보여준다. 분명하게 말하면, 유전체 전체의 돌연변이율은 자연선택에 의해 진화할 수 있다. 그러나 이러한 연구 결과들이 다세포생물로 확장 적용될지는 알려진 바 없다.

돌연변이율은 자연선택에 의해 진화하는 특성을 갖는다.

## 15.4 유전자중복과 유전자군

기존에 존재하던 유전자의 중복(duplication)은 진화에서 새로운 유전자가 만들어지는 일차적인 원인이 된다(5장 참조). 유전자중복(gene duplication)은 유전체 전체의 중복(polyploidization, 배수화)의 결과로 일어나기도 하고, **부분중복(segmental duplication)**이라고 불리는 과정과 같이 유전체의 아주 작은 부분에서도 일어날 수 있다. 부분중복은 하나의 완전한 유전자, 혹은 일부 유전자 조각, 그리고 여러 유전자를 포함하는 긴 DNA 구간도 복사할 수 있다. 부분중복을 일으키는 가장 일반적인 분자 기작은 감수분열 동안 염색체 사이의 교차에 의해서 일어난다(그림 5.26a 참조). 유전자중복에 대한 또 다른 중요한 기작은 전이유전인자의 활성에 의한 것이며, 우리는 이것을 앞서 타원형 토마토 열매의 경우를 통해 논의한 바 있다.

유전자중복은 새로운 유전자가 만들어지는 일차적인 원인이 된다.

비록 생물학자들이 오랜 기간 동안 유전자중복의 중요성에 대해서 알고 있었음에도 불구하고, 중복유전자의 보존을 도출하는 진화 기작을 이해하는 것은 쉽지 않았다. 기본적으로, 중복사건은 표현형에 영향을 주지 않기 때문에 자연선택적으로 중립적인 것이 대부분이다. 중립 대립유전자는 아주 드물게 고정되거나 유전적 부동을 일으킨다. 이것은 대부분의 중복유전자들이 유전자 부동 때문에 집단 내에서 쉽게 사라진다는 것을 의미한다. 그렇다면 왜 일부 유전자중복은 보존 되고, 어떻게 유전자의 기능이 변화하는 진화를 계속할 수 있는 것일까?

## 중복유전자의 보존을 위한 기작

이제부터 우리는 중복유전자가 어떻게 보존되는지 알기 위해 몇 가지 진화가설과 모델들을 살펴볼 것이다(Ohno 1970; Hahn 2009). 이들 모두는 **그림 15.18**에 나와 있는 3가지 단계와 연관된다(Innan and Kondrashov 2010).

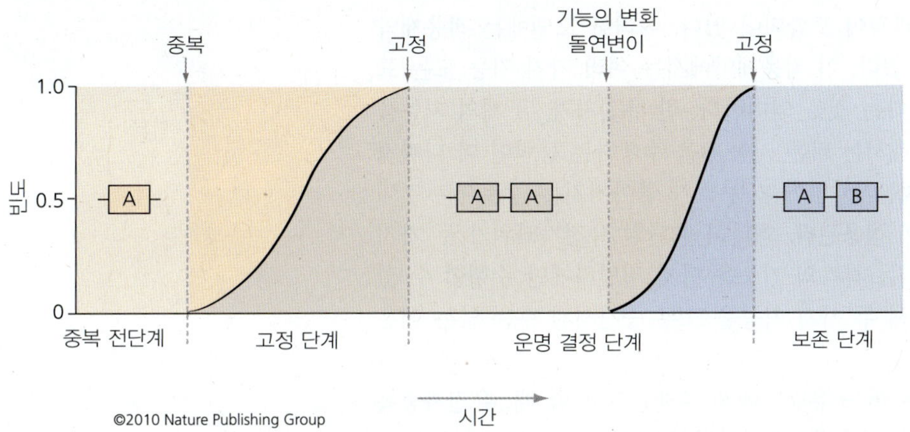


**그림 15.18 중복유전자의 보존을 위한 모델** 먼저 중복된 대립유전자는 집단 내에서 고정될 정도로 빈도가 높아져야 한다. 다음으로, 중복된 것 중 하나에 돌연변이가 일어나서 그 유전자의 기능이 A에서 B로 바꾸어져야 한다. 만약 이 새로운 대립유전자가 고정될 정도로 높아지면 다른 기능을 가지는 2개의 유전자가 보존되는 것이다. Innan and Kondrashov (2010)에서 다시 그림.



유전자가 단일개체(single individual)에서 중복된 후에는, 새로운 2개 유전자의 대립유전자가 반드시 집단 내에서 고정되어야 한다. 그러나 대부분의 중복은 자연선택적 이점을 가지지 않으며, 유전적 부동에 의해 사라지게 된다. 그러나 드문 경우에서 중복된 대립유전자는 고정될 정도로 빈도가 높아진다(노란색에서 갈색으로 전환함). 다음으로 중복된 유전자 쌍 중 하나는 그 기능을 변화시키는 돌연변이가 필요하다. 원래의 기능을 하는 A와 새로운 기능을 하는 B라고 하면, 이러한 새로운 대립유전자는 집단 내에서 고정이 될 정도로 빈도가 증가하여야 한다(갈색에서 파란색으로). 이렇게 보존이 된 이유는 일반적으로 자연선택에 기인한다. 바로 B의 새로운 기능이 적응도를 높인다는 것이다.

**신기능화(neofunctionalization)**라고 알려진 모델의 관점에서 보면, 중복과정 후에 돌연변이가 일어난 유전자 복사본은 의도치 않게 유기체에 이익이 되는 완전히 새로운 기능을 얻게 된다. 두 개의 유전자 복사본이 존재하기 때문에 하나가 돌연변이가 일어나서 새로운 기능을 갖는다 하더라도, 나머지 하나의 복사본은 계속해서 본래의 기능을 계속할 수 있다(**그림 15.19**). 이것은 중복유전자의 보존을 설명하기 위해 넓게 받아들여지는 기작이지만, 그 동안 제시되어 왔던 다른 여러 기작들에 비해서 신기능성화가 얼마나 자주 일어나는지는 알려져 있지 않다. 이와 관련된 **준기능화(subfunctionalization)** 모

**중복사건 후에 만들어진 유전자 복사본들은 다양한 운명을 맞게 된다.**

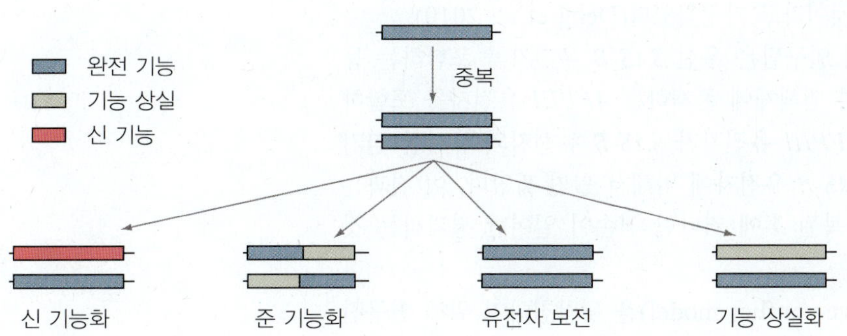


**그림 15.19 유전자중복에 의해 얻어지는 가능한 결과들** Lynch (2007) and Hahn (2009)에서 다시 그림.

델을 예로 들어 보면, 이 모델에서 조상의 유전자는 두 가지 다른 기능을 함께 가진다. 이러한 두 가지 기능을 갖는 조상의 유전자가 중복된 후에, 하나의 복사본에 돌연변이가 일어나 기능 A를 억제하게 되면 A는 기능을 잃게 되고, 두 번째 기능인 기능 B만 여전히 효과적으로 작동하게 된다. 궁극적으로, 남아 있던 두 가지 기능을 갖는 복사본 역시 기능 B을 억제하는 상호보완적인 돌연변이를 획득하여, 이때부터는 각각의 복사본은 오직 한 가지의 기능만을 수행하게 되고, 두 복사본 모두가 생물체의 생존을 위해서 필요하게 된다.

세 번째 모델은 일종의 준기능화 작용으로 볼 수 있지만, 아주 새롭거나 아니면 최소한 크게 향상된 기능으로 진화되는 과정이 포함되어 있다. 이러한 모델에는 **적응제약(adaptive constraint)**의 개념이 들어 있다. 이 적응제약에서는 여러 가지 기능 또는 표현형 두 가지가 동시에 최적화될 수 없다는 것을 의미한다. 한 유전자가 두 개의 기능을 가질 때, 하나의 기능 A가 좋아지기 위해서는 다른 기능 B을 수행하는 능력이 더 나빠져야 한다는 것이다. 즉, 기능 B가 나빠지는 것 없이 기능 A가 좋아지지는 않는다는 것이 핵심이다. 이는 반대의 경우에도 똑같이 적용된다. 왜냐하면 단일 유전자좌위가 두 가지 기능을 담당하기 때문에, 이 유전자좌위는 각각의 기능을 단지 적당하게만 수행할 수 있을 뿐이고, 자연선택에 의한 진화를 통해 두 가지 기능을 모두 증진시킬 수는 없는 이유는 바로 적응제약 때문이다.

적응제약이 다양한 기능을 수행하는 어느 유전자에게 존재한다고 할 때, 유전자중복을 보존하기 위한 하나의 가능한 기작은 **적응대립으로부터의 도피(escape from adaptive conflict)**라고 불린다(Piatigorsky and Wistow 1991; Des Marais and Rausher 2008). 이 모델에서 유전자 중복은 각각의 두 유전자가 한 가지 기능에 더 특화될 수 있는 방법을 제공한다. 그리고 결국에는 특화된 두 가지 기능 모두가 더 나은 기능을 담당하게 된다.

## 부동단백질의 진화에 있어서 적응대립으로부터의 도피

추운 극지 해양에 사는 많은 어류는 몸의 체세포 내에 얼음결정이 형성되는 것을 방지하고 동사에 의한 죽음을 막기 위해 특별한 부동단백질(antifreeze protein)을 진화시켜 왔다. Cheng Deng과 그 동료들은 남극에 서식하고 있는 등가시치, *Lycodichthys dearborni*가 가지고 있는 부동단백질의 진화적 기원에 대해 궁금증을 가졌다(그림 15.20 참조). 왜냐하면 이것의 부동단백질을 발현하는 유전자들(*AFPIIIs*라고 불림)은 시알산 합성효소 B(sialic acid synthase B), 즉 *SAS-B*라고 불리는 다른 유전자의 일부 구조와 흡사한 구조를 가지고 있기 때문이다. 비록 SAS-B가 세포 내에서 시알릭산을 생성하는 것을 돕는 효소이고 AFPIII 단백질은 혈액 내로 분비되어 얼음결정과 결합되는 전혀 다른 작용을 하더라도, 과학자들은 *AFPIII* 유전자가 *SAS-B* 유전자의 중복의 결과물이라고 가정하였다. 그들은 또한 *AFPIII* 유전자가 *SAS-B*에서 중복된 후 진화된 기작이 적응대립으로부터의 도피의 모델에 맞아 들어가는 것이라고 가정하였다(Deng et al. 2010).

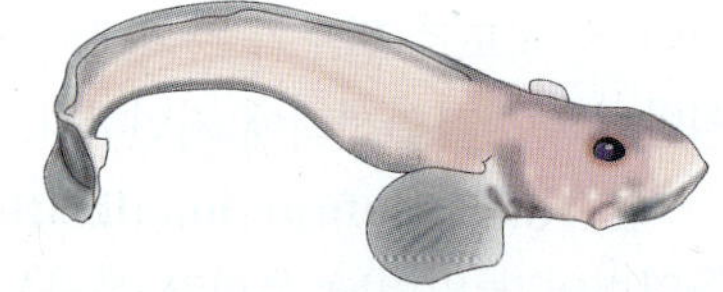

**그림 15.20 남극에 서식하고 있는 등가시치, *Lycodichthys dearborni*** Christina Cheng의 사진.

첫 번째 가설을 실험하기 위해 Deng의 연구팀은 우선 *SAS-B* 유전자를 포함하는 등가시치 유전체의 염기서열을 분석하고 다른 염색체에 존재하는 *AFPIII* 유전자를 포함하는 부분의 염기서열도 분석하였다. 비록 *AFPIII* 유전자가 *SAS-B* 유전자와 유사한 염기서열을 가지고 있지만 *AFPIII* 유전자는 *SAS-B* 유전자에 비해서 훨씬 짧았다. 이 결과는 *AFPIII* 유전자가 *SAS-B* 유전자로부터 중복된 후에 커다란 결손이 일어난 결과라는 것을 나타낸다(그림 15.21).

적응대립도피모델(escape-from-adaptive-conflict model)을 뒷받침하기 위해 연구진

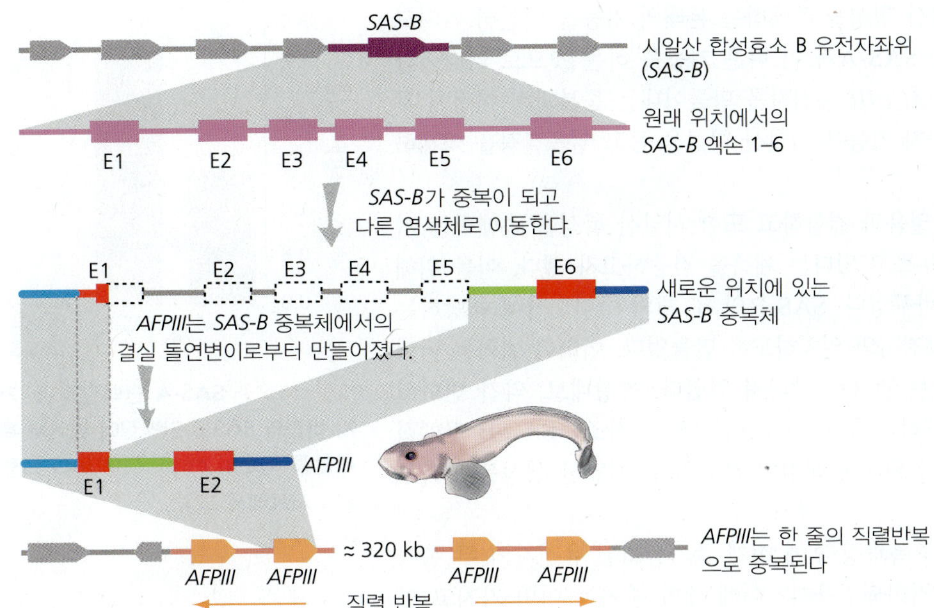


**그림 15.21 부동단백질 AFPIII의 기원과 중복현상** *SAS-B* 유전자는 중복되고 다른 유전자좌위로 이동하지만, 이러한 과정 동안에 유전자좌위의 많은 부분이 결실되었다. 그 결과 *AFPIII* 유전자좌위는 중복을 반복하여 일련의 반복서열로 만들어졌다. Deng et al. (2010)에서 수정.

은 다른 중복모델들과 차별화되는 세 가지 예측들을 만족시켜야 할 필요가 있었다. 첫 번째로 조상유전자는 중복 이전에 두 가지 서로 다른 기능을 가지고 있어야만 한다. 두 번째로 두 가지 기능 간에 적응제약이 있어서 한 가지 기능의 발달을 위해서는 동시에 다른 기능의 억제가 일어나야 한다는 것이다. 다시 말해, 한 가지 기능의 억제 없이 동시에 다른 기능이 개선되는 것은 억제된다는 의미이다. 세 번째는 중복된 유전자들은 반드시 두 가지 기능 중에 각각 하나씩을 개선시켜야 한다. 이 세 번째 예측은 매우 중요하다. 왜냐하면 일반적인 신기능화 모델에서는 단일 조상의 기능은 개선되지 않기 때문이다. 대신에 두 개의 딸유전자(daughter gene) 중에서 하나의 딸유전자만 새로운 적응기능을 차지하고, 다른 딸유전자는 변화하지 않는 본래의 기능을 그대로 유지하게 된다.

첫 번째 예측을 검증하기 위해, 연구진은 실험실 박테리아에 등가시치 *SAS-B* 유전자를 삽입하고 발현시켜 SAS-B 단백질을 만들었다. 이 단백질은 시알산(sialic acid)의 합성을 하는 역할을 하지만, 또한 얼음과 결합하는 친화성(ice-binding affinity)을 가지는 것으로 밝혀졌다. 순수한 물에서 얼음결정은 항상 원형상태로 커지지만 SAS-B가 존재할 때 얼음결정의 성장은 억제되었고 결정이 육각형이었다(그림 15.22).

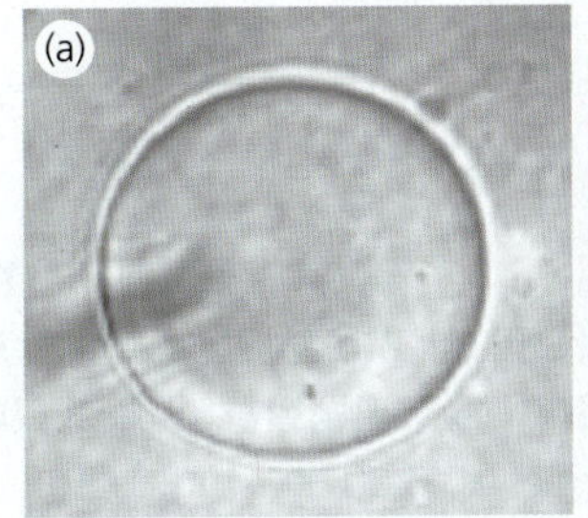

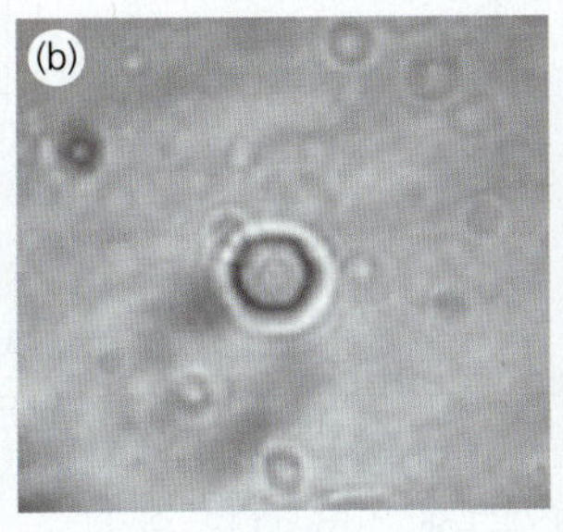

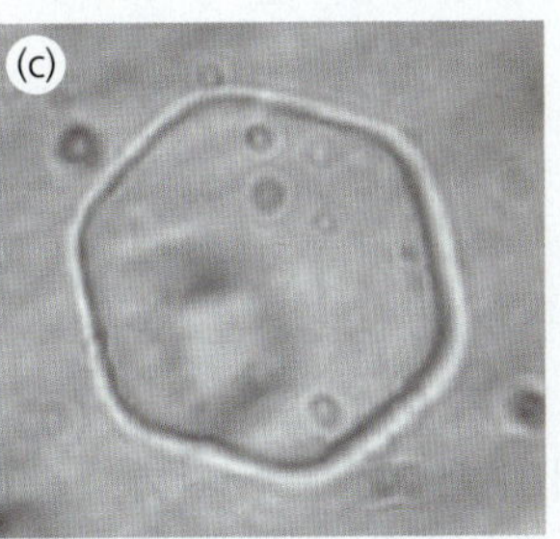


**그림 15.22 조상형인 SAS-B 단백질의 친화성 얼음 결합 기능** (a) 순수한 물에서 일반 얼음결정은 원형으로 성장한다. (b) SAS-B 단백질 존재 하에, 얼음결정은 우선 성장이 억제된다. (c) 얼음결정이 결국에는 육각형 모양으로 성장한다. Deng et al. (2010)에서 이미지 재인쇄.

하지만 SAS-B 단백질은 또한 시알산 형성을 촉매하는 본래의 기능을 여전히 가지고 있는데 SAS-B보다 조상형인 단백질인 SAS-A가 더 나은 기능을 하는 것으로 나타났다 (그림 15.23). 분명 조상형인 유전자는 *AFPIII* 유전자를 만들어내는 중복과정 이전에 두 가지 기능을 모두 가지고 있었다. 두 가지 기능은 시알산 형성을 돕고 얼음결정을 억제하는 것이다.

연구진은 이러한 두 가지 기능, 즉 얼음과 결합하고 또한 시알산 합성을 촉매하는 기능이 *SAS-B* 유전자 내에서 서로를 억누르고 있다는 예측을 검증하고자 했다. 이를 위해서 연구진은 *SAS-B* 염기서열을 약간 바꾸었다. SAS-B의 네 개의 아미노산에 해당하는 염기서열을 바꾸어서 이들이 *AFPIII* 유전자와 일치하도록 만들었다. 이러한 변화는 이미 이전에 부동단백질의 기능을 증가시키는 것으로 알려져 있었다. 예상대로, 약간 변화된 SAS-B 단백질은 시알산의 형성을 촉진하지 못하였다(그림 15.23 참조). SAS-B 단백질을 조금 더 부동단백질처럼 만드는 일이 원래 단백질이 갖고 있던 시알산 생성을 도와주는 기능을 잃게 된 것이다.

그렇다면 세 번째 예측은 어떨까? 중복과정 후에 현재 준기능화된 유전자의 두 복사본은 향상된 기능을 갖도록 적응하여 진화되었을까? 이에 대한 증거는 이미 가지고 있다. 앞서 논의한 대로, AFPIII 단백질은 SAS-B 단백질보다 얼음 형성을 더 억제하고, SAS-B 단백질은 조상인 SAS-A 단백질보다 더 빠르게 시알산을 만들 수 있다. Deng과 동료들은 또한 이 예측을 또 다른 방법인 양성선택을 이용하여 검증하였다(7.3절에 있는 “대체(비동의) 돌연변이들에 작용하는 대체 또는 비동의 돌연변이의 선택”에서 설명한 바 있다). *SAS-B* 유전자와 *AFPIII* 유전자의 경우에, 비동의치환은 동의치환보다 훨씬 흔하게 나타난 것으로 조사되었다. 이는 중복 후에 양쪽 유전자 모두에서 바꾸어진 기능에 대한 양성선택이 있었음을 제시하고 있다.

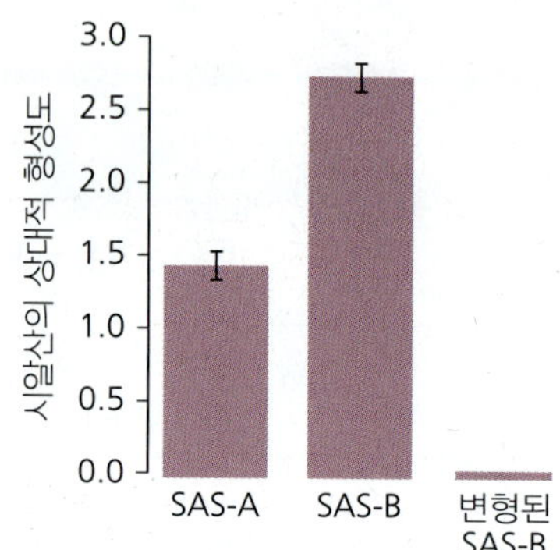


**그림 15.23 SAS-A 단백질과 두 가지 버전의 SAS-B 단백질에 있어서 촉매활동** Deng et al. (2010)의 그림 S4B 자료에서 그림.

### 중복유전자의 보존에 대한 가설들

이전에 논의되었던 유전자중복을 보존하는 모델은 초기 중복사건이 선택적 중립이라고 가정하고 있다. 중복사건은 그들 유전자의 발현이 증가될 경우에는 또한 처음부터 적응되는 것이 가능하다. 인간의 침 속에 존재하는 아밀라아제를 만드는 유전자의 경우가 이에 해당한다. 아밀라아제는 음식에서 전분을 분해하는 역할을 한다. 그림 15.24에 설명된 바와 같이, 그들의 유전체에서 아밀라아제 유전자의 복사본을 많이 가지고 있는 개개인은 침 속에 높은 농도의 아밀라아제를 가지고 있다(Perry et al. 2007). 평균적으로 따져봤을 때, 높은 전분 소비의 역사를 가진 집단의 사람들의 경우에 낮은 전분 소비의 역사를 가진 집단의 사람들에 비해 유전체 안에 아밀라아제 유전자의 더 많은 복사본을 가진다. 이 연구는 전분이 높은 음식을 소비하는 집단에서 침 아밀라아제 유전자의 반복적으로 나타나는 중복사건이 침 안에서 아밀라아제 농도를 증가시키는 구조로 자연선택에 의해 선호된다는 것을 의미한다.

**연속으로 일어나는 유전자중복 사건은 유전자군의 진화를 야기한다. 유전자군은 공동조상에서 파생된 유사한 기능을 가진 유전자 집단을 말한다.**

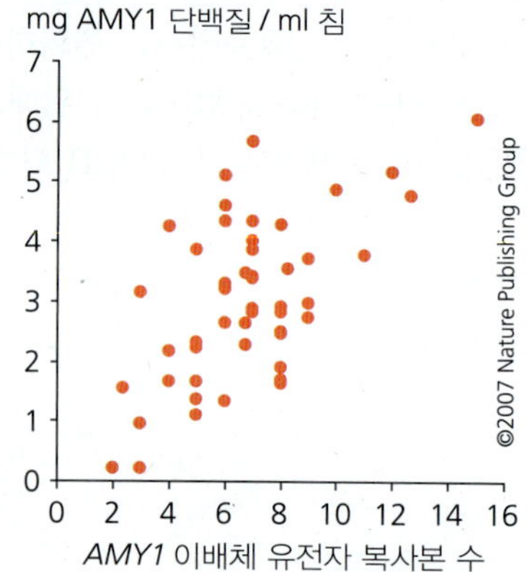


**그림 15.24 자신의 유전체에 *AMY1* 복사본이 더 많은 사람들은 침에 더 많은 AMY1 단백질을 가지고 있다** Perry et al. (2007)에서 다시 그림.



## 유전자군

단일 유전자중복은 진화의 종점이 될 수도 있지만, 많은 경우에는 중복사건이 반복되어 발생한다. 아밀라아제가 그 예라 할 수 있다. 이 현상은 **유전자군(gene families)**을 만들어낸다. 유전자군은 두 개의 유전자부터 수백 개의 유전자까지 어느 것이나 가능하고, 결국 유전자군은 모두 한 조상 유전자의 자손이라고 할 수 있다. 유전자군에 속한 모든 유전자들은 일반적으로 유사한 구조와 기능을 가지고 있다. 하지만 대부분의 경우에 그들은 동일한 기능을 수행하지는 않는다. 오히려 각각은 약간 다른 단백질을 만들어낸다. 때때로 유전자군의 존재는 적응적인 것으로 추론된다. 다른 경우에 있어서는, 유전자군을 가짐으로 인해 이로운 점은 알려진 바가 없다.

유전자군 진화에서 한 가지 눈에 띄는 예를 들자면, 독을 가진 청자고둥을 들 수 있다(그림 15.25). 청자고둥의 모든 종은 먹이를 움직이지 못하게 만드는 코노톡신이라 불리는 작은 단백질을 생성한다. 말 그대로 심지어 단 한 종에서도 백여 개의 다른 종류의 코노톡신 단백질 분자들이 존재한다. 연구진은 코노톡신을 만드는 유전자들이 유전자중복 현상에 의해서 만들어졌을 것이라고 가정하고 있다. Nicolas Puillandre와 동료들은 어류를 사냥하는 청자고둥에서 코노톡신 유전자군의 진화적인 역사를 조사하였다(Puillandre et al. 2010). 코노톡신 유전자가 선조 유전자 중복의 증거를 보여주는지 평가하기 위해서 그들은 우선 비암호화 DNA 염기서열을 바탕으로 11종의 청자고둥에 대한 계통수를 만들었다(그림 15.26).

**그림 15.25 먹이를 공격하기 위해 매복해 있는 청자고둥** 청자고둥, *Conus striatus*는 독이 있는 가시로 물고기를 잡는다. 독은 물고기를 순식간에 움직이지 못하게 만든 후 청자고둥은 물고기를 통째로 삼킨다. 전체 과정은 약 15초가 소요된다.

그 후에 그들은 A형 코노톡신(A-conotoxin)으로 알려진 단백질을 만드는 유전자의 DNA 염기서열을 모았다. 이 연구에서 연구진은 총 11종에서 A형 코노톡신을 만드는 서로 다른 유전자 DNA 염기서열 90개를 발견했다. 연구진은 이 염기서열을 이용하여 A형 코노톡신의 계통수를 만들었다. **유전자 계통수(gene tree)**로 알려진 개별적인 유전자들로 만들어진 계통수는 **종계통수(species tree)**로 알려진 청자고둥의 계통수와 비교될 수 있다.

우선 A형 코노톡신 유전자 계통수의 명백한 특징들에 대해 생각해 보고자 한다(그림 15.27, 다음 쪽). 여기에는 명백한 네 개의 주요 계통학적 그룹($\alpha$3/5, $\alpha$4/4, $\alpha$4/7 그리고 $\kappa$A)이 있다. 이는 각 그룹 내에 좀 더 최근의 공동조상이 있음을 의미하는 것이다. 예를 들어, 각 종에 있는 $\alpha$4/7 만드는 유전자들 모두는 $\alpha$3/5 코노톡신을 만드는 유전자들보다 더 가깝게 연관되어 있다는 것을 의미하고, 이는 $\alpha$4/7 코노톡신을 만드는 유전자들 모두가 반드시 하나의 공동조상 유전자로부터 유래된 것이어야만 한다는 것이다. 이것은 모든 $\alpha$4/7 유전자들과 $\alpha$3/5 유전자들이 나뉘기 오래 전에, 이들 두 그룹의 공동조상 유전자가 중복되었다는 것을 의미한다. 이들 두 그룹의 유전자들이 다수의 청자고둥 종에서 얻어진 유전자들이므로, $\alpha$3/5과 $\alpha$4/7 코노톡신을 만든 유전자중복은 종이 나누어지기 전에 일어난 것이어야 한다. 이것은 매우 중요한 개념이다. 만약 $\alpha$4/7 코노톡신 유전자의 중복이 종이 분리된 후에 일어났다고 하면, 각 종의 $\alpha$4/7 유전자가 계통수에서 각기 따로 분리된 분기군을 형성했을 것이다. 그림에서와 같이 모든 유전자가 섞여 있지는 않았을 것이다. 이 논리는 유전자 계통수에 있는 주요 4개 그룹 모두에 해당되는 것이다.

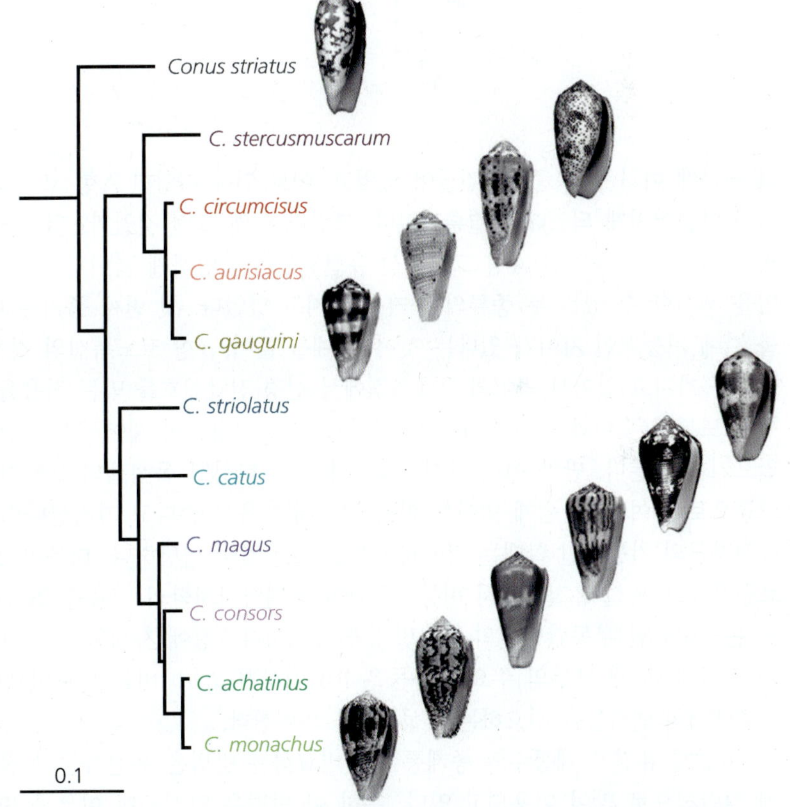


**그림 15.26 청자고둥 종 사이의 관계** 종계통수는 미토콘드리아와 핵 유전자를 이용하여 만들었다. 눈금자는 염기자리당 치환 정도를 나타낸다. Puillandre et al. (2010)에서 다시 그린 계통수; 같은 출처의 사진에서.

Puillandre와 그의 동료들은 그들이 작성한 유전자 계통수를 통해서 세 번의 주요 유전자중복 사건이 있었고, 이로써 네 개의 주요 분기군을 나누었다고 결론지었다. 그리고

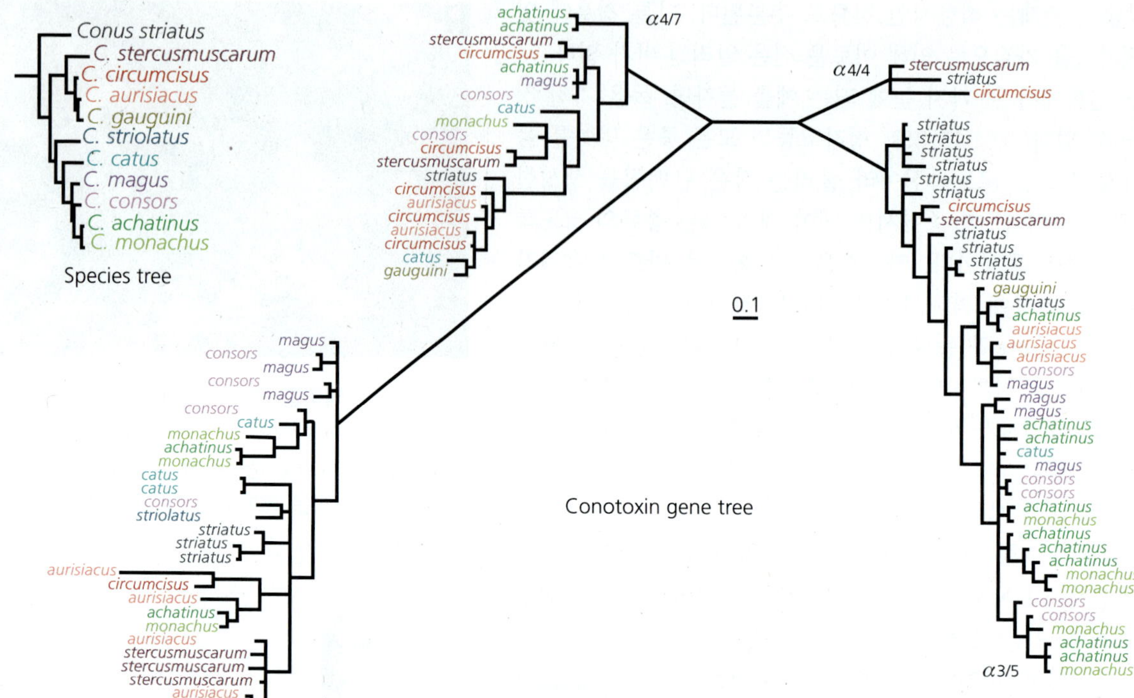


**그림 15.27 종 사이의 코노톡신 유전자들의 유연관계** 같은 종 내에서 얻어진 코노톡신 유전자들이 계통수에서 함께 모이지 않기 때문에, 코노톡신 유전자의 중복사건이 반드시 11종이 각각 분리되기 전에 일어났다고 추론할 수 있다. 그림 15.26의 종계통수는 왼쪽 위에 위치하고 있다. 눈금자는 염기자리당 치환 정도를 나타낸다. Puillandre et al. (2010)에서 다시 그림.

더 최근에 여러 번의 중복사건들이 있었고, 이로 인해 다양한 A형 코노톡신 유전자의 배열이 만들어지게 되었다고 결론지었다. 그렇다면 왜 그런 것일까? 답은 아직 확정적이지 않다. 하지만 연구진은 A형 코노톡신 유전자군이 다양하게 넓어진 것은 적응에 의한 것임을 제시할 수 있는 두 종류의 증거를 가지고 있었다. 첫 번째 증거는 네 개의 주요 그룹 간에 기능적인 차이가 있다는 것이다. 예를 들어, $\alpha$형 코노톡신의 경우에는 특징적인 구조를 가지고 있어서 먹이의 근육조직에서 신경 전달신호를 막는 작용을 하는 반면, $\kappa$A형 코노톡신은 이와는 다른 구조를 가지고 있고 신경들이 제어하지 못할 정도의 자극을 일으키게 만든다. 만약 여러 방식으로 작용하는 다양한 독성펩티드를 가지는 것이 청자고둥으로 하여금 더 쉽게 먹이를 획득하는 데 도움을 준다고 가정한다면, A형 코노톡신 유전자군의 기능적인 확대는 적응적이라고 보는 것이 타당하다. 더욱이, Puillandre와 동료들은 코노톡신 유전자에서 비동의치환과 동의염기치환의 비율을 조사하였다. 이는 앞서 논의하였던 부동단백질의 조사방법과 유사하다(7장에 자세한 내용이 나와 있다). 결과로 전체 네 개 모두의 주요 그룹들은 1.0 이상의 $d_N/d_S$ 비율을 보였으며, 이는 펩티드 구조에서의 변화들을 선호하는 양성선택을 의미한다.

이렇게 유전자 계통수와 종계통수를 비교하는 방법은 유전자군의 진화에 관한 연구에 일반적으로 많이 이용되고 있다. 특히 이 방법은 양성선택 여부를 평가하고, 유전자 생성물들 간의 기능적 차이점을 조사할 수 있다. 유전자군은 전형적으로 크고 복잡하기 때문에, 이를 이용해 연구진은 종종 유전자군의 확대에 있어서의 적응 가설(adaptive hypothesis)에 대한 힌트를 얻을 수 있다. 하지만 유전자군의 확대에 모든 단계가 적응적이라고만 정의하는 것은 어려움이 있다. 많은 경우의 유전자군이 전적으로 유전적 부동에 의해 확대될 수 있는 가능성도 높다. 이는 유전자가 2개의 복사본이 (문제가 되면 10개라고 치고) 하나일 때보다 나아지지도 않거니와 좋아지지 않는다는 경우가 빈번하게 나타나기 때문이다. 원칙적으로 봐도 유전자군이 자연선택에 반응하는 것 뿐만 아니라 중립적으로도 확대된다고 보는 것이 더 합리적이다.

## 15.5 자연 집단에서 적응의 유전자좌위

진화생물학자들은 생물의 자연집단에서 적응적 표현형에 변화를 일으키는 DNA 염기의 변화를 정확히 파악하는 것에 관심을 가져왔다. 어느 의미로는, 이것은 현대 진화생물학의 성배(Holy Grail)라고도 할 수 있다. 왜냐하면 이로 인해 야생의 자연에서 발생하는 자연선택에 의한 진화와 유전의 분자적 기반인 DNA를 함께 연결해주기 때문이다. 비록 생물체의 대립유전자가 표현형에 영향을 준다거나 아니면 어느 표현형이 적응도에 영향을 준다거나 하는 것 등에는 많은 예가 있지만, 대립유전자, 표현형, 적응도의 완전한 조합이 자연에서 주는 영향에 대한 예를 찾는 것은 대단히 어려운 일이다. 다행히도, 생물학에서 분자혁명은 이러한 3가지 요소를 연결하는 연구가 가능하게 했고, 이 세 가지 요소로 "적응의 유전자좌위(the locus of adaptation)"의 완전한 이해를 가능하게 하였다.

오늘날 생물학자는 자연에서 적응도에 영향을 주는 유전자의 다양성을 연구할 수 있고, 오랜 시간 동안의 질문이었던 적응의 유전학(genetic of adaptation)에 대해 다룰 수 있게 되었다. 어느 유전자가 과연 적응적 표현형(adaptive phenotype)이 될까 하는 단순한 질문을 넘어서, 우리는 이제 어떤 종류의 유전적 변화가 적응진화에서 가장 중요할까에 관한 가설을 만들고 검증할 수도 있다. 우리는 또한 적응적 유전의 변이가 집단에서 발생하고 퍼져나가는 과정에 대한 가설을 세우고 평가할 수도 있다. 이런 종류의 연구는 아직 초기 단계이지만, 이미 과학자들은 다음과 같은 중요한 문제들을 제시하기 시작했다.

**새로운 적응에 대한 유전적 변이의 근원과 본질이 요즘 연구의 주제이다.**

- 새로운 적응을 하는 대립유전자들은 어디서 오는가? 이들 대립유전자는 이미 집단 내에 낮은 빈도로 존재하고 있었던 건가? 아니면 이들은 다른 돌연변이로부터 발생하는 건가?
- 적응적 돌연변이의 표현형 효과(phenotypic effects)는 어떤 것들이 있는가? 단일 돌연변이가 많은 표현형 효과를 갖는 것이 가능한가? 아니면 각각 개별적으로 작은 표현형 효과를 갖는 여러 돌연변이들이 더 전형적인 모습인가?

이 절에서 우리는 이러한 질문 중 처음 질문에 관련되어 밝혀진 일부 연구내용에 대해서 배울 것이다. 두 번째 질문은 현재로서는 단지 부분적이고 다소 에둘러 말하는 답변만 가능하다(Rockman 2012). 이제 우리는 감지할 수 있을 만큼 충분히 큰 표현형 효과를 가진 돌연변이들이 있다는 것을 알고 있다. 그림 15.9부터 15.12에 나와 있는 토마토의 *DEFL1* 유전자좌위에 *SUN* 유전자좌위의 사본이 끼어져 들어간 것은 이 책에서 논의된 많은 사례들 중 하나라고 할 수 있다. 그러나 그들의 특성에 비춰보면, 작은 표현형 효과를 가진 돌연변이를 발견하고 연구하는 건 어려운 일이다. 그 결과로 인해 현재 우리는 그들에 대해 알고 있는 지식들이 비교적 적다고 할 수 있다. 대신에 생물학자들은 큰 표현형 효과를 가진 돌연변이에 초점을 맞추고 있는데, 왜냐하면 이들이 연구하기 가장 쉬운 방법이기 때문이다. 앞으로 다루게 될 예에서 볼 수 있겠지만, 큰 표현형 효과를 가진 단일 돌연변이는 발생하는 것이 확실하고 또 자연에 널리 퍼져 있다. 그러나 큰 표현형 효과와 작은 표현형 효과를 가진 돌연변이의 적응적 진화에 대한 상대적 기여도를 평가한다는 것도 단지 이제야 가능해졌을 뿐이다(Rogers et al. 2012).

### 신돌연변이와 기존 유전적 변이

생물 집단이 새로운 선택압(selection pressure)에 놓이게 되었을 때, 자연선택은 새롭게 적응하는 표현형의 진화를 선호한다. 하지만, 이러한 표현형을 만들어내는 유전적 변이는 어디에서 오는가? 만약 집단 내에서 개개인의 표현형이 시간이 지남에 따라 변하는 경우,

새로운 표현형을 만드는 대립유전자는 반드시 어디에서 와야만 한다. 이에 대한 가장 쉬운 대답은 적응적 유전적 변형이 다른 모든 유전적 변이처럼 돌연변이 과정에 의해 만들어져야 한다는 것이다. 이에 대해서는 우리가 5장에서 공부한 바 있다. 그럼에도 새로운 적응과정 속에서 우리가 궁금해 하는 것은, 자연선택의 힘에 의해서 대립유전자를 만든 돌연변이가 최근에 발생했는지 아니면 먼 과거에 있었는지 여부이다.

만약 새롭게 적응하는 표현형을 만드는 대립유전자가 새로운 선택적 도전과제가 발생한 후에 나타난다면, 이것은 **신돌연변이기원 적응(adaptation from new mutation)**이라 부른다. 이 상황에서 자연선택은 집단에게 도전과제를 던져주는 것이고, 우연히 그 도전과제에 답하는 신돌연변이가 발생한다. 새롭게 돌연변이 된 대립유전자는 이것이 적응도의 장점을 가지고 있기 때문에 집단 내에서 증가하며 고정된다. 또 다른 가능성은 새로운 자연선택적 도전과제에 의해 선택되는 대립유전자가 도전과제가 나타나기 이전에 이미 비록 낮은 빈도이지만 집단 내에 존재하고 있다는 것이다. 이러한 자연선택적 도전과제에 직면하면서 비로소 새롭게 이득을 보는 대립유전자는 이전의 환경에서는 자연선택적으로 중립이었거나, 혹은 약간 해가 되더라도 낮은 빈도여서 큰 문제가 되지 않았을 수도 있다. 만약 새로운 적응적 표현형을 만드는 대립유전자가 새로운 자연선택의 도전과제가 나타나기 전에 이미 존재하고 있었다면, 이는 **기존 유전적 변이기원 적응(adaptation from standing genetic variation)**이라 한다.

자연집단이 자연선택의 힘으로 인한 도전과제에 대응하여 진화할 때, 그들은 기존 유전적 변이에 의존하는가 아니면 신돌연변이에 의존하는가? 현재 우리가 가지고 있는 이에 대한 최선의 대답은 이러한 두 개의 현상 모두가 가능하다는 것이다.

## 가터뱀에서 보이는 신돌연변이로부터 적응

북아메리카 서부에는 여러 종류의 가터뱀이 살고 있으며, 이들은 강력한 신경 독성물질을 가지고 있는 도롱뇽을 주식으로 한다. 이 독은 테트로도톡신(tetrodotoxin, TTX)이라고 불린다. TTX는 신경과 근육에서 나트륨 채널(voltage-gated sodium channel)에 결합하여 세포막을 통한 나트륨이온의 이동을 막는다. 이러한 신경전달의 억제는 마비를 가져오고 심하면 사망하기도 한다. 여러 종의 가터뱀들은 TTX의 영향에 면역을 가지고 있어서 독성 물질을 가진 도롱뇽을 부작용 없이 먹을 수 있다. 독성이 있는 도롱뇽을 먹을 수 있다는 것은 가터뱀으로 하여금 마찬가지로 독성이 있는 도롱뇽을 먹는 극소수의 다른 포식자들하고만 먹이 경쟁을 한다는 것을 의미하므로, 이는 왜 TTX에 저항성을 갖는 것이 자연선택에서 선호되었는지 쉽게 알 수 있다.

Shana Geffeney와 공동연구진은 일반적인 가터뱀이 갖는 TTX에 대한 저항성, 즉 이들 가터뱀의 골격 근육세포에 있는 나트륨 채널은 TTX에 영향을 받지 않는 것에 대한 생리학적 기작을 밝혀내었다(Geffeney et al 2002). 연구진은 TTX 저항성의 유전적 기반을 조사하였고, 골격 근육세포의 나트륨 채널인 $Na_V1.4$를 만드는 유전자의 몇 개의 주요 아미노산이 변해 있다는 것을 찾아냈다(Geffeney et al. 2005). 그런데 TTX 저항성을 갖게 만드는 $Na_V1.4$ 대립유전자는 어디에서 왔을까? 이들이 모든 TTX 저항성을 갖는 뱀 종의 조상에서 기존 유전적 변이로 존재하고 있었을까? 아니면, 각 뱀 계보에서 새로운 돌연변이가 생겨서 나타난 것일까?

Chris Feldman과 동료들은 2009년 연구에서 이 질문에 답하기 위해 이번 장 앞부분에서 다뤘던 예제에서 사용했던 것과 비슷한 방법으로 접근하였다. 그 방법은 바로 유전자 계통수와 종계통수를 비교하는 것이다. 연구진은 TTX(그림 15.28)에 저항성이 있고 캘리포니아에 살고 있는 세 종류의 가터뱀 종의 군집을 실험 모델로 선택했다. 이들 3종

*Thamnophis sirtalis*, 윌로우 크릭

*T. atratus*, 모리노 크릭

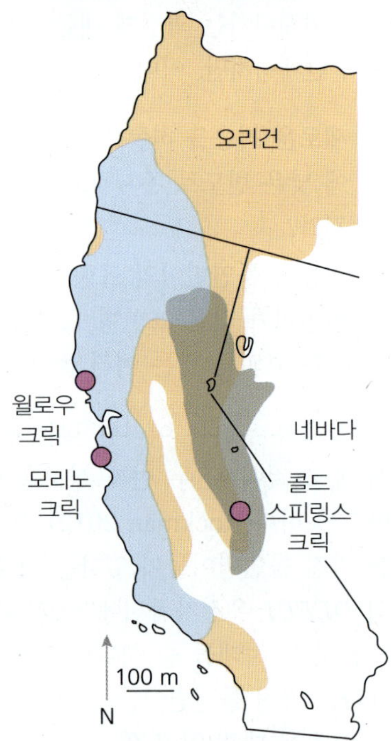


*T. couchii*, 콜드 스프링스 크릭

**그림 15.28 TTX 저항성을 가진 *Thamnophis* 가터뱀과 그들의 분포**
Map redrawn from Feldman et al. 에서 다시 그린 지도(2009); 출처가 같은 사진들.

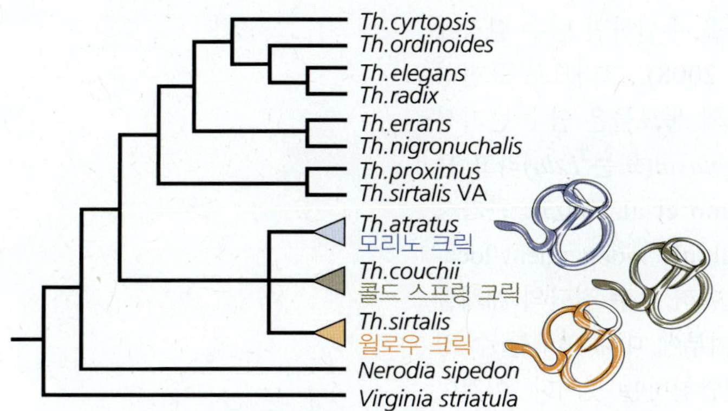


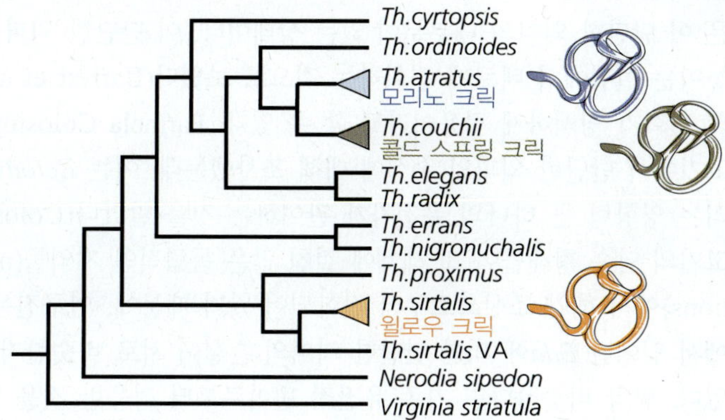


**그림 15.29 TTX에 저항성을 갖는 나트륨 채널을 만드는 대립유전자의 기원에 대한 또 다른 가설들** (a) 현존하는 모든 저항성을 가진 뱀 종의 공동조상에서 저항성을 갖는 대립유전자가 한번 발생하였다. (b) 저항성을 갖는 대립유전자가 저항성을 가진 뱀 종에서 각각 독립적으로 발생하였다. (b)는 미코콘드리아 DNA 염기서열로부터 만들어진 종계통수와 일치한다. Feldman et al. (2009)에서 다시 그림.

의 공동조상은 TTX에 내성을 가졌을 수도 혹은 갖지 않았을 수도 있다. 단, TTX를 가진 도롱뇽은 역사적으로 동일한 시기에 반드시 존재하고 있었어야 한다. TTX에 저항성을 갖는 대립유전자가 공동조상에서 처음 발생하고 그 후에 각각의 종에서 전달되었다고 보는 것은 가능한 일이다. 만약 이것이 맞는 경우라고 하면, 각각의 종에서 $Na_V1.4$의 염기서열들은 비슷할 것이고, $Na_V1.4$에 대한 유전자 계통수(gene tree)는 이 종에 대한 대립유전자들 간에 더욱 가까운 관계를 갖는 것으로 보여줄 것이다(그림 15.29a). 그러나 만약 TTX 저항성을 갖는 대립유전자들이 보다 최근에 각각의 종에서 서로 다른 새로운 돌연변이에 의해 발생해 왔다고 하면, 유전자 계통수는 mtDNA로부터 만들어진 종계통수와 동일하게 얻어질 것이다. 이 말은 다시 말해서 어떤 한 TTX에 저항성이 있는 종이 다른 TTX에 저항성을 가진 종에 비해서 오히려 TTX에 저항성이 없는 종과 더 밀접한 유연관계를 갖는 것으로 나타난다는 것이다(그림 15.29b).

Feldman과 그의 팀은 가터뱀의 14개 종에 대해서 유전자 계통수를 작성하기 위해서 $Na_V1.4$ 대립유전자의 염기서열을 분석하였다. 연구진은 또한 각각의 종에서 TTX에 대한 저항성 여부를 측정하였다. 이들의 분석결과는 그림 15.30에 잘 나타나 있고, 이 결과는 TTX 저항성이 있는 대립유전자가 각각의 종에서 독립적으로 발생했다는 가설과 일치하는 것이다. 유전자 계통수는 종계통수와 일치하고 TTX에 저항성을 갖는 나트륨 채널의 아미노산 서열들도 각각의 종이 다르다는 것을 알았다. 아미노산 변화들은 반드시 각각의 종에서 독립적인 돌연변이로 발생했어야 한다.

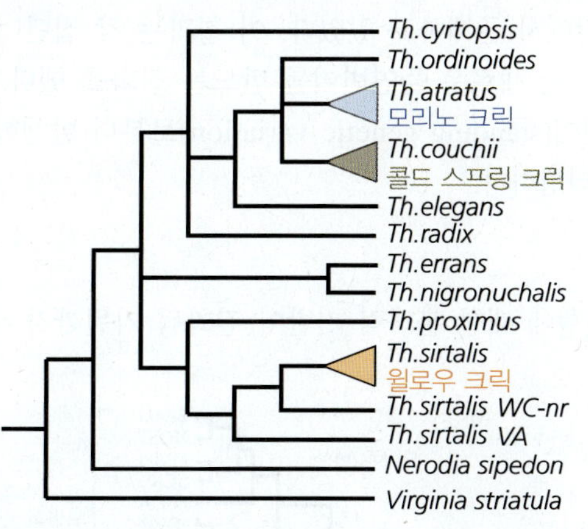


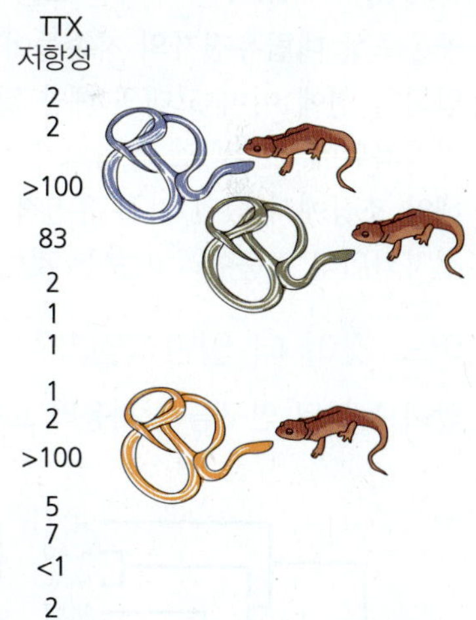


**그림 15.30 *Thamnophis* 종의 나트륨 채널 유전자의 계통수와 TTX에 대한 각 종의 저항성** 이 유전자 계통수가 그림 15.29b의 종계통수와 일치하기 때문에, 우리는 TTX 저항성을 갖는 대립유전자는 각각의 종에서 독립적으로 발생하였다고 추론할 수 있다. Feldman et al. (2009)에서 다시 그림.

## 큰가시고기에서의 기존 유전적 변이로부터의 적응

비슷한 내용이지만, 결론이 다른 한 가지 예를 보자면, 담수 큰가시고기가 그들의 바다조상으로부터 적응 진화한 것을 들 수 있다. 바다와 담수 큰가시고기 사이에 중요한 차이점은 해양 형태들은 몸 옆쪽 끝까지 뼈로 된 단단한 외피를 가지고 있는 반면, 담수 형태들은 이 단단한 외피의 대부분이 없는 상태이다. 이 단단한 외피들을 손실하면 담수 환경에 놓이는 실험에서 빠르게 진화하는 것으로 보였다(Barrett et al. 2008). 그러므로 표현형의 변화가 명백하게 적응이라고 할 수 있다. Parmela Colosimo와 동료들은 담수 큰가시고기에서 단단한 외피의 손실에 대해 조사했는데, 이는 *Ectodysplasin*(또는 *Eda*)라고 불리는 영향력 큰 하나의 유전자가 관여하는 것을 알았다(Colosimo et al. 2005). 큰가시고기의 담수 형태들이 전 세계에 걸친 많은 독립적인 지역들(multiple independent locations)에서 해양 조상으로부터 진화되어 왔기 때문에, 연구진은 여러 담수 집단의 개체들에서 일어난 *Eda*에 의한 단단한 외피의 손실이 서로 비슷한지 여부에 대해 연구할 수 있었다. 만약 비슷하다면 기존 유전적 변이로부터 적응한 것을 뒷받침하는 것이다. 이것이 아니라면 독립적으로 발생한 것이 될 것이다.

Colosimo와 그의 동료들은 가터뱀에서 TTX에 대한 저항성을 연구했던 연구진과 비슷한 방법으로 접근했다. 그들은 단단한 외피가 거의 없는 담수 종으로부터 단단한 외피가 많은 해양 종까지 여러 집단으로부터 DNA 염기서열을 분석하였다. 그런 다음, 연구진은 단단한 외피의 손실에 관련 있는 *Eda* 유전자좌위에 대한 유전자 계통수와 다른 그룹들 사이에서 진화의 역사를 보여주는 집단 계통수 둘 다 만들었다. 세계의 여러 다른 지역에서 온 담수 집단들은 독립적으로 유입되었기 때문에, 대부분의 담수 집단들은 근처의 해양 개체들과 서로 더 연관되어 있게 나타났고, 오히려 같은 담수 집단들이라 하더라도 지질학적으로 먼 경우에는 유연관계가 멀게 나타났다**(그림 15.31a)**. 그러나 *Eda* 대립유전자의 계통은 다르다. 적은 외피를 만드는 대립유전자 중 하나를 제외한 모든 것들이 단일 분기군을 이루었고, 바다 큰가시고기 대립유전자로부터 분리가 되었다(그림 15.31b). NAKA를 제외한 모든 담수 집단에서, 적은 외피를 만드는 대립유전자는 단일 공동조상 대립유전자의 자손들이다. 이 공동조상 대립유전자는 큰가시고기가 담수를 유입되기 전에 이미 고대의 해양 집단에서 존재하고 있었다. 이 결과는 각 집단이 *Eda* 유전자좌위에서 담수로 유입되기 유리한 새로운 돌연변이를 만드는 진화를 했다기보다는, 해양 조상에서 있던 기존 유전적 변이(standing genetic variation)로부터 발생한 *Eda* 유전자좌위의 적응이라고 보는 것이 타당하다.

## 어느 것이 더 일반적인가?

앞서 논의된 연구들은 적응적 표현형에 대한 분자적 기반이 진화적 기원까지 추적될 수

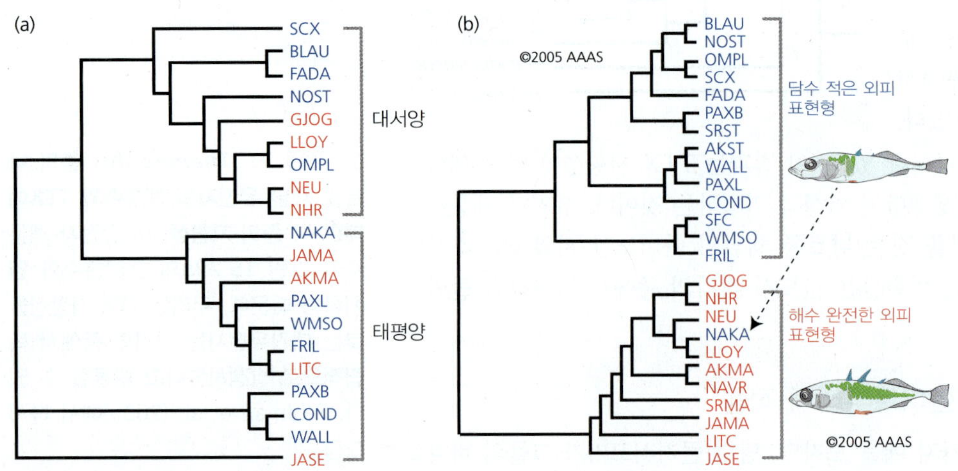


**그림 15.31 담수 큰가시고기 *Eda* 대립유전자의 기원 공유** (a) 바다(붉은색)와 담수(파란색) 큰가시고기 집단들의 종계통수(species phylogeny). (b) *Eda* 유전자좌위의 유전자 계통수로 담수 집단에서의 적은 외피 표현형을 의미한다. Colosimo et al. (2005)에서 다시 그림.

있다는 것을 보여주는 가장 좋은 예다. 하나의 경우로서 선택적 도전과제 후에 생겨난 돌연변이로부터 얻어진 대립유전자의 적응을 들 수 있다. 또 다른 경우로서 대립유전자는 낮은 빈도이지만 존재하고 있다가, 변화된 환경 때문에 적응되는 것을 들 수 있다. 생물학자들은 어떤 시나리오가 더 일반적인지, 그리고 어떤 종류의 적응이나 종이 더 관련이 깊은지 알고자 했다. 이에 대해 결정적인 판단을 내리기 전에, 다른 예가 존재하는 동안은 더 많은 생물을 대상으로 더 많은 연구가 필요하고 본다. 예를 들어, 해변가 생쥐에서 새로운 돌연변이에 의한 털색의 진화(Linnen et al. 2009)나 초파리의 기존변이를 이용한 숙주치환(Feder 2003)과 같은 예를 들 수 있다.

**일부의 경우에는 적응적 진화에 관련된 대립유전자가 기존 유전적 변이로부터 발생한다. 다른 경우에는 새로운 돌연변이에 의해 발생한다.**

## 작은 효과 대 큰 효과의 적응 돌연변이

Sean Rogers와 동료들(2012)은 형태학적 진화과정 동안에 작은 효과와 큰 효과의 적응 돌연변이에 대한 상대적 중요성을 조사하기 위해 큰가시고기를 관찰하였다. 그들은 앞서 언급한 바다 큰가시고기가 굉장히 다양한 형태의 담수 서식처에 유입되어 왔다는 사실을 그들 연구에 유용하게 이용하였다. 담수에 적응한다고 하는 것은 어떤 상황 하에서 다른 무엇보다도 급격한 진화적 변화가 수반되어야 한다는 것이다. 예를 들어 큰가시고기 집단은 가시둑중개가 없는 호수에 서식할 때 가시둑중개가 있을 때보다 좀 더 급격한 형태적 진화를 겪는다. 여러 이유들 중에 하나는 둑중개(sculpin)가 큰가시고기를 먹는다는 것이다. 그러므로, 큰가시고기가 바다에서부터 가지고 있던 단단한 외피를 일부분 보존하는 것이 자연선택에 의해 좀 더 유리하게 된다.

Ronald Fisher에 의해 1930년 처음 제기된 논쟁(Orr 2005 참조)에 따라 Rogers와 동료들은 둑중개가 없는 호수에 적응하는 것은 더 많은 돌연변이가 관련될 것이라고 예측하였고, 이는 큰 효과의 돌연변이이다. 특히 만약에 돌연변이가 하나 이상의 특징에 영향을 끼친다면, 즉 다형질발현성(pleiotropic)이라면, 큰 효과의 새로운 대립유전자는 아마도 부적응적이 될 것이고, 그러므로 적응되지 않을 확률이 크고, 이에 해당하는 건 최적의 표현형(optimum phenotype)과 거리가 먼 개체보다 이미 최적의 표현형에 가까운 개체일 것이다.

이 예측을 실험하기 위해 과학자들은 바다 큰가시고기를 두 개의 담수, 즉 둑중개가 있는 호수와 없는 호수에서 온 큰가시고기와 교배시켰다. 그리고 연구진은 담수로의 형태적 적응과 관련된 유전자좌위를 알아내기 위해 QLT 분석을 실행하였다(9장 참조). QLT 효과크기의 분포는 **그림 15.32**에 나타나 있다. 예측한대로, 둑중개가 없는 호수에

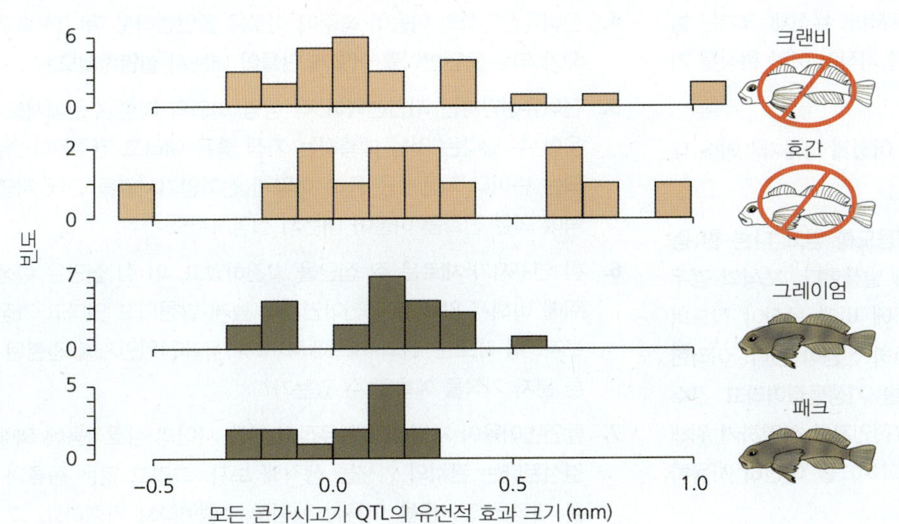


**그림 15.32 둑중개가 있는 호수와 없는 호수에 서식하는 바다 큰가시고기의 형태적 진화와 연관된 QLT의 효과 크기의 분포** Rogers et al. (2012)에서 다시 그림.

적응하는 것이 더 많은 큰 영향의 대립유전자와 관련되어 있다. 적응과정이 길면 길수록 더 큰 단계를 가진다.

앞서 언급한대로, 생물학자들이 적응적 진화에 관련된 대립유전자의 효과 크기 분포에 대한 실용적인 일반화 방법을 만들기까지는 오랜 기간이 걸렸다. 그러나 Rogers와 동료들의 연구는 큰 효과를 보이는 돌연변이의 상대적 중요성이 변화되는 상황을 기록하는 것이 가능하다는 것을 보여준다.

**적응적 진화와 연관된 대립유전자의 효과 크기는 적응 변화의 크기에 관련되어 나타난다.**

## 요약

유전체 구조는 생물의 유전적 정보의 형태, 구성, 그리고 기능을 의미한다. 원핵생물은 짧은 유전자간 부위와 적은 수의 인트론을 가지고 있고, 이와는 달리 진핵생물은 크고 늘어난 유전자간 부위와 많은 인트론을 가지고 있다. 다세포 생물의 유전체에서 대부분의 염기서열은 유전체 내에서 스스로 교환하고 증식하는 자기중심적 독립체인 전이유전인자를 가지고 있다. 전이유전인자들은 숙주에게 거의 도움이 안 되는 유전적 기생체이기 때문에 생물들은 이들에 대해 분자적 방어 기작을 가지고 있다. 식물과 동물에서 메틸화는 전이인자가 전사되는 것을 방지하고, 반면 small RNA들은 전사 후 억제의 역할을 담당한다. 전이인자는 그들이 다른 유전자좌위에 삽입될 때 그 유전자좌위에 위치한 유전자 발현을 변경하거나 억제하기도 하고, 이는 표현형에 영향을 줄 수 있다.

돌연변이율은 다세포 생물종이나 그들이 가진 유전체 크기와 따라 다양하게 나타난다. 예를 들어 작고 효율적인 집단 크기를 가진 생물은 더 높은 돌연변이율을 갖는다. 이것은 작은 집단에서 유전적 부동의 효과가 증가되기 때문일 수 있다. 원핵생물의 돌연변이율은 경쟁이나 기생과 같은 환경적 요인에 따라 증가될 수 있다.

대부분의 새로운 유전자는 중복을 통해 생성된다. 몇몇 가설은 어떻게 중복된 유전자가 보존되는지에 대해 설명한다. 이 가설은, 한 복사본이 조상의 기능을 유지하는 동안 다른 유전자 복사본이 새로운 기능을 가진다고 주장하는 신기능화 이론과, 조상 유전자가 가지고 있던 여러 기능을 자손 유전자들이 각각 나누어 가지게 된다는 준기능화 이론 등을 포함한다. 다형질발현성 유전자는 때때로 그들이 수행하는 기능 중에 적응적 억제를 가진다. 이러한 억제는 유전자중복에 의해 해소될 수가 있는데, 중복 후 분리된 유전자좌위에 각 기능을 분배함으로써 가능하다. 유전자군은 여러 번의 중복을 통해 하나의 공동조상으로부터 전해져 내려온 유전자들의 모임을 말한다. 한 유전자군 내의 유전자들은 종종 유사한 기능을 가지고 있지만, 만약 각각의 유전자 생산물이 나머지와 약간씩 차이가 난다고 하면 이러한 다양하게 확장된 유전자군은 자연선택에 의해 더 유리할 수 있다.

연구진은 종계통수와 유전자 계통수를 비교함으로써 유전자중복 사건의 진화적 역사를 탐구하게 된다. 또한 이러한 방법은 자연집단에서 적응된 표현형에 연관된 대립유전자의 진화적 기원을 추론하는데 이용될 수 있다. 적응적 유전적 변이는 새로운 돌연변이에서 기원되었거나 또는 기존 유전적 변이에서 기원하였을 수 있다. 이러한 두 가지 경우 모두 자연에서 그 예를 볼 수 있지만, 어떤 것이 더 일반적인지에 대해서는 아직 알려지지 않았다. 또 큰 효과 대 작은 효과의 적응 돌연변이의 상대적 중요성에 관한 조사도 진행 중에 있다.

## 질문

1. 진화적으로 매우 밀접한 두 종의 경우일지라도 유전체 크기는 놀랄 정도로 다를 수 있다. 어떠한 생물학적 기작이 이런 현상을 가능하게 한다고 생각하는가?

2. 원핵생물과 다세포 진핵생물의 유전체는 어떻게 다른가? 이에 대한 진화적 설명은 무엇인가?

3. 종간의 상호작용에서 기생은 한 종이 적응도를 얻고 다른 한 종은 적응도를 잃음으로 해서 고통받을 때 발생한다. 포식의 경우와 비교한다면, 기생생물은 그들의 숙주에 비해 몸집이 작으며 숙주를 죽이는 경우라도 그 과정이 천천히 진행이 된다. 이러한 정의를 바탕으로 한다면, 전이유전인자를 기생물질이라고 간주할 수 있는가? 생물학자들이 본래 전이유전인자를 설명하기 위해 사용한 이름인 "쓸모없는 유전자(junk DNA)"를 여전히 사용하여야 하는가?

4. 전이유전인자의 이동이 숙주에 이로운 돌연변이뿐 아니라 숙주에 해가 되는 돌연변이를 어떻게 만들어 내는지 설명하시오.

5. 전이유전인자는 자연선택이 각 생명 이외의 다른 수준에서도 작용할 수 있다는 것을 예측하는 가장 좋은 예라고 간주된다. 유전되는 변이나 차등성공 등이 어떻게 전이염기서열들 간에 자연선택에 의한 진화를 이끌어 내는지 설명하시오.

6. 한 연구자가 새로운 쥐 집단을 발견하였고, 이 쥐 집단은 야생형 쥐에 비해서 RNA 유래전이인자가 높게 발현되고 있다고 가정해 보자. 이 새로운 쥐의 계보에서 RNA 유래전위인자에 관련된 다른 분자 기작을 예측할 수 있는가?

7. 돌연변이율이 자연선택과 유전적 부동 사이의 상호작용에 의해서 결정된다는 린치의 가설을 생각해 보자. 그리고 많은 종류의 다른 대장균 집단들을 이용한 실험을 수행한다고 가정하고, 그 집

단들은 여러 종류의 다양한 효율적인 집단 크기를 가지고 있으며 수천 세대에 걸쳐 실험을 수행할 수 있다고 가정해 보자. 다른 크기의 집단에서 어떻게 린치의 가설이 돌연변이율의 진화를 예측할 수 있는가?

**8.** 유전자가 중복된 후에 어떠한 진화적 결과들이 가능한가? 그 중에 가장 일어나기 쉬운 결과는 어떤 것인가?

**9.** 만약 당신이 선호하는 실험 생물체에서 새로운 유전자군을 발견했다고 가정해보자. 그리고 또한 이러한 새로운 유전자군들이 유사하지만 동일하지는 않고, 하나의 공동조상으로부터 중복과정을 통해 발생된 것이라고 가정해보자. 당신이라면 유전자군들이 자연선택에 의해 선택되고 확장되어 왔다는 가설을 검증하기 위해 어떤 데이터를 수집할 것이며, 또한 어떤 계산을 만들어낼 것인가?

**10.** 모든 큰가시고시 종들은 두 개의 복사본으로 이루어진 나트륨 채널 유전자 *SCN4A*(*scn4aa*와 *scn4ab*)를 갖는다.

**a.** 그림 15.33a의 증거를 이용하여 답을 한다면, *SCN4A* 유전자의 중복은 큰가시고기에서 한번 일어난 것으로 생각하는가 아니면 독립적으로 여러 번 일어난 것이라고 생각하는가? 그렇게 답한 이유를 설명하시오.

**b.** 두 개의 전기물고기의 계보에서 보면 *scn4aa* 유전자의 발현은 근육조직 내 전기발생 기관에만 국한되어 있다. 그림 15.33b의 증거를 이용하여 답을 한다면, 이러한 유전자 발현의 변화는 한번 일어난 것으로 생각하는가 아니면 독립적으로 여러 번 일어났다고 생각하는가? 그 이유를 설명하시오.

**c.** 그림 15.33b에 있는 증거를 이용하여 답을 한다면, *scn4aa* 유전자는 발현의 변화 이후에 적응적 진화를 해왔는가? 그렇게 생각한다면 그 이유를 설명하시오.

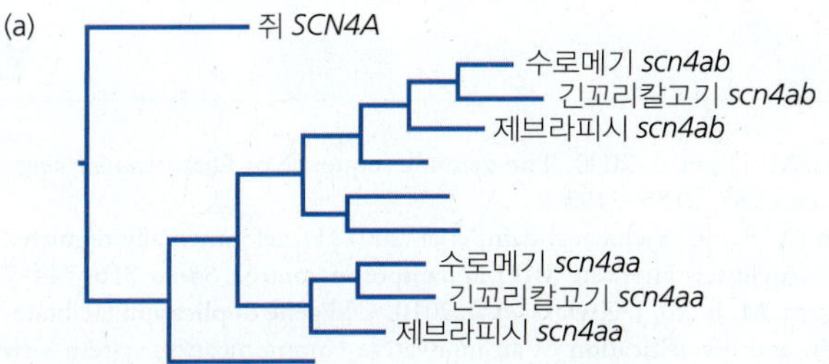


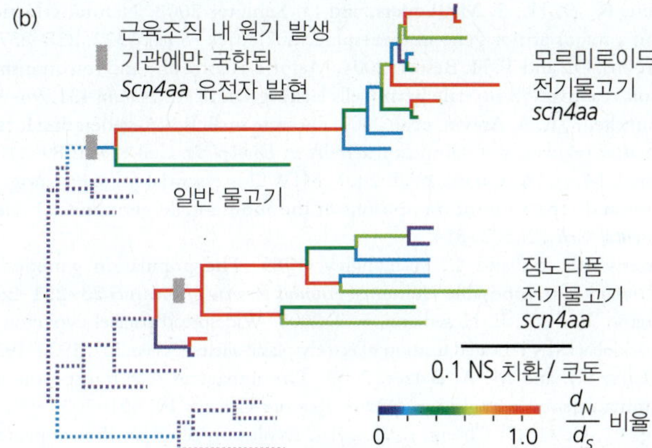


**그림 15.33 나트륨 채널 유전자의 계통수** (a) 쥐와 여러 어류에서 얻어진 *SCN4A* 유전자. 2006년 노박(Novak)과 동료들이 발표한 논문에서 가져옴. (b) 두 개의 분기군을 갖는 전기물고기와 여러 일반물고기로부터 얻어진 *Scn4aa* 유전자 계통수. Arnegard et al. (2010)에서.

**11.** 유전자 계통수와 종 계통수를 비교함으로써 어떠한 정보들을 얻을 수 있는가? 진화 역사에 대한 어떠한 질문들을 답할 수 있는가?

**12.** 새로운 돌연변이로부터의 적응과 기존에 존재하던 유전적 변이로부터의 적응 사이에는 어떠한 차이점이 있는가? 왜 이러한 구분이 중요한가?

# 문헌탐구

**13.** 인트론들이 어떻게 그리고 왜 형성이 되는지에 대해 알고 싶으면 다음의 논문을 참고하시오.

Kang, L., Z. Zhu, et al. 2012. Newly evolved introns in human retrogenes provide novel insights into their evolutionary roles. *BMC Evolutionary Biology* 12: 128.

**14.** 진화하는 집단에서 이득이 되는 돌연변이의 적응도 영향은 시간에 따라 달라질 수 있으며 그 내용은 다음의 논문에서 확인할 수 있다.

Barrick, J. E., D. S. Yu, et al. 2009. Genome evolution and adaptation in a long-term experiment with *Escherichia coli*. *Nature* 461: 1243–1247.

**15.** 진화하는 집단의 돌연변이율이 진화적인 결과에 영향을 준다는 증거는 다음의 논문에서 얻을 수 있다.

Racey, D., R. F. Inglis, et al. 2010. The effect of elevated mutation rates on the evolution of cooperation and virulence of *Pseudomonas aeruginosa*. *Evolution* 64: 515–521.

**16.** 전이유전요소가 유전자 조절의 진화에서 중요한 역할을 한다는 증거는 다음 논문에서 찾을 수 있다.

Emera, D., C. Casola, et al. 2012. Convergent evolution of endometrial prolactin expression in primates, mice, and elephants through the independent recruitment of transposable elements. *Molecular Biology and Evolution* 29: 239–247.

**17.** 쥐의 신체 크기와 몸무게에 연관된 유전자좌위를 확인하기 위해 기존 유전적 변이로 부터 평행 적응(parallel adaptation)의 창의적인 사용에 대한 내용은 다음 논문들에서 얻을 수 있다.

Akey, J. M. 2012. Parallel selection: Evolution's surprising predictability. *Current Biology* 22: R407–R409.

Chan, Y. F., F. C. Jones, et al. 2012. Parallel selection mapping using artificially selected mice reveals body weight control loci. *Current Biology* 22: 794–800.

# 인용문헌


Adams, M. D., et al. 2000. The genome sequence of *Drosophila melanogaster*. *Science* 287: 2185–2195.

Aravin, A. A., R. Sachidanandam, et al. 2007. Developmentally regulated pi-RNA clusters implicate MILI in transposon control. *Science* 316: 744–747.

Arnegard, M. E., D. J. Zwickl, et al. 2010. Old gene duplication facilitates origin and diversification of an innovative communication system—twice. *Proceedings of the National Academy of Sciences, USA* 107: 22172–22177.

Barrett, R. D. H., S. M. Rogers, and D. Schluter 2008. Natural selection on a major armor gene in threespine stickleback. *Science* 322: 255–257.

Bourc'his, D., and T. H. Bestor. 2004. Meiotic catastrophe and retrotransposon reactivation in male germ cells lacking Dnmt3L. *Nature* 431: 96–99.

Brennecke, J., A. A. Aravin, et al. 2007. Discrete small RNA-generating loci as master regulators of transposon activity in *Drosophila*. Cell 128: 1089–1103.

Carmell, M. A., A. Girard, et al. 2007. MIWI2 is essential for spermatogenesis and repression of transposons in the mouse male germline. *Developmental Cell* 12: 503–514.

Charlesworth, B., and C. H. Langley. 1989. The population genetics of *Drosophila* transposable elements. *Annual Review of Genetics* 23: 251–287.

Colosimo, P. F., K. E. Hosemann, et al. 2005. Widespread parallel evolution in sticklebacks by repeated fixation of ectodysplasin alleles. *Science* 307: 1928–1933.

Cordaux, R., and M. A. Batzer. 2009. The impact of retrotransposons on human genome evolution. *Nature Reviews Genetics* 10: 691–703.

Deng, C., C.-H. C. Cheng, et al. 2010. Evolution of an antifreeze protein by neofunctionalization under escape from adaptive conflict. *Proceedings of the National Academy of Sciences, USA* 107: 21593–21598.

Des Marais, D. L., and M. D. Rausher. 2008. Escape from adaptive conflict after duplication in an anthocyanin pathway gene. *Nature* 454: 762–765.

Feder, J. L. 2003. Allopatric genetic origins for sympatric host-plant shifts and race formation in *Rhagoletis*. *Proceedings of the National Academy of Sciences, USA* 100: 10314–10319.

Feldman, C. R., E. D. Brodie, et al. 2009. The evolutionary origins of beneficial alleles during the repeated adaptation of garter snakes to deadly prey. *Proceedings of the National Academy of Sciences, USA* 106: 13415–13420.

Feng, S., S. J. Cokus, et al. 2010. Conservation and divergence of methylation patterning in plants and animals. *Proceedings of the National Academy of Sciences, USA* 107: 8689–8694.

Fire, A., S. Xu, et al. 1998. Potent and specific genetic interference by double-stranded RNA in *Caenorhabditis elegans*. *Nature* 391: 806–811.

Fisher, R. A. 1930. *The Genetical Theory of Natural Selection*. Oxford: Oxford University Press.

Geffeney, S., E. D. Brodie, et al. 2002. Mechanisms of adaptation in a predator-prey arms race: TTX-resistant sodium channels. *Science* 297: 1336–1339.

Geffeney, S. L., E. Fujimoto, et al. 2005. Evolutionary diversification of TTX-resistant sodium channels in a predator-prey interaction. *Nature* 434: 759–763.

Hahn, M. W. 2009. Distinguishing among evolutionary models for the maintenance of gene duplicates. *Journal of Heredity* 100: 605–617.

Ibarra-Laclette, E., E. Lyons, et al. 2013. Architecture and evolution of a minute plant genome. *Nature* doi:10.1038/nature12132.

Innan, H., and F. Kondrashov. 2010. The evolution of gene duplications: Classifying and distinguishing between models. *Nature Reviews Genetics* 11: 97–108.

Koonin, E. V. 2009. Evolution of genome architecture. *International Journal of Biochemistry & Cell Biology* 41: 298–306.

Kuramochi-Miyagawa, S., T. Watanabe, et al. 2008. DNA methylation of retrotransposon genes is regulated by Piwi family members MILI and MIWI2 in murine fetal testes. *Genes & Development* 22: 908 –917.

Lander, E. S., L. M. Linton, et al. 2001. Initial sequencing and analysis of the human genome. *Nature* 409: 860–921.

Linnen, C. R., E. P. Kingsley, et al. 2009. On the origin and spread of an adaptive allele in deer mice. *Science* 325: 1095–1098.

Loh, E., J. J. Salk, and L. A. Loeb. 2010. Optimization of DNA polymerase mutation rates during bacterial evolution. *Proceedings of the National Academy of Sciences, USA* 107: 1154–1159.

Lynch, M. 2006. Streamlining and simplification of microbial genome architecture. *Annual Review of Microbiology* 60: 327–349.

Lynch, M. 2007. *The Origins of Genome Architecture*. Sunderland, MA: Sinauer.

Lynch, M. 2010. Evolution of the mutation rate. *Trends in Genetics* 26: 345–352.

Lynch, M., L.-M. Bobay, et al. 2011. The repatterning of eukaryotic genomes by random genetic drift. *Annual Review of Genomics and Human Genetics* 12: 347–366.

Mardis, E. R. 2011. A decade's perspective on DNA sequencing technology. *Nature* 470: 198–203.

Mercer, T. R., M. E. Dinger, and J. S. Mattick. 2009. Long non-coding RNAs: Insights into functions. *Nature Reviews Genetics* 10: 155–159.

Miura, A., S. Yonebayashi, et al. 2001. Mobilization of transposons by a mutation abolishing full DNA methylation in *Arabidopsis*. *Nature* 411: 212–214.

Morton, N. E. 1991. Parameters of the human genome. *Proceedings of the National Academy of Sciences, USA* 88: 7474–7476.

Niedringhaus, T. P., D. Milanova, et al. 2011. Landscape of next-generation sequencing technologies. *Analytical Chemistry* 83: 4327–4341.

Novak, A. E., M. C. Jost, et al. 2006. Gene duplications and evolution of vertebrate voltage-gated sodium channels. *Journal of Molecular Evolution* 63: 208–221.

Ohno, S. 1970. *Evolution by Gene Duplication*. Berlin: Springer.

Orr, H. A. 2005. The genetic theory of adaptation: A brief history. *Nature Reviews Genetics* 6: 119–127.

Pal, C., M. D. Maciá, et al. 2007. Coevolution with viruses drives the evolution of bacterial mutation rates. *Nature* 450: 1079–1081.

Pellicer, J., M. F. Fay, and I. J. Leitch. 2010. The largest eukaryotic genome of them all? *Botanical Journal of the Linnean Society* 164: 10–15.

Perry, G. H., N. J. Dominy, et al. 2007. Diet and the evolution of human amylase gene copy number variation. *Nature Genetics* 39: 1256–1260.

Piatigorsky, J. and G. Wistow. 1991. The recruitment of crystallins: New functions precede gene duplication. *Science* 252: 1078–1079.

Puillandre, N., M. Watkins, and B. M. Olivera 2010. Evolution of *Conus* peptide genes: Duplication and positive selection in the A-superfamily. *Journal of Molecular Evolution* 70: 190–202.

Rockman, M. V. 2012. The QTN program and the alleles that matter for evolution: All that's gold does not glitter. *Evolution* 66: 1–17.

Rodríguez-Trelles, F., R. Tarrío, and F. J. Ayala. 2006. Origins and evolution of spliceosomal introns. *Annual Review of Genetics* 40: 47–76.

Rogers, S. M., P. Tamkee, et al. 2012. Genetic signature of adaptive peak shift in threespine stickleback. *Evolution* 66: 2439–2450.

Roy, S.W., and W. Gilbert. 2006. The evolution of spliceosomal introns: Patterns, puzzles and progress. *Nature Reviews Genetics* 7: 211–221.

Saxer, G., P. Havlak, et al. 2012. Whole genome sequencing of mutation accumulation lines reveals a low mutation rate in the social amoeba *Dictyostelium discoideum*. *PLoS One* 7: e46759.

Sijen, T., and R. H. A. Plasterk. 2003. Transposon silencing in the *Caenorhabditis elegans* germ line by natural RNAi. *Nature* 426: 310–314.

Spanu, P. D., J. C. Abbott, et al. 2010. Genome expansion and gene loss in powdery mildew fungi reveal tradeoffs in extreme parasitism. *Science* 330: 1543–1546.

Sung, W., M. S. Ackerman, et al. 2012. Drift-barrier hypothesis and mutation-rate evolution. *Proceedings of the National Academy of Sciences, USA* 109: 18488–18492.

Tam, O. H., A. A. Aravin, et al. 2008. Pseudogene-derived small interfering RNAs regulate gene expression in mouse oocytes. *Nature* 453: 534–538.

van der Knaap, E., A. Sanyal, et al. 2004. High-resolution fine mapping and fluorescence *in situ* hybridization analysis of *sun*, a locus controlling tomato fruit shape, reveals a region of the tomato genome prone to DNA rearrangements. *Genetics* 168: 2127–2140.

Watanabe, T., Y. Totoki, et al. 2008. Endogenous siRNAs from naturally formed dsRNAs regulate transcripts in mouse oocytes. *Nature* 453: 539–543.

Wittkopp, P. J., and G. Kalay. 2012. Cis-regulatory elements: Molecular mechanisms and evolutionary processes underlying divergence. *Nature Reviews Genetics* 13: 59–69.

Xiao, H., N. Jiang, et al. 2008. A retrotransposon-mediated gene duplication underlies morphological variation of tomato fruit. *Science* 319: 1527–1530.

Yoder, J. A., C. P. Walsh, and T. H. Bestor. 1997. Cytosine methylation and the ecology of intragenomic parasites. *Trends in Genetics* 13: 335–340.

Zemach, A., I. E. McDaniel, et al. 2010. Genome-wide evolutionary analysis of eukaryotic DNA methylation. *Science* 328: 916–919.

16

# 종분화 기작

새로운 종은 어디에서 나타나고 왜 나타나는가? 이런 질문과 종분화뿐만이 아니라 생물 다양성에 관련된 또 다른 질문들은 수십 년 동안 생물학자들에게 호기심을 불러일으키고 도전하게 하고 있다. 예를 들면, 청개구리과(Family Hylidae)에 속하는 청개구리 종들은 열대지방 전역에 걸쳐 분포하지만 남아메리카 아마존 지역은 가장 많은 종들이 동시에 나타나는 곳이다. 왜 그럴까? 2011년 John Wiens와 동료들은 온도와 강우량 등의 기후 변수와 같은 이런 양상이나 새로운 종 생성의 총체적 비율을 설명할지도 모르는 몇 가지 가설을 만들었다. 하지만 가장 중요한 것은 얼마나 오래전에 그리고 얼마나 많이 청개구리가 한 지역에 정착했느냐는 것이다. 오늘날 아마조니아와 같이 청개구리가 더 일찍 반복적으로 유입된 곳에서 더 많은 동시 발생 종이 존재하고 있다.

지구상에 얼마나 많은 종이 존재하는지는 아무도 모른다. 지금까지 약 190만이 조금 넘는 동식물과 균류 및 원생생물 종들이 기록되어 있다(Chapman 2009). 보수적 추정치로는 전체 기록 및 미기록 종이 최소 대략 900만 종 정도가 되는 것으로 보고 있다(Mora et al. 2011); 몇몇 분석에서는 1억 종까지도 존재할 수 있는 것으로 보고 있다. 이 장에서는 이런 종들이 어떻게 생겨났는지에 초점을 맞추고 있다. 좀 더 구체적으로 이야기하자면, 우리는 진화적 변화 구조가 어떻게 집단들이 분기되고 새로운 종이 생겨나게 하는지를 알아보고자 한다.

종분화는 생명 역사에 있어서 가장 기본적인 사건이다. 이것은 생명이 30억 년 전보다 더 이전에 시작되면서 수십억 번이 아니라면 수백만 번은 일어났다. 본질적인 중요함

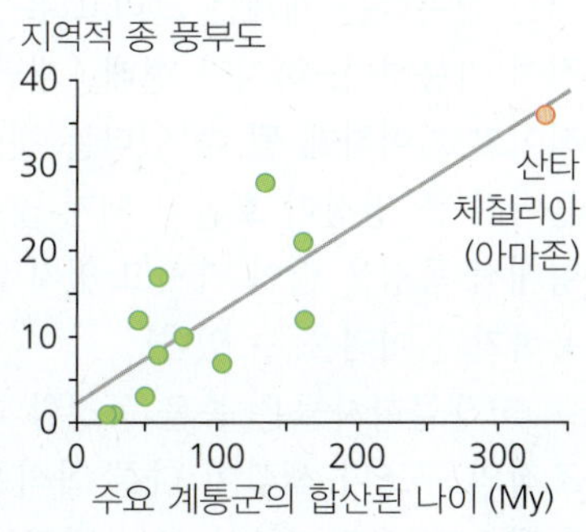


호랑이 줄무늬 잎개구리(*Phyllomedusa tomopterna*)는 36종의 힐리다이 개구리 중 한 종으로 아래 그래프에서 아마존 현지 지역의 종 부유도에서 대표지역으로 알려진 에콰도르의 산타 세실리아에서 발견되었다. Wiens et al. (2011)의 그래프.

뿐만이 아니라, 종분화 연구는 실현 가능한 적용이 가능하다. 종이 무엇인지 그리고 어떻게 생성되는지를 이해하는 것은 생물 다양성을 보존하기 위한 노력의 중심에 있다. 우리는 중요한 질문과 함께 시작하고자 한다: 종이란 무엇인가?

## 16.1 종개념

모든 인간 문화는 자연에서 각기 다른 생명체를 구별하고 이름을 짓는다. 이런 분류학적 또는 명명체계에서는 생물체 사이에서 유사성 정도에 바탕을 둔다. 사람들은 직관적으로 같은 것끼리 그룹 짓는다. 생물학자들은 이런 비공식적 정의들에서 벗어나 기계론적이면서 검증 가능한 종 정의를 찾고 있고, 정확히 진화적 역사를 반영하는 생명의 다양성을 분류하기 위한 체계를 세워나가려 하고 있다.

이런 목표들은 설사 대부분의 생물학자들이 종이란 독립적으로 진화할 수 있는 가장 작은 단위라는 것에 동의한다 하더라도 성취되기 어려운 것들이다. 진화적 독립은 돌연변이, 선택, 유전자흐름과 부동이 집단들에 각기 별도로 작동되었을 때 일어난다. 진화는 대립유전자 빈도의 변화로 구성되어 있고, 종은 대립유전자 확산에 대한 경계선을 형성한다. 이런 결과로, 각각의 종들은 각기 다른 진화적 경로를 따라간다. 이런 정의로 본다면, 종분화의 기본은 집단들이 서로 접촉했을 때 유전자흐름이 일어나기 힘들다는 것은 명백하다.

**종은 다른 집단과는 독립적으로 진화하는 교배 가능한 집단으로 구성되어 있다.**

진화적 독립에 의해 종을 정의하는 것은 간단하게 들릴 수 있지만 실제로는 자주 어려움을 겪는다. 도전은 집단이 실제로 독립적으로 진화할 때 이들을 알기 위한 실질적인 기준을 세우는 것이다. 이런 점을 입증하기 위해서, 우리는 현재 가장 많이 사용하고 있는 세 가지 개념을 고려한다. 세 가지 개념의 각각은 종이란 유전자흐름의 부족으로 인해 격리된 진화적으로 독립적인 단위라는 것에는 동의하지만, 독립이 실제로 일어나고 있는지를 결정하기 위한 각기 다른 기준을 적용하고 있다.

### 형태종개념

전통적으로 사람들은 형태적 유사성과 차이점을 바탕으로 종의 이름을 붙인다. 생물학에서 표현형적 차이점들의 세심한 분석은 **형태종(morphospecies)**을 동정하는 것이 기본이다.

형태종개념의 가장 큰 장점은 폭넓게 적용 가능하다는 것이다. 형태종은 멸종된 개체든 현존하는 개체든 그리고 유성생식으로 생식되든 무성생식으로 생식된 생물체든 동정이 가능하다. 하지만 형태종개념의 단점은 제대로 적용하지 않았을 때 종 정의가 임의적이고 기이하게 될 수 있다는 것이다. 가장 좋지 못한 경우는, 다른 연구자들에 의해 만들어진 종 명칭이 호환이 되지 않는 경우이다. 뿐만 아니라, 이 개념은 작고 측정 가능한 형태적 특징을 많이 가지고 있지 않는 세균, 고세균류 그리고 균류와 같은 그룹에서는 적용하기가 어려울 수 있다.

고생물학자들은 종을 동정할 때 몇 가지 제약을 가지고 연구를 해야 한다. 부드러운 조직의 구조나 색깔이 다른 화석종들은 구별할 수가 없다. 또한 형태적으로 유사하지만 노랫소리, 온도저항성 또는 내건성, 서식처 이용 또는 구애표현과 같은 형질에서 확연한 차이가 있는 집단들도 구별할 수가 없다. 이에 현존하든 화석이든 이런 집단들을 **잠재종(cryptic species)**이라 한다. 과거에 또는 실제로 현재 서로 독립적인 그룹들이 형태적 유사성을 바탕으로 같은 종의 구성원으로 여겨지기 때문에 잠재라는 단어는 적당하다고 할 수 있다.

## 계통발생적 종개념

계통발생적 종개념(PSC)은 단계통인 종을 동정하기 위한 기준에 초점을 맞추고 있다. 단계통 그룹은 하나의 공동조상에서 내려온 자손 모두를 포함하는 계보로 정의된다(더 많은 내용은 4장에서 다룸). 계통발생적 종개념에서 종은 근연관계 집단들의 계통을 조사하고 가장 작은 단계통 그룹을 찾는 것으로 동정이 된다. 이런 계통수에서 종은 끝을 형성한다. 예를 들면, 그림 16.1에서 속, 과, 목 또는 분류군의 또 다른 형태들이 아니라 A부터 G까지 표지된 분류군들이 집단들을 대표한다면 이들은 계통수에서 가장 작은 단위의 단계통 그룹들이고 별개의 종을 대표한다. 반대로, 집단들이 독특하고 파생된 형질에 의해서 계통수에서 명확하게 구별을 못한다면 이들은 집단들이 $B_{1-3}$, $E_{1-2}$, $G_{1-4}$와 같이 명명되는 것처럼 무리를 형성할 것이다. 이런 무리를 구성하는 집단들은 같은 종으로 고려될 것이다.

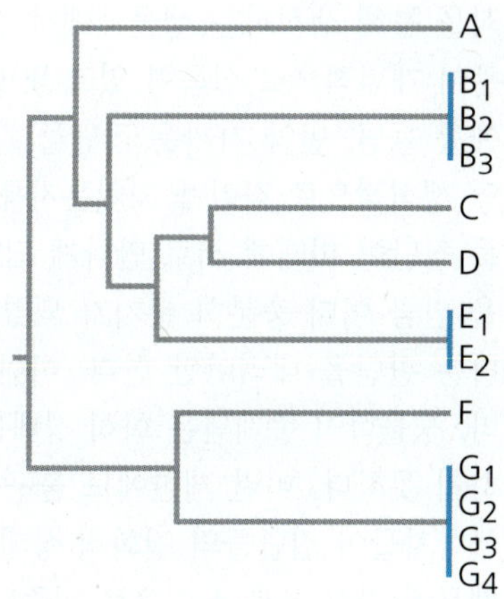


**그림 16.1 계통발생적 종** 이 계통수 끝에 붙여진 A~G 분류군들은 구별되는 종을 나타내고 있다. $G_1$, $G_3$ 등으로 붙여진 그룹들은 같은 종의 집단을 표시한다.

계통발생적 종개념을 사용함에 있어 그 근거는 집단이 유전자흐름으로부터 격리되어 있고, 유전적으로 아마도 형태적으로도 분기되어 있을 경우에만 형질이 계통수에서 집단을 구별할 수 있다는 것이다. 다르게 말하면, 계통발생적 종을 구분한다는 것은 집단이 구별되는 형질이 진화해 올 만큼 충분히 오랫동안 진화적으로 독립되어 지속되었다는 것이다. 종내 집단들은 다른 종의 집단과는 구분되는 파생형질을 공유하고 있다(4장 참조).

이런 접근의 장점은 무성생식과 화석을 포함한 어떠한 형태의 유기체에도 적용이 가능하고 검증이 될 수 있다: 종은 계통을 조사하는 데 사용된 형질에서 통계적으로 충분히 다른 점들을 기초로 하여 명명된다. 제공되는 정보의 출처가 다른 경우는 다른 계통을 이끌어낼 수 있고, 이로 인해 계통발생적 종개념에서는 종 명명에 충돌이 발생할 수 있다. 뿐만 아니라, 계통발생적 종개념은 명명된 종의 수가 배 이상 쉽게 늘어날 수 있고 전통적인 이름과 종동정이 변한다면 엄청난 혼돈을 일으킬 수도 있다는 것은 널리 알려져 있다.

이 개념의 지지자들은 많은 추가적 종 인식의 가능성에 개의치 않는다. 이들은 만약 명명되는 종의 수가 기하급수적으로 증가하는 일이 일어났을 경우 생물학적 현실성을 반영하면 된다고 주장한다. 예상되는 것처럼, 최근 분석들은 계통발생적 종개념이 이전에는 하나의 종으로 고려되었던 집단들에서 여러 개의 잠재종들로 구별하되는 것이 자주 발견되고 있다(Suatoni et al. 2006; Amato et al. 2007; Malenke et al. 2009; Griffiths et al. 2010). 균류와 같은 생물체의 경우, 이런 계통발생적 종개념이 실험적으로 그 다음 단계를 더 탐구하게 하는 종 경계선들을 동정하는 데 있어 대단히 유용하게 사용되고 있다(Giraud et al. 2008).

## 생물학적 종개념

생물학적 종개념(BSC)에서 진화적 독립을 동정하기 위한 기준은 **생식적 격리(reproductive isolation)**이다. 구체적으로 얘기하자면, 만약 생물체의 집단이 자연에서 정기적으로 잡종을 생산하지 않거나 또는 잡종이 생산되더라도 세대 생식이 가능한 자손을 만들어 내지 못한다면 이들은 생식적 격리가 된 상태이고 종이 분리되었다고 할 수 있다. Ernst Mayr가 1942년 이 개념을 주장한 이래로, 생물학적 종개념은 널리 받아들여져 왔다. 실제로 많은 생물학자들에 의해 사용되고 있고, 미국의 대표 생물 다양성 법인 1973년 멸종위기종 보호법에 합법적 정의로 채택되어 있다.

생물학적 종개념의 가장 큰 강점은 생식적 격리가 유전자흐름의 결핍을 확인하는 것이므로 종을 동정하기 위한 의미 있는 기준이라는 것이다. 유전자흐름의 결핍은 유성생식을 통해 생식하는 생물체에서 진화적 독립의 중요한 시험이라 할 수 있다. 비록 이 기준이 개념적으로 설득력 있고 몇몇 상황에서 유용하지만, 자주 적용하기 힘들 때가 있다. 예를 들면, 만약 가까운 집단들 간 실제적인 접촉이 없을 경우에, 연구자들은 이들이 과연 생식적으로 격리가 되었는지를 판단하기 어려울 수 있다. 대신 생물학자들은 만약 이들 집단이 미래에 서로 만나게 되었을 때 우리가 생각하기에 이들이 상호교배를 하지 않을 만큼 이미 충분히 분기가 되었다고 믿고, 따라서 이들을 다른 종으로 명명할 수가 있다는 판단을 내려야만 한다. 이런 경우에 종 명명은 쉽게 시험될 수가 없다. 뿐만 아니라, 생물학적 종개념은 화석 상태는 시험될 수 없고, 무성생식을 하는 집단들에게도 적절하지 못하다. 이런 제한에도 불구하고, 생물학적 종개념은 임의적이지 않는 방식에서 생물학자들이 집단들의 진화적 상태를 판단할 수 있게 해 주는 확고한 체계를 제공해 주기 때문에 가장 유용한 것으로 입증되고 있다(Schemske 2010).

## 세균과 고세균류는 어떤가?

이 장에서 언급되는 많은 연구들은 생식적 격리의 결과로 유전자흐름 결핍이 일어나는 일들에 초점을 맞추고 있다. 실제로 생물학적 종개념은 종분화의 기준인 생식적 격리를 다루고 있다. 하지만 많은 진핵생물과 모든 세균과 고세균류는 무성생식을 한다. 따라서 세균과 고세균류가 생식할 때는 유전적 물질교환이 일어나지 않는다. 세균 세포 사이에 유전자흐름이 일어났을 때는 유전체의 작은 부분에 한정이 되고 교환은 양방향으로 일어나지 않는다. 세균과 고세균류에서의 유전자흐름은 생식 없이 일어나고 유전적 재결합이 일어나 대립형질들의 새로운 조합이 만들어질 수 있다.

비록 생물학자들은 몇 가지 과정이 세균이나 고세균류 종들 사이에서 유전자 이동을 만드는 것을 확인했지만, 연구자들은 이제 자연에서 유전자흐름 정도를 수량화하기 시작했다. 하지만 한 가지 확실한 것은 대립유전자가 상당히 분기된 세균이나 고세균류 계보의 종들 사이에서 일상적으로 이동한다는 것이다. 몇 가지 경우 여기에 포함된 종들은 16%까지 분기된 유전체를 가진 것도 있다(Cohan 1994, 1995). 반대로 진핵생물 사이에서의 유전적 교환은 일반적으로 총 2% 이하 정도 분기한 유전체를 가진 생물체로 제한적이다.

여기서 중요한 점은 우리들 대부분이 생각하는 일반적인 생식—같은 종간 유전체의 반이 상호 교환이 되어 일어나는 감수분열—은 세균과 고세균류에서는 적용되지 않는다는 것이다. 이런 결과로, 유전자흐름은 세균 집단에게 대립유전자 빈도를 균질화하는 데 상대적으로 작은 역할을 한다. 이런 생물체에서 유전자흐름의 주요한 결과는 어떤 세포들이 항생제 저항성을 부여하는, 또는 설탕이나 다른 에너지 원천의 새로운 형태를 이용할 수 있는 능력을 부여하는 염기서열과 같은 높은 적응도 이점이 있는 대립유전자를 다른 세포에서 한쪽 방향을 통해서 얻는 것이다.

이런 관찰을 바탕으로 Lawrence와 Ochman(1998)은 횡적이동(lateral transfer)으로부터 얻어진 새로운 대립유전자는 세균에서 주요한 종분화 방법이라 했다. 그들의 가설은 유전자흐름이 진핵생물들 사이에서는 분기를 막는다고는 하지만 세균 집단 사이에서는 분기를 촉진한다는 것이다. 이것이 맞는다면, 세균 종은 아마도 하나의 공동조상으로부터 최근 물려받은 세포로 구성되어 있고 횡적이동을 통한 유전자흐름을 한 적이 없다는 것을 의미하는 것이다.

좀 더 최근, 같은 세균 종들의 완전한 유전체를 비교한 연구에서도 세균과 고세균류 종들은 구성된 유전자 또는 어떤 유전자가 존재하는지를 바탕으로 동정되어야 한다는 비슷한 결론을 내렸다(Konstantinidis and Tiedje 2005). 여기서 논리는 세균과 고세균류 종들은 특정 환경에서 번성하는 능력을 바탕으로 생태적 전후사정을 통해서 종을 정의하는 것이 최선이라는 것이다. 결국, 이런 능력은 어떤 유전자가 이들 생명체의 유전체 안에 존재하는지에 달려 있다는 것이다. 먹이의 특정한 근원을 이용하기 위해 얻어진 유전자들은 자주 유전자흐름을 통해 얻어지기 때문에 생태적 관점에서 유전자흐름은 진핵생물에서는 종분화를 방해하지만 세균과 고세균류에서는 종분화를 촉발시킨다는 생각과 매우 일치한다.

## 종개념의 적용: 두 가지 역사적 사례

비록 종을 동정하기 위해 다목적의 기준 하나로 주장하는 것은 아마도 비현실적이지만, 주요한 종개념들이 적절한 상황에서 적용되었을 때는 유용하다. 예를 들면, 최근 하나 이상의 종개념 적용의 노력이 해양에 서식하는 조류의 한 그룹 내에서의 풍부한 다양성에 대한 우리의 이해를 얼마나 개선시켜 주었고 세상에서 가장 큰 가오리 종 보호를 위한 노력에 얼마나 정보를 제공했는지를 생각해 보라.

**종은 구별되는 형태적 형질들, 생식적 격리 그리고/또는 계통적 독립성을 통해서 동정을 할 수가 있다. 각각의 종개념은 장점과 단점을 가지고 있다.**

### 해양 식물성 플랑크톤의 잠재종

해양 식량망의 근거가 되는 것은 단세포로 된 광합성 식물과 식물성 플랑크톤으로 알려진 세균 또는 조류들이다. 세계 대양에서 주요한 생산을 책임지고 있는 것 뿐만이 아니라, 식물성 플랑크톤은 때때로 해안가 지역에 밀도가 높아져 조류 대증식이 되는 경우도 있다. 조류 대증식은 많은 요소들에 따라 다른 생물체들에 해가 되든 되지 않든, 가장 위험한 것은 신경독성 물질을 생산하는 식물성 플랑크톤 종의 대증식이다. 이런 유해한 조류 대증식은 전 세계 많은 지역에서 일어난다. 북미 지역의 서쪽 해안을 따라 돌말 속인 사슬등침돌말(*Pseudo-nitzschia*)은 조개류에 축적이 될 수 있고 이것을 먹은 사람을 죽일 수 있는 신경독인 도모산을 생산하기 때문에 유해한 대증식을 한다.

역사적으로 사슬등침돌말은 전형적으로 광학현미경을 통해서 형태적인 모습을 바탕으로 종을 구분했다. Alberto Amato와 동료들(2007)은 최근 현대식 현미경과 분자생물학적 기술을 이용하여 더 많은 조사를 위해 두 개의 사슬등침돌말 형태종을 선택했다.

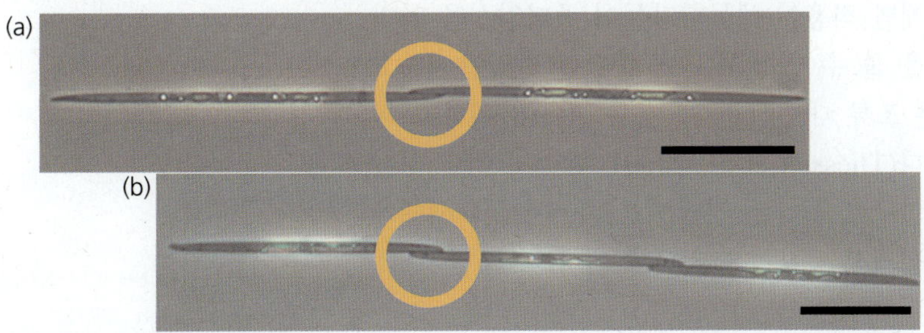


**그림 16.2 사슬등침돌말의 형태종** 역사적으로 (a)와 (b)에 보이는 이 두 개의 형태종은 사슬들을 형성하기 위해 겹쳐지는 세포의 방식을 바탕으로 광학현미경을 통해 구별이 되었다. 눈금자 = 20 $\mu$m. Amato et al. (2007)에서.

이런 형태종들은 그들의 바늘형태의 세포와 사슬들을 형성하기 위해 겹쳐지는 세포의 방식으로 정의가 된다(그림 16.2). 하지만 차이점을 감지하기는 쉽지가 않다. 이들이 정말 두 개의 별개 종인가? 어쩌면 이들은 단지 두 가지 다른 세포형태를 가진 같은 종일 수도 있고 또는 어쩌면 두 가지 이상 별개의 진화적 계보가 존재하는 것일 수도 있다. 이런 질문을 다루기 위해서, Amato와 동료는 다수의 종개념을 사용했다. 증가된 정확성과 함께 형태종 개념을 적용하기 위해서 이들은 강력한 투과전자현미경을 통해서 조류 세포를 관찰했다. 계통발생적 종개념을 적용하기 위해서, 이들은 DNA 염기서열 정보로부터 계통수를 만들었다. 그리고 이 연구자들은 놀랍게도 생물학적 종개념을 적용하기 위해서 식물성 플랑크톤의 같은 집단 내에서 유성 생식을 유도하여 교미 실험을 가능하게 했다.

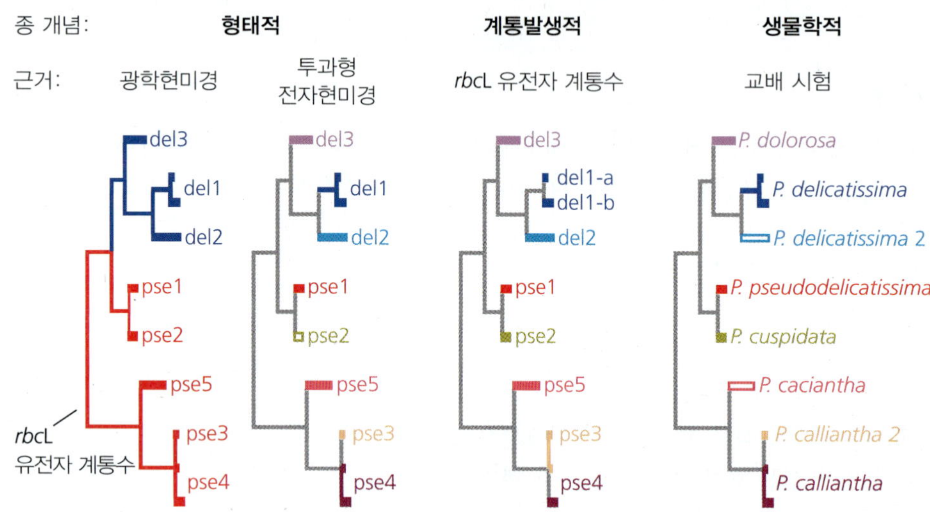


**그림 16.3 종개념 사이에서의 일치** 세 가지 별개의 종개념에서 두 개의 역사적 사슬등침돌말 형태종은 총 8개의 다른 종이 포함되어 있는 것으로 밝혀졌다. 오픈박스는 자료 없음을 가리킨다. Amato et al. (2007)에서.

**그림 16.3**에서 요약된 사슬등침돌말 연구의 결과는 다수 종개념 적용의 힘을 강조하고 있다. 이전에 알려진 형태종 중 하나 안에서 세 개의 뚜렷한 계보가 명확히 존재했고, 다른 하나에서 최소 다섯 개가 존재하고 있었다. 가장 두드러진 것은 다른 종개념들로부터 나온 결과들이 서로 일치하는 것이다. 전자현미경은 유전자 계통수에서 했던 동일한 방법으로 집단을 구분하는 미묘한 형태적 특징을 동정했으며 성적 단계 동안의 교배실험은 이런 결론을 입증하였다(Amato et al. 2007). 새로운 자료와 함께, 어떤 종개념을 적용했든 8개의 다른 사슬등침돌말 종이 존재한다는 결론은 동일했다.

돌말류는 종다양성이 이전에 생각했던 것보다 훨씬 더 다양하다고 밝혀진 생물체들 중 단지 한 그룹일 뿐이다. 이것은 다수의 종개념 적용이 생물학자들이 종다양성을 알아내고 결과적으로 연구를 체계화하는 데 도움을 줄 수 있기 때문에 중요한 깨달음이라고 하겠다. 사슬등침돌말로부터의 신경독 생산은 조류 대증식 동안 매우 변동이 심하고 이런 변동성의 한 부분은 종간의 차이점 때문이다(Thessen et al. 2009). 따라서 이런 사례에서 종 경계에 대한 지식은 단지 학문적인 연구로 끝나는 것이 아니다. 이것은 생태계 기능과 인간 건강에 직접적으로 관련이 있는 실제적 중요성을 지니고 있다.

## 멸종위기 어류의 보전

국제자연보호연맹은 거의 20,000여 종이 전 세계적으로 멸종위기에 처해 있다고 보고하고 있다. 영원히 사라져가는 많은 종들을 구할 가장 좋은 전략은 무엇인가? 보전생물학자들은 많은 접근방법을 가지고 있지만 첫 번째 목표는 유전적 다양성의 보존이다. 만약 유전적 다양성이 표현형적 다양성과 밀접한 관계가 있다면, 별개의 종으로 분류가 되든 되지 않든 다수의 유전적으로 뚜렷한 집단을 보존하는 것은 환경적인 변화에 직면해서 좀 더 장기적 생존을 이끌어낼 가능성이 많다. 이것은 미국 멸종위기종 보호법에서 정의한 **진화적 중요단위(Evolutionarily significant unit 또는 ESU)** 개념의 바탕이다. 그 밖의 모든 것들이 동등하다면, 더 많은 진화적 중요단위를 보존하는 것은 한 종의 지속

가능성을 증가시킨다.

남획의 결과로 멸종위기에 처한 해양종들 중 유럽 청홍어(*Dipturus batis*)는 아마도 가장 위기에 처한 종 중 하나이다. 홍어 중 최대 2.5미터 크기의 가장 큰 종으로 가오리와 함께 연골어류 그룹으로 상어와 매우 가까운 관계이다. 북동부 대서양에 널리 분포할 때 30년 이전부터 상업적 어업으로 인해 멸종위기에 처한 첫 번째 어류로 알려져 있었다(Brander 1981). 현재 이 종의 마지막 서식처는 영국 제도의 서쪽 해안과 노르웨이이다.

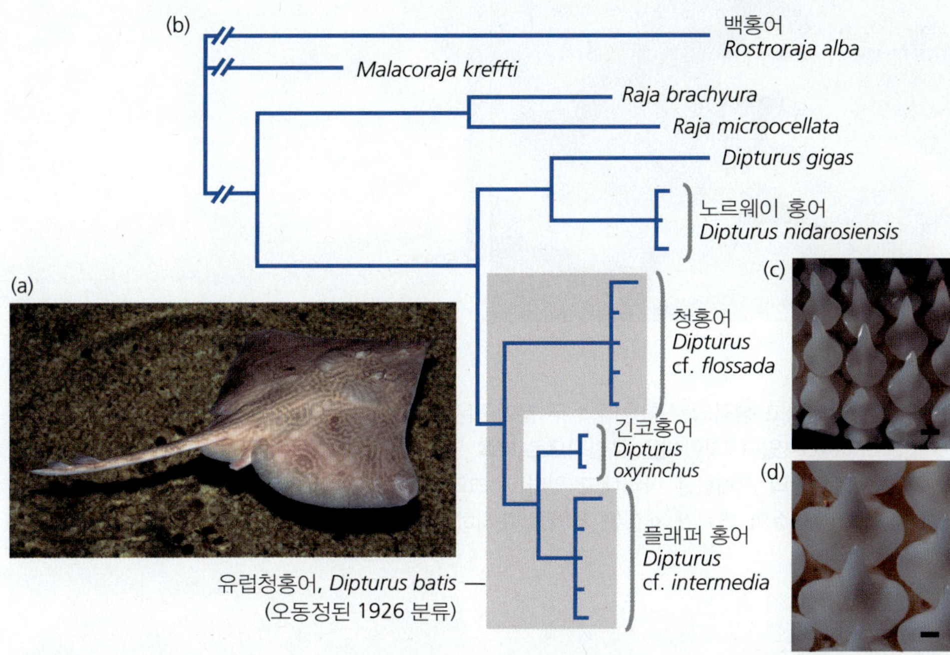


**그림 16.4 분자계통은 두 개의 청홍어 종의 존재를 보여주고 있다** (a) 이전에 *Dipturus batis*로 분류된 유럽 청홍어. (b) 청홍어 종간 서로가 전혀 가깝지 않은 관계를 뚜렷한 계보로 보여주고 있는 염기서열을 바탕으로 한 계통수. Iglésias et al. (2010)에서 다시 그림. (c)와 (d) 청홍어 두 계보를 구별할 수 있는 형태적 형질 중 하나인 이빨 모양을 보여주는 사진들. 이 빨은 성체 암컷의 아래턱에서 보인다. 눈금자 = 1 mm. Samuel Iglésias의 사진.

청홍어의 분류학적 역사는 형태종동정이 어려워 혼란스러웠다. 1920년대까지 청홍어와 플래퍼홍어 두 개의 뚜렷한 종으로 널리 알려졌지만 1926년 이 두 종은 한 종으로 합쳐지고 그 이후 계속 지속되어 왔다(그림 16.4a). 최근 두 연구는 이런 분류체계를 분석하고자 분자생물학적 자료를 이용했다(Griffiths et al. 2010; Iglésias et al. 2010). 비록 두 연구가 독립적으로 실행되었고 각기 다른 유전자의 DNA 염기서열 자료를 분석했지만 결과는 일치하였다. 그림 16.4에서 보이는 것처럼 청홍어는 두 개의 뚜렷한 종으로 존재한다.

이런 새로운 계통발생적 분류로부터 얻어진 정보는 한 연구대상 그룹이 두 종을 구별하는 데 사용될 수 있는 형태적 특징들을 정의할 수 있게 했다(Iglésias et al. 2010). 이런 특징들 중 하나인 홍어의 이빨 모양은 그림 16.4c와 d에서 보여주고 있다. 또 다른 그룹은 서로 거의 겹치지 않는 북쪽 분기군과 남쪽 분기군인 두 종의 분포에서 지리적 양상을 발견했다(그림 16.5, 다음 쪽).

**종동정을 위한 신뢰할 만한 기준들은 생물다양성 보존을 위해 필수적이다.**

이런 발견들은 청홍어를 보존하는 데 중요하다. 이제 우리가 멸종위기종이 한 종이 아니라 두 종이 존재한다는 것을 알게 된 것도 있지만 두 종의 유전적 차이를 보호하는 것이 최소한 한 종이 지속될 수 있는 기회를 증가시켜 줄 것이라고 믿기 위한 이유이다. 북쪽과 남쪽 서식처에서 경험한 온도 범위가 다르기 때문에(Griffiths et al. 2010), 각 종은 미래에 생존하기 위한 필수적인 것을 증명할 수 있는 고유의 열에 대한 적응성을 가질지도 모른다. 이런 경우, 종을 동정하기 위한 다수의 기준들을 적용하는 것은 보전과 진화 문제 모두를 명확하게 했다.

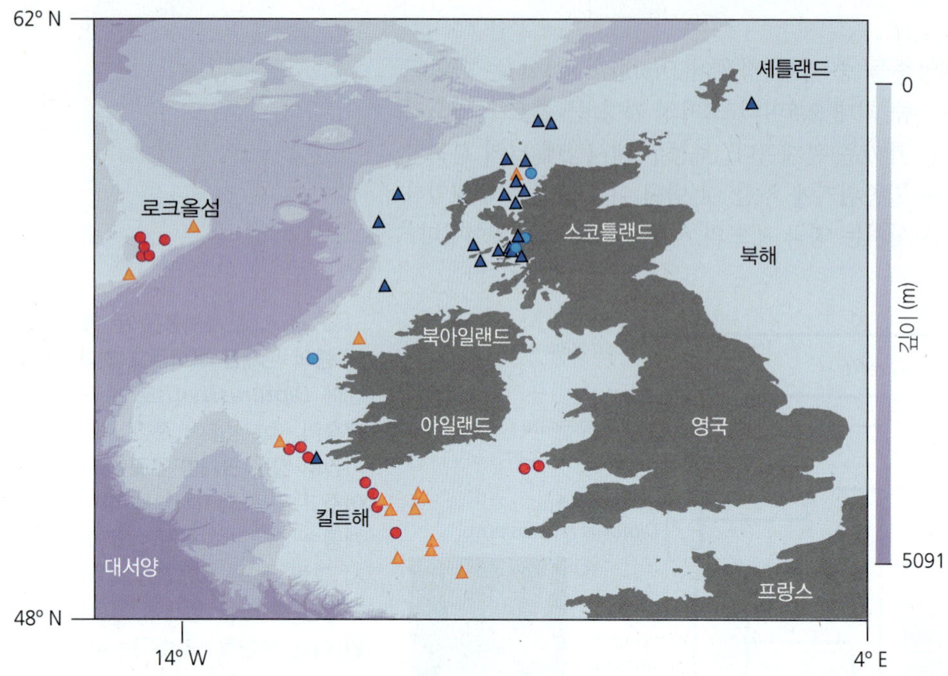


그림 16.5 **청홍어의 북쪽과 남쪽 분기군** 현재 다른 종이라고 생각되는 청홍어의 두 분기군은 지리적으로 최소한의 겹침과 함께 분리되어 있는 것을 보여주고 있다. 파란색은 유전적으로 북쪽 분기군을 나타내고 붉은색과 오렌지색은 유전적으로 남쪽 분기군의 개체들을 나타내고 있다. 동그라미는 한 개의 개체가 채집된 지역을 표시하고 있고 삼각형은 다수의 개체가 채집된 지역을 표시하고 있다. Griffiths et al. (2010)에서 다시 그림.

## 16.2 격리 기작

종동정을 위한 몇 가지 기술들을 알아봤고, 이제 우리는 어떻게 종이 나타나는지에 대한 질문에 우리의 시선을 돌려본다. 고전적으로, 종분화는 세 가지 단계의 과정인 집단들을 분리하는 시작 단계, 교배 체계나 서식처 이용과 같은 특성에서 달라지는 두 번째 단계, 생식적 격리가 일어나는 마지막 단계로 되어 있다고 생각하고 있다. 이런 모델을 통해서 격리와 분기 단계는 오랜 시간 집단들이 서로 다른 지리적 구역에 위치하는 동안 일어난다고 생각되고 있다. 마지막 단계는 이렇게 분기된 집단들이 **이차접촉(secondary contact)**이라고 알려진 물리적 접촉을 다시 했을 때 일어난다고 가정하고 있다.

방금 설명된 과정을 통해 종분화는 자연에서 널리 퍼져 있다. 하지만 최근 연구들은 몇 가지 사례에서 종분화는 다른 경로를 통해 일어날 수 있다는 것을 보여주고 있다. 예를 들면, 종분화를 시작하게 하는 격리와 분기 단계는 몇몇의 경우에 같은 시간과 장소에서 일어난다. 뿐만 아니라, 많은 종분화에서 세 번째 단계는 결코 일어나지 않을 경우가 있는 것으로 보인다. 그렇기는 하지만, 격리/분화/이차접촉 가설은 종분화가 어떻게 일어나는지를 분석하기 위한 유용한 틀을 제공한다.

**유전자흐름이 방해를 받고 집단이 유전적으로 격리가 되기 시작할 때 종분화 과정은 시작된다.**

이 절에서의 초점은 종분화의 첫 번째 단계인 격리이다. 간단하게 격리는 두 집단 사이의 유전자흐름이 감소하는 것이다. 가장 흔하게 격리는 집단들이 물리적으로 분리가 되는 원인인 지리적 요소의 결과로 일어난다. 하지만 두 집단 사이의 교배의 가능성이나 유효성을 감소시키는 어떠한 요소도 격리의 원인이 될 수 있다. 따라서 염색체 수의 변화와 같은 유전적 사건 역시도 격리의 원인이 될 수 있다. 유전자흐름이 극적으로 감소하거나 중단된다면 진화적 독립은 시작이 되고 종분화가 일어날지도 모른다. 16.3절은 어떻게 생태적 힘이 유전적으로 격리된 집단을 분기시키는 원인이 되는지를 다루고 있다. 16.4절에서 우리는 이차접촉이 일어난다면 어떻게 되는지를 알아본다.

## 유전자흐름의 장애물인 물리적 격리

유전자흐름은 유전자빈도를 동일하게 만들고 집단의 차이를 줄이는 경향이 있다(이 모델들과 좀 더 자세한 설명은 7장에서 다루어짐). 당신은 이리호에서 육지와 섬에 서식하는 물뱀의 예와 섬에 서식하는 줄무늬가 없는 뱀의 선택적 이점을 보여주는 실험을 상기할지도 모른다. 하지만 육지에서 섬으로 정기적으로 줄무늬 형태의 집단 이주가 일어나고 줄무늬와 줄무늬가 없는 형태간의 교배가 그 후에 일어나기 때문에 섬 집단들은 육지 형태로부터 완벽하게 분기하지 않았다. 선택이 섬 집단들로부터 밴드를 생성하는 대립유전자를 제거하는 경향이 있었지만 이주가 지속적으로 일어나면서 이런 대립유전자가 유입되었다.

이제 사고실험을 생각하라: 만약 호수 흐름이 육지에서 섬으로 밴드 무늬를 가진 개체의 유입을 효과적으로 막도록 변했다면 어떤 일이 일어나겠는가? 두 집단 사이의 유전자흐름은 끝날 것이고 이주와 자연선택 사이의 균형은 바뀔 것이다. 섬 집단은 돌연변이, 자연선택과 부동의 결과로 인해 분화되는 것이 자유로워질 것이다. 이런 과정들은 육지에 서식하는 집단들 사이에서 일어나는 과정들과는 독립적으로 섬에 서식하는 집단들 사이에서 일어날 것이다.

지리적 격리는 생식적 격리를 만들어내고 결국 유전적 격리를 시킨다.

이런 시나리오는 어떻게 종분화가 시작되는지에 대한 **이소적 모델(allopatric model)** (Mayr 1942, 1963)이라 불리는 고전적 이론을 실제로 보여주고 있다. 말 그대로 번역했을 때 이소적이라는 것은 다른 국가 또는 조국을 의미한다. 이소적 종분화의 기본은 물리적 격리가 유전자흐름에 효과적인 장애물을 만든다는 것이다. 많은 연구에서 지리적 격리는 종분화 과정에서 두 번째 단계인 유전적이고 생태적인 분기를 위한 중요한 도화선임을 보여주고 있다.

지리적 격리는 두 가지의 기작을 통해서 발생할 수 있다(그림 16.6). 첫 번째는 생명체의 한 그룹이 초목을 타고 섬으로 이동했을 때처럼 물리적 장벽을 넘어 분산해서 새로

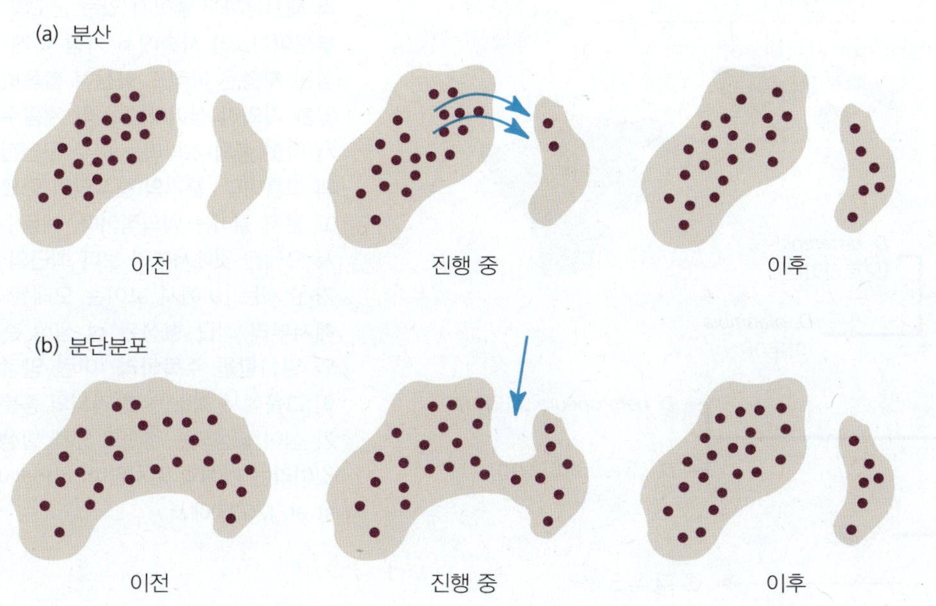


**그림 16.6 분산과 분단에 의한 격리** (a)의 분산 도표에서 화살표는 개체들의 이동을 가리킨다. (b)의 분단에서 화살표는 강, 빙하, 용암류 또는 새로운 서식처와 같이 잠식하는 물리적 지형을 나타내고 있다.

운 서식처에서 군락을 형성을 하는 것이다(Censky et al. 1998). 두 번째는 작게는 길, 크게는 대양과 같은 새로운 장벽의 출현에 의해 기존의 활동범위가 갈라지는 분단(vicariance)이다(Clark et al. 2010; Chakrabarty et al. 2012).

## 분산과 군락형성을 통한 지리적 격리

곤충에서 가장 극적인 적응방산 중 하나는 역시 분산을 통한 지리적 격리가 가장 좋은 예이다. 이전에 우리가 접했던 과실파리와 가까운 친척인 하와이초파리과는 조사된 1,000종이 포함되고 독특한 생태적 다양성을 가진 것으로 유명하다. 하와이파리는 해수면에서부터 산간 지대까지 그리고 건조한 덤불 지대에서부터 강우림 지역까지 발견된다. 먹이 근원, 특히 알을 낳고 유충이 자랄 수 있기 위한 장소로 이용되는 식물 재료는 종 사이에서 매우 다양하다. 하와이파리 중 한 종은 거미에 알을 낳기도 하고, 반면 또 다른 종은 수중에서 유충 생활을 하기도 한다. 뿐만 아니라, 많은 종들은 싸움이나 구애 활동에 사용되는 변형된 머리 모양이나 날개의 양상과 같은 정교한 형질들을 가지고 있다(그림 16.7a).

이런 다양성을 위한 가장 중요한 설명은 분산과 군락형성으로 시작한다. 많은 하와이파리들은 그들의 활동 범위가 이 군도에서 하나의 섬에 국한되는 섬 고유종들이다. 만약 파리의 작은 집단 또는 어쩌면 단지 한 마리의 임신한 암컷이 새로운 서식처나 섬으로

**개체들이 새로운 서식처에 군락형성을 했을 때 집단들은 지리적으로 격리될 수 있다.**

(a)

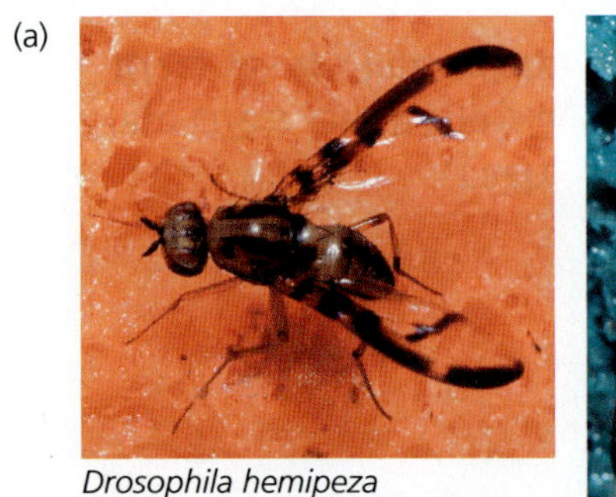

*Drosophila hemipeza*

*Drosophila planitibia*

*Drosophila heteroneura*

(b) (c)

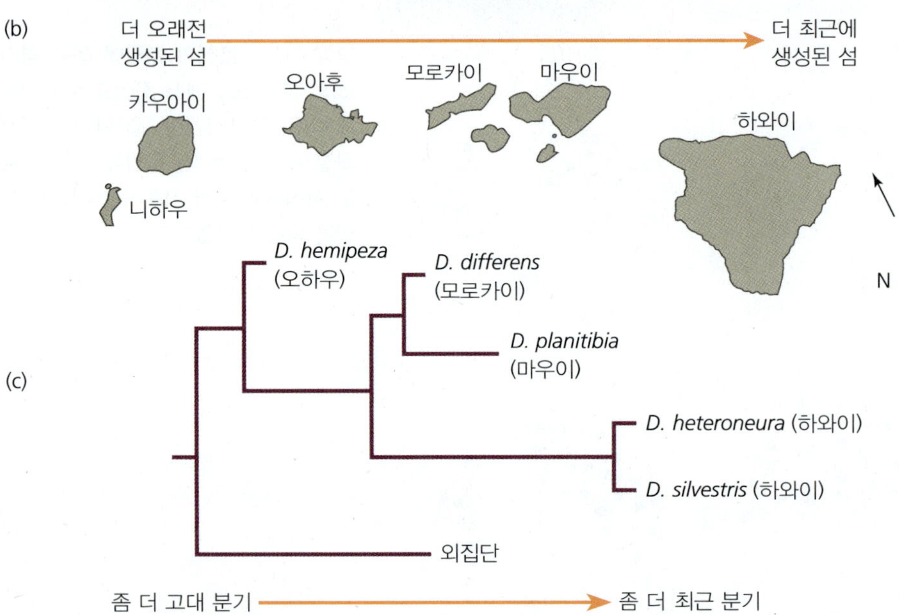


**그림 16.7 분산과 군락형성으로부터의 종분화 증거** (a) 하와이에서 발견되는 초파리 중 *Drosophila hemipeza*, *D. planitibia*와 *D. heteroneura*는 몸 크기, 날개 무늬와 다른 특징들에서 뚜렷한 다양성을 보여주고 있다. 힐토에 위치하고 있는 하와이 대학교에서 하와이 고유종에 대한 DNA 바코딩 프로젝트로 Karl Magnacca에 의해 촬영. (b) 하와이 섬들은 하와이 섬에서부터 시베리아에 가까운 엠퍼러 해산군까지 뻗어져 있는 군도의 한 부분이다. 이 사슬에서 가장 늦게 형성된 지형은 아직도 화산이 활동하고 있는 하와이 섬이다. (c) 이 계통수에서 다섯 종의 초파리는 아주 근연관계의 그룹이다. 분기의 순서만이 중요하고 분지 길이는 임의적이다. 계통수에서 오래된 것에서부터 보다 최근의 분기 순서는 (b)에서 보이는 오래된 것에서부터 최근 형성된 섬 생성 순서와 일치함을 주목하라. 이런 양상은 이 그룹에서 최소한 몇 가지의 종분화가 섬이 생성되는 결과로 인해 발생한 것이라는 가설과 일치한다. Bonacum et al. (2005)에서.

퍼져나간다면 이들은 조상 종들과는 물리적으로 단절된 새로운 집단을 형성하게 된다. 분기는 구애 표현이나 서식처 사용에 관련된 유전자에 유전적 부동이나 자연선택의 영향으로 원인이 된 변화 이후부터 시작이 된다.

분산과 군락형성 가설의 논리는 설득력이 있지만 한 지역에 국한된 특유성 이외에 이런 현상이 실제로 일어난 증거를 가지고 있는가? 하와이 섬들의 지질학적 기원은 잘 알려져 있기 때문에 이 가설은 파리의 종분화 양상에 있어 대단히 설득력 있는 예측을 만들고 있다. 하와이 섬들은 태평양 아래의 활발한 화산 지대에서 만들어진다. 이 지대는 활동이 정지된 상태이지만 정기적으로 마그마를 태평양판으로 뿜어내면서 섬을 생성하고 있다. 섬들이 만들어진 후 대륙이동은 이들을 태평양판과 함께 북쪽과 서쪽으로 옮긴다(그림 16.7b). 시간이 지남에 따라 화산 원뿔구들은 점차적으로 환초와 해저 산맥으로 침식된다.

분산과 군락형성 가설은 이런 요소들을 바탕으로 두 가지 예측을 만들어낸다: (1) 가까운 관계의 종들은 인접한 섬들에서 발견되어야 한다; (2) 분기의 순서는 섬 생성 순서와 일치해야 한다. James Bonacum과 동료들(2005)은 근연관계의 하와이파리의 계통을 조사하기 위해 미토콘드리아와 핵 유전자의 DNA 염기서열 차이점을 이용해서 정확히 이런 양상을 발견하였다(그림 16.7c). 이것은 새로운 서식처로의 분산이 종분화를 촉발했다는 강력한 증거이다. 비슷한 양상은 하와이 귀뚜라미(Mendelson and Shaw 2005)와 갈라파고스 거북(Beheregaray et al. 2004)의 계통에서도 목격되고 있다.

물리적 격리의 생성과 종분화의 촉발을 위한 기작처럼 분산과 군락형성 가설은 대양에 위치하고 있는 섬을 포함해서 매우 다양한 서식처에 적절하다. 온천지, 심해구, 소택지, 늪지, 동굴, 산꼭대기와 배수가 제한된 호수나 연못도 서식 섬을 대표한다(예를 들면, Dawson and Hamner 2005). 새로운 환경으로의 분산은 종분화 시작을 위한 일반적인 기작으로 증명이 되고 있다.

## 분단을 통한 지리적 격리

분단은 한 종의 분포를 둘 또는 그 이상의 격리된 범위로 나누고 그들 사이의 유전자흐름을 감소시키거나 막는다. 산맥이 솟아오르는 것과 같은 느린 과정에서부터 달팽이 집단을 둘로 양분하는 1.6 km 넓이의 용암류와 같은 빠른 과정까지 많은 가능한 분단 기작이 있다.

Nancy Knownlton과 동료들은 중앙아메리카의 양쪽에 분포하고 있는 해양 생물체의 최근 분리에 대한 고전적인 분단을 연구했다. 지리적 증거는 3백만 년 전 파나마 지협이 닫혔다는 것을 규명했다. 지협에 남미와 북미 사이에 육교가 솟아나 만들어짐에 따라 해양 생물체의 집단들은 대서양쪽과 태평양쪽으로 나뉘게 되었다. 대양이 이렇게 나뉘게 되었을 때, 양쪽으로 갈린 집단들은 종분화를 했는가?

이런 질문을 설명하기 위해서 Knowlton과 동료들(1993; Hunt et al. 2009)은 지협 양쪽에 분포하고 있는 딱총새우(*Alpheus*속) 집단들을 조사하였다(그림 16.8a). 형태종개념을 바탕으로 그들이 채집한 집단들은 육교 양쪽으로 각각 한 종류씩 7쌍의 근연종 또는 자매종이 분포한다는 것을 알았다. DNA 자료로 조사된 이들 새우의 계통수는 이런 사실을 확인했다(그림 16.8b). 외형에서 자매종으로 알려진 지협 양쪽에 분포하는 종들은 실제로도 각각 서로 가까운 친척 관계였다. 이런 결과는 분단가설과 일치한다.

뿐만 아니라, Knowlton과 동료들이 다양한 종류의 암수 쌍을 수족관에 함께 넣고 상호간의 공격 또는 구애 활동을 관찰했을 때 연구자들은 종 쌍들 사이의 유전적 거리와 교미시 새우의 관심 정도 사이에서 강한 연관성을 발견했다. 격리된 시간이 더 긴 것을

(a)

(b)

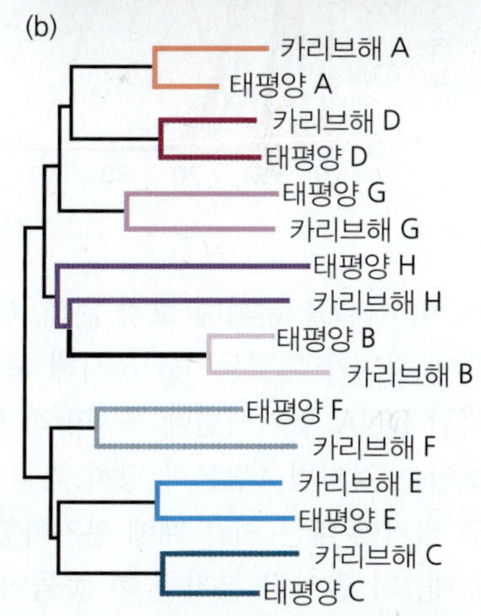


**그림 16.8 분단으로 인한 딱총새우의 종분화** (a) *Alpheus malleator*는 파나마 지협의 태평양 쪽에서 발견되었다. Carl C. Hansen/Nancy Knowlton/Smithsonian 연구소에서 사진 제공. (b) 미토콘드리아 DNA에서 염기서열의 분기로부터 조사된 계통수. 지협의 반대쪽에 분포하는 형태적 자매종은 무늬와 색깔로 구별되어 있다. Hurt et al. (2009)에서 다시 그림.

의미하는 유전적 분기가 큰 종으로부터 암수는 서로 간에 흥미가 떨어졌다. 마지막으로 구애 실험 동안 생성된 어떠한 쌍도 거의 생식 가능한 자손을 생산하지 못했다. 이 마지막 관찰은 태평양과 카리브해 집단이 실제로 우리가 알아본 세 가지 모든 종개념을 적용했을 때 별개의 종으로 확인된다.

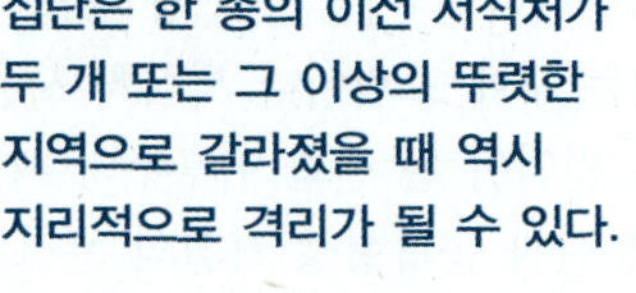

집단은 한 종의 이전 서식처가 두 개 또는 그 이상의 뚜렷한 지역으로 갈라졌을 때 역시 지리적으로 격리가 될 수 있다.

하지만 이 연구의 가장 흥미로운 관점들 중 하나는 분단가설로부터 세워진 원래의 예측을 반박하는 자료였다. 만약 육교가 빠르게 형성이 되었다면 우리는 유전적 거리와 생식적 격리의 정도가 모든 7쌍의 종에서 동일했을 것이라고 예상했을 것이다. 이 경우는 그렇지 않았다. 예를 들면, 종 쌍들 사이의 DNA 염기서열 분기가 약 6.5%에서 19%이상까지 다양했다(Knowlton and Weigt 1998).

어떻게 된 것인가? 생각해 보면 육교는 갑작스럽게 튀어 오르지 않았을 것이기 때문에 동일한 분기의 예측은 순진한 것이다. 대신 땅이 솟아나고 대양이 서서히 양쪽으로 갈라지면서 새우 집단들은 각기 서식하고 있는 곳의 물 깊이와 그들 유생이 얼마나 효율적으로 분산되는지의 정도에 따라 시차를 둔 선호도에서 격리가 되었을 것이다. 더 깊은 물에 서식하는 종들이나 유생 단계에서 운동성이 더 떨어지는 종들이 우선적으로 갈라졌을 것이다.

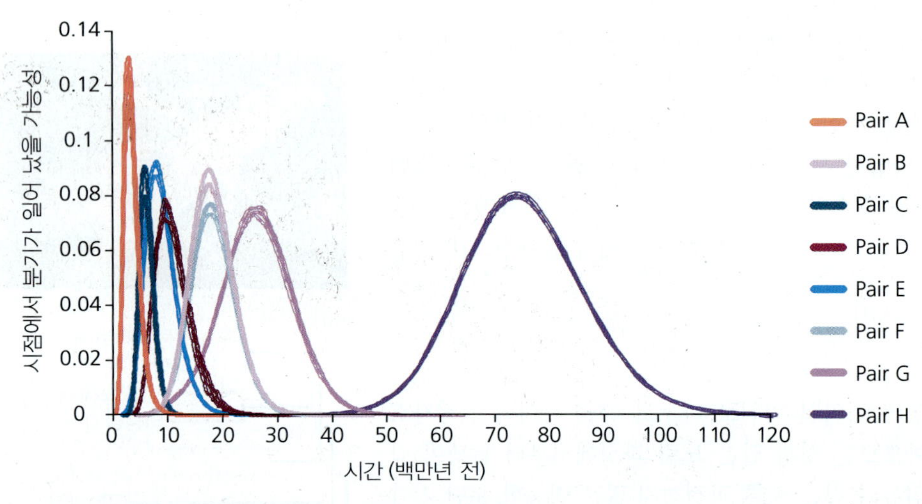


**그림 16.9 카리브해-태평양 딱총새우 종 쌍들에서 조사된 분기시간** A, C, D와 E 쌍들은 다른 4쌍들보다 최근에 종분화되었다. 솟아난 지협 때문에 분기시간이 더 오래된 4종은 가장 깊은 곳에 살고 있고 이는 분단가설과 일치한다. Hurt et al. (2009)에서 다시 그림.

이 가설을 분석해 보기 위해, Carla Hurt와 동료들은 각각의 종 쌍들이 얼마나 오래 전에 분기가 되었는지를 조사해 보기로 하고 새우 유전체에서 다수의 유전자좌위에서 얻어진 DNA 염기서열에 통계학적 방법을 적용하였다(Hurt et al. 2009). 그림 16.9에서 보이는 것처럼 4쌍은 상당히 최근 비슷한 시기에 분기하였다. 나머지 4쌍은 좀 더 떨어진 과거에 다른 시간 때에 분기하였다. 물 깊이에 있어서 가설이 일치하는 것을 알 수 있는데, 더 떨어진 분기를 한 종들이 깊은 물에 서식하고 반면, 가장 최근 분기한 나머지 4종은 해안가의 얕은 물에 서식하고 있다(Knowlton and Weigt 1998 참조). 가장 최근 4쌍의 종에서 분기시간은 매우 비슷하다는 것도 주목하라. 이들은 가장 낮은 값으로 관찰되었고 이는 아마도 두 대양 사이에 마지막 갈림이 3백만 년 전이라는 것을 가리키고 있는 것으로 보인다.

비슷한 연구들은 그룹들의 폭넓은 다양성에 있어 분단이 종분화를 위한 중요한 격리 기작이자 도화선이라는 것을 생물학자들에게 확신시키고 있다. 또 다른 좋은 연구의 예들은 바하칼리포르니아 반도의 북쪽과 남쪽 부분으로 갈라진 해로(Riginos 2005 참조)와 홍적세 동안 빙하의 이동으로부터 조각난 서식처(Weir and Schluter 2004; Hoskin et al. 2005)가 있다.

## 돌연변이를 위한 역할: 배수체와 다른 염색체 변화는 유전자흐름을 줄일 수 있다

이론은 집단들이 분산이나 분단으로 인해 물리적 격리가 된 후에 종분화가 일어날지도 모른다고 예측하고 자료는 이들이 종분화에 흔한 도화선이라는 것을 확인했다. 하지만 물리적 격리조차 없이도 집단 사이에서 유전자흐름이 줄어들 가능성 역시 있다. 예를 들면, 다배체화시키는 돌연변이는 즉각적으로 부모와 자식 집단 사이에 생식적 격리를 만들 수 있다(5장). 한 개의 사배체(4배의 염색체 수를 갖는 개체 또는 4*n*) 계보가 이배체(2*n*) 조상으로부터 생산되었을 때 교잡으로부터 제 기능을 하지 못하는 염색체 때문에 배수성의 차이점은 거의 항상 생식적 격리의 원인이 된다.

**염색체 수에서의 변화는 유전적으로 집단을 격리시킨다.**

종분화의 기작인 다배체화는 얼마나 중요한가? 생물학자들은 육지 식물의 약 300,000종 중 최소 2~4%는 다배체화에서 직접적으로 비롯되었다고 평가하고 있다. 비록 배수성으로부터의 종분화가 식물보다는 동물에서 훨씬 적지만 연구자들은 민물고기(Machordom and Doadrio 2011; Cunha et al. 2008), 물개구리(Christiansen and Reyer 2009)나 채찍꼬리도마뱀(Lutes et al. 2011)과 같은 척추동물에서 몇몇 경우를 보고했다.

**염색체 수에서의 변화로 촉발된 종분화는 특히 식물에서 중요하다.**

염색체 수가 다른 계보 사이의 교잡은 아주 드물게 감수분열 중의 문제로 인해 교배 가능한 자손을 생산하기 때문에 다배체화보다 급격하지 않은 염색체 수의 변화도 역시 종분화에 중요할지 모른다. 예를 들면, *Agrodiaetus*속의 나비는 종에 따라 10에서 134까지 총 염색체 수에서 눈에 띄는 다양성을 가지고 있다. Nikolai Kandul과 동료들은 염색체 수의 차이점은 지리적 범위를 공유하고 있는 *Agrodiaetus*속의 종들 사이에서 경계선을 유지하는 데 중요하다고 가정했다. 이 가설은 지리적으로 겹치는 최근 분기된 **동소적(sympatric)** 종들이 떨어져 있는 친척인 이소적 종들보다 염색체 수에서 좀 더 다르다는 결과가 이를 뒷받침한다(Kandul et al. 2007). 공존하는 집단들이 유전자흐름의 경계선 없이 별개의 종으로 분기하는 것이 불가능하기 때문에 염색체 수가 동일한 동소적 종들은 거의 드물다. 이런 경우, 염색체 수의 차이점은 격리를 위한 필수적 경계선을 제공한다.

가까운 종들의 핵형을 비교할 때 이들처럼 소규모의 염색체 변화는 흔히 있다. 비록 이런 돌연변이는 집단들 사이에서 유전적 분기의 원인으로 중요할 수 있지만, 오늘날까지 염색체 차이점에 관하여 이루어진 많은 광범위한 연구들은 단지 상관관계가 있는 것뿐이다. 이것은 다시 말해서 많은 연구들이 관련된 종 안에서 염색체 차이점을 측정했고 염색체 불일치가 격리에 관여한다고 주장하는 것이다. 하지만 많은 경우에 염색체 차이점은 종분화 후에 나타나고 다른 원인에 의해서 일어난 것은 몇몇 연구자들이 염색체 변화 한 가지만으로 일어나는 종분화는 매우 드물다고 결론 내리게 한다(Coyne and Orr 2004). 연구들은 소규모의 핵형 차이점과 종분화 사이의 원인 관계를 찾는데 지속적으로 연구 중에 있다(Faria and Navarro 2010 참조).

## 또 다른 격리 기작

지형으로 인한 물리적 격리와 염색체 차이에 의한 생식적 불일치는 자연에서 널리 퍼져 있지만 격리의 다른 형태들도 존재한다. 식물에서 다른 흔한 격리 기작은 개화시기의 차이나 다른 종류의 꽃가루 매개자로부터의 수정이 여기에 속한다. 어딘가 다른 곳에서 우리는 물꽈리아재비 두 종 사이의 꽃 형태의 차이점에 대해서 언급했다(9장). 한 종은 벌에 의해 꽃이 수분되고 다른 한 종은 벌새로부터 수분이 된다. 벌이나 벌새가 아닌 것들이 이들 두 종에 오지는 않기 때문에 한 종에서 다른 한 종의 꽃에 꽃가루를 옮길 기회는 없다. 두 종은 특정한 꽃가루 매개자로부터 유전적으로 격리되어 있다.

생물학자들은 격리가 많은 형태를 취하는 것에 점점 더 감사해 하고 있다. 오랫동안 식물의 개화에 있어 중요하다고 알려진 매년 생식시기는 동물에게도 역시 격리의 원인이 될 수 있다. 일본겨울나방은 주목할 만한 예를 보여준다. Satoshi Yamamoto와 Teiji Sota(2009)는 추운 서식처에서 *Inurois punctigera* 나방은 생물학적 종개념과 계통발생적 종개념의 기준에서는 구별되는 종이 될 수 있는 두 개의 유전적 격리 집단들로 이루어져 있다는 것을 발견했다. 두 종은 일본 전역에서 동시에 발생해서 지형은 그들의 격리에 영향을 미칠 수가 없다. 대신 매년 생식시기로부터 구분이 된다. 한 종은 늦가을/초겨울에 성충으로 자라나고 알을 낳는다. 다른 한 종은 늦겨울/초봄에 이런 생활사를 가진다 **(그림 16.10a)**. 비록 나방들이 부화와 생식을 위해서 시원한 겨울조건을 좋아하지만 많은 양의 눈과 극한의 날씨는 그들이 한겨울 동안 활동을 불가능하게 만들기 때문에 두 개의 시간적 격리 종들이 존재하게 된다.

비록 시간적 격리는 일본겨울나방을 위한 설득력 있는 가설이지만 초겨울과 늦겨울 종은 또 다른 이유들이 역시 격리를 만들 수도 있다. 아마도 각 종은 겨울철 동안 각기 다르게 미묘한 환경적 차이점에 적응을 하고 있을 것이다. 또는 어쩌면 그들은 교잡할 기회가 주어진다 하더라도 우리에게 알려지지 않은 페로몬 차이로 인해서 서로를 선택하지 않을지도 모른다. 만약 그렇다면, 그들은 여전히 별개의 종으로 고려되겠지만 생식시기만이 유일한 격리 기작은 아닐 것이다.

한겨울의 추위 강도가 위도에 따라 다양하기 때문에 운 좋게도 시간적 격리 가설은 일본 전역의 집단 비교를 통해서 시험될 수 있다. 연구자들이 남쪽의 온화한 겨울 동안 생식하는 남쪽 지역 나방을 연구했을 때 그들은 두 종 간의 격리가 사라졌다는 것을 발견했다(그림 16.10b; Yamamoto and Sato 2009). 북쪽 지역은 생식시기가 다른 유전적

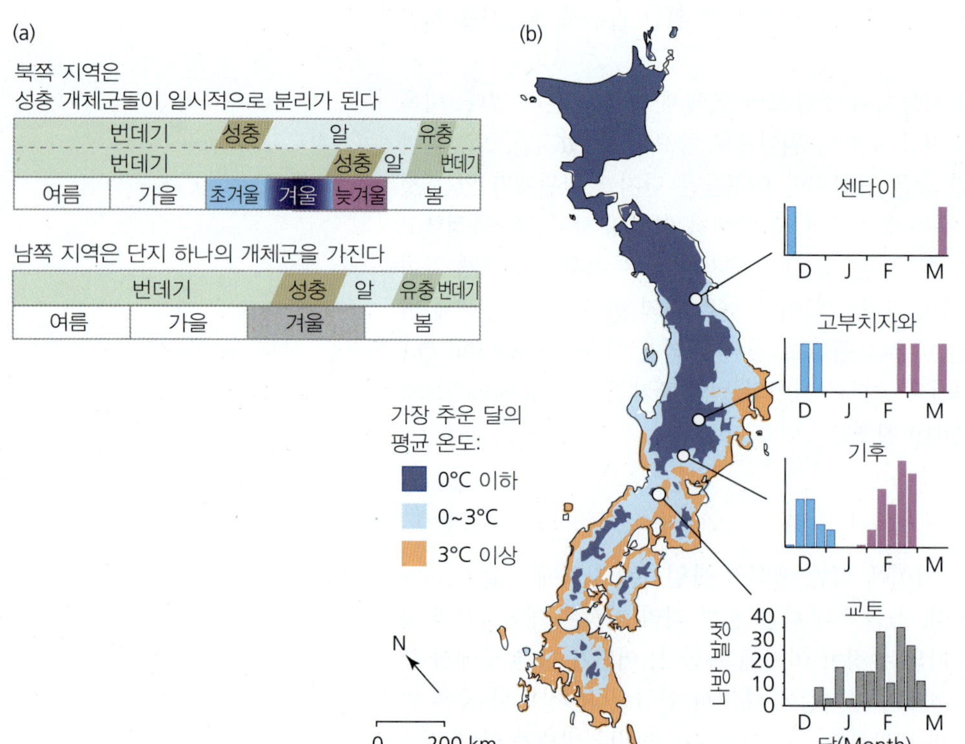


**그림 16.10 일본겨울나방 집단들 사이의 시간적 격리** (a) *Inurois punctigera*의 계절적 활동에 대한 차트는 겨울철 날씨가 추운 북쪽 지역에서 나방들은 두 개의 시간적 격리 집단들이 있는 것을 보여준다. 겨울철 북쪽보다 날씨가 따뜻한 남쪽 지역에서 나방들은 시간적 격리가 보이지 않고 있다. (b) 일본 전역을 통해서 동그라미로 표시된 네 개의 조사 지역에서 겨울동안 성충 나방의 시간적 횟수 분포는 시간적 격리가 위도 및 겨울 추위와 상관관계가 있다는 것을 확인했다. 최저 기온이 가장 높은 가장 남쪽 지역에서는 시간적 격리가 존재하지 않지만 나머지 세 곳에서는 시간적, 유전적으로 구분되는 집단들이 존재한다. Yamamoto and Sota (2009)에서 다시 그림.

으로 구별되는 종이 있었지만(그림 16.10 그래프에서 파란색과 라벤더색의 바), 최남단 집단은 유전적 차이점을 보이지 않았다(회색 바). 남쪽 지역에서 두 종이 한 종으로 합쳐지는 것은 시간적 격리가 초겨울 나방종과 늦겨울 나방종을 구분하는 기작이라는 가설을 뒷받침한다.

한 가지 마지막 예에서 격리는 누구도 그들을 발견하기까지는 상상할 수 없는 형태를 가질 수 있다는 것을 분명히 보여준다. *Euhadra*속의 일본 담뱃대 고동은 한 개의 유전자가 고동 껍질의 나선 형성 방향을 오른쪽 또는 왼쪽으로 조절한다(그림 16.11). 왼쪽 방향 나선을 가진 모든 고동 자손들이 반대 방향으로 바뀌는 원인이 되는 돌연변이가 나타났을 때 그들의 생식구 방향이 맞지 않기 때문에 그 결과로 오른쪽 방향 나선의 고동은 물리적으로 왼쪽 방향 나선을 가진 고동과 교미를 할 수가 없다(Ueshima and Asami 2003). 그림 16.11의 계통수는 이런 기작에 의해 오른쪽 방향 종인 *E. aomoriensis*가 *E. quaesita* 종 내부에서 한번 이상 나타난 것을 시사하고 있다. 이런 특이한 예는 하나의 돌연변이가 해부학적 생식 불일치로 인해서 즉각적인 생식적 격리의 원인이 되고 있다.

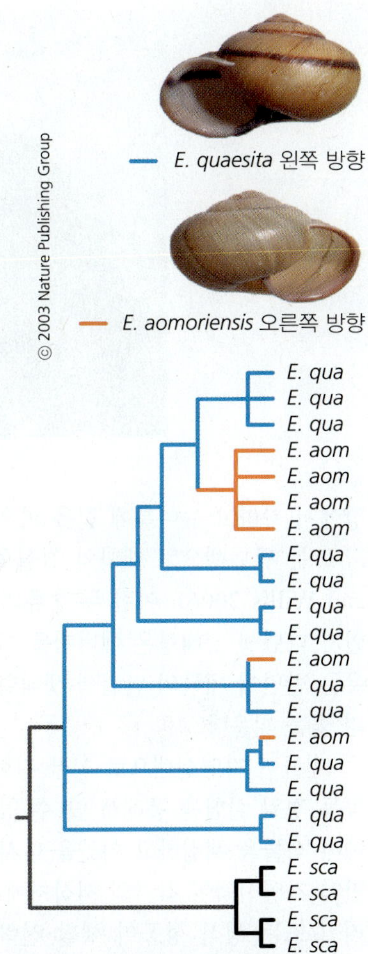


**그림 16.11 껍질 나선 방향의 뒤바뀜으로부터의 종분화** 계통수에서 *E. qua*는 *Euhadra quaesita*; *E. aom*은 *E. aomoriensis*; 그리고 *E. sca*는 *E. scaevola*(*E. quaesita/aomoriensis* 분기군의 외군). Davison et al. (2005)의 사진. 계통수는 Ueshima and Asami (2003)에서 다시 그림.

Reprinted by permission of Macmillan Publishers Ltd. From Ueshima, R., and T. Asami. 2003. "Evolution: Single-gene speciation by left-right reversal." *Nature* 425: 679. Copyright ©2003.

## 16.3 분기의 기작

지리적 격리, 분단, 배수체 그리고 다른 염색체 변화와 같은 격리의 기작은 집단들을 나누고 종분화를 일으키는 데 필수적인 것이다. 하지만 우리는 유전자흐름이 없는 것으로부터가 아니라 그들의 뚜렷한 차이의 표현형으로 날마다 종을 인식하고 있다. 우리가 자세히 관찰할 때, 돌말이나 청홍어와 같이 근연종에서조차도 종간 형태적 차이점이 뚜렷이 나타난다. 근연종간에 표현형적 분기를 일으키는 원인은 무엇인가? 격리는 대단히 중요한 단계이지만 완벽한 종분화를 위한 분기가 동시에 또는 그 후에 일어나야만 한다.

지금 우리는 주로 근연종들 사이에 자연선택의 방향과 강도에서 차이점을 낳는 생태학적 요소들은 자연에서 가장 빈번한 분기 기작이라는 것을 안다(Schluter 2009; Via 2009; Schemske 2010; Sobel et al. 2010). 생물학자들은 자연선택이 없는 유전적 부동은 종분화에서 중요한 경로일지도 모른다고 오랫동안 추측했고 종분화의 지배적 논의는 한때 유전적 부동이었다. 하지만 부동에 의한 종분화를 위한 이론적 뒷받침은 모호하고 부동에 의한 종분화의 실제 예는 불가능하지 않다면 입증하기 어렵다는 것을 증명했다. 진화생물학자들의 대부분은 지금 자연선택이 집단들 사이에서 분기를 일으키는 가장 중요한 기작이라는 데 동의한다.

### 다른 서식처로의 적응

**자연선택은 먹이 선호도, 이용되는 서식처 또는 다른 생태적 차이점을 바탕으로 집단들이 분기하는 원인이 될 수 있다.**

자연선택이 서식처가 다른 집단들이 표현형에서 분기하는 원인이라는 증거는 반론의 여지가 없다. 단세포 미생물에서부터 무수히 많은 식물과 동물까지 모든 분류학적 그룹들을 통틀어서, 생물학자들은 일상적으로 생태적 요소들인 경쟁이나 포식과 같은 생물로서 다른 생물에 영향을 주는 것과 기후와 같은 비생물적 요인이 생물에 영향을 주는 것 모두 자연선택의 중요한 인자들이고 집단들은 오랫동안 적응하는 것을 발견한다. 한 종의 집단들이 다른 선택압과 함께 여러 서식처에 분포하고 있을 때 빈번한 결과는 유전자흐름이 제한된다면 종분화로 유도될 수 있게 만드는 표현형적, 유전적 분기이다.

여기 노란물꽈리아재비(*Mimulus guttatus*)의 예가 있다. 서부 북아메리카 지역에 두 개의 구분되는 생태형이 있는데 대부분의 생물학자들은 종분화의 과정을 따라 가는 것처럼 보고 있다(2장에서 종분화에 대한 부분을 상기하라). 태평양 연안을 따라 *M. guttatus*는 다년생 식물로 상대적으로 유순한 연안 기후 때문에 일 년 내내 지속적으로 촉촉한

**그림 16.12 *Mimulus guttatus*의 두 생태형** 해안의 생태형(왼쪽)은 다년생으로 에너지를 식물 생장에 쓰는 반면, 내륙의 생태형(오른쪽)은 꽃을 빨리 피우는 단년생이다. Lowry and Willis (2010)에서.

땅에서 자라고 늦여름에 꽃을 피운다. 하지만 뜨겁고 건조한 여름인 내륙에서의 *M. guttatus*는 단년생으로 개화와 결실을 빠르게 초여름에 한 후 여름 가뭄 동안 마른다(Hall and Willis 2006). 이런 두 종류의 생활 전략은 대단히 다른 표현형의 결과를 낳는다: 해안가 다년생 생태형은 에너지를 여름에 식물 성장을 일찍하는 데 쓰고 늦여름에 꽃을 피우는 반면에 내륙의 단년생 생태형은 식물 성장에 에너지를 거의 쓰지 않고 초여름에 빨리 꽃을 피운다(그림 16.12).

이들이 자연선택으로 인한 진화의 결과로 만들어진 분기된 표현형들인가? 이 질문은 공동 정원 실험을 통해서 알 수 있다. David Lowry와 John Willis는 해안과 내륙 지역에서 식물을 채집하고 이들을 다시 그들의 원서식처와 대체되는 서식처에 심었다(2010). 만약 자연선택이 각각의 서식처에서 특정한 생활 전략을 선호한다면, 이 가설은 생존 그리고/또는 생식 성공이 생활 전략에 따라 다를 것이라고 예측하게 된다. 이것은 정확히 연구자들이 발견한 것이다. 그림 16.13에서 진한 색의 기호와 선이 보여주는 것처럼 각각의 서식처 형태에서 가장 높은 생존과 생식을 성공한 식물은 자신의 원서식처에서였다.

또한 Lowry와 Willis는 생존과 생식 성공에 있어 특정한 유전체 부위의 효과를 측정하기 위한 실험을 이 연구에 추가했다. 이전 연구들을 바탕으로 그들은 염색체의 특정한 부위는 생활사 표현형에 큰 영향을 준다는 것을 알았다. 조절된 교배를 이용해서, 그들은 한쪽 부모 집단으로부터 얻은 알려진 큰 효과 부위를 제외하고는 다른 한쪽 부모에게서만 받은 유전체로 이루어진 *M. guttatus* 계보를 만들 수가 있었다. 이런 유전자 모자이크의 결과는 그림 16.13의 밝은색 기호와 선에서 나타나듯이 단년생 집단으로부터 중요한 부위를 받은 대부분이 해안가 다년생 유전체인 것이 중간 정도의 적응도(밝은색 파란선)을 가진다는 것을 보여주고 있다.

이 연구가 특히 설득력 있는 이유는 다년생 대 단년생 생태형들에서 중요한 유전체 부위가 염색체에서 재배열되었다는 것이다. 다년생 유전체에서 이 부위의 DNA 염기들은 한 방향으로 읽혔지만 단년생의 유전체에서는 전체 부위가 역전되고 염기들은 반대 방향으로 읽혀졌다. 이와 같은 염색체 역위가 중요한 이유는 이들이 두 타입 사이에 재조합을 억제하기 때문이다: 염색체가 감수분열 동안 배열되었을 때 역전되어 있는 뉴클레오티드는 일치하지 않고 교차는 이 부위에서 일어날 수가 없다. 이것은 역전된 부위에서 몇몇 또는 모든 유전자는 항상 함께 물려주게 되고 두 생태형 사이에서 뒤섞일 수가 없다는 것을 의미한다. Lowry와 Willis의 연구는 간단히 자연선택이 다른 서식처에서 집단들이 분기하는 원인이 될 수 있다는 것을 보여주는 것 때문이 아니라 특이한 염색체 현

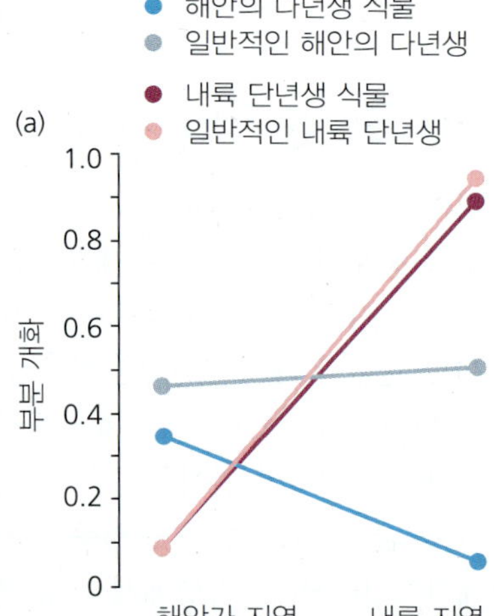


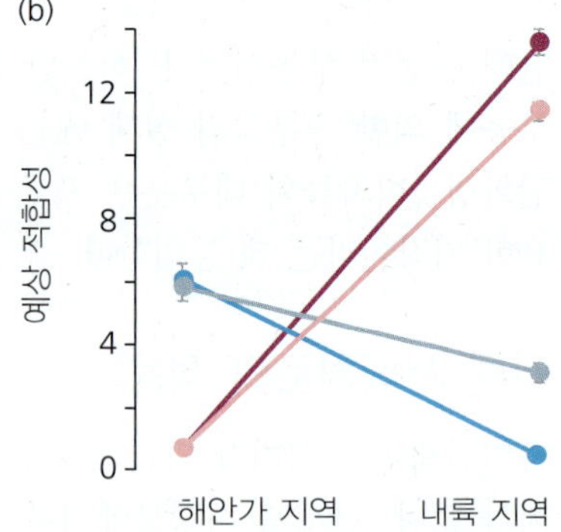


**그림 16.13 공동 정원 실험에서의 적응 측정** 진한 색의 기호와 선은 자연에서 발견된 두 개의 *Mimulus* 생태형을 나타내고 있다. 밝은색 선과 기호는 유전적 모자이크를 나타내고 있다. Lowry and Willis (2010)에서 다시 그림.

상이 자연에서 생식적 격리로 이끌어 낼지도 모르는 분기 표현형을 담당하고 있기 때문이라는 것을 말해주고 있다. 이 결과는 다른 이들로부터 제안되고 있는 가설인 염색체 역위가 때때로 적응한 분기와 아마도 종분화에 중요한 역할을 할지도 모른다는 가능성을 제기하고 있다.

## 동류교배

종분화를 촉진하여 집단이 분기될 수 있는 또 다른 방법은 교미행동이다. 유성생식만을 하는 종에서 성공적 생식은 성선택이 교미를 포함한 표현형에 영향을 주는 기회를 유도하는 배우자 발견과 선택을 항상 포함한다(11장 참조). 종이 배우자를 선택하는 데 영향을 주는 특징들은 **동류교배(assortive mating)**를 유도할 수 있고, 이는 어떤 특징을 가지고 있는 개체들이 같은 특징을 공유하고 있는 배우자를 훨씬 더 자주 선택한다는 것이다. 동류교배가 충분히 강할 때, 종분화로 유도할지도 모르는 집단 사이의 생식적 격리에 도움을 줄 수 있다.

**동류교배는 생식적 격리에 도움을 줄 수 있다.**

*Laupala*속의 하와이 귀뚜라미에서 암컷은 수컷이 특수한 날개 구조를 이용해서 만들어내는 노랫소리에 수컷 배우자를 선택한다. 이 노랫소리는 간단한 연속 파동으로 이루어져 있고 파동 비율은 종 내에서 매우 일정하지만 종 사이에서는 매우 다르다(그림 16.14a). 몇몇 종의 수컷은 빠른 파동으로 노래하는 반면, 다른 종의 수컷은 매우 느린 파동 비율을 가진다. 암컷은 이런 파동 비율로 그들의 배우자를 대부분 선택하고 따라서 수컷 노랫소리와 암컷 노랫소리 선호는 이런 다양한 속 내 38종 사이에서 생식적 격리

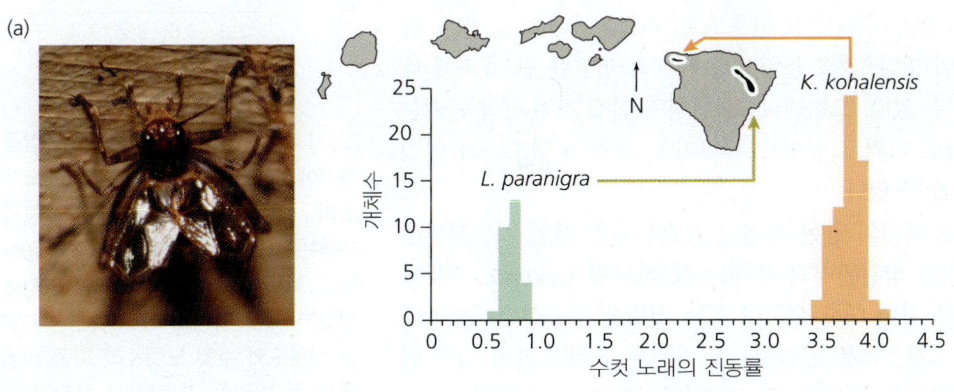


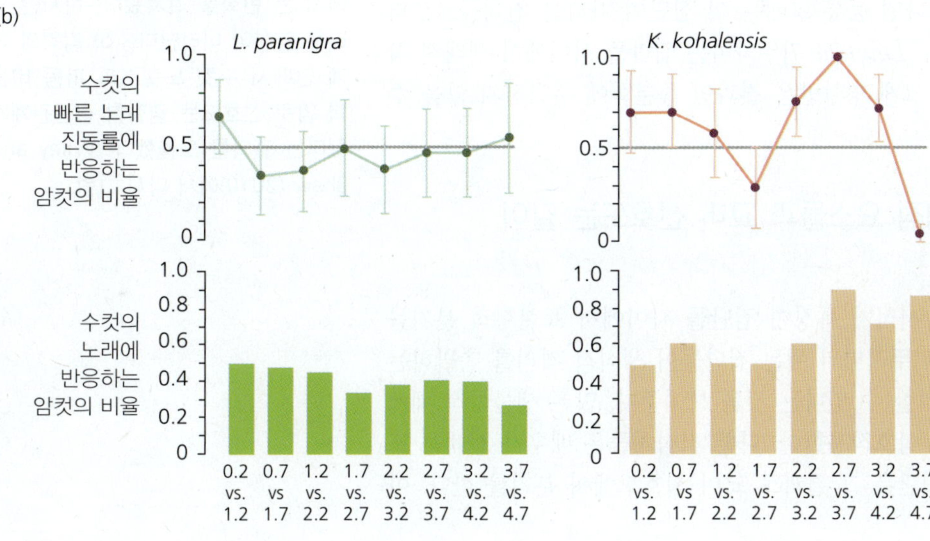


**그림 16.14 하와이귀뚜라미의 수컷 노랫소리와 암컷 선호도** (a) *Laupala paranigra*와 *L. kohalensis* 종들의 수컷은 다른 비율로 파동 치는 짝짓기 노래를 가지고 있다. Jaime Grace 촬영; Shaw et al. (2007)에서 다시 그림. (b) 두 종의 암컷 선호도는 그 종 수컷의 실제 파동 비율과 가까운 파동 비율을 선호한다. Shaw (2000)에서 다시 그림.

를 유지하는 데 중요한 특징이 된다(Mendelson and Shaw 2005). 예를 들면, *Laupala kohalensis* 수컷은 *Laupala paranigra* 수컷보다 빠른 파동 비율을 가진다(Shaw et al. 2007). 그림 16.14b에서 보듯이 암컷은 그들과 동종인 수컷으로부터 나오는 파동 비율과 더 가까이 일치되는 노랫소리를 선호한다(Shaw 2000).

*L. kohalensis*와 *L. paranigra* 사이의 수컷 노랫소리와 암컷 선호도에서 분기를 위한 기초는 무엇인가? 이전 실험들은 수컷 노랫소리와 암컷 선호도 모두 많은 유전자들로 조절이 되는 복잡한 유전적 근거를 가지고 있다는 것을 보여줬다(Shaw et al. 2007). 왜 그 다음에 수컷 노랫소리와 암컷 선호도를 위한 유전적 변화가 있고 따라서 두 종 사이에서 완벽하게 분할이 되는가? Chris Wiley와 Kerry Shaw(2010)는 교배실험을 통해 수컷 노랫소리와 암컷 선호도 사이의 유전적 연결고리를 실험했다. 그들은 두 종의 잡종을 만들고 반복적으로 이 잡종을 *L. kohalensis*와 역교배하였다. 이것은 유전적으로 *L. paranigra*보다 *L. kohalensis*에 더 유사한 잡종가계를 만들었지만 수컷 노랫소리와 암컷 선호도의 유전형들과 표현형들에 있어 매우 다양했다**(그림 16.15a)**. 몇몇 가계들은 수컷 노랫소리나 암컷 선호도에서 *L. paranigra* 유전자를 좀 더 가지고 있었고 반면, 다른 것들은 그들 대부분을 잃고 *L. kohalensis*와 훨씬 유사한 유전자와 표현형을 가졌다. 그 다음 이 연구자들은 각각의 고유한 가계 안에서 수컷 노랫소리와 암컷 선호도를 측정했다.

그 결과는 깜짝 놀랄 만하다. 강력하고 명확한 관계가 가계들 사이에 존재했다: 빠른 파동 비율로 노래 부르던 수컷들은 더 강력하게 빠른 노랫소리를 선호하는 암컷 배우자를 만났다(그림 16.15b). 비록 각각의 가계가 고유한 수컷 노랫소리 파동 비율을 가졌지만 가계 내에서 수컷 노랫소리 파동 비율과 암컷 선호도는 근접하게 일치했다(Wiley and Shaw 2010). 다수의 교배와 역교배를 통해 반복되는 감수분열로부터 원인이 되는 유전적 뒤섞임의 모든 것들이 수컷 노랫소리를 암컷 선호도로부터 떼어내질 못했다. 이 두 특징은 대단히 유전적으로 연결되어 있다. 정말 놀랍게도 유전적 연결은 큰 효과에 대해 단지 몇 가지 유전자의 결과가 될 수 없다. 오히려 두 표현형의 복잡한 유전적 근거는 유전체를 통해 많은 유전자좌위 사이로 퍼지고 설령 그렇더라도 수컷 노랫소리와 암컷 선호도 사이의 유전적 연결은 끊어질 수가 없다.

비록 수컷 노랫소리와 암컷 선호도 사이의 강한 유전적 상관관계를 책임지는 분자생물학적 기작은 아직 알려지지 않았지만, 상관관계의 존재는 왜 하와이 *Laupala* 귀뚜라미가 아주 많은 다른 종으로 분기하였는지에 대한 설득력 있는 설명을 제공한다. 만약 매 순간 특별한 집단이 조금 다른 수컷 노랫소리를 진화시키고 새로운 노랫소리에 대한 암컷 선호도 역시도 조금 다르게 진화한다면 동류 교배는 이 집단이 가까운 친척들로부터 생식적으로 격리가 지속되게 할 것이다. *Laupala* 귀뚜라미는 집단들 사이에서 생태적 차이점들보다는 오히려 성선택으로부터 크게 영향받은 결과인 종분화에 주목하지 않을 수 없는 예이다.

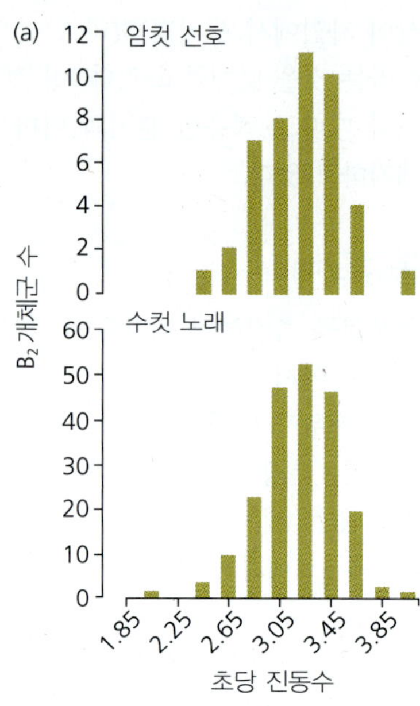


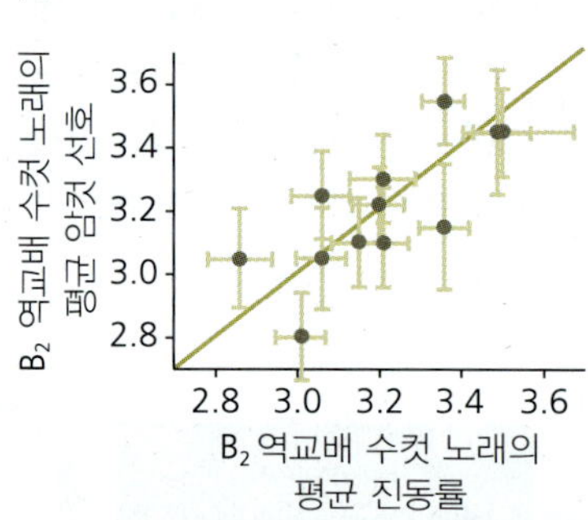


**그림 16.15** ***Laupala* 두 종의 잡종 가계에서의 암컷 선호도와 수컷 노랫소리** 실험적으로 만들어진 잡종 가계들은 그들의 유전체가 *L. paranigra* 대 *L. kohalensis*로부터 받아들여지는 정도가 매우 다양하다. 이것은 (a) 암컷 선호도와 수컷 노랫소리 파동 비율에서 큰 변화를 가져왔다. 하지만 놀라운 양상이 나타난다: (b) 각각의 가계 안에서 수컷 노랫소리 파동 비율과 암컷 선호도는 굉장한 상관관계가 있다는 결과를 도출했다. Wiley and Shaw (2010)에서 다시 그림.

## 붉은 물고기, 푸른 물고기: 환경적 요소들과 교미 선호도는 같이 작용할 수 있다

이 전에 다루어진 물꽈리아재비 예는 서식처 특징이 집단들 사이에서 표현형적 분기를 일으킬 수 있다는 것을 보여준 반면, 귀뚜라미의 예는 집단들이 생식적 격리를 촉발하는 데 성적으로 선택된 표현형들에서 분기할 수 있다는 것을 보여준다. 많은 생물학적 체계에서 이런 두 가지의 분기 카테고리는 상호작용한다. 다른 서식처들은 배우자 선택을 포함한 특징들에 영향을 주고, 따라서 집단은 그 결과로 교미 선호도에서 분기를 한다. 아프리카 빅토리아 호수에 서식하는 시클리드 물고기 종들은 서식처와 교미 표현형들 사이의 상호작용이 완전히 분석된 하나의 체계를 제공한다.

빅토리아 호수의 물에서 빛의 파란색 파장은 수면 근처에서 흡수되는 경향이 있는 반면, 이보다 긴 노란색과 붉은색 파장은 전체 물의 탁도에 따라 항상 더 깊은 곳으로 관통한다. 이것은 깊은 물에서 시각적 환경이 노란색과 붉은색 빛이 대부분으로 이루어져 있다는 것을 의미한다. Yohey Terai와 동료들의 연구는 다른 깊이에서 서식하는 시클리드 종들은 색각과 관련이 있는 *LWS*라 불리는 중요한 옵신 유전자의 다른 대립형질을 가지고 있다는 것을 알아냈다. 더 깊은 물에 사는 종들은 더 얕은 물에 사는 종들이 가진 것보다 더 강하게 붉은색에 반응하는 옵신을 신호화 하는 *LWS* 대립유전자를 가지고 있다(Terai et al. 2006). 연구자들은 각기 다른 물 아래의 서식처가 시클리드 각 종의 색각을 향상시키는 *LWS* 유전자의 분기를 선호하는 것을 시사하는 *LWS* 유전자에서의 강한 자연선택의 증거를 발견했다.

호숫가 바위 근처의 얕은 물에 서식하는 시클리드 종은 빅토리아 호수 내 다른 섬들 주위와는 격리된 곳에 존재한다. 많은 섬에서 두 개의 동소적 종인 *Pundamilia pundamilia*와 *Pundamilia nyererei*가 있다. 몇몇 섬에서는 두 종이 다른 섬들보다 더 분기된 표현형을 가진다(그림 16.16). 이들 지역에서 *P. pundamilia* 수컷은 그들 종의 암컷을 유혹하는 파란색과 회색의 색채(이후부터는 푸른 종이라 부른다)를 가지는 반면, *P. nyererei* 수컷은 선홍색 등(이후부터는 붉은 종이라 부른다)을 가진 노란색이다. 하지만 중간 표현형의 범위는 몇몇 섬에서 존재한다. 물의 탁도가 깊이뿐만이 아니라 호수 안 섬들 사이에서도 다양하기 때문에 섬들 사이에 다양한 중요 서식처 특징은 전체적인 물의 탁도이다. 물의 탁도가 더 낮은 섬들은 두 *Pundamilia* 종이 약간 비슷하게 보이고 얕은 깊이의 물에서 공존하지만, 물이 좀 더 깨끗한 섬에서 표현형의 차이점은 훨씬 더 명백하다. 깊이 계층화 역시 존재해서 붉은 종은 더 깊은 곳에서 푸른 종은 얕은 곳에서 발견된다.

이런 점에서 우리는 전형적으로 다른 깊이에서 분포하는 시클리드 종들은 향상된 색각을 위한 선택의 결과로 다른 *LWS* 옵신 대립유전자를 가진다. 우리는 역시 수컷 색채가 두 개의 특별한 *Pundamilia* 종들 사이에서 다르다는 것을 알고 있고 이런 차이점은 물이 더 맑은 곳의 섬에서 더 강하고 이 두 종은 다른 깊이의 서식환경으로 분리가 된다. 이런 두 개의 관찰들 사이에서 진화적 연결고리는 있는 것일까? Ole Seehausen과 동료들은 감각 드라이브로 인한 종분화라고 하는 기작을 통해 일어나고 있다는 가설을 세웠

**그림 16.16 빅토리아 호수에서 섬 *Pundamilia* 시클리드의 표현형들** *P. pundamilia* 수컷은 그들 종의 암컷을 유혹하는 파란색과 회색의 색채를 가지고 있는 반면, *P. nyererei* 수컷은 그들 종의 암컷을 유혹하는 선홍색의 등을 가지고 있다. 섬과 색에 어울린 물의 탁도에 따라 중간 표현형의 범위가 존재한다. Ole Seehausen 박사에 의해 촬영. Seehausen et al. (2008), van der Sluijs et al. (2010)에서.

다(2008). 이 가설은 다른 서식처에 적응하는 것은 빛의 다른 색깔의 시각적 인식처럼 감각의 표현형에서 집단들 사이에서 분기의 결과를 가져올 수 있는 관찰과 함께 시작한다. 감각의 드라이브에서 두 집단의 감각 능력이 다르고 그로 인해서 개체들은 동일한 감각 특징을 이용해서 배우자를 선택하는 방법에 영향을 미친다. *Pundamilia*의 경우, 이 가설은 다음과 같이 예측한다.

1. *LWS* 옵신 유전자의 적색편이(red-shifted) 대립유전자의 더 높은 빈도와 대부분이 붉은색인 수컷은 더 깊은 물에 서식하는 종에서 발견될 것이다.
2. 수컷 색깔에 대한 암컷 선호도는 역시 적색편이 대립유전자를 가진 암컷이 배우자로 붉은 색깔 수컷을 선택하는 것처럼 *LWS* 유전자와 관련이 있을 것이다.
3. 물 깊이, *LWS* 대립유전자 빈도, 수컷 색깔과 암컷 선호도 사이에서의 가장 큰 관련성들은 물의 탁도가 더 크고, 더 넓은 범위의 깊이로 물고기들이 더 퍼져나가며 그 두 종들이 경험한 빛의 환경 사이의 차이점이 더 큰 곳에서 일어날 것이다.

이런 가설들을 시험하기 위해서, Seehausen과 그의 팀은 전체적 물 탁도가 다른 다섯 개의 섬에서 깊이에 따라 시클리드 수컷을 채집했다. 그들은 수컷 색깔과 *LWS* 옵신 대립유전자 빈도를 각 섬에서 각각의 깊이에 따라 측정했다. 또한 그들은 섬들 중 두 개에 대한 모든 깊이에서 암컷들의 수컷 색깔에 대한 선호도를 측정했다.

그림 16.17에서 보듯이, 결과는 감각 드라이브 가설(Seehausen et al. 2008)을 뒷받침

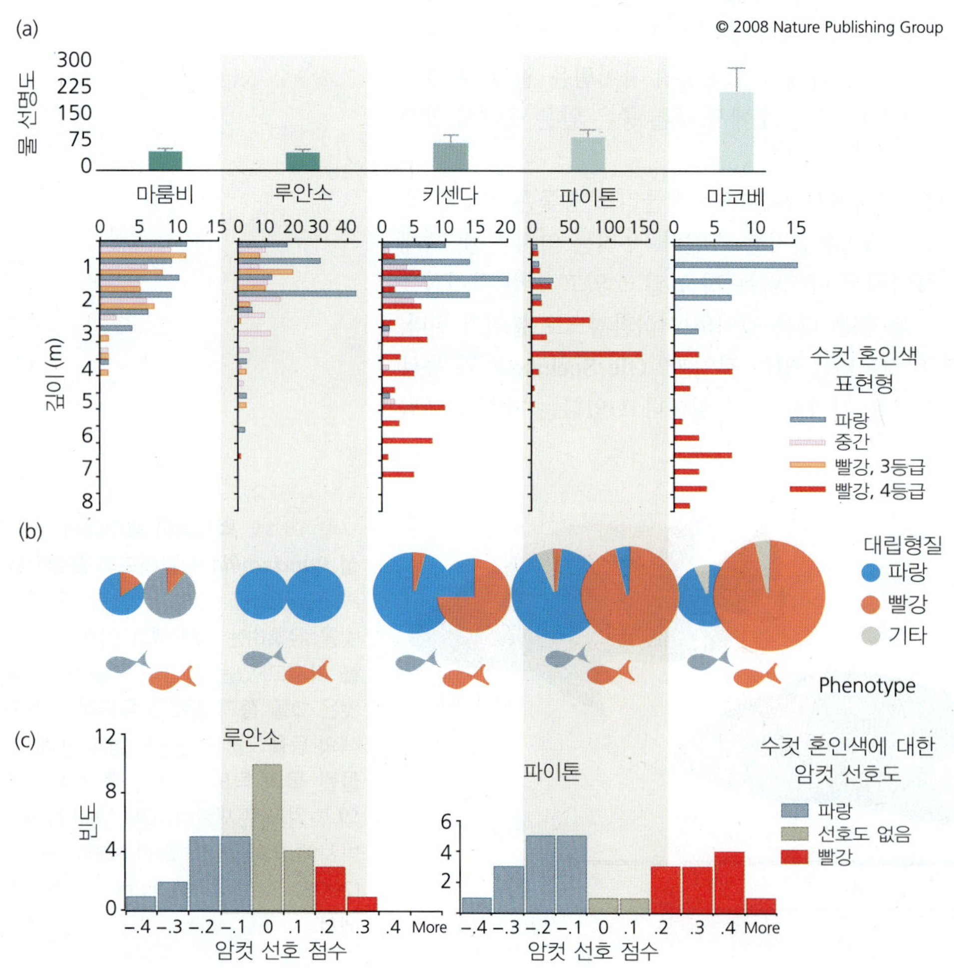


**그림 16.17 시클리드에서 감각 드라이브에 의한 종분화** 다섯 개의 다른 섬 중에서 물의 탁도가 증가할수록(왼쪽에서 오른쪽으로) (a) 수컷의 색깔과 깊이에 따른 분포는 두 종 사이에서 점점 분기가 되고 있다. 그에 따른 (b) *LWS* 옵신 대립유전자 빈도를 나타내고 있다. (c) 최종적으로, 한 섬에서 더 맑은 물에 분포하는 암컷일수록 한 섬에서 더 탁한 물에 분포하는 암컷(왼쪽 그래프)보다 훨씬 더 강한 색깔 선호도(오른쪽 그래프)를 나타냈다. Seehausen et al. (2008)에서.

했다. 종들 사이에서의 수컷 색깔과 *LWS* 옵신 대립유전자 빈도 모두에서 분기는 물이 더 맑은 곳에서 더 컸다(그림 16.17a,b). 섬의 가장 탁한 물에서 각 종의 수컷은 달라 보이지 않았고, 하나의 *LWS* 옵신 대립유전자군이 두 종 모두에서 지배적이었다. 뿐만 아니라, 더 맑은 물의 섬으로부터 암컷은 동류교배가 더 맑은 물에서 더 강하다는 것을 말해주는 훨씬 더 강한 색깔 선호도를 보여줬다(그림 16.17c). 이런 양상은 종분화 결과를 낳는 자연선택과 성선택 사이의 두드러진 상호작용을 보여준다. 자연선택은 다른 물속의 빛 환경들에서 시클리드 사이의 색각에서 분기를 촉진하고 이런 분기는 암컷의 배우자 선택에 영향을 미치고 그리하여 결국 이들 두 종 간에 매우 다른 수컷 색채가 만들어진다.

## 16.4 종간 잡종화와 유전자흐름

두 집단이 하나 또는 그 이상의 종개념에서 별개의 종으로 고려될 때조차도 그들 사이에서 유전자흐름이 있을 수 있다. 종분화가 지형적으로 격리된 집단들 사이에서 일어날 때 이들 두 자매종 사이에서의 종간교배는 이주나 지형적 변화로 인해서 발생할 수 있다. 이런 것을 **이차접촉(secondary contact)**이라고 한다. 지형적으로 항상 겹치는 종들에서 종간교배와 유전자흐름은 항상 가능하다. 이들 중 어떤 경우든 두 종 사이에서 잡종화의 가능한 결과는 다양하고 중요하다.

최근 분기된 집단들이 종간 교배를 할 때 잡종화는 일어난다.

최근 분기된 집단 종들 사이의 잡종화는 식물에서는 흔하다. 예를 들면, 오래지 않은 과거에 영국제도로 유입된 700종 이상의 식물종이 최소한 때때로 토착종과 잡종화가 일어나고 이들 토착종과 비토착종의 교배 중 대략 반 정도는 생식 가능한 자손을 생산한다(Abbott 1992). 최소 몇몇의 경우에 이들 잡종 자손의 운명은 종분화 과정을 결정한다. 부모 집단들 각각과 종간교배를 하고 마침내 그들 간의 분기를 없앨 것인가? 아니면 잡종이 새로운 특징을 가지고 그들만의 구분되는 집단을 형성할 것인가? 만약 잡종 자손이 부모 집단들에 비해 상대적으로 적응도가 줄어든다면 어떤 일이 일어날 것인가?

### 근연종간 접촉의 가능한 결과

두 종이 지리적으로 겹칠 때 종간교배와 유전자흐름에 대한 잠재력은 항상 존재한다. 무엇이 두 동소적 종들을 계속적으로 분리시키고 있는가? 두 개의 일반적인 기작이 포함된다: (1) 잡종 자손들(접합자들)이 결코 형성되지 않는 **전접합 격리(prezygotic isolation)**는 주로 종간 교배가 일어나지 않기 때문이다; 그리고 (2) **후접합 격리(postzygotic isolation)**는 잡종 자손이 생존 불가능, 불임 또는 떨어지는 적응도를 겪는 것이다. 종이 종간교배를 할 때 가능한 진화적 결과는 곧이어 설명할 후접합 격리의 강화, 잡종 종분화 또는 안정적 잡종지역들을 포함한다. 이들 결과의 개념적 도표는 그림 16.18에서 보여준다(다음 쪽).

### 강화

유전학자 Theodosius Dobzhansky(1937)는 만약 집단들이 다른 지리적 지역에서 살고 있었을 때 그 기간 동안 그들이 분기했다면, 생산된 어떠한 잡종 자손도 상대적으로 각각의 부모 집단들에서의 개체들에 비해 현저히 떨어지는 적응도를 가질 것이라고 추측했다. 여기서의 논리는 만약 자연선택이 별개의 서식처들에 대한 적응도를 만든다면, 만약 성선택이 교배 양식에서 변화를 만든다면, 또는 이형접합일 때 유전적 부동이 함께 잘 작용하지 못하는 대립유전자의 고착을 이끌어냈다면, 잡종 자손은 낮은 적응도를 가질 것이다. 이 결과로 동류교배 성향에서 강력한 자연선택이 존재한다는 의미는 선택이 단지

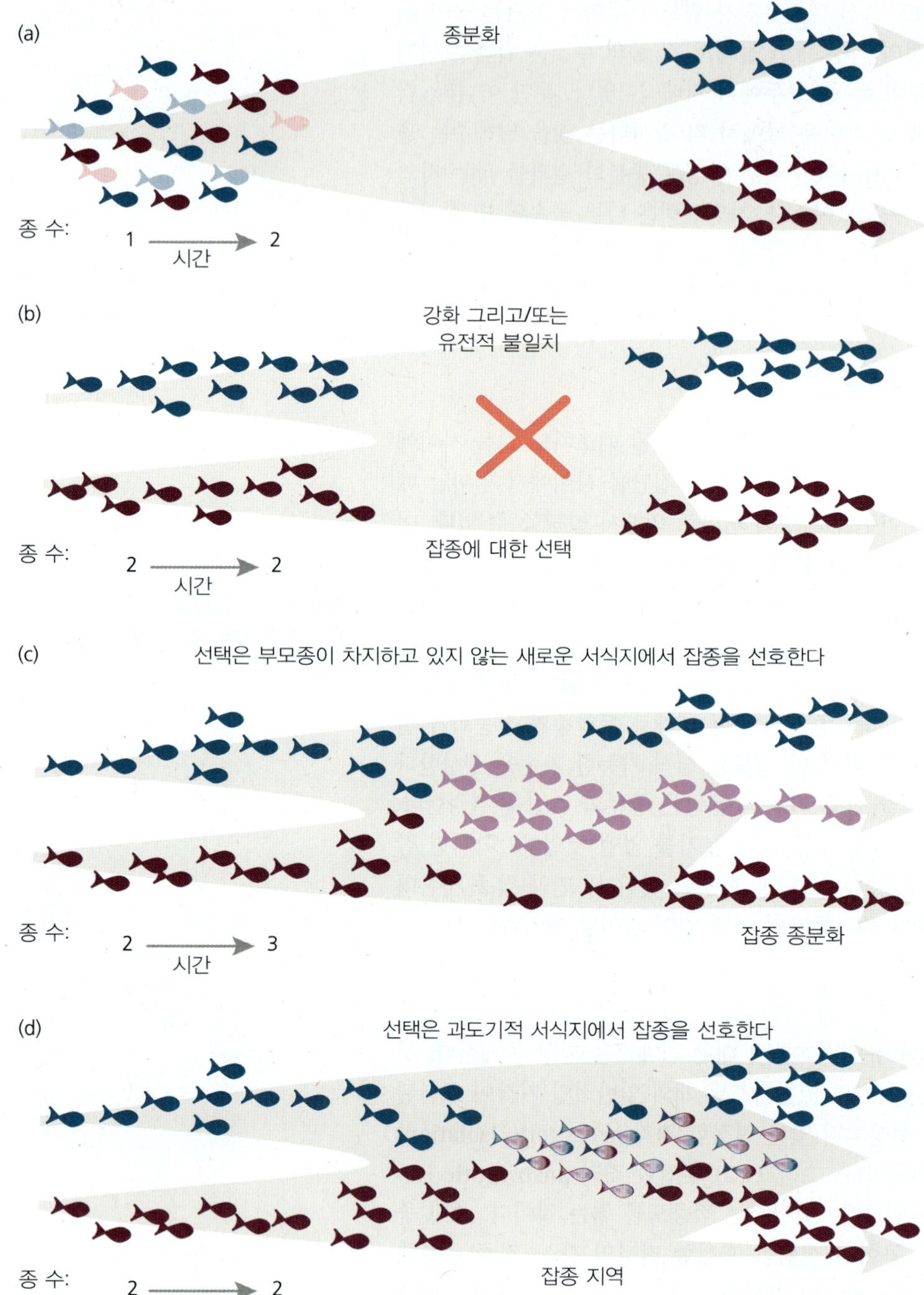


**그림 16.18 종간 잡종화의 가능한 결과** 잡종화가 종간에 일어날 때 종분화 과정(위쪽; 그림 2.14와 비교)은 최소한 세 가지의 결과로부터 발생할 수 있다.

같은 집단으로부터 배우자를 선택하는 개체들을 선호한다는 것이다. 이런 방법에서 잡종의 빈도가 줄어드는 선택을 **강화(reinforcement)**라고 한다(그림 16.18).

**잡종 자손이 적응도가 떨어질 때 강화는 일어나고, 자연선택은 집단들의 동류교배와 전접합 격리를 이끌어낸다.**

강화가설은 근연종이 접촉하여 잡종화가 될 때 잡종화가 일어나는 것을 줄이려는 기작이 진화할 것이라 예측한다. 예를 들면, 선택은 배우자 선택이나 교배 시기와 같은 생활사의 측면을 바꾸는 돌연변이를 선호할지도 모른다. 이런 특징에서 분기는 수정을 막고 두 종의 전접합 격리의 결과를 낳는다. 잡종화는 다른 두 종 간에 교배가 일어났을 때

조차도 방해될 수 있다. 여기서 우리는 사전 교배 격리와 전접합 격리의 차이점을 명심하고 있어야 한다. 종간 교미가 일어났을 때조차도 수정과 접합의 형성이 필연적으로 생겨나지는 않는다. 수정을 막는 어떠한 특성도 강화에 도움을 줄 수 있다.

## 초파리에서의 교배후 배우자 격리의 강화

강화의 아주 흥미로운 예는 아프리카 해안가에서 떨어진 상투메와 프린키페 섬에 서식하고 있는 초파리 두 종으로부터 볼 수가 있다. *Drosophila yakuba*와 *Drosophila santomea*는 이들 섬에서 동소적과 이소적 모두로 분포한다(그림 16.19). 동소적 지역에서 두 종 모두는 같이 분포하면서 서로 정기적인 접촉이 일어나지만 반면, 이소적 지역에서는 둘 중 한 종만이 존재한다. 동소적 지역에서 두 종은 정기적으로 잡종을 생산하고 잡종형성지대로 알려진 것을 만든다. 하지만 모든 잡종 수컷은 불임이기 때문에 잡종화는 생식적 비용이 수반된다. Daniel Matute(2010)는 강화가 두 종이 같이 존재하는 잡종형성지대에서 두 종 간에 일어난다는 가설을 조사했다. 강화가 동소적 지역에 있는 잡종에 반하는 선택의 결과이기 때문에 Matute의 가설은 동소적 지역으로부터 *D. yakuba*와 *D. santomea* 집단들은 이소적에서 일어나는 것보다 더 큰 전접합 격리를 보일 것이라고 예측했다.

그의 가설을 시험하기 위해서, Matute는 두 종 간 사육실 교배를 실시하였다. 그는 *D. santomea* 암컷을 *D. yakuba* 수컷과 교배를 시키고 또한 반대로도 교배를 시킨 후 각각의 교배로부터 생산되는 알 수를 조사했다. 매우 중요한 것은 각각의 암컷은 동소적 또는 이소적 집단으로부터 온 것들이었다. 만약 교배 후 전접합 격리가 강화를 통해 진화한다면, 그 결과는 잡종 접합자의 생산을 피하는 동소적 암컷에 기작이 있다는 것이다. 이것은 *D. yakuba* 암컷에서 정확히 그가 발견한 것이다. 동소적 지역에서 온 *D. yakuba*는 *D. santomea* 수컷과 교미 후 이소적 지역에서 온 암컷보다 알을 더 적게 낳았다(그림 16.20a).

또한 Matute는 *D. yakuba* 암컷이 알을 낳기 전 각 종의 수컷과 교미시키는 실험을 했다: 우선 다른 종의 수컷과 교미한 후 며칠 뒤 동종과 교미를 시켰다. 결과는 이소적 집단에서 온 암컷은 각 종의 수컷과 같은 자손을 거의 동일하게 생산했지만 동소적에서 온 암컷은 암컷과 동일한 종의 자손을 대부분 생산했다(그림 16.20b). 다른 종의 수컷과 먼저 교미를 했을 때조차도 *D. yakuba* 암컷들은 우선적으로 같은 종의 수컷 접합자를 생산하기 때문에 이들은 강화의 증거를 보여준다(Matute 2010). **배우자격리(gametic isolation)**라고 알려진 이런 현상은 같은 종으로부터의 배우자는 우선적으로 접합자 생산

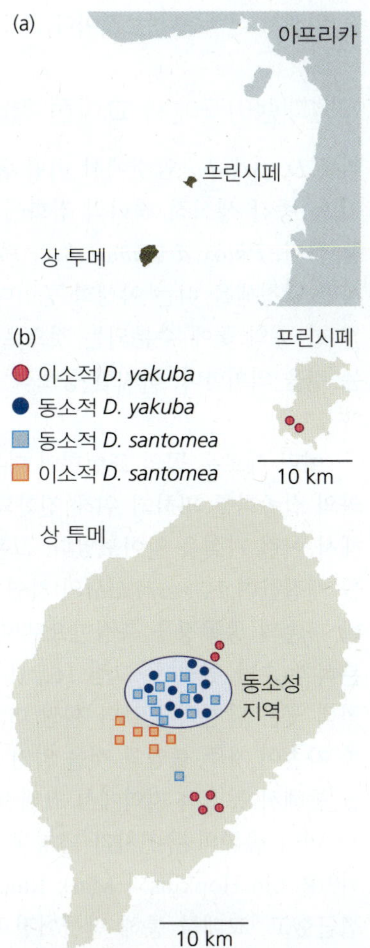


**그림 16.19 초파리의 모든 이소적과 동소적 집단들은 상투메 섬에서 일어난다** (a) 아프리카 인근의 상투메와 프린키페 섬들. www.planiglobe.com에서. (b) 샘플 채집지들. Matute (2010)에서 다시 그림.

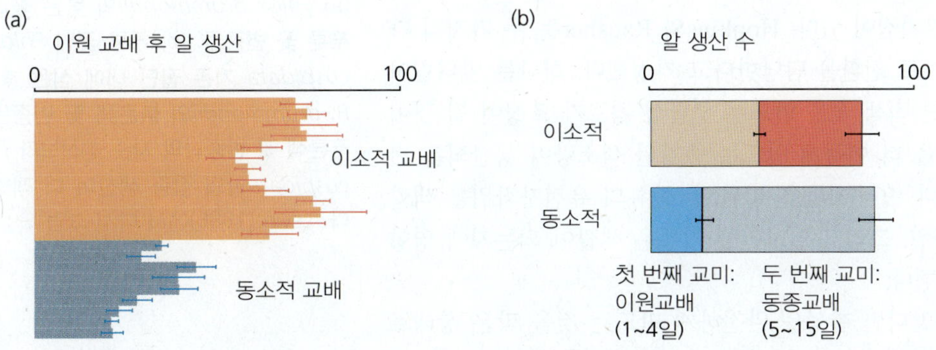


**그림 16.20 배우자격리를 통한 강화** (a) 이종특이적 교배 후 동소적 지역에 있는 암컷은 더 적은 알을 낳았다. (b) 첫 번째 이종특이적 교미 후, 뒤따라서 동종과 교배한 동소적 지역의 암컷은 제대로 된 교배로부터 더 많은 알을 낳았다. Matute (2010)에서 다시 그림.

을 위해서 선택된다는 것이다.

## 지면패랭이꽃에서 교미전 격리 강화의 분자적 근거

비록 *D. yakuba* 암컷에서 어떤 유전자가 배우자격리에 관여하는지 아직 알려지지 않았지만, 종간 생식적 격리의 강화에 대한 다른 체계에서 특정 유전자좌위를 추적했다. 예를 들면, *Phlox drummondii*와 *Phlox cuspidata*는 텍사스에서 대부분의 분포지역에 유사한 담청색을 띠는 야생화 종이다. 두 종 모두 나방과 나비에 의해 수분되는데 이는 다른 한 종의 꽃에 수분되는 것으로 인한 잡종화가 흔히 동소적 지역에서 일어날 수 있다는 것을 의미한다. 하지만 동소적 지역에서 *P. drummondii*는 암적색 꽃을 생산한다**(그림 16.21a)**.

이런 새로운 꽃의 표현형이 다른 종류의 꽃가루 매개자를 유인함으로써 *P. cuspidata*와의 잡종화를 피하기 위해 진화되었는가? Donald Levin은 처음으로 간단한 실험을 통해서 이런 가설을 알아보았다: 그는 담청색 꽃과 암적색 꽃을 가진 *P. drummondii* 모두를 채집하여 *P. cuspidata*의 자연 집단에 심었다. 실험에 이용된 *P. drummondii*가 생산한 자손의 종동정을 측정함으로써 그는 암적색 꽃이 잡종 자손을 더 적게 생산했는가를 분석할 수가 있었다. 그림 16.21b에서 보듯이 결과는 Levin의 가설을 뒷받침하고 있다: 적색 꽃은 담청색 꽃보다 훨씬 더 적은 잡종 자손을 생산했다(Levin 1985). 두 종 간 잡종 자손이 자주 불임인 것을 알기 때문에 잡종에 반하는 선택이 두 종 간 분기된 꽃 색깔을 통해서 동소적 지역에서 교배전 격리의 강화를 선호한다는 것은 이치에 맞는 것이다.

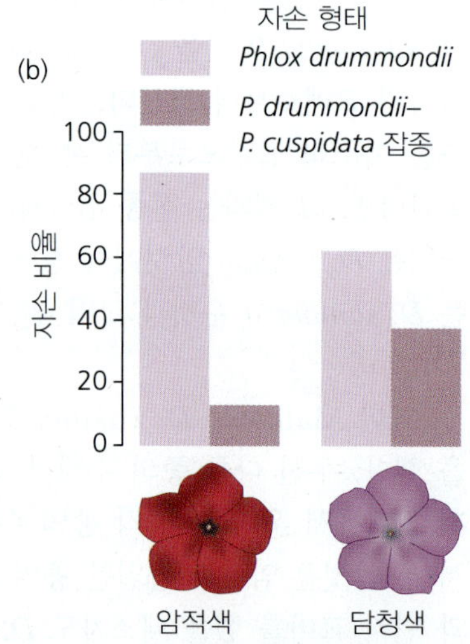


**그림 16.21 꽃 색깔과 잡종화 빈도**
(a) *Phlox drummondii*의 붉은 꽃과 푸른 꽃 변종들. (b) 푸른 꽃인 *Phlox cuspidata* 기존 집단 내에 심은 후, *P. drummondii*의 붉은색 꽃 변종은 푸른색 꽃 변종과의 자손 생산보다 *P. cuspidata*과의 잡종 생산이 더 적었다. Levin (1985)에서 다시 그림.

어떤 종류의 유전자가 담청색 꽃 조상으로부터 암적색 꽃으로의 진화와 연관된 것일까? Robin Hopkins와 Mark Rausher(2011)는 이들 두 종의 교배를 통해서 이런 질문에 접근했고, 교배를 통해 만들어진 $F_1$ 개체들로 $F_2$ 집단을 생산했다. $F_2$ 세대에서 그들은 적색에서 푸른색으로의 광범위한 범위가 아니라 오히려 4가지의 뚜렷한 꽃 색깔을 발견했다**(그림 16.22a, 대면 페이지)**. 단지 4가지 다른 색깔만 생산되고 9:3:3:1 비율로 색깔이 만들어진다는 사실은 꽃 색깔 표현형이 단지 각각 우성과 열성 대립유전자를 가지고 있는 두 개의 유전자에 의해 조절된다는 것을 시사했다. 이들 연구자는 꽃 색깔에 영향을 주는 안토시아닌 색소의 양을 측정했고 담청색 꽃은 페오니딘, 시아니딘과 말디빈 색소를 포함하는 반면, 암적색 꽃은 말디빈을 생산하지 않고 페오니딘과 시아니딘의 양을 증가시키는 것을 발견했다(그림 16.22b).

어떤 돌연변이가 꽃 색깔에 있어 차이점의 기저를 이루는가? 다행히도 안토시아닌 생합성 경로는 잘 알려져 있고(그림 16.22c), 경로에서 말디빈을 생산하는 것과 페오니딘과 시아니딘을 생산하는 것에는 명백한 분기점이 있다. Hopkins와 Rausher는 두 가지의 다른 돌연변이가 담청색에서 암적색 꽃으로 전환을 담당한다고 가정했다. 하나는 말디빈이 생성되지 않음으로써 푸른색 꽃이 아닌 적색 꽃을 만드는 생합성 경로가 조정이 될 것이다. 또 다른 하나는 전체적인 꽃 색깔을 더 어둡게 만드는 증가된 색소량이 생산되는 전체의 안토시아닌 경로가 증가할 것이다. 연구자들은 이런 두 종류의 유전자좌위를 색깔에 영향을 주기 때문에 색소 유전자좌위, 그리고 얼마만큼 어두운 색깔이 되는지에 영향을 주기 때문에 강도 유전자좌위라 명했다.

Hopkins와 Rausher는 경로에서 말디빈 합성을 완전하게 만드는 것을 막은 상태로 돌연변이를 일으킬 수 있는 색조 유전자좌위(그림 16.22c 참조)와 관련되는 3개의 가능한 후보 유전자를 생각했다. 강도 유전자좌위를 위해서 연구자들은 또 다른 3가지 후보 유전자로 경로의 핵심효소 중 2개와 경로에서 몇몇 효소의 발현을 조절하는 것으로 알려

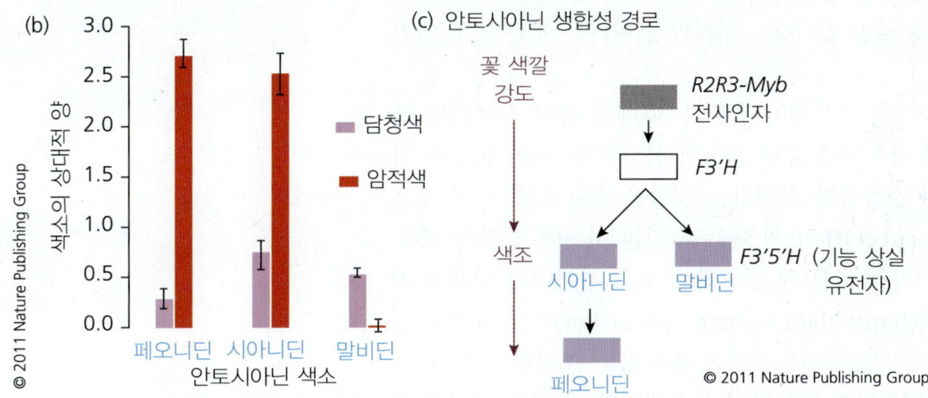


**그림 16.22 꽃 색깔, 색소농도와 후보 유전자** (a) $F_2$ 잡종 사이에서, 두 개의 유전자에 의해 조절되는 것을 시사하는 단지 4가지 꽃 색깔만이 존재했다. (b) 암적색 꽃은 말디빈을 생산하지 않고 페오니딘과 시아니딘의 양을 증가시켰기 때문에 암적색 꽃은 담청색 꽃과 다르다. (c) 저자들은 전체적 경로 증가로부터 색깔 강도에 영향을 줄 수 있는 안토시아닌 경로에 있는 후보 유전자들과 말비딘과 시아니딘/페오니딘 사이 균형을 바꾸는 것으로부터 색조에 영향을 줄 수 있는 후보 유전자들을 조사했다. Hopkins and Rausher (2011)에서 다시 그림.



진 전사인자를 고려했다(그림 16.22c 참조). 후보 유전자 각각의 분자적 마커를 이용하여 연구자들은 꽃 색조와 *F3'5'H* 사이의 연관성을 기록하고, 자연 집단과 $F_2$ 세대 모두로부터 푸른색과 적색 꽃에서 *F3'5'H* 발현을 측정함으로써 증명하였다**(그림 16.23a)**. *Myb*로 불리는 전사인자는 색 강도와 연관이 있었고 연구자들은 역시 이를 $F_2$와 자연 개체들 모두에서 발현되는 것을 측정함으로써 증명하였다(그림 16.23b).

묘사된 초파리와 지면패랭이꽃의 예는 강화의 과정에 대해서 두 가지 중요한 점을 보여주고 있다. 첫째, 두 종 간 잡종 접합자의 형성을 막는 것은 어떠한 과정에서도 일어날 수 있다. 지면패랭이꽃의 예에서 꽃 색깔 변화는 교배전 격리를 증가시키고 반면, 초파리 예에서는 격리가 교미 후에 배우자 수준에서 일어난다는 것이다. 둘째, 강화에 도움을 주는 특징들의 분자적 기초는 매우 단순할 수 있다: 단지 두 개의 돌연변이는 담청색에서 암적색 꽃으로 변화가 요구되고 효과적으로 *P. drummondii*로부터 잡종 자손의 형성을 감소시킨다.

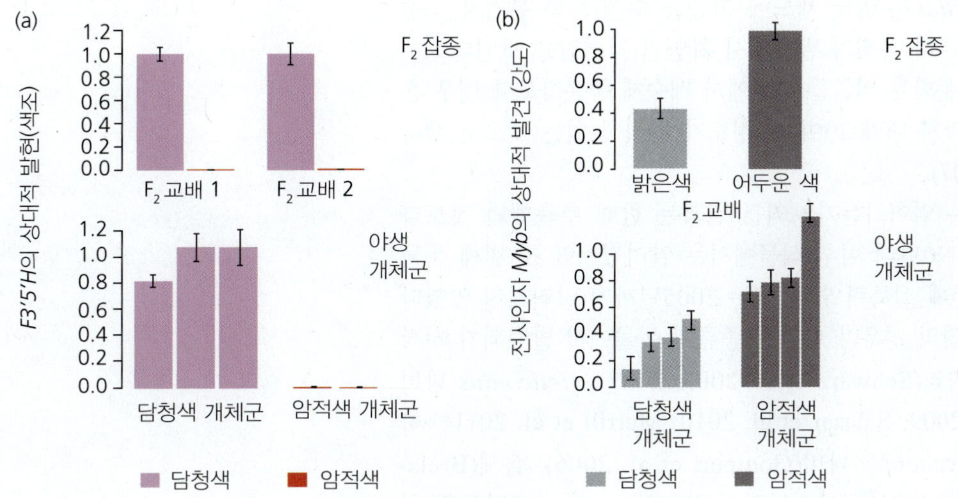


**그림 16.23 유전자발현은 꽃 색조와 강도에 밀접한 연관성이 있다** (a) $F_2$ 잡종과 그들 부모 집단들 모두에서 *F3'5'H*가 푸른색 꽃에서만 발견이 되었다. (b) 또한 전사인자인 *Myb*는 적색이든 푸른색이든 더 어두운 색깔을 가진 $F_2$ 꽃들과 원래 암적색 꽃인 집단에서 더 높게 발현했다. Hopkins and Rausher (2011)에서 다시 그림.

## 잡종화를 통한 새로운 종의 형성

강화는 잡종 자손이 줄어든 적응도를 가질 때 일어나야만 한다. 하지만 생존하고 생식을 잘 하는 잡종 자손에게는 어떤 일이 일어나는가? 만약 잡종 자손이 어느 한쪽 부모 집단이 분포하는 곳과 다른 곳의 서식처에 분포한다면 잡종 자손은 어느 한쪽의 부모종보다 새로운 서식처에서 더 높은 적응도를 가질 수도 있다. 만약 그렇다면, 이들 잡종 집단이 새로운 환경에 분포하면서 구별되는 종이 될까(그림 16.18)? 이런 결과들은 최근 식물과 동물 모두에서 기록되고 있다. 자연에서 잡종 종분화가 얼마나 자주 일어나는지는 아직 알 수가 없다—그것은 아마도 매우 드문 일일 것이다—하지만 일어나는 것을 알고 있기 때문에 조사할 가치가 있다.

첫째 우리는 잡종 종분화 내에서 차이를 구분해야만 한다. 때때로 종이 잡종화될 때 이에 따른 자손은 배수성에서 증가되어 양쪽 부모종과 유전적 불일치가 된다. 이것은 잡종이 단지 그들 자신 또는 다른 유사한 잡종들과 교미하는 것만을 요구한다. 이런 것은 **배수체잡종 종분화(polyploid hybrid speciation)**의 예로 우리는 이전에 설명을 했다. 반대로, 배수성이 동일한 잡종화에서 변화가 없을 때 잡종과 부모종 사이에서 염색체 격리가 없다. 이것은 **동배수체잡종 종분화(homoploid hybrid speciation)**라고 알려져 있다. 비록 개요에서 정의할 수 있다 하더라도 동배수체잡종 종분화는 어떠한 예도 알려진 것이 없었기 때문에 한때 자연에서 일어나지 않는다고 생각되었다. 하지만 이것은 설득력 있는 경우가 단지 유전체 자료에 의해서만 알 수 있기 때문에 본질적으로 발견하기 어렵다. 오늘날, 유전체 기술은 연구자들이 동물과 식물 모두에서 동배수체잡종 종분화의 가능한 경우를 조사할 수 있게 만들었다.

첫 번째 설득력 있는 예들 중 하나는 해바라기로부터 나왔다. Loren Rieseberg와 동료들(1996)은 실험적으로 생산된 *Helianthus anuus*와 *H. petiolaris*의 잡종은 세 번째 자연종 *Helianthus anomalus*와 거의 흡사한 유전적 구성을 가졌다는 것을 밝혔다. 이것은 *H. anomalus*가 나머지 두 종의 잡종처럼 기원했다는 것을 시사했다. Rieseberg(2003)의 이후 연구는 두 종의 추가된 해바라기 *Helianthus deserticola*와 *Helianthus paradoxus* 역시 동일한 부모종으로부터 나온 잡종 종인 것을 발견했다. 식물에서 또 다른 동배수체잡종 종분화의 예는 18세기 시칠리아에서 들어온 영국 제도의 옥스퍼드 금방망이(*Senecio squalidus*)가 있다. 부모종인 *S. aethnensis*와 *S. chrysanthemifolius*는 시칠리아의 자연 잡종지역에 분포한다. 이 지역의 잡종들이 영국으로 유입되고 지리적 격리로 인해 부모종으로부터 구분되는 잡종으로 나타났다(James and Abbott 2005). 흥미롭게도, 이 잡종 종인 *S. squalidus*는 영국 제도에 적응할 수 있도록 유전자 조절에서의 변화를 시사하는 부모종으로부터 유전자 발현에서 확연한 차이점을 보인다(Hegarty et al. 2009). 동배수체잡종 종분화는 식물들 사이에서 배수체 종분화보다 매우 흔하지 않지만, 몇몇 과학자들은 지금까지 대략 20여 건 정도가 확실히 있는 것으로 생각하고 있다(Rieseberg and Willis 2007).

**연구자들은 잡종을 통해서 자연적으로 일어나는 종분화를 실험적으로 재현하고 있다.**

동물에서 동배수체잡종 종분화는 일어나는가? 최근 결과는 한때 추측했던 것보다 더 흔하다는 것을 시사한다. 비록 1990년대 이후 식물에서는 알려졌지만 첫 번째 동물에서의 동배수체잡종 종분화의 첫 번째 설득력 있는 예는 2005년까지 알려지지 않았다(Schwarz et al. 2005). 그 후로 몇몇의 경우가 다양한 종류의 동물에서 발견되기 시작했다. 최근의 예는 테프리티드 과실파리(Schwarz et al. 2005, 2007), *Heliconius* 나비(Mavárez et al. 2006; Melo et al. 2009; Salazar et al. 2010; Merrill et al. 2011—하지만 역시 Brower 2010도 참조), *Lycaeides* 나비(Gompert et al. 2006), 솔새(Brelsford and Irwin 2009; Brelsford et al. 2011), 카리브해 박쥐(Larsen et al. 2010)와 윗

통가시횟대(Stemshorn et al. 2011)가 있다.

## 오듀본 솔새의 잡종 기원

오듀본 솔새는 사지동물에서 몇 안 되는 것 중의 하나이고 조류에서는 유일하게 알려진 것이기 때문에 동배수체잡종 종분화의 아주 흥미로운 경우 중 하나이다. 솔새 그룹에는 4종이 있고 이들은 각기 다양한 시기에 분리된 종 또는 거의 구별이 되는 아종으로 알려져 있다. 오듀본 솔새인 *Dendroica auduboni*는 북아메리카 서부 지역의 온대 지방에 분포하고 반면, 근연종들은 다른 지역에 분포한다: *D. coronata*는 경도가 더 높은 북쪽지역인 캐나다와 알래스카에서 서식하고, *D. nigrifrons*는 남쪽인 멕시코에서 그리고 *D. goldmani*는 가장 남쪽인 중앙아메리카에 서식한다(그림 16.24를 보라). 이전 연구 결과를 바탕으로, Alan Brelsford와 동료들은 *D. auduboni*가 잡종으로 의심했다. 이 가설을 시험하기 위해서, 그들은 모든 4종의 서식 범위를 통해서 솔새를 채집하고 DNA와 표현형적 치수 모두를 수집했다(Brelsford et al. 2011).

연구자들은 DNA 샘플로부터 미토콘드리아 염기서열과 핵 유전체 마커에서 변화를 조사했다. 그들은 핵 유전자와 미토콘드리아 유전자 자료를 분리해서 분석한 자료에 존재하는 유전적 무리의 수를 추측하는 컴퓨터 분석을 실시하였다. 만약 각 종이 구별되고 잡종화를 통해서 최근 나타난 것이 없다면, 4개의 유전적 무리가 나타날 것이다. 하지만 종 사이에 중복과 함께 더 적은 유전적 무리의 수가 나타난다면 잡종 종기원을 말할 수 있다.

그림 16.24에서 보듯이, 그 결과는 잡종 기원 가설을 뒷받침한다. *D. coronata*, *D. nigrifrons*와 *D. goldmani*는 빨간, 파란, 보라색 바에 나타나듯이 핵과 미토콘드리아 양

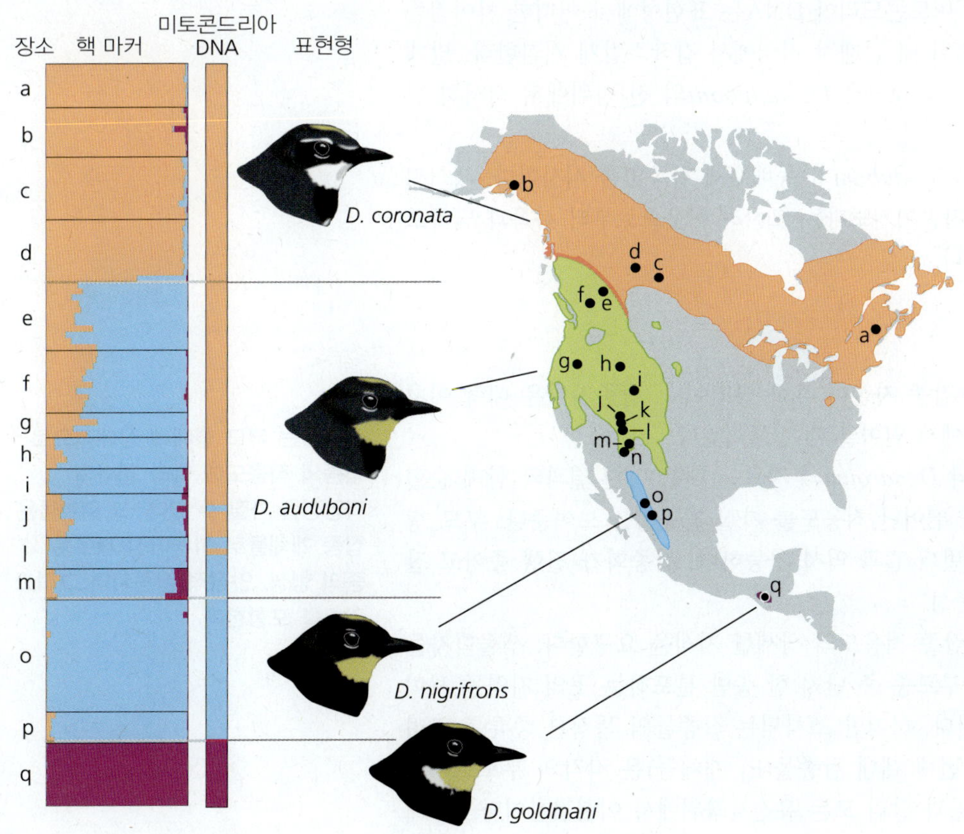


**그림 16.24 *Dendroica* 솔새의 지리적 범위와 유전적 무리화** 비록 *D. coronata*, *D. nigrifrons* 그리고 *D. goldmani* 각각은 전체적으로 분리된 유전적 무리화가 형성되어 있지만, *D. auduboni*는 자체의 유전적 무리화가 형성되어 있지 않다. 대신 핵 DNA는 거의 *D. nigrifrons*와 매우 가깝고 미토콘드리아 DNA는 *D. coronata*와 매우 가깝다고 확인된다. Brelsford et al. (2011)에서 다시 그림.

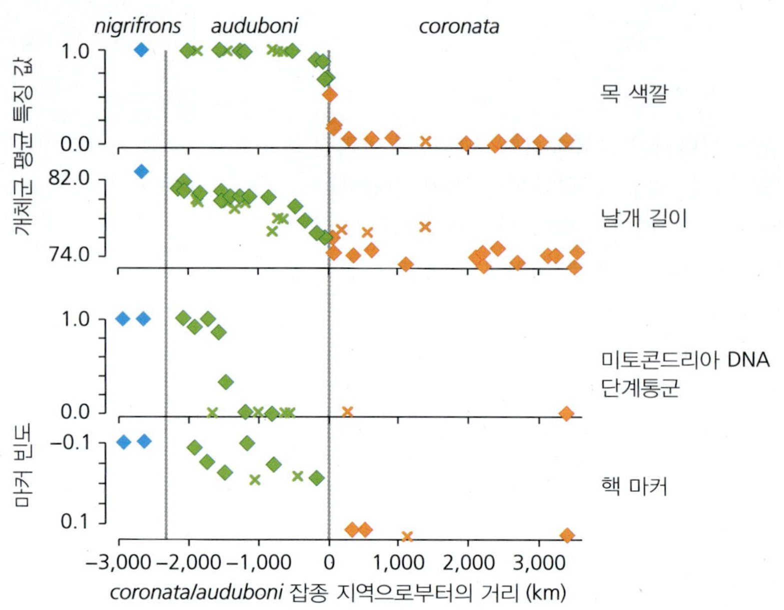


**그림 16.25** ***Dendroica auduboni* 내의 지리적 구획점은 특성들 사이에서 다르다** 날개 길이와 핵 DNA 마커들처럼 몇몇 형질은 *D. auduboni*의 전 지역에서 서서히 변화하는 반면, 다른 것들은 다른 지역이긴 하지만 갑작스럽게 변한다. X는 해안가 채집지를 표시하고 다이아몬드는 내륙 지역을 표시하고 있다. Brelsford et al. (2011)에서 다시 그림.

쪽 모든 자료에서 구분되는 유전적 무리들을 형성한다. 하지만 *D. auduboni*는 구분되는 유전적 무리를 형성하지 않았다. 대신 *D. audoboni*는 *D. coronata*와 *D. nigrifrons* 단상형들의 조합으로 구성되어 있다. 뿐만 아니라, 분자적 자료와 표현형적 자료에서 *D. auduboni* 내 지리적 구획점은 특성과 DNA 영역 전체에서 다르다. 이것은 남쪽에서부터 북쪽으로 특히 표현형적, 분자적 특성의 빈도를 보여주는 그림 16.25에서 명백히 알 수 있다. 비록 동일한 지역은 아니지만, 목 색깔과 미토콘드리아 DNA와 같은 몇몇 특성은 갑작스런 지리적 구획점을 가지고 있다. 목 색깔은 *D. auduboni*와 *D. coronata*의 연결점에서 지리적 구분을 보여주지만, 미토콘드리아 DNA는 표현형에서 어떠한 차이점들과도 연관성이 없는 *D. auduboni* 범위 내 잠재적 지역에서 갑작스럽게 전환한다. 날개 길이와 핵 마커의 빈도들처럼 또 다른 특징들은 *D. auduboni*의 전 범위에서 서서히 변한다.

분자적 그리고 표현형적 증거는 *D. auduboni*가 동배수체 잡종임을 시사한다. 생식적으로 격리가 되는 단일 종의 직접적 자손이기보다는 오히려 이웃으로부터 북쪽과 남쪽으로 유전적 정보의 조합으로 형성되었다.

## 잡종지역

잡종지역은 분기된 집단들의 교배와 잡종 자손이 흔한 영역이다. 잡종지역은 대략 이차 접촉이 이소적에서 분기된 종들 사이에서 일어날 때 만들어진다.

**잡종화는 부모 형태에 상대적으로 잡종의 적응도에 따라 결과의 다양성을 가질 수 있다. 그 결과들은 잡종 개체들로 이루어진 새로운 종의 형성, 안정적 잡종지역 그리고 강화를 포함한다.**

*Drosophila*, *Phlox*, *Helianthus*와 *Dendroica*의 자료는 매우 다른 결과와 함께 순혈종 자손보다 잡종 자손이 떨어지거나 뛰어난 적응도를 가질 가능성을 보여준다: 부모 형태의 강화 대 새로운 종의 생성. 세 번째 결과 역시 가능하다: 잡종화가 진행 중이고 잡종 자손이 흔한 안정적 잡종지역의 형성.

잡종지역 유지를 이해하는 것은 잡종 적응도의 상세한 지식을 요구한다. 생물학자들은 자주 잡종지역 내의 지역들과 두 부모종 중 단지 한 종만 분포하는 곳의 지역들 사이에서 잡종 개체들의 적응도를 비교한다. 하지만 조사되는 잡종들의 특정한 종류를 고려하는 것이 중요하다. 예를 들면, 첫 번째 세대 잡종들($F_1$ 개체들)은 각각의 부모로부터 하나의 대립유전자를 받아서 부모종들과 달리 모든 유전자좌위에서 이형접합이다. $F_1$ 개체들이 생식세포를 생산했을 때, 두 번째 세대 잡종($F_2$ 개체들)은 감수분열과 교잡으로 인해 좀 더 복잡하고 두 종으로부터 대립유전자의 가변적 혼합을 가진다. 하지만 역교배($F_1$과 부모 중 한 종 사이의 교잡의 자손)는 대립유전자의 또 다른 혼합을 가진다. 왜냐하면 잡종지역들은 잡종 교잡의 다양성으로부터 존재하기 때문에, 단지 $F_1$ 개체들만이 아니라 잡종 형태들을 통해서 적응도를 측정하는 것은 잡종지역의 역학 관계를 연구하는 데 가장 좋은 방법이다.

Diane Campbell, Carrie Wu와 동료들은 콜로라도에 분포하는 산속 야생화 두 종, *Ipomopsis aggregata*와 *I. tenuituba*를 연구하는데 한 접근법을 적용했다. 이들은 거의 유전적 분기를 보이지 않는 자매종들이다(Wu and Campbell 2005). 이들은 북아메리카 서부의 많은 지역에서 공존하고 있지만 단지 몇몇 지역들, 특히 콜로라도에서 안정적 잡종지역을 형성하고 있다(Aldridge 2005). Campbell과 동료들은 자연적 잡종지역 한 곳과 *I. aggregata*만 분포하는 한 곳에서 가져와 심고 $F_1$, $F_2$, 역교배 잡종을 만들어 자연에서의 잡종 적응도를 조사했다. 그들은 일생 적응도를 측정하고 집단 증가의 유한 비율, λ를 계산하여 요약했다(Campbell et al. 2008).

이 실험 결과는 잡종 적응도의 환경적 의존을 입증한다. 자연적으로 단지 *I. aggregata*만 분포하는 곳에서 $F_2$를 제외한 모든 잡종은 순종 *I. aggregata* 개체들보다 적응도가 떨어졌다(그림 16.26, 위쪽). 하지만 잡종지역 내에서 어떠한 잡종도 낮은 적응도를 보이지 않고, 많은 것들이 양쪽 부모종보다 높은 적응도를 보였다(그림 16.26 아래). 잡종 형태가 계속 될 수 있든 없든 그들의 지역에 전체적으로 의존한다. 잡종 개체들은 우수한 적응도 때문에 적절한 과도기적 서식처에서 지배적이게 되고, 그 결과는 안정적인 잡종지역이 된다. 이 연구의 한 가지 놀라운 결과는 잡종지역 밖에서 $F_2$ 개체들의 적응도에 관한 것이다. 많은 생물학자들은 $F_1$ 잡종들이 자주 두 종 사이의 접촉 지역에서 잘 자라는 반면, $F_2$ 개체들은 $F_1$ 부모에서 감수분열과 생식세포 생성으로 인한 부모 유전체들 사이의 유전적 불일치 때문에 줄어든 적응도를 겪게 될 것을 이전에 예측했다. 하지만 이 연구에서 $F_2$ 잡종에 대한 결과는 이런 추측에 직접적으로 반박하고 있다.

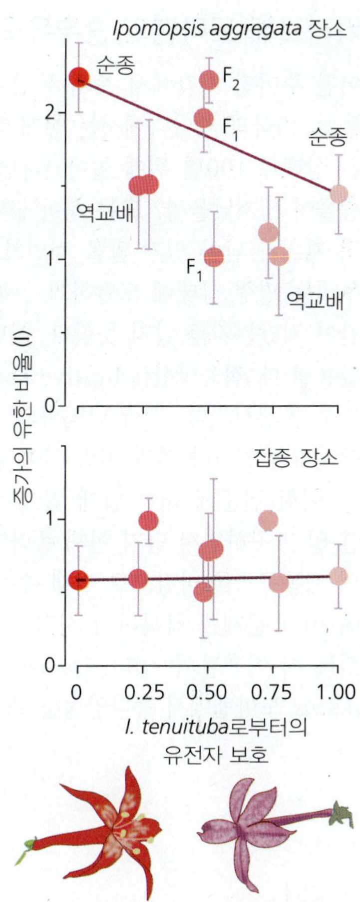


**그림 16.26 두 개의 다른 지역에서 *I. pomopsis* 부모종과 잡종의 집단 성장률** 단지 *I. aggregata*만 분포하는 곳에서 순수한 *I. aggregata* 개체들은 가장 높은 성장률을 보이고, *I. tenuituba*로부터 유전자의 비율이 증가하는 곳에서는 성장률의 감소를 나타내고 있다(위쪽 패널). 하지만 잡종이 흔한 곳에서 두 부모종은 유사한 성장률을 나타내고 잡종들은 동일하거나 더 나았다. Campbell et al. (2008)에서 다시 그림.

## 16.5 무엇이 다양화를 만들도록 하는가?

이 시점에서 새로운 종의 생성을 위해 요구되는 중요한 구성요소가 집단들 간의 생식적 격리라는 것을 명확히 해야만 한다. 최소한 생물학자들이 분기의 기작을 이해하는 곳의 경우에, 그 다음으로 일어나거나 또는 필요한 격리와 협력하게 되는 환경적 요소들은 흔히 표현형적 분기를 가능하게 한다. 이런 발견은 환경적 이질성이 생명의 다양성에 있어 주요한 요소가 될 수 있다는 것을 시사한다. 하지만 부분적으로 다양화가 변함없는 비율로 일어나지 않기 때문에 단지 몇 개의 예로부터 이런 결론을 내리는 것은 불합리할 수 있다. 오히려 종분화의 비율은 특히 가속화된 다양성의 기간과 함께 배치된 긴 시간 동안 상대적으로 낮은 비율을 유지하는 생물체의 그룹에서 오랜 시간에 걸쳐 바뀌어 왔다(Hedges and Kumar 2009). 이런 큰 규모의 진화적 양상은 설명이 요구된다.

빠른 다양성의 시기는 원인이 무엇인가? 환경적 요소가 종분화의 전체적 비율에 영향을 주는가? 이런 어려운 질문들은 다양화에 대한 현재 연구들의 가장 중요한 점들이다. 간단히 말해서, 생물학자들은 우리가 직접적으로 관찰할 수 있는 짧은 시간에 대한 진화보다 긴 시간 동안의 진화에 있어 어떤 다른 것들이 있는지 알기를 원한다. 연구자들은 계통학적 기술과 함께 유전체 자료와 조합하여 이런 문제를 설명하기 시작했다. 실제 자연과는 일치하기에 거리가 있지만, 몇몇 최근 예들은 이런 분석의 힘을 강조하고 있다.

## 카리브해 도마뱀의 종부유도에 대한 생태적 조절

어떤 주어진 시간에서 종의 특정 수가 어떤 특정한 생물체 그룹 내에서 존재한다. 예를 들면, 미국과 캐나다에서는 현재 914종의 조류가 분포하고 있다. 만약 환경이 변하지 않은 상태로 100년 뒤에 돌아간다면, 얼마나 많은 종을 우리가 발견할 수 있을까? 새로운 종들이 생겨났을까? 또는 북아메리카에는 이미 조류종으로 꽉 차서 개발될 수 있는 생태적 지위가 남아 있지 않을 것인가? 이런 질문들은 하나의 쟁점에서부터 나오는 것이다: 우리는 평형 상태에 도달하기 위해 어떤 주어진 서식처에서 종부유도에 있어 충분한 시간이 지났는지를 알지 못한다. 어떤 생명체의 한 그룹에 의해 처음으로 새로운 서식처가 활용될 때 **적응방산(adaptive radiation)**은 많은 새로운 종을 빠르게 생성하는 결과를 자주 발생시킨다. 결국 다양화의 비율은 서식처가 종으로 채워지는 것처럼 느리게 이루어지지만 얼마나 빨리 이런 일이 일어나는가? 언제 방산이 완료가 되는가?

이런 질문에 대한 답에 있어 주요한 문제는 우리가 각각의 종이 언제 생성되었는지를 알지 못하면서 단지 현재 종다양성의 단면만을 알고 있는 것이다. 최근 연구자들은 종의 계통구조를 바탕으로 언제 종이 생성되었는지를 추측하기 위한 컴퓨터 분석을 이용하여 이런 문제를 극복하기 시작했다. 이런 지식은 오랜 시간 동안 종분화의 비율을 조사하는 데 이용될 수 있다. Daniel Rabosky와 Richard Glor는 카리브해의 섬에 서식하는 *Anolis* 도마뱀에서 종다양성을 조사하기 위해 이런 접근법을 사용했다.

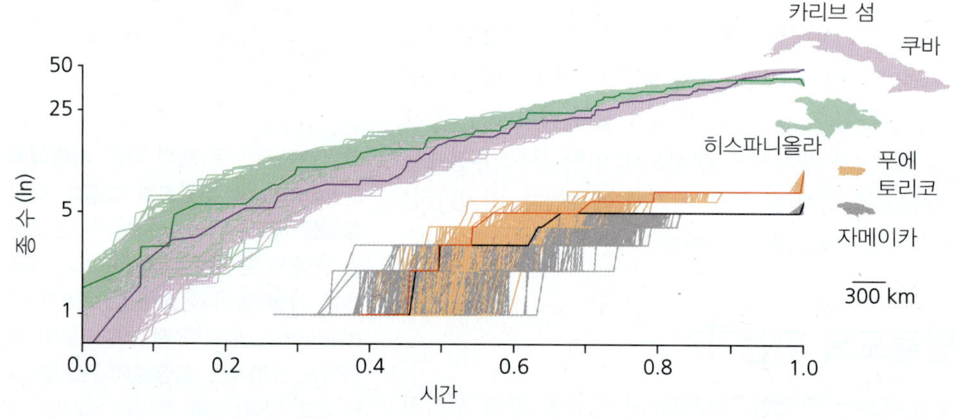


**그림 16.27 4개의 카리브해 섬들에서 시간 경과에 따른 *Anolis* 종 다양화** 모든 섬에서 새로운 종의 추가 비율(곡선의 경사도)은 시간이 지날수록 감소한다. 작은 섬일수록 정체기에 이르고, 반면에 더 큰 섬일수록 정체기에 접근하고 있다. 새로운 종의 생성은 변함없는 비율로 일어나지 않고 각 섬의 생태 특히 섬 크기에 달려 있다. Rabosky and Glor (2010)에서.

각각 4개의 섬에서, 연구자들은 각각의 섬에서 오랜 시간 동안 얼마나 많은 종 수가 증가되었는지를 보여주는 계보 축적 곡선을 그리는데 *Anolis* 계통을 이용했다(Rabosky and Glor 2010). 이런 곡선은 그림 16.27에서 볼 수 있다. 자메이카와 푸에르토리코의 작은 섬에서 이 곡선은 총 종 수에 있어 쿠바와 히스파니올라의 큰 섬에 있는 것보다 더 작은 수에서 정체기에 도달했다. 큰 섬에서조차도 곡선의 전체적인 형태는 정체기가 거의 도달했음을 시사하고 있다. 쿠바의 *Anolis* 경우에 새로운 종은 지속적인 비율로 생성되지 않지만 대신 시간이 지남에 따라 자주 생성이 적어짐은 각 섬이 종의 환경수용력에 도달함을 시사하고 있다. 각 섬의 생태, 특히 크기는 다양화를 조절하고 있는 것으로 나타난다.

## 두꺼비의 서식범위 크기와 다양화

생명체의 계보들이 다양화하는 그들의 경향은 분산 능력과 범위 크기를 포함한 몇 가지 요소에 달려 있다. 작은 범위 크기와 낮은 분산의 종은 더 큰 범위의 종보다 새로운 환경과 선택적 압력에 더 적게 노출되는 것처럼 보이지만 높은 분산 역시 집단들 사이에서 계속적인 유전자흐름으로 인해 종분화에 걸림돌이 될 수도 있다. Ines Van Bocxlaer와 동료들은 전 세계적으로 두꺼비의 다양화에 있어 범위 크기의 중요성을 조사했다. 그들은 두꺼비들의 범위를 확장하게 해 주는 표현형을 가진 두꺼비 계보들이 새로운 환경에 접합에 따라 종분화를 더 많이 할 것이라고 가정했다(Van Bocxlaer et al. 2010).

그들의 가설을 증명하기 위해서, Van Bocxlaer와 동료들은 큰 범위 대 작은 범위들의 현존하는 두꺼비 종의 표현형을 비교하고 큰 범위의 두꺼비에 의해서만 공유하는 표현형들을 정의했다. 이것은 큰 몸크기, 독성 효과와 재수화 능력을 향상시키는 분비선, 추가적 지방 저장 능력, 다양한 서식처에서 알을 낳는 능력, 큰 한배 크기, 환경으로부터 직접적으로 먹이를 소비하는 유생을 포함했다. 이런 표현형들을 바탕으로 연구자들은 각 종의 범위 팽창 능력을 요약하는 하나의 숫자로 나타낸 값을 만들었다. 이 값을 $p$라 하고 어떠한 범위 팽창도 없는 특징을 의미하는 0에서부터 시작해서 최적의 범위 팽창 표현형을 의미하는 1까지 지정했다. 그 후에 연구자들은 두꺼비의 범위 팽창 값이 분석표에서 어떤 형태를 보이는지를 보기 위해 모든 두꺼비 종의 표현형을 추론했다. 조상 종들의 재구성을 포함한 분석의 중요한 요소는 연구자들이 두꺼비 자손의 표현형을 바탕으로 조상 두꺼비 계보의 표현형을 추측하는 것이다.

이 결과는 **그림 16.28**에서 보여주고 있다. 남아메리카 너머로 분산되기 전 두꺼비는 범위 팽창 표현형들이 부족했다. 하지만 두꺼비가 신대륙에 분포하기 전 빠른 다양화를

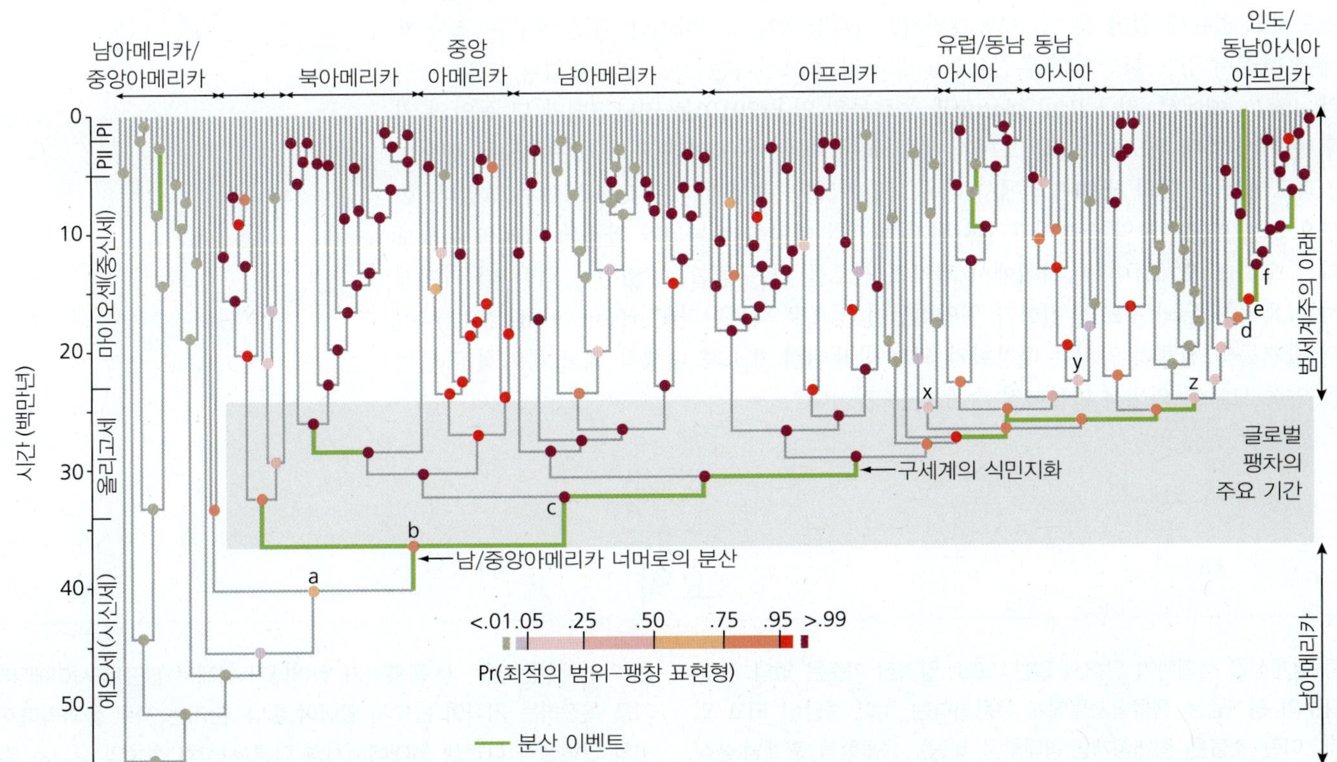


**그림 16.28 두꺼비의 다양화는 시간의 흐름과 그들의 표현형 간의 연관성이 있다** 큰 범위 크기와 연관된 특징을 가진 두꺼비는 더 높은 $p$ 값을 가진다. 계통수의 빠른 다양화가 일어나는 지점에서(회색 부분), 두꺼비는 다른 시기보다 더 높은 $p$ 값을 가졌다. 이러한 연관은 새로운 두꺼비 종 형성 비율이 그 시점에서 가지고 있는 두꺼비 표현형들로부터 영향을 받았다는 것을 시사한다. Van Bocxlaer et al. (2010) 에서 다시 그림.

Van Bocxlaer, I., S. P. Loader, et al. 2010. "Gradual adaptation toward a range-expansion phenotype initiated the global radiation of toads." Science 327: 679–682. Reprinted with permission of the AAAS.

겪은 계보들은 더 큰 범위 크기와 관련된 표현형들을 얻었다(분기점 a, b, c와 분기점 d, e, f를 비교하라). 뿐만 아니라, 많은 계보들은 전반적 분포의 시기가 끝날 무렵에는 범위 팽창과 관련이 적은 표현형들로 되돌아갔다(분기점 x, y, z). 표현형과 다양화 사이의 이런 상관관계는 빠른 종분화가 아마도 환경변화로부터 주요하게 만들어지는 것이 아닐지도 모른다는 것을 시사한다. 대신 어떠한 두꺼비 계보들이 결국 수많은 종분화를 이끌어내는 그들 범위의 팽창과 새로운 서식처의 이주가 점점 많아졌기 때문에 두꺼비 다양화는 아마도 간단히 3500만 년 전에 증가했을지도 모른다.

## 다양화의 생태적 대 내생적 조절

도마뱀의 예는 섬의 크기와 같은 환경적 변수가 아마도 종분화 비율과 오랜 시간 동안 그들이 어떻게 변하는지를 결정할지도 모른다는 것을 보여주고 있다. 이런 것은 다양화에 있어 외부의 생태적 조절의 예이다. 비록 각 섬에서의 다양화가 첫 번째 *Anolis*의 유입으로부터 촉발되었지만 다양화의 비율과 생성된 종의 총 수는 서식처로부터 결정되었다. 반대로 두꺼비의 예에서는 그들의 환경보다는 오히려 생물체의 특성이 종분화 비율을 어떻게 결정할 수 있는지를 보여준다. 두꺼비가 그들의 서식범위 팽창을 할 수 있게 해 준 표현형적 특징들을 획득했었던 것처럼 한차례 다양화가 발생한다. 그것은 새로운 두꺼비 종의 생성을 변화하고 선호하는 환경이 아니었다. 그것은 두꺼비들을 팽창하게 하고 그 뒤에 다양하게 만드는 표현형을 진화시켰던 두꺼비 자신들이었다.

**다양화의 비율은 아마도 생태적 요소와 생물체의 고유한 특성 양쪽 모두로부터 만들어질지도 모른다.**

지구상의 생명의 역사 동안 이들 두 형태의 원인들 중 어떤 것이 진행되는 다양화를 일으키고 있는데 있어 좀 더 흔한 것인가? 시기상조이기는 하지만 최근 연구는 조사 체계에 따라서 양쪽 다양화의 추진요인들 모두가 중요하다는 것을 입증했었다. 뿐만 아니라 *Anolis* 예에서, 최근 Paul Martin과 동료들의 연구(2010)는 지난 3백만 년 동안의 기후 변화가 열대 위도보다 고위도에서 조류 종이 자주 더 많이 범위가 겹쳐지도록 했으며 결과로 생식 깃털의 색깔 형태에서 더욱 다양한 결과를 낳았다는 것을 보여주고 있다. 한편으로는, 아프리카의 코끼리고기류 전기 물고기 다양화는 물고기 환경의 어떠한 특징보다는 오히려 개체들이 종 사이에서 전기적 신호들 간 구별할 수 있는 능력을 더 커지게 하는 특정한 두뇌 구조의 진화가 원인이었던 것으로 나타난다(Carlson et al. 2011). 이런 발견들의 전체적 암시는 다양화가 외부의 생태적 요소와 내생적 계보 특이적 표현형들 양쪽 모두에 의해서 만들어질 수 있다는 것이다.

# 요약

종 경계선을 정의하기 위해서 일반적으로 알려진 기준은 없다. 대신 다수의 종개념은 생물학자들에게 유용하다는 것이 증명이 되고 있다. 이런 것들은 형태종개념(형태학을 바탕), 생물학적 종개념(생식적 격리를 바탕) 그리고 계통발생적 종개념(공유파생형질에 바탕)이 포함된다. 새로운 종의 생성은 물리적 분리(이소적 종분화), 배수체 또는 다른 염색체적 변화, 또는 시간적, 꽃가루 매개자 또는 다른 형태의 격리로 인한 교배 결핍에 의한 격리를 필요로 한다. 하지만 집단들 사이의 격리 성립이 반드시 그들이 다른 종이 될 것이라는 것을 의미하지는 않는다. 종분화가 일어나기 위해서 집단들 사이에 분기를 촉진하는 기작이 반드시 있어야 한다. 분기는 자주 물꽈리아재비의 단년생과 다년생 형태에서처럼 다른 서식처 적응의 결과로 일어나지만 하와이 *Laupala* 귀뚜라미에서처럼 집단 내의 동류교배로부터도 역시 나올 수 있다. 환경적 변화와 교배 선호도는 다른 빛 환경과 다른 배우자 선호색을 가지는 빅토리아 호수의 시클리드의 경우에서처럼 서로 함께 작용하여 종분화를 촉진할 수 있다.

두 근연종이 서로 접촉을 하게 되었을 때 종분화 사이에 잡종화와 유전자흐름은 자주 일어난다. 종간 이종교배의 몇 가지 가능한 결과가 있다. 이 중 하나는 잡종이 낮은 적응도를 가지기 때문에 이종교배의 발생을 줄어들게 하는 특성 선택을 선호하는 전접합 격리의 강화이다. 두 부모종의 조합으로부터 세 번째 완전히 독립된 종이 형성되는 잡종 종분화 역시도 가능하다. 세 번째 결과는 두 종의 중복 범위인 특정한 지리적 지역에서 잡종지역의 형성이다.

오랜 시간에 걸쳐 새로운 종의 생성은 연구자들이 진화적 역사를 통해서 다양화의 가능한 원인들을 조사할 수 있게 꾸준한 비율로 일어나지 않는다. 몇몇의 사례에서 적응방산은 섬과 같은 새로운 서식처에 하나의 계보가 유입되고, 그 후 다양화의 비율이 생태적 요소들에 의해 결정된다. 하지만 종분화의 빠른 생성은 역시 한 계보가 새로운 생태적 환경에 정착 이주하거나 또는 교배 선호도에서 다양화해질 수 있게 해 주는 중요한 표현형들의 진화가 원인이 될 수도 있다.

# 질문

**1.** 종이 "진화적으로 독립적이다" 또는 "유전자흐름을 위한 경계선을 형성한다"는 말은 무슨 의미인가?

**2.** 형태종개념, 생물학적 종개념과 계통발생적 종개념을 비교 대조하라. 각각의 종을 구별하는 데 사용되는 기준은 무엇인가? 각각의 장·단점들은 무엇인가?

**3.** 이 장은 해양 식물성 플랑크톤과 유럽 홍어의 종분화에 대한 연구를 기술하고 있다. 각각의 경우에 계통발생적 종개념의 적용은 종을 더 적게, 동일하게 또는 더 많이 만들어 냈는가? 설명하라.

**4.** 분산과 분단 간의 차이점을 설명하라. 왜 분산 또는 분단이 종 분기를 시작시켰을 수도 있었는가?

**5.** 북아메리카와 남아메리카 사이의 파나마 육교가 발견되었을 때 몇몇 북아메리카 포유류 계보들은 남아메리카로 건너가 엄청난 방사를 겪었다. 육상 종들에게 육교의 완성은 분단 또는 분산에 해당했는가? 파나마 운하의 최근 건설은 육상 생물체에 분단 또는 분산에 해당했는가? 해양생물에게는 어떤가?

**6.** 근연관계의 두 종에서 "동소적 종"과 "이소적 종"이라 불리는 것은 무엇을 의미하는가? 이런 정의들은 이소적과 동소적 종분화 과정 사이의 차이점과 어떻게 관련이 있는가?

**7.** 이 장에서 우리는 종간 물리적 격리와 염색체 격리인 두 개의 넓은 범주의 격리 기작을 상세히 설명했다. 하지만 일본 겨울 나방의 경우를 설명한 시간적 격리와 같은 다른 범주가 존재한다. 당신은 물리적 분리나 염색체 불일치의 넓은 범주에 속하지 않는 자연에서 존재할지도 모르는 또 다른 격리 기작을 생각할 수 있는가?

**8.** 각 종마다 아주 가까운 친척이 있는 딱총새우의 형태적 유사 종들은 파나마 지협의 양쪽에 살고 있다. 왜 이런 관찰은 종분화가 분단을 통해서 일어났다는 가설을 뒷받침하는가?

**9.** 계통분석은 많은 경우에 하와이 근연종들이 다음의 경우에서 일어난다는 것을 보여준다: 군도에서 더 많은 조상 그룹이 더 오래된 섬을 차지할수록 더 많은 파생 집단들이 더 어린 섬을 차지한다. 왜 이런 관찰이 종분화가 분산을 통해서 일어났다는 가설을 뒷받침하는가?

**10.** 북유럽과 북아메리카에서 빙하 작용이 지난 15만 년 이상 분단을 만들어냈는가? 만약 그렇다면, 어떻게? (그것은 아마도 빙하의 크기를 보여주는 지도를 발견하는 데 도움을 줄지도 모른다. 또한 얼음으로 뒤덮여 있지 않은 지역에서 일어난 변화에 대하여 생각해보라.) 어떠한 생물체가 영향을 받았을까? 예를 들면, 빙하 작용이 작은 포유류, 이동하는 조류 그리고 나무에 다른 영향을 미치는 것을 고려해 보라.

**11.** 만들어지고 유지되는 종경계에서 환경적 요소들과 교배 선호도의 역할을 구분하는 것은 자주 어렵다. 이것이 16.3절의 시클리드 예가 매우 독특하고 또 이해하기 어려울 수 있는 이유이다. 그림 16.17을 공부하고 두 개의 아주 다른 섬 서식처인 Marumbi 섬(왼쪽 세로단)과 Makobe 섬(오른쪽 세로단)을 비교하면서 다음의 질문에 답하시오.

   **a.** 두 환경은 어떻게 다른가?

   **b.** 이들 두 서식처에서 수컷 물고기의 색깔은 무엇이고 어떤 깊이에서 수컷 물고기의 다른 색깔들이 발견되었는가?

   **c.** 두 집단에서 어떤 *LWS* 옵신 대립유전자가 존재하고, 암컷이 "파란색" 또는 "붉은색" *LWS* 옵신 대립유전자를 가지는 의미는 무엇인가?

   마지막으로 왜 환경적 전후 사정이 이들 시클리드에게 매우 중요한지를 자신에게 물어보아라. 만약 빅토리아 호수에서 모든 서식처가 Marumbi 섬(낮은 물의 탁도)과 유사하다면 수컷 물고기는 어떤 색깔을 가지겠는가?

**12.** 오랫동안 지리적으로 분리되었던 종이 다시 돌아와 접촉을 하고 잡종화를 시작할 때 가능한 결과는 무엇이고 어떠한 조건에서 각각의 결과가 일어나는가?

**13.** 강화란 무엇인가? 이것은 유전적 부동, 자연선택 또는 성선택의 예인가?

**14.** 지난 50년 내 미국에서 무환자나무벌레 집단들은 뚜렷하게 다른 부리길이에 의해 구별되는 집단들로 다양화되었다. 이들은 무환자나무 열매의 중간에 있는 씨앗을 먹는다. 무환자나무 토착종과 최근 유입된 다양한 종들은 열매의 크기가 매우 다르다. 이들 벌

레에서 종분화의 면밀한 연구를 시작하기 위한 실험이나 관찰에 대하여 설명하라. 어떠한 자료가 그들이 독립적으로 진화하여 분리된 집단들인지 아니면 하나의 이종교배 집단인지를 말해 줄 것인가? 많은 박물관에서는 수십 년 전부터 채집된 곤충 표본들이 있다. 이들 오래된 표본에서 무엇을 조사할 것인가? 기주 식물의 어떠한 정보가 유용할 것인가?

**15.** 솔잣새(*Loxia curvirostra* 종복합체)는 구과식물 열매의 씨앗을 먹기 위해 특수화된 작은 핀치이다. 그들은 잘 익은 열매를 찾기 위해 매년 수천 킬로미터를 날아다닌다. 그들의 이동성에도 불구하고 솔잣새들은 부리 모양, 몸 크기와 발성에서 다른 몇 가지 형태로 분기가 되었다. 각각의 형태는 다른 구과식물 종의 열매를 선호하고 구과식물의 각 종은 특정한 숲에서만 발견이 된다. 부리 크기와 형태는 어떻게 효율적으로 새가 특정 구과식물 종의 열매를 먹을 수 있는지에 영향을 미친다. 어떻게 솔잣새와 같은 매우 이동적인 동물이 어떠한 지리적 방해도 없이 다른 형태로 분기할 수 있었는지를 설명하라. 만약 솔잣새가 날 수 없었다면, 종분화가 더 빨리 혹은 더 느리게 일어났을 것이라고 생각하는가? 만약 구과식물 종이 뒤섞여 분포하지 않았다면 (다시 말해서, 다른 숲에 분포했다면), 솔잣새 종분화는 더 빨리 또는 더 느리게 일어났을 것인가? Benkman(2003)의 자료 분석 결과와 대답을 비교해 보라.

## 문헌탐구

**16.** 세균과 고세균에서 종의 경계선은 생물학자들에게 정의하기 매우 어렵다. 최근 러시아 극동 지방 온천에 서식하는 호열호산성생물인 고세균에 대한 연구는 근연관계에 있지만 유전적으로 차이가 있는 두 개의 고세균 계보가 동일한 서식처에 같이 존재하는 것을 시사하고 있다. 이 연구자들은 이런 발견이 생물학적 종 가설과 일치한다고 주장하고 있다. 다음을 참고하라:

Cadillo-Quiroz, H., X. Didelot, et al. 2012. Patterns of gene flow define species of thermophilic Archaea. *PLoS Biology* 10: e1001265.

**17.** 16.3절에서 우리는 동류교배가 어떻게 하와이 *Laupala* 딱정벌레에서 종 경계를 만들 수 있는지를 알아보았다. 특히 그림 16.15b의 자료는 수컷 울음 파장 비율의 특성과 수컷 울음 파장 비율에 대한 암컷 선호도가 유전적으로 연관되어 있다는 것을 말하고 있다. Kerry Shaw 연구진의 추가 실험들은 이런 유전적 연관의 특정한 유전적 근거를 알아보았다:

Wiley, C., C. K. Ellison, and K. L. Shaw. 2011. Widespread genetic linkage of mating signals and preferences in the Hawaiian cricket *Laupala*. *Proceedings of the Royal Society of London B* 279: 1203–1209.

**18.** 근연종들 사이에서 잡종이 부모 어느 한쪽의 형태보다 낮은 적응도를 가질 때 외적 후접합 격리라고 알려져 있다. 강화는 이번 장에서 설명한 *Phlox*의 예처럼 동류교배를 포함한 외적 후접합 격리의 한 유형이다. 하지만 동류교배는 종분화의 이른 단계에서 그룹간 낮은 잡종 적응도가 격리를 만드는 것을 요구하지는 않는다. 나비에서의 예를 보라:

McBride, C. S., and M. C. Singer. 2010. Field studies reveal strong postmating isolation between ecologically divergent butterfly populations. *PLoS Biology* 8: e1000529.

**19.** Peter Grant, Rosemary Grant와 동료들의 다윈의 핀치류에 관한 연구는 자연선택과 진화에 대해 우리가 이해하는 데 상당한 도움을 줬다. 최근 이들 두 Grant의 연구는 이소적(지리적으로 분리된) 지역에서 분기된 종이 동일 서식처에서 함께 만나면 어떤 일이 일어나는지에 대한 새로운 설명을 하고 있다:

Grant, P. R., and B. R. Grant. 2009. The secondary contact phase of allopatric speciation in Darwin's finches. *Proceedings of the National Academy of Sciences*, *USA* 106: 20141–20148.

**20.** 종분화로 이끌어낼지도 모르는 격리의 한 기작은 배수체화이지만 다배수 개체에 대한 이득은 자주 명확하지 않다. 책 어딘가에서 우리는 하나의 연구를 설명하고 있다(그림 5.33). 또 다른 예를 보기 위해서는 아래의 문헌을 보라.

Vamosi, J. C., and J. R. McEwen. 2012. Origin, elevation, and evolutionary success of hybrids and polyploids in British Columbia, Canada. *Botany* 91: 182–188.

**21.** 성페로몬을 바탕으로 하는 것들처럼 교배 행동에 영향을 주는 특성들은 동물의 많은 그룹에서 종 경계를 유지하는 데 핵심적인 것이다. 페로몬을 바탕으로 하는 행동에 기저를 이루는 특정한 유전적 기작은 알려진 것이 거의 없지만 지방 아실 환원효소 유전자를 포함하는 아주 흥미로운 예는 유럽산 조명충나방 *Ostrinia nubilalis*에서 볼 수 있다:

Lassance, J.-M., A. T. Groot, et al. 2010. Allelic variation in a fatty-acyl reductase gene causes divergence in moth sex pheromones. *Nature* 466: 486–489.

**22.** 인간의 X와 Y 염색체처럼 성염색체는 어떻게 진화하고 이들은 종분화에 어떻게 관련되어 있는가? 최근에 진화한 성염색체 체계(또는 새로운 성 염색체)로부터 나온 예는 성염색체 진화와 종분화는 연관될 수 있다는 것을 시사하고 있다. 다음을 보라:

Kitano, J., J. A. Ross, et al. 2009. A role for a neo-sex chromosome in stickleback speciation. *Nature* 461: 1079–1083.

**23.** 간단한 기후 변수가 전체적인 진화 비율에 영향을 줄 수 있는가? 한 가지 가능한 예는 호주 사막에서 제한된 물 유용성의 경우에 '그렇다'라는 것을 시사하고 있다. 다음을 보라:

Goldie, X., L. Gillman, et al. 2010. Evolutionary speed limited by water in arid Australia. *Proceedings of the Royal Society of London B* 277: 2645–2653.

**24.** 대부분의 달팽이들은 오른쪽 나선의 껍질을 가지고 있다. 돌연변이가 반대 방향의 나선으로 만들면 왼쪽 나선을 가지게 된 달팽이들은 오른쪽 나선을 가진 동족으로부터 생식적으로 격리가 될 뿐만이 아니라 일반적으로 선택적 약점이 있다. 하나는 그들이 교배할 수 있는 배우자를 찾는데 문제가 있는 것이다. 다른 하나는 그들이 자주 또 다른 성장에 불리한 문제를 겪는 것이다. 다음을 보라:

Utsuno, H., T. Asami, et al. 2011. Internal selection against the evolution of left-right reversal. *Evolution* 65: 2399–2411.

이런 타고난 장벽이 주어졌을 때, 반대 방향의 나선 껍질에 의한 종분화는 드물 것이다. 반대 방향의 나선 껍질에 의한 종분화 가능성을 증가시킬지도 모르는 조건들에 대한 가설을 생각해 본 후 다음을 보라:

Hoso, M., Y. Kameda, et al. 2010. A speciation gene for left-right reversal in snails results in anti-predator adaptation. *Nature Communications* 1: 133.

Hoso, M. 2012. Non-adaptive speciation of snails by left-right reversal is facilitated on oceanic islands. *Contributions to Zoology* 81: 79–85.

## 인용문헌


Abbott, R. J. 1992. Plant invasions, interspecific hybridization and the evolution of new plant taxa. *Trends in Ecology and Evolution* 7: 401–405.

Aldridge, G. 2005. Variation in frequency of hybrids and spatial structure among *Ipomopsis* Polemoniaceae contact sites. *New Phytologist* 167: 279–288.

Amato, A., W. Kooistra, et al. 2007. Reproductive isolation among sympatric cryptic species in marine diatoms. *Protist* 158: 193–207.

Beheregaray, L. B., J. P. Gibbs, et al. 2004. Giant tortoises are not so slow: Rapid diversification and biogeographic consensus in the Galápagos. *Proceedings of the National Academy of Sciences, USA* 101: 6514–6519.

Benkman, C. W. 2003. Divergent selection drives the adaptive radiation of crossbills. *Evolution* 57: 1176–1181.

Bonacum, J., P. M. O'Grady, et al. 2005. Phylogeny and age of diversification of the *planitibia* species group of the Hawaiian *Drosophila*. *Molecular Phylogenetics and Evolution* 37: 73–82.

Brander, K. 1981. Disappearance of common skate *Raia batis* from Irish Sea. *Nature* 290: 48–49.

Brelsford, A., and D. E. Irwin. 2009. Incipient speciation despite little assortative mating: The yellow-rumped warbler hybrid zone. *Evolution* 63: 3050–3060.

Brelsford, A., B. Milá, and D. E. Irwin. 2011. Hybrid origin of Audubon's warbler. *Molecular Ecology* 20: 2380–2389.

Brower, A. V. Z. 2010. Hybrid speciation in *Heliconius* butterflies? A review and critique of the evidence. *Genetica* 139: 589–609.

Campbell, D. R., N. M. Waser, et al. 2008. Lifetime fitness in two generations of *Ipomopsis* hybrids. *Evolution* 62: 2616–2627.

Carlson, B. A., S. M. Hasan, et al. 2011. Brain evolution triggers increased diversification of electric fishes. *Science* 332: 583–586.

Censky, E. J., K. Hodge, and J. Dudley. 1998. Over-water dispersal of lizards due to hurricanes. *Nature* 395: 556.

Chakrabarty, P., M. P. Davis, and J. S. Sparks. 2012. The first record of a trans-oceanic sister-group relationship between obligate vertebrate troglobites. *PLoS One* 7: e44083.

Chapman, A. D. 2009. *Numbers of Living Species in Australia and the World*. 2nd ed. Canberra: Australian Biological Resources Study.

Christiansen, D. G., and H. Reyer. 2009. From clonal to sexual hybrids: Genetic recombination via triploids in all-hybrid populations of water frogs. *Evolution* 63: 1754–1768.

Clark, R. W., W. S. Brown, et al. 2010. Roads, interrupted dispersal, and genetic diversity in timber rattlesnakes. *Conservation Biology* 24: 1059–1069.

Cohan, F. M. 1994. Genetic exchange and evolutionary divergence in prokaryotes. *Trends in Ecology and Evolution* 9: 175–180.

Cohan, F. M. 1995. Does recombination constrain neutral divergence among bacterial taxa? *Evolution* 49:164–175.

Coyne, J. A., and H. A. Orr. 2004. *Speciation*. Sunderland, MA: Sinauer.

Cunha, C., I. Doadrio, and M. M. Coelho. 2008. Speciation towards tetraploidization after intermediate processes of non-sexual reproduction. *Philosophical Transactions of the Royal Society of London B* 363: 2921–2929.

Davison, A., S. Chiba, et al. 2005. Speciation and gene flow between snails of opposite chirality. *PLoS Biology* 3: e282

Dawson, M. N., and W. M. Hamner. 2005. Rapid evolutionary radiation of marine zooplankton in peripheral environments. *Proceedings of the National Academy of Sciences, USA* 102: 9235–9240.

Dobzhansky, T. 1937. *Genetics and the Origin of Species*. New York: Columbia University Press.

Faria, R., and A. Navarro. 2010. Chromosomal speciation revisited: Rearranging theory with pieces of evidence. *Trends in Ecology and Evolution* 25: 660–669.

Giraud, T., G. Refrégier, et al. 2008. Speciation in fungi. *Fungal Genetics and Biology* 45: 791–802.

Gompert, Z., J. A. Fordyce, et al. 2006. Homoploid hybrid speciation in an extreme habitat. *Science* 314: 1923–1925.

Griffiths, A. M., D. W. Sims, et al. 2010. Molecular markers reveal spatially segregated cryptic species in a critically endangered fish, the common skate *Dipturus batis*. *Proceedings of the Royal Society of London B* 277: 1497–1503.

Hall, M. C., and J. H. Willis. 2006. Divergent selection on flowering time contributes to local adaptation in *Mimulus guttatus* populations. *Evolution* 60: 2466–2477.

Hedges, S. B., and S. Kumar. 2009. *The Timetree of Life*. New York: Oxford University Press.

Hegarty, M. J., G. L. Barker, et al. 2009. Extreme changes to gene expression associated with homoploid hybrid speciation. *Molecular Ecology* 18: 877–889.

Hopkins, R., and M. D. Rausher. 2011. Identification of two genes causing reinforcement in the Texas wildflower *Phlox drummondii*. *Nature* 469: 411–414.

Hoskin, C. J., M. Higgie, et al. 2005. Reinforcement drives rapid allopatric speciation. *Nature* 437: 1353–1356.

Hurt, C., A. Anker, and N. Knowlton. 2009. A multilocus test of simultaneous divergence across the Isthmus of Panama using snapping shrimp in the genus *Alpheus*. *Evolution* 63: 514–530.

Iglésias, S. P., L. Toulhoat, and D. Y. Sellos. 2010. Taxonomic confusion and market mislabelling of threatened skates: Important consequences for their conservation status. *Aquatic Conservation: Marine and Freshwater Ecosystems* 20: 319–333.

James, J. K., and R. J. Abbott. 2005. Recent, allopatric, homoploid hybrid speciation: The origin of *Senecio squalidus* Asteraceae in the British Isles from a hybrid zone on Mount Etna, Sicily. *Evolution* 59: 2533–2547.

Kandul, N. P., V. A. Lukhtanov, and N. E. Pierce. 2007. Karyotypic diversity and speciation in *Agrodiaetus* butterflies. *Evolution* 61: 546–559.

Knowlton, N., and L. A. Weigt. 1998. New dates and new rates for divergence across the Isthmus of Panama. *Proceedings of the Royal Society of London B* 265: 2257–2263.

Knowlton, N., L. A. Weigt, et al. 1993. Divergence in proteins, mitochondrial DNA, and reproductive compatibility across the Isthmus of Panama. *Science* 260: 1629–1632.

Konstantinidis, K. T., and J. M. Tiedje. 2005. Genomic insights that advance the species definition for prokaryotes. *Proceedings of the National Academy of Sciences, USA* 102: 2567–2572.

Larsen, P. A., M. R. Marchán-Rivadeneira, and R. J. Baker. 2010. Natural hybridization generates mammalian lineage with species characteristics. *Proceedings of the National Academy of Sciences, USA* 107: 11447–11452.

Lawrence, J. G., and H. Ochman. 1998. Molecular archaeology of the *Escherichia coli* genome. *Proceedings of the National Academy of Sciences, USA* 95: 9413–9417.

Levin, D. A. 1985. Reproductive character displacement in *Phlox*. *Evolution* 39: 1275–1281.

Lowry, D .B., and J. H. Willis. 2010. A widespread chromosomal inversion polymorphism contributes to a major life-history transition, local adaptation, and reproductive isolation. *PLoS Biology* 8: e1000500.

Lutes, A. A., D. P. Baumann, et al. 2011. Laboratory synthesis of an independently reproducing vertebrate species. *Proceedings of the National Academy of Sciences, USA* 108: 9910 –9915.

Machordom, A., and I. Doadrio. 2001. Evolutionary history and speciation modes in the cyprinid genus *Barbus*. *Proceedings of the Royal Society of London B* 268: 1297–1306.

Malenke, J. R., K. P. Johnson, and D. H. Clayton 2009. Host specialization differentiates cryptic species of feather-feeding lice. *Evolution* 63: 1427–1438.

Martin, P. R., R. Montgomerie, and S. C. Lougheed. 2010. Rapid sympatry explains greater color pattern divergence in high latitude birds. *Evolution* 64: 336–347.

Matute, D. R. 2010. Reinforcement of gametic isolation in *Drosophila*. *PLoS Biology* 8: e1000341.

Mavárez, J., C. A. Salazar, et al. 2006. Speciation by hybridization in *Heliconius* butterflies. *Nature* 441: 868–871.

Mayr, E. 1942. *Systematics and the Origin of Species, from the Viewpoint of a Zoologist*. Cambridge, MA: Harvard University Press.

Mayr, E. 1963. *Animal Species and Evolution*. Cambridge, MA: Belknap Press of Harvard University Press.

Melo, M. C., C. Salazar, et al. 2009. Assortative mating preferences among hybrids offers a route to hybrid speciation. *Evolution* 63: 1660–1665.

Mendelson, T. C., and K. L. Shaw. 2005. Sexual behaviour: Rapid speciation in an arthropod. *Nature* 433: 375–376.

Merrill, R. M., B. Van Schooten, et al. 2011. Pervasive genetic associations between traits causing reproductive isolation in *Heliconius* butterflies. *Proceedings of the Royal Society of London B* 278: 511–518.

Mora, C., D. P. Tittensor, et al. 2011. How many species are there on Earth and in the ocean? *PLoS Biology* 9(8): e1001127.

Rabosky, D. L., and R. E. Glor. 2010. Equilibrium speciation dynamics in a model adaptive radiation of island lizards. *Proceedings of the National Academy of Sciences, USA* 107: 22178–22183.

Rieseberg, L. H. 2003. Major ecological transitions in wild sunflowers facilitated by hybridization. *Science* 301: 1211–1216.

Rieseberg, L. H., B. Sinervo, et al. 1996. Role of gene interactions in hybrid speciation: Evidence from ancient and experimental hybrids. *Science* 272: 741–745.

Rieseberg, L. H., and J. H. Willis. 2007. Plant speciation. *Science* 317: 910–914.

Riginos, C. 2005. Cryptic vicariance in Gulf of California fishes parallels vicariant patterns found in Baja California mammals and reptiles. *Evolution* 59: 2678–2690.

Salazar, C., S. W. Baxter, et al. 2010. Genetic evidence for hybrid trait speciation in *Heliconius* butterflies. *PLoS Genetics* 6: e1000930.

Schemske, D. W. 2010. Adaptation and the origin of species. *American Naturalist* 176: S4–S25.

Schluter, D. 2009. Evidence for ecological speciation and its alternative. *Science* 323: 737–741.

Schwarz, D., B. M. Matta, et al. 2005. Host shift to an invasive plant triggers rapid animal hybrid speciation. *Nature* 436: 546–549.

Schwarz, D., K. D. Shoemaker, et al. 2007. A novel preference for an invasive plant as a mechanism for animal hybrid speciation. *Evolution* 61: 245–256.

Seehausen, O., Y. Terai, et al. 2008. Speciation through sensory drive in cichlid fish. *Nature* 455: 620–626.

Shaw, K. L. 2000. Interspecific genetics of mate recognition: Inheritance of female acoustic preference in Hawaiian crickets. *Evolution* 54: 1303–1312.

Shaw, K. L., Y. M. Parsons, and S. C. Lesnick. 2007. QTL analysis of a rapidly evolving speciation phenotype in the Hawaiian cricket *Laupala*. *Molecular Ecology* 16: 2879–2892.

Sobel, J. M., G. F. Chen, et al. 2010. The biology of speciation. *Evolution* 64: 295–315.

Stemshorn, K. C., F. A. Reed, et al. 2011. Rapid formation of distinct hybrid lineages after secondary contact of two fish species *Cottus* sp. *Molecular Ecology* 20: 1475–1491.

Suatoni, E., S. Vicario, et al. 2006. An analysis of species boundaries and biogeographic patterns in a cryptic species complex: The rotifer—*Brachionus plicatilis*. *Molecular Phylogenetics and Evolution* 41: 86–98.

Terai, Y., O. Seehausen, et al. 2006. Divergent selection on opsins drives incipient speciation in Lake Victoria cichlids. *PLoS Biology* 4: e433.

Thessen, A. E., H. A. Bowers, and D. K. Stoecker. 2009. Intra- and inter-species differences in growth and toxicity of *Pseudo-nitzschia* while using different nitrogen sources. *Harmful Algae* 8: 792–810.

Ueshima, R., and T. Asami. 2003. Evolution: Single-gene speciation by left–right reversal. *Nature* 425: 679.

Van Bocxlaer, I., S. P. Loader, et al. 2010. Gradual adaptation toward a range-expansion phenotype initiated the global radiation of toads. *Science* 327: 679–682.

van der Sluijs, I., O. Seehausen, et al. 2010. No evidence for a genetic association between female mating preference and male secondary sexual trait in a Lake Victoria cichlid fish. *Current Zoology* 56: 57–64.

Via, S. 2009. Natural selection in action during speciation. *Proceedings of the National Academy of Sciences, USA* 106: 9939–9946.

Weir, J. T., and D. Schluter. 2004. Ice sheets promote speciation in boreal birds. *Proceedings of the Royal Society of London B* 271: 1881–1887.

Wiens, J. J., R. A. Pyron, and D. S. Moen. 2011. Phylogenetic origins of local-scale diversity patterns and the causes of Amazonian megadiversity. *Ecology Letters* 14: 643–652.

Wiley, C., and K. L. Shaw. 2010. Multiple genetic linkages between female preference and male signal in rapidly speciating Hawaiian crickets. *Evolution* 64: 2238–2245.

Wu, C. A., and D. R. Campbell. 2005. Cytoplasmic and nuclear markers reveal contrasting patterns of spatial genetic structure in a natural *Ipomopsis* hybrid zone. *Molecular Ecology* 14: 781–792.

Yamamoto, S., and T. Sota. 2009. Incipient allochronic speciation by climatic disruption of the reproductive period. *Proceedings of the Royal Society of London B* 276: 2711–2719.

# 17

# 생명의 기원과 선캄브리아기 진화

2005년 1월 14일, *Cassini* 우주선에 탑재된 작은 *Huygens* 탐사선은 토성에서 가장 큰 위성인 타이탄의 표면에 낙하산을 타고 낙하했다. 낙하한 착륙선의 유기화합물 혼합체 질량분석기는 탁한 공기를 포집하였다. 탐사선으로부터 전송된 자료를 통해, 어떤 것은 정확성이 떨어지지만, 타이탄 공기의 주된 성분이 질소($N_2$)와 메탄($CH_4$)이라는 것을 확인했다. *Cassini*에 탑재된 기구들에 의하여 발견된 작은 구성성분들은 에탄($C_2H_6$), 아세틸렌($C_2H_2$), 프로판($C_3H_8$), 벤젠($C_6H_6$), 시안화수소(HCN) 등과 다양한 휘발성 분자들을 포함한다(Clark et al. 2010).

유기분자들의 혼합물이 증명하는 것처럼, 타이탄은 활발한 화학의 보고이다(Cable et al. 2012; Raulin et al. 2012). 태양의 광자와 토성 자기권의 전자는 질소와 메탄분자를 더 복잡한 탄화수소 및 질소화합물로 전환시키는 반응을 유도한다. 이 대기반응의 고체 산물들은 표면으로 떨어지고, 그들은 얼음을 만드는 표면 위에 유기물판으로 모인다. 에탄과 메탄은 구름을 형성하여 얼음 위에 비로 내리고, 액상의 호수로 모여든다. 지구 실험실에서 타이탄 화학성분 복제에 대한 실험을 통하여 아미노산과 염기서열을 포함하는 생산물을 만들었다(Hörst et al. 2012).

이런 관찰과 결과들은 분자생물학의 구성요소들이 자연상태에서도 생성될 수 있다는 것을 보여준다. 그리고 그것은 타이탄이 생명의 보금자리일지도 모른다는 가능성을 증가시킨다—비록 지구의 생명체와는 다소 다른 것일지라도(Norman and Fortes 2011). 어떤 우주생물학자들은 우리 태양계에서 외계 생명체를 찾기 위한 최우선 과제의 세계로

토성의 고리와 규모에 대비하여 보이는 타이탄의 모습. NASA/JPL-Caltech/Space Science Institute 제공. 타이탄의 흐릿한 장막은 그 아래 대기권의 구성 성분들 간 반응으로부터 유도된다. Niemann et al. (2005)에서 수정.

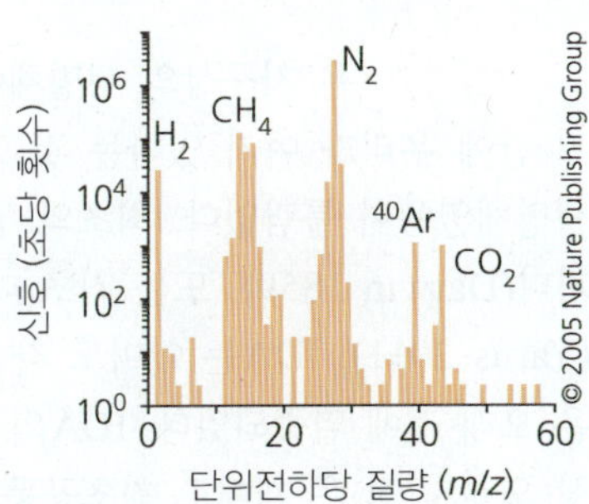

타이탄을 평가한다(Shapiro and Schulze-Makuch 2009). 생명체의 추가적인 형태에 대한 발견은 우리의 샘플크기를 두 배로 늘릴 것이며, 그렇게 함으로써 생명체가 발생하는 조건과 가능성에 관한 우리의 이해를 극적으로 증가시킬 것이다(Joyce 2012a).

17장에서 우리는 생명의 기원과 지구상 생명체의 큰 그림에 관한 다른 수수께끼들을 계속해서 다룬다. 우리는 생물학에서 가장 흥미롭고, 심오하고, 어려운 질문에 대한 대답을 시도한 과학자들의 연구를 재검토한다. 처음 두 개의 부분은 원시형태의 특징과 그것들이 어디에서 왔는지를 살펴본다. 17.3절은 모든 현존하는 생명체의 최근래 공동조상과 생명의 계통수의 모양을 조사한다. 결론적으로, 17.4절에서는 최근래 공동조상의 자손이 어떻게 현재 생명체의 형태로 진화되어 왔는지에 대하여 질문한다.

이들 주제는 아주 오래된 과거의 사건에 관한 것이다. 지구 생성시대의 암석들은 행성표면에는 존재하지 않지만, 운석들의 방사성 연대결정법은 태양계에서 지구의 나이가 45억~46억 년이라고 추정 연대를 산출한다(Badash 1989 참조). 신생 지구는 몇백만 년 동안 생명체가 살기 힘든 기후조건으로 존재했다. 먼저 신생 지구는 매우 뜨거웠다. 이것은 지구를 형성하기 위하여 합쳐지는 미행성체들의 충돌 때문이었는데, 전체 행성을 녹일 만큼 충분한 열을 방출하였다(Wetherill 1990). 이후, 지구의 겉 표면은 냉각되었고, 지각을 형성하기 위하여 굳어졌으며, 지구의 내부로부터 방출된 수증기는 냉각되고 응결하여 바다를 형성하였다. 가장 타당한 추정에 의하면 생명체는 약 40억 년 전에 지구상에 생겨났다.

첫 번째 생물학적 사건에 관한 물질적인 기록은 존재하지 않는다. 우리가 지금까지 이 책에서 조사해왔던 진화적인 과정들과는 대조적으로, 생명의 기원은 간접적인 증거만을 사용해서 재구성해야 한다. 따라서 생물학자들은 이질적인 정보의 조각들을 모아서 퍼즐의 조각들처럼 서로 맞추어야 한다. 조각들이 완벽해질 때, 이 퍼즐은 생명의 기원에 대한 명백한 그림을 보여줄 것이다.

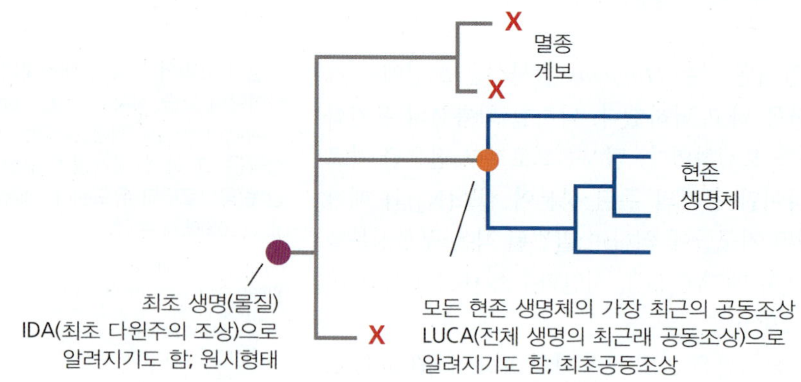


**그림 17.1 생명의 계통수** 최초의 생명체는 아마도 몇 개의 자손 계보를 가졌으나 거의 멸종되었을 것이다. 모든 현존 생명체의 가장 최근의 공동조상은 직계자손이 모든 현존 생명체의 계보로 분기되는 생명체이다.

그림 17.1은 지구상의 생명체에 대한 가상적인 역사를 보여준다. 그것이 무엇이었든지 간에 우리가 여기 있다는 것을 고려하면, 왼쪽에 보라색 점으로 표시된 것이 최초의 생명체였음이 틀림없다. 최초의 생명체는 때때로 **원시형태(primordial form)**로 간주되거나(Darwin 1859), 또는 최초 다윈주의 조상인 **IDA**(Initial Darwinian Ancestor)이다(Yarus 2011). IDA는 아마도 자손계보의 다양성을 야기했을 것이며(회색 가지), 대부분은 오래 전에 멸종되었다. IDA의 자손들 중에서 모든 현존 생명체의 가장 최근의 공동조상(오렌지 점)은 때때로 **최초공동조상(cenancestor)**(Fitch and Upper 1987) 또는 전체 생명의 최근래 공동조상인 **LUCA**(Last Universal Common Ancestor)라고 일컫는다(Forterre and Philippe 1999). LUCA의 자손(파란 가지)에 관한 역사는 생명의 계통수를 구성한다.

그림 17.1의 역사가 재검토를 위한 가상적인 주제라는 것을 기억하는 것이 중요하다. 예를 들면, 우리가 17.3절에서 볼 수 있듯이 최근의 발견은 LUCA가 1종이 아닐지도 모르며 대신에 이종교배 형태의 군집이라는 것을 시사한다.

## 17.1 최초의 생명체는 무엇인가?

1980년대 초반, 다른 두 연구팀은 각자 핵산 염기서열의 화학결합을 절단하거나 다시 연결하는 작은 효소들을 발견하였다. 이 효소의 작용은 그리 뛰어나지 않았다. 이미 알려진 수백 개의 다른 유사한 효소들과 비교한 결과, 효소의 촉매작용은 느린 편이고 다목적으로 작용하지 않는 것으로 밝혀졌다. 그러나 이 효소들의 발견은 이 시대의 가장 주목할 만한 획기적인 생물학적 성과로 여겨져 왔다. 이 업적으로 각 연구팀의 책임자인 Sydney Altman과 Thomas Cech는 1989년에 노벨상을 공동수상하였다.

새로운 효소의 발견에 생물학자들이 주목하는 이유는 무엇일까? 그 답은 이 효소가 단백질이 아니라 핵산—구체적으로 RNA—이라는 사실이다. 1982년까지 알려진 모든 효소들은 단백질이었다. RNA는 세포의 실질적인 생체활동을 수행하는 단백질의 정보가 저장되어 있는 DNA로부터 유전정보를 운반하는 임무를 수행하는 DNA의 사촌 정도로만 인식되었다. 그러나 Altman과 Cech의 RNA 효소, 또는 **리보자임(ribozyme)**의 발견은 세포의 생명작용에 대한 생물학자들의 시각을 변화시켰다. 아마도 더 주목할 만한 것은, 리보자임의 존재가 IDA(Initial Darwinian Ancestor)의 기원에 대한 생물학자들의 시각—초기 지구에서 기원하여 진화한 생명체—을 변화시켰다는 것이다.

수십 년 동안의 관찰과 실험을 통해 생명의 기원을 찾기 위한 연구가 진행되어 왔다 (Fry 2006 참조). 생물학자들은 인공세포와 인공세포막을 만들었고, 무생물로부터 세포물질을 만들어 낼 수 있는 화학작용에 초점을 맞추어왔다. 그러나 초기에는 이러한 연구들을 진행하는 데 어려움을 겪었다. 생명체는 가장 필수적인 물질인 단백질과 DNA 중 어느 것을 먼저 획득하였을까? 단백질은 모든 종류의 복잡한 생체활동을 수행할 수 있지만, 단백질이 스스로 자가복제를 수행할 수 있다는 증거는 어디에도 없다. 단백질은 복제에 필요한 정보를 저장하고 전달할 수 없다. 반면에 DNA는 상보적으로 결합한 염기쌍에 의해 유전정보를 저장하고 전달하는데 완벽하게 최적화되어 있으나, 생체활동을 수행할 수 있다고 알려지지 않았다. DNA와 단백질은 서로가 없이는 어떠한 생체활동에도 관여할 수 없지만, DNA와 단백질이 동시에 출현하였다고는 여겨지지 않는다.

이러한 생명의 기원에 대한 문제는 촉매작용을 하는 RNA의 발견을 통해 근본적으로 해결되었다. RNA는 정보 저장 및 전달 능력과 생명활동을 수행하는 능력 둘 다 지니고 있기 때문에, 연구자들은 RNA가 생명의 기원에 있어서 DNA와 단백질보다 앞서 출현하였다고 여기고 있다. 그렇다면 생명은 전적으로 RNA, 즉 RNA 세계로만 이루어졌던 시기가 있었을까(Gilbert 1986)? 이것이 바로 17.1절의 주제이다.

RNA 세계 가설은 촉매 RNA 분자가 무생물과 초기 세포들 사이의 과도기적 형태였다고 제안한다.

RNA 세계는 용매에 존재하는 적은 수의 유기분자에서도 현대 생명체에서 나타나는 많은 특징을 지니고 있다는 점에서 흥미롭다. RNA 세계 가설은 리보자임 발견 이래로 RNA가 유전자형과 표현형을 둘 다 보유하고 있다는 인식에 기반을 두고 있다(Joyce 1989).

RNA유전자형은, 마치 현대 생명체의 유전자형이 염색체 상의 DNA를 따라 결합해 있는 뉴클레오티드 서열처럼, RNA를 따라 결합되어 나타나는 1차 뉴클레오티드 서열이다(그림 17.2a, 다음 쪽). 예를 들면, 촉매성의 RNA는 적게는 30개에서 많게는 1,000개 정도의 리보뉴클레오티드 1차 서열을 포함하고 있으며, 이것이 RNA의 유전자형이 된

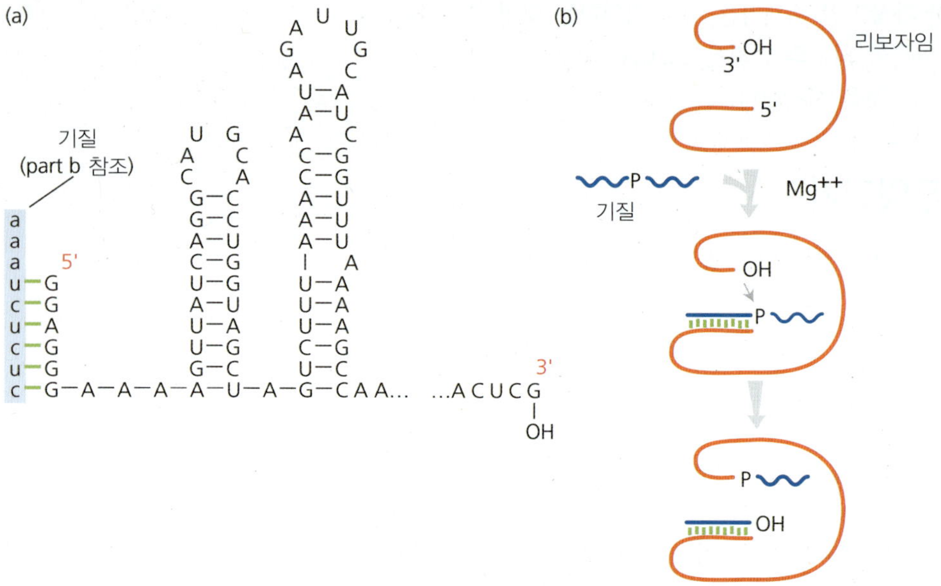

**그림 17.2** ***Tetrahymena thermophila*****(섬모충류의 일종)에서 추출한 리보자임** (a) 1차 염기서열은 유전자형이다. 2차 구조는 분자인 염기쌍이 둘로 접혀 꺾였을 때 형성된다. (b) 체외에서 리보자임으로 수행되는 촉매작용은 표현형이다. 짧은 올리고뉴클레오티드 기질(파란색)은 리보자임(오렌지색)의 5′ 말단에 상보적인 염기쌍(녹색)으로 결합한다. 리보자임은 기질에 있는 인산에스테르 결합의 절단과 3′ 단편이 3′ 말단으로 묶이는 것을 촉매한다.

다. Cech와 그의 동료들에 의해 발견된 *Tetrahymena* 리보자임은(Kruger et al. 1982; Zaug and Cech 1986) 머리(5′ 말단)에서부터 꼬리(3′ 말단)까지 400개 정도의 뉴클레오티드로 신장한다. 이 RNA는 인트론(두 유전자 사이에 나타나는 개재서열)으로, 리보솜 RNA(rRNA) 유전자를 암호화하는 *Tetrahymena* 유전자의 두 영역을 구분한다.

보통 이중나선 구조로 이루어진 유전체 DNA와 달리, RNA는 전형적으로 3차 구조를 만들기 위해 스스로 자신의 염기서열을 여러 번 접는 단일나선 분자형태로 존재한다. 리보자임에서 이러한 접힘구조는 단백질 효소처럼 RNA가 기질에서 화학반응을 촉매할 수 있도록 하는 활동부위를 갖게 한다. 이러한 반응을 통해 RNA가 표현형을 갖게 된다. Cech와 그의 동료들이 발견한 리보자임은 전사된 후, 두 인접한 RNA들 사이에서 떨어져 나와 이어맞추기를 가능케 하는 능력을 가지고 있다(Kruger et al. 1982). 시험관에서 이 리보자임의 단축된 형태가 올리고뉴클레오티드(길이가 5~30 뉴클레오티드인 단일나선 핵산의 조각)로 불리는 짧은 RNA 기질 위에서 인산에스테르 전이반응을 촉매할 수 있다. 이 올리고뉴클레오티드의 3′ 방향 절반 부분이 리보자임에 의해 제한되고, 이 리보자임의 3′ 말단에 달라붙는다(그림 17.2b).

## 생명의 정의

모든 생물은 유전자형과 표현형을 지니고 있다. 실제로, 우리가 생물이 무엇이고 생물과 무생물의 차이를 생각할 때, 정보를 저장하고 전달하는 능력인 유전자형과 정보가 발현하는 능력인 표현형이 무생물로부터 생물을 구분 짓는 가장 중요한 기준이다. 그러나 생물을 정의하는 것은 간단하지 않다. 대부분의 생물학자들은 성장과 생식과 같은 특성을 생명의 정의 기준에 포함시키지만, 자라나는 소금결정이나 컴퓨터 바이러스 같이 성장 또는 생식과 유사한 시스템을 갖는 것들(확실히 이러한 것들은 생명체에서 제외되어야 한다)을 생명체라 여기지 않으며, 여기에 다른 부연 설명이 필요하다고 생각하지 않는다. 그러나 현재 많은 생물학자들이 진화하는 능력이 생물을 정의하는데 중요한 기준임에 동의한다. 변이가 계승되는 진화에는 유전정보를 기록하고 변이를 만들어내는 능력과, 유해한 유전정보 변이와 가치 있는 유전변이를 구별해내는 절차 모두 필요하다. 전자는 유전자형의 중요성이고, 후자는 개체들 사이의 변이의 결과인 표현형으로 나타난다.

**여기 우리가 생명을 정의할 수 있는 한 가지 방법이 있다: 만약 그것이 자연선택에 의한 진화가 가능한 집단을 형성한다면 그것은 살아 있다.**

자연적으로 발생하는 많은 리보자임들이 발견되었다(Gesteland et al. 1999). 표현형의 대부분은 형태변형과 RNA 또는 DNA의 인산에스테르 결합 분리를 동반하다(그림 17.2b). 이러한 화학적 반응은 핵산을 복제하는 데 반드시 필요한 것이다. 이러한 표현형의 관찰 결과는 RNA가 유전물질의 자가복제를 담당하는 원시 RNA 세계에 대한 견해를 지지해준다. 만약 어느 한 RNA 분자가 진화과정의 실수 가능성, 즉 돌연변이에 적응하여 스스로 복제할 수 있다면, RNA 분자는 현재 존재하는 대부분의 생명체의 많은 특성들을 발현하고 생존하도록 여겨질 수 있다.

## 초기 생명체 형태로서의 RNA 사례

RNA 세계 가설은 현재 우리가 알고 있는 것처럼 RNA 기반 생명시스템이 생명체의 원시 형태이고 이것이 후에 DNA가 정보를 저장하고 단백질이 이 유전정보를 발현하는 생명체의 형태로 진화하였다는 것을 기정사실화한다. DNA는 RNA보다 더 안정화되어 있기 때문에 유전정보 저장소로서 더 적합하다. 특히 이중나선구조에서, DNA는 높은 온도 및 산, 염기에 의한 자발적인 열화에 잘 견딜 수 있다.

RNA가 생명의 기원이라는 증거는 무엇일까? 촉매작용을 하는 RNA의 존재는 중요하지만, 그 밖의 다른 단서들 또한 존재한다. RNA가 초기 생명체의 형태를 지닌다는 단서들 중 하나는 세포조직들 내에서 RNA가 복제와 물질대사에 중요한 역할을 한다는 것이다(Crick 1966; White 1976). 예를 들면, 세포조직들 내에서 처리된 정보들 중 가장 보존적이고 보편적 요소는 단백질로 유전적 정보를 번역해주는 세포 내 소기관인 리보솜이다(Harris et al. 2003; Koonin 2003). 이 세포소기관은 단백질을 합성할 때 RNA 형태의 구조물(RNA)을 만든다. 리보솜은 RNA 자신뿐만 아니라, 그들이 작용하기 위한 RNA 수용체(tRNA)를 필요로 한다. 게다가, 실제로 단백질 합성에서 촉매과정이 이루어지게 하는 리보솜의 RNA 부분이 있다(Nissen et al. 2000; Steitz and Moore 2003). RNA의 유물에 대한 또 다른 논쟁은 생체에너지의 일반적인 흐름이 ATP나 GTP 같은 리보뉴클레오티드 삼인산 화합물이라는 것이다(Joyce 1989). 이 분자들은 모든 세포의 거의 모든 에너지 변환과정에 연관되어 있으며, 심지어 NAD(nicotinamide adenine dinucleotide), FAD(Flavin adenine dinucleotide)와 SAM(S-adenosyl methionine)과 같은 전자전달 보조인자의 구성요소이다. RNA 세계의 환영을 유념하면서, 우리는 다음의 질문으로 넘어간다: 과연 RNA는 진화할 수 있는가?

## RNA 진화에 관한 실험적 증명

RNA 서열은 RNA 자가복제에 대한 청사진을 제공할 수 있다. 어느 특정 RNA 서열을 위해, 짝을 이루는 상보적인 염기서열을 제작할 수 있다. 그러므로 DNA처럼 RNA는 번식을 가능케 하는 유전적 정보를 저장할 능력을 지니고 있다. HIV 바이러스의 생활사가 가장 좋은 예이다(1장 참조). HIV 바이러스는 이중나선 DNA로 전환 가능하도록 RNA가 DNA를 복제하는 단백질 역전사효소를 사용한다. RNA가 유전정보를 저장할 수 있는 것처럼, RNA 분자군들도 진화되어야 한다. 만약 RNA 분자가 특정한 화학 반응의 촉매를 수반하는 표현형을 갖는다면, 이 표현형을 개선하거나 변형시키고 유전 가능한 변화를 확인하기 위해서 어떤 선택을 할 수 있을까?

**몇몇 연구원들은 RNA 분자의 집단들이 자연선택에 의하여 진화할 수 있는지 확인하기 위하여 RNA 세계 가설을 시험하였다.**

Donald Mills와 그 동료들(1967)의 선구적 연구 결과에 따르면, Amber Beaudry와 Gerald Joyce(1992)는 이 의문을 해결하기 위해서 *Tetrahymena* 리보솜의 촉매 기능을 활용하였다. 그림 17.2b에 묘사된 것처럼, 촉매를 일으키는 것과 그렇지 않은 리보자임을

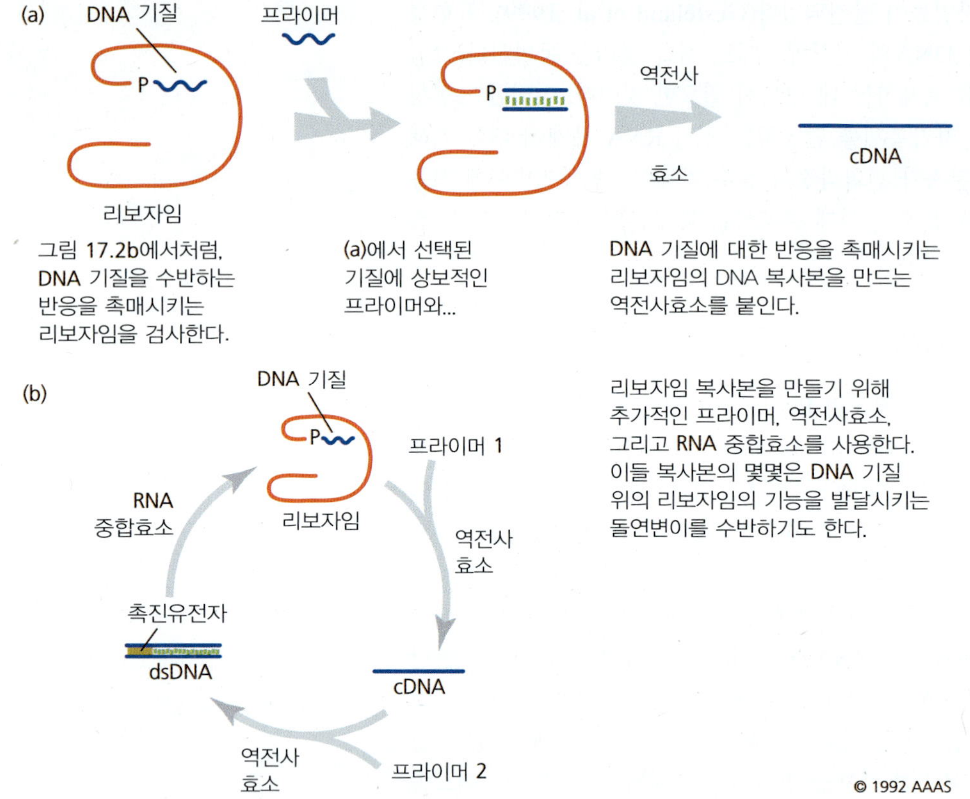


**그림 17.3 시험관에서의 RNA 선택과 재생산** (a) 선택. 리보자임의 무작위적인 돌연변이로 형성된 RNAs(오렌지색)의 풀은 기대한 화학반응을 수행하기 위하여 요구된다. 반응을 수행한 것들만이 그들의 3′ 말단(파란색)에 부착한 짧은 DNA 뉴클레오티드 꼬리를 획득한다. (b) 재생산. 3′ 꼬리(위)를 획득한 RNA 서열은 상보적인 염기쌍에 의하여 프라이머 1과 결합하고 역전사효소에 의하여 상보적인 DNA(cDNA)로 복사된다. 그러면 두 번째 프라이머가 cDNA에 결합하고 그 결과 RNA에 첨가하는 DNA를 복사하는 역전사효소는 이중나선 DNA를 만들 수 있다. 프라이머 2는 RNA 중합효소를 위한 프로모터 부분을 포함하고, 따라서 이중나선 DNA는 RNA로부터 복사될 수 있다. Beaudry and Joyce (1992)에서.



구별하기 위해서 새로운 3′ 말단을 찾아내는데 이 리보솜의 능력을 이용하였다.

Beaudry와 Joyce(1992)는, *Tetrahymena*에 자위당 5% 비율의 무작위적인 돌연변이를 통해, 처음으로 RNA 분자로 이루어진 커다란 그룹을 만들어 내었다. 그런 다음, 이 변이체 그룹은 특정한 유전자형을 선택하는 새로운 임무를 수행하게 하였다(**그림 17.3a**). 여기서 이야기하는 새로운 임무는 기질이 되는 올리고뉴클레오티드가 RNA가 아닌 DNA의 형태로 공급되도록 하는 것이다. 이 실험을 시작하는데 사용된 자연상태에서 생성되는 *Tetrahymena* 리보자임(야생형)은 매우 느린 속도로 DNA 기질만을 절단할 수 있다. Beaudry와 Joyce는 돌연변이 풀 내에 우연히 DNA 절편에 대하여 향상된 능력을 지니는 이형의 서열이 있다고 생각했다.

연구자들은 한 시간 동안 DNA 기질과 함께 RNA 돌연변이 그룹을 배양하고 두 가지 단백질효소(역전사효소와 RNA 중합효소)를 첨가함으로써 리보자임 RNA를 훨씬 더 많은 복사본으로 증폭시켰다. 리보자임들은 기질을 절단한 결과로서 3′ 말단을 찾아내기 때문에, 3′ 말단에 상보적인 역전사효소에 대응하는 DNA 프라이머는 DNA 기질에서 반응을 촉매시키는 서열과 그렇지 않은 서열을 구별해낸다. 3′ 말단은 프라이머를 결합하는데 필수적이고 그 다음으로 역전사효소 반응이 개시되는 데 필수적이다(그림 17.3b). 이 순환의 결과인 새로운 RNA 집단은 복제 중 발생하는 오류의 결과로 나타나는 새로운 변이체들을 품게 되고, 완전히 새로운 순환을 일으키는 데 사용될 수 있다.

이런 방식으로 10세대를 진행한 후에, DNA 기질을 절단하고 그 자신의 3′ 말단에 절편 중 하나를 붙이는 RNA의 평균적인 활성도는 30배 정도로 증가하였다. 중요한 것은, Beaudry와 Joyce는 뉴클레오티드 서열을 변화시키는 이러한 표현형의 증가를 추적할 수 있었다(**그림 17.4**). 리보자임 서열에서 4개의 뉴클레오티드 위치에서의 특정한 돌연변이는 대부분의 촉매능력 향상에 기여한다. 94, 215, 313, 314 위치에서 돌연변이를

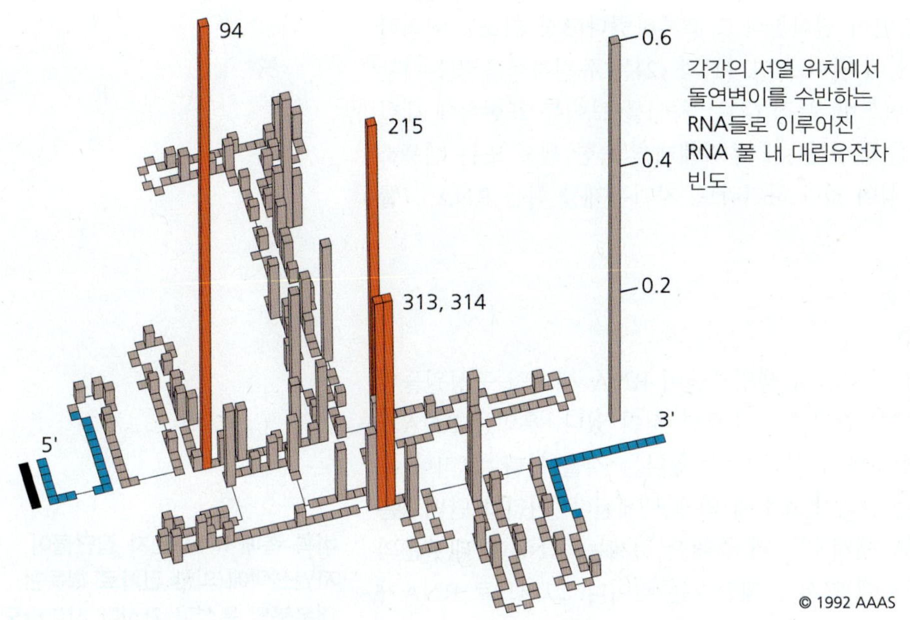


**그림 17.4 대립유전자 빈도는 진화하는 RNA 집단에서 변화한다** 413 뉴클레오티드를 갖는 *Tetrahymena* 리보자임의 접혀진 2차 구조를 간략히 표현한 이 막대그래프는 9번의 선택과 재생산을 반복한 이후 시험관 내 RNA 집단의 돌연변이 빈도를 보여준다. 뉴클레오티드 94, 215, 313, 314번에서 나타난 4번의 돌연변이는 50% 이상의 빈도로 증가하고 주로 집단의 새로운 표현형적 형질을 유발한다. Beaudry and Joyce (1992)에서.



동반하는 개별적인 리보자임들은 조상형의 서열보다 100배 더 큰 촉매 활성능력을 지니는 것으로 증명되었다.

**촉매 RNA 분자의 집단들은 뉴클레오티드 서열에서 변이로 나타난다. 이 변이는 RNA가 복제될 때 유전된다. 그리고 연구자들은 염기서열 변이가 생존에 있어서 차이를 유발하는 실험조건들을 고안해 왔다.**

이 실험은 RNA 분자들이 생명체의 진화가 가능케 하는 특징을 지니고 있음을 증명하고 있다. 각각의 RNA는 특정한 조합의 결과로 나타날 수 있고, 이것이 생존(기질 촉매)과 복제(역전사와 순방향으로 전사되는 능력)의 기능이다. 분자수준의 조합은 표현형을 반영하고, 이것은 리보자임에서 즉시 그것들의 초기 서열에 특화된다. 어떤 RNA 그룹 내의 변이체들은, Beaudry와 Joyce(1992)의 실험에서 보여준 것처럼, 야생형 서열의 무작위 선택에 의해 처음에 도입될 수 있다. 그 대신에 어떤 연구자는 RNA 증폭에 이용된 단백질 효소에 내재된 오류 비율에 의존할 수도 있고, 오류 비율을 더 높게 증가시키는 화학적 환경으로 대신할 수도 있다. 이러한 일련의 돌연변이 생성에 의해 실제로 진화가 일어나고, 많은 세대를 거침으로써 변이체의 변이체에서 선택이 일어나게 된다. 그러므로 실험상태의 RNA 그룹의 진화와 자연상태에서의 현대 생명체 그룹의 진화는 유사성을 찾기 쉽다(Lehman and Joyce 1993).

이처럼 실험상태에서, 연구자들은 향상된 기능 또는 완전히 새로운 기능을 하는 많은 리보자임을 진화시킬 수 있다. RNA의 촉매 범위는 엄청나게 확장되었고(Joyce 1998), 우리는 현재 RNA가 인산화(Lorsch and Szostak 1994), 아미노아실 전이(Illangasekare et al. 1995), 펩티드결합 형성(Zhang and Cech 1997), 그리고 탄소결합 형성(Tarasow et al. 1997; Fusz et al. 2005)과 같은 반응을 촉매할 수 있음을 알고 있다. 리보자임은 촉매를 수행하는 작은 분자단위의 공통인자를 필요로 하도록 설계되어 왔다(Tang and Breaker 1997). 리보자임은 리보뉴클레오티드를 합성하는 역할을 하고(Unrau and Bartel 1998), 4개 중 3개의 뉴클레오티드만을 가지고 활성을 유지하며(Rogers and Joyce 1999), 그리고 2가 금속이온 공통인자 없이 작동할 수 있도록(Geyer and Sen 1997) 선택될 수 있다. "aptamer"라고 불리는 RNA 서열은 포유류 면역계의 면역글로불린 단백질처럼, 원하는 다른 분자에 단단히 결합되도록 선택될 수 있다(Ellington and Szostak 1990; Tuerk and Gold 1990). 이러한 발전은 RNA가 세포로 발달된 가능성을 지닌 생명체와 관련되어 있음을 나타낸다.

다윈은 어떤 집단의 개체들이 (1) 변이, (2) 유전, (3) 과잉복제, 그리고 (4) 생존 또는 복제 성공에 의한 변이를 나타낼 때, 집단이 진화한다고 추론하였다(3장 참조). 이러한 특징들을 완전하고 복잡한 생명체의 특성에 맞춰 보면, (1)과 (2)는 유전자형을 갖는다는 것이고, 특징 (3)은 자가복제와 관련이 있으며, 특징 (4)는 차이를 보이는 표현형에 대한 것임을 알 수 있다. 결과적으로, 생명체를 인식하는데 우리에게 익숙한 세포 또는 세포소기관, 조직, 잎, 털, 그리고 행동 등의 특성이 없다 하더라도, 자가복제를 하는 RNA 그룹은 생명의 근원이라 할 수 있다.

## 자가복제

우리가 지금까지 논의해 온 것들로부터, 오늘날의 생명체들이 RNA 세계의 구성원들의 자손일 수 있음을 보여주는 증거들 중에서 간과하는 중요한 것이 있다. 우리는 RNA가 다재다능한 분자이고 RNA가 특정한 상황에서 진화할 수 있다는 것을 안다. 그러나 우리가 실험을 통해 살펴보았듯이, RNA는 단백질 효소에 의해 복제된다. 이러한 단백질은 RNA 세계에서는 존재할 수 없다. RNA 세계 가설의 중대한 전제는, RNA가 대부분의 생물학적 기능을 수행하는 단백질의 이용에 앞서 존재한다는 것이다. 그러므로 RNA가 스스로 자가복제를 할 수 있는지를 증명하는 증거가 필요하다. RNA성 RNA 자가복제효소는 생명의 기원을 밝히는 연구에 있어서 찾기 힘든 영역으로 남아 있다(Bartel and Unrau 1999; Müller 2006). RNA 세계가 한 가지 형태의 자가복제 RNA만을 이용하든지, 상호작용하는 RNA 세트를 이용하든 간에, RNA 복제효소를 가진 RNA는 반드시 필요하다(Bartel 1999). RNA와 같이, 유기분자들을 모아서 자가복제하는 능력을 획득하는 것은 생명체가 비생물 물질에서 기원한다는 점에서 논쟁의 소지가 있다.

**비록 촉매 RNA 분자 집단들이 자연선택에 의한 진화로 획득한 대부분의 특성을 가진다 하더라도, 그들은 연구자들로부터 상당한 도움 없이는 여전히 스스로 진화할 수 없다. 그 이유는 촉매 RNA 분자들은 아직도 스스로 복사할 수 없기 때문이다.**

단순한 초기 생명체의 역할을 수행하도록, RNA 분자가 자가복제할 수 있다는 가설은 검증 가능하다. 가설이 정확하다면, 실험실에서 RNA 분자가 자가복제하도록 하는 것이 가능하다. 지금까지 검증하지는 못하였지만, 연구자들은 괄목할 만한 성과를 이루었다. 예를 들어, David Bartel과 동료들은 RNA를 합성하는 능력을 지닌 리보자임을 탐색하는 시험관 수준의 진화 산물을 만들었다(Bartel and Szostak 1993; Ekland et al. 1995).

그림 17.5는 Bartel과 Jack Szostak(1993)이 인접한 RNA 염기의 짝을 연결하는 인산결합의 형성을 촉매하는 리보자임을 만드는 데 필요한 선택 모식도를 보여준다. 연구자들은 커다란 RNA 다중염기 풀에서 시작하였다. 이 풀은 선택에 종속된 그룹으로 여겨졌다. 이곳의 모든 RNA는 5′ 말단과 3′ 말단에서 같은 염기서열(선 형태로 보여주는)과 중간부위에서 무작위적인 염기서열의 독특한 220-염기 신장서열(무작위 220으로 표지된 박스 형태로 보여주는)이 덧붙여진다. 그림 17.5는 풀에서 2개의 RNA를 보여준다: 무작위 220 A(왼쪽)와 무작위 220 B(오른쪽).

Bartel과 Szostak은 RNA 3′ 말단에서의 짝염기 상호작용을 이용하여 RNA 풀을 아가로즈 비드에 결합시켰다. 그 이후에 연구자들은 특정한 기질 다중염기의 많은 복사본을 포함하는 혼합물 내에서 RNA를 세척하였다(그림 17.5a). 이 짧은 RNA 분자는 5′ 말단에 그 기능이 명확하게 나타나는 표지를 만드는 일련의 염기서열을 지닌다. 기질 RNA는 3′ 말단에 RNA 풀 분자들의 자유말단부위에 상보적인 염기서열을 지닌다. 이 기질 분자들은 짝염기 수소결합에 의해서 RNA 풀에 빠르게 결합한다(그림 17.5b).

**연구자들은 촉매 RNA 집단을 대상으로 그들 스스로 복제할 수 있도록 선택적인 번식실험을 수행하고 있다. 만약 연구자들이 성공한다면, 우리가 초기에 제안하였던 정의에 따라서 그들은 생명체를 창조하게 될 것이다.**

이러한 풀림은 RNA 풀의 5′ 말단에 있는 3인산기 그룹(PPP)과 기질 RNA 3′ 말단에 있는 수산화기 그룹(OH)을 인접한 위치로 이동시킨다. 만약 우연히 RNA 풀에 있는 무작위 220-염기 신장서열이 인산결합의 형성을 촉매시키는 능력을 지니게 된다면 기질

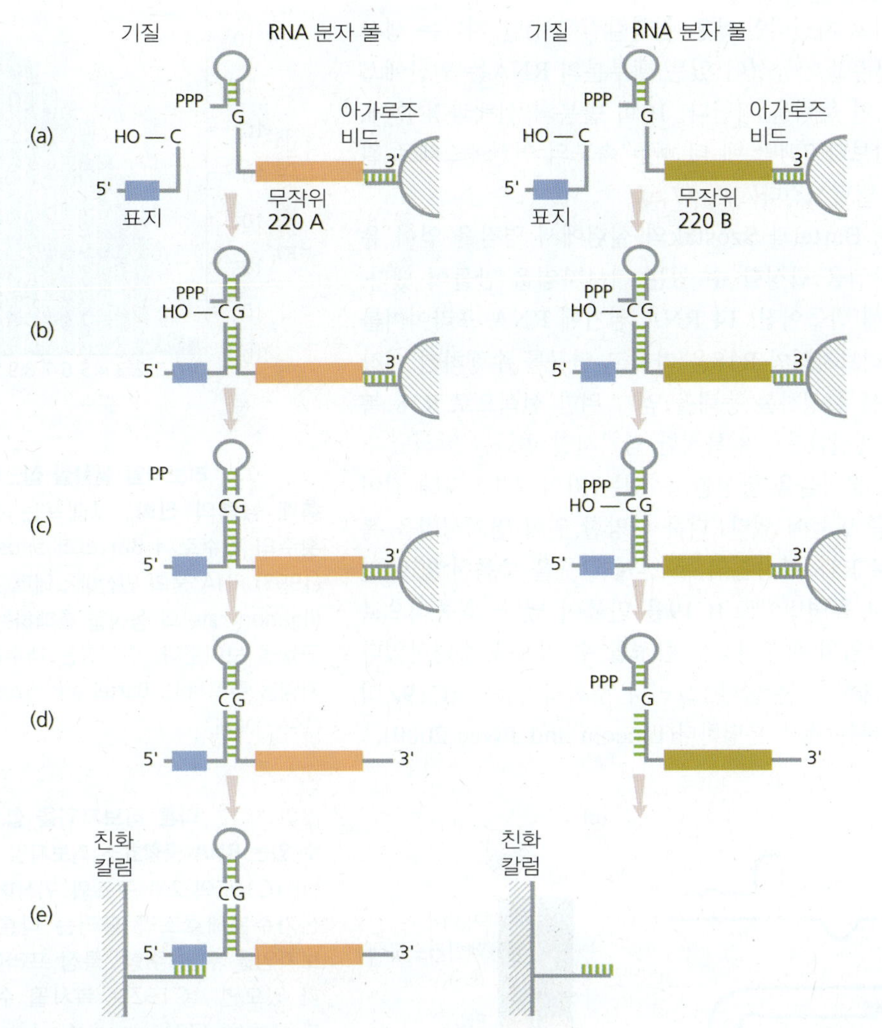


**그림 17.5 RNA를 합성할 수 있는 리보자임을 동정하기 위한 시험관 선택방법** (a) 220개의 뉴클레오티드가 무작위적으로 결합한 염기서열을 포함하는 커다란 RNA 분자 풀은 아가로즈 비드와 염기쌍으로 결합한다. 짧은 기질 RNA의 복사본이 추가된다. (b) 기질은 RNA 풀의 자유말단에 염기쌍으로 결합한다. (c) 만약 RNA 풀 서열의 임의부분이 적절한 리보자임 활성을 부여한다면, RNA 풀은 인산에스테르 결합 형성에 의하여 자신의 자유말단 부분을 기질에 영구적으로 부착한다. (d) 인산에스테르 결합을 하지 않은 기질 RNA는 씻겨 나가고 RNA 풀은 아가로즈 비드로부터 풀려난다. (e) RNA 풀은 친화력 칼럼을 통과하는데 이 칼럼은 기질의 자유말단에 꼬리표를 가지는 염기쌍에 의하여 RNA 풀을 붙잡는다. 오로지 기질과 결합된 RNA 풀만을 붙잡는다. Bartel and Szostak (1993)에서.

과 RNA 풀 분자들 사이에서 인산결합 형성을 촉매시킨다. 그림 17.5c에서 보여주듯이, 무작위 220 A는 2인산 분자를 풀어주는 반응을 촉매시키는 반면에, 무작위 220 B는 촉매시키지 않는다.

Bartel과 Szostak은 RNA 풀에 공유 결합되지 않은(인산결합에 의해) 기질 RNA를 제거하는 상태에서 RNA 풀을 세척하고, 아가로즈 비드로부터 RNA 풀이 풀려지게 하였다(그림 17.5d). 무작위 220 A는 여전히 기질(표지를 가진)을 지니고 있다; 무작위 220 B는 기질을 지니지 않는다.

마지막으로 연구자들은 친화칼럼에 RNA 풀을 통과시켰다(그림 17.5e). 친화칼럼은 염기쌍을 이용하여 기질 RNA 풀에서 표지서열을 붙잡는다. 그러므로 친화칼럼에서 촉매활성을 지니는 무작위 220-염기 신장서열(무작위 220 A와 같이)의 RNA 풀은 걸러지고, 그렇지 않은 220-염기서열의 RNA 풀은 통과하게 된다. 이 선택과정은 Beaudry와 Joyce(1992)의 실험에서 보여주듯이 꼬리말단을 지닌 *Tetrahymena* 리보솜과 그렇지 않은 리보솜을 식별하는 과정과 유사하다.

Bartel과 Szostak은 친화칼럼으로부터 걸러진 RNA 풀을 방출시키고, 돌연변이가 나타나도록 하는 복제효소를 사용함으로써 각각의 RNA 풀의 복사본을 만들고 모든 과정을 다시 반복하였다. Bartel과 Szostak의 실험은 자연선택에 의해 진화에 필요하고 충분한 모든 특성을 RNA 풀에 부여한다는 것을 유념해야 한다. RNA는 유전가능성(복사과정을 통해), 변이(돌연변이에 의해), 그리고 차별적인 생존(친화칼럼에서)을 지니는 생식을 한다. 한 세대에서 그 다음 세대로 생존할 가능성이 있는 대부분의 RNA는 인산에스테르 결합을 촉매시키는 데 가장 효율적인 능력을 지닌다. 10회 반복의 선택과정 후에, RNA 풀은 촉매 없는 인산에스테르 결합보다 7백만 배 더 빠른 속도의 인산에스테르 결합 형성을 촉진시킬 수 있는 리보자임을 발달시킨다(그림 17.6).

Aniela Wochner와 동료들(2011)은, Bartel과 Szostak의 실험에서 영감을 얻어 유사한 실험전략을 수행하여, 다른 리보자임을 합성할 수 있는 리보자임을 만들어 냈다. Wendy Johnston과 동료들(2001)에 의해 만들어진, 14 RNA 염기에 RNA 프라이머를 붙이는데 RNA 원형을 사용할 수 있는 리보자임인 R18을 가지고 연구를 수행하기 시작했다. Wochner와 동료들은 더 긴 RNA를 합성하는 능력을 얻기 위한 선택으로 R18 복사본 그룹에 주목하였다. 그들은 연구를 개선함으로써 특정한 염기서열 변화를 밝혀냈다. 그 결과로 95 염기의 길이를 갖는 RNA 분자들을 합성할 수 있는(거의 tC19 자체 길이의 반 정도인) 새로운 리보자임인 tC19을 만들어 냈다. 더욱 다양한 원형 염기서열을 복사할 수 있는 능력을 얻기 위한 선택으로 R18 복사본의 두 번째 그룹을 주목하였고, 연구 개선을 통해 돌연변이를 밝혀내고, 그 돌연변이로 tC19을 만들어 냈다. 최종적으로 tC19Z가 99.8%의 정확도로 다른 리보자임의 복사기능을 합성할 수 있음을 증명하였다(그림 17.7). 리보자임 tC19Z는 자가복제할 수는 없다. 그러나 생화학자들이 tC19Z의 RNA 서열 하나, 또는 서열 세트에 주목하는 것은 분명하다(Lincoln and Joyce 2009).

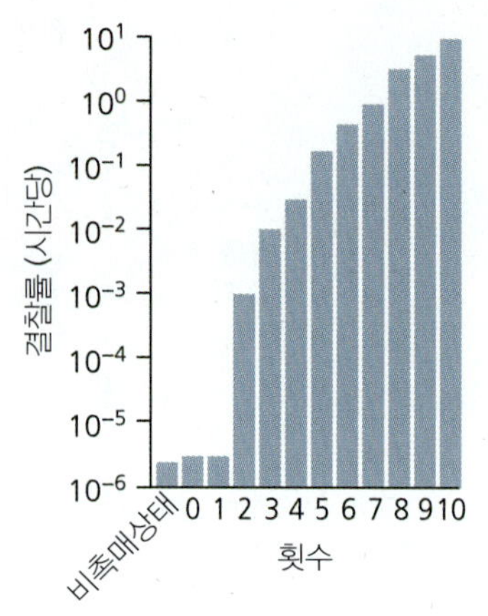


**그림 17.6 리보자임 실험실 집단에서 촉매 능력의 진화** 그래프는 선택 횟수의 함수로써 Bartel과 Szostak (1993) RNA 풀의 인산에스테르 결합(ligation rate)의 형성을 촉매하는 평균율을 보여준다. 수직축은 대수계산자임을 주목하라. Bartel and Szostak (1993)에서.

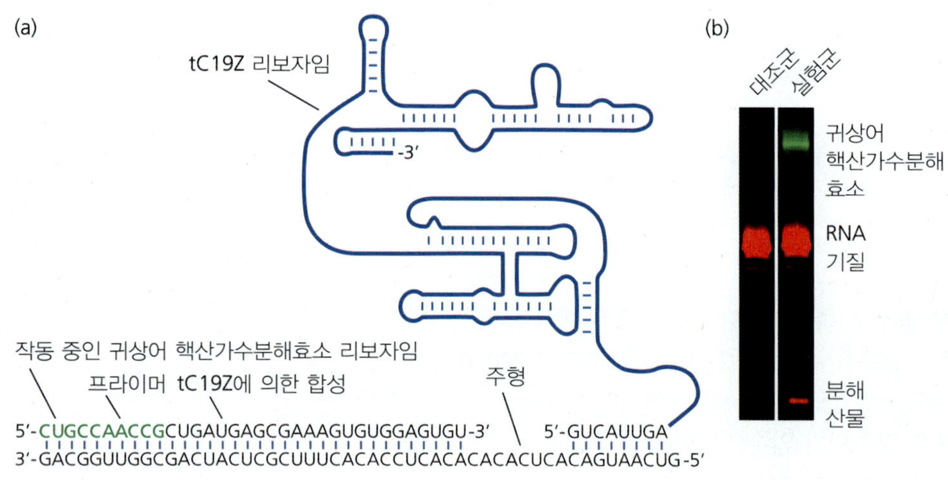


**그림 17.7 다른 리보자임을 합성할 수 있는 RNA 중합효소 리보자임** (a) tC19Z의 2차 구조와 귀상어 핵산가수분해효소라 불리는 다른 리보자임을 위한 주형. 특정 프라이머가 있으면, tC19Z는 복사될 수 있다. Bentin (2011) and Wochner et al. (2011)에서. (b) tC19Z에 의하여 합성된 귀상어 핵산가수분해효소는 RNA 기질을 쪼갤 수 있다는 것을 입증하는 전기영동 젤. Wochner et al. (2011)에서.

Gerald Joyce(1996)은, "일단 RNA 복제효소 활성을 지닌 RNA 효소가 얻어지기만 한다면, 상상이 끝나고 즐거움이 시작될 것이다."라고 말했다. 생존에 필요한 적당한 유기분자가 주어진다면, 자가복제하는 RNA 그룹은 돌연변이와 자연선택에 의해 스스로 진화할 것이다. 자가복제하는 RNA 종이 DNA 복제와 전사능력을 지닌 DNA 유전체로 진화할 수 있을까? 그 RNA가 단백질과 번역을 만들어 낼 수 있을까? 그 RNA의 기작이 자연적으로 진화된 생명체들의 기작과 같은 그 무엇이 있을까? 아마도 언젠가 이 의문들이 해결될 것이다.

## 17.2 최초의 생명체는 어디에서 왔을까?

RNA 세계는 많은 매력적인 특징을 가지고 있으며, 단백질을 암호화하는 DNA가 존재하기 이전 단백질의 출현을 제시하여야 한다는 문제점을 해결해 준다. 하지만 RNA 세계는 그 자체로 문제점을 가지고 있다. 근본적인 문제는 간단하다: 어떻게 RNA 염기서열이 비생물적 환경에서 출현할 수 있었을까?

화학자들은 비생물적인 기작에 의해 핵산이 만들어지는 경로에 대해 연구해왔다. 핵산의 비생물적 합성은 어떤 면에서 쉬울 수 있으나 매우 어려운 과정이다. 많은 연구자들은 RNA가 자연적으로 발생할 가능성은 극히 희박하기 때문에 RNA 세계가 최초의 자가복제 시스템은 아닐 것이라고 결론을 내리고 있다. 이후 RNA 합성에 대하여 논하겠지만 RNA는 아마도 보다 더 원시적인 화학적 시스템으로부터 유래되었을 것이다. 다르게 말하면, IDA(Initial Darwinian Ancestor)는 아마 RNA가 아니라, RNA의 전구체인 어떤 물질로 만들어졌을 것이다.

**촉매 RNA가 무생물과 세포 생명체 사이의 변형체라는 명제는 많은 의문을 남긴다. 우리는 여전히 최초의 RNA 분자가 어디서 왔는지, 자가복제성 RNA 분자 집단이 어떻게 DNA와 단백질성 세포로 진화했는지에 대하여 설명해야만 한다.**

원시형태가 무엇으로 구성되었는지에 관계없이 자가복제 특성을 갖는 어떤 정보를 지닌 유기분자를 포함한 어떤 정보의 출현을 재현하기 위해 다음의 네 가지 주제에 대해 고민할 필요가 있다:

1. 정보를 갖는 유기분자는 단순한 무기화합물로 만들어져야 한다. 이 화합물은 어디에서 유래했을까?
2. 단순한 무기물로부터 큰 분자를 구성하는 화학적 반응은 반드시 순조롭게 일어나야 하며 에너지원을 가지고 있어야 한다. 이러한 반응은 무엇인가?
3. 그 구성 요소들은 RNA나 폴리펩티드와 같은 중합체로 자가조립을 할 수 있어야만 한다. 어떻게 이런 일들이 일어났을까?
4. 큰 생체분자들은 극한 환경으로부터 보호되어야 한다. 어떻게 이것을 완수하였을까?

다섯 번째 주제는 IDA가 어디에 살았는지에 관한 것이다. 포자가설(panspermia hypothesis)은 생명체가 다른 곳에서 발생한 후 우주를 가로질러 지구에 왔을 것이라고 제안한다(Arrhenuys 1908). 금성, 화성, 유로파(금성의 위성), 엔셀라두스(토성의 위성) 및 앞서 주목했던 타이탄 등을 포함한 태양계 내의 다른 환경은 과거에 생명체가 존재하였거나, 현재도 존재할 가능성이 높은 것으로 여겨진다(Shapiro and Schulze-Makuch 2009). 미생물들은 행성간 여행에서 살아남을 수 있었을 것이다(Abrevaya et al. 2011; Raggio et al. 2011). 지구 최초의 생명체 형성은 다른 별에서부터 오거나(Secker et al. 1994) 누군가에 의해 보내졌을지도 모른다(Crick and Orgel 1983). 하지만 많은 다른 연구자들과 같이 우리는 생명체가 지구에서부터 발생하였을 것이라고 추정한다.

## 생명체의 재료는 어디에서 왔을까?

1969년 9월 28일 오전 11시, 오스트레일리아 머치슨(Murchion) 상공으로 유성이 진입한 후 폭발하였으며 운석들은 약 5제곱 마일에 걸쳐 흩어졌다(**그림 17.8**). 곧 몇몇 과학자들은 화학적 연구를 위해 운석들을 수집하였다(Kvenvolden et al. 1970). 놀랍게도 분석결과 그 운석들 안에서 유기물이 발견되었다. 특히 글리신, 글루타민산, 발린, 프롤린 등의 아미노산이 유의미한 농도로 검출되었다(운석 1 g당 1~6 μg의 아미노산 검출). 이 아미노산들은 현재 생물들이 단백질을 만드는 데 이용되고 있다. 과거에도 운석으로부터 아미노산이 검출된 적은 있었지만 당시에는 실험과정에서 인간에 의해 오염된 것으로 간주하였다. 머치슨 운석을 연구한 학자들은 그러한 오류를 피하기 위하여 실험실 내에서 운석에 금을 낸 뒤 그 안쪽 부분만을 대상으로 분석을 실시하였다. 학자들이 머치슨 운석에서 발견한 아미노산은 광학적 불활성체였다. 그 아미노산들은 D-형과 L-형의 입체이성질체(mirrorimage forms)가 비슷한 비율로 존재하고 있었다. 반면, 생명체에 존재하는 아미노산은 거의 순수한 L-형으로만 이루어져 있으므로 지구상의 생명체는 머치슨 운석

**그림 17.8 머치슨 운석** 1969년에 오스트레일리아 머치슨에 떨어진 100 kg 재료의 조각.

에 존재하는 화합물의 출처가 될 수 없었다.

그렇다면 왜 머치슨 운석은 중요한 의미를 갖는 것일까? 생물의 생체분자 및 생체분자의 전구체는 다량의 탄소, 수소, 산소, 질소, 황, 인과 마그네슘, 칼슘, 칼륨과 같은 미량원소들이 필요하다. 게다가, 이들 원소는 아미노산, 당, 탄화수소와 같은 생명체 구성요소에 이용 가능한 화학적 형태로 존재하고 있어야 한다. 만약에 이런 생명체 구성요소들이 원시 지구에서 합성된 적이 있다면, 거대 생체분자로 결합되는 데에도 이용할 수 있었을 것이다. 하지만 만약 그것들이 지구상에서 만들어지지 않았다면, 우리는 운석과 같은 외계물체로부터 그 존재를 찾아야 할 것이다.

생명체가 지구상에서 발생했다는 가정에서 주목할 문제는 40억 년 전 지구가 생명체 구성요소를 합성할 만한 환경이었는지 아니면 불가능한 환경이었는지에 달려 있다. 온도와 압력 이외에 풍부한 산소분자($O_2$)와 이산화탄소 분자($CO_2$)로 인해 주로 산화되고 있는지, 아니면 높은 농도의 수소($H_2$), 메탄($CH_4$), 암모니아($NH_3$) 분자들에 인해 주로 환원되고 있는지, 또는 그 중간상태에 있는지 등이 생명체의 존재를 결정짓는 요인이다. 이 환경상태에 따라 발생 가능한 화학적 반응이 결정되었을 것이다.

초기 지구의 대기 조성은 여전히 알 수 없는 상태이지만(Lazcano and Miller 1996; Chyba 2005; Parker et al. 2001), 대기화학자들은 비교적 잘 혼합되지 않는 기체 속에서도 유기분자들을 합성할 수 있었을 기작을 찾고 있다(Kasting 1993). 일부 연구자들은 지구화학적 증거로 볼 때, 당시의 지구 대기는 생명체의 기원을 만들기 충분한 농도에서도 중요한 생체분자를 발생시키는 데 불리하다고 생각했다. 그래서 많은 과학자들은 어떤 중요한 생화학적 분자들이 태양계 내의 다른 곳에서 머치슨 운석과 같은 수단을 통해 전달되었을 것이라는 대안적 가설을 탐색하였다.

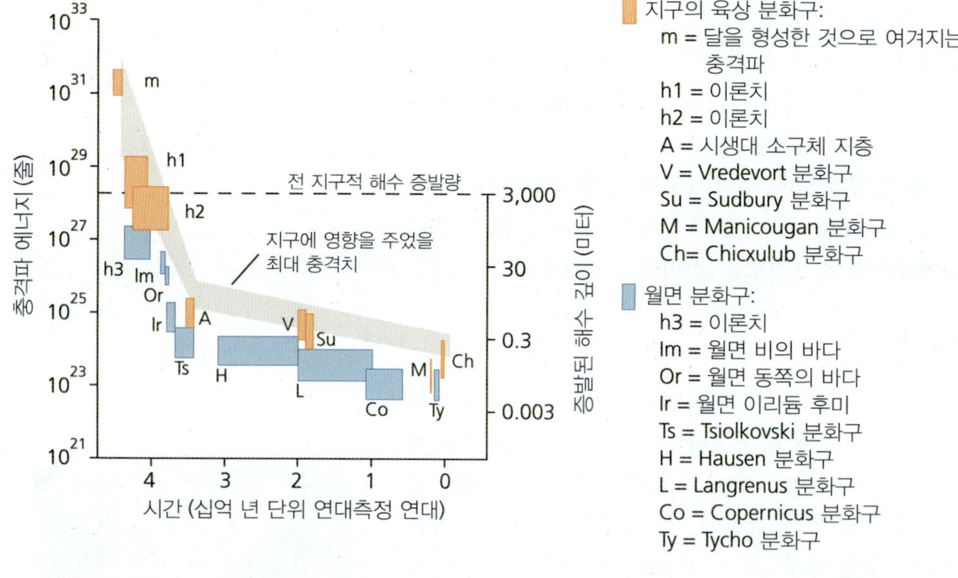


**그림 17.9 지구와 달에 발생한 큰 충돌의 역사** 각 박스들은 특정 충돌이 발생해 온 것으로 추정되는 동안 시간의 범위와 내부에서 추정된 충돌의 에너지 범위를 표시한다. Sleep et al. (1989)에서.



초기 지구에는 운석과 혜성에 의한 심한 폭격이 있었다. 그림 17.9는 지구와 달에 있었던 큰 충돌들에 대한 기록을 보여주고 있다. 머치슨 운석과 같은 소행성의 파편으로 여겨지는 일부 탄소성 운석들은 이미 풍부한 유기분자를 함유하고 있음이 입증된 바 있다(Chyba et al. 1990; Lazcano and Miller 1996 참조). 많은 혜성들 또한 아미노산을 포함한 다양한 유기분자를 함유하고 있다(Chyba et al. 1990; Cruiskshank 1997, Elsia et al. 2009). 그리고 우주 공간에서도 유기 화합물이 발견되었다(Kwok and Zhang 2011). 따라서 최소한 이론적으로는 생명 물질이 다른 곳에서부터 지구로 전파되었다는 가설에

**생명이 유래된 단순한 유기분자들은 우주에서 형성되었을 것이고 지구로 떨어졌을 것이다. 연구자들은 운석에 포함되어 있는 아미노산과 다른 유기분자들을 탐색함으로써 이러한 생각을 검증하려고 노력해 왔다.**

대한 문제점은 없다.

다만 생명체 구성요소들이 우주에서 왔다는 가설을 받아들이는데, 최소한 한 가지의 어려움이 있다. 운석과 혜성이 지구와 충돌할 때, 대기와의 마찰 또는 지면과의 충돌에 의해 엄청난 열이 발생하게 된다(Anders 1989). 이 열기는 아마도 운석과 혜성이 운반해오는 거의 모든 유기분자를 태워버릴 수 있다(Chang 1999). Edward Anders(1989)는 매우 작은 입자의 경우 대기권 진입 시의 마찰열이 발생하지 않을 정도로 천천히 떨어지면서 모든 유기분자들이 타버리는 것을 방지할 수 있음에 주목하였다; 그는 아마도 이 작은 입자가 초기 지구 유기분자의 원료가 되었을 것이라고 기록하고 있다. Christopher Chyba(1990)와 그의 동료들은 초기 대기의 높은 이산화탄소 농도로부터 그 가능성을 찾아보았다. 높은 $CO_2$ 농도의 대기는 아마도 큰 운석이나 혜성이 착륙하기에 충분할 만큼 부드러웠으며 함께 운반되어 온 유기분자를 안전하게 보존할 수 있었을 것이다. 머치슨 운석은, 최소한 유기분자들이 지구로 낙하할 때 마찰열로부터 살아남을 수 있다는 직접적인 증거를 제공하고 있다.

## 오파린-할데인 모델

본질적으로 지구 자체에 생명체 발생 이전 단계에서 일어나는 분자합성에 필요한 구성요소들이 존재하였을 것이라고 예측하였다. 1953년 시카고대학 Harold Urey의 연구실 대학원생인 Stanley Miller는 단순하지만 명확한 실험 결과를 보고하였다. 그는 플라스크에 담겨 있는 물을 끓여서 수증기가 메탄, 암모니아, 수소의 원시대기 상태의 기체혼합물이 들어 있는 플라스크로 이동하여 스파크에 의한 자극을 받고 다시 냉각관을 거쳐 액체로 응결된 뒤 처음의 플라스크로 돌아가서 앞의 과정을 반복하는 기구를 제작하였다. Miller가 이 기구를 1주일 간 가동하자 물 내부가 짙은 붉은색으로 뿌옇게 변했다. 종이 크로마토그래피를 이용하여 붉은색의 물질을 동정한 결과 유기분자 혼합물이 검출되었는데, 이 혼합물의 대부분은 아미노산인 글리신, $\alpha$-알라닌, $\beta$-알라닌으로 확인되었다. 1953년 이후 화학자들은 생물 발생 이전의 유기분자 합성에 대해 Miller와 유사한 실험을 수행하고 아미노산, 뉴클레오티드, 당을 포함하여 매우 다양한 유기분자 형성에 관한 문헌을 발표하였다(Fox and Dose 1972; Miller 1992; Johnson et al. 2008; Powner et al. 2009; Parker et al. 2011 참조).

**생명이 유래된 단순한 유기분자들은 지구에서도 형성되었을 것이다. 연구자들은 초기 지구의 화학조성을 재현하고자 시도하고 아미노산과 뉴클레오티드를 만드는 화학반응의 반복을 통해 이러한 생각을 입증하고자 연구를 수행해 왔다.**

Miller는 메탄, 암모니아, 수소 혼합기체를 대기로 사용하였다; 1950년대에는 이 높은 환원성을 갖는 혼합기체를 초기 지구 대기의 모델로 여겼다. Miller의 결과가 갖는 의미는 그의 실험에서 스파크의 역할을 번개와 자외선이 했다면, 초기 지구의 해양이 빠르게 생명체 구성요소들로 가득 찰 수 있었다는 것이다.

많은 대기화학자들은 초기 지구의 대기는 이처럼 높은 환원성을 갖는 기체가 아니라 메탄 대신 이산화탄소가, 암모니아 대신 질소분자가 우점하고 있었을 것이라고 믿는다(Kasting 1993; Trail et al. 2011). 이는 현재 발생하는 화산폭발로 인해 방출된 기체, 대기권 상층부에서 일어나는 화학적 반응에 대한 지식의 발달, 지구상에서 가장 오래된 고체로 알려진 지르콘 결정을 분석하는 과정에 근거하여 내려진 결론이다. 이산화탄소와 질소분자 농도가 높은 대기의 경우 특정 유기분자를 형성하기에는 좋지 않기 때문에 생물발생 이전 환경에 대해 의견을 일치시키는 것은 중요하다. 그러나 일부 과학자들에 의해 알데히드, 특히 포름알데히드($H_2CO$)가 이산화탄소로부터 형성되었을 것이라고 여겨왔다—특히 Feng Tian과 그의 동료들(2005)의 연구결과에 비추어 볼 때, 초기 대기는 30% 정도의 수소분자($H_2$)를 포함하고 있었을 것으로 보인다. 알데히드들은 RNA 세계의 뉴클레오티드를 생성하는 데 필요한 리보오스당들을 만드는 데 반드시 필요한 물질이다(Mojzsis et al. 1999).

지구에 생명의 기원이 되는 모든 재료들이 존재한다는 관점은 아마도 가장 철저하게 연구되었으며, 많은 연구자들의 관심을 끌고 있다. 이 의견은 20세기 전반에 생명의 시작을 재현하기 위해 노력한 A. Oparin과 J.B.S. Haldane까지 거슬러 올라간다. 이들 학자들과 다른 사람들(Charles Darwin을 포함하여)은 생명체 구성요소들로 가득 찬 수중환경에서 발생하는 생명체의 영속적인 모습을 떠올렸다. 이것이 그 유명한 "원시수프(prebiotic soup; 지구상에 생명을 발생시킨 유기물의 혼합액)", 즉 Darwin의 "따뜻한 작은 연못(warm little pond)"(Darwin 1887)이다. 그들의 이 의견은 맹렬한 비판을 받았는데, 이는 생명의 기원이 지구상에 나타났을 때 액체상태의 물이 존재하였는지에 대해 알 수 없었기 때문이다. 그럼에도 불구하고, 이 관점은 집단유전학에서의 하디-바인베르크 평형 원리와 같이 편차를 테스트할 수 있는 영모델로 남아 있으며, 이 모델을 흔히 오파린-할데인(Oparin-Haldane) 모델이라고 부른다.

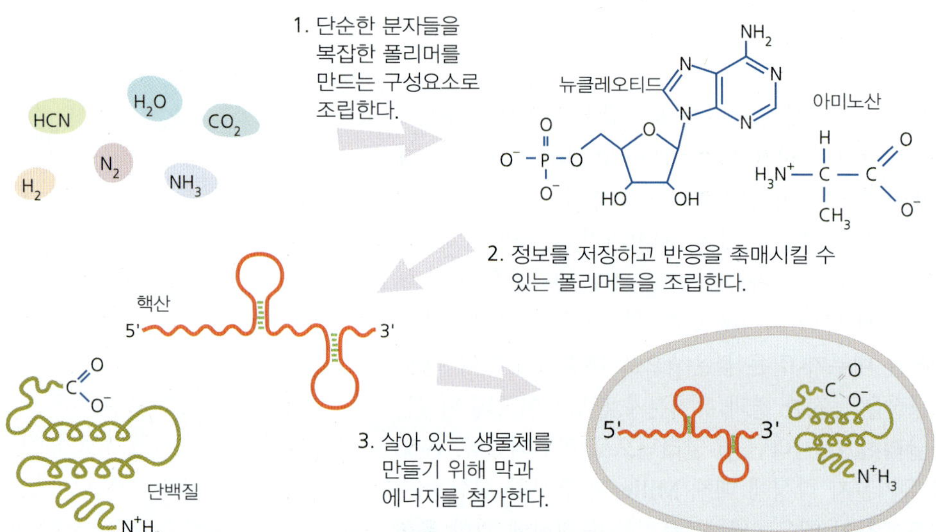


**그림 17.10 오파린-할데인 모델의 개요** 첫 번째 단계는 초기 지구에 존재하는 무기물로부터 생명체 구성분자(뉴클레오티드와 아미노산)의 형성이었을 것이다. 두 번째 단계는 이들 구성분자들이 생명체 거대분자(핵산과 단백질)들을 형성하기 위한 중합화였을 것이다. 최근래로 이들 거대분자들은 세포막과 같은 다른 생명체 구조들을 형성하였을 것이다.

우리는 초기 지구의 물 또는 습한 토양에서 순차적으로 발생했던 Oparin-Haldane 모델을 각 단계별로 나누어볼 수 있다(그림 17.10). 먼저, 비생물적 과정을 통해 아미노산, 뉴클레오티드와 같이 생명체 구성요소로 사용될 유기분자를 합성한다. 이후 유기분자들은 원시수프 안에서 단백질이나 핵산 같은 생물학적 중합체로 조립된다. 마지막으로, 생물학적 중합체중 어떤 조합들은 앞서 RNA 세계에 대해 토의한 바와 같이 기존의 유기분자를 섭식하는 자가복제 생명체로 조립되었다.

## 무기물에서 생명체 구성요소까지

앞서, 우리는 어떻게 메탄, 암모니아, 수소와 같은 단순한 무기물들이 아미노산으로 만들어질 수 있는지 살펴보았다. 그럼 뉴클레오티드는 무엇일까? 생명의 기원을 탐구하는 연구에서 두 번째로 기념비적인 성취는 Juan Oró(1961)가 질소 기반의 아데닌(퓨린)이 암모니아와 시안화수소만을 이용하여 열역학적으로 유리한 반응을 통해 만들어질 수 있다는 사실을 입증한 것이다. 암모니아와 시안화수소가 들어 있는 물을 가열할 때 0.5% 정도의 아데닌이 생성되는데 초기 대기가 환원상태에 있고 다량의 암모니아와 시안화수소를 포함하고 있다면 이는 매우 중요한 의미가 된다. Miller는 이러한 지구상에서 발생했던 생명체 이전의 합성 반응을 "믿음의 돌(rock of faith)"이라고 언급하였다. 다른 화학자들도 다른 퓨린계 분자로부터 유사한 결과를 얻었다. 피리미딘계 분자들(C, U, T)은 비생물적으로 합성되는 것이 어려웠지만 화학자들은 약간의 성공을 거두었다(Voet and Schwartz 1982). 마침내, 최소한의 적합한 환경상태에서 오직 포름알데히드와 함께 시작되는 캐스케이드(= 다단계) 축합반응에 의해 리보오스당은 뉴클레오티드를 형성할 수 있었다.

아미노산, 뉴클레오티드, 당의 생성을 가능하게 한 독립적이고 타당한 화학적 경로에 대한 서술은 자가복제 시스템이 되는 경계에서 생명체의 구성요소가 온전히 형성되는 것에 대해 전혀 설명하지 않는다. 문제점 중에 한 예가 당의 형성이다. 핵산에서 포름알데히드 축합반응에 의해 형성된 뉴클레오티드 내의 리보오스당은 전체 당 중에서 작은 비율만을 구성하고 있을 뿐만 아니라, 퓨린염기가 당에 부착 가능한 경로는 다수가 존재한다. 각각의 경로는 RNA에 이용되는 뉴클레오티드와 미묘하게 다르지만 중요한 이성질체를 생성한다. 피리미딘 염기는 결코 당에 부착되게 만들어질 수 없다. 더 큰 문제는 각각의 생명체 구성요소들은 중합체로 형성되기 이전에 활성화되거나 화학적으로 전하를 띠어야 한다. 분자의 활성화에는 먼저 형성된 화학적 에너지원이 필요하다. 세포막이 없이 이 에너지를 축적한다면, RNA 세계에서 어떻게 생명체 구성요소의 활성화가 가능했는지를 이해하는 데 커다란 도전이 될 것이다(Orgel 1986).

Matthew Powner와 동료들(2009)은 기발한 해법을 발견하였다(**그림 17.11**). 전통적으로 활성화된 뉴클레오티드(파란색)를 합성하는 방법은 각각의 분리된 반응을 통해 당과 염기를 만들고 그 둘을 결합하여 뉴클레오시드를 만든 뒤 인산화반응을 통해 활성화된 뉴클레오티드를 만드는 것이다(Szostak 2009). Powner와 그의 동료들은 무기 인산의 존재 하에, 같은 재료로 다른 일련의 중간물질을 형성하고, 활성화된 피리미딘 뉴클레오티드가 최종산물인 것처럼 나타난다는 것을 찾아냈다. 이 연구 및 다른 연구를 바탕으로, Powner와 John Sutherland(2011)는 생명체의 구성요소들을 생성하기 위해서, 있을 법한 생명체 발생 이전의 환경 하에서 있을 법한 반응물질을 사용하는 추가적인 원-포트 레시피(one-pot recipes)에 대한 연구를 주장하였다.

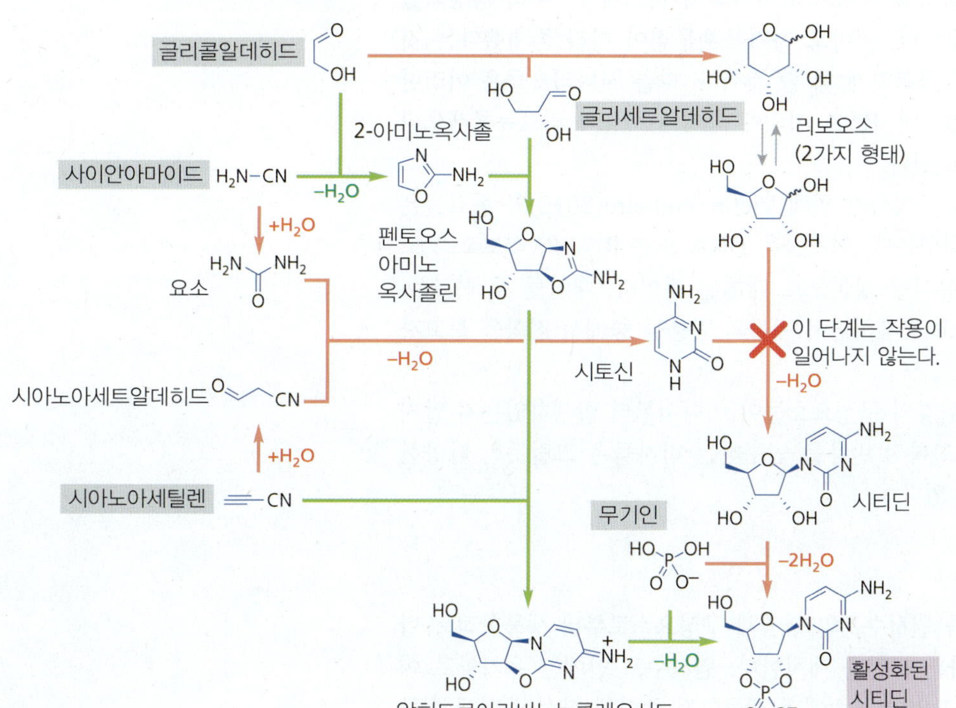


**그림 17.11 활성화된 피리미딘 리보뉴클레오티드의 전생물적 합성(prebiotic synthesis)** 개시물질은 회색으로 표시하고 최종산물은 연보라색으로 표시했다. 피리미딘 염기와는 반응하지 않고 활성화된 뉴클레오티드를 만드는 전통적인 방법은 오렌지색으로 보여준다. Powner와 동료들(2009)에 의하여 발견된 새로운 방법은 녹색으로 보여준다. 목적을 달성하는 데는 여러 가지 방법이 있다. Powner et al. (2009)에서.

또 다른 문제는 분자의 비대칭성 좌우상의 기원이다. 앞서 언급한 바와 같이, 오늘날의 생명시스템은 아미노산과 단백질에 있어 한 가지의 이성질체형태, 또는 거울에 비친 상의 형태만을 사용하고, 이는 뉴클레오티드에서도 똑같이 나타난다. 오파린-할데인 모델의 지지자들에 의해 기술된 많은 화학적 합성에서, 생명체 구성요소의 두 경상형태(mirror images)가 만들어지는 양은 거의 같으며, 어느 한쪽 형태로만 편중되어 나타나는 기작을 창안하는 것은 어렵다. 더 큰 문제점은 하나의 경상형태는 중합체 자가복제과정에서 다른 타입의 경상형태의 중합체 형성을 억제한다는 것이다(Joyce et al. 1987). 생명체 발생 이전의 화학적 기작을 연구하는 학자들은 이에 대해서도 연구를 수행하였다. 예를 들어 Jason Hein과 동료들(2011)은 RNA 전구체를 합성할 때 이용되는 반응물질의 혼합체 안에 아미노산을 포함시켰을 때, 그 생성물들은 생물학적으로 자연적인 거울상 이성질체가 특정 방향으로 심하게 편중되어 나타난다는 것을 발견하였다.

RNA 세계의 기원을 찾기 위한 연구에서 또 하나의 가능성은 RNA 세계가 따뜻한 작은 연못에서 발생하지 않았을 것이라는 점이다. 대신에 RNA는 보다 단순한 유전적 시스템으로부터 파생된 진화계통의 후기 단계일지도 모른다. 이를 뒷받침하는 몇몇 비RNA 자가복제 시스템이 제안된 바 있다(Orgel 2000; Joyce 2012b 참조). 그 복제 시스템들은 다음과 같다: 중합체는 오늘날 우리가 알고 있는 것과 같은 리보뉴클레오티드로 구성되어 있지 않고, 오직 한 가지의 이성질체만을 갖는 상사성의 리보뉴클레오티드로 구성되어 있다(Joyce et al. 1987); 중합체는 펩티드와 핵산의 혼합체로 구성되어 있다(Egholm et al. 1992); 중합체는 리보오스 당 대신에 피라노스(pyranose) 또는 테트로오스(tetrose)(Eschenmoser 1999; Schöning et al. 2000) 또는 프로피린 글리콜(propylene glycol)(Zhang et al. 2005)로 구성된 뉴클레오티드를 이룬다; 그리고 심지어 점토와 같은 무기물질로 구성된 경우도 있다(Cairns-Smith et al. 1992). Chrisian de Duve(1991)는 정보전달은 복잡한 화학적 환경에서 티오에스테르 결합의 대사순환과 연결된다는 "Thioester World"의 개요를 설명하였다. 이 모든 시나리오들은 RNA보다는 비생물적 환경에서 발생할 가능성이 높은 또 다른 자가복제 시스템들로부터 추정된 내용이다. 그 중 일부는 'RNA는 비생물적 환경에서의 자가복제 시스템들로부터 생성되었다.'와 같이 아직 구상 중인 시나리오이다; 아마도 자가복제물질이 미리 존재했다는 것은 RNA 합성에 대한 도전 중 일부를 극복하게 해 줄 것이다. 다른 시나리오들은 이러한 RNA 세계에 대한 대안으로 상상되었으며, RNA 이외에 촉매의 사용과 리보뉴클레오티드의 구성을 촉진하는 방식으로 만들어졌다.

변형된 유전적 중합체의 타당성을 증명하기 위해 Victor Pinheiro(2012)와 동료들은 6가지 변형된 유전적 중합체를 합성하였는데, 이것들은 DNA 또는 RNA의 리보오스 또는 디옥시리보오스가 다른 당 또는 유사당 성분으로 대체된 것이다. 대안들 중 하나는, 염기서열들 중 하나의 집단을 선택하고 통제하면서 이들의 반응들 중에서 진화를 보고자 하였다.

우리는 최초의 자가복제 분자나 이것의 구성요소들이 어디서부터 발생하였는지 알지 못한다. 하지만 생명체 발생 이전의 화학적 반응을 연구하는 학자들은 그럴듯한 다양한 기작들을 밝혀내는 데 급속한 진전이 있다.

## 생물학적 중합체의 조합

오파린-할데인 이론 두 번째 단계, 즉 원시수프의 생명체 구성요소로부터 생물학적 중합체의 형성은 이론적이고 현실적인 다른 도전을 제시한다. 원시수프 안에는 유기물로 이루어진 생명체 구성요소들을 함유하고 있어 물속에서 생물학적 중합체 합성이 쉽게 이루어질 수 있지만 이것은 가수분해에 의해 쉽게 파괴된다. 이러한 문제점은 단순한 유기물 혼합액으로부터 자가복제가 가능한 초기 생명체의 기초를 제공할 정도로 충분한 길이를 가진 중합체를 만들어 낼 수 있는지에 대한 의구심을 야기하였다(Ferris et al. 1996).

James Ferris와 동료들(1996)은 가수분해를 극복할 수 있는 기작을 증명해내기 위해 당시에(1940~1950년대)(Ferris 1993 참조) 가능한 모든 방법을 동원하였다. Ferris와 동료들은 실험실에 단순한 원시수프를 준비하였고, 그 안에 평범한 점토의 미네랄인 몬모릴로나이트(montmorillonite)를 첨가하였다. 몬모릴로나이트는 자연상태에서 유기분자가 부착하기 쉬운 규산-알루미늄-점토 상태로 존재한다. 뉴클레오티드가 활성화되어(뉴클레오티드 3인산염이 되어) 몬모릴로나이트에 부착할 때, 점토는 촉매로 작용하여 뉴클레오티드들을 서로 연결시키고 폴리뉴클레오티드 사슬을 형성한다. 점토에 묶여 있는 동안 폴리뉴클레오티드는 가수분해되는 속도보다 더 빠르게 합성되는데, Ferris와 동료들은 이 과정을 통해 8~10개의 뉴클레오티드로 구성된 폴리뉴클레오티드 단일가닥을 형성하는 데 성공했다.

생명체 구성요소들은 점토 결정체의 표면 위에서 중합체를 형성하였을 것이다. 점토에 대한 부착은 가수분해로 쪼개지는 것을 방지함으로써 중합체가 형성되는 것을 도와준다.

Ferris와 동료들은 이미 만들어진 올리고뉴클레오티드 프라이머로 활성화된 뉴클레오티드들이 지속적으로 공급되면 보다 긴 폴리뉴클레오티드 사슬을 만들 수 있음을 입증하였다. 그들은 10개의 뉴클레오티드 길이를 가진 아데닐 프라이머를 몬모릴나이트에 묶어 나가기 시작했다. 그러고 나서, 활성화된 아데노신 뉴클레오티드를 폴리아데닐/점토 혼합액에 첨가하기 시작했다. 활성화된 뉴클레오티드는 다중아데닐 프라이머와 반응하여 스스로 뉴클레오티드 사슬을 형성하기 시작했다. Ferris와 동료들은 이후 원심분리를 통해 점토를 가라앉히고(점토에는 뉴클레오티드 사슬이 붙어 있다.) 용액을 따라낸 뒤, 새로운 활성화된 뉴클레오티드가 들어 있는 용액을 첨가하였다. 매일 새로운 활성화된 뉴클레오티드 용액을 첨가하는 과정의 반복을 통해 Ferris와 동료들은 40개 이상의 뉴클레오티드를 갖는 폴리아데닐기를 합성하는 데 성공하였다(그림 17.12). Ferris와 동료들은 그들의 조합법 중 특히 중점을 두었던 한 단계를 수정하여 하루 동안 50개가 넘는 뉴클레오티드의 폴리뉴클레오티드 사슬을 만들 수 있었다(Huang and Ferris 2006).

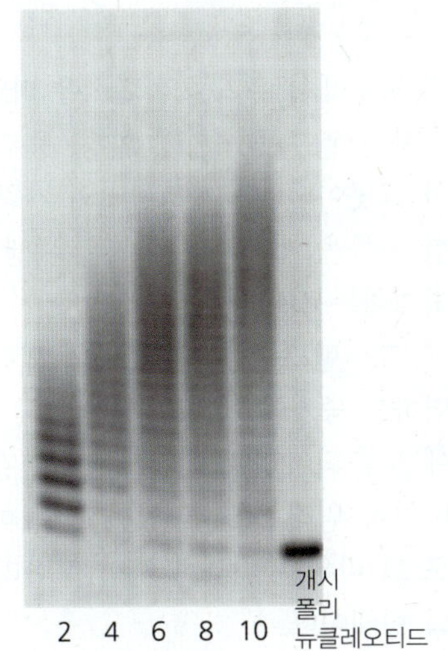


**그림 17.12 점토에서 긴 뉴클레오티드 사슬의 합성** 전기영동 겔은 크기에 따라서 폴리아데닐의 혼합물을 분리한다. 오른쪽 레인은 뉴클레오티드 10개 염기사슬과 일치하는 하나의 밴드를 포함한다; 이것은 Ferris et al. (1996)의 실험에서 시작점이다. 왼쪽 레인은 10 뉴클레오티드 폴리아데닐이 몬모릴로나이트에 결합하는 것이 가능했을 때 생성되는 폴리뉴클레오티드 혼합물을 포함하고, 활성화된 아데노신 뉴클레오티드를 가지는 2개의 연속적인 배스(baths)를 보여준다. 각각의 연속적인 밴드는 1개 뉴클레오티드 길이만큼 차이를 나타낸다. 따라서 가장 왼쪽 레인은 11~20 뉴클레오티드 길이의 범위에 있는 폴리아데닐을 포함한다. 왼쪽에서 두 번째 레인은 활성화된 뉴클레오티드를 가지는 4개 연속적인 배스의 결과를 보여준다. 반응은 신장되는 뉴클레오티드 사슬의 형성에 실패한 몬모릴로나이트 없이도 일어난다. Ferris et al. (1996)에서.

Ferris와 Orgel은 반복적 중탕(repeated-bathing) 방법을 이용하여 55개 이상의 아미노산 길이의 폴리펩타이드를 일라이트(illite)와 하이드록실아파타이트(hydroxylapatite) 미네랄을 이용해 만드는 데 성공했다(Ferris et al. 1996; Hill et al. 1998). 그들은 자신들의 방법이 초기 지구에서 생물학적 중합체가 형성될 수 있었던 기작의 모델임을 주장했다. 반복적으로 원시수프에 뿌려지거나, 또는 지속적으로 원시수프로 세척된 침전물 속의 미네랄들은 초기형태의 자가복제가 가능할 만큼 충분히 긴 중합체의 형성을 돕는다. 짧은 중합체 간의 재조합 역시 이러한 과정을 통해 이루어질 수 있다(Lehman et al. 2011). 이러한 관점에 대해서는 많은 비판이 있었다(Shapiro 2006 참조). 하지만 점토-촉매반응(clay-catalysis) 연구는 오파린-할데인 모델이 두 번째 단계에 대해 최소한, 경험적인 측면에서 뒷받침되고 있다. 세 번째 단계에 대해서는 17.3절에서 간단히 논하도록 하겠다.

## 환경으로부터 생명체의 보호

이번에는 핵산이 이산화탄소, 암모니아, 시안화수소와 같은 단순한 무기물로부터 발생할 수 있었던 가능성에 대한 일련의 단계를 알아보도록 하겠다. 이 모든 과정들은 육상 또는 육상이 아닌 곳에서 일어날 수 있었다. 일부 연구자들은 어떤 화학적 반응들이 대기상에서 스스로 발생할 수 있었을 것이라고 제시하였는데, 아마도 온도에 따라 증발하거나 땅으로 떨어지는 물방울의 영향을 받았을 것이다. 초기 대기의 화학적 조성에 상관없이, 초

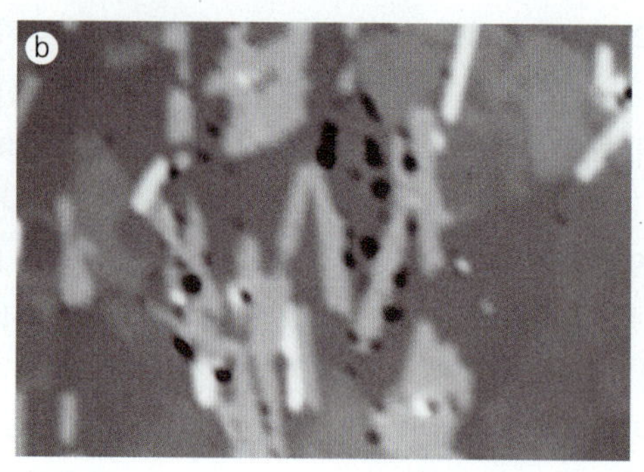

**그림 17.13 생명체를 암시하는 37억 년 된 증거** (a) 이 퇴적암은 37억년 된 것이다. 눈금자로 사용된 지질학자의 망치를 주목하라. (b) 바위는 까만 점으로 나타나는 현미경적인 흑연 입자를 포함한다. 그 입자들은 살아 있는 세포로부터 유래되었음을 시사하는 탄소 동위원소의 비율을 포함한다. Rosing (1999)에서.

기 지구에서 유기물의 합성은 다양한 지역적 환경의 영향을 받았을 것이다. 몇 가지 예를 들자면 열수구—합성 환경, 풍부한 철 이온을 함유한 해수, 화산의 칼데라와 같은 장소가 그곳이다. 하지만 생명의 기원모델에 대한 최후의 과제는 초기 지구가 생명체가 필요한 것들을 제공하였는지 혹은 생명체가 발달하기에 충분히 쾌적한 환경을 제공하였는지 밝혀내는 것이다.

그린란드 이수아(Isua)의 퇴적암은 37억 년 전 지구에 이미 생명체가 존재했음을 증명하는 증거를 가지고 있다**(그림 17.13a)**. 해저에 잠겨 있던 그 바위는 높은 온도와 압력에 노출되어 단단해지고, 많은 결정화된 미네랄을 함유할 수 있었다. 이러한 변화는 그 바위가 원래 품고 있었던 어떤 미세화석들을 파괴하였을 것이다. 하지만 이러한 변화에도 그 바위는 미세한 흑연 덩어리들을 함유하게 된다(그림 17.13b). 흑연은 탄소의 이온화 형태이다.

Minick Rosing(1999)은 그린란드 바위에 들어 있는 흑연덩어리는 고대 생명체의 화학적 화석이라는 가설을 주장하였다. Rosing은 그의 가설을 검증하기 위해 흑연의 동위원소 구성을 측정하였다. 탄소는 $^{12}C$와 $^{13}C$의 두 가지 동위원소 타입을 갖는다. 예를 들어 생명체가 광합성을 하는 동안 환경으로부터 탄소를 고정하는데 이때 $^{12}C$가 $^{13}C$에 비해 좀 더 빠르게 흡수된다. 그 결과, 생물학적 과정을 거쳐 만들어진 탄소물질은 비생물학적 과정을 통해 만들어진 탄소물질보다 높은 비율의 $^{12}C$를 갖는다. Rosing은 흑연 덩어리들을 분석하여 생명체와 동일한 비율의 탄소를 함유하고 있다는 것을 발견하였다. 비록 Dominic Papineau와 동료들(2011)은 흑연 덩어리들이 그들을 둘러싼 바위 만큼이나 오래되었음을 발표하였고, Juske Horita(2005)가 비생물적 $^{13}C$의 감소요인을 발표하였으나, 이후의 분석에서도 일관성 있는 결과가 도출되었다(Rosing and Frei 2004; Fedo et al. 2006; Nutman 2010).

다른 연구자들은 약 38.5억 년 정도된 그린란드 바위들을 검사하였다. 그 바위들 중 일부 역시 고대 생명체의 화학적 화석을 함유한다는 결론이 내려졌다(Schidlowski 1988; Mojzsis et al. 1996). 이 결론들은 많은 논란을 야기하였다(Whitehous et al. 2009; Lepland and Whitehous 2011 참조).

우리는 그린란드의 바위에 의해 입증된 37억 또는 38.5억 년 전 이전의 생명체에 대한 증거를 찾을 수 있을까? 최소한 다음의 두 가지 이유 때문에 아마도 불가능할 것이다. 첫째, 침식, 판 구조, 화산폭발은 사실상 초기에 존재하였던 거의 모든 바위들을 없애버렸을 것이다. 두 번째, 비록 초기에 대륙이나 바다가 존재하였더라도, 거대한 운석의 지속적인 충돌은 37억 년 또는 38.5억 년 이전에 생명체가 발생하는 것을 막았을 것이다(그림 17.9 참조). 거대한 운석의 충돌은 열을 발생시키고, 분진에 의한 태양광 차단막을 형성하며, 그 잔해로 육상을 뒤덮는다. 시간이 지남에 따라 거대한 소행성들은 지구와 다

**비록 우리가 아직 첫 번째 생명체가 어떻게 무생물로부터 발생했는지에 대한 완벽한 시나리오를 가지고 있지 않지만, 생명체는 초기 지구에 살수 있게 되자마자 매우 빠르게 나타났다.**

른 행성에 의해 치워지고, 거대한 충돌의 빈도도 감소하였다. Normans Sleep과 동료들(1989)은 44.4억~38억 년 전 사이에 전 세계의 바다를 모두 증발시킬 정도의 충격이 있었고, 그로 인해 그 시기에는 어떤 자가복제 시스템을 가진 물질이 발생할 수 없었을 것이라고 추정했다.

만약 이러한 멸균 사건(sterilizing event) 간의 간격이 자가복제 시스템이 발달을 거듭하기에 충분하지 않다면, 생명체의 발생은 몇 번이고 다시 시작되어 왔을 것이다. 그렇지 않다면, 생명체는 아마도 깊은 바닷속 열수구와 같이 소행성 충돌로부터 보호될 수 있는 격리된 환경 속에서 생존했을 수도 있다(Abramov and Mojzsis 2009). 어떤 경우였든 우리는 생명의 기원이 40억 년 전까지는 척박한 환경으로부터 위협받고 있었음을 추정할 수 있다. RNA 세계로 이어지는 오파린-할데인 모델이 적절하든 아니면 보다 타당성 있는 다른 가설들이 존재하든지 간에, 세포 생물을 생각하기 전에 한 가지 요점을 짚고 가자: 생명의 기원은 급박하게 변화하는 무기환경에서 발생하였다. 역설적으로, 현재의 지구는 생명의 기원에는 적합하지 않은 환경이다. 생명탄생의 첫 단계에 고생명체들로부터 잡아먹히기 전에 무기분자들이 자가복제 시스템을 재가동할 격리된 환경을 남겨두지 않아도 될 만큼 생물은 극한환경을 매우 성공적으로 개척해 왔다.

## 17.3 현존하는 모든 생명체의 공동조상은 무엇이며, 계통수의 모양은 어떠한가?

지구상에 자가복제 시스템이 진화했을 때, 적어도 그들 중 하나는 유전정보가 저장된 DNA와 그 정보가 발현된 단백질을 지니도록 적응했다. 이 자가복제 시스템은 궁극적으로 오늘날 지구상 생명체의 모든 계보를 일으켰다. 우리는 일부 바이러스를 제외한 모든 생명체가 DNA와 단백질을 가지고 있으므로 이러한 결론을 내렸다. 사실 현존하는 모든 생명체가 같은 방법으로 DNA와 단백질을 사용하지는 않는다. 오늘날 모든 생물에서 동일한 20개 아미노산과 기본적으로 동일한 유전암호, 상호 연관성 있는 염기서열로 암호화된 유사한 유전적 및 대사적 기작이 발견되었다. 간결하고 설득력 있는 설명을 위하여, 우리는 모든 생명체가 공동조상을 가진다고 추정한다(Theobald 2010).

### 무엇이 현존하는 모든 생명체 가장 최근의 공동조상인가?

현존하는 모든 생명체의 또 다른 공유 형질은 세포로 이루어져 있다는 것이므로, 우리는 공동조상을 세포를 지니는 형태라고 추정한다. 엄밀히 말해, 모든 생명체는 이종교배를 하는 세포 집단으로부터 유래되었다고 해야 한다. 왜냐하면 초기 유전체의 일부가 쉽게 교환될 수 있었다면, 오늘날의 생명체는 하나의 조상을 갖는다고 추정될 수 없다. 지구상 생명체의 기원 및 초기 진화의 발생은 그림 17.14(다음 쪽)와 같이 모식화할 수 있다. 궁극적으로 살아남은 최초의 세포성 생명체, 즉 최초공동조상(cenancestor)은 적어도 20억 년 전 또는 그 이전에 나타났다. 세포막과 내부 소기관 막을 가지는 것은 세포를 구획화하는 막대한 이점을 갖는다. 특정 화학물질을 세포 안에 모아둘 수 있고, 또 어떤 물질은 세포 밖으로 내보낼 수 있다. 이런 능력은 생명체가 그들의 필수적인 구성요소를 주변 용액보다 높은 농도로 축적할 수 있게 한다(예: 활성화된 뉴클레오티드). 또한 세포는 표현형이 유전물질이 아닌 단백질 영역이 된 이후에도 유전자형과 표현형이 서로 연결되어 있게 한다. 만약 암호화된 표현형이 다른 유전자형들로 자유롭게 확산된다면 유전자형은 진화적으로 무익하다.

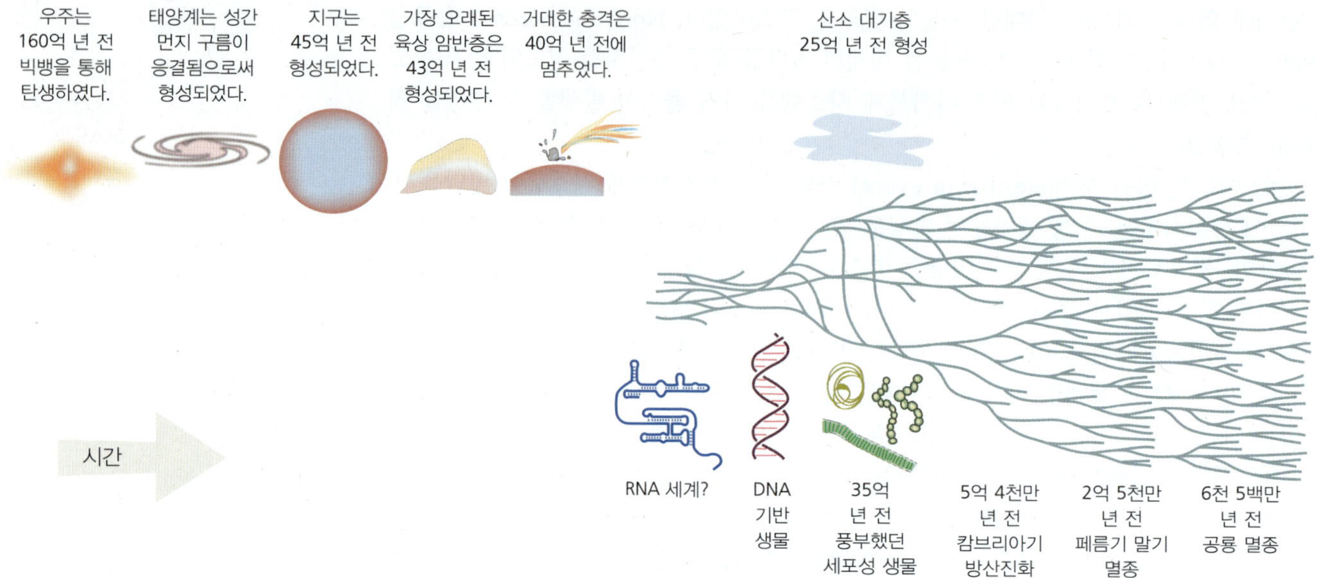


**그림 17.14 생명체 진화의 개요** 여기에서 보이는 생명의 계통수에서 (파랑) 가지의 융합은 우리가 이 단원의 끝에서 논의할 현상인 공생체의 획득과 수평유전자전달의 다른 형태를 나타낸다. Atkins and Gesteland (© 1998), Gesteland et al. (1999); W.F. Doolittle (2000)에서.

자가복제 RNA(Self-replicating RNA)부터 최초공동조상까지는 많은 의문점이 남아 있다. 예를 들어, 어떻게 초기 생명체가 세포형태를 취할 수 있었을까? 한 가지 가능성 있는 대답은 Sidney Fox와 그의 동료들의 연구에 의해 도출되었다. 그들은 물 또는 염용액에서 폴리아미노산 혼합물이 스스로 살아 있는 세포와 유사한 특징을 나타내는 미소구체로 조직화되는 것을 발견하였다(Fox and Dose 1972; Fox 1988, 1991 참조). 유사하게, 빛 조건에서 지방산과 그와 연관된 분자는 소낭으로 둘러싸인 이중층을 형성한다(Apel et al. 2002). 그림 17.15를 보면, 소낭은 핵산을 포함할 수 있는 기능을 한다. 소낭은 그들의 구성분자를 더 흡수하면서 커지고, 만약 작은 구멍을 통해 짜내지면(squeezed) 둘로 나뉘게 된다(Hanczyc et al. 2003). Sheref Mansy와 동료들(2008)은 지방산 소낭이 핵산을 통과하여 이것이 내부로 확산된 후 주형 핵산을 합성하게 하는 것을 증명하였다. 또 다른 가능성 있는 대답은 세포의 전구체가 무기물질에 의해 형성된 아주 작은 구획이었다는 것이다(Martin and Russell 2003; Hansma 2010).

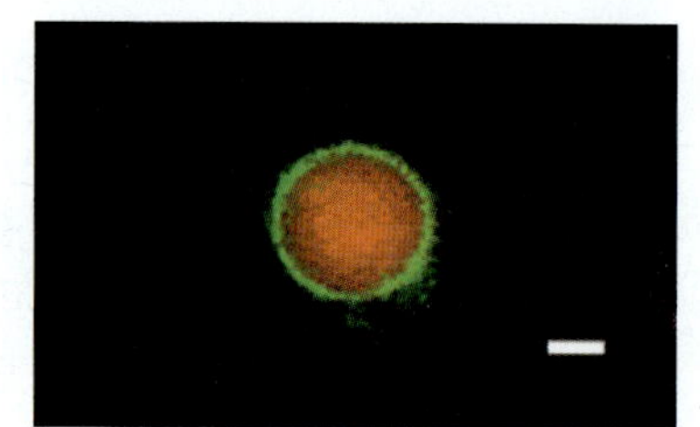

**그림 17.15 초기 세포 모델** 이 사진은 형광으로 표지된 RNA(오렌지색)를 포함하는 myristoleate(녹색) 유도체인 지방산으로 구성된 소낭을 보여준다. 눈금자 = 1 micron. Hanczyc et al. (2003)에서.

**비록 연구자들이 자발적으로 형성하는 세포막을 연상시키는 구조를 보았다 할지라도, 첫 번째 자가복제 분자들이 어떻게 세포성 생명체 형태로 진화되었는지 거의 알려진 것이 없다.**

최초의 자가복제 시스템처럼 우리는 조상 세포의 계보에 관하여 무엇이 일반적인 특징이고, 언제 나타났으며, 어떻게 오늘날의 난초, 곤충, 버섯, 아메바, 세균 등으로 진화하였는지 의문점을 가질 수 있다. 다시 말해서 이러한 사건들은 지구의 역사 초기에 발생하였고, 많은 직접적인 정보들은 소실되었다. 하지만 만약 우리가 어떤 질문을 해야 할지 안다면, 지질학적으로 기록된 확보 가능한 자료들로 초기 세포성 생명체의 미스터리를 해결할 수 있을 것이다(Schopf 1994b).

우리가 조상 세포를 확인하기 위해 우선적으로 살펴보는 것 중의 하나가 화석기록이다. 이론상으로, 완벽한 화석기록은 살아 있는 생명체의 자손으로부터 최초공동조상까지의 계통을 추적할 수 있게 해준다. 하지만 현재까지 축적된 화석기록으로는 오랜 과거까지 표현해주지 못하고 있다.

몇몇 연구자들은 32억~35억 년 전 암석에서 보존된 화석세포를 보고하였다(Schopf 2006 참조). 예를 들어 Andrew Knoll과 Elso Barghoorn(1977, 또는 Westall et al.

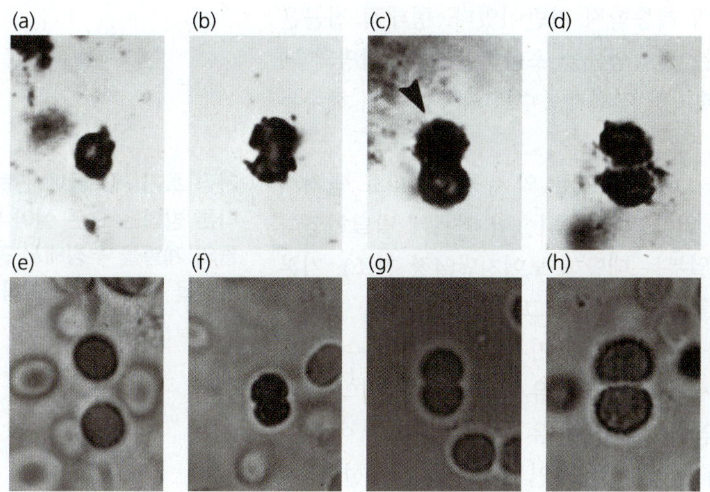


**그림 17.16 32억 6000만 년 전 분열하는 세포의 화석** 윗줄(a~d)은 남아프리카산 32억 6000만 년 된 바위에서 현미경으로 관찰된 화석을 보여준다. 아랫줄(e~h)은 다양한 분열 단계에 있는 살아 있는 세균 세포를 보여준다. 화석과 살아 있는 세포의 뚜렷한 유사성에 주목하라. Knoll and Barghoorn (1977)에서.

2011 참조)이 발견한 그림 17.16a~d의 화석은 남아프리카에서 Swartkoppie 규질암(chert)이라 불리는 지질형성 시대로부터 기원한다. 원래 34억 년 전이라 생각되었던 이 세포는 현재 약간 더 젊을 것으로 추정된다. 다른 이유들 중에서 Knoll과 Barghoorn은 화석의 탄소 함유량, 크기 분포, 퇴적암반의 지역과 분할하는 세균과 유사하다는 이유로 그것을 세포라 동정하였다(그림 17.16e~h).

**가장 초기 세포들의 특성에 관하여 배우는 한 가지 방법은 그들의 화석을 찾는 것이다.**

William Schopf(1993)는 서부 호주의 약간 오래된 Apex 규질암(chert)으로부터 남세균(cyanobacteria) 화석을 보고하였다. Schopf의 증거는 상당한 논란거리가 되었다(Brasier et al. 2002; Dalton 2002; Kázmierczak and Kremer 2002; Kempe et al. 2002; Schopf et al. 2002a, 2002b; Pasteris and Wopenka 2002; De Gregorio et al. 2009; Marshall et al. 2011 참조). 게다가 회의론자들은 30억 년 전이라 알려진 모든 화석의 생물학적 기원에 의문점을 제기했다(Brasier et al. 2006). 하지만 회의론자들 중 하나는 최근 연구를 통해 34억 년 전 Strelley Pool 형성으로부터 생성된 암반에서 세포를 발견하였으며, 이는 또한 서부 오스트레일리아에서도 발견되었다(Wacey et al. 2011; 또한 Javaux 2011 참조).

불행하게도 일부 또는 모든 알려진 화석이 진짜임에도 불구하고, 화석은 현재 의문점들에 해결책을 제시해 주지 않는다. 25억 년 이전 시간의 화석기록은 너무 불규칙하여 고생물학자들이 오늘날 생명체로부터 과거 Swartkoppie 또는 Apex 규질암의 화석까지의 진화적인 계통을 추적할 수 없다(Altermann and Schopf 1995). 이러한 결과로 우리는 암석에 기록된 생명체가 멸종했는지 현존하는지, 또는 그 생명체가 최근래 공동조상 이전에 나타났는지 이후에 나타났는지 확실히 알 수 없다. 만약 우리가 조상세포 계보의 특징을 발견하길 원한다면, 우리는 화석기록의 조사가 아닌 다른 방법을 사용해야 할 것이다.

## 모든 현존 생명체의 계통

조상의 계보를 연구할 수 있는 다른 방법은 모든 현존 생명체의 계통을 재구성하는 것이다. 계보는 단지 세포성 특징을 지니던 초기 생명체 형태의 추가적인 특징을 추론할 수 있게 한다(4장 참조). 모든 생명체의 계통을 재구성하려는 첫 번째 시도는 생명체의 형태를 기반으로 하였다(Woese 1991에 있는 리뷰 논문 참조; Doolittle and Brown 1994). 형태적 접근은 생물학자들에게 진핵생물을 포함하는 계통수의 각각의 가지를 흥미롭게 하였다. 형태는 역사적으로 많은 분류학적 그룹의 계통학적 기반이었다. 형태적 접근은 좌절감을 야기시키긴 하였으나, 생물학자들에게는 원핵생물을 포함하는 전체 생명의 계통수 가지들을 흥미롭게 하였다. 원핵세포는 형태기반 진화계통수를 재구성하게 해주는 충분한 구조적 다양성이 결함되어 있다.

**가장 초기 세포들에 관하여 배우는 다른 방법은 모든 살아 있는 생명체들의 계통을 추정해서 공동조상의 특성을 추론하는 것이다.**

생물학자들이 단백질의 아미노산 염기서열과 DNA와 RNA의 뉴클레오티드 염기서열을 읽는 방법론을 발전시켰을 때, 계통 추론을 위한 새로운 기술이 빠르게 발달하였다(Zuckerkandl and Pauling 1965). 이런 기술의 일부는 대단해 보이지만(4장 참조), 기본 개념은 간단하다. 모든 유전체에서 특정 유전자를 가지는 종의 그룹을 상상하라. 우리는 종 각각의 유전자 뉴클레오티드 염기서열을 읽을 수 있으며 염기서열을 비교할 수 있다. 만약 종이 가깝게 연관되어 있다면, 그들의 염기서열은 상당히 유사해야 한다. 만약 종이 진화계통수에서 먼 거리에 위치한다면, 그들의 염기서열은 덜 유사하다. 이러한 이유로, 우리는 종의 진화적 유연관계를 추론하는데 염기서열의 상대적인 유사성을 사용한다. 유사한 염기서열을 가지는 종은 진화계통수에서 서로 인접한 가지에 놓이게 되며, 덜 유사한 염기서열을 가지는 종은 비교적 멀리 있는 가지에 놓이게 된다.

모든 현존하는 생명의 진화계통수를 추정하는데 염기서열 자료를 이용한 것은 대장균과 인간만큼 멀리 연관된 종간의 염기서열 유사성을 보여줄 수 있는 유전자를 발견하기 위한 것이다(Woese 1991). 우리는 모든 생명체에 나타나는 유전자 및 필수적인 기능을 하여 안정화 선택(stabilizing selection)으로 암호화되어 있는 유전자를 필요로 한다. 강한 안정화 선택 없이는 유전적 부동이 일어난 10억 년 동안 먼 유연과계의 생명체들의 염기서열 유사성은 사라질 수 있다. 또한 유전자의 기능은 모든 생명체에서 여전히 같아야만 한다. 왜냐하면 유전자 산물의 기능이 어떤 종으로 이동하였으나 다른 종으로는 이동하지 않았을 때 새로운 기능의 선택은 뉴클레오티드의 빠른 변화로 야기될 수 있으며, 이것은 종이 실제보다 더 먼 유연관계로 되어 있는 것처럼 보이도록 만든다.

전체 생명의 계통수를 작성하는 데 모든 기준을 갖는 한 가지 유전자는 소단위 리보솜 RNA를 암호화하는 유전자이다(Woese and Fox 1977; Woese 1991). 모든 생명체는 리보솜(ribosome)을 가지고 있으며, 리보솜은 모든 생명체에서 rRNA와 단백질을 포함하는 유사한 구성을 갖는다. 모든 리보솜은 작고 큰 단위로 구성된 3차 구조를 갖는다. 모든 생명체에서 리보솜의 기능은 같다: 리보솜은 번역(translation)의 기능이 이루어지는 장소이다. 번역은 매우 필수적이며, 생명체는 인간과 세균이 10억 년 전의 공동조상을 공유한다 할지라도 인간과 인간의 장내 세균의 리보솜 RNA가 유사한 뉴클레오티드를 가지고 있도록 하는 강한 자연선택을 하게 된다. 소단위 rRNA는 전체 생명의 계통수를 추정하는 데 분자염기서열을 사용했던 최고 선구자인 Carl R. Woese에 의해 선택되었다(Fox et al. 1977; Woese and Fox 1977; 또한 Doolittle and Brown 1994 참조). 이것이 완벽한 해결책은 아니지만, 소단위 rRNA는 전체 생명체의 계통에 유용한 정보를 주는 것으로 남아 있다.

소단위 rRNA 염기서열에 의해 밝혀진 생명의 계통수가 나타나기 이전에는, 생물학자들은 Woese가 프로젝트에 착수했을 때와 같이 생각하였다(그림 17.17). 5계 모델(five-kingdom model)에 따르면, 계통수의 첫 번째 분열은 원핵생물(세균)이 왼쪽, 진핵생물이 오른쪽으로 구분되었다. 진핵생물은 우리의 삶과 친숙한 큰 다세포성 생명체로 구성된 3개의 계와 4번째 계인 미생물로 구성되어 있다.

그림 17.18은 소단위 rRNA 염기서열을 기반으로 추론된 전체 생명의 계통수이다. 이 전체 생명의 rRNA 계통은 우리가 알고 있던 모든 생물의 전통적인 관점을 크게 수정하게 하였다. 왜냐하면 이 계통수는 단지 5계 체계 분류의 일부만이 실제 진화적 유연

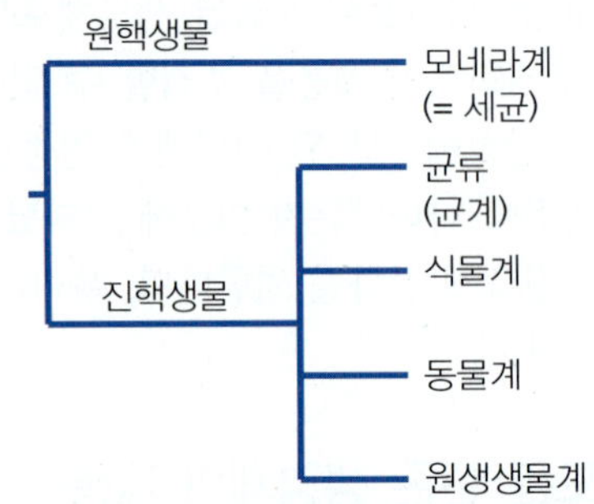


**그림 17.17 5계 체계에 따른 생명의 계통수** 이 체계에 따르면, 전체 생명의 계통수에서 가장 오래된 분기점은 현재의 원핵생물(세균) vs. 진핵생물(균, 식물, 동물, 원생생물)로 진화한 계보 사이에서의 분기이다.

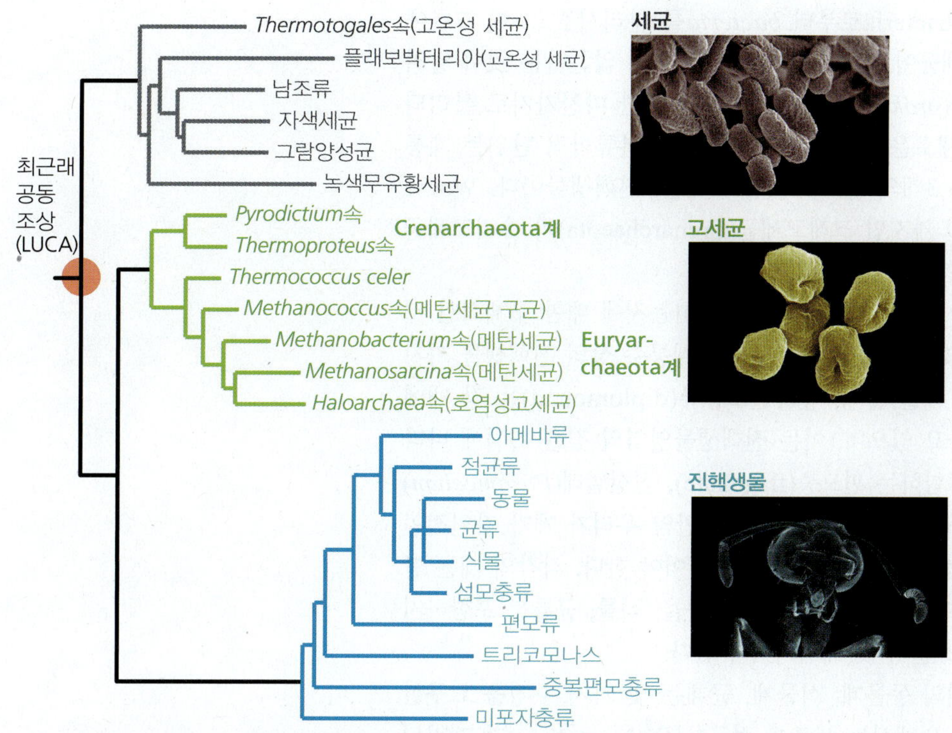


**그림 17.18 모든 현존 생명체의 계통 추정** 이 계통수는 소단위 rRNAs의 뉴클레오티드 서열의 분석에 근거한 것이다. LUCA는 현존하는 생명체에 대한 최근래 공동조상이다. 주사전자현미경은 세균을 대표하는 *E. coli*를, 고세균을 대표하는 *Sulfolobus*를, 그리고 진핵생물을 대표하는 개미를 보여준다. Woese (1996)에서.

관계에 유사하다는 것을 보여주었기 때문이다(Woese et al. 1990; 대비되는 견해로는, Margulis 1996 참조).

예를 들어 전통적 분류체계의 모네라계(Kingdom Monera) 그룹인 원핵생물은 rRNA 계통수의 3개 주요 가지 중 2개를 차지한다. 이 중 하나는 실제적으로 원핵생물로 잘 알려져 있는 세균이다. 예를 들어 그람양성 세균은 폐결핵 병원균인 *Mycobacterium tuberculosis*이다. 홍색세균은 대장균을 포함한다(홍색세균은 그들이 홍색을 띠며 광합성을 한다는 이유로 이름 붙여졌다). 광합성을 하는 남세균은 생물학 실험실에서 자주 발견되는 *Nostoc*을 포함한다.

또 다른 원핵생물 가지인 고세균(Archaea)은 잘 알려져 있지 않다. 고세균의 대부분은 최근에 밝혀졌으며, 물리적으로 극한 환경에 살며 잘 배양되지 않는다(Madigan and Marrs 1997 참조). 예를 들어, 크레고세균(Crenarchaeota)은 극호열균으로, 110°C의 온천에 서식한다. 유리고세균(Euryarchaeota)의 대부분은 무산소성으로, 메탄을 생성한다. 유리고세균의 또 다른 그룹인 호염성 고세균(Haloahrchaea)은 매우 높은 염도 의존성을 가지므로 극호염균이라 불린다.

원핵생물의 세포구조에 의해 고세균은 원래 세균으로 분류되었다. Woese와 그의 동료들이 이 생명체가 세균과 유연관계가 먼 것을 발견했을 때, 그들은 이것을 archaebacteria라고 다시 이름 붙였다(Fox et al. 1977l; Woese and Fox 1977). 결국 생물학자들은 그림 17.18에 나타나는 계통수와 같이, 고세균이 진정세균보다 진핵생물과 더 가깝게 연관되어 있다는 사실을 발견했다(Bult et al. 1996; Olsen and Woese 1996 참조). 이것을 통해 Woese와 그의 동료들(1990)은 그림 17.18에 사용된 새로운 분류체계를 제

**염기서열 자료를 근거로 한 첫 번째 전체 생명의 계통수는 소단위 rRNA 유전자를 근거로하여 추정되었다. 이들 rRNA 계통수는 전통적인 5계 체계의 분류가 진화적 유연관계의 관점에서 잘못된 견해를 제공한다는 것을 밝혔다.**

시하였다. Woese와 동료들은 archaebacteria로부터 *bacteria*를 분리시켰고, 이 그룹에 Archaea만을 남겨두었다. 세균과 고세균이 단계통 그룹을 형성하지 않는다는 것이 알려진 후로, 일부 생물학자들은 **원핵생물**(*prokaryote*)이라는 단어 또한 마찬가지로 분리되어야 함을 제시하였다(Pace 2006). 새로운 분류체계상 대부분의 분류학적 단위는 계통수 상의 주요 3개의 가지에 해당하는 3개의 영역, 세균, 고세균, 진핵생물이다. Woese와 동료들은 고세균의 2개의 근본적인 가지인 크레고세균(Crenarchaeota)과 유리고세균(Euryarchaeota)이 계로 선정되어야 한다고 제안하였다.

Woese et al.(1990)은 진핵생물을 계로 어떻게 구분해야 하는지에 대한 구체적인 제시를 거절하였다. 전통적인 분류체계의 원생생물계는 생명의 계통수 상의 진핵생물 가지에서 몇몇 기저 가지에 흩어져 있다. 예를 들어, 중복편모충류(diplomonad)는 장 내에 *Giardia labilia*라는 기생충을 포함하고 있으며, 이는 진핵생물영역의 깊은 가지에 나타난다. 그들은 유글레나(*Euglena*)를 포함하는 편모충(flagellate), 짚신벌레(*Paramecium*)를 포함하는 섬모충류의 다른 원생생물로부터 잘 구분된다. 만약 우리가 계가 자연적인 진화적 그룹과 일치하는 것을 원한다면, 그들은 단계통을 이루어야 한다. 각각의 계는 단일 공동조상의 모든 자손을 포함하여야 한다. 원생생물계가 동물, 식물, 균류를 포함하지 않는 이상, 이것은 몇몇의 새로운 계로 분리 및 대체되어야 한다.

전통적 분류체계에 남아 있는 3개의 동물계, 식물계, 균계는 몇 가지 수정을 요구한다. 예를 들어, 자연적 그룹의 균계를 위해서는 세포성 점균류(*Dictyostelium*)가 제거되어야 한다.

하지만 전체 생명의 rRNA 계통수는 동물계, 식물계, 균계 및 진화 생물학자의 관심을 끌었던 계들은 단지 생명의 계통수의 하나의 가지 꼭대기에 있는 잔가지일 뿐임을 보여주었다. 이러한 3개의 계의 다세포성 거시적 생명체는 진화적 관점에서 볼 때 신입자(newcomers)이다; 그들은 비교적 최근의 최근래 공동조상이다. 소단위 rRNA와 같이 모든 생명체가 공유하고 있는 유전자는 동물, 식물, 균류에서 적어도 10%의 뉴클레오티드 다양성을 갖는 것으로 관찰되었다(Olsen and Woese 1996).

## 초기 세포성 생명체의 관찰

현재의 전체 생명의 계통수에서, 무엇이 초기 세포성 생명체 형태를 나타낸다고 알려주는가? 그림 17.18의 붉은색 점은 현존하는 생명체의 최근래 공동조상을 나타낸다. 이 계통수에 따르면, LUCA의 자손은 한쪽으로는 세균, 다른 한쪽으로는 고세균-진핵생물로 분기되었다. 이 방향의 뿌리 및 그 외의 것은 외군이 정해지지 않은 상태로 연구가 진행되었으므로 변할 수 있다. 그림 17.18에 나타난 뿌리의 위치는 연구자가 사용한 다른 분석적인 방법(**그림 17.19**)에 근거하지만, 대략적으로 유사한 대답을 도출한다: 고세균과 진핵생물은 서로 세균보다 더 가깝게 연관되어 있다(Gogarten et al. 1989; Iwabe et al. 1989; Brown and Doolittle 1995; Baldauf et al. 1996). 이후 최근의 자료는 뜻밖의 결과를 도출하였는데, 이에 대해 간략하게 논의하겠다. 뿌리의 위치를 추정하는 것은 활발한 연구분야로 남아 있다(Zhaxybayeva et al. 2005; Dagan et al. 2010; Fournier and Gogarten 2010 참조).

만일 우리가 매우 오래전 시간으로부터의 계통을 추론할 수 있고 뿌리의 선택이 타당하다고 가정한다면, 우리는 언제 어느 계보에서 특정한 기본적 세포 특성이 진화해 왔는가에 대한 추론을 할 수 있다. 4장에서 다루었듯이 우리는 절약성의 원칙을 사용하여 형질상태의 변화를 계통수로 그릴 수 있다. 어떻게 전체 생명의 계통수에 형질상태를 나타

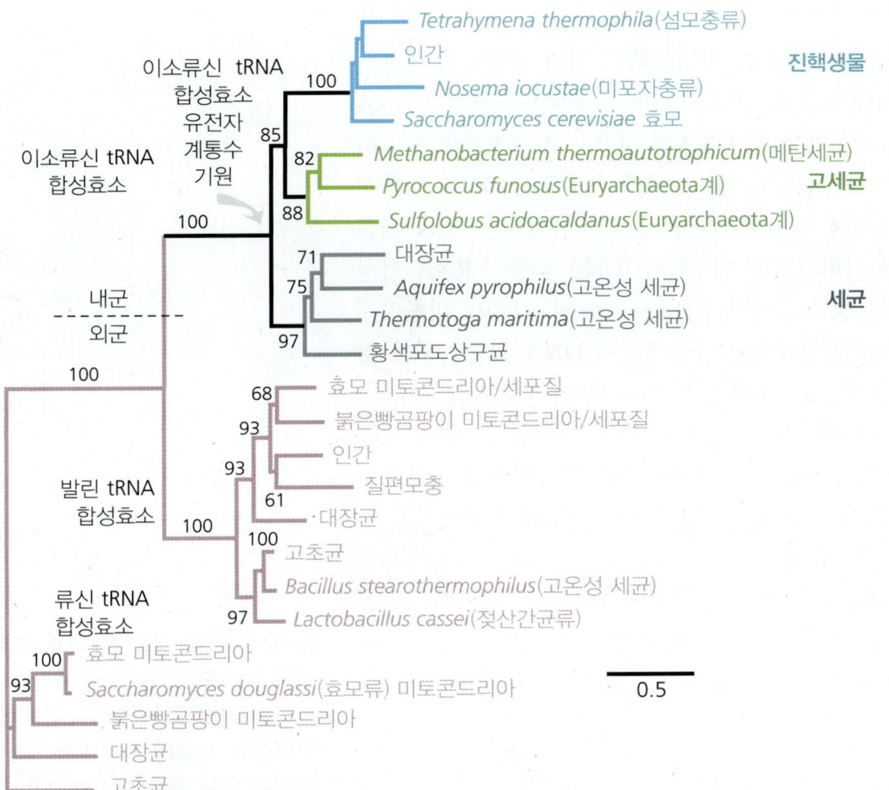


**그림 17.19 전체 생명의 계통수의 뿌리 설정** 외군으로 사용할 생물이 없는 생명의 계통수를 결정하는 것은 분석적인 속임수가 필요하다. 여기 고대 복제품으로부터 발생한 유전자군은 분자적인 외군을 제공한다. 아미노아실-tRNA 합성효소 유전자군이 하나의 예이다. 여기에 보이는 계통수는 생명체가 아닌 유전자 계통수라는 것을 명심하고 윗부분에 검정, 파랑, 녹색을 보라. 이 부분은 세 개 영역(세균, 고세균, 진핵생물)을 대표하는 생명체의 이소류신 아미노아실-tRNA 합성효소(IleRS) 유전자의 계통수이다. 다양한 세균과 진핵생물의 발린(ValRS)과 류신(LeuRS) 아미노아실-tRNA 합성효소 유전자들은 이소류신 tRNA 합성효소 계통수의 뿌리인 외군이다. 외군 계통수는 연보라색 선으로 보인다. Brown and Doolittle (1995)에서.

내는지는 그림 17.20을 보라. 만약 하나의 형질이 3개의 영역에 모두 발생하거나(그림 17.20a), 또는 세균과 고세균에만 나타나고 진핵생물에는 나타나지 않거나(그림 17.20b), 또는 세균과 진핵생물에는 나타나나 고세균에는 나타나지 않을 때(그림 17.20c), 우리는 이 형질이 공동조상에 나타나거나 아니면 이 형질이 결합되어 있는 계보를 소실하였다고 추론할 수 있다. 대체할 수 있는 시나리오는 형질이 독립적으로 2번 또는 3번 발생하는 것이다. 만약 우리가 기본적인 세포특성의 소실이 획득보다 더 쉽게 일어난다고 가정한다면, 이 대체가능한 시나리오는 절약성의 원칙에 부합되지 않는다.

우리는 세포내 기구의 가장 보존적인 부위가 핵산의 유전적 정보를 단백질로 번역하는 기능을 한다는 것을 이미 알고 있다. 모든 영역의 세포성 생명체의 유전체 안에 있는 대략 60개의 유전자 중에서 30개는 리보솜 단백질이고, 15개는 아미노아실 tRNA 합성효소—tRNA에 붙어 있는 효소(Koonin 2003)이다. 우리는 최근래 공동조상이 단백질로 이루어진 효소를 가지며, 효소를 생산할 수 있는 매우 정교한 능력을 가지고 있을 것이라 추론할 수 있다.

절약성은 우리에게 모든 현존하는 생명체의 공동조상이 이미 DNA에 유전적 정보를 저장하고 있음을 말해줄 수 있는가? 사실 현존하는 모든 생명체는 공동조상이 같다는

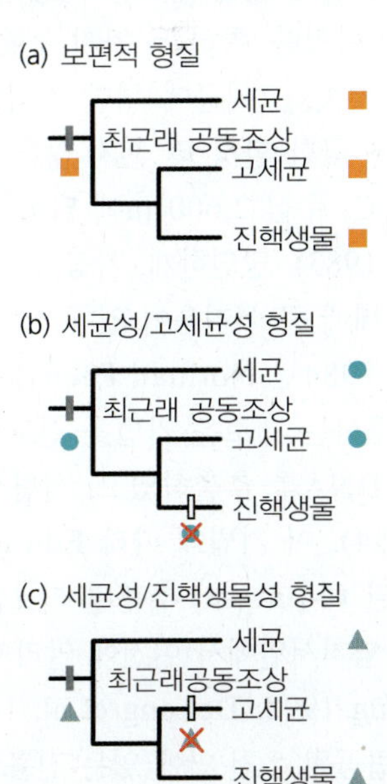


**그림 17.20 생명의 세 개 영역 간에 복잡한 형질들에 대한 세 가지 가능한 분포** 회색자로 표시된 변화는 획득을 표현한다; 흰색자는 소실을 의미한다.

DNA 추론을 사용한다. 또 다른 가능성은 공동조상이 RNA와 같은 일부 다른 분자에 유전적 정보를 저장한다는 것이나, 저장소로는 DNA가 자연선택에 의해 강력하게 선호된다. 이러한 자연선택은 하나 이상의 영역에서 독립적으로 발생하는 RNA 저장소가 DNA 저장소로 전환되는 것을 의미한다. 공동조상에 의한 DNA의 사용은 수렴진화의 시나리오보다 더 가능성 있다. 한 가지 단서는 전사(transcription)에 사용되는 DNA 의존적 RNA 합성효소가 3개의 영역 모두에 유사하게 나타난다는 것이다. 이것은 DNA 의존적 RNA 합성효소가 최근래 공동조상에 나타난다고 제시한다. DNA 의존적 RNA 합성효소를 갖는 것은 DNA를 가지고 있다는 것을 의미한다(Benner et al. 1989). 마찬가지로, 3개의 영역 모두에서 발견되는 DNA 합성효소는 공동조상이 DNA 합성효소를 갖는다는 제안을 보여준다. DNA 합성효소가 있는 곳에는 아마도 DNA가 존재할 것이다. 한편, DNA 복제기구의 일부 구성요소는 독립적으로 진화했다고 추론할 수 있는 세균 및 고세균/진핵생물에서 다르게 나타난다(Leipe et al. 1999). 아마도 최근래 공동조상이 이들의 유전정보를 DNA에 저장하였으나, 현재 생명체들과는 다르게 복제하였을 것이다.

증거와 유사한 종류의 추론에 기초하여, 많은 연구자들은 잠정적으로 가장 최근의 공동조상은 매우 진화되었고, 생물학적으로 복잡하다고 결론 내렸다. 종합적으로, 공동조상은 오히려 현재 세균과 유사한 여러 방면으로의 모습으로 나타난다(Ouzounis et al. 2006).

**분자자료를 근거로 한 전체 생명의 계통수는 모든 현존하는 생명체의 최근래 공동조상은 DNA 유전체와 현대적인 세포의 시스템을 가지고 있는 복잡하고 정교한 생명체라는 것을 시사한다.**

## 생명의 계통수와 초기 세포에 대한 우리의 그림은 지속해서 진화한다

생명의 계통수 및 오늘날까지 현존하는 초기세포의 이해는 결정적으로 유전적 염기서열 자료에 의존한다. 이 자료는 전체 생명의 계통수를 추정할 수 있도록 한다. 게다가, 염기서열 자료는 전체 생명의 계통수 상에서 공동조상에 대해 추론할 수 있도록 하는 생명체의 특징에 관한 정보를 제공해준다. 우리가 가지고 있는 염기서열 자료량은 폭발적으로 증가하였다. 특히 두 가지 동향은 많은 새로운 관점을 제시할 수 있다.

첫째, 고세균에 대한 지식은 급격히 증가하고 있다. 이전에 언급했듯이, 많은 고세균은 극한 환경 및 흔치 않은 곳에 서식한다. 예를 들어 *Methanococcus jannaschii*는 85°C, 수심 2,600 m에 달하는 심해 열수분출공의 무산소성 상태에 서식한다(Jones et al. 1983). 당연하게, 가장 잘 알려진 고세균은 배양이 매우 어렵거나 불가능하여 연구하는 데에 큰 어려움이 있다.

1984년 Norman Pace 실험실의 생물학자로 구성된 팀은 고세균의 환경적 분포를 연구하는 새로운 기법을 선도하였다. 연구자들은 자연에서 채집된 진흙과 물로부터 직접 DNA를 추출하였고, 실험실에서 DNA를 증폭하여 염기서열을 얻었다(Stahl et al. 1984). 이 기법에 따라 Edward DeLong과 동료들은 남극 및 북아메리카 연안에서 채집된 해수로부터 추출된 리보솜 RNA 유전자를 연구하였다. DeLong과 동료들은 그들의 염기서열에서 이전에 알려지지 않은 고세균에 속하는 많은 유전자를 발견하였다(DeLong 1992; DeLong et al. 1994). Susan Barns과 동료들(1994)은 비슷하게 옐로스톤 국립공원 온천 안에 있는 진흙으로부터 rRNA 유전자를 발견하였다. 그들은 또한 이전에 알려지지 않은 몇몇 고세균을 발견하였다. 각 연구실의 연구자들은 현재 비슷한 연구를 수행하고 있다(Service 1997; Schleper et al. 2005).

이러한 환경적인 염기서열 조사는 고세균이 극한 환경뿐만 아니라 해수, 담수, 흙과 같은 일반적인 환경에서도 서식하고 있음을 발견하였다. 그들은 충분히 풍부하며, 전체

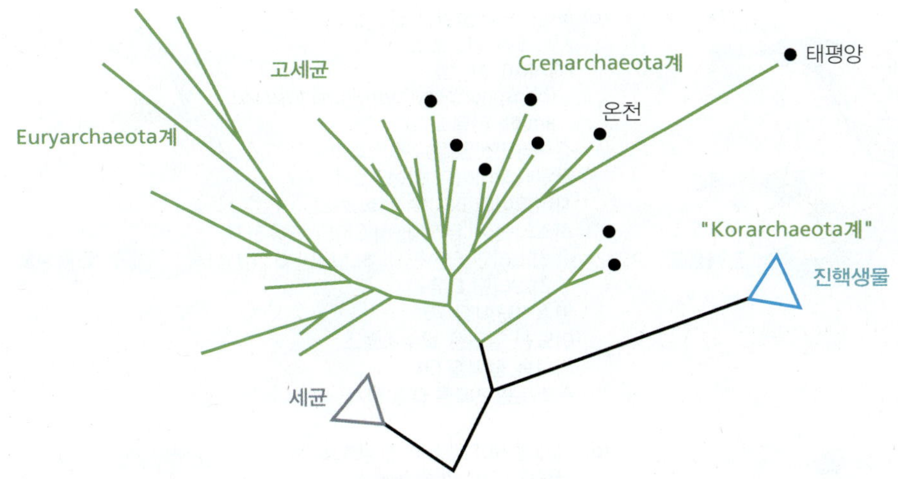


**그림 17.21 rRNA 염기서열을 근거로 한 모든 현존하는 생명의 계통수 추정** 검은색 점들은 rRNA 유전자만이 알려진 계보를 의미한다. 고세균 내에서와 영역 간 가지의 길이는 유전적 거리에 비례한다; 세균과 진핵생물 간에 유전적 다양성은 기준이 없다. Barns et al. (1996)에서.

에너지 및 화학 사이클에서 상당히 큰 역할을 수행하고 있다. 고세균은 수소와 이산화탄소가 메탄으로 변환될 수 있는 능력을 가진 유일한 생명체이다.

Barnes와 동료들(1996)은 그림 17.21에 나타난 전체 생명의 계통수 추정에 몇몇 새로운 고세균 rRNA 염기서열을 사용하였다. 이 계통수는 코르고세균(Korarchaeota)이라는 이전에 알려지지 않은 고세균 계의 존재를 제시한다. 고세균이 생명체의 기본적인 3개의 그룹 중 하나라고 제시되었을 때, 우리는 전체 생명의 계통수의 이해를 향상시키기 위해 그들에 대해 배웠다(Gribaldo and Brochier-Armanet 2006).

두 번째 경향인 전체 생명의 계통수와 최근래 공동조상의 생물학의 이해를 향상시키는 것은 전체 유전체 염기서열 분석의 출현이다. 우리가 이 책의 초판을 썼을 때, 5개 생명체에 대한 전체 유전체가 분석되었다. 우리가 두 번째 판을 작성하였을 때, 27개의 유전체가 이용 가능하였고, 3번째 판을 쓸 때는 114개 유전체가 분석되었다. 4번째 판을 작성하였을 때에는 사람, 쥐, 초파리, 지렁이, 식물 3종, 몇몇 균류 및 원생생물을 포함하는 총 389개(세균 339개, 고세균 28개, 진핵생물 22개)의 생명체에 대한 전체 유전체가 분석되었다. 초고는 345종이 추가되었을 때 완성하였고, 유전체 프로젝트는 483개 이상 진행되었다(NCBI 2006). 우리가 이번 판을 작성하였을 때, 충분한 돈을 가지고 있는 개인들도 자신의 유전체 염기서열을 분석할 수 있고, 그 가격은 빠르게 떨어지고 있다.

전체 유전체 염기서열의 이용은 특히 세균과 고세균의 정확한 진화적 유연관계를 추정할 수 있도록 해준다. 예를 들어 Simon Harris와 동료들(2012)은 전체 유전체를 이용하여 인간에게 비뇨생식기 감염을 일으키는 클리미디아 트라코마티스(*Chlamydia trachomatis*)의 여러 가지 균주들의 계보를 작성하였다. 클리미디아(*Chlamydia*)의 균주는 전통적으로 하나의 단백질에 반응하는 항체의 기준 패널을 사용하여 분류해왔다. 그림 17.22를 보면, 전통적 방식은 주로 한데 모여 있고, 이들은 다른 것들과 멀리 떨어져 있다. 반면에 계통수에서 넓게 분포하고 있는 것은 비뇨생식기 균주 D이다.

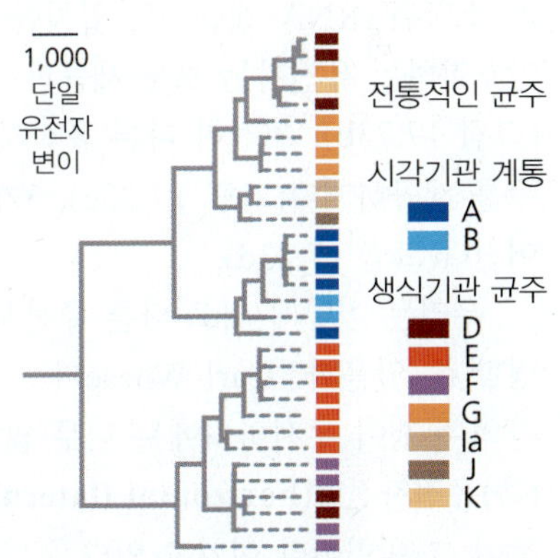


**그림 17.22 *Chlamydia trachomatis*(그람음성균의 일종) 계보 간의 유연관계** Harris et al. (2012)에서 수정.

또한 전체 유전체 염기서열의 이용은 막대한 양의 유전자 정보에 근거하여 전체 생명의 계통수를 추정할 수 있도록 한다. 이러한 연구는 역시 놀랄만한 것을 제공해 주었다.

**...그러나 분자자료를 근거로 한 전체 생명의 계통수는 또한 놀라움을 준다...**

우리는 서로 다른 유전자에 근거한 전체 생명의 계통수가 대략적으로 비슷할 것이라고 예측한다. 하지만 실제로 그렇지는 않다. James R. Brown과 W. Ford Doolittle

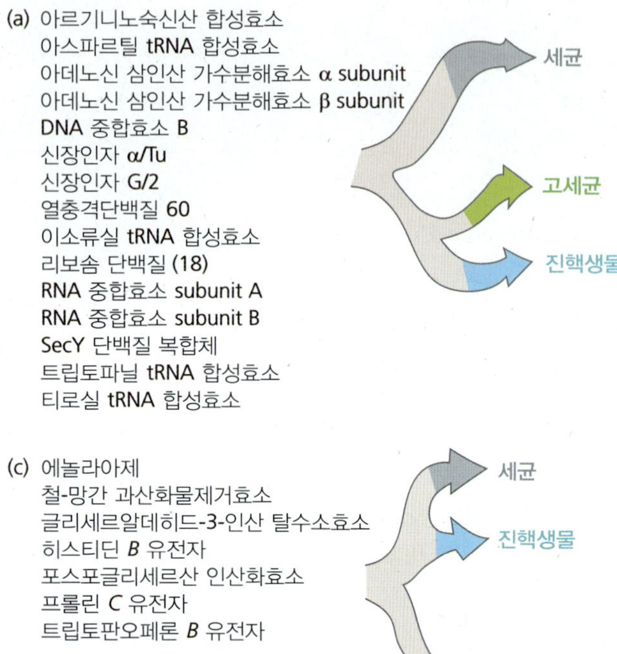


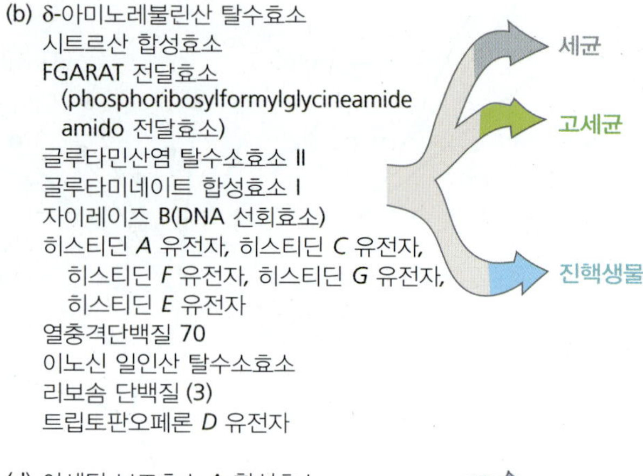


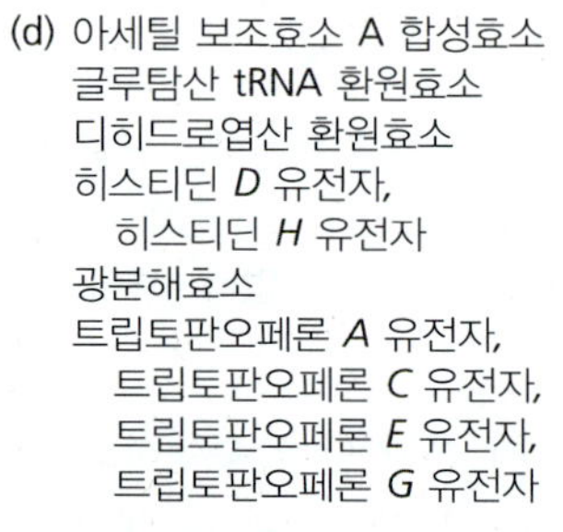


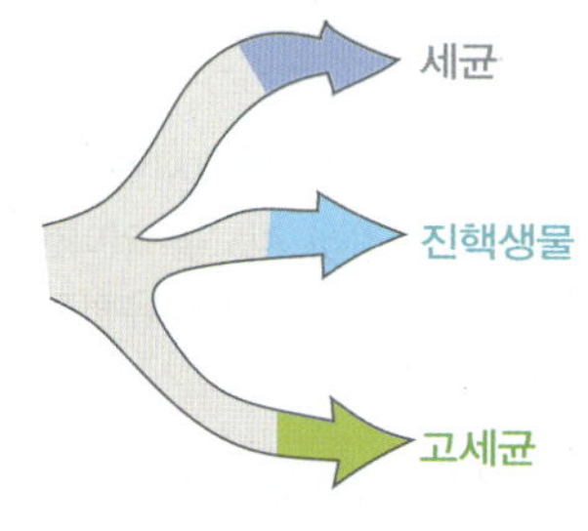


**그림 17.23 다른 유전자들은 전체 생명의 계통수에 대하여 서로 다른 추정을 한다** Brown & Doolittle(1997)이 다양한 유전자들을 사용해서 생명의 계통수를 재구성했을 때, 그들은 다른 유전자들은 다른 계통수를 만든다는 것을 발견했다. 어떤 유전자는 고세균과 진핵생물이 가장 가까운 관계로 계통수를 제공하고(a); 다른 것들은 세균과 고세균이 가까운 것으로 나타난다(b). 아직도 다른 유전자는 세균과 진핵생물이 계통수에서 가장 가까운 관계인 것으로 보이거나(c) 또는 세 개 영역 간의 유연관계는 미해결 상태이다(d). Brown and Doolittle (1997)에서.

(1997)은 4개의 유전자 그룹에 근거한 전체 생명의 계통수를 작성하였다(**그림 17.23**). 유전정보의 저장과 처리 과정에 관련된 단백질을 암호화하는 유전자에 의한 계통수는 대개 소단위 rRNA 계통수와 일치한다(그림 17.23a). 그러나 대사과정에 관련된 단백질을 암호화하는 유전자는 보통 세균과 고세균이 더 가깝게 연관되어 있는 계통수를 나타낸다(그림 17.23b). 여전히 다른 유전자는 세균과 진핵생물이 더 가까운 위치에 놓이는 계통수를 제공하거나(그림 17.23c), 3개의 영역의 유연관계가 해결되지 않은 채 3개로 나누어진다(그림 17.23d).

우리는 어떻게 서로 다른 유전자로부터 추정된 전체 생명의 계통수 간의 불일치를 설명할 수 있을까? Carl Woese가 포함된 많은 연구자들(1998, 2000, 2002)은 자료 세트 간의 논쟁이 무시하기에는 너무 많이 일어나며 지속적이라고 주장하였다. 그들은 '**수평(측)유전자전달(horizontal (lateral) gene transfer)**'이라고 알려진 유전자의 수평적 이동이 그 원인이라 여기고 있다.

**그림 17.24**에 수평유전자전달의 예시가 나와 있다. James R. Brown(2001)에 의해 작성된 이 전체 생명의 계통수는 아미노산 페닐알라닌이 운반 RNA(transfer RNA)에 붙게 하는 페닐알라닌 tRNA 합성효소의 $\beta$-subunit 유전자에 근거하였다. *Treponema pallidum*과 *Borrelia burgdorferi*의 $\beta$-subunit에 주목하라. 이 두 가지 생명체는 병원성 스피로헤타 세균이다. *Treponema pallidum*은 매독을 일으키며 *Borrelia burgdorferi*는 라임병을 일으킨다. 그들은 번역기구의 다른 구성요소에 기반한 계통수 상에서도 분명하게 세균에 속한다. 예를 들어 **그림 17.25**를 보면, 그들은 세균 그룹의 5시 방향에 놓여 있음을 알 수 있다. 하지만 그림 17.24의 계통수에서는 그들의 페닐알라닌 tRNA 합성효

**... 전체 생명의 계통수에서 정말 놀라운 것은 생명체들이 그들의 유전자를 우리가 알고 있는 것보다 더 쉽게 교환한다는 것이다. 이것은 유전자 계통수가 그들이 속해 있는 생명의 계통수와는 다를 수도 있다는 것을 의미한다.**

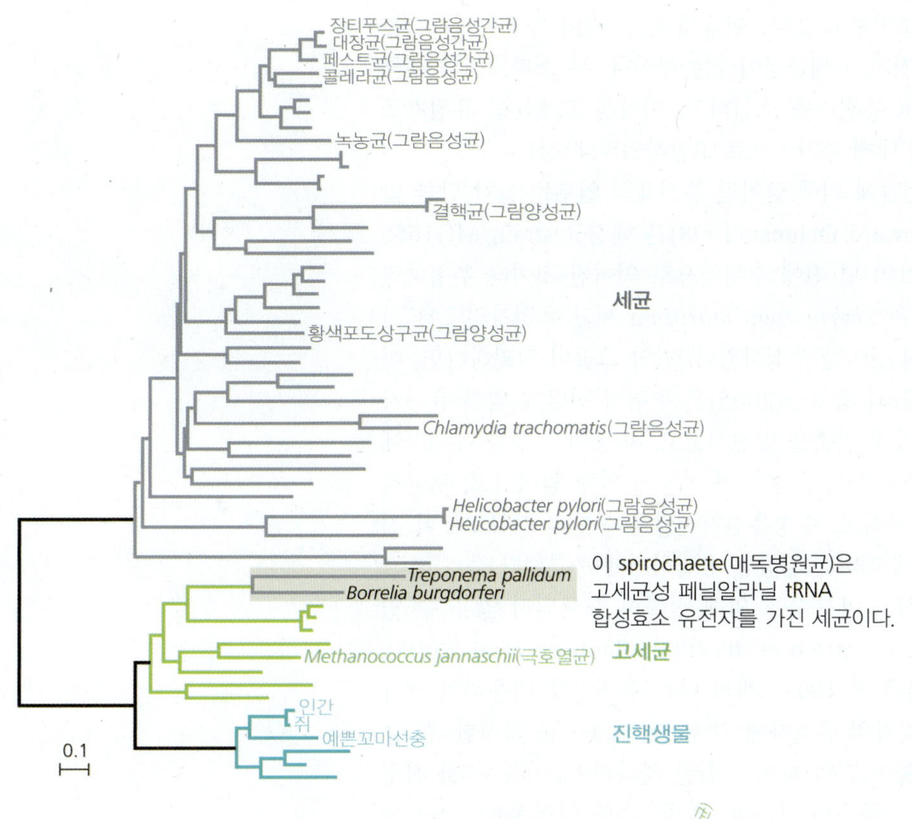


**그림 17.24 전체 생명의 계통수는 측유전자전달을 나타낸다** 이 계통수는 페닐알라닌 tRNA 합성효소 $\beta$-subunit에 대한 유전자들 간의 진화적 유연관계를 추정한 것이다. 스피로헤타 *Treponema pallidum*와 *Borrelia burgdorferi*는 세균이지만, 아직도 위의 유전자는 고세균 내부에서 둘로 갈라진다. 이에 대한 가능한 설명은 스피로헤타가 $\beta$-subunit 유전자의 원래 세균 버전을 잃어버리고 그것을 고세균으로부터 온 유전자로 대체했다는 것이다. Brown (2001)에서.

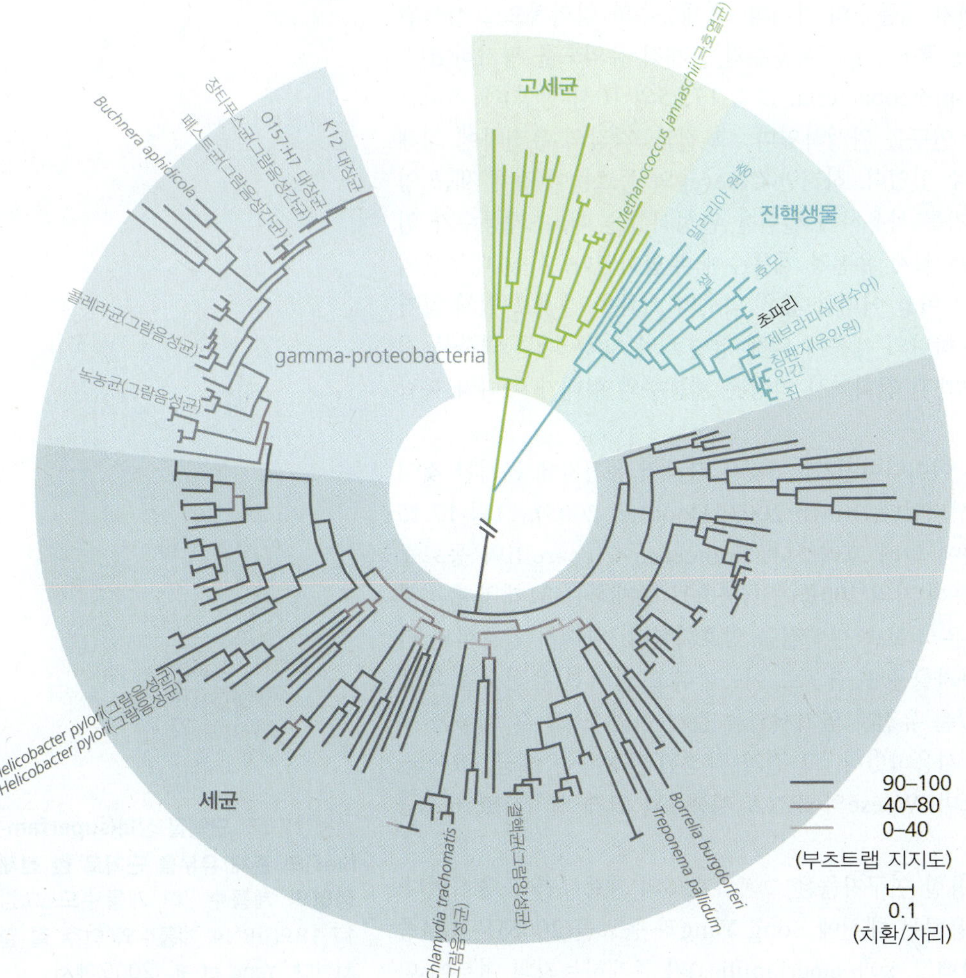


**그림 17.25 리보솜 단백질의 31개 유전자 염기서열을 연결해서 작성한 전체 생명의 계통수** 이 계통수는 고세균, 세균 및 진핵생물을 단계통적인 영역으로 해석하고 있으며, 그림 17.18의 rRNA 계통수와도 전체적으로 매우 잘 일치한다. Ciccarelli et al. (2006) 에서.

소의 $\beta$-subunit는 고세균과 가깝다고 보여주고 있다. 어떻게 이런 것이 가능한가? 가능성 있는 대답은 그들의 $\beta$-subunit 유전자가 고세균성이라는 것이다. 두 스피로헤타 세균의 공동조상은 그들의 세균성 $\beta$-subunit 유전자를 소실하고, 이것을 고세균성 유전자로 대체하였다. 우리는 다른 수평적 이동에 대해 추가적으로 고찰하였다(15장).

어떤 생명체에 대해서, 수평유전자전달에 의해 얻어진 유전체의 일부는 놀랄 만큼 많다. 예를 들어, Jeffrey Lawrence와 Howard Ochman(1998)은 대장균 strain MG1655에 의해 운반된 유전자의 18%가 지난 1억 년 전에 수평적으로 얻어진 것이라 추정하였다. 그리고 Karen E. Nelson과 동료들은 *Thermotoga maritima* 세균 유전자의 24%가 고세균으로부터 수평전달에 의해 얻어진 것이라 추정하였다. 만약 그들이 정확하다면, 이 높은 수치는 아마도 이례적이다. Fen Ge와 동료들(2005)은 수평적 전달에 의한 유전자를 확인하기 위해 엄격한 방법론 및 통계적 기준을 발전시켰고, 40종의 미생물 유전자에 적용하였다. 그들은 유전체 유전자의 0~6.74%가 수평적 이동에 의해 얻어지고, 평균적으로 2%라고 추정하였다. 그럼에도 불구하고, 수평유전자전달은 유전적 자료로부터 진화계통수를 작성하는 많은 대규모 사업에 대해 궁금증을 유발하기에 충분했다.

일부 연구자들은 오래전의 진화역사가 계통수에 의해 정확히 표현되지 않을 수 있다는 점을 생각하였다(Doolittel 1999; Gogarten et al. 2002; Bapteste et al. 2005). Christopher Creevey와 동료들(2004)은 약 100여 개의 다른 유전자를 이용하여 세균의 계통을 재구성하였다. 우선 그들은 각각의 유전자에 기반하여 계통수를 작성한 후, 초계통수(supertree)와 개별적 유전자 계통수 간의 차이를 합한 하나의 "초계통수"를 작성하였다. 그 후 초계통수와 실제 유전자 계통수의 차이와, 초계통수와 임의적으로 산출된 유전자 계통수의 차이를 합한 비교를 통해 이 초계통수의 통계적 유의도를 평가하였다. Creevey와 동료들이 단일 분기균($\gamma$-proteobacteria, 그림 17.25의 10시 방향)에 속하는 세균 10종의 유전자를 이용하여 이 연구를 완성하였다. 그 결과, 각각의 유전자에 의해 작성된 계통수 간의 합의점을 찾을 수 있었다. 하지만 Creevey와 동료들이 전체 세균 영역을 아우르는 11종의 세균의 유전자를 사용하여 실험을 완성시켰을 때, 초계통수가 임의적 유전자 계통수에 맞는 것보다는 실제 유전자 계통수에 부합하였다. 사실 대부분의 개별적 유전자는 빠르게 진화하여 더 이상 어떠한 깊은 역사의 기록을 가지고 있지 않거나, 또는 대부분의 개별적 유전자가 하나의 계통에 의해 설명될 수 없는 다른 역사를 지니고 있었다. 후자의 해석에 따른 오래된 진화역사 양상은 계통수의 형태가 아니라 복잡한 망 형태이다.

전체 생명의 계통수는 가치 있는 아이디어인가? 이것은 각각의 유전자에 근거한 것이 아닌 전체 유전체에 근거하여 재구성되었다(Brown 2003; Doolittel 2005). 그림 17.25에 나타난 계통수는 이러한 재구성에 의해 그려졌다. Francesca Ciccarelli와 동료들(2006)은 유전체 염기서열 분석을 통해 거의 200종에 공통으로 존재하는 31개의 유전자를 확인하였다. 이 유전자의 대부분은 리보솜 단백질을 암호화한다; 나머지 암호화된 단백질의 다른 역할은 번역이다. 연구자들은 측면으로 이동한다고 알려진 유전자를 피했다. 연구자들은 각각 종의 31개의 같은 유전자 염기서열을 길게 이었다. 그 후 계통을 구성하기 위해 이 연결된 염기서열을 사용하였다. 그 결과 작성된 계통수는 세균, 고세균, 진핵생물이 단계통을 나타내고 있으며, Woese의 rRNA 계통수와 크게 일치하였다(그림 17.18, 667쪽).

또 다른 전체 유전체 방법을 사용한 연구자들은 **그림 17.26**의 계통수를 도출하였다. 일부 유전자의 염기서열 자료를 사용하는 대신에 Song Yang과 동료들(2005)은 174종의 전체 유전체로부터 1,294개의 단백질 상과(superfamilies)가 존재하는지의 여부에 따

**그림 17.26 단백질 상과(superfamilies)의 존재 유무를 근거로 한 전체 생명의 계통수** 이 계통수도 그림 17.18의 rRNA 계통수와 아주 잘 일치한다. Yang et al. (2005)에서.

른 자료를 사용하였다. 단백질들이 아미노산서열, 입체 구조, 기능상의 충분한 유사성을 보일 경우 그들은 공동조상을 공유하고 있는 같은 상과로 분류되었다(Murzin et al. 1995). Yang과 동료들은 생명체의 모든 가능한 쌍에 그들의 유전체에 나타나거나 결여된 단백질 상과에 걸친 유전적 거리를 부여했다. 그들은 그 후 이러한 유전적 거리를 계통수를 작성하는 데에 사용하였다. 다시 도출된 계통수는 세 영역이 단계통을 형성하고 있으며 Woese의 rRNA 계통수와 전반적으로 일치하였다.

Ciccarelli의 연구, Yang의 연구, 그리고 그 외의 연구들은 전체 유전체가 먼 과거를 연구하는 데 희미하게나마 도움을 준다고 확신하였다. 그러나 우리가 볼 수 있는 것은 우리가 예상하는 것과는 완전히 다르다. 생명체의 역사는 나무와 같다(Kurland et al. 2003; Delsuc et al. 2005). 그러나 완전히 그렇지만은 않고, 나뭇가지 끝의 동일한 유전체상의 2개의 유전자가 다른 경로로 진행되었을 수도 있다.

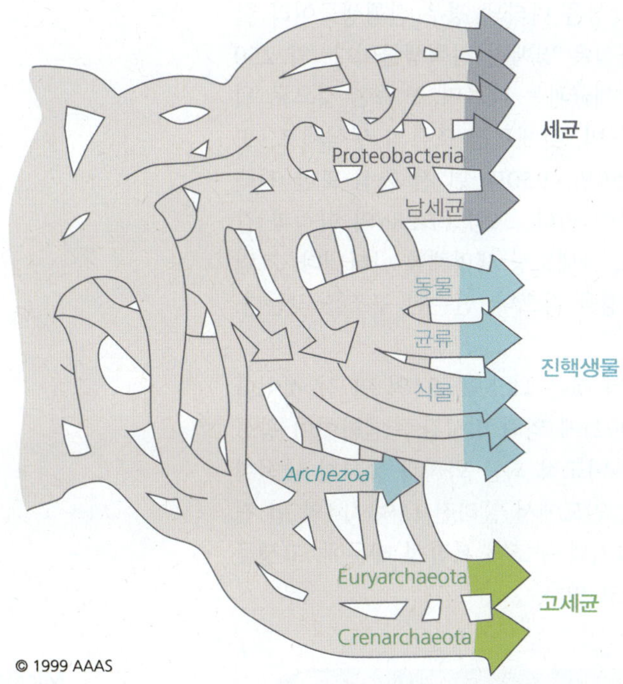


**그림 17.27 최초공동조상(cenancestor)은 하나의 종이 아니라 군집이었다** 광범위한 수평유전자전달(그림 17.23과 17.24에도 나와 있듯이)에 대한 특정 증거로 많은 연구자들은 다음과 같이 결론내렸다; 우리는 현존하는 모든 생명체의 가장 최근의 공동조상이 하나의 종이라고는 더 이상 생각할 수 없다. 대신에 LUCA는 유전자를 쉽게 교환하는 종의 군집이다. 결국에 생명의 계통수에 나타나는 세 개의 주된 가지는 이 얽혀 있는 기부에서 출현하였다. Doolittle (1999)에서.



한 가지 중요한 결과는, 최근래 공동조상을 추론할 때 생명체의 역사를 위한 가장 적절한 비유는 간단한 나무나 망이 아닌 그림 17.27에 보이는 뿌리로 연결되어 있는 모습이다. 그러므로 현존하는 모든 생명체의 최근래 공동조상이 하나라고 생각하는 것은 아마도 옳지 않을 수 있다. 더 정확한 공동조상의 묘사는 유전자가 쉽게 이동된 흥미로운 종의 군체일 수 있다(Woese 1998; Doolittle 2000; Whitfield 2004). 어떻게 세균, 진핵생물, 고세균이 이렇게 얽혀 있는 기저로부터 파생될 수 있는가에 대한 주제는 이 장의 마지막 절에서 다룰 것이다.

## 생명의 계통수 뿌리로서 가장 최근의 가능한 시기

전체 생명의 계통수 기부에 있는 생명체는 가지 윗부분에 있는 종들보다 최근까지 살 수 없다. 염기서열 자료와 분자시계를 이용한 분기점을 추정하기 위한 시도가 이루어졌다(예를 들어, Doolittle et al. 1996; 또한 Hasegawa et al. 1996 참조). 하지만, 가장 확실한 분기시간은 화석에서 알 수 있다. 이러한 점에서 유용한 화석은 생명체의 특정 그룹에

(a)

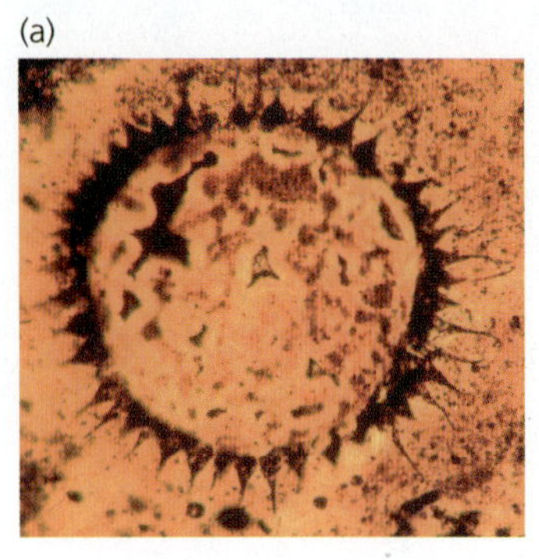

(b)

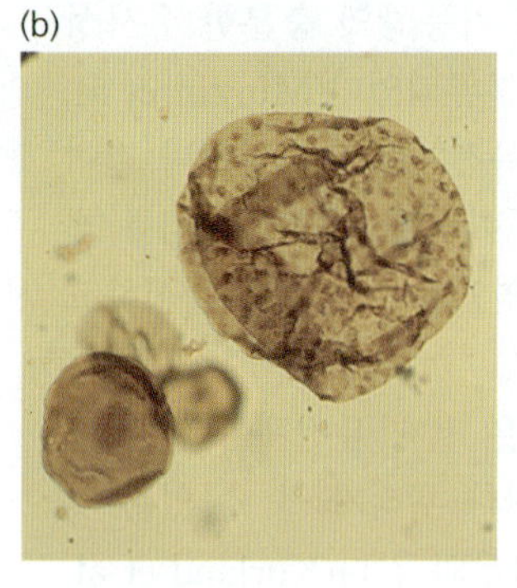

(c)

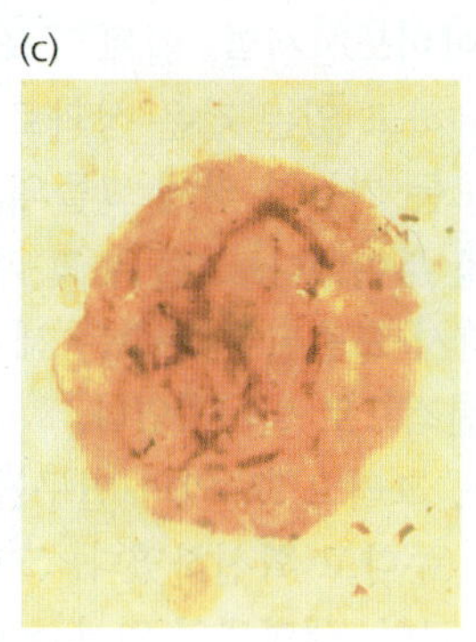

**그림 17.28 단세포성 진핵생물의 화석** (a) 중국, Doushantuo Formation 출처인 가시가 있는 화석. Knoll (1994); Knoll (1992)에서. (b) 시베리아, Miroyedikha Formation산 화석. Knoll (1994); Knoll (1992)에서. (c) 오스트레일리아, Roper Group산 화석 세포. Knoll (1994)에서, Javaux et al. (2001) 참조.

속한다는 확신이 있어야 한다. 만약 우리가 전체 생명의 계통수의 3개 영역 중 하나의 화석을 가지고 있다면, 화석보다 오래된 깊은 분기점을 알 수 있다.

단세포 생물의 화석은 그것이 충분한 구조적 복잡성을 나타낼 경우 진핵생물이라 할 수 있다. 예를 들어, 그림 17.28a의 590만 년 된 화석은 명백히 진핵생물이다: 약 250 $\mu$m의 직경을 나타내며, 이전에 알려진 고세균 또는 세균과는 다르며, 뾰족한 것으로 뒤덮여 있다. 이것은 단세포성 진핵생물의 보존된 세포벽, 다세포성 조류의 생식세포, 또는 초기 동물의 알집를 나타낸다. 그림 17.28b의 850만~950만 년 전 화석 또한 진핵생물이다: 약 40 $\mu$m의 직경을 가지고, 혹으로 뒤덮여 있다. 그림 17.28a의 화석과 같이, 이들의 정확한 동정은 불확실하다. 이것은 아마도 단세포성 생명체를 나타낸다. 그림 17.28c의 14억~15억 년 전 화석은 약 60 $\mu$m의 직경을 갖으나, 단순한 구조를 갖는다. 명확하진 않지만 이것은 아마 진핵생물일 것이다.

진핵생물일 것이라고 알려진 화석 중 가장 오래된 것은 18.5억~21억 년 전 것이다 (그림 17.29). Tsu-ming Han과 Bruce Runnegar(1992)에 의해 미시간주 엠파이어 광산에서 발견된 이 화석은 *Grypania spiralis*라 불리는 비교적 최근 화석과 유사한 나선형 생명체를 나타낸다. *G. spiralis*는 미국 몬태나, 중국, 인도에서 알려진 11억~14억 년 전 화석이다(Han and Runnegar 1992 참조). 이것의 크기와 구조적 복잡성 때문에, 고생물학자들은 *Grypania*를 진핵생물(아마도 조류)이라 믿고 있다.

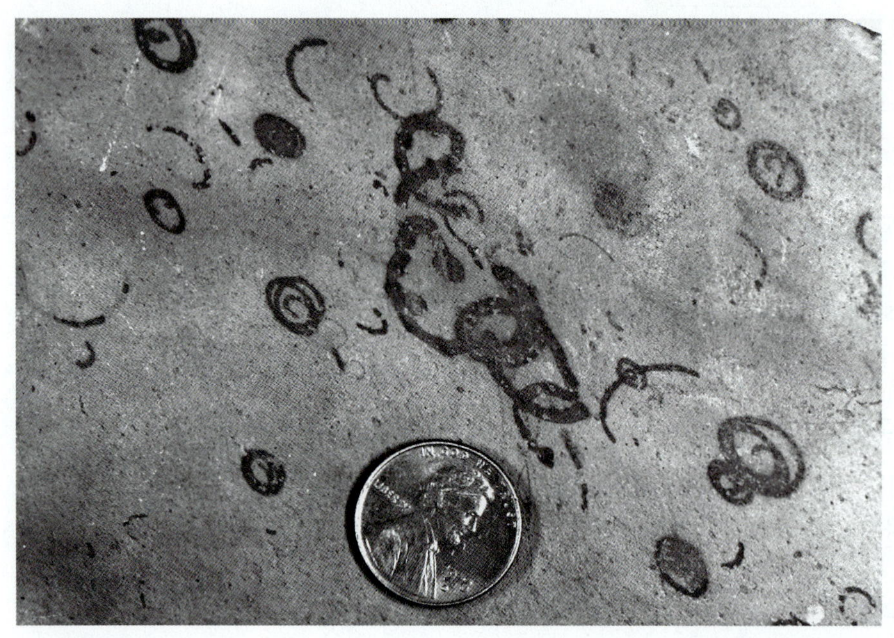

**그림 17.29 Michigan 출처인 20억 년 전 화석** 고생물학자들은 화석이 진핵세포인 조류를 대표한다고 믿는다. 동전은 18.5 mm 직경이다. Tsu-Ming Han의 사진.

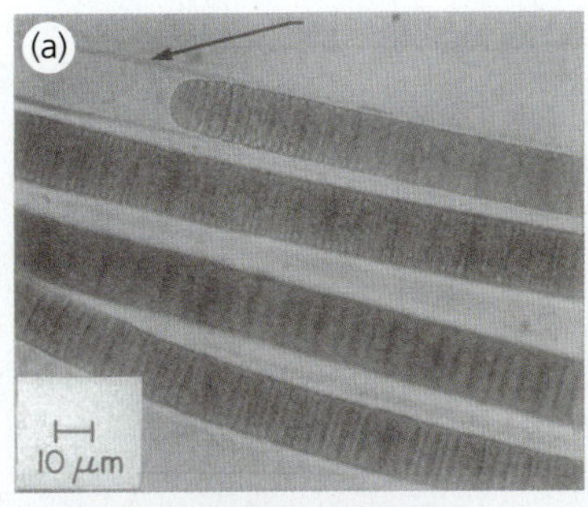


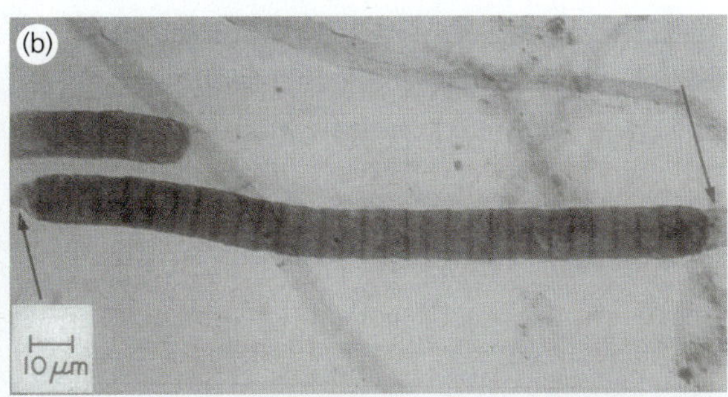


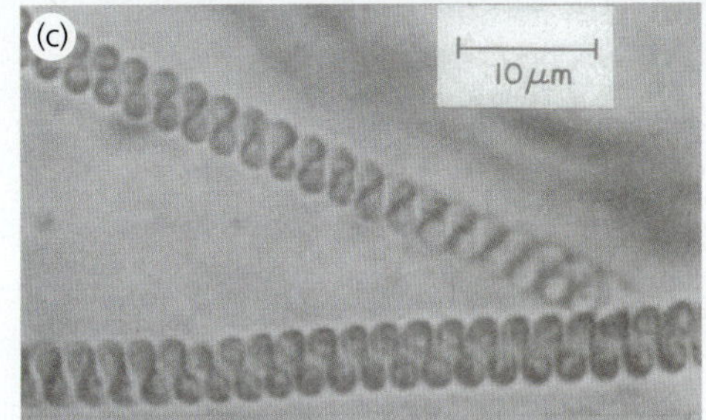


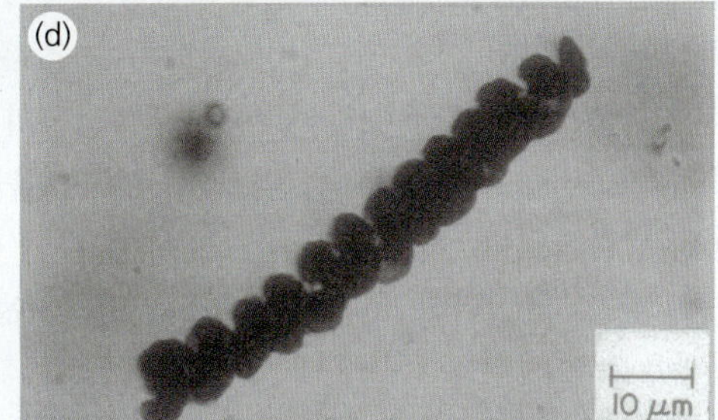


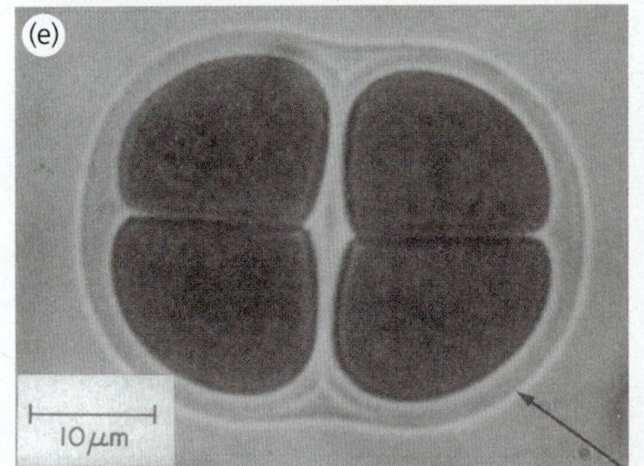


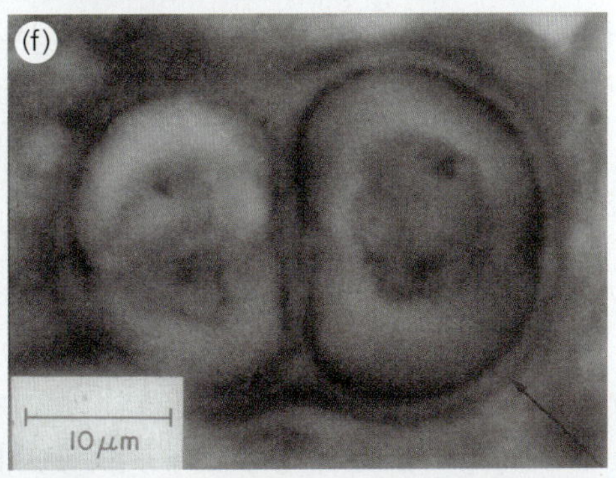


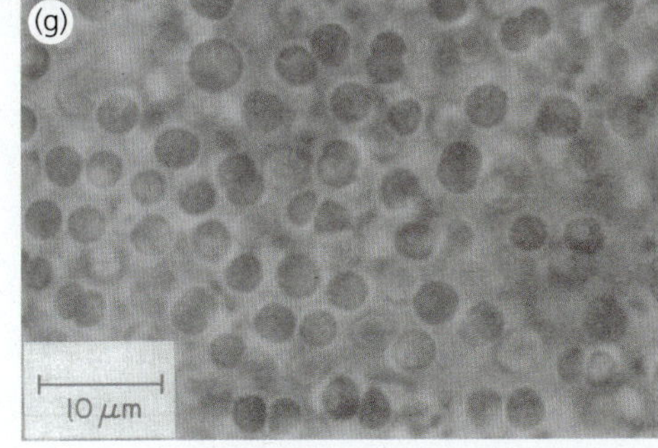


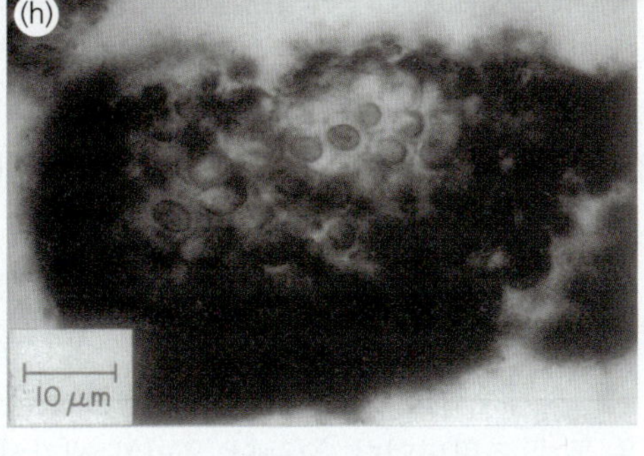


**그림 17.30 남조류 화석과 그들의 현존하는 분류군들**
(a) *Lyngbya*(현존);
(b) *Paleolyngbya* 화석, 9억 5000만 년 된 시베리아 Lakhanda Formation;
(c) *Spirulina*(현존);
(d) *Heliconema* 화석, 8억 5000만 년 된 시베리아산 Miroyedikha Formation;
(e) *Gloeocapsa*(현존);
(f) *Gloeodiniopsis* 화석, 15억 5000만년 된 Bashkiria산 Satka Formation;
(g) *Entophysalis*(현존);
(h) *Eoentophysalis* 화석, 20억 년 된 캐나다산 Belcher Group. Schopf (1994a). William Schopf, 로스앤젤레스 캘리포니아 대학의 사진.

화석 남세균는 또한 2억 년 이전의 전체 생명의 계통수의 뿌리를 제시한다(Schopf 1994a). 외형적으로 거의 변하지 않고 남아 있는 생명체의 시간거리의 증거로 인해, 많은 화석 남세균은 현존하는 형태의 구조적 유사성에 기반하여 동정할 수 있다. 그림 17.30의 왼쪽열의 현존하는 남세균 종들은 오른쪽 열에 있는 화석 형태와 각각 유사하다. 화석연대는 850만 년 전에서 20억 년 전이다. 현존하는 남세균은 최근래 공동조상 상위의 분기점인 현존하는 조류로 구성된 전체 생명의 계통수의 큰 가지 안에 놓인다(그림 17.18). 다시 말해, 우리는 최근래 공동조상은 적어도 20억 년 전 또는 이 이전에 살아 있었던 것이라 결론지을 수 있다.

**동정 가능한 분류군에 속하는 화석은 우리에게 현존하는 모든 생명체의 최근래 공동조상에 대한 최저 연대를 알려준다.**

요약하자면, 우리는 전체 생명의 계통수에서 첫 번째 분기가 생겼을 때의 시간대를 알기 위해 지리학적 및 고생물학적 자료와 함께 추정된 전체 생명의 계통수를 사용할 수 있다. 생명체가 처음 지구상에 나타난 시간은 44억~37억 년 전이지만, 동정 가능한 가장 오래된 화석을 통해 추론된 가장 최근의 시기는 약 20억 년 전이다.

## 17.4 어떻게 최근래 공동조상의 자손들이 현존하는 생명체로 진화했을까?

앞 장에서 우리는 생명체의 초기 단계 가설인 RNA 세계에 대해 탐색했었고, '어떻게 비생물에서 RNA 세계의 구성원들이 발생할 수 있었을까?'에 대한 견해들을 조사하였다. 그리고 생명의 계통수에서 그 뿌리가 무엇인지 알아보기 위하여 재구성된 생명의 계통수들을 살펴보았다. 이러한 탐구에 매료된 연구자들은 최근래 공동조상(LUCA)을 탐색해 왔으며, 그것이 한 종의 미생물일거라고 생각하였다. 하지만 연구자들이 발견한 것은 최근래 공동조상이 실제로는 군집형태를 이루고 있었다고 추론할 수 있을 만큼 충분히 광범위한 유전자의 측유전자전달이 일어났음을 보여주는 증거였다.

이 장의 마지막인 이 절에서는 현재 지구상에 살아가고 있는 세균, 고세균 및 진핵생물이 어떻게 이런 조상형의 군집에서 발생했는지에 대한 다양한 견해들을 검토할 것이다. 우리가 논의할 각각의 가설들은 서로 다른 유전자들의 진화역사에 관한 불일치(그림 17.23에 묘사된 것처럼)를 해결하기 위하여 다양한 측유전자전달 시나리오를 제공한다. 모든 가설들은 추측에 근거한 것이며, 아직도 논란의 여지가 많이 남아 있다.

### 보편적 유전자 교환 풀 가설

우리가 지금까지 논의해 온 것처럼, rRNA 유전자를 근거로 전체 생명의 계통수를 재구성한 최초의 생물학자는 Carl Woese이다. 그가 처음 전체 생명의 계통을 정립하면서 고세균이 발견되었다. 또한 그는 서로 다른 유전자를 기반으로 한 전체 생명의 계통수들 사이의 불일치가 초기 진화과정에서 측유전자전달의 중요성에 대한, 기대치 않던 결과를 드러낸다는 것을 처음 인식하였다(Woese 1998).

Woese(2002, 2004)는 측유전자전달이 만연하여 수직적 유전을 무색하게 하는 초기 진화에 관한 시나리오를 개략적으로 서술하였다. 유전체는 그들이 존재했던 것처럼, 사실상 모듈식이었다. 즉, 대부분의 리보자임과 단백질은 다른 리보자임 및 단백질과 독립적인 기능을 하고, 그것들을 암호화하는 유전자들은 유전체와 유전체 사이를 순조롭게 넘나들 수 있다는 것이다. 생명체들은 자가복제보다는 보편적인 유전자 교환 풀(그림 17.31)에서 유전자를 얻어내는 방식을 통해 조립되었다. 오늘날 우리가 생각하는 것과 같은 혈통적인 계보는 존재하지 않았다. 진화계통수 역시 존재하지 않았다.

Woese가 주장했듯이, 그가 기술하는 환경은 자연선택에 의한 진화가 일어나기에는 좋지 않았다. 유전자형과 표현형이 수직적으로 유전되기보다 획득될 때에는 차등생식 성공(자연선택)은 제한적으로 일어나기 때문이다. 차츰 단백질들이 더 상호의존적으로 되어감에 따라, 유전체의 모듈성이 허물어져 보다 통합적이고 안정적인 형태가 되었다. 각각의 유전자들은 더 이상 유전체들 사이에서 쉽게 이동할 수 없었다. 자가복제는 이제 새로운 생명체를 생산하는 데 보다 큰 역할을 하게 되었다. Woese가 다윈역치(Darwinian threshold)라고 일컫는 이 시점에서, 집단들은 자연선택에 의해 진화하기 시작했다.

Woese는 최소한 세 개의 안정적이 계보가 보편적 유전자 교환 풀로부터 독립적으로 나타났다고 믿는다. 다윈역치 이후 세 개의 영역은 rRNA(그림 17.18), 리보솜 단백질(그

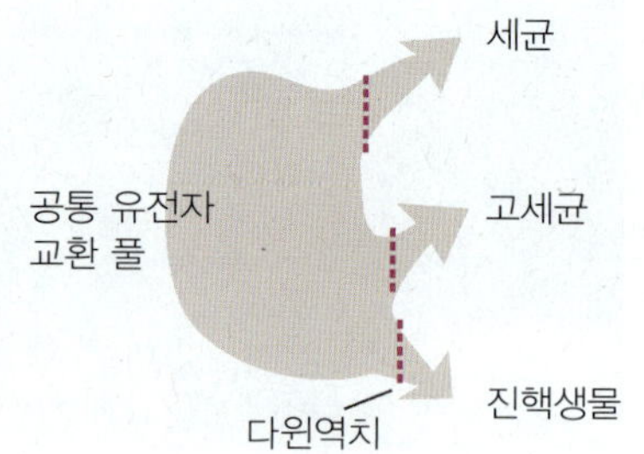


**그림 17.31 생명의 세 개 영역 기원에 관한 Carl Woese의 추측** 최근래 보편적 공동조상은 하나의 종이 아니라 쉽게 교환하고 충분히 독립적인 유전자풀이다. 결국, 세포로 구성된 세 가지의 형태는 지속적인 계보를 확립하기에 충분히 안정적인 유전체를 가지고 나타난다. 이 지점을 Woese는 다윈역치라고 명명했고, 집단들은 자연선택에 의하여 진화하기 시작한다. 세 개의 계보는 생명의 세 개 영역으로 되었다.

림 17.25) 및 특정 단백질군(그림 17.26)을 기반으로 한 전체 생명의 계통수에서 세균이 첫 번째, 다음은 고세균, 그리고 진핵생물 순으로 나타났으며, 이 중 고세균과 진핵생물이 서로 가장 가까운 유연관계로 나타난다. 고세균과 진핵생물은 세균이 분리된 이후에도 보편적 유전자 교환 풀로부터 지속적으로 유전자를 받았기 때문에, 고세균과 진핵생물의 유전자 대부분은 좀 더 비슷해졌다. 그러나 하나의 독특한 뿌리를 갖는 오래된 계통수는 자료로부터 나타난 양상이라기보다는 오히려 우리가 자료에 부여한 양상이다.

Woese 가설의 핵심인 보편적 유전자 교환 풀에서 발생하는 비다윈적인 군집 진화에 대하여 다른 생물학자들은 회의적인 반응을 보였다(Whitfield 2004 참조). 이 기작에 무슨 문제가 있을까? Peter Antonelli와 그의 동료들(2003)은 보편적 유전자 교환 풀의 수학적 모델을 개발하여, 이것이 불안정하다는 것을 증명하였다. Woese는 그의 구두 논쟁에 대한 다른 수학적 공식이 있을 수 있다고 주장하였다. Woese와 동료들은 측유전자전달이 보편적 유전 암호의 수렴을 유도한다는 것을 보여주는 모델을 개발하였다(Vestigian et al. 2006). 그러나 보편적 유전자 교환에 대한 완전한 정량 모델이 개발되어 운용이 가능해질 때까지 Woese의 공동조상 유전자 교환 가설은 추상적인 추측으로 남아 있을 수밖에 없을 것이다.

비록 비다윈적인 군집 진화라는 개념에 동의하지 않을지라도, 많은 연구자들은 '생명의 초기 역사에서 세 개의 영역의 최근래 공동조상이 하나의 종(species)이라기보다는 군집이라고 생각해야할 만큼 충분한 측유전자전달이 만연했을 것'이라는 Woese의 생각에 동의한다(그림 17.32; Kurland et al. 2006 참조).



**그림 17.32 군집으로서 전체 생명의 계통수에 대한 가장 오래된 분기점** 우리는 rRNA와 리보솜 단백질 유전자 등 여기에서 보여주는 것처럼 다양한 자료 정보로부터 진화계통수를 재구성할 수 있지만, 자료에 대한 생물학적으로 정확한 해석 대부분은 세 개 영역에 대한 최근래 공동조상은 군집으로 보는 관점일 것이다.

## 생명의 고리 가설

연구자들이 서로 다른 유전자들로부터 전체 생명의 계통을 재구성하듯이, 진핵생물의 유전자를 세균 및 고세균과 비교하는 연구자들은 이상한 양상을 발견하였다. 예를 들어, Christian Esser와 그의 동료들(2004)은 6,000개 이상의 효모 유전자에 의해 특화된 아미노산 서열과 175,000개 이상의 세균 및 고세균 유전자에 의해 암호화되는 아미노산 서열을 비교하였다. 효모 유전자의 약 75%인 비진핵생물 유사 유전자가 세균으로부터 유래한 것이고, 나머지는 고세균에서 유래한 것이었다. 일반적으로, 진핵생물의 전사와 번역과 같은 유전정보의 저장 및 사용과 관련된 유전자는 고세균의 유전자와 좀 더 유사한 경향을 보이지만, 아미노산의 합성과 같은 대사과정에 관여하는 유전자는 오히려 세균의 유전자와 더 유사한 경향을 보인다(Simonson et al. 2005).

이러한 양상에 근거하여, Maria Rivera와 James Lake(2004)는 최초의 진핵생물이 세균과 고세균의 융합에 의해 나타났다고 제안하였다. 이 융합으로부터 나타난 유전체는 고세균 기원의 정보 유전자와 세균 기원의 대사 유전자를 보유하게 되었다. 그림 17.33에 나타나 있듯이 전체 생명의 계통은 계통수의 가운데에 고리를 보여준다. 이 가설에 대한 몇몇 견해는 최초의 진핵생물을 형성하는 세균성 동반자가 미토콘드리아로 되었다는 것(15장 참조)이고, 또 다른 견해는 진핵생물 계보가 나중에 미토콘드리아를 획득했다는 것이다.

최초의 진핵생물을 형성하는 융합과정에서 세균성 동반자가 미토콘드리아의 기원이라면, 진핵생물의 대사 유전자는 rRNA 계통을 통해 미토콘드리아의 기원이 되었다고 알려진 세균 분기군인 $\alpha$-프로테오박테리아로부터 발생했어야 한다. Bjorn Canback과 그의 동료들(2002)은 이러한 추론을 검증하기 위해 당분해와 관련된 여덟 개의 효소들에 대한 초기 계통을 재구성하였다. 실제로, 어떤 진핵생물영역의 해당효소도 $\alpha$-단백세균

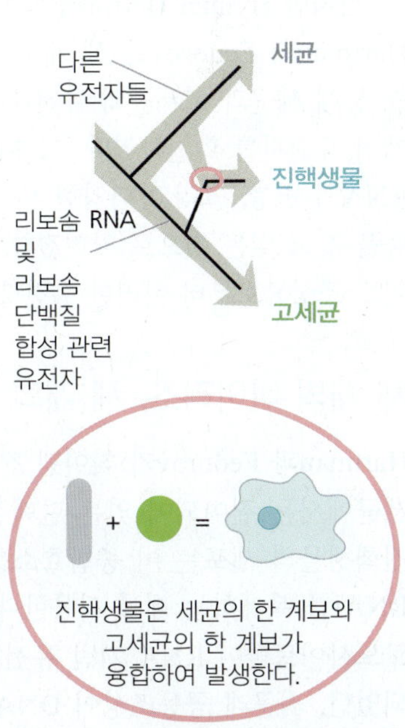


**그림 17.33 생명의 고리** 이 생각에 따르면, 진핵생물은 고세균류와 세균의 융합으로부터 발생했다.

동족체와 밀접한 연관성이 없다. 진핵생물영역이 세균과 고세균의 융합에 의해 발생하였다면, 그 융합은 미토콘드리아를 습득하기 아주 오래전 일이었을 것이다.

진핵생물이 세균과 고세균의 초기 융합에 의해 발생하였다는 가설은 아직도 가능성이 있는 것으로 받아들여지고 있다. 하지만 비평가들은 서로 다른 계보에서 서로 다른 시점에 발생한 진핵생물의 유전체 안에 세균과 고세균의 유전자가 존재하고(Lester et al. 2005), 생명의 고리(ring-of-life) 가설은 진핵생물영역에만 존재하는 수백 가지의 단백질이 어디에서 왔는지 설명이 불가능하며(Kurland et al. 2006), 고세균영역과 세균영역에는 식세포작용을 가능케 하는 세포골격이 없기 때문에, 우선적으로 이들을 어떻게 융합할 수 있었는지에 대해 알기 힘들기 때문에 이 가설을 부정하고 있다.

## 크로노사이트 가설

Rusell Doolittle(2000)은 식세포 작용에 대한 문제 해결을 제공하는 시나리오를 지지하는 연구자들 중 하나이다. 그림 17.34에 개략적으로 서술되었듯이, 생명의 계통수의 가장 오래된 분기점은 진핵생물영역이 될 계보로부터 세균영역과 고세균영역이 될 계보를 분리하고 있다. Hyman Hartman은 이 계보를 크로노사이트(chronocytes)라고 부른다(Hartman and Fedorov 2002). 크로노사이트 계보는 세포골격과 식세포작용을 통해 다른 미생물들을 섭식할 수 있는 능력을 발달시켰다. 이후 크로노사이트는 고세균을 섭식하였고, 이 고세균은 소화되지 않고 내부공생체가 되었다. 이 내부공생체는 결국 핵이라는 세포기관을 만들었다. 핵은 고세균 조상으로부터 유래한 정보처리 유전자는 보존하였지만, 숙주로부터 유래한 세포골격 유전자는 자신의 유전체에 통합시켰다. 진핵생물영역은 이후 같은 방법으로 미토콘드리아와 엽록체를 획득하였다.

크로노사이트 가설을 검증하는 한 가지 방법은 살아 있는 크로노사이트를 찾아내는 것이다. 그와 같은 생명체는 세포골격을 갖고 다른 세포들을 먹고 살지만, 핵과 미토콘드리아를 갖고 있지는 않을 것이다. 현재까지 그런 생물은 발견되지 않았다.

하지만 Hyman Hartman과 Alexei Fedorov(2002)는 차선책을 찾았다고 주장하였다. Hartman과 Fedorov는 세 개의 영역 모두를 대표하는 모든 유전체에 대한 철저한 조사를 통해 세균과 고세균의 유전체에는 존재하지 않지만 모든 진핵생물에서 나타나는 347개의 유전자를 확인하였다. 그 347개의 유전자는 세포골격과 세포 내막의 조성 및 작동, RNA의 변형, 그리고 다양한 세포 생리학적인 양상을 조절하는 단백질을 암호화하는 기능을 갖고 있는 것으로 알려졌다. Hartman과 Fedorov는 오늘날의 진핵생물은 크로노사이트 조상으로부터 이러한 유전자를 물려받았다고 믿고 있다.

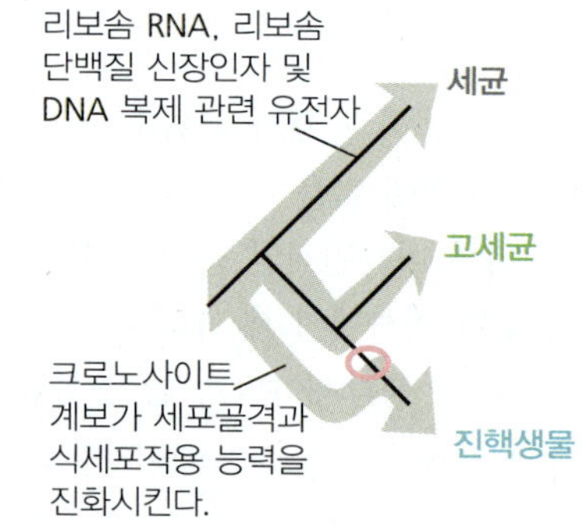


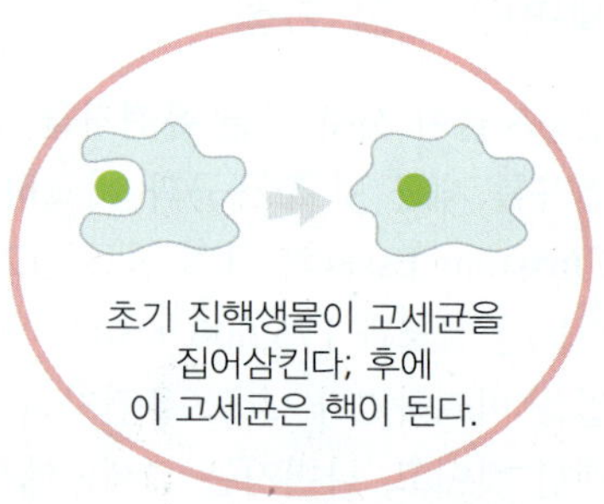


**그림 17.34 크로노사이트 가설** 이 가설에 따르면, 생명의 계통수에서 가장 오래된 분기는 크로노사이트로부터 세균과 고세균을 분리하였고, 결국에는 진핵생물이 된다. 세포내골격과 다른 세포를 소화시키는 능력이 진화된 이후에 이 계통의 구성원들은 소화되지 않는 고세균을 삼켰고 결국 진핵세포의 핵이 되었다. 이후에도 여전히, 진핵생물은 유사한 방식으로 미토콘드리아와 엽록체를 획득했다.

## 세 개의 바이러스, 세 개의 영역 가설

Hartman과 Fedorov가 찾아낸 진핵생물영역에는 거의 보편적으로 나타나지만 세균과 고세균에서는 결여되어 있는 단백질들 가운데는 RNA 의존적인 RNA 중합효소가 있다. 진핵생물의 세포는 이 중합효소를 전사 후의 유전자 조절과 관련된 RNA의 한 유형인 RNAi를 복제하는 데에 사용한다. 몇 가지 증거를 바탕으로, Hartman과 Fedorov는 크로노사이트들이 RNA 기반 유전체를 갖는다고 주장하였다. 이 개념은 17.3절에서 논의되었던, 최근래 공동조상이 DNA에 유전정보를 저장한다는 잠정적인 추론을 부정한다. 그리고 이것은 어떻게 세 개의 영역이 RNA에서 DNA로 전환되었는가에 대한 궁금증을 자아낸다.

Patric Forterre는 한 가지 해답을 제시하였다. 이 해답은 바이러스가 어디에서 유래되었는지에 대한 Forterre의 관점에 달려 있다. 우리가 생명의 기원 및 역사에 대해 바이러스를 논의하지 않고 있음을 독자들은 주목하고 있을 것이다. 모든 종류의 생명체에서 바이러스가 수적으로 엄청나게 우세한 것을 고려했을 때, 이것은 명백한 오류이다(Hamilton 2006). 바이러스학자들은 서로 다른 1,200종류의 바이러스가 인간의 장에 살고 있으며, 항만의 침전물 1 kg에는 서로 다른 바이러스의 유전자형이 백만 가지가 존재하고, 지구는 $10^{31}$ 개체의 바이러스의 고향이며, 바이러스들 사이의 유전적 다양성은 대부분이 밝혀지지 않은 채로 남아 있다고 추정한다. 생명의 계통수에 바이러스를 접목시키기 위해 연구자들은 이들의 기원에 대한 모든 범위의 가설을 제시하였다(Forterre 2006a): 바이러스는 세포성 생명체의 유전체로부터 빠져나온 유전자들이다; 바이러스는 세포성 생명체로부터 유래하였으며, 이들은 기생성 생활양식과 연계하여 유전자를 축소시키는 방향으로 진화하였다; 바이러스는 RNA 세계 및 초기 DNA 세계를 포함한 지구 생명시대 가장 초기의 잔존물이다. Forterre는 최근의 증거들이 마지막 가설 쪽으로 기울고 있다고 믿고 있다. 다른 이유들 중 바이러스 유전자는 종종 숙주의 상동 유전자와 밀접하게 연관되지 않고—실제로 많은 바이러스 유전자의 상동성은 알려진 바 없다—세 개의 영역 모두를 감염시키는 바이러스들의 구조적 유사성은 바이러스들이 세포성 생명체의 최근래 공동조상 이전에 살고 있던 공동조상으로부터 유래했을 것임을 시사한다.

Forterre(2005, 2006a, 2006b)의 주장에 의하면 바이러스가 초기에 진화하였다면, 그들은 어떻게 그리고 왜 DNA 기반 생명체가 RNA기반 생명체로부터 진화했는지에 대한 그럴듯한 설명을 제공한다. 전통적인 관점에서 DNA로 전환되는 것은 적응이다. 왜냐하면 DNA는 화학적으로 안정적이고, DNA에서는 시토신을 우라실로 변환시키는 돌연변이를 인식하여 복구할 수 있지만 RNA에서는 불가능하기 때문이다. 이 설명의 문제점은 이러한 이점은 오랜 기간 누적됨으로써 나타나는 반면, 자연선택은 짧은 기간에 걸쳐 일어난다는 것이다. Forterre에 따른 더 타당한 시나리오는 RNA에서 DNA로의 전환이 처음에 바이러스에서 일어났으며, 그것은 RNA기반 유전체를 갖는 살아 있는 기생성 세포를 만들었다는 것이다.

바이러스에 감염되는 세포들은 방어기작을 진화시키고, 이 방어기작들 중 하나인 효소는 바이러스 유전체를 인지하고 잘라낸다. 결국 바이러스는 숙주세포의 역방어기작을 진화시키는데, 이 기작은 숙주 핵산의 화학적 변형을 수반함으로써 기생체의 유전체를 인지하고 파괴하는 숙주의 방어효소 활성을 저해한다. DNA가 RNA의 화학적으로 변형된 형태임을 고려해 볼 때, RNA기반 숙주와의 진화적 무기경쟁에 가담한 이전의 RNA기반 바이러스가 적응함으로써 DNA가 처음 발생하였다고 보는 것이 타당하다. 이 시나리오와 일관되게, 현존하는 바이러스들은 많은 수의 필수 과도기적 형태를 지니고 있음을 분명히 보여준다. 순수한 RNA기반 유전체를 갖는 바이러스(그리고 다른 의미로는 숙주로부터 자신들을 방어하는), 자신의 유전체를 DNA 매개체를 통하여 복제하는 RNA 바이러스, 그리고 자신의 유전체를 RNA기반 매개체를 통하여 복제하는 DNA 바이러스 등이 존재하며, 심지어 티미딘 대신 우라실을 이용하는 DNA기반 바이러스도 존재한다.

최종적으로, Forterre는 이 시나리오를 세균, 고세균 및 진핵생물의 조상세포가 RNA로부터 DNA로 전환시키는 과정을 설명하는 데 사용하였다. DNA기반 바이러스가 RNA기반 세포에 침투하고, 피막단백질을 암호화하는 유전자를 소실하여, 어쩔 수 없이 세포내에 염색체외 구성요소가 된다고 상상해 보자. DNA 바이러스가 역전사효소를 지니고 있다면, 가끔씩 숙주의 유전자들 중 하나를 DNA로 복사하고 자신의 유전체와 결합할 것이다. 결국 DNA 유전체는 기생체가 되는 것을 중단하고 대신에 숙주세포의 구성물로 탈바꿈하면서, RNA 유전체의 모든 유전자를 흡수할 것이다. DNA 유전체는 보다 효과적으로 복제되기 때문에 경쟁에서 열세인 RNA 유전자를 궁극적으로 소멸시키게 된다. RNA기반 숙주세포는 확장된 유전자 레퍼토리를 갖는 DNA기반 세포로 전환된다.

다양한 세포 유전자의 계통 분포를 설명하기 위하여 Forterre는 세포성 생명체인 세 개 영역의 조상이 RNA에 있는 그들의 유전적 정보가 여전히 옮겨 다니고 있을 동안 처음 갈라졌고, 각각의 유전자는 바이러스에서 분리되어 DNA로 전환되었다고 가정하였다 (그림 17.35). 특히, 세 개의 영역에 해당하는 세 개의 바이러스에 대한 그의 가설에서의 사실은, 17.3절에서 언급하였듯이 세균이 DNA를 복제하기 위해 사용하는 많은 기구들이 고세균과 진핵생물이 사용하는 것과는 관련이 없는 것으로 나타난다는 것이다. 바이러스로부터 고세균영역과 진핵생물영역으로의 DNA 운반은 서로 유사한 방법으로 일어나지만, 세균으로의 DNA 운반은 보다 덜 유사하거나 유사하지 않은 방법으로 일어난다.

Forterre는 그의 가설이 또한 생명체에는 왜 세 개의 영역 밖에 존재하지 않는지도 설명할 수 있다고 주장하였다. 세 가지의 DNA 세포 계보가 진화했을 때, 이들은 RNA 기반 세포의 계보들보다 더 경쟁력이 있었으며, 모든 RNA기반 세포들의 계보가 제거되었다. 다른 한편, 생물세계의 새로운 영역들이 이전에 논의하였던 내공생 융합기작들 중 하나에 의해 생성될 수 있다면, 그들은 언제든지 나타날 수 있을 것이다.

Forterre는 그의 가설을 검증할 가장 좋은 방법은 RNA기반 세포에 DNA기반 바이러스를 감염시켜 숙주의 자손이 최종적으로 DNA기반 세포로 전환되는지를 살펴보는 것이라고 언급하였다. 불행하게도 RNA 유전체를 갖는 세포성 생명체는 알려지지 않았다. 하지만 Forterre는 유전공학을 이용하여 RNA 바이러스 유전체로부터 RNA 플라스미드를 만들고, 역전사효소를 암호화하는 유전자를 갖는 숙주세포에 삽입하는 것이 가능할 것이라고 제안하였다. 만약 그의 가설이 적절하다면, 플라스미드의 RNA기반 유전자는 숙주세포 유전체의 DNA기반 유전자처럼 나타나야 한다.

세 개의 바이러스, 세 개의 영역 가설을 검증할 수 있는 다른 방법은 DNA기반 유전체들과 함께 유전자의 계통을 재구성하는 것이다. 이 계통에서, Forterre의 가설은 생명체의 세포성 영역의 유전자는 바이러스의 유전자로부터 기원할 것이며, 따라서 바이러스 유전자들 내부에 놓일 것이라고 예상한다.

그림 17.36은 세균, 고세균, 그리고 진핵생물과 더불어 다양한 바이러스 샘플로부터

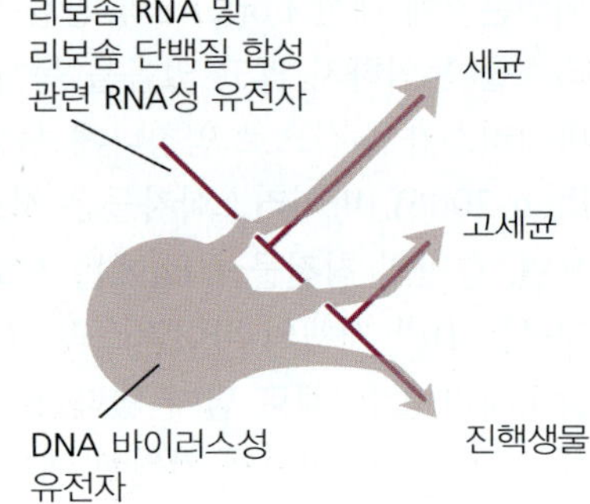


**그림 17.35 세 개의 바이러스, 세 개의 영역** 이 가설에 따르면, RNA성 세포를 감염시키는 바이러스는 숙주의 방어에 대항하기 위하여 먼저 DNA로 진화한다. 그리고 나서 DNA성 바이러스가 그들의 숙주 내부에서 영구적으로 상주하게 되었을 때 DNA는 세포성 생명체로 전환된다.

**연구자들은 세 개의 생명체 영역들이 어떻게 등장하게 되었는지에 관한 많은 가설들을 제안해 왔다. 가장 생산적인 가설들은 특별하고 검증 가능한 예측으로 만든다.**

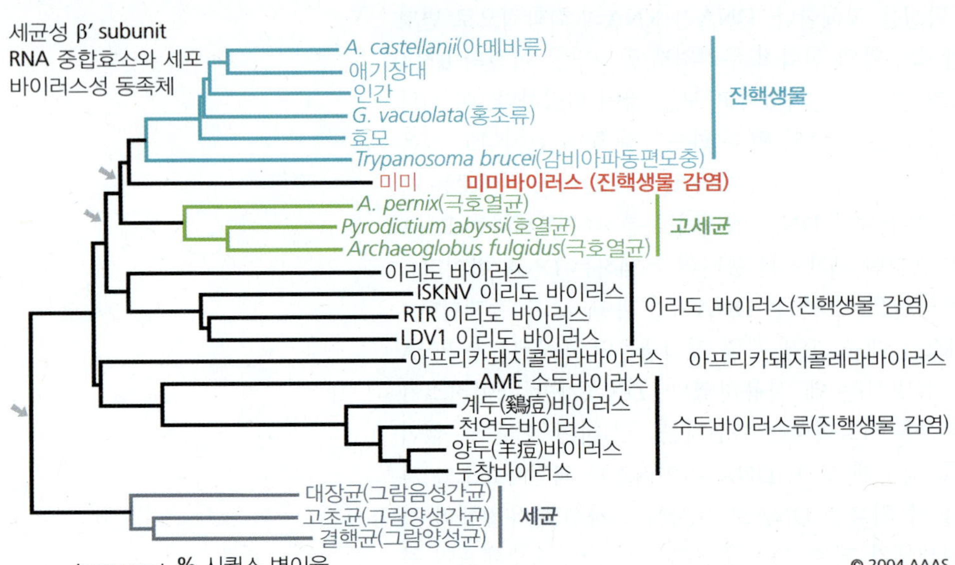


**그림 17.36 세포와 RNA 중합효소에 의존하는 바이러스 DNA에 관한 계통수** 세포성 RNA 중합효소는 바이러스 RNA 중합효소와 함께 배치된다. 이것은 세포성 유전자는 바이러스 유전자로부터 유래되었다는 가설과 일치하지만, 또한 바이러스 유전자는 세포성 유전자로부터 유래되었다는 가설과도 일치한다. 회색 화살표들은 어떤 타당한 조상을 표시한다. 조상이 세포성이든지 바이러스성이든지 상관없이, 계통수는 최소한 세 개의 과도기가 필요하다. Raoult et al. (2004)에서 다시 그림.

From "The 1.2-megabase genome sequence of Mimivirus." *Science* 306: 1344–1350, Figure S6, Supplementary Materials Page 17. Reprinted with permission from AAAS.

의 DNA 독립적 RNA 중합효소의 계통을 보여준다. 이 계통수는 Dider Raults와 그의 동료들(2004)에 의해 미미바이러스(mimivirus)의 완전 유전체를 보고하면서 부록으로 제공되었던 것이다. 미미바이러스는 아메바를 감염시키며, 현재까지 발견된 가장 큰 바이러스이다. 이 바이러스의 유전체는 거의 1,200,000 bp에 달하며, 1,000개 이상의 유전자를 암호화한다. 미미바이러스는 리보솜이 결여되어 있는 데다가 숙주세포 감염 없이는 번식할 수 없는 사실상 바이러스이다. 그러나 이 바이러스는 많은 세균들보다는 유전적으로 더 복잡하다.

이 계통은 Forterre의 가설과 일치한다. 세 개의 영역을 포함하는 분기군들은 바이러스의 분기군들 사이에 놓이며, 미미바이러스는 진핵생물영역과 고세균영역의 사이에서 분기한다. 이리도바이러스(iridoviruses; 주로 어류에 감염되며 안구돌출, 출혈 등을 일으킴—역자 주), 아프리카 돼지 콜레라 바이러스 및 수두 바이러스는 세균과 다른 두 개의 세포성 영역 사이에서 분기한다. 이 양상은 세포성 RNA 중합효소는 독립적으로 세 번에 걸쳐 바이러스성 RNA 중합효소로부터 나타났다고 설명될 수 있다.

불행하게도, Forterre(2005)가 지적한 바와 같이, 이것만으로는 모든 설명이 불가능하다. 계통수는 또한 세포성 중합효소로부터 독립적으로 세 번에 걸쳐 나타난 바이러스성 중합효소와도 일치한다. 예를 들어, 그림에 있는 세 개의 회색 화살표가 계통수의 뿌리가 될 수 있다는 것에 주의하자. 우리가 그 뿌리에 있는 조상을 바이러스라고 추정하든지, 세포성 생명체라고 추정하든지 간에 계통수는 적어도 세 번의 전환을 필요로 한다.

바이러스 유전체에 대한 보다 광범위한 조사에 의해 유전자들이 드러날 것이고, 이를 통해 보다 광범위한 계통수들을 재구성할 수 있을 것이다. 바꾸어 말하면, 세포성 유전자들이 바이러스성 유전자에서 진화했는지, 아니면 그 반대인지를 알아낼 수 있도록 해줄 것이다. 그 동안 세 개의 바이러스, 세 개의 영역 가설은 우리가 이 절에서 검토했던 다른 가설들과 마찬가지로 논란의 여지가 많은 채로 남겨질 것이다(Whitfield 2006; Zimmer 2006).

## 요약

생명은 약 40억 년 전에 무생물적인 환경에서 발생했다. 그때는 아득히 먼 옛날이었기 때문에 이 사건을 재구성하는 것은 많은 도전을 요구한다. 생명체는 단 한번만 시작되었을 것이고 지구상에 빠르게 퍼져 나갔을 것이다. 생명체는 여러 번 발생했지만 각각은 운석의 충돌로 지구상의 물이 증발됨으로써 사라졌을 것이다. 생명체는 전적으로 지구상에서 진화되거나 혹은 태양계 어느 곳에서 기원되었을 것이다.

과학자들은 세부사항들에 대하여 개의치 않고 생명의 기원을 세 개의 단계로 구분하였다. 첫 번째 단계는 작은 무기분자로부터 아미노산, 뉴클레오티드, 간단한 탄수화물 등과 같은 생명체 구성분자들의 합성이었다. 이 반응들에 대한 많은 그럴듯한 시나리오가 존재하지만, 심각한 불확실성은 남아 있다. 두 번째 단계는 정보를 포함하고 전달하는 RNA와 같은 중합체로 생명체 분자를 조합하는 것이었을 것이다. 연구자들은 그런 중합체 형성에 대한 자세한 많은 것들이 가능할 수 있다는 것을 다시 증명해왔다. 세 번째 단계는 세포내 구획화의 현상이 될 것인데, 이것은 표현형적 진화에서 중대한 진전을 가능케 하고 현존하는 모든 생명과 전체 생명의 최근래 공동조상인 세포의 군집을 유도하였다.

생명의 기원에 관한 연구는 고도로 협력적인 모험이다, 즉 천문학, 지리학, 화학, 분자생물학, 진화생물학 등 다양한 분야의 전문적인 지식으로부터 그릴 수 있는 것이다. 이것은 우리들에게 정확하게 **생명**의 의미는 무엇인가에 대한 생각을 요구한다. 가설을 체계화하고 증명하는 것은 과학적인 연구방법에 대한 훌륭한 예제이다. 또한 어떻게 훌륭한 진전이 현시대에 일반적인 일치된 관점의 부재에서도 만들어질 수 있는지 나타난다. *Chemical and Engineering News*(December 6, 1999)의 편집장은 뛰어난 화학자들에게 다음 100년 동안 중요한 과학적인 질문들은 무엇인가에 대하여 질문하였다. 세 명은 생명의 기원이 주요한 연구 주제 중의 하나가 될 것이라고 대답하였다. 국립과학재단장인 Rita R. Colwell은 "화학자들은 또한 생명의 분자적 기원에 대한 통찰을 제공하기 위하여 자가복제체계를 발달시킬 것"이라고 말하였다. 이것은 획기적인 성과가 될 수도 있으며 아직은 단순하게 이해하기 힘든 퍼즐의 다른 한 조각에 불과할 것이다.

진화생물학자들은 유전체 염기서열 자료를 근거로 전체 생명의 계통수를 재구성함으로써 최근래 공동조상 이후의 진화에 관한 큰 그림을 그리고자 시도한다. 염기서열을 근거로 한 전체 생명의 계통수는 현존 생명체의 기본적인 체계에 대한 극적인 수정을 강요한다. 생명체는 5계 대신에 세 개 영역으로 구성된다: 세균, 고세균, 진핵생물. 첫 번째 전체 생명의 계통수는 세 개 영역 중에서 고세균과 진핵생물이 가까운 유연관계임을 지적한다. 그러나 다양한 유전자를 근거로 한 계통수 비교는 상당한 수평 유전자전달이 있었음을 나타낸다. 수평 유전자전달은 생명의 역사 동안에 만연하게 일어났을 것이며, 우리로 하여금 생명의 계통수는 단 한 개만 존재한다는 생각과 아울러 현존하는 모든 생명체의 공동조상은 단 하나라는 생각을 포기하도록 강요할 것이다.

전체 생명의 최근래 공동조상이 된 것으로 나타나는 유전자 교환 생명체 군집으로부터 어떻게 생명의 세 개 영역이 유래되었는지 많은 추론의 주제이지만 합의점은 없다. Russell Doolitle(2000)의 언급처럼, 엄청난 양의 염기서열 자료에도 불구하고 지구상의 초기 생명체에 대한 많은 것들이 아직도 알려지지 않았다.

## 질문

1. 생명의 발생은 때때로 에너지, 농축, 방어, 촉매 등의 4가지가 필요하다고 언급된다(Cowen 1995). 이들 4가지가 생명의 원시형태의 기원에서 왜 필요한지 각각 설명하라.
2. RNA가 세포성 대사작용에서 원시적인 역할을 할 것이라는 현대적 세포의 힌트로 사용되어 온 RNA 기작의 단서는 무엇인가?
3. 실험실에서 RNA 집단의 진화에 관한 두 가지 연구를 간단하게 요약하라. 각각의 실험에서 RNA 집단이 진화하는 동안에 발달하는 것은 어떤 능력인가(즉 표현형에서 변화란 무엇인가)? 이들 RNA 집단이 생명체로서 자격이 된다고 생각하는가? 자가복제 RNA 집단이 당신의 생애 동안에 실험실에서 발달할 것이라고 생각하는가?
4. 왜 특히 소단위 rRNA 유전자가 현존하는 모든 생명체의 계통수에 관한 연구를 위하여 특히 적합한가? 이 유전자는 또한 현존하는 포유동물들 상호간의 유연관계—즉 인간, 침팬지, 고릴라 등의 계통수를 밝히기 위하여—를 연구하기 위하여 유용하다고 생각하는가? 그렇게 생각하는 이유는? 또는 아닌 이유는?
5. 고전적인 5개 생물계를 생각하라.

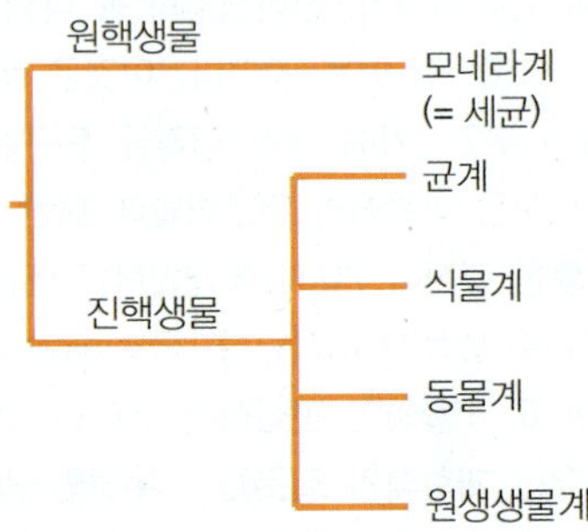


소단위 rRNA에 의하여 처음으로 묘사된 생명의 계통수에 따르면, 본래의 전통적인 5계는 어떤 것이 수정되어야 할 필요가 있고 어떤 것이 아직도 타당한가? 수정된 새로운 생명의 계통수는 다른 유전자들이 연구되어짐에 따라 변함이 없는가?
6. 생명의 세 개 영역의 출현에 대한 4가지 가능한 가설들의 개요를 서술하라. 어느 것이 현재 증거로서는 가장 잘 지지되는가? 어느 것이 당신이 가장 좋아하는 가설인가(단 하나만 사실일 것이다라고 생각할 필요는 없다), 그리고 왜 그러한가?
7. 생명체는 지구에서만 발달할 수 있었다라고 언급되었는데 그 이유는 단지 지구가 태양으로부터 적절한 거리에 있기 때문이다. 좀 더 가까우면 지구는 너무 뜨거웠을 것이고(수성 또는 금성처럼); 좀 더 멀었다면 생명체의 진화를 위한 태양 에너지가 충분하지 않았을 것이다. 최근에, 지구에 있는 심해 분화구에서 생명체 군집들이 발견되었다. 이들 군집은 태양보다는 분화구로부터 그들의 모든 에너지를 얻는 것처럼 보인다. 즉 분화구 생명체들은 지구의 내부열로부터 (결국 방사능에 의하여 제공된다) 에너지를 얻는다. 보다 최근에, 세균 군집들이 심해 수중 바위에서 발견되었다. 이 발견은 생명체가 태양으로부터 적절한 거리에 있지 않은 다른 행성이나 또는 달에 존재할지도 모른다는 생각에 어떻게 정보를 주는가?
8. SETI 프로젝트(외계 지적 생명체 탐색)는 다른 행성에 있는 지적 생명체를 다음과 같은 추정을 사용해서 찾는 연구 프로그램이다; (a) 지적 생명체는 아마도 우주의 어느 곳에서든 진화해왔다. (b) 변칙적인 무선신호로 인해 하늘 영역을 스캐닝하여 탐지될 수 있을 것이다. 이런 시도에서 근본적인 불확실성은 어떤 생명체도 행성에서 진화할 것이고 그렇다면 전파를 사용하는 문명사회로 발달할 것이라는 가능성이다. 지구상에서, 지구가 생존 가능하게 된 이후에 어떻게 바로 생명체가 나타났을까? 진핵생물이 나타날 때까지 얼마나 시간이 걸렸을까? 지적 생명체가 나타날 때까지 얼마나 걸렸을까? 전파의 사용은? 당신의 대답에서 지구와 같은 다른 행성에서 생명체의 진화는 가능한가? 가능하지 않은가? 지

적 생명체의 진화는 어떤가? 진보한 문명사회와 전파통신은 어떤가?

**9.** F. Crick과 L. Orgel(1973)에 의하여 제안된 개념은 지구의 첫 번째 생명체는 유도된 판스페르미아로 알려진 발달한 문명사회에 의하여 고의적으로 이곳으로 보내졌다는 것이다. Orgel은 J. Horgan(1991)에게 그와 Crick이 이 가설을 '일종의 농담'으로 생각하고 고백하였다. 그러나 Crick과 Orgel은 1973년 그들의 논문에서, 그 생각을 증거가 될 수도 있는 생물학적 양상으로 진지하게 다루었다. 예를 들면 그들은 약간 다른 유전적 암호를 지닌 생명체가 존재하지 않는 것이 전혀 놀랄만한 것이 아니라고 지적했다. 생명의 기원에 대한 '감염' 이론에 따르면 암호의 보편성이 자연적으로 생겨난다. 지구 생명체는 단 하나의 외계 생명체로부터 유도된 클론을 대표할 수도 있다.

1973년 이래로, 생물학자들은 유전자 암호가 보편적이지 않고 다소 다른 암호를 가지는 생명체가 사실상 존재한다는 것을 발견했다. 예를 들면 우리의 미토콘드리아는 우리의 핵에서 사용된 것과는 다소 다른 암호를 사용한다(Knight et al. 1999 참조). 또한 많은 섬모충류와 다른 생명체들은 약간 벗어난 암호를 가진다(Osawa et al. 1992 참조). 유전자 암호가 보편적이지 않다는 발견은 유도된 판스페르미아를 얼마나 강력하게 반박하는가? 그것은 얼마나 강력하게 다른 판스페르미아를 반박하는가? 당신의 이유를 설명하라. 판스페르미아의 다른 버전을 지지하거나 또는 반박할 수 있는 다른 종류의 증거를 생각할 수 있는가?

**10.** 그림 17.4를 주의 깊게 관찰하라. 돌연변이는 140개의 무작위적인 뉴클레오티드 위치에서 유도된다는 것을 기억하라. 9번째의 선택에 의하여 4개의 뉴클레오티드는 대부분의 진화적 변화에 책임이 있다. 다른 136개 뉴클레오티드를 보아라. 이 중 많은 것들이 원래 상태로 되돌아간다. 왜 그럴까?

**11.** 그림 17.5에 도해된 실험에서, 기질 RNA의 말단에 태그를 포함하는 것이 연구자들에게 왜 중요할까?

**12.** 진핵세포의 진화(그림 17.10)에 대한 생명체 구성분자들의 무생물적 합성으로부터 유도된 일련의 사건에서, 어느 상태로의 이행이 최소한의 특성화로 나타나는가? 왜 이것이 그 경우라고 생각하는가?

**13.** 단백질이 없는 매우 원시적인 리보솜을 가진 극도로 원시적인 생명체를 상상하라. 그림 17.18에 보여주는 생명의 계통수에 이 생명체를 두는 것이 가능할 수 있는가? 왜 그렇게 생각하는가 또는 하지 않는가? 리보솜이 없는 생명체는 어떤가(그런 생명체를 생각할 수 있는가)? 이들 계통수에 둘 수 없는 아직도 발견되지 않은 어떤 원시적인 생명체가 가능한가? 그런 생명체에 대한 발견이 어떻게 우리의 새로운 조상을 재현하는 데 영향을 미치는가?

**14.** 생물학자들이 세균과 진핵생물에서 DNA 복제에 대한 세부적인 것까지 완성했을 때, 많은 연구자들은 서로 다른 역할을 하는 몇 개의 다른 DNA 중합효소가 발견된 것에 대하여 놀랐다. 복제를 위한 장치는 엄청나게 복잡한 것처럼 보이고, 모든 장치는 전체 시스템에서 조금이라도 기능을 하기 위해서는 반드시 필요한 것처럼 보였다. 많은 사람들은 어떻게 그렇게 상호의존적이고 복잡한 시스템이 자연선택에 의하여 진화할 수 있었는지 상상하는 것이 어렵다는 것을 발견하였다. 단지 1개의 DNA 중합효소만을 가진 생명체, *Methanococcus jannaschii*의 발견이 복제의 진화에 대한 새로운 통찰력을 제공하는가? 왜 그런가 또는 그렇지 않은가?

**15.** 당신은 과학캠프에서 하루 근무를 쉬면서 멀리 떨어진 그린란드를 통과하여 긴 거리를 여행하고 있으며, 당신의 지질학 차트에는 표시되어 있지 않은 퇴적암의 특이한 표면을 발견한다고 가정하자. 당신은 이 바위가 Isua로부터 37억 년보다도 더 오래된 것일지도 모른다고 생각한다(그림 17.13). 당신은 이들 바위가 고대 생명체의 어떠한 증거를 가진다는 것을 결정하기 위하여 무엇을 해야 하는가? 어떤 결과들이 생명체가 정말로 37억 년 전에 존재했다는 것을 보여주는가?

**16.** 지난 200년 동안의 문헌에서 되풀이 되어온 주제는 "과학자들은 실험실에서 생명체를 창조하기 위한 노력을 통하여 신처럼 행동하려는" 시도를 하지 않아야 한다는 것이다. 최근까지, 이 내용은 단지 비현실적인 과장을 분명히 하는데 사용된다. 그러나 지금 어떤 과학자들은 무생물 분자로부터 자가복제가 가능한 실체로의 진화에 의하여 정확하게 그것을 만드는데 더 가까워질 수 있는 것처럼 보인다. 일반적으로 말해서, 이런 과제들이 가치가 있다고 당신은 생각하는가? 그들은 생명체에 대해서 우리에게 무엇을 가르치고자 하는가 그리고 그것은 지구상에 어떻게 나타났는가?

**17.** **a.** 유전자 변형 식품과 유전공학에 대한 일반적인 거부반응은 종간 경계를 넘는 비자연적인 유전자라는 것이다. 이 주장이 논리적으로 들리는지 아닌지 논의해라.

**b.** 종간 경계를 넘어선 유전자에 대하여 자연적인지 또는 그렇지 않은지 간에, 많은 사람들은 유전자 변형 식품에 대하여 많은 걱정을 한다. 그런 걱정 중의 하나는 유전자 변형 생명체가 자연환경으로 유출할 수 있고 그들은 아마도 그곳에서 다른 생명체와 경쟁하고 문제를 일으킬 수 있다는 가능성이다. 이것은 또한 자가복제 RNA 집단들의 진화를 목적으로 한 연구과제에 대한 걱정인가? 만약 그들이 자연환경으로 유출되었다면 어느 것이 좀 더 생존할 것 같은가: 유전공학의 현대 생명체 또는 자가복제 RNA 집단? 왜 그런가?

**c.** 이런 연구의 노력들이 어떤 식으로든 어리석다고 당신은 생각하는가? 왜 그런가? 만약 당신이 연구의 가이드라인을 만드는 데 책임이 있는 위원이라면, 어떤 안전한 조치들을 당신은 지지하는가?

# 문헌탐구

**18.** 생명의 기원에서 RNA의 역할에 대한 설명을 위하여 논문들의 모음집을 보라:

Gesteland, R. F., T. R. Cech, and J. F. Atkins (eds.). 2006. *The nature of modern RNA suggests a prebiotic RNA world. Cold Spring Harbor Monograph Series 43*. Cold Spring Harbor, NY: Cold Spring Harbor Laboratory Press.

그리고 RNA 집단들이 자가복제 기능을 얻기 위하여 무슨 일이 발생했는지에 대한 재미있는 컴퓨터 모델에 대한 논문을 보라:

Kuhn, C. 2005. A computer-glimpse of the origin of life. *Journal of Biological Physics* 31: 571–585.

**19.** 전RNA 세계에서 가능한 RNA 전구체에 관한 실험적인 증거들을 위하여 이 논문을 보라:

Yu, H., S. Zhang, and J. C. Chaput. 2012. Darwinian evolution of an alternative genetic system provides support for TNA as an RNA progenitor. *Nature Chemistry* 4: 183–187.

**20.** 주기적인 유성의 영향은 지구의 초기 생명체에 대한 위험뿐만은 아니다. 태양은 훨씬 더 적게 빛나고, 이것은 초기 생명체 발생기간 동안에 지구가 꽁꽁 얼어붙은 상태가 되도록 영향을 미쳤다(이것은 the Faint Young Sun Paradox라고 알려져 있다). 하지만 동시에, 태양은 또한 더 강렬한 자외선을 생성하였을 것인데 이것은 지구의 해수면에서 오늘날보다 400배 더 강한 자외선 투여량을 가진다. 생명의 기원과 관련된 태양의 영향에 대한 생각들은 이들 문헌을 보아라.

Karam, P. A. 2003. Inconstant sun: How solar evolution has affected cosmic and ultraviolet radiation exposure over the history of life on Earth. *Health Physics* 84: 322–333.

Pavlov, A. A., O. B. Toon, and T. Feng. 2006. Methane runaway in the early atmosphere—Two stable climate states of the Archean? *Astrobiology* 6: 161.

Bada, J. L., C. Bigham, and S. L. Miller. 1994. Impact melting of frozen oceans on the early Earth: Implications for the origin of life. *Proceedings of the National Academy of Sciences, USA* 91: 1248–2350.

**21.** 바이러스들이 생명체의 가장 초기 형태 중의 하나라는 추가적인 증거는 다음의 논문을 보아라:

Nasir, A., K. M. Kim, and G. Caetano-Anolles. 2012. Giant viruses coexisted with the cellular ancestors and represent a distinct supergroup along with superkingdoms Archaea, Bacteria and Eukarya. *BMC Evolutionary Biology* 12: 156.

**22.** 그림 17.18에서 가장 오래된 진핵생물의 가지 위의 생명체는 미토콘드리아가 없다고 오랫동안 생각되었다. 이 믿음이 잘못된 판단이라는 것을 제안하는 증거에 대한 것은 다음의 논문을 보아라:

Palmer, J. D. 1997. Organelle genomes: Going, going, gone! *Science* 275: 790–791.

**23.** 인간의 기생체는 광합성을 할 수 있는 조상으로부터 진화되어 온 것처럼 보인다는 아주 놀라운 예제에 관해서는 다음을 보아라:

Hannaert,V., E. Saavedra, et al. 2003. Plantlike traits associated with metabolism of *Trypanosoma parasites*. *Proceedings of the National Academy of Sciences, USA* 100: 1067–1071.

**24.** 생명체는 타이탄 위의 그것처럼 탄화수소의 혼합물에서 존재할 수 있다는 제안에 대한 증거는 다음을 보아라:

Schulze-Makuch, D., S. Haque, et al. 2011. Microbial life in a liquid asphalt desert. *Astrobiology* 11: 241–258.

**25.** 생물학자들이 염기서열 자료로부터 만들고 있는 흥미로운 것들 중에 하나는 유전자의 조상형 염기서열을 재구성하여, 염기서열을 합성하고, 그것들을 단백질로 번역하며, 단백질들이 어떻게 기능하는지 평가하는 것이다. 그 예제들은 다음을 보아라:

Gaucher E. A., S. Govindarajan, and O. K. Ganesh. 2008. Palaeotemperature trend for Precambrian life inferred from resurrected proteins. *Nature* 451: 704–707.

# 인용문헌


Abramov, O., and S. J. Mojzsis. 2009. Microbial habitability of the Hadean Earth during the late heavy bombardment. *Nature* 459: 419–422.

Abrevaya, X. C., I. G. Paulino-Lima, et al. 2011. Comparative survival analysis of *Deinococcus radiodurans* and the haloarchaea *Natrialba magadii* and *Haloferax volcanii* exposed to vacuum ultraviolet irradiation. *Astrobiology* 11: 1034–1040.

Altermann, W., and J. W. Schopf. 1995. Microfossils from the Neoarchean Campbell Group, Griqualand West Sequence of the Transvaal Supergroup, and their paleoenvironmental and evolutionary implications. *Precambrian Research* 75: 65–90.

Anders, E. 1989. Prebiotic organic matter from comets and asteroids. *Nature* 342: 255–257.

Antonelli, P. L., L. Bevilacqua, and S. F. Rutz. 2003. Theories and models in symbiogenesis. *Nonlinear Analysis: Real World Applications* 4: 743–753.

Apel, C. L., D. W. Deamer, and M. N. Mautner. 2002. Self-assembled vesicles of monocarboxylic acids and alcohols: Conditions for stability and for the encapsulation of biopolymers. *Biochimica et Biophysica Acta* 1559: 1–9.

Arrhenius, S. 1908. *Worlds in the Making*. New York: Harper and Row.

Badash, L. 1989. The age-of-the-Earth debate. *Scientific American* 261: 90–96.

Baldauf, S. L., J. D. Palmer, and W. F. Doolittle. 1996. The root of the universal tree and the origin of eukaryotes based on elongation factor phylogeny. *Proceedings of the National Academy of Sciences, USA* 93: 7749–7754.

Bapteste, E., E. Susko, et al. 2005. Do orthologous gene phylogenies really support tree-thinking? *BMC Evolutionary Biology* 5: 33.

Barns, S. M., C. F. Delwiche, et al. 1996. Perspectives on archaeal diversity, thermophily and monophyly from environmental rRNA sequences. *Proceedings of the National Academy of Sciences, USA* 93: 9188–9193.

Barns, S. M., R. E. Fundyga, et al. 1994. Remarkable archaeal diversity detected in a Yellowstone National Park hot spring environment. *Proceedings of the National Academy of Sciences, USA* 91: 1609–1613.

Bartel, D. P. 1999. Recreating an RNA replicase. In *The RNA World* (2nd ed.), ed. R. F. Gesteland, T. R. Cech, and J. F. Atkins. Cold Spring Harbor, NY: Cold Spring Harbor Laboratory Press, 143–162.

Bartel, D. P., and J. W. Szostak. 1993. Isolation of new ribozymes from a large pool of random sequences. *Science* 261: 1411–1418.

Bartel, D. P., and P. J. Unrau. 1999. Constructing an RNA World. *Trends in Cell Biology* 9: M9–M13.

Beaudry, A. A., and G. F. Joyce. 1992. Directed evolution of an RNA enzyme. *Science* 257: 635–641.

Benner, S. A., A. D. Ellington, and A. Tauer. 1989. Modern metabolism as a palimpsest of the RNA world. *Proceedings of the National Academy of Sciences, USA* 86: 7054–7058.

Bentin, T. 2011. A ribozyme transcribed by a ribozyme. *Artificial DNA, PNA & XNA* 2: 40.

Brasier, M. D., O. R. Green, et al. 2002. Questioning the evidence for Earth's oldest fossils. *Nature* 416: 76–81.

Brasier, M., N. McLoughlin, et al. 2006. A fresh look at the fossil evidence for early Archaean cellular life. *Philosophical Transactions of the Royal Society B* 361: 887–902.

Brown, J. R. 2001. Genomic and phylogenetic perspectives on the evolution of prokaryotes. *Systematic Biology* 50: 497–512.

Brown, J. R. 2003. Ancient horizontal gene transfer. *Nature Reviews Genetics* 4: 121–132.

Brown, J. R., and W. F. Doolittle. 1995. Root of the universal tree of life based on ancient aminoacyl-tRNA synthetase gene duplications. *Proceedings of the National Academy of Sciences, USA* 92: 2441–2445.

Brown, J. R., and W. F. Doolittle. 1997. Archaea and the prokaryote-to-eukaryote transition. *Microbiology and Molecular Biology Reviews* 61: 456–502.

Bult, C. J., et al. 1996. Complete genome sequence of the methanogenic archaeon, *Methanococcus jannaschii*. *Science* 273: 1058–1073.

Cable, M. L., S. M. Hörst, et al. 2012. Titan tholins: Simulating Titan organic chemistry in the Cassini-Huygens era. *Chemical Reviews* 112: 1882–1909.

Cairns-Smith, A. G., A. J. Hall, and M. J. Russell. 1992. Mineral theories of the origin of life and an iron sulfide example. *Origins of Life and Evolution of the Biosphere* 22: 161–180.

Canback, B, S. G. E. Andersson, and C. G. Kurland. 2002. The global phylogeny of glycolytic enzymes. *Proceedings of the National Academy of Sciences USA* 99: 6097–6102.

Chang, S. 1999. Planetary environments and the origin of life. *Biological Bulletin* 196: 308–310.

Chyba, C. F. 2005. Rethinking Earth's early atmosphere. *Science* 308: 962–963.

Chyba, C. F., P. J. Thomas, et al. 1990. Cometary delivery of organic molecules to the early Earth. *Science* 249: 366–373.

Ciccarelli, F. D., T. Doerks, et al. 2006. Toward automatic reconstruction of a highly resolved tree of life. *Science* 311: 1283–1287.

Clark, R. N., J. M. Curchin, et al. 2010. Detection and mapping of hydrocarbon deposits on Titan. *Journal of Geophysical Research* 115: E10005.

Cowen, R. 1995. *History of Life*. 2nd ed. Cambridge: Blackwell Scientific Publications.

Creevey, C. J., D. A. Fitzpatrick, et al. 2004. Does a tree-like phylogeny only exist at the tips in the prokaryotes? *Proceedings of the Royal Society of London B* 271: 2551–2558.

Crick, F. H. C. 1966. The genetic code—yesterday, today, and tomorrow. *Cold Spring Harbor Symposia on Quantitative Biology* 31: 1–9.

Crick, F. H. C., and L. E. Orgel. 1973. Directed panspermia. *Icarus* 19: 341–346.

Cruikshank, D. P. 1997. Stardust memories. *Science* 275: 1895–1896.

Dagan, T., M. Roettger, et al. 2010. Genome networks root the tree of life between prokaryotic domains. *Genome Biology and Evolution* 2: 379–392.

Dalton, R. 2002. Squaring up over ancient life. *Nature* 417: 782–784.

Darwin, C. 1859. *On the Origin of Species by Means of Natural Selection*. London: John Murray.

Darwin, F. 1887. *The Life and Letters of Charles Darwin*, vol. 2. New York: Appleton.

DeDuve, C. 1991. *Blueprint for a Cell: The Nature and Origin of Life*. Burlington, NC: Patterson.

De Gregorio, B. T., T. G. Sharp, et al. 2009. Biogenic origin for Earth's oldest putative microfossils. *Geology* 37: 631.

DeLong, E. F. 1992. Archaea in coastal marine environments. *Proceedings of the National Academy of Sciences, USA* 89: 5685–5689.

DeLong, E. F., K. Y. Wu, et al. 1994. High abundance of Archaea in Antarctic marine picoplankton. *Nature* 371: 695–697.

Delsuc, F., H. Brinkman, and H. Philippe. 2005. Phylogenomics and the reconstruction of the tree of life. *Nature Reviews Genetics* 6: 361–375.

Doolittle, R. F. 2000. Searching for the common ancestor. *Research in Microbiology* 151: 85–89.

Doolittle, R. F. 2005. Evolutionary aspects of whole-genome biology. *Current Opinion in Structural Biology* 15: 248–253.

Doolittle, R. F., D.-F. Feng, et al. 1996. Determining divergence times of the major kingdoms of living organisms with a protein clock. *Science* 271: 470–477.

Doolittle, W. F. 1999. Phylogenetic classification and the universal tree. *Science* 284: 2124–2128.

Doolittle, W. F. 2000. Uprooting the tree of life. *Scientific American*, February, 90–95.

Doolittle, W. F., and J. R. Brown. 1994. Tempo, mode, the progenote, and the universal root. *Proceedings of the National Academy of Sciences, USA* 91: 6721–6728.

Egholm, M., O. Buchardt, et al. 1992. Peptide nucleic acids (PNA). Oligonucleotide analogues with an achiral peptide backbone. *Journal of the American Chemical Society* 114: 1895–1897.

Ekland, E. H., J. W. Szostak, and D. P. Bartel. 1995. Structurally complex and highly active RNA ligases derived from random RNA sequences. *Science* 269: 364–370.

Ellington, A. D., and J. W. Szostak. 1990. In vitro selection of RNA molecules that bind specific ligands. *Nature* 346: 818–822.

Elsila, J. E., D. P. Glavin, and J. P. Dworkin. 2009. Cometary glycine detected in samples returned by Stardust. *Meteoritics & Planetary Science* 44: 1323.

Eschenmoser A. 1999. Chemical etiology of nucleic acid structure. *Science* 284: 2118–2124.

Esser, C., N. Ahmadinejad, et al. 2004. A genome phylogeny for mitochondria among and a predominantly eubacterial ancestry of yeast nuclear genes. *Molecular Biology and Evolution* 21: 1643–1660.

Fedo, C. M., M. J. Whitehouse, and B. S. Kamber. 2006. Geological constraints on detecting the earliest life on Earth: A perspective from the Early Archaean (older than 3.7 Gyr) of southwest Greenland. *Philosophical Transactions of the Royal Society B* 361: 851–867.

Ferris, J. P. 1993. Catalysis and prebiotic RNA synthesis. *Origins of Life and Evolution of the Biosphere* 23: 307–315.

Ferris, J. P., A. R. Hill, Jr., et al. 1996. Synthesis of long prebiotic oligomers on mineral surfaces. *Nature* 381: 59–61.

Fitch, W. M., and K. Upper. 1987. The phylogeny of tRNA sequences provides evidence for ambiguity reduction in the origin of the genetic code. *Cold Spring Harbor Symposia on Quantitative Biology* 52: 759–767.

Fournier, G. P., and J. P. Gogarten. 2010. Rooting the ribosomal tree of life. *Molecular Biology and Evolution* 27: 1792–1801.

Forterre, P. 2005. The two ages of the RNA world, and the transition to the DNA world: A story of viruses and cells. *Biochimie* 87: 793–803.

Forterre, P. 2006a. The origin of viruses and their possible roles in major evolutionary transitions. *Virus Research* 117: 5–16.

Forterre, P. 2006b. Three RNA cells for ribosomal lineages and three DNA viruses to replicate their genomes: A hypothesis for the origin of cellular domain. *Proceedings of the National Academy of Sciences, USA* 103: 3669–3674.

Forterre, P., and H. Philippe. 1999. The last universal common ancestor (LUCA), simple or complex? *Biological Bulletin* 196: 373–377.

Fox, S. W. 1988. *The Emergence of Life: Darwinian Evolution from the Inside*. New York: Basic Books.

Fox, S. W. 1991. Synthesis of life in the lab? Defining a protoliving system. *Quarterly Review of Biology* 66: 181–185.

Fox, S. W., and K. Dose. 1972. *Molecular Evolution and the Origin of Life*. San Francisco: W. H. Freeman.

Fox, G. E., L. J. Magrum, et al. 1977. Classification of methanogenic bacteria by 16S ribosomal RNA characterization. *Proceedings of the National Academy of Sciences, USA* 74: 4537–4541.

Fry, I. 2006. The origins of research into the origins of life. *Endeavour* 30: 24–28.

Fusz, S., A. Eisenführ, et al. 2005. A ribozyme for the aldol reaction. *Chemistry & Biology* 12: 941–950.

Ge, F., L.-S. Wang, and J. Kim. 2005. The cobweb of life revealed by genome-scale estimates of horizontal gene transfer. *PLoS Biology* 3: e316.

Gesteland, R. F., T. R. Cech, and J. F. Atkins (eds.). 1999. *The RNA World*. 2nd ed. Cold Spring Harbor, NY: Cold Spring Harbor Laboratory Press.

Geyer, C. R., and D. Sen. 1997. Evidence for the metal-cofactor independence of an RNA phosphodiester-cleaving DNA enzyme. *Chemistry & Biology* 4: 579–593.

Gilbert, W. 1986. The RNA world. *Nature* 319: 618.

Gogarten, J. P., H. Kibak, et al. 1989. Evolution of the vacuolar $H^+$-ATPase: Implications for the origin of eukaryotes. *Proceedings of the National Academy of Sciences, USA* 86: 6661–6665.

Gogarten, J. P., W. F. Doolittle, and J. G. Lawrence. 2002. Prokaryotic evolution in light of gene transfer. *Molecular Biology and Evolution* 19: 2226–2238.

Gribaldo, S., and C. Brochier-Armanet. 2006. The origin and evolution of the Archaea: A state of the art. *Philosophical Transactions of the Royal Society B* 361: 1007–1022.

Hamilton, G. 2006. The gene weavers. *Nature* 441: 683–685.

Han, T.-M., and B. Runnegar. 1992. Megascopic eukaryotic algae from the 2.1-billion-year-old Negaunee Iron-Formation, Michigan. *Science* 257: 232–235.

Hanczyc, M. M., S. M. Fujikawa, and J. W. Szostak. 2003. Experimental models of primitive cellular compartments: Encapsulation, growth, and division. *Science* 302: 618–622.

Hansma, H. G. 2010. Possible origin of life between mica sheets. *Journal of Theoretical Biology* 266: 175–188.

Harris, J. K., S. T. Kelley, et al. 2003. The genetic core of the universal ancestor. *Genome Research* 13: 407–412.

Harris, S. R., I. N. Clarke, et al. 2012. Whole-genome analysis of diverse *Chlamydia trachomatis* strains identifies phylogenetic relationships masked by current clinical typing. *Nature Genetics* 44: 413–419, S1.

Hartman, H., and A. Fedorov. 2002. The origin of the eukaryotic cell: A genomic investigation. *Proceedings of the National Academy of Sciences, USA* 99: 1420–1425.

Hasegawa, M., W. M. Fitch, et al. 1996. Dating the cenancestor of organisms. *Science* 274: 1750–1753.

Hein, J. E., E. Tse, and D. G. Blackmond. 2011. A route to enantiopure RNA precursors from nearly racemic starting materials. *Nature Chemistry* 3: 704–706.

Hill, A. R., Jr., C. Böhler, and L. E. Orgel. 1998. Polymerization on the rocks: Negatively-charged $\alpha$-amino acids. *Origins of Life and Evolution of the Biosphere* 28: 235–243.

Horgan, J. 1991. In the beginning. *Scientific American* 264(2): 116–125.

Horiike, T., K. Hamada, and T. Shinozawa. 2002. Origin of eukaryotic cell by symbiosis of archaea in bacteria supported by the newly clarified origin of functional genes. *Genes and Genetic Systems* 77: 369–376.

Horiike, T., K. Hamada, et al. 2004. The origin of eukaryotes is suggested as the symbiosis of *Pyrococcus* into $\gamma$-proteobacteria by phylogenetic tree based on gene content. *Journal of Molecular Evolution* 59: 606–619.

Horita, J. 2005. Some perspectives on isotope biosignatures for early life. *Chemical Geology* 218: 171–186.

Hörst, S. M., R. V. Yelle, et al. 2012. Formation of amino acids and nucleotide bases in a Titan atmosphere simulation experiment. *Astrobiology* 12: 809–817.

Huang, W., and J. P. Ferris. 2006. One-step, regioselective synthesis of up to 50-mers of RNA oligomers by montmorillonite catalysis. *Journal of the American Chemical Society* 128: 8914–8919.

Illangasekare, M., G. Sanchez, et al. 1995. Aminoacyl-RNA synthesis catalyzed by an RNA. *Science* 267: 643–647.

Iwabe, N., K.-i. Kuma, et al. 1989. Evolutionary relationship of archaebacteria, eubacteria, and eukaryotes inferred from phylogenetic trees of duplicated genes. *Proceedings of the National Academy of Sciences, USA* 86: 9355–9359.

Javaux, E. J., A. H. Knoll, and M. R. Walter. 2001. Morphological and ecological complexity in early eukaryotic ecosystems. *Nature* 412: 66–69.

Javaux, E. J. 2011. Palaeontology: Microfossils from early Earth. *Nature Geoscience* 4: 663–665.

Johnson, A. P., H. J. Cleaves, et al. 2008. The Miller volcanic spark discharge experiment. *Science* 322: 404.

Johnston, W. K., P. J. Unrau, et al. 2001. RNA-catalyzed RNA polymerization: Accurate and general RNA-templated primer extension. *Science* 292: 1319–1325.

Jones, W. J., J. A. Leigh, et al. 1983. *Methanococcus jannaschii* sp. nov., an extremely thermophilic methanogen from a submarine hydrothermal vent. *Archives of Microbiology* 136: 254–261.

Joyce, G. F. 1989. RNA evolution and the origins of life. *Nature* 338: 217–224.

Joyce, G. F. 1996. Ribozymes: Building the RNA world. *Current Biology* 6: 965–967.

Joyce, G. F. 1998. Nucleic acid enzymes: Playing with a fuller deck. *Proceedings of the National Academy of Sciences, USA* 95: 5845–5847.

Joyce, G. F. 2012a. Bit by bit: The Darwinian basis of life. *PLoS Biology* 10: e1001323.

Joyce, G. F. 2012b. Evolution: Toward an alternative biology. *Science* 336: 307–308.

Joyce, G. F., A. Schwartz, et al. 1987. The case for an ancestral genetic system involving simple analogues of the nucleotides. *Proceedings of the National Academy of Sciences, USA* 84: 4398–4402.

Kasting, J. F. 1993. Earth's early atmosphere. *Science* 259: 920–926.

Kázmierczak, J., and B. Kremer. 2002. Thermal alteration of the Earth's oldest fossils. *Nature* 420: 477–478.

Kempe, A., Schopf, J. W., et al. 2002. Atomic force microscopy of Precambrian microscopic fossils. *Proceedings of the National Academy of Sciences, USA* 99: 9117–9120.

Knight, R. D., S. J. Freeland, and L. F. Landweber. 1999. Selection, history, and chemistry: The three faces of the genetic code. *Trends in Biochemical Sciences* 24: 241–247.

Knoll, A. H. 1992. The early evolution of eukaryotes: A geological perspective. *Science* 256: 622–627.

Knoll, A. H. 1994. Proterozoic and Early Cambrian protists: Evidence for accelerating evolutionary tempo. *Proceedings of the National Academy of Sciences, USA* 91: 6743–6750.

Knoll, A. H., and E. S. Barghoorn. 1977. Archean microfossils showing cell division from the Swaziland system of South Africa. *Science* 198: 396–398.

Koonin, E. V. 2003. Comparative genomics, minimal gene-sets, and the last universal common ancestor. *Nature Reviews Microbiology* 1: 127–136.

Kruger, K., P. J. Grabowski, et al. 1982. Self-splicing RNA: Autoexcision and autocatalyzation of the ribosomal RNA intervening sequence of *Tetrahymena*. *Cell* 31: 147–157.

Kurland, C. G., C. Canback, and O. G. Berg. 2003. Horizontal gene transfer: A critical review. *Proceedings of the National Academy of Sciences, USA* 100: 9658–9662.

Kurland, C. G., L. J. Collins, and D. Penny. 2006. Genomes and the irreducible nature of Eukaryote cells. *Science* 312: 1011–1014.

Kvenvolden, K., J. Lawless, et al. 1970. Evidence for extraterrestrial amino acids and hydrocarbons in the Murchison meteorite. *Nature* 228: 923–926.

Kwok, S., and Y. Zhang. 2011. Mixed aromatic-aliphatic organic nanoparticles as carriers of unidentified infrared emission features. *Nature* 479: 80–83.

Lawrence, J. G., and H. Ochman. 1998. Molecular archaeology of the *Escherichia coli* genome. *Proceedings of the National Academy of Sciences, USA* 95: 9413–9417.

Lazcano, A., and S. L. Miller. 1996. The origin and early evolution of life: Prebiotic chemistry, the pre-RNA world, and time. *Cell* 85: 793–798.

Lehman, N., and G. F. Joyce. 1993. Evolution in vitro of an RNA enzyme with altered metal dependence. *Nature* 361: 182–185.

Lehman, N., C. D. Arenas, et al. 2011. Complexity through recombination: From chemistry to biology. *Entropy* 13: 17–37.

Leipe, D. D., L. Aravind, and E. V. Koonin. 1999. Did DNA replication evolve twice independently? *Nucleic Acids Research* 27: 3389–3401.

Lepland, A., and M. J. Whitehouse. 2011. Metamorphic alteration, mineral paragenesis and geochemical re-equilibration of early Archean quartz–amphibole–pyroxene gneiss from Akilia, Southwest Greenland. *International Journal of Earth Sciences* 100:1–22.

Lester, L., A. Meade, and M. Pagel. 2005. The slow road to the eukaryotic genome. *BioEssays* 28: 57–64.

Lincoln, T. A., and G. F. Joyce. 2009. Self-sustained replication of an RNA enzyme. *Science* 323: 1229–1232.

Lorsch, J. R., and J. W. Szostak. 1994. In vitro evolution of new ribozymes with polynucleotide kinase activity. *Nature* 371: 31–36.

Madigan, M. T., and B. L. Marrs. 1997. Extremophiles. *Scientific American* 276(4): 82–87.

Mansy, S. S., J. P. Schrum, et al. 2008. Template-directed synthesis of a genetic polymer in a model protocell. *Nature* 454: 122–125.

Margulis, L. 1996. Archaeal-eubacterial mergers in the origin of Eukarya: Phylogenetic classification of life. *Proceedings of the National Academy of Sciences, USA* 93: 1071–1076.

Marshall, C. P., J. R. Emry, and A. O. Marshall. 2011. Haematite pseudomicrofossils present in the 3.5-billion-year-old Apex chert. *Nature Geoscience* 4: 240–243.

Martin, W., and M. J. Russell. 2003. On the origins of cells: A hypothesis for the evolutionary transitions from abiotic geochemistry to chemoautotrophic prokaryotes, and from prokaryotes to nucleated cells. *Philosophical Transactions of the Royal Society of London B* 358: 59–85.

Miller, S. L. 1953. A production of amino acids under possible primitive Earth conditions. *Science* 117: 528–529.

Miller, S. L. 1992. The prebiotic synthesis of organic compounds as a step toward the origin of life. In *Major Events in the History of Life*, ed. J. W. Schopf. Boston: Jones and Bartlett, 1–28.

Mills, D. R., R. L. Peterson, and S. Spiegelman. 1967. An extracellular Darwinian experiment with a self-duplicating nucleic acid molecule. *Proceedings of the National Academy of Sciences, USA* 58: 217–220.

Mojzsis, S. J., G. Arrhenius, et al. 1996. Evidence for life on Earth before 3,800 million years ago. *Nature* 384: 55–59.

Mojzsis, S. J., R. Krishnamurthy, and G. Arrhenius. 1999. Before RNA and after: Geophysical and geochemical constraints on molecular evolution. In *The RNA World* (2nd ed.), ed. R. F. Gesteland, T. R. Cech, and J. F. Atkins. Cold Spring Harbor, NY: Cold Spring Harbor Laboratory Press. 1–47.

Müller, U. F. 2006. Re-creating an RNA world. *Cellular and Molecular Life Sciences* 63: 1278–1293.

Murzin, A. G., S. E. Brenner, et al. 1995. SCOP: A structural classification of proteins database for the investigation of sequences and structures. *Journal of Molecular Biology* 247: 536–540.

National Center for Biotechnology Information. 2006. Genome sequencing projects statistics. Available at http://www.ncbi.nlm.nih.gov/genomes/static/gpstat.html.

Nelson, K. E., R. A. Clayton, et al. 1999. Evidence for lateral gene transfer between Archaea and Bacteria from genome sequence of *Thermotoga maritima*. *Nature* 399: 323–329.

Niemann, H. B., S. K. Atreya, et al. 2005. The abundances of constituents of Titan's atmosphere from the GCMS instrument on the Huygens probe. *Nature* 438: 779–784.

Nissen, P., J. Hansen, et al. 2000. The structural basis of ribosome activity in peptide bond synthesis. *Science* 289: 920–930.

Norman, L. H., and A. D. Fortes. 2011. Is there life on … Titan? *Astronomy & Geophysics* 52: 1-39 to 1-42.

Nutman, A. P., C. R. Friend, et al. 2010. ≥3700 Ma pre-metamorphic dolomite formed by microbial mediation in the Isua supracrustal belt (W. Greenland): Simple evidence for early life? *Precambrian Research* 183: 725–737.

Olsen, G. J., and C. R. Woese. 1996. Lessons from an Archaeal genome: What are we learning from *Methanococcus jannaschii*? *Trends in Genetics* 12: 377–379.

Orgel, L. E. 1986. RNA catalysis and the origins of life. *Journal of Theoretical Biology* 123: 127–149.

Orgel, L. 2000. A simpler nucleic acid. *Science* 290: 1306–1307.

Oró, J. 1961. Mechanism of synthesis of adenine from hydrogen cyanide under plausible primitive earth conditions. *Nature* 191: 1193–1194.

Osawa, S., T. H. Jukes, et al. 1992. Recent evidence for evolution of the genetic code. *Microbiological Reviews* 56: 229–264.

Ouzounis, C. A., V. Kunin, et al. 2006. A minimal estimate for the gene content of the last universal common ancestor—exobiology from a terrestrial perspective. *Research in Microbiology* 157: 57–68.

Pace, N. R. 2006. Time for a change. *Nature* 441: 289.

Papineau, D., B. T. De Gregorio, et al. 2011. Young poorly crystalline graphite in the >3.8-Gyr-old Nuvvuagittuq banded iron formation. *Nature Geoscience* 4: 376–379.

Parker, E. T., H. J. Cleaves, et al. 2011. Primordial synthesis of amines and amino acids in a 1958 Miller H2S-rich spark discharge experiment. *Proceedings of the National Academy of Sciences USA* 108: 5526–5531.

Pasteris, J. D., and B. Wopenka. 2002. Images of the Earth's oldest fossils? *Nature* 420: 476–477.

Pinheiro, V. B., A. I. Taylor, et al. 2012. Synthetic genetic polymers capable of heredity and evolution. *Science* 336: 341–344.

Powner, M. W., B. Gerland, and J. D. Sutherland. 2009. Synthesis of activated pyrimidine ribonucleotides in prebiotically plausible conditions. *Nature* 459: 239–242.

Powner, M. W., and J. D. Sutherland. 2011. Prebiotic chemistry: A new modus operandi. *Philosophical Transactions of the Royal Society B* 366: 2870–2877.

Raoult, D., S. Audic, et al. 2004. The 1.2-megabase genome sequence of *Mimivirus*. *Science* 306: 1344–1350.

Raggio, J., A. Pintado, et al. 2011. Whole lichen thalli survive exposure to space conditions: Results of Lithopanspermia experiment with *Aspicilia fruticulosa*. *Astrobiology* 11: 281–292.

Raulin, F., C. Brassé, et al. 2012. Prebiotic-like chemistry on Titan. *Chemical Society Reviews* doi:10.1039/c2cs35014a.

Rivera, M. C., and J. A. Lake. 2004. The ring of life provides evidence for a genome fusion origin of eukaryotes. *Nature* 431: 152–155.

Rogers, J., and G. F. Joyce 1999. A ribozyme that lacks cytidine. *Nature* 402: 323–325.

Rosing, M. T. 1999. $^{13}$C-depletedcarbon microparticles in >3700-Ma sea-floor sedimentary rocks from West Greenland. *Science* 283: 674–676.

Rosing, M. T., and R. Frei. 2004. U-rich Archaean sea-floor sediments form Greenland—indications of >3700 Ma oxygenic photosynthesis. *Earth and Planetary Science Letters* 217: 237–244.

Schidlowski, M. 1988. A 3,800-million-year isotopic record of life from carbon in sedimentary rocks. *Nature* 333: 313–318.

Schleper, C., G. Jurgens, and M. Jonusscheit. 2005. Genomic studies of uncultivated Archaea. *Nature Reviews Microbiology* 3: 479–488.

Schöning, K.-U., P. Scholz, et al. 2000. Chemical etiology of nucleic acid structure: The oligonucleotide system. *Science* 290: 1347–1351.

Schopf, J. W. 1993. Microfossils of the early Archean Apex chert: New evidence of the antiquity of life. *Science* 260: 640–646.

Schopf, J. W. 1994a. Disparate rates, differing fates: Tempo and mode of evolution changed from the Precambrian to the Phanerozoic. *Proceedings of the National Academy of Sciences, USA* 91: 6735–6742.

Schopf, J. W. 1994b. The early evolution of life: Solution to Darwin's dilemma. *Trends in Ecology and Evolution* 9: 375–378.

Schopf, J. W. 2006. Fossil evidence of Archaean life. *Philosophical Transactions of the Royal Society B* 361: 869–885.

Schopf, J. W., A. B. Kudryavtsev, et al. 2002a. Laser-Raman imagery of Earth's earliest fossils. *Nature* 416: 73–76.

Schopf, J. W., A. B. Kudryavtsev, et al. 2002b. Images of the Earth's oldest fossils? *Nature* 420: 477.

Secker, J., J. Lepock, and P. Wesson. 1994. Damage due to ultraviolet and ionizing radiation during the ejection of shielded micro-organisms from the vicinity of 1 M main sequence and red giant stars. *Astrophysics and Space Science* 219: 1–28.

Service, R. F. 1997. Microbiologists explore life's rich, hidden kingdoms. *Science* 275: 1740–1742.

Shapiro, R. 2006. Small molecule interactions were central to the origin of life. *Quarterly Review of Biology* 81: 105–125.

Shapiro, R., and D. Schulze-Makuch. 2009. The search for alien life in our solar system: Strategies and priorities. *Astrobiology* 9: 335–343.

Simonson, A. B., J. A. Servin, et al. 2005. Decoding the genomic tree of life. *Proceedings of the National Academy of Sciences, USA* 102: 6608–6613.

Sleep, N. H., K. J. Zahnle, et al. 1989. Annihilation of ecosystems by large asteroid impacts on the early Earth. *Nature* 342: 139–142.

Stahl, D. A., D. J. Lane, et al. 1984. Analysis of hydrothermal vent-associated symbionts by ribosomal RNA sequences. *Science* 224: 409–411.

Steitz, T. A., and P. B. Moore. 2003. RNA, the first macromolecular catalyst: The ribosome is a ribozyme. *Trends in Biochemical Sciences* 28: 411–418.

Szostak , J. W. 2009. Origins of life: Systems chemistry on early Earth. *Nature* 459: 171–172.

Tang, J., and R. R. Breaker. 1997. Rational design of allosteric ribozymes. *Chemistry and Biology* 4: 453–459.

Tarasow, T. M., S. L. Tarasow, and B. E. Eaton. 1997. RNA-catalyzed carbon–carbon bond formation. *Nature* 389: 54–57.

Theobald, D. L. 2010. A formal test of the theory of universal common ancestry. *Nature* 465: 219–222.

Tian, F., O. B. Toon, et al. 2005. A hydrogen-rich early atmosphere. *Science* 308: 1014–1017.

Trail, D., E. B. Watson, and N. D. Tailby. 2011. The oxidation state of Hadean magmas and implications for early Earth's atmosphere. *Nature* 480: 79–82.

Tuerk, C., and L. Gold. 1990. Systematic evolution of ligands by exponential enrichment: RNA ligands to bacteriophage T4 DNA polymerase. *Science* 249: 505–510.

Unrau, P. J., and D. P. Bartel. 1998. RNA-catalyzed nucleotide synthesis. *Nature* 395: 260–263.

Vestigian, K., C. Woese, and N. Goldenfeld. 2006. Collective evolution of the genetic code. *Proceedings of the National Academy of Sciences, USA* 103: 10696–10701.

Voet, A. B., and A. W. Schwartz. 1982. Uracil synthesis via HCN oligomerization. *Origins of Life* 12: 45–49.

Wacey, D., M. R. Kilburn, et al. 2011. Microfossils of sulphur-metabolizing cells in 3.4-billion-year-old rocks of Western Australia. *Nature Geoscience* 4: 698–702.

Westall, F., M. J. de Wit, et al. 2001. Early Archean fossil bacteria and biofilms in hydrothermally-influenced sediments from the Barberton greenstone belt, South Africa. *Precambrian Research* 106: 93–116.

Wetherill, G. W. 1990. Formation of the Earth. *Annual Review of Earth and Planetary Science* 18: 205–256.

White, H. B. 1976. Coenzymes as fossils of an earlier metabolic state. *Journal of Molecular Evolution* 7: 101–104.

Whitehouse, M. J., J. S. Myers, and C. M. Fedo. 2009. The Akilia controversy: Field, structural and geochronological evidence questions interpretations of >3.8 Ga life in SW Greenland. *Journal of the Geological Society* 166: 335–348.

Whitfield, J. 2004. Born in a watery commune. *Nature* 427: 674–676.

Whitfield, J. 2006. Base invaders. *Nature* 439: 130–131.

Whittaker, R. H. 1969. New concepts of kingdoms of organisms. *Science* 163: 150–160.

Wochner, A., J. Attwater, et al. 2011. Ribozyme-catalyzed transcription of an active ribozyme. *Science* 332: 209–212.

Woese, C. R. 1991. The use of ribosomal RNA in reconstructing evolutionary relationships among bacteria. In *Evolution at the Molecular Level*, ed. R. K. Selander, A. G. Clark, and T. S. Whittam. Sunderland, MA: Sinauer, 1–24.

Woese, C. R. 1996. Phylogenetic trees: Whither microbiology? *Current Biology* 6: 1060–1063.

Woese, C. R. 1998. The universal ancestor. *Proceedings of the National Academy of Sciences, USA* 95: 6854–6859.

Woese, C. R. 2000. Interpreting the universal phylogenetic tree. *Proceedings of the National Academy of Sciences, USA* 97: 8392–8396.

Woese, C. R. 2002. On the evolution of cells. *Proceedings of the National Academy of Sciences, USA* 99: 8742–8747.

Woese, C. R. 2004. A new biology for a new century. *Microbiology and Molecular Biology Reviews* 68: 173–186.

Woese, C. R., and G. E. Fox. 1977. Phylogenetic structure of the prokaryotic domain: The primary kingdoms. *Proceedings of the National Academy of Sciences, USA* 74: 5088–5090.

Woese, C. R., O. Kandler, and M. L. Wheelis. 1990. Towards a natural system of organisms: Proposal for the domains Archaea, Bacteria, and Eucarya. *Proceedings of the National Academy of Sciences, USA* 87: 4576–4579.

Yang, S., R. F. Doolittle, and P. E. Bourne. 2005. Phylogeny determined by protein domain content. *Proceedings of the National Academy of Sciences, USA* 102: 373–378.

Yarus, M. 2011. Getting past the RNA world: The initial Darwinian ancestor. *Cold Spring Harbor Perspectives in Biology* 3: a003590.

Zaug, A. J., and T. R. Cech. 1986. The intervening sequence RNA of *Tetrahymena* is an enzyme. *Science* 231: 470–475.

Zhang, B., and T. R. Cech. 1997. Peptide bond formation by in vitro selected ribozymes. *Nature* 390: 96–100.

Zhang, L., A. Peritz, and E. Meggers. 2005. A simple glycol nucleic acid. *Journal of the American Chemical Society* 127: 4174–4175.

Zhaxybayeva, O., P. Lapierre, and J. P. Gogarten. 2005. Ancient gene duplications and the root(s) of the tree of life. *Protoplasma* 227: 53–64.

Zimmer, C. 2006. Did DNA come from viruses? *Science* 312: 870–872.

Zuckerkandl, E., and L. Pauling. 1965. Molecules as documents of evolutionary history. *Journal of Theoretical Biology* 8: 357–366.

18

# 진화와 화석기록

DNA 복제, 단백질 합성, 호흡, 세포분열의 근본적인 생명과정이 진화했을 때, 생물의 굉장한 다양성이 뒤이어 일어났다. 광합성과 핵외막과 같은 혁신이 진화했다. 이런 사건들은 약 32억 년에 걸쳐 이어졌고 생명의 계통수에서 깊은 가지들을 만들었다. 5억4천2백만 년에서 4억8천8백만 년의 연대를 가진 암석에서 오늘날 살아있는 동물문의 대부분이 발견된다: 갑각류와 다른 절지동물, 유조동물, 성구동물, 환형동물, 연체동물, 척삭동물. 이 시간간격을 캄브리아기라고 부르고, 몸설계의 진화적 풍부함은 캄브리아기 폭발이라고 알려져 있다. 매우 거대하고 복잡한 동물의 빠른 출연은 생명 역사에서 엄청난 사건 중의 하나로 평가한다.

화석기록과 계통 분석은 5번의 대멸종뿐만 아니라, 5억4천2백만 년 동안에 빠른 다양화가 있었던 다른 시기들도 확인했다. 게다가 화석기록은 트리낙소돈(*Thrinaxodon*) 같은 파충류와 유사한 조상으로부터 포유류 출현과 같은 형태적 변화를 기록한다(위와 오른쪽). 캄브리아기의 시작과 현재 사이의 시간 간격은 현생이언("눈에 보이는 생명")이라고 불린다. 생명이 현재 수준에 이르기까지 어떻게 다양화가 이루어졌을까? 다양화가 대멸종에 의해 어떻게 방해되었을까? 진화적 변화의 방향과 비율에 대해 화석은 우리에게 무엇을 말해줄 수 있는가? 이런 질문들이 이번 장의 초점이다. 이것들을 다루기 전에, 우리는 기본을 살펴볼 필요가 있다: 어떻게 고생물학자들이 화석기록을 판독하고 생물의 역사를 기록하는지. 이 장은 화석의 세계에 대한 절과 시간에 따라서 생물이 어떻게 변했는지에 대해 화석들이 우리에게 무엇을 보여주는가로 시작한다. 18.3절과 18.4절에서는

위, 쌍둥이 트리낙소돈 새끼. Roger Smith로부터; Smith and Botha (2005) 참조. 아래, 굴 안에 있는 트리낙소돈. Christian Sidor로부터; Sidor et al. (2008) 참조.

다양화와 멸종에 대해 살펴볼 것이다. 마지막 두 부분은 대진화와 화석과 분자적 자료의 통합을 살펴볼 것이다.

# 18.1 화석의 본질

앞에서 소개한 지질학적 시간 척도는 19세기에 고생물학자에 의해 수립되었다(2장). 여러분은 또한 21세기 지질 연대학자가 각각의 이언, 대, 기, 세의 정확한 지질연대를 추정하기 위해 방사성 동위원소를 이용하고 있다는 것을 상기할 수 있다. 시간이 지남에 따라 생물이 어떻게 변해왔는지에 대해 더 깊이 이해하기 위해 화석화 과정을 재검토하고, 화석의 강도와 결점을 검토하며, 진화의 주요 사건들의 연대표를 나타낸다.

(a) 호박 속 흰개미

(b) 영구 동토층의 털로 뒤덮인 맘모스

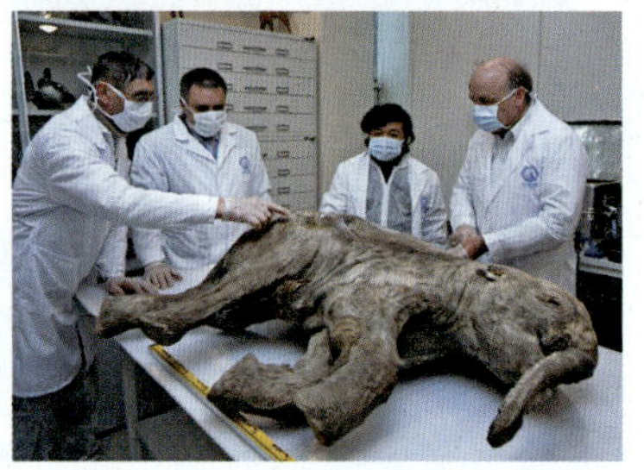

**그림 18.1 극히 적게 변형된 화석** (a) 호박 속의 흰개미. 호박 속에 보존된 날개 있는 수컷 흰개미. 캐나다의 상부 백악기에서 발견되었고, 약 1억2천5백만 년 되었다. (b) 영구 동토층의 털로 뒤덮인 맘모스. 영구 동토층에서 냉동된 털로 뒤덮인 맘모스 새끼. 러시아 북부의 야말 반도에서 발견되었고, 약 4만 년 되었다.

## 화석화 과정과 화석의 종류

화석은 과거에 살았던 생물에 의해 남겨진 흔적이다. 여기에 형성되는 방법이 서로 다른 확인된 여러 종류의 화석이 있지만, 화석기록은 엄청나게 풍부하고 다양하기 때문에 이 목록이 불완전하다는 것을 명심하라. 주목해야 할 두 가지 중요한 주제가 있다: 생물체의 어떤 부분이 보존되었고 연구를 위해 이용가능한가? 어떤 종류의 서식처가 화석을 생산하는가?

- **호박과 결빙**(그림 18.1)은 고생물학자가 여전히 사용할 수 있는 가장 적게 변화된 화석 중 하나이지만, 그것들은 드물다. 점성이 있는 식물 수지는 붙잡힌 곤충을 날개맥이 보일 만큼 잘 보존하면서 호박으로 굳어질 수 있다. 영구 동토층에서 파내어진 털로 뒤덮인 맘모스는 보존된 털과 조직을 가지고 있고 불완전한 DNA 서열 또한 가지고 있었다. 어떻게 오랫동안 생물체의 구성 물질이 변하지 않고 유지되었는가? 이탄습원의 강한 산성 환경에 묻힌 철기시대의 200년 된 사람 사체는 여전히 온전한 살을 가진 채로 발견되었다(van der Plicht et al. 2004). 건조되었지만 변하지 않은 20,000년 된 땅나무늘보의 배설물은 사막 동굴과 같은 보호되고 건조한 환경에서 발견될 수 있다(Hansen 1978). 이런 놀라운 보존의 유형은 고대 생물체의 가장 완벽한 모습을 제공할 수 있다.
- **무기질화와 치환**(그림 18.2)은 흔한 화석화의 방법이고 구조물이 퇴적물과 원래의 무기물 함량을 대체하거나 내부와 주변에 침전된 용존 무기물에 묻혔을 때 만들어질 수 있다. 화석의 본래 모양(주로 세포 수준)은 보존될 수 있지만, 그것의 구성요소들은 바뀐다. 한 놀라운 경우에 따르면, 호주의 해양 파충류의 뼈가 오팔로 대체되었다.
- **자연 몰드와 캐스트**(그림 18.3)는 생명체가 퇴적물에 묻힌 다음 유해가 부패했을 때 생긴다. 몰드는 채워지지 않은 공간으로 구성되는데, 반면 캐스트는 새로운 물질이 그 공간에 침투하고 그것을 채우고 암석으로 굳어진 후 형성된다. 몰드와 캐스트는

(a) 티라노사우루스 렉스

(b) 규화목

**그림 18.2 무기질화된 화석** 무기질화된 화석은 주로 풍화작용에 의해 드러난 암석 노출부에서 발견된다. (a) 티라노사우루스. 육식공룡의 두개골. (b) 규화목. 애리조나 주의 석화림 국립공원에 있는 규화목.

표면의 형태에 대한 정보를 보호하지만, 내부의 세부사항들은 보호하지 못한다.

- **흔적화석**(그림 18.4)은 형태 대신 행동을 나타낸 점에서 **육체화석**(*body fossils*)이라고 일컬어지는 다른 종류의 화석들과 다르다. 공룡발자국은 우리에게 보폭을 말해주고, 그래서 최대속력 추정치를 산출할 수 있다. 동물 배설물 화석은 또 다른 종류의 흔적 화석이다. 세 번째 종류는 굴인데, 이것은 양각의 캐스트를 보존하면서 홍수가 난 후에 퇴적물에 의해 채워질 수 있다. 이번 장의 첫 번째 페이지에 있는 트리낙소돈 굴처럼 흔적과 흔적을 만든 개체가 같이 보존된 것과 같은 보통이 아닌 경우를 제외하고, 흔적화석은 보통 어떤 종이 그 흔적을 만들었는지 확신을 가지고 결정하기 어렵다.

**그림 18.3** **캐스트와 몰드** 약 3억 1천만 년 된 석탄기의 쇠뜨기 줄기.

대부분의 화석 형성은 표본의 세 가지 주요 특징에 달려 있다: 내구성, 매장(보통 수분 포화 침전물에서), 산소의 부족(제거되고 세균에 의한 분해를 저해함). 이런 각각의 인자들은 분해 속도를 늦추고, 화석화를 시킬 가능성이 높다. 결과적으로 화석기록은 주로 삼각주, 해변, 범람원, 습지, 호반, 해저와 같은 퇴적환경에 남겨진 단단한 구조물로 구성된다. 이와 대조적으로 민달팽이처럼 부드러운 몸체를 가진 생물체들은 화석이 될 수 있는 기회가 더 적다. 다음으로 우리는 화석 형성에 기여하는 요인들에 대해 논의한다.

## 화석학과 표본 편향

**화석학**(*taphos* = 매장)은 화석화 과정에 대한 학문이다. 화석학 편향은 한때 살았었던 것과 그것의 화석기록상에 묘사되는 것 사이의 차이점에 기여하는 인자들로 구성된다. 화석학 편향 가운데 한 가지 유형은 단단한 부분을 가진 개체가 전체적으로 부드러운 몸체를 가진 개체보다 훨씬 쉽게 보존된다는 것이다. 이것과 다른 전-화석화 필터들은 처음에 화석화가 되는 것에 영향을 미친다. 또 다른 편향은 풍부함에 의해 야기된다. 달리 어떤 일이 생기지 않는다면, 흔한 종들은 적어도 한 번 보존될 수 있는 더 나은 가능성을 가진다. 물론 어떤 환경들은 또한 더 나은 보존 가능성을 제공한다. 해저에서 굴을 파는 이매패류는 결국에 가서는 그들을 보존해줄 퇴적물에 산다. 반대되는 성질의 영역인, 매우 건조하거나 빠르게 침식되는 지역(산과 같은)에 사는 종들은 화석표본으로 비교적 잘 남지 않는다.

**그림 18.4** **흔적화석** 폴란드의 석회암 채석장에서 발견된 3억9천5백만 년 된 발자국은 육상의 사지동물에 의해 남겨졌을 것이다(Niedzwiedzki et al. 2010). Grzegorz Niedzwiedzki의 사진 촬영.

화석화 진행을 제한하는 것을 뛰어넘어, 다른 인자들은 결과적으로 연구를 위해 이용 가능한 것에 영향을 미친다. 한 가지 중요한 후-화석화필터는 화석을 함유한 바위의 유효성이다. 모든 기간의 퇴적암은 동일하게 얻기 쉬운 것은 아니다. 어떤 지역의 암석은 열대우림으로 덮여 있지만, 다른 곳에 있는 암석은 수 킬로미터가 되는 노출부분을 형성한다. 게다가 울퉁불퉁한 지형에서 더 오래전에 형성된 암석은 계속 진행 중인 지각판의 침입에 의해 좀 더 잘 파괴된다. 이런 원인과 다른 원인들 때문에 현대로 오면서 화석기록의 정확도는 개선된다. 시간에 따른 지질과 화석기록의 개선은 '현세의 견인(*the pull of the recent*)'이라고 불린다. 이 편향을 고생물학적 자료를 해석할 때 고려하는 것이 중요하다.

화석기록에 대한 다른 편향들은 인간 활동의 결과이다. 수집 편향은 다양한 형태로 나타날 수 있다: 지리학적(예를 들어, 해양 무척추동물 화석은 고생물학자들이 가장 많이 거주하고 있는 유럽과 북아메리카에서 수집되었다), 분류학적(어떤 화석 그룹은 우선적으로 수집되었다), 형태학적(생물체의 특정 부분은 다른 부분들 보다 가치가 있다). 예를 들어, 현대의 고생물학자들은 전체 골격을 훨씬 더 많이 수집하지만, 과거에는 두개골만을 수집하는 것이 일반적이었다. 게다가, 연구 활동은 고르게 분배되지 않는다. 어류 화석은 육식공룡이나 유인원과 비교했을 때 충분하지 못하게 연구되었다.

화석기록은 일반적으로 단지 수십 년에서 수십만 년 동안의 변형에 대한 변화를 기록한다는 것을 알아차리는 것이 중요하다. 이런 형태상의 한계는 화석과 살아 있는 개체간의 직접적인 비교를 어렵게 만든다.

원본 자료에 대한 한계와 편향들의 존재는 고생물학에만 있는 것은 아니다. 발생유전학에서의 진보는 노랑초파리, 예쁜꼬마선충, 애기장대와 같은 몇몇의 모델 시스템의 보편성에 의존한다. 중요한 점은 어떤 자료의 출처와 같이 화석기록은 검색될 수 있는, 그리고 얼마나 넓게 그 자료가 해석될 수 있는지에 대한 정보를 제한하는 특징을 가지고 있다는 것이다. 고생물학자들의 목표는 제한사항을 알아차리고, 그것들을 가지고 창조적으로 일을 하는 것이다.

**모든 자료의 출처처럼, 화석기록은 고유한 강점과 한계를 가지고 있다.**

적절한 경고와 함께, 현생대 동안의 일련의 사건들을 폭넓게 보면서 우리는 집약적인 화석기록의 사용을 시작할 수 있다.

## 진화하는 지구상의 생명체

지질연대는 이언, 대, 기, 세, 절로 나눠지는 계층구조이다. 각각의 명명된 시간 간격들은 진단화석의 세트에 의해 정의되고, 다양하고 혹독한 멸종과 긴밀하게 관련되어 있다. 일반적으로 시간의 세분기가 크면 클수록 멸종이 더 많아진다. 예를 들어, 대멸종은 고생대와 중생대의 끝을 나타낸다. 1800년대 초 스케일이 처음 만들어졌을 때, 시간간격은 단지 상대적인 시기에 의해서만 결정되었다: 암석은 최근의 것부터 오래된 것 순으로 놓여 있다. 방사성 동위원소의 발견과 정확한 연대 측정법의 발달 후, 각각의 시간 간격에 절대적인 시간들이 할당된 것은 훨씬 나중의 일이다. 그 결과, 명명된 시간 간격들은 서로 다른 양의 시간들에 걸쳐 있다. 고생대는 2억9천2백만 년 동안 계속되었고, 중생대는 1억8천6백만 년 동안 계속되었다. 지질연대는 진행 중인 일이다. 절대연대의 추정은 연대 측정법이 더 정교해지고 더 많은 암석들이 표본 조사됨에 따라 개선된다.

생명체는 스스로 변하는 세계에서 진화했다. 이런 변화의 주된 원인은 끊임없이 대륙과 바다를 재배열시키는 판 구조론이다. 대륙이 유착되는 동안 해안선에 의해 영향이 상대적으로 완화된 다량의 내부 대륙 때문에 기후 양상은 극단적이었다. 게다가 판의 충돌은 산을 생성할 수 있고(조산운동), 이를 통해 암석(특히 규산염) 풍화작용을 포함하는 경로가 이산화탄소의 수준을 감소시킨다. 이산화탄소는 온실 가스이다. 이산화탄소의 대기 중 농도는 지구의 온도(Royer et al. 2004)와 연관성이 있고, 높은 농도의 이산화탄소 시기 동안 극지방은 빙하가 없어진다. 물리적 변화들은 판구조론에 의해 일어나고 그래서 생명의 다양성이 진화하는 환경에 대한 중요한 결과를 가져온다.

그림 18.5는 현생대를 구성하는 시대에 대한 연대표를 나타낸다: 고생대(고대 생명체), 중생대(중간 생명체), 신생대(현세 생명체). 극지의 빙하작용의 역사에 대한 간결한 개요를 나타내는 것 외에 이산화탄소와 산소의 수준, 대륙의 위치와 형태는 생명체가 어떻게 반응하는지에 대한 의문을 품게 할 것이다. 예를 들어, 백악기 현화식물의 다양성(Fiz-Palacios et al. 2011)은 이산화탄소의 감소와 산소의 증가와 동시에 일어난다.—왜 그런가? (Igamberdiev and Lea 2006 참조.)

현생대 진화의 역사는 특별한 사건들과 광범위한 양상을 포함한다. 동시대의 화석학을 어떻게 연구하는지를 소개하고 가장 중요한 개념을 설명하기 위해 우리는 약간 더 넓은 양상에 초점을 맞춘다.

그림 18.5 **현생대의 개요** 왼쪽에 나와 있는 지질연대 스케일은 이언, 대, 기, 세를 포함한다. 그 옆의 세로 줄은 방사성 연대 결정법에 기초해 추정한 생활연령을 나타낸다. Gradstein과 Ogg에 의해 수정되었다(2009); ICS에서 비롯되었다(2012). 연대순의 날짜들 다음에 나와 있는 것은 극지방 빙하작용의 규모를 보여주는 그래프(파란색), 대기 중의 이산화탄소 농도(다양한 자료에 기초해 추정한 자주색과 통합 모형인 금색), 그리고 산소의 농도(초록색)이다. Berner (2009)에서; Breecker et al. (2010). 생명체의 역사에서 여러 가지의 중요한 단계들이 이 그래프 이후에 나타났다(첫 번째 척추동물: Zhang and Hou 2004; 육상 식물: Rubinstein et al. 2010; 유악어류: Sansom et al. 2012; 유관속식물: Wellman 2010; 경골어류: Zhu et al. 2009; 사지동물: Niedzwiedzki et al. 2010; 곤충: Engel and Grimaldi 2004; 유시류 곤충: Knecht et al. 2011; 단궁류: Angielczyk 2009; 공룡: Nesbitt et al. 2013. 포유류: Luo 2007; 조류: Lee and Worthy 2012; 진수류 포유동물: Luo et al. 2011; 현화식물: Sun et al. 1998; 영장류: Franzen et al. 2009; 인류: Kimbel et al. 1996). 마지막으로, 지구의 모습은 대륙의 위치 변화를 보여준다. Ron Blakey로부터(http://jan.ucc.nau.edu/~rcb7/mollglobe.html).

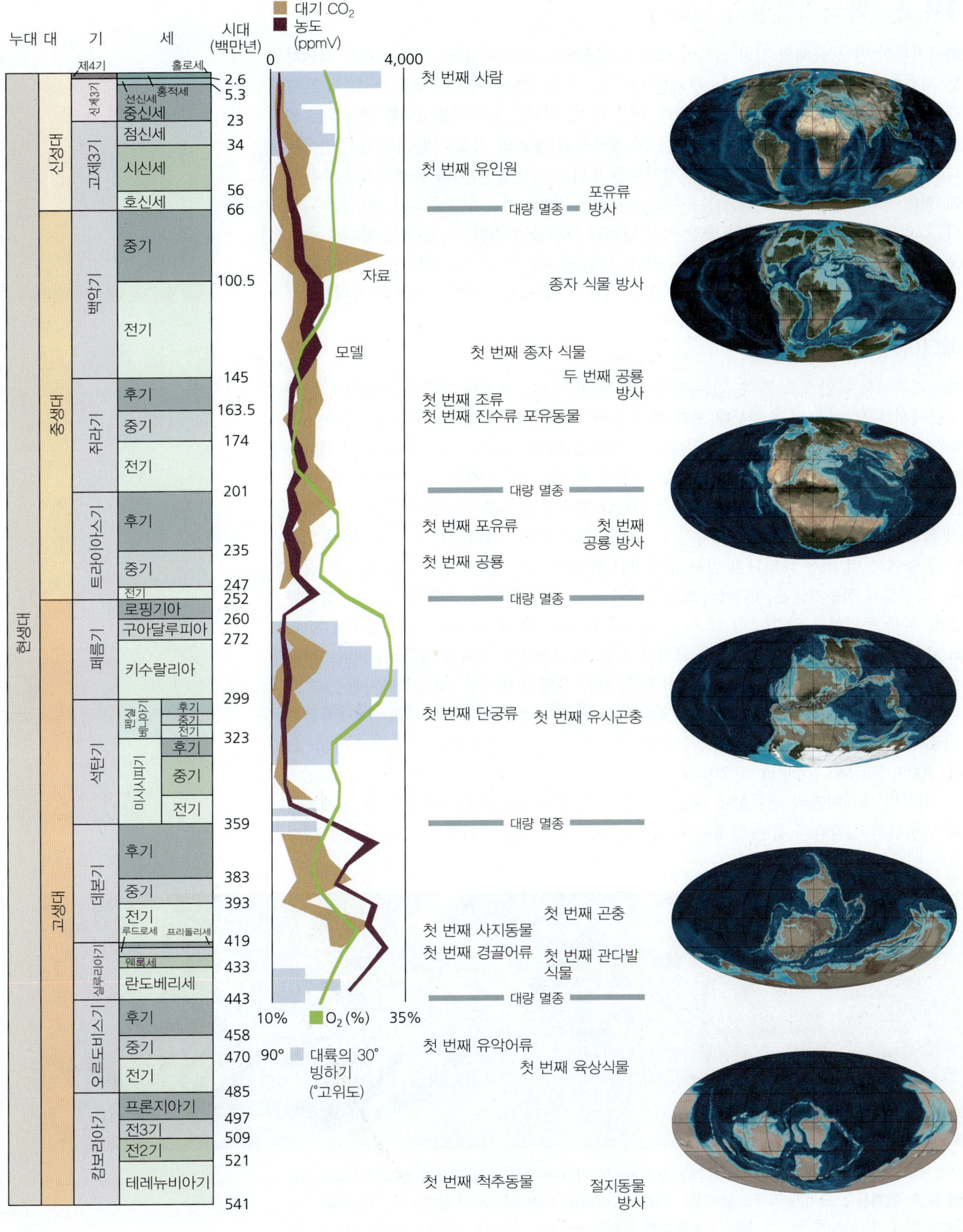

누대
대
기
세
시대 (백만년)
대기 $CO_2$ 농도 (ppmV)
0
4,000
현생대
신생대
중생대
고생대
제4기
홀로세
신제3기
홍적세
선신세
중신세
고제3기
점신세
시신세
호신세
백악기
중기
전기
쥐라기
후기
중기
전기
트라이아스기
후기
중기
전기
페름기
로핑기아
구아달루피아
키수랄리아
석탄기
펜실베니아기
후기
중기
전기
미시시피기
후기
중기
전기
데본기
후기
중기
전기
루드로세
프리돌리세
실루리아기
웬록세
란도베리세
오르도비스기
후기
중기
전기
캄브리아기
프론지아기
전3기
전2기
테레뉴비아기
2.6
5.3
23
34
56
66
100.5
145
163.5
174
201
235
247
252
260
272
299
323
359
383
393
419
433
443
458
470
485
497
509
521
541
자료
모델
10%
$O_2$ (%)
35%
90°
대륙의 30° 빙하기 (°고위도)
첫 번째 사람
첫 번째 유인원
대량 멸종
포유류 방사
종자 식물 방사
첫 번째 종자 식물
두 번째 공룡 방사
첫 번째 조류
첫 번째 진수류 포유동물
대량 멸종
첫 번째 포유류
첫 번째 공룡 방사
첫 번째 공룡
대량 멸종
첫 번째 단궁류
첫 번째 유시곤충
대량 멸종
첫 번째 곤충
첫 번째 사지동물
첫 번째 경골어류
첫 번째 관다발 식물
대량 멸종
첫 번째 유악어류
첫 번째 육상식물
첫 번째 척추동물
절지동물 방사

## 18.2 화석기록상의 진화

화석기록이 한 생물체의 진화 역사에 대해 우리에게 알려줄 수 있는 것은 우리가 현존하는 시스템으로 알아차릴 수 있는 것과는 다르다. 대개, DNA 자료는 획득할 수 없고 그래서 외형이 정보의 결정적 단서가 된다. 예를 들어, 화석종들은 이종교배를 강조하는 생물학적 종개념보다는 불가피하게 그것들의 해부학적 구조의 기초로 불가피하게 인식된다(**형태종, morphospecies**). 고생물학자들은 또한 분류군들 사이의 유연관계를 추론하기 위해 형태학을 사용하는데, 이는 수렴진화 또는 평행진화는 알아차리기 어려울 수 있다. 그리고 유생과 성체가 만약 중간 성장 단계가 그들을 연결할 수 없다면, 때때로 종으로 분리하는 것이 혼란스러울 수 있다. 이런 우려에도 불구하고, 화석기록은 진화의 측면에서 실험실에서 연구되거나 복제될 수 없는 자료를 제공한다. 몇몇 예시들을 살펴보자.

### 에디아카라 생물군

화석기록에서 육안으로 볼 수 있는 생명체에 대한 최초의 명백한 기록은 에디아카라 생물군에서 나오는데, 이는 원생대(초기 생명체)의 거의 끝에 위치하는 5억6천5백만~5억4천4백만 년 전의 시기이다. 최초의 표본은 1940년대에 오스트레일리아 남부의 에디아카라 언덕에서 발견되었지만, 다른 것들은 현재 세계의 약 20군데의 장소에서 발견되고 있다. 대부분은 자국이 보존되고, 사실상 딱딱한 껍데기나 다른 단단한 부분을 가지고 있지 않다. 에디아카라 화석은 분류하기가 어렵다. 연구과제는 지의류와 조류에서부터 오늘날 지구에서 더 이상 나타나지 않는 생명체의 형태에 이르기까지의 범위를 가지는 것이다. 대부분의 전문가들은 에디아카라 동물군이 해면동물, 해파리, 빗해파리를 포함한다는 것에 현재 동의하고 있다(그림 18.6; Conway Morris 1989; Zhang et al. 2001; Xiao et al. 2002). 에디아카라 동물들은 크기가 작고, 일반적으로 길이가 불과 몇 센티미터밖에 되지 않으며, 그들의 형태는 비교적 단순하다. 그렇긴 하지만, 고생물학자들은 그림 18.6b에 나와 있는 것과 같은 레인지오모프(rangeomorphs)들을 포함하는 에디아카라 생명체들의 구조적이고 생리적인 정교함에 대해 식별능력이 증가되고 있다(Laflamme et al. 2009; Vickers-Rich et al. 2013).

최근의 에디아카라 생물상에 대한 조사는 오늘날 대륙과 바다에서 우세한 연체동물과 연충류와 갑각류와 같은 양쪽이 대칭적인 동물들이 동물 진화에 있어서 초기에 나타

**그림 18.6 에디아카라 동물군** (a) 딕킨소니아, 에디아카라 층에서 흔한 정체가 불확실한 방사대칭인 동물. 개체들은 크기가 약 3.5 cm이다. Simon Conway Morris의 사진 촬영. (b) "Frondlets"는 일반적으로 *Rangea*로 불리는 정체가 불확실한 동물에 속한다. 기준자는 0.25 cm이다. Narbonne (2004)에서.

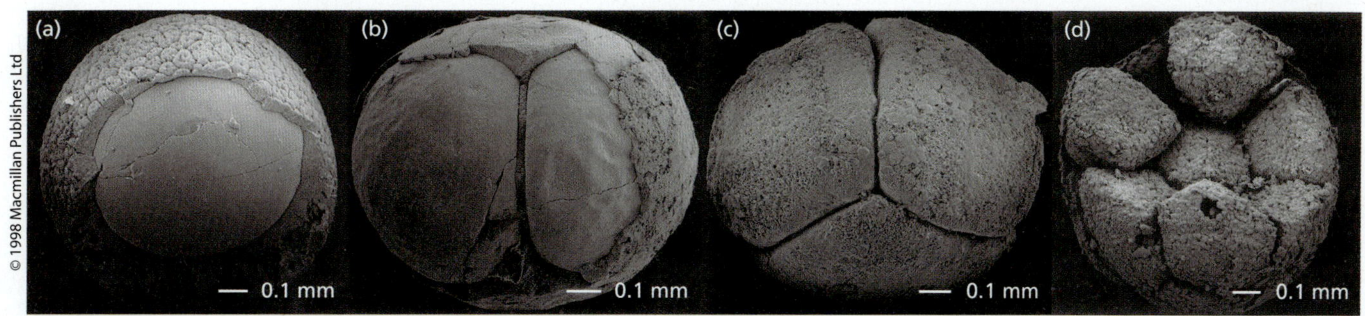



**그림 18.7 선캄브리아기의 배인가?** 두산퉈층에서 발견된 이런 미화석들은 원생대의 대칭적인 동물의 (a) 수정란, (b~d) 난할 단계 배일 것이다. 난자 외피와 유사한 구조가 배와 두 개의 복합체에서 발생한 세포, 그리고 살아 있는 절지동물과 편형동물의 배와 유사한 기하학 양상을 가지는 화석들을 각각 둘러싸고 있다. Xiao et al. (1998)에서.

(a–d) Reprinted by permission from Macmillan Publishers Ltd: *Nature* 391: 553–558, copyright 1998.

났었는지를 알기 위해 노력해왔다. 이 쟁점은 해결하기 어렵다.

화석화된 배는 좌우대칭동물이 캄브리아기 이전에 진화했다는 가설을 뒷받침한다. 이것들은 6억3천5백만에서 5억5천1백만 년 된 중국 남부 고대지형 두산퉈층(Donshantuo)에서 발견되었다(Condon et al. 2005). 두산퉈층 암석에서 인산염광물은 부드러운 조직을 대체했고 훌륭한 해부학적 상세구조를 보여주는 화석을 형성했다. Li 등(1998)은 살아 있는 해면동물과 유사한 해면동물의 유생을 묘사했다. Xiao와 동료들(1998)은 배 분열의 할구세포처럼 보이는 두 개, 네 개, 여덟 개, 혹은 그 이상의 둥근 구조로 구성된 화석을 발견했다(그림 18.7). 이런 구조들이 절지동물 발생단계에서 보이는 첫 번째 세포와 유사하기 때문에, 이 화석은 양쪽이 대칭인 종의 배라고 해석되었다(Xiao et al. 1998). 다른 연구자들은 그 화석은 포낭에 싸인 원생생물이라고 제시하면서 동의하지 않았다(Huldtgren et al. 2011; Conway Morris 1998a 참조).

에디아카라 흔적 화석에도 또한 논란은 존재한다. 어떤 연구자들은 그림 18.8a에 있는 것들과 같은 선형의 굴과 지나간 자취가 머리와 꼬리 부분을 가지고 있고 일렬로 움직이는 양쪽이 대칭인 개체들에 의해 만들어졌다고 주장해왔다(Waggoner 1998). 다른 화석들은 선캄브리아기 후기의 좌우대칭동물에 대한 더 강력한 증거를 제공한다: 킴베렐라(*Kimberella*)와 같은 연체동물(그림 18.8b; Fedonkin and Waggoner 1997)과 아주 작은 *Vernanimalcula guizhouena*(그림 18.8c; Chen et al. 2004). 하나로 합쳐 생각해 보면, 이 자료는 양쪽이 대칭인 동물들은 크기는 작지만 틀림없이 캄브리아기 이전에 존재했다고 주장한다.

**작은 몸체를 가진 좌우대칭동물들이 캄브리아기 폭발 이전에 존재했다는 증거들이 늘어나고 있다.**

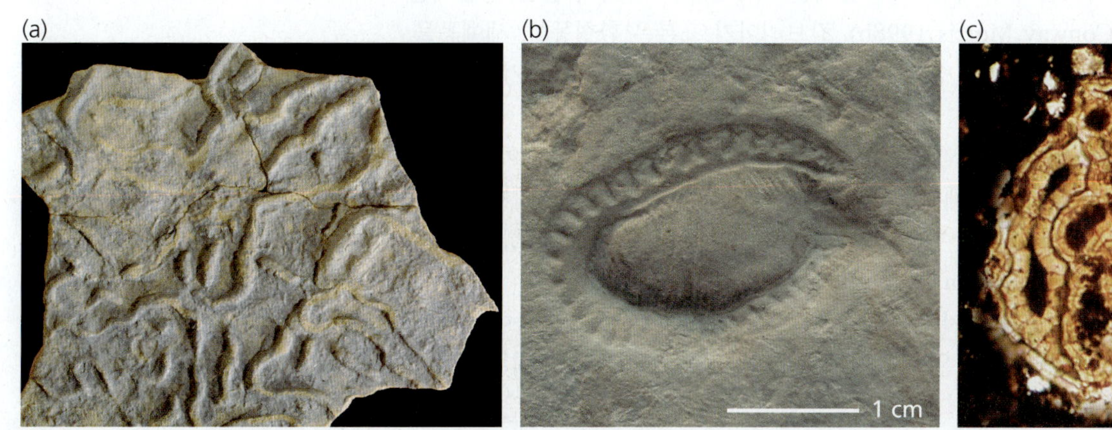


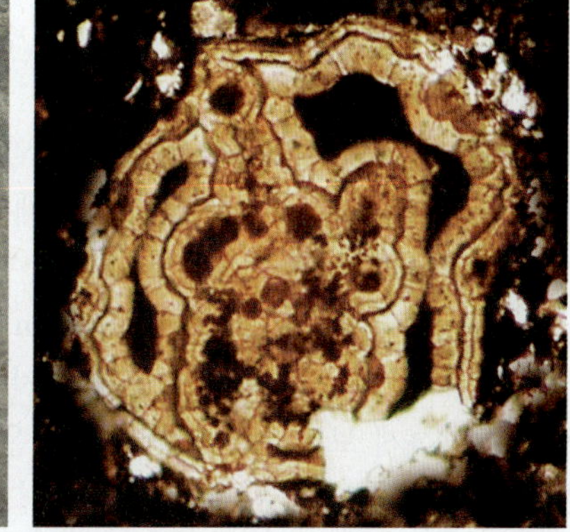


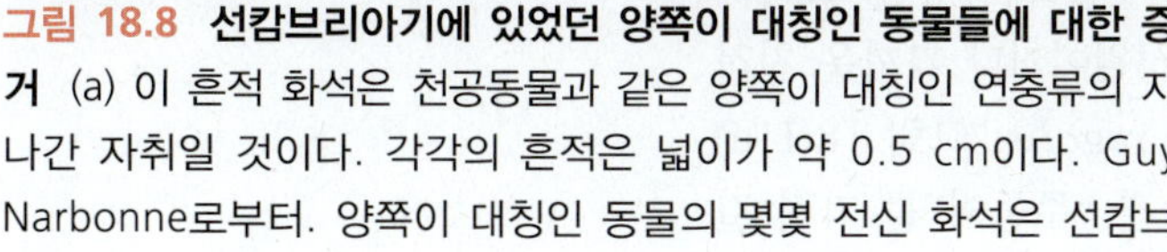

**그림 18.8 선캄브리아기에 있었던 양쪽이 대칭인 동물들에 대한 증거** (a) 이 흔적 화석은 천공동물과 같은 양쪽이 대칭인 연충류의 지나간 자취일 것이다. 각각의 흔적은 넓이가 약 0.5 cm이다. Guy Narbonne로부터. 양쪽이 대칭인 동물의 몇몇 전신 화석은 선캄브리아기라고 알려져 있다: (b) 킴베렐라와 같은 연체동물(by Eduard SolàVázquez); 그리고 (c) 아주 작은 *Vernanimalcula guizhouena*의 횡단면(Chen et al. 2004).

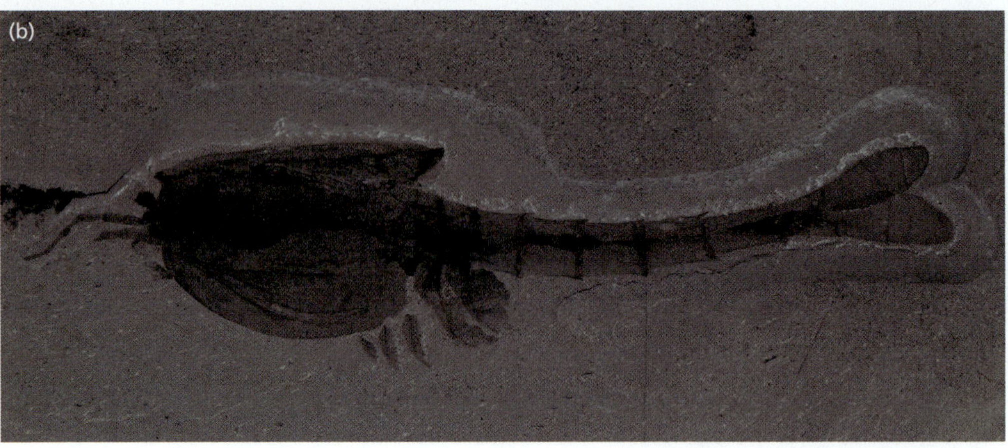


**그림 18.9 버제스 혈암 동물상**
버제스 혈암과 청지앙 동물상은 잘 발달한 체절, 머리, 부속지를 가진 크고 양쪽이 대칭인 동물들이 지배적이다. (a) 마렐라 스플렌덴스(*Marrella splendens*). (b) 왑티아 피엘덴시스(*Waptia fieldensis*). Jean-Bernard Caron의 사진 촬영. 국립온타리오 박물관.

## 버제스 혈암 동물상

선캄브리아기와 캄브리아기의 화석기록 간의 차이는 크지 않을 것이다. 선캄브리아기의 에디아카라 화석들 중에서는 소수의 좌우대칭동물이 나타나는 반면, 캄브리아기는 놀라울 정도로 다양한 크고 복잡한 양쪽이 대칭인 동물들이 기록에 남아 있다(그림 18.9). 오늘날 살아 있는 동물들의 대부분의 종이 부유한 계보—절지동물, 연체동물, 척추동물, 극피동물—는 캄브리아기에 모두 존재했었다. 이런 그룹의 대다수가 보존되기에 좋은 딱딱한 부분이 없다는 것을 고려하면, 우리가 어떻게 알겠는가? 가장 운이 좋은 고생물학적 발견 중의 하나인 보존된 부드러운 몸체의 캄브리아기 화석 **모광맥(Lagerstätte)**(예외적으로 부유한 퇴적물)이 캐나다의 브리티시컬럼비아주에서 발견되었다. 이것은 버제스 혈암이라고 불리는 암석의 세트에서 나왔고, 우리에게 캄브리아기 후기의 바다에 있는 생물체의 초기 변화에 대한 유례없는 모습을 보여주었다.

약 5억5백만 년 된 버제스 혈암의 암석들과 중국 윤난 지방의 청지앙 생물상(5억2천5백만~5억2천만 년)은 거의 틀림없이 가장 굉장한 화석 퇴적물로 알려져 있다(Conway Morris 1998b; Zhang et al. 2001). 양쪽의 모광맥 모두는 부드러운 몸체를 가진 동물들의 놀랍고 세밀한 부분을 보존하고 있다.

에디아카라와 버제스 혈암 퇴적물에서 발견된 종들 사이에 작은 공통부분이 있지만, 적어도 몇몇 현대의 바다조름과 유사한 크고 군체를 이루는 자포동물과 같은 생물체는 양쪽 모두에 존재한다(Conway Morris 1998b). 캄브리아기 표본은 환형동물, 새예동물, 별벌레, 다양한 연체동물뿐만 아니라 삼엽충을 포함하는 다수의 복잡하고 보기 드문 절지동물을 포함한다.

놀랍게도, 그 퇴적물들은 또한 무악류 종을 포함한 몇몇의 척삭동물의 집이 된다(그림 18.10). 이런 초기 척삭동물들은 체절로 된 몸근육과 척삭이라고 부르는 지지대를 가지고 있다. 종합적인 형태에서 그들은 **현존하는(extant)** 무악류—먹장어류와 칠성장어류—와 유사하다(Chen et al. 1999; Shu et al. 1999; Shu et al. 2003).

비록 처음에는 버제스 혈암과 청지앙 생물상의 많은 개체들은 생물학자들이 당황할 만큼 이상하게 보였다. 특이한 화석들은 의문투성이(Problematica)라고 언급되는 무질서한 그룹에 배정되었다. 두 가지 예가 그림 18.11에 나와 있다. 몇몇 관찰자들은 이런 종들이 오늘날 살아 있는 개체들과는 다른 독특한 문을 대표한다는 것을 시사했다. 그러나 추가적인 연구는 대부분 또는 모든 종이 현재 살아 있는 문의 구성원이거나 가까운 친척이라는 것을 밝혔다. 예를 들어, 오파비니아 레갈리스(*Opabinia regalis*; 그림 18.11a)는 연속적으로 반복되는 측판, 5개의 눈, 그리고 신체 앞쪽 끝에 긴 "주둥이"를 가진 길

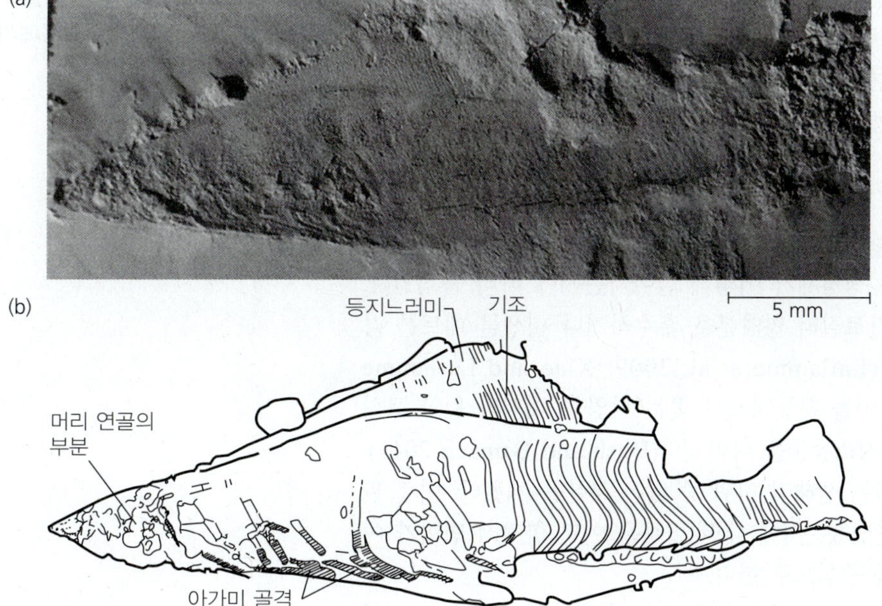


**그림 18.10 캄브리아기의 척추동물: 해구어** (a) 부분 사진은 전체적인 표본을 보여준다. 해설적인 그림 (b)는 연골로 된 두개골, 아가미골격, 기조를 포함하는 척추동물 특유의 특징을 보여준다. From Shu et al. (1999)에서.

쭉한 좌우대칭동물이라고 처음으로 묘사되었다. 이 묘사는 살아 있는 문의 분류 범위 밖으로 오파비니아를 놓이게 했다. 그러나 최상의 표본에 대한 상세한 조사는 반복적인 측면 구조가 절지동물 다리와 상동이라는 것과 오파비니아는 절지동물과 근친이라는 것을 시사했다(Zhang and Briggs 2007). 유사하게, 위왁시아 코루가타(*Wiwaxia corrugata*; 그림 18.11b)는 척추와 골판으로 구성된 확실치 않은 화석으로 이전에 문이 정해져 있었지만, 추가적인 연구는 이것이 어떤 다모류 동물이거나 연체동물 동족 또는 환형동물과 연체동물을 포함하는 분기군의 줄기 그룹 구성원이라는 것을 밝혔다(Butterfield 1990; conway Morris 1998b; Smith 2012). 이런 조사들의 결과로 캄브리아기 동안에 존재했던 문의 수는 현재 대략 오늘날 관찰되는 다양성과 비슷하게 알려져 있다(Briggs et al. 1992; Wills et al. 1994).

**화석기록에서 초기에 존재했던 동물들과 비교하여, 캄브리아 생물상의 특징으로는 몸 크기의 상당한 증가와 단단한 외골격과 다리와 같은 복잡한 신체 부분의 근원, 그리고 기본적인 몸의 모습과 조직에서의 다양성이 있다.**

이것은 주목할 만한 결론이다. 사실상 모든 주요한 동물 계보의 가장 초기의 구성원은 화석기록과 동시에 지리적으로 전 세계의 현존하는 부분에서 상대적으로 갑작스럽게 발생했다(Conway Morris 2000; Valentine 2002). 버제스 혈암 동물상은 큰 몸집과 최

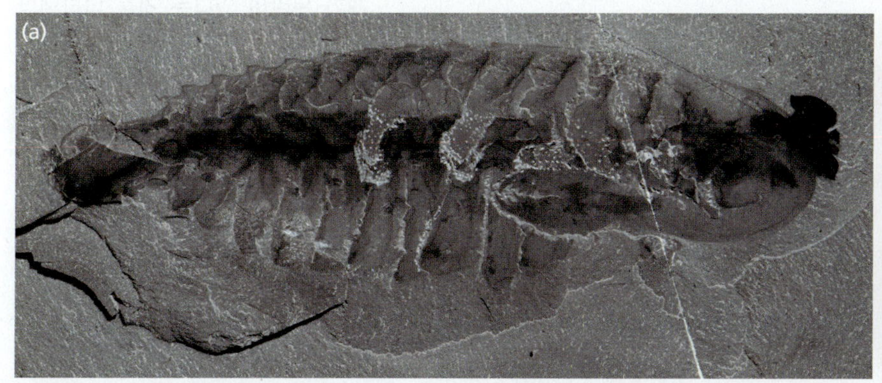

**그림 18.11 의문투성이 동물군?** 버제스 혈암 동물상의 몇몇 종들은 흔하지 않아서 그것들을 분류하기가 힘들다. 이런 의문투성이 동물군(Problematica)의 대부분은 현재 살아 있는 문으로 분류되고 있거나 적어도 친밀하게 알려진 초기 현생대 화석으로 분류되고 있다. (a) 오파비니아(*Opabinia*)는 절지동물과 관계가 있다(혹은 절지동물에 속할지도 모른다). Jean-Bernard Caron, 캐나다의 지질 조사. (b) 위왁시아(*Wiwaxia*)는 아마도 환형동물이나 연체동물의 근친일 것이다. Jean-Bernard Caron, 국립온타리오 박물관.

초의 체절화된 몸설계, 팔다리, 더듬이, 껍데기, 외골격, 척삭을 포함하는 주된 형태적 혁신의 놀라운 다양성과 수를 기록한다. 이런 동물들은 앉았고, 수영을 했고, 굴을 팠고, 기었고, 떠다녔고, 그리고 걸었다. 그들은 물에서 걸러내는 것에서부터 추적하여 잡는 것까지 거의 모든 가능한 방법으로 식량을 찾았다.

**오늘날 살아 있는 대부분 동물문은 캄브리아기 동안의 화석기록에서 처음으로 등장했다.**

## 캄브리아기 폭발의 원인은 무엇인가?

몸설계, 세포 종류, 발생 양상의 놀라운 다양성은 캄브리아기 폭발 동안 진화했다(**그림 18.12**). 양쪽이 대칭인 동물의 방사형은 생명체가 어떻게 살아가는지에 따라 움직인다. 대부분의 에디아카라 생물체들은 막을 가로질러 영양분을 흡수하거나 미생물 매트를 갉아 먹거나 또는 유기체의 잔해를 먹는다(Laflamme et al. 2009; Xiao and Laflamme 2009). 그러나 버제스 혈암 동물상은 먹이를 활동적으로 쫓는 다양한 해저와 원양 포식자, 여과섭식 동물, 초식동물, 부식동물, 청소동물을 나타낸다(Bush and Bamach 2011). 캄브리아기 폭발은 얕은 해양서식처에 있는 생태적 지위 중 많은 부분을 채웠다. 이런 관찰에 기초해서, 캄브리아기 폭발이 왜 발생했는지에 대한 질문은 어떤 환경적 변화가 이런 새로운 생활방식을 가능하게 했는지를 중심으로 한다.

원생대 동안 바닷물에서 증가한 산소 농도는 다세포와 큰 크기에 대한 근원의 단서였다(Johnston et al. 2012; Sahoo et al. 2012). 늘어난 산소는 더 높은 대사율과 더 큰 몸

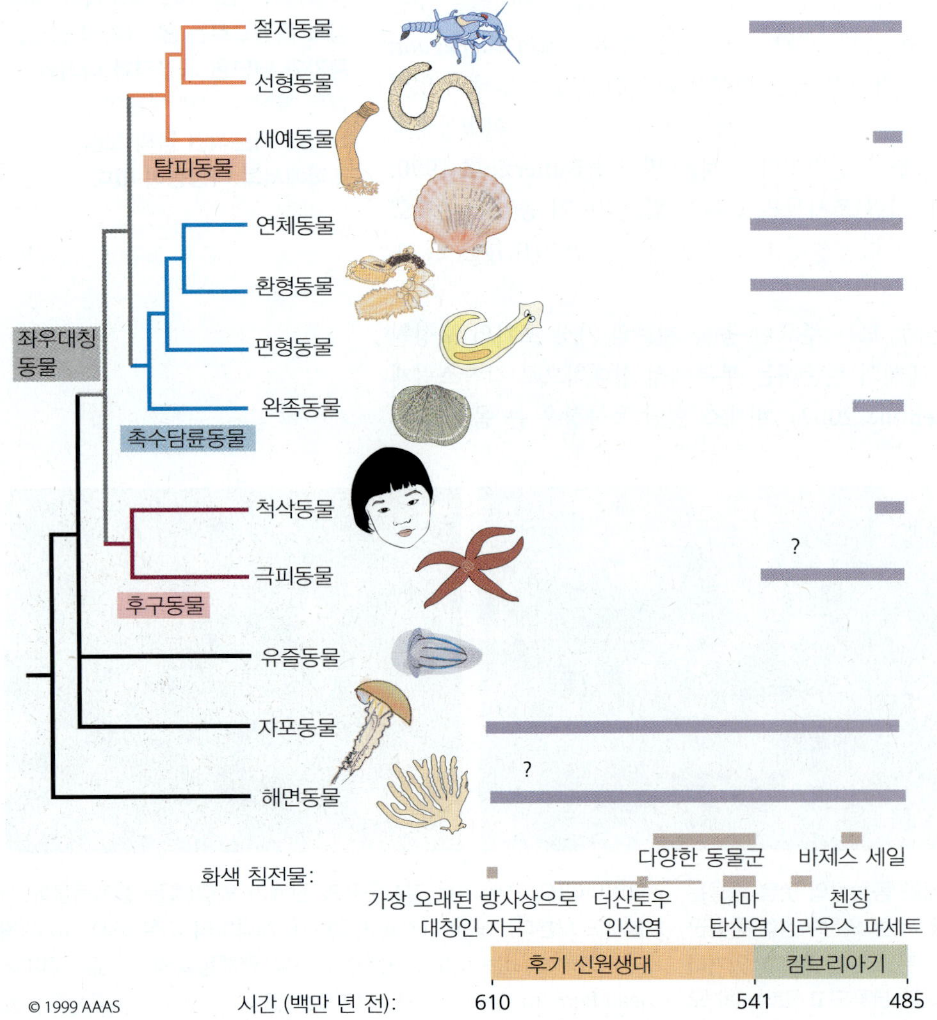



**그림 18.12 가장 초기의 동물에 대한 계통과 화석기록** 왼쪽에 있는 계통수는 가장 초기 화석 동물상에서 나타나는 주요 분류군들 사이의 유연관계를 보여준다; 이것은 이런 문들의 살아 있는 구성원들로부터 얻은 분자 자료에 기초해 있다(예를 들면, Philippe et al. 2009; Telford and Copley 2011). 계통수의 오른쪽에 있는 자주색 막대는 어떤 문이 아래에 있는 시간 눈금자에서 확인된 화석 동물싱에서 나타나는지를 보여준다; 물음표는 특정 시간에 대한 그룹의 존재가 논란이 있다는 것을 나타낸다. Knoll and Carroll (1999)에서.

집을 가능하게 했다. 커진 몸의 크기는 조직 진화의 전제 조건이고, 더 높은 대사율은 활동적인 움직임에 요구된다. 두 가지의 특징이 에디아카라 동물상에서 처음으로 나타났다.

캄브리아기 폭발을 설명하기 위해, Andrew Knoll과 Sean Carroll(1999)은 공기 중의 갑작스런 산소의 증가가 캄브리아 중기 동안에 발생했고 더 큰 몸집과 빠른 운동이 가능하도록 했다고 제안했다. 그들은 또한 대멸종이 원생대 말에 많은 에디아카라 생물군을 없앴고 그 당시 존재했던 아주 작은 선구동물과 후구동물이 변화된 조건에 반응하여 진화할 기회를 만들었다고 단정했다.

**캄브리아기 폭발의 원인에 대한 주된 가설은 에디아카라 동물상의 대멸종과 대기 중 산소의 증가를 포함한다.**

이런 가설들은 현재 테스트 중이다. 만약 그것들이 타당하다면 일련의 예측들은 확인될 것이다. 작은 몸의 선구동물과 후구동물의 화석기록은 결국 원생대에서 발견될 것이고, 분자시계(18.6절 참조)는 좌우대칭동물이 캄브리아기 폭발 수억 년 전에 발생했다는 주장과 일치할 것이다(Erwin et al. 2011). 대멸종 사건과 이용 가능한 산소의 증가에 대한 화석이나 지질학적 증거는 알려지게 될 것이다(Laflamme et al. 2013). 단지 시간과 추가의 연구만이 동물의 진화가 정말 폭발적이었는지와 증가된 산소의 이용성의 형태로의 엄청난 환경 변화에 의해 촉발되었는지를 말해 줄 것이다.

## 어류에서 사지동물로의 이행

데본기는 이 기간 동안에 수생 척추동물에서 보이는 놀라운 다양성 때문에 종종 "어류시대"라고 불린다. 그러나 그림 18.5를 볼 때 분명한 것처럼, 육상 식물은 오르도비스기에 진화했고, 곤충은 실루리아기 또는 초기 데본기부터 육지에 있는 자원들을 이용하면서 시작했다; 척추동물은 멀리 떨어지지 않았다. 지난 20년 동안, 일련의 중요한 발표들은 최초의 육지 생활 및 다리가 있는 척추동물(사지동물)과 관련된 형질 진화의 순서에 집중하였다(그림 18.13).

그림 18.13은 어류에서 사지동물로의 전이가 걸쳐 있는 네 종류의 데본기 말 척추동물을 보여준다. 네 가지 모두는 상완골(앞다리)이나 대퇴골(뒷다리)로 인식되는 지느러

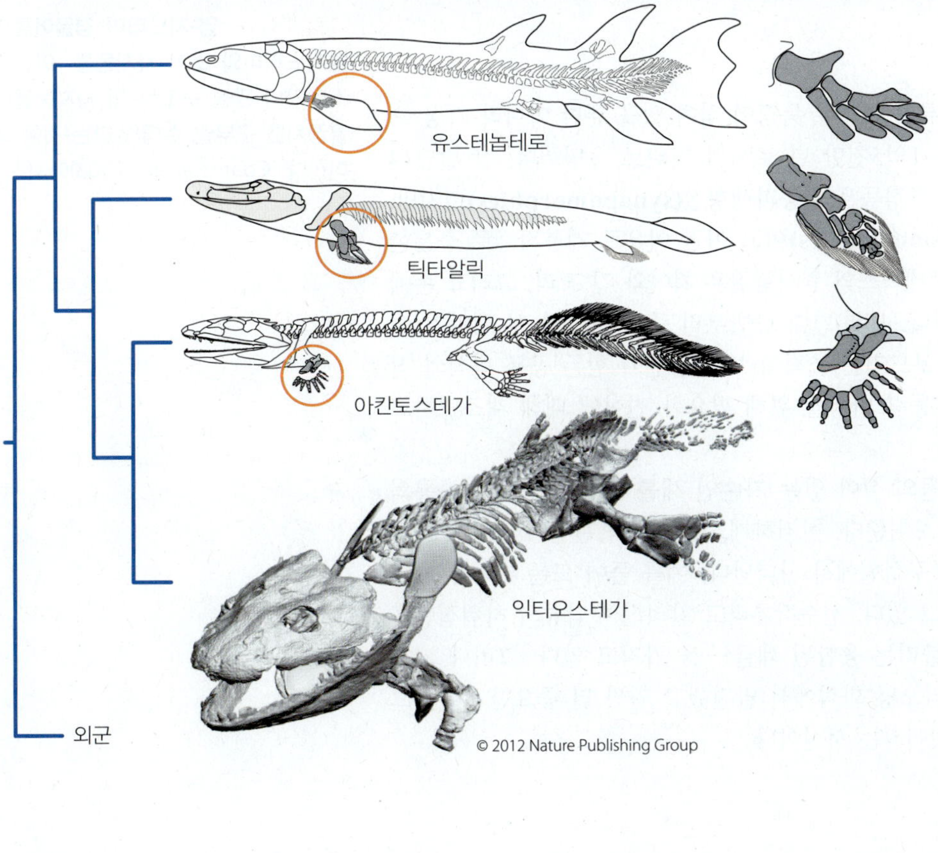

유스테놉테로

틱타알릭

아칸토스테가

익티오스테가

외군



**그림 18.13 어류에서 사지동물로의 이행** 옆에 보이는 네 가지 종들은 모두 육기어류(엽-지느러미 경골어)이다. 오로지 아칸소스테가와 익티오스테가만이 사지동물이다. 틱타알릭은 중간형태이다—"발 달린 물고기". 틱타알릭 복원 Daeschler et al.(2006)과 Shubin et al. (2006). Michael Coates and Jennifer Clack(Coates 1996 참조)에 의해 아칸소스테가 복원. Pierce et al. (2012)로부터 익티오스테가 복원.

미/다리에 있는 단일의 기부뼈로 특징지어지는 육기어류(엽-지느러미 경골어)이다. 지느러미에서 다리로의 변화 이외에도 수생생물에서 육상생물로의 전이는 증가된 중력 작용을 견뎌내기 위해 구조적인 변화를 필요하도록 했다. 아칸토스테가(*Acanthostega*)와 같은 사지동물은 더 커진 늑골 부착지 뿐만 아니라 유스테노푸테론(*Eusthenopteron*) 같은 수생 분류군에는 없는 연이은 척추뼈(척추관절돌기) 사이의 잘 발달된 관절을 보여준다. 게다가, 골반은 새로운 엉치늑골에 의해 척추에 튼튼하게 연결되어 있다. 많은 생리학적 변화들(예를 들어, 호흡, 삼투조절)이 의심할 여지없이 또한 나타났지만, 이런 것들은 화석기록에서는 추정하기가 극도로 어렵다.

기조(lepidotrichia)의 상실과 그것들의 손가락으로의 대체(그림 18.14)는 사지동물의 전형적인 특징이지만, 가장 초기의 사지동물이 대부분의 시간을 물에서 보냈다는 증거들이 점점 더 많아졌다(Coates et al. 2008; Pierce et al. 2012). 예를 들어, 아칸토스테가는 꼬리지느러미를 가지고 있었고, 완전한 형태의 아가미 골격을 가지고 있었다. 이와 비슷하게 놀라운 점은 등쪽과 뒤쪽의 지느러미의 상실과 등쪽 눈과 함께 납작해진 두개골처럼 사지동물의 특징으로 추정되는 많은 것들이 이미 수생 육기어류(틱타알릭과 같은)에서 유래되어 존재한다는 사실이다. 아칸토스테가, 익티오스테가와 다른 초기 사지동물의 화석은 기원이 민물, 강의 하구, 해양의 가장자리였다고 판단되는 암석에서 복구되었다. 해양 암석에서 사지동물 화석의 부족은 그 그룹의 기원에 대해 예상되는 서식처를 제외하는 것을 돕지만, 사지동물 기원에 대한 다양한 측면들은 규정하기 힘든 상태로 남아 있다.

왜 사지동물은 건조한 육지에 몰려들었는가? 전형적인 이론은 건기 동안 줄어든 연못 사이를 이동한다고 알려져 있는 현대 호주 폐어의 생태에 주로 기초하고 있다. 기후 모델은 데본기 말은 오늘날보다 상당히 따뜻했지만, 또한 중요한 것은 데본기 식물을 먹고 살았던 곤충의 형태로 육지에 있는 이용 가능한 먹이가 이용되지 않았다는 것을 시사한다. 최근에 발견한 폴란드의 초기 데본기 사지동물 발자국(Niedzwiedzki et al. 2010; 그림 18.4 참조)은 고생물학자들이 현재 대부분의 사지동물 몸체 화석이 나오는 후기 데본기 암석보다 대략 1천8백만 년 더 오래된 암석을 볼 필요가 있을 것이라는 것을 시사한다.

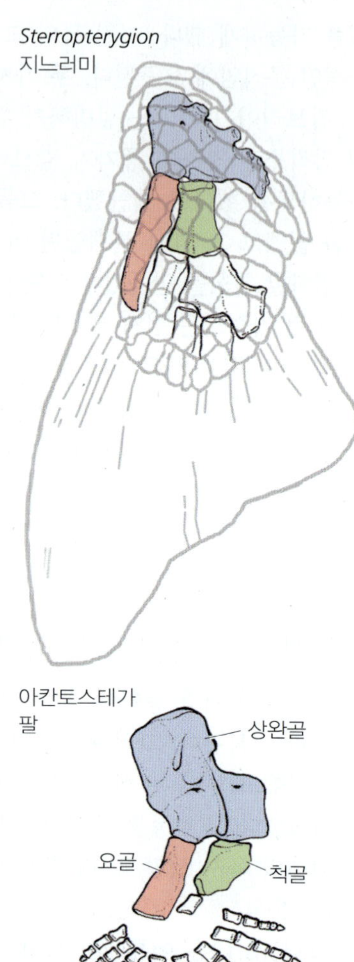


**그림 18.14 엽-지느러미 경골어류의 앞지느러미와 초기 사지동물** 아칸토스테가의 관절 구조는 이 사지동물이 팔꿈치를 구부릴 수 없었다는 것을 의미한다. Coates et al. (2008)에서.

## 공룡에서 조류로의 이행

1세기가 넘는 시간 동안, 시조새는 조류와 파충류 특징이 섞여 있을 뿐만 아니라 가장 오래된 명확한 화석새(쥐라기시대 말, ~1억5천만 년)로서의 지위로 유명했다. 잘 발달된 깃털처럼 화석을 새와 연결시키는 그 특징들은 **공동파생형질(synapomorphies)**이지만, "파충류" 특징들은 **원시형질상태(plesiomorphies)**이고 이런 이유로 계통적으로 충분한 정보를 알려주지 않는다. 아르카이오프테릭스의 원시형질은 치아와 긴 꼬리, 그리고 손에 세 개의 손톱이 있는 손가락을 포함한다. 1990년대 중반부터 중국 랴오닝 성 백악기 전기 모광맥 매장층의 발견은 그것들의 부드러운 조직이 보존된 믿기 힘든 공룡 화석의 집단 때문에, 새의 기원에 대한 관심과 동력 비행을 위해 필요한 변형에 대해 재조명하고 있다(Norell and Xu 2005).

그림 18.15는 두 발로 걷고, 그것들의 살아 있는 자손인 새를 포함하는 육식 공룡의 분기군인 네 종류 수각류의 복원물을 보여준다. 현저하게, 보통 새와 관련이 있는—특히 비행—많은 특징들이 이 그룹의 초기 구성원에서 나타난다. 예를 들어 모든 수각류(새를 포함한)는 모두 속이 텅 빈 뼈를 가지고 있다. 신수각류라고 알려진 수각류의 하위집단은 차골—현대 조류에서 위시본이라고 불리는 융합된 쇄골—을 가지고 있다. 그러나 고생물학자들은 전혀 뜻밖의 것(깃털)을 랴오닝 화석에서 발견했고 훨씬 더 중요한 것은, 그 깃털이 명백하게 날 수 없는 동물의 것이라는 사실이다.

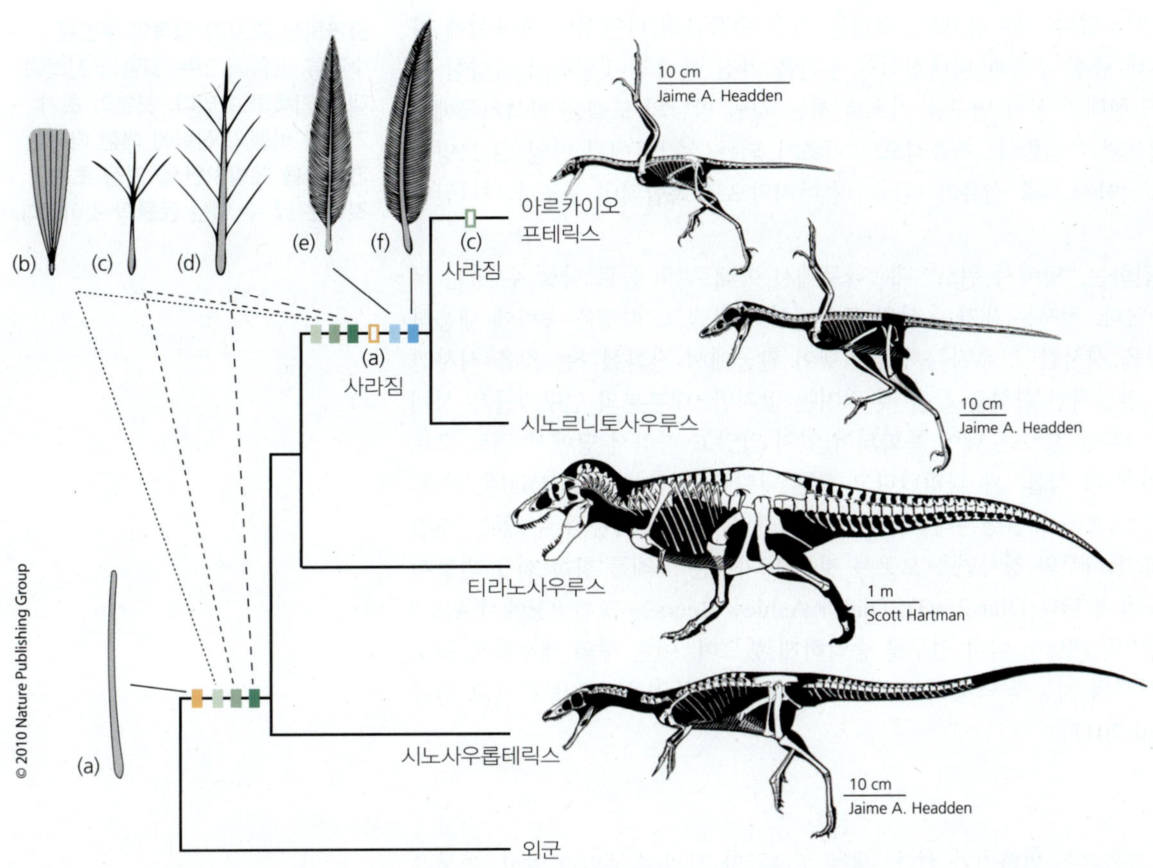


**그림 18.15 수각류 깃털의 진화** (a-f)는 깃털의 종류이다. (a) 두꺼운 단섬유. (b) 아래쪽에서 합쳐진 여러 개의 섬유로 된 복합 깃털. (c) 중심 섬유의 끝에서 사방팔방으로 뻗어있는 짧은 깃가지. (d) 대부분의 중심 섬유 부분에 좌우로 가지가 뻗어있는 다중 섬유. (e) 곧은 우축과 대칭적인 우판을 가진 빳빳하고 단단한 깃털. (f) 약간 굽은 우축과 비대칭의 우판을 가진 빳빳하고 단단한 깃털. 대시 선은 진화시기에 대한 불확실성을 나타낸다. Xu et al. (2010).

Xu, X., X. Zheng, and H. You. 2010. "Exceptional dinosaur fossils show ontogenetic development of early feathers." *Nature* 464: 1338–1341. Copyright ©2010 Nature Publishing Group. Reprinted with permission.

보송보송한 솜털과 실 모양의 피부 구조를 가진 시노사우롭테릭스(*Sinosauropteryx*)의 발견은 수각류를 덮고 있는 것 같은 솜털에 대한 첫 번째 증거를 제공한다. 그 다음으로, 현대 날개깃의 모든 특징을 가지고 있는 날개를 가진 랴오닝 화석은 다음과 같은 질문을 하게 만들면서 재조명되었다: 날기 위해서가 아니라면, 왜 깃털은 처음에 진화를 했는가? 여러 가지 가설들이 제안되었는데(Xu 2006), 대부분은 표현(성적인 신호 장치로의 깃털; 그림 18.16)이나 체온조절(단열을 위한 혹은 알을 품는 것에 있어 보조물로써

**그림 18.16 안키오르니스 헉슬레이 공룡의 깃털** Quanguo Li와 동료들(2010)은 화석에 보존된 멜라노솜으로부터 깃털의 색깔을 추론했다. M. A. DiGiorgio 그림 묘사. Li et al. (2010)에서.

Li, Q., K. Q. Gao, et al. 2010. "Plumage color patterns of an extinct dinosaur." *Science* 327: 1369–1372. Reprinted with permission of the AAAS.

의 깃털)에 초점을 맞추었다. 흥미롭게도, 깃털을 가진 수각류의 다양성이 증가함에 따라 단일 섬유에서부터 중심 우축과 비대칭적인 우판을 가진 현대의 깃털까지 다양한 깃털 형태가 나타났다. 현대의 실험 연구를 기초로 하는 깃털 발달의 모델은 화석기록에서 보이는 일련의 사건들과 부합한다: 계통적으로 기초가 되는 수각류에서 단일 실 모양의 구조가 나타나고, 잇달아서 다중 섬유가 나타나며 마지막으로 복합적인 구조가 나타난다 (Prum 2002).

**증가하는 과도기 화석의 수집은 수각류 공룡에 있는 깃털의 진화에 대해 기록하고 있다. 깃털의 초기 기능과 비행의 진화에 대한 다양한 가설들을 유발하면서, 가장 초기의 깃털은 날 수 없는 동물의 것이었다.**

새의 동력비행 진화는 "땅에서 위로" 대 "나무에서 아래로"의 둘로 나눌 수 있는 무수한 가설들을 만들었다. 전자는 새가 육상의 조상에서 진화했고, 비행은 중력에 대응하면서 진화했다는 것을 시사한다. 후자는 동력비행이 활공에서 진화했다는 것을 시사한다. 고생물학자들이 결정적인 화석을 찾을 것 같지는 않지만, 대부분의 연구자들은 성체 비조류성 수각류는 나무를 오르는 데에 특화되어 있지 않았고 따라서 땅에서 위로 오르는 모델이 화석 증거에 더 적합하게 나타난다고 결론 내린다. 최근에, Ken Dial은 날개-보조 경사면 달리기 모델을 제안했는데 이 모델에 의하면 비행에 사용될 수 없는 깃털은 유생과 성체 조류가 나무와 경사면을 오르는 것을 도와주는 아래를 향한 힘을 만들어내는 데에 여전히 도움이 된다(Dial 2003). Dial과 Ashley Heers는 또한 "땅에서 위로" 대 "나무에서 아래로"의 대립이 아마 연구를 숨막히게 했으며, 어린 새의 해부학적 구조와 행동은 수각류 화석의 기능적 역량에 대해 새로운 정보를 주었을지도 모른다고 언급했다(Heers and Dial 2011).

## 포유류의 기원

현존하는 척추동물 그룹은 구별하기가 쉽다: 새는 포유류와 거의 혼동되지 않고, 거북은 개구리와 혼동되지 않는다. 그러나 이런 그룹들이 그들의 공동조상을 향해 뒤로 가게 되면 우리는 그들의 구별되는 특징들이 없어짐에 따라 그들이 한층 더 같아 보인다고 예측할 것이다. 세부적인 화석기록으로, 형태의 단계적 변화는 그룹의 분기에서의 단계를 기록할 것이다. 그러한 것은 석탄기의 파충류와 비슷한 형태에서부터 쥐라기 초기의 가장 초창기 포유류까지의 거의 연속된 이행을 기록하는 **단궁류(synapsid)** 계보에서 있는 일이다(Rubidge와 Sidor, 2001). 몇 년 동안, 이 화석 그룹은 그들의 과도적 특성을 강조하면서 포유동물 유사 파충류라고 불렸지만, 이 용어는 화석이 단궁류에 포함되기 때문에(파충류에는 포함되지 않고) 오해의 소지가 있다. 더 나은 용어는 파충류 유사 포유동물이었을지도 모른다.

디메트로돈(그림 18.17a)은 페름기 초기의 최상위 육식동물이었다. 그것은 우리가 오

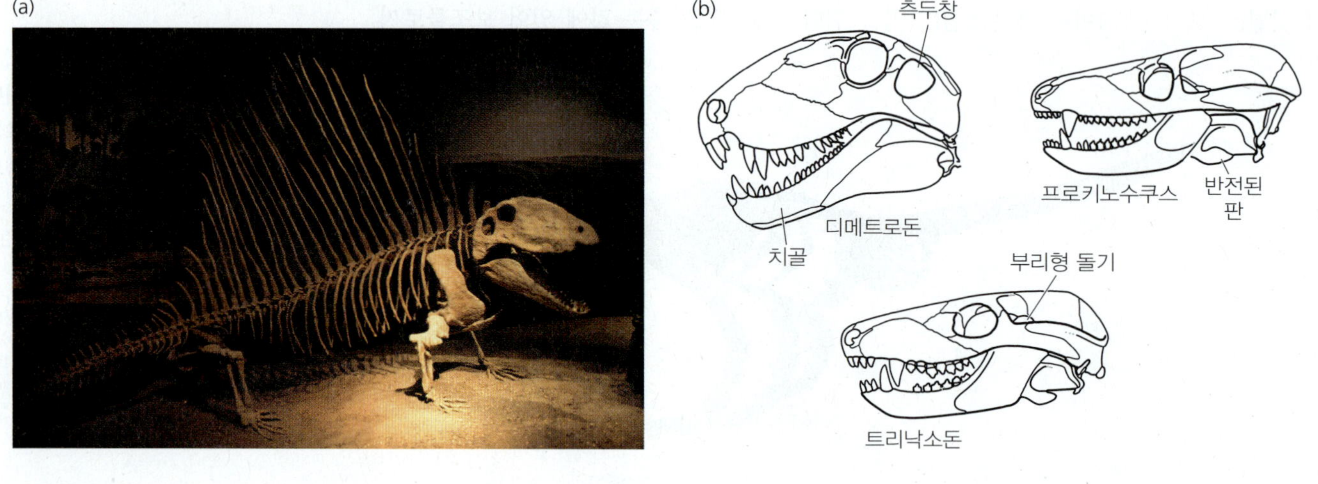


**그림 18.17 단궁류의 파생형질** (a) 디메트로돈 뼈대. (b) 디메트로돈, 프로키노수쿠스, 트리낙소돈의 두개골. Sidor and Hopson (1998)에서.

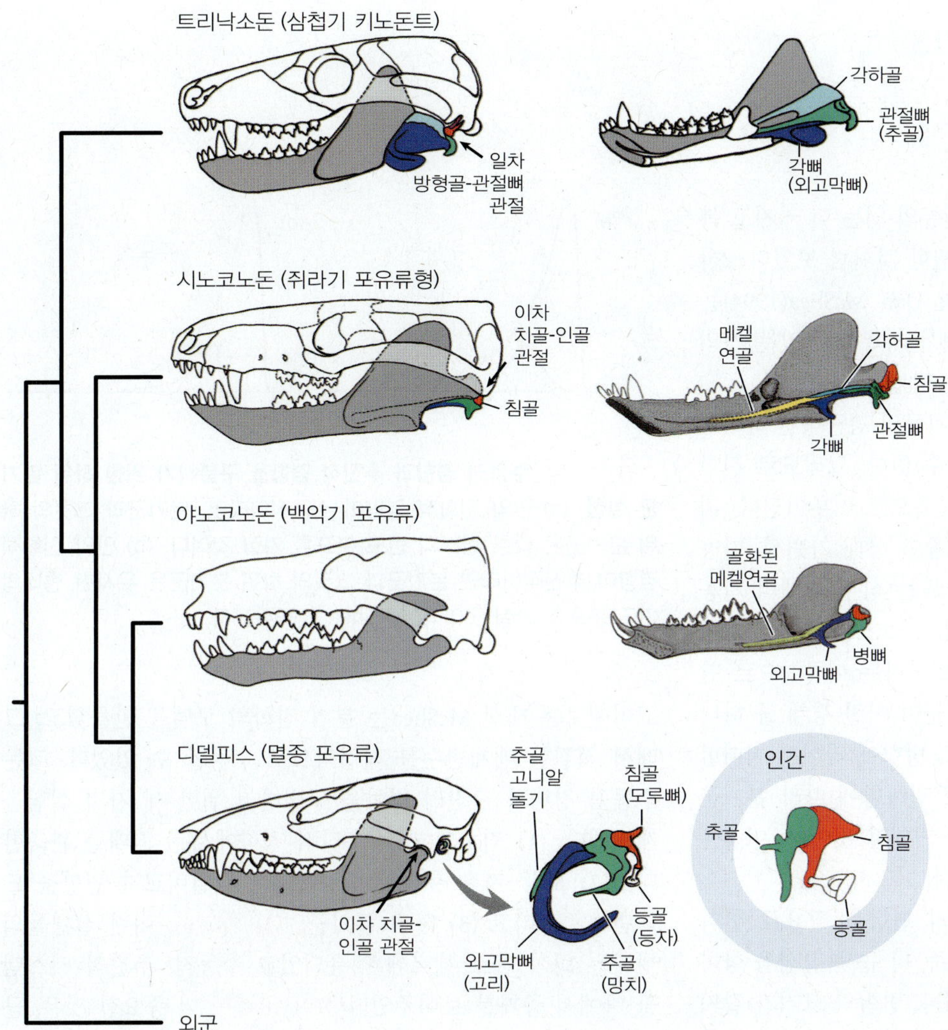


**그림 18.18 포유류 귀의 진화를 보여주는 이행형** Luo (2011)에서 수정.

늘날의 파충류와 관련시키는 대부분의 특징(팔다리를 펴고 있는 자세, 단순한 치아, 외온성 생리학, 아래쪽 턱을 형성하는 복합적인 뼈들)을 가지고 있었지만, 다른 특징들 가운데 측두창 때문에 단궁류 계보의 초기 구성원이었다. 페름기 말과 트라이아스기 초기에, 프로키노수쿠스(그림 18.17b)와 트리낙소돈과 같은 더 파생된 단궁류는 부리형 돌기를 가진 더 커진 치골, 복합적인 소구치, 뚜렷한 흉추와 요추, 그리고 호흡과 입의 저작기능을 분리하는 뼈로 된 2차 구개와 같은 포유류 특징을 진화시켰다.

프로키노수쿠스(*Procynosuchus*)와 트리낙소돈(*Thrinaxodon*)은 **키노돈트(cynodonts)**라고 불리는 단궁류 그룹에 속하는데 이 분기군에는 현존하는 대표로서 포유류가 포함된다. 키노돈트에서 이루어진 대단히 흥미로운 진화적 이행 중 하나는 중이라고 생각된다. 포유류에서 이 구조는 세 개의 뼈(추골, 침골, 등골)로 된 공기로 채워진 강을 포함하지만, 반면에 초기 단궁류(현대의 파충류와 조류뿐만 아니라)는 단지 하나의 요소인 등골만을 가지고 있다. 두 가지 추가의 뼈들은 어디에서 왔는가? 놀라운 일련의 화석들은 포유류가 아닌 키노돈트의 턱관절을 형성하는 두 개의 뼈가 크기가 줄어들면서 결과적으로 중이에 포함되었다는 것을 보여준다(Luo 2011; 그림 18.18). 동시에, 아래턱의 치아 구성요소가 커졌고, 아래턱 관절을 형성하는 역할을 대체했다. 현대 포유류에서, 치골은 아래턱 전체를 형성하지만, 이 형태는 오랜 진화 경향의 정점을 나타낸다(계산하기 18.1 참조).

계 산 하 기 18. 1

## 진화적 경향

공룡은 몸의 크기가 점점 더 커졌다. 인류의 뇌는 더 커지고 복잡해졌다. 이런 경향은 화석학에서 만연한 것처럼 보였다—하지만 그것들은 실제보다 더 명백한가? Dan McShea(1994)는 진화적 경향을 수량화하고 화석기록에서 기록하고 있는 것의 기초가 되는 기작의 종류들을 구별하는 방법을 서술했다.

진화적 경향은 오랜 시간에 걸친 분기군의 평균적인 속성에서의 지속적인 방향성 변화로 정의될 수 있다. 그러므로 진화의 경향에 대한 묘사는 일반적으로 두 축으로 이루어진다: 지질학적 관점(시간)과 속성, 또는 검토 중인 상태 가변성. 다양한 상태 변수 때문에, McShea는 하부 또는 상부 경계의 가능성을 주목했다. 예를 들어, 곤충의 최대 몸 크기는 호흡계의 구조에 의해 제한되고, 모든 동물의 최소 크기는 이론상으로 단일 세포이다. 만일 논의되고 있는 분기군이 이런 경계 중 하나 근처에서 일어났다면, 비록 그것의 진화 방향에 있어서 어떠한 편향이 없더라도 분기군이 다양해지고 진화함에 따라 분기군이 묶인 것에서 풀려져 나올 것이라고 기대할 것이다. 이것은 McShea가 수동적 경향을 일컫는 것이다(그림 18.19a).

그에 반해서, 추진적 경향은 현재의 편향을 필요로 한다(그림 18.19b). 이 편향은 어떠한 변화(즉, 더 큰 복잡성을 향하는)는 다른 것들보다 더 개연성이 있거나, 변화의 크기가 같지 않을 수 있을 것이다(즉, 더 복잡함으로 나아가는 변화들은 감소된 복잡성을 향한 변화보다 더 크다).

이런 이분법을 시험하기 위한 실증적인 예시의 화석기록을 고려해보는 대신 McShea는 분기 진화의 모델을 만들었고, 그래서 적절한 매개변수를 직접적으로 수정할 수 있었다. 그는 수동적 경향과 추진적 경향을 구별하기 위한 세 가지 실험을 제안했다: (1) 최소의 행동(추진적 경향에서는 최대를 관측한다); (2) 조상-자손(추진적 경향에서는 쌍별비교가 편향을 드러낸다); 그리고 (3) 하위 분기군(그림 18.20). 이런 실험들의 형태는 화석 자료 세트에 적용되었고 수동적, 추진적 시스템 둘 다에서 증거를 보여주었다(그림 18.21). 더 중요한 것은, 근본적인 진화적 경향 기작을 결정하는 것은 그것의 가능한 원인에 주목하는 것을 도울 수 있다: 발생적 제약, 자연선택, 종선택과 같은 요인들.

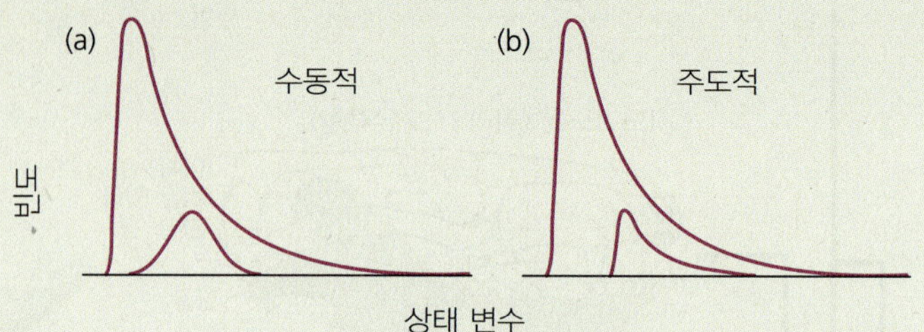


그림 18.20 **수동적 경향과 추진적 경향을 구분하기 위한 하위 분기군 실험** (a) 만약 진화적 경향이 수동적이라면, 분기군과 그것의 하위 분기군은 다른 형태의 빈도 분포를 가질 것이다. (b) 만약 진화적 경향이 추진적이라면 분기군과 그것의 하위 분기군은 유사한 형태의 빈도 분포를 가질 것이다. McShea (1994)에서.

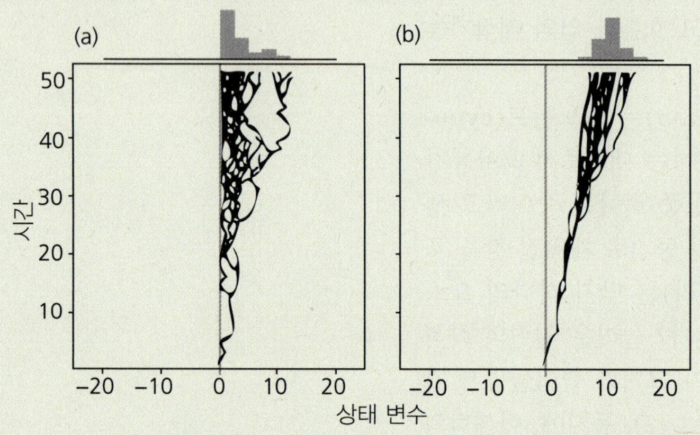


그림 18.19 **진화 경향 시뮬레이션** (a) 수동적 경향. (b) 추진적 경향. McShea (1994)에서.

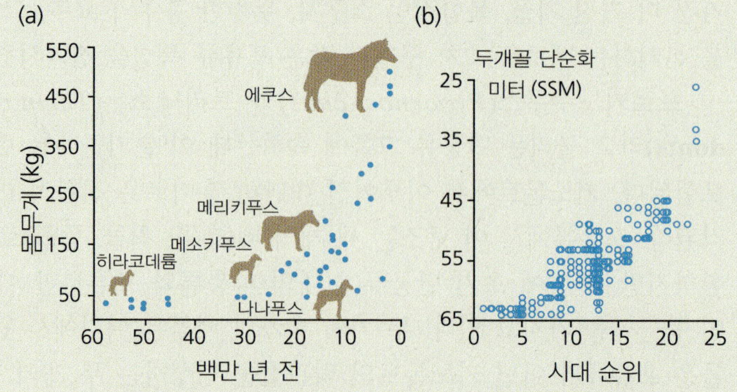


그림 18.21 **추진적 진화 경향과 수동적 진화 경향을 구별하는 증거** 최소의 행동은 (a) 말의 몸 크기(MacFadden 1986에서)와 (b) 단궁류 두개골(Sidor 2001에서)에서 추진적 경향을 나타낸다.

# 18.3 시간에 따른 분류학적 다양성과 형태학적 다양성

캄브리아기 폭발과 진화의 다른 "가장 큰 히트"를 기록하는 것은 단지 역사적인 생물학의 포트폴리오의 부분이다. 화석기록에서 넓은 양상을 찾는 것은 해석 연구와 동일하게 중요하다. 지구상의 종 형태가 화석은 어마어마한 시간 동안 근본적으로 변화해 왔다고 기록한다. 생물학자들이 이런 변화를 분석함에 따라 그동안 어떤 양상이 밝혀졌는가? 시간에 따른 변화의 양상에 대한 조사 보고서는 막대하다; 우리는 여기에서 단지 몇몇 주요한 주제만을 언급할 것이다.

## 전지구적 분류학적 다양성

지구상에서 생명체가 어떻게 다양해졌는가? 화석기록은 이런 역사 생물학의 근본적인 질문에 응하는 가장 직접적인 증거를 제공한다. 그리고 결과적으로 고생물학자들은 100년 이상 동안 이것을 연구해 왔다(그림 18.22a). 그러나 대부분의 현생대 다양성에 대한 현대 연구들은 한 사람의 노력으로 그들의 기원을 추적할 수 있다. Jack Sepkoski는 대부분의 그의 생애를 해양 동물에 대한 다양성 자료를 수집하고 분석하면서 보냈다. 해양 암석들은 육상의 화석기록이 산출하는 것보다 더 많은 완전한 자료를 산출하지만, 그들은 전체적으로 보았을 때 여전히 단지 생명체의 대리인일 뿐이다. 초창기의 컴퓨터 기술을 사용하면서, Sepkoski는 층위학 기록에서 그들의 최초 및 최후 발생을 기록하면서 최초로 해양생물목 및 과에 대한 세계적인 자료베이스를 모았다. 자료베이스의 그 다음 형태는 속 수준의 자료를 모으는 데에 주력했다. 각각의 경우에서, 그는 멸종 강도뿐만 아니라, 이전에는 보이지 않았던 정도의 동적인 다양성을 수량화할 수 있었다.

Sepkoski의 자료베이스는 분석에 대한 새로운 방법과 그들 결과에 대한 새로운 해석의 발달을 필요하도록 했다. 섬과 다른 생태계의 환경수용력에 대한 생태학적인 노력에 필적하면서, Sepkoski의 자료는 해양 생태계가 로지스틱 다양화를 보여주지만, 그것은 대멸종에 의해 중단되었다는 것을 시사했다. 그는 연계된 로지스틱 방정식으로 만들 수 있는 다양성 곡선을 만들어내면서 서로 상호작용했던 세 가지 진화적 동물상의 존재를 제시했다(Sepkoski 1984; 그림 18.22b). 비록 더 최근의 연구는 Sepkoski의 진화적 동물상의 응집력을 의심했지만, 고생물학적 자료의 생태학적 해석은 이젠 아주 흔하다.

**생명체의 다양성은 일반적으로 시간에 따라 증가해 왔지만, 급격한 감소 사건들이 있었다.**

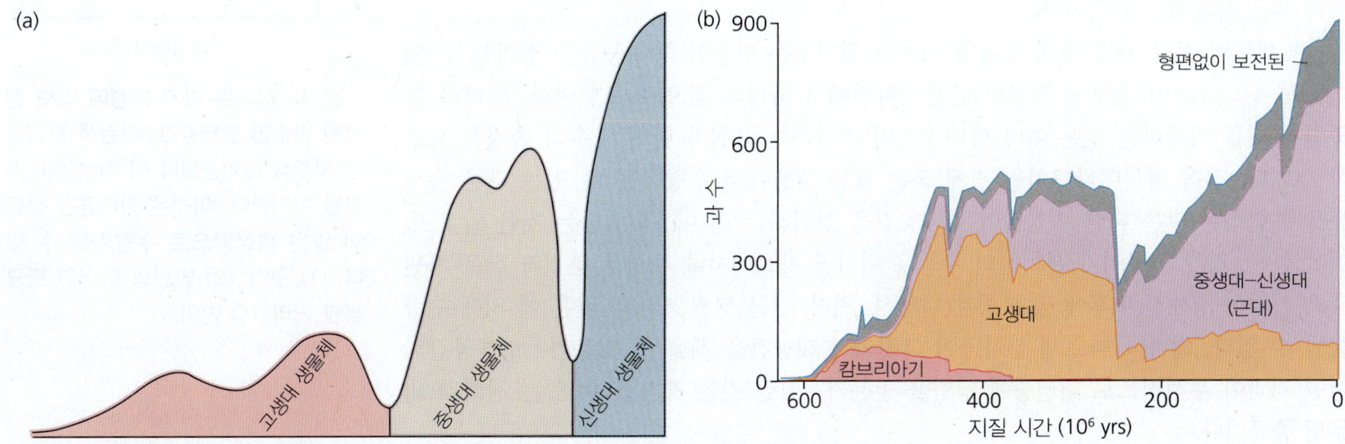


**그림 18.22 현생대 전역에 걸친 생명체의 다양성** 색깔들은 독특한 동물상을 나타낸다. (a) John Phillips (1860)의 그래프. (b) Jack Sepkoski (1984)의 그래프.

Sepkoski의 방법에 대한 한 가지 주요한 비판은 그것의 분류학적 동등성에 대한 의존이다. 예를 들어, 각각의 종의 수가 극적으로 다를 수 있을 때, 왜 암모나이트의 한 과를 이매패류의 한 과와 똑같이 총 수를 세는가? 게다가, 많은 전통적인 척추동물과들은 단지 하나의 속으로 구성되어지고 형태학적인 특수성을 강조하기 위해 과 등급을 얻는다. 논리적으로, 종은 분기군들 사이에서 동등하다고 간주될 수 있는 유일한 분류학적 단위이다. Sepkoski는 그의 자료의 한계를 이해했고 과와 속을 단지 종 수준 역학을 위한 대용물이라고 생각했다. 게다가 상위 수준의 분류학적 단위는 생태학적 "살아가는 방법"에 대한 유용한 대용물이고 에코스페이스 사용의 유용한 수단이라고 주장되었다. 시뮬레이션 연구를 통해, Sepkoski는 또한 측계통과의 포함이 획득된 전체 양상을 반드시 약화시키지는 않을 것이라는 것을 보여주었다.

고생물학 자료베이스(paleodb.org)와 같은 새로운 온라인 자료베이스는 단지 기록되기만 했던 많은 부족함들을 제기할 수 있고, 한때 다루기 어려웠던 연구 과제에 초점을 맞출 수 있다. 예를 들어, Sepkoski의 자료베이스는 규모가 세계적이고, 그래서 그것은 지역적 양상을 알아보는 데 이용할 수 없거나 어떻게 각각이 세계적 시그널에 기여하는지 발견할 수 없다. 지역적 자료는 주어진 상황에서 제안된 멸종 기작들을 구별하는 것뿐만 아니라 차등 멸종이나 생존을 연구할 때 매우 중요하다. 게다가, 온라인 자료베이스는 전 세계 많은 연구자들의 전문지식에 의지하고 그래서 큰 신뢰와 적절한 시기의 최신 정보 갱신에 대한 가능성을 가진다.

## 형태학적 다양성 측정

고생물학자에 의해 이용되는 형태학적 종개념은 분류학적 다양성 자료가 형태학적 다양성과 본질적인 관계를 가진다는 것을 의미한다; 분류학적 다양성의 증가(부유도)는 반드시 형태학적 다양성의 증가를 동반해야 한다. 그러나 그 관계의 본질은 항상 균일한 것은 아니다; 종 수준 구별에 고려되는 것이 화석 그룹 간에 서로 다르다. 게다가, 형태학적 다양성은 생물들의 형태 사이에 균등하게 분포되어 있지 않다. 형태학적 다양성의 대용으로 분류학적 다양성을 이용하는 대신(Sepkoski처럼), 어떤 고생물학자들은 직접적으로 형태학적 다양성을 측정하는 데에 중점을 두었다. 특히, 많은 연구들은 화석기록에서 보이는 것과 이론석으로 가능한 형태의 범위를 비교해왔다. 이런 형태학적 다양성 맥락에서 종종 **부등(disparity)**이라고 불리고, **형태공간(morphospace)**은 형태학이 포함된 실제의 혹은 잠재적인 범위이다.

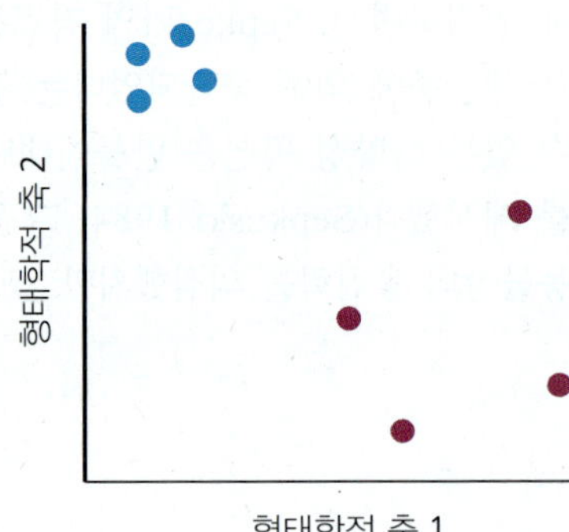


**그림 18.23 두 가지 특성에 의해 정의된 단순한 형태공간** 파란색 분기군은 자주색 분기군보다 더 작은 형태공간을 차지한다. 이것은 형태공간 점유의 많은 측정량으로 수량화될 수 있다: (1) 구역; (2) 범위의 합; (3) 평균 쌍별 거리; (4) 변이.

한 세트의 여덟 가지 종의 길이와 너비의 평면도는 단순한 형태공간을 정의할 수 있다(그림 18.23). 이 경우에 각각의 종은 2차원에서 하나의 점으로 표현된다. 그러나 한 종의 형태를 기록하는 것은 아마 형태공간의 증가하는 차원과 함께 다수의 측정을 요구할 것이다. 질적 형질이나 3차원 경계 혹은 표본 샘플에서 수량화될 수 있는 다른 속성 등을 포함하는 많은 다른 속성들이 형태공간을 정의하는 데 이용되었다는 것을 알고 있어야 한다. 각각의 종이나 분기군의 부등은 미가공 자료에서나 주성분 분석과 같은 차원 축소 기법이 행해진 이후에 많은 통계(다양성, 변이, 평균 쌍별 거리와 같은)에 의해 수량화될 수 있다. 얼마나 빠르게 분기군이 그것의 형태공간을 채울 수 있는가? 형태공간의 어떤 지역이 우선적으로 대멸종에 영향을 받는가? 이런 것은 제기될 수 있는 진화적 의문의 종류이다.

최초의 형태공간 연구 중 하나는 David Raup에 의해 행해졌다(1967). 그는 세 번의 나선형성 매개변수를 다르게 함으로써 암모나이트 껍데기 모양의 이론적 범위를 서술했

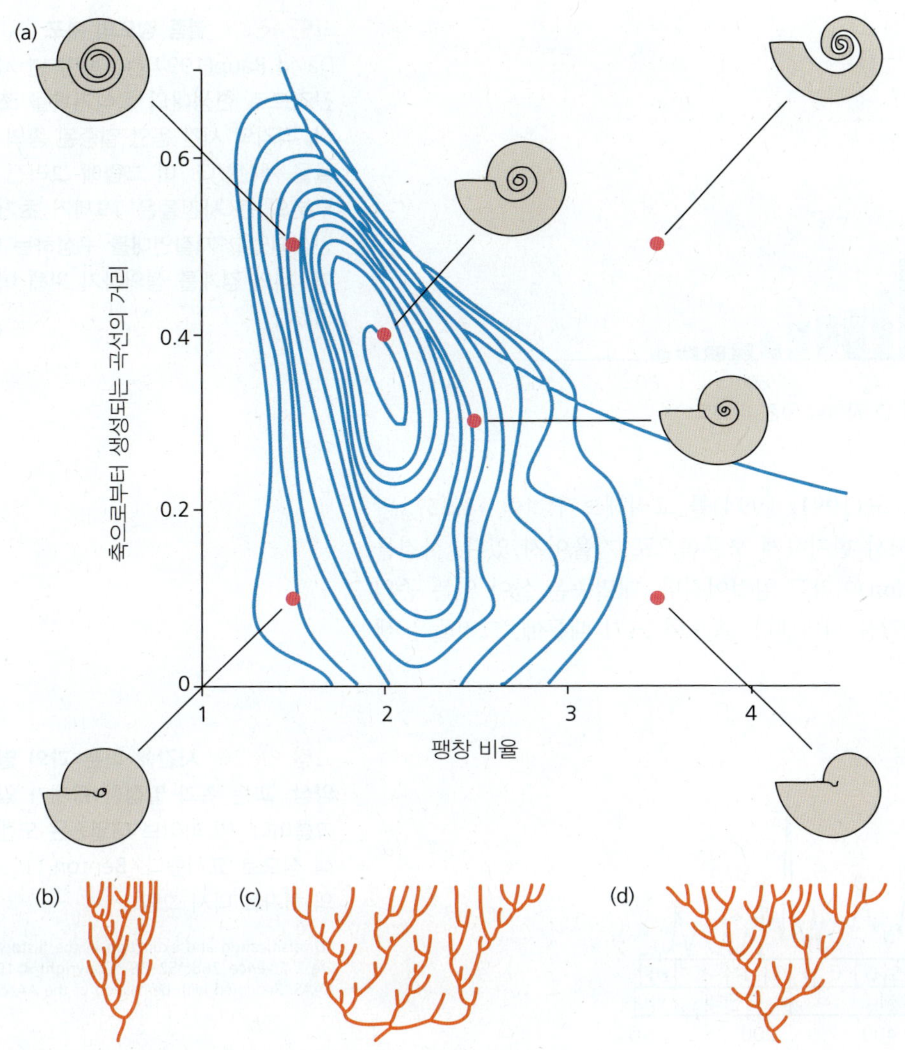


**그림 18.24 형태학적 다양성에 대한 탐구** (a) 암모나이트 껍데기 구조에 대한 형태공간은 껍데기의 나선형성 매개변수에 의해 정의된다. 지형도는 405종의 샘플 중에서 그 공간에 있는 형태에 대한 밀도를 전반적인 변이의 범위를 나타내는 6가지 예시와 함께 보여준다. Raup (1967)에서 수정. (b~d) 시간에 따른 형태학적 다양성과 분류학적 다양성에서의 변화 양상. 형태학적 다양성은 가지의 수평적인 증가로 나타난다; 분류학적 다양성은 어떤 주어진 시간의 가지 수에 의해 표현된다. (c)에서 분류학적 다양성이 더 늦게 확장되는 반면, 형태학적 다양성은 더 일찍 확장된다. Foote (1993)에서.

다(그림 18.24a). 결과에 대한 지형도는 다른 것들에게서는 관찰되지 않는 것뿐만 아니라 자연이나 화석기록에서 보이는 것에 상응되는 껍데기 설계를 보여준다. 형태공간의 어떤 지역은 그것들이 구조적으로 불안정한 껍데기를 보이기 때문에 비어 있다. 다른 것들은 한때 공간을 차지했지만, 나중에 멸종에 의해 비워졌다.

Blastozoans, 바다나리, 삼엽충에서 형태공간 점유에 대한 진화 과정의 변화는 Michael Foote의 일련의 논문에서 밝혀졌다(1997 review 참조). 이용된 분류군과 자료 세트의 다양성에도 불구하고, 진화적 이행은 각 분기군의 초기 진화에서 더 컸다는 것을 시사하면서 아마 더 많이 채울 수 있는 에코스페이스가 있었기 때문에, 알려진 공통 양상은 분류학적 다양성 이전에 부등이 최고조에 달했다(그림 18.24b, d와 비교했을 때, 그림 18.24c). 다른 부등에 관한 연구들은 멸종이 분석된 형태 관점에서 무작위라는 것을 시사하면서 대멸종이 부등보다 더 심하게 분류학적 다양성에 영향을 줄 수 있다는 것을 보여주었다(reviewed by Erwin 2007).

## 18.4 대멸종과 배경멸종

멸종은 모든 종의 궁극적 운명이다. 멸종 속도에서 나타나는 양상은 무엇인가? David Raup가 지난 5억4천3백만 년 동안 각 1백만 년의 시간간격에 대해, 그 시간간격에서 멸

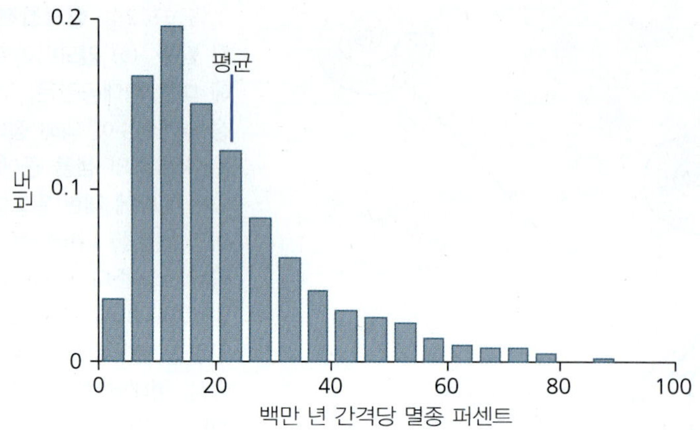


**그림 18.25 멸종 강도의 분포** David Raup(1994)는 1백만 년 시간 간격으로 현생대의 화석기록을 쪼개서, 각각의 시간 동안 멸종된 종의 비율을 계산했다. 이 그림에 그려진 대부분의 큰 사건들은 19세기 초기에 인식되었고 지질연대를 구성하는 대, 기, 세의 경계를 정의하기 위해 이용되었다.

종된 분류군의 비율을 계산하여 그린 도표(1991, 1994)를 고려해보자(그림 18.25). 막대그래프는 몇몇 특정 큰 사건들에 의해서 현저하게 오른쪽으로 기울어져 있다. 사건들 중 가장 심한 것은 **대멸종(mass extintion)**이라고 일컬어진다. 대멸종은 살아 있는 종의 60% 이상이 백만 년 사이에 멸종한 간격을 나타낸다. 속도와 크기 때문에, 그것들은 생물학적 재앙으로 간주한다.

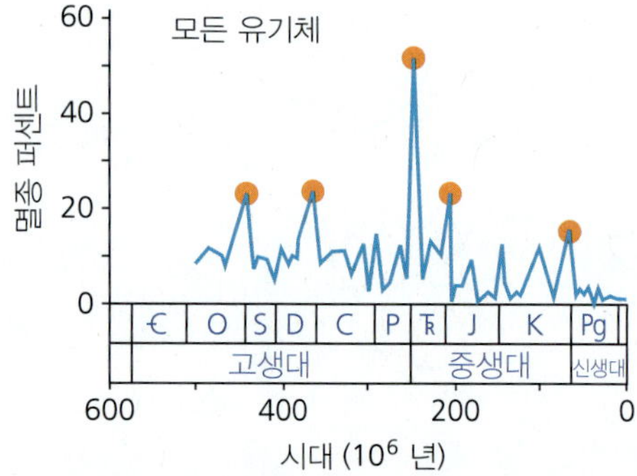


**그림 18.26 시간에 따른 과의 멸종 양상** 과는 속과 밀접한 관계가 있는 그룹이다. 빅 파이브 대멸종은 오렌지색 점으로 표시했다. Benton (1995)의 허가로 다시 그림.



얼마나 많은 대멸종이 현생대 동안 발생했는가? 그림 18.26은 지난 5억1천만 년 동안의 화석기록에서 각 시기 동안에 자취를 감춘 구성원들의 비율을 도표화했다(Benton 1995). 그래프에서 동그라미가 그려진 다섯 가지 주된 피크는 전통적으로 대멸종으로 인식되고, 빅 파이브라고 불린다. 지질연대에서, 오르도비스기 말(4억4천4백만 년경), 데본기 말(3억 6천만 년경), 페름기 말(2억5천1백만 년경), 트라이아스기 말(2억 년경), 백악기 제3기(6천5백5십만 년경)에 이런 사건들이 발생했다. (백악기는 석탄기와 구별하기 위해 일반적으로 K로 상징화되었다는 것을 유의하라.)

그러나 빅 파이브가 아마도 현생대 동안의 모든 멸종의 4%에 대한 책임이 있다는 것을 인식하는 것은 중요하다. 그림 18.25와 18.26에 기록된 멸종의 다른 96%는 정상 속도로 발생했다는 것을 의미하는 **배경멸종(background extinctions)**이라고 일컬어진다. 대멸종과 배경멸종을 구별하기 위해 생물학자들은 언급했다. 대멸종은 규모가 포괄적이고 생물체의 넓은 범위를 포함하며, 파괴된 분류군의 기대 수명에 비하여 속도가 빠르다(Jablonski 1995). 그러나 더 엄밀히 말하자면, 이것보다 멸종의 두 범주를 구별하는 것이 어렵다. Raup의 분석이 명확하기 때문에 대멸종은 단순히 시간에 따른 멸종 사건의 연속적인 분포의 끝을 나타낸다.

이 절에서 우리는 배경멸종의 시간동안 발생한 양상을 보고, 두 가지 대멸종의 원인

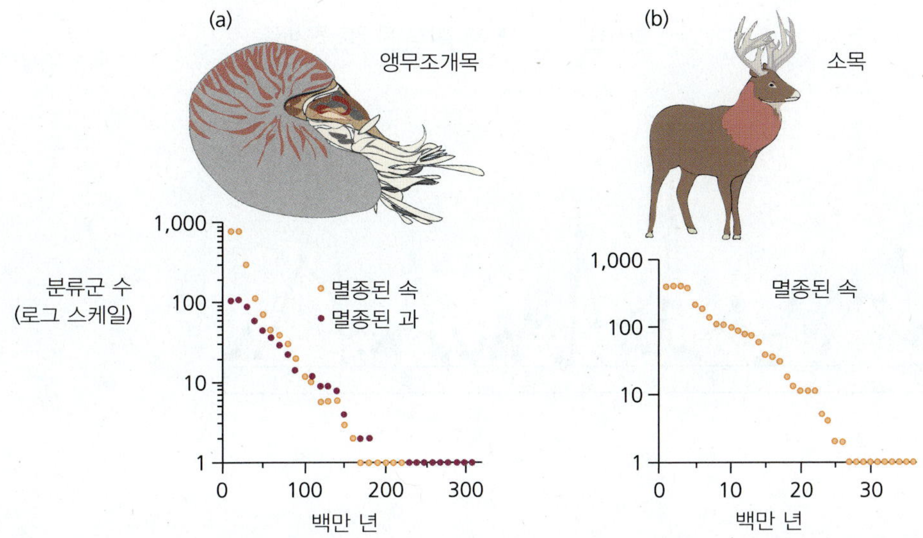


**그림 18.27 계보 생존 곡선** 이런 곡선을 만드는 첫 번째 단계는 특정 분기군—과나 강이라고 하자—의 화석기록에서 무작위 분류군 샘플을 선택하는 것이다. 표본에 포함된 분류군은 어떠한 기간에서든 나올 수 있다. 그러면 다른 시간간격 동안 생존한 분기군에 있는 속이나 과의 수에 대한 로그가 도표화될 수 있다. 여기에 그려진 곡선들은 전형적이다(Van Valen 1973): (a)는 노틸로이드라고 불리는 해양 무척추동물 화석의 속과 과에 대한 것이고, (b)는 사슴과 동물의 속에 대한 것이다.

에 대해 더 깊이 알아보며, 마지막으로 인간 활동에 의해 유발된 대멸종 사건이 이미 시작되었는지 질문해 볼 것이다.

## 배경멸종

몇몇 흥미로운 양상들이 배경멸종의 자료들로부터 해결되었다. 먼저, 어떤 특정 생물체 그룹에서 특정 계보가 멸종될 가능성은 일정하며, 분류군이 얼마 동안 존재해 왔는지와는 독립적이다. Leigh Van Valen(1973)은 그가 화석 그룹의 다양하고 단순한 생존 곡선을 도표로 그릴 때 이것을 발견했다. 생존 곡선은 특정한 시간에 생존한 원래 표본의 규모를 보여준다. 화석 분류군에서, Van Valen은 다른 시간간격 동안 생존했던 화석 동물의 문이나 목으로부터의 종, 속, 또는 과의 수를 도표화했다. 그는 로그스케일로 생존 수를 나타내었고, 그래서 모든 지점의 커브 경사는 그 기간에 멸종될 가능성과 동일했다. 사실상 많은 다양한 화석 그룹과 시대들에 대해 그가 그린 모든 도표는 직선이었다. 이것은 멸종되어가는 하위그룹의 확률은 더 큰 분기군의 생애에 걸쳐 일정하였다는 것을 의미한다.

**멸종은 지구상에 있는 생명의 역사 내내 발생했다. 배경멸종의 비율은 분기군 사이에서 다양하고 지질 연대에서 천천히 감소하고 있는 것으로 나타난다.**

그림 18.27에 있는 자료는 전형적이다. 멸종률이 계보 간에 극적으로 다양하다는 것을 의미하는 선의 기울기가 분류군에서 다른 분류군까지 다양하다는 것을 주목하라. 이런 자료는 배경 시간 동안 멸종률이 분기군 내에서는 변하지 않지만 분기군들 사이에서는 매우 유동적인 것을 나타낸다. 왜 배경멸종률이 계보들 간에 다양한가는 우리가 나중에 할 질문이다.

두 번째로, 해양생물에서 다양한 연구들은 세계적인 배경 발생에서의 장기적인 감소와 현생대 동안의 멸종률을 기록해왔다(Raup and Sepkoski 1982; Foote 2003). 비록 일반적인 경향은 대멸종과 일치하는 여러 급등에 의해 중간 중간 차단되었지만, 대체로 해양 생물다양성은 점점 더 천천히 바뀌는 것처럼 보인다(그림 18.28, 다음 쪽). 이 양상에 대한 여러 가지 설명들이 제안되었다. 생물학적으로, Raup와 Sepkoski(1982)는 적응도의 최적화가 관찰된 양상으로 이끌 것이라고 제안했다. 만약 최근 지질 시대의 종이 더 잘 적응한다면, 그들은 더 오래 생존할 것이고, 더 느리게 진화할 것이다. 아니면, 태양 광도가 현생대 동안 감소하고 있기 때문에 지구로 들어오는 에너지는 감소하고 있다. 따라서 에너지 흐름의 감소가 원인일지도 모른다. Peter와 Foote(2002)는 노출된 퇴적암 양의 감소가 멸종률의 추정에 대한 편향을 알려줄 것이라고 제시했다. 마지막으로,

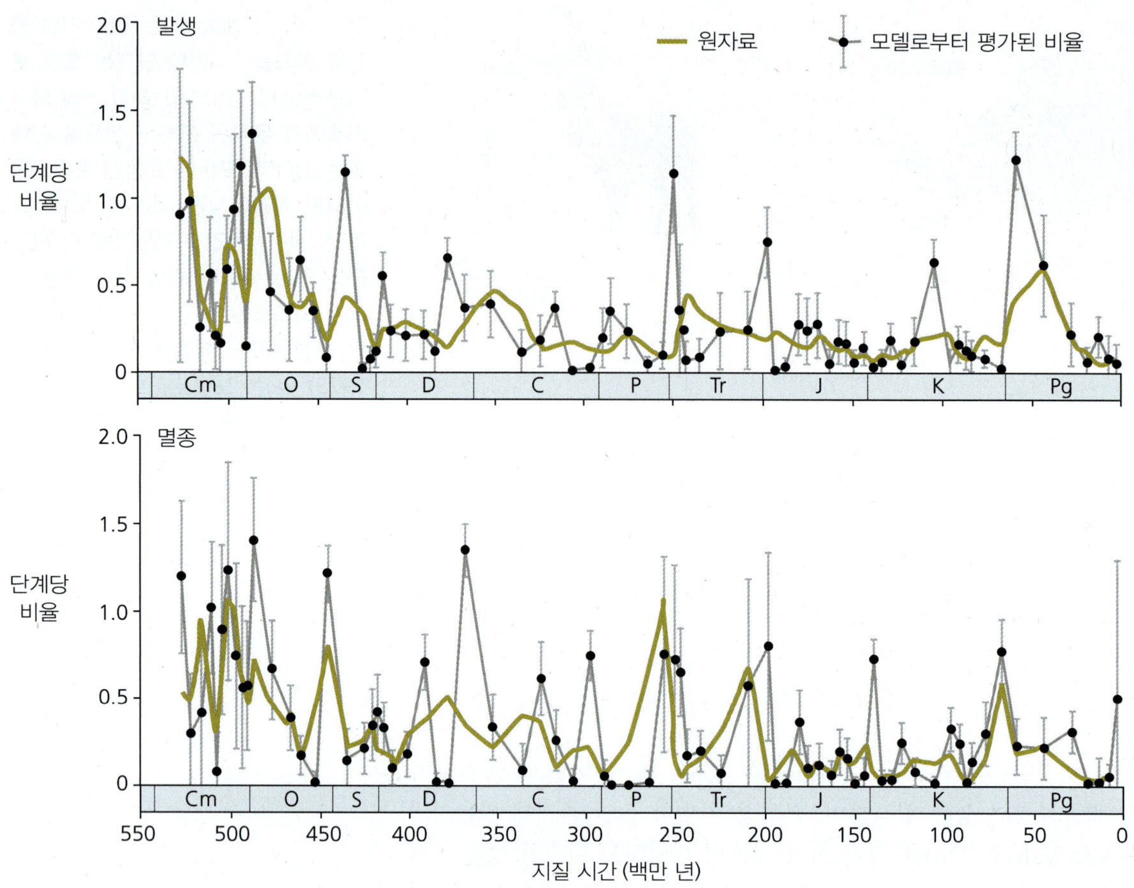


**그림 18.28** **현생대에 걸친 기원과 멸종의 감소** 추정률이 자료에서 재표본화함으로써 화석기록 질의 변이가 보정되었다. Foote (2003)에서.

David Jablonski(2001)는 덜 변덕스러운 분기군은 지속되는 반면에, 전반적인 기원과 멸종률의 감소는 위기 동안 두 과정 모두에서 본질적으로 높은 비율로 멸종되는 성향을 가지는 분기군이 원인일 것이라고 제시했다. 높은 전환율을 가진 그룹은 낮은 전환율을 가진 그룹으로 대체되기 때문에, 전반적인 전환율은 떨어진다.

## 백악기-제3기: 고강도 멸종

왜 대멸종이 발생했는가? 간단한 대답은 환경 변화의 대변동 사건이 원인이다. 그러나 현재의 연구는 환경변화와 근본원인의 종류는 빅 파이브에서 각기 다르다는 것을 암시한다. 여기서 우리는 백악기 말기와 제3기 초기에 나타난 멸종에 대한 충돌 가설을 설명한다(Alvarez et al. 1980). 이 기간들 사이의 이행을 기록하는 지층은 백악기-제3기(K-Pg) 경계로 알려져 있다. 비조류성 공룡의 종말을 포함한 K-Pg 멸종은 가장 최근에 일어났고 빅 파이브를 가장 잘 이해할 수 있다. 이 대멸종이 거대한 소행성에 의해 일어났다는 가설은 격렬한 논쟁과 연구를 유발시켰다.

**생명의 역사 동안 여러 번의 환경 재해는 대멸종을 촉발시켰다.**

### 충돌 사건에 대한 증거

K-Pg 경계(그림 18.29a)에 있는 퇴적물에서 발견된 이리듐의 이례적인 농도는 6천5백5십만 년 전에 소행성이 지구와 부딪혔다는 첫 번째 단서였다. 이리듐은 지구의 지각에서는 드물지만, 운석과 대기권 밖의 물체에서는 비교적 풍부하다. 그림 18.29b는 전형적인

(a) 점토층 형성에 원인이 된 껍질을 가진 생명체의 멸종

(b) 점토층은 고농도의 이리듐을 포함한다

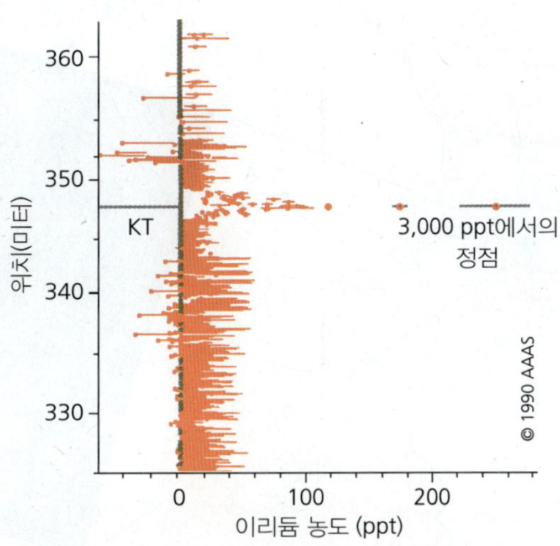


**그림 18.29 K-Pg 경계에 있는 충돌의 증거** (a) 어두운 띠는 K-Pg 경계에 있는 점토이다. 양쪽의 석회석은 해양 무척추동물의 껍데기로 구성되어 있다. 대멸종은 석회암 형성을 중지시켰고 퇴적암이 점점 쌓이도록 했다. Alessandro Montanari에 의해서. (b) (a)에 있는 지층의 1조분의 1(ppt)에 대한 이리듐의 농도. 점토에서 스파이크를 보인다. Alvarez et al. (1990)에서 수정.

(b) "Iridium profile for 10 million years across the Cretaceous-Tertiary boundary at Gubbio (Italy)." *Science* 250: 1700–1702. Copyright ©1990 AAAS. (Figure 1, page 1700). Reprinted with permission of the AAAS.

이리듐 급증이 백악기-제 3기 경계에 놓여 있는 지층에서 발견되었다는 것을 보여준다. 350이 넘는 K-Pg 경계 지점이 현재 기록되어 있다(Schulte et al. 2010). 이례적이라고 할 만한 이리듐의 양에 대한 추산과 전형적인 운석에서의 이리듐의 밀도에 근거해서, Alvarez 등(1980)은 소행성은 폭이 대략 10 km였다고 제시했다; 더 최근의 추정들은 그것은 폭이 15 km 정도 된다고 제시했다. 말 그대로, 그것은 산의 크기였다.

K-Pg 경계층에서 두 가지 특이한 미네랄의 발견은 가설에 대해 추가적으로 지지를 제공해 준다. 격렬하고 단기적 압력에 의해 만들어진 충격받은 석영 조각들(**그림 18.30a**)은 그것들이 K-Pg 경계 부위에서 발견될 때까지는 단지 잘 기록된 운석 충돌 분기구의

(a) 강한 압력에 충격을 받은 석영 알갱이

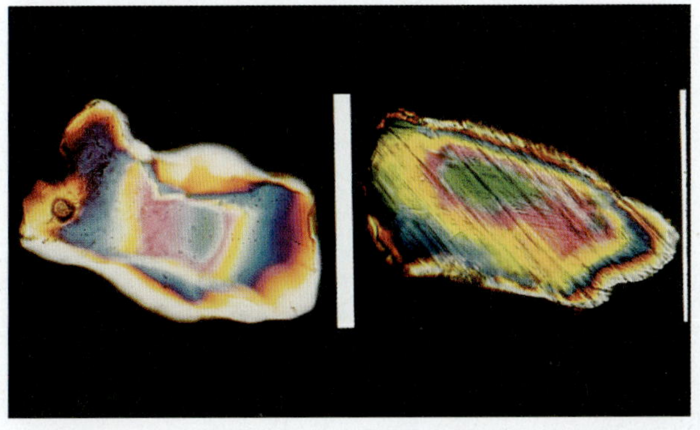

(b) 유리 입자와 같은 미소 텍타이트로 녹아 들어간 석영 알갱이

**그림 18.30 K-Pg 경계지점에 있는 충돌 사건에 대한 더 많은 증거** (a) 라멜라라고 부르는 평행 평면판을 가지는 작은 석영 결정(지름 1~2 mm)은 일반적으로 운석 충돌부분 부근에서 발견된다. 변형은 충돌에 의한 충격으로 야기된다고 생각된다. 충격 받은 석영 조각은 오른쪽에 나타나 있고, 일반적인 조각은 왼쪽에 있는 것이다. (b) 미소 텍타이트는 충돌 부위와 관련된 구 모양이거나 눈물방울 모양 유리 입자이다. 이것들은 내부가 보이도록 절단되었다. Glen A. Izett 사진 촬영, 미국 지질연구소.

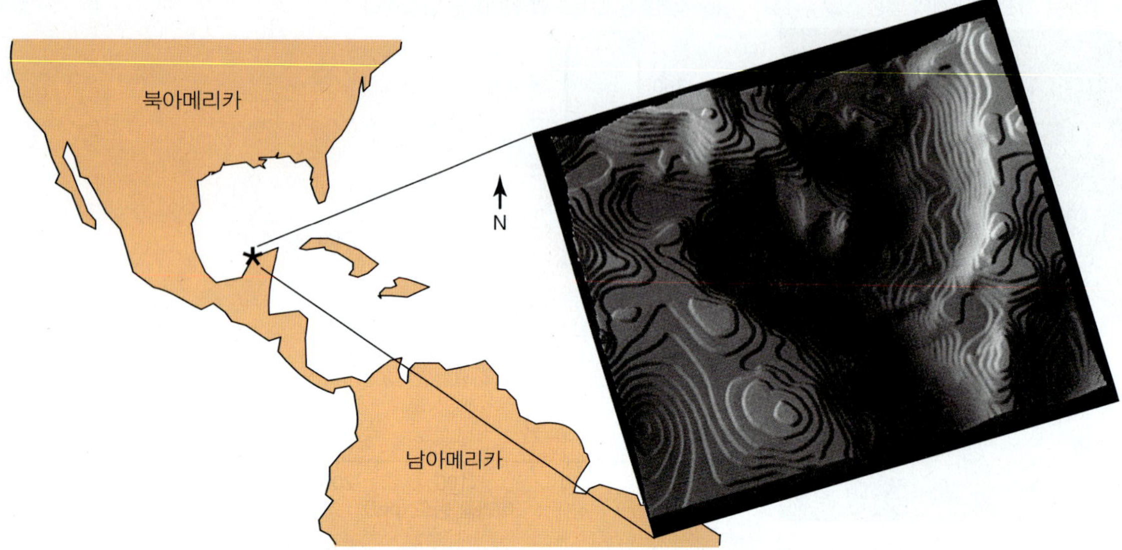


**그림 18.31 칙술루브 크레이터의 위치와 형태** 중력 이상은 유카탄 반도의 칙술루브 근처 퇴적물 아래 묻힌 직경 180 km 분기구의 윤곽을 보여주고 있다. 확대 그림은 중력장 밀도를 보여주는 충돌 장소의 지도이다. (Schultz and D'Hondt 1996).

주변부에서만 발견되었다. 다른 특이한 구조는 미소 텍타이트(그림 18.30b)라고 불리는 아주 작은 유리 입자이다. 이것은 근원암에 따라 다양한 광물 조성을 가지지만, 모든 입자들은 충돌에 의한 열로 녹여진 알갱이에서 비롯된다. 만일 녹은 입자들이 냉각된 지점 대신 충돌지점에서 배출되었다면, 그것들은 대체로 눈물방울이나 아령 형태일 것이다—공중에서 굳어진 결과로.

아이티와 카리브해 지역 인근에 있는 K–Pg 경계층의 풍부한 충격받은 석영과 미소 텍타이트의 발견은 연구원들이 분기구에 대한 연구를 좁혀주는 것을 돕는다. 1990년대 초기에 자기 이상과 중력 이상에 대한 일련의 논문들은 멕시코 유카탄 반도의 북서 지방에 있는 마을 근처에 중심이 있는 칙술루브(Chicxulub, cheek-soo-LOOB)라고 부르는 직경이 180 km인 분기구의 존재를 확인했다**(그림 18.31)**. 이 분기구의 모양은 비스듬한 충돌에 의해 형성되었다고 제시했다—소행성이 비스듬히 충돌했고, 북쪽과 서쪽으로 물질이 튀었다는 것을 의미하는.

그 이후의 연대 결정 연구는 해저에 구멍을 낸 중심부에서 되찾은 분기구의 벽에 있는 미소 텍타이트가 6천5백만 년 되었다는 것을 확인했다(Swisher et al. 1992; 하지만 Keller et al. 2004 참조). 이것은 아이티 K–Pg 경계면에서 되찾아지고 그 지점에서 분출된 유리의 시기와 거의 일치한다.

이 분기구의 발견은 오랫동안 명백한 증거였다. 6천5백만 년 전에 거대한 운석이 지구와 부딪혔다는 것은 고생물학자, 물리학자, 지질학자, 천문학자들 사이의 의견 일치로 굳어졌다(Schulte et al. 2010). 충돌의 실재는 더 이상 논란의 여지가 적다; 충돌의 결과가 논란이 된다.

## 살해 기작

대양에 충돌한 산 크기의 소행성은 지구 전체의 기후, 대기와 대양의 화학적 성질에 영향을 미칠 수 있는 일련의 사건을 만들었을 것이다. 칙술루브에 있는 충돌 지점에 근접한 대양의 바닥은 경석고($CaSO_4$)의 거대한 층을 포함하는 탄산염으로 구성되어 있다. 칙술루브의 북쪽과 서쪽에서 멀리 떨어진 곳의 충격 석영과 미소텍타이트의 분포는 충돌에 의해 만들어진 열에 의해 다량의 이 물질이 그 지점에서 분출되었고, 많은 양이 녹거나 기화했다는 것을 보여주었다.

분출된 물질들이 어떤 결과를 가져왔는가? 경석고($CaSO_4$)와 바닷물의 증발은 대기로의 막대한 이산화황($SO_2$)과 수증기의 유입에 기여했을 것이다. 이 두 분자는 황산($H_2SO_4$) 형성에 반응하고 극심한 산성비를 만들었을 것이다. 이산화황은 또한 지구 냉각을 이끄는 가시 스펙트럼에서 태양 복사열의 강력한 산란체이다(McKinnon 1992). 냉각 효과는 먼지 크기의 탄산염, 화강암, 그리고 다른 입자들에 의해 증대되었다. 이런 것들이 태양 복사열을 막기에 충분히 많은 양으로 분출되었다.

여러 가지 모델은 또한 충돌의 작용력이 아마도 리히터 척도 규모 11만큼 큰 대지진을 촉발시키고 화산을 폭발시키는 데에 충분했다고 제시했다. 인도의 데칸 트랩에 있는 현생대의 두 번째로 큰 마그마 퇴적물은 K-Pg 멸종과 동시대에 속하는 것이지만, 그것들이 충돌 수십만 년 전에 이미 폭발했다는 것이 현재는 명백하다. 그렇더라도 연구자들은 충돌의 결과가 훨씬 더 엄청난 것처럼, 데칸 폭발에 의해 대기로 주입된 방대한 양의 기후변화를 일으키는 기체가 생태계를 불안정하게 할 수 있다고 시사했다. Arens와 West(2008)는 충돌과 같은 급성 사건이 따라오는 장기적인 생태계 불안정성으로 특징지어지는 압력-진동 모델은 대량멸종의 일반적인 현상일 것이라고 제안했다.

마지막으로, 충돌은 대서양에서 거대한 해일이나 쓰나미를 생성했다. 만일 소행성이 정말로 너비가 10 km이었다면 모델은 충돌에 의해 만들어진 파도가 높이 4 km만큼 컸을 것이라고 시사한다. 암석으로 된 산은 산 크기 정도의 빛을 만들었다. Joanne Bourgeois와 동료들(1988)은 그들이 북동 멕시코 도처에 위치해 있는 텍사스의 브라조스강에 걸친 거대한 사암 퇴적물을 발견했을 때 쓰나미에 대한 증거를 제공했다. 그것은 길이가 300 km에 수 미터의 두께이고, 쓰나미를 대표하는 짧은 시간에 이루어진 거대한 퇴적물이라고 대부분의 지질학자들이 현재 설명하고 있다. 쓰나미에 대한 추가적인 증거는 조립자와 미립자들이 뒤죽박죽 섞인 두꺼운 부분이 위로는 이리듐이 풍부한 점토층과 아래쪽으로는 다량의 텍타이트 퇴적물 사이에 위치해 있는 6천5백만 년 전 아이티 침전물에서 발견된다. Maurrasse와 Sen(1990)은 이 중간 지층을 혼합과 퇴적을 유도한 쓰나미의 생성물이라고 설명했다. 이 사건은 미소텍타이트의 초기 착수 이후 발생했지만, 대기의 풍부한 이리듐 입자의 부산물 이 떨어지기 이전에 발생했다.

소행성 충돌의 물리적인 결과는 매우 극적이고, 그들은 의심할 여지없이 충돌에 따른 수일 또는 수개월만의 해양과 육지 생물상의 신속한 제거와 직접적인 관련이 있다. 그러나 백악기 말의 멸종 대다수는 생명체와 큰 충격을 받은 환경 간의 생태학적 상호작용에 의해 발생한 것이 틀림없다. 많은 그룹의 감소가 즉각적이지는 않았지만, 충돌 이후 500,000년에 걸쳐 길게 이어졌다. 이런 멸종은 아마 생태학적 과정, 영양분의 생물지화학 순환, 그리고 종들 간의 상호작용의 붕괴 때문이었을 것이다.

## 페름기-트라이아스기: 거대한 것 중 가장 거대한 것

페름기 말의 대멸종은 일반적으로 빅 파이브 중 가장 크다고 여겨진다. 중생대 말의 K-Pg처럼 페름기-트라이아스기(P-T) 멸종은 고생대의 종결로 기록되었고, 미래 생태계를 새롭게 만드는 데에 상당한 영향을 미쳤다(Chen and Benton 2012 참조). 삼엽충과 대부분의 완족류, 그리고 일부 고대의 사지동물 그룹은 사라졌다; 공룡의 전구생물이 했던 것처럼 극피동물은 방산하였다. 그러나 K-Pg와는 달리, P-T의 원인을 규정하는 것은 어려웠고 최근에서야 낮아진 산소의 양과 일방적인 온실효과 상태와 결합되는 대규

**생명의 역사상 가장 큰 재앙은 페름기 말과 트라이아스기 초기에 기록된 대멸종이었다.**

모의 화산활동이 원인이었을 것이라고 의견 일치가 되었다.

대략 2005년까지 P–T 멸종의 시기는 잘 이해되지 않았다. 그것이 K–Pg처럼 뚜렷한 대재앙 사건이거나, 수백만 년 동안 지속되어 길게 이어진 과정의 멸종이었는가? 믿을 만한 방사성 분석 날짜의 부족은 고생물학자들이 대양과 육지에서의 멸종이 동시에 일어났는지에 대해 확신하지 못했다는 것을 의미한다. 지난 10년 동안 수많은 높은 정확도의 날짜들이 복원되었고, 해양과 육지 화석기록들 간의 상관관계도 굳어졌다(Shen et al. 2011). 이 연구의 결과들은 멸종 간격이 200,000년보다 더 적고, 육지와 바다에서 동시에 발생했으며, 2억5천2백3십만 년 전에 집중되어 있다는 것을 보여준다. 동시에 발생한 자연 멸종은 공동 원인을 제시하고, 잠재적인 기작을 크게 제한한다.

오랜 세월 동안 P–T에서 생물 다양성의 감소에 기여하는 요인 중 하나는 최후의 페름기가 해양 무척추동물 군집이 거주할 수 있는 대륙붕의 양이 감소했던 확연한 후퇴(대양의 전반적인 얕아짐)의 기간이었다고 생각되었다. 그 이후의 해진(해양의 깊어짐)은 이용 가능한 에코스페이스를 회복시켜 주었고, 또한 페름기 말에 사라지고 트라이아스기에 "죽다 살아난" 나사로 분류군이나 종의 회복이 특징을 이룬다. 나사로 분류군은 화석기록의 직접적인 해석이 화석학적 영향에 의해 길을 잃게 될 수 있다는 것을 보여준다. 멸종 이후 대략 8~9백만 년 전까지 석탄층이 되었던 육상식물뿐만 아니라 산호초의 소실은 초기 트라이아스기 동안 좋지 못한 환경 조건의 결과로 더 잘 해석된다는 것을 시사하는 페름기 말 후퇴는 무시되어왔다.

최근의 연구는 초기 트라이아스기(2억5천2백만 년 전에서 2억4천7백만 년 전까지)의 거의 대부분이 장기적 환경 불안정을 보이면서 지구의 탄소 순환에 대한 거대한 변동으로 특징지어진다는 것을 보여주고 있다. Payne과 동료들(2004)은 같은 시간 간격 동안 복족류 몸 크기의 두드러진 감소를 기록했고 생태학적 관계를 제시했다. **릴리풋 영향**(*Lilliput effect*)이라는 용어는 보통 화석기록의 일반적인 특징처럼 보이는 대멸종에 뒤이은 몸 크기 감소를 특징짓는 데에 사용된다.

P–T 기간 동안 육지 환경의 화석기록은 남아프리카와 러시아의 암석에서 가장 잘 알려져 있다. Ward 등(2000)은 멸종이 천천히 계속되고 꾸불꾸불 나아가는 페름기의 강물 흐름에서부터 빠르게 이어지며 곧게 나아가는 강물까지 퇴적형태로의 대규모 재구성과 동시에 일어났다는 것을 보여주었다. 그들은 이런 강의 변화가 육지 생태계에서 기본적인 영양 단계를 형성할 뿐만 아니라 일반적으로 땅을 안정화시키는 지상부 식생의 멸종에 의해 발생했다고 가정했다. 남아프리카의 화석기록은 초기 트라이아스기 군집이 두드러지게 불규칙하고 리스트로사우르스라는 하나의 속은 수적으로 우세하다는 것을 뒷받침한다. 이 특이한 동물(그림 18.32)의 유해는 또한 인도, 중국, 러시아뿐만 아니라 남극대륙에서 발견되는데, 이런 대륙들의 연결에 대한 초기 증거를 제공한다. 러시아의 육상

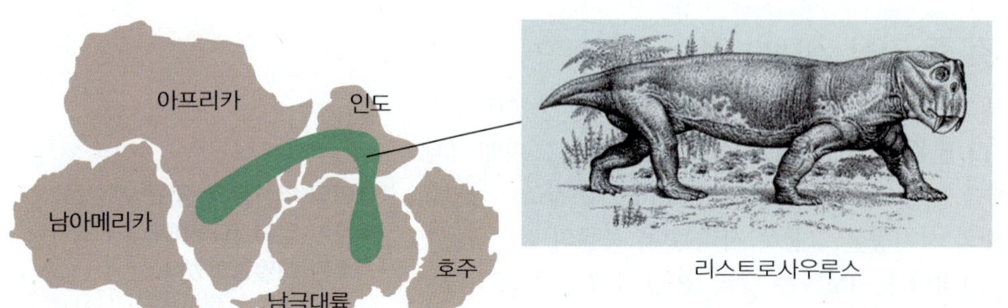


**그림 18.32 리스트로사우루스 (*Lystrosaurus*)** 리스트로사우루스의 화석은 현재의 아프리카, 인도, 남극, 중국, 러시아를 포함하는 판게아에 걸쳐 알려져 있다. Benton에 의한 리스트로사우르스 복원(2003).

군집 구조에 대한 분석은 P–T 경계 전체에 걸친 유사한 극적 변화를 보여주었다(Benton et al. 2004).

P–T 멸종의 규모는 그것과 특히 잠재적 기작과 관련하여, 더 많이 연구된 K–Pg 멸종 사이의 유사점을 비교하게 만들었다. P–T에는 이리듐 급증은 없지만, 유성 조각이 2003년에 남극대륙에서 발견되었고 2004년에 오스트레일리아 북쪽에서 유력한 분기구가 제시되었다. 이 두 주장은 과학계에서 의심을 받았고, 어떠한 실험실도 충돌과 연관된 지구 화학적 결과를 되풀이할 수 없었다(Erwin 2003). 대신, 러시아의 시베리아 트랩에서 거대한 현무암 흐름의 중요성은 상당히 증가했다. 그것들의 기간(2억5천2백만 년 전에 초점을 맞춘)과 크기(2백만 $km^3$ 또는 현생대에서 가장 큰)에 대한 개정된 추정은 현재 멸종을 촉발하는 것과 일치한다. 시베리아 폭발은 $CO_2$ 양을 증가시켰고 산성비, 번개, 지구 냉각(대기로 분출된 먼지와 황산염에 의한), 해양 산성화와 같은 단기적인 결과를 만들었다. 동시에, 대기 모델은 대기 중의 산소량(오늘날은 21%인 것에 비해 13%만큼 낮았을 거라 추정)의 감소를 제안한다. 이 정보는 육상 동물이 대부분의 대륙 내에 접근할 수 없게 만들고, 그것 때문에 에코스페이스가 상당히 감소하여 낮은 곳에 제한되었을 것이라고 몇몇 연구자들이 가정하도록 이끌었다(Huey and Ward 2005). 대양의 산소 결핍증은 또한 P–T 지층에 잘 남겨져 있다.

P–T는 엄청난 멸종이었지만, 동일하게 그것의 복원에 오래 끌게 된 기간 역시 엄청나다. 몇몇 빠르게 진화한 그룹(예를 들어, 암모나이트, 코노돈트)은 멸종 후 1~2백만 년 안에 다양해질 수 있었지만, 대부분 멸종 전 단계만큼의 다양화는 트라이아스 중기까지 지연되었다. 다시 말해서, 초기 트라이아스기의 처음 1천만 년은 죽음의 지역이었다. 여러 연구들은 탄소 동위 원소 값에서의 거대한 변동을 보여주면서 해양 생태계가 환경을 붕괴하는 지속된 변화를 경험했다는 것을 시사한다.

## 여섯 번째 대멸종

광범위한 멸종에 대한 우려는 학생부터 국가 원수까지 각계각층의 사람들의 마음에 있다. 그러나 도도새, 나그네비둘기, 캐롤라이나잉꼬와 같은 유명한 예시에도 불구하고, 어떤 특별한 진화적 중요성이 현재 계속되고 있는가? 말하자면, 우리는 현재 규모와 속도 측면에서 빅 파이브와 같은 사건을 경험하거나 응시하고 있는가? 이를 알아내기 위해, 우리는 지난 2,000년 동안 발생했던 멸종에 대한 자료를 시험한다.

### 대멸종이 지금 진행 중에 있는지?

현재 멸종률은 어느 정도이고, 화석기록에서 나타나는 것과 어떻게 비교할 수 있는가? 지금까지 약 150만 종이 연구되고 명명되었지만, 단지 1,100종만이 1600년 이후 멸종되었다. 곧 닥칠 과도한 대멸종에 대한 관심이 과장된 것인가?

이 질문에 답하기 위해, 최근에 멸종한 종의 대다수가 섬에 서식했다는 것에 주목하는 것은 중요하다(Smith et al. 1993). 결국, 이런 섬에서의 멸종은 보통 인간 사냥이나 육지 태생이 아닌 포식자나 경쟁자가 원인이다. 이런 도입 과정은 아마도 세기가 절정에 달했을 것이고 미래에는 덜 중요할 것이다.

대신, 현재의 관심은 멸종의 다른 요인에 초점을 맞추고 있다: 서식처 상실은 인구의 확장 때문이다. 현재 인구는 약 65억 명이고 매년 1.2% 비율로 증가—매년 7천7백만 명이 늘어남—하고 있다(유엔 인구 분과 위원회 2004). 만일 이 비율이 계속된다면, 세계 인구는 2050년에 120억을 넘어설 것이다. 인구 성장이 빠르게 감소하지 않는 한, 자연 서식처에 대한 위협은 향후 수십 년간 더욱 격렬해질 것이다.

생물학자들은 지속적인 서식처 파괴가 멸종률에 얼마나 영향을 미칠 것인지를 예측하기 위해 세 종류의 접근법을 이용했다(May et al. 1995):

1. 위성사진으로부터 측정되는 서식처 손실의 비율과 서로 다른 환경에서 헥타르당 발견되는 종의 수를 곱하여라.
2. 잘 알려진 종이 자연 보호 단체에 의해 주장되는 목록에서 멸종 위협에서부터 멸종위기까지 멸종 상황이 이동하는 율을 수량화하라.
3. 현재 멸종 위협이나 위기로 목록에 언급된 모든 종은 다음 100년 또는 200년 동안 멸종할 확률을 추정하라.

이런 접근법은 보통 또는 배경 멸종률의 100에서 1,000배 만큼의 멸종이 현재 발생하고 있다는 것을 시사한다(May et al. 1995; Pimm et al. 1995). 예를 들어, 국제 자연 보호 연맹은 위협받고 위태롭게 위기상태인 종의 수가 1996년 10,000종에서 2004년 대략 15,000종으로 약간 성장했다고 판단했다. 만약 이 비율이 계속된다면, 그리고 이런 희귀종 모두가 멸종된다면, 살아 있는 종의 60%가 없어지는데 100년도 안 걸릴 것이다. 그러나 이런 자료는 확인 편향에 시달렸다: 2004년의 수는 1996년의 수보다 훨씬 많은데, 이는 그저 멸종위기 집단을 연구하려는 훨씬 많은 노력이 현재 쏟아졌기 때문이다. 비록 하나로 합쳐서 생각한다 할지라도, 지금까지 행해졌던 분석들은 만약 서식처 파괴의 현재 비율이 계속된다면, 앞으로의 백년 또는 천년 내에 화석기록에 나타난 빅 파이브와 동일한 규모의 대멸종이 나타날 것이라고 제시한다(Barnosky et al. 2011). 인류라는 유성이 지구를 공격하고 있다.

**인간 활동은 배경멸종보다 몇십 배로 멸종률을 높였다.**

## 가장 극심한 문제는 무엇인가?

만약 여러분이 생물학자들에게 어디에서의 서식처 파괴가 생물 다양성에 있어서 가장 심각한 위협을 야기하는지를 묻는다면, 그 대답은 열대 강우림일 것이다. 두 가지 이유가 있다.

- 열대 강우림은 엄청나게 풍부한 종이 있다. E. O. Wilson(1998)은 그가 한때 페루의 열대우림에 있는 한 그루의 나무에서 26가지 속에 속하는 43종의 개미를 수집했다고 이야기했다. 이런 숫자들은 영국 제도의 전체 개미 동물상과 거의 맞먹는다. 유사하게, Peter Ashton은 보르네오 열대 강우림의 단지 10헥타르 표본구에서 700가지 다른 나무의 종—북아메리카 전체에서 발견되는 수와 동일한—을 확인했다. 침엽수, 도롱뇽, 진딧물은 제외하고, 생명의 계통수에서 잘 연구된 거의 모든 계보가 다양성이 위도에 따라 다르다: 가장 많은 수의 종은 열대지방에 있다. 이런 양상이 발생한 이유는 명확하지 않지만, 결과는 뚜렷하다. 열대림은 지구의 육지 면적에서 7% 이하를 차지하고 있지만, 적어도 50%의 식물과 동물 종을 포함하고 있다.
- 열대 강우림은 현재 극심한 위협을 받고 있다. 북반구에 있는 대부분의 대양에 있는 섬들뿐만 아니라 많은 비열대성 서식처는 몇백 년 동안 높은 인구밀도에 의해 계속해서 점령당했다. 결과적으로, 이런 비열대성 서식처의 식물상과 동물상은 이미 많은 멸종이 지속되었다. Andrew Balmford(1996)는 선신대와 홍적세의 빙하 시대 동안 근본적인 기후변화에 의해 유발된 멸종과 함께 극심한 인간의 점령에 대한 오랜 역사는 비열대성 생물군계가 "멸종 필터"를 겪었다고 제안했다. 이 지역에 현재 살고 있는 식물군과 동물군집은 계속되는 인간에 의한 영향에도 불구하고 상대적으로 회복력이 있을 것이라 기대된다. 그에 반해서 많은 열대지방은 최근 역사에서 비교적 인

간으로부터 영향을 받지 않았고 홍적세에서의 빙하 작용과 해수면 변동으로부터 덜 영향을 받았다. 열대 지방은 가장 높은 비율의 인구 성장과 가장 높은 비율의 서식처 손실을 겪고 있다.

이런 강우림에 대한 위협은 심각하다. UN 식량 농업 기구(FAO)에 따르면, 전체 삼림은 현재 매년 평균 약 7백만 헥타르—스코틀랜드 크기만한 지역—씩 파괴되고 있다. 이런 감소의 대부분은 열대림에서 발생하고 있다. 남아시아 및 동남아시아는 전체적인 삼림 지대가 상대적으로 작기 때문에 특히 염려된다. 이 지역에서, 삼림의 감소는 아프리카와 아메리카에서는 1년에 대략 0.7%인 것에 비해 평균적으로 대략 1년에 1.1% 정도이다(Laurance 1999). 브라질의 아마존은 또한 그곳이 전 세계에서 가장 큰 연속적인 열대우림이기 때문에 흥미로운 지역이다. 위성사진을 이용하여 브라질 국립 환경연구소는 평균 약 25,000제곱킬로미터의 삼림이 2002년에서 2005년까지 매년 사라졌다—매년 감소가 매사추세츠 주의 크기와 동일한—고 추정했다. 삼림 파괴의 최근 속도는 브라질의 아마존에서 1978년부터 1988년까지 매년 손실되었던 약 15,000제곱킬로미터의 비율만큼 올라왔다(Skole and Tucker 1993). 생물학자들은 또한 주변효과 때문에 개간된 숲양의 두 배 이상이 불리하게 영향을 받고 있다고 주장한다. 개간된 곳과 인접한 삼림 지역은 급격한 변화를 겪는다: 빛의 양이 증가하고, 토양은 건조해지며, 일일 기온 변동이 현저하게 증가하고, 사육되는 가축에 의해 잠식당하며, 인간에 의한 사냥 압박감이 증가한다. Skole와 Tucker(1993, p. 1909)는 기록했다: "생물 다양성에 대한 영향이 호의적이지 않다." 인류라는 유성을 멈추게 하는 것은 낮은 인구 성장률과 열대 우림을 보존하는 환경 친화적 개발의 조화를 취하는 것이다.

## 18.5 대진화

자연선택은 한 종내 변이가 궁극적으로 차별적인 생존과 생식을 이끌어낼 때 일어난다—유전적 기반과 함께 이것은 소진화의 적절한 요약이다. 다시 말해서, **대진화(macroevolution)**는 두 가지 구분되는 현상을 포함하기 위해 사용되는 용어이다. 첫째는 이전에 설명된 주요한 형태적 이행의 예처럼 큰 규모의 진화적 변화이다(2.3절과 18.2절). 대진화의 두 번째 사용—종 수준 이상에 작용하는 진화적 과정들—은 Steve Stanley가 지지하였고(1975, 1982) 엄격한 잣대로 소진화에서 개체들과 유사하게 종을 선택의 초점으로 고려하는 것이다. 대진화의 이런 형태는 역사적으로 중단평형설과 연결되었고 둘 모두 화석기록으로부터 대단히 중요한 자료를 얻고 있다.

### 중단평형설과 정체의 중요성

화석기록은 생성된 후 뚜렷한 변화 없이 수백만 년 동안 지속해온 많은 경우의 신종을 포함하고 있다. 다르게 말하면, 몇몇 그룹의 진화는 지질학적 시간에서 순간적으로 나타나는 종분화 사건에 의해 간간히 중단되는 정체의 오랜 기간으로 구성된다. Darwin(1859)은 이런 경우들을 잘 알았고 그의 이론에서 이들이 하나의 문제라고 생각했다. 그의 생각이 새로운 형태의 순간적인 창조를 예측하는 특별한 창조론에 대한 대안이었기 때문에 Darwin은 자연선택으로부터 진화의 점진적인 성향을 여러 차례 강조했다. 그는 새로운 분류군의 갑작스런 출현을 화석기록의 불완전 때문으로 보았고 채집된 표본들이 증가함에 따라 종 사이의 뚜렷한 틈이 이행형태들로 채워질 것이라고 예측했다. 한 세기 후에, 대부분의 고생물학자들은 Darwin의 견해를 받아들였다.

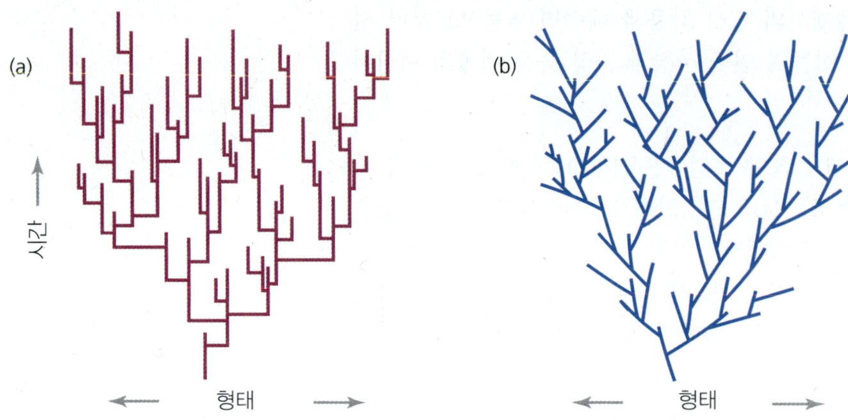


그림 18.33 **정체 대 점진주의** 시간이 형태와 대비하여 표시될 때 두 개의 극단적인 양상이 많은 중간적 또는 혼합된 양상들과 함께 가능하다. (a) 중단평형설에서 모든 외형적 변화는 종분화(분기)의 시간에서 일어난다; 그렇지 않다면, 정체이다. (b) 계통발생적 점진주의에서 형태적 변화는 점진적으로 일어나고 종분화 사건과는 관련되지 않는다. Eldredge and Gould (1972)에서.

하지만 1972년 Niles Eldredge와 Stephen Jay Gould는 화석기록에서 정체는 실제적인 양상이고 대부분의 형태적 변화는 종분화 동안 일어난다는 것을 주장하면서 관례를 깨었다. 그들은 자신들의 제안을 **중단평형설(punctuated equilibrium)**이라 불렀다(그림 18.33). 이 이론과 이것의 함축된 의미는 20년 동안 뜨겁게 논쟁이 되었다.

## 정체 입증

중단평형설에 대한 논쟁에 있어 하나의 이점은 고생물학자들이 정체가 실제 있는지 질문하도록 자극하는 것이었다. 자료는 종분화 사건에서 형태적 변화에 의해 중단되는 정체가 시간을 통해 종 역사의 주된 특징이라는 주장을 뒷받침하는가?

Gene Hunt(2007)는 세 가지 진화적 모델과 일치하는 통계적 증거를 찾기 위해 250개 이상의 화석 연속물을 분석했다: 방향성 변화, 임의 행로 그리고 정체. 그는 화석 연속물의 5% 정도에서 방향적 진화를 뒷받침하는 것을 발견했다. 나머지 95% 경로에서는 거의 비슷한 비율로 임의 행로와 정체 증거를 보여줬다. 정체는 분명히 흔한 것이다.

**계보에서 오랜 시간 동안 형태적 변화를 거의 보이지 않는다는 것은 비정상적인 것이 아니다.**

형태적 변화가 종분화와 관련이 있다는 주장은 어떠한가? 자료를 보기 전, 형태를 시험하기 위한 요건들을 명확히 하는 것이 중요하다. 목표는 시간을 통해서 종분화하는 분기군들에서 형태적인 변화를 따라가는 것과 변화가 종분화와 결합되어 일어나는지 또는 독립되어 일어나는지, 그리고 빠른 변화가 정체나 계속되는 변화 뒤에 따라오는지를 결정하는 것이다. 이 이론에서 비평가들이 강조하는 것처럼 정체 대 점진주의를 위한 엄격한 조사는 어렵다. 이것은 중단평형설 이론이 중복적인 것이 될 수 있기 때문이다. 화석종은 형태적인 것을 바탕으로 정의되고 따라서 종분화와 형태적 변화 사이에 강한 상관관계를 관찰하기 위한 사소한 것이 될지도 모른다. 순환성을 피하기 위해서, 제대로 된 조사가 요구된다.

1. 분기군의 계통이 알려져 있고 따라서 연구자들은 종이 조상인지 자손인지를 동정할 수 있다; 그리고
2. 조상 종은 화석기록에서 새로운 종과 함께 존재하기에 충분히 긴 시간동안 살아남는다.

두 번째 기준은 대단히 중요하다. 만약 그것이 이행되지 않는다면, 새로운 형태종이 실제로 분기의 산물인지 또는 종분화가 일어나지 않고 조상의 형태에서 빠른 진화의 결과인지를 아는 것은 불가능하다. 이런 두 번째 가능성을 **계통적 전이(phyletic transformation)** 또는 **향상진화(anagenesis)**라 부른다.

이들은 특히 다른 어려운 실제적 문제들과 함께 뒤섞였을 때 요구되는 기준들이다: 화석기록에서 잠재종의 오동정 문제, 종 단계에서 변화를 분석하기 위한 요구, 지속적인 퇴적이 있는 바위에서 밀집된 샘플 추출의 요구, 그리고 확실히 다른 형태종으로부터 종내 지리적 변화에서 정상적 구분을 위한 여러 곳에서의 샘플 추출 필요성.

## 이끼벌레류에서의 정체와 종분화

상대적으로 거의 없는 화석 시리즈들은 이런 엄격한 요구들을 충족시키고 있다(Jablonski 2000). 하나는 해양 무척추동물 태형동물문(이끼벌레)의 후기 신생대 시리즈이다. 오늘날 살아 있는 체일로스톰 이끼벌레류에 관한 실험 연구는 형태종으로 동정된 이끼벌레류들이 역시 계통발생적 종이라는 것을 규명했다(Jackson and Cheetham 1990, 1994). 과거 1억 년의 화석기록에서 풍부한 이끼벌레류 뿐만이 아니라, 그 다음 우리는 역시 이 그룹에서 종 명명이 실제로 계통을 반영한다고 확신을 가질 수 있다.

Cheetham(1986) 및 Jackson과 Cheetham(1994)은 중신세에서 대략 1500만 년 정도로 시작해서 살아 있는 분류군으로 끝이 나는 카리브해의 체일로스톰에서 종분화의 고해상도 분석과 형태적 변화를 조사했다. 그들은 15가지의 골격 특징의 분석을 바탕으로 *Stylopoma*속에서 19 형태종을 정의하는 것을 시작했다. 그들은 골격 특징 차이점으로부터 19개 형태종의 계통을 추정했고 화석 형태의 처음과 끝의 시점과 함께 가지 점과 가지 끝을 연결하여 계통수를 만들었다. 그들은 *Metrarabdotos*속에 속하는 살아 있거나 멸종한 19개 형태종을 가지고 유사한 분석을 했다. 결과인 계통수는 **그림 18.34**에 그려져 있다.

계통수는 빠른 형태적 변화에 의한 중단된 정체의 명확한 형태를 보인다. 조상과 자

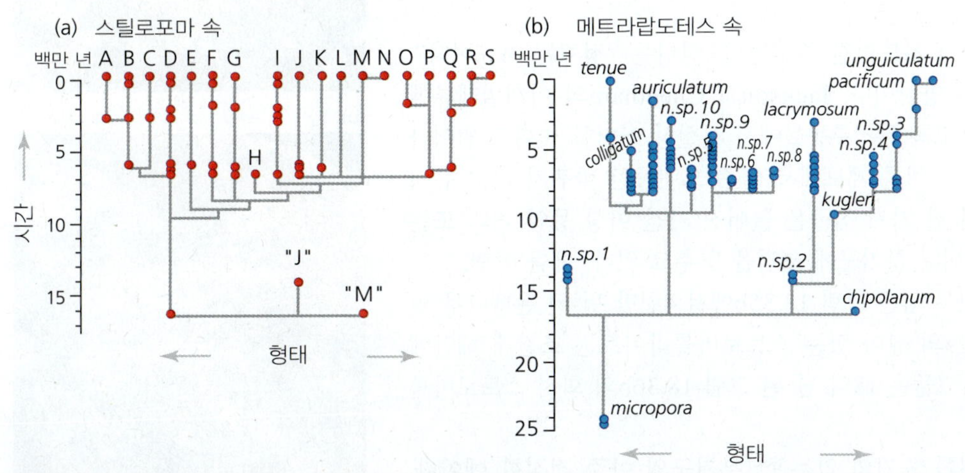


**그림 18.34 체일로스톰 이끼벌레류에서 중단된 변화** *Stylopoma*속에 속하는 살아 있으면서 화석으로도 나타나는 19 형태종 (a)와 *Metrarabdotos*속에 속하는 살아 있으면서 화석으로도 나타나는 19가지의 형태종 (b) 계통수들은 골격 특징의 차이점으로부터 추정되었다(Jackson and Cheetham 1994). 각각의 점은 채집된 집단을 의미한다. 종 사이에 어떠한 중간 단계의 골격 특징은 나타나지 않았고 종의 특징은 시간이 흐르는 동안 안정적이었다.

손 종들이 동시에 존재하는 사실은 형태적 변화가 강력하게 종분화와 관련이 있다는 생각을 지지한다. 이것은 종분화에서 진화적 변화에 의해 중단되는 정체에 대한 거의 결점이 없는 예이다.

## 정체와 점진주의의 상대적 빈도는 무엇인가?

체일로스톰 이끼벌레에서 얼마나 흔히 이런 양상이 관찰되는가? Doug Erwin과 Robert Anstey(1995a, 1995b)는 중단평형설을 시험한 총 58개의 연구를 비평했다. 분석들은 아주 다양한 분류군과 기간을 나타내고 있다. 비록 이런 연구들이 이 이론의 철저한 시험을 위해서 요구되는 엄격한 기준들을 충족시키기 위한 노력이 다양했지만 그들 자체의 수는 아마도 다소 상쇄될지도 모른다. Erwin과 Anstey의 결론은 "고생물학적 증거는 종분화가 때때로 점진적이고 때로는 간간히 끼어든다는 관점과 어떠한 방식도 생명의 역사에서 이렇게 매우 복잡한 과정을 특징화 하지 못한다는 것을 압도적으로 뒷받침하고 있다"는 것이다. 뿐만 아니라 Erwin과 Anstey는 이들 연구의 4분의 1은 세 번째 형태인 점진주의와 정체를 보고했다는 것을 언급했다.

형태적 진화와 종분화는 때때로 관련이 있다. 하지만 또 다른 시간에서는 그렇지 않을 때도 있다.

지금까지 가장 큰 규모의 연구로서 Melanie Hopkins와 Scott Lidgard(2012)는 153개의 계보에서 635개의 특성을 분석했다. 그들은 방향성 변화, 임의 행로 또는 정체로 각각의 계보에서 각각의 특성에 대한 진화의 방식을 특징화하기 위해 통계적 모델들을 대입했다. 이전의 연구들과 일치되게 그들은 대부분의 계보 내에서 다른 특성들은 다른 진화 방식을 보인다는 것을 발견했다.

중단평형설에 대한 논쟁이 해결되자 생물학자들은 다른 질문들로 관심을 돌렸다. 생물체의 다른 타입은 시간이 흐르면서 변화의 뚜렷한 양상을 나타내는 것이 가능한가? 이런 문제에 대해 연구하던 연구자들은 점진주의적 양상들은 유공충, 방산충과 다른 미세한 해양 형태들에서 우위를 차지하는 경향이 있는 반면, 정체는 해양 절지동물, 이매패, 산호, 이끼벌레류와 같은 거시적인 화석에서 더 자주 일어난다는 것에 대한 논쟁을 시작하고 있다(Hunter et al. 1988; Benton과 Pearson 2001). 만약 그렇다면 왜 그런가? 연구는 진행 중에 있다.

## 왜 정체가 일어나는가?

화석기록에 대한 Eldredge와 Gould의 두드러진 주장들 중 하나는 "정체는 자료이다". 이것은 변화의 결핍이 설명이 필요한 양상이다. Jackson과 Cheetham의 이끼벌레류에 대한 연구는 수백 만 년 이상 이들의 고착 무척추동물에서 사실상 어떠한 변화도 일어나지 않았다는 것을 보여줬다. 왜 형태는 이들 계보에서 아주 오랫동안 바뀌지 않고 유지되는가? 이런 질문에 답을 하기 위한 한 가지 접근은 늘어진 기간 이상 동안 거의 또는 측정할 수 없는 형태 변화를 보인 종이나 분기군에 초점을 맞추고 있다. 예를 들면, 그림 18.35a에서 보듯이 살아 있는 은행나무 잎은 그림 18.35b에서 4천만 년 된 은행나무 잎의 자국화석과 유사하다. 그림 18.36a의 살아 있는 스트로마톨라이트는 조간대 해안에 서식하는 세균에 의해서 만들어졌다. 그들은 18억 년 된 그림 18.36b의 화석 스트로마톨라이트와 닮았다.

투구게는 주목할 만한 형태적 변화가 거의 없는 한 분기군의 아주 적절한 예이다. *Limulus*속에 속하는 현존하는 종들은 1억 5천만 년 전에 존재했던 다른 과(family)의 화석종들과 사실상 형태적으로 동일하다. 몇몇 투구게 계보가 사실상 변하지 않고 그대로인 반면, 조류, 포유류, 종자식물의 전체 방산이 일어났다.

충분한 유전적 변이 부족 때문에 그들 종은 변하는 것에 실패한 것인가? John Avise

(a)

(b)

**그림 18.35 "살아 있는 화석"** 살아 있는 은행나무의 잎들(a)은 4천만 년 된 자국화석(b)과 유사하다.

(a) 
(b) 

**그림 18.36 더 많은 "살아 있는 화석"** 호주에서 세균에 의해 형성된 현대 스트로마톨라이트(a)는 캐나다 그레이트 슬레이브 호수의 18억 년 된 화석(b)과 유사하다.

와 동료들(1994)은 투구게의 미토콘드리아 DNA에서 몇 가지 유전자의 염기서열을 분석하고 다른 절지동물 분기군인 왕게와 집게류의 유전적 거리에 관한 이전에 출판된 연구(Cunningham et al. 1992)로부터 알려진 유전적 분기량을 비교하는 것으로부터 이 질문에 대한 답을 찾았다. 그 결과는 흥미롭다: 훨씬 더 적은 형태적 변화가 일어났지만 투구게는 왕집게 분기군만큼이나 유전적 분기를 보이고 있다(그림 18.37). 이것은 정체가 유전적 변이성의 부족으로부터가 아니라는 것에 대한 강력한 증거이다(Briggs et al. 2012).

**형태적 정체가 유전적 정체를 의미하지는 않는다.**

정체가 충분한 유전적 변화에도 불구하고 일어날 때 가장 명확한 설명은 안정화 선택이다. 한 가지 흥미로운 예는 이 책 어딘가에서 설명한 등에 가시가 3개 있는 큰가시고기와 근연종인 Gene Hunt와 동료들의 큰가시고기 화석(*Gasterosteus doryssus*)의 계보에 대한 분석(2008)에서 알 수 있다. 이 자료는 네바다의 노천굴 규조토 광산에서 발굴된 초고해상도 화석기록으로부터 5,000개체 이상의 물고기에서 나왔다. 광산 기록에서 지층들은 큰가시고기 집단이 7,000세대 이상을 거치면서 변화한다. 가장 오래된 지층에서 집단은 최근 대양에서 민물로 유입된 일반적 계보인 완전하게 딱딱한 껍질로 싸여진 물고기로 구성되어 있었다. 집단은 빠르게 줄어든 껍질로 진화했고 방향성 선택의 집단 유전

(a) 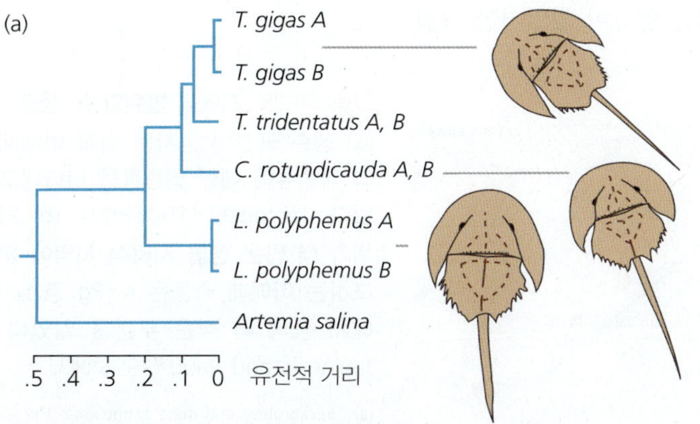


(b) 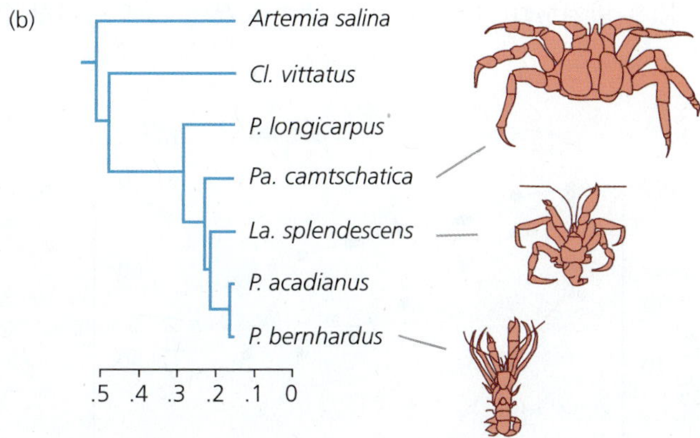


**그림 18.37 두 개의 절지동물 분기군에서의 유전 및 형태적 변화** 이 계통수에서 각 분지의 길이는 미토콘드리아 16S rRNA의 백분율 차이로 측정한 유전적 거리를 나타내고 있다. 크기는 양쪽 계통수 모두 동일하다. 무갑류인 *Artemia salina*는 이런 각각의 계통수에서 외군으로 사용되었다. 훨씬 더 많이 형태적 분기가 집게를 포함한 관련 종들에서 일어났지만(b), 16S rRNA 염기서열분석에서 약간 더 유전적 분기가 투구게에서 일어났다(a). Avise et al. (1994)에서.

모델을 이용해서 우리가 예측한 것과 일치하는 궤적을 따라갔다. 포식성 물고기로부터 자유로워진 민물 큰가시고기의 적은 껍질과 함께 이런 표현형이 완성되고 집단은 그 후에 변하지 않은 상태를 유지했다. 이것은 최적의 표현형 주위로 안정화 선택에서 기대되는 정체를 보여주었다.

## 종 단위 위의 진화

Steven Stanley(1975, 1982)는 중단평형설을 채택했다. 그리고 만약 종분화가 자연선택의 관점에서 효과적으로 무작위적이라면, 분기군 단위에서 진화는 종 내에서 진화와는 단절될 것이라고 제안했다. 다시 말해서, 분기군들의 진화적 양상들은 집단에서 개체들에 작용하는 자연선택의 효과로부터 예측되지 않는다는 것이다. Stanley의 관점에서는, 만약 자연선택이 종 내에서 변이에 작용한다면 유사한 과정이 종 사이에서도 변이에 따라 작용해야 한다. Stanley는 후자의 과정을 종선택(species selection)이라고 정하고 종선택과 자연선택 사이에서 나올 수 있는 몇 가지 유사점들을 시사했다(가령, 종분화는 생식과 유사하다).

고생물학자들은 화석기록에서 오랫동안 분기군-특수한 변이를 인식해 왔다. 예를 들면, G. G. Simpson(1944)은 그의 고전 책인 '*Tempo and Mode in Evolution*'에서 그들의 순수 분기화의 뚜렷한 고유한 비율을 보여주기 위하여 자주 이매패와 포유류를 비교했다: 배경멸종기 또는 대멸종기에 상관없이 이매패는 늘 포유류보다 한층 더 천천히 분기한다. 평균 종존속은 유사한 방법에서 다양하다: 평균적으로, 이매패 종은 약 3~5백만 년 동안 존속하지만 포유류는 약 1~2백만 년 동안 지속한다. 종선택이 일어날 수 있는 몇몇 다른 종 또는 분기군 수준의 특징은 무엇인가? 부유도, 생식양식, 세대기간, 지리적 범위, 그리고 생활사 측면(먹이 생태와 같은)들이 모두 제시되어 왔다. 대진화에 대한 연구는 전형적으로 커다란 자료세트를 요구하는데, 이것이 수행된 연구의 수를 제한해 왔다. 하이라이트 된 다음은 소수의 예이다.

**지리적 범위와 같은 종 또는 분기군들의 몇몇 특성은 멸종률과 관련이 있다.**

지리적인 범위는 개체들의 속성이 아니라 종 또는 분기군들의 속성이 명확해서 많은 연구는 이 특징이 지질연대 동안에 어떻게 진화해 왔을지에 대한 초점을 맞추고 있다. David Jablonski(1986)는 어떻게 백악기 이매패(조개와 홍합)와 복족류(민달팽이와 달팽이)의 지리적 범위가 멸종을 견뎌내기 위한 그들의 능력과 관련 있는지를 연구했다. 그는 배경멸종의 시간 동안 더 넓은 지리적 범위의 종이 더 낮은 멸종 가능성을 가지는 것을 발견했다(**그림 18.38a**). 대멸종 동안 속에 있어서 유사한 양상이 있었지만(그림

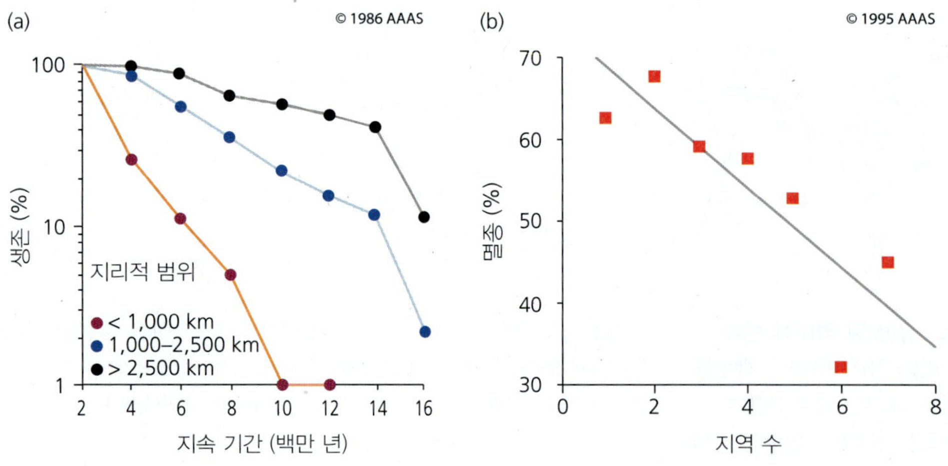


**그림 18.38 지리적 범위와 종 생존**
(a) 생존 곡선의 경사는 화석 이매패와 복족류에 대한 멸종률을 나타내고 있다. Jablonski (1986)에서. (b) 범위가 더 많은 생물 지리적 지역에 분포하는 이매패 속들은 K-Pg 경계선에서 종의 더 작은 부분을 잃었다. Jablonski and Raup (1995)에서.

(a) "Background and mass extinctions: The alternation of evolutionary regimes." *Science* 231: 129–329. Copyright ©1986 AAAS. (Figure 2a, 131). Reprinted with permission of the AAAS.

(b) "Selectivity of end-Cretaceous marine bivalve extinctions." *Science* 268: 389–391. (Figure 3, page 390). Copyright ©1995 AAAS. Reprinted with permission of the AAAS.

18.38b; Jablonski and Raup 1995), 종에 있어서는 생존과 지리적 범위 사이의 충분한 관계가 없었다(Jablonski 2005). 이들 결과는 배경멸종 시간 동안 어떠한 특성들의 축적이 대멸종 동안 선택의 양상이 변할 때 다시 맞추어질 수 있다는 것을 시사한다.

배경과 대멸종 시간들 사이의 유사한 교번은 먹이 형태에서 발견되었다. 트라이아스기 말기와 백악기 말기의 대멸종 사이에서, Jablonski(2005)는 저서동물을 먹는 이매패가 내재동물을 먹는 이매패보다 속(genus)의 지속 시간이 훨씬 더 길었다는 것을 발견했다. 하지만 대멸종 시간 동안 두 먹이 형태 사이에서 멸종 강도에서는 큰 차이가 없었다.

멸종률은 알이 수정되고 성장을 시작한 후 유생이 얼마나 멀리 분산되는지에 따라 역시 다양하다. Jablonski(1986)는 백악기 기간의 마지막 1600만 년 이상 멕시코 만과 대서양 연안의 평원 지대로부터 이매패와 복족류 종에서 멸종 형태를 연구하면서 이런 결론에 도달했다. Jablonski는 부유 생물의 유생 단계가 있는 해양 무척추 종은 평균적으로 알에서부터 바로 깨어나 성장하는 종보다 더 길게 생존했다는 것을 발견했다**(그림 18.39)**. 살아 있는 종에서, 부유 생물의 유생은 해류를 타고 자주 더 먼 거리로 분산된다. 이것은 그들에게 더 크게 이주 정착할 능력을 주고, 이것이 어쩌면 멸종의 빈도를 낮추었을지도 모른다. 이런 생명 역사를 가진 집단들은 역시 더 큰 범위를 가지는 경향이 있고, 이는 독립적으로 분산 능력과 지리적 범위를 연구한다는 것이 어렵다는 것을 의미한다. 배경멸종 기간 동안 멸종 저항성을 부여한 종 단계의 특징들 사이에서 극명한 차이점과 대멸종 동안 이런 유익한 특징들의 실패를 Jablonski(1986)는 "대진화 영역의 교번"이라고 정의했다.

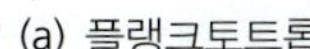


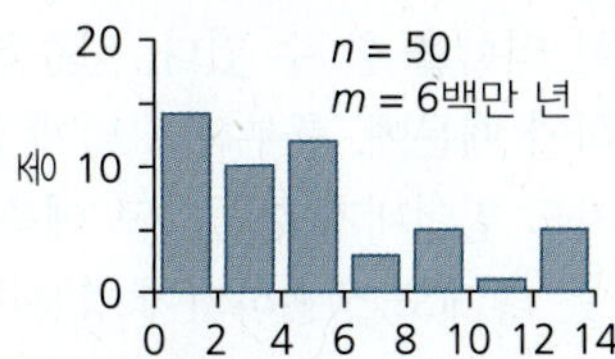


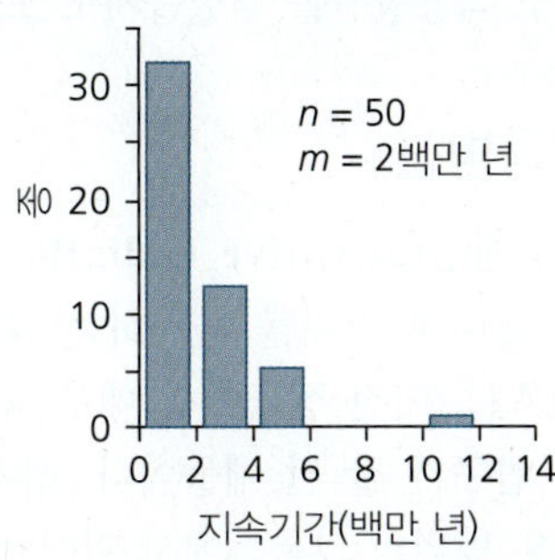


**그림 18.39 해양 이매패 종의 지속** 플랑크토트롭은 최소 얼마 동안 플랑크톤을 먹이를 먹으면서 시간을 보내는 유생단계가 있는 종이다. 플랑크토트롭이 아닌 것은 알에서부터 바로 성장하는 유생단계를 가지고 있다. $n$은 종 수이고 $m$은 평균값이다; myr은 백만 년의 줄임말이다. Jablonki(1986)의 허가로 재판됨.

"Background and mass extinctions: The alternation of evolutionary regimes." *Science* 231: 129–329.



## 생물적 대체

종 내 개체들은 다른 종 내에서 개체들이 할 수 있는 것처럼 먹이에 대한 경쟁을 할 수 있지만 이런 과정을 진화적 시간 동안 분기군들이 경쟁하는 규모까지도 추론하는 것이 적당한가? 이런 이론은 현생대 동안의 Sepkoski의 로지스틱 성장 모델에서 명백하지만(18.3 참조), 여러 가지 경쟁 없는 기작이 그들의 다양성 수준에서 변화를 설명할 수도 있기 때문에 화석기록에서 한 쌍의 분기군을 지적하고 그들이 경쟁하는 것이라고 증명하는 것은 매우 어려운 일이다. Benton(1991)은 화석기록에서 경쟁과 **생물적 대체(biotic replacement)**의 다른 형태를 보고, 분기군 수준의 경쟁이 다양성의 '이중 쐐기' 양상을 이상적으로 만들 것이라고 언급했다**(그림 18.40)**. 뿐만 아니라, 제안된 경쟁자들의 쌍은 유사한 생태여야 하고 대략적으로 동일한 지역에서 동시대에 살아야 한다. 놀랍게도 이런 기준들 모두를 만족시키는 예는 거의 없는데 이는 Benton이 생물적 대체의 경쟁 없는 모델이 더 그럴 듯할 것 같다고 제안하게 했다.

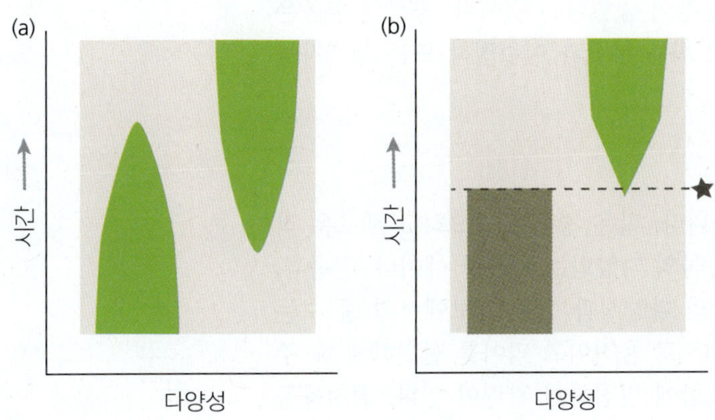


**그림 18.40 생물적 대체의 양상** 왼쪽, 경쟁하는 대체에서 기대되는 이중 쐐기 양상. 오른쪽, 대멸종 후 경쟁이 없는 생물적 대체. Briggs (1998)에서.

멸종은 기존에 존재하는 분류군의 효과를 줄임으로써 생물적 대체를 조장하는 데 중요한 역할을 할 수 있다. 단순히 기존에 존재하는 종이 이용 가능한 먹이에 대해 우위를 점하기 때문에, 풍부하고 넓게 분포한 종은 경쟁적으로 우위에 있는 새로운 유입자로부터 조차도 밀어내기 힘들다고 예측하고 있다. 하지만 대멸종 후 만약 새로운 유입자 중 하나가 운 좋게도 생존하기에 충분하다면 그 후에 훨씬 더 많은 곳에서 기존에 존재하는 종과 경쟁을 했을 것이다. 몇몇의 경우, 대멸종이 경쟁의 수준을 감소시킨 뒤, 새로운 종은 아마도 적응방산을 겪었을지도 모르지만(다음 절 참조) 이런 결과는 확신할 수 없다.

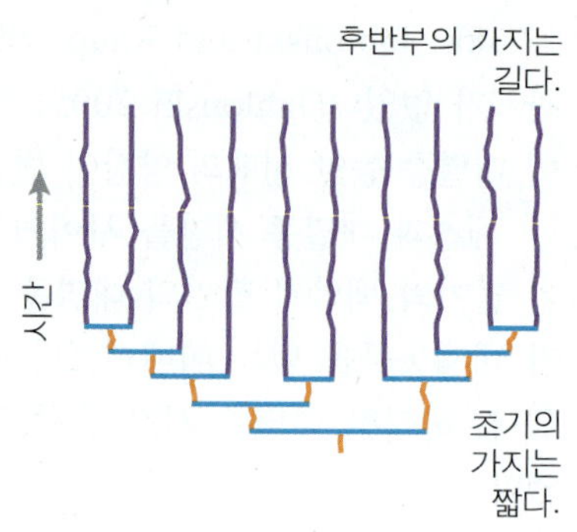


**그림 18.41 적응방산** 이 도표는 가상적인 적응방산으로부터 만들어진 분지형태를 보여주고 있다.

## 적응방산

**적응방산(adaptive radiation)**은 조상 종의 하나 또는 작은 그룹이 빠르게 넓고 다양한 생태적 지위를 차지하는 많은 수의 자손 종으로 급속히 다양화될 때 일어난다(**그림 18.41**). 이전 장들에서 매우 중요하게 다루어진 갈라파고스 핀치와 하와이 초파리는 아주 연구가 잘 된 예들이다. 하지만 적응방산은 생명의 역사를 통해서 시간 간격을 두고 넓은 범위의 그룹들에서 일어났다. 그들은 중요한 양상을 보여주고 있다. 이것은 마치 생명의 계통수가 갑작스럽게 많은 수의 매우 다양한 분지가 생겨난 것처럼 보이는 것이다.

어떠한 요소들이 적응방산을 촉발시키고 있는가? 왜 특정 계보만이 넓고 급속히 다양화되는가? 대답은 시간과 분기군에 따라 다양하다.

### 도화선으로서의 생태적 기회

생태적 기회는 적은 수의 개체들 또는 종이 갑작스럽게 많고 다양한 먹이 자원을 이용하게 될 때 일어난다. 예를 들면, 하와이 초파리와 갈라파고스 핀치의 조상들은 경쟁자들이 거의 없고 매우 다양한 먹이 자원과 서식처로 이용할 수 있었던 섬에 정착했다. 이와 같은 조건들은 빠르게 다양화되고 종분화되는 것을 선호한다.

하지만 어떤 집단들이 한 지역에서 이주하고 적응방산을 하는 이유는 엄청나게 보이지 않는 행운의 문제이다. 예를 들면, 최근 갈라파고스 핀치의 계통수는 이 그룹의 가장 가까운 살아 있는 조상들 대부분이 카리브해에 살고 있는 것을 보여줬다(Sato et al. 2001; Burns et al. 2002). 따라서 이 방산을 설명하는 데 가장 유력한 가설은 조류의 작은 집단이 카리브해에서 갈라파고스로 이동이 일어났고 그 거주지를 차지하고 있다는 것이다. 비슷하게, 하와이 초파리의 조상은 수백만 년 전 섬에 과실파리종이 날라 오게 되었다; 오늘날의 다양한 하와이 실버스워드의 조상은 아마도 하와이에 조류의 이동이나 배설물에 있었던 씨앗이 옮겨져 온 캘리포니아의 tarweed 토착종이었다.

하지만 생태적 기회는 이주정착만을 통해서 만들어지지는 않는다. 백악기 말기에 대멸종의 여파에서 포유류는 급속히 다양화되었다. 그들이 그렇게 된 것에 대한 유력한 가설은 더 뛰어난 적응도를 가졌었던 것이 아니라 경쟁이 없었다는 것이다. 공룡의 멸종은 포유류에 대한 생태적 기회를 만들었다. 생태적 기회는 분산과 이주정착 또는 경쟁자들의 멸종으로부터 만들어질 수 있다.

### 도화선으로서의 형태적 혁신

모든 적응방산이 생태적 기회와 관련되는 것은 아니다; 많은 경우에 중요하고 새로운 적응에 나타나는 형태적 혁신과 연관이 있다. 절지동물의 다양화는 주요한 예이다. 곤충류, 갑각류와 거미류가 차지하고 있었던 생태적 공간의 다양성과 이들 계보에서의 종 수는 주목할 만하다. 그들의 성공은 이들 그룹이 효과적으로 움직이고 먹이를 발견하게 해 주는 그들의 관절로 이루어진 다리들의 변형과 정교함에 밀접하게 관련이 있다. 절지동물

다리의 정교함을 조절하는 유전적 기작은 현재 진행 중인 연구의 주제이다(Briggs et al. 2012에서 예를 보라); 여기서 중요한 점은 관절로 이루어진 다리가 적응방산과 관련이 있는 형태적 혁신이었다.

### 다른 예들: 육상식물에서의 적응방산

적응방산은 육상식물의 진화 동안에 다른 분류학적 수준에서 일어났다. 가장 주목할 만한 것들 중 두 개는 독특한 것으로 동물 다양성의 캄브리아기 폭발과 비슷하다. 첫째는 대략 4억 년 전 데본기 초의 수중 조상으로부터 육지 조상의 방산이었다. 이 시기 동안 초기 육지식물은 왁스로 된 표피층과 기공이라 불리는 표면 열림과 같은 중요한 형태적 특징으로 진화했다. 또한 그들은 그들의 살아 있는 자손들에서 목격되는 배우체와 포자체 세대로 번갈아 생기는 특징을 가진 생명 역사로 진화했다(Bateman et al. 1998). 이런 혁신들은 육상 생명으로의 이행과 관련이 있다.

식물 진화에 있어서 두 번째 방산은 대략 1억1천만 년 정도의 종자식물 또는 속씨식물의 백악기 폭발이었다. 속씨식물과 그들의 가까운 친척의 계통에 관한 연구는 *Amborella* (그림 18.42)라 불리는 뉴칼레도니아 섬에서 있는 거의 알려진 것이 없는 관목이 모든 종자식물의 자매 분류군이라는 것을 발견했다(Qiu et al. 1999; Soltis et al. 1999). 모든 속씨식물의 자매가 *Amborella*라고 하는 것은 그들의 공동조상이 아마도 비슷하게 생겼을지도 모른다는 것과 나아가 이 조상의 특징들이 아마도 종자식물의 초기 진화적 성공에 공헌했었을지도 모른다는 실마리를 제공한다(Brown 1999). 오늘날 250,000종 이상의 속씨식물이 존재한다. 그들은 다양한 서식처에 분포하고 있고, 북극 툰드라의 불규칙적으로 뻗어져 나가는 것들에서부터 열대우림에 널리 퍼져 있는 나무까지 다양하다. 수분을 매우 효과적으로 이루어지도록 하였기 때문에 꽃은 이런 방산을 가능하게 만들었던 형태적 혁신이라고 생각된다.

그림 18.42 **조상의 꽃을 닮았을까?** 열대관목 *Amborella*는 모든 살아 있는 종자식물의 자매군이다. 만약 그것이 다른 종자식물에 비교했을 때 조상의 조건으로부터 더 적은 진화적 변화를 겪었다면 *Amborella*는 아마도 속씨식물 조상의 본질에 대한 실마리를 제공할지도 모른다. Sandra Floyd, USDA ARS에서.

적응방산은 극적이기 때문에 진화적 분석의 인기 있는 분야이다: 다량의 진화는 상대적으로 짧은 시간에 일어난다. 생명의 역사에서 또 다른 주요한 양상은 반대의 것이다: 주목할 만한 형태적 변화나 종분화가 오랜 기간 동안 없는 것.

## 18.6 화석과 분자적 분기시기

비교적 최근까지 분기군 발생과 분기의 추정은 전체적으로 화석기록을 바탕으로 하였다. 이런 추정들은 완벽하지 않다고 알려졌었다. 결점 한 가지는, 예를 들면 쥐라기 시대의 돌에 있는 새 한 마리처럼 어떤 한 화석의 존재는 단지 최소 나이 추정치이다. 다시 말해서, 조류는 쥐라기 시대에 생겨났어야 하지만 단지 이 그룹이 얼마나 더 오래될 수 있는지에 대해서 확실히 아는 것은 불가능했다. 두 번째 결점은 화석기록이 거의 없거나 없는 그룹에 관련되는데 여기에는 화석기록을 바탕으로 한 나이 추정치가 (예를 들면 유연한 조직의 화석들이 때때로 보존되었을 때) 과소평가되었을 가능성이 높거나 고생물학자들이 관련된 그룹들의 화석기록에 근거해서 견해를 주었다.

최근 수년 동안은 **분자시계(molecular clock)** 연구를 통해 나온 분기시간들에 대한 결과의 상호 보완적인 자료가 나오고 있다. 최소한 하나의 화석을 바탕으로 하는 교정점에 덧붙여(Parham et al. 2012 참조) 진화의 특정한 모델에서 DNA 염기서열 비교로부터 이런 연구들은 최소 최대 분기시간 추정치를 말해주는 시간 계측 계통수(자주 시간계통수라고 부른다)를 만든다. 하지만 초기에 많은 논문들이 분기가 화석 자료보다 상당히 더 오래되었을 것이라고 시사하는 것을 제안했기 때문에 시간계통수가 논쟁이 없는 것이 아니다. 예를 들면, Kumar와 Hedges(1998)는 화석기록들이 고제3기 또는 그보다 최근 시기로 제한되어 있음에도 불구하고 많은 태반 포유동물 목들은 백악기에 많이 나왔다고 시사했다. 더 상세한 내용은 뒤에 논하기로 하고 포유류 분기의 시기 형성은 백악기 말 대멸종의 진화적 중요성에 대한 충분한 암시를 하고 있다.

생명의 계통수에서 연대결정은 고생물학과 분자생물학을 연결하는 흥미로운 학제간 연구 노력이다. 하지만 서로 전혀 다른 분야가 연결이 되었을 때 공통적인 전문 용어의 사용은 중요하다. 특히 두 개의 차이는 인정해야 할 필요가 있다.

첫 번째, 현존하는 생명체로부터의 분자적 자료는 훨씬 더 큰 분기군들의 분기시간을 추정하기 위해 사용된다. 예를 들면, 인간과 닭의 분기는 포유류와 조류의 분기와 동일하다. 뿐만 아니라, 포유류와 조류의 분기는 양막류 분기군에 대한 시작 시간을 시사하는 것이기 때문에 포유류와 거북, 포유류와 뱀, 또는 포유류와 악어의 분기와 동등하다(그림 18.43).

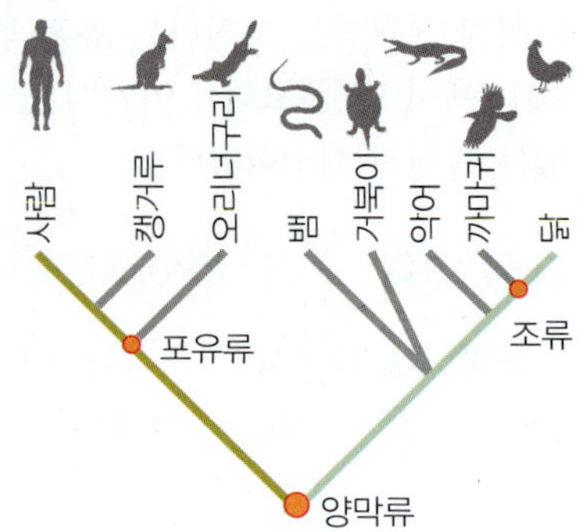


**그림 18.43 분기시기의 등가** 포유류 대 조류의 분기시간은 포유류 대 뱀, 포유류 대 거북 그리고 포유류 대 악어에 대한 분기시간과 동일하다.

두 번째, 계통분기(분기진화)가 필수적으로 충분한 분류학적 또는 형태적 다양화를 암시하지는 않는다. 그것은 자매군들이 분기했고 어떠한 화석이 남지 않았거나 형태적으로 하나의 계보로 혼동될 만큼 유사할 가능성이 있다. 만약 형태적 변화가 느렸거나 분기군의 초기 화석기록이 빈약하다면, 그 다음 변화가 없는 분기진화는 분기의 분자적 추정과 고생물적 추정 사이에서 상당한 불일치가 만들어질 수 있다.

그림 18.44는 Michael Benton과 Philip Donoghue로부터 만들어진 척추동물과 곤충의 시간계통수이다.

실제로 어떻게 화석 분기시간과 분자적 분기시간이 일치하는가? 다음은 우리가 생명 역사에 있어서 특별히 중요한 시기로부터 두 개의 예를 조사하고자 한다.

## 캄브리아기 폭발은 정말 폭발적으로 증가했는가?

캄브리아기에 많은 문들과 형태적 혁신이 처음으로 나타난다. 하지만 이런 종들과 특성들이 버제스 혈암과 청장 퇴적물에서 불멸하기 전 어느 정도 시간 동안 존재해야 했었던 것을 인식하는 것은 중요하다. 단지 얼마나 오랫동안 그러하였는가? 이런 질문에 답하기 위해서, 진화생물학자들은 동물 계통수에서 가장 초기의 분지들이 나타났을 때를 추정하기 위해서 분자시계를 사용했다. 선택에 대하여 중성적인 DNA 또는 단백질 염기서열의 변화는 돌연변이에 의해 유발되어야

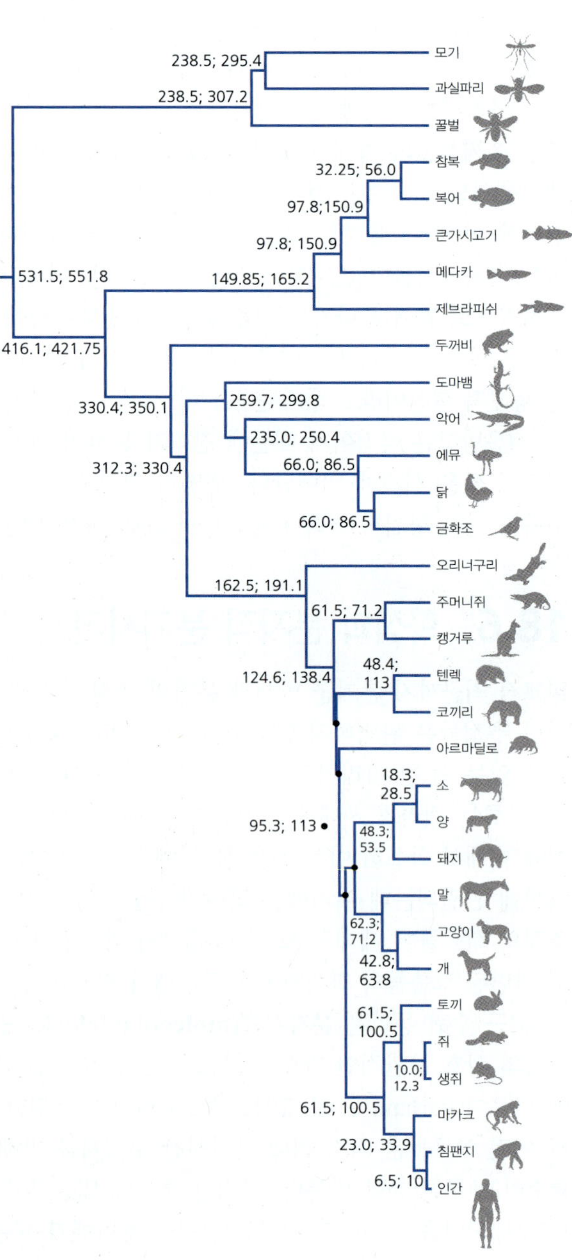


**그림 18.44 척추동물과 곤충에 대한 시간계통수** 계통수는 분자적 염기서열 자료를 포함한 다양한 종류의 증거를 바탕으로 생성되어 있다; 분기점에서의 날짜들은 화석기록으로부터 추정되었다. 각 분기점에서 숫자가 더 작을수록 이 분기점에서부터 나오는 계보의 한 쪽으로 할당된 수백만 년 전 가장 오래된 화석을 바탕으로 최소한의 분기시간이다. 더 큰 숫자는 자매군들의 최대 나이와 아래에 있는 화석으로부터 의심스러운 분류군이 없는 암반 성상을 가진 것을 바탕으로 최대한으로 분기된 것이다. 예를 들면, 쥐와 인간의 마지막 공동조상은 최소 6천150만 년 전에서 어쩌면 길게는 1억 50만 년 전에 살았다. Benton and Donoghue (2007)에서 수정.

하고 그 후에 안정적 시계율로 고정되어야 한다(7장 참조). 분기시간이 화석이나 지질 기록에서 추정되는 분류군들 사이에서 일어난 선택적으로 중립인 유전적 변화의 양을 관찰함으로써 분자시계는 1백만 년당 예상되는 변화의 양으로 측정될 수 있다. 결과적으로 이 측정은 후에 화석기록에서 기록되어지지 않은 사건의 시기를 아는 데 이용될 수 있다.

지금까지 좌우대칭동물의 기원에 있어서 Bruce Runnegar(1982)는 척추동물과 여러 가지 무척추동물문에서 헤모글로빈 아미노산 염기서열 사이의 차이점을 분석했다. 이 유전적 거리를 분기시간으로 바꾸기 위해서 Runnegar는 화석 나이가 알려진 척추동물 그룹 사이에서 헤모글로빈 진화율 추정치를 사용했다. 그는 그림 18.12에서 가장 초기의 분지들이 캄브리아기 폭발보다 오래전인 대략 9억 년 정도에 일어났다고 결론 내렸다. Greg Wray, Jeff Levinton과 Leo Shairo(1996)도 다른 자료를 이용해서 유사한 결론을 내렸다. Way 그룹은 척삭동물과 극피동물이 대략 10억 년에서 분기한 반면, 선구동물과 후구동물은 대략 12억 년 정도에서 분기되었다고 추정했다. 이 연구는 더 많은 유전자와 더 많은 분류군들이 포함되었지만 Runnegar의 연구와 비교를 위해 동일한 척추동물 화석 자료를 사용했다. 이들 두 분석 모두 좌우대칭 생명체들 사이에서 분기의 정확한 나이에 대한 약간의 불확실성이 포함되어 있었지만 이런 분기는 화석기록에 있어서 처음 출현하기 전 수백만 년 전에 일어난 것에 대해서 동의했다.

이런 초기 분기시기는 캄브리아기 폭발 전 동물 진화의 긴 역사를 암시하기 때문에 이들 논문은 상당히 논쟁을 만들었다. 만약 그 시기가 맞는다면, 원생대 암석들은 후구동물, 탈피동물과 촉수담륜동물의 화석을 결국 만들어내야 한다. 하지만 두산퉈 배, 킴베렐라 그리고 베르나니말쿠라의 예외와 함께 그들은 그렇지 않았다.

화석기록과 분자시계의 예측 사이의 차이를 해결하기 위해서, Andrew Smith(1999)는 살아 있는 좌우대칭동물이 된 계보들이 원생대에서 상당한 기간에 걸쳐 상호간에서 분기되었지만 이로 인한 종의 대다수는 화석기록에서 흔적을 남기지 않은 작고 유생 같은 생명체로 존재했다고 시사했다(또한 Erwin and Davidson 2002 참조).

이런 관점에 따르면, 캄브리아기 폭발은 형태적 다양성의 폭발이지만 반드시 훨씬 더 일찍 일어난 계보의 폭발은 아니다. 주요한 동물 계보들에서 그들이 다양화되고 큰 몸체 형성을 만들기 오래전에 존재했다는 생각은 캄브리아기 폭발이 "긴 도화선"을 가졌었다는 재담에서 알 수 있다.

## 백악기 말 대멸종은 포유류를 해방시켰는가?

고제3기의 포유류 지배 생태계에 한 백악기 시대에서 공룡 지배 육지 생태계의 대체는 아마도 대멸종에 의해 촉발된 생물적 대체의 아주 잘 알려진 예일 것이다. 태반 포유류의 전통적인 목들의 거의 모든 것들은 고제3기나 시신세, 하지만 그 이전 시대에서는 아닌, 시기에 발견되기 때문에 신생대 초기의 진화적 방산은 오랫동안 사실인 것으로 여겨져 왔었다. 그래서 몇몇 분자적 연구들이 몇몇 목들 사이의 분기가 백악기에 일어났고 포유류 방산이 훨씬 더 일찍 일어난 것 같다는 것을 시사했을 때 놀라웠다(Springer 1997; Kumar and Hedges 1998).

이를 명확히 하기 위해서, 고생물학자들은 태반 동물과 유대류 동물의 계통들이 오랫동안 화석기록에서 알려져 왔고 몇 가지 유제류 친척인 것으로 생각되는 것들조차도 보고되었었기 때문에 중생대에서 몇 가지 포유류 분기를 받아들였다(Archibald 1996). 하지만 분자적 자료는 좀 더 이전의 백악기에서 방산이 일어났다고 시사하는 것처럼 보였다. John Alroy(1999)는 분자적 논쟁을 분석하기 위해 착수했다. 첫째, 그는 분자적 연구에서도 제기한 비슷한 수의 화석 자료가 최소한 일곱 개의 현생 수아강 계보들이 백악기에서도 흔적을 찾을 수 있을 것이라고 시사하는 것을 지적했다. 둘째, 더 중요하게도 그는 계보 분기 사건에 초점을 맞춘 분자적 연구는 형태적 또는 생태적 다양성 증가와 같은 진화적 방산의 중요한 측면에서 거의 정보를 제공하지 않았다고 강력히 주장했다. 고생물 자료베이스에 전신과 같은 것을 이용하여 Alroy는 단지 K-Pg 경계 이후에 북아메리카의 화석 포유류가 진화적 방산의 특징을 보여주고 있다는 것을 증명할 수가 있었다(예컨대, 증가된 종 수, 증가된 종분화 비율, 증가된 몸 크기 범위).

**화석기록, 분자적 염기배열과 다른 출처에서 조합된 자료로부터 과학자들은 새로운 정확성으로 생명 역사에 대한 오래된 질문들을 검토한다.**

포유류 분기시기의 좀 더 최근 분자적 연구들은 분류학적 샘플링(현존하는 과들의 95% 이상)을 향상시켰고, 향상된 분자시계 모델들과 함께 좀 더 많은 분자적 자료를 추가했다(Meredith et al. 2011). 그 이전의 연구들에 비해 또 다른 중요한 변형은 특정 사건 시기와 특정한 사건이 아닌 시기뿐만이 아니라 다수의 측정점을 이용하는 것이다. Meredith 등(2011)의 연구는 단지 하나의 포유류 목인, Eulipotyphlya(고슴도치, 뾰족뒤쥐, 두더지와 몇 가지 다른 전통적인 식충류들)에 대한 시작 시기가 전체적으로 백악기에 있었지만 다른 여섯 개는 K-Pg 경계 근처에 집중되는 시기를 가진 것을 발견했다. 종합적으로, 새로운 분석들은 신생대 이전 분기들은 제한되었고 포유류 방산은 단지 공룡 시대 이후에 시작되었다는 Alroy의 관점을 지지하는 것처럼 보인다.

이런 관점에 도전하는 한 가지 연구는 예상 밖의 중생대 포유류 전문가 팀에서 나왔다. Gregory Wilson과 동료들(2012)은 쥐라기 시대와 백악기에 비교적 흔했던 포유류의 멸종한 그룹인 다결절류의 진화를 분석했다. 그들은 이 그룹이 백악기 동안 분류학적으로 다양화하고 있었고 생태적으로 적응하고 있었으며 이 방산은 K-Pg 사건을 통해서 지속되었다는 것을 발견했다. 다결절류는 그들의 몸 크기의 범위와 이빨의 복잡함(초식성을 가리킴)이 중기 백악기에 속씨식물의 번성과 함께 증가했는데 이는 새로운 먹이 원천과 관련된 생태적 기회들이 최소한 포유류의 한 그룹이 공룡과의 경쟁 직면에서 방산하도록 허용했다는 것을 시사한다.

## 요약

가장 효율적인 화석화 과정들은 압축, 자국, 주물 그리고 광화작용이다. 이런 일들은 수분 포화 침전물에 있는 유기체 유해들의 신속한 매장에 달려 있기 때문에 화석기록은 저지대 또는 얕은 물 해양 환경들에 살고 있는 단단한 부분이 있는 생명체들로부터 가장 두드러진다. 새로운 화석 발견과 증가하는 고해상도 연대 결정 기술에 감사하며, 지구 생명의 지질학적 기록은 끊임없이 향상하고 있다.

비록 몇몇 좌우대칭동물들은 캄브리아기 이전에 존재했었지만, 주요한 동물 계보들 대부분은 오늘날 캄브리아기 동안 화석기록에서 처음으로 나타나고 있다. 캄브리아기 폭발은 유영하거나 기어 다니거나 굴을 파고 얕은 물 해양 군집에서 생태적 공간의 집합체를 채우고 있는 크고 형태적으로 다양한 동물의 비교적 갑작스런 출현으로부터 특징지어진다.

캄브리아기 폭발은 현생대를 통해서 형태적 복잡함과 다양성의 번성을 특징화한 적응방산 연쇄의 가장 극적인 것이다. 적응방산은 새로운 서식처에 이주정착하거나 대멸종에서 살아남는 것과 같은 생태적 기회를 만드는 중요한 형태적 적응 또는 기회 사건에 의해서 촉발될 수 있다. 장기적인 정체는 진화적 역사에 있어서 또 다른 양상이다. 몇몇 계보에서, 형태적 정체는 종분화 동안 일어나는 신속한 변화에 의해 중단된다.

새로운 분류군들과 새로운 형태적 특성들 모두의 최후 운명은 멸종이다. 가장 강렬한 다섯 범위 멸종은 대멸종으로 명명되고 흔히 배경멸종과는 구별된다. K-Pg 멸종은 빅 파이브 대멸종의 가장 이해되는 것으로 멕시코 유카탄 반도 근처에 떨어진 소행성이 원인이었다. 배경멸종과 대멸종 동안 지리적으로 넓게 퍼진 종은 멸종으로 이어지지 않은 것처럼 보인다. 최근 동안 두드러진 멸종은 폴리네시아 섬에서 조류 종의 멸종이 기록되어 있다. 비록 극적이긴 하지만 이 사건은 너무 지역적이라 대멸종에 속하지 않는다. 하지만 급속한 서식처 파괴로 인한 종 멸종의 현재 과제들은 인간에 의한 대멸종이 지금 아마도 진행되고 있는 것을 의미하고 있다.

# 질문

1. 왜 이런 것들이 화석기록에서 흔한지 설명하라:
   - 해양 거주 형태들
   - 굴을 파는 종들
   - 최근 생명체들
   - 화분립
2. 왜 이런 것들은 화석기록에서 찾아보기 힘든지를 설명하라:
   - 사막 거주 형태들
   - 날 수 있었던 종들
   - 상어와 가오리의 골격 성분
   - 꽃
3. 현생대와 원생대를 정의하라.
4. 다음의 시간 간격 동안 어떤 중요한 일들이 일어났는가?
   - 실루리아기와 데본기 사이의 경계
   - 캄브리아기
   - 이첩기와 트라이아스기 사이의 경계
   - 백악기
5. 캄브리아기의 "폭발"은 어떤 뜻인가? 폭발이라는 용어가 오해의 소지가 있다는 것은 어떤 뜻인가?
6. 에디아카라 시기 동물상과 버제스 혈암 동물상을 비교 대조하라. 어떤 문들이 각각에서 발견되는가? 각각에 존재하는 종들은 형태와 생태에서 어떻게 다른가?
7. 적응방산이란 무엇인가? 왜 적응방산이 일어나는지를 설명하기 위한 두 가지 가설을 서술하라.
8. 대멸종과 배경멸종을 비교 대조하라. 그들의 크기와 지리적 분류학적 정도가 어떻게 다른가?
9. 350만 년 된 화석기록에서 처음으로 나타난 한 종이 있다고 가정하자. 이 종이 실제로는 이 시기 이전에 존재했다고 논쟁하는 것이 왜 타당한가?
10. 어떤 자료가 좌우대칭동물의 기원, 후구동물-선구동물 분기 그리고 촉수담륜동물-탈피동물 분기 모두가 캄브리아 폭발 오래 전에 일어났다는 가설을 뒷받침하는가?
11. 만약 자료가 대멸종이 원생대 말기에 일어났다는 것을 확인한다면, 왜 캄브리아기 폭발이 일어났는지에 대한 우리의 이해를 위해 무엇이 결과가 된 것인가?
12. 산소 유용성의 커짐이 캄브리아기 폭발이 일어나게 했는지에 대한 이유를 설명하는 데 왜 도움이 되는가?
13. 적응방산의 예시를 들어라. 방산이 하나 또는 약간의 종에서 기원했고 급속히 이루어졌으며 자손 그룹들이 넓게 배열된 생태적 지위를 차지한다는 주장에 대한 증거를 말하라.
14. K-Pg 멸종에 대한 충격 가설을 지지하는 증거 목록을 작성하라. 어떠한 증거 자료가 가장 설득력 있고, 이유는 무엇인가?
15. 유성과의 충돌이 왜 지구 냉각을 시키는지 또는 연구자들은 무엇을 '충돌 겨울'이라고 하는가?
16. 대멸종이 현재에도 일어나고 있다는 가설에 대해 동의하는가? 동의하는 이유 또는 왜 동의하지 않는지에 대한 이유를 말하라.
17. 특정한 시간(230만 년이라 할 때)으로부터 육상 화석들이 뒤죽박죽으로 전 세계에 분포하고 있다. 계속되는 얇은 층에서 전 대륙에 고르게 분포하는 것 대신, 그들은 좁고 긴 곳이나 구멍에 수마일에 걸쳐서 자주 발생한다. 이런 이유는 무엇인가?
18. 중생대 조류의 대부분 화석들은 해양의 다이빙하는 새들이다. 비교적 육상 종은 거의 알려진 것이 없다. 이는 대부분의 중생대 조류가 실제로 해양의 다이빙하는 새들이라는 것을 의미하는가? 당신의 의견을 말해보라.
19. K-Pg 멸종의 많은 미스터리 중 하나는 암모나이트와 노틸로이드의 다른 운명이다. 이들은 수중 서식처에 살고 있는 격실이 있는 조개로 부력이 있는 연체동물이었다. 암모나이트는 K-Pg멸종 동안 멸종되었지만 몇몇 노틸로이드는 살아남았다. 이 두 그룹은 다른 생식적 격리 전략을 가지고 있었다. 암모나이트는 해수면 근처에서 먹이를 먹고 빠르게 자라는 유영 자손을 매년 많이 생산했던 것으로 생각된다. 반대로 노틸로이드 암컷은 단지 적은 수의 큰 알을 매년 생산하고 각각의 알은 작고 성장이 느린 노틸로이드가 부화하기 전 깊은 곳에서 1년까지 조용히 휴식을 취한다. 이렇게 다른 생식적 전략을 바탕으로, 암모나이트가 아닌 노틸로이드가 소행성 충돌에서 살아남을 수 있었을지도 모르는 가설을 제안하라.
20. 1996년 Gregory Retallack은 그가 이첩기 말기 멸종과 동일한 시기의 충격을 받은 석영 결정체 연대를 알아냈다고 주장했다. 이 발견이 암시하는 것은 무엇인가? 다른 지질학자들은 (많은 탐사에도 불구하고) 누구도 이런 지층들에서 지면보다 높은 이리듐의 어떠한 증거도 발견하지 못하고 있다고 지적한다. 이리듐 결핍의 중요성은 무엇인가?
21. 당신은 지금 친구와 멸종에 대한 토론을 하면서 인간은 지난 수천 년 동안 수천 개의 멸종을 야기했었던 것을 알고 있다고 하자. 당신의 친구가 "그래서? 멸종은 자연적인 것이다. 종은 항상 멸종하게 된다. 그래서 우리가 걱정해야 될 필요가 있는 무언가가 정말 아니다."라고 반응하고 있다. 멸종은 자연적인 것이라고 한 친구의 말이 맞는가? 현재의 멸종률은 전형적인가? 만약 멸종이 자연적이라면 지구상에 있는 지배적 생명 형태들에 있어서 멸종은 문제가 아니라는 친구의 말이 맞는가?

# 문헌탐구

**22.** K-Pg 경계에서 생태적 요소들이 소행성 충돌과 어떻게 상호 작용하는지를 보기 위해서는 다음의 문헌을 보라:

Mitchell, J. S., P. D. Roopnarine, and K. D. Angielczyk. 2012. Late Cretaceous restructuring of terrestrial communities facilitated the end-Cretaceous mass extinction in North America. *Proceedings of the National Academy of Sciences, USA* 109: 18857–18861.

**23.** 자료를 결합하고 태반 포유류들의 기원 시기를 추정하기 위한 야심찬 노력을 확인하기 위해서는 다음의 문헌을 보라:

O'Leary, M. A., J. I. Bloch, et al. 2013. The placental mammal ancestor and the Post-K-Pg radiation of placentals. *Science* 339: 662–667.

**24.** 내가 한 가지 질문을 쓰라고 할 이 책의 공저자가 쓴 논문인 다음을 보라:

Sidor, C. A., D. A. Vilhena, et al. 2013. Provincialization of terrestrial faunas following the end-Permian mass extinction. *Proceedings of the National Academy of Sciences, USA* 110: 8129–8133.

**25.** 초기 조류의 뒷다리에 있는 깃털들의 놀라운 편재를 위해서는 다음의 문헌을 보라:

Zheng, X., Z. Zhou, et al. 2013. Hind wings in basal birds and the evolution of leg feathers. *Science* 339: 1309–1312.

# 인용문헌


Alroy, J. 1999. The fossil record on North American mammals: Evidence for a Paleocene evolutionary radiation. *Systematic Biology* 48: 107–118.

Alvarez, L. W., W. Alvarez, et al. 1980. Extraterrestrial cause for the Cretaceous–Tertiary extinction. *Science* 208: 1095–1108.

Alvarez, W., F. Asaro, and A. Montanari. 1990. Iridium profile for 10 million years across the Cretaceous–Tertiary boundary at Gubbio (Italy). *Science* 250: 1700–1702.

Angielczyk, K. 2009. *Dimetrodon* is not a dinosaur: Using tree thinking to understand the ancient relatives of mammals and their evolution. *Evolution: Education and Outreach* 2: 257–271.

Archibald, J. D. 1996. Fossil evidence for a Late Cretaceous origin of "hoofed" mammals. *Science* 272: 1150–1153.

Arens, N. C., and I. D. West. 2008. Press pulse: A general theory of mass extinction? *Paleobiology* 34: 456–471.

Avise, J. C., W. S. Nelson, and H. Sugita. 1994. A speciational history of "living fossils": Molecular evolutionary patterns in horseshoe crabs. *Evolution* 48: 1986–2001.

Balmford, A. 1996. Extinction filters and current resilience: The significance of past selection pressures for conservation biology. *Trends in Ecology and Evolution* 11: 193–196.

Barnosky, A. D., N. Matzke, et al. 2011. Has the Earth's sixth mass extinction already arrived? *Nature* 471: 51–57.

Bateman, R. M., P. R. Crane, et al. 1998. Early evolution of land plants: Phylogeny, physiology, and ecology of the primary terrestrial radiation. *Annual Review of Ecology and Systematics* 29: 263–292.

Benton, M. J. 1991. Extinction, biotic replacements, and clade interactions. In *The unity of evolutionary biology*, ed. E. C. Dudley. Portland, OR: Dioscorides Press, 89–102.

Benton, M. J. 1995. Diversification and extinction in the history of life. *Science* 268: 52–58.

Benton, M. J. 2003. *When life nearly died.* London: Thames & Hudson, p 336.

Benton, M. J., and P. C. J. Donoghue. 2007. Paleontological evidence to date the tree of life. *Molecular Biology and Evolution* 24: 26–53.

Benton, M. J., and P .N. Pearson. 2001. Speciation in the fossil record. *Trends in Ecology and Evolution* 16: 405–411.

Benton, M. J., V. P. Tverdokhlebov, and M. V. Surkov. 2004. Ecosystem remodelling among vertebrates at the Permian-Triassic boundary in Russia. *Nature* 432: 97–100.

Berner, R. A. 2009. Phanerozoic atmospheric oxygen: New results using the GEOCARBSULF model. *American Journal of Science* 309: 603–606.

Bourgeois, J., T. A. Hansen, et al. 1988. A tsunami deposit at the Cretaceous–Tertiary boundary in Texas. *Science* 241: 567–570.

Breecker, D. O., Z. D. Sharp, and L. D. McFadden. 2010. Atmospheric $CO_2$ concentrations during ancient greenhouse climates were similar to those predicted for A.D. 2100. *Proceedings of the National Academy of Sciences, USA* 107: 576–580.

Briggs, D. E. G., R. A. Fortey, and M. A. Wills. 1992. Morphological disparity in the Cambrian. *Science* 256: 1670–1673.

Briggs, D. E. G., D. J. Siveter, et al. 2012. Silurian horseshoe crab illuminates the evolution of arthropod limbs. *Proceedings of the National Academy of Sciences, USA* 109: 15702–15705.

Briggs, J. C. 1998. Biotic replacements: Extinction or clade interaction? *BioScience* 48: 389–395.

Brown, K. S. 1999. Deep Green rewrites evolutionary history of plants. *Science* 285: 990–991.

Burns, K. J., S. J. Hackett, and N. K. Klein. 2002. Phylogenetic relationships and morphological diversity in Darwin's finches and their relatives. *Evolution* 56: 1240–1252.

Bush, A. M., and R. K. Bambach. 2011. Paleoecologic megatrends in marine metazoa. *Annual Review of Earth and Planetary Sciences* 39: 241–269.

Butterfield, N. J. 1990. A reassessment of the enigmatic Burgess Shale [British Columbia, Canada] fossil *Wiwaxia corrugata* (Matthew) and its relationship to the polychaete *Canadia spinosa* Walcott. *Paleobiology* 16: 287–303.

Cheetham, A. H. 1986. Tempo of evolution in a Neogene bryozoan: Rates of morphologic change within and across species boundaries. *Paleobiology* 12: 190–202.

Chen, J.-Y., D. J. Bottjer, et al. 2004. Small bilaterian fossils from 40 to 55 million years before the Cambrian. *Science* 305: 218–222.

Chen, J.-Y., D.-Y. Huang, and C-W. Li. 1999. An early Cambrian craniate-like chordate. *Nature* 402: 518–522.

Chen, Z.-Q., and M. J. Benton. 2012. The timing and pattern of biotic recovery following the end-Permian mass extinction. *Nature Geoscience* 5: 375–383.

Coates, M. I. 1996. The Devonian tetrapod *Acanthostega gunnari* Jarvik: Postcranial anatomy, basal tetrapod interrelationships and patterns of skeletal evolution. *Transactions of the Royal Society of Edinburgh: Earth Sciences* 87: 363–421.

Coates, M. I., M. Ruta, and M. Friedman. 2008. Ever since Owen: Changing perspectives on the early evolution of tetrapods. *Annual Review of Ecology, Evolution, and Systematics* 39: 571–592.

Condon, D., M. Zhu, et al. 2005. U-Pb ages from the Neoproterozoic Doushantuo formation, China. *Science* 308: 95–98.

Conway Morris, S. 1989. Burgess Shale faunas and the Cambrian explosion. *Science* 246: 339–346.

Conway Morris, S. 1998a. Early metazoan evolution: Reconciling paleontology and molecular biology. *American Zoologist* 38: 867–877.

Conway Morris, S. 1998b. *The Crucible of Creation.* Oxford: Oxford University Press.

Conway Morris, S. 2000. The Cambrian "explosion": Slow-fuse or megatonnage? *Proceedings of the National Academy of Sciences, USA* 97: 4426–4429.

Cunningham, C. W., N. W. Blackstone, and L. W. Buss. 1992. Evolution of king crabs from hermit crab ancestors. *Nature* 355: 539–542.

Daeschler, E. B., N. H. Shubin, and F. A. Jenkins. 2006. A Devonian tetrapod-like fish and the evolution of the tetrapod body plan. *Nature* 440: 757–763.

Darwin, C. 1859. *On the Origin of Species By Means of Natural Selection*. 1st ed. London: John Murray.

Dial, K. P. 2003. Wing-assisted incline running and the evolution of flight. *Science* 299: 402–404.

Eldredge, N., and S. J. Gould. 1972. Punctuated equilibria: An alternative to phyletic gradualism. In *Models in Paleobiology*, ed. T. J. M. Schopf. San Francisco: Freeman, Cooper & Company, 82–115.

Engel, M. S., and D. A. Grimaldi. 2004. New light shed on the oldest insect. *Nature* 427: 627–630.

Erwin, D. H. 2003. Impact at the Permo-Triassic boundary: A critical evaluation. *Astrobiology* 3: 67–74.

Erwin, D. H. 2007. Disparity: Morphological pattern and developmental context. *Palaeontology* 50: 57–73.

Erwin, D. H., and R. L. Anstey. 1995a. Introduction. In *New Approaches to Speciation in the Fossil Record*, ed. D. H. Erwin and R. L. Anstey. New York: Columbia University Press, 1–8.

Erwin, D. H., and R. L. Anstey. 1995b. Speciation in the fossil record. In *New Approaches to Speciation in the Fossil Record*, ed. D. H. Erwin and R. L. Anstey. New York: Columbia University Press, 11–38.

Erwin, D. H., and E. H. Davidson. 2002. The last common bilaterian ancestor. *Development* 129: 3021–3032.

Erwin, D. H., M. Laflamme, et al. 2011. The Cambrian conundrum: Early divergence and later ecological success in the early history of animals. *Science* 334: 1091–1097.

Fedonkin, M. A., and B. M. Waggoner. 1997. The late Precambrian fossil *Kimberella* is a mollusc-like bilaterian organism. *Nature* 388: 868–871.

Fiz-Palacios, O., H. Schneider, et al. 2011. Diversification of land plants: Insights from a family-level phylogenetic analysis. *BMC Evolutionary Biology* 11: 341.

Foote, M. 1993. Discordance and concordance between morphological and taxonomic diversity. *Paleobiology* 19: 185–204.

Foote, M. 1997. The evolution of morphological diversity. *Annual Review of Ecology and Systematics* 28: 129–152.

Foote, M. 2003. Origination and extinction through the Phanerozoic: A new approach. *Journal of Geology* 111: 125–148.

Franzen, J. L., P. D. Gingerich, et al. 2009. Complete primate skeleton from the Middle Eocene of Messel in Germany: Morphology and paleobiology. *PLoS One* 4: e5723.

Gradstein, F. M., and J. G. Ogg. 2009. The geologic time scale. In *The TimeTree of Life*, ed. S. B. Hedges and S. Kumar. New York: Oxford University Press, 26–34.

Hansen, R. M. 1978. Shasta ground sloth food habits, Rampart Cave, Arizona. *Paleobiology* 4: 302–319.

Heers, A. M., and K. P. Dial. 2011. From extant to extinct: Locomotor ontogeny and the evolution of avian flight. *Trends in Ecology and Evolution* 27: 296–305.

Hopkins, M. J., and S. Lidgard. 2012. Evolutionary mode routinely varies among morphological traits within fossil species lineages. *Proceedings of the National Academy of Sciences, USA* 109: 20520–20525.

Huey, R. B., and P. D. Ward. 2005. Hypoxia, global warming, and terrestrial Late Permian extinctions. *Science* 308: 398–401.

Huldtgren, T., J. A. Cunningham, et al. 2011. Fossilized nuclei and germination structures identify Ediacaran "animal embryos" as encysting protists. *Science* 334: 1696–1699.

Hunt, G. 2007. The relative importance of directional change, random walks, and stasis in the evolution of fossil lineages. *Proceedings of the National Academy of Sciences, USA* 104: 18404–18408.

Hunt, G., M. A. Bell, and M. P. Travis. 2008. Evolution toward a new adaptive optimum: Phenotypic evolution in a fossil stickleback lineage. *Evolution* 62: 700–710.

Hunter, R. S. T., A. J. Arnold, and W. C. Parker. 1988. Evolution and homeomorphy in the development of the Paleocene *Planorotalites pseudomenardii* and the Miocene *Globorotalia* (*Globorotalia*) *maragritae* lineages. *Micropaleontology* 34: 181–192.

Igamberdiev, A. U., and P. J. Lea. 2006. Land plants equilibrate $O_2$ and $CO_2$ concentrations in the atmosphere. *Photosynthesis Research* 87: 177–194.

International Commission on Stratigraphy (ICS). 2012. *International Chronostratigraphic Chart*. Available at http://www.stratigraphy.org/column.php?id=Chart/Time%20Scale.

Jablonski, D. 1986. Background and mass extinctions: The alternation of macroevolutionary regimes. *Science* 231: 129–133.

Jablonski, D. 1995. Extinctions in the fossil record. In *Extinction Rates*, ed. J. H. Lawton and R. M. May. Oxford: Oxford University Press, 25–44.

Jablonski, D. 2000. Micro- and macroevolution: Scale and hierarchy in evolutionary biology and paleobiology. *Paleobiology* 26: S15–S52.

Jablonski, D. 2005. Mass extinctions and macroevolution. *Paleobiology* 31: 192–210.

Jablonski, D., and D. M. Raup. 1995. Selectivity of end-Cretaceous marine bivalve extinctions. *Science* 268: 389–391.

Jackson, J. B. C., and A. H. Cheetham. 1990. Evolutionary significance of morphospecies: A test with cheilostome bryozoa. *Science* 248: 579–583.

Jackson, J. B. C., and A. H. Cheetham. 1994. Phylogeny reconstruction and the tempo of speciation in the cheilostome Bryozoa. *Paleobiology* 20: 407–423.

Johnston, T., W. Poulton, et al. 2012. Late Ediacaran redox stability and metazoan evolution. *Earth and Planetary Science Letters* 335–336: 25–35.

Keller, G., T. Adatte, et al. 2004. Chicxulub impact predates the K-T boundary mass extinction. *Proceedings of the National Academy of Sciences, USA* 101: 3753–3758.

Kimbel, W. H., R. C. Walter, et al. 1996. Late Pliocene *Homo* and Oldowan tools from the Hadar Formation (Kada Hadar member), Ethiopia. *Journal of Human Evolution* 31: 549–561.

Knecht, R. J., M. S. Engel, and J. S. Benner. 2011. Late Carboniferous paleoichnology reveals the oldest full-body impression of a flying insect. *Proceedings of the National Academy of Sciences, USA* 108: 6515–6519.

Knoll, A. H., and S. B. Carroll. 1999. Early animal evolution: Emerging views from comparative biology and geology *Science* 284: 2129–2137.

Kumar, S., and S. B. Hedges. 1998. A molecular timescale for vertebrate evolution. *Nature* 392: 917–920.

Laflamme, M., S. A. Darroch, et al. 2013. The end of the Ediacara biota: Extinction, biotic replacement, or Cheshire Cat? *Gondwana Research* 23: 558–573.

Laflamme, M., S. Xiao, and M. Kowalewski. 2009. Osmotrophy in modular Ediacara organisms. *Proceedings of the National Academy of Sciences, USA* 106: 14438–14443.

Laurance, W. F. 1999. Reflections on the tropical deforestation crisis. *Biological Conservation* 91: 109–118.

Lee, M. S., and T. H. Worthy. 2012. Likelihood reinstates *Archaeopteryx* as a primitive bird. *Biology Letters* 8: 299–303.

Li, C.-W., J.-Y. Chen, and T.-E. Hua. 1998. Precambrian sponges with cellular structures. *Science* 279: 879–882.

Li, Q., K. Q. Gao, et al. 2010. Plumage color patterns of an extinct dinosaur. *Science* 327: 1369–1372.

Luo, Z.-X. 2007. Transformation and diversification in early mammal evolution. *Nature* 450: 1011–1019.

Luo, Z.-X. 2011. Developmental patterns in Mesozoic evolution of mammal ears. *Annual Review of Ecology, Evolution, and Systematics* 42: 355–380.

Luo, Z.-X., C. X. Yuan, et al. 2011. A Jurassic eutherian mammal and divergence of marsupials and placentals. *Nature* 476: 442–445.

MacFadden, B. J. 1986. Fossil horses from "*Eohippus*" (*Hyracotherium*) to *Equus*: Scaling, Cope's Law, and the evolution of body size. *Paleobiology* 12: 355–369.

Maurrasse, F. J.-M. R., and G. Sen. 1990. Impacts, tsunamis, and the Haitian Cretaceous–Tertiary boundary layer. *Science* 252: 1690–1693.

May, R. M., J. H. Lawton, and N. E. Stork. 1995. Assessing extinction rates. In *Extinction Rates*, ed. J. H. Lawton and R. M. May. Oxford: Oxford University Press, 1–24.

McKinnon, W. B. 1992. Killer acid at the K–T boundary. *Nature* 357: 15–16.

McShea, D. W. 1994. Mechanisms of large-scale evolutionary trends. *Evolution* 48: 1747–1763.

Meredith, R. W., J. E. Janecka, et al. 2011. Impacts of the Cretaceous terrestrial revolution and KPg extinction on mammal diversification. *Science* 334: 521–524.

Narbonne, G. M. 2004. Modular construction of early Ediacaran complex life forms. *Science* 305: 1141–1144.

Nesbitt, S. J., P. M. Barrett, et al. 2013. The oldest dinosaur? A Middle Triassic dinosauriform from Tanzania. *Biology Letters* 9: 20120949.

Niedzwiedzki, G., P. Szrek, et al. 2010. Tetrapod trackways from the early Middle Devonian period of Poland. *Nature* 463: 43–48.

Norell, M. A., and X. Xu. 2005. Feathered dinosaurs. *Annual Review of Earth and Planetary Sciences* 33: 277–299.

Parham, J. F., P. C. Donoghue, et al. 2012. Best practices for justifying fossil calibrations. *Systematic Biology* 61: 337–345.

Payne, J. L., D. J. Lehrmann, et al. 2004. Large perturbations of the carbon cycle during recovery from the end-Permian extinction. *Science* 305: 506–509.

Peters, S. E., and M. Foote. 2002. Determinants of extinction in the fossil record. *Nature* 416: 420–424.

Philippe, H., R. Derelle, et al. 2009. Phylogenomics revives traditional views on deep animal relationships. *Current Biology* 19: 706–712.

Phillips, J. 1860. *Life on the Earth: Its Origin and Succession.* Cambridge, MA: Macmillan.

Pierce, S. E., J. A. Clack, and J. R. Hutchinson. 2012. Three-dimensional limb joint mobility in the early tetrapod *Ichthyostega*. *Nature* 486: 523–526.

Pimm, S. L., G. J. Russell, et al. 1995. The future of biodiversity. *Science* 269: 347–350.

Prum, R. O. 2002. Why ornithologists should care about the theropod origin of birds. *Auk* 119: 1–17.

Qiu, Y.-L., J. Lee, et al. 1999.The earliest angiosperms: Evidence from mitochondrial, plastid and nuclear genes. *Nature* 402: 404–407.

Raup, D. M. 1967. Geometric analysis of shell coiling: Coiling in ammonoids. *Journal of Paleontology* 41: 43–65.

Raup, D. M. 1991. A kill curve for Phanerozoic marine species. *Paleobiology* 17: 37–48.

Raup, D. M. 1994. The role of extinction in evolution. *Proceedings of the National Academy of Sciences, USA* 91: 6758–6763.

Raup, D. M., and J. J. Sepkoski. 1982. Mass extinctions in the marine fossil record. *Science* 215:1501–1503.

Royer, D. L., R. A. Berner, et al. 2004. $CO_2$ as a primary driver of Phanerozoic climate. *GSA Today* 14: 4–10.

Rubidge, B. S., and C. A. Sidor. 2001. Evolutionary patterns among Permo–Triassic therapsids. *Annual Review of Ecology and Systematics* 32: 449–480.

Rubinstein, C. V., P. Gerrienne, et al. 2010. Early Middle Ordovician evidence for land plants in Argentina (eastern Gondwana). *New Phytologist* 188: 365–369.

Runnegar, B. 1982. A molecular-clock date for the origin of the animal phyla. *Lethaia* 15: 199–205.

Sansom, I. J., N. S. Davies, et al. 2012. Chondrichthyan-like scales from the Middle Ordovician of Australia. *Palaeontology* 55: 243–247.

Sato, A., H. Tichy, et al. 2001. On the origin of Darwin's finches. *Molecular Biology and Evolution* 18: 299–311.

Shubin, N. H., E. B. Daeschler, and F. A. Jenkins. 2006. The pectoral fin of *Tiktaalik roseae* and the origin of the tetrapod limb. *Nature* 440: 764–771.

Schulte, P., L. Alegret, et al. 2010. The Chicxulub asteroid impact and mass extinction at the Cretaceous-Paleogene boundary. *Science* 327: 1214–1218.

Schultz, P. H., and S. D'Hondt. 1996. Cretaceous–Tertiary (Chicxulub) impact angle and its consequences. *Geology* 24: 963–967.

Sepkoski, J. J., Jr. 1984. A kinetic model of Phanerozoic taxonomic diversity. III: Post-Paleozoic families and multiple equilibria. *Paleobiology* 10: 246–267.

Sahoo, S. K., N. J. Planavsky, et al. 2012. Ocean oxygenation in the wake of the Marinoan glaciation. *Nature* 489: 546–549.

Shen, S.-Z., J. L. Crowley, et al. 2011. Calibrating the end-Permian mass extinction. *Science* 334: 1367–1372.

Shu, D.-G., H.-L. Luo, et al. 1999. Lower Cambrian vertebrates from south China. *Nature* 402: 42–46.

Shu, D.-G., S. Conway Morris, et al. 2003. Head and backbone of the early Cambrian vertebrate *Haikouichthys*. *Nature* 421: 526–529.

Sidor, C. A. 2001. Simplification as a trend in synapsid cranial evolution. *Evolution* 55: 1419–1442.

Sidor, C. A., and J. A. Hopson. 1998. Ghost lineages and mammalness: assessing the temporal pattern of character acquisition in the Synapsida. *Paleobiology* 24: 254–273.

Sidor, C. A., M. F. Miller, and J. L. Isbell. 2008. Tetrapod burrows from the Triassic of Antarctica. *Journal of Vertebrate Paleontology* 28: 277–284.

Simpson, G. G. 1944. *Tempo and mode in evolution.* New York: Columbia University Press.

Skole, D., and C. Tucker. 1993. Tropical deforestation and habitat fragmentation in the Amazon: Satellite data from 1978 to 1988. *Science* 260: 1905–1920.

Smith, A. B. 1999. Dating the origin of metazoan body plans. *Evolution and Development* 1: 138–142.

Smith, F. D. M., R. M. May, et al. 1993. How much do we know about the current extinction rate? *Trends in Ecology and Evolution* 8: 375–378.

Smith, M. R. 2012. Mouthparts of the Burgess Shale fossils Odontogriphus and *Wiwaxia*: Implications for the ancestral molluscan radula. *Proceedings of the Royal Society of London B* 279: 4287–4295.

Smith, R., and J. Botha. 2005. The recovery of terrestrial vertebrate diversity in the South African Karoo Basin after the end-Permian extinction. *Comptes Rendus Palevolution* 4: 623–636.

Soltis, P. S., D. E. Soltis, and M. W. Chase. 1999. Angiosperm phylogeny inferred from multiple genes as a tool for comparative biology. *Nature* 402: 402–404.

Springer, M. S. 1997. Molecular clocks and the timing of the placental and marsupial radiations in relation to the Cretaceous–Tertiary boundary. *Journal of Mammalian Evolution* 4: 285–302.

Stanley, S. M. 1975. A theory of evolution above the species level. *Proceedings of the National Academy of Sciences, USA* 72: 646–650.

Stanley, S. M. 1982. Macroevolution and the fossil record. *Evolution* 36: 460–473.

Sun, G., D. L. Dilcher, et al. 1998. In search of the first flower: A Jurassic angiosperm, *Archaefructus*, from northeast China. *Science* 282: 1692–1695.

Swisher, C. C. III, J. M. Grajales-Nishimura, et al. 1992. Coeval $^{40}Ar/^{39}Ar$ ages of 65.0 million years ago from Chicxulub crater melt rock and Cretaceous–Tertiary boundary tektites. *Science* 257: 954–958.

Telford, M. J., and R. R. Copley. 2011. Improving animal phylogenies with genomic data. *Trends in Genetics* 27: 186–195.

United Nations Population Division. 2004. *World Population Prospects, the 2000 Revision: Highlights.* Available at http://www.un.org/esa/population/publications/WPP2004/2004Highlights_finalrevised.pdf.

Valentine, J. W. 2002. Prelude to the Cambrian explosion. *Annual Review of Earth and Planetary Sciences* 30: 285–306.

Van der Plicht, J., W. A. B. van der Sanden, et al. 2004. Dating bog bodies by means of $^{14}C$-AMS. *Journal of Archaeological Science* 3: 471–491.

Van Valen, L. 1973. A new evolutionary law. *Evolutionary Theory* 1: 1–30.

Vickers-Rich, P., A. Y. Ivantsov, et al. 2013. Reconstructing Rangea: New discoveries from the Ediacaran of southern Namibia. *Journal of Paleontology* 87: 1–15.

Waggoner, B. 1998. Interpreting the earliest metazoan fossils: What can we learn? *American Zoologist* 38: 975–982.

Ward, P. D., D. R. Montgomery, and R. M. H. Smith. 2000. Altered river morphology in South Africa related to the Permian-Triassic extinction. *Science* 289: 1740–1743.

Wellman, C. H. 2010. The invasion of the land by plants: When and where? *New Phytologist* 188: 306–309.

Wills, M. A., D. E. G. Briggs, and R. A. Fortey. 1994. Disparity as an evolutionary index: A comparison of Cambrian and Recent arthropods. *Paleobiology* 20: 93–130.

Wilson, E. O. 1988. The current state of biodiversity. In *Biodiversity*, ed. E. O. Wilson. Washington, DC: National Academy Press, 3–18.

Wilson, G. P., A. R. Evans, et al. 2012. Adaptive radiation of multituberculate mammals before the extinction of dinosaurs. *Nature* 483: 457–460.

Wray, G. A., J. S. Levinton, and L. H. Shapiro. 1996. Molecular evidence for deep Precambrian divergences among metazoan phyla. *Science* 274: 568–573.

Xiao, S., and M. Laflamme. 2009. On the eve of animal radiation: Phylogeny, ecology and evolution of the Ediacara biota. *Trends in Ecology and Evolution* 24: 31–40.

Xiao, S., X.Yuan, et al. 2002. Macroscopic carbonaceous compressions in a terminal Proterozoic shale: A systematic reassessment of the Miaohe biota, South China. *Journal of Paleontology* 76: 347–376.

Xiao, S., Y. Zhang, and A. H. Knoll. 1998. Three-dimensional preservation of algae and animal embryos in a Neoproterozoic phosphorite. *Nature* 391: 553–558.

Xu, X. 2006. Feathered dinosaurs from China and the evolution of major avian characters. *Integrative Zoology* 1: 4–11.

Xu, X., X. Zheng, and H. You. 2010. Exceptional dinosaur fossils show ontogenetic development of early feathers. *Nature* 464: 1338–1341.

Zhang, X., and D. E. G. Briggs. 2007. The nature and significance of the appendages of *Opabinia* from the Middle Cambrian Burgess Shale. *Lethaia* 40: 161–173.

Zhang, X. G., and X. G. Hou. 2004. Evidence for a single median fin-fold and tail in the Lower Cambrian vertebrate, *Haikouichthys ercaicunensis*. *Journal of Evolutionary Biology* 17: 1162–1166.

Zhang, X., D. Shu,Y. Li, and J. Han. 2001. New sites of Chengjiang fossils: Crucial windows on the Cambrian explosion. *Journal of the Geological Society of London* 158: 211–218.

Zhu, M., W. Zhao, et al. 2009. The oldest articulated osteichthyan reveals mosaic gnathostome characters. *Nature* 458: 469–474.

# 19

# 발생과 진화

인류 역사에서 일어난 가장 중요한 혁신은 작물 특히 수수, 쌀, 옥수수, 밀 같은 고칼로리 곡류를 경작하기 시작한 것이다. 이 곡물들의 야생 친척들은 모두 탈립(seed shattering)이라는 특성을 공유하는데, 종자껍질(seed coat)과 꽃자루나 종자 기부 사이에 탈리층(떨켜, abscission layer)이 형성되어 성숙한 씨가 쉽게 떨어져나갈 수 있다(오른쪽 사진). 이 현상은 종자의 분산에는 도움이 되지만 이렇게 떨어진 씨는 수확하기가 어려워 경작할 때는 문제가 된다. 경작 초기의 농부들은 아마 현재 모든 주요 곡물에서 볼 수 있는 비탈립 표현형을 선택함으로써 씨가 아직 줄기에 붙어 있는 상태에서 씨를 수확했을 것이다.

Zhongwei Lin과 동료들(2012)은 전 세계적으로 볼 때 5번째 주요 곡물인 수수의 비탈립 표현형의 유전적 근거를 발견하였다. 경작하는 수수의 *Shattering 1*(*Sh1*) 유전자는 씨가 발달하는 동안 탈리층이 형성되지 않게 하는 데 관여한다. *Sh1*에서 생긴 돌연변이는 또한 경작되는 옥수수와 쌀의 비탈립 표현형과도 관련이 있다.

Charles Darwin이 Lin의 연구결과를 보았다면, 진화에 대한 그의 생각에서 가장 중요한 두 부분이었던 경작 곡물의 인위선택과 발생생물학 연구가 그 증거와 합해진 것이라는 점에서 매우 기뻐했을 것이다. 다윈은 "발생"은 자연의 역사 전체에서 가장 중요한 주제 중 하나라고 했다(1872, p. 386).

발생생물학과 진화는 어떤 관련이 있을까? 발생생물학은 생물이 접합자에서 생식 가능한 성체로 자라는 과정을 연구하는 학문이며, 진화생물학은 여러 세대에 걸쳐 일어나

위 사진은 Burkina Faso에서 수수를 수확하고 있는 여성들의 모습이다. 아래 사진에서 발생상의 차이 때문에 세게 흔들 경우, 야생수수의 씨는 흩어지는 반면(a와 b), 경작하는 수수의 씨는 단단히 붙어 있다(c), Lin et al. (2012)에서.

는 집단의 변화를 연구하는 분야이다. 비탈립 곡물에서 형태와 기능의 진화적 변화는 그에 상응하는 발생상의 변화에서 비롯된다. 진화생물학자들이 그러한 변화가 왜 일어났는가에 관심을 두는 반면 발생생물학자들은 이러한 변화가 어떻게 일어났는가를 설명해준다. Darwin은 진화를 완벽하게 이해하기 위해서는 "왜"와 "어떻게"를 모두 알아야 하고, 따라서 발생생물학의 "주요 주제"를 알아야 한다는 사실을 잘 인식하고 있었다.

Darwin 시대에는 Alexander Kowalevsky(1866)가 처음으로 멍게의 유생시기가 척삭동물에 가까운 특징을 가지며 그 성체와는 매우 다르다고 묘사했듯이 발생과 진화의 연구가 함께 이루어졌다. Darwin 자신도 Burmeister가 따개비의 유생과 변태 단계를 묘사하면서 이들이 연체동물보다는 절지동물과 유사하다고 기술한 것(1834)에 고무되어 따개비에 대한 폭넓은 연구를 하기도 하였다(1851a,b; 1854a,b). 150년 전에 Darwin을 비롯한 연구자들에게 발생과 진화 사이의 밀접한 관계가 그렇게 명백했다면, 그들은 왜 진화발생생물학을 진화학에 완전히 포함시키지 않고 분리된 주제로 간주하였을까? 답은 역사 속에 있다. Darwin이 진화에 대한 이해에서 발생의 중요성을 인식하기는 했지만 진화생물학이 20세기에 현대 진화종합설로 집대성되기까지 발생은 대체로 무시되었다.

19.1절에서 우리는 발생이 왜 그렇게 무시되었는지를 고찰하고, 19.2절에서는 이 두 분야가 어떻게 다시 합쳐지게 되었는지를 살펴볼 것이다. 3, 4절에서는 요즘의 이보-디보(진화-발생, evo-devo)의 경향을 다루며, 마지막 절에서는 진화발생생물학의 미래를 생각해본다.

## 19.1 발생과 진화의 결별과 화해

그 당시 Gregor Mendel의 연구를 모르고 있던 Darwin은 유전에 대한 확실한 이해 없이 진화이론을 만들었다. Darwin과 Mendel이 모두 죽은 후, 20세기 초에 유전학자들에 의해 Mendel의 연구가 재발견되었다. 현대 진화종합설은 다윈의 자연선택과 멘델유전학의 결합에서 비롯되었고, 이러한 결합을 통해 Ronald A. Fisher, J. B. S Haldane, Sewell Wright 등이 집단유전학의 기초를 만들게 되었다(1982 Mayr 참조). 현대 진화종합설이라는 용어는 1930대와 1940년대 초에 Julian Huxley가 새로운 유전학적 발견들, 자연집단의 변이, 고생물학, 종분화 등의 발전에 대한 책을 편찬하면서 처음 사용한 용어이다. 이 종합설에서 빠져 있는 것은 발생생물학이다.

### 결별

Ernst Mayr(1982)에 따르면 또 다른 핵심 문제인 발생이 현대 종합설에서 빠진 이유는 매우 현실적인 것이었다고 한다. 그 시대에는 발생의 근간을 이루는 유전적, 분자적 기작이 잘 알려져 있지 않았기 때문에 진화유전학과의 직접적인 연관성을 이끌어낼 수 없었다는 것이다. 발생과 유전학은 양쪽 모두의 진전을 위해서 "합법적으로 결별할" 수밖에 없었던 것이다(Mayr 1982, p. 893).

결별의 두 번째 이유는 19세기 후반부터 20세기 초의 다윈주의자들이 발생생물학자나 형태학자들을 거부했기 때문이며 이들을 때로 도약주의자(*saltationist*)나 구조주의자(*structuralist*)로 묘사하기도 했다. 예를 들어 Darwin 및 종합설을 만든 사람들은 진화가 거의 감지할 수 없는 작은 과정들을 거쳐 한 세대에서 다음 세대로 일어나는 점진적인 변화라고 주장했다. 이 개념은 Darwin이 가장 좋아하는 문구 중 하나로 Linnaeus (1751)에서 유래되었고 종의 기원에서도 여러 번 반복했던, 자연은 도약하지 않는다는

**발생 기작에 대한 이해의 부족과 이론들에 대한 의견차이 때문에 발생생물학은 현대 진화종합설에서 배제되었다.**

말을 따른 것이다. 이와는 대조적으로 "도약주의자"들은 새로운 종의 기원 같은 주요 진화적 변화는 영향력이 큰 돌연변이들의 결과라고 믿었다.

다윈의 또 다른 기본 개념은 자연선택이 변화의 주요 기작이라는 것이다; 돌연변이와 변이는 자연선택에 거의 영향을 주지 않는 요인이다. 이 관점에서는 변이란 작은 정도로 늘 존재하는 것으로서 적응에 대해 어떤 영향을 주지 않는 것이다. 반대로 "구조주의자"들은 물리적, 수학적 원리들이 생명의 다양성 대부분을 설명할 수 있는 확실한 경로를 따라서 성장과 형성을 지시한다고 제안하였다(Thompson 1917).

잘 알려지지 않은 비교동물학자인 Libbie Hyman은 이 시기 동안 무척추동물에 관한 포괄적인 연구를 하면서 성체와 발생시기의 특징들을 적응과 상호관계에 결합시켰다(Hyman 1940 참조). 그럼에도 불구하고 대부분의 발생 및 진화 생물학자들은 각자의 이론들을 계속 따로 추구하였고, 20세기 후반에 분자생물학이 출현하면서 비로소 그러한 균열이 치유되기 시작하였다.

## 화해

1940, 1950년대에 DNA가 유전물질임이 밝혀지면서 드디어 변이의 기구를 밝힐 수 있었고, 뒤이은 유전암호의 발견은 DNA의 정보 및 단백질의 아미노산 정보로 이어졌다.

DNA와 단백질의 관계를 사용해 Marie Claire King, Alan Wilson(1975)은 다윈시대 이후 계속 논쟁이 되어온 질문을 다시 던졌다: 인간과 침팬지는 얼마나 가까운 관계인가(그림 19.1)? 그들은 아미노산 서열을 비교하여 이들이 99%의 유전적 유사성을 가지고 있다고 추정하였고, Charles Sibley와 Jon Ahlquist(1987)는 또 다른 방법을 사용하여 동일한 결론에 도달하였다. 최근에는 침팬지와 우리의 친척관계가 유전체(genome) 서열에 의해 확인되었다.

**그림 19.1 사람과 침팬지는 유전적으로 99%가 유사하다** Debbie Cox는 일생을 침팬지 보전에 헌신하였다. 사람과 침팬지는 가까운 친척임에도 불구하고 외모와 행동 모두에서 중요한 차이가 있다. 유전적 차이 1%의 본질은 무엇이며, 그것이 사람과 침팬지 사이의 많은 신체적, 행동적 차이를 어떻게 설명할 수 있을까? 이보-디보에 의한 접근방식은 이런 질문들에 대답할 수 있도록 도와줄 것이다.

분자생물학에서 얻은 두 번째 결과는 유전자가 어떻게 켜고 꺼지는가와 관련된 것이다. Francois Jacob와 Jacques Monod(1961)는 박테리아에서 특정 단백질이 유전자의 활동을 조절하는 기작을 밝혀내었다. 1963년에 Ed Lewis는 Jacob과 Monod의 결과를 발생생물학에 결합시켜 **유전자 조절(gene regulation)**이 어떻게 곤충의 발생과정을 완성해 가는지를 설명하고 처음으로 한 개의 유전체가 어떻게 다세포 생물체에서 세포의 다양성을 만들어내는지를 설명하였다.

이제 진화와 발생 사이에 화해의 시간이 무르익었다. 1971년, Roy Britten과 Eric Davidson은 진화적, 발생학적 관점에서 유전자 조절에 대한 새로운 발견을 다음과 같이 해석하였다(p. 129): "조절유전자의 변화가 ... 발생과정에 엄청난 변화를 일으킬 수 있고 이것이 진화적 변화의 잠재적인 원천이 될 것임이 분명하다..." 그리고 이 견해는 조절유전자 DNA에서 일어난 상대적으로 작은 수준의 변화가 발생에 큰 영향을 주고 결국 진화에 영향을 주게 됨을 제시함으로써 현대 종합설의 핵심인 점진적 진화 개념에 도전장을 던졌다. 사람과 침팬지의 DNA는 99%가 유사한데 상대적으로 작은 유전적 변화가 심각한 진화적 변화로 이어지는 것이 가능할까?

Stephen Jay Gould(1977)는 많은 진화적 변화가 발생상의 사건들이 시기적으로 상대적인 변화(**이시성, heterochrony**)를 겪기 때문에 일어난다고 제안하였으며, 이는 유전자 조절의 작은 변화가 극적인 형태적 변화를 초래한다는 또 다른 예에 해당된다.

그에 앞서 David Wake(1966)는 어떻게 발생 경로를 가지고 도롱뇽의 진화 양식을 설명할 수 있는지를 논의하였다. 그의 학생이었던 Pere Alberch는 진화의 규칙이 선택과 더불어 진화의 방향을 결정한다고 주장하였다. 그는(1981) 나무에 사는 커다란 도롱뇽—

그림 19.2a와 b 비교—의 진화가 작은 조상 종의 손가락 및 발가락뼈의 상대적 크기와 모양의 발생상의 변형에서 기인한다고 제안하였다(그림 19.2c). 이러한 발생적 변화는 손가락들 사이에 물갈퀴가 생기게 했고 흡인력의 효율성을 증가시켰으며 이로 인해 커다란 도롱뇽이 떨어지지 않고 나무를 기어오르게 되었다. 발생 규칙의 작은 변화—몸의 다른 부위에 대한 손가락과 발가락의 상대적 성장—가 대진화적 변화를 일으킬 수 있었다는 것이다. Alberch는 발생 기작의 현대적 이해라는 관점에서 진화에 대한 제2세대 구조주의자의 역할을 하였다.

이러한 업적들은 훌륭한 기초를 마련하기는 했으나 처음에는 발생생물학이나 진화생물학 모두에 큰 영향을 주지 못했다. 발생생물학은 여전히 초파리, 선형동물, 애기장대, 닭, 집쥐 등 연구가 잘되어 있는 소수 생물에만 초점이 맞추어져 있었고 진화생물학은 현대 종합설 이론이 여전히 지배를 하고 있었다. 이 두 분야는 20세기 전반에 걸쳐 계속 영역을 확장했으나 계속 각각의 유명한 학술지가 있었고 서로 다른 전문용어를 쓰고 통합은 매우 제한적이었다.

그러다가 갑자기 발생생물학자들이 진화를 논하고 동물문의 기원 같은 주요 진화적 이슈에 관한 가설을 제안하는 일들이 생겼다. 동물계통에서 초파리나 집쥐처럼 다양하고 폭넓은 분지를 가진 종들이 유사한 방법으로 체절성 몸체를 만든다는 것을 알게 되었으며, 이는 곧 지금의 이보-디보(evo-devo)의 탄생이 되었다.

(a) Giant palm salamander (*Bolitoglossa dofleini*)

(b) Atoyac salamander (*Bolitoglossa oaxacensis*)

(c) 진화 시나리오 가설

물갈퀴 없음

물갈퀴 있음

가설상의 전이형

**그림 19.2 도롱뇽 진화에 대한 고찰** 나무에 사는 거대손바닥도롱뇽(a)은 볼리토글로신(Bolitoglossine) 도롱뇽 중 가장 크며(코에서 항문까지의 길이가 약 12 cm) 손가락과 발가락 사이의 물갈퀴가 아토약(Atoyac) 도롱뇽(b) 보다 훨씬 발달되었다. 아토약 도롱뇽은 작고 땅 위에서 살며(코-항문 길이가 약 5 cm) 더 원시적인 형태로 추정된다. (c)는 그 둘 사이의 과도기적인 가설상의 전이형 종이며, 몸 크기가 작고 물갈퀴가 발달되었을 것으로 생각된다. 거대손바닥도롱뇽(*B. dolfleini*) 유생은 이 가설적인 중간형과 유사한 손과 발을 갖고 있다. (b) David Wake에 의함. (c) Alberch (1981)에서.

## 19.2 혹스 유전자와 이보-디보의 탄생

20세기의 마지막 10년간 진화발생학의 도구들이 더욱 세련되어지면서 Britten과 Davidson의 가설—조절유전자의 변화가 발생상의 엄청난 변화를 초래할 수 있다—은 많은 지지를 받게 되었다. 노랑초파리, *Drosophila melanogaster*에서 발생 과정에 중요한 유전자의 돌연변이가 유충과 성체 구조를 크게 변화시킬 수 있음은 오랫동안 잘 알려진 사실이었다. 이들 돌연변이 중 가장 유명한 것은 19세기 말 William Bateson(1894)이 발견하였으며, 이는 그의 도약주의자적인 관점, 혹은 현대 종합설에 대한 반대 관점으로 종종 기억된다. 1915년 Calvin Bridges는 Bateson의 표현형 중 하나에 대한 유전적 기초를 발견했다. Bateson과 고 Ed Lewis(1978)에게 "호메오 돌연변이"는 진화가 도약할 수 있음을 보여주는 것이었다. 그러나 지금 우리가 알고 있듯이 그들의 견해는 부분적으로만 정확했고 일부는 잘못된 것이었다.

**호메오 유전자**(체절결정유전자, **homeotic genes**)에 돌연변이가 일어나면 잘못된 장소에서 부속지가 나타난다. 돌연변이 biothorax 유전자는 정상적인 2개의 날개 대신 4개의 날개를 가진 파리를 만들고 돌연변이 *Antennapedia* 유전자는 안테나 자리에 다리가 달린 파리를 만든다(그림 19.3, 다음 쪽). Lewis와 연구자들은 호메오 유전자가 유전체상에서 두 장소에 모여 있음을 확인했다: bithorax 복합체(BX-C)와 Antennapedia 복합체(ANT-C). 그러나 DNA 염기서열과 기능에 대한 분자적 연구가 없었기에 이 유전자 복합체들의 정체는 모르는 채 남아 있었다.

1983년에 모든 것이 변했다. 스위스와 미국의 과학자들이 ANT-C와 BX-C의 유전자 산물이 동일한 아미노산들을 가지고 있고 이는 이들이 진화적으로 서로 관련되어 있음을 말해주는 것이라 발표하였다(McGinnis et al. 1984; Scott and Weiner 1984). 곧이어 스위스 연구자들은 딱정벌레, 지렁이, 개구리, 닭, 생쥐, 인간에서 이 공통적인 아미노산 서열의 여러 복사본, 즉 **호메오도메인(homeodomain)**을 발견하였고, 기능에 대한 연구를 통해 호메오도메인이 DNA와 직접 상호작용한다는 것을 밝혔다. 호메오도메인 단백

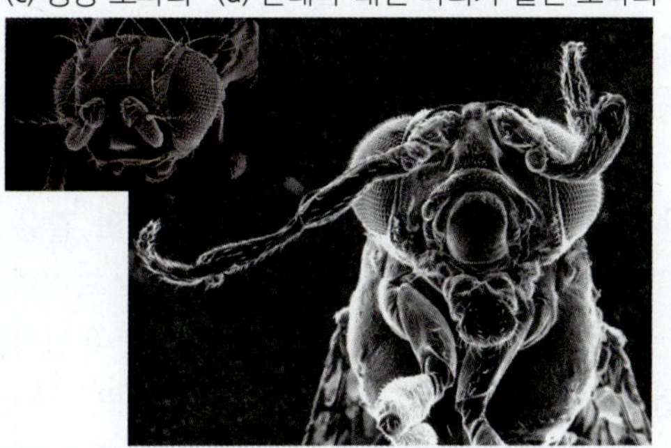


**그림 19.3** ***Drosophila*의 호메오 돌연변이** (a) 두 번째 가슴 체절(T2)에 정상적인 2개의 날개를 가진 초파리; 세 번째 가슴체절(T3)에 평형기를 가짐. (b) T3가 T2로 변해 4개의 날개를 가진 *Ultrabithorax*(*Ubx*) 돌연변이. (c) 작은 안테나를 가진 정상 초파리. (d) 안테나 대신 다리가 달린 *Antennapedia*(*Antp*).

질은 **전사인자(transcription factor)**—다른 유전자의 전사를 조절함—로 밝혀졌다. 진정한 발생 조절 유전자인 "혹스(Hox) 유전자"는 유연관계가 먼 동물들 사이에서도 서열이 잘 보존되어 있다.

이 발견은 생물학자들을 놀라게 했다. 대부분은 현대 종합설에 기초하여 "상동 유전자를 찾는 일은... 가까운 친척들 사이를 제외하고는... 쓸모없는 것"이라고 생각하고 있었기 때문이다(Mayr, 1963, p. 609). 그러나 더 큰 충격은 생쥐와 개구리의 혹스 유전자가 두 동물 모두에서 염색체상에 모여 있고 동물의 앞뒤축을 따라 발현될 뿐 아니라 염색체상에서 유전자군의 공간적 배열까지 유사하다는 것이었다(Gaunt 1988). 그림 19.4a에서 볼 수 있는 것처럼 초파리 *Deformed* 유전자(*Dfd*)는 유전자군의 거의 한쪽 끝에 있고 발생 중인 배의 머리에서 발현되며 그 옆에 있는 *Sex coms reduced*(*Scr*)는 *Dfd* 바로 뒤에서 발현된다. 혹스 유전자좌위의 유전체상의 순서와 체축을 따라 발현되는 공간적 위치 사이의 일치를 **공간대응성(spatial colinearity)**이라고 한다.

**상동 전사인자가 곤충과 척추동물의 발생 기본 양식에 영향을 준다는 사실은 발생생물학자들에게는 진화에 대한 관심을, 진화생물학자들에게는 발생에 대한 새로운 관심을 불러일으켰다.**

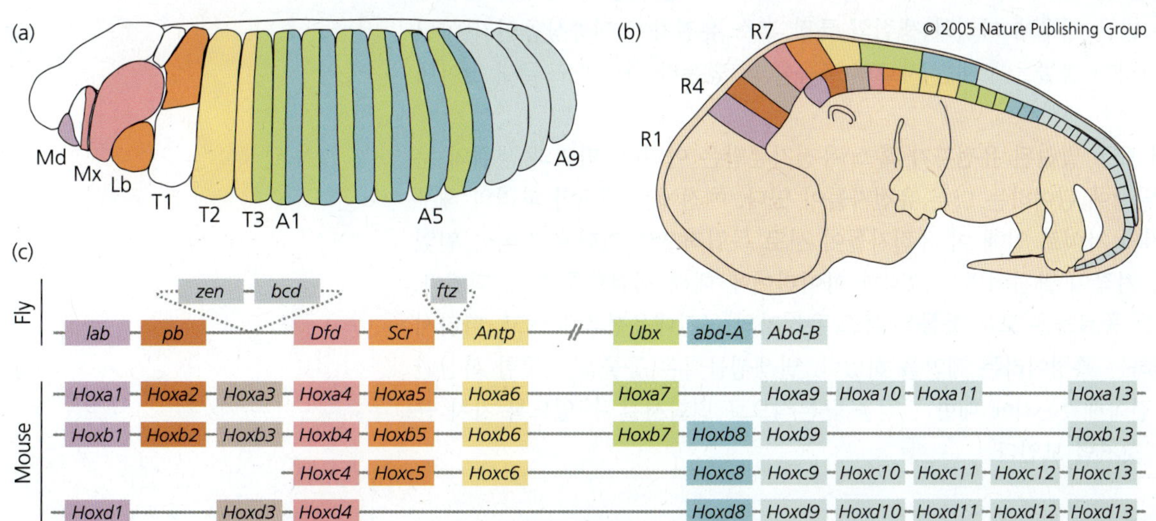


**그림 19.4 초파리와 생쥐의 혹스 유전자** (a) 초파리(*D. melanogaster*)와 (b) 생쥐(*M. musculus*) 배(embryo)의 앞뒤축을 따라 나타나는 혹스 유전자 발현. (c) 혹스 유전자 배열. 초파리는 두 유전자군—Antennapedia 복합체(왼쪽)와 bithorax 복합체(오른쪽)가 9백만 개의 뉴클레오티드를 사이에 두고 분리되어 있다. 포유류는 4개의 유전자군을 가지며, 이는 위 2개의 전체 유전자군이 중복된 후에 일부 유전자 소실이 일어나 생긴 것으로 추정된다. 배의 실제 발현 도메인은 그림에서 보는 것보다 덜 분명하다. 색깔은 초파리와 생쥐의 이종상동성을 나타낸 것이지만, 일부 경우에는 확실한 증거가 없다. Pearson et al. (2005)에서 변형한 것임.

뒤이은 유전학 연구는 생쥐의 혹스 유전자(그림 19.4b 참조) 돌연변이는 또한 목 부위 체절의 첨가 같은 몸 부위의 호메오 변형을 일으킨다는 것을 보여주었다(Kessel et al. 1990). 초파리와 생쥐라는 거리가 먼 생물의 몸체가 동일한 발생 기작을 보이면서 동물 발생과 진화의 로제타석이 발견된 것처럼 보였다.

이 발견과 더불어 1990년대에 발생을 공부하던 학생들은 그림 19.4와 같은 생쥐와 초파리의 잘못된 색깔 그림을 수없이 많이 보게 되었다. 유사성은 놀랍다. 그러나 이것이 특정 진화경로를 제시하기에 충분한 증거인가? 파리와 생쥐의 앞쪽 혹스 유전자가 정말로 그들의 마지막 공동조상 속에 있던 한 개 유전자의 직접적인 후손인가? 이는 5억3천만 년 전에 살았던 조상에 대한 어떤 암시를 우리에게 주고 있는가? 그들은 어떻게 생겼었고 혹스 유전자는 어디에서 발현되었고 또 무슨 기능을 가졌었는지 추론할 수 있을까?

파리와 모기는 본질적으로 같은 수의 혹스 유전자를 가지며, *Deformed*(*Dfd*) 유전자는 모기와 파리의 혹스 유전자군 내 동일한 위치에서 나타난다. 따라서 우리는 파리와 모기의 최근 공동조상이 이 두 종에게 유전된 한 개의 *Dfd* 유전자를 가졌었을 것이라 추정할 수 있다. 이렇게 서로 다른 종의 유전자가 공동조상의 유전자로부터 기원한 것을 **이종상동성(orthologous)**이라 한다.

척추동물에는 4개의 혹스 유전자군—Hoxa, Hoxb, Hoxc, Hoxd—이 있고 대개 동일한 순서로 되어 있으며 동일한 유전자들을 포함하고 있다. 우리는 *Hoxa4*, *Hoxb4*, *Hoxc4*, *Hoxd4*가 조상 척추동물에서 유전자 중복으로 생겨났을 것으로 추정할 수 있다. 한 종 내에서 중복을 통해 새로 생겨나는 유전자를 **동종상동성(paralogous)**이라 한다.

우리는 또한 척추동물의 *Hox4* 유전자와 곤충의 *Dfd* 유전자가 이종상동성이라 추정할 수 있을까? 혹스 유전자에서 이종상동을 결정하기는 어렵다. 그들은 수십 개의 아미노산만을 공유하고 있을 뿐이어서(예를 들어, Monteiro and Ferrier 2006) 진화 관계에서 통계적으로 확신을 갖기가 어렵다. 따라서 그림 19.4에서처럼 색깔이 칠해져 있음에도 불구하고 우리는 많은 경우에 파리와 생쥐의 특정 혹스 유전자가 이종상동인지 아닌지 모른다. 그리고 다양한 동물들에 대한 자료의 도움을 더 받는다 하더라도 끝내 알아내지 못할지도 모른다.

파리와 생쥐에서 모두 발견된 유전자가 혹스 유전자뿐만은 아니다. 파리와 생쥐의 눈의 발생 및 심장의 발생에 관여하는 다른 유전자들이 있다. 예전에는 생쥐와 파리의 해부학적 차이나 배 기원의 차이로 인해 이 유전자들이 서로 독립적으로 진화된 것이라 믿었었으나 유사한 발생 기작이 발견되면서 그러한 아이디어에 대해 재검토를 하게 되었다. 1993년에 Slack과 그 동료들은 모든 동물은 혹스 유전자의 공간대응성을 보이고, 따라서 이것이 동물을 정의하는 특성이라는 제안을 하였다. 발생생물학은 동물을 비롯한 복잡한 생명체들이 어떻게 진화해왔는지에 대한 관점을 근본적으로 변화시킬 수 있도록 차차 균형이 잡혀가고 있는 것처럼 보인다.

## 혹스 역설: 변화가 많을수록 더 많이 같은 상태로 남아 있게 된다?

보존에 대한 이러한 관점에는 까다로운 문제점이 있다. 진화가 변화에 대한 것이라면 그림 19.4의 혹스 유전자 이야기가 동일성을 암시하는 것이 아니란 말인가? 그러한 보존의 관점에서 우리는 어떻게 생명의 다양성을 이해할 수 있을까?

이 역설의 한 해결책은 우리가 더 가까이서 좀 더 자세히 들여다보는 것이다(**그림 19.5**). 처음 혹스 유전자를 발견한 이후 많은 문들에서 유전자 발현 양식, 기능, 혹스 유전자의 유전체상의 배열 등이 밝혀졌다. 그림 19.5는 잘 연구된 혹스 유전자를 갖고 있거나

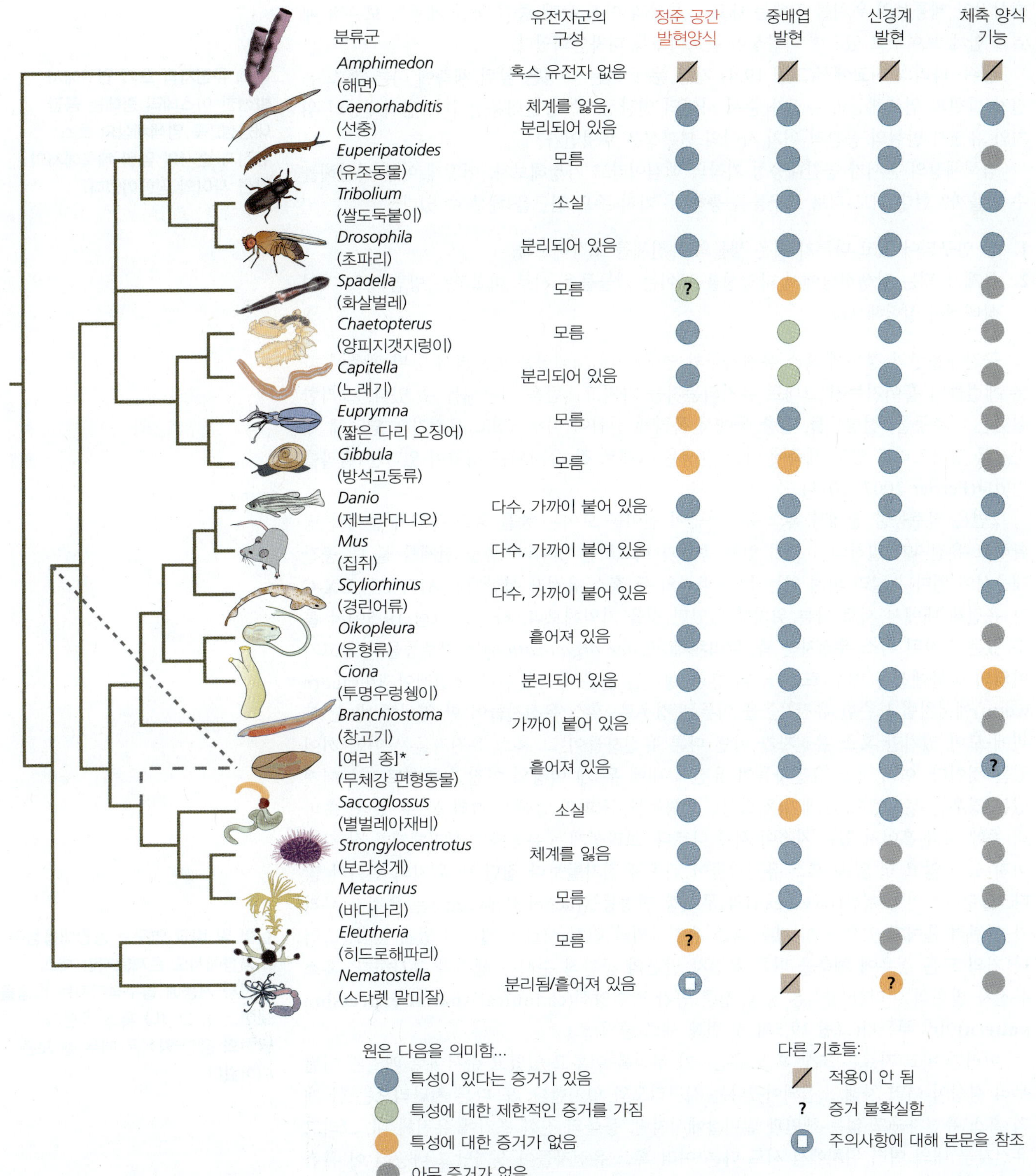


**그림 19.5 혹스 유전자 발현과 기능의 다양성** 그림의 계통은 최근 문헌을 종합한 것이다. 무체강 편형동물(acoel flatworm)의 친척관계는 논쟁 중이다; 그림에 두 개의 가능한 위치가 표시되어 있다(점선). *무체강 편형동물 혹스 유전자에 대한 정보는 여러 종들의 자료를 모은 것이다.

핵심적인 계통상의 위치를 점하는 대표 그룹들과 아직 논쟁 중인 동물 계통의 보존적 배열을 함께 보여주고 있으며 다양성이 돋보이도록 디자인되었다.

생쥐-파리의 비교에서(그림 19.4) 가장 눈에 띄는 특징은 앞뒤 체축에 따른 혹스 유전자 발현과 염색체상의 유전자 순서 사이의 연관성, 즉 공간대응성이다. 염색체상의 위치와 유전자 발현의 공간적 위치 사이의 연관성은 무엇인가?

**혹스 유전자의 초기 연구에서 발생한 미스테리 중에는 공간대응성, 즉 염색체상의 혹스 유전자 순서와 앞뒤 체축에서의 발현 사이의 평행이었다.**

염색체상의 순서가 공간대응성 기작의 핵심이라고 가정해보자. 어떻게 이를 시험해볼 수 있을까? 현대 이보-디보 도구들을 통해 두 가지 주요 접근을 해볼 수 있다:

1. 잘 연구되어 있고 다루기 쉬운 생물의 유전체를 조작해보라.
2. 문제가 되는 발생현상에서 다양성을 보이는 생물들을 서로 비교하는 방법으로, 자연 상태에서 실험해보라.

공간대응성의 경우에 혹스 유전자군의 염색체 내 재배열을 일으켜서 앞뒤 체축에 따른 체절들이 흩어지는지 그대로 유지되는지를 가지고 1번을 접근해볼 수 있다. 그러한 실험은 척추동물, 선형동물, 곤충 등에서 폭넓게 실험이 이루어졌고 유전자의 염색체 내 순서를 망가뜨려도 앞뒤 체축에 따른 발생은 그대로 잘 유지되는 경향이 있다는 결과를 얻었다(Ferrier 2007, 2011).

2번은 척추동물 중에서 혹스 유전자군이 변이를 보이는 종을 혹스 유전자 순서가 명확하고 유전자가 밀착되어 모여 있는 종들과 비교하는 것이다. 동물 전체를 볼 때 공간대응성이 얼마나 널리 퍼져 있는가? 초파리의 두 혹스 유전자 복합체인 ANT-C와 BX-C가 유전체 내에서 서로 다른 위치에 있었던 것을 기억해보라. 사실상 그림 19.5에서 볼 수 있는 밀착된 혹스 유전자군 즉, 무리체제(*cluster organization*)는 척추동물과 창고기 이외의 동물에서는 매우 드물다. 더 흔한 형태는 많은 곤충들이나 별벌레아재비(acorn worm)에서처럼 느슨한 유전자군을 이루는 경우로, 혹스 유전자들이 한 염색체 내 한 부위에 모여 있지만 혹스 유전자가 아닌 다른 유전자들이 그 혹스 유전자들 사이에 끼어 있는 것이다. 여러 혹스 유전자들이 유전체 내에 두 개 이상의 아집단 형태로 나누어져 있는 경우는 우렁쉥이, 노래기(체절성), 선형동물, 초파리 등에서 널리 볼 수 있다; 초파리 종에 따라 흩어져 있는 지점이 서로 다르다. 보라성게는 유전자의 무리체제가 잘 갖추어져 있지 않고 더 앞쪽 혹스 유전자들이 뒤쪽 유전자들보다 집단 내 위치의 변화가 많다. 플랑크톤인 유형류(larvacean)와 무체강 편형동물(acoel flatworm)은 유전자 무리가 완전히 흩어져 있으며 이 경우 혹스 유전자끼리 전혀 서로 연결되어 있지 않다. 그러나 거의 모든 경우에 체축을 따른 유전자 발현의 공간적 순서는 생쥐와 유사하다. 혹스 유전자 발현의 이러한 양식은 종종 **정준 공간 발현양식(canonical spatial expression pattern)**이라 부른다(그림 19.5의 첫 번째 세로 줄 참조).

**실험 및 비교 연구는 공간대응성이 조상형에서도 존재했지만 혹스 유전자 기능에 필수적이지는 않음을 보여준다. 그러나 혹스 유전자 발현의 공간 양식은 매우 잘 보존되어왔다.**

이러한 비교 자료는 조상 혹스 유전자가 무리를 이루고 있었고 순서대로 배열된 이런 무리 형성이 여러 차례 소실되어왔다는 시나리오와 일치한다. 또 다른 시나리오는 한 개의 혹스 유전자군도 없는 해면과 말미잘에서처럼, 동물의 진화 초기에 유전체 내, 그리고 유전자군 내의 여러 위치에서 서로 다른 여러 혹스 유전자들이 생겨났고 나중에 이 유전자들이 서로 결합되었다는 것이다(Duboule 2007). 이 두 가설 중 어느 하나를 택하려면 더 많은 비교 자료들이 필요하다.

Timothy Dubuc과 동료들(2012)은 말미잘의 친척인 산호, *Acropora digitifera*의 혹스 유전자에 대한 논문을 발표하였다. *A. digitifera*에서는 여러 혹스 유전자들이 유전체의 한 위치에 밀착되어 무리를 이루고 있는데 이 발견은 조상 무리 가설을 지지한다. 그러나 산호와 말미잘 혹스 유전자를 특정한 이종상동 그룹에 넣는 것은 특히 어려운데, 여러 계보에서 유전자의 중복이 일어나 독립적인 소집단을 생성하게 된 것인지 아니면 한 개의 조상 집단에서 기원한 것인지 아직 구별이 불가능하기 때문이다.

무리를 이루는 정도는 이렇게 다양하지만 조사된 거의 모든 종들이 혹스 유전자의 정준 공간 발현양식에 대한 증거를 보여준다. 따라서 그림 19.5의 역설적인 결론은 척추동물 같은 혹스 유전자의 공간적 발현은 실제로 염색체상의 혹스 유전자 순서에 의존하지 않는다는 것이다. 그러나 혹스 유전자의 기능은 어떠한가? 유전자 발현 양식(전령 RNA의 생성)이 항상 직접적으로 다른 유전자의 전사를 조절하는 기능을 가진 단백질의 발현을 말하는 것은 아니라는 점이 중요하다. 그 결과 단순히 언제 어디에서 유전자가 전사된다는 것만으로 혹스 유전자의 발생상의 기능을 확신할 수 없다. 실제로 단백질의 존재가 확실하더라도 그것만으로 그곳에서의 기능을 확실히 예단할 수는 없다는 것이다.

따라서 유전자의 기능을 확신하기 위해서는 더 많은 연구가 필요하다. 기능에 대한 연구는 배에서 적합하지 않은 시기와 위치에 단백질을 발현시키거나 돌연변이를 비롯한 여러 조작을 통해 정상 기능을 방해하는 등의 방법으로 이루어질 수 있다. 곤충, 선형동물, 척추동물에서의 그러한 기능 연구는 대부분 혹스 유전자 발현 양상이 혹스 단백질 기능 부위와 일치한다는 것을 확인해주었다; 그럼에도 불구하고 놀라운 반대의 예도 있다.

우렁쉥이는 척추동물의 친척인 무척추동물이다. 이들은 먹이를 먹지 않고 확실한 앞뒤 체축, 뇌, 척삭을 가지는 유생시기를 갖는다(그림 19.6a). 극적인 변태시기동안 꼬리, 척삭을 비롯한 유생 기관들이 흡수되고 겉으로 보면 척추동물보다 해면을 더 닮은 고착성 여과섭식자인 성체가 나타난다(그림 19.6b).

우렁쉥이 *Ciona intestinalis*는 혹스 유전자군이 흩어져 있으며 어느 정도 정준 공간 발현양식을 유지하고 있다. 따라서 우렁쉥이의 혹스 유전자도 다른 동물에서와 유사하게 기능할 것이라 예견된다: 혹스 유전자 기능을 방해하면 주요 체축을 따라 결함을 일으킬 것이다. Ikuta와 동료들은 RNA 간섭(RNA interference, RNAi)이라는 기술을 사용하여 *C. intestinalis*에서 이 예측을 실험하였는데, 이 방법은 특정 전령 RNA를 겨냥한 두 가닥으로 된 RNA 분자를 주사하여 그 전령 RNA가 단백질로 해독되지 못하게 하는 것이다(2010). 이 방법은 *C. intestinalis*의 배에서 혹스 단백질의 생성을 방해하였지만 약간의 표현형 변화만 나타났을 뿐 혹스 유전자에서 예상되는 주요 영향들은 전혀 나타나지 않았다. 대조구와 비교해볼 때 RNA 간섭 기술은 단백질 수준을 감소시켰을 뿐이다. 따라서 과학자들이 말할 수 있는 것은 혹스 유전자가 정준 공간 발현양식을 보임에도 불구하고 우렁쉥이 배의 발생에서는 체축 형성 기능이 없다는 것뿐이다. 혹스 유전자의 정준 공간 발현양식이 동물 전체에 걸쳐 보존되었지만 기능—유전체상의 위치처럼—은 진화적으로 더 유동적일까?

또 다른 실마리는 극피동물에서 볼 수 있는데, 이들은 다섯 부위로 된 특이한 몸 구조를 가진 동물문으로서 불가사리, 해삼, 성게, 바다나리 등을 포함한다. 극피동물 배는 일반적으로 좌우대칭 유생으로 발달하다가 성장과 발달시기를 거친 후에 오대칭 성체로 극적인 변태를 거친다. 놀랍게도 일부 보라성게, *Strongylocentrous purpuratus*의 혹스 유전자는 유생 시기에는 전혀 발현되지 않고 다른 종류들에서는 정준 공간 발현양식이 한 개의 체강에서만 나타나는데, 이는 혹스 유전자가 유생의 체축 변태 초기나 성체의 체축 형성에 핵심적인 기능을 하지 않는 것처럼 보인다. 바다나리, *Metacrinus rotundus*는 상동성 체강에서 거의 동일한 발현 양상을 보인다(Hara et al. 2006). 우렁쉥이에서처럼 현존하는 극피동물들에서 우리는 주요 체축을 따라 일어나는 분명한 기능이 없음에도 불구하고 혹스 유전자의 정준 공간 발현양식을 볼 수 있다(멸종 극피동물에 대해서는 Mooi and David 2008 참조).

(a) 유생
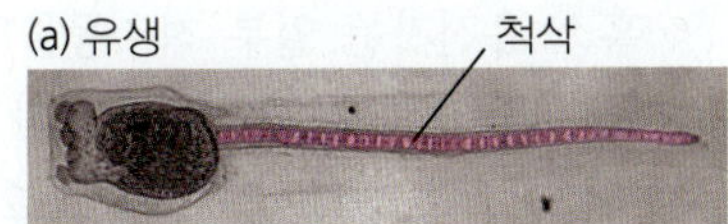


(b) 성체

**그림 19.6 무척추 척삭동물**
(a) 섭식을 하지 않는 우렁쉥이 유생, 머리, 꼬리, 척삭 같은 척삭동물의 특징을 쉽게 볼 수 있다. Napa Valley College, Daniel Clemens의 사진.
(b) 여과섭식하는 성체 우렁쉥이 (*Ciona intestinalis*), 노란색 테두리를 가진 입수공(위에 있는 것)과 출수공(왼쪽).

혹스 유전자는 일부 척추동물의 비뇨생식계, 장, 사지 및 말미잘의 등배축 같은 다른 위치에서도 정준 공간 발현양식과 유사한 형태로 발현이 된다(Ryan et al. 2007 참조).

마지막으로 앞(Dubuc et al. 2012)에서 논의된 좌우대칭 동물 이전의 혹스 유전자에 대한 비교 자료는 자포동물(말미잘, 해파리, 산호)이 좌우대칭동물로 가는 계보에서 분리되었고 좌우대칭동물이 다양화된 후에 다시 혹스 유전자 세트가 상당한 정도로 확장되었음을 말해준다. 따라서 중복에 의한 혹스 유전자군의 진화적 확장으로 인해 몸이 특정 혹스 유전자 발현 도메인으로 세분되었음에 틀림없다. 이러한 발견은 정준 공간 발현양식이 아마도 유전자 자체의 특정 기능과는 독립적임을 재차 말해주는 것이다.

혹스 유전자군의 형성, 발현, 기능의 다양성을 가지고 우리는 초기 동물에서의 혹스 유전자의 기능을 예측할 수 있을까? 그림 19.5는 거의 모든 동물에서 공통적인, 혹스 유전자의 두 가지 사실을 말해준다: 정준 공간 발현양식을 보이며 신경계에서 발현된다. 좌우대칭동물(딱정벌레, 달팽이, 해삼, 인간을 포함하는)의 공동조상에 대한 가장 단순한 가설은 혹스 유전자가 신경계에서 정준 공간 발현양식으로 발현되었다는 것이다(Samadi and Steiner 2010).

**혹스 유전자의 정준 공간 발형양식은 신경계에서 가장 잘 보존되었는데, 이는 신경계의 발생이 이들의 원래 기능이었음을 말해준다.**

동물 조상의 혹스 유전자가 신경계에서 기원했다는 가설을 검증할 수 있는 방법이 있을까? 이 조상은 어떻게 생겼었을까? 체절, 심장, 사지, 눈을 가졌을까? 조상에서의 혹스 유전자 기능이 신경계의 발달에 있었다면 우리는 어떻게 다양한 동물 계보에서 진화해온 그 다양한 기능들을 설명할 수 있을까? 그리고 어떻게 척추동물, 체절성 벌레들, 절지동물에서의 놀랄 만큼 유사한 혹스 유전자 발현의 체절성을 설명할 수 있을까? 그 대답을 얻기 위해서 우리는 혹스 유전자를 뛰어넘어 수년간 논의해 왔지만 최근에서야 구체적인 실험적 증거들을 발견하게 된 이보-디보의 다양한 이슈들을 폭넓게 고려해 볼 필요가 있다.

## 19.3 혹스 유전자 이후: 이보-디보 2.0

### 상동과 호모플라시: 영원한 반복

생물들은 기능의 차이에도 불구하고 구조에서 신기할 만큼 유사성을 보인다. 두더지와 박쥐의 앞발은 두더지에서는 삽의 기능을 하고 박쥐에서는 날개 역할을 하지만 뼈의 배열은 동일하다(2장 참조). 다윈은 그러한 유사성에 대해 처음으로 의미 있는 설명을 하였다: 공동자손. 한 여자아이가 무작위적으로 뽑은 반 친구보다 오빠를 더 닮은 것처럼 사람은 여우원숭이보다는 침팬지를 더 닮았다. 공동조상으로부터 유전된, 공유하는 특성을 **상동성(homologous)**이라고 한다.

그러나 유사성은 독립적으로 생겨날 수도 있다. 그림 19.7에서 볼 수 있는 신세계 선인장과 아프리카등대풀, 고리갈색깔대기버섯속(*Hydnellum*)과 턱수염버섯속(*Hydnum*)의 잇몸출혈버섯(tooth fungi), 고슴도치와 마다가스카르 작은 가시 텐렉(tenrec) 사이의 유사성을 생각해보라. 이들은 유연관계가 서로 먼 식물들, 균류들, 포유류들로서 이들이 가진 유사성은 독립적인 진화 때문이며 공동자손은 아니다. 두 생물의 유사한 특징이 가장 최근의 공동조상으로부터 유전된 것이 아닌 경우를 **호모플라시(homoplasy)**라고 한다.

이것이 발생생물학과 무슨 관계가 있을까? 앞에서 우리는 발생을 생물이 생활사를 통해 자라고 생식시기를 맞을 때까지의 과정 및 그 사이의 모든 단계로 정의하였다. 여기서는 조금 다르게, 더 기술적인 정의를 내려 보자. 모든 생물은 독특한 유전자형을 가지며 유전자형은 본질적으로 몸의 모든 세포에서 동일하고, 발생은 유전자형이 환경과의 조화

**그림 19.7 식물, 균류, 동물의 호모플라시** (a, b) 비슷한 모습을 했지만 유연관계가 먼 식물들. (c, d) 독립적으로 기원한 "잇몸 출혈 버섯(tooth fungus)" 표현형을 가진 균류가 주름 대신 돌기같이 생긴 이빨을 보인다. (e, f) 유사한 형태를 한 포유류들. (f)의 작은 가시 텐렉은 마스가스카르 섬에서만 발견되며, 다른 텐렉들은 마다가스카르와 아프리카 대륙에 걸쳐 서식한다. 텐렉의 여러 종들은 호저, 뒤쥐, 수달과 유사하지만, Afrosoricida 목에 속하고 모두 호저, 뒤쥐, 수달보다는 땅돼지, 코끼리와 더 가까운 친척이다.

를 통해 생활사 전반에 걸쳐 표현형을 생성해내는 과정이다**(그림 19.8)**.

그림 19.7의 호모플라시의 예에서 볼 수 있는 표현형은 놀랍도록 유사하다. 가장 표준적인 설명은 유사한 선택압이 서로 다른 분류군에 독립적으로 작용하여 유사한 진화적 변화를 일으켰다는 것이다. 그러나 그러한 표현형을 만들어내는 발생 과정도 동일할까?

그러한 하나의 예를 유연관계가 먼, 꽃피는 식물(현화식물)인 맹그로브들의 독립적인 진화에서 찾아볼 수 있다**(그림 19.9)**. 그림 19.9a와 b는 서로 다른 과에서 독립적으로 진화된 맹그로브들이다. 그림 19.9c는 이 맹그로브들 및 다른 맹그로브 속들(계통의 파란색 가지)이 맹그로브가 아닌 다른 여러 속들(검은색 가지)과 어떻게 연관이 되어 있는지에 대한 계통 가설을 보여준다. "맹그로브"는 뿌리가 주로 기수나 해수 서식지에 잠기는

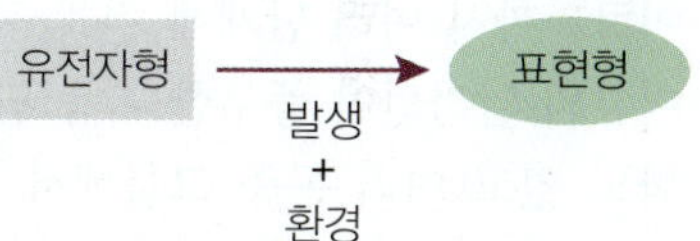


**그림 19.8 발생에 대한 한 개념** 발생은 환경과 함께 표현형을 만드는 과정이다. 유전자형은 유전이 되지만 표현형은 선택의 표적이다.

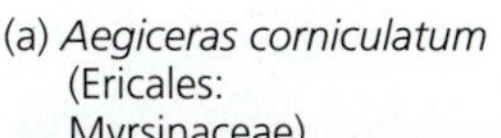

(b) *Rhizophora mucronata* (Malpighiales: Rhizophoraceae)

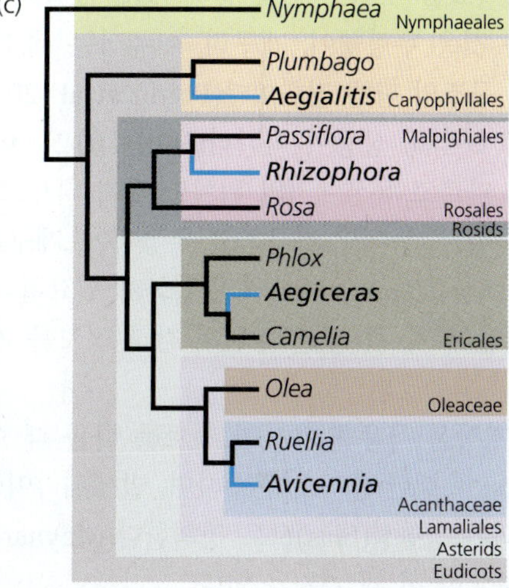


**그림 19.9 맹그로브 발생생리학의 평행진화** 맹그로브는 해안가에 적응한 식물로서 (a) *Aegialitis*와 (b) *Rhizophora*를 포함한 먼 친척관계의 식물과들을 말한다. (c)의 계통은 굵은 글씨로 표시된 맹그로브속의 예들과 그 외 맹그로브가 아닌 일부 친척들을 보여준다. 배경색은 분류군을 표시한다. 파란색으로 표시된 계통은 태생 생식(reproductive vivipary)을 보여준다.

해안가에서 자라는 종류(하나의 분기군이 아님)로 표현된다. 그러한 환경은 도전을 요구한다; 맹그로브는 잎에서 소금을 제거해야 하고, 종자는 떨어졌을 때 재빨리 뿌리를 내리거나 적절한 장소에서 뿌리를 내릴 수 있을 때까지 떠 있어야 한다. 이러한 특성은 모두 식물호르몬인 앱시스산(abscisic acid, ABA)에 달려 있다. ABA 수준이 잎의 염분 저항성을 높이고, 배의 ABA 수준이 낮으면 종자가 아직 식물에 붙어 있는 동안 발생을 시작하게 된다. 이러한 형질을 태생(vivipary)이라 하고 종자를 부유하게 만들거나 재빨리 뿌리를 내리게 한다.

Elizabeth Farnsworth와 Jill Farrant(1998)는 독립적으로 진화한 4개의 맹그로브 그룹(그림 19.9의 두 종류를 포함하여) 및 유연관계가 가깝지만 맹그로브가 아닌 식물의 배와 잎에서 ABA의 조절을 조사하였다. 조사된 맹그로브는 모두 유연관계가 가까운 비맹그로브 식물에 비해 잎에서는 ABA 수준이 높았고 배에서는 낮았다. 따라서 독립적으로 진화한 맹그로브들은 겉모습과 서식지만 유사한 것이 아니라 그 기저에 있는 발생생리도 유사함을 보인다. 이러한 호모플라시, 즉 유사성이 동일한 발생 기작의 결과로 생긴 경우를 **평행진화(parallel evolution)**라 한다. 이는 **수렴(convergence)** 혹은 서로 다른 발생 기작에 의해 생긴 유사성과 대비가 된다(Hodin 2000).

독립적으로 진화한 유사 형질은 동일한 혹은 서로 다른 발생 기작을 거쳐 생겨났을 것이다.

상동과 호모플라시 및 평행진화와 수렴진화의 대비되는 개념이 유전자부터 행동에 이르기까지 여러 단계에 걸쳐 적용될 수 있음을 기억해야 한다. 예를 들어, 북극과 남극 어류의 알라닌이 풍부한 부동 단백질의 독립적인 기원에서처럼 아미노산 수준의 평행진화도 있고 여러 곤충 그룹에서 볼 수 있는 진사회성(eusociality)의 독립적인 기원처럼 군집 행동 수준의 평행진화도 있다. 따라서 논의의 단계가 어디인지가 매우 중요하다. 예를 들어 박쥐와 익룡의 날개는 사지와 상동이지만 날 수 있는 사지와는 호모플라시이다. 우리는 지금 이보-디보를 공부하고 있으므로 평행 및 수렴 진화를 발생 기작 수준에서 생각해 볼 필요가 있다.

## 평행진화

현대 발생생물학이 비교에 대한 질문을 던지면서 많은 평행진화의 예가 밝혀졌다. 예를 들어 두 극피동물(성게와 거미불가사리)에서 독립적으로 진화한 유생 골격이 배에서 유전자의 평행적인 활성화를 보이고 이를 통해 성체 골격이 형성되는 것이다(Koga et al. 2010). 더욱 놀라운 것은 우렁쉥이, 개구리, 어류라는 세 개의 먼 척삭동물 그룹 유생에서 볼 수 있는 부착 구조의 평행 진화이다(Pottin et al. 2010). 그림 19.10에서 볼 수 있는 이 부착구조들은 분명히 상동이 아니다(Hall 2012). 이들은 완전히 다른 배 기원을 가지며 변태도 많이 다르고 유생에서의 위치도 각기 다르고 무엇보다 척삭동물에서는 부착 기관 자체가 드물다. 그럼에도 불구하고 우렁쉥이, 개구리, 어류에서 부착구조가 형성되려면 모두 관련 유전자(*Bmp*와 *Otx*)의 활성화가 필요하다. 더구나 개구리와 어류의 부착기관은 뇌의 동일한 부위, 즉 넓은 범위의 감각 정보를 처리하는 삼차신경절로부터 신경 입력을 받는다.

진화가 유사한 기작을 사용해 유사한 경로를 따를 때 이를 종종 **발생제약(developmental constraints)**에 대한 증거로 간주하며, 발생제약이란 발생 요소들로 인해 표현형의 변이가 생기게 되는 경향성(bias)으로 정의한다(Maynard Smith et al. 1985). 제약에 대해 명심해야 할 중요한 점 세 가지가 있다:

1. 경향성(*bias*)이라는 용어가 중요하다; 제약(*constraint*)은 간혹 금지의 개념을 갖는 반면, 경향성은 단순히 변이의 방향 및 가능성만을 지칭한다. 이러한 이유로 Wallace Arthur(2004)는 **발생경향성(developmental bias)**이라는 용어를 주장하였다.

**그림 19.10 유연관계가 먼 척삭동물들의 올챙이처럼 생긴 유생의 부착기관의 평행진화** (a) 장님동굴어류 *Astyanax mexicanus*(척추동물아문, Actinopteygii 강) 유생. Protas and Jeffery (2012). (b) 아프리카발톱개구리 *Xenopus laevis*(척추동물아문, 양서강) 올챙이와 복부 부착기관. Bristol University, Edgar Buhl의 사진. (c) 우렁쉥이(미삭동물아문[=Tunicata], Ascidiacea 강) 유생과 앞쪽의 부착기관. Napa Valley College, Daniel clemens의 사진.

2. 경향성을 가진 발생이라는 개념은, 변이는 어떠한 방향성도 갖지 않고 진화는 선택에 의하여 모든 방향으로 진행된다는 현대 종합설(다윈을 따르는) 개념에 도전장을 던지는 것이다.
3. 강력한 방향진화와 발생제약을 구별하는 것은 실제로 매우 어려운 일이다.

우리는 다음 절에서 발생제약/경향성 및 그에 대한 증거를 알아보고자 한다.

**정말 많은 경우에, 발생 기작의 상동성이 그 기작이 조절하는 유사 형질 사이의 상동성보다 훨씬 더 깊게 나타난다.**

그림 19.10처럼 최근에 예상하지 못한 수준에서 평행진화가 발견되면서 이보-디보 연구자들에게 매우 어려운 토론 주제가 던져졌다. 독립적으로 진화된 표현형이 유사한 발생 기작을 갖고 있다면 발생 과정이 어떤 의미로는 상동이라는 뜻인가? 만일 그렇다면 소위 이러한 깊은 상동(deep homology; Shubin et al. 2009)은 평행진화가 정말 상동(발생 기작 수준에서)과 호모플라시(표현형 수준에서) 사이의 혼혈아라고 말하고 있는 것인가?

물론 모든 생물은 세포 기능을 수행하기 위해 단백질을 사용하기 때문에 모든 호모플라시는 단백질 사용에 있어 깊은 상동성을 갖는다고 주장할 수도 있다. 이러한 극단적인 예는 상동과 호모플라시를 정의하는 수준에 대해 명백히 할 필요가 있음을 보여준다. 발생 기작의 경우에 유전자는 교차 조절의 네트워크 속에서 상호작용하는 것으로 알려져 있고 이러한 네트워크의 일부는 수십억 년이 된 것도 있다. 그러나 이러한 네트워크를 상동 기능으로 간주하는 데는 주의해야 한다. 스크루드라이버는 나사를 돌리는 데도, 나무판이 붙여진 이음매를 따라 나무를 두 조각으로 쪼개는 데도, 음료수 병을 따는 데도 사용할 수 있다. 만일 카메룬과 파라과이의 사람들이 스크루드라이버를 병을 여는 데 사용한다고 해서 그것이 반드시 병을 따는 기작에 의미 있는 상동성을 가진다고 말할 수는 없다. 스크루드라이버는 손쉽게 구할 수 있는 가장 좋은 도구로서 각자의 손에 잡힌 것뿐일 수 있다.

## (다윈)법칙 아래서는 변이가 항상 동등하게 일어날까?

다윈 시대에 자연선택은 단지 네거티브 기작일 뿐이라는 비판을 받았다. 예를 들어 St. George Mivart(1872)는 자연선택이 부적합한 것을 배제하기 때문에 더 적합한 기원을 설명할 수 없다고 주장했다. 그는 곤충에서 수많은 의태의 예를 언급했다. 여기에는 놀라운 분장의 예들이 있고 곤충들은 신선한 혹은 썩은 잎이나 가지처럼 보이고 어떤 때에는 대벌레가 미풍에 흔들리는 식생처럼 행동하는 경우도 있다. 그는 감지할 수 없는 작은 진화적 변화가 덜 훌륭히 위장된 개체들 때문에 이런 놀라운 유사성의 예에 끼이지 못하는 것에 반대하였다.

그 답장에서 다윈은 다음과 같이 답했다(1872):

> 한 곤충이 애초에 죽은 나뭇가지나 썩은 잎과 어느 정도 유사하게 생겼고 여러 방법으로 다소 변이를 보인다고 가정하면 어떤 물체와 매우 닮아 곤충이 잘 도망치도록 만든 모든 변이는 보존이 되고... 모방한 물체와 덜 유사하게 만든 변이는... 제거될 것이다.

다윈 논쟁의 핵심은 1862년에 Charles Lyell에게 보낸 편지에 썼던 것처럼 변이는 항상 존재하고 방향성이 없다는 것이다. 평균적 표현형이 모방을 향해 이동할 때 집단은 더 나은 모방을 포함하여 모든 방향으로 변이를 보인다.

그러나 변이가 정말로 모든 방향으로 동일한 가능성을 가지며 거의 항상 변이가 존재하는가? 곤충의 의태의 경우, 아마도 다윈이 제시한 것처럼 모든 방향으로 동일하지 않을 것이다. 만일 어떤 변이 형태가 다른 종류보다 더 생길 가능성이 많다면? 어떤 이유로 곤충이 잎보다 나뭇가지와 더 유사하다면? 그래서 만일 변이가 경향성을 갖는다면, 자연선택이 월등히 우세한 창조적인 진화 과정이라는 다윈주의와 현대 종합설은 수정이 되어야 하고, 따라서 발생의 경향성이 생명의 다양성을 설명해주는 경우에서 볼 수 있듯이 내부 과정의 중요성이 더 강조되어야만 한다. 이보-디보가 이 오래된 논쟁을 잠재울 수 있을까?

많은 나비들은 날개에 안점이라는 놀라운 무늬를 가지는데 이는 포식자 새들이 몸체보다 안점에 공격을 가하도록 주의를 끌게 만든다(Olofsson et al. 2010). 또한 이는 성 선택이 될 수도 있다. 특별히 연구가 많이 이루어진 한 종은 남부 아프리카의 사팔뜨기숲 갈색나비, *Bicyclus anynana*이다. 2008년에 Cerisse Allen은 Paul Brakefield 및 그 동료들과 함께 안점의 크기와 색깔 같은 특징들이 다윈의 가설처럼 모든 방향의 선택에 반응하는지를 알아보도록 디자인한 실험 결과를 발표하였다.

Allen과 동료들은 안점의 크기와 색깔을 선택하였는데, **그림 19.11a와 b**에서 볼 수 있듯이 *B. anynana*는 앞날개에 두 개의 안점을 가지고 있다. *B. anynana*의 건기 형태를 가지고(그림 19.11a) 실험실 내에서 다음과 같이 4가지의 안점 크기 표현형에 대해 인위 선택을 통해 10세대에 걸친 실험실 집단을 만들었다:

1. 커다란 앞쪽, 뒤쪽 안점(그림 19.11c의 위 오른쪽)
2. 작은 앞쪽, 뒤쪽 안점(그림 19.11c의 아래 왼쪽)
3. 커다란 앞쪽, 작은 뒤쪽 안점(그림 19.11c의 위 왼쪽)
4. 작은 앞쪽, 커다란 뒤쪽 안점(그림 19.11c의 아래 오른쪽)

사진에 명백하게 나타나듯이 안점의 크기는 정상적으로는 *Bicyculus* 종들에 따라 다르지만 실험실에서는 10세대면 앞뒤 안점 크기 모두를 독립적으로 변화시키기에 충분하다.

이후, Allen과 동료들은 뒷날개 안점 색깔을 선택하였다. 이때는 우기 형태를 사용하

**그림 19.11 나비 날개 안점 색깔의 제약, 크기는 제약을 받지 않음** (a와 b) 나비 *Bicyclus anynana*의 건기 및 우기 형. Yale unversity, Antonia Monteiro 사진 (c) Allen과 동료들은 (2008) 실험실 내 집단이 크고 작은 앞날개 안점의 여러 조합에 대한 선택에 반응하는 것을 발견했다. (d) 이와 달리 뒷날개 안점의 색깔에는 두 조합만이 반응을 보였다: 안점 4와 안점 6의 색깔이 같은 검은색이나 노란색이면서 색깔이 더 진한 경우. 그러나 두 안점의 색이 서로 다른 경우에는 선택에 반응하지 않았고 이는 색깔의 변이에 대한 제약을 보여준다. (c와 d) 사진은 Allen et al. (2008)에서.

였고 이들은 색깔이 더 밝다(그림 19.11b). *B. anynana*의 안점은 3개의 동심원 색을 갖는다: 중앙의 흰색을 검은 고리가 둘러싸고 그 밖을 황금색 고리가 둘러싼다. 과학자들은 크기가 거의 비슷한 안점 4와 6(그림 19.11b의 뒷날개에 표시되어 있음)에 대하여 각각 별도로 10세대의 인위선택을 하였는데, 다음과 같은 4개의 표현형에 대한 선택을 시도하였다:

1. 안점 4와 6이 더 검은색(그림 19.11d의 위 오른쪽)
2. 안점 4와 6이 더 황금색(그림 19.11d의 아래 왼쪽)
3. 안점 4는 더 검고 안점 6은 더 황금색(그림 19.11d의 위 왼쪽)
4. 안점 4는 더 황금색이고 안점 6은 더 검은색(그림 19.11d의 아래 오른쪽)

나비 집단은 양쪽 안점이 모두 황금색이거나 검은색일 때 색이 더 진한 쪽을 선택하였으나 두 안점의 색이 다른 상태에서는 진한 경우를 선택하지 않았다. 이 결과는 안점 크기 선택 실험과는 대조적으로 일부 제약과 경향성에 대한 증거, 즉 특정 형태의 변이가 다른 변이에 비해 훨씬 더 흔하다는 것을 말해준다.

**인위선택 실험은 진화적 변화가 다른 쪽 방향에 비해 어느 한 쪽 방향으로 더 쉽게 진행됨을 보여준다. 이 현상에 대한 한 가지 설명은 발생 방향성으로, 발생 경로의 변화가 표현형 상의 어떤 변화를 다른 변화보다 더 쉽게 생성할 수 있다는 개념이다.**

이런 경향성의 기저를 이루는 기작은 무엇인가? 그 답은 발생 시기와 관련이 있는 것 같다. 나비의 날개 안점 모양의 결정요소에 대한 고전적, 현대적 실험들에 따르면 안점의 크기는 유충시기(caterpillar) 후기에 날개 조직이 형성될 때 결정되지만 색깔은 이후에 번데기(chrysalis) 시기 동안 결정된다(French and Brakefield 1995; Beldade et al. 2002, Monteiro et al. 2006). Antónia Monteiro는 번데기 때 색깔 결정 시기가 되면 안점을 서로 다르게 분화시키는 위치 분자 신호 세트가 더 이상 존재하지 않는 것을 보았다(저자와의 개인적인 의견 교환에서).

## 평행진화와 경향성을 가진 진화 경로

나비의 날개무늬 변이에 대한 또 다른 극적인 예는 *Heliconius* 속의 의태다. 중남미에 사는 *Heliconius erato*와 *Heliconius melpoene*는 "의태 고리"를 보인다. 두 종은 각기 유

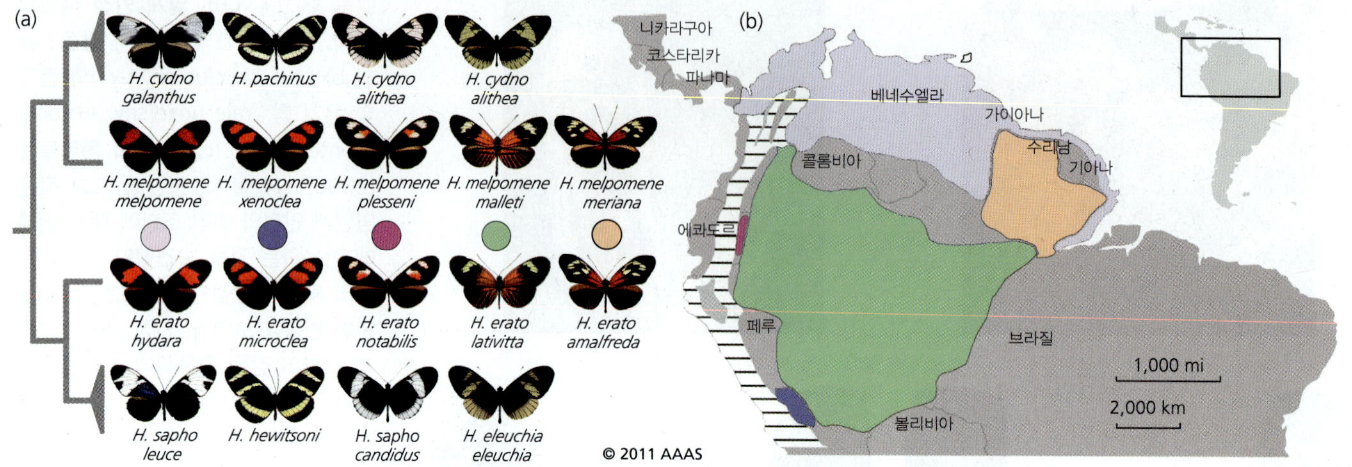


**그림 19.12 여러 형태 *Heliconius* 나비의 공-의태** (a) *H. melpomene*와 *H. erato*는 종 내 개체들 사이에서보다 두 종 사이의 형태가 더 닮았다. 그러나 *H. melpomene*와 *H. erato*는 자매종이 아니다; 각각의 가장 가까운 친척(각각 *H. cydrno*와 *H. sapho*)들은 *H. melpomene*나 *H. erato*와 생김새가 다르다. 공-의태는 (a)의 원 색깔과 (b)의 지도를 비교해 보면 알 수 있듯이 영역이 서로 겹친다. 두 종의 전체 서식 영역은 회색으로 나타냈다. 가로선으로 된 지역은 두 종이 살지 않는 곳이다. Reed et al. (2011)에서.

Reed RD, et al. 2011. Optix drives the repeated convergent evolution of butterfly wing pattern mimicry. 2011. *Science*, 333: 1137-41. Reprinted with permission of the AAAS.

전적으로 정해진 색깔 형태가 12가지 이상이며(그림 19.12), 각 형태는 특정 지역에 국한되어 분포하고 각 형태마다 상대 종을 거의 완벽하게 "공-의태(co-mimic)"한다. 이렇게 쌍을 이루는 형태는 의태-모델 쌍이 아닌 공-의태로 간주하는데, 양 종이 모두 맛이 없고 양쪽 모두가 상호 의태를 통해 분명히 이득을 얻기 때문이다. *H. erato*와 *H. melpomene*는 자매종이 아니고(그림 19.12a) 잡종을 낳을 수 없음을 명심하라. *H. melpomene*는 가까운 친척보다 *H. erato* 공-의태 쌍을 더 닮았을 뿐 아니라 같은 종 내의 다른 개체들보다도 이 공-의태 쌍과 더 닮았다.

각 종에서 표현형의 다양성은 어떻게 유지되는가? 각 종 내의 서로 다른 색깔 형태가 잡종을 만들지만 중간 형태를 가진 자식들은 포식자 새들에게 빠르게 먹혀 선택에서 제외 당한다. 그러나 새의 포식만으로는 관찰된 지리적 다양성에 대한 설명이 부족하다.

최근의 증거는 이 신비에 대한 궁금증을 풀어주었다. *Heliconius* 날개 색깔 무늬의 유전적 결정요소들은 대개 각기 한 개의 유전자로 되어 있으나 이들은 밀접하게 연관된 유전자군의 유전자좌위에 있다: 각각 검은색, 노란색/크림색, 빨간색(Counterman et al. 2010; Joron et al. 2011). 이들 유전자좌위는 어디에 있으며 각각의 변이는 어떻게 날개 무늬에 그렇게 많은 다양성을 만들면서 동시에 넓은 지리적 범위에 걸쳐 안정적인 공-의태를 유지할 수 있을까?

Robert Reed, Ricado Papa, Owen McMillan 및 동료들(2011)은 그 답의 시작을 알리는 놀라운 실험을 하였다. *optix*라는 호메오박스 전사인자 한 개의 발현 양식의 변이가 *H. mepomene*와 *H. erato* 모두의 지리적 분포지 전역에 걸쳐 빨간색 무늬의 변이를 만들어내는데, 색깔이 결정되는 번데기 시기 동안 *optix* 대립유전자는 날개의 서로 다른 위치에서 발현이 된다. 이 시기의 *optix* 발현은 화가가 그림을 그리기 전 캔버스에 연필로 스케치를 하는 것처럼 상상해볼 수 있다. 번데기의 날개조직이 형성될 때 *optix* 전사 위치(그림 19.13에서 각 사진 쌍의 오른쪽에 파란색으로 짙게 표시된 부분)는 아주 정확하게 성체 날개에서의 빨간색 위치(각 사진 쌍의 왼쪽)와 일치된다. 대조적으로 번데기 날개 조직의 *optix* 발현 지역은 성체의 검은색, 노란색, 혹은 크림색 부위는 알려 주지 않는

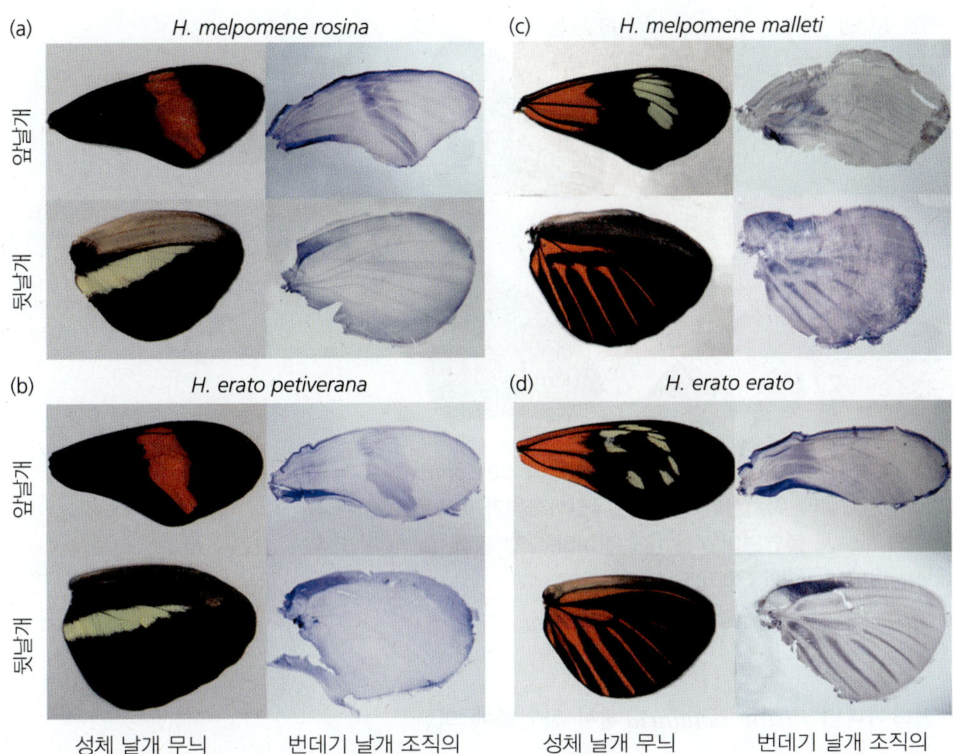


**그림 19.13 번데기 날개 조직의 *optix* 발현 양식은 *H. melpomene*와 *H. erato* 성체 날개에서 어디에 빨간색 무늬가 생길지 알려 준다** (a) *H. m. rosina*와 (b) 공-의태인 *H. e. petiverana*. (c) *H. m. malleti*와 (d) *H. e. erato*의 유사한 빨간색 무늬를 가진 형태. 각 패널에서 오른쪽은 *optix* mRNA의 발현양상인데, 이것은 가시적 분자결합화(in situ hybridization)라는 *optix* RNA의 뉴클레오티드 서열에 결합하도록 상보적으로 합성한, 꼬리표를 단 RNA 분자를 사용한 기술이다. 번데기 날개 조직에 파란색이 있으면 언제나 *optix* RNA도 존재한다. 오른쪽 사진의 모든 파란색 무늬가 그에 상응하는 성체 날개의 빨간색 부위와 일치되는 것을 주목하라 (검은색, 노란색, 크림색은 아님). Reed et al. (2011)에서.

다; 이 색깔들의 유전자는 다른 유전자좌위에 위치한다(아래 참조).

이 두 종 및 다양한 색깔 형태 전체에 걸친 번데기 날개 조직의 *optix* 발현과 성체 날개의 빨간색 무늬의 일치는 적응평행진화의 놀라운 예로 보인다. 그러나 색깔 양식이 서로 다른 *optix*의 모든 대립유전자들이 *H. melpomene*와 *H. erato*의 가장 최근 공동조상에 이미 있었을까? 그렇다면 의태의 진화는 단순히 함께 형성된 두 종의 집단 내에서 같은 색깔 양상 대립유전자가 고정되어 이 공동조상으로부터 양 계보를 거쳐 유전된 것일 뿐이다. 이 "평행진화"와 "원시 대립유전자(ancient alleles)" 시나리오를 구별하기 위해 Heather Hines와 동료들(2011)은 이 두 종의 많은 집단에서 *optix* 대립유전자의 계통을 분석하였다. 원시 대립유전자 시나리오는 공-의태 쌍이 유사하거나 동일한 *optix* 대립유전자를 가질 것이라 예견하는 반면, 평행진화 시나리오는 공-의태 쌍에서 각기 고유한 *optix* 대립유전자가 독립적으로 생겨났음을 말해줄 것이다. Hines와 동료들이 각 종 내에서 그리고 종 사이에서 방사상 날개 무늬 표현형에 따른 *optix* 서열을 비교분석(예를 들어, 그림 19.13c와 d의 뒷날개 무늬) 하였으나 원시 대립유전자 시나리오와 일치하지 않았다. 따라서 이것은 진정한 평행진화라고 볼 수 있다.

**평행진화는 동일한 발생 기작의 유사한 변화를 통해 유사한 표현형이 독립적으로 나타나는 것이다.**

*Heliconius*의 검은색 표현형에서는 *WntA* 유전자좌위에 대한 지도가 만들어졌다(Martin et al. 2012). Wnt 단백질은 세포-세포 신호전달과 발생 양식에서 여러 기능을 하는 분비 분자이며 여러 암에서도 활발하게 활동한다. 흥미롭게도 동물의 색깔 양식에 관여한다고 알려진 유일한 다른 확산 신호 분자도 *wingless*라 불리는 또 다른 *Wnt* 유전자에서 만들어지며(Martin and Reed 2010) 이것은 나비의 날개 무늬에도 관여한다(Werner et al. 2010).

*Heliconius*의 세 번째 주요 유전자좌위—노란색과 크림색 무늬 결정요소—는 유전학적으로 아직 완전히 밝혀내지는 못하고 있으나 활발한 연구를 통해 다음의 두 날개 색깔 이형성과 같은 유전체 위치에 있음이 알려졌다: 사팔뜨기숲갈색나비, *Bicyclus any-*

**그림 19.14 동일한 유전자좌위에 대한 나비와 나방의 무늬 다양성** (a)와 (b)에서처럼 *Heliconius* 의 크림색과 흰색 무늬 유전자(들)은 한 개의 유전자좌위에 위치한다. 동일한 유전자좌위가 *Biston betularia*(c vs d)의 흑색증과 *Bicyclus anynana*의 Bigeye 돌연변이(e vs f)에 관여하는 것 같다. (a, b)는 Joron et al. (2006)에서; (e, f)는 Beldade and Brakefield (2002)에서.



*nana*의 *Bigeye* 돌연변이; 유명한 영국 점박이나비 *Biston betularia*에서 산업화에 의한 흑색화를 일으킨 *carbonaria* 유전자좌위(그림 19.14; Van't Hoff et al. 2011).

우리는 나비 날개 무늬의 이러한 진화유전학 연구들로부터 어떤 결론에 도달할 수 있을까? Allen의 *Bicyclus* 선택 실험은 날개 무늬의 일부 양식은 변이의 경향성을 보여주며 이는 "항상 존재하고 일정한 수준의 선택된 변화를 일으키기에 충분한" 변이라는 다윈의 가정을 반박하고 있다. 더구나, *Heliconius*에 대한 자료는 또한 동일한 발생-유전 기작이 종 내 및 종들 사이에서 나비 날개 무늬의 놀라운 다양성을 만드는 것이므로 진화 경로의 일정한 경향성을 말해주고 있다.

이러한 경향성이나 제약을 진화적 제한으로 생각하는 것이 맞는가? *Heliconius* 의태의 놀라운 예는 확실히 그 반대편을 옹호하는 것처럼 보인다. 아마도 발생-유전 기작의 경향성은 실제로 무늬 다양성의 신속하고 반복적인 진화를 선호하여 공-의태의 적응과정을 더 효율적으로 만들 것이다. 이런 관점에서 발생의 경향성이나 제약은 제한이 아니라 오히려 생물이 선택에 민첩하고 신속하게 반응하도록 하는 진화적 기회라고 볼 수 있다.

## 다형질발현과 발생상의 대가(트레이드오프, trade-offs)

이보-디보의 많은 연구들에서 얻은 또 다른 결론은 동일한 유전자가 발생과정 동안 여러 시기에 여러 장소에서 반복적으로 기능을 하는 것처럼 보인다는 것이다. 이런 현상은 **다형질발현(pleiotropy)**으로 알려져 있다. *optix* 유전자는 곤충에서 눈의 발생과 날개 무늬를 포함한 여러 조직에서 중요한 기능을 하며, 혹스 유전자는 척추동물의 주요 체축과 사지의 근위-원위 축을 만든다. *KNOX*라 불리는 식물의 호메오박스 유전자는 십자화목(Brassicales)과 국화목(Asterales)에서 여러 번 독립적으로 복엽(compound leaf)이 발생하는 동안 1차와 2차 잎(혹은 작은 잎, leaflet) 생성 모두에 관여한다. 그 외에도 유사한 사례를 보이는 수백 편의 문헌이 있다.

이러한 결과들이 의미하는 바는 진화에서 조상 유전자 네트워크가 재사용되고 그때마다 새로운 목표를 부여받는다는 것이다. 유전자 네트워크는 상호작용하는 요소들로 이루어진 일련의 복잡한 계급을 가진 유전자 "먹이그물"로 생각할 수 있고 계급 단계들 사이에는 피드백이 형성되어 있다. 단순한 먹이그물에서는 식물은 초식동물에 먹히고 그들은 다시 포식자들에 먹히고 결국은 죽고 썩어서 식물을 위한 양분으로 돌아간다. 유전자 네트워크에서는 환경이 다양한 유전자를 활성화시키고 유전자는 세포기능을 수행하고 이는 다시 호르몬의 방출을 활성화하거나 억제한다. 여러 유전자 네트워크들은 배의 각 부위들 사이의 경계를 만들거나 세포를 특정한 길을 따라 이동시키거나 식물조직에 탈리층을 만드는 등, 특정 기능들을 수행하도록 진화해왔다. 그러한 네트워크는 진화 과정 전체에 걸쳐 생물들 내부에서, 생물들 사이에서 반복되어 사용되었다는 점에서 가변적이고 다형질발현의 특징을 보인다.

다형질발현에 대한 가정 하나는 한 기능에 대한 선택이 또 다른 기능에 대한 선택을 제한시키거나 제약을 줄 수도 있다는 것이다. 이보-디보에서 가장 큰 질문 중 하나는 네트워크에 속하는 유전자들 내에서 그리고 유전자 네트워크 전체에서 어느 정도까지 다형질발현이 잠재적인 다양성을 제한시키는가이다. 우리는 아직 그 답을 모른다. 그러나 "거의 항상 존재하는" 다윈의 다양성 개념에 대한 분명한 암시를 가지고 있다는 것이다.

다형질발현과 관련된 개념은 **대가(trade–off)**이며 생물의 한 특성이 다른 것의 희생을 통해서만 증진될 수 있다는 것이다. 이 개념은 앞에서 논의된 바 있지만(10장 참조) 지금 이보-디보라는 질문 속에서 다시 한 번 생각해보고자 한다. 왜 생물의 어떤 특성은 다른 특성을 희생시키는 반면에 또 다른 특성들은 독립적으로 다양화할 수 있는가?

(a)

(b)

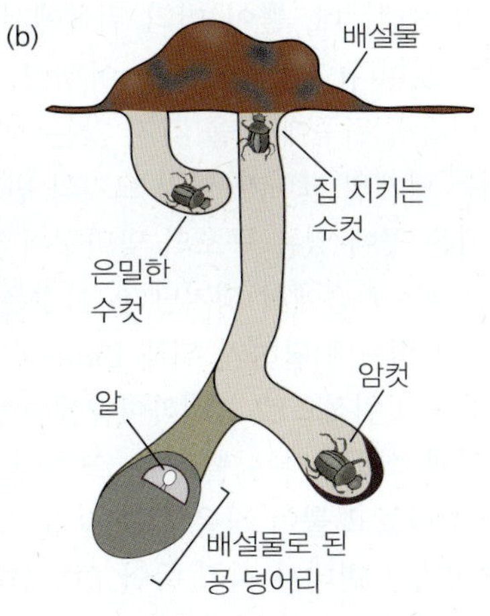


**그림 19.15 쇠똥구리의 두 생식 전술** (a) *Onthophagus* 쇠똥구리. (b) 암컷 쇠똥구리는 배설물 밑에 터널을 파고 공 모양의 배설물 덩어리(brood ball)를 만든 후 그 속에 알을 낳아 먹이를 공급한다. 긴뿔 배우자(집 지키는 수컷)는 터널의 입구를 지키지만 작은 뿔 배우자(은밀한 수컷)는 옆 터널을 파고들어가 은밀하게 암컷과 짝짓기를 한다. Emlen (2000)에서 다시 그림.

여러 그룹의 쇠똥구리들은 수컷, 암컷 혹은 양쪽 모두의 머리나 가슴에 뿔을 갖는 것이 특징이며, 가장 연구가 잘 된 종류는 *Onthophagus* 속(그림 19.15a)이다. 이 속의 암컷은 유충을 먹일 배설물 덩어리를 땅에 묻고 뿔을 가진 커다란 수컷은 뿔을 사용해 암컷이 있는 터널 입구를 지킴으로써 다른 수컷이 암컷과 교미하기 위해 들어오는 것을 막는다. 여러 *Onthophagus* 종들에서 몸이 큰 수컷이 상대적으로 더 큰 뿔을 가지며 몸이 작은 수컷은 작은 뿔을 갖는다. 몸의 크기는 유충시기의 영양상태에 의해 결정되므로 수컷의 뿔 크기 표현형은 가변적이라서 한 개의 유전자형이 성장 환경에 따라 큰 뿔도 만들고 작은 뿔도 만들 수 있다. 이때 작은 수컷이 불이익을 받는 것처럼 보이지만 Doug Emlen(1997)은 뿔이 없는 작은 수컷은 또 다른 교미 전략이 있음을 발견했다(그림 19.15b): 그들은 스스로 터널을 파서 몰래 굴 속으로 들어간다. 이들은 뿔이 없어서 터널을 쉽게 팔 수 있는 반면, 큰 뿔을 가진 수컷은 뿔이 앞을 막아서 땅을 팔 수가 없다.

작은 뿔의 잠재적인 유리함과 커다란 뿔의 경쟁은 이것으로 끝나지 않는다. Emlen

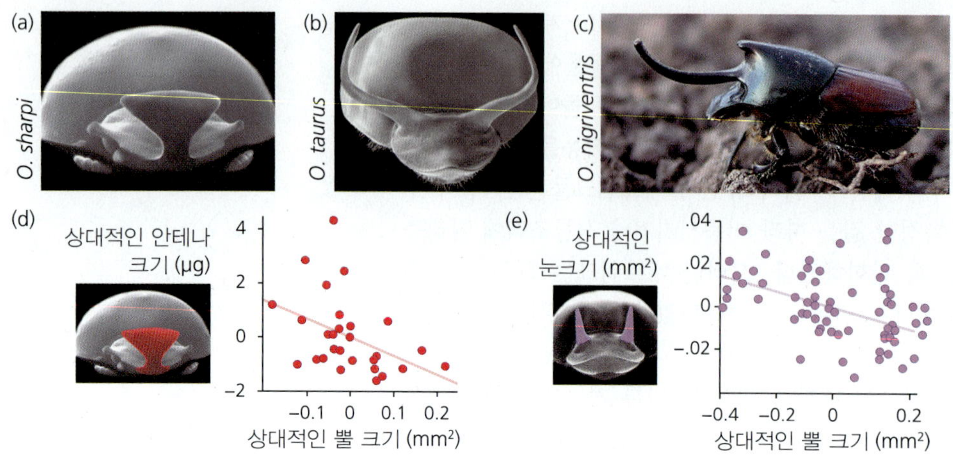


**그림 19.16 쇠똥구리의 발생 대가** (a, b, c) 여러 종의 *Ontholophagus*는 서로 다른 위치에 뿔을 가지고 있다. (d) *O. sharpi*는 뿔(빨간색)이 안테나 근처에 있고 안테나와 뿔의 크기는 역비례한다. (e) 에콰도르에 사는 *Ontholophagus*는 눈이 한 쌍의 뿔(보라색) 가까이에 있고 눈 크기와 뿔의 크기가 맞바꾸어졌다. Doug Emlen의 사진; (d, e) Emlen (2001)에서.

(d, e) Emlen, D. J. 2001. "Costs and the Diversification of Exaggerated Animal Structures." *Science* 291: 1534–1536. Reprinted with permission of the AAAS.

(2001)은 뿔의 크기뿐 아니라 여러 *Onthophagus* 종에서 뿔의 위치에 대한 대가의 예도 보았다. 예를 들어 뿔이 머리 뒤쪽이나 가슴이 아닌 머리 앞에서 나오는 한 종에서는 안테나 크기가 뿔 크기와 반비례한다. 뿔이 머리 앞쪽에 있는 한 종인 *O. sharpi*는 **그림 19.16a**에 있고, 머리 뒤쪽에 뿔이 있는 *O. taurus*는 그림 19.16b, 가슴에서 뿔이 나오는 *O. nigriventris*는 그림 19.16c에 있다. 그림 19.16d는 *O. sharpi*에서 뿔 크기와 안테나 크기를 맞바꿈한 자료이다.

Emlen은 대가에 대한 다른 예도 발견했는데, 뿔이 머리 뒤쪽에서 나오는 종에서는 눈의 크기가 뿔의 크기와 반비례한다는 것이다(그림 19.16e). 야행성 종(빛의 양이 적은 경우 큰 눈이 시각에 도움이 된다)은 머리의 뒤쪽에 뿔을 갖지 않는 경향이 있다. 마지막으로 가슴에서 뿔이 나오는 한 종에서는 날개의 크기가 뿔의 크기와 반비례한다.

이런 모든 경우에 뿔의 크기는 가까운 곳에 있는 구조와 맞바꾸어졌다: 눈은 머리 뒤편에 있고, 안테나는 머리 앞쪽에서, 날개는 가슴에서 생겨난다. 이것은 단순한 일치인가, 아니면 어떤 역학적인 원인이 있는가? 이 질문에 답하기 위해 Emlen은 머리 뒤쪽, 눈 가까이에 뿔을 가진 *O. acuminatus* 수컷을 인위적으로 선택하여 7세대에 걸쳐 긴 뿔 혹은 짧은 뿔을 갖도록 하였다(1996). 그 결과 쇠똥구리는 뿔과 눈 크기에 서로 반비례 관계를 보여, 뿔 크기가 큰 그룹은 눈이 축소되었고 뿔이 작은 그룹은 눈 크기가 증대되었다. 유사한 결과는 이 기관들의 크기가 결정되는 번데기 시기 동안 인위선택을 하지 않은 동물에 유충호르몬(juvenile hormone, JH)을 투여한 경우에서도 나타나, 유충호르몬 투여는 주어진 크기의 몸체에서 뿔의 크기를 증가시켰고 눈의 크기를 감소시켰다. 또한 크기가 큰 수컷과 작은 수컷 사이에는 유충호르몬의 수준도 다른 것으로 알려졌다.

**발생상의 대가는 여러 몸 부위들이 서로 경쟁함으로써 생겨난 것이다.**

이 결과들은 짧은 거리에서 분비되는 어떤 신호나 요소가 이 쇠똥구리들의 기관 크기를 결정하며 이 요소의 공급이 제한적이어서 그에 대한 경쟁 때문에 이런 결과가 생긴다는 것을 말해준다. 이 요소는 무엇인가? 한 후보 요소는 인슐린과 유사한 성장인자로서 곤충의 기관 크기를 결정하며 영양상태와 직접 관련이 있고 곤충의 유충호르몬에 의해 조절된다(Wu and Brown 2006; Emlen et al. 2012). 자라는 뿔 조직은 고농도의 인슐린 수용체를 발현하여 순환하는 인슐린을 국소적으로 흡수하고 그 결과 근처 조직에 공급되는 양은 더 적어지게 된다. 이러한 일들이 생물이 움직이지 못하는 번데기 시기 동안 일어난다는 사실이 어떻게 그러한 국소적인 제거 과정이 일어날 수 있는지를 말해준다.

그러나 뿔의 희생을 보이는 모든 쇠똥구리들이 근처 구조와만 연관성을 보이는 것은 아니다. 발생 중인 생식기를 외과적으로 제거하면 성체에서 뿔의 크기가 증가하며 생식

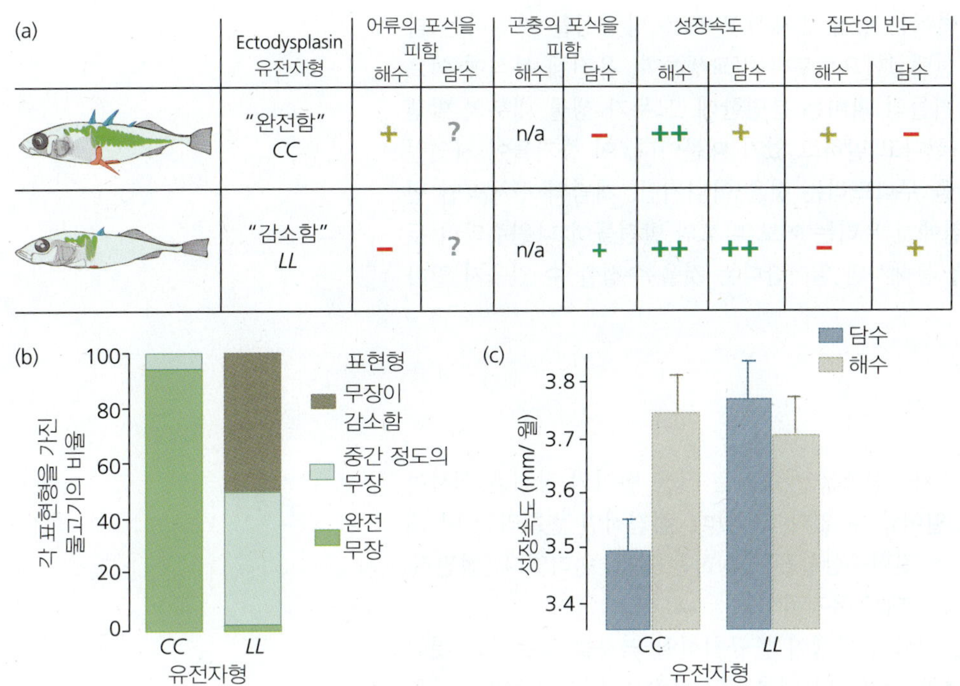


**그림 19.17 세 가시 큰가시고기의 *Ectodysplasin* 대립유전자의 다형질 발현** (a) 무장한 형태와 무장이 감소한 형태 및 해수와 담수 서식지에서의 이득과 손해에 대한 비교. 두 *Ectodysplasin* 대립유전자(C—완전함; L—감소함)는 부분우성 관계이나 여기서는 동형접합에 대한 자료만을 다룬다. 물음표는 적합한 표현형이 물의 투명도 같은 다양한 환경요소에 따라 달라짐을 표시한다. (b) 이형접합 동물의 동형접합 자식들은 *Ectodysplasin* 유전자형이 표현형과 밀접한 관계를 갖는다(barrett et al. 2009). (c) 해수에서 키우면 *CC*와 *LL* 어류들은 거의 비슷한 속도로 자란다. 그러나 담수에서는 *LL* 어류가 빨리 성장한다. Barrett et al. (2009)에서.

소 크기는 또한 종 내에서 그리고 종들 사이에서 모두 뿔 크기와 반비례 관계를 보인다(Moczek and Nijhout 2004). 따라서 만일 정말로 쇠똥구리들이 보이는 이 대가성을 설명할 수 있는 단 한 개의 기작이 있다면 우리는 아직 그것을 기다리고 있는 중이다. 하지만 어떤 경우라도 앞에서 본 여러 비교 결과들은 물질의 분배가 진화 경로뿐 아니라 발생 경로의 경향성도 맞바꿈한다는 것을 보여주고 있다.

앞에서 우리는 대가와 관련하여 다형질발현의 개념을 소개하였다. 다형질발현은 한 생물 내에서 동일한 유전자의 다양한 기능을 말한다. 이에 대한 진화적인 의미는 한 가지 기능에 특수화된 유전자가 동시에 다른 기능을 해야 할 때 어떤 제한이 있는가이다. 이 상황은 세 개의 가시를 가진 큰가시고기 *Gasterosteus aculeatus*에서 볼 수 있다.

이들 집단은 본질적으로 두 종류 중 하나이다. 해수 어류 집단은 연어와 유사한 생활사를 갖고, 생애 대부분을 해수에서 살지만 생식을 위해 담수 호수나 하천으로 간다. 그러나 지난 수천 년에 걸쳐 다양한 집단들이 전 생애동안 담수에서 살게 되었다. 해수 *G. aculeatus* 집단의 놀라운 특성은 몸에 있는 무기이다: 골격성 판이 다른 물고기의 포식을 방어한다(그림 19.17a, 윗줄). 이에 비해 대부분의 담수 집단은 주요 포식자가 잠자리 유충같은 수서곤충으로서 이들은 유생 큰가시고기를 잡아 부수는 강함이 아니라 민첩성에 의존하는 동물들이다(Marchinko 2009). 따라서 담수 *G. aculeatus* 집단은 몸의 무장이 축소된 대신에, 잠자리 포식에 노출되지 않도록 더 빨리 자라 재빨리 성체가 된다(그림 19.17a, 아랫줄). 이렇게 무장이 감소된 담수집단은 또한 수영 속도도 크게 증가하였다(Bergstrom 2002).

다형질발현과의 연관성은 담수 집단에서 *Ectodysplasin*이라는 한 개의 유전자의 변화가 몸의 무장 정도 감소와 성장속도의 증가 모두를 설명할 수 있다는 증거에서 찾을 수 있다(그림 19.17b, c; Barrett et al. 2008, 2009). 이 시나리오는 담수 집단의 무장 상실이 단순히 다윈과 Wallace가 "불사용"으로 인한 특성의 상실이라 표현한 수동적 과정이 아니라, *Ectodysplasin*의 다양한 기능이 담수 집단에서 다형질발현에 의한 성장 이점을 통해 능동적으로 만들어졌다는 것이다.

**발생상의 대가는 다형질발현—한 유전자가 여러 형질의 발생에 관여함—때문에 생겨났을 수도 있다.**

종합적으로 고찰해보면, 우리는 변이는 항상 존재하고 모든 방향성을 가진다는 다윈의 주장이 과장되었다는 증거들—선택실험으로부터 비교생물학, 유전체 분석에 이르는 넓은 범위의—을 보아왔다. 이 증거들의 의미는 분명한데, 모두가 생물 내부의 발생적 특성이 선택과 더불어 진화를 유도한다고 말하고 있기 때문이다. 이 증거들이 자연선택을 핵심으로 하는 다윈주의의 근간을 무너뜨리는 것은 아니지만, 개념의 구체적인 변화를 요구하는 것처럼 보인다. 다음 절에서 우리는 이보-디보의 발견들이 다윈주의의 두 번째 핵심인, 진화는 단지 적은 변화를 통해서만 일어난다는 것을 수정할 수 있을지 알아본다.

## 자연은 때로 도약한다

종의 기원(1872, p. 156)에서 다윈은 "자연선택은 계속되는 작은 변이의 장점을 취하여 작용하며 크고 갑작스런 도약은 절대 일어날 수 없다"고 썼다. 점진적인 변화라는 이 개념은 다윈주의의 상징이었고 20세기 초 진화종합설을 구성하는 주요 원리였다. 점진적, 지속적인 변화라는 이 패러다임은 계속 그대로 유지될까?

이와 반대되는 개념인 도약진화는 진화와 발생이 불규칙적인 역사를 갖는다는 것이다. 19세기 말, 20세기 초에 도약진화를 주장하던 대부분의 사람들은 다윈주의 진화를 반대하였다. 예를 들어 Richard Goldschmidt의 이름은 대부분의 진화생물학자들에게 "장래가 유망한 괴물"의 개념을 떠올리게 하고, 이는 종 수준 이하에서 일어나는 미세한 진화적 변화는 생명의 다양성 진화에 부적절하고 돌연변이 변화가 종의 기원을 설명할 수 있다는 것이다. 이보다는 덜 알려져 있으나 Goldschmidt는 또한 현재 인정받고 있는 내용과 크게 다르지 않은 개념인 초기 발생에 일어나는 작은 변화가 개체발생을 통해 성체 표현형에 큰 영향을 끼칠 수 있다는 것도 믿었다(Goldschmidt 1940).

호메오 유전자의 돌연변이를 논의하면서 언급했던 William Bateson(1894, pp. 410~411)은 진화의 연속성과 불연속성에 대한 논쟁에서 단순하지만 명확한 문제 하나를 지적했다. 그는 긴뿔 쇠똥구리의 안테나가 보통 11개의 체절을 가지고 있음을 보고 12체절 안테나가 어떻게 점진적으로 새로운 관절을 얻었는지에 대한 물음을 던졌다. 그리고 "이런 변천은 불연속적으로 영향을 받을 수도 있다는 증거와 함께" "어려움이 제거되었다"고 기록했다.

따라서 그는 이 긴뿔 쇠똥구리의 안테나 체절 및 흥미롭게도 항상 홀수여서 두 개씩 도약하여 진행되어야만 설명이 되는 순각류 몸 체절 수에서처럼 체절의 첨가가 일어나는 경우들을 통해 진화는 도약하여 진행된다는 것을 증명하였다. 또 다른 예는 패각류 껍질의 나선 방향이다(오른쪽 및 왼쪽): 두 종류만이 있어서 이 둘 사이의 어떤 변화든 그것은 도약을 뜻한다. 따라서 이제 우리에게 던져진 질문은 자연이 도약하며 진행하는가 아닌가는 아니다. 명백하게 도약하기 때문이다; 질문은 도약이 얼마나 큰가? 얼마나 자주 일어나는가? 어떻게 일어나는가? 하는 것들이다.

아마도 도약에 대한 가장 직접적인 예는 식물들 사이의 종간 잡종인데 한 종의 꽃가루를 다른 종의 난자에 수정시켜 잠재적인 제3의 종을 만드는 것이다. 유채(*Brassica napus*)는 그 한 예를 제공한다. 유채는 전 세계적으로 3번째로 중요한 식용유 생산 작물로서 카놀라는 그 변이 품종 중 하나이다. 유채는 중세 때 유럽에서 야생 양배추(*B. oleracea*)와 야생 순무(*B. rapa*) 사이의 교배로 탄생하였으며(Gupta and Pratap 2007), 이는 생물학자들에 의해 여러 차례 인위적으로 반복되었다. **그림 19.18a**는 새로 만들어진 *B. napus* 계보의 하나를 보여주는데 부모 종 식물들 가운데 놓여 있다. 새로 만들어

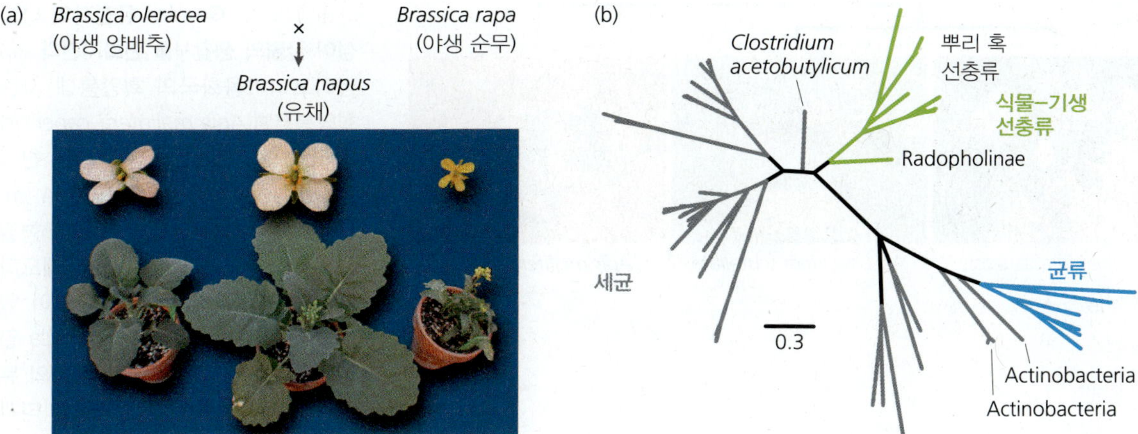


**그림 19.18 진화의 도약** (a) 야생 양배추와 야생 순무에서 만들어진 잡종 씨앗. 부모에 비해 잡종의 커다란 크기를 주목하라. J. Chris Pires의 사진. (b) 여러 생물의 hemicellulose-digesting xylanase 유전자의 비뿌리 계통수(unrooted phylogeny). 박테리아 유전자에서 기원한 식물(녹색) 분지에 기생하는 선충류의 xylanase는 효소를 만드는 것으로 알려진 다른 진핵생물이나 균류(파랑색)의 xylanase와 밀접한 관계에 있지 않다. Danchin et al. (2010)에서.

진 이 *B. napus* 계보는 상당한 유전적, 표현형적 변이를 보인다(Pires et al. 2004; Gaeta et al. 2007). Warren Albertin과 동료들은 *B. oleracea*와 *B. rapa*를 다시 교배하고 그 잡종 자식인 *B. napus*에서 1600개 이상의 줄기 및 뿌리 단백질의 발현을 조사하였다(2006, 2007). 많은 단백질들은 정량적으로 양쪽 부모의 영역 밖, 즉 단백질 발현이 부모보다 더 많이 일어나는 첨가 효과를 보이지 않았고 어떤 단백질도 발현의 오류나 유전자 조절의 커다란 결손도 보이지 않았다. 이 결과들은 독특한 특성을 가진 잡종이 단 한 세대 내에 안정적으로 생겨날 수 있음을 말해준다.

진화 도약의 두 번째 기작은 수평유전자전달(horizontal gene transfer)로서 외래 DNA가 새로운 유전체에 안정적으로 융합되는 것이다. 수평유전자전달은 미생물에서 흔하지만 다른 생물들에서도 그 중요성에 대한 증거가 늘어나고 있다(Dunning Hotopp 2011 참조). 식물에 기생하는 선충에서 놀라운 예들을 볼 수 있는데, 그들의 유전체는 숙주를 이용하도록 돕는 셀룰라아제(cellulase)를 비롯한 세포벽 분해효소들을 암호화하고 있다. 계통 분석은 그림 19.18b에 나와 있는 xylanase를 비롯한 이 효소들 중 여러 개의 유전자가 박테리아에서 왔음을 보여준다(Danchin et al. 2010). 수평유전자전달은 실무율적인 현상—외래 유전자가 유전체 속으로 융합이 되거나 안 되거나 둘 중 하나—이기 때문에 진화적 도약을 대표한다.

**진화적 변화는 때로 다양한 기작을 통해 불연속적인 폭발을 보이며 진행한다.**

유전체 속에서 일어나는 유전요소의 이동 또한 진화의 도약을 일으킨다. 전이요소(transposable elements)나 트랜스포존(transposon)은 생물 전체에 널리 퍼져 있고 돌연변이율을 높여 진화의 속도를 증가시킨다. 돌연변이율이 높아지면 해로울 수 있기 때문에 진핵생물과 원핵생물의 유전체에는 트랜스포존의 이동성을 억제하는 기작들이 들어있다. 그러나 유전체 서열을 살펴보면 움직이지 못하는 그러한 트랜스포존이 중요한 세포 기능을 할 수 있음을 알 수 있다. 한 예로 사지동물과 총기어류(lobe-finned fish) 조상에게만 특이적으로 존재하는 트랜스포존이 유전체 내 여러 장소에서 발견이 되고 이들은 신경발생에 관여하는 호메오박스 유전자의 조절을 포함한 핵심 기능을 획득하였다(Bejerano et al. 2006). 뒤이은 연구에서 Lindblad-Toh와 동료들(2011)은 29개의 포유류에서 유전체 전체 염기서열 및 양성선택(positive selection)의 조짐을 보이는 염기서열에 초점을 맞추어 암호화하지 않는 DNA를 분석하고, 그러한 염기서열의 약 20%가 움

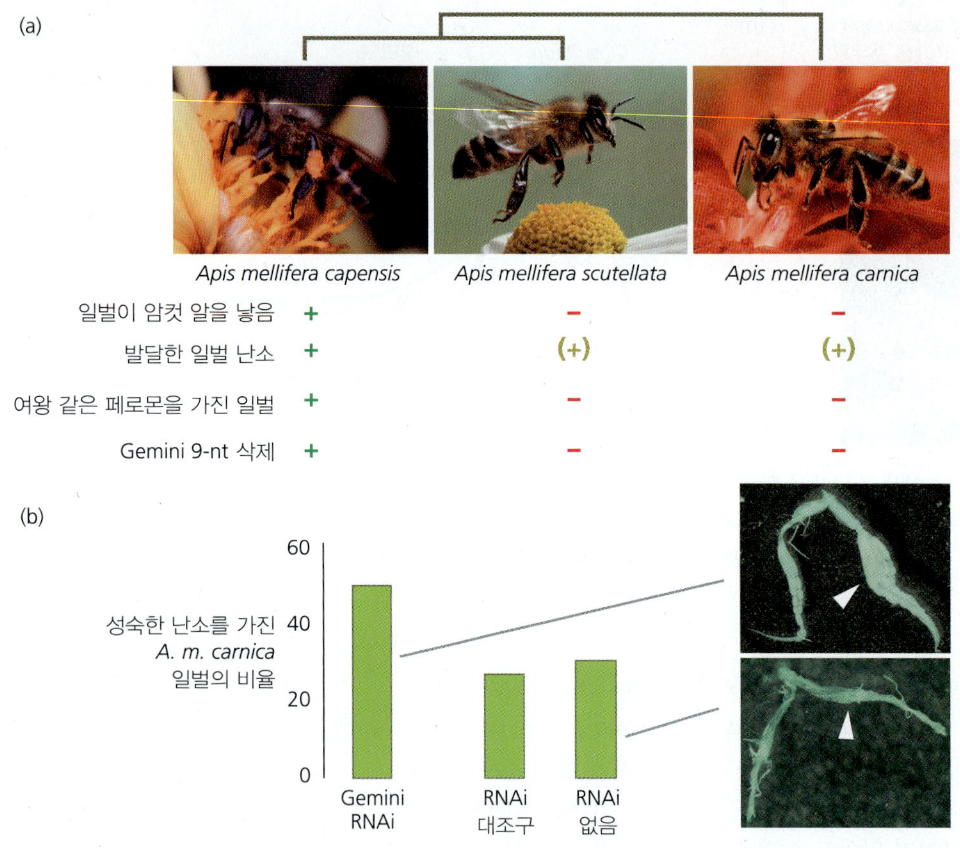


**그림 19.19 Gemini 유전자의 다형성이 꿀벌의 생활사를 변화시킨다** (a) 남아프리카공화국의 희망봉에 사는 희망봉꿀벌(*Apis mellofera capensis*)과 이들의 이웃인 가장 가까운 친척(*A. m. scutellata*), 동유럽꿀벌(*A. m. carnica*). 희망봉꿀벌의 독특한 형질은 gemini 유전자에 9개 뉴클레오티드가 삭제되어 있는 것과 관련이 있다. (b) 새로 태어난 *A. m. carnica* 일벌에게 설탕물과 gemini 유전자의 뉴클레오티드 삭제를 흉내 내도록 디자인한 RNA 분자(gemini RNAi)를 함께 주거나, 흩어진 서열을 가진 RNA(RNAi 대조구)와 설탕물을 주거나, 설탕물만 준 경우(RNAi 없음). 오른쪽의 사진은 난자형성이 활발히 일어나는 성숙한 난소(위의 사진에서 불거진 부분을 가리키는 화살표 머리)와 난자형성이 안 일어나는 미성숙한 난소를 비교한 것이다(화살표 머리, 아래 사진). Jarosch et al. (2011)에서.

직이지 못하는 트랜스포존이라고 결론지었다. Lowe와 동료들(2007)은 그러한 서열들이 우선적으로 발생조절 유전자와 연관되어 있음을 발견하였다.

진화는 천천히 일어난다는 다윈의 개념에 대한 또 다른 도전은 한 개의 대립유전자가 생활사 전체와 집단 수준에 큰 영향을 끼칠 수 있다는 것이다. *Heliconius* 나비의 *optix*와 큰가시고기의 *Ectodysplasin*, 남아프리카공화국의 희망봉꿀벌, *Apis mellifera capensis*; **그림 19.19a**)의 세 가지 예를 들 수 있다. 대부분의 꿀벌 군집에서는 한 여왕만이 생식을 하고, 여왕이 죽으면 일벌이 알을 낳을 수는 있으나 일벌이 군집의 새 여왕이 될 수는 없다. 꿀벌의 반수체 성 결정 때문이다. 수정된 이배체 알은 암컷이고 미수정된 반수체 알은 수컷이다. 그러나 희망봉꿀벌은 예외이다. 암컷 일벌은 무성적으로 암컷 알을 낳을 수 있고 그래서 군집의 새 여왕이 될 수 있다. 생식적으로 왕성한 *Apis m. capensis* 일벌이 생태적으로 우세한 아프리카꿀벌(*A. m. scutellata*; 그림 19.19a) 군집에 들어가면 그 일벌은 암컷으로 결정된 알을 낳기 시작하고 지역의 아프리카 꿀벌 일벌들은 그 암컷을 여왕처럼 대접한다. 그리고 그 결과는 혼돈이다: 희망봉꿀벌의 딸들은 가짜 여왕이 되고 군집은 혼란 속에서 붕괴된다. 양봉업자들은 자신도 모르게 남부 전역으로 이러한 *A. m. capensis*의 사회적 기생을 퍼뜨리고 있다.

생활사의 이러한 차이를 가져오는 유전적 근거는 생식소의 발생과 알의 생성에 관여하는 CP2 전사인자를 암호화하는 초파리 유전자 *gemini*의 이종상동성(orthologous) 유전자에서 발견된다(Jarosch et al. 2011). *A. m. capensis*의 *gemini* 대립유전자는 9개의 뉴클레오티드가 삭제되어 있고 그 결과 단백질 생성물의 변화가 일어난다. 지금까지 조사된 모든 다른 아프리카 꿀벌 종류 및 유럽 꿀벌들은 그 9개의 뉴클레오티드가 정상이다. 이러한 삭제가 꿀벌 일벌들로 하여금 더 발달된 난소, 여왕을 낳을 수 있는 능력, 여왕같은 큐티클층 페로몬 외형을 갖게 만드는 것처럼 보인다. Antje Jarosch와 동료들(2011)은 유럽꿀벌, *A. m. carnica*들에 삭제의 효과를 흉내내도록 디자인된 RNA분자를 투여하여 이 가설을 시험하였고, 이 실험 꿀벌들은 대조구와 비교했을 때 더 발달된 난소를 보였다(그림 19.19b). 따라서 9개의 뉴클레오티드 삭제가 분명히 종 내에서 생활사를 변화시켰고 야생 집단에 퍼졌으며 생태적 혼란을 야기하면서 그들의 역학관계를 변화시킨 이런 경우가 생겼다고 추정할 수 있다.

한 개의 유전자 *gemini*가 꿀벌의 생식, 생리와 행동에 그렇게 넓은 범위에 걸친 효과를 갖는 이유는 혹스 유전자나 *optix*처럼 *gemini*가 전사인자를 암호화하고 그 전사인자가 다른 수많은 유전자들과 상호작용하면서 그 유전자들을 조절하기 때문이다. 다른 여러 종류의 유전자그룹들도 역시 다수의 다른 유전자들에게 영향을 줄 수 있고 이들은 도약진화를 일으키는 또 다른 후보자들이다. 그들 중에는 동식물의 생활사를 조정한다고 알려진 형태형성호르몬 유전자들이 있다. 우리는 이미 장의 앞부분에서 맹그로브의 앱시스산(ABA)을 논의했었고, 다른 예들로는 다음과 같은 것들이 있다; 도롱뇽, 개구리, 성게 생활사 변화를 통해 진화를 일으키는, 갑상선호르몬의 대사나 발현의 변화; 파리의 유충 생식(larval reproduction) 진화를 일으키는, 엑디스테로이드(ecdysteroid)에 대한 세포 반응의 변화; 계절에 따른 나비의 형태, 쇠똥구리의 뿔 형태와 교미 방식, 개미에서 일개미와 병정개미의 계급 차이 같은 곤충 진화의 여러 양상을 일으키는 유충호르몬의 변화. 이러한 호르몬들은 분비 시기나 작동방법의 작은 변화가 생활사의 시기(이시성, heterochrony)와 형태적, 행동적 결과에 심각한 영향을 줄 수 있기 때문에 진화의 표적이 될 가능성이 높다(Heykand et al. 2005년의 review 논문).

진화의 도약을 일으키는 기작들 중에는 전사인자 유전자의 돌연변이가 있다.

종합해보면, 우리는 진화에서 도약이 얼마나 자주 일어나는지 확실하게 말할 수는 없지만 그것이 불가능하거나 반드시 드문 일은 아님을 확신할 수 있다.

## "날개의 5% 문제"와 이보-디보 해결책

이보-디보의 일부 결과들이 현대 종합설의 일부 견해들을 수정하기는 했지만, 대부분의 연구들은 변화를 지닌 자손과 진화 기작의 기본 개념들을 더 확고히 해주었다. 실제로 이보-디보의 가장 중요한 발견들 중 일부는 진화의 미스터리, 즉 Stephen J. Gould(2002, p. 1220)가 "날개의 5%"라고 불렀던 문제를 해결하도록 도와주었다: "만일 날개의 5%가 비행에 어떤 도움도 주지 못했다면 다윈의 점진주의와 적응주의 방식으로 진화가 어떻게 날개를 만들어냈을까? 진화의 다른 많은 수수께끼에서처럼 다윈(1872, p. 148)은 이에 대해서도 핵심적인 제안을 하였다: "한 기능이 다른 기능으로 전환될 가능성을 항상 염두에 두어라" Gould와 Elizabeth Vrba(1982)는 그러한 전환을 서술하기 위해 **창출적응(exaptation)**이라는 용어를 만들었다.

독특한 구조는 때로 기능의 변화를 통해 진화된다.

날개에 관해 제시된 해결책은 기존의 작은 "원시-날개"가 또 다른 기능을 하도록 적응했거나 심지어는 비적응(nonadaptive)을 했다는 것인데 비적응의 경우는 나는 것이 아닌 문제에 대해서이다. 비행의 효용성은 나중에 창출적응으로 나타났다. Joel Kingslover와 Mini Koehl(1985)은 날개를 임의대로 다양한 크기로 만든 물리적 모델을 만들어서 곤충의 원시날개가 체온조절 기능을 했으리라는 가설을 시험하였다. 모델 곤충들은 날개 크기가 조금만 변해도 체온조절 능력이 향상되었고, 원시날개의 크기가 충분히 커지면 공기역학적인 기능을 제공하기 시작하였다.

결과는 그럴 듯하지만 그래도 우리는 아직 잠정적인 결론밖에는 내릴 수가 없다. 다시 그 시대로 돌아가서 날개의 진화역사를 새로 만들어낼 수가 없기 때문이다. 그럼에도 불구하고 연구자들은 이보-디보의 도구들을 통해 창출적응 가설의 일부를 열심히 시험하고 날개의 5% 문제에 대한 다윈의 해결방법을 지지할 수 있게 되었다.

예를 들어 우리는 상당한 확신을 가지고 단백질 기능의 창출적응을 알아볼 수 있다. 두 단백질에서 125개 아미노산 중 120개가 동일하다면 그 둘은 이종상동이나 동종상동 중 하나에 의해 진화적으로 연관되어 있을 가능성이 높다. 계통분석과 단순성(parsimony) 논쟁을 통해 우리는 특정 단백질의 기능이 변해왔는지 아닌지 그리고 어느 방향으로 변화가 일어났는지 접근할 수 있다. **그림 19.20**에서 한 예를 볼 수 있다.

수정체는 독립적으로 진화된 두족류와 척추동물의 복잡한 눈들에서 볼 수 있는 공통적인 특성이다. 두 그룹 모두에서 수정체는 수명이 긴 세포들로 이루어져 있는데, 이 세포들은 핵 및 다른 대부분의 세포소기관들이 없고 대신 투명한 내용물을 가지고 있다. 수정체 세포의 주요 구조단백질은 crystallin이다. crystallin들은 특히 수정체 속에 많이 들어 있지만, 기본적인 물질대사에 관여하는 기능을 가진, 잘 알려진 효소들이다(Wistow and Piatgorsky 1987). 예를 들어 조류 수정체의 주요 crystallin은 간의 요소회로 효소로 기능을 하고 코끼리 뒤쥐(elephant shrew)의 주요 crystallin은 알코올 해독효소인 알데히드 탈수소효소이기도 하다.

효소의 이러한 기능들은 모두 오래 전, 눈이 진화하기 전에 생긴 것이기 때문에 수정체에서 그렇게 높은 수준으로 발현된 것과는 무관하다. 이 유전자들은 아마도 높은 농도에서의 용해도, 투명함, 긴 생존율 등으로 인해 창출적응되었을 것이다. 일부 분류군에서는 crystallin 효소 유전자가 중복이 되어, 그 중 한 개는 원래의 효소 기능을 계속 수행하고 나머지 한 개의 딸 유전자는 수정체 기능을 하도록 특수화된다(이 경우 효소기능은 상실함). 이런 점에서 유전자 중복과 기능의 다양화에 뒤이어 일어나는 창출적응이 진화에서 단백질이 새로운 기능을 획득하게 되는 흔한 기작일 수 있다.

척추동물과 무척추동물의 수정체가 독립적으로 진화해왔음에도 불구하고 가리비(scallop)와 코끼리 뒤쥐의 주요 crystallin은 모두 알데히드 탈수소효소이다(그림 19.20; Graham et al. 1996; Piatigorsky et al. 2000). 이것은 단지 우연한 사건일까? 아마도 아닐 것이다. 수정체의 crystallin 기능에 필요한 요건(용해도, 투명도, 수명)을 모두 충족시킬 수 있는 단백질 종류는 전체 단백질들 중 아주 작은 일부에 지나지 않는다. 따라서 이것은 지금이든 훗날이든 진화 역사에서 다시 반복될 것이라 예상할 수 있다.

이 결과는 발생과 진화의 연구에서 되풀이되던 이슈를 다시 부각시켰다. 발생상의 어떤 관점에서 두 생물 사이에 유사성이 보인다면 우리는 어떻게 그 유사성이 상동인지 호모플라시인지 결정할 수 있을까? 이 문제는 알데히드 탈수소효소 crystallin에서는 금세 해결된다. 원래의 기능이 분명하고 뒤쥐와 가리비 사이의 계통적 거리가 크다는 것이 그들의 독립적 기원을 확실하게 해주기 때문이다. 그러나 다른 경우들은 어떤가? 척추동물과 무척추동물(종종 생쥐와 파리)을 비교해보면 심장 발생, 부속지 발생, 앞뒤축과 등배축 발생, 눈 발생에 유사한 유전자가 관여함을 알 수 있다. 이것은 많은 그룹의 동물들에서 발견되는 기본적인 과정이다. 그렇다면 어떻게 진화역사를 결정하고 그에 따른 상동과 호모플라시 사이의 판단을 할 수 있을까?

Eric Davidson(2001, pp. 189~190)은 척추동물과 무척추동물의 머리, 심장, 부속지, 눈이 겉으로는 서로 유사해보여도 해부학이나 발생과정은 매우 다르다는 것을 주목하였다. 그럼에도 불구하고 “수없이 반복적으로 동일한 전사 조절자가 최소한 겉모양에서 유사하게 보이도록 만드는 데 사용되었다” 우리는 이 논의를 혹스 역설에서 이미 다루었고, 이것이야말로 아마도 현대 이보-디보에서 가장 예상치 못한 의외의 발견일 것이다. 고전적인 호모플라시의 예인 문어와 사람의 눈 같은 구조는 실제로 발생동안 유사한 조절유

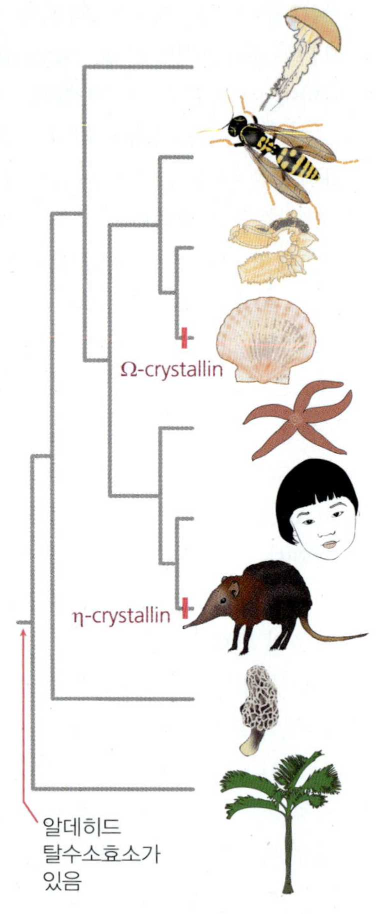


**그림 19.20 단백질의 오래된 기능과 새로 생긴 기능** 알데히드 탈수소효소는 고세균, 박테리아, 진핵생물의 알데히드의 산화를 촉매하는 오래된 효소이다; 이들의 서열 유사성은 이들이 진화적으로 서로 관련되어 있음을 말해준다. 유연관계를 가진(그러나 이종상동은 아님) 알데히드 탈수소효소들이 거리가 먼 두 동물 그룹들인 가리비와 코끼리 뒤쥐에서 독립적으로 주요 구조단백질인 수정체 crystallin이 되었다. 척추동물에서 알데히드 탈수소효소는 눈에 많고 이로 인해 아마도 코끼리 뒤쥐의 수정체 crystallin으로 사용이 되었을 것이다.

전자를 사용한다.

이러한 난감한 문제에 대한 Davidson의 해결책은 창출적응이었다(일부분이 강조되었다):

> 그러나 구조가 이미 만들어졌더라도 아직 뇌는 뉴런의 분화 프로그램을 사용해야 하고 심장은 특정한 종류의 수축세포들이 필요하다; 눈은 광수용기세포가 필요하고... 그래서 우리의 역설에 대한 가능한 해결 방법은 우리가 발견한 조절유전자(예를 들어 곤충과 척추동물의 심장에서)들이 원래는 (심장) 기능에 필요한 유전자들의 분화를 담당했다는 것이고 이 유전자들이 특정한 장소에서 발현되었기 때문에 **진화하는 동안 각 분기군(*clade*)에서 서로 다르게 더 정교한 패턴 형성 기능을 하게 되었다는 것이다.**

Davidson은 관심대상이었던 조절유전자의 원래 기능을 살펴보면서 5억 년 이상 전에 살았던 파리와 척추동물의 마지막 공동조상에서의 기능을 상상했다. 한 가지 가능성은 이 고대 조상이 초보적인 심장을 가지고 있었고 그 심장의 발생이 우리의 관심 조절유전자에 의해 조절된 것이다. 이 첫 번째 시나리오는 해부학적 차이와 배 기원의 차이에도 불구하고 척추동물과 곤충의 심장은 사실상 상동임을 말해준다; 우리는 이를 "고대 심장" 시나리오라 부른다.

Davidson은 또 다른 가능성을 제안했는데, 그것은 곤충과 척추동물의 심장이 독립적으로 진화했다는 전통 개념을 뒤엎을 필요가 없다. 곤충-척추동물 조상이 심장을 가졌는지 아닌지 모르지만 우리는 그들이 장의 연동작용과 같은 주기적 수축을 하는 구조를 가졌을 것으로 예상할 수 있다; 주기적 수축은 이 조상의 다양한 후손들뿐 아니라 해파리, 말미잘, 심지어는 해면 같은 더 원시적인 동물 계보에서도 발견된다.

따라서 Davidson의 대체 시나리오는 곤충-척추동물 조상에서 이 조절유전자의 원래 기능은 주기적 수축이었고, 후에 척추동물과 곤충에서 독립적으로 심장이 진화하면서 수축을 담당하는 동일한 유전자 조절 아래 놓이게 되었다는 것이다. 다른 말로 하면 가리비와 코끼리 뒤쥐의 수정체와 마찬가지로 곤충과 척추동물 심장의 유사한 유전자 조절이 평행하게 진화되었다는 것이다.

고대 심장 대 평행진화 시나리오를 구별하기 위해 우리는 곤충과 척추동물의 심장과 그 발생을 조절한다고 알려진 유전자들을 더 자세히 들여다볼 필요가 있다. 척추동물의 심장 세포를 만드는 핵심 호메오박스 전사조절자는 NK4 유전자군의 *Nkx-2.5* 유전자로, 장과 심장을 만드는 중배엽에서 발현된다. 생쥐의 *Nkx-2.5* 돌연변이는 정상적인 심장을 만들기 시작하나 나중에 심장관에 결함이 생기는데, 놀랍게도 심장이 전혀 안 생기는 *tinman* 돌연변이 초파리에서도 초파리 *Drosophila* NK4 유전자군 중 하나인 *tinman*이 심장 형성에 관여한다는 것이다(Olson 2006 참조).

심장 발생에 대한 NK4 유전자의 관여는 그러한 유사성에서만 볼 수 있는 것이 아니다. 대부분의 전사조절자들처럼 NK4 유전자도 조절 유전자 네트워크의 한 부분이고 척추동물의 *Nkx-2.5*도 MEF2와 GATA라는 두 전사인자와 BMP군 신호분자 같은 단백질의 유전자를 포함한다. 또한 이들 유전자의 이종상동은 곤충의 심장 발생에서도 기능을 한다. 더구나 심장은 종종 분지된 혈관구조들과 폭넓게 연관되어 있고 혈관 상피 성장요소 수용체(vascular endothelial growth factor receptor, VEGFR)는 곤충과 척추동물 모두에서 혈관의 발생에 관여한다. 실제로 이 유전자 그룹(NK4, MEF2, VEGFR)들에 속하는 일부 유전자들이 오징어, 창고기, 환형동물 같은 그룹의 동물들에서도 심장이나 심장 유사기관, 혈관의 발생 동안 발현되며(**그림 19.21, 다음 쪽**; Yoshida et al. 2010), 이 동물들은 모두 곤충과 척추동물이 공유하는 동일한 조상을 공유한다.

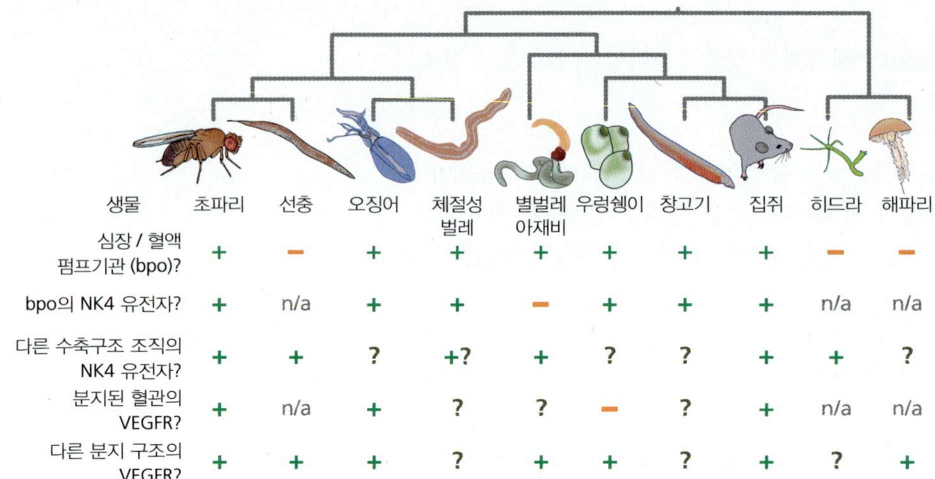

| 생물 | 초파리 | 선충 | 오징어 | 체절성 벌레 | 별벌레 아재비 | 우렁쉥이 | 창고기 | 집쥐 | 히드라 | 해파리 |
|---|---|---|---|---|---|---|---|---|---|---|
| 심장 / 혈액 펌프기관 (bpo)? | + | − | + | + | + | + | + | + | − | − |
| bpo의 NK4 유전자? | + | n/a | + | + | − | + | + | + | n/a | n/a |
| 다른 수축구조 조직의 NK4 유전자? | + | + | ? | +? | + | ? | ? | + | + | ? |
| 분지된 혈관의 VEGFR? | + | n/a | + | ? | ? | − | ? | + | n/a | n/a |
| 다른 분지 구조의 VEGFR? | + | + | + | ? | + | + | ? | + | ? | + |

**그림 19.21 NK4와 VEGFR: 고대 심장인가, 평행진화인가?** 그림은 심장이나 혈액펌프기관(bpo)을 가진 동물들 사이의 관계 및 NK4와 VEGFR 유전자와 bpo, 관련 혈관 구조들, 그 발생 과정 사이의 일치를 보여준다. 모든 실험에서 NK4의 발현은 수축구조와 폭넓게 관련되어 있고 VEGFR의 발현은 다양한 분지 구조, 즉 뉴런의 수상돌기 형성이나 세포의 사상위족(fillopodia) 등의 발달과 관련이 있었다.

방금 언급한 동물들은 모두 심장이나 혈액 펌프 기관을 가진다: 개방(곤충) 혹은 폐쇄(창고기, 오징어, 환형동물, 척추동물)된 순환계 속에서 혈액을 순환시키기 위해 주기적으로 수축하는 구조. Davidson의 평행진화 시나리오는 주기적 수축이라는 오래된 조절 능력을 공유한다는 것이다. 평행진화를 더 확고히 하거나 혹은 반박하는 증거를 현존 생물에서 찾을 수 있을까?

예쁜꼬마선충(*Caenorhabditis elegans*)은 곤충-척추동물 조상의 또 다른 자손이다. 예쁜꼬마선충은 심장이 없지만 NK4 유전자가 주기적으로 수축하는 구조이자 소화기관인 인두의 발생에서 기능을 담당한다(Okkema et al. 1997). 반삭동물인 별벌레아재비는 심장처럼 생긴 수축성 주머니를 가지고 있다; 이 주머니에서는 NK4 유전자가 발현되지 않지만 NK4 유전자는 대신 인두의 발생과 연관되어 있다(Lowe et al. 2006). 만일 곤충-척추동물(좌우대칭동물) 조상이 가졌던 NK4의 원래 기능을 알고 싶다면 좌우대칭동물 조상이 출현하기 전에 분기된 그룹을 살펴보는 것이 최선일 것이고, 자포동물 *Hydra magnipapillata*에 그러한 자료가 있다. 이 히드라는 심장이 없으나 역시 NK4 그룹의 유전자가 자루의 기부 근처에 있는 인두같은 수축 구조에서 발현된다(Shimizu and Fujisawa 2003).

VEGFR은 어떤가? 이것은 해파리 *Podocoryne carnea*에서도 알려져 있다. 해파리의 VEGFR은 촉수로 뻗어 있는 소화계의 가지(이것도 역시 일종의 혈관계로 기능한다)에서 발현된다. 또 선형동물에서는 VEGFR이 화학감각 뉴런의 분지에 관여한다. 이런 의외의 발견들은 다른 동물에서 VEGFR의 부가적인 기능을 찾는 실마리를 주었고 그 결과 VEGFR의 이종상동성은 척추동물의 뉴런 경로 찾기, 우렁쉥이 군집의 개체들을 연결하는 분지된 순환계, 초파리 난모세포에 있는 특수화된 "경계세포(border cell)"의 관 모양의 돌기에서도 발견되었다(Ponnambalam and Alberghina 2011).

심장을 가진 혹은 심장이 없는 더 많은 문들의 자료가 있으면 더 좋겠지만, 현재까지 알려진 정보에 기초하면(그림 19.21) NK4 유전자는 원래 인두 같은 주기적 수축성을 가진 구조의 발생에 관여했고 나중에 심장이나 심장과 유사한 펌프기관의 발생에 창출적응하였다. 반삭동물의 심장같이 생긴 단순한 기관에 NK4의 발현이 없는 것은 반삭동물의 심장 유사구조의 발생에서 NK4가 상실된 것으로 설명할 수 있거나 선구동물과 후구동물의 심장 발생에서 NK4 유전자의 독립적인 창출적응을 의미한다. 더 다양한 동물에서의 NK4 및 그 네트워크에 관한 자료가 필요한데, 특별히 빗해파리(유즐동물문)의 조사는 아주 교훈적이었다. 자포동물처럼 빗해파리도 좌우대칭동물 조상 이전에 진화하였다. 그러나 자포동물과 달리 빗해파리는 더 많은 중배엽성 구조들을 가지며 좌우대칭동물의 심장과 혈액펌프 기관도 역시 중배엽성이다. VEGFR에 관점에서 보면 이제까지의 모든 척추동물과 무척추동물 자료의 공통 분모는 이 신호체계가 신경계이든 소화계이든 혈관계이든 간에 고도로 분지가 된 구조의 형성에 특수화되었다는 것이다.

따라서 동물 심장의 발생과 진화에서 새로 얻은 이 자세한 자료들은 유사한 유전자 조절이 아주 다른 구조들의 기저에 공통적으로 작용한다는 Davidson의 평행진화 시나리오와 일치한다.

그러한 발견이 날개의 5% 문제를 해결하는 데 도움이 될 수 있을까? 전사인자는 단순히 다른 유전자들의 전사를 조절한다는 것을 기억하라. 그것은 건축현장의 현장감독과 같다. 현장감독은 실제 무엇을 만드는 것이 아니라 목수, 배관공, 전기기술자들의 작업을 전반적으로 감독하는 것이다. 만일 새 건물을 짓는다면 우리는 현장감독과 계약하고 그가 필요한 전체 팀을 알아서 데려올 것이다. 평행진화 시나리오가 옳다면, 진화과정 동안 생물은 액체를 펌프하는 기관이나 고도의 분지된 구조의 형성과정을 매번 완전히 재발명할 필요가 없었다. 대신 그들은 단순히 펌프기관을 만드는 유전자 네트워크를 데려오는 NK 유전자와 분지된 구조를 짓는 데 필요한 네트워크를 데려올 VEGFR 유전자만을 모집했을 것이다. 이미 존재하는 유전자 조절 네트워크의 창출적응은 복잡한 구조를 진화시키는 효율적인 방법이다.

**조절유전자 네트워크의 기능에서 일어나는 진화적 변화는 발생 기작 대(vs) 기작이 조절하는 구조의 더 깊은 상동을 설명하는 한 방법이다.**

이 예들은 상동과 호모플라시를 논의할 때 우리가 계급 수준을 명확히 해야 한다는 것을 다시 일깨운다. NK4 유전자에 대한 비교 자료는 선형동물의 인두와 척추동물의 심장이 상동이라 말하는 것이 아니라, 유사하지만 비상동인 두 액체 펌프기관의 형성 과정에 상동의 전사인자(아마 관련 유전자 조절 네트워크도)가 사용됨을 뜻한다.

## 19.4 혹스로의 환원: 상동인가 호모플라시인가?

혹스 유전자에 대한 앞의 논의에서, 대부분의 좌우대칭동물들이 가진 주요 공통점 두 개, 즉 주요 체축을 따른 혹스 유전자 발현 양식의 공간적 일치와 혹스 유전자와 신경계와의 연관성을 이야기하다가 중단되었음을 기억하라. 우리는 또한 서로 다른 여러 동물 그룹(말미잘, 창고기, 척추동물, 곤충)에서 혹스 유전자군의 팽창을 통해 유전자들이 새로이 진화되고 이들이 공간적 일치성을 유지시켜 왔음을 보았다. 이것은 공간적 일치가 혹스 유전자군의 공통적인 결과물이라는 것이고 이러한 발견은 전사가 활발히 일어나는 생쥐 배의 여러 부위에서 혹스 집단의 구조가 발견되어 더욱 지지를 얻게 되었다(Noordermeer et al. 2011).

그럼에도 불구하고 우리는 역위, 분리, 심지어는 분해된 유전자군조차 기존의 공간 발현 양식을 그대로 유지하는 많은 예들을 보았다. 이러한 발견들은 본질적으로 유전자 집단화와 무관한 부가적인 완충 기작이 동물 전체에 반복적으로 진화되어 이 유전자들의 적절한 공간 발현을 공고히 했음을 말해준다. 그리고 마지막으로 우렁쉥이 혹스 유전자에 어떤 특별한 기능이 없다는 놀라운 사실은 혹스 유전자의 고도로 완충된 발현 양상이 축을 만드는 기능보다도 더 기본적인 것일 수 있음을 말해준다.

더구나 혹스 유전자의 확고한 공간발현 양식은 앞뒤축과 전혀 상관없는 3개의 경우에서도 발견된다: 성게와 바다나리(극피동물)의 체강 구획에서; 말미잘(자포동물)의 등배축을 따라; 척추동물의 사지축을 따라 비뇨생식계와 장 내부에서. 척추동물과 극피동물의 예들은 창출적응처럼 보이고, 혹스 유전자가 또 다른 축이나 내부 구조를 따라 구역화를 만드는 이상적인 후보자임을 말해준다.

이제 우리는 혹스 유전자 진화의 가설 중 하나를 설명할 수 있게 되었다: 절지동물과 척삭동물이 보이는 체절상의 동일성을 논의하는 데 있어 혹스 유전자 발현의 놀랄만한 유사성 및 심지어 기능의 유사성이 이 두 동물 그룹의 체절 자체가 상동임을 말하고 그래서 좌우대칭동물의 공동조상이 체절을 가졌었다고 말해주는가? 다양한 문 들 사이의 비교에 의존하는 대신에 우리는 보다 가까운 그룹들을 살펴보면서 이 질문을 풀어갈 수 있다.

체절의 정의는 매우 혼란스럽지만 가장 일반적인 견해는 "주요 체축을 따라 몸의 구조와 기관들이 내적 외적으로 반복되는 것이다." 현재 유조동물(velvet worm)은 절지동물의 생존하는 가장 가까운 친척이라고 생각되고 있다; 그러나 절지동물과 달리 유조동물은 위의 정의에 따르면 체절화되어 있지 않다. 이는 두 개의 가능한 시나리오를 제시한다. 절지동물과 유조동물의 조상이 체절화되어 있지 않았고 체절이 절지동물의 진화 초기에 생겨났거나, 절지동물-유조동물의 조상이 체절화되어 있었으나 유조동물 계보에서 이를 잃어버린 것이다.

특성이 사라지면 종종 존재의 흔적—고래의 뒷다리 뼈처럼—을 남긴다. 우리는 현재 체절이 사라진 동물 2가지 경우의 증거를 가지고 있는데, 체절화되어 있지 않은 이 두 그룹의 벌레들은 의충동물(의충동물문, echiurans)과 성구동물(성구동물문, sipunculans)로 이들은 체절화된 환형동물 문 내에서 기원한 것으로 보인다(Struck et al. 2007). 그렇다면 이 두 계보는 진화역사에서 언제인가 체절성을 잃었음이 틀림없다. 실제로 외부적으로는 체절성의 모습이 전혀 안보이지만 이들의 배의 신경계는 여전히 체절화되어 있다(Heaaling 2002, 2003; Kristof et al. 2008): 체절성 과거에 대한 확실한 흔적(그림 19.22a, b).

유조동물은 어떤가? 의충동물이나 성구동물과 달리 이들은 발생 중인 신경계, 근육 혹은 다른 어느 내부 구조에서도 체절성이 보이지 않는다(그림 19.22c; Mayer and Whitington 2009; Whitington and Mayer 2011). 이것은 절지동물-유조동물 조상이 체절화되어 있지 않았고 따라서 체절성은 환형동물뿐 아니라 절지동물이나 척추동물에서도 독립적으로 일어났음을 말해준다.

혹스 유전자의 진화가 우리에게 주는 암시는 무엇일까? 절지동물과 척삭동물의 체절성이 호모플라시의 예라면 척추동물과 곤충에서 동일한 체절을 조절하는 혹스 유전자의 유사한 기능은 평행진화의 한 예, 즉 아마도 벌레처럼 생긴 어떤 좌우대칭동물 조상의 중추신경계에서 혹스 유전자가 국소적으로 발현된 것으로부터 창출적응된 한 예가 될 것이다.

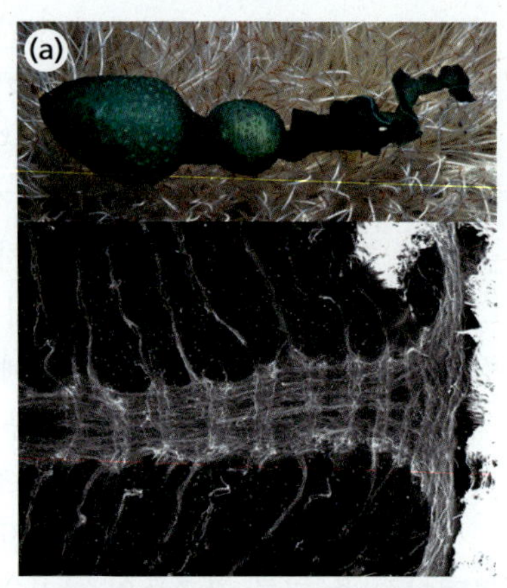

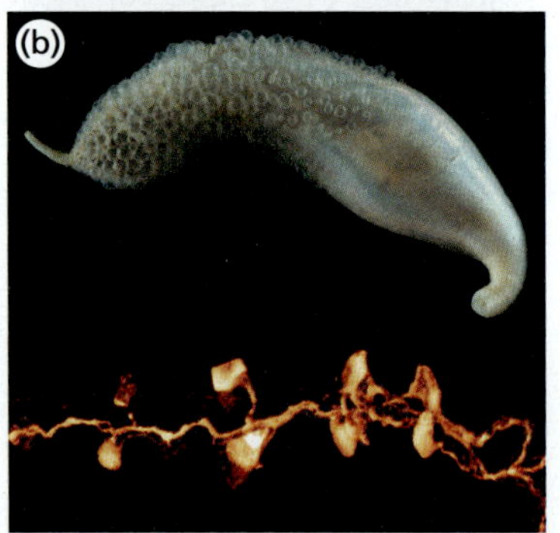

**그림 19.22 신경계 체절성의 흔적**
(a) 의충동물(echiurans)과 (b) 성구동물(sipunculans)의 신경계를 자세히 살펴보면 체절성의 흔적을 볼 수 있다. (c) 유조동물(onycophora)도 역시 비체절성이지만 몸을 따라 반복되어 나타나는 부속지가 있다. 하지만 이들의 신경계에는 체절성의 흔적이 명확하지 않다. 신경계 사진 (a)는 Rene Hessling; Hessling (2002, 2003) 참조. 신경계 사진 (b)와 (c)는 Kristof et al. (2008) and Mayer and Whitington (2009)에서.

## 19.5 이보-디보의 미래

최근 수십 년 동안 우리는 이보-디보에 흥분되어 있었다. 발생생물학의 접근법과 기술을 적용하여 진화에 대한 더욱 심오한 통찰을 할 수 있었고, 특히 이러한 통찰은 발생 연구 대상 생물들의 범위를 계속 넓혀나간 것으로부터 비롯되었다. 비교를 통한 접근은 다소 부족했으나 신중하게 분류군을 선택하고 이들을 개별적으로 대조하는 방법으로 진화에 대한 질문을 연구하였고 따라서 결론의 일반화를 이끌어낼 수 있었다.

지금까지 수많은 다세포 분류군 중 특히 동물과 식물 두 그룹만이 상당한 수준으로 연구가 되어왔다. 일부 단세포생물도 생활사 동안 독특한 발생과정을 보이기는 하지만 분명히 각 다세포생물들이 지닌 특성들이야말로 발생적으로 아주 복잡한 수준의 독특한 기원을 보이는 것이 사실이다. 그러나 다세포성과 거기서 비롯된 복잡한 발생과정은 해당 동물이나 식물에서 오직 한번만 일어나기 때문에 우리가 이 두 발생 체계의 국소적인 어느 한 부분에 너무 지나치게 집중할 위험이 있다. 발생이 어떻게 진화를 만들어 가는지 완전히 이해하려면 다른 다세포생물 분류군—갈조류, 균류, 홍조류, 녹조류—들의 연구도 필요하고 이들 중 일부는 다세포성의 다양한 기원 및 그에 따른 복잡한 발생과정을 잘 보여준다. 잘 연구되어 있지 않은 이 다세포 그룹들도 지구 생태계에서 매우 중요하며 우리는 이 분류군들까지 연구영역을 확장해야 한다는 자극을 받고 있다.

여러 분야들 사이의 통합도 발생과 진화를 넘어 더 확대되어야 한다. 많은 이보-디보가 한 유전자의 기능에 초점을 맞추고 있음에도 불구하고 생화학 분야에서 잘 훈련된 실험자들이 많지 않다. 진화에서의 발생경향성에 대해 제대로 이해하려면 생화학에 대한 이해가 더욱 더 필요한 상황이다. 또한 서열정보에 대한 폭발적인 증가로 시스템생물학과 네트워크 모델링에도 커다란 진전이 있었다. 궁극적으로 우리는 생물진화를 이해하기 위해 이 모든 접근 방법들을 종합해야만 한다. 이보-디보는 완전히 통합된 생물학으로 가는 안내표지에 불과하다. 따라서 우리는 언제인가 디보 없이 단순히 진화라는 한 용어만으로 다윈의 생각을 완성할 수 있는 날이 오기를 기다린다.

## 요약

다윈 및 그 동시대의 사람들은 진화와 발생 사이의 밀접한 관계를 인식하고 있었으나, 다윈의 저술에는 만족할만한 유전 기작이 결여되어 있다. 20세기에 멘델유전학이 재발견되면서 현대 진화종합설이 탄생했으나 여기서도 발생생물학에 대한 고려가 배제되었다가, 20세기 후반 이후 분자적, 유전학적 지식이 폭발하면서 이보-디보라는 이름 아래 화해를 예고하게 되었다.

많은 동물들에서 혹스 유전자가 발견되어 흥분을 했지만 혹스 연구는 종종 설명의 다양성 대신 동물들 사이의 공통점에 초점을 맞춘 채 남게 되었다. 실제로 혹스 유전자의 역사는 원래 생각했던 것보다 훨씬 복잡하고 아직도 흥미로운 진화적 통찰을 만들어내고 있다.

최초의 혹스 발견 이래 이보-디보 분야는 눈부시게 성숙, 팽창했고 다윈주의 사고의 근본 개념들을 다시 생각하게 만들었다: 진화에서 점진적인 변화가 우세함, 생명의 다양성을 설명하는 가장 중요한 방법인 자연선택이 거의 모든 곳에 존재함, 변이는 항상 존재하고 경향성이 없다는 것. 이보-디보는 이 개념들을 근본적으로 뒤엎지 않으나, 동시에 돌연변이가 큰 영향력을 가진다는 것, 진화의 경향성이나 제약의 징후로서 호모플라시가 놀랄 만큼 흔하다는 것 등의 관점을 새로 가져다주었다.

그럼에도 불구하고 대부분의 이보-디보 연구에서 얻은 진화의 기능에 대한 증거와 자세한 내용들은 다윈의 생각과 상당히 일치하였다. 예를 들어 아마도 생물만이 가진 새롭고 독특한 특성들의 기원 속에서 창출적응이 다수 발견된 것은 이미 다윈이 명쾌하게 예견했던 바이다.

이보-디보는 혹스 유전자나 곤충의 체절성에서 보듯이, 법칙처럼 정해져 있는 기능들보다는 오히려 그 발현양식이 진화적으로 더 안정적이라는 반직관적인 발견 같은 놀라운 결과들을 계속 만들어내고 있다.

이보-디보는 발생생물학이 진화적 사고에 완전히 통합되어야 한다고 말하고 있다.

## 질문

1. 진화 종합설에는 왜 발생생물학이 포함되지 않았는가? 어떤 발견이 발생과 진화 사이의 화해를 가져오게 되었는가?
2. 진화는 도약하여 진행될 수 있는가? 여러분의 답을 지지해 주는 예들을 들어보라.

3. 혹스 유전자의 정준발현양식은 무엇인가? 그것은 혹스 유전자들이 한 개의 유전자군 집단 내에 있지 않을 때에도 유지되는가? 증거는 무엇인가?

4. 다윈은 "날개의 5% 문제"를 어떻게 설명했는가? 그의 설명은 정확했는가? 증거는 무엇인가?

5. 어떤 점에서 코끼리 뒤쥐와 가리비의 수정체 crystallin이 상동인가? 어떤 점에서 그들이 호모플라시인가? *Heliconius melpomene xenoclea*와 *H. erao microlea*의 날개 위 붉은 반점에 대해서는 어떤가?

6. 창출적응을 정의하고 예 하나를 들어보라. 여러분은 어떻게 여러분이 선택한 형질이 기능의 변화를 초래할지 알 수 있는가? 여러분 자신의 몸에서 창출적응을 찾아낼 수 있는가?

7. 발생 경로에서의 경향성이 진화 가능성을 제한하는가? 이 가설을 어떻게 시험해 볼 수 있을까?

8. 혹스 역설은 무엇인가? 해결책을 제시할 수 있는가?

9. 좌우대칭동물의 공동조상은 심장을 가졌는가? 진화 계통수를 그리고 그 위에 심장을 표시하여 여러분의 답을 정당화해 보라.

10. 인위선택을 통해 성장속도가 빠른, 완전 무장 담수 큰가시고기를 번식시키는 것이 가능하다고 생각하는가? 그렇다면 왜 그런지, 아니라면 왜 아닌지 답하라.

11. 왜 많은 분류군에서 혹스 유전자를 연구한 것이 도움이 되었는가? 연구 결과들은 혹스 유전자의 원래 기능에 대해 무엇을 제시해 주었는가?

# 문헌탐구

12. 유전자 발현 양식과 그들이 조절하는 복잡한 구조 중 어떤 것이 먼저 나타났는가? 우리는 앞뒤 체축을 따라 나타나는 체절의 분화를 논의했는데, 증거들은 발현 양식이 먼저라고 말한다. 그러나 우리는 그것이 성급한 결론임을 알아야 한다. 체절화된 유전자 발현 양식은 자매그룹인 절지동물의 체절화된 사지에서뿐 아니라 유조동물의 체절화되지 않은 사지에서도 볼 수 있으며 이는 발현 양식이 먼저임을 말해준다. 그러나 최근의 화석 결과는 고대 로보포드(lobopods)—유조동물의 조상으로 추정됨—의 일부에서 체절화된 사지를 보인다(몸은 체절성이 아님에도 불구하고). 따라서 현존 유조동물의 비체절성 사지의 체절성 유전자 발현은 아마도 체절성 사지를 가졌던 lobopod 조상에서 물려받았을 것이다. 다음을 참조하라:

Janssen, R., B. J. Eriksson, et al. 2010. Gene expression patterns in an onychophoran reveal that regionalization predates limb segmentation in pan-arthropods. *Evolution and Development* 12: 363–372.

Liu, J., M. Steiner, et al. 2011. An armoured Cambrian lobopodian from China with arthropod-like appendages. *Nature* 470: 526–530.

또 다른 예의 분석을 위해 다음을 참조하라:

Pani, A. M., E. E. Mullarkey, et al. 2012. Ancient deuterostome origins of vertebrate brain signalling centres. *Nature* 483: 289–294.

13. 진화에서 일어난 주요 변화는 유전적 복잡성의 증가도 함께 동반했으리라 볼 수 있다. 예를 들어 실제로 5억 년 이상 된 캄브리아기 대폭발 때 모든 현존 동물문이 생겨났고 이는 유전적 복잡성의 폭발을 동반했을 것이라 추정된다. 실제로 그랬는가? 다음을 참조하라:

Domazet-Loso, T., J. Brajkovic, and D. Tautz. 2007. A phylostratigraphic approach to uncover the genomic history of major adaptations in metazoan lineages. *Trends in Genetics* 23: 533–539.

Marshall, C. R., and J. W. Valentine. 2010. The importance of preadapted genomes in the origin of the animal bodyplans and the Cambrian explosion. *Evolution* 64: 1189–1201.

14. 복잡한 사회행동이 현대 개미의 조상에서 분명히 오직 한 번만 진화되었음에도 불구하고 여러 일개미 계급으로의 노동 분업은 여러 개미 계보에서 독립적으로 생겨났다. 극단적인 예가 특수화된 큰 몸과 강한 턱을 가진 "슈퍼병정"개미의 기원이다. 병정개미 유충 및 번데기 발생 동안 호르몬 조절의 평행 변화들에 따라 두 독립적인 기원을 가진 슈퍼병정이 생겨났을 뿐 아니라 인위적으로 유충에 이 호르몬 조절 경로를 변화시키면 슈퍼병정이 없는 친척개미들이 슈퍼병정으로 변화될 수 있다. 다음을 참조하라:

Rajakumar, R., D. S. Mauro, et al. 2012. Ancestral developmental potential facilitates parallel evolution in ants. *Science* 335: 79–82.

15. 어류 지느러미에서 사지동물의 사지가 진화하는 데 혹스 유전자가 관여했다는 실험적 증거를 위해 다음을 참조하라:

Freitas, R., C. Gómez-Marín, et al. 2012. Hoxd13 contribution to the evolution of vertebrate appendages. *Developmental Cell* 23: 1219–1229.

Schneider, I., and N. Shubin. 2012. Making limbs from fins. *Developmental Cell* 23: 1121–1122.

16. 식물의 기공(표피에 있는 구멍)은 진화적 모듈—진화적 변화의 잠재적 목표물인 다세포생물 내의 분리 가능한 존재—의 가능한 한 예이다. 다양성, 기원, 육상식물의 기공 상실, 애기장대(*Arabidopsis*) 기공의 발생적-유전적 조절, 기공의 변이가 어떻게 생겨났는지에 대한 비교 자료를 보려면 다음을 참고하라:

Vatén, A., and D. C. Bergmann. 2012. Mechanisms of stomatal development: An evolutionary view. *EvoDevo* 3: 11.

# 인용문헌


Alberch, P. 1981. Convergence and parallelism in foot morphology in the neotropical salamander genus *Bolitoglossa*. I. Function. *Evolution* 35: 84–100.

Albertin, W., K. Alix, et al. 2007. Differential regulation of gene products in newly synthesized *Brassica napus* allotetraploids is not related to protein function nor subcellular localization. *BMC Genomics* 8: 56.

Albertin, W., T. Balliau, et al. 2006. Numerous and rapid nonstochastic modifications of gene products in newly synthesized *Brassica napus* allotetraploids. *Genetics* 173: 1101–1113.

Allen, C. E., P. Beldade, et al. 2008. Differences in the selection response of serially repeated color pattern characters: Standing variation, development, and evolution. *BMC Evolutionary Biology* 8: 94.

Arenas-Mena, C, A. R. Cameron, and E. H. Davidson. 2000. Spatial expression of *Hox* cluster genes in the ontogeny of a sea urchin. *Development* 127: 4631–4643.

Arthur, W. 2004. *Biased Embryos and Evolution*. Cambridge: Cambridge University Press.

Barrett, R. D. H., S. M. Rogers, and D. Schluter. 2008. Natural selection on a major armor gene in threespine stickleback. *Science* 322: 255–257.

Barrett, R. D. H., S. M. Rogers, and D. Schluter. 2009. Environment specific pleiotropy facilitates divergence at the ectodysplasin locus in threespine stickleback. *Evolution* 63: 2831–2837.

Bateson, W. 1894. *Materials for the Study of Variation, Treated with Especial Regard to Discontinuity in the Origin of Species*. London: Macmillan.

Bejerano, G., C. B. Lowe, et al. 2006. A distal enhancer and an ultraconserved exon are derived from a novel retroposon. *Nature* 441: 87–90.

Beldade, P., K. Koops, and P. M. Brakefield. 2002. Modularity, individuality, and evo-devo in butterfly wings. *Proceedings of the National Academy of Sciences, USA* 99: 14262–14267.

Bergstrom, C. A. 2002. Fast-start swimming performance and reduction in lateral plate number in threespine stickleback. *Canadian Journal of Zoology* 80: 207–213.

Britten, R. J., and E. H. Davidson. 1971. Repetitive and non-repetitive DNA sequences and a speculation on the origins of evolutionary novelty. *Quarterly Review of Biology* 46: 111–138.

Burmeister, H. 1834. *Beiträge zur Naturgeschichte der Rankenfüsser (Cirripedia)*. Berlin: G. Reimer.

Counterman, B. A., F. Araujo-Perez, et al. 2010. Genomic hotspots for adaptation: The population genetics of Müllerian mimicry in *Heliconius erato*. *PLoS Genetics* 6: e1000796.

Danchin, E. G., M. N. Rosso, et al. 2010. Multiple lateral gene transfers and duplications have promoted plant parasitism ability in nematodes. *Proceedings of the National Academy of Sciences, USA* 107: 17651–17656.

Darwin, C. R. 1851a. *Living Cirripedia, A monograph on the sub-class Cirripedia, with figures of all the species. The Lepadidæ; or, pedunculated cirripedes*. Volume 1. London: The Ray Society.

Darwin, C. R. 1851b. *A monograph on the fossil Lepadidae, or, pedunculated cirripedes of Great Britain*. Volume 1. London: The Palaeontographical Society.

Darwin, C. R. 1854a. *Living Cirripedia, The Balanidæ, (or sessile cirripedes); the Verrucidæ*. Volume 2. London: The Ray Society.

Darwin, C. R. 1854b. *A monograph on the fossil Balanidae and Verrucidae of Great Britain*. Volume 2. London: The Palaeontographical Society.

Darwin, C. R. 1862. Letter to C. Lyell, 22 August 1862. In *The Life and Letters of Charles Darwin: Including an Autobiographical Chapter* (Volume 2, 1897), ed. Sir Francis Darwin. New York: Appleton, 180.

Darwin C. R. 1872. *The Origin of Species by Means of Natural Selection*. 6th edition. London: John Murray.

Davidson, E. H. 2001. *Genomic Regulatory Systems Development and Evolution*. San Diego, CA: Academic Press.

Duboule, D. 2007. The rise and fall of *Hox* gene clusters. *Development* 134: 2549–2560.

DuBuc, T., J. Ryan, et al. 2012. Coral comparative genomics reveal expanded *Hox* cluster in the cnidarian-bilaterian ancestor. *Integrative and Comparative Biology* 52: 835–841.

Dunning Hotopp, J. C. 2011. Horizontal gene transfer between bacteria and animals. *Trends in Genetics* 27: 157–163.

Emlen, D. J. 1996. Artificial selection on horn length-body size allometry in the horned beetle *Onthophagus acuminatus* (Coleoptera: Scarabaeidae). *Evolution* 50: 1219–1230.

Emlen, D. J. 1997. Alternative reproductive tactics and male-dimorphism in the horned beetle *Onthophagus acuminatus* (Coleoptera: Scarabaeidae). *Behavioral Ecology and Sociobiology* 41: 335–341.

Emlen, D. J. 2001. Costs and the diversification of exaggerated animal structures. *Science* 291: 1534–1536.

Emlen, D. J., I. A. Warren, et al. 2012. A mechanism of extreme growth and reliable signaling in sexually selected ornaments and weapons. *Science* 337: 860–864.

Farnsworth, E. J., and J. M. Farrant. 1998. Reductions in abscisic acid are linked with viviparous reproduction in mangroves. *American Journal of Botany* 85: 760–769.

Ferrier, D. E. K. 2007. Evolution of *Hox* gene clusters. In *HOX Gene Expression*, ed. S. Papageorgiou. Austin, TX: Landes Bioscience, 53–67.

Ferrier, D. E. K. 2011. Hox and ParaHox genes in evolution, development and genomics. *Genomics Proteomics and Bioinformatics* 9: 63–64.

French, V., and P. M. Brakefield. 1995. Eyespot development on butterfly wing: The focal signal. *Developmental Biology* 168: 112–123.

Gaeta, R. T., J. C. Pires, et al. 2007. Genomic changes in resynthesized *Brassica napus* and their effect on gene expression and phenotype. *Plant Cell* 19: 3403–3417.

Gaunt, S. J. 1988. Mouse homeobox gene transcripts occupy different but overlapping domains in embryonic germ layers and organs: A comparison of Hox-3.1 and Hox-1.5. *Development* 103: 135–144.

Goldschmidt R. 1940. *The Material Basis of Evolution*. New Haven: Yale University Press.

Gould, S. J. 1977. *Ontogeny and Phylogeny*. Cambridge: Harvard University Press.

Gould, S. J. 2002. *The Structure of Evolutionary Theory*. Cambridge: Harvard University Press.

Gould, S. J., and E. S. Vrba. 1982. Exaptation—A missing term in the science of form. *Paleobiology* 8: 4–15.

Graham, C, J. Hodin, and G. Wistow. 1996. A retinaldehyde dehydrogenase as a structural protein in a mammalian eye lens. Gene recruitment of eta-crystallin. *Journal of Biological Chemistry* 271: 15623–15628.

Gupta, S. K., and A. Pratap. 2007. History, origin and evolution. In *Advances in Botanical Research-Rapeseed Breeding* (Vol. 45), ed. S. K. Gupta. London: Academic Press.

Hall, B. K. 2012. Parallelism, deep homology, and evo-devo. *Evolution & Development* 14: 29–33.

Hara, Y., M. Yamaguchi, et al. 2006. Expression patterns of Hox genes in larvae of the sea lily *Metacrinus rotundus*. *Development Genes and Evolution* 216: 797–809.

Hessling, R. 2002. Metameric organisation of the nervous system in developmental stages of *Urechis caupo* (Echiura) and its phylogenetic implications. *Zoomorphology* 121: 221–234.

Hessling, R. 2003. Novel aspects of the nervous system of *Bonellia viridis* (Echiura) revealed by the combination of immunohistochemistry, confocal laser-scanning microscopy and three-dimensional reconstruction. *Hydrobiologia* 496: 225–239.

Heyland, A., J. Hodin, and A. M. Reitzel. 2005. Hormone signaling in evolution and development: A non-model system approach. *BioEssays* 27: 64–75.

Hines, H. M., B. A. Counterman, et al. 2011. Wing patterning gene redefines the mimetic history of *Heliconius* butterflies. *Proceedings of the National Academy of Sciences, USA* 108: 19666–19671.

Hodin, J. 2000. Plasticity and constraints in development and evolution. *Journal of Experimental Zoology B* 288: 1–20.

Hyman, L. H. 1940. The Invertebrates. Volume 1, Protozoa through *Ctenophora*. New York: McGraw-Hill.

Ikuta, T., N. Satoh, and H. Saiga. 2010. Limited functions of Hox genes in the larval development of the ascidian *Ciona intestinalis*. *Development* 137: 1505–1513.

Jacob, F., and J. Monod. 1961. Genetic regulatory mechanisms in the synthesis of proteins. *Journal of Molecular Biology* 3: 318–356.

Jarosch, A., E. Stolle, et al. 2011. Alternative splicing of a single transcription factor drives selfish reproductive behavior in honeybee workers (*Apis mellifera*). *Proceedings of the National Academy of Sciences, USA* 108: 15282–15287.

Joron, M., L. Frezal, et al. 2011. Chromosomal rearrangements maintain a polymorphic supergene controlling butterfly mimicry. *Nature* 477: 203–206.

Kessel, M., R. Balling, and P. Gruss. 1990. Variations of cervical vertebrae after expression of a Hox-1.1 transgene in mice. *Cell* 61: 301–306.

King, M. C., and A. C. Wilson. 1975. Evolution at two levels in humans and chimpanzees. *Science* 188: 107–116.

Kingsolver, J. G., and M. A. R. Koehl. 1985. Aerodynamics, thermoregulation, and the evolution of insect wings: Differential scaling and evolutionary change. *Evolution* 39: 488–504.

Koga, H., M. Matsubara, et al. 2010. Functional evolution of Ets in echinoderms with focus on the evolution of echinoderm larval skeletons. *Development Genes and Evolution* 220: 107–115.

Kowalevsky, A. O. 1866. *Entwicklungsgeschichte der einfachen Ascidien. Mémoires de l'Académie Impériale des Sciences de St. Pétersbourg* 10: 1–19.

Kristof, A., T. Wollesen, and A. Wanninger. 2008. Segmental mode of neural patterning in *Sipuncula. Current Biology* 18: 1129–1132.

Lemaire, P. 2011. Evolutionary crossroads in developmental biology: The tunicates. *Development* 138: 2143–2152.

Lewis, E. B. 1963. Genes and developmental pathways. *American Zoologist* 3: 33–56.

Lewis, E. B. 1978. A gene complex controlling segmentation in *Drosophila. Nature* 276: 565–570.

Lin, Z., X. Li, et al. 2012. Parallel domestication of the Shattering1 genes in cereals. *Nature Genetics* 44: 720–724.

Lindblad–Toh, K., M. Garber, et al. 2011. A high-resolution map of human evolutionary constraint using 29 mammals. *Nature* 478: 476–482.

Linnaeus, C. 1751. *Philosophia Botanica in qua explicantur Fundamenta Botanica etc.* Stockholm: Godofr Kiesewetter.

Lowe, C. B., G. Bejerano, and D. Haussler. 2007. Thousands of human mobile element fragments undergo strong purifying selection near developmental genes. *Proceedings of the National Academy of Sciences, USA* 104: 8005–8010.

Lowe, C. J., M. Terasaki, et al. 2006. Dorsoventral patterning in hemichordates: Insights into early chordate evolution. *PLoS Biology* 4: e291.

Marchinko, K. B. 2009. Predation's role in repeated phenotypic and genetic divergence of armor in threespine stickleback. *Evolution* 63: 127–138.

Martin, A., R. Papa, et al. 2012. Diversification of complex butterfly wing patterns by repeated regulatory evolution of a Wnt ligand. *Proceedings of the National Academy of Sciences, USA* 109: 12632–12637.

Martin, A., and R. D. Reed. 2010. *Wingless* and *aristaless2* define a developmental ground plan for moth and butterfly wing pattern evolution. *Molecular Biology and Evolution* 27: 2864–2878.

Mayer, G., and P. M. Whitington. 2009. Neural development in Onychophora (velvet worms) suggests a step-wise evolution of segmentation in the nervous system of Panarthropoda. *Developmental Biology* 335: 263–275.

Maynard Smith, J., R. Burian, et al. 1985. Developmental constraints and evolution. *Quarterly Review of Biology* 60: 265–287.

Mayr, E. 1963. *Animal Species and Evolution.* Cambridge, MA: Harvard University Press.

Mayr, E. 1982. *The Growth of Biological Thought: Diversity, Evolution, and Inheritance.* Cambridge, MA: Harvard University Press.

McGinnis, W., M. S. Levine, et al. 1984. A conserved DNA sequence in homoeotic genes of the *Drosophila* antennapedia and bithorax complexes. *Nature* 308: 428–433.

Mivart, St. George J. 1872. *On the Genesis of Species.* London: MacMillan.

Moczek, A. P., and H. F. Nijhout. 2004. Trade-offs during the development of primary and secondary sexual traits in a horn dimorphic beetle. *American Naturalist* 163: 184–191.

Monteiro, A. S., and D. E. K. Ferrier. 2006. Hox genes are not always colinear. *International Journal of Biological Sciences* 2: 95–103.

Monteiro, A., G. Glaser, et al. 2006. Comparative insights into questions of lepidopteran wing pattern homology. *BMC Developmental Biology* 6: 52.

Mooi, R., and B. David. 2008. Radial symmetry, the anterior/posterior axis, and echinoderm Hox genes. *Annual Review of Ecology, Evolution and Systematics* 39: 43–62.

Noordermeer, D., M. Leleu, et al. 2011. The dynamic architecture of Hox gene clusters. *Science* 334: 222–225.

Okkema, P. G., E. Ha, et al. 1997. The *Caenorhabditis elegans* NK-2 homeobox gene *ceh-22* activates pharyngeal muscle gene expression in combination with *pha-1* and is required for normal pharyngeal development. *Development* 124: 3965–3973.

Olofsson, M., A. Vallin, et al. 2010. Marginal eyespots on butterfly wings deflect bird attacks under low light intensities with UV wavelengths. *PLoS One* 5: e10798.

Olson, E. N. 2006. Gene regulatory networks in the evolution and development of the heart. *Science* 313: 1922–1927.

Pearson, J. C., D. Lemons, and W. McGinnis. 2005. Modulating Hox gene functions during animal body patterning. *Nature Reviews Genetics* 6: 893–904.

Piatigorsky, J., Z. Kozmik, et al. 2000. Omega-crystallin of the scallop lens. A dimeric aldehyde dehydrogenase class 1/2 enzyme-crystallin. *Journal of Biological Chemistry* 275: 41064–41073.

Pires, J. C., J. Zhao, et al. 2004. Flowering time divergence and genomic rearrangements in resynthesized Brassica polyploids (Brassicaceae). *Biological Journal of the Linnean Society* 82: 675–688.

Ponnambalam, S., and M. Alberghina. 2011. Evolution of the VEGF-regulated vascular network from a neural guidance system. *Molecular Neurobiology* 43: 192–206.

Pottin, K., C. Hyacinthe, and S. Rétaux. 2010. Conservation, development, and function of a cement gland-like structure in the fish *Astyanax mexicanus. Proceedings of the National Academy of Sciences, USA* 107: 17256–17261.

Protas M and WR Jeffery. 2012. Evolution and development in cave animals: From fish to crustaceans. *WIREs: Developmental Biology* 1: 823–845.

Reed, R. D., R. Papa, et al. 2011. Optix drives the repeated convergent evolution of butterfly wing pattern mimicry. *Science* 333: 1137–1141.

Ryan, J. F., M. E. Mazza, et al. 2007. Pre-bilaterian origins of the Hox cluster and the Hox code: Evidence from the sea anemone, *Nematostella vectensis. PLoS One* 2: e153.

Samadi, L., and G. Steiner. 2010. Expression of Hox genes during the larval development of the snail, *Gibbula varia* (L.)—further evidence of non-colinearity in molluscs. *Development Genes and Evolution* 220: 161–172.

Scott, M. P., and A. J. Weiner. 1984. Structural relationships among genes that control development: Sequence homology between the Antennapedia, ultrabithorax, and fushi tarazu loci of *Drosophila. Proceedings of the National Academy of Sciences, USA* 81: 4115–4119.

Shimizu, H., and T. Fujisawa. 2003. Peduncle of *Hydra* and the heart of higher organisms share a common ancestral origin. *Genesis* 36: 182–186.

Shubin, N., C. Tabin, and S. Carroll. 2009. Deep homology and the origins of evolutionary novelty. *Nature* 457: 818–823.

Sibley, C. G., and J. E. Ahlquist. 1987. DNA hybridization evidence of hominoid phylogeny: Evidence from an expanded data set. *Journal of Molecular Evolution* 26: 99–121.

Slack, J. M. W., P. W. H. Holland, and C. F. Graham. 1993. The zootype and the phylotypic stage. *Nature* 361: 490–492.

Struck, T. H., N. Schult, et al. 2007. Annelid phylogeny and the status of *Sipuncula* and *Echiura. BMC Evolutionary Biology* 7: 57.

Thompson, D. W. 1917. *On Growth and Form.* Cambridge: Cambridge University Press.

van't Hof, A. E., N. Edmonds, et al. 2011. Industrial melanism in British peppered moths has a singular and recent mutational origin. *Science* 332: 958–960.

Wake, D. B. 1966. Comparative osteology and evolution of lungless salamanders, family Plethodontidae. *Memoirs of the Southern California Academy of Sciences* 4: 1–111.

Werner, T., S. Koshikawa, et al. 2010. Generation of a novel wing colour pattern by the Wingless morphogen. *Nature* 464: 1143–1148.

Whitington, P. M., and G. Mayer. 2011. The origins of the arthropod nervous system: Insights from the Onychophora. *Arthropod Structure & Development* 40: 193–209.

Wistow, G., and J. Piatigorsky. 1987. Recruitment of enzymes as lens structural proteins. *Science* 236: 1554–1556.

Wu, Q., and M. R. Brown. 2006. Signaling and function of insulin-like peptides in insects. *Annual Review of Entomology* 51: 1–24.

Yoshida, M. A., S. Shigeno, et al. 2010. Squid vascular endothelial growth factor receptor: A shared molecular signature in the convergent evolution of closed circulatory systems. *Evolution & Development* 12: 25–33.

20

# 인류 진화

‘종의 기원에 관하여(*On the Origin of Species*)’의 초판은 다윈의 출판인인 John Murray가 서점에 책을 내놓은 첫날인 1859년 11월 22일 당일에 매진되었다. 그렇게 주목을 끌었던 이유 중의 하나는 이 책이 독자 자신들에 관한 내용을 담고 있었기 때문이다. 이 문제를 다른 어느 누구보다 분명하게 인식하고 있었음에도 불구하고, 다윈은 인류 진화에 대해 마지막 장에서 단 한 문단을 언급했을 뿐이고 거기에서 표현한 그의 가장 강력한 주장도 “인류의 기원과 인류의 역사에 빛이 비출 것이다”(Darwin 1859, page 488)였다.

다윈이 인류에 관한 생각의 깊이와 폭을 드러낸 것은 12년 후이다. 1871년에 다윈은 2권짜리 ‘인류의 혈통, 그리고 성에 관련된 선택(*The Descent of Man, and Selection in Relation to Sex*)’을 출판했다. 서론에서 다윈은 자신이 그동안 인류 진화라는 주제에 입을 다물었던 이유를 설명했다: “나에 대한 편견을 오히려 부채질하는 일이 될 수 있다고 생각했기 때문에 그 문제에 관해서는 출판할 생각 없이, 오히려 출판하지 않겠다고 결정하고, 여러 해 동안 인류의 기원과 인류의 혈통에 관한 생각들을 모았다”(Darwin 1871, page 1).

다윈의 염려는 그대로 나타났다. 진화생물학의 인류 문제는 뜨거운 논쟁의 원인이 되어왔고 지금도 역시 그렇다. 1925년에 미국 테네시주의 고등학교 교사 John T. Scopes는 진화 강의를 금지하는 새로운 주법을 어겼다고 기소 당했다(3장 참조). 이 일은 일반 대중에게 원숭이 심판으로 유명한데, 이는 많은 사람들의 관심 이슈가 인류 종의 기

약 2백만 년 전에 살았던 *Australopithecus seiba*의 엄지는 침팬지나 고릴라보다 현대 인류와 더 비슷했다. Peter Schmidt의 사진, Lee R. Berger와 University of Witwatersrand의 허락을 받음. 그래프는 Kivell et al. (2011)에서.

From “*Australopithecus sediba* hand demonstrates mosaic evolution of locomotor and manipulative abilities.” *Science* 333: 1411–1417. Reprinted with permission from AAAS.

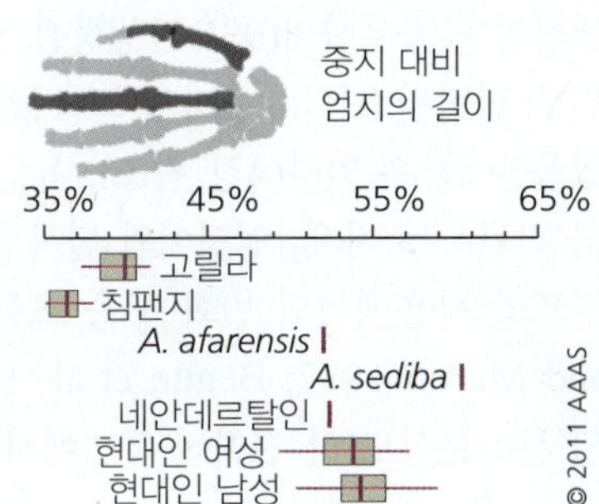

원이었음을 암시한다. 2004년에 미국 펜실베이니아주의 도버에 있는 교육위원회는 9학년 생물 시간에 학생들이 거부표명 진술을 읽도록 하는 정책을 채택했다. 거부표명 진술은 학생들에게 진화가 사실이 아닌 하나의 이론이라 알려주고, 지적설계 창조론을 담은 참고서적을 사용할 수 있도록 하는 것이다. 도버 거부표명 진술은 대중적으로 아주 유명한 재판으로 이어졌으며 이 재판에서는 공립학교에서 지적설계를 가르치는 것이 위헌이라고 판결하였다(3장 참조). 이로 인해 또다시 인류라는 종의 기원이, 관련된 많은 주제의 핵심 이슈가 되었다. 거부표명 진술 정책을 채택하기 위해 열린 회의에서, 위원회 위원인 William Buckingham은 "그것을 바로잡을 아무런 장치도 없이, 인류가 원숭이에서 유래되었다는 책을 가르치는 것은 용서할 수 없다"고 주장했다(Maldonado 2004; Jones 2005).

이 장에서, 우리는 우리 자신 종의 진화역사 연구를 살펴본다. 20.1절에서는 인류와 현존 원숭이들 사이의 진화적 유연관계를 결정하기 위한 시도들을 보고, 20.2절에서는 앞쪽 그림에 있는 손의 주인공인 여성 *Australopithecus sediba,* Malapa Hominin 2를 포함한 화석 증거들을 생각해보는데, 이것들은 우리의 계보와 우리의 가장 가까운 현존 혈족들 사이의 분기 및 뒤이어 일어나는 인류 진화의 경로를 담고 있다. 20.3절에서는 *Homo sapiens*의 출현에 관한 화석과 분자증거를 살펴보고, 마지막으로 20.4절에서는 도구 사용과 언어를 비롯한 우리 종을 정의하는 특성들 일부의 진화적 기원을 생각해 본다. 공부를 하면서 여러분은 인류 진화라는 주제가 그 초점은 다르지만, 과학 커뮤니티 안에서도 비전문가 일반 대중들 사이에서 만큼이나 뜨겁고 열띤 논쟁을 불러일으키고 있음을 보게 될 것이다.

## 20.1 인류와 현존 원숭이들 사이의 유연관계

인류(사람, *Homo sapiens*)는 영장류 분류군 협비원소목(Catarrhini)(Goodman et al. 1998)에 속하는데, 이 분류군에는 개코원숭이, 마카크, 유인원과 같은 구세계원숭이도 속한다(그림 20.1). 유인원은 동남아시아의 긴팔원숭이(*Hylobates*)와 대형유인원을 포함한다. 대형유인원에는 동남아시아의 오랑우탄(성성이, *Pongo pygmaeus*) 및 아프리카의 3종, 고릴라(*Gorilla pygmaeus*), 침팬지(*Pan troglodytes*), 보노보 혹은 피그미 침팬지(*Pan paniscus*)가 속한다.

### 인류는 유인원과 동일한 분기군에 속한다

과학자들은 인류가 유인원 내에서 진화했다는 데 동의한다. 인류는 유인원과 수많은 파생형질을 공유하며(공유파생형질, synapomorphies), 이러한 진화적 혁신들로 인해 유인원은 협비원소목의 나머지 그룹들과 구별이 되고, 유인원들이 공동조상으로부터 유래되었음을 알 수 있다(4장 참조). 유인원의 공유파생형질은 상대적으로 큰 뇌, 꼬리가 없음, 더 직립하는 자세, 엉덩이와 발목의 큰 유연성, 손목과 엄지의 유연성 증가, 팔과 어깨의 구조와 사용에서의 변화 등을 포함한다(Andrews 1992; Groves 1986 참조; Andrews and Martin 1987; Begun et al. 1997). 이 형태적 증거에 더 해, 이 장의 후반부에 기술된 분자분석 또한 진화적 의미에서 인류가 유인원임을 명백히 증명한다.

### 인류는 아프리카 대형유인원과 같은 분기군에 속한다

그림 20.1은 유인원 사이의 계통유연관계를 재구성하였고, 여기서는 인류를 대형유인원과 함께, 더 자세히는 아프리카 대형유인원과 함께 놓았다. 이 재구성은 Thomas Henry

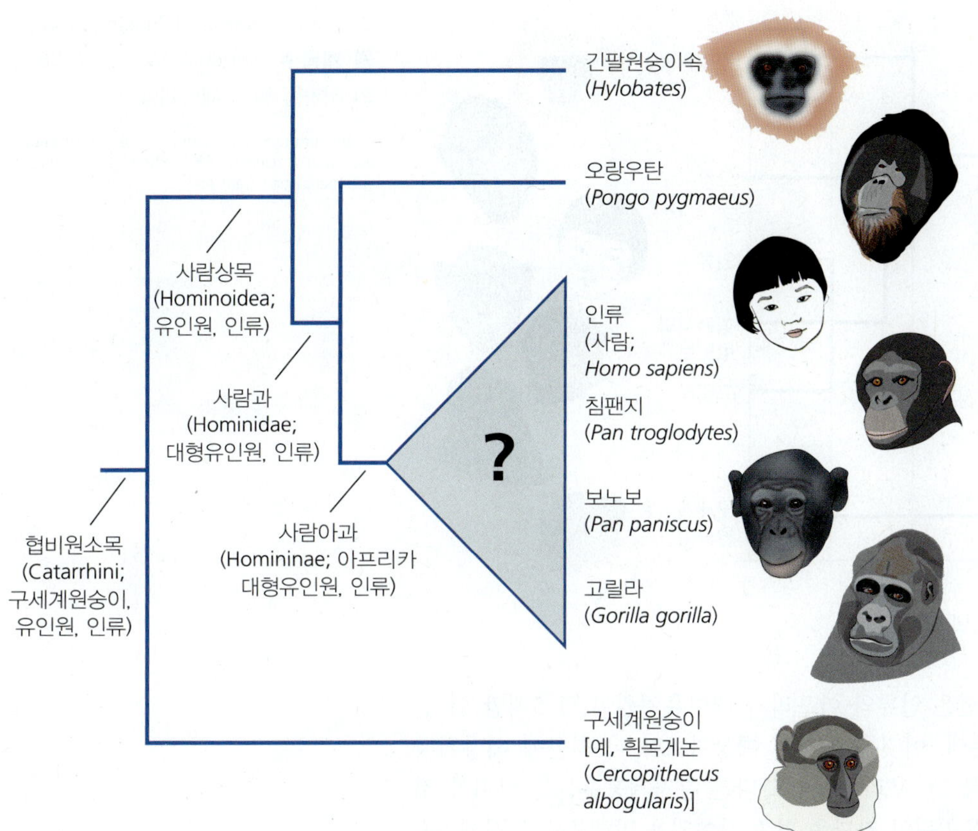


**그림 20.1 유인원의 계통수** 이 진화계통수는 레서스원숭이로 대표되는 구세계원숭이와 유인원 및 인류 사이의 유연관계를 보여준다. 유인원 중에서 긴팔원숭이가 제일 먼저 분리되었고, 그 다음은 오랑우탄이다. 고릴라, 2종의 침팬지, 인류 사이의 진화적 유연관계(물음표가 있는 삼각형)는 오랫동안 상당한 논쟁거리였다. 분류학을 위해서는 Harrison(2010)과 Wood와 Harrison(2011)을 참조.

Huxley(1863)에 의해 처음 제안되었고 많은 논쟁을 불러일으켰다. 그러나 최근에는 보다 많은 자료들이 모이고 분석이 되면서 모든 분야의 과학자들이 그림 20.1의 계통수를 인정하게 되었다.

형태학의 분기론적 분석은 이 계통수를 지지한다. 인류와 아프리카 대형유인원은 나머지 유인원들과 구별이 되는 수많은 파생형질을 공유한다. 여기에는 길어진 두개골, 확장된 이마융기, 짧지만 강건한 송곳니, 전악골(premaxilla) 앞쪽의 변화, 팔목의 일부 뼈들의 융합, 난소와 유선의 크기 증가, 근육 구조의 변화, 털의 감소(Ward and Kimbel 1983; Groves 1986; Andrews and Martin 1987; Andres 1992; Begun et al. 1997; Lehtonen et al. 2011) 등이 있다.

**형태적, 분자적 분석은 인류가 고릴라 및 침팬지와 아주 가까운 관계라는 것을 증명한다.**

분자분석도 이에 동의한다. 사실상 분자분석은 현대 분자계통분류학이 시작된 이래 항상 인류와 아프리카 대형유인원들 사이의 가까운 유연관계를 증명해 보여주었다. George H. F. Nuttall(1904)과 Morris Goodman(1962)이 선구적으로 사용했던 기술을 이용하여, Vincent Sarich와 Allan Wilson(1967)은 혈액 단백질인 인류의 혈청 알부민을 정제해서 토끼에게 주사했다. 이 알부민 단백질에 대한 항체가 만들어질 시간을 준 다음, Sarich와 Wilson은 토끼에서 혈청을 뽑았고, 이 혈청에는 토끼의 항인류 항체가 포함되어 있다. 연구자들은 토끼 혈청과 다양한 유인원 및 구세계원숭이에서 정제된 혈청 알부민을 섞었다. Sarich와 Wilson은 토끼의 항인류 항체와 영장류 알부민 사이의 면역반응 강도를 알부민들 사이의 유사성 측정치로 사용하고, 2종의 혈청 알부민 단백질의 유사성이 종들의 진화적 혈연관계를 나타낸다고 가정했다. 그 결과로 얻은 계통수는 인류가 고릴라, 침팬지, 보노보와 가까운 혈족임을 보여준다(그림 20.2, 다음 쪽).

Sarich와 Wilson은 혈청 알부민이 일정한 속도로 진화하고 그 당시의 화석기록이 말해 주듯이 유인원과 구세계원숭이 사이의 분기가 3천만 년 전에 일어났다고 가정하고 계

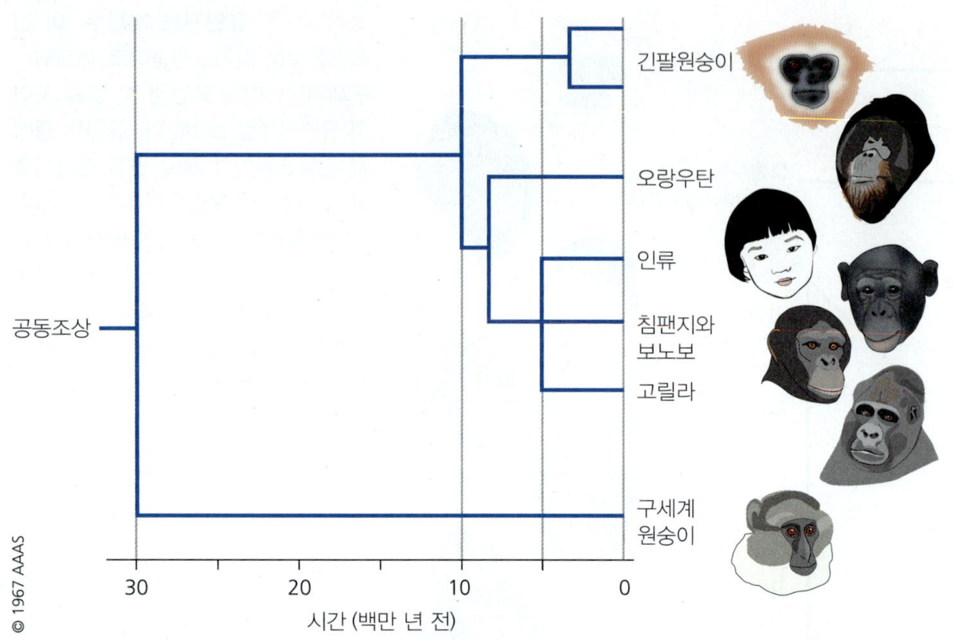



**그림 20.2 Sarich와 Wilson의 유인원 계통수** Sarich와 Wilson (1967)의 허가를 받고 재인쇄함.

From "Immunological time scale for Hominid evolution." *Science* 158: 1200–1203. Reprinted with permission from AAAS.

통수에 시간 선을 넣었다. 이 시간 선은 인류와 아프리카 대형유인원이 약 5백만 년 전에 공동조상을 공유했음을 보여주는데, 이것은 이전의 예상치보다 더 최근에 해당된다 (Lowenstein and Zihlman 1988 참조). 우리는 곧 또 다른 분자계통수들을 살펴볼 것이다: 모두가 인류와 아프리카 대형유인원이 가까운 혈족 사이임을 말해주는 동시에 Sarich와 Wilson의 계통수와도 일치한다.

그림 20.1과 20.2의 계통수는 인류, 고릴라, 2종의 침팬지들이 가까운 혈족임을 보여주지만 이 4종 사이의 진화적 유연관계는 아직 해결되지 못하고 있다. 인류, 고릴라, 침팬지 2종의 진정한 계통은 **그림 20.3**의 계통수 중 어느 하나일 것이다. 아마도 계통분류학에서 어느 다른 종 수준의 문제보다 이들 계통수 중 어떤 것이 옳은지를 결정하기 위해 더 많은 과학자들이 더 많은 노력을 투자했다고 말해도 과언이 아닐 것이다.

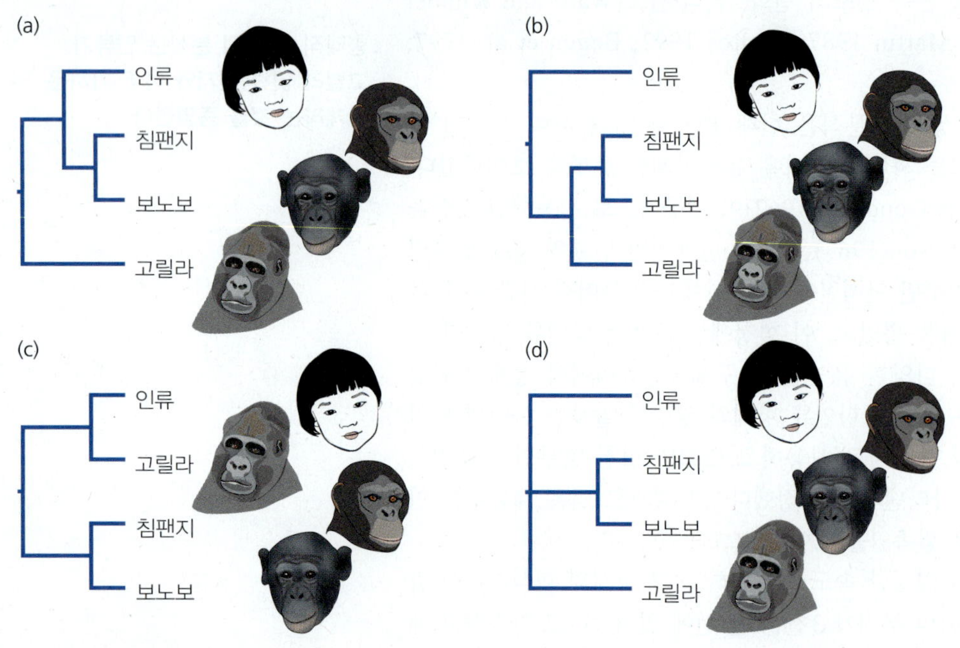


**그림 20.3 인류와 아프리카 대형유인원들 사이의 가능한 계통수** 인류와 대형유인원들 사이의 진화적 관계에 대한 4가지 가능성. 모두 침팬지 2종이 가장 가까운 친척이라고 추정한다. 진정한 계통수는 (a) 인류와 침팬지가 가장 가까운 친척임, (b) 침팬지와 고릴라가 가장 가까운 친척임, (c) 인류와 고릴라가 가장 가까운 친척임, (d) 동시에 세 갈래로 분리됨(polytomy) 중 하나일 것이다.

## 인류, 고릴라, 침팬지, 보노보

수십 년의 논쟁 끝에 연구자들은 인류와 아프리카 대형유인원들 사이의 진화적 유연관계는 그림 20.3a에 있는 계통수에 가장 잘 표현되었다는 데 의견의 일치를 보았다. 인류와 침팬지는 인류와 고릴라나 침팬지와 고릴라의 관계보다 더 가깝다. 이 일치된 의견이 나오기까지 오랜 시간이 걸렸는데, 적어도 다음의 2가지 이유 때문이다: 분자자료들 사이의 불일치가 있었고, 분자 증거와 형태적 증거 사이의 불일치가 있었다.

### 분자 증거

분자생물학자들은 DNA 염기서열을 분석하여 인류/아프리카 대형유인원 계통을 해결하려고 노력해왔다. 예를 들어 Maryellen Ruvolo와 동료들(1994)은 미토콘드리아 유전자의 염기서열 자료에 근거해서 유인원의 진화계통수를 재구성했다(**그림 20.4**). 이 자료에 따르면 인류와 침팬지의 조상이 고릴라로부터 분화되었고 그 이후에 인류와 침팬지로 다시 분화되었다. 연구자들은 아주 다양한 유전자좌위에서 얻은 자료들을 가지고 유인원의 진화 역사를 재구성했고, 대부분의 분석들은 그림 20.4a의 계통수와 같은 결과를 산출했으며, 여기서는 인류와 침팬지가 가장 가까운 혈족이다(예를 들어 Horai et al. 1992; Goodmn et al. 1994; Kim and Takenaka 1996 참조).

**분자 분석은 인류와 침팬지가 가장 가까운 혈족임을 알려준다.**

그러나 일부 분석은 고릴라와 침팬지, 심지어는 고릴라와 인류가 가장 가까운 혈족이라는 계통을 산출하기도 했다(그림 20.3b, c). 예를 들어 Madalina와 동료들(2001)은 고릴라와 2종 침팬지의 유전체에서, 삽입된 염기서열이 존재하는 유전자좌위 하나를 발견했다. 이 삽입된 염기서열은 인류의 내생적 레트로바이러스 K, 또는 HER V-K라 불리는 레트로바이러스의 유전체이며, 이것은 이 특별한 레트로바이러스의 침입이 오래 전, 고릴라와 침팬지들의 공동조상에서 일어났음을 암시한다. 인류에서는 같은 유전자좌위에 HER V-K 삽입이 없고 그것이 있었던 적도 없는 것 같다. 이는 침팬지에 HER V-K가 삽입되기 전에 고릴라 및 침팬지가 될 계보에서 이미 인류가 분화되어 나왔고, 따라서 고릴라와 침팬지는 인류와의 관계보다 더 가깝다는 것을 말한다(또 다른 예들을 보려면 Djian and Green 1989; Marks 1993, 1994 [그러나 또한 Borowik 1995도]; Deinard et al. 1998 참조).

어떻게 이 분자 분석 결과들의 불일치를 해결할 수 있을까? 답은 모든 분자 분석들이 반드시 서로 일치하리라 예상할 필요가 없다는 것이다. 그림 20.4에 있는 계통수들은 유전자 계통수이지 종 계통수가 아니다. 만일 조상 종에서 연구대상 유전자좌위가 유전적

**...그러나 유전자 계통수와 종 계통수가 반드시 같지는 않다.**

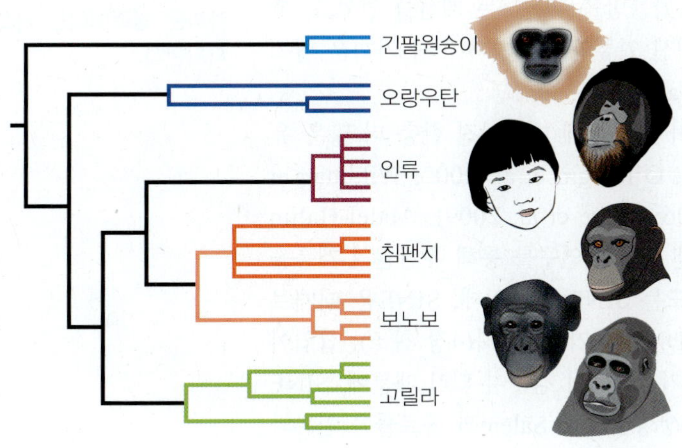


**그림 20.4 인류와 아프리카 대형유인원의 미토콘드리아 시토크롬산화효소 II 대립유전자의 계통수** Ruvolo와 동료들은 최대단순법(maximum parsimony method)을 사용해 이 계통수를 만들었다. Ruvolo et al. (1994)에서.

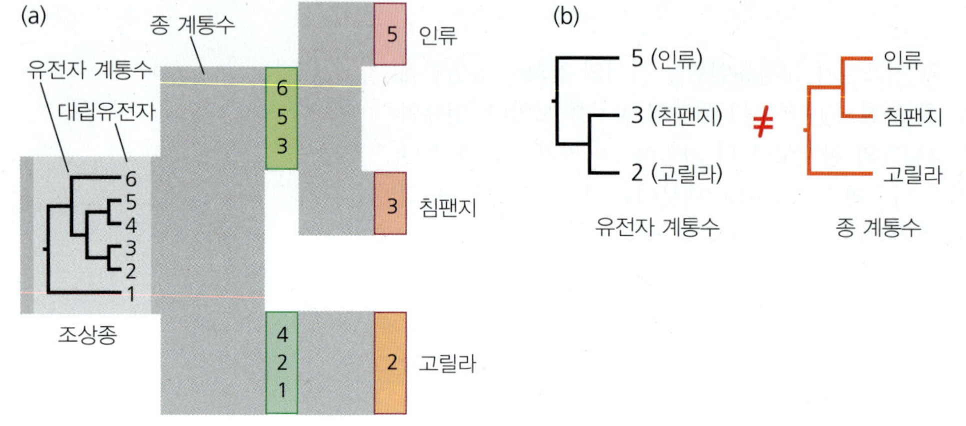


**그림 20.5 유전자 계통수와 종 계통수** (a) 조상종이 한 특정 유전자에 6개의 대립유전자를 갖고 있다. 이 대립유전자들은 그림에서처럼 하나의 공동조상 대립유전자에서 유래되었다. 종분화 후에, 한 계보는 대립유전자 3, 5, 6을 유지한다; 한 계보는 1, 2, 4를 유지한다. 또 다른 종분화 후에 대립유전자들을 잃게 되면서 인류는 대립유전자 5, 침팬지는 3, 고릴라는 2를 유지한다. (b) 생존한 대립유전자의 계통수는 종 계통수와는 다르다. Ruvolo (1994)에서.

으로 다양했다면 염기서열 자료로부터 추정한 유전자 계통수는 진정한 종 계통수와 다를 수가 있다. 이것은 **불완전 계보구분(incomplete lineage sorting)**으로 알려져 있다.

그림 20.5가 그 이유를 설명해준다. 만일 여러 자손 종들이 각기 서로 다른 조상 대립유전자를 잃었다면(그림 20.5a), 우리는 단지 원래 유전자 계통수의 한 부분만을 재구성할 수 있을 뿐이며, 이 한 부분은 진정한 종 계통수의 분기 패턴과는 다른 분기 패턴들을 보여주게 된다(그림 20.5b).

유전자 계통수를 가지고 종 계통수를 결정하기 위해서 우리는 독립된 많은 유전자를 사용하여 계통을 재구성할 수 있다. 변이를 가진 조상종으로부터 무작위적으로 존속해 온 여러 대립유전자들을 가진 유전자는 인류-침팬지 쌍, 인류-고릴라 쌍, 침팬지-고릴라 쌍을 같은 확률로 지지할 것이다. 그러나 만일 진정한 의미의 세 갈래 분기(그림 20.3d)가 아니었다면, 유전자 계통수와 종 계통수는 서로 일치해야 하고 이러한 무작위적 배경에 반하는 분명한 신호를 만들어 낼 것이다.

Ruvolo(1995, 1997)는 인류/아프리카 대형유인원 계통 정보를 가진 DNA 염기서열 자료들을 재검토하고 대조했다. 그녀는 모든 미토콘드리아 DNA 연구들을 단일 자료로 간주했는데, 그 이유는 모든 미토콘드리아 유전자들이 서로 연관되어 있고 따라서 서로 독립적이지 않기 때문이었다. 동시에, 같은 염색체상에서 서로 가까이 놓여 있는 핵유전자 그룹들도 모두 단일 자료로 간주했다. 유전자들이 연관되어 있기 때문이다. Ruvolo는 14개의 독립 자료세트를 발견했는데, 이들 중 11개는 인류와 침팬지가 가장 근접한 혈족임을 보여주었고, 2개가 고릴라와 침팬지를, 하나가 인류와 고릴라가 가장 가까운 혈족임을 보여주었다. Ruvolo는 진정한 3분지라는 영가설(null hypothesis) 하에서(그림 20.3d), 분석 결과의 이러한 분포는 단지 0.002의 확률만을 갖는다는 계산을 얻었고, 따라서 분자계통 자료는 3분지 계통수를 거부하고 대신 인류와 침팬지가 가장 가까운 혈족이라는 계통수를 선호한다고 결론지었다(그림 20.3a).

**여러 분자 자료들을 종합한 분석들은 인류와 침팬지가 가장 가까운 혈족이라는 가설을 강력히 지지한다.**

불일치하는 분자자료에 대한 이 같은 해결은 아주 최근에 이루어진 한층 더 많은 유전자좌위 분석 결과와 일치한다(Satta et al. 2000; O'hUigin et al. 2002; Wildman et al. 2003; Rauum et al. 2005; Elango et al. 2006; Fabre et al. 2009). Abdel-Halim Salem과 동료들(2003)은 알루(Alu) 요소를 사용한 유명한 연구를 통해 유인원의 계통을 재구성했다. 알루 요소는 짧은반복염기서열요소 또는 SINE 종류인데, SINE은 때때로 숙주의 염색체 속으로 자신을 삽입시키는 이기적 DNA 염기서열이다(4장 참조). 삽입이 흔하지 않고, SINE의 삭제가 대개 뒤에 남겨진 염기서열에서 검출이 되기 때문에, SINE은 진화 역사를 재구성하기 위한 거의 이상적인 파생형질이다. Salem과 동료들은 인류와 고릴라는 공유하지만 침팬지에는 없는 한 개의 알루 요소 삽입 및 인류와 침팬지는 공유하지만 고릴라에는 없는 7개의 삽입을 발견하고, 축적된 돌연변이로 그 나이를 판단해보니, 인류와 고릴라가 공유한 삽입은 인류와 침팬지가 공유한 7개의 삽입보다 더 오래된 것이었다. Salem과 동료들은 이 결과가 그림 20.5에서 볼 수 있는 조상형 다형현상을 말하는 것이라 추론한다. 전체적으로, Salem의 자료는 인류와 침팬지가 단계통 분기군을 이룬다는 의견을 강력히 지지한다.

Svante Pääbo(2003)는 분자 분석이 제공하는 증거를 세련되게 요약하였다. 그는 인류와 아프리카 대형유인원의 유전체를 모자이크로 기술하였다. 각 유전체 조각에는 인류와 대형유인원의 상동요소가 각기 자신의 계통을 담고 있는데, 어떤 유전체 조각들에서는 고릴라와 침팬지, 또는 고릴라와 인류가 가장 가까운 혈족이기도 하나, 대부분의 조각들에서는 인류와 침팬지가 가장 가까운 혈족이다.

**인류와 침팬지가 가장 가까운 혈족이지만, 인류의 유전체가 모자이크라는 것을 인식할 필요가 있다. 유전체의 어떤 부분에서는 우리가 고릴라와 가장 가까운 관계에 있다.**

인류, 침팬지, 고릴라 유전체의 모자이크 현상은 Aylwyn Scally와 동료들(2012)이 최초로 고릴라의 유전체 염기서열을 모두 완성하면서 확실히 확인되었다. 고릴라의 염기서열을 인류와 침팬지의 염기서열과 비교했을 때, 연구자들은 대략 유전체의 30%에서 고릴라와 침팬지, 고릴라와 인류가 가장 가까운 혈족이고 나머지 70%에서는 인류와 침팬지가 가장 가까운 혈족임을 발견했다(그림 20.6a). 그림 20.6b에서 보듯이, 불완전 계보구분(incomplete lineage sorting)은 단백질-암호화 유전자 근처에서 감소된다. 이러한 감소는 유전자가 선택에 놓일 때 발생하는 것으로 예상되는데, 선택이 불완전 계보구분이 일어나는 데 필수적인 대립유전자 다양성을 감소시키기 때문이다. Scally와 동료들은 인류, 침팬지, 고릴라에 가해진 많은 선택이 정화 과정을 일으켰다고 믿는다. 즉, 유해한 대립유전자의 제거가 일어났다는 것이다.

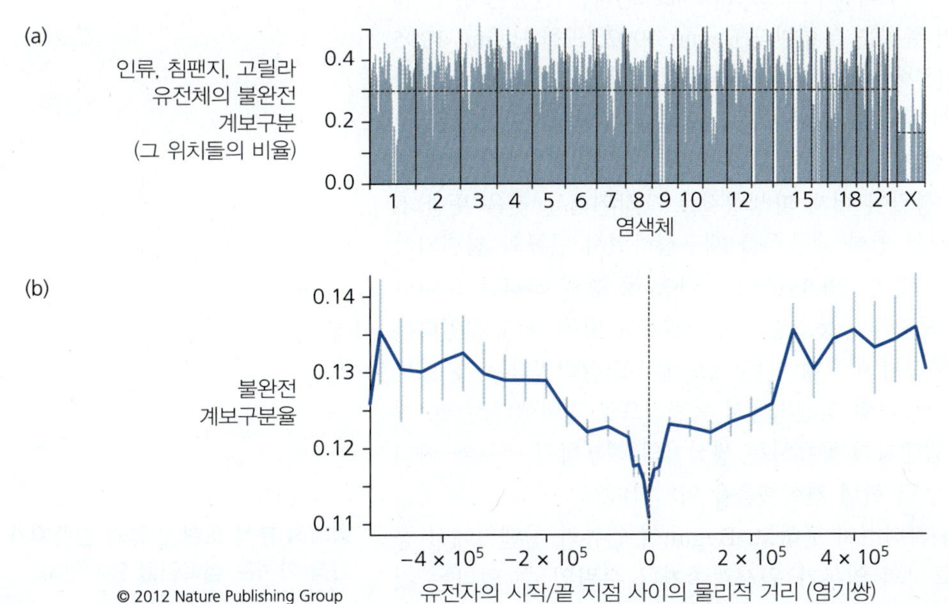


**그림 20.6 인류, 침팬지, 고릴라 유전체의 불완전 계보구분** (a) 유전체 전체에 걸친 불완전 계보구분의 변이. 각 청색 선은 1-M 염기쌍 부위에 대한 불완전 계보구분 추정치를 보여준다. 점선은 평균을 나타낸다. 일부 부위에서는 대략 30%의 불완전 계보구분이 나타나고 이 부위들에서는 고릴라와 침팬지 또는 고릴라와 인류가 가장 가까운 혈족이다. (b) 유전자 가까이에서의 불완전 계보구분(돌연변이율로 표준화함). Scally et al. (2012)에서.



## 형태적 증거

고생물학자들은 인류/침팬지/고릴라의 수수께끼를 형태학의 분기론적 분석으로 해결하려고 노력해왔다. 이들은 고릴라와 두 침팬지들이 공유하지만 인류에는 없는 몇 가지 특성들을 주목했는데, 주로 주먹관절을 땅에 대고 걷는 것(knuckle walking)과 관련된 골격 특성이 포함된다(Andrews and Martin 1987). 주먹관절을 땅에 대고 걷는 것은 가운데 지골—각 손가락의 3개 뼈 중 가운데 것—의 등쪽 면에 상체를 의지한 채 네 다리로 움직이는 것이다.

주먹관절을 땅에 대고 걷는 것은 아프리카 대형유인원에서 유래되었다. 아시아 대형유인원—오랑우탄—도 가끔 주먹관절을 땅에 대고 걷기도 하나, 주로 주먹으로 걷는다. 즉, 자신의 무게를 기부 지골—각 손가락의 뼈 중에서 손과 직접 연결되어 있는 것—모두의 등쪽 면에 의지한다. 아프리카 대형유인원—고릴라와 2종의 침팬지—은 열심히 주먹관절을 땅에 대고 걷는 동물들이다. 이러한 습성과 함께 이들은 해부학적으로 특수화된 손과 손목 구조를 가진다. 물론 인류는 주먹관절을 땅에 대고 걷지 않는다.

주먹관절을 땅에 대고 걷는 것만 가지고 생각해 보면, 가장 단순한 설명은 인류가 계보에서 먼저 분화되어 나오고 후에 고릴라와 2 챔팬지로 나누어졌다는 것이다(그림 20.3b). 이 시나리오에 따르면 고릴라와 침팬지의 공동조상에서 단지 한차례 주먹관절을 땅에 대고 걷는 것이 출현하고 이후 소실이 없었다는 것이 된다. 그러나 문제점이 있다. 그림 20.3b의 계통수가 주먹관절을 땅에 대고 걷는 것에 대해서는 단순한 설명을 주지만, 인류와 두 침팬지만이 공유하는 다른 여러 형질들의 경우에는 고릴라에서는 소실된 조상형질로 그리고 인류와 침팬지에서는 독립적으로 진화된 수렴 파생 형질로 해석이 되어야 한다. 이러한 형질들에는 이빨, 두개골, 사지, 지연된 성적 성숙, 암컷의 잘 발달된 소음순(labia minora), 수컷의 매달려 있는 음낭 같은 것들이 포함된다(Groves 1986; Begun 1992). 그림 20.3b의 계통수는 또한 인류와 침팬지가 가장 가까운 혈족임을 보여주는 분자 증거 결과들과도 불일치한다.

따라서 형태적 관점에서 인류/침팬지/고릴라 진화 계통수를 해결하려면 어떤 형질이 원시형이고 어떤 형질이 파생형인가를 알아내야 한다. David R. Begun은 나이가 약 천만년 정도 되고 화석으로만 알려진, 드리오피테쿠스(*Dryopithecus*)라는 멸종된 유럽 유인원을 포함시켜 대형유인원 두개골의 특성을 분류했다(Begun 1992; 또한 Begun 1995 참조). 드리오피테쿠스는 침팬지와 인류에는 없는 여러 두개골 형질을 고릴라와 공유한다. 이 형질들은 이전에는 고릴라에서 독특하게 파생된 것으로 분류되었지만 드리오피테쿠스의 경우를 고려하면 이제 원시형으로 볼 수 있다. 이것은 인류와 침팬지에서 원시형이거나 수렴으로 생각해왔던 일부 형질이 이제 파생형질로 생각된다는 것을 뜻한다. Begun은 이 새로운 형질 분류로 유인원 진화 계통수를 재구성하면서 인류와 침팬지가 가장 가까운 혈족이라는 결론을 내렸다(그림 20.3a). 이는 다음 둘 중의 하나를 의미한다; (1) 인류, 고릴라, 침팬지의 가장 최근의 공동조상은 주먹관절을 땅에 대고 걸었다는 것과 주먹관절을 땅에 대고 걷는 이 특징이 이후에 인류 계보에서 소실되었다는 것 또는 (2) 주먹관절을 땅에 대고 걷는 것이 고릴라와 침팬지에서 독립적으로 진화했다는 것. 이는 또한 지연된 성적 성숙과 인류와 침팬지가 공유하는 생식기의 해부학적 구조뿐 아니라 이빨, 두개골, 사지의 여러 형질들이 단 한번 진화했음을 암시한다.

**형태적 분석 또한 인류와 침팬지가 가장 가까운 혈족임을 암시한다.**

일부 연구자들은 Begun의 추론을 확신하지 못하고, Begun이 인류와 침팬지에서 공유된 파생형질이라고 믿는 두개골 특성의 일부가 원시형이거나 수렴일 수 있다는 것과 주먹관절을 땅에 대고 걷는 것이 Begun의 계통수가 요구하는 것처럼 그렇게 쉽게 진화하거나 소실되는 것이 아니라는 반대의견을 표시하였다(Andres 1992; Dean and Delson 1992). 그러나 보다 최근에 한층 더 축적된 자료들을 분석한 결과는 침팬지와 인류의 가까운 유연관계를 확인해 주는 것처럼 보인다(Shoshani et al. 1996; Begun et al. 1997; Gibbs et al. 2000; Gibbs et al. 2002; Lockwood et al. 2004; Strait and Grine 2004; Lehtonen et al. 2011).

또한 Brian Richmond와 David Strait(2000)는 아프리카 화석의 손목뼈와 현존 영장

류의 손목뼈를 비교해 보았다. 이들은 침팬지나 고릴라보다 인류에 더 가깝다고 생각되는 최소한 두 개의 멸종 종이 주먹관절을 땅에 대고 걷는 것에 관련된 해부학적 특성을 가진 증거를 발견했다(또한 Collard and Aiello 2000; Corruccini and McHenry 2001; Dainton 2001; Lovejoy et al. 2001; Richmond and Strait 2001a, 2001b 참조). 이것은 인류가 주먹관절을 땅에 대고 걷는 조상으로부터 진화했고 인류와 침팬지는 가장 가까운 현존 혈족이라는 가설(그림 20.3a)과 일치한다. 따라서 형태적 증거와 분자분석이 동일한 결론으로 모아지고 있는 것 같다.

## 인류와 유인원의 분화시간 추정하기

S. Blair Hedges 실험실에서 일하던 대학생 Rebecca L. Stauffer 팀은 분자시계를 사용해 인류와 유인원의 분기 시간을 추정했다(Stauffer et al. 2001). 화석기록에 의하면 구세계원숭이와 유인원은 2,330만 년 전에 분기했다. 연구자들은 유인원과 구세계원숭이의 다양한 단백질-암호화 유전자 염기서열 차이를 비교하여 두 계보가 분기된 이후에 일어난 유전자의 진화 속도를 추정했다. 그런 다음, 예를 들어 인류와 침팬지에서 같은 유전자의 염기서열 차이를 계산함으로써 인류와 유인원 사이의 분화시간을 추정했는데, 추정치의 정확도를 높이기 위해 수십 개의 유전자에서 얻은 자료들을 합하였다. 그들의 추정치는 그림 20.7에 요약되어 있다. 현존 고릴라로 이르는 계보는 인류와 침팬지 계보로부터 6.4 ± 1.5백만 년 전에 분화했고, 인류와 침팬지 계보는 5.4 ± 1.1백만 년 전에 분기했다.

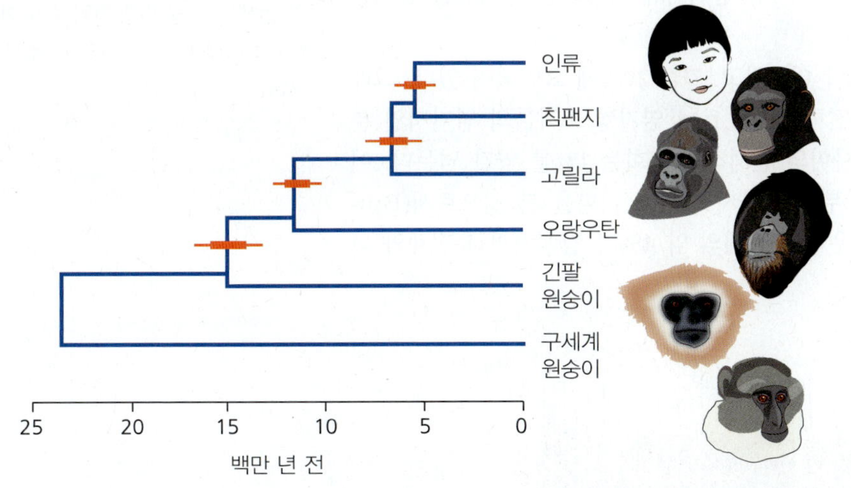


**그림 20.7 유인원의 분기 시간** Stauffer와 동료들은 수십 개의 단백질을 분자시계로 사용하여 계통수 상의 공동조상 시기를 추정했다. 두꺼운 막대는 시간 추정치의 ± 표준편차를 말한다; 가는 막대는 95% 신뢰구간을 보여준다. Stauffer et al. (2001)에서.

한층 더 많은 자료와 유인원-구세계원숭이 분기시간이 2,380만 년 전이라는 사실을 가지고, 유사한 방법을 사용하여 Sudhir Kunar와 동료들(2005)은 인류와 침팬지 계보가 498만 년 전(438만~594만 년 전 사이의 95% 신뢰구간을 가짐)에 분화했다고 추정했다.

Richard Wilkinson과 동료들(2011)은 분자자료와 화석기록 증거를 결합하는 방법을 개발했는데 20.2절에서 그 일부를 논의하게 된다. 이들은 인류/침팬지가 570만~960만 년 전에 분기되었다고 추정하고, Aylwyn Scally와 동료들(2012)은 또 다른 방법과 전체 유전체 자료, 화석 증거를 사용하여 인류/침팬지가 550만~700만 년 전, 인류-침팬지/고릴라가 850만~1,200만 년 전에 분화했다고 추정하였다. 인류와 침팬지의 분기 시간 추정은 여전히 진행 중에 있다(Langergraber et al. 2012; Sun et al. 2012 참조).

다음 절로 가기 전에, 자연스런 질문이 하나 생긴다: 인류와 우리의 가장 가까운 혈족 사이에는 얼마나 큰 유전적 차이가 있을까?

## 인류, 침팬지, 고릴라 사이의 유전적 차이

인류와 아프리카 대형유인원 사이의 가장 분명한 유전적 차이는 핵형에 있다. 고릴라와 침팬지는 24쌍의 염색체를 가지고 있는 반면에 인류는 23쌍만을 가진다. 이유는 다음과 같다. 인류의 계보가 침팬지 계보로부터 분기한 후 얼마 후에 인류의 조상에서 2개의 염색체가 합쳐져 현재의 2번 염색체가 되었다(그림 20.8). 유전체 자료를 통해 우리는 인류와 우리의 가장 가까운 혈족 사이의 유전적 차이를 한층 세부적인 내용까지 알 수 있게 되었다.

몇몇 차이점들은 놀랄 만하다. 인류에는 침팬지와 고릴라에 있는 일부 유전자의 기능적인 부위가 없다. 예를 들어 인간에서는 효소 CMP-sialic acid hydroxylase 유전자에서 틀이동 돌연변이가 일어나 포유류에서 흔히 볼 수 있는 세포-표면 당의 완전한 결실이라는 결과를 가져왔다(Gagneux and Varki 2001 참조). 그리고 인류는 다른 포유류에서 발견되는 조절 염기서열이 없는 경우가 있는데, 그 중 한 가지는 침팬지를 비롯한 다른 포유류에서 볼 수 있는, 얼굴의 감각모와 음경돌기의 발달을 유발하는 안드로겐 수용체의 인핸서(enhancer)이다(McCLean et al. 2011)—하지만 음경돌기의 경우, 인류와 침팬지 사이의 표현형적 차이는 그렇게 극적이지는 않다: 침팬지의 음경 "돌기"는 감각수용기와 관련된 각질화된 작은 피부 혹에 불과하다(Hill 1946). 인류 또한 적어도 소수의 독특한 유전자를 가지고 있다. 이들 중 하나는 *JLJ33706*이라 불리는데, 전이인자 삽입과 뒤이은 염기치환의 결과로 생기며 뇌에서 가장 강력하게 발현되는 단백질을 암호화한다(Li et al. 2010).

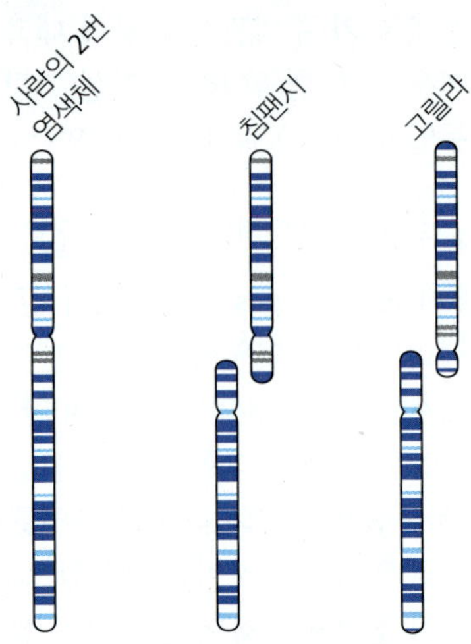


**그림 20.8 사람의 2번 염색체와 침팬지 및 고릴라의 상동체** 염색체의 염색 패턴이 사람의 2번 염색체는 다른 대형유인원의 분리되어 있는 2개의 염색체가 융합된 것임을 보여준다. Yunis and Prakas (1982)에서 다시 그림.

대형유인원들 사이의 다른 차이들은 보다 미묘하고, 그림 20.9에 요약되어 있다. 그래프는 인류, 침팬지, 고릴라, 오랑우탄의 유전체상에서 1-M 염기쌍 조각들의 염기서열 분화 정도를 비교한 것이다. 인류와 침팬지 사이의 전체적인 분화는 1%를 약간 넘는다. 이 그림은 염기서열의 배열이 가능한 유전체 부분만 가지고 염기 치환을 본 것으로서(Britten 2002), 중복, 삽입, 결실을 고려하면, 우리 유전체의 약 4%가 침팬지의 유전체와 다르다(Varki and Nelson 2007 참조).

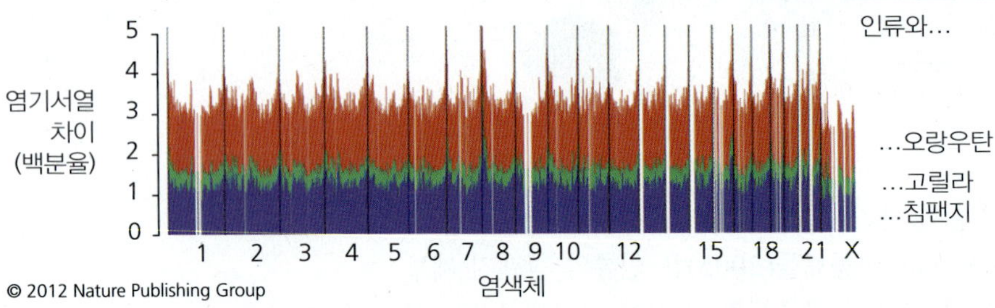


**그림 20.9 인류와 대형유인원 유전체의 염기서열 차이** Scally et al. (2012)에서.



그림 20.10의 계통수는 이 숫자의 의미를 보다 잘 보여준다. 계통수는 단지 배열 가능한 염기서열이 아닌, 전체 유전체의 공유 특성에 근거하여 진화적 유연관계를 추정하고(Sim et al. 2009a), 가지의 길이는 유전체 거리에 비례한다. 인류와 침팬지—심지어는 인류와 레서스원숭이—는 생쥐와 시궁쥐 사이보다도 더 서로 비슷하며, 이는 인류와 침팬지 사이의 유전체 분기가 더 작다는 것이다. Derek Wildman과 동료들(2003)을 비롯

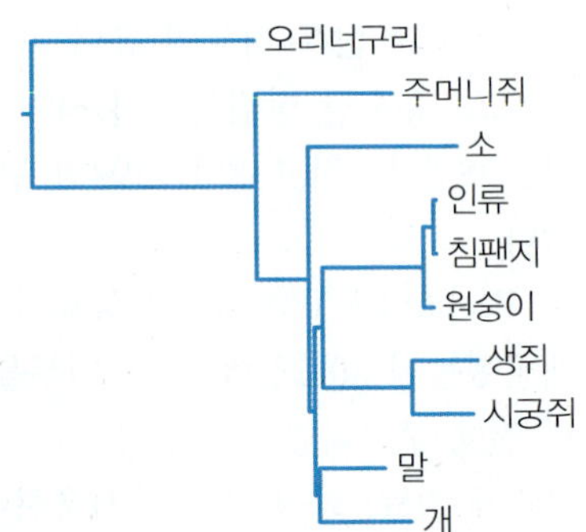


**그림 20.10 포유류의 전체 유전체 계통수** Sim et al. (2009b)에서 다시 그림.

한 일부 생물학자들은 인류와 침팬지가 유전적으로 매우 가깝기 때문에 함께 *Homo*속에 속한다고 주장한다.

유전체 사이의 차이는 이렇게 작다지만, 유전체 자체가 매우 크다. 침팬지 유전체의 초벌 염기서열을 완성하면서, Tarjei Mikkelsen과 동료들(2005)은 인류와 침팬지는 약 3,500만 개의 단일 염기치환, 500만 개의 삽입과 결실, 염색체 재배열에 의해서 구별된다고 보고했다. 우리의 유전체에서 암호화된 단백질의 약 29%가 침팬지의 상동 단백질과 동일하고, 나머지 단백질에서는 전형적으로 2개의 아미노산 치환을 보인다. 그 이후로 연구자들은 우리의 가장 가까운 혈족과 인간 사이의 이 유전적 차이 중 어떤 것이 우리를 인류로 만들고 그들을 침팬지로 만드는지 알고자 노력하고 있다(Varki et al. 2008 참조).

이 차이점들의 일부는 상당히 적은 수의 유전자들에서 나타나고 이 유전자들은 각 계보들에서 새로 얻거나 소실된 것들이다. Xiaoxia Wang과 동료들(2006)은 침팬지에서는 활성화되어 있지만 인류에서는 기능-손실 돌연변이에 의해 기능을 상실한 80개의 유전자를 동정했다. 이 유전자들은 후각, 미각 및 그 이외의 화학수용기, 면역 반응에 관련된 단백질들을 암호화한다. Cécile Charrier와 동료들(2012), 그리고 Megan Dennis와 동료들(2012)은 인류의 독특한 유전자인 *SRGAP2C*를 연구했는데, 이 유전자는 유전자 *SRGAP2*의 부분적인 중복에 의해 생긴 것이다. *SRGAP2*는 뇌 신경세포의 이동과 성숙에 영향을 주는 단백질을 암호화하며, *SRGAP2C*는 *SRGAP2*의 유전자 산물에 결합하여 활성을 억제하는 단백질을 암호화한다. 따라서 인류의 이 새로운 단백질은 뇌의 발달을 더 확장시키고 신경세포가 보다 많은 수상돌기를 만들게 한다(Tyler-Smith and Xue 2012 참조).

인류와 침팬지 사이의 다른 핵심적인 차이는 이 두 종이 가진 단백질의 아미노산 치환에서 온다. Rasmus Nielsen과 동료들(2005)은 동의 치환에 대한 비동의 치환 비율이 높은 유전자를 찾기 위해 인류와 침팬지의 유전체를 철저히 조사했다. 그 중 많은 유전자들이 감각인지, 면역방어, 종양억제, 정자형성의 기능을 한다.

수십 년 전에 Marie-Claire King과 Allan Wilson(1975)이 예측했듯이, 우리를 인간으로 만드는 유전적 차이의 대부분은 여전히 각 단백질을 언제, 어디에서, 얼마만큼 만들지 조절하는 조절 부위에 있다. **그림 20.11**에는 Mehmet Somel과 동료들(2011)이 생각한 가능한 예들이 나와 있다. 여기에는 miR-320b라 불리는 마이크로 RNA(micro RNA)가 관련되어 있다. 마이크로 RNA는 짧은 비암호화 RNA분자로서 전령 RNA에 결합하여 번역을 억제하거나 분해를 위한 표식을 한다. 그림 20.11a는 인류가 침팬지나 레서스원숭이보다 전전두 피질의 뇌 세포에 miR-320b 사본을 더 많이 만든다는 것을 보여준다. 그림 20.11b는 그 결과 나타나는, miR-320b의 알려진 18개 목표물의 발현 감소를 보여주는데, 18개 중 8개는 뉴런 관련 유전자이다. 표현형적 결과는 아직 발견하지 못했다.

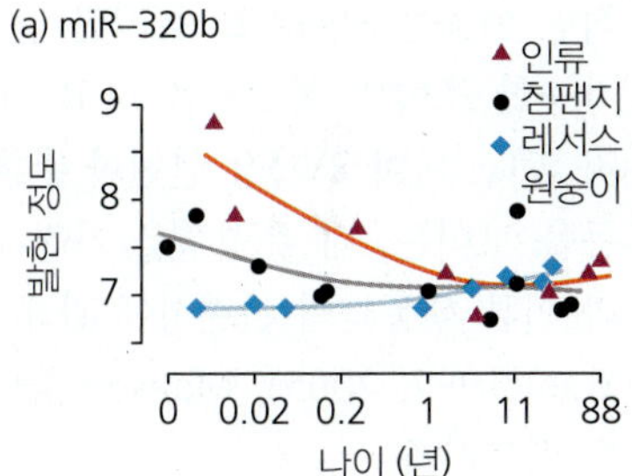


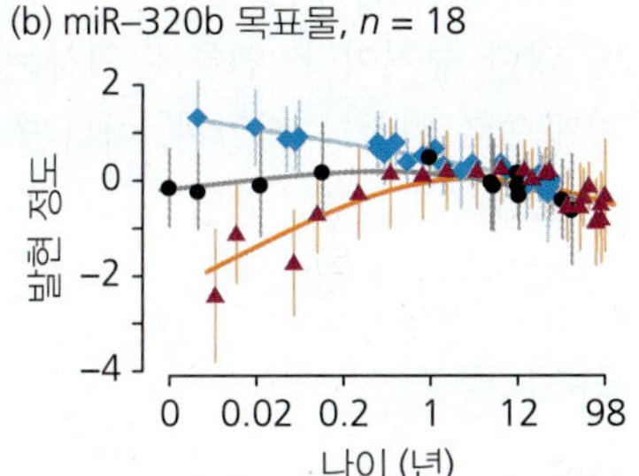


**그림 20.11 인류, 침팬지, 레서스원숭이에서 마이크로 RNA와 그 목표물의 발현** (a) 나이에 따른 miR-320b의 발현. (b) 나이에 따른 miR-320b의 목표 유전자의 발현. Somel et al. (2011)에서.

## 20.2 인류의 최근 조상

20.1절에서 제시된 증거에 의하면, 인류와 두 침팬지는 약 5백만 년에서 7백만 년 전까지 조상을 공유했다. 우리는 인류, 침팬지, 보노보에 관해 현재 우리가 알고 있는 것들을 이용하여 가장 최근의 공동조상이 가졌던 특성 중 일부를 추론해 볼 수 있고 이 과정에는 세심한 주의가 필요하다. 우리는 공동조상으로부터 적어도 오늘날 세 후손이 공유하고 있는 행동들의 일부를 물려받았을 것이다. 그렇다면, 가장 최근의 공동조상은 주먹관절을 땅에 대고 걸었을 뿐 아니라, 과일을 기본으로 하는 폭넓은 식성을 가졌고, 여러 서

식처에 걸쳐 서식했을 것이다. 현존하는 보노보, 침팬지, 인류처럼, 공동조상은 음식물을 얻고 가공하기 위해 연장을 사용했을 것이며 사냥도 했을 것이다(McGrew 2010b).

최근래 공동조상(last common ancestor)은 또한 문화—습득하고 배우고, 집단들 사이의 다양한 행동을 보임—를 가졌을 것이다. 인류처럼 침팬지도 오늘날 문화적 변이를 보인다(de Waal 1999; Whiten et al. 1999; Whiten 2005). 정말로 문화는 인류와 침팬지, 보노보의 최근래 공동조상 훨씬 이전에 나타났을지 모른다. 왜냐하면 오랑우탄도 문화를 가지고 있기 때문이다(van Schaik et al. 2003).

최근래 공동조상 행동의 다른 측면들은 파악하기가 힘들다. 보노보와 일반 침팬지는 인류에게 똑같이 가까운 혈족이지만, 행동에서는 엄청난 차이를 보인다(Parish and de Waal 2000). 일부의 눈에는 이 두 종의 행동 요소들이 적어도 일부 문화에서 인류가 보이는 행동들과 유사하게 보인다. 예를 들어 침팬지 사회는 전략적으로 동맹을 이루고, 격렬히 싸우고, 때로는 경쟁자를 죽이는 수컷들에 의해 지배되는 반면, 보노보 사회는 심지어는 서로 자매가 아니더라도 강력한 유대관계를 이루는 암컷들이 지배하며 이 암컷들은 수컷들에게는 공격적이지만 침팬지들보다는 덜 난폭하다. 침팬지는 때때로 동성애적인 행동을 보이기도 하지만 일차적으로 이성애 생활을 한다. 이에 비해 보노보는 모든 가능한 조합의 성생활을 하고 이런 행동은 여러 이유로 인해 생식과 직접 연결되어 있지 않다. 아마도 가장 안전한 추론은 우리 인간이 문화적으로나 진화적으로 더 다양한 행동을 보이는, 더 유연성을 가진 계보에 속한다는 것일 것이다. 침팬지나 보노보의 행동과 인류 행동과의 관련성에 관해 더 알고 싶으면, Begun(1994), Parish(1994, 1996), de Waal(1997, 2005), Manson 등(1997), Boesch와 Tomasello(1998), Wrangham(1999)을 참조하라.

이 절의 목표는 침팬지와 우리의 최근래 공동조상에서 인류로 이어지는 진화 패턴에 대한 증거이다. 인류의 역사는 *Homo sapiens*(그림 20.12a)로 끝나는 단일 계보가 점진적으로 변형된 것일까, 아니면 최근의 진화 계통수에 분기와 멸종이 더 있었을까(그림 20.12b)?

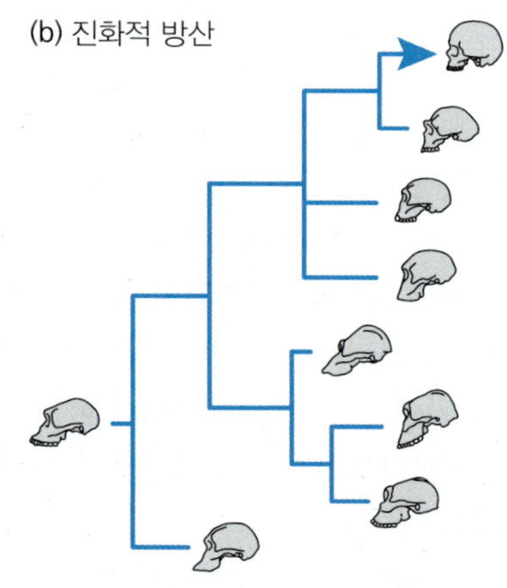


**그림 20.12 인류 계보가 침팬지 계보에서 분기한 이후의 인류 진화 패턴에 관한 두 가지 설**

## 화석 증거

화석은 점진적인 변형설과 진화적 방산설을 구분하는 데 사용할 수 있는 유일한 자료이다. 초기 인류와 혈족에 관한 화석기록은 좌절할 정도로 적지만 계속 발견이 되면서 상황이 나아지고 있다(Tattersall 1995, 1997; Johanson et al. 1996; Wood and Leakey 2011 참조). 다음 몇 쪽에 걸쳐 우리는 몇몇 핵심 표본들의 삽화와 사진을 보게 된다.

고인류학자들은 이 표본들 중 일부의 이름에 관해 견해가 서로 다르다. 여기서는 독자들이 가장 친숙한 이름이라는 이유에서 Wood(2010)가 사용한 이름을 사용하였으나, 곳곳에서 또 다른 이름도 병기하였다. 우리는 침팬지보다는 인류에 더 가까운 종들을 기술하는 데 호미닌(*hominin*)이란 용어를 사용하였지만, 일부 고인류학자들은 여전히 보다 전통적인 용어인 호미니드(*hominid*)를 선호한다(Gee 2001; Wood 2010 참조).

또한 고인류학자들은 표본이 제공하는 종의 수에 관해서도 의견이 다르다(Tattersall 1986, 1992; Wood 2010; Wood and Leakey 2011 참조). 예를 들면, 우리가 그림 20.19에서 보게 될 *Homo habilis*와 *Homo rudolfensis*의 표본들은 둘 다 케냐의 Koobi Fora에서 나왔고, 둘 다 약 190만 년 전 것인데, 일부 연구자들은 이들이 같은 종의 변이체라고 생각하는 반면에 다른 연구자들은 이들을 다른 종으로 간주한다. 여기서 우리는 이름뿐 아니라 분류도 Wood(2010)를 따랐다.

**화석기록은 다양한 호미닌—인류와 침팬지 계보가 분리된 이후에 살았던, 침팬지보다는 인류에 훨씬 더 가까운 종—을 포함한다.**

그림에서 언급한 시간 범위는 대부분 Johanson 등(1996)의 것으로서, 다른 연구자들의 측정치와 다소 다른데, 그림 20.22와 Strait 등(1997)의 것들, 그림 20.23이 이에 해당된다.

이름: *Sahelanthropus tchadensis*
다른 알려진 이름: "*Toumaï*"
표본: TM 266-01-060-1
나이: 6–7백만 년
발견자: Djimdoumalbaye Ahounta
발견 장소: 차드, Djurab Desert

**그림 20.13 가능성 있는 초기 호미닌** 6백만 년에서 7백만 년 정도 된 이 두개골은 침팬지와 우리의 공동조상의 가까운 혈족이다. Wood (2002)에서.



*Sahelanthropus tchadensis*로 시작해보자(그림 20.13). Michel Brunet 팀의 일원인 Djimdoumalbaye Ahounta가 2001년 7월에 차드의 Djurab Desert에서 발견한 거의 완벽한 이 두개골은 고인류학자들을 경악케 했다(Brunet et al. 2002; Gibbons 2002; 또한 Brunet et al. 2005 참조). 그 이유 중 하나는 이것이 6백만~7백만 년 된 것으로, 분자생물학자들이 인류가 침팬지로부터 분화되어 나왔다고 추정한 시간대 보다 더 오래된 것이기 때문이며 또 다른 이유는 이것이 특이한 혼합 형질을 보였기 때문이다. Bernard Wood(2002)가 기술한 것처럼, 작은 두개(320~380 $cm^3$)는 뒤에서 보면 침팬지처럼 보이지만 앞에서 보면 얼굴이 상대적으로 편평하여 *Australopithecus*, *Kenyanthropus*, 또는 175만 년 전밖에 안 된 *Homo*처럼 보인다. 다른 말로 하면, 그렇게 오래된 화석이 우리의 예상보다 인류에 매우 가까운 혈족처럼 보인다는 것이다. *Sahelanthropus tchadensis*는 최근래 공동조상의 가까운 혈족일 수 있다—또는 심지어는 이론상 최근래 공동조상 그 자체일 수도 있었다.

Brunet와 동료들은 *Sahelanthropus*가 정말로 초기 호미닌, 즉 진화계통수에서 인류 쪽에 있는 최근래 공동조상의 후손이라 믿었고, 많은 다른 고인류학자들도 이에 동의하는 듯했다(Cela-Conde and Ayala 2003; Gibbons 2005; Wilford 2005 참조). 그러나 그러한 견해에 모두가 동의하는 것은 아니었다.

동의하지 않는 사람들 중에는, 가장 오래된 호미닌이라는 명칭을 두고 경쟁하는 후보자를 발견한 Brigitte Senut와 Martin Pickford가 있다. 그들이 발견한 *Orrorin tugenensis*는 지금의 케냐 지역에서 약 6백만 년 전에 살았고 3개의 대퇴골을 통해 알려졌다(Aiello and Collard 2001; Senut et al. 2001; Gibbons 2002). Brunet와 동료들이 *Sahelanthropus*을 발견했다고 보고한 후 얼마 안 있어, Senut와 Pickford는 Milford Wolpoff, John Hawks와 함께, *Sahelanthropus*는 침팬지를 만들어낸 계보 또는 심지어는 고릴라를 만들어낸 계보에 속한다는 제안을 했다(Wolpoff et al. 2002). 그러나 Brunet(2002)는 이 견해를 수용하지 않았다.

*Sahelanthropus*를 설명하는 데 있어 생긴 어려움 중 하나는 두개골이 뭉그러지고 찌그러졌다는 것이었다. 이 문제를 극복하기 위하여, Brunet는 Chistoph Zollikofer, Marcia Ponce de Leon 팀과 협력하여 두개골을 CT 스캐너로 찍고 다시 보정한 다음 3차원적으로 재구성하였다. 재구성된 *Sahelanthropus*는 침팬지나 고릴라보다 알려진 기존의 호미닌들과 더 강력하게 닮았고 이는 이 화석이 가계도의 인류 쪽에 해당한다는 Brunet의 견해를 지지해 주었다(Guy et al. 2005; Zollikofer et al. 2005). 그러나 반대자들은

이름: *Ardipithecus ramidus*
최초의 이름: *Australopithecus ramidus*
표본: ARA-VP-1/128
나이: 4.4백만 년
발견자: T. Assebework
발견 장소: 에티오피아, Aramis
같은 종의 컬러사진:
Johanson et al. (1996), page 116

종 시간범위: ~4.4백만 년 전

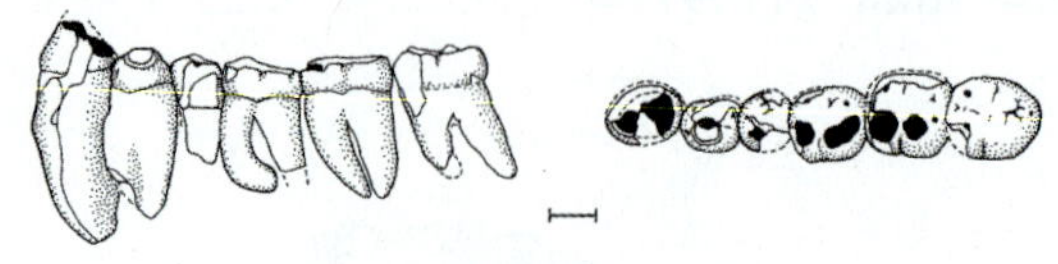



**그림 20.14 가능성 있는 초기 호미닌** Laszle Meszoly의 그림, White et al. (1994)의 그림 3b에서; 또한 White et al. (1995)을 참조하라. 눈금자 = 1 cm



여전히 이를 인정하지 않았다(Wolpoff et al. 2006). 따라서 이 사건은 두개골 이외의 부분도 함께 남아 있는 또 다른 화석이 발견되어야만 해결이 될 것 같다.

**그림 20.14**에는 또 다른 가능한 초기 호미닌 *Ardipithecus ramidus*가 있다. 원래 그림에 있는 이빨을 포함한 유골 파편을 가지고 기재되었던 *Ardipithecus ramidus*는 현재는 상당히 자세히 알려져 있다(White et al. 1994; White et al. 2009). 키는 약 120 cm 정도였고 직립했다; 얼굴은 작았고 침팬지 뇌와 비슷한 크기의 뇌를 가지고 있었다. 골격의 다양한 특성들이 이들이 잘 기어오를 수 있었고, 땅위에서는 직립으로 걸을 수 있었음을 말해준다. *Ardipithecus ramidus*를 발견하고 기재한 팀은 이들이 침팬지보다는 인류에 훨씬 더 가깝다고 믿는다(White et al. 2006; White et al. 2009; White et al. 2010; 또한 Strait and Grine 2004 참조). 만일 *Ardipithecus ramidus*가 호미닌이면 이들보다 오래된 같은 속의 *Ardipithecus kadabba*(Haile-Selassie et al. 2004)도 호미닌일 것이다. 그러나 다른 연구자들은 *Ardipithecus*가 인류에 더 가까운지 침팬지에 더 가까운지에 관한 결론은 아직 시기상조라고 생각한다(Harrison 2010; Sarmiento 2010).

**그림 20.15**는 의견이 일치된 초기 호미닌의 예를 보여준다: 날씬한 오스트랄로피테신과 *Kenyanthropus*. 그림 20.15a와 b에 있는 종인 *Australopitheus africanus*와 *Australopithecus afarensis*는 뇌 용적(400~500 $cm^3$를 조금 넘음)이 작은 두개골과 상대적으로 크고 앞으로 돌출된 얼굴을 가진다(Johanson et al. 1996). 암컷 *Australopitheus africanus*와 *Australopithecus afarensis*는 키가 약 1.1 m까지 자라는 반면에 수컷은 1.4~1.5 m 정도이고(그러나 Reno et al. 2003을 참조), 두 종 모두 두 다리로 걸었다. 골격의 많은 뼈들이 직립자세에 대한 증거를 제공하는데, 여기에는 엉덩이, 무릎, 다리, 사지 비율, 척주 등이 포함되고, 모두가 직립자세가 가능하고 몸무게를 네 다리가 아닌 두 다리에 의지하도록 해부학적으로 변형되어 있다. **그림 20.16**의 사진은 두발 보행에 대한 다른 증거들을 보여준다: 탄자니아 Laetoli서 발견된, 360만 년 전 Sadiman 화산에서 갓 분출된 화산재 위를 나란히 걸었던 한 쌍의 *A. afarensis* 발자국 화석(Stern and Susman 1983; White and Suwa 1987).

350만 년 전에 살았던 *Kenyanthropus platyops*(그림 20.15c)는 1999년 8월에 Meave Leakey와 동료들(2001)의 조수였던 J. Erus에 의해 발견되었다. *Kenyanthropus platyops*는 *Australopithecus afarensis*(그림 20.15b)와 같은 크기의 뇌를 가지며 같은 시기에 살았고 조상형 두개골의 다양한 여러 형질들을 가지고 있다. 동시에 *K. platyops*는 보다 작은 이빨과 *A. afarensis* 또는 전통적으로 *Australopithecus*로 분류되었던 다른 여느 종들보다 편평하고 보다 인류를 닮은 얼굴 모습을 가지고 있다. *K. platyops*가 *Australopithecus*나 *Homo* 어디에도 들어맞지 않는다고 느낀 Leakey와 동료들은 이들을 새로운 속에 두었다. 하지만 Tim White(2003)는 *K. platyop*의 보다 인류에 가까운 모습이 두개골이 파편화되고 그것이 들어 있었던 바위 때문에 뒤틀려 생긴 착각 때문이라고 주장하고, 만일 두개골이 뒤틀리지 않았다면 *Australopithecus*속과 비슷한 나이의

(a) 이름: ***Australopithecus africanus***
표본: Sts 5
나이: 2.5백만 년
발견자: Robert Broom and John T. Robinson
발견 장소: 남아프리카공화국, Sterkfontein
컬러사진: Johanson et al. (1996), pages 3; 135

종 시간범위: ~2.4–2.8백만 년 전

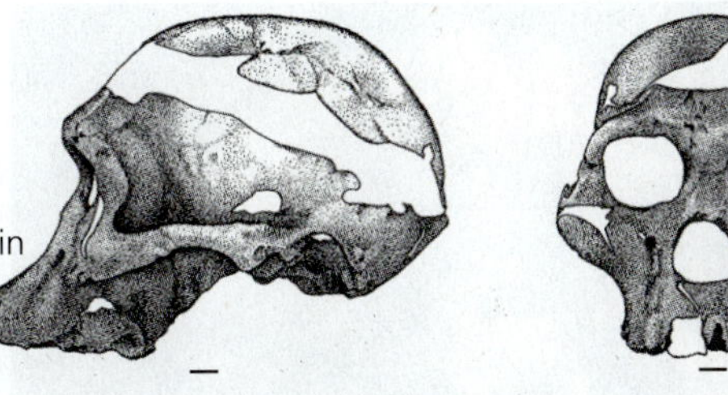

(b) 이름: ***Australopithecus afarensis***
다른 이름: *Praeanthropus africanus*
표본: Reconstruction from fragments
같은 종의 컬러사진: Johanson et al. (1996), page 129

종 시간범위: ~3.0–3.9백만 년 전

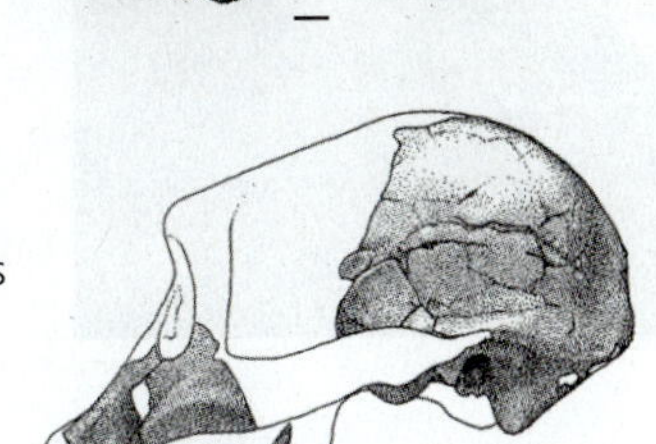

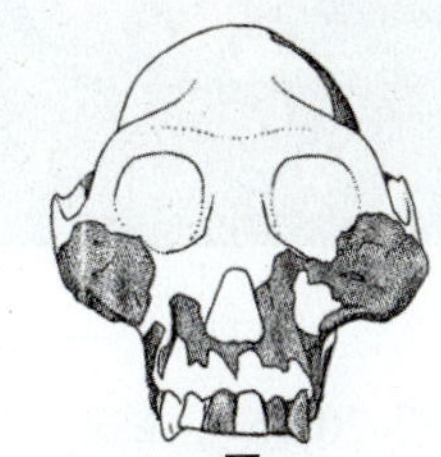

(c) 이름: ***Kenyanthropus platyops***
표본: KNM-WT 40000
나이: 3.5백만 년
발견자: J. Erus
발견 장소: 케냐, Lake Turkana

종 시간 범위: ~3.5백만 년 전



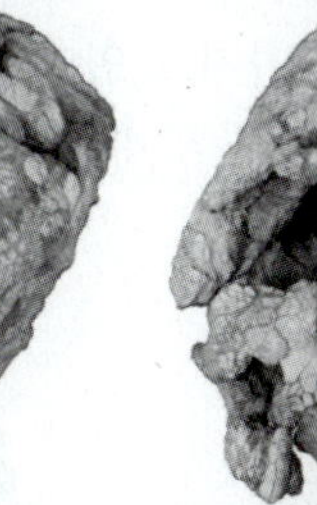

(d) 이름: ***Australopithecus anamensis***
표본: KNM-KP 29281
나이: 4.1백만 년
발견자: Peter Nzube
발견 장소: 케냐, Kanapoi
컬러사진: Johanson et al. (1996), page 123

종 시간범위: ~3.9–4.2백만 년 전


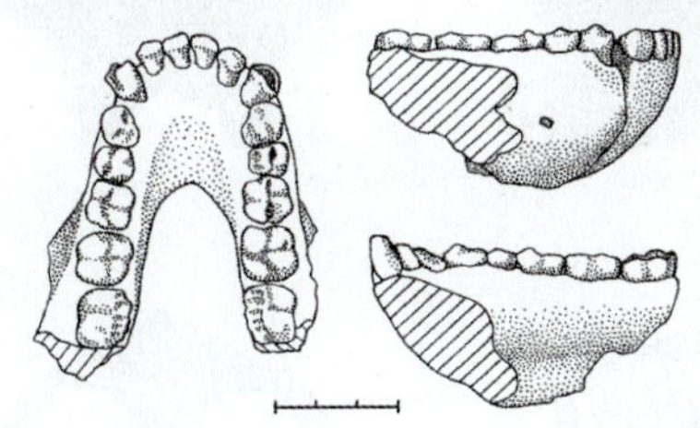

**그림 20.15 고대 호미닌**
(a) Don McGranaghan의 그림, Tattersall(1995)의 p. 70. 눈금자 = 1 cm. (b) Don McGranaghan의 그림, Tattersall(1995)의 p. 146. 눈금자 = 1 cm. (c) Leakey et al. (2001)의 그림 1. 눈금자 = 3 cm. (d) Laszlo Meszoly의 그림, Leakey et al. (1995)의 그림 1a에서. 눈금 단위 = 1 cm.



다른 화석들에서 볼 수 있는 변이의 범주에 속할 것이라고 믿었을 것이라고 했다. White는 *K. platyops*를 포함한 이 화석들이 모두 *A. anamensis*(그림 20.15d)와 *A. afarensis*(그림 20.15b)를 연결시키는 단일 계보에 속한다는 견해를 유지하고 있다. 화석들은 상당한 구조적 변이를 보인다. 그러나 White는 오늘날 우리가 인류들 사이, 보노보들 사이, 침팬지들 사이에서 볼 수 있는 변이를 생각한다면, 마찬가지로 이 종들의 최근 조상들도 변이가 있었을 것이라 주장한다.

그림 20.15d의 종인 *Ausralopithecus anamensis*는 더 최근의 종들보다 덜 알려져 있다. *A. anamensis*의 경골 구조와 크기는 이들이 *A. afarensis*보다 다소 큰 두발동물이었음을 말해준다(Leakey et al. 1995).

*Austalopithecus*속으로 알려진 고대 호미닌은 2백만 년 조금 더 전까지 존속했다. 그림 20.17(다음 쪽)은 10대 남성의 두개골로, 이 Malapa Hominin 1의 나머지 골격은 성체 여성인 Malapa Hominin 2의 유골 옆에서 발견되었다(Berger et al. 2010). 이 여성의 오른쪽 손이 이 장의 첫 번째 쪽에 있다(Berger et al. 2010). 둘 다 동굴 바닥에 난 싱크홀 구멍으로 떨어져 죽은 것이 분명하다.

과거에는 강건한 오스트랄로피테신으로 알려졌었고 현재는 *Paranthropus*라 부르는

**그림 20.16 한 쌍의 *Australopithecus afarensis* 발자국** 탄자니아의 Laetolia에서 발견된 360만 년 된 발자국은 화산폭발이 일어난 지 얼마 안 된 화산재 위를 나란히 걸었던 한 쌍이 남긴 것이다.

이름: *Australopithecus sediba*
표본: MH1
나이: 1.98백만 년
발견자: Matthew Berger
발견 장소: 남아프리카공화국, Malapa

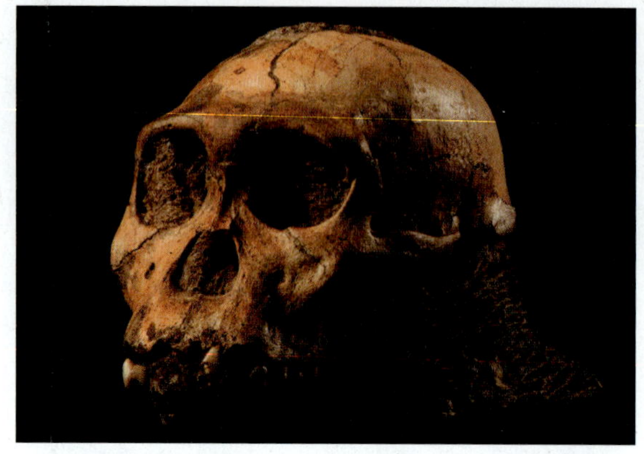

**그림 20.17 초기의 호미닌** Brett Eloff의 사진, Lee R. Berger과 University of Witwatersrand의 허락을 받음. Pickering et al. (2011)에서 추정한 나이.

3종의 예가 **그림 20.18a~c**에 있다. 그림 20.15의 호리호리한 오스트랄로피테신과 마찬가지로 이들도 상대적으로 작은 뇌 용적(대부분의 경우에 호리호리한 오스트랄로피테쿠스의 뇌 용적과 초기 *Homo* 사이)과 매우 큰 얼굴을 가지고 있었다. 호리호리한 오스트랄로피테신과는 달리, 이들은 거대한 어금니, 강건한 턱, 두개골 위쪽 면의 중앙선을 따

(a) 이름: ***Paranthropus robustus***
다른 이름: *Australopithecus robustus*
표본: SK 48
나이: 1.5~2.0백만 년
발견자: Fourie
발견 장소: 남아프리카공화국, Swartkrans

종 시간범위: ~1.0~2.0백만 년 전

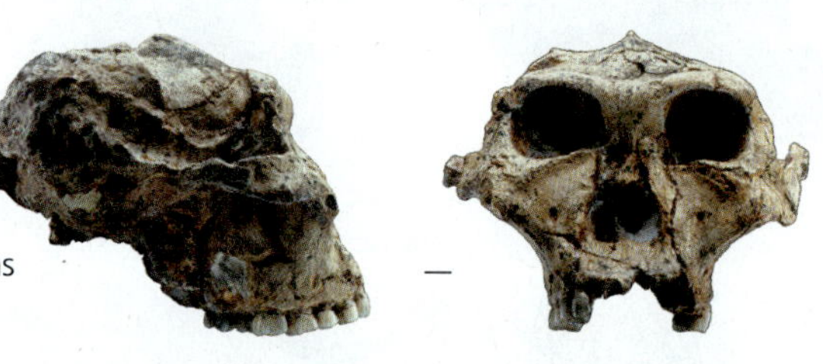

(b) 이름: ***Paranthropus boisei***
다른 이름: *Australopithecus boisei*
표본: KNM-ER 406
나이: 1.7백만 년
발견자: Richard Leakey and H. Mutua
발견 장소: 케냐, Koobi Fora
컬러사진: Johanson et al. (1996), pages 54; 159; 160

종 시간범위: ~1.4~2.3백만 년 전

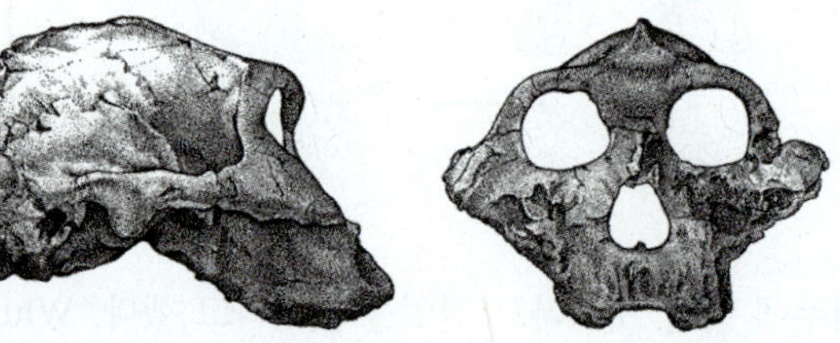

(c) 이름: ***Paranthropus aethiopicus***
다른 이름: *Australopithecus aethiopicus*
표본: KNM-WT 17000 (검은 두개골)
나이: 2.5백만 년
발견자: Alan C. Walker
발견 장소: 케냐, Lake Turkana
컬러사진: Johanson et al. (1996), pages 153; 154

종 시간범위: ~1.9~2.7백만 년 전

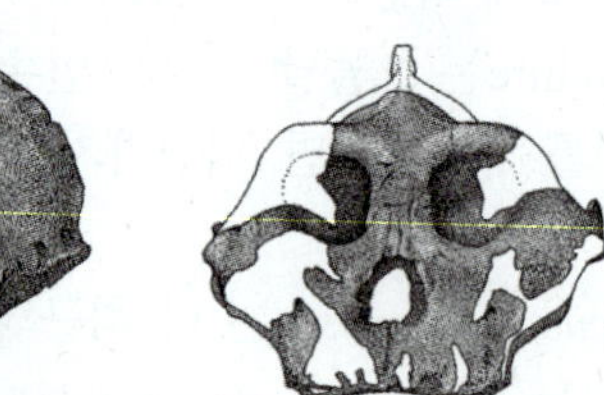

(d) 이름: ***Australopithecus garhi***
표본: BOU-VP-12/130
나이: 2.5백만 년
발견자: Yohannes Haile-Selassie
발견 장소: 에티오피아, Bouri Formation

종 시간범위: ~2.5백만 년 전

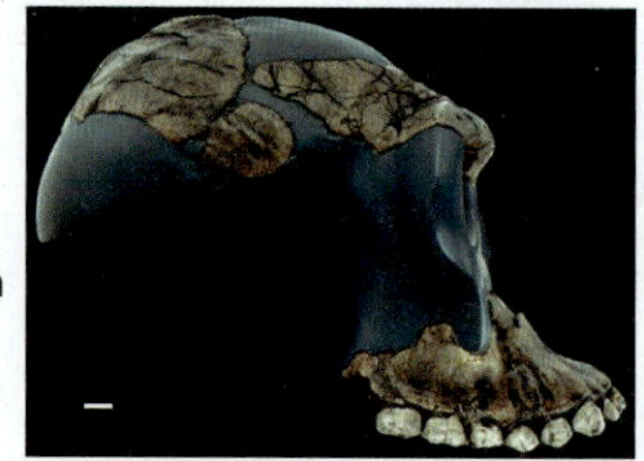

**그림 20.18 커다란 이빨을 가진 고대 호미닌** (a) David Brill의 사진, Johanson et al. (1996)의 p. 108, p. 150. 눈금자 = 1 cm. (b) Don McGranaghan의 사진, Tattersall (1995)의 p. 131. 눈금자 = 1 cm. (c) Don McGranaghan의 사진, Tattersall (1995)의 p.195. 눈금자 = 1 cm.

라 달리는 뼈마루(bony crest)에 부착된 육중한 턱 근육을 가지고 있었다(Johanson et al. 1996). 강력한 씹기를 위한 이러한 적응은 특히 "호두까는 사람"이라는 별명을 가진 *Paranthropus boisei* 종에서 볼 수 있는데, 별명과는 달리 *P. boisei*는 풀과 사초과 식물을 먹었다(Cerling et al. 2011). 이 강건한 오스트랄로피테신들은 호리호리한 형태와 크기가 거의 같았고, 모두 두발동물이었다.

Berhane Asfaw와 동료들(1999)은 20.18d의 표본에 *Australopithecus garhi*란 이름을 붙였는데, 그 속의 다른 구성원들과 공유하는 특성들 때문이었다. 하지만 다른 구성원들과는 달리 이들은 거대한 이빨을 가졌다. 우리는 여기서 Bernard Wood(2010)를 따라 이들을 다른 메가돈트(megadont) 또는 커다란-이빨을 가진 고대 호미닌들과 함께 그룹을 지었다.

그림 20.19는 분류학적 지위에 대해 논란 중인 두 가지 형태를 보여준다. *Homo habilis*(그림 20.19a)와 *Homo rudolfensis*(그림 20.19b)는 전이적인 호미닌으로서 많은 연구자들은 이들을 최초의 인류들 중 하나라고 생각한다. 둘 다 거의 같은 시대에 같은 장소에서 살았는데, 이로 인해 이들이 서로 다른 종인지 아니면 한 종 내의 크고 작은 개체들인지에 대한 논쟁이 생기게 되었다. 탄자니아의 Olduvai Gorge를 탐사하던, Robert Blumenschine와 동료들(2003)은 180만 년 전의 턱과 이빨을 발견했다. 연구자들은 이 표본을 *H. habilis*로 분류하고 동시에 이들이 그림 20.19b의 *H. rudolfensis*와 결정적으로 닮았다고 기록했다. 이들은 이 표본을 *H. rudolfensis*와 다른 종으로 분류하는 것에 반대하고 있으며, 이 문제는 쉽게 해결이 될 것 같지 않다(Tobias 2003 참조). 흥미롭게도 Blumenschine와 동료들은 이 *H. habilis*를 도살 흔적이 있는 동물 뼈들 및 돌연장과 함께 발견했다.

(a) 이름: ***Homo habilis***
다른 이름: *Australopithecus habilis*
표본: KNM-ER 1813
나이: 1.9백만 년
발견자: Kamoya Kimeu
발견 장소: 케냐, Koobi Fora
컬러사진: Johanson et al. (1996), pages 6; 175

종 시간범위: ~1.6~1.9백만 년 전

(b) 이름: ***Homo rudolfensis***
다른 이름: *H. habilis; A. rudolfensis; K. rudolfensis*
표본: KNM-ER 1470
나이: 1.8~1.9백만 년
발견자: Bernard Ngeneo
발견 장소: 케냐, Koobi Fora
컬러사진: Johanson et al. (1996), pages 178; 179

종 시간범위: ~1.8~2.4백만 년 전

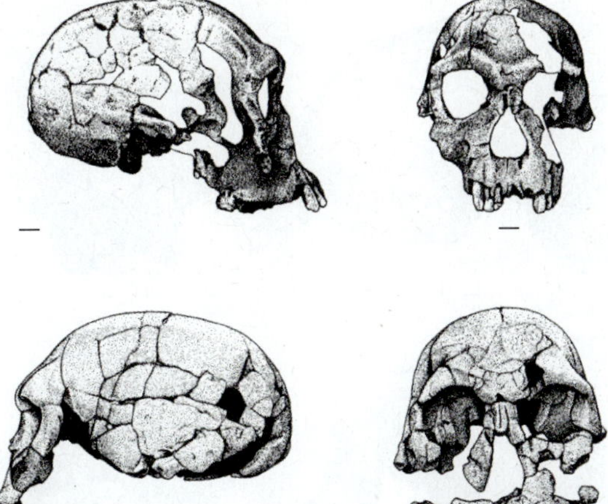

**그림 20.19 전이적 호미닌 (Transitional hominins)**
(a) Don McGranaghan의 사진, Tattersall(1995)의 p. 134. 눈금자 = 1 cm. (b) Don McGranaghan의 사진, Tattersall(1995)의 p. 133. 눈금자 = 1 cm.

전통적인 속 이름 *Homo*가 암시하는 것처럼 *Homo habilis*와 *Homo rudolfensis*가 인류인가? 여기서 볼 수 있는 *H. habilis* 표본은 뇌 용적이 510 $cm^3$에 불과하다; *H. rudolfensis*의 두개 용량은 775 $cm^3$였다(Johanson et al. 1996). *H. habilis*의 경우에는 그 차이가 아주 미미하지만, 이러한 뇌 용적 수치는 두 형태 모두가 오스트랄로피테신보다 더 큰 뇌를 가지고 있었음을 뜻하고, 또한 얼굴도 둘 다 오스트라로피테신보다 더 편평하다. 그러나 이빨과 몸 크기에서는 오스트랄로피테신과 중첩이 된다. Bernard Wood

와 Mark Collard(1999)는 *H. habilis*와 *H. rudolfensis*를 인류로 간주하면 안 된다고 주장하고 이들을 *Australopithecus*속에 넣었다. 일부 다른 고인류학자들도 이 견해에 동의하고 있다.

Maeve Leakey와 동료들(2001)은 그림 20.19b의 *Homo rudolfensis*, KNM-ER 1470 표본이 그림 20.15c의 *Kenyanthropus platyops*와 닮았다고 주장하고 이들을 다시 *Kenyanthropus rudolfensis*로 명명해야 한다고 제안하였다. 이 제안 역시 여러 옹호자들을 갖고 있다(Aiello and Collard 2001; Lieberman 2001 참조). 정확한 답이 무엇이든 KNM-ER 1470은 고인류학자들 사이에 상당한 논쟁을 유발하고 있다.

그림 20.20은 보다 최근에 해당하는 예들이나, 이들도 여전히 아프리카, 유럽, 아시아에서 온 *Homo* 속의 전현대인(premodern)에 해당된다. 그들 중 가장 오래된 *Homo ergaster*(그림 20.20d)도 **인류(human)**로 간주되어야 하고 따라서 우리 인류의 속에 속한다는 데는 논쟁의 여지가 없다. 이들의 뇌 용적은 850 $cm^3$이고(Johanson et al. 1996), 현대 인류의 평균은 약 1200 $cm^3$이다; *H. sapiens*의 일부는 2000 $cm^3$ 정도나 되는 큰 뇌 용적을 가진다. 현존 인류 평균의 2/3 에 불과하지만, *H. ergaster*는 지금까지 논의해 왔던 어느 다른 화석보다도 뇌 용적이 크다. 또한 그림 20.13, 20.15, 20.17, 20.18,

(a) 이름: ***Homo neanderthalensis***
표본: Saccopastore 1
나이: ~120,000년
발견자: Mario Grazioli
발견 장소: 이탈리아, 로마, Saccopastore quarry
컬러사진: Johanson et al. (1996), pages 213; 214

종 시간범위: ~0.03~0.3백만 년 전

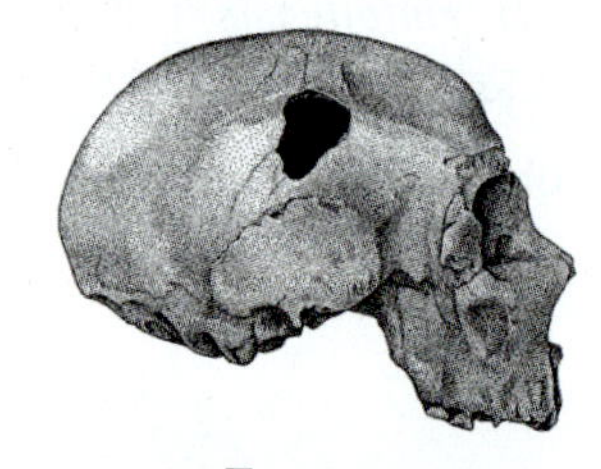
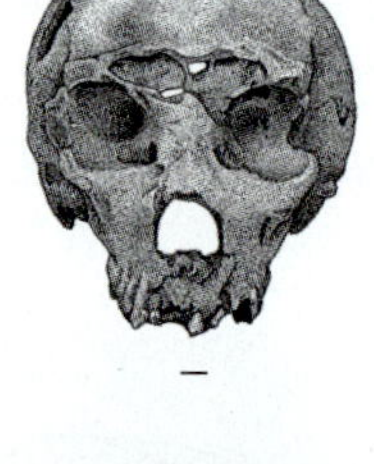

(b) 이름: ***Homo heidelbergensis***
표본: Broken Hill 1
나이: ~300,000년
발견자: Tom Zwigelaar
발견 장소: 잠비아, Kabwe
컬러사진: Johanson et al. (1996), pages 209; 210

종 시간범위: ~0.2~0.6백만 년 전

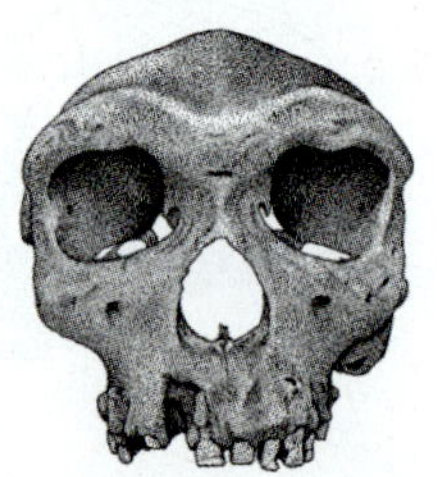

(c) 이름: ***Homo erectus***
표본: Sangiran 17
나이: ~800,000년
발견자: Mr. Towikromo
발견 장소: 인도네시아, 자바, Sangiran
컬러사진: Johanson et al. (1996), pages 192; 193

종 시간범위: ~0.4~1.2백만 년 전

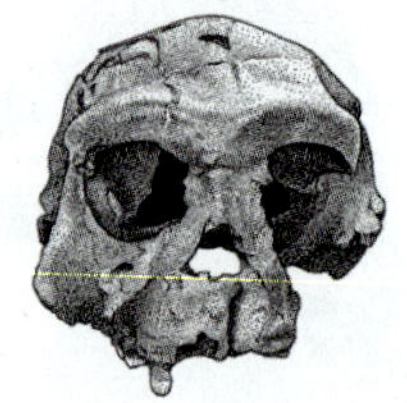

(d) 이름: ***Homo ergaster***
다른 이름: (아프리카) *Homo erectus*
표본: KNM-ER 3733
나이: 1.75백만 년
발견자: Bernard Ngeneo
발견 장소: 케냐, Koobi Fora
컬러사진: Johanson et al. (1996), pages 180; 181

종 시간범위: ~1.5~1.8백만 년 전

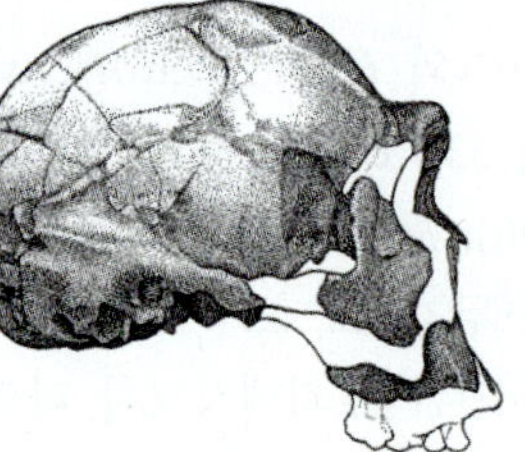
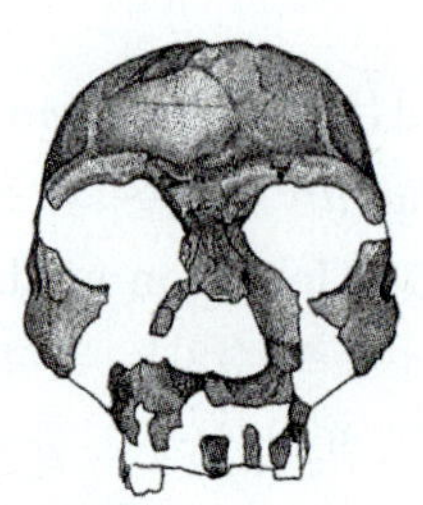

**그림 20.20 전현대인 *Homo***
(a) Don McGranaghan의 그림, Tattersal(1995)의 p. 83. 눈금자 = 1 cm. (b) Don McGranaghan의 그림, Tattersall(1995)의 p. 54. 눈금자 = 1 cm. (c) Don McGranaghan의 그림, Tattersall(1995)의 p. 172. 눈금자 = 1 cm. (d) Don McGranaghan의 그림, Tattersal(1995)의 p. 138. 눈금자 = 1 cm.

20.19의 화석들에 비해 인류의 다른 특성들도 많이 가지고 있고 다음과 같은 내용들이 이에 해당된다; 상대적으로 작고 보다 편평한 얼굴; 더 작은 이빨과 턱; 훨씬 큰 키; 더 긴 다리; 두 성 사이의 크기 다형현상의 감소.

이름: *Homo sapiens*
표본: Cro-Magnon I
나이: 30,000~32,000년
발견자: Louis Lartet and Henry Christy
발견 장소: 프랑스, Les Eyzies, Abri Cro-Magnon
컬러사진: Johanson et al. (1996), pages 245; 246

종 시간범위: ~0.2백만 년 전

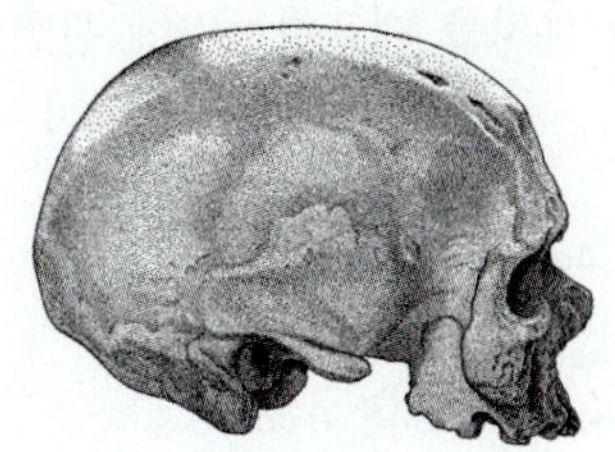

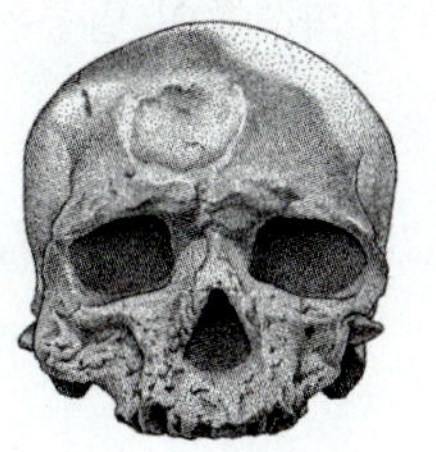

**그림 20.21 해부학적으로 본 현대 *Homo sapiens*** Don Mcgranaghan의 그림. Tattersall (1995)의 p. 25. 눈금자 = 1 cm.

**그림 20.21**의 두개골을 가진 Cro-Magnon I을 포함한 현대 *Homo sapiens*는 해부학적으로 초기의 형태들과 다양한 특성에서 차이가 난다(Johanson et al. 1996). 현대 인류는 뇌 용적이 크다. Cro-Magno I의 뇌 용적은 1600 cm$^3$ 이상으로 현존 인류의 평균을 넘는다. 커다란 뇌 용적과 함께 현대 인류는 높고 가파른 이마를 가지며, 또한 상대적으로 짧고, 편평하고, 수직인 얼굴과 튀어나온 코를 가지고 있다. Cro-Magnon I은 약 30,000년 전에 중년의 나이에 죽은 남자였다. 그의 유골은 두 다른 성체 남자, 성체 여자, 어린아이의 해골과 함께 무덤에서 발견되었다. 이들은 동물 뼈, 보석, 돌연장 등과 함께 매장되었다.

## 화석 증거에 대한 해석

**그림 20.22**는 지금까지 논의해 온 화석 증거를 요약한 것이다. 왼쪽 위쪽에는 우리와 침팬지의 최근래 공동조상에 가까운 혈족임이 분명한 초기 호미닌이 있다. 중앙에는 고대 호미닌이 있는데 대부분은 호리호리한 오스트랄로피테신이며 모두 침팬지보다는 인류에 더 가깝다. 고대 호미닌에는 두 뚜렷한 그룹이 나타나는데, 오른쪽 위에 메가돈트 호미닌이 있고, 오른쪽 밑에 전이적인 호미닌, *Homo*속(즉, 인류)의 전현대 구성원, 그리고 해부학적으로 현대 인류에 해당하는 그룹이 있다. 이 화석들을 진화계통수에 배열하여 더 체

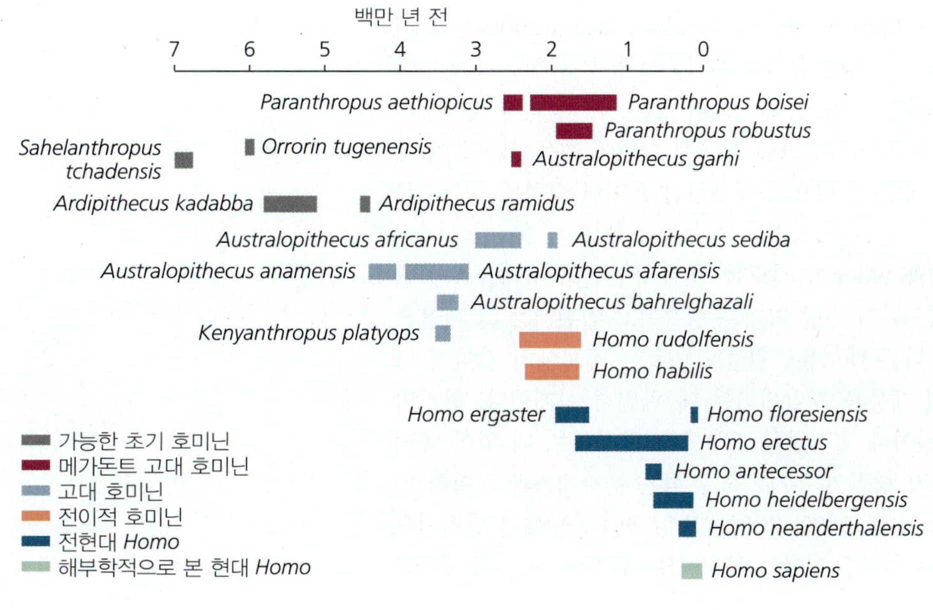


**그림 20.22 인류의 최근 조상에 관한 화석 증거의 요약** 수평축은 종의 대략적인 시간 범위를 보여준다. 색깔은 형태적, (추론된) 행동적, 생태적 유사성에 근거하여 묶은 그룹들을 나타낸다. Wood (2010)에서; Wood and Leakey (2011)에서.

계화시킬 수 있을까?

고인류학자들은 2단계 과정을 통해 호미닌의 진화역사를 재구성하려고 노력했다(Strait et al. 1997). 먼저 연구자들은 다양한 화석종들 사이의 진화적 유연관계를 추정하기 위하여 분기론적 분석을 사용한다. 그런 다음 어떤 화석종이 분기도의 분기점에 살았던 조상들을 대표하는가 그리고 어떤 화석종이 멸종된 옆 분지를 대표하는가에 관한 가설을 만든다.

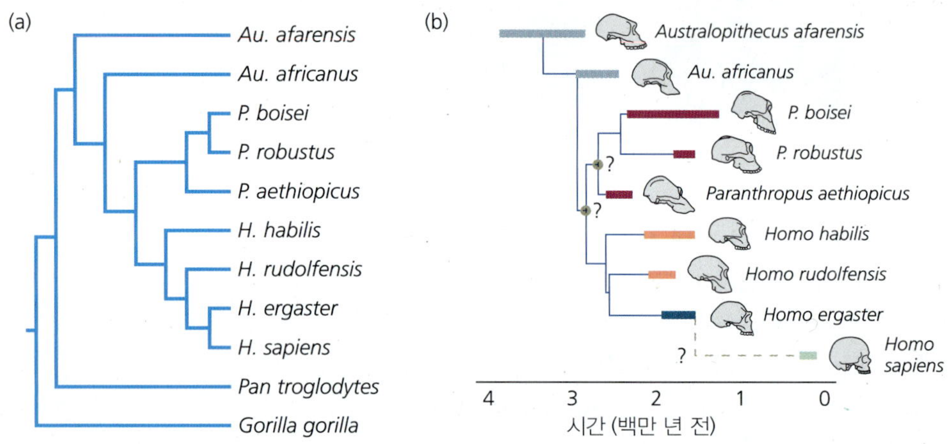


**그림 20.23** ***Homo sapiens*****와 최근 조상 및 멸종된 친족의 분기도와 계통수** (a) 세 현존 호미닌 (고릴라, 침팬지, 인류)과 다수의 멸종 호미닌 분기도. (b) (a)의 분기도가 암시하는 조상-자손 관계에 관한 가설. 그림 20.22와 같은 색으로 된 두꺼운 선은 알려진 시간범위를 나타낸다: 진한 점선은 예상되는 시간범위를 말한다. Strait et al. (1997)에서.

David S. Strait와 동료들(1997)의 그러한 연구 결과가 그림 20.23에 있다. 여기에는 Strait 등의 분기도(그림 20.23a) 및 이것이 말해주는 다양한 종들 사이의 계통적 유연관계에 대한 가설(그림 20.23b)이 포함되어 있다. 이 분기도는 다양한 두개골과 이빨 형질에 근거한 것이다. 분기도에서 가지의 길이는 의미가 없음을 기억하라; 분기도에 내재된 유일한 정보는 분기의 순서이다. 가설적 계통수(그림 20.23b)는 분기도 가지의 실제 길이에 관한 가설을 만든다. 예를 들면, *Paranthropus aethiopicus*로 이르는 가지는 0이 아니며, 그 결과 *P. aethiopicus*는 *P. boisei*와 *P. robustus*로 이르는 계보의 자매종이다. 여기에는 나타나 있지 않지만, 또 다른 가능성은 *P. aethiopicus*로 이르는 가지의 길이가 0이라는 것이며, 그 결과 *P. aethiopicus*는 *P. boisei*와 *P. robustus*의 공동조상이다.

**호미닌 화석종들 사이의 계통 관계는 아직 확실히 정립되지 않았다.**

지금까지 이루어진 분석들은 거의 모두 두개골과 이빨의 형질에 주로 의존해 왔는데, 다른 골격 부분들에 비해 두개골과 이빨의 화석기록이 보다 완전하기 때문이다. 두개골과 이빨 형질의 가치를 평가하기 위하여 Mark Collard와 Bernard Wood(2000)는 호미닌 화석에 전형적으로 사용되었던 두개골과 이빨 형질의 분기론적 분석을 현존 유인원에 적용하여 계통수를 재구성하였는데, 이들은 이미 잘 확립되어 있는 유인원의 분자계통수를 "진실(truth)"로 취했다(20.1절에서 논의되었고 그림 20.4에 그림이 있음). 만일 이 재구성이 분자결과와 동일하다면, 우리는 같은 방법으로 재구성된 호미닌 화석의 계통수를 신뢰할 수 있을 것이다.

놀랍고 낙담스러운 결과는 Collard와 Wood가 시도한 현존 유인원의 두개골과 이빨 형질의 분기론적 분석은 고릴라와 오랑우탄이 가장 가까운 혈족이고 침팬지는 그 다음으로 가까운 혈족이며, 인류는 처음부터 다른 대형유인원들로 이르는 계보에서 갈라져 나왔다는 계통수를 산출했다. 즉, 알려진 계통을 재발견하는 데 완전히 실패했다. 하지만 이것이 형태의 분기론적 분석이 유인원이나 호미닌의 계통을 재구성하는 데 있어 좋지 않은 방법이라는 뜻은 아니다. 연한 조직 형질의 분기론적 분석은 분자계통과 정확히 일치하는 유인원 계통수를 보였다(Gibbs et al. 2000, 2002). 또한 척추동물에서 일반적으로 두개골과 이빨의 분기론적 분석을 신뢰할 수 없다는 뜻도 아니다. 단지 이는 두개골과 이빨 형질의 분기론적 분석이 우리가 여기에서 관심을 가졌던 질문에 대해 믿을 만한 답을 내놓지 못했음을 뜻할 뿐이다.

David Strait와 Frederick Grine(2004)는 이 결론이 너무 비관적이라 느끼고, 만일 멸종된 종을 분석에 첨가한다면 두개골과 이빨을 사용한 분기론적 재구성을 통해 현존 유인원의 진정한 계통수를 찾을 수 있을 것이라 생각했다. 그래서 이들은 Collard, Wood와 유사한 방법으로 긴팔원숭이, 오랑우탄, 침팬지, 인류와 더불어 이 절에서 논의했던 대부분의 화석 분류군들 사이의 진화적 유연관계를 추론하였다. 결과는 용기를 북돋우는 것이었다. 현존하는 종들 사이의 유연관계는 분자계통과 정확히 일치하였고, 이는 우리가 화석 분류군들 사이의 유연관계를 알려주는 계통수(대개 그림 20.23과 일치하는)를 신뢰할 수 있음을 뜻한다. 이 결과는 또한 더 많은 증거를 모으면 더 나은 답을 얻게 될 것임을 알려준다. David Begun(2004)이 이미 간파했듯이 모든 고생물학자들의 슬로건은: "우리는 보다 많은 화석이 필요하다!"이다.

## 답

아직 화석 호미닌의 계통은 확실히 모르지만, 우리가 살펴본 증거들은 이 절의 시작에서 던졌던 질문에 대한 일반적인 답을 주고 있다. 침팬지와 우리의 공동조상에서 우리에게 이르는 진화의 패턴은 단순하지 않고, 종분화에 의해 다양한 계보들이 만들어졌다는 것이다. 지난 4백만 년 동안 아프리카에는 거의 항상 여러 종들이 함께 공존했고 많게는 5종이 동시에 존재하기도 했다(Tattersall 2000 참조). 예를 들어 표본 KNM-ER 406(그림 20.18b)과 표본 KNM-ER 3733(그림 20.20d)은 분명히 서로 다른 종이지만(그림 20.24), 둘 다 케냐 Koobi Fora의 거의 같은 시대 퇴적물에서 발견되었다. 또 *Paranthropus boisei*와 *Homo ergaster*는 서로 알고 지냈던 사이였으나 그 중 하나의 계보만 오늘날까지 존속하고 있다. 우리 *Homo sapiens*는 두발보행 아프리카 호미닌 방사의 고독한 생존자로서 나머지는 모두 멸종되었다.

**호미닌 화석기록은 *Homo sapiens*가 다양한 종들 가운데 유일한 생존자라고 결론내릴 수 있을 만큼 충분히 구체적이다.**

**그림 20.24 호미닌 방사의 증거** *Paranthropus boisei*(표본 KNM-ER 406, 왼쪽)와 *Homo ergaster*(표본 KNM-ER 3733)는 둘 다 약 170만 년 전 현재 케냐의 Kooi Fora에서 살았다. David Brill, Johanson, Edgar and Brill (1996)의 사진.

## 20.3 종 *Homo sapiens*의 기원

20.2절에서 우리는 논쟁의 여지없이 인류라고 부를 수 있는 5개의 표본을 보았고(그림 20.25, 다음 쪽), 그들에게 *Homo ergaster*, *H. erectus*, *H. heidelbergensis*, *H. neanderthalensis*, *H. sapiens*라는 이름을 사용했다. 그러나 그들이 실제로 몇 종이었고, 현대 인류인 *Homo sapiens*가 어떻게 출현하게 되었는지에 대해서는 아직 불확실하고 논쟁이

지속되고 있다.

## 현대 인류의 기원에 대한 논쟁

고인류학자들은 *H. ergaster*와 *H. erectus*의 분류학적 위치에 관해 의견이 나누어져 있다. 일부 연구자들은 이 두 가지 형태가 한 종(*H. erectus*)의 지역 변이체라고 생각하는 반면에 또 다른 학자들은 *H. erectus*가 아프리카 종 *H. ergaster*로부터 유래한 뚜렷한 아시아 종이라고 생각한다. 마찬가지로 일부 연구자들은 *H. neanderthalensis*와 *H. heidelbergensis*가 *H. erectus*와 *H. sapiens* 사이의 전이형태의 지역 변이체라 생각하고, 다른 사람들은 그들이 뚜렷이 다른 종들로서 *H. heidelbergensis*는 *H. ergaster*에서, *H. neanderthalensis*는 *H. heidelbergensis*에서 유래되었고 생각한다(Tattersall 1997 참조). 또한 또 다른 종인 *Homo antecessor*가 네안데르탈인과 현대 인류의 공동조상이라는 주장도 있었다(Bermúdez de Castro et al., 1997; Arsuaga et al. 1999). 고인류학자들은 일반적으로 현대 인류가 *H. ergaster/erectus* 집단들 중 일부 또는 모두의 자손들이라는 데 동의한다. 그러나 *H. ergaster/erectus*에서 *H. sapiens*로의 전이가 어떻게 어디에서 일어났는지는 논쟁 중에 있다.

*H. ergaster/erectus* 이전의 호미닌들은 모두 아프리카에 제한되어 있다. 그러나 *H. ergaster/erectus*의 가장 오래된 화석기록들은 아프리카의 Koobi Fora, 동유럽의 Caucasus 지역 Dmanisi, 중국의 Longgupo Cave, 자바의 Sangiran과 Mojokerto에서 거의 동시에 나타나며 모두 160만 년에서 190만 년 전에 해당된다(Gibbon 1994; Swisher et al. 1994; Gabunia and Vekua 1995; Huang Wanpo et al. 1995; Wood and Turner 1995; Gabunia et al. 2000). 대부분의 고생물학자들은 *H. erectus*의 바로 위 조상 및 가장 가까운 혈족들이 모두 아프리카에만 제한되어 나타나기 때문에 *H. erectus*가 아프리카에서 진화한 다음 아시아로 이동했다고 가정했다. 그러나 중국 Longgupo Cave의 화석은 아프리카 *H. habilis* 및 *H. ergaster*와 아주 비슷하여 이들이 더 일찍이 이주한 조상으로부터 아시아에서 진화했을 수도 있음을 보여준다(Huang et al. 1995). 어느 쪽이든, 2백만 년 전 이전에는 *Homo* 속 내의 우리 조상이 아프리카에서 살았다는 것이 거의 확실하다.

해부학적으로 본 현대 *H. sapiens*는 10만 년 전까지는 아프리카와 이스라엘에서 화석기록이 나타나고 조금 뒤부터는 유럽과 아시아 전역에 걸쳐 나타난다(Stringer 1988; Valladas et al. 1988; Aiello 1993; White et al. 2003; 그러나 McDougall et al. 2005 참조). **그림 20.26**에는 *H. ergaster/erectus*에서 *H. sapiens*로 이르는 진화적 전이에 관한 가설들이 있다.

한 극단적인 경우는 아프리카인 대체(African replacement) 모델 또는 아프리카 밖으로(out-of-Africa) 모델이다(그림 20.26a). 이 모델은 *H. sapiens*가 아프리카에서 진화한 다음 유럽, 아시아, 그 이외의 지역들로 이주했으며, 교배 없이 *H. erectus*와 *H. neanderthalensis*를 대체했다는 것이다. *H. erectus*와 *H. neanderthalensis* 같은 초기 형태들에 있었던 독특한 유전자들은 현대 집단에는 존속하지 않는다.

또 다른 극단적인 모델은 다지역 진화(multiregional evolution) 모델이다(그림 20.26c). 이 모델은 *H. sapiens*가 유럽, 아프리카, 아시아 및 그 외 지역에서 동시에 진화했으며 한 종으로서의 연속성을 유지할 수 있을 만큼 집단들 사이에 충분한 유전자 흐름을 가지고 있었다는 것이다. 따라서 현존 인류 집단들의 유전자풀은 모두 고대의 국지적 집단 및 멀리 떨어진 집단들 사이에서 혼합되어 온 것이 된다.

두 극단 사이에 잡종과 동화(hybridization and assimilation) 모델이 있다(그림

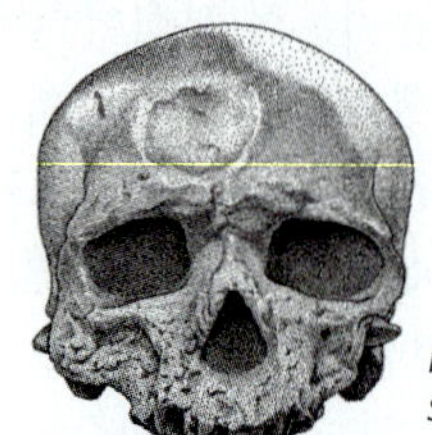


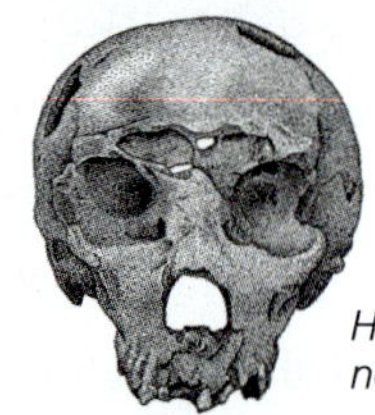


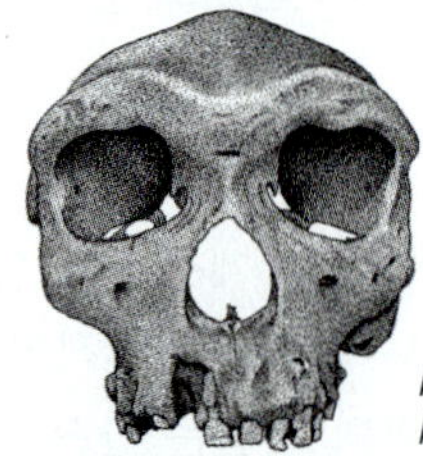


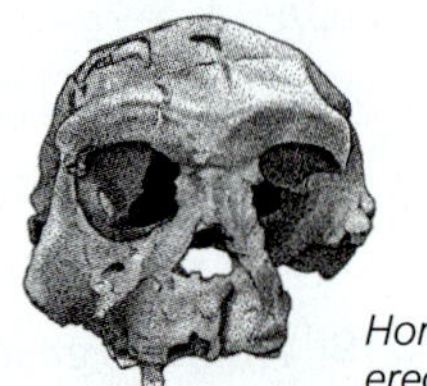


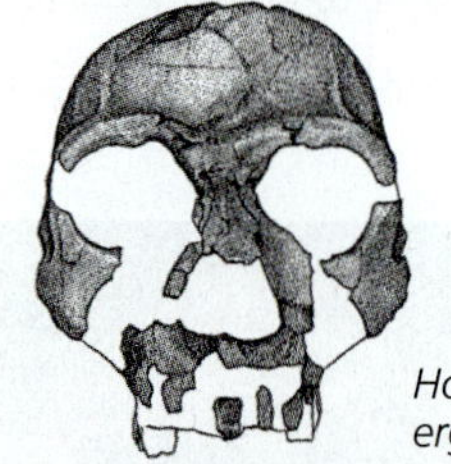


**그림 20.25 다섯 종의 인류** 더 자세한 내용과 출처는 그림 20.20과 20.21을 참조.

**현대 *Homo sapiens*의 기원은 논쟁이 계속되고 있다.**

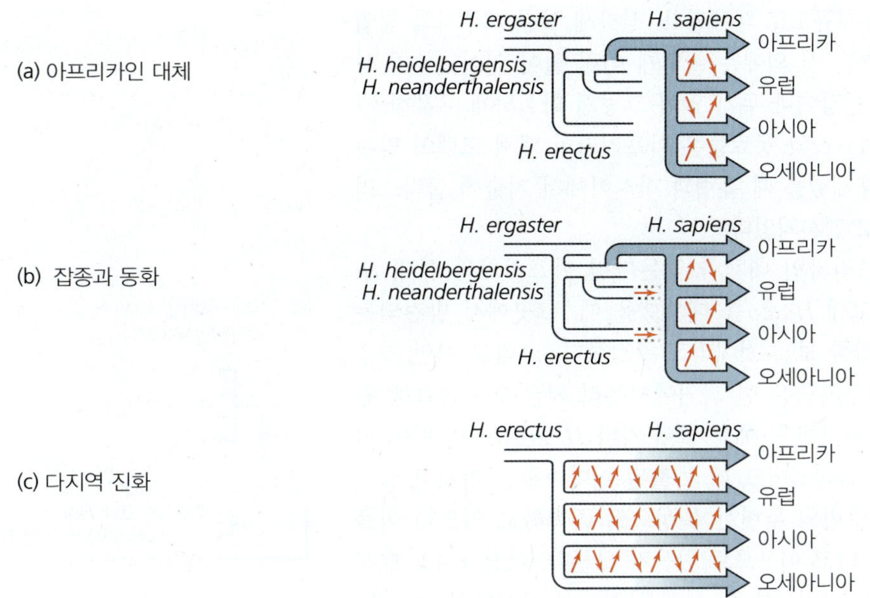


**그림 20.26 고대 인류에서 해부학적으로 본 현대 인류로의 전이에 관한 가설들** 흰 가지들은 고대 인류들을 나타낸다; 색깔이 있는 가지들은 현대 형태이다. 작은 주황색 화살표는 유전자 흐름을 나타낸다. *H. heidelbergensis*로 동정된 표본들이 유럽과 아프리카에서, *H. neanderthalensis*로 동정된 표본들이 유럽과 중동에서 발견되었음을 주목하라. Aiello (1993); Ayala et al. (1994); Tattersall (1997)에서.

20.26b). 이 모델은 현대 인류가 아프리카에서 진화한 다음 유럽, 아시아, 그 외의 장소로 이주했다는 것이다. *Homo sapiens*가 고대 형태를 대체했으나 그 과정은 한 지역에 살던 거주자들과 새로운 이주자들 사이의 잡종을 통해 이루어졌고, 그 결과 고대 국지적 집단들에서 온 일부 유전자들이 서로 동화되었고 현대 집단에도 존속한다.

이 모델들의 명칭과 특성은 Aiello(1993), Ayala 등(1994), Tattersall(1997)에 근거한 것이다. 그러나 모든 저자들이 이 정의를 시인하는 것은 아니어서, 예를 들어 Frayer 등(1993)은 모델 (b)와 (c)를 그들이 선호하는 다지역설의 변이로 간주한다.

세 모델의 논쟁에서 문제가 되는 것은 현재의 지리적 인종이 지닌 특징과 그것이 얼마나 오래 되었는가이다. 만일 아프리카인 대체 모델이 맞는다면, 현재 볼 수 있는 인종 간의 변이는 현대 *H. sapiens*가 아프리카에서 출현한 이후, 최근 즉, 지난 10만 년에서 20만 년 사이에 일어났던 지리적 분화의 결과이다. 그러나 만일 다른 모델들 중 하나가 옳다면, 현재의 인종 간 변이는 최근과 옛날에 일어난 지리적 분화들의 혼합물이다. 따라서 지역에 따라 다른 현대 인류들 사이의 차이점 중 적어도 일부는 *H. ergaster/erectus* 사이의 지리적 분화로부터 유래한 것이고, 따라서 150만 년에서 200만 년 정도 된 것이다.

모델들 사이의 논쟁은 고고학적, 고생물학적, 유전학적 증거에 근거한 것이다. 뒤에 이어지는 논의에서는 아프리카인 대체와 다지역 진화를 구별하기 위한 노력의 역사에 집중하려고 한다. 그러나 이 모델들이 결국 모두 연속선상에 있다는 것을 염두에 둘 필요가 있다. 또한 우리가 나중에 되돌아가게 될 지점도 염두에 둘 필요가 있다: 기원이 어떻든 간에 모든 현존 인류는 엄청나게 가까운 관계라는 것.

## 아프리카인 대체와 다지역 진화: 고고학적, 고생물학적 증거

David Frayer와 동료들(1993)은 아프리카인 대체 모델을 반박하기 위하여 고고학적, 고생물학적 자료를 사용했다. 아프리카인 대체 모델에서는 하나 이상의 연장을 사용하여 사냥-수집하던 종(*H. erectus*와 *Homo* 속의 다른 고대 형태들)의 오랫동안 정착하여 살던 집단이 유럽과 아시아 전역에서 연장을 사용하여 사냥-수집하던 다른 종(아프리카에서 출현한 현대 *H. sapiens*) 집단에 의해 대규모로 대체된다. 정착해 살던 거주자와 침입자 사이에 직접적인 경쟁이 일어났으리라는 것 외에는 어떻게 이런 일이 일어났을지 상상하기가 어렵다. *H. sapiens*가 더 좋은 연장이나 무기 없이 그렇게 확실하게 우세한 경쟁자가 되었을 것 같지는 않다. 따라서 Frayer와 동료들은 아프리카인 대체 모델이 맞는다면 현대 *H. sapiens*가 고대 *Homo*를 대체했을 때 유럽과 아시아에서 기술에 급작스러운 변화를 보여줄 기록이 발견될 것이라고 결론지었다.

Frayer와 동료들(1993)은 또한 아프리카인 대체가 맞는다면 아프리카의 현대 *H. sapiens*가 어느 한 비아프리카 지역의 고대 *Homo*를 대체했을 때, 그곳에서 발견되는 *Homo* 집단 화석이 형태에서 뚜렷한 변화를 보일 것이라고 주장했다. 그리고 이런 가정들을 부정하기 위하여 Frayer와 공동 연구자들은 먼 과거에서부터 지금까지 존속해 왔던 지역 집단 사이들의 뚜렷한 특성들을 지적했다. 예를 들어 자바 *H. erectus*의 백만 년 된 화석은 다른 곳의 동시대인들보다 더 일직선이고 더 돌출된 이마마루를 가지고 있었다. 이 강한 이마마루는 현재도 호주 원주민의 뚜렷한 특성으로 존속하고 있으며 이들의 조상은 약 6만 년 전에 자바에서 배를 타고 이곳으로 왔을지 모른다. 마찬가지로 현재의 많은 아시아인들은 삽모양의 윗 앞니를 가지는데 이 특성은 사실상 아시아의 모든 *H. erectus*와 *H. sapiens* 화석 표본의 특징이다(뚜렷한 지역 특성의 존속에 대한 다른 예는 Thorne and Wolpoff 1981; Li Tianyuan and Etler 1992; Frayer et al. 1993 참조). 이런 이유들을 들어 Frayer와 동료들은 대체 모델을 거부했다.

Diane Waddle(1994)과 Daniel Lieberman(1995)은 아프리카인 대체 모델 및 다지역 진화 모델의 예측을 평가하기 위하여 각각 통계적, 분기론적 방법을 사용했다. 아프리카인 대체 모델은 현대 인류는 모두 어느 고대 종들과의 사이보다 현대 인류 서로 간의 관계가 더 가까울 것이라는 것, 그리고 고대 형태들 중에서는 아프리카의 형태들이 현대 인간에 가장 가까울 것이라 예측한다(**그림 20.27a**). 이에 비해 다지역 진화 모델은 각 지역마다 그 지역의 고대 인류와 현대 인류가 서로의 가장 가까운 친족이라 예측한다(그림 20.27b).

Lieberman은 단지 12개의 형질로 되어 있어 자료가 너무 작은 탓에 신뢰할 만한 추론을 할 수 없다고 강조했지만, 그와 Waddle 모두 잠정적으로는 모든 현대 인류는 어느 한 지역의 그룹들이 동일 지역의 고대 형태들과 보다는 아프리카의 고대 형태들과 더 가깝다는 결론을 내렸다. 만일 Lieberman과 Waddle이 옳다면, Frayer와 동료들이 기술한, 뚜렷한 국지적 특성이 오랫동안 존속하는 분명한 예들은 *H. erectus*와 *H. sapiens*에서의 수렴진화의 결과임에 틀림없다.

뒤이어 네안데르탈인과 전-네안데르탈인 화석의 형태적 분석이 이루어졌는데, 현대 인류의 기원이 Lieberman과 Waddle의 결과보다 훨씬 더 복잡할는지 모른다는 암시를 준다. Bermudez de Castro와 동료들은 스페인의 Atapuerca 지역, Gran Dolina 구역에서 나온 인류 화석과 가공품들, 동물의 유해 등을 기재하고(Carbonell et al. 1999와 그 안에 인용된 논문들), 78만~98만 년 된 이 인류 표본에 새로운 종인 *Homo antecessor*라 명명하였다. 이들은 현대 인류와 네안데르탈인 둘 다의 특성을 공유하며 따라서 이 둘의 공동조상일 수 있다고 제안하였다. Trinkaus와 동료들은 네안데르탈인의 시간범위 끝에 해당되는 시점인 대략 3만 년 된 두 표본들, 즉 하나는 프랑스에서 오고 또 하나는 포르투갈에서 온 표본들에서 네안데르탈인과 현대 인류의 특성이 혼합된 증거를 발견했다. Trinkaus와 동료들은 이 화석들을 네안데르탈인과 현대 인류 사이에 잡종이 가능했던 증거로 해석하였다(Trinkaus et al. 1998; Duarte et al. 1999). 이 주장은 격렬한 논쟁을 불러일으켰지만(Tattersall and Schwarts 1999), 한편으로 *Homo antecessor*와 네안데르

(a) 아프리카인 대체 모델로 예측한 분기도

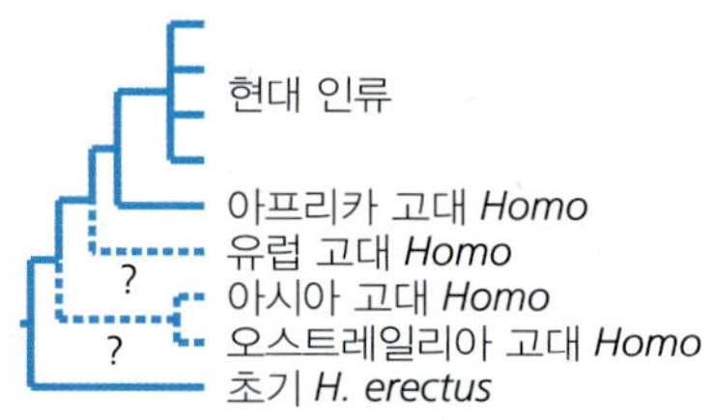


(b) 다지역 진화모델로 예측한 분기도

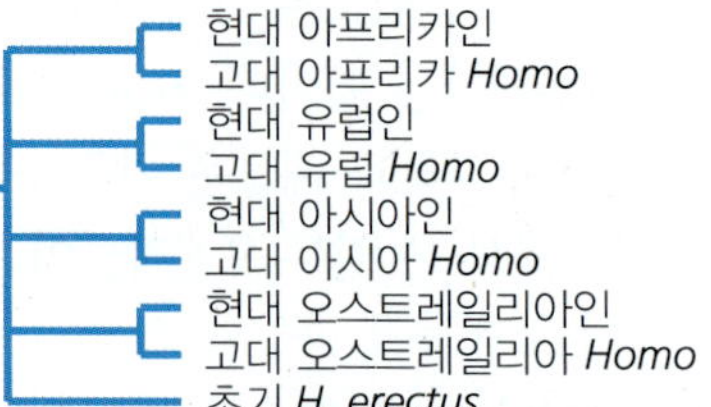


**그림 20.27 아프리카인 대체 모델 대 다지역 진화 모델의 계통적 예측** Lieberman (1995)에서.

**단언할 수는 없지만, 형태 분석에 따르면 현대 인류는 아프리카에서 진화한 다음 다른 곳의 고대 인류들을 대체했다. 그러나 이 증거들은 동시에 이것이 얼마나 복잡한 문제인지를 보여준다.**

탈인-현대 인류 잡종은 모두 서유럽에서 발견되었고 이는 다지역 진화 모델의 가능성을 말해 주는 것이다.

## 아프리카인 대체 대 다지역 진화: 현대 인류의 분자적 증거

이론상으로는 Waddle과 Lieberman의 접근방식으로 DNA 염기서열 자료를 사용할 수 있다. 말하자면, 만일 우리가 여러 지역에 걸쳐 현대와 고대 인류의 유전자 염기서열을 모두 가지고 있다면, 계통수를 추정할 수 있고 그것이 아프리카인 대체 모델이 예측하는 계통수 또는 다지역 진화모델이 예측하는 계통수 중 어느 것에 가까운지를 살펴볼 수 있을 것이다. 그러나 문제는 수십만 년 전에 죽은 고대 인류에서 유전자 염기서열을 얻기가 어렵다는 것이고 그래서 오랜 시간 동안 생각만 있을 뿐 실행에 옮겨지지 않았다.

현존 인류의 DNA 염기서열만을 연구하던 사람들은 아프리카인 대체 모델과 다지역 진화 모델을 구별하기 위한 실험의 설계가 훨씬 어렵다는 것을 알게 되었다(예를 들어, Sarah Tishkoff와 동료들[1996b] 그리고 Milford Wolpoff[1996]). 문제는 유전학적 관점에서는 두 모델이 대부분 같다는 것이다. 두 모델 모두가 현 인류를 아프리카에서 기원하여 유럽, 아시아, 그리고 그 외 다른 곳으로 퍼진 다음 유전자 흐름에 의해 연결된 채 존속해온, 지역적으로 뚜렷한 집단으로 분화된 종으로 기술하고 있다(**그림 20.28**). 유일한 차이점은 아프리카인 대체 모델은 이 과정이 20만 년 전에 시작되었다는 것이고, 다지역 진화 모델에서는 180만 년 전부터 시작되었다는 것이다. 이것은 두 모델을 구별하는 유전적 패턴이 질적인 차이라기보다는 양적인 차이라는 뜻이다. **표 20.1**은 생물학자들이 아프리카인 대체 대 다지역 진화를 구별하기 위해 사용해 온 4가지 기준이다. 우리는 곧 이 표를 참조하여 논의를 이어갈 것이다.

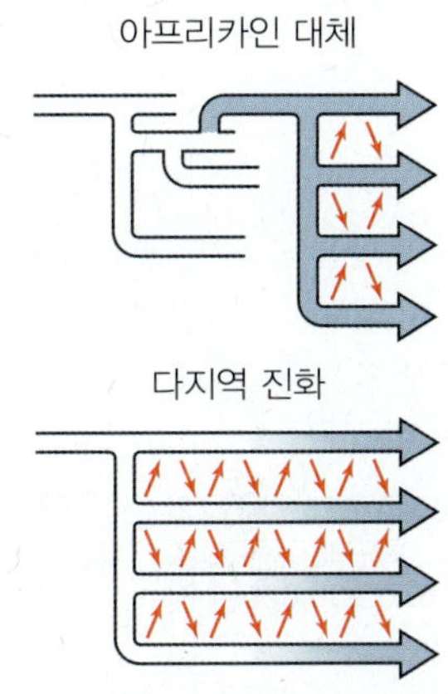


**그림 20.28 현대 인류에 관한 이 두 모델은 분화 시간만이 다를 뿐이다**

### 표 20.1 아프리카인 대체 대 다지역 진화의 유전학적 예측

첫 번째 세로 행의 각 기준은 다지역 진화와 아프리카인 대체를 구별하기 위하여 사용할 수 있는 자료의 범주이다. 다음 두 세로 행은 두 모델 하에서 각 자료의 타입 패턴을 예측한다. 마지막 세로 행은 왜 예측이 암시하는 구별이 결정적인 답을 주지 못하는가를 설명한다. 보다 자세한 내용은 본문을 보라.

| 기준 | 아프리카인 대체 | 다지역 진화 | 주의 |
|---|---|---|---|
| 1. 중립 대립유전자를 가졌던 조상의 거주 장소 | 대부분 아프리카 | 무작위적 | *H. ergaster/erectus*의 아프리카 기원은 다지역 진화에서조차 대립유전자의 장소에 대해 아프리카에 대한 편견을 줄 수 있다. |
| 2. 아프리카인 대 비아프리카인의 분화 시간 | 20만 년 또는 그 전 | 100만 년 또는 그 이상 | 지역 집단들 사이의 유전자 흐름은 다지역 진화에서 집단 분화 나이의 정확성을 감소시킬 수 있다. |
| 3. 유전적 다양성 | 유전적 다양성이 아프리카에서 훨씬 큼 | 모든 지역에서 다양성이 대략적으로 같음 | *H. ergaster/erectus*의 아프리카 기원과 유전자 흐름 또는 선택이 다지역 진화에서조차 아프리카의 다양성이 더 큰 것으로 귀결될 수 있다. |
| 4. 중립 대립유전자 세트 | 비아프리카인 유전자풀의 대립유전자는 아프리카 유전자풀의 부분집합이다. | 어느 한 지역의 대립유전자는 다른 지역의 부분집합이 아니다; 모두 독특한 대립유전자를 일부 가지고 있다. | *H. ergaster/erectus*의 아프리카 기원은 다지역 진화에서조차 비아프리카 유전자풀의 대립유전자가 아프리카 유전자풀의 부분집합이라는 뜻이 될 수 있다. |

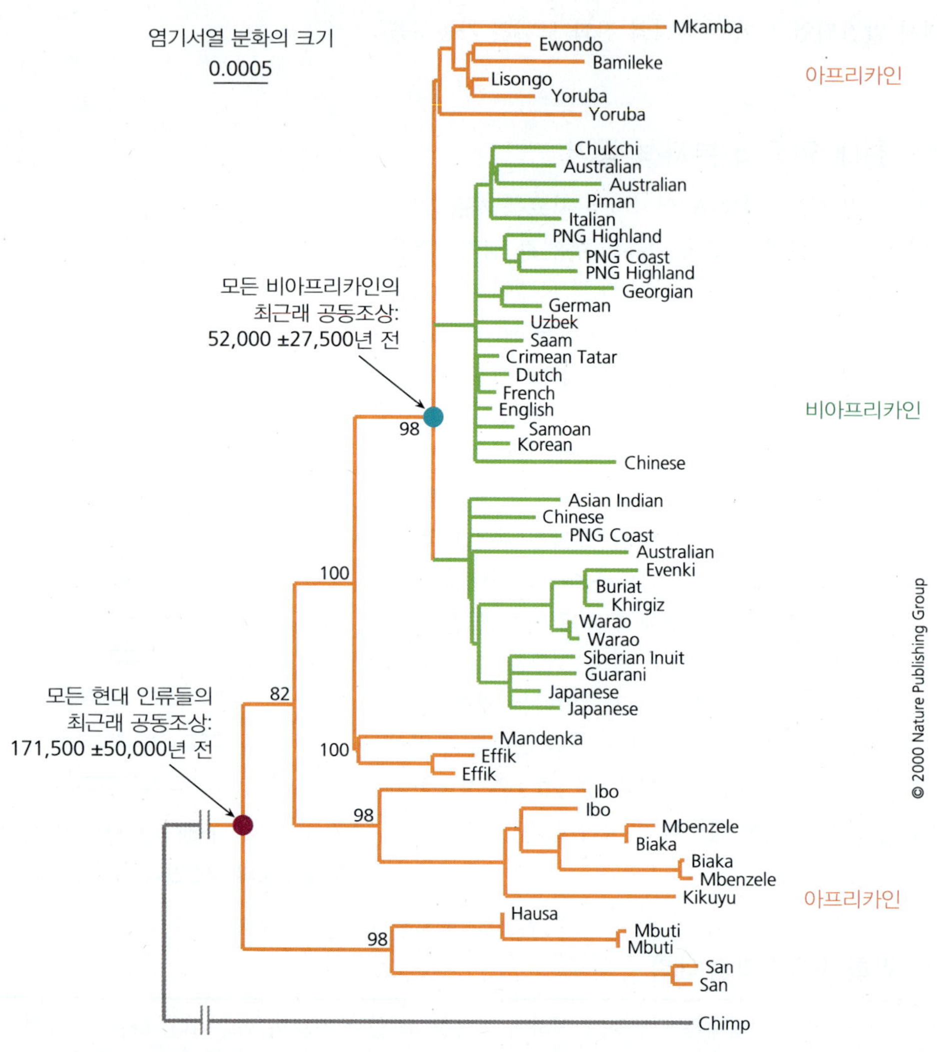



**그림 20.29 53명의 완전한 미토콘드리아 DNA의 진화계통수** 각 가지의 끝은 집단에 의해 동정된 단일 개체를 나타낸다. 계통수는 침팬지 염기서열을 외군으로 사용하여 뿌리가 시작되었다. 모든 비아프리카인 개인들은 아프리카인들 내부에서 분기한다. 분기점에 있는 숫자들은 통계적 지지도를 나타낸다(1,000번의 부트스트랩(bootstrap) 반복 중에서 분기점이 존재한 백분율). Ingman et al. (2000)에서.

"Mitochondrial genome variation and the origin of modern humans." *Nature* 408: 708–713. 

Max Ingman과 동료들(2000)은 세계 각처의 다양한 장소에서 53개체의 미토콘드리아 유전체의 전체 염기서열을 분석하여 모델들을 구별하려고 시도했다. 이들의 계통수는 강력한 통계적 지지를 기반으로 모든 비아프리카인 염기서열이 아프리카인 염기서열 내부에서 분기되어 온 것임을 보여준다**(그림 20.29)**. 모든 현존 인류 mtDNA의 공동조상은 아프리카에서 살았던 것으로 보이지만, 그것이 표 20.1의 기준에 의해 아프리카인 대체와 다지역 진화를 결정하는 데 도움이 되는가? 그 자체로는 아니다. 왜냐하면 두 모델 모두가 모든 현 인류의 공동조상이 아프리카에 있었다고 말하기 때문이다. 우리는 공동조상이 언제 살았는지를 알 필요가 있다.

**현대 인류 DNA의 분석에 따르면 현대 인류는 아프리카에서 진화한 다음 다른 지역의 고대 인류들을 대체했다.**

Ingman과 동료들은 모든 현존 미토콘드리아 DNA의 최근래 공동조상이 12만~22만 년 전에 살았다고 추정하고 그림 20.29에서 적갈색 점으로 그 분기점을 표시했다. 이들은 분자시계를 사용하여 이 추정치에 도달했고, 돌연변이가 시계처럼 일정한 속도로 mtDNA에 축적되어 왔음을 증명했다. 또한 모든 인류 염기서열을 침팬지의 염기서열과 비교하여 인류-침팬지 분화시간을 500만 년 전으로 추정하고, 같은 방법으로 모든 비아프리카인의 최근래 공동조상이 그림 20.29에서 파란색 점으로 표시된 것처럼 25,000년에서 8만 년 전까지 살았다고 추정했다(해설을 보려면 Hedges 2000 참조).

언뜻 보면, 이 시간들은 표 20.1의 기준 2에 따라 아프리카인 대체설과 일치하고 따라서 다지역 기원설을 반박하는 것처럼 보인다. 이 시간들은 인류의 비아프리카인 집단이 아프리카인 집단들로부터 분기된 시점이 10만 년 전 이후, 더 확실히 말하자면 절대 100만 년 전이나 되지는 않는다고 말한다. 그러나 **그림 20.30**을 보면 이것이 꼭 그렇지는 않다는 것을 알 수 있다. 종이 대립유전자들보다 더 먼저 분화할 수는 없지만 유전자 흐름에 의해 연결된 집단들에서는 그럴 수 있다.

각 그림은 종 또는 집단 계통수 내부에 숨어 있는 가설적인 유전자 계통수이다. 시나리오 (a)에서는 종이나 집단이 둘로 분기하는 시기에 돌연변이가 새로운 대립유전자를 만들어 같은 시간에 유전자 계통수도 분기를 만들어낸다. 그런 다음 각 자손 종 또는 집단에서 부동 또는 선택에 의해 한 대립유전자가 소실된다. 그 결과 유전자 계통수는 종 또는 집단 계통수와 정확히 일치하게 된다. 이 경우, 만일 우리가 분자시계를 사용하여 종 또는 집단의 분화시간을 측정한다면 정확한 답을 얻게 될 것이다.

시나리오 (b)에서는 돌연변이가 새로운 대립유전자를 만들어 유전자 계통수에서 분기가 생긴 다음, 어느 정도 후에 종 또는 집단이 두 개로 분기한다. 그런 다음 부동이나 선택에 의해 한 대립유전자가 각 자손 종 또는 집단에서 소실된다. 이 경우, 만일 유전자 계통수에 분자시계를 사용하여 종 또는 집단의 분화시간을 측정한다면 종 또는 집단은 실제보다 먼저 분화한 것처럼 보일 것이다.

시나리오 (c)에서는 한 종이 먼저 두 종으로 분기한 다음, 어느 정도 시간이 지난 후에 돌연변이가 새로운 대립유전자를 만들어 유전자 계통수에서 분기를 만든다. 마지막으로 대립유전자들 중의 하나가 한 종에서 다른 종으로 이동하는데, 이 단계는 유전자를 교환하지 않는 종에서는 불가능하다. 따라서 분자시계는 유전자 이동 시기보다 더 최근에 나타난 종들에서는 분기점을 만들지 않을 것이다.

그러나 시나리오 (d)는 (c)의 마지막 단계가 종 내부의 집단들 사이에서는 가능하다는 것을 보여준다. 첫째로, 한 집단이 둘로 쪼개진 후, 어느 정도 시간이 흐른 뒤에 돌연변이가 새로운 대립유전자를 만들어 내고 유전자 계통수에서 분기를 만든다. 그런 다음 이주자가 새로운 대립유전자를 다른 집단으로 옮긴다(파란색 화살표). 마지막으로 한 집단에서는 새로운 대립유전자가 소실되고 다른 집단에서는 조상형 대립유전자가 소실된다. 이 경우, 만일 유전자 계통수에 분자시계를 사용하여 집단 계통수의 분화시간을 추정한다면, 집단은 실제보다 더 최근에 분화한 것처럼 보일 것이다.

우리가 Ingman 등의 미토콘드리아 계통수를 해석할 때 명심해야 할 교훈은 한 개의 유전자에 근거한 미토콘드리아 시계는 아프리카인과 비아프리카인 집단 사이의 분기를 실제 보다 더 최근인 것처럼 보이게 할 수 있다는 것이다. 현대 인류가 아프리카를 떠난 후에 새로운 미토콘드리아 유전자형이 만들어지고, 그것이 한 이주자에 의해 한 대륙에서 다른 대륙으로 옮겨진 다음 더 오래 된 유전자형을 대체했을 수 있다. 따라서 우리는 많은 유전자좌위를 동시에 살펴볼 필요가 있고 그 결과들이 모두 아프리카인과 비아프리카인 집단 사이에 일어난 최근의 분화에 대해 동일한 이야기를 하는지 보아야 한다.

A. M. Bowcock와 동료들(1994)은 14개 집단의 사람들로부터 30개의 핵 미소부수체(microsatellite) 유전자좌위를 검사했다. 미소부수체 유전자좌위는 유전체상의 장소들로서 보통 2~5개의 염기로 된 짧은 서열이 일렬로 반복되어 있다. 한 특정 유전자좌위에서의 반복 숫자는 개체들 사이에 변이가 매우 심한데 이는 각 미소부수체 유전자좌위가 많은 대립유전자를 가지고 있음을 의미한다. Bowcock와 동료들은 30개 유전자좌위의 대립유전자 빈도에 근거하여 14개 집단들에서 다유전자좌위의 유전적 거리를 계산하고, 집단들 사이의 유전적 거리를 집단 계통수를 추정하는 데 사용했다.

**그림 20.31(다음 쪽)**에 있는 Bowcock 등의 계통수에서 지리적으로 이웃하는 집단일수록 더 함께 묶이게 되는 것을 볼 수 있다. 가장 깊은 곳에 있는 분기점은 아프리카인

(a) 종 또는 집단이 한 쌍의 대립유전자와 동시에 분화할 수 있다.

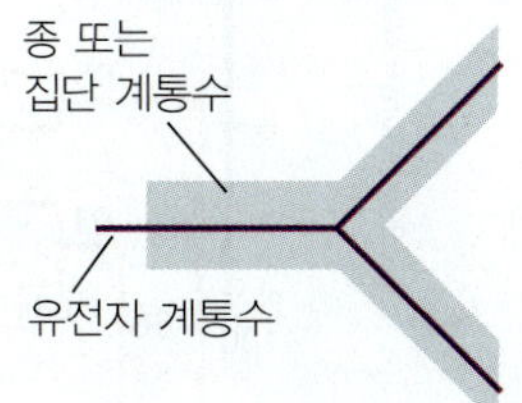


(b) 종 또는 집단이 한 쌍의 대립유전자가 분화한 다음에 분화할 수 있다.

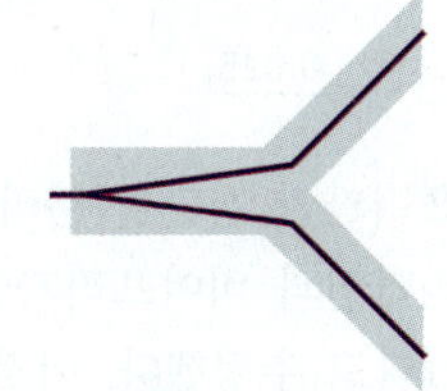

(c) 종은 한 쌍의 대립유전자보다 먼저 분화할 수 없다...

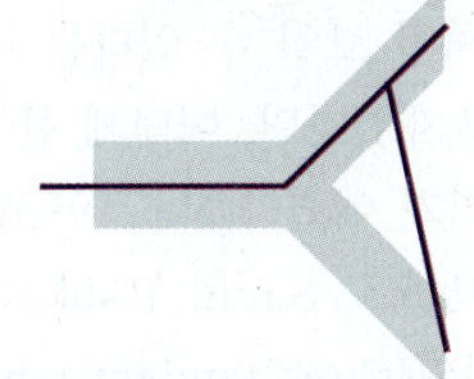

(d) ...그러나 유전자 흐름에 의해 연결된 집단들은 한 쌍의 대립유전자가 분화하기 전에 먼저 분화할 수 있다.

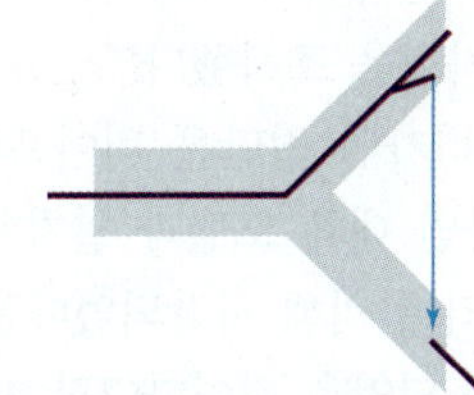

**그림 20.30 종 계통수, 집단 계통수, 유전자 계통수의 분화시간** 유전자 계통수의 분화시간이 종 계통수나 집단 계통수의 분화시간과 일치하지 않을 수 있다. 심지어는 유전자 계통수의 분화시간이 집단 계통수의 분화시간보다 더 최근일 수도 있다. 자세한 것은 본문을 참조하라.

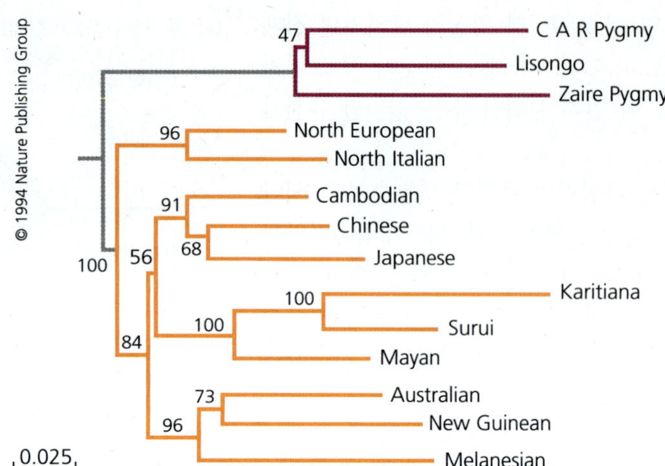


**그림 20.31 30개의 미소부수체 유전자좌위의 대립유전자 빈도에 근거한 14개 인류 집단의 계통수** 분기점의 숫자들은 부트스트랩(bootstrap) 지지도를 나타낸다. 계통수에서 가장 오래된 분기는 부트스트랩이 100%인데 이는 이 계통수에서 아프리카인(암홍색) 대 비아프리카인(오렌지색)이 가장 오래된 분기라는 가설이 강력한 통계적 지지를 받는다는 것을 의미한다. Bowcock et al. (1994)에서.



과 비아프리카인 집단을 분리시킨다. 같은 자료로부터 D. B. Goldstein과 동료들(1995)은 아프리카인과 비아프리카인 집단들 사이의 분기가 75,000년에서 287,000년 전 사이에 일어났다고 추정했다. 이것은 아프리카인 대체 모델과 일치하는데, 이는 미토콘드리아 시계가 표 20.1의 기준 2에 따라 다지역 분화 모델을 반박했던 경우보다 더 설득력이 있다. 하지만 다지역 진화 과정에서 충분한 유전자 흐름이 일어나 집단의 분기가 실제보다 더 최근처럼 보일 수 있다는 주장은 여전히 가능하다. 그러나 만일 그렇게 많은 유전자 흐름이 존재했다면, 어떻게 한 형질의 지역적인 분화가 백만 년 이상이나 지속될 수 있는지 설명하기 어렵다(Nei 1995).

마지막으로 Sarah Tishkoff와 동료들(1996a)의 연구를 생각해 보자. 이들은 짧은직렬반복서열(short tandem repeat, STR) 다형현상이 있는 장소인 염색체 12의 한 유전자좌위에서 대립유전자의 변이를 검사했다. 이곳은 비암호화 DNA 부위로서 염기서열 TTTTC가 4~15번 반복되고, 전체적으로 12개의 대립유전자가 있다. Tishkoff와 동료들은 대립유전자의 빈도를 알아보기 위해 지리적으로 분리된 7개의 장소에서 1,600명 이상의 유전자형을 조사했다(그림 20.32).

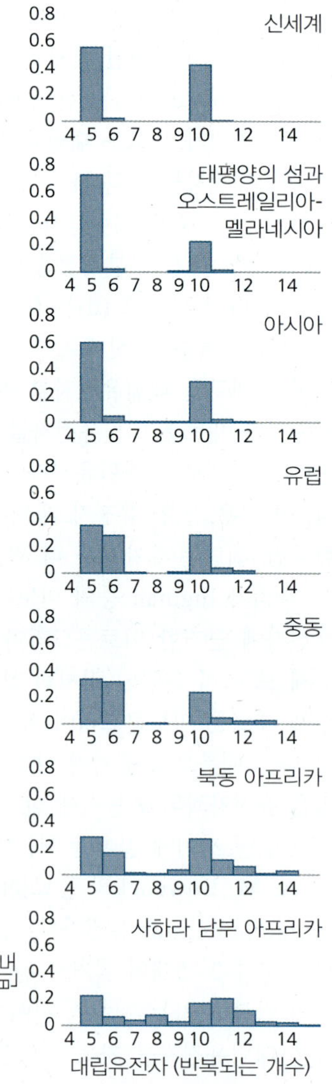


**그림 20.32 7개 지역 사람들의 단일 유전자좌위에서의 유전적 다양성** Tishkoff et al. (1996a)의 표를 도표로 그린 것이다.

아프리카인 집단은 비아프리카인 집단보다 대립유전자 다양성이 훨씬 컸고, 이것은 아프리카인 대체 모델과 일치한다. 만일 비아프리카인 집단이 아프리카에서 이주해 나온 작은 무리에 의해 시작되었다면 비아프리카인 집단들은 창시자 효과로 인해 유전적 다양성이 감소되었을 것이다(7장 참조).

그림 20.32의 그래프에는 사하라 남부 아프리카에서부터의 거리에 따라 제일 밑에는 가장 가까운 지역이, 맨 꼭대기에는 가장 먼 지역이 배열되어 있음을 주목하라. 사하라 남부 아프리카에서 시작하여 북동 아프리카, 중동, 그리고 그 이외 지역을 향해 위쪽으로 올라감에 따라, 각 지역은 그 밑의 지역에 있던 대립유전자 세트의 부분집합에 해당하는 대립유전자 세트를 보인다. 이 패턴 역시 아프리카인 대체와 일치한다. 이 패턴은 조상들이 살던 장소에서 작은 무리가 떨어져 나와 점점 더 먼 지역으로 이동하여 정착했을 경우 우리가 예상할 수 있는 것이다. 대립유전자 다양성의 이러한 패턴은 아프리카인 대체와 일치할 뿐 아니라 표 20.1의 기준 3과 4에 의해 다지역 진화를 반박하기도 한다. 그러나 이 반박이 결정적이지는 않은데, 다지역 진화도 이주와 정착의 패턴은 같고 단지 시기가 좀 앞설 뿐이기 때문이다.

추가적인 유전학적 자료를 사용하여 Tishkoff와 동료들은 비아프리카인 집단의 나이를 계산하고(**계산하기 20.1** 참조), 현대 인류가 대략 100,000년 전에 아프리카를 떠났다고 추정했다.

계 산 하 기 20. 1

## 대립유전자 빈도와 연관 비평형(linkage disequilibrium)을 사용하여 아프리카로부터 현대 인류까지 이르는 시간 계산하기

그림 20.32에서 사용한 짧은직렬반복서열(STR) 유전자좌위 근처에 알루 요소(Alu)라고 알려진 염기서열을 가지는 또 다른 유전자좌위가 있다. 이 유전자좌위는 두 개의 대립유전자를 가진다: 조상형 또는 *Alu*(+) 대립유전자; 그리고 256개 염기쌍이 결실된, 파생형 *Alu*(−) 대립유전자. 고릴라와 침팬지는 *Alu*(−) 대립유전자가 없으므로 이것은 인류 계보와 침팬지 계보가 분기된 이후에 생겼을 것이다.

*Alu*(−) 대립유전자를 만들었던 결실 돌연변이는 아프리카에서, STR 유전자좌위에 6개-반복 대립유전자를 지닌 염색체에서 단 한번 일어났을 것이다(Tishkoff et al. 1996a). *Alu*(−) 염색체가 처음 나타났던 순간에는 *Alu*(−) 염색체들 사이의 6개-반복 대립유전자의 빈도는 1이었고, *Alu* 유전자좌위와 STR 유전자좌위는 강력한 연관 비평형 상태였다(8장 참조).

그 이후, 그림 20.33a에서처럼 연관 비평형은 주로 사하라 남부 아프리카인 집단에서 깨지기 시작했고 지금은 다양한 반복 대립유전자들의 빈도 분포가 *Alu*(+) 염색체와 *Alu*(−) 염색체 사이에서 거의 같다.

6개-반복 대립유전자가 아닌 다른 대립유전자를 가진 *Alu*(−) 염색체는 두 가지 과정에 의해 만들어졌다: 반복 유전자좌위에서의 돌연변이와 반복 유전자좌위와 *Alu* 유전자좌위 사이의 재조합. 염기서열을 분석해보면, 10개 이상의 반복을 가진 *Alu*(−) 염색체의 기원에는 재조합이 관련되어 있음을 알 수 있다. Tiskoff와 동료들은 이들을 제외하고 9개 이하의 반복을 가지는 *Alu*(−) 염색체만을 살펴보았는데, 이 경우, 6개-반복 대립유전자의 빈도는 돌연변이로 인해 처음의 값이었던 1에서 현재의 값인 0.4로 떨어졌다.

돌연변이에 의해 빈도가 떨어지는 대립유전자의 *n* 세대에서의 빈도는 다음과 같다.

$$p_n = p_0 e^{-\mu n}$$

여기에서 $p_0$는 처음 빈도이고, $\mu$는 돌연변이율이다(결과 계산하기 6.8 참조). $p_0$를 1로, $p_n$를 0.4로 대체하고 대수 형태로 다시 쓰면 다음과 같다.

$$-\mu \mathrm{n} = \ln(0.4)$$

그림 20.33b는 아프리카를 떠난 최초의 현대 인류가 6개-반복 대립유전자를 가진 *Alu*(−) 염색체만을 지녔음을 암시한다. 비아프리카인 집단들의 연관 비평형은 여전히 높다. 9개 이하의 반복을 가진 *Alu*(−) 염색체들 중에서 6개-반복 대립유전자의 빈도는 1에서 0.9814로 떨어졌다. 따라서 비아프리카인 집단들은 다음과 같이 쓸 수 있다.

$$-\mu n = \ln(0.9814)$$

사하라 남부 아프리카인 집단들을 위한 방정식을 비아프리카인 집단의 방정식으로 나누고 기호들을 없애면, 사하라 남부 아프리카인 대 비아프리카인 집단의 *Alu*(−) 염색체의 상대적인 나이가 된다:

$$\frac{\text{사하라 남부 아프리카인 나이}}{\text{비아프리카인 나이}} = \frac{\ln(0.4)}{\ln(0.9814)} \approx 50$$

만일 최초의 *Alu*(−) 염색체가 5백만 년 전에 남부 사하라 아프리카인에서 생겨났다면, 이 식은 비아프리카인 집단의 나이가 10만 년임을 말해준다(Pritchard and Feldman 1996; Risch et al. 1996을 참조).

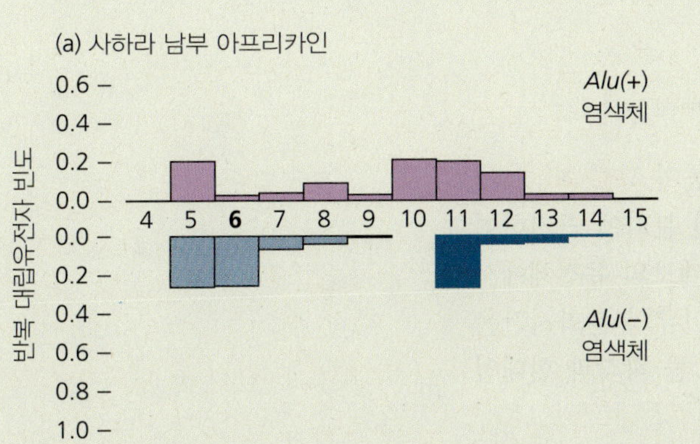


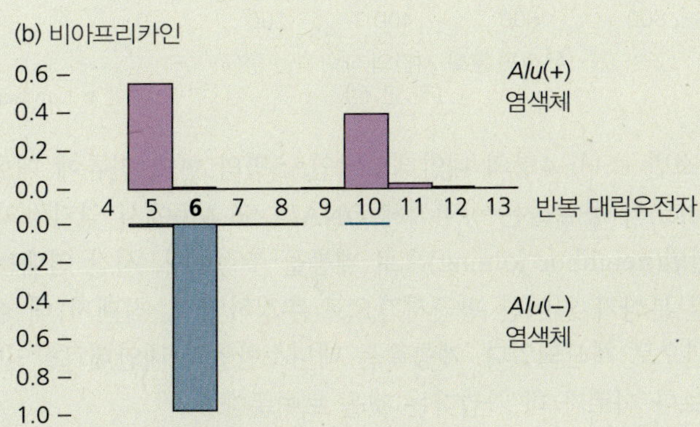


그림 20.33 ***Alu*(+)와 *Alu*(−) 염색체의 반복 대립유전자 빈도** Tishkoff et al. (1996a)의 표 3 자료를 사용해 그림.

상당한 오류의 여지는 있지만, 이 자료는 아프리카인 대체와 일치하며 표 20.1의 기준 2에 의해 다지역 진화를 반박한다.

우리가 살펴본 증거들은 *H. sapiens*의 기원에 대해 아프리카인 대체 모델을 선호하는 듯하다. 그러나 어떤 조사도 결정적이지는 못하며, 따라서 그 중간 모델(그림 20.26b)도 배제할 수 없다. 그러나 모든 자료를 합해 생각해보면, 유전적 자료와 적어도 일부 형태적 자료를 통해 우리는 다음과 같은 사실을 알 수 있다: (1) 오늘날의 인류는 모두 아프리카 조상에서 유래되었다, (2) 오늘날의 비아프리카인은 지난 수십만 년 이내에 아프리카를 떠났던 *H. sapiens* 조상으로부터 유래되었다. 그리고 인종들 사이의 차이는 그 이후에 생겼다.

그러나 최근에 등장한 새로운 자료가 다시 우리를 놀라게 했다.

## 아프리카인 대체 대 다지역 진화: 전현대 인류의 분자 증거

2010년에 Pääbo 팀은 전현대 인류 두 그룹을 대표하는 유전체의 염기서열 초안을 발표했다. 첫 번째 그룹은 네안데르탈인으로, Richard Green과 동료들(2010)이 약 4만 년 전에 살았던 3명의 뼈(크로아티아 Vindija Cave에서 발견됨)에서 아주 힘들게 추출한 DNA 파편들의 염기서열을 조립한 것이다.

두 번째 그룹은 시베리아 Denisova Cave에서, 2개의 어금니와 손가락 끝부분 뼈만 발견되었다(Gibbons 2011 참조). 손가락 끝은 3만~5만 년 전에 살았던 소녀의 것으로서 David Reigh와 동료들(2010)은 그 유전체 서열을 완성한 후, 앞서 이상한 모양의 어금니에서 의심했던 바를 다시 확인할 수 있었다. 소녀와 그 집단은 인류이기는 하지만, 네안데르탈인도 *Homo sapens*도 아니었다. 연구자들은 이들을 데니소반인(Denisovans)이라 부른다.

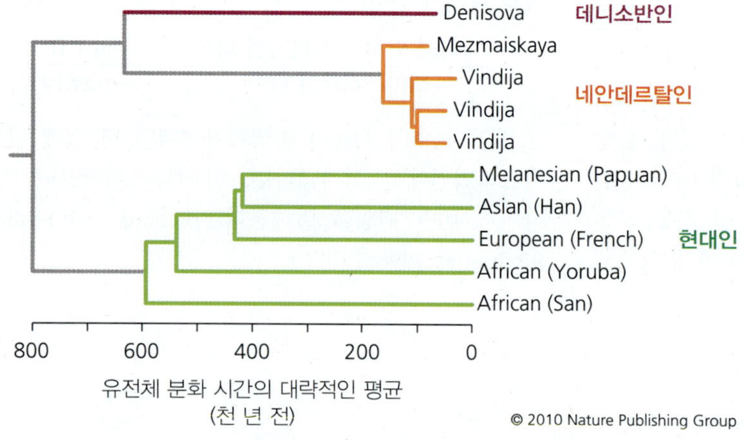


**그림 20.34 현대 인류와 전현대 인류의 분자계통** 현대 인류와 침팬지 사이의 유전적 분화가 일어난 시간 연대는 650만 년 전으로 추정된다. Reich et al. (2010)에서 다시 그림.



데니소반 소녀, 4명의 네안데르탈인, 5명의 현대 인류에 대한 계통이 **그림 20.34**에 있다. Reich와 동료들은 상염색체 DNA의 56 Mb에서 염기쌍의 서열 분화에 근거하여 이웃연결법(neighbor joining)으로 계통을 추정했다. 시간 연대는 각 계보의 유전체에서 염기서열 분화가 일어난 평균시간으로 추정하였고, 침팬지 대 현대 인류의 분화시간은 650만 년으로 계산되었다. 계통수는 데니소반인과 네안데르탈인이 그 둘 각각과 현대인의 사이보다 서로가 더 가깝다는 것을 보여준다.

전현대 인류의 완전한 유전체는 아프리카인 대체 대 잡종과 동화를 구별하는 새로운 조사 방법을 제공해주었다.

Green과 동료들(2010)은 전현대 인류와 현대 인류 사이의 유전자 흐름을 찾아내는

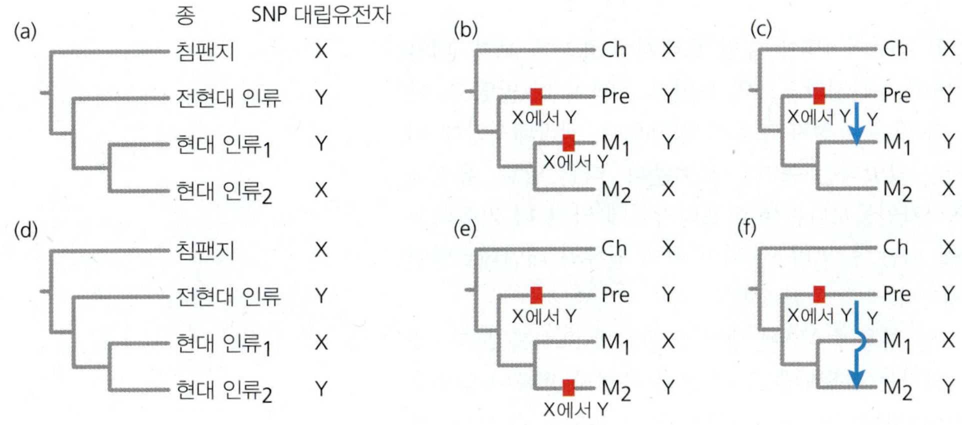

**그림 20.35 전현대 인류에서 현대 인류로의 유전자 흐름 조사** (a) 4개체의 계통도에 표시된 2-대립유전자 SNP. 전현대 인류와 1명의 현대 인류가 같은 대립유전자를 가진다. (b) 유전자 흐름이 없이 대립유전자의 분포를 설명하기 위해서는 2번의 돌연변이가 필요하다. (c) 전현대 인류 계보에서 현대인 계보 1로 가는 유전자 흐름이 있으면 또 다른 설명이 가능하다. (d~f) 전현대 인류 계보에서 현대 인류 계보 2로 가는 유전자 흐름은 대립유전자의 이러한 분포에 대한 또 다른 설명을 제공한다. (g) (a) 또는 (d)에서처럼 침팬지들, 네안데르탈인 또는 데니소반인, 현대 인류들 사이를 비교하는 SNPs의 백분율 초과 자료. eich (2010)의 표 1에 있는 자료에서 다시 그림.

방법을 개발했다. 그것은 침팬지 하나, 전현대 인류 하나, 현대 인류 두 명의 유전체 염기서열을 배열한 후 단일-염기 다형현상(single nucleotide polymorphism, SNPs)을 스캔하는 것이다. 우리는 현재 특별한 SNPs를 찾고 있는데, 그것은 대립유전자가 2개만 있고, 전현대 인류와 한명의 현대 인류에서만 침팬지와 대립유전자가 다른 경우이다.

그림 20.35a는 이 기준에 맞는 2가지 패턴 중의 하나를 보여준다. 계보들 사이에 유전자 흐름이 없다면 그러한 SNP의 진화에는 적어도 2번의 돌연변이가 필요하다. 그림 20.35b는 그 중 한 시나리오를 보여준다: 다른 시나리오들도 가능하다. 그림 20.35c에서처럼 유전자 흐름이 있으면 추가적인 진화적 통로가 있게 된다. 그림 20.35d는 또 다른 패턴을 보여주는데 여기에서는 전현대 인류가 단지 한 현대 인류와만 대립유전자를 공유한다. 그림 20.35e와 (f)는 유전자 흐름 없이는 2번의 돌연변이가 필요하고 유전자 흐름이 있으면 부가적인 통로가 존재하는 것을 보여준다.

만일 현대 계보들이 분화한 이래로 전현대 인류로부터 현대 인류 계보로 유전자 흐름이 없었다면 (a)의 패턴과 (d)의 패턴을 보이는 SNPs는 똑같이 흔할 것이다. 반면에, 현대 인류 계보들이 분화한 후에 전현대 인류 계보에서 현대 인류 계보 1로 유전자 흐름이 있었다면, (a) 패턴의 SNPs가 더 흔할 것이고, 현대 인류 계보들이 분화한 후에 전현대인 계보에서 현대인 계보 2로 유전자 흐름이 있었다면, (d) 형태의 SNPs가 더 흔할 것이다.

Reich 등(2010)의 결과를 가지고 작성한 그림 20.35g에서는 전현대 인류가 네안데르탈인(왼쪽) 또는 데니소반인(오른쪽)일 경우에 SNPs의 초과(excess)는 기준에 맞는 SNPs 전체 수에 대한 백분율로서 한 종류의 인류 계보 또는 다른 현대 인류 계보로의 유전자 흐름을 암시하는 것이다. 녹색으로 표시된 처음 3열은 대조군 역할을 한다. 예를 들어 네안데르탈인 계보에서 다른 계보들보다 한 유럽인 계보로 더 많은 유전자 흐름이 있었다는 증거가 없고(첫 번째 줄), 데니소반인 계보에서 다른 계보들보다 한 아프리카인 계보로 더 많은 유전자 흐름이 있었다는 증거도 없다(두 번째 줄). 밑의 3줄은 다른 이야

**고대 인류의 DNA 분석은 현대 인류가 아프리카를 떠나 유럽과 아시아로 퍼져나가면서 네안데르탈인 및 데니소반인들과 교배했음을 암시한다.**

기를 해준다.

먼저, 전현대 인류가 네안데르탈인인 경우의 4명에 대한 오렌지색 표시를 보자. 네안데르탈인으로부터는 아프리카인들에 비해 유라시안으로의 유전자 흐름이 더 많았고, 아프리카인들에 비해 멜라네시안으로도 더 많은 유전자 흐름이 있었으나, 멜라네시안에 비해 유라시안으로 더 많은 흐름이 있지는 않았다는 증거를 보여준다. 다른 말로, 유전체 전체를 평균하면 네안데르탈인은 아프리카인들보다는 비아프리카인에 약간 더 가깝다는 것이다. 이것은 현대 인류가 아프리카를 떠난 후 얼마 안 되어 현대 인류와 네안데르탈인 사이에 잡종이 생겨났다는 주장과 일치한다.

이제 전현대 인류가 데니소반 소녀인 경우에 4명에 대한 오렌지색 표시를 보자. 첫 번째 열은 데니소반인에서 아프리카인보다는 유럽인들로 더 많은 유전자 흐름이 있었음을 보여준다. 이것은 데니소반인과 네안데르탈인의 공동조상이 남긴 유물일 수 있다. 마지막 2줄은 실제로 유전자 흐름이 데니소반인에서 유라시안에 비해 멜라네시안으로, 아프리카인에 비해 멜라네시안으로 보다 많이 일어났다는 증거이다. 즉 유전체 전체 평균을 보았을 때, 데니소반인들이 어느 다른 현대인들보다 멜라네시안과 조금 더 가깝다는 것이다. 이 패턴은 현존 멜라네시안의 조상이 아시아를 건너오면서 현대 인류와 데니소반인 사이에 교배가 일어났다는 주장과 일치한다.

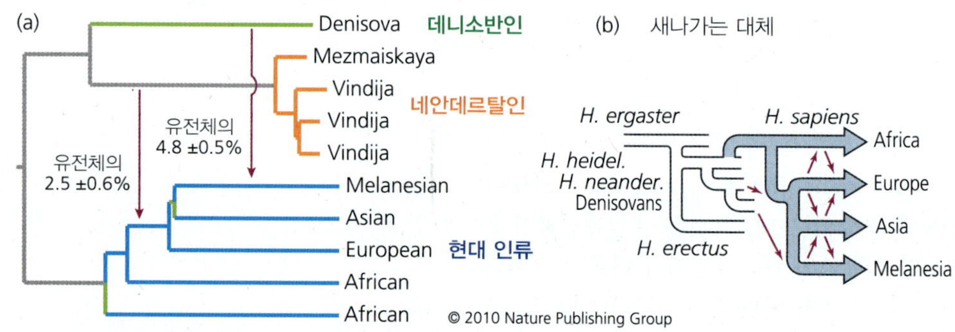


**그림 20.36 현대 인류의 기원** (a) 유전체 분석은 전현대 인류에서 현대 인류로의 유전자 흐름을 보여준다. Reich et al. (2010). (b) 이 결과는 "새나가는 대체(leaky replacement)" 시나리오와 일치한다.

(a) "Genetic history of an archaic hominin group from Denisova Cave in Siberia." D. Reich, R.E. Green. *Nature* 468: 1053–1060. Copyright ©2010 Nature Publishing Group. Reprinted with permission.

Reich와 동료들은 비아프리카인 현대 인류 유전체의 2.5%가 네안데르탈인에서 유래되었고, 멜라네시안에서는 그 외 4.8%가 데니소반인에서 왔다고 추정했다(**그림 20.36a**). 이 결과는 아프리카인 대체 모델을 반박하며 대체, 잡종, 동화가 모두 포함된 시나리오와 일치한다(그림 20.36b). Pääbo는 이 유전체 분석이 보여주는 그림을 "새나가는 대체(leaky replacement)"라고 기술하였다(Gibbon 2011 참조).

혼합된 기원에도 불구하고 앞서 언급했던 것처럼 모든 현대 인류는 서로 매우 가깝다. 이제 이를 지지하는 자료들을 살펴보려 한다.

## 현존 인류들 사이의 유전적 다양성

현존 인류들 사이의 유전적 다양성을 전망해 보는 한 가지 방법은 인류들 사이의 유전적 다양성을 다른 대형유인원들 사이의 유전적 다양성과 비교해 보는 것이다. Pascal Gagneus와 동료들(1999)은 사람 811명, 침팬지 292마리, 보노보 24마리, 고릴라 26마리의 미토콘드리아 DNA 염기서열을 조사했다. 각 종에 대해 연구자들은 서열에 차이를 보이는 염기의 백분율을 가지고 가능한 모든 개체 쌍을 살펴보았다. **그림 20.37**의 막대그래프는 비교 쌍들 사이의 차이에 대한 분포를 보여준다. 무작위적으로 뽑은 인류 쌍들 사이의 차이는 무작위적으로 뽑은 동부 침팬지 쌍들 사이의 차이와 유사하고, 이는 무작위적으로

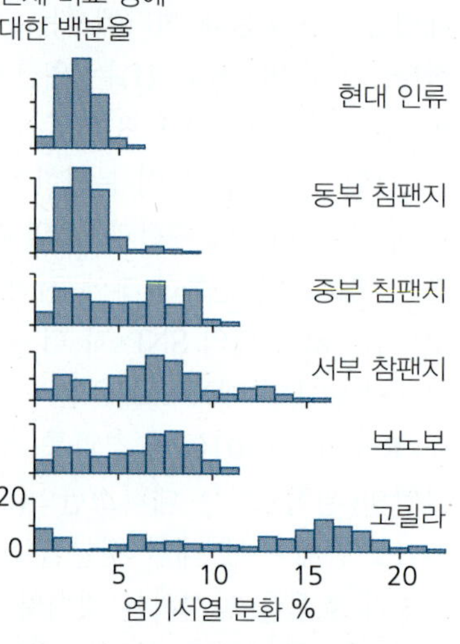


**그림 20.37 인류와 대형유인원의 유전적 다양성** Gagneux et al. (1999)에서.

뽑은 중부 침팬지, 서부 침팬지, 보노보, 고릴라 쌍들보다 차이가 적다. 연구자들은 같은 사회 그룹 안에서 살고 있는 보노보나 서부 침팬지가 지리적으로 무작위적으로 뽑은 어느 두 명의 인간 사이보다 유전적으로 더 많이 다른 경우를 여럿 발견했다. 다른 아프리카 대형유인원의 기준으로 보면, 모든 현존 인류는 정말로 아주 가까운 관계이다. 게다가 현존 인류 사이의 유전적 다양성은 대부분 집단 간 차이보다는 집단 내 개체들 사이의 차이로 존재한다(Jorde et al., 2000).

현존 인류 집단들 사이에 유전적 차이가 존재하는가? 이를 알아보기 위해, Noah Rosenberg와 동료들(2002)은 52개 집단의 1,056명을 대상으로 377개의 변이를 가진 STR 유전자좌위에서 유전자형을 분석했다. 이들은 컴퓨터 프로그램을 사용하여, (1) 1,056명의 유전자형 자료만을 사용해서 뚜렷한 대립유전자 빈도를 가지는 5개 그룹을 정의하고; (2) 그 유전자형이 각 그룹의 멤버십 기준과 얼마나 일치하는가에 따라, 각 개체에게 각 그룹의 부분 멤버십을 할당했다. 만일 인류 집단을 구별하는 유전적 차이가 있다면, 지리적으로 같은 지역에서 온 개체들은 비슷한 그룹-멤버십 프로필을 갖게 될 것이다.

그림 20.38에 결과가 나와 있다. 각 개체는 가는 수평선으로 표시되어 있고, 각 선은 5가지 색깔로 표시된 구획으로 이루어져 있다. 이것은 각 개체들의 각 5그룹에 대한 부분 멤버십을 의미한다. 실제로 결과는 지리적으로 다른 지역들에서 온 개체들이 서로 유사한 그룹 멤버십 프로필을 갖는 것으로 나타났다.

비슷한 분석을 수행한 다른 팀들도 유사한 패턴을 얻었다. Richard Redon과 동료들(2006)은 삽입, 결실, 또는 복제에 대해 다형현상이 있는 67개 유전자좌위에서 210명의 유전자형을 분석했다. 이 유전자형에 근거해서 연구자들은 컴퓨터에 각 개체들을 3 조상 집단에서 유래한 그룹 중 하나로 구분하도록 했더니, 거의 모든 개체들이 같은 대륙에서 온 개체들과 함께 한 그룹에 모였다. Michael Bamshad와 동료들(2003)은 60개 다형현상을 보이는 STR 유전자좌위와 Alu 전이인자에 다형현상을 보이는 100개 유전자좌위에서 206개체의 유전자형을 분석했다. 유전자형만으로 컴퓨터는 99%의 정확도를 가지고 각 개체들을 그들의 대륙에 정확히 할당했다.

우리가 얻은 교훈은 현대 인류 집단들 사이에는 유전적 차이점이 존재하나, 그것이 너무나 미묘해서 그 차이를 찾아내려면 이렇게 엄청나게 많은 자료와 컴퓨터를 사용한 상당한 노력이 필요하다는 것이다.

한편으로는 가용한 자료의 양이 엄청나게 증가하고 있고, 컴퓨터 자원의 힘 또한 크게 증가하고 있다. 연구자들은 집단들 사이에서 빈도가 변이를 보이는 특정한 대립유전자들을 알아내기 위해 커다란 데이터 자료를 파기 시작했다. 예를 들어 Angela Hancock와 동료들(2011)은 *KRT77*이라 불리는 유전자에서 아미노산 치환을 발견했는데, 그 빈도는 전 세계의 다양한 지리적 지역에 있는 집단들 사이에서 여름의 태양 방사 강도와 강력히 연관되어 있었고, 이 *KRT77*은 땀샘관에서 만들어지는 keratin 77을 암호화한다.

인류의 변이중 다수는 희귀한 대립유전자의 형태로 존재한다. Tennessen과 동료들(2012)은 약 1,300명의 유럽인과 1,100명의 아프리카인에서 단백질을 암호화하는 15,000개 이상의 유전자 염기서열을 결정했다. 여기서 50만 개 이상의 단일 염기 변이체를 발견했는데 그 대부분은 여태까지 알려져 있지 않은 것이었고, 변이체의 86%가 0.005 이하의 적은 대립유전자 빈도를 가지고 있었으며 82%는 단지 유럽인에서만 혹은 아프리카인에서만 발견이 되었다. 연구자들은 한 개인은 보통 약 300개의 유전자에서 단백질 기능에 영향을 줄 가능성이 있는 희귀한 대립유전자를 지닌다고 예측한다. Mattew Nelson과 동료들(2012)의 유사한 프로젝트도 비슷한 결과를 내놓았다. 인류의 유전적 다양성은 아직 배울 것이 정말 많이 남아 있다.

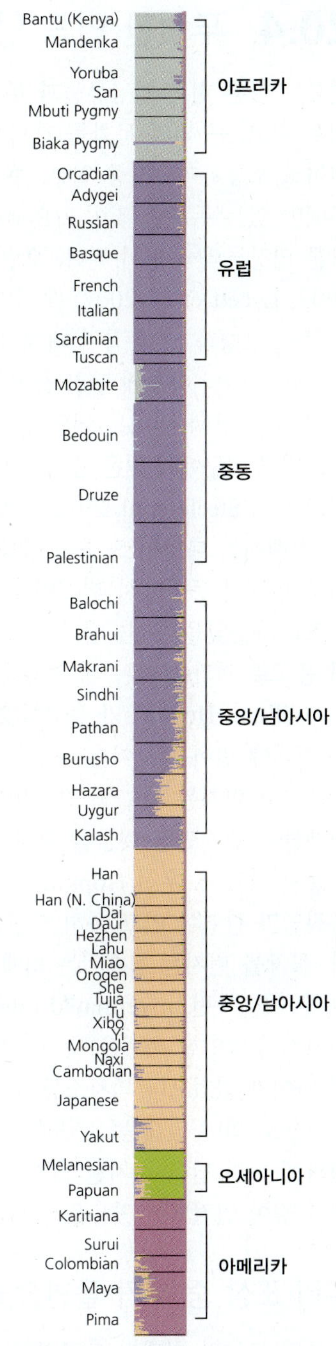


**그림 20.38 현존 인류 집단에서 지리학적 구조의 증거** Rosenberg et al. (2002)에서.

# 20.4 뚜렷한 인류 형질들의 진화

인류는 다른 현존 영장류들과 뚜렷이 구별되는 여러 형질을 가지고 있다. 우리는 직립자세로 걷고, 큰 뇌와 문화를 가지며, 체모가 감소되었고, 복잡한 도구를 만들고 사용하며, 언어로 소통한다. 이 중 일부, 즉 적어도 백만 년 이상 된 행동인 불의 사용 같은 것은 인류에만 있는 독특한 것이고(Berna et al. 2012), 나머지 특성들은 대부분 정도의 차이로 다른 영장류와 구별이 된다. 오랑우탄과 침팬지 또한 문화를 가지지만(van Schaik et al. 2003; Lycett et al. 2007) 우리의 문화는 훨씬 더 복잡하다.

두발보행과 뇌 용적에 대해서는 20.2절에서 간략하게 언급을 했고, 여기서는 복잡한 도구와 언어의 사용에 관한 증거를 살펴보고자 한다.

도구 사용과 언어는 뇌의 중복된 신경회로에 의한다(Stout and Chaminade 2012 참조). 비교 연구에서 얻은 증거를 보면 도구 사용과 언어에 대한 우리의 능력은 서로 연결되어 있으며(Steele et al. 2012 참조), 특히 침팬지의 연구에서 한 흥미로운 결과를 얻었다.

침팬지는 다양한 도구를 만들고 사용한다. 잎이 달린 잔가지나 줄기를 벗겨 만든 막대를 흰개미 동산에서 흰개미를 잡는 데 사용하고(Mercader et al. 2002; Vogel 2002 참조), 나뭇잎을 우산, 냅킨, 스펀지 등으로 사용하며(McGrew 2010a), 돌을 모루나 망치 용도로 견과를 깨는 데 사용한다.

William Hopkins와 동료들(2012)은 야생 침팬지에서도 볼 수 있는 사회적인 연장사용 형태에 변이를 보이는—돌을 비롯한 던질 수 있는 물체를 다른 침팬지나 사람을 향해 조준하고 던지는 것(그림 20.39a)—침팬지 집단을 포획사육하여 연구했다. 집단의 일부 개체들은 던질만한 것들을 찾아 던지는 행동을 분명히 실행하는 데 비해 다른 개체들은 그렇지 않았다. 우선 Hopkins와 동료들은 각 침팬지의 뇌 부위 중에서 일반적으로 손의 움직임과 관련이 있고 특히 도구를 사용할 때의 움직임과 관련이 깊은 두 부분을 스캔했다. 물체를 던지는 침팬지는 회백질에 비해 백질의 비율이 높았는데, 이는 유수 개재뉴런(유수 사이뉴런, myelinated interneuron)의 수가 높다는 뜻이다. 그런 다음 연구자들은 인지력의 다양한 측면을 측정하기 위해 종합테스트를 했는데, 인지력의 다른 차원에서는 별 차이가 없었으나 의사소통 부분에서만은 던지는 침팬지가 던지지 않는 침팬지보다 평균적으로 의미 있게 높은 점수를 얻었다(그림 20.39b). 이 관찰 연구가 우리에게 원인과 결과에 대한 답을 주지는 않지만, 던지는 것과 의사소통, 그리고 아마도 도구 사용과 언어가 깊이 연결되어 있음을 암시해 준다.

(a) 다른 침팬지에 돌을 던지는 야생 침팬지

(b) 확실히 물체를 던지는 침팬지와 던지지 않는 침팬지의 인지 능력

인지 능력 검사에서 정답 평균 백분율 (±s.e.)

0 0.2 0.4 0.6 0.8

의사소통 $p < 0.001$

공간 기억과 추론

원인에 대한 이해

양적 추론

마음 이해(theory of mind)

던지는 침팬지 ($N$ = 39)

던지지 않는 침팬지 ($N$ = 52)

**그림 20.39 침팬지에서 던지는 것과 의사소통 능력** (a) 나쁜 침팬지. (b) Hopkins et al. (2012)에서 다시 그림.

## 우리 조상 중 누가 돌연장을 만들어 사용했을까?

인류의 도구와 침팬지 도구의 차이는 제작과 사용에서의 정교함에 있다. 고고학적 기록 중에서 침팬지의 능력을 넘어서는 가장 오래된 도구는 가장자리가 예리한 돌 박편과 손에 들고 쪼개는 도구이다. 그림 20.40에 그 예가 있다.

이런 도구를 만들던 돌 깨는 사람은 강바닥에서 적절한 자갈, 아마도 입자가 고운 화산암 하나를 선택한 다음(Schick and Toth 1993), 박편이 떨어져 나오도록 또 다른 돌로 내려쳤을 텐데, 이때 박편 그 자체도 자르는 도구로 사용할 수 있다. 많은 박편이 떨어져 나오도록 적절한 모양으로 치면 도끼가 만들어진다. 이런 양식의 연장을 Oldowan industrial complex라 부르는데, 탄자니아의 Olduvai Gorge에서 최초로 발견되었기 때문이다. 고고학자들은 Oldowan-양식 돌연장이 기술과 경험을 필요로 한다는 것을 바로 알게 되었다(Geribàs et al., 2010).

**알려진 가장 초기의 돌연장은 지금까지 알려진 가장 초기의 *Homo* 표본보다 더 오래된 것이다.**

Kanzi라는 이름의 개체로 시작하여, 여러 보노보들에게 Oldowan 연장을 만들고 사

**그림 20.40 에티오피아의 Melka Kunture에서 발견된 Oldowan 돌연장** 이 170만 년 전의 손도끼는 인류가 만든 가장 초기 양식의 도구이다. Didier Descouens의 사진.

용하도록 가르쳤다(Wynn et al. 2011; Bril et al. 2012 참조). 그러나 보노보나 침팬지는 야생에서 그런 연장을 만들지 않는다고 알려져 있으며, 몇 년의 연습에도 불구하고 보노보가 만든 연장은 Olduvai에서 나온 것과 비교했을 때 질이 떨어졌다(Toth and Schick 2009).

알려진 가장 오래된 Oldowan 연장은 Sileshi Semaw와 동료들(2003)이 에티오피아의 Gona에서 발견했으며, 260만 년 된 것이었다(또한 Semaw et al. 1997 참조). 이 연장을 만든 사람은 누구였을까?

분명한 후보자는 *Homo*속의 초기 구성원일 것이다. 문제는 260만 년 전 이전에 나타났다는 명백한 증거를 가진 *Homo*속이 없다는 것이다. 시기를 믿을 만한 가장 오래된 *Homo* 화석은 에티오피아의 Hadar에서 나온 230만 년 된 윗턱(상악골)이다(Gibbons 1996; Kimbel et al. 1996). 이 화석이 어떤 종인지는 분명하지 않고, *H. habilis*나 *H. rudolfensis*, 또는 이제까지 알려지지 않은 종일 수도 있다.

정황적인 증거는 Hadar 화석이 260만 년 전 Gona 연장을 만들었던 종과 같은 종이리라는 것을 암시한다. Hadar가 지리적으로 Gona와 가깝고, 지질학적으로 볼 때 230만 년 전과 260만 년 전은 상당히 가까우며, Hadar 화석이 34개의 Oldowan 연장들 근처에서 발견되었기 때문이다. 언젠가 결국 260만 년 된 *Homo* 화석이 Gona에서 발견되어 이 초기 인류들이 Gona의 돌 깨는 사람이었음을 밝힐 수도 있을 것이다. 그러나 Bernard Wood(1997)가 지적한 것처럼, 이제까지의 정황적인 증거는 증명이 아니다. 만일 다른 호미닌이 같은 시간, 같은 장소에 살았다면 그들 또한 후보자들이다. 이것은 Hadar에서도 마찬가지인데, Oldowan 연장들 곁에서 230만 년 된 *Homo* 턱이 발견되었기 때문이다.

Wood는 *Paranthropus*가 아프리카의 같은 지역에서 대략 Oldowan industrial complex와 같은 시기 동안 초기 *Homo*와 공존했다고 기록한 바 있다. *Paranthropus*가 Oldowan 연장 당사자라는 믿을 만한 정황 증거는 없지만, 해부학적으로는 이들이 연장 사용 능력을 가졌다는 몇몇 간접적인 증거가 있다.

Randall L Susman(1994)은 마주볼 수 있는 엄지의 해부학에 근거해 인류와 침팬지의 엄지를 비교하였다(그림 20.41). 인류는 보다 정교한 근육조직을 가지며 심지어 침팬지에는 없는 장무지굴근(flexor pollicis longus) 같은 근육을 가지고 있고(또한 Diogo et al. 2012 참조), 또한 이 정교한 근육조직과 관련된, 두부가 보다 넓은 두꺼운 장골(metacar-

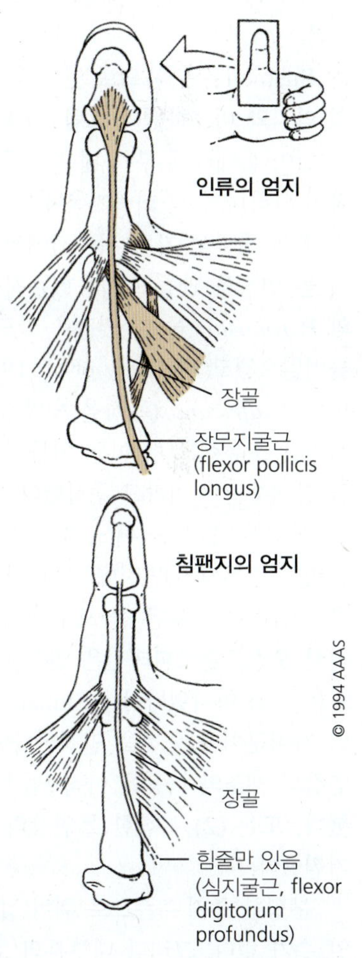


**그림 20.41 인류 대 침팬지의 엄지** Susman (1994)의 허가를 받고 재인쇄함.

From "Fossil evidence for early hominid tool use." *Science* 265: 1570–1573. AAAS. (Figure 3, page 1572.) Reprinted with permission from AAAS.

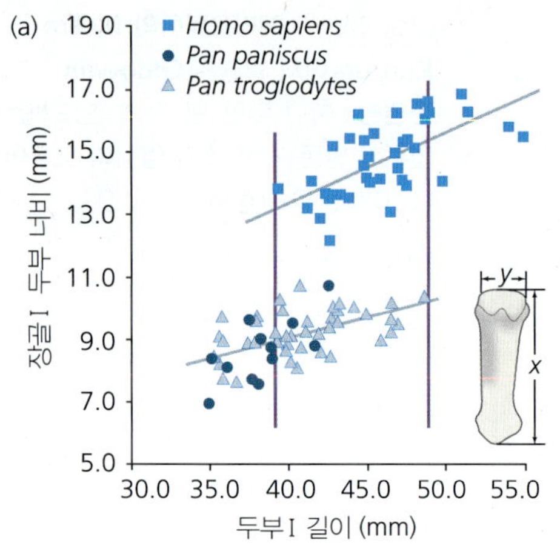


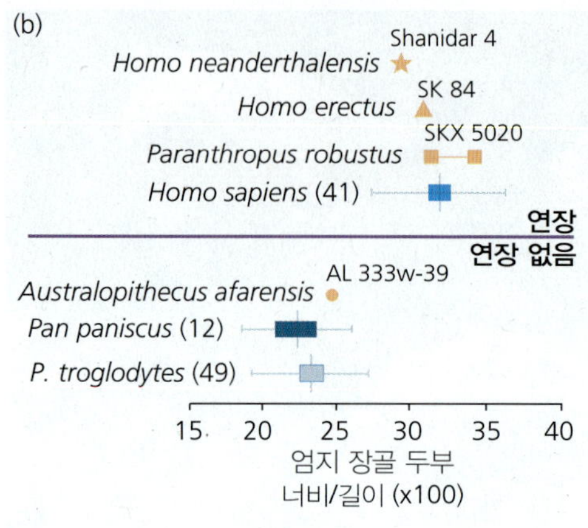


**그림 20.42 다양한 호미닌의 엄지 장골뼈** (a) 인류와 침팬지의 장골. (b) 화석과 현존 호미닌의 장골. 부호 위에 있는 표식은 표본번호이다. *Paranthropus*의 경우, 뼈가 상당히 불완전하기 때문에 너비/길이를 추정 범위로 표시했다. 보라색 선은 최소한 일시적으로라도 연장과 관련이 있었던 종과 전혀 관련이 없었던 종을 분리한다. Susman (1994)에서.



pal)을 가지고 있다(**그림 20.42a**). 해부적 구조의 이런 차이로 인해 인류의 손이 침팬지의 손보다 정확하게 잡는 능력이 더 뛰어나다. Susman은 인류 엄지의 개조된 이런 해부학적 구조가 복잡한 연장의 제조나 사용과 연관된 선택압에 반응하여 진화했다고 주장한다.

Susman은 다음으로 인류와 침팬지 엄지 장골의 상대적 두께를 다양한 화석 호미닌의 엄지와 비교하였다(그림 20.42b). *Homo neanderthalensis*, *H. erectus*, *P. robustus*는 길이에 대해 두부가 넓은 장골을 갖는다는 점에서 *H. sapiens*를 닮았다. Oldowan 연장이 나타나기 전 화석기록에서 사라진 *Australopithecus agarensis*는 길이에 대해 두부가 좁은 장골을 가졌다는 점에서 침팬지와 같다. Susman은 엄지 장골을 멸종한 호미닌이 돌 연장을 만들고 사용했는지를 진단하는 데 사용할 수 있다고 주장하고, *H. erectus*와 *P. robustus* 둘 다 연장을 만드는 자들이었다고 결론내렸다. Susman의 주장은 논쟁을 불러일으켰고(McGrew et al. 1995), Hamrick 등(1998)은 여러 오스트랄로피테신 종들도—*A. africanus*(주장을 뒷받침할 뼈는 알려져 있지 않음)—물건을 쥘 수 있는 강력한 엄지를 소유했으며, 이는 이들이 변형시키지 않은 자연 돌을 연장으로 사용했을 가능성을 말해주는 것이라고 주장했다.

**일부 형태적 분석은 초기 *Homo* 종들과 강건한 오스트랄로피테신이 연장을 만드는 자였을 수 있다고 제안한다.**

살펴본 증거 중 어느 것도 *Homo*나 *Paranthropus*가 Gona에 있는 Oldowan 연장을 만들었는지 아닌지에 대해 확실한 답을 주지 못하고, 대신에 둘 중 하나가 그 연장들을 만들었는지 혹은 둘 모두가 만들었는지에 대한 논쟁을 불러일으켰다. 만일 우리가 강건한 오스트랄로피테신은 연장을 만들었지만 호리호리한 오스트랄로피테신은 연장을 만드는 자가 아니었다라는 Suman의 결론을 받아들이고 강건한 오스트랄로피테신이 *Homo*와 자매군이라는 것을 인정한다면, 두 가지 추론 중 하나를 취해야 한다: (1) 복잡한 돌 연장의 제조와 사용은 아직 발견되지 않은 *Homo*와 *Paranthropus*의 공동조상에서 기원했다; 또는 (2) 복잡한 돌연장의 제조와 사용은 적어도 두 호미닌 계보에서 독립적으로 기원했다.

분명한 증거—손으로 쥐어 잡는 돌연장 화석 같은—없이는 질문에 대한 정답을 결코 알 수가 없다. 그러나 대부분의 고인류학자들은 초기 *Homo*가 Oldowan 연장 모두를 만든 것이 아니라면 적어도 그 대부분을 만들었을 것이라는 견해를 선호한다. 돌연장이 화석 인류들과 함께 발견될 때, *Homo*는 항상 그곳에 있지만 *Paranthropus*는 때때로 없는 경우가 있기 때문이다(남아프리카의 Swartkrans에서 발견된 Susman의 화석도 이에 포함되는데 이곳에서는 *Homo erectus*가 발견되었다). 그리고 만일 *Homo habilis*가 230만 년 전에 Hadar에 존재했다면, Oldowan industrial complex의 시기와 매우 가까이 일치

**그러나 대부분의 고인류학자들은 여전히 Oldowan 돌연장이 모두는 아니더라도 그 대부분은 *Homo*의 작품이라고 믿는다.**

하게 된다. 또한 강건한 오스트랄로피테신 3종은 250만~100만 년 전에 걸쳐 나타나지만 Oldowan 연장은 약 150만 년 전 이후에는 볼 수 없다.

## 우리의 조상 중 누가 언어를 가졌었는가?

호미닌 도구 사용의 역사가 애매하다면, 호미닌 언어의 역사는 더 애매하다. 도구 사용과 마찬가지로 언어도 행동이다. 행동은 화석화되지 않기 때문에 우리는 역사의 직접적인 증거를 가질 수 없고, 고고학적 기록과 화석기록에서 정황적인 증거를 조사할 수밖에 없다. 그러나 쓰기가 발명되기 이전에는 언어는 도구사용보다도 정황 증거가 더 적다.

언어는 뇌의 신경 회로에 놓여 있는 복잡한 적응이다. 어느 특정 언어의 어휘와 특정한 문법 규칙은 문화적으로 전달되지만, 현 인류가 가진 언어 능력과 기본 문법은 둘 다 선천적으로 타고나는 것이고 보편적이다(Pinker 1994 참조). 만일 귀머거리 어린이 집단을 수화자들로부터 격리시키면 스스로 자신만의 수화언어를 긁어서 고안해 낸다는 관찰이 그 증거이다(Senghas et al. 2004; Sandler et al. 2005). 이 새로운 귀머거리 문화에서 2세대 동안만 어린아이들에게 전달이 되면 이 새로운 수화 언어는 진정한 언어로서의 특징들을 모두 발달시킨다. 표준화된 어휘와 문법을 가지게 되고, 유창하게 이 언어를 사용하는 사람들은 인간의 사고와 감정을 모두 효율적으로 소통할 수 있게 된다. 이 새로운 수화 언어는 각기 독특하지만 모두가 언어학자들이 구어체에서 발견한 것과 동일한 보편적인 문법을 보인다.

뇌의 언어 회로는 보통 왼쪽 반구에 있는 실비우스주변피질(perisylvian cortex)이라는 부위에 집중되어 있고(Pinker 1994 참조), 브로카 영역(Broca's area)과 베르니케 영역(Wernicke's area)을 포함한다. 원숭이의 뇌에도 상동 구조가 존재하여(Galaburda and Pandya 1982), 베르니케 영역의 원숭이 상동기관은 부르는 소리를 포함한 소리 인식의 기능을 한다. 브로카 영역의 원숭이 상동기관은 얼굴, 혀, 입, 후두의 근육을 조절하는 기능을 하지만 어느 것도 음성 생성 역할을 하지는 않고, 대신에 음성은 뇌간(brain stem)과 변연계(limbic system)의 회로에 의해 만들어진다. 이 구조들은 사람에서는 웃고, 흐느껴 울고, 고통으로 인해 소리 지르는 등의 언어가 아닌 소리를 조절한다. 따라서 인류의 언어 기관은 모든 영장류에 공통인 신경회로에서 파생되어 개조된 것처럼 보인다. 그러나 현존하는 종들 중에서 이런 개조 현상—언어 소통을 위한 특수화—은 인류에만 독특한 것처럼 보인다. 이것이 주는 암시는 그러한 언어 기관이 침팬지와 보노보의 계보로부터 인류 계보가 갈라져 나온 이후에 진화했다는 것이다.

우리의 진화 계보에서 어디까지 언어의 존재를 추적할 수 있을까, 그리고 어떤 증거를 사용할 수 있을까? 전문가들의 견해는 다양하다. 예를 들어 William Noble과 Iain Davidson(1991)은 믿을 만한 유일한 증거는 고고학적 기록에 있으며, 언어란 물체와 생각을 표현하기 위해 문화 내에서 표준화된, 인위적인 기호를 사용하는 것이라 주장한다. 그렇다면, 언어를 발견하기 위해 우리는 고고학적 기록에서 그러한 기호를 찾아야 하는데, 모호하지 않은 첫 번째의 인공적 기호는 독일과 프랑스에서 발견된 약 32,000년 전의 동굴 벽화에서 나타난다. Noble과 Davidson조차도 언어가 이처럼 최근에서야 일어난 혁신이라는 것을 잘 인정할 수가 없었다. 그들은 *Homo sapiens*가 늦어도 4만 년 전까지는—아마도 최대 6만 년 전에—오스트레일리아에 정착했다는 것을 주목하고, 사람들이 어떻게 계획과 공동작업을 돕는 언어 없이 배를 만들고 대양을 건널 수 있었는지 상상할 수 없다고 고백했다. 그러나 Noble과 Davidson은 이주 지점이 약 4만 년 전이라는 생각을 계속 견지하고 있으며, 이것은 *H. sapiens*가 언어를 사용한 유일한 종임을 암시한다.

이와 달리, *Homo habilis* 표본의 뇌 내부를 주조물로 떠 조사한 후에 Phillip Tobias

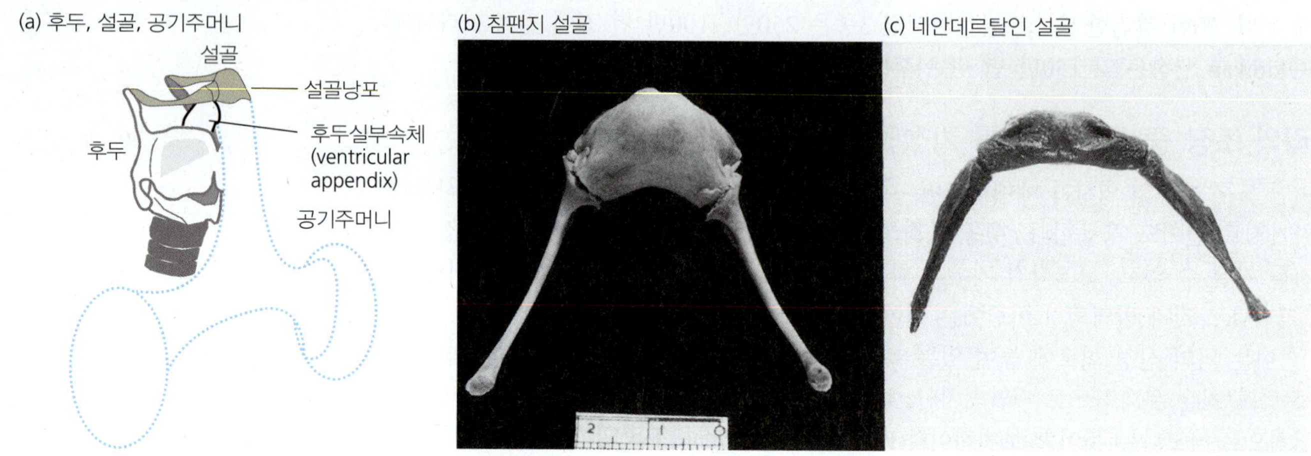


**그림 20.43 설골과 공기주머니** (a) 침팬지의 후두, 설골, 공기주머니, de Boer (2012)에서. (b)와 (c) 침팬지와 네안데르탈인의 설골. 두 설골에 사용된 눈금자 단위는 cm이다. 현대인의 설골은 사실상 네안데르탈인의 설골과 같다. Arensburg, Schepartz, Tillier, Vandermeersch, 와 Rak (1990)의 허가를 받고 다시 만듦.

(1987)는 언어가 최대 2백만 년 된 것일 수 있다고 주장했다. 주조물은 뇌의 크기뿐 아니라 우리 속의 특징이라고 할 수 있는 파생형 구조 형질로 보이는 것들도 알려주었는데, 브로카 영역과 베르니케 영역의 확장도 이에 속한다. 그의 설명에 의하면, 이 발견으로 인해 언어가 적어도 초보적인 형태로 가장 초기의 *Homo*종에서 출현했다는 가설에 회의적이었던 자신이 그 옹호자로 바뀌었다는 것이다.

하지만 불행하게도, 뒤이은 대형유인원 및 인류 뇌의 변이에 관한 연구들은 위의 주조물에서 보았던 뇌의 외부 특성을 언어 능력 진단에 사용할 수 없음을 보여주었다(Gannon et al. 1998). 언어능력, 적어도 말하는 능력의 척도로 여겨져 왔던 두개골의 다른 특성들도 마찬가지였다(Fitch 2000). 두개골의 기부 각도와 뇌에서 혀로 신경을 운반하는 관의 크기도 이에 해당된다. 화석기록이 과연 우리에게 무엇인가를 말해 줄 수 있을까?

우리의 음성 기구에는 화석화될 수 있는 딱딱한 부분이 하나, 즉 설골(hyoid bone)이 있다. 설골은 목구멍 속에 있고, 후두와 혀의 근육을 위한 닻 역할을 한다**(그림 20.43a)**. 침팬지의 설골은 네안데르탈인이나 현대인의 설골과는 모양이 달라(그림 20.43b와 c), 설골 몸통이 더 크고 컵을 거꾸로 놓은 모양이며(de Boer 2012), 이 컵 모양의 구조를 설골낭포(hyoid bulla)라 부른다. 사진에서는 침팬지의 설골을 위에서 아래쪽으로 내려 보고 있어서 밑에 있는 빈 공간을 볼 수가 없다. 반면에 현대인에서는 설골의 몸통이 막대 모양이다.

설골 모양의 이러한 차이는 성도(vocal tract)로부터 분지한 공기주머니가 침팬지에는 있고 인류에서는 없는 것과 관련이 있는 듯하다(de Boer 2012). 침팬지에서 공기는 설골낭포 밑을 통과하여 공기주머니로 출입한다.

다른 유인원들도 모두 공기주머니를 가지고 있기 때문에, 인류에서의 부재는 파생된 것 같다. 공기주머니의 적응적 중요성은 분명하지 않지만, 그 중 하나는 음성을 만들 때 낮은-빈도의 공명을 증가시키는 것이고 이로 인해 더 큰 소리를 내게 한다는 것이다. 공기주머니가 우리 조상에서 소실된 이유도 분명하지 않으나, 분명한 가설 중 하나는 주머니의 부재가 구어의 소통을 더 용이하게 만든다는 것이다.

Bard de Boer(2012)는 공기주머니가 있는 사람의 성도와 공기주머니가 없는 물리적 모델을 만들어 이 가설을 조사했다. 이 모델들을 사용해 모음 소리를 내고 다양한 양의 잡음으로 오염을 시킨 다음 자원봉사자들에게 소리를 구별하라고 했다. **그림 20.44**에서

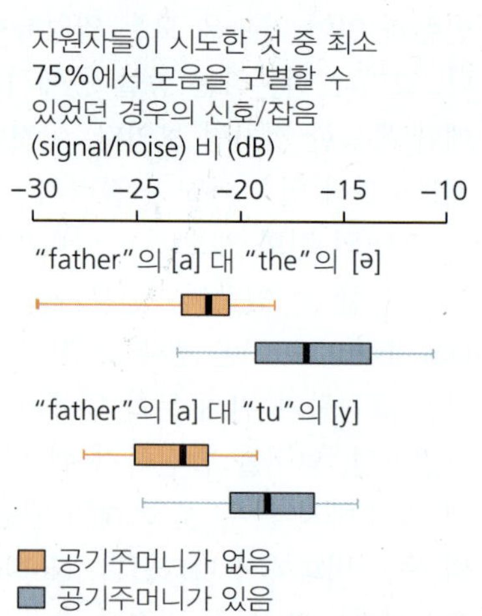


**그림 20.44 공기주머니가 없는 경우에 모음을 더 쉽게 구별할 수 있다** 상자 표시는 중앙값, 4분위의 2번째와 3번째 범위, 자료의 범위를 나타낸다. 두 비교 모두 신뢰도가 매우 높았다. de Boer (2012)에서 다시 그림.

볼 수 있듯이, 공기주머니가 있는 성도로 내는 소리를 구별하려면 신호가 더 깨끗해야 했다. 이것은 공기주머니의 소실이 우리 조상들에게는 적응적이었다는 가설과 일치하는데, 이러한 소실이 서로의 말을 이해하기 더 쉽게 만들었기 때문이다.

만일 이 가설이 옳다면, 그리고 설골의 모양이 정말로 공기주머니의 있고 없음을 반영한다면, 우리는 구술 언어의 출현을 적어도 훨씬 더 구체적으로 추적할 수 있을 것이다. 그림 20.43c는 이스라엘에서 발견된 6만 년 전의 네안데르탈인 골격에서 온 설골이며(Arensburg et al. 1989; Arensberg et al. 1990), 낭포가 없다. 스페인에서 발견된 *Homo heidelbergensis*의 53만 년 된 표본 2개의 설골에도 낭포가 없다(Martínez et al. 2008). 그러나 에티오피아에서 발견된 330만 년 전의 *Australopithecus afarensis*의 설골은 낭포를 가지고 있다(Alemseged et al. 2006). 이 증거들로 보면, 구술 언어는 330만~53만 년 전 사이의 어느 시기에, 아마도 *Homo*속의 한 구성원에서 기원한 것으로 보인다.

**화석 설골의 분석에 따르면 초보적인 언어는 적어도 50만 년 전, 아마도 그보다 훨씬 더 오래 전에 생겼을 것으로 보인다.**

## 요약

다윈이 예측했듯이, 진화적 전망은 인류의 기원과 본질에 빛을 던져 주었다. 인류는 대형유인원의 혈족이다. 합의 과정은 매우 느렸지만, 형태적, 분자적 연구는 모두 우리의 가장 가까운 현존하는 혈족이 침팬지라고 알려준다. 침팬지와 우리의 가장 최근래 공동조상은 대략적으로 500만 년 전에서 700만 년 전에 살았다.

침팬지 계보에서 갈라져 나온 후에, 우리 자신의 계보는 두발보행하던 다수의 아프리카 호미닌 종을 만들었고, 화석은 이 종들 중 적어도 2종이, 아마도 많게는 5종이 공존했다는 강력한 증거를 제공하며, 우리는 이러한 진화적 방산의 유일한 생존자이다.

*Homo*속의 첫 번째 구성원은 거의 200만 년 전에 아프리카를 떠났다. 현재의 비아프리카인 집단은 지난 20만 년 이내에 아프리카를 떠났던, 보다 최근의 이민자들로부터 유래한다. 아프리카를 떠나 이동하던 길에, 아마도 중동에서, 비아프리카인의 현대 인류 조상은 네안데르탈인과 교배를 했을 것이다. 따라서 네안데르탈인은 비아프리카인 유전체의 작은 부분에 공헌했다. 아시아를 가로질러 이어지던 그들의 여정에서, 현존 멜라네시안의 현대 인류 조상들은 데니소반인들과 교배했다. 따라서 데니소반인들은 멜라네시안 유전체의 작은 부분에 공헌했다. 이는 오늘날의 인류들 사이의 지리적 변이는 주로(아마도 전부는 아니겠지만) 지난 10만 년에서 20만 년 사이에 일어났음을 암시하며, 따라서 현대 인류들은 모두 엄청나게 가깝다.

우리 종이 가진 독특한 파생형질 중에는 복잡한 도구의 제조와 사용 및 언어 능력이 있다. 행동은 화석화되지 않기 때문에, 연구자들은 이 특성들의 역사를 재구성하기 위하여 주변의 정황 증거들에 의존해야만 한다. 돌 자르기는 적어도 250만 년 전에 나타났다. *Paranthropus*도 돌연장을 만들었을 가능성이 있지만, *Homo*의 초기 종에서 돌 자르기가 생겼다는 추정이 가장 가능성이 높다. 언어에 대한 증거는 더 빈약하다. 그러나 증거들은 구술 언어가 적어도 50만 년 전에 역시 *Homo*종에서 나타났음을 알려준다. 도구의 사용과 언어의 진화는 서로 연결되어 있을지 모른다.

## 질문

**1.** 유전자 계통수와 종 계통수 사이의 차이점은 무엇인가? 만일 침팬지와 인류가 정말로 서로의 가장 가까운 혈족이라면, 침팬지와 인류가 공유하지 않는 유전적 특성(레트로바이러스 삽입과 같은)을 고릴라와 인류가 공유하는 것이 어떻게 가능한지를 설명하라. 유전자 계통수와 종 계통수가 일치하지 않는다면, 진정한 종 계통수를 재구성하는 것이 어떻게 가능한가?

**2.** 수십 년 전 만해도, 이 장에서 기술된 화석의 거의 모두가 발견되지 않은 상태였다. 그 당시에는 마침내 초기 호미닌 화석들이 언젠가 발견이 되면, 인류로서의 뚜렷한 최초의 특징이—즉, 형태적으로 침팬지 계보와 호미닌을 구별시켜줄 최초의 파생형질—확장된 뇌임을 증명하게 될 것으로 예측하였다. 인류-크기의 커다란 뇌가 두발보행 이전에 또는 동시에 진화했음이 틀림없다고 생각했었던 것이다. 지금 우리가 이 질문을 조사하기 위한 화석들을 가지고 있다면 그 화석들은 무엇을 보여줄까? 어떤 것이 먼저일까? 커다란 뇌일까, 두발보행일까?

**3.** 어떻게 Sarich와 Wilson은 DNA 염기서열 결정이 불가능하던 시

기에 인류와 대형유인원의 유전적 유연관계를 조사할 수 있었을까?

4. 왜 Ruvolo(1995, 1997)는 인류와 대형유인원 사이의 유연관계를 연구하기 위해서는 mtDNA뿐만 아니라 핵 유전자 여러 개를 살펴보는 것이 중요하다고 생각했는지 설명하라.

5. 이 장에서 제공하는 자료는 인류와 침팬지가 서로의 가장 가까운 혈족임을 보여준다. 인류가 침팬지로부터 진화되어 왔다고 말하는 것이 정확한가? 또 침팬지가 인류로부터 진화했다고 말하면 어떤가? 인류가 유인원으로부터 진화해 왔다고 말하는 것은 정확한가?

6. 구세계원숭이의 계통에 관한 연구에서(Hayasaka et al. 1996), 연구된 3마리의 레서스원숭이(rhesus macaques)는 단계통군을 형성하지 않았다. 레서스원숭이 하나의 mtDNA는 다른 레서스원숭이보다 일본원숭이나 타이완원숭이(이들은 다른 종임)의 mtDNA와 더 유사했다. 어떻게 이런 일이 일어났는가?(적어도 두 가지 가능성이 있다.) 이 결과를 근거로 해서, 그림 20.4의 계통수에서 각 종에 여러 개체들을 포함시킨 것이 왜 유용한지 설명하라.

7. 그림 20.4를 다시 보아라. 그리고 이번에는 각 종 내의 염기서열의 다양성에 집중하라. 컬러로 된 선의 길이는 각 종 내의 유전적 다양성의 정도를 표시한다.

   a. 인류가 연구된 다른 영장류와 비교했을 때, 유전적 다양성 정도가 많은가, 적은가? 어느 종들이 인류와 유사한 패턴을 보이는가? 왜 어떤 종은 다른 종들에 비해 더 큰 다양성을 가진다고 생각하는가?

   b. 인류의 염기서열들 중 하나가 나머지 5개와 구분이 된다. 이 사람의 지리적 위치를 추측할 수 있는가?

8. 주먹관절을 땅에 대고 걷는 것과 주먹으로 걷는 것은 동물들 사이에서 아주 희귀한 이동 방법이다. 비슷한 형태의 이동을 거대개미핥기나 일부 나무늘보 같은 소수의 흔치 않은 경우에도 볼 수 있다. 왜 이들 동물에서만 이런 형질이 진화되었다고 생각하는가?—그것은 어떤 이점을 가져오는가? 인류는 왜 이 특성을 잃었다고 생각하는가? 이 특성은 동물들의 앞다리에서 볼 수 있는 차이점에 관해 무엇을 말해주는가?

9. *Homo erectus*로부터 *Homo sapiens*가 기원했다는, 3가지 주요 모델을 간략히(각 한 문장) 기술하라. 어떤 모델이 반박되었는가? 이유는? 증거들로 볼 때 어떤 것이 가장 가능성이 높은 시나리오인가? 오늘날의 지역적 변이의 기원에 관해 어떤 질문들이 남아 있는가?

10. 이름 속에는 어떤 내용이 들어 있는가? Jared Diamond(1992)는 만일 우리가 분기론의 명명 관습을 따른다면, 인류, 침팬지, 보노보는 모두 단일 속의 구성원으로 간주해야 한다고 제안한다. 그래서 Diamond는 이 종들을 각각 *Homo sapiens*, *Homo troglodytes*, *Homo paniscus*로 부르기를 제안한다. 그러나 Jonathan Marks(1994)는 Diamond의 분류학적 추론에 반대한다. 인류와 유인원에 관련하여, Marks는 인기 높은 연구들은 우리에게, 우리가 유전학적으로 유인원에 속할 뿐 아니라 말 그대로 실제 유인원이라고 말하고 있다(예, Diamond 1992). "종종 어리석음 속에 심오함이 들어 있는 경우가 있으나 나는 이것이 그러한 경우 중 하나라고 생각하지 않는다. 그것은 단순히 '유인원'이라는 범주의 측계통적 특성을 나타낼 뿐이다—인류는 유인원이다. 그러나 단지 비둘기는 파충류이고 말은 물고기라는 것과 같은 의미에서다... 유전적 관계에 초점을 맞추면 생물학적으로 중요한 표현형적 분화 패턴을 모호하게 만든다."라고 주장했다. 여러분은 인류, 침팬지, 보노보 모두가 같은 속의 구성원으로 분류되어야 한다고 생각하는가? Diamond와 Marks 사이에는 라틴 이름에 대한 의견 불일치 외에 또 다른 문제가 있는가? 그렇다면, 무엇인가?

11. Jared Diamond는 인류와 침팬지 사이의 가까운 혈족관계에서 윤리적인 딜레마를 발견한다: "동물원 우리 속에 들어 있는 유인원을 전시하는 것은 수용할 수 있다. 그러나 같은 일이 인류에게 일어난다면 인정할 수 없다. 나는 동물원의 침팬지 우리에 있는 표지판이 *Homo troglodytes*일 때 대중이 어떻게 느낄지 궁금하다."(Diamond 1992, p. 29). Diamond는 의학 연구에 침팬지를 사용하는 것이 더 문제라는 것을 발견한다. 침팬지의 사용에 대한 과학적 정당화는 침팬지의 생리가 인류의 생리와 극히 비슷하다는 점이다. 그래서 침팬지가 인류 재료에 대한 가장 최고의 대용물이라는 것이다. Diamond는 대략적으로 보면 감옥이 동물원과 유사하다고 말하는데, 감옥의 상황이 사람들을 동의 없이 우리에 가두는 것을 수용할 수 있다고 생각하는(만일 그들을 전시하는 것이 아니라면) 것이라는 의미에서 말이다. 그러나 침팬지 연구에 대한 인류 유사품은 없다: 우리는 동의 없이 사람을 의학 실험에 이용하는 것을 수용할 만한 일이라 생각하는가? 동물들을 동물원에 가두어 두는 것이 윤리적으로 정당화될까? 의학 연구에 동물을 사용하는 것이 정당화될까? 우리 자신과 문제가 되는 동물들 사이의 계통적 유연관계가 문제일까? 그렇다면 어떻게, 왜 문제가 되는가?

12. 20.2절에서는 *Sahelanthropus tchadensis*의 진화적 유사성에 관해 논쟁이 있음을 언급하였다. 그림 20.13의 두개골 나이와 모양을 보면 여러 가능성들이 있다: 그것은 우리와 침팬지의 공동 조상일 수 있다; 침팬지 보다는 우리와 더 가까운 종일 수 있다; 우리보다는 침팬지와 더 가까운 종일 수 있다; 심지어 침팬지나 우리보다 고릴라와 더 가까운 종일 수도 있다. 여러분이 이 가능성들 중 어떤 것이 옳은지 알고 싶은 고인류학자라고 가정해보자. 여러분은 더 많은 화석을 조사하기 위하여 어떤 지층을 선택해야 할까? 만일 여러분에게 두개골을 찾는 행운이 주어진다면, 어떤 특성이 여러분에게 어떤 가설이 진실과 가장 가깝다고 말해줄 것인가?

13. 인류의 인종 정치학에서 가장 뜨거운 문제 중의 하나는 인류 종족들이 유전적으로 뚜렷이 다르다는 주장이다. 아프리카인 대체

모델 대 다지역 진화모델은 이 문제를 어떻게 보고 있는가? 즉 어떤 모델이 더 인류 종족들이 유전적으로 서로 다르다고 예측하는가? 지리적 지역의 차이에 따라 사람들은 얼마나 다른가?

**14.** 우리는 비아프리카 인류 집단이 아프리카 집단에서 유래되었다는 것을 보여주는 유전학 연구들을 살펴보았다. 이 자료들로부터 어떤 사람들은 현대 아프리카 사람들이 어떤 의미에서는 "원시적"이라는 결론을 내릴 수 있다. 이런 생각의 논리적 결점은 무엇인가?

**15.** 아프리카 내의 종족 그룹들은 다른 대륙의 종족 그룹들을 모두 합친 것보다도 더 다양하다. 이것은 미국인들이 통상적으로 인류를 아프리카인, 코카시안, 아시안, 히스패닉, 아메리칸 인디언으로 분류하는 것에 대해 어떤 점을 말해주는가?

**16.** Swisher와 동료들(1996)의 연구는 *Homo erectus*가 자바의 Sambungmachan에서는 53,000년 전까지, Ngandong에서는 27,000년 전까지 존재했을 수 있음을 알려준다. 만일 이것이 맞는다면, *H. erectus*와 *H. sapeins*가 자바에서 공존했음을 뜻한다. 이 발견은 아프리카 밖으로 모델 대 다지역 기원 모델 간의 논쟁에 사용될 수 있을까? 가능하다면 왜 그럴까, 또 가능하지 않다면 왜 그럴까?

**17.** 네안데르탈인이나 *Homo erectus*처럼 멸종된 호미닌이 구술 언어를 사용했는지 아닌지를 추론하는 데 사용된 형태적 증거 2가지를 기술하라. 자료들이 보여주는 것은 무엇인가? 여러분은 이것이 설득력 있는 증거라고 생각하는가?

**18.** 논쟁을 위하여 Wood(1997)의 주장대로 *Homo*의 초기 종은 Oldowan 돌연장을 만들지 않았다는 입장을 택해보자. 우리는 지금 어떤 다른 수수께끼들을 풀어야 할까? 고고학 기록으로 본 도구 만들기 역사에서 Oldowan 연장 이후의 발전상은 Acheulean 연장의 출현으로 나타나며 이것은 실제로 Oldowan 연장보다 더 세련된 모습임을 주목하라(Johanson et al., 1996). Acheulean 연장은 약 140만 년 전에 나타나서 20만 년 조금 전까지 존속했다.

**19.** Derek Bickerton(1995)과 Charles Catania(1995)는 초기 인류가 언어를 가지고 있었다는 주장에 반대했다. Bickerton은 "만일 *H. habilis*가 이미 언어에 필요한 요소를 모두 가지고 있었다면, 그 이후 100만 년 동안 어떤 일이 일어났을까?"라 썼고, Catania는 "나는 우리 호미닌 조상이 만일 100만 년 전에 정말로 우리와 같은 언어 능력을 가졌었다면 95만 년 전에 이미 세계를 점령했을 것이라 생각한다. 그러나 그렇게 하지 못했다. 그래서 그들이 우리와 같지 않았을 것이라 생각한다; 만일 그들이 우리와 같았다면, 선사시대는 유사시대가 되었을 것이라고 [추론한다]." 썼다. Bart DeBoer이 Bickerton과 Catania에 어떻게 반응할 것이라 생각하는가? 누가 옳다고 생각하는가?

**20.** 말의 조상들은 각각 수십 개, 수백 개, 어떤 경우에는 수천 개의 완전한 표본으로 발견되었다. 그러나 같은 시대의 호미닌 종은 *Sahelanthropus*의 부서진 두개골처럼 단지 하나 또는 매우 소수의 부분적인 표본들만 발견되었다. 그 결과 우리는 호미닌의 진화보다 말의 진화를 한층 더 잘 이해한다. 왜 이렇게 되었는지 추론해보라: 왜 호미닌 화석이 귀한가? 호미닌 화석이 별로 없다는 것이 고생물학자들의 결론을 무력화시키는가? 달리 말하면, 정말로 우리가 단일의 뼈 조각에서 유용한 어떤 것을 배울 수 있을까?

# 문헌탐구

**21.** 2.1과 2.3절에서 우리는 고릴라, 침팬지, 네안데르탈인, 데니소반인, 현대 인류 유전체를 비교하여 얻은 발견들을 논의했다. 연구자들은 현재 보노보 유전체의 염기서열을 결정하였다. 다음을 참고하라:

Prüfer, K., K. Munch, et al. 2012. The bonobo genome compared with the chimpanzee and human genomes. *Nature* 486: 527–531.

**22.** 우리는 인류 언어의 나이에 관한 고고학적, 고생물학적, 실험적 증거들에 관해 논의했다. 또 다른 정보는 분자시계와 유사한 언어시계이다. 언어 분화 속도에 대한 계산에 근거해서 현존 구술 언어를 사용했던 마지막 공동조상의 나이를 측정하라. 다음을 참고하라:

Perreault, C., and S. Mathew. 2012. Dating the origin of language using phonemic diversity. *PLoS One* 7: e35289.

**23.** 동물의 도구 사용은 타고난 것일까? 습득된 것일까? 참고하라:

Matsusaka, T., H. Nishie, et al. 2006. Tool-use for drinking water by immature chimpanzees of Mahale: Prevalence of an unessential behavior. *Primates* 42 (2): 113–122.

Kruetzen, M., J. Mann, et al.. 2005. Cultural transmission of tool use in bottlenose dolphins. *Proceedings of the National Academy of Sciences, USA* 102 (25): 8939–8943.

최근의 증거는 일부 새들도 연장을 만들고 사용할 뿐만 아니라 자신들이 무엇을 하는지 이해하는 것처럼 보인다고 말한다. 다음을 참고하라:

Weird, A. A. S., J. Chappell, and A. Kacelnik. 2002. Shaping of hooks in New Caledonian crows. *Science* 297: 981.

다음에서 뉴칼레도니아 까마귀가 갈고리 연장을 만들고 사용하는 비디오를 볼 수 있다.

http://users.ox.ac.uk/~kgroup/tools/movies.shtml.

**24.** 전체 유전체 염기서열에서 직접 측정하여 계산한 새로운 인류 돌연변이율이 인류 계보들 사이의 분화 시간을 추정하는 새로운 자

료를 제공하고 있다.

Sankararaman, S., N. Patterson, et al. 2012. The date of interbreeding between Neandertals and modern humans. *PLoS Genetics* 8: e1002947.

Scally, A., and R. Durbin. 2012. Revising the human mutation rate: Implications for understanding human evolution. *Nature Reviews Genetics* 13: 745–753.

**25.** 인류를 제외하고 단순한 언어를 사용하는 동물이 또 있을까? 대부분의 동물들은 음성을 만들 수 있으나, 소수만이 인류 언어의 2가지 기본적인 측면을 보인다: 학습에 의한 음성 만들기와 개념을 상징하기 위해 어떤 소리를 사용하는 것. 목소리 내기를 배우는 능력은 많은 새들에서 흔히 볼 수 있으나 포유류에서는 드물다. 개념을 상징하기 위하여 소리를 사용하는 일은 더 드물다. 2가지 예를 보여주는 논문들을 참고하라.

Janik, V. M., L. S. Sayigh, and R. S. Wells. 2006. Signature whistle shape conveys identity information to bottlenose dolphins. *Proceedings of the National Academy of Sciences, USA* 103 (21): 8293–8297.

Seyfarth, R. M., D. L. Cheney, and P. Marler. 1980. Vervet monkey alarm calls—semantic communication in a free-ranging primate. *Animal Behaviour* 28: 1070–1094.

이 논문은 개들이 언어 그 자체를 만들 수 없음은 분명하지만, 200 단어까지의 상징적인 뜻을 이해하는 능력을 가지고, 매우 빠른 속도로 더 많은 것을 배울 수 있다는 증거를 보여준다.—적어도 국경지역에 사는 이 콜리의 경우에는:

Kaminski, J., J. Call, and J. Fischer. 2004. Word learning in a domestic dog: Evidence for "fast mapping." *Science* 304: 1682–1683.

**26.** 왜 호미닌에서 두발보행이 진화되었을까? 오랫동안 뛸 수 있는 것이 인류 진화에서 중요한 역할을 했을지 모른다는 증거를 위해 이 논문을 참고하라:

Bramble, D. M., and D. E. Lieberman. 2004. Endurance running and the evolution of *Homo. Nature* 432: 345–352.

두발보행의 적응적 중요성에 관한 또 다른 (창조적인) 아이디어를 위해서 다음을 참고하라:

Sutou, S. 2012. Hairless mutation: A driving force of humanization from a human-ape common ancestor by enforcing upright walking while holding a baby with both hands. *Genes to Cells* 17: 264–272.

**27.** 우리는 유전적으로 인류와 침팬지가 놀랄 정도로 비슷하다고 이야기했다. 생존이 가능한 잡종을 생산할 수 있을 만큼 비슷한가? 만일 그렇다면 잡종을 어떻게 동정할 수 있을까? Oliver라는 서커스 배우가 인류-침팬지 잡종이라는 주장은 과학적 수사를 허가할 만큼 충분히 믿을 만한 것이었다. 다음을 참고하라:

Ely, J. J., M. Leland, et al. 1998. Technical note: Chromosomal and mtDNA analysis of Oliver. *American Journal of Physical Anthropology* 105: 395–403.

**28.** 인류 계보에서 형태적 변화와 그 기원이 일치하는 유전적 돌연변이에 관해 다음을 참고하라:

Stedman, H. H., B. W. Kozyak, et al. 2004. Myosin gene mutation correlates with anatomical changes in the human lineage. *Nature* 428: 415–418.

**29.** 우리는 인류 계보가 침팬지 계보로부터 갈라진 이후에 상당한 분화를 겪었다는 증거를 논의했다. *Homo* 초기 구성원들 사이의 분화에 대한 추가적인 증거를 위해 다음을 참고하라:

Leakey, M. G., F. Spoor, et al. 2012. New fossils from Koobi Fora in northern Kenya confirm taxonomic diversity in early *Homo. Nature* 488: 201–204.

침팬지 계보도 인류 계보로부터 분리된 이후 분화가 일어났고 이것은 현재도 진행중이라는 유전학적 증거를 위해 다음을 참고하라:

Gonder, M. K., S. Locatelli, et al. 2011. Evidence from Cameroon reveals differences in the genetic structure and histories of chimpanzee populations. *Proceedings of the National Academy of Sciences, USA* 108: 4766–4771.

# 인용문헌


Aiello, L. C. 1993. The fossil evidence for modern human origins in Africa: A revised review. *American Anthropologist* 95: 73–96.

Aiello, L. C., and M. Collard. 2001. Our newest oldest ancestor? *Nature* 410: 526–527.

Alemseged, Z., F. Spoor, et al. 2006. A juvenile early hominin skeleton from Dikika, Ethiopia. *Nature* 443: 296–301.

Andrews, P. 1992. Evolution and environment in the Hominoidea. *Nature* 360: 641–646.

Andrews, P., and L. Martin. 1987. Cladistic relationships of extant and fossil hominoids. *Journal of Human Evolution* 16: 101–118.

Arensburg, B., A. M. Tillier, et al. 1989. A middle paleolithic human hyoid bone. *Nature* 338: 758–760.

Arensburg, B., L. A. Schepartz, et al. 1990. A reappraisal of the anatomical basis for speech in Middle Paleolithic hominids. *American Journal of Physical Anthropology* 83: 137–146.

Arsuaga, J. L., I. Martínez, et al.. 1999. The human cranial remains from Gran Dolina lower-Pleistocene site (Sierra de Atapuerca, Spain). *Journal of Human Evolution* 37: 431–457.

Asfaw, B., T. White, et al. 1999. *Australopithecus gahri:* A new species of early hominid from Ethiopia. *Science* 284: 629–635.

Ayala, F. J., A. Escalante, et al. 1994. Molecular genetics of speciation and human origins. *Proceedings of the National Academy of Sciences, USA* 91: 6787–6794.

Bamshad, M. J., S. Wooding, et al. 2003. Human population genetic structure and inference of group membership. *American Journal of Human Genetics* 72: 578–589.

Barbulescu, M., G. Turner, et al. 2001. A HERV-K provirus in chimpanzees, bonobos, and gorillas, but not humans. *Current Biology* 11: 779–783.

Begun, D. R. 1992. Miocene fossil hominids and the chimp–human clade. *Science* 257: 1929–1933.

Begun, D. R. 1994. Relations among the great apes and humans: New interpretations based on the fossil great ape *Dryopithecus*. *Yearbook of Physical Anthropology* 37: 11–63.

Begun, D. R. 1995. Late-Miocene European orangutans, gorillas, humans, or none of the above? *Journal of Human Evolution* 29: 169–180.

Begun, D. R. 2004. The earliest hominins—Is less more? *Science* 303: 1478–1480.

Begun, D. R., C. V. Ward, and M. D. Rose. 1997. Events in hominoid evolution. In *Function, Phylogeny and Fossils: Miocene Hominoid Evolution and Adaptations*, ed. D. R. Begun, C. V. Ward, and M. D. Rose. New York: Plenum Publishing Company, 389–415.

Berger, L. R., D. J. de Ruiter, et al. 2010. *Australopithecus sediba*: A new species of *Homo*-like australopith from South Africa. *Science* 328: 195–204.

Bermúdez de Castro, J. M., J. L. Arsuaga, et al. 1997. A hominid from the lower Pleistocene of Atapuerca, Spain: Possible ancestor to Neandertals and modern humans. *Science* 276: 1392–1395.

Berna, F., P. Goldberg, et al. 2012. Microstratigraphic evidence of in situ fire in the Acheulean strata of Wonderwerk Cave, Northern Cape province, South Africa. *Proceedings of the National Academy of Sciences, USA* 109: E1215–E1220.

Bickerton, Derek. 1995. Finding the true place of *Homo habilis* in language evolution. Open peer commentary. In Wilkins, W. K., and J. Wakefield, Brain evolution and preconditions. *Behavioral and Brain Sciences* 18: 161–226.

Blumenschine, R. J., C. R. Peters, et al. 2003. Late Pliocene *Homo* and hominid land use from western Olduvai Gorge, Tanzania. *Science* 299: 1217–1221.

Boesch, C., and M. Tomasello. 1998. Chimpanzee and human cultures. *Current Anthropology* 39: 591–614.

Borowik, O. A. 1995. Coding chromosomal data for phylogenetic analysis: Phylogenetic resolution of the Pan-Homo-Gorilla trichotomy. *Systematic Biology* 44: 563–570.

Bowcock, A. M., A. Ruiz-Linares, et al. 1994. High resolution of human evolutionary trees with polymorphic microsatellites. *Nature* 368: 455–457.

Bril, B., J. Smaers, et al. 2012. Functional mastery of percussive technology in nut-cracking and stone-flaking actions: Experimental comparison and implications for the evolution of the human brain. *Philosophical Transactions of the Royal Society B* 367: 59–74.

Britten, R. J. 2002. Divergence between samples of chimpanzee and human DNA sequences is 5%, counting indels. *Proceedings of the National Academy of Sciences, USA* 99: 13633–13635.

Brunet, M. 2002. *Sahelanthropus* or "*Salhelpithecus*"? *Nature* 419: 582.

Brunet, M., F. Guy, et al. 2002. A new hominid from the upper Miocene of Chad, central Africa. *Nature* 418: 145–151.

Brunet., M., F. Guy, et al. 2005. New material from the earliest hominid from the Upper Miocene of Chad. *Nature* 434: 752–755.

Carbonell, E., J. M., Bermúdez de Castro, and J. L. Arsuaga. 1999. Preface: Special issue on Gran Dolina site: TD6 Aurora Stratum (Burgos, Spain). *Journal of Human Evolution* 37: 309–311.

Catania, A. C. 1995. Single words, multiple words, and the functions of language. Open peer commentary. In W. K. Wilkins and J. Wakefield, Brain evolution and neurolinguistic preconditions. *Behavioral and Brain Sciences* 18: 161–226.

Cela-Conde, C. J., and F. J. Ayala. 2003. Genera of the human lineage. *Proceedings of the National Academy of Sciences, USA* 100: 7684–7689.

Cerling, T. E., E. Mbua, et al. 2011. From the Cover: Diet of *Paranthropus boisei* in the early Pleistocene of East Africa. *Proceedings of the National Academy of Sciences, USA* 108: 9337–9341.

Charrier, C., K. Joshi, et al. 2012. Inhibition of SRGAP2 function by its human-specific paralogs induces neoteny during spine maturation. *Cell* 149: 923–935.

Collard, M., and L. C. Aiello. 2000. From forelimbs to two legs. *Nature* 404: 339–340.

Collard, M., and B. Wood. 2000. How reliable are human phylogenetic hypotheses? *Proceedings of the National Academy of Sciences, USA* 97: 5003–5006.

Corruccini, R. S., and H. M. McHenry. 2001. Knuckle-walking hominid ancestors. *Journal of Human Evolution* 40: 507–511.

Dainton, M. 2001. Did our ancestors knuckle-walk? *Nature* 410: 324–325.

Darwin, C. 1859. *On the Origin of Species by Means of Natural Selection, Or the Preservation of the Favoured Races in the Struggle for Life*. London: John Murray.

Darwin, C. 1871. *The Descent of Man, and Selection in Relation to Sex*. London: John Murray.

Dean, D., and E. Delson. 1992. Second gorilla or third chimp? *Nature* 359: 676–677.

de Boer, B. 2012. Loss of air sacs improved hominin speech abilities. *Journal of Human Evolution* 62: 1–6.

Deinard, A. S., G. S. Sirugo, and K. K. Kidd. 1998. Hominoid phylogeny: Inferences from a sub-terminal minisatellite analyzed by repeat expansion detection (RED). *Journal of Human Evolution* 35: 313–317.

Dennis, M. Y., X. Nuttle, et al. 2012. Evolution of human-specific neural SRGAP2 genes by incomplete segmental duplication. *Cell* 149: 912–922.

de Waal, F. B. M. 1997. *Bonobo: The Forgotten Ape*. Berkeley: University of California Press.

de Waal, F. B. M. 1999. Cultural primatology comes of age. *Nature* 399: 635–636.

de Waal, F. B. M. 2005. A century of getting to know the chimpanzee. *Nature* 437: 56–59.

Diamond, J. 1992. *The Third Chimpanzee*. New York: HarperCollins.

Dirks, P. H., J. M. Kibii, et al. 2010. Geological setting and age of *Australopithecus sediba* from southern Africa. *Science* 328: 205–208.

Diogo, R., B. G. Richmond, and B. Wood. 2012. Evolution and homologies of primate and modern human hand and forearm muscles, with notes on thumb movements and tool use. *Journal of Human Evolution* 63: 64–78.

Djian, P., and H. Green. 1989. Vectorial expansion of the involucrin gene and the relatedness of the hominoids. *Proceedings of the National Academy of Sciences, USA* 86: 8447–8451.

Duarte, C., J. Maurício, et al. 1999. The early upper Paleolithic human skeleton from the Abrigo do Laga Velho (Portugal) and modern human emergence in Iberia. *Proceedings of the National Academy of Sciences, USA* 96: 7604–7609.

Elango, N, J. W. Thomas, et al. 2006. Variable molecular clocks in hominoids. *Proceedings of the National Academy of Sciences, USA* 103: 1370–1375.

Fabre, P. H., A. Rodrigues, and E. J. Douzery. 2009. Patterns of macroevolution among Primates inferred from a supermatrix of mitochondrial and nuclear DNA. *Molecular Phylogenetics and Evolution* 53: 808–825.

Fitch, W. T. 2000. The evolution of speech: A comparative review. *Trends in Cognitive Science* 4: 258–267.

Frayer, D. W., M. H. Wolpoff, et al. 1993. Theories of modern human origins: The paleontological test. *American Anthropologist* 95: 14–50.

Gabunia, L., and A. Vekua. 1995. A Plio-Pleistocene hominid from Dmanisi, East Georgia, Caucasus. *Nature* 373: 509–512.

Gabunia, L., A. Vekua, et al. 2000. Earliest Pleistocene hominid cranial remains from Dmanisi, Republic of Georgia: Taxonomy, geological setting, and age. *Science* 288: 1019–1025.

Gagneux, P., and A. Varki. 2001. Genetic differences between humans and great apes. *Molecular Phylogenetics and Evolution* 18: 2–13.

Gagneux, P., C. Wills, et al. 1999. Mitochondrial sequences show diverse evolutionary histories of African hominoids. *Proceedings of the National Academy of Sciences, USA* 96: 5077–5082.

Galaburda, A. M., and D. N. Pandya. 1982. Role of architectonics and connections in the study of primate brain evolution. In *Primate Brain Evolution*, ed. E. Armstrong and D. Falk. New York: Plenum.

Gannon, P. J., R. L. Holloway, et al. 1998. Asymmetry of chimpanzee *planum temporale*: Humanlike pattern of Wernicke's brain language area homolog. *Science* 279: 220–222.

Gee, H. 2001. Return to the planet of the apes. *Nature* 412: 131–132.

Geribàs, N., M. Mosquera, and J. M. Vergès. 2010. What novice knappers have to learn to become expert stone toolmakers. *Journal of Archaeological Science* 37: 2857–2870.

Gibbons, A. 1994. Rewriting—and redating—prehistory. *Science* 263: 1087–1088.

Gibbons, A. 1996. A rare glimpse of an early human face. *Science* 274: 1298.

Gibbons, A. 2002. One scientist's quest for the origin of our species. *Science* 298: 1708–1711.

Gibbons, A. 2005. Facelift supports skull's status as oldest member of the human family. *Science* 308: 179–180.

Gibbons, A. 2011. Who were the Denisovans? *Science* 333: 1084–1087.

Gibbs, S., M. Collard, and B. Wood. 2000. Soft-tissue characters in higher primate phylogenetics. *Proceedings of the National Academy of Sciences, USA* 97: 11130–11132.

Gibbs, S., M. Collard, and B. Wood. 2002. Soft-tissue anatomy of the extant hominoids: A review and phylogenetic analysis. *Journal of Anatomy* 200: 2–40.

Goldstein, D. B., A. Ruiz Linares, et al. 1995. Genetic absolute dating based on microsatellites and the origin of modern humans. *Proceedings of the National Academy of Sciences, USA* 92: 6723–6727.

Goodman, M. 1962. Evolution of the immunologic species specificity of human serum proteins. *Human Biology* 34: 104–150.

Goodman, M., W. J. Bailey, et al. 1994. Molecular evidence on primate phylogeny from DNA sequences. *American Journal of Physical Anthropology* 94: 3–24.

Goodman, M., C. A. Porter, J. Czelusniak, et al. 1998. Toward a phylogenetic classification of primates based on DNA evidence complemented by fossil evidence. *Molecular Phylogenetics and Evolution* 9: 585–598.

Green, R. E., J. Krause, et al. 2010. A draft sequence of the Neandertal genome. *Science* 328: 710–722.

Groves, C. P. 1986. Systematics of the great apes. In D. R. Swindler and J. Erwin, eds. *Comparative Primate Biology, Volume 1: Systematics, Evolution, and Anatomy*. New York: Alan R. Liss, 187–217.

Guy, F., D. E. Lieberman, et al. 2005. Morphological affinities of the *Sahelanthropus tchadensis* (Late Miocene hominid from Chad) cranium. *Proceedings of the National Academy of Sciences, USA* 102: 18836–18841.

Haile-Selassie, Y., G. Suwa, and T. D. White. 2004. Late Miocene teeth from Middle Awash, Ethiopia, and early hominid dental evolution. *Science* 303: 1503–1505.

Hamrick M. W., S. E. Churchill, et al. 1998. EMG of the human *flexor pollicis longus* muscle: Implications for the evolution of Hominid tool use. *Journal of Human Evolution* 34: 123–136.

Hancock, A. M., D. B. Witonsky, et al. 2011. Adaptations to climate-mediated selective pressures in humans. *PLoS Genetics* 7: e1001375.

Harrison, T. 2010. Apes among the tangled branches of human origins. *Science* 327: 532–534.

Hayasaka, K., K. Fujii, and S. Horai. 1996. Molecular phylogeny of macaques: Implications of nucleotide sequences from an 896-base-pair region of mitochondrial DNA. *Molecular Biology and Evolution* 13: 1044–1053.

Hedges, S. B. 2000. A start for population genomics. *Nature* 408: 652–653.

Hill, W. C. 1946. Note on the male external genitalia of the chimpanzee. *Proceedings of the Zoological Society of London* 116: 129–132.

Hopkins, W. D., J. L. Russell, and J. A. Schaeffer. 2012. The neural and cognitive correlates of aimed throwing in chimpanzees: A magnetic resonance image and behavioural study on a unique form of social tool use. *Philosophical Transactions of the Royal Society B* 367: 37–47.

Horai, S., Y. Satta, et al. 1992. Man's place in the Hominoidea revealed by mitochondrial DNA genealogy. *Journal of Molecular Evolution* 35: 32–43.

Huang, W. P., R. G. Ciochon, et al. 1995. Early *Homo* and associated artifacts from Asia. *Nature* 378: 275–278.

Huxley, T. H. 1863. *Evidence as to Man's Place in Nature*. New York: D. Appelton.

Ingman, M., H. Kaessmann, et al. 2000. Mitochondrial genome variations and the origin of modern humans. *Nature* 408: 708–713.

Johanson, D. C., B. Edgar, and D. Brill. 1996. *From Lucy to Language*. New York: Simon & Schuster.

Jones, J. E., III. 2005. *Tammy Kitzmiller v. Dover Area School District, Memorandum Opinion*. U.S. District Court for the Middle District of Pennsylvania, Case No. 04cv2688.

Jorde, L. B., W. S. Watkins, et al. 2000. The distribution of human genetic diversity: A comparison of mitochondrial, autosomal, and Y-chromosome data. *American Journal of Human Genetics* 66: 979–988.

Kim, H.-S., and O. Takenaka. 1996. A comparison of TSPY genes from Y-chromosomal DNA of the great apes and humans: Sequence, evolution, and phylogeny. *American Journal of Physical Anthropology* 100: 301–309.

Kimbel, W. H., R. C. Walter, et al. 1996. Late Pliocene *Homo* and Oldowan tools from the Hadar Formation (Kada Hadar member), Ethiopia. *Journal of Human Evolution* 31: 549–561.

King, M.-C., and A. C. Wilson. 1975. Evolution at two levels in humans and chimpanzees. *Science* 188: 107–116.

Kivell, T. L., J. M. Kibii, et al. 2011. *Australopithecus sediba* hand demonstrates mosaic evolution of locomotor and manipulative abilities. *Science* 333: 1411–1417.

Kumar, S., A. Filipski, et al. 2005. Placing confidence limits on the molecular age of the human-chimpanzee divergence. *Proceedings of the National Academy of Sciences, USA* 102: 18842–18847.

Langergraber, K. E., K. Prüfer, et al. 2012. Generation times in wild chimpanzees and gorillas suggest earlier divergence times in great ape and human evolution. *Proceedings of the National Academy of Sciences, USA* 109: 15716–15721.

Leakey, M. G., C. S. Feibel, et al. 1995. New 4-million-year-old hominid species from Kanapoi and Allia Bay, Kenya. *Nature* 376: 565–571.

Leakey, M. G., F. Spoor, et al. 2001. New hominin genus from eastern Africa shows diverse middle Pliocene lineages. *Nature* 410: 433–440.

Lehtonen, S., I. E. Sääksjärvi, et al. 2011. Who is the closest extant cousin of humans? Total-evidence approach to hominid phylogenetics via simultaneous optimization. *Journal of Biogeography* 38: 805–808.

Li, T. Y., and D. A. Etler. 1992. New middle pleistocene hominid crania from Yunxian in China. *Nature* 357: 404–407.

Li, C. Y., Y. Zhang, et al. 2010. A human-specific de novo protein-coding gene associated with human brain functions. *PLoS Computational Biology* 6: e1000734.

Lieberman, D. E. 1995. Testing hypotheses about recent human evolution from skulls: Integrating morphology, function, development, and phylogeny. *Current Anthropology* 36: 159–197.

Lieberman, D. E. 2001. Another face in our family tree. *Nature* 410: 419–420.

Lockwood, C. A., W. H. Kimbel, and J. M. Lynch. 2004. Morphometrics and hominoid phylogeny: Support for a chimpanzee-human clade and differentiation among great ape subspecies. *Proceedings of the National Academy of Sciences, USA* 101: 4356–4360.

Lovejoy, C. O., K. G. Heiple, and R. S. Meindl. 2001. Did our ancestors knuckle-walk? *Nature* 410: 325–326.

Lowenstein, J., and A. Zihlman. 1988. The invisible ape. *New Scientist* 3 (December): 56–59.

Lycett, S. J., M. Collard, and W. C. McGrew. 2007. Phylogenetic analyses of behavior support existence of culture among wild chimpanzees. *Proceedings of the National Academy of Sciences, USA* 104: 17588–17592.

Maldonado, J. 2004. Dover schools still debating biology text. *York Daily Record*, June 9.

Manson, J. H., S. Perry, and A. R. Parish. 1997. Nonconceptive sexual behavior in bonobos and capuchins. *International Journal of Primatology* 8: 767–786.

Marks, J. 1993. Hominoid heterochromatin: Terminal C-bands as a complex genetic trait linking chimpanzee and gorilla. *American Journal of Physical Anthropology* 90: 237–246.

Marks, J. 1994. Blood will tell (won't it?): A century of molecular discourse in anthropological systematics. *American Journal of Physical Anthropology* 94: 59–79.

Martínez, I., J. L. Arsuaga, et al. 2008. Human hyoid bones from the middle Pleistocene site of the Sima de los Huesos (Sierra de Atapuerca, Spain). *Journal of Human Evolution* 54: 118–124.

McDougall, I., F. H. Brown, and J. G. Fleagle. 2005. Stratigraphic placement and age of modern humans from Kibish, Ethiopia. *Nature* 433: 733–736.

McGrew, W. C. 2010a. Chimpanzee technology. *Science* 328: 579–580.

McGrew, W. C. 2010b. In search of the last common ancestor: New findings on wild chimpanzees. *Philosophical Transactions of the Royal Society B* 365: 3267–3276.

McGrew, W. C., M. W. Hamrick, et al. 1995. Thumbs, tools, and early humans. *Science* 268: 586–589.

McLean, C. Y., P. L. Reno, et al. 2011. Human-specific loss of regulatory DNA and the evolution of human-specific traits. *Nature* 471: 216–219.

Mercader, J., M. Panger, and C. Boesch. 2002. Excavation of a chimpanzee stone tool site in the African rainforest. *Science* 296: 1452–1455.

Mikkelsen, T. S., L. W. Hillier, et al. 2005. Initial sequence of the chimpanzee genome and comparison with the human genome. *Nature* 437: 69–87.

Nei, M. 1995. Genetic support for the out-of-Africa theory of human evolution. *Proceedings of the National Academy of Sciences, USA* 92: 6720–6722.

Nelson, M. R., D. Wegmann, et al. 2012. An abundance of rare functional variants in 202 drug target genes sequenced in 14,002 people. *Science*: 337: 100–104.

Nielsen, R., C. Bustamante, et al. 2005. A scan for positively selected genes in the genomes of humans and chimpanzees. *PLoS Biology* 3: e170.

Noble, W., and I. Davidson. 1991. The evolutionary emergence of modern human behavior: Language and its archaeology. *Man* 26: 223–253.

Nuttall, G. H. F. 1904. *Blood, Immunity, and Blood Relationship: A Demonstration of Certain Blood-Relationships amongst Animals by Means of the Precipitin Test for Blood.* London: Cambridge University Press.

O'hUigin, C., Y. Satta, et al. 2002. Contribution of homoplasy and of ancestral polymorphism to the evolution of genes in anthropoid primates. *Molecular Biology and Evolution* 19: 1501–1513.

Pääbo, S. 2003. The mosaic that is our genome. *Nature* 421: 409–412.

Parish, A. R. 1994. Sex and food control in the "uncommon chimpanzee": How bonobo females overcame a phylogenetic legacy of male dominance. *Ethology and Sociobiology* 15: 157–179.

Parish, A. R. 1996. Female relationships in bonobos (*Pan paniscus*): Evidence for bonding, cooperation, and female dominance in a male-philopatric species. *Human Nature* 7: 61–96.

Parish, A. R., and F. B. M. de Waal. 2000. The other "closest living relative": How bonobos (*Pan paniscus*) challenge traditional assumptions about females, dominance, intra- and intersexual interactions, and Hominid evolution. *Annals of the New York Academy of Sciences* 907: 97–113.

Pickering, R., P. H. Dirks, et al. 2011. *Australopithecus sediba* at 1.977 Ma and implications for the origins of the genus *Homo*. *Science* 333: 1421–1423.

Pinker, S. 1994. *The Language Instinct*. New York: HarperCollins.

Pritchard, J. K., and M. W. Feldman. 1996. Genetic data and the African origin of humans. *Science* 274: 1548.

Rauum, R. L., K. N. Sterner, et al. 2005. Catarrhine primate divergence dates estimated from complete mitochondrial genomes: Concordance with fossil and nuclear DNA evidence. *Journal of Human Evolution* 48: 237–257.

Redon, R., S. Ishikawa, et al. 2006. Global variation in copy number in the human genome. *Nature* 444: 444–454.

Reich, D., R. E. Green, et al. 2010. Genetic history of an archaic hominin group from Denisova Cave in Siberia. *Nature* 468: 1053–1060.

Reno, P. L., R. S. Meindl, et al. 2003. Sexual dimorphism in *Australopithecus afarensis* was similar to that of modern humans. *Proceedings of the National Academy of Sciences, USA* 100: 9404–9409.

Richmond, B. G., and D. S. Strait. 2000. Evidence that humans evolved from a knuckle-walking ancestor. *Nature* 404: 382–385.

Richmond, B. G., and D. S. Strait. 2001a. Did our ancestors knuckle-walk? *Nature* 410: 326.

Richmond, B. G., and D. S. Strait. 2001b. Knuckle-walking hominid ancestor: A reply to Corruccini and McHenry. *Journal of Human Evolution* 40: 513–520.

Risch, N., K. K. Kidd, and S. A. Tishkoff. 1996. Genetic data and the African origin of humans—reply. *Science* 274: 1548–1549.

Rosenberg, N. A., J. K. Pritchard, et al. 2002. Genetic structure of human populations. *Science* 298: 2381–2385.

Ruvolo, M. 1994. Molecular evolutionary processes and conflicting gene trees: The Hominoid case. *American Journal of Physical Anthropology* 94: 89–113.

Ruvolo, M. 1995. Seeing the forest and the trees: Replies to Marks; Rogers and Commuzzie; Green and Djian. *American Journal of Physical Anthropology* 98: 218–232.

Ruvolo, M. 1997. Molecular phylogeny of the hominoids: Inferences from multiple independent DNA sequence data sets. *Molecular Biology and Evolution* 14: 248–265.

Ruvolo, M., D. Pan, et al. 1994. Gene trees and hominoid phylogeny. *Proceedings of the National Academy of Sciences, USA* 91: 8900–8904.

Salem, A.-H., D. A. Ray, et al. 2003. Alu elements and hominid phylogenetics. *Proceedings of the National Academy of Sciences, USA* 100: 12787–12791.

Sandler, W., I. Meir, et al. 2005. The emergence of grammar: Systematic structure in a new language. *Proceedings of the National Academy of Sciences, USA* 102: 2661–2665.

Sarich, V. M., and A. C. Wilson. 1967. Immunological time scale for Hominid evolution. *Science* 158: 1200–1203.

Sarmiento, E. E. 2010. Comment on the paleobiology and classification of *Ardipithecus ramidus*. *Science* 328: 1105; author reply 1105.

Satta, Y., J. Klein, and N. Takahata. 2000. DNA archives and our nearest relative: The trichotomy revisited. *Molecular Phylogenetics and Evolution* 14: 259–275.

Scally, A., J. Y. Dutheil, et al. 2012. Insights into hominid evolution from the gorilla genome sequence. *Nature* 483: 169–175.

Schick, K. D., and N. P. Toth. 1993. *Making Silent Stones Speak: Human Evolution and the Dawn of Technology*. New York: Simon & Schuster.

Semaw, S., P. Renne, et al. 1997. 2.5-Million-year-old stone tools from Gona, Ethiopia. *Nature* 385: 333–336.

Semaw, S., M. J. Rogers, et al. 2003. 2.6-Million-year-old stone tools and associated bones from OGS-6 and OGS-7, Gona, Afar, Ethiopia. *Journal of Human Evolution* 45: 169–177.

Senghas, A., S. Kita, and A. Ozyurek. 2004. Children creating core properties of language: Evidence from an emerging sign language in Nicaragua. *Science* 305: 1779–1782.

Senut, B. M. Pickford, et al. 2001. First hominid from the Miocene (Lukeino Formation, Kenya). *Comptes Rendus de l'Academie des Sciences Serie II Fascicule A-Sciences de la Terre et des Planetes* 332: 137–144.

Shoshani, J., C. P. Groves, et al. 1996. Primate phylogeny: Morphological vs. molecular results. *Molecular Phylogenetics and Evolution* 5: 101–153.

Sims, G. E., S. R. Jun, et al. 2009a. Alignment-free genome comparison with feature frequency profiles (FFP) and optimal resolutions. *Proceedings of the National Academy of Sciences, USA* 106: 2677–2682.

Sims, G. E., S. R. Jun, et al. 2009b. Whole-genome phylogeny of mammals: Evolutionary information in genic and nongenic regions. *Proceedings of the National Academy of Sciences, USA* 106: 17077–17082.

Somel, M., X. Liu, et al. 2011. MicroRNA-driven developmental remodeling in the brain distinguishes humans from other primates. *PLoS Biology* 9: e1001214.

Stauffer, R. L., A. Walker, et al. 2001. Human and ape molecular clocks and constraints on paleontological hypotheses. *Journal of Heredity* 92: 469–474.

Steele, J., P. F. Ferrari, and L. Fogassi. 2012. From action to language: Comparative perspectives on primate tool use, gesture and the evolution of human language. *Philosophical Transactions of the Royal Society B* 367: 4–9.

Stout, D., and T. Chaminade. 2012. Stone tools, language and the brain in human evolution. *Philosophical Transactions of the Royal Society B* 367: 75–87.

Stern, J. T., and R. L. Susman. 1983. The locomotor anatomy of Australopithecus afarensis. *American Journal of Physical Anthropology* 60: 279–317.

Strait, D. S., and F. E. Grine. 2004. Inferring hominoid and early hominid phylogeny using craniodental characters: The role of fossil taxa. *Journal of Human Evolution* 47: 399–452.

Strait, D. S., F. E. Grine, and M. A. Moniz. 1997. A reappraisal of early hominid phylogeny. *Journal of Human Evolution* 32: 17–82.

Stringer, C. 1988. The dates of Eden. *Nature* 331: 565–566.

Sun, J. X., A. Helgason, et al. 2012. A direct characterization of human mutation based on microsatellites. *Nature Genetics* 44: 1161–1165.

Susman, R. L. 1994. Fossil evidence for early hominid tool use. *Science* 265: 1570–1573.

Swisher, C. C., III, G. H. Curtis, et al. 1994. Age of the earliest known hominids in Java, Indonesia. *Science* 263: 1118–1121.

Swisher, C. C., III, W. J. Rink, et al. 1996. Latest *Homo erectus* of Java: Potential contemporaneity with *Homo sapiens* in Southeast Asia. *Science* 274: 1870–1874.

Tattersall, I. 1986. Species recognition in human paleontology. *Journal of Human Evolution* 15: 165–175.

Tattersall, I. 1992. Species concepts and species identification in human evolution. *Journal of Human Evolution* 22: 341–349.

Tattersall, I. 1995. *The Fossil Trail*. Oxford: Oxford University Press.

Tattersall, I. 1997. Out of Africa again . . . and again? *Scientific American* 276 (April): 60–67.

Tattersall, I. 2000. Once we were not alone. *Scientific American* 282 (January): 56–62.

Tattersall, I., and J. H. Schwartz. 1999. Hominids and hybrids: The place of Neanderthals in human evolution. *Proceedings of the National Academy of Sciences, USA* 96: 7117–7119.

Tennessen, J. A., A. W. Bigham, et al. 2012. Evolution and functional impact of rare coding variation from deep sequencing of human exomes. *Science*: 337: 64–69.

Thorne, A. G., and M. H. Wolpoff. 1981. Regional continuity in Australasian Pleistocene hominid evolution. *American Journal of Physical Anthropology* 55: 337–349.

Tishkoff, S. A., E. Dietzsch, et al. 1996a. Global patterns of linkage disequilibrium at the CD4 locus and modern human origins. *Science* 271: 1380–1387.

Tishkoff, S. A., K. K. Kidd, and N. Risch. 1996b. Interpretations of multiregional evolution—reply. *Science* 274: 706–707.

Tobias, P. V. 1987. The brain of *Homo habilis:* A new level of organization in cerebral evolution. *Journal of Human Evolution* 16: 741–761.

Tobias, P. V. 2003. Encore Olduvai. *Science* 299: 1193–1194.

Toth, N., and K. Schick. 2009. The Oldowan: The tool making of early hominins and chimpanzees compared. *Annual Review of Anthropology* 38: 289–305.

Trinkaus, E., C. B. Ruff, et al. 1998. Locomotion and body proportions of the Saint-Césaire 1 Châtelperronian Neandertal. *Proceedings of the National Academy of Sciences, USA*. 95: 5836–5840.

Tyler-Smith, C., and Y. Xue. 2012. Sibling rivalry among paralogs promotes evolution of the human brain. *Cell* 149: 737–739.

Valladas, H., J. L. Reyss, et al. 1988. Thermoluminescence dating of Mousterian "Proto-Cro-Magnon" remains from Israel and the origin of modern man. *Nature* 331: 614–616.

van Schaik, C. P., M. Ancrenaz, et al. 2003. Orangutan cultures and the evolution of material culture. *Science* 299: 102–105.

Varki, A., D. H. Geschwind, and E. E. Eichler. 2008. Explaining human uniqueness: genome interactions with environment, behaviour and culture. *Nature Reviews Genetics* 9: 749–763.

Varki, A., and D. L. Nelson. 2007. Genomic comparisons of humans and chimpanzees. *Annual Review of Anthropology* 36: 191–209.

Vogel, G. 2002. Can chimps ape ancient hominid toolmakers? *Science* 296: 1380.

Waddle, D. M. 1994. Matrix correlation tests support a single origin for modern humans. *Nature* 368: 452–454.

Wang, X., W. E. Grus, and J. Zhang. 2006. Gene losses during human origins. *PLoS Biology* 4: e52.

Ward, S. C., and W. H. Kimbel. 1983. Subnasal alveolar morphology and the systematic position of *Sivapithecus*. *American Journal of Physical Anthropology* 61: 157–171.

White, T. 2003. Early hominids—diversity or distortion? *Science* 299: 1994–1997.

White, T. D., B. Asfaw, et al. 2003. Pleistocene *Homo sapiens* from Middle Awash, Ethiopia. *Nature* 423: 742–747.

White, T. D., B. Asfaw, et al. 2009. *Ardipithecus ramidus* and the paleobiology of early Hominids. *Science* 326: 64–64, 75–86.

White, T. D., and G. Suwa. 1987. Hominid footprints at Laetoli: Facts and interpretations. *American Journal of Physical Anthropology* 72: 485–514.

White, T. D., G. Suwa, and B. Asfaw. 1994. *Australopithecus ramidus*, a new species of early hominid from Aramis, Ethiopia. *Nature* 371: 306–312.

White, T. D., G. Suwa, and B. Asfaw. 1995. Corrigendum: *Australopithecus ramidus*, a new species of early hominid from Aramis, Ethiopia. *Nature* 375: 88.

White, T. D., G. Suwa, and C. O. Lovejoy. 2010. Response to comment on the paleobiology and classification of *Ardipithecus ramidus*. *Science* 328: 1105.

White, T. D., G. Wolde Gabriel, et al. 2006. Asa Issie, Aramis and the origin of *Australopithecus*. *Nature* 440: 883–889.

Whiten, A. 2005. The second inheritance system of chimpanzees and humans. *Nature* 437: 52–55.

Whiten, A., J. Goodall, et al. 1999. Cultures in chimpanzees. *Nature* 399: 682–685.

Wildman, D. E., M. Uddin, et al. 2003. Implications of natural selection in shaping 99.4% nonsynonymous DNA identity between humans and chimpanzees: Enlarging genus *Homo*. *Proceedings of the National Academy of Sciences, USA* 100: 7181–7188.

Wilford, J. N. 2005. Fossils of apelike creature still stir lineage debate. *New York Times*, April 12.

Wilkinson, R. D., M. E. Steiper, et al. 2011. Dating primate divergences through an integrated analysis of palaeontological and molecular data. *Systematic Biology* 60: 16–31.

Wolpoff, M. H. 1996. Interpretations of multiregional evolution. *Science* 274: 704–706.

Wolpoff, M. H., J. Hawks, et al. 2006. An ape or the ape: Is the Toumaï cranium TM 266 a hominid? *PaleoAnthropology* 2006: 36–50.

Wolpoff, M., B. Senut, et al. 2002. *Sahelanthropus* or "*Sahelpithecus*"? *Nature* 419: 581–582.

Wood, B. 1997. The oldest whodunnit in the world. *Nature* 385: 292–293.

Wood, B. 2002. Hominid revelations from Chad. *Nature* 418: 133–135.

Wood, B. 2010. Reconstructing human evolution: Achievements, challenges, and opportunities. *Proceedings of the National Academy of Sciences, USA* 107 (Suppl 2): 8902–8909.

Wood, B., and M. Collard. 1999. The human genus. *Science* 284: 65–71.

Wood, B., and T. Harrison. 2011. The evolutionary context of the first hominins. *Nature* 470: 347–352.

Wood, B., and M. Leakey. 2011. The Omo-Turkana Basin fossil hominins and their contribution to our understanding of human evolution in Africa. *Evolutionary Anthropology* 20: 264–292.

Wood, B., and A. Turner. 1995. Out of Africa and into Asia. *Nature* 378: 239–240.

Wrangham, R. W. 1999. Evolution of coalitionary killing. *Yearbook of Physical Anthropology* 42: 1–30.

Wynn, T., R. A. Hernandez-Aguilar, et al. 2011. "An ape's view of the Oldowan" revisited. *Evolutionary Anthropology* 20: 181–197.

Yunis, J. J., and O. Prakash. 1982. The origin of man: A chromosomal pictorial legacy. *Science* 215: 1525–1530.

Zollikofer, C. P. E., M. S. Ponce de León, et al. 2005. Virtual cranial reconstruction of *Sahelanthropus tchadensis*. *Nature* 434: 755–759.

# 용어해설

**adaptation** 적응 특정 형질을 가진 개체들이 이 형질을 가지고 있지 않은 개체와 비교하였을 때 생존하고 생식하는 능력을 증가시키는 형질

**adaptation from new mutation** 신돌연변이 기원 적응 어떤 새로운 자연선택적 요소가 발생한 후에 이에 대해서 새롭게 적응되는 표현형에 해당하는 유전적 변이들이 나타나는 것을 말함

**adaptation from standing genetic variation** 기존 유전적 변이기원 적응 어떤 새로운 자연선택적 요소가 발생하는 상황에서 이미 존재하고 있던 변이들 중에 적응되는 표현형에 해당하는 유전적 변이들이 선택되는 것을 말함

**adaptive** 적응적 특정 형질을 가진 개체들이 이 형질을 갖지 않은 개체에 비해서 적응도를 높이는 형질을 묘사

**adaptive constraint** 적응제약 두 개의 표현형을 가진 유전자가 하나의 기능을 향상시키면서 동시에 다른 하나의 기능을 잃지 않는 방향으로 진화할 수 없고 이는 이율 배반적이 됨

**adaptive radiation** 적응방산 많은 다른 생태적 지위로 적응해 나가면서 한 분기군이 여러 집단으로 분기하는 것

**additive effect** 첨가효과 대립유전자가 같은 혹은 다른 유전자좌위의 대립유전자와 독립적으로 표현형에 기여하는 효과

**additive genetic variation** 첨가적 유전적 변이 유전자의 첨가효과에 의한 집단내 개체간의 차이

**agent of selection** 선택동인 특정 표현형을 가진 개체들이 다른 표현형을 가진 개체들보다 평균적으로 더 높은 적응도를 가지도록 하는 모든 요인

**alleles** 대립유전자 한 유전자의 변이체들, 혹은 어떤 특정 좌위에서의 다양한 염기서열들

**allopatric model** 이소적 모델 종분화는 선택과 부동이 독립적으로 영향을 주기 때문에 집단들이 지리적으로 격리되고 분기되었을 때 일어난다는 가설

**allopatry** 이소성 다른 지리 구역에 사는 것

**allozymes** 알로자임 한 효소가 다르게 구분이 가능한 형태들로 존재하는 경우를 말함. 동일한 유전자좌위에 존재하는 서로 다른 대립유전자들에 의해 만들어짐

**altruism** 이타성 행위자의 적응도 감소와 수혜자의 적응도 증가를 야기시키는 행동

**altruistic interaction** 이타적 상호작용 행위자의 적응도 감소와 수혜자의 적응도 증가를 야기시키는 개체간 상호작용

**Amniota** 양막류 여러 특징들 중 양막성 알로 정의되는 척추동물의 분기군. 현존하는 양막류는 포유류, 도마뱀, 뱀, 거북, 악어, 조류가 포함됨

**anagenesis** 향상진화 종분화가 아닌 변화를 수반한 유전

**ancestral character** 조상형질 단일계통군 종들의 공동조상이 지닌 형질; 파생형질(derived character)과 대조적 의미로 사용됨

**antibiotic** 항생물질 (항생제) 세균의 특정 생화학반응을 교란시켜 세균을 죽일 수 있는 화학물질을 말하며 보통은 미생물에서 분리함

**antigenic site** 항원부위 면역계에 의해 인지되는 외부 단백질의 일부분을 말하며 면역반응을 시작하게 함

**apomorphy** 파생형질(상태) 한 분기군을 형성하는 한 종 혹은 그 이상의 종들에서 나타나는 형질이 그 분기군의 공동조상에서는 존재하지 않을 경우; 진화적 새로움; 파생형질(derived character)로도 알려져 있음

**assortative mating** 동류교배 개체들이 동일한 유전자형이나 표현형의 다른 개체들과 교배하는 경향일 때 일어남

**average excess** 평균 초과량 *a* 대립유전자에 대한 평균 초과량은 *a* 대립유전자를 가지는 개체의 평균 적응도와 전체 집단의 평균 적응도 차이임. 한 대립유전자의 평균 초과량이 양수라면, 그 대립유전자의 빈도는 증가할 것임

**back mutation** 복귀돌연변이 이전 돌연변이의 효과를 뒤집는 돌연변이; 전형적으로는 기능상실 돌연변이로 손상된 기능을 복구시키는 돌연변이를 일컬음

**background extinction** 배경멸종 대멸종에 속하지 않는 멸종; 대멸종 동안에 발생하는 엄청난 환경 변화와는 반대로 전형적인 유형과 환경 변화율이나 또는 종간의 상호작용으로 인한 것이라 생각됨

**background selection** 배경선택 반복적으로 나타나는 해로운 돌연변이를 자연선택으로 제거할 때 주변의 (가깝게 연관된) 중립 유전자좌위에서 유전적 변이의 수준이 감소하는 현상

**Bateman gradient** 배이트만 기울기 생식성공과 교배성공을 관련시키는 최량적합선의 기울기. 성선택의 강도를 측정함

**Bayesian phylogeny inference** 베이즈 계통추론 관찰된 자료와 분석되는 형질들에 대한 특정한 진화 모델 하에서, 어느 특정 계통수가 옳다는 가정에 대한 확률을 계산하여 계통을 추론하는 접근 방법

**best-fit line** 최량적합선 산점도에서 자료의 경향성을 가장 잘 대표할 수 있는 최적의 선을 말함. 일반적으로 최량적합선은 최소제곱회귀분석으로 구함

**biogeography** 생물지리학 생물체가 어디에 서식하고 있는지, 그리고 어떻게 그곳에 도달하게 되었는지에 관한 연구

**biotic replacement** 생물적 대체 고생물학에서 한 분기군이 화석 기록에서 사라지고 다른 분기군으로 대체되는 것을 설명할 때 사용. 새로운 분기군이 생태적으로 기존의 분기군을 밀어낼 때 경쟁할 수 있거나 대멸종 후 진화적 방산이 이어졌을 때 경쟁이 없는 것

**blending inheritance** 혼합유전 유전되는 인자들이 섞여서 한 표현형을 생성하고, 이 혼합된 형태를 자손들에게 물려준다는 가설

**bootstrapping** 부트스트랩핑 기법 계통분석에 있어서 특정 분기군의 존재에 대하여 자료에 있는 증거의 강도를 추정하는 기술. 이 과정에는 원래에 있던 실제 자료로부터 일부를 다른 것들로 대체한 후, 다시 샘플링한 복제된 자료를 분석하는 과정이 포함됨. 특정 분기군의 부트스트랩 지지에서 높은 값은 보다 강한 지지를 의미하며 0에서 100 사이에서 표시됨

**bottleneck** 병목 큰 크기의 집단이 단기간 동안 작은 크기로 축소된 후, 다시 집단 크기가 증가되는 현상

**branch (of a phylogenetic tree)** 가지 (계통수의) (계통수 상에서) 시간의 경과에 따른 특정 그룹 혹은 집단을 나타내는 선

**branch and bound** 가지치고묶기 계통을 추론하는 데 있어 완전탐색(exhastive search)이 아닌, 가능한 모든 계통수를 찾는 알고리즘의 하나. 현재까지 그들이 찾은 계통수 보다 좋은 조건이 아닌 일련의 계통수들을 발견하면 이들을 제거함

**broad-sense heritability** 광폭-감각 유전력 개체 간 유전적 차이에 의해 유발된 표현형 변이의 비율

**C-value paradox** C-값 역설 생명체가 갖는 외형의 복잡도와 유전체의 크기 사이에는 연관성이 없다는 역설적 논리를 말함

**canonical spatial expression pattern** 정준 공간 발현양식 진화발생생물학에서 생쥐에서와 유사하게 체축을 따라 혹스 유전자가 발현되는 것

**catastrophism** 천변지의설 지질학에서 대부분 또는 모든 지형이 대변동 사건의 결과물이라고 보는 관점

**cenancestor** 최초공동조상 모든 현존 생명체의 최근래 공동조상

**chromosome inversion** 염색체 역위 유전자의 순서가 역순으로 바뀐 DNA부위. 역위내의 유전자좌위 간 강한 연관으로 교차율이 낮음

**clade** 분기군 하나의 공동조상으로부터 유래한 종들의 세트; 단계통군과 동일한 의미. 계통수상에서 공동조상과 그들로부터 유래한 모든 가지를 포함

**clade credibility** 분기군 신뢰성 베이즈 계통 추론 중 어느 특정 분기군이 나타나는 모든 가능한 계통수의 집합에서 그 분기군의 출현에 대한 사후확률의 총합. 주어진 자료 하에서 가설상의 특정 분기군이 실제일 확률

**cladistics** 분기론 역사적으로 분기가 일어난 순서 (계통수)에 기초한 분류체계; 공유파생형질의 유무에 기초하여 계통을 추론하는 방법

**cladogram** 분기도 분기론적 분석의 결과를 나타내는 진화계통수

**cline** 연속변이 유전자형의 빈도나 표현형이 지리적인 단면을 따라 체계적으로 변화하는 것

**clone** 클론 부모와 유전적으로 정확히 일치하는 개체를 뜻하거나 혹은 서로 간에 유전적으로 정확히 일치하는 여러 개체들을 의미함

**coalescence** 계보수렴 두 대립유전자의 계보를 시간을 거슬러 추적했을 때 하나의 공동조상으로 계보가 합쳐지는 현상

**coding DNA** 암호화 DNA 유전자나 유전체의 일부로서 mRNA로 전사되고 단백질로 해독되는 부분을 말함

**codon** 코돈 tRNA에 연결된 특정 아미노산을 지정하는 DNA 세염기의 세트

**codon bias** 코돈편중 단백질 암호화 서열에서 하나의 아미노산에 대해 복수의 코돈들이 대응될 때 이들이 사용되는 빈도가 무작위적이지 않은 것

**coefficient of inbreeding (*F*)** 근계계수 한 개체 안의 한 유전자좌위 두 대립유전자가 공동자손 동일성으로 인해, 즉 매우 최근의 조상에서 갈라져 나왔기 때문에 동일할 확률

**coefficient of linkage disequilibrium (*D*)** 연관비평형 계수 한 유전자좌위의 유전자형이 다른 유전자좌위의 유전자형과 무작위적이지 않게 분포하는 정도를 정량적으로 측정한 값

**coefficient of relatedness (*r*)** 혈연계수 서로 다른 두 개체의 어느 특정 유전자좌위에 있는 유전인자들이 공동조상으로부터 물려받음으로 같을 확률

**coevolution** 공진화 긴 시간을 따라 종간의 활동으로 상호 적응을 유도하는 현상

**common garden experiment** 공동정원실험 서로 다른 집단이나 처리군으로부터 온 개체들을 동일한 조건에서 함께 배양하는 실험

**communal breeding** 공동 생식 여럿의 성체 모두 자손을 낳고, 이 자손으로 이루어진 공유 무리를 성체들이 협동적으로 기르는 상황

**comparative method** 비교방법 여러 분류군의 형질과 환경을 비교하여 적응에 관한 가설을 검증하는 상관관계를 조사하는 연구 프로그램

**complementary base pairs** 상보적 염기쌍 DNA 혹은 DNA-RNA 이중체의 반대쪽 가닥과 수소결합을 이루는 뉴클레오티드. C는G와 상보적이고 A는 T 혹은 U와 상보적임

**confidence interval** 신뢰구간 추정값의 통계적인 확실성을 나타내는 척도. 추정값과 추정값에 대한 95% 신뢰구간을 반복적으로 계산한다면, 신뢰구간들의 95%가 참값을 포함함

**conjugation** 접합 세균 유전학에서 한 세포의 하나 또는 여러 개의 유전자가 접합관을 통해 이동하는 플라즈미드를 통해 다른 세포로의 전달

**constraint** 제약 적응적 진화의 속도를 늦추거나 특정 집단이 한 형질을 최상 상태로 진화시키는 것을 막는 모든 요인들

**control group** 대조군 비교가 가능하도록 하는 집단; 실험에서 대조군은 실험군에 영향을 미치는 조건 중 관심의 대상이 되는 잠재적인 원인 인자 이외의 모든 조건에 노출됨

**convergence** 수렴 일반적으로는 서로 다른 계보에서 유사한 진화적 새로움이 독립적으로 출현하는 것. 진화 발생생물학에서는, 서로 다른 계보에서 서로 다른 발생 메커니즘을 통해 유사한 진화적 새로움이 독립적으로 일어나는 것

**convergent evolution** 수렴진화 공통의 환경에 반응하여 유래된 (그러나 진화적으로 독립적인) 종들 사이의 유사성

**cooperation** 협동 행위자에게는 이득이 되거나 비용이 들고, 수혜자에게는 이득이 되며, 적어도 부분적으로는 수혜자가 이익을 얻기 때문에 선택된 행동을 말함

**cooperative breeding** 협동 생식 개체가 스스로 생식하지 않고, 대신 다른 개체의 생식을 돕는 상황

**cryptic species** 잠재종 형태적으로 구별이 되지 않지만 노랫소리, 울음소리, 냄새 또는 다른 특성이 구별되는 종

**cynodonts** 시노돈트류 현존하는 생명체 중 포유동물로 대표되는 양막류 분기군. 보다 큰 수궁류 분기군 내에 둥지구조를 이루고 보다 더 큰 단궁류 분기군 내에 둥지구조를 이룸

**Darwinian fitness** 다윈적응도 한 개체가 후세대에게 유전자를 기여하는 정도, 또는 (생애 생식성공률 같이) 후세대에 대한 유전적 기여와 연관되는 한 개체의 성취도 점수

**derived character** 파생형질 특정 분기군을 형성하는 한 종 혹은 그 이상의 종들에서 나타나지만 그 분기군의 공동조상에서는 존재하지 않는 형질; 진화적 새로움; 파생형질상태 (apomorphy)로도 알려져 있음; 조상형 형질과는 대비되는 개념으로 사용되고 있음

**deuterostome** 후구동물 방사난할과 입보다 항문 형성이 먼저 발달하는 형태를 공유하는 동물의 계보. 극피동물과 척삭동물이 포함됨

**developmental bias** 발생경향성 생물의 발생 양상 중 하나로 표현형의 변이가 어느 한 방향을 향하도록 만듬

**developmental constraint** 발생제약 발생경

향성과 동의어

**differential success** 차등성공 특정 표현형을 가진 개체들을 다른 표현형을 가진 개체들과 비교하였을 때 나타나는 평균 생존력, 생식력 혹은 교배 횟수의 차이

**dioecious** 암수딴몸 수컷과 암컷의 생식 기능이 서로 다른 개체에서 일어나는 종을 묘사함. 보통 식물에 자주 사용되는 용어임

**direct fitness** 직접적응도 친족의 도움 없이 개체가 하는 생식으로부터 얻는 적응도

**directional selection** 방향성 선택 개체의 적응도가 표현형의 값과 함께 증가 혹은 감소하는 경향을 갖는 선택; 형질의 평균값이 꾸준히 변화할 수 있음

**disparity** 부등 고생물학에서, 이론적으로 가능한 형태영역의 부분은 종이나 분기군에 의해 채워짐; 가능한 변이와 비교해 분류군 내에서 관찰된 변이

**disruptive selection** 분단성 선택 극단적인 형질 값이 더 큰 적응도를 갖는 선택; 표현형의 변이가 증가할 수 있음

**distance matrix methods** 거리행렬법 계통수 추정에 있어 첫 번째 단계로 쌍별 진화적 차이로부터 거리지수를 추정하는 일군의 방법들. 이후 거리지수 혹은 분지의 정도에 따라 계통수가 추정됨

**dominance genetic variation** 우성 유전적 변이 우성과 같은 유전자의 비첨가적 효과 때문에 집단내 개체들 간에 생긴 차이. 일반적으로 첨가적 유전적 변이가 고려된 이후에 남은 유전적 변이를 의미함

**drift** 부동 유전적 부동(genetic drift)과 동의어

**ecdysozoan** 탈피동물 탈피존재로 구별되는 선구동물 계보

**effective population size** 유효집단크기 실제 집단에서 관찰되는 수준의 유전적 변이를 유지하는 이상적인 (선택, 돌연변이, 또는 이주 없이 유전적 부동만 있는) 임의교배 집단의 크기

**endosymbiosis** 세포내공생 하나의 생명체가 다른 생명체의 세포나 신체 내에 살아갈 때에 이들 두 생명체의 관계를 의미함

**environmental genomics** 환경유전체학 존재하는 모든 유전자 게놈의 염기서열을 분석하여 특정 환경에 어떤 유전자가 존재하는지를 이해하는 연구 프로그램. 대부분의 경우 연구되는 유전자들은 이전에 발견되거나 확인되지 않은 개체의 유전자들임

**environmental sequencing** 환경염기서열결정 환경 샘플에서 얻은 하나 이상의 유전자의 염기 서열 분석을 통하여 얻은 데이터로 개체를 계통수에 존재하는 개체들 사이에 배치하는 방법에 근거하여 특정 환경에 어떤 종들이 존재하는지를 이해하는 연구 프로그램. 대부분의 경우 확인된 개체들은 이전에 발견되지 않은 개체들임. 직접염기서열결정(direct sequencing)과 동의어

**environmental variation** 환경변이 환경의 차이에 의한 집단 내 개체 사이의 차이

**epigenetic marks** 후생적 표식 유전체에 암호화된 효소에 의해 조절되고, 유전자 발현을 변화시킴으로써 표현형에 영향을 주는 DNA의 화학적 변형

**epitope** 항원결정부 면역계에 의해 인지되고 반응을 시작하는 단백질의 특수한 부위. 항원부위, 항원결정부위와 동의어

**escape from adaptive conflict** 적응갈등에서 탈출 적응적으로 제약을 가진 유전자가 복제되어 다른 종류의 딸 유전자를 만들고, 이들 딸 유전자들은 각각 특정 기능을 가지는 것으로 특화됨으로 해서 서로 상충되는 기능을 가진 다른 구성원들로 이루어지게 됨을 말함

**eugenics** 우생학 인류 집단의 진화를 넘어선 사회적 관점의 조절에 대한 학문이나 실행; 양성 우생학은 바람직한 형질의 빈도를 높이도록 노력하는 반면, 음성 우생학은 바람직하지 않은 형질의 빈도를 낮추려고 노력함

**eusocial** 진정사회성 중복세대, 협동육아, 특화된 생식과 비생식 계급의 특징을 가지는 사회적 체계를 말함

**eusociality** 진정사회성 중복세대, 협동육아, 특화된 생식과 비생식 계급의 특징을 가진 사회제도

**evo-devo** 이보-디보 배 발생에 영향을 주는 유전자의 변화가 어떻게 중요한 진화적 변화로 이어지는지를 연구하는 학문; 진화 발생생물학(evolutionary developmental biology)을 줄인 말이다.

**evolution** 진화 원래 변화를 수반한 유전, 혹은 시간에 따른 집단 형질의 변화로 정의. 근래에는 시간에 따른 대립유전자 빈도의 변화로 정의

**evolutionarily conserved** 진화적으로 보전된 한 분기군에서 거리가 먼 유연관계를 가진 많은 종들이 갖는 진화적 상동성을 보이는 형질을 서술할 때를 말함

**evolutionary arms race** 진화적 적응경쟁 한 종에서의 적응(예를 들면, 기생충)이 다른 종(예를 들어 숙주) 개체의 적응도를 감소시켜서 자연선택이 대응(counter-adaptations)을 선호 할 때 발생

**evolutionary relationship** 진화적 유연관계 공동조상으로부터 내려온 변화를 수반한 유전으로 종들 사이에 유연관계의 혈족을 나타내는 양상. 만일 종 A와 B가 C보다 최근의 공동조상을 공유한다면, 진화적으로 종 A와 B는 유연관계가 보다 가깝다.

**evolutionary tree** 진화계통수 집단 혹은 종으로 이루어진 그룹들 사이의 조상-자손관계를 나타내는 (일반적으로 추정상) 나뭇가지 모양의 그림; 고생물학 분야 연구에서의 조상은 아마도 화석증거로부터 밝혀진 것인 반면에 현생종의 경우에서의 조상은 가설에 의한 것임. 계통수(*phylogenetic tree*) 혹은 계통(*phylogeny*)으로도 알려져 있음

**exaptation** 창출적응 새로운 기능을 위해 진화 중에 취득된 특징

**exon** 엑손 인트론 사이에 존재하여 스플라이싱 이후에도 남는 염기서열

**expression** 발현 유전자에 암호화된 정보로부터, RNA나 기능성 단백질을 생성하는 것

**extant** 현존하는 오늘날 살아 있는

**extended haplotype homozygosity (EHH)** 확장 단상형 동형접합도 어떤 관심의 유전자좌위가 가지는 한 대립유전자와 동일 염색체내 다른 유전자좌위의 대립유전자 간의 연관비평형의 측정. 특정한 거리 $x$에 대한 $a$ 대립유전자의 EHH는 임의로 선택된 두 $a$-보유 염색체가 $a$와 $x$ 사이에 분포하는 모든 마커 유전자좌위들에 대해 동일한 유전자형을 가질 확률임

**fecundity** 생식력 한 개체에 의해 생산된 배우자의 수; 보통은 한 암컷이 생산하는 알의 수를 언급할 때 사용됨

**fitness** 적응도 개체가 유전자를 다음세대에 기여하는 정도, 혹은 다음세대에 유전적 기여도와 연관될 것으로 기대되는 이행 측정치에 대한 개체의 점수(예를 들어, 생애 생식성공도)

**fixation** 고정 주어진 유전자좌위에서 기존의 대립유전자들을 밀어내고 새로운 대립유전자

의 빈도가 증가하는 것. 즉 이 대립유전자의 집단 내 빈도가 1.0에 도달하였을 때 이 대립유전자가 고정되었다고 함

**fossil** 화석 과거에 살았던 생명체의 어떤 것이든 모든 흔적

**fossil record** 화석기록 세계 곳곳의 많은 기관에 소장되어 있는 화석의 완전한 수집품

**founder effect** 창시자효과 적은 수의 개체가 이주하여 새로운 집단을 형성할 때 일어나는 대립유전자 빈도의 큰 변동. 이들이 유래한 집단으로부터 개체들이 추출될 때 표본오차에 의한 유전적 부동이 크게 일어남

**founder event** 창시자사건 적은 수의 개체들이 정착하여 시작되는 새로운 집단의 형성을 뜻함

**frameshift mutation** 틀이동돌연변이 한 유전자의 암호화 지역에서 3의 배수가 아닌 염기쌍의 삽입이나 결실; 돌연변이가 일어난 시점부터 아래쪽의 코돈은 잘못된 번역틀로 번역됨

**frequency** 빈도 표현형, 유전자형, 배우자, 대립유전자가 집단에 나타나는 비율; 10개의 개체중 6개체가 갈색 눈을 가진다면, 갈색눈의 빈도는 60% 혹은 0.6임

**frequency-dependent selection** 빈도-의존 선택 집단 내에서 표현형의 빈도에 의존하여 개체의 적응도가 결정되는 경우로서, 일반적으로 어떤 표현형이 드물면 그 표현형의 적응도는 높아지고, 표현형이 흔해지면 적응도는 낮아짐

**gamete pool** 배우자 풀 한 집단에서 한 세대의 구성원이 다음 세대의 구성원에게 전달할 수 있는 모든 가능한 배우자 유전자형들에 대한 전체 복사본들의 세트

**gametic isolation** 배우자 격리 다른 종으로부터의 배우자 혼합에도 불구하고 수정은 우선적으로 같은 종의 배우자 사이에서 일어나는 현상

**gene duplication** 유전자중복 한 유전자좌위의 추가 복사본을 만드는 과정으로 일반적으로 부등교차 혹은 레트로포지션으로 인해 생성됨

**gene family** 유전자군 공동조상으로부터 만들어져서 동일하거나 혹은 유사한 기능을 갖는 일련의 유전자좌위 그룹

**gene flow** 유전자흐름 한 집단에서 다른 집단으로 대립유전자가 이동하는 것. 개체가 직접 이동하거나 배우체가 바람, 물, 또는 수분매개 생물에 의해 옮겨져 일어남

**gene genealogy** 유전자 족보 유전자 변이형 간의 진화적 유연관계를 나타내는 계통수. 여기서 유전자 변이형은 한 집단 내의 여러 대립유전자들일 수도 있고, 한 유전체 내의 동종상동 유전자 복사본들일 수도, 그리고 다른 종들이 가지는 상동유전자일 수도 있음. 유전자 계통수(*gene tree*)와 동의어

**gene pool** 유전자 풀 한 집단에서 한 세대의 구성원이 다음 세대의 구성원에게 전달할 수 있는 모든 대립유전자들에 대한 전체 복사본들의 세트

**gene regulation** 유전자 조절 다양한 분자 메커니즘을 통해 유전자 발현을 조정하는 것

**gene tree** 유전자 계통수 유전자 변이형 간의 진화적 유연관계를 나타내는 계통수. 여기서 유전자 변이형은 한 집단 내의 여러 대립유전자들일 수도 있고, 한 유전체 내의 동종상동 유전자 복사본들일 수도, 그리고 다른 종들이 가지는 상동유전자일 수도 있음. 유전자 족보(*gene genealogy*)와 동의어

**genetic distance** 유전적 거리 집단 혹은 종들 사이에서 관찰된 유전적 차이의 수를 요약한 통계수치

**genetic drift** 유전적 부동 한 집단에서 유전자 풀의 배우자로부터 접합자를 만드는 과정에서의 표본검출의 오류와 각 개체들의 우연적인 생존여부 및 생식 성공의 차이로 인해 일어난 대립유전자 빈도의 변화로, 비적응적 진화를 초래함

**genetic hitchhiking** 유전적 편승 어떤 유전자좌위에서 일어난 양성선택으로 인해 이 유전자좌위와 가깝게 연관된 다른 유전자좌위에서 유발되는 대립유전자 빈도의 변화

**genetic load** 유전적 부하 해로운 돌연변이의 축적으로 인해 집단의 평균 적응도가 감소하는 정도

**genetic recombination** 유전적 재조합 염색체나 배우자 내로 대립유전자 복사본을 교체시켜서 이전 세대가 보유한 다좌위 유전자형과 다른 유전자형을 유도함; 교차와 이계교배의 유성생식을 포함하는 감수분열로부터 초래됨

**genetic variation** 유전적 변이 한 집단에서 유전자형의 차이에 기인한 개체들 간의 차이

**genotype** 유전자형 하나 혹은 그 이상의 유전자좌위에서 한 개체가 가지는 대립유전자의 조합

**genotype-by-environment interaction** 유전자형-환경 상호작용 서로 다른 유전자형에 의해 표현되는 표현형의 환경 영향에 의한 차이; 예를 들면 같은 지역에 사는 사람들 사이에서 일부는 피부색이 계절 따라 바뀌지만 일부는 그렇지 않음

**geologic column** 지질칼럼 특정 지역의 지질학적 사건을 설명하는 암석 형성에서 혼합된 오래전부터 최근까지의 순서

**geologic time scale** 지질연대 척도 지구 역사의 연대표를 제공하는 이언, 대, (주)기, 세 및 기의 순서

**greenbeard effect** 녹색수염효과 대립유전자가 이 대립유전자를 가지고 있는 개체끼리 서로 인식하게 하고, 서로에게 이타적으로 행동할 때 발생함

***h2*** 좁은 의미의 유전력을 나타내는 기호 (유전력 참조)

**half-life** 반감기 방사성 물질의 원자수가 딸동위원소로 붕괴되기 위해서 반으로 줄어드는데 걸리는 시간

**Hamilton's rule** 해밀턴의 법칙 이타성에 대한 대립유전자의 빈도수가 증가해야 하는 때를 예측하는 부등식

**haplodiploidy** 반수배수성 수컷이 반수체이고 미수정란에서 발생하며, 암컷은 이배체이고 수정란에서 발생하는 생식체계

**haplotype** 단상형 한 염색체 상에서 서로 연관된 유전자좌위들의 세트에 대한 유전자형; 전형적으로 미토콘드리아 유전자형의 표시에 사용되는데, 그 이유는 미토콘드리아 DNA는 반수체이면서 모든 유전자좌위가 연관되어 있기 때문임

**Hardy-Weinberg equilibrium** 하디-바인베르크 평형 선택, 돌연변이, 이주 및 유전적 부동이 일어나지 않으며, 임의교배가 이루어지는 어떤 이상 집단에서, 한 세대에서 다음 세대로 바뀌어도 대립유전자와 유전자형 빈도가 변하지 않은 상태

**heritability** 유전력 넓은 의미로는 개체간 유전적 차이에 의해 유발되는 집단내의 표현형 변이의 비율을 말함. 좁은 의미로는 유전자의 첨가적 효과에 의해 유발되는 변이의 비율을 말함

**hermaphroditic** 양성의 일반적으로 암컷과 수컷 생식 기능이 같은 개체에 있는 경우를 묘사함. 식물인 경우 수컷과 암컷의 생식 기능을 가진 꽃, 즉 완전화를 가진 종을 묘사

**heterochrony** 이시성 발생과정에서 일어나는 사건들의 상대적인 시기의 변화

**heterozygosity** 이형접합도 한 유전자좌위에 대한 집단 내 이형접합자의 비율, 또는 그 기댓값

**heterozygote inferiority (underdominance)** 이형접합자 약세/저우성 어떤 유전자좌위에서 이형접합자가 동형접합자보다 낮은 적응도를 보이는 현상

**heterozygote superiority (overdominance)** 이형접합자 강세/초우성 어떤 유전자좌위에서 이형접합자가 동형접합자보다 높은 적응도를 보이는 현상

**heuristic searches** 휴리스틱 탐색 계통을 추론하는 데 있어 완전탐색(exhastive search)이 아닌 가능한 계통수를 찾는 일련의 알고리즘. 이 알고리즘은 다양한 방법으로 해당 기준에 가장 적합한 것을 재배열하여 현재 상태보다 나은 계통수를 탐색함

**histogram** 막대그래프 한 집단에서 개체들 간의 변이성을 막대 길이로 표시한 차트; 각 막대는 관심 형질에 대한 특정한 값(혹은 특정한 범위의 값)을 가지는 개체 수를 나타내거나 개체 빈도를 나타냄

**hitchhiking** 유전자 편승 이로운 대립유전자의 빈도가 자연선택에 의해 증가할 때 이것과 가깝게 연관된 유전자좌위의 이롭지 않은 대립유전자도 이에 편승하여 증가하는 과정. 이는 또한 선택일소(*selective sweep*)라고도 불림

**homeodomain** 호메오도메인 DNA-결합부위가 있는 아미노산 서열로 초기 발생에서 핵심적인 역할을 하는 전사인자의 한 부류

**homeotic genes** 호메오유전자(체절결정유전자) 동식물의 특정 부분이나 구조의 형성을 일으키는 유전자. 더 넓은 의미로는 다세포 배에서 위치에 대한 정보를 제공하는 생성물을 만드는 유전자

**homologous** 상동성(의) 공동조상에서 파생된 특징을 묘사함

**homology** 상동(성) 기능이 다름에도 불구하고 종간 특이한 구조적 유사성으로 관행적으로 정의. 오늘날에는 공동조상으로부터의 형질 유전으로 기인한 종간 유사성으로 정의함

**homoplasy** 호모플라시 서로 다른 종에서 발견되는 유사한 특징으로서 수렴진화, 평행진화, 역행에 의함—공동자손 때문이 아님

**homoploid hybrid speciation** 동수배수체 잡종 종분화 부모와 동일한 염색체 수를 가지는 자손을 만드는 종간 교배로부터 새로운 종을 형성

**horizontal gene transfer** 수평 유전자전달 종간 장벽을 가로지른 유전물질의 이동

**human** 인류 *Homo* 속의 모든 구성원—크기가 큰 뇌와 도구 이용이 특징인, 두발 보행하는 대형유인원의 분기군

**hybrid zone** 잡종형성지대 분화된 집단들이 상호 교배하는 지리 구역

**IDA** 최초 다윈주의 조상 현존하는 생명체의 조상인 최초의 생명체; 원시형태(primordial form)로 알려지기도 함

**identical by descent** 공동자손 동일성 한 개체 혹은 여러 다른 개체에서, 동일한 조상 세대의 대립유전자 복제본으로부터 내려온 대립유전자를 말함

**inbreeding** 근친교배 친족 간의 교배

**inbreeding depression** 근교약세 친족 간 짝짓기의 결과로 개체 또는 집단의 적응도가 감소하는 것; 많은 경우 친족 간 짝짓기가 이형접합도의 감소를 수반할 때 일어나는데, 그 이유는 이형접합자가 더 높은 적응도를 가졌거나 해로운 돌연변이의 동형접합자 비율이 높아지기 때문임

**inclusive fitness** 포괄적응도 개체의 총 적응도; 개체의 행위로 인해 가능해지는 친족의 생식에 의한 간접적응도와 도움을 받지 않고 스스로 한 생식에 의한 직접적응도의 합계

**incomplete lineage sorting** 불완전계보 구분 유전자 계통수가 유전자가 추출된 종의 계통과 다른 상황. 공동조상의 대립유전자가 다형일 때 생기며, 여러 대립유전자들이 서로 다른 자손에서 보존됨

**indel** 인델 하나 혹은 그 이상의 염기의 삽입이나 결실에 의한 돌연변이

**independence (statistical)** 독립 (통계의) 데이터 포인트 사이의 연관성이 없는 것. 즉, 한 데이터 포인트의 값이 다른 데이터 포인트의 값에 영향을 주지 않음

**indirect fitness** 간접적응도 초점이 되는 개체의 행위에 의해 가능해지는 친족의 생식증가로 인한 적응도. 직접적응도를 참조

**inducible defense** 유도적 방어 포식자가 발산하는 신호가 존재할 때만 발달하는 피식자의 형질로서 포식자로부터 회피하는 역할을 하는 적응적 형질

**inheritance of acquired characters** 획득형질유전 부모세대의 표현형 변화가 변하지 않은 채로 다음 세대에 전해진다는 가설

**interaction** 상호작용 유전학에서, 대립유전자가 표현형에 미치는 영향이 유전자 내에 같은, 또는 다른 위치에 있는 대립유전자에 의해 결정되는 상황을 의미함; 통계학에서, 특정 처리의 영향이 다른 처리값 들에 의해 결정되는 상황을 의미

**intergenic regions** 유전자간 부위 단백질을 암호화하는 유전자들 사이의 유전체 부위

**intersexual selection** 성간 선택 다른 성의 개체와의 상호작용에 의한 한 성의 개체 간 차별적 짝짓기 성공; 암컷의 선택에 의한 수컷 간 짝짓기 성공의 차이가 한 예

**intrasexual selection** 동성내 선택 같은 성의 개체와의 상호작용에 의한 한 성의 개체 간 차별적 짝짓기 성공; 암컷에 접근하기 위해 수컷 간에 벌어지는 수컷-수컷 경쟁이 한 예

**intron(intervening sequence)** 인트론(개재서열) 유전자의 암호화영역 사이에 존재하여 전사 이후에 떨어져 나가는 비암호화 DNA 염기서열 부분

**inversion** 역위 유전자가 역순이 되도록 순서가 뒤바뀐 DNA 영역; 낮은 교차율을 가져오고 따라서 역위내부의 유전자좌위는 보다 강하게 연관됨

**iteroparous** 연속모듬생식성 개체가 생애의 과정 동안 한번 보다 많은 생식을 하는 종 혹은 집단을 말함

**kin recognition** 혈연인식 다른 개체와의 유전적 유사성을 구별할 수 있는 능력

**kin selection** 혈연선택 간접 적응도의 증가에 기반한 자연 선택

**Lagerstätte** 모광맥 유별나게 풍부한 퇴적물; 엄청난 양의 잘 보존된 화석을 산출하는 지층

**lateral gene transfer** 측유전자수송 종간 장벽을 가로지른 유전물질의 수송

**life history** 생활사 성장, 세포와 조직 손상 복구 및 생식과 같은 다양한 근본적인 활동에 일생 동안 시간과 에너지를 분배하는 개체의 양상

**likelihood** 가능성 그것을 만들어 낸 과정의 모델에 대한 주어진 가정 하에서, 특정한 결과가 도출될 확률. 예를 들면, 우리는 (관심의 대상인 유전자좌위가 얼마나 가깝게 연관되어 있

는지를 명시한 모델 하에서) 1쌍의 부모가 특정 다좌위 유전자형(multilocus genotype)을 보유한 자손을 가질 수 있는 확률을 계산할 수 있을 것임. 혹은 종들에 대한 주어진 계통수 하에서 우리가 표본화한 특정 세트의 염기서열을 가질 확률을 계산할 수 있을 것임

**likelihood ratio** 가능성 값 두 가능성의 비. 흔히, 주어진 모델하에서 얻는 결과의 확률과 영가설하에서 얻는 결과의 확률의 비를 의미함

**Lilliput effect** 릴리풋효과 대멸종이 끝난 후 존재하는 분류군의 몸 크기에 있어서의 축소

**lineage** 계보 한 공동조상으로부터 유래된 한 무리의 조상과 자손 집단이나 종

**LINEs** 긴고반복염기서열요소 진핵생물의 게놈 상에서 흔하게 발견되는 역전사암호화 역트렌스포존의 그룹을 구성

**linkage** 연관 염색체상에서 다른 유전자좌위의 대립유전자가 같이 유전되려고 하는 경향. 유전적 연관이라고도 불림

**linkage (dis)equilibrium** 연관(불)평형 한 집단 내에서 한 유전자좌위의 유전자형이 다른 유전자좌위의 유전자형과 상관없이 무작위로 분포할 때, 두 유전자좌위에 대해 그 집단은 연관평형에 있다고 함; 그렇지 않다면 그 집단은 연관불평형 상태에 놓인 것임

**LOD** 가능성 비의 로그값

**lophotrochozoan** 촉수담륜동물 선구동물 계보로 이들 중 많은 것들이 촉수관이라 불리는 섭식구조를 가짐

**loss-of-function mutation** 기능손실돌연변이 유전자의 돌연변이로 기능을 못하는 단백질을 만들어 내는 유전자 불능 상태를 말하며 간혹 포워드돌연변이, 영돌연변이, 제거돌연변이라고도 불림

**LUCA** 최근래 공동조상 모든 현존 생명체의 가장 최근의 공동조상; 최초공동조상(*cenancestor*)으로 알려지기도 함

**macroevolution** 대진화 대개 형태적으로 거대한 진화적 변화; 일반적으로 다른 속들이나 더 높은 단계의 분류군들에 할당할 수 있을 정도인 집단들 사이에서 차이들의 진화를 나타냄

**mass extinction** 대멸종 지리학적으로, 분류학상으로 광범위한 큰 규모의 갑작스러운 멸종 사건

**maternal effect** 모계효과 개체들 사이의 변이 중 어미에 의한 비유전적 영향에 의한 변이; 예를 들면 몸집이 유전적이지 않아도, 어미가 먹이를 더 주는 새끼 새들은 더 큰 크기로 자라고, 따라서 자신의 새끼들에게 먹이를 더 줄 수 있음

**maximum likelihood** 최대가능성(법) 계통수 추정에 있어 가능한 많은 후보들 중에서 선호되는 특정한 하나의 계통수를 선택하는 방법. 최대가능성을 나타내는 계통수는 주어진 진화모델 하에서 현재의 데이터가 관찰될 최대의 확률을 가진 계통수를 의미함

**mean heterozygosity** 평균 이형접합성 집단에서 두 가지 경우를 나타냄. (1) 유전자좌위에 걸쳐 계산된 이형접합자의 평균 빈도, 혹은 (2) 어떤 유전자좌위에서 개체들의 유전자형이 이형접합자인 빈도

**Mendelian gene** 멘델 유전자 대립유전자들이 멘델의 분리 및 독립의 법칙을 따르는 유전자좌위(유전자)

**methylation** 메틸화 DNA 뉴클레오티드에 일어나는 화학적 변형으로 메틸기(methyl group)가 더해지는 것을 말함

**microevolution** 소진화 집단과 종 내에서 일어나는 유전자 빈도와 형질 분포의 변화

**microtektites** 미소텍타이트 운석이나 소행성 충돌로 생긴 열에 의해 광물이 녹을 때 생기는 작은 유리 입자

**midoffspring value** 자식 계수 가계 내의 자손의 표현형의 평균

**midparent value** 어버이 계수 두 부모 개체의 표현형의 평균

**migration** 이주 진화에서는 한 집단에서 다른 집단으로의 대립유전자 이동을 의미하는 현상으로, 일반적으로 개체들의 이동이나 바람, 물, 꽃가루 등에 의한 배우자의 이동으로 일어남

**mobile genetic elements** 전이유전인자 유전체 내의 한 장소에서 다른 장소로 이동할 수 있는 능력을 가진 DNA 염기서열을 말함. 또한 전이인자(transposable element)나 트랜스포존(transposon)으로 불리기도 함

**modern synthesis** 신다윈설 1930년대와 1940년대 동안 멘델의 유전법칙과 자연선택에 의한 진화설을 하나로 합치기 위해 광범위한 노력으로 완성; 진화종합이라고도 함

**molecular clock** 분자시계 DNA의 염기치환이 시계와 같은 방식, 즉 시간에 따른 1차 함수의 방식으로 집단에 축적된다는 가설

**monoecious** 암수동체의 주로 식물에서 쓰이는 용어: (1) 수컷과 암컷의 생식 기능이 같은 개체에서 일어나는 종; 또는 (2) 서로 다른 수꽃과 암꽃이 한 개체 위에 존재하는 종(hermaphroditic도 참조)

**monophyletic group** 단계통군 하나의 공동조상으로부터 유래한 종들(집단들)의 집합

**morphology** 형태학 구조형태 또는 물리적 표현형; 또한 구조형태의 연구

**morphospace** 형태공간 분류군에 의해 채워진 형태 영역, 또는 채워질 수 있는 이론상으로 가능한 형태 영역

**morphospecies** 형태종 형태적 차이점을 바탕으로 종을 분리하여 명명된 집단

**multilevel selection** 다수준선택 집단 구성의 함수이며 적응도가 집단에 배정되는 적응적 진화의 개념. 더 넓게는, 선택이 다수준에서 작용하는 진화적 과정

**mutation accumulation** 돌연변이 축적 생물의 계보가 자연선택으로부터 격리되어 유전자부동에 의해 돌연변이를 축적할 수 있게 하는 실험을 의미함. 또한 유해한 돌연변이가 자연선택의 영향을 받지 않기 때문에 축적되는 노화의 진화에 대한 가설을 의미하기도 함

**mutation-selection balance** 돌연변이-선택 균형 돌연변이로 새로운 복제본이 공급되는 속도와 자연선택에 의해 복제본이 제거되는 속도가 정확하게 같기 때문에, 해당 대립유전자의 빈도가 평형을 유지하는 상태

**mutualism** 상리공생 보통 서로 다른 두 종의 개체들 간의 상호작용으로 두 개체 모두 이익을 얻음

**mutually beneficial interaction** 상호이익 상호작용 행위자와 수혜자 양 쪽의 적응도 증가를 가져오는 개체 간 상호작용

**narrow-sense heritability** 소폭-감각 유전력 유전자의 첨가적 효과에 의한 표현형 변이의 비율

**natural selection** 자연선택 어떤 표현형의 개체들이 다른 표현형을 가지는 개체들과 비교하였을 때 나타나는 생존력이나 생식력 평균의 차이

**negative selection** 음성 선택 해로운 돌연변이에 대한 비호의적인 선택. 정제 선택(*purifying selection*)이라고도 함

**neighbor joining** 이웃연결법(법) 순서적으로 짝을 찾아 각 단계마다 계통수의 전체 길이를 가능한 가장 짧게 만들어 다분기(polytomy)가 해결되게 하는 계통추론의 한 방법으로

거리지수를 이용한다.

**neofunctionalization** 신기능화 유전자중복 과정을 통해 하나의 딸 유전자가 새로운 적응적 기능을 얻게 되는 것

**neutral (mutation)** 중립 (돌연변이) 보유자의 적응도에 영향을 끼치지 않는 돌연변이

**neutral evolution (neutral theory)** 중립진화 (중립이론) 적응도에 영향을 미치지 않는, 즉 중립적인 대립유전자들이 고정되며 일어나는 진화 과정(의 이론); 중립이론은 또한 염기서열 치환의 절대적 다수가 적응도 면에서 중립이다라는 주장을 의미하기도 함

**node** 분기점 계통수에서 하나의 가지가 둘 이상의 작은 가지로 나누어지는 지점

**noncoding DNA** 비암호화 DNA mRNA로 전사되어 단백질로 만들어지는 해독 과정이 없는 DNA나 유전체의 일부분을 말함

**nonsense mutation** 정지돌연변이 유전자의 암호화 영역에 새롭게 정지코돈을 유발하는 돌연변이

**nonsynonymous substitution** 비동의치환 한 유전자에 의해 암호화되는 아미노산 서열을 변경시키는 DNA(염기) 서열의 치환

**null hypothesis** 영가설 실험이나 관찰에 대해 최대 간단한 가능한 가설에 의한 예측된 결과; 집단이 다른지를 검증하는 실험에서 일반적으로 영가설은 이 집단은 다르지 않으며, 달라 보이는 것은 우연에 의한다는 것임

**null model** 영모델 연구자에 의한 영가설의 제시를 허용할 수 있는 단순하고 명백한 가정의 세트

**orthologous** 이종상동성 종분화 이후에 분기된 유전자; 다른 종에서 발견되는 상동성 유전자 사이의 관계를 기술함

**outbreeding** 이계교배 비친척인 개체간의 교배

**outgroup** 외군 계통분석에서 분석 대상 분류군 이전에 분기된 생물군

**overdominance** 초우성 어떤 유전자좌위에서 이형접합자가 동형접합자보다 높은 적응도를 보이는 현상

***p* value** *p*값 자료로부터 도출된 어떤 패턴이 통계적으로 지지되는 정도를 나타낸 값. 이 값이 작을수록 그 패턴이 강하게 뒷받침됨. 또는, 영가설이 맞다는 가정 하에서 주어진 결과가 얻어질 확률로 추정된 값

**paleontology** 고생물학 화석생물의 연구

**parallel evolution** 평행진화 서로 다른 계보에서 동일한 발생 메커니즘에 의해 유사한 진화적 새로움이 독립적으로 나타나는 것

**paralogous** 동종상동성 같은 유전체에 존재하는 중복된 유전자; 같은 유전자군의 멤버 사이의 관계를 기술함. 유전적 상동성의 한 형태

**paraphyletic group** 측계통군 공동조상과 그로부터 유래한 종들의 일부(자손의 모두를 포함하지 않음)로 구성된 집합

**parental investment** 부모양육 자손에게 먹이를 공급하고, 보호하고, 보살피는 데 시간과 에너지를 소비하는 것; 더 구체적으로는, 특정 자손의 적응도를 증가시키고 다른 자손에게 투자함으로써 부모가 얻을 수 있는 적응도를 감소시키는 부모의 투자

**parsimony** 단순성 복잡성 혹은 변화의 전체 양을 최소화하는 것에 기초하여 설명하거나 혹은 선택적 대안을 정하는 기준

**parthenogenesis** 단위생식 수정이 되지 않은 난자로부터 새끼가 발생하는 생식 방법

**percentage of polymorphic loci** 다형 유전자좌위 백분율 집단에서 적어도 2개의 대립유전자를 가진 유전자의 비율

**phenotype** 표현형 한 개체가 나타내는 형질의 세트

**phenotypic plasticity** 표현형적응성 유전자형과 연관된 표현형에서 환경적 영향 하에 생기는 변이

**phenotypic variation** 표현형 변이 집단 내 개체 사이의 표현형의 변이

**phyletic transformation** 계통진화적 전이 종분화나 분기되는 사건이 일어나지 않고 조상종의 점진적 전이로부터 새로운 형태종의 진화

**phylogenetic tree** 계통수 한 그룹의 종 혹은 집단들 사이에 조상-후손관계를 나타내는 도표(통상 추정); 고생물학 연구에서는 조상은 화석 기록으로부터 알 수도 있으나, 현생 종을 대상으로 하는 연구에서는 조상은 가설에 의한 구성원에 불과함. 진화계통수라고도 불림

**phylogenetically independent contrasts** 계통적 독립대조 계보들이 분기점에서 분지되면서 분기군 내에서 일어나는 분기된 쌍

**phylogenomics** 계통유전체학 진화에 관한 질문에 답하기 위해 유전체 염기서열 결정에서 나온 자료를 사용

**phylogeny** 계통 (계통수, 진화계통수) 어떤 그룹의 진화적 역사. 진화계통수와 동일한 의미로서도 사용됨

**phylogeography** 계통생물지리학 생물 종의 지리적 분포에 관해 논의하거나 해결하는 데 진화계통수를 사용

**plasmids** 플라스미드 원형으로 된 작은 DNA로서 스스로 복제할 수 있음. 세균에서는 흔히 일어나고 일부 소수의 진핵생물에서도 발견됨

**pleiotropic** 다형질발현성 하나 이상의 형질에 영향을 미치는 유전자를 말함

**pleiotropy** 다형질발현 한 개의 유전자가 한 개 이상의 형질에 영향을 주는 것

**plesiomorphy** 원시형질(상태) 조상형 형질; 즉 한 분기군의 공동조상에서 나타나는 형질 상태

**point mutation** 점돌연변이 DNA 염기서열 중에 단 하나의 염기가 변화하는 것을 말함

**polyandry** 일처다부제 적어도 몇 암컷들이 하나 이상의 수컷들과 짝을 짓는 짝짓기 체계

**polygyny** 일부다처제 적어도 몇몇 수컷들이 하나 이상의 암컷들과 짝을 짓는 짝짓기 체계

**polymorphic** 다형적 두 가지 이상의 표현형이나 대립유전자를 가지는 집단, 유전자좌위 혹은 형질에 대한 묘사; 다양성

**polymorphism** 다형성 한 집단에서 두 가지 이상의 표현형적 형질이나 대립유전자가 존재하는 상태

**polyphyletic group** 다계통군 유사성에 의해 하나의 그룹으로 묶여진 종들의 집합체이지만, 이들이 하나의 공동조상으로부터 유래된 것이 아닐 경우

**polyploid** 배수체 염색체의 이배수체 이상을 갖는 것

**polyploid hybrid speciation** 배수체 잡종 종분화 부모와 염색체 수가 다른 자손을 만드는 종간 교배로부터 새로운 종을 형성; 자손과 부모 종간에 유전적 불일치가 일어남

**polytomy** 다분기(점) 계통수에 있는 분기점 혹은 가지의 특정지점에 두 개 이상의 자손 계보들이 동시 다발적으로 출현하는 경우

**population** 집단 유성생식 생물에서 상호 교배가 가능한 개체들과 그 자손을 포함하는 그룹이며, 무성생식 생물에서는 동일한 지역에서 살아가는 개체들의 그룹

**population genetics** 집단유전학 집단에서

대립유전자와 유전자형 빈도의 변화를 초래하는 과정을 설명하는 진화생물학의 한 분야

**positive selection** 양성선택 이롭거나 장점을 갖는 돌연변이가 선호되는 선택을 말함

**post-transcriptional silencing** 전사 후 억제 전이유전인자들에 대항하기 위한 세포의 방어 시스템으로 전이유전인자들은 RNA로 전사된 후에 파괴됨

**posterior probability** 사후확률 베이즈 통계 추론에서 주어진 자료의 가정 하에서 가설이 성립될 확률. 주어진 가설 하에서 자료의 확률, 가설의 사전확률, 자료의 사전확률로부터 계산됨

**postzygotic isolation** 후접합 격리 집단들 사이에서 잡종 생성에 있어 제대로 기능을 하지 않는 성장이나 불임의 원인으로 일어나는 생식 격리

**pre-transcriptional silencing** 전사 전 억제 전이유전인자들에 대항하기 위한 세포의 방어 시스템으로 전이유전인자들이 RNA로 전사되는 것을 막음

**preadaptation** 전적응 자연선택으로 인해 변하고 새로운 기능을 얻는 형질

**premutations** 전돌연변이 화학적인 분해나 복제오류에 의해 생기는 DNA 염기서열의 변화로서 수정될 가능성이 있는 것

**prezygotic isolation** 전접합 격리 집단들 사이에서 배우자 선택이나 교미 시기의 차이로 인해 어떠한 잡종 접합자도 만들어지는 않는 생식 격리

**primordial form** 원시형태 (1) 주변 환경의 직접적인 화학적 조성 변화로부터 자가복제하고, 자연선택에 의한 진화가 가능한 최초의 생명체

**priori probability** 사전확률 베이즈 통계추론에서 자료를 고려하기 이전에 특정 가설에 부여된 확률

**processed peudogene** 가공위유전자 이미 인트론이 제거된 전령 RNA가 역전사 되어 유전체로 삽입되어 생기는 위유전자

**protostome** 선구동물 나선 난할과 항문보다 입 형성이 먼저 발달하는 형태를 공유하는 동물의 계보. 절지동물, 연체동물, 환형동물이 포함됨

**proximate causation** 근접원인 생리적, 또는 분자적 기작의 관점에서 어떻게 형질이 기능을 하는 가에 대한 설명

**pseudogene** 위유전자 기능을 가진 유전자와 염기서열은 유사하지만 전사되지 않는 DNA 염기서열

**punctuated equilibrium** 중단평형 지질학적 시간을 통해서 진화가 일반적으로 오랜 기간의 정체 사이에 일어나는 종분화 동안 빠른 형태적 변화에 의해 특징화된다는 가설

**purifying selection** 정제 선택 해로운 돌연변이에 대한 비호의적인 선택. 음성 선택(*negative selection*)이라고도 함

**QTL** 양적형질 유전자좌위

**QTL mapping** 양적형질 유전자좌위 지도그리기 양적형질에 영향을 미치는 유전자좌위의 위치를 찾는 기술의 모음

**qualitative trait** 질적형질 표현형이 이산형 범주에 속하는 형질 (예를 들어, 낭포성 섬유증의 발병 유무)

**quantitative genetics** 양적유전학 많은 유전자좌위와 환경에 의해 영향을 받으며 연속적으로 변이되는 형질의 진화에 대해 연구하는 진화생물학의 한 분야

**quantitative trait** 양적형질 표현형이 이산형 범주에 속하지 않고 연속적인 변이를 보이는 형질; 환경과 많은 유전자좌위의 조합에 의해 결정되는 형질

**quantitative trait locus (QTL)** 양적형질 유전자좌위 양적형질의 변이에 영향을 미치는, 유전적 변이가 존재하는 유전자좌위

**radiometric dating** 방사성 연대측정 현존하는 모-대-딸 방사성 동위원소 비율에 기반한 암석 시료에 절대 나이를 부여하는 기법

**random genetic drift** 무작위 유전적 부동 줄여서 유전적 부동이라고 하며, 생식과정의 표본오차에 의해 일어나는 대립유전자 빈도의 무작위적 증감

**reaction norm** 반응표준 유전자형에 의해 나타나는 표현형 적응성 양상(pattern of phenotypic plasticity)

**reciprocal altruism** 상호이타성 상호호혜

**reciprocity** 상호호혜 두 개체 모두의 순익 증가를 불러오며 시간적으로 분리된, 두 개체 간 적응도 이익의 교환

**recombination rate (*r*)** 재조합률 감수분열 동안 두 연관된 유전자좌위 사이에서 일어나는 교차의 빈도; 0에서 0.5 사이의 범위에 있음

**reinforcement** 강화 이차접촉에서 최근 분기된 집단들 안에 동류교배의 결과를 낳는 자연선택; 또한 생식적 형질대치로 알려져 있음

**relatedness (*r*)** 혈연도 개체 간 유전적 유사성. 두 개체에 있는 유전자 복제본이 공동자손 동일성일 확률, 혹은 전체 집단의 대립유전자 빈도에 상대적인 두 개체의 대립유전자 빈도의 관계로 계산이 가능함

**relative dating** 상대적 연대측정 더 최근의 암석과 더 오래된 암석간의 연관성에 대한 가정에 기초하여, 암석 지층들의 상대적 연령을 결정하는 기술

**relative fitness** 상대적응도 집단에서 어떤 개체 혹은 어떤 표현형이나 유전자형이 가지는 적응도를 다른 개체, 유전자형 혹은 표현형들과 비교하여 얻은 상대적 값으로, 개체 적응도를 (1) 집단에서 개체들의 평균 적응도나 (2) 집단에서 발견된 가장 높은 개체 적응도로 나누어 줌으로써 계산할 수 있음; 선택구배(selection gradient)를 계산할 때는 반드시 1번 방법을 사용해야 함

**replacement substitution** 대체치환 유전자에 의해 암호화되는 아미노산 서열을 바꾸는 DNA 염기의 치환. 비동의치환(*nonsynonymous substitution*)이라고도 함

**reproductive isolation** 생식적 격리 자연에서 생명체 집단들이 정기적으로 잡종화에 실패할 때 또는 그들이 잡종화시 가임 자손을 생산하지 못할 때 일어남

**reproductive success (RS)** 생식성공(도) 개체가 생산하는 생존가능 하고 생식력이 있는 자손의 수

**response to selection (R)** 선택 반응 양적유전학에서, 어느 집단에서 자연선택 된 개체들 자손의 표현형 평균치와 모든 개체들 자손의 표현형 평균치의 차이

**retroposition(or retroduplication)** 레트로포지션(또는 RNA유래중복) 전사RNA가 유전체에 끼어 들어간 이후에 역전사에 의해 생성되는 유전자 서열의 중복

**retrotransposons** RNA유래전이인자 역전사 효소를 만들기 위한 암호화 염기서열을 가지고 있고 RNA 형태로 이동하는 전이인자를 말하며 레트로바이러스와 관련이 매우 깊음

**retrovirus** 레트로바이러스 유전체가 RNA로 이루어진 바이러스를 의미하며 역전사효소에 의해서 DNA로 역전사가 됨

**reversal** 역행(진화) 한 파생형질이 다시 원

시형질 상태로 전환된 사건

**ribozyme** 리보자임 화학적 반응을 촉매시키는 능력을 지닌 RNA 분자

**root** 뿌리 계통수에서 한 분기군의 공동조상의 위치

**sampling error** 표본오차 집단 전체의 표현형 또는 대립유전자 빈도와 일부 소집단(표본)의 빈도가 우연히 다르게 되는 것. 표본오차는 표본의 크기가 작을수록 커짐

**secondary adaptation** 이차적응 새로운 기능 획득 후의 형질의 추가적인 적응적 진화

**secondary contact** 이차접촉 공동조상으로부터 분리되어 분기한 두 개의 집단이 지리적으로 다시 합쳐진 경우

**segmental duplication** 부분중복 염색체 일부의 복사본이 유전체에 추가되는 것

**selection** 선택 자연선택(*natural selection*)의 동의어

**selection coefficient** 선택계수 한 유전자형과 다른 유전자형 간의 적응도의 차이를 나타내기 위해 집단유전학에서 사용하는 변수

**selection differential (S)** 선택차 양적유전학에서 사용되는 선택의 강도를 나타내는 척도. 선택된 개체(예를 들어 생존하여 생식할 수 있는)의 표현형의 평균과 전체 집단의 표현형의 평균의 차이

**selection gradient** 선택구배 양적유전학에서 사용되는 선택의 강도를 나타내는 척도; 단일 형질의 선택의 경우 이것은 표현형 함수로서 상대적 적합도를 나타내는 산점도의 최량적합선의 기울기와 같음

**selectionist theory** 선택이론 분자진화에 있어 염기서열 치환의 대부분이 자연선택에 의해 일어났다고 보는 견해 또는 이론

**selective sweep** 선택일소 이로운 대립유전자의 빈도가 자연선택에 의해 증가할 때 이것과 가깝게 연관된 유전자좌위의 중립적 대립유전자도 이에 편승하여 증가하고, 그 결과 이형접합도가 감소하는 현상. 유전자편승(*hitchhiking*)이라고도 함

**selfish interaction** 이기적 상호작용 행위자는 적응도 이익을 얻고 수혜자는 적응도에 손실을 입는 상호작용

**semelparous** 일회생식성 생애 동안 전형적으로 단지 한 번의 생식 사건을 겪는 개체들로 이루어진 종 혹은 집단을 말함; 연어가 그 예임

**senescence** 노화 생식력, 생리적 기능 혹은 생존율에서 나이에 따른 감소

**sexual dimorphism** 성적이형 한 종에서 암컷과 수컷의 표현형 간의 차이

**sexual selection** 성선택 같은 성의 구성원 간에, 특정한 표현형을 가진 개체와 그와 다른 표현형을 가진 개체의 평균 짝짓기 성공도의 차이

**significant** 유의한 자연과학의 논의에서 전형적으로 통계적으로 유의한과 동의어

**silent substitution(or silent-site substitution)** 침묵치환(또는 침묵위치 치환) 유전자에 의해 암호화되는 아미노산 서열을 바꾸지 않는 DNA 염기의 치환. 동의치환(*synonymous substitution*)이라고도 함

**Simpson's paradox** 심슨역설 집단의 부분집합이 결합되었을 때 부분집합 내의 경향과 역전되어 나타나는 모습

**SINEs** 짧은 고반복 염기서열 요소 비역전사효소 암호화 역트렌스포존의 그룹

**sister species** 자매종 계통수에서 동일한 공동조상을 가지는 분기점(node)으로부터 분기된 종들

**sister taxa** 자매분류군 계통수 상에서 동일한 공동조상을 나타내는 분기점에서 분지된 계보들

**spatial colinearity** 공간대응성(공간공선적) 유전체상의 혹스 유전자좌위의 위치와 발생과정에서 체축을 따라 발현이 일어나는 위치 사이의 일치성

**speciation** 종분화 조상종이 한 쌍의 딸 종을 생기게 하는 과정

**species** 종 다른 집단과 진화적으로 독립된 서로 교배 가능한 집단의 그룹

**species tree** 종계통수 일련의 종들 사이의 관계를 보여주는 계통수를 말하며 전형적으로 많은 수의 독립적인 유전자들을 이용하여 예측함

**spite** 악의 행위자와 수혜자 모두 적응도의 감소를 일으키는 행동

**spiteful interaction** 악의 상호작용 행위자와 수혜자 양 쪽 모두 적응도 감소를 불러오는 상호작용

**stabilizing selection** 안정화 선택 중간 정도의 형질값이 더 큰 적응도를 갖는 선택; 표현형의 변이가 감소할 수 있음

**standard deviation** 표준편차 주어진 일련의 값들이 서로 다른 정도를 나타낸 것임. 분산의 제곱근과 같음

**standard error** 표준오차 표본으로부터 어떤 모수, 예를 들어 집단의 평균 표현형 값을 추정할 때 이에 수반되는 불가피한 (우연히 발생하는) 오차의 정도를 가늠한 값

**stasis** 정체 변화가 없음

**statistically significant** 통계적으로 유의한 주장하고자 하는 결론이 자료에 의해 뚜렷이 뒷받침됨을 뜻함. 일반적으로, 관찰된 값과 영가설이 예측하는 값의 차이가 우연히 발생할 확률이 0.05 이하일 때 그 결과가 통계적으로 유의하다고 취급됨

**subfunctionalization** 준기능화 두 개의 기능을 가진 유전자가 중복된 후 일어나는 과정으로 하나의 딸 유전자는 돌연변이를 거쳐 두 개 중 하나의 기능을 잃게 되고, 다른 또 하나의 딸 유전자 역시 돌연변이를 거쳐 앞서 말한 두 개의 기능 중 다른 하나를 잃게 되는 것을 말함

**substitution** 치환 새 돌연변이가 집단에 고정되는 것

**sympatric** 동소적 동일한 지리적 지역에 사는 것

**synapomorphy** 공유파생형질(상태) 공유하고 있는 파생형질; 계통분석에 있어서 공유파생형질은 어떤 한 분기군을 정의하고 외군으로부터 이들을 구분하는 데 이용됨

**synapsids** 단궁류 궁극적으로 포유류가 생기게 하는 양막 척추 동물의 분기군. 포유동물 유사 파충류라고 부정확하게 묘사되었음

**synonomous substitution** 동의치환 아미노산의 변화를 가져오지 않는 DNA의 염기치환을 말함. 또한 침묵치환이라고도 함

**systematics** 계통분류학 생물의 분류에 헌신하는 자연과학 분야

**taphonomy** 화석학 화석화 과정에 대한 학문

**taxon** 분류군 어떤 그룹이라도 이름 붙여진 생물의 그룹

**theory of evolution by natural selection** 자연선택에 의한 진화이론 변화를 수반한 유전이 주로 자연선택의 작용에 의해 일어난다는 가설

**time tree** 시간계통수 분화시간을 추정하기 위해 화석기록에 대비하여 계산된 계통수

**tips (of a phylogenetic tree)** 끝 (계통수의) 계통수 상에서 가지의 끝을 가리키며 이는 이미 멸절하였거나 현생인 분류군을 나타냄

**trade-off** 트레이드오프 두 형질 사이의 회피할 수 없는 타협

**transformation** 형질전환 유전학에서 환경이나 한 생물로부터 유래한 DNA가 다른 생물의 유전체 속으로 통합되어 획득되는 과정을 일컬음

**transition** 트랜지션 DNA에서 퓨린을 퓨린으로 혹은 피리미딘을 피리미딘으로 변화시키는 돌연변이

**transitional form** 이행형 특히 조상 및 파생된 그룹이 뚜렷하게 분화되었을 때, 조상 및 파생된 그룹이 공유하는 형질을 보이는 종

**transposable elements** 전이인자 유전체의 다른 부분으로 자신을 이동시키거나 혹은 자신의 복사본을 이동시킬 수 있는 능력을 가진 DNA 염기서열을 말함

**transpose** 전이 유전체의 한 부분에서 다른 부분으로 이동하는 것을 말함

**transposons** 트랜스포존 DNA 형태로 이동하는 전이인자를 말하며, 일반적으로 전이인자 효소와 삽입 염기서열을 가지고 있으며 많은 경우 다른 암호화 유전자를 포함하기도 함

**transversion** 트랜스버젼 DNA에서 퓨린을 피리미딘으로 혹은 피리미딘을 퓨린으로 변화시키는 돌연변이

**ultimate causation** 궁극원인 적응도 이득의 관점에서 왜 형질이 진화하는지에 대한 설명

**underdominance** 저우성 어떤 유전자좌위에서 이형접합자가 동형접합자보다 낮은 적응도를 보이는 현상

**unequal cross-over** 부등교차 잘못 정렬된 DNA 사이에 일어나는 교차현상으로 중복이후에 한쪽가닥은 유전자의 중복이 일어나고, 다른 한쪽 가닥은 유전자의 결실이 일어남

**uniformitarianism** 균일설 현재에 작용하는 과정과 동일한 과정이 과거에 발생했던 사건의 원인이라는 가정 (때때로 법칙으로 부름); 현대 지질학의 창립자인 James Hutton에 의해서 처음으로 표현되었음

**uninformative character** 비정보제공 형질 계통수에서 한 형질의 분포가 동일한 수의 진화적 변화를 필요로 할 경우, 단순성 분석(parsimony analysis)하에서 여러 가지 가능한 계통수들을 구분하는 데 도움이 되지 못하고 계통학적으로 유용하지 못한 형질

**unrooted tree** 비뿌리계통수 계통수 가지를 따라 시간이 흐르는 방향에 대한 정보를 제공하지 않는 계통수

**variance** 분산 주어진 일련의 숫자들이 서로 차이나는 정도를 나타낸 것임. 먼저 숫자들의 평균을 구한 후, 각 숫자와 평균의 차이의 제곱을 구하여 모두 더한 후 숫자의 개수로 나누면 분산이 구해짐 (표본으로부터 분산을 추정할 경우, 기술적인 이유로 숫자의 개수보다 하나 적은 수로 나누는 경우도 있음)

**vestigial traits (or structures)** 흔적형질 (또는 구조) 근연종에서 완전한 기능을 가진 형질과 상동의 관계를 갖는 퇴화된 형질

**vicariance** 분단 한 집단의 이전 범위가 둘 또는 그 이상의 격리된 조각들로 쪼개짐

**virulence** 독성 병원균이 숙주에 감염되어 주는 피해를 말하며, 이러한 피해를 주는 이유는 병원균이 감염 후에 숙주의 영양분과 에너지를 가로채고 이를 이용해서 숙주에 해로운 대사 산물을 만들기 때문임

**wild type** 야생형 자연에서 흔하게 보편적으로 관찰되는 표현형 혹은 대립유전자

# 찾아보기

## Q



## R



## S



## T